W. Kraft und U. M. Dürr

Katzenkrankheiten

Katzenkrankheiten

Klinik und Therapie

4., überarbeitete und erweiterte Auflage

Herausgeber Wilfried Kraft und Ulrich M. Dürr

unter Mitarbeit von

D. von Bomhard, H. Brummer, H.-K. Dreier, R. Hämmerling, P. Fahrenkrug, K. Hartmann, M.-A. Hasslinger, J. Hirschberger, E. Kienzle, M. Kietzmann, E. Köppel, E. Lohss-Baumgärtner, C. L. Martin, I. Nolte, C. Rosenhagen, C. U. Rosenhagen, U. Schatzmann, J. L. Stauffer, G. Teichert, L. P. Tilley, E. Trautvetter, A. Weber und K. D. Weyrauch

Verlag M. & H. Schaper

Die Deutsche Bibliothek – CIP-Einheitsaufnahme

Katzenkrankheiten: Klinik und Therapie/Hrsg. Wilfried Kraft und
Ulrich M. Dürr. Unter Mitarb. von D. von Bomhard ... – 4., überarb. und erw.
Aufl. – Alfeld: Schaper, 1996
ISBN 3-7944-0178-6

NE: Kraft, Wilfried [Hrsg.]

Herstellung: Dobler-Druck GmbH & Co KG, Alfeld (Leine)

ISBN 3-7944-0178-6

Vorwort zur vierten Auflage

Die lang erwartete vierte Auflage der „Katzenkrankheiten" liegt nun vor. Wiederum haben sich Herausgeber und Autoren besonders bemüht, der praktizierenden Kollegin und dem praktizierenden Kollegen alle für die tägliche Arbeit wichtigen Informationen an die Hand zu geben. Seit der letzten Ausgabe hat sich das Wissen um die Katze und ihre Krankheiten außerordentlich vermehrt. Die Herausgeber haben sich bemüht, den Umfang des Buches trotzdem in überschaubaren Grenzen zu halten.

Neue Kapitel und Autoren erweitern das Spektrum. Dies gilt besonders für die Kapitel „Röntgenuntersuchung" (E. Köppel), „Infektionskrankheiten" (K. Hartmann), „Krankheiten der Zähne und des Kiefers" (P. Fahrenkrug), „Krankheiten der Haut" (R. Hämmerling), „Krankheiten der Verdauungsorgane" (I. Nolte), „Gerinnungsstörungen" (I. Nolte), „Krankheiten des Bewegungsapparates" (C. U. Rosenhagen), „Onkologie" (J. Hirschberger) sowie „Ernährung und Diätetik" (E. Kienzle).

Die Herausgeber danken allen alten und neuen Autoren für ihr Engagement, ohne das ein solches Buch nicht zu erstellen wäre. Bei unseren Leserinnen und Lesern bedanken wir uns für die wertvollen Anregungen und wünschen uns diese auch für die Zukunft. Nicht zuletzt gilt dem Schaper-Verlag unser Dank für die Kooperation bei der Herstellung dieser Auflage.

München und Bremen, im Herbst 1996

Wilfried R. M. Kraft und Ulrich M. Dürr

Vorwort zur ersten Auflage

Die Haltung von Hauskatzen erfreut sich wachsender Beliebtheit; insbesondere die Zahl der Edelkatzen ist in den letzten Jahren erheblich angestiegen. Der Tierarzt wird aufgrund des hohen ideellen und auch materiellen Wertes vieler Katzen ständig stärker mit Problemen der Diagnostik und Therapie konfrontiert; aber auch Fragen der Haltung, Ernährung und Krankheitsprophylaxe werden immer häufiger an ihn herangetragen. Die zahlreichen pathophysiologischen, klinischen und therapeutischen Besonderheiten der Katze schufen das Bedürfnis nach einem Fachbuch, das sich ausschließlich mit dieser Tierart beschäftigt. Unser Bestreben war, diese Lücke zu schließen und insbesondere dem praktisch tätigen Tierarzt ein „Katzenbuch" zur Verfügung zu stellen. So waren wir bemüht, Fachleute aus Universität und Praxis als Autoren zu gewinnen.

Die Autoren konnten ihre Beiträge weitgehend frei gestalten; dies erschien um so wichtiger, als eine Reihe von Fragen noch unterschiedlich beantwortet wird. Für die Benennung von Präparaten und Materialien und für die Dosierungsangaben waren die persönlichen Erfahrungen der Autoren ausschlaggebend; andere Präparate als die genannten können ähnlich wirksam sein. Auf Literaturangaben wurde aufgrund der Praxisbezogenheit des Buches teilweise verzichtet.

Den Autoren, die durch ihren persönlichen Einsatz das Erscheinen dieses Buches möglich gemacht haben, sei herzlichst gedankt. We wish to thank for the enthusiastic cooperation!
Nicht zuletzt danken wir Herrn H. Schmidt vom Verlag M. & H. Schaper für die sorgfältige Gestaltung des Buches.

Gießen und Bremen, im Oktober 1977

Wilfried R. M. Kraft und Ulrich M. Dürr

Autorenverzeichnis

Dietrich von Bomhard
Dr. med. vet., Fachtierarzt für Pathologie, München

Harald Brummer
Dr. vet. med. vet., Privatdozent, Fachtierarzt für Kleintiere, Fachtierarzt für Verhaltenskunde, Kiel

Ulrich M. Dürr
Dr. med. vet., Fachtierarzt für Klinische Laboratoriumsdiagnostik, Fachtierarzt für kleine Haustiere, Kleintierklinik, Bremen

Hans-Klaus Dreier
Dr. med. vet., Fachtierarzt für Kleintiere, Baden (Österreich)

Renate Hämmerling
Dr. med. vet., Fachtierärztin für kleine Haustiere, Tierärztliche Klinik, Düsseldorf

Peter Fahrenkrug
Dr. med. vet., Dr. med. dent., Lehrbeauftragter, Quickborn

Katrin Hartmann
Dr. med. vet., Dr. med. vet. habil., Privatdozentin, Fachtierärztin für klinische Laboratoriumsdiagnostik, Ludwig-Maximilians-Universität, München

Martin-A. Hasslinger
Dr. med. vet., Professor, Fachtierarzt für Parasitologie, Institut für Vergleichende Tropenmedizin und Parasitologie, Ludwig-Maximilians-Universität, München

Johannes Hirschberger
Dr. med. vet., Dr. med. vet. habil., Privatdozent, Fachtierarzt für Innere Medizin, Fachtierarzt für Klinische Laboratoriumsdiagnostik, Ludwig-Maximilians-Universität, München

Ellen Kienzle
Dr. med. vet., Professor, Fachtierärztin für Tierernährung und Diätetik, Institut für Physiologie, Physiologische Chemie und Tierernährung, Ludwig-Maximilians-Universität, München

Manfred Kietzmann
Dr. med. vet., Professor, Institut für Pharmakologie, Pharmazie und Toxikologie, Veterinärmedizinische Fakultät, Universität Leipzig

Ewald Köppel
Dr. med. vet., Universitätsdozent, Tierklinik, Bruck a. d. Mur (Österreich)

Wilfried R. M. Kraft
Dr. med. vet., Professor, Fachtierarzt für Innere Medizin, Fachtierarzt für Klinische Laboratoriumsdiagnostik, I. Medizinische Tierklinik, Ludwig-Maximilians-Universität, München

Charles L. Martin

D.V.M., M.S., Professor, Department of Small Animal Medicine, College of Veterinary Medicine, University of Georgia, Athens, Georgia, USA

Elisabeth Lohhs-Baumgärtner

Dr. med. vet., Fachtierärztin für Innere Medizin, Eberstadt

Ingo Nolte

Dr. med. vet., Professor, Fachtierarzt für Chirurgie und Innere Medizin, Klinik für kleine Haustiere der Tierärztlichen Hochschule Hannover

Carsten Rosenhagen

Dr. med. vet., Fachtierarzt für kleine Haustiere, Bremen

Carsten U. Rosenhagen

Dr. med. vet., Kleintierklinik, Bremen

Urs Schatzmann

Dr. med. vet., Professor, Klinik für Nutztiere und Pferde, Universität Bern (Schweiz)

Jürgen L. Stauffer

Dr. med. vet., Professor, Klinik für Nutztiere und Pferde, Universität Bern (Schweiz)

Gerhard Teichert

Dr. med. vet., Fachtierarzt für Kleintiere, Zusatzbezeichnung Augenheilkunde, Berlin

Larry P. Tilley

D.V.M., Diplomate, American College of Veterinary, Internal Medicine, Santa Fe, USA

Eberhard Trautvetter

Dr. med. vet., Professor, Fachtierarzt für kleine Haustiere, Klinik und Poliklinik für kleine Haustiere, Freie Universität, Berlin

Albert Weber

Dr. med. vet., Dr. med. habil., Professor, Fachtierarzt für Mikrobiologie, Nürnberg

Karl Dietrich Weyrauch

Dr. med. vet., Professor, Institut für Veterinär-Anatomie, Freie Universität, Berlin

Inhaltsverzeichnis

Krankheiten des Respirationstraktes 385

W. KRAFT

Krankheiten der Zähne und des Kiefers. 437

P. FAHRENKRUG

Krankheiten der Verdauungsorgane (außer Leber und Pankreas) 467

I. Nolte

Krankheiten der Leber 541

W. Kraft

Krankheiten des exokrinen Pankreas 567

W. Kraft

Krankheiten der Harnorgane 577

W. Kraft

Krankheiten des Blutes und der blutbildenden Organe 639

W. Kraft

Gerinnungsstörungen 669

I. Nolte

Krankheiten des Endokrinums . . . 691

W. KRAFT

Krankheiten des Immunsystems . . 723

W. KRAFT

Krankheiten des Nervensystems . . . 739

W. KRAFT

Krankheiten des Auges . . . 783

C. L. MARTIN

Bearbeitet von G. TEICHERT

Krankheiten des Ohres 845

U. M. Dürr

Krankheiten des Bewegungsapparates 855

C. U. Rosenhagen

Gynäkologie, Andrologie, Geburtshilfe und Neonatologie ... 869

H. K. Dreier

Angeborene Mißbildungen und Stoffwechselstörungen 907

K. D. Weyrauch

Krankheiten im Alter 927

W. Kraft

Onkologie 1019

J. Hirschberger

Ernährung und Diätetik 1035

E. Kienzle

Verhaltensstörungen 1065

H. Brummer

Untersuchungs- und Behandlungstechniken

Von U. M. Dürr,
W. Kraft und E. Lohss-Baumgärtner

Raum für Notizen

Untersuchungs- und Behandlungstechniken

U. M. DÜRR

Katzen können außergewöhnlich kooperative Patienten sein, jedoch gestalten sich Untersuchung und Behandlung nicht immer einfach. Auch eine liebe Katze kann blitzschnell angreifen, wenn die ihr eigene kritische Distanz unterschritten wird. Eine solche Abwehrreaktion kann auch ihrem Besitzer gegenüber erfolgen, der sie festhält. Obwohl Katzen eine sehr enge Bindung an die ihnen vertrauten Menschen entwickeln können, kann sich aus der spannungsgeladenen Situation beim Tierarzt heraus eine solche Notwehrreaktion verhältnismäßig leicht ergeben. Ernste Verletzungen des Besitzers ereignen sich immer wieder, und deshalb sollte eine Katze während einer Untersuchung und Behandlung grundsätzlich von erfahrenem Hilfspersonal gehalten werden.

Einen wesentlichen Einfluß auf das Verhalten einer Katze beim Tierarzt hat die Art und Weise, wie sie dorthin gebracht wird. Katzen, die frei und ohne Behälter im Arm gehalten werden, sind oft nervös und gereizt, wenn sie endlich auf den Untersuchungstisch gesetzt werden. Für solche Katzen sollte im Wartezimmer entweder eine besondere Katzenecke abgetrennt sein, oder es sollten Container bereitstehen, in die sie während der Wartezeit einsitzen können. Im Hinblick auf die Infektionskrankheiten der Katze sind zu diesem Zweck Einmalcontainer aus Pappkarton zu verwenden (Abb. 1).

Nicht jedes Transportbehältnis für Katzen ist gleichgut geeignet. Grundsätzlich sollte ein Transportbehälter von oben zugänglich sein, um ein Herausnehmen der Katze von oben zu ermöglichen. Einem Umfassen von oben setzt eine Katze normalerweise keine Abwehrreaktion entgegen. Muß man jedoch eine Katze von vorn aus dem Behälter herausnehmen, so ist mit Abwehrmaßnahmen zu rechnen. Diese Abwehrmaßnahmen werden erfahrungsgemäß mit jedem Tierarztbesuch ausgeprägter. Deshalb sind besonders die weit verbreiteten Höhlen aus Korbgeflecht absolut ungeeignet (Abb. 2). Einfache Stofftaschen mit Reißverschluß sind als Transportbehälter am billigsten und besten. Eine Vielzahl handelsüblicher Kunststoffbehälter mit abnehmbarem Oberteil erfüllen diesen Zweck ebenfalls sehr gut.

Nachdem über viele Jahre hinweg die alten Katzensäcke als Zwangsmittel verpönt waren, kommt die Katze jetzt wieder „in den Sack". Eine neue Generation von sog. Katzensäcken oder cat bags bietet ihre Dienste an (Abb. 3). Diese Art von Taschen eignet sich sowohl hervorragend für den Transport als auch für eine Untersuchung und Behandlung. Bei manchen Modellen können durch verschiedene Reißverschlüsse entweder nur eine beliebige Pfote oder der Kopf zugänglich gemacht werden (Abb. 4).

Ein Untersuchungsraum für Katzen sollte fluchtsicher sein. Trotzdem sollten Katzen zuerst einmal keine Gelegenheit haben, sich in diesem Raum frei zu bewegen, denn sie können aufgrund der vorhandenen Gerüche leicht erregt werden und aggressiv reagieren. Sie sollen sich auch nicht mit dem Raum vertraut machen, denn ein fremder Raum unterdrückt das Selbstbewußtsein. Im Untersuchungsraum sollte auch keine absolute Ruhe herrschen, denn dadurch würde die Katze zu erhöhter Wachsamkeit angeregt werden. Wird es beispielsweise aufgrund einer Lahmheit erforderlich, eine Katze im Untersuchungsraum frei laufen zu lassen, so soll dies am Schluß der allgemeinen Untersuchung geschehen. Ein geeigneter Raum darf Katzen keine Möglichkeit bieten, sich zu verkriechen!

Die meisten Katzen lassen sich mit ruhigen, verhaltenen Bewegungen ohne Zwang auf den Behandlungstisch setzen. Dazu eignet sich am besten der sogenannte Brustgriff, bei dem die Katze vorsichtig unter der Brust gefaßt und hochgehoben wird. Die andere Hand kann das Becken unterstützen (Abb. 5). Nach Möglichkeit sollte die Katze zuerst kurz am Kopf gekrault werden, um eine positive Kommunikation zwischen Tierarzt und Patient herzustellen. Dabei muß wiederum beachtet werden, daß jede Katze einen unterschiedlichen kritischen Bereich hat, der nur vorsichtig überschritten werden darf, wenn Abwehrreaktionen vermieden werden sollen.

Gibt sich eine Katze widersetzlich, so sollte trotzdem jeder unnötige Zwang vermieden werden. Als Haltegriff hat sich hierbei der sogenannte Schultergriff am besten bewährt, weil Katzen ihn nicht als Zwang empfinden. Mit beiden Händen wird der Brustkorb der Katze so umfaßt, daß der Oberarm über dem Ellbogengelenk jeweils zwischen Mittel- und Zeigefinger gehalten wird. Unter gleichzeitiger Streckung der Ellbogengelenke umfassen die Daumen den Hals von oben und die Zeigefinger von unten. Die Fingerspitzen sollten sich dabei berühren (Abb. 6). Dieser

Abb. 1: Einmalcontainer aus Pappkarton

2

Abb. 2: Zum Transport ungeeignete Höhle aus Korbgeflecht

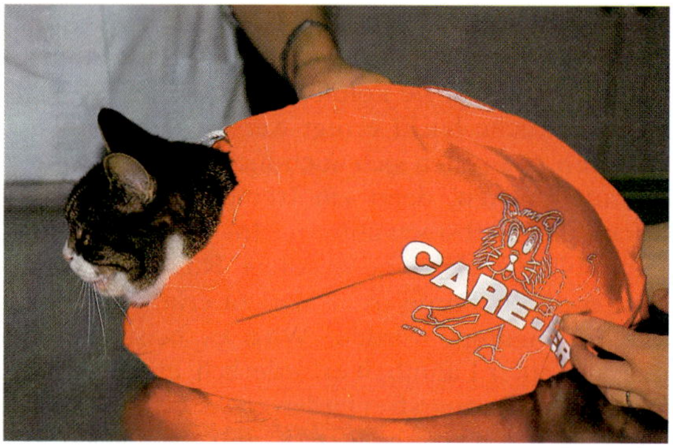

Abb. 3: Sogenannter Katzensack

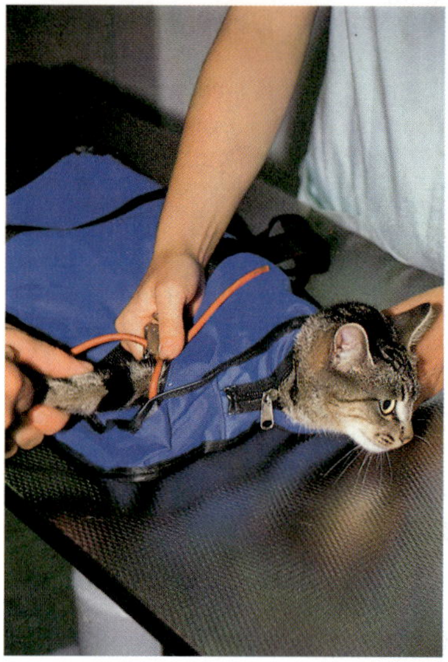

4

Abb. 4: Variabler Katzensack

Abb. 5: Brustgriff

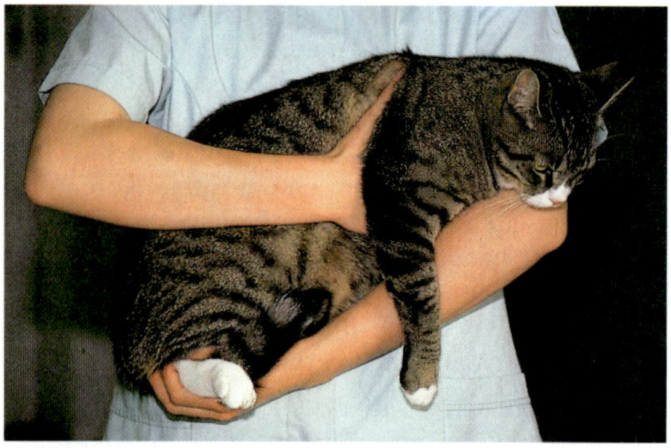

Abb. 6: Schultergriff

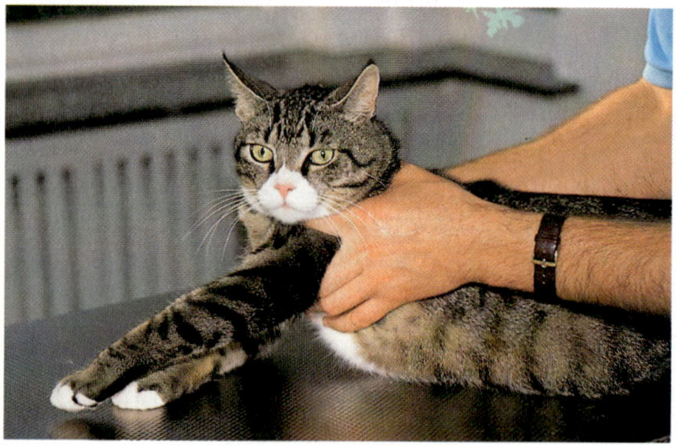

6

Griff bietet vor den Zähnen und den Krallen der Vordergliedmaßen Sicherheit. Die Hinterpfoten müssen gegebenenfalls zusätzlich von einer zweiten Person fixiert werden. Übernimmt der Untersucher diese Aufgabe, so kann er mit einer Hand die Hinterpfoten umgreifen, während die andere Hand für Manipulationen frei bleibt.

Die Benutzung eines speziellen Maul-Geschirrs für Katzen hat sich gut bewährt. Das Maul-Geschirr steht in zwei Größen zur Verfügung. Viele widersetzliche Katzen lassen sich mit Maulkorb widerstandslos untersuchen und behandeln, weil ihnen die Sicht genommen ist und sie sich im Dunkeln geborgen fühlen (Abb. 7). Auch die Entnahme von Labor-

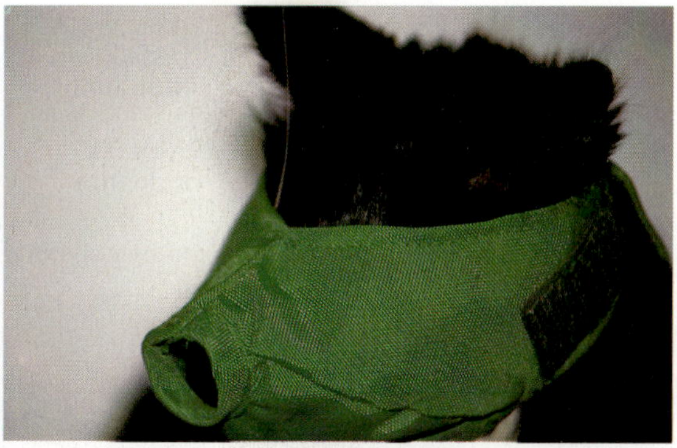

Abb. 7: Maul-Geschirr

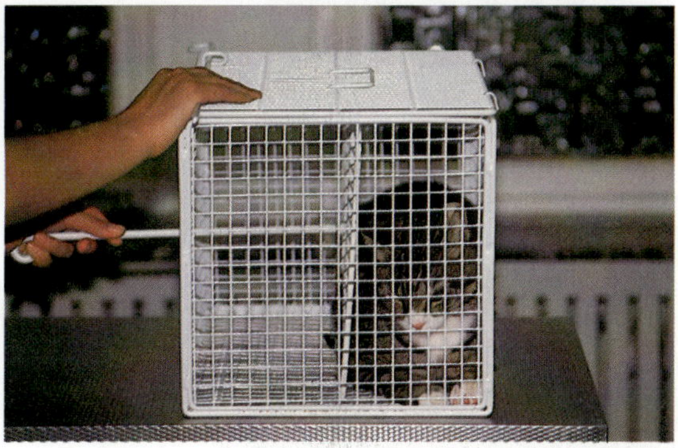

Abb. 8: Zwangskäfig

proben und die Behandlung der Ohren kann sich durch die Benutzung des Maul-Geschirrs wesentlich einfacher gestalten.

Unter gewissen hygienischen Vorbehalten können auch Schutzhandschuhe aus Leder benutzt werden. Leider gibt es zur Zeit noch keine bißfesten Handschuhe aus leicht zu reinigendem Kunststoff. Der Haltegriff darf aber nicht so fest werden, daß sich die Katze bedroht fühlt. Sie wird sich nämlich dann mit aller Kraft wehren und jede Manipulation stark behindern. Anzustreben ist aber, daß sich die Katze im lockeren Griff der handschuhbewehrten Hände beruhigt. Die Handschuhe sollten dieselbe Wirkung erzeugen wie ein über den Kopf gelegtes Handtuch.

Setzt sich eine Katze gefährlich zur Wehr, so sollte sie medikamentös ruhiggestellt werden. Für die Injektion des Beruhigungsmittels kann die Katze in einen sog. Zwangskäfig mit einem verschiebbaren Teil gesetzt werden (Abb. 8).

Für Ausnahmefälle sollte ein sog. Katzengreifer zur Hand sein (Abb. 9).

Für Einzelfälle bietet sich die sog. Tele-Injektion mit einem Blasrohr an.

Inspektion, Auskultation, Palpation

Zur Inspektion der Mundhöhle setzt man die Katze am besten vor sich auf den Tisch und dreht ihren Kopf leicht zur Seite und gleichzeitig nach oben. Die Mundhöhle öffnet sich dabei fast von selbst (Abb. 10).

Besonders zutrauliche Katzen können eine Auskultation durch permanentes Schnurren erheblich stören. Massierender Druck auf den Kehlkopf unterbindet das Schnurren.

Eine mit streichelnden Handbewegungen ausgeführte Palpation erzeugt kaum eine Gegenreaktion. Nimmt man die Katze dazu vorn etwas hoch, so lassen sich die Organe des vorderen Abdomens leichter abgrenzen (Abb. 11).

Entnahme von Laborproben

Häufig wird zur weiteren Diagnostik die Entnahme von Laborproben erforderlich. Die Laboruntersuchungen werden am besten mit Mikromethoden durchgeführt.

Blutentnahme

Blut wird am besten aus der Vena cephalica antebrachii entnommen. Dazu wird über dem Ellbogen ein Staugummi angelegt. Ein aus einem Kordelstopper und Wäschegummilitze selbst hergestellter Staugummi (Abb. 12, 13) hat den Vorteil, daß er nur minimalen Druck erzeugt und auch von empfindlichen Katzen meist ohne Gegenwehr toleriert wird. Die Anwendung eines Maul-Geschirrs (Abb. 7) kann auch bei der Blutentnahme von großer Hilfe sein. Die Pfote wird vorsichtig in die Hand genommen und leicht gestreckt. An der Entnahmestelle werden nach Möglichkeit die Haare kurzgeschoren. Nach der Desinfektion wird eine Kanüle Größe 1 (0,9 x 40 mm), Größe 2 (0,8 x 40 mm) oder Größe 12 (0,7 x 30 mm) flach, die Vene sozusagen auffädelnd, eingestochen. Mit Hilfe einer auf die Kanüle aufgesetzten Multivette® Sarstedt kann mühelos und sauber eine für die meisten Untersuchungen genügende Blut-

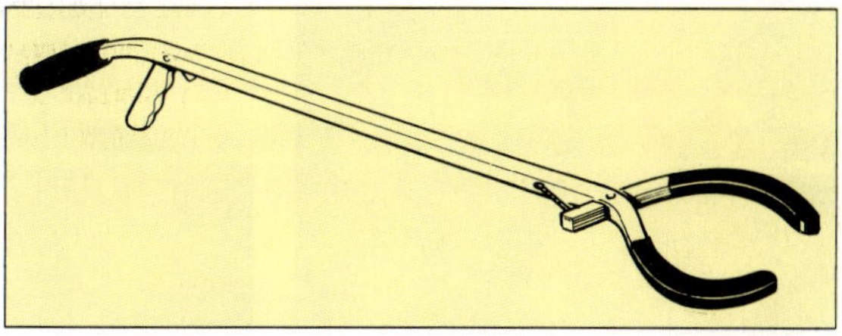

Abb. 9: Katzengreifer

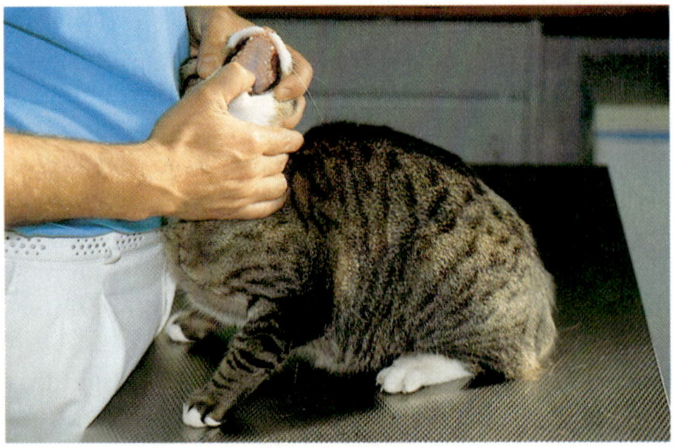

10

11

Abb. 10: Inspektion der Mundhöhle

Abb. 11: Palpation

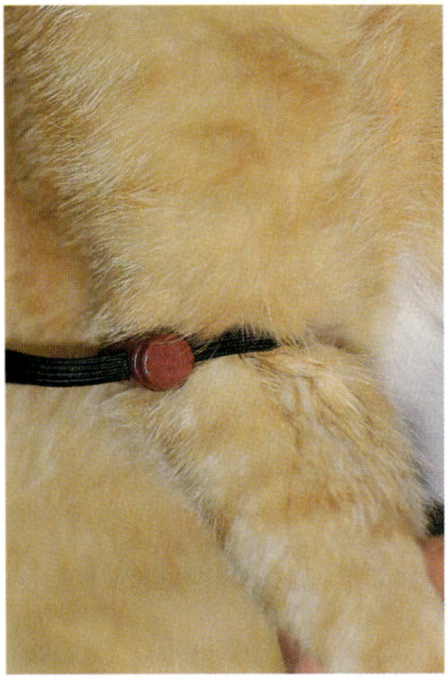

13

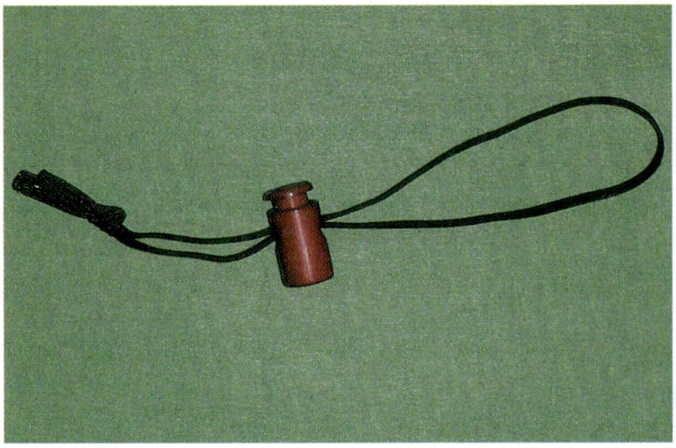

12

Abb. 12: Kordelstopper

Abb. 13: Stau mit Kordelstopper

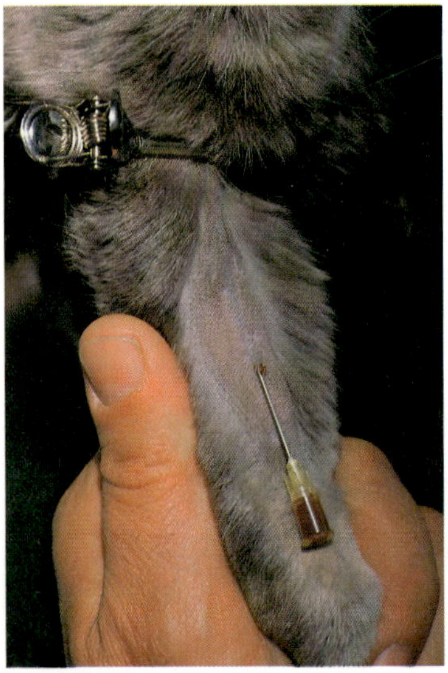

Abb. 14: V. cephalica antebrachii

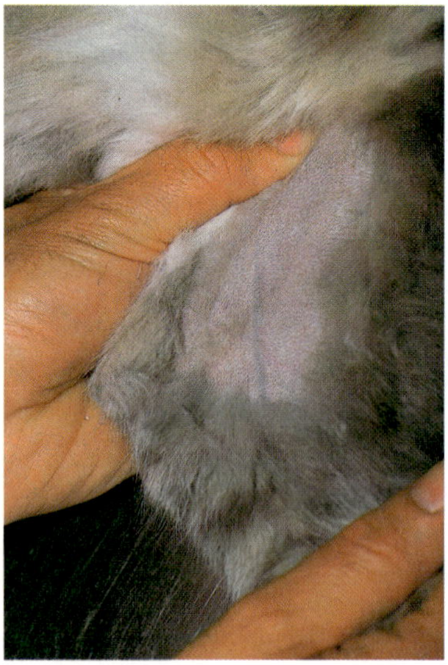

Abb. 15: V. femoralis

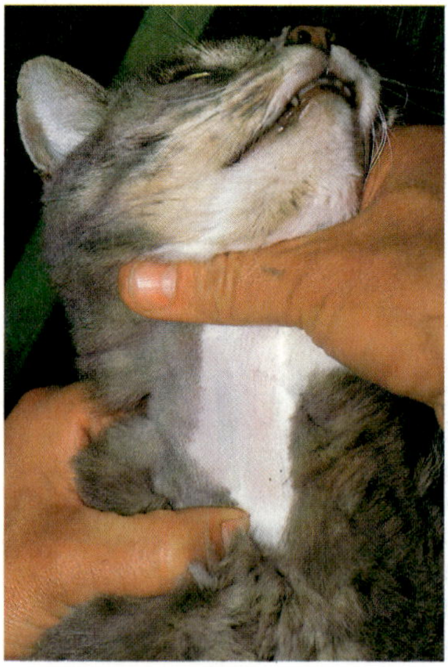

Abb. 16: V. jugularis

menge entnommen werden. Dieses System hat den Vorteil, daß verschieden präparierte Multivetten® (EDTA-K, Lithium-Heparin etc.) nacheinander auf die fixierte Kanüle aufgesetzt und gefüllt werden können.

Als weitere Venen sind die Vv. femorales (Abb. 15) und die Vv. jugulares (Abb. 16) zur Blutentnahme geeignet.

Harnentnahme

Zur Harnentnahme bei Katern sind sogenannte Katerkatheter erforderlich. Die vorherige Gabe eines Beruhigungsmittels kann erforderlich werden. Der Kater wird in Seitenlage gebracht, eine Hilfsperson hält den Schwanz hoch und zieht die Hintergliedmaßen leicht angewinkelt nach unten. Das Präputium wird zurückgeschoben und der Penis durch das Präputium hindurch mit Daumen und Zeigefinger bei gleichzeitigem Zug nach kaudal fixiert. Der Katheter wird zuerst im Winkel von 45° dorsal und dann parallel zur Wirbelsäule eingeschoben. Die Verwendung von Xylocain®-Gel 2 % als Gleitmittel ist empfehlenswert. Ein ruhiger Kater kann auch in hockender Stellung katheterisiert werden.

Liegt eine Obstruktion der Harnröhre vor, so läßt sich diese am schnellsten und schonendsten mit einer Ultraschallharnröhrensonde beseitigen, erhältlich als Zusatz zum Ultraschallzahnsteinentfernungsgerät (Abb. 17).

Weibliche Katzen lassen sich wesentlich schwieriger katheterisieren. Auch dafür wird am besten ein Katerkatheter benutzt. Der Vorhof der Vagina wird zuerst mit einem Oberflächenanästhesie-Spray oder Gel (Xylocain®-Gel 2 %) unempfindlich gemacht. Die Vulva wird dann nach hinten gezogen und der Katheter am Vaginalboden entlang in die Harnröhrenmündung eingeschoben. Nach Sedierung erlaubt die Benutzung eines Otoskops mit 4-mm-Ohrtrichter, diesen Vorgang unter Sichtkontrolle durchzuführen (Abb. 18).

Häufig läßt sich die Blase einer Kätzin auch manuell gut entleeren. Die Blase wird palpiert und dann schonend unter massierenden Handbewegungen ausgedrückt. Eine Punktion der Blase kann im Stehen oder in Rückenlage stattfinden und wird vor allem bei weiblichen Katzen und Katern mit Verlegung der Harnröhre durchgeführt. Die Blase muß dazu mit einer Hand fixiert werden. Die andere Hand punktiert mittels 10-ml-Spritze mit aufgesetzter Kanüle Größe 2 oder 12 die Blase.

Der Besitzer kann Urin gewinnen, indem er die Streu aus der Katzentoilette entfernt. Meist setzt die Katze dann trotzdem dort ihren Urin ab.

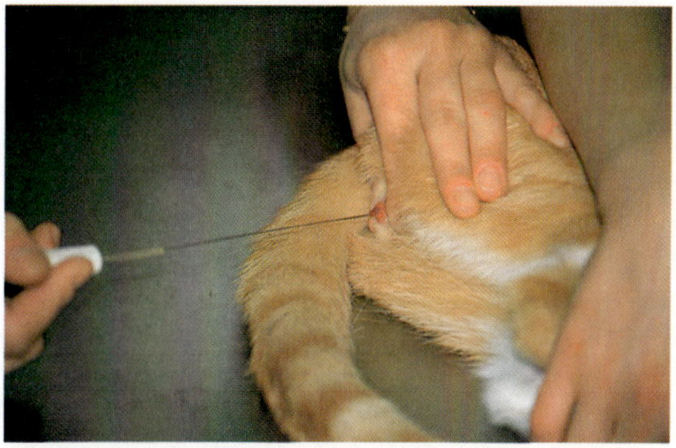

Abb. 17: Ultraschall-Harnröhrensonde

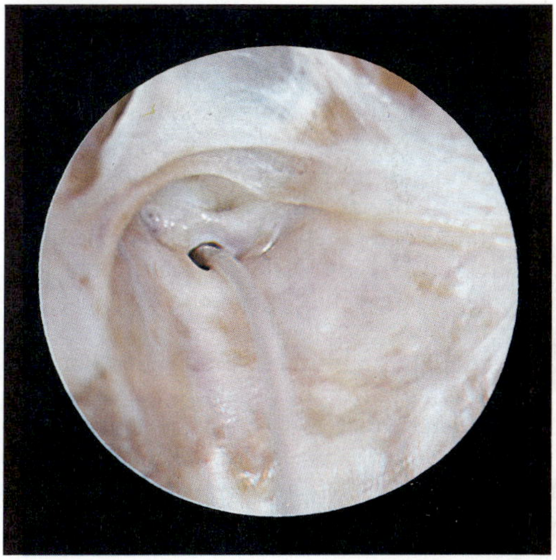

Abb. 18: Sicht auf die Harnröhrenmündung mit eingeführtem Katheter

Kotentnahme

Besonders bei Katzen, die nur im Freien Kot absetzen, sollte man gleich bei der Untersuchung Kot entnehmen. Ein Kotprobenentnehmer (Fa. Albrecht) ermöglicht die direkte Entnahme (Abb. 19).

Gewinnung von Nasensekret

Nasensekret zur kulturellen Untersuchung sollte direkt aus der Nasenhöhle gewonnen werden. Dazu eignet sich ein Polyäthylenkatheter (z. B. Katerkatheter), durch den ca. 1 ml physiologische Kochsalzlösung in die Nasenhöhle instilliert wird. Ein Lokalanästhetikum darf dazu nicht verwendet werden, da es ein Antibiotikum enthalten kann; ggf. muß die Katze sediert werden.

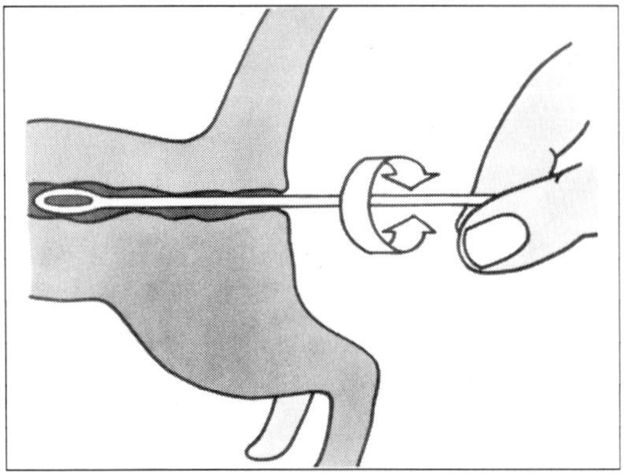

Abb. 19: Kotprobenentnahme

Punktion der Brusthöhle

Die Thorakozentese wird am besten an der auf dem Brustbein liegenden Katze (Sternallage) ausgeführt. Nach Vorbereitung der Haut wird der Stich im unteren Drittel des 6., 7. oder 8. Interkostalraumes, evtl. auch im 4. und 5. Interkostalraum, am kranialen Rippenrand ausgeführt. Die Verletzung der Lunge wird durch kurzes flaches Durchstechen der Pleura vermieden. Die Einstichstelle kann vorher mit einem Lokalanästhetikum infiltriert werden. Benutzt wird ein Venenkatheter-Set oder eine Venenverweilkanüle wie die Braunüle® Vasocan®, jeweils mit aufgesetztem Dreiwegehahn und 20-ml-Spritze. Auch ein Pleuralpunktionsset zum Einmalgebrauch kann Verwendung finden.

Punktion der Bauchhöhle

Die Bauchhöhle kann median oder paramedian ab ca. 1–2 cm kaudal des Nabels punktiert werden. Nach Vorbereitung der Haut wird diese an der Punktionsstelle durchtrennt. Die Kanüle wird möglichst flach angesetzt und nur knapp durch das Bauchfell hindurchgestochen. Außer einem Polyäthylen-Katheter mit seitlichen Öffnungen kann eine Braunüle® Vasocan® verwendet werden. Die Punktion kann an mehreren Stellen (4 Quadranten) durchgeführt werden; ebenso in der Medianen.

Entnahme von Knochenmark

Bewährt hat sich die Entnahme von Knochenmark aus dem proximalen Teil des Femur. Die Entnahme wird mittels einer Knochenmarkpunktionskanüle unter örtlicher oder allgemeiner Anästhesie durchgeführt. Die Katze wird auf die Seite gelegt, die Haut über dem großen Trochanter des Femur rasiert und desinfiziert. Die Fossa trochanterica wird ertastet

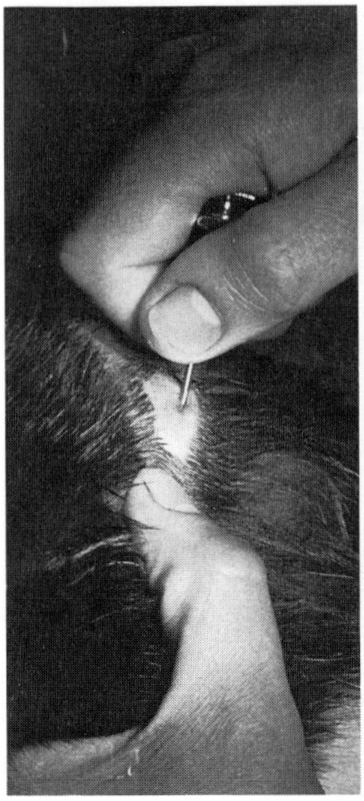

Abb. 20: Entnahme von Knochenmark aus dem Femur

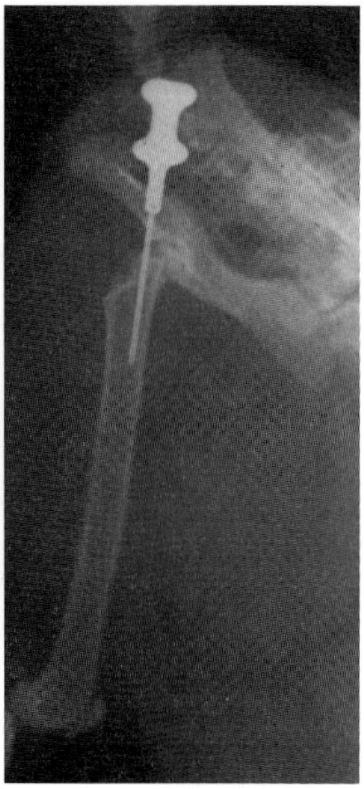

Abb. 21: Knochenmarkpunktionskanüle in situ

und die Haut darüber eingeschnitten. Mit der einen Hand wird der Femur so erfaßt, daß das abgewinkelte Knie in der Handinnenfläche liegt und Daumen und Zeigefinger den Femur fixieren (Abb. 20). Die Kanüle wird medial vom großen Trochanter angesetzt und mit drehenden Bewegungen, auch mit Hilfe eines Hammers, eingeführt. Nach Erreichen der Markhöhle wird der Mandrin entfernt und die Kanüle weiter in das Mark vorgetrieben (Abb. 21). Leichte hebelnde Bewegungen führen zum Abbrechen der Marksäule. Auch eine vorsichtige Anspiration ist möglichst zu vermeiden, da sie die Gefahr der Blutbeimengung birgt. Nach Entfernen der Kanüle wird der Hautabschnitt mit einem Heft geschlossen.

Entnahme von Cerebrospinalflüssigkeit

Cerebrospinalflüssigkeit wird in Allgemeinnarkose durch Punktion des Liquorraumes über dem Atlanto-Occipitalgelenk gewonnen. Verwendet werden Spinal-Kanülen mit besonderem Schliff. Die Katze wird in Brust- oder Seitenlage gebracht, der Kopf vollständig gebeugt. Die Einstichstelle ist median über dem Atlanto-Occipitalgelenk als Vertiefung tastbar: Die linke Hand beugt den Kopf, die rechte faßt mit Daumen und Mittelfinger von hinten auf die Alae atlantis, der Zeigefinger ertastet die Protuberantia occipitalis externa und gleitet in der Medianen nach kaudal in die Vertiefung.

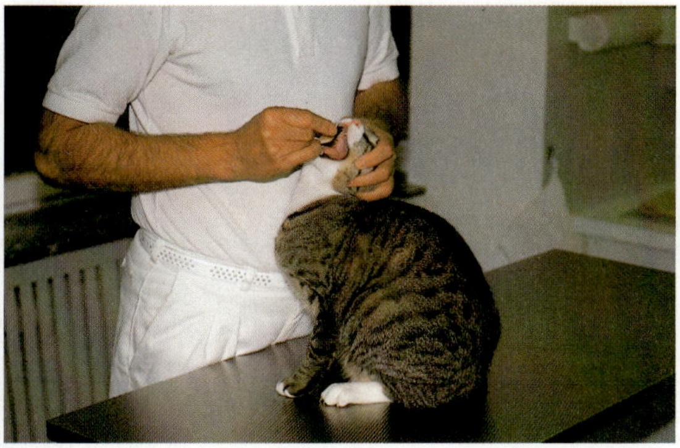
Abb. 22: Tabletteneingabe

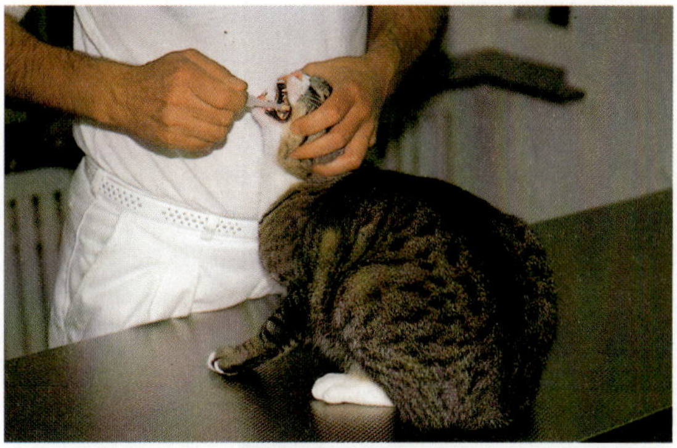
Abb. 23: Pilleneingeber im Einsatz

Der Einstich erfolgt nach Rasur und Desinfektion. Befindet sich die Katze in Brustlage, so muß die Cerebrospinalflüssigkeit sehr langsam (!) aspiriert werden, bei Seitenlage tropft sie nach Entfernung des Mandrins aus der Kanüle. Die Entnahme von 1 ml sollte genügen.

Verabreichung von Arzneimitteln

Zur Verabreichung von Medikamenten muß die Katze gemäß ihrer Wesensart und der Verabreichungsform fixiert werden.

Orale Verabreichung

Die perorale Verabreichung von Medikamenten gestaltet sich bei der Katze nicht immer einfach.

1. Verabreichung über das Futter

Meist gelingt es nicht, Katzen ein Medikament über ihr Futter zu verabreichen. Dies gilt besonders für Katzen mit reduziertem Appetit. Unter Umständen werden geschmacklose Pulver und sehr kleine Tabletten unbemerkt aufgenommen. Eine Kontrolle ist kaum möglich. Die Akzeptanz kann wesentlich verbessert werden, wenn das zu verabreichende Medikament mit einer wohlschmeckenden Vitamin-Paste umhüllt wird.

2. Verabreichung von Tabletten

Für Katzen sollten möglichst kleine Tabletten und vorzugsweise Dragees gewählt werden. Das Präparat muß auf den Zungengrund gebracht werden, um den Schluckreflex auszulösen. Folgendes Vorgehen hat sich am besten bewährt (Abb. 22): Man setzt die Katze vor sich auf den Tisch. Mit der linken Hand wird das linke Ohr mitsamt umgebender Hautfalte umfaßt. Der Kopf wird dann m. o. w. kräftig nach links gedreht, bis die Nase nach oben weist. Dann läßt sich der Fang mit der rechten Hand leicht öffnen, oder er öffnet sich von selbst. Die Tablette wird auf den Zungengrund gelegt und der Fang dann rasch geschlossen. Danach wird der Kehlkopf massiert. Durch Lecken der Nase zeigt die Katze an, daß sie geschluckt hat.

Ein Pilleneingeber aus Kunststoff vereinfacht die Eingabe erheblich und gestaltet sie relativ gefahrlos (Abb. 23). Widersetzliche Katzen können dazu in eine Tasche gesetzt werden (Abb. 3, 4).

3. Verabreichung flüssiger Arzneimittel

a) in die Mundhöhle

Für kleinere Flüssigkeitsmengen eignet sich eine Plastik-Einmalspritze, die im Mundwinkel angesetzt wird. Auch dazu wird der Kopf zur Seite gedreht, bis er nach oben zeigt. Besonders für saugende Kätzchen kann zur Erleichterung ein Plastikschlauch (Ventilgummi oder Stück eines Infusionsschlauches) auf die Spritze gesetzt werden. Besser geeignet ist dazu das Esbilac Nursing Kit (Fa. Albrecht), ein speziell geformter Gummisauger.

b) in den Magen

Größere Flüssigkeitsmengen müssen per Magensonde direkt in den Magen eingegeben werden. Dazu wird eine Ernährungssonde (z. B. Critical Care Kit, Fa. Albrecht) vorzugsweise mit eingelassenem Röntgenkonstraststreifen und Kunststoffverschluß verwendet. Die Sonde wird mit Hilfe eines durchbohrten Beißröhrchens (Abb. 24) eingeführt. Stößt die locker eingeschobene Ernährungssonde auf den Zungengrund, wird sie meist ohne Schwierigkeiten abgeschluckt und kann widerstandslos weitergeschoben werden. Längenmarkierungsringe erleichtern die Kontrolle. Der richtige Sitz der Sonde in der Speiseröhre kann palpiert werden. Aufgrund des

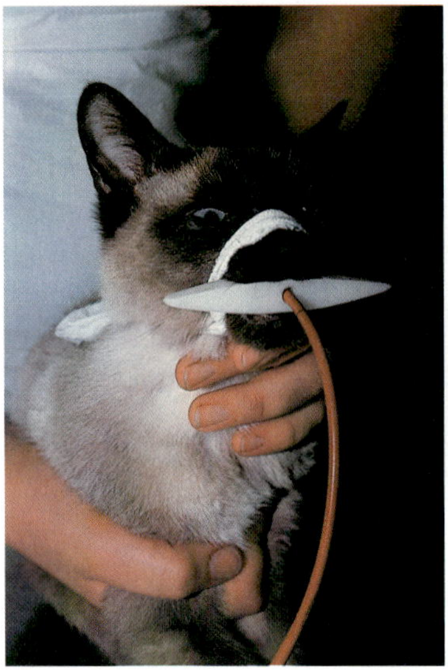

Abb. 24: Magensonde

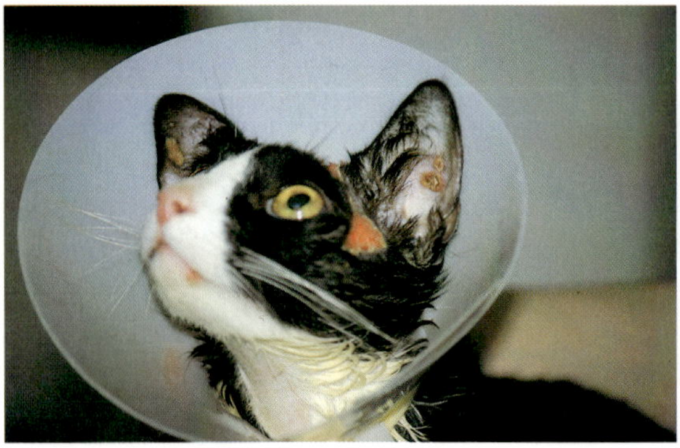

Abb. 25: Halskragen

Röntgenkontraststreifens ist in jeder Lage eine röntgenologische Kontrolle möglich. Die in einer Gabe zugeführte Flüssigkeitsmenge sollte nicht mehr als 50 ml betragen. Die Flüssigkeit muß langsam eingespritzt werden, denn eine rasche Dehnung des Magens verursacht Erbrechen. Dies gilt auch für die Fütterung per Ernährungssonde. Vor dem Herausziehen wird die Sonde abgestöpselt oder abgeklemmt.

Auch per Nasenschlundsonde kann einer Katze gut flüssige Nahrung zugeführt werden. Diese Prozedur ist für eine Katze weniger aufregend als das Einführen einer Magensonde, besonders wenn dies öfter erforderlich ist. Eine Nasenschlundsonde kann 2–3 Wochen liegen bleiben.

Als Nasenschlundsonde eignen sich Ernährungssonden mit einem Außendurchmesser von 1,15 und 1,7 mm. Vor dem Einführen werden mehrmals innerhalb einiger Minuten einige Tropfen eines Oberflächenanästhetikums in das gewählte Nasenloch eingeträufelt. Die Sonde wird bei physiologischer Kopfhaltung über den ventralen Nasengang ca. 20 cm eingeführt. Die richtige Lage der Sonde wird dann durch Eingabe von 2-ml-Ringerlösung und evtl. Röntgenaufnahme überprüft.

Bei Verwendung als Dauersonde wird die Sonde möglichst nah am äußeren Nasenflügel mit einem Heft fixiert und im weiteren Verlauf über den Nasenrücken zum Hals geführt und dort mit einer selbstklebenden Binde fixiert. Die Berührung von Tasthaaren ist zu vermeiden. Das Anlegen eines möglichst durchsichtigen Kunststoff-Halskragens, wie er auch sonst immer dann verwendet wird, wenn eine Katze zwangsweise am Belecken einer Stelle gehindert werden soll, wird erforderlich (Abb. 25). Besondere Fälle machen das Einführen einer Gastrostomiesonde nötig. Die Methode erfordert ein endoskopisch/chirurgisches Vorgehen.

Das Legen einer Sonde mittels Pharyngostomie kann schwerwiegende Komplikationen erzeugen und wird deshalb nicht mehr empfohlen.

Abb. 26: Inhalationseinheit

Verabreichung in die Nase

Nasentropfen werden instilliert, indem man die Katze vor sich setzt und ihren Kopf zur Seite nach oben

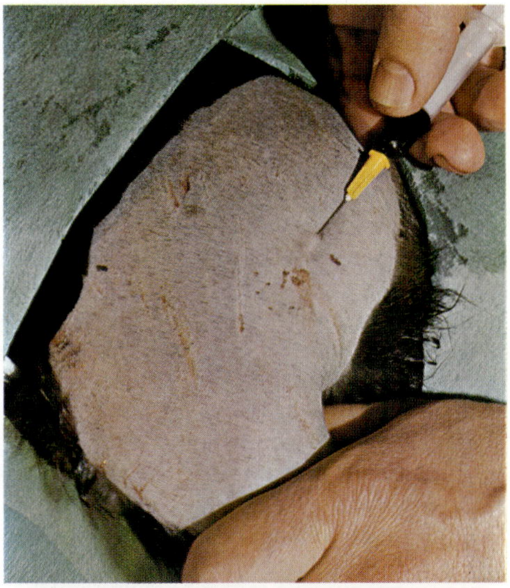

27

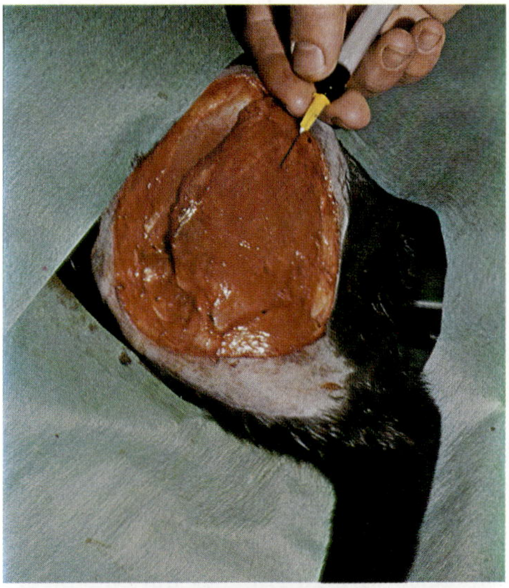

28

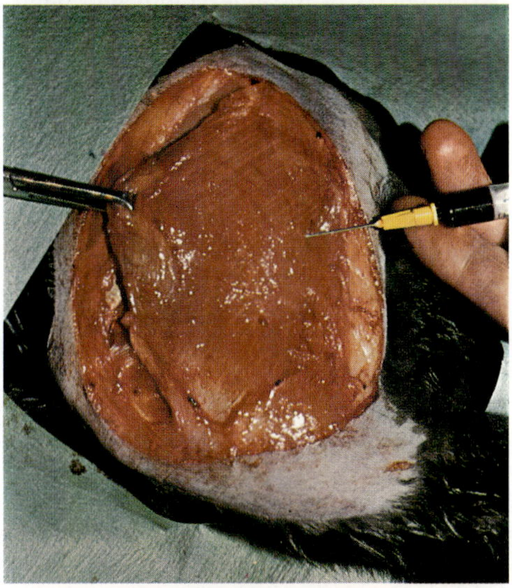

29

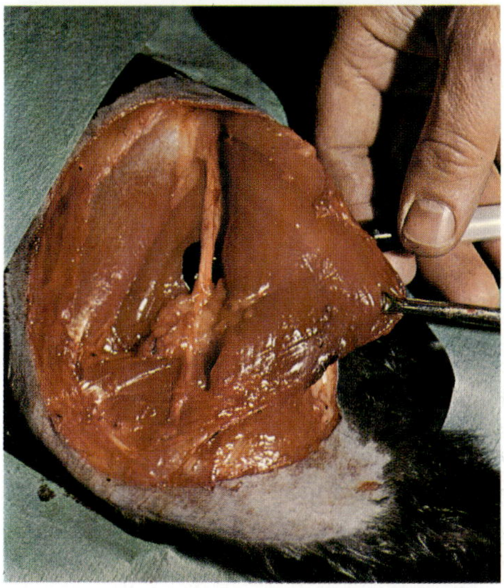

30

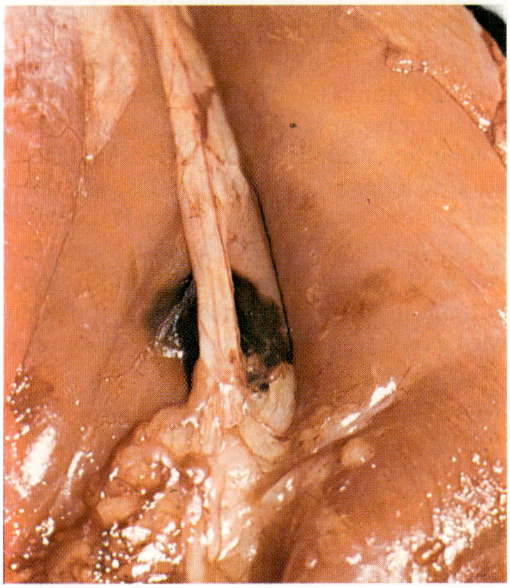

31

Abb. 27: Richtige intramuskuläre Injektion

Abb. 28: Darstellung des M. biceps femoris, richtige Injektionstechnik

Abb. 29: Falsche Injektionstechnik, Gefahr der ...

Abb. 30: ... Schädigung des N. ischiadicus

Abb. 31: Fehlinjiziertes Medikament am N. ischiadicus

dreht. Die Nasentropfen werden möglichst gleichzeitig mit dem Einatmen eingebracht.

Inhalation: Zur Aerosoltherapie ist ein spezieller Kasten erforderlich, da eine Maske bei der Katze nicht anwendbar ist. Die Abb. 26 zeigt ein System, das mit Preßluft betrieben wird. Die Inhalationszeit sollte ein- bis zweimal täglich je 15 bis 30 Minuten betragen.

Parenterale Verabreichung

1. Subkutane Injektion und Infusion

Zur subkutanen Injektion eignet sich jede Stelle, wo sich die Haut gut abheben läßt. Aus praktischer Sicht ist die Haut über den Schulterblättern vorzuziehen; an dieser Injektionsstelle ist häufig ein schmerzloser Einstich möglich. Bei älteren Katern kann die Haut an dieser Stelle ziemlich dick sein. Eine Injektion im Seitenbrustbereich wird im Hinblick auf eine medikamentös bedingte örtliche Reaktion für sicherer gehalten. Am besten geeignet sind Einmalkanülen der Größen 1, 2, 12, 18 und mit dem Farbcode rosa (1,2 × 40 mm). Bei der subkutanen Infusion sollten nicht mehr als 20 ml pro Injektionsstelle einfließen.

2. Intramuskuläre Injektion

Zur intramuskulären Injektion eignet sich besonders die Oberschenkelmuskulatur. Dabei muß beachtet werden, daß der M. biceps femoris relativ flach ist und die Injektion den N. ischiadicus gefährden kann (Abb. 27–31). Die Kanüle (Größe 1, 2, 12, 18) wird deshalb parallel zum Femur flach in dorsoventraler Richtung eingestochen (Abb. 27, 28).

3. Intravenöse Injektion und Infusion

Zur intravenösen Injektion eignen sich am besten die Vv. cephalicae antebrachii; eine Injektion in die Vv. femorales und die Vv. jugulares ist ebenfalls möglich. Die Punktion der Venen wird, wie bei der Blutentnahme beschrieben, durchgeführt. Benutzt werden Einmalkanülen (Größe 1, 2, 12).

Für häufigere Injektionen/Infusionen sind Venenpunktionssysteme vorteilhafter. Anwendung finden sog. Perfusionsbestecke (Flügelkanülen), Venenverweilkanülen sowie Venenkatheter.

Ein Perfusionsbesteck besteht aus einer mikrosilikonierten Kanüle (ab 0,4 mm Durchmesser), die mit einem PVC-Schlauch verbunden und mit diesem zwischen zwei weichen Kunststoff-Flügeln eingebettet ist. Die Kunststoff-Flügel ermöglichen eine sichere Handhabung und gute Fixierung der Kanüle mit Klebeband.

Bei Verwendung von Flügelkanülen bei Katzen wirkt sich der lange Verbindungsschlauch zwischen Kanüle und Ansatzstück nachteilig aus, weil meist nicht genügend Blut fließt, um das System bis zum Ansatzstück zu füllen. Ein Auffüllen mit physiologischer Kochsalzlösung, die erforderlich wird, um die Injektion von Luft zu verhindern, ist umständlich. Die Kanüle wird in einem möglichst flachen Winkel durch die Haut in die Vene eingestochen. Um das Auffinden der Vene zu erleichtern, kann die Punktion auch unter gleichzeitiger Aspiration mit einer aufgesetzten Spritze erfolgen. Dazu wird die Kanüle möglichst nahe der Vene durch die Haut gestochen, und eine Hilfsperson erzeugt durch Aspiration mittels einer aufgesetzten Spritze leichten Unterdruck. Die Kanüle wird in Richtung Vene geschoben, und sobald die Nadelspitze im Venenlumen liegt, erscheint die aspirierte Blutsäule im durchsichtigen PVC-Schlauch.

Soll die Infusion längere Zeit unterbrochen werden, so kann das Lumen des Perfusionsbesteckes mit Heparin- oder Citratlösung gefüllt und dann mit dem Verschlußstopfen verschlossen werden. Eine Blutkoagulation in der Kanüle oder dem Schlauch wird so vermieden, und der Zugang zur Vene bleibt offen.

Die sog. Venenverweilkanülen wie das Braunüle® Vasocan®-System sind den Flügelkanülen weit überlegen. Da nach der Punktion der Vene die Metallkanüle wieder herausgezogen wird und nur die elastische Kunststoffumhüllung der Metallkanüle in der Vene bleibt, ist die Gefahr einer Perforation wesentlich geringer als bei Flügelkanülen. Venenverweilkanülen können einfach mit einem Mandrin verschlossen werden.

Sollen über mehrere Tage wiederholte Infusionen/Injektionen erfolgen, so empfiehlt sich das Anlegen einer Venenverweilkanüle oder eines Venenkatheters. Zur perkutanen Venenpunktion der V. jugularis wird vorzugsweise ein Venenkatheter-Set (Kombination Venenkatheter/Kanüle) z. B. BARD®I-CATH, Fa. Heiland, Kanülen-Ø 1,1 mm, Katheter-Innen-Ø 0,5 mm, benutzt.

Bei genügend gefüllter Vene läßt sich der Venenkatheter durch eine Kanüle hindurch schnell legen. Nach der perkutanen Venenpunktion wird der Verweilkatheter durch die liegende Kanüle in das Gefäß vorgeschoben. Je nach Art des Systems wird die Kanüle entfernt oder in einen Kanülenschutz eingelegt. Ohne Schutz könnte die Kanülenspitze den Katheter abschneiden.

Soll die Infusion längere Zeit unterbrochen werden, wird der Venenkatheter mit Citratlösung gefüllt und abgestöpselt.

Liegt ein Katheter über mehrere Tage, kann es in seltenen Fällen zu einer Phlebitis und Perforation der Vene kommen. Eine regelmäßige Kontrolle des liegenden Katheters ist unbedingt erforderlich. Nach einer Verweildauer von 5 Tagen sollte der Katheter ausgewechselt werden.

Sind die Venen kollabiert und nicht auffindbar, so wird eine Venaesectio vorzugsweise an der V. jugularis durchgeführt. Dazu wird die Vene freipräpariert und fixiert. Dann wird der Katheter eingeführt und mittels leichtem Druckverband fixiert. Bei der V. jugularis sollte der Venenkatheter aber auch mit einer Hautnaht fixiert werden, um weiteren Blutaustritt zu verhindern.

Soll ein Venenpunktionssystem liegen bleiben, so muß die Katze am Entfernen desselben gehindert werden. Dazu bieten sich an

- zusätzliche Fixation mit selbsthaftender Binde,
- zusätzliche Fixation der Vordergliedmaße in geformter Kunststoffschiene und selbsthaftender Binde,
- Anlegen eines Kunststoff-Halskragens.

4. Intrakardiale Injektion

Lebensbedrohliche Zustände können eine intrakardiale Injektion erforderlich machen. Die Injektion wird mit einer ca. 4 cm langen Einmalkanüle (Größe 1, 0,9 × 40 mm) zwischen der 5. und 6. Rippe der rechten Thoraxwand in Höhe der Rippenfuge ausgeführt. An der stehenden Katze befindet sich diese Stelle genau über dem Ellbogenhöcker. Zum leichteren Auffinden wird von der 13. Rippe an rückwärts gezählt.

5. Intraperitoneale Injektion und Infusion

Die Injektion in den Bauchraum wird im hinteren Drittel des Abdomens ausgeführt. Wie bei der Punktion der Bauchhöhle wird die Kanüle paramedian ca. 2–4 cm von der Medianlinie entfernt eingestochen. Die Verwendung einer Braunüle® Vasocan® oder eines Venenkatheters verringert die Gefahr innerer Verletzungen.

Die Injektion bleibt besonders im dorsalen Drittel knapp am Rippenbogen ausgeführt meist ohne Schmerzreaktion und kann auch an der stehenden Katze vorgenommen werden. Die intraperitoneale Injektion bzw. Infusion ist eine weitere Möglichkeit, dem Körper parenteral Flüssigkeit zuzuführen. Sie findet Anwendung, wenn eine intravenöse Verabreichung nicht möglich ist. Dabei wird die hohe Resorptionsfähigkeit des Peritoneums ausgenutzt.

Die warme isotone Lösung kann schnell, sogar unter Überdruck eingebracht werden: bis zu 200 ml in wenigen Minuten. So erfordert die Infusion nur kurze Zeit und begrenzte Überwachung.

Da vom Peritoneum auch Eiweißkörper resorbiert werden, kann auch Blut transfundiert werden, jedoch kein Plasmaexpander.

Trotz dieser Vorteile ist die intraperitoneale Infusion als Ausweichtechnik zu bewerten, da Verletzungen und nachfolgende Verklebungen in der Bauchhöhle nicht ausgeschlossen werden können.

6. Drainage der Brusthöhle

Soll eine permanente Drainage der Brusthöhle durchgeführt werden, so wird ein Dauerdrain (Redon) gelegt. Dazu wird die Haut in Höhe des oberen Drittels der 10. Rippe eingeschnitten und von dort ausgehend mit Hilfe einer Arterienklemme subkutan untertunnelt. Der Hauttunnel wird bis zum kranialen Rand der 9. Rippe geführt. Die Punktionskanüle wird hier nach Verschieben des Hautschnittes durchgestochen, und der Katheter mit Dreiwegehahn wird wie bei der Punktion der Brusthöhle eingeschoben, dann festgenäht und mit Klebeband fixiert. Ein eingelassener Kontraststreifen ermöglicht die Röntgenkontrolle der Lage (Knickstellen).

7. Drainage und Lavage der Bauchhöhle, Peritonealdialyse

Zur Drainage der Bauchhöhle wird wie bei der intraperitonealen Injektion ein Venenkatheter oder Redondrain eingeführt.

Zur Lavage der Bauchhöhle, die auch besonders zur Diagnostik traumatisch bedingter intraabdominaler Blutungen dient, wird ein Peritoneallavage-Set (Peritofix®, Braun) erforderlich. Zur Punktion wird die Medianebene kurz vor oder hinter dem Nabel gewählt; die Stelle wird rasiert und desinfiziert. Nach Punktion wird der Trokar aus der liegenden Kunststoffkanüle (Braunülenprinzip) entfernt und der Katheter eingeführt, durch den dann ca. 200 ml einer körperwarmen isotonischen Elektrolytlösung infundiert werden, die anschließend bei gesenktem Katheter teilweise wieder zurückfließen. Farbe und Gehalt der zurückfließenden Spülflüssigkeit werden beurteilt.

Zur Peritonealdialyse bei nierenkranken Katzen kann ein Set der Fa. Cook verwendet werden (Acute Peritoneal Dialysis Catheter).

8. Medizinische Bäder

Eine Badebehandlung gestaltet sich bei der Katze nicht einfach, läßt sich aber bei vielen Katzen mit Hilfe eines netzartigen Katzensacks (CalmCat, Fa. Albrecht) problemlos durchführen (Abb. 32).

Techniken am Ohr

Voraussetzung jeder Ohruntersuchung und -behandlung ist ein Otoskop, das über eine gute Lichtquelle, vorzugsweise Halogenlicht, und einen genügend lan-

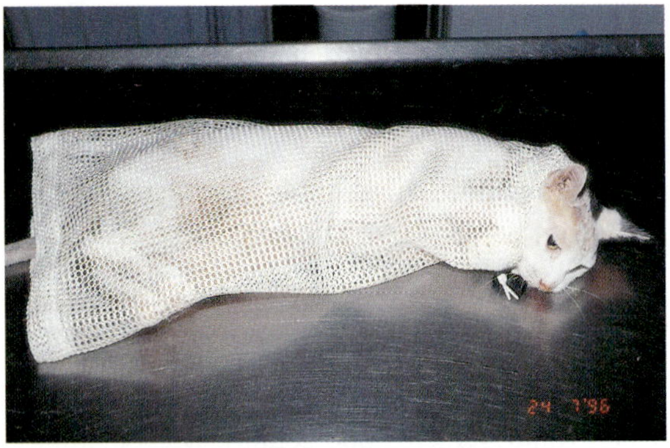

32

Abb. 32: Baden mit netzartigem Katzensack

Abb. 33: Entfernung eines Ohrpfropfes

Abb. 34: Wasserpulsator mit Aufsätzen zur Ohrspülung

Abb. 35: Ohrspülung

Abb. 36: Messung des Blutdruckes

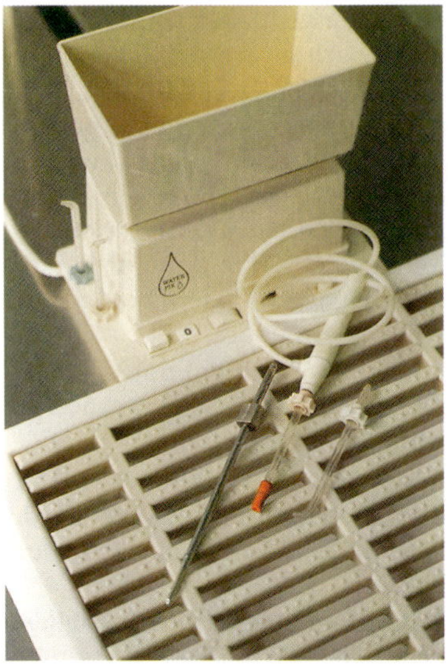

33

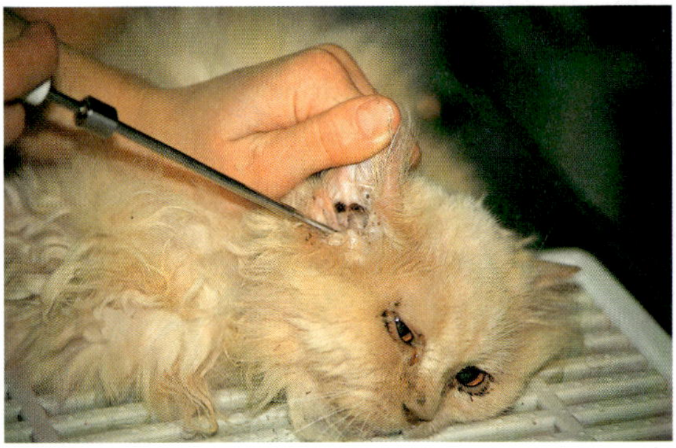

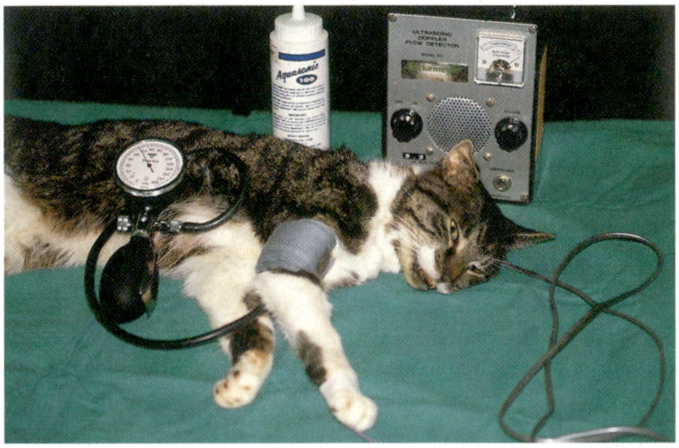

gen Ohrtrichter (50 mm) verfügt. Für die Diagnostik ist ein geschlossener Kopf mit Schlauchnippel zum Anschluß eines Insufflationsbällchens besonders dann von großem Vorteil, wenn der Gehörgang zugeschwollen ist.

Besondere Anforderungen stellt das englumige Katzenohr an die Reinigungstechnik, denn es muß vermieden werden, daß sich das im Gehörgang befindliche Sekret vor dem Wattetäger ansammelt und ungewollt vor das Trommelfell geschoben wird, wo es sich staut und Pfröpfe bildet. Durch einen mindestens 50 mm langen Ohrtrichter hindurch kann der Gehörgang unter Sichtkontrolle mit einer Ohrschlinge nach BILLEAU ausgeräumt werden (Abb. 33). Harte Partikel werden mit einer Fremdkörperzange nach HARTMANN erfaßt und durch den Ohrtrichter hindurch herausgezogen. Die Benutzung eines offenen Otoskops (z. B. Operations-Otoskop Welch Allyn) erleichtert dieses Vorgehen. Wird weder so noch durch manuelle Massage des äußeren Gehörganges nach Einbringen einer cerumenolytisch wirkenden Flüssigkeit (z. B. Biomol, Albrecht; Epi Otic, Virbac) der gewünschte Reinigungseffekt erzielt, so müssen die Gehörgänge in Narkose gespült werden. Zur Spülung eignen sich sog. Universal-Selbstfüllerspritzen aus der Humanmedizin mit aufgesetztem Plastikschlauch oder viel besser ein sog. Wasserpulsator (Water Pik®) aus dem Zahnhygienebereich. Das Water-Pik-Gerät wird zur Ohrspülung entweder mit einem Aufsatz nach GROSSAN ausgerüstet, oder es werden die mitgelieferten gebogenen Kunststoffaufsätze an ihrer Biegung abgesägt und mit einem ca. 1 cm langen Gummistück versehen (Abb. 34). Mit Vorteil wird die Katze dabei auf ein bei der Ultraschall-Zahnreinigung gebräuchliches Abtropfgitter gelegt (Abb. 35).

Messung des zentralen Venendruckes

Die Messung des zentralen Venendruckes ermöglicht es, die Fähigkeit des rechten Herzens, einströmendes venöses Blut anzunehmen und weiterzutransportieren, zu überwachen.

Die Messung gestaltet sich bei der Katze nicht einfach. Zuerst wird eine Flasche mit Infusionslösung (z. B. Ringer-Lösung, kein Plasmaexpander) mit einem gebräuchlichen Infusionsgerät versehen. Ein Meßstab (Venotonometer) wird an dem Infusionsständer angebracht. Das Schlauchsystem (Zusatzgerät zur Venendruckmessung) wird am Venotonometer (Manometer) angebracht und blasenfrei gefüllt. Die Katze liegt auf der rechten Seite auf dem Tisch.

Mit Hilfe des Venotonometer-Zeigers wird die Null-Linie eingestellt. Die Höhe des rechten Vorhofes (Null-Linie) entspricht etwa der Höhe der Eintrittsstelle der Trachea in den Brustraum. Ein Venenkatheter muß nun über die V. jugularis bis in die V. cava eingeführt werden (Länge vorher ausmessen). Die perkutane Punktion der V. jugularis führt bei der Katze häufig zu Hämatombildung; eine Venaesectio wird deshalb oft erforderlich. Liegt der Katheter, wird er mittels Anschlußkonus des Zusatzgerätes an das System angeschlossen. Durch Umschalten des Dreiwegehahnes kann der Venendruck gemessen werden, nach Rückschaltung kann wieder infundiert werden.

Messung des Blutdruckes

Unblutig läßt sich der Blutdruck mittels dopplersonographischer Methode messen. Hierzu eignet sich der Ultrasonic Doppler Flow Detector der Fa. Parks Medical Electronics (Fa. Eickemeyer, Abb. 36).

Der Umgang mit dem Gerät erfordert viel Übung, da die Meßplatine individuell über einer der Aa. digitales palmares communes plaziert und fixiert werden muß. Mittels Manschette wird dann die A. mediana komprimiert. Danach wird bis zum Erreichen des systolischen Druckes dekomprimiert und dieser Wert am Manometer abgelesen.

Der Einsatz eines oszillometrisch arbeitenden Gerätes (Dinamap Blutdruck Monitor, Fa. Critikon) muß sich bei der Katze erst noch bewähren. Als Meßpunkt kann die Unterseite der Schwanzwurzel (A. caudalis medialis) gewählt werden. Die oszillometrische Messung des Blutdruckes ist als die Methode der Zukunft einzuschätzen.

Endoskopie

W. KRAFT

Endoskopische Untersuchungen werden bei der Katze an folgenden Organen durchgeführt:

- äußerer Gehörgang (Otoskopie)
- Nase (Rhinoskopie)
- Larynx, Trachea, Bronchen (Laryngo-Tracheo-Bronchoskopie)
- Magen (Gastroskopie)
- Zwölffingerdarm (Duodenoskopie)
- Kolon (Kolonoskopie), bisweilen auch Ileum möglich
- Bauchhöhle (Laparoskopie)
- Harnblase (Urozystoskopie; transabdominal)

Die endoskopischen Untersuchungen werden häufig mit weiteren Untersuchungen kombiniert, so mit der Entnahme von bakteriologischen oder virologischen Proben, zytologischen Untersuchungen oder der Entnahme von Bioptaten, ferner mit operativen Eingriffen (Polyp-, Tumorektomie, Fremdkörperentfernung, Sekretabsaugung, Blasensteinentfernung, Kastration der Kätzin u. a.).

Zur Endoskopie ist eine Grundausstattung an Geräten erforderlich. Da die meisten Untersucherinnen und Untersucher wohl auch Hunde endoskopieren, ist aus finanziellen Gründen in der Regel ein Kompromiß erforderlich. Im folgenden werden Geräte angegeben, die sowohl bei Katzen als auch bei kleinen Hunden angewandt werden können.

Rhinoskopie

Geräte: starres Arthroskop, 2 bis 3 mm Durchmesser, 0°- bis 30°-Optik für die orthograde Rhinoskopie. Flexible Endoskope sind erhältlich, aber eingeschränkt in der Handhabung, relativ lichtschwach. – Für die Untersuchung des Pharynx respiratorius und des hinteren Teils der Nasengänge sind starre Retrorhinoskope, bei der Katze jedoch besser flexible Endoskope, 4 bis 6 mm Durchmesser, Geradeausoptik (0°-Optik), Abwinkelung 180° geeignet. Wei-

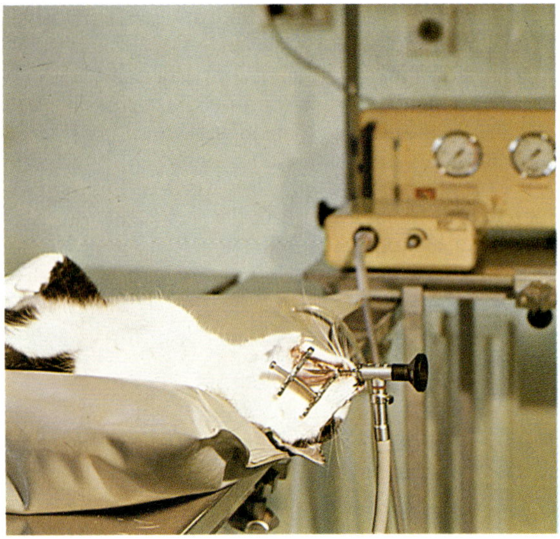

Abb. 37: Endoskopie

teres Zubehör sind Fremdkörperfaßzangen, Biopsiezangen, Spül- und Absaugkatheter.

Indikationen:
chronischer Nasenausfluß
einseitiger Nasenausfluß
chronisches Niesen
Nasenbluten
Umfangsvermehrungen im Nasenbereich
nasaler oder pharyngealer Stridor
Würgereiz (häufig Fremdkörper im hinteren Nasenbereich)
Die Katzen müssen zur Rhinoskopie in tiefe Narkose verbracht werden. Erforderlichenfalls muß noch zusätzlich eine örtliche Anästhesie (etwa mit Tetracainspray) durchgeführt werden.

Laryngo-Tracheo-Bronchoskopie
Die Untersuchung der mittleren und tiefen Atemwege erfolgt in der Regel gemeinsam. Soll auch eine Rhinoskopie vorgenommen werden, so ist diese im Anschluß an die Untersuchung der tieferen Atemwege durchzuführen. Geräte: Flexibles Endoskop, 60 cm Länge (falls das Gerät auch als Gastroduodenoskop verwendet werden soll – was wegen der Infektionsgefahr nicht ideal ist –, so empfiehlt sich eine Länge von mindestens 70 cm), Außendurchmesser bis 7 mm, Geradeausoptik, Arbeits- und Spülkanal, passende Fremdkörper-, Biopsiezangen, zytologische Bürste, Absaugschlauch. Lichtstärker, für den Anfänger leichter handhabbar, billiger, aber beschränkt in der Untersuchungstiefe und verletzungsträchtiger sind starre Endoskope, 35 bis 50 cm Arbeitslänge, 3 bis 5 mm äußerer Durchmesser, 0- bis 30°-Optik.

Indikationen für die Laryngotracheobronchoskopie sind

chronischer Husten nach Ausschluß kardialer o. a. Ursachen

chronische respiratorische Probleme ohne anderweitig abklärbare Ursache

evtl. akute Atemnotanfälle (Zytologie!)

Fremdkörperaspiration

Entnahme von Untersuchungsmaterial (bakteriologische, virologische, parasitologische, zytologische oder histologische Untersuchungen).

Die Katzen müssen in Vollnarkose gelegt werden. Manipulationen am Respirationstrakt führen hin und wieder zu Kehlkopfödem. Man muß daher ggf. sofort intubieren können (Geräte griffbereit halten!) und notfalls einen Tracheotubus legen können, der etwa zwei Tage liegenbleiben muß.

Ösophago-Gastro-Duodenoskopie
Linksseitenlage. Geräte: Flexible Gastroskope, 70 (bis 110) cm Länge, 6 bis 7 mm äußerer Durchmesser, Spitze abwinkelbar in allen Richtungen, mindestens in einer Richtung um 180°. Arbeits- und Spülkanal, passend für Arbeitskanal Fremdkörperfaßzange und -drahtkorb, Biopsiezange, Zytologiebürste, evtl. Diathermieschlinge. Die Untersuchung ist in Vollnarkose durchzuführen. Zunächst wird der Ösophagus untersucht, wobei durch Luftinsufflation eine Erweiterung des Lumens und damit Sichtbarmachung der Ösophaguswand und ihrer Elastizität sowie des Ösophagusinhalts erreicht wird. Beim Vorschieben über die Apertura thoracis erkennt man den Herzschlag, bis zur Herzbasis zeichnet sich die Trachea ab. Beim Übergang in den Magen und Durchtritt durch die Kardia erkennt man einen Farbumschlag in höhere Rötung, außerdem die ringförmige Faltenbildung. Der Magen selbst kann nur bei ausreichender, jedoch nicht zu starker Luftinsufflation untersucht werden. Dabei sollte der Anästhesist/die Anästhesistin den Bauchumfang unter Beobachtung halten. Man geht folgendermaßen vor:

Position 1: Geradeausblick auf die große Kurvatur; Falten müssen bei ausreichender Insufflation (fast) vollständig verstreichen, keine besonderen Schlaglichter, Farbe je nach Abstand des Endoskops rötlich-rosa-hellrosa-(fast) weiß (zu nah), keine Erhabenheiten und Farbveränderungen der Schleimhaut zu erkennen.

Position 2: Abwinkelung der Endoskopspitze um ca. 120°. Blick auf die kleine Kurvatur, Darstellung der Incisura angularis als m. o. w. scharfe bis wulstige Struktur.

Position 3: Abwinkelung der Endoskopspitze um c.a 90°: Blick in den Antrum-Pylorus-Bereich. Beurteilung wie große Kurvatur. In den meisten Fällen kann eine lebhafte Peristaltik beobachtet werden. Fehlen der Peristaltik muß nicht krankhaft sein (Narkosefolge). Achten insbesondere auf Fremdkörper, Umfangsvermehrungen, Tumoren, Polypen, Ulzera, Farbabweichungen allgemein oder örtlich, Öffnung des Pylorus, Regurgitation von Duodenalinhalt, Fremdkörper.
Position 4: Blick „rückwärts“, Abwinkelung um 180°. Blick retrograd auf die Kardia, Durchtritt des Endoskops gut sichtbar.
Position 5: Blick in den Fundus. Drehen des Endoskops um seine Längsachse oder Abwinkeln der Spitze in die andere Richtung.

Bei Krankheiten des Magens sollen aus allen Regionen mindestens drei, aus endoskopisch bereits erkennbaren Veränderungen ggf. auch mehr Bioptate gewonnen und histologisch, ggf. auch bakteriologisch untersucht werden. Zur Untersuchung auf Helicobacter eignen sich Schnellverfahren, wie in der Humanmedizin gebräuchlich (z. B. Iatrox®), gut. Durch „Slide-by“ – Vorbeigleiten der Endoskopspitze über die Große Kurvatur bei leichter Abwinkelung der Spitze – gelangt man in das Duodenum, das ebenfalls immer leicht insuffliert werden muß, um das Lumen sichtbar werden zu lassen. Auch hier achtet man auf die Elastizität, Schleimhautfarbe, -oberfläche, Umfangsvermehrungen. Nach wenigen Zentimetern erreicht man die Papilla duodeni (nicht verwechseln mit Umfangsvermehrung!).
Indikationen für eine Ösophagogastroduodenoskopie sind
Dysphagie
Regurgitation
Erbrechen, insbesondere Hämatemesis
Fremdkörperverdacht (Würgen)
Meläna
Verdacht auf Ösophagitis
gastroösophagealer Reflux
Hiatushernie
Funktionsstörung von Kardia oder Pylorus
längere Anorexie
Der Patient muß mindestens 12 Stunden gehungert haben.

Rektoskopie, Kolonoskopie
Linksseitenlage. Geräte: Zur Untersuchung des Colon descendens sind starre Rektoskope möglich, Länge 15 bis 20 cm, Durchmesser bis 12 mm. Ungleich breiter in der Einsatzfähigkeit sind aber flexible Endoskope. Wenn der äußere Durchmesser 7 (bis 9) mm nicht überschreitet, spielt die Länge keine entscheidende Rolle, so daß größere Geräte verwendet werden können (110 cm Länge). Hinzu kommen die üblichen Hilfsgeräte (s. Ösophagogastroduodenoskopie). Die Tiere müssen mindestens 36, besser 48 Stunden gehungert haben. Eine Freispülung des Kolons mit warmer physiologischer Kochsalzlösung vor der Endoskopie ist auch dann unumgänglich. Gut geeignet ist auch die Vorbereitung mit Abführmitteln. Ruhige Katzen können ohne Narkose untersucht werden, wenn nur das Colon descendens endoskopiert werden soll. In den übrigen Fällen ist eine Vollnarkose empfehlenswert. Nach Einführen des Endoskops (bei starren Kolonoskopen mit Obturator in Position, der nach Überwinden des Schließmuskels entfernt werden muß) wird Luft insuffliert, um das Kolon zu dilatieren. Dabei wird das Endoskop leicht vorgeschoben und die Darmschleimhaut sowie die Elastizität der Darmwand beobachtet. Erreicht man das Colon transversum, erkennbar an der halbmondförmigen Öffnung nach oben, so biegt man die Endoskopspitze leicht ab und schiebt das Endoskop dem Lumen nach weiter. Ebenso verfährt man bei Erreichen des Colon ascendens. Den Blinddarm erkennt man an der großen runden Öffnung, während die Ileozäkalöffnung als wulstförmige runde Struktur erkennbar wird. Bei der Katze gelangt man in der Regel nicht in das Ileum hinein. Dagegen kann man mit einer Biopsiezange o. ä. sehr wohl das Ileum erreichen und hier Proben blind entnehmen.
Indikationen für eine Kolonoskopie sind
chronische Dickdarmdurchfälle
frische Blutungen
Meläna
Kotabsatzbeschwerden
Tenesmus
Obstipationen
Probenentnahmen
Polyp- oder Tumorektomie

Laparoskopie
Seit Einführung der Ultraschalluntersuchung wird die Laparoskopie wesentlich seltener als früher durchgeführt.
Positionen:
1. Rückenlage, Einführen des Laparoskops in Nähe der Linea alba: Überblick, sichtbar werden ein Teil des Magens, der Milz, der Leber mit der Gallenblase, Harnblase, Eierstöcke.
2. Rechtsseitenlage: Zugang auf der linken Bauchseite etwa Mitte. Untersuchung linker Teile der Leber, die linke Niere und der linken Nebenniere.
3. Linksseitenlage: Bevorzugte Lage der Laparoskopie. Zugang rechte Seite etwa Mitte. Rechte Leberlappen, Lobus quadratus, Gallenblase, Gallengang,

Magen in Pylorusgegend, Pars descendens duodeni, Pankreas, Jejunum, rechte Niere, rechte Nebenniere, Harnblase.

Vorbereitung des Patienten: mindestens 12 Stunden Hungern. Vollnarkose. Entleeren der Harnblase. Geräte: Laparoskop, mit oder ohne Arbeitskanal, Trokar, zum Endoskop passende Biopsiezangen oder externe Biospiezangen mit passendem Trokar, Arbeitssonden, Schere passend zum Endoskop oder externe Endoskopieschere, Insufflationsgerät, CO_2-Flaschen, Einführen einer Insufflationskanüle, Insufflation mit CO_2. Durchführung: Einführen eines Trokars, passend zum Endoskop. Nach Entfernen des Trokars aus der Hülse und Einführen des Endoskops durch die Trokarhülse geht man systematisch vor, indem man zunächst Zwerchfell und Leber und danach langsam nach kaudal die Eingeweide untersucht. Näheres s. Fachbücher der Endoskopie.

Zystoskopie

Bei der Katze gelingt die Zystoskopie fast nur als perkutane, transabdominale Methode. Dazu muß die Harnblase katheterisiert und mit physiologischer Kochsalzlösung aufgefüllt werden. Man trokariert sie dann von außen und führt das Endoskop ein. Geeignet ist ein starres Endoskop mit 30°-Optik, zusätzlich Arbeitsgerät, insbesondere Biopsiezange.

Indikationen:

Hämaturie, besonders Endportion
Verdacht auf Tumoren oder Polypen (Sonographie)
Tumor-, Polypektomie
Steinentfernung

Otoskopie

Mit den älteren Heißlichtgeräten kann nur eine relativ eingeschränkte Untersuchung des äußeren Gehörgangs erfolgen, da man häufig nicht bis zum Trommelfell vordringen kann. Dagegen ermöglichen die modernen Kaltlichtgeräte ein tiefes Eindringen bis zum Trommelfell. Bei der Katze ist jedoch meistens eine Narkose erforderlich, insbesondere wenn weitere Manipulationen durchgeführt werden sollen (Probenentnahmen, insbesondere Biopsien, Polypektomie, Fremdkörperentfernung).

Literatur

KRAFT, W.: Tierärztliche Endoskopie. Schattauer Verlag, Stuttgart, New York, 1993.

Sonographie

E. LOHSS-BAUMGÄRTNER

Die Sonographie hat sich in den letzten Jahren zu einem wertvollen diagnostischen Hilfsmittel für die Untersuchung der Abdominalorgane bei Kleintieren entwickelt. Die geringe Belastung und gute Durchführbarkeit sowie der große Informationsgewinn verschaffen dieser Methode zunehmende Verbreitung in der Praxis. Anamnestisch und klinisch erhobene Befunde können schnell und risikoarm überprüft, häufig auch abgeklärt werden, und vielfach ersetzt die Sonographie die Röntgenuntersuchung. In vielen Fällen ist sie dieser überlegen, vor allem wenn es um die Darstellung der Binnenstruktur der parenchymatösen Organe, kleiner Mengen freier Flüssigkeit im Abdomen oder von Konkrementen der harnableitenden Wege geht. Dank der raschen technischen Weiterentwicklung der Geräte können heute mit Real-time-Scannern Leber, Gallenblase, Milz, Nieren und Blase der Katze gut und mit vielen strukturellen Feinheiten dargestellt werden. Dennoch sollte kein sonographischer Befund vorschnell zu einer Diagnose verleiten. Die Ultraschalluntersuchung kann immer nur ein diagnostisches Hilfsmittel sein, das erst in schlüssige Kombination mit Anamnese, klinischen, labordiagnostischen und ggf. röntgenologischen Befunden gebracht werden muß.

Geräte

Zur Untersuchung von Katzen werden heute fast ausschließlich Real-time-Sonographen eingesetzt, die mit Sektor- oder Convexsonden von 5 MHz ausgestattet sind. In manchen Fällen kann eine 7,5 MHz Sektor- oder Linearsonde hilfreich sein (Nieren, Blase). Elektronische Schallköpfe (Linear, Convex) sind wegen der besseren Bildqualität den mechanischen (Sektor) vorzuziehen, sind aber wesentlich kostspieliger (Abb. 38).

Indikationen

Die Indikationen sind vielfältig (Tab. 1). Zunächst dient die Sonographie der Bestimmung von Lage, Größe, Form und Struktur bzw. Inhalt von Leber, Gallenblase, Milz, Nieren und Blase. Bei allen abdominalen Schmerzzuständen unklarer Genese ist eine sonographische Untersuchung angezeigt. Eine der wichtigsten Indikationen ist die Differenzierung unklarer Umfangsvermehrungen sowie die Metastasensuche bzw. Kontrolle bei festgestellten Tumoren. Freie Flüssigkeit im Abdomen sowie pathologische Flüssigkeitsansammlungem in Organen können gut und oft sehr frühzeitig als echofreie Areale erkannt werden. Ebenso sind Stauungen und Steinbildungen meist einfach zu identifizieren.

Tabelle 1: Indikationen zur abdominalen Sonographie bei der Katze

- Bestimmung von Lage, Größe, Form und Struktur bzw. Inhalt von Leber, Gallenblase, Milz, Nieren und Blase
- Diagnostik unklarer abdominaler Schmerzen
- Differenzierung röntgenologisch und/oder palpatorisch festgestellter Umfangsvermehrungen
- Diagnostik pathologischer Flüssigkeitsansammlungen
- Diagnostik von Stauungen und Steinbildungen
- Diagnostik und Verlaufsbeobachtungen entzündlicher und anderer, nicht tumoröser Erkrankungen parenchymatöser Organe

Die Diagnostik entzündlicher und anderer, nicht tumoröser Erkrankungen der Parenchyme ist dagegen oft schwierig und vom Vorhandensein makroskopisch erkennbarer Veränderungen abhängig, wobei der Erfahrung des Untersuchers eine entscheidende Rolle spielt. Wegen der geringen Belastung und Gefahrlosigkeit der Methode eignet sich die Sonographie hervorragend zur Verlaufsbeobachtung aller darstellbaren Veränderungen. Nicht zuletzt dient sie der gezielten Probenentnahme von Geweben und Flüssigkeiten zu histologischen, zytologischen und mikrobiologischen Untersuchungen.

Kontraindikationen für die Sonographie bestehen nicht.

Vorbereitung des Patienten

Vor der Untersuchung sollte die Katze möglichst 12–24 Stunden hungern, wodurch sich Gasbildungen im Magen-Darm-Trakt verringern. Intestinale Gasansammlungen stellen aufgrund ihrer Totalreflexion der Schallstrahlen ein Haupthindernis der abdominalen Sonographie dar. Auch vorangehende Streßsituationen verursachen derartige Aufgasungen, weshalb sie vermieden werden sollten. Behinderungen werden auch durch bariumsulfathaltige Kontrastmittel hervorgerufen, während die wasserlöslichen, jodhaltigen Mittel problemlos durchschallt werden können.

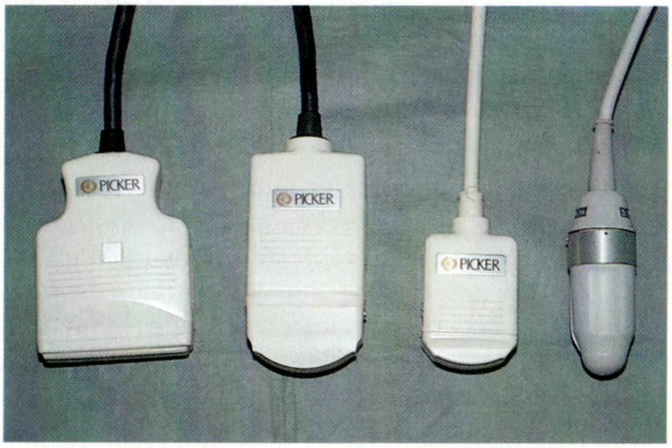

Abb. 38: Die verschiedenen Schallköpfe

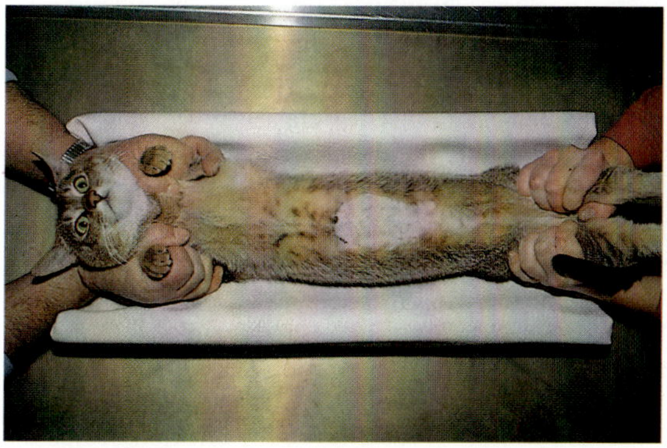

Abb. 39: Katze zur Untersuchung vorbereitet

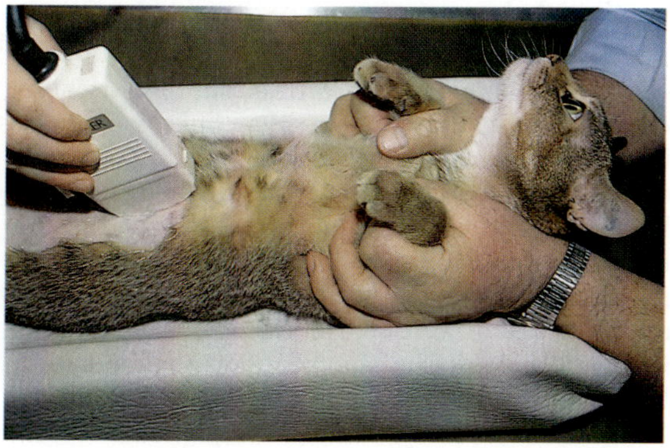

Abb. 40: Schallkopfposition beim Längsschnitt

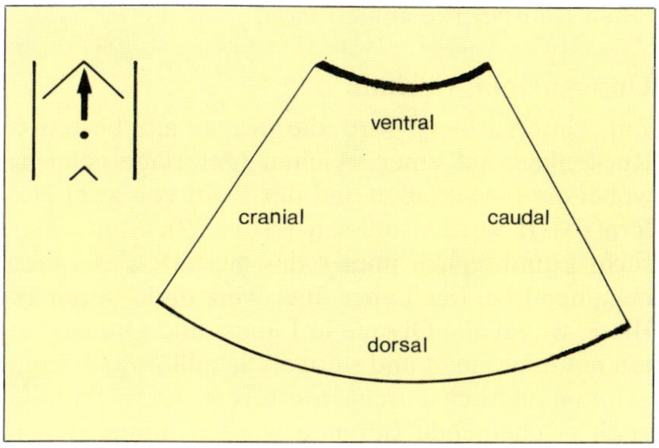

Abb. 41: Darstellung auf dem Monitor beim Längsschnitt

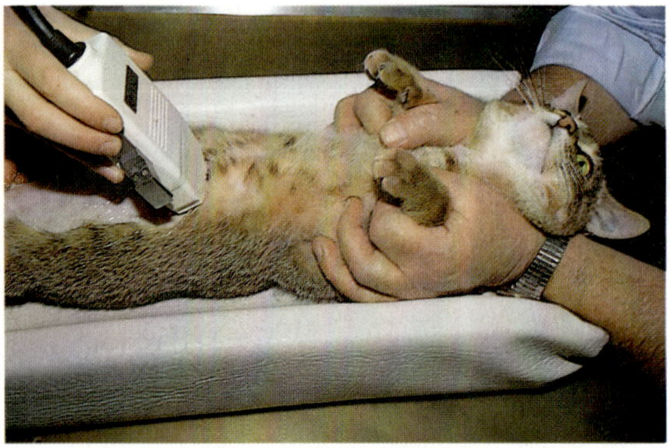

Abb. 42: Schallkopfposition beim Querschnitt

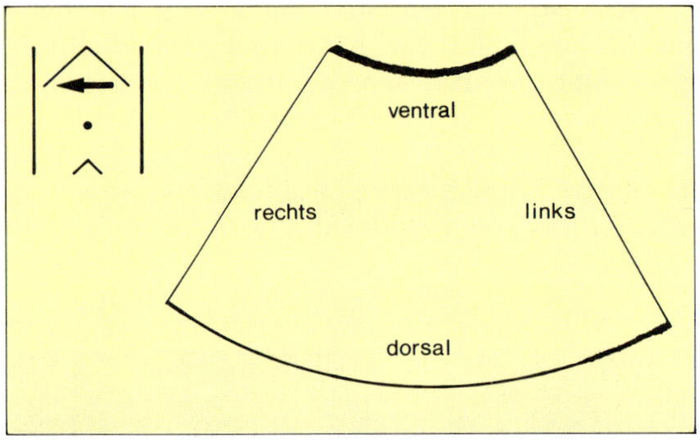

Abb. 43: Darstellung auf dem Monitor beim Querschnitt

Eine Sedation ist, wenn zwei Hilfspersonen zur Verfügung stehen, nur selten erforderlich.
Um einen guten Kontakt zwischen Schallkopf und Haut zu ermöglichen, sollte die Katze vom Xyphoid bis zum Becken zwischen den Mammillen sauber ausgeschoren werden. Zur Untersuchung der Leber ist oft ein weiteres Ausscheren im Thoraxbereich erforderlich. Anschließend wird reichlich Ultraschallgel, am einfachsten mit einem Pinsel, auf die geschorenen Hautbezirke aufgetragen.

Untersuchungstechnik

Zur Untersuchung wird die Katze am besten in Rückenlage auf einer weichen Unterlage gelagert, wobei die Gließmaßen und der Kopf von zwei Helfern fixiert werden müssen (Abb. 39). Man untersucht grundsätzlich immer das gesamte Abdomen, beginnend bei der Leber über Milz und Nieren zur Blase, wobei alle Organe in Längs- und Querschnitten mit langsamen und stetigen Schallkopfbewegungen systematisch durchgemustert werden. Pathologisch erscheinende Befunde werden mindestens in zwei verschiedenen Schnittebenen dargestellt, um Artefakte auszuschließen.

Die Darstellung auf dem Monitor ist nicht einheitlich geregelt. Üblicherweise erfolgt bei der von ventral durchgeführten Untersuchung die Schallkopfpositionierung so, daß bei einem Körperlängsschnitt die „Nase" des Schallkopfes nach kranial gerichtet ist. Auf dem Monitorbild sind in diesem Fall kraniale Körperabschnitte links, kaudale rechts, ventrale oben und dorsale unten abgebildet (Abb. 40 und 41). Der Pfeil im Orientierungsbild, das im allgemeinen auf dem Monitor eingeblendet ist, markiert die Lage des Schallkopfes, wobei die Pfeilspitze die Richtung der Schallkopfnase angibt. Bei einem Körperquerschnitt zeigt die Schallkopfnase zur rechten Seite des Patienten. Entsprechend ist links auf dem Monitor die rechte Seite des Patienten, rechts die linke Seite, oben wieder ventral und unten dorsal dargestellt (Abb. 42 und 43). Alle im folgenden dargestellten Abbildungen richten sich nach diesem Schema.

Untersuchungsgang

Die Untersuchung beginnt im allgemeinen mit der Darstellung der Leber in Längs-, Schräg- und Querschnitten. Der Schallkopf muß dazu direkt hinter dem Xyphoid fest aufgedrückt werden. Durch Kippen nach kranial, rechts und links wird die Leber durchgemustert. Da die Leber der Katze physiologischerweise vollständig intrathorakal liegt, kann sie häufig nur bei interkostaler Schallkopfankopplung betrachtet werden.

Das Lebergewebe erscheint fein granuliert und homogen. Vena cava, Lebervenen und Pfortaderäste sind im Bereich der Leberpforte sichtbar (Abb. 44). Die Gallenblase ist meist im subkostalen Schrägschnitt oder rechtsseitig interkostal einsehbar und erscheint je nach Füllungszustand rund bis oval mit echofreiem Lumen (Abb. 45).

Pathologische Befunde der Leber sind vielfältig und häufig nur durch Biopsie abzuklären. Als Beispiel seien eine Zystenleber (Abb. 46) und das Bild einer knotigen Leberzirrhose mit Aszites (Abb. 47) wiedergegeben.

Zur Darstellung der Milz wird der in Längsrichtung orientierte Schallkopf paramedian links von der Leber aus nach kaudal verschoben. Sie ist meist kaudal des linken Leberlappens und kraniolateral der linken Niere sichtbar. Aufgrund ihrer lockeren Fixation ist sie häufig auch medial oder rechts zu finden. Da sie direkt der Bauchwand anliegt, kann sie oft nur schwer beurteilt werden. Hier ist eine Nahfeldfokussierung, eine Vorlaufstrecke oder auch eine 7,5-MHz-Linearsonde bei der Untersuchung günstig. Bei starker Kippung des Schallkopfes nach lateral kann die Milz in ihrer Ausdehnung entlang der Bauchwand betrachtet werden.

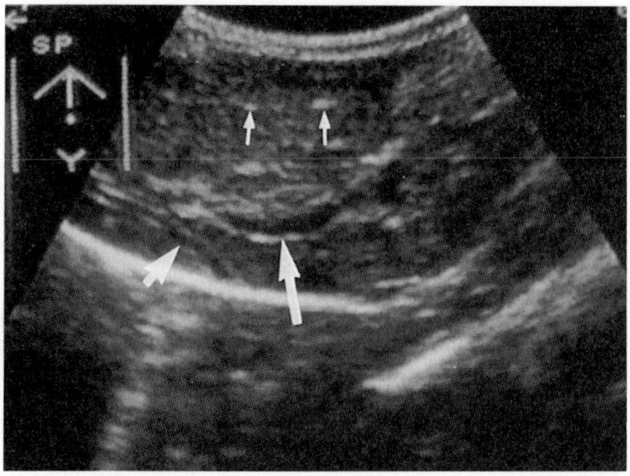

Abb. 44: Leberlängsschnitt im Bereich der Leberpforte mit Pfortader (gr. Pfeil), Lebervene (kl. Pfeil) und Pfortaderästen (dünne Pfeile)

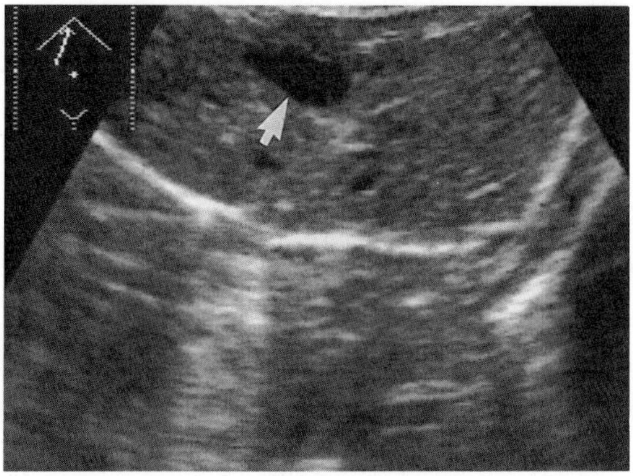

Abb. 45: Gallenblase (Pfeil)

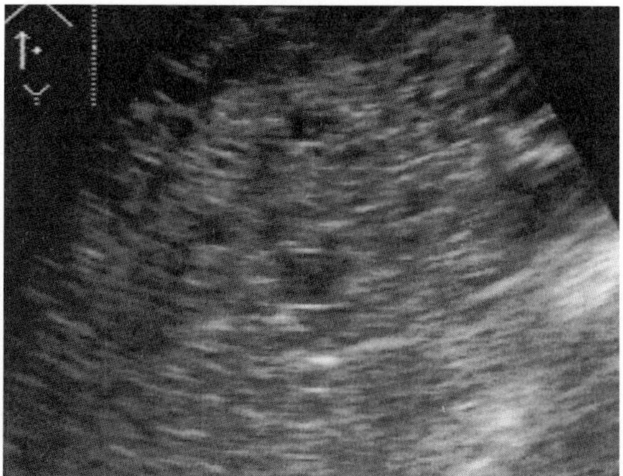

Abb. 46: Zystenleber: Leber stark vergrößert und mit ungleichen, unregelmäßig begrenzten echofreien Arealen durchsetzt

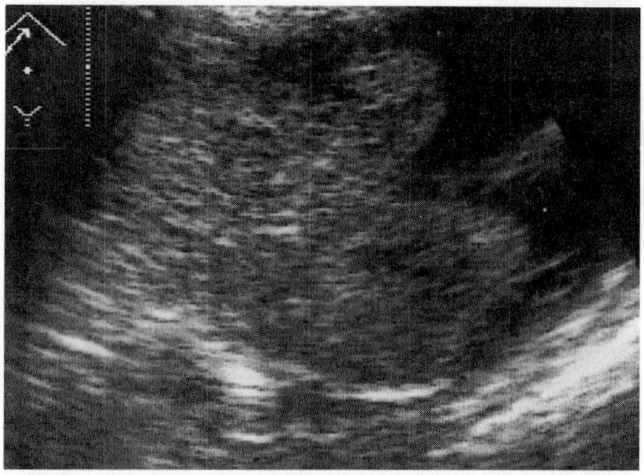

Abb. 47: Leberzirrhose: plumpe, abgerundete Leberränder, vermehrt granulierte Struktur, Aszites

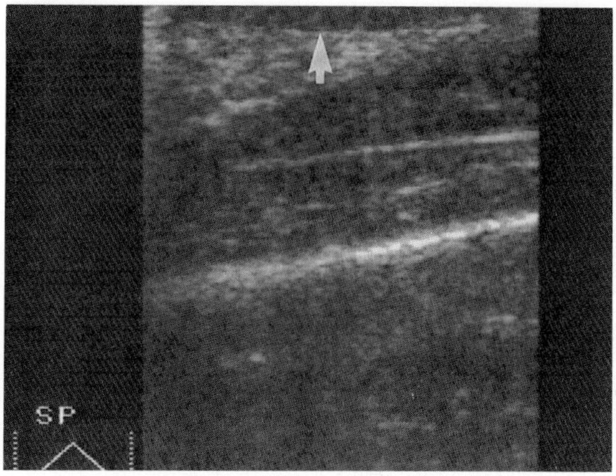

Abb. 48: Milz: als schmaler, feingranulierter Gewebestreifen direkt unter der Bauchwand sichtbar (Pfeil), 7,5-MHz-Linearsonde

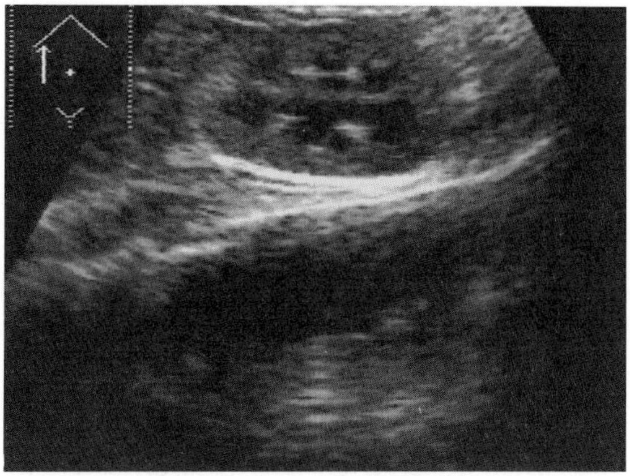

Abb. 49: rechte Niere im Längsschnitt

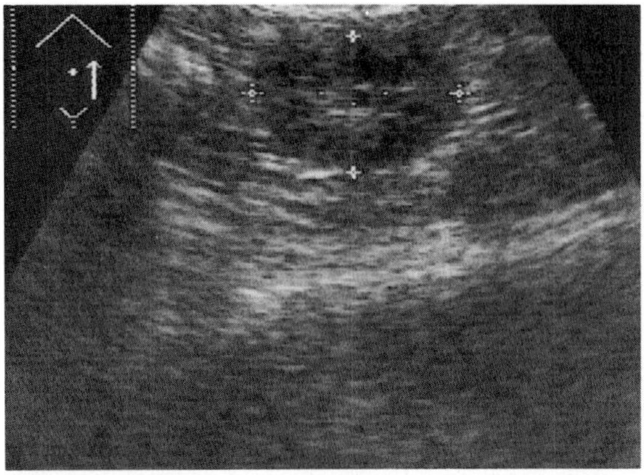

Abb. 50: Chronische Schrumpfniere. Niere klein und schlecht abgrenzbar, keine Markstrukturen mehr sichtbar (Kreuze)

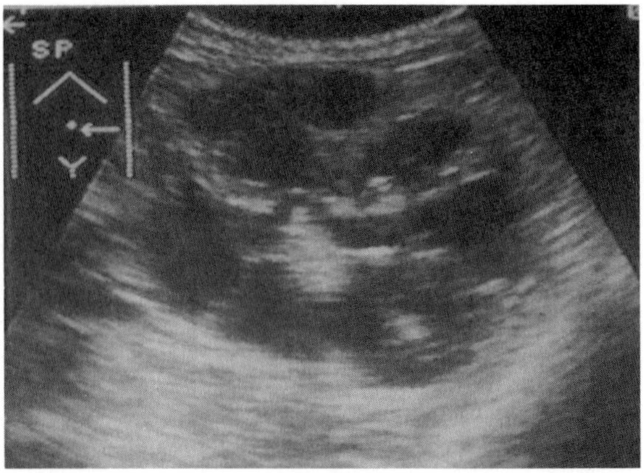

Abb. 51: Zystenniere: große, echofreie Areale im Rindenbereich, Nierenstruktur kaum mehr erkennbar

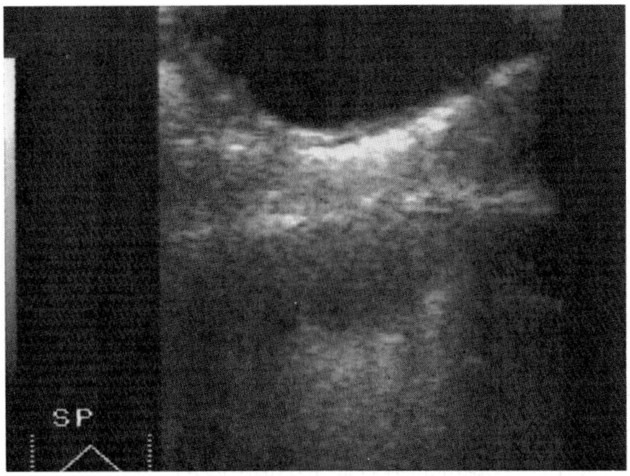

Abb. 52: Harnblase im Längsschnitt

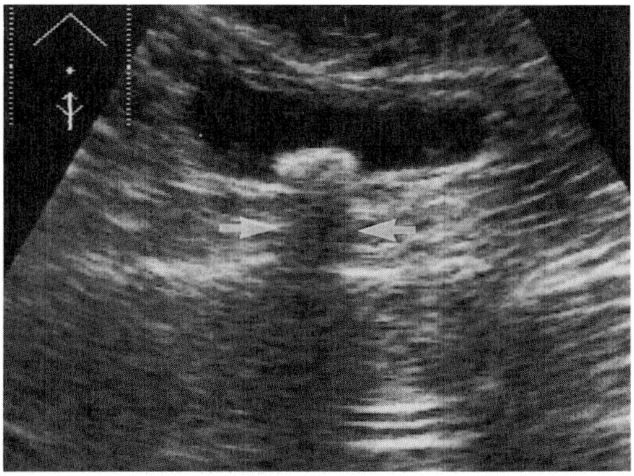

Abb. 53: Harnblasenstein: Echogene Struktur in der Blase mit distalem Schallschatten (Pfeile)

Die Milz ist klein, an den Enden spitz auslaufend und von feingranulierter homogener Struktur. Gefäße sind nicht sichtbar (Abb. 48).

Pathologische Befunde sind bisher nur vereinzelt beschrieben.

Die linke Niere ist meist der Milz medial direkt anliegend, während die rechte Niere direkt kaudal des rechten Leberlappens zu finden ist. Beide Nieren werden in Längs- und Querschnitten dargestellt.

Auch für die Untersuchung der Nieren kann eine 7,5-MHz-Linearsonde sehr hilfreich sein, da auch sie der Bauchwand meist direkt anliegen. Häufig muß aber zur Untersuchung der Schallkopf mit einigem Druck aufgesetzt werden, um zwischen Bauchwand und Nieren gelegene lufthaltige Darmschlingen zu verdrängen.

Die Struktur der Nieren ist bei der Katze sehr gut zu differenzieren. Zentral ist das sehr reflexreiche Nierenbecken zu sehen, sehr echoarm stellt sich das Nierenmark dar, deutlich gegen die echogenere Rinde bogenförmig abgegrenzt. Die Kontur der Nieren ist glatt, die Rindenstruktur fein granuliert (Abb. 49).

Häufigster pathologischer Befund sind chronische Schrumpfnieren, die sonographisch an dem mehr oder weniger vollständigen Strukturverlust zu erkennen sind. Im ausgeprägten Stadium sind die Nieren klein und kaum vom umgebenden Gewebe zu unterscheiden (Abb. 50). Einfach zu erkennen sind dagegen die meist angeborenen Zystennieren (Abb. 51).

Die Blase wird mit präpubical aufgesetztem Schallkopf in Längs- und Querschnitten mittels Kippung des Schallkopfes durchgemustert.

Ihre Kontur ist glatt, das Lumen echofrei mit deutlicher distaler Schallverstärkung (Abb. 52).

Häufiger pathologischer Befund sind Konkremente, die an ihrer starken Echogenität mit distaler Schallauslöschung zu erkennen sind (Abb. 53).

Im mittleren Abdomen können Darmschlingen und häufig auch Aorta und Vena cava dargestellt werden.

Wichtigste pathologische Veränderungen sind Darmwandverdickung infolge lymphozytärer Infiltration und die Aortenthrombose. In vielen Fällen können auch vergrößerte Mesenteriallymphknoten dargestellt werden (Abb. 54).

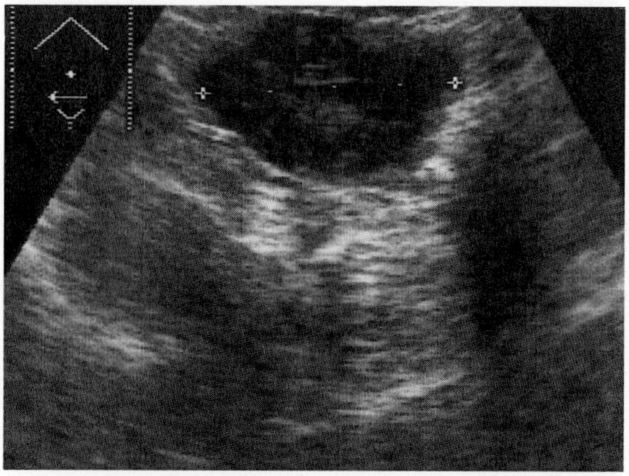

Abb. 54: Vergrößerter Mesenteriallymphknoten: echoarme, unregelmäßig begrenzte, inhomogene Gewebsstruktur

Röntgenuntersuchung

Von E. Köppel

Raum für Notizen

Röntgenuntersuchung

Die Röntgenuntersuchung ist bis heute das einfachste und zugleich bedeutendste bildgebende Verfahren zum Erkennen und Beurteilen pathologischer Geschehen bei der Katze. Aufbauend auf Befunde der klinischen Untersuchung, gegebenenfalls in Verbindung mit Laborbefunden, ermöglicht die Radiologie in vielen Fällen eine Sicherung der Diagnose, und hilft damit die Grundlage für das therapeutische Vorgehen zu schaffen.

1. Technik der Röntgenuntersuchung

Als Röntgenpatient bietet die Katze besonders günstige Voraussetzungen. Weitgehend übereinstimmende Körpergröße und damit identische Objektdicken gestatten im allgemeinen einheitliche Expositionsdaten, von einigen wenigen Extremen abgesehen, wie Katzenwelpen oder adipöse Katzen.

Grundsätzlich sind die Anforderungen an ein Röntgengerät für die Untersuchung von Katzen wesentlich weniger aufwendig als vergleichsweise zur Untersuchung von Hunden. So reichen für Katzen durchwegs Geräte mit einem Spannungsbereich von 40 bis 65 kV und einer Dosisleistung von bis zu 200 mAs. Diese Leistungsparameter werden praktisch von allen derzeit auf dem Markt befindlichen Röntgenstrahlern (Zwei- u. Mehrpuls-Generatoren Hochfrequenzgeneratoren, Kondensatorgeräte) erfüllt.

Ebenso ist der Einsatz von Streustrahlenblenden, zur konturscharfen Abbildung beim Hund häufig unerläßlich, bei der Katze nur in den seltensten Fällen erforderlich. Der verhältnismäßig geringe Dosisaufwand, auch bei Thorax- und Abdomenuntersuchungen, läßt nur wenig Streustrahlung entstehen.

Nach unserer Erfahrung hat sich der Einsatz von feinzeichnenden Film-Folienkombinationen besonders bewährt. Folien von maximal mittlerer Verstärkung und feinkörniges Filmmaterial dienen der Verbesserung der Detailerkennbarkeit. Dies ist im Zusammenhang mit den oft sehr diskreten Veränderungen z. B. am Schädelskelett oder im Thorax der Katze von Vorteil.

Die Grundausstattung mit Röntgenkassetten sollte zwei Kassetten der Formate 18 Zentimeter mal 24 Zentimeter sowie je eine Kassette des Formats 13 Zentimeter mal 18 Zentimeter und 24 Zentimeter mal 30 Zentimeter umfassen.

Eine ordnungsgemäße Filmausarbeitung mit einem Entwicklerautomaten oder im Naßtank hat wesentlichen Anteil an der Qualität des Röntgenbildes und damit an der Qualität der Diagnostik.

Die Röntgenuntersuchung der Katze ist mit einem verhältnismäßig geringen Strahlenaufkommen verbunden. Dem gegenüber stehen, aufgrund der geringen Größe der Tiere, Haltepunkte meist in unmittelbarer Nähe zum Nutzstrahlenbündel. Diese Tatsache bedeutet ein erhöhtes Risiko der Strahlenexposition an den Händen von Tierarzt und Helfer(in). Dem Strahlenschutz und den damit verbundenen gesetzlichen Vorschriften muß daher besondere Beachtung geschenkt werden.

Die Lagerungstechnik der Katze zur Röntgenuntersuchung wird in den einzelnen Kapiteln ausführlich besprochen und anhand von Abbildungen dargestellt werden. Grundsätzlich fordern wir, daß nach eingehender klinischer Untersuchung die darzustellende Körperregion definiert werden soll. Daß also entsprechend der Befunde schon vor der Röntgenuntersuchung klar ist, welche Bereiche des Organismus abgebildet werden sollen. Ganzkörperaufnahmen ertsprechen auch bei der Katze aus den bekannten Gründen (Abbildungsgeometrie, Dichteunterschiede, Strahlenschutz u. a. m.) nicht dem notwendigen Standard einer korrekten radiologischen Diagnostik.

Im allgemeinen verzichten wir auf eine Ruhigstellung der Katzen. Ausnahmen machen wir verständlicherweise bei besonders widersätzlichen Tieren und für Röntgenuntersuchungen, die mit einer für die Katze unangenehmen Lagerung verbunden sind (z. B. Zahn- und Kieferaufnahmen).

2. Röntgendiagnostik

Jede erfolgreiche Analyse eines Röntgenbildes setzt umfassende Kenntnisse des Normalen und seine Abgrenzbarkeit vom Pathologischen voraus. Damit sind das Wissen um die Anatomie und Röntgenanatomie der Katze (5, 12), verbunden mit der Erfahrung und Übung in der Interpretation von Röntgenbildern, die Grundlagen einer zielführenden Diagnostik.

Die Bildanalyse orientiert sich grundsätzlich an der Beurteilung von Dichteunterschieden. Diese Dichteunterschiede entstehen aufgrund der unterschiedlichen Strahlungsdurchlässigkeit der einzelnen Ge-

webe. Dadurch ist es möglich, anatomische Strukturen zu differenzieren und, unter Berücksichtigung der physiologischen „Grauwerte", Strukturveränderungen, deren Ursache eine erhöhte oder verminderte Dichte ist, auch innerhalb derselben Gewebe zu erkennen und zuzuordnen (z. B. Knochenneoplasien, Infiltrate oder Emphyseme in Lungenlappen, Sekretansammlungen in Nasenhöhlen u. v. m.). die Abgrenzbarkeit von Geweben annähernd gleicher Dichte, wie bei den Organen der Bauchhöhle, hängt in erster Linie von deren Einbettung in weniger dichte Gewebeanteile (Fettgewebe!!!) ab; nicht zuletzt auch von der Qualität des Röntgenbildes (6).
In den folgenden Kapiteln werden die physiologischen und röntgenanatomischen „Normalbefunde" der einzelnen Körperregionen anhand von Abbildungen besprochen. Gleichzeitig wird auf eine Vielzahl möglicher pathologischer Veränderungen hingewiesen, ihr röntgenologisches Erscheinungsbild beschrieben und mit Bilddokumenten veranschaulicht.

2.1. Thorax

Die Untersuchung von Lunge und Herz zählt neben der des Abdomens zu den wesentlichsten radiologischen Indikationen. Erkrankungen der tiefen Atemwege und der Lunge sowie Herz-Kreislaufprobleme sind aufgrund der günstigen physikalischen Verhältnisse des Thorax für den Radiologen besonders gut darstellbar. Voraussetzung dafür ist allerdings, daß Lagerungs- und Aufnahmetechnik standardisiert werden. Soweit als möglich sollte eine Thoraxaufnahme immer am Höhepunkt des Inspiriums erfolgen.
Jede Thoraxuntersuchung setzt ein Aufnahmenpaar voraus. Die latero-laterale Aufnahme erfolgt in linker Seitenlage, bei der die Katze an Sprung- und Karpalgelenken fixiert und gestreckt wird. Eine Streckung des Kopfes nach kranio-dorsal ist wünschenswert, bei der Katze aber nicht unbedingt erforderlich (Abb. 1).

Abb. 1: Lagerung zur Röntgenaufnahme mit lat.-lat. Strahlengang in linker Seitenlage. Beachte die etwa ein- bis zweifingerbreite Distanz zwischen ventraler Thoraxbegrenzung und Kassettenrand.

Abb. 2: Lagerung zur Röntgenaufnahme mit ventr.-dors. Strahlengang.

Für die ventro-dorsale Aufnahme wird die Katze wie oben beschrieben fixiert und in Rückenlage gestreckt. Der Zentralstrahl ist auf die Mitte des Thorax gerichtet (Abb. 2).

Bei bestimmten Fragestellungen kann es sinnvoll sein, neben diesen Aufnahmen weitere, in anderen Positionen anzufertigen. Wir untersuchen, speziell bei Verdacht auf Metastasen, zusätzlich in rechter Seitenlage und fallweise auch mit dorso-ventralem Strahlengang. Diese Lagerung wählen wir auch bei hochgradiger Flüssigkeitsansammlung in der Brusthöhle.

Empfindlicher als andere Körperregionen reagiert der Thorax auf fehlerhafte, nicht optimierte Belichtungsdaten. Die Folge können sowohl „falsch positive" als auch „falsch negative" Befunde sein. Ein gutes Röntgenbild eines physiologischen Thorax läßt folgende anatomischen Strukturen erkennen:

Herzschatten: 4. ICR bis 6. ICR; Zwerchfellkontur; Trachea: scharf konturierter Aufhellungsstreifen von der Apertura cran. bis zum 5. ICR im spitzen Winkel zur Wirbelsäule ziehend; Bifurcatio tracheae: im 5. ICR, streifenförmige, scharf begrenzte Aufhellung, die sich gegen kaudal und kaudo-ventral verjüngt; Aorta: der Wirbelsäule anliegende homogene Verschattung, die bogenförmig aus der kranialen Herzbasis im 4. ICR entspringt; Vena cava caudalis: schmaler, wenig dichter homogener Schattenstreifen zwischen der Zwerchfellkontur und der kaudalen Herzkontur im 6. ICR; Lungenzeichnung: scharf konturierte, feine bis feinste Verdichtungslinien im gesamten Lungenfeld – Gefäße (Abb. 3 a, b).

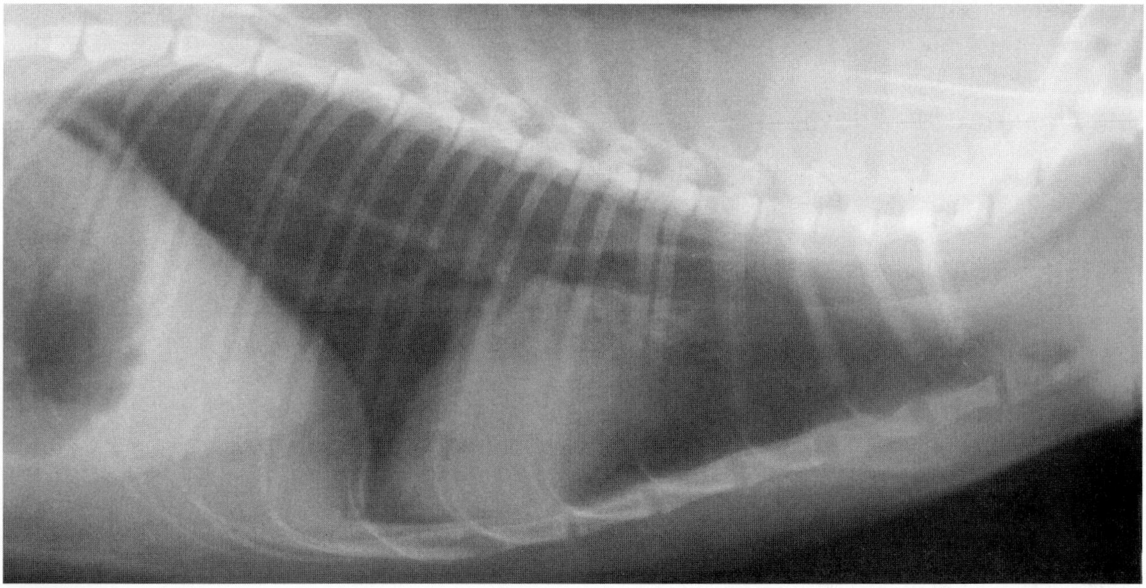

3 a

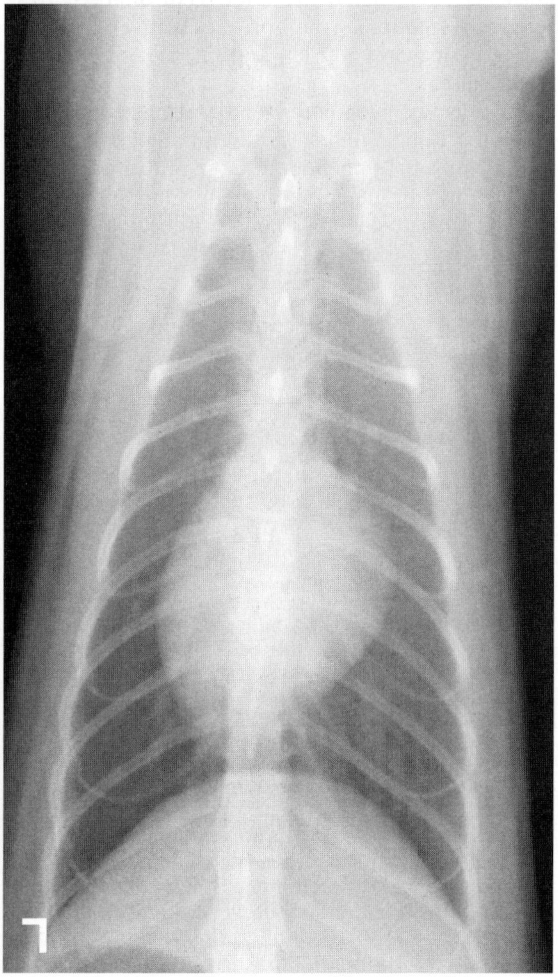

Abb. 3 a, b: Hauskatze, männl., kastr., 2 Jahre. Thorax, dextro-sinistraler (a) und ventro-dorsaler (b) Strahlengang. Die Thoraxorgane sind physiologisch.

2.1.1. Pulmonale Veränderungen

Die Lungenzeichnung der Katze ist unter physiologischen Voraussetzungen sehr fein und scharf konturiert. Bis in die peripheren Anteile sind die Gefäßstrukturen erkennbar. Jede noch so geringe Abweichung vom physiologischen Bild ist bei der kranken Katze im Hinblick auf Diagnose und Prognose besonders kritisch zu prüfen.
Bei der Katze lassen sich für gewöhnlich folgende pathologischen Lungenzeichnungen unterscheiden:

1. Alveoläre Lungenzeichnung
2. Interstitielle Lungenzeichnung
3. Noduläre Lungenzeichnung

Die Art der Lungenzeichnung erlaubt vorsichtige ätiologische Rückschlüsse und ist damit sowohl diagnostischer als auch prognostischer Parameter (13).

Alveoläre Lungenzeichnung

Diese Lungenzeichnung entsteht durch die Verdichtung des Alveolarraumes infolge zelliger und/oder flüssiger Infiltration der Lungenbläschen. Die Folge ist eine charakteristische flächenhafte, inhomogene bis homogene Verschattung einzelner Lungenbereiche oder der gesamten Lunge.
Für die Katze typisch sind Infiltrationen einzelner Lungenlappen, insbesonders des Mittellappens. Dabei ist der Lobusrand bevorzugt betroffen; es entsteht ein sogenanntes Lappenrandinfiltrat (Abb. 4 a, b).

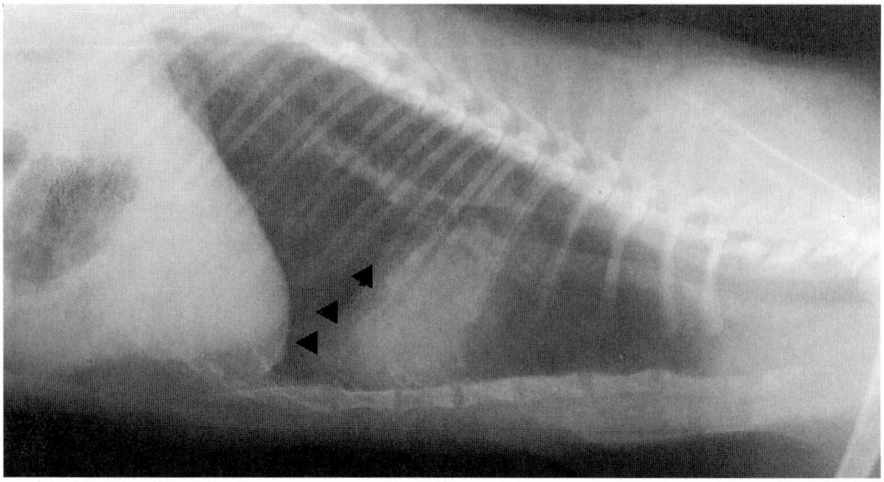

4 a

Abb. 4 a, b: Hauskatze, weibl., 6 Monate. Thorax, lat.-lat. (a) und ventr.-dors. (b) Strahlengang. Im Bereich des Herzschattens (lat.-lat.) und rechts lateral davon (dors.-ventr.) ist eine nach kranial und kaudoventral zu scharf konturierte, nahezu homogene Verschattung abgrenzbar – entzündliches Lappenrandinfiltrat des rechten Mittellappens.

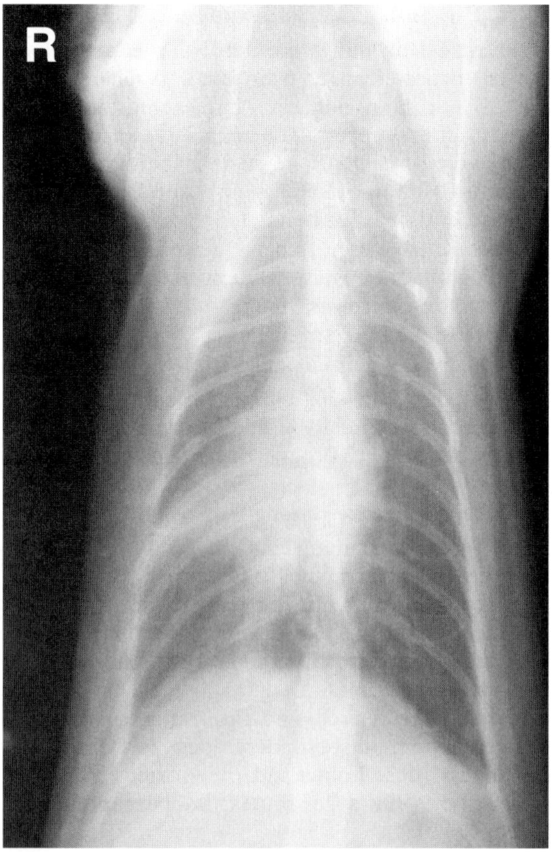

4 b

Das „Air-Bronchogram" – die Lumina der physiologischerweise nicht abgrenzbaren Segment- und Subsegmentbronchen treten als dendritisch verzweigte Aufhellungen hervor – das beim Hund regelmäßig beobachtet werden kann, findet sich bei der Katze selten.

Mehr oder weniger homogene Verschattungen des gesamten Lungenfeldes weisen im allgemeinen entweder auf ein Lungenödem oder auf eine traumatisch bedingte Lungenblutung hin. Eine Differenzierung ohne ausreichende anamnestische und klinische Befunde ist praktisch unmöglich (Abb. 5).

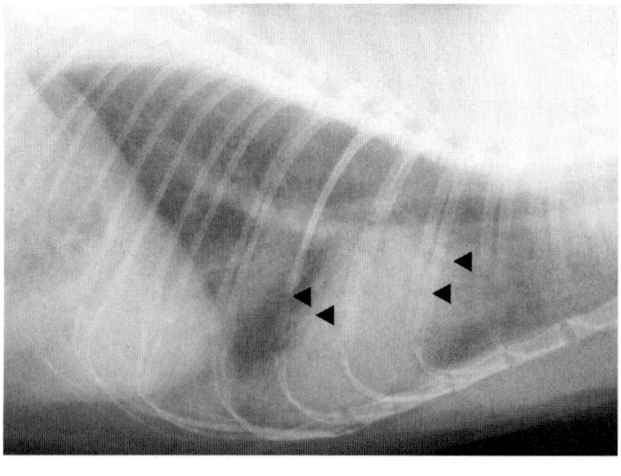

Abb. 5: Perserkatze, weibl., 3 Jahre. Thorax, lat.-lat. Strahlengang. Im Bereich der Spitzen-, des Mittellappens und des Lobus accessorius ist das Lungenparenchym diffus nahezu homogen verdichtet. In den ventralen Anteilen des Mittellappens sowie in den mittleren Abschnitten der Spitzenlappen treten die Bronchen als dendritisch verzweigte Aufhellungen hervor – „Air-Bronchogramm" – (▶ ◀) Lungenödem nach Kardiomyopathie.

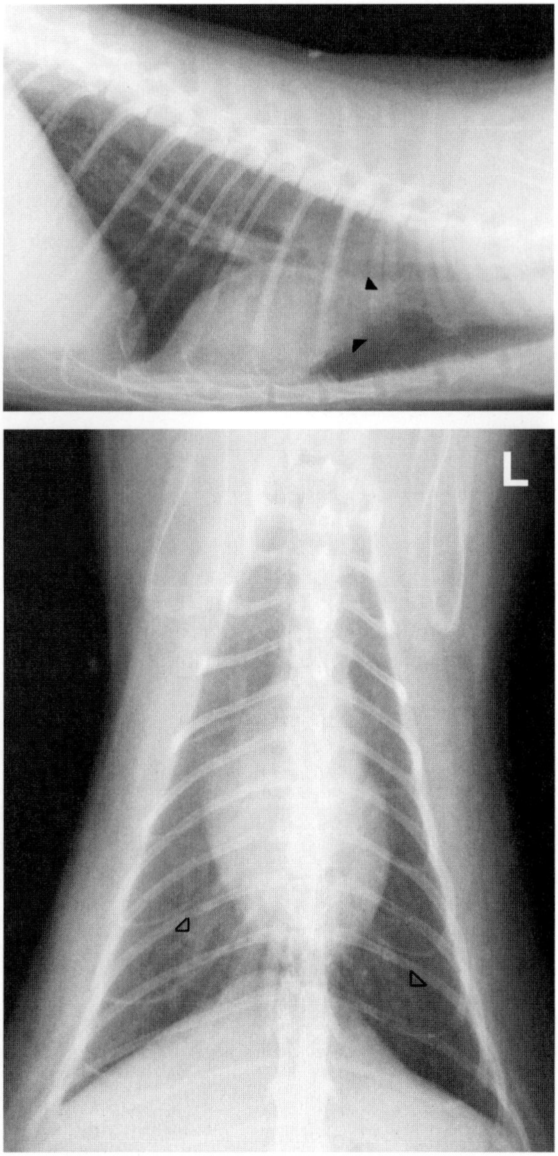

Abb. 6 a, b: Hauskatze, männl., kastr., 8 Jahre. Thorax, lat.-lat. (a) und ventr.-dors. (b) Strahlengang. Zarte netzartige Struktur der Lungenzeichnung bis in die peripheren Anteile. Bei ventr.-dors. Strahlengang finden sich kaudal der Herzkontur in beiden Hauptlappen zarte streifenförmige, kleinflächige Verdichtungen des Parenchyms (▷ ◁). Beachte: Vergrößerung des rechten Atriums (▶ ◀). Beginnendes Lungenödem.

Interstitielle Lungenzeichnung

Im Gegensatz zur alveolären Lungenzeichnung kommt es bei dieser Form zur Infiltration des perialveolären Bindegewebes. Peribronchiale Strukturen sind nur in geringem Ausmaß betroffen. Das Erscheinungsbild der Lunge ist von sich überschneidenden inhomogenen dichten, kleinflächig streifigen Verschattungen geprägt, so daß eine charakteristische netzartige Lungenzeichnung entsteht (Abb. 6 a, b). Sie ist typisch zu Beginn entzündlicher Prozesse und für das Vorliegen allergischer Reaktionen, kardiogen entstehender Ödeme und vor allem für „spezifische Lungenprozesse". Damit sind pathologische Geschehen gemeint, die mehr oder weniger eindeutig auf ein spezifisches infektiöses Agens zurückzuführen sind (Leukose, F.I.P., Mykosen u. a. m.). Anfangsstadien entzündlicher Lappeninfiltration oder Bronchopneumonien lassen ein sehr ähnliches Bild entstehen.

Noduläre Lungenzeichnung

Zellige Infiltration herdförmiger Lungenareale führt zu kreisrunden homogenen Verdichtungen unterschiedlicher Größe. Diese „Rundherde" finden sich bei der Katze entweder als größere solitäre Verschattungen oder als disseminierte, im gesamten Lungenfeld verstreute, hirsekorn- bis kirschkerngroße Verdichtungen. Sie gelten als Leitmerkmal für Metastasen maligner Neoplasien (Abb. 7).
Eine besondere Form zirkumskripter rundlicher Verschattungen sind die „Ringschatten". Sie entstehen durch fibrogranulomatöse Demarkation mit zentraler Einschmelzung – Kavernen . Generell wer-

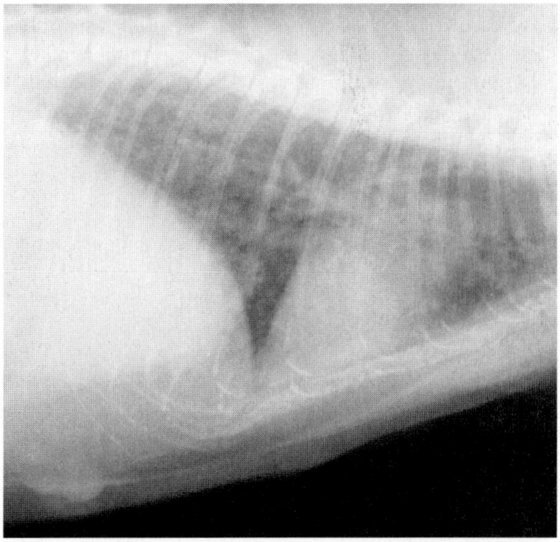

Abb. 7: Hauskatze, weibl., 14 Jahre. Thorax, lat.-lat. Strahlengang. Über das gesamte Lungenfeld verstreut sind zahlreiche hirse- bis kirschkerngroße kreisrunde homogene Verschattungen zu erkennen, die sich teilweise überlagern; multiple Metastasenaussaat nach Neoplasie der Mamma.

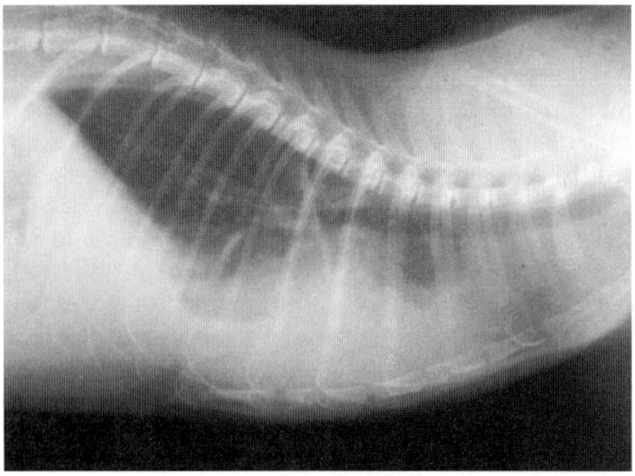

Abb.
8 a

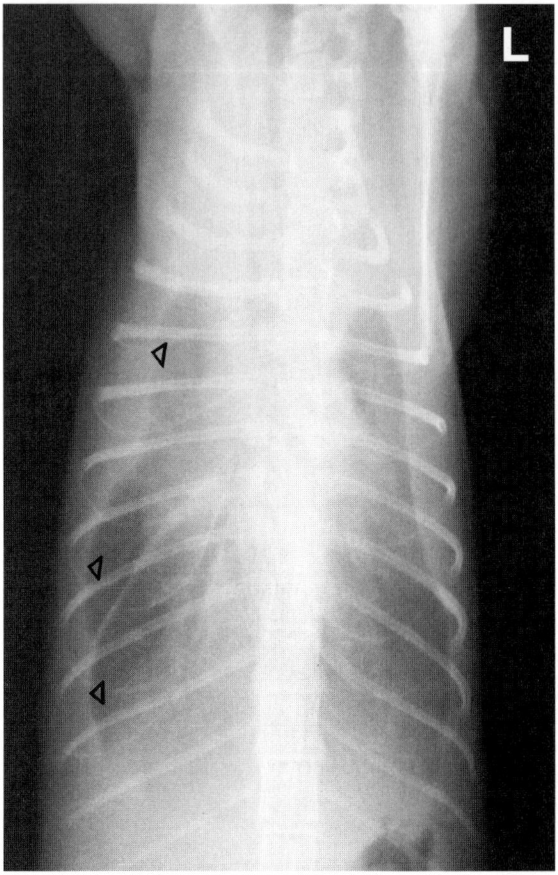

Abb. 8 a, b: Hauskatze, weibl., 6 Monate. Thorax, lat.-lat. (a) und ventr.-dors. (b) Strahlengang. Homogene, dorsal scharf konturierte bogenartige Verschattung der ventralen Anteile des Cavum thoracis bei lat.-lat. Strahlengang; spitzbogenartige Begrenzung (▷) der lufthältigen Lungenlappen gegen die rechte Thoraxwand bei ventr.-dors. Projektion. Der Herzschatten ist in keiner der Aufnahmerichtungen abgrenzbar – Liquidothorax.

den sie bei der Katze selten beobachtet; ihr Vorhandensein kann auf das Vorliegen einer Tuberkulose hinweisen.

2.1.2. Extrapulmonale Veränderungen

Krankhafte Geschehen der Pleura und/oder abnormer Inhalt im Cavum thoracis bedingen typische Röntgenbilder, abhängig von der Dichte des Fremdsubstrates, mit meist guten diagnostischen Hinweisen.

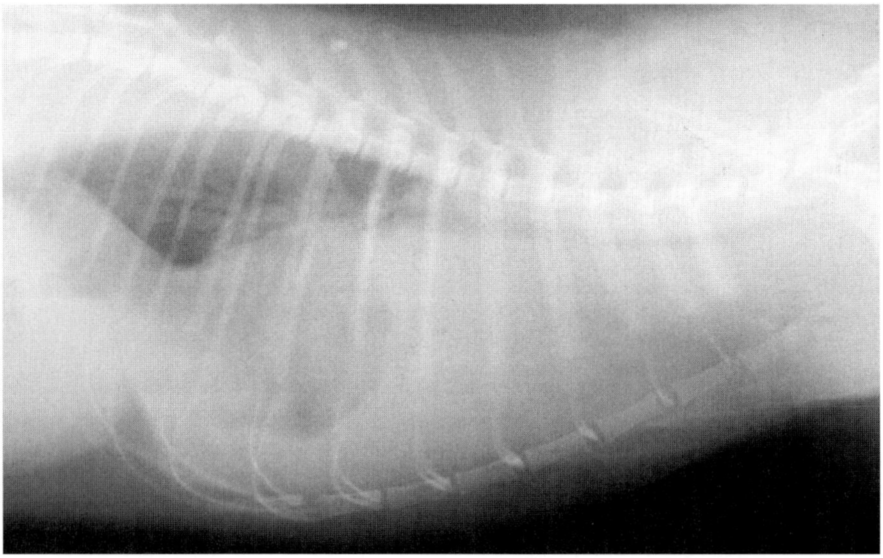

Abb. 9: Hauskatze, männl., kastr., 2 Jahre. Thorax, lat.-lat. Strahlengang. Homogene Verschattung des kranialen und medialen Mediastinums; Verlagerung der Trachea nach dorsal mit Einengung von ventral und der Bifurkation in den 8.ICR nach kaudal – Liquidothorax nach raumforderndem Prozeß im kranialen Mediastinum – Thymusform der Leukose.

Flüssiger Inhalt im Pleuralraum

Flüssigkeitsansammlungen entstehen bei der Katze regelmäßig im Verlauf von Herz-Kreislauferkankungen, Neoplasien mit Raumforderung, seltener nach Traumen und/oder Vergiftungen. Das Röntgenbild ist unabhängig von der Ursache und dem flüssigen Substrat einheitlich – Liquidothorax.

Latero-laterale Thoraxaufnahmen zeigen eine homogene Verschattung der ventralen Thoraxabschnitte. Der Herzschatten ist für gewöhnlich nicht oder nur im Bereich der Herzbasis abgrenzbar. Die physiologisch schmale, weichteildichte dreieckige Verschattung im kaudo-dorsalen Bereich der Thoraxhöhle direkt an der Wirbelsäule – autochtone Rückenmuskulatur – ist deutlich verbreitert und reicht weit nach kranial (Abb. 8 a).

Ventro-dorsale Röntgenbilder lassen je nach Menge der Flüssigkeit die von der Brustwand durch homogene Verschattungen abgedrängten Lungenlappen mit ihren Interlobärspalten erkennen oder bedingen eine vollständige homogene Verschattung des Thoraxraumes (Abb. 8 b).

Fester Inhalt im Pleuralraum

In erster Linie kommt bei der Katze die neoplastische Veränderung des Thymus in Frage. Die leukotische Thymusvergrößerung zählt zu den häufigsten Tumorformen der jungen Katze (bis zum 2. Lebensjahr) und führt zu typischen Befunden im Röntgenbild.

Situsveränderungen der Thoraxorgane – Verlagerung der Trachea nach dorsal, Verlagerung des Herzschattens nach kaudal – sind die hervorstechendsten Merkmale im Frühstadium. Später sind diese Veränderungen nur mittelbar zu erkennen, da infolge der Kompression des kranialen Mediastinums sehr rasch ein Liquidothorax auftritt und speziell das Herz nicht mehr abgrenzbar wird. Die luftgefüllte Trachea und die Lage der Bifurkation kaudal des 5. ICR sind dann Hinweise für ein raumforderndes Geschehen (Abb. 9).

Neoplastische Veränderungen finden sich bei der Katze immer wieder auch im Bereich der sternalen Lymphknoten. Die Raumforderung dieser Tumoren ist im allgemeinen weniger ausgeprägt als die der Wachstumsdrüse.

Pleuraauflagerungen lassen sich als Residuen von überstandenen Bronchopneumonien, Lappeninfiltraten und Zwerchfellrupturen immer wieder in Form von weichteildichten homogenen Verschattungen darstellen.

Ansammlungen freier Gase im Thoraxraum – Pneumothorax – nach Traumen sind bei der Katze deutlich seltener zu beobachten als beim Hund. Das Röntgenbild ist auch bei routinemäßiger Aufnahmetechnik besonders kontrastreich; entlang der Thoraxorgane können streifenförmige Aufhellungen zu erkennen sein. Der Herzschatten ist in der Regel vom Sternum abgehoben; die Lungenlappen können kollabiert sein (Abb. 10a, b).

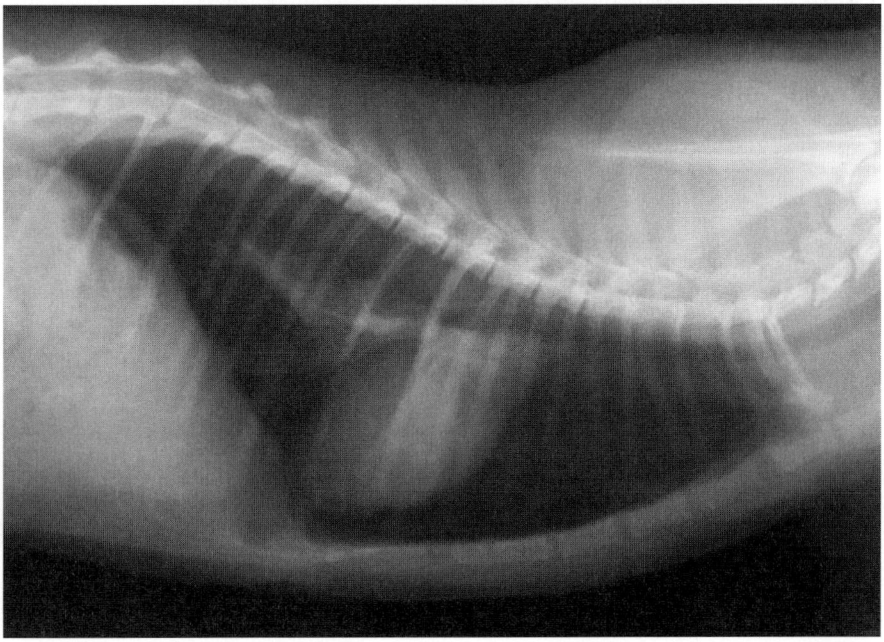

10 a

Abb. 10 a, b: Hauskatze, weibl., 1 Jahr. Thorax, lat.-lat. (a) und ventr.-dors. (b) Strahlengang. Der Herzschatten ist bei lat.-lat. Strahlengang vom Sternum abgehoben; der Lobus accessorius stellt sich dicht und scharf begrenzt dar. Fraktur der linken siebenten Rippe – Pneumothorax mit atelektatischem Lungenfeld nach perforierendem Thoraxtrauma.

Abb. 10 b nächste Seite.

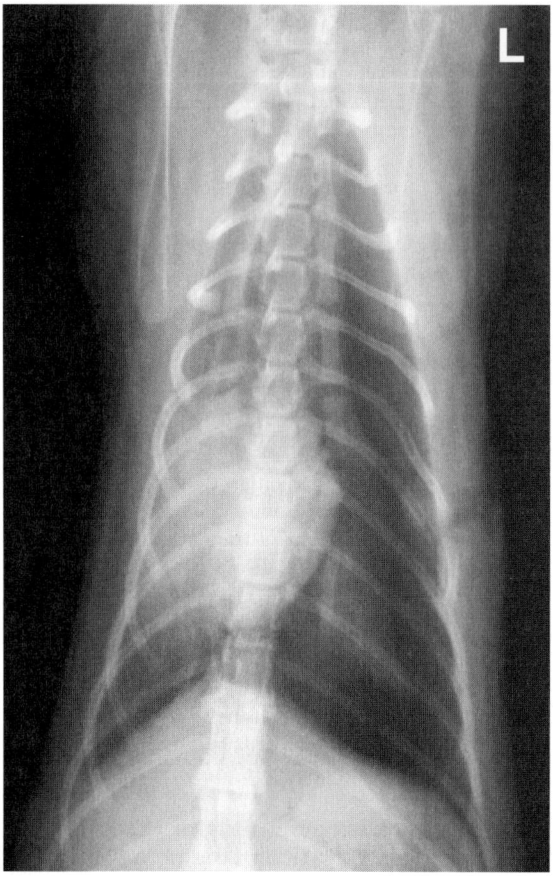

10 b

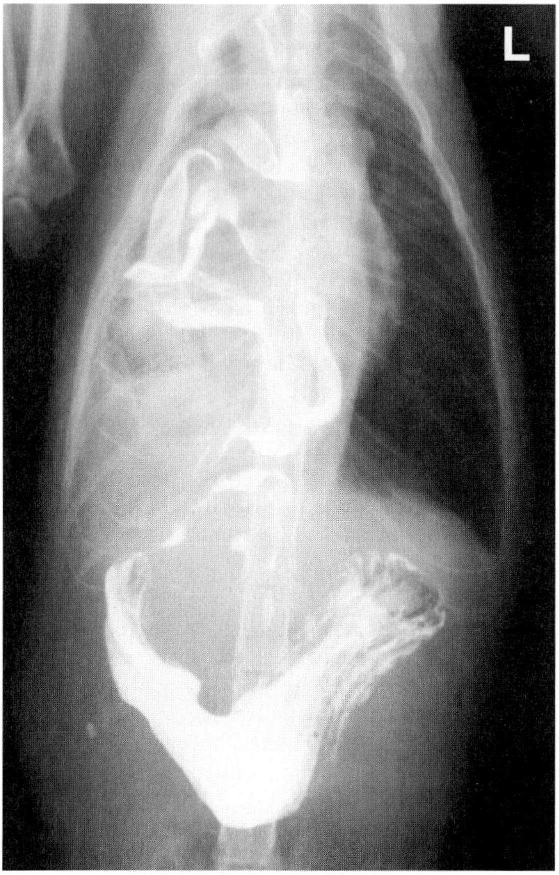

1

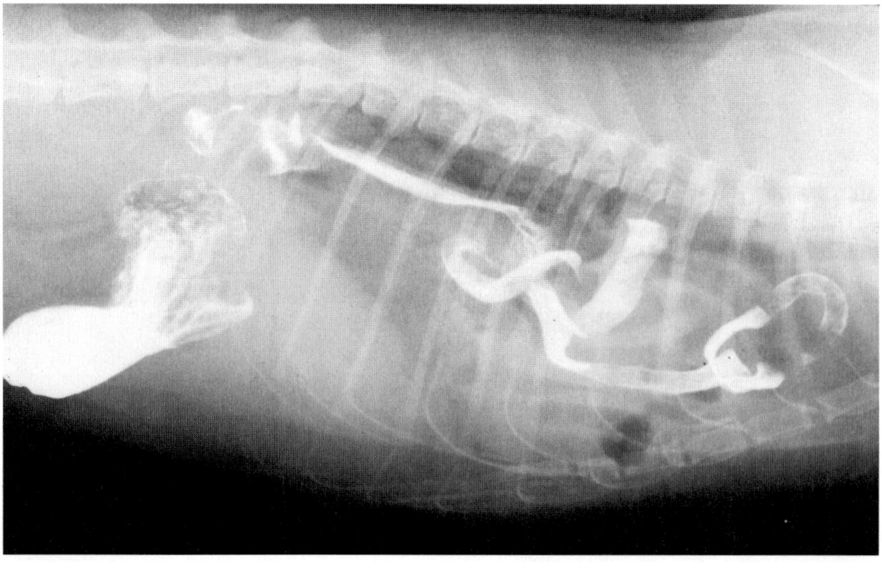

11 a

Abb. 11 a, b: Hauskatze, männl., kastr., 7 Jahre. Thorax, lat.-lat. (a) und ventr.-dors. (b) Strahlengang; Gastro-Intestinaltrakt kontrastmittelmarkiert. Die Zwerchfellkontur ist im mittleren und ventralen Drittel (lat.-lat.) und linksseitig (ventr.-dors.) abgrenzbar. Die gesamte rechte Hälfte des Cavum thoracis ist diffus, inhomogen verschattet. Die vorgefallenen Dünndarmschlingen stellen sich teilweise gasmarkiert, als streifenförmige Aufhellungen, oder kontrastmarkiert dar – Zwerchfellruptur.

Fremdinhalt im Brustraum kann ebenso nach Verletzungen des Diaphragmas zu beobachten sein. Die physiologischerweise durchgehend zwischen Wirbelsäule und ventraler Bauchwand verlaufende scharf begrenzte Kontur ist dann nicht mehr in ihrer gesamten Höhe dargestellt. Teile des Cavum thoracis sind diffus homogen verschattet. Wenn neben Leberanteilen, Milz auch Magen und Dünndarmteile in die Brusthöhle vorgefallen sind, finden sich in manchen Fällen unregelmäßige Gasdepots erkennbar (Abb. 11 a, b).

2.1.3. Kardiologische Diagnostik

Die gängigen Beurteilungskriterien zur Herzdiagnostik sind Lage, Form und Größe des Herzens bei gleichzeitiger genauer Analyse der umgebenden Strukturen im Hinblick auf Situs, Form und Größe (Stammbronchen, Vena cava caudalis) sowie Dichteveränderungen (Lungenzeichnung!).

Im Gegensatz zum Hund, bei dem die physiologische Herzgröße in Röntgenbildern exakt definiert ist, sind die entsprechenden Angaben für die Katze spärlich (7). Die normal-anatomische Position des Herzens zwischen 4. ICR bis 6. ICR wird als Norm angegeben. Erhebliche Abweichungen von dieser Größe lassen bei einiger Übung und Erfahrung Rückschlüsse auf die Grundkrankheit zu (2).

Die häufig vorkommenden Kardiomyopathien lassen recht unterschiedliche Form- und Größenänderungen entstehen (1). Vorwölbungen der kranialen Herzkontur mit Verlust der Taillierung bei laterolateralem Strahlengang können sowohl für dilatative als auch hypertrophe Myopathien sprechen. Sind in der dorso-ventralen Aufnahme beide vorderen Herzkonturen vorgewölbt und erweitert, darf mit einiger Sicherheit eine hypertrophe Myopathie angenommen werden (Abb. 12a, b).

Angeborene Herzfehler bei der Katze sind selten, ausgenommen bestimmte Zuchtlinien asiatischer Rassekatzen. Die Herzform bei solchen Erkrankungen darf als charakteristisch angesehen werden. Bei gleichzeitiger Vergrößerung und Vorwölbung der kranialen und kaudalen Herzkontur entsteht ein typisches „Kugelherz".

2.2. Abdomen

Bei der Katze gelingt die Darstellung der verschiedenen Bauchorgane und des Magen-Darmtraktes im allgemeinen besonders gut. Ursache dafür ist der hohe Anteil an intraabdominalem Fettgewebe bei nahezu allen Katzen. Dadurch sind häufig schon anhand der Nativbilder pathologische Prozesse aufzuklären und eindeutige diagnostische Hinweise zu erhalten.

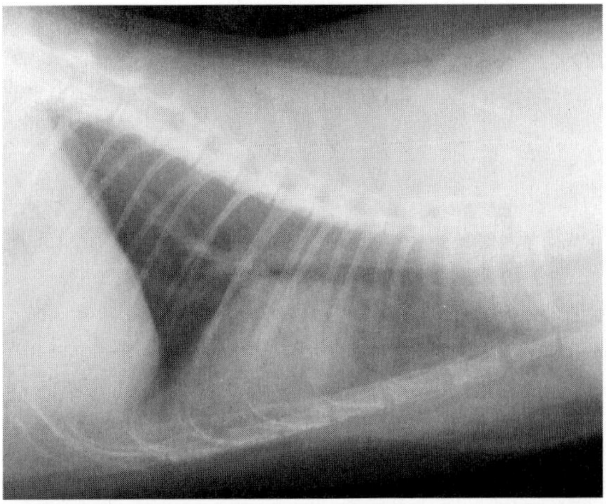

12 a

Abb. 12 a, b: Perser, männl., kastr., 3 Jahre. Thorax, lat.-lat. (a) und ventr.-dors. (b) Strahlengang. Der Herzschatten ist in toto vergrößert. Seine kraniale Begrenzung (lat.-lat.) ist vorgewölbt und undeutlich konturiert; die rechte Herzkontur reicht bis an die seitliche Thoraxwand; die linke Herzhälfte ist ebenfalls erweitert (ventr.-dors.). Insterstitielle Lungenzeichnung – beginnendes Lungenödem nach hypertropher Kardiomyopathie.

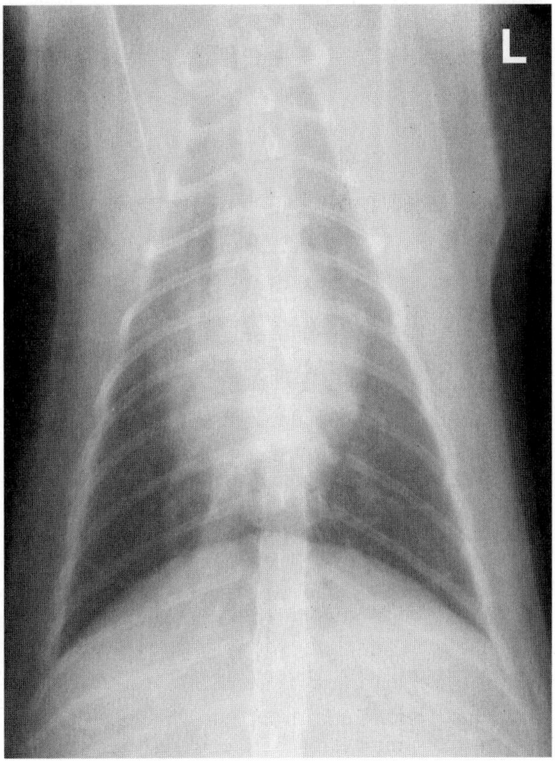

12 b

13 a

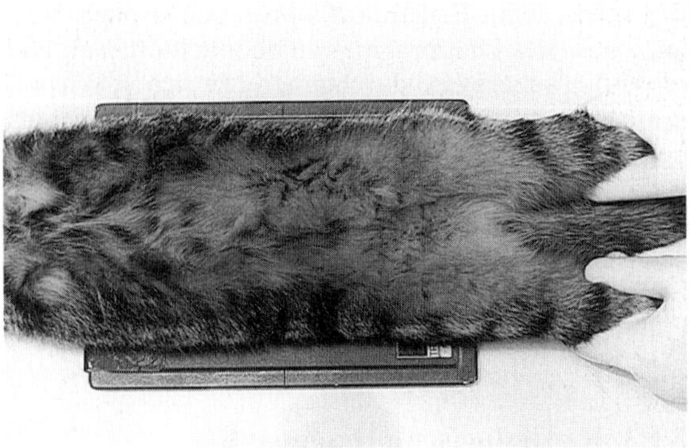
1

Abb. 13 a, b: Lagerung zur Röntgenaufnahme des Abdomens mit lat.-lat. in rechter Seitenlage (a) und ventr.-dors. (b) Strahlengang.

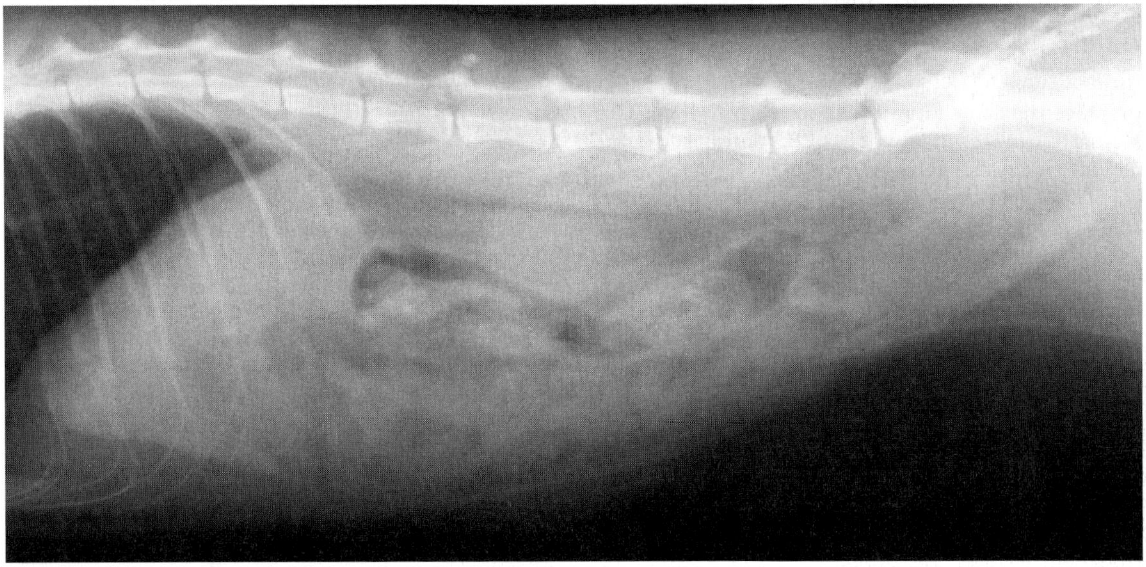
14 a

Abb. 14 a, b: Hauskatze, männl., kastr., 2 Jahre. Abdomen, sinistro-dextraler (a) und ventro-dorsaler (b) Strahlengang. Die Bauchorgane stellen sich physiologisch dar.

Außer in lebensbedrohlichen Situationen sollte die Katze zur Untersuchung des Abdomens nüchtern (mindestens 12stündige Nahrungskarenz) vorgestellt werden. Dies gilt unabhängig von der Fragestellung. Eine geringe bis mäßige Füllung des Colons und/oder Rektums ist tolerierbar. Wir führen in der Regel keine Entleerung vor der Röntgenuntersuchung durch, in erster Linie um die Katzen nicht über Gebühr bereits vor der Untersuchung zu beunruhigen. Eine Sedierung hat, insbesondere bei gastro-intestinalen Problemen, im Hinblick auf eine allenfalls notwendige Darstellung der Magen-Darmpassage mit Kontrastmittel zu unterbleiben.

Auch das Abdomen erfordert die Anfertigung eines Bilderpaares mit latero-lateralem und ventro-dorsalem Strahlengang. Die Aufnahmen werden jeweils am gestreckten Tier angefertigt (Achtung auf Filmformat!!!), so daß das Abdomen von der Zwerchfellkuppe bis zur Beckenhöhle abgebildet wird (Abb. 13 a, b).

Das native Röntgenbild der Bauchhöhle läßt folgende Aussagen zu:

- Abgrenzbarkeit der einzelnen Organe
- Organsitus mit Größe und Dichte
- Fremdinhalt

Die Abgrenzbarkeit der Bauchorgane ist einerseits vom Vorhandensein und der Menge an abdominalem Fettgewebe abhängig und anderseits vom Vorliegen abdominaler Trans- und/oder Exsudate. Im physiologischen Nativbild des felinen Abdomens

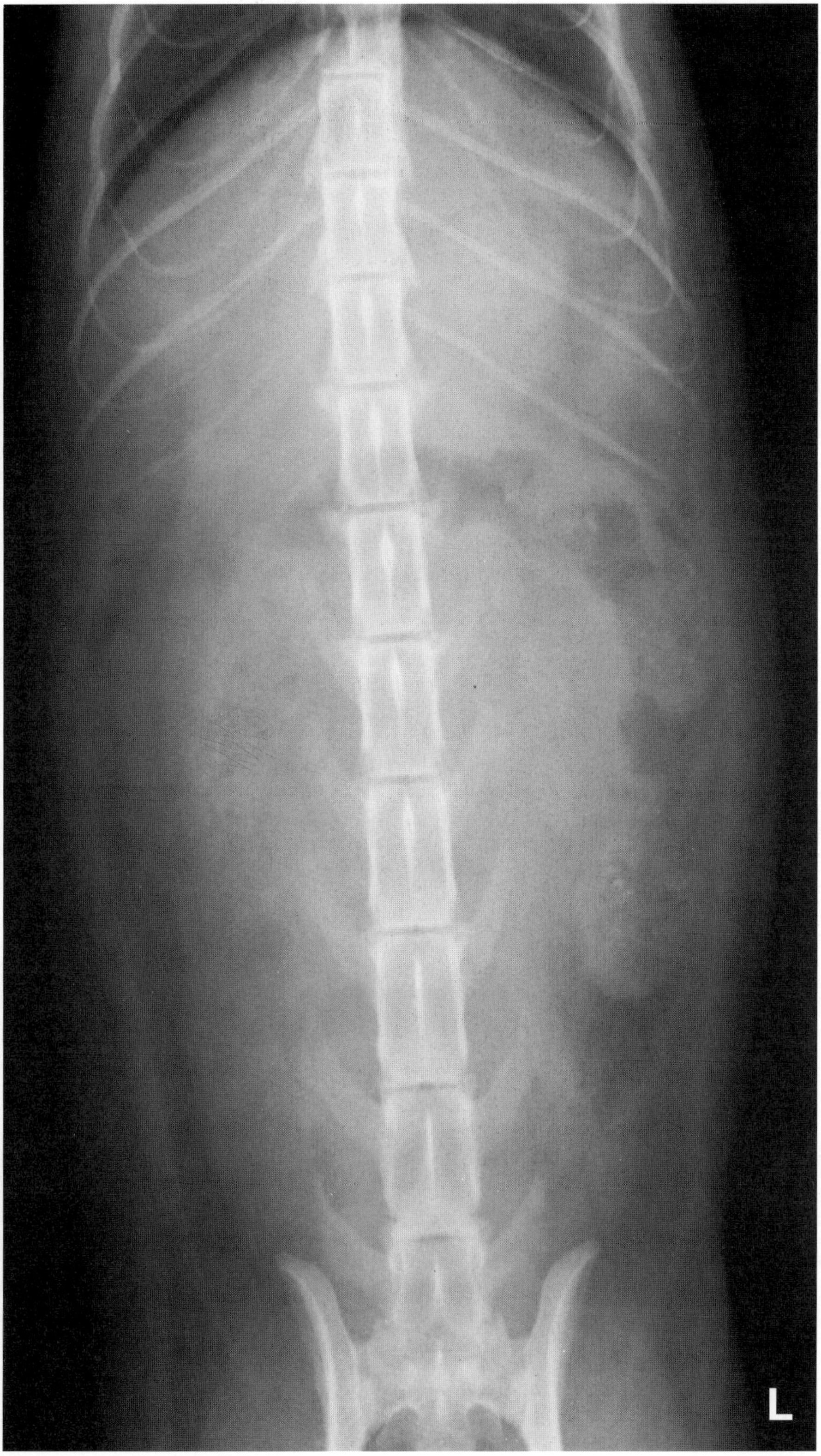

14 b

(Abb. 14 a, b) ist der Leberschatten meist noch innerhalb des Rippenbogens zu erkennen. Seine kaudo-ventrale Kontur ist scharf begrenzt und spitz auslaufend. Häufig stellt er sich wie „im Fett schwimmend" dar, da sich ventral und kaudo-ventral der Leber ein breiter Fettkörper befindet.

Unmittelbar kaudodorsal (lat.-lat.) oder links kaudal (ventr.-dors.) des Leberschattens findet sich in der Regel die inhomogene Aufhellung des Magenfundus.

Kaudal davon, der Wirbelsäule anliegend (lat.-lat.) bzw. rechts und links der Wirbelsäule in Höhe des 2. bis 4. Lendenwirbels (ventr.-dors.), sind die beiden Nierenschatten abgebildet. Der Milzschatten projiziert sich zwischen Magen und Nieren (lat.-lat.), unmittelbar ventral der Wirbelsäule bzw. links lateral an die Bauchwand (ventr.-dors.).

Der Gastro-Intestinal-Trakt breitet sich über das gesamte Abdomen aus, kranial begrenzt vom Leberschatten, dorsal vom retroperitonealen Raum, kaudo-ventral von der Harnblase und ventral von der Bauchwand. Lageveränderungen kön-

Abb. 15 a, b: Perser, männl., kastr., 16 Jahre. Abdomen, lat.-lat. (a) und ventr.-dors. (b) Strahlengang. Im mittleren Mesogastrium (lat.-lat.), unmittelbar kaudal des Rippenbogens ist eine nach kaudo-dorsal, kaudal und kaudo-ventral zu scharf begrenzte, homogene, weichteildichte Verschattung abgrenzbar (▶). Das Corpus des Magens ist nach dorsal verlagert (▷); ebenso der kraniale Abschnitt des Colon descendens. Beide Nierenschatten projizieren sich weit kaudal (L4 bis L6). Raumfordernder Prozeß im Mesogastrium – Neoplasma ausgehend von der Leber. Spondylosis chron. deformans zwischen L7/S1.

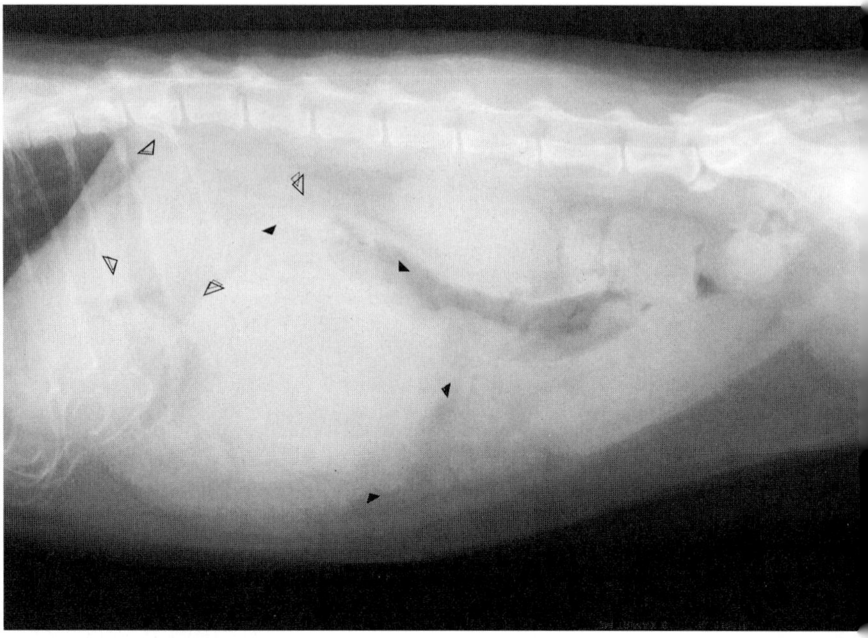

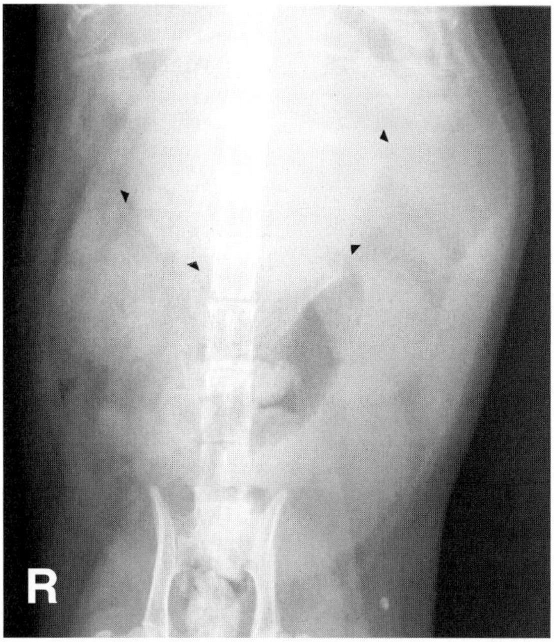

15 b

nen physiologisch und pathologisch vom Füllungszustand der Harnblase abhängig sein. Eindeutig pathologisch sind sie im Zuge von raumfordernden Prozessen neoplastischer Natur wie z. B. die Dorsal- und Linksverlagerung des Magens bei Lebervergrößerungen (Abb. 15 a, b).
Das „Versammeln des Dünndarmes" im ventralen Bauchraum, gemeinsam mit dem Vorliegen einer unregel- und ungleichmäßigen Gasmarkierung, darf als pathognomon für die röntgenologische Darstellung eines strangförmigen Fremdkörpers aufgefaßt werden (Abb. 16).
Junge Katzen bis zur 12. Lebenswoche haben wie alle Jungtiere kein oder nur sehr wenig Fett im Bauchraum; ihr Abdomen ist röntgenologisch inhomogen diffus verdichtet; Organdifferenzierungen sind meist nicht möglich. Ähnliche Verhältnisse findet man bei höhergradiger Abmagerung von Katzen aller Altersstufen (Abb. 17).
Pathologische Geschehen, die mit einer Vermehrung der Bauchhöhlenflüssigkeit einhergehen, führen

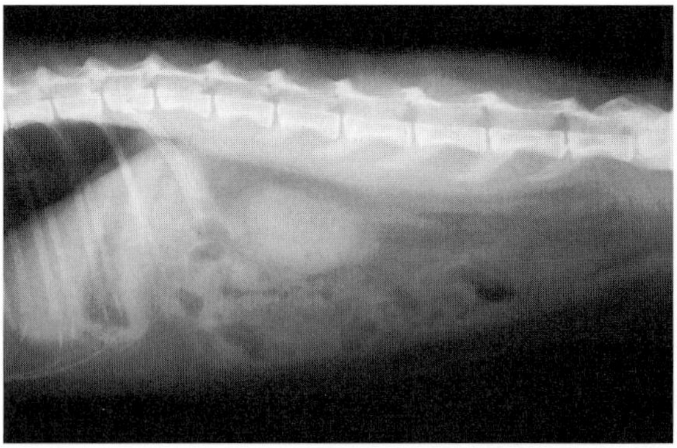

Abb. 16: Hauskatze, weibl., kastr., 10 Monate. Abdomen, lat.-lat. Strahlengang. Der Dünndarm stellt sich unregelmäßig gasmarkiert, als inhomogenes Gebilde im ventralen Mesogastrium „versammelt" dar – strangförmiger Dünndarm-Fremdkörper.

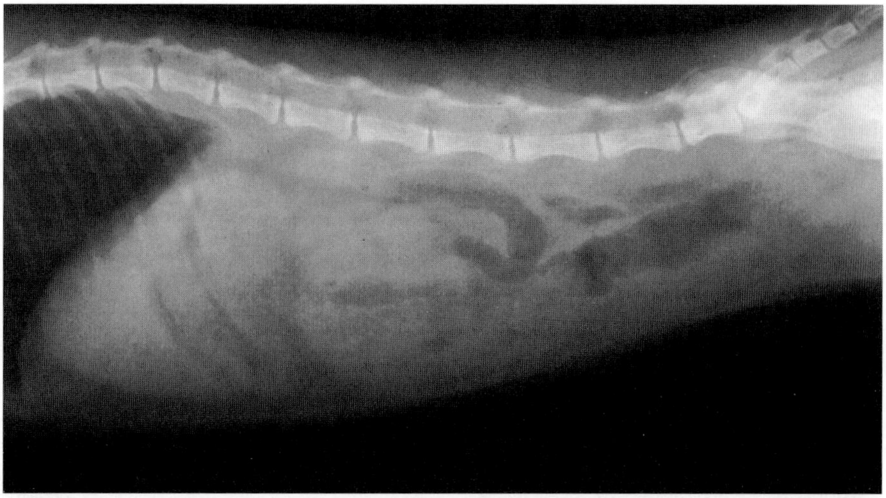

Abb. 17: Siam, weibl., 1 Jahr. Abdomen, lat.-lat. Strahlengang. Die Organe des Bauchraumes sind nur undeutlich gegeneinander abgrenzbar. Einzelne Dünndarmschlingen sowie das Colon descendens sind gasmarkiert. Abmagerung.

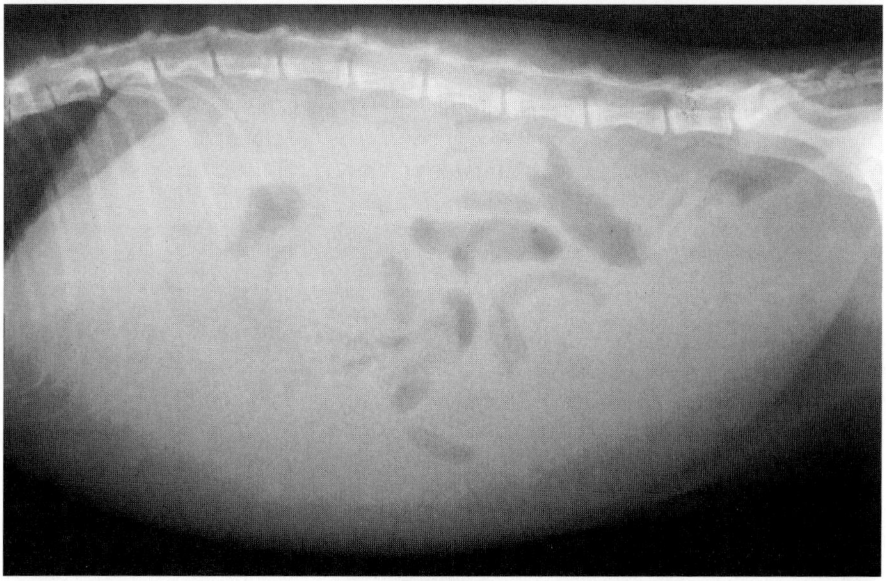

Abb. 18: Perser, weibl., 6 Monate. Abdomen, lat.-lat. Strahlengang. Diffuse, nahezu homogene Verschattung des gesamten Bauchraumes; einzelne gas- und kotmarkierte Darmanteile lassen sich erkennen. Die Bauchorgane sind nicht abgrenzbar – Hydrops ascites bei F.I.P.

ebenfalls zu fehlender Abgrenzbarkeit der Bauchorgane; das Abdomen stellt sich diffus homogen verschattet dar – Hydrops ascites (Abb. 18). Inhomogene diffuse bzw. mehr oder weniger lokale Verdichtungen entstehen im Verlauf von entzündlichen Veränderungen des Peritoneums (vgl. auch Abb. 21a, b).

Die Beurteilung von Menge und Art der Füllung des Magen-Darmtraktes kann bereits aus dem Nativbild wesentliche diagnostische Hinweise liefern. Gasansammlungen in unterschiedlicher Menge und Ausdehnung finden sich regelmäßig bei folgenden Krankheitsbildern: Ileus mit typischer paralleler Anordnung der geblähten prästenotischen Darmteile oder zahlreiche meist kleinere Gasdepots im „versammelten“ Dünndarm bei strangförmigen Fremd-

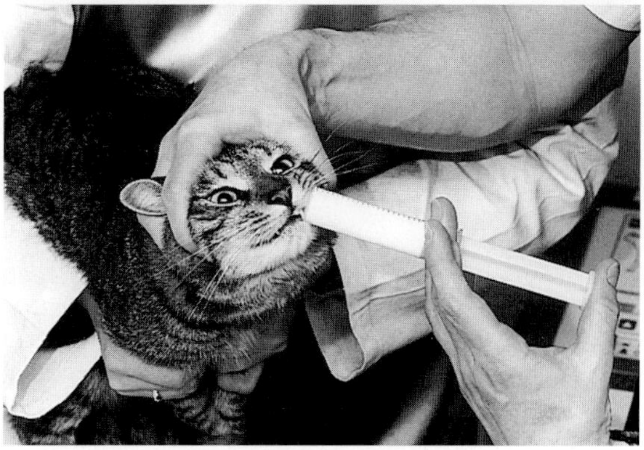

Abb. 19: Applikation von Kontrastmittel zur Darstellung des Magen-Darmtraktes.

körpern. Darmquetschungen und/oder Gekröseabriß als Traumafolge mit meist hochgradiger Meteorisierung der betroffenen Darmabschnitte. Eine Zunahme von flüssigem Darminhalt erfolgt allgemein im Verlauf entzündlicher Erkrankungen der Darmschleimhaut. Der Dünndarm stellt sich in solchen Fällen als deutlich abgrenzbares, homogenes Konvolut, unterschiedlich breiter, gewundener Schattenstreifen dar.

Die Diagnostik des Magen-Darmtraktes anhand von nativen Röntgenbildern bleibt trotz der vielfältigen Befunde in zahlreichen Fällen unvollständig. Als diagnostisches Hilfsmittel bietet sich die **Kontrastuntersuchung des Verdauungstraktes** an (3). Folgende Indikationen liegen einer Kontrastuntersuchung zugrunde:

- unklare Befunde aus der Nativuntersuchung
- Darstellung von Schleimhautveränderungen
- Darstellung oder Ausschluß obstruktiver Prozesse
- Differenzierung zwischen intra- und extraintestinalen Geschehen

Als Kontrastmittel (KM) stehen sowohl Bariumsulfat-Zubereitungen als auch Jod-Präparate zur Verfügung. Wir verwenden bei der Katze nahezu ausschließlich Prontobario®, eine handelsfertige Barium-Sulfat-Aufschwemmung, die unserer Erfahrung nach aufgrund ihres leicht süßen Vanillegeschmackes verhältnismäßig gut akzeptiert wird. Die Applikation erfolgt über Spritzen mit Metallkonus seitlich in die Mundhöhle (Abb. 19). „Par force" Eingaben bei der Katze sind in jedem Fall zu unterlassen, da als Folge des Fehlschluckens KM in die Bronchien gelangen kann.

Die KM-Menge bewegt sich zwischen 20 ml und 60 ml je Katze. Weniger führt zu unbeurteilbaren Füllungsbildern. Unter physiologischen Verhältnissen beginnt die Magenentleerung in das Duodenum prompt, unmittelbar nach der Applikation. Das Duodenum ist längstens nach 15 Minuten gefüllt, Jejunum und Ileum nach 30 bis 60 Minuten. Etwa 90 Minuten p. a. erreicht der Kontrastbrei das Zökum und stellt Colon und Rektum nach Ablauf von 90 bis 120 Minuten dar.

Die Verweildauer des KM im Magen und die Geschwindigkeit der Füllung der einzelnen Darmabschnitte ist von mehreren Faktoren abhängig. Schmerzhafte Prozesse im Magen, höhergradige Aufregung des Tieres verzögern die Pyloruspassage

20 a

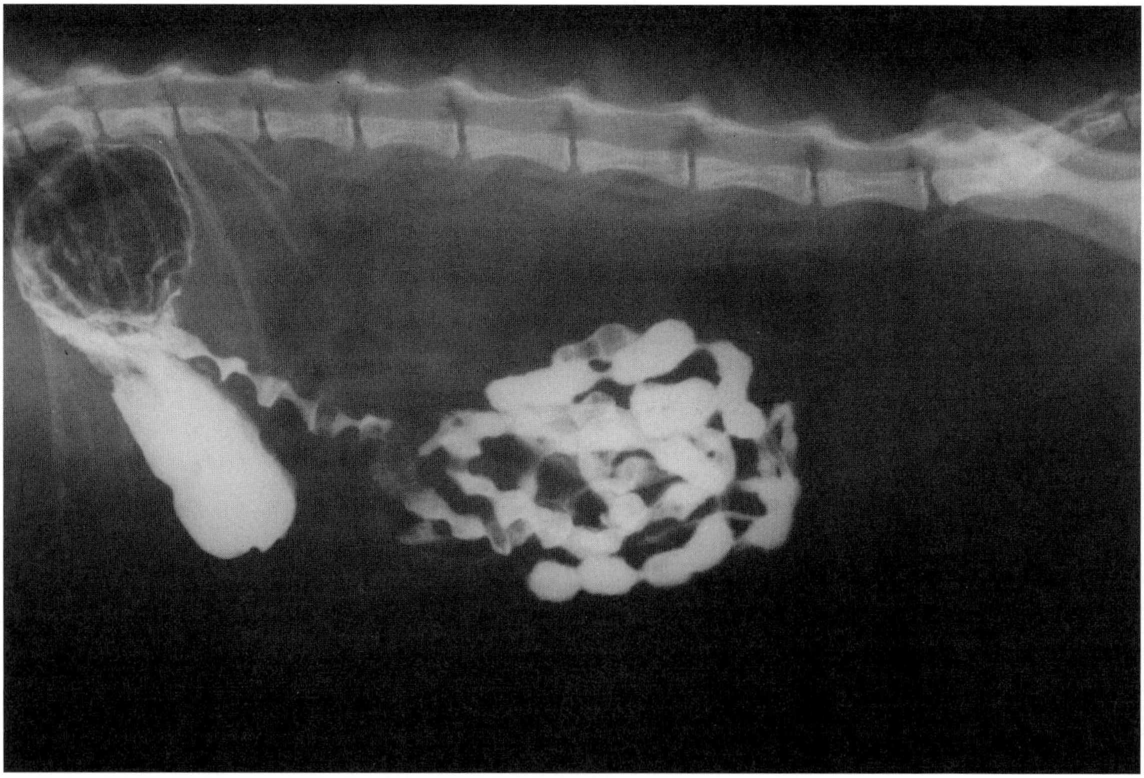

Abb. 20 a, b: Hauskatze, weibl., kastr., 3 Jahre. Abdomen, lat.-lat. (a) und ventr.-dors. (b) Strahlengang. Physiologische Kontrastdarstellung des Magens, Duodenums und Jejunums.

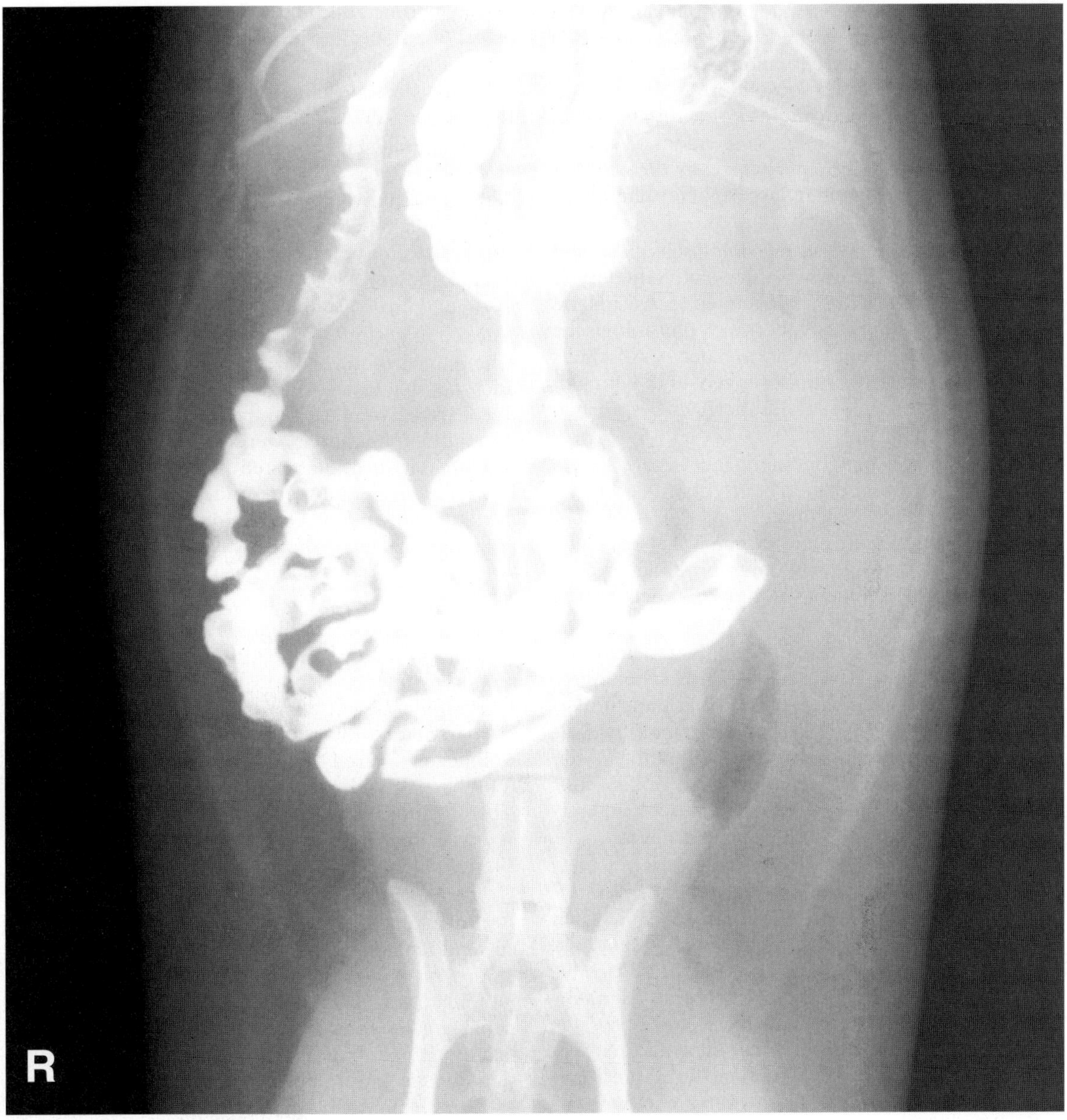

20 b

oft erheblich. Der Kontrastmitteldurchlauf wird durch entzündliche Erkrankungen der Darmschleimhaut je nach Peristaltik entweder beschleunigt oder gehemmt. Stillstand des KM-Flusses über einen längeren Zeitraum beobachtet man bei obstruktiven Prozessen (Fremdkörper, Neoplasien) oder bei atonischen Zuständen.

Die korrekte Füllung des Gastro-Intestinaltraktes bietet folgende Informationen und Befunde:

- Größe des Lumens
- Form des Schleimhautreliefs
- Breite der Magen-Darmwand
- Beweglichkeit der Magen-Darmwand (mit Einschränkungen)
- Situs des Magen-Darmtraktes
- Fremdkörperdarstellung

Abweichungen vom physiologischen Lumen stellen sich als Formänderungen der einzelnen Abschnitte dar. Erweiterte Lumina beobachten wir bei Kontrastmittelaufstauung im prästenotischen Bereich von Darmverschlüssen. Hypotonische Zustände als Folge von Darmquetschungen erscheinen ähnlich, die Durchflußzeit des KM ist allerdings ganz erheblich verlängert.

Einengungen des Lumens finden sich bei Enteritiden als fadenbreite Darmabschnitte in den spastischen Anteilen sowie im Bereich von obstruierenden Abschnitten als Subileus. Ein besonderes Charakterstikum der Katze ist die Form des kontrastmarkierten physiologischen Duodenums descendens. Es zeigt kleine ampullenförmige Erweiterungen, die wie Perlen in einer Kette aneinandergereiht erscheinen – „Perlschnur-Zeichen“ (Abb. 20 a, b).

Das Schleimhautrelief ist physiologisch glatt und entsprechend des Mucosaverlaufes ohne Gliederung oder längsgestreift wie im Magen. Eine Ausnahme bildet der Ösophagus, dessen physiologische Schleimhautzeichnung im kaudalen Abschnitt fischgrätenartig ist. Vergröberungen und Unregelmäßigkeiten der Schleimhautoberfläche sprechen für entzündliche Vorgänge.

Unter physiologischen Bedingungen ist die Breite der Magen-Darmwand selten beurteilbar. Verbreiterungen wie sie bei Entzündungen oder neoplastischer Infiltration auftreten können, gehen meist auch mit einer im Röntgenbild nur mittelbar erkennbaren Wandstarre einher – unterschiedliche Form der gegenüberliegenden Wandabschnitte.

Darmwandneoplasien treten bei der Katze überwiegend als leukotische Tumoren auf. Ihr Erscheinungsbild ist bisweilen schon im Nativbild eindeutig: Fokale Verschattung im Mesogastrium mit einer unregelmäßigen inhomogenen zentralen Aufhellung (Abb. 21 a, b). Die Kontrastdarstellung läßt lokale Lumenänderung mit Vergröberung der Schleimhautzeichnung und Wandverbreiterung erkennen.

Die Fremdkörperdiagnostik ist besonders im Hinblick auf gering- bis nichtschattengebende Fremdkörper interessant. Das Darmbild zeigt je nach Dauer der Erkrankung eine mehr oder weniger ausgeprägte prästenotische Erweiterung des Darmlumens, „Stopp“ des KM mit typischem kaudalen Abschluß, entsprechend der Oberfläche und Form des Fremdkörpers. Schattengebende Fremdkörper erfordern eine Kontrastmitteluntersuchung nur dann, wenn ihre Lage im Magen-Darmtrakt nicht klar definiert werden kann.

Die Kontrastdarstellung des Dickdarmes spielt bei der Katze eine eher geringe Rolle. Bestimmte Erkrankungen des Colons lassen sich jedoch mit Barium-Sulfat-Aufschwemmungen, als Klistier eingesetzt, gut darstellen. Die Entleerung des Colons und Rektums vor der Irrigoskopie ist dabei unerläßlich. Ebenso empfehlen wir für diese Untersuchung eine Sedierung der Katze. Appliziert werden etwa 5 ml Kontrastmittel je kg Körpergewicht über ein schmales Irrigatorröhrchen oder einen großlumigen Rüdenkatheder. Langsames Einströmen ist schonender und fördert die Verteilung des KM im Colon. Das physiologische Bild des Colons zeigt eine glatte Schleimhautoberfläche. Erkrankungen dieses Darmabschnittes, die auf allergisch entzündlicher Basis entstehen, lassen eine unregelmäßige sägezahnartige Kontur des Schleimhautreliefs erkennen.

Die Nieren liegen bei der Katze nahezu auf gleicher Höhe ventral des 2. bis 4. Lendenwirbels und sind in der Regel nativ, als scharf konturierte, homogen weichteildichte Gebilde, gut abgrenzbar. Ihre Größe von Pol zu Pol beträgt etwa 2 bis 2,5 mal die Länge des 2. Lendenwirbels (11). Abweichungen von dieser Form und Größe sind als pathologisch einzustufen.

Nur selten gestattet die Nativuntersuchung ätiologische Aussagen, so daß der intravenösen Urographie auch bei der Katze einige Bedeutung zukommt. In der Parenchymphase, unmittelbar nach der Kontrastmittelapplikation, werden die Nierenschatten gleichmäßig dicht dargestellt. Ihre Form und Größe ist zu diesem Zeitpunkt besonders gut beurteilbar. In der anschließenden Ausscheidungs- oder Pyelographiephase gelangen die Recessus und Nierenbecken zur Abbildung (Aufnahmen 5 und 10 Minuten p. a.).

Während die Ureteren auch durch die Urographie in der Regel nicht darstellbar sind, füllt sich die Harnblase im Verlauf von 10 bis 20 Minuten nach der Applikation mit dem Kontrastmittel. Die intravenöse Urographie ist bei der Katze eine Alternative zur retrograden Urethrazystographie, die besonders bei weiblichen Tieren nicht immer einfach durchzuführen ist. Beim Kater, auch beim kastrierten, gelingt diese Art der Harnblasendarstellung regelmäßig. Ihr Wert ist im Hinblick auf die Reliefbeurteilung der Blasenschleimhaut unumstritten (Abb. 22 a, b).

Die Harnblase liegt gewöhnlich unmittelbar vor dem Beckeneingang; ihre Ausdehnung ist vom Füllungszustand abhängig, übersteigt physiologischerweise jedoch nicht die Größe eines kleinen Hühnereies. Abflußstörungen (z. B. beim F.U.S.) führen zu erheblichen Vergrößerungen, bei denen die Harnblase bis zum Rippenbogen nach kranial reichend, den gesamten Bauchraum beanspruchen kann. Im Gegensatz zum Hund sind Harnkonkremente der Katze nur selten im Röntgenbild darstellbar. Meist sind sie zu klein und liegen unter der Abbildungsgrenze und häufig ist ihre chemische Zusammensetzung nicht schattendicht. Auch die Zystographie bietet häufig keinen diagnostischen Erfolg, so daß die „Steindiagnostik" durch die Ultraschalluntersuchung im allgemeinen überlegen ist. Uterus und Ovarien sind im Nativbild unter physiologischen Bedingungen nicht abzugrenzen. Vergrößerungen der Gebärmutter, die auf pathologischen Inhalt zurückzuführen sind (z. B. Pyometra), sind als unterschiedlich breite, homogene, weichteildichte, Schattenstreifen zu erkennen.

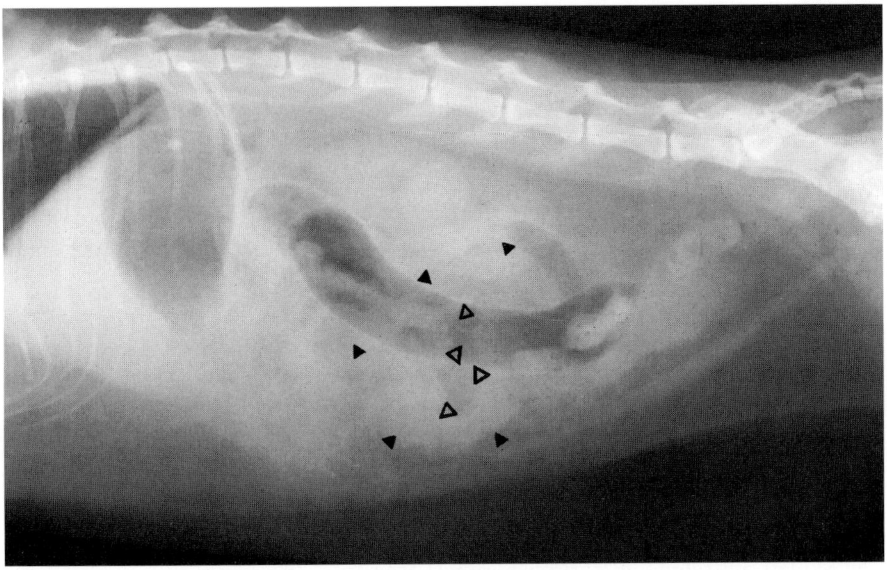

Abb. 21 a, b: Hauskatze, männl., kastr., 11 Jahre. Abdomen, lat.-lat. (a) und ventr.-dors. (b) Strahlengang. Diffuse, inhomogene, schleierartige Verschattung des mittle-ren und ventralen Mesogastriums (lat.-lat.), bzw. der rechten Bauchraumhälfte (ventr.-dors.). Unmittelbar kaudal des Colon transversum (ventr.-dors.) und ventral der gas- und kotmarkierten Colon descendens (lat.-lat.) ist eine aprikosengroße, weichteildichte, undeutlich abgrenzbare Verschattung (▶) mit unregelmäßiger zentraler Aufhellung (▷) zu erkennen. Leukotische Dünndarmkaverne mit umgebender Peritonitis.

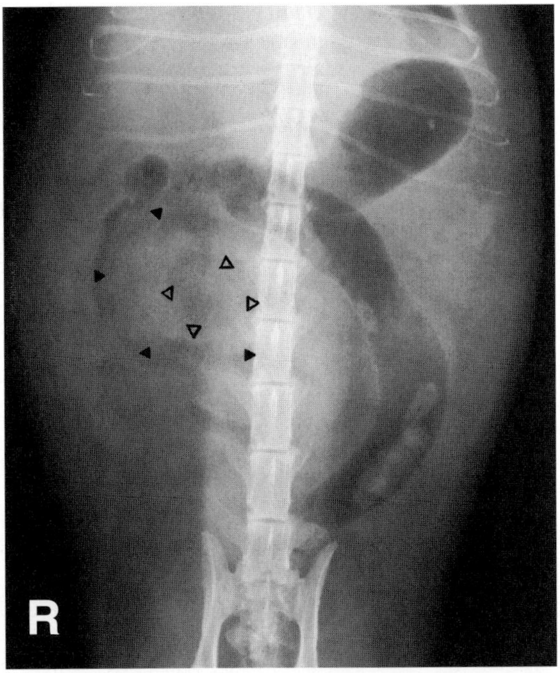

b

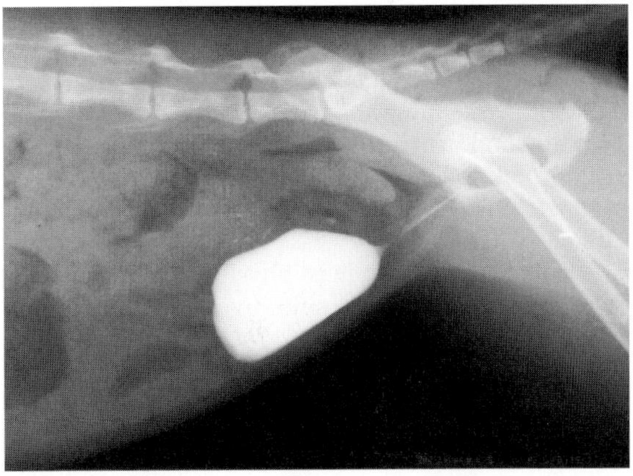

22 a

22 b

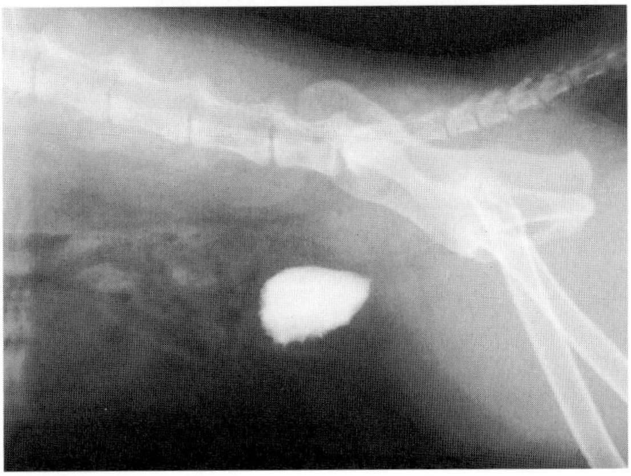

Abb. 22 a: Hauskatze, männl., kastr., 8 Jahre. Abdomen, lat.-lat. Strahlengang mit kontrastmittelmarkierter Harnblase. Die Harnblase stellt sich unauffällig dar.

Abb. 22 b: Birma, männl., kastr., 7 Jahre. Abdomen, lat.-lat. Strahlengang mit kontrastmittelmarkierter Harnblase. Die Harnblasenwand stellt sich verdickt dar; das Schleimhautrelief ist unregelmäßig, grob sägezahnartig. Zystitis.

2.3. Skelettsystem

Die röntgenologische Diagnostik von Erkrankungen des Skelettsystems orientiert sich an der Beurteilung der kalkdichten Knochen und der weichteildichten Anteile wie Knorpel, Knochenmark, Periost, Gelenkskapsel und Bandapparat. Der Knochen selbst wird nach folgenden Kriterien beurteilt (8, 10):
- Entwicklungszustand
- Form und Größe
- Kontur
- Struktur und Dichte
- Situs der Gelenkenden

Die Knochenentwicklung der Katze verläuft in der Regel wesentlich langsamer als die des Hundes. So finden sich offene Epiphysenfugen an den Röhrenknochen der Extremitäten oder im Bereich der Wirbelendplatten bis zu einem Alter von 18 bis 20 Monaten. Erst dann gilt die Skelettreifung der Katze als abgeschlossen (4). Das Wissen um die am wachsenden Skelett auftretenden Verknöcherungskerne sowie um deren Entwicklungsformen ist entscheidend, um Fehlinterpretationen im Hinblick auf pathologische Geschehen zu vermeiden.
Die Beurteilung von Form und Größe der einzelnen Skelettelemente ist außerordentlich stark von der Projektionsrichtung abhängig. Standardisierte Aufnahme- und Lagerungstechnik, in der Regel in Senkrechtprojektionen, zur Gliedmaßendarstellung mit Vergleich der zweiten Extremität, sind daher unerläßlich.
Die Kontur der Knochen ist physiologisch scharf und regelmäßig. Ausnahmen sind juvenile Knochen, bei denen im Bereich der Wachstumszonen Unschärfen auftreten, sowie Knochen während der Frakturheilung.

Struktur und Dichte des Skelettsystems sind in erster Linie von der Tierart, der Stoffwechselsituation und von den Belastungsverhältnissen abhängig. Die Knochen der adulten Katze weisen eine besonders feine Trabekelzeichnung auf, die beim alten Tier zunehmend gröber, unregelmäßiger und wabenartiger wird.

2.3.1. Kopf

Die häufigsten Indikationen zur Darstellung der Kopf-Halsregion sind:
- Erkrankungen der Mundhöhle, besonders Zahnerkrankungen
- Schädelverletzungen nach Traumen
- Fremdkörper
- Chronischer Nasenausfluß
- Erkrankungen des Mittelohres
- Neoplasien

Grundsätzlich wird je eine Aufnahme mit fronto-mandibularem und latero-lateralem Strahlengang angefertigt. Eine Sedierung bei dieser für die Katze unangenehmen Lagerung und Manipulation kann nützlich sein.
Zur fronto-mandibularen Position befindet die Katze in Brust-Bauchlage. Der Kopf wird von kaudal her, im Halsbereich knapp hinter dem Okziput umfaßt und flach auf die Filmkassette aufgelegt (Abb. 23a, b). Alternativ kann die Katze auch an den bei-

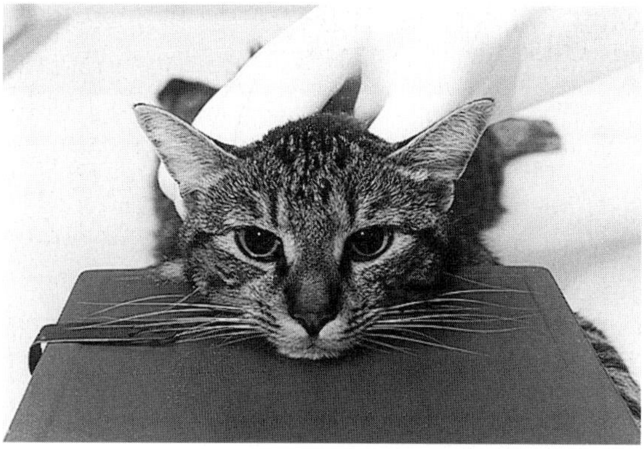

23 a

Abb. 23 a, b: Lagerung zur Röntgenaufnahme des Schädels mit fronto-mandibularem Strahlengang.

23 b

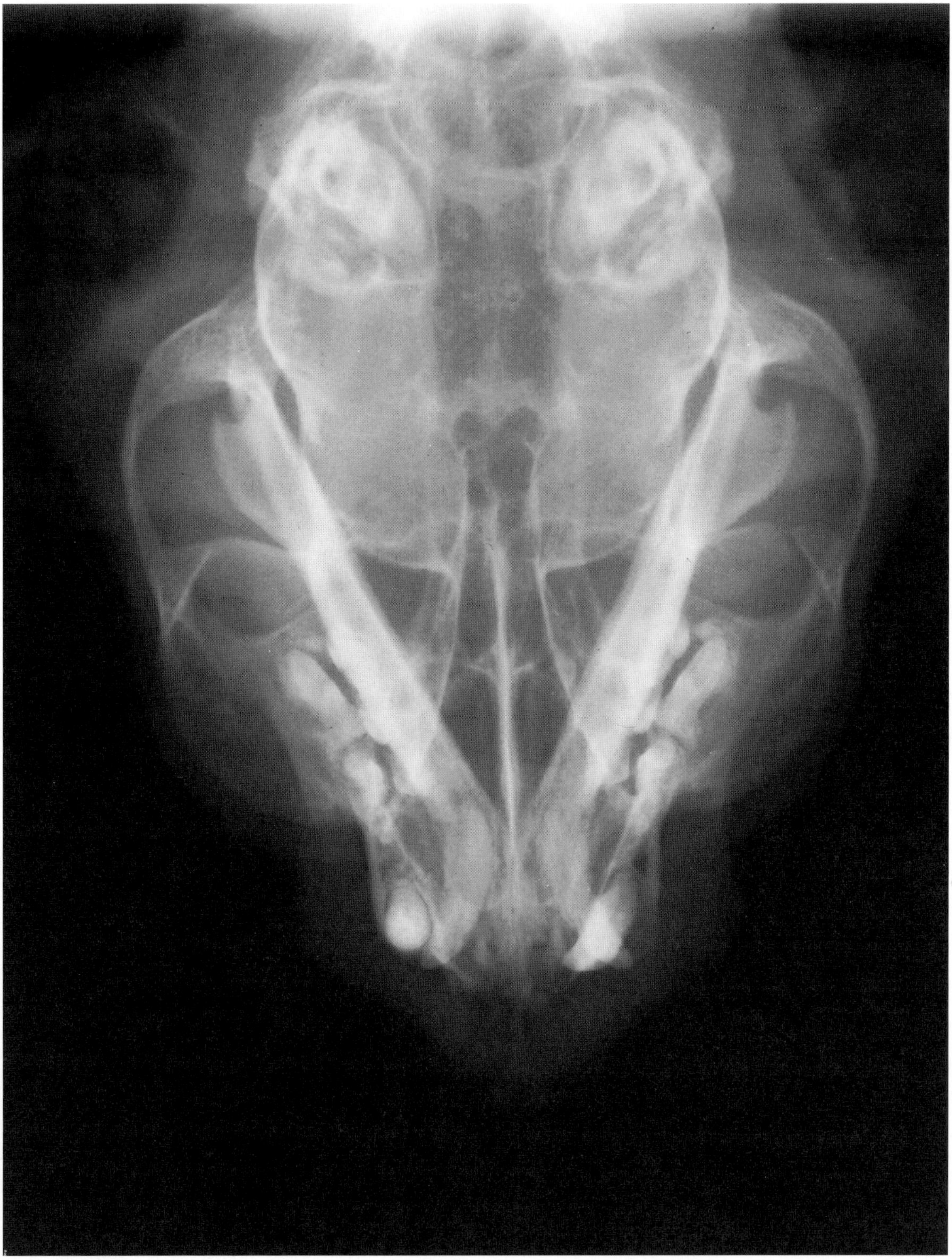

Abb. 24: Hauskatze, männl., 4 Jahre. Schädel, fronto-mandibularer Strahlengang. Darstellung der physiologischen Strukturen.

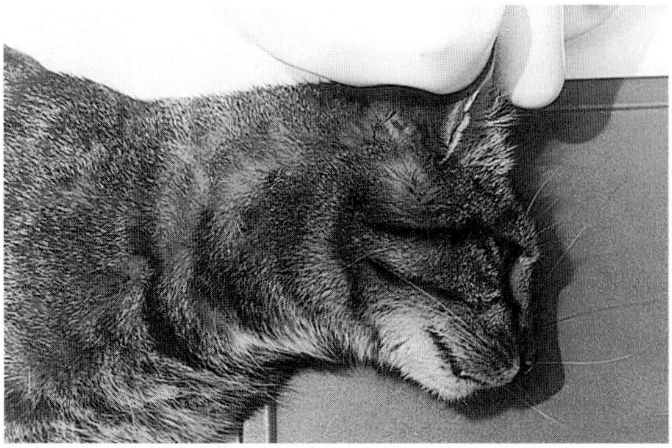

Abb. 25 a: Lagerung zur Röntgenaufnahme des Schädels mit latero-lateralem Strahlengang.

den Ohren erfaßt werden und durch Strecken des Kopfes und Halses flach positioniert werden. Eine etwa 5 cm hohe Auflage fläche (z. B. feste Kartonbox) unter der Kassette erleichtert das flache Hinlegen.

Besondere Beachtung soll dabei der symmetrischen Abbildung der beiden Schädelhälften geschenkt werden. Dadurch ist gewährleistet, daß alle anatomischen Strukturen, unter anderem auch die beiden Kiefergelenke, orthograd erfaßt werden (Abb. 24). Anderseits erleichtert die vergleichende Beurteilung rechts-links die Interpretation.

Bei der latero-lateralen Aufnahme wird die Katze in Seitenlage derart an Extremitäten und Ohren fixiert, daß die Schatten der beiden Mandibulae deckend zur Abbildung gelangen (Abb. 25a, b). Röntgenaufnahmen in diesen Positionen dienen zur Übersicht. Sie ermöglichen das Erkennen von Schleimhautveränderungen im Bereich der Nasenhöhlen – Verdichtung einer Nasenhöhle mit Verlust der Feinstrukturen, von Neoplasien – Verdichtung des Weichteilschattens und/oder fokale unregelmäßige Knochenaufhellungen mit Konturveränderungen, von Fremdkörpern und traumatischen Veränderungen – Kieferfrakturen, Jochbogenverletzungen, Subluxationen und Luxationen der Kiefergelenke (Abb. 26 a, b; Abb. 27).

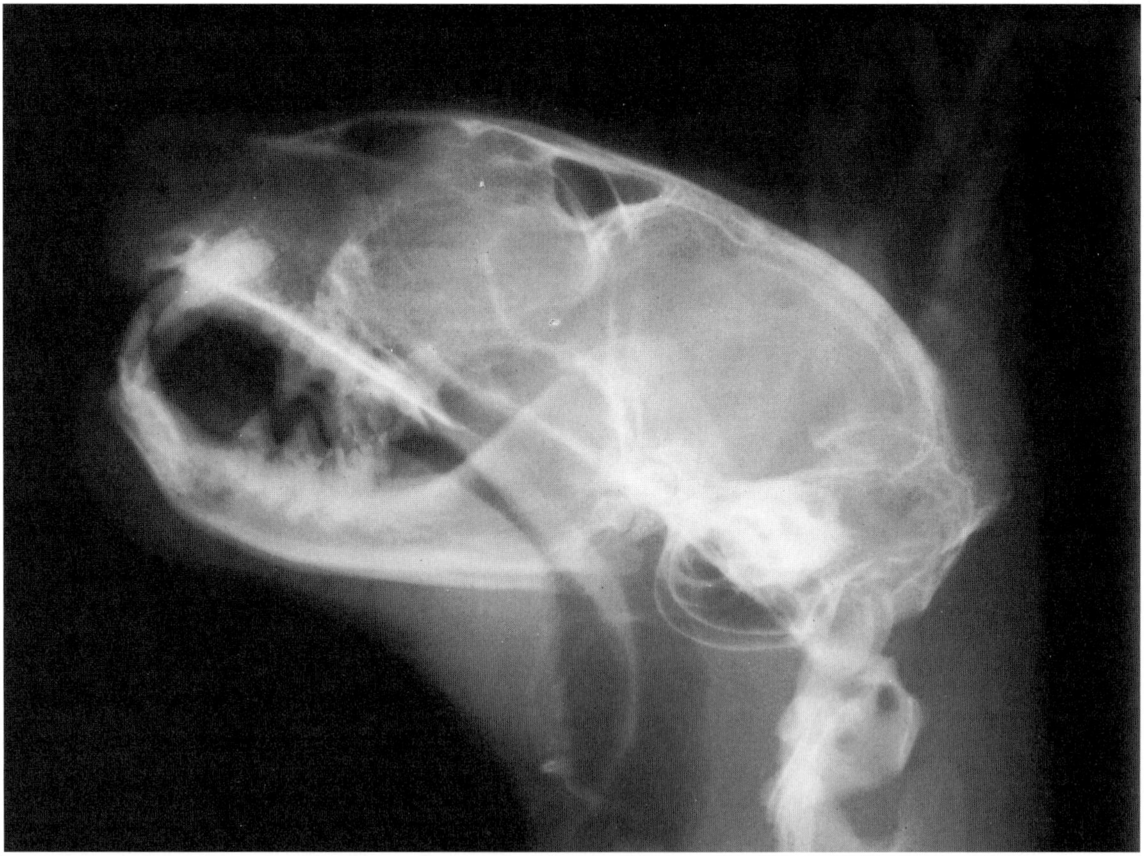

Abb. 25 b: Hauskatze, männl., 4 Jahre. Schädel, latero-lateraler Strahlengang. Darstellung der physiologischen Strukturen

a
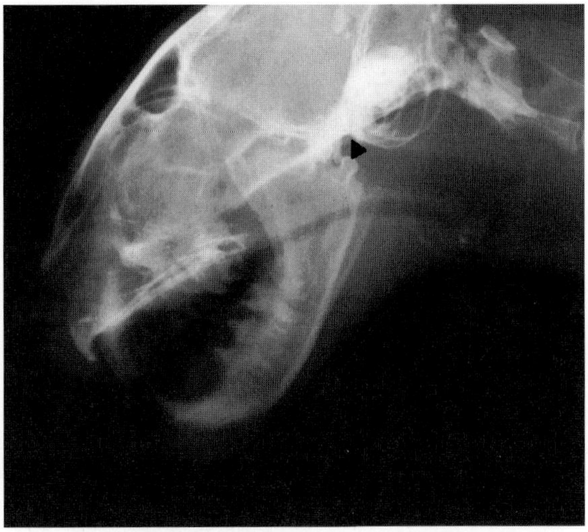
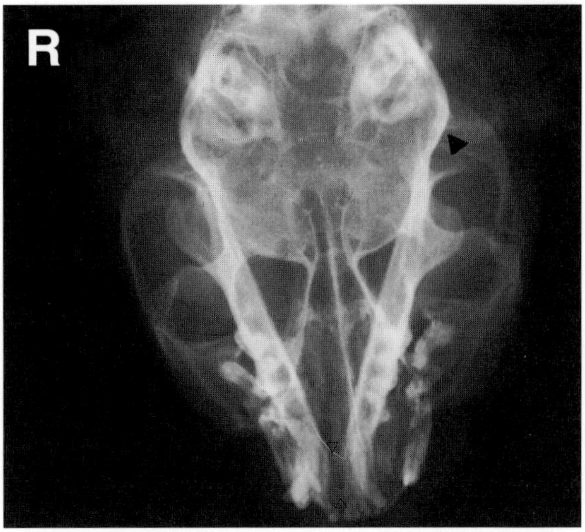

26 b

Abb. 26 a, b: Hauskatze, weibl., 2 Jahre. Schädel, lat.-lat. (a) und front.-mand. (b) Strahlengang. Luxation des linken Processus condylaris mandibulae nach kranial und distal (▶); Verbreiterung der Unterkiefersymphyse (▷) – Symphyseorhexis.

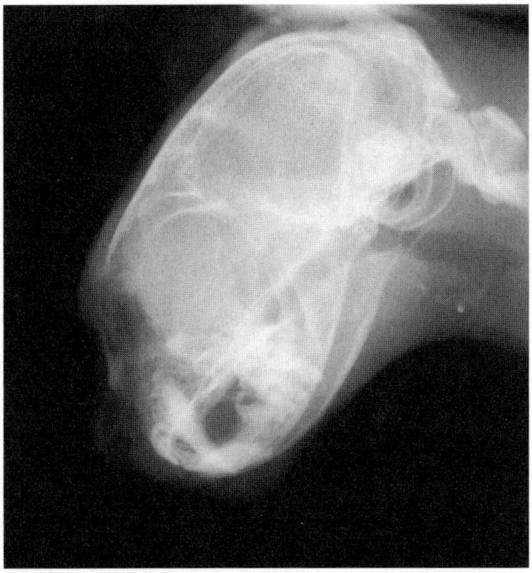

Abb. 27: Hauskatze, weibl., kastr., 16 Jahre. Schädel, lat.-lat. Strahlengang. Am Os nasale, übergehend auf das Os frontale, stellt sich die Knochenkontur und -struktur unregelmäßig und maschig aufgehellt dar. Die Knochenlamelle des Stirnbeines ist gegen die Stirnhöhle zu unregelmäßig konturiert. Die Stirnhöhle ist zart diffus verdichtet. Der Weichteilschatten ist in diesem Bereich gering verbreitert und verdichtet -- Neoplasma mit Osteolyse.

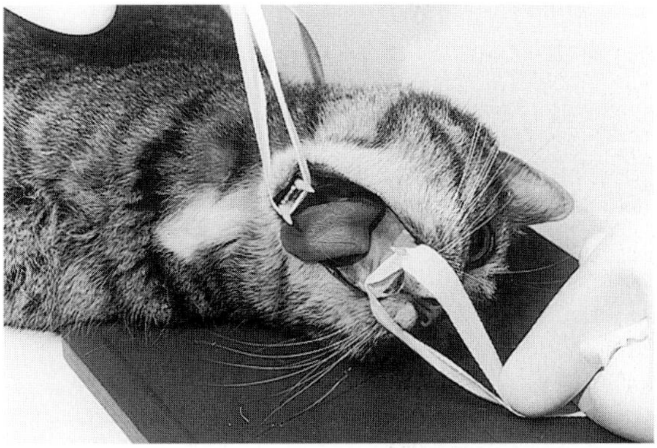

Abb. 28: Lagerung zur Röntgenaufnahme des linken Oberkiefers mit tangentialem Strahlengang.

Zur Darstellung der einzelnen Kieferabschnitte mit den Zähnen sind im allgemeinen Schrägprojektionen erforderlich. Die Katze befindet sich in Seitenlage, Ober- und Unterkiefer werden jeweils durch eine hinter den Canini liegende Kieferschlinge fixiert, und der Fang geöffnet. Der Kopf wird um etwa 30 Grad rotiert, so daß der zu untersuchende Kieferanteil und die Zahnleiste ohne Überlagerung vom lotrecht auftreffenden Nutzstrahlenbündel abgebildet werden kann. Damit ist gewährleistet, daß auch die Zahnwurzeln und die alveolären Strukturen beurteilbar werden (Abb. 28). Abbauprozesse des Limbus alveolaris, Zahnhalserkrankungen und Wurzelaffektionen, in der Regel mit einer Verbreiterung der Alveole und charakteristischen osteolytischen Aufhellungsherden um die Wurzelspitzen sind die regelmäßig zu erwartenden Befunde (Abb. 29).

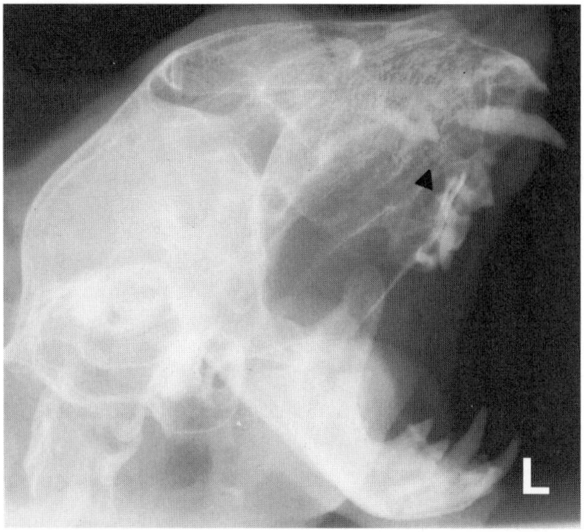

29

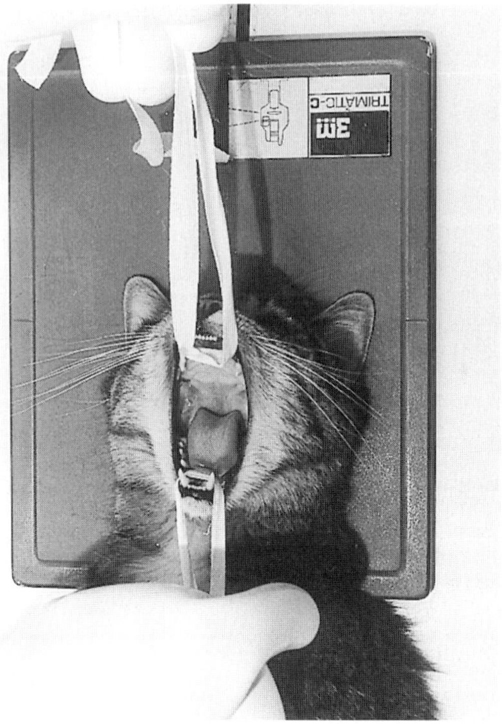

3

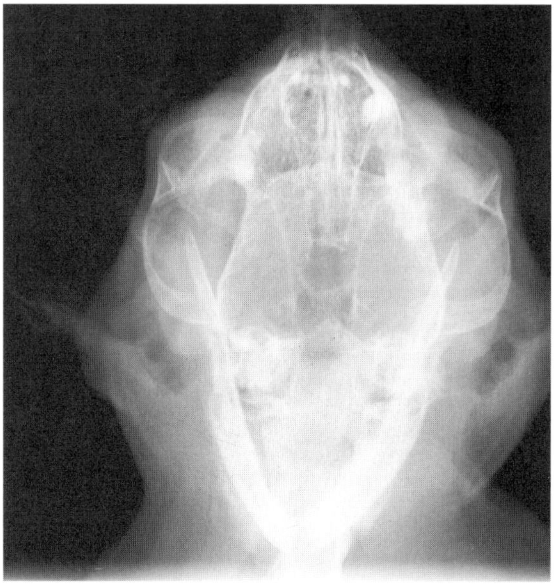

30 b

Abb. 29: British-Shorthair-Mix, männl., kastr., 8 Jahre. Oberkiefer links, tangentialer Strahlengang. Bogenförmige Aufhellung der Oberkieferstruktur um die distale Wurzel des Molaren oben links (▶). Wurzelherd.

Abb. 30 a: Lagerung zur Röntgenaufnahme der Bullae osseae mit oro-occipitalem, orthograden Strahlengang.

Abb. 30 b: British-Shorthair-Mix, männl., kastr., 8 Jahre. Bulla ossea vergleichend, oro-occipitaler Strahlengang. Die Konturen und Strukturen beider Bullae sind physiologisch.

Erkrankungen des Mittelohres, vor allem der Bulla ossea, lassen sich mit zwei Projektionsmethoden erfassen. Bei der am Rücken liegenden Katze wird der Fang mit Hilfe von Bandschlingen möglichst weit geöffnet. Der Kopf wird soweit nach kranial geneigt, daß der Winkel zwischen Nasenrücken und Filmebene etwa 60 Grad beträgt. Der Zentralstrahl ist auf die Kieferwinkel gerichtet. Beide Bullae werden so vergleichbar auf einer Aufnahme abgebildet (Abb. 30 a, b).

Wir bevorzugen, die etwas schwierigere Methode mittels Schrägprojektion und zwei Abbildungen. Wie für die Kieferaufnahme wird der Kopf in Seitenlage um etwa 30 Grad rotiert, so daß jeweils die filmnahe Bulla in ihrer gesamten Ausdehnung dargestellt wird (Abb. 31 a, b, c). Wesentlich ist, daß ein Vergleich der beiden Bullae allfällige Dichteunterschiede, die Hinweise für eine Otitis media oder ein neoplastisches Geschehen sein können, sichtbar werden läßt.

2.3.2. Wirbelsäule

Zur Darstellung der Hals-, Brust- und Lendenwirbelsäule sind zur Übersicht 3 Aufnahmen mit seitlichem Strahlengang erforderlich. Die Abbildung muß streng orthograd erfolgen, da Rotationen um die Längsachse Schrägprojektionen bedingen, die sehr schwierig zu interpretieren sind. Ebenso sind die

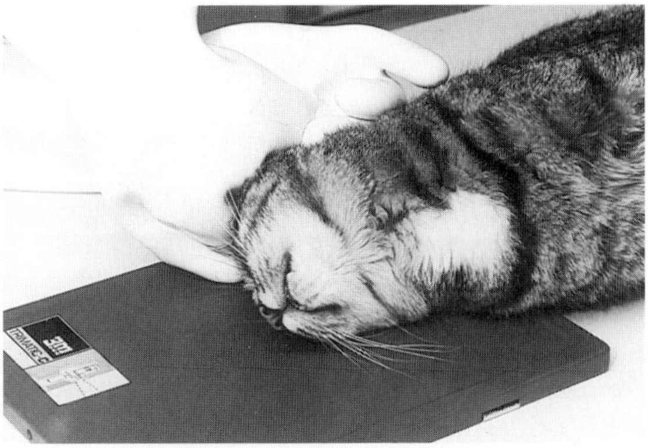

Abb. 31 a: Lagerung zur Röntgenaufnahme der rechten Bulla ossea mit tangentialem Strahlengang.

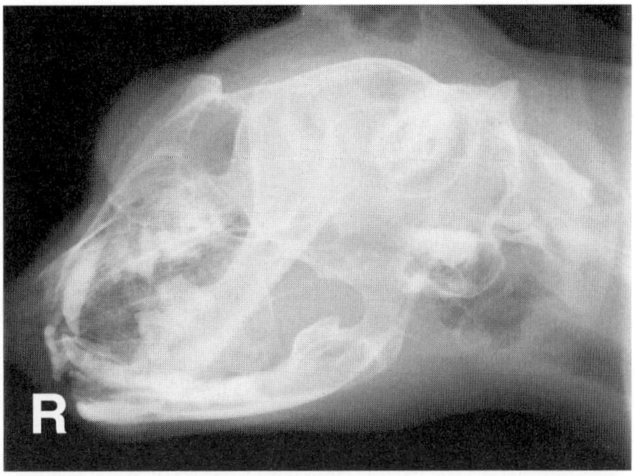

31 b

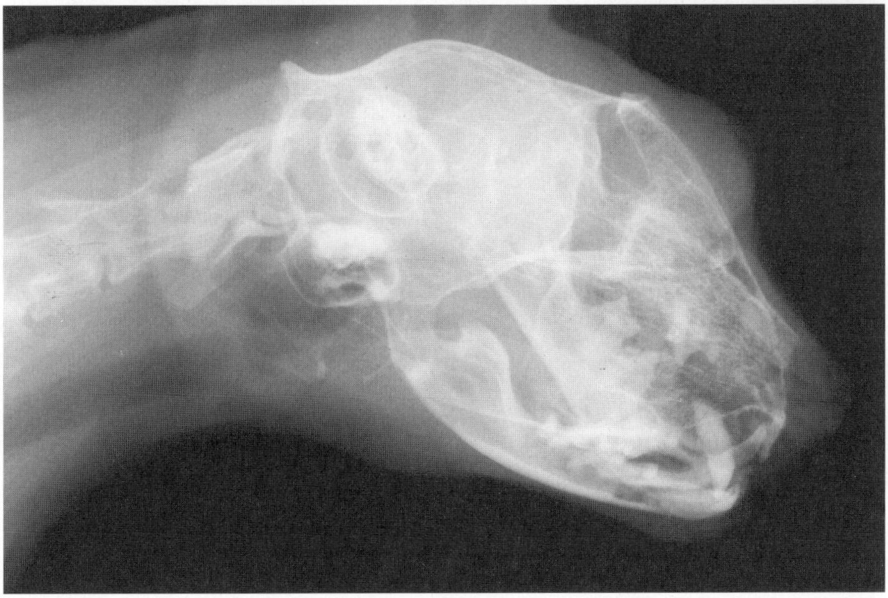

31 c

Abb. 31 b, c: British-Shorthair-Mix, männl., kastr., 8 Jahre. Bulla ossea vergleichend, tangentialer Strahlengang. Die Konturen und Strukturen beider Bullae sind physiologisch.

Bildabschnitte wegen der Abbildungsgeometrie so klein als möglich zu halten.

Die Halswirbelsäule stellt besondere Anforderungen an die Lagerungstechnik. Nach Fixation des Kopfes an beiden Ohren wird der Rumpf durch Erfassen der Vorder- und Hintergliedmaßen, jeweils in Höhe des Karpal- bzw. Tarsalgelenkes, nach kaudal gespannt und so die Halswirbelsäule gestreckt. Da die kaudalen Halswirbel wegen der Rumpfhöhe im Schulterbereich etwa 2 Zentimeter höher liegen, wird der Kopf um diese Distanz von der Unterlage angehoben. Der Zentralstrahl ist auf die Halsmitte gerichtet (Abb. 32 a, b, c).

Brust- und Lendenwirbelsäule werden bei gut gestrecktem Rumpf aufgenommen. Die Vorder- und Hinterextremitäten sollen dabei möglichst parallel gehalten werden. Mäßige Streckung des Kopfes nach kranial und dorsal erleichtert die exakte seitliche Position. Der Zentralstrahl trifft in Höhe des TH7/TH8 bzw. L4/L5 auf die Wirbelsäule. Zunächst wird die Wirbelsäule als Ganzes beurteilt. Dabei achtet man bei der Katze vor allem auf den Verlauf der Wirbelsäule.

Abweichungen von der sanft geschwungenen Form finden sich als Konsequenz von Stoffwechselstörungen (z. B.: Hyperparathyreodismus) als Kyphose des Überganges Brust-Lendenwirbelsäule und als Lordose im Bereich der kaudalen Lendenwirbel. In solchen Fällen ist das Kreuzbein ebenfalls umgestaltet – „Hakenform" (Abb. 33). Formänderungen können auch durch Auflagerungen im ventralen Bereich der Wirbelkörper auftreten, die eine Brückenbildung

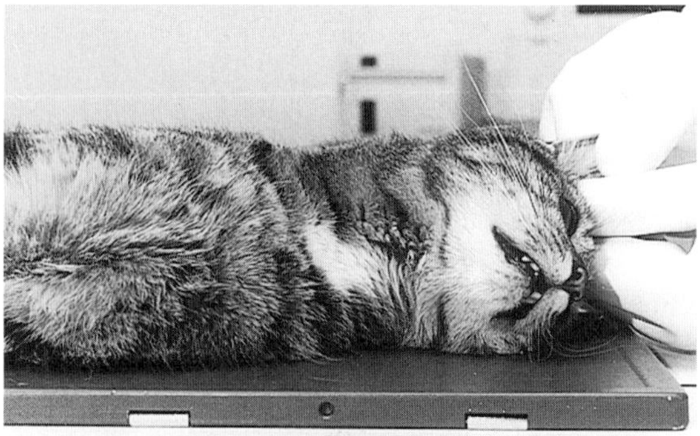

32 a

Abb. 32 a, b: Lagerung zur Röntgenaufnahme der Halswirbelsäule mit latero-lateralem Strahlengang. Beachte die Streckung des Halses und den parallelen Verlauf der Wirbelsäule zur Filmebene.

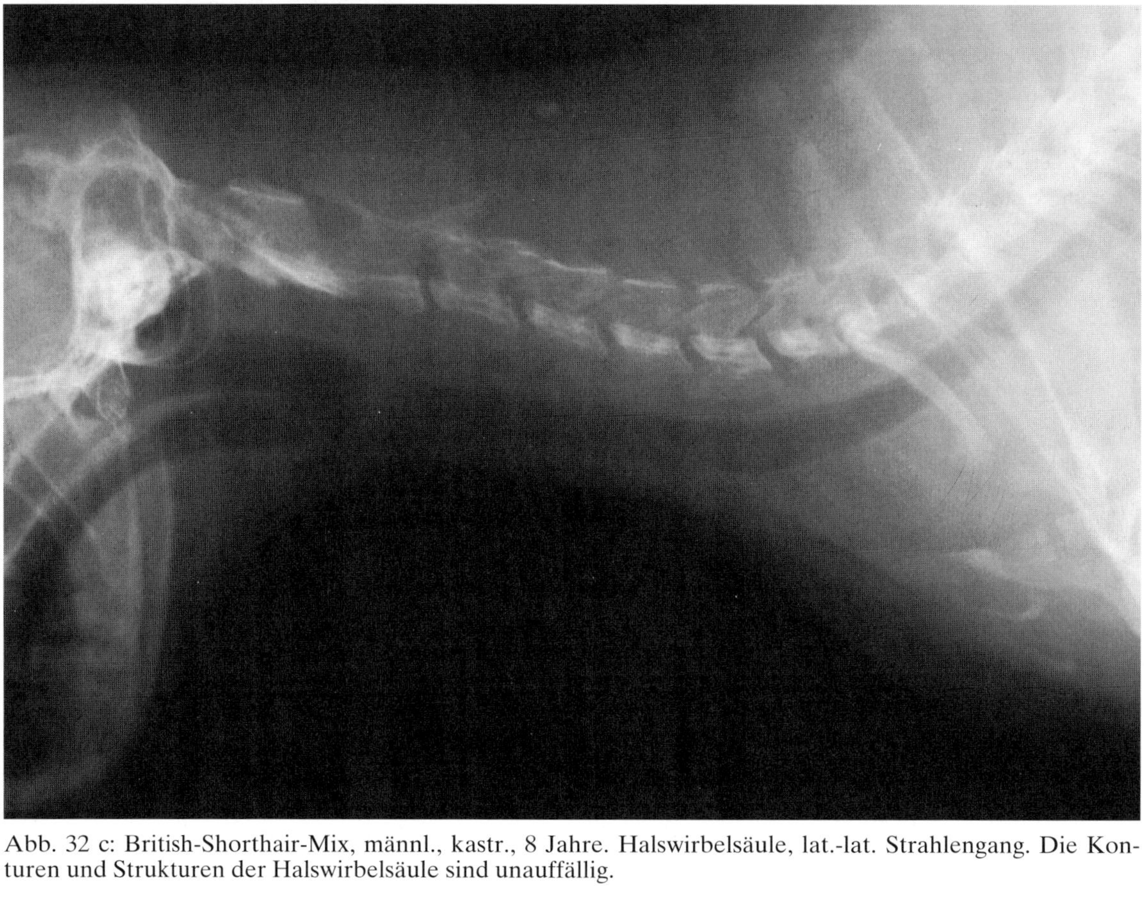

32 c

Abb. 32 c: British-Shorthair-Mix, männl., kastr., 8 Jahre. Halswirbelsäule, lat.-lat. Strahlengang. Die Konturen und Strukturen der Halswirbelsäule sind unauffällig.

entstehen lassen. Solche Befunde finden sich bei der Vitamin-A-Hypervitaminose an der Halswirbelsäule.

Jeder einzelne Wirbel ist in der Folge nach den Kriterien der Knochenbeurteilung (siehe oben) zu untersuchen. Darüber hinaus werden Zwischenwirbelspalt, Foramina intervertebralia, Wirbelkanal und die umgebenden Weichteile in die Bildanalyse der Wirbelsäule miteinbezogen. Erkrankungen des Zwischenwirbelorganes sind bei der Katze im Gegensatz zum Hund sehr selten. Bei älteren Tieren beobachtet man fallweise zentrale punktförmige Verdichtungen im Spatium intervertebrale, Kalkeinlagerungen im Nucleus pulposus, die klinisch unauffällig sind.

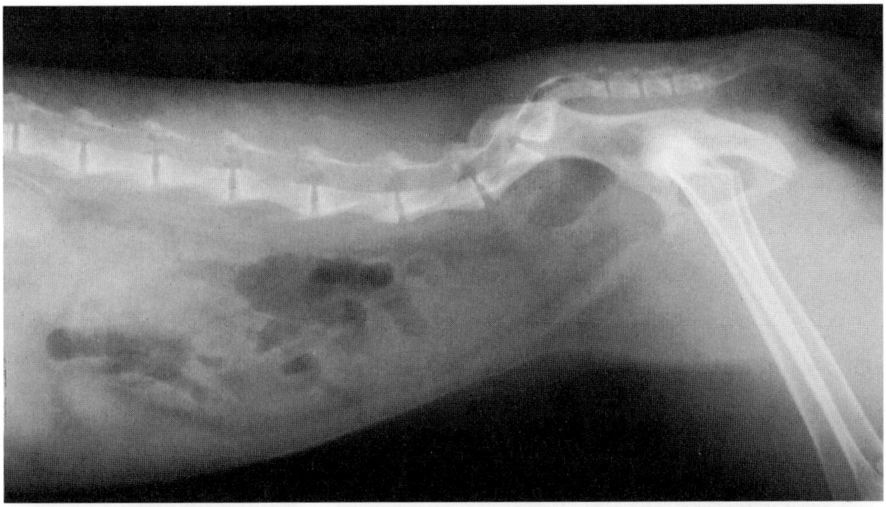

Abb. 33: Hauskatze, weibl., 1 Jahr. Abdomen, Lendenwirbelsäule, Kreuzbein, Schwanzwirbelsäule, Becken, lat.-lat. Strahlengang. Lordose der Lendenwirbelsäule zwischen L5 bis L7; hakenförmige Umgestaltung des Kreuzbeines; mehrfache Deviationen der Schwanzwirbelsäule; Verbiegung der Darmbeinschaufeln und -flügeln nach ventral – Zustand nach juveniler Osteodystrophie.

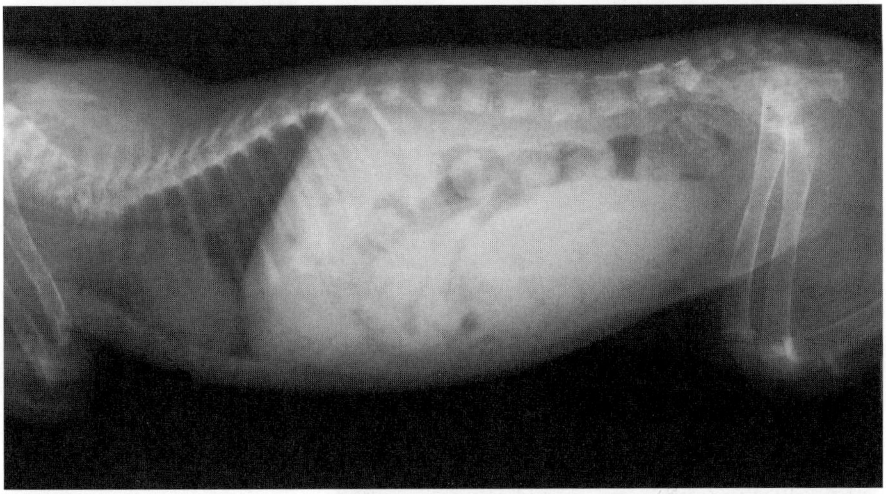

Abb. 34: Hauskatze, weibl., 4 Monate. Brust-, Lendenwirbelsäule, Kreuzbein, Becken, lat.-lat. Strahlengang. Hochgradige Verminderung der Schattendichte aller dargestellten Skelettanteile. Die Kompakta der Röhrenknochen stellt sich papierdünn dar – Osteodystrophie.

Neoplasien im Bereich des Rückenmarkes sind Einzelbefunde, die nur über entsprechende weitere diagnostische Verfahren – Myelographie, Computertomograpie – abzuklären sind.

Regelmäßig werden dagegen Struktur- und Dichteänderungen der Wirbelkörper beobachtet. Wie an den Röhrenknochen wirkt auch am Wirbelkörper der älteren Katze die Trabekelzeichnung vielfach grobmaschiger und lockerer. Gleichzeitig lassen sich häufig Verdichtungen und/oder Aufhellungen erkennen, so daß der Knochen „marmoriert" erscheint. Nach dem bisherigen Wissensstand handelt es sich dabei um einen physiologischen Zustand.

Dagegen führen Stoffwechselerkrankungen des Mineralstoffhaushaltes, bei der jungen Katze, vornehmlich dem Hyperparathyreoidismus, zu einer markanten Aufhellung der Wirbeldichte und -struktur.

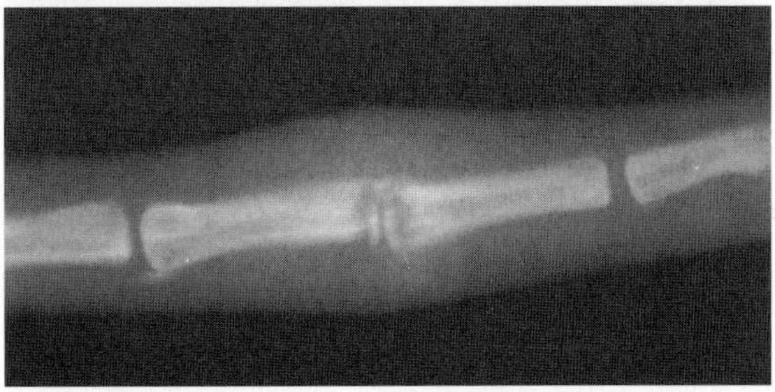

Abb. 35: Hauskatze, männl., kastr., 1 Jahr. Schwanzwirbelsäule, lat.-lat. Strahlengang, (Ausschnitt). Im mittleren Abschnitt der Schwanzwirbelsäule stellen sich zwei angrenzende Wirbelkörper im kranialen und kaudalen Bereich unregelmäßig blasig aufgehellt dar. Die Wirbelendplatten sind rarefiziert. Der Weichteilschatten um dieses Areal ist verbreitert und verdichtet – Discospondylitis nach Bißverletzung mit fortgeleiteter Osteomyelitis.

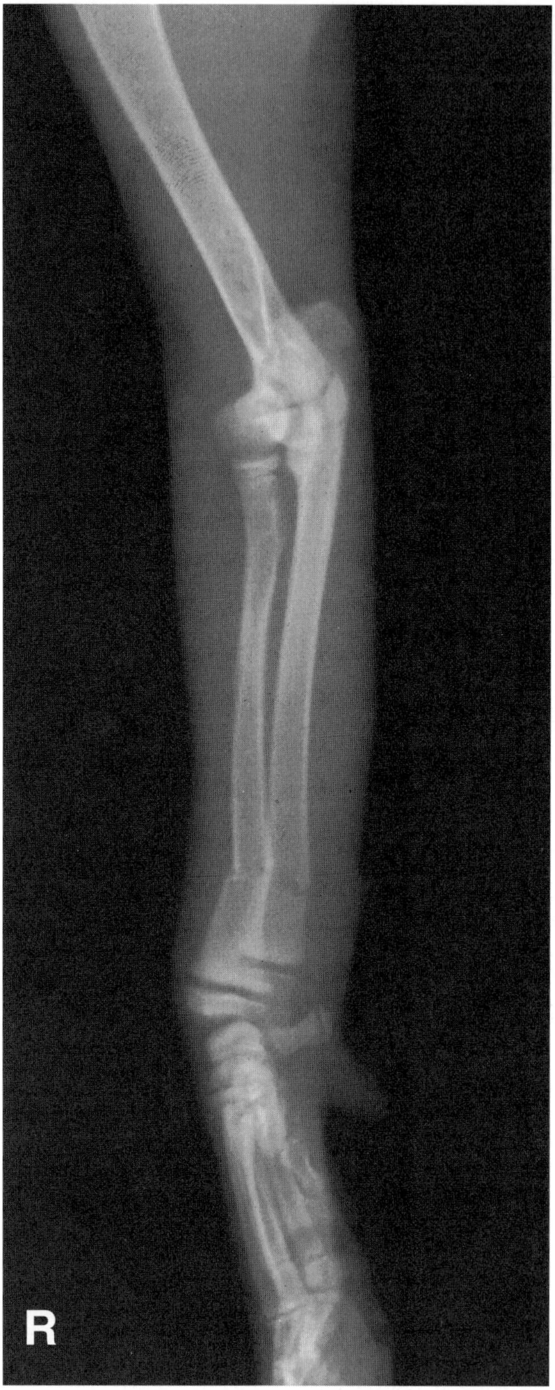

Abb. 36: Hauskatze, männl., 5 Monate. Ellbogengelenk, Unterarm, Karpus, Metakarpus rechts, lat.-lat. Strahlengang. Im distalen Drittel der Radius- und Ulnadiaphyse ist die Kompakta beider Röhrenknochen geknickt, eine zarte, unregelmäßige Aufhellungslinie verläuft quer durch Radius und Ulna – „Grünholzfrakturen“.

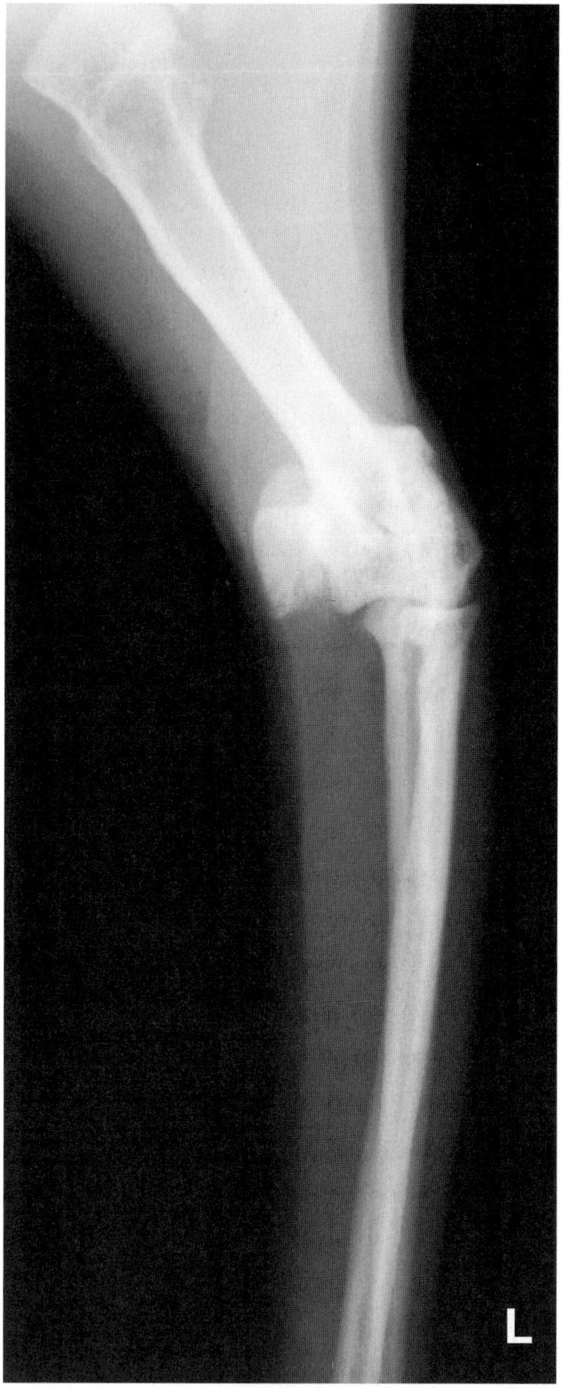

Abb. 37: Hauskatze, männl., kastr., 9 Jahre. Schultergelenk, Humerus, Ellbogengelenk links, kran.-kaud. Strahlengang. Im Bereich des medialen Anteiles der Ellbogengelenkskapsel und des medialen Collateralbandes findet sich eine kalkdichte, etwa 7 mm hohe Auflagerung – periartikuläre Ossifikation infolge Vit. A-Hypervitaminose.

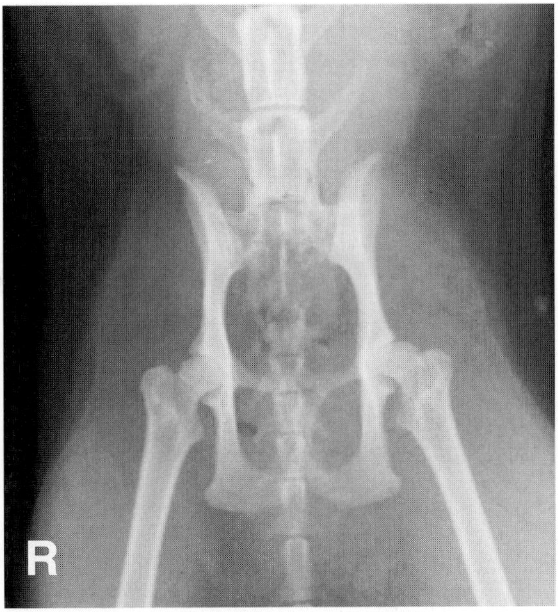

Abb. 38 a: Perser, weibl., kastr., 3 Jahre. Becken, Hüftgelenke, Femora, Kniegelenke, ventr.-dors. Strahlengang. Beide Azetabula sind flach ausgebildet. Der kranio-laterale Pfannenrand läßt links eine zarte Exostose erkennen; rechts reicht die Auflagerung bis an die Darmbeinsäule. Beide Femurköpfe sind abgeflacht und weisen breite Randwulstbildung auf. Der linke Femurkopf ist subluxiert – Hüftgelenkdysplasie.

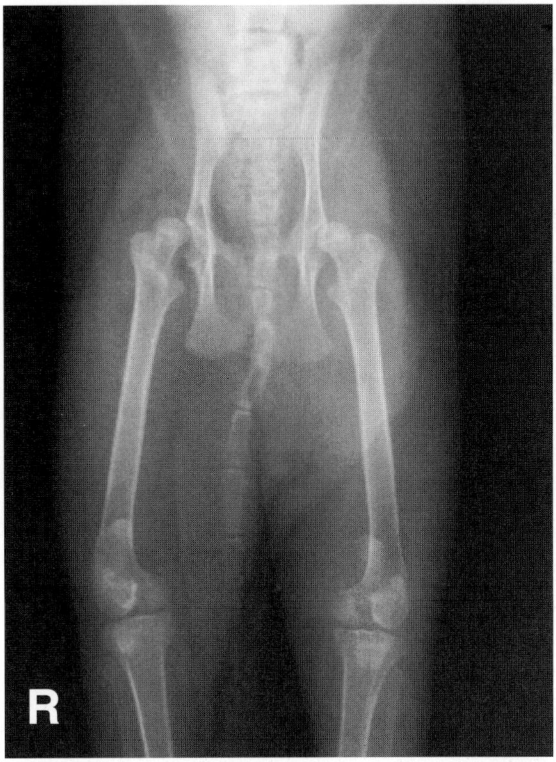

Abb. 38 b: Perser, männl., 11 Monate. Becken, Hüftgelenke, Femora, Kniegelenke, ventr.-dors. Strahlengang. Beide Azetabula sind hochgradig abgeflacht. Der kranio-laterale Pfannenrand ist bds. abgeschrägt. Subluxation des linken Femurkopfes; der rechte Femurkopf ist luxiert – Hüftgelenkdysplasie. Die Patella des linken Kniegelenkes projiziert sich weit nach medial – Patellaluxation.

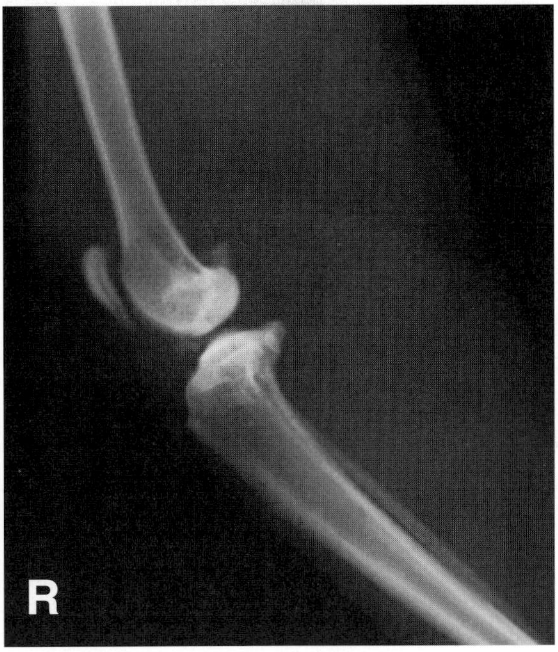

Abb. 39: Hauskatze, weibl., kastr., 11 Jahre. Kniegelenk links, med.-lat. Strahlengang. Entlang der Femurrollkämme, an Basis und Apex patellae, entlang des Gelenkkapselansatzes und am kaudalen Rand der Tibiagelenkfläche sind zarte Auflagerungen zu erkennen. Unregelmäßige kalkdichte Verschattungen finden sich im kranialen Anteil der Gelenkshöhle – Einlagerungen in die Menisci. Gonarthrosis chron. deformans.

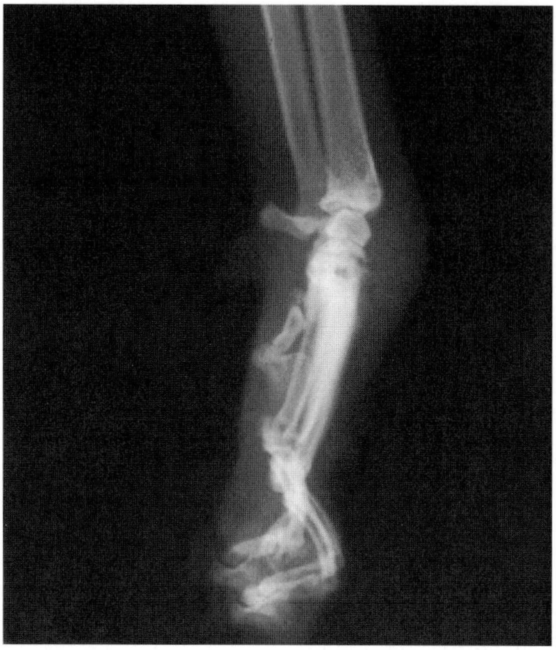

40 a

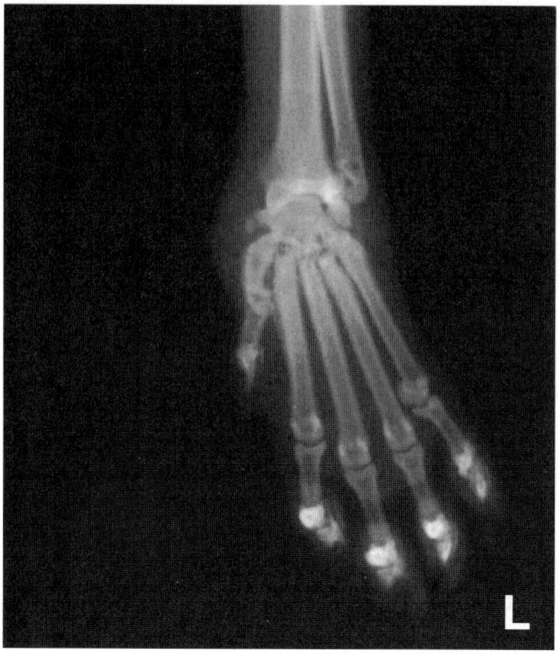

Abb. 40 a, b: Hauskatze, männl., 1 Jahr. Distaler Unterarm, Karpus, Metakarpus, Phalangen links, med.-lat. (a) und dors.-palm. (b) Strahlengang. Im Bereich der distalen Karpalgelenksknochenreihe und an den proximalen Anteilen der MC I bis MC IV ist die Knochenstruktur unregelmäßig, kleinflächig aufgehellt. Periostale Auflagerungen sind am Dorsum der Metacarpalia zu erkennen. Der Weichteilschatten um das Gelenk ist verbreitert – Septische Arthritis des linken Karpalgelenkes nach Bißverletzung.

Die Wirbelkörper stellen sich „gläsern" dar; die Wirbelendplatten treten als isolierte Verdichtungslinien deutlich hervor (Abb. 34). Knickungen und Infrakturen solcher Wirbel können festgestellt werden.

Im Zuge von Bißverletzungen beobachten wir immer wieder im Bereich angrenzender Schwanzwirbelkörper sehr feine unregelmäßige Aufhellungen, ausgehend von den Wirbelendplatten in die Wirbelkörper reichend. Es handelt sich um entzündlich lytische Prozesse im Sinne einer Discospondylitis mit konsekutiver Osteomyelitis (Abb. 35).

Häufige Traumafolgen sind darüber hinaus Subluxationen und Luxationen überwiegend an der Lenden- und kranialen Schwanzwirbelsäule. Besonders an der Schwanzwirbelsäule gehen solche Verletzungen mit weiter Diastase zwischen zwei der vorderen Wirbel einher, die prognostisch sehr vorsichtig zu beurteilen sind.

2.3.3. Gliedmaßenskelett

Lagerungstechnisch bieten die Skelettanteile der Vorder- und Hinterextremitäten kaum Schwierigkeiten. Ein Aufnahmenpaar mit lotrecht aufeinander stehendem Strahlengang des betroffenen Anteiles der Gliedmaße, möglichst in Zentralprojektion, gemeinsam mit der im Vergleich dargestellten anderen Extremität, reicht für gewöhnlich zu einwandfreien Diagnostik aus.

Eine anatomische Besonderheit der Katze, die Clavicula, projiziert sich bei korrekter Lagerung immer knapp kranial des Tuberculum majus in die Weichteile.

Die häufigsten Indikationen zur Darstellung der Schulter- und Beckengliedmaßen sind wohl Traumafolgen wie Frakturen, Luxationen und Subluxationen, bisweilen auch höhergradige Schwellungen nach Bißverletzungen, wenn eine Knochenläsion palpatorisch nicht ausgeschlossen werden kann.

Bei jungen Katzen mit Mineralstoffwechselstörungen finden sich die an der Wirbelsäule bereits beschriebenen „Glasknochen" auch am Extremitätenskelett. Die Kompakta ist papierdünn abgebildet, die Gelenkenden häufig nicht vom umgebenden Weichteilschatten zu unterscheiden. „Grünholzfrakturen" sind nicht selten zu beobachten (Abb. 36). Auffallende Formänderungen lassen sich dabei regelmäßig am Becken erkennen. Nach medial geschwungene Beckenhälften und sich nach ventral neigende Darmbeinschaufeln bleiben zeitlebens erhalten.

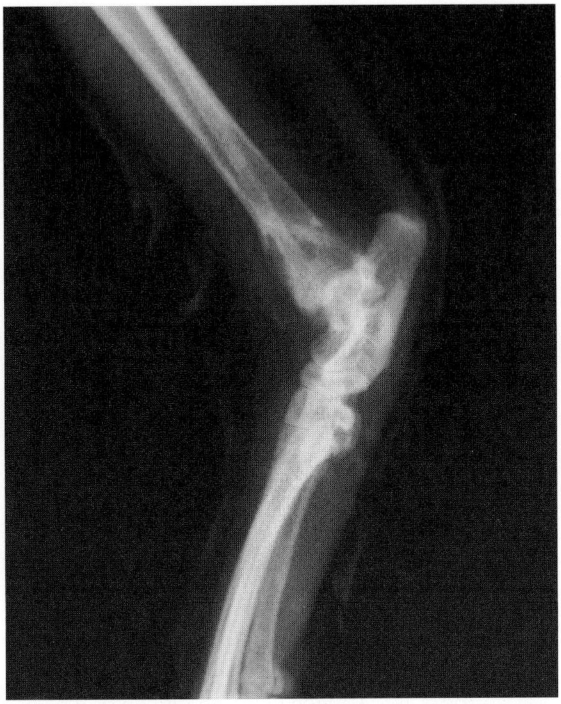
a

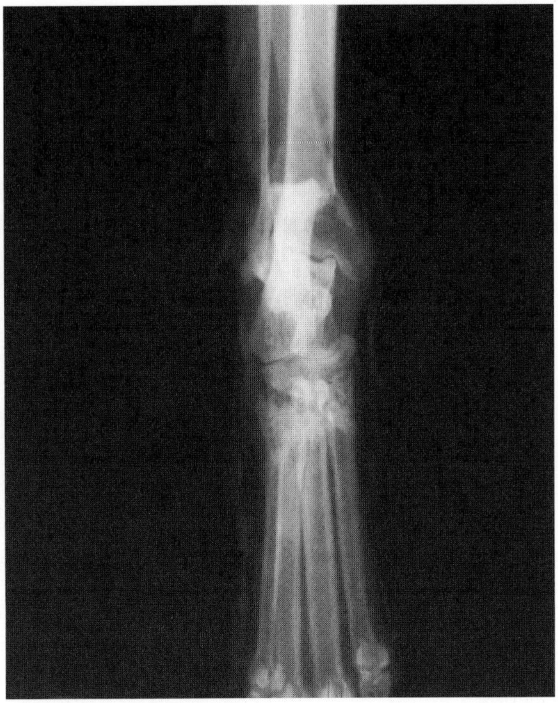
41 b

Abb. 41 a, b: Hauskatze, männl., kastr., 15 Jahre. Distaler Unterschenkel, Tarsus, Metatarsus rechts, med.-lat. (a) und dors.-plant. (b) Strahlengang. Der distale Metaphysenbereich der Tibia stellt sich medio-dorsal unregelmäßig aufgehellt dar. Die Kompakta fehlt am Proc. malleolaris medialis und ist nach proximal zu schmal und gegen den Markraum unregelmäßig begrenzt. Unterbrochen von einer schmalen Spongiosabrücke reicht die Aufhellung bis in das distale Drittel der Tibiadiaphyse – destruierendes Knochenneoplasma.

Die Vitamin-A-Hypervitaminose führt auch am Skelett der Röhrenknochen zu Veränderungen mit unregelmäßiger Dichtezunahme der Trabekelzeichnung. Charakteristischer sind jedoch die periartikulären Kalkeinlagerungen in die Gelenkkapsel sowie den Sehnen- und Bandapparat. Es finden sich typische kalkdichte Verschattungen z. B. im Ansatzbereich der Endsehne des M. triceps brachii am Olecranon u. a. m. (Abb. 37).

Die Darstellung des Beckens im ventro-dorsalen Strahlengang dient neben der Diagnose von Becken-Kreuzbein-Verletzungen, im eigenen Patientengut eine der häufigsten Traumafolgen, auch zur Diagnose der Hüftgelenkdysplasie (Abb. 38a, b). Wir registrieren eine ständige, wenn auch geringe Steigerung dieser erblichen Skeletterkrankung insbesonders bei Perserkatzen (9).

Arthrosen als degenerativ-entzündliche Gelenkerkrankungen beobachtet man auch bei Katzen in der Regel erst bei älteren Tieren. Ihr röntgenologisches Erscheinungsbild ähnelt sehr dem des Hundes (Abb. 39).

Immer wieder finden wir bei freilebenden Katzen septische Arthritiden der distalen Extremitätengelenke als Folge von Bißverletzungen (Abb. 40 a, b).

Knochenneubildungen am Skelett der Röhrenknochen der Katze sind außerordentlich rar (14). Ihr Erscheinungsbild ist peripher oder zentral osteolytisch und betrifft die distalen Diaphysenbereiche (Abb. 41a, b).

Literatur

(1) BOND, B., u. TILLEY, L. P. (1980): Cardiomyopathy in the Dog and Cat. In: Kirk, R. W.(ed.). Current Veterinary Therapy. VII, WB Saunders, Philadelphia.

(2) BUCHANAN, J. W. (1972): Radiology of the heart. Proceedings of Annual Meeting of Amer. Anim. Hospital Assoc.

(3) BURK, R. L., u. ACKERMAN, N. (1991): Lehrbuch und Atlas der Kleintierradiologie. Gustav Fischer Verlag, Stuttgart–Jena–New York.

(4) CARLSON, W. D. (1977): Carlson's veterinary radiology. Lea & Febiger, Philadelphia.

(5) CLURE, R. Mc., DALLMANN, M. J., u. GARETT, P. G. (1973): Cat anatomy: An atlas, text and dissection guide. Verlag Lea & Febiger, Philadelphia.

(6) FELIX, R., u. RAMM, B. (1982): Das Röntgenbild. Georg Thieme Verlag, Stuttgart–New York.

(7) HAMLIN, R. L., SMETZER, D. L., u. SMITH, C. R. (1963): Radiographic anatomy of the normal cat heart. J. Amer. Vet. Med. Assoc. **143,** 957–961.

(8) KEALY, J. K. (1991): Röntgendiagnostik bei Hund und Katze. Ferdinand Enke Verlag, Stuttgart.

(9) KÖPPEL, E., u. EBNER, J. (1990): Die Hüftgelenkdysplasie der Katze. Kleintierpraxis **35,** 281–298.

(10) MORGAN, J. P. (1972): Radiology in Veterinary Orthopedics. Lea & Febiger, Philadelphia.

(11) O'BRIEN, T. R. (1978): Radiographic Diagnosis of Abdominal Disorders in the Dog and Cat. WB Saunders, Philadelphia.

(12) SCHEBITZ, H., u. WILKENS, H. (1986): Atlas der Röntgenanatomie von Hund und Katze. Verlag Paul Parey, Berlin u. Hamburg.

(13) SUTER, P. F. (1984): Thoracic Radiography. A Text Atlas of Thoracic Diseases of the Dog and Cat. Wettswil, Switzerland.

(14) TURREL, J. M., u. POOL, R. R. (1982): Primary Bone Tumors in the Cat: A retrospective study of 15 cats and a literature review. Vet. Radiol. **23,** 54–61.

Infusionstherapie

Von I. Nolte

Raum für Notizen

Infusionstherapie

Infusionstherapie ist die Applikation größerer Flüssigkeitsmengen zum Zwecke der Korrektur bzw. Wiederherstellung der Homöostase.

Verschiedene pathologische Zustände sowie eine Reihe chirurgischer Eingriffe führen zu Störungen im Wasser-, Elektrolyt-, Säure-Basen- und Energiehaushalt, die vom Organismus nicht mehr aus eigener Kraft beseitigt werden können. Hier setzt die Infusionstherapie ein.

Die Kenntnis der Bedarfswerte sowie das Wissen um die physiologischen Regulationsmechanismen sind für eine sinnvolle und korrekte Anwendung dieser Therapie essentiell:

Wasser- und Elektrolytbedarf

Der Organismus besteht zu 50–70 % aus Wasser, wobei die Gesamtmenge abhängig ist von Alter, Ernährungs- und Funktionszustand (z. B. Gravidität, Laktation). Ältere und fette Katzen haben einen relativ niedrigeren Gehalt an Körperwasser, jüngere und magere Katzen einen höheren. Beim Neonaten liegt er sogar um 80 %.

Das Körperwasser ist auf verschiedene Flüssigkeitsräume, sog. Kompartimente, verteilt. Man unterscheidet einmal den Intra- vom Extrazellulärraum und untergliedert letzteren noch in den Intravasalraum und das Interstitium.

Ca. 20 % des Körpergewichts entfallen auf das extrazelluläre, 30–40 % auf das intrazelluläre Wasser. Der Transzellularraum schließlich enthält das Wasser, das zwar eigentlich zum extrazellulären Anteil gehört, das aber nicht mehr am Flüssigkeitsaustausch zwischen den einzelnen Kompartimenten teilnimmt. Dazu gehören die Ingestawasser, Galle, Harnblaseninhalt sowie Exsudate und z. B. Aszitesflüssigkeit. An Bedeutung gewinnt dieser auch als „third space" bezeichnete Anteil bei pathologischen Zuständen.

Flüssigkeitsbewegungen zwischen Intravasalraum und Interstitium erfolgen durch das Gefäßendothel der Kapillaren hindurch.

Hydrostatischer und onkotischer Druck sind die wichtigsten Kräfte, die bewirken, daß aus den proximalen Kapillaranteilen Wasser in etwa gleicher Menge in das Interstitium austritt, wie im Bereich der distalen Kapillaren aus dem Interstitium in den Gefäßraum zurückgepreßt wird.

Die Lymphgefäße transportieren das Ultrafiltrat, das nicht von den Kapillaren reabsorbiert wird, in das Kreislaufsystem zurück.

Der Konzentrationsgradient, der für verschiedene Ionen zwischen Intra- und Extrazellulärraum besteht, wird durch Transportmechanismen der Zellmembran aufrechterhalten, die zum Teil unter Energieverbrauch in Form von ATP Ionen entgegen einem Konzentrationsgefälle transportieren. Hieraus resultiert eine recht unterschiedliche Verteilung der wichtigsten Elektrolyte Natrium, Kalium, Chlor und Bikarbonat. Während Natrium und Chlor außerhalb der Zelle vorherrschen, ist Kalium neben Phosphat das dominierende Ion in der Zelle.

Wasser und Elektrolyte befinden sich in diesem System von Kompartimenten in einem Fließgleichgewicht. Normalerweise werden die Verluste, die durch Se- und Exkrete, Schwitzen und Atmung entstehen, durch Futter- und Getränkeaufnahme sowie die Produktion von H_2O im Intermediärstoffwechsel ausgeglichen.

Eine Katze benötigt als Erhaltungsbedarf pro kg Körpergewicht und Tag ca. 60 ml Wasser, 7,5 mmol Natrium-, 6,6 mmol Kalium- und 5,4 mmol Chloridionen. Dies entspricht Serumgehalten von 140 mmol/l Natrium, 4 mmol/l Kalium und 100 mmol/l Chlor. Innerhalb der Zelle beträgt der Kaliumgehalt 150 mmol, Natrium liegt bei 15 mmol und Chlor bei 1 mmol.

Säure-Basen-Haushalt

Die Lebensvorgänge sind an einen Blut-pH-Wert zwischen minimal 7,0 und maximal 7,8 gebunden, wobei der physiologische Bereich zwischen 7,3 und 7,4 im arteriellen Blut schwankt. Der Körper kontrolliert diesen Wert mit Hilfe von Puffersystemen, die Säure- und Basenüberschüsse abfangen. Diese Puffersysteme sind: das Bikarbonatsystem, Hämoglobin und der Knochen. In der Zelle fungieren organische Phosphate und Proteine als Puffersubstanzen.

Das Verhältnis von Säure zu Base kann mit Hilfe der Henderson-Hasselbalch'schen Gleichung beschrieben werden:

$$\mathrm{pH} = \mathrm{pK} + \log \frac{(\text{Base})}{(\text{Säure})}$$

Das wohl wichtigste System ist das Bikarbonatsystem. Es steht als Puffer des Extrazellulärraumes unmittelbar zur Verfügung und ist in großer Menge vorhanden. Bezogen auf das Bikarbonatsystem lautet die oben angeführte Gleichung:

$$pH = pK + \log \frac{(HCO_3-)}{(H_2CO_3)}$$

Da eine feste Beziehung zwischen dem CO_2-Partialdruck bei einem bestimmten pH-Wert und dem Gehalt an H_2CO_3 besteht, kann die Henderson-Hasselbalch'sche Gleichung in eine klinisch anwendbare Form gebracht werden:

$$pH = 6{,}1 + \log \frac{(HCO_3-)}{(0{,}03\ PaCO_2)}$$

Regelmechanismen in Lunge und Niere gewährleisten die Aufrechterhaltung des Bikarbonatsystems, wobei mit Hilfe der Ventilation der pCO_2 und über renale Exkretion die Bikarbonationenkonzentration gesteuert wird.
Die Katze weist einen Blut-pH-Wert von durchschnittlich 7,3, gemessen im venösen Blut auf. Die Bikarbonatkonzentration liegt bei ca. 20 mval/l, pCO_2 bei 40 mmHg und PO2 bei 38 mmHg. Die Basenabweichung (Base excess, BE) gesunder Katzen kann zwischen –10 und –1 bei einem Mittelwert um –5,7 schwanken. pH-Werte unter 7,2 weisen eine Azidose, solche über 7,4 eine Alkalose aus.
Nach der Genese unterscheidet man metabolische und respiratorische Azidose sowie metabolische und respiratorische Alkalose.
Die häufigste Störung des Säure-Basen-Haushaltes der Katze ist die metabolische Azidose, der als Ursache erhöhte Säureproduktion, mangelnde Säureexkretion, Verlust an Basen oder eine Kombination dieser Störungen zugrunde liegen können (die zugehörigen Krankheitsbilder werden später beschrieben).
Anhaltendes Erbrechen kann wegen des Verlustes an Chlorid- und Wasserstoffionen zur metabolischen Alkalose führen. Auch ein starker extrazellulärer Kaliumverlust, zu dessen Korrektur Kalium gegen Wasserstoff aus der Zelle ausgeschleust wird, führt zur Alkalose. Respiratorisch bedingte Säure-Basen-Haushalt-Entgleisungen sind weitaus seltener und treten im Zusammenhang mit Atemwegserkrankungen und Narkose auf.

Energiehaushalt

Viele Katzen verweigern auch bei leichteren Krankheitsbildern jede Nahrungsaufnahme. Hier kann eine Energiezufuhr über orale oder parenterale Zwangsernährung erforderlich werden. Eine solche Therapie sollte bei Katzenwelpen nach 1–2 Tagen, bei erwachsenen Tieren spätestens nach 3–5 Tagen einsetzen, bzw. wenn 20 % des Körpergewichts verloren sind.
Die Menge der benötigten Energie kann berechnet werden:

Kilokalorien/Tag = 2x (30x KGW in kg + 70)

unter der Annahme, daß eine normale Hauskatze ca. 65–70 Kilokalorien/kg/Tag braucht. Wenn möglich, sollte eine Ernährung oral erfolgen, nur im Notfall intravenös.

Klinische Untersuchung; Diagnostik

Um eine Störung im Wasser- und Elektrolythaushalt aufzudecken, stehen klinische und labortechnische Parameter zur Verfügung.
Zu Beginn jeder klinischen Untersuchung steht die Anamnese, die bereits wichtige Informationen liefern kann. Erhöhte Wasserverluste entstehen rasch bei Diarrhoe, Vomitus, Polyurie, frequenter Atmung, starkem Schwitzen, Flüssigkeitsabgabe über große Wundflächen (Brandwunden, intra operationem).
Andererseits kann auch eine reduzierte Flüssigkeitsaufnahme der Grund für eine Dehydratation sein, wobei entweder Futter- und Getränkeaufnahme, etwa wegen eines Kieferbruchs, nicht möglich sind oder wegen einer krankheitsbegleitenden Anorexie bzw. Adipsie nicht erfolgen. In jedem Fall ist es notwendig, eine Störung zu erkennen, dem Grade nach einzustufen und entsprechend der vorliegenden Verluste zu therapieren.
Eine einfache und zuverlässige Untersuchungsmethode ist die Überprüfung des Hautturgors. Man hebt hierzu in der Lendengegend oder an der Seitenbrust eine Hautfalte an und wartet ab, bis sie vollständig verstrichen ist, was bei erhaltenem Turgor sofort der Fall ist. Erste Verzögerungen machen sich allerdings erst bemerkbar, wenn bereits um 5 % des Gesamtkörperwassers verloren sind. Bei einer geringgradigen Verzögerung von eben bemerkbarem Ausmaß spricht man von leichter Exsikkose, die mit ca. 5–6 % Verlust eingestuft wird.
Bei einer Dehydratation zwischen 6 und 8 % bleibt die Hautfalte über 1–2 sec bestehen. Begleitet wird dieser Verlust der Hautelastizität meist von trockenen Schleimhäuten, verlängerter kapillärer Füllungszeit und leicht eingesunkenen Augäpfeln.
Bleibt die angehobene Falte über mehrere Sekunden bestehen, so liegen die zu erwartenden Verluste um die 10–12 %, was akute Lebensgefahr bedeutet. Anzeichen eines Schocks, wie hohe Herzfrequenz, kleiner schwacher Puls sowie die vorher erwähnten Befunde an Schleimhäuten und Bulbi sind ebenfalls vorhanden.
Um eine weitestgehende Standardisierung dieses klinischen Tests zu erreichen, prüft man den Hauttur-

gor stets an der gleichen Stelle. Die Haut wird leicht aufgezogen und sofort losgelassen. Bei sehr mageren und alten Katzen ist die Hautelastizität physiologischerweise geringer als bei gut genährten und jüngeren Tieren. Starke Adipositas hingegen kann erhaltenen Turgor bei Exsikkose vortäuschen. Dies muß bei der Interpretation der Befunde bedacht werden. Plötzliche Gewichtsverluste können außer auf ein Energiedefizit auch auf eine Dehydratation zurückzuführen sein. Tägliches Wiegen erkrankter Tiere ist daher angezeigt, um frühzeitig Wasserverluste zu erkennen.

Ein weiteres Symptom ist der Durst. Er wird vom „Durstzentrum", das im Nucleus supraopticus des Hypothalamus gelegen ist, gesteuert. Dieses wird aktiviert, wenn das Volumen verringert oder der Ionengehalt relativ erhöht ist.

Eine gründliche klinische Untersuchung kann bereits organische Befunde für eine Exsikkose liefern: periphere Ödeme, Umfangsvermehrungen in Form eines Aszites bzw. Hydrothorax oder eine stark gefüllte Harnblase geben wichtige Hinweise auf die Ursache und damit auch Ansätze zur Therapie.

Die klinischen Befunde werden ergänzt durch einige einfache Labortests:

- Hämatokrit
- Gesamteiweiß
- Urinanalyse (spezifisches Gewicht).

Diese Werte verändern sich allerdings erst mit einer gewissen Latenzzeit, so daß sie bei akuten Flüssigkeitsverlusten, etwa einer traumatisch bedingten Hämorrhagie, im Normalbereich liegen können, wenn bereits lebensbedrohende Verluste erreicht sind. Sie sollten daher nicht Grundlage einer Bedarfsberechnung sein, sondern nur zur Verlaufskontrolle der Flüssigkeitstherapie herangezogen werden.

Neben der quantitativen ist auch ohne komplizierte Labormethoden eine qualitative Einschätzung von Verlusten möglich: Durchfall, übermäßiges Schwitzen und auch Erbrechen lassen ein Natriumdefizit erwarten. Anhaltendes Erbrechen führt zur Chloridverarmung und nach einiger Zeit zur Hypokaliämie, da Kalium von der Niere gegen Wasserstoff ausgetauscht und ausgeschieden wird.

Bikarbonatverluste entstehen rasch bei profusen Durchfällen sowie bei allen Krankheiten, die eine metabolische Azidose nach sich ziehen, wie Diabetes mellitus, im Hungerzustand und bei Nierenerkrankungen.

Zur Flüssigkeitstherapie stehen verschiedene Infusionslösungen zur Verfügung:

1. Plasmaexpander
2. Elektrolytlösungen
3. salzfreie Kohlenhydratlösungen
4. Osmotherapeutika
5. Infusionsmittel für die parenterale Ernährung
6. Blut

1. Plasmaexpander

Es werden unterschieden: die Dextrane, die aufgrund ihres kolloidosmotischen Druckes eine längere Verweildauer im Blutgefäßsystem haben als dies bei Elektrolytlösungen der Fall ist, und Gelatinepräparate, die eine geringere osmotische Wirksamkeit haben und sich schneller im Extrazellulärraum verteilen.

Indikationen für Plasmaexpander sind Schockzustände und Volumenmangelzustände, vor allem bei Hämorrhagien. Dosierungsvorschläge für Dextranpräparate bei der Katze liegen bei 10–15 ml/kg KGW für hochmolekulare und 3–4 ml/kg KGW für niedermolekulare Dextrane.

2. Elektrolytlösungen

Diese werden nach der Ionenzusammensetzung unterteilt in isotone (Ringerlactatlösung, physiologische NaCl-Lösung), d. h. der Zusammensetzung des Blutes entsprechende und Lösungen mit mehr oder weniger hohem Anteil an freiem Wasser, z. B. 0,45 % NaCl-Lösung. Ihr Anwendungsgebiet ist die Behandlung von Volumen- und Elektrolytmangelzuständen. Die Dosierung richtet sich nach dem bestehenden Defizit sowie dem klinischen Befinden und kann 60–120 ml Flüssigkeit/kg/Tag, evtl. auch mehrmals täglich, betragen.

3. Elektrolytfreie Kohlenhydratlösungen

Die am häufigsten verwendete ist die Glukoselösung (i. d. R. 5 %). Zur Korrektur von Energiemangelzuständen und als Quelle für ungebundenes Wasser.

4. Osmotherapeutika

Hierfür werden hochkonzentrierte Zucker-Alkohol-Lösungen, z. B. Mannit, Sorbitlösung, verwendet. Das Prinzip besteht in einer Erhöhung der extrazellulären Osmolarität, womit eine Ödemausschwemmung und eine Steigerung der Diurese erzielt werden können. Die Dosierung liegt bei 1–5 ml 20%iger Mannitlösung/kg KGW intravenös über 30 Minuten. Kontraindikation ist das akute Nierenversagen. Daher sollte nach initialer Infusion von 2–3 ml das Einsetzen der Diurese abgewartet werden, ehe mit der Therapie fortgefahren wird.

5. Infusionsmittel für die parenterale Ernährung

Erhältlich sind Aminosäureinfusionslösungen, Kohlenhydratlösungen und Elektrolyte, sowohl einzeln als auch in abgestimmtem Verhältnis.

6. Blut

Um Blut zu transfundieren, muß eine geeignete Spenderkatze zur Verfügung stehen. Als Antikoagulans ist Heparin für die Frischblut-Transfusion geeignet oder Stabilisatorlösungen mit niedrigem Zitratanteil, z. B. CPD (Citrat, Phosphat, Dextrose). Es sind immer sterile Kunststoffmaterialien sowohl für die Abnahme und Lagerung als auch für die Transfusion zu verwenden.

Technik der Infusion

Eine Infusion kann über verschiedene Zugänge erfolgen. Die wichtigste und häufigste Applikationsart ist die intravenöse Infusion. Geeignet sind bei der Katze die Vena cephalica antebrachii, die Vena saphena parva und auch die Vena jugularis externa. Der Vorteil der i. v.-Infusion liegt in der sofortigen Kreislaufverfügbarkeit. Es können größere Mengen exakt dosiert verabreicht werden, auch nicht blutisotone bzw. gewebsreizende Substanzen können appliziert werden. Hierfür wählt man großlumige Gefäße, etwa die Vena jugularis, in deren Blutstrom die Infusionslösung rasch verdünnt und vermischt wird. Dieser Zugang verlangt allerdings steriles Arbeiten, um zu verhindern, daß Bakterien und andere Infektionserreger bei der Venenpunktion oder im Verlauf der Therapie über den Katheter in den Kreislauf gelangen. Länger liegende Braunülen bzw. Katheter können verstopfen, sich bildende Thromben als Embolus abgeschwemmt werden oder Anlaß zu Venenentzündungen geben.

Die Gefahr der Luftaspiration entsteht, wenn die Verbindung zum Flüssigkeitsspiegel unterbrochen ist und sich das Niveau des Katheters unterhalb der Vena cava cranialis befindet, so daß der bei der Inspiration dort herrschende negative Druck Luft ansaugt.

Bei zu rascher Zufuhr zu großer Mengen besteht die Gefahr der Überwässerung.

Die Infusion muß überwacht werden, sie ist daher relativ arbeitsintensiv, und bei längerer Therapiedauer entstehen oft erhebliche Kosten für den Besitzer.

Die Vene wird am besten freigeschoren, die darüberliegende Haut desinfiziert, etwas verschoben und die Vene dann angestochen. Verweilkatheter müssen drei- bis viermal täglich mit physiologischer Kochsalzlösung durchgespült werden. Sie sollten nicht länger als 3 Tage liegenbleiben.

Die subkutane Infusion ist eine weitere Möglichkeit, Flüssigkeit zuzuführen. In vielen Fällen leichterer Verluste kann sie gute Erfolge erzielen. Flüssigkeit wird als Depot, möglichst an verschiedenen Orten verteilt, mehrmals täglich unter die Haut infundiert. Der Vorteil liegt in der einfachen Handhabung, minimalem Arbeitsaufwand und der im Vergleich zur intravenösen Infusion geringeren Gefahr der Überwässerung. Falls erforderlich, kann der Besitzer angewiesen werden, die Behandlung zu Hause selber fortzusetzen.

Bei schwererer Dehydratation, Schock und allen Fällen, in denen die periphere Durchblutung stark herabgesetzt ist, ist eine subkutane Flüssigkeitsgabe jedoch nicht zweckmäßig, da das Infusionsgut nicht mehr resorbiert werden kann. In den Situationen, in denen rasche Volumenauffüllung nötig ist, sowie zum Ersatz größerer Mengen ist sie ungeeignet. Lösungen, die nicht blutisotonisch sind, können Anlaß zu Gewebsreizungen geben und zu Elektrolytverschiebungen führen. Schließlich ist zu beachten, daß stark geschwächte oder immunsupprimierte Tiere zu Abszeßbildungen am Infusionsort neigen.

Pro Depot können 50–100 ml infundiert werden, die auf 2–3 tägliche Gaben verteilt werden sollten. Als Injektionsort sind die seitliche Brust- oder Bauchwand geeignet, Gliedmaßen und geschädigte Hautpartien sind zu vermeiden.

Die intraperitoneale Infusion sollte als ultima ratio angesehen werden. Sie kann jedoch bei Welpen, deren Venendurchmesser eine Katheterisierung nicht zuläßt, angezeigt sein. Das Infusionsgut muß unbedingt steril und körperwarm sein. Es kann gegeben werden, bis das Abdomen leicht aufgetrieben erscheint.

Einige Autoren empfehlen auch die intraosseale Infusion in die Markhöhle des Femur. Die Indikation sollte aber mindestens ebenso streng wie bei der intraperiotonealen Infusion gestellt werden.

Bei erhaltener Magen-Darm-Funktion sollte auch bei der Katze, wo immer möglich, die orale Applikation Methode der Wahl sein. Sie ist der ungefährlichste Weg, Wasser, Elektrolyte und Nährstoffe zuzuführen und bei Durchfall und Anorexie zu erwägen. Flüssigkeit wird mit dem Löffel oder der Spritze, falls der Zustand des Tieres dies nicht zuläßt, per Magensonde eingeführt.

Dünne Ernährungssonden, die über den ventralen Nasengang eingeführt und mit 1 oder 2 Hautheften fixiert werden, werden von den meisten Katzen toleriert.

Im folgenden sollen für einige der häufigsten Fälle, in denen eine Infusionstherapie nötig wird, kurze Behandlungsempfehlungen gegeben werden.

1. Durchfall

Wasserstoffionen, Natrium, Kalium, Chlorid, Bikarbonat gehen verloren und führen je nach Schwere der Diarrhoe zu Dehydratation, metabolischer Azidose, Schock und Nierenversagen.

Mittel der Wahl ist in schweren Fällen von Diarrhoe Ringerlactatlösung oder auch physiologische Kochsalzlösung, denen 5%ige Glukoselösung zugesetzt werden kann. Die Menge der zu infundierenden Flüssigkeit richtet sich nach den geschätzten Verlusten und dem Zustand des Patienten. Bikarbonatzusätze werden nach Blutgasanalyse berechnet nach der Formel:

– BE x 0,3 x kg KGW = Menge benötigter Bikarbonatlösung in ml einer 8,4%igen Lösung

bzw. als Faustformel

1 ml/kg einer 8,4%igen Lösung, wenn keine Analysemöglichkeit zur Verfügung steht.

2. Erbrechen

Wasserstoffionen, Kalium und Chlorid, zu einem geringen Teil Natrium gehen verloren. Der Kaliumverlust entsteht durch renale Exkretion, die Niere tauscht Kalium gegen Wasserstoff aus, der zur Aufrechterhaltung der Pufferkapazität benötigt wird. Wasserstoff und Chlorid gehen direkt mit dem Erbrochenen verloren.

Bei anhaltendem Erbrechen droht daher die Gefahr der metabolischen Alkalose. Ringerlösung ist in der Regel ausreichend, um Defizite auszugleichen. Die Flüssigkeit wird intravenös verabreicht, nur in schweren Fällen von Säure-Basen-Entgleisungen ist ein Zusatz von Kaliumchlorid indiziert, maximal 0,5 mmol/kg/Std.

3. Schock

Im Schock besteht entweder ein absoluter oder relativer Volumenmangel. Ziel der Flüssigkeitstherapie beim Schock ist einmal die Vergrößerung des Plasmavolumens, zum anderen die Behandlung der sich im Gefolge von Mangeldurchblutung und Hypoxie einstellenden metabolischen Azidose. Zur Schocktherapie eignet sich Ringerlactatlösung, im Falle des hypovolämischen Schocks Blut und Plasmaexpander. Katzen neigen zur Ausbildung pulmonaler Ödeme, worauf bei der Mengenberechnung und der Infusionsgeschwindigkeit bei Verwendung von Elektrolytlösungen besonders geachtet werden muß.

4. Diabetes mellitus

Beim Diabetes mellitus besteht eine metabolische Azidose. Große Mengen als Kalium und Natrium gehen über die Niere verloren mit der Exkretion von Acetoacetat und Beta-Hydroxybutyrat in Form ihrer Natrium- und Kaliumsalze.

Bei der Behandlung des Diabetes mellitus im komatösen Stadium müssen drei Komponenten verabreicht werden:

Insulin
Elektrolyte
Flüssigkeit

Der Bedarf an diesen Substanzen ändert sich während der Infusionstherapie ständig, muß also quasi „austitriert" werden. Wiederholte laborchemische Kontrolle der Blutparameter Kalium, Kalzium und Glukose sowie Keton und Protein, pH und Bikarbonat ist daher wünschenswert, wenn auch nicht immer möglich.

Schnellwirkendes Insulin (kristallines), Altinsulin, Actrapid®, ½ I. E./kg KGW (Cave Katze) wird intravenös gegeben. Danach muß alle 2 Stunden Blutglukose bestimmt werden, bis die Glukosekonzentration absinkt. Liegt sie unter 250 mg/dl, wird für die folgenden 2 Stunden kein Insulin gegeben. Liegt sie darüber bzw. beträgt mehr als die Hälfte der Ausgangskonzentration, so gibt man nun ¼ bis ½ der Ausgangs-Insulindosis. Wenn der Glukosespiegel sich bei 100–150 mg/dl einpendelt, kann auf intermediäre Insuline bzw. Lente (z. B. Rapitard®) umgestiegen werden.

Rehydriert wird mit Ringerlactat oder 0,9%iger Natriumchloridlösung. Nachdem man den Grad der Exsikkose eingeschätzt hat, wird die Hälfte der Verluste in den ersten 12 Stunden substituiert, wobei während der ersten Stunde mit größtmöglicher Geschwindigkeit infundiert werden kann. Die zweite Hälfte plus 60 ml/kg Erhaltungsdosis folgen im Laufe der nächsten 36 Stunden.

Wenn auf eine langsamere Infusionsgeschwindigkeit umgestiegen werden kann und der Blutglukosewert unter 250 mg/dl liegt, muß eine Kaliumsubstitution nach Messung des Serum-Kalium-Wertes durchgeführt werden. Bei Werten unter 3,5 mmol/l muß Kalium meist in Form von Kaliumchloridlösungen zugegeben werden. Katzen mit schwerer Hypokaliämie benötigen ca. 10–30 mmol Kalium pro Tag. Pro Stunde dürfen maximal 0,5 mmol Kalium pro kg Körpergewicht gegeben werden. Die Substitution sollte über minimal 24 Stunden erfolgen.

Zur Korrektur der Azidose sollte Bikarbonat nach dem vorher beschriebenen Schema gegeben werden.

5. Nierenversagen

Man unterscheidet je nach dem Sitz der Ursache ein prärenales, renales und postrenales Nierenversagen. Eine Vielzahl von Ursachen kann hinter einem Nierenversagen stecken, wobei allen aber gemeinsam ist, daß sie zu einer Minderdurchblutung der Niere führen. Das Nierenversagen kann sowohl mit Oligurie als auch mit Polyurie einhergehen, je nach Ursache bzw. Stadium der Erkrankung.

Vom therapeutischen Aspekt aus empfiehlt sich daher eine Gliederung der Patienten in diese beiden Kategorien.
Der oligurische Patient produziert meist nur geringe Mengen eines Urins von hohem spezifischen Gewicht (> 1,025). Je nachdem, ob gleichzeitig starke Wasserverluste durch Diarrhoe oder Vomitus vorliegen, kann der Hydrierungsgrad vermindert, normal oder sehr selten erhöht sein (neophrotisches Syndrom). In jedem Fall stellt sich bei Oligo- oder Anurie aber eine Hyperkaliämie ein, die durch die zusätzlich bestehende metabolische Azidose noch verstärkt wird. Auch eine Hypernatriämie wird häufig gesehen. Ferner gerät der Patient rasch in ein Energiedefizit.
Beim polyurischen Nierenversagen gehen große Mengen an Flüssigkeit und Natriumkarbonat, Chlorid und Kalzium verloren, je nachdem, inwieweit der Flüssigkeitsverlust durch die Polidipsie und erhöhte Wasseraufnahme kompensiert wird, ist die Wasserbilanz ausgeglichen oder negativ. Kalium ist meist nicht erhöht, evtl. in seltenen Fällen vermindert.
Der Kalziumspiegel ist aus verschiedenen Gründen vermindert (Kalziumverlust mit dem Urin, Störung des renalen Vitamin-D-Stoffwechsels und daraus folgend reduzierte Kalziumabsorption im Darm, erhöhte Phosphorausscheidung und kompensatorische Kalziumverluste).
Hyperphosphatämie und Retention von Eiweißmetaboliten komplettieren das Bild.

Zur Therapie

Im Falle des oligurischen Nierenversagens muß zunächst versucht werden, durch vorsichtige Flüssigkeits- und Diuretikumgabe die Diurese anzuregen. Spricht der Patient hierauf nicht an, sollte diese Therapie unter Kontrolle des zentralen Venendruckes (CVP) und der Harnproduktion (Katheter) fortgesetzt werden. Besteht die Gefahr der Überwässerung, muß die Infusion unterbrochen werden. Bei anhaltender Oligurie und Anstieg des Harnstoffs im Blut ist die Peritonealdialyse zu erwägen.
Die Flüssigkeitstherapie verfolgt das Ziel, Verluste auszugleichen, wobei bestehende Diarrhoe oder Vomitus zu berücksichtigen sind. Die Infusionslösung sollte ausreichende Elektrolytmengen zur Tagesbedarfsdeckung beinhalten, mit Ausnahme von Kalium.
Eine geeignete Lösung wäre z. B. 2 Teile 5%ige Glukoselösung plus 1 Teil Ringerlactatlösung.
Falls eine orale Therapie möglich ist, sollte Energie in Form hochkaloriger proteinarmer Substanzen (Nutrical®) zugeführt werden.
Zur Bekämpfung der lebensbedrohenden Hyperkaliämie muß versucht werden, Kaliumionen aus dem Serum in das Zellinnere zu transferieren. Dies kann auf verschiedenen Wegen erreicht werden:

a) Gabe von Altinsulin 0,2–0,5 I. E./kg KGW in 10%iger Glukoselösung (1,5 g Glukose/kg), Natriumkarbonat kann gleichzeitig beigegeben werden. Hierdurch wird erreicht, daß Kalium gegen die Wasserstoffionen ausgetauscht und so in die Zellen aufgenommen wird.
b) Kalziumglukonat 10%ig (0,5 ml/kg KGW) langsam i. v. (Cave, nicht zusammen mit Natriumkarbonat, da Gefahr der Komplexbildung).
c) Evtl. Peritonealdialyse mit kaliumfreier Lösung. Nach Möglichkeit sollten diese Maßnahmen unter EKG-Kontrolle erfolgen.

Zur längerfristigen Behandlung wird kaliumbindendes Ionenaustauscherharz gegeben, z. B. Resonium A® (natriumbeladen, Polystyrol-Sulfonat Kalzium-Ionenaustauscher). Die Wirkungsweise beruht auf einer Verminderung der intestinalen Kaliumresorption, die extrarenale Kaliumausscheidung wird gesteigert.
Zur Anregung der Diurese wird Mannitol 20%ig in einer Dosierung von 0,25–0,5 g/kg KGW i. v. verabreicht und abgewartet, ob die Urinproduktion damit in Gang kommt. Auch Furosemid 2–4 mg/kg KGW i. v. kann versucht werden.
Greifen diese Mittel auch nach einmaliger Wiederholung nach 1 Stunde nicht, sollte eine Peritonealdialyse durchgeführt werden, um einer sich entwickelnden Harnstoffretention entgegenzuwirken.
Die Flüssigkeitstherapie beim oligurischen Nierenversagen verlangt große Vorsicht, um eine Überwässerung zu vermeiden. Die bei der Katze große Gefahr eines Lungenödems muß durch eine ständige Lungenüberwachung und CVP-Messung rechtzeitig erkannt und abgewendet werden.
Beim polyurischen Nierenversagen in der urämischen Krise werden die Verluste nach Abschätzung des Exsikkosegrades in Form von Ringerlactat- oder anderen bilanzierten Elektrolytlösungen gegeben. Falls eine Serumelektrolytbestimmung möglich ist, sollte diese unbedingt durchgeführt und entsprechende Verluste dann zusätzlich korrigiert werden. Auch hier muß eine Azidosebekämpfung erfolgen. Weitere Therapiemaßnahmen beim Nierenversagen siehe Kapitel „Harnapparat".

6. Kongestive Herzinsuffizienz

Der kongestiven Herzinsuffizienz können viele verschiedene Ursachen zugrunde liegen, z. B. Klappeninsuffizienz, Mißbildungen, kongestive Form der primären Kardiomyopathie und andere mehr.
Der Pathogenitätsmechanismus ist aber in allen Fällen im wesentlichen der gleiche, wenn er auch bis heute nicht in allen Einzelheiten aufgeklärt ist:

Es bestehen nebeneinander Dehydratation, Hyperhydratation in Form von Ödemen oder Ergüssen in Körperhöhlen und eine Natriumretention. Diese Paradoxa machen die Behandlung entsprechend kompliziert.

Man nimmt heute als Erklärung für diese Symptomenkonstellation eine Fehlfunktion verschiedener Rezeptoren an, die für die Messung von arteriellem Blutdruck und Blutvolumen verantwortlich sind. Obwohl diese Parameter meist normal oder nur leicht vermindert sind, reagieren die Rezeptoren, als ob Druck und Volumen sehr niedrig seien. Als Reaktion veranlassen sie die Hypophyse zur ADH-Sekretion, das seinerseits die Niere zur H_2O-Retention anregt. Über das Renin-Angiotensin-System in Verbindung mit der Nebennierenrinde (Aldosteron) wird Natrium verstärkt tubulär rückresorbiert. Angiotensin II hat darüber hinaus einen vasokonstriktorischen Effekt auf die distalen Tubuli, dies bedingt zusätzlich Natrium-Retention.

Neben der verminderten renalen Ausscheidung, die bis zum völligen Nierenversagen gehen kann, wird über noch unbekannte Mechanismen der Durst gesteigert. Als Folge von verminderter Ausscheidung, aber erhöhter Aufnahme von Wasser und Natrium wird der Anteil des extrazellulären Wassers und auch der des Natriums stark erhöht.

Oft verteilen sich diese Überschüsse entsprechend der Schwerkraft, so daß Kopf und Rückenpartie dehydriert erscheinen, während gleichzeitig ein Hydrothorax oder Aszites und in einigen Fällen auch Gliedmaßenödeme bestehen.

Die Therapie muß also diese Überschüsse entfernen, ohne damit die in anderen Teilen des Körpers bestehende Dehydratation noch zu verschlimmern. Sie muß daher vorsichtig erfolgen und jede zusätzliche Belastung des Patienten vermeiden.

Zur Rehydratation finden natriumfreie Lösungen Verwendung. Gut geeignet ist hierfür 5%ige Glukose-in-Wasser-Lösung. Zum einen stellt sie freies Wasser zur Verfügung, das aber nicht osmotisch wirksam ist, zum anderen ist die Glukose Energielieferant und wird unter Produktion von weiterem freien Wasser verstoffwechselt. 20–30 ml/kg KGW/Tag dieser Lösung können intravenös infundiert werden.

Um die überschüssige Flüssigkeit zu entfernen, gibt man Furosemid, 1–2 mg/kg entweder einmal täglich zur Mahlzeit oder alle 2–3 Tage zweimal täglich. Genügt diese Maßnahme nicht oder ist eine sofortige Druckentlastung angezeigt, so besteht die Möglichkeit der Parazentese oder Venae sectio.

Das Tier muß unbedingt ruhig gehalten werden und sollte nach Möglichkeit eine sauerstoffangereicherte Atmosphäre atmen können. Schließlich wird zur Unterstützung des Herzens digitalisiert.

Zur weiteren Behandlung gehört die Verordnung einer kochsalzarmen Diät, z. B. k/d Prescriptiondiet von Hill's oder selbstzubereitete Nahrung aus magerem gekochtem Hühnchen- oder Lammfleisch und geschältem gekochtem Reis.

Kaliumverluste werden beim kongestiven Herzversagen nur sehr selten beobachtet, weil die fleischreiche Nahrung reich an Kalium ist und daher zur Bedarfsdeckung auch bei diesem Krankheitsbild meist noch ausreicht. Trotzdem sollte Kalium gemessen und, wenn der Wert unter 3,5 mmol/l liegt, substituiert werden.

Auch eine Azidosebehandlung erweist sich selten als notwendig. Sollte sie erforderlich sein, müssen entweder natriumfreie Puffersubstanzen (z. B. TRIS-Puffer) zugeführt oder, wenn schon Natriumbikarbonat gegeben werden muß, in jedem Fall die gleichzeitige Verwendung von Karboanhydrasehemmern als Diuretikum (etwa Azetazolamid) vermieden werden. Furosemid beeinflußt den Säure-Basen-Haushalt nicht.

Die Infusionstherapie sollte über die Vena jugularis erfolgen. Dieser Zugang ermöglicht die Positionierung des Katheters in der Vena cava cranialis zur Überprüfung des zentralen Venendrucks (CVP). Er ist eine wichtige Hilfe, die Balance zwischen notwendiger Flüssigkeitszufuhr und drohender Kreislaufüberlastung zu halten. Steigt er über 8 cm Wassersäule an, so muß die Infusion abgebrochen und erst dann weitergeführt werden, wenn der zentrale Venendruck auf Werte unter 5–6 cm Wassersäule abgesunken ist.

7. Blutersatz

Indikationen für eine Bluttransfusion bei der Katze sind: akuter Blutverlust, schwere Anämie, Thrombozytopenie.

Der Hämatokrit ist kein absoluter Indikator dafür, wann eine Bluttransfusion notwendig ist. Akute Blutverluste können eine Blutübertragung auch bei höherem Hämatokrit erforderlich machen, während viele Katzen chronische Blutverluste mit einem Hämatokrit von nur 12 % und darunter in Ruhe ohne Schwierigkeiten meistern. Hohe Herz- und Atemfrequenz zusammen mit einem Hämatokrit unter 12 % stellen eine klare Indikation zur Transfusion dar.

Da in Fällen akuter Blutungen durch Kompensationsmechanismen ein höherer Hämatokrit als tatsächlich vorhanden vorgetäuscht werden kann, sollten in jedem Fall die klinischen Befunde maßgebend sein. Verlängerte kapilläre Füllungszeit, blasse Schleimhäute, Tachykardie, Tachypnoe und erhöhter Durst lassen auf einen niedrigen Hämatokrit mit der Notwendigkeit, eine Transfusion durchzuführen, schließen.

Für die Katze ist die Existenz eines Blutgruppensystems nachgewiesen, das zu Unverträglichkeitsreaktionen bei Inkompatibilität von Spender- und Empfängerblut führen kann. Dabei existieren 3 Blutgruppen: A, B und AB, mit primär vorhandenen Isoantikörpern gegen die jeweils andere Gruppe. Blutgruppenunverträglichkeiten spielen auch beim „Fading Kitten Syndrome" in Form des Ikterus neonatorum eine Rolle.

Epidemiologische Studien haben ergeben, daß sowohl in den USA als auch in der Bundesrepublik Deutschland die große Mehrheit der Katzen die Blutgruppe A besitzt, die Minderheit B und eine verschwindende Zahl AB. Es hat sich in verschiedenen Untersuchungen gezeigt, daß die Gefahr eines Transfusionszwischenfalles am größten ist, wenn Katzen der Gruppe B nicht kompatibles Blut erhalten. Die Anti-A-Antikörper besitzen offenbar ein deutlich stärkeres Agglutinationspotential als die gegen Antigen B.

Aufgrund dieser Erkenntnisse, die erst in den letzten Jahren gewonnen wurden, ist es in jedem Fall vor einer Blutübertragung angezeigt, eine Kreuzprobe durchzuführen. Zur Durchführung in Anlehnung an die Methode nach AUER und BELL (1982) benötigt man 4 Objektträger, Spender- und Empfängerplasma sowie 4%ige Erythrozytensuspension von Spender und Empfänger.

Hierfür werden von Spender- und Empfängertier kleine Mengen Blut in heparinisierte Gefäße entnommen und 10 Minuten bei 3000 g zentrifugiert. Eine 4%ige Erythrozytensuspension erhält man, indem man 0,2 ml des Erythrozytenkonzentrates (Sediment) mit 4,8 ml 0,9%iger NaCl-Lösung vermischt. Auf Objektträger 1 wird je 1 Tropfen Empfängerplasma und Empfängersuspension, auf Objektträger 2 je 1 Tropfen Spenderplasma und Spendersuspension ausgetropft. Die 3. Probe enthält 1 Tropfen Spenderplasma und 1 Tropfen Erythrozytensuspension vom Empfänger als sog. „kleine" Kreuzprobe, die „große" Kreuzprobe auf Objektträger 4 wird mit Empfängerplasma und Spenderblut durchgeführt.

Agglutionationsreaktionen finden statt auf den Objektträgern 3 und 4 und benötigen bei Zimmertemperatur 5–15 Minuten. Bei unsicherem Testergebnis vergleicht man die Reaktion mit Nr. 1 und 2, die als Negativkontrollen keine Agglutination zeigen dürfen. Eine deutliche Reaktion auf Objektträger 4 weist das Empfängertier als Gruppe B aus. Bei A-Empfängern und B-Spendertier findet sich eine schwächere Reaktion auf Objektträger Nr. 3, keine bei Objektträger Nr. 4.

Die Menge des zu transfundierenden Blutes kann bei Kenntnis des Hämatokrits berechnet werden nach der Formel:

$$\frac{(\text{Empfängergewicht in kg} \times 70\ \text{ml}) \times (\text{gewünschter Hämatokrit} - \text{Empfängerhämatokrit})}{\text{Spenderhämatokrit}}$$

wobei man von einem durchschnittlichen Blutgehalt von 70 ml/kg KGW bei einer gesunden Katze ausgeht. Im allgemeinen genügt aber eine Gabe von 2–5 ml/kg. Größte Vorsicht ist geboten, wenn die gesamte zu transfundierende Menge 15–20 ml/kg KGW erreicht. Je nach klinischer Situation sollte eine Transfusionsgeschwindigkeit von 4–5 ml/min nicht überschritten werden.

Technik

Als Spendertier eignet sich ein junges, kräftiges Tier, das im serologischen Test kein Leukosevirusantigen (FeLV) und keine Antikörper gegen das Feline Immune Deficiency Virus (FIV) aufweist, sowie niedrige Coronavirusantikörpertiter zeigt.

Das Blut wird entweder aus der Vena jugularis oder aus dem Herzen entnommen, und zwar am besten mit einer 60-ml-Spritze in einer Gesamtmenge von 40 ml. Hierzu wird das Tier u. U. narkotisiert, z. B. mit Pentobarbitalnatrium. Man läßt den Venenkatheter nach Verabreichung des Narkosemittels liegen und ersetzt darüber nach der Blutentnahme die Flüssigkeit durch Plasmaexpander, z. B. Dextran. Die Blutentnahmespritze enthält 6 ml CPDA-1-Stabilisator (Zitrat als Antikoagulans) oder 250 i. E. pro 10 ml Heparin.

Zur Applikation kann man sich der intravenösen oder auch der intraperitonealen Infusion bedienen. Auch eine Instillation in die Markhöhle des Femurs ist möglich.

Nach der Transfusion ist das Empfängertier für einige Zeit zu beobachten. Der Hämatokrit wird nach 6 bzw. 12 Stunden kontrolliert, um den Erfolg der Therapie zu überprüfen.

Transfusionszwischenfälle können aufgrund von Blutgruppenunverträglichkeiten, bakterieller Kontamination oder Mikroaggregation des Spenderblutes auftreten.

Unverträglichkeitsreaktionen

Es werden eine sofortige und eine verzögerte Unverträglichkeitsreaktion unterschieden. Die augenblickliche Reaktion gliedert sich in 2 Phasen. Zunächst tritt Blutdruckabfall, erkennbar an kleinem bzw. unfühlbarem Puls und Herzstoß auf, begleitet von Bradykardie und Brady- oder auch Apnoe. In der zweiten Phase steigen Blutdruck, Atem- und Herzfrequenz. Es treten kardiale Arrhythmien auf. Diese Phase geht entweder in eine Stabilisierung des Zustandes oder in Schock über.

Bei der verzögerten Reaktion kommt es ebenfalls zu erhöhtem Blutdruck, Arrhythmie, Ödemen, disseminierter intravasaler Gerinnung, Nierenschäden und Ikterus, wobei die letzten 3 Folgeschäden für die Katze bisher nicht dokumentiert sind.

Die Therapie der Unverträglichkeitsreaktion ist symptomatisch. Es muß in jedem Fall versucht werden, Atmung und Durchblutung zu sichern, dabei richtet sich die Behandlung nach den allgemeinen Regeln zur Schocktherapie. Kortikosteroide mildern die Reaktion, pulmonales und zerebrales Ödem reagieren im allgemeinen auf Diuretika (Mannit oder Furosemid).

Liegt die Gefahr einer disseminierten intravasalen Gerinnung vor, gibt man Heparin (200 I. E./kg KGW). Im Falle bakterieller Kontamination stellt sich bald – oft nach 15–20 Minuten – eine febrile Reaktion ein. Wesentlich auch hier ist neben einer Antibiose eine reichliche (60–120 ml/kg KGW) Infusion mit einer Vollelektrolytlösung.

Künstliche Ernährung

Bei fehlender Futteraufnahme der Katze kann eine künstliche Ernährung erforderlich werden. Die Ursachen für diese Futterverweigerung können lokal oder systemisch bedingt sein. Lokale Ursachen sind Kieferfrakturen, Defekte am Gaumen und Entzündungen oder Infektionen von Mundhöhle oder Pharynx, Neoplasien in Mundhöhle oder Pharynx, Erkrankungen des Oesophagus, Zahn- und Zahnfleischerkrankungen sowie neurologische Defekte. Aber auch Störungen des Allgemeinbefindens haben unter Umständen einen verminderten Appetit oder eine vollständige Appetitlosigkeit zur Folge. Ursachen dafür können sein Fieber, Schmerzen, Sepsis, Infektionskrankheiten oder andere systemische Erkrankungen.

In Fällen fehlender Futteraufnahme ist es zunächst angezeigt, die Ursache zu beseitigen und eine ausreichende Versorgung mit Nährstoffen zu sichern. So kann man zum Beispiel versuchen, dem Tier mittels Spritze einen Nahrungsbrei einzuflößen, was allerdings gerade bei Katzen häufig heftige Abwehrreaktionen hervorruft. Zuvor sollte das Tier durch Anbieten verschiedener Futtermittel, Anwärmen des Futters, Schaffung einer streßfreien Umgebung oder Fütterung per Hand zur Nahrungsaufnahme stimuliert werden. Auch die Anregung des Appetits durch die intravenöse Gabe von Diazepam (0,2 mg/kg KGW i. v.) bringt in vielen Fällen einen schnellen Erfolg. Diese Methode ist jedoch längerfristig nicht anzuwenden. Bei stationär gehaltenen Patienten, deren Zustand nicht mehr kritisch zu beurteilen ist, kann auch eine vorzeitige Entlassung und die Fortführung der Therapie durch den Patientenbesitzer erwogen werden. Viele Katzen reagieren auf Trennung vom Besitzer oder auf Milieuveränderungen mit Futterverweigerung. Führen diese Maßnahmen nicht zum Erfolg, dann muß die Katze künstlich ernährt werden.

Zur Zwangsernährung ohne Sonde, also beispielsweise per Spritze, eignen sich hochverdauliche, kalorienreiche Diäten mit einem hohen Fettgehalt in der Trockenmasse, z. B. Concentration Instant Diet, Aufbau-Diät Instantpulver – wird mit Wasser angerührt – (Waltham), Feline a/d, Alleinfuttermittel für Katzen in der Rekonvaleszenz, Feuchtfuttermittel – pastöse Konsistenz, zum Anrühren mit Wasser bis sondengängige Konsistenz – (Hill's), Nutritional Recovery Formula, aus der Reihe Eukanuba Veterinary Diets, Trockenfutter für Hunde/Katzen in der Rekonvaleszenz – wird in Wasser aufgelöst und als Brei verabreicht – ist in Amerika schon als Feuchtfuttermittel im Handel (cremige Konsistenz) – auch zur Ernährung von Krebspatienten – günstiges N_3:N_6-Verhältnis – (IAMS). Auch Nutrical® (Albrecht), eine energiereiche Paste, die bei Mangelzuständen als zusätzliche Nahrungsergänzung gern gegeben wird, kann verwendet werden, eignet sich aber aufgrund ihres geringen Wassergehaltes und der relativ unausgewogenen Zusammensetzung nur zur Überbrückung kurzer Zeitspannen. Gleiches gilt für Babykost für menschliche Säuglinge und Eidotter.

Energiebedarf im Krankheitsfall

Bei kranken Katzen ist der Energiebedarf über die Multiplikation des Erhaltungsbedarfs mit dem Krankheitsfaktor zu berechnen. Der Erhaltungsbedarf einer gesunden Katze beträgt etwa 70 kcal/kg/Tag. Der Krankheitsfaktor ist von der Schwere der Belastung und vom Stoffwechsel des Patienten abhängig. Der Krankheitsfaktor beträgt bei größeren Verletzungen oder nach Operationen das 1,2fache. Bei polytraumatisierten Patienten oder solchen mit einer Infektion wird er mit dem 1,4fachen angegeben. Bei Patienten nach Verbrennungen, Sepsis, Schädelhirntrauma oder Peritonitis steigt er bis auf das 2fache an. Nach längeren Hungerphasen ist zu beachten, daß die Fütterung zunächst langsam begonnen wird. Die Katzen erhalten am ersten Tag $^1/_3$, am zweiten Tag $^2/_3$ und am dritten Tag die gesamte für sie errechnete Ration.

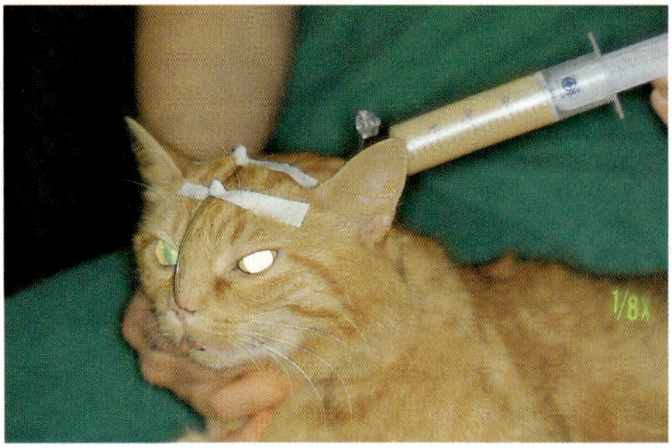

Abb. 1: Nasenschlundsonde bei einer Katze zur enteralen Ernährung. Das Ende des Katheters wird zwischen den Ohren fixiert.

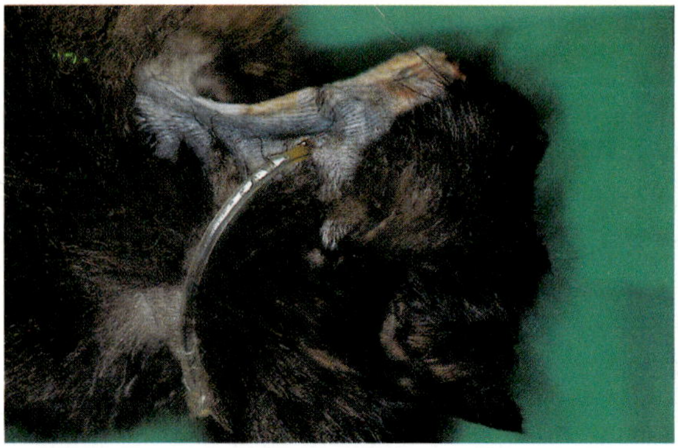

Abb. 2: Pharyngostomie Sonde seitlich des Pharynx im Bereich der Hautwunde mit Hautheften fixiert. Geeignet für die längerfristige künstliche enterale Ernährung der Katze.

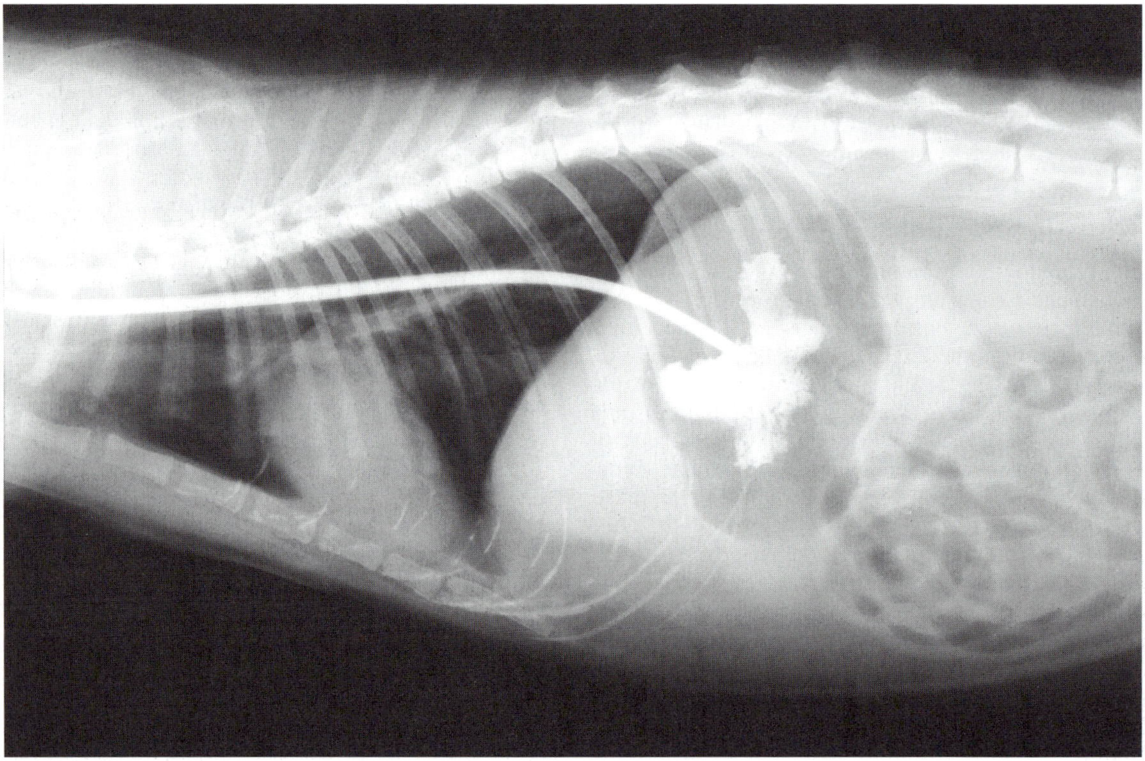

Abb. 3: Mit einem Kontrastmittel (Meglumin) wird der korrekte Sitz der Sonde im Magen verdeutlicht.

Sondenernährung

Falls es sich als notwendig erweist, über mehr als 2 Tage zwangsernähren zu müssen, bzw. wenn die Katze nicht in der Lage ist, Futter oral aufzunehmen, sollte sie künstlich ernährt werden. Dies sollte, sofern möglich, mit den oben angegebenen Diäten über eine Sonde erfolgen, um den natürlichen Weg der Nahrung beizubehalten. Den „natürlichen Weg" einzuhalten, ist eine wesentliche Maßnahme zur Aufrechterhaltung der Integrität des Darmepithels. Dabei gibt es verschiedene Möglichkeiten, Sonden einzuführen:

1. Einführen der Sonde über die Mundhöhle in den Magen

Die einfachste Art, eine Ernährungssonde zu legen, erfolgt über die Mundhöhle in den Magen. Die Sonde wird nach Einbringen eines Beißrohres über die Mundhöhle eingeführt und nach Auslösen des Schluckreflexes weiter in den Magen geschoben. Über die Aspiration von Magensaft wird der richtige Sitz der Sonde kontrolliert. Für eine längere Verweildauer ist diese Art der Sondenlegung nicht geeignet. Zudem wird dieses Prozedere von unsedierten Katzen schlecht toleriert.

2. Legen einer Nasenschlundsonde

Als Ernährungssonden finden solche für Säuglinge zum einmaligen Gebrauch Anwendung. Es sind solche Sonden vorzuziehen, die einen Röntgenkontraststreifen und einen Kunststoffverschluß besitzen. Ersatzweise kann auch ein weicher Rüdenkatheter verwendet werden. Vor dem Einführen werden 1–2 Tropfen Lokalanästhetikum auf die Nasenschleimhaut aufgebracht. Das Endstück des Katheters wird mit einem Lokalanästhetikum in Gelform (Xylocain-Gel) versehen, um die Gleitfähigkeit zu verbessern und gleichzeitig eine Lokalanästhesie zu erreichen. Beim Einführen wird der Kopf der Katze etwas angehoben und der Katheter über ein Nasenloch bis zum Kehlkopf eingeführt. Durch leichtes Drücken auf den Kehlkopf wird der Schluckakt provoziert und der Katheter kann leicht in den Magen weitergeschoben werden. Der wesentliche Vorteil dieser Art der Sondenlegung ist, daß der Patient in der Regel nicht in Narkose gelegt werden muß. Das Ende des Katheters wird nun umgebogen und zwischen den Ohren fixiert, z. B. durch Festnähen mit einigen Hautheften oder mit Heftpflaster (Abb. 1). Die wichtigste Kontrolle des richtigen Sitzes ist die Aspiration von Magensaft und die Auskultation im Magenbereich bei gleichzeitiger Luftinsufflation, bzw. die Injektion einer sterilen physiologischen Kochsalzlösung. Verfügt die Sonde über einen Röntgenkontraststreifen, ist auch die röntgenologische Kontrolle möglich. Die über die Sonde eingebrachte Nahrung muß flüssig sein und frei von größeren Klümpchen, damit sie nicht verstopft. Es sollten nicht mehr als 20 ml/kg auf einmal langsam eingegeben werden, da eine zu rasche Dehnung des Magens Erbrechen verursachen kann. Nach Beendigung der Nahrungseingabe muß die Sonde kurz mit physiologischer Kochsalzlösung gespült werden, damit Futterreste nicht eintrocknen und die Sonde verstopfen. Anschließend ist die Sonde zu verschließen und die Austrittsöffnung aus der Nase sorgfältig sauber zu halten. Es ist erforderlich, einen Halskragen als Scheuer- und Kratzschutz aufzusetzen. Soll die Sonde gezogen werden, so wird sie verschlossen und langsam herausgezogen.

3. Legen einer Sonde über Pharyngotomie

Für diesen Eingriff muß der Patient in Narkose gelegt werden. Nach chirurgischen Kautelen wird die linke Halsseite vorbereitet. Mit dem Finger als Sonde von der Mundhöhle ausgehend wird die Inzisionsstelle am Pharnyx lokalisiert. In Höhe des Zungenbeins wird der Finger gegen die laterale Pharynxwand gedrückt und von außen der Hautschnitt gelegt. Ausgehend vom Hautschnitt wird stumpf präpariert und über die Öffnung die Sonde eingeführt und mit Hilfe einer Klemme in die Mundhöhle gezogen. Über den Trachealtubus hinweg kann die Sonde in den Oesophagus und weiter in den Magen geschoben werden. Im Bereich des Hautschnittes wird die Sonde mit einigen Hautheften fixiert (Abb. 2). Über eine solche Sonde kann eine Katze sehr gut über längere Zeit (2–3 Wochen) ernährt werden. Dazu ist die Pflege der Hautwunde von großer Bedeutung. Dies geschieht durch Auflegen einiger steriler Tupfer. Im Anschluß an die Fütterung muß der Katheter sorgfältig gesäubert werden, und es wird zum Schutz der Sonde ein Halsverband angelegt. Der korrekte Sitz der Sonde wird wie oben erwähnt geprüft (Abb. 3).

4. Legen einer Sonde über Gastrotomie

Hierzu sind spezielle Katheter erforderlich, die am Ende eine Verdickung aufweisen, die entweder starr oder aufblasbar ist. Erfolgt die Plazierung der Sonde über die Laparotomie, wird hierzu ein urethraler Ballonkatheter, der sogenannte Foley-Katheter, verwendet (Abb. 4). An seinem Anfangsteil befinden sich zwei Öffnungen, wobei die eine mit dem auf-

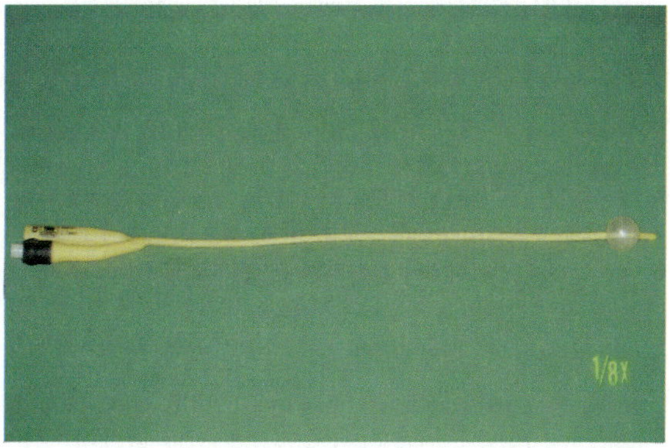

Abb. 4: Urethraler Ballonkatheter (Foley-Katheter), der sich gut für eine Plazierung im Magen der Katze eignet.

blasbaren Ballon in Verbindung steht, die andere dient zum Einbringen von Flüssigkeit bzw. Nahrung. Der Vorteil dieses Katheters besteht darin, daß mit dem ballonbehafteten Endteil die Magenwand zuverlässig an die laterale Bauchwand gedrückt und in dieser Lage fixiert werden kann. Damit ist die Gefahr einer Verschiebung und einer Peritonitis recht gering. Am besten läßt sich die Inzision an der linken seitlichen Bauchwand lokalisieren, indem ein Endoskop über die Mundhöhle in den Magen eingeführt wird. Die Lichtquelle des Endoskops schimmert gut sichtbar durch die seitliche Bauchwand. Das Operationsfeld wird chirurgisch vorbereitet und an der markierten linken seitlichen Bauchwand kaudal des Rippenbogens die Inzision vorgenommen. Dabei ist darauf zu achten, daß die Inzisionsstelle möglichst weit dorsal liegt, damit der Spiegel des Nahrungsbreies möglichst unter dieser Position zu liegen kommt. Nach Eröffnung der Bauchwand wird die Magenwand aufgesucht und ebenfalls durchtrennt. Jetzt kann der Katheter eingelegt und mit einer Tabaksbeutelnaht in der Magenwand befestigt werden. Nach Aufblasen des Ballons wird der Katheter bis zur Magenwand zurückgezogen und im weiteren auch in der Bauchwand fixiert. Die Anwendung einer solchen Gastrotomiesonde ist indiziert bei Erkrankungen, die ein langes Sistieren der Nahrungsaufnahme nach sich ziehen, wie z. B. die hepatische Lipidose der Katze. Wichtige Vorteile dieser Gastrotomiesonden sind, daß Sonden mit größeren Lumina verwendet werden können, die auch die Fütterung von selbst hergestellter Sondennahrung ermöglichen. Sie werden von den Katzen meist gut toleriert und eignen sich damit gerade für die künstliche Ernährung über einen längeren Zeitraum. Nachteil allerdings ist, daß die Gefahr einer Peritonitis gegeben ist. Die Sonde wird unter einem Verband geschützt und, nachdem die Katze aus der Narkose aufgewacht ist, das Herausziehen der Sonde durch Anlegen eines Halskragens weitgehend verhindert.

Parenterale Ernährung

Parenterale Ernährung als ultima ratio kann erforderlich sein bei erheblichen gastrointestinalen Störungen (z. B. unstillbares Erbrechen, Ileus) bzw. bei allen Situationen, in denen der Magen-Darm-Kanal übergangen werden muß (Pankreatitis). Sie ist aber erstens sehr teuer, zweitens arbeitsintensiv und drittens nicht ganz ungefährlich. Es eignen sich nicht die Venen der Gliedmaßen, da die Osmolalität der Ernährungslösung recht hoch ist und das Risiko einer Phlebitis, Thrombose u. ä. zu groß ist. Der Zugang zur Vena jugularis externa muß unter streng aseptischen Bedingungen erfolgen. Eine Lösung, die sich zur parenteralen Ernährung eignet, ist z. B. Aminosteril® KE, Fa. Fresenius, das 800 kcal/l enthält in Form von Aminosäuren, Sorbit und Elektrolyten.

Trotzdem stellt sich auch hier das Problem, große Flüssigkeitsmengen geben zu müssen. Eine 5 kg schwere kranke Katze mit einem Kalorienbedarf von ca. 100 kcal/kg benötigt 625 ml/Tag, nur um den Energiebedarf zu decken.

Literatur

AUER, L. A., und BELL, K. (1982): Blood transfusion reactions in the cat. J. Am. Vet. Med. Assoc. **180,** 729–730.

AUER, L. A., und BELL, K. (1983): Transfusion reactions in cats due to AB blood group incompatibility. Res. Vet. Sci. **35,** 145–152.

AUER, L. A., und BELL, K. (1989): Feline blood transfusion reactions. In: Current Veterinary Therapy IX, (ed.) KIRK, R. W.; SAUNDERS, W. B., Philadelphia.

CHEW, D. J. (1989): Parenteral fluid therapy. In: The cat – diseases and clinical management. (ed.) R. G. SHERDING, Churchill Livingstone, New York.

CLARK, C. H. (1983): Fluid therapy. In: Feline medicine, (ed.) PRATT, P. W., American Veterinary Publications, Santa Barbara, California.

CORNELIUS, L. M. (1972): Fluid therapy in small animal practice. J. Am. Vet. Med. Assoc. **176,** 110–114.

FINCO, D. R. (1972): A scheme for fluid therapy in the dog and cat. J. Am. Anim. Hosp. Assoc. **8,** 178–180.

FINCO, D. R. (1972): Normal regulation of water, electrolyte and acid-base metabolism. J. Am. Anim. Hosp. Assoc. **8,** 147–154.

FINCO, D. R. (1972): Fluid therapy – detecting deviations from normal. J. Anim. Hosp. Assoc. **8,** 155–165.

FINCO, D. R. (1972): General guidelines for fluid therapy. J. Am. Anim. Hosp. Assoc. **8,** 166–177.

FINCO, D. R. (1972): Fluid therapy for profuse vomiting. J. Am. Anim. Hosp. Assoc. **8,** 200–205.

GOFFERJE, H. (1978): Leitfaden der Infusionstherapie. Schattauer Praxis Bücherei, Stuttgart.

HAMLIN, R. L. (1972): Fluid and electrolyte therapy of diabetic ketoacidosis. J. Am. Anim. Hosp. Assoc. **8,** 224–228.

HARRISON, J. B., SUSSMAN, H. H., und PICKERING, D. E. (1960): Fluid and electrolyte therapy in small animals. J. Am. Vet. Med. Assoc. **137,** 637–645.

LEWIS, L. D., MORRIS, M. L., und HAND, M. S. (1987): Small animal clinical nutrition. Mark Morris Association, Topeka, Kansas.

OSBORNE, C. A., und LOW, D. G. (1972): The application of principles of fluid and electrolyte therapy in patients with renal failure. J. Am. Anim. Hosp. Assoc. **8,** 181–199.

PUNZET, G. (1976): Praxis der Infusionstherapie. Wien. tierärztl. Monatsschr. **63,** 82–92.

SCHAER, M. (1977): Guidelines to fluid therapy in canine and feline medicine. Am. Anim. Hosp. Assoc. Scientific Proceedings, 217–225.

SEIFERT, W. C. (1976): Kurzer Leitfaden der praktischen Infusionstherapie. Gustav Fischer Verlag, Stuttgart.

SENIOR, D. F. (1989): Fluid therapy electrolyte and acidbase control, in: Textbook of Veterinary Internal Medicine; (ed.) ETTINGER, S. J., SAUNDERS, W. B., Philadelphia.

SHORT, C. E. (1980): Fluid and electrolyte therapy. In: Current veterinary therapy VI, (ed.) KIRK, R. W., SAUNDERS, W. B., Philadelphia.

TROUTT, H. F. (1972): Fluid and electrolyte therapy in diarrhea. J. Am. Anim. Hosp. Assoc. **8,** 214–223.

Sofortmaßnahmen beim akuten Trauma

Von C. U. Rosenhagen

Raum für Notizen

Sofortmaßnahmen beim akuten Trauma

In einer Welt mit zunehmender Technisierung und großer Verkehrsdichte gehören die akuten Traumen bei Katzen leider zur täglichen Routine eines jeden Praktikers.

Es gilt für den Notfall gewappnet zu sein! Dies wird erreicht durch fundierte theoretische Grundkenntnisse sowie ein planmäßiges geübtes Vorgehen aller Beteiligten.

Solche Notfälle sollten in einer Praxis und Klinik regelmäßig geübt werden, damit die Handgriffe im Ernstfall „sitzen". In diese „Trockenübungen" sind alle Mitarbeiter einzubeziehen. Notfallmedikamente gehören in einen Notfall-Schrank oder -Koffer. Dasselbe gilt für Notfall-Instrumente. Jeder Mitarbeiter einer Praxis sollte diese kennen, die jeweiligen Bezeichnungen wissen und eine Vorstellung von deren Anwendung haben. Nur dann ist gezielte Hilfe möglich.

Ein wichtiger Gesichtspunkt beim akuten Trauma bei Katzen ist der Faktor „Streß". Zunächst ist das traumatische Ereignis, welches zu der Notfallsituation geführt hat, bei Katzen oft unbekannt, da sich diese Tiere anders als Hunde meistens selbstständig im Freien bewegen und oft erst nach Stunden oder Tagen verletzt zu Hause erscheinen, gefunden oder gebracht werden. Auch bei Unfällen im häuslichen Bereich findet der Besitzer sein Tier oft erst Stunden später verletzt vor.

Da Katzen sich ohnehin meistens nicht gerne von fremden Personen anfassen lassen, gilt es bei verunfallten Tieren umso mehr, Ruhe zu bewahren und mit wenigen gezielten Handlungen dem Tier zumindestens aus lebensbedrohlichen Situationen heraus zu helfen.

Eine kurze allgemeine Untersuchung verschafft einen groben Überblick über den Status des Tieres und den Schweregrad der Verletzungen.

Ein schematisches Vorgehen hat sich bei der Therapie akut verunfallter Tiere bewährt; es folgt den Buchstaben A B C D E.

A = Atemwege (Mund und Nase sind von Blut, Schleim und Fremdkörpern zu befreien. Eine kurze Adspektion von Mundhöhle und Rachen schließt sich an.)

B = Beatmung (ist keine Spontanatmung zu erkennen, so wird das Tier beatmet. Dazu ist es erforderlich, einen Trachealtubus einzuführen oder gegebenenfalls eine Tracheotomie vorzunehmen, um der Katze Sauerstoff zuzuführen.)

C = C(Z)irkulation (bei Herzstillstand wird externe Herzmassage durchgeführt und deren Erfolg durch Pulskontrolle z. B. an der Arteria femoralis bestätigt)

D = Drugs (Medikamente) (erst jetzt gilt es, einen Venenzugang zu legen und die erforderlichen Medikamente zu applizieren)

E = EKG + ggf. Röntgen (erst der atmungs- und kreislauf-stabilisierte Patient kann für weitere Untersuchungen speziell gelagert werden – EKG, Ultraschall, Röntgen etc.)

Gezieltes Vorgehen nach einer „Prioritätenliste" erhöht die Überlebenschancen des Patienten:

I. Behinderung der Atmung und damit Sauerstoffunterversorgung

II. Kreislaufversagen – Schock

III. Intra- und retroperitoneale Traumen

IV. Traumen des ZNS und des Rückenmarkes

V. Verletzungen der unteren Harn-und Geschlechtsorgane

VI. Offene Frakturen und Gelenkverletzungen

VII. Augenverletzungen

VIII. Periphere Gefäß- oder Nerventraumen sowie große Haut- und Muskelwunden

IX. Geschlossene Frakturen und kleinere Wunden

Generelles

Folgendes Vorgehen hat sich bewährt:

Wenn eine traumatisierte Katze in die Praxis kommt, so sind Tier und Besitzer höchst erregt – das Tier durch Trauma und Transport, der Besitzer durch die Sorge um seine Katze.

Durch kurze gezielte Fragen sind zunächst das Umfeld und die Lebensgewohnheiten des Tieres zu erfragen, um einen Hinweis auf die Unfallursache zu erlangen.

Alsdann sollte man den Besitzer beruhigen und herauskomplimentieren mit dem Hinweis, daß man so seinem Tier am effektivsten helfen könne. Letzteres ist für die Begleitpersonen nicht immer einsichtig, aber für ein gezieltes Eingreifen von großem Nutzen, da ohnmächtige Besitzer keinem nützen. Nun können Untersuchungen und Behandlungen nach eingespieltem Muster beginnen.

I. Behinderung der Atmung:

Ia: Traumen der oberen Atemwege

Blutungen in Mund- oder Nasenhöhle sind die häufigsten Ursachen für akute Atemprobleme nach Verkehrsunfällen. **Gaumenspalten** lassen manchmal eine direkte Zuordnung der Ursache nicht zu, da Blut aus der Nasenhöhle in den Rachen gelangt. Desweiteren können **Frakturen** im Kiefer- und Schädelbereich durch die daraus resultierenden Schwellungen und Oedeme zu starken Atembehinderungen führen. Mangelnde Okklusion oder Fehlstellungen der Kiefer geben wertvolle Hinweise. Ist die Katze sehr erregt und ist deshalb eine Untersuchung des Rachens nicht ohne Sedation möglich, so sind Benzodiazepine in einer Dosierung von 1–2 mg pro kg KM i. m. oder i. v. einzusetzen.

Beim Sturz aus großer Höhe („high rise syndrome" – siehe dort!) sind typische Verletzungsmuster mit Gaumenspalte und **Unterkiefer-Symphysenfraktur** nicht selten. Auch Zahn- und **Zungenverletzungen** können nicht unerheblich bluten.

Falls die oberen Atemwege durch Schleim oder Blut verlegt sind, so müssen diese mit einer feinen Sonde (Harnröhren-Katheter für Rüden eignen sich gut) vorsichtig mit geringem Vakuum abgesaugt werden. Atropin verhindert starke Salivation. Auch mit Stieltupfern kann versucht werden, Schleim- und Blutkoagula aus dem Mund- und Rachenraum zu entfernen. Bei diesen Manipulationen ist immer darauf zu achten, daß die verunfallte Katze sich nicht unnötig erregt.

Die Applikation von Sauerstoff über einen feinen Katheter oder in einer Sauerstoff-Box verbessert den Allgemeinzustand des Tieres oft erheblich.

Ist durch diese Maßnahmen keine ausreichende O_2-Versorgung möglich, so muß die Katze intubiert ggf. auch tracheotomiert werden. Im ersten Falle ist es meistens unerläßlich (es sei denn die Katze ist bereits im Koma) die Sedation zu vertiefen (siehe Kap. Narkose). Alsdann führt man mittels Laryngoskop einen geeigneten Trachealtubus Gr. 2–4 ein (Cave: mit dem Laryngoskop nicht die Epiglottis manipulieren!), blockiert die Manschette und führt eine Handbeatmung mittels Ambubeutel durch.

Frequenz:	max 20 Atemhübe/min
Volumen:	0.03 L/kg KM
Beatmungsdruck:	nicht über 10 cm H_2O

Für die Handbeatmung von Katzen stehen spezielle Ambubeutel aus der Pädiatrie zur Verfügung. Diese haben ein eingebautes Überdruckventil, welches den Beatmungsdruck nicht über 10 cm Wassersäule ansteigen läßt!

Bei Verwendung eines „Erwachsenen-Ambubeutels" enstehen zu hohe Drücke, welche die evtl. schon vorgeschädigten Lungen überlasten und zu weiteren Schädigungen führen können.

Sollte bei schweren Verletzungen des Larynx oder der oberen Trachea **(Trachea-Abriß)** eine Intubation von oral nicht gelingen, so ist eine Tracheotomie vorzuziehen. Spezielle Tracheotomie-Tuben sind nicht unbedingt notwendig, um eine solche Notfallsituation zu beherschen. Ein normaler Trachealtubus kann nach Inzision der Trachea kaudal des Kehlkopfes eingeführt werden und so die Sauerstoffversorgung zunächst sichergestellt werden. Dieser läßt sich später nach Stabilisierung des Patienten gegen einen geeigneteren Tubus problemlos auswechseln.

Durchführung einer **Tracheotomie:** Nach Sedation des Patienten wird mit einer Skalpellklinge eine Stichinzision quer zur Verlaufsrichtung der Trachea zwischen zwei Knorpelspangen caudal des Larynx (zwischen dem 2.–4. Trachealring) gesetzt und eine Arterienklemme eingeführt. Die beiden Schenkel derselben werden gespreizt und durch die entstehende Öffnung ein geeigneter Tubus in die Trachea vorgeschoben. Die Manschette wird alsdann insuffliert und die Katze mittels Handbeatmungsbeutel regelmäßig mit 100%igem Sauerstoff beatmet. Die Narkose ist zunächst durch Zugabe von Isofluran oder Halothan aufrecht zu erhalten.

Ib: Thoraxtraumen

Verletzungen des Thorax und seiner Organe sind meistens Folge von Stürzen aus großer Höhe oder von Verkehrsunfällen. Aber auch Schußverletzungen und Hundebisse können schwere Schädigungen von Rippen, Lunge, Herz sowie der großen Gefäße verursachen.

Häufigste Komplikationen sind:

Lungenkontusionen, Pneumothorax, Haemothorax, Chylothorax, Herzmuskelkontusionen, Herzbeutelabriß, Rippenfrakturen und Zwerchfellhernien.

Bei all diesen Veränderungen ist eine mehr oder weniger ausgeprägte Dyspnoe, zu beobachten.

Die Katze zeigt eine angestrengte teilweise deutliche Abdominalatmung.

Bedingt durch hohe Druckschwankungen während des traumatischen Ereignisses zerreißt Lungengewebe und es tritt freie Luft über geplatzte Alveolen in den Thoraxraum aus. Durch Perkussion und Röntgenaufnahmen ist die Diagnose abzusichern. Letztere fertigt man tunlichst im dorso-ventralen Strahlengang an, um dem Tier im akuten Stadium eine zwangsweise Seitenlage zu ersparen. Das Lungengewebe erscheint von der Thoraxwand abgehoben. Diese Untersuchung läßt oft auch schon eine Seitenzuordnung des **Pneumothorax** zu. Je nach Schweregrad der Dyspnoe ist es erforderlich, eine Thorax-Punktion vorzunehmen, um freie Luft aus dem Brustraum abzuziehen.

Dies kann bei Katzen normalerweise mittels Kanüle, Dreiwegehahn und Spritze im 7.–8. Interkostalraum dorsal erfolgen. Besser ist der Einsatz eines flexiblen Schlauchverbindungsstückes, um die Manipulation an der Kanüle zu verringern.

Sollte sich der Zustand der Katze binnen kurzer Zeit wieder verschlechtern, so muß eine Thoraxdrainage eingesetzt werden. Pädiatrie-Thorax-Drainagen in Verbindung mit Heimlichventilen finden Anwendung bei Katzen. Nach Inzision mit einem Skalpell im Bereich des 7.–8. Interkostalraums wird eine Moskito-Klemme 2 Interkostalräume nach cranial subcutan vorgeschoben und die Drainage dort in den Thorakalraum eingeführt. Dabei ist darauf zu achten, daß bereits bei der Applikation ein geschlossener Dreiwegehahn montiert ist, damit ein plötzlicher Lufteinstrom und damit ein Kollabieren der Lunge verhindert wird. Alsdann kann über ein Heimlichventil oder einfach mittels Spritze die freie Luft aus dem Thorax abgesaugt werden.

Häufig ist eine spontane Verbesserung der Atmung zu erkennen! Auch dann empfiehlt es sich, die Drainage über einen Zeitraum von 24 h liegenzulassen, um bei einem Rezidiv eingreifen zu können.

Restliche freie Luft im Thorax wird über einen Zeitraum von 2–8 Tagen spontan resorbiert und die Lungen können sich wieder vollständig entfalten.

Flüssigkeitsansammlungen im Thorax können sich als Hämothorax oder Chylothorax darstellen.

Ersterer ist bei Katzen recht selten, häufig liegen Lungenrisse oder diffuse Lungenblutungen nach schweren Kontusionen vor. Die gefürchtete Hypovolämie hat meisten ihre Ursache im Abdomen und weniger im Thorax. Dennoch ist nicht auszuschließen, daß größere Blutgefäße, Interkostalarterien oder gar die Aorta reißen. Im letzteren Falle wird die Katze den Tierarzt nicht mehr lebend erreichen. Die übrigen Haemorrhagien kommen oft spontan zum Stillstand.

Eine Thoraxdrainage oder Thorakozentese geben Aufschluß über die Art der Flüssigkeit, welche vermutet oder per Röntgenaufnahme oder Ultraschall diagnostiziert wurde. Dabei ist wie bei einem Pneumothorax vorzugehen mit dem Unterschied, daß die Schwerkraft mit einzuberechnen ist. Flüssigkeit wird sich bei einem Tier in Brustlage eher im ventralen Bereich des Thorax befinden.

Eine **Thorakozentese** sollte möglichst nicht mit einer scharfen Nadel, sondern mit einer Braunüle vorgenommen werden. Der Mandrain ist sofort nach Eintritt in den Thorakalraum zu ziehen und der Venenkatheter stumpf vorzuschieben, um einer Verletzung des Herzbeutels vorzubeugen. Die Technik gleicht der des Legens einer Thoraxdrainage.

Es muß auch damit gerechnet werden, daß durch das Trauma eine Verlagerung des Herzens oder eine abnorme Füllung des Herzbeutels vorliegen kann. **Haemopericard** oder **Pneumopericard** werden dann unter unglücklichen Umständen punktiert und es folgen dadurch weitere Komplikationen.

Der **Chylothorax** hat in der Regel keine akute Symptomatik direkt nach dem traumatischen Ereignis.

Bei einer Verletzung des Ductus thoracicus kommt es erst Tage danach zu Atemnot und röntgenologisch nachweisbaren Flüssigkeitsansammlungen im Thorax. Die Diagnose ist wieder durch Thorakozentese zu stellen. Die Behandlung eines Chylothorax ist kompliziert, häufig frustrierend und in der einschlägigen Literatur nachzulesen.

Bei jeder traumatischen Verletzung des Intrathorakalraumes muß davon ausgegangen werden, daß eine **Herzmuskelkontusion** vorliegt. Die Diagnose derselben ist oft weder durch Röntgen noch durch ein EKG zu stellen. Auch die Ultraschalluntersuchung hat dort ihre Grenzen. Die Folgen einer Herzmuskelkontusion sind eine verringerte Kontraktilität des Herzens und damit oft ein verringertes Herzminutenvolumen. Das Tier versucht dies mit einer Erhöhung der Schlagfrequenz auszugleichen, was in der Regel nicht gelingt. Die Folge ist ein kardiogener Schockzustand – siehe dort!

In jedem Falle ist dieser Situation bei der Entscheidung zu einer Sedierung oder gar Narkose Rechnung zu tragen und gegebenenfalls die Katze zunächst kreislaufmäßig zu stabilisieren und dann Sedativa zu applizieren, welche ihrerseits eine weitere Kreislaufdepression verursachen.

Dasselbe gilt für Röntgenaufnahmen. Falls unabdinglich, so ist eine unscharfe Übersichtsaufnahme besser als eine exakt gelagerte Röntgenaufnahme mit anschließend totem Patienten!

Herzbeutelabrisse sind häufige Befunde nach Verkehrsunfällen und Stürzen aus großer Höhe („high rise syndrom"). Sie sind fast immer vergesellschaftet mit einem Pneumothorax.

Ein gezieltes chirurgisches Vorgehen ist nicht angezeigt. Die Therapie und Remission des „Pneus" führt zu einer Absenkung des Herzens und zu einer physiologischen anatomischen Situation.

Rippenfrakturen stellen eine weitere Komplikation bei Thoraxtraumen dar. Sofern sie singulär vorliegen, besteht kein direkter Handlungsbedarf, sofern keine Frakturenden die Lunge perforieren und zu massiven Blutungen führen.

Anders ist dies bei Rippen-Serienfrakturen, wodurch ein **instabiler Thorax** entsteht. In solchen Fällen ist eine positive Druckbeatmung angezeigt, das heißt der Patient wird intubiert, die Tubus-Manschette wird geblockt und die Katze wird mittels Ambubeutel oder mit einem Respirator beatmet.

Dabei ist es nicht vordergründig wichtig reinen Sauerstoff zu verwenden, sondern eine Insufflation der Lunge zu gewährleisten. Dies kann sehr gut mit Raumluft geschehen, welche genügend Sauerstoff enthält, um einen Gasaustausch in den Lungenalveolen zu sichern.

Sobald der Kreislaufzustand des Patienten eine Narkose zuläßt, ist eine chirurgische Versorgung vorzunehmen. Die Rippen werden mit chirurgischem Draht oder anderem geeigneten Nahtmaterial zueinander fixiert und die Thoraxmuskulatur rekonstruiert. Eine Thoraxdrainage ist im Anschluß an einen solchen Eingriff opportun!

Merke: Die häufig beschriebene Technik, nach der vor dem endgültigen Verschluß einer Thoraxwunde die Lunge manuell aufgebläht wird, um die freie Luft aus dem Thorax zu drängen und alsdann den Thorax zu verschließen, führt zu weiteren Atelektasen. Besser ist immer die passive Entfernung der freien Luft mittels Drainage oder Kanüle (Braunüle). Die Lunge ist in solchen Fällen ohnehin schon geschädigt und bereits verklebte Lecks werden durch Überdruck wieder geöffnet und es entsteht ein neuer Pneumothorax.

Ebensolches Vorgehen ist bei Rippenfrakturen angezeigt, bei denen Frakturenden in den Thorax stechen und die Lunge beschädigen.

Da sich offenbar Katzen in unseren Gärten nicht uneingeschränkter Beliebtheit erfreuen (Vögel, Sandkisten der Kinder) werden in der Praxis auch **Schußverletzungen** vorgestellt. Meistens ist der Einschuß nicht ohne weiteres zu erkennen. Eine Röntgenaufnahme weist dann in der Regel auf ein Luftgewehrgeschoß (Diabolo) hin, welches entweder in der Thoraxwand oder in der Lunge selbst zu sehen ist.

Es muß nicht unbedingt immer ein kausaler Zusammenhang zwischen dem aktuellen traumatischen Ereignis und der Schußverletzung bestehen. Häufig liegen die Projektile reaktionslos im Gewebe und der aktuelle Anlaß für den schlechten Allgemeinzustand ist ein ganz anderer!

Nur bei Auffinden eines frischen Schußkanals oder einer Schußwunde kann eine Kausalität hergestellt werden.

Bei jeder Verletzung des knöchernen Thorax ist es wichtig, der Katze ein Analgetikum zu verabreichen! Thoraxtraumen verursachen große Schmerzen, welche sich in Atemdepression niederschlagen und gerade das gilt es zu vermeiden!

Geeignet sind:
- nichtsteroidale Antiphlogistika (Carprofen, Meloxicam, Ketoprofen)
- Infiltration mit Lokalanaesthetika (Lidocain, Bubivacain)
- Morphin (cave Kreislaufdepression!)

II. Kreislaufversagen-Schock

Üblicherweise teilt man ein

1. **Hypovolämischer Schock:** am häufigsten bei Tieren, Mangel an effektivem Blut durch äußere oder innere Blutung, durch Plasmaverlust (Kapillarundichtigkeit, z. B. bei Peritonitis, Verbrennungen), durch Versacken des Blutes im Splanchnikusgebiet (neurogener Schock, Endotoxinschock u. a.). Kompensatorisch kommt es zur Kontraktion peripherer Gefäße, so daß die Notversorgung von Herz, Lunge und Gehirn zunächst aufrechterhalten bleibt.

   Das Trauma, das zur Femurfraktur führt, genügt durchaus, einen Schock herbeizuführen, auch wenn die Blutung ins Frakturhämatom hinein nicht bedeutend erscheint.
2. **Vasomotorischer Schock:** Störung der peripheren Kreislaufregulation führt zu Vasodilatation und Blutdruckabfall, verursacht u. a. durch blutdrucksenkende Medikamente, langdauernde tiefe Narkosen und anaphylaktische Reaktionen. Der vasomotorische Schock ist auch das Endstadium der hypovolämischen Schockform.
3. **Kardiogener Schock:** Blutdruckabfall durch Herzversagen, Herzfehler, Myokardschäden – auch als Folge von langanhaltendem hypovolämischem Schock mit inadäquater Koronardurchblutung, Blutung ins Perikard, Herztamponade.

Für das Verständnis des Schockgeschehens ist es nötig zu wissen, daß die m. o. w. meßbaren Veränderungen am Kreislauf zwar am augenscheinlichsten und auch wesentlich sind, daß jedoch eine Fülle von Abweichungen von der Norm im gesamten Stoffwechsel sich einstellen. Das Verhältnis von intravasaler zu extravasaler Flüssigkeit, intra- zu extrazellulärer Flüssigkeit, das Gleichgewicht der Elektrolyte, das Säure-Basen-Verhältnis in Gefäßen, Extrazellulärraum und in Zellen, der Glukose-Protein-

und Fettstoffwechsel usw. ist gestört. Dies kann man zum Teil als pathologische Schockfolge, zum Teil als kompensatorischen Vorgang und zum Teil durchaus als beides zugleich – also schädlich hier und nützlich dort – verstehen. Für den Kliniker wesentlicher Umstand ist die im Schock beeinträchtigte Kapillardurchblutung und die daraus folgende verminderte Gewebsperfusion.

Diagnose des Schocks

Symptome des schon ausgeprägten hypovolämischen Schocks sind: blasse, trockene, kühle Schleimhäute, eine blasse, ausgetrocknet scheinende Zunge, trockene, tiefeingesunkene Augen, eine verlängerte kapilläre Füllungszeit: drückt man auf das Zahnfleisch, etwa oberhalb des Caninus, so muß die dadurch erzeugte Blutleere nach 1 Sekunde verschwunden sein. Bleibt der helle Fleck länger als 2 Sekunden sichtbar, so ist das ein deutliches Schockzeichen. Der Puls ist im Schock frequent, Bradykardie kann für Schädigung des ZNS oder terminalen Schock sprechen. Steigert sich die Herzfrequenz über 180/min, kann es zu Pulsdefizit (mehr Herzschläge auskultierbar als Pulswellen spürbar) kommen. Der Puls ist klein (Druckamplitude gering) bis drahtförmig. Die Fühlbarkeit des Pulses ist ein sehr grober Gradmesser für den systolischen Blutdruck.

50 mm Hg	kein Puls fühlbar
70 mm Hg	kleiner, eben fühlbarer Puls
> 100 mm Hg	voller kräftiger Puls

Die kritische Grenze für systolischen Blutdruck liegt bei wenig unter 70 mm Hg. Unblutig gemessen beträgt der *normale Blutdruck:*

120 ± 10 mm Hg	systolischer Blutdruck
95 ± 10 mm Hg	mittlerer Blutdruck
70 ± 10 mm Hg	diastolischer Blutdruck

Der mittlere Blutdruck sollte nicht unter 60 mm Hg sinken. Die peripheren Venen sind kollabiert, in leichtem bis mäßigem Schock sind die Tiere apathisch bis leicht somnolent, aber weckbar. Schwere Somnolenz und Koma zeigen, wenn nicht von ZNS-Trauma herrührend, einen kritischen Abfall des Aortenblutdruckes an.

Zyanose zeigt sich erst, wenn mehr als 5 g Hämoglobin pro 100 ml Blut ohne Sauerstoff sind. Abwesenheit von Zyanose ist also kein sicheres Zeichen genügender Sauerstoffsättigung.

Die Körpertemperatur pflegt im Schock zu fallen, sinkt sie unter 35 °C, dann sinkt sie auch weiter, wenn man nicht eingreift. Ab 28 °C droht Tod unter Herzflimmern. Die Atmung ist frequent und flach. Da man nötige Transfusionen im schweren Schock außer in die Vena femoralis besser in die Vena jugularis gibt, erlaubt ein dort gelegter Katheter gleichzeitig die Messung des zentralen Venendrucks. Dieser beträgt normal 4 bis 10 cm H_2O, im Schock kann er niedriger sein; beim Versagen des rechten Herzens ist er erhöht. Wichtig ist weniger der gemessene Einzelwert als die Bewegung.

Sinken spricht für Vertiefen des Schocks, Steigen bis 10 cm für dessen Besserung, während Anstieg über 15 cm H_2O – besonders bei verlängerter kapillärer Füllungszeit – für Rechtsherzversagen spricht.

Therapie des Schocks

Für alle schweren Unfälle, in denen die eben genannten Symptome nicht, nur andeutungsweise oder schwach auftreten, empfiehlt sich die intramuskuläre oder besser intravenöse Gabe von 5–20 mg/kg Prednisolon oder 5 mg/kg Dexamenthason (jeweils in Lösung, nicht als Kristallsuspension) und dann 15 Minuten Ruhe für die Katze, so daß sie warm sitzt und sich allein und unbeobachtet glaubt. Ist danach die Schleimhautblässe verschwunden, die Pulsfrequenz nicht mehr erhöht und die Haltung nicht mehr verspannt, so ist wohl weitere Kontrolle, aber keine weitere Schockbehandlung nötig.

In allen Fällen, die deutliche Schocksymptome sofort oder später zeigen, besteht die wichtigste Therapie in der Auffüllung des Kreislaufes.

Dabei ist die Auffüllung des Volumens das wichtigste, nicht etwa der Ersatz der durch Blutung verlorengegangenen Erythrozyten. Die Verdünnung des Blutes durch salinische oder dextranhaltige Flüssigkeit ist im Schock eher nützlich: sie hilft die in den Kapillaren, gleich ob diese noch kontrahiert oder schon erschlafft sind, festliegenden Erythrozyten in Bewegung zu bringen. Dadurch wird die Gewebsperfusion und der O_2-CO_2-Austausch wieder in Gang gebracht.

Praktisches Vorgehen

Die Anwendung von Kortisonpräparaten bei schwerem Schock wird nicht einheitlich beurteilt. Hier wird sie empfohlen. Sie verlängert, allein angewendet, die Überlebenszeit im Schock und gibt daher Zeit für andere wirksame therapeutische Maßnahmen (BRASMER). Von diesen ist die Auffüllung des Kreislaufs die wichtigste. Zur unmittelbaren Kreislaufauffüllung sind Dextrapräparate am besten geeignet (z. B. Macrodex®): Dosis 10 bis 20 ml/kg. Tritt danach nicht wenigstens eine vorübergehende Besserung der Kreislaufsituation ein, verdichtet sich der Verdacht auf eine innere Blutung; dann ist unter weiterer Tropfinfusion Eröffnung der betreffenden Körperhöhe nötig, um die Blutung zu stillen. Sonst muß mit zunehmender Schockdauer weiter infundiert werden, und es muß mit zunehmender Azidose gerechnet und Natriumbikarbonat gegeben werden.

Ein sicheres Rezept, für den, der die Azidose nicht messen kann, ist:

5 Teile Dextran-Lösung
1 Teil 8%ige $NaHCO_3$-Lösung
(evtl. zusätzlich 5 mg Dopamin pro 100 ml, siehe unten).

Davon 12 ml/kg/Stunde als Dauertropf.

Zur Mobilisierung der verklumpten Erythrozyten sind salinische isotonische Lösungen geeignet, diese verlassen zwar das Gefäßsystem schneller in den interzellulären Raum hinein, doch ist die Gefahr der Überinfusion (Lungenödem) geringer als die der Hypoperfusion bei Unterdosierung. Vorteilhaft zur Kontrolle ist dabei die Messung des zentralen Venendruckes und die Kontrolle der Urinproduktion.

Dazu ein Rezept:	Ringerlaktatlösung	100 ml
	$NaHCO_3$ 5%ig	15 ml

Anfangsdosis 10–20 ml/kg in 15 min, danach bis zu 60 ml/kg/Stunde. Empfehlenswert ist eine Kombination von Plasmaexpander und Ringerlaktatlösung mit Bikarbonat.

Kreislaufmittel und erst recht zentrale Weckmittel sind im Schock absolut kontraindiziert. Einzige Ausnahme ist das Dopamin, chemisch eine Vorstufe des Noradreanlins. Denn dieses bewirkt u. a. eine Vasodilatation der kontrahierten Arteriolen der Nieren, der Bauchorgane und auch des Gehirns. Dosis im Tropf: 0,5 mg/kg/Stunde (nach HAPKE).

Die Urinproduktion sollte kontrolliert werden. Bei genügend Flüssigkeitsangebot (Infusion) und genügend hohem Blutdruck (mindestens 60 mm Hg mittlerer Blutdruck) sollte sie 1 ml/kg/Stunde betragen, sonst ist ein Versuch der Exkretionsanregung mit Furosemid (Lasix®) 2–5 mg/kg i. v. ratsam.

Eine mögliche Ursache mangelhafter Nierendurchblutung ist Hypoperfusion. Erster Schritt ist Steigerung des Flüssigkeitsersatzes, dann kann die Infusion von Mannit, dann Natriumchlorid und dann Furosemid angezeigt sein, um die Nierenfunktion in Gang zu bringen.

Der Gefahr der Hypothermie sind Katzen wegen ihrer relativ größeren Körperoberfläche mehr ausgesetzt als größere Tiere. Der iatrogenen intraoperativen Hypothermie muß deshalb durch Wärmematten entgegengewirkt werden, weil sie zum Schock führen kann. Andererseits ist bei bestehendem Schock die Hypothermie ein Schutzmechanismus. Schockbekämpfung, vor allem durch Flüssigkeitsauffüllung und Sauerstoffzufuhr, hat der Erwärmung voranzugehen, erst dann kann Erwärmung nützlich sein. Regulierte Wärmematten sind dabei vorzuziehen. Infratrotlampen können Verbrennungen verursachen.

Bei Katzen bleibt häufiger als bei Hunden eine Anorexie nach Schock zurück. Zwangsfütterung mit Nährstoffkonzentraten oder geschlagenem Eigelb, vor allem aber die Injektion von Diazepam bringen die Nahrungsaufnahme in Gang.

Kontrollmöglichkeiten des Schockzustandes

1. Herzfrequenz: sollte nicht über 180, nicht unter 80 betragen;
2. Puls: Pulsdefizit, Füllung des Pulses;
3. Färbung der Schleimhäute: blaß, zyanotisch;
4. Füllzeit der Kapillaren: nach Fingerdruck auf Zahnfleisch: „Wieder-rosa-werden" der Schleimhaut nach 1 sec, längstens 2 sec;
5. Messung des zentralen Venendruckes: leicht mit Infusion in Vena jugularis zu verbinden, Höhe weniger wichtig als Fallen oder Ansteigen; *Normal* 2 bis 10 cm Wassersäule. *Abfallen:* Vertiefung des Schocks, *Ansteigen:* bis 10 cm – Besserung, über 10 cm: Diskrepanz zwischen Herzfunktion und Blutflüssigkeit: Herzversagen oder Überfusion;
6. EKG: Unterscheidung von Flimmern und Asystolie, Erkennung von Rhythmusstörungen, Hypoxie des Myokards, Elektrolyt- und Säure-Basenstörungen (siehe Kapitel „Kreislauferkrankungen").
7. Blutdruckkontrolle: Unblutig mit Blutdruckmeßgerät: Normal systolischer Druck 120 ± 10 mm Hg, nicht unter 80 mm Hg;
   mittlerer Druck 95 ± 10 mm Hg, nicht unter 60 mm Hg;
8. Urinproduktion: Blasenkatheter, Urinmenge sollte etwa 1 ml/kg/Stunde betragen;
9. Verhalten, Weckbarkeit;
10. Körpertemperatur: nicht unter 35 Grad C;
11. Atmung: azidotische tiefe Atmung? Schnappatmung?
12. Hämatokrit: ist 12 bis 36 Stunden nach einer massiven Blutung erniedrigt, bei Flüssigkeitsverlust in den Extrazellulärraum oft erhöht.

III. Intra- und retroperitoneale Traumen

Nach stumpfen Traumen (Verkehrsunfällen) kommen häufig Verletzungen der parenchymatösen Organe vor. Dabei sind in erster Linie Leber, Milz und Nieren betroffen, selten auch das Pankreas.

Die Tiere zeigen abdominale Schmerzen, aufgekrümmten Leib und bei starkem Blutverlust Anämie.

Röntgenologisch sind verwaschene Strukturen der Abdominalorgane zu sehen, gelegentlich ist im fort-

geschrittenen Stadium freie Flüssigkeit in der Leibeshöhle palpatorisch zu diagnostizieren.
Differentialdiagnostisch ist eine **Punktion** der Bauchhöhle gegebenenfalls an verschiedenen Lokalisationen vorzunehmen, da häufig die eingeführte Kanüle von Netz verlegt wird und das Punktionsergebnis somit negativ ausfällt.
Stumpfe **Nierentraumen** verursachen meistens Haematurie. Falls kein Harn spontan abgeht, muß das verunfallte Tier schonend katheterisiert werden. Die manuelle Druckentleerung der Harnblase ist bei frisch verunfallten Katzen kontraindiziert. Retroperitoneale Blutungen sind röntgenologisch schwer zu diagnostizieren, da eine Unterscheidung von Flüssigkeit und Fett im fraglichen Bereich schwerfällt.
Im Vordergrund der Therapie steht immer die Kreislaufstabilisierung und Schockbekämpfung (s. o.). Sollten die Laborwerte einen sicheren Hinweis auf massive Blutungen in die Bauchhöhle hinweisen, so ist bei vertretbarem Narkoserisiko eine Laparatomie von der Linea alba aus durchzuführen.
Kleine **Leberrupturen** verkleben in der Regel spontan, größere müssen chirurgisch angegangen werden. Traumatisierte Gallengänge und größere Blutgefäße sind zu ligieren (Gefäßclips sind sowohl aus Stahl wie auch resorbierbar im Handel, leisten wertvolle Hilfe und verkürzen die Operationszeit enorm), um einer Peritonitis vorzubeugen. Ein Leberriß sollte möglichst durch Nähte verschlossen werden. Bei größeren Leberverletzungen ist eine Lobektomie vorzunehmen.
Kleine **Milzrupturen** können mit Gewebekleber (Histoacryl®) geklebt werden. Bei größeren Verletzungen ist eine Splenektomie durchzuführen.
Nierenrisse sind selten und werden ggf. mit Nähten verschlossen. Sollte das Nierentrauma erheblich sein, so ist eine Nierenextirpation durchzuführen. Dabei muß der Ureter sorgfältig mit doppelter Ligatur blasennah verschlossen werden.
Pankreasrupturen sind prognostisch schlecht. Rupturen müssen sehr sorgfälltig abgedichtet werden und ggf. mit Netz überdeckt werden.
Rupturen von Hohlorganen kommen nach stumpfen Traumen fast ausschließlich an der Harnblase vor.

Blasenrupturen

Wegen des kürzeren und weiteren Harnweges kann bei Kätzinnen der Druckanstieg leichter zur Blasenentleerung per vias naturales führen. Also sind Kater häufiger betroffen.

Diagnose: Schmerzen im Unterbauch, falls Palpation möglich, eine leere, schmerzempfindliche Blase, kein Urinabsatz oder häufiger tropfenweiser Absatz leicht oder deutlich blutigen Urins. Später läßt sich nach Punktion Urin im Abdomen nachweisen, durch Resorption entsteht dann bald eine postrenale Urämie. Soweit sollte man es nicht kommen lassen. Zur sicheren Diagnose führt die Röntgenkontrastaufnahme der Blase. Strahlendichte Kontrastmittel zur positiven Darstellung der Blase könnten durch einen Riß in die Leibeshöhle entweichen und dort das Peritoneum reizen, folglich ist Luft als negatives Kontrastmittel eindeutig vorzuziehen. Eine Leeraufnahme unmittelbar vorher erlaubt die sichere Unterscheidung von gasgefüllten Darmschlingen. Die Blase soll dann mit mindestens 20 ml Luft gefüllt werden, damit auch kleine Blasenrisse, die ventilartig nur bei Überdruck Entleerung in die Bauchhöhle zulassen, erkannt werden.
Therapie: Sobald der Kreislauf stabilisiert ist, sollte laparatomiert und die Blase chirurgisch geschlossen werden.
Die **Ruptur des Zwerchfells** ist eine relativ häufige Unfallfolge. Sie kann bald nach dem Unfall zu schweren Störungen führen, entweder durch Atembehinderung, aber auch Schmerzen und Schock durch Einklemmen der Leber und Verschlußsymptome des Verdauungskanals durch Inkarzeration des Magens und/oder Darmes. Oft aber ist eine Diaphragmahernie auch so symptomarm, daß ein Tier monatelang beschwerdefrei damit leben kann. Die Chance der Restitution ist jedoch um so größer, je frischer der Fall und je weniger retrahiert und vernarbt das Zwerchfell ist.

Diagnose: Atembehinderung, Erbrechen, Schmerzen, Verlust der normalen Zwerchfellskontur im Röntgenbild, Verschattungen, oft auch gasgefüllte Darmschlingen im Thorax. In manchen Fällen ist eine Bariumkontrastdarstellung von Magen und Darm zur Diagnosestellung nötig. Röntgenaufnahmen sollten in 2 Ebenen angefertigt werden, in der AP-Aufnahme erkennt man, auf welcher Seite die Ruptur liegt.

Therapie: Nach Kreislaufstabilisierung sollte man bald operieren, ehe Komplikationen aufgetreten sind. Intubation mit der Möglichkeit zur Beatmung ist notwendig.

Penetrierende Schuß- oder Stichverletzungen der Muskulatur behandelt man nach allgemein chirurgischen Grundsätzen, Wundtoilette, wenn nötig Entfernung hineingerissener Haare, evtl. Wundexzision. Operatives Bemühen zur Geschoßentfernung aus der Muskulatur ist kontraindiziert, es sei denn, das Projektil begegne einem gerade. Sonst heilt es schadlos ein, während die Traumatisierung bei der oft vergeblichen Suche (auch nach 2 Röntgenaufnahmen!) unnötigen Schaden verursacht.
Anders bei Schußverletzungen der Bauchhöhle: hier ist stets mit der Perforation von Organen, vor allem von Darm und Magen, zu rechnen. Einschuß und

Ausschuß am Bauch oder Einschuß und Geschoß in der Leibeshöhle sind nach Kreislaufstabilisierung immer eine Indikation zur Laparotomie.
Sorgfältige Reinigung der Leibeshöhle, Spülung mit Ringerlösung unter Antibiotikumzusatz, Verschluß aller Hohlorganverletzungen, notfalls mit Darmresektion(en) und zur Blutstillung Versorgung von Traumen der parenchymatösen Organe sind nötig.

Schußwunden der Thorakalhöhle erfordern Eingreifen, wenn sie Symptome verursachen: Intrathorakale Blutung (Hämothorax) oder Lungenverletzung mit Blutung in die Luftwege oder Pneumothorax erfordern eine Thorakotomie: Lokale antibiotische Spülung und hochdosierte Antibiotikagaben über mindestens 5 Tage schließen sich an.

IV. Traumen des ZNS und des Rückenmarkes

Diese Traumen können durch die Commotio zu einem Ödem der Nervensubstanz, durch Blutung in das Gewebe hinein zur Zellschädigung, durch Blutung in subduralen und subarachnoidalen Raum zur Kompression oder durch Eindrücken der knöchernen Kapsel zur grob mechanischen Zerstörung oder Zerreißen der Nervensubstanz führen.

Diagnose: Schädigung des Gehirns äußern sich je nach Schwere in verschieden starker Beeinträchtigung des Bewußtseins.

1. Das Tier ist schläfrig und apathisch, reagiert aber auf äußere Reize.
2. Somnolenz, weckbar nur durch starke Reize, motorische Reaktionen und Reflexe vorhanden.
3. Koma spricht für schwere Schäden des Hirnstamms, keine Wahrnehmung der Umgebung, auch durch starke Reize kaum oder nicht zu wecken.

Blutungen aus Nase und Gehörgängen, blutige Imbibitionen der Sklera, Blutungen in der Retina geben Hinweise auf den Sitz des Traumas, so wie auch subkutane Hämatome von Schädelfrakturen herrühren können.
Einseitige neurologische Symptome, Hyperreflexie u. a. sprechen für einseitige Schäden. Nystagmus ist häufig nach Felsenbeinfrakturen oder Schädigung der Pons. Größe und Reaktionsfähigkeit der Pupillen sind zu beachten; ist trotz Miose noch eine Reaktion auf Lichtreize vorhanden, ist die Prognose weniger ungünstig als bei fehlender Reaktion und bei Mydriasis. Pupillenstarre spricht für Traumatisierung des Stammhirns. Schluck- und Zungenlähmungen kommen vor. Hemiparese zeigt schwere Schädigung der kontralateralen Seite an. Krampfanfälle nach Gehirntraumen sind zwar meist unheilbar, jedoch mit Antiepileptika häufig gut zu beherrschen, Phenothiazinpräparate wie Acepromacin sind bei Krampfgefahr kontraindiziert.

Differentialdiagnose: Bewußtseinsstörungen treten auch auf bei Kreislaufversagen, Krisen bei Stoffwechselstörungen wie Diabetes mellitus, Hypokalzämie u. a. und bei Vergiftungen. Bei Unfällen spricht sofortige Bewußtlosigkeit für Trauma des ZNS, setzt sie erst nach Minuten oder später ein, spricht das eher für Hypovolämie.
Die Röntgenuntersuchung des Schädels erfordert immer mehrere Aufnahmen in jeweils korrekter Lagerung.

Therapie: Auch bei wiederhergestelltem Bewußtsein ist 24 Stunden lang strenge Ruhe nötig. Bei leichter Apathie oder Verstörtheit: Dexamethason 0,5–2,5 mg/kg oder Prednisolon 5–10 mg/kg i. v. oder i. m. alle 6 Stunden, ebenso bei Somnolenz. Bei Erregung Diazepam (Valium®) 2–5 mg/kg, Klinikeinstellung, wenn möglich, ratsam. Bei Koma Dexamethason und zur Bekämpfung des Gehirnödems am besten Infusion mit Mannitlösung 20 %, 2 g/kg in 10 Minuten.

Die **Prognose** ist dann nicht ungünstig, wenn innerhalb von 1–2 Tagen eine Besserung um jeweils eine Stufe der Bewußtseinstrübung sich einstellt. Ist die Besserung langsamer oder wird sie ganz vermißt, ist die Prognose schlecht.

Verletzungen des Rückenmarkes führen zu Querschnittsparesen oder Paralysen.

Diagnose: Schwere Dislokationen der Wirbelsäule durch Luxationen oder Frakturen erkennt man oft schon durch sorgfältige Palpation. Ein ungünstiges Zeichen ist es, wenn Paralyse der Hinterbeine mit Stecktonus der Vorderbeine verbunden ist. Kann man nach dem Röntgenbild annehmen, daß das Rückenmark nicht gerissen oder zerquetscht ist, empfiehlt sich baldiges operatives Vorgehen.

Augenverletzungen kommen als Verkehrsunfälle und Kampfverletzungen recht häufig vor. Sie sind je nach Schweregrad vorrangig zu versorgen. Perforierende Cornea-Verletzungen können, falls kein OP-Mikroskop für eine Corneanaht zur Verfügung steht, zunächst durch eine Nickhautplastik temporär abgedeckt werden. Lidrandverletzungen und Abrasionen werden nach chirurgischer Reinigung so exakt wie nur möglich reponiert und genäht (weiteres im Kap. Augenerkrankungen!)

Streß und Schmerzen

Katzen reagieren auf die Umgebungseinflüsse in der Kleintierpraxis wie Geräusche und Licht extremer als Hunde. Dies gilt insbesondere für verunfallte

Katzen. Sie können sich den notwendigen Manipulationen, zumal unter Schock und Schmerzen, sehr heftig widersetzen. Es ist drauf zu achten, daß traumatisierte Katzen in ruhiger Umgebung sehr behutsam untersucht werden. Man nähert sich ihnen langsam und vermeidet laute Geräusche und grelles Licht. Jede Form von Streß wirkt sich negativ auf die ohnehin gestörten Kreislauffunktionen aus. Gesichtskappen mit Klettverschlüssen haben einen beruhigenden Einfluß zum Beispiel beim Röntgen (Dorso-ventrale Strahlengänge sind ventro-dorsalen vorzuziehen). Oft läßt sich das Allgemeinbefinden schon durch Ruhe, Wärme und, falls vorhanden, Sauerstoffzufuhr erheblich verbessern. Warme Infusionen kühlen wegen der niedrigen Flußraten im Infusionsschlauch schnell ab. Deshalb hat es sich bewährt, mittels 1 oder 2 mit warmem Wasser gefüllten OP-Handschuhen auf dem Infusionsschlauch unmittelbar vor dem Venenkatheter die Infusionslösung warm zu halten. Der Einsatz von Analgetika ist wegen der möglichen Nebenwirkungen genau zu überlegen.

Opiate können auch in niedrigen Dosierungen Blutdruckabfall und Atemdepressionen verusachen. Morphium wird bei Katzen in einer Dosierung von 0,1 mg/kg KGW s. c., i. m. oder i. v. eon hat in einer Dosierung von 0,1–0,2 mg/kg KGW s. c. oder i. v. eine gute analgetische Wirkung.

Die nicht steroidalen Antiphlogistika (NSAID's) haben bei Katzen starke Nebenwirkungen wie verminderte Nierendurchblutung und gastro-intestinale Störungen. Sie sind zumindest in analgetisch wirksamer Dosierung kontraindiziert. Auch Paracetamol, Ibuprophen, Indomethacin und Naproxen finden bei Katzen keine Anwendung.

In der neueren Literatur finden sich Berichte über den Einsatz von Carprfen (Zenecarp®) bei Katzen. Es wird bei einer Dosierung von 1–4 mg/kg KG s. c. oder i. v. eine gute Analgesie erreicht. Nebenwirkungen konnten bisher nicht nachgewiesen werden.

Fall Alpha-2-Agonisten (z. B. Xylazin) im Rahmen einer Anaesthesie zum Einsatz kommen, so haben diese auch eine gewisse analgetische Potenz.

Auch eine epidurale Analgesie sollte in Erwägung gezogen werden. Es eignen sich Lignocain (2 % bis 20 mg/5 kg) und Bibivacain (0,5 % bis 5 mg/5 kg). Im Lendenwirbelbereich injiziert, kann man mit 1 ml/3,5 kg einen Block bis zur Höhe T4 setzen.

Dabei ist die jeweilige Situation der traumatisierten Katze individuell zu ermitteln, da Bewegungsunfähigkeit in den Hintergliedmaßen auch zu Panik führen kann. Eventuell muß ein solcher Eingriff von einer allgemeinen Sedation begleitet werden.

Weitere Überlegungen zur Anaesthesie siehe Kap. Narkose!

V. Periphere Traumen

Die bei der Katze am häufigsten beobachteten peripheren Traumen sind **Weichteil-Abrasionen** durch Verkehrsunfälle verursacht. Man darf sich aber nicht verleiten lassen, auch bei großflächigen Verletzungen den Kreislaufzustand des Tieres außer acht zu lassen. Wunden können zunächst mit feuchter Gaze abgedeckt werden. Nach Kreislaufstabilisierung wird dann eine chirurgische Reinigung der Wunde vorgenommen und dieselbe nach allgemeinen chirurgischen Prinzipien versorgt. Arterielle Blutungen sollten natürlich ligiert werden. Leichte Robert-Jones-Verbände haben sich bei Katzen gut bewährt.

Offene und geschlossene Frakturen werden ebenso wie **Haut- und Muskelwunden** nach allgemeinen chirurgischen Prinzipien versorgt. Für die primäre Versorgung und Stabilisierung von Frakturen eignet sich ebenfalls der Robert-Jones-Verband. Das gleiche gilt für **Gefäß- und Nerventraumen.**

VI. Sacrococcygeale Frakturen und Luxationen

Diese Avulsionsverletzungen entstehen häufig, wenn der Schwanz des Tieres durch äußere Gewalteinwirkung vom Rumpf weggerissen wird. Dies geschieht, wenn der Schwanz unter dem Rad eines Autos eingeklemmt wird und sich die Katze fluchtartig nach vorne bewegt oder durch die Wucht des Aufpralls nach vorne geschleudert wird.

Die klinische Diagnose ist in der Regel schnell gestellt. Radiologische Befunde geben oft nur ungenügend Aufschluß über das tatsächliche Ausmaß der Verletzung und der neurologischen Störungen. Außerdem sind solche Verletzungen oft mit Beckenfrakturen und anderen Thorax- und Abdominalverletzungen vergesellschaftet.

Eine gründliche neurologische Untersuchung ist unabdingbar. Bei Traumatisierung der Nervenwurzeln L7–S3 kommt es zu **Hinterhandparesen** sowie **Lähmungen von Blase, Sphincter ani und des Colons.** Klinisch fällt zunächst der atonische **„Lämmerschwanz"** auf.

Paraesthesien im Perianal- und Schwanzbereich sind oft zu beobachten.

Da die 7. Lumbalnerven Teil der Ischiasnerven sind, kommt es bei Läsion derselben zu einer partiellen Lähmung der Hinterbeine. Die sacralen Nervenkomponenten innervieren die Harnblasen und Kolonmuskulatur sowie deren Sphincter. **Miktionsstörungen und Kotabsatzstörungen** sind die Folge.

Läsionen der coccygealen Nerven sind mit motorischen Störungen und Paraesthesien im Schwanz charakterisiert.

Therapie: Nachdem die Lokalisation der Läsion durch Röntgenbilder und die neurologische Untersuchung festgestellt wurde, müssen entsprechende Maßnahmen ergriffen werden.
Primär ist einer Überdehnung der Harnblase vorzubeugen. Ein Dauerkatheter ist zu legen und gut in situ zu befestigen.
Falls möglich ist die Blase 3–4x tgl. durch Ausdrücken zu entleeren (weibl. Tiere). Bei progressiver Verbesserung der Miktion kann eine fehlende Koordination zwischen Harnblasen- und Sphinctermuskulatur auftreten. Die Miktion ist in diesen Fällen unwillkürlich unterbrochen. Valium (2,5 mg, 3x tgl. oral) kann hilfreich sein.
Bei einer schlaffen Blase, bedingt durch eine Detrusorschwäche kann manchmal mit Bethanechol (1,25–5,0 mg, 3x tgl. oral) die Kontraktilität verbessert werden.
Die chirurgische Therapie der sacrococcygealen Luxationen beschränkt sich auf die Amputation des Schwanzes, falls das Tier durch den schlaffen Schwanz bei Miktion und Kotabsatz behindert ist.
Auch bei Automutilationen des Schwanzes muß eine Amputation durchgeführt werden.

VII. High-rise-Syndrom

Unter den Begriff „High-rise-Syndrom" versteht man Verletzungen im Zusammenhang mit Stürzen aus großer Höhe. Katzen fallen aus dem Fenster oder sie stürzen bei dem Versuch, einem vorbeifliegenden Vogel nachzustellen vom Balkongeländer.
Eine größere Studie von Whitney und Mehlhaff, 1987, untersuchte 123 Katzen in New York, welche vom 2. bis 32. Stockwerk gefallen waren. 90 % erlitten Thoraxverletzungen, 57 % Kopfverletzungen, 39 % Frakturen der Gliedmaßen und 18 % Luxationen. Zum Zeitpunkt der Einlieferung in die Klinik standen 24 % der Tiere unter Schock.
Erstaunlich ist die Feststellung, daß der Schweregrad der Verletzungen ab dem 7. Stockwerk nicht mehr zunimmt. Die Tiere scheinen dann eine konstante Fallgeschwindigkeit erreicht zu haben. Spätere Studien haben gezeigt, daß sich Katzen im freien Fall recht stabil in Brustlage halten können und die Beine wie Segel ausbreiten, um die Fallgeschwindigkeit zu minimieren.
Ebenso hat sich gezeigt, daß die Katzen fast immer auf den Gliedmaßen landen, was ein typisches Verletzungsmuster erwarten läßt. Die Überlebensrate der „High-riser" liegt ungefähr bei 80–90 %.
Im Vordergrund stehen Thoraxtraumen, welche auch die häufigsten Todesursachen sind.
Pneumo- und Haemothorax, Lungenkontusionen und **Zwerchfellhernien** werden beobachtet und in der oben beschriebenen Weise therapiert. Streßvermeidung und Sauerstoffzufuhr haben höchste Priorität. Ein Sauerstoffkäfig leistet gute Hilfe und, wenn notwendig, ist eine Thorakozentese durchzuführen (siehe dort!)
Oft treten die Atembeschwerden erst einige Stunden nach dem Trauma auf. Also cave Narkose zu einem frühen Zeitpunkt!
Schädeltraumen, insbesondere **Kieferfrakturen** (Unterkiefer-Symphyse) und **Gaumenspalte** des harten Gaumens sind häufige Verletzungen der „Flugkatzen". **Gehirnkontusionen** und Kieferluxationen kommen ebenso wie Abrasionen im Kopfbereich vor. Epistaxis kann die oberen Atemwege verlegen. Desgleichen ist auf frakturierte Zähne zu achten. Die Versorgung dieser Verletzungen hat erst nach Kreislaufstabilisierung zu erfolgen (siehe Kap. Spez. Chirurgie).
Bei über 50 % der verunfallten „High-riser" werden **Frakturen** und **Luxationen der Gliedmaßen** beobachtet. Serienfrakturen der Metacarpalia und Metatarsalia sowie Radius-Ulna und Tibia-Fibula-Frakturen sind ein typisches Verletzungsmuster. Auch Wirbelsäulenverletzungen kommen gelegentlich vor. Offene Wunden und Frakturen werden nach allgemeinen chirurgischen Prinzipien versorgt.
Abdominal-Verletzungen sind bei diesen Unfällen mit 7 % eher selten. Abhängig vom Füllungszustand der Harnblase zum Zeitpunkt des Unfalls kommen natürlich auch **Blasenrisse** und **Urethra-Abrisse** vor. Eine Röntgen-Übersichtsaufnahme ist immer angezeigt. Haematurie macht eine Blasenkontrast-Studie notwendig, ebenso Fehlen von Harn bei der Katheterisierung der Blase.
Verletzungen der parenchymatösen Organe sind bei den „High-rise-Katzen" selten.

VIII. Kippfenster-Syndrom

Dieses Syndrom beschreibt die Verletzungen, welche Katzen erleiden, die in Kippfenstern beim Versuch, nach draußen zu gelangen, hängen bleiben. Die Anamnese ist in den meisten Fällen leicht zu stellen, da die Tiere fast immer in dieser Situation vom Besitzer vorgefunden werden. Da sie im Abdominalbereich eingeklemmt sind, finden sich die Traumata auch in dieser Lokalisation.
Die häufigsten klinischen Befunde sind Nachhandschwäche und deutlich gestörter Allgemeinzustand.
Der Schweregrad der Verletzungen variiert stark von leichten Paresen bis zu Agonie und völliger Lähmung.
Weiß und Vannini untersuchten im Kantonsspital Zürich 15 Kippfenster-Katzen und fanden folgende Verletzungen:

- Quetschungen der Lenden- und Bauchwandmuskulatur mit Fettnekrosen (Kreatinin-Kinase und GOT-Werte waren deutlich erhöht)
- Quetschungen von inneren Organen wie Harnblase und Colon descendens waren ebenso häufig. (Haematurie bis zu Blasen-Nekrosen)
- Quetschungen des N. femoralis (Nachhandlähmung)
- Abriß der Mesenterialgefäße
- Thrombosebildung im Bereich der Aortenbifurkation (Ischaemie)

„Kippfenster-Katzen" müssen sorgfältig untersucht werden und mit zunehmendem Schweregrad der Ausfallserscheinungen akut versorgt werden. Dazu gehört eine wirkungsvolle Schockbehandlung.
Aufwärmen der Patienten und beim Verdacht auf Neuropraxien eine Kortisontherapie.
Warme Infusionen sind empfehlenswert und eine Überwachung bis zur vollständigen Abklärung der Verletzungen unbedingt anzuraten. Dabei sind Röntgenaufnahmen und evtl. ein EKG hilfreich.
Auf eine gründliche neurologische Untersuchung kann bei diesen Patienten nicht verzichtet werden!
Elektrophysiologische Untersuchungsmethoden erlauben eine Differenzierung von muskulären und neurologischen Läsionen und sind für die Prognose wichtig.

Literatur

BRASMER, T. H. (1987): Der Notfallpatient in der Kleintierpraxis, Stuttgart.

SHORT, C. E., K. IVIN, R. D. GLEED und S. WATKINS (1985): Trauma Cats, Santa Barbara, Calif.

SCHMIDTKE, H. O. (1991): Katzenkrankheiten, 3. Aufl.

VANNINI, R., und P. BICHSEL(1996): Jahrestagung des SVK in Interlaken.

HALL, L. W., und P. M. TAYLOR (1994): Anaesthesia of the cat, Cambridge, UK.

HABERSTROH, J.: Perioperatives anaesthesiologisches Management beim Patienten Hund und Katze ,Tierärztliche Praxis 1993; **21,** 329–337.

MURTAUGH, R. J. ,und P. M. KAPLAN: Veterinary Emergency and Critical Care Medicine, Mosby (1992).

SCHMIDT, V., und M. CH. HORZINEK: Krankheiten der Katze, Band 2 , Fischer Jena (1993).

Sofortmaßnahmen bei Notfällen in der Inneren Medizin

Von W. Kraft und U. M. Dürr

Raum für Notizen

Sofortmaßnahmen bei Notfällen in der Inneren Medizin

Die Erhaltung akut bedrohten Lebens hängt davon ab, ob der Notfall richtig eingeschätzt wird, ob moderne Medizintechnik zum Einsatz kommt, ob die richtige Auswahl an Medikamenten zur Verfügung steht und ob Labordiagnostik angewandt werden kann. Grundsätzlich gilt, daß Notfälle möglichst vermieden werden sollen. An der Prävention hat der Besitzer wesentlichen Anteil. Er ist daher entsprechend zu informieren. Ist der Notfall jedoch eingetreten, so sind sofort gezielte Maßnahmen zu ergreifen, um die Ursache abzustellen und die Folgen zu minimieren. Eine geeignete Notfallausrüstung einschließlich einer durchdachten Auswahl von Medikamenten muß immer bereitstehen und jeweils sofort ergänzt werden.

Notfallausrüstung

Sauerstoffflaschen
Trachealtuben (für alle Größen, auch für Hunde, passend)
Magensonden
Irrigator
Absaugeinrichtung
Beatmungsgerät
Gerät zur Inhalationsnarkose
Narkosekäfig
Inhalationstrichter
Ultraschallvernebler
Elektrokardiograph
Defibrillator
Blutdruckmesser
Metallfolien zur Wärmeisolierung
Infusionspumpe
Venenkatheter, Braunüle
Labor, Sofortmaßnahmen:
 Hämatokritzentrifuge, -kapillaren
 Blutgasanalysegerät
 Möglichkeit zur Glukosemessung (ggf. Teststreifen)
Labor, spätere Messung möglich:
 Leukozytenzahl
 Leberenzyme (ALT, AST, GLDH, AP)
 Kreatinin, Harnstoff
 Blutgerinnungsanalyse, Globalmeßmethoden; Thrombozytenzählung
 Kreatinkinase
 Urinanalyse einschl. spezifisches Gewicht

Volumenmangelsyndrome

Bei zahlreichen internistischen Krankheiten werden oft massiv Flüssigkeitsvolumina verloren. Die sich daraus entwickelnde Hypovolämie kann sehr rasch ein lebensbedrohendes Kreislaufversagen nach sich ziehen. Krankheiten, bei denen dies häufig vorkommt sind insbesondere:

- akute Blutverluste (Magen-Darm und Harnblase durch Geschwüre oder Tumoren, Gerinnungsstörungen, Thrombozytopenien oder -pathien, Vergiftungen [Dicumarol], Verletzungen, Organrupturen, Biopsien)
- Plasmaverluste (exsudative Enteropathie, Verbrennungen)
- Wasser-Elektrolyt-Verluste (Erbrechen, Durchfall, Polyurie, Endokrinopathien)
- Verteilungsstörungen (Kreislaufinsuffizienz)

Volumenmängel können sehr rasch durch Kreislaufinsuffizienz tödlich enden, weshalb eine intensive sofortige Substitution zu erfolgen hat. Im folgenden wird im wesentlichen den Empfehlungen von HASKENS (1995) gefolgt.

Grundsätze der Volumensubstitution bei akutem Volumenmangel

- Substitution des täglichen Flüssigkeitsbedarfs (Erhaltungsbedarf)
- Ersatz verloren gegangener Flüssigkeits-Elektrolyt-Mengen (Dehydratationsgrad)
- Ersatz des zusätzlichen Flüssigkeitsverlusts (Erbrechen, Durchfall, Polyurie, Ergüsse)

Ad: Substitution des täglichen Flüssigkeitsbedarfs (Erhaltungsbedarf)

Der tägliche Erhaltungsbedarf der Katze, bezogen auf die Körpermasse, kann der folgenden Tabelle entnommen werden.

Ad: Ersatz verloren gegangener Flüssigkeits-Elektrolyt-Mengen (Dehydratationsgrad)

Ausgleich der Dehydratation:

- Feststellung des Dehydratationsgrads (s. Tabelle)
- Dehydratationsgrad [in Dezimalen] mal Körpermasse [in kg] = erforderliche Volumensubstitution [in mmol/Katze]

Tabelle 1: Notfallmedikamente[1])

Wirkstoff	WZ (Beispiele)	Wirkungsweise	Indikation	Dosierung
Adrenalin (= Epinephrin	Suprarenin	α- und β-Sympathomimetikum	anaphylaktischer Schock, (Herzstillstand)	0,5 – 1 (bis 20) µg/kg i. v., DTI bis 100 µg/kg
Acepromazin	Vetranquil	neuroleptisch, zentrales Antiemetikum	kleine Eingriffe wie Fremdköperentfernung; zentrales Erbrechen	0,15 mg/kg i. v., i. m.
Apomorphin bei der Katze nicht anwenden! s. Xylazin				
Atropin	Atropinum sulfuricum sol. 1%ig	parasympatholytisch	Bradykardie; Organophosphatvergiftung	0,05 – 0,1 mg/kg i. v.
Butylscopolamin	Buscopan	parasympatholytisch	Darmkrämpfe, Gallengangsspasmen	bis 0,8 mg/kg i. v.
Carbo medicinalis	Aktivkohle	Adsorbens	orale Vergiftungen	0,5 bis 1 g/kg, in 10 ml Wasser
Dexamethason	Fortecortin	antiinflammatorisch, antiallergisch, membranstabilisierend	Kreislaufschock, besonders Anaphylaxie; mittlere Wirkungsdauer	1 bis 2 mg/kg i. v.
Dextrane 40	Rheomacrodex u. a.	Plasmaexpander	Mikrozirkulationsstörungen	bis 15 ml/kg u. d.
Dextrane 60	Macrodex u. a.	Plasmaexpander	Hypovolämie	bis 20 ml/kg u. d.
Diazepam	Valium	Tranquillizer	Status epilepticus	1 mg/kg i. v.
Digoxin s. Metil-Digoxin				
Dopamin	Dopamin	dopaminerg, α- (und β-) sympathomimetisch	Kreislaufschock, fördert Nierendurchblutung	2 bis 5 (bis 10) µg/kg und min, DTI
Etilefrin	Effortil	α- und β-mimetisch, länger wirksam als Adrenalin	Kreislaufschwäche	0,05 bis 0,1 mg/kg i. v.
Furosemid	Lasix, Dimazon	Schleifendiuretikum	Ödeme, besonders Lungenödem	1 bis 2 (bis 5) mg/kg i. v.
Glukoselösung			Hypoglykämie (20 bis 50%ig); Volumensubst. (5%ig)	0,5 bis 2 g/kg

[1] Die hier angegebenen Dosierungen und Applikationsformen gelten nur für Notfälle; bei anderen Indikationen können andere Dosierungen und Darreichungsformen bestehen.

Wirkstoff	**WZ (Beispiele)**	**Wirkungsweise**	**Indikation**	**Dosierung**
Heparin	Liquemin, Vetren	Antikoagulanz	Verbrauchs-koagulopathie	50 bis 100 E/kg u. h, danach 30 bis 50 E/kg u. h
Insulin (Alt-)	versch. Präparate	glukosesenkendes Hormon	Hyperglykämie	0,25 bis 0,5 E/kg i. m.; Tagesprofil!
Isoproterenol	Aludrin	β-Sympatho-mimetikum	AV-Block (bradykarde Überleitungs-störungen)	0,1 bis 0,3 μg/kg u. min, DTI
Kalzium-boroglukonat	Kalziumboro-glukonat 24 %	Vermittlung von Aktionspotentialen u. a.	hypokalzämische Tetanie, Herz-reanimation (?)	0,5 ml/kg i. v. + 0,5 ml/kg s. c.
Ketamin-hydrochlorid	Ketanest	Narkotikum	Narkose	20 bis 30 mg/kg
Lidocain	Lidocain, Xylocain	Antiarrhythmikum	ventrikuläre Extrasystolie, Tachyarrhythmie	2 bis 4 mg/kg i. v., danach 50 μg/kg u. min oder wdh. Bolus
Mannitol	Mannit-Lsg. u. a.	Osmodiuretikum	Diureseeinleitung bei Anurie, Ödeme	0,5 bis 1,5 g/kg, 0,3 g/kg und h, DTI
Metil-Digoxin	Lanitop	pos. inotrop, neg. chronotrop, neg. dromotrop, pos. bathmotrop	akute und chron. kongest. Herz-insuffizienz	0,007 mg/kg i.v., nach 2 und 4 Std. erneut injizieren
Metoclopramid	Paspertin	D_2-Rezeptoren-hemmer	peripheres Erbrechen (außer Kinetosen)	0,1 bis 0,3 mg/kg KM i. v.
Natrium--bikarbonat Lsg. 4,2 oder 8,4%ig	Natrium-bikarbonat Lsg. 4,2 oder 8,4%ig	antiazidotisch	Azidose	– BE x 0,3 x kg KM = benötigte Bikarbonationen [mmol/Katze]
Natriumsulfat	Glaubersalz	laxierend	Intoxikation	0,5 bis 1g/kg KM in 5%iger wäßr. Lösung oral
Noradrenalin (= Norepinephrin)	Arterenol	α-Sympatho-mimetikum	Kreislaufschock zur Blutdruck-erhöhung	0,1 bis 1 μg/kg KM u. min, DTI
Norfenefrin	Novadral	α- Sympatho-mimetikum	wie Noradrenalin, aber länger wirksam	0,05 bis 0,1 mg/kg i. v.
Orciprenalin	Alupent	β-Sympatho-mimetikum	AV-Block (bradykarde Überleitungs-störungen)	0,1 bis 0,3 μg/kg u. min, DTI

Wirkstoff	WZ (Beispiele)	Wirkungsweise	Indikation	Dosierung
Phenobarbital	Luminal	Antiepileptikum	Status epilepticus	3 bis 6 mg/kg i. v.
Plasmaexpander s. Dextrane				
Prednisolon	Prednisolon, Ultracorten, Solu-Decortin	antiinflammatorisch, antiallergisch, membran-stabilisierend; M. Addison (Addisonkrise)	Kreislaufschock, besonders Anaphylaxie; kurze Wirkungsdauer	10 bis 20 mg/kg i. v.
Procainamid	Novocamid	Antiarrhythmikum	supraventrikuläre (und ventrikuläre) Tachyarrhythmien	Bolus 8 mg/kg, danach 10 bis 40 µg/kg und min
Propranolol	Dociton	β-Sympatholytikum	Tachyarrhythmien	0,05 bis 0,1 mg/kg i. v. (auch höher)
Ringer-Lösung	Ringer-Lösung	Vollelektrolytlsg.	Rehydratation	s. u.
Theophyllin	Euphyllin	Broncholytikum	felines Asthma, Bronchokonstriktion	5 bis 6 mg/kg KM i. v.
Xylazin	Rompun	Analgetikum, Emetikum	Vergiftungen innerhalb 2 h	0,25 bis 0,5 mg/kg i. m.

Spezielle Antidota bei akuten Intoxikationen

Toxin	Antidot	Handelsname	Wirkung	Dosis
Arsen	Dimercaprol	Sulfactin	Verbindung mit Arsen	3 bis 5 mg/kg, alle 4 h wdh.
Blei	CaEDTA	Calciumedetat	Komplexbildner	25 mg/kg KM DTI
Carbamate	Atropinsulfat	Atropin	Parasympathomimetikum	0,1 mg/kg KM i. v.
Cumarine	Vitamin K_1	Konakion	Antagonist	1 bis 5 (10) mg/kg langsam i. v.
Organophosphate	Atropinsulfat	Atropin	Parasympathomimetikum	0,1 mg/kg i. v.
	Obidoxim (Pralidoxim nicht mehr erhältlich)	Toxogonin		2 mg/kg i. v. (nur nach Atropinbehandlung!)
Thallium	Eisen-III-hexacyanoferrat	Antidotum Thallii	Komplexbildner	100 bis 400 mg/kg, auf 3 bis 6 x p. o.

Als Anhaltspunkt für die Berechnung eines Dehydratationsausgleichs gilt folgendes:

	leichte Dehydratation (< 6 %)	mittlere Dehydratation (6 bis 8 %)	schwere Dehydratation (> 8 %)
Substitutionmenge [ml/kg KM]	40 bis 60	60 bis 80	80 bis 120

Ersatz des zusätzlichen Flüssigkeitsverlusts (Erbrechen, Durchfall, Polyurie, Ergüsse)

Ausgleich zusätzlicher Flüssigkeitsverluste:

- Wird an Hand der durch Polyurie, Durchfall, Erbrechen o. a. zusätzlich verlorener Wassermengen geschätzt. Grob geschätzt: $^1/_2$ mal Erhaltungsbedarf

Beispiel: Dehydratationsgrad 8 %, Körpermasse 4 kg

Täglicher Flüssigkeitsbedarf: 57 x 4	= 228 ml
Ausgleich der Dehydratation: 0,08 x 4 = 0,32 l	= 320 ml
Ausgleich zusätzlicher Verluste: ca. 228/2	= 114 ml
Gesamtbedarf:	662 ml

Die Hälfte des täglichen Flüssigkeitsbedarfs (114 ml) ist als Glukoselösung (5%ig), die andere Hälfte (also ebenfalls 114 ml) als Ringer-(Laktat-)Lösung zu geben.

Unter Volumensubstitution mit salinen Lösungen, aber auch durch extensive Proteinverluste über die Niere (Hypalbuminämie), den Darm (Hypalbuminämie und Hypoglobulinämie) und bei Verbrennungen, ferner bei Synthesestörungen (Mangelernährung, Resorptionsstörungen, Hepatopathien) kann eine Hypoproteinämie mit Senkung des onkotischen Drucks und Flüssigkeitsergüssen in Körperhöhlen und Gewebe eintreten. Sobald das Gesamtprotein im Plasma unter 3,5 g/dl (35 g/l) absinkt, besteht die Gefahr der Ergußbildung. In solchen Fällen sollte ein Teil des zu infundierenden Volumens durch hochmolekulare Lösungen ersetzt werden. Am geeignetsten ist zweifellos homologes Plasma, das bei der Katze aber nur selten in ausreichender Menge zur Verfügung steht. Kolloidale Lösungen werden in unterschiedlicher Form angeboten. Am weitesten in der Tiermedizin verbreitet sind Dextrane. Sie sind Produkte des Stoffwechsels von Bakterien auf Sukrose als Medium.

Dextrane stehen mit unterschiedlichen Molekulargewichten zur Verfügung. Pro Gramm Dextran werden 20 bis 25 g Wasser gebunden. Solche unter 50 000 Da werden rasch ausgeschieden und entfalten daher nur kurze Zeit ihre Wirkung. Dextran mit einem Molekulargewicht von 40 000 (Dextran 40) hat einen hyperonkotischen Effekt, der etwa dem 1,5fachen des infundierten Volumens entspricht. Das relativ niedrige Molekulargewicht sorgt für eine rasche Ausscheidung durch die Glomerula, so daß die Wirkung lediglich 1,5 bis 3 Stunden anhält. Durch die glomeruläre Filtration wird die osmotische Diurese angeregt, so daß dadurch sogar wieder Volumen verloren geht. Durch Präzipitation in den Nierentubuli kann deren Verlegung zu Niereninsuffizienz führen. Dextran 40 führt dosisabhängig zu einer Hämostasestörung, die Ähnlichkeit mit der Von-Willebrand-Hämostasestörung aufweist. Die Folge ist eine verlängerte Blutungszeit. Darüber hinaus senkt Dextran 40 die Blutviskosität und sorgt so für eine Verbesserung der Mikrozirkulation. Im Anfangsstadium eines hypovolämischen Kreislaufschocks sollte es daher nicht eingesetzt werden, sondern eher im protrahierten Stadium zur Verbesserung der Mikrozirkulation (Verhinderung von DIC).

Dextran mit höherem Molekulargewicht (60 000 bis 85 000 Da) hat den Vorteil, daß es kaum über die Glomerula ausgeschieden, sondern durch die Dextranase langsamer abgebaut wird und damit eine längere Wirkungsdauer aufweist; der Volumeneffekt wird bis zu 24 Stunden festgestellt. Es kann im Anfangsstadium des Schocks verwendet werden. Es soll bis zu einer Menge von höchstens 20 ml/kg KM als Dauertropfinfusion gegeben werden.

Vollblut eignet sich am besten als Ersatz bei akuten oder chronischen Blutverlusten, ferner starker Blutverdünnung infolge von Infusionen mit salinischen Lösungen. Geachtet werden muß auf die Kompatibilität der Blutgruppen (s. d.; Kreuzprobe!). Eine Bluttransfusion soll erwogen werden, wenn der Hämatokritwert unter 15, sie sollte durchgeführt werden, wenn er unter 10 % absinkt. Das zu transfundierende Blut muß ungerinnbar gemacht werden. Geeignet sind folgende Gerinnungshemmer:

- Heparin 1 E/ml Blut (vorteilhaft bei DIC und Verbrauchskoagulabilität)
- ACD 0,15 ml/ml Blut oder
- CPD 0,15 ml/ml Blut (vorteilhaft zur Herstellung von Blutkonserven; Haltbarkeit bis 4 Wochen)

Übertragen werden 5 bis 20 ml/kg KM je nach Hämatokritwert als Dauertropfinfusion.

Tabelle 2

Substanz	Dosis	Vorteile	Nachteile
saline Lösungen	abhängig von Tageserhaltungsbedarf, Dehydratationsgrad, zusätzlichem Verlust	rasche Substitution möglich, billig, unbeschränkt haltbar, immer verfügbar, gute Verträglichkeit	rasche Elimination aus dem Gefäßsystem, geringerer Volumeneffekt, Verdünnungseffekt, Vorsicht bei Ödemen (bes. Lunge, Gehirn) und Herzinsuffizienz
Glukose 5%ig	halbe Erhaltungsdosis	Verfügbarkeit „freien" Wassers, Energiesubstitution (geringgradig)	kaum Volumeneffekt
Dextran 40	maximal 10 bis 15 ml/kg KM und Tag der 10%igen Lösung	Volumenexpansion, Verbesserung der Mikrozirkulation, geeignet besonders in der protrahierten Phase des Schocks	relativ kurze Wirkungsdauer, osmotische Diurese, Präzipitation in Nierentubuli, Hämostasestörung, teurer als salinische Lsg.
Dextran 60	maximal 20 ml/kg KM und Tag der 6%igen Lösung	Volumenexpansion, Verbesserung der Makrozirkulation, längere Wirkungsdauer, geeignet für Hypovolämien	fördert möglicherweise Erythrozytenaggregation
Plasma	10–20 und mehr ml/kg KM, 10 bis 20 ml/kg und Std. (DTI)	Volumenersatz, lange Wirkungsdauer, besonders geeignet bei Hypoprotein-, Hypalbuminämie	Verträglichkeitsprüfung erforderlich, Infektionsgefahr (FeLV, FIV, FIP u. a.), Kontaminationsgefahr, Gerinnungshemmer azidosefördernd (ACD, CPD), hypokalzämisch (ACD)
Blut	5 bis 10 ml/kg KM, 10 (bis 20) ml/kg und Stunde (DTI)	bester Ersatz für Blutverluste, insbesondere Erythrozytenverlust	Verträglichkeitsprüfung erforderlich, Infektionsgefahr (FeLV, FIV, FIP u. a.), Kontaminationsgefahr, Gerinnungshemmer azidosefördernd (ACD, CPD), hypokalzämisch (ACD), geringere Haltbarkeitsdauer als bei Plasma, meist schlecht verfügbar

Kardiale Notfälle

Herzstillstand

Er führt zu akutem Sauerstoffmangel, wobei besonders das Gehirn gefährdet ist. Innerhalb von etwa 10 sec ist der den Neuronen zur Verfügung stehende Sauerstoff verbraucht, wonach tiefe Bewußtlosigkeit eintritt. Zunächst wird durch anaerobe Glykolyse die erforderliche Energie noch gedeckt. Innerhalb weniger Minuten beginnt der Zelluntergang im Gehirn, während die meisten Zellen der übrigen Organe länger, teilweise stundenlang, überleben können. Gelingt es, eine Reanimation innerhalb von drei Minuten durchzuführen oder wird mit Reanimationsmaßnahmen begonnen, so ist nicht mit Schäden des Gehirns zu rechnen. Zwischen vier und sechs Minuten treten zunehmend schwere Ausfallserscheinungen auf, danach nimmt die Überlebensrate rapid ab.

Diagnostische Maßnahmen zur Kontrolle

- Bewußtsein
- Puls, Herzschlag
- Atmung
- Schleimhautfarbe, Kapillarfüllungszeit
- Reflexe: Kornea, Pupille, Pupillengröße

Bei eingetretenem Herzstillstand: Entscheidung, ob die zugrunde liegende Ursache eine Reanimation sinnvoll erscheinen läßt. Es ist nicht sinnvoll, einen Herzstillstand als Terminalsituation einer schweren, tödlichen Grundkrankheit zu behandeln. In anderen Fällen geht man folgendermaßen vor:

Therapie

ABCDEF der Wiederbelebung:

- **A**temwege freimachen, intratracheale Intubation, notfalls Luftröhrenschnitt und Tracheotubus.
- **B**eatmung: reiner Sauerstoff, Respirator, Beutel-zu-Tubus; weniger gut: Mund-zu-Nase-Beatmung (geringer Sauerstoffdruck der Ausatmungsluft; Hygiene!), Narkosekäfig (reicht bei Atemstillstand nicht aus).
- **C**irculation wiederherstellen: Nur bei Pulslosigkeit! Anbringen eines präkardialen Handschlags innerhalb der ersten Minute nach Herzstillstand (SCHMIDT-OECHTERING u. M., 1993). Wenn keine Herzaktion eintritt, extrakardiale Herzmassage: Umfassen des Thorax von ventral, Kompression mit Daumen (links) und übrigen Fingern (rechts). Wenn nach zwei bis fünf Minuten keine

Tabelle 3: ABCDEF der Wiederbelebung: Zusammenfassender Überblick

Befund	**Maßnahme, Wirkstoff**	**Dosis**
Atemstillstand	Tracheotubus	
Beatmung	O_2-Beatmung	
Zirkulation	extrathorakale Kompression	60 bis 100/min (Aha, 1986)
Herzstillstand	Adrenalin	0,5 bis 1 µg/kg i. v, i. c., danach Dauertropfinfusion
Vagotonie	Atropin	0,04 mg/kg i. v.
Azidose, metabolisch oder respiratorisch	Natriumbikarbonat	0,5 mmol/kg pro 5 min DTI (Haskins)
Kammerarrhythmie	Lidocain	1–3 mg/kg i. v., danach ggf. weiter mit DTI
Kammerflimmern	Lidocain Kaliumchlorid danach Ca-glukonat 10%ig	1–3 mg/kg i. v. (zentraler Venenkatheter) 1 mmol/kg KM 0,2 ml/kg KM
Kammerflimmern	Defibrillator	100 bis 150 Wattsekunden (Haskins)
Gehirnödem	Dexamethason Mannitol Furosemid Xipamid	1 bis 2 mg/kg KM 1 bis 1,5 g/kg KM, DTI 2 bis 4 (5) mg/kg KM 0,5 mg/kg KM
Überwachung	EKG	

SCHMIDT-OECHTERING u. M. (1993) empfehlen folgende Medikamente und Dosierungen

Asystolie	Adrenalin	bis 0,2 mg/kg KM
Volumenersatz		20 bis 80 ml/kg KM
Ventrikuläre Extrasystolie, Kammerflimmern, Kammertachykardie	Lidocain	1 bis 2 mg/kg KM
Bradykardie und Hypotension	Atropin	0,05 mg/kg KM
metabolische Azidose	Natriumbikarbonat	1 mmol/kg KM

spontanen Herzaktionen auftreten, kann der Brustkorb eröffnet und die direkte Herzmassage durchgeführt werden.

- Medikamente („**D**rugs“): Wenn möglich, zentralen Venenkatheter einsetzen (V. jugularis). Wenn der Herzschlag nach einer bis zwei Minuten nicht ausgelöst worden ist:
  – Adrenalin 0,5 bis 1 µg/kg KM oder höher bei Herzstillstand über zentralen Venenkatheter oder intrakardial, danach Dauertropfinfusion

Wenn auch jetzt keine Herzaktionen zustande kommen, kann eine hohe Vagotonie vorliegen. Sie kann mit Atropin zu überwinden versucht werden:
– Atropin 0,04 mg/kg i. v.

Metabolische und respiratorische Azidosen entstehen sehr rasch nach Herz- und Atemstillstand. Sie werden fünf bis zehn Minuten nach Atemstillstand mit Natriumbikarbonat ausgeglichen:
– Natriumbikarbonat 0,5 mmol/kg pro 5 min DTI (Haskins).

Beim Auftreten von Kammerarrhythmien:
– Lidocain 1–3 mg/kg i. v., danach ggf. weiter mit DTI. Toxisch bei der Katze!

Die Anwendung von Kortikosteroiden ist unsicher in ihrer Wirkung. Eine Wirkung wird bei Gehirnödem erwartet, das bei Herz- oder Atemstillstand rasch auftreten kann. Man hat sie ferner zur Membranstabilisierung und zur Rezeptoranregung empfohlen:
– Dexamethason 1 bis 2 mg/kg.

Bei Kammerflimmern:
– Lidocain 1–3 mg/kg i. v. (zentraler Venenkatheter)
– Kaliumchlorid 1 mmol/kg, danach 0,2 ml/kg KM Kalziumglukonat 10%ig

Oder Defibrillator:
– 100 bis 150 Wattsekunden (Haskins)

- **E**KG: Sofort nach Beatmung und Herzmassage ableiten, um wieder auftretende Asystolie oder Kammerflimmern festzustellen.
- (Kammer-)**F**limmern: Lidocain, 1 bis 3 mg/kg KM oder Defibrillator.

Nach erfolgreicher Wiederbelebung muß der Patient noch mehrere Stunden unter Beobachtung bleiben. Dabei ist zu achten auf:
– Herzfrequenz
– Herzrhythmus
– Schleimhautfarbe, KFZ, Blutdruck (periphere Durchblutung)
– Atemfrequenz und -tiefe
– Körperinnentemperatur
– Harnmenge (Nierenversagen)

Wenn das Bewußtsein nach spätestens einer halben Stunde nicht zurückgekehrt ist, kann ein Gehirnödem zugrunde liegen. Es wird wie folgt behandelt:
– Dexamethason 1 mg/kg oder Prednisolon 10 mg/kg
– Mannitol 0,5 bis 1,5 g/kg DTI
– Furosemid bis 5 mg/kg
– Dimethylsulfoxid (DMSO) 1 g/kg als 5%ige Lösung, über zwei Stunden als DTI.

Respiratorische Notfälle

Laryngospasmus

Durch intratracheale Intubation, endoskopische Untersuchungen des Respirationstrakts, reizende Gase, zum Teil auch durch Inhalation von ätherischen Ölen kann bei der Katze leicht ein Laryngospasmus ausgelöst werden. Offenbar werden Spasmen begünstigt durch eine Reihe von Narkotika wie Thiamylal, Thiopental, Etomidat, Ketamin und Inhalationsanästhetika (MUIR und SWANSON, 1989).

Klinisches Bild

Da der Laryngospasmus meistens in Narkose ausgelöst wird, kann er leicht übersehen werden, wenn keine ausreichende Narkoseüberwachung stattfindet. Typische Zeichen sind:

- Atemstillstand
- blaue Schleimhäute

Sofern der Laryngospasmus im wachen Zustand eintritt, werden folgende Symptome beobachtet:

- hochgradiger Stridor
- Atemnot bis Atemstillstand
- hochgradige Angstzustände (aufgerissene Augen, Unruhe)
- Atemstillstand
- blaue Schleimhäute
- rasch einsetzende Bewußtlosigkeit

Diagnose

Die klinischen Symptome können durch Laryngoskopie leicht bestätigt werden (wenn dazu Zeit bleibt).

Sofortmaßnahmen

- sofortige Intubation
- künstliche Beatmung (10- bis 15mal pro Minute)
- Lokalanästhetika auf Larynxschleimhaut sprayen (Tetracain, Lidocain; Vorsicht bei Benzocain! Es kann zu Methämoglobinämie und Heinz-Körper-Anämie führen).

Weitere Maßnahmen

- Luftröhrenschnitt und Einsetzen eines Tracheotubus (muß i. a. zwei Tage liegen bleiben)
- Kortikosteroide (Prednisolon 5 bis 10 mg/kg KM, an drei Tagen) und Diuretika, (Furosemid 2 bis 4 mg/kg KM), wenn ein Larynxödem hinzukommt.

Felines Asthma bronchiale

Ätiologie

Zugrunde liegt eine Allergie, in den meisten Fällen sind Hausstaub oder Hausstaubmilbe die Ursache.

Klinisches Bild

- plötzliches Einsetzen bisweilen schwerster Atemnot, daß ein echter Notfall vorliegt
- Mundatmung, vorgestreckte Zunge, Tachypnoe mit abduzierten Ellbogen
- Stridor besonders inspiratorisch, Hiemen und Giemen
- Zyanose
- z. T. Husten unproduktiv oder nur wenig feucht (Dyskrinie).

Der Anfall kann wenige Minuten bis Stunden dauern, oder das Krankheitsbild bleibt unverändert bestehen, bis therapeutisch eingegriffen wird.

- Labordiagnostisch: Neutrophilie, Hyperglykämie
- Röntgen: unauffällig oder Zeichen von Air trapping: Aufhellung der Lungenränder, Abflachung und Kaudalverschiebung des Zwerchfells mit vergrößertem Spalt zwischen Herzschatten und Zwerchfell. Verdickung der Bronchialwände.
- Bronchialsekret: Eosinophilie, Neutrophile
- Bronchoskopie: sehr wenig Sekret erkennen, in Form eines sehr zähen „Bolus", verbreiterte Bifurkation, atemsynchrone Bewegung der Bronchen (inspiratorisch erweitert, exspiratorisch verengt)

Diagnose

Klinisches Bild mit überwiegend inspiratorischer Dyspnoe, Tachypnoe, Stridor und plötzliches Einsetzen, Röntgenbild mit verdickten Bronchialwänden, zytologischer Befund sind typisch.

Therapie

- Narkosekäfig zur Sauerstoffbeatmung (2 l/min) oder Intubation
- Bronchospasmolytika: Theophyllin 0,1 mg/kg KM langsam i. v., später per os. Clenbuterol 0,8 µg/kg KM, auf zweimal täglich verteilt.
- Corticosteroide: Prednisolon, wäßrige Lösung, 2 bis 5 mg/kg KM i. v.

Nach Abheilung der akuten Symptome Langzeittherapie einleiten (s. Asthma bronchiale)
Für akute Notfälle sollte man den Besitzer in der intramuskulären, mindestens aber in der subkutanen Injektion unterweisen, damit er notfalls sofort selbst eingreifen kann.

Akutes Lungenödem

Ätiologie

Meist akute Linksherzinsuffizienz, seltener toxisch (ANTU-Vergiftung, Organophosphatvergiftung, Prostigmin, Überwässerung u. a.), Rauchvergiftung

Klinisches Bild

- plötzliche hochgradige in- und exspiratorische Atemnot
- livide Schleimhäute
- Abfluß serösen bis schaumigen, bisweiligen rötlichen Sekrets aus Mund und Nase
- häufig, aber nicht immer feuchte Rasselgeräusche besonders ventral und kaudodorsal
- Tachykardie
- in den meisten Fällen Linksherzinsuffizienz

Diagnose

- klinisches Bild
- Röntgen: anfangs oft wenig verändert, bald interstitielle Verdichtungen, später alveoläre Verschattung im Herzbasisbereich und im Zwerchfellappen, später oft über der gesamten Lunge, häufig auch fleckförmige Verteilung. Bronchen nicht sichtbar (Vorsicht bei Seitenlagerung!). Achten auf Lymphknotenvergrößerung, Lungenarterienembolie, Hydrothorax.
- Ultraschalluntersuchung des Herzens
- arterielle Hypoxämie, venöse Hyperkapnie

Therapie

- Sauerstoffinsufflation (Narkosekäfig, Intubation), wenn möglich durch Äthanol leiten
- Absaugen der Atemwege
- Bronchodilatation: Theophyllin (Euphyllin®, Aminophyllin®) 5 mg/kg KM, 3 x täglich
- Diruretika: Mannitol (Mannit-Lösung®, Osmofundin®) 1,5 g/kg KM, 2/3 in ersten 20 min, Rest danach als langsame DTI
  oder/und
  Furosemid (Lasix®, Dimazon®) 1 bis 2 (bis 4) mg/kg KM i. v. oder Xipamid (Aquafor®) 0,5 mg/kg KM i. v.

Cave Expektoratien, Antitussiva!
Herzinsuffizienz:

- Digoxin (Metildigoxin) 0,007 mg/kg i.v., nach 2 und 4 Std. erneut injizieren

Hepatogene Notfälle

Akutes Leberversagen

Bei der Katze (noch) seltener als beim Hund vorkommend, dann allerdings ein lebensbedrohendes Krankheitsbild.
Als Ursachen kommen in Frage:
- lymphatische oder nichteitrige Cholangitis, Cholangiohepatitis
- eitrige Cholangitis, Cholangiohepatitis
- Infektionserreger (akute oder chronische Darmentzündungen, Omphalophlebitis, Peritonitis, Sepsis; Eitererreger, E. coli, Bac. piliformis)
- Traumen
- feline Lipidose
- Toxine (Schwermetalle, Aflatoxin, Azetaminophen, Carbamazine, Diazepam, Griseofulvin, Sulfonamide, Tetrachlorkohlenstoff, Tetracycline)
- Kreislaufschock

Klinisches Bild

Im Vordergrund stehen Symptome des hepatoenzephalen Syndroms oder Leberkomas: Apathie bis Koma, Pressen des Kopfes gegen die Wand oder in eine Ecke, Ataxie, Speicheln, bisweilen auch Krampfanfälle. Im Falle der Leberlipidose ist häufig eine andere Krankheit vorausgegangen, die zur Anorexie geführt hat; betroffen sind meist adipöse Katzen. Beim angeborenen portosystemischen Shunt, der differentialdiagnostisch im Falle einer Hepatoenzephalopathie in Frage kommt, werden besonders bei Jungkatzen die oben beschriebenen Symptome sowie Entwicklungsstörungen (Kümmern) beobachtet, während der erworbene Shunt Katzen jeden Alters, besonders aber ältere Tiere betrifft.

Diagnose

Wichtig ist der Vorbericht, der auf etwaige äußere oder innere Ursachen schließen läßt. Die Diagnose wird durch klinische Untersuchung sowie labordiagnostische und sonographische Maßnahmen gestellt. In einem Teil der Fälle besteht eine Hepatomegalie, bei portosystemischem Shunt dagegen eine Verkleinerung der Leber (Mikrohepatie). Palpationsschmerz wird nur bei Gallenblasenentzündungen festgestellt. In den meisten Fällen akuten Leberversagens sind die „Leberenzyme" ALT, AST, GLDH und AP erhöht, in der Regel weit über das Dreifache der oberen Referenzbereichsgrenzen. Gleiches gilt für Bilirubin und die Serumgallensäuren, insbesondere die postprandialen Werte der S-Gallensäuren. Bei Hepatoenzephalopathie ist außerdem das Serumammoniak, zumindest aber der Ammoniumchloridbelastungstest, erhöht.

Aus therapeutischen Gründen sollten außer den Leberenzymen insbesondere Serumproteine und Albumin sowie die Elektrolyte, ferner Blutgerinnung und Blutgase analysiert werden. Die Leberbiopsie kann insbesondere bei Infektionen die Ätiologie klären (Histologie; BU, Antibiogramm).

Therapie

- Wasser-Elektrolyt-Glukose-Infusion (s. o.)
- ggf. Kaliuminfusion (Hypokaliämie; s. o.)
- ggf. Glucose-Lösung plus Insulin (Hyperkaliämie; s. o.): Glucose 2 g/kg KM als 5%ige Lösung + 1 E Alt-Insulin/3 g Glucose DTI
- Azidoseausgleich
- Reinigungsklysma (warme physiologische Kochsalzlösung 0,9%ig, Lactulose : Wasser = 3 Teile : 7 Teile, 20 ml/kg KM)
- Antibiotika, am besten nach Antibiogramm, sonst Ampicillin, 25 mg/kg, 3 x täglich
- Choleretika: Dehydrocholsäure 10 bis 20 mg/kg KM oder Ursodeoxycholsäure 10 bis 15 mg/kg KM oder Chenodeoxycholsäure 10 bis 15 mg/kg KM (nicht bei Gallengangsobstruktion)
- Verbrauchskoagulopathie: Heparin, Beginn mit 50 bis 100 E/kg KM im Dauertropf, später auf 30 bis 50 E/kg KM und Stunde reduzieren.
- drei Tage hungern lassen, dann ggf. Appetitanregung mit Diazepam ($^1/_4$ mg/kg KM i. v.). Falls keine Futteraufnahme zustande kommt, künstliche Ernährung am besten über transkutane Magensonde.

Hepatoenzephales Syndrom (Coma hepaticum)

Das Krankheitsbild stellt dann – gleichgültig welcher Ursache – einen akuten Notfall dar, wenn das Tier ins Koma gefallen ist oder wenn Krampfanfälle in Form eines Status epilepticus vorliegen. Folgende Sofortmaßnahmen sind zu treffen:
- Volumenausgleich; bei Koma oder Status epilepticus:
- Diazepam, (Valium®), 0,5 bis 1 mg/kg KM, intravenös (Venenkatheter) ggf. ein- bis zweimal wiederholen oder
- Lorazepam (z. B. Duralozam®), 1 bis 2 mg (Gesamtdosis; stärker antikonvulsiv)
- Falls keine Besserung eintritt:
  Phenobarbital, 3 bis 6 mg/kg KM intravenös
- Bei Verdacht auf Gehirnödem: Mannitol 1,5 g/kg KM, $^2/_3$ in ersten 20 min, Rest danach als langsame DTI oder/und Furosemid 2 bis 4 mg/kg KM i. v. oder Xipamid 0,5 mg/kg KM i. v.
- Klysma mit Lactulose : Wasser = 3 : 7, 20 ml/kg KM
- Nach Besserung Lactulose-Sirup p. o. oder/und Neomycin 20 mg/kg KM, 3 x tgl. p. o.

- Feststellung der Ursache (Hepatopathie, portosystemischer Shunt), danach weitere Behandlungsentscheidung

Pankreatische Notfälle

Akute Pankreatitis, Pankreasnekrose

Die Krankheit kommt bei der Katze offenbar wesentlich seltener vor als beim Hund. Die akute „katarrhalische“ Pankreatitis ist in der Regel harmlos und selbstlimitierend, die akute Pankreasnekrose jedoch geht in den weitaus meisten Fällen tödlich aus.

Klinisches Bild

- Lethargie
- Anorexie
- Dehydratation
- Hypothermie
- Erbrechen
- Abdominalschmerz, Vorderbauch
- Dyspnoe
- Durchfall
- Ataxie
- ferner Fieber, Polydipsie und Polyurie
- häufig Symptome einer akuten Hepatopathie
- bei hämorrhagischer Pankreasnekrose hochgradige Allgemeinstörung mit hohem Fieber, Blutungen, Gerinnungsstörungen (Verbrauchskoagulopathie)

Diagnose

(Noch) unsicherer als beim Hund, da die Serumlipase- und -amylaseaktivitäten nur selten erhöht sind.

- Leukozytosen (bis 50 000/µl)
- Hyperbilirubinämie
- Hyperglykämie.
- Enzymaktivitätssteigerung von AST, ALT und GLDH
- Hypalbuminämien.
- Hyperkaliämie
- Hypokalzämie
- Hypercholesterinämie
- Azotämie
- metabolische Azidosen
- fTLI-Test (trysin-like immunoreactivity) erhöht (Referenzbereich für fTLI 17,1 bis 48,6 µg/l) Pankreatitiden 19 bis 540 µg/l (STEINER, 1995).
- Röntgenbild: Starre, Meteorismus des Duodenums. Vorderbauchbereich rechts verminderter Kontrast, Ergußzeichen.
- Ultraschalluntersuchung: geringere Echogenität, Verbreiterung des Pankreas (HÖRAUF).

Therapie

- Hungern lassen, künstliche Ernährung über zentralen oder peripheren Venenkatheter. Keine Ernährung per os!
- Wasser-Elektrolyt-Ausgleich (s. o.).
- Bei Hyperkaliämie: Kalium-freie Lösungen + Glucose-Lösung + Insulin (s. o.).
- Azidoseausgleich: Natriumbikarbonatlösung 4,2 oder 8,4%ig nach der Formel: – Basenüberschuß (BE) (mmol/l) x kg KM x Faktor 0,3 = benötigte Bikarbonat-Ionen (mmol/Katze) (s. o.).
- Aprotinin (Trasylol®) 5000 bis 8000 E/kg KM (Wirksamkeit unbewiesen)
- Antiemetika: Chlorpromazin oder Prochlorperazin 0,25 bis 0,5 mg/kg KM i. m. oder i. v.
- Nach Untersuchungen beim Hund: Selen 0,1 mg/kg KM (entsprechend 0,3 mg Natriumselenit/kg KM). Erfahrungen bei der Katze liegen nicht vor.
- Ggf. Breitspektrumantibiotika (besonders bei Cholangiohepatitis).
- Nach Abklingen der akuten Symptome vorsichtiges Anfüttern, auf mehrfach am Tag verteilt eine fettarme, kohlehydratreiche, mäßig proteinhaltige Diät (etwa r/d-Diät, Versuch mit Anwärmen oder nach Wasseraufschwemmung mit der Sonde eingeben, evtl. transkutane Magensonde).

Renale Notfälle

Anurie

Bei Anurien ist sofort zu klären, ob eine prärenale, renale oder postrenale Ursache vorliegt. Zunächst sind postrenale Ursachen zu untersuchen:

- Ist die Harnblase dauernd übervoll? Untersuchen, ob die Harnröhre durchgängig ist. Ggf. neurologische Untersuchung.
- Ist die Harnblase dauernd leer? Feststellen, ob eine Ruptur vorliegt (Vorbericht, klinische Untersuchung, retrograde Zystographie).
  Wenn keine Ruptur besteht: Untersuchen, ob eine Obstruktion oder Ruptur beider Harnleiter besteht (Ausscheidungsurographie, Sonographie). Wenn keine Erkrankung der Harnleiter vorliegt: Feststellen, ob eine renale (akutes Nierenversagen i. e. Sinne) oder prärenale Ursache besteht.

Das akute Nierenversagen ist therapeutisch im Vollbild der Schockniere nur schwer zu beeinflussen. Es ist daher erforderlich, dieses Krankheitsbild möglichst zu verhindern und bereits das Bild der „Niere im Schock“ zu behandeln. Man sollte sich daher über die Ursachen im klaren sein, um bei ihrem Auftreten eingreifen zu können. Dies ist besonders deshalb wichtig, weil auch nach der funktionellen Wiederherstellung in der Regel mit einer Defektheilung gerechnet werden muß, die nicht zur vollen Wiederherstellung der anatomischen und physiologischen Verhältnisse in der Niere im Sinne einer Restitutio ad integrum führt.

Tabelle 4: Ursachen des akuten Nierenversagens „im engeren Sinne"

Zirkulationsstörungen	toxische Ursachen
Hypovolämie	endogene Toxine
Blutverlust	Hämoglobinämie
Wasserverlust	Myoglobinämie
Wasserverschiebungen	Toxine b. Organkrankht.
hypotensiv	Toxine bei Stoffw.-Störg.
toxisch	exogene Toxine
Kreislaufschock	Arzneimittel
thrombotisch-embolisch	Antibiotika
kardial	Zytostatika
Herzinsuffizienz	Schwermetalle
hypovolämisch	planzliche Toxine
hypotensiv (HZV ↓)	tierische Toxine

Tabelle 5: Ursachen des akuten Nierenversagens „im weiteren Sinne"

akute Glomerulopathien	Ureterobstruktion
hämolytisch-uräm. Syndrom	Urethraobstruktion
interstitielle Nephritis allergisch infektiös-toxisch Leptospirose (Katze?)	Harnblasendysfunktion
akute Pyelonephritis	
vaskuläre Veränderungen	
Nierentumoren	

Klinisches Bild

Bei postrenalen Anurien steht das auslösende Geschehen etwa in Form eines Traumas (Organrupturen oder postoperativ, versehentliche Unterbindung der Harnröhre [Kastration der Kätzin]) im Vordergrund. Die Harnblase ist dauernd leer, im Abdomen findet sich ein Erguß, der einen hohen Harnstoffgehalt aufweist. Bei Obstruktion der Harnröhre ist die Harnblase dauernd übervoll. Die Harnröhre ist für einen Harnkatheter nicht durchgängig. In beiden Fällen entsteht eine rasch zunehmende Azotämie.

Bei prärenal ausgelösten Anurien/Oligurien wird ebenfalls besonders die Symptomatik der auslösenden Krankheit beobachtet:
- Fieber
- Sepsis
- Herzinsuffizienz
- Volumenverlust, Dehydratation
- Azidose
- Trauma
- Leberinsuffizienz
- multiple Organkrankheiten
- Morbus Addison
- vorausgegangene chronische Niereninsuffizienz

Vier Stadien des ANV können beobachtet werden (s. Kap. „Akutes Nierenversagen"):
1. Initial- oder Schädigungsstadium
2. Stadium der Oligo-Anurie
3. Stadium der Polyurie
4. Stadium der funktionellen Wiederherstellung

Es muß festgestellt werden, in welchem Stadium sich der Patient befindet. Dies geschieht am besten durch die Untersuchung der Harnmenge. Dazu ist das Legen eines Dauerkatheters vorteilhaft. Die gesunde Katze scheidet in der Stunde 1 bis 2 ml/kg KM Urin aus. Unter 1 ml/kg spricht für Oligurie, weniger als 0,5 ml/kg wird als Anurie bezeichnet, ständig deutlich über 2 ml/kg KM als Polyurie.

Diagnose

Bei der klinischen Untersuchung ist auf folgende Befunde zu achten:
- Hydratationsstatus
- Gewichtsbestimmung und -verlauf
- Körperinnentemperatur
- Pulsfrequenz und -qualität
- Schleimhautfarbe, -feuchtigkeit
- Nierenpalpation (Größe, Konsistenz, Schmerzhaftigkeit)
- Hämatokrit
- Plasmaprotein
- Plasmaelektrolyte
- Plasmaharnstoff, -kreatinin, -phosphat, Elektrolyte
- Urinmenge
- spezifisches Gewicht des Urins
- Urinprotein
- Urinsediment
- Urinelektrolyte

Tabelle 6: Differentialdiagnose Nieren im Schock/Schockniere (akutes Nierenversagen)

	Niere im Schock	Schockniere
Serum-Kreatinin	erhöht	erhöht
Serum-Harnstoff	erhöht	erhöht
U-P/C	normal	erhöht
Azotämie nach Volumensubstitution	rasche Normalisierung	zunächst nur ggr. Verminderung
Hämatokrit	normal, evtl. erhöht	normal bis erniedrigt
Serum-Phosphat	normal oder erhöht	erhöht
Serum-Kalium	normal	normal, term. erhöht
Urin-Natrium	< 20 mmol/l	> 25 mmol/l
Urin-Kreatinin zu Plasma-Kreatinin	> 20 : 1	< 10 (5) : 1
Azidose	– (durch Grundkrankheit evtl. +)	+
spezifisches Gewicht/Urin	≥ 1,035	< 1,035 (chron: 1,008 - 1,012)
Histologie (Bioptat)	unverändert	verändert

Therapie

- Substitution des täglichen Wasserbedarfs:

Körpermasse [kg]	täglicher Wasserbedarf ml/kg KM, je zur Hälfte als Ringer- und 5%ige Glc-Lösung
1	80
1,5	72
2	67
2,5	64
3	61
3,5	58
4	57
4,5	55
5	53

- Dehydratationsausgleich: Dehydratationsgrad x kg KM = Volumen in l (s. Seite 93)
- Ausgleich zusätzlicher Verluste: Schätzung des Volumenverlusts (s. Seite 93)
- Azidoseausgleich: –BE x kg KM x 0,3 = mmol $NaHCO_3$
- Erst nach erfolgter Rehydratation: Mannitol bis zu 1,5 g Mannitol/kg KM. Davon wird bis zu 1 g/kg innerhalb der ersten 20 Minuten gegeben, der Rest (also 0,5 g/kg KM) in den folgenden 40 Minuten. Nach etwa 15 Minuten soll die Diurese einsetzen. Sobald die Höchstdosis verabreicht ist, sollen keine weiteren Versuche gemacht werden.
  Oder:
  Furosemid 2 bis 5 mg/kg KM i. v.
  Oder
  Xipamid 0,1 bis 0,5 mg/kg KM i. v.
- Vasodilatatoren: Dopamin 2 bis 5 µg/kg und Minute DTI.
- Bei Hyperkaliämie: Glucose-Lösung plus Insulin Glucose 2 g/kg KM als 5%ige Lösung + 1 E Alt-Insulin/3 g Glucose DTI

Tabelle 7: Therapie der Hyperkaliämie

Körpermasse [kg]	Glucose [g]	Glucose-Lsg. 5%ig [ml]	Alt-Insulin [IU]
1	2	40	2/3
2	4	80	1 1/3
3	6	120	2
4	8	160	2 2/3
5	10	200	3 1/3
6	12	240	4

- Dialyse als Peritonealdialyse. Dialyselösung: 2,5 g Glucose und 0,45 g Natriumchlorid pro 100 ml, davon 20 bis 40 ml i. p., 30 min in der Bauchhöhle belassen. Danach Lösung absaugen, frische Lösung erneut instilliert. Ggf. mehrfach wiederholen. Je nach Körpertemperatur kann Wärme der Lösung variieren: 40 °C bei Untertemperatur, 30 bis 25 °C bei Fieber.

Endokrine Notfälle

Morbus Addison

Der Hypadrenokortizismus oder M. Addison kommt als primärer (beidseitige Atrophie, Fibrose) oder sekundärer H. (iatrogene langzeitige Überdosierung von Kortikosteroiden und plötzliches Absetzen). Er ist bei der Katze ungleich seltener zu sehen als beim Hund.

Klinisches Bild

- hochgradige Adynamie
- Erbrechen
- Anorexie
- Dehydratation
- Hypothermie
- Herzinsuffizienz
- Kreislaufschock
- Urämie
- Anurie

Diagnose

- Serumkalium erhöht
- Serumnatrium erniedrigt
- Serumkalzium erhöht
- Azotämie
- Hypoglykämie
- Azidose
- Serumcortisol meist < 1µg/dl
- ACTH-Test: Serumcortisol nicht oder kaum stimulierbar, z. T. niedriger als Ausgangswert
- EKG: Hyperkaliämiezeichen: P-Zacke niedrige Amplitude und verlängerte Basis, bis zum Verschwinden von P, PQ verlängert, QRS erweitert und flacher, ST negativ.

Therapie

Notfalltherapie:

- Prednisolon 2 bis 10 mg/kg KM i. v.
  oder Dexamethason 0,25 bis 2 mg/kg KM i. v.
- Desoxycorticosteron 1 bis 2 mg/kg KM i. m.
- Kochsalzlösung 0,9%ig, Menge richtet sich nach Tagesbedarf (Körpermasse), Dehydratationsgrad und zusätzlichem Verlust (s. o.)
- Hypoglykämie: Glukoselösung 10 bis 20%ig, 2 g/kg KM i. v.
- Azidose: Natriumbikarbonatlösung

Dauertherapie s. Morbus Addison, Kapitel „Endokrinologie“.

Diabetische Ketoazidose

Klinisches Bild

- Allgemeinbefinden stark gestört
- Anorexie
- Erbrechen
- Durchfall
- Dehydratation
- Atemluft riecht stechend

Diagnose

- Hyperglykämie
- Azidose
- Urin: Glukose, Ketonkörper
- hohes spezifisches Gewicht

Weitere Veränderungen:

- Fructosamin – erhöht
- ALT – erhöht (diabetische Hepatopathie)
- AST – erhöht (diabetische Hepatopathie)
- GLDH – erhöht (diabetische Hepatopathie)
- AP – erhöht (diabetische Hepatopathie)
- Hyperbilirubinämie (diabetische Hepatopathie)
- Hyponatriämie
- Hypokaliämie (selten Hyperkaliämie bei Ketoazidose)
- Chlorid – erniedrigt
- Hypophosphatämie
- Cholesterin – erhöht
- Blutgasanalyse – metabolische Azidose
- Plasmaosmolalität – erhöht

Therapie

- Insulintherapie
- Flüssigkeitssubstitution
- Elektrolytausgleich
- Azidoseausgleich

- Insulintherapie:
  Alt-Insulin 0,2 E/kg KM i. m., alle Stunde 0,1 E/kg KM wiederholen, bis weniger als 250 mg Glukose/dl erreicht sind. Danach wird alle sechs Stunden 0,5 E/kg Insulin gegeben. Ziel ist die Einstellung von Blutglukose zwischen 100 und 250 mg/dl.

- Volumen- (Flüssigkeits-) Substitution
  Bei Dehydratation, besonders bei Ketoazidose, ist für ausreichenden Flüssigkeitsersatz zu sorgen. Die Menge setzt sich zusammen aus (s. Seite 93)

- Tagesbedarf
- Dehydratationsausgleich
- Ausgleich zusätzlich verlorener Flüssigkeitsmengen

Verwendet wird vorzugsweise 0,9 %ige Kochsalzlösung; Ringerlösung oder Ringer-Laktat-Lösung sind weniger gut geeignet.

- Elektrolytausgleich
  Natrium-, Chloridsubstitution durch physiologische Kochsalzlösung (s. Seite 93)
  Hypokaliämie: Kaliumchlorid (s. Seite 93)
  Hypophosphatämie: Kaliumphosphat 0,01 mmol/kg KM in der DTI.
- Azidoseausgleich
  Meist unnötig, wenn die Insulinapplikation und der Elektrolytausgleich ausreichend sind. In schweren Fällen einer metabolischen Azidose (pH < 7,2; BE < -10 mmol/l) kann Bikarbonat gegeben werden. Dosis. - BE x 0,1 x kg KM. (Dosis also in der Regel geringer als bei anderen metabolischen Azidosen).

Thyreotoxische Krise

Das Krankheitsbild wird in Europa wesentlich seltener beobachtet als seit Ende der 70er Jahre in den USA. Die Ursache ist unbekannt. Der thyreotoxischen Krise gehen Krankheitssymptome voraus, die denen der Hyperthyreose entsprechen. Dies sind:

Klinisches Bild

- Gewichtsverlust
- allgemeine Schwäche
- Polyphagie
- Erbrechen
- Unruhe
- Durchfall
- Dyspnoe
- Vergrößerung der Schilddrüse

In der thyreotoxischen Krise sind diese Symptome verstärkt. Insbesondere fallen hochgradige Schwäche, Unruhe, Atembeschwerden, Tachykardie, oft Galopprhythmus auf.

Im EKG werden besonders folgende Abweichungen beobachtet:

- Sinustachykardie
- R-Amplitude erhöht
- Vorkammerextrasystolen
- Kammerextrasystolen

Im Ultraschallbild wird eine oft hochgradige Herzhypertrophie festgestellt.

Diagnose

Der Beweis einer thyreotoxischen Krise erfolgt unter Berücksichtigung des klinischen Bildes durch Untersuchung von Gesamtthyroxin (T_4) und ggf. freiem Thyroxin (FT_4), die beide stark erhöht sind (>> 4,0 µg/dl bzw. >> 3,7 ng/dl).

Therapie

- Propranolol 0,1 mg/kg i. v., ggf. nach 1 Std. nachdosieren,
- weiterbehandeln mit 0,5 bis 1,0 mg/kg, dreimal täglich p. o.
- Carbimazol 5 mg/kg, zweimal täglich p. o., oder
- Methimazol, 5 mg/kg, zweimal täglich
- nach Stabilisierung Thyreoidektomie (oder, wo dies möglich ist, Radiojodresektion, 2 bis 6 mCi)

Neurologische Notfälle

JAGGY und TIPOLD (1992) zählen dazu

- Hirntraumen
- Akute Para- und Tetraplegien
- Krampfzustände.

Hirntraumen

Durch die auf den Schädel einwirkende Gewalt wird der Kopf beschleunigt. Das Gehirn folgt der starken Beschleunigung des Schädels leicht verzögert nach, so daß es gegen die Stelle des Aufschlags geschleudert wird (Coup). An der dem Schlag entgegengesetzten Seite entsteht dadurch ein kurzer Unterdruck, durch dessen Sog die feinen Blutgefäße abreißen (Contrecoup). Die Folgen sind Gewebszerstörungen, Blutungen und Gehirnödem. Vielfach entsteht eine Hypoxie. Die klinischen Symptome ergeben sich hieraus:

- Bewußtseinstrübung bis Koma
- Atemstörung bis Atemstillstand
- Kreislaufinsuffizienz (Blutdruckanfall)
- Tetraplegie (Stammhirn)
- Streckkrämpfe, Opisthotonus bei Bewußtlosigkeit (Enthirnungsstarre)
- unterschiedliche Pupillenreaktion: ein- oder beidseitige reaktive oder areaktive Mydriasis oder Miosis.

Therapie

- sofortige Intubation und Sauerstoffbeatmung, 12 bis 15 Beatmungen/min
- Prednisolon 10 mg/kg KM i. v. oder Dexamethason 2 mg/kg KM i. v.
- Volumensubstitution nur bei Zeichen einer Hypovolämie oder peripheren Minderdurchblutung:

Ringer- oder Ringer-Laktat-Lösung, langsam i. v. (DTI, 30 Tropfen/min), keine Glukose-Infusion

- Ausgleich einer evtl. Azidose
- Mannitol 1,5 g/kg KM, $^2/_3$ in ersten 20 min, Rest danach als langsame DTI oder/und Furosemid 2 bis 4 mg/kg KM i. v. oder Xipamid 0,5 mg/kg KM i. v.
- bei Krämpfen: Diazepam, 0,5 mg/kg, bei Versagen wiederholen; sonst Pheno- oder Pentobarbital, 3–6 mg/kg KM

Para-, Tetraplegie

Ausgelöst werden können sie durch Stammhirn- oder Rückenmarksläsionen, in den meisten Fällen Frakturen oder Luxationen der Wirbelsäule. Die Diagnose wird je nach dem klinischen Befund durch Röntgenuntersuchung gestellt. Es muß sofort versucht werden, die Wirbelsäulenbeschädigung chirurgisch zu beheben. Bei Diskusprotrusion wird Dexamethason, 2 mg/kg KM, wiederholt gegeben. Ebenso wird die Diurese – zur Behandlung des meist auftretenden Ödems – mit Mannitol (1,5 mg/kg) oder/und Furosemid (2 bis 4 mg/kg) oder Xipamid (0,5 mg/kg) angeregt.

Krampfzustände, insbesondere Status epilepticus

Sie werden, wie im Kapitel „Epilepsie" beschrieben, behandelt:

- Diazepam, (Valium®), 0,5 bis 1 mg/kg KM, intravenös (Venenkatheter) ggf. ein- bis zweimal wiederholen oder
- Lorazepam (z. B. Duralozam®), 1 bis 2 mg (Gesamtdosis; stärker antikonvulsiv)
- Falls keine Besserung eintritt:
- Phenobarbital oder Pentobarbital, 3 bis 6 mg/kg KM intravenös, ggf. nach jeweils einer Viertelstunde bis zu dreimal wiederholt werden; 20 mg/kg sollten möglichst nicht überschritten werden. Notfalls:
- Atemweg freihalten, notfalls Intubation, Sauerstoffbeatmung
- Bei längerer Krampfdauer wird ein Gehirnödem wahrscheinlich: Mannitol 1 bis 1,5 g/kg KM (DTI); Kortikosteroide: Prednisolon, 5 bis 10 mg/kg KM, oder Dexamethason, 1 bis 2 mg/kg KM intravenös. Sauerstoffbeatmung.
- Bestimmung von Glukose, Kalzium, Cholinesterase
- Hypoglykämie: 2 g Glukose/kg, 50%ige Glukoselösung
- Hypokalzämie: Kalziumboroglukonat i. v.
- Cholinesteraseaktivität niedrig: Atropinum sulfuricum, 0,1 mg/kg, ggf. nach 20 bis 30 min wiederholen

Gehirnherniation

Sie tritt bei Gehirntumoren, Hydrozephalus, Gehirnödem ein, insbesondere wenn gleichzeitig eine zu rasche Druckentlastung durch Liquorpunktion vorgenommen wird. Dabei wird das Großhirn nach kaudal unter das Tentorium cerebelli osseum gepreßt.

Klinische Symptome

- rasch zunehmende Bewußtseinstrübung bis zum Koma
- Mydriasis, kein Pupillenreflex
- Atemstillstand
- rasch tödlich endend

Therapie

- Dexamethason 2 mg/kg i. v.
- Mannitol 1 bis 2 g/kg DTI
- Furosemid 2 bis 4 mg/kg i. v.
- Sauerstoffinsufflation (Tubus)

Vermeidung von Notfällen

Die beste „Behandlung" von Notfällen ist die Verhinderung. Allerdings ist dies gerade bei der Katze manchmal schwer von der Theorie in die Praxis umzusetzen. Darüber hinaus setzt die unterschiedliche Vorbildung des Besitzers zum Teil Grenzen. Tierärztinnen und Tierärzte sollten jedoch über die Möglichkeiten informiert sein, um eventuell die Tierbesitzer entsprechend beraten zu können.

Die Vermeidung von Notfällen muß bereits im Welpenalter beginnen. Dies fängt an mit der Welpenuntersuchung, die etwaige Mißbildungen berücksichtigen muß. Insbesondere ist der Besitzer über die erforderlichen Impfmaßnahmen zu unterrichten (s. Impfkalender).

Jungkatzen spielen gern mit Schnüren, auch elektrischen Leitungen. Die Folgen können Stromschläge mit Herzrhythmusstörungen und schweren Verbrennungen der Mundschleimhaut sein. Sie sind daher nicht unbeaufsichtigt in der Nähe von stromführenden Kabeln (Stehlampen, Bügeleisen etc.) zu lassen. Kleine Kinder nehmen kleine Katzen (und andere Tiere) gern auf den Arm. Beim Fallenlassen können sich Katzenwelpen oft noch nicht richtig reflexartig umdrehen. Sie fallen mit dem schwersten Körperteil voran zur Erde; dies ist der Kopf. Die Folgen können schwerste Kopfverletzungen und ihre Folgen bis zum zentralen Lungenödem sein.

Jungkatzen nehmen spielerisch oft Fremdkörper auf. Besonders unangenehm sind Bindfäden, die sich um den Zungengrund schlingen; das freie Ende wird abgeschluckt und kann den Darm auffädeln und der Länge nach regelrecht durchschneiden. Ähnlich wie bei Kindern dürfen Arzneimittel nicht in die Reichweite von Katzen gelangen. Eine ganz besondere Gefahr besteht bei freilaufenden Katzen als „Verkehrsteilnehmer". Ebenso können Katzen Opfer ihrer eigenen Artgenossen, von Hunden (manche Jagdhunde!) oder von Wildtieren werden.

Es gehört viel Behutsamkeit und Einfühlungsvermögen dazu, den gerade zum „Besitzer" einer Katze gewordenen Menschen auf mögliche Gefahren und Krankheitszeichen hinzuweisen. Die Aufklärungsarbeit muß daher individuell sorgfältig dosiert werden, d. h. man muß abschätzen, was dem oder der Betreffenden zuzumuten ist.

HASKINS (1995) stellte eine Reihe von Fällen zusammen, die den Besitzer zu Hause überraschen können und über die er Bescheid wissen sollte. Über die Sofortmaßnahmen sollten auch Tierärztin und Tierarzt Bescheid wissen.

• Krampfanfälle

Der Besitzer oder die Besitzer sollte darauf achten (notieren),

- wie oft der Anfall auftritt
- ob der Anfall atonisch ist
- wie rasch die (vollständige) Erholung erfolgt
- ob der Anfall zur Dauerkontraktion der Muskulatur oder zu Rudern führt (oft erst tonisch, dann klonisch)
- ob Tic-artige Kontraktionen der Kopf- oder von Gliedmaßenmuskeln bestehen
- ob Kaukrämpfe, Schaumkauen, Schrei- oder Fauchanfälle bestehen
- ob die Krampfanfälle örtlich beginnen (Gesicht, eine Gliedmaße, eine Körperseite),
- ob sie örtlich begrenzt bleiben oder sich generalisieren

• Koma

Beobachten, ob die Katze atmet. Beim Vorhandensein von Atembewegungen darauf achten,

- ob die Lunge beatmet wird (d. h. ob Luft eingeatmet wird oder ob ein Atemhindernis besteht)
- evtl. Atemhindernis beseitigen (Fremdkörper, Sekret): Kopftiefhaltung
- den Herzschlag kontrollieren
- Umgebung nach evtl. Ursachen absuchen (Gift, Medikamente, Pflanzen, andere Tiere, Kinder)

Bei noch vorhandener Kieferspannung auf keinen Fall ohne Maulsperrer den Finger einführen! Ein glattes Stück Holz, das man zwischen die Kiefer schiebt, genügt oft, das Maul zur Untersuchung offenzuhalten.

• Apnoe

- Mund-zu-Nase-Beatmung: Kopf mit beiden Händen oder ringförmig mit einer Hand umfassen, so daß eine annähernd luftdichte „Tüte" entsteht und in die Nase der Katze blasen. Thoraxausdehnung beobachten (dehnt sich nicht bei Obstruktion der Luftwege).

• Verlegung der Luftwege

Die Symptome sind

- schwere Atemnot mit pumpender Atmung, Einsinken des Thorax beim Einatmen (Zwerchfellkontraktion!)
- inspiratorische Stenosengeräusche
- rasch blau werdende Schleimhäute
- rasche Bewußtlosigkeit

Maßnahmen

- Katze hinten hochhalten (lassen)
- beide Hände um das Abdomen legen, mehrmals kräftig komprimieren
- Finger erst in Mundhöhle einführen, wenn die Katze bewußtlos ist (Beißverletzungen!), um den Fremdkörper manuell oder – besser – mit Fremdkörperfaßzange zu entfernen

• Rauchvergiftung

Sie rührt aus CO-Vergiftung oder Gewebeschädigung der Luftwege und der Lunge durch Rauchgase und Ablagerung von Partikeln. Ferner können die Luftwege durch heiße Gase geschädigt sein (Verbrennungen). Es muß so rasch wie möglich Sauerstoff zugeführt werden.

• Ertrinken

Katzen können gut schwimmen. Trotzdem kommen Ertrinkungsfälle – nicht selten durch Menschenhand absichtlich ausgelöst – immer wieder zur Beobachtung.

- Katze hinten hochheben und Wasser ablaufen lassen
- künstliche Beatmung einleiten, Sauerstoff zuführen

In der Regel wird man nur wenige Tropfen Wasser rückgewinnen können. Da in die Lunge gelangtes Wasser besonders unter den Streßsituationen des Beinahe-Ertrinkens leicht zur Pneumonie führt, ist sofort eine Antibiotikatherapie einzuleiten. Wenn die Katze in Leitungswasser geraten ist, kann durch dessen hyptonen Druck und die rasche Resorption eine Wasserintoxikation mit Hämolyse ausgelöst werden.

• Vergiftungen

Beobachtet wurden bei uns Vergiftungen durch

- Organophosphate
- Metaldehyd („Schneckenkorn“)
- Thallium
- Dicumarole
- chlorierte Kohlenwasserstoffe
- Strychnin
- Phenole (meist iatrogen!)
- Äthylenglykol (Frostschutzmittel)
- zahlreiche Arzneimittel

Insgesamt sind die Vergiftungsfälle mit großem Abstand seltener als beim Hund.

Folgende Sofortmaßnahmen sind zu ergreifen:

- Entfernung des Gifts aus der Umgebung der Katze
- Reinigung des etwa kontaminierten Haarkleids mit Wasser
- Auswischen der Mundhöhle, evtl. Ausspülen (Wasser)
- wenn die Giftaufnahme weniger als zwei Stunden zurückliegt und die Katze bei Bewußtsein ist: erbrechen lassen (außer bei Aufnahme von Säuren, Laugen, ätzenden Substanzen, kein Erbrechen bei Krämpfen, Koma): Xylazin 0,25 bis 0,5 mg/kg i. m., oder Sirup. Ipecacuanhae, 1 bis 3 ml/kg p. o., oder Wasserstoffperoxid 3%ig, 1 bis 2 ml p. o.
- Eingabe von Carbo medicinalis, 1 g/kg KM in 10 ml Wasser
- Eingabe von Glaubersalz 0,5 bis 1 g/kg in jeweils 20 ml Wasser
- Wenn Giftaufnahme längere Zeit zurückliegt: hohes Klysma mit warmer physiologischer Kochsalzlösung, mehrmals spülen

Bei Äthylenglykolvergiftung:

- sofortiges Erbrechen einleiten, Äthylalkohol eingeben (notfalls Schnaps, Whiskey oder Cognac pur oder in Wasser verdünnt)

• Hitzschlag

Er wird besonders dann gesehen, wenn die Katzen im Sommer im geschlossenen Auto gelassen werden. Die Tiere erleiden einen Kreislaufschock mit Hypertermie (> 42 °C), Tachykardie, Tachypnoe, Mundatmung, Azidose, Muskelkrämpfen, schließlich Bewußtlosigkeit. Als Folgen können akutes Nierenversagen, Leberversagen, Magen-Darm-Blutungen, Herzinsuffizienz, Myolyse, Hämolyse, Großhirninsuffizienz hinzukommen.

Sofortmaßnahmen sind:

- Verbringen in kühle – nicht eiskalte! – Umgebung
- Übergießen mit kühlem (ca. 18 °C warmem), nicht eiskaltem Wasser
- kalte Einläufe
- Luftbewegung durch Ventilator

Vorsicht bei blutdrucksenkenden Antiphlogistika!

- • Verhinderung eines kardialen Notfalls durch Diagnose und Therapie der zugrunde liegenden, einen Herzstillstand möglicherweise auslösenden Krankheit.

Literatur

American Heart Association (AHA): Standards for cardiopulmonary resuscitation and emergency cardiac care. J. Amer. Med. Assoc. 227 (Suppl. 7), 1974.

HASKINS, S.: Persönliche Mitteilungen 1995.

SCHMIDT-OECHTERING, G. U., ALEF, M., SCHIMKE, E.: Möglichkeiten und Grenzen der Wiederbelebung beim Kleintier. Kleintierpraxis **38,** 541 (1993).

Vergiftungen

Von M. Kietzmann

Raum für Notizen

Vergiftungen

Für Vergiftungen von Katzen kommen zahlreiche Ursachen in Betracht, wobei Rodentizide und Insektizide, Herbizide, verschiedene Umweltgifte sowie auch pflanzliche und tierische Gifte, jedoch insbesondere Arzneimittel in Betracht zu ziehen sind. Möglichkeiten einer Vergiftung sind bei der Katze durch orale, dermale und auch inhalative Aufnahme gegeben.

Während Vergiftungen durch Umweltgifte, Schwermetalle oder pflanzliche und tierische Gifte bei der Katze im Vergleich zum Hund aufgrund der unterschiedlichen Lebens- und Verhaltensweise allgemein seltener auftreten, kommt den Arzneimittelunverträglichkeiten und durch Arzneimittel bedingten Intoxikationen größere Bedeutung zu. Statistische Auswertungen zeigen, daß Vergiftungen durch Arzneistoffe – insbesondere durch Pyrethroide, Organophosphate sowie verschiedene nicht-steroidale Antiphlogistika – sehr häufig der Grund waren, Katzen in einer tierärztlichen Praxis vorzustellen. Bei der Katze unterliegt das Vergiftungsgeschehen besonderen Einflußfaktoren, die im Verhalten der Tiere und zusätzlich in Besonderheiten des Stoffwechsels begründet sind. Es resultiert daraus einerseits die im Vergleich zum Hund geringere Zahl von Vergiftungen durch Umweltfaktoren; andererseits ist die Katze gegenüber zahlreichen Stoffen als besonders empfindlich einzustufen.

Als die Gefahr einer Vergiftung mindernd wirkt sich aus, daß die Nahrungsaufnahme bei der Katze in der Regel nur bei Hungergefühl bis zur Sättigung erfolgt. Eine übermäßige Nahrungsaufnahme, die die Aufnahme einer größeren Menge eines in der Nahrung enthaltenen Giftes zur Folge haben könnte, fehlt daher. Die Gewohnheiten der Katze führen zudem zu einer recht einseitigen Ernährung, was ebenfalls eine Minderung der Gefahr einer Vergiftung bedeutet.

Das im Vergleich zu anderen Fleischfressern ausgeprägte Kauen der Nahrung hat zur Folge, daß Gifte, deren Geschmack für die Katze unangenehm ist, letztlich nicht abgeschluckt, sondern nur in geringem Umfang bukkal resorbiert werden.

Im Gegensatz zu den die Gefahr einer Vergiftung vermindernden Verhaltensweisen steigern die ausgesprochen große Neugier, der Spielbetrieb (z. B. Kauen auf Pflanzenteilen) sowie der Jagdinstinkt der Tiere die Gefahr einer Vergiftung. Die Katze erbeutet sehr leicht durch Vergiftungen geschwächte Nagetiere und kann sich so in Abhängigkeit vom jeweiligen Giftstoff im Einzelfall auch durch das Fressen der erbeuteten Tiere sekundär vergiften. In zahlreichen Fällen führte das neugierige und verspielte Verhalten insbesondere junger Katzen zu Vergiftungen durch im Haushalt befindliche Pflanzen oder Chemikalien (zum Beispiel Reinigungsmittel, Ektoparasitika u. a.).

Besonders erwähnenswert ist schließlich die ausgeprägte Körperpflege der Katze. Gründliches Putzen mit Ablecken des Fells hat auch die orale Aufnahme von Stoffen zur Folge, mit denen die Tiere dermal in Kontakt kommen. Dies gilt für äußerlich angewendete Arzneimittel (oftmals Ektoparasitika) ebenso wie für alle Stoffe, die in das Fell und auf die Haut gelangen. Auch das Ablecken der Pfoten, die verunreinigt sind, kann bereits Vergiftungen zur Folge haben. Es ist daher zu beachten, daß Tiere, die mit toxischen Stoffen scheinbar nur äußerlich in Kontakt gekommen waren, durch Ablecken einen nennenswerten Teil des Giftes oral aufgenommen haben können und sich so nach dermalem Kontakt schließlich durch orale Aufnahme vergiften. Es ist jedoch auch anzumerken, daß die Haut der Katzen im Vergleich zu anderen Haussäugetieren eine vergleichsweise hohe Penetrations- und Resorptionsrate für topisch verabreichte Stoffe aufweist.

Das zum Teil erheblich von anderen Spezies abweichende pharmakokinetische Verhalten aufgenommener Stoffe erklärt sich in erster Linie durch Besonderheiten im Fremdstoffmetabolismus bei der Katze. Es besteht eine eingeschränkte Metabolisierungskapazität für Fremdstoffe. Einer sich nur unwesentlich von anderen Tierarten unterscheidenden mikrosomalen Oxidation steht ein Mangel an der ortho- und para-Aminophenolform der UDP-Glucuronyltransferase gegenüber, wodurch die Verstoffwechselung zahlreicher Substanzen sehr stark eingeschränkt wird. Dieser Umstand begründet die sehr hohe Toxizität von Phenolen und anderer aromatischer Verbindungen für die Katze. Es besteht kein Mangel an der ortho-Aminobenzoat- und der Bilirubinform des Enzyms, so daß beispielsweise die Phenolphthalein-Glucuronidierung möglich ist. Wegen der geringen Glucuronidierungskapaziät hat die Kopplung von Stoffen an Taurin bei der Katze größere Bedeutung; es besteht ein hoher Nahrungsbedarf an Taurin. Hydroxylierungs- und Desalkylierungsreaktionen laufen bei der Katze langsamer ab. Im Gegensatz zu den Metabolisierungsreaktionen unterscheidet sich die Resorption nach oraler Aufnahme nicht wesentlich von anderen Fleischfressern. Toxikologisch beachtenswerte Besonderheiten stellen dagegen wiederum die Verteilung (relativ großes Plasmavolumen) und die ausgeprägte Konzentrierungskapazität der Nieren dar.

Die aufgeführten Punkte belegen einerseits, daß bei der Katze nahezu jede denkbare Vergiftungsmöglichkeit gegeben ist. Andererseits ist bei der Untersuchung und der Diagnosestellung zu berücksichtigen, daß Vergiftungen bei Katzen vergleichsweise selten auftreten. Eine mögliche Vergiftung ist daher differentialdiagnostisch im Einzelfall stets in Betracht zu ziehen. Die endgültige Diagnose einer Vergiftung ist jedoch immer besonders kritisch zu hinterfragen und abzusichern. Eine sichere Diagnose kann letztlich nur dann gestellt werden, wenn die Aufnahme des Giftes gesehen wurde, wenn die klinischen Symptome ein Vergiftungsgeschehen eindeutig belegen oder wenn das Gift in entnommenem Probenmaterial nachgewiesen werden kann.

Bei Vergiftungsverdacht sind bereits bei der Untersuchung der Tiere mögliche forensische Konsequenzen zu bedenken. Die rechtzeitige Sicherstellung von Probenmaterial, welches der Tierbesitzer mitbringt (Köder, Erbrochenes usw.), beziehungsweise welches während der klinischen Untersuchung sowie auch bei einer späteren Sektion gestorbener Tiere gesammelt wird (Urin, Blut, Erbrochenes, Gewebsproben usw.), ist daher zu bedenken.

Vergiftungen liegen zumeist Veränderungen zugrunde, die in Organen zum Beispiel entweder die Sauerstoffversorgung und damit die physiologische Funktion wichtiger Gewebe (z. B. Leber- oder Nierenschädigung) beeinträchtigen, zentralnervös bedingte Veränderungen (Stimulation, Depression) herbeiführen, oder massive Störungen im Bereich des Magen-Darm-Traktes verursachen. Oftmals deuten bereits die klinischen Symptome auf entsprechende Veränderungen hin.

Insbesondere bei Vergiftungen ist bei der Untersuchung der Tiere (einschließlich der Erhebung des Vorberichtes) wie schließlich auch bei eingeleiteten therapeutischen Maßnahmen ein planvolles und gezieltes Vorgehen die wesentliche Voraussetzung des Behandlungserfolges. Dies setzt die Einhaltung allgemeiner Behandlungsgrundsätze voraus.

Allgemeine Behandlungsgrundsätze

Die Behandlung von Vergiftungen beinhaltet neben den Sofortmaßnahmen zur Sicherung der Vitalfunktionen die Verhinderung einer weiteren Aufnahme (Resorption) des Giftes, die rasche Entfernung des Giftes aus dem Körper sowie in Kenntnis eines aufgenommenen Giftes den Einsatz eines spezifischen Antidots und/oder eine symptomatische Behandlung. Maßnahmen zur Sicherung der Vitalfunktion sind vor jeder sonstigen Maßnahme ohne Verzögerung einzuleiten. Wichtige Informationen für die weitere Behandlung sind dann durch die Erfragung der Umstände der Vergiftung zu erhalten (insbesondere Art des Giftes, Zeitpunkt der Aufnahme des Giftes, Beobachtung erster Symptome, Sicherstellung von Probenmaterial durch den Tierbesitzer). Es kommt der Feststellung zeitlicher Zusammenhänge im Rahmen der Diagnosestellung und der einzuleitenden allgemeinen und speziellen Behandlungsmaßnahmen größte Bedeutung zu. Die klinische sowie klinisch-chemische Untersuchung des Tieres kann im Einzelfall schließlich weitere wesentliche Informationen zur Art der Vergiftung geben, so daß neben allgemeinen Behandlungsmaßnahmen auch eine spezielle Behandlung möglich sein wird.

Zur Verhinderung der weiteren Resorption eines Giftes dienen Brech- und Abführmittel, Magenspülungen und Einläufe sowie bei äußerlichem Kontakt ein sehr gründliches Abspülen der Haut. So sind bei einer Kontamination der Haut mit starken Säuren oder Laugen umgehend Spülungen mit großen Flüssigkeitsmengen zur Unterbrechung der Exposition angezeigt. Um bereits resorbierte Stoffe rasch aus dem Körper zu entfernen, werden Diuretika eingesetzt und reichlich Flüssigkeit zugeführt.

Voraussetzung des raschen und gezielten Handelns ist, daß Arzneimittel für Notfallbehandlungen stets griffbereit zur Verfügung stehen. Es ist zudem sehr hilfreich und sinnvoll, alle Medikamente mit genauen Dosierungsangaben für in Frage kommende Tierarten zu beschriften. Die in Tabelle 1 enthaltene Liste stellt eine Auswahl derartiger Wirkstoffe dar.

Emetika

Zur Entleerung des Magens werden bei rechtzeitiger Feststellung der Aufnahme eines Giftes Emetika eingesetzt. Als Emetikum dient bei der Katze zumeist Xylazin (0,25–2 mg/kg i. m.). Die Gabe von Emetika verbietet sich bei Bewußtseinstrübung, Atemdepression, im Schock sowie nach oraler Aufnahme ätzender Stoffe.

Laxantien

Als Abführmittel dienen Natriumsulfat (Glaubersalz, Na_2SO_4*10 H_2O, 1 g/kg, Verwendung einer Lösung mit 3,22 %) und auch Paraffinum subliquidum.

Resorptionshemmung

Zur Hemmung der Resorption oral aufgenommener Gifte wird in erster Linie medizinische Kohle (Aktivkohle) verwendet. Es wird etwa 1 g/kg in Wasser suspendiert oral appliziert. Um die Ausscheidung eines durch die Kohle adsorbierten Giftes zu beschleunigen, kann anschließend Natriumsulfat als Laxans (s. o.) verabreicht werden. Die orale Eingabe von Milch bleibt auf Fälle beschränkt, in denen proteindenaturierende Stoffe aufgenommen wurden. In keinem Fall ist Milch bei Vergiftungen mit lipophilen Stoffen indiziert, da die Resorption des Giftes so zusätzlich gefördert werden würde. Gerbsäureverbindungen (10–20 mg/kg, Tannalbuminat) finden bei Alkaloidvergiftungen Anwendung; es entstehen unlösliche, schlecht resorbierbare Verbindungen. Auch hier ist die zusätzliche Gabe eines Abführmittels angezeigt.

Beschleunigung der Ausscheidung

Um die Ausscheidung bereits resorbierter Stoffe zu beschleunigen, finden Diuretika Anwendung. Es werden zumeist Mannit (2,5%ige Lösung, 1 g/kg i. v.) oder Furosemid (Lasix, bis 4 mg/kg i. v., forcierte Diurese) eingesetzt.

Symptomatische Behandlung

Eine symptomatische Behandlung hat unabhängig von der Art der Vergiftung das vorrangige Ziel, die Vitalfunktionen des Patienten zu unterstützen und Schmerzen und Leiden zu lindern. Der Atmung und dem Kreislaufsystem ist vorrangig Augenmerk zu schenken.
In Abhängigkeit vom Einzelfall sind bei Störungen der Atmung eine Beatmung – bei Zyanose mit Sauerstoff – sowie die (möglicherweise auch wiederholte) Gabe von Analeptika (Doxapram, 1–2 mg/kg) indiziert.
Bei Nierenversagen kommt Furosemid (bis 4 mg/kg) zum Einsatz, bei Krämpfen Diazepam (2 mg/kg i. v.), Pentobarbital (20 mg/kg i. v.) oder Phenobarbital (20 mg/kg i. m.). Zur Behandlung eines Hirnödems wird neben Diuretika auch Dexamethason (2–5 mg/kg) eingesetzt.

Einzelne Vergiftungen

Pestizide, Rodentizide, Molluskizide

Wie bei anderen Tierarten ist auch bei der Katze beim Einsatz von Insektiziden besondere Sorgfalt geboten. Bezüglich der topischen Anwendung von Insektiziden sei nochmals auf die intensive Körperpflege der Tiere verwiesen, welche auch die orale Aufnahme topisch aufgebrachter Arzneistoffe in toxikologisch relevanter Menge zur Folge haben kann.

Alkylphosphate (Phosphorsäureester)

Beispiele für Vertreter dieser Wirkstoffgruppe sind Dichlorvos, Diazinon, Phoxim, Coumaphos, Cythioat, Dimpylat, Trichlorfon und Parathion. Als Cholinesterasehemmstoffe führen die Stoffe zu einer endogenen Acetylcholinvergiftung, die durch eine extreme Steigerung der Aktivität des parasympathischen Systems gekennzeichnet ist. Vergiftungssymptome zeigen sich rasch bei Stoffen mit direkter Esterase-Hemmwirkung (z. B. Paraoxon). Ein langsameres Einsetzen der Symptome findet sich bei Stoffen, die im Organismus erst zu toxischen Metaboliten umgesetzt werden (z. B. Parathion). Neben der oralen Aufnahme spielt bei den sehr lipophilen Stoffen die transdermale Resorption eine wesentliche Rolle. Eine Kumulation im Organismus fehlt wegen des allgemein raschen Abbaus. Auffällige Vergiftungssymptome, die binnen Minuten bis Stunden auftreten, sind Speicheln, Miosis, Tränenfluß, Defäkation, Bronchokonstriktion, Bradykardie und Muskelzittern bis hin zu Krämpfen. Es entwickelt sich schließlich ein stauungsbedingtes Lungenödem. Die Diagnose wird durch den Vorbericht, die Messung der Cholinesterase-Aktivität im Serum, den Nachweis des Giftes im Mageninhalt und die Reaktion auf eine eingeleitete Behandlung mit Atropin gestützt. Sektionsbefunde sind wenig charakteristisch. Aus forensischer Sicht ist zum Nachweis einer Vergiftung der Nachweis des Giftes in Blut und/oder Urin sowie, wenn möglich, in aufgenommenem Futter oder Köder und im Mageninhalt wichtig. Chronische Alkylphosphat-Intoxikationen gehen mit Gewichtsverlust und Schwäche der Tiere einher.

Bei der Behandlung vergifteter Tiere steht die Erhaltung der Vitalfunktionen (evtl. Beatmung) im Vordergrund. Zur Beseitigung der muskarinartigen Wirkungen ist Atropinsulfat in hohen Dosen das Mittel der Wahl (0,04–0,2 mg/kg). Atropinsulfat ist zumeist wiederholt über 36 bis 48 Stunden zu applizieren. Tritt binnen etwa 10 Minuten keine Wirkung ein (erkennbar am Nachlassen des Speichelns und an einer Pupillenerweiterung), so ist eine erneute Behandlung durchzuführen. Es ist zu beachten, daß Atropin nur an muskarinergen Rezeptoren antagonistisch zu Acetylcholin wirkt; die Acetylcholinwirkung an nikotinergen Rezeptoren bleibt unbeeinflußt.

Im schweren Vergiftungsfall wird zusätzlich versucht, die Cholinesterasen durch Applikation von Obidoxim (Toxogonin, 2–5 mg/kg i. v. oder auch i. m., Wiederholungsbehandlung nach 1–2 Stunden) zu reaktivieren. Die Dosierung ist vorsichtig vorzunehmen, da Obidoxim auch eine hemmende Wirkung auf die Cholinesterasen entfalten kann. Die Applikation von Obidoxim darf zudem nicht vor der

Atropingabe erfolgen. Später als 24 Stunden nach Aufnahme des Giftes ist der Einsatz von Obidoxim sinnlos, obwohl in Einzelfällen dennoch über einen späteren erfolgreichen Einsatz berichtet wird. Zusätzlich ist – abhängig vom Zeitpunkt der Aufnahme des Giftes – durch allgemeine Behandlungsmaßnahmen zu versuchen, das Gift aus dem Organismus zu entfernen, beziehungsweise eine weitere Resorption einzuschränken (medizinische Kohle, Glaubersalz, keine Milch!). Weitere Maßnahmen umfassen eine symptomatische Behandlung von Krämpfen und eine Azidosebehandlung. Kontraindiziert sind bei Alkylphosphat-Vergiftungen Phenothiazine, Morphinderivate und Succinylcholin.

Carbamate

Das Bild der Carbamatvergiftung (z. B. durch Carbaryl, Propoxur) ähnelt der Vergiftung durch Alkylphosphate. Die Cholinesterasehemmung hält jedoch kürzer an. Die Behandlung erfolgt ebenfalls mit Atropinsulfat; Obidoxim wird nicht eingesetzt.

Chlorierte Kohlenwasserstoffe

Gegenüber chlorierten Kohlenwasserstoffen sind Katzen besonders empfindlich. Die lipidlöslichen Stoffe können in toxikologisch relevanter Menge durch die Haut resorbiert werden. Zusätzlich kann ein nennenswerter Anteil aufgrund der Fellpflege durch Ablecken oral aufgenommen werden. Klinische Symptome einer Vergiftung setzen binnen Stunden ein. Sie umfassen Hyperästhesie, gesteigerte Salivation, Anorexie, Diarrhoe, Koordinationsstörungen, gesteigerte Reaktion auf äußere Reize, Muskelzuckungen bis hin zu intermittierenden tonisch-klonischen Krämpfen. Die Körpertemperatur ist erhöht. Die Behandlung hat zum Ziel, einen weiteren Kontakt und die Resorption des Giftes zu verhindern (Abwaschen des Giftes, Magenspülung mit Kochsalzlösung und Aktivkohle, salinische Abführmittel). Es gibt kein spezifisches Antidot. Die weitere Behandlung erfolgt symptomatisch (1–2 mg/kg Diazepam i. v., 20–40 mg/kg Phenobarbital). Phenothiazine sind nicht zu verwenden, da diese die Krampfschwelle herabsetzen und damit prokonvulsiv wirken. Zur Aufrechterhaltung der Diurese wird zusätzlich Flüssigkeit zugeführt. Die Applikation von Dexamethason kann zur Behandlung eines Hirnödems sinnvoll sein.

Pyrethroide

Obwohl Pyrethroide bei bestimmungsgemäßer Anwendung als sichere Wirkstoffe einzustufen sind, ist darauf hinzuweisen, daß Vergiftungen durch Inhalation und Dauerkontakt durchaus möglich sind. Inhalative Vergiftungen können besonders bei eingeschränkter Luftzirkulation in geschlossenen Räumen, in denen Pyrethroide eingesetzt wurden, auftreten. Die Behandlung der mit zentralnervösen Erregungserscheinungen einhergehenden Vergiftung erfolgt symptomatisch (s. chlorierte Kohlenwasserstoffe).

Strychnin

Im Falle einer akuten Vergiftung durch das heute als Rodentizid obsolete Alkaloid Strychnin (verwendet als Nitrat) treten aufgrund der raschen Resorption aus dem Dünndarm binnen 10 Minuten bis 2 Stunden nach der Aufnahme erste Vergiftungssymptome auf. Wegen der stimulierenden Wirkung auf das zentrale (Rückenmark) und das periphere Nervensystem zeigen sich neben Erbrechen Unruhe, Haltungsveränderungen, Streckkrämpfe, schließlich wiederholt charakteristische heftige tetanische Krämpfe, die auch durch Berührung ausgelöst werden können, Atemlähmung und Atemstillstand durch Dauerkontraktion der Atemmuskulatur. Die Totenstarre setzt schnell ein. Dosen von 0,1 bis 0,3 mg/kg führen bei der Katze zu Vergiftungen; 2 mg/kg Körpergewicht sind tödlich. Zum Giftnachweis können bis etwa 24 Stunden nach der Aufnahme des Giftes Mageninhalt, Erbrochenes, Urin und postmortal Lebergewebe dienen. Die Behandlung vergifteter Tiere beinhaltet den Einsatz von Emetika bei nicht krampfenden Tieren, eine Magenspülung, die Applikation von Aktivkohle und Natriumsulfat sowie Flüssigkeitszufuhr (Infusion), die Gabe von Diuretika und das Ansäuern des Urins sowie eventuell Beatmung und Muskelrelaxation (Guaifenesin, 100 mg/kg). Zur Ruhigstellung der in einen ruhigen, abgedunkelten Raum zu verbringenden Tiere können Barbiturate (Phenobarbital, 20–40 mg/kg) und Diazepam (1–2 mg/kg) verwendet werden. Können die Krämpfe kontrolliert werden, ist die Prognose günstig.

Natriumfluoracetat, Fluoracetamid

Vergiftungen durch das farb- und geruchlose Natriumfluoracetat sind gekennzeichnet durch binnen weniger Stunden auftretende Unruhe, Hyperästhesie, Erbrechen, Dyspnoe und Zyanose sowie intermittierend tonisch-klonische Krämpfe (Krampfdauer etwa 1–2 Minuten). Der Tod tritt durch Herzversagen (Kammerflimmern) ein. Fluoracetamid ist ein Metabolit von Natriumfluoracetat. Die orale LD_{50} von Natriumfluoracetat liegt bei der Katze bei 0,3 bis 0,5 mg/kg. Vergiftungen können auch durch Fressen vergifteter Nager entstehen. Die Behandlung erfolgt mit Barbituraten; sie schließt auch die Resorptionsverminderung ein (Emetika, Aktivkohle). Zusätzlich wird Lidocain wegen seiner antiarrhythmischen Wirkungseigenschaften gegeben.

Kumarin-Derivate

Kumarin-Derivate sind recht häufig als Vergiftungsursache festzustellen. Antikoagulantien der ersten Generation (Warfarin, Kumarin) sind von Stoffen der zweiten Generation (Bromadilon, Brodifacoum) zu unterscheiden, da letztere länger im Organismus persistieren. Demzufolge sind Vergiftungen durch Aufnahme vergifteter Nager (Maus, Ratte) bei den Stoffen der zweiten Generation eher möglich als bei denen der ersten Generation. Allgemein ist die Vergiftungsmöglichkeit durch Aufnahme vergifteter Nager jedoch gering, da die Ursache der Vergiftung weniger die einmalige Aufnahme einer hohen Dosis als vielmehr die wiederholte Aufnahme geringerer Mengen von Kumarinderivaten ist. So wurde Warfarin von Katzen in Dosierungen von bis zu 50 mg/kg Körpergewicht bei einmaliger oraler Aufnahme ohne das Auftreten unerwünschter Wirkungen vertragen. Eine über mehrere Tage fortgesetzte wiederholte Aufnahme geringerer Dosierungen von beispielsweise 5 mg/kg Körpergewicht über 5 bis 15 Tage hatte jedoch Vergiftungen mit tödlichem Ausgang zur Folge. Über tödliche Vergiftungen nach täglicher Aufnahme von 1 mg/kg über eine Woche wird ebenfalls berichtet.

Die Vitamin-K-antagonistische Wirkung sowie zusätzlich eine Steigerung der Kapillarpermeabilität erklären die Vergiftungssymptomatik. Neben der Vergiftung durch die Aufnahme von als Rodentizid ausgebrachten Kumarinderivaten kommen Überdosierungen von Antikoagulantien sowie selten auch Vergiftungen durch kumarinhaltige Glykoside aus Pflanzen ursächlich in Frage.

Nach einer Latenzperiode von wenigen Tagen, die durch die körpereigenen Prothrombinreserven zu erklären sind, sind klinische Symptome der Vergiftung in erster Linie die sehr blassen Schleimhäute und Blutungen. Blutungen – insbesondere im Bereich der Brusthöhle – werden auch bei der Sektion verstorbener Tiere festgestellt. Die Herzfrequenz ist beschleunigt, der Puls ist schwach. Das Tier zeigt keine Schmerzen. Die Atmung ist schwer. Bei subakutem Vergiftungsverlauf treten zunehmend Anämie, Schwäche, äußere und innere Blutungen auf. Durch die Blutungen sind abhängig von ihrer Lokalisation Dyspnoe, neurologische Symptome, Lahmheiten und Hämatome oder Ekchymosen bedingt. Labordiagnostisch stützen Gerinnungstests die Diagnose. Die Behandlung umfaßt im Einzelfall die Verhinderung einer weiteren Resorption (allerdings werden die Patienten mit klinischer Symptomatik für diese Maßnahmen zu spät vorgestellt), die Gabe von Vitamin K_1 (initial 5–10 [bis 25] mg/kg i. v., anschließend 1–2 [bis 5] mg/kg oral, verteilt auf zwei bis drei Einzelbehandlungen über mehrere Tage) und gegebenenfalls Vollblut-Transfusionen und eventuell die Sedation des Patienten.

Thallium

s. Schwermetallvergiftungen

ANTU (α-Naphthylthioharnstoff)

Der graublaue, geruchlose α-Naphthylthioharnstoff führt binnen 10 bis 30 Minuten zu Magenirritation mit Erbrechen, Unruhe, Abgeschlagenheit und Zyanose. Bald zeigen sich Husten, kalte Gliedmaßen, eine Steigerung der Herzfrequenz und schwacher Puls. Es folgen Kollaps, Koma, Lungenödem und Asphyxie. Der Tod tritt nach 8 bis 12 Stunden ein. Die Prognose ist ungünstig. Werden die ersten 12 Stunden nach Aufnahme des Giftes überlebt, bessert sich die Prognose. Die Aufnahme auf leeren Magen führt zu Erbrechen, während Erbrechen bei Aufnahme mit dem Futter oft fehlt, so daß das Harnstoffderivat resorbiert wird. Die orale LD_{50} liegt bei der Katze bei 75–500 mg/kg. Die Toxizität ist auch abhängig von der Partikelgröße des aufgenommenen Giftes. Die tägliche Aufnahme von 20–50 mg/kg führt binnen drei Tagen zum Tod. Das Gift kann über bis zu 24 Stunden im Blut nachgewiesen werden.

Behandlungsversuche erfolgen symptomatisch. Über den erfolgreichen Einsatz von Diuretika (2,5–5 mg/kg Furosemid), Atropin (0,04–0,08 mg/kg) und Dexamethason (3 mg/kg) wird berichtet. Vergiftete Tiere sollten sediert werden (10–20 mg/kg Phenobarbital), wobei darauf zu achten ist, daß die Tiere wegen des sich entwickelnden Lungenödems nicht liegen, sondern stehen oder sitzen. Die Behandlung wird über 2 bis 3 Tage fortgesetzt.

Phosphor, Zinkphosphid

Phosphor kann bei der Katze oral bereits in einer Dosis von 0,05–0,1 g/Tier letal sein. Symptome sind Dyspnoe, gesteigerte Salivation, tonisch-klonische Krämpfe und schließlich Apnoe. Bei der Sektion vergifteter Tiere ist ein knoblauchartiger Geruch charakteristisch. Die Vergiftungsbehandlung ist symptomatisch.

Zinkphosphid führt binnen Stunden zu Erbrechen, Abgeschlagenheit, Anorexie, Ataxie und Dyspnoe. Es entwickelt sich ein Lungenödem. 20–40 mg/kg sind für Katzen tödlich. Sekundärvergiftungen durch Aufnahme vergifteter Nager sind möglich. Das hochtoxische Gift kann oft in Erbrochenem und im Mageninhalt nachgewiesen werden. Es ist kein spezifisches Antidot verfügbar; neben dem Auslösen von Erbrechen (Kupfersulfatlösung, 1 %) bleibt die Behandlung symptomatisch. Milch darf nicht verabreicht werden.

Metaldehyd

Das als Schneckengift bekannte Metaldehyd scheint für Katzen so attraktiv zu sein, daß verhältnismäßig häufig eine orale Aufnahme und nachfolgende Vergiftungen beobachtet werden. Bereits 0,5 bis 1 mg/kg führen zu Vergiftungen.
Bei vergifteten Tieren zeigen sich Erbrechen, Speicheln, Unruhe, Koordinationsstörungen, Hyperästhesie, Zittern, Nystagmus, Lähmungen, Krämpfe, Azidose und schließlich Bewußtlosigkeit. Es entwickelt sich eine hochgradige Hyperthermie. Als Spätfolge sind Nierenschädigungen beschrieben. In Ermangelung eines spezifisch wirkenden Antidots bestehen Behandlungsversuche in Magenspülungen, einer Azidosebehandlung durch Applikation von Natriumbicarbonat oder Natriumlactat und einer zusätzlichen Sedation der Tiere über bis zu drei Tage.

Schwermetallvergiftungen

Die toxischen Wirkungen der Schwermetalle basieren auf proteindenaturierenden Eigenschaften, der Hemmung aktiver Zentren von Enzymen, Radikalbildung, Verdrängung von Calcium und Methämoglobinbildung. Zur spezifischen Therapie stehen Komplexbildner zur Verfügung.

Blei

Bleivergiftungen sind bei Katzen selten. Symptome einer akuten Bleivergiftung sind Unruhe, Erregbarkeit, schließlich Ataxie und Krampfzustände. Anorexie, Abdominalschmerz, Erbrechen und Diarrhoe begleiten die neurologische Symptomatik. Die klinische Diagnostik ist schwierig. Die chronische Bleivergiftung führt zu Anämie. Bei der Laboruntersuchung geben eine basophile Tüpfelung der Erythrozyten bei bestehender Anämie, ein erhöhter Bleigehalt im Vollblut (mehr als 0,4 µg/ml) und eine gesteigerte Konzentration von delta-Aminolaevulinsäure im Urin diagnostisch wertvolle Hinweise. Bleikonzentrationen von 0,1 bis 0,3 µg/ml führen bereits zu zentralnervös bedingten Veränderungen. Neben allgemeinen Behandlungsmaßnahmen (Emetika, Magenspülung, Aktivkohle) wird Calcium-trinatrium-pentetat als Antidot eingesetzt. Wiederholungsbehandlungen sind erforderlich.

Quecksilber

Ein Anlaß von Quecksilbervergiftungen ist die Aufnahme von gebeiztem Saatgut. Auch akzidentelle Vergiftungen sind beschrieben. Die Katze ist weniger empfindlich als Rinder oder Geflügel. Organische Quecksilberverbindungen sind von größerer Bedeutung für das Vergiftungsgeschehen als anorganische. Akute Vergiftungen verlaufen unter allgemeinem Kreislaufversagen rasch tödlich. Im akuten Vergiftungsfall stehen Verätzungen im Magen-Darm-Trakt im Vordergrund. Es zeigen sich Paresen, Ataxie, Zittern, Sinnesstörungen und Krämpfe. Bei chronischen Intoxikationen, die häufiger als akute sind, fällt eine Depression des zentralen Nervensystems auf (unkoordinierte Bewegungen, Lähmungen, Ataxie, Krampfanfälle, Paralyse). Bereits die tägliche Aufnahme von 1 mg/kg Methyl-Quecksilber führt bei der Katze zu Vergiftungen, sobald mehr als 20 mg Quecksilber aufgenommen wurden.
Die Prognose ist bei akuten Vergiftungen ungünstig. Behandlungsversuche sind auch im chronischen Vergiftungsfall oft nur wenig erfolgversprechend. Als Antidot werden für akute Quecksilber-Vergiftungen d-Penicillamin und Dimercaprol (initial 3–5 mg/kg im Abstand von 4 Stunden, nachfolgend zweimal täglich i. m.) und Dimercapto-1-propansulfonsäure verwendet. Zudem werden salinische Abführmittel und medizinische Kohle eingesetzt.

Arsen

Obwohl die Katze sehr empfindlich gegenüber Arsen ist, sind Vergiftungen selten. Hohe Dosen führen zum Erbrechen. Im akuten Vergiftungsfall treten binnen weniger Stunden nach der Aufnahme des Giftes Unruhe, Salivation, Erbrechen, wässeriger bis blutiger Durchfall, Zittern, Ataxie, Polyurie auf. Es entwickelt sich ein hypovolämischer Schock. Einem Abfall der Körpertemperatur folgt der Tod im Kollaps. Bei verzögertem Vergiftungsverlauf zeigen sich Exsikkose, Anorexie, Ataxie und Koma. Die Diagnose wird durch den Vorbericht, das plötzliche Auftreten einer schweren hämorrhagischen Gastroenteritis sowie den Nachweis von Arsen in Erbrochenem beziehungsweise in Mageninhalt und/oder Urin gestützt. Neben allgemeinen Behandlungsmaßnahmen (Magenspülung, Bluttransfusion, Antibiotika gegen Sekundärinfektionen, Flüssigkeitssubstitution) werden Dimercaprol (3–5 mg/kg über 3 Tage alle 4 Stunden, anschließend oral alle 6–12 Stunden, nicht länger als 6 Tage) oder Dimercapto-1-propansulfonsäure und Natriumthiosulfat zur Vergiftungsbehandlung eingesetzt.

Thallium

Das als Rodentizid verwendete Thallium (zumeist Thalliumsulfat, Thalliumacetat) führt bei akuter Vergiftung zu einer hochgradigen Gastroenteritis mit Erbrechen von Blut, hämorrhagischer Diarrhoe,

Bauchschmerz und Anorexie. Thallium kumuliert im Organismus. 10 mg/kg sind bereits letal. Vergiftungssymptome treten binnen 1 bis 4 Tagen auf. Der Tod kann nach 10 bis 14 Tagen, im Einzelfall sogar auch noch nach bis zu drei Monaten eintreten.

Klinische Symptome einer akuten Thalliumvergiftung, die durch direkte Aufnahme oder auch durch das Fressen vergifteter Nager bedingt sein kann, treten binnen ein bis vier Tagen auf. Im akuten Vergiftungsfall zeigen sich Erbrechen, Durst, Anorexie, Lethargie. Das Tier leidet unter einer schweren Gastroenteritis mit blutigem Erbrechem und Durchfall. Nach einer Besserung des Befindens für 1 bis 2 Tage folgt oftmals ein Rückfall mit Dyspnoe und Entwicklung einer Pneumonie, Zittern, Ataxie und Krämpfen. Störungen der Atmung und zentralvervöse Symptome (Ataxie, Paralyse, Krämpfe) treten zusätzlich auf. Die Körpertemperatur fällt ab. Bei der subakuten Vergiftung sind die Symptome schwächer ausgeprägt. Es kommt jedoch oft zu einer Nierenschädigung.

Überlebt das Tier die akute Phase einer Thalliumvergiftung, treten binnen 10 bis 14 Tagen Hautveränderungen und nachfolgend Haarausfall in den Vordergrund. Die Mundschleimhaut ist zyanotisch. Hyperästhesie, Ataxie und Zittern zeigen sich. Das Tier stirbt schließlich im Koma. Eine Absicherung der klinischen Verdachtsdiagnose kann durch den Thalliumnachweis in Urin und Blut erfolgen. Bei chronischen Vergiftungen (Ausscheidungstoxikose) stehen Hautveränderungen im Vordergrund. Thallium wird über bis zu vier Wochen mit dem Urin ausgeschieden. Neben symptomatischen Maßnahmen (Flüssigkeitszufuhr, Antibiotika bei Sekundärinfektionen, Behandlung der krustösen Hautveränderungen) erfolgt die Behandlung der Vergiftung mit Eisenhexacyanoferrat (Berliner Blau, 0,1–0,4 g/kg pro Tag auf 3 bis 6 Einzelgaben verteilt), welches den enterohepatischen Kreislauf von Thallium unterbricht. Zusätzlich erfolgt die Gabe von Kalium (0,3 % Kaliumchlorid in Glucoselösung). Auf eine ausreichende Futteraufnahme muß geachtet werden.

Phenolderivate

Gegenüber Phenolderivaten sind Katzen (insbesondere Jungtiere) sehr empfindlich. Die Gruppe der Phenolderivate umfaßt beispielsweise Phenol, Kresol, Kreosot, Guajakol, Naphthalin (Mottenkugeln), Paraffin, Toluene, Xylene, Chinosol, Kreolin, Naphthol, Hexachlorophen, Resorcin und Teerinhaltsstoffe. Diese Aufzählung zeigt die nahezu ubiquitäre Verbreitung von Phenolderivaten in der heutigen Umwelt der Katze (Haushaltsmittel, Desinfektionsmittel, Konservierungsmittel, Umweltfaktoren). Phenole durchdringen auch die Haut. Die Ausscheidung von Phenolen verläuft aufgrund der Stoffwechselbesonderheiten der Katze (fehlende Glucuronidierung) sehr langsam. Dies gilt insbesondere für Jungtiere. Phenol- und Phenolderivat-haltige Arzneimittel sind bei der Katze nicht einzusetzen. Es ist besonders darauf hinzuweisen, daß Phenol-Derivate in zahlreichen Desinfektionsmitteln enthalten sind. Entsprechende Vorsicht ist daher auch bei der Benutzung derartiger Desinfektionsmittel geboten.

Speicheln, Erbrechen, Muskelschwäche, Ataxie, tonisch-klonische Krämpfe, Hypothermie und Paralyse treten bei akuten Vergiftungen mit zumeist letalem Ausgang auf. Die Diagnose der Vergiftung wird durch den Nachweis von Phenol im Urin gestützt. Es erfolgen allgemeine symptomatische Behandlungsmaßnahmen (medizinische Kohle und Applikation von Öl oder Milch, jedoch nicht von Paraffinöl). Zusätzlich werden Antikonvulsiva, Diazepam (keine Barbiturate) und Glukokortikoide eingesetzt.

Phenol ist auch Bestandteil von **Teer.** Angaben zur Toxizität des Phenols gelten daher entsprechend. Obwohl teerhaltige Arzneimittel in Human- und Veterinärmedizin noch immer zum Einsatz kommen, müssen phenol- und teerhaltige Arzneimittel in Anbetracht der möglichen Kanzerogenität heute allgemein als obsolet gelten.

Nichtsteroidale Antiphlogistika, schwache Analgetika

Anilin-Derivate

Vorrangig ist die absolute Kontraindikation von Paracetamol (Acetaminophen) bei der Katze wegen oftmals letaler Vergiftungen zu erwähnen.

Zur Behandlung einer Paracetamolvergiftung wird Acetylcystein intravenös oder oral mit einer Initialdosis von 140 mg/kg Körpergewicht (fünfprozentige Lösung) verabreicht. Wiederholungsbehandlungen sollen in vierstündigem Abstand mit der halben Dosis erfolgen. Alternativ wird auch Natriumsulfat verwendet. Zur unterstützenden Behandlung werden zusätzlich Methylenblau und Ascorbinsäure empfohlen; diese Substanzen sind ebenfalls wiederholt zu verabreichen. Ein durch Paracetamol vergiftetes Tier ist bewegungsarm in ruhiger Umgebung zu halten, wobei Trinkwasser kontinuierlich zur freien Aufnahme zur Verfügung stehen soll.

Salizylsäure-Derivate

Klinische Symptome einer Salizylsäurevergiftung sind initial Tachypnoe, weiterhin Hyperthermie, Anorexie, Erbrechen, hämorrhagische Gastritis und metabolische Azidose. Die Diagnose kann durch den

Nachweis von Salizylsäure in Serum oder Urin gestützt werden. Im Falle einer oralen Salizylsäurevergiftung kommt neben einer Flüssigkeits- und Elektrolyt-Behandlung der Einsatz von Emetika und Diuretika in Frage. Durch Alkalisierung des Urins (Natriumbicarbonat-Applikation) kann eine Beschleunigung der renalen Ausscheidung erreicht werden.
Der Einsatz von Salizylsäure-Derivaten (Azetylsalizylsäure, Salizylsäure, Natriumsalizylat, Methylsalizylat u. a.) bei der Katze wird zum Teil kontrovers diskutiert. Durch Behandlung mit Azetylsalizylsäure bedingte Salizylsäurevergiftungen sind bei der Katze wiederholt beschrieben worden. Vergiftungen finden jedoch ihre Erklärung auch oft in Überdosierungen. Ein geeignetes Veterinärpräparat steht nicht zur Verfügung; Humanarzneimittel sind für die Katze oft nicht ausreichend genau dosierbar.
Azetylsalizylsäure wird aufgrund seiner physikalisch-chemischen Eigenschaften aus dem Magen resorbiert; in der Magenschleimhaut kommt es zu einer Anreicherung der Substanz. Azetylsalizylsäure wird im Organismus rasch zu Salizylsäure metabolisiert. Die Tatsache, daß Salizylsäure überwiegend in glucuronidierter Form ausgeschieden wird, erklärt die bei der Katze verzögerte Elimination und besondere Empfindlichkeit. So liegt die Serum-Halbwertszeit von Salizylsäure beim Hund bei 7–12 Stunden, bei der Katze jedoch bei 22–45 Stunden. Im Schrifttum werden für die Katze bei einer Behandlungszeit von bis zu zwei Wochen Tagesdosierungen von 5 bis 25 mg Azetylsalizylsäure/kg Körpergewicht bei einem Dosierungsintervall von 24 Stunden angegeben.
Die Anreicherung der die Prostaglandinsynthese hemmenden Azetylsalizylsäure in der Magenschleimhaut führt zu Schleimhautirritationen und kann teilweise schwere Gastroenteritiden und Magenulzera zur Folge haben. Bei der Anwendung von Salizylsäure-Derivaten muß auch das mögliche Auftreten einer Störung der Blutgerinnung in Betracht gezogen werden.
Im Falle einer oralen Salizylsäurevergiftung kommt neben einer Flüssigkeits- und Elektrolyt-Behandlung der Einsatz von Emetika und Diuretika in Frage. Durch Natriumbicarbonat-Applikation kann zusätzlich eine Beschleunigung der renalen Ausscheidung erreicht werden.

Pyrazolon-Derivate

Eine Anwendung von Phenylbutazon hat bei der Katze nur bei besonderer Indikation mit größter Vorsicht zu erfolgen. Speicheln und Erbrechen, Inappetenz und blutiges Erbrechen sind Zeichen der Unverträglichkeit. Vergiftete Tiere werden exsikkotisch und sterben im Koma. Bei ersten Anzeichen einer Unverträglichkeit ist Phenylbutazon sofort abzusetzen. Entsprechendes gilt auch für Metamizol bei der Katze.

Benzoesäure-Derivate

Die eingeschränkte Metabolisierungskapazität der Katze hat ebenfalls Bedeutung hinsichtlich der Anwendung von Derivaten der Benzoesäure, die als Konservierungsmittel in sehr vielen Arzneiformulierungen und auch Nahrungsmitteln enthalten sind (Benzoesäure oder p-Hydroxybenzoesäure-Ester, abgekürzt als PHB-Ester bezeichnet). Durch die bei der Anwendung von Arzneimitteln in geringer Menge zugeführten PHB-Ester ist jedoch auch bei der Katze keine Vergiftungsgefahr gegeben. Verschiedene Benzoesäure-Derivate werden jedoch beim Kleintier als Therapeutika verwendet. Beispielhaft sind hier Benzoylperoxid und Benzylbenzoat zu nennen. Symptome von Vergiftungen mit teilweise tödlichem Ausgang, die bereits durch einen Benzoesäuregehalt von 0,2 bis 2 Prozent in der Nahrung verursacht sein können, sind Erbrechen, Gastroenteritis, Hyperästhesie, Übererregbarkeit und Krämpfe. Akute und chronische Vergiftungen treten auf. Für die tierärztliche Arzneimitteltherapie ergibt sich die Konsequenz, Präparate, die Derivate der Benzoesäure in höherer Konzentration enthalten, bei der Katze nicht einzusetzen. Die Behandlung einer Vergiftung erfolgt symptomatisch.

Antibiotika und Chemotherapeutika

Bezüglich des Einsatzes von Antibiotika und Chemotherapeutika gelten für Hund und Katze in vielen Punkten nahezu vergleichbare Bedingungen. Es ist auf die Oto- und Nephrotoxizität von **Aminoglykosiden** hinzuweisen. Pruritus und Haarausfall wurden bei Katzen nach Anwendung von Gentamicin beobachtet. **Aminopenicilline** und **Tetracycline** sind als wenig toxisch einzustufen; Irritationen der Magen- und Darmschleimhaut können auftreten. Für Tetracycline ist die Auslösung einer malignen Hyperthermie bei der Katze beschrieben.

Chloramphenicol soll nicht bei jungen Katzen eingesetzt werden; Unverträglichkeitsreaktionen bei Katzenwelpen sind beschrieben. Wenn Chloramphenicol eingesetzt werden soll, ist die Applikation als Chloramphenicol-Palmitat zu empfehlen. Zudem ist anzumerken, daß Chloramphenicol enzyminhibierend wirkt. Dies ist insbesondere beim kombinierten Einsatz von Chloramphenicol und anderen Arzneistoffen zu bedenken, da die Metabolisierung anderer Arzneimittel deutlich vermindert sein kann. Chloramphenicol führte zu einer Verlängerung der Narkosedauer von Pentobarbital auf mehr als das Doppelte.

Barbiturate

Hinsichtlich der Anwendung von Barbituraten ist bei der Katze die Zunahme der Empfindlichkeit der Tiere gegenüber diesen Wirkstoffen bei wiederholter Gabe anzumerken. Dies ist vor dem Einsatz von Barbituraten bei der Erhebung des Vorberichts zu beachten. Im Falle einer Vergiftung kommt es zu Atemdepression und schließlich Atemstillstand. Eine besondere Empfindlichkeit gegenüber Barbituraten ist bei Siam-Katzen gegeben.

Morphin-Derivate

Morphin kann bei allen Tierarten zu paradoxen Erregungserscheinungen führen. Die Katze zählt neben Wiederkäuern, Schweinen und Pferden zu den Tierarten, bei denen eine derartige Wirkung besonders häufig auftritt. Im schweren Vergiftungsfall sterben die Tiere unter Krämpfen. Morphinhaltige Arzneimittel werden bei der Katze – wenn möglich – vermieden. Für Morphin werden Höchstdosierungen von 0,2 mg/kg Körpergewicht angegeben.

Ethylenglykol

Das als Frostschutzmittel verwendete Ethylenglykol führt besonders bei Katzen wegen seines für die Tiere attraktiven Geschmacks relativ häufig (insbesondere im Winter) zu Vergiftungen. Eine Dosis von 1,5 ml/kg ist für die Katze letal. Die sich binnen 30 bis 60 Minuten zeigenden Symptome der Vergiftung sind Erbrechen, Ataxie, Paresen, Krämpfe, Hypothermie und Koma. Es entwickelt sich eine metabolische Azidose; ein Lungenödem entsteht. Bei akuten Vergiftungen tritt der Tod durch Herzversagen ein. Chronische Vergiftungen sind gekennzeichnet durch Nierenversagen (Ablagerung von Calciumoxalat in den Nieren). Das Plasma-Kreatinin ist erhöht. Ethylenglykol wird durch die Alkoholdehydrogenase metabolisiert; es entsteht letztlich Oxalsäure. Um die Metabolisierung zu inhibieren, kann mit dem Ziel einer kompetitiven Verdrängung des Glykols vom Enzym die Applikation von Ethanol erfolgen. Diese Behandlung kann in Verbindung mit einer Azidosebehandlung Erfolg haben, wenn sie binnen 6–24 Stunden nach Giftaufnahme erfolgt. Für Patienten, die bereits im Koma sind, ist die Prognose sehr ungünstig.

Nikotin

Akute Nikotinvergiftungen, wie sie bei der Katze aufgrund des Neugierverhaltens beim Kauen auf tabakhaltigen Pflanzenteilen auftreten können, führen nach einer Erregungsphase zu einer Blockade der vegetativen Ganglien. Der Tod tritt durch Atemlähmung ein. Symptome einer Vergiftung sind Salivation, Erbrechen, Diarrhoe, Kolik, Muskelzuckungen und Krämpfe, Verlust von Reflexen, Abkühlen der Gliedmaßen und schließlich Atemstörung. Die Behandlung vergifteter Tiere erfolgt durch Magenspülung beziehungsweise Auslösen von Erbrechen, Beatmung sowie Gabe von Analeptika.

Starke Säuren und Laugen

Nach Haut- und Schleimhautkontakt mit starken Säuren und Laugen kommt es zu sehr schmerzhaften Verätzungen. Eine zusätzliche Gefährdung ist bei der Katze durch den Versuch der Tiere, die schmerzende Stelle durch Lecken zu reinigen, gegeben. Es kommt so zusätzlich zu den Verätzungen der Haut zu nekrotisierender Stomatitis, Gingivitis, Pharyngitis und Gastritis.

Bei Hautkontakt besteht die rasche erste Hilfe in sofortigem Abwaschen mit einer reichlichen Menge Wasser. Bei oraler Aufnahme ätzender Stoffe darf kein Erbrechen ausgelöst werden. Statt dessen werden pflanzliche Öle oder Albumin verabreicht. Nach dieser Behandlung kann eine Magenspülung vorgenommen werden. Zur Behandlung der sich ausbildenden metabolischen Azidose dient Natriumbicarbonat. Es ist darauf zu achten, daß der in besonders ruhige Umgebung gebrachte Patient ausreichend Nahrung aufnimmt. Bei exsikkotischen Katzen muß parenteral Flüssigkeit zugeführt werden. Bei sehr ausgedehnten Verätzungen ist die Prognose oft ungünstig.

Stickstoffverbindungen (Nitrat, Nitrit)

Nitrate werden im Magen-Darm-Trakt zu Nitrit reduziert, welches als Methämoglobin bildendes Gift schwere Vergiftungen herbeiführen kann. Es treten Irritationen der Magen-Darm-Schleimhaut auf. Die Symptome der Vergiftung sind daher Koliken mit Durchfall und Erbrechen, schließlich Kreislaufversagen und zyanotische Verfärbung der Schleimhäute. Behandlungsversuche schließen die Gabe von medizinischer Kohle und Glaubersalz sowie die Unterstützung des Kreislaufs ein. Eine Reduktion des Methämoglobins zu Hämoglobin wird durch Methylenblau oder Toloniumchlorid (Toluidinblau) induziert.

Heizöl, Kerosin, Terpentin

Durch Aufnahme von Heizöl und Kerosin vergiftete Tiere zeigen im klinischen Bild Gastroenteritiden, Kollaps und Krämpfe. Sie sterben im Koma. Auch Hautirritationen treten auf. Im Vergiftungsfall soll kein Emetikum gegeben werden. Statt dessen sollen Pflanzenöle und salinische Abführmittel verabreicht werden. Die kontaminierte Haut ist möglichst rasch zu reinigen.

Terpentin

Neben einer hautirritierenden und sensibilisierenden Wirkung führt Terpentin nach Aufnahme über die Haut oder den Magen-Darm-Trakt zu Übelkeit, Kolik, Dysurie, Hämaturie und Ataxie. Der Tod tritt im Koma ein. Die allgemeine, symptomatische Behandlung besteht in einer Magenspülung, der Gabe von salinischen Abführmitteln oder Paraffinöl und einer forcierten Diurese. Bei starken Koliken wird zudem Butylscopolamin verabreicht.

Vergiftungen durch Pflanzen

Katzen fressen Pflanzen und Pflanzenteile manchmal aus Spieltrieb. Dem Schrifttum sind verschiedene Fallbeschreibungen über entsprechende Vergiftungen zu entnehmen. Eine sichere Diagnose einer entsprechenden Vergiftung kann zumeist nur dann gestellt werden, wenn die Aufnahme von Pflanzenteilen beobachtet oder wenn Pflanzenteile im Mageninhalt nachgewiesen werden können. In der Regel können entsprechende Vergiftungen nur symptomatisch behandelt werden.

Wolfsmilchgewächse führen zu Erbrechen, Diarrhoe und Apathie. Über tödlich verlaufene Vergiftungen wird berichtet. Klinisch auffällige Veränderungen nach Aufnahme von Dieffenbachia und Kalla sind Brennen der Mundschleimhaut, gesteigerte Salivation und Dyspnoe. **Oleander** führt zu Störungen im Gastrointestinaltrakt mit Koliken; es zeigen sich Bradykardie und Blutdruckabfall, Krämpfe. Vergiftete Tiere sterben im Koma durch Atemstillstand. Therapieversuche beinhalteten die Gabe von Kaliumchlorid (unter EKG-Kontrolle, ß-Rezeptor-Antagonisten (Propranolol) und Atropin. **Philodendron** führt zu Schleimhautirritationen, erhöhter Körpertemperatur. Muskelzittern und Störung der Leber- und Nierenfunktion. Emetika und Magenspülungen stellen neben symptomatischer Behandlung die einzigen Behandlungsmaßnahmen dar. Zwiebeln von **Narzissen** und **Hyazinthen** führen ebenfalls zu einer Irritation der Magen-Darm-Schleimhaut. Nach Aufnahme von **Lorbeer-**, **Rhododendron-** und **Azaleenblättern** wurden gesteigerte Salivation, Erbrechen, Bradykardie, Ataxie, Blutdruckabfall und Krämpfe beobachtet. Magenentleerung und Sedation stellen die Behandlungsmöglichkeiten dar. **Hortensien** und **Nachtschattengewächse** irritieren die Magen-Darm-Schleimhaut. Gesteigerte Salivation, Apathie, Schwäche und Koma treten auf. Nach Aufnahme von **Misteln** wurde Kollaps, Hyperästhesie, Mydriasis, Polyurie und Hypothermie beobachtet. Nadeln von **Nadelbäumen** und auch Wasser aus Weihnachtsbaumständern waren Ursache von Vergiftungen, die sich durch Erbrechen, Diarrhoe, Irritation des Gastrointestinaltraktes und Lethargie äußerten.

Sehr wenige Einzelfallbeschreibungen beschäftigen sich mit Vergiftungen von Katzen durch Gartenpflanzen, Büschen und Bäumen. Genannt werden **Taxus, Buchsbaum, Spindelbaum, Daphne, Goldregen-Samen, Glyzinen-Samen, Tabak** (s. Nikotin), **Maiglöckchen, Rittersporn, Eisenhut, Nachtschattengewächse** (s. o.), **Rhizinussamen** und **Bittbohnen.** Die Symptomatik ist jeweils wenig spezifisch; diagnostisch wichtig sind Informationen, die im Einzelfall dem Vorbericht entnommen werden können, wenn der Tierbesitzer die Aufnahme entsprechender Pflanzenteile beobachten konnte. Die Behandlungsversuche umfassen die Entleerung des Magens und symptomatische Maßnahmen.

Tabelle 1: Liste von Notfall-Medikamenten zur Anwendung bei Vergiftungen von Katzen (in Klammern Beispiele von Fertigarzneimitteln)

Adrenalin (Suprarenin)
Azepromazin (Vetranquil)
Atropinsulfat
Butylscopolamin (Buscopan)
Calcium-trinatrium-pentetat (Ditripentat)
Carbo medicinalis
Deferoxamin (Desferal)
Dexamethason (Voren)
Diazepam (Valium)
Dimercapto-1-Propansulfonsäure (DMPS-Heyl)
Dopamin
Doxapram (Dopram)
Eisen-III-hexacyanoferrat-II, Berliner Blau (Antidotum Thallii Heyl)
Etilefrin (Effortil)
Furosemid (Lasix)
Insulin
Mannit-Lösung (20 %)
ß-Methyldigoxin (Lanitop)
Natriumbicarbonat (4,2 %, 8,4 %)
Natriumsulfatlösung (5 %)
Natriumthiosulfat
Noradrenalin (Arterenol)
Norfenefrin (Novadral)
Obidoxim (Toxogonin)
Orciprenalin (Alupent)
Paraffinum subliquidum
D-Penicillamin (Metalcaptase)
Pentobarbital (Nembutal)
Phenobarbital (Luminal)
Plasma-Expander
Prednisolon (Decortin)
Tannalbuminat (Tannalbin)
Theophyllin (Euphyllin)
Toluidinblau
Vitamin K_1 (Konakion)
Vollelektrolyt-Lösung
Xylazin (Rompun)

Vergiftungen durch **Pilze** wurden ebenfalls beobachtet. **Fliegenpilzvergiftungen,** die selten tödlich verlaufen, gehen mit Erbrechen, Salivation, Starre der Pupillen und Krämpfen einher. Eine Behandlung erfolgt mit Atropin. Vergiftungen durch den **Knollenblätterpilz** sind im Vergleich zum Fliegenpilz verzögert. Es treten Irritationen im Magen-Darm-Trakt, später Nekrosen in Leber und Nieren auf. Die Prognose ist sehr ungünstig. Behandlungsmöglichkeiten gibt es nicht.

Ein Vergiftungsverdacht wird zumeist häufiger geäußert, als Vergiftungen tatsächlich auftreten. Aus forensischer Sicht kommt dem Nachweis eines Giftes große Bedeutung zu. Es ist daher im Rahmen der Notfallbehandlung auch rechtzeitig an die Gewinnung und Zurückstellung von geeignetem Probenmaterial zu denken. Bei der Versendung von Probenmaterial an ein Untersuchungslabor ist auf einen genauen Vorbericht einschließlich Hinweisen bezüglich der vermuteten Vergiftung und die Einhaltung der Versandbedingungen (Versand in gekühltem oder gefrorenem Zustand, Eilzustellung usw.) Wert zu legen.

Infektionskrankheiten

Von W. Kraft,

K. Hartmann und A. Weber

Raum für Notizen

Infektionskrankheiten

Virale Infektionskrankheiten

W. KRAFT

Die durch Viren hervorgerufenen Infektionen und Infektionskrankheiten spielen bei der Hauskatze eine große Rolle. Grundsätzlich unterschieden werden muß zwischen der **Infektion,** die ohne jegliche Krankheitssymptome oder Schädigung des befallenen Organismus verlaufen kann, und der **Infektionskrankheit,** bei der sich klinische Symptome infolge einer Infektion entwickeln (MAYR und BIBRACK, 1974). Die Infektion ohne Krankheitssymptome wird als **klinisch inapparente Infektion** bezeichnet (SCHLEGEL, 1972). Man unterteilt sie in **subklinische Infektion,** bei der die Abwehrmechanismen überwiegen und ein Ausbrechen der Krankheit verhindern; durch Ausbildung einer sterilen Immunität oder einer kurzfristigen Resistenzsteigerung oder Immunitätsbildung wird der Erreger eliminiert und die subklinische Infektion damit zeitlich begrenzt (MAYR, 1979). Oder die klinisch inapparente Infektion verläuft als **persistierende Infektion,** d. h. als zeitlich unbegrenztes „Zusammenleben" mit dem Wirt. Nach MAYR (1979) bestehen folgende Unterschiede zwischen subklinischer und persistierender Infektion:

Art der Unterscheidung nach MAYR, 1979	subklinische Infektion	persistierende Infektion
schnelle und starke Wirtsabwehr	ja	nein
Unterbrechung der zur Erkrankung führenden pathogenetischen Ereigniskette	ja	–
Beendigung des Infektionsgeschehens mit Eliminierung des Erregers	ja	nein
Begrenzung bzw. Inhibierung der Erregervermehrung	ja	nein
Ausbildung einer humoralen, zellulären oder komplexen Immunität	ja	teils
Infektionsimmunität	ja	teilweise
Ausbildung einer Paramunität	ja	teilweise
Gleichgewichtszustand zwischen Erreger und Zelle	nein	ja
Keimträgertum, Dauerausscheider	nein	ja

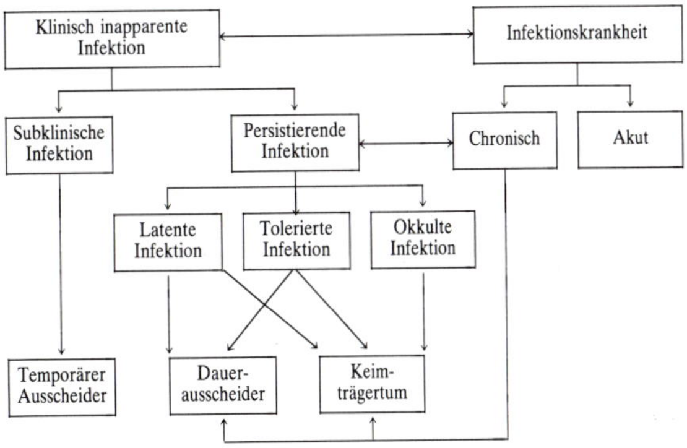

Abb. 1: Gliederung und Folgen klinisch inapparenter Infektionen und ihre Beziehung zu chronischen Infektionskrankheiten. (MAYR, 1979)

Die persistierenden Infektionen werden unterteilt in **latente, tolerierte** und **okkulte Infektion.** Im Zustand der latenten Infektion besteht ein Gleichgewicht zwischen Wirt und Erreger, bis einer der Partner überwiegt und es entweder zum Ausbrechen der Infektionskrankheit oder aber zur Eliminierung des Erregers kommt; die latente Infektion kann auch iatrogen jederzeit aktiviert werden (Immunsuppression, Zytostatika; Streß). – Bei der tolerierten Infektion kann sich das Virus vermehren; es wurde meist intrauterin erworben und kann während des ganzen Lebens ausgeschieden werden. Der Wirt erkrankt nicht, es sei denn, die Immuntoleranz geht verloren. – Die okkulte oder maskierte Infektion ist gekennzeichnet durch zeitweisen oder dauernden Verlust der Infektiosität des Erregers bei Persistenz des Genoms in der Wirtszelle und Übertragung auf die Tochterzellen bei Zellteilungen.

Die Folgen persistierender Infektionen für den Wirtsorganismus sind einerseits Ausbildung einer Immunität oder/und Interferenz, eine Steigerung der erregerunspezifischen Abwehr, Bildung von Interferon, Stimulierung der Lymphozyten. Durch Beeinflussung dieser Mechanismen (Streß, Immunsuppression) kann die persistierende Infektion zur Infektionskrankheit werden. Eine weitere Verlaufsform persistierender Virusinfektionen führt zu chronischen Erkrankungen, die sich nach MAYR (1979) folgendermaßen charakterisieren lassen:

1. Krankheiten infolge einer Immunsuppression oder einer Steigerung der Immunvorgänge durch Vermehrung von Viren in Zellen des Immunsystems,
2. Immunkomplexkrankheiten durch zirkulierende Virus-Antikörper-Komplexe,
3. Antikörper-vermittelte Zellschädigung durch Reaktion von Antikörpern plus Komplement mit Virus-spezifischen Oberflächenantigenen der Zelle,
4. Immunzell-vermittelte Zellschädigung durch Reaktion von Immunzellen mit freiem oder zellgebundenem Virusantigen,
5. Autoimmunkrankheiten durch Bildung oder Freisetzung von Autoantigenen mittels einer Virusinfektion.

Feline Parvovirose, Panleucopenia infectiosa felis

Die Krankheit ist seit alters unter zahlreichen, zum Teil irreführenden Synonymen bekannt, wie Infektiöse Agranulozytose, Laryngoenteritis infectiosa, Gastroenteritis infectiosa, Feline infektiöse Enteritis, Katzenseuche, -pest, -typhus u. a. Am empfehlenswertesten, da eindeutig und unmißverständlich, scheint uns Feline Parvovirose (Parvovirosis felis) zu sein. Dies ist sinnvoll, da ähnliche, aber meist weniger dramatisch verlaufende Krankheitsbilder von anderen Erregern ausgelöst werden können: Corona-, Rota-, Astroviren, Felines Leukosevirus, Caliciviren. Die exakte ätiologische Beschreibung ist gerade auch wegen der epidemiologischen und prophylaktischen Konsequenzen erforderlich.

Die Feline Parvovirose ist eine hochkontagiöse, akute bis perakute virale Infektionskrankheit der Feliden und Musteliden, die im typischen Fall mit hohem Fieber, schwer gestörtem Allgemeinbefinden, Erbrechen, Durchfall, Kreislaufversagen und Panleukopenie einhergeht und unbehandelt zum größten Teil tödlich endet. Eine Sonderform stellt die Zerebellare Ataxie dar (s. d.).

Ätiologie

Ursache ist das Feline Parvovirus, ein serologisch einheitliches 18 bis 22 nm großes, nacktes, einsträngiges DNA-Virus, das außerordentlich resistent gegen die üblichen Desinfizientien ist (Alkohol, Phenol, Äther, Chloroform, Jod, quaternale Ammoniumverbindungen); Austrocknung, Gefrieren und Raumtemperatur übersteht das Virus unbeschadet. Wirksam sind Formaldehyd und Glutaraldehyd, ferner Natriumhypochlorid (HAAS und KAADEN, 1987). Das Virus hat große Ähnlichkeit mit dem caninen Parvovirus; mit ihm hat es 98 % (CARLSON et al., 1985) oder 99 % (REED et al., 1988) der Sequenzen des Kapsidgens gemeinsam.

Die Reproduktion des Virus, das von JOHNSON (1964) zum ersten Mal in Zellkulturen gezüchtet worden war, ist an Zellen im Teilungsstadium gebunden, wo es sich im Zellkern vermehrt. Erforderlich für seine Vermehrung ist die Expression von Zellkernbestandteilen, die in der G2- und S-Phase der Zellteilung entstehen. Dies ist der Grund, warum das Virus besonders solche Gewebe befällt und zerstört, die sich rasch teilen (Knochenmark, lymphatisches Gewebe, Darmepithelien in den Krypten, fetale Gewebe). Andererseits wird nicht jedes Gewebe mit hoher Mitoserate befallen, woraus man einen bestimmten Gewebstropismus ableitete (POLLOCK, 1984).

Außer der Katze erkranken wildlebende Feliden, Kleinbären, Nerze und Frettchen (GORHAM et al., 1966; JOHNSON, 1968, 1969; DUENWALD et al., 1971; POVEY, 1976; BARKER et al., 1983).

In den letzten Jahren wurde festgestellt, daß Katzen auch an den heute vorherrschenden caninen Parvovirus-Typen CPV-2a und CPV-2b erkranken können (TRUYEN und Mitarb., 1995, 1996 a und b). Das ursprüngliche canine Parvovirus CPV-2 wurde offensichtlich vollständig verdrängt. Dieser Antigentyp war für die Katze ungefährlich. Dagegen wurde von TRUYEN und Mitarbeitern sowohl in den USA als auch in Europa (Deutschland, Schweiz) bei an Infektiöser Panleukopenie erkrankten Katzen sowohl der CPV-2a als auch CPV-2b festgestellt. Damit ist sowohl eine Infektion der Katze durch den Hund als auch – allerdings seltener – umgekehrt mit diesen beiden Typen möglich.

Pathogenese

Die Inkubationszeit beträgt 3 bis 6, in seltenen Fällen bis 12 Tage, nach ACKERMANN (1959) und JOHANNSEN (1968) 3 bis 9, nach ROLLE und MAYR 4 bis 6 und nach LUTZ 2 bis 10 Tage. Die erkrankten Katzen scheiden das äußerst widerstandsfähige Virus mit allen Se- und Exkreten aus. Es wird auch angenommen, daß klinisch inapparent infizierte Katzen das Virus in geringer Menge freisetzen und so für den Erhalt der Krankheit sorgen (CSIZA, 1971). Das Virus gelangt über infizierte Gegenstände – Futter- und Trinknäpfe, Käfige – oder direkten Kontakt auf die Schleimhaut; auch Parasiten sollen den Erreger übertragen können. Er vermehrt sich in der Schleimhaut des Pharynx und der Nase, worauf sich zwischen der 18. Stunde und dem siebten Tag p. i. ein Virämiestadium anschließt. Bereits am zweiten Tag p. i. werden zahlreiche innere Organe erreicht, u. a. Thymus, Lymphknoten, Knochenmark, Dünndarm und Kleinhirn (CZISA u. M., 1971 a und b). Schäden mit besonders schweren Folgen werden im Dünndarm und im Knochenmark, bei Feten im Zentralnervensystem, besonders dem Kleinhirn, gesetzt. Die Schädigung des Darms geht – im Gegensatz zu Corona- und Rotaviren – von den Lieberkühnschen Krypten aus, deren rasch sich teilende Zellen nekrotisch werden, wodurch es schließlich zum Absterben der Darmzotten kommt. Dadurch werden weite Bereiche des Dünndarms ihres Epithels entkleidet, die Digestions-, Resorptions- und Sekretionsfunktionen brechen zusammen. Andererseits können sich Darmbakterien massenhaft vermehren und sie selbst und ihre Toxine in die Blutbahn gelangen. Dadurch besteht jederzeit die Gefahr einer Sepsis und einer Endotoxinämie. Die Folge ist ein Endotoxinschock (s. d.), der zu einem Zusammenbruch des Kreislaufs mit Disseminierter Intravasaler Gerinnung (DIC) und Verbrauchskoagulopathie führt (HOFFMANN, 1973, 1976; KRAFT, 1973).

Die geschilderte schwere Verlaufsform der akuten bis perakuten infektiösen Enteritis kommt besonders bei ungeimpften oder immungeschwächten Jungkatzen, selten bei Alttieren – und dann wiederum besonders bei immungeschwächten – zur Beobachtung. Interessanterweise tritt die Parvovirose bei keimfreien Katzen nur in sehr abgemilderter Form auf. Die Ursache wird in einer durch die normale Darmflora und Fütterung hervorgerufenen verstärkten Zellteilung der Darmkryptenepithelien gesehen, die erst die starke Virusvermehrung ermöglicht (ROHOVSKY u. M., 1966; ROHOVSKY und GRIESEMER, 1967; JOHNSON u. M., 1967; SCOTT und GILLESPIE, 1969; FOWLER und ROHOVSKY, 1970 a und b; CARLTON u. M., 1976; CARTON und SCOTT, 1977). Möglicherweise spielen aber (auch) die Bakterientoxine der normalen Darmflora eine entscheidende Rolle, da die Krankheit bei keimfrei aufgezogenen Katzen nur einen leichten Verlauf nimmt.

Die starke Vermehrung des Virus im hämatolymphopoetischen Gewebe führt zu einem geradezu abrupten Absturz der Leukozyten, die innerhalb eines Tages – aufgrund ihrer meist kurzen Halbwertszeit und des abbrechenden Nachschubs aus den Bildungsstätten – um mehrere Tausend pro Mikroliter absinken können. Besonders heftig nehmen die neutrophilen Granulozyten ab. Sie sind sowohl absolut als auch relativ vermindert, während die Lymphozyten in der Regel „nur" eine absolute – allerdings ebenfalls erhebliche – Verminderung erfahren. So kommt es nicht selten zu einer hochgradigen Leukopenie (< 1000/µl) bei einer relativen und absoluten Neutropenie und absoluten Lymphozytopenie bei relativer Lymphozytose. Die Folgen sind einerseits eine verminderte Phagozytosekapazität und andererseits eine deutlich gestörte Immunreaktion, wodurch sekundäre bakterielle, rickettsiale und auch virale Infektionskrankheiten gefördert werden. TRAUTWEIN und HEWICKER-TRAUTWEIN (1994) weisen ausdrücklich auf die ausgeprägte Immunsuppression durch die Parvovirusinfektion hin, die sich in einer erhöhten Empfänglichkeit gegenüber bakteriellen und Pilzinfektionen manifestiert. Sie wird in vitro an einer verminderten Stimulierbarkeit der T-Lymphozyten erkennbar.

Die erheblichen Flüssigkeits- und Elektrolyt-Verluste – bei gleichzeitigen Blut- und Proteinverlusten – infolge des massiven Erbrechens und Durchfalls ziehen einen Volumenmangel nach sich, der sich in einem Teil der Fälle in einem oft schweren Hämatokritanstieg manifestiert. Man muß davon ausgehen, daß außerdem Darmbakterien und ihre Endotoxine in die Blutbahn geraten. Beides führt zu einem schweren Kreislaufversagen. Die inneren Organe werden nicht mehr ausreichend durchblutet, so daß ihre Funktion gestört wird. Dies ist im Falle protrahierter verlaufender Fälle besonders folgenreich bei der Leber, die die vom Darm ankommenden Toxine nicht mehr zu entgiften vermag. Die Minderdurchblutung der Nieren führt bisweilen zu einer prärenalen Azotämie.

Das – biphasische – Kreislaufversagen verursacht zunächst eine Konstriktion der peripheren Blutgefäße mit Hypoxie in der Endstrombahn. Dadurch werden biogene Amine freigesetzt, die eine Dilatation der Endstrombahn bewirken. Die Folge ist eine Versackung des Blutes mit Blutstase. Die Gewebsdurchblutung wird weiter herabgesetzt. Die Versorgung mit Sauerstoff sinkt, es kommt zu einem Überwiegen des anaeroben Stoffwechsels. Die Folge ist eine metabolische Azidose, die durch Perfusionsverminderung und Hypoventilation der Lunge noch verstärkt wird.

Durch die Blutstase in Verbindung mit der Freisetzung prokoagulatorischer Substanzen wird in der Endstrombahn die Gerinnungskaskade ausgelöst. Dadurch entstehen – örtlich unterschiedlich stark – Mikrothromben (disseminierte intravasale Koagulation, DIC). Sie verbrauchen Thrombozyten und Gerinnungsfaktoren in großer Menge. Der hohe Verbrauch und der verminderte Nachschub – auch die Megakaryozyten als Bildungsstätten der Thrombozyten sind im Knochenmark vermindert – führen zu einer Abnahme der Blutgerinnungsfähigkeit bis hin zur Ungerinnbarkeit. Für dieses Phänomen wurde der Begriff der Verbrauchskoagulopathie begründet (LASCH).

Klinisches Bild

Die Krankheit beginnt mit hochgradiger Mattigkeit, Anorexie, Erbrechen, Fieber bis 41 °C und darüber. Das weitere Krankheitsbild hängt vom Fortgang ab. Man kann mehrere Verlaufsformen unterscheiden: eine perakute, die wenige Stunden nach Ausbrechen der Krankheit zum Tode führt, eine akute, die nach zwei bis acht Tagen zum Tode führt oder aber in Genesung übergeht, und eine protrahiertere Form. Auf die Sonderform der zerebellaren Ataxie wird gesondert hingewiesen.

Perakute Form: Die Katzen sterben nach den oben beschriebenen Initialsymptomen (Mattigkeit, Fieber, evtl. Erbrechen, Leukopenie) innerhalb von 12 bis 36 Stunden. Oft bemerkt der Besitzer diese Symptome gar nicht, so daß die Tiere „wie aus heiterem Himmel" plötzlich tot aufgefunden werden. Dies veranlaßt häufig den Besitzer und auch den Tierarzt, Vergiftungen differentialdiagnostisch in Erwägung zu ziehen. Die perakute Form ist häufig der Krankheitsverlauf der jungen, ungeimpften Katzen; besonders die Altersgruppe unter vier Monaten ist betroffen.

Akute Form: Es ist der für die Panleukopenie „typische" Verlauf bei über vier Monate bis zwei Jahre alten Katzen mit hochgradiger Allgemeinstörung, hohem Fieber, Erbrechen und bald einsetzendem explosionsartigen Durchfall, der anfangs wäßrig, aber bald blutig wird. Die Tiere entwickeln sehr rasch eine Dehydratation hohen Ausmaßes mit spröder Haut, tiefliegenden Augen und trockenen Schleimhäuten; die Harnblase ist ständig leer als Folge verminderter Harnproduktion. Die Körperhaltung ist typisch für die schwerkranke Katze: in Sphinxstellung in sich gekauert, gesenkter Kopf, starr geradeaus gerichteter leidender bis teilnahmsloser Blick, die Katze „blickt in sich hinein", sie beugt sich oft über das Trinkwasser offenbar infolge quälenden Durstes. Die Tiere verlieren sehr rasch Gewicht, was überwiegend auf die Dehydratation zurückzuführen ist. Ob die früher von mehreren Autoren erwähnten ulzerierenden Glossitiden wirklich auf die Panleukopenie zurückzuführen sind, erscheint fraglich. Ohne intensive Behandlung insbesondere der Dehydratation sterben die weitaus meisten Katzen an Kreislaufversagen.

Im Blutbild ist die Leukopenie voll ausgebildet. Man findet Leukozytenwerte, die unter 2000/µl, nicht selten unter 1000/µl absinken. Dabei sind die Lymphozyten relativ erhöht, absolut aber ebenso wie die Neutrophilen stark vermindert. Als besonders ernstes Symptom und Zeichen einer Verbrauchskoagulopathie sinken die Thrombozyten unter 30 000, ja unter 10 000/µl ab. Das Blut wird ungerinnbar, wie das Thrombelastogramm anschaulich zeigt. Die Blutgewinnung ist allerdings erheblich erschwert. Andererseits bluten minimale Verletzungen, wie sie etwa beim Auszupfen von Haaren entstehen, erheblich nach, so daß umfangreiche Suggilationen entstehen.

Häufig wird als Ausdruck der Dehydratation eine Hämokonzentration (erhöhter Hämatokritwert) festgestellt. Man muß sich aber im klaren darüber sein, daß der Hämatokrit bei umfangreichen Blutverlusten über den Magen-Darm-Trakt die wahren Volumenverhältnisse im Blut nicht exakt widerspiegelt.

Oft entwickeln sich hochgradige metabolische Azidosen. Basenüberschußwerte, die –20 mmol/l unterschreiten, sind durchaus keine Seltenheit. Wenn möglich, sollten die Serumelektrolyte untersucht werden. Eine Hypokaliämie ist keine Seltenheit. Sofern eine Azidose besteht, bedeutet „normales" Kalium immer Hypokaliämie. Hierauf ist bei der Therapie zu achten.

Seltener werden Azotämien (Harnstoff- und Kreatininerhöhung) festgestellt. In einem geringen Teil der Fälle entwickelt sich ein Ikterus. In der Regel sind dann primäres und sekundäres Bilirubin gleichzeitig erhöht. Auch die Leberenzyme werden dann nicht selten erhöht gefunden.

Protrahierte Form: Sie kommt sowohl bei jungen, insbesondere aber bei älteren, auch ungenügend geimpften Katzen vor und dauert über acht Tage. Sie dürfte in manchen Fällen insbesondere auf eine langsame und ungenügende Erholung des Darmepithels zurückzuführen sein. Die Tiere zeigen die eingangs erwähnten akuten Symptome, erholen sich jedoch nur langsam und leiden noch wochen-, bisweilen monatelang unter Durchfällen, die in der Regel breiig sind. Häufig bestehen erhebliche Gewichtsverluste, die nun aber auf echte Verluste an Körpermasse infolge eines Malassimilationssyndroms zurückzuführen sind. Auch hierbei können sich Sekundärkrankheiten anschließen, besonders weitere Infektionskrankheiten, aber auch Organkrankheiten wie Hepatopathien und Nephropathien, chronische, schlecht beeinflußbare Enteritiden und Colitiden mit Verdickung der Darmwand und Lymphknotenvergrößerungen. In solchen Fällen sollte unbedingt eine Diagnostik auf FeLV-, FIV-Infektionen oder Feline Infektiöse Peritonitis erfolgen.

Die Krankheit war noch vor 20 Jahren die wohl wichtigste Infektionskrankheit, vielleicht die wichtigste Krankheit der Katze überhaupt. Inzwischen hat sie sehr viel von ihrer Bedeutung und ihrem Schrecken verloren. Dies dürfte in der Hauptsache auf die umfangreichen Impfungen zurückzuführen sein, zu einem geringen Teil auch auf die Fortschritte in der

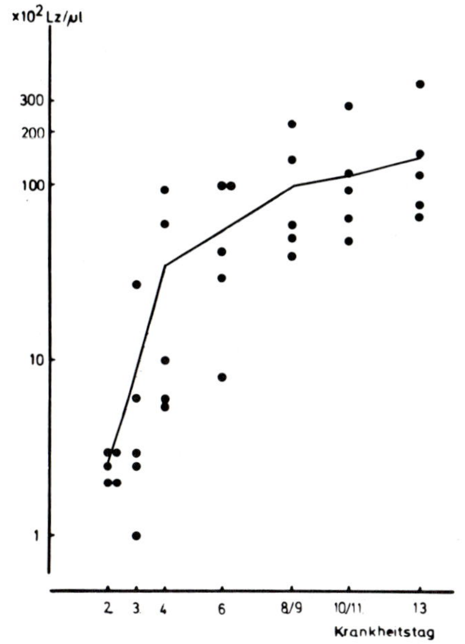

Abb. 2: Verlauf der Leukozyten bei Feliner Infektiöser Panleukopenie.

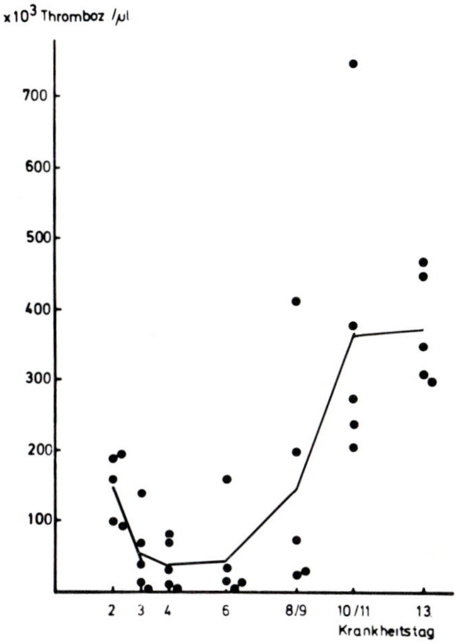

Abb. 3: Verlauf der Thrombozyten bei Feliner Infektiöser Panleukopenie; die Thrombozyten erreichen erst nach dem Leukozytenminimum ihren Tiefpunkt.

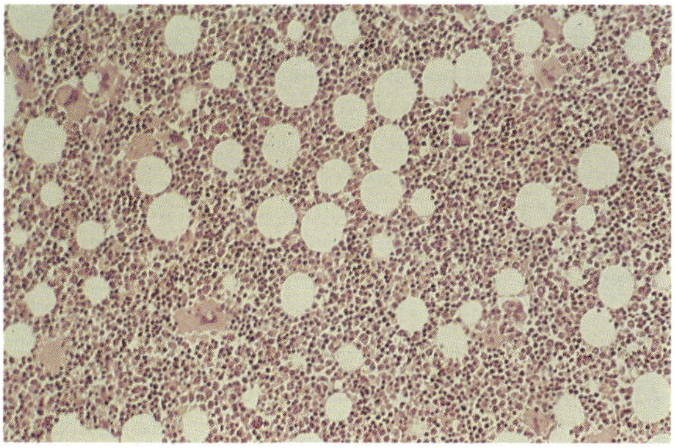

Abb. 4: Knochenmark einer gesunden Katze.

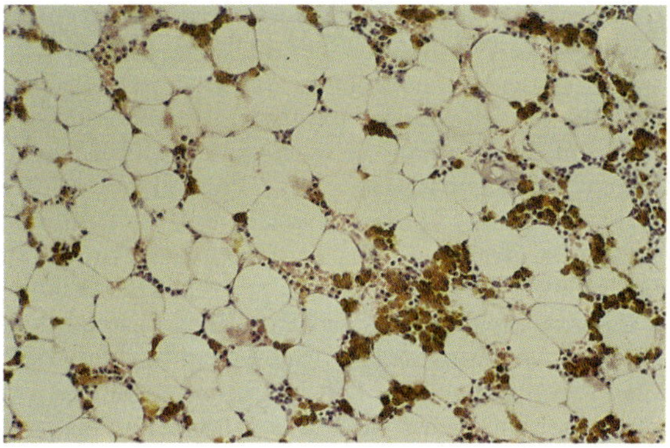

Abb. 5: Knochenmark bei Panleukopenie („leeres Mark").

Behandlung erkrankter Katzen, so daß Todesfälle heute wesentlich seltener geworden sind.

Diagnose

Schon Ende der 30er Jahre fiel mehreren Untersuchern die Leukopenie auf (LAWRENCE und SYVERTON, 1938; HAMMON und ENDERS, 1939 a und b; KIKUTH u. M., 1940). Dieses Symptom wurde schließlich absolut gesetzt und als (nahezu) pathognomonisches Zeichen für die feline Parvovirose postuliert. Dies ist so nicht haltbar. Inzwischen sind weitere Krankheiten bekannt, bei denen eine Leukopenie oft erheblichen Ausmaßes auftreten kann. Allerdings kann das Absinken der Leukozytenzahl unter 2000/µl bei gleichzeitig bestehenden „typischen" Symptomen als sehr verdächtig für Parvovirose angesehen werden. Letztlich beweisend ist jedoch der Virusnachweis im Kot. Als Nachweismethoden werden heute Elisa und Latex-Agglutinationsmethoden angewandt, wobei der Elisa vorzuziehen ist (VAIJALAINEN u. M., 1986). Dagegen haben sich Serum-Antikörpertests nicht durchsetzen können, wohl insbesondere, weil sie bei geimpften Katzen nicht aussagekräftig sind und andererseits Titerpaare bestimmt werden müssen, wozu die Krankheit bisweilen keine Zeit läßt.

Differentialdiagnose

Gastroenteritiden anderer Ursachen:

Sogenanntes *„Panleukopenie-ähnliches Syndrom“:* Die Krankheit wird durch das Feline Leukosevirus (FeLV) ausgelöst und kann der Parvovirose sehr ähnlich sehen und mit Erbrechen, Durchfall, Fieber, hochgradiger Apathie, Dehydratation und Leukopenie einhergehen. Es wird jedoch kein Parvovirus im Kot nachgewiesen. Der Nachweis von FeLV-Antigen verläuft positiv. Da der Elisa zur Untersuchung von Parvoviren bei der Katze annähernd immer positiv ist, wenn eine Parvovirose vorliegt, ist dessen negativer Ausfall recht verläßlich zur Diagnose „Nichtparvovirose“. Vorsichtshalber sollte bei negativem Ausfall eine Kontrolle durchgeführt werden, da Parvovirosen in Verbindung auch mit FeLV-Infektionen auftreten können.

Feline Coronavirose, enteritische Verlaufsform: Die Krankheit kann ebenfalls mit Durchfällen verlaufen, die aber i. a. nicht so schwerwiegend sind. Da das Coronavirus nicht die Lieberkühnschen Krypten, sondern die Darmzotten befällt, sind weniger einschneidende Veränderungen der Darmschleimhaut und damit auch weniger häufig Einbrüche von Bakterien in die Blutbahn, ebenso seltener Endotoxinämien zu beobachten. Die Flüssigkeitsverluste (Dehydratation) können aber ebenfalls bedeutende Ausmaße erreichen. Das Knochenmark wird nicht beeinflußt; eine Leukopenie liegt daher kaum einmal vor (Ausnahme: Schock mit Erhöhung des marginalen und Abnahme des zentralen Leukozytenpools). Der Virusnachweis im Kot ist gut möglich; der Kot muß aber möglichst rasch zur Untersuchungsstelle gelangen. Es sei noch einmal betont, daß aus einer enteralen Coronavirose jederzeit das Krankheitsbild der FIP entstehen kann.

Feline Rotavirose: Sie verläuft ebenfalls mit Durchfällen, die aber meist harmloser Natur sind (das Virus führt nur zur Nekrose der Zottenspitzen). Der Durchfall ist daher nur ausnahmsweise blutig. Die Leukozyten sind unverändert. Der Virusnachweis erfolgt im Kot.

Salmonellose: Salmonellen sollen bei Katzen relativ oft gefunden werden (im eigenen Untersuchungsmaterial kann diese Behauptung in keiner Weise bestätigt werden); dabei soll es sich in der Regel um klinisch gesunde Ausscheider handeln. Erkranken Leber-Galle-System und Darm, so bestehen fieberhafte Durchfälle, Erbrechen, Dehydratation; im Unterschied zur Parvovirose wird eine oft erhebliche Leukozytose gefunden; nur im Schockstadium kann die Leukozytenzahl – selten – vermindert sein. Der Erregernachweis gelingt im Kot (oder Blut). Oft sind weitere Organe betroffen (Lunge, Gehirn, Niere, Bauchfell, Uterus).

Yersiniose: Die Krankheit verläuft i. a. langsamer und geht mit Erbrechen und Durchfall einher, der allerdings in Koprostase übergehen kann. Oft ist die Leber betroffen (Ikterus, Enzymaktivitätssteigerungen). Eine Leukopenie besteht nicht. Der Erregernachweis im Kot ist möglich; besser geeignet ist die Leberbiopsie.

Tyzzersche Krankheit: Auch hierbei bestehen die Symptome einer Hepato-Gastroenteritis (Ikterus, Enzymerhöhungen); die Herde in der Leber können sonographisch und laparoskopisch erkannt werden. Die Diagnose erfolgt durch Erregernachweis im Leberbioptat.

Coli-Enteritis: Durch Dysbakterie, aufsteigende Coli-Infektion im Dünndarm, Bacterial Overgrowth (Dysbakterie), können schwere Durchfälle ausgelöst werden. Sie sind in der Regel wäßrig, können aber durch Schleimhautnekrose infolge eines Kreislaufschocks auch blutig werden. Eine Leukopenie wird im Schockzustand gesehen; sie ist aber selten so ausgeprägt wie bei Parvovirose. Die Diagnose kann durch Gastroduodenoskopie und Entnahme von Dünndarminhalt (bakteriologische Untersuchung) gestellt werden. Einfacher erfolgt der Ausschluß einer Parvovirose durch – negative – Kotuntersuchung auf Parvoviren. Weiteren Aufschluß kann die Untersuchung von Serum-Kobolamin (Vitamin B_{12}) geben. Ob, wie beim Hund, auch die Serum-Folsäure-Bestimmung diagnostisch verwertbar ist, muß noch weiter untersucht werden.

Endoparasitosen: In Frage kommen Kokzidien, Spul-, Haken- und Peitschenwürmer. Die Krankheiten verlaufen weniger schwer, insbesondere werden seltener schwere akute Allgemeinsymptome gesehen. Leukopenie besteht nicht. Der Nachweis gelingt im Kot.

Toxoplasmose: Sie kann als Darmform auftreten und zu schweren akuten Durchfällen führen, die blutig sein können. Die Krankheit kommt besonders bei Jungkatzen vor. Eine Leukopenie besteht nur ausnahmsweise. Bisweilen sind weitere Organe betroffen (Leber, Lunge, Gehirn). Der Erregernachweis gelingt im Kot. Die Titerbestimmung ist nicht ausreichend, da Titeranstiege auch bei klinisch gesunden Katzen vorkommen (damit allerdings den Erregerkontakt nachweisen).

Vergiftungen: Sie werden viel häufiger vermutet als nachgewiesen; insbesondere, da die perakute Verlaufsform der Parvovirose innerhalb kürzester Zeit zum Tod führt, kann der Verdacht provoziert werden. In Frage kommen:

- Organophosphatvergiftungen (dabei auch Bronchospasmen, Bradykardie, Salivation, Engstellung der Pupillen, keine Leukopenie; (Pseudo-)Cholinesterasen im Serum stark vermindert);
- Thalliumvergiftungen: Erbrechen tritt nach etwa 18 Stunden auf, sehr rasch auch Durchfall, der blutig werden kann. Es besteht Vorderbauchpalpationsschmerz. Die Tiere können in diesem Stadium sterben. Eine Leukopenie tritt jedoch nicht auf. Bei Überleben der ersten Tage kommen weitere Symptome hinzu (Darmatonie, Schleimhautulzera, Herzinsuffizienz mit Atembeschwerden, nervale Ausfälle bis Krämpfe). Der Giftnachweis gelingt im Urin.
- Bleivergiftungen: Zusätzlich zu Erbrechen und Durchfall kommen Schleimhautulzera und -verfärbungen zur Beobachtung, ferner Erythrozytenveränderungen (aplastische Anämie, basophile Tüpfelung, Normoblastenvermehrung), eine Leukopenie besteht dagegen nicht. Die Krankheit verläuft protrahiert. Bleinachweis im Blutserum (> 0,35 ppm).

Fremdkörper: Erbrechen und Druchfall können von obturierenden und nichtobturierenden Fremdkörpern (Nadeln) ausgelöst werden. Besonders bei Darmdurchbruch (etwa Nähnadeln mit Zwirn oder „Durchsägen" des Darms durch um die Zunge geschlungenen Zwirnsfaden) werden Schocksymptome mit Sepsis und Leukopenie hervorgerufen. Die Diagnose erfolgt durch sorgfältige klinische Untersuchung einschließlich Röntgenuntersuchung (Kontrast).

Prognose

Perakute Form: Ohne Therapie nahezu 100%ig tödlich. *Akute Formen:* 80–100 % tödlich. Unter konsequenter Therapie konnte die Todesrate erheblich gesenkt werden. Die früher gern herangezogene Leukozytenzahl ist nach eigenen Untersuchungen weniger gut zur Prognosestellung geeignet als die Thrombozytenzahl (KRAFT, 1980). Je geringer die Thrombozytenzahl ist, um so ausgeprägter sind Kreislaufschock und DIC. Werte unter 10 000/µl sind als sehr ernst anzusehen, „normale" Thrombozytenzahlen dagegen als günstig, wenn sofort eine konsequente Therapie eingeleitet wird.

Therapie

1. Wichtigste Therapiemaßnahme ist die Volumensubstitution. Sie kann erfolgen mit Vollelektrolyt- und Glukoselösungen.

Zuzüglich muß die Dehydratation ausgeglichen werden. Man kann das hierfür benötigte Volumen leicht ausrechnen, wenn das Gewicht (die Körpermasse) der Katze vor Eintritt der Krankheit bekannt war. Ansonsten muß der Dehydratationsgrad an Hand der klinischen Symptome geschätzt werden. Dann wird die Volumenmenge für den Dehydratationsausgleich folgendermaßen berechnet:

Grad der Dehydratation (in Dezimalzahl) x kg KM = zu substituierendes Volumen

Überschlägig kann man das Volumen folgendermaßen berechnen:

Leichte Dehydratation (bis 6 % Verlust des Körpergewichts): 40 bis 60 ml/kg

Mittlere Dehydratation (bis 8 %): 60 bis 80 ml/kg

Schwere Dehydratation (> 8 %):

über 80 (bis > 120) ml/kg

bis zum Ausgleich der Dehydratation.

Für den Dehydratationsausgleich werden Vollelektrolytlösungen verwendet.

Die Applikation muß zunächst als Dauertropfinfusion intravenös erfolgen (30 Tropfen/min). Nach

Tabelle 1: Täglicher Flüssigkeitsbedarf der Katze, abhängig von der Körpermasse

Körpermasse [kg]	täglicher Flüssigkeitsbedarf [ml/kg KM]	davon Vollelektrolytlsg. (Ringerlösung o. ä.)	davon Glukoselösung 5 %
1	80	40	40
1,5	72	36	36
2	67	33,5	33,5
2,5	64	32	32
3	61	30,5	30,5
3,5	58	29	29
4	57	28,5	28,5
4,5	55	27	27
5	53	26,5	26,5

Besserung der Kreislaufsituation kann die Substitution subkutan durchgeführt werden.

Plasmaexpander

Plasmaexpander – in der Regel Dextrosepräparate – werden vorzugsweise dann eingesetzt, wenn durch die Infusion eine zu starke „Blutverdünnung" ausgelöst wird (Absinken von Hämatokrit und Protein).

Im Handel sind zwei verschiedene Expander, die sich hauptsächlich durch das Molekulargewicht unterscheiden:

Dextran 60 (MG 60 000 D). Es ist als 4,5- (iso-) und 6%ige (hypertonische) Lösung im Handel (z. B. Macrodex) und dient der längerfristigen Volumensubstitution und der Aufrechterhaltung der Makrozirkulation. Es wäre also bei überwiegendem Volumenverlust infolge Erbrechens und Durchfalls einzusetzen.

Dosis: bis höchstens 20 ml/kg und Tag

Dextran 40 (MG 40 000). Es wird als 10%ige Lösung (z. B. Rheo-Macrodex) angeboten und dient der Verbesserung der Mikrozirkulation und der Thromboseprophylaxe. Sobald also ein Kreislaufschock eingetreten ist, ist dieser Plasmaexpander vorzuziehen.

Dosis: 10, maximal 15 ml/kg KM und Tag.

Plasma (Vollblut)

Es ist nach unseren Untersuchungen (KRAFT, 1973) sehr gut geeignet, einen Teil der Volumensubstitution zu übernehmen. Während zu Beginn heparinisiertes Vollblut verwendet wurde, wird nun heparinisiertes Blutplasma vorgezogen. Geeignet ist nur Katzen- (kein Hunde-)Blut nach Prüfung durch Kreuzreaktion. Das Katzenblut wird in einer heparinisierten Spritze (mit erhöhtem Heparinanteil zur gleichzeitigen Therapie einer Verbrauchskoagulopathie: 100 E Heparin + 1 ml Blut) aufgenommen und – nach Kompatibilitätsprüfung – sofort (Vollblut) oder nach Sedimentation (plättchenreiches Plasma) transfundiert (die Erythrozyten können dem Spender zurückinfundiert werden).

Vorteile: Idealer Volumenersatz mit Protein-, Antikörper-, evtl. Thrombozyten-Substitution.

Orale Rehydratation

Nach Erholung und selbständiger Wasseraufnahme wird ein Versuch mit WHO-Lösung durchgeführt. Sie enthält sowohl Elektrolyte und Glukose, wodurch nicht nur eine Energiesubstitution, sondern eine Verbesserung der Resorption von Wasser und Elektrolyten erreicht wird. Die orale Rehydratation ist jedoch erst nach Erholung der Darmschleimhaut sinnvoll.

2. Azidoseausgleich

Er erfolgt am besten durch Untersuchung des Basenüberschusses (BE) mittels der Blutgasanalyse nach der Formel

–BE (mmol/l) x 0,3 x KM (kg) = benötigte Menge an Bikarbonationen (mmol/Katze)

Der Faktor 0,3 entspricht dem Verteilungsvolumen bei Infusion saliner Lösungen. Die Ionen diffundieren während der folgenden Stunden ins Gewebe, so daß eine Kontrolle im Blut erforderlich wird. Eine Erhöhung der Menge sollte u. E. jedoch nicht sofort bei der ersten Infusion durchgeführt werden, da bei Kreislaufinsuffizienz evtl. eine Überkompensation erfolgen kann. Lediglich bei Welpen kann der Faktor bis auf 0,5 ansteigen. Verwendet wird i. a. die 4,2%ige Natriumbikarbonatlösung. Sie enthält 0,5 mol/l oder 0,5 mmol/ml.

Beispiel:

Besteht bei einer Katze von 2 kg ein BE von 15 mmol/l, so ergibt sich nach der Formel –BE x 0,3 x kg KM folgender Bedarf: –15 x 0,3 x 2 = 9 mmol Bikarbonat; da in einem Milliliter der 4,2%igen Bikarbonatlösung 0,5 mmol enthalten sind, muß die Katze also 18 ml Bikarbonatlösung erhalten. Bei Verwendung der 8,4%igen Natriumbikarbonatlösung werden statt der 18 ml nur 9 ml gegeben.

3. Antikoagulanz

Um eine drohende disseminierte intravasale Gerinnung oder bei bereits eingetretener DIC die weitere Gerinnung zu verhindern, empfiehlt sich Applikation von Heparin. Bei Kreislaufversagen werden 30 bis 50 E/kg KM und Stunde i. v. mit dem Dauertropf zugeführt. Als Initialdosis kann ein Bolus von 50 bis 100 E/kg KM i. v. gegeben werden. Bei intakten Kreislaufverhältnissen und damit normaler Resorption kann Depot-Heparinat in einer Dosis von 200 E/kg KM subkutan zweimal täglich gegeben werden.

4. Antiemetika

Sie sind anzuwenden, wenn trotz der Rehydratations- und Azidoseausgleichsmaßnahmen das Erbrechen nicht zum Stillstand kommt. Geeignet sind zentrale Antiemetika (Angriff am Brechzentrum) in Form von H_1-Blockern:

Chlorbenzhydrylmethylpiperazin (z. B. Peremesin), 1 bis 2 mg/kg zwei- bis dreimal täglich oder Promethazin (z. B. Atosil), 2 mg/kg KM auf einmal täglich. Beide Substanzen haben einen sedativen und parasympatholytischen Effekt.

5. Diät
Katzen mit dem Vollbild der felinen Parvovirose verweigern das Futter vollständig. Das Problem, sie in den ersten Tagen hungern zu lassen, stellt sich daher kaum. In dieser Zeit sollte die Katze über einen zentralen Venenkatheter mit der erforderlichen Energie versorgt werden. Danach ist eine leicht verdauliche Nahrung zu versuchen. In der Regel werden Milchprodukte aufgenommen: Joghurt, Hüttenkäse, Weichkäse. Man sollte versuchen, einen Teil dieser Milchprodukte mit einem Teil Reisschleim zu geben und der Katze mehrmals täglich anzubieten. Günstig wäre das Zumischen von Möhrengemüse, das die Katze jedoch i. a. verschmäht. Wenn der Durchfall drei Tage sistiert, kann mageres Fleisch (Geflügel) zugefüttert werden.

6. Antibiotika
Sie werden dann eingesetzt, wenn eine Bakteriämie vorliegt oder droht (bei sehr niedrigen Leukozytenzahlen unter 2000/µl). Es sollten keine Antibiotika gegeben werden, die in den Darm ausgeschieden werden (zusätzliche Freisetzung von Endotoxin durch zugrunde gehende Darmbakterien).

7. Thiamin
Hungernde und schwerkranke Katzen zeigen eine Tendenz zu Vitamin-B_1-Hypovitaminose. Es sollte mindestens Vitamin B_1 (Thiamin) in einer Dosis von 0,5 bis 2 mg/kg KM gegeben werden. Ist das Krankheitsbild der Vitamin-B_1-Hypovitaminose bereits eingetreten, so müssen wesentlich höhere Dosen gegeben werden: 10 bis 100 mg/Katze. Auch Vitamin A, 0,2 bis 0,5 mg/kg, zu geben, ist sinnvoll.

8. Hochimmunseren lassen nach Ausbruch der Krankheit keine Wirkung mehr erwarten.

9. Adsorbentien (Carbo medicinalis) sollten nicht gegeben werden, da einerseits kein wesentlicher Effekt auf die Darmflora oder die Toxinbindung zu erwarten ist, andererseits die Darmschleimhaut geschädigt werden kann und weiterhin die Ingesta mit ihren Bakterien und Toxinen eher länger im Darm zurückgehalten werden.

10. Adstringentien haben bei der großflächigen Zerstörung der Darmschleimhaut keine Aussicht auf Erfolg. Die auf Tanninbasis beruhenden Adstringentien könnten sogar resorbiert werden und aufgrund ihrer Lebertoxizität schaden.

11. Periphere Kreislaufmittel werden nach der immer mehr verfeinerten Volumensubstitutionstherapie heute kaum noch angewandt.

12. Sehr wichtig ist die sorgfältige Pflege der Katze, nicht zuletzt auch die Zuwendung, die ihr jedoch nicht die notwendige Ruhe rauben darf. Die Se- und Exkretionen sind sorgfältig zu entfernen. Insbesondere das Erbrochene und der Durchfall sind aus dem Fell zu entfernen.

Prophylaxe

Seit Mitte der 60er Jahre stehen wirksame Impfstoffe zur Verfügung. Bei allen Impfungen besteht das Problem der maternalen Antikörper, die zu einer Beeinflussung der Antikörperbildung führen können.

Attenuierte Lebendimpfstoffe: Sie haben den Vorteil eines sehr frühzeitigen belastbaren Schutzes und einer längeren Wirkungsdauer. Geeignet sind sie in Notfallsituationen. Sie sollten jedoch nicht bei trächtigen Kätzinnen oder bei Immunsuppression angewandt werden.

Inaktivvakzinen: Sie sind heute ebenfalls als sehr wirksam anzusehen und können auch bei trächtigen Kätzinnen angewandt werden. Inaktivvakzinen sind Lebendvakzinen in den meisten Fällen vorzuziehen.

Im allgemeinen wird heute folgendermaßen geimpft: Grundvakzination mit der 7. bis 9. Lebenswoche, zweite Vakzination mit der 12. und evtl. die dritte Impfung – erhöhter Infektionsdruck oder Verdacht auf maternale Antikörper – mit der 16. Woche. Jährliche (inaktivierte) bis zweijährliche (Lebendvakzine) Boosterungen.

MAYR (1989) empfiehlt am Beispiel der Parvovirose des Hundes folgendes Impfschema auch bei der Katze:

Aktive Immunisierung in der 6. bis 8., 9. bis 10. und 12. bis 14. Lebenswoche. Wo dies erforderlich ist, parenterale passive Immunisierung im Abstand von fünf Tagen mit polyklonalen Antikörpern in Abständen von 10 bis 12 Tagen ab der fünften Lebenswoche und aktive Immunisierung in der neunten und 12 Woche. Orale passive Immunisierung mit polyklonalen Antikörpern ab der sechsten Lebenswoche alle zwei Tage über zwei Wochen und aktive Immunisierung in der neunten und zwölften Woche.

Ein Problem stellen Katzenzuchten dar, in denen die Krankheit endemisch vorkommt. Nach Abklingen der maternalen Antikörperspiegel kann es bis zur Vakzination, die zudem keinen ausreichenden Schutz bietet, zu einem Ausbruch bei den Welpen kommen, der dann oft tödlich verläuft. ACKERMANN hat daher folgendes Impfschema vorgeschlagen:

4. Lebenswoche zum Tag 0 die erste Vakzination, zum Tag 2 die zweite, zum Tag 4 die dritte und zum Tag 7 die vierte Vakzination. Dagegen ist die Gefahr einer Immunblockade eingewandt worden. Der Vor-

teil scheint nach unserer Erfahrung jedoch den Nachteil weit zu überwiegen.
Die Frage, ob Katzen, die einen ausreichenden Schutz gegen FPV haben, auch gegen CPV-2a und CPV-2b geschützt sind, ist bisher noch unbeantwortet (TRUYEN u. M., 1996). Immerhin sind mindestens drei neutralisierende Epitope zwischen den drei Virustypen verändert, so daß ein immunologischer Unterschied zwischen den Typen möglich ist.

Desinfektion

Die Gegenstände in der tierärztlichen Praxis, die mit infizierten Katzen in Berührung gekommen sind, sollten, wo immer dies möglich ist, täglich mit Formaldehyd, Natronlauge oder Natriumhypochlorid desinfiziert oder aber sterilisiert werden. HERBST und STRAUCH (1991) testeten ein Desinfektionsmittel auf der Basis organischer Säuren am Modell des Rinderparvovirus und stellten fest, daß bei Verwendung von 0,5- bis 1%iger Lösung nach 30 Minuten, bei 2%iger Lösung bereits nach 15 Minuten kein infektionsfähiges Parvovirus mehr nachgewiesen werden konnte.

Zerebellare Ataxie

Grundsätzlich kann die Krankheit durch alle Viren hervorgerufen werden, die während der Embryonalphase, in der sich das Kleinhirn entwickelt, zu einer Infektion der Mutter und damit der Feten führen. Auch sind eine Reihe anderer Ursachen bekannt (toxische Schädigung, sporadische Kleinhirnhypoplasie unbekannter Ursache). In den weitaus meisten Fällen ist jedoch des feline Parvovirus die Ursache. Die Krankheit soll daher hier besprochen werden.

Pathogenese

Das feline Parvovirus kann die Uterus-Plazenta-Barriere überwinden und den Fetus infizieren. Dabei kommt es zu einer generellen Virusausbreitung, die auch zur Überwindung der Blut-Hirn-Schranke führt. Die durch das Virus ausgelösten Krankheitsbilder hängen vom Entwicklungsstadium des Feten, d. h. also vom Graviditätsstadium, ab. Während die Infektionen in der ersten Trächtigkeitshälfte für den Feten tödlich und mit seiner Resorption enden, führen Infektionen in der zweiten Hälfte entweder ebenfalls zu Tod und Abort oder Mumifikation, oder der Fetus übersteht die Infektion mehr oder weniger stark geschädigt. So werden lebensschwache Welpen zur Welt gebracht, oder die Welpen sind bei Geburt scheinbar gesund, zeigen aber in den nächsten Wochen zunehmend Symptome von seiten des Zentralnervensystems. Da gegen Ende der Trächtigkeit und in der frühen Postnatalphase das Zentralnervensystem neben Knochenmark und lymphatischem Gewebe eine erhebliche Mitoserate zeigt, kann sich das Virus hier besonders gut vermehren. Kommt es in dieser Zeit zu einer Parvovirusinfektion, dann wird besonders das Kleinhirn mit einer Verschmälerung einzelner oder mehrerer Rindenschichten betroffen (DAHME, 1988). Die Kleinhirnhypoplasie kann bei Infektionen bis neun Tage post partum ausgelöst werden. Weniger häufig werden dagegen Störungen anderer ZNS-Strukturen beobachtet. Berichtet worden ist über Retinadysplasie, Rückenmarkshypoplasie, Hydrozephalus, Anenzephalie (GREEN, 1984). Die häufigen Erkrankungen des Zerebellums und die seltenen des übrigen ZNS können allerdings nicht allein durch die Mitoserate erklärt werden. In der Darmschleimhaut werden während des Fetallebens nur geringe Mitoseaktivitäten gefunden. In Verbindung mit der noch fehlenden Darmflora kommen daher Schädigungen im Darmtrakt während der Fetalperiode nicht zustande.

Klinisches Bild

Während Infektionen in der ersten Trächtigkeitshälfte zur Fruchtresorption führen und unbemerkt bleiben, kommt es in der zweiten Hälfte zum Fruchttod mit Abort oder Mumifikation, oder es werden lebensschwache Welpen geboren. Die Folgen der Kleinhirnhypoplasie werden in der Regel erst mit den ersten selbständigen Gehversuchen bemerkt; dem erfahrenen Katzenhalter fällt jedoch schon früher bisweilen das unbeholfene Suchen der Zitze auf, das in einen Intentionstremor und hypermetrische Pendelbewegungen des Kopfes mündet. Mit den Gehbewegungen fallen dann die unkoordinierten, hypermetrischen Bewegungen der Gliedmaßen auf. Typische Symptome sind: Hypermetrie, fehlende Feinabstimmung der Bewegungen, wobei die grobe Richtung ungestört ist, Ataxie, Niederstürzen, Intentionstremor, Schwierigkeiten, die Zitze oder das Futter gezielt zu erfassen. Die Großhirnleistungen sind unbeeinträchtigt, die Tiere spielen vielmehr und entwickeln sich „geistig“ und „psychisch“ normal.
Die **Diagnose** der Kleinhirnhypoplasie ist an den typischen Ausfallserscheinungen gut zu diagnostizieren. Oft sind der gesamte Wurf oder doch mehrere Wurfgeschwister mit gleicher oder unterschiedlicher Schwere erkrankt.
Differentialdiagnostisch kommen die o. a. Krankheiten in Betracht. Sie spielen jedoch eine weit untergeordnete Rolle.
Eine erfolgreiche **Therapie** ist unbekannt. Jedoch können sich die Katzen im Laufe der Zeit zum Teil an die Ausfallserscheinungen bis zu einem gewissen Grad gewöhnen, so daß sie in nicht zu ausgeprägten

Fällen nicht mehr so stark auffallen. Prophylaktisch soll die Kätzin vor der Paarung ausreichend geimpft sein; ggf. kann sie kurz vor der Paarung aktiv mit Todvakzine geimpft werden.

Katzenschnupfenkomplex

Unter dem Begriff des Katzenschnupfens werden ätiologisch unterschiedliche, klinisch aber ähnlich oder gleich verlaufende infektiöse, fieberhafte, katarrhalische bis eitrige oder nekrotisierende Erkrankungen der Schleimhäute des Kopfes und des Respirationstrakts zusammengefaßt.

Ätiologie

Daß der Katzenschnupfen ein infektiöses Agens als Ursache haben müsse, war schon seit langem vermutet worden. Die viralen Erreger wurden seit den 50er Jahren entdeckt. Eine Reihe von Viren u. a. Krankheitserregern kommt in Frage:

1. Felines Calicivirus. Es wurde im Jahr 1960 als ein Erreger des Katzenschnupfens von BITTLE u. M. sowie von CRANDELL und MADIN gefunden, nachdem es bereits im Jahre 1957 von BOLIN sowie von FASTIER entdeckt worden war. Das Virion ist kugelig, 32 bis 40 nm groß, unbehüllt und enthält eine einsträngige RNS. Es ist gegen Einflüsse aus der Umgebung sehr resistent, wird durch Ethanol, Natriumhypochlorid, Form- und Glutaraldehyd inaktiviert. Raumtemperatur und Phenole überlebt es dagegen tagelang. Die verschiedenen Virusisolate sind weitgehend identisch (BÜRKI u. M., 1976). Allerdings bestehen erhebliche Virulenzunterschiede (POVEY, 1974; KAHN u. M., 1975; DAVIS und BECKENHAUER, 1976). In einer neueren Untersuchung von HARDER u. M. (1994) ergab sich bei 21,1 % an Katzenschnupfen erkrankter Tiere als Ursache FCV. HARBOUR u. M. (1991) fanden 29,5 % FCV.

2. Felines Herpesvirus 1 (FHV 1). Das Virus wurde durch CRANDELL und MAURER (1958) beschrieben und zunächst als felines Rhinotracheitisvirus bezeichnet, welchen Namen der Erreger auch heute noch bisweilen trägt. Das Virion ist 130 bis 190 nm groß, behüllt, serologisch einheitlich, aber von unterschiedlicher Virulenz (CRANDELL, 1973; POVEY, 1979). Soweit bisher bekannt, werden nur Katzen infiziert. Bei Zimmertemperatur wird das Virus innerhalb eines Tages inaktiviert, sehr rasch durch Äther, Chloroform, Methanol, Natriumhypochlorid, Phenole, Aldehyde. In der Untersuchung von HARDER u. M. (1994) wurde bei 15,7 % schnupfenkranker Katzen FHV festgestellt. Dies deckt sich mit den Befunden von HARBOUR u. M. (1991), die 13,7 % FHV-infizierte Katzen fanden.

Abb. 6: Ptyalismus bei Katzenschnupfen; Strabismus der Siamkatzen.

3. Reoviren, Serotypen 1 und 3. Sie kommen als Erreger seltener in Betracht (SCOTT u. M., 1970; KNECHT, 1979)

4. Synzytienbildende Viren (fraglich)

5. Parainfluenzaviren (CUADRADO, 1965)

6. Chlamydia psittaci

7. Mykoplasmen

Im folgenden soll besonders auf die häufigsten Infektionen durch Calici- und Herpesviren eingegangen werden; Reo-, Synzytien-bildende und Parainfluenzavirusinfektionen verlaufen ähnlich. Auf Chlamydieninfektionen wird an anderer Stelle hingewiesen.

Pathogenese

Die Erreger werden besonders durch direkten Kontakt übertragen. Des weiteren, aber weniger ausgeprägt, erfolgt die Übertragung durch Tröpfcheninfektion beim Niesen. Die Calicivirus-Infektion hat eine Inkubationszeit von einem bis zwei Tagen und kann dann bereits in Nasenschleimhaut, Tonsillen, Trachea, Bronchen und Lunge nachgewiesen werden (KAHN und GILLESPIE, 1971). Eine Virämie ist selten.
Die Infektion der Nasenschleimhaut durch das Feline Herpesvirus 1 führt zunächst zu einer örtlichen Epithelnekrose. Die Inkubationszeit wird mit zwei bis fünf Tagen angegeben (ROLLE und MAYR, 1978). Befallen werden außerdem die Konjunktiven, die Schleimhaut des Rachens, der Trachea und der Bronchen. Eine Virämie ist auch hier selten. Wenn sie vorkommt, können Uterus und Feten betroffen

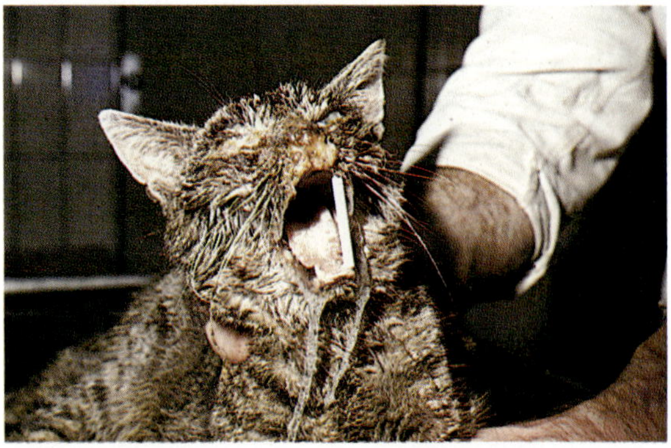

Abb. 7: Viruskatarrh: Konjunktivitis, Rhinitis, ulzerierende, vesikuläre, nekrotisierende Glossitis; Herpesviren nachgewiesen.

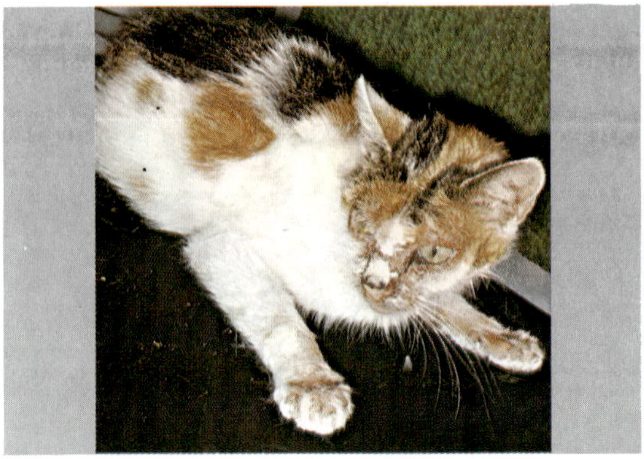

Abb. 8: Dermatitis nach Calicivirusinfektion.

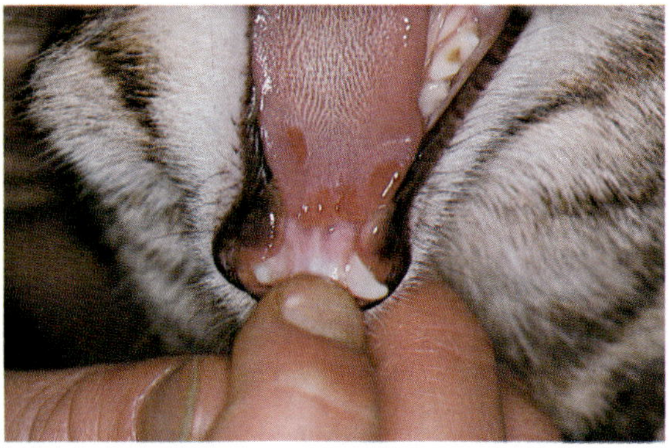

Abb. 9: Viruskatarrh: Ulcera der Zunge.

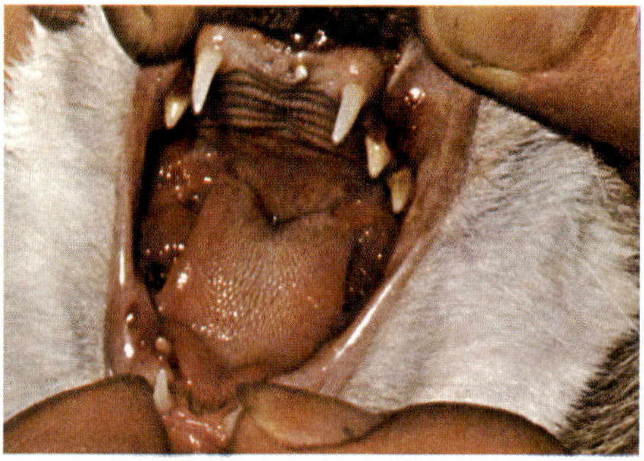

Abb. 10: Ulzerierende und proliferative Stomatitis (Calicivirusinfektion).

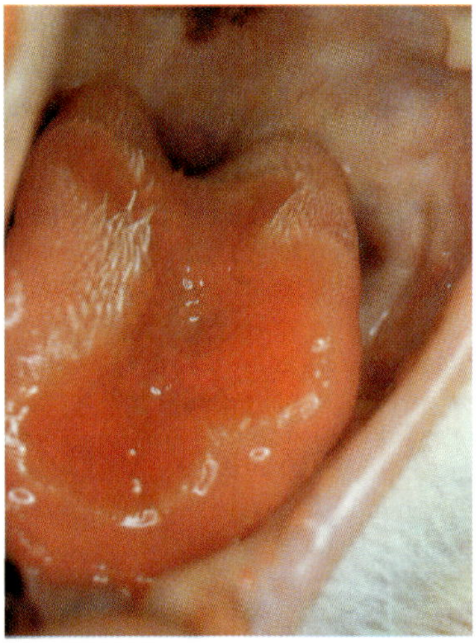

Abb. 11: Höchstgradige Glossitis.

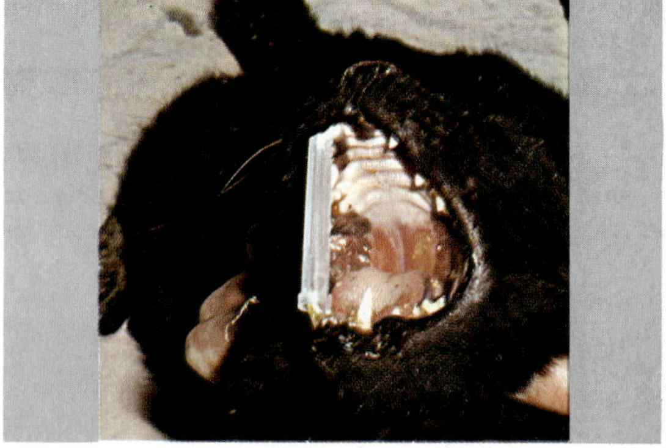

Abb. 12: Pharyngitis (Calicivirusinfektion).

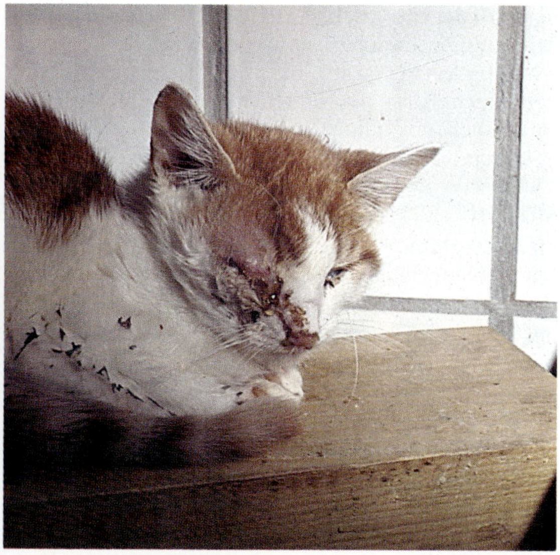

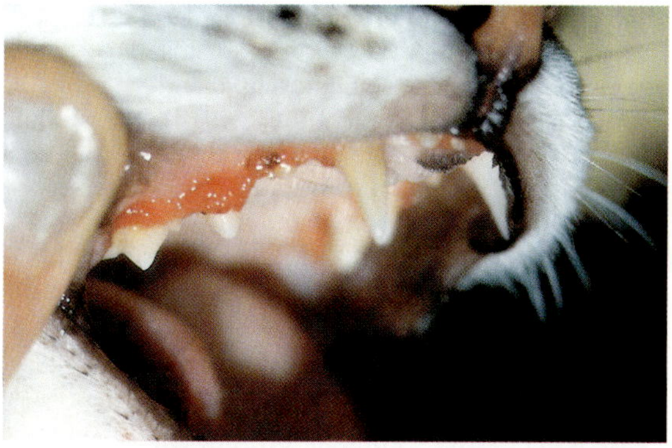

Abb. 14: Gingivitis als Folge einer chronischen Calicivirusinfektion.

Abb. 13: Katzenschnupfen mit schwerer Konjunktivitis, Rhinitis und Stomatitis. Die Sekretspuren deuten auf Unterlassen der Körperpflege hin und führen zu sekundärer Dermatitis.

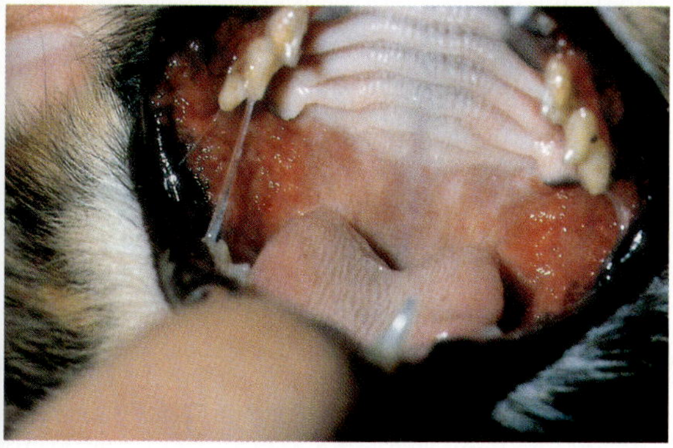

Abb. 15: Hochgradige Pharyngitis mit Tonsillitis im Anschluß an Katzenschnupfen.

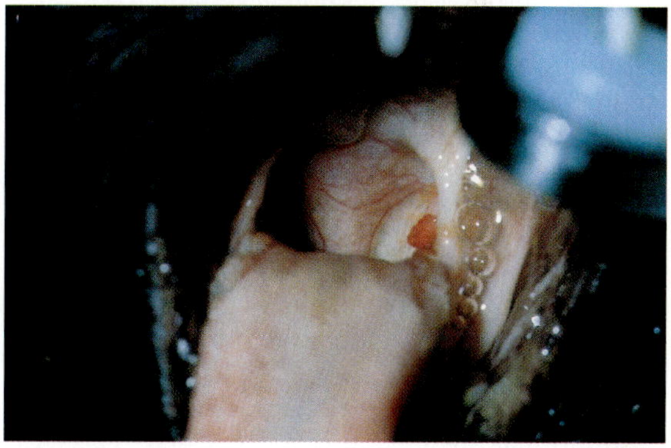

Abb. 16: Tonsillitis als häufige Begleiterscheinung bei Katzenschnupfen.

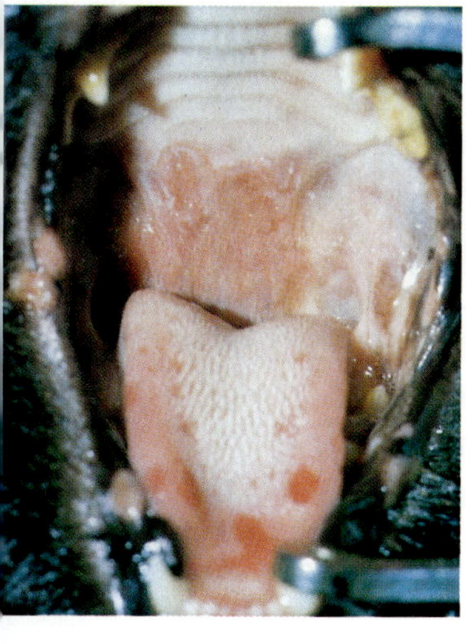

Abb. 17: Glossitis und Pharyngitis als eine der Ursachen von Anorexie bei Katzenschnupfen.

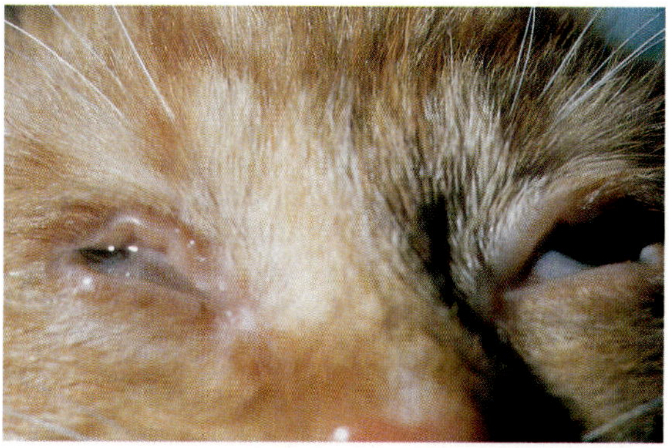

Abb. 18: Mikrophthalmie als Endstadium einer Erkrankung an Katzenschnupfen.

sein (HOOVER und GRIESEMER, 1971). Herpesviren können latente Infektion auslösen oder zu inapparent infizierten Dauerausscheidern führen (POVEY und JOHNSON, 1967, 1970). Sie stellen ein großes Problem in Katzenzuchten, Tierheimen und Massenhaltungen dar. Immunsuppression (Kortikosteroid-, Zytostatikabehandlung, FeLV-, FIV-Infektion) können latente Infektion klinisch manifestieren, ebenso Streßzustände sowie Geburt und Laktation (GASKELL und POVEY, 1977, 1982).

Klinisches Bild

Tiere jeden Alters können erkranken, doch sind Jungtiere oder Tiere, die in eine infizierte Umgebung gelangen (Tierheime, Ausstellungen) am häufigsten betroffen. Das „typische" Erscheinungsbild der am häufigsten vorkommenden Infektionen mit Calici- oder Herpesviren ist sehr ähnlich und durch Schnupfen (Niesen, Nasenausfluß) und Konjunktivitis (Augenausfluß, Lichtscheu) gekennzeichnet. Experimentelle Herpesvirusinfektionen verlaufen schwerer als Calicivirusinfektionen; bei natürlicher Infektion werden jedoch keine sicheren Unterschiede bemerkt. Der Krankheitsverlauf variiert in Dauer und Schwere außerordentlich stark. Während in milden Fällen nur wenige Tage Niesen mit serösem Nasen- und Augenfluor beobachtet wird, treten in schweren Verläufen hochgradige eitrige Rhinitiden, Stomatitiden, Konjunktivitiden und auch Keratitiden bis hin zu Panophthalmien auf. Pneumonien sind selten. In den schwereren Verläufen besteht Fieber um 40 °C, das m. o. w. andeutungsweise biphasisch verlaufen kann, vielfach werden jedoch nur leicht erhöhte oder sogar normale Temperaturen gemessen. Das Allgemeinbefinden ist teilweise stark gestört, meist verweigern die Tiere die Futter- und Wasseraufnahme. Die Krankheit kann nach einer Woche abheilen; in manchen Fällen – besonders bei jungen oder geschwächten Tieren – zieht sie sich jedoch wochenlang hin. In diesen Fällen können Pneumonien, Sinusitiden, Keratitiden und Panophthalmien hinzutreten. Hornhautulzera (BISTNER u. M., 1971) und Aborte (HOOVER u. M., 1971) sollen besonders durch Herpesvirusinfektionen ausgelöst werden.

Die Verlegung der Nasenöffnungen durch eingetrocknetes Sekret führt Atembeschwerden herbei; die Tiere versuchen teilweise noch, die Sekretmassen durch „Waschen" mit den Vorderpfoten zu entfernen. Später verkleben Gesicht, Vorderbrust und Vorderbeine mit dem abfließenden Sekret. In schweren Verlaufsformen kommen vesikuläre, pustulöse, ulzeröse Glossitiden oder generalisierte Stomatitiden hinzu. Selbst in weniger schweren Fällen verweigern die Tiere Futter- und Wasseraufnahme, so daß Gewichtsverlust und Dehydratation eintreten können. Ob die chronische Gingivitis ursprünglich wirklich auf eine Calicivirusinfektion und die Stomatitis lymphoplasmacytaria auf eine Herpesinfektion zurückgehen, ist noch nicht mit Sicherheit geklärt. In Münchener Untersuchungen konnten bei der häufigen chronischen rezidivierenden Gingivitis Caliciviren nachgewiesen werden (TRUYEN und SCHUNK, 1995).

Häufig kommt es besonders bei geschwächten Tieren zu bakteriellen Superinfektionen.

Die anfangs akuten Rhinitiden können in einem Teil der Fälle chronisch werden. Dann ist kein Virus mehr nachweisbar, und es werden in der Regel eine bakterielle Mischflora, zum Teil auch Mykoplasmen, nachgewiesen. Die Katzen – und ihre Umgebung – leiden unter ständigem Niesen mit Auswurf großer Mengen eitrigen Sekrets. Durch Aufschlagen des Kopfes und durch Arrosionen kann erhebliches Nasenbluten auftreten. Diese chronischen Rhinitiden, die zum Teil mit Nasenmuscheldegeneration einhergehen, sind außerordentlich therapieresistent.

Auf die Arbeitsgruppe um RICH (RICH und FABRICANT, 1969, 1971; FABRICANT und RICH, 1969, 1971; RICH u. M., 1971) gehen Befunde zurück, nach denen das Feline Urologische Syndrom (FUS) in Verbindung mit Calicivirusstämmen gebracht werden kann. Die Untersucher isolierten Caliciviren aus dem Harn FUS-kranker Katzen und konnten die Krankheit mit einer Inkubationszeit von 3 bis 51 Tagen auslösen. Ob ein ursächlicher Zusammenhang besteht, ist fraglich.

Die Morbidität kann bis einhundert Prozent, die Letalität bis zwanzig Prozent betragen. Die Dauer der Erkrankung kann sich auf einige Wochen beschränken, aber auch auf mehrere Wochen ausdehnen. Sehr ungünstig sind schwere ulzeröse Glossitiden anzusehen.

Der Katzenschnupfen führt in einem Teil der Fälle zum Bild des Thiaminmangelsyndroms mit den Symptomen Apathie, Ataxie, Kopfbeugen, starrer Blick, Mydriasis. Wenn dieses Syndrom nicht konsequent behandelt wird, entstehen bleibende Gehirnschäden, oder das Krankheitsbild endet tödlich.

Diagnose

Das klinische Bild ist typisch. Die ätiologische Diagnose kann jedoch nur mittels Erregernachweises gestellt werden.

Differentialdiagnose

- Nichtvirale Entzündungen der Mund- und Nasenschleimhaut: Fremdkörper, Bißverletzungen, Stromschläge: typische klinische Veränderungen, Vorbericht.

- Chronische Gingivitiden/Stomatitiden: Bakteriologische Untersuchung, Biopsie, Zytologie und histologische Untersuchung.
- Eosinophiles Granulom: typisches klinisches Bild, im Mundhöhlenbereich und an den Lippen meist als Ulkus mit wallartigem Rand, Zelldetritus und darunter Granulationsgewebe; im Zweifelsfall Biopsie und histologische Untersuchung.
- Tumoren: typisches klinisches Bild, Biopsie und Histologie.
- Sinusitiden: Röntgenuntersuchung.
- Bronchopneumonie anderer Ursache: typischer Auskultationsbefund (nicht immer!), Röntgenuntersuchung, Bronchoskopie und bakteriologische sowie zytologische Sekretuntersuchung.
- Fremdkörperbronchitis: anfallsartiger, anfangs trockener, bald feucht werdender Husten mit eitrigem Auswurf; Röntgen, Bronchoskopie (Sekretbahn verfolgen).
- Chronische obstruktive Pneumopathie (COP, COPD): fieberlos, keine Schleimhautbefunde im oberen Respirationstrakt und an den Augen, typisches Sekret (Eosinophile, Lymphozyten, degenerative Epithelien, Curschmann-Spiralen).
- Asthma bronchiale: auskultatorisch Stenosengeräusche feststellbar, oft durch bestimmten Anlaß (Allergen) auszulösen.
- Pemphigus foliaceus: in der Regel fieberlos, kein Erreger nachweisbar, sonst klinisch sehr ähnlich; Biopsie und histologische Untersuchung.

Therapie

Leichte Fälle bedürfen keiner Therapie. Ansonsten ist die Behandlung überwiegend symptomatisch. Die Katzen sollten persönliche Zuwendung durch die vertraute Person haben; aus diesem Grund sollten sie möglichst in der gewohnten Umgebung behandelt oder doch so rasch wie möglich aus stationärer Behandlung entlassen werden.

1. Bei Herpesvirus-Infektion: Aciclovir (z. B. Zovirax®) 5 bis 10 mg/kg KM, auf dreimal täglich verteilt. HERBST u. M. (1988) konnten eine gute Wirksamkeit gegen das FHV in vitro nachweisen, und HIRSCHBERGER (1988) untersuchte Verträglichkeit und biologische HWZ. HARDER u. M. (1994) konnten bei zehn Katzen gegenüber sieben Kontrollen mit Aciclovir allerdings keine Erfolge erzielen.

2. Reinigung der verklebten mukokutanen Übergänge (Augen, Nase, Mund), ferner der verschmutzten Haare: Wasserstoffperoxid 1- bis 3%ig, Rivanollösung 0,5‰ig, Kamillentee.

3. Antibiotika nach Antibiogramm bei bakteriellen Infektionen, bis zum Erhalt des Ergebnisses Breitspektrumantibiotika systemisch gegeben werden.

4. Erforderlichenfalls Rehydratation. Die Menge richtet sich nach dem Grad der Dehydratation. Geeignet sind Vollelektrolytlösungen, wobei die Hälfte des Tageserhaltungsbedarfs durch Glukoselösung 5%ig substituiert wird. Plasmaexpander sind seltener erforderlich. Ein Azidoseausgleich ist nur selten nötig.

5. Nasenspülungen sind in akuten Fällen allenfalls bei völliger Verlegung der Nasengänge durch zähe Sekretmassen durchzuführen. Bei chronisch gewordenen Rhinitiden bringen sie oft nur vorübergehend Besserung (Jodkomplexlösungen, z. B. Betaisodona®, Rivanollösung, Natriumhypochlorid).

6. Mundspülungen bei Stomatitiden mit den gleichen Mitteln, ebenso mit Aluminiumchlorat (z. B. Mallebrin®).

7. Sinusitis: Trepanation und Spülung mit warmer Kochsalz-, Rivanol- oder Jodkomplexlösung.

8. Keratitis, Ulcus corneae: Idoxuridin (z. B. IDU-Augentropfen®, -Augensalbe®), als Tropfen stündlich, als Salbe alle vier Stunden in den Lidspalt geben.
Trifluriden-Augentropfen (z. B. TFT® Thilo) alle zwei Stunden in den Lidspalt geben.
Tromantadin (z. B. Viru-Merz Ophth.®) alle vier Stunden in den Lidspalt geben.
Aciclovir (z. B. Zovirax-Augensalbe®) alle vier Stunden in den Lidspalt geben.

9. Prophylaktisch und ggf. – bei Symptomen des Thiaminmangelsyndroms – therapeutisch Vitamin-B-Komplex, insbesondere Thiamin, 0,5 bis 2 mg/kg KM, bei bereits eingetretenen klinischen Symptomen bis 100 mg/Katze.

10. Die Fütterung kann als Flüssig- oder Breinahrung mit der Spritze vorgenommen werden. Geeignet sind Weichfutter, die mit Fleischbrühe verdünnt werden. Die oft empfohlene Fütterung über eine Ösophagusfistel halten wir in den weitaus meisten Fällen für entbehrlich. Besser geeignet ist jedoch bei längerer Anorexie die Ernährung über einen zentralen Venenkatheter.

Prophylaxe

Herpes- und Calicivirose: Grundimmunisierung erfolgt ab der achten Lebenswoche, Revakzination in der 12. (bis 16.) Lebenswoche. Die Wiederholungsimpfungen sind jährlich durchzuführen. Die parenterale Applikation ergibt einen brauchbaren, wenn auch keineswegs absoluten Schutz. Allerdings können sie latente Infektionen durch Herpesviren nicht verhindern. Dies scheint mit intranasal zu gebenden Vakzinen möglich zu sein (ORR u. M., 1980). In-

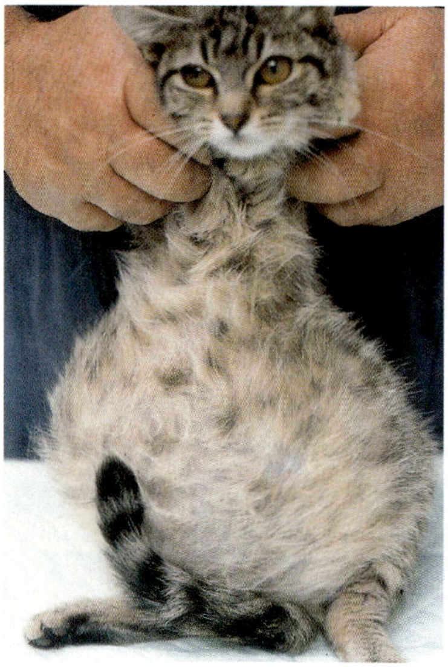

Abb. 19: Katze mit hochgradigem Hydrops ascites bei der exsudativen („nassen") Form der Felinen Coronavirose (FIP).

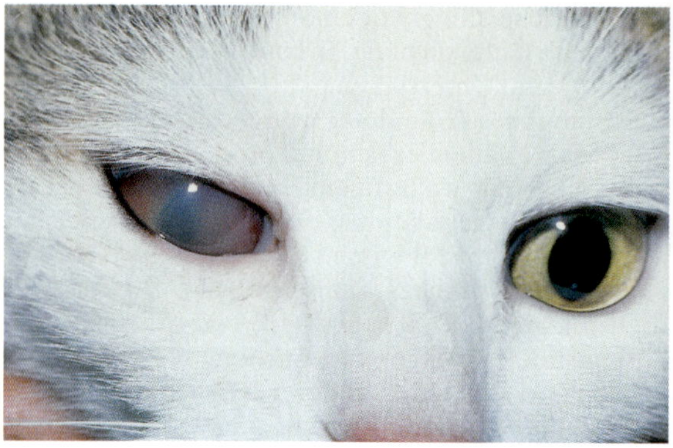

Abb. 20: Iridocyclitis bei Coronavirose.

tranasale Impfstoffe führen bereits nach zwei bis vier Tagen zu einem brauchbaren Infektionsschutz, parenterale erst nach rund einem Monat. Nasale attenuierte Lebendvakzinen sollen auf keinen Fall bei Immunsuppressionen gegeben werden, da eine Vermehrung der Impfviren dann nicht ausgeschlossen werden kann.

Ist ein Tier bereits vorher symptomlos infiziert, so können trotz Impfungen Dauerausscheidungen von Viren nicht verhindert werden. Solche Tiere können als Infektionsquellen besonders in Katzenzuchten oder Tierheimen die Krankheit unterhalten. Diese latent infizierten Tiere können klinisch manifest erkranken, wenn immunsupprimierende Behandlungen (Kortikosteroide, Zytostatika) oder Krankheiten (FeLV, FIV) hinzukommen.

Die maternalen Antikörper können bei Caliciviren im besten Falle bis zu acht, bei Herpesviren bis zu sechs Wochen erhalten bleiben. Daher ist bei dem oben angeführten Impfschema mit einer Impfschutzlücke zu rechnen. In Problembeständen kann daher bereits zum ersten Mal in der vierten (fünften) und zum zweiten Mal in der sechsten (siebten) Woche vakziniert werden. Eine dritte Vakzination in der 12. Woche ist erforderlich. Ein weiteres Impfschema wurde von PICKERING (1981) empfohlen: In der Trächtigkeitsmitte wird die Mutter mit inaktiver Vakzine geimpft; die Welpen werden ab der dritten Lebenswoche viermal im Abstand von zwei Tagen vakziniert. Die vor diesem Vakzinierungsprogramm beobachteten Verluste konnten stark herabgesetzt werden. Gegen diese massive Vakzinierung ist eingewandt worden, daß sie zu einer Immunblockade führen könne. Praktisch scheint dies jedoch kaum vorzukommen.

Feline Coronavirosen

Die bei der Katze vorkommenden Coronaviren können zwei Krankheitsbilder auslösen: die Feline Infektiöse Peritonitis (FIP) und die Coronavirus-Enteritis. Es ist heute nicht mehr haltbar, zwei verschiedene Coronaviren zu unterscheiden. Vielmehr werden beide Krankheitsbilder von einem einzigen Virus ausgelöst, wobei das die Enteritis hervorrufende Virus eine minimale Veränderung durchmachen muß, um die FIP entstehen lassen zu können. Wenn beide Krankheitsbilder dennoch getrennt voneinander behandelt werden, so insbesondere aus didaktischen Gründen wegen der völlig unterschiedlichen Erscheinungsformen.

1. Feline Infektiöse Peritonitis

Unter der Bezeichnung „Feline Infektiöse Peritonitis" (FIP) wird eine progressive und (annähernd) immer tödlich ausgehende systemische, durch ein Coronavirus ausgelöste Immunkrankheit verstanden, die sich in zahlreichen Organen und Geweben manifestieren kann.

Ätiologie

Ursache ist das feline Coronavirus. Es wurde zum Unterschied gegenüber dem eine Enteritis hervorrufenden Felinen Enteritis-Coronavirus (FECV) als FIPV bezeichnet. Zum ersten Mal als Erreger der Krankheit wurde es von OSTERHAUS u. M. (1976) zweifelsfrei erkannt, nachdem WARD bereits im Jahr 1970 die Vermutung über einen Zusammenhang des Coronavirus mit FIP geäußert hatte. Es bestehen Antigenverwandtschaften mit den Coronaviren des Schweines, des Hundes und des Menschen

Abb. 21: Iritis mit Präzipitaten in die vordere Augenkammer bei Feliner Infektiöser Peritonitis.

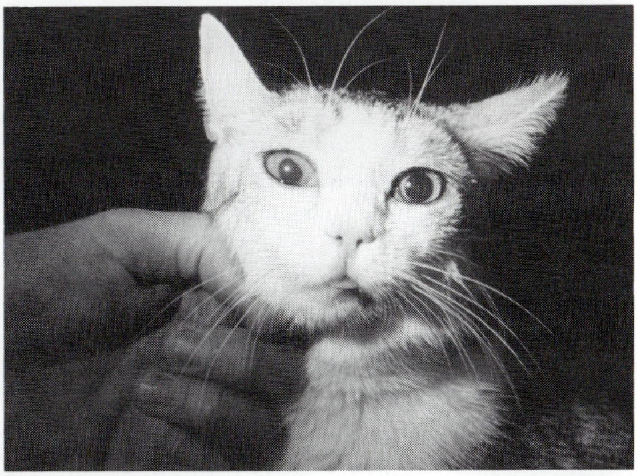

Abb. 22: Anisokorie im Verlauf von Feliner Infektiöser Peritonitis.

(Coronavirus 229 E), nicht dagegen zum menschlichen Coronavirus OC 43, zum bovinen Coronavirus und dem Coronavirus der Maus (Mäusehepatitisvirus). Die früher vom klinischen Bild her unterschiedenen FECV und FIPV sind sehr nahe verwandt und differieren nur sehr wenig. SPARKES u. M. (1992) halten das enterale Coronavirus für eine Deletionsvariante des FIP-Coronavirus. Eine Modifikation vom FECV zum FIPV ist jederzeit möglich, so daß eine Katze, die an Durchfall infolge einer Coronavirose leidet, später an FIP erkranken kann. Die beiden Virusvariationen können mit den üblichen polyclonalen Testmethoden nicht unterschieden werden. Sie unterscheiden sich in wenigen Strukturen, die nur mit monoclonalen Antikörpern differenziert werden können. Nach PEDERSEN u. M. (1981) zeigen die FECV-Stämme eine hohe Infektiösität bei geringer Pathogenität, die FIP-Stämme dagegen eine geringe Infektiosität, aber eine hohe Mortalität (gemeint ist wahrscheinlich Letalität).

Die Antigenverwandtschaft der Coronaviren verschiedener Spezies wirft nicht nur diagnostische Probleme auf. McARDLE u. M. (1992) gelang es, durch wiederholte intramuskuläre oder intraperitoneale Injektion des caninen Coronavirus bei der Katze FIP-Symptome auszulösen.

Das Coronavirus ist etwa 100 nm groß. Es enthält drei Strukturelemente: Innenkörper, Genom und Lipidhülle. Insbesondere durch die Lipidhülle ist es außerhalb des Körpers nur kurze Zeit überlebensfähig. Es wird bei Austrocknung innerhalb eines Tages und bei 56 °C innerhalb von 60 Minuten inaktiv.

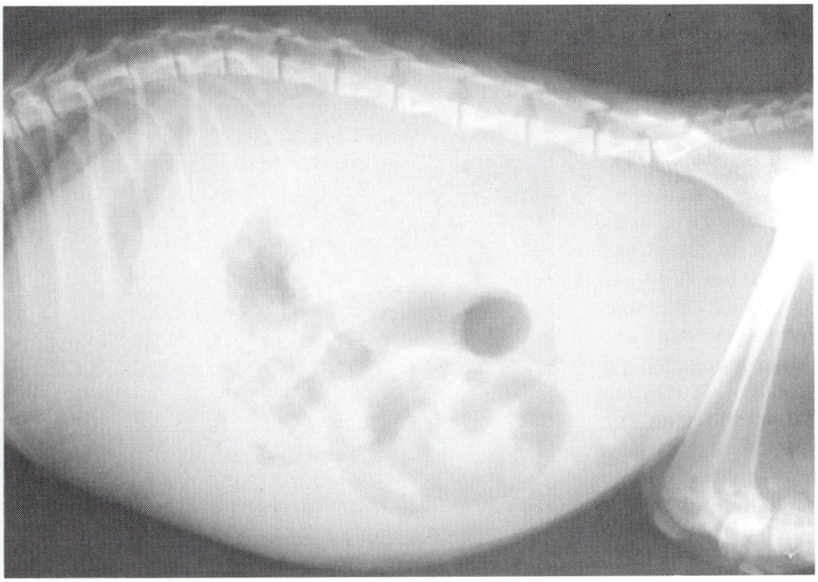

Abb. 23: Feline Infektiöse Peritonitis. Bauchhöhlenerguß.

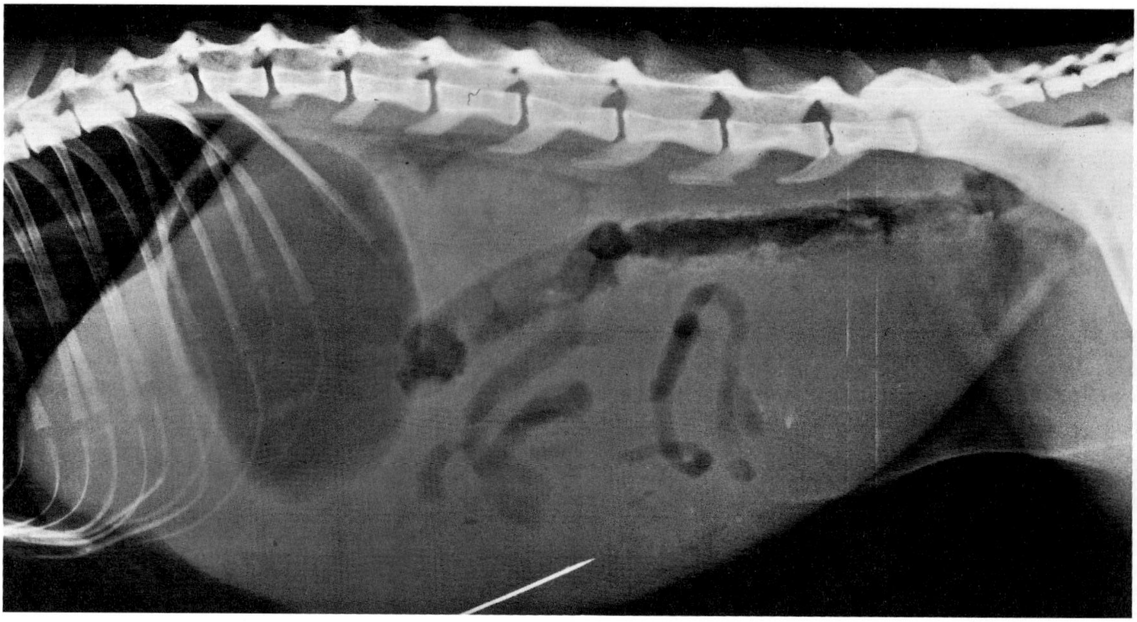

Abb. 24: Eitrige Peritonitis infolge perforierender Nähnadel.

Wirksame Desinfizientien sind Methanol, Natriumhypochlorid, Kresol, Aldehyde (Formaldehyd und Glutaraldehyd). Bei Temperaturen unter 0 °C bleibt das Virus jedoch wochenlang infektionsfähig. Der Erreger weist unterschiedliche Virulenz auf (BLACK, 1980; PEDERSEN u. M., 1981; PEDERSEN und FLOYD, 1985).

Pathogenese

Die Übertragung erfolgt wahrscheinlich oral; auch die intrauterine Übertragung ist wahrscheinlich (McKEIRNAN u. M., 1981; PEDERSEN, 1983). So wurden bei neugeborenen Katzen bereits typische FIP-Veränderungen beobachtet. Im eigenen Patientenmaterial wurden wiederholt peritonitische Zeichen bei drei bis fünf Wochen alten Katzen gefunden.

Nach oronasaler Aufnahme gelangt das Virus in die Epithelien des Magen-Darm-Trakts, in die Peyerschen Platten und die Darmlymphknoten. Von hier aus werden Monozyten befallen, die das Virus über das Blut (Virämie) in alle inneren Organe zu transportieren vermögen, wo es in Makrophagen persistiert. Hier wird Komplement gebildet. Außerdem entsteht Interleukin-1, B- und T-Lymphozyten werden aktiviert. Immunkomplexe aus freiem Virus und FIP-Antikörpern werden von Makrophagen aufgenommen, wodurch das Immunsystem erneut aktiviert wird. Im Elektropherogramm von Blutserum und Körperhöhlenergüssen kann eine erhebliche

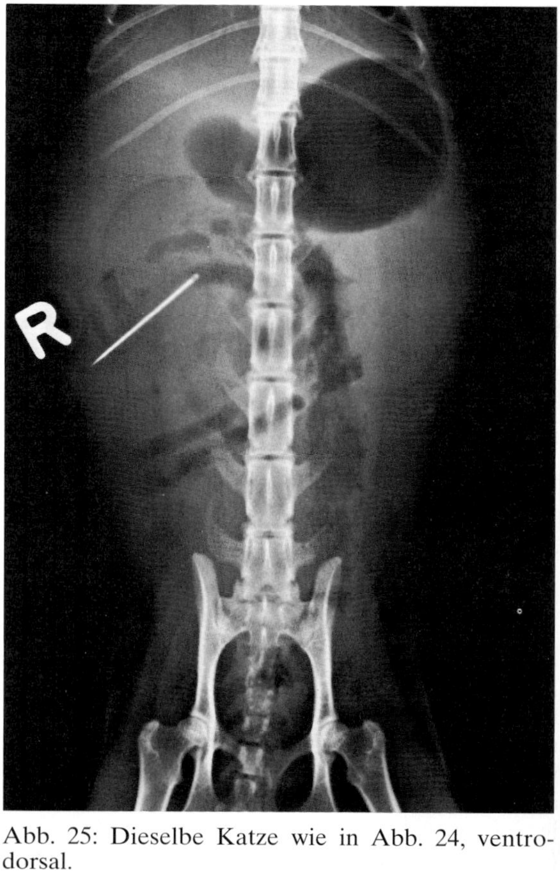

Abb. 25: Dieselbe Katze wie in Abb. 24, ventrodorsal.

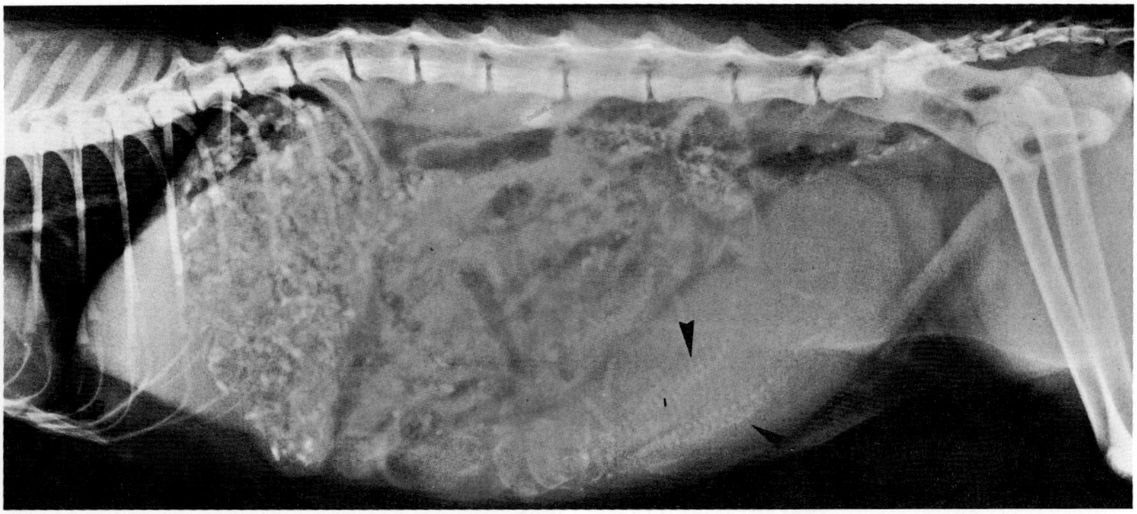

Abb. 26: Differentialdiagnose zur FIP: Gravidität.

Vermehrung der Gamma-Globuline festgestellt werden, die insgesamt zu einer Hyperproteinämie führen. Aus diesen pathogenetischen Vorgängen resultieren Entzündungsvorgänge, die sich als Vaskulitis in zahlreichen Organen und Geweben manifestieren und fiebrige Reaktionen auslösen. In den Makrophagen der Körperhöhlenergüsse kann Virusantigen nachgewiesen werden. Ob die Krankheit dann auch ausbricht, hängt außer von der Virulenz des Virusstammes insbesondere auch vom Immunstatus des Wirts ab. Ein starker Anstieg der humoralen Antikörper kann die Infektion nicht beenden und führt im Gegenteil zu einer verstärkten Antigen-Antikörper-Reaktion und Komplementbildung und damit zu einer verstärkten Krankheitsentwicklung (COLTEN, 1976; PEDERSEN und BOYLE, 1980; WEISS u. M., 1980; WEISS und SCOTT, 1981; GOITSUKA u. M., 1988). Möglicherweise wird der Ausbruch der Krankheit durch eine endo- oder exogene Reinfektion begünstigt.

Klinisches Bild

Die Krankheit ist offenbar schon in den 40er Jahren als klinisches Bild beschrieben (BONADUCE, 1942), aber noch nicht als Infektionskrankheit erkannt worden. Sie wurde erneut von HOLZWORTH (1963) und von WOLFE und GRIESEMER (1966) beschrieben.

Die FIP verläuft im Anfangsstadium mit so unspezifischen Symptomen wie Fieber und Anorexie (NEU und PFEIFER, 1985). Diese Symptome können sich wochenlang hinschleppen, bis typischere Symptome auftreten. Herkömmlicherweise wird die Krankheit in eine exsudative („nasse“) und eine granulomatöse („trockene“) Form eingeteilt. Während in den 60er und 70er Jahren die exsudative Form noch deutlich häufiger zu beobachten war, scheint heute die granulomatöse Form mit geringeren Ergußmengen im Vordergrund zu stehen (eine Vorselektion bei in Universitätskliniken eingewiesenen Patienten ist jedoch nicht ausgeschlossen). In jedem Falle stehen bei der exsudativen Form Ergüsse in die Bauchhöhle im Vordergrund; nur ein Fünftel der Fälle von NEU und PFEIFER zeigte Brusthöhlenergüsse, während beide Körperhöhlen nur in 5 % der Fälle betroffen waren.

Bei der exsudativen Form wird meistens zuerst die zunehmende Umfangsvermehrung des Abdomens beobachtet. Dabei können die Katzen ein anscheinend völlig ungestörtes Allgemeinbefinden zeigen. In anderen Fällen bestehen dagegen Anorexie, allgemeine Antriebsarmut, Schwäche, Fieber und zunehmende Kachexie. In einem Teil der Fälle werden Anämien beobachtet; häufiger besteht ein Ikterus, der dezent und nur angedeutet oder auch hochgradig sein kann. Die klinische Untersuchung der Bauchhöhle ergibt die charakteristischen Zeichen eines Ergusses, der durch die Umfangsvermehrung des Abdomens die Abmagerung zunächst maskieren kann. In vielen Fällen ist die Leber umfangsvermehrt. Die Veränderungen lassen sich besonders mit der Ultraschalluntersuchung gut darstellen.

Bei Ergüssen in die Brusthöhle können Atembeschwerden bis hin zur ausgeprägten Atemnot bestehen; seltener ist die Dyspnoe so hochgradig, daß Mundatmung besteht. Die Schleimhäute können bei höhergradiger Hypoxie und Hyperkapnie bläulich verfärbt sein. Es läßt sich andeutungsweise eine Dämpfungslinie perkutieren.

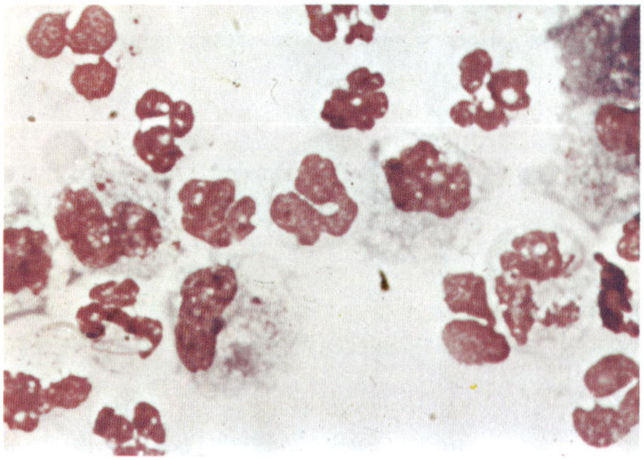

Abb. 27: Eitrige Peritonitis. Pappenheimfärbung 1000:1.

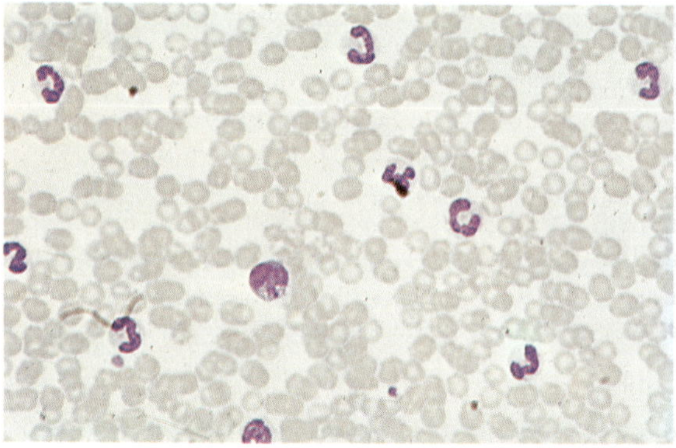

Abb. 28: Eitrige Pleuritis. Pappenheimfärbung 1000:1.

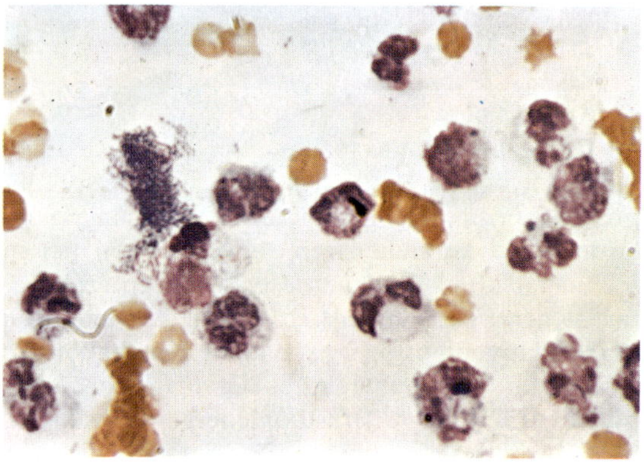

Abb. 29: Extreme Kernlinksverschiebung bei Feliner Infektiöser Peritonitis.

Abb. 30: Bernsteingelbes Punktat mit leicht blutigem Fibringerinnsel bei Feliner Infektiöser Peritonitis.

Bei der granulomatösen Form kann ebenfalls therapieresistentes Fieber bestehen. Auch hierbei kommt es allmählich zur Abmagerung, zu allgemeiner Schwäche, Apathie und Bewegungsunlust. Hinzu kommen Symptome von seiten der betroffenen Organe, die jedoch gerade in früheren Stadien unbestimmt sein können. Am häufigsten sind die Organe der Bauchhöhle betroffen: Leber, Peritoneum, Lymphknoten, Milz, Pankreas und Nieren. Seit einiger Zeit wird auch über Darmentzündungen berichtet, die den peritonealen Überzug und die Darmwand betreffen und zu derben, palpatorisch feststellbaren Verdickungen des Darms führen mit den entsprechenden Funktionsstörungen (Malassimilation); sie sind nicht identisch mit den Durchfallerkrankungen durch das sogenannte FECV, bei dem es zu Zottennekrosen kommt. In der Pleurahöhle kann die Krankheit außer der Pleura selbst auch das Herz befallen.

Symptome von seiten des ZNS und der Augen wurden schon früh von DOHERTY (1971), HOLLIDAY (1971), SLAUSON und FINN (1972), STÜNZI und GREVEL (1973), LEGENDRE u. M. (1975), PEDERSEN (1976) beschrieben. Sie werden in Deutschland interessanterweise erst seit anfangs der 80er Jahre beobachtet. Nur selten werden sie in Verbindung mit der exsudativen Form gesehen. Sie manifestieren sich als Schwäche und Ataxie der Nachhand bis hin zur Paresis oder – selten – Paralysis posterior. Bei Lokalisation im Gehirn werden Apathie oder Exzitationen und Verhaltensstörungen beobachtet. In einem eigenen Fall zeigte eine Katze ein hochgradig aggressives Verhalten mit Beißen in vorgehaltene Gegenstände und lautes Brummen bis Brüllen, ferner Mydriasis und Speicheln wie beim „typischen“ Bild der rasenden Wut. Weiterhin werden Nystagmus, Lähmungen der Gehirnnerven, Nickhautvorfall, Hornersches Syndrom, Hyp-, Hyper- oder Parästhesien, Orientierungslosigkeit und Intentionstremor beobachtet. Die Symptome variieren je nach den hauptsächlich befallenen Organen. So kann durch Exsudation eines zähen fibrinösen Sekrets in die Gehirnkammern der Liquorfluß gehemmt werden; allerdings gelingt die Liquorgewinnung in diesen Fällen wegen der gelatineartigen Konsistenz nicht. Die Folge ist ein zunehmender Hydrozephalus mit Innendruckerhöhung und den typischen Symptomen Apathie, Bewegungsverlangsamung, Kopfbeugen, divergierender Strabismus nach außen-unten.

Die Manifestation in den Augen wird ebenfalls in den letzten Jahren deutlich häufiger als früher gesehen. Auch sie ist mit der trockenen Form vergesellschaftet, kann aber auch – zumindest klinisch – ohne weitere Symptome auftreten. Sie imponiert als Uveitis, die um die Gefäße herum als pyogranulomatöse Veränderung sichtbar wird. Dabei ergeben sich Präzipitate in die vordere Augenkammer. Aber auch in der hinteren Augenkammer werden Veränderungen erkennbar. Beobachtet werden Korneaödeme, Hypopyon, Trübungen des Glaskörpers. In der Retina können Blutungen auftreten.

Im Blut werden Leukozytosen mit Neutrophilie und bisweilen erheblicher Linksverschiebung beobachtet. Die Werte können aber auch völlig unauffällig sein. Auch geringgradige Leukopenien können – besonders bei Kreislaufproblemen – vorkommen. Häufig sind die „Leberwerte" erhöht: Steigerung der Serum-Enzymaktivitäten ALT, AST, GLDH, in schweren Fällen auch der AP. Bilirubin, sowohl primäres als auch sekundäres, ist ebenfalls häufig erhöht. Seltener sind Harnstoff und Kreatinin gesteigert. Die Serum-Proteinerhöhung ist die auffallendste Erscheinung. Sie kann Werte weit über 10 g/dl erreichen. Hauptsächlich geht ihre Erhöhung auf eine Steigerung der Gamma-Globuline zurück. Neben der Gamma-Hyper-Globulinämie werden auch Erhöhungen der Alpha- und Beta-Globuline beobachtet, die aber wesentlich geringer ausfallen.

Das Exsudat ist makroskopisch in der Regel gelb gefärbt (Bilirubin). Es ist zähflüssig, aber fast klar. Nach kurzem Stehen bildet sich ein „Innenkörper", d. h. es fällt Fibrin aus. Das spezifische Gewicht ist hoch (>1,025). Der Proteingehalt reicht an den des Serums heran. Neben Alpha- und Beta-Globulin ist besonders das Gamma-Globulin erhöht. Die Rivaltaprobe ist stets stark positiv, d. h. in die verdünnte Essigsäure getropftes Exsudat kugelt sich sofort ab und sinkt mit einem grauen Überzug zu Boden, ohne sich aufzulösen (HIRSCHBERGER, 1995). Im Sediment werden für ein Exsudat nur relativ wenige Zellen gefunden: Makrophagen, Lymphozyten, Plasmazellen, Mesothelzellen, Neutrophile, Granulozyten.

Diagnose

FROST und LOHRBACH (1987) fanden bei 1628 Blutproben von Katzen in 43 % „FIP-Antikörper", WALTER und RUDOLPH eine Inzidenz von knapp 10 %. Die früher propagierte Antikörperbestimmung im Serum und die aus den verschiedenen Titerverdünnungen und -grenzwerten gezogenen Schlüsse haben sich jedoch als nicht haltbar erwiesen. Man glaubte lediglich aussagen zu können, daß bei negativem Antikörpertiter mit hoher Wahrscheinlichkeit keine Infektion vorliege (außer evtl. in Terminalstadien). So glaubte man lange Zeit, daß bei entsprechenden Symptomen und negativem Titer eine FIP ausgeschlossen werden könne, solange keine terminale Immunsuppression vorliege. Im aktuellen Einzelfall ein diagnostisch unklares Bild auf eine Antikörperbestimmung stützen zu wollen, wäre jedoch verfehlt. Auf die Problematik der Titerinterpretationen haben kürzlich SUTER u. M. (1993) hingewiesen. Die früher gehegten Erwartungen, ab einer bestimmten Titerhöhe eine FIP diagnostizieren zu können, haben sich also nicht bewährt. So mußten ROHRER u. M. (1993) feststellen, daß bei 11 % der an FIP leidenden Katzen ein negativer Antikörpertiter vorlag. So betonte denn auch B. MAYR (1991), daß ein positiver Titer nichts darüber aussagt, ob die betroffene Katze immun ist, das Virus ausscheidet oder jemals erkrankt.

Neuerdings kann FIPV-Antigen in Makrophagen der Ergußflüssigkeiten nachgewiesen werden; dieses Verfahren kann als beweisend angesehen werden. Allerdings hängt das Untersuchungsergebnis davon ab, daß genügend Makrophagen gewonnen werden können, so daß letztlich mit Sicherheit nur der positive Ausfall des Tests als beweisend angesehen werden kann. Wenn im Kot klinisch gesunder oder an Durchfall erkrankter Katzen Coronaviren nachgewiesen werden, so kann gleichzeitig oder später eine FIP entstehen.

Alle weiteren Untersuchungsmethoden sind nicht mit letzter Sicherheit beweisend. Eine FIP-Infektion liegt mit hoher Wahrscheinlichkeit – aber nicht absoluter Sicherheit – vor, wenn

- eine Hyperproteinämie über 9,0 g/dl
- eine Hyper-Gamma-Globulinämie
- ein proteinreicher Erguß (ähnlich wie im Serum)
- eine Vermehrung der Gamma-Globuline im Erguß
- eine stark positive Rivalta-Probe im Erguß
- keine bakteriellen oder mykotischen Erreger im Erguß

bestehen.

Die Untersuchung eines Exsudats ist bei der granulomatösen Form nicht möglich. Hier kann die Sonographie Anhaltspunkte für granulomatöse Veränderungen liefern. Mit ihrer Hilfe oder aber über eine laparoskopische Untersuchung kann eine Organbiopsie durchgeführt werden, die jedoch nur im positven

Fall beweisend ist (Treffen von typischen Granulomen).

Differentialdiagnose

Ergüsse anderer Ursache:

- Herzinsuffizienz (meist Erythrozyten, niedriges spezifisches Gewicht, Protein wesentlich niedriger, Rivalta-Probe negativ oder schwach positiv)
- Tumoren (meist Erythrozyten, Leukozyten, Endothelien, zum Teil Tumorzellen, Proteingehalt wechselnd, aber nie so hoch wie bei FIP, keine γ-Globulinvermehrung)
- eitrige Ergüsse (massenhaft Leukozyten, Protein vermehrt und Rivalta-Probe gering bis mäßig positiv, nicht so stark wie bei FIP, Erreger nachweisbar)
- hypoproteinämische Ergüsse (wasserklar, kaum Zellen, kaum Protein, Hypoproteinämie)
- Hepatopathie (niedriges spezifisches Gewicht, Protein negativ oder gering positiv, wenig Zellen)
- Harnerguß (Harnstoff und Kreatinin stark positiv)
- Chylothorax

Trockene Form:

Es kommen insbesondere die verschiedenen Formen der Leukose in Frage, ferner Pansteatitis, Toxoplasmose, die chronische idiopathische Enteritis. Besondere Probleme können die ZNS- und Augenformen bereiten.

Therapie

Eine auch nur einigermaßen sichere Behandlung ist unbekannt. Frühere Berichte über Behandlungserfolge mit Kortikosteroiden oder Immunsuppressiva müssen angezweifelt werden. Behandlungsmodelle mit Kortikosteroiden, Immunsuppressiva, Antibiotika, sog. Paramunitätsinducern haben jeweils ihre Anhänger gefunden, ohne daß sie ein kritisches Publikum überzeugen konnten. LUTZ (1992) konnte keinerlei Verbesserung in einer Serumgruppe mit Glukokortikoid-, Interferoninducer- und Radikalenfängertherapie erzielen gegenüber einer Kontrollgruppe mit Kochsalzlösung. Es fragt sich daher nach wie vor, ob die von anderen berichteten „Behandlungserfolge" wegen oder trotz der Therapien eingetreten oder ob sie überhaupt objektiv nachzuweisen sind.

Prophylaxe

Seit kurzem wird ein intranasal zu applizierender Impfstoff propagiert. Sein Wert bleibt abzuwarten; die bisher bekannt gewordenen Ergebnisse überzeugen uns in keiner Weise. Auch EGBERINK und HORZINEK (1994) weisen darauf hin, daß der propagierte Impfstoff nur unter Versuchs-, nicht Feldbedingungen ausreichend geprüft sei und empfehlen die Impfung nicht zum routinemäßigen Einsatz bei Katzen mit geringem Infektionsrisiko. Wesentlich optimistischer ist dagegen die Arbeitsgruppe um LUTZ.

Als sichere prophylaktische Maßnahme ist lediglich die Verhinderung des intensiven Kontakts von gesunden Katzen mit Kranken empfehlenswert. SUTER u. M. (1993) empfehlen das Frühabsetzen von Katzenwelpen im Alter von vier Wochen in Zuchtbetrieben, die saniert werden sollen. So früh abgesetzte Katzen am Leben zu erhalten, bedarf es jedoch erheblichen Könnens und großer Anstrengungen des Züchters/der Züchterin.

Werden neue Katzen in einen Bestand eingestellt, so kann die Antikörpertiterbestimmung im Blut und Antigenbestimmung im Kot einige Sicherheit insofern bringen, als negativ reagierende Katzen nicht mit dem Virus in Berührung gekommen sein dürften. Dies gilt jedoch nur mit der Einschränkung, als kürzlicher Kontakt mit infizierten Katzen noch nicht zur Antikörperbildung und Virusausscheidung geführt hat.

2. Feline Coronavirusenteritis

Durch das Feline Coronavirus ausgelöste, mit Durchfällen einhergehende Infektionskrankheit des Darmes bei der Katze.

Ätiologie

Das Coronavirus wurde als felines Enteritis-Coronavirus (FECV) 1981 durch PEDERSEN u. M. als Durchfallursache bei der Katze beschrieben. Es ist elektronenmikroskopisch und serologisch nicht von dem die Infektiöse Peritonitis auslösenden FIPV zu unterscheiden, da es mit diesem fast identisch ist. Das Virus ist offensichtlich weltweit verbreitet.

Pathogenese

Eine Inkubationszeit kann nicht angegeben werden. Offensichtlich sind viele Katzen infiziert und scheiden das Virus mit dem Kot aus. Als Eintrittspforte kommt der Gastrointestinaltrakt in Frage. Über Nase und Mundhöhle gerät das Virus in den Körper, gelangt in den Dünndarm, wo es die Zottenepithelien befällt und sich repliziert. Im Gegensatz zum Panleukopenie-Virus, das die Lieberkühnschen Krypten erfaßt und zum Untergang der Darmzotten führt, werden vom felinen Coronavirus die oberen Anteile der Darmzotten infiziert. Befallen wird der Darm vom Duodenum bis zum Caecum. Das Ergebnis ist ein meist wäßriger Durchfall, der im allgemeinen, aber keineswegs – wie oft in der Literatur zu lesen – immer mild ist, sondern bisweilen blutig werden kann und zur Dehydratation führt.

Klinisches Bild

Meist erkranken Welpen und Jungkatzen; ältere Tiere erkranken selten und dann i. a. nur leicht. Typisch sind leichtes Fieber, Abgeschlagenheit, Erbrechen und besonders Durchfälle, die breiig bis wäßrig, bisweilen schleimig und blutig sein können. Durch Erbrechen und Durchfall entsteht eine Dehydratation unterschiedlichen Ausmaßes; wohl besonders hiervon wird die Schwere der Krankheit bestimmt. Eine metabolische Azidose kommt nur ausnahmsweise vor. Eine Leukopenie ist untypisch; sie dürfte wohl eher als Folge einer Volumenmangel-Kreislaufinsuffizienz auftreten als durch das Virus selbst verursacht sein. Eine Thrombozytopenie wurde von uns bisher nur ausnahmsweise festgestellt. In den meisten Fällen limitiert sich die Krankheit selbst und geht innerhalb einer halben, spätestens nach einer Woche in Heilung über. Todesfälle sind selten. Aus der Coronavirusenteritis kann eine FIP hervorgehen, oder es können andere Katzen infiziert werden, bei denen sich eine FIP ausbilden kann.

Diagnose

Sie läßt sich am besten durch direkten Nachweis von Coronaviren im frischen Kot stellen. Der Kot kann gekühlt, darf aber nicht eingefroren werden. Wegen der Fragilität der Viren kann bereits nach einem Tag der Nachweis fraglich oder unmöglich sein.

Differentialdiagnose

Parvovirose: I. a. wesentlich schwererer Verlauf; höheres Fieber, Leukopenie fast immer erheblich stärker ausgeprägt, Thrombozytopenie. Virusnachweis.

Rotavirose: Verläuft immer milder, nie mit blutigem Durchfall. Keine Leukopenie oder Thrombozytopenie. Virusnachweis.

FeLV-Infektion (sogenanntes „Panleukopenieähnliches Syndrom“): Verläuft klinisch ähnlich wie die Parvovirose. Coronavirusnachweis negativ, ggf. Darmschleimhautbiopsie.

Bakterielle Infektionskrankheiten und Vergiftungen: s. Feline Parvovirose.

Prognose

Im allgemeinen günstig, selbstlimitierend. Bisweilen jedoch – wohl infolge Kreislaufinsuffizienz durch Volumenverlust – tödlich. Übergang zu FIP möglich.

Daher sind Katzen, die Coronavirus-infiziert sind, immer von gesunden Katzen zu trennen.

Therapie

Die Behandlung richtet sich gegen die Folgen des Durchfalls und Erbrechens.

1. Futterentzug für 24 bis 48 Stunden. Danach Fütterungsversuch – evtl. mit der Spritze – mit Hüttenkäse und Reisschleim.

2. Rehydratation durch intravenöse, später subkutane oder orale Gabe von Vollelektrolyt-Glukose-Lösung bzw. WHO-Lösung.

3. Sollte einmal eine Azidose beobachtet werden, die auch nach Rehydratation noch weiter besteht, so ist sie mit Bikarbonat-Lösung auszugleichen.

Antbiotika, Sulfonamide, Adstringentien, Adsorbentien o. ä. sind entbehrlich oder sogar eher schädlich.
Es besteht zur Zeit keine Möglichkeit, eine Dauerausscheidung von Coronaviren zu beenden.

Prophylaxe

Eine passive Immunisierung ist noch immer unbekannt. Ob die intranasale aktive Vakzinierung gegen eine Infektion durch Coronaviren schützt, ist noch immer fraglich und muß weiter abgewartet werden. Die Krankheit stellt bisweilen ein Problem in Katzenzuchten dar. Während die Welpen in den ersten Wochen durch maternale Antikörper geschützt sind, können sie danach erkranken. Da das Virus gegen zahlreiche Desinfizientien empfindlich sein dürfte und bei Zimmertemperatur nicht lange infektiös bleibt, kann durch Reinigung, Desinfektion und getrennte Jungenaufzucht eine gewisse Prophylaxe betrieben werden. Es sei noch einmal darauf hingewiesen, daß die derzeit sicherste Methode der Prophylaxe die strenge Separierung infizierter Tiere darstellt.

Felines Rotavirus

Rotaviren wurden durch SCOTT u. M. (1970) und KNECHT (1979) als Ursache von milden Enteritiden gefunden. Das Virus befällt die äußersten Spitzen der Darmzotten, so daß keine schwerwiegenden Durchfälle entstehen. Besonders Welpen und Jungkatzen werden betroffen. Ältere Katzen können als Ausscheider die Infektion weitergeben. Inwieweit der Hund als Überträger in Frage kommt, ist unklar; in Hundekot konnte das Virus jedenfalls nachgewiesen werden.

Klinisches Bild

Die Infektion dürfte in den weitaus meisten Fällen stumm verlaufen. Bei Welpen und Jungkatzen kann es aber zu vorübergehenden breiigen bis wäßrigen Durchfällen kommen, die aber kaum einmal länger als einen bis zwei Tage andauern. Fieber, Dehydratation, Leukopenie werden nicht beobachtet.

Diagnose

Das Virus kann im Kot nachgewiesen werden.

Differentialdiagnose

Siehe Feline Parvovirose und Feline Coronavirose.

Prognose

Die Krankheit limitiert sich selbst. Über Todesfälle ist nichts bekannt.

Therapie

Eine Therapie ist kaum einmal erforderlich und besteht allenfalls in Volumen-(Flüssigkeits-)Substitution (Welpen).

Feline Astrovirose

HARBOUR und GREEN (1990) haben über Astrovirus-Infektionen bei der Katze berichtet. Das Virus scheint relativ weit verbreitet zu sein. Es befällt die reifen Epithelzellen der Darmzotten. Seine Übertragung erfolgt durch orale Aufnahme.

Klinisch werden mildes Fieber, Durchfälle von einer bis zwei Wochen Dauer, Anorexie, Mattigkeit beobachtet. Auch diese virale Infektionskrankheit befällt vorzugsweise Welpen und Jungkatzen.

Die **Diagnose** kann durch Virusnachweis im Kot gestellt werden.

Die **Therapie** besteht in Futterentzug für einen bis zwei Tage, danach Diätversuch aus Hüttenkäse, Magerquark und Reisschleim sowie in der Substitution des verlorenen Wassers und der Elektrolyte (Volumensubstitution). Die **Prognose** ist offenbar günstig. Eine Impfung ist unbekannt.

Tollwut

Die Tollwut, Lyssa oder Rabies ist eine i. a. durch Biß übertragene lymphozytäre Polioenzephalomyelitis. Schon das alte Babylon wußte um ihre Übertragbarkeit durch Biß. Das klinische Bild war auch Griechen und Römern gut bekannt. Die Krankheit ist nahezu weltweit verbreitet. Frei von Tollwut sind Australien, Japan, Großbritannien, Skandinavien.

Ätiologie

Erreger ist ein neutrotropes Rhabdovirus von 180 x 70 nm Größe. Es ist behüllt und besitzt drei Hüllantigene. Sein Rezeptor dürfte der des Acetylcholins sein. Es vermag Säugetiere und Vögel zu infizieren, wobei speziesspezifisch unterschiedliche Empfindlichkeiten bestehen. Die Katze wird von MAYR u. M. (1984) zu den hochempfindlichen Arten gerechnet. Sie spielte allerdings weder früher während der „urbanen" Tollwut noch heute bei der „silvatischen" Verbreitung eine bedeutendere Rolle als Überträger (WACHENDÖRFER, 1962). Prinzipiell kann sie aber als Überträger der Krankheit für Mensch und Tier in Frage kommen (WANDELER u. M., 1974). Das unter natürlichen Verhältnissen isolierte Virus wird als Straßenvirus, Waldvirus oder Fledermausvirus (Virus paralyssa) bezeichnet. Hieraus wurde durch ständige Kaninchenhirnpassagen das Virus fixe. An Hühnerembryonen hat man ein Virus attenuiert, das von einem an Tollwut gestorbenen Mädchen mit Namen Flury gewonnen worden war; nach ihr hat man den Stamm als Flury-Virus bezeichnet. Heute werden zur Impfstoffherstellung nur noch gewebeadaptierte Virusstämme verwendet.

Das Virus wird nach 24 Stunden Trockenheit inaktiv. In Tierkadavern soll es sich aber bis zu 90 Tagen infektionstüchtig erhalten. Es wird durch Chloroform, Äther, sauren pH-Wert, Natronlauge und Formaldehyd rasch inaktiviert.

Pathogenese

Die Übertragung erfolgt fast immer durch Biß; eine Übertragung über die Schleimhäute (Fressen infizierten Fleischs) ist jedoch möglich. Das in das Gewebe inokulierte Virus vermehrt sich zunächst örtlich in den Myozyten. Von dort gelangt es in die Nervenenden und wandert in das Rückenmark und/oder Gehirn. Hier kommt es zu weiterer Replikation. Das Virus wandert nun über Dendriten von einem Neuron zum nächsten. Auch über den Liquor cerebrospinalis wird das Gehirn erreicht. Bei Bissen im Kopfbereich wandert das Virus entlang der Axone von Gehirnnerven direkt ins Gehirn. Die Inkubationszeit und die Erkrankungsrate hängt also wesentlich von der Bißstelle ab. Sie variiert von zwei Wochen bis zwei Monate; sogar wesentlich längere Inkubationszeiten wurden beobachtet. Ob die Erkrankung ausbricht, hängt außerdem von der Menge des übertragenen Virus, wohl auch von dessen Virulenz, ab. Die charakteristischen Verhaltensstörungen werden durch Infektion des limbischen Systems ausgelöst. Vom Gehirn aus wandert das Virus zentrifugal in die Peripherie. Insbesondere in den Speicheldrüsen wird eine erneute Virusvermehrung festgestellt, ebenso im Korneaepithel und im Fettgewebe.

Klinisches Bild

Das klinische Erscheinungsbild ist das einer akuten nichteitrigen Enzephalitis und Myelitis mit den Besonderheiten, die bei Erkrankung des limbischen Systems auftreten. Je nach befallenen Arealen stellt es sich klinisch sehr unterschiedlich dar (WACHENDÖRFER, 1968). Bei der Katze überwiegt die „rasende“ Wut; allerdings findet man auch recht häufig das Bild der „stillen“ Wut sowie unspezifische Verlaufsformen, insbesondere auch Symptome von seiten des Magen-Darm-Trakts in Form von Anorexie, Erbrechen, Durchfall und Darmlähmung. Erst später treten dann charakteristischere Zeichen wie Schluckbeschwerden, infolge einer Lähmung der cricopharyngealen Muskulatur, Unterkieferlähmung, Lähmung der Gliedmaßen, Salivation hinzu. Fälle tollwutkranker Katzen, die plötzlich eine besondere Anhänglichkeit auch gegen fremde Menschen erkennen ließen, wurden wiederholt beobachtet.

Im allgemeinen wird das klinische Bild in drei Stadien eingeteilt, die mehr oder weniger ausgeprägt, mehr oder weniger scharf von einander getrennt, oft aber nur angedeutet sind:

Ein *Prodromalstadium* ist, wenn überhaupt, oft nur kurzzeitig zu beobachten und kann bei nicht ständig kontrollierten Katzen leicht übersehen werden. Die Tiere neigen zum Verkriechen, es werden die ersten Verhaltensstörungen beobachtet, insbesondere fällt bisweilen gehäuftes Miauen auf. Störungen der Darmfunktion können zu Durchfällen führen. Oft zeigt sich eine erhöhte Schreckhaftigkeit.

Ein bis zwei Tage nach Beginn der Symptome kann mit plötzlichen Beißüberfällen und Anfällen von Raserei das *Exzitationsstadium* beginnen, in dem der Patient erhebliche Wesensveränderungen (limbisches System!) zeigt, leicht gereizt und zu Angriffen selbst auf vertraute Personen provoziert werden kann. Ataxien können auftreten und das Paralysestadium einleiten. Wie erwähnt, ist dieses früher häufige Exzitationsstadium, das meist drei bis vier Tage dauert, zur Zeit seltener zu beobachten. Vielmehr schließt sich das Stadium der Paralyse heute oft direkt an das Prodromalstadium an, oder das Exzitationsstadium ist lediglich kurz angedeutet. Allerdings ist das Exzitationsstadium bei der Katze besonders auffallend mit höchstgradiger Aggressivität und Beißwut.

Im *Paralysestadium* werden, wie der Name sagt, zunehmende Lähmungen der Gliedmaßen, besonders zunächst der Nachhand, gesehen, die sich in Unsicherheit beim Gehen und Springen äußern und die rasch fortschreiten bis zu völliger Paralyse mit aufsteigender Tendenz. Der Patient kann Harn- und Kotabsatzbeschwerden aufweisen. In einem Teil der Fälle werden Hyper-, Par- und schließlich Hypästhesien beobachtet, wie die Prüfung der Oberflächensensibilität zeigt. Dies führt zum Belecken, Benagen und schließlich zur Automutilation. Oft sind die Stimmveränderungen auffallend: Heiseres, zum Teil auch brüllendes Schreien und zuletzt tonlose Versuche der Lautäußerungen zeigen die zunehmende Lähmung des Kehlkopfs an. Dagegen wird die Lähmung des Unterkiefers seltener als beim Hund beobachtet. Öfter werden Lähmungen anderer Kopfmuskeln gesehen, die dem Tier eventuell im Verein mit Schielen oder unterschiedlich weiten Pupillen ein völlig verändertes Aussehen verleihen. Im allgemeinen tritt der Tod nach wenigen Tagen, oft nach Konvulsionen, ein.

Diagnose

Die Krankheit kann intra vitam allein an Hand der Symptomatologie nur auf Verdacht diagnostiziert werden. Grundsätzlich sollte bei allen anderweitig nicht zu klärenden Störungen von seiten des zentralen Nervensystems auch an Tollwut gedacht werden. Wie die Erfahrung zeigt, ist dem Vorbericht besonders im Hinblick auf Aussagen über ständige Kontrolle und Aufsicht des Tieres immer mit Vorsicht zu begegnen. Die Untersuchung von Korneaabklatschpräparaten (SCHNEIDER) oder von Hautbioptaten (BLENDON und BELL, 1981; TSAO und BLENDON, 1981; GREEN, 1984) gelten bei positivem Ausfall – entsprechende Erfahrung vorausgesetzt – als zuverlässig; bei negativem Ergebnis sind sie dagegen nicht beweisend und haben sich nicht bewährt.

Die exakte Diagnose läßt sich am toten Tier stellen. Makroskopisch lassen sich allerdings keine typischen Veränderungen ermitteln. Mikroskopisch werden Negri-Körper im Ammonshorn gefunden. Methode der Wahl ist der Immunfluoreszenztest, mit dem in Kleinhirn und Hippokampus Virusantigen nachgewiesen wird.

Differentialdiagnose

In Betracht zu ziehen sind alle mit Lähmungen, Exzitationen und Verhaltensstörungen einhergehenden Krankheiten, die anderweitig nicht abgeklärt werden können.

- *Leukose des Gehirns:* Die Symptome entwickeln sich langsamer. Oft lassen sich im Liquor vermehrt lymphatische Zellen nachweisen. Der FeLV-Antigentest ist meist positiv.
- *FIP des Gehirns:* Die Krankheit kann der Tollwut sehr ähnlich sehen. Das Auffinden weiterer für FIP sprechender Befunde (Augenveränderungen, weitere Organveränderungen, Hyperproteinämie, Hyper-Gamma-Globulinämie) spricht eher für FIP.

- *FIV-Infektion:* Ähnlich wie beim Menschen gibt es auch degenerative Veränderungen im Gehirn der Katze durch Retroviren. Die Krankheit verläuft jedoch wesentlich langsamer als die Tollwut. Es lassen sich immer FIV-Antikörper nachweisen (was allerdings eine Tollwuterkrankung nicht absolut ausschließt).
- *Pseudowut:* Die Krankheit kann der Tollwut im Exzitations- und Paralysestadium sehr ähnlich sehen, sie verläuft aber wesentlich rascher (Tod innerhalb von Stunden bis zu zwei Tagen). Ein sorgfältig aufgenommener Vorbericht kann Klärung bringen.
- *Tetanus:* Die Krankheit kommt bei der Katze nur ausnahmsweise vor. Sie verläuft mit örtlichen oder generalisierten tonischen Krämpfen. Wesensveränderugen bestehen nicht.

Toxoplasmose: Meist bestehen gleichzeitig weitere Symptome, wie Magen-Darm-Erkrankung, Hepatitis. Im Zentralnervensystem herrschen Lähmungen vor, Exzitationen und Verhaltensänderungen werden weniger beobachtet.

Endoparasitosen: Bei schwersten Befällen kommen hin und wieder schlaffe Lähmungen vor. Nachweis der Geschlechtsprodukte im Kot.

Bleivergiftungen: Verlauf mit Depressionen, auch Exzitationen, es finden sich Anämien mit basophiler Erythrozytentüpfelung, Erbrechen, blutigen Durchfällen, Zahnfleischveränderungen.

Strychninvergiftungen: Dauerkrämpfe, Opisthotonus, Speicheln. Kommen heute kaum noch vor.

Organophosphatvergiftungen: Muskelkrämpfe, Speicheln, im Gegensatz zu Tollwut aber Bradykardie und Bronchospasmen, Absinken der Serum-Cholinesterasen.

Thiaminmangel (Hypothiaminosesyndrom): Die Symptome gleichen denen der stillen Wut oft recht erheblich. Sie verschwinden aber nach Thiamingabe innerhalb weniger Stunden.

Thrombembolie der Aortenaufzweigung: Plötzliche Lähmung, erst spastisch und schmerzhaft, dann schlaff und gefühllos, Hintergliedmaßen kühl, kein Puls, Herzhypertrophie, sehr hohe Serum-Creatinkinaseaktivität.

Schädeltrauma: Vorbericht. Äußere Verletzung bisweilen nicht sichtbar. I. a. rasche Besserung.

Nachhandlähmung durch Traumen („Kippfenstersyndrom"): Vorbericht. Röntgen. Abwarten.

Salivation: Oft Ursache für Fehldiagnose Tollwut. Achten auf Stomatitis, Fremdkörper in der Mundhöhle (dabei auch oft ständig geöffnete Mundhöhle).

Metabolische Krankheiten, die zu ZNS-Störungen führen können: Azidose, Diabetes mellitus, Urämie, Dehydratationen.

Status epilepticus: Das Krankheitsbild beginnt schlagartig mit generalisierten Krampfzuständen und dauert eine halbe Stunde oder länger mit oder ohne zwischenzeitliche Unterbrechungen. *Epileptische Anfälle* treten einzeln in längeren Abständen als fokale oder generalisierte Krampfanfälle auf.

Prognose

Die Krankheit endet immer tödlich.

Therapie

Behandlungen tollwutkranker oder -verdächtiger Tiere sind nicht gestattet (und auch aussichtslos).

Prophylaxe

Gegen die Einschleppung in tollwutfreie Staaten bestehen strenge Einfuhrbestimmungen, die in den letzten Jahren nur von Skandinavien leicht gelockert worden sind.

Da die Katze nicht immer ständig unter Kontrolle gehalten werden kann, muß die präinfektionelle Impfung – ganz besonders bei Freiläufern – dringend empfohlen werden. Inaktivierte Impfstoffe sind heute äußerst wirksam und u. E. in jedem Falle vorzuziehen. Die Erstimpfung erfolgt i. a. mit der 12./13. Lebenswoche; die Wiederholung wird jährlich durchgeführt. Die Katze gilt als geschützt, wenn sie mindestens vier Wochen und höchstens ein Jahr vor dem fraglichen Infektionsereignis geimpft worden ist. In diesen Fällen ist eine Wiederholungsimpfung gestattet. Unter diesen Umständen erlauben auch die meisten ausländischen Staaten die Einfuhr von Katzen. Man sollte sich vor Antreten einer Reise jedoch über die jeweils aktuellen Bestimmungen unterrichten.

Für Tollwut besteht – auch bei Verdacht – Anzeigepflicht.

Pseudowut

Synonyma

Aujeszkysche Krankheit, Morbus Aujeszkyi, Infektiöse Bulbärparalyse, Juckpest, Pseudorabies.

Die von dem Ungarn A. Aujeszky im Jahr 1902 beschriebene Krankheit ist eine virale Infektionskrankheit, die vorzugsweise Gehirn und Rückenmark sowie den Respirationstrakt erfaßt.

Ätiologie

Erreger ist Herpesvirus suis, das behüllt ist, ein kubisches Nukleokapsid und eine doppelsträngige DNS enthält. Die primäre Virusvermehrung erfolgt im Zellkern. Es lassen sich vier Typen unterscheiden (BASKERVILLE u. M., 1973; HEPPNER u. M., 1981). Sie sind immunologisch einheitlich, aber von unterschiedlicher Virulenz und verschiedenem Tropismus. Herpesvirus suis gehört mit dem Felinen Herpesvirus zur Gruppe der Alpha-Herpesviren. Es bildet intranukleäre Einschlußkörper.
Das Virus ist recht stabil. Es hält sich bei 4 °C wochenlang, wird bei direkter Sonnenstrahlung in sechs bis acht Stunden, bei Fäulnis in zwei Wochen, in Pökelfleisch in drei Wochen, in Dung und Jauche nach zwei bis drei Tagen, bei 55 °C in 30 Minuten inaktiviert. Bei winterlichen Temperaturen bleibt es über ein halbes Jahr aktiv. Geeignete Desinfektionsmittel sind Chlor- und Formaldehydpräparate, Perchloressigsäure, quartäre Ammoniumbasen, heiße Sodalösung, heiße Kreolinlösung, Natronlauge, Detergentien und antiviral wirksame Handelsdesinfektionsmittel (zit. nach MAYR u. M., 1984).

Pathogenese

Die Krankheit spielt die größte Rolle beim Schwein, wird aber auf zahlreiche andere Säugetiere und den Menschen übertragen und führt zu teils unterschiedlichen Krankheitsbildern. Die Katze infiziert sich durch Aufnahme virushaltigen Schweinefleischs; eine Infektion durch den Verzehr von Ratten oder Aufschlecken von Speichel infizierter Schweine ist nicht ausgeschlossen. Ratten können die Krankheit überstehen und wie ältere Schweine als Erregerreservoir fungieren (BECKER u. HERMANN, 1963). Ob eine Infektion durch Verfütterung von Fleisch an Pseudowut erkrankter Rinder eine Rolle spielt, wird diskutiert.
Die Inkubationszeit wird mit zwei bis vier (bis neun) Tagen angegeben. Das Virus gelangt mit dem Futter in die Mundhöhle. Es vermehrt sich schwach in der Schleimhaut des Rachens und in den Tonsillen. Es wandert nun entlang von Nervenbahnen, hauptsächlich über sensorische Fasern des neunten und zehnten Gehirnnervs (HAGEMOSER u. M., 1979), ins Zentralnervensystem, insbesondere zu den Neuronen des Hirnstamms, ferner des Groß- und Kleinhirns. Hier erfolgt eine starke Vermehrung mit Störung der Funktionen. Daß es auch in die Speicheldrüsen gelangt, zeigt sich an seinem Auftreten im Speichel. Beim Schwein kommt ein virämisches Stadium mit Verbreitung in allen Organen, insbesondere eben auch im Muskelfleisch, zur Beobachtung; ein solches virämisches Stadium ist bei der Katze offenbar selten.

Klinisches Bild

Zunächst treten Wesensveränderung, Müdigkeit, Neigung zum Verstecken, Inappetenz auf. Besonders bei Jungkatzen ist das einzige Symptom Erbrechen, bevor der plötzliche Tod mit Atemlähmung eintritt. In typischeren Fällen entwickelt sich ein unstillbarer, quälender Juckreiz mit zwanghaftem Lecken, Beißen und Kratzen der eigenen Haut, schließlich zeigen Schluckbeschwerden die Lähmung des Schlundkopfes an. Die Stimme ist zunächst klagend und wird dann heiser. Auch Kieferlähmungen kommen vor. Die erkrankten Katzen speicheln sehr stark. Oft werden Tachypnoe und Dyspnoe beobachtet. In manchen Fällen werden Krämpfe der Gesichtsmuskulatur mit Zuckungen und Gesichtsveränderungen festgestellt. Untypisch sind fieberhafte Temperaturerhöhungen. In der Regel tritt der Tod innerhalb des ersten bis zweiten Tages nach Beginn der Symptome, bisweilen unter Konvulsionen, ein (DOW und McFERRAN, 1963; HAAGSMA u. M., 1967; HORVATH und PAPP, 1967; SABO u. M., 1968, HAGEMOSER u. M., 1980).

Diagnose

Im typischen Verlauf – höchstgradiger Juckreiz, Speicheln, Dyspnoe, Heiserkeit, perakuter Verlauf – kommt kaum eine andere Krankheit in Betracht. Wichtig ist der Vorbericht, in dem die Fütterung rohen Schweinefleischs oder auch die mögliche Jagd auf Ratten erfragt werden sollte (Vorsicht vor irreführenden Berichten!). Eine sichere Diagnose intra vitam ist aber nicht möglich. Sicherheit ergibt die histologische Organuntersuchung mit Hilfe der Immunfluoreszenz, sofern sie positiv ausfällt. Ansonsten erfolgt die Viruszüchtung in Zellkulturen.

Differentialdiagnose

Bei protrahierterem Verlauf, der jedoch sehr selten ist, ist an *Tollwut* zu denken. Sie dauert in der Regel bis zu einer Woche und geht im Gegensatz zur infektiösen Bulbärparalyse mit Lähmungen auch der übrigen Muskeln, ferner im typischen Fall mit Aggressivität und erheblichen Wesensveränderungen einher. Perakute Verläufe, während derer es allenfalls zum Erbrechen kommt, werden bei Jungkatzen gesehen und führen zu Verwechslungen mit *Parvovirose:* Eine Leukopenie kommt bei Aujeszkyscher Krankheit nicht vor, im Gegenteil tritt eher eine Leukozytose auf. Auch fehlt der Durchfall.

Prognose

Infaust.

Therapie

Eine Behandlung ist unbekannt.

Prophylaxe

Im Gegensatz zum Schwein ist für die Katze kein Impfstoff entwickelt worden. Grundsätzlich sollte kein rohes Schweinefleisch – und auch kein rohes Rindfleisch – verfüttert werden. Das Fleisch ist in jedem Fall gründlich durchzukochen. Katzen sollten aus Schweineställen ferngehalten werden.

Pocken

MARENNIKOWA u. M. (1975, 1977) berichteten zum ersten Mal über das spontane Auftreten von Pocken bei zahlreichen Feliden im Moskauer Zoo. Seither wurde die Krankheit wiederholt auch bei der Hauskatze beobachtet (THOMSETT u. M., 1978; SCHÖNBAUER u. M., 1982; MARTLAND u. M., 1983; GASKELL u. M., 1983, 1987; BENNETT u. M., 1986; BROWN u. M., 1989). In Deutschland wurden Katzenpocken ebenfalls wiederholt gesehen (BALLAUF u. M., 1989; MAHNEL, 1986, 1991; MAHNEL u. M., 1989). Das nicht mehr nur vereinzelte Auftreten und die Fälle in Mitteleuropa – von BOMHARD u. M. (1992) berichten von 21 eigenen Fällen – veranlassen uns, die Krankheit näher zu beschreiben.

Ätiopathogenese

Über das bei der Katze die Pocken auslösende Virus ist noch nicht sehr viel bekannt. SCHÖNBAUER u. M. (1982) und LUTZ (1992) halten es für möglich, daß es sich um ein natürlicherweise bei kleinen Nagern vorkommendes Virus handele. Interessanterweise berichten von BOMHARD u. M., daß alle ihre untersuchten Katzen Freiläufer waren. Möglicherweise nimmt es die Katze beim Fressen der Futtertiere auf, wonach es zur Virämie mit Hautbeteiligung kommt. Bei gesunden und immunkompetenten Tieren scheint das Virus nicht krankzumachen, während bei Immunsuppression eine tödliche Erkrankung ausgelöst werden kann (BROWN u. M., 1989). Allerdings waren die im Untersuchungsmaterial von v. BOMHARD u. M. (1992) getesteten Katzen weder für FeLV noch für FIV positiv. Sie sehen übrigens derzeit keine Häufung der Krankheit zumindest im süddeutschen Raum. Jedoch erkrankte in einem Falle nach der Katze auch die Besitzerin (ZIMMER u. M., 1991) und ein Hund (v. BOMHARD u. M., 1991). In einem weiteren Fall erkrankte ebenfalls ein Mensch. Es konnten „kuhpockenähnliche“ Viren (Orthopoxviren) nachgewiesen werden. Auch B. MAYR (1991) und A. MAYR (1992) weisen auf die Gefahr der Ansteckung des Menschen durch infizierte Katzen hin. ZIMMER u. M. (1991) konnten in 104 untersuchten Katzenseren 14mal Antikörpertiter feststellen.

Klinisches Bild

Die Krankheit beginnt mit Fieber, häufig reduziertem Allgemeinbefinden, Juckreiz und lokalen Papeln besonders an Kopf und Gliedmaßen, bisweilen in der Mundschleimhaut, die jedoch in schweren Fällen auf den ganzen Körper übergehen, was offenbar jedoch selten vorkommt. Bei besonders schweren Fällen finden sich dicht an dicht Papeln über die gesamte Haut verteilt. Nach einigen Tagen entwickeln sich Vesikeln und schließlich Pusteln, die einreißen oder infolge des Juckreizes aufgekratzt werden und ihren Inhalt entleeren, der dann eintrocknet und zur Krustenbildung führt. Besonders bei Jungkatzen kann eine Pneumonie hinzukommen, die auch ohne Hautsymptome auftreten kann (THOMSETT u. M.). In den von von BOMHARD u. M. (1992) untersuchten Katzen dauerte die Krankheit zwei Tage bis zu acht Wochen.

Diagnose

Sie läßt sich leicht durch Entnahme eine Bioptats und dessen immunfluoreszenzhistologischer Untersuchung stellen.

Differentialdiagnose

Eine Pockenviruspneumonie kann wohl nur an Hand der histologischen Untersuchung von Lungengewebe von anderen Pneumonien unterschieden werden. Dagegen ist das klinische Bild der Hautform recht typisch, insbesondere wenn es breitere Hautzonen erfaßt hat. Allenfalls könnte es mit dem miliaren Ekzem verwechselt werden, bei dem sich aber eher kleine Krusten nach exsudativen Hautrötungen als Papeln und Pusteln bilden.

Prognose

Bei Generalisation, Pneumonie und insgesamt geschwächtem Immunsystem (gleichzeitiger FeLV-, FIV-Infektion, Immunsuppression durch Kortikosteroide) verläuft die Krankheit nicht selten tödlich. Sonst erholen sich die Katzen nach mehreren Wochen.

Therapie

Sie ist rein symptomatisch. Antibiotika sollen Sekundärinfektionen durch Bakterien verhindern. Ansonsten empfehlen sich adstringierende und juckreizstillende Puder (Papeln), bei Vesikeln und Pusteln Lotionen. Auf keinen Fall dürfen Kortikosteroide gegeben werden.

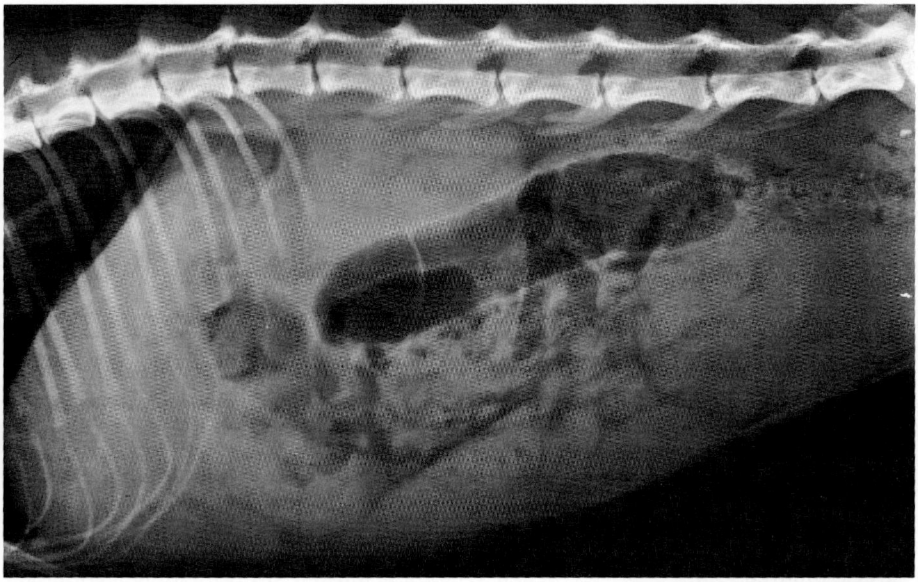

Abb. 31: Splenomegalie bei hämolytischer Anämie infolge von Hämobartonellose.

Prophylaxe

Ein Impfstoff steht für die Katze nicht zur Verfügung. Im übrigen sind keine prophylaktischen Maßnahmen möglich, will man die Katze nicht am Mäusefang hindern, und sie sind auch wegen der noch immer großen Seltenheit der Krankheit nicht erforderlich.

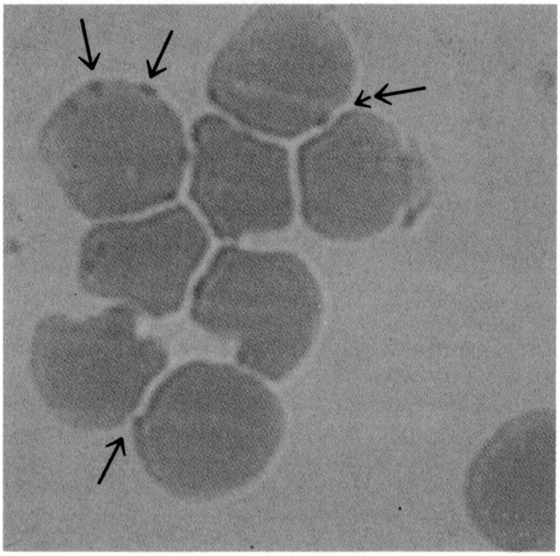

Abb. 32: Haemobartonella felis (Pfeile).

Seltene virale Infektionskrankheiten

Maul- und Klauenseuche

Das Virus der **Maul- und Klauenseuche** scheint hin und wieder zu Spontanerkrankungen der Katze zu führen, wie ältere Literaturstellen ausweisen (ALBRECHT, 1896; LÖFFLER u. M., 1898; HÖVE, 1929). Allerdings dürfte die Katze eher als Überträger denn als Ausscheider in Frage kommen (RÖHRER, 1967). Die Bedeutung als Krankheit scheint jedenfalls für die Katze äußerst gering zu sein und sich weitgehend auf experimentelle Infektionen zu beschränken, wie auch das Fehlen neuerer Literaturhinweise zeigt. Die Symptome werden als Aphthen im Bereich der Lippen, der Mundschleimhaut und der Zehen beschrieben.

Synzytienbildendes oder Spumavirus

Fraglich ist, ob das **Synzytienbildende oder Spumavirus** (FeSFV) überhaupt krankmachend bei der Katze ist. Es wurde von PEDERSEN u. M. (1980, 1986) vermehrt bei Polyarthritiden gefunden. Ob aber hier ein Kausalzusammenhang besteht, konnte nicht festgestellt werden. Auch bei myeloproliferativen Krankheiten fand die Gruppe um PEDERSEN (1987) das Virus vermehrt.
Nach PEDERSEN (1987) kann das Virus intrauterin, intra partem, mit dem Kolostrum oder durch Verletzungen (Biß) übertragen werden. Das Virus selbst ist zellassoziiert, kann aber auch im Speichel nachgewiesen werden. Nicht ausgeschlossen ist, daß

es unter Immunsuppression (FeLV-, FIV-Infektion) von Bedeutung sein könnte. Daß Spumaviren in der Katzenpopulation weit, wenn auch örtlich unterschiedlich vertreten ist, zeigen Untersuchungen von HACKETT und MANNING (1971) und SHROYER und SHALABY (1988), die in Kalifornien bei 90 % der untersuchten Katzen Antikörper fanden, während SCOTT (1971) in Australien über weniger als 20 % Antikörperträger berichtet. In Europa wurden nach JARRETT u. M. (1974) ebenfalls bei weniger als 20 % Antikörper gefunden. KÖLBL und LUTZ (1992) fanden bei 35 % ihrer untersuchten österreichischen Katzen Antikörper gegen Spumaviren. Dabei zeigte sich auch innerhalb Österreichs eine geographisch sehr unterschiedliche Inzidenz: Salzburg 14 %, Burgenland mehr als 50 % positiv. Bei ihren Katzen, die gleichzeitig auf FIV untersucht worden waren, zeichnete sich eine überdurchschnittliche gleichzeitige Infektion mit dem FIV ab. Dies dürfte auf die gleiche Expositionsmöglichkeit gegenüber beiden Viren zurückzuführen sein.

Das **klinische Bild** ist nicht sicher festzulegen. Bei Kölbls und Lutzens FeSFV-Antikörper-positiven Katzen waren Inappetenz, Apathie, Stomatitis und Gingivitis signifikant häufiger zu beobachten als bei den Antikörper-negativen. PEDERSEN (1987) fand außerdem Arthritiden, die im Krankengut von KÖLBL und LUTZ völlig fehlten.

Hantavirus

BENNET u. M. (1990) fanden bei 15 von 157 untersuchten Katzen Großbritanniens Antikörper gegen das **Hantavirus.** Dies entsprach einer Inzidenz von 9,6 %. Beim Menschen kann das Virus, das zu den Bunyaviren gerechnet wird und weltweit bei Nagetieren vorkommt, zu fiebrigen Hämorrhagien und Niereninsuffizienz führen. Die von den Verfassern untersuchten Katzen waren überwiegend chronisch krank. Bei 81 chronisch kranken Tieren wurden in 23 % Antikörper gegen Hantavirus festgestellt. Ob die Hantaviren allerdings wirklich für die Krankheitssymptome verantwortlich waren, ließ sich nicht klären.

Rickettsiosen

Hämobartonellose

Die auch als Infektiöse Katzenanämie (Anaemia infectiosa felis) bezeichnete, durch Haemobartonella felis ausgelöste fieberhafte hämolytische Anämie wurde zuerst von CLARK (1942) in Südafrika entdeckt, der den Erreger als Eperythrozoon felis bezeichnete. Nach 1953 wurde die Erkrankung aus zahlreichen Ländern gemeldet. Der pleomorphe Erreger kann rund bis stabförmig sein und liegt marginal auf der Erythrozytenmembran.

Die Krankheit ist offenbar seltener als früher vermutet wurde. Die Erreger können möglicherweise z. T. mit Jollykörperchen verwechselt worden sein. Durch Beeinflussung der Zellmembran verliert diese teilweise ihre Funktion und wird durchlässig, so daß eine Hämolyse (hämolytische Anämie) folgt. Werden gleichzeitig sehr viele Erythrozyten betroffen, so wird eine größere Hämoglobinmenge frei als metabolisiert werden kann, was einen hämolytischen Ikterus zur Folge hat.

Klinik: Übertragungsweg und Inkubationszeit sind unklar. Vermutet wird, daß die Krankheit von Flöhen oder direkt von Katze zu Katze (evtl. durch Bisse) übertragen wird. Offenbar können Katzen lange Zeit klinisch inapparent infiziert sein, ohne daß sie klinisch krank werden. Zur Auslösung der klinischen Symptome müssen Streßsituationen vorausgehen, die zur Resistenzminderung führen. Die Krankheit kann akut bis subakut verlaufen. Besonders im akuten Verlauf treten Fieber, Ikterus, allgemeine Schwäche, Polypnoe auf. Die Schleimhäute sind blaß bis gelblich. Labordiagnostisch können außer den Zeichen einer stark regenerativen Anämie (Vermehrung der Retikulozyten) und dem Erregernachweis oft Bilirubinämien erhoben werden.

Diagnose: Erregernachweis im Blutausstrich.

Differentialdiagnose: In Frage kommen alle mit hämolytischen Anämien einhergehenden Krankheiten, besonders die durch das Feline Leukosevirus ausgelösten. Auch autoimmunhämolytische Anämien können ursächlich in Frage kommen.

Prognose: Die Krankheit kann spontan ausheilen, die geheilte Katze bleibt dann aber i. d. R. latent infiziert. Unbehandelt stirbt aber ein großer Teil der Tiere. Unter der Behandlung ist die Prognose recht günstig.

Therapie: Sehr gute Wirkung wird mit Thioacetarsamid-Natrium (Caparsolate), 2 x 1 mg/kg im Abstand von 48 Stunden (GRABNER und SAUERWEIN, 1982) erzielt. Auch Tetracycline, 15 mg/kg auf 3 x tägl. i. m., sind gut geeignet.

Feline Pneumonitis

Mit diesem Namen wird eine hauptsächlich in Amerika seit den vierziger Jahren bekannte fieberhafte Infektionskrankheit der Katze bezeichnet. Der Erreger ist die zur Familie der Chlamydiales zählende Chlamydia (Betsonia, Miyagawanella) psittaci, kleine rundliche basophile Organismen unterschiedlicher Größe (0,2 bis 1,5 nm), von denen die kleinsten (Elementarkörperchen) als infektiös angesehen wer-

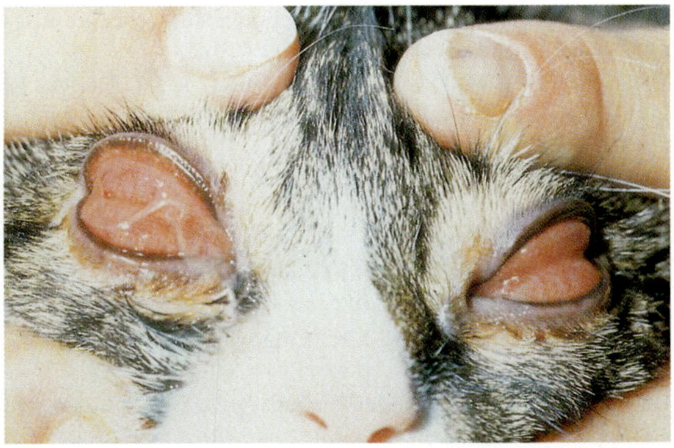

Abb. 33: Chlamydiose („Katzenpneumonitis") mit hochgradiger Konjunktivitis; die Konjunktiven sind kaum zu öffnen, der dahinter liegende Eiter fließt spontan nicht ab.

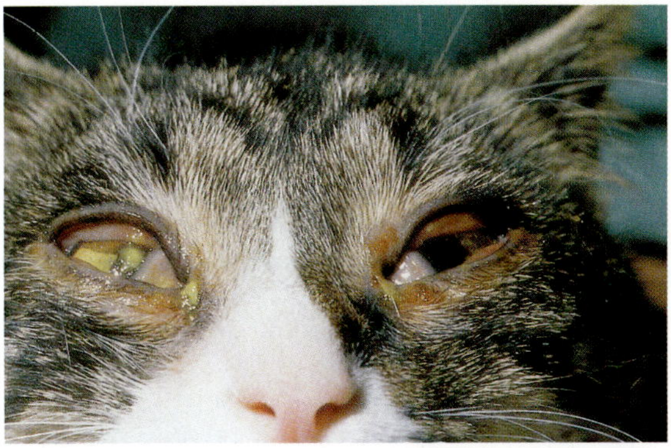

Abb. 34: Derselbe Fall wie in Abbildung [8; Numerierung muß angepaßt werden] nach dreitägiger Behandlung mit Tetracyclinen.

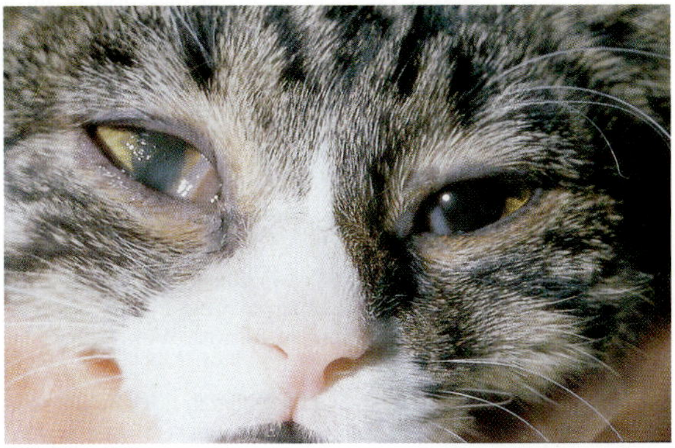

Abb. 35: Derselbe Fall wie in Abbildung [8] und [9] acht Tage nach Behandlung mit Tetracyclinen; die Krankheit ist nahezu abgeheilt.

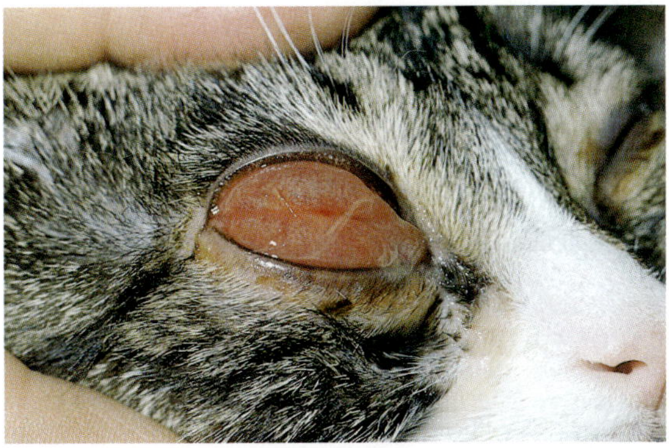

Abb. 36: Konjunktivitis mit starkem Ödem bei Chlamydieninfektion (Katzenpneumonitis).

den. Die Krankheit ist hoch kontagiös. Sie wird als Tröpfcheninfektion verbreitet. Bei uns ist sie selten.
Klinik: Die Inkubationszeit beträgt sechs bis zehn, nach PRIER (1975) drei bis fünf Tage. Die Krankheit beginnt mit mittlerem bis hohem Fieber, Niesen und Husten. In einem Teil der Fälle wird seröser bis schleimig-eitriger Nasenausfluß gesehen. Dyspnoe kommt ebenfalls vor. Die Auskultation der Lunge ergibt nur in einem Teil der Fälle verschärfte Atemgeräusche. – Die Tiere machen mitunter einen schwerkranken Eindruck, die Heilungsaussichten sind jedoch gut.
Diagnose: Sie kann an Hand von Abklatschpräparaten des Konjunktivalsekrets, die nach Giemsa gefärbt werden, gestellt werden. Der Erreger wird als basophiles Einschlußkörperchen im Zytoplasma sichtbar.
Differentialdiagnose: Alle viralen Krankheiten des Katzenschnupfenkomplexes kommen in Frage.
Prognose: Spontanheilungen sind die Regel, unter Behandlung wird der Krankheitsverlauf abgekürzt (CELLO, 1971).
Therapie: Mittel der Wahl ist Tetracyclin (15 mg/kg i. m., 20 bis 25 mg/kg p. o. auf 3 x tägl., zehn Tage behandeln). Konjunktivitis und Rhinitis können mit Antibiotika-Augen- und -Nasentropfen örtlich behandelt werden.

Mykoplasmosen

Die Erreger dieser Krankheit weisen Merkmale sowohl der Bakterien als auch der Rickettsien auf. Sie sind pleomorph, gramnegativ, wachsen in zellfreiem Medium, stellen aber hohe Ansprüche an das Nährsubstrat. Außerhalb des Wirtsorganismus sterben sie schnell ab. Bei der Katze wurden bisher mindestens drei spezifische PPLO (pleuropneumonialike organism) gefunden: Mycoplasma felis, M. gatae und M. feliminutum. Zumindest M. felis scheint bei der Katze Konjunktivitiden hervorrufen zu können (COLE u. M., 1967). Die Erkrankung ist gekennzeichnet durch Rötung und Schwellung der Schleimhaut beider, häufig auch nur eines Auges, serösem bis schleimigem Augen- und Nasenausfluß (CAMBRELL u. M., 1973). Bei komplikationslosem Verlauf heilt die Krankheit nach etwa zwei Wochen ab. Zur Therapie werden Breitspektrumantibiotika sowohl systemisch als auch örtlich empfohlen.

Literatur

AHLERS, R., ACKERMANN, O.: Über die Anwendung von Antiserum gegen Katzenseuche (Panleukopenie oder infektiöse Enteritis). Blaue Hefte Nr. **3/4,** 30 (1960).

AJELLO, L., u. M.: Isolation of Nocardia brasiliensis from a cat. J. Am. Vet. Med. Assoc. **138,** 370 (1961).

AKUN, R. S.: Nokardiosis bei zwei Katzen in der Türkei. Dtsch. tierärztl. Wschr. **59,** 202 (1952).

ALSTON, G. M., BROOM, J. C.: Leptospirosis in Man and Animals. Pub. E. U. S. Livingston (1958).

ANONYMUS: Cat plague. J. Am. Vet. Med. Assoc. **173,** 175 (1978).

AUJESZKY, A.: Über eine neue Infektionskrankheit bei Haustieren. Zbl. Bakt. I. Orig. **32,** 353 (1902).

BALLAUF, B.: Pockenvirusinfektion bei einer Katze. Tierärztl. Prax. **17,** 408 (1989).

BARKER, I. K., POVEY, R. C., VOIGT, D. R.: Response of mink, skunk, red fox and raccoon to inoculation with mink virus enteritis, feline panleukopenia and canine parvovirus and prevalence of antibody to parvovirus in wild carnivords in Ontaria. Can. J. Comp. Med. **47,** 188 (1983).

BASKERVILLE, A., McFERRAN, J. B., DOW, C.: Aujeszky's disease in pigs. Vet. Bull. **43,** 465 (1973).

BENNETT, M., GASKELL, C. J., GASKELL, R. M., BAXBY, D., GRUFFYD-JONES, T. J.: Poxvirus infection in the domestic cat: some clinical and epidemiological observations. Vet. Rec. **118,** 387 (1986).

BENNET, M., u. M.: Prevalence of antibody to hantavirus in some cat populations in Britain. Vet. Rec. **127,** 548 (1990).

BISTNER, S. I., u. M.: Ocular manifestations of feline herpesvirus infection. J. Am. Vet. Med. Assoc. **159,** 1223 (1971).

BITTLE, J. L., YORK, C. J., NEWBERNE, J. W., MARTIN, M.: Serological relationship of new feline cytopathogenic viruses. Am. J. Vet. Res. **21,** 547 (1960).

BLENDON, D. C., BELL, J. F.: Summary of results of immunofluorescende staining on skin and brain taken at all stages of infection: a blind coded study on multiple species. In: BAER, G. M.: Rabies Information Exchange **4,** 41 (1981).

BOLIN, V. S.: The cultivation of panleucopenie virus in tissue culture. Virol. **4,** 389 (1957).

BOMHARD, D. von, PFLEGHAAR, S., MAHNEL, H.: Zur Epidemiologie, Klinik, Pathologie und Virologie der Katzen-Pocken-Infektion. Kleintierpraxis **37,** 219 (1992).

BOMHARD, D. von, PFLEGHAAR, S., MAHNEL, H.: SCHNEEKLOTH-DÜCKER: Fallbericht: Katzenpockeninfektion als Zoonose für Hund und Mensch. Kleintierpraxis **36,** 511 (1991).

BORLAND, E. D.: Salmonella infection in dogs, cats, tortoises and terrapins. Vet. Rec. **96,** 401–402 (1975).

BREITSCHWERDT, E. B., HALLIWELL, W. H., BURK, R. L., SCHMIDT, D. A.: Feline Histoplasmosis. J. Amer. Anim. Hosp. Assoc. **13,** 216 (1971).

BRION, A.: L'Actinomycose du chien et du chat. Rev. Med. Vet. **91,** 121–159 (1935).

BROWN, A., BENNETT, M., GASKELL, C. J.: Fatal poxvirus infections in association with FIV infection. Vet. Rec. **124,** 19 (1989).

BRUCE D., FERGUSON, J. R.: Campylobacter jejuni in cats. Lancet II, 595 (1980).

BÜRKI, F.: Picornaviren der Katzen. Arch. Ges. Virusforsch. **15,** 281 (1964).

BÜRKI, F.: Virologic and immunologic aspects of feline picornaviruses. J. Am. Vet. Med. Assoc. **158,** 916 (1971).

BÜRKI, F., STARUSTKA, B., RUTTNER, O.: Attempts to serologically classify feline caliciviruses on a national and international basis. Infect. Immun. **14,** 876 (1976).

BUXTON, A., FIELD, H. C.: Salmonella infection in farm livestok. Report of the 10th International Veterinary Congress, London, **2,** 270–280 (1949).

CAMPBELL, L. H., et al.: Myoplasma felis – associated conjunctivis in cats. J. Am. Vet. Med. Assoc. **163,** 991 (1978).

CARLOS, E. R., KUNDIN, W. B., WATTEN, R. H., TSAI, C. C., IRVING, G. S., CARLOS, E. T., DIRECTO, A. C.: Leptospirosis in the Philippines: Feline studies. Am. J. Vet. Res. **32,** 1455 (1971).

CARLSON, J. H., SCOTT, F. W.: Feline Panleukopenia. II. The Relationship of Intestinal Mucosal Cele Proliferation to Viral Infection and Development of Lesions. Vet. Pathol. **14,** 173–181 (1977).

CARLSON, J. H., SCOTT, F. W., DUNCAN, J. R.: Feline panleukopenia. I. Pathogenesis in germfree and specific pathogenfree cats. Vet. Pathol. **14,** 79 (1976).

CARLSON, J., RUSHLOW, K., MAXWELL, I., MAXWELL, F., WINSTON, S., HAHN, W.: Cloning and sequence of DNA encoding structural proteins of the autonomous parvovirus feline panleukopenie virus. J. Virol. **55,** 574 (1985).

CARPENTER, S. L.: Panleukopenia felis. Klinische Symptome und Differentialdiagnose. J. Am. Vet. Med. Assoc. **158,** 857 (1971).

CELLO, R. M.: Microbiological and immunological aspects of feline pneumonitis. J. Am. Vet. Med. Assoc. **158,** 932 (1971).

CELLO, R. M.: Clues to differential diagnosis in feline respiratory infections. J. Am. Vet. Med. Assoc. **158,** 968 (1971).

CHASTAIN, G. B., GRIER, R. L., MITTEN, R. W., HOHLE, R. M.: Actinomycotic Periodonitis in a cat. J. Amer. Anim. Hosp. Assoc. **13,** 65 (1977).

CHRISTOPH, H. J., VIERNEISEL, H.: Die prognostische Bedeutung des quantitativen weißen Blutbildes bei der „sogenannten Katzenstaupe". Kleintierpraxis **3,** 10 (1961).

CLARK, P. G. C.: Infektiöse Katzenanämie im Gebiet von London. Vet. Rec. **87,** 305 (1970).

COLE, B. C., et al.: Characterization of Mycoplasma strains from cats. J. Bact. **94,** 1451 (1967).

COLGROVE, D. J., PARKER, A. J.: Feline infectious peritonitis. J. Sm. Anim. Pract. **12,** 225 (1971).

COLTEN, H. R.: Biosynthesis of complement. Adv. Immunol. **22,** 67 (1976).

COTSPEICH, M.: Actinomycosis in a cat. Vet. Med. S. A. C. **69,** 571 (1974)

CRANDELL, R. A., MADIN, S. H.: Experimental studies on a new feline virus. Amer. J. Vet. Res. **21,** 551 (1960).

CRANDELL, R. A.: Feline viral rhinotracheitis. Adv. Vet. Sci. Comp. Med. **17,** 201 (1973).

CRANDELL, R. A., GANAWAY, J. R., NIEMANN, W. H., MAURER, F. D.: Vergleichende Untersuchungen von drei Isolaten mit dem Originalstamm des felinen Rhinotracheitisvirus. Am. J. Vet. Res. **21,** 504 (1960).

CRANDELL, R. A., MAURER, F. D.: Isolation of a feline virus associated with intranuclear inclusion bodies. Proc. Soc. exp. Biol. Med. **97,** 487 (1958).

CSIZA, C. K., SCOTT, F. W., DE LAHUNTA, A., GILLESPIE, J. H.: Respirationssymptome und Läsionen des Zentralnervensystems bei mit Panleukopenievirus infizierten Katzen. Cornell Vet. **62,** 192 (1972).

CSIZA, C. K., DE LAHUNTA, A., SCOTT, F. W., GILLESPIE, J. H.: Spontaneous feline ataxia. Cornell Vet. **62,** 300–322 (1972).

CUADRADO, R. P.: An epidemiological study on parainfluenca, CA and mumps virus infections in domestic animals in New England. Bull. Wld. Hlth. Org. **33,** 803 (1964).

DAVIS, E. V., BECKENHAUER, W. H.: Studies on the safety and efficacy of an intranasal feline rhinotracheitis-calici virus vaccine. Vet. Med. Small. Anim. **71,** 1405 (1976).

DINGER, J. E.: „Plague" in Zoonoses. Ed. J. van der Hoeden. Amsterdam: Elsevier Publishing Co. (1964).

DIRKSEN, G.: Zur Augentuberkulose bei den Haustieren. Dtsch. tierärztl. Wschr. **61,** 401 (1954).

DOHERTHY, H. J.: Ocular manifestations of feline infectious peritonitis. J. Am. Vet. Med. Assoc. **159,** 417–424 (1971).

DOW, C., McFERRAN, J. B.: Aujeszky's disease in the dog and cat. Vet. Rec. **75,** 1099–1102 (1963).

DRÄGER, H.: Salmonellosen. Akademie Verlag, Berlin (1971).

DUENWALD, J. C., HOLLAND J. M., GORHAM, J. R., OTT, R. L.: Feline Panleukopenia: Experimental Cerebellar Hypoplasia Produced in Neonatal Ferrets with Cive Virus Vaccine. Res. Vet. Sci. **12,** 394–396 (1971).

ECKER, C. H., HERMANN, J. H.: Zur Übertragung des Aujezky-Virus durch die Ratte. Mh. Vet. Med. **18,** 181 (1963).

EGBERINK, H. F., HORZINEK, M. C.: Impfung gegen Feline Infektiöse Peritonitis. Kleintierpraxis **39,** 557 (1994).

EMMONS, C. W.: Histoplasmosis in Animals. Trans. N. Y. Acad. Sci., Ser. II. **2,** 248—254 (1949).

ESSEVELD, H., COLLIER, W. A.: Leptospirosis of cats in Java. Z. Immun. Forsch. **93,** 512 (1938.

FASTIER, L. B.: A new feline virus isolated in tissue culture. Am. J. Vet. Res. **18,** 382 (1957).

FASTIER, L. B.: Panleukopenia felis – a serologic study. Vet. Rec. **83,** 653 (1968).

FILDES, P., HARE, T., WRIGHT, J. G.: A case of Tetanus in a cat. Vet. Rec. **43,** 731 (1931).

FOWLER, E. H., ROHOVSKY, M. W.: Enzyme Histochemistry of the small Intestine in Germfree and specific Pathogen-Free Cats Inoculated with the Virus of Infectious Feline Enteritis. Am. J. Vet. Res. **31,** 2055–2060 (Nov., 1970).

FOWLER, E. H., ROHOVSKY, M. W.: Enzyme Histochemistry of the Lymphoid Tissues in Germfree cats Inoculated with the Virus of Infectious Feline Enteritis. Am. J. Vet. Res. **31,** 2061–2069 (Nov., 1970).

FREUDIGER, U.: Übersicht über die wichtigsten Infektionskrankheiten der Katze. Kleintierpraxis **16,** 134 (1971).

FREUDIGER, U.: Leukopenien bei der Katze. Schweiz. Arch. Tierh. **116,** 273 (1974).

FREUDIGER, U.: Infektionskrankheiten; in: H.-J. CHRISTOPH: Klinik der Katzenkrankheiten. Fischer-Verlag, Jena (1977).

FREUDIGER, U., KUSLYS, A.: Untersuchungen über die Tuberkulose der Fleischfresser. Schweiz. Z. Tuberk. **12,** 247 (1955).

GASKELL, R. M., POVEY, R. C.: Experimental induction of feline viral rhinotracheitis virus re-excretion in FRV-recovered cats. Vet. Rec. **100,** 128 (1977).

GASKELL, R. M., GASKELL, C. J., EVANS, R. J., DENNIS, P. E., BENNETT, A. M., UDALL, N. D., VOYLE, C., HILL, T. J.: Natural and experimental poxvirus infection in the domestic cat. Vet. Rec. **112,** 164 (1983).

GASKELL, R. M., POVEY, R. C.: Re-excretion of feline viral rhinotracheitis virus following corticosteroid treatment. Vet. Rec. **96,** 204 (1982).

GASKELL, R. M., BAXBY, D., BENNETT, M.: Poxviruses. In: M. J. APPEL: Virus Infections in Garnivores. Elsevier Sci. Publ., Amsterdam, Oxford, New York, Tokio (1987).

GASKELL, R. M., POVEY, R. C.: Die Reexkretion von Rhinotracheitismus nach Kortikosteroidbehandlung. Vet. Rec. **93,** 204 (1973).

GASKELL, R. M., POVEY, R. C.: Research in Veterinary Science. **27,** 167 (1971).

GILMORE, C. E., HOLZWORTH, J.: Natural occurring feline leukemia: clinical, pathologic, and differential diagnostic features. J. Am. Vet. Med. Assoc. **158,** 1013 (1971).

GOITSUKA, R., ONDA, C., HIROTA, Y., HASEGAWA, A., TOMODA, I.: Feline interleukin-1 production induced by feline infectious peritonitis virus. Jpn. J. Vet. Sci. **50,** 209 (1988).

GOLGMAN, P. M., MOORE, T. D.: Spontaneous Lancefield group a streptococcal infection in a random source cat colony. Lab. Anim. Sci. **23,** 565–566 (1973).

GORDONSMITH, C. E., TURNER, L. H., HARRISON, J. C., BROOM, J. C.: Animal leptospiros in Malage. 1. Methods, zoogeographical background and broad analysis of results. Bull. Wld. Hlth. Org. **24,** 5 (1961).

GORHAM, J. R., HARTSOUGH, G. R., SATO. N., LUST, S.: Vet. Med. S. A. C. **61,** 35 (1966).

GORHAM, S. R., GARNER, F. M.: Am. J. Vet. Res. **12,** 35–37 (1951).

GREEN, C. E.: Feline panleukopenia. In: Clinical microbiology and infectious diseases of the dog and cat. W. B. Saunders, Philadelphia.

GRUMBACH, A., STÜNZI, H.: Die Tuberkulose bei Katze und Hund und ihre epidemiologische Bedeutung. Schweiz. Z. Tuberk. **17,** 82 (1960).

HAAGSMA, J., RONDHUIS, P. R.: Morbus Aujeszky bei Katzen. Tschr. Diergeneesk. **92** (1967).

HACKETT, A. J., MANNING, J.: Comments on feline Syncytium-Forming Virus. J. Amer. Vet. Med. Assoc. **158,** 948 (1971).

HAGEMOSER, W. A., KLUGE, J. P., HILL, H. T.: Studies on the pathogenesis of pseudorabies in domestic cats following oral inoculation. Can. J. Comp. Med. **44,** 192 (1980).

HARBOUR, D. A., HOWARD, P. E., GASKELL, R. M.: Isolation of feline calicivirus and feline herpesvirus from domestic cats 1980 to 1989. Vet. Rec. **128,** 77 (1991).

HARBOUR, D. A., u. M.: Isolation of a T-lymphotropic lentivirus from a persistently leukopenic domestic cat. Vet. Rec. **122,** 84–86 (1988).

HARDER, T. C., FINDIK, A., NOLTE, I., LIESS, B.: Untersuchung zum Spektrum viraler Erreger im Rahmen des Katzenschnupfen-Komplexes. Kleintierpraxis **39,** 93 (1994).

HARDY, W. D., u. M.: Horizontal transmission of feline leukaemia virus. Nature **244,** 266 (1973).

HARDY, W. D.: The feline leukemia virus. J. Amer. Anim. Hosp. Assoc. **17,** 951–980 (1981).

HARDY, W. D.: Hematopoetic tumors of the cat. J. Amer. Anim. Hosp. Assoc. **17,** 921–940 (1981).

HARDY, W. D.: Feline leukemia virus non-neoplastic disease. J. Amer. Anim. Hosp. Assoc. **17,** 941–949 (1981).

HARDY, W. D.: Feline T-lymphotropic lentivirus: retrovirus-induced immunosuppression in cats. J. Amer. Anim. Hosp. Assoc. **24,** 214–243 (1988).

HARDY, W. D., HURVITZ, A. J.: Feline infectious peritonitis: experimental studies. J. Am. Vet. Med. Assoc. **158,** 994–1002 (1971).

HARDY, W. D., Jr., HURVITZ, A. J.: Feline infectious peritonitis: experimental studies. J. Am. Vet. Med. Assoc. **158,** 994 (1971).

HARTMANN, K., LUTZ, H.: Vorkommen von FIV-Infektionen im Einzugsbereich der Münchner Tierklinik. Tierärztl. Prax., Supp. **5,** 81–83 (1989).

HARTMANN, K., HINZE, K.: Epidemiologie und Klinik der FIV-Infektion in Bayern. Tierärztl. Prax. (im Druck).

HAUSER, P.: Knochenmarkveränderungen im Verlaufe der infektiösen Panleukopenie (Agranulozytose) der Katze. Kleintierpraxis **13,** 52 (1968).

HEMSLY, L. A.: Leptospira canicola and chronic nephritis in cats. Vet. Rec. **68,** 300 (1956).

HENZE, S., OTTEN, E.: Kleintierpraxis **1,** 47–48 (1956).

HEPPNER, B., DARAI, G., PODESTA, B., PAULI, G., LUDWIG, H.: Strain differences in Pseudorabies viruses. Med. Microbiol. Immunol. **169,** 97 (1981).

HERBST, W., ZHANG, X. N., LANGE, H., SCHLIESSER, T.: In-vitro-Ergebnisse über die Vermehrungshemmung von Aciclovir (Zovirax) auf Feines Herpesvirus Typ 1 (FHV 1). Zur Frage der therapeutischen Beeinflussung der Rhinotracheitis der Katze. Kleintierpraxis **33,** 433 (1988).

HERBST, W., STRAUCH, D.: Zur Wirksamkeit eines Desinfektionsmittels auf Basis organischer Säuren gegenüber Parvoviren. Kleintierpraxis **36,** 189 (1991).

HIRSCHBERGER, J.: Applikation von Aciclovir (Virustatikum) bei der Katze. Tierärztl. Prax. **16,** 427 (1988).

HOFFMANN, R.: Verbrauchskoagulopathie bei spontaner Panleukopenie der Haus- und Wildkatzen. Berl. Münch. Tierärztl. Wschr. **86,** 72–74 (1973).

HOFFMANN, R.: Syndrome disseminierter intravasaler Gerinnung (Verbrauchskoagulopathie) bei Haustieren. Fortschritte der Veterinärmedizin **24,** (1976).

HOLMBERG, D. L.: A case report of Cl. perfringens infection in the cat. Austral. Vet. Pract. 231 (1975).

HOLZWORTH, J.: Cryptococcosis in a cat. Cornell Vet. **42,** 12 (1952).

HOLZWORTH, J.: Cryptococcosis. Vet. Bull. **15,** 22 (1956).

HOLZWORTH, J., COFFIN, D. L.: Cryptococcosis in the cat: a second case. Cornell Vet. **43,** 546 (1953).

HOOVER, E. A., GRIESEMER, R. A.: Experimental feline herpesvirus infection in the pregnant cat. Am. J. Path. **65,** 173 (1971).

HOOVER, E. A., ROHOVSKY, M. W., GRIESEMER, R. A.: Am. J. Path. **58,** 269 (1970).

HORVATH, Z., PAPP, L.: Angaben zum Klinikum der Aujeszkyschen Krankheiten der Katzen. Kleintierpraxis **12,** 69 (1967).

HULL, T. G.: Diseases transmitted from animals to man. 5th ed. Springfield: C. C. Thomas (1963).

HUMMEL, P.: Über das Vorkommen von atypischen Mykobakterien bei Hund und Katze. Zbl. Vet. Med. B. **13, 5**1 (1966).

INGHAM, B., BRENTHALL, D. W.: Akute Peritonitis bei einem Kätzchen, vergesellschaftet mit Salmonella typhimurium-Infektion. J. Sm. Anim. Pract. **13,** 71 (1972).

JARRETT, O., HAY, D., LAIRD, H. M.: Infection by feline Syncytium-forming virus in Britain. Vet. Rec. **94,** 200 (1974).

JARRETT, W. F. H., u. M.: Leukaemia in the cat. Transmission experiments with leukaemia (lymphosarcoma). Nature **202,** 566 (1964).

JOHANNSEN, U.: Knochenmarksuntersuchungen zur infektiösen Enteritis (Panleukopenie) bei Haus- und Zookatzen. Arch. exper. Vet. Med. **22,** 293–329 (1968 a).

JOHANNSEN, U.: Untersuchungen zur infektiösen Enteritis (Panleukopenie) der Feliden. I. Klinik und pathologische Anatomie der Erkrankung. Arch. exper. Vet. Med. **22,** 233–246 (1968 b).

JOHNSON, R. H.: Isolation of a virus from a condition simulating feline panleukopenia in a leopard. Vet. Rec. **76,** 1008 (1964).

JOHNSON, R. H.: Feline panleucopaenia. I. Identification of a virus associated with the syndrome. Res. Vet. Sc. **6,** 466–471 (1965).

JOHNSON, R. H.: Feline panleucopaenia virus. IV. Methods for obtaining reproducible in vitro results. Res. Vet. Sci. **8,** 256–264 (1967).

JOHNSON, R. H.: Katzen-Panleukopenievirus. In-vitro-Vergleich mit dem Nerzenteritisvirus. J. Sm. Anim. Pract. **8,** 319 (1968).

JOHNSON, R. H.: Feline Panleucopaenia. Vet. Rec. **84,** 338 (1969).

JOHNSON, R. H., MARGOLIS, G., KILHAM, L.: Intensität des Katzen-Maxie-Virus mit dem Leukopenievirus. Nature, London 214, 175 (1967).

JOHNSON, R. H.: Cat panleukopenie virus. J. Small Anim. Pract. **8,** 319 (1968).

JOHNSON, R. H.: Isolation of a virus from a condition simulating feline panleukopenie in a leopard. Vet. Rec. **76,** 1008 (1964).

JOHNSON, G. R., KOESTNER, A., ROHOVSKY, M. W.: Experimental feline infections enteritis in the germfree cat. An electron microscopic study. Vet. Pathol. **4,** 275–288 (1967).

KAHN, D. E., HOOVER, E. A., BITTLE, J. L.: Induction of immunity to feline caliciviral disease. Infect. Immun. **11,** 1003 (1975).

KAWAKAMI, T. G., u. M.: C-type viral particles in plasma of cats with feline leukemia. Science **158,** 1049 (1967).

KIKUTH, W., GÖNNERT, R., SCHWEICKERT, M.: Infektiöse Aleukozytose der Katzen. Zbl. Bakt. Orig. **146,** 1 (1940).

KILHAM, L., MARGOLIS, G. M., COLBY, E. D.: Congenital infections of cats and ferrets by feline panleukopenia virus manifested by cerebellar hypoplasia. Lab. Invest. **17,** 465–480 (1967).

KILHAM, L., MARGOLIS, G., COLBY, E. D.: Cerebellar ataxia and its congenital transmission in cats by feline panleukopenia virus. J. Am. Vet. Med. Assoc. **158,** 888 (1971).

KILLINGSWORTH, C., CHIAPELLA, A., VERALLI, P., DE LAHUNTA, A.: Feline Tetanus. J. Amer. Anim. Hosp. Assoc. **13,** 209 (1977).

KNECHT, E.: Virusinfektionen der Kopfschleimhäute sowie des Respirationstraktes bei Katzen. Vet. Diss., Gießen (1979).

KÖLBL, S., LUTZ, H.: Die Infektion mit felinem Spumavirus (FeSFV): Häufigkeit bei Katzen in Österreich und Beziehung zur Infektion mit dem felinen Immunschwächevirus (FIV).

KRAFT, W.: Das Thrombelastogramm der gesunden Hauskatze und die Behandlung der Verbrauchskoagulopathie bei Panleukopenie. Berl. Münch. Tierärztl. Wschr. **86,** 394 (1973).

KRAFT, W., u. M.: Thrombozytopenie bei Feliner Infektiöser Panleukopenie. Kleintierpraxis **25,** 129 (1980).

LANGHAM, R. F., u. M.: Nocardiosis in the dog and cat. Mich. St. Coll. Vet. **19,** 102 (1959).

LARSEN, S., FLAGSTAD, A., AALBAEK, B.: Experimental Feline Panleucopenia in the Conventional Cat. Vet. Pathol. **13,** 216–240 (1976).

LETTOW, K.: Tetanus bei einer Katze. Berl. Münch. Tierärztl. Wschr. **68,** 197 (1955).

LIVINGSTON, D. M., TODARO, G. J.: Endogenous type C virus from a cat clone with properties distinct from previously described feline type C viruses. Virology **53,** 142 (1973).

LUCKE, V. M., GROWTHER, S. T.: The incidence of leptospiral agglutination titres in the domestic cat. Vet. Rec. **77,** 647 (1965).

LUTZ, H., u. M.: Detection of feline leukemia virus infection. Feline Pract. **10,** 13–23 (1980).

LUTZ, H., u. M.: Course of feline leukemia virus infection and its detection by enzyme-immunosorbent assay and monoclonal antibodies. Amer. J. Vet. Res. **44,** 2054–2059 (1983).

LUTZ, H.: Virusinfektionen. In: SCHMIDT, V., HORZINEK, M. C., Krankheiten der Katze. Gustav Fischer, Jena, Stuttgart (1992).

MASON, R. W., KING, S. J., McLACHAN, N. M.: Suspected leptospirosis in two cats. Aust. Vet. J. **48,** 622 (1972).

MAHNEL, H.: Identifizierung eines Kuhpockenvirus, isoliert von einem Kind. J. Vet. Med. **33,** 362 (1986).

MAHNEL, H.: Katzenpocken in Deutschland. Tierärztl. Prax. **19,** 419 (1991).

MAHNEL, H., CZERNY, C. P., MAYR, A.: Nachweis und Identifizierung von Pockenviren bei Hauskatzen. J. Vet. Med. **36,** 231 (1989).

MARENNIKOWA, S. S., u. M.: Outbreak of pox disease among carnivora (felidae) and edentata. J. inf. Dis. **135,** 358 (1979).

MAYR, A.: Wesen und Bedeutung persistierender Virusinfektionen. Münchn. Med. Wschr. **121,** 25 (1979).

MAYR, A., BIBRACK, B.: Ursache-Wirkungs-Relationen bei Infektionskrankheiten. Zbl. Bakt. I Abt. Orig. A **226,** 168 (1974).

MAYR, A.: Parvovirosen bei Hund und Katze: Probleme der Immunisierung.

MAYR, A.: Gefährdung von Mensch und Tier durch Pockeninfektion bei Katzen. Kleintierpraxis **37,** 369 (1992).

MAYR, A., EISSNER, G., MAYR-BIBRACK, B.: Handbuch der Schutzimpfungen in der Tiermedizin. Paul Parey, Berlin, Hamburg (1984).

MAYR, B.: Bewertung von Serumtitern gegen die feline Peritonitis (FIP). Tierärztl. Prax. **19,** 226 (1991).

MAYR, B.: Vorkommen von Orthopoxviren bei der Katze und deren Übertragung auf den Menschen. Tierärztl. Prax. **19,** 115 (1991).

MARTLAND, M. F., FOWLER, S., POULTON, G. J., BAXBY, D.: Poxvirus infection of a domestic cat. Vet. Rec. **112,** 171 (1983).

McCLELLAND, A., HARDY, J. W. D., ZUCKERMAN, E. E.: Prognosis of healthy feline leukemia virus infected cats. In: W. D. HARDY u. M.: Feline leukemia virus. Elsevier/North Holland, New York 1980.

McKEIRNAN, A. J., EVERMANN, J. F., DAVIS, E. V., OTT, R. L.: Comparative properties of feline coronavirus in vitro. Can. J. Vet. **51,** 212 (1987).

MERTENS, W. K.: Leptospira icterohaemorrhagiae infection in cats. Ned.-Indische Bl. Diergeneesk. **50,** 78 (1938).

MESSOW, C., HENSEL, L.: Die Salmonellose der Karnivoren. Dtsch. tierärztl. Wschr. **67,** 678–682, und **68,** 51–53 (1960, 1961).

MICHNA, S. W.: Leptospirosis. Vet. Rec. **86,** 484 (1970).

MORI, N.: Über eine bei Katzen aufgetretene, durch besonderen Mikroorganismus bedingte Epizootie. Ebl. Bakt. I. Orig. Mitteil. **38,** 42–51 (1905).

MURPHY, F. A., BAUER, S. P., HARRISON, A. K., WINN, W. C.: Comparative pathogenesis of rabies and rabies-life viruses. Viral infection and transit from inoculation site to the central nervous system. Lab. Invest. **28,** 361 (1973).

MURPHY, L. C., CARDEILHAC, P. T., CARR, J. W.: The prevalence of leptospiral agglutinius in sera of the domestic cat. Cornell Vet. **48,** 3 (1958).

NIMAN, H. L., u. M.: RD-114 and feline leukaemia virus aerome expression in natural lymphomes of domestic cats. Nature **266,** 357 (1977).

OLANDER,. H. J., u. M.: Feline cryptococcosis. J. Am. Vet. Med. Assoc. **142,** 138 (1963).

ORR, C. M., KELLY, D. F., LUCKE, V. M.: Tuberculosis in cats. A report of two cases. J. Sm. Anim. Pract. **21,** 247 (1980).

ORR, C. M., GASKELL, C. J., GASKELL, R. M.: Interaction of an intranasal combined feline viral rhinotracheitis, feline calicivirus vaccine and the FVR carrier state. Vet. Rec. **106,** 164 (1980).

OSTERHAUS, A. D. M. E., HORZINEK, M. C., ELLENS, D. J.: Untersuchungen zur Ätiologie der felinen infektiösen Peritonitis. Berl. Münch. Tierärztl. Wschr. **89,** 135 (1976).

OSTERHAUS, A. D. M. E.: Feline infectious peritonitis virus. Identification, propagation and epidemiology. Thesis State University, Utrecht, The Netherlands **24,** 115–120 (1979).

OTT, R. L.: Feline infectious peritonitis. In: DRAWER, K. K., Sta. Barbara Cal., CATCOT, E. J. (ed.). Feline surgery and medicine, (second Ed.) Amer. Vet. Publ. Inc., 47–54 (1975).

PEDERSON, N. C., HOLLIDAY, T. A., CELLO, R. M.: Feline infectious peritonitis. Proceedings AAHA 41st Annual Convention (1974).

PEDERSEN, N. C., BOYLE, J. F.: Immunologic phenomena in the effusive form of feline infectious peritonitis. Amer. J. Vet. Res. **41,** 868 (1980).

PEDERSEN, N. C., POOL, R. R., O'BRIEN, T.: Feline chronic progressive polyarthritis. Amer. J. Vet. Res. **41,** 522 (1980).

PEDERSEN, N. C., BOYLE, J. F., FLOYD, K., FUDGE, A., BARKER, J.: An enteric coronavirus infection of cats and its relationship to feline infectious peritonitis. Amer. J. Vet. Res. **42,** 368 (1981).

PEDERSEN, N. C.: Feline Syncytium-forming virus infection. In: HOLZWORTH: Diseases of the cat. Saunders, Philadelphia (1986).

PEDERSEN, N. C., HO, E. W., BROWN, M. L., YAMAMOTO, J. K.: Isolation of a T-lymphotropic virus from domestic cats. Nature **222,** 1190 (1987).

PEDERSEN, N. C., u. M.: The clinical significance of latent feline leukemia infection in cats. Feline Pract. **14,** 32–48 (1984).

PEDERSEN, N. C., u. M.: Isolation of a T-lymphotropic virus from domestic cats with an immunodeficiency-like syndrome. Science **235,** 790–793 (1987).

PICKERING, J. G.: A viccination technique to break the transmission cycle of chronic respiratory disease in breeding catteries. New Zealand Vet. J. **29,** 63 (1981).

POLLOCK, R. V. H.: The parvoviroses. Comp. Cont. Ed. Pract. Vet. **6,** 227 (1984).

POVEY, R. C.: A review of feline viral rhinotracheitis (feline herpesvirus 1 infection). Comp. Immun. Microbiol. Infect. Dis. **2,** 373 (1979).

POVEY, R. C.: Feline respiratory infections – a clinical review. Can. Vet. J. **17,** 93 (1976).

POVEY, R. C.: Serological relationships among feline caliciviruses. Infect. Immun. **10,** 1307 (1974).

POVEY, R. C., JOHNSON, R. H.: Further observations on feline viral rhinotracheitis. Vet. Rec. **81,** 686 (1967).

POVEY, R. C., JOHNSON, R. H.: Observations on the epidemiology and control of viral respiratory disease in cats. J. Sm. Anim. Pract. **11,** 485 (1970).

REED, A. P., JONES, E. V., MILLER, T. J.: Nucleotide sequence and genome organization of canine parvovirus. J. Virol. **62,** 266 (1988).

REES, H. G.: Leptospirosis in a cat. N. Z. Vet. J. **12,** 64 (1964).

ROBINSON, R. L., HOLZWORTH, J., GILMORE, C. E.: Naturally occurring feline infectious peritonitis: sigus and clinical diagnosis. J. Am. Vet. Med. Assoc. **158,** 981 (1971).

ROGERSON, P., JARRETT, W., MACKEY, L.: Epidemiological studies on feline leukaemia virus infection. I. A serological in urban cats. Int. J. Cancer **15,** 781 (1975).

ROHOVSKY, M. W., FOWLER, E. H.: Lesions of experimental feline panleukopenia. J. Am. Vet. Med. Assoc. **158,** 872 (1971).

ROHOVSKY, M. W., GRIESEMER, R. A.: Experimental Feline Infectious Enteritis in the Germfree Cat. Vet. Pathol. **4,** 391–410 (1967).

ROHOVSKY, M. W., GRIESEMER, A., WOLFE, L. G.: The Germfree Cat. Lab. Anim. **16,** 52–59 (1966).

ROHRER, C., SUTER, P. F., LUTZ, H.: Die Diagnose der felinen infektiösen Peritonitis (FIP): Retrospektive und prospektive Untersuchungen. Kleintierpraxis **38,** 379 (1993).

ROLLE, M., MAYR, A.: Mikrobiologie, Infektions- und Seuchenlehre, 4. Aufl., Enke-Verlag, Stuttgart (1978).

SAAR, C.: Erythrämie und Erytroleukämie bei der Katze. Berl. Münch. Tierärztl. Wschr. **81,** 423 (1968).

SABO, A., RASCANI, G., RANS, J., KARELOVA, E.: Untersuchungen zur Pathogenese der Aujeszkyschen Krankheit der Katzen. Arch. Ges. Virusforsch. **25,** 288 (1968).

SARMA, P. S., LOG, T., THEILEN, G. H.: ST feline sarcoma virus: biological characteristics and in vitro propagation. Proc. Soc. exp. Biol. Med. **137,** 1444 (1971).

SCHALM, O. W.: Comments on feline leukemia: clinical and pathologic features, differential diagnosis. J. Am. Vet. Med. Assoc. **158,** 1025 (1971).

SCHALM, O. W.: Cytology of some myeloproliferative disorders of cats. Feline Pract. **1,** 23 (1971).

SCHALM, O. W., THEILEN, G. H.: Myeloproliferative disease in the cat associated with C-type leukovirus particles in bone marrow. J. Am. Vet. Med. Assoc. **157,** 1686 (1967).

SCHLEGEL, H. G.: Allgemeine Mikrobiologie. 2. Aufl., Thieme, Stuttgart (1972).

SCHLIESSER, Th.: Die Tuberkulose von Hund und Katze und ihre hygienische Bedeutung. Prax. Pneumologie **20,** 559 (1966).

SCHLIESSER, Th.: Die Fleischfressertuberkulose und ihre Beziehung zur Tuberkulose des Menschen. Kleintierpraxis **12,** 191 (1967).

SCHLIESSER, Th.: Die Rolle der Fleischfressertuberkulose im Infektionsgeschehen der menschlichen Tuberkulose. Beiträge Klinik, Erforschung der Tbk. **136,** 262 (1967).

SCHLIESSER, Th., BACHMAIER, K.: Beitrag zur epidemiologischen Bedeutung der Katzentuberkulose. Die Rindertuberk. **6,** 23 (1957).

SCHMIDT. R. E., LANGHAM, R. F.: A survey of feline neoplasms. J. Am. Vet. Med. Assoc. **151,** 1325 (1967).

SCHÖNBAUER, M., SCHÖNBAUER-LÄNGLE, A., KÖLBL, S.: Pockeninfektion bei einer Hauskatze. Zbl. Vet. Med. B **29,** 434 (1982).

SCOTT, W., GILLESPIE, J. H.: Recent Advances in Feline Panleukopenia. Proc. Book Am. Anim. Hosp. A.: 111–117 (1969).

SCOTT, F. W., GILLESPIE, J. H.: Feline viral diseases. Vet. Scope **17,** 2 (1973).

SCOTT, F. W., KAHN, D. E., GILLESPIE, J. H.: Feline viruses: isolation, characterization and pathogenicity of a feline reovirus. Am. J. Vet. Res. **31,** 11 (1970).

SCOTT, F. W.: Filne Syncytial virus. J. Amer.Vet. Med. Assoc. **158,** 946 (1971).

SHROYER, E. L., SHALABY, M. R.: Isolation of feline Syncytia-forming virus from oropharyngeal swav samples and buffy coat cells. Amer. J. Vet. Res. **39,** 555 (1988).

SLAVSON, D. O., FINN, J. P.: Meningoencephalitis and panophthalmitis in feline infectious peritonitis. J. Am. Vet. Med. Assoc. **160,** 729–734 (1972).

SNIDER, W. R.: Tuberkulose in der Hunde- und Katzenpopulation: Literaturübersicht. Rev. Resp. Dis. **104,** 877 (1971).

SNYDER, S. P., THEILEN, G. H.: Transmissible feline fibrosarcoma. Nature **221,** 1074 (1969).

SNYDER, S. P.: Spontaneous feline fibrosarcoma: Transmissibility and ultrastructure of associated virus-like particles. J. Natl. Cancer Inst. **47,** 1079 (1971).

SQUIRE, R. A., BUSH, B.: Comments on treatment of leukemia in the cat. J. Am. Vet. Med. Assoc. **158,** 1134 (1971).

SUTER, P. F., ROHRER, C., LUTZ, H.: Zur Problematik der FIPV-Infektion. Kleintierpraxis **38,** 373 (1993).

SWINDLE, M. M., NARAYAN, O., LUZARRAGA, M., BOBBIE, D. L.: Contagious Streptococcal Lymphadenitis in Cats. J. Am. Vet. Med. Assoc. **177,** 829 (1980).

THEILEN, G. H., u. M.: Current status of transmissible agents in feline leukemia. J. Am. Vet. Med. Assoc. **153,** 1864 (196).

THEILEN, G. H., u. M.: Experimental induction of lymphosarcoma in the cat with „C"-type virus. Cancer Res. **30,** 401 (1970).

THEILEN, G. H., SCHALM, O. W., PEDERSEN, N. C.: Myeloproliferative disorders and associated leukemias in the cat: pathogenesis, diagnosis, cytology, therapy and control. Proc. Anim. Hosp. Assoc. **43,** 171 (1976).

THOMSETT, L. R., BAXBY, D., DENHAM, E. M.: Cowpox in the domestic cat. Vet. Rec. **108,** 567 (1978).

THORNTON, D. J., TUSTIN, R. C., PIENAAR, W. N., BUBB, H. D.: Cat bite transmission of Yersinia pestis infection to man. J. South Afr. Vet. Ass. **46,** 165 (1975).

TOMA, B., GAUMONT, A.: Diagnostic de la tuberculose des carnivores domestique: diagnostic bacteriologique et serologique. Animal de Compagnie no. **22,** 193–198 (1971).

TOMA, B., GAUMONT, R., PARIS-HAMELIN, A.: La tuberculose feline et son danger pour l'homme. Comp. Immun. Microbiol. Infect. Dis. **1,** 185 (1979).

TRAUTWEIN, C., NIELSEN, S. W.: Cryptococcosis in two cats, a dog, and a mink. J. Am. Vet. Med. Assoc. **140,** 437 (1962).

TRAUTWEIN, G., HEWICKER-TRAUTWEIN, M.: Immunpathogenese von Viruskrankheiten der Katze und des Hundes. Tierärztl. Prax. **22,** 63–72 (1994).

TRUYEN, U., u. M.: Evolution of the feline subgroup parvoviruses and the control of the canine host range. J. Virol. **69,** 4702–4710 (1995).

TRUYEN, U., u. M.: Natural evolution of canine parvovirus involution loss and gain of the feline host range. Virology, 1996 (im Druck).

TRUYEN, U., PLATZER, G., PARRISH, C. R.: Antigenic type strain distribution among canine parvoviruses and feline panlukopenia virus in dogs and cats in Germany. Vet. Rec. 1996 (im Druck).

TRUYEN, U., SCHUNK, B.: Das feline Calicivirus: eine Übersicht. Tierärztl. Prax. **23,** 300 (1995).

TRUYEN, U.: Die Evolution des caninen Parvovirus: Der Verlust und Rückgewinn des Wirtes Katze. Tierärztl. Prax. 1996 (im Druck).

TSAO, A. T., BLENDON, D. C.: Detection of rabies virus in the skin by immunofluorescence and immunoperoxidase staining and virus isolation: a blind study. Rabies information. exchange **4,** 23 (1981).

Van DORSSEN, C. A.: S. typhimurium-Infektionen bei Katzen und Kaninchen. Dtsch. tierärztl. Wschr. **45,** 196–198 (1937).

VEIJALAINEN, P. M. L., NEUVONEN, E., NISKANEN, A., JUOKSLAHTI, T.: Latex agglutination test for detecting feline panleukopenie virus, canine parvovirus, and parvoviruses. J. Clin. Microbiol. **23,** 556 (1986).

VICK, K. P.: Aktinomykose bei der Katze. Kleintierpraxis **22,** 201–203 (1977).

VYSOTSKI, B. V., MALYKH, F. S., PROKOFEV, A. A.: Leptospirosis in cats. Zh. Mikrobiol. Epidemiol. 1. Immunobiol. Mosuova, No. **2,** 140 (1960).

WABER, S., BESTETTI, G.: Herpesvirus-Enteritis bei einem Katzenwelpen. Schweiz. Arch. Tierh. **123,** 435 (1981).

WACHENDÖRFER, G.: Die Katze als epizootiologischer Faktor und als Gefahr für den Menschen im augenblicklichen Tollwutseuchenzug. Dtsch. tierärztl. Wschr. **69,** 555 (1962).

WACHENDÖRFER, G.: Zur Klinik der Tollwut bei Haustieren, Schweiz. Arch. Tierh. **110,** 218 (1968).

WALTER, J. H., RUDOLPH, R.: Untersuchungen zur Häufigkeit und zur Pathogenese der felinen infektiösen Peritonitis. Dtsch. tierärztl. Wschr. **96,** 194 (1989).

WANDELER, A., WACHENDÖRFER, G., FÖRSTER, U., KREKEL, H., SCHALE, W., MÜLLER, J., STECK, F.: Tollwut bei Wildkarnivoren in Zentraleuropa. I. Epidemiologische Studien. Zbl. Vet. Med. **21B,** 757 (1974).

WARD, J. M.: Morphogenesis of a virus in cats with experimental feline infectious peritonitis. Virol. **41,** 191 (1970).

WATSON, A. D. J., WANNAN, J. S.: The incidence of leptospiral agglutinins in domestic cats in Sydney. Aust. Vet. J. **49,** 545 (1973).

WEISS, R. C., DODDS, W. J., SCOTT, F. W.: Disseminated intravascular coagulation in experimentally induced feline infectious peritonitis. Amer. J. Vet. Res. **41,** 661 (1980).

WEISS, R. C., SCOTT, F. W.: Pathogenesis of feline infectious peritonitis: Nature and development of viremia. Amer. J. Vet. Res. **42,** 382 (1981).

WEISS, R. C., SCOTT, F. W.: Pathogenesis of feline infectious peritonitis: Pathologic changes and immunofluorescence. Amer. J. Vet. Res. **42,** 2036 (1981).

WOLFE, A., GRIESEMER, R. A.: Feline infectious peritonitis. Vet. Pathol. **3,** 255 (1966).

WOLLENWEBER, N., WÜSTENBERG, J., KÖNIG, F.: Über das Vorkommen von Enteritisinfektionen bei Katzen und ihre Übertragung auf den Menschen. Zbl. Bakt. I Orig. **139,** 169–172 (1937).

YAMAMOTO, S., u. M.: Isolation of cryptococcus neofermans from pulmonary granuloma of a cat and from pigeon droppings. Jap. J. Vet. Sci. **19,** 179 (1957).

YOUNG, B. J.: A reliable method for demonstrating spirochaetes in tissue sections. J. med. Lab. Tech. **26,** 248 (1969).

ZIMMER, K., BOGANTES, J. C., HERBST, W., RÄTHER, W.: Pockenvirusinfektion bei Katze und Besitzerin. Tierärztl. Prax. **19,** 423 (1991).

Die Infektion durch das Feline Leukämievirus (FeLV)

K. HARTMANN

Ätiologie

Das feline Leukämievirus (FeLV) wurde 1964 von JARRETT und Mitarbeitern entdeckt. Es scheint von einem Nagervirus abzustammen und weist hohe Ähnlichkeit zum murinen Leukämievirus (MuLV) auf (BENVENISTE et al., 1975). Das FeLV wird der Familie der Retroviridae, Unterfamilie Onkovirinae des Genus Mammalian Typ-C-Virus zugeordnet. Alle Vertreter der Retroviren besitzen das Enzym Reverse Transkriptase (RT), welches die Namensgebung bestimmte. Das FeLV tritt sowohl in einer endogenen als auch in einer exogenen Form auf. Bei der endogenen Form handelt es sich um ein unvollständiges, replikationsdefektes und somit nicht infektiöses Virusgenom, das in der Desoxyribonukleinsäure (DNA) aller Katzen vorkommt und vertikal übertragen wird (OKABE et al., 1978; McDOUGALL et al., 1994). Die exogene Form stellt ein vollständiges, infektiöses Virus dar, das horizontal übertragen wird (LUTZ, 1983).

Das Virus hat einen Durchmesser von etwa 100 nm und eine Dichte von etwa 1,15 gm/cm^3 (ROJKO et al., 1988). Außen wird es von einer Hüllmembran aus Glykoproteinen umgeben, die den hexagonalen, etwa 45 nm großen Innenkörper (Core) umschließt. Im Core befindet sich die RT und das Genom des diploiden Virus, welches als lineare, einzelsträngige Ribonukleinsäure (RNA) vorliegt. Die Genfolge der viralen RNA lautet 5'- *ltr-gag-pol-env-ltr* -3'. Die *ltr*-Sequenzen (long terminal repeat) sind für die Transkription viraler Elemente von Bedeutung (ONIONS, 1987). Das *gag*-Gen (gruppenspezifisches Antigen) exprimiert Proteine des Innenkörpers (p15, p12, p27, p10), die die antigenetischen Eigenschaften des Virus determinieren. Die Bezeichnung der Proteine erfolgt nach ihrem Aufbau (gp = Glykoprotein) und ihrem Molekulargewicht in Kilodalton. Alle verschiedenen Subtypen weisen komplette Kreuzreaktion mit den Core-Antigenen auf (ESSEX, 1975). Die Reverse Transkriptase wird vom *pol*-Gen (Polymerase) kodiert, die Hüllproteine gp70 und p15E vom *env*-Gen (envelope).

Das Glykoprotein gp70 der Hülle dient dem Virus als Rezeptor, um an die Wirtszelle zu binden. Über den zellulären Rezeptor ist bisher noch wenig bekannt (GHOSH et al., 1992). Durch das Transmembranprotein p15E wird die Fusion mit der Wirtszelle gewährleistet (FONTENOT et al., 1994). Das Virus wird eingeschleust (Penetration) und der Innenkörper mit der viralen, einsträngigen RNA freigesetzt (Uncoating). Mit Hilfe der viralen RT wird die RNA in eine doppelsträngige DNA umgeschrieben. Sie wandert in den Nukleus und wird als sogenanntes „Provirus" in die chromosomale zelluläre DNA des Wirts integriert. Dabei können pro Zelle mehrere Proviren eingebaut werden. Bei der Transkription erfolgt eine Abschrift der proviralen DNA in eine messenger-RNA (m-RNA) sowie in die virale RNA. Mit Hilfe der m-RNA können in der nun folgenden Translation virale Proteine gebildet werden. Im Zytoplasma findet der Zusammenbau des Virions statt, und das fertige Virus wird durch Knospung (Budding) freigesetzt, ohne die Wirtszelle zu zerstören (ESSEX, 1975; ONIONS, 1987; ROJKO et al., 1988; NEIL et al., 1991).

Es gibt drei verschiedene FeLV-Subtypen, die mittels Interferenz unterschieden werden können (SARMA und LOG, 1973). Interferenz ist die Eigenschaft eines FeLV-Subtyps, eine Superinfektion der von ihm befallenen Zellen mit dem gleichen Subtyp zu verhindern, die jedoch für andere Subtypinfektionen empfänglich bleibt. Hierfür sind Unterschiede in der Virushülle verantwortlich (ESSEX, 1975). Der FeLV-Subtyp A ist bei jeder Infektion beteiligt, aber nur wenig pathogen. Über die Hälfte aller FeLV-Infektionen werden alleine vom Subtyp A hervorgerufen. Die übrigen Infektionen bestehen aus Koinfektionen des Subtyps A mit Subtyp B und/oder C. Dabei treten etwa 40 % A/B-Kombinationen und nur weniger als 1 % A/C- oder A/B/C-Kombinationen auf. Subtyp B entstand durch Rekombination endogener, virusverwandter DNA-Elemente mit dem Subtyp-A-Genom. Subtyp C stellt eine Mutante des FeLV-A dar (OVERBAUGH et al., 1988; NEIL et al., 1991; TAKEUCHI et al., 1992). Die Pathogenität von FeLV-B und FeLV-C ist deutlich höher als die von FeLV-A (ROJKO et al., 1988; COTTER, 1992). FeLV-B und FeLV-C sind replikationsdefekt und per se nur bei Neugeborenen infektiös (MULLINS et al., 1989). Normalerweise benötigen sie den Subtyp A als Helfervirus (TOMPKINS und OGILVIE, 1988).

Die Art der durch eine FeLV-Infektion ausgelösten Krankheit ist von der Beteiligung der Subtypen abhängig. FeLV-B-Infektionen rufen vermehrt proliferative Krankheitsbilder und Immunsuppression hervor. Die Kombinationsinfektion FeLV-A und FeLV-B ist mit einer Häufigkeit von bis zu 67 % bei Katzen mit Leukämien und Lymphomen beteiligt. FeLV-C-Infektionen rufen schwere aplastische Anämien hervor. Der Subtyp C ist zwar nur sehr selten nachzuweisen, kann aber leicht *in vivo* aus Mutation des Subtyps A entstehen (TOMPKINS und OGILVIE, 1988; NEIL et al., 1991; KRISTAL et al., 1993).

Durch seine hohe Replikationsrate ist das FeLV sehr mutationsfreudig. In der Natur werden neben den verschiedenen Subtypen viele Varianten gefunden, die sich genetisch nur wenig unterscheiden (PEDERSEN, 1990; HOOVER und MULLINS, 1991). Eine Variante ist ein durch Mutation, Rekombination oder Modifikation entstandenes FeLV-Isolat. Durch Kombination von endogenen, FeLV-ähnlichen DNA-Bereichen entstehen Viren, deren Pathogenität sich zu minimal pathogen bis hochpathogen verändern kann (RIEDEL et al., 1986; OVERBAUGH et al., 1988; DONAHUE et al., 1991; PANDEY et al., 1991; SHEETS et al., 1992; MATHES et al., 1994). So können auch bei natürlichen Feldisolaten hochaggressive Varianten gefunden werden (HOOVER et al., 1987). Die Varianten können verschiedene Zelltropismen zeigen (DONAHUE et al., 1991).

Viele Mutanten sind replikationsdefekt und brauchen für ihre Vermehrung replikationskompetentes FeLV als Helfervirus. Dieses liefert wichtige funktionale Strukturproteine. Die RNA defekter Viren wird in die replikationsfähigen Virione eingepackt und so verbreitet. Bei natürlich vorkommenden Leukämien oder Lymphomen ist das wirtszelleigene *myc*-Onkogen besonders häufig verändert (LEVY et al., 1984; MULLINS et al., 1984; NEIL et al., 1984; DOGETT et al., 1989). Dabei treten Transduktionen und Veränderungen im Sinne von Deletionen und Insertionen des *myc*-Onkogens durch FeLV auf. Dadurch werden unterschiedliche, onkogene Virusvarianten hervorgebracht (ROJKO et al., 1988; LEVY und LOBELLE-RICH, 1992; REZANKA et al., 1992; TSATSANIS et al., 1994; ROHN et al., 1995). Auch Chromosomenaberrationen werden als Ursache für Tumoren diskutiert, die eventuell durch FeLV induziert sein können (GULINO, 1992).

Das **feline Sarkomvirus (FeSV)** wurde 1969 von SNYDER und THEILEN entdeckt. Es ist ein replikationsdefektes Virus, das multizentrische Fibrosarkome bei Katzen hervorruft. Das FeSV ist in der Katze durch genetische De-novo-Rekombination eines FeLV-Genoms mit katzenzelleigenen Onkogenen (*onc*-Gene) entstanden (YOUNGREN et al., 1984; ROJKO et al., 1988). Durch die Integration des *onc*-Gens muß das FeLV-Genom einen Teil seines eigenen Genoms (*gag, env* oder *pol*) entfernen. Dies resultiert in einem Replikationsdefekt. Da die Transformation aber in Anwesenheit von infektiösem FeLV-Helfervirus erfolgt, kann FeSV von einer Zelle auf eine andere übertragen werden. Dadurch entstehen multizentrische, polyklonale, schnell wachsende Tumoren (ROJKO et al., 1988).

RD-114 (McALLISTER et al., 1972; NIMAN et al., 1977) und eine dem FeLV-verwandte endogene Sequenz sind zwei rein **endogene Oncornaviren.** Die endogenen Viren sind per se nicht infektiös. RD-114 ist in fast allen Katzenzellen vorhanden. Es ist nicht mit dem FeLV verwandt, sondern einem endogenen Affenvirus sehr ähnlich (ROJKO et al., 1988). Exogen kann keine Infektion hervorgerufen werden. Daher wird RD-114 als apathogen betrachtet (ESSEX, 1975). Weiterhin beherbergt jede Katze FeLV-verwandte endogene Sequenzen in der zellulären DNA. Genetische Unterschiede zum exogenen FeLV bestehen hier nur in der U3-Region des *ltr*-Gens sowie in einem Teil des *env*-Gens (CASEY et al., 1981; STEWART et al., 1986). Bedeutung gewinnt die endogene virale Sequenz erst durch Kombination mit exogenem FeLV durch Ausbildung neuer Virusvarianten (ONIONS, 1987).

Epidemiologie

Die horizontale Übertragung des FeLV erfolgt durch engen Kontakt mit einem infizierten Tier (HARDY et al., 1973; JARRETT et al., 1973). Im Speichel wird das Virus in großen Mengen ausgeschieden. Geringe Mengen finden sich auch in Kot und Harn. Die Aufnahme des Virus erfolgt meist oronasal. Schon bei Benutzung gemeinsamer Futter- und Kotplätze sowie bei der sozialen Fellpflege kann eine Übertragung erfolgen. In der Außenwelt hat das Virus nur eine geringe Tenazität. Unter geeigneten Bedingungen überlebt es 24 bis 48 Stunden (FRANCIS et al., 1979). Eine Infektion der Welpen durch das Muttertier kann diaplazentar oder über die Muttermilch erfolgen. Die diaplazentare Übertragung resultiert meist in Abort oder Fruchtresorption. Auch eine Übertragung durch Biß- und Kratzwunden ist möglich (HARDY, 1981; PEDERSEN, 1991).

Die Prävalenzen hängen von der Haltungsform und dem Alter der Tiere ab. In der Regel sind keine signifikanten Geschlechtsdominanzen vorhanden. Katzen, die mit mehreren Artgenossen zusammen gehalten werden, sowie Tiere mit freiem Auslauf gehören den Risikogruppen an. Junge Tiere haben häufiger FeLV-Antigen im Serum als ältere Katzen. Zur Vermeidung einer weiteren Verbreitung des FeLV wird angeraten, Antigen-positive Katzen getrennt von nichtinfizierten Katzen, also generell nur im Haus und ohne Auslauf zu halten (BOLLER und STEIGER, 1987; HOSIE et al., 1989; AUGUST, 1991; COTTER, 1991; HARTMANN und HINZE, 1991; O'CONNOR et al., 1991).

Die FeLV-Infektion der Katze ist auf der ganzen Welt mit variierenden Infektionsraten zu finden. Etwa 5 % bis 10 % der Katzenpopulation in Europa sind FeLV-positiv, dabei treten etwa 2 % Koinfektionen mit dem felinen Immundefizienzvirus (FIV) auf. Wesentlich höher als bei gesunden Katzen liegt die Prävalenz der FeLV-Infektion bei kranken Tieren. Hier variieren die Angaben aus europäischen Untersuchungen von 6 % bis 25 % (SCHNIEWIND et al., 1983; BOLLER und STEIGER, 1987; HOSIE et al., 1989; COHEN et al., 1990; LUTZ et al., 1990; PEDERSEN et al., 1990; HARTMANN und HINZE, 1991; BANDECCHI et al., 1992; CARMICHAEL und BROADLEY, 1994; FUCHS et al., 1994). In Bayern wurde 1991 eine Prävalenz von 5,6 % nachgewiesen (HARTMANN und HINZE, 1991), neue Untersuchungen (FERK, 1996) sprechen mit einer Prävalenz von 2,6 % für eine Abnahme der Infektionshäufigkeit.

Da das feline Leukämievirus sehr leicht horizontal übertragen wird, wurde diskutiert, inwieweit auch der Mensch als Wirt betroffen sein kann. FeLV-Subtyp B besitzt das größte Wirtspektrum und kann nachweislich *in vitro* Zellkulturen von Katze, Hund, Hamster, Affen, Rind, Schwein und Mensch infizieren und sich dort vermehren (JARRETT et al., 1969; SARMA et al., 1975). FeLV-C provoziert in Zellkulturen von Katze, Hund, Meerschwein sowie menschlichen Embryonen eine produktive Infektion, wohingegen FeLV-A nur in Katzen- und Hundezellkulturen nachweisbar ist (JARRETT und RUSSEL, 1978). Veränderungen hinsichtlich einer malignen Transformation im Sinne einer Tumorose traten in den Zellkulturen Nichtfelider nicht auf (LOAR, 1987).

In vivo konnte bei jungen Hunden eine experimentelle Infektion mit FeLV unter Ausbildung maligner Lymphome hervorgerufen werden (RICHARD et al., 1973). Auch bei Infektionsversuchen mit dem replikationsdefekten FeSV konnten Fibrosarkome bei Nichtfeliden *in vivo* provoziert werden (SARMA et al., 1975). Dabei war die Reaktion auf die Infektion altersabhängig. Bei Neugeborenen traten in der Mehrheit progressive Fibrosarkome auf, während bei Adulttieren entweder gar kein Tumorwachstum zu verzeichnen war oder sich das Tumorgewebe schon bald nach seiner Entstehung wieder zurückbildete (GARDNER et al., 1971).

Große epidemiologische Studien wurden angefertigt, um eine Verbindung zwischen dem Auftreten humaner Tumoren und Leukämien und dem felinen Leukämievirus zu untersuchen. Bei drei von fünf Studien in der Risikogruppe Tierärzte konnte ein erhöhtes Auftreten von Hautmelanomen, Lymphomen, Leukämien und Hodgkin's Disease festgestellt werden (FASAL et al., 1966; BLAIR und HAYES, 1980; GUTENSON et al., 1980). Als Ursache dafür wurde eine erhöhte Strahlenbelastung der Tierärzte durch Benutzung veralteter Röntgengeräte diskutiert (LOAR, 1987). Zwischen FeLV und dem Auftreten von humanen Tumoren konnte dagegen keine Verbindung gefunden werden (SORDILLO et al., 1982; NOWOTNY et al., 1995). Zwei unabhängige Arbeiten über die Leukämierate bei Kindern, die Kontakt zu Katzen hatten, sind jedoch auffällig. Hier hatten an Leukämie erkrankte Kinder zweimal häufiger Kontakt zu Katzen als gesunde Kinder (BROSS und GIBSON, 1970; PENROSE, 1970). Bei Erwachsenen wurde dagegen kein häufigeres Auftreten der Leukämie in Verbindung mit Kontakt zu Katzen gefunden (SCHNEIDER, 1970; BROSS et al., 1972).

Großangelegte serologische Studien versuchten FeLV-Antigene und/oder Antikörper sowie FOCMA-Antigene und/oder -Antikörper bei Menschen mit verschiedenen Tumoren nachzuweisen, jedoch ohne Erfolg (SCHNEIDER und RIGGS, 1973; SARMA et al., 1974; HARDY et al., 1976; KRAKOWER und AARONSON, 1978; SORDILLO et al., 1982). In zwei anderen Untersuchungen wurden retrovirale Antigene im Gewebe von Patienten mit Leukämien und Lymphomen nachgewiesen (SUTHERLAND und MARDINEY, 1973; METZGAR et al., 1976). Wahrscheinlich handelte es sich dabei um humane Retroviren (LOAR, 1987). Weiterhin wurden in vier von neun Studien Antikörper gegen FeLV-ähnliche Antigene festgestellt (FINK et al., 1971; OLSEN et al., 1975; CALDWEL, et al., 1976; JACQUEMIN et al., 1978). Da jedoch sehr leicht Kreuzreaktionen innerhalb verschiedener Virusproteine auftreten, darf eine Reaktion gegen Virusprotein nicht mit einer Infektion *in vivo* gleichgesetzt werden (POSNER et al., 1981; LOAR, 1987). Mittels Polymerase-Kettenreaktion (PCR), die heute sensitivste Nachweismethode, konnten keine FeLV-DNA-Sequenzen in peripheren Blutmonozyten und Knochenmarkszellen weder von jungen noch von adulten Leukämiepatienten isoliert werden (NOWOTNY et al., 1995). Somit konnte bisher kein Hinweis für eine FeLV-Infektion beim Menschen gefunden werden. Einige Autoren geben jedoch den Hinweis, daß Kinder, immunsupprimierte sowie alte Menschen den engen Kontakt mit infizierten Katzen meiden sollten (LOAR, 1987; DONALDSON et al., 1994).

Pathogenese

Die Ansteckung mit dem FeLV erfolgt durch oronasalen Kontakt zu Exkreten infizierter Ausscheider. Dabei stellt infektiöser Speichel die hauptsächliche Ansteckungsquelle dar. Die Auswirkung einer Infektion auf das jeweilige Individuum wird von verschiedenen Faktoren des Virus (Infektionsdosis, Virulenz) und des infizierten Tiers (Alter, Haltungsbedingungen, Abwehrsituation) beeinflußt (ROJKO et al., 1979; LUTZ, 1984; LOAR, 1993). Junge Katzen, Katzen in Gruppenhaltung sowie immunsupprimierte Katzen entwickeln wesentlich häufiger eine persistierende Infektion (HOOVER et al., 1976; ROJKO, 1980). Der Ablauf der Infektion wird in sechs Stadien eingeteilt. Im Stadium I erfolgt die Replikation des Virus im regionalen lymphoiden Gewebe des Oropharynx. Nach zwei bis zwölf Tagen ist das Virus zellassoziiert in Makrophagen und Lymphozyten im Blut nachweisbar (Stadium II). Diese Blutzellen transportieren das Virus zu den lymphoiden Organen im Körper wie Milz, Peyersche Platten, Lymphknoten und Thymus (Stadium III). Eine Besiedelung des Knochenmarks findet etwa zwei bis sechs Wochen nach der Infektion statt (Stadium IV). Dort vermehrt sich das Virus und befällt insbesondere Leukozyten- und Thrombozytenvorläuferzellen (Stadium V). Im Stadium VI gelangt das Virus mit diesen

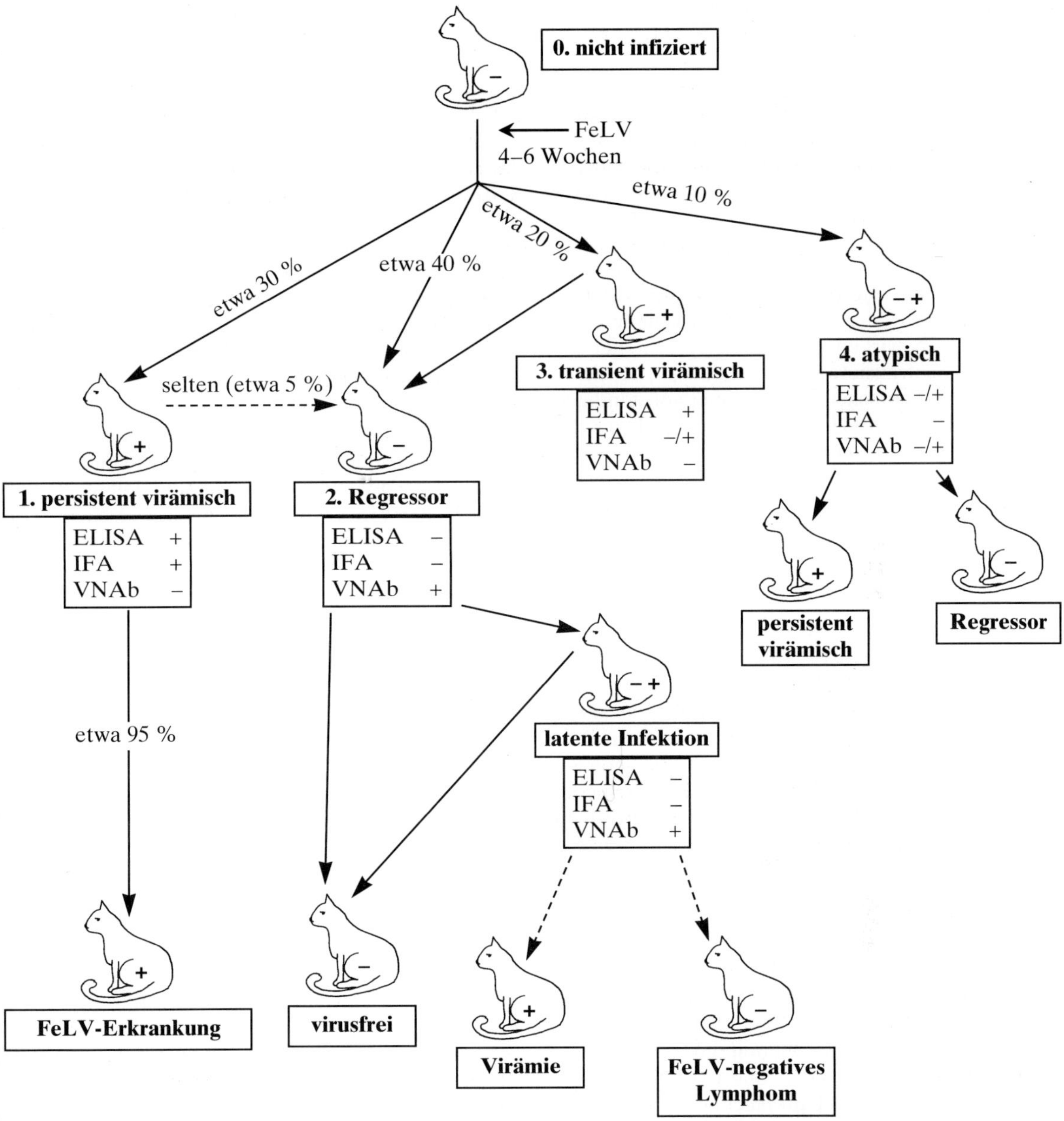

Abbildung 37: Möglichkeiten der Manifestation (modifiziert nach HOOVER und MULLINS, 1991) einer FeLV-Infektion (VNAb = virusneutralisierende Antikörper, IFA = immunofluorescent antibody assay; ELISA = enzyme-linked immunosorbent assay).

Zellen in epitheliale Organe (Speicheldrüse, Milchdrüse, Blase, Darm, Pankreas und Maulhöhle) und wird mit allen Se- und Exkreten ausgeschieden (HOOVER und MULLINS, 1991; PEDERSEN, 1991; ROJKO und KOCIBA, 1991).

Durch die effektive Antwort des zellulären und humoralen Immunsystems, insbesondere durch Ausbildung neutralisierender Antikörper, kann eine Elimination des Virus noch vor einer Besiedelung des Knochenmarks erreicht werden. Generell können gegen alle Komponenten des FeLV Antikörper gebildet werden. Neutralisierende Antikörper richten sich jedoch ausschließlich gegen verschiedene Epitope der Hüllproteine (gp70). Die neutralisierenden

Epitope liegen im aminoterminalen Bereich des gp70. Die meisten der in der Natur gefundenen Antikörper sind gegen Hüllproteine des FeLV-A gerichtet. Einige virusneutralisierende Antikörper können an Epitope binden, die allen drei Subtypen gemeinsam sind, und somit alle drei Subtypen neutralisieren (ROJKO et al., 1988). Die virusneutralisierenden Antikörper binden an die spezifischen Antigene der Virusoberfläche und verhindern so die Virusadsorption an die Zelle. Eine Neuinfektion dieser Zellen wird so vermieden (CHARREYRE und PEDERSEN, 1991). Die Antikörper können mit Hilfe von Komplement virusinfizierte Zellen binden und eine Zytolyse bewirken (LUTZ, 1984). Je höher der Titer an neutralisierenden Antikörpern, desto größer ist die Wahrscheinlichkeit einer vollständigen Elimination des Virus (LUTZ et al., 1980). Die Konzentration virusneutralisiernder Antikörper ist sechs bis acht Wochen nach FeLV-Kontakt am höchsten (ROJKO et al., 1988). Etwa 2 % der Katzen, die eine Infektion eliminieren, besitzen keine neutralisierenden Antikörper, sondern bekämpfen die Infektion allein mit dem zellulären Immunsystem (LUTZ, 1984).

Abbildung 37 verdeutlicht die verschiedenen Formen der Infektion. Nach PEDERSEN (1990) werden nach einer natürlichen FeLV-Infektion 5 bis 30 % der Tiere persistent virämisch. Bis zu 95 % der infizierten Katzen können das Virus aus dem Blut eliminieren. Die in der Abbildung 37 angegebenen Zahlen entsprechen der Verteilung der verschiedenen Verlaufsformen bei Ausbruch in geschlossenen Populationen mit hoher Katzendichte. Unter diesen Umständen bilden die meisten Katzen (etwa 40 %) eine gute Immunantwort auf die Infektion aus und können den Erreger eliminieren, bevor das Stadium der Virämie erreicht wird **(1. Regressorkatzen).** Diese Tiere haben virusneutralisierende Antikörper und erscheinen im ELISA und IFA-Antigen negativ. Frühere Meinungen, daß Katzen über mehrere Jahre immun und somit gegen Neuinfektionen resistent seien (HARDY, 1981; NEIL und ONIONS, 1985), wurden durch neuere Untersuchungen widerlegt (CHARREYRE und PEDERSEN, 1991). Die Immunantwort von etwa 30 % der infizierten Katzen ist ungenügend, so daß das Virus lebenslang im Körper der Tiere persisitiert **(2. persistent virämische Katzen).** Die Lebenserwartung dieser Katzen ist, im Vergleich zu gesunden und latent infizierten Tieren, wesentlich verkürzt (McCLELLAND et al., 1980; PACITTI und JARRETT, 1985). Sie sterben meist innerhalb von drei bis fünf Jahren an FeLV-assoziierten Erkrankungen (PEDERSEN, 1991). Nur in seltenen Fällen (etwa 5 %) können diese persistent virämischen Katzen zu Regressorkatzen werden. Etwa 20 % der infizierten Katzen entwickeln eine transiente Virämie **(3. transient virämische Katzen).** Eine transiente Virämie dauert meist nur vier (bis maximal sechzehn) Wochen (PEDERSEN, 1991). Nach Ausbildung einer effektiven Immunantwort werden diese Katzen zu Regressorkatzen. Diese können das Virus vollständig eliminieren oder eine latente Infektion entwickeln. Kommt es bei transient infizierten Tieren zu einer Knochenmarksbeteiligung, dann reagieren diese Tiere im IFA positiv. Dieser weist intrazelluläres Antigen in Thrombozyten und Granulozyten nach, welche erst bei Infektion der Knochenmarksstammzellen (Stadium IV) FeLV enthalten. Transient virämische Katzen sind kurzzeitig auch Virusausscheider. Sie können durch Routinediagnostik von den persistent virämischen Katzen nicht unterschieden werden. Bei den übrigen 10 % der Katzen tritt eine eher seltene, atypische lokale Vermehrung des Virus **(4. atypische Form)** ohne Beteiligung des Knochenmarks auf. Diese Katzen können im ELISA positiv oder negativ erscheinen, je nachdem, ob eine Antigenproduktion, die auch periodisch sein kann, erfolgt oder nicht. Im IFA reagieren diese Katzen negativ. Sie können zu persistent virämischen Tieren oder Regressorkatzen werden. Eine weitere Form stellt die **latente Infektion** dar. Einige Regressorkatzen können zwar eine Virusvermehrung verhindern, das Virus jedoch nicht vollständig eliminieren. Diese latent infizierten Tiere halten das Virus durch Ausbildung virusneutralisierender Antikörper von einer Replikation ab. Sie erscheinen im IFA negativ. Auch im ELISA reagieren latent infizierte Katzen negativ und sind damit über die Routinediagnostik nicht zu erfassen (ROJKO et al., 1982; PEDERSEN et al., 1984; PACITTI, 1987). Die einzige diagnostische Möglichkeit bieten Knochenmarkszellen latent infizierter Katzen, die *in vitro* wieder zur Virusvermehrung angeregt werden können. In den ersten Jahren post infectionem können diese Katzen durch massive Immunsuppression oder Streß wieder zu Virämikern werden und somit im ELISA positiv reagieren (ROJKO et al., 1982; PEDERSEN et al., 1984; NEIL und ONIONS, 1985). Viele dieser latent infizierten Tiere eliminieren nach Wochen bis Jahren das Virus, wenn alle virusbefallenen Zellen abgestorben oder durch Abschreibefehler bei der Zellteilung nicht mehr replikationsfähige Viren entstanden sind (PACITTI und JARRETT, 1985; PACITTI, 1987). Sind jedoch Knochenmarksstammzellen betroffen, können die Katzen lebenslang latent infiziert bleiben. Diskutiert wird auch, daß latent infizierte Katzen gehäuft Lymphome entwickeln und somit den Hauptanteil der FeLV-negativen Katzen mit Lymphomen darstellen (ROJKO et al., 1982; MADEWELL und JARRETT, 1983; PACITTI, 1987).

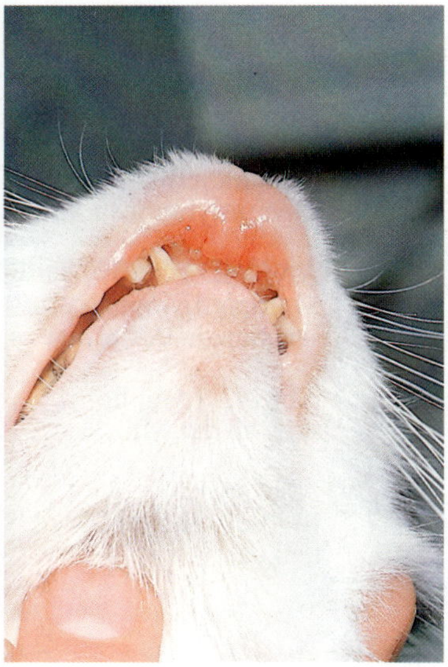

Abb. 38: Leukotisches Infiltrat in die Oberlippe.

Klinisches Bild

Die klinischen Erscheinungsformen der Infektion mit dem FeLV sind vielfältig. Ausschlaggebend für das Krankheitsbild ist die Beteiligung der jeweiligen Subtypen oder Varianten. Eine Übersicht über die möglichen Krankheitsbilder gibt Abbildung 2. Die Manifestation einer FeLV-Infektion ist zweiphasisch. Die erste Phase tritt etwa zwei bis sechs Wochen nach der Infektion auf und kann mit Fieber, schlechtem Allgemeinbefinden, generalisierter Lymphadenopathie, Leukopenie, Thrombozytopenie und Anämie einhergehen. Die Lymphadenopathie ist reaktiven Charakters (MOORE et al., 1986; PEDERSEN, 1991). Katzen, die eine starke, klinisch manifeste erste Phase zeigen, bleiben meist persistent virämisch, während bei Regressorkatzen die erste Phase eher mild oder inapparent verläuft. Die erste Phase dauert zwischen einer und 16 Wochen. Die zweite Phase kann bei persistent virämischen Katzen Monate bis Jahre später auftreten. Die Erkrankungen der zweiten Phase sind entweder direkte oder indirekte (Immunsuppression, immunpathologische Prozesse) Folgen der Infektion. Diese zweite Phase führt bei den meisten persistent virämischen Katzen innerhalb eines Jahrs zum Tod (PEDERSEN, 1991).

Neoplasien

Das Risiko, Neoplasien zu entwickeln, ist bei FeLV-positiven Tieren gegenüber negativen signifikant erhöht (REINACHER et al., 1995). Dabei unterscheidet man lymphatische, myeloische und andere Tumoren (PEDERSEN, 1991). Eine Entstehung von leukotischen Tumoren ist durch die De-novo-Rekombination eines FeLV-Genoms mit katzenzelleigenen Genen bedingt. Eine Rekombination mit zellulären *onc*-Genen führt zu multizentrischen Fibrosarkomen, mit *myc*-Genen zu Leukämien und Lymphomen. Die neu entstandene Variante ist häufig replikationsdefekt und benötigt zur Ausbildung der Tumoren die Anwesenheit von replikationsfähigen Helferviren (SNYDER und THEILEN, 1969; MULLINS et al., 1984; ROJKO et al., 1988). Leukotische Tumoren können somit bei allen Katzen entstehen, die einmal Kontakt zu FeLV hatten und genügend Helfervirus zur Tumorbildung besitzen (ONIONS, 1985). Auf so transformierten Zellen kann ein durch FeLV oder FeSV induziertes Antigen exprimiert werden, das sogenannten „feline oncornavirus associated cell membrane antigen“ (FOCMA). Das Immunsystem der Katze kann gegen die FOCMA-Antigene Antikörper produzieren. Diese sind jedoch nicht tumorspezifisch, da sie verschiedene Virusproteine wie beispielsweise p15(E), Innenkörperproteine und gp70 des FeLV-C erkennen können (LUTZ et al., 1980; SNYDER et al., 1983). Hohe Anti-FOCMA-Antikörperspiegel schützen aber nach Meinung einiger Autoren vor der Ausbildung von Tumoren (MATHES et al., 1975; SLISKI et al., 1975; ONIONS, 1985; ROJKO und KOCIBA, 1991). Sie können Zellen mit FOCMA-Antigen binden und zerstören (GRANT et al., 1980). RUSSEL (1977) beobachtete eine positive Korrelation zwischen FOCMA-Antikörpertitern und neutralisierenden Antikörpern gegen Subtyp-C. Nach LUTZ und Mitarbeitern (1980) bilden Katzen, die hohe Titer virusneutralisierender Antikörper bilden, auch hohe Anti-FOCMA-Antikörper-Titer.

Lymphatische Tumoren können diffus (lymphozytäre Leukämie) oder solide (Lymphosarkom) sein. Lymphosarkome werden anhand ihrer Organmanifestation in multizentrisch, mediastinal, alimentär und andere eingeteilt (PEDERSEN, 1991). Mit 50 bis 70 % bilden die lymphatischen Tumoren den Hauptanteil der Leukosen (LANDES et al., 1984; ROJKO et al., 1988; REINACHER, 1989; PEDERSEN, 1991). Es handelt sich um tumoröse Entartungen der Lymphozyten. Dabei dominieren T-Zell-Lymphosarkome. Nur die alimentären Leukosen sind hauptsächlich den B-Zell-Lymphosarkomen zuzuordnen (HOOVER und MULLINS, 1991; COTTER, 1992).

Etwa 90 % aller **multizentrischen Lymphosarkome** treten bei FeLV-Antigen-positiven Katzen auf, die durchschnittlich vier Jahre alt sind. Die Sarkome betreffen lymphatische Gewebe verschiedener Organe (MOORE et al., 1986; PEDERSEN, 1991; JACKSON et al., 1993; REINACHER et al., 1995). Veränderte Lymphozyten können im Blut oder in Effusionen festgestellt werden (PEDERSEN, 1991).

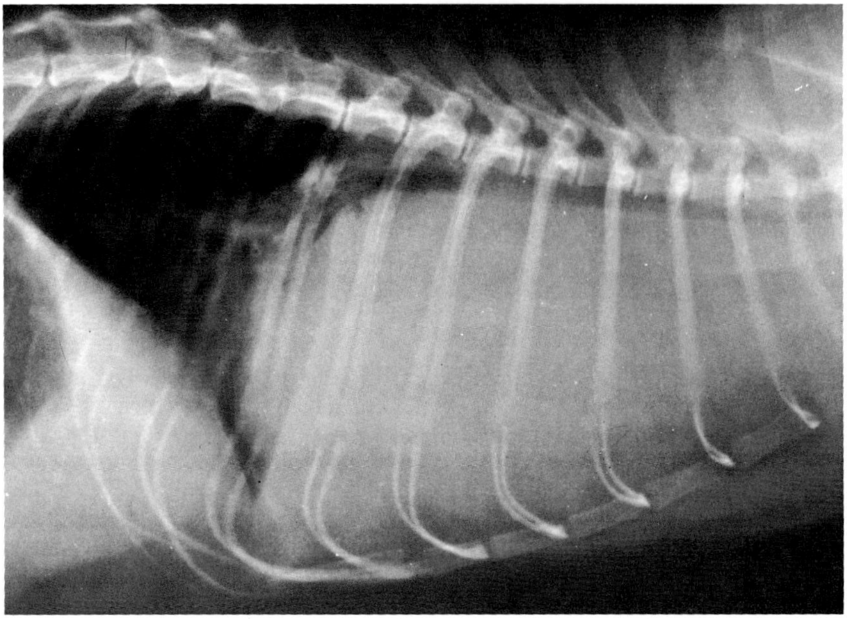

39

Abb. 39: Thymuslymphosarkom.

Abb. 40: Hochgradige Atemnot (Mundatmung) bei Thymuslymphosarkom.

Abb. 41: Multiple Lymphosarkome in der Lunge.

Abb. 42: Lymphosarkom der Milz.

Abb. 43: Beidseitige Nierenleukose.

40

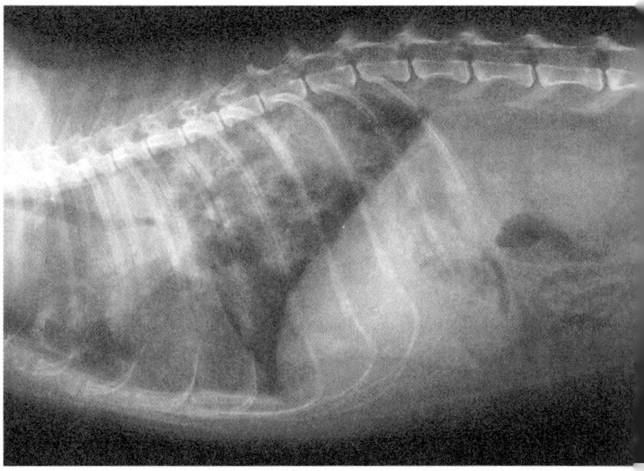

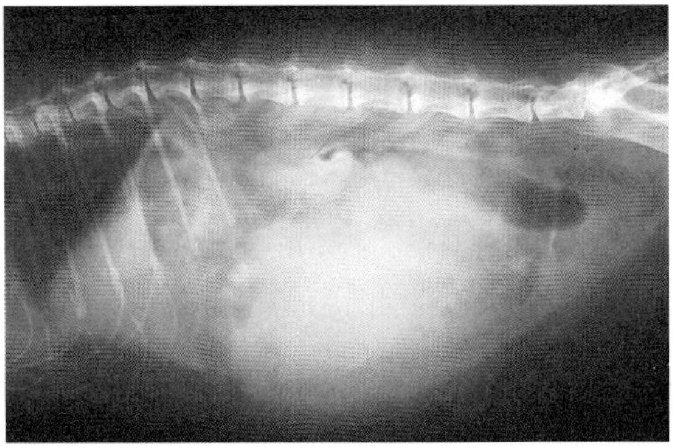

42

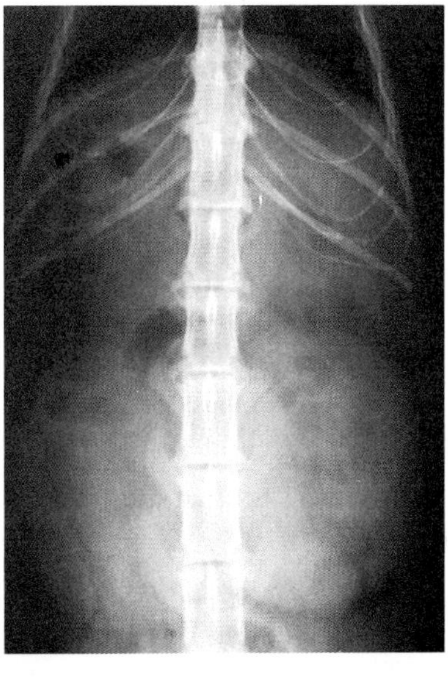

43

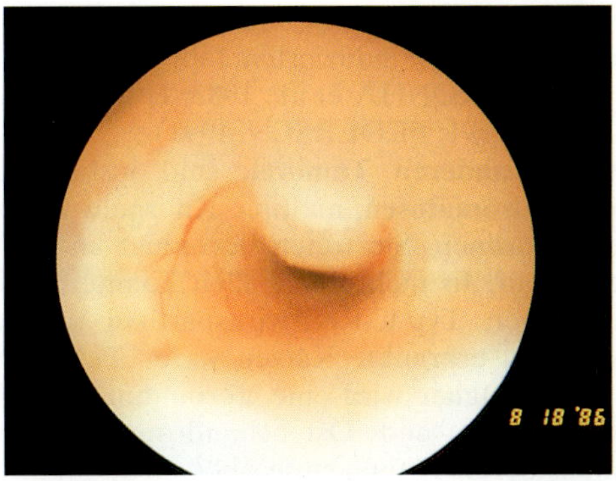

Abb. 44: Endoskopisches Bild einer leukotischen Infiltration in die Trachea.

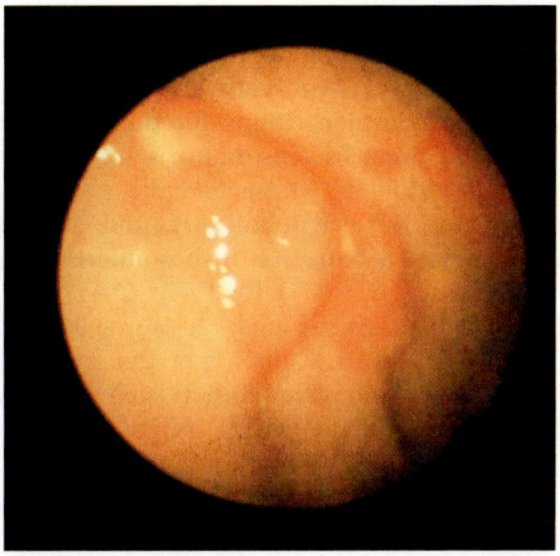

Abb. 45: Endoskopisches Bild einer leukotischen Infiltration in die Magenwand.

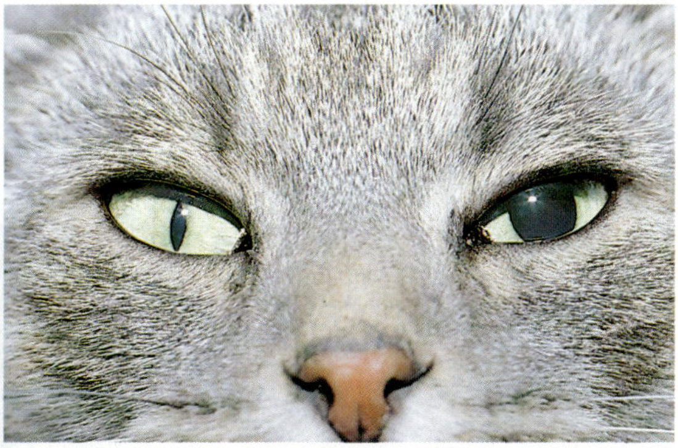

Abb. 46: Anisokorie bei einer Katze mit leukotischen Infiltraten im Gehirn.

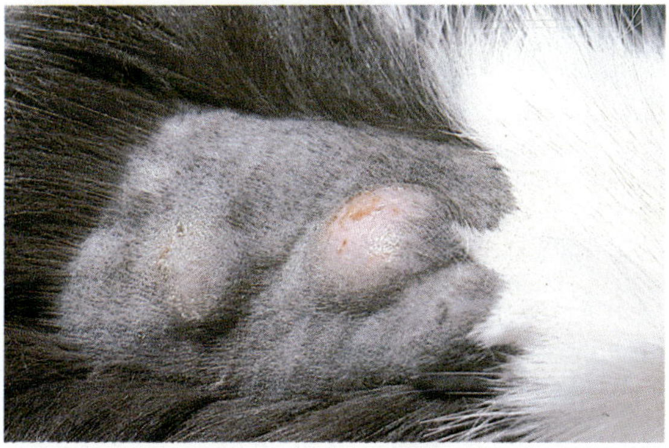

Abb. 47: Fibrosarkom in der Rückenhaut.

Thymuslymphosarkome (mediastinale Lymphosarkome) treten vorwiegend bei jüngeren Katzen (Durchschnittsalter 2,5 Jahre) auf, wobei 80 bis 90 % der Tiere FeLV-positiv sind (HOOVER und MULLINS, 1991; HARTMANN und KRAFT, 1993; JACKSON et al., 1993; REINACHER et al., 1995). Klinisch zeigen die Tiere meist Symptome eines Thoraxergusses wie beispielsweise Dyspnoe. In der Pleuralflüssigkeit können tumorös veränderte Lymphozyten gefunden werden (GUELFI und FLORIO, 1975; PEDERSEN, 1991). Die **alimentären Lymphosarkome** betreffen den Magen-Darm-Trakt und treten bei älteren Katzen auf. Nur 25 % der Tiere sind Virämiker (REINACHER, 1989; HOOVER und MULLINS, 1991; PEDERSEN, 1991; COTTER, 1992; HARTMANN und KRAFT, 1993). Mittels PCR gelang es, aus 63 % der alimentären Lymphosarkome FeLV-Genom zu amplifizieren (JACKSON et al., 1993). **Andere Lymphosarkome** betreffen Haut, Augen, Nieren oder Nervensystem. In der **Haut** können solide Tumoren, aber auch leukotische Infiltrate vorhanden sein, die eine schlecht begrenzte Umfangsvermehrung bilden (HARTMANN und KRAFT, 1993). Lymphosarkome des **Auges** können primär oder sekundär als Metastasen auftreten (BRIGHTMAN et al., 1991; PEDERSEN, 1991). Mit einer Vorkommenshäufigkeit von unter 2 % sind sie bei FeLV-infizierten Tieren relativ selten (BRIGHTMAN et al., 1991). Meist sind die Lymphome in der vorderen Uvea lokalisiert (CARLTON, 1976; BRIGHTMAN et al., 1991). **Nierenleukose** kann per se oder als Metastasierung, meist bei alimentären Lymphosarkomen, vorkommen. Oft sind beide Nieren betroffen. Klinisch kann ein Nierenversagen im Sinne eines nephrotischen Syndroms manifest werden (MOONEY et al., 1987; HARTMANN und KRAFT, 1993). Leukotische Tumoren des **Nervensystems** gehen häufig mit sensomotorischen Ausfällen der Gliedmaßen einher (HEAVNER, 1978; PEDERSEN, 1991). Ist das zentrale Nervensystem beteiligt, können zusätzlich, je nach Tumorlokalisation, psychische oder endokrine Störungen auftreten. Am häufigsten findet man Tumoren im extraduralen Raum, die durch Kompression des Rückenmarks sensomotorisch Ausfälle der Extremiten bedingen. Meist sind die Läsionen im lumbosakralen Bereich lokalisiert, und die auftretenden Symptome betreffen insbesondere die Hintergliedmaßen (HEAVNER, 1978; DAHME und GUNSSER, 1980). Aber auch die Wurzeln von Spinal- und Hirnnerven können bei der radikulären Form betroffen sein. Dies äußert sich klinisch als Cauda-equina-Syndrom (HEAVNER, 1978; DAHME und GUNSSER, 1980).

Die **lymphatische Leukämie** stellt sich als eine extreme Leukozytose mit malignen Veränderungen dar. Zahlreiche leukämische Blutzellen werden sowohl im Blut als auch im Knochenmark gefunden (HOOVER und MULLINS, 1991).

25 bis 30 % der Leukosen sind **myeloproliferative Erkrankungen.** Sie entstehen aus Knochenmarkstammzellen und granulozytären sowie erythrozytären Vorläuferzellen. Seltener sind Megakaryozyten beteiligt. Eine Diagnose ist mittels Blut- oder Knochenmarksausstrich möglich. Myeloproliferative Erkrankungen treten meist in den ersten sechs Lebensjahren auf. Etwa 70 % der erkrankten Katzen sind persistent FeLV-virämisch (HOOVER und MULLINS, 1991; PEDERSEN, 1991). Die myeloproliferativen Erscheinungen werden eingeteilt in Retikuloendotheliose, Erythroleukämie, myelogene Leukämie, megakaryozytäre Leukämie und Myelofibrose. Bei der **Retikuloendotheliose** treten vermehrt undifferenzierte Stammzellen in Blut und Knochenmark auf. Typisch für die **Erythroleukämie** ist eine erhöhten Anzahl nukleushaltiger Erythrozyten und unreifer myeloischer Zellen im Blut. Die **myelogene Leukämie** weist vermehrt Vorläufer polymorphkerniger neutrophiler Granulozyten oder Monozyten im Blut auf. Die seltene **megakaryozytäre Leukämie** ist definiert als eine Erhöhung der Megakaryozyten und damit der Thrombozyten im Blut. Eine Myelofibrose kann als Endstadium der myeloproliferativen Erkrankungen auftreten. Das Knochenmark ist durch Erschöpfung hypoplastisch und fibrosiert schließlich. Eosinophile und basophile Leukosen sowie Mastzelltumoren sind meist nicht FeLV-bedingt (PEDERSEN, 1991).

Multizentrische, schnell wachsende, subkutane **Fibrosarkome** treten hauptsächlich bei jüngeren FeLV-infizierten Katzen auf. Der Tumorextrakt enthält in diesen Fällen intaktes, replikationskompetentes FeLV und replikationsinkompetentes FeSV. Letzteres entsteht durch Rekombination von FeLV-Genom und Onkogenen der Katzenzellen. Zudem wurden Hämangiosarkome und Melanome in Verbindung mit FeSV-induzierten Fibrosarkomen gesehen (DeNORONHA et al., 1983; HOOVER und MULLINS, 1991; PEDERSEN, 1991).

Unter die **anderen Tumoren** sind insbesondere **Osteochondromatosen,** multiple Knorpelwucherungen, einzuordnen. Sie treten bevorzugt an flachen Knochen auf. In mehreren Fällen konnten in den Wucherungen Typ-C-Retroviruspartikel gefunden werden, und erkrankte Katzen waren FeLV-Antigen-positiv. Daher wird eine Verbindung zwischen FeLV-Infektion und Osteochondromatose angenommen, deren Pathogenese aber nicht geklärt ist (POOL und CARRIG, 1972; LOTT-STOLZ, 1988; PEDERSEN, 1991). **Hauthörner** stellen eine gutartige Hyperplasie von Keratinozyten dar. Sie korrellieren positiv mit chronischen FeLV-Infektionen (PEDERSEN, 1991). **Olfaktorische Neuroblastome** sind aggressive, metastasierende, histologisch sehr inhomogene Tumoren des Geruchs- und Geschmacksepithels der Nase und des Rachens. Sie gehen von neuronalen Vorläuferzellen aus. Es wurden mehrere Fälle von olfaktorischen Neuroblastomen beschrieben, die alle Typ-C-Retroviruspartikel im Tumorgewebe enthielten und bei denen mittels PCR feline Leukämieviren identifiziert wurden (SCHRENZEL et al., 1990).

FeLV-assoziierte Erkrankungen: Die FeLV-assoziierten Erkrankungen sind vielgestaltig. **Anämien** werden bei etwa 5 % bis 10 % der permanent FeLV-virämischen Tieren manifest und führen bei über 25 % aller Virämiker zum Tode. Sie treten eher bei jungen Katzen unter zwei Jahren auf. Es handelt sich um aplastische, hypoplastische, hämolytische oder hämorrhagische Anämien. Meist sind diese Anämien wenig regenerativ (LANDES et al., 1984; HARTMANN und KRAFT, 1993). Aplastische Anämien werden durch Infektionen mit dem Subtyp C oder durch Verdrängung von blutbildenden Vorläuferzellen im Knochenmark bei massiver Ausbreitung von Tumorzellen hervorgerufen (RIEDEL et al., 1988; DEAN et al., 1992). Findet eine extramedulläre Hämatopoese statt, tritt zudem eine Hepato- und Splenomegalie auf. Granulozytopenien und Thrombozytopenien sind häufig begleitend. Klinisch werden vorwiegend blasse Schleimhäute und Apathie festgestellt (PEDERSEN, 1991).

Fruchtbarkeitsstörungen führen bei etwa 80 % experimentell FeLV-infizierter trächtiger Kätzinnen zu Aborten, Fruchtresorptionen, Totgeburten, oder die Jungtiere sterben kurz nach der Geburt. Das FeLV scheint einen Tropismus für sich schnell teilende Zellen zu haben, da es aus fetalen Geweben und Placenta isoliert werden kann (HOOVER et al., 1983). Bei experimenteller Infektion tritt kurz nach der Geburt

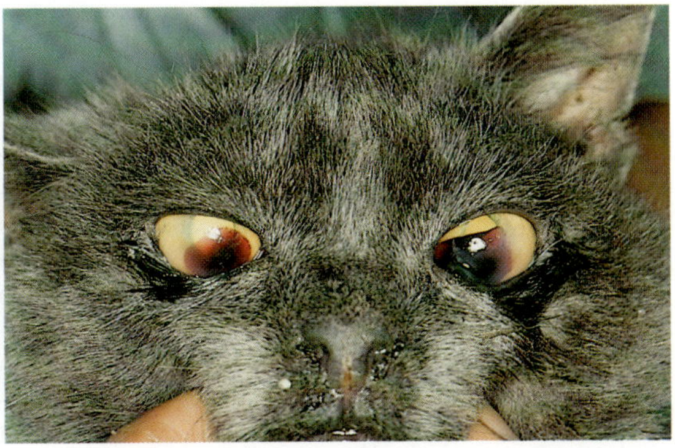

Abb. 48: Hämorrhagische Diathese bei FeLV-Infektion: Blutungen in die vordere Augenkammer.

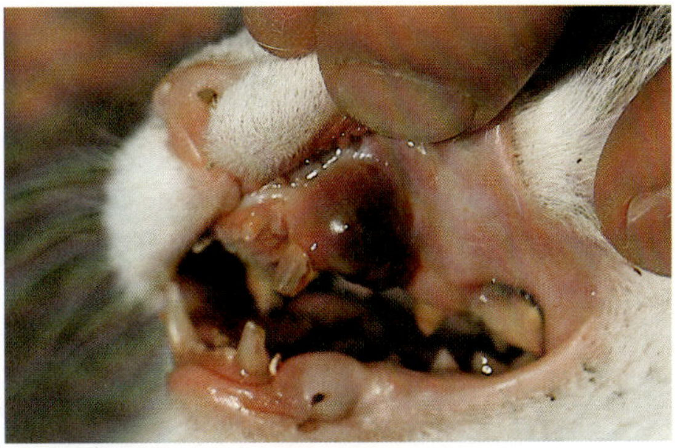

Abb. 49: Hämorrhagische Diathese bei FeLV-Infektion: Blutungen in die Maulschleimhaut.

eine Immunsuppression mit Thymusatrophie der Neugeborenen ein, die nach acht bis zwölf Wochen zum Tode führt. Dieses Phänomen wird als **Fading-Kitten-Syndrom** bezeichnet (COTTER, 1990). Fertilitätsstörungen und das Fading-Kitten-Syndrom spielen bei der natürlichen FeLV-Infektion eine untergeordnete Rolle.

Neuropathien durch leukotische Infiltrate im Nervengewebe sind mit einem Anteil von unter 1 % in Sektionsstatistiken selten. Am häufigsten tritt eine Kompression des Rückenmarks durch Infiltration des extraduralen Fettgewebes auf. Dabei ist meist der lumbosakrale Bereich betroffen. Paresen oder Paralysen der Gliedmaßen sind die Folge. Auch zentrale Formen mit uni- oder multifokalen Zellproliferationen werden gesehen. Diese können je nach Manifestationsort klinisch sensorische, motorische, psychische oder endokrine Defekte auslösen (HEAVNER, 1978; DAHME und GUNSSER, 1980). Direkte leukotische Infiltrate in den Wurzeln von Hirn- oder Rückenmarksnerven werden selten gefunden. Das klinische Bild wird hier vom Cauda-equina-Syndrom mit Harninkontinenz und Parese oder Paralyse der Gliedmaßen dominiert. Unilaterale Anisokorie, Mydriasis ohne Blindheit oder intraokuläre Veränderungen durch Infiltrate des Ziliarnerven, der die Irismuskulatur innerviert, können vorkommen. Auch das Auftreten des Horner-Syndroms wird beschrieben (PEDERSEN, 1991; HARTMANN und KRAFT, 1993).

Das **panleukopenieähnliche Syndrom,** eine perakute Enterokolitis (FeLV-assoziierte Enteritis), kann die Todesursache bei bis zu 10 % FeLV-virämischer Katzen sein. Klinische Symptome sind Anorexie, Vomitus, Diarrhoe und Leukopenie (HARDY et al., 1976). Die histopathologischen Veränderungen im Darm sind denen der Panleukopenie ähnlich (REINACHER, 1987). Direkte Parvovirusisolierung oder elektronenmikroskopischer Nachweis aus dem Kot an panleukopenieähnlichem Syndrom verstorbener Katzen gelang bisher nicht. Erstmals berichteten LUTZ und Mitarbeiter (1995) jedoch bei Katzen, die experimentell FeLV-infiziert waren und an einer perakuten Enteritis verstarben, über den Nachweis von parvovirusähnlichen Antigenen in Organextrakten.

Endokrine Störungen werden bei FeLV-Infektion von Zellen des Hypophysenvorderlappens oder der Leydigschen Zwischenzellen im Hoden durch eine Reduktion von adrenokortikotropem Hormon (ACTH), luteinisierendem Hormon (LH), follikelstimulierendem Hormon (FSH) oder Testosteron im Plasma hervorgerufen. Beobachtet werden erniedrigte Cortisolspiegel, Anorexie, Müdigkeit, Blutdrucksenkung und Hyponatriämie sowie herabgesetzte Fruchtbarkeit (TENG, 1990; WANG und TENG, 1994).

Immunpathologische Prozesse entstehen durch hohe Anteile zirkulierender Immunkomplexe und Interferenz mit der physiologischen Immunregulation sowie Autoantikörperbildung. Als Antigene, die zur Entstehung von Antigen-Antikörper-Komplexen beitragen, können ganze Viruspartikel, aber auch einzelne Proteine wie gp70, p27 und p15E fungieren (DAY et al., 1980; TUOMARI et al., 1984). **Hämolytische Anämien** bei FeLV-infizierten Katzen entstehen durch Antikörperbildung gegen körpereigene Erythrozyten. Ablagerungen von Immunkomplexen in der Basalmembran der Nierenglomeruli mit Ausprägung einer **Glomerulonephritis** treten gehäuft im Zusammenhang mit FeLV-Infektionen auf. Die Veränderungen können klinisch inapparent sein oder mit einem nephrotischen Syndrom einhergehen (ANDERSON und JARRETT, 1971; GLICK et al., 1978; FRANCIS et al., 1980; REINACHER und FRESE, 1991; HARTMANN und KRAFT, 1993).

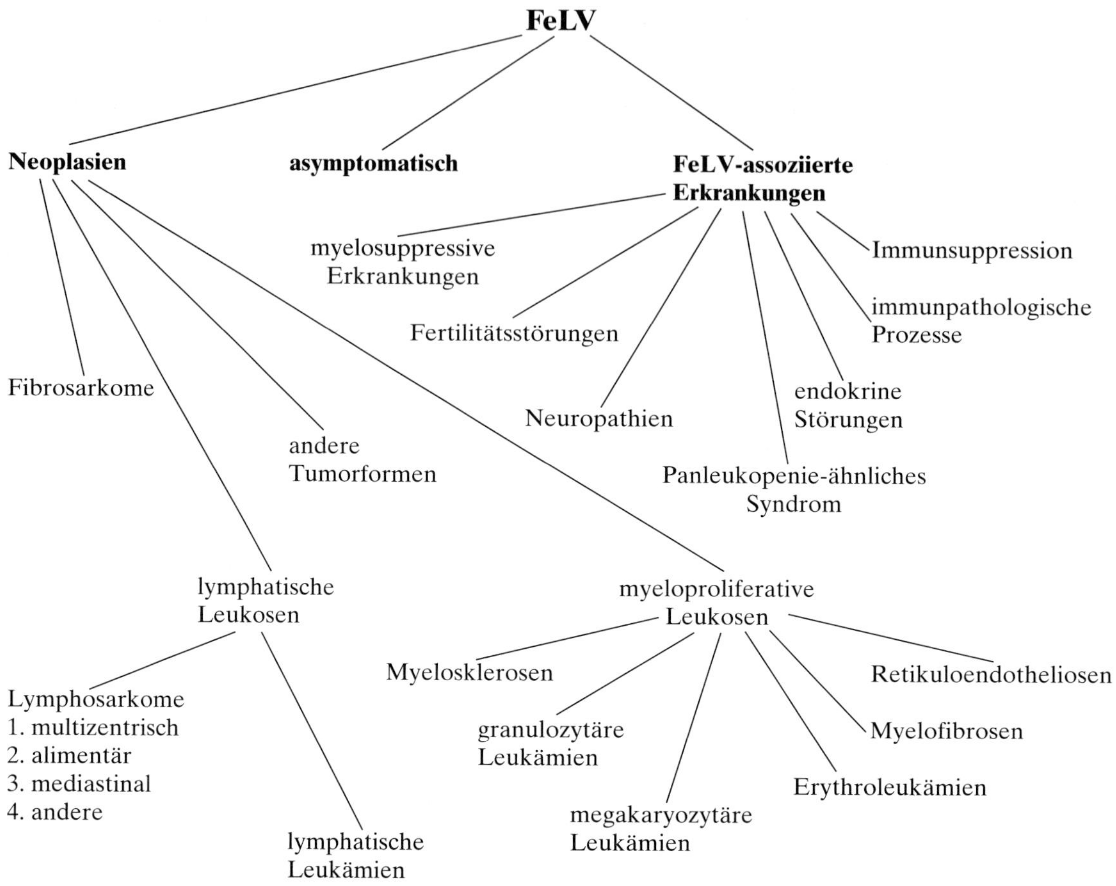

Abbildung 50: Übersicht über die FeLV-assoziierten Krankheiten (modifiziert nach OLSEN et al., 1987.)

Chronisch progressive **Polyarthritiden** können durch FeLV potenziert werden. Bei etwa 20 % aller Arthritiden der Katze ist das FeLV beteiligt (PEDERSEN, 1991). Durch Ablagerung von Immunkomplexen in Iris und Ziliarkörper können **Uveitiden** entstehen (THEILEN, 1984; BRIGHTMAN et al., 1991).

Eine der häufigsten Todesursachen bei Katzen mit einer persistierenden FeLV-Virämie sind opportunistische Infektionen, die durch eine **Immunsuppression** begünstigt werden (COTTER, 1992). Bei einer Infektion mit FeLV sind Makrophagen und T-Lymphozyten die Zielzellen. Einen deutlich bevorzugten Tropismus des FeLV-C für Makrophagen konnten KHAN und Mitarbeiter (1993) nachweisen. Die B-Lymphozyten sind dagegen nicht betroffen. 14 bis 20 Wochen nach einer experimentellen FeLV-Infektion wird ein deutlicher Abfall an zirkulierenden $CD4^+$-T-Lymphozyten festgestellt. $CD4^+$-Lymphozyten nehmen sowohl relativ als auch absolut ab. Absolute $CD4^+$-Zellzahlen unter 900 Zellen/μl sind mit Ausbruch einer klinisch manifesten Immunschwäche korreliert. Die $CD8^+$-Lymphozyten verändern sich erst wesentlich später (QUACKENBUSH et al., 1990; DIEHL und HOOVER, 1992; THEFELD, 1992).

In vitro konnte gezeigt werden, daß infizierte T-Lymphozyten weniger stimulierbar sind und weniger IL-2 und IFN-γ produzieren, daß die Wirkung des IL-2 auf die Proliferation der Lymphozyten verringert ist und daß eine höhere Apoptoserate auftritt (COCKERELL et al., 1976; ENGELMAN et al., 1985; OROSZ et al., 1985; OGILVIE et al., 1988; TOMPKINS et al., 1989). Zudem löst das Transmembranprotein p15E *in vitro* direkt eine Funktionsstörung von T-Helferzellen und neutrophilen Granulozyten aus (LAFRADO et al., 1987; ROJKO et al., 1988; QUACKENBUSH et al., 1990). Die direkte Zerstörung der T-Zellen durch das Virus ist von mehreren Faktoren abhängig. So wird beispielsweise durch Veränderungen des *env*-Gens das gp70 so transformiert, daß Superinfektionen der Zellen begünstigt werden und dabei durch Penetration und Budding Zellwandschäden auftreten können (DONAHUE et al., 1991). Viele Proviren werden zudem nicht integriert und schädigen die Zelle durch direkte Toxizität (QUACKENBUSH et al., 1990; DONAHUE et al., 1991).

Durch die Infektion mit FeLV werden eine Reduktion der zirkulierenden Vorläuferzellen von T-Lymphozyten, eine Depletion der parakortikalen Zone der Lymphknoten, eine Thymusatrophie und auch eine verlängerte, T-Zell-bedingte Transplantatabstoßungsreaktion beobachtet (PERRYMAN et al., 1972; TOMPKINS und OGILVIE, 1988; MULLINS et al., 1989). Die T-Zell-abhängige Antikörperreaktion ist deutlich vermindert (TRAININ et al., 1983; WERNICKE et al., 1986; QUACKENBUSH et al., 1990) und die Koloniebildungsfähigkeit von T-Lymphozyten eingeschränkt (QUACKENBUSH et al., 1989). Es wird noch diskutiert, ob die T-Helferzell-Dysfunktionen vorwiegend durch Stimulation von T-Suppressorzellen (LANGWEILER et al., 1983) oder Makrophagensuppression mit nachfolgender T-Helferzell-Suppression (STIFF und OLSEN, 1983) ausgelöst werden. Durch die T-Helfer-Dysfunktion werden weiterhin die zytotoxischen Zellen negativ beeinflußt und die polymorphkernigen Leukozyten in ihrer phagozytären Funktion eingeschränkt (LEWIS et al., 1986).

Durch die Immunsuppression sind die Katzen anfällig für opportunistische Infektionen. FeLV-infizierte Katzen erkranken auffällig häufig an feliner infektiöser Peritonitis (FIP). Etwa 20 bis 50 % der an FIP erkrankten Katzen sind FeLV-positiv (COTTER et al., 1975; REINACHER, 1989; PEDERSEN, 1991; FERK, 1996). FIP muß als wichtigste finale opportunistische Infektion angesehen werden. Auch für eine Infektion mit FIV scheint FeLV als Kofaktor zu dienen (COHEN et al., 1990). Die Häufigkeit bakterieller Infektionen ist bei FeLV-infizierten Katzen signifikant erhöht (PEDERSEN, 1991). 30 bis 50 % atypischer bakterieller Infektionen bei Katzen sind beispielsweise FeLV-assoziiert (REINACHER, 1989). Das vermehrte Auftreten von Hämobartonellose sowie Kryptosporidiose, Toxoplasmose und Trichomoniasis sowie anderen parasitären Infektionen bei FeLV-infizierten Tieren wird seit Jahren kontrovers diskutiert (COTTER et al., 1975; ACKERMAN, 1984; MONTICELLO et al., 1987; REINACHER, 1989; PATTON et al., 1991; PEDERSEN, 1991; GOTHE, 1992).

Diagnose

Die Diagnose der FeLV-Infektion nimmt heute einen bedeutenden Stellenwert in der tierärztlichen Praxis ein. Eine Infektion kann nur durch labordiagnostische Maßnahmen erfaßt werden. Die Diagnose einer FeLV-Infektion allein durch das klinische Bild ist nicht möglich. Es werden verschiedene Methoden zum Nachweis des FeLV eingesetzt. Komplizierte Verfahren wie Virusisolierung (DeNORONHA et al., 1977), Elektronenmikroskopie (JARRETT et al., 1964, 1968; LAIRD et al., 1968; THEILEN et al., 1968; RICKARD et al., 1969), Immunodiffusion (GEERING et al., 1968; HARDY et al., 1969), Komplementfixation (SARMA et al., 1971; GARDNER et al., 1974), passiver Hämagglutionationstest (SIBAL et al., 1970) und Radioimmunoassay (SCOLNICK et al., 1972; STEPHENSON et al., 1977) bleiben wissenschaftlichen Labors vorbehalten.

Der indirekte Immunofluoreszenztest (IFA) einerseits (RIGGS, 1971; UBERTINI et al., 1971; HARDY et al., 1973) und der von LUTZ und Mitarbeitern entwickelte ELISA (enzyme-linked immunosorbent assay) andererseits (LUTZ et al., 1983) werden in der Routinediagnostik verwendet. Dabei wird im **IFA** in Blutausstrichen das p27-Antigen des FeLV in neutrophilen Granulozyten und Thrombozyten angefärbt und im Fluoreszenzmikroskop ausgewertet. Das Verfahren ist relativ zeitaufwendig. Bei Leukopenie kann der Test falschnegativ interpretiert werden, da sich zu wenig infizierte Leukozyten im Ausstrich befinden (MIA et al., 1983). Andererseits treten zum Teil unspezifische Anfärbungen eosinophiler Granulozyten auf. Dies führt zu falschpositiven Ergebnissen (FLOYD et al., 1983; LUTZ et al., 1983). Bei lokaler Infektion ohne Beteiligung des Knochenmarks ist der IFA stets negativ. Nur 3 bis 5 % der transienten Virämien werden durch den IFA erfaßt (HARDY, 1981; JARRETT et al., 1982). Daher spricht ein positives Ergebnis mit hoher Wahrscheinlichkeit für eine persistente Virämie (HORZINEK, 1990).

Im **ELISA** wird p27-Antigen in Serum, Speichel oder Tränenflüssigkeit nachgewiesen. Dabei treten je nach Untersuchungsmaterial große Unterschiede in der Sensitivität des ELISA auf. Nur etwa 70 % der im Serum positiv getesteten Katzen sind auch im Speichel ELISA-positiv (HOOVER et al., 1977; HAWKINS et al., 1986; LUTZ und JARRETT, 1987; SETTELE, 1989; CIESLICKI, 1991). Obwohl im Speichel hohe Viruskonzentrationen vorhanden sind (FRANCIS et al., 1979), ist die Anzahl falschnegativer Ergebnisse beachtlich. Ursache dafür können sekretorische Immunglobuline sein, die an das p27-Antigen binden (HAWKINS, 1991). Zudem tritt das Virus bei experimentell infizierten Tieren im Speichel erst etwa zehn Tage später als im Blut auf (LUTZ und JARRETT, 1987). Auch eine nichtpermanente Ausscheidung des Virus über den Speichel wird diskutiert. Demnach ist ein negativer Speicheltest also nicht mit dauerhaft fehlender Virusausscheidung gleichzusetzen und eine alleinige Untersuchung des Speichels bezüglich der Interpretation negativer Ergebnisse nicht genügend aussagekräftig (HAWKINS, 1991). Tränenflüssigkeit eignet sich als Untersuchungsmaterial etwas besser, da Tränen eine höhere Korrelation mit Serum aufweisen (HAWKINS et al., 1986; CIESLICKI, 1991). Auch hier ist die Rate falschnegativer Ergebnisse relativ hoch. Tränen- und Speicheluntersuchungen eignen sich daher vorwiegend für Reihenroutineuntersuchungen in geschlossenen Beständen (LUTZ und JARRETT, 1987).

Ein negatives Serum-ELISA-Ergebnis kann von einer Katze ohne FeLV-Infektion, einer Katze in der Inkubation oder einer Katze mit einer latenten Infektion stammen. Ein richtigpositives ELISA-Ergebnis spricht für eine transiente oder persistierende Virämie (HORZINEK, 1990). Eine positive Nachtestung nach 16 Wochen ist für eine persistierende Virämie beweisend. Bezüglich ihrer Aussagekraft sind verschiedene, auf dem Markt erhältliche ELISA-Kits relativ gut vergleichbar. Die Sensitivität variiert zwischen 86 und 100 % (KÖLBL und SCHULLER, 1987; KÖLBL 1988; KÖLBL und LEITOLD, 1988; LOPEZ et al., 1989; HAWKS et al., 1991). Die Diagnose einer FeLV-Virämie kann sicher gestellt werden, wenn zwei verschiedene Serumproben einer Katze in drei unabhängigen ELISA positiv reagieren.

Differentialdiagnose

Das Krankheitsbild der FeLV-Infektion ist außerordentlich variabel. Die Diagnose kann nicht aufgrund des klinischen Bilds gestellt werden. Daher muß bei allen unklaren, insbesondere chronischen oder therapieresistenten Erkrankungen immer differentialdiagnostisch eine FeLV-Infektion in Betracht gezogen werden.

Prognose

Bei einer klinisch manifesten FeLV-Infektion ist keine Heilung mit Erregerelimination möglich. Die meisten persistent virämischen Katzen sterben innerhalb von drei bis fünf Jahren an FeLV-assoziierten Erkrankungen (PEDERSEN, 1991). In erreger- und streßarmer Umgebung können die Tiere jedoch wesentlich länger ohne schwerwiegende Symptome leben. Ein positives FeLV-Ergebnis ist demnach keinesfalls ein sofortiges Todesurteil!

Prophylaxe

Eine passive Immunisierung mit neutralisierenden Antikörpern schützt Jungtiere nur für eine Zeit von etwa zwei Wochen vor einer Infektion. Eine Heilung kann durch passive Immunisierung nicht erzielt werden (LOAR, 1993).

Die ersten entwickelten aktiven Impfstoffe waren Lebendvakzinen. Sie bestanden aus Tumorzellen, die mit FeLV infiziert waren. Sie schützten Katzen vor einer Infektion, die Tumorzellen konnten jedoch infektiöses Virus bilden und bei geimpften Tieren eine FeLV-Infektion provozieren (JARRETT et al., 1974, 1975). Daraufhin wurden inaktivierte Zellen verwendet. Diese resultierten jedoch in einer nur geringen Ausbildung virusneutralisierender Antikörper mit einem sehr unsicheren Schutz (OLSEN et al., 1976; PEDERSEN et al., 1979). Bei Verwendung von abgetötetem FeLV und abgetöteten Zellen fand keinerlei Produktion virusneutralisierender Antikörper statt und die Prävalenz FeLV-assoziierter Erkrankungen war sogar erhöht (OLSEN et al., 1977). Anfang 1980 wurde versucht, hochgereinigte ganze Virusprodukte zur Impfung zu verwenden. Trotz guter Wirksamkeit war das Problem des Sicherheitsrisikos bei Verwendung von Lebendimpfstoffen nicht gelöst. Seit Ende 1980 kamen mehrere Impfstoffe aus inaktivierten Viren auf den Markt (LOAR, 1993). Dazu gehört auch das in Deutschland erhältliche Leucat® (Rhone-Merieux GmbH, Laupheim, Deutschland).

Ende 1970 begann die Entwicklung eines Subunit-Impfstoffs. Hierbei werden keine ganzen Viruspartikel, sondern nur Virusbestandteile als Antigene eingesetzt. Dazu werden Zellkulturüberstände von FeLV-infizierten Tumorzellen verwendet. Diese enthalten nur geringe Mengen an lebendem Virus, jedoch viele freie Virusantigene, wie gp70 und FOCMA (WOLFF et al., 1979). Der erste kommerziell erhältliche Subunit-Impfstoff war Leukocell®, der inzwischen modifiziert wurde und heute als Leukocell 2® (SmithKline Beecham, Lincoln, USA) erhältlich ist. Leukocell 2® enthält virales gp70 von Subtyp A, B und C sowie FOCMA. Beim Impfbelastungsversuch erreicht dieser Impfstoff je nach Challengemethode einen Protektionsgrad von 60 bis 100 % (LOAR, 1993).

Inzwischen sind gentechnisch hergestellte Subunit-Vakzinen erhältlich, deren Antigene durch Rekombination hergestellt werden. Die Gensequenz des das gp70 kodierenden *env*-Gens wird aus dem Provirus herausgeschnitten und zusammen mit einem Promotor-Gen in einen Plasmidvektor eingebaut. Das modifizierte Plasmid wird nun in *Escherichia coli* integriert, und die Bakterien werden vermehrt. Durch eine Temperaturerhöhung wird das Promotorgen aktiviert, und es erfolgt eine Übersetzung des eingepflanzen Genabschnitts. Somit werden nur die immunogenen, nicht die immunsuppressiven Pro-

Tabelle 2: Übersicht der bei FeLV-Infektion therapeutisch genutzten Substanzen

Medikamentengruppe	Substanz	Anwendung
antivirale Chemotherapeutika	AZT	TAVARES et al., 1987, 1989; HASCHEK et al., 1990; ZEIDNER et al., 1990; BEER, 1992; HARTMANN et al., 1992; MATHES et al., 1992; MUKHERJI et al, 1994; NELSON et al., 1995
	PMEA	HOOVER et al., 1991; HARTMANN et al., 1992
	DDI	TAVARES et al., 1989; MUKHERJI et al., 1994
	DDC	HOOVER et al., 1989; TAVARES et al., 1989; ZEIDNER et al., 1989; POLAS et al., 1990
	DDA	TAVARES et al., 1989
	Phosphonoformat	SWENSON et al., 1991
	Suramin	COGAN et al., 1986; ABKOWITZ, 1991
Antikörper	neutralisierende Antikörper gegen gp70	DeNORONHA et al., 1977, 1978; HOOVER et al., 1977; COTTER et al., 1980; HALEY et al., 1985; WEIJER et al., 1986
	Anti-Thymozyten-Globuline	ZACK und KOCIBA, 1988
photosensitive Stoffe	8-Methoxypsoralen	SPECIALE, 1994
	Benzoporphyrinderivate	NORTH et al., 1992
Immunmodulatoren	Interferon-α und -β	TOMPKINS und CUMMINS, 1982; CUMMINS et al., 1988; WEISS et al., 1991
	Fistularin aus *Aplysina archeri*	GUNASEKERA und CROSS, 1992
	Protein A aus *Staphylococcus aureus Cowan I*	RATLIFF et al., 1981; SNYDER et al., 1982, 1984; JONES et al., 1984; LIU et al., 1984; ENGELMAN et al., 1985, 1987; SHELTON und JONES, 1986; HITT und McCAW, 1988; LAFRADO et al., 1990
	Dextransulfat	MATHES et al., 1991
	Serratia marcescens	McCALL et al., 1989; ELMSILIE et al., 1991
	Acemannan	KEMP et al., 1990; SHEETS et al., 1991; TIZARD, 1991
	Diethylcarbamazin	KITCHEN und COTTER, 1988; KITCHEN et al., 1988; KITCHEN und MATHER, 1989; NELSON et al., 1995
	Levamisol	BADER, 1985; MacEWEN, 1986; COTTER, 1990
	BCG	BACHMANN et al., 1982; MacEWEN, 1986
	Propionibacterium acnes	MAYR et al., 1986; LIES, 1990; TIZARD, 1991
Paramunitätsinducer	PIND-ORF, PIND-AVI	MAYR-BIBRACK et al., 1984; HÖRBER, 1990; HÖRBER und MAYR, 1991; MAYR und HÖRBER, 1992; STAUDACHER, 1993; BLOCK, 1995; GÜLLER und BIGLER, 1995; FERK, 1996

teinanteile des gp70, die p45-Proteine, produziert. Diese Proteine werden mit einem Adjuvans versetzt und als Impfstoff verwendet. In Deutschland wird der Impfstoff als Leucogen® (Virbac, Carros, Frankreich) vertrieben. In Impfbelastungsversuchen wurde ein Protektionsgrad von 93 % erreicht, auch Langzeitversuche zeigten positive Resultate (CLARK et al., 1991; LOAR, 1993; HOFMANN-LEHMANN et al., 1994, 1995).

Therapie

Aus epidemiologischen Gründen sollten nur Katzen therapiert werden, die ohne Kontakt zu nichtinfizierten Tieren und ohne freien Auslauf gehalten werden. Häufig sind FeLV-infizierte Katzen bereits erkrankt, wenn sie erstmals beim Tierarzt vorgestellt werden. Eine symptomatische Therapie und eine Behandlung der Sekundärinfektionen ist daher unbedingt nötig. Bei Leukopenien und Anämien können kurzzeitige Besserungen durch Bluttransfusionen erzielt werden. Lymphatische Leukosen können unter Chemotherapie Remission zeigen (LADIGES, 1980; COTTER, 1992), myeloproliferative Neoplasmen sprechen dagegen kaum an (PEDERSEN, 1991). Näheres siehe Kapitel „Onkologie".

Zur kausalen antiviralen Therapie werden Substanzen verwendet, die die Vermehrung des Virus verhindern. Ein weiterer Ansatzpunkt ist, unter Stimulation des körpereigenen Immunsystems eine Elimination des Virus zu erzielen. Eine Übersicht über die zur FeLV-Therapie verwendeten Präparate gibt Tabelle 2.

Unter den **antiviralen Chemotherapeutika** werden in der Humanmedizin vor allem Nukleosidanaloga eingesetzt. Durch Kompetition veränderter Nukleotide mit zellulären Nukleotiden beim Einbau in die virale DNA wird die Elongation der Kette gestört und die RT gehemmt. AZT (Zidovudin, 3'-Azido-2',3'-dideoxythymidin) ist derzeit das einzige, im Handel als Retrovir® (Glaxo-Wellcome, Burgwedel, Deutschland) erhältliche, zur Behandlung der FeLV-Infektion geeignete antivirale Chemotherapeutikum. Eine Behandlung FeLV-infizierter Katzen mit AZT führt zu einer Verbesserung der klinischen Symptome und des Immunstatus sowie zu einer Abnahme des Serum-FeLV-p27-Antigenspiegels. Die Überlebenszeit der Katzen wird verlängert und die Lebensqualität verbessert (BEER, 1992; HARTMANN et al., 1992). AZT wird in einer Dosierung von 10 mg/kg KM auf zweimal täglich s. c. oder p. o. verabreicht. Unter AZT-Therapie ist das Blutbild regelmäßig zu kontrollieren, da Anämien mit Hypoplasie der Erythrozyten und Makrozytenbildung auftreten können (WALKER et al., 1988; HASCHEK et al., 1990; HARTMANN et al., 1992; MATHES et al., 1992). Andere Nukleosidanaloga wie 9-Phosphonylmethoxyethyladenin (PMEA), die besser wirksam sind, sind bislang nicht im Handel erhältlich.

Weder eine Therapie mit monoklonalen, gegen gp70 gerichteten, virusneutralisierenden **Antikörpern** noch mit Anti-Thymozyten-Globulinen kann eine länger bestehende FeLV-Infektion heilen (WEIJER et al., 1986; ZACK und KOCIBA, 1988). Die extrakorporale Therapie mit **photosensitiven Stoffen** (SPECIALE, 1994) oder die Gabe eines Benzoporphyrinderivats und anschließende Bestrahlung mit Rotlicht (NORTH et al., 1992) sowie der Einsatz verschiedener **Immunmodulatoren** (z. B. Fistularin aus *Aplysina archeri,* Protein A aus *Staphylococcus aureus Cowan I*) haben keine Bedeutung für die Praxis (RATLIFF et al., 1981; BACHMANN et al., 1982; SNYDER et al., 1982, 1984; JONES et al., 1984; LIU et al., 1984; BADER, 1985; ENGELMAN et al., 1985, 1987; MacEWEN, 1986; MAYR et al., 1986; SHELTON und JONES, 1986; HITT und McCAW, 1988; KITCHEN und COTTER, 1988; KITCHEN et al., 1988; McCALL et al., 1989; KITCHEN und MATHER, 1989; COTTER, 1990; LAFRADO et al., 1990; LIES, 1990; ELMSLIE et al., 1991; MATHES et al., 1991; SHEETS et al., 1991; TIZARD, 1991; GUNASEKERA und CROSS, 1992; NELSON et al., 1995). Unter Einsatz von humanem Interferon-α (IFN-α) und bovinem Interferon-β (IFN-β) wurde zwar eine Verlängerung der Überlebensrate FeLV-infizierter Katzen beschrieben, eine Beeinflussung der Virämie konnte jedoch nicht nachgewiesen werden (TOMPKINS und CUMMINS, 1982; CUMMINS et al., 1988; WEISS et al., 1991).

Paramunitätsinducer zur Behandlung FeLV-infizierter Katzen wurden erstmals 1984 eingesetzt (MAYR-BIBRACK et al., 1984). Unter Paramunisierung versteht man die Induktion einer kurzzeitig erhöhten, körpereigenen, unspezifischen Abwehr. Paramunisierende Eigenschaften werden verschiedenen Impfstoffen, Präparaten zur unspezifischen Steigerung der Infektabwehr, Interferon-Inducern, Lymphozytenstimulantien und Immunstimulantien zugeschrieben (MAYR et al., 1979). In den ersten veröffentlichten Studien wurden durch Gabe von Paramunitätsinducern außerordentlich erstaunliche Heilungserfolge bei FeLV-infizierten Katzen erzielt. Dabei serokonvertierten zwischen 80 und 100 % kranker und gesunder Katzen von FeLV-positiv zu FeLV-negativ (HÖRBER, 1990; HÖRBER und MAYR, 1991; MAYR und HÖRBER, 1992; HÖRBER et al., 1992). Ganz andere Ergebnisse wurden in placebokontrollierten Doppelblindstudien bei natürlich FeLV-infizierten Katzen erziehlt. Hier führte die Therapie mit Paramunitätsinducern zu keinem signifikanten Unterschied hinsichtlich klinischer oder virologischer Parameter zwischen den behandelten Katzen und der Placebogruppe. Auch der Anteil der Serokonversionen war in beiden Gruppen weitgehend identisch und lag bei 6 bis 13 % (BLOCK, 1995; GÜLLER und BIGLER, 1995; FERK, 1996).

Literatur

ABKOWITZ, J. L.: Retrovirus-induced feline pure red blood cell aplasia: pathogenesis and response to suramin. Blood 1991; **77** (7): 1442–1451.

ACKERMAN, L.: Demodicosis in cats. Mod. Vet. Pract. 1984; **65** (10): 751–752.

ANDERSON, L. J., JARRETT, W. F. H.: Membranous glomerulonephritis associated with leukemia in cats. Res. Vet. Sci. 1971; **12:** 179–180.

AUGUST, J. R.: Husbandry practices for cats infected with feline leukemia virus or feline immunodeficiency virus. J. Am. Vet. Med. Assoc. 1991; **199** (10): 1474–1477.

BACHMANN, S., COCKERELL, G. L., DeNORONHA, F., RAPP, H. J.: Effect of bacille Calmette-Guerin immunotherapy on feline sarcoma virus-induced neoplasms in the cat. Am. J. Vet. Res. 1982; **43:** 475–480.

BADER, H.: Immunsystem: Levamisol. In: BADER, H.: Lehrbuch der Pharmakologie und Toxikologie, 2. Auflage. Weinheim: Edition Medizin, 1985: 548.

BANDECCHI, P., MATTEUCCI, D., BALDINOTTI, F., GUIDI, G., ABRAMO, F., TOZZINI, F., BENDINELLI, M.: Prevalence of feline immunodeficiency virus and other retroviral infections in sick cats in Italy. Vet. Immunol. Immunopathol. 1992; **31** (3–4): 337–345.

BEER, B.: Antivirale Therapie der spontanen Leukosevirusinfektion der Katze als Modell für die Behandlung von Retrovirusinfektionen. Diss. med. vet., München, 1992.

BENVENISTE, R. E., SHERR, C. J., TODARO, G. J.: Evolution of type C viral genes: origin of feline leukemia virus. Science 1975; **190** (4217): 886–888.

BLAIR, A., HAYES, H. M.: Cancer and other causes of death among U.S. veterinarians, 1966–1977. Int. J. Cancer 1980; **25:** 181–185.

BLOCK, A.: Placebokontrollierte Doppelblindstudie über die Wirksamkeit eines Paramunitätsinducers bei natürlich FeLV-infizierten Katzen. Diss. med. vet., München, 1995.

BOLLER, E., VON STEIGER, N.: The distribution of feline leukemia virus (FeLV) in Switzerland. Schweiz. Arch. Tierheilkd. 1987; **129** (7): 349–355.

BRIGHTMAN, A. H., OGILVIE, G. K., TOMPKINS, M.: Ocular disease in FeLV-positive cats: 11 cases (1981–1986). J. Am. Vet. Med. Assoc. 1991; **198** (6): 1049–1051.

BROSS, I. D., GIBSON, R.: Cats and childhood leukemia. J. Med. 1970; **1:** 180–187.

BROSS, I. D., BERTELL, R., GIBSON, R.: Pets and adult leukemia. Am. J. Public. Health 1972; **62:** 1520–1531.

CALDWELL, G. G., BAUMGARTENER, L., CARTER, C.: Seroepidemiologic testing in man for evidence of antibodies to feline leukemia virus and bovine leukemia virus. Bibl. Haematol. 1976; **43:** 238–241.

CARLTON, W. W.: Intraocular lymphosarcoma: two cases in Siamese cats. J. Am. Anim. Hosp. Assoc. 1976; **12** (1): 83–87.

CARMICHAEL, N., BROADLEY, S.: Prevalence of FeLV in sick cats. Vet. Rec. 1994; **134** (10).

CASEY, J. W., ROACH, A., MULLINS, J. I., BURCK, K. B., NICOLSON, M. O., GARDNER, M. B., DAVIDSON, N.: The U3 portion of feline leukemia virus DNA identifies horizontally acquired proviruses in leukemic cats. Proc. Natl. Acad. Sci. USA 1981; **78** (12): 7778–7782.

CHARREYRE, C., PEDERSEN, N. C.: Study of feline leukemia virus immunity. J. Am. Vet. Med. Assoc. 1991; **199** (10): 1316–1324.

CIESLICKI, M.: Zur Sicherheit von Testergebnissen der FeLV-Untersuchung bei Verwendung der Untersuchungsmaterialien Träne, Speichel, Serum im ELISA unter besonderer Berücksichtigung der Tränentestung mit DiaSystems FeLV. Tierarztl. Umsch. 1991; **6:** 317–329.

CLARK, N., KUSHNER, N. N., BARRETT, C. B., KENSIL, C. R., SALSBURY, D., COTTER, S.: Efficacy and safety field trials of a recombinant DNA vaccine against feline leukemia virus infection. J. Am. Vet. Med. Assoc. 1991; **199** (10): 1433–1443.

COCKERELL, G. L., HOOVER, E. A., KRAKOWKA, S., OLSEN, R. G., YOHN, D. S.: Lymphocyte mitogen reactivity and enumeration of circulating B- and T-cells during feline leukemia virus infection in the cat. J. Natl. Cancer. Inst. 1976; **57** (5): 1095–1099.

COGAN, D. C., COTTER, S. M., KITCHEN, L. W.: Effect of suramin on serum viral replication in feline leukemia virus-infected pet cats. Am. J. Vet. Res. 1986; **47** (10): 2230–2232.

COHEN, N. D., CARTER, C. N., THOMAS, M. A., LESTER, T. L., EUGSTER, A. K.: Epizootiologic association between feline immunodeficiency virus infection and feline leukemia virus seropositivity. J. Am. Vet. Med. Assoc. 1990; **197** (2): 220–225.

COTTER, S. M.: Feline leukemia virus infection. In: Infectious diseases of the dog and cat. Ed.: Green C. Philadelphia: W. B. Saunders Company, 1990: 316–345.

COTTER, S. M.: Management of healthy feline leukemia virus-positive cats. J. Am. Vet. Med. Assoc. 1991; **199** (10): 1470–1473.

COTTER, S. M.: Feline leukemia virus: pathophysiology, prevention, and treatment. Cancer. Invest. 1992; **10** (2): 173–181.

COTTER, S. M., HARDY, W. D., ESSEX, M.: Association of feline leukemia virus with lymphosarcoma and other disorders in the cat. J. Am. Vet. Med. Assoc. 1975; **5:** 449–454.

COTTER, S. M., ESSEX, M., McLANE, M. F., GRANT, C. K., HARDY, W. D.: Chemotherapy and passive immunotherapy in naturally occurring feline mediastinal lymphoma. Dev. Cancer. Res. 1980; **4:** 219–226.

CUMMINS, J. M., TOMPKINS, M. B., OLSEN, R. G., TOMPKINS, W. A., LEWIS, M. G.: Oral use of human alpha interferon in cats. J. Biol. Response. Mod. 1988; **7** (5): 513–523.

DAHME, E., GUNSSER, I.: Cerebral and spinal manifestations of feline leukosis. Clinical, radiographical and neuropathological considerations. Kleintierprax. 1980; **25** (3): 119–126.

DAY, N. K., ORF, C., HARDY, W. D., GOOD, R. A., WITKIN, S. S.: Circulating immune complexes associated with naturally occurring lymphosarcoma in pet cats. J. Immunol. 1980; **125** (6): 2363–2366.

DEAN, G. A., GROSHEK, P. M., MULLINS, J. I., HOOVER, E. A.: Hematopoietic target cells of anemogenic subgroup C versus nonanemogenic subgroup A feline leukemia virus. J. Virol. 1992; **66** (9): 5561–5568.

DeNORONHA, F., BAGGS, R., SCHÄFER, W., BOLOGNESI, D. P.: Prevention of oncornavirus-induced sarcomas in cats by treatment with antiviral antibodies. Nature 1977; **267:** 54–56.

DeNORONHA, F., POCO, A., POST, J. E., RICKARD, C. G.: Virus isolation test for feline leukemia virus. J. Natl. Cancer Inst. 1977; **58** (1): 129–131.

DeNORONHA, F., GRANT, C. K., LUTZ, H., KEYES, A., ROWSTON, W.: Circulating levels of feline leukemia and sarcoma viruses and fibrosarcoma regression in persistently viremic cats. Cancer Res. 1983; **43** (4): 1663–1668.

DIEHL, L. J., HOOVER, E. A.: Early and progressive helper T-cell dysfunction in feline leukemia virus-induced immunodeficiency. J. Acquir. Immune. Defic. Syndr. 1992; **5** (12): 1188–1194.

DOGGETT, D. L., DRAKE, A. L., HIRSCH, V., ROWE, M. E., STALLARD, V., MULLINS, J. I.: Structure, origin, and transforming activity of feline leukemia virus-myc recombinant provirus FTT. J. Virol. 1989; **63** (5): 2108–2117.

DONAHUE, P. R., QUACKENBUSH, S. L., GALLO, M. V., DeNORONHA, C. M. C., OVERBAUGH, J., HOOVER, E. A., MULLINS, J. I.: Viral genetic determinants of T-cell killing and immunodeficiency disease induction by the feline leukemia virus FeLV-FAIDS. J. Virol. 1991; **65** (8): 4461–4469.

DONALDSON, L. J., RANKIN, J., PROCTOR, S.: Is it possible to catch leukemia from a cat? Lancet 1994; **344:** 971–972.

ELMSLIE, R. E., OGILVIE, G. K., DOW, S. W., GASPER, P., HOOVER, E. A., COOPER, M. F., PEARSON, F. C.: Evaluation of a biologic response modifier derived from Serratia marcescens: effects on feline macrophages and usefulness for the prevention and treatment of viremia in feline leukemia virus-infected cats. Mol. Biother. 1991; **3** (4): 231–238.

ENGELMAN, R. W., FULTON, R. W., GOOD, R. A., DAY, N. K.: Suppression of gamma interferon production by inactivated feline leukemia virus. Science 1985; **227** (4692): 1368–1370.

ENGELMAN, R. W., TYLER, R. D., TRANG, L. Q., LIU, W. T., GOOD, R. A., DAY, N. K.: Clinicopathologic responses in cats with feline leukemia virus-associated leukemia-lymphoma treated with staphylococcal protein A. Am. J. Pathol. 1985; **118** (3): 367–378.

ENGELMAN, R. W., GOOD, R. A., DAY, N. K.: Clearence of retroviremia and regression of malignancy in cats with leukemia-lymphoma during treatment with staphylococcal Protein A. Cancer Detect. Prev. 1987; **10:** 435–444.

ESSEX, M.: Horizontally and vertically transmitted oncornaviruses of cats. Adv. Cancer Res. 1975; **21:** 175–248.

FASAL, E., JACKSON, E. W., KLAUBER, M. R.: Mortality in California veterinarians. J. Chron. Dis. 1966; **19:** 293–306.

FERK, G.: Einfluß eines Paramunitätsinducers auf klinische, immunologische, virologische und labordiagnostische Parameter bei FeLV-infizierten Katzen. Diss. Med. Vet., München, 1996.

FINK, M. A., SIBAL, L. R., PLATA, E. J.: Serologic detection of feline leukemia virus antigens or antibodies. J. Am. Vet. Med. Assoc. 1971; **158:** 1070–1075.

FONTENOT, J. D., TJANDRA, N., HO, C., ANDREWS, P. C., MONTELARO, R. C.: Structure and self assembly of a retrovirus (FeLV) proline rich neutralization domain. J. Biomol. Struct. Dyn. 1994; **11** (4): 821–836.

FRANCIS, D. P., ESSEX, M., HARDY, W. D.: Excretion of feline leukemia virus by naturally infected pet cats. Nature 1977; **269:** 252.

FRANCIS, D. P., ESSEX, M., GAYTAGIAN, D.: Feline Leukemia Virus Survival under House and Laboratory Conditions. J. Clin. Microbiol. 1979; **9:** 154–156.

FRANCIS, D. P., ESSEX, M., JAKOWSKI, R. M., COTTER, S. M., LERER, T. J., HARDY, W. D.: Increased risk for lymphoma and glomerulonephritis in a closed population of cats exposed to feline leukemia virus. Am. J. Epidemiol. 1980; **111** (3): 337–346.

FUCHS, A., BINZEL, L., LONSDORFER, M.: Epidemiology of FeLV and FIV infection in the Federal Republic of Germany. Tierärztl. Prax. 1994; **22** (3): 273–277.

GARDNER, M. B., ARNSTEIN, P., JOHNSON, E., RONGEY, R. W., CHARMAN, H. P., HUEBNER, R. J.: Feline sarcoma virus tumor induction in cats and dogs. J. Am. Vet. Med. Assoc. 1971; **158:** 1046–1054.

GARDNER, M. B., BROWN, J. C., PIKE, M., HENDERSON, B.: Feline leukemia virus: another viewpoint. Feline Pract. 1974; **6:** 16–17.

GEERING, G., HARDY, W. D., OLD, L. J., DeHARVEN, E., BRODEY, R. S.: Shared group-specific antigen of murine and feline leukemia viruses. Virology 1968; **36:** 678–680.

GHOSH, A. K., BACHMANN, M. H., HOOVER, E. A., MULLINS, J. I.: Identification of a putative receptor for subgroup A feline leukemia virus on feline T cells. J. Virol. 1992; **66** (6): 3707–3714.

GLICK, A. D., HORN, R. G., HOLSCHER, M.: Characterization of feline glomerulonephritis associated with viral-induced hematopoietic neoplasms. Am. J. Pathol. 1978; **92** (2): 321–332.

GOTHE, R., BEELITZ, P., SCHÖL, H., BEER, B.: Trichomonaden-Infektionen der Mundhöhle bei Katzen in Süddeutschland. Tierärztl. Prax. 1992; **20:** 195–198.

GRANT, C. K., HARRIS, D., ESSEX, M. E., PICKARD, D. K., HARDY, W. D., DeNORONHA, F.: Protection of cats against feline leukemia virus-positive and virus-negative tumors by complement-dependent antibody. J. Natl. Cancer Inst. 1980; **64** (6): 1527–1533.

GUELFI, J. F., FLORIO, R.: Symptoms and diagnosis of the mediastinal form of lymphoid leucosis in the cat. Rev. Med. Vet. 1975; **126** (6): 759–770.

GULINO, S. E.: Chromosome abnormalities and oncogenesis in cat leukemias. Cancer Genet. Cytogenet. 1992; **64** (2): 149–157.

GUNASEKERA, S. P., CROSS, S. S.: Fistularin 3 and 11-ketofistularin 3. Feline leukemia virus active bromotyrosine metabolites from the marine sponge Aplysina archeri. J. Nat. Prod. 1992; **55** (4): 509–512.

GUTENSON, N., ESSEX, M., FRANCIS, D. P.: Risk to humans from exposure to feline leukemia virus: Epidemiological considerations. Viruses in naturally occurring cancers. Cold Spring Harbor Conferences on Cell Proliferation. New York: Cold. Spring. Harbor. Laboratory, 1980: Vol 7.

GÜLLER, K., BIGLER, B.: Die Behandlung FeLV-positiver Katzen mit Baypamun. Kleintierprax. 1995; **40:** 379–380.

HALEY, P. J., HOOVER, E. A., QUACKENBUSH, S. L., GASPER, P. W., MACY, D. W.: Influence of antibody infusion on pathogenesis of experimental feline leukemia virus infection. J. Natl. Cancer Inst. 1985; **74** (4): 821–827.

HARDY, W. D.: The feline leukemia virus. J. Am. Anim. Hosp. Assoc. 1981; **17:** 951–980.

HARDY, W. D., GEERING, G., OLD, L. J., DeHARVEN, E., BRODEY, R. S., McDONOUGH, S.: Feline leukemia virus: Occurence of viral antigen in the tissues of cats with lymphosarcoma and other diseases. Science 1969; **166:** 1019–1021.

HARDY, W. D., HIRSHAUT, Y., HESS, P.: Detection of the feline leukemia virus and other mammalian oncornaviruses by immunofluorescence. In: Unifying Concepts of Leukemia. Eds.: DUTCHER, R. M., BIANCHI, L. C., Basel and New York: KARGER, 1973.

HARDY, W. D., OLD, L. J., HESS, P. W., ESSEX, M., COTTER, S. M.: Horizontal transmission of feline leukaemia virus. Nature 1973; **244:** 266–269.

HARDY, W. D., HESS, P. W., MacEWEN, E. G.: Biology of feline leukemia virus in the natural environment. Cancer Res. 1976; **36:** 582–588.

HARTMANN, K., HINZE, K. Epidemiologie und Klinik der FIV-Infektion in Bayern. Tierärztl. Prax. 1991; **19:** 545–551.

HARTMANN, K., KRAFT, W.: Retrovirus-Infektionen der Katze: Felines Leukosevirus (FeLV) und Felines Immunschwächevirus (FIV). Tierärztl. Prax. 1993; **21:** 541–557.

HARTMANN, K., DONATH, A., BEER, B., EGBERINK, H. F., HORZINEK, M. C., LUTZ, H., HOFFMANN-FEZER, G., THUM, I., THEFELD, S.: Use of two virustatica (AZT, PMEA) in the treatment of FIV and of FeLV seropositive cats with clinical symptoms. Vet. Immunol. Immunopathol. 1992; **35** (1–2): 167–175.

HASCHEK, W. M., WEIGEL, R. M., SCHERBA, G., De VERA, M. C., FEINMEHL, R., SOLTER, P., TOMPKINS, M. B., TOMPKINS, W. A.: Zidovudine toxicity to cats infected with feline leukemia virus. Fundam. Appl. Toxicol. 1990; **14** (4): 764–775.

HAWKINS, E. C.: Saliva and tear tests for feline leukemia virus. J. Am. Vet. Med. Assoc. 1991; **199** (10): 1382–1385.

HAWKINS, E. C., JOHNSON, L., PEDERSEN, N. C., WINSTON, S.: Use of tears for diagnosis of feline leukemia virus infection. J. Am. Vet. Med. Assoc. 1986; **188** (9): 1031–1034.

HAWKS, D. M., LEGENDRE, A. M., ROHRBACH, B. W.: Comparison of four test kits for feline leukemia virus antigen. J. Am. Vet. Med. Assoc. 1991; **199** (10): 1373–1377.

HEAVNER, J. E.: Neural lymphomatosis in cats. Mod. Vet. Pract. 1978; **59** (2): 122–124.

HITT, M. E., McCAW, D. L.: FeLV infection, hemolytic anemia and hypocellular bone marrow in a cat: treatment with Protein A and Prednisone. Can. Vet. J. 1988; **29:** 737–739.

HÖRBER, D.: Untersuchungen zur Wirksamkeit einer Paramunisierung bei der felinen Leukämie unter Praxisbedingungen. Diss. Med. Vet., München, 1990.

HÖRBER, D., MAYR, B.: Paramunisierung FeLV-positiver Katzen mit PIND-AVI. Tierärztl. Prax. 1991; **19** (3): 311–314.

HÖRBER, D., SCHNABL, W., MAYR, B.: Praxiserfahrungen bei der Paramunisierung FeLV-positiver Katzen mit Baypamun HK. Tierärztl. Umsch. 1992; **47** (7): 556–560.

HOFMANN-LEHMANN, R., AUBERT, A., WOLFENSBERGER, C., CRONIER, J., LUTZ, H.: Vaccination of cats against infection with feline leukemia virus (FeLV): first recombinant vaccine and the effect of a pre-existing infection with feline immunodeficiency virus (FIV). Schweiz. Arch. Tierheilkd. 1994; **136** (10): 340–351.

HOFMANN-LEHMANN, R., HOLZNAGEL, E., AUBERT, A., OSSENT, P., REINACHER, M., LUTZ, H.: Recombinant FeLV vaccine: long-term protection and effect on course and outcome of FIV infection. Vet. Immunol. Immunopathol. 1995; **46** (1–2): 127–137.

HOOVER, E. A., MULLINS, J. I.: Feline leukemia virus infection and diseases. J. Am. Vet. Med. Assoc. 1991; **199** (10): 1287–1297.

HOOVER, E. A., OLSEN, R. G., HARDY, W. D., SCHALLER, J. P., MATHES, L E.: Feline leukemia virus infection: age-related variation in response of cats to experimental infection. J. Natl. Cancer Inst. 1976; **57** (2): 365–369.

HOOVER, E. A., OLSEN, R. G., MATHES, L. E., SCHALLER, J. P.: Relationship between feline leukemia virus antigen expression and viral infectivity in blood, bone marrow, and saliva of cats. Cancer Res. 1977; **37** (10): 3707–3710.

HOOVER, E. A., SCHALLER, J. P., MATHES, L. E., OLSEN, R. G.: Passive immunity to feline leukemia: evaluation of immunity from dams naturally infected and experimentally vaccinated. Infect. Immun. 1977; **16** (1): 54–59.

HOOVER, E. A., ROJKO, J. L., QUACKENBUSH, S. L.: Congenital feline leukemia virus infection. Leuk. Rev. Intern. 1983; **1:** 7–8.

HOOVER, E. A., MULLINS, J. I., QUACKENBUSH, S. L., GASPER, P. W.: Experimental transmission and pathogenesis of immunodeficiency syndrome in cats. Blood 1987; **70** (6): 1880–1892.

HOOVER, E. A., ZEIDNER, N. S., PERIGO, N. A., QUACKENBUSH, S. L., STROBEL, J. D., HILL, D. L., MULLINS, J. I.: Feline leukemia virus-induced immunodeficiency syndrome in cats as a model for evaluation of antiretroviral therapy. Intervirology 1989; **30** (1): 12–25.

HOOVER, E. A., EBNER, J. P., ZEIDNER, N. S., MULLINS, J. I.: Early therapy of feline leukemia virus infection (FeLV-FAIDS) with 9-(2-phosphonylmethoxyethyl)adenine (PMEA). Antiviral Res. 1991; **16** (1): 77–92.

HORZINEK, M. C.: Leukämie. In: Virusinfektionen bei Katzen. Ed.: HORZINEK, M. C. Stuttgart: Enke Verlag, 1990.

HOSIE, M. J., ROBERTSON, C., JARRETT, O.: Prevalence of feline leukaemia virus and antibodies to feline immunodeficiency virus in cats in the United Kingdom. Vet. Rec. 1989; **125** (11): 293–297.

JACKSON, M. L., HAINES, D. M., MERIC, S. M., MISRA, V.: Feline leukemia virus detection by immunohistochemistry and polymerase chain reaction in formalin-fixed, paraffin-embedded tumor tissue from cats with lymphosarcoma. Can. J. Vet. Res. 1993; **57** (4): 269–276.

JACQUEMIN, P. C., SAXINGER, C., GALLO, R. C.: Surface antibodies of human myelogenous leukaemia leukocytes reactive with specific type-C viral reverse transcriptases. Nature 1978; **276:** 230–236.

JARRETT, O., RUSSEL, P. H.: Differential growth and transmission in cats of feline leukemia viruses of subgroups A and B. Int. J. Cancer 1978; **21:** 466–472.

JARRETT, O., LAIRD, H. M., HAY, D.: Growth of feline leukaemia virus in human cells. Nature 1969; **224:** 1208–1209.

JARRETT, O., GOLDER, M. C., STEWART, M. F.; Detection of transient and persistent feline leukaemia virus infections. Vet. Rec. 1982; **110:** 225–228.

JARRETT, W. F. H., CRAWFORD, E. M., MARTIN, W. B., DAVIE, F.: A virus-like particle associtated with leukemia (Lymphosarcoma). Nature 1964; **202:** 567–568.

JARRETT, W. F. H., JARRETT, O., MACKEY, L., LAIRD, H., HARDY, W., ESSEX, M.: Horizontal transmission of leukemia virus and leukemia in the cat. J. Natl. Cancer Inst. 1973; **51** (3): 833–841.

JARRETT, W. F. H., MACKEY, L., JARRETT, O., LAIRD, H., HOOD, C.: Antibody response and virus survival in cats vaccinated against feline leukaemia. Nature 1974; **248:** 230–232.

JARRETT, W. F. H., JARRETT, O., MACKEY, L., LAIRD, H., HOOD, Ch., HAY, D.: Vaccination against feline leukaemia virus using a cell membrane antigen system. Int. J. Cancer 1975; **16:** 134–141.

JONES, F. R., GRANT, C. K., SNYDER, H. W.: Lymphosarcoma and persistent feline leukemia virus infection of pet cats: a system to study responses during extracorporeal treatments. J. Biol. Response Mod. 1984; **3** (3): 286–292.

KAHN, D. E., MIA, A. S., TIERNEY, M. M.: Field evaluation of Leukassay F, an FeLV detection test kit. Feline Pract. 1980; **10** (2): 44–45.

KEMP, M. C., KAHLON, J. B., CHINNAH, A. D.: In vitro evaluation of the antiviral effects of acemannan on the replication and pathogenesis of HIV-1 and other enveloped viruses; modification of the processing of glycoprotein precursors. Third International Conference on Antiviral Research, Brüssel, Belgien, April 22–27, 1990, Abstract 84.

KITCHEN, L. W., COTTER, S. M.: Effect of diethylcarbamazine on serum antibody to feline oncornavirus-associated cell membrane antigen in feline leukemia virus-infected cats. J. Clin. Lab. Immunol. 1988; **25** (2): 101–103.

KITCHEN, L. W., MATHER, F. J:. Hematologic effects of short-term oral diethylcarbamazine treatment given to chronically feline leukemia virus-infected cats. Cancer Lett. 1989; **45** (3): 183–187.

KITCHEN, L. W., MATHER, F. J., COTTER, S. M.: Effect of continuous oral diethylcarbamazine treatment on lymphocyte counts of feline leukemia virus-infected cats. J. Clin. Lab. Immunol. 1988; **27** (4): 179–181.

KÖLBL, S.: Comparative studies on feline leukosis virus using two commercial ELISA kits. Wien. Tierärztl. Monatsschr. 1988; **75** (1): 10–14.

KÖLBL, S., LEITOLD, B.: Critical application of the CITE-FeLV test, a new concept ELISA for the study of feline leukemia virus in blood samples from cats. Berl. Münch. Tierärztl. Wochenschr. 1988; **101** (10): 337–341.

KÖLBL, S., SCHULLER, W.: Possible alternatives for the routine diagnosis of feline leukosis virus. Preliminary results in the examination of lacrimal secretions by ELISA. Kleintierprax. 1987; **32** (6): 275–276.

KRAKOWER, J. M., AARONSON, S. A.: Seroepidemiologic assessment of feline leukaemia virus infection risk for man. Nature 1978; **273** (5662): 463–464.

KRISTAL, B. S., REINHART, T. A., HOOVER, E. A., MULLINS, J. I.: Interference with superinfection and with cell killing and determination of host range and growth kinetics mediated by feline leukemia virus surface glycoproteins. J. Virol. 1993; **67** (7): 4142–4153.

LADIGES, W. C.: A summary of responses to cancer therapy in cats. Mod. Vet. Pract. 1980; **61** (3): 227–229.

LAFRADO, L. J., LEWIS, M. G., MATHES, L. E., OLSEN, R. G.: Suppression of in vitro neutrophil function by feline leukaemia virus (FeLV) and purified FeLV-p15E. J. Gen. Virol. 1987; **68:** 507–513.

LAFRADO, L. J., MATHES, L. E., ZACK, P. M., OLSEN, R. G.: Biological effects of staphylococcal protein A immunotherapy in cats with induced feline leukemia virus infection. Am. J. Vet. Res. 1990; **51** (3): 482–486.

LAIRD, H. M., JARRETT, O., CRIGHTON, G. W., JARRETT, W. F. H.: An electron microscopic study of virus particles in spontaneous leukemia in the cat. J. Natl. Cancer Inst. 1968; **41:** 867–878.

LANDES, C., KRIEGLEDER, H., LENGFELDER, K. D: Post-mortem survey on causes of death and diseases in cats in 1969–1982. Tierärztl. Prax. 1984; **12** (3): 369–382.

LEVY, L. S., LOBELLE-RICH, P. A.: Insertional mutagenesis of flvi-2 in tumors induced by infection with LC-FeLV, a myc-containing strain of feline leukemia virus. J. Virol. 1992; **66** (5): 2885–2892.

LEVY, L. S., GARDNER, M. B., CASEY, J. W.: Isolation of a feline leukaemia provirus containing the oncogene myc from a feline lymphosarcoma. Nature 1984; **308** (5962): 853–856.

LEWIS, M. G., DUSKA, G. O., STIFF, M. I., LAFRADO, L. J., OLSEN, R. G.: Polymorphonuclear leukocyte dysfunction associated with feline leukaemia virus infection. J. Gen. Virol. 1986; **67** (10): 2113–2118.

LIES, M., Volume of opinion warrants merrit: this DVM send FeLV cats home well: his name is not David Copperfield. Vet. Forum 1990; **9:** 42–43.

LIU, W. T., GOOD, R. A., TRANG, L. Q., ENGELMAN, R. W., DAY. N. K.: Remission of leukemia and loss of feline leukemia virus in cats injected with Staphylococcus protein A: association with increased circulating interferon and complement-dependent cytotoxic antibody. Proc. Natl. Acad. Sci. USA 1984; **81** (20): 6471–6475.

LOAR, A. S.: The zoonotic potential of feline leukemia virus. Vet. Clin. North Am. Small Anim. Pract. 1987; **17** (1): 105–115.

LOAR, A. S.: Feline leukemia virus. Immunization and prevention. Vet. Clin. North Am. Small Anim. Pract. 1993; **23** (1): 193–211.

LOPEZ, N. A., JACOBSON, R. H., SCARLETT, J. M., CENTER, S. A., RANDOLPH, J. F., SCOTT, F. W.: Sensitivity and specificity of blood test kits for feline leukemia virus antigen. J. Am. Vet. Med. Assoc. 1989; **195** (6): 747–751.

LOTT-STOLZ, G.: Osteochondromatosis in the cat. Schweiz. Arch. Tierheilkd. 1988; **130** (11): 635–638.

LUTZ, H.: Die Infektion mit felinem Leukämievirus: Immunologie und Serodiagnostik als Grundlage der Infektionsbekämpfung. Schweiz. Arch. Tierheilkd. 1983; **126:** 1–22.

LUTZ, H.: Course, immunology and serodiagnostics of feline leukosis virus infection. Prakt. Tierarzt. 1984; **65** (5): 408–411.

LUTZ, H., JARRETT, O.: Detection of feline leukemia virus infection in saliva. J. Clin. Microbiol. 1987; **25** (5): 827–831.

LUTZ, H., PEDERSEN, N., HARRIS, C. W., HIGGINS, J., THEILEN, G. H.: Detection of feline leukemia virus infection. Feline Pract. 1980; **10** (4): 13–23.

LUTZ, H., PEDERSEN, N. C., DURBIN, R., THEILEN, G. H.: Monoclonal antibodies to three epitopic regions of feline leukemia virus p27 and their use in enzyme-linked immunosorbent assay of p27. J. Immunol. Methods 1983; **56** (2): 209–220.

LUTZ, H., LEHMANN, R., WINKLER, G., KOTTWITZ, B., DITTMER, A., WOLFENSBERGER, C., ARNOLD, P.: Feline immunodeficiency virus in Switzerland: clinical aspects and epidemiology in comparison with feline leukemia virus and coronaviruses. Schweiz. Arch. Tierheilkd. 1990; **132** (5): 217–225.

MacEWEN, E. G.: Current concepts in cancer therapy: biologic therapy and chemotherapy. Semin. Vet. Med. Surg. 1986; **1:** 5–16.

MADEWELL, B. R., JARRETT, O.: Recovery of feline leukaemia virus from non-viraemic cats. Vet. Rec. 1983; **112:** 339–342.

MATHES, L. E., ESSEX, M., YOHN, D. S., OLSEN, R. G.: Characterization of cytolytic activity of cat sera having fluorescent antibody to feline oncornavirus membrane-association antigen. Abstracts of the Annual Meeting of the American Society for Microbiology 1975; **75:** 78.

MATHES, L. E., HAYES, K. A., SWENSON, C. L., POLAS, P. J., WEISBRODE, S. E., KOCIBA, G. J.: Evaluation of antiviral activity and toxicity of dextran sulfate in feline leukemia virus-infected cats. Antimicrob. Agents Chemother. 1991; **35** (10): 2147–2150.

MATHES, L. E., POLAS, P. J., HAYES, K. A., SWENSON, C. L., JOHNSON, S., KOCIBA, G. J.: Pre- and postexposure chemoprophylaxis: evidence that 3'-azido-3'-dideozythymidine inhibits feline leukemia virus disease by a drug-induced vaccine response. Antimicrob. Agents. Chemother. 1992; **36** (12): 2715–2721.

MATHES, L. E., PANDEY, R., CHAKRABARTI, R., HOFMAN, F. M., HAYES, K. A., STROMBERG, P., ROY-BURMAN, P.: Pathogenicity of a subgroup C feline leukemia virus (FeLV) is augmented when administered in association with certain FeLV recombinants. Virology. 1994; **198** (1): 185–195.

MAYR, A., RAETTIG, H., STICKL, H., META, A.: Paramunität, Paramunisierung, Paramunitätsinducer Teil 1. Fortschr. Med. 1979; **97** (25–26): 1159–1165.

MAYR, A., RAETTIG, H., STICKL, H., META, A.: Paramunität, Paramunisierung, Paramunitätsinducer, Teil 2. Fortschr. Med. 1979; **97** (27): 1205–1210.

MAYR, A., BÜTTNER, M., PAWLAS, S., ERFLE, V., MAYR, B., BRUNNER, R., OSTERKORN, K.: Vergleichende Untersuchungen über die immunstimulierende (paramunisierende) Wirkung von BCG, Levamisol, Corynebakterium parvum und Präparaten aus Pockenviren in verschiedenen „in vivo"- und „in vitro"-Testen. J. Vet. Med. 1986; **33:** 321–329.

MAYR, B., HÖRBER, D.: Paramunisierung FeLV-positiver Katzen – ein Bericht aus der Praxis. Kleintierprax. 1992; **37:** 515–518.

MAYR-BIBRACK, B., MEYER, H., WITTEBORG, K.: Erfahrungen mit der Paramunisierung in der Katzenpraxis. Tierärztl. Prax. 1984; **12:** 359–368.

McALLISTER, R. M., NICOLSON, M., GARDNER, M. B., RONGEY, R. W., RASHEED, S., SARMA, P. S., HUEBNER, R. J., HATANAKA, M., OROSZLAN, S., GILDEN, R. V., KABIGTIN, A., VERNON, L.: C-type virus released from cultured human rhabdomyosarcoma cells. Nature New Biol. 1972; **235:** 3–6.

McCALL, C., WEIMER, L., BALDWIN, S.; Stimulation of cytokine production by the bacterially derived biological response modifier ImuVert. Second International Workshop on Cytokines. Hilton Head Island, 1989.

McCLELLAND, A. J., HARDY, W. D., ZUCKERMAN, E. E.: In: Feline Leukaemia Virus. Eds.: HARDY, W. D., McCLELLAND, A. J. New York: Elsevier, 1980.

McDOUGALL, A. S., TERRY, A., TZAVARAS, T., CHENEY, C., ROJKO, J., NEIL, J. C.: Defective endogenous proviruses are expressed in feline lymphoid cells: evidence for a role in natural resistance to subgroup B feline leukemia viruses. J. Virol. 1994; **68** (4): 2151–2160.

METZGAR, R. S., MOHANAKUMAR, T., BOLOGNESI, D. P.: Antigenic relationships between murine, feline and primate RNA tumor viruses and membrane antigens of human leukemic cells. Bibl. Haematol. 1976; **43:** 549–554.

MIA, A. S., KAHN, D. E., TIERNEY, M. M., POST, J. E.: Feline leukosis: a micro-ELISA test for detection of the viral antigen in cats. Kleintierprax. 1983; **28:** 5.

MONTICELLO, T. M., LEVY, M. G., BUNCH, S. E., FAIRLEY, R. A.: Cryptosporidiosis in a feline leukemia virus-positive cat. J. Am. Vet. Med. Assoc. 1987; **191** (6): 705–706.

MOONEY, S. C., HAYES, A. A., MATUS, R. E., MacEWEN, E. G.: Renal lymphoma in cats: 28 cases (1977–1984). J. Am. Vet. Med. Assoc. 1987; **191** (11): 1473–1477.

MOORE, F. M., EMERSON, W. E., COTTER, S. M., DeLELLIS, R. A.: Distinctive peripheral lymph node hyperplasia of young cats. Vet. Pathol. 1986; **23** (4): 386–391.

MUKHERJI, E., AU, J. L., MATHES, L. E.: Differential antiviral activities and intracellular metabolism of 3'-azido-3'-deoxythymidine and 2',3'-dideoxyinosine in human cells. Antimicrob. Agents Chemother. 1994; **38** (7): 1573–1579.

MULLINS, J. I., BRODY, D. S., BINARI, R. C., COTTER, S. M.: Viral transduction of c-myc gene in naturally occurring feline leukaemias. Nature 1984; **308** (5962): 856–858.

MULLINS, J. I., HOOVER, E. A., OVERBAUGH, J., QUACKENBUSH, S. L., DONAHUE, P. R., POSS, M. L.: FeLV-FAIDS-induced immunodeficiency syndrome in cats. Vet. Immunol. Immunopathol. 1989; **21** (1): 25–37.

NEIL, J. C., ONIONS, D. E.: Feline leukaemia viruses: molecular biology and pathogenesis. Anticancer Res. 1985; **5** (1): 49–63.

NEIL, J. C., HUGHES, D., McFARLANE, R., WILKIE, N. M., ONIONS, D. E., LEES, G., JARRETT, O.: Transduction and rearrangement of the myc gene by feline leukaemia virus in naturally occurring T-cell leukaemias. Nature 1984; **308** (5962): 814–820.

NEIL, J. C., FULTON, R., RIGBY, M., STEWART, M.: Feline leukaemia virus: generation of pathogenic and oncogenic variants. Curr. Top. Microbiol. Immunol. 1991; **171:** 67–93.

NELSON, P., SELLON, R., NOVOTNEY, C., DEVERA, C., DAVIDIAN, M., ENGLISH, R., TOMPKINS, M., TOMPKINS, W.: Therapeutic effects of diethylcarbamazine and 3'-azido-3'-deoxythymidine on feline leukemia virus lymphoma formation. Vet. Immunol. Immunopathol. 1995; **46** (1–2): 181–194.

NIMAN, H. L., STEPHENSON, J. R., GARDNER, M. B., ROY-BURMAN P.: RD-114 and feline leukaemia virus genome expression in natural lymphomas of domestic cats. Nature 1977; **266** (5600): 357–360.

NORTH, J., FREEMAN, S., OVERBAUGH, J., LEVY, J., LANSMAN, R.: Photodynamic inactivation of retrovirus by benzoporphyrin derivative: a feline leukemia virus model. Transfusion 1992; **32** (2): 121–128.

NOWOTNY, N., UTHMAN, A., HAAS, O. A., BORKHARDT, A., LECHNER, K., EGBERINK, H. F., MOSTL, K., HORZINEK, M. C.: Is it possible to catch leukemia from a cat? Lancet 1995; **346** (8969): 252–253.

O'CONNOR, T. P., TONELLI, Q. J., SCARLETT, J. M.: Report of the National FeLV/FIV Awareness Project. J. Am. Vet. Med. Assoc. 1991; **199** (10): 1348–1353.

OGILVIE, G. K., TOMPKINS, M. B., TOMPKINS, W. A.: Clinical and immunologic aspects of FeLV-induced immunosuppression. Vet. Microbiol. 1988; **17** (3): 287–296.

OKABE, H., DuBUY, J., GILDEN, R. V., GARDNER, M. B.: A portion of the feline leukaemia virus genome is not endogenous in cat cells. Int. J. Cancer 1978; **22** (1): 70–78.

OLSEN, R. G., MATHES, L. E., YOHN, D. S.: Complement-fixation-inhibition as a test for antibodies in cats and humans to C-type RNA tumor virus antigen. Bibl. Haematol. 1975; **40:** 419–429.

OLSEN, R. G., HOOVER, E. A., MATHES, L. E., HEDING, L., SCHALLER, J. P.: Immunization against feline oncornavirus disease using a killed tumor cell vaccine. Cancer Res. 1976; **36** (10): 3642–3646.

OLSEN, R. G., HOOVER, E. A., SCHALLER, J. P., MATHES, L. E., WOLFF, L. H.: Abrogation of resistance to feline oncornavirus diseases by immunization with killed feline leukemia virus. Cancer Res. 1977; **37** (7): 2082–2085.

ONIONS, D.: Animal models: lessons from feline and bovine leukaemia virus infections. Leuk. Res. 1985; **9** (6): 709–711.

ONIONS, D.: Epidemiology of feline leukaemia virus infections. Baillieres Clin. Haematol. 1987; **1** (1): 45–58.

OROSZ, C. G., ZINN, N. E., OLSEN, R. G., MATHES, L. E.: Retrovirus-mediated immunosuppression. I. FeLV-UV and specific FeLV proteins alter T lymphocyte behavior by inducing hyporesponsiveness to lymphokines. J. Immunol. 1985; **134** (5): 3396–3403.

OROSZ, C. G., ZINN, N. E., OLSEN, R. G., MATHES, L. E.: Retrovirus-mediated immunosuppression. II. FeLV-UV alters in vitro murine T lymphocyte behavior by reversibly impairing lymphokine secretion. J. Immunol. 1985; **135** (1): 583–590.

OVERBAUGH, J., RIEDEL, N., HOOVER, E. A., MULLINS, J. I.: Transduction of endogenous envelope genes by feline leukaemia virus in vitro. Nature 1988; **332** (6166): 731–734.

PACITTI, A. M.: Latent feline leukaemia virus infection: a review. J. Small Anim. Pract. 1987; **28** (12): 1153–1159.

PACITTI, A. M., JARRETT, O.: Duration of the latent state in feline leukaemia virus infections. Vet. Rec. 1985; **117** (18): 472–474.

PANDEY, R., GHOSH, A. K., KUMAR, D. V., BACHMAN, B. A., SHIBATA, D., ROY BURMAN, P.: Recombination between feline leukemia virus subgroup B or C and endogenous env elements alters the in vitro biological activities of the viruses [published erratum appears in J. Virol. 1992 Jun; **66** (6): 3976]. J. Virol. 1991; **65** (12): 6495–6508.

PATTON, S., LEGENDRE, A. M., McGAVIN, M. D., PELLETIER, D.: Concurrent infection with Toxoplasma gondii and feline leukemia virus. J. Vet. Intern. Med. 1991; **5** (3): 199–201.

PEDERSEN, N. C.: Feline Retrovirus Infections. Dev. Biol. Stand. 1990; **72:** 149–155.

PEDERSEN, N. C.: Feline leukemia virus infection. In: Feline husbandry, diseases and management in the multiple cat environment. Goleta. California: American. Veterinary Publications, 1991.

PEDERSEN, N. C., THEILEN, G. H., WERNER, L. L.: Safety and efficacy studies of live- and killed-feline leukemia virus vaccines. Am. J. Vet. Res. 1979; **40** (8): 1120–1126.

PEDERSEN, N. C., MERIC, S. M., HO, E., JOHNSON, L., PLUCKER, S., THEILEN, G. H.: The clinical significance of latent feline leukemia virus infection in cats. Feline Pract. 1984; **14:** 32–48.

PENROSE, M.: Cat leukaemia. Br. Med. J. 1970; **1:** 755.

PERRYMAN, L. E., HOOVER, E. A., YOHN, D. S.: Immunologic reactivity of the cat: immunosuppression in experimental feline leukemia. J. Natl. Cancer Inst. 1972 **5:** 1357–1365.

POLAS, P. J., SWENSON, C. L., SAMS, R., CHENEY, C. M., HAYES, K. A., TARR, M. J., KOCIBA, G. J., MATHES, L. E.: In vitro and in vivo evidence that the antiviral activity of 2',3'-dideoxycytidine is target cell dependent in a feline retrovirus animal model. Antimicrob. Agents. Chemother. 1990; **34** (7): 1414–1421.

POOL, R. R., CARRIG, C. B.; Multiple cartilagenous exostoses in a cat. Vet. Path. 1972; **9:** 350–359.

POSNER, L. E., ROBERT-GURROFF, M., KALYANARAMAN, V. S.: Natural antibodies to the human T cell lymphoma virus and patients with cutaneous T cell lymphomas. J. Exp. Med. 1981; **154:** 333–346.

QUACKENBUSH, S. L., MULLINS, J. I., HOOVER, E. A.: Colony forming T lymphocyte deficit in the development of feline retrovirus induced immunodeficiency syndrome. Blood 1989; **73** (2): 509–516.

QUACKENBUSH, S. L., DONAHUE, P. R., DEAN, G. A., MYLES, M. H., ACKLEY, C. D., COOPER, M. D., MULLINS, J. I., HOOVER, E. A.: Lymphocyte subset alterations and viral determinants of immunodeficiency disease induction by the feline leukemia virus FeLV-FAIDS. J. Virol. 1990; **64** (11): 5465–5474.

RATLIFF, T. L., McCOOL, R. E., CATALONA, W. J.: Interferon induction and augmentation of natural-killer activity by Staphylococcus aureus protein A. Cell. Immmunol. 1981; **57:** 1.

REINACHER, M.: Diseases associated with spontaneous feline leukemia virus (FeLV) infection in cats. Vet. Immunol. Immunopathol. 1989; **21** (1): 85–95.

REINACHER, M., FRESE. K.: Glomerulonephritis in dogs and cats. Tierärztl. Prax. 1991; **19** (2): 175–180.

REINACHER, M., WITTMER, G., KOBERSTEIN, H., FAILING, K.: The significance of FeLV infection for diseases in necropsied cats. Berl. Münch. Tierärztl. Wochenschr. 1995; **108** (2): 58–60.

REZANKA, L. J., ROJKO, J. L., NEIL, J. C.: Feline leukemia virus: pathogenesis of neoplastic disease. Cancer Invest. 1992; **10** (5): 371–389.

RICHARD, C. G., POST, J. E., DeNORONHA, F., BARR, L. M.: Interspecies infection by feline leukemia virus: serial cell-free transmission in dogs of malignant lymphoma induced by feline leukemia virus. In: Unifying concepts of leukemia. Eds.: DUTCHER R. M., CHIECO-BIANCHI, L., Basel: Karger, 1973.

RICHARD, C. G., POST, J. E., DeNORONHA, F.: A transmissible virus-induced lymphocytic leukemia in the cat. J. Natl. Cancer Inst. 1969; **42:** 987–1014.

RIEDEL, N., HOOVER, E. A., GASPER, P. W., NICOLSON, M. O., MULLINS, J. I.: Molecular analysis and pathogenesis of the feline aplastic anemia retrovirus, feline leukemia virus C-Sarma. J. Virol. 1986; **60** (1): 242–250.

RIEDEL, N., HOOVER, E. A., DORNSIFE, R. E., MULLINS, J. I.: Pathogenic and host range determinants of the feline aplastic anemia retrovirus. Proc. Natl. Acad. Sci. USA 1988; **85** (8): 2758–2762.

RIGGS, J. L.: An immunofluorescent test for feline leukemia and sarcoma virus antigens and antibodies. J. Am. Vet. Med. Assoc. 1971; **158:** 1085–1087.

ROHN, J. L., OVERBAUGH, J.: In vivo selection of long terminal repeat alterations in feline leukemia virus-induced thymic lymphomas. Virology 1995; **206** (1): 661–665.

ROJKO, J. L.: Studies of the pathogenesis of feline leukemia virus infection and leukemogenesis in cats. Diss. Abstr. Intern. 1980; **5:** 1724.

ROJKO, J. L., KOCIBA, G. J.: Pathogenesis of infection by the feline leukemia virus. J. Am. Vet. Med. Assoc. 1991; **199** (10): 1305–1310.

ROJKO, J. L., HOOVER, E. A., MATHES, L. E., OLSEN, R. G., SCHALLER, J. P.: Pathogenesis of experimental feline leukemia virus infection. J. Natl. Cancer Inst. 1979; **63** (3): 759–768.

ROJKO, J. L., HOOVER, E. A., QUACKENBUSH, S. L., OLSEN, R. G.: Reactivation of latent feline leukaemia virus infection. Nature 1982; **298:** 385–388.

ROJKO, J. L., ESSEX, M., TRAININ, Z.: Feline leukemia/sarcoma viruses and immunodeficiency. Adv. Vet. Sci. Comp. Med. 1988; **32:** 57–96.

RUSSEL, P. H.: Neutralising antibodies in feline leukaemia virus infections. PhD, Glasgow, 1977.

SARMA, P. S., LOG, T.: Subgroup classification of feline leukemia and sarcoma viruses by viral interference and neutralization tests. Virology 1973; **54:** 160–169.

SARMA, P. S., GILDEN, R. V., HUEBNER, R. J.: Complement-fixation test for feline leukemia and sarcoma viruses (the COCAL test). Virology 1971; **44:** 137–145.

SARMA, P. S., SHARAR, A., WALTERS, V., GARDNER, M.: A survey of cats and humans for prevalence of feline leukemia-sarcoma virus neutralizing serum antibodies. Proc. Soc. Exp. Biol. Med. 1974; **145:** 560–564.

SARMA, P. S., LOG, T., JAIN, D., HILL, P. R., HUEBNER, R. J.: Differential host range of viruses of feline leukemia-sarcoma complex. Virology 1975; **2:** 438–446.

SCHNEIDER, R.: The natural history of feline malignant lymphoma and sarcoma and their associations with cancer in man and dog. J. Am.Vet. Med. Assoc. 1970; **157:** 1753–1758.

SCHNEIDER, R., RIGGS, J. L.: A serologic survey of veterinarians for antibody to feline leukemia. J. Am. Vet. Med. Assoc. 1973; **162:** 217–219.

SCHNIEWIND, A., REINACHER, M., THEILEN, G. H., UNGER, H., WEISS, E.: Occurrence of feline leukosis in the Gießen and Augsburg districts. Kleintierprax. 1983; **28** (7): 361–364.

SCHRENZEL, M. D., HIGGINS, R. J., HINRICHS, S. H., SMITH, M. O., TORTEN, M.: Type C retroviral expression in spontaneous feline olfactory neuroblastomas. Acta. Neuropathol. 1990; **80** (5): 547–553.

SCOLNICK, E. M., PARKS, W. P., LIVINGSTON, D. M.: Radioimmunoassay of mammalian type C viral proteins. I. Species specific reaction of murine and feline viruses. J. Immunol. 1972; **109:** 570–577.

SETTELE, J: Comparison of commercial ELISA test kits for diagnosis of feline leukosis virus infection using full blood, plasma and saliva. Wiener Tierärztl. Monatsschr. 1989; **76** (5).

SHEETS, M. A., UNGER, B. A., GIGGLEMAN, G. F., TIZARD, I. R.: Studies of the effect of acemannan on retrovirus infections: clinical stabilization of feline leukemia virus-infected cats. Mol. Biother. 1991; **3** (1): 41–45.

SHEETS, R. L., PANDEY, R., KLEMENT, V., GRANT, C. K., ROY BURMAN, P.: Biologically selected recombinants between feline leukemia virus (FeLV) subgroup A and an endogenous FeLV element. Virology 1992; **190** (2): 849–855.

SHELTON, G. H., JONES, F. R.; Treatment of lymphosarcoma (LSA) in pet cats by extracorporeal immunoadsorption with prosorba columns. Proc. Am. Assoc. Cancer Res. 1986; **27:** 316.

SIBAL, L. S., FINK, M. A., PLATA, E. J.: Methods for the detection of viral antigen and antibody to a feline leukemia virus. J. Natl. Cancer Inst. 1970; **45:** 607–612.

SLISKI, A., ESSEX, M., COTTER, S. M., HARDY, W. D.: Immunity to the feline oncornavirus associated cell membrane antigen (FOCMA) in feline leukemia. Abstr. Ann. Am. Soc. Microbiol. 1975; **75:** 78.

SNYDER, H. W., JONES, F. R., DAY, N. K., HARDY, W. D.: Isolation and characterization of circulating feline leukemia virus-immune complexes from plasma of persistently infected pet cats removed by ex vivo immunosorption. J. Immunol. 1982; **128** (6): 2726–2730.

SNYDER, H. W., SINGHAL, M. C., ZUCKERMAN, E. E., JONES, F. R., HARDY, W. D.: The feline oncornavirus-associated cell membrane antigen (FOCMA) is related to, but distinguishable from, FeLV-C gp70. Virology 1983; **131** (2): 315–327.

SNYDER, S. P., THEILEN, G. H.: Transmissible feline fibrosarcoma. Nature 1969; **221:** 1074–1075.

SORDILLO, P. P., MARKOVICH, R. P., HARDY, W. D.: Search for evidence for feline leukemia virus infection in humans with leukemias, lymphomas, or soft tissue sarcomas. J. Natl. Cancer Inst. 1982; **69** (2): 333–337.

SPECIALE, J.: Photopheresis. J. Am. Vet. Med. Assoc. 1994; **204** (10): 1546–1547.

STAUDACHER, G.: Round-table Gespräch über FeLV und Einsatz von Baypamun. Monheim, Deutschland, 1993.

STEPHENSON, J. R., ESSEX, M., HINO, S., HARDY, W. D., AARONSON, S. A.: Feline oncornavirus-associated cell-membrane antigen (FOCMA): distinction between FOCMA and the major virion glycoprotein. Proc. Natl. Acad. Sci. USA 1977; **74** (3): 1219–1223.

STEWART, M. A., WARNOCK, M., WHEELER, A., WILKIE, N., MULLINS, J. I., ONIONS, D. E., NEIL, J. C.: Nucleotide sequences of a feline leukemia virus subgroup A envelope gene and long terminal repeat and evidence for the recombinational origin of subgroup B viruses. J. Virol. 1986; **58** (3): 825–834.

STIFF, M. I., OLSEN, R. G.: Effects of retrovirus protein on the feline one-way mixed leukocyte reaction. J. Gen. Virol. 1983; **64** (4): 957–959.

SUTHERLAND, J. C., MARDINEY, M. R.: Immune complex disease in the kidneys of lymphoma-leukemia patients: The presence of an oncornavirus-related antigen. J. Natl. Cancer. Inst. 1973; **50:** 633–644.

SWENSON, C. L., POLAS, P. J., CHENEY, C. M., KOCIBA, G. J., MATHES, L. E.: Prophylactic and therapeutic effects of phosphonoformate against feline leukemia virus in vitro. Am. J. Vet. Res. 1991; **52** (12): 2010–2015.

TAKEUCHI, Y., VILE, R. G., SIMPSON, G., O'HARA, B., COLLINS, M. K., WEISS, R. A.: Feline leukemia virus subgroup B uses the same cell surface receptor as gibbon ape leukemia virus. J. Virol. 1992; **66** (2): 1219–1222.

TAVARES, L., RONEKER, C., JOHNSTON, K., LEHRMAN, S. N., DeNORONHA, F.; 3'-Azido-3'-deoxythymidine in feline leukemia virus-infected cats: a model for therapy and prophylaxis of AIDS. Cancer Res. 1987; **47** (12): 3190–3194.

TAVARES, L., RONEKER, C., POSTIE, L., DeNORONHA, F.: Testing of nucleoside analogues in cats infected with feline leukemia virus: a model. Intervirology 1989; **30** (1): 26–35.

TENG, C. S.: Induction of feline immunodeficiency syndrome by feline leukemia virus: pituitary and adrenocortical dysfunctions. AIDS 1990; **4** (12): 1219–1224.

THEFELD, S.: CD4+- und CD8+-T-Lymhozyten-Subpopulationen im peripheren Blut FeLV-seropositiver Katzen mit natürlich erworbener Infektion. Diss. med. vet., München, 1992.

THEILEN, G. H.: Clinical aspects of feline leukosis. Tierärztl. Prax. 1984; **12** (4): 511–522.

THEILEN, G. H., KAWAKAMI, T. C., DUNGWORTH, D. L., SWITZER, J. W., MUNN, R. J., HARROLD, J. B.: Current status of transmissible agents in feline leukemia. J. Am. Vet. Med. Assoc. 1968; **153:** 1864–1872.

TIZARD, I.: Use of immunomodulators as an aid to clinical management of feline leukemia virus-infected cats. J. Am. Vet. Med. Assoc. 1991; **199** (10): 1482–1485.

TOMPKINS, M. B., CUMMINS, J. M.: Response of feline leukemia virus-induced nonregenerative anemia to oral administration of an interferon-containing preparation. Feline Pract. 1982; **12** (3): 6–8.

TOMPKINS, M. B, OGILVIE, G. K.: Immunopathogenesis of feline leukemia virus infections. Comp. Anim. Pract. 1988; **7:** 15–26.

TOMPKINS, M. B., PANG, V. F., MICHAELY, P. A., FEINMEHL, R. I., BASSGALL, E. J., BASZLER, T. V., ZACHARY, J. F., TOMPKINS, W. A. A., TOMPKINS, W. A. F.: Feline cytotoxic large granular lymphocytes induced by recombinant human IL-2. J. Immunol. 1989; **143** (2): 749–754.

TRAININ, Z., WERNICKE, D., UNGAR-WARON, H., ESSEX, M.: Suppression of the humoral antibody response in natural retrovirus infections. Science 1983; **220:** 858–859.

TSATSANIS, C., FULTON, R., NISHIGAKI, K., TSUJIMOTO, H., LEVY, L., TERRY, A., SPANDIDOS, D., ONIONS, D., NEIL, J. C.: Genetic determinants of feline leukemia virus-induced lymphoid tumors: patterns of proviral insertion and gene rearrangement. J. Virol. 1994; **68** (12): 8296–8303.

TUOMARI, D. L., OLSEN, R. G., KRAUT, E. H.: Immune complex studies during the preneoplastic stages of feline leukemia virus infection. Proc. Am. Assoc. Cancer Res. 1984; **25:** 243.

UBERTINI, T., DeNORONHA, F., POST, J. E., RICKARD, C. G.: A fluorescent antibody technique for the detection of the group-specific antigen of feline leukemia virus infected tissue culture cells. Virology 1971; **44:** 219–222.

WALKER, R. E., PARKER, R. I., KOVACS, J. A., MASUR, H., LANE, H. C., CARLETON, S., KIRK, L. E., GRALNICK, H. R., FAUCI, A. S.: Anemia and erythropoiesis in patients with the acquired immunodeficiency syndrome (AIDS) and Kaposi sarcoma treated with zidovudine. Ann. Intern. Med. 1988; **108** (3): 372–376.

WANG, S. W., TENG, C. S.: Induction of feline acquired immune deficiency syndrome by feline leukemia virus: immuno- and neuroendocrine dysfunctions. Proc. Soc. Exp. Biol. Med. 1994; **205** (4): 332–339.

WEIJER, K., UYTDEHAAG, F. G., JARRETT, O., LUTZ, H., OSTERHAUS, A. D.: Post-exposure treatment with monoclonal antibodies in a retrovirus system: failure to protect cats against feline leukemia virus infection with virus neutralizing monoclonal antibodies. Int. J. Cancer 1986; **38** (1): 81–87.

WEISS, R. C., CUMMINS, J. M., RICHARDS, A. B.: Low-dose orally administered alpha interferon treatment for feline leukemia virus infection. J. Am. Vet. Med. Assoc. 1991; **199** (10): 1477–1481.

WERNICKE, D., TRAININ, Z., UNGAR WARON, H., ESSEX, M.: Humoral immune response of asymptomatic cats naturally infected with feline leukemia virus. J. Virol. 1986; **60** (2): 669–673.

WOLFF, L. H., MATHES, L. E., OLSEN, R. G.: Recovery of soluble feline oncornavirus-associated cell membrane antigen from large volumes of tumor culture fluids. J. Immunol. Methods 1979; **26:** 151–156.

YOUNGREN, S. D., VUKASIN, A. P., DeNORONHA. F.: Characterization of monoclonal antibodies directed against the envelope proteins of feline leukemia virus. Cancer Res. 1984; **44** (8): 3512–3517.

ZACK, P. M., KOCIBA, G. J.: Antithymocyte globulin treatment of retrovirus-induced feline erythroid aplasia: in vivo and in vitro studies. Clin. Immunol. Immunopathol. 1988; **49** (3): 390–404.

ZEIDNER, N. S., STROBEL, J. D., PERIGO, N. A., HILL, D. L., MULLINS, J. I., HOOVER, E. A.: Treatment of FeLV-induced immunodeficiency syndrome (FeLV-FAIDS) with controlled release capsular implantation of 2',3'-dideoxycytidine. Antiviral Res. 1989; **11:** 147–160.

ZEIDNER, N. S., ROSE, L. M., MATHIASON-DuBARD, C. K., DREITZ, M. J., MULLINS, J. I., HOOVER, E. A.: Zidovudine in combination with alpha interferon and interleukin-2 as prophylactic therapy for FeLV-induced immunodeficiency syndrome (FeLV-FAIDS). J. Acquir. Immune. Defic. Syndr. 1990; **3:** 787–796.

ZEIDNER, N. S., MYLES, M. H., MATHIASON-DuBARD, C. K., DREITZ, M. J., MULLINS, J. I., HOOVER, E. A.: Alpha interferon (2b) in combination with zidovudine for the treatment of presymptomatic feline leukemia virus induced immunodeficiency syndrome. Antimicrob. Agents. Chemother. 1990; **34** (9): 1749–1756.

Die Infektion durch das Feline Immunschwächevirus (FIV)

K. HARTMANN

Ätiologie

Das feline erworbene Immunschwächesyndrom (F-AIDS, felines AIDS, '**fe**line **a**cquired **i**mmuno**d**eficiency **s**yndrom') wird durch eine Infektion mit dem felinen Immunschwächevirus (FIV, feline immunodeficiency virus) hervorgerufen. FIV wurde erstmals 1986 von Pedersen und Mitarbeitern in Petaluma, Kalifornien, USA, isoliert. Zunächst wurde es auf Grund seines T-lymphotropen Verhaltens als felines T-lymphotropes Lentivirus (FTLV, feline T-lymphotropic lentivirus) bezeichnet (PEDERSEN et al., 1987).

FIV gehört zur Familie der Retroviridae. Auf Grund seiner morphologischen und biochemischen Charakteristika, wegen seines Zelltropismus, seiner Mg^{2+}-abhängigen Reversen Transkriptase (RT), seiner Gensequenz und seiner antigenetischen Eigenschaften wird es dem Genus der Lentivirinae zugeordnet. Seine Proteinsequenzen lassen einen engeren Verwandtschaftsgrad zu den Lentiviren der Ungulaten als zu den Lentiviren der Affen und des Menschen vermuten. Mit dem Virus der equinen infektiösen Anämie (EIAV) zeigt FIV eine serologische Kreuzreaktion (PEDERSEN et al., 1987; OLMSTED et al., 1989; TALBOTT et al., 1989; YAMAMOTO et al., 1989; EGBERINK et al., 1990; STEINMAN et al., 1990).

FIV ist morphologisch den anderen Retroviren sehr ähnlich. Es handelt sich um ein sphärisches bis ellipsoides Virus mit einem Durchmesser von 100–125 nm. Der stabartig bis konusförmige Innenkörper wird von einer der infizierten Wirtszelle entstammenden Lipiddoppelmembran umhüllt, in die neben wirtsspezifischen Proteinen typische Hüllprojektionen mit einer Länge von circa 10 nm eingelagert sind. Diese Projektionen bestehen aus zwei Glycoproteinen, dem in die Membran eingelagerten Transmembranprotein (TM) und dem sich nach außen anschließenden Oberflächenprotein (SU). Zwischen der Lipidschicht und dem Innenkörper befindet sich eine Schicht aus Matrixproteinen (MA), die dem Virus die Stabilität für seine äußere Form verleiht. Der Innenkörper wird durch das Kapsidprotein (CA) geformt. Er beherbergt das Genom, ein Dimer aus positiven Einzelstrang-Ribonukleinsäuren (RNA) und die daran gebundenen Enzymen Reverse Transkriptase (RT), Integrase (IN) und Protease (PR) sowie das Nukleokapsidprotein (NC), das die RNA umgibt (PEDERSEN et al., 1987; YAMAMOTO et al., 1988; DAVIS und CLEMENTS, 1989; EGBERINK et al., 1990).

Das FIV-Genom ist in seiner Komplexität und seinem Aufbau ähnlich wie das der anderen Lentiviren organisiert. Als integriertes Provirus hat es eine Länge von 9 000 bis 10 000 Basenpaaren. Die genetische Information ist auf drei Strukturgenen gespeichert. Diese Gene, die in der Reihenfolge 5'-*gag-env-pol*-3' angeordnet sind, kodieren für unterschiedliche Polypeptide, die mit p (für '**p**rotein'), pp (für '**p**recursor **p**rotein', Vorläuferprotein) oder gp (für '**g**lyco**p**rotein') und einer Zahl (Angabe des Molekulargewichts in Kilodalton, kDa) benannt werden. *Gag* (für '**g**roup specific **a**nti**g**en') kodiert für die Strukturproteine, *pol* (für '**pol**ymerase') für die viralen Enzyme und *env* (für '**env**elope') für die Proteine der Virushülle. Die Proteine, die durch die drei Strukturgene codiert werden, werden zunächst als große Vorläuferproteine synthetisiert, die durch die virale Protease gespalten werden müssen (OLMSTED et al., 1989; TALBOTT et al., 1989; MIYAZAWA et al., 1991; MAKI et al., 1992).

Wie alle Retroviren folgt das FIV einem Replikationszyklus, der dem klassischer zytolytischer RNA-Viren ähnelt. Der Unterschied ist durch die Reverse Transkription und Integration in das zelluläre Genom gegeben, die zur Bildung und zum Einbau der proviralen DNA in das zelluläre DNA-Genom führen. Der Vermehrungszyklus läßt sich in zehn Schritte einteilen. Das FIV bindet, um in eine Zelle eindringen zu können, mit seinem Hüllglykoprotein gp120 an einen Rezeptor der Zelloberfläche (1. Schritt: Adsorption). Wichtig für die Bindung ist vor allem der V3-Loop des FIV-gp120 (LOMBARDI et al., 1995). Kürzlich konnte nachgewiesen werden, daß die Bindung des FIV-gp120 nicht wie beim HIV an den CD4-Rezeptor, sondern an einen CD9-Rezeptor der Zelle erfolgt. Der feline CD9-Rezeptor ist dem humanen CD9 ähnlich, ihm fehlt jedoch die Glykosylierungsstelle im ersten extrazellulären Loop (WILLETT et al., 1995). Nach der Verschmelzung (2. Schritt: Virus-Zell-Fusion) der Virushülle mit der Zellmembran wird das Nukleokapsid intrazellulär freigesetzt (3. Schritt: Uncoating). Die besondere Eigenschaft der Retroviren liegt in der Integration des viralen Genoms in das der Wirtszelle. Hierzu synthetisiert die nur den Retroviren eigene, virale RT (eine RNA-abhängige DNA-Polymerase), vom einsträngigen positiven RNA-Genom eine negativ-strängige DNA-Kopie (4. Schritt: Reverse Transkription). Die mit der RT assoziierte Ribonuklease-H (RNase-H), eine Exonuklease, spaltet einen Teil der RNA des DNA/RNA-Hybrids hydrolytisch ab, das dann als Primer zur Verfügung steht. Die RT kann nun mit der negativ-strängigen DNA als Matritze einen positiven DNA-Strang synthetisieren. Die doppelsträngige DNA wird in den Kern transportiert und von der viralen Integrase (IN) als sogenanntes 'Provirus' in das Genom der Wirtszelle eingebaut (5. Schritt: Integration). Die FIV-IN benutzt das 3'-OH-Ende der viralen DNA als Nukleophil (VINK et al., 1994). Eine einmal infizierte Zelle gibt so bei jeder Zellteilung neben dem eigenen auch das virale Genom an die Tochterzellen weiter (6. Schritt: DNA-Replikation). Nach der Umschreibung des Provirus in RNA erfolgt in der Übersetzung (7. Schritt: Translation) die Synthese der viralen Vorläuferproteine gag-pp, gag-pol-pp und env-pp. Diese werden von der viralen Protease (PR) zu den funktionellen Proteinen gespalten (8. Schritt: Processing) und teils glykosyliert (Hüllglykoproteine), teils myristyniliert (Innenkörperproteine). Die Myristylierung, die Anlagerung der Myristylsäure, ist eine

Voraussetzung für die Einbettung der Gag-Proteine in die Zellmembran (ELDER et al., 1993). Nach der Reifung und entsprechender Faltung der Proteine um die Virus-RNA (9. Schritt: Assembly) werden die Virionen durch Knospung (10. Schritt: Budding) aus der Zelle freigesetzt. Dabei erhält das Viruspartikel seine Hülle, die sich aus Bestandteilen der Zellmembran und aus den viralen Glykoproteinen zusammensetzt (HAASE, 1986; GOFF, 1990; EGBERINK, 1991; HASELTINE, 1991).

Epidemiologie

FIV ist weltweit verbreitet. In Deutschland werden Prävalenzen von 2 bis 8 % angegeben. Dabei tritt die Infektion in Norddeutschland häufiger als in Süddeutschland auf (HARTMANN und LUTZ, 1989; NEU et al., 1989; HARTMANN et al., 1992; FUCHS et al., 1994). In Europa wurden Werte zwischen 3 % in den Niederlanden und 33 % in England ermittelt (GRUFFYDD-JONES et al., 1988; LUTZ et al., 1988, 1990; KIRSTENSEN et al., 1989; KÖLBL und SCHULLER, 1989; MORAILLON, 1990; BANDECCHI et al., 1992; UELAND und LUTZ, 1992). In den USA liegen die Infektionsraten zwischen 1 und 26 % (GRINDEM et al., 1989; O'CONNOR et al., 1989; SHELTON et al., 1989; WITT et al., 1989; YAMAMOTO et al., 1989; FRIEND et al., 1990; RODGERS et al., 1990; BRALEY, 1994). Japan weist Prävalenzen bis 44 % auf (ISHIDA et al., 1989; FURUYA et al., 1990). Das älteste, als positiv identifizierte Serum stammt aus dem Jahre 1966 (REID et al., 1991). Die große Variabilität der Infektionsraten in den verschiedenen Ländern kann auf unterschiedliche Bestandsdichten und Haltungsweisen von Katzen in den einzelnen Regionen hinweisen oder auch die Folge einer unterschiedlichen Selektion des Patientenguts sein (HARTMANN und HINZE, 1991).

Wie fast alle Lentiviren tritt auch das FIV vorwiegend zellassoziiert auf. Durch parenterale Inokulation von Plasma oder Blut infizierter Tiere in die Blutbahn einer gesunden Katze wird die Infektion übertragen. Eine fast 100%ige Transmission findet durch den Biß eines infizierten Tiers statt. Eine hohe Infektionsgefahr geht deshalb besonders von Katzen mit aggressivem Territoralverhalten aus. Kranke Katzen scheiden infolge gesteigerter Virusproduktion quantitativ mehr Viren aus als gesunde. Auch eine massive ulzeröse Stomatitis kann die Virusmenge im Speichel erhöhen. Insbesondere Blutungen in der Maulhöhle erleichtern die Übertragung virushaltiger Zellen. Allein die gemeinsame Benutzung von Schlaf- und Futterplätzen durch infizierte und nichtinfizierte Katzen führt nicht zu einer Übertragung (PEDERSEN et al., 1989; SHELTON et al., 1989; YAMAMOTO et al., 1989).

Die plazentare Übertragung des Virus von infizierten Muttertieren auf die Welpen konnte in experimentellen Studien bisher nicht gesichert werden (YAMAMOTO et al., 1988, 1989; PEDERSEN, 1990; BISHOP et al., 1992). Die Infektionsmöglichkeit über die Mukosa der Scheide und des Rektums wurde dagegen experimentell bewiesen (MOENCH et al., 1993). Die Frage, ob ein Deckakt unter natürlichen Bedingungen zu einer venerischen Übertragung führen kann und ob nicht in dieser Situation eher der Nackenbiß des Katers eine Infektionsquelle darstellt, ist jedoch noch nicht sicher beantwortet. In anderen Studien wurde die perinatale Übertragung vom infizierten Muttertier auf Welpen dokumentiert (CALLANAN et al., 1991; HOPPER et al., 1992; WASMOEN et al., 1992). Neuere Untersuchungen beweisen auch die Möglichkeit einer Infektion neugeborener Katzenwelpen durch die Muttermilch infizierter Kätzinnen (RANCE et al., 1994). Der Nachweis einer Infektion kurz nach der Geburt ist jedoch schwierig, da bei Katzenwelpen bis zu einem Alter von fünf Monaten maternale, durch das Kolostrum übertragene Antikörper nachgewiesen werden können, ohne daß die Welpen selbst infiziert sein müssen (UELAND und NESSE, 1991). Der laktogene Infektionsweg beweist, daß auch eine Transmission über die Schleimhäute des Magen-Darm-Trakts, zumindest bei Neugeborenen, möglich ist (SELLON et al., 1994).

FIV ist in den sogenannten 'Risikogruppen' besonders weit verbreitet. Ihnen gehören vor allem ältere Kater an, die Freiläufer sind, in einer hohen Populationsdichte leben und ein ausgeprägtes Territorialverhalten besitzen (HOPPER et al., 1989; PEDERSEN et al., 1989; YAMAMOTO et al., 1989). FIV tritt demnach bei männlichen Tieren signifikant häufiger auf als bei weiblichen (PEDERSEN et al., 1989; YAMAMOTO et al., 1989; HARTMANN und HINZE, 1991). In manchen Studien sind bis zu 73 % (LUTZ et al., 1990) oder sogar bis zu 90 % (SHELTON et al., 1989) der FIV-infizierten Tiere männlich. Dieses wesentlich häufigere Auftreten der Infektion bei männlichen Tieren ist auf das unterschiedliche Kampfverhalten sowie auf geschlechtsspezifische Unterschiede in der Aggressivität zurückzuführen (YAMAMOTO et al., 1988; HOSIE et al., 1989; SHELTON et al., 1989; RODGERS und BALDWIN, 1990). Das geringere Vorkommen bei Zucht- und Rassekatzen ist vorwiegend den restriktiven Haltungsbedingungen zuzuschreiben. FIV ist unter reinen Wohnungskatzen signifikant weniger verbreitet. Vorwiegend wird die Infektion bei Katzen mittleren Alters nachgewiesen (GRINDEM et al., 1989; HOSIE et al., 1989; ISHIDA et al., 1989; KÖLBL und SCHULLER, 1989; PEDERSEN et al., 1989;

SHELTON et al., 1989; YAMAMOTO et al., 1989; HARTMANN und HINZE, 1991).

FIV oder FIV-verwandte Lentiviren wurden auch bei Geparden, Löwen, Leoparden, Schneeleoparden und Jaguaren nachgewiesen. Sie scheinen bei diesen Tierarten weniger pathogen zu sein als bei Hauskatzen (LUTZ et al., 1992; OLMSTED et al., 1992; BROWN et al., 1993, 1994). Es gibt keinerlei Hinweise, daß FIV auf den Menschen übertragen werden könnte (PEDERSEN et al., 1987; SHELTON et al., 1989; YAMAMOTO et al., 1989; LUTZ et al., 1990; PEDERSEN, 1991).

Pathogenese

Die Pathogenese der FIV-Infektion ist noch immer in vielen Bereichen ungeklärt. Bei Lentivirusinfektionen kommt es trotz zellulärer Immunantwort und Bildung neutralisierender Antikörper zu einer latenten Infektion (HAASE, 1986). Neutralisierende Antikörper bieten im Falle der FIV-Infektion keinen Schutz (BENDINELLI et al., 1995). Die Virusausscheidung steigt, ähnlich wie bei der HIV-Infektion des Menschen, an, wenn die Katzen beginnen, klinische Symptome zu entwickeln (YAMAMOTO et al., 1988).

In vitro vermehrt sich das FIV in $CD4^+$- und $CD8^+$-Lymphozyten (PEDERSEN et al., 1987; BROWN et al., 1991), in Makrophagen (BRUNNER und PEDERSEN, 1989; DOW et al., 1990) sowie in Astrozyten und Mikrogliazellen (DOW et al., 1990; KOOLEN und EGBERINK, 1990; DANAVE et al., 1994). Einige FIV-Stämme wachsen auch in Fibroblastenzellinien, wie Crandell-Feline-Kidney-(CrFK-) Zellen (PEDERSEN et al., 1987; YAMAMOTO et al., 1989). Für den Tropismus des FIV für CrFK-Zellen sind Mutationen im *env*-Gen verantwortlich (SIEBELINK et al., 1995; VERSCHOOR et al., 1995).

Die Immunantwort eines virusinfizierten Tiers ist von wirts- und virusspezifischen Faktoren abhängig. Faktoren des Wirts umfassen eine vorausbestehende Immunität, Alter und individuelle genetische sowie speziesspezifische Unterschiede. Virale Faktoren sind genetisch determinierte Parameter (Virulenz, Replikationsfaktoren), Dosis und Inokulationsweg (PEDERSEN, 1995).

Das primäre Ziel der Infektion sind Lymphozyten, doch bereits während der akuten Phase kommt es zu einer massiven Infektion der Makrophagen, bei der das Gleichgewicht von lymphozytotropen FIV-Stämmen hin zu den monozytotropen Stämmen verschoben wird (BEEBE et al., 1994). Die Menge des inokulierten Virus beeinflußt die Zeitspanne bis zum Auftreten der Virämie und der Bildung von Antikörpern (YAMAMOTO et al., 1988). Erstmals kann Virus zwischen dem zehnten und 14. Tag nach Infektion aus Lymphozyten isoliert werden. Die Virämie nimmt bis zum 21. Tag hin rasch zu (GEORGE et al., 1993; DUA et al., 1994; PEDERSEN, 1995), hat in der siebten bis achten Woche einen Peak und fällt dann ab. Erst in der terminalen AIDS-Phase, zu einem Zeitpunkt, an dem die $CD4^+$-Zellen massiv abfallen, kommt es wieder zu einem Anstieg der Virusmenge (PEDERSEN, 1995). Die Katzen reagieren nach frühestens zwei Wochen mit einer Antikörperbildung (LUTZ et al., 1988; YAMAMOTO et al., 1988; O'CONNOR et al., 1989; HOSIE und JARRET, 1990; DAWSON et al., 1991; REUBEL et al., 1994). Zunächst treten *env*-spezifische, kurz danach *gag*-spezifische Antikörper auf (EGBERINK et al., 1992; RIMMELZWAAN et al., 1994). Die Stimulierbarkeit der B-Zellen durch Antigene ist im Vergleich zu nichtinfizierten Katzen erhöht (LEHMANN et al., 1992; FLYNN et al., 1994). Provirale DNA kann mittels Polymerase-Kettenreaktion (PCR) nach fünf Tagen in peripheren Blutlymphozyten, nach zehn Tagen in Organen nachgewiesen werden (REUBEL et al., 1994).

Die $CD4^+$-Zellen verhalten sich spiegelbildlich zur Viruskonzentration (DIEHL et al., 1995). Zum Zeitpunkt des Viruspeaks sinken die $CD4^+$-Zellen um circa ein Drittel als eine Folge der Virusreplikation, steigen danach aber wieder an. In der asymptomatischen Phase nehmen die $CD4^+$-Zellen nur langsam ab, während in der terminalen AIDS-Phase schließlich ein sehr schnelles Absinken der $CD4^+$-Zellen erfolgt (PEDERSEN, 1995). Gleichzeitig steigen die $CD8^+$-Zellen, wodurch sich eine Inversion des CD4/CD8-Verhältnisses ergibt (THUM, 1990; ENGLISH und TOMKINS, 1995; HARTMANN, 1995).

Die Abnahme der $CD4^+$-Zellen hängt unter anderem von der verkürzten Lebensdauer dieser Zellen ab (BISHOP et al., 1993). Die zahlenmäßige Verringerung der $CD4^+$-Zellen ist jedoch nicht allein durch eine Zytolyse aufgrund der Virusinfektion der einzelnen Zellen erklärbar, da der Prozentsatz infizierter Zellen deutlich unter der Anzahl vorzeitig absterbender Zellen liegt. Vielmehr ist hierfür hauptsächlich ein programmierter, aktiver Zelltod (Apoptose) verantwortlich (BISHOP et al., 1993; AMEISEN et al., 1994; OHNO et al., 1994; HOLZNAGEL et al., 1995). FIV-infizierte Katzen weisen wie HIV-infizierte Menschen neben der zahlenmäßigen Verminderung auch eine Dysfunktion der $CD4^+$-Zellen auf (CLERICI et al., 1989; WEIMER et al., 1989; ISHIDA et al., 1990). Diese Funktionsstörung betrifft sowohl die Antigenersterkennung als auch den „Memory"-Effekt der T-Zellen (BISHOP, 1995). Die geschwächte Antigensensibilisierung der

T-Lymphozyten trägt zu einer erhöhten Empfänglichkeit der FIV-infizierten Katzen für opportunistische Infektionen bei (TORTEN et al., 1991).

In Anlehnung an die HIV-Infektion erfolgt eine Klassifikation der FIV-Infektion. Bei der Katze ist eine Einteilung in vier Stadien sinnvoll, da sich die in der Humanmedizin zu verschiedenen Zeitpunkten auftretenden Stadien der persistierenden generalisierten Lymphadenopathie (PGL), auch als Lymphadenopathiesyndrom bezeichnet (LAS), und das des AIDS-Related-Complex (ARC) nicht voneinander abgrenzen lassen (siehe Tabelle 3). Einige Wochen nach der Erstinfektion zeigen manche artifiziell infizierte Katzen akute Krankheitssymptome (Initialphase), die sich in Fieber, Neutropenie, moderater Leukopenie und generalisierter Lymphadenopathie äußern. Seltener treten Durchfall oder respiratorische Symptome auf. Dieses Stadium wird bei der natürlichen Infektion in der Regel nicht beobachtet. Während der zweiten, asymptomatischen Phase (Latenzphase), die Monate oder Jahre andauern kann, sind die Tiere klinisch unauffällig. Das dritte Stadium der unspezifischen Krankheitssymptome ist dem PGL/LAS und dem ARC der HIV-Infektion vergleichbar. Es dauert Monate bis Jahre und ist durch unspezifische Krankheitssymptome wie Lymphadenopathie, rezidivierendes Fieber unbekannter Ursache, Leukopenie, Anämie, Anorexie, Gewichtsverlust, Kümmern und Verhaltensänderung gekennzeichnet. Die überwiegende Anzahl der Katzen wird dem Tierarzt im vierten Stadium, der terminalen oder AIDS-ähnlichen Phase, vorgestellt, das meist in der Zeit zwischen sechs Monaten und fünf Jahren erreicht wird. Die Katzen leiden an chronisch-persistierenden Infektionen, myeloproliferativen Störungen, Tumoren und neurologischen Symptomen. Es kommt zum Auftreten einer Immunschwäche, gekennzeichnet durch eine besondere Anfälligkeit für opportunistische Infektionen (HARTMANN, 1995).

Klinik

Opportunistische Infektionen: Durch das Auftreten einer Immunschwäche in der AIDS-ähnlichen Phase kommt es typischerweise zu einem vermehrten Auftreten von Sekundärinfektionen. Die Beziehung der FIV-Infektion zu anderen **Virusinfektionen** wurde vielfach untersucht. Die Wahrscheinlichkeit einer FeLV-Infektion bei FIV-positiven Tieren liegt bis zu zweifach, die Wahrscheinlichkeit einer FIV-Infektion bei FeLV-infizierten Katzen bis zu vierfach höher als bei nichtinfizierten Katzen (ISHIDA et al., 1989; YAMAMOTO et al., 1989; HARTMANN, 1995). Eine präexistierende FeLV-Infektion fördert die FIV-Expression und bewirkt einen schnelleren Verfall des Immunsystems und eine raschere Entwicklung klinischer Symptome (PEDERSEN et al., 1990). Verschiedene Autoren berichten über das häufige gemeinsame Auftreten von felinen synzytienbildenden Viren (FeSFV) und FIV (YAMAMOTO et al., 1989; KÖLBL und LUTZ, 1992), das wahrscheinlich vor allem auf den gemeinsamen Übertragungsweg zurückzuführen ist (ZENGER et al., 1993). Untersuchungen bei chronischen Stomatitiden ergaben einen fördernden Effekt der FIV-Infektion auf die Pathogenese und klinische Manifestation persistierender feliner Calicivirusinfektionen

Tabelle 3: Klassifikation der FIV-Infektion in die vier Stadien der akuten Phase (1) oder des Initialstadiums, der asymptomatischen Phase (2) oder des Stadiums der asymptomatischen Carrier (AC), der Phase der unspezifischen Krankheitssymptome (3) oder des Stadiums der persistierenden generalisierten Lymphadenopathie (PGL) oder des Lymphadenopathiesyndroms (LAS) und des AIDS-Related-Complex (ARC) und der terminalen, AIDS-ähnlichen Phase (4)

Stadium			Symptome	Dauer
1	akute Phase	Initialstadium	zyklische Neutropenie, Fieber, Lymphadenopathie	Wochen bis Monate
2	asymptomatische Phase	AC	keine	Jahre
3	Phase der unspezifischen Krankheitssymptome	PGL/LAS + ARC	generalisierte Lymphadenopathie, rezidivierendes Fieber, Leukopenie, Anämie, Apathie, Anorexie, Gewichtsverlust, Verhaltensänderung, chronische Stomatitis	Monate bis ein Jahr
4	AIDS-ähnliche Phase	AIDS	ARC-Symptome + opportunistische Infektionen, Neoplasien, ZNS-Symptome	Monate

(KNOWLES et al., 1989; TENORIO et al., 1991; REUBEL et al., 1994; WATERS et al., 1993). Die feline infektiöse Peritonitis (FIP) spielt eine bedeutende Rolle, da sie außerordentlich häufig als finale opportunistische Erkrankung die Haupttodesursache natürlich FIV-infizierter Katzen darstellt (HARTMANN, 1995).

Unter den **parasitären Infektionen** wurde der Toxoplasmose in Anlehnung an die Humanmedizin besonderes Interesse gewidmet. FIV-infizierte Katzen weisen höhere Toxoplasmose-IgM-Titer und eine stärkere Vermehrung der Toxoplasmen als FIV-negative Tiere auf (WITT et al., 1989; HEIDEL et al., 1990; O'NEIL et al., 1991; LIN et al., 1992; LAPPIN et al., 1993). Infektionen mit *Clamydia psittaci* führen bei FIV-infizierten Katzen zu einem protrahierten Symptomenbild. Die Isolierung der Clamydien ist bei gleichzeitiger FIV-Infektion länger möglich als bei Kontrolltieren (O'DAIR et al., 1994). Nur bei Katzen mit FIV-, FeLV-Infektion oder FIP können Trichomonaden in der Maulhöhle isoliert werden, nicht dagegen bei nichtvirusinfizierten Kontrolltieren (GOTHE et al., 1992).

Auch **Pilzinfektionen** werden häufig beobachtet. Nachgewiesen wurde bei FIV-infizierten Tieren ein gehäuftes Auftreten von Cryptococcen, Candida und Mikrosporum (FERRER et al., 1992; MANCIANTI et al., 1992; RAMOS-VARA et al., 1994; HARTMANN, 1995; WALKER et al., 1995).

Organveränderungen: Die Multimorbidität ist mit durchschnittlich 3,6 Krankheiten pro Tier (HARTMANN, 1995) bei FIV-infizierten Katzen deutlich höher als in einer nichtinfizierten Klinikpatientenpopulation (TRIMBORN, 1990). Die Reihenfolge der Beteiligung der verschiedenen Organsysteme bei FIV-infizierten Katzen entspricht dabei weitgehend der der unselektierten Klinikpopulation (HARTMANN, 1995).

An den **lymphatischen Organen** FIV-infizierter Katzen wird bereits in der Initialphase eine Vergrößerung der peripheren und viszeralen Lymphknoten festgestellt, einhergehend mit einer follikulären und parakortikalen Hyperplasie und einer irregulären Keimzentrenformation (PEDERSEN et al., 1987; LUTZ et al., 1988; YAMAMOTO et al., 1988; DIETH et al., 1989; CALLANAN et al., 1993; SPARKES et al., 1993; REUBEL et al., 1994). Im ARC-Stadium weisen die Lymphknoten entweder eine Kombination aus follikulärer Hyperplasie und Involution, eine reine Involution oder eine Kombination aus Involution und Entleerung auf, während im Endstadium AIDS zudem die nodale Architektur in Auflösung begriffen ist (BROWN et al., 1991; RIDEOUT et al., 1992; MATSUMURA et al., 1994). Bei FIV-infizierten Tieren wird häufiger eine medulläre Lymphknotenplasmozytose als bei nichtinfizierten Tieren beobachtet, wahrscheinlich aufgrund einer unspezifischen B-Zellstimulation (RIDEOUT et al., 1992; PARODI et al., 1994; Del-FIERRO et al., 1995). Gleichzeitig mit der generalisierten Lymphadenopathie wird eine Stimulation der weißen Milzpulpa und des lymphatischen Gewebes der Schleimhäute nachgewiesen. Gelegentlich wird auch von Lymphfollikeln oder Ansammlungen lymphatischer Zellen in ungewöhnlichen Organen wie Knochenmark, Thymus, Nebenschilddrüse, Speicheldrüsen, Nieren, Sklera und Chorioidea berichtet (SHELTON et al., 1989; REINACHER und HOLZNAGEL, 1991; CALLANAN et al., 1992).

Der **Gastrointestinaltrakt** ist das am meisten betroffene Organsystem. Als häufigstes Symptom FIV-infizierter Katzen werden Veränderungen der Maulschleimhaut in Form von Periodontitiden, plasmazellulären, proliferativen oder erosiv-ulzerösen Stomatitiden und Glossitiden in verschiedenen Ausprägungsgraden gesehen (LUTZ et al., 1988; HOPPER et al., 1989; ISHIDA et al., 1989; PEDERSEN et al., 1989; YAMAMOTO et al., 1989; ZETNER et al., 1989; HARTMANN und HINZE, 1991; TENORIO et al., 1991; SPARKES et al., 1993; HARTMANN, 1995). Bei schweren Erscheinungsformen treten nicht selten Anorexie bis hin zur Abmagerung und zunehmend schlechtes Allgemeinbefinden auf (HOPPER et al., 1989). Als weitere Erkrankungen des Verdauungstrakts sind Enteritiden, seltener Gastritiden, Pankreato- oder Hepatopathien zu beobachten (PEDERSEN et al., 1987; HOPPER et al., 1989; YAMAMOTO et al., 1989; HARTMANN und HINZE, 1991). Pathohistologische Untersuchungen ergeben chronisch-entzündliche Veränderungen des Darms mit Degenerationen des Kryptenepithels und zellulären Infiltrationen sowie Fett- und Bilirubineinlagerungen in der Leber (DIETH et al., 1989; BROWN et al., 1991; REINACHER und HOLZNAGEL, 1991).

Erkrankungen des **Respirationstrakts** äußern sich klinisch hauptsächlich in entzündlichen Erscheinungen des oberen Atmungstrakts (HOPPER et al., 1989; HOSIE et al., 1989; PEDERSEN et al., 1989; YAMAMOTO et al., 1989; HARTMANN und HINZE, 1991; SPARKES et al., 1993). Dies läßt sich auch in pathologischen Untersuchungen bestätigen (REINACHER, 1990; BROWN et al., 1991; REINACHER und HOLZNAGEL, 1991).

Als Veränderungen der **Nieren** treten bei FIV-infizierten Katzen teilweise Glomerulonephritiden auf (REINACHER und FRESE, 1991), die zu einer Azotämie und Proteinurie führen können (POLI et al., 1993; THOMAS et al., 1993). Mit statistischer Signifikanz wurde auch das häufigere Auftreten von

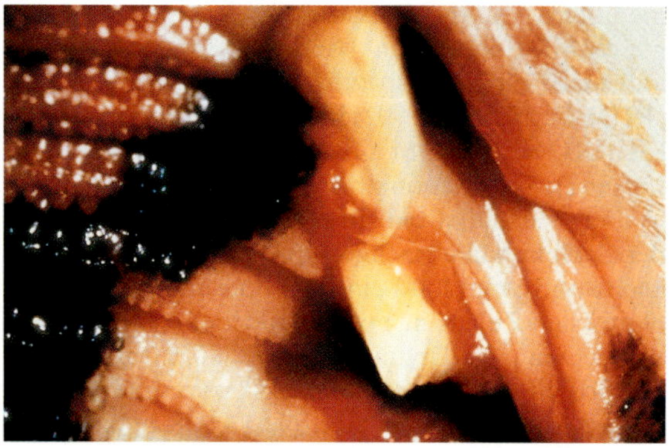

Abb. 51: Geringgradige Stomatitis mit Rötung und Schwellung der Maulschleimhaut sowie ausgedehnten Zungenrandulcerationen bei FIV-Infektion.

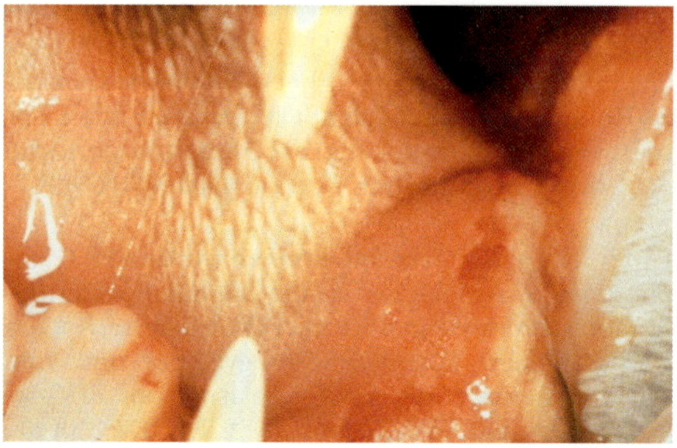

Abb. 52: Geringgradige Stomatitis mit deutlicher Rötung und Schwellung vorwiegend im Bereich der Zahnränder bei FIV-Infektion.

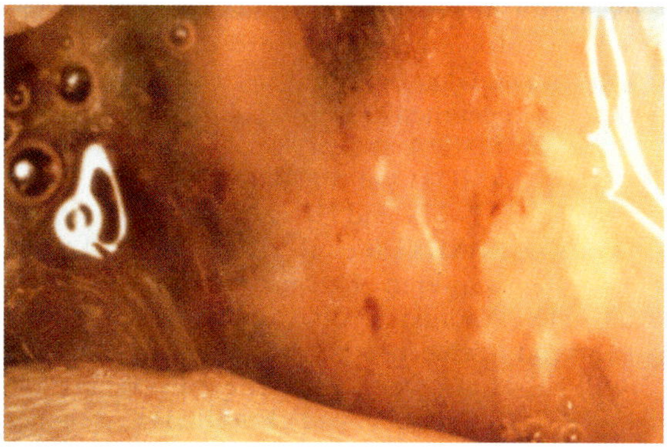

Abb. 53: Mittelgradige Stomatitis mit Rötung und Schwellung der Maulschleimhaut sowie Erosionen in den lukkalen Bereichen bei FIV-Infektion.

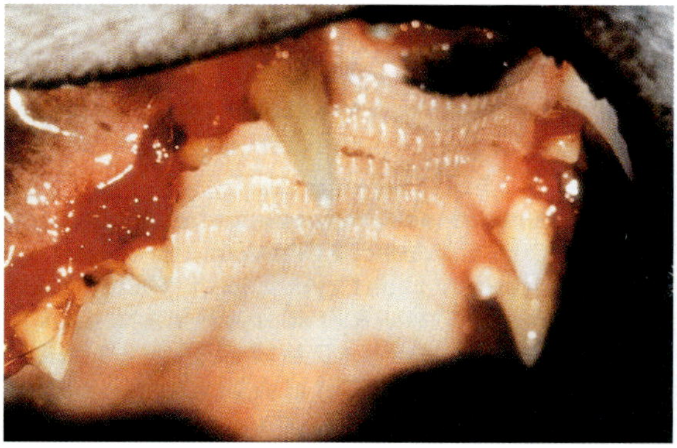

Abb. 54: Hochgradige Stomatitis mit massiver Rötung und Proliferation der Gingiva sowie Blutungsneigung bei Manipulation bei FIV-Infektion.

Schrumpfnieren bei FIV-infizierten Katzen nachgewiesen (THOMAS et al., 1993). Histologische Veränderung umfassen mesangiale Erweiterungen, Glomerulosklerosen und tubulointerstitielle Läsionen (POLI et al., 1993). Im Bereich der **harnableitenden Organe** werden sowohl bakteriell als auch nichtbakteriell bedingte Zystitiden beobachtet (HOPPER et al., 1989; YAMAMOTO et al., 1989; PEDERSEN und BARLOUGH, 1991).

Veränderungen der **Haut** sind ebenfalls meist chronischer Natur. Sie bestehen aus Abszessen, vor allem nach Bißverletzungen, bakteriellen pustulösen Dermatitiden, Otitiden, facialen Dermatitiden, chronischen miliaren Dermatitiden, generalisiertem Milbenbefall mit Demodex- und Notoedresmilben oder atypischen Mykobakteriosen (CHALMERS et al., 1989; MEDLEAU, 1990; HARTMANN und HINZE, 1991; PEDERSEN und BARLOUGH, 1991).

Eher selten werden Veränderungen des zentralen **Nervensystems** festgestellt. Die Tiere zeigen sowohl motorische Störungen als auch Abweichungen im Verhalten. Klinisch wird dies in einem zwanghaften Umherwandern, stereotypen Bewegungen, Demenz, Zuckungen bis hin zu Konvulsionen und Ataxien sichtbar (HOPPER et al., 1989; YAMAMOTO et al., 1989; PODELL et al., 1993). Auch reduzierte audiovisuell evozierte Potentiale und abnorme Schlafmuster werden beschrieben. Magnetische Resonanzuntersuchungen ergaben in einigen Fällen eine kortikale Atrophie, eine mäßige ventrikuläre Vergrößerung und leichte Läsionen mit Aufhellung in der weißen Substanz (PODELL et al., 1993). Histopathologisch zeigen sich perivaskuläre lymphozytäre Infiltrationen, fokale Meningitiden, Enzephalomeningitiden, Fibrosierungen des Plexus chorioideus, Demyelinisierungen, diffuse Gliosen, gliale Knötchen und Satelliosen (DOW et al., 1990; HURTREL et al., 1992; PODELL et al., 1993; BEEBE et al., 1994; PHILLIPS et al., 1994). Die Gliosen sind hauptsächlich in den Kortikalstrukturen des Fron-

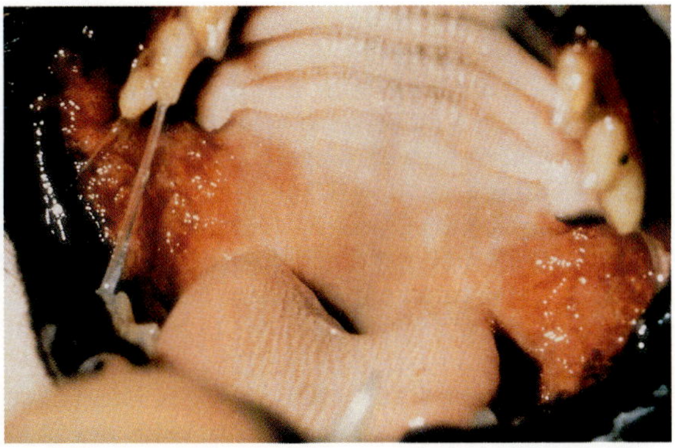

Abb. 55: Hochgradige Stomatitis mit Proliferation sowie Erosionen der Maul- und Rachenschleimhaut sowie spontanen Blutungen bei FIV-Infektion.

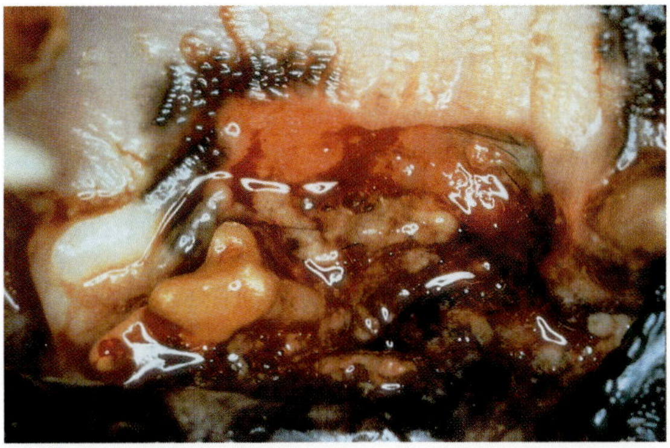

Abb. 56: Hochgradige Stomatitis mit Proliferation und Ulzerationen der Maulschleimhaut mit ständigen Blutungen bei FIV-Infektion.

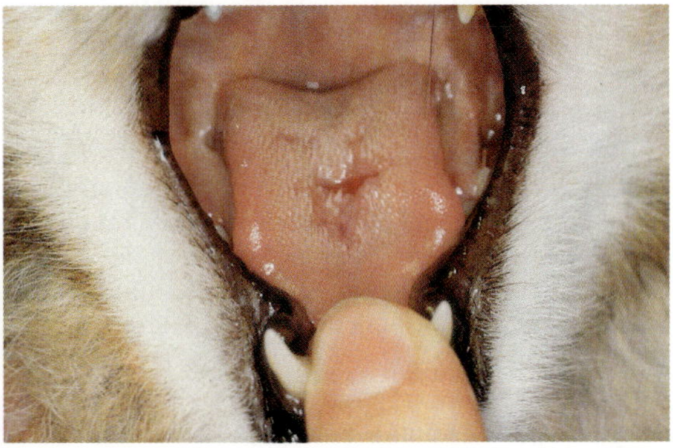

Abb. 57: Geringgradige Stomatitis mit tiefem Zungenulcus und Infektion mit *Candida albicans* im Bereich der Schleimhautläsion bei FIV-Infektion.

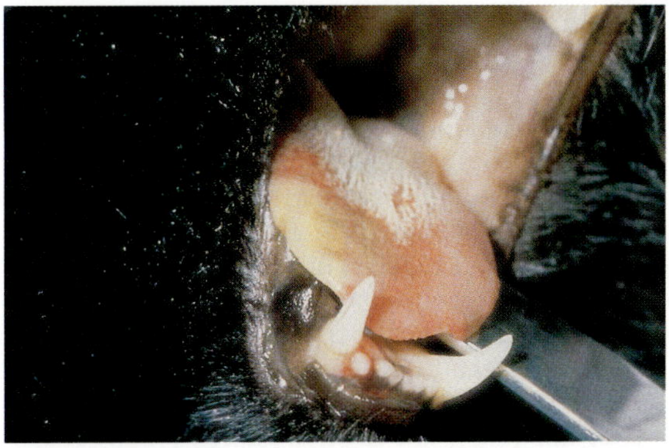

Abb. 58: Mittelgradige Stomatitis mit weißen Belägen vorwiegend auf der Zunge und Nachweis von *Candida albicans* bei FIV-Infektion.

tal-, Parietal- und Okzipitallappens lokalisiert (ABRAMO et al., 1995). Auch das Auftreten einer Apoptose der Neuronen wird diskutiert (AMEISEN, 1994). Bei den **Augen** scheinen vor allem die Uvea und Retina betroffen zu sein. So tritt beispielsweise eine Chorioretinitis bei FIV-infizierten Katzen signifikant häufiger auf als bei nichtinfizierten Tieren (HEIDER, 1994). Daneben werden auch Konjunktivitiden, Keratitiden, Linsentrübungen und Glaukome beschrieben (ENGLISH et al., 1990). Anisokorie und verminderter Pupillarreflex sind ebenfalls dokumentiert (PODELL et al., 1993; PHILLIPS et al., 1994). Auch liegen Beschreibungen über Cotton-Woll-Herde in der Retina FIV-infizierter Katzen vor, die den Veränderungen bei der HIV-Infektion entsprechen (GEIER et al., 1994; HARTMANN, 1995).

Da das FIV mononukleäre Zellen infiziert und zu einer Immunsuppression mit nachfolgenden Sekundärinfektionen führt, ist eine Beeinflussung des **hämatopoetisches Systems** eine natürliche Folge der Infektion (HOPPER et al., 1989; ROBINSON et al., 1990; GEORGE und PEDERSEN, 1991). Sowohl Leukozytosen als auch Leukopenien werden beobachtet (ISHIDA et al., 1989; HARTMANN und HINZE, 1991; CALLANAN, 1995). Im allgemeinen ist jedoch eine generalisierte Zytopenie mit Anämie, Lymphopenie, Neutropenie und Thrombozytopenie vorherrschend (HOPPER et al., 1989; SHELTON et al., 1989, 1991; THOMAS et al., 1993; HART und NOLTE, 1994). Die Anämien sind in der Regel nichtregenerativ und mit einer Knochenmarkssuppression aufgrund chronischer Infektionen und/oder Neoplasien assoziiert (CALLANAN, 1995). Es wird auch über Anämien in Zusammenhang mit sekundären Hämobartonellosen berichtet (HOPPER et al., 1989). Bei FIV-infizierten Tieren können verlängerte Gerinnungszeiten meßbar sein (HART und NOLTE, 1994). Als Veränderung klinisch-chemischer Laborwerte wird lediglich eine unspezifische, polyklonale Hypergammaglobulinämie nachgewiesen (ISHIDA et al., 1989; YAMAMOTO et al., 1989; THOMAS et al., 1993; GRANT, 1995).

In vielen Untersuchungen wird über das Auftreten von **Tumoren** bei natürlich FIV-infizierten Katzen berichtet, unter denen Lymphosarkome am häufigsten vorkommen (HOPPER et al., 1989; HOSIE et al., 1989; ISHIDA et al., 1989; SHELTON et al., 1989; YAMAMOTO et al., 1989; BURRACO et al., 1992). Zwischen der FIV-Infektion und malignen, lymphoproliferativen Veränderungen scheint eine signifikante Korrelation zu bestehen (SHELTON et al., 1990; HUTSON et al., 1991; BURRACO et al., 1992). Obwohl FIV-DNA in neoplastischen Geweben nachgewiesen wurde, konnte bisher kein pathogenetischer Zusammenhang zwischen der Infektion und der Tumorentstehung hergestellt werden (POLI et al., 1994).

Diagnose

Allein an Hand klinischer Merkmale kann die FIV-Infektion nicht diagnostiziert werden. Der klassische Virusnachweis mittels Kultivierung von Blutzellen kann über den gesamten Infektionszeitraum durchgeführt werden, ist jedoch für die Routinediagnostik zu zeit- und arbeitsaufwendig (JARRETT et al., 1991; PEDERSEN und BARLOUGH, 1991). Bei 95 % der Katzen führt die FIV-Infektion nach zwei bis vier Wochen zur Serokonversion (YAMAMOTO et al., 1988). Da Lentivirusinfektionen lebenslang persistieren, läßt ein nachweisbarer Antikörperspiegel immer auf ein Vorhandensein des Virus schließen (HORZINEK et al., 1988). Bei einigen Katzen kann jedoch ein Jahr zwischen Infektion und Serokonversion liegen (YAMAMOTO et al., 1988). Außerdem können die Antikörper im Endstadium der Infektion unter die Nachweisgrenze fallen (PEDERSEN et al., 1989). Es gibt auch FIV-infizierte Katzen, die keine Antikörper gegen p24 entwickeln und nur Antikörper gegen gp120 haben (FURUYA et al., 1992).

Als „Screening-Test“ für die Routinediagnostik wird in der Regel der einfach durchführbare ELISA (enzym-linked immunosorbent assay) verwendet (REID et al., 1992). Kommerziell stehen Testkits auf der Basis des ELISA zur Verfügung, die Antikörper gegen das Core-Protein p24 aufzeigen. Dieses Testverfahren bringt jedoch einige Probleme, wie zum Beispiel eine mäßige Spezifität, mit sich. Alle positiven Ergebnisse sollten daher unbedingt mit einem anerkannten Bestätigungsverfahren verifiziert werden (HARTMANN et al., 1994). Ein weiteres Problem des p24-Nachweises mittels ELISA besteht darin, daß einige Katzen keine p24-Antikörper, sondern nur Antikörper gegen die Hüllproteine exprimieren. Dadurch liefern die kommerziellen Testkits ein negatives Ergebnis (EGBERINK et al., 1992; FURUYA et al., 1992). Um die Spezifität und Sensitivität des ELISA zu verbessern, werden neue Generationen von Testkits entwickelt. Erst kürzlich wurde ein ELISA hergestellt, welcher kombiniert Antikörper gegen p17 und p24 des FIV erkennt. Ein solcher ELISA mit rekombinanten, in *Escherichia coli* exprimierten Gag-Proteinen, soll den herkömmlichen, nur gegen das p24 gerichteten ELISA in Spezifität und Sensitivität übertreffen (REID et al., 1991).

Als Bestätigungstest für positive ELISA-Ergebnisse ist der Western-Blot geeignet. Mit Hilfe des Western-Blots kann gleichzeitig der Nachweis von verschiedenen, gegen einzelne Virusproteine gerichteten Antikörpern geführt werden. Daher ist seine Aussagekraft dem des ELISA deutlich überlegen (KAWAGUCHI et al., 1990; EGBERINK et al., 1991; HARDY und ZUCKERMANN, 1991).

Differentialdiagnose

Differentialdiagnostisch ist vor allem eine FeLV-Infektion in Betracht zu ziehen, die ebenfalls eine Immunschwäche und damit die gleichen Krankheitsbilder hervorruft. Weiterhin kommt jede andere Form der Immunsuppression in Frage, zum Beispiel eine längere Behandlung mit Kortikosteroiden.

Prognose

Es gibt keine Heilung einer FIV-Infektion. Viele Katzen leben jedoch viele Jahre ohne klinische Symptome, insbesondere, wenn sie in keim- und streßarmer Umgebung gehalten werden. Eine Verlängerung der Überlebenszeit und eine Verbesserung der Lebensqualität kann durch eine antivirale Therapie erzielt werden.

Prophylaxe

Es gibt noch keine wirksame, in der Praxis einsetzbare Impfung, obwohl verschiedene Ansätze für eine Vakzination vorhanden sind. Bisher war es nur möglich, unter experimentellen Bedingungen einen Schutz gegen homologe, nicht jedoch heterologe FIV-Stämme zu erzielen (YAMAMOTO et al., 1993; HOSIE et al., 1995). Da eine Vakzine gegen FIV noch nicht verfügbar ist, kann die Infektion in der Praxis nur durch seuchenhygienische Maßnahmen verhindert werden. Die einzige sichere Vorbeugung ist die Vermeidung von Freilauf und Kontakt zu anderen Katzen. Da vor allem unkastrierte Kater, welche ihr Territorium kämpferisch zu verteidigen pflegen, als Träger der Infektion in Frage kommen, sollte jedem Besitzer, der nicht züchten will, zur Kastration seines Tiers geraten werden. Vor dem Einsetzen zugekaufter Katzen in FIV-freie Bestände sollte mindestens zweimal im Abstand von acht Wochen ein Antikörpertest durchgeführt werden (AUGUST, 1991; HARTMANN und KRAFT, 1993; HARTMANN, 1994).

Therapie

Neben der symptomatischen Therapie der Sekundärinfektionen stehen für die antivirale Chemotherapie Substanzen aus der HIV-Forschung zur Verfügung. AZT (Zidovudin, 3'-Azido-2',3'-Dideoxythymidin) ist derzeit das einzige, im Handel als Retrovir® (Glaxo-Wellcome, Burgwedel, Deutschland) erhältliche Medikament, das für eine kausale Therapie der FIV-Infektion in der tierärztlichen Praxis in Frage kommt. AZT hemmt die Virusvermehrung *in vitro* und *in vivo*. Es verbessert den immunologischen und klinischen Status FIV-infizierter Katzen, erhöht die Lebensqualität und verlängert die Lebenserwartung. Es kann in einer Dosierung von 10 mg/kg Körpergewicht auf zweimal täglich p. o. oder s. c. appliziert werden. Zur subkutanen Injektion sollte das Lyophylisat in 5 ml isotonischer Kochsalzlösung verdünnt werden, um eine lokale Reizung zu vermeiden. Bei einer oralen Applikation wird AZT als Sirup oder in Gelatinekapseln verabreicht, die speziell für das jeweilige Körpergewicht der Katze eingewogen werden müssen. Während der Behandlung sollte eine regelmäßige Kontrolle der zellulären Blutbestandteile erfolgen, da Anämien als Nebenwirkung auftreten können (DONATH, 1992; HARTMANN et al., 1995). Auch in Langzeitstudien ist AZT gut verträglich, berichtet wird nur in einigen Fällen von einem geringgradigen Hämatokritabfall (HART und NOLTE, 1993; HARTMANN et al., 1995). Andere Nukleosidanaloga wie azyklische Nukleosidphosphonate (z. B. PMEA und dessen Derivate) zeigen sowohl in der Zellkultur als auch bei natürlich infizierten Katzen eine wesentlich bessere Wirksamkeit (HARTMANN, 1995), sind jedoch bisher nicht im Handel erhältlich.

Literatur

AMEISEN, J. C.: Programmed Cell Death (Apoptosis) and AIDS Pathogenesis. AIDS Res. Hum. Retroviruses. 1994; **10:** 3–5.

AUGUST, J. R.: Husbandary practices for cats infected with feline leukemia virus or feline immunodeficiency virus. J. Am. Vet. Med. Assoc. 1991; **199:** 1474–1477.

BANDECCHI, P., MATTEUCCI, D., BALDINOTTI, F., GUIDI, G., ABRAMO, F., TOZZINI, F., BENDINELLI, M.: Prevalence of feline immunodeficiency virus and other retroviral infections in sick cats in Italy. Vet. Immunol. Immunopathol. 1992; **31:** 337–435.

BEEBE, A. M., DUA, N., FAITH, T. G., MOORE, P. F., PEDERSEN, N. C., DANDEKAR, S.: Primary Stage of Feline Immunodeficiency Virus Infection: Viral Dissemination and Cellular Targets. J. Virol. 1994; **68:** 3080–3091.

BENDINELLI, M., MATTEUCCI, D., LOMBARDI, S., GARZELLI, C., DelMAURO, D., MASSI, C., MAZZETTI, P., BANDECCHI, P., TOZZINI, F.: FIV neutralization *in vitro* is affected by numerous variables and *in vitro* has little if any protective effect. Combined Workshop on FIV- and SIV-Vaccination, St. Moritz, Schweiz, 15.–19. 3. 1995.

BISHOP, S. A.: Functional abnormalities in the human immune system of FIV-infected cats. In: Feline immunology and immunodeficiency. Ed.: WILLETT, B. J., und JARRETT, O.: Oxford University Press; New York, S. 150–69; 1995.

BISHOP, S. A., WILLIAMS, N. A., GRUFFYDD-JONES, T. J., HARBOUR, D. A., STOKES, C. R.: An early defect in primary and secondary T cell responses in asymptomatic cats during acute feline immunodeficiency virus (FIV) infection. Clin. Exp. Immunol. 1992; **90:** 491–496.

BISHOP, S. A., GRUFFYDD-JONES, T. J., HARBOUR, D. A., STOKES, C. R.: Programmed cell death (apoptosis) as a mechanism of cell death in peripheral blood mononuclear cells from cats infected with feline immunodeficiency virus (FIV). Clin. Exp. Immunol. 1993; **93:** 65–71.

BRALEY, J.: FeLV and FIV: Survey shows prevalence in the United States and Europe. Fel. Pract. 1994; **22;** 25–28.

BROWN, W. C., BISSEY, L., LOGAN, K. S., PEDERSEN, N. C., ELDER, J. H., COLLISSON, E. W.: Feline immunodeficiency virus infects both $CD4^+$ and $CD8^+$ T lymphocytes. J. Virol. 1991; **65:** 3359–3364.

BROWN, P. J., HOPPER, C. D., HARBOUR, D. A.: Pathological features of lymphoid tissues in cats with natural feline immunodeficiency virus infection. J. Comp. Path. 1991; **104:** 345–355.

BROWN, W. C., OLMSTED, R. A., MARTENSON, J. S., O'BRIEN, S. J.: Exposure to FIV and FIPV in wild and captive cheetahs. Zoo. Biology. 1993; **12:** 135–142.

BROWN, E. W., YUHKI, N., PACKER, C., O'BRIEN: A Lion Lentivirus Related to Feline Immunodeficiency Virus: Epidemiologic and Phylogenetic Aspects. J. Virol. 1994; **68:** 5953–5968.

BRUNNER, D., PEDERSEN, N. C.: Infection of peritoneal macrophages *in vitro* and *in vivo* with feline immunodeficiency virus. J. Virol. 1989; **63:** 5483–5488.

BURRACO, P., GUGLIELMINO, R., ABATE, O., BOCCHINI, V., CORNAGLIA, E., DeNICOLA, D. B., CILLI, M., PONZIO, P.: Large granular Lymphoma in FIV-positive and FIV-negative cat. J. Small Anim. Pract. 1992; **33:** 279–284.

CALLANAN, J. J.: Feline immunodeficiency virus infection: a clinical and pathological perspective. In: Feline immunology and immunodeficiency. Ed.: WILLETT, B. J., und JARRETT, O.: Oxford University Press; New York, S. 111–130; 1995.

CALLANAN, J. J., HOSIE, M. J., JARRETT, O.: Transmission of feline immunodeficiency virus from mother to kitten. Vet. Rec. 1991; **128:** 332–333.

CALLANAN, J. J., McCANDLISH, I. A. P., O'NEIL, B., LAWRENCE, C. E., RIGBY, M., PACITTI, A. M., JARRETT, O.: Lymphosarkoma in experimentally induced feline immunodeficiency virus infection. Vet. Rec. 1992; **130:** 293–295.

CALLANAN, J. J., RACZ, P., THOMPSON, H., JARRETT, O.: Morphologic characterization of lymph node changes in feline immunodeficiency virus infection as an animal model of AIDS. In: Animal models of HIV and other retroviral infections. Hrsg. Basel: Karger, 1993, 115–136.

CHALMERS, S., SCHICK, R. O., JEFFERS, J.: Demodicosis in two cats seropositive for feline immunodeficiency virus. J Am. Vet. Med. Assoc. 1989; **194:** 256–257.

CLERICI, M., STOCKS, N., ZAJAC, R., BOSWELL, R., LUCEY, D., VIA, C., SHEARER, G.: Detection of three distinct patterns of T helper cell dysfunction in asymptomatic, human immunodeficiency virus-positiv patients. J. Clin. Invest. 1989; **84:** 1892–1899.

DANAVE, I. R., TIFFANY-CASTIGLIONI, E., ZENGER, E., BARHOUMI, R., BURGHARDT, R. C., COLLISSON, E. W.: Feline immunodeficiency virus decreases cell-communication and mitochondrial membran potential. J. Virol. 1994; **68:** 6745–6750.

DAVIS, J. L., CLEMENTS, J. E.: Characterization of a cDNA clone encoding the visna virus transactivating protein. Proc. Natl. Acad. Sci. 1989; **86:** 414–418.

DAWSON, S., SMYTH, N. R., BENNETT, M., GASKELL, R. M., McCRACKEN, C. M., BROWN, A., GASKELL, C. J.: Effect of primary-stage feline immunodeficiency virus on subsequent feline calicivirus vaccination and challenge in cats. AIDS 1991; **5:** 747–750.

Del FIERRO, G. M., MEERS, J., THOMAS, J., CHADWICK, B., PARK, H. S., ROBINSON, W. F.: Quantification of lymphadenopathy in experimentally induced feline immunodeficiency virus infection in domestic cats. Vet. Immunol. Immunopathol. 1995; **46:** 3–12.

DIEHL, L. J., MATHIASON-DUBARD, C. K., O'NEIL, L. L., HOOVER, E. A.: Longitudinal Assessment of Feline Immunodeficiency Virus Kinetics in Plasma by Use of a Quantitative Competitive Reverse Transcriptase PCR. J. Virol. 1995; **69:** 2328–2332.

DIETH, V., LUTZ, H., HAUSER, B., OSSENT, P.: Pathologische Befunde bei mit Lentiviren infizierten Katzen. Schweiz. Arch. Tierheilk. 1989; **131:** 19–25.

DONATH, A.: Einsatz der antilentiviral wirksamen Dideoxynukleoside Zidovudin (AZT) und Phosphonylmethoxylthyladenin (PMEA) bei natürlich FIV-infizierten Katzen. Diss. med. vet., München, 1992.

DOW, S. W., POSS, M. L., HOOVER, E. A.: Feline immunodeficiency virus: a neurotropic lentivirus. J. Acquir. Immune Defic. Syndr. 1990; **3:** 658–668.

DUA, N., REUBEL, G., HIGGINS, J., PEDERSEN, N. C.: The primary stage of experimentally-induced feline immunodeficiency virus infection: clinical, hematologic, and virologic features. Vet. Immun. and Immunpathol. 1994; **43:** 337–355.

EGBERINK, H. F.: FIV Infection: An animal model for AIDS. Proefschrift ter verkrijging van de graad van doctor aan de Rijksuniversiteit te Utrecht, 1991.

EGBERINK, H. F., EDERVEEN, J., MONTELARO, R. C., PEDERSEN, N. C., HORZINEK, M. C., KOOLEN, M. J. M.: Intracellular proteins of feline immunodeficiency virus and their antigenic relationship with equine infectious anaemia virus proteins. J. Gen. Virol. 1990; **71:** 739–743.

EGBERINK, H. F., LUTZ, H., HORZINEK, M. C.: Use of western blot and radioimmunoprecipitation for diagnosis of feline leukemia and feline immunodeficiency virus infections. J. Am. Vet. Med. Assoc. 1991; **199:** 1339–1342.

EGBERINK, H. F., KELDERMANS, C. E. J. M., KOOLEN, M. J. M., HORZINEK, M. C.: Humoral immune response to feline immunodeficiency virus in cats with experimentally induced and naturally acquired infections. Am. J. Vet. Res. 1992; **53:** 1133–1138.

ELDER, J. H., SCHNÖLZER, M., HASSELKUS-LIGHT, C. S., HENSON, M., LERNER, D. A., PHILLIPS, T. R., WAGAMAN, P. C., KENT, S. B. H.: Identification of proteolytic processing sites within the Gag and Pol polyproteins of feline immunodeficiency virus. J. Virol. 1993; **67:** 1869–1876.

ENGLISH, R. V., TOMPKINS, M. B.: Effect of FIV infection on the peripheral immune system. In: Feline Immunology and Immunodeficiency. Eds: WILLETT B. J., JARRETT, O., Oxford, NY, Tokyo: Oxford University Press, 1995: 131–149.

ENGLISH, R. V., DAVIDSON, M. G., NASISSE, M. P., JAMIESON, V. E., LAPPIN, M. R.: Intraocular disease associated with feline immunodeficiency virus infection in cats. J. Am. Vet. Med. Assoc. 1990; **196:** 1116–1119.

FERRER, L., RAMOS, J. A., BONAVIA, P., CABANES, J., PUMAROLA, M.: Cryptococcosis in two cats seropositive for feline immunodeficiency virus. Vet. Rec. 1992; **131:** 393–394.

FLYNN, J. N., CANNON, C. A., LAWRENCE, C. E., JARRET, O.: Polyclonal B-cell activation in cats infected with feline immunodeficiency virus. Immunology 1994; **81:** 626–630.

FRIEND, S. C., BIRCH, C. J., LORDING, P. M., MARSHALL, J. A., STUDDERT, M. J.: Feline immunodeficiency virus: prevalence, disease associations and isolation. Aust. Vet. J. 1990; **67:** 237–243.

FUCHS, A., BINZEL, L., LONSDORFER, M.: Epidemiologie der FeLV- und FIV-Infektion in der Bundesrepublik Deutschland. Tierärztl. Prax. 1994; **22:** 273–277.

FURUYA, T., KAWAGUCHI, Y., MIYAZAWA, T., FUJIKAWA, Y., TOHYA, Y., AZETAKA, M., TAKAHASHI, E., MIKAMI, T.: Existence of feline immunodeficiency virus infection in Japanese cat population since 1968. Jpn. J. Vet. Sci. 1990; **52:** 891–893.

FURUYA, T., HASEGAWA, A., MIYAZAWA, T., MIKI, K., MIKAMI, T.: Detection of antibodies of feline immunodeficiency virus in a cat sera by enzyme-linked immunosorbent assay. Arch. Virol. 1992; **124:** 355–361.

GEIER, S. A., KUFFER, M., HARTMANN, K., GOEBEL, F. D.: FIV-related retinal microangiopathy in cats infected with the feline immunodeficiency virus? Joint European Researcher Meetings in Ophthalmology and Vision, Montpellier, Frankreich, 15.–19. 10. 1994.

GEORGE, J. W., PEDERSEN, N. C.: Hematologic and lymphocyte subset changes during the first 11 month of infection with FIV: a study of 61 cats. Abstracts, 21. First International Conference of Feline Immunodeficiency Virus Researchers, Davis, USA, 4.–7. 9. 1991.

GEORGE, J. W., PEDERSEN, N. C., HIGGINS, J.: The effect of age on the course of experimental feline immunodeficiency virus infection in cats. AIDS Res. Hum. Retroviruses 1993; **9:** 897–905.

GOFF, S. P.: Retroviral reverse transcriptase: synthesis, structure, and function. J. Acquir. Immune Defic. Syndr. 1990; **3:** 817–831.

GOTHE, R., BEELITZ, P., SCHÖL, H., BEER, B.: Trichomonaden-Infektionen der Mundhöhle bei Katzen in Süddeutschland. Tierärztl. Prax. 1992; **20:** 195–198.

GRANT, C. K.: Immunoglobulin changes associated with feline immunodeficiency virus infection. In: Feline Immunology and Immunodeficiency. Eds: WILLETT, B. J. JARRETT, O., Oxford, NY, Tokyo: Oxford University Press, 1995; 170–189.

GRINDEM, C. B., CORBETT, W. T., AMMERMAN, B. E., TOMKINS, M. T.: Seroepidemiologic survey of feline immunodeficiency virus infection in cats of Wake County, North Carolina. J. Am. Vet. Med. Assoc. 1989; **194:** 226–228.

GRUFFYDD-JONES, T. J., HOPPER, C. D., HARBOUR, D. A., LUTZ, H.: Serological evidence of feline immunodeficiency virus infection in UK cats from 1975–76. Vet. Rec. 1988; **123:** 569–570.

HAASE, A. T.: Pathogenesis of lentivirus infections. Nature 1986; **322:** 30–36.

HARDY, W. D., ZUCKERMANN, E. E.: Comparison of ELISA, IFA and immunoblot tests for detection of feline immunodeficiency virus infection. Abstract, First World Congress of Feline Immunodeficiency Researchers, Davis, USA, 4.–7. 9. 1991.

HART, S., NOLTE, I.: Ergebnisse der Langzeitbehandlung spontan FIV-infizierter, kranker Katzen mit Zidovudin (Azidothymidin, AZT). Mh. Vet. Med. 1993; **48:** 223–231.

HART, S. W., NOLTE, I.: Hemostatic Disorders in Feline Immunodeficiency Virus-Seropositive Cats. J. Vet. Internal Medicine 1994; **8:** 355–362.

HARTMANN, K.: Entwicklung eines Testsystems zur Erprobung neuer Medikamente gegen die FIV-Infektion der Katze als Modell für die Behandlung erworbener Immunschwächesyndrome. Habil. med. vet., München, 1995.

HARTMANN, K., HINZE, K.: Epidemiologie und Klinik der FIV-Infektion in Bayern. Tierärztl. Prax. 1991; **19:** 545–551.

HARTMANN, K., KRAFT, W.: Retrovirus-Infektion der Katze: Felines Leukosevirus (FeLV) und Felines Immunschwächevirus (FIV). Ein Überblick aus klinischer Sicht. Tierärztl. Prax. 1993; **21:** 541–557.

HARTMANN, K., LUTZ, H.: Vorkommen von FIV-Infektionen im Einzugsbereich der Münchener Tierklinik. Tierärztl. Prax. Suppl. 1989; **5:** 81–83.

HARTMANN, K., BEER, B., DONATH, A.: Immunschwächesyndrom der Katze. 38. Jahrestagung der Fachgruppe Kleintierkrankheiten der Deutschen Veterinärmedizinischen Gesellschaft (DVG), Bonn, Deutschland, 5.–8. 11. 1992.

HARTMANN, K., KUFFER, M., EGBERINK, H. F., LUTZ, H., KRAFT, W.: Diagnostik der FIV-Infektion. Tierärztl. Prax. 1994; **22:** 268–272.

HARTMANN, K., DONATH, A., KRAFT, W.: AZT in the Treatment of Feline Immunodeficiency Virus Infection. Part 1. Fel. Pract. 1995; **5:** 16–21.

HARTMANN, K., DONATH, A, KRAFT, W.: AZT in the Treatment of Feline Immunodeficiency Virus Infection. Part 2. Fel. Pract. 1995; **6:** 13–20.

HASELTINE, W. A.: Molecular biology of the human immunodeficiency virus type 1. FASEB J. 1991; **5:** 2349–2360.

HEIDEL, J. R., DUBEY, J. P., BLYTHE, L. L., WALKER, L. L., DUIMSTRA, J. R., JORDAN, J. S.: Myelitis in a cat infected with Toxoplasma gondii and feline immunodeficiency virus. J. Am. Vet. Med. Assoc. 1990; **196:** 316–318.

HEIDER, J.: FIV-assoziierte Augenveränderungen der Katze. Abstracts, 26. 40. Jahrestagung Fachgruppe Kleintierkrankheiten der Deutschen Veterinärmedizinischen Gesellschaft, Dresden, Deutschland, 15.–18. 9. 1994.

HOLZNAGEL, E., HOFMANN-LEHMANN, R., ALLENSPACH, K., HÜTTNER, S., LUTZ, H.: Die Bedeutung der *in vitro*-induzierten Lymphozyten-Apoptose bei Katzen mit einer experimentellen Felinen Immunschwäche-Virus-(FIV)-Infektion. 5. Jahrestagung der DVG, Fachgruppe Innere Medizin und Klinische Labordiagnostik, 2.–5. 3. 1995.

HOPPER, C. D., SPARKES, A. H., GRUFFYDD-JONES, T. J., CRISPIN, S. M., MUIR, P., HARBOUR, D. A., STOKES, C. R.: Clinical and laboratory findings in cats infected with feline immunodeficiency virus. Vet. Rec. 1989; **125:** 341–346.

HOPPER, C. D., HARBOUR, D., GRUFFYDD-JONES, T. J.: Evidence of vertical transmission of FIV in experimentally and naturally infected cats. European Commission: Concerted action on feline AIDS workshop, Lucca, Italy, 18.–21. 6. 1992.

HORZINEK, M. C., EVERDEEN, J., EGBERINK, H., LUTZ, H.: Das Feline T-Lymphotrope Lentivirus (FTLV): Verursacher von AIDS bei der Katze. 34. Jahrestagung der Fachgruppe Kleintierkrankheiten der DVG, Nürnberg, Deutschland, 1988.

HOSIE, M. J., JARRETT, O.: Serological responses of cats to Feline Immunodeficiency Virus. AIDS 1990; **4:** 263–278.

HOSIE, M. J., ROBERTSON, C., JARRETT, O.: Prevalence of feline leukaemia virus and antibodies to feline immunodeficiency virus in cats in the United Kingdom. Vet. Rec. 1989; **128:** 293–297.

HOSIE, M. J., SPARKES, A., HOPPER, C.: Feline Immunodeficiency Virus. In Practice 1989; **11:** 87–95.

HOSIE, M. J., OSBORNE, R., WILLETT, B. J., NEIL, J. C., JARRETT, O.: Inactivated virus vaccines against FIV. Abstract 51. Combined Workshop on FIV- and SIV-Vaccination, St. Moritz, Switzerland, 15–19 March 1995.

HURTREL, M., GANIERE, J.-P., GUELFI, J. F., CHAKRABARTI, L., MAIRE, M.-A., GRAY, F., MONTAGNIER, L., HURTREL, B.: Comparison of early and late feline immunodeficiency virus encephalopathies. AIDS 1992; **6:** 399–406.

HUTSON, C. A., RIDEOUT, B. A., PEDERSEN, N. C.: Neoplasia associated with feline immunodeficiency virus infection in cats of Southern California. J. Am. Vet. Med. Assoc. 1991; **199:** 1357–1362.

ISHIDA, T., WASHIZU, T., TORIYABE, K., MOTOYOSHI, S., TOMODA, I., PEDERSEN, N. C.: Feline immunodeficiency virus infection in cats of Japan. J. Am. Vet. Med. Assoc. 1989; **194:** 221–225.

ISHIDA, T., TANIGUCHI, A., KONNO, A., WASHIZU, T., TOMODO, I.: Clinical and immunological staging of feline immunodeficiency virus (FIV) infection. In: Animal Models in AIDS. Ed.: SCHELLEKENS, H., HORZINEK, M. C.; Elsevier, Amsterdam, 1990; 189–199.

JARRETT, O., PACITTI, A. M., HOSIE, M. J., REID, G.: Comparison of diagnostic methods for feline leukemia virus and feline immunodeficiency virus. J. Am. Vet. Med. Assoc. 1991; **199:** 1362–1364.

KAWAGUCHI, Y., MIYAZAWA, T., TOHYA, Y., TAKAHASHI, E., MIKAMI, T.: Quantification of feline immunodeficiency virus in a newly established feline T-lymphoblastoid cell line (MYA-l cells). Arch. Virol. 1990; **111:** 269–273.

KIRSTENSEN, A. T., PETERSEN, S. F., HOFF-JORGSEN, R.: Feline AIDS (FAIDS) og feline immunodeficiency virus (FIV). Dansk Vet. Tidsskr. 1989; **72:** 447–452.

KNOWLES, J. O., GASKELL, R. M., GASKELL, C. J., HARVEY, C. E., LUTZ, H.: Prevalence of feline calicivirus, feline leukaemia virus and antibodies to FIV in cats with chronic stomatitis. Vet. Rec. 1989; **124:** 336–338.

KÖLBL, S., LUTZ, H.: Die Infektion mit felinem Spumavirus (FeSV): Häufigkeit bei Katzen in Österreich und Beziehung zur Infektion mit dem felinen Immunschwächevirus (FIV). Kleintierpraxis 1992; **37:** 277–356.

KÖLBL, S., SCHULLER, W.: Serologische Untersuchungen zum Vorkommen des Felinen Immundefizienzvirus (FIV) bei

Katzen in Österreich. Wien. Tierärztl. Monatsschr. 1989; **76:** 185–189.

KOOLEN, M., EGBERINK, H.: Feline immunodeficiency virus (FIV): a model for antiviral chemotherapy. In: Animal models in AIDS. HORZINEK, M. C., SCHELLEKENS, H., eds. Amsterdam: Elsevier, 1990; 185–188.

LAPPIN, M. R., MARKS, A., GREEN, C. E., ROSE, B. J., GASPER, P. W., POWELL, C. C., REIF, J. S.: Effect of Feline Immunodeficiency Virus Infection on *Toxoplasma gondii*-specific Humoral and Cell-mediated Immune Responses of Cats with Serologic Evidence of Toxoplasmosis. J. Vet. Internal Medicine 1993; **7:** 95–100.

LEHMANN, R., VonBEUST, B., NIEDERER, E., CONDRAU, M. A., FIERZ, W., AUBERT, A., ACKLEY, C. D., COOPER, M. D., TOMPKINS, M. B., LUTZ, H.: Immunization–induced decrease of the $CD4^+/CD8^+$ ratio in cats experimentally infected with feline immunodeficiency virus. Vet. Immunol. Immunopathol. 1992; **35:** 199–214.

LIN, D. S., BOWMANN, D. D., JACOBSON, R. H.: Immunological changes in cats with concurrent toxoplasma gondii and feline immunodeficiency virus infections. J. Clin. Microbiol. 1992; **30:** 17–24.

LOMBARDI, S., MASSI, C., TOZZI, F., ZACCARO, L., BAZZICHI, A., BANDECCHI, P., LaROSA, C., BENDINELLI, M., GARZELLI, C.: Mapping of neutralization epitopes of the V3 domain of FIV gp95 by monoclonal antibodies. Abstract 36: Combined Workshop on FIV- and SIV-Vaccination, St. Moritz, Switzerland, 15–19 March 1995.

LUTZ, H., EGBERINK, H., ARNOLD, P., WINKLER, G., WOLFENSBERGER, C., JARRETT, O., PARODI, A. L., PEDERSEN, N. C., HORZINEK, M. C.: Felines T-lymphotropes Lentivirus (FTLV): Experimentelle Infektion und Vorkommen in einigen Ländern Europas. Kleintierpraxis 1988; **33:** 445–492.

LUTZ, H., LEHMANN, R., WINKLER, G., KOTTWITZ, B., DITTMER, A., WOLFENSBERGER, C., ARNOLD, P.: Das feline Immunschwächevirus in der Schweiz: Klinik und Epidemiologie im Vergleich mit dem Leukämie- und dem Coronavirus. Schweiz. Arch. Tierheilk. 1990; **132:** 217–225.

LUTZ, H., ISENBÜGEL, E., LEHMANN, R., SABAPARA, R. H., WOLFENSBERGER, C.: Retrovirus infections in non-domestic felides: Serological studies and attempts to isolate a lentivirus. Vet. Immun. Immunopathol. 1992; **35:** 215–224.

MAKI, N., MIYAZAWA, T., FUKASAWA, M., HASEGAWA, A., HAYAMI, M., MIKI, M., MIKAMI, T.: Molecular characterization and heterogenity of feline immunodeficiency virus isolates. Arch. Virol. 1992; **123:** 29–45.

MANCIANTI, N., GIANNELLI, C., BENDINELLI, M., POLI, A.: Mycological findings in feline immunodeficiency virus-infected cats. J. Med. Vet. Mycol. 1992; **30:** 257–259.

MATSUMURA, S., ISHIDA, T., WASHIZU, T., TOMODA, I.: Histopathology and Viral Antigen Distribution in Lymph Nodes of Cats Naturally Infected with Feline Immunodeficiency Virus. J. Vet. Med. Sci. USA 1994; **56:** 523–528.

MEDLEAU, L.: Recently described feline dermatoses. Vet. Clin. North Am. Small Anim. Pract. 1990; **20:** 1615–1632.

MIYAZAWA, T., FUKASAWA, M., HASEGAWA, A., MAKI, N., IKUTA, K., TAKAHASHI, E., HAYAMI, M., MIKAMI, T.: Molecular cloning of a novel isolate of feline immunodeficiency virus biologically and genetically different from the original US isolate. J. Virol. 1991; **65:** 1572–1577.

MOENCH, T. R., WHALEY, K. J., MANDRELL, T. D., BISHOP, B. D., WITT, C. J.: The cat/feline immunodeficiency virus model for transmucosal transmission of AIDS: Nonoxynol-9 contraceptive jelly blocks transmission by an infected cell inoculum. AIDS 1993; **7:** 797–802.

MORAILLON, A.: Feline immunodepressive retrovirus infections in France. Vet. Rec. 1990; **126:** 68–69.

NEU, H., MOENNIG, V., LEIDINGER, K., BUSSIAN, E.: Erste Ergebnisse über die Verbreitung FIV- (FTLV-) seropositiver Katzen in Deutschland und Interpretation der Ergebnisse. Der prakt. Tierarzt 1989; **3:** 38–40.

O'CONNOR, T. P., TANGUAY, S., STEINMAN, R., SMITH, R., BARR, M. C., YAMAMOTO, J. K., PEDERSEN, N. C., ANDERSEN, P. R., TONELLI, Q. J.: Development and evaluation of immunoassay for detection of antibodies to the feline T-lymphotropic lentivirus (feline immunodeficiency virus). J. Clin. Microbiol. 1989; **27:** 474–479.

O'DAIR, H. A., HOPPER, C. D., GRUFFYDD-JONES, T. J., HARBOUR, D. A., WATERS, L.: Clinical aspects of *Chlamydia psittaci* infection in cats infected with feline immunodeficiency virus. Vet. Rec. 1994; **134:** 365–368.

O'NEIL, S. A., LAPPIN, M. R., REIF, J. S., MARKS, A., GREENE, C. E.: Clinical and epidemiological aspects of feline immunodeficiency virus and *Toxoplasma gondii* coinfections in cats. J. Am. Anim. Hosp. Assoc. 1991; **27:** 211–220.

OHNO, K., OKAMOTO, Y., MIYAZAWA, T., MIKAMI, T., WATARI, T., GOITSUKA, R., TSUJIMOTO, H., HASEGAWA, A.: Induction of apoptosis in a T lymphoblastoid cell line infected with feline immunodeficiency virus. Arch. Virol. 1994; **135:** 153–158.

OLMSTED, R. A., BARNES, A. K., YAMAMOTO, J. K., HIRSCH, V. M., PURCELL, R. H., JOHNSON, P. R.: Molecular cloning of feline immunodeficiency virus. Proc. Natl. Acad. Sci. USA 1989; **86:** 2448–2452.

OLMSTED, R. A., HIRSCH, V. M., PURCELL, R. H., JOHNSON, P. R.: Nucleotide sequence analysis of feline immunodeficiency virus: genome organization and relationship to other lentiviruses. Proc. Natl. Acad. Sci. USA 1989; **86:** 8088–8092.

OLMSTED, R. A., LANGLEY, R., ROELKE, M. E., GOEKEN, R. M., ADGER-JOHNSON, D., GOFF, J. P., ALBERT, J. P., PACKER, C., LAURENSON, M. K., CARO, T. M., SCHEEPERS, L., WILDT, D. E., BUSH, M., MARTENSON, J. S., O'BRIEN, S. J.: Worldwide prevalence of lentivirus infection in wild feline species: epidemiologic and phylogenetic aspects. J. Virol. 1992; **66:** 6008–6018.

PARODI, A. L., FEMENIA, F., MORAILLON, A., CRESPEAU, F., FONTAINE, J. J.: Histopathological changes in lymph nodes of cats experimentally infected with the feline immunodeficiency virus. J. Comp. Path. 1994; **111:** 165–174.

PEDERSEN, N. C.: Feline immunodeficiency virus infection. In: Animal models in AIDS. SCHELLEKENS, H., HORZINEK, M. C., eds. Amsterdam, New York, Oxford: Elsevier, 1990; 165–183.

PEDERSEN, N. C.: Understanding lentivirus immunity – a prerequisite for the development of vaccines and immune based therapies? Combined Workshop on FIV- and SIV-Vaccination, St. Moritz, Schweiz, 15.–19. 3. 1995.

PEDERSEN, N. C., BARLOUGH, J. E.: Clinical overview of feline immunodeficiency virus. J. Am. Vet. Med. Assoc. 1991; **199:** 1298–1305.

PEDERSEN, N. C., HO, E. W., BROWN, M. L., YAMAMOTO, J. K.: Isolation of a T-lymphotropic virus from domestic cats with an immunodeficiency-like syndrome. Science 1987; **235:** 790–793.

PEDERSEN, N. C., YAMAMOTO, J. K., ISHIDA, T., HANSEN, H.: Feline immunodeficiency virus infection. Vet. Immunol. Immunopathol. 1989; **21:** 111–129.

PEDERSEN, N. C., TORTEN, M., RIDEOUT, B., SPARGER, E., TONAHINI, T., LUCIW, P. A., ACKLEY, C., LEVY, N., YAMAMOTO, J.: Feline leukemia virus infection as a potentiating cofactor for the primary and secondary stages of experimentally induces feline immunodeficiency virus infection. J. Virol. 1990; **64:** 598–606.

PHILLIPS, T. R., PROSPERO-GARCIA, O., PUAOI, D. L., LERNER, D. L., FOX, H. S., OLMSTED, R. A., BLOOM, F. E., HENRIKSEN, S. J., ELDER, J. H.: Neurological abnormalities associated with feline immunodeficiency virus infection. J. Gen. Virol. 1994; **75:** 979–987.

PODELL, M., OGLESBEE, M., MATHES, L., KRAKOWKA, S., OLMSTEAD, R., LAFRADO, L.: AIDS-associated encephalopathy with experimental feline immunodeficiency virus infection. J. Acquir. Immune Defic. Syndr. 1993; **6:** 758–771.

POLI, A., ABRAMO, F., TACCINI, E., GUIDI, G., BARSOTTI, P., BENDINELLI, M., MALVALDI, G.: Renal Involvement in Feline Immunodeficiency Virus Infection: A Clinicopathological Study. Nephron 1993; **64:** 282–288.

POLI, A., ABRAMO, F., BALDINOTTI, F., PISTELLO, M., DaPRATO, L., BENDINELLI, M.: Malignant lymphoma associated with experimentally induced feline immunodeficiency virus infection. J. Comp. Path. 1994; **110:** 319–328.

RAMOS-VARA, J. A., FERRER, L., VISA, J.: Pathological findings in a cat with cryptococcosis and feline immunodeficiency virus infection. Histol. Histopath. 1994; **9:** 305–308.

RANCE, K. S., JORDAN, H. L., KENNEDY-STOSKOPF, S., TOMPKINS, M. B.: Feline immunodeficiency virus can be experimentally transmitted via milk during acute maternal infection. J. Virol. 1994; **68:** 3380–3385.

REID, G., RIGBY, M. A., McDONALD, M., HOSIE, M. J., NEIL, J. C., JARRETT, O.: Immunodiagnosis of feline immunodeficiency virus infection using recombinant viral p17 and p24. AIDS 1991; **5:** 1477–1483.

REID, R. W., BARR, M. C., SCOTT, F. W.: Retrospective serological survey for the presence of feline immunodeficiency virus antibody: a comparison of ELSA and IFA techniques. Cornell Vet. 1992; **82:** 359–369.

REINACHER, M.: Pathology of FIV-infection. Schweiz. Arch. Tierheilk. 1990; **132:** 461–462.

REINACHER, M., FRESE, K.: Untersuchungen zur Glomerulonephritis bei Hund und Katze. Tierärztl. Prax. 1991; **19:** 175–180.

REINACHER, M., HOLZNAGEL, E.: Post mortem diagnosis of spontaneous FIV infection. Abstract p. 2. First World Congress of Feline Immunodeficiency Researchers, Davis, USA, 4.–7. 9. 1991.

REUBEL, G. H., GEORGE, J. W., HIGGINS, J., PEDERSEN, N. C.: Effect of chronic feline immunodeficiency virus infection on experimental feline calicivirus-induced disease. Vet. Microbiol. 1994; **39:** 335–351.

REUBEL, G. H., GREGG, A. D., GEORGE, J. W., BARLOUGH, J. E., PEDERSEN, N. C.: Effects of incidental infections and immune activation on disease progression in experimentally feline immunodeficiency virus-infected cats. J. Acquir. Immune Defic. Syndr. 1994; **7:** 1013–1015.

RIDEOUT, B. A., LOWENSTINE, L. J., HUTSON, C. A., MOORE, P. F., PEDERSEN, N. C.: Characterization of morphologic changes and lymphocyte subset distribution in lymph nodes from cats with naturally acquired feline immunodeficiency virus infection. Vet. Pathol. 1992; **29:** 391–399.

RIMMELZWAAN, G. F., SIEBELINK, K. H. J., BROOS, H., DROST, G. A., WEIJER, K., VAN HERWIJNEN, R., OSTERHAUS, A. D. M. E.: *gag*- and *env*-specific antibodies in cats after natural and experimental infection with feline immunodeficiency virus. Vet. Microbiol. 1994; **39:** 153–165.

ROBINSON, W. F., SHAW, S. E., ALEXANDER, R., ROBERTSON, J.: Feline immunodeficiency virus. Aust. Vet. J. 1990; **67:** 278–280.

RODGERS, S. J., BALDWIN, C. A.: A serologic survey of Oklahoma cats for antibodies to feline immunodeficiency virus, coronavirus, Toxoplasma gondii and for antigen to feline leukemia virus. J. Vet. Diagn. Invest. 1990; **2:** 180–183.

SELLON, R. K., JORDAN, H. L., KENNEDY-STOSKOPF, S., TOMPKINS, M. B., TOMPKINS, W. A. F.: Feline Immunodeficiency Virus can be experimentally transmitted via Milk during acute maternal infection. J. Virol. 1994; **68:** 3380–3385.

SHELTON, G. H., McKIM, K. D., COOLEY, P. L., DICE, P. F., RUSSEL, R. G., GRANT, C. K.: Feline leukemia virus and feline immunodeficiency virus infection in a cat with lymphoma. J. Am. Vet. Med. Assoc. 1989; **194:** 249–252.

SHELTON, G. H., WALTIER, R. M., CONNOR, S. C., GRANT, C. K.: Prevalence of Feline Immunodeficiency Virus and Feline Leukemia Virus Infections in Pet Cats. J. Am. Vet. Med. Assoc. 1989; **25:** 7–12.

SHELTON, G. H., GRANT, C. K., COTTER, S. M., GARDNER, M. B., HARD, W. D., GIACOMO, R. F. D. L.: Feline immunodeficiency virus and feline leukemia virus infections and their relationships to lymphoid malignancies in cats: a retrospective study (1968–1988). J. Acquir. Immune Defic. Syndr. 1990; **3:** 623–630.

SHELTON, G. H., LINENBERGER, M. L., ABKOWITZ, J. L.: Hematologic abnormalities in cats seropositive for feline immunodeficiency virus. J. Am. Vet. Med. Assoc. 1991; **199:** 1353–1357.

SIEBELINK, K. H. J., HUISMAN, W., KARIAS, J. A., RIMMELZWAAN, G. F., BOSCH, M. L., OSTERHAUS, A. D. M. E.: Escape of feline immunodeficiency virus from polyclonal virus neutralizing antibodies *in vivo*. Abstract 39. Combined Workshop on FIV- and SIV-Vaccination, St. Moritz, Switzerland, 15–19 March 1995.

SPARKES, A. H., HOPPER, C. D., MILLARD, W. G., GRUFFYDD-JONES, T. J., HARBOUR, D. A.: Feline immunodeficiency virus infection: clinicopathologic findings in 90 naturally occuring cases. J. Vet. Intern. Med. 1993; **7:** 85–90.

STEINMAN, R., DOMBROWSKI, J., O'CONNOR, T., MONTELARO, R. C., TONELLI, Q., LAWRENCE, K., SEYMOUR, C., GOODNESS, J., PEDERSEN, N. C., ANDERSEN, P. R.: Biochemical and immunological characterization of the major structural proteins of feline immunodeficiency virus. J. Gen. Virol. 1990; **71:** 701–706.

TALBOTT, R. L., SPARGER, E. E., LOVELACE, K. M., FITCH, W. M., PEDERSEN, N. C., LUCIW, P. A., ELDER, J. H.: Nucleotide sequence and genomic organization of feline immunodeficiency virus. Proc. Natl. Acad. Sci. USA 1989; **86:** 5743–5747.

TENORIO, A. P., FRANTI, C. E., MADEWELL, B. R., PEDERSEN, N. C.: Chronic oral infections of cats and their relationship to persistent oral carriage of feline calici-, immunodeficiency, or leukemia viruses. Vet. Immunol. Immunopathol. 1991; **29:** 1–14.

THOMAS, J. B., ROBINSON, W. F., CHADWICK, B. J., ROBERTSON, I. D., JONES, P. S.: Leukogram and biochemical abnormalities in naturally occurring feline immunodeficiency virus infection. J. Am. Anim. Hosp. Assoc. 1993; **29:** 272–278.

THUM, I.: CD4+- und CD8+-T-Lymphozyten-Subpopulationen im peripheren Blut spontan FIV-seropositiver Katzen. Diss. med. vet., München, 1990.

TORTEN, M., FRANCHINI, M., BARLOUGH, J. E., GEORGE, J. W., MOZES, E., LUTZ, H., PEDERSEN, N. C.: Progressive immune dysfunction in cats experimentally infected with feline immunodeficiency virus. J. Virol. 1991; **65:** 2225–2230.

TRIMBORN, A.: Altersmultimorbidität der Katze. Eine prospektive Studie. Diss. med. vet. , München, 1990.

UELAND, K. L., LUTZ, H.: Prevalence of feline leukemia virus and antibodies to feline immunodeficiency virus in cats in Norway. Zentralbl. Veterinärmed. (B) 1992; **39:** 53–58.

UELAND, K. L., NESSE, L.: No evidence of vertical transmission of naturally acquired feline immunodeficiency virus infection. First World Congress of Feline Immunodeficiency Researchers, Davis, 4.–7. 9. 1991.

VERSCHOOR, E. J., BOVEN, L. A., BLAAK, H., VanVLIET, A. L. W., HORZINEK, M. C., DeRONDE, A.: A single mutation within the V3 envelope neutralization domain of feline immunodeficiency virus determines is tropism for CRFK cells. Combined Workshop on FIV- and SIV-Vaccination, St. Moritz, Switzerland, 15.–19. März 1995.

VINK, C., VanDerLINDEN, K. H., PLASTERK, R. H. A.: Activities of the feline immunodeficiency virus integrate protein produced in *Escherichia coli.* J. Virol. 1994; **68:** 1468–1474.

WALKER, C., MALIK, R., CANFIELD, P. J.: Analysis of leucocytes and lymphocyte subsets in cats with naturally-occurring cryptococcosis but differing feline immunodeficiency virus status. Aust .Vet. J. 1995; **72:** 93–97.

WASMOEN, T., ARMIGER-LUHMAN, S., EGAN, C., HALL, V., CHU, H.-J., CHAVEZ, L., ACREE, W.: Transmission of feline immunodeficiency virus from infected queens to kittens. Vet. Immunol. Immunopathol. 1992; **35:** 83–93.

WATERS, L., HOPPER, C. D., GRUFFYDD-JONES, T. J., HARBOUR, D. A.: Chronic gingivitis in a colony of cats infected with feline immunodeficiency virus and feline calicivirus. Vet. Rec. 1993; **132:** 340–342.

WEIMER, R., SCHWEIGHOFFER, T., SCHIMPF, K., OPELZ, G.: Helper and suppressor T-cell function in HIV-infected hemophilia patients. Blood 1989; **74:** 298–302.

WILLETT, B. J., HOSIE, M. J., JARRETT, O., NEIL, J. C.: Molecular characterisation of feline CD9 role in infection with FIV. Combined Workshop on FIV- and SIV-Vaccination, St. Moritz, Schweiz, 15.–19. 3. 1995.

WITT, C. J., MOENCH, T. R., GITTELSOHN, A. M., BISHOP, B. D., CHILDS, J. E.: Epidemiologic observations on feline immunodeficiency virus and toxoplasma gondii coinfection in cats in Baltimore, Md. J. Am. Vet. Med. Assoc. 1989; **194:** 229–233.

YAMAMOTO, J. K., SPARGER, E., HO, E. W., ANDERSEN, P. R., O'CONNOR, T. P., MANDELL, C. P., LOWENSTINE, L., MUNN, R., PEDERSEN, N. C.: Pathogenesis of experimentally induced feline immunodeficiency virus infection in cats. Am. J. Vet. Res. 1988; **49:** 1246–1258.

YAMAMOTO, J. K., HANSEN, H., HO, E. W., MORISHITA, T. Y., OKUDA, T., SAWA, T. R., NAKAMURA, R. M., PEDERSEN, N. C.: Epidemiologic and clinical aspects of feline immunodeficiency virus infection in cats from the continental United States and Canada and possible mode of transmission. J. Am. Vet. Med. Assoc. 1989; **194:** 213–220.

YAMAMOTO, J. K., HOHDATSU, T., OLMSTEAD, R. A.: Experimental vaccine protection against homologous and heterologous strains of feline immunodeficiency virus. J. Virol. 1993; **67:** 601–605.

ZENGER, E., BROWN, W. C., SONG, W., WOLF, A. M., PEDERSEN, N. C., LONGNECKER, M.: Evaluation of cofactor effect of feline syncytium-forming virus on feline immunodeficiency virus infection. Am. J. Vet. Res. 1993; **54:** 713–718.

ZETNER, K., KAMPFER, P., LUTZ, H., HARVEY, C.: Vergleichende immunologische und virologische Untersuchungen von Katzen mit chronischen oralen Erkrankungen. Wien. Tierärztl. Mschr. 1989; **76:** 303–308.

Bakterielle Infektionskrankheiten

A. WEBER

Bei Katzen spielen primäre Infektionen durch Bakterien, Chlamydien oder Rickettsien, im Gegensatz zu viralen Infektionskrankheiten, eine geringe Rolle. Verschiedene bakterielle Erreger, wie z. B. Campylobacter ssp., Pasteurella ssp., Enterobacteriaceae, Staphylokokken, Streptokokken u. a., können auch bei gesunden Tieren latent vorkommen, so daß deren bakteriologischer Nachweis im klinischen Untersuchungsmaterial für eine Diagnose nicht selten Probleme bereitet. Komplikationen durch ubiquitäre Bakterien treten vor allem bei bereits vorliegenden Virusinfektionen, wie z. B. Katzenschnupfen, Leukose, Panleukopenie u. a., auf und können dann vielfach auch mit Antibiotika nicht erfolgreich therapiert werden. Im folgenden Abschnitt werden primäre und sekundäre bakterielle Infektionskrankheiten zusammen in alphabetischer Reihenfolge dargestellt. Dies gilt auch für Chlamydien, Rickettsien und Mykoplasmen, die taxonomisch den Bakterien zugeordnet werden.

1. Aktinomykose

Eine bei Katzen selten auftretende pyogranulomatöse Erkrankung, hervorgerufen durch Actinomyces (A.) bovis oder A. viscosus. Diese obligat anaeroben oder mikroaerophilen, nicht sporenbildenden, grampositiven Erreger sind als Saprophyten vorwiegend in der Mundhöhle anzutreffen. Dem Angehen einer Infektion gehen durchwegs Biß-, Kratz- oder Stichwunden voraus.

Klinik: Die Aktinomykose zeigt einen subakuten bis chronischen Verlauf, gekennzeichnet durch infiltratives Fortschreiten sowie Bildung von multiplen Abszessen und Fisteln. Aus diesen entleert sich eitriges, jauchig riechendes Sekret, das makroskopisch sichtbare, stecknadelkopfgroße, harte bis bröckelige, weiß-gelbliche Körnchen (Granula, „Schwefelkörnchen“) enthalten kann. Die Hautaktinomykose manifestiert sich vor allem an den Gliedmaßen, gelegentlich auch im Ohr-, Nasen- oder Bauchbereich. Infektionen mit Actinomyces ssp. können auch, ausgehend von einer Hautaktinomykose, mit Pyothorax (Atembeschwerden, -not, Fieber, Abmagerung, Anorexie) oder eitriger Peritonitis einhergehen. In entsprechenden Fällen lassen sich röntgenologisch scharf begrenzte, interlobuläre Flüssigkeitsverschattungen darstellen. Außerdem wurde bei Katzen Periodonitis, periorbitale Phlegmone, Otitis und Sepsis auf das Vorliegen einer Aktinomykose zurückgeführt.

Diagnose: In Fistel-, Exsudatmaterial lassen sich mikroskopisch und/oder histologisch grampositive, fadenförmige, verzweigte, nicht säurefeste Gebilde darstellen. Allerdings ist auf diese Weise eine Unterscheidung zwischen dem Erreger der Aktinomykose und Nokardiose nicht sicher. Diese erfolgt zuverlässig nur durch eine anaerobe Erregerisolierung (Nocardien wachsen nur aerob). Nicht selten wird durch das Vorhandensein üppig aerob wachsender Bakterien (Staphylokokken, Streptokokken) die Isolierung von Actinomyces ssp. erschwert oder das Nichtvorliegen dieser Erreger „vorgetäuscht“. Auch das Vorhandensein von Granula (Drusen) ist kein 100%iger Beweis für das Vorliegen von Aktinomykose, da diese auch durch Nocardien oder Staphylokokken gebildet werden können. Bei Infektionen mit A. viscosus kann die Drusenbildung ausbleiben.

Differentialdiagnose: Nocardiose sowie Infektionen mit Mykobakterien, Pasteurellen, Sproßpilzen, Staphylokokken und Streptokokken. Auch Neoplasien sind differentialdiagnostisch auszuschließen.

Prognose: Ungünstig.

Therapie: Bei Hautaktinomykose kann eine chirurgische Exzision, bei Pyothorax oder Peritonitis eine Lavage und Drainage vorgenommen werden. Diese Therapiemaßnahmen werden ergänzt mit 2–4monatiger Applikation von Penicillin, Ampicillin oder Amoxicillin, jeweils in hoher Dosierung.

Literatur

REINKE, S. I., P. J. IURKE and J. D. REINKE (1986): Actinomycotic mycetoma in a cat. J. Am. Vet. Med. Ass. **189,** 446–448.

STOWATER, J. L., E. C. CODNER and J. C. McCOY (1978): Actinomycosis in the special canal of a cat. Feline Pract. **8,** 26–27.

VICK, K. P. (1977): Aktinomykose bei der Katze. Kleintierpraxis **22,** 201–203.

CHASTAIN, G. B., R. L. GRIER, R. W. MITTEN and R. M. HOHLE (1977): Actinomycotic periodonitis in a cat. J. Am. Anim. Hosp. Ass. **13,** 65–66.

COTSPEICH, M. (1974): Actinomycosis in a cat. Vet. Med. Small Anim. Clin. **69,** 571–572.

2. Bacteroides-, Fusobacterium- und Peptostreptokokken-Infektionen (Anaerobier)

Es handelt sich hier um Infektionen mit gramnegativen, anaeroben sporenbildenden Stäbchenbakterien, vor allem aus den Gattungen Bacteroides und Fusobacterium, sowie mit grampositiven, anaeroben Kokken aus der Gattung Peptostreptococcus. Diese strikt anaerob wachsenden Bakterien gehören bei Mensch und Tier mit zur Normalflora der Haut, der Mundhöhle und des Darmes. Von diesen werden vor allem Bacteroides (B.) melaninogenicus, B. fragilis-Gruppe, B. asaccharolyticus, Fusobacterium (F.) nucleatum und Peptostreptococcus (P.) anaerobius auch als Krankheitserreger bei Katzen gefunden. Die Übertragung dieser Bakterienspezies erfolgt i. d. R. über Wunden (z. B. nach Tierbissen). Durch sauerstoffzehrende Aerobier, wie z. B. Escherichia coli, Pasteurella multocida, Staphylococcus aureus bzw. intermedius u. a., treten Milieubedingungen auf, die das Angehen von Anaerobier-Infektionen begünstigen.

Klinik: Vorwiegend eitrig-nekrotisierende Veränderungen, die in Form von Abszessen in der Haut und Unterhaut, bei Wundinfektionen sowie in großen Körperhöhlen (vor allem Pyothorax) auftreten können. Ferner bei Katzen, ebenso wie bei Hunden, Geschwüre der Mundschleimhaut und Entzündungen des Zahnfleisches.

Diagnose und Differentialdiagnose: Im mikroskopischen Ausstrichpräparat von Eitermaterial lassen sich gramnegative Stäbchen nachweisen. Deren Speziesdiagnose ist aber nur durch einen kulturellen Erregernachweis, der nicht nur aerob, sondern auch strikt anaerob durchzuführen ist, möglich. Häufig wird in diesem Zusammenhang eine Mischkultur von aerob und anaerob wachsenden Bakterien (letztere oft nur in geringer Keimmenge) nachgewiesen, so daß die Diagnose der Ätiologie erschwert wird.

Prognose: Wenn das Krankheitsgeschehen lokal begrenzt ist, dann günstig.

Therapie: Soweit möglich, chirurgische Maßnahmen und anschließend eine Chemotherapie, deren Erfolg von der Antibiotikaempfindlichkeit der beteiligten Bakterien abhängig ist. Aus diesem Grunde von den aeroben und anaeroben Bakterienisolaten ein Antibiogramm anfertigen lassen.

Literatur

DOBBINSON, S. S. A., and G. W. TANNOCK (1985): A bacteriological investigation of subcutaneous abscesses in cats. New Z. Vet. J. **33,** 27–29.

DOBRESCU, M. V. (1994): Nekrobazillose der Zähne bei der Katze. Tierärztl. Umschau **49,** 498–501.

DOW, S. W. (1989): Anaerobic infections in dogs and cats. Curr. Vet. Ther. **10,** 1082–1085.

LOVE, D. N., R. F. JONES and M. BAILEY (1981): Characterization of Bacteroides species isolated from soft tissue infections in cats. J. Appl. Bact. **50,** 565–575.

MALLONEE, D. H., C. E. HARVEY, M. VENNER and B. F. HAMMOND (1988): Bacteriology of periodontal disease in the cat. Arch. Oral Biol. **33,** 677–683.

3. Bordetellose

Der Erreger, Bordetella (B.) bronchiseptica, ein gramnegatives, bewegliches Stäbchenbakterium, ist ein häufiger latenter Bewohner des Nasen-Rachenraumes bei Nutz-, Haus- und Labortieren. Die Übertragung von B. bronchiseptica von Tier zu Tier erfolgt auf dem Wege einer Tröpfchen-Infektion. Deshalb ist es nicht verwunderlich, daß vor allem Katzen in Zuchten und Tierheimen zu einem hohen Prozentsatz latente Träger von dieser Bakterienspezies sind. Erkältung, Überanstrengung, Reizstoffe, Fremdkörper sowie virale Grundkrankheiten, wie z. B. die Katzenstaupe, begünstigen das Angehen einer B. bronchiseptica-Infektion.

Klinik: Konjunktivitis, akute bis chronische Rhinitis, Tonsillitis, Tracheitis und vor allem (fibrinöse) Bronchopneumonie können im Zusammenhang mit einer Bordetellose auftreten.

Diagnose: Diese ist nur durch einen kulturellen Erregernachweis möglich, wobei das Vorkommen von B. bronchiseptica auch bei klinisch gesunden Katzen mit berücksichtigt werden muß.

Differentialdiagnose: Andere bakterielle Infektionserreger, wie z. B. Pasteurella multocida, Staphylokokken oder Streptokokken, sind differentialdiagnostisch auszuschließen sowie das Vorliegen von Virusinfektionen (z. B. Katzenschnupfenkomplex) oder Mykoplasmose.

Prognose: Günstig.

Therapie: B. bronchiseptica erweist sich in vitro vor allem gegenüber Tetrazyklinen und Chloramphenicol sowie gegenüber der Kombination Trimethoprim-Sulfadiazin als gut empfindlich. Aus diesem Grunde können als Therapiemaßnahme entsprechende Substanzen verabreicht werden. Allerdings ist auch bei einer längeren Behandlungsdauer mit einer vollständigen Eliminierung des Erregers aus dem Respirationstrakt nicht in jedem Falle zu rechnen.

Bezüglich Sanierung mit B. bronchiseptica-Impfstoffen liegen bislang bei der Katze noch zu wenig Erfahrungen vor, allerdings verliefen erste Versuche erfolgversprechend.

Literatur

FISK, S. K., and O. A. SOAVE (1973): Bordetella bronchiseptica in laboratory cats from central California. Lab. Anim. Sci. **23,** 33–35.

JAKOB, A. A C., W. S. K. CHALMERS, J. PAJMAN, F. VAN VUGT and L. H. CHENEN (1993): Feline bordetellosis: challenge and vaccine studies. Vet. Rec. **133,** 260–263.

RUDOLPH, R. (1967): Zur fibrinösen Pneumonie der Katze. Berl. Münch. Tierärztl. Wschr. **80,** 146–151.

SNYDER, S. B., S. K. FISK and O. A. SOAVE (1973): Respiratory tract disease associated with Bordetella bronchiseptica infection in cats. J. Am. Vet. Med. Ass. **163,** 293–294.

WILLOUGNBY, K., S. DAWSON, R. C. JONES, M. SYMONS, J. DAYKIN, C. PAYNE-JOHNSON, R. M. GASKELL, M. BENNETT and C. J. GASKELL (1991): Isolation of B. bronchiseptica from kittens with pneumonia in a breeding cattery. Vet. Rec. **129,** 407–408.

4. Brucellose

Diese Infektionskrankheit wird, im Gegensatz zu Hunden, bei Katzen nur sehr selten festgestellt. Katzen zeigen offensichtlich gegenüber natürlichen Brucellen-Infektionen eine hohe Resistenz. Aufgrund staatlich durchgeführter Bekämpfungsmaßnahmen ist im deutschsprachigen Raum die Brucellose bei landwirtschaftlichen Nutztieren, hervorgerufen durch Brucella (B.) abortus, B. melitensis und B. suis, nahezu getilgt. Es ist deshalb nicht verwunderlich, daß die wenigen bei Katzen bekanntgewordenen Brucellose-Fälle aus der Zeit stammen, als vor allem die Rinderbrucellose noch gehäuft auftrat. Die Ansteckung erfolgte durchwegs auf oralem Wege durch Fressen von Abortmaterial oder Verzehr von Rohmilch von mit Brucellen infizierten Tieren.

B. canis, der als Erreger einer selbständigen Form der Hundebrucellose gilt, ist bislang unter natürlichen Verhältnissen aus Untersuchungsmaterial von Katzen noch nicht isoliert worden. Es finden sich zwar im Schrifttum Hinweise über den Nachweis von Antikörpern gegen B. canis in Serumproben von Katzen. Hierbei ist nicht auszuschließen, daß es sich bei den mittels Serumlangsamagglutination ermittelten Titern um serologische Kreuzreaktionen handelt, die auf die Antigengemeinschaft von B. canis mit Bordetella bronchiseptica, Pasteurella multocida u. a. zurückzuführen sind.

Klinik: Die Angaben über die klinischen Symptome bei Katzen nach einer natürlichen Brucellen-Infektion sind sehr spärlich und beschränken sich durchwegs auf Abort und Orchitis. Außerdem wird angenommen, daß viele Infektionen latent bzw. subklinisch verlaufen.

Diagnose: Ein kultureller Erregernachweis, in Abhängigkeit vom Krankheitsbild, in Citratblut, Abortmaterial und Biopsiematerial aus Hoden, Milz oder Lymphknoten würde eine zuverlässige Diagnose erlauben. Dies gilt mit Einschränkung für den serologischen Nachweis von Antikörpern. Bei einem positiven Reaktionsausfall muß die Antigengemeinschaft von B. abortus, B. melitensis, B. suis mit Yersinia enterocolitica 0:9 und Francisella tularensis mitberücksichtigt werden.

Prognose: Ungünstig.

Therapie: Hiervon sollte Abstand genommen werden, da eine zuverlässige Heilung bzw. Eliminierung des Erregers fraglich ist und somit eine ständige Ansteckungsgefahr für andere Tiere und auch den Menschen gegeben ist. Aus diesem Grunde sollten die betreffenden Tiere eingeschläfert werden.

Literatur

ANKE, H. (1958): Serologische Untersuchungen von Katzen in bangverseuchten Rinderbeständen. Vet.-Med. Diss. Berlin.

DIETZ, O. (1990): Durch Brucella-Infektionen hervorgerufene chirurgische Erkrankungen beim Pferd, Rind, Schwein, Hund und bei der Katze. Mh. Vet. Med. **15,** 752–755.

LARSSON, M. H. M. A., C. E. LARSSON, W. R. FERNANDES, E. O. DA e M. K. HAGIWARA (1984): Brucella canis. Inqueritos sorlogico e bacteriologico em populaçao felina. Rev. Saude Publ. **18,** 47–50.

PALLASKE, G. (1938): Zur Frage der Abortus-Bang-Infektion der Fleischfresser. Berl. Münch. Tierärztl. Wschr. **54,** 752–755.

RANDHAWA, A. S., W. H. DIETERICH, C. C. HUNTER, V. P. KELLY, T. C. JOHNSON, B. SVOBODA and D. F. WILSON (1977): Prevalence of seropositive reactions to Brucella canis in a limited survey of domestic cat. J. Am. Vet. Med. Ass. **171,** 267–269.

5. Campylobacter-Infektionen

Als Erreger gelten bei der Katze Campylobacter (C.) jejuni, C. coli und neuerdings auch C. upsaliensis. Die pathogene Bedeutung dieser Bakterienspezies für den Menschen im Zusammenhang mit Darmerkrankungen ist gesichert, nicht dagegen für Katzen. Bei dieser Tierart sind die Isolierungsraten für C. ssp. nicht nur vom Vorliegen enteritischer Krankheitssymptome, sondern auch von der Herkunft der Tiere abhängig. Bei in Privathaushalten befindlichen Katzen mit bzw. ohne Enteritis-Erscheinungen wurden deutlich unterschiedliche Nachweisraten (2–29 % bzw. 0–14 %) ermittelt. In Tierheimen bzw. Versuchstierhaltungen erwiesen sich 40–45 % bzw. 3–30 % der untersuchten Katzen als latente Ausscheider von C. ssp. Nach bisherigen Kenntnissen ist nicht auszuschließen, daß bei Katzen ein synergistisches Zusammenwirken von C. ssp. mit anderen Bakterienarten (z. B. Escherichia coli), Viren (z. B. Parvo-, Retro-, Corona-Viren) und/oder Parasiten für das Auftreten von Darmerkrankungen verantwortlich gemacht werden kann. Als Ansteckungsquellen kommen andere Tiere sowie die Verfütterung von rohen Schlachttierprodukten und Rohmilch in Frage.

Klinik: Klinische Erscheinungen können sich als wäßrige bis schleimige Durchfälle, u. U. mit Blutbeimengungen, die mehrere Tage anhalten, darstellen. Weitere Begleitsymptome sind Tenesmus, Teilnahmslosigkeit und Anorexie.

Häufig sind Katzen nur latente Träger und Ausscheider von C. jejuni, C. coli oder C. upsaliensis.

Diagnose: Nur durch einen kulturellen Erregernachweis (mikroaerophile Anzüchtung auf entsprechenden Selektivnährböden) in Kotproben oder Darminhalt. Bei der Beurteilung des positiven Ausfalles der bakteriologischen Untersuchung muß stets berücksichtigt werden, daß auch bei gesunden Tieren C. ssp. vorkommen kann.

Differentialdiagnose: Andere Bakterienarten (z. B. E. coli, Salmonellen u. a.) sowie Viren und Parasiten sind differentialdiagnostisch auszuschließen.

Prognose: Günstig.

Therapie: Der kulturelle Nachweis von C. jejuni, C. coli oder C. upsaliensis macht nicht in jedem Falle eine Antibiotikabehandlung erforderlich. Bei schwerem Krankheitsverlauf kann Erythromycin (10–20 mg/kg KGW, 5 Tage lang) verabreicht werden.

Literatur

BURNENS, A. P., and J. Nicolet (1992): Detection of Campylobacter upsaliensis in diarrheic dogs and cats, using a selective medium with cefoperazone. Am. J. Vet. Res. **53,** 48–51.

FLEMING, M P. (1983): Association of Campylobacter jejuni with enteritis in dogs and cats. Vet. Rec. **113,** 372–374.

FOX, J. G., M. CLAPS and C. M. BEAUCAGE (1986): Chronic diarrhea associated with Campylobacter jejuni infection in a cat. J. Am. Vet. Med. Ass. **189,** 455–456.

JUNTILLA, J., R. SCHILDT, V. MYLLS, E. WESTERMARCK and T. U. KOSUNEN (1987): Campylobacter associated epidemic in cats. Comp. Anim. Pract. **1,** 16–18.

MORENO, G. S., P. L. GRIFFITHS, I. F. CONNERTON and R. W. A. PARK (1993): Occurence of campylobacter in small domestic and laboratory animals. J. Appl. Bact. **75,** 49–54.

WEBER, A., R. SCHÄFER, C. LEMBKE und U. SEIFERT (1983): Untersuchungen zum Vorkommen von Campylobacter jejuni bei Katzen. Berl. Münch. Tierärztl. Wschr. **96,** 48–50.

6. Chlamydiosen (Chlamydia psittaci)

Chlamydien nehmen als obligat intrazellulär sich vermehrende Mikroorganismen eine Sonderstellung unter den Bakterien ein. Der Entwicklungszyklus von Chlamydien wird von zwei charakteristischen Zellformen bestimmt, den infektiösen, nicht vermehrungsfähigen Elementarkörperchen (EB) und den vermehrungsfähigen, nicht infektiösen Retikularkörperchen. Derzeit sind 3 Arten von Chlamydien bekannt: Chlamydia (Chl.) psittaci, Chl. trachomatis und Chl. pneumoniae. Nur die erstgenannte Spezies hat für Tiere eine pathogene Bedeutung.

Seit längerem ist bekannt, daß Stämme von Chl. psittaci nicht nur bei Vögeln – inzwischen bei mehr als 130 Vogelarten aus 10 Ordnungen beschrieben –, sondern auch bei verschiedenen Säugetierarten – bisher sind mehr als 32 bekannt – vorkommen kann. Während bei den aviären Chl. psittaci-Isolaten 4 verschiedene Serovaren bekannt sind, konnten bei Isolaten von Säugetieren bislang 9 unterschiedliche Serovaren bestimmt werden.

Infektionen mit Chl. psittaci bei Katzen treten weltweit auf. Seroepidemiologische Erhebungen im deutschsprachigen Raum ergaben bei bis zu 32 % der untersuchten Katzen das Vorliegen von spezifischen Antikörpern gegen Chl. psittaci. Erkrankungen treten insbesondere bei jungen Tieren sowie in Zuchten gehäuft auf.

Klinik: Nach einer Inkubationszeit von 5–10 Tagen kommt es zum Auftreten einer einseitigen Konjunktivitis mit vermehrter seröser, später mit mukopurulenter Augensekretbildung (Abb. 59). Die Lymphfollikel des betroffenen Auges sind geschwollen und die Konjunktiven gerötet. Nach ca. 1 Woche treten diese Symptome auch auf dem anderen Auge auf. Begleitet werden diese Erscheinungen teilweise von Fieber (bis zu 40,5 °C) sowie von Rhinitis, verbunden mit serösem Nasenausfluß, Niesen und Husten. Aus diesem Grunde wurde dieses Krankheitsbild in der Praxis dem sog. Katzenschnupfenkomplex bzw. felinen Pneumonitis (dieser Begriff ist aber heute nicht mehr korrekt) zugeordnet. Klinisch lassen sich am Respirationstrakt i. d. R. keine Krankheitssymptome feststellen. Die Pneumonie tritt nur subklinisch auf und kann deshalb nur histologisch (kleine abgegrenzte gerötete Bereiche verminderter Belüftung, die vorwiegend in den peripheren Lungenbezirken in der Nähe der Brochiolen auftreten) nachgewiesen werden. Es wird angenommen, daß 5–20 % der felinen Atemwegserkrankungen sowie 30 % der Konjunktivitiden auf Chl. psittaci zurückzuführen sind.

Offensichtlich können sich Chl. psittaci-Infektionen auch bei der Katze im Genitalbereich manifestieren. Für diese Tatsache spricht auch das Auftreten von Konjunktivitiden bei neugeborenen Katzenwelpen (Infektion im Geburtsweg des Muttertieres) sowie Aborte und Todesfälle bei Neugeborenen von Katzen mit Chl. psittacibedingten Konjunktivitiden.

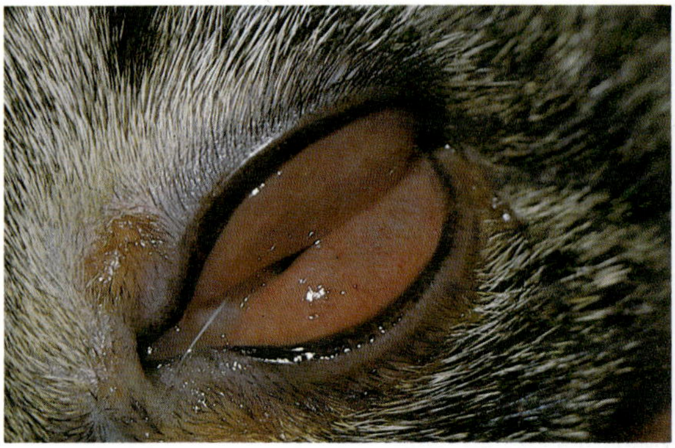

Abb. 59: Konjunktivitis mit starkem Ödem bei Chlamydieninfektion (Foto: Prof. Dr. W. Kraft, München).

In Einzelfällen wurde Chl. psittaci als Ursache einer Peritonitis (Vergrößerung von Leber, Milz und Mesenteriallymphknoten sowie Bildung dickflüssigen, gelblichen Exsudates im Abdomen) nachgewiesen. Ob Chlamydien auch für gastritische Symptome verantwortlich gemacht werden können, ist noch nicht zuverlässig geklärt, da dieser Erreger auch aus entsprechendem Untersuchungsmaterial von Katzen ohne enteritische Krankheitssymptome isoliert werden konnte.

Diagnose: Mikroskopisch lassen sich in Konjunktivalabstrichen oder -abrasionen, gefärbt nach Giemsa, Stamp oder Giménez, bei Vorliegen einer Chl. psittaci-Infektion, in Epithelzellen Elementarkörperchen, vor allem 7–10 Tage nach Krankheitsbeginn, nachweisen.

Die Isolierung von Chl. psittaci aus entsprechendem Untersuchungsmaterial mittels Zellkultur ist möglich, wird aber nur von wenigen Laboratorien durchgeführt. Zu diesem Zweck darf der Transport des Untersuchungsmaterials in speziellen Transportmedien (wird vom jeweiligen Labor zur Verfügung gestellt) in keinem Falle länger als 1 Tag dauern.

Für eine serologische Diagnose (Komplementbindungsreaktion, indirekter Immunfluoreszenztest, ELISA) ist die Untersuchung von 2 Serumproben, entnommen im Abstand von 10–14 Tagen, erforderlich (Bestimmung der Titerdynamik).

Differentialdiagnose: Infektionen mit Herpesviren (FHV-1), Caliciviren (FCV), Reoviren und Mykoplasmen. Auch FIV ist differentialdiagnostisch ebenso auszuschließen wie eine Infektion mit Staphylococcus aureus oder intermedius, Bordetella bronchiseptica oder Pasteurella multocida.

Prognose: Günstig, da in den meisten Fällen, auch unbehandelt, Spontanheilungen nach 4–6 Wochen möglich sind. Allerdings können unbehandelte Tiere dann den Erreger nach wie vor längere Zeit (Monate bis ein Jahr) ausscheiden und somit Ansteckungsquellen für andere Tiere und auch den Menschen darstellen.

Therapie: Das Antibiotikum der Wahl ist Oxytetrazyklin. Augensalben, die entsprechende Substanzen enthalten, werden mindestens 2 Wochen lang jeweils täglich 4mal lokal appliziert. Es empfiehlt sich, diese Behandlung auch nach klinischer Heilung noch für mindestens 14 Tage fortzusetzen.

Die parenterale Verabreichung von Tetrazyklinen und/oder Paraimminducern ist in schweren Fällen oder bei refraktären Erkrankungen von Nutzen. Auch andere Antibiotikasubstanzen, wie z. B. Erythromycin (bei trächtigen oder jungen Katzen, bei eingeschränkter Nierenfunktion) oder Tylosin, erweisen sich als wirksam gegenüber Chl. psittaci.

Verschiedene Untersuchungen zeigen, daß auch die Verwendung von (Lebend-)Vakzinen zu erfolgreichen Resultaten bezüglich Schutz (für 1 Jahr) vor Neuinfektionen mit Chl. psittaci führt. Entsprechende, in den USA erhältliche Vakzinen sind bislang im deutschsprachigen Raum allerdings noch nicht zugelassen.

Literatur

DICKIE, C. W., and E. S. SNIFF (1980): Chlamydia infection associated with peritonitis in a cat. J. Am. Vet. Med. Ass. **176,** 1256–1259.

HANSELAER, J. R., A. DERORE, P. BOUCHERIE and D. MATTHEEUWS (1989): Demonstration of Chlamydia psittaci in feline conjunctivitis cases in Belgium. Vlaams Diergeneesk. Tijdschr. **58,** 165–168.

HARGIS, A. M., D. J. PRIEUR and E. T. GAILLARD (1983): Chlamydial infection of the gastric mucosa in twelve cats. Vet. Path. **20,** 170–178.

KELLNER, S. J. (1988): Augenveränderungen bei Katzen durch Chl. psittaci. Kleintierpraxis **33,** 157–160.

ROOS-VON DANWITZ, B., und S. H. R. REHMAN (1991): Beitrag zum Vorkommen und Nachweis von Chlamydieninfektionen bei der Katze. Tierärztl. Umschau **46,** 313–317.

SHEWEN, P. E., R. C. POVEY and M. R. WILSON (1978): Feline chlamydiel infection. Can. Vet. J. **19,** 289–292.

STUDDERT, M. J., V. P. STUDDERT and H. J. WIRTH (1981): Isolation of Chlamydia psittaci from cats with conjunctivitis. Aust. Vet. J. **57,** 515–517.

WASMOEN, T., H. J. CHU, L. CHAVEZ and W. ACREE (1992): Demonstration of one-year duration of immunity for an inactivated feline Chlamydia psittaci vaccine. Feline Pract. **20,** 13–16.

WERTH, D. (1989): Vorkommen und Bedeutung von Chlamydia psittaci und Coxiella burnetii bei Hund und Katze. Eine Literaturstudie. Berl. Münch. Tierärztl. Wschr. **102,** 156–161.

WILLS, J. M. (1986): Felin chlamydial infection (feline pneumonitis). Feline Pract. **16,** 34–36.

WILLS, J. M., P. E. HOWARD, T. J. GRUFFYDD-JONES and C. M. WATHES (1988): Prevalence of Chlamydia psittaci in different cat populations in Britain. J. Small Anim. Pract. **29,** 327–329.

7. Clostridiosen

7.1. Clostridium-difficile-Infektion

Die grampositive, anaerobe Bakterienspezies Clostridium (Cl.) difficile wird beim Menschen zunehmend als Ursache der pseudomembranösen Colitis, insbesondere im Zusammenhang mit vorangegangener Antibiotikatherapie, festgestellt. Ob dieser Bakterienspezies auch für Darmerkrankungen bei Katzen eine Bedeutung zukommt, ist bislang noch nicht geklärt. Auch gesunde Tiere sind latente Träger und Ausscheider von Cl. difficile (Nachweisrate bis zu 10 %). Bei Katzen, die in tierärztlichen Praxen längere Zeit stationär behandelt wurden, erhöhen sich die Cl. difficile-Nachweisraten um das 3fache. Hierbei ist eine gewisse Parallele zu humanmedizinischen Befunden zu erkennen, denn dort wird Cl. difficile vor allem in Krankenhäusern in Zusammenhang mit Hospitalismus vermehrt nachgewiesen. Es ist nicht auszuschließen, daß Katzen, die nach mehrtägigem stationären Aufenthalt (verbunden mit Verabreichung von Antibiotika) plötzlich enteritische Symptome aufweisen, die möglicherweise durch Cl. difficile bedingt sind.

Diagnose: Ein alleiniger kultureller Nachweis von Cl. difficile in Kotproben von Katzen ist nicht beweisend, da dieser Erreger auch bei gesunden Tieren vorkommen kann. Es muß deshalb dieses Isolat auf sein Toxinbildungsvermögen (Zellkultur) überprüft werden.

Therapie: Diesbezüglich liegen für Katzen noch keine Erfahrungen vor. In der Humanmedizin stellen Glykopeptid-Antibiotika (Vancomycin) die Mittel der Wahl dar.

Literatur

BORRIELLO, S. P., P. HONOUR, T. TURNER and F. BARCLAY (1983): Household pets as a potential reservoir for Clostridium difficile infection. J. Clin. Path. **36,** 84–87.

RILEY, T. V., J. E. ADAMS, G. L. O'NEILL and R. A. BOWMAN (1991): Gastrointestinal carriage of Clostridium difficile in cats and dogs attending veterinary clinics. Epidem. Inf. **107,** 659–665.

WEBER, A., P. KROTH und G. HEIL (1989): Untersuchungen zum Vorkommen von Clostridium difficile in Kotproben von Hunden und Katzen. J. Vet. Med. B **36,** 568–576.

7.2. Clostridium-perfringens-Enterotoxämie

Die anaerobe, sporenbildende Bakterienspezies Clostridium (Cl.) perfringens gilt als normaler Darmbewohner bei Mensch und Tier. Das Vorkommen dieses zur residenten Darmflora zählenden Erregers zeigt im Darmkanal eine ausgeprägte Abhängigkeit vom Gehalt des Futters an tierischem

Eiweiß. Aus diesem Grunde ist die ätiologische Bedeutung von Cl. perfringens bei Fleischfressern im Zusammenhang mit Darmerkrankungen noch weitgehend ungeklärt. Offensichtlich sind nur enterotoxinbildende Cl. perfringens-Stämme vom Typ A in der Lage, enteritische Krankheitssymptome hervorzurufen. Die Infektionsquellen dürften in erster Linie in der alleinigen Verfütterung rohen Fleisches von Schlachttieren, incl. Hühnerfleisch, zu suchen sein. An tierischem Eiweiß reiches Futter kann die Vermehrung von Cl. perfringens im Darmkanal und somit auch eine Dysbiose begünstigen.

Klinik: Akutes Auftreten von Erbrechen, Durchfall, raschen Kräfteverfall, Kreislaufversagen sowie Tod innerhalb weniger Stunden.

Diagnose: Der alleinige kulturelle Nachweis von Cl. perfringens genügt nicht für die Diagnose, da diese Anaerobier-Spezies auch bei gesunden Katzen nicht nur zu einem hohen Prozentsatz (50–70 %), sondern auch in hohen Keimzahlen (10^4–10^7 KbE/g Kot) zu finden ist. Aus diesem Grunde muß, zur Absicherung der Diagnose Cl. perfringens-Enterotoxämie, ein Enterotoxin-Nachweis (mittels umgekehrt passiver Latex-Agglutination) in Kotproben oder Darminhalt erbracht werden.

Differentialdiagnose: Das Vorliegen von Vergiftungen, anderen Bakterien-Arten (z. B. E. coli, Salmonellen), Viren und Parasiten ist differentialdiagnostisch auszuschließen.

Prognose: Ungünstig.

Therapie: Es wird über eine erfolgreiche Behandlung mit Penicillin berichtet. Auch wird empfohlen, einen Therapieversuch mit Metronidazol (60 mg/kg KGW, per os 1 Woche lang verabreicht) zu unternehmen, unterstützt durch Verabreichung von Diätfutter.

Literatur

EL-SANSOUSI, S. M., M. O. EL-SHAZLY, A. AL-DUGHYEM and A. A. GAMEEL (1992): An outbreak of enterotoxaemia in cats. J. Vet. Med. B **39,** 403–409.

SELBITZ, H.-J., K. ELZE, H. LIEBERMANN, S. SEIFERT und P. MÜLLER (1989): Zum Vorkommen von Clostridium perfringens und Enterobakterien bei Feliden im Zoologischen Garten Leipzig. Mh. Vet.-Med. **44,** 272–275.

SINHA, M., H. WILLINGER und J. TRČKA (1975): Untersuchungen über das Auftreten von Clostridium perfringens bei Haustieren (Pferde, Rinder, Schweine, Hunde, Katzen und Hühner). Wien. Tierärztl. Mschr. **62,** 163–169.

TSCHIRCH, W., und W. JORGA (1988): Clostridien-Infektionen bei Löwen und Tigern. Verhandlungsber. 30. Int. Symp. Erkr. Zootiere, Sofia, S. 293–295.

WERDELING, F., G. AMTSBERG und S. TEWES (1991): Zum Vorkommen enterotoxinbildender Clostridium perfringens-Stämme im Kot von Hunden und Katzen. Berl. Münch. Tierärztl. Wschr. **104,** 228–233.

7.3. Gasödemerkrankungen (Clostridien-Infektionen)

Gasödemerkrankungen, hervorgerufen durch anaerobe Sporenbildner Clostridium (Cl.) perfringens, Cl. chauvoei oder Cl. septicum, wurden bislang bei Katzen nur sehr selten beschrieben. Das Auftreten entsprechender Clostridien-Infektionen ist auch nach chirurgischen Eingriffen, z. B. Ovariohysterektomie, beobachtet worden.

Klinik: An der Eintrittspforte des Erregers kommt es zu einer ödematösen Anschwellung, die anfangs gespannt, warm und sehr schmerzhaft ist. Bei Palpation läßt sich ein charakteristisches Knistern feststellen. Nach einem Schnitt in die Anschwellung entleert sich rötlich-gelbe bis braune, seröse, nach Buttersäure riechende Flüssigkeit, die mit Gasblasen durchsetzt sein kann. In den bisher bei Katzen beobachteten Fällen beschränkte sich die Gas- und Ödembildung auf das Bindegewebe zwischen Unterhaut und Muskelfasern. Bei diesem sowie im umliegenden Bindegewebe lagen m. o. w. ausgeprägte Nekrosen vor (Myositis).

Diagnose: Bereits aufgrund des klinischen Bildes möglich. Die Absicherung erfolgt durch einen bakteriologischen Erregernachweis in entnommenem Gewebematerial, das auf das Vorhandensein nicht nur von aerob, sondern auch anaerob wachsenden Bakterien untersucht werden muß. Allerdings ist im Zusammenhang mit Mischinfektionen jederzeit die Möglichkeit gegeben, daß der für das Krankheitsgeschehen hauptverantwortliche Erreger kulturell nicht nachgewiesen wird.

Differentialdiagnose: Phlegmone oder subkutane Emphyseme anderer Genese sind differentialdiagnostisch zu berücksichtigen.

Prognose: Ungünstig.

Therapie: Wichtig ist, daß mit den Therapiemaßnahmen sobald als möglich begonnen wird. Nicht nur die parenterale, sondern auch die lokale Verabreichung von Penicillin, bei Mischinfektionen kombiniert mit Streptomycin, Oxytetrazyklinen und Chloramphenicol ist angebracht. Auch die Applikation von spezifischem Hyperimmunserum (zur Toxinneutralisation) kann eine unterstützende Therapiemaßnahme darstellen.

Ferner sind chirurgische Maßnahmen, wie z. B. tiefe Inzisionen und restlose Entfernung des nekrotischen Gewebes, durchzuführen, anschließend mit Wasserstoffperoxyd- oder Kaliumpermanganatlösung zu spülen.

Literatur

HOLMBERG, D. L. (1975): A case report of Cl. perfringens in the cat. Aust. Vet. Pract. **5,** 231.

POONACHA, K. B., J. M. DONAHUE and W. H. LEONHARD (1982): Clostridial myositis in a cat. Vet. Path. **19,** 217–219.

7.4. Tetanus

Der Erreger Clostridium (Cl.) tetani kommt im Erdboden, im Staub, im Wasser sowie im Intestinaltrakt von Säugetieren einschließlich des Menschen, ubiquitär vor. Trotzdem tritt Tetanus bei der Katze im Vergleich zum Hund nur sehr selten auf. Offensichtlich ist die Katze weniger empfänglich für das von Cl. tetani gebildete Toxin. Dieses Tetanospasmin wird gebildet durch Vermehrung der Erreger im anaeroben Milieu der Eintrittspforte, wie z. B. Biß-, Kratz-, Stichwunden oder Wunden nach chirurgischen Eingriffen.

Klinik: Die Inkubationszeit kann 6 Tage bis 3 Wochen betragen. Danach kommt es zum Auftreten von Spasmen in der Skelettmuskulatur des Rumpfes und der Gliedmaßen, wobei die betreffenden Tiere eine Sägebockstellung einnehmen können oder die Hinterbeine sind spastisch nach hinten ausgestreckt. Nicht selten besteht ein Unvermögen aufzustehen. Ferner sind die Ohren straff aufgerichtet, die Stirn in Längsfalten gelegt und die Nickhaut fällt unterschiedlich stark vor; auch ein Trismus kann auftreten. Die Körpertemperatur steigt erst im präfinalen Stadium auf Werte bis zu über 41 °C an.

Diagnose: In erster Linie aufgrund des klinischen Bildes. Mikroskopisch lassen sich im Gram-gefärbten Wundausstrichmaterial grampositive Stäbchen, mit terminal gelegenen Sporen, nachweisen. Ein kultureller Erregernachweis im Wundmaterial kann versucht werden, wobei ein negativer Ausfall der bakteriologischen Untersuchung trotzdem das Vorliegen einer Infektion mit Cl. tetani nicht ausschließt.

Differentialdiagnose: Vergiftung, insbesondere mit Strychnin, Meningitis, Epilepsie sowie Toxoplasmose, sind differentialdiagnostisch auszuschließen.

Prognose: Im fortgeschrittenen Zustand ungünstig.

Therapie: Über mehrere Tage hinweg hohe Dosen von Penicillin (100 000 E/kg KGW verteilt auf 4x täglich), parenteral und auch lokal im Wundbereich verabreichen, ferner Diazepam (Valium, 1 mg/kg KGW, je nach Wirkung 1–2mal täglich i. m.). Vorhandene Wunde ist sowohl chirurgisch als auch antibiotisch zu versorgen.

Der Wert einer Applikation von Tetanus-Antitoxin (anfangs i. v., danach für 5 Tage s. c.) wird nach wie vor kontrovers diskutiert.

Wichtig ist außerdem, erkrankte Tiere in einen ruhigen, abgedunkelten Raum zu verbringen und dort auf einer weichen Unterlage zu lagern. Die Tiere sind äußerst behutsam zu behandeln, dies gilt vor allem bei der Verabreichung von Injektionen sowie bei Kontrolle des Kot- und Harnabsatzes.

Literatur

BAKER, J. L., D. J. WATERS and A. DE LAHUNTA (1988): Tetanus in two cats. J. Am. Anim. Hosp. Ass. **24,** 159–164.

KILLINSWORTH, C., A. CHIAPELLA, D. VERALLI and A. DE LAHUNTA (1977): Feline tetanus. J. Am. Anim. Hosp. Ass. **13,** 209–210.

LETTOW, K. (1955): Tetanus bei einer Katze. Berl. Münch. Tierärztl. Wschr. **68,** 197.

LOEFFLER, K., L. HENSEL und H.-J. EHRLEIN (1962): Tetanus bei Hund und Katze. Dtsch. Tierärztl. Wschr. **69,** 476–479.

8. Dermatophilose

Vorzugsweise werden Rinder von dieser durch Dermatophilus (D.) congolensis hervorgerufenen Krankheit befallen. Ein gehäuftes Auftreten dieser Infektionskrankheit, vielfach auch heute noch als kutane Streptotrichose bezeichnet, wird vor allem in tropischen und subtropischen Gebieten Australiens und Neuseelands beobachtet. In europäischen Ländern ist in den letzen Jahren die Dermatophilose nicht nur bei Rindern, sondern auch bei Schafen, Pferden, Wildwiederkäuern sowie Zootieren sporadisch nachgewiesen worden. Bei Katzen ist das Auftreten von D. congolensis-bedingten Erkrankungen, wenn bislang auch nur selten beschrieben (Australien, Neuseeland und Schottland), möglich. Als Überträger des Erregers (Zoosporen) kommen neben Zecken (vor allem Ambylomma-Arten) auch Fliegen (Stomoxys- und Musca-Arten) in Betracht.

Klinik: Bei Katzen wurden subkutane Abszesse von borkigem, schuppen- oder krustenartigem Aussehen, die Muskulatur und Lymphknoten (Knielymphknoten) erfaßten, beschrieben. Ferner wurde D. congolensis als Ursache von multiplen Granulomen in der Mundhöhle, die vor allem am Zungenrand auftraten, sowie in der Harnblase, nachgewiesen.

Diagnose: Mikroskopisch und histologisch lassen sich in frisch abgenommenem Untersuchungsmaterial, gefärbt nach Gram, mit Methylenblau oder Hämatoxylin-Eosin, typische „geldrollenähnliche" Gebilde nachweisen und somit ist bereits die Diagnose Dermatophilose möglich. Für den kulturellen Erregernachweis erweist sich die Anreicherung des Untersuchungsmaterials sowie die Bebrütung der angelegten Agarplatten in 10%iger CO_2-Atmosphäre als besonders wertvoll.

Differentialdiagnose: Aktinomykose, Nocardiose und Infektionen mit Mykobakterien (incl. Katzenlepra), Staphylokokken und Streptokokken sowie Neoplasien sind differentialdiagnostisch auszuschließen.

Prognose: Günstig.

Therapie: Chirurgische Entfernung der pyogranulomatösen Veränderungen und anschließend eine 5–7tägige parenterale Verabreichung von Ampicillin; auch Penicillin oder Chloramphenicol kann verwendet werden.

Literatur

BAKER, G. J., R. G. BREEZE and C. O. DAWSON (1972): Oral dermatophilosis in a cat: a case report. J. Small Anim. Pract. **13,** 649–653.

JONES, R. T. (1976): Subcutaneous infection with Dermatophilus congolensis in a cat. J. Comp. Path. **86,** 415–421.

MILLER, R. I., P. W. LADES, A. MUDIE, D. P. HAYES and K. F. TRUEMAN (1983): Probable dermatophilosis in 2 cats. Aust. Vet. J. **60,** 155–156.

O'HARA, P. J., and D. O. CORDES (1963): Granulomata caused by Dermatophilus in two cats. New Z. Vet. J. **11,** 151–154.

9. Escherichia-coli-Infektionen sowie Infektionen mit Bakterien aus den Gattungen Citrobacter, Enterobacter, Klebsiella, Proteus und Providencia

Es handelt sich hierbei um gramnegative Bakterien (Enterobacteriaceae), die bei der Katze primär sowie im Zusammenhang mit Virusinfektionen, Parasitenbefall oder Streß sekundär als Krankheitserreger auftreten können. Enterobacteriaceae, vor allem Escherichia (E.) coli gehören mit zur physiologischen Darmflora.

Klinik: Die klinischen Symptome richten sich nach Lokalisation des Krankheitsprozesses: Harnwegserkrankungen, eitrige Wunden und Abszesse sowie Septikämien (insbesondere bei Jungtieren) sind möglich.

Die pathogene Bedeutung von E. coli oder anderen Enterobacteriaceae im Zusammenhang mit Diarrhoe und Enteritiden bei Katzen ist nach wie vor ungeklärt.

Diagnose: Nur durch einen kulturellen Erregernachweis in Nasen-, Wundsekret, Ohrtupfer, Urin- oder Kotproben, jeweils in Abhängigkeit vom Krankheitsbild.

Bei Katzen wurde bislang eine Vielfalt von Serovaren an E. coli festgestellt; ob es sich bei den häufiger ermittelten Serovaren O: 8, O: 138 oder O: 149 um Zufallsfunde oder „katzenspezifische" Stämme handelt, ist nicht geklärt und bedarf noch weiterer Untersuchungen.

Prognose: Im allgemeinen günstig.

Therapie: Die einzuleitende Antibiotikatherapie sollte stets unter Berücksichtigung des Ausfalles des Resistenztestes mit dem isolierten Stamm durchgeführt werden, wobei sich nach wie vor Gentamicin oder Trimethoprim-Sulfamethoxazol als gut wirksam erweisen.

Bei Enteritiden hat sich in letzter Zeit die orale Verabreichung einer abgetöteten E. coli-Autovakzine (an 10 aufeinanderfolgenden Tagen) als eine Therapiemaßnahme gut bewährt. Diese sollte aber nicht angewendet werden, wenn Virusinfektionen oder Parasitenbefall als primäre Grundkrankheit vorliegen.

Literatur

APEL, J., H.-P. HAMANN und R. WEISS (1989): Zu Vorkommen und Antibiotikaresistenz bakterieller Infektionserreger in Urinproben von Katzen. Kleintierpraxis **34,** 467–472.

WEBER, A. (1992): Über die Anwendung einer E. coli-Autovakzine bei durchfallkranken Hunden und Katzen – Ein erster Erfahrungsbericht. Verhandlungsber. Fachgruppe Kleintierkrankheiten, Regionale Arbeitstagung Ost, Halle, S. 22–25.

WEBER, A., R. WACHOWITZ und M. ROTH (1990): Serotypisierung und Antibiotikaempfindlichkeit von E. coli-Stämmen, isoliert von enteritiskranken Katzen. Vet. **5 (4),** 17–19.

WEISS, H.-E., und F. BERTL (1991): Therapie antibiotikaresistenter E. coli-Enteritiden bei Hunden und Katzen durch oral applizierte Autovakzinen. Prakt. Tierarzt **72,** 12–16.

10. L-Formen

L-Formen („L" bedeutet Lister-Institut, London, dort wurden 1935 erstmals diese Formen beschrieben), die in ihrer Morphologie den Mykoplasmen ähneln, sind nicht eine neue Bakterienspezies, sondern Varianten von bekannten Bakterien, denen die Zellwand durch Antibiotikaeinwirkung oder durch Abwehrreaktionen des Wirtsorganismus, z. B. Phagenaktivität, größtenteils oder vollständig abhanden gekommen ist. Diese Tatsache hat einen erheblichen Pleomorphismus und eine schlechte Färbbarkeit (gramnegativ) dieser Mikroorganismen zur Folge. L-Formen von verschiedenen Bakterienarten, wie z. B. Escherichia coli, Salmonella typhimurium, Proteus mirabilis, Klebsiella ssp., Staphylococcus aureus, Streptococcus fecalis u. a. sind aus Untersuchungsmaterialien klinisch erkrankter Menschen und Tiere, u. a. auch bei der Katze, isoliert worden.

Klinik: Therapieresistente, nicht heilende, kutane und subkutane Abszesse, insbesondere an den Extremitäten und Gelenken sowie Arthritiden, wurden beschrieben.

Diagnose: L-Formen sind in mikroskopischen Ausstrichpräparaten von Untersuchungsmaterial (Eitersekret, Gelenksflüssigkeit) nur sehr schwer erkennbar, am besten gelingt dies mittels Elektronenmikroskopie. Auch lassen sich L-Formen auf den in der Routinediagnostik üblichen Nährböden kaum kultivieren. Hierzu bedarf es Spezialnährböden (7–10 Tage bei 37 °C inkubieren). Aus diesem Grunde sollte das Untersuchungslabor auf ein mögliches Vorliegen von L-Formen aufmerksam gemacht werden.

Differentialdiagnose: Andere bakterielle Erreger, wie z. B. Actinomyces ssp., Staphylokokken, Streptokokken, Escherichia coli, Pasteurella multocida, sind differentialdiagnostisch auszuschließen.

Prognose: Im allgemeinen günstig, wenn die ätiologische Diagnose gestellt wird.

Therapie: Bislang ist über richtige Therapiemaßnahmen noch wenig bekannt. In einigen Fällen hat die Behandlung mit Tetrazyklinen geholfen.

Literatur

CARRO, T., N. C. PEDERSEN, B. L. BEAMAN and R. MUNN (1989): Subcutaneous abscesses and arthritis caused by a probable bacterial L-Form in cats. J. Am. Vet. Med. Ass. **194,** 1583–1588.

KEANE, D. P. (1983): Chronic abscesses in cats associated with an organism resembling mycoplasma. Can. Vet. J. **24,** 289–291.

KUNKLE, G. A.(1993): Differentialdiagnose von Nodula und Fisteln in der Haut von Katzen. Vet. Int. **5,** 2–9.

11. Leptospirose

Im Gegensatz zum Hund kommt diese Infektionskrankheit bei Katzen nur sehr selten vor. Seroepidemiologische Untersuchungen haben ergeben, daß der Verseuchungsgrad mit Leptospiren bei Katzen erstaunlich gering ist und daß die Titer im Vergleich zu anderen Tierarten in relativ niedrigen Serumverdünnungen (1:50–1:200) gefunden werden. Insbesondere streunende Katzen mit häufigem direkten oder indirekten Kontakt zu den Hauptansteckungsquellen Maus und Ratte sowie Katzen mit Zugang zu Rinder- und Schweinestallungen unterliegen einem höheren Infektionsrisiko. Die Ansteckung dürfte vermutlich auf oralem Wege erfolgen.

Klinik: Über die klinischen Symptome wird im Schrifttum nur wenig berichtet. Diese äußern sich bei der Katze in Form von gestörtem Allgemeinbefinden mit Schwäche, hohem Fieber, Ikterus oder chronischer Nephritis. In den meisten Fällen verlaufen Leptospiren-Infektionen bei der Katze ohne auffallende Symptomatik.

Diagnose: In erster Linie durch Antikörpernachweis mittels Mikroagglutinationsreaktion (MAR) und/oder ELISA, wobei die gefundenen Titer in den meisten Fällen niedrig sind.

Ein kultureller Erregernachweis aus Urinproben ist nicht nur sehr arbeits- und zeitaufwendig, sondern auch nicht immer erfolgversprechend.

Prognose: Günstig.

Therapie: Wie beim Hund mehrtägige parenterale Applikation von Penicillin, Streptomycin oder Oxytetrazyklin. Ferner Flüssigkeits-Elektrolyt-Substitution, Glukoseinfusion, evtl. Peritonealdialyse.

Literatur

BÄTZA, H.-J., und R. WEISS (1987): Zum Vorkommen von Leptospiren-Antikörpern in Katzenseren. Kleintierpraxis **32,** 171–174.

FREUDIGER, U. (1969): Leptospireninfektionen bei Katzen. Berl. Münch. Tierärztl. Wschr. **80,** 390–392.

LARSSON, C. E., C. A. SANTA ROSA, M. H. M. A. LARSSON, E. H. BIRGEL, W. R. FERNANDES and G. V. PAIM (1985): Laboratory and clinical features of experimental feline leptospirosis. Int. J. Zoonoses **12,** 111–119.

REES, H. G. (1964): Leptospirosis in a cat. New. Z. Vet. J. **12,** 69.

SOPHET, R. (1979): A serological survey of leptospirosis in cats. New. Z. Vet. J. **27,** 236, 245–246.

TRIFUNOVIC, Z., and D. NESIC (1986): Leptospirosis in the cat (Felis domestica) on a dairy farm. Acta Vet. Jug. **36,** 301–306.

WATSON, A.D. J., and J. S. WANNAN (1973): The incidence of leptospiral agglutinins in domestic cats in Sydney. Aust. Vet. J. **49,** 545.

12. Listeriose

Der Erreger, Listeria (L.) monocytogenes, kommt ubiquitär in der Umgebung von Mensch und Tier, wie z. B. im Erdboden, im Oberflächenwasser, auf Pflanzen u. a. vor. Aus diesem Grunde sind für die Katze viele Ansteckungsquellen möglich, wobei in diesem Zusammenhang auch der Verfütterung von rohem Fleisch eine wichtige epidemiologische Rolle zukommt. So wird im deutschsprachigen Raum über den kulturellen Nachweis von L. monocytogenes in Fleisch und Fleischprodukten, wie z. B. Hackfleisch (Isolierungsrate bis zu 36 %), Schweinefleisch (Isolierungsrate bis zu 13 %), Rindfleisch (Isolierungsrate bis zu 17 %), Salami (Isolierungsrate bis zu 7 %), berichtet. Neuere epidemiologische Untersuchungen ergaben, daß Katzen zu einem geringen Prozentsatz (unter 1 %) latente Träger und Ausscheider von L. monocytogenes darstellen. Die Manifestation einer Listerien-Infektion erfolgt offensichtlich bei immungeschwächten (Störung des T-Zellsystems) oder tragenden Tieren.

Klinik: In den wenigen Fallbeschreibungen wird überwiegend Septikämie mit Miliarnekrosen der Organe beschrieben. Ferner wurde L. monocytogenes auch als ätiologische Ursache von Enzephalitis (ging mit Lähmungserscheinungen einher), eitriger Peritonitis, eitriger Hautinfektion (nach Insektenstich) und Abort nachgewiesen.

Diagnose: Die sichere Feststellung dieser Infektionskrankheit ist, aufgrund der vielfältigen Symptomatik, nur durch einen kulturellen Erregernachweis, vielfach erst post mortem, möglich. Der serologische

Nachweis (Langsamagglutination, Komplementbindungsreaktion) von Antikörpern erweist sich nur in den seltensten Fällen für eine Diagnosestellung als brauchbar, wenn, dann müssen Serumproben jeweils im Abstand von 10–14 Tagen untersucht werden zur Bestimmung eines signifikanten Titeranstieges bzw. -abfalles.

Prognose: Wenn die Diagnose im fortgeschrittenen Stadium gestellt wird, dann ungünstig.

Therapie: Diesbezüglich liegen für die Katze noch keine gesicherten Erfahrungen vor. Es kann eine 10–14tägige Behandlung mit Ampicillin oder Amoxicillin, evtl. in Kombination mit Gentamicin, versucht werden.

Literatur

DECKER, R. A., J. J. ROGERS and S. LESAR (1970): Listeriosis in a young cat. J. Am. Vet. Med. Ass. **168,** 1025.

HELD, R. (1958): Listeriose bei einer Katze. Zbl. Bakt. I. Abt. Orig. **173,** 485–486.

JONES, B. R., L. C. CULLINANE and P. R. CARY (1984): Isolation of Listeria monocytogenes from a bite in a cat from a common tee weta (Hemideina cassideus). New. Z. Vet. J. **32,** 78–80.

KAMPELMACHER, E. H., und L. M. VAN NOORLE JANSEN (1961): Listeriose bei Mensch und Tier in den Niederlanden von 1956–1960. Wien. tierärztl. Mschr. **48,** 442–448.

WEBER, A., C. DATZMANN und J. POTEL (1993): Zum Nachweis von Listeria monocytogenes in Kotproben von Hunden und Katzen. Tierärztl. Umschau **48,** 727–730.

13. Lyme-Borreliose

Katzen, vor allem Freigänger, können mit Zecken befallen sein, wobei der Gemeine Holzbock (Ixodes ricinus) eindeutig dominiert. Diese Zeckenspezies gilt in Europa als Vektor und Überträger (durch Stich) von Borrelia (B.) burgdorferi, dem Erreger der Lyme-Borreliose bei Mensch und Tier. Epidemiologische Erhebungen, durchgeführt im deutschsprachigen Raum, ergaben für den Gemeinen Holzbock B. burgdorferi-Durchseuchungsraten bis zu 40 %. Während in Berlin 29 überprüfte Katzen-Serumproben sowohl im indirekten Immunfluoreszenztest (IFT) als auch im ELISA gegen den Erreger der Lyme-Borreliose negativ reagierten, wiesen im amerikanischen Bundesstaat Texas 31 (36,5 %) von 85 untersuchten Katzen entsprechende Antikörper auf. In experimentellen Untersuchungen konnte nachgewiesen werden, daß Katzen für eine Infektion mit B. burgdorferi empfänglich sind, aber es kommt nur sehr selten zum Auftreten von klinischen Symptomen. Diese Tatsache erklärt, warum sich bislang im Schrifttum, im Gegensatz zum Hund, nur spärliche Angaben zum Krankheitsbild der Lyme-Borreliose bei Katzen finden.

Klinik: Berichtet wurde bisher über Lahmheit und Gelenksbeschwerden, wobei diese Symptome nicht von Fieber, Anorexie oder Ermüdungserscheinungen begleitet waren. Andererseits wurden einzelne Fälle beschrieben, die nur mit den letztgenannten Erscheinungen einhergingen.

Diagnose: Antikörpernachweis mittels IFT und/oder ELISA. Die mit diesen Untersuchungsverfahren ermittelten Titer (i. d. R. erheblich niedriger als bei Hund oder Pferd) sind stets nur in Verbindung mit dem Krankheitsbild zu bewerten. In diesem Zusammenhang empfiehlt sich die Durchführung von Titerverlaufskontrollen im Abstand von 3–4 Wochen.

Therapie: Bislang liegen für die Katze noch keine Erfahrungen vor. Die Therapiemaßnahmen dürften aber weitgehend denen entsprechen, wie sie beim Hund angewendet werden, wobei Tetrazykline und Doxycyclin über einen Zeitraum von mindestens 14 Tagen, u. U. noch länger verabreicht, derzeit das Mittel der Wahl darstellen.

Literatur

ANGULO, A. B. (1986): Lyme disease in cats. Southwest. Vet. **37,** 108–109.

APPEL, M. (1990): Lyme disease in dogs and cats. Comp. Cont. Educ. Pract. Vet. **12,** 617–627.

BURGESS, E. C. (1992): Experimentally induced infection of cats with Borrelia burgdorferi. Am. J. Vet. Res. **53,** 1507–1511.

LIEBISCH, A., A. KOPP und S. OLBRICH (1990): Zeckenborreliose bei Haustieren. Teil 1: Infektionen bei Hunden und Katzen. Vet. J. **5 (10),** 6–15.

MAGNARELLI, L. A., J. F. ANDERSON, H. R. LEVINE and S. A. LEVY (1990): Tick parasitism and antibodies to Borrelia burgdorferi in cats. J. Am. Vet. Med. Ass. **197,** 63–66.

14. Milzbrand (Anthrax)

Entsprechend der geographischen Verbreitung von Milzbrand bei verschiedenen Wiederkäuerarten ist diese Infektionskrankheit in Mitteleuropa nur noch sporadisch anzutreffen. Eine andere Situation liegt in Süd- und Osteuropa sowie insbesondere in Ländern Afrikas, Asiens, Mittel- und Südamerikas vor, denn dort tritt Milzbrand noch erheblich häufiger auf. Trotzdem ist diese Infektionskrankheit, hervorgerufen durch die aerobe, sporenbildende Bakterienspezies Bacillus anthracis, bei Katzen offensichtlich eine seltene Erkrankung. Sie scheint vor allem bei Großkatzen in Zoologischen Gärten häufiger vorzukommen. Die Infektion erfolgt i. d. R. durch (versehentliche) Verfütterung von Fleisch, das von an Milzbrand verendeten Tieren stammt.

Klinik: Nach kurzer Inkubationszeit kommt es entweder zu einem perakut-septikämischen Verlauf oder zu schweren Störungen des Allgemeinbefindens, verbunden mit Fieber, Anorexie und Dyspnoe; jeweils innerhalb weniger Stunden tritt der Tod ein. Auch einseitige Ausbildung von Ödemen, vorwiegend im Kopf- und Halsbereich, wurden im Zusammenhang mit Milzbrand beobachtet.

Diagnose: Diese wird in der Regel beim Einzeltier kaum zu Lebzeiten, sondern erst post mortem durch einen mikroskopischen (in Blut-, Milzausstrichen, gefärbt nach Olt) und kulturellen Erregernachweis (möglichst frisches Organmaterial verwenden) gestellt werden. Bei stark autolytischem Untersuchungsmaterial kann die Thermopräzipitation nach Ascoli zur Diagnosestellung verwendet werden.

Differentialdiagnose: Vergiftung.

Prognose: Ungünstig.

Therapie: Bei rechtzeitiger Diagnose kann Penicillin in hoher Dosierung (i. m.) verabreicht werden. Auch die Applikation von Tetrazyklin (15–25 mg/kg KGW/die, über 5 Tage) kann versucht werden. Hilfreich ist auch die Verabreichung von Milzbrandserum, wenn erhältlich.

Die Prophylaxe für noch nicht erkrankte Tiere besteht in einer 3tägigen Verabreichung von Penicillin, ebenfalls in hoher Dosierung.

Literatur

CHRISTOPH, H.-J., K. REICHEL und W. SCHNITZLEIN (1958): Zum klinischen Bild des Milzbrandes bei Großkatzen. Kleintierpraxis **3,** 16–20.

CRIPPS, J. H. C., and R. C. YOUNG (1960): A case of anthrax in a cat and in a monkey. Vet. Rec. **72,** 1054.

LYON, D. G. (1973): An outbreak of anthrax at the Chester zoological gardens. Vet. Rec. **93,** 334–337.

MANNO, M., J. VASSAIRE, J. L. MARTEL et A. MORHAIN (1986): A propos de trois foyers de charbon bactéridien. Bull. Mens. Soc. Vét. Pract. France **70,** 281–291.

SOSNOWSKI, A. (1964): Die Bekämpfung einer Milzbrandenzootie im Zoo Lodz. Verhandlungsber. VI. Int. Symp. Erkr. Zootiere, Wien, S. 51–53.

15. Mykobakteriosen

15.1. Tuberkulose

Als Erreger der „klassischen" Tuberkulose bei Katzen gelten vor allem die Spezies Mycobacterium (M.) bovis und M. tuberculosis. Eine weitere Spezies, M. microti („Vole-Bazillen"), die ebenfalls zum sog. M. tuberculosis-Komplex gerechnet wird, wurde vor Jahren vereinzelt bei Katzen (in Holland) nachgewiesen. M. africanum, ebenfalls zum M. tuberculosis-Komplex gehörend, konnte bislang bei Tieren nur bei Rindern gefunden werden.

Nach einer Zusammenstellung von Literaturangaben betrug in Deutschland zwischen 1939 und 1956 die Nachweisquote von Tuberkulose im Sektionsmaterial von Katzen um 7 %, wobei ca. 95 % auf Infektionen mit M. bovis zurückzuführen waren. Im Veterinär-Pathologie-Institut von Mailand wurde von 1962 bis 1986 bei 28 (2,3 %) von 1274 sezierten Katzen das Vorliegen von Tuberkulose diagnostiziert. Aus den letzten 30 Jahren, d. h. seit Abschluß der staatlichen Rindertuberkulosebekämpfung, liegen aus Deutschland entsprechende Berichte über den Nachweis von Tuberkulose bei Katzen nicht vor. Ähnliches gilt auch für andere europäische Länder, in denen die Rindertuberkulose ebenfalls seit längerem getilgt ist. Aus diesem Grunde ist die Tatsache nicht überraschend, daß in den letzten Jahren in Europa nur noch vereinzelt Fallberichte über M. bovis-Infektionen bei Katzen erschienen sind. Die Tuberkulose bei Katzen spiegelt offensichtlich recht deutlich die epidemiologische Situation der Rindertuberkulose wider. Andererseits können tuberkulöse Katzen auch für Reinfektionen in M. bovis-freien Rinderbeständen verantwortlich gemacht werden.

Die Ansteckung von Katzen mit M. bovis erfolgt fast ausschließlich auf oralem Wege, vor allem durch Verfütterung von Milch, Molke oder Schlachtabfällen (Lunge von tuberkulösen Rindern). Die aerogene Aufnahme von M. bovis spielt dagegen bei Katzen eine untergeordnete Rolle, im Gegensatz zu M. tuberculosis. Mit diesem Erreger infizieren sich Katzen vorwiegend durch direkten Kontakt mit tuberkulösen Menschen oder deren Umgebung. Katzen, die in der Umgebung offen tuberkulöser Menschen gehalten werden, können auch, ohne selbst zu erkranken, zu temporären Mykobakterienträgern und -ausscheidern (über Speichel und Kot) werden. Für M. tuberculosis-Infektionen scheinen Katzen offensichtlich weniger empfänglich zu sein als für M. bovis, was auch durch künstliche Infektionsversuche eindeutig belegt wurde.

Bei M. microti-Infektionen kommen vor allem Feldmäuse (natürlicher Wirt dieser Spezies) bzw. durch deren Ausscheidungen kontaminiertes Futter, Wasser oder Staub als Ansteckungsquelle in Betracht.

Klinik: Der Eintrittspforte entsprechend entwickelt sich weitgehend unauffällig ein Primärkomplex. Ausnahme, wenn eine primäre Infektion der Augen oder Haut vorliegt. Es kommt zur Vergrößerung der regionären Lymphknoten, diese (insbesondere im Kopfbereich) brechen gelegentlich unter Ausbildung von Fisteln und Geschwüren nach außen durch, können aber auch ausheilen oder in seltenen Fällen abgekapselt liegenbleiben. Kommt es auf dem Lymph- und Blutweg zu einer Streuung der Erreger in andere Organe und dort zur Entstehung multipler Herde, dann kommt es zum Auftreten folgender klinischer Symptome: Nachlassen der Lebhaftigkeit, Müdigkeit, Appetitmangel und leicht erhöhte Tem-

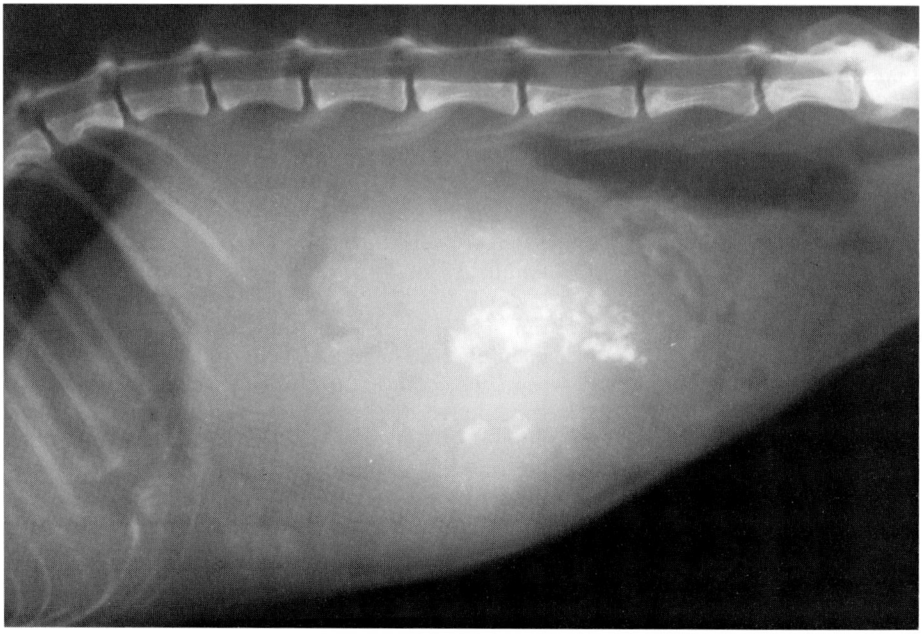

Abb. 60: Tuberkulose: Verkalkungen der Gekröselymphknoten und Peritonitis; autoptisch gesichert (Foto: Prof. Dr. W. Kraft, München).

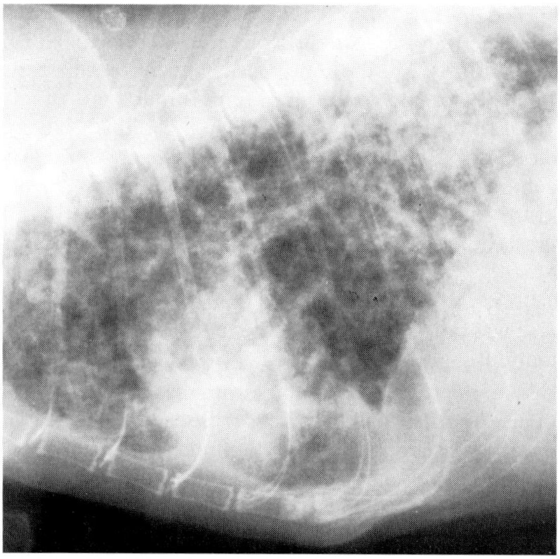

Abb. 61: Röntgenbefund bei Lungentuberkulose (Foto: Prof. Dr. W. Kraft, München).

peratur (um 39,5 °C). Bei Befall des Darmes (sehr häufig M. bovis-Infektionen) treten unstillbare Durchfälle (Malabsorption) auf und es lassen sich vergrößerte Darmlymphknoten perlschnurartig angeordnet palpieren (Cave: Verwechslungsgefahr mit Kotanschoppungen!), ebenso eine Splenomegalie sowie auch Hepatomegalie. Ileussymptome treten auf, wenn die Darmwand mit erfaßt wird. Vielfach stellt sich noch eine exsudative Peritonitis (Abb. 60) ein.

Der Lungenbefall (vor allem mit M. tuberculosis) äußert sich in Form von Hustenanfällen, die zuerst trocken sind, später feucht werden. Mit fortschreitender Krankheitsdauer kommt es zu Atembeschwerden, vor allem vertiefte Atmung nach Anstrengung (auch nach Hustenanfällen). Bei der Auskultation sind Rasselgeräusche wahrnehmbar und im Röntgenbild zeigt die Lunge ein marmoriertes Aussehen bzw. eine diffuse wolkige Verschattung (Abb. 61). Nach Einbruch des Prozesses in die Brusthöhle (kommt bei der Katze offensichtlich nur selten vor) und Mitbeteiligung des Brustfells werden infolge Exsudatbildung die Lungengeräusche und Herztöne leiser. Bei der Perkussion läßt sich eine horizontale Dämpfungslinie nachweisen. Die Punktion ergibt ein trübes, fibrinhaltiges, eiweißzellreiches Exsudat, das in der Rivalta-Probe eine positive Reaktion (deutlich sichtbarer Schleier) ergibt.

Bei der Hauttuberkulose sind 3 verschiedene Krankheitsbilder möglich:

1. Tuberculosis cutis colliquativa oder Scrofuloderm. Die Entstehung ist primär oder metastatisch auf im Zusammenhang mit Pharynxtuberkulose entstandenes, erregerhaltiges Sputum zurückzuführen. Hierbei kommt es vor allem zur Vergrößerung der Kehlgangslymphknoten und von diesen ausgehend können Subkutis und Kutis, unter Ausbildung von Fisteln und Geschwüren ohne Heilungstendenz erfaßt werden.

2. Knotige, subkutane Tuberkulose, deren Auftreten vermehrt bei Siamkatzen beobachtet wird. In diesem Zusammenhang kommt es insbesondere am Nasenrücken zur Bildung von krustigen, sarkoidähnlichen Herden, die zu großflächigen Ulzerationen neigen.

3. Tuberkulöses Hautgeschwür, das vorwiegend an den Extremitäten und am Rücken auftritt. Es äußert sich in Form von rundlichen Geschwüren mit z. T. speckigen, grauweißen, unterminierten, therapieresistenten Rändern.

Tuberkulose, die sich am Auge manifestiert, geht mit Vorfall des 3. Augenlides einher; dieses ist speckig verdickt. Auch Iris, Chorioidea sowie Kornea können vom Krankheitsgeschehen miterfaßt werden. Hierbei kommt es zum Auftreten von konfluierenden Granulomen, die den Bulbus völlig ausfüllen können.
In vereinzelten Fällen ging die Tuberkulose bei Katzen mit einer eitrigen Endometritis einher.

Diagnose: Die klinischen Symptome erlauben nur eine Verdachtsdiagnose, deren Absicherung nur durch einen Erregernachweis möglich ist. In Sekret- und Exkretmaterial, wie Augen-, Nasen-, Wundsekret, Pleurapunktat, Sputum oder Urin, sowie in Biopsiematerial von Haut oder Lymphknoten können mikroskopisch säurefeste Stäbchen mittels Ziehl-Neelsen-Färbung nachgewiesen werden. Für deren Speziesdiagnose ist eine kulturelle Erregeranzüchtung (nimmt mindestens 8 Wochen in Anspruch), evtl. unter Einschluß eines Tierversuches, unerläßlich.
Serologische Untersuchungsverfahren sind nach wie vor von beschränkter Aussagekraft. Die gleiche Feststellung trifft auch für den Tuberkulintest zu, dessen Anwendung bei Katzen u. U. zu einer tödlich verlaufenden Hypothermie führen kann.

Differentialdiagnose: Einzubeziehen in die Differentialdiagnose sind vor allem FIP, eosinophiles Granulom, Leukose und andere tumoröse Erkrankungen incl. Lymphosarkom, ferner Katzenlepra sowie Infektionen mit Yersinia pseudotuberculosis oder Cryptococcus neoformans u. a.

Prognose: Grundsätzlich ungünstig.

Therapie: Von einer vom Tierbesitzer aus verschiedenen Gründen nicht selten gewünschten Chemotherapie tuberkulöser Heimtiere sollte unbedingt Abstand genommen werden. Die Gefahr einer (Re-)Infektion für die Umgebung ist zu groß. Ein Erfolg der arbeits-, zeit- und kostenaufwendigen Behandlung zu unsicher und somit sind jegliche Therapieversuche insgesamt nicht zu verantworten. Aus diesem Grunde ist die Euthanasie tuberkulosekranker und auch erregerausscheidender Heimtiere angezeigt.

Da aufgrund der gegenwärtigen epidemiologischen Situation der Katze, ebenso wie dem Hund, durchaus eine gewisse Indikatorfunktion zukommt, sollte jede bei einem Heimtier gestellte Diagnose Tuberkulose dem zuständigen Gesundheitsamt, in Hinblick auf die mögliche Ansteckungsgefahr für den Menschen, unverzüglich mitgeteilt werden!

Literatur

BEINHAUER, W. (1958): Katzen als Überträger der Tuberkulose im Rinderstall. Dtsch. Tierärztl. Wschr. **65,** 271–273.

CANIATTI, M., M. PARODI, G. CAMMARATA, E. SCANZIANI e C. LACCHINI (1988): Rilievi su 42 case di tubercolosi in carnivori domestici del settorato di Milano (1962–1986). Clin. Vet. **110,** 300–317.

DORSSEN, C. A. VAN (1960): Infectie met Mycobacterium microti bij een kat. Tijdschr. Diergeneesk. **85,** 404–412.

HUITEMA, H., and J. VAN VLOTEN (1960): Murine tuberculosis in a cat. Antonie Leeuwenhoek **26,** 235–240.

ISAAC, J., J. WHITEHEAD, J. W. ADAMS, M. D. BARTON and P. COLOE (1983): An outbreak of Mycobacterium bovis infection in cats in an animal house. Aust. Vet. J. **60,** 243–245.

LISLE, G. W. DE, D. M. COLLINS, A. S. LOVEDAY, W. A. YOUNG and A. F. JULIAN (1990): A report of tuberculosis in cats in New Zealand, and the examination of strains of Mycobacterium bovis by DNA restriction endonuclease analysis. New Z. Vet. J. **38,** 10–13.

MILBRADT, H., und O. ROEMMELE (1960): Tuberkulöse Katze infiziert Rinderbestand. Dtsch. Tierärztl. Wschr. **67,** 17–18.

ORR, C. M., D. F. KELLY and V. M. LUCKE (1980): Tuberculosis in cats. A report of two cases. J. Small Anim. Pract. **21,** 247–253.

SCHLIESSER, Th. (1967): Die Fleischfressertuberkulose und ihre Beziehungen zur Tuberkulose des Menschen. Kleintierpraxis **12,** 191–197.

SCHLIESSER, Th. (1982): Tuberkulose bei Nutz-, Heim- und Zootieren. Fortschr. Vet. Med. **35,** 81–90.

SCHLIESSER, Th., und K. BACHMAIER (1957): Beitrag zur epidemiologischen Bedeutung der Katzentuberkulose. Mh. Tierhk. **9,** 23–27.

WILLEMSE, A., and E. G. M. BEJER (1979): Bovine tuberculosis bij een kat. Tijdschr. Diergeneesk. **104,** 717–721.

15.2. Katzenlepra

Über das Vorkommen der Katzenlepra wurde bislang aus Australien, Neuseeland, Kanada, USA (nordwestliche Region) und in Europa, aus Großbritannien und den Niederlanden, berichtet. Als Erreger dieser Krankheit gilt Mycobacterium (M.) lepraemurium, das auch die Lepra bei Ratten hervorruft. Diese Mykobakterien-Spezies ist auf künstlichen Nährböden bis heute nicht kultiviert worden. Die Ansteckungsquelle dürfte vermutlich bei infizierten Ratten und Mäusen zu suchen sein (Bißwunden), wobei auch stechende Insekten für eine mögliche Erregerübertragung diskutiert werden. Das Alter der Tiere, die an Katzenlepra erkranken, liegt unter 3 Jahren. Außerdem wurde das Auftreten dieser Infektionskrankheit vor allem in den Wintermonaten beobachtet.

Klinik: Am Kopf und/oder an den Gliedmaßen treten einzelne oder multiple granulomatöse Hautknoten auf. Diese können ulzerieren und es kommt zur Entleerung eines dünnflüssigen Eitersekretes. Die regionären Lymphknoten sind in das Krankheitsgeschehen mit einbezogen, das sich auch weiter ausbreiten kann.

Diagnose: Mikroskopisch bzw. histologisch lassen sich in den granulomatösen Veränderungen zahlreiche säurefeste Stäbchen nachweisen, die insbesondere in den Makrophagen anzutreffen sind. Die Isolierung des Erregers, auf den in der Routinediagnostik derzeit üblichen künstlichen Nährböden, verläuft ohne Erfolg.

Differentialdiagnose: Vor allem Tuberkulose (M. bovis), atypisches mykobakterielles Granulom, Nocardiose, Aktinomykose, Cryptococcose, eosinophiles Granulom sowie Neoplasien sind differentialdiagnostisch auszuschließen.

Prognose: Diese ist mit Vorsicht zu stellen und hängt von Größe und Ausdehnung der krankhaften Veränderungen ab.

Therapie: Großzügige chirurgische Entfernung der granulomatösen Veränderungen und anschließend behandeln mit Streptomycin. Auch eine 1–2wöchige Applikation (täglich 1 mg/kg KGW) von Dapson (Cave: Gefahr der Entstehung einer hämolytischen Anämie oder neurotoxischer Symptome) oder Clofazimin soll sich bei der Behandlung von Katzenlepra bewährt haben. Trotz Behandlung sind Rezidive nicht auszuschließen.

Literatur

McINTOSH, D. W. (1982): Feline leprosy: a review of fourty-four cases from Western Canada. Can. Vet. J. **23,** 291–295.

POELMA, F. G., and D. L. LEIKER (1974): Cat leprosy in the Netherlands. Int. J. Lepr. **42,** 309–310.

ROBINSON, M. (1975): Skin granulomas of cats associated with acid-fast bacilli. J. Small Anim. Pract. **16,** 563–565.

SCHIEFER, B., B. R. GEE and G. E. WARD (1974): A disease resembling feline leprosy in Western Canada. J. Am. Vet. Med. Ass. **165,** 1085–1087.

SCHIEFER, H. B., and D. M. MIDDLETON (1983): Experimental transmission of a feline mycobacterial skin disease (feline leprosy). Vet. Path. **20,** 460–471.

THOMPSON, E. J., P. B. LITTLE and P. O. CORDES (1979): Observations of cat leprosy. New. Z. Vet. J. **27,** 233–235.

15.3. Mykobakterielles Granulom (atypisch)

Als Erreger des atypischen mykobakteriellen Granuloms bei Katzen wurden Mycobacterium (M.) avium sowie andere sog. atypische Mykobakterien wie M. fortuitum, M. smegmatis, M. thermoresistibile, M. ulcerans, M. xenopia u. a. beschrieben. Diese Mykobakterien kommen ubiquitär in der unbelebten Umwelt, im Erdboden, im Oberflächenwasser u. a. vor. Die Infektion erfolgt in den meisten Fällen über bereits bestehende kleine Hautläsionen. Mit dem Auftreten des atypischen mykobakteriellen Granuloms (Mykobakteriose) bei Katzen ist weltweit zu rechnen. Trotzdem finden sich im Schrifttum nur wenige Mitteilungen über entsprechende Krankheitserscheinungen, die bevorzugt bei 1–3 Jahre alten Katzen auftreten und nicht ansteckend sind.

Klinik: An der Haut und Unterhaut, vor allem im ventralen Bereich des Abdomens und besonders häufig in der Gegend des inguinalen Fettdepots, kommt es zum Auftreten einzelner oder multipler Knoten mit einem Durchmesser von 1–3 cm. Die Haut des betroffenen Areals ist verdickt, aber nur wenig schmerzempfindlich. Es ist das Entstehen von Ulzerationen oder multifokalen Fistelkanälen, aus denen sich dünnflüssiges Eitersekret entleeren kann, möglich. Die regionären Lymphknoten können vergrößert sein. An Biopsiestellen kommt es nicht selten zu Nahtdesizienz. Das Allgemeinbefinden der Katzen ist i. d. R. nicht beeinträchtigt. Auch erkranken die betreffenden Patienten nicht systemisch.

Diagnose: Mikroskopisch bzw. histologisch lassen sich im Eitersekret bzw. Biopsiematerial säurefeste Stäbchen nachweisen. Diese liegen allerdings nicht zahlreich vor und sind deshalb schwer zu finden. Die histopathologische Untersuchung des veränderten Gewebes ergibt das Vorliegen einer granulomatösen Panniculitis. Die Speziesdiagnose ist nur durch einen kulturellen Erregernachweis möglich. Atypische Mykobakterien lassen sich auf entsprechenden Nährböden, die schnellwachsenden Mykobakterien, wie z. B. M. fortuitum oder M. smegmatis schon nach 5–7 Tagen, auch auf Blutagar anzüchten. Allerdings sollte das untersuchende Labor auf einen entsprechenden Verdacht (Mykobakteriose) aufmerksam gemacht werden.

Differentialdiagnose: Vor allem Tuberkulose (M. bovis), Katzenlepra, Nocardiose, Rhodococcusequi-Infektion, eosinophiles Granulom, Kryptokokkose, Abszesse anderer Genese sowie Neoplasie sind differentialdiagnostisch auszuschließen.

Prognose: Diese sollte vorsichtig gestellt werden. Sie ist abhängig von Größe und Ausdehnung der Krankheitsprozesse.

Therapie: Die Behandlung des atypischen mykobakteriellen Granuloms ist häufig frustrierend. Empfohlen wird eine frühzeitige chirurgische Entfernung der Veränderung und anschließende mehrwöchige Behandlung mit synthetischen Tetrazyklinen und/oder

Quinolonen. Neuerdings soll sich auch Enrofloxacin bewährt haben. Trotzdem sind Rezidive möglich.

Literatur

DEWEVRE, P. J., H. A. McALLISTER, R. G. SCHIRMER and A. WEINACKER (1977): Mycobacterium fortuitum infection in a cat. J. Am. Anim. Hosp. Ass. **13,** 68–70.

KUNKLE, G. A., N. K. GULBAS and V. FAKOK (1983): Rapidly growing mycobacteria as a cause of cutaneous granulomas: report of five cases. J. Am. Anim. Hosp. Ass. **19,** 513–521.

MONROE, W. E., J. R. AUGUST and W. R. CHICKERING (1988): Atypical mycobacterial infections in cats. Comp. Cont. Ed. Pract. Vet. **10,** 1044–1048.

STUDDERT, V. P., and K. L . HUGHES (1992): Treatment of opportunistic mycobacterial infections with enrofloxacin in cats. J. Am. Vet. Med. Ass. **201,** 1388–1390.

SUTER, M. M., A. VON ROTZ, R. WEISS und CH. METTLER (1984): Atypisches mykobakterielles Hautgranulom bei einer Katze in der Schweiz. Zbl. Vet. Med. **A31,** 712–718.

WHITE, S. D., D. J. IHRKE, A. A. STANARD, C. CADMUS, C. GRIFFIN, S. A. KRUTH, E. J. ROSSER, S. I. REINKE and S. JANG (1983): Cutaneous atypical mycobacteriosis in cats. J. Am. Vet. Med. Ass. **182,** 1218–1222.

WILKINSON, G. T., W. R. KELLY and D. O'BOYE (1982): Pyogranulomatous panniculitis in cats due to Mycobacterium smegmatis. Aust. Vet. J. **58,** 77–78.

WILLEMSE, T., D. G. GROOTHUIS, J. P. KOEMAN and E. G. BEYER (1985): Mycobacterium thermoresistible: Extrapulmonary infection in a cat. J. Clin. Microbiol. **21,** 854–856.

16. Mykoplasmen

Bei den Mykoplasmen (frühere Bezeichnung Pleuropneumonia-like organisms, PPLO) handelt es sich um die kleinsten bekannten Mikroorganismen, die sich selbständig vermehren können. Sie unterscheiden sich von den Bakterien dadurch, daß sie keine Zellwand besitzen. Aus diesem Grunde neigen sie zu Pleomorphie und können auch bakteriendichte Filter (0,45 µm) passieren. Zur Anzüchtung von Mykoplasmen werden hochwertige Spezialnährmedien (enthalten Serum, Peptone, Hefeextrakt, Vitamine, Spurenelemente u. a.) benötigt (Bebrütung 2–10 Tage unter aeroben, besser unter mikroaerophilen Verhältnissen).

Bei den bisher von Katzen isolierten Mykoplasmen handelte es sich vor allem um die Spezies Mycoplasma (M.) felis, M. feliminutum, M. gatae, M. arginini sowie Acholeplasma laidlawii. Auch über den kulturellen Nachweis von M. arthritidis, M. gallisepticum, M. pulmonis sowie Ureaplasma sp. wurde in Einzelfällen berichtet. Mykoplasmen können in Abstrichen von Auge, oberem Respirationstrakt, Ohr oder Genitaltrakt sowohl von klinisch gesunden als auch kranken Katzen gefunden werden. Das Angehen einer Mykoplasmen-Infektion ist möglicherweise abhängig vom Vorhandensein anderer Bakterien oder Viren (Faktorenerkrankung). Als Virulenzfaktoren für Mykoplasmen, die von Haus aus eine schwache Virulenz aufweisen, werden das Adhärenzvermögen, die Bildung toxischer Substanzen und auch die Resistenz gegenüber Phagozytose angesehen.

Klinik: Vorwiegend ein- oder beidseitige Konjunktivitis, die mit milden bis schweren Entzündungen der Lidbindehäute und der Netzhaut einhergeht, verbunden mit Hyperämie, Chemosis, Blepharospasmus sowie vermehrter Bildung von serösem bis schleimig-eitrigem Augensekret; Kornea, Iris und Augenfundus erscheinen in diesem Zusammenhang unauffällig.

Beschrieben wurden Mykoplasmen auch als Ursache von Polyarthritis und Tendovaginitis, die mit Fieber, Depression, Ödemen in den Gliedmaßen und Schmerzhaftigkeit im Bereich der Gelenke einhergingen. Auch Harnwegsinfekte sowie Aborte können bei Katzen auf Infektionen mit Mykoplasmen zurückgeführt werden.

Diagnose: Nur durch einen kulturellen Erregernachweis. In diesem Zusammenhang muß, aufgrund der geringen Tenazität von Mykoplasmen in der Außenwelt, das Untersuchungsmaterial auf dem schnellsten Weg, am besten im Transportmedium dem Labor zugestellt werden. Ferner muß bei einem positiven Erregernachweis berücksichtigt werden, daß Mykoplasmen auch auf Schleimhäuten von gesunden Katzen vorkommen können.

Differentialdiagnose: Bei Konjunktivitis-Symptomen sind Infektionen mit Chlamydia psittaci, Staphylococcus aureus bzw. intermedius, Bordetella bronchiseptica, Pasteurella multocida, Streptococcus ssp. sowie Viren des Katzenschnupfen-Komplexes differentialdiagnostisch auszuschließen.

Prognose: Günstig. Bei komplikationslosem Verlauf der Konjunktivitis ist eine Heilung innerhalb von 2–4 Wochen möglich. Auch geheilte Katzen müssen aber nach wie vor als latente Träger und Ausscheider von Mykoplasmen angesehen werden.

Therapie: Als Mittel der Wahl gilt Oxytetrazyklin, das bei Konjunktivitis 4–5mal täglich lokal, mindestens für 4 Tage verabreicht wird. Auch eine parenterale Behandlung, u. U. auch mit Chloramphenicol, ist möglich.

Literatur

BARSANTI, J. A., D. R. FINCO, E. B. SHOTTS, J. BLUE and L. ROSS (1982): Feline urologic syndrome: further investigation into etiology. J. Am. Anim. Hosp. Ass. **18,** 391–396.

BLACKMORE, D. K., A. HILL and O. F. JACKSON (1971): The incidence of mycoplasmas in pet and colony maintained cats. J. Small Anim. Pract. **12,** 207–216.

CAMPBELL, L. H., S. B. SNYDER, C. REED and J. G. FOX (1973): Mycoplasma felis-associated conjunctivitis in cats. J. Am. Vet. Med. Ass. **163,** 991–995.

HAESEBRONCK, F., L. A. DEVRIESE, B. VAN RIJSEN and E. COX (1991): Incidence and significance of isolation of Mycoplasma felis from conjunctival swabs of cats. Vet. Microbiol. **26,** 95–101.

MOISE, N. S., J. W. CRISSMAN, J. F. FAIRBROTHER and C. BALDWIN (1983): Mycoplasma gatae arthritis and tenosynovitis in cats: case report and experimental reproduction of the disease. J. Am. Vet. Res. **44,** 16–21.

RANDOLPH, J. F., N. S. MOISE, J. M. SCARLETT, S. J. SHIN, J. T. BLUE and J. R. CORBETT (1993): Prevalence of mycoplasmal and ureaplasmal recovery from tracheobronchial lavages and of mycoplasmal recovery from pharyngeal swab specimens in cats with or without pulmonary disease. J. Am. Vet. Res. **54,** 897–900.

TAN, R. J. S., and J. A. R. MILES (1974): Incidence and significance of mycoplasmas in sick cats. Res. Vet. Sci. **16,** 27–34.

TAN, R. J. S., and J. A. R. MILES (1974): Possible role of feline T-strain Mycoplasma in cat abortion. Aust. Vat. J. **50,** 142–145.

WILLEBERG, P. (1981): Epidemiology of feline urologic syndrome. Adv. Vet. Sci. Comp. Med. **25,** 311–344.

17. Nocardiose

Die Nocardiose (frühere Bezeichnung: Streptotrichose) tritt bei Katzen nur selten auf und resultiert in den meisten Fällen aus einem Trauma und einer Kontamination mit Erdreich. Dort sowie auf Pflanzen und im Wasser haben die Nocardien, es handelt sich hierbei um grampositive, partiell säurefeste, verzweigte, fadenförmige Mikroorganismen, ihren natürlichen Standort. Als Erreger der Nocardiose wird nicht nur Nocardia (N.) asteroides nachgewiesen, auch N. brasiliensis konnte als ätiologische Ursache ermittelt werden.

Klinik: Nicht selten begünstigt ein Primärleiden das Angehen einer Nocardiose. Diese manifestiert sich bei Katzen vor allem in Form von pyogranulomatösen Abszessen, die zur Bildung von Ulzerationen und Fisteln neigen. Das austretende Exsudat ist relativ dünnflüssig und zeigt eine gelblich-graue bis tomatenrote Farbe. Im Exsudat können gelbliche, weiche bis bröckelige Körnchen von ca. 1 mm Durchmesser vorliegen. Diese sog. Drusen (Granula, „sulfur granules") bestehen aus Bakterienkonglomeraten. Auch Knochen und Gelenke können durch Nocardien befallen werden. Diese können ferner Ursache für eitrige Pleuritis oder Pyothorax sein.

Diagnose: Diese basiert auf dem Erregernachweis, der bereits durch mikroskopische und/oder histologische Untersuchung von Fistel- bzw. Exsudatmaterial erbracht werden kann. In entsprechendem Untersuchungsmaterial lassen sich Nocardien als grampositive Fäden, Stäbchen und/oder kokkoide Formen darstellen, wobei diese eine partielle Säurefestigkeit (Färbung nach KINYOUN mit Karbolfuchsin, die Entfärbung erfolgt mit 1%iger H_2SO_4) aufweisen. Die Absicherung der Diagnose Nocardiose erfolgt durch eine aerobe Erregerisolierung.

Differentialdiagnose: Aktinomykose sowie Infektionen mit Mykobakterien, Pasteurellen, Staphylokokken oder Streptokokken.

Prognose: Ungünstig.

Therapie: Zuerst chirurgisch durch Spüldrainage der Empyme bzw. Spaltung der Abszesse, radikale Exzision der Fisteln und granulomatösen Wucherungen. Anschließend eine hoch dosierte medikamentöse Langzeit-Behandlung (mindestens 4–8 Wochen) in Abhängigkeit von der in vitro ermittelten Antibiotika-Empfindlichkeit des isolierten Nocardien-Stammes mit Penicillin und/oder Sulfonamiden, Ampicillin oder Amoxicillin.

Literatur

AMSTRONG, D. J. (1980): Nocardial pleuritis in a cat. Can. Vet. J. **21,** 189–191.

DAVENPORT, D. J., and G. C. JOHNSON(1986): Cutaneous nocardiosis in a cat. J. Am. Vet. Med. Ass. **188,** 728–729.

KUNKLE, G. A. (1993): Differentialdiagnose von Nodula und Fisteln in der Haut von Katzen. Vet. Int. **5,** 2–9.

SCHMITT, A. H. (1986): Nocardiose bei Hund und Katze. Tierärztl. Umschau **41,** 487–488.

WILKINSON, G. T. (1990): Cutaneous Nocardia infection in a cat. Feline Pract. **13,** 32–34.

18. Pasteurellen-Infektionen

Pasteurellen sind gramnegative Bakterien, die weltweit bei Säugern und Vögeln sowohl bei Wild-, Haus- als auch Labortieren, auf den Schleimhäuten des oberen Respirations- und Verdauungstraktes zu finden sind. Nach neueren Erhebungen erweisen sich 75–99 % der klinisch unauffälligen Katzen als latente Träger von Pasteurellen, die im Vergleich zu landwirtschaftlichen Nutztieren eine große Artenvielfalt aufweisen. Am häufigsten läßt sich Pasteurella (P.) multocida ssp. multocida (ca. 60 %) nachweisen, dann folgen P. multocida ssp. septica (ca. 25 %), P. canis (Biovar 1), P. dagmatis und P. stomatis. Aufgrund des latenten Pasteurellen-Trägertums ist die Tatsache nicht überraschend, daß sowohl bei Mensch als auch Tier, incl. Vogel, im Zusammenhang mit Katzenbissen nicht selten Pasteurellen als Ursache einer Wundinfektion ermittelt werden.

Bei der Katze spielen Pasteurellen im Zusammenhang mit Krankheitsprozessen im Bereich der Kopfschleimhäute eine nicht unerhebliche Rolle. Ähnlich wie bei landwirtschaftlichen Nutztieren fördern vor allem die Herbst- und Wintermonate mit ihren klimatischen Belastungen die klinische Manifestation von Pasteurellen-Infektionen. Weitere prädisponierende Faktoren hierfür sind auch Grundkrankheiten, hervorgerufen durch Viren, Chlamydien oder

Mykoplasmen, Wurmbefall sowie Streß und Ernährungsmangel.

Klinik: Die häufigsten Symptome sind Konjunktivitis, Rhinitis, Sinusitis, Stomatitis, Tonsillitis, Pharyngitis und Husten, wobei die Prozesse vorwiegend als eitrig beschrieben werden. Diese können auch auf Brustfell (fibrinöse Entzündungen) oder Bauchfell in Form von hämorrhagisch-fibrinösen Entzündungen übergreifen. Auch Otitis externa oder Otitis media, unter teilweiser Erfassung des ZNS, können ebenso durch eine Pasteurellen-Infektion hervorgerufen werden wie Harnwegserkrankungen oder Wundinfektionen mit Neigung zur Abszeßbildung.

Diagnose und Differentialdiagnose: Diese ist nur durch einen kulturellen Erregernachweis möglich, wobei Pasteurellen auch in Mischkultur mit anderen aeroben (Staphylokokken, Streptokokken u. a.) oder anaeroben Bakterienarten (Bacteroides ssp., Clostridium ssp., Fusobacterium ssp.) vorliegen können.

Prognose: Bei lokalen Prozessen im allgemeinen günstig, was dagegen bei Pneumonie oder Septikämie nicht in allen Fällen zutrifft.

Therapie: In Abhängigkeit vom Ausfall des Resistenztestes (Antibiogramm) mit dem isolierten Pasteurellen-Stamm kann eine mehrtägige Behandlung mit Penicillin, Ampicillin, Chloramphenicol, Tetrazyklinen oder Sulfonamiden durchgeführt werden.

Literatur

BALDRIAS, L., A. J. FROST and D. O'BOYLE (1988): The isolation of Pasteurella-like organisms from the tonsillar region of dogs and cats. J. Small Anim. Pract. **26**, 63–68.

GANIERE, J. P., F. ESCANDE, G. ANDRE and M. LARRAT (1993): Characterization of Pasteurella from gingival scrapings of dogs and cats. Comp. Immun. Microbiol. Inf. Dis. **16**, 77–85.

HELLMANN, E., H. SCHMID und M. MARX (1987): Differenzierung und ätiologische Bedeutung von Pasteurella-Stämmen aus entzündlichen Prozessen der Kopfschleimhäute von Hunden und Katzen. Berl. Münch. Tierärztl. Wschr. **100**, 328–331.

JONES, A. G. H., and J. A. LOCKTON (1987): Fatal Pasteurella multocida septicaemia following a cat bite in a man without liver disease. J. Inf. **15**, 229–235.

KORBEL, R. (1990): Epizootiologie, Klinik und Therapie der Pasteurella-multocida-Infektion beim Vogelpatienten nach Katzenbiß. Tierärztl. Prax. **18**, 365–376.

19. Rickettsiosen

Bei den Rickettsien handelt es sich ebenso wie bei den Chlamydien um obligat intrazellulär sich vermehrende Mikroorganismen. Diese unterscheiden sich von den Chlamydien durch das Fehlen eines Entwicklungszyklus und der Fähigkeit zur Synthese von Adenosintriphosphat. Abgesehen von wenigen Ausnahmen erfolgt die Übertragung von Rickettsien auf Tiere und Menschen durch Arthropoden.

19.1. Ehrlichiose

Rickettsien aus der Gattung Ehrlichia (E.), deren Übertragung durch verschiedene Zecken-Arten erfolgen kann, befallen bei Mensch und Tier bevorzugt Leukozyten und rufen Allgemeininfektionen hervor. Während das Auftreten der caninen Ehrlichiose, für die die 3wirtige Braune Hundezecke, Rhipicephalus sanguineus, als Vektor dient, zunehmend auch in Europa festgestellt wird, ist weltweit bislang über das Vorkommen von Ehrlichiose bei Katzen wenig bekannt. Seroepidemiologische Untersuchungen erbrachten bei 26,4 % der untersuchten Katzen eines Endemiegebietes (im amerikanischen Bundesstaat Maryland) das Vorliegen von Antikörpern gegen E. risticii (gilt als eigentlicher Erreger des sog. Potomac-Fiebers beim Pferd). Aufgrund dieses Befundes wird nicht ausgeschlossen, daß Katzen möglicherweise ein natürliches Reservoir für E. risticii darstellen könnten. Eine experimentelle Infektion (i. v.) sowohl mit E. risticii als auch mit E. equi führte bei Katzen zu klinischen Symptomen, während die subkutane Applikation von E. risticii „nur" eine Serokonversion bewirkte.

Klinik: Die klinischen Symptome ähneln weitgehend denen, wie sie auch beim Hund im Zusammenhang mit einer Ehrlichiose auftreten können. In experimentellen Versuchen wurde hohes Fieber bis über 40 °C, seröser bis eitriger Nasen- und Augenausfluß, Anämie, Anorexie, Dyspnoe, Lymphadenopathie sowie intermittierender Durchfall beobachtet.

Diagnose: In nach May-Grünwald-Giemsa gefärbten Blutausstrichen muß vor allem nach 1–2 µm großen „Morula" sehr lange gesucht werden. Zu „Morula" wächst der Parasit durch Zweiteilung heran und liegt in einer Vakuole, die von einer einschichtigen Membran umgeben ist.

Die Anzüchtung von Ehrlichia ssp. mittels Monozyten-Kulturen ist nicht einfach und bleibt nach wie vor entsprechend ausgerüsteten Speziallaboratorien vorbehalten. Bislang konnte von natürlich infizierten Katzen keine Ehrlichia ssp. isoliert werden.

Die Durchführung des indirekten Immunfluoreszenztestes zum Nachweis von Antikörpern ist ebenfalls für eine Diagnosestellung möglich. Dieses Untersuchungsverfahren wird bisher im deutschsprachigen Raum noch nicht routinemäßig durchgeführt.

Differentialdiagnose: Vor allem Hämobartonellose, Babesiose (tritt vorwiegend in Afrika, Indien und Indonesien auf), Hepatozoon-Infektion und Panmyelopathie sind differentialdiagnostisch auszuschließen.

Prognose: Bei rechtzeitiger Einleitung der Therapie günstig.

Therapie: Bei den bisher wenigen bekannt gewordenen natürlichen Infektionen hat sich die Verabreichung von Tetrazyklinhydrochlorid (7 Tage lang 2mal täglich oral appliziert) ebenso bewährt wie die Behandlung mit Imidocarbdipropionat (2mal im Abstand von 14 Tagen jeweils 5 mg/kg KGW i. m. appliziert).

Literatur

BUORO, I. B. J., R. B. ATWELL, J. C. KIPTOON and M. A. IHIGA (1989): Feline anaemia associated with ehrlichia-like bodies in three domestic short-haired cats. Vet. Rec. **125,** 434–436.

DAWSON, J. E., I. ABEYGUNAWARDENA, C. J. HOLLAND, M. M. BUESE and M. RISTIC (1988): Susceptibility of cats to infection with Ehrlichia risticii, causative agent of equine monocytic ehrlichiosis. Am. J. Vet. Res. **49,** 2096–2100.

MADEWELL, B. R., and D. H. GRIBBLE (1982): Infection in two dogs with an agent resembling Ehrlichia equi. J. Am. Vet. Med. Ass. **180,** 512–514.

19.2. Hämobartonellose

Die feline Hämobartonellose, auch als feline infektiöse Anämie bezeichnet, wird weltweit in unterschiedlicher Häufigkeit diagnostiziert. In Europa sind einzelne Fälle in Großbritannien, Frankreich, Italien sowie auch in Deutschland und in der Schweiz beschrieben worden. Der Mechanismus der natürlichen Übertragung des wirtsspezifischen Erregers Haemobartonella (H.) felis (frühere Bezeichnung Eperythrozoon felis) ist nach wie vor nicht genau geklärt. Es wird angenommen, daß in diesem Zusammenhang Arthropoden (Zecken, Flöhe) ebenso eine Bedeutung zukommt wie Biß- und Kratzwunden, die im Rahmen von Kämpfen entstehen können. Auch wird die Möglichkeit der vertikalen, perinatalen oder laktogenen Übertragung diskutiert. Ferner wurde die iatrogene Ansteckung durch Bluttransfusionen beschrieben.

Bei gesunden Katzen verläuft die Infektion mit H. felis im allgemeinen klinisch inapparent. Während unter experimentellen Bedingungen splenektomierte Katzen zu 100 % erkranken, ist die Inzidenz unter natürlichen Bedingungen nicht sehr hoch. Erst unter resistenzmindernden Bedingungen, wie z. B. Infektionen mit Viren (insbesondere FeLV), Bakterien oder Parasiten sowie auch unter Streß, kommt es zum Auftreten von klinischen Symptomen. Die feline Hämobartonellose, die gehäuft im späten Frühjahr auftritt, wird vor allem bei männlichen Tieren im Alter von 4–6 Jahren beobachtet.

Klinik: Die Inkubationszeit ist nicht bekannt. In experimentellen Versuchen betrug sie 2–21 bzw. 22–51 Tage nach parenteraler bzw. oraler Erregerverabreichung.

Der akute Krankheitsverlauf geht mit hohem Fieber (bis zu 41,5 °C), Inappetenz, hämolytischer Anämie (gering- bis mittelgradige monozytäre und normochrome Anämien sind die Regel), begleitet von gelblicher Verfärbung der Schleimhäute sowie beschleunigter Atem- und Pulsfrequenz. Gelegentlich kommt es zur Splenomegalie (Abb. 62). Innerhalb weniger Tage kann der Tod eintreten. Wird die aku-

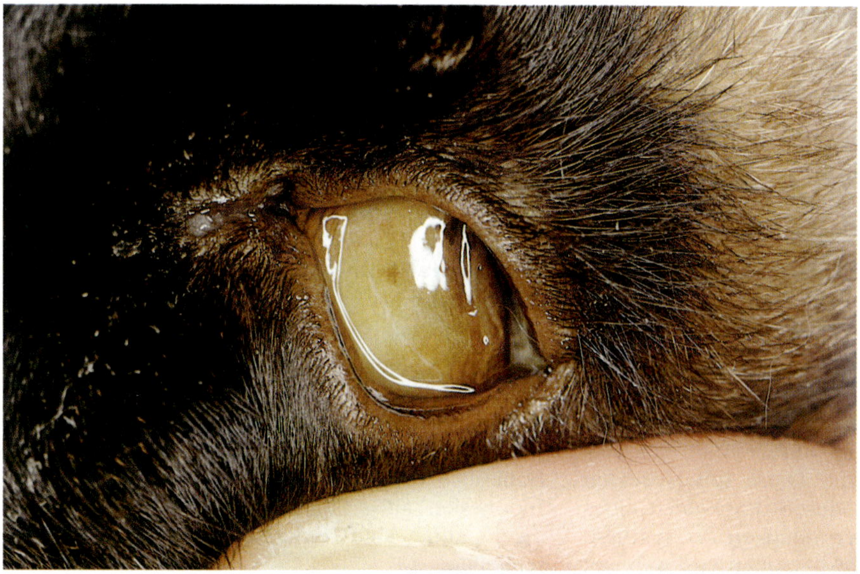

Abb. 62: Ikterus bei Hämobartonellose (gleichzeitig Infektion mit FIV). (Foto: Prof. Dr. W. Kraft, München)

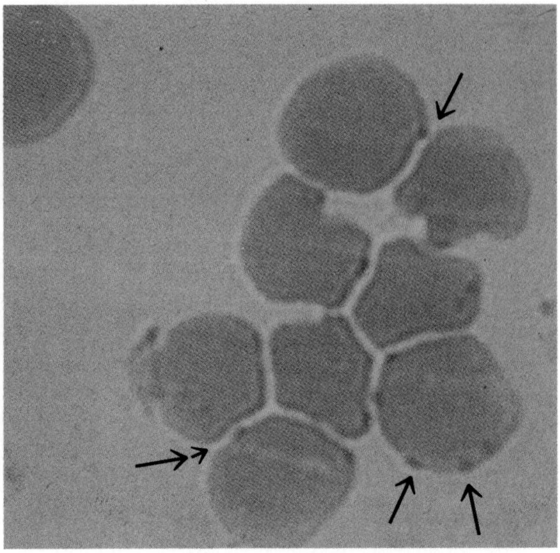

Abb. 63: Blutausstrich bei Hämobartonellose: Haemobartonella felis (Pfeile) (Foto: Prof. Dr. W. Kraft, München).

te Phase überstanden, dann wechseln sich Perioden mit klinischer Symptomatik, wie oben beschrieben, sowie symptomfreie Intervalle ab. Dieser Befund wird auch bei chronischem Krankheitsverlauf erhoben.

Diagnose: Diese erfolgt mikroskopisch durch den Erregernachweis in Blutausstrichpräparaten, gefärbt nach May-Grünwald-Giemsa, nach Wright oder mit Toluidinblau. Als sehr zuverlässig erweist sich auch die Färbung mit Akridin-Orange, allerdings ist für diese Untersuchung ein Fluoreszenzmikroskop erforderlich. Ein einmaliger negativer Befund schließt das Vorliegen einer Hämobartonellose nicht aus. Aus diesem Grunde kann es für eine sichere Diagnose erforderlich sein, Blutausstriche an mehreren aufeinanderfolgenden Tagen zu untersuchen, nicht zuletzt auch deshalb, weil die Präsenz von H. felis im Blutkreislauf nicht konstant ist.

Die Erreger sind den Erythrozyten an- oder aufgelagert (Abb. 63) und bei chronischem oder latentem Verlauf oft nur in spärlicher Menge vorhanden. Wichtig ist auch, daß das Vorliegen von Artefakten, wie z. B. Farbniederschläge oder „Howell-Jolly-Körperchen" (diese liegen innerhalb der Erythrozyten, sind kreisrund, dunkelgefärbt und größer als Hämobartonellen, deren Größe 0,1–0,9 μm beträgt), ausgeschlossen wird.

Ferner werden im Blutausstrich Aniso- (zahlreiche Stechapfelformen) und Poikilozytose, Polychromasie, Normoblastose sowie Erythrophagozytose durch monozytäre Zellen beobachtet. Nicht selten liegen auch Leukozytose und Thrombozytose sowie manchmal auch eine Monozytose vor. Der direkte Coombs-Test ist positiv. Außerdem kann auf dem Objektträger eine Autoagglutination von Erythrozyten beobachtet werden, allerdings persistiert diese, wenn phys. Kochsalzlösung hinzugegeben wird.

Differentialdiagnose: Vor allem Krankheiten, die mit hämolytischer Anämie einhergehen, insbesondere Infektionen mit FeLV oder auch autoimmunhämolytische Anämie.

Prognose: Im Hinblick darauf, daß ca. 50 % der an Hämobartonellose erkrankten Katzen gleichzeitig FeLV-positiv sind, ist ein entsprechender Antigennachweis für die Prognose nicht sehr günstig. Bei FeLV-negativen Tieren ist dagegen die Prognose wesentlich günstiger, zumal auch Spontanheilungen möglich sind. Allerdings bleiben auch geheilte Tiere i. d. R. latent infiziert.

Therapie: Als Medikament der Wahl gilt Oxytetrazyklin, 2mal täglich in einer Dosierung von 25 mg/kg KGW verabreicht, für die Dauer von 3 Wochen. Bei i. v.- bzw. i. m.-Applikation sind 25 mg/die bzw. 50 mg/die, jeweils an 5 aufeinanderfolgenden Tagen verabreicht, erforderlich. Es empfiehlt sich außerdem bei Vorliegen von Erythrophagozytose und/oder schwerer Anämie für 7–14 Tage 1–2 mg Prednisolon pro die als unterstützende Behandlungsmaßnahme durchzuführen.

Auch die i. v.-Verabreichung von Thioacetarsamid-Natrium (Caparsolate), 2mal täglich 1 mg/kg KGW an 2 aufeinanderfolgenden Tagen, hat sich in der Behandlung der felinen Hämobartonellose als gut wirksam erwiesen. In schweren Fällen (PCLV <15 %) können auch Bluttransfusionen (40–50 ml Blut) hilfreich sein. Cave: Durch Bluttransfusion ist die Übertragung von H. felis möglich! Aus diesem Grunde sollte bei ausgesuchten Spendertieren eine Splenektomie durchgeführt werden.

Literatur

BOBADE, P. A., A. S. NASH and P. ROGERSON (1988): Feline haemobartonellosis: clinical, haematological and pathological studies in natural infections and the relationship to infection with feline leukaemia virus. Vet. Rec. **122,** 32–36.

BOUJON, C. E., V. SCHÄR und G. E. BESTETTI (1991): Haemobartonellen-Nachweis im Katzenblutausstrich. Schweiz. Arch. Tierheilk. **133,** 135–136.

FISHER, E. W., S. TOTH and W. O. COLLIER (1983): Anaemia in a litter of Siamese kittens. J. Small Anim. Pract. **24,** 215–219.

GRETILLAT, S. (1984): Hémobartonellose féline ou anémie infectieuse des chats. Quelques remarques concernant sa clinique, son diagnostic et son traitement. Ann. Méd. Vét. **128,** 21–32.

GRINDEM, C. B., W. T. CORBETT and M. T. TOMKINS (1990): Risk factors for Haemobartonella felis infection in cats. J. Am. Vet. Med. Ass. **196,** 96–99.

NASH, A.S., and P. A. BOBADE (1986): Haemobartonella felis infection in cats from the Glasgow area. Vet. Rec. **119,** 373–375.

PENNISI, M. G. (1992): Feline Hämobartonellose (Feline infektiöse Anämie): Stand der Kenntnis. Kleintierpraxis **37,** 27–31.

SAUERWEIN, G., und A. GRABNER (1982): Zur Behandlung der Haemobartonellose der Katze mit Thioacetarsamid-Natrium (Caparsolate). Kleintierpraxis **27,** 323–326.

SOMMER, I., K. KUTSCHMENN und H. JOHANNSEN (1970): Ein Beitrag zur Hämobartonellose der Katze. Mh. Vet.-Med. **25,** 870–876.

TURNER, C. M. R., P. A. BLOXHAM, F. E. G. COX and C. B. TURNER (1986): Unreliable diagnosis of Haemobartonella felis. Vet. Rec. **119,** 534–535.

19.3. Q-Fieber (Coxiellose)

Der Erreger Coxiella (C.) burnetii kommt einerseits in für Rickettsien typischen Naturherden, in denen Infektketten zwischen dem eigentlichen Reservoir (Schafzecken) und kleinen Nagern sowie Wildtieren ablaufen, vor. Andererseits kann der Infektionszyklus auch unabhängig von Zecken erfolgen, wobei in diesem Zusammenhang die aerogene Erregeraufnahme über Tröpfchen und Staub im Vordergrund steht. Das tierartliche Wirtsspektrum von C. burnetii, die eine sehr hohe Tenazität aufweisen (bleiben fast 2 Jahre infektiös), ist außerordentlich groß. In diesem Zusammenhang kommt hierzulande insbesondere Rindern, aber auch Schafen und Ziegen, eine relevante Bedeutung zu. Seroepidemiologische Erhebungen, durchgeführt im deutschsprachigen Raum, ergaben, daß bis zu 22 % der untersuchten Katzen Antikörper gegen C. burnetii aufweisen. Über entsprechende Durchseuchungsraten bei Katzen in Süd-Kalifornien und Kanada liegen Hinweise vor. Nach C. burnetii-bedingten Aborten von Wiederkäuern werden durch diese über Fruchtwasser riesige Erregermengen ausgeschieden (10^9 Keime/ml), so daß durch Aufnahme abortierter Rinder- oder Schaffeten ebenfalls eine Ansteckung von Katzen erfolgen kann.

Klinik: In den meisten Fällen verlaufen Infektionen mit C. burnetii inapparent. Bei tragenden Tieren kann es aber zu einer Besiedlung des Uterus und zum Abort kommen. In den letzten Jahren wurden vor allem in Kanada mehrere Fälle von Q-Fieber beim Menschen bekannt, die ihren Ausgang von Katzen genommen haben, die infolge einer C. burnetii-Infektion verworfen hatten.

Im älteren Schrifttum finden sich außerdem Hinweise, daß Q-Fieber bei (experimentell infizierten) Katzen mit Fieber, Bronchopneumonie und Milzvergrößerung einhergehen kann.

Diagnose: Bei C. burnetii-bedingten Aborten läßt sich der Erreger in Ausstrichpräparaten von Plazenta oder Fruchtwasser, gefärbt nach Stamp oder Giménez, mikrokopisch darstellen. Die Isolierung von C. burnetii mittels Tierversuch (Maus, Meerschweinchen), embryoniertem Hühnerei oder Zellkultur ist nicht ganz einfach und bleibt deshalb nur entsprechend eingerichteten Laboratorien vorbehalten.
Eine serologische Diagnose ist möglich (ELISA, indirekter Immunfluoreszenztest; mit Einschränkung Komplementbindungsreaktion) durch Untersuchung von 2 Serumproben, die im Abstand von mindestens 14 Tagen entnommen werden (Bestimmung der Titerdynamik).

Therapie: Für die Katze liegen bislang keine einschlägigen Erfahrungen vor. Es bietet sich zwar eine parenterale Therapie mit Tetrazyklinen an, wobei aber nicht sichergestellt ist, daß dadurch die Erregerausscheidung unterbunden wird.

Literatur

DAOUST, P. Y., and R. PERRY (1989): Coxiellosis in a kitten. Can. Vet. J. **30,** 434.

GILLESPIE, J. H. (1952): Experimental Q-fever in cats. Am. J. Vet. Res. **13,** 91–94.

MARRIE, T. J., H. DURANT, J. C. WILLIAMS, E. MINTZ and D. M. WAAG (1988): Exposure to parturient cats: A risk factor for acquisition of a Q-fever in Maritime Canada. J. Inf. Dis. **158,** 101–108.

RANDHAWA, A. S., W. H. DIETERICH, W. B. JOLLEY and C. C. HUNTER (1974): Coxiellosis in pound cats. Feline Pract. **4,** 37–38.

REUSSE, U. (1960): Die Bedeutung des Q-Fiebers als Zoonose. Zschr. Tropenmed. **11,** 223–262.

SCHAAL, E. H. (1985): Rickettsiosen. In BLOBEL, H., und Th. SCHLIESSER (Hrsg.): Handbuch der bakteriellen Infektionen bei Tieren. Bd. V, S. 552–649. Gustav Fischer Verlag Jena.

WERTH, D. (1989): Vorkommen und Bedeutung von Chlamydia psittaci und Coxiella burnetii bei Hund und Katze. Eine Literaturstudie. Berl. Münch. Tierärztl. Wschr. **102,** 156–161.

20. Rhodococcus-equi-Infektion

Die grampositive Bakterienspezies Rhodococcus (R.) equi (frühere Bezeichnung Corynebacterium equi) tritt in erster Linie beim Pferd als Krankheitserreger, dort vor allem beim Fohlen als Ursache einer eitrigen fokalen Bronchopneumonie mit Abszeßbildung, unter Beteiligung der regionären Lymphknoten, auf. Bei Katzen wurden bislang nur sporadische Krankheitsfälle bekannt. Als Ansteckungsquellen werden Pferde, erkrankte Katzen und Erdboden, in dem R. equi lange Zeit überleben kann, diskutiert.

Klinik: Nicht heilende, progressive Abszesse in der Haut und im subkutanen Fettgewebe, die mit granulomatöser Lymphadenitis einhergehen.

Diagnose: Diese wird nur durch einen kulturellen Erregernachweis gestellt.

Differentialdiagnose: Vor allem ist das Vorliegen eines Lymphosarkoms differentialdiagnostisch auszuschließen.

Prognose: Im fortgeschrittenen Krankheitsstadium nicht sehr günstig.

Therapie: Über die erfolgreiche Behandlung mit Gentamicin und Erythromycin wird berichtet.

Literatur

ELLIOTT, G., G. H. K. LAWSON and C. P. MACKENZIE (1986): Rhodococcus equi infection in cats. Vet. Rec. **118,** 693–694.

JANG, S. S., A. LOCK and E. L. BIBERSTEIN (1985): A cat with Corynebacterium equi lymphadenitis clinically simulating lymphosarcoma. Cornell Vet. **65,** 232–239.

21. Rotz (Malleus)

Diese Infektionskrankheit, hervorgerufen durch die gramnegative Bakterienspezies Burkholderia (B.) mallei, befällt vorwiegend Equiden. Katzen sind ebenso wie Hunde dagegen wenig empfänglich. Offensichtlich erweisen sich aber Großkatzen empfänglicher für eine Infektion mit B. mallei, denn in Zoologischen Gärten werden zuweilen akut verlaufende Enzootien beobachtet. Diese sind i. d. R. nach Verfütterung von Fleisch und Organen, das von an Rotz erkrankten Pferden stammte, aufgetreten. Diese Infektionskrankheit kommt gegenwärtig bei Equiden in China, Hinterindien, Indonesien, Mongolei, Iran, Irak und Türkei noch endemisch vor.

Klinik: Die Krankheit beginnt mit heftiger Entzündung der Lidbindehäute und der Schleimhäute des Rachenraumes. Es folgen starker Augen- und Nasenausfluß, allmählich von purulentem Charakter und später von grünlich-grauem und blutigem Aussehen sowie eine geräuschvolle Atmung. Kurze Zeit später treten voluminöse Schwellungen am Kopf, insbesondere im Nasenbereich auf. Ferner bilden sich an verschiedenen Körperregionen auf der Haut rasch ausbreitende Knötchen, aus denen Geschwüre entstehen, die aufbrechen. Die Tiere werden immer apathischer und nach einer Krankheitsdauer von 1–2 Wochen kommt es zum Tod infolge Asphyxie oder Septikämie.

Diagnose: Der Vorbericht (Verfütterung von Pferdefleisch) und das klinische Krankheitsbild erlauben nur eine Verdachtsdiagnose, deren Absicherung durch bakteriologischen Erregernachweis (Spezialnährböden) in Sekret- und/oder Abszeßmaterial durchwegs post-mortem erfolgt.

Die serologische Diagnose ist mittels Serumlangsamagglutination (i. d. R. ab 7. Tag post inf. positiv) und/oder Komplementbindungsreaktion (ab 12.–14. Tag post inf. positiv) evtl. möglich, allerdings liegen diesbezüglich für (Groß-)Katzen keine praktischen Erfahrungen vor. Die gleiche Feststellung gilt auch für eine Mallein-Augenprobe, die beim Pferd eine sehr leistungsfähige diagnostische Methode darstellt.

Differentialdiagnose: Tuberkulose, Sporotrichose, Nocardiose u. a. sind differentialdiagnostisch auszuschließen.

Prognose: Diese ist als ungünstig einzustufen.

Therapie: Die Behandlung Rotz-kranker oder der Krankheit verdächtiger Tiere ist im deutschsprachigen Raum verboten!

Literatur

ALIBASOGLU, M., T. YESILDERE, T. CALISLAR, T. INAL und U. CALISKAN (1986): Malleus-Ausbruch bei Löwen im Zoologischen Garten Istanbul. Berl. Münch. Tierärztl. Wschr. **99,** 57–63.

BATTELLI, C., F. CONTENTO, T. CORSALINI, G. GEOFREDO, P. LAZARI, V. PUCCINI and L. SOBRERO (1973): Segnalazione di un episodio di morva rilevato in un gruppo di leoni in cattavita. Vet. Ita. **24,** 87–112.

22. Salmonellen

Zu Beginn der 60er Jahre erbrachten hierzulande durchgeführte bakteriologische Untersuchungen von Katzenkotproben in keinem Falle das Vorliegen von Salmonellen, während inzwischen die Nachweisquote, wenn auch nicht so hoch wie bei Hunden, in Abhängigkeit von Region, Auswahl und Herkunft der Tiere zwischen 2 und 11 % liegt. In den letzten Jahren sind allerdings die mitgeteilten Salmonellen-Nachweisraten bei Katzen unter die vor 10 Jahren gesunken. Nach wie vor wird bei dieser Tierart eine Vielzahl von Salmonellen-Serovaren gefunden, wobei die meisten Isolierungen, insbesondere aus Organmaterial, auf S. typhimurium*) (Anteil bis zu 57 %) entfallen. Ferner ist bei Katzen der relativ hohe Anteil (bis zu 21 %) an S. typhimurium var. copenhagen**)-Isolierungen auffallend. Auch S. enteritidis***) wird bei Katzen offensichtlich häufiger gefunden (bis zu 26 % aller Salmonellen-Isolate) als bei Hunden.

Neuerdings wird vielfach auch folgende Schreibweise angewandt: S. Typhimurium*), S. Typhimurium var. Copenhagen**), S. Enteritidis***) als praxisgerechte Abkürzung von S. enterica subsp. enterica serov. Typhimurium bzw. serov. Typhimurium var. Copenhagen bzw. serov. Enteritidis.

Die natürliche Infektion bei Katzen dürfte, ebenso wie bei Hunden, in erster Linie durch die Verfütterung ungekochten Fleisches oder Innereien von Schlachttieren erfolgen. Industriell hergestelltes Fertigfutter, das einwandfrei sterilisiert abgepackt ist, enthält i. d. R. keine Salmonellen. Auch die Ansteckung von Katzen untereinander ist von Bedeutung, wobei besonders in Zoohandlungen und Tierheimen genügend Kontaktmöglichkeiten vorhanden sind. In vereinzelten Fällen können auch andere Tierarten, vor allem Vögel, z. B. Papagei, als Infektionsquelle für Katzen, die in Haushalten leben, in Betracht kommen. Auch der Mensch, insbesondere an Salmonellen erkrankte Kinder, stellt eine weitere mögliche Ansteckungsquelle für die Katze dar.

Klinik: In den meisten Fällen verlaufen Salmonellen-Infektionen bei Katzen unauffällig. Eine spontane Manifestation geht mit katarrhalischer oder hämorrhagischer Enteritis einher. In diesem Zusammenhang kommt es zur raschen Entkräftung, Dehydration, Kreislaufstörungen und mit fortschreitender Dauer zu starker Abmagerung. Im Blutbild ist eine Leukozytose mit Linksverschiebung auffällig, gelegentlich auch eine Leukopenie und Anämie. Die sehr selten vorkommende septikämische Salmonellose äußert sich durch hohes Fieber, rasch einsetzenden Kräfteverfall, Anorexie, Durchfall und Erbrechen, gelegentlich auch Verstopfung.
Ferner wurde über eine Konjunktivitis bei Katzen, hervorgerufen durch Salmonellen, berichtet.

Diagnose: Diese ist zuverlässig nur durch einen entsprechenden Erregernachweis in Kotproben bzw. post mortem in Organmaterial möglich. Bei der erfolgreichen Isolierung von Salmonellen aus Kotproben muß in jedem Falle berücksichtigt werden, daß Katzen diesen Erreger auch latent ausscheiden können.
Der Antikörpernachweis mittels Langsamagglutination erlaubt keine verwertbare diagnostische Aussage.

Differentialdiagnose: Bei allen fieberhaften Erkrankungen mit Erbrechen und Durchfall müssen virale sowie andere bakterielle Erreger ausgeschlossen werden, ebenso das Vorliegen von Pyothorax oder Pleuritis.

Prognose: Im allgemeinen günstig bei rechtzeitiger Diagnosestellung.

Therapie: Latente Dauerausscheider sollten nicht antibiotisch behandelt werden, da durch Antibiotika-Applikation die Ausscheidungsphase von Salmonellen eher verlängert als verkürzt wird.
Bei fieberhaften Allgemeinerkrankungen, infolge manifester Salmonellen-Infektion, kann in Abhängigkeit des Ausfalles des Resistenztestes (Antibiogramm) mit dem isolierten Stamm, Trimethoprim-Sulfamethoxazol (1mal täglich 20 mg/kg KGW), Amoxicillin (täglich 20 mg/kg KGW per os) oder Chloramphenicol (täglich 30–50 mg/kg KGW, verteilt auf 3–4mal täglich per os) jeweils 5–7 Tage lang, gegeben werden. Wichtig ist außerdem, vor allem bei Erbrechen und Durchfall, die parenterale, wenn möglich auch die orale Flüssigkeitssubstitution. Bei Pyothorax muß eine Drainage mit Lavage durchgeführt werden.
Außerdem hat eine wiederholte Reinigung und Desinfektion des unmittelbaren Lebensraumes (Katzentoilette, Lager, Futter-, Tränknapf u. a.) der Katze zu erfolgen.

Literatur

AMTSBERG, G. (1979): Salmonellose bei Hund und Katze. Prakt. Tierarzt (Colleg. Vet.) **60,** 45–51.

AMTSBERG, G., und G. KIRPAL (1979): Zum Vorkommen von Salmonellen bei Hunden und Katzen. Berl. Münch. Tierärztl. Wschr. **92,** 194–197.

DOW, S. W., R. L. JONES, R. A. HENIK and P. W. HUSTED (1989): Clinical features of salmonellosis in cats: six cases (1981–1986). J. Am. Vet. Med. Ass. **194,** 1464–1466.

FOX, J. G., and C. B. GALLUS (1977): Salmonella-associated conjunctivitis in a cat. J. Am. Vet. Med. Ass. **171,** 845–847.

MADEWELL, B. R., and A. E. McCHESNEY (1975): Salmonellosis in a human infant, a cat and two parakeets in the same household. J. Am. Vet. Med. Ass. **167,** 1089–1090.

MESSOW, C., und L. HENSEL (1960/61): Die Salmonellose der Karnivoren. Dtsch. Tierärztl. Wschr. **67,** 623–626 und **68,** 51–53.

RESSEL, L., und G. WOLFRAM (1989): Vorkommen von Salmonellen bei Klein- und Heimtieren sowie Exoten einer Großstadt. Z. ges. Hyg. **35,** 653–655.

STOLL, L., und V. KOHL (1975): Salmonella-Isolierungen bei Katzen. Berl. Münch. Tierärztl. Wschr. **88,** 455–456.

TIMONEY, J. F., H. C. NEIBERT and F. W. SCOTT (1978): Feline salmonellosis: a nosocomial outbreak and experimental studies. Cornell Vet. **68,** 211–219.

WEBER, A. (1978): Vorkommen von Salmonellen bei Heimtieren. Tierärztl. Umschau **33,** 363–368.

WEBER, A. (1993): Zum Vorkommen von Salmonellen bei kleinen Haustieren in Deutschland. ATF-Schriftenreihe, Interdisziplinäres Symposium Salmonellose, S. 63–70.

WEISSER, W. (1980): Salmonellaisolierungen aus Fäzes von klinisch erkrankten Hunden und Katzen. Prakt. Tierarzt **61,** 121–128.

23. Spirillen

Schon um die Jahrhundertwende wurde das Vorkommen von spirillenartigen Mikroorganismen im Fundusteil von Hunden und Katzen beschrieben. Inzwischen ist in vereinzelten Fällen die Anzüchtung dieser Erreger aus Katzenmägen, nicht dagegen aus Hundemägen gelungen. Die Taxonomie dieser spiralförmigen Bakterien ist nach wie vor ungeklärt. So finden sich Bezeichnungen wie Helicobacter (H.)

felis (Benennung der Erstisolierung bei Katzen), H. heilmanni (frühere Bezeichnung Gastrospirillum hominis) und helicobacterartige Bakterien (= gastro helicobacter-like organisms = GHLOs) u. a. Die pathogene Bedeutung dieser spirillenartigen Bakterien läßt nach wie vor noch viele Fragen offen, denn auch bei gesunden Katzen (ca. 40 %) konnten diese Keime nachgewiesen werden.

Klinik: Im Vordergrund steht remittierendes Erbrechen sowie leichte bis mittelschwere, chronische, teils follikuläre, vorwiegend antrale Entzündung des Magens.

Diagnose: Diagnostisch hinweisend für einen Befall mit Spirillen ist deren zytologischer Nachweis in via Endoskopie gewonnenen Schleimhautbiopsien aus der koproantralen Region. Durch die zytologische Abstrichtechnik ist die Gewinnung von mehr Oberflächenepithel und mehr Schleimhautmaterial als bei herkömmlicher Histologie möglich.

Therapie: Wie bei Hunden lassen sich auch bei Katzen die Spirillen durch eine kombinierte Behandlung mit Wismutsalzen (täglich 2x 10 mg/kg KGW, oral 4 Wochen), Amoxicillin (täglich 2x 25 mg/kg KGW, oral, 2 Wochen lang), Metronidazol (täglich 25 mg/kg KGW, oral, 10 Tage) und Cimetidin (4x täglich 5 mg/kg KGW, oral, 4 Wochen) eliminieren.

Literatur

GEYER, C., F. COLBATZKY, J. LECHNER and W. HERMANNS (1993): Occurence of spiral-shaped bacteria in gastric biopsies of dogs and cats. Vet. Rec. **133,** 18–19.

LEE, A., S. L. HAZELL, J. L. U. ROURKE and S. KOUPRACH (1988): Isolation of a spiral-shaped bacterium from the cat stomach. Infect. Immun. **56,** 2843–2850.

OTTO, G., S. HAZELL, J. G. FOX, C. R. HOWLETT, J. C. MURPHY, J. L. O'ROURKE and A. LEE (1994): Animal and public health implications of gastric colonization of cats by helicobacter-like organisms. J. Clin. Microbiol. **32,** 1043–1049.

WEBER, A. F.(1960): Über die Natur und mögliche pathologische Bedeutung von Spirillen in den Fundusdrüsen von Hunden und Katzen. Berl. Münch. Tierärztl. Wschr. **73,** 141–142.

WEGMANN, W., M. ASCHWANDEN, N. SCHAUB, W. AENISHÄNSLIN und K. GYR (1991): Gastrospirillum-hominis-assoziierte Gastritis – eine Zoonose? Schweiz. Med. Wschr. **121,** 245–254.

24. Staphylokokken-Infektionen

Staphylokokken (grampositive „Haufen"-Kokken) kommen ubiquitär vor und sind bei der Katze in unterschiedlicher Häufigkeit auf der Haut und in der Nase anzutreffen. Prädisponierende Faktoren für das Angehen einer Staphylokokken-Infektion (ältere Bezeichnung „Botryomykose") sind mangelnde Pflege, traumatisierte Haut (z. B. nach Kratz-, Bißverletzungen, Abschürfungen, Operationen, Ektoparasitenbefall), Fremdkörper (z. B. Grannen), allergische Hauterkrankungen, endokrine Störungen, Immunsuppression (z. B. durch Virusinfektionen, Glukokortikoidtherapie), genetisch bedingte Immunopathie u. a. Als Krankheitserreger werden vor allem die Koagulase-positiven Spezies Staphylococcus (S.) aureus (nicht selten menschlicher Herkunft), S. intermedius und S. hyicus sowie gelegentlich auch Koagulase-negative Spezies wie z. B. S. epidermidis, S. simulans (kommt sehr häufig auf der gesunden Haut von Katzen vor), S. warneri oder S. xylosus u. a. nachgewiesen.

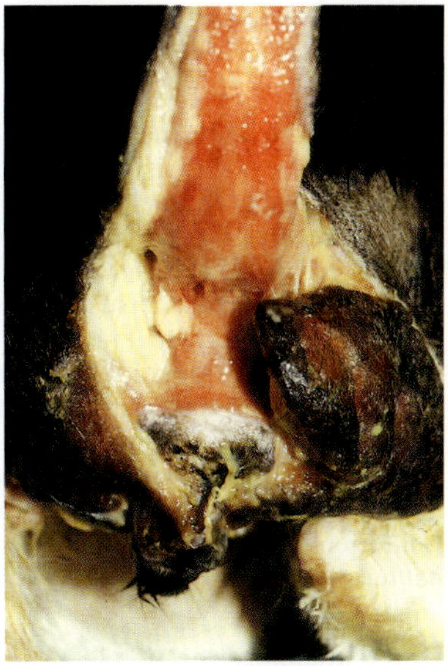

Abb. 64: Toxische Epidermolyse (Lyell-Syndrom) im Damm-Oberschenkelbereich, hervorgerufen durch Staphylokokken (Foto: Prof. Dr. W. Kraft, München. Aus: Tierärztl. Prax. 1993, 21: 11, F. K. Schattauer Verlagsgesellschaft mbH, Stuttgart – New York).

Klinik: In der Mehrzahl der Fälle handelt es sich um eitrige Entzündungen der Haut, die mit der Bildung von Furunkeln oder Abszessen einhergehen. Diese können auch flächenhaft größere Haut- (Pyodermie) oder Unterhautbezirke (Phlegmone) erfassen.

Die akut verlaufende Hautnekrose (Abb. 64) kann auch auf eine Infektion mit S. aureus zurückgeführt werden. Die vom Erreger gebildeten Exotoxine (Epidermolysin, Exfoliatin) bewirken das geradezu schlagartiges Auftreten (innerhalb weniger Stunden) von breitflächigen, nekrotischen, rasch fortschreitenden Hautveränderungen, die „wie verbrüht" oder wie Pergament aussehen, sich von der gesunden Umgebung ablösen und eine m. o. w. starke Sekretion von Eiter aufweisen. Nicht selten ist dieses Krankheitsbild (Epidermolysis toxica acuta oder Lyell-Syndrom) auf eine im Zusammenhang mit einer anderen Krankheit durchgeführten Antibiotika-Behandlung zurückzuführen.

Weitere Krankheitssymptome, die im Zusammenhang mit Staphylokokken-Infektionen auftreten können, reichen von Otitis, Konjunktivitis, Sinusitis,

Rhinitis, Pneumonie, Harnwegserkrankungen bis hin zur Bakteriämie (insbesondere bei Katzenwelpen).

Diagnose: Das klinische Bild der akut verlaufenden Hautnekrose ist so typisch, daß eine weitere Diagnostik unterbleiben kann. Die übrigen Staphylokokken-bedingten Krankheitserscheinungen können nur durch einen Erregernachweis zuverlässig diagnostiziert werden. Im Untersuchungsmaterial (Abszeßeiter, Sekrettupfer, Punktat, Exsudat) sind mikroskopisch die Staphylokokken in Form von grampositiven, in Haufen gelagerten Kokken i. d. R. gut zu erkennen, die Absicherung der Speziesdiagnose erfolgt durch den kulturellen Nachweis. Nicht selten liegen Staphylokokken in Mischkultur mit anderen Bakterienarten vor, so daß die Interpretation des bakteriologischen Befundes Probleme bereiten kann.

Differentialdiagnose: Vor allem andere pyogene Erreger wie Actinomyces ssp., Bacteroides ssp., Escherichia coli, Pasteurella multocida, Streptokokken und auch Mykobakterien sind differentialdiagnostisch auszuschließen.

Prognose: Im allgemeinen günstig.

Therapie: Die durchzuführende Antibiotikabehandlung richtet sich stets nach dem Ausfall des mit dem isolierten Staphylokokken-Stamm durchgeführten Resistenztestes (Antibiogramm). Nicht selten erweisen sich entsprechende Isolate als resistent gegenüber Penicillin und Ampicillin. Je nach Ausfall des Resistenztestes können dann als Alternative Tetrazykline, Erythromycin, Chloramphenicol, Gentamicin, Neomycin, Trimethoprim-Sulfamethoxazol, Enrofloxacin u. a. eingesetzt werden. Bei örtlich begrenzter Erkrankung (z. B. Abszeß, Konjunktivitis) werden die Antibiotika (Chemotherapeutika) lokal angewandt, wobei u. U. chirurgische Maßnahmen (z. B. bei Abszessen) angebracht sind. Eine mehrtägige parenterale Applikation wird bei fieberhaften Allgemeinerkrankungen, Lungen- oder Harnwegsinfektionen durchgeführt.

Literatur

COX, H. U., J. D. HOSKINS, S. S. NEWMAN, G. H. TURNWALD, C. S. FOIL, A. F. ROY and M. T. KEARNEY (1985): Distribution of staphylococcae species on clinically healthy cats. Am. J. Vet. Res. **46,** 1824–1828.

DEVRIESE, L. A., D. NZUAMBE and C. GODARD (1984): Identification and characterization of staphylococci isolated from cats. Vet. Microbiol. **9,** 279–285.

KRAFT, W. (1993): Akute Hautnekrose bei einer Katze. Tierärztl. Prax. **21,** 11 und 79–80.

MEDLEAU, L., and J. L. BLUE (1988): Frequency and antimicrobial susceptibility of Staphylococcus spp. isolated from feline skin lesions. J. Am. Vet. Med. Ass. **193,** 1080–1081.

25. Streptokokken-Infektionen

Streptokokken gehören mit zur normalen Bakterienflora von Nasopharynx, Darm-, Genitaltrakt und Haut. Die pathogenen Arten stammen teilweise aus der permanenten Flora oder können auch als transiente Keime vorkommen. Die Infektion erfolgt meistens vom Besiedlungsort ausgehend oder nach Aussaat an einer empfänglichen Stelle. Das Angehen der Infektion ist vielfach abhängig von einer Grundkrankheit, Resistenzminderung, Störung der normalen Bakterienflora, lokalen Virusinfektionen oder von traumatischen Einwirkungen. Bei Katzen werden im Zusammenhang mit Streptokokken-Infektionen vorwiegend ß-hämolysierende Streptokokken der Serogruppe G, die auch beim Hund als Krankheitserreger vorkommen können (deshalb vielfach auch als Streptococcus canis bezeichnet), nachgewiesen. Ferner finden sich im Schrifttum auch Hinweise über den Nachweis von Streptococcus (Str.) agalactiae, Str. pneumoniae, Str. suis u. a. als Krankheitserreger bei der Katze. In Tierhaltungen ist das Auftreten von Streptokokken-Epizootien bei Katzen, insbesondere bei Jungtieren, des öfteren festgestellt worden.

Klinik: Vor allem eitrige Entzündungen der Kopfschleimhäute (Schnupfen, Konjunktivitis) und Tonsillen (Tonsillitis), verbunden mit abszedierender Lymphadenitis (Feline Streptokokken-Lymphadenitis). Diese Erscheinungen können begleitet sein von unterschiedlich hohem Fieber, Mattigkeit und Appetitlosigkeit. Nach septikämischer Ausbreitung der Erreger ist das Auftreten von Bronchopneumonie oder Pleuritis möglich. Auch zu letal verlaufenden Krankheitsfällen, insbesondere bei Katzenwelpen, kann es kommen. Gelegentlich wurden Streptokokken der Serogruppe G auch als ätiologische Ursache von Erkrankungen des Ohres, der äußeren Haut, der Gelenke und des Genitaltraktes ermittelt.

Diagnose: In nach Gram gefärbten Ausstrichpräparaten von Abszeßeiter oder Sekret erlaubt der mikroskopische Nachweis von grampositiven, in Ketten gelagerten Kokken bereits den diagnostischen Hinweis auf Vorliegen von Streptokokken. Durch kulturelle Anzüchtung von ß-hämolysierenden Streptokokken ist anschließend eine Serogruppen-Bestimmung (mittels Latexagglutination) möglich.

Differentialdiagnose: Andere pyogene Infektionserreger, wie z. B. Escherichia coli, Pasteurella multocida, Staphylokokken und Yersinia pseudotuberculosis sind differentialdiagnostisch auszuschließen.

Prognose: Im allgemeinen günstig, wenn eine Behandlung eingeleitet wird.

Therapie: Mittel der Wahl ist Penicillin G (i. m. verabreicht). Auch Amoxicillin oder Ampicillin können eingesetzt werden. Die chirurgische Öffnung von Abszessen, anschließend Reinigung mit Wasserstoffperoxid sowie Auftragen von 1%igem Chlorhexidin stellen unterstützende Therapiemaßnahmen zur Antibiotikabehandlung dar.

Literatur

BLANCHARD, P., and D. WILSON (1989): Group G streptococcal infections in kittens. Curr. Vet. Ther. **10**, 1091–1093.

GOLDMAN, D. M., and T. D. MOORE (1973): Spontaneous Lancefield group G streptococcal infection in a random source cat colony. Lab. Anim. Sci. **23**, 565–566.

REITMEYER, J. C., and J. H. STEELE (1984): The occurence of beta-hemolytic Streptococcus in cats. Southwest. Vet. **36**, 41–42.

SWINDLE, M. M., O. NARAYAN and M. LUZARRAGA (1980): Contagious streptococcal lymphadenitis in cats. J. Am. Vet. Med. Ass. **177**, 829–830.

SWINDLE, M. M., O. NARAYAN, M. LUZARRAGA and D. L. BOBBIE (1981): Pathogenesis of contagious streptococcal lymphadenitis in cats. J. Am. Vet. Med. Ass. **179**, 1208–1210.

TILLMAN, P. C., N. D. DODSON and M. INDIVERI (1982): Group G streptococcal epizootic in a closed cat colony. J. Clin. Microbiol. **16**, 1057–1060.

26. Tularämie

Diese durch die gramnegative Bakterienspezies Francisella (F.) tularensis hervorgerufene Infektionskrankheit tritt in erster Linie bei wildlebenden Nagetieren auf („Hasenpest"), wo sie nicht selten septikämisch verläuft. Inzwischen ist F. tularensis bei über 125 verschiedenen Säugetierarten festgestellt worden. Über das sporadische Vorkommen von Tularämie bei Katzen wurde ebenfalls berichtet, nicht zuletzt auch im Zusammenhang mit Erkrankungen beim Menschen. Katzen scheinen für eine Infektion mit F. tularensis empfänglicher zu sein als Hunde. Die Übertragung des Erregers erfolgt hauptsächlich durch Biß oder Stich blutsaugender Insekten (Zekken, Fliegen, Läuse u. a.). In Endemiegebieten können Wasser und Futter, kontaminiert durch Ausscheidungen infizierter Nager, als Ansteckungsquellen ebenso in Betracht kommen wie der Fang und Verzehr F. tularensis-infizierter Mäuse. Die epidemiologisch wichtigsten Naturherde sind derzeit in den USA, in Japan und in GUS anzutreffen. In Europa finden sich autochthone Endemiegebiete vor allem in Schweden, in der ehemaligen Tschechoslowakei, in Österreich, in der Schweiz und auch in Deutschland (Nordseeküste, Schleswig-Holstein, Mecklenburg, Mainfranken).

Klinik: Als Symptome treten bei der Katze vor allem Temperaturerhöhung, allgemeine Schwäche, Schwellung der regionalen Lymphknoten, Erbrechen des Futters, zunehmende Hinfälligkeit und Abmagerung auf. Binnen weniger Tage kommt es zum Tod der Tiere.

Diagnose: Diese wird i. d. R. post mortem gestellt. Zu Lebzeiten gelingt eine Diagnose am ehesten durch Nachweis (Objektträger-, Mikroagglutination) von Antikörpern in Serumproben. Der direkte Erregernachweis ist arbeits- und zeitaufwendig, denn es sind Spezialnährböden (die in der Routinediagnostik in den seltensten Fällen vorrätig gehalten werden) oder ein Tierversuch (im positiven Falle sterben die Mäuse oder Meerschweinchen nach 4–7 Tagen) erforderlich.

Differentialdiagnose: Vor allem bakterielle Infektionen mit Yersinia pseudotuberculosis, Yersinia pestis, Mycobacterium bovis sowie Vergiftungen (insbesondere Thallium) sind differentialdiagnostisch auszuschließen.

Prognose: Äußerst ungünstig.

Therapie: Über erfolgreich durchgeführte Therapiemaßnahmen bei Katzen wurde bislang noch nicht berichtet. Bei frühzeitig gestellter Diagnose kann eine Behandlung mit Tetrazyklinen, Aminoglykosiden oder Chloramphenicol versucht werden. Zu beachten ist hierbei die stete Gefahr der Erregerübertragung auf den Menschen.
Die Tularämie bei der Katze unterliegt der Meldepflicht.

Literatur

BALDWIN, C. J., R. J. PANCIERA, R. J. MORTON, A. K. COWELL and B. J. WAHRZYNIAK (1991): Acute tularemia in three domestic cats. J. Am. Vet. Med. Ass. **199**, 1602–1605.

EVANS, M. E., Z. A. McGEE, P. T. HUNTER and W. SCHAFFNER (1981): Tularemia and the tomcat. J. Am. Vet. Med. Ass. **246**, 1343.

GALLIVAN, M. V. E., W. A. DAVIS, V. F. GARAGUSI, A. L. PARIS and E. E. LACK (1980): Fatal cat-transmitted tularemia: demonstration of the organism in tissue. South Med. J. **73**, 240–242.

MILLER, L. D., and E. L. MONTGOMERY (1957): Human tularemia transmitted by a cat bite. J. Am. Vet. Med. Ass. **130**, 134.

MYERS, J. P., and I. M. BAIRD (1981): Tularemia in Ohio: report of two cases and clinical review. Am. J. Med. Sci. **282**, 148–152.

PACKER, R. M., L. R. HARRISON and C. F. MATTHEWS (1982): Tularemia associated with domestic cats – Georgia, New Mexico. Morb. Mort. Weekly Rep. **31**, 39–41.

QUENZER, R. W., S. R. MOSTOW and J. K. EMERSON (1977): Cate-bite tularemia. J. Am. Vet. Med. Ass. **238**, 1845.

27. Tyzzersche Krankheit

Sowohl die Nomenklatur als auch die taxonomische Stellung des Erregers dieser Krankheit, „Bacillus (B.) piliformis", ist bislang noch nicht geklärt. Im

Widerspruch zur Genusbezeichnung handelt es sich bei „B. piliformis“ um ein gramnegatives, bewegliches, sporenbildendes Stäbchenbakterium, dessen Isolierung auf künstlichen Nährböden noch nicht gelungen ist. Die Tyzzersche Krankheit wird vor allem bei Mäusen, Kaninchen, Ratten, Gerbils und neuerdings auch bei Fohlen im Zusammenhang mit fatal verlaufenden Infektionen, die mit Hepatitis, Enteritis oder Colitis einhergehen, festgestellt. Bei Katzen, auch Großkatzen, vor allem Welpen und Jungtieren bis zu einem Alter von 8 Wochen, wurde das sporadische Vorkommen dieser Infektionskrankheit beschrieben. Die Ansteckung erfolgt auf oralem Wege. Die Infektionsquellen sind vor allem im Verzehr von Mäusen oder Kontakt mit Mäuseexkreten zu suchen. Offensichtlich begünstigen Streß, schlechte Hygiene, Mangel in der Ernährung sowie Virusinfektionen das Angehen einer „B. piliformis“-Infektion.

Klinik: In den bisher bei Katzen bekannt gewordenen Krankheitsfällen wurde das Auftreten von Anorexie, Mattigkeit, teilweise Fieber, Durchfall (gelegentlich mit Blutbeimengungen) oder Obstipation beschrieben. Nach Auftreten dieser Symptome tritt der Tod innerhalb weniger Tage ein. Bei verendeten Tieren lassen sich pathologisch-anatomisch Veränderungen vor allem in Form von multifokalen Leberabszessen sowie z. T. von nekrotischer Ileitis und/oder Colitis nachweisen.

Diagnose: Die Tyzzersche Krankheit wird durchwegs post mortem diagnostiziert. Zu Lebzeiten wäre dies durch histologische Untersuchung (Silberfärbung nach Warthin-Starry oder Gomori) von Leberbiopsimaterial möglich, in dem sich „B. piliformis“ als schmale, nadelförmige Stäbchen, meistens in Büschelform vorliegend, darstellt.

Ob serologische Untersuchungen mittels Komplementbindungsreaktion, indirektem Immunfluoreszenztest oder ELISA, wie sie z. B. in Versuchstierhaltungen durchgeführt werden, auch für die Erfassung von „B. piliformis“-Infektionen bei Katzen geeignet sind, ist bislang ungeklärt.

Differentialdiagnose: Panleukopenie.

Prognose: Ungünstig.

Therapie: Über entsprechende durchzuführende Therapiemaßnahmen liegen für Katzen noch keine Erfahrungen vor. Denkbar wäre die orale Verabreichung von Tetrazyklinen oder Cephalosporinen; bislang verliefen entsprechende Therapieversuche, aufgrund der späten Diagnosestellung, erfolglos.

Literatur

BENNETT, A. M., C. R. HUXTABLE and D. N. LOVE (1977): Tyzzer's disease in cats experimentally infected with feline leukemia virus. Vet. Microbiol. **2,** 49–56.

JONES, B. R., A. C. JOHNSTON and W. C. HANCOCK (1985): Tyzzer's disease in kittens with familial primary hyperlipoproteinaemia. J. Small Anim. Pract. **26,** 411–419.

KOVATCH, R. M., and G. ZEBARTH (1973): Naturally occurring Tyzzer's disease in a cat. J. Am. Vet. Med. Ass. **162,** 136–138.

KUBOKOWA, K., M. KUBO, Y. TAKASAKI, Y. OGISHO, K. SATO, Y.-S. LEE, N. GOTO, R. TAKAHASHI and K. FUJIWARA (1973): Two cats of feline Tyzzer's disease. Jap. J. Exp. Med. **43,** 413–421.

SCHMIDT, R. E., D. L. EISENBRANDT and G. B. HUBBARD (1984): Tyzzer's disease in snow leopards (Panthera unica). J. Comp. Path. **94,** 165–167.

SCHNECK, G. (1975): Tyzzer's disease in an adult cat. Vet. Med. Small Anim. Clin. **70,** 155–159.

WILKIE, J. S. N., and I. K. PARKER (1985): Colitis due to Bacillus piliformis in two kittens. Vet. Path. **22,** 649–652.

28. Yersiniosen

28.1. Pest

Naturherde für Yersinia (Y.) pestis, dem Erreger dieser Infektionskrankheit, bestehen derzeit im asiatischen Raum (insbesondere in Vietnam und Burma), in Afrika (u. a. Ostzentralafrika, Uganda, Tansania, Zaire), in verschiedenen Bundesstaaten im Westen und Südwesten der USA (New Mexiko, Arizona, Kalifornien, Colorado u. a.) sowie in Südamerika (insbesondere Brasilien, Bolivien und Ecuador). Dort gelten freilebende Nager, vor allem Ratten, Murmeltiere, Springhasen, Zwieselmäuse, Hamster, Wiesel, Erd- und Eichhörnchen sowie deren Ektoparasiten (Flöhe, Zecken) als die wichtigsten Erregerreservoire. Katzen erweisen sich für eine Infektion mit Y. pestis als empfänglich, wobei die Ansteckung in den meisten Fällen auf oralem Wege durch Fang und Verzehr infizierter Nager erfolgt; dies ist auch durch Biß infizierter Arthropoden möglich.

Klinik: Nach einer Inkubationszeit von 1–2 Tagen entwickeln sich bei der Katze folgende Symptome: Apathie, Anorexie, Fieber (über 39,2 °C) sowie schmerzhafte Schwellungen (Bubonen) der Lymphknoten, insbesondere im Kopf- und Nackenbereich. Von den Bubonen ausgehend kommt es zur Bakteriämie und Erregerabsiedlung in den verschiedensten Organen. Dies äußert sich durch Abgeschlagenheit, hämorrhagische Diathese, schleimig-eitrigen bis blutigen Ausfluß aus Nase und Mund, wobei das Blut vielfach aus der Lunge stammt. Gelegentlich ist auch das ZNS betroffen. Ist die Krankheit so weit fortgeschritten, endet sie i. d. R. innerhalb weniger Tage letal.

Diagnose: Die Anamnese (Pestgebiete), die schmerzhaften Lymphknotenschwellungen und der blutige Ausfluß aus Nase und Mund erlauben nur eine Verdachtsdiagnose. Deren Absicherung erfolgt durch mikroskopischen (gramnegative, bipolar gefärbte Stäbchen; in den USA wird vielfach mit direkter Immunfluoreszenz untersucht) und kulturellen Erregernachweis in Lymphknotenbiopsiematerial, Abszeßeiter, Trachealflüssigkeit oder post mortem aus Herzblut.

Differentialdiagnose: Tuberkulose, Tularämie und Pseudotuberkulose sind differentialdiagnostisch auszuschließen.

Prognose: Im allgemeinen ungünstig, obwohl Spontanheilungen beobachtet wurden.

Therapie: Über erfolgreiche Behandlung mit Tetrazyklinen, Doxycyclin oder Vibramycin wurde berichtet. Trotzdem sollten entsprechende Therapiemaßnahmen nicht durchgeführt werden, nicht zuletzt auch wegen der erheblichen Infektionsgefahr für den Menschen; vielmehr ist es angebracht, an Pest erkrankte Katzen einzuschläfern.

Literatur

EIDSON, M., L. A. TIERNEY, O. J. ROLLAG, T. BECKER, T. BROWN and H. F. HULL (1988): Feline plague in New Mexico: risk factors and transmission to humans. Am. J. Publ. Hlth. **78,** 1333–1335.

EIDSON, M., J. P. THILSTED and O. J. ROLLAG (1991): Clinical, clinicopathologic and pathologic features of plague in cats: 119 cases (1977–1988). J. Am. Vet. Med. Ass. **199,** 1191–1197.

GASPER, P. W., A. M. BARNES, T. J. QUAN, J. P. BENZIGER, L. G. CARTER, M. L. BEARD and G. O. MAUPIN (1993): Plague (Yersinia pestis) in cats: description of experimentally induced disease. J. Med. Ent. **30,** 20–26.

KAUFMAN, A. F., J. M. MANN, T. M. GARDINER, F. HEATON, J. D. POLAND, A. M. BARNES and G. O. MAUPIN (1981): Public health implications of plague in domestic cats. J. Am. Vet. Med. Ass. **179,** 875–878.

ROLLAG, O. J., M. R. SKEELS, L. J. NIMS, J. P. THILSTED and J. M. MANN (1981): Feline plague in New Mexico: report of five cases. J. Am. Vet. Med. Ass. **179,** 1381–1383.

28.2. Pseudotuberkulose (Yersinia pseudotuberculosis)

Yersinia (Y.) pseudotuberculosis ist ein gramnegatives Stäbchenbakterium, das den Enterobacteriaceae zugeordnet wird. Diese Bakterienspezies kommt weltweit bei zahlreichen Tierarten vor und ruft insbesondere bei Nagetieren (Rodentiose) sowie bei wildlebenden Vögeln schwer verlaufende Epizootien hervor; auch latente Infektionen sind möglich. In Japan durchgeführte epidemiologische Erhebungen ergaben, daß 1,3–3,2 % der untersuchten Katzen Y. pseudotuberculosis latent über Kot ausscheiden. Ansteckungsquellen für Katzen sind zu suchen im Verzehr infizierter Mäuse, anderer Nager sowie von Vögeln und möglicherweise auch in der Verfütterung rohen Fleisches von Schlachttieren (Nachweisraten von Y. pseudotuberculosis z. B. bei Schlachtschweinen in Abhängigkeit vom Untersuchungsmaterial liegen zwischen 0,4 und 9,2 %). Katzen scheinen für Infektionen mit Y. pseudotuberculosis wesentlich empfänglicher zu sein als Hunde, wobei möglicherweise Streß, Erkältung, Virusinfektionen oder Parasitenbefall das Angehen entsprechender Infektionen begünstigen.

Klinik: Über die Dauer der Inkubationszeit können keine genauen Angaben gemacht werden, sie variiert bei Katzen von wenigen Tagen bis zu 5 Monaten. Das Krankheitsbild ist uneinheitlich und unterschiedlich stark ausgeprägt. Am häufigsten wurden beschrieben hohes, unbeeinflußbares Fieber, Inappetenz, Apathie bis Somnolenz, Abmagerung, z. T. Ikterus, Erbrechen sowie starke wäßrige, z. T. blutige Durchfälle, die allmählich in Obstipation mit Kotanschoppung übergingen. Neben palpierbarer Leber- und Milzvergrößerung wurden auch vergrößerte Lymphknoten festgestellt. Der Krankheitsverlauf ist meist akut bis subakut und endet nach 1–2 Wochen, u. U. auch erst nach 6–8 Wochen, in fast allen Fällen letal.

Diagnose: Diese wird durchwegs erst post mortem gestellt. Auffallender pathologisch-anatomischer Befund ist die vergrößerte Leber mit hirsekornbis erbsengroßen, grauweißen, knotigen Herden (Abb. 65). Diese nekrotischen Herde können auch in Lunge, Milz und Darmlymphknoten angetroffen werden. Die Absicherung der Diagnose erfolgt durch einen kulturellen Erregernachweis im veränderten Organmaterial.

Zu Lebzeiten können Anamnese (freier Auslauf), akuter bis subakuter Krankheitsverlauf, Palpationsbefunde (Hepato-, Splenomegalie) sowie Anstieg der Alaninaminotransferase (ALT) einen diagnostischen Hinweis geben, ebenso der kulturelle Nach-

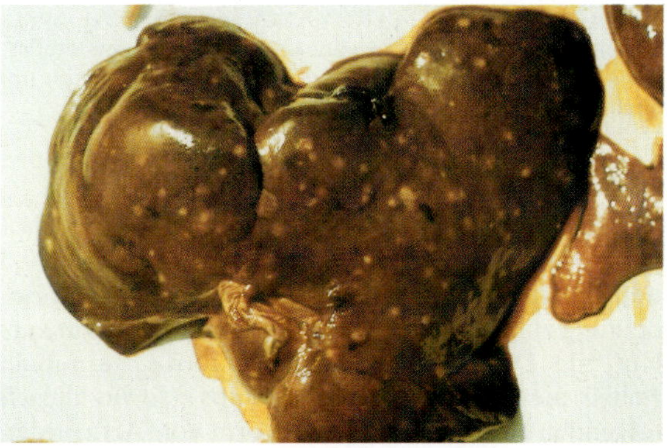

Abb. 65: Organveränderungen (zahlreiche Nekrosen) bei einer Katze nach einer Infektion mit Yersinia pseudotuberculosis (Foto: Dr. W. Uhl, Cottbus).

weis von Y. pseudotuberculosis in Kotproben (mittels Kälteanreicherung). Auch ein Antikörpernachweis (Serumlangsamagglutination) ist möglich, aber diesbezüglich liegen bei der Katze noch keine praktischen Erfahrungen vor.

Differentialdiagnose: Leukose, FIP, Panleukopenie sind differentialdiagnostisch auszuschließen. In außereuropäischen Gebieten muß auch an Pest gedacht werden.

Prognose: Äußerst ungünstig.

Therapie: Im Schrifttum finden sich Hinweise über eine erfolgreiche Behandlung der felinen Pseudotuberkulose durch mehrtägige Verabreichung von Tetrazyklinen und Hetacillin (eine dem Ampicillin nahestehende Substanz, die heute nicht mehr erhältlich ist); auch Chloramphenicol wird empfohlen.

Literatur

ALLARD, A. W. (1979): Yersinia pseudotuberculosis in a cat. J. Am. Vet. Med. Ass. **174,** 91–92.

FUKUSHIMA, H., M. GOMYODA, S. ISHIKURA, T. NISHIO, S. MORIKI, J. ENDO, S. KANEKO and M. TSUBOKURA (1989): Cat-contaminated environmental substances lead to Yersinia pseudotuberculosis infection in children. J. Clin. Microbiol. **27,** 2706–2709.

LOTT-STOLZ, G. (1979): Yersiniose bei Heimtieren. Kleintierpraxis **24,** 97–99.

MAIR, N. S., J. F. HARBOURNE, M. T. GREENWOOD and G. WHITE (1987): Pasteurella pseudotuberculosis infection in a cat. Two cases. Vet. Rec. **81,** 461–462.

MOLLARET, H. H. (1965 a): L'infection à Bacille de Malassez et Vignal chez le chat. Rec. Méd. Vét. **141,** 1079–1084 et 1188–1201.

O'SULLIVAN, B. M., L. E. ROSEFELD and P. E. GREEN (1976): Concurrent infection with Yersinia pseudotuberculosis and Platynosomum fastosum in a cat. Aust. Vet. J. **52,** 232–233.

ROBINSON, M. (1972): Pasteurella pseudotuberculosis infection in the cat. Vet. Rec. **91,** 676–677.

SPEARMAN, J. G., P. HUNT and P. S. G. NAYAR (1979): Yersinia pseudotuberculosis infection in a cat. Can. Vet. J. **20,** 361–364.

YANAGAWA, Y., T. MARUYAMA and S. SAKAI (1978): Isolation of Yersinia enterocolitica and Yersinia pseudotuberculosis from apparently healthy dogs and cats. Microbiol. Immunol. **22,** 643–646.

28.3. Yersinia-enterocolitica-Infektion

Yersinia (Y.) enterocolitica ist weltweit verbreitet und bestimmten Serovaren (in Europa vor allem 0:3 und 0:9) kommt eine relevante humanpathogene Bedeutung zu. Sie können beim Menschen für akut verlaufende Darmerkrankungen (Enteritis, terminale Ileitis, mesenteriale Lymphadenitis) sowie diesen folgenden Komplikationen in Form von Arthritiden und/oder Erythema nodosum verantwortlich gemacht werden. Im Gegensatz zum Menschen ist Y. enterocolitica bei Tieren ein eher seltener Krankheitserreger. Dieser wurde bislang bei Katzen noch nicht als ätiologische Ursache von irgendwelchen Krankheitserscheinungen beschrieben. Dem widerspricht auch nicht die Tatsache, daß Katzen weltweit in unterschiedlicher Häufigkeit (0–0,7 %–0,8 %–1,4 %–2,2 %–5,4 %–46,2 %) als latente Träger und Ausscheider von Y. enterocolitica ermittelt wurden. Nach Literaturangaben entfallen die von Katzen isolierten Y. enterocolitica-Stämme zum überwiegenden Maße auf Serovar 0:3. Auffallend ist ferner, daß nach bisher vorliegenden Literaturangaben die Serovar 0:9 nur bei Katzen gefunden wurde, die Durchfallserscheinungen aufwiesen. Hierbei ist nicht geklärt, ob diese Serovar eine ätiologische Bedeutung für das Krankheitsgeschehen zukommt oder ob es sich um Zufallsbefunde handelte. Bislang konnte für Y. enterocolitica eine mutmaßliche Infektkette Katze–Mensch oder umgekehrt, weder durch kulturelle noch durch serologische Untersuchungen zuverlässig belegt werden. Es ist nicht auszuschließen, daß für Mensch und Tier die gleichen Infektionsquellen (rohes Schweinefleisch?) vorliegen.

Literatur

WEBER, A. (1985): Welche Rolle spielen Hunde und Katzen im Zusammenhang mit Yersinia enterocolitica-Infektionen des Menschen? Öff. Gesundh.-Wes. **47,** 111–113.

WEBER, A., und C. LEMBKE (1981): Untersuchungen zum Vorkommen von humanpathogenen Yersinia enterocolitica bei Katzen. Berl. Münch. Tierärztl. Wschr. **9,** 325–327.

Mykosen

A. WEBER

Es hat sich als zweckmäßig erwiesen, die bei Haustieren durch Pilze verursachten Krankheiten, auch als Mykosen bezeichnet, nach Art der Lokalisation und der krankmachenden Wirkung zu unterscheiden in Dermatomykosen, Systemmykosen und Mykotoxikosen. Bei den Dermatomykosen handelt es sich um Pilzerkrankungen der Haut und ihrer Anhangsgebilde, während den Systemmykosen (systemische Mykosen, Endomykosen) disseminierte oder generalisierte Pilzerkrankungen, wobei gelegentlich auch die Haut mitbefallen sein kann, zugeordnet werden. Mykotoxikosen stellen reine Vergiftungen dar, die im Gegensatz zu den Dermato- und Systemmykosen nicht durch die Entwicklung von Pilzen im Körpergewebe, sondern durch Aufnahme von Giftstoffen, die als Produkte des Stoffwechsels von Pilzen entstehen (Mykotoxine), mit dem Futter hervorgerufen werden. Mykosen bei der Katze können verursacht werden durch Dermatophyten (Hautpilze), Sproßpilze (Hefen), Schimmelpilze oder dimorphe Pilze.

1. Mykosen durch Dermatophyten

Bei diesen sog. Hautpilzen handelt es sich bei der Katze um Dermatophyten-Spezies aus der Gattung Microsporum (vor allem die Spezies Microsporum canis) und Trichophyton (vor allem Trichophyton mentagrophytes). Diese sind aufgrund ihrer besonderen Enzymausstattung in der Lage, Gewebe, wie z. B. Haut und Haare, in denen reichlich Keratin vorhanden ist, zu infizieren. Bezüglich weiterer Einzelheiten zu den klinischen Erscheinungen (Dermatophytosen, ansteckende Dermatomykosen), hervorgerufen durch Dermatophyten, wird auf entsprechende Abschnitte im Kapitel Hautkrankheiten verwiesen.

2. Mykosen durch Sproßpilze (Hefen)

2.1. Candida-Mykose (Candidosis)

Sproßpilze aus der Gattung Candida siedeln sich nicht selten in der Mundhöhle, im Darm oder auf der Haut der Katze in geringer Keimzahl an, ohne Krankheitserscheinungen hervorzurufen. Bei Änderung der lokalen oder allgemeinen Abwehrlage kann aus der latenten Sproßpilz-Besiedlung heraus eine Infektion auftreten. In den meisten Fällen entsteht die Candidosis auf endogenem Wege, aber auch exogene Infektionen sind möglich. Prädisponierend für das Angehen einer entsprechenden Infektion sind primäre Grundleiden, wie z. B. Panleukopenie, Diabetes mellitus sowie die Verabreichung von Antibiotika, Kortikosteroiden oder Zytostatika über einen längeren Zeitraum hinweg. Am häufigsten wird bei der Katze als Erreger einer Candida-Mykose die Spezies Candida (C.) albicans, vereinzelt auch C. tropicalis oder C. pseudotropicalis nachgewiesen.

Klinik: Nicht charakteristisch. Neben pulmonalen Erscheinungen (u. a. auch Pyothorax möglich) ist vor allem das Auftreten von diphtheroid-nekrotisierenden oder ulzerierenden Entzündungen in der Darmschleimhaut möglich. In der Regel liegt ein primäres Grundleiden vor. Auch im Zusammenhang mit Augenerkrankungen sowie Urocystitis wurden Sproßpilze als ätiologische Ursache ermittelt.

Diagnose: Nicht einfach. Nur ein mehrmaliger kultureller Nachweis von Sproßpilzen in üppiger Menge erlaubt entsprechende diagnostische Rückschlüsse. Infolge des schleichenden Verlaufes bei Vorliegen von chronischen Erkrankungen wird eine Candida-Mykose vielfach erst post mortem (histologisch und/oder kulturell) diagnostiziert.

Prognose: Ungünstig.

Therapie: Primär hat die Behandlung des Grundleidens zu erfolgen. Ein Sproßpilz-Befall des Darmes kann mit nystatinhaltigen Präparaten (werden nicht resorbiert, deshalb nur lokal anwendbar) saniert werden, während bei disseminierter oder generalisierter Erkrankung derzeit Amphotericin B (1. Tag 0,5 mg/kg KGW, 2. Tag 0,75 mg/kg KGW, 3. Tag 1,0 mg/kg KGW jeweils i. v. im Dauertropf. Cave: Unverträglichkeitsreaktionen möglich!) das Mittel der Wahl darstellt. Bei Candida-Mykosen der Haut können Imidazol-Präparate lokal angewendet werden.

Literatur

CRESTIAN, J. (1982): Mycoses inhabituelles dans l'espèce feline. Anim. Comp. **17,** 267–272.

FULTON, R. B., and R. D. WALKER (1992): Candida albicans-urocystitis in a cat. J. Am. Vet. Med. Ass. **200,** 524–526.

McCAW, D., R. FRANKLIN, W. FALES, S. STOCKHAM and J. LATTIMER (1984): Pyothorax caused by Candida albicans in a cat. J. Am. Vet. Med. Ass. **185,** 311–312.

MILLER, W. M., and R. A. ALBERT (1988): Ocular and systematic candidiasis in a cat. J. Am. Assim. Hosp. Ass. **24,** 521–524.

SCHIEFER, B. (1965): Zur Histopathologie der durch Candida-, Aspergillus- und Mucor-Arten verursachten Darmmykosen bei Katzen mit Panleukopenie. Dtsch. Tierärztl. Wschr. **72,** 73–76.

WEBER, A., und R. SCHÄFER (1993): Vorkommen von Hefen in Kotproben von Hunden und Katzen. hautnah myk. **3,** 130–131.

2.2. Kryptokokkose (Cryptococcose)

Der Erreger dieser Pilzerkrankung, Cryptococcus (Cr.) neoformans, ist weltweit verbreitet und kommt auf Pflanzen und Getreide sowie im Darminhalt von Vögeln, insbesondere Tauben (Nachweisquote bis zu 37 %) vor, von wo er mit dem Kot ins Erdreich gelangt. Auch bei in Privathaushalten befindlichen Zier- und Stubenvögeln ist mit dem latenten Vorkommen von Cr. neoformans in ca 1 % der Fälle zu rechnen.

Aus den USA wird berichtet, daß die Kryptokokkose bei Katzen nicht nur die häufigste Systemmykose ist, sondern bei dieser Tierart wesentlich öfter als bei Hunden nachgewiesen wird. Aus dem europäischen Raum liegen dagegen bislang überraschenderweise nur wenige Mitteilungen über den Nachweis von Cr. neoformans als Krankheitsursache bei Katzen vor. Diese Tatsache läßt den Schluß zu, daß hierzulande differentialdiagnostisch zu wenig an diese Mykose gedacht wird. Das Vorliegen von FIV scheint das

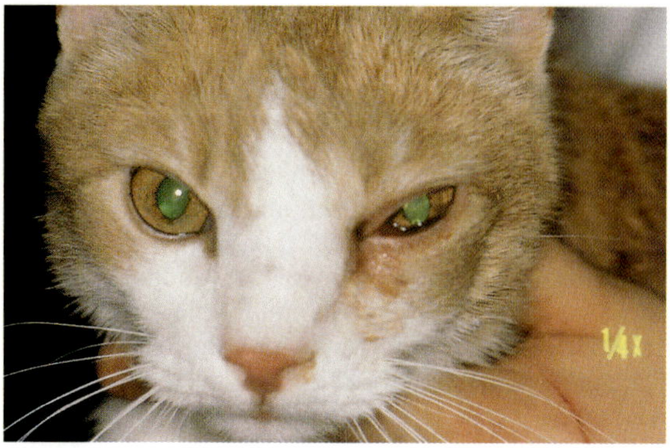

Abb. 66: Schwellung im oberen, linken Nasenbereich, verbunden mit starkem Augenausfluß, hervorgerufen durch Cr. neoformans (Foto: Dr. U. Heim, Fürth).

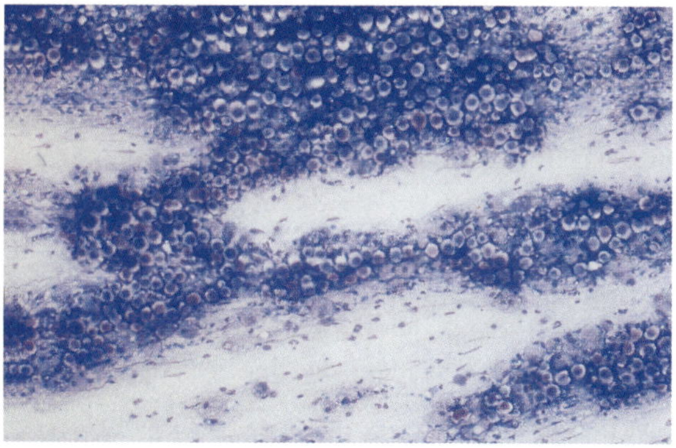

Abb. 67: Zytologisches Ausstrichpräparat (May-Grünwald-Giemsa-Färbung) vom schleimigen Nasensekret einer Katze mit Kryptokokkose. Zahlreiche, von einer nicht angefärbten Kapsel umgebene Hefezellen (Foto: Dr. D. von Bomhard, München).

Angehen einer Cr.-neoformans-Infektion zu begünstigen.

Klinik: Am häufigsten manifestiert sich die Kryptokokkose bei der Katze im oberen Respirationstrakt. In diesem Zusammenhang entwickelt sich ein wochen- und monatelang anhaltender, ein- oder beidseitiger Nasenausfluß (der nicht selten fleischfarbene, granulomatöse Beimengungen enthält), wobei häufig eine harte, fluktuierende Schwellung in der Nasenregion zu beobachten ist (Abb. 66). Auch vermehrte Augensekretbildung liegt vor. In der Nasenhöhle kann sich Granulationsgewebe bilden. Dieses breitet sich in die Nasennebenhöhlen aus und kann zur Einschmelzung von Knochensubstanz sowie zum Durchbruch nach außen führen. Die Mandibularlymphknoten sind vergrößert.

Eine Ausbreitung der Cr.-neoformans-Infektion vom oberen Respirationstrakt auf das Zentralnervensystem ist möglich und geht dann mit Depression, Fehlverhalten, Ataxie oder Parese einher.

Außerdem kann sich die Kryptokokkose nicht nur im oberen, sondern gleichzeitig auch im unteren Respirationstrakt (in der Lunge) manifestieren. Entsprechend erkrankte Tiere zeigen auffallende Atembeschwerde, und durch Auskultation sind starke Lungengeräusche wahrnehmbar. Es kommt zum chronischen Krankheitsverlauf, der unter starkem Gewichtsverlust zum Tode führt.

Auch im Zusammenhang mit Augenerkrankungen (Blepharospasmus, Uveitis, Chorioretinitis, Panophthalmitis, Hornhauttrübung, Netzhautablösung, Erblindung) wurde Cr. neoformans als ätiologische Ursache ermittelt ebenso wie bei multiplen, papulösen bis knotigen, ulzerativen Hautveränderungen.

Diagnose: Das vielfältige klinische Bild einer Kryptokokkose erlaubt nur eine Verdachtsdiagnose. Deren Absicherung ist bereits durch histologische Untersuchung von Biopsiematerial (May-Grünwald-Giemsa-Färbung), entnommen von Veränderungen, möglich, indem Cr. neoformans als runde, sprossende, bekapselte Gebilde mit m. o. w. deutlicher Zellwand zu erkennen ist (Abb. 67). In entsprechendem Untersuchungsmaterial (Augen-, Nasensekret, Biopsiematerial u. a.) läßt sich diese Sproßpilz-Spezies ohne große Probleme kulturell (Sabouraud-Glukose-Agar oder Guizotia-abyssinica-Kreatinin-Agar) nachweisen.

Auch kann die Diagnose durch Antigen-Nachweis in Serumproben mittels Latex-Agglutinationstest (Sensivität über 95 %, Spezifität 100 %) gestellt werden. Allerdings wird dieses Untersuchungsverfahren hierzulande nur in wenigen humanmedizinischen Mikrobiologie-Instituten, im Zusammenhang mit der Kontrolle von AIDS-Patienten (von denen 5–10 % an Kryptokokkose erkranken), durchgeführt.

Differentialdiagnose: Toxoplasmose, Tuberkulose, Blastomykose und Histoplasmose sind differentialdiagnostisch ebenso auszuschließen wie das Vorliegen von Leukose oder Fremdkörper.

Prognose: Ungünstig.

Therapie: Nach dem gegenwärtigen Wissensstand erweist sich die orale Verabreichung von Ketoconazol (täglich 10 mg/kg KGW) oder Itraconazol (täglich 10 mg/kg KGW) als brauchbar. Wichtig ist aber, daß diese Therapiemaßnahmen über einen längeren Zeitraum, d. h. mindestens 6 Monate oder noch länger, durchgeführt wird. Trotzdem ist jederzeit mit einem Rezidiv zu rechnen.

Im Schrifttum finden sich auch bei der Katze Hinweise über die Anwendung von Fluconazol (50 mg alle 12 Std. oral gegeben) sowie von Amphotericin B (Dosierungsschema wie unter Candidosis beschrieben; Cave: nephrotoxisch!) allein oder in Kombination mit 5-Fluorcytosin (oral, 100 mg/kg KGW täglich), wobei die Therapieerfolge sehr unterschiedlich waren. Ferner wurde verschiedentlich eine abgetötete Autovakzine von Cr. neoformans (in steigender Menge von 0,05 ml bis 0,25 ml, jeweils im Abstand von 3–4 Tagen insgesamt 10mal intradermal verabreicht) als ergänzende Behandlung zur antimykotischen Therapiemaßnahme (Ketoconazol oder 5-Fluorcytosin) eingesetzt.

Literatur

EMMS, S. G. (1987): Ketoconazole in the treatment of cryptococcosis in cats. Aust. Vet. J. **64,** 276–277.

FERRER, L., J. A. ROMAS, R. BONAVIA, J. CABANES and M. PUMAROLA (1992): Cryptococcosis in two cats seropositive for feline immunodeficiency virus. Vet. Rec. **131,** 393–394.

KÖHLER, H., J. GIALAMAS und E. S. KUTTIN (1976): Kryptokokkose bei einer Katze in Österreich. Dtsch. tierärztl. Wschr. **83,** 492–495.

MALIK, R., D. I. WIGNEY, D. B. MUIR, D. J. GREGORY and D. N. LOVE (1992): Cryptococcosis in cats: clinical and mycological assessment of 29 cases and evaluation of treatment using orally administred fluconazole. J. Med. Vet. Mycol. **30,** 133–144.

MEDLEAU, L., C. E. GREENE and P. M. RAKICH (1990): Evaluation of ketoconazole and itraconazole for treatment of disseminated cryptococcosis in cats. Am. J. Vet. Res. **51,** 1454–1458.

WEBER, A., U. HEIM, S. PFLEGHAAR und H. LENZEN (1992): Fallbericht: Kryptokokkose bei einer Katze. Kleintierpraxis **37,** 255–258.

WILKINSON, G. T., M. J. BATE, G. M. ROBINS and A. CROKER (1983): Successful treatment of four cases of feline cryptococcosis. J. Small Anim. Pract. **24,** 507–514.

2.3. Malassezia-Mykose

Diese durch die Sproßpilzspezies Malassezia (M.) pachydermatis (frühere Bezeichnung Pityrosporum canis bzw. Pityrosporum pachydermatis) hervorgerufene Erkrankung wird zwar vorwiegend bei Hunden, zunehmend aber auch bei Katzen, im Zusammenhang mit Dermatitis sowie vor allem mit Otitis externa nachgewiesen. Nach wie vor ist die ätiologische Bedeutung dieses lipophilen Sproßpilzes für entsprechende Krankheitserscheinungen noch nicht zuverlässig geklärt. Es wird davon ausgegangen, daß M. pachydermatis mit zur physiologischen Flora des Ohres gehört und sekundär am chronischen Krankheitsverlauf mitbeteiligt ist. In Ohrtupferproben von gesunden Katzen wurde für diese Sproßpilzspezies

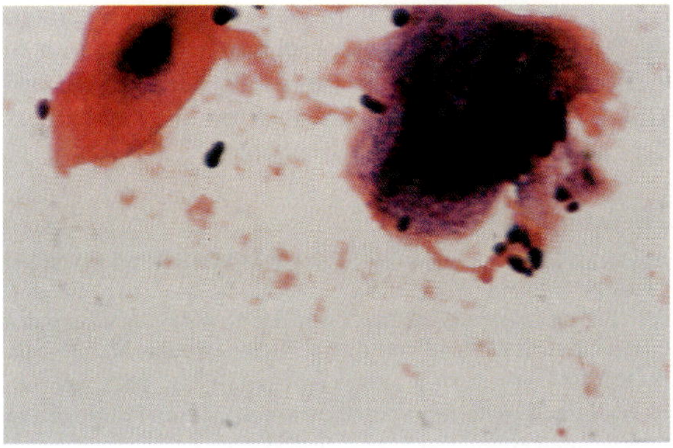

Abb. 68: Ausstrichpräparat (Gram-Färbung) von einem Ohrsekret im Zusammenhang mit einer Malassezia-Mykose. Grampositive Gebilde mit charakteristischer birnen- oder flaschenförmiger Gestalt, typisch für die Sproßpilzspezies M. pachydermatis. (Fotos 65–68: Dr. med. vet., Dr. med. habil., Professor, Fachtierarzt für Mikrobiologie, Forchheim/Ofr.)

eine Nachweisquote von 11–23 % ermittelt, während sie bei Tieren mit Ohrerkrankungen 19–65 % betrug.

Klinik: Vor allem rezidivierende Otitis externa mit starker Sekretbildung (gelb-braunes, fettig-schmieriges oder wachsartiges Exsudat); gelegentlich Otitis media. Ferner chronisch verlaufende Dermatitis.

Diagnose: In nach Gram gefärbten Tupferausstrichpräparaten lassen sich die „Malassezia-Hefen" als grampositive Gebilde mit charakteristischer birnen- oder flaschenförmiger Gestalt gut darstellen (Abb. 68).

Zur Anzüchtung dieses Erregers hat sich die Verwendung von Sabouraud-Glukose- oder Kimmig-Agar, jeweils mit Zusatz von 2 % sterilem Olivenöl (mindestens 5 Tage bei 30 °C bebrüten), gut bewährt. In der zusätzlich durchzuführenden bakteriologischen Untersuchung lassen sich gleichzeitig sehr häufig (in über 50 % der Fälle) Staphylococcus aurens, vereinzelt auch Pseudomonas aeruginosa, ß-hämolysierende Streptokokken oder Proteus ssp. nachweisen.

Differentialdiagnose: Ohrmilbenbefall (Otodectes cynotis), Mikrosporie.

Prognose: Günstig.

Therapie: Nach einer mechanischen Reinigung oder Ohrspülung mit körperwarmer Ringer-Lösung empfiehlt sich die lokale Anwendung von Präparaten mit gleichzeitig antibakterieller und -mykotischer sowie entzündungshemmender Wirkung, z. B. Surolan®, Panotile®, Otiprim® u. a., wobei der Ausfall des Resistenztestes gegenüber dem isolierten Bakterienstamm mitberücksichtigt werden muß. Neuere Untersuchungen zeigen, daß in vielen Fällen bei Katzen die Verwendung von entsprechenden Präparaten in Gelform bessere Erfolge bringt als der Einsatz von Otitispräparaten in Suspensionsform, die sich außerdem als weniger verträglich erweisen.

Literatur

ALBRECHT, N., D. GROF, W. LEHMACHER und I. NOLTE (1992): Doppelblindstudie zur Prüfung zweier verschiedener Otitispräparate (Gel und Suspension) zur Behandlung der Otitis externa bei Hund und Katze. Kleintierpraxis **37,** 505–510.

BAXTER, M. (1976): The association of Pityrosporum pachydermatis with the normal external ear canal of dogs and cats. J. Small Anim. Pract. **17,** 231–234.

BAXTER, M., und D. C. LAWLER (1972): The incidence and microbiology of otitis externa of dogs and cats in New Zealand. New Z. Vet. J. **20,** 29–32.

LOSSON, B., und A. BENAKHLA (1980): Pityrosporum canis et l'otite externa du chien et du chat: son rôle et son importance vis à vis des autres constituants de la flora bactériénne, fongique et parasitaire. Ann Méd. Vét. **124,** 435–442.

MÜLLER, E., und A. HEUSINGER (1994): Mikrobiologische Ergebnisse von Ohrtupfern bei Hund und Katze. Tierärztl. Prax. **22,** 80–84.

NICKLAS, W. (1979): Untersuchungen zur Keimflora im äußeren Gehörgang von Katzen. Kleintierpraxis **24,** 107–111.

2.4. Protothekose

Bei dem Erreger dieser Erkrankung handelt es sich eigentlich um einzellige, chlorophyllfreie Mikroorganismen, die sich auf den in der Routinediagnostik gebräuchlichen Pilznährböden, wie z. B. Sabouraud-Glukose-Agar, gut kultivieren lassen. Auf diesem entwickeln sich bei Temperaturen zwischen 30 °C und 37 °C innerhalb von 2–4 Tagen weiße, cremefarbene Kolonien, *die Hefen ähneln.* Die taxonomische Position der Prototheken steht nach wie vor in Diskussion. Aufgrund ihrer Morphologie, ihres Vermehrungszyklus sowie einiger physiologischer Eigenschaften werden Prototheken einerseits als chlorophyllfreie Mutanten von Chlorellen (Algen) beschrieben, andererseits wird auch eine Korrelation zu Pilzen nicht ausgeschlossen.

Prototheken kommen offensichtlich als Saprophyten in der Umgebung von Mensch und Tier vor. Als opportunistischer Erreger entfalten sie erst bei Vorliegen prädisponierender Faktoren eine pathogene Wirkung. Bislang wurde über das Auftreten von Protothelen bei Katzen nur wenig berichtet. In diesem Zusammenhang wurde als häufigste Spezies Prototheca wickerhamii nachgewiesen.

Klinik: Granulomatöse Entzündungen, die sich auf Haut und Subkutis beschränken und sich als gut umschriebene, knotige, z. T. auch als weiche fluktuierende Umfangsvermehrung oder als invasiv ulzerierendes Granulom darstellen.

Diagnose: In nach Gram gefärbten Ausstrichpräparaten von befallenem Gewebe lassen sich Prototheken als runde bis ovale Zellen mit dicker Zellwand sowie mit 2–30 Endosporen mikroskopisch nachweisen. Die Isolierung gelingt auf Sabouraud-Glukose-Agar.

Differentialdiagnose: Blastomykose, Kryptokokkose und Parasitenbefall.

Prognose: Offensichtlich günstiger als bei Hunden.

Therapie: Neben chirurgischer Exzision kann eine Chemotherapie mit Amphotericin B (Dosierung wie unter Candidosis beschrieben) versucht werden.

Literatur

COLOE, P. J., and J. F. ALLISON (1982): Protothecosis in a cat. J. Am. Vet. Med. Ass. **180,** 78–79.

DILLBERGER, J. E., B. HOMER, D. DAUBERT and N. H. ALTMAN (1988): Protothecosis in two cats. J. Am. Vet. Med. Ass. **192,** 1557–1559.

FINNIE, J. W., and P. J. COLOE (1981): Cutaneous protothecosis in a cat. Aust. Vet. J. **57,** 307–308.

KAPLAN, W., F. W. CHANDLER, E. A. HOLZINGER, R. E. PLUE and R. O. DICKINSON (1976): Protothecosis in a cat: first recorded case. Sabouraudia **14,** 281–286.

3. Mykosen durch Schimmelpilze

Schimmelpilze kommen ubiquitär in der Umgebung von Mensch und Tier vor, vor allem im Erdboden, in der Topferde von Zimmerpflanzen, auf verrottenden Pflanzenteilen und in der Luft. Die Aufnahme dieser opportunistischen Pilze erfolgt aerogen oder oral. Weitere Eintrittspforten sind kleine Verletzungen oder primär durch bakterielle Infektionserreger vorgeschädigte Haut, Hornhaut der Augen oder Schleimhäute. Prädisponierend für das Angehen einer Schimmelpilzinfektion ist ferner das Vorliegen einer Grunderkrankung, wie z. B. Panleukopenie, Diabetes mellitus.

3.1. Aspergillose

Diese Erkrankung wurde bislang bei Katzen nicht so häufig beschrieben wie bei Hunden (dort vor allem im Zusammenhang mit mykotischer Rhinitis). Von den zahlreichen Spezies der Gattung Aspergillus ist bei Katzen vor allem Aspergillus (A.) fumigatus als Krankheitserreger nachgewiesen worden, in Einzelfällen auch A. flavus, A. nidulans, A. niger oder A. terreus. In der Mehrzahl der diagnostizierten Aspergillose-Fälle bei Katzen lag primär eine Panleukopenie vor. Auch eine lange Antibiotikatherapie kann u. U. das Angehen einer Aspergillose begünstigen.

Klinik: Akuter oder chronischer Verlauf möglich. Akute Erkrankungen treten vor allem bei jungen Katzen auf, wobei vielfach der Respirationstrakt betroffen ist. Die in diesem Zusammenhang auftretenden Symptome sind vor allem erschwerte Atmung, Appetitlosigkeit, erhöhte Temperatur und allgemeine Schwäche. Nach kurzer Krankheitsdauer tritt Tod, meistens infolge Ateminsuffizienz, ein.

Bei Befall des Darmes kommt es zu Diarrhoe, Erbrechen und Anorexie. In Einzelfällen wurde eine Infektion mit Schimmelpilzen aus der Gattung Aspergillus bei Katzen im Zusammenhang mit Rhinitis, Sinusitis, orbitaler Cellulitis oder Cystitis beschrieben.

Diagnose: Diese wird in der überwiegenden Zahl der Fälle erst post mortem gestellt. Zu Lebzeiten läßt sich die Diagnose Aspergillose durch histopathologische Untersuchungen von Sekret-, Biopsie- oder Exzisionsmaterial stellen, in dem sich septierte Hyphen in mehrzelligem Granulationsgewebe mit Neutrophilen nachweisen lassen. Die Absicherung der Speziesdiagnose ist nur durch die Isolierung des Erregers aus Untersuchungsmaterial möglich (Sabouraud-Glukose-Agar). Nur ein einmaliger kultureller Schimmelpilznachweis ohne pathohistologischen Befund ist dagegen nicht beweisend für das Vorliegen einer entsprechenden Infektion, denn Schimmelpilze dieser Gattung kommen ubiquitär vor.

Differentialdiagnose: Infektionen mit Sproßpilzen oder anderen Schimmelpilzen.

Prognose: Ungünstig.

Therapie: Neben der Behandlung des bestehenden Primärleidens kann nach einer sicheren Diagnose der Aspergillose versucht werden, diese mit Ketoconazol (täglich 10 mg/kg KGW oral über einen Zeitraum von mindestens 6 Wochen verabreicht) oder mit Amphotericin B (Dosierungsschema wie unter Candidosis beschrieben) zu therapieren.

Literatur

GOODALL, S. A., J. G. LANE and D. W. WARNOCK (1984): The diagnosis and treatment of a case of nasal aspergillosis in a cat. J. Small Anim. Pract. **25,** 627–620.

FOX, J. G., J. C. MURRAY and M. SHALEV (1978): Systemic fungal infections in cats. J. Am. Vet. Med. Ass. **173,** 1191–1195.

KIRKPATRICK, R. M. (1982): Mycotic cystitis in a male cat. Vet. Med. Small Anim. Clin. **77,** 1365–1371.

OSSENT, P. (1987): Systemic aspergillosis and mucor mycosis in 23 cats. Vet. Rec. **120,** 330–333.

STOKES, R. (1973): Intestinal mycosis in a cat. Aust. Vet. J. **49,** 499–500.

WILKINSON, G. T., R. H. SUTTON and L. R. GRONO (1982): Aspergillus spp. infection associated with orbital cellulitis and sinusitis in a cat. J. Small Anim. Pract. **23,** 127–131.

3.2. Phaeohyphomykosen

Dieser Begriff wird für kutane, subkutane und systemische Infektionen mit sog. Schwärzepilzen (Dematicaceae) verwendet. Diese zeigen in der Kultur stets eine dunkle Pigmentierung, die in histologischen Schnittpräparaten undeutlich sein oder gar fehlen kann. Mehr als 70 verschiedene „Schwärzepilz"-Spezies sind weltweit als Ursache von Phaeohyphomykosen bei Mensch und Tier beschrieben worden. Von diesen wurden bei Katzen Alternaria (A.) alternata, A. infectoria, Bipolaris spicifera, Cladosporium (Cl.) bantianum, Cl. trichoides, Exophiala (E.) jeanselmei (syn. Phialophora gongeroti), E. spicifera, Moniliella suavolens, Ochroconis gallopavum (syn. Dactylaria constrida var. gallopava), Phialophora verrucosa, Stemphylium spp., Xylohypha bantiana u. a. als Krankheitsursache beschrieben.

Klinik: Charakteristisch ist, daß die Phaeohyphomykose bei der Katze vorwiegend als Granulom, lokalisiert in der Subkutis ohne Beteiligung der Epidermis, auftritt. In Einzelfällen wurden entsprechende Pilze auch im Gehirn (Encephalitis) sowie als Ursache einer Keratomykose und eines chronisch blutigen Nasenausflusses beschrieben.

Diagnose: Durch histopathologische Untersuchung von Biopsiematerial lassen sich segmentierte Pilzelemente darstellen, deren dunkel-graue bis -grüne Pigmentierung mittels Masson-Fontana-Färbung sichtbar gemacht werden kann. Die Speziesbestimmung ist nur durch Erregerisolierung möglich.

Prognose: Hauterkrankungen günstig, obwohl Rezidive nicht auszuschließen sind. Systemisch verlaufende Infektionen dagegen ungünstig.

Therapie: Chirurgische Exzision. Anschließend Ketoconazol (täglich 10 mg/kg KGW über einen längeren Zeitraum) oral verabreichen. Auch eine Therapiemaßnahme mit 5-Fluorcytosin (täglich 150 mg/kg KGW mindestens 1 Monat lang) hat sich bewährt.

Literatur

BOSTOCK, D. E., J. P. COLOE and A. CASTELLANIA (1982): Phaeohyphomycosis caused by Exophiala jeanselmei in a domestic cat. J. Comp. Path. **92,** 479–482.

DHEIN, C. R., C. W. LEATHERS, A. A. PADHYE and L. AJELLO (1988): Phaeohyphomycosis caused by Alternaria alternata in a cat. J. Am. Vet. Med. Ass. **193,** 1101–1103.

KETTLEWELL, P., M. R. McGINNIS and G. T. WILKINSON (1989): Phaeohyphomycosis caused by Exophiala spicifera in two cats. J. Vet. Med. Myc. **27,** 257–264.

McKENZIE, R. A., M. D. CONNOLE, M. R. McINNIS and R. LEPELAAR (1984): Subcutaneous phaeohyphomycosis caused by Moniliella suavolens in two cats. Vet. Path. **21,** 582–586.

MILLER, D. M., and J. L. BLUE (1983): Keratomycosis caused by Cladosporium sp. in a cat. J. Am. Vet. Med. Ass. **182,** 1121–1122.

PADHYE, A. A., R. L. AMSTER, M. BROWNING and E. P. EWING (1994): Fatal encephalitis caused by Ochroconis gallopavum in a domestic cat (Felis domesticus). J. Med. Vet. Mycol. **32,** 141–145.

PUKAY, B. P., and W. M. DION (1984): Feline phaeohyphomycosis: Treatment with ketoconazole and 5-fluorocytosine. Can. Vet. **25,** 130–134.

ROOSIJE, P. J., G. S. DE HOOG, J. P. KOEMAN und T. WILLEMSE (1993): Phaeohyphomycosis in a cat caused by Alternaria infectoria E.G. Simmons. Mycoses **36,** 451–454.

WEISSENBÖCK, H., G. LOUPAL, L. KAUFMAN und E. S. KUTTIN (1990): Phäohyphomykose – 2 Fallberichte bei Hund und Katze und eine Literaturübersicht. Wien. Tierärztl. Mschr. **77,** 277–284.

3.3. Paecilomykose und Penicilliose

Diese durch die opportunistischen Schimmelpilzspezies aus den Gattungen Paecilomyces und Penicillium hervorgerufenen Erkrankungen, auch als Hyalohyphomykosen bezeichnet, kommen bei Mensch und Tier im Vergleich zur Aspergillose nur sehr selten vor. Im Schrifttum finden sich bislang nur wenige Hinweise über den Nachweis von Paecilomyces ssp. oder Penicillium ssp. als Krankheitsursache bei Katzen.

Klinik: Beschrieben werden Cellulitis, Sinusitis, Pneumonie sowie ein starker Haarausfall, die auf eine Hyalohyphomykose zurückzuführen waren.

Diagnose: Die histopathologische Untersuchung von Biopsiematerial ergibt das Vorliegen von regelmäßig septierten, 2–5µm breiten Pilzhyphen, die in den seltensten Fällen eine Unterscheidung von den Erregern der Aspergillose zulassen.

Prognose: Bei systemischen Erkrankungen ungünstig.

Therapie: Bislang liegen diesbezüglich keine Erfahrungen vor. Ist eine entsprechende Diagnose gestellt, dürften entsprechende Therapiemaßnahmen weitgehend denen, wie bei der Aspergillose beschrieben, entsprechen.

Literatur

ELLIOTT, G. S., M. S. WHITNEY, W. M. REED and J. F. TUITE (1984): Ante mortem diagnosis of paecilomycosis in a cat. J. Am. Vet. Med. Ass. **184,** 93–94.

PFEIFFER, R. L., D. V. BELKIN and B. H. JANKE (1980): Orbital cellulitis, sinusitis and pneumonitis caused by Penicillium sp. in a cat. J. Am. Vet. Med. Ass. **176,** 449–451.

SENSER, F. (1966): Penicillium mortensii Biourge als Erreger einer Mykose. Zbl. Bakt. Hyg. Orig. A Abt.I **200,** 519–524.

3.4. Zygomykosen

Unter dem Begriff Zygomykosen (früher auch als Phykomykosen oder Mucormykosen bezeichnet) faßt man derzeit alle Pilzinfektionen zusammen, die durch Phykomyzeten hervorgerufen werden. Hierbei handelt es sich um ubiquitär in der Natur vorkommende Schimmelpilze aus den Gattungen Absidia, Mortierella, Mucor, Pythium und Rhizopus. Diese opportunistischen Schimmelpilze haben die Tendenz zur Invasion in Blutgefäße. Es finden sich im Schrifttum bislang nur wenige Mitteilungen, in denen über den Nachweis von Zygomykosen bei Katzen berichtet wird.

Klinik: Nicht charakteristisch. Beschrieben wurden in Einzelfällen hämorrhagischer Lungeninfarkt (Grundleiden Diabetes mellitus), Enzephalitis sowie Darmerkrankungen in Form hämorrhagisch-nekrotisierender Enteritis, wobei in diesen Fällen fast durchwegs eine Panleukopenie als Primärerkrankung vorlag.

Diagnose: Diese wird in der Regel post mortem gestellt, wobei sich im Untersuchungsmaterial mittels histopathologischer Untersuchung wurzelartige, bizarr geformte, ungleichmäßig dicke, 3–20 µm breite, nicht septierte Hyphen sowie Blähformen mit einem Durchmesser bis zu 50 µm darstellen lassen. Die Hyphen zeigen außerdem eine ausgesprochene Affinität zu Blutgefäßen. Für eine Speziesdifferenzierung ist der kulturelle Erregernachweis unerläßlich.

Prognose: Ungünstig.

Therapie: Wenn zu Lebzeiten die Diagnose Zygomykose abgesichert ist, dann kann eine Therapie mit Ketoconazol (10 mg/kg KGW 2x täglich oral für 6 Wochen oder noch länger verabreicht) oder Itraconazol (5 mg/kg KGW 2x täglich mindestens 6 Wochen lang) versucht werden. Außerdem muß das primäre Grundleiden behandelt werden.

Literatur

ADLER, P. L. (1979): Phycomycosis in fifteen dogs and two cats. J. Am. Vet. Med. Ass. 174, 1216–1223.

BISSONNETTE, K. W., N. J. H. SHARP, M. H. DYKSTRA, I. R. ROBERTSON, B. DAVIS, A. A. PADHYE and L. KAUFMAN (1991): Nasal and retrobulbar mass in a cat caused by Pythium insidiosum. J. Med. Vet. Mycol. **29,** 39–44.

LOUPAL, G. (1982): Hämorrhagischer Lungeninfarkt infolge Mucormykose bei einer Katze mit Diabetes mellitus. Dtsch. Tierärztl. Wschr. **89,** 104–107

OSSENT, P. (1987): Systemic aspergillosis and mucormycosis in 23 cats. Vet. Rec. **120,** 330–333.

RAVISSE, P., H. FROMENTIN, P. DESTOMBES et F. MARIAT (1978): Mucormycose cerebrale du chat due à Mucor pusillus. Sabouraudia **16,** 291–298.

4. Mykosen durch dimorphe Pilze

Dimorphe (biphasische) Pilze können in Abhängigkeit von ihren Lebensbedingungen als Hyphenpilz (Fadenpilz) oder als Sproßpilz leben. Dabei entspricht die Hyphenform i. d. R. der saprophytären Phase des Pilzes in der freien Natur bzw. dem Wachstum bei 20 °C–25 °C, während in Anpassung an die Verhältnisse im Gewebe die Hefeform als parasitäres Stadium auftritt und dem kulturellen Wachstum bei 37 °C entspricht. Es handelt sich bei den dimorphen Pilzen um obligat pathogene Erreger, die bei Mensch und Tier für das Entstehen der klassischen Systemmykosen verantwortlich gemacht werden. Die Erreger dieser Mykosen werden in den meisten Fällen durch das Einatmen von sporenhaltigem Staub aufgenommen. Offensichtlich kommen diese dimorphen Pilze in bestimmten Endemiegebieten von Nord-, Mittel- und Südamerika sowie von Afrika vor, so daß in der Anamnese der Hinweis auf Reisen in entsprechende Regionen durchaus einen wertvollen diagnostischen Hinweis geben kann.

Literatur

WOLF, A. M. (1989): Systemic mycosis. J. Am. Vet. Med. Ass. **194,** 1192–1196.

4.1. Blastomykose

Das Auftreten dieser Pilzerkrankung, auch als Nordamerikanische Blastomykose bezeichnet, wurde im Gegensatz zum Hund bei Katzen bislang nur selten beschrieben. Entsprechende Beobachtungen stammen durchwegs aus Kanada und den USA, wobei auffallend häufig Erkrankungsfälle bei Siam-Katzen festgestellt wurden. Über autochthone Fälle wird aus Afrika, insbesondere bei Löwen, berichtet.

Der Erreger Blastomyces (B.) dermatitidis hat seinen natürlichen Standort im Erdboden. Die Aufnahme der Pilzsporen erfolgt auf aerogenem Wege über die Lunge und von dort kommt es zu einer hämatogenen Ausbreitung und Absiedlung in andere Organe (Gehirn, Leber, Milz, Lymphknoten, Verdauungstrakt). Eine direkte Übertragung der Blastomykose von Tier zu Tier findet nach bisherigen Kenntnissen nicht statt.

Klinik: Die nicht charakteristischen Krankheitssymptome sind abhängig von der Lokalisation und der Ausdehnung, der durch B. dermatitidis hervorgerufenen Veränderungen. In diesem Zusammenhang wurden beschrieben Dyspnoe, chronischer Husten, Anorexie, Depression, Anämie, verschiedene Formen von Ophthalmitis (vor allem Panophthalmitis) sowie pustuläre Dermatitis (granulomatös entzündete Knoten mit Fistelbildung).

Diagnose: Diese erfolgt in den meisten Fällen post mortem. Histopathologisch lassen sich im Eiter oder Biopsiematerial einzelne, dickwandige, runde Pilzzellen mit sprossenden Tochterzellen nachweisen. Die Erregerisolierung kann auf Blut- oder auf Sabouraud-Glukose-Agar sowohl bei 37 °C (Hefephase) als auch bei 22 °C (Hyphenphase) erfolgen.

Die serologische Diagnose (mittels Immundiffusionstest) ist möglich, wird aber hierzulande nicht routinemäßig durchgeführt.

Differentialdiagnose: Vor allem Kryptokokkose, Histoplasmose, Toxoplasmose und feline infektiöse Peritonitis.

Prognose: Sehr ungünstig. In den meisten Fällen werden an Blastomykose erkrankte Tiere im moribunden Zustand vorgestellt.

Therapie: Sollte rechtzeitig die Diagnose Blastomykose gestellt werden, dann kann eine Behandlung mit Jodpräparaten sowie mit Amphotericin B (intravenös, alle 2 Tage 0,25 mg/kg KGW, wobei die Gesamtdosis von 4 mg/kg KGW nicht überschritten werden soll) allein oder kombiniert mit Ketoconazol oder Itraconazol (jeweils oral täglich 10 mg/kg KGW mindestens 60 Tage verabreicht) versucht werden.

Literatur

ALDEN, C. L., and R. MOHAN (1974): Ocular blastomycosis in a cat. J. Am. Vet. Med. Ass. **164,** 527–528.

BREIDER, M. A., T. L. WALKER, A. M. LEGENDRE and R. T. VAN EE (1988): Blastomycosis in cats: Five cases (1979–1986). J. Am. Vet. Med. Ass. **193,** 570–572.

EASTON, K. L. (1961): Cutaneous North American blastomycosis in a siamese cat. Can.Vet. J. **2,** 350–351.

HATKIN, J. M., W. E. PHILIPS and W. R. UTROSKA (1979): Two cases of feline blastomycosis. J. Am. Anim. Hosp. Ass. **15,** 217–220.

NEUNZIG, R. J. (1983): Epidemiology, diagnosis and treatment of canine and feline blastomycosis. Vet. Med. Small Anim. Clin. **78,** 1081–1083.

STROUD, R. K., and B. M. COLES (1980): Blastomycosis in an african lion. J. Am. Vet. Med. Ass. **177,** 842–844.

4.2. Coccidioidomykose

Das Auftreten dieser Erkrankung, hervorgerufen durch Coccidioides (C.) immitis, wird bei Katzen, im Vergleich zu Hunden (1:100), bislang seltener diagnostiziert. Nach bisherigen Kenntnissen gelten vor allem Wüstengebiete in den amerikanischen Bundesstaaten Arizona, Kalifornien, New Mexiko und Texas als Endemiegebiete. Dort ist die saprophytäre Form des Erregers im Erdboden anzutreffen und von diesem gelangen die Pilzsporen über Staubinhalation in die Lunge.

Klinik: Nach Eindringen des Erregers entwickeln sich Lungenveränderungen von unterschiedlich schwerem Verlauf. Einerseits kann die Infektion spontan ausheilen, andererseits ist eine Dissemination von C. immitis in andere Organe möglich. In diesem Zusammenhang kommt es unter starker Abmagerung und raschem Verfall zum Tod des Tieres.

Ferner ist die Coccidioidosemykose bei Katzen auch im Zusammenhang mit Osteomyelitis und Uveitis nachgewiesen worden.

Diagnose: Erregernachweis mittels histopathologischer (Nachweis von dickwandigen Sphärulen mit einem Durchmesser von 30–60 µm, aufgefüllt mit 2–5 µ großen Sporen) und kultureller Untersuchung (Cave: Laborinfektionen möglich!).

Differentialdiagnose: Tuberkulose, Kryptokokkose, Blastomykose, Histoplasmose.

Prognose: Ungünstig.

Therapie: Bisher für Katzen wenig bekannt. Wenn eine entsprechende Diagnose rechtzeitig gestellt ist, kann eine Behandlung mit Ketoconazol (10 mg/kg KGW, 1–2mal täglich oral verabreicht, Therapiedauer 6 Monate oder noch länger) versucht werden.

Literatur

MERIDETH, R. E., R. E. REED and K. C. JAMISON (1985): Ocular coccidioido-mycosis in a cat. J. Am. Vet. Med. Ass. **187,** 167–169.

REED, R. E., R. S. HOGE and R. J. TRAUTMAN (1963): Coccidioidomycosis in two cats. J. Am. Vet. Med. Ass. **143,** 953–956.

SCHWARTZ, W. (1981): Coccidioides immitis infection in a cat. Southwest Vet. **34,** 94.

WOLF, A. M. (1979): Primary cutaneous coccidioidomycosis in a dog and a cat. J. Am. Vet. Med. Ass. **174,** 504–506.

4.3. Histoplasmose

Diese Pilzerkrankung tritt bei Mensch und Tier weltweit auf. Als Endemiegebiet gilt vorwiegend der mittelöstliche Teil der USA. Aus diesem Grunde überrascht es nicht, daß entsprechende Beobachtungen über Histoplasmose-Fälle bei Katzen durchwegs aus den Gebieten der Bundesstaaten Mississippi, Ohio und Texas stammen. Als natürlicher Standort des Erregers Histoplasma (H.) capsulatum gilt der Erdboden, vor allem, wenn dieser mit Ausscheidungen von Vögeln (insbesondere Hühner, Singvögel, Tauben) und Fledermäusen (insbesondere in Höhlen) kontaminiert ist. Die Infektion erfolgt auf aerogenem Wege durch Inhalation sporenhaltigen Staubes sowie gelegentlich über kontaminierte Wunden. Auch auf oralem Wege soll eine Ansteckung möglich sein.

Klinik: Auffallend sind bei der Lungen-Histoplasmose Dyspnoe, chronischer Husten und rezidivierend erhöhte Temperatur (39,5 °C–40 °C), begleitet von Anorexie, Gewichtsverlust, Anämie und Lymphknotenschwellung. Die Granulombildung ist nicht nur in der Lunge, sondern auch in anderen Organen (Leber, Milz, Niere, Lymphknoten) möglich. Bei Befall des Darmes kommt es zu blutigem Durchfall. Außerdem wurden Augenerkrankungen (z. B. granuläre Chorioretinitis) sowie ulzeröse, granulomatöse Hautveränderungen beobachtet.
Es wird ferner angenommen, daß die Histoplasmose bei Katzen subklinisch verlaufen kann.

Diagnose: Histopathologischer Erregernachweis (hefeähnliche 2–5 µm große Formen, vorwiegend intrazellulär gelegen) in nach Giemsa gefärbten Ausstrichpräparaten, je nach Krankheitsbild von Bronchiallavage oder Hautveränderungen bzw. in Biopsiematerial von vergrößerten Lymphknoten, Knochenmark oder Kolonschleimhaut. Die Isolierung von H. capsulatum gelingt am häufigsten aus Untersuchungsmaterial von Lymphknoten, Zitratblut oder Knochenmark.
Serologisch (Komplementbindungsreaktion, Immundiffusionstest) ist ebenfalls eine Diagnosestellung möglich. Allerdings schließt ein negatives Untersuchungsergebnis das Vorliegen von Histoplasmose trotzdem nicht aus. Vor allem bei disseminierten oder subklinischen Verlaufsformen führt die Komplementbindungsreaktion durchwegs zu negativen Ergebnissen.

Differentialdiagnose: Chronisch verlaufende Infektionskrankheiten, vor allem Tuberkulose, Blastomykose und Kryptokokkose.

Prognose: Im fortgeschrittenen Stadium äußerst ungünstig.

Therapie: Die Maßnahmen entsprechen weitgehend denen, wie bei der Blastomykose (4.1.) beschrieben. Je früher die Diagnose Histoplasmose gestellt wird, um so günstiger sind die Erfolgsaussichten einer eingeleiteten antimykotischen Therapiemaßnahme, wobei allerdings Rezidive nicht auszuschließen sind.

Literatur

GWIN, R. M., T. A. MAKLEY, M. WYMAN and K. WERLING (1980): Multifocal ocular histoplasmosis in a dog and cat. J. Am. Vet. Med. Ass. **176,** 638–642.

KABLI, S., J. R. KOSCHMANN, G. W. ROBERTSTAD, J. LAWRENCE, L. AJELLO and K. REDETZKE (1986): Endemic canine and feline histoplasmosis in El Paso, Texas. J. Med. Vet. Mycol. **24,** 41–50.

NOXON, J. O., K. DIGILIO and D. A. SCHMIDT (1982): Disseminated histoplasmosis in a cat: Successful treatment with ketoconazole. J. Am. Vet. Med. Ass. **181,** 816–818.

PERCY, D. H. (1981): Feline histoplasmosis with ocular involvement. Vet. Path. **18,** 163–169.

WOLF, A. M. (1987): Histoplasma capsulatum osteomyelitis in the cat. J. Vet. Int. Med. **1,** 158–162.

WOLF, A. M., and N. N. BELDEN (1984): Feline histoplasmosis: A literature review and retrospective study of 20 new cases. J. Am. Anim. Hosp. Ass. **20,** 995–998.

4.4. Sporotrichose

Das Auftreten dieser Erkrankung, hervorgerufen durch Sporothrix (S.) schenckii, ist bislang bei der

Katze nur sehr selten beschrieben worden. Der Erreger ist außer im Erdboden auch auf Holz und Pflanzen weltweit anzutreffen. In der Regel gelangt S. schenckii über Hautverletzungen in den Körper, in seltenen Fällen ist eine Infektion auch auf aerogenem Wege (Staub) möglich.

Klinik: Bevorzugt werden die Extremitäten befallen, und es kommt in der Haut zur Bildung von Knötchen, die nach Aufbrechen dünnflüssigen Eiter entleeren und sich u. U. zu schmerzlosen Ulzera entwickeln können. Die Weiterausbreitung des Erregers erfolgt auf dem Lymphwege, weshalb die regionären Lymphknoten mit anschwellen. Nur in seltenen Fällen kommt es zu einer Erregerdissemination in Lunge, Leber oder Nieren.

Diagnose: Histopathologisch lassen sich im entsprechenden Eiter- oder Biopsiematerial Hefen von runder, ovaler oder zigarrenförmiger Gestalt (3–10 μm) nachweisen. Durch kulturellen Erregernachweis erfolgt die Absicherung der Diagnose.

Differentialdiagnose: Tuberkulose, Kryptokokkose, Histoplasmose und Blastomykose.

Prognose: Ungünstig.

Therapie: Bislang ist nur wenig über erfolgreiche Therapiemaßnahmen bei Katzen bekannt geworden. Versucht werden kann die mehrmalige Verabreichung von Kaliumjodid in gesättigter Lösung (oral oder i. v.) sowie von Ketoconazol (5–10 μg/kg KGW, täglich bis zu 2 Monate oder noch länger oral verabreichen).

Literatur

BURKE, M. J., G. F. GRAUER and D. W. MACY (1983): Successful treatment of cutaneous lymphatic sporotrichosis in a cat with ketoconazole and sodium iodide. J. Am. Anim. Hosp. Ass. **19,** 542–547.

DUNSTAN, R. W., K. A. REIMANN and R. F. LANGHAM (1986): Feline sporotrichosis. J. Am. Vet. Med. Ass. **189,** 880–883.

MACKAY, B. M., V. H. MENRATH, M. F. RIDLEY and W. R. KELLY (1986): Sporotrichosis in a cat. Aust. Vet. Pract. **16,** 3–5.

READ, S. I. and L. C. SPERLING (1982): Feline sporotrichosis: Transmission to man. Arch. Dermatol. **118,** 429–431.

WERNER, R. E., B. G. LEVINE, W. KAPLAN, W. C. HALL, B. J. NILLES and M. D. O'ROURKE (1971): Sporotrichosis in a cat. J. Am. Vet. Med. Ass. **159,** 407–412.

Parasitosen

Von M.-A. HASSLINGER

Raum für Notizen

Parasitosen

Der Parasitismus ist eine extreme ökologische Anpassung und stellt ein differenziertes biologisches Prinzip dar, welches sich während der Phylogenese unter natürlichen Bedingungen in langen Zeiträumen entwickelt hat. Sinn dieser Lebensweise ist, daß der Parasit seinen Wirt zur Ernährung, Entwicklung und/oder Fortpflanzung nutzt und ihn zwar schädigt, aber nicht tötet. Es besteht vielmehr ein Wirt-Parasit-Gleichgewicht, wobei auch die Bildung von Immunitätsmechanismen möglich ist. Andererseits muß der Parasit zur Arterhaltung ausreichend Vermehrungspotential bereitstellen, was bedeutet, daß diese Funktionen in der Natur in entsprechenden Populationen ein ausgeglichenes System darstellen. In dieses natürliche Gefüge wird bei domestizierter Lebensform oder Haltung in Gefangenschaft sehr wesentlich eingegriffen und der Freiraum der Wirte erheblich eingeengt. Damit steigt zwangsläufig die Anzahl des Infektionsmaterials auf engerem Raum und hat die Möglichkeit lebensbedrohender Hyperinfektionen zur Folge.

Die zu den Schmarotzern der Katze zählenden Protozoen, Plathelminthen, Nemathelminthen, Acanthocephalen und Arthropoden leben permanent oder temporär entweder auf der Körperoberfläche als Ekto- oder aber vielfach im Körperinnern als Endoparasiten.

Bei annähernd allen nachstehend besprochenen parasitären Infektionen fungiert die Katze als Endwirt. Dabei können die einzelnen Parasiten-Spezies sehr wirtsspezifisch sein oder aber auch ein sehr breites Wirtsspektrum aufweisen. Im Infektionsgeschehen muß außerdem zwischen der direkten oder indirekten Übertragung unterschieden werden. In der Regel wird dabei eine kürzere oder längere präparasitische bzw. -infektiöse Entwicklungsphase in der Außenwelt eingeschaltet, ein für Präventivmaßnahmen wichtiger Gesichtspunkt. Die sich anschließende infektiöse Phase kann mehrere Monate oder sogar Jahre anhalten. Letzteres ist ein bei mangelnder Hygiene auf engstem Raum besonders schwerwiegendes Problem. Beim indirekten Infektionsgeschehen werden obligat Zwischenwirte benötigt, die häufig zum Nahrungsspektrum des Endwirtes gehören. Ebenso variabel ist der Infektionsmodus. Häufig handelt es sich um orale Infektionen. Daneben ist auch bei der Katze eine perkutane Einwanderung der Parasiten ebenso möglich wie eine galaktogene Übertragung; bei den Ektoparasiten kommen hingegen vordergründig Kontaktinfektionen zustande. Die Kenntnis der Präpatenzen spielt sowohl für die Diagnose parasitärer Erkrankungen als auch zu deren Bekämpfung eine zentrale Rolle. Negativen Anfangsresultaten sollten Kontrolluntersuchungen folgen, will man Krankheitsprozesse nicht fehldeuten. Das Wissen über die Parasiten der Katze selbst und Belange der Bekämpfung sollten allerdings nicht nur allein im Hinblick auf den Schutz und die Gesundung des Tieres verwertet werden. Da vielmehr einige wichtige Parasiten der Katze ein großes Infektionsrisiko für den Menschen darstellen, ist es aus diesem Grund unsere Aufgabe, derartige Gefahren abzuwenden und den Tierhalter entsprechend zu orientieren.

In dem nachfolgenden Beitrag über Parasitosen sollen die wichtigsten Formen in ihrer Entwicklung, Bedeutung und Bekämpfung dargestellt werden. Seltenere Parasiten werden deshalb erwähnt, weil heute Katzen aus allen Kontinenten importiert und gehalten werden bzw. hiesige Tiere aus Anlässen wie Reisen oder Ausstellungen in ferne Länder gelangen, aus welchen sie möglicherweise mit bei uns weniger bekannten Infektionen heimkehren.

Protozoen

Leishmaniose

Katzen sind als Wirte von Leishmania donovani im mediterranen Raum bekannt, jedoch ist der Befall ohne praktische Bedeutung. Meist führt die Infektion bei dieser Wirtsspezies zur Hautleishmaniose. Die Erreger werden indirekt über Sandfliegen der Gattung Phlebotomus übertragen.

Giardiose

In letzter Zeit wurde beim Hund insbesondere in Österreich vermehrt Giardia-canis-Befall bei Welpen mit hartnäckigem wechselndem Durchfall festgestellt. Für die Katze ist als eigene Art Giardia cati mit einer Befallsrate bis zu 3 % beschrieben worden, die sich morphologisch von den anderen Spezies nicht unterscheiden läßt. Nicht oder nur schwer beeinflußbare Durchfälle bei Katzen können auf eine derartige Infektion zurückgeführt werden. Differentialdiagnostisch sollten daher Giardien mit in Betracht gezogen oder ausgeschlossen werden. Der Nachweis der Giardien erfolgt bei starker Vergrößerung durch die mikroskopische Untersuchung frischen warmen Kotes, weil anderenfalls der Nachweis der kurzlebigen Trophozoiten nicht mehr gelingt. Dabei werden ihre charakteristischen Schaukelbewegungen sichtbar. Aber auch die als Dauerformen ausgeschiedenen Zysten lassen sich mit einiger Erfahrung gut in der Flotation nachweisen; als besonders geeignet hat sich die Merthiolate-Iodine Formaline-Methode (MIF-Technik) gezeigt.

Eine Bekämpfung sollte in Anlehnung an die Ergebnisse beim Hund mit Metronidazol erfolgen, und zwar täglich 2 x 22 mg/Tier während 5 Tagen.

Entamöbose

Erkrankungen durch die Ruhramöbe des Menschen, Entamoeba histolytica, sind bei Katzen des tropischen und subtropischen Raumes beschrieben worden und kommen auch dort verbreitet vor. Klinisch fallen besonders bei jungen Tieren intestinale Störungen auf.

Kokzidiose

Die Bedeutung der Kokzidien der Feliden ist infolge umfangreicher Forschungstätigkeit der letzten Jahre sehr in den Vordergrund gerückt. Vieles hat dabei Aufklärung erfahren, nicht mehr vertretbare Vorstellungen wurden korrigiert.

Katzen sind Wirte für zwei Cystoisospora-Arten, Toxoplasma gondii, Hammondia hammondi, zwei Besnoitia-Spezies, mehrere Sarcocystis-Arten sowie Cryptosporidium parvum und C. muris.

Zystoisosporose

Cystoisospora felis

Es handelt sich um eine insbesondere bei Jungkatzen zwischen 2,9–3,6 % verbreitete Kokzidienart mit typischen eiförmigen, 45 x 33 μm großen Oozysten, die unsporuliert (Abb. 1a) mit dem Kot ausgeschieden werden. Bei Raumtemperatur wird die Sporulation bereits nach 48 Stunden durch die Bildung des Infektionsstadiums abgeschlossen. Deswegen kann gelegentlich in nicht mehr ganz frischem Kot das Vorhandensein von Oozysten mit 2 gleichen, jeweils 4 Sporozoiten enthaltenden Sporozysten sowie eines aus großen Granula bestehenden Restkörpers festgestellt werden. Nach oraler Aufnahme der sporulierten Oozysten (Abb. 1b) erfolgt die endogene Entwicklung zunächst in den Epithelzellen des Spitzenbereiches der Zotten des Ileums, gelegentlich auch des Duodenums oder Jejunums. Es werden regelmäßig Schizogonie, Endodyogenie und Endopolygenie durchlaufen. An diese ungeschlechtlichen Teilungsvorgänge schließt sich die Gamogonie an, die überwiegend in Zellen des Ileums abläuft. Die dabei entstehenden Oozysten werden schließlich mit dem Kot ausgeschieden und können frühestens 6–8 Tage p. i. nachgewiesen werden. Die Patenz hält etwa 13–23 Tage an.

Darüber hinaus scheint erwähnenswert, daß bei Mäusen, Ratten und anderen Nagern sowie beim Rind nach oraler Aufnahme sporulierter Oozysten von C. felis die freiwerdenden Sporozoiten in verschiedene Körperzellen, vornehmlich der Mesenteriallymphknoten, Leber und Lunge einwandern, dort als Ruhestadien (Dormo- oder Hypnozoiten) verharren und dann auf die Katze übertragen werden können. Bei diesen der Katze als Nahrung dienenden Kleinsäugern bzw. bei Verfütterung roher Rinderleber muß also von fakultativen Überträgern gesprochen werden.

Die leichte Darminfektion der Katze verläuft ohne besondere Symptome. Bei regelmäßiger, täglicher und gründlicher Reinigung des Katzenklos mit heißem Wasser ist zumindest bei der reinen Haushaltung kaum eine Reinfektionsgefahr gegeben, da in der Patenz nur bis 3 Wochen lang Oozysten ausgeschieden werden. Aufgrund der raschen exogenen Entwicklung ist jedoch bei nicht konsequent sauber gehaltenen Katzen z. B. in Gehegen insbesondere für Jungkatzen die Infektionsgefahr sehr groß. Bei solchen Tieren kann es gelegentlich zu Erkrankungen und klinischen Symptomen wie Diarrhöen und einer damit verbundenen Inappetenz sowie Abmagerung kommen.

Cystoisospora rivolta

Diese Kokzidienart ist bei 3,6–5 % der Katzen zu finden. Ebenfalls unsporuliert (Abb. 2 a) ausgeschiedene Oozysten dieser Art sind nahezu sphärisch und ca. 27 μm groß, obgleich auch schwach elliptische Formen (24 x 26 μm) häufiger nachzuweisen sind. Die Entwicklung in der Außenwelt wird bereits nach 1–2 Tagen abgeschlossen (Abb. 2 b). Die endogene Entwicklung vollzieht sich im vorderen Dünndarm. Die Präpatenz ist mit 5–7 Tagen abgeschlossen, die Patenz zieht sich über 2–3 Wochen hin.

Auch im Falle von Isospora rivolta werden in Nagern, Hunden und anderen Säugern extraintestinale, für Katzen wiederum infektiöse Stadien gebildet, so daß auch hier eine indirekte Infektion durchaus möglich ist. Für die Pathogenese und Klinik gilt hier das gleiche, was bei C. felis ausgeführt wurde.

Zur Therapie gegen Cystoisospora-Arten werden u. a. Amprolium (60–80 mg Wirkstoff/kg KGW)

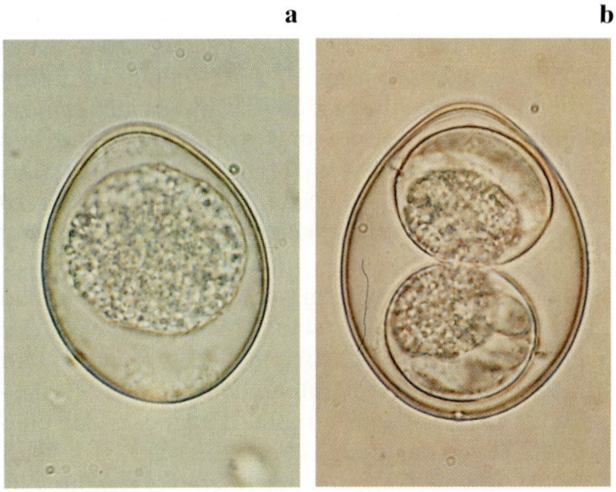

Abb. 1: Cystoisospora felis (a: unsporulierte, b: sporulierte Oozyste).

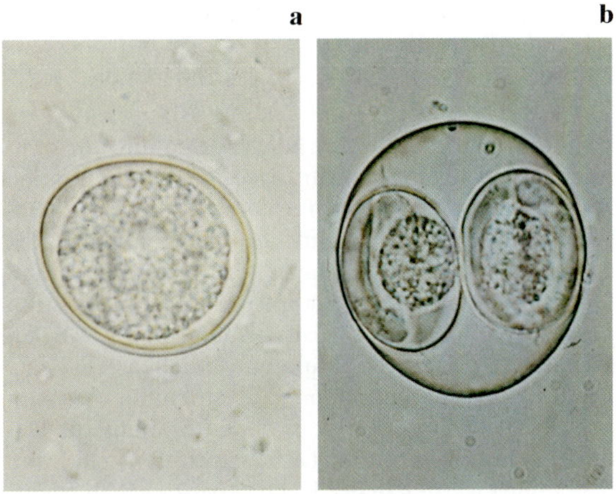

Abb. 2: Cystoisospora rivolta (a: unsporulierte, b: sporulierte Oozyste).

oder Sulfonamide allein oder in Kombinationsformulierungen (Tibrissen®, 2 x 15–30 mg/kg KGW an 6 aufeinanderfolgenden Tagen) empfohlen.

Toxoplasmose

Während heute feststeht, daß Hunde, Meerschweinchen und andere kleine Haustiere für die menschliche Toxoplasmose, deren Erreger Toxoplasma gondii ist, nicht verantwortlich gemacht werden dürfen, spielt die Katze dagegen in der Epidemiologie dieser Erkrankung die entscheidende Rolle. Die geschlechtliche Vermehrung mit der Bildung von Dauerstadien in Form von Oozysten läuft ausschließlich im Darm der Katze ab. Die mit dem Kot ausgeschiedenen Oozysten (Abb. 3 a) sind mit 12,4 x 10,5 µm sehr klein und können bei zu schwacher Vergrößerung bei der koproskopischen Untersuchung sehr leicht übersehen werden. Sie entsprechen im Aussehen und in ihrer Entwicklung Isospora-Oozysten mit zwei Sporozysten und je 4 Sporozoiten. Die zunächst unsporulierten Oozysten entwickeln sich im Freien durchschnittlich in 2–4 Tagen zu den infektiösen sporulierten Oozysten (Abb. 3 b) und bleiben, da sie von der Katze mit dem Kot verscharrt werden, in diesem feuchten Milieu lange Zeit infektiös. In verschiedenen Tierspezies sowie beim Menschen können sie nach oraler Aufnahme zu latenten Infektionen führen, die mit der Bildung von Toxoplasma-Zysten abschließen, in denen durch vielfache ungeschlechtliche Endodyogenie eine große Zahl von Zystozoiten entsteht.

Für die Katze ergeben sich zwei Infektionsmodi. Einmal vermag sie sich über sporulierte Oozysten, zum anderen über Toxoplasma-Zysten aus Beutetieren bzw. ihr angebotenem ungekochtem zystenhaltigem Fleisch, insbesondere von Schwein und Schaf, zu infizieren.

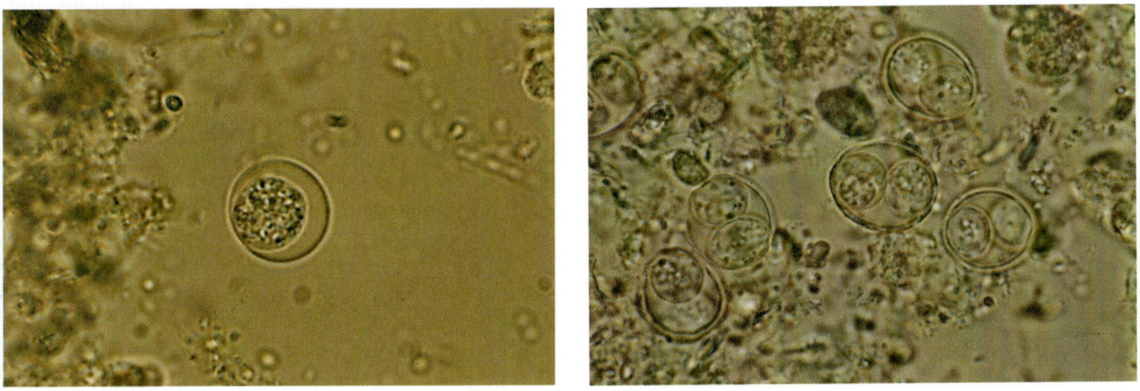

Abb. 3: Toxoplasma gondii (a: unsporulierte, b: sporulierte Oozyste).

a) Infektion durch Oozysten: Nach Infektion erscheinen die ersten neuen Dauerformen frühestens 20 Tage p. i.. Nach einer Erstinfektion hält die Oozystenausscheidung bis zu 17 Tagen an.

b) Infektion durch Zysten: Nach Aufnahme der zahlreiche Zystozoiten (= Bradyzoiten) enthaltenden Zysten kommt es im Darm der Katze zunächst zu ungeschlechtlicher Vermehrung (Schizogonie), die schließlich ab dem 3. Tag in die Gamogonie und Oozystenbildung übergeht. Da nach Zysteninfektion keine extraintestinale Entwicklungsphase vorgeschaltet ist, dauert die Präpatenz lediglich 3–9 Tage. Ein Teil der aufgenommenen Zystozoiten dringt in verschiedene Organe ein, in denen es dann zur Bildung von Endozoiten (= Tachyzoiten) kommt. Schließlich werden in der Katze, ebenso wie in Nicht-Endwirten, Zysten gebildet. Wenn auch eine gewisse Immunität nach einer überstandenen Toxoplasma-Infektion ausgebildet wird, kann dennoch nicht ausgeschlossen werden, daß Katzen mehrmals in ihrem Leben Oozysten von Toxoplasma gondii ausscheiden, allerdings nach einer Reinfektion wesentlich verringert. Bei Oozystenausscheidung sind Sulfonamid-Therapie und vorläufige Separierung des betroffenen Tieres angezeigt.

Grundsätzlich ist Kot positiver Katzen für die Verbreitung von Bedeutung. Die Infektionsgefahr ist beträchtlich, da während der Patenz täglich bis zu 30 Millionen Oozysten mit dem Kot an die Außenwelt gelangen können; jedoch scheiden erfreulicherweise nach bisheriger Kenntnis nur 0,6–1,3 % der serologisch positiven Katzen Oozysten aus. Da es nicht gelang, Toxoplasmen aus Nasensekret, Speichel oder Harn im Mäuseinokulationstest zu isolieren, ist es ausgeschlossen, daß Toxoplasmen von hochinfizierten Katzen durch deren Sekrete ausgeschieden und verbreitet werden; dies geschieht ausschließlich durch Kot.

Die Verhinderung der insbesondere wiederholten Toxoplasma-Infektion der Katze ist von großer Wichtigkeit, weil der Mensch durch das oozystenausscheidende Tier gefährdet ist. Jedoch soll an dieser Stelle ausdrücklich darauf hingewiesen werden, daß die wichtigste Ansteckungsquelle des Menschen rohes oder unzureichend gegartes Schweine- oder Schaffleisch darstellt. In der Heimtierhaltung kann die Reinfektion der Katze und die Infektion des Menschen mittels Oozysten durch konsequentes tägliches Reinigen des Katzenklos sicherlich nahezu oder überhaupt ausgeschlossen werden. Es gibt derzeit kein Desinfektionsmittel, welches mit Sicherheit Toxoplasma-Oozysten abzutöten vermag. Demgegenüber bilden die durchschnittlich zu 1 % infizierten streunenden Katzen durch ihre in der Umwelt abgesetzte große Oozystenzahl die epidemiologische Grundlage zur Verbreitung der Toxoplasmose. Die andererseits im Futterfleisch von Schwein und Schaf befindlichen Toxoplasma-Zysten können wiederum in der Heimtierhaltung durch Erhitzen auf mindestens +70 °C abgetötet und sodann unbedenklich verfüttert bzw. auch vom Menschen verzehrt werden; auch Tiefgefrierung auf –20 °C über mehrere Tage tötet die Parasiten sicher ab.

Bis auf eine eventuelle Erhöhung der Körpertemperatur tritt eine Toxoplasma-Infektion bei der Katze kaum klinisch in Erscheinung. Dennoch wird der Tierarzt oft mit dieser Problematik konfrontiert und hat dem Tierbesitzer beratend beizustehen. Vordergründig geht es dabei um eine Diagnose, der eine gründliche Anamnese über die Lebens- und Ernährungsgewohnheiten der Katze vorangeht. Zur Befunderhebung selbst bietet sich zunächst die koproskopische Untersuchung mit dem Nachweis der Oozysten an. In Verdachtsfällen sollte bei negativen Ergebnissen nach einer Woche erneut Kot überprüft werden, was jedoch ebenso ergebnislos verläuft, wenn die Infektion schon ein oder mehrere Monate vorher stattgefunden hatte. Hilfreich, aber dennoch nicht ganz zufriedenstellend, ist die zusätzliche serologische Untersuchung mittels Sabin-Feldman-Test (SFT) bzw. Fluoreszenzantikörpertest (IFAT), Enzyme-Linked-Immunosorbent-Assay (ELISA), Hämagglutination (IHA) oder die Komplementbindungsreaktion (KBR). So kann einerseits ein positives Resultat eine frühere Infektion anzeigen, ohne direkt eine Gefahr für den Menschen darzustellen, aber den Verdacht der kontaminierten Umgebung zulassen. Andererseits käme ein negatives Ergebnis auch bei frischen Infektionen zustande, was zwangsläufig eine zweite Überprüfung nach Ablauf einer Woche verlangt. Deshalb sollte grundsätzlich die Kot- mit der Serumprobe vergleichend beurteilt werden, um die Verläßlichkeit eines Befundes richtig zu deuten und den Tierhalter nicht zu verunsichern.

Behandlungen sind in seltenen Fällen von akuten Erkrankungen notwendig und sollten dann mit Sulfamethazin bzw. -merazin (100 mg/kg KGW) oder Suanovil® und Sobelin® (14 bis 21 Tage oral 25 mg/kg KGW) probiert werden.

Hammondiose

Die ebenfalls zu den Kokzidien gehörende Art Hammondia hammondi wurde erst 1974 für Katze und Wildkatze als Endwirt beschrieben. Bisher bekannte Zwischenwirte sind nur experimentell ermittelt worden. Von infizierten Katzen unsporuliert ausgeschiedene Oozysten mit einer Größe von 10,6 x 11,4 μm sind mit denen von Toxoplasma gondii identisch.

Die Entwicklung unterscheidet sich von der vorigen Art jedoch dadurch, daß sie obligat zweiwirtig ist.

Nach Aufnahme sporulierter Oozysten durch verschiedene Nager entstehen bis zu 340 x 95 µm große Zysten in deren Skelettmuskulatur. Erst durch die Aufnahme solcher Zysten mit Beutetieren kann es im Darm der Katze zu Schizogonie, Gamogonie und Oozystenbildung kommen. Frühestens 5 Tage p. i. ist die Präpatenz beendet; die Patenz bleibt etwa 4 Wochen bestehen.
Die Infektion mit Hammondia hammondi ist für die Katzen nicht pathogen. Sie ist jedoch bei der Diagnose der Toxoplasmose differentialdiagnostisch von Bedeutung. Im Gegensatz zu Toxoplasma gondii lassen sich Hammondia hammondi-Zystozoiten in Zwischenwirten nicht passagieren. Da die Unterscheidung nur durch komplizierte, aufwendige Verfahren möglich ist, sollte man bei der Feststellung von Oozysten dieser Größenordnung in bezug auf einzuleitende Maßnahmen grundsätzlich davon ausgehen, daß es sich um eine Toxoplasma gondii Infektion handelt.

Besnoitiose

Wie H. hammondi weisen die beiden Besnoitia Spezies, B. wallacei und B. darlingi, einen zweiwirtigen Entwicklungszyklus auf. Zwischenwirte sind einerseits Hausratten bzw. andererseits Eidechsen; experimentell ließen sich zusätzlich eine Reihe von Nagern infizieren. Nach Aufnahme von Zysten aus solchen Zwischenwirten durchleben die Parasiten ebenfalls einen Zyklus über die Schizogonie und Gamogonie zur Oozystenbildung. Die Besnoitia-Oozysten messen 17 x 12 µm (B. wallacei) und 12 x 12 µm (B. darlingi) und gelangen unsporuliert mit dem Katzenkot an die Außenwelt. Die Sporulation ist nach 2–4 Tagen beendet. Für beide Arten wurde eine Präpatenz von 11–15 Tagen und Patenz von 5–12 Tagen ermittelt. Die Besnoitia-Spezies vermögen bei der Katze weder wesentliche pathologische Veränderungen noch klinische Erscheinungen hervorzurufen. Differentialdiagnostisch lassen sich die exogenen Formen nicht von Toxoplasma- oder Hammondia- Oozysten abgrenzen; über eine wirksame medikamentelle Behandlung ist bislang nichts bekannt.

Sarkozystose

Seit langer Zeit ist insbesondere bei Schlachttieren das Vorkommen verschiedener schlauchförmiger, manchmal mehrere cm langer Sarkosporidienzysten bekannt, beim Rind Sarcocystis hirsuta (syn. S. bovifelis) oder beim Schaf S. gigantea (syn. S. ovifelis). Bei 4–5 % der Katzen konnten hingegen Oozysten bzw. Sporozysten im Kot nachgewiesen werden (Abb. 4), die als Isospora bigemina (syn. Sarcocystis bovifelis; S. ovifelis) beschrieben wurden, deren Besonderheit aber war, daß sie sich nicht von Katze zu Katze direkt passagieren ließen. Neuere Forschungsarbeiten klärten die Kokzidienstruktur von Sarkosporiden auf und erbrachten damit bei Sarcocystis-Infektionen einen obligaten Wirtswechsel (zystenbildende Kokzidien-Gattung). Bei der Katze von Bedeutung sind S. hirsuta und S. gigantea.

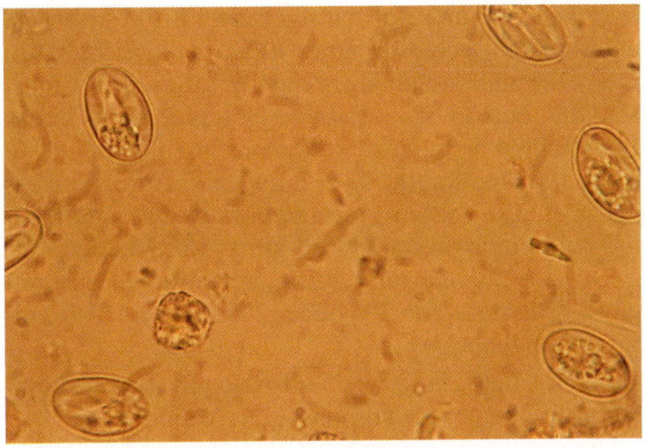

Abb. 4: Sarcocystis-Sporozyste.

Sarcocystis hirsuta

Die Erreger dieser Sarcocystis-Infektion bei Katzen sind Sarcocystis hirsuta (syn. Sarcocystis bovifelis) aus dem Rind. Die von Katzen ausgeschiedenen Sporozysten messen durchschnittlich 12,5 x 7,8 µm und haben einen 5,4 x 3,8 µm großen granulierten Restkörper. Bei Patenzbeginn lassen sich zunächst auch noch feine Oozystenmembranen um die bereits sporulierten Sporozysten erkennen, die im Verlaufe der Patenz jedoch immer seltener nachweisbar werden. Diese Sporozysten müssen nun vom Rind als obligatem Zwischenwirt aufgenommen werden. Im Zwischenwirt läuft die ungeschlechtliche Vermehrung der Parasiten zunächst in verschiedenen Organen ab, um schließlich im Muskelgewebe die für Katzen infektiösen Zysten, die massenhaft Zystozoite enthalten, zu bilden. Solche in roh aufgenommenem Rindfleisch vorhandenen Infektionsstadien beginnen in der Lamina propria der Dünndarmzotten der Katze sofort mit der geschlechtlichen Vermehrung, indem sie sich direkt zu Gamonten und schließlich zu Oozysten und Sporozysten mit einer Präpatenz von 5–14 Tagen umwandeln. Die Ausscheidung der Dauerstadien kann über 2 Monate anhalten.

Sarcocystis gigantea

Die Erreger dieser Sarcocystis-Infektion bei der Katze sind Sarcocystis gigantea (syn. Sarcocystis ovifelis) vom Schaf. Die mit dem Kot der Katze ausgeschiedenen Sporozysten dieser Spezies sind in Größe und Form kaum von der vorigen Art zu unterscheiden. Hier werden nur häufiger zwei Sporozysten in einer zarten farblosen, aber kaum wahrnehmbaren Oozystenhülle gefunden. Auch bei dieser Art müssen die bereits sporuliert ausgeschiedenen Infektionsstadien vom Schaf aufgenommen werden. In dessen Schlundmuskulatur entwickeln sich dann bis 1,5 cm lange Zysten von Sarcocystis gigantea. Erst die Aufnahme dieser Zysten führt dann bei der Katze wieder zur Darminfektion, in diesem Falle mit einer Präpatenz von 2 Wochen. Die Patenz bleibt einige Monate bestehen.

Eine Verhinderung von Infektionen kann durch Verabreichung von vorher tiefgefrorenem oder gekochtem Fleisch weitgehend erreicht werden, zumal eine Chemotherapie für nicht notwendig gehalten wird.

Kryptosporidiose

Im Katzenkot sind gelegentlich im direkten Objektträgerausstrich die 4–4,5 µm kleine, stark lichtbrechenden Oozysten von Cryptosporidium parvum oder C. muris zu ermitteln. Daten über Beginn und Ausscheidungsdauer liegen bislang nur aus experimentellen Untersuchungen vor. Die pathogene Bedeutung und Möglichkeiten der Therapie sind noch ungeklärt.

Babesiose

Die Infektion der Katzen mit Babesia felis ist lediglich in Afrika, Indien und Kalifornien gelegentlich nachzuweisen; der mit einer Anämie einhergehenden klinischen Erkrankung ist gegebenenfalls mit Primaquinephosphat (0,5 mg/kg KGW) zu begegnen.

Helminthen

Helminthosen werden durch Würmer oder deren Entwicklungsstadien hervorgerufen, die den Stämmen der Plathelminthen, Nemathelminthen und Acanthocephalen angehören. Einige von ihnen sind auch Erreger von Anthropozoonosen und besitzen daher nicht nur hygienisches Interesse, sondern ver langen aus human-pathogenen Gründen besondere Aufmerksamkeit. Helminthosen sind insbesondere als Jungtiererkrankungen wegen der fehlenden Immunabwehr von veterinärmedizinischer Bedeutung. Die Kenntnis der Lebensweise der Helminthen und ihrer Infektionswege sowie die exakte Diagnose sind besonders wichtig, um prophylaktisch sinnvoll vorgehen und therapeutisch die modernen Breitspektrum-Anthelminthika effektvoll und gezielt einsetzen zu können.

Trematoden

Die Saugwürmer spielen bei Katzen in Mitteleuropa kaum eine Rolle. Wegen ihres komplizierten Wirtswechsels sind Weiterverbreitungen auch importierter Parasiten kaum denkbar. Jedoch können auch einheimische Katzen durch das Verfüttern roher infizierter Zwischenwirte, wie z. B. Fische mit Opisthorchis spec. infiziert werden.

Opisthorchiose

Die Opisthorchiose wird durch Opisthorchis felineus (Europa, mit Schwerpunkt in Osteuropa, bis Asien), O. (syn. Clonorchis) sinensis (Ostasien, China) und O. viverrini (Indochina) verursacht. Die Parasiten leben vorwiegend in den Gallengängen von Katzen, Hunden und Menschen. Die 8 x 2,5 mm großen Saugwürmer produzieren sehr kleine, ca. 28 x 13 µm messende, gedeckelte Eier, die bereits bei der Ablage ein für den ersten Zwischenwirt (für O. felineus = Bithynia leachi) infektiöses Mirazidium enthalten. In der Schnecke kommt es zur ungeschlechtlichen Vermehrung durch die Bildung von Sporozysten und Redien. Aus letzteren gehen schließlich Zerkarien hervor, die den Zwischenwirt aktiv verlassen. Diese sog. Pfeifenkopfzerkarien müssen innerhalb von 24 Stunden Süßwasserfische (i. d. R. Cypriniden) auffinden, um sich in deren subkutanem Bindegewebe zu enzystieren und zu infektiösen Metazerkarien zu entwickeln. Nach Aufnahme roher infizierter Fische schlüpfen im Duodenum der Katzen die jungen Egel und wandern durch den Ductus choledochus direkt in die Gallengänge ein. Die Präpatenz dauert 3–4 Wochen. Die Infektion verursacht eine katarrhalische Entzündung der Gallenwege. Klinisch finden sich bei massivem Befall eine ausgeprägte Anämie, Ikterus, Verdauungsstörungen, Ödeme und im fortgeschrittenen Stadium Aszites.

Mit Droncit® kann O. felineus erfolgreich eliminiert werden, und zwar in einer Dosis von 2 x 50 mg bzw. 1 x 100 mg/kg KGW.

Prophylaktisch sollte man zur Vermeidung einer Ansteckung auf Verfütterung rohen Fisches, insbesondere in gefährdeten Gebieten, verzichten.

Andere bei Katzen nachgewiesene, jedoch seltene Trematoden:

Über Fische werden auch die wenig bekannten und sehr kleinen anderen Vertreter Pseudamphistomum truncatum, der ebenfalls in den Gallengängen lebt, und Metorchis albidus übertragen; ihre im Kot nachweisbaren Eier sind denen von O. felineus sehr ähnlich.

Im Dünndarm von Feliden kann gelegentlich auch der Nachweis von Echinochasmus perfoliatus (Infektion über Süßwasserfische) und von Euparyphium melis (Infektion über Kaulquappen und Frösche) sowie von Alaria alata gelingen. Der letztere Trematode hat einen obligaten 3-Wirte-Zyklus. Nachdem sich in Süßwasserschnecken Zerkarien entwickelt haben und ausschwärmen, werden Kaulquappen bzw. Frösche infiziert, in denen sich Mesozerkarien bilden; aber auch Vögel und Säuger (mit Ausnahme von Fleischfressern) sind empfänglich. Gelegentlich wird diese Mesozerkarie als Dunckerscher Muskelegel (Agamodistomum suis) im Schwein angetroffen. Im Endwirt vollzieht sich eine Körperwanderung über die Lunge. Erst hier bildet sich die eigentliche Metazerkarie, welche dann nach trachealer Wanderung im Dünndarm zum geschlechtsreifen Egel heranreift.

Andere Arten, deren Entwicklung über Fische verläuft, wurden im Darm von Katzen in Holland (Apophallus donicus), Ungarn (Cryptocotyle jejunum) und Ägypten (Heterophyes heterophyes) nachgewiesen.

Lungenegelinfektionen mit Paragonimus westermani, P. kellikotti, P. africanus, P. uterobilateralis und P. siamensis sind in Katzen und wildlebenden Feliden in Afrika, Ostasien und Südamerika keineswegs selten und stellen insbesondere in Afrika (Schleichkatzen) das Infektionsreservoir dieser zusätzlich beim Menschen parasitierenden Trematoden dar. Bei Importkatzen (besonders bei Großkatzen bzw. Wildformen) werden derartige Infektionen gelegentlich auch in Mitteleuropa nachgewiesen.

Zestoden

Katzen sind häufig Endwirte verschiedener Bandwurmarten. Die Infektionsmöglichkeit und -häufigkeit ist jedoch vom Zugang zu entsprechenden Zwischenwirten abhängig. Alle Bandwurmarten der Fleischfresser benötigen für ihren Entwicklungszyklus mindestens einen Zwischenwirt, der den Arthropoden, Reptilien und Vögeln, Nagern oder Nutztieren zuzurechnen ist. Die zu besprechenden Bandwürmer werden in 2 Ordnungen unterteilt, und zwar die Pseudophyllida, welche noch eine trematodenähnliche, zweiwirtige Entwicklung aufweisen, und die Cyclophyllida, deren Zyklus sich an das Landleben angepaßt hat und die in der Regel nur einen Zwischenwirt benötigen.

Vor der koproskopischen Untersuchung mittels Anreicherung (Flotation) sollte erst makroskopisch die Überprüfung des Anusbereiches der Katze sowie ihres Kotes auf abgegangene reife Proglottiden erfolgen.

Pseudophyllida

Diphyllobothrium latum

Der bekannteste Pseudophyllide ist Diphyllobothrium latum, der Grubenkopf- oder Fischfinnenbandwurm des Menschen. Er zählt zu den längsten Bandwürmern überhaupt und ist leicht an seinem nur mit zwei Sauggruben versehenen spatelförmigen Skolex zu erkennen.

Die durch eine echte, ventral median liegende Uterinöffnung dauernd abgegebenen gedeckelten Eier (70 x 50 µm) müssen ins Wasser gelangen. In ihnen entwickeln sich Korazidien, in denen die Onkosphäre enthalten ist. Diese Wimperlarve muß von einem Ruderfußkrebs aufgenommen werden, in dem sich dann in dessen Leibeshöhle das Prozerkoid heranbildet. Wird ein infizierter Kleinkrebs von einem Fisch gefressen, dringt das Prozerkoid in dessen Muskulatur ein und entwickelt sich zum Plerozerkoid. Erst jetzt können sich empfängliche Endwirte (Mensch, Hund, Katze) durch Verzehr von rohem oder unzureichend geräuchertem Fisch infizieren.

Diphyllobothrium latum kommt bei der Katze nur gelegentlich vor, bei experimenteller Infektion wurde er in ihr nicht geschlechtsreif. Die Infektion kann durch Verzicht roher Fischnahrung leicht vermieden werden.

Die anderen Vertreter dieser Ordnung (Spirometra erinacei europaei, S. felis, S. mansoni und S. mansonoides) sind außerordentlich selten. Die Eier von Spirometra spec. sind an beiden Polen etwas zugespitzt und daher leicht zu identifizieren. Erwähnt werden soll, daß sich die in Fröschen, Reptilien oder Kleinsäugern entwickelnden Plerozerkoide dieser Arten im nicht adäquaten Endwirt oftmals im Muskelgewebe oder auch subkutanen Bindegewebe ansiedeln und sich hier atypisch durch Sprossung vergrößern können; es wird dann von einer Sparganose gesprochen .

Cyclophyllida

Die häufigsten bei Katzen anzutreffenden Bandwürmer gehören jedoch zu den Cyclophylliden. Die Entwicklungsprinzipien sind oftmals sehr genau auf das Wirtstier zugeschnitten.

Mesocestoides spp.

Gelegentlich kann auch Mesocestoides spec. bei Katzen beobachtet werden, dessen abgegebene, oft schubweise im Kot erscheinende Proglottiden reiskornähnlich aussehen. In der reifen, tonnenförmigen Proglottide (Abb. 5) findet mat den geschlängelten Uterus und ventral gelegen einen Eibehälter (Paruterinorgan). Die Entwicklung verläuft über zwei

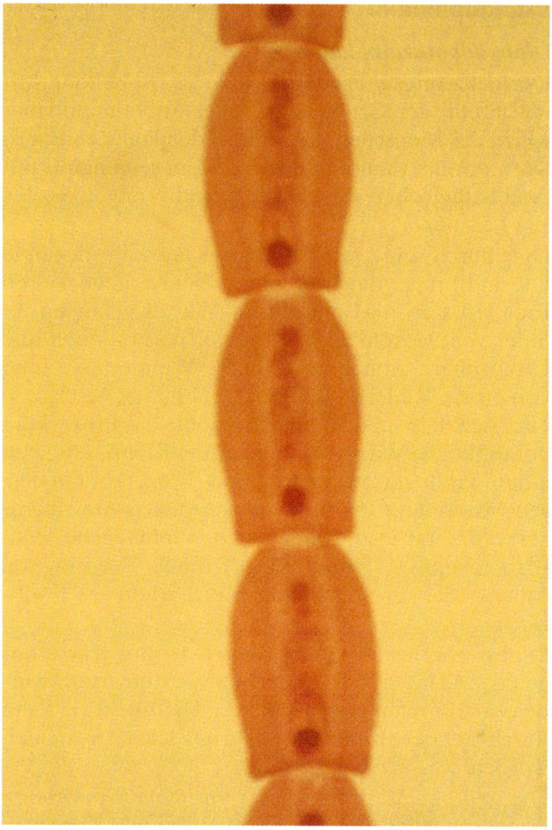

Abb. 5: Proglottiden von Mesocestoides spp.

Zwischenwirte. Das zunächst entstehende Zystizerkoid reift in Hornmilben heran, die dann von Reptilien oder Vögeln aufgenommen werden müssen. In letzteren entsteht ein sehr bewegliches, schon bandwurmähnliches Gebilde, das als Dithyridium elongatum oder Tetrathyridium variabile bezeichnet wird und die zweite Finnenform darstellt. Nach Aufnahme dieses Infektionsstadiums reift der Bandwurm innerhalb von 3 Wochen zur Geschlechtsreife heran. Diese Bandwurmspezies ist chemotherapeutisch außerordentlich schwer zu beeinflussen.

Taenia taeniaeformis

Bei dieser Taenie handelt es sich um den typischen Katzenbandwurm. In manchen Gegenden sind praktisch alle frei herumlaufenden Katzen infiziert. Ein Befall wird meist durch das Auffinden der mittelgroßen, ca. 6–8 x 3–4 mm großen, oft sehr beweglichen weißen Proglottiden im Kot festgestellt. Der adulte Bandwurm erreicht nur eine Länge von 15–60 cm und zeichnet sich durch einen deutlich sichtbaren Skolex aus, dem ohne Halsteil unmittelbar die Gliederkette folgt (Abb. 6).

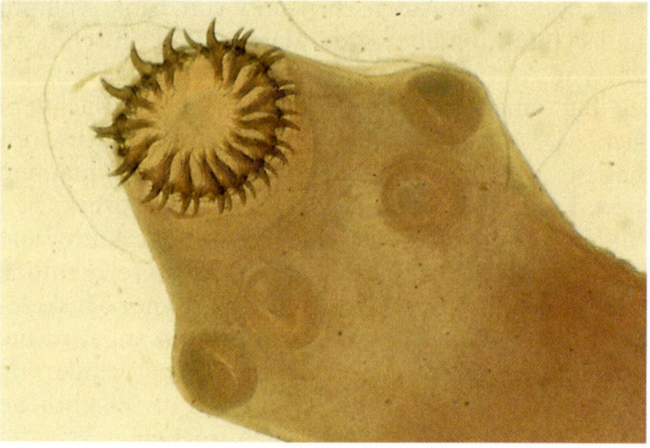

Abb. 6: Taenia taeniaeformis (Skolex).

Werden die Proglottiden oder die im Kot häufig schon freigewordenen Eier von Mäusen, Ratten oder auch anderen Nagern aufgenommen, so entwickelt sich in deren Leber eine Finne, die als Strobilocercus fasciolaris bezeichnet wird. Sie kann bereits im Zwischenwirt auf eine Länge von bis zu 30 cm heranwachsen und sieht bandwurmähnlich aus. Nach Infektion der Katze wird jedoch diese Pseudostrobila wieder abgeworfen. Nur der Skolex bleibt erhalten und bildet die neue Gliederkette mit einer Präpatenz von 5–11 Wochen, die Patenz beträgt 7–34 Monate.

Taenia hydatigena

Von den Taenien kann gelegentlich Taenia hydatigena nachgewiesen werden. Die Finne dieses Bandwurms vermag sich in allen pflanzenfressenden Nutztieren durch Aufnahme der vom Bandwurmträger über die Proglottiden ausgeschiedenen Taenien-Eier zu entwickeln. Nach Infektion der Katze durch Finnen (Cysticercus tenuicollis) kommt es in 7–10 Wochen zum Heranwachsen des bis zu 1 m langen Bandwurms, der gelegentlich vor Ablauf der Präpatenz spontan ausgeschieden wird.

Taenia pisiformis

Bei Infektion mit T. pisiformis des Hundes kommt es bei der Katze ebenfalls nur selten zur Ausscheidung gravider Endglieder. Die Finne, Cysticercus pisiformis, entwickelt sich unter der Leberserosa sowie im Netz und Gekröse von Hasen und Kaninchen und anderen Nagern. Werden derartige, oft traubenförmig mit Finnen befallene Innereien entsprechender Zwischenwirte von Katzen aufgenommen, kommt es zur Infektion.

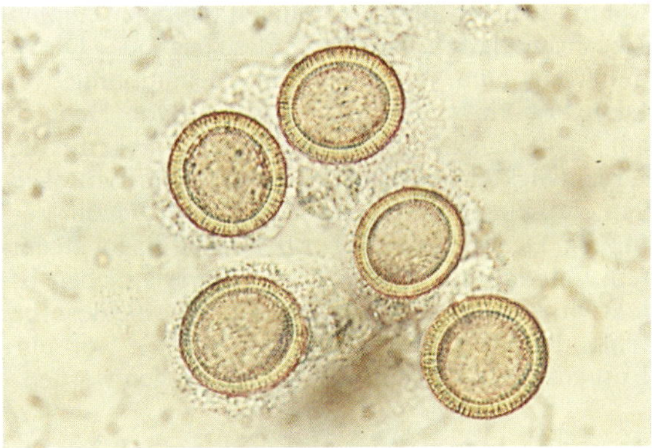

Abb. 7: Taenien-Eier.

Echinococcus multilocularis

Während Echinococcus granulosus als dreigliedriger Bandwurm bei Hunden, Wölfen und anderen Kaniden parasitiert, wurde der ebenfalls für den Menschen gefährliche fünfgliedrige Bandwurm des Fuchses, Echinococcus multilocularis, in Süddeutschland in endemischen Gebieten bei Katzen mit einem Anteil von 1,4 % ermittelt. Er ist deutlich kleiner als E. granulosus und mißt 1,5–3,5 mm. Nur die reifen graviden Endglieder können die doppelte Länge des eigentlichen Zestoden erreichen. Während der Darmpassage mazerieren die abgestoßenen Endglieder meist, so daß bei der Kotuntersuchung lediglich die Eier auffallen. Sie ähneln den Taenien-Eiern (Abb. 7) sehr, so daß man im Verdachtsfalle differentialdiagnostisch eine diagnostische Therapie (mit Arekolin) durchführen muß.

Die nach der Aufnahme dieser Eier im Zwischenwirt entstehenden infiltrativ wachsenden Finnen werden als Echinococcus alveolaris bezeichnet. Sie entwickeln sich meist in Feldmäusen. Da diese Zwischenwirte nicht nur Nahrung der Füchse, sondern auch der Katzen darstellen und von diesen erbeutet und gefressen werden, kann Infektionsmaterial in die häusliche Gemeinschaft eingeschleppt werden. In Europa findet man diese Bandwurm-Infektion bei Katzen in Südfrankreich, Baden-Württemberg, der Schweiz, in Österreich und der früheren Tschechoslowakei endemisch begrenzt verbreitet; inzwischen wurde er auch beim Fuchs (3,9 %) in Rheinland-Pfalz entdeckt. Auch der Mensch kann an der gefürchteten und meist inoperablen Alveolar-Echinokokkose erkranken, weil er als inadäquater Zwischenwirt Träger des Finnenstadiums werden kann.

Dipylidium caninum

Ein Befall mit D. caninum des Hundes ist auch bei der Katze keine seltene Erscheinung. Es sind mittelgroße Zestoden, die eine Länge bis 50 cm erreichen und stets bewaffnet sind (Abb. 8 a). Die meist sehr beweglichen etwa 7–12 x 1,5–3 mm messenden ausgeschiedenen oder auch aktiv auswandernden Endproglottiden haben in der Regel ein hellrosa fleischfarbenes Aussehen und werden so unschwer auf dem Kot erkannt.

Die in gallertigen Paketen abgegebenen Eier müssen von Flohlarven aufgenommen werden. In diesen entwickeln sich Zystizerkoide, welche die Metamorphose zum adulten blutsaugenden Floh überstehen und nach 3–4 Wochen infektiös sind.

Abb. 8: Vorderende mit Skolex, unreife und reife Bandwurmglieder von Dipylidium caninum (a) sowie reife Proglottide von Joyeuxiella spp. (b) und Diplopylidium spp. (c).

Durch Zerbeißen derartig infizierter Ektoparasiten werden die Finnen frei; nach Aufnahme kommt es schließlich zur Besiedlung des Endwirtes, der bereits spätestens nach 3 Wochen wieder neue Proglottiden ausscheidet. Bedeutsam ist die gelegentliche Empfänglichkeit des Menschen (Kinder), in welchen dieser Bandwurm die Geschlechtsreife erreichen kann.

Joyeuxiella spp.

Bei Importkatzen aus dem nördlichen Afrika, aber auch in Süd- und sogar Mitteleuropa, findet man recht oft Bandwürmer, deren weißliche, rechteckige Proglottiden mit beiderseitigen Genitalöffnungen in der Mitte (Abb. 8 b) am Kot auffallen. In ihnen befindliche Ei-Kapseln enthalten jeweils nur ein Ei, wodurch sie sich von Dipylidium caninum unschwer unterscheiden. Zwischenwirte dieses Zestoden sowie auch von Diplopylidium spp. sind (Dung-)Käfer; Eidechsen, andere Reptilien oder Kleinnager dienen als zweite Zwischenwirte bzw. vielleicht auch nur als Transportwirte.

Diplopylidium spp.

Diese ebenfalls im mediterranen Bereich vorkommende Bandwurm-Gattung (Abb. 8 c) wird bisweilen in unseren Raum eingeschleppt und kann differentialdiagnostisch interessieren. Im Gegensatz zu D. canium sind die gleichfalls gurkenkernförmigen Proglottiden auffallend weiß und beinhalten einzeln eingekapselte Eier.

Mit wenigen Ausnahmen gelingt es bereits, durch vorbeugende Maßnahmen auch bei der Katze einen Zestodenbefall in Schranken zu halten. Während bei Mesocestoides spec. oder Echinococcus multilocularis der Kreislauf durch Bekämpfung des Zwischenwirtes nicht unterbrochen werden kann, ist ein Verzicht der Verabreichung roher Schlachtabfälle oder derartigen Fischmaterials ebenso als wesentlicher Beitrag zu werten wie die Ektoparasitenbekämpfung (von Ctenocephalides felis oder Felicola subrostratus) zur Verhinderung einer Infektion mit Dipylidium caninum. Eine recht wesentliche Aufgabe kommt uns als Tierärzten in dieser Hinsicht dem Tierhalter gegenüber zu.

Zur Eliminierung der Bandwürmer aus dem Endwirt steht zwar eine Palette von Anthelminthika zur Verfügung, welche jedoch wegen des unterschiedlichen Effektes bei einigen Zestodenspezies eine Erhöhung der Dosis erfordern. Relativ leicht lassen sich die Taenien bekämpfen. Ohne Wertung der einzelnen Anthelminthika seien hier in alphabetischer Reihenfolge einige moderne Mittel wie Droncit® (5 bzw. 5,7 mg Wirkstoff/kg KGW), Flubenol® KH (2 x 22) oder Flubenol® P (3 x 22), Mansonil® (125), Panacur (3 x 50) oder Scolaban® (25–50) genannt. Die erwähnte Dosiserhöhung verlangen bisweilen Diphyllobothrium latum, Mesocestoides spec. oder Dipylidium caninum. Obgleich zur Bekämpfung von Diphyllobothrium latum eine solche von Droncit® auf 35–40 mg/kg KGW notwendig wird, steht mit dieser Entwicklung ein derzeit unersetzliches Mittel gegen die human-pathogenen Echinokokken zur Verfügung. Dennoch sollte aber bei sicher diagnostiziertem Echinococcus-Befall, trotz der verläßlichen Effektivität dieses recht potenten Zestodizides (bei fehlender orivzider Wirkung), nach wie vor eine Euthanasie ernstlich in Erwägung gezogen werden.

Nematoden

Es handelt sich um meist drehrunde, oft nur wenige Zentimeter lange Würmer. Die hygienisch wichtigen Spul- und Hakenwürmer verursachen in erster Linie Infektionen der Jungtiere. Dabei sind nicht nur orale, sondern auch galaktogene bzw. perkutane Übertragungen zu berücksichtigen.

Toxaskariose und Toxokarose

Der von älteren Hunden bekannte und häufige Spulwurm Toxascaris leonina läßt sich gelegentlich auch bei Katzen feststellen. Insbesondere sind Großkatzen zoologischer Gärten häufig mit diesem Askariden infiziert.

Die in der Außenwelt in wenigen Tagen embryonierenden Eier sind mit Bildung der Larve II infektiös. Nach oraler Aufnahme dringen die im Dünndarm schlüpfenden Larven in die Darmwand des Wirtes ein, vollziehen hier die 2. und 3. Häutung und kehren zur 4. Häutung in das Darmlumen zurück. Die Präpatenz dauert 7–11 Wochen.

Darüber hinaus kann aber auch eine Infektion über paratenische Wirte erfolgen, wie dies bei der Katze die Regel ist. In jenen vollzieht sich eine histotrope Phase in der Darmwand und transperitoneale Wanderung in die Bauchhöhle, die mit der Bildung von enzystierten Larven in den angrenzenden Geweben beendet wird. Nach Aufnahme derartiger Stadien durch adäquate Endwirte setzen die Larven ihre begonnene Entwicklung weiter fort.

Wegen des allgemein geringen Befalls sind keine klinischen Symptome bzw. pathologischen Veränderungen feststellbar. Die Diagnose erfolgt durch den Nachweis der typischen Eier (Abb. 9 a).

Der Katzenspulwurm Toxocara mystax ist zweifellos der häufigste Wurmparasit von Katzen. Er wird 6–10 cm lang und lebt im Dünndarm. Sein Vorkommen wird außer über den koproskopischen Einachweis nicht selten auch über spontan abgegangene oder erbrochene Würmer erkannt. Dabei wäre era b c

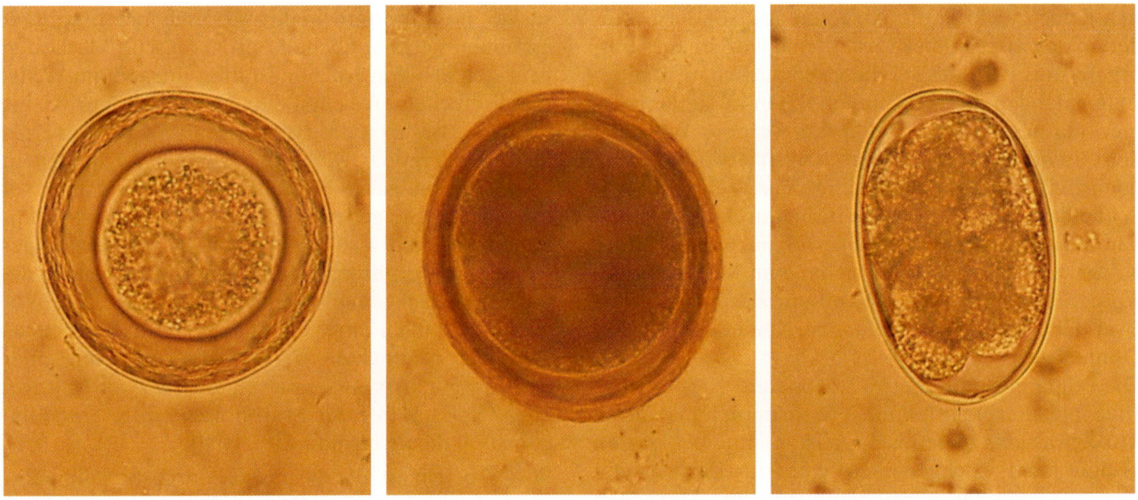

Abb. 9: Ei von (a) Toxascaris leonina, (b) Toxocara mystax und (c) Ancylostoma tubaeforme.

a b c

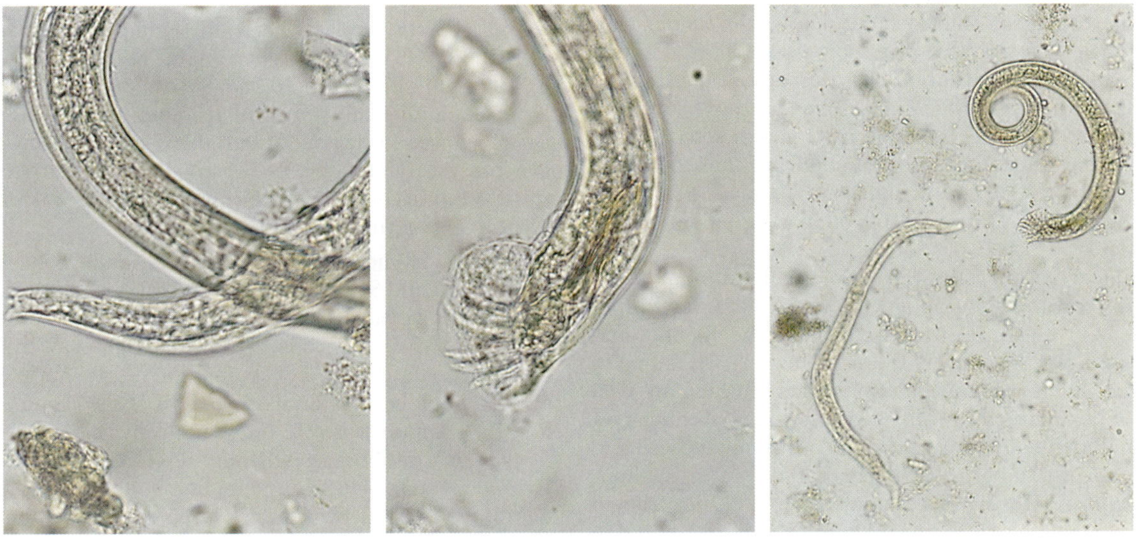

Abb. 10: Ollulanus tricuspis. Hinterende vom (a) Weibchen und (b) Männchen sowie (c) Übersicht mit beiden Nematoden.

wähnenswert, daß zum Zeitpunkt dieses Vomitus nicht unbedingt auch ein patenter Befall vorliegen muß, sondern dieser oftmals gerade noch während der Präpatenz erfolgt.

Der Weg der Infektion ist von sehr unterschiedlicher Art, ihr wichtigster wohl der galaktogene. Man muß davon ausgehen, daß während der gesamten Laktationsperiode Larven mit der Milch ausgeschieden werden können. Deshalb sollten die Jungtiere grundsätzlich als infiziert in Betracht gezogen werden. Nach oraler Aufnahme infektiöser Eier durch Katzen können drei verschiedene Entwicklungswege beschritten werden:

1. Gelegentlich gelingt es einigen Larven II, bereits im Magen zu schlüpfen. Diese dringen dann direkt in die Magenwand ein und machen dort über die 2. und 3. Häutung ihre normale Weiterentwicklung durch. Anschließend wandern sie in das Magenlumen zurück und siedeln sich mit der 4. Häutung im Dünndarm an.

2. Meistens schlüpfen die Larven II im Dünndarm und dringen durch die Darmwand in den großen Blutkreislauf ein; es kommt zur trachealen Wanderung über Leber, Herz und Lunge. Als IV. Larven kehren sie über die Trachea in das Darmlumen zurück, um ihre Geschlechtsreife zu erfahren.

3. Ein Teil der in die Lunge gelangten Larven bohrt sich jedoch nicht in die Alveolen aus, sondern wandert in den arteriellen Kreislauf und wird im Gesamtorganismus verteilt. Bei dieser somatischen Wanderung gelangen die meisten von ihnen in die Körpermuskulatur, wo sie abgekapselt werden. Während der Gravidität werden sie aber aktiviert und führen dann zur galaktogenen Infektion der Welpen.

Schließlich kann eine Infektion durch Aufnahme paratenischer Wirte (Mäuse) erfolgen. Ohne weitere Körperwanderung bohren sich die im Magen freigewordenen Larven in die Wand ein, durchleben dort zwei Häutungen und gelangen schließlich in den Dünndarm.

Die Präpatenz dauert etwa 2 Monate.

Eine intrauterine Infektion, wie sie beim Hund durch Toxocara canis zu beobachten ist, konnte bei Katzen bisher nicht nachgewiesen werden. Larven von T. mystax können aber ebenfalls in den Menschen gelangen, ohne jedoch hier den Grad der Pathogenität von T. canis zu erreichen.

Die Diagnose stützt sich auf den Nachweis der Eier (Abb. 9 b), die sich morphologisch von T. leonina (Abb. 9 a) unschwer differenzieren lassen, mit T. canis aber weitgehend identisch sind. Bedingt durch die oft geringe Infektion treten Krankheitserscheinungen bei Katzen selten auf. Lediglich Jungkatzen neigen bisweilen zum Kümmern, zu rachitischen Beschwerden, Darmkatarrh oder struppigem Haarkleid.

Eine Therapie ist mit vielen Anthelminthika durchführbar und sollte möglichst vor Ablauf der Präpatenz erfolgen. So wird weitgehend die Kontamination der Umwelt mit Eiern verhindert. Hier bieten sich einige schon genannte Anthelminthika an, weil sie bekanntlich sowohl gegen Zestoden als auch Nematoden eine ausgezeichnete Wirksamkeit besitzen. Dabei ist zu berücksichtigen, daß die Askariden ohnehin relativ leicht zu eliminieren sind, bei Katzen aber gelegentlich eine Erhöhung der bei Hunden durchaus effektiven Dosis notwendig ist. Neben Flubenol® KH (2 x 22 mg Wirkstoff/kg KGW), Flubenol® P (3 x 22), Panacur® (3 x 50) oder Telmin KH® (2 x 100 – 200/Tier) eignen sich hier noch zusätzlich Banminth® oder Piperazinsalze in einer Dosis von 20 bzw. 150–250 mg Wirkstoff/kg KGW, welchen letztendlich auch eine gewisse bessere Verträglichkeit zugesprochen werden kann.

Trichostrongylose

Ollulanose

Bei dem Magenwurm der Katze, Ollulanus tricuspis, handelt es sich um einen ungewöhnlichen, zu den Trichostrongyliden zählenden Parasiten. Abgesehen von seiner von der Norm abweichenden Entwicklung wird er infolge der geringen Größe vom Untersucher post mortem makroskopisch nicht wahrgenommen, herkömmliche koproskopische Methoden versagen als Untersuchungshilfen intra vitam völlig. Die Weibchen erreichen eine Länge von nur 0,8 bis 1 mm, sie besitzen das typische, mit 5 Zacken versehene Hinterende (Abb. 10 a) und beherbergen in ihrem Uterus gefurchte und embryonierte Eier sowie Larven. Sie geben erst Larven III in das Magenlumen ab, sind also vivipar. Über das bereits geschlechtlich differenzierte 4. Stadium erlangen die Parasiten nach einer Präpatentperiode von 5 Wochen schließlich ihre Geschlechtsreife. Die etwas kleineren Männchen (0,6–0,8 mm) sind mit einer Bursa copulatrix ausgestattet, deren zwei kräftige, kurze Spikula in ihrer Morphologie differentialdiagnostisch dienlich sind (Abb. 10 b).

Post mortem ist der Nachweis durch Schleimhautgeschabsel oder Verdauung des Magens mit Pepsin recht einfach zu führen (Abb. 10 c). Intra vitam wird eine Diagnose dem Entwicklungszyklus entsprechend an Erbrochenem nach mit Rompun® (2 %) (0,1 ml/kg KGW) hervorgerufenem Vomitus möglich und ein Anteil von 70 % positiver Fälle erfaßt. Nach Sedierung mit je 0,4 ml Rompun® und Ketanest®/Tier lassen sich mit Material aus Magenspülungen bessere Resultate (98 %) erzielen; der provozierte Vomitus erfordert jedoch in wesentlich kürzerer Zeit den geringeren Aufwand.

O. tricuspis ist nicht nur bei der Katze, sondern auch beim Hund und Schwein sowie Wildkatze und Fuchs Gepard, Löwe oder Tiger anzutreffen. Die Infektion anderer Artgenossen oder aber inadäquater Wirte vollzieht sich durch die Aufnahme erbrochenen, parasitenhaltigen Materials, wobei die ausgeschiedenen La III und IV sowie die geschlechtsreifen Stadien in das Infektionsgeschehen eingreifen. In dem Erbrochenen (sowie im Schleim und in/an der Wand des Magens) sind bei einem Geschlechtsverhältnis von 2 : 3 etwa 60 % Männchen und Weibchen sowie je ca. 20 % Larven III und IV anzutreffen. Eine schwache Infektion kann sich ohne exogene Phase bzw. Wirtswechsel innerhalb von zwei Monaten über das 10fache verstärken. Während Tiere mit geringem Aktionsradius nur bis zu 6 % infiziert sind, zeigt sich bei Katzen mit Auslauf eine Befallsextensität von etwa 40 %. Damit rückt O. tricuspis unter europäischen Verhältnissen nach Toxocara mystax (66,7 %) an die 2. Stelle der bei Katzen vorkommenden Nematoden.

Obwohl über die Pathogenität oder das klinische Bild noch keine verbindlichen Angaben und Ergebnisse vorliegen, waren diese Parasiten nach eigenen Erfahrungen in zwei Fällen am Tod ihrer Wirte beteiligt. Bei einer Katze zeigten sich durch eine chronische Gastritis erhebliche, makroskopisch wahrnehmbare Veränderungen, die histologisch durch Epithelhyperplasie, entzündlich-zellige Infiltrationen und Sklerosierungen der Magenschleimhaut ihre Bestätigung fanden. Als *O. tricuspis* erstmals bei einem Gepard nachgewiesen wurde, hatte sein Befall eine erhebliche Bedeutung als Ursache einer atrophischen Gastritis. Als einzige klinische Erscheinung ist ein vermehrter Vomitus anzusehen, der ursächlich in einer vermehrten Schleimproduktion durch Parasitenbefall zu suchen ist.

Therapeutisch bietet sich gegenwärtig nur das Citarin® (2,5 %) in einer Dosis von 5 mg/kg KGW an; einige sonst bei Kleintieren wirksame Anthelminthika haben jedoch bislang bedauerlicherweise den Magenwurm aus der Katze nicht ausreichend eliminieren können.

Ankylostomatidose

Der Hakenwurm der Katze, Ancylostoma tubaeforme, ist für diese Wirtsart spezifisch und nicht selten insbesondere bei Jungtieren nachweisbar. Die Infektion erfolgt entweder durch das aktive perkutane Eindringen infektiöser Larven III oder durch Aufnahme von Infektionsmaterial mit paratenischen Wirten wie Mäusen, in denen sich die Larven anreichern können und ohne Weiterentwicklung monatelang infektiös bleiben. 3 Wochen p. i. können bereits wieder die typischen Hakenwurm-Eier (Abb. 9 c) im Kot der Katze ermittelt werden.

Über eine galaktogene Übertragung, wie dies von A. caninum beim Hund beschrieben ist, wurde bislang nichts bekannt. Zu den klinischen Symptomen bei stärkeren Infektionen von Jungtieren zählen blutige Durchfälle, Anämie, Abmagerung und struppiges Haarkleid. Gelegentlich kann auch A. caninum in Feliden nachgewiesen werden. Er spielt jedoch bei dieser Wirtsart eine unwesentliche Rolle, da es sich immer nur um kurzzeitig andauernde und schwache Infektionen handelt. Der Nachweis stützt sich auf die dünnschaligen, gefurchten Eier. Zur Behandlung eignen sich die bereits gegen Askariden als wirksam genannten Anthelminthika mit ihren Dosierungen.

Daneben kann in tropischen und subtropischen Gebieten Ancylostoma braziliense gelegentlich in Katzen vorkommen. Dieser Parasit dringt ebenfalls auf perkutanem Weg ein und verursacht in der Katze mitunter die bereits für die anderen Spezies genannten Erscheinungen. Uncinaria stenocephala, ein bei Hunden auch in unseren Gebieten weit verbreiteter, aber weniger gefährlicher Hakenwurm, wird immer wieder als Parasit der Katze angegeben; verläßliche Untersuchungen über Infektionen bei Feliden scheinen jedoch nicht vorzuliegen.

Krenosomose

Der schachtelhalmförmige Lungenwurm des Fuchses, Crenosoma vulpis, wurde hin und wieder bei Katzen beobachtet. Die Entwicklung erfolgt bei diesem Nematoden indirekt über Nackt- und Gehäuseschnecken. Infektiöse Larven III müssen mit Schnecken aufgenommen werden und wandern dann vom Magen über die Pfortader, Leber, rechtes Herz in die Lunge und siedeln sich in den Bronchien an.

Der Nachweis erfolgt mit Hilfe des Auswanderverfahrens durch die zwischen 265 und 330 µm langen typischen Larven I. Therapeutisch dürfte dieser Parasit durch Citarin L® zu beeinflussen sein.

Aelurostrongylose

Aelurostrongylus abstrusus ist ein in endemischen Gebieten sehr häufiger (bis 90 %) Parasit der Bronchiolen und Alveolen, welcher nur eine Länge von 5–14 mm erreicht. Die bereits in der Lunge aus den Eiern schlüpfenden Larven I werden in den Pharynx ausgehustet und abgeschluckt, um so mit dem Kot in die Außenwelt zu gelangen. In Nackt- und Gehäuseschnecken entwickeln sie sich nun zu infektiösen Larven III. Im Gegensatz zu Crenosoma vulpis werden jedoch von A. abstrusus Transportwirte in Form von schneckenfressenden Amphibien, Reptilien und Kleinsäugern eingeschaltet.

Nach Aufnahme dieser Zwischen- oder Transportwirte gelangen die Larven über den Lymph- und Blutweg zu ihrem Ansiedlungsort, um nach einer Präpatenz zwischen 35 und 63 Tagen die Geschlechtsreife erlangt zu haben. Pathologisch finden sich dort multiple graue stecknadelkopfgroße Knoten oder aber auch größere konfluierende Zonen. Klinisch sind chronischer Husten, Nasen- und Augenausfluß, erhöhte Atemfrequenz und eine durch wechselnde Inappetenz verursachte Abmagerung mit einem deutlich gestörten Allgemeinbefinden festzustellen. In seltenen Fällen kann es auch zu Todesfällen kommen. Als Nachweis dient die Anreicherung der bis zu 400 µm langen typischen Larven mit dem Auswander-Verfahren; ihr Vorkommen sichert die röntgenologisch nachgewiesene bronchovaskuläre Zeichnung oder alveoläre Pneumonie.

Zur Behandlung kann zwar Citarin L® subkutan zwei Tage lang mit einem Anteil von jeweils 7,5 mg/kg KGW verwendet werden, allerdings gelegentlich nicht ohne die Gefahr von Nebenerscheinungen wie Erregung, Erbrechen oder Speicheln. Das verträglichere Panacur® zeigte sich in einer Dosis von je 20 mg (p. o.) an füng aufeinanderfolgenden Tagen ebenso erfolgreich wie 1 x 0,4 mg Ivomec® (s. c.).

Filariosen

Dirofilaria immitis

Dirofilaria immitis wird zwar hauptsächlich in Kaniden beobachtet, jedoch können auch Katzen in verschiedenen Teilen der Welt infiziert sein.

Die Infektion vollzieht sich indirekt über Mücken verschiedener Gattungen. Fast ein halbes Jahr p. i. (190 bis 270 Tage) erscheinen erst im Wirbeltierwirt im peripheren Blut die Mikrofilarien. Klinische Erscheinungen resultieren aus der Ansiedlung der adulten Würmer im rechten Herz-Ventrikel bzw. in den großen Lungenarterien. Die gegenwärtig sicherste Nachweismethode ist der Knott-Test. Zur Bekämpfung der Makro- und Mikrofilarien steht die Anwendung von Arsenpräparaten im Vordergrund; daneben hat Citarin L® recht gute Teilerfolge gezeigt.

Brugia spp.

Die bisher bekannten Arten des Genus Brugia (= B. malayi, B. patei, B. pahangi) sind Parasiten des Lymphgefäßsystems; insbesondere Primaten, aber auch Carnivoren und Insektivoren können auf natürlichem Wege von diesen Filarien befallen werden. Die Parasiten werden durch verschiedene Mücken-Spezies übertragen. Für experimentelle Forschungen an diesen hochpathogenen Menschenparasiten spielt die Katze als empfängliches Versuchstier eine gewisse Rolle. Eine Therapie bei evtl. aus Indien oder Malaysia importierten infizierten Katzen ist bisher nicht bekannt.

Spirozerkose

Aus der Ordnung der Spirurida können eine Reihe verschiedener Spezies auch bei Katzen, insbesondere im außereuropäischen Raum, festgestellt werden. Da ihre pathogenen Eigenschaften unseres Wissens einmal gering sind und ihre sichere Diagnose aus verschiedenen Gründen nicht möglich erscheint, sollen nur die ermittelten Arten aufgezählt werden. Bei den Eiern dieser Rollschwänze handelt es sich fast immer um sehr kleine dünnschalige Nematoden-Eier, in denen sich bereits die vollentwickelte, unbewegliche Larve I befindet. Die Eier sind sehr schwer und daher schlecht zu flotieren, so daß sie im Verdachtsfall im Sediment nachgewiesen werden sollten.

Folgende Arten wurden bei Katzen bisher nachgewiesen:

Thelazia californiensis (USA), Spirocerca lupi (Europa) In seltenen Fällen wurde der letztere Magenwurm, der auch den Ösophagus sowie die Aorta befallen kann, auch bei Katzen unseres Raumes beobachtet. Die Entwicklung verläuft indirekt zunächst über verschiedene Käferarten. Regelmäßig werden dann Transportwirte wie Reptilien und Kleinsäuger befallen. Auf diesem Wege geht dann auch die Infektion auf Katzen über. Es ist mit einer Präpatenz von 4 Monaten zu rechnen. Physaloptera praeputialis (China, Hinterindien, Afrika, Südamerika), Gnathostoma spinigerum sowie Vertreter der Gattungen Abbreviata, Cyclospirura, Mastophorus, Protospirura, Rictularia, Spirura und Vogeloides massinoi (GUS, USA). Gurltia paralysus (Südamerika) verursacht Lähmungen der vorderen Extremitäten.

Capillariosen

Capillaria aerophila

Der Lungenhaarwurm des Fuchses ist wahrscheinlich verbreiteter als bisher angenommen wurde und wird auch gelegentlich bei Katzen festgestellt. Die häufige Infektion von Wildtieren, insbesondere Füchsen und Igeln, bietet sich als ideale Möglichkeit einer Übertragung auf wildlebende oder streunende Feliden an.

Die Eier dieses Haarwurmes werden aus dem Bronchialraum hochgeflimmert oder -gehustet, abgeschluckt und gelangen so über den Magen-Darm-Trakt in die Außenwelt. Hier embryonieren die Eier und sind nach Erreichen des ersten Larvenstadiums infektiös. Die nach der Infektion im Dunndarm freiwerdenden Larven gelangen über den Lymph-Blutweg in die Lunge. Die Präpatenz dauert sechs Wochen.

Stärkerer Befall verursacht Tracheitis und Bronchitis mit mehr oder weniger röchelndem Husten, oft begleitet von Nasenausfluß. Es wurden auch Anämien beobachtet, wobei sich der Allgemeinzustand der Katzen zunehmend verschlechtert; spätere Todesursachen sind oft sekundär bedingte Pneumonien. Die Diagnose wird durch den Nachweis der 60–70 x 35–40 µm großen Eier gestellt, die deutliche Polpfröpfe aufweisen und von gelb-brauner Farbe sind. Die äußere Hülle zeigt darüber hinaus eine deutliche Strukturierung. Zur Bekämpfung ist eine 2tägige Citarin L®-Verabreichung in einer Dosis von 7,5 mg/kg KGW i. m. sinnvoll. Auch Mebendazol scheint eine gute Wirkung in einer oralen Dosis von 25–50 mg/kg KGW über 5 Tage zu besitzen.

Capillaria plica

Bei der Urinuntersuchung werden hin und wieder auch zitronenförmige Eier entdeckt. Es handelt sich dabei um Infektionen der Harnblase und der Nieren mit C. plica.

Die Infektion vollzieht sich über den Regenwurm als Zwischenwirt. Der Befall verläuft in der Regel harmlos, nur äußerst selten stellt sich eine hämorrhagische

Nephritis ein. Therapeutisch können Citarin L® oder Telmin KH® in den bisher angegebenen Dosierungen versuchsweise eingesetzt werden.

Trichinellose

Katzen können, wie viele andere Säuger, nach Aufnahme infizierter Nager an einer Trichinellose erkranken und Trichinella spiralis zunächst geschlechtsreif im Darm und später als Larven I in der Muskulatur beherbergen. Der Nachweis kann nur indirekt oder postmortal bzw. durch Muskel-Biopsie erfolgen.

Trichuriose

Gelegentlich wird von in Katzenkot nachgewiesenen Trichuris-Eiern berichtet. Da über entsprechende Artdetermination bzw. Zuordnung bisher wenig exakte Angaben vorliegen, handelt es sich wohl in solchen Fällen um Zufallsbefunde.

Dioctophymose

Der eine Länge bis zu 1 m erreichende Nierenwurm, Dioctophyme renale, kann in vielen Tieren und dem Menschen beobachtet werden; gelegentlich wird er auch bei Katzen angetroffen. Die etwa 75 x 50 µm großen Eier werden über den Urin ausgeschieden, eine Infektion erfolgt nur indirekt über Aneliden als Zwischenwirte. Chemotherapeutische Behandlungserfolge wurden bisher nicht bekannt. Die Parasiten müssen gegebenenfalls aus Nierenbecken, Bauch- oder Brusthöhle chirurgisch entfernt werden.

Arthropoda

Die zu den Gliedertieren zu rechnenden Parasiten sind in der Regel Ektoparasiten und leben permanent oder temporär im oder auf dem Integument von Tier und Mensch. Sie ernähren sich entweder von Haaren und Sekreten oder sind Blutsauger. Häufig spielen sie zusätzlich die Rolle von Überträgern anderer virös, bakteriell oder parasitär bedingter Erkrankungen.
Allgemein werden die parasitischen Arthropoden entweder infolge ihrer Größe makroskopisch erkannt und können zur Differentialdiagnose abgesammelt werden oder erfordern aber die Geschabsel-Entnahme von der durch sie veränderten Haut.

Zecken

Der als Holzbock bekannte Ixodes ricinus ist die häufigste bei uns vorkommende Zeckenart, aber es können bei Katzen durchaus auch andere Zecken gefunden werden. Wegen ihrer nicht ganz leichten Differenzierung soll hier nur stellvertretend diese Schildzeckenart angeführt werden. Die Gattung Ixodes kann sicher erkannt werden, wenn die deutlich sichtbare Analfurche ventral vor dem Anus entlangzieht.
Der Holzbock fällt im Frühsommer sowie im Herbst besonders auf. Alle Entwicklungsstadien der dreiwirtigen Zecke saugen bei den verschiedensten Warmblütern. Schwacher Befall führt neben lokalen Schwellungen kaum zu Reaktionen, während wiederholtes Blutsaugen starke klinische Reaktionen hervorrufen kann.
Zecken sollten immer abgetötet und entfernt werden, und zwar kann dies durch Auftupfen von Öl (oder Nagellackentferner) zum Verschluß der Stigmen mit anschließendem Herausdrehen geschehen; nur bei Massenbefall sollten Kontaktinsektizide Verwendung finden.

Milben

Demodex cati

Die im Bereich von Nasen- und Augengegend, Ohr oder äußerem Gehörgang in Haarfollikeln bei uns äußerst selten parasitierende Milbe steht morphologisch D. caballi (vom Pferd) sehr nahe. Sie wird zwar verschiedentlich für Dermatitiden der Katze verantwortlich gemacht, ihre ursächliche Rolle für derartige Erkrankungen ist jedoch noch recht unklar.

Neotrombicula autumnalis

Das einzige parasitär lebende Stadium der Herbstgrasmilben ist deren Larve, die zu ihrer Weiterentwicklung zu räuberischen freilebenden Formen eine „Gewebssaftmahlzeit" benötigt. Im Spätsommer und Herbst (in manchen Gegenden auch schon im Frühjahr) warten diese Larven in großer Zahl an Gräsern und anderen Pflanzen auf vorbeikommende Warmblüter. Mit ihren großen Chelizeren öffnen sie bei diesen die Oberhaut und zersetzen mit ihrem Speichel die Zellen vom Stratum spinosum und Stratum germinativum.

Das entstehende Gemisch saugen sie als Nahrung auf. Nach 1 Woche lassen sich die vollgesogenen Larven dann vom Wirt abfallen und vollenden ihre postparasitische Weiterentwicklung. Bevorzugte Ansiedlungsorte sind weiche Hautpartien, wie Zwischenzehenhäute, Ohrmuscheln und Schwanzspitze. Bei wenigen Parasiten zeigt sich dies als gelbe bzw. rote Pünktchen, stärkerer Befall läßt größere rötliche Flecken erkennen; in diesem Fall kommt es leicht zu Pruritus bzw. räudeähnlichen Erscheinungen.

Eine Therapie kann mit den für Katzen verträglichen Insektiziden durchgeführt werden.

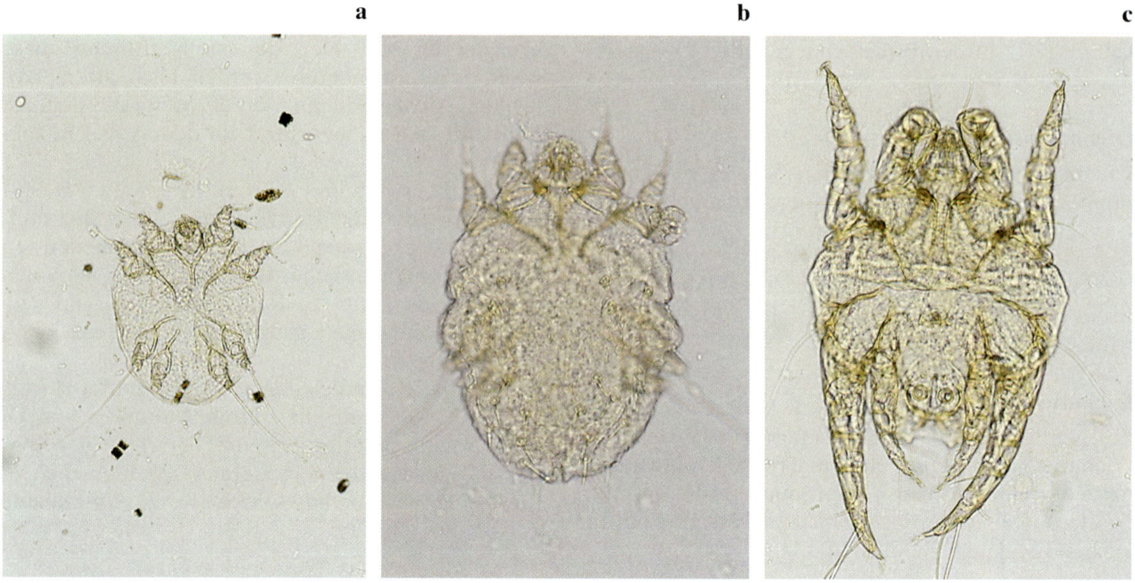

Abb. 11: Verschiedene Räudemilben-Spezies (a: Notoedres, b: Sarcoptes, c: Otodectes).

Räuden

Notoedres cati

Diese kleinen, nur maximal 300 x 250 µm großen rundlichen Kopfräude-Milben (Abb. 11 a) besitzen als 1. und 2. Beinpaar lediglich kleine stummelförmige Extremitäten, deren Fortsetzung bei Weibchen in einem mittellangen ungegliederten Stiel mit kleinen Haftlappen endet, 3. und 4. Beinpaar verfügen über eine lange Borste. Männchen tragen am 1., 3. und 4. Beinpaar Haftlappen.

Die Entwicklung vom Ei an verläuft in oberflächlich gelegenen Bohrkanälen im Wirt. In 3 Wochen sind bereits wieder geschlechtsreife Weibchen herangebildet. Die Übertragung erfolgt meist von Wirt zu Wirt durch direkten Kontakt, während außerdem zu berücksichtigen ist, daß Milben auch einige Tage außerhalb des Wirtes zu leben in der Lage sind. Die Notoedres-Räude beginnt meist an der Außenseite der Ohren, um sehr rasch auf den gesamten Kopf überzugreifen. Durch Kratzkontakt werden anschließend die Extremitäten befallen und von da aus schließlich der gesamte übrige Körper. Vom Beginn der Erkrankung an besteht starker Juckreiz. Die primär zu beobachtenden Pusteln gehen schließlich über kleieartige Beläge in zerklüftete Krusten über, wobei es gleichzeitig zu starkem Haarausfall kommt. Nicht selten entleert sich zwischen den Krusten ein blutig-eitriges Exsudat.

Sarcoptes spp.

Ähnlich der Notoedres-Milbe, jedoch etwas größer und die Haftlappen auf einem langen, ungegliederten Stiel sitzend, treten seltener auch Sarcoptes-Milben auf (Abb. 11 b). Die Räude beginnt ebenfalls am Kopf bzw. an den Ohren mit späterem Übergang auf den gesamten Körper einschließlich des Schwanzes. Haarausfall, Verdickung der Haut mit Falten- und Schuppenbildung lassen auf eine solche Milbeninfestation schließen.

Otodecetes cynotis

Ohrräude-Milben sind bei Katzen weit verbreitet. Im Gegensatz zum Hund stellen ältere Katzen häufig symptomlose Träger der Milben dar, so daß die Erkrankung in der Regel von Müttern auf ihre Welpen übertragen wird.

Die Milben dieser Art sind recht groß (500 x 300 µm) und gelegentlich mit unbewaffnetem Auge wahrnehmbar (Abb. 11 c). Sie besitzen große Haftlappen auf ungegliederten kurzen Stielen. Die Entwicklung vom Ei zur adulten Milbe erfolgt in etwa 3 Wochen im Gehörgang der Wirtstiere. Bei Jungtieren sollten daher regelmäßig die Ohren auf einen derartigen Befall überprüft und die Kausaldiagnose durch Milbennachweis in Tupfer- oder Krustenproben gesichert werden.

Die bis zum leichten Blutaustritt mit einem scharfen Löffel gewonnenen, durch Räude- oder Haarbalgmilben veränderten Hautteile werden in 10%iger KOH bis zur restlosen Auflösung erhitzt und das Material, auf einen Objektträger überführt, differenziert. Die Bekämpfung erfolgt durch Wasch-, Einreibe- oder Schmierverfahren mit HCH-Präparaten oder Benzylbenzoat. Dabei muß bei Katzen mit

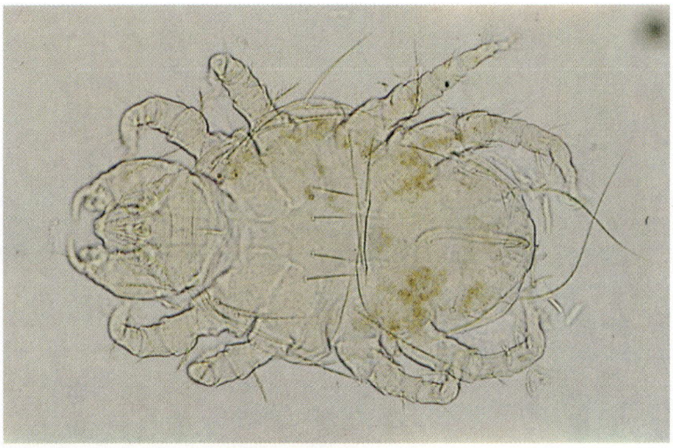

Abb. 12: Cheyletielle spp.

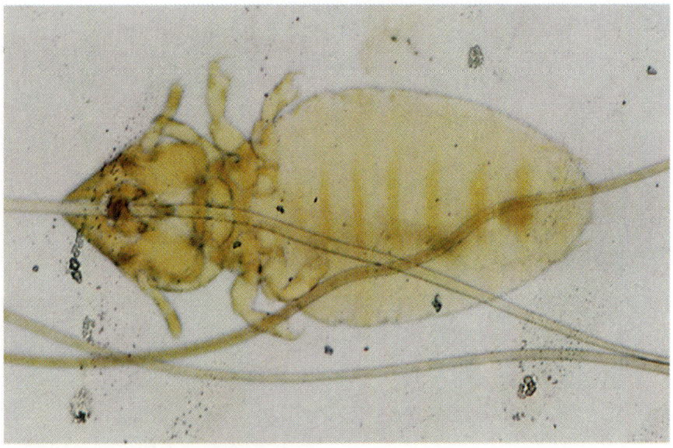

Abb. 13: Felicola subrostratus.

großer Vorsicht vorgegangen werden. Verträglicher sind Präparate auf Pyrethrum- bzw. Rotenon-Basis. Die neueren Karbamate und Phosphate sind sicherlich, soweit sie von Katzen vertragen werden, ebenfalls anwendbar.

Cheyletiella spp.

Es handelt sich hierbei um ca. 0,5 mm lange Raubmilben (Abb. 12), die bei Hunden (Ch. yasguri) häufiger anzutreffen sind, aber auch bei Katzen mit den Spezies Ch. blakei, Ch. parasitivorax und Ch. yasguri vorkommen. Sie ernähren sich vorwiegend von Hautprodukten des Wirtes, gelegentlich aber auch von anderen Milbenarten.

Ihre gesamte Entwicklung machen sie als stationäre Parasiten am Wirtstier durch. Die Eier werden an den Haaren kokonartig umsponnen.

Ein starker Befall kann zu räudeartigen Erscheinungen führen und je nach Prädisposition des Wirtes Dermatitiden mit Hyperkeratose verursachen. Diese Milben gehen auch leicht auf den Menschen über und geben dann zu heftig juckenden Hautveränderungen mit Pustel- und Krustenbildung Anlaß (Pseudoskabies wie evtl. bei Räudemilben).

Die Raubmilben können mit der Klebestreifenmethode festgestellt werden, wobei die Prädilektionsstellen an Schulterpartie und Rücken bevorzugt abgetupft werden sollten; gelegentlich reicht auch die Untersuchung des durch Abbürsten der Katze auf dunklem Untergrund gewonnenen Materials. Die Bekämpfung ist mit Pyretrum- oder Karbamatverbindungen ziemlich leicht durchzuführen, weil es sich um Formen der Haut und -oberfläche handelt.

Haarlinge

Felicola subrostratus

Der zu den Hexapoden gehörende bis 1,3 mm lange plumpe Katzenhaarling besitzt einen fünfeckigen Kopf, der kranial in einer Spitze ausläuft (Abb. 13). Er ist von hellgelber Farbe. Seine Entwicklung vollzieht sich als unvollkommene Metamorphose, welche von der Eiablage bis zum geschlechtsreifen Parasiten 3 bis 5 Wochen benötigt. Die Ansteckung erfolgt auch hier durch Kontakt mit infestierten Tieren. Mallophagen beunruhigen ihre Wirte durch ihr stetes Umherkriechen, ernähren sich von Hautschuppen oder Sekreten und verursachen bei starkem Befall Haarausfall und Ekzeme an Kopf, Hals und Rücken.

Der Nachweis geschieht durch die Feststellung der makroskopisch wahrnehmbaren Lästlinge, die Zwischenwirte für Dipylidium caninum sein können. Ihre Bekämpfung ist mit allen für Katzen verträglichen Insektiziden möglich, wobei hier und im Rahmen der Ektoparasitenbekämpfung allgemein zu beachten ist, daß eine Nachbehandlung 10 bis 12 Tage später notwendig ist, weil die meisten Präparate keine oder nur unzureichende Wirkung auf die Eier besitzen.

Flohbefall

Ctenocephalides felis

Der Katzenfloh, C. felis (Abb. 14 a), ist der wichtigste oder häufigste Vertreter und besitzt wie der Hundefloh zwei Stachelkämme an Kopf sowie erstem Brustsegment, Genal- bzw. Pronotalctenidien. Gelegentlich sind aber auch Spezies von Geflügel, Igel oder Ratte (Mensch) anzutreffen, die differentialdiagnostisch durch einen Brustkamm (Abb. 14 b), jeweils nur zwei „Zinken“ (Abb. 14 c) bzw. durch das Fehlen derartiger Ctenidien (Abb. 14 d) voneinander abzugrenzen sind.

Die Entwicklung ist in zwei verschiedene Abschnitte unterteilt. Die Eier oder die frisch geschlüpften Flohlarven fallen von der Katze ab und entwickeln sich außerhalb des Wirtes weiter. Dabei ernähren sie

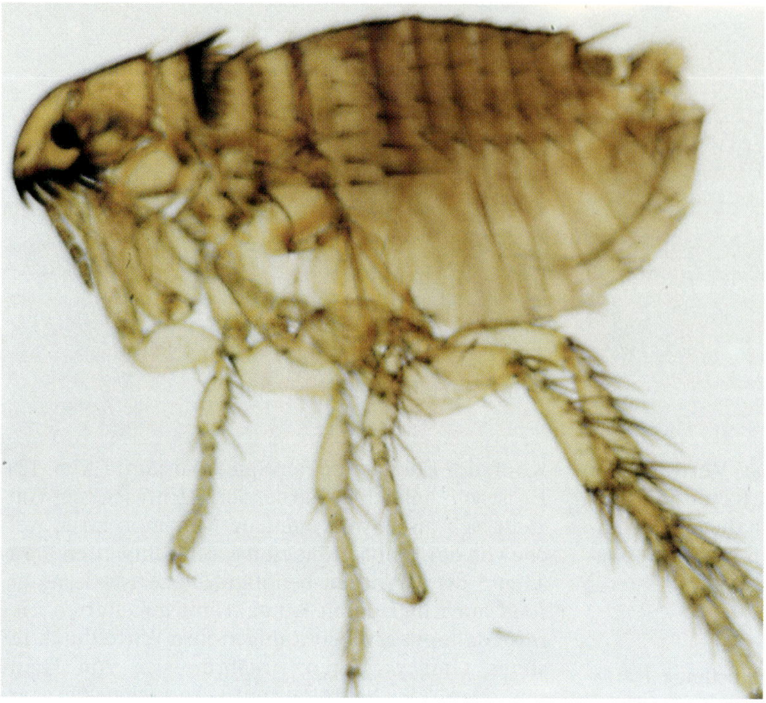

a

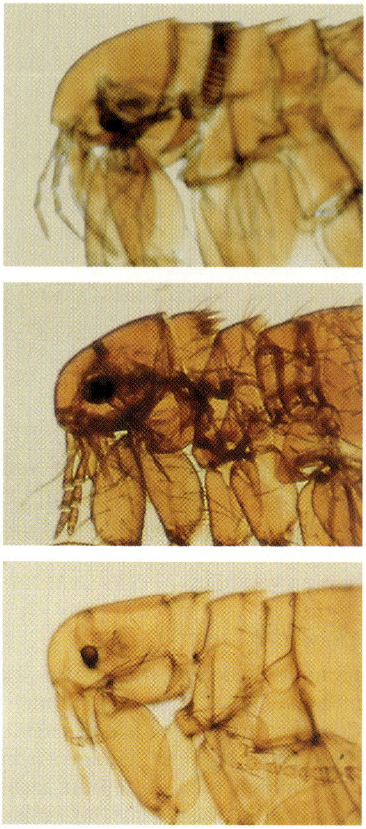

Abb. 14: Flöhe verschiedener Wirte. Gesamthabitus des ♂ von C. felis (a) sowie Flohköpfe von Geflügel (b), Igel (c) und Ratte/Mensch (d).

sich mit ihren beißenden Mundwerkzeugen von organischen Abfällen. Anschließend erfolgt die Verpuppung, aus der Puppe schlüpft hernach der sich nunmehr durch Blutsaugen ernährende Floh, und zwar frühestens 11 Tage nach der Eiablage. In der kälteren Jahreszeit kann die Entwicklung jedoch durchaus auch mehrere Monate beanspruchen.

Die adulten Flöhe nehmen täglich Blutmahlzeiten ein, der dadurch bedingte vermehrte Kotabsatz läßt einen Befall recht leicht erkennen. An den Einstichstellen kommt es zu lokalen Hautreaktionen, die immer mit Juckreiz einhergehen. Bei starkem Befall und sich stets wiederholenden Stichen kommt es schließlich sogar zum sog. Flohekzem, das durch die Sensibilisierung der Haut entsteht. Selbst der Mensch bleibt vor Katzenflöhen nicht verschont. Die Belästigung sowie Funktion als Zwischenwirt von D. caninum machen eine Bekämpfung notwendig, wobei konsequenterweise Lager und Aufenthaltsstellen in das zu wiederholende Behandlungsprogramm einzubeziehen sind. Neben den handelsüblichen Kontaktinsektiziden bieten sich Dichlorvos enthaltende Katzenhalsbänder an. Dagegen sollte das systemisch wirkende Tiguvon® 10 (als eines der Cholinesterasehemmer) nicht unbedenklich abgegeben, sondern unter Beachtung der Gegenanzeigen nur kontrolliert appliziert werden.

Myiasis

Fliegenmadenbefall, besonders durch Lucilia-Arten, ist auch bei der Katze möglich. Meist werden die Eier der Dipteren auf Wunden abgelegt. Die sich dort entwickelnden Maden schädigen durch ihre Ex- und Sekrete auch das umliegende Gewebe und verhindern die Wundheilung; nicht selten kommt es zu bakteriellen Sekundärinfektionen. Durch Absammeln der Fliegenmaden sind die Wunden ohne Insektizid-Behandlung konservativ oder spezifisch zu versorgen, herabgekommene Tiere zu stärken sowie lokale Affektionen medikamentell zu verbessern. Infektionen mit Cuterebra maculata, als Amerikanische Dasselfliegen bezeichneten Fliegenmaden, die normalerweise nur Muriden befallen, sind in Amerika auch bei Katzen gefunden worden. Sie parasitieren in subkutanen Kavernen im Genick und anderen Körperregionen und müssen chirurgisch entfernt werden.

Literatur

Es werden hier nur zusammenfassende parasitologische Publikationen (Lehrbücher) zitiert. Spezialliteratur kann beim Autor angefordert werden.

1. BOCH, J., und SUPPERER, R. (1983) – Veterinärmedizinische Parasitologie. 3. Auflage, Paul Parey, Berlin und Hamburg.
2. CATCOTT, E. J. (1975) – Feline medicine and surgery. American Veterinary Publications Inc., Santa Barbara, California, 2nd Ed.
3. FLYNN, R. J. (1973) – Parasites of Laboratory Animals. The Iowa State University Press, Ames.
4. FRANK, W. (1976) – Parasitologie. Verlag Eugen Ulmer, Stuttgart.
5. GEORGI, J. R. (1980) – Parasitology for Veterinarians. 3. Ed. W. B. Saunders Comp. Philadelphia, London, Toronto.
6. HIEPE, Th. (1982) – Lehrbuch der Parasitologie. Bd. 4, Veterinärmedizinische Arachno-Entomologie, VEB Gustav Fischer Verlag, Jena.
7. HIEPE, Th. (1983) – Lehrbuch der Parasitologie. Bd. 2, Veterinärmedizinische Protozoologie, VEB Gustav Fischer Verlag, Jena.
8. SOULSBY, E. J. L. (1982) – Helminths, Arthropods and Protozoa of Domesticated Animals. 7th Edition of Mönnig's Veterinary Helminthology and Entomology, London, Baillière Tindall and Cassell.

(Bildnachweis: 4, 9a–c: Dr. I. Reichler; 3a + b: Dr. G. Weiland)

Zoonosen

Von A. Weber

Raum für Notizen

Zoonosen

Im Jahre 1958 hat ein Expertenkomitee der WHO „Krankheiten und Infektionen, die auf naturlichem Wege zwischen Wirbeltieren und Menschen übertragen werden“ als Zoonosen definiert Diese Definition hat auch heute noch Gültigkeit und gegenwärtig sind annähernd 200 Zoonosen bekannt, die beim Menschen und bei Tieren vorkommen und durch Viren, Chlamydien, Rickettsien, Bakterien, Pilze, Protozoen, Helminthen oder Arthropoden verursacht werden können.

Im folgenden werden die wichtigsten Zoonosen aufgeführt, mit deren Auftreten auch bei Katzen in Europa gerechnet werden muß und die auf den Menschen übertragbar sind. Ferner ist daran zu denken, daß durch den Tourismus, der den Menschen innerhalb weniger Stunden in die fernen Länder führt, Zoonosen aus dem Ausland (wieder) eingeschleppt werden können, die bei uns aufgrund erfolgreich durchgeführter staatlicher Bekämpfungsmaßnahmen erloschen oder nahezu getilgt sind.

Dargestellt werden Ätiologie (Ä), Vorkommen und Verbreitung (V) bei der Katze, ferner die Übertragungsmöglichkeiten (Ü) auf den Menschen sowie Krankheitsbild (K) und Diagnose (D) beim Menschen. Außerdem werden Hinweise (W) hinsichtlich der Meldepflicht beim Menschen in Deutschland gegeben sowie auf evt. Besonderheiten hingewiesen. Bezüglich Krankheitsbild und diagnostischen Möglichkeiten der jeweiligen Zoonose bei der Katze wird auf die verschiedenen Kapitel über „Infektionskrankheiten” verwiesen. Weitere gebrauchte Abkürzungen:

ELISA: Enzyme Linked Immunosorbent Assay
KBR: Komplementbindungsreaktion
IFT: Immunfluoreszenztest
SLA: Serumlangsamagglutination
HAT: Hämagglutinationstest
MAR: Mikroagglutinationsreaktion

Erkrankungen durch Viren

Pocken

Ä: Kuhpockenvirus (Orthopoxvirus bovis [OPV bovis]).

V: In den letzten Jahren wurden vermehrt Pockenerkrankungen (Orthopoxviren) bei Hauskatzen in Großbritannien, in den Niederlanden, in Österreich, in Polen, in der ehemaligen UdSSR sowie auch in der Bundesrepublik Deutschland nachgewiesen. Als eigentliches Virusreservoir werden kleine Nager vermutet; Rinder scheiden als Infektionsquelle mit Sicherheit aus. Ergebnisse serologischer Untersuchungen von Katzenseren lassen den Schluß zu, daß in ländlichen Gegenden bis zu 5 % aller Hauskatzen („Freigänger“) Antikörper gegen OPV bovis aufweisen und somit mit dem Erreger Kontakt hatten.

Ü: Enger Kontakt mit Katzen.

K: Inkubationszeit 3 bis 7 Tage. Lokale „warzenförmige“ Läsionen, die vor allem an Händen (Abb. 1), Armen oder im Gesicht auftreten; begleitet von fieberhafter Lymphangitis oder Lymphadenitis.

D: In Hauteffloreszenen lassen sich histologisch oder elektronenoptisch zytoplasmatische Einschlußkörper nachweisen. Erregerisolierung über embryoniertes Hühnerei (hämorrhagische Veränderungen der Chorioallantoismembran) oder Zellkultur (cytopathogener Effekt nach 2 bis 3 Tagen in Form von Lysis).

W: In Deutschland ist beim Menschen Krankheitsverdacht, Erkrankung und Todesfall an Pocken zu melden.

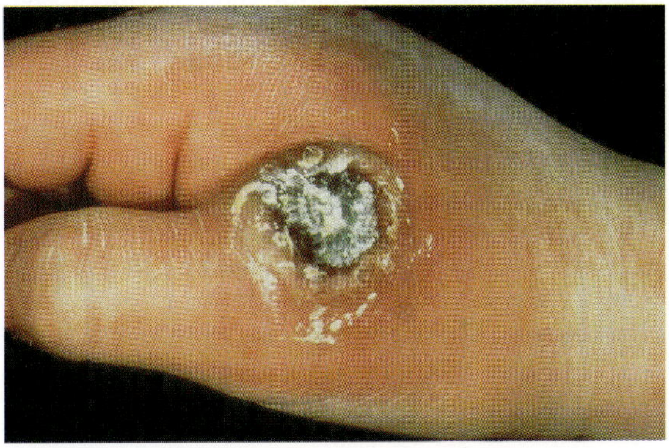

Abb. 1: Läsion an der Hand, hervorgerufen durch Orthopoxvirus bovis, übertragen von einer an Pocken erkrankten Katze (Foto: Prof. Dr. Th. Nasemann, Hamburg).

Tollwut

Ä: Rhabdovirus.

V: In Europa, mit Ausnahme weniger Länder mit Insellage (derzeit Großbritannien, Irland, Island, Malta, Norwegen, Portugal, Schweden), weit verbreitet. In Deutschland entfielen im Jahre 1994 ca. 2 % der bei 1378 Tieren diagnostizierten Tollwutfälle auf die Katze (auf den Hund 0,4 %).Von den seit 1951 bis heute in den alten Bundesländern bekannt gewordenen 17 tödlich verlaufenen Tollwutfällen beim Menschen, erfolgte „nur" in einem Falle die Ansteckung (Biß in die Haut) durch die Katze, in 14 Fällen durch Hunde sowie in 2 Fällen durch Füchse. In der ehemaligen DDR wurden von 1950 bis 1990 beim Menschen 36 Tollwutfälle registriert und als Ansteckungsquellen 3 Katzen, 25 Hunde, 7 Füchse sowie ein Rind ermittelt.

Ü: In der Regel mit virushaltigem Speichel durch Biß eines erkrankten Tieres.

K: Inkubationszeit 10 Tage bis 3 Monate. Prodromalstadium dauert 2 bis 4 Tage und geht mit Übelkeit, Erbrechen, Kopfschmerzen sowie leichtem Fieber einher. Parästhesien im Bereich der (bereits verheilten) Bißwunde. Zunehmende Reizbarkeit und Hautempfindlichkeit, gesteigerte Muskelreflexe, motorische Unruhe, Speichelfluß, Wutanfall, schmerzhafte Schluckkrämpfe („Hydrophobie"), gelegentlich Paralyse. Exitus infolge Atem- und/oder Herzlähmung.

D: Gründliche Anamnese (Tierkontakt mit Bißverletzung) ist wichtig für die Verdachtsdiagnose. Im fortgeschrittenen Stadium sind vor allem „Hydrophobie" sowie progrediente Lähmungserscheinungen bei vollem Bewußtsein wertvolle diagnostische Hinweise. Erst zu diesem Zeitpunkt können durch serologische Untersuchungen in Serum- und Liquorproben neutralisierende Antikörper nachgewiesen werden.*) Als weitere serologische Nachweisverfahren bieten sich die KBR, besonders aber der Rapid Fluorescent Focus Inhibition Test (RFFIT) an. Wegen des relativ späten Auftretens virusspezifischer Antikörper kann die Tollwutdiagnose beim Menschen präfinal häufig nur durch den Kornea-Test im direkten IFT rasch verifiziert werden (allerdings schließt ein negatives Testergebnis die Tollwut nicht zu 100 % aus). Auch die intrazerebrale Verimpfung von Speichelproben an Babymäuse kann zum Nachweis von Tollwutvirus herangezogen werden.

*) Nur in Speziallaboratorien möglich. In Deutschland ist dies Institut für Virologie am Klinikum Essen, Hufelandstr. 55, 45147 Essen oder Hygiene-Institut Potsdam, Arthur-Scheunert Allee 3, 14558 Bergholz-Rehbrücke.

Der direkte Virusnachweis wird post mortem am schnellsten und zuverlässigsten im Gehirngewebe mittels direktem IFT durchgeführt. Neuerdings stehen auch Enzymteste zum schnellen Nachweis von Rabies-Antigen zur Verfügung.

W: In Deutschland sind beim Menschen Krankheitsverdacht, Erkrankung und Tod an Tollwut zu melden. Ferner unterliegt die Verletzung eines Menschen durch ein tollwutkrankes oder -verdächtiges Tier und auch die Berührung eines solchen Tieres der Meldepflicht.

Katzen sind auch für das Duvenhage-Virus (entspricht dem Tollwutvirus Serotyp 4) empfänglich, das gegenwärtig in Mitteleuropa vermehrt bei Fledermäusen (insbesondere Epitesicus serotinus) nachgewiesen wird. Dieser Erreger kann auch beim Menschen zu einer letal verlaufenden Erkrankung führen.

Erkrankungen durch Chlamydien und Rickettsien

Chlamydiose

Ä: Chlamydia (Chl.) psittaci.

V: Weltweit verbreitet. Der Erreger wurde nicht nur bei über 130 Vogelarten, sondern inzwischen auch bei über 32 Säugetierspezies nachgewiesen. Sowohl in Europa als auch in anderen Kontinenten muß mit dem Vorkommen von Chl.-psittaci-Infektionen bei Katzen gerechnet werden. Seroepidemiologische Untersuchungen (mittels KBR oder ELISA) erbrachten in der Bundesrepublik Deutschland bei 0–5–13 %, in der Schweiz bei 0–1–5–32 %, in Frankreich bei 40 % sowie in Großbritannien bei 59–96 % der untersuchten Katzen das Vorliegen von Antikörpern gegen Chl. psittaci.

Ü: Durch Kontakte mit Ausscheidungen infizierter Tiere (Schmutz- und Schmierinfektion) oder durch Einatmen kontaminierten Staubes.

K: Inkubationszeit 7 bis 21 Tage. Grippeähnliche Symptome, Konjunktivitis (Abb. 2), Pneumonie oder Orchitis. Bei Schwangeren wurden Fehlgeburten beobachtet, die auf Chl. psittaci zurückzuführen waren.

D: Serologisch mittels ElISA (IgM- und IgG-Antikörper) oder KBR (Serumproben im Abstand von 14 Tagen untersuchen, Titerdynamik).

W: In Deutschland ist beim Menschen Krankheitsverdacht, Erkrankung und Tod an einer Chl. psittaci-Infektion zu melden.

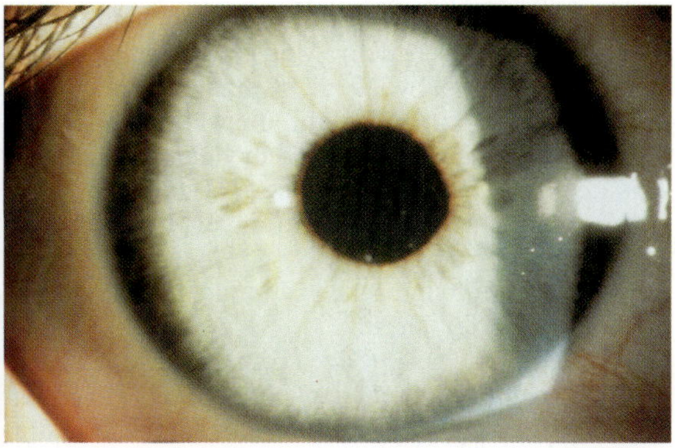

Abb. 2: Keratopathia superficialis sowie epitheliale und subepitheliale Infiltrate verteilt über die gesamte Hornhaut bei einer Patientin, verursacht durch Chlamydia psittaci. Als Infektionsquelle wurde eine Katze mit Schnupfensymptome ermittelt (Foto: Prof. Dr. G. J. Jahn, Erlangen).

Katzenkratzkrankheit

Ä: Aufgrund neuerer Kenntnisse gelten die zu den sog. Proteobakterien (Rickettsien) gehörenden Spezies Afipia felis und Rochalimaea henselae als Erreger. Außerdem werden nach wie vor auch gramnegative Bakterien, Chlamydien oder Viren als ätiologische Ursache diskutiert.

V: Die Krankheit tritt weltweit auf und wird vorwiegend in den gemäßigten Klimazonen, im Herbst und Winter, beobachtet. In den USA erkranken jährlich annähernd 6000 Menschen, davon müssen 2000 Fälle stationär behandelt werden.

U: Vorwiegend über Kratz- und Bißverletzungen durch Katzen oder durch direkten Kontakt mit jungen Kätzchen. Auch bei Verletzungen durch Holzsplitter oder Dornen sowie Pflanzenmaterial ist eine Erregerübertragung möglich.

K: Bevorzugt erkranken Kinder und Jugendliche. Inkubationszeit 3 bis 14 Tage. Subakute Lymphadenitis (vor allem der axillären oder cervikalen Lymphknoten), in 10–15 % der Fälle mit eitriger Einschmelzung eines oder mehrerer Lymphknoten. Vereinzelt begleitet von Fieber, Schüttelfrost, Anorexie, Unwohlsein oder generalisiertem Exanthem.

D: Kriterien für die Diagnose sind Anamnese (Kontakt mit Katzen, diese sind nicht krank!), Klinik (primäre Hautverletzung, Lymphadenopathie, Parinaudsches okuloglanduläres Syndrom), positiver Intradermaltest (mit sterilem 1:4 verdünnten Lymphknoteneiter) sowie Histologie von Lymphknoten-Biopsiematerial (multiple Abszesse mit nekrotischen Zentren, umgeben von Epitheloidzellen und Eosinophilen sowie gelegentlich auch Riesenzellen). Bei fast allen Patienten findet sich eine Senkungsbeschleunigung, eine mäßige Leukozytose sowie gelegentlich eine geringe Eosinophilie. Die Tatsache, daß Patienten mit Katzenkratzkrankheit in der KBR mit Chlamydien-Antigen positiv reagieren, ist ein möglicher, weiterer diagnostischer Hinweis.

Q-Fieber

Ä: Coxiella (C.) burnetii.

V: C. burnetii ist weltweit verbreitet und hat ein sehr breites Wirtsspektrum. In seroepidemiologischen Untersuchungen konnten in Deutschland mittels ELISA bei 22 %, in Österreich mittels KBR bei 7 %, in den USA mittels MAR bei 20 %, in Kanada mittels IFT bei 24 % der untersuchten Katzen Antikörper gegen C. burnetii nachgewiesen werden.
Nach neueren Erhebungen sind in Kanada ca. 20 % der Q-Fieber-Fälle beim Menschen felinen Ursprungs.

Ü: In der Regel aerogen über kontaminierten Staub (dort bleiben Coxiellen bis zu 2 Jahre infektionsfähig) oder nach Kontakt mit eingetrockneten Ausscheidungen infizierter Tiere.

K: Inkubationszeit 2 bis 3 Wochen. Fieberanstieg, zeitweise bis über 40 °C, heftige frontale und retroorbitale Kopfschmerzen, Schüttelfrost, Myalgien, atypische Pneumonie mit trockenem Husten und auffälligen Röntgenbefunden in Form von Rundherden. Hepatitis kann zusätzlich oder als eigenständige Erkrankung auftreten. Komplikationen in Form von Thrombophlebitis, Embolie, Myokarditis, Orchitis, Epididymitis und Enzephalitis. Auch chronische Verlaufsformen sind möglich in Form von Endokarditis (vor allem bei Personen mit vorgeschädigten Herzklappen oder Herzklappenprothesen) und/oder granulomatöser Hepatitis. Hierbei kann die Latenzzeit zwischen Primäraffekt und Auftreten von Endokarditis bis zu 10 Jahren betragen.

D: Serologische Untersuchungen mittels KBR oder ELISA (IgM-, IgG-Antikörper).

W: In Deutschland sind die Erkrankung oder der Tod eines Menschen an Q-Fieber zu melden.

Erkrankungen durch Bakterien

Brucellose

Ä: Brucella (B.) abortus, B. melitensis, B. suis.

V: Aufgrund staatlicher Bekämpfungsmaßnahmen ist im deutschsprachigen Raum die Brucellose bei landwirtschaftlichen Nutztieren praktisch getilgt. Da nur noch wenige sporadische Einzelfälle bei Rind, Schaf, Ziege und Schwein auftreten, die hierzulande

jeweils mit strengen veterinärpolizeilichen Maßnahmen bekämpft werden, gehört das Auftreten der Brucellose bei Katzen in unserem Lande zu den Raritäten.
Ü: Die Ansteckung des Menschen erfolgt durch direkten Kontakt mit Sekreten und Exkreten infizierter Tiere über Schleimhäute der Konjunktiven oder über kleinste Hautläsionen.
K: Inkubationszeit 1 bis 6 Wochen. Uncharakteristische Prodromalerscheinungen in Form von Abgeschlagenheit, Kopf-, Gelenk-, Muskelschmerzen sowie gastrointestinalen Störungen. „Undulierendes Fieber", vor allem bei B.-melitensis-Infektionen. Schwellung von Leber, Milz oder tastbaren Lymphknoten möglich. Im chronischen Stadium vielfältige Organmanifestationen wie Arthritis (häufig Spondylarthritis), Hepatitis, Orchitis, Pyelonephritis, Endokarditis oder Meningoenzephalitis.
D: Bei Fieberanstieg kulturellen Erregernachweis in (Citrat-)Blut, Sternalpunktat oder exzidiertem Lymphknoten- sowie Biopsiematerial (Leber, Milz, Knochenmark) versuchen. Antikörpernachweis mittels SLA, KBR oder ELISA möglich, wobei Titerverlaufskontrollen in Serumproben, entnommen im Abstand von 2 bis 4 Wochen, angebracht sind. Bei der serologischen Untersuchung muß berücksichtigt werden, daß Brucellen und Yersinia (Y.) enterocolitica Serovar 0 : 9 Antigengemeinschaften aufweisen, die kreuzreagieren. Diese Serovar wurde im Gegensatz zu Serovar 0 : 3, bei Katzen bisher nur selten festgestellt.
W: In Deutschland sind die Erkrankung sowie der Tod eines Menschen an Brucellose zu melden.
Natürliche Infektionen mit B. canis, dem Erreger der Hundebrucellose, der auch auf den Menschen übertragbar ist, kommen nach bisherigem Wissensstand bei Katzen nicht vor, auch nicht die anderen Brucella-Arten wie B. ovis (Hauptwirt Schaf) oder B. neotomae (Hauptwirt Wüstenratte).

Campylobacteriose

Ä: Campylobacter (C.) jejuni und C. coli; selten C. laridis und C. upsaliensis.
V: Die Erreger der Campylobacteriose kommen weltweit vor und zahlreiche Tierarten stellen latente Träger und Ausscheider dieser Bakterienspezies dar. Die C. jejuni/coli-Isolierungsraten bei den Katzen werden einerseits vom Vorliegen enteritischer Symptome (mit Enteritis Nachweisraten 2–30 %, ohne Enteritis Nachweisraten 0–14 %) sowie andererseits von der Herkunft der Tiere (in Privathaushalten Nachweisraten von 0–28 %, in Tierheimen Nachweisraten von 40–45 %) beeinflußt. Nach vorliegenden Mitteilungen wurden bisher Katzen im Gegensatz zu Hunden seltener als Infektionsquelle für Campylobacteriosen beim Menschen ermittelt. Insbesondere neu erworbene Katzenwelpen sowie Jungtiere bis zu einem $^1/_2$ Jahr, die wäßrige oder blutige Durchfälle aufweisen, sind in vielen Fällen Ausscheider von C. jejuni, wobei diesen Bakterien offensichtlich keine primäre Bedeutung als Enteritiserreger zukommt.
Ü: Auf oralem Wege nach Kontakt mit Ausscheidungen infizierter Tiere.
K: Inkubationszeit 3–5 Tage (Extremwerte $1^1/_2$ Tage bis 11 Tage). Prodromalerscheinungen in Form von Fieber (bis zu 40 °C), Schüttelfrost, Kopf- und Gliederschmerzen, Schwindelgefühle, Abgeschlagenheit sowie Abdominalbeschwerden, die Anlaß zur Laparotomie und Appendektomie geben. Akut verlaufende Enteritis, bei der ab dem 2.–3. Krankheitstag Blut- und/oder Galle-, Eiter-, Schleimbeimengungen im Stuhl auftreten. Entstehen von Kolitis oder Proktitis möglich; ebenso Spätkomplikationen in Form von Mono- oder Polyarthritis.
D: Kultureller Erregernachweis in Stuhlproben. Auch serologischer Antikörpernachweis mittels KBR in Serumproben, entnommen im Abstand von 8–10 Tagen, kann zur Diagnosestellung (Titerkontrolle) herangezogen werden.
W: In Deutschland ist beim Menschen der Verdacht, die Erkrankung und der Tod an Campylobacter-Enteritis zu melden.

Leptospirose

Ä: Verschiedene Serovare von Leptospira (L.) interrogans (L. icterohaemorrhagiae, L. canicola, L. grippotyphosa, L. bataviae, L. pomona u. a.).
V: In der Bundesrepublik Deutschland konnten vor kurzem bei 20 % von 165 überprüften Katzen agglutinierende Antikörper gegen Leptospiren gefunden werden. Im früheren Jugoslawien (Zagreb) betrug die entsprechende Nachweisrate 21,4 %, während aus der Schweiz, aus Großbritannien, Australien, Neuseeland und aus den USA über Antikörpertiterraten von jeweils unter 10 % berichtet wird. Da im Gegensatz zu Hunden und Kleinnagern bei Katzen nur mit einem kurzen Ausscheidungszeitraum (Leptospirurie) zu rechnen ist, kommt dieser Tierart kaum eine relevante Bedeutung als Überträger von Leptospiren auf andere Haustiere und auf den Menschen zu .
Ü: In erster Linie über kleinste Hautläsionen, z. B. nach Kontakt mit Urin von infizierten Tieren.
K: Inkubationszeit 5–14 Tage (Extremwerte 2–20 Tage). 1. Phase geht ohne Prodromalerscheinungen plötzlich („brutal") mit hohem Fieber (39–40 °C), Schüttelfrost, Kopf- und Muskelschmerzen einher

und dauert 4–7 Tage. Nach einem fieberfreien Intervall von 5–7 Tagen beginnt die 2. Phase mit kurzdauerndem Fieberanstieg und je nach Organbefall kommt es zum Ikterus (insbesondere nach Infektionen mit L. icterohaemorrhagiae), zur Oligurieoder zur serösen Meningitis (insbesondere nach Infektionen mit L. pomona oder L. tarassovi)
D: Der kulturelle Erregernachweis in der Blutkultur oder im Urin gelingt nur selten, wenn ja, dann nur in der 1. Krankheitswoche. Dieses Nachweisverfahren ist sehr arbeits- und zeitaufwendig (Dauer mindestens 1 Woche bis zum positiven Resultat). Der serologische Nachweis mittels MAR oder KBR fällt frühestens ab dem 5.–9. Krankheitstag positiv aus. Antibiotikabehandlung kann die serologische Untersuchung negativ beeinflussen.
W: In Deutschland sind beim Menschen die Erkrankung oder der Tod an Leptospirose (a. Weilsche Krankheit, b. übrige Formen) zu melden.

Listeriose

Ä: Listeria (L.) monocytogenes. L. ivanovii gilt als Aborterreger beim Schaf. L. innocua, L. seeligeri und L. welshimeri haben für Mensch und Tier keine pathogene Bedeutung.
V: Die in Katzen-Kotproben ermittelten Nachweisraten von L. monocytogenes liegen unter 1 %. Somit könnten diese Tiere in Einzelfällen auch als direkte Ansteckungsquelle für den Menschen in Betracht kommen. Bislang ist aber eine entsprechende Infektkette noch nicht eindeutig belegt worden.
Ü: In erster Linie oral durch Verzehr roher tierischer oder pflanzlicher Lebensmittelprodukte. Ferner über Konjunktiven durch Schmutz- und Schmierinfektion. Auch der aerogene Infektionsweg ist möglich.
K: Die Inkubationszeit ist nicht bekannt (7 Tage bis 4 Wochen?). Am häufigsten manifestiert sich die Listeriose unter dem Bild einer Sepsis mit Fieber, begleitet von Leber- und Milzvergrößerung. Oft tritt eine akute Meningitis dazu, die manchmal auch im Vordergrund stehen kann. Auch eine Enzephalitis, manchmal sogar isoliert, kann durch L. monocytogenes hervorgerufen werden.
Bei Schwangeren geht eine Listeriose vielfach nur mit vorübergehenden, grippeähnlichen Symptomen einher, die dann zur intrauterinen Infektion führt. Dies hat entweder einen Abort zur Folge, oder das Kind wird mit Symptomen von Sepsis, Meningitis, Enzephalitis oder anderer Organbeteiligung (Granulomatosis infantiseptica) geboren. Auch während der Geburt ist eine Infektion von Neugeborenen mit Listerien möglich. Gelegentlich kann es im Zusammenhang mit einer L.-monocytogenes-Infektion zu Konjunktivitis, Herzklappenentzündung, papulösen oder pustulösen Effloreszenzen der Haut (kutane Listeriose, die mit Fieber einhergeht) kommen.
D: Zuverlässig nur durch mikroskopischen und kulturellen Erregernachweis, in Abhängigkeit vom Krankheitsbild, in Liquor, Blut, Mekonium oder Eiter. Die serologische Untersuchung (SLA, KBR) ist nur dann von diagnostischem Wert, wenn in Blutproben, entnommen im Abstand von 10 bis 14 Tagen, eine deutliche Titerbewegung (4 Stufen) festgestellt wird.
W: In Deutschland sind beim Menschen die Erkrankung oder der Tod einer durch L. monocytogenes verursachten Meningitis oder Enzephalitis zu melden, ebenso wie die angeborene Listeriose.

Lyme-Borreliose

Ä: Borrelia (B.) burgdorferi.
V: Die Lyme-Borreliose (syn. Lyme-Krankheit) kommt weltweit vor. Ergebnisse seroepidemiologischer Untersuchungen zeigen, daß Antikörper gegen den Erreger bei den verschiedensten Tierarten (in Epidemiegebieten der USA bei Katzen Nachweisquoten bis zu 20 %) vorkommen. Diese Tiere können Träger von Borrelien und somit mögliche Infektionsquellen für Zecken und indirekt auch für den Menschen darstellen.
Ü: Durch Biß infizierter Zecken; in Europa vor allem durch die Spezies Gemeiner Holzbock (Ixodes ricinus). Zecken haben sich i. d. R. an virämischen Tieren infiziert. Alle Entwicklungsstadien dieser Arthropoden können B. burgdorferi beherbergen.
K: Inkubationszeit 4–7 Tage. Charakteristisch ist das Auftreten eines Erythema chronicum migrans („roter Ring“) an der Bißstelle (Abb. 3) begleitet von

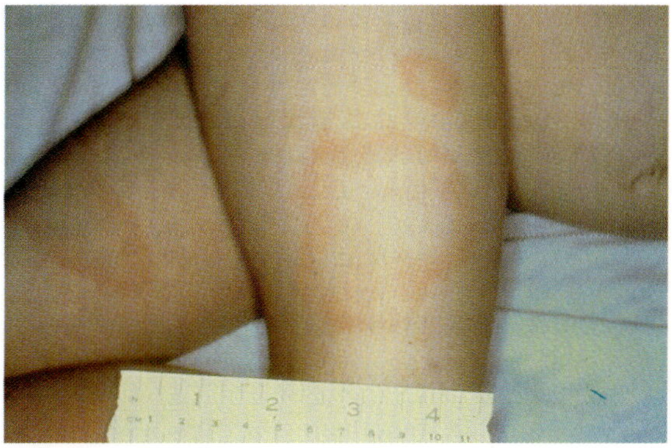

Abb. 3: Erythema chronicum migrans, typisch „roter Ring“, hervorgerufen durch Borrelia burgdorferi, nach einem Zeckenbiß (Foto: Prof. Dr. R. C. Johnson, Minneapolis).

Fieber und Kopfschmerzen. Folgeerscheinungen in ca. 50 % der Fälle in Form von Arthritis, in ca. 20 % der Fälle als Meningitis, Enzephalitis, lymphozytäre Meningoradikulitis oder progressive Enzephalomyelitis sowie in ca. 10 % der Fälle Myo- oder Perikarditis möglich. Auch das Krankheitsbild Acrodermatitis chronica atrophicans oder Lymphadenosis benigna cutis wird mit einer B.-burgdorferi-Infektion in einen engen Zusammenhang gebracht.

D: Antikörpernachweis mittels IFT oder ELISA (IgM- und IgG-Antikörper). Kultureller Erregernachweis in Hautveränderungen, Liquor oder Gelenksflüssigkeit ist möglich, aber sehr arbeits- und zeitaufwendig. Aus diesem Grunde nicht routinemäßig.

W: In Deutschland sind die Erkrankung oder der Tod eines Menschen an Meningitis oder Enzephalitis im Zusammenhang mit der Lyme-Borreliose zu melden.

Milzbrand (Anthrax)

Ä: Bacillus (B.) anthracis.

V: In Ländern, in denen nach wie vor eine wirksame Tierseuchenkontrolle fehlt, vor allem in Südosteuropa, im Mittleren Osten, in Südostasien sowie in Südamerika, tritt Milzbrand bei verschiedenen Wiederkäuerarten z. T. endemisch auf. In Europa handelt es sich dagegen nur um sporadische Einzelfälle, so daß gegenwärtig hierzulande mit Milzbranderkrankungen bei Katzen kaum zu rechnen ist. Anders verhält es sich bei in Gefangenschaft gehaltenen Großkatzen, wo wiederholt Seuchausbrüche und in diesem Zusammenhang auch Erkrankungen beim Menschen beobachtet wurden.

Ü: In über 90 % der Fälle erfolgt die Aufnahme des Erregers über Hautläsionen nach direktem Kontakt mit infizierten Tieren und Tierprodukten (Felle, Häute, Knochen u. a.). In seltenen Fällen erfolgt die Ansteckung auf aerogenem oder oralem Wege.

K: Die Inkubationszeit beträgt 2 bis 5 Tage. Beim Hautmilzbrand entwickelt sich innerhalb von 1 bis 2 Tagen an der Infektionsstelle eine auffallende, schmerzlose (!) Pustel mit stark ödematösem Randsaum. Das Zentrum zerfällt schwarz-nekrotisch (Abb. 4), und in der Umgebung entstehen seröse Beläge. Unbehandelt verläuft dieses Krankheitsbild in ca. 20 % der Fälle tödlich. Der Lungenmilzbrand beginnt mit grippeähnlichen Symptomen, aus denen sich schlagartig eine Pneumonie mit Dyspnoe und Fieber entwickelt. Innerhalb von 1 bis 3 Tagen tritt der Tod ein. Der Darmmilzbrand äußert sich mit plötzlichem Erbrechen und blutig-serösen Durchfällen. Nach Auftreten einer Peritonitis kommt es innerhalb von 2 bis 3 Tagen zum Exitus.

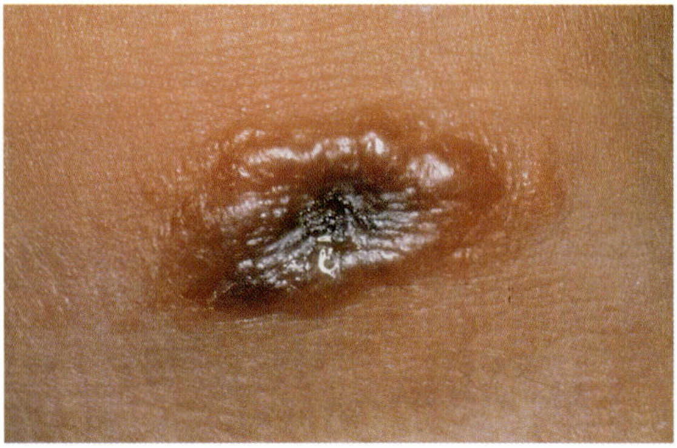

Abb. 4: Milzbrandkarbunkel mit schwarzem Zentrum auf erythematösem Grund (Foto: Dr. R. M. Pfisterer, Grüt).

D: Mikroskopischer und kultureller Erregernachweis im serösen Pustelinhalt (Hautmilzbrand), Sputum (Lungenmilzbrand) oder Stuhl (Darmmilzbrand).

Ein Intrakutantest, sog. „Anthracin-Test", der sich ebenfalls zur Diagnosestellung eignet, steht in westlichen Ländern derzeit nicht zur Verfügung und kann nur in Rußland (Medexport, 113461 Moskau) bezogen werden.

W: In Deutschland sind beim Menschen der Krankheitsverdacht, die Erkrankung und der Tod an Milzbrand zu melden.

Pasteurellose

Ä: Pasteurella (P.) multocida ssp. multocida, P. dagmatis, P. canis (Biovar 1).

V: Bei 75–90 % der Katzen kommen Pasteurellen auf den Schleimhäuten des Nasopharynx latent vor.

Ü: Über Wunden, die durch Biß oder Kratzen von Tieren entstanden sind (Abb. 5). In seltenen Fällen, insbesondere bei längerem und intensivem Umgang mit infizierten Tieren, ist eine aerogene Übertragung (Tröpfcheninfektion) möglich.

K: Die Inkubationszeit schwankt zwischen 2 und 14 Tagen (abhängig von der Eintrittspforte des Erregers). Innerhalb weniger Stunden bis Tage Rötung, Schwellung und starke Schmerzen an der Wunde. Vielfach Diskrepanz zwischen den noch geringen klinischen Symptomen und starken subjektiven Beschwerden. Komplikationen in Form von phlegmonöser oder abszedierender Entzündung des Haut- und Unterhautgewebe, ebenso Vergrößung der regionären Lymphknoten. Durch Fortschreiten der Infektion können Sehnenscheiden (Tendosynovitis), Sehnen, periartikuläres Gewebe oder Knochen (Pe-

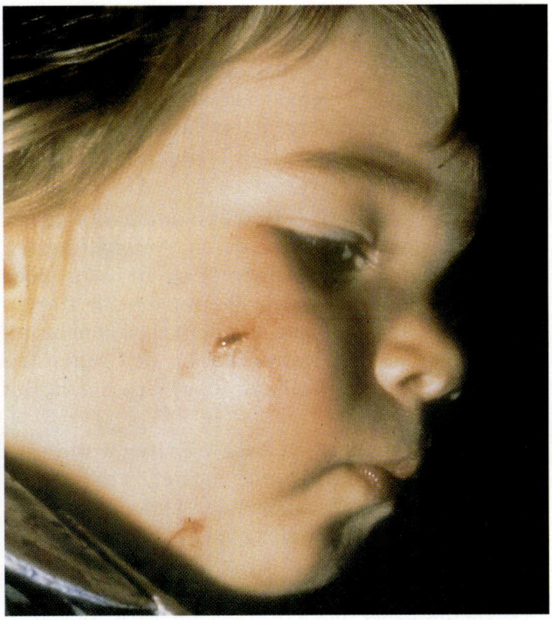

Abb. 5: Verletzungen im Gesicht eines Kindes nach Katzenbiß (Foto: Prof. Dr. Hp. E. Gnehm, Zürich).

riostitis, Osteomyelitis) mitbetroffen sein. Im Einzelfall geht die Pasteurellose als Konjunktivitis, als akute oder subakute Erkrankung des Respirationstraktes (chronische Bronchitis, Bronchiektasie, Pneumonie) einher.

D: Nur durch kulturellen Erregernachweis in Wundabstrich, Eiter, Nasen- oder Bronchialsekret.

W: Das Risiko, an einer Wundinfektion mit P. multocida zu erkranken, ist nach Katzenbissen, infolge der tiefen (Stich-)Wunden, ca. 10mal größer als nach Hundebissen.

Neuerdings werden einige Bakterienspezies, die der Gattung Pasteurella nahestehen, auch im Zusammenhang mit Tierbissen isoliert. Es handelt sich hierbei um Capnocythophaga (C.) canimorsus sp. nov. (syn. DF-2-Gruppe), C. cynodegmi sp. nov. (syn. EF-4-Gruppe), die mit zur Normalflora im Rachenraum von Hund und Katze gehören.

Pest

Ä: Yersinia (Y.) pestis.

V: Die Pest ist immer noch eine ständige Gefahr in Entwicklungsländern und kommt derzeit in Madagaskar, Tansania, Uganda, Zaire, Vietnam, Bolivien, Brasilien, Equador und Peru sowie sporadisch in der Mandschurei, im Norden Namibias, Kalifornien und seinen Nachbargebieten vor. Die WHO registrierte 1993 in 10 Ländern insgesamt 2065 menschliche Pesterkrankungen, von denen 191 tödlich verliefen. Annähernd 50 % der Erkrankungsfälle traten in Afrika auf, allein auf Zaire entfielen 636 Fälle. Vor allem in den USA wird das Auftreten von Pest bei Katzen nicht selten im Zusammenhang mit menschlichen Erkrankungen beobachtet.

Ü: In erster Linie durch Biß oder Stich vom Rattenfloh. Auch über Hautverletzungen kann die Übertragung des Pesterregers (z. B. nach Kontakt mit Blut, Eiter oder Fellen infizierter Tiere) ebenso erfolgen wie auf aerogenem Wege mittels Tröpfcheninfektion (z. B. nach Kontakt mit Tieren, die an Lungenpest erkrankt sind).

K: Inkubationszeit 2–5 Tage (Extremwerte wenige Stunden bis 13 Tage). Die häufigste Form ist die Beulenpest (syn. Bubonenpest), die akut mit hohem Fieber, Schüttelfrost, Schwindel, Benommenheit und gelegentlichen Delirien beginnt. In der Umgebung der Eintrittspforte kommt es am 2. bis 3. Krankheitstag zur Schwellung der regionären Lymphknoten. Diese sind stark druckempfindlich, eitern und brechen nach außen durch. Eine sich anschließende Septikämie verläuft foudroyant.

Die primäre Lungenpest verläuft akut (Dyspnoe, Tachypnoe, Zyanose, heftiger Hustenreiz), wobei schwere hämorrhagische Diathesen im Vordergrund stehen. Nahezu 100%ige Letalität innerhalb von 1–4 Tagen, wenn nicht frühzeitig die Chemotherapie eingeleitet wird.

D: Sichere Diagnose nur durch einen mikroskopischen (Nachweis von bipolar gefärbten Stäbchen mittels Methylenblaufärbung) und/oder kulturellen Erregernachweis in Eiter, Blut, Sputum oder Sektionsmaterial.

Der Nachweis von Antikörpern mittels SLA, indirekten HAT oder KBR besitzt nur retrospektiven Wert und erlaubt nicht die Diagnose einer akuten Erkrankung.

W: In Deutschland sind der Krankheitsverdacht, die Erkrankung sowie der Tod eines Menschen an Pest unverzüglich den Gesundheitsbehörden und auch dem Bundesgesundheitsamt zu melden. Aufgrund der auf internationaler Ebene zur Seuchenbekämpfung getroffenen Abmachungen ist auch die Meldung über das Auftreten von Pestfällen bei Tieren, außerhalb von Endemiegebieten, unerläßlich. Eine Behandlung von pestkranken Tieren soll unterbleiben, die betreffenden Tiere müssen euthanasiert werden.

Pseudotuberkulose

Ä: Yersinia (Y.) pseudotuberculosis.

V: Natürliche Infektionen mit Y. pseudotuberculosis treten weltweit bei den verschiedensten Tierarten (vor allem bei Hasen) auf. Nach dem derzeitigen Wissensstand kommt die Pseudotuberkulose bei Katzen wesentlich häufiger vor als bei Hunden. In Untersuchungen, durchgeführt in Japan, gelang aus Darminhalt und Lymphknoten von klinisch gesunden Katzen in 3,2 % der Fälle die Isolierung von Y. pseudotuberculosis. Die Ausscheidungsraten über Fäzes betrugen bei klinisch gesunden Tieren ca. 10^4 Yersinien/Gramm, bei durchfallkranken Katzen bis zu 10^8/Gramm.

Ü: Es liegen Mitteilungen vor, daß Personen nach Kontakt mit Gartenerde oder Wasser, die mit Ausscheidungen von mit Y. pseudotuberculosis infizierten Katzen kontaminiert waren, an Pseudotuberkulose erkrankten (orale Schmutz- und Schmierinfektion). Der direkte Infektionsweg Katze – Mensch ist bisher weder durch kulturelle noch durch serologische Untersuchungen belegt worden.

K: Inkubationszeit schwankt zwischen 7 und 21 Tagen. Am häufigsten (in 75–90 % der Fälle) kommt es zum pseudoappendizitischen Verlauf mit den klinischen Symptomen einer operativ i. d. R. nicht bestätigten Appendizitis. Vielmehr liegt in diesen Fällen (vor allem bei Kindern und Jugendlichen männlichen Geschlechts zwischen 6. und 18. Lebensjahr) eine akute bis subakute mesenteriale Lymphadenitis vor. Seltener (wenn, dann vor allem bei Erwachsenen über dem 18. Lebensjahr) geht die Y.-pseudotuberculosis-Infektion mit Enteritis, Enterokolitis oder noch seltener als Septikämie einher. Bei allen Verlaufsformen können Arthralgien, reaktive Arthritis und/oder Erythema nodosum als Folgekomplikationen auftreten.

D: Sichere Diagnose nur durch einen kulturellen Erregernachweis in Stuhlproben oder Lymphknotenmaterial. Für die serologische Untersuchung hat sich die SLA bewährt, wobei es angebracht ist, 2 Serumproben, entnommen im Abstand von ca. 10 Tagen, zu untersuchen (Titerkontrolle). Bei einem Antikörpernachweis gegen die Antigene von Y. pseudotuberculosis Typ II bzw. IV muß die Antigengemeinschaft mit Salmonellen der Serogruppe B (z. B. S. typhimurium) bzw. D (z. B. S. typhi, S. enteritidis u. a.) mit berücksichtigt werden.

W: In Deutschland sind beim Menschen der Krankheitsverdacht, die Erkrankung und der Tod an einer Enteritis infectiosa, verursacht durch Y. pseudotuberculosis, zu melden.

Rotz (Malleus)

Ä: Burkholderia (B.) mallei.

V: Gegenwärtig ist Rotz in der Mongolei, in China, in Indien, auf den Philippinen, in Indonesien sowie in Irak und Iran noch weit verbreitet. In Europa wurden im letzten Jahrzehnt vereinzelte Erkrankungsfälle nur aus der Türkei bekannt. Bei Katzen treten natürliche Infektionen dann auf, wenn diese Kontakt mit infizierten Einhufern hatten oder ihnen Fleisch oder Innereien von infizierten Tieren verfüttert wurden.

Ü: Der Erreger wird i. d. R. durch direkten Kontakt mit infizierten Tieren und deren Ausscheidungen über Schleimhäute (Schmierinfektion) oder über kleinste Hautläsionen auf den Menschen übertragen. In diesem Zusammenhang kommen nach dem bisherigen Kenntnisstand Katzen nur in den seltensten Fällen als Infektionsquelle für den Menschen in Betracht.

K: Inkubationszeit 4–5 Tage (Extremwerte 3–8 Tage). An der Eintrittsstelle entsteht eine linsengroße Kruste mit anschließender Umfangsvermehrung. Daraus entwickelt sich ein Geschwür mit spezifischer Lymphangitis und Lymphadenitis. Anschließend Generalisation mit hohem Fieber (bis über 40 °C), Schüttelfrost und Gliederschmerzen. In der 2. Krankheitswoche Auftreten eines makulopapulösen Exanthems, das später pustulös wird und in multiple Geschwüre zerfällt. 3 Wochen nach Krankheitsbeginn Tod infolge Intoxikation.
Sonderformen möglich als Nasenrotz (mit blutigeitriger Entzündung der Nasenscheidewand und Umgebung) oder als chronischer Rotz, der nach mehrjährigem Verlauf plötzlich akut auftritt und auch letal verlaufen kann.

D: Die sichere Diagnose ist nur durch eine Erregerisolierung aus Pustelinhalt, Abszeßeiter oder Nasensekret möglich. Auch der Nachweis von Antikörpern mittels KBR kann zur Diagnosestellung mit herangezogen werden.

W: In Deutschland sind die Erkrankung sowie der Tod eines Menschen an Rotz zu melden.

Salmonellose

Ä: Derzeit sind über 2000 Salmonella-Arten (Serovars) bekannt. Am häufigsten wird S. typhi murium gefunden, dann folgen in der Häufigkeit S. enteritidis, S. panama und S. dublin.

V: Salmonellen kommen weltweit in unterschiedlicher Häufigkeit bei den verschiedensten Tierarten vor. Während die vor mehr als 30 Jahren hierzulande bei Kotproben von Katzen durchgeführten kulturellen Untersuchungen in keinem Falle das Vorliegen von Salmonellen erbrachten, konnten in neuerer Zeit von verschiedenen Untersuchern in (der Bundesrepublik) Deutschland bis zu 11,2 % der untersuchten Katzen als Salmonellenausscheider oder

-träger ermittelt werden. Die Infizierung der Katze mit Salmonellen erfolgt in erster Linie durch Aufnahme von rohen oder ungenügend gekochten Schlachthofprodukten.

Ü: Nach bisherigem Kenntnisstand findet nur in vereinzelten Fällen eine Ansteckung des Menschen durch direkten Kontakt mit salmonellenausscheidenden Tieren statt. In erster Linie erfolgt die Infektion von Personen auf oralem Wege durch Verzehr von kontaminierten Nahrungsmitteln, Fleischprodukten (insbesondere Schlachtgeflügel, Fleischsalat, Hackfleisch) oder Eiprodukten (Speiseeis, Creme).

K: Inkubationszeit 5–72 Stunden. Plötzlich Erbrechen und Übelkeit sowie zahlreiche, wäßrige, faulig riechende Stuhlentleerungen, die oft nur wenige Stunden anhalten. Ein Anstieg der Körpertemperatur auf über 39 °C ist möglich. Innerhalb von 1–2 Tagen kommt es i. d. R. zur Genesung. Folgekomplikationen in Form von Septikämie, Osteomyelitis, Periostitis, Harnwegserkrankungen, Arthritis und Arthralgien in vereinzelten Fällen möglich.

D: Nur durch kulturellen Erregernachweis in Stuhlproben oder Erbrochenem.

W: In Deutschland sind beim Menschen der Verdacht, die Erkrankung oder der Tod an Salmonellose (Enteritis infectiosa) zu melden.

Tuberkulose

Ä: Mycobacterium (M.) bovis, M. tuberculosis (Katzen weisen allerdings gegen diesen Typ eine gewisse Resistenz auf).

V: In den früheren Jahren war die Tuberkulose bei der Katze keine Seltenheit. Nach Literaturangaben lag zwischen 1939 und 1959 in Deutschland aufgrund von Sektionsbefunden die Morbiditätsziffer bei ca. 7 %, wobei ca. 95 % der Fälle auf Infektionen mit M. bovis entfielen. Seit Abschluß der erfolgreich durchgeführten Rindertuberkulosebekämpfung wurde auch in Deutschland nicht mehr über Tuberkulosefälle bei der Katze berichtet. Ähnliches gilt auch für die Schweiz, Dänemark, Großbritannien und die Niederlande, wo die Rindertuberkulose etwa zur gleichen Zeit wie bei uns erfolgreich getilgt wurde. Vor kurzem wurde allerdings in Nordbayern bei einer verendeten Katze M. bovis nachgewiesen. In diesem Falle wurde als mutmaßliche Infektionsquelle ein mit M. bovis infizierter Rinderbestand, in dem sich die betreffende Katze viel aufhielt, angesehen. In Frankreich scheinen M.-bovis-Infektionen bei Katzen noch häufiger vorzukommen. Diese Tatsache dürfte auf die dort später begonnenen Bekämpfungsmaßnahmen zurückzuführen sein.

Ü: Die Ansteckung des Menschen kann auf aerogenem Wege (Tröpfcheninfektion, Inhalation von Staub) oder über Schleimhaut und kleinste Hautläsionen (Schmutz- und Schmierinfektion) erfolgen.

K: Inkubationszeit 4–6 Wochen. Vielgestaltige Krankheitserscheinungen sind möglich in Form von Primärtuberkulose (u. a. subfebrile Temperaturen, Nachtschweiß, Lymphknotenschwellung, Husten, evtl. Hämoptysis, Müdigkeit, Appetitlosigkeit), Pleuritis exsudativa (exsudativer Verlauf, hohes Fieber, Schmerzen im Thorax, Reizhusten), Miliartuberkulose (hohes und langanhaltendes Fieber, Nachtschweiß, trockener Husten, Milzvergrößerung), Meningitis tuberculosa (Fieber, Kopfschmerzen, Hirnnervenausfälle), Knochen- und Gelenkstuberkulose sowie Hauttuberkulose (papulöse und papulonekrotische Tuberkulide).

D: Erregernachweis durch mikroskopische (Nachweis von säurefesten Stäbchen mittels Ziehl-Neelsen-Färbung) und kulturelle Untersuchung von Sputum, Bronchialsekret, Magensaft, Urin, Liquor, Ergüssen oder Hauteffloreszenzen (jeweils in Abhängigkeit vom Krankheitsbild). Der positive Ausfall eines Tuberkulintestes zeigt nur an, daß sich der Organismus mit Tuberkelbakterien auseinandergesetzt hat. Röntgenologische Untersuchungen erlauben nur die Feststellung krankhafter Veränderungen in Lunge oder Knochen.

W: In Deutschland ist beim Menschen die Erkrankung sowie der Tod an Tuberkulose (aktive Form) zu melden.

Tularämie

Ä: Francisella (F.) tularensis.

V: Über 125 verschiedene Tierarten sind als natürliche Wirte von F. tularensis bekannt, wobei Hasen („Hasenpest") die größte Bedeutung als Erregerreservoir zukommt. Die epidemiologisch wichtigsten Naturherde liegen derzeit in den USA und in Rußland. Als europäische Endemiegebiete sind die skandinavischen Länder, der früheren Tschechoslowakai sowie Österreich bekannt. In Deutschland gelten die Nordseeküste (Schleswig-Holstein), Mecklenburg-Vorpommern und Mainfranken (Spessart) als Endemiegebiete. Nach bisherigem Kenntnisstand scheint die Tularämie bei Katzen nur sehr selten vorzukommen.

Ü: In erster Linie erfolgt die Ansteckung des Menschen durch unmittelbaren Kontakt mit Ausscheidungen, Blut oder Organen infizierter Tiere, wobei der Erreger über Schleimhäute (Konjunktiven) oder kleinste Hautläsionen in den Körper eindringt. Außerdem sind Infektionen des Menschen nach Biß oder Stich blutsaugender Insekten ebenso bekannt geworden wie nach Inhalation von erregerhaltigem Staub.

K: Inkubationszeit 3–5 Tage (Extremwerte 1–10 Tage). Erkrankung beginnt plötzlich mit hohem Fieber. In 85–90 % der Fälle tritt die sog. äußere Form der Tularämie auf (Primärläsion vergrößert sich, schmilzt ein und zerfällt geschwürig, Schwellung der regionären Lymphknoten). Sind Konjunktiven die Eintrittspforte, so entsteht das Bild der sog. Parinaudschen Konjunktivitis. Die innere Form der Tularämie zeigt eine vielfältige klinische Symptomatik (Lungen-, Rippenfellentzündung, Retrosternalschmerz, Leibschmerzen, Milzschwellung, Durchfall u. a).

D: Sichere Diagnose durch kulturellen Erregernachweis in Ulkusmaterial der Primärläsion, Eitermaterial, Exzisionsmaterial von vergrößerten Lymphknoten, Konjunktivalsekret (je nach Krankheitsbild), unter Verwendung von Spezialnährböden sowie evtl. mit Hilfe des Tierversuches (Meerschweinchen). Für die serologische Diagnose eignen sich SLA und ELISA. Auch ein Intrakutantest mit Tularin kann zur Diagnose herangezogen werden.

W: In Deutschland sind beim Menschen Krankheitsverdacht, die Erkrankung sowie der Tod an Tularämie zu melden.

Erkrankungen durch Pilze

Kryptokokkose

Ä: Cryptococcus (Cr.) neoformans.

V: In den USA stellte die Kryptokokkose bei Katzen nicht nur die häufigste Systemmykose dar, sondern kommt bei dieser Tierart wesentlich häufiger vor als bei Hunden. Aus diesem Grunde ist nicht auszuschließen, daß infizierte Katzen potentielle Ansteckungsquellen für den Menschen darstellen. Im deutschsprachigen Raum erkranken derzeit 5 bis 10 % der AIDS- Patienten zusätzlich an Kryptokokkose.

Als natürlicher Standort von Cr. neoformans gilt Vogelkot, insbesondere von Tauben (Häufigkeitsnachweis von Cr. neoformans in Taubenkotproben beträgt im deutschsprachigen Raum, je nach angewandter Untersuchungstechnik, bis zu 39 %) und Stubenvögel (Nachweisraten bis zu 4 %).

Ü: Die Sporen von Cr. neoformans werden vorwiegend mit der Luft übertragen, wobei der Inhalation von Staub oder eingetrocknetem Vogelkot die größte Bedeutung zukommt.

K: Die Inkubationszeit ist unbekannt. Bei HIV-infizierten Patienten manifestiert sich die Cr.-neoformans-Infektion vorwiegend als Meningitis. Diese beginnt schleichend mit starken Kopfschmerzen (insbesondere im Stirnbereich), begleitet von anfangs intermittierendem, später anhaltendem Brechreiz sowie Fieber. Gelegentlich Nackensteifigkeit. Unbehandelt führt die Cr.-neoformans-Meningitis zum Tod.
In ca. 10 % der menschlichen Kryptokokkose-Fälle kommt es zur Erkrankung der Haut, in Form von kleinen Papeln, Pusteln oder flachen, schmutzigen Ulzerationen. In weiteren 5 bis 10 % manifestiert sich die Kryptokokkose im Skelettsystem, ähnlich wie Tuberkulose. Vereinzelt können Endo-, Perikarditis, Hepatitis, Nierenabszesse oder Prostatitis auftreten.

D: Mikroskopischer und kultureller Erregernachweis, je nach Krankheitsbild im Blut, Liquor, respiratorischen Sekret oder Urin. Ferner serologisch durch Antigen-Nachweis in Liquor- und Serumproben mittels Latex-Agglutination.

W: In Deutschland sind beim Menschen die Erkrankung oder der Tod an Meningitis oder Enzephalitis, hervorgerufen durch Cr. neoformans, meldepflichtig.

Mikrosporie

Ä: Microsporum (M.) canis; vereinzelt M. gypseum und M. audouinii.

V: Die Mikrosporie ist weltweit verbreitet. In bis zu 95 % aller Fälle werden Hautpilzerkrankungen bei der Katze durch M. canis hervorgerufen. Ferner sind langhaarige, klinisch gesund erscheinende Katzen, vor allem junge Tiere, bis zu 80 % mit dieser Dermatophyten-Spezies latent infiziert. Der vor kurzem beschriebene kulturelle Nachweis von M. canis in Zungenabstrichen von Katzen ist ebenfalls von wichtiger epidemiologischer Bedeutung.

Ü: Die Infektion des Menschen erfolgt in erster Linie durch häufigen direkten Kontakt mit erkrankten oder latent infizierten Tieren. Ferner kann M. canis durch Läuse, Fliegen, Flöhe, Milben und Spinnen weiter verbreitet werden, so daß über kontaminierte Gegenstände auch eine indirekte Übertragung auf den Menschen möglich ist.

K: Inkubationszeit 10 Tage oder auch bis zu einigen Wochen. Je nach Lokalisation werden 2 Krankheitsbilder unterschieden. Im Bereich der behaarten Kopfhaut (Tinea capitis) entstehen einzelne oder multiple, linsen- bis markstückgroße Herde von kreisrunder bis ovaler Gestalt. In den betreffenden Arealen brechen die Haare 2–4 mm über der Haut

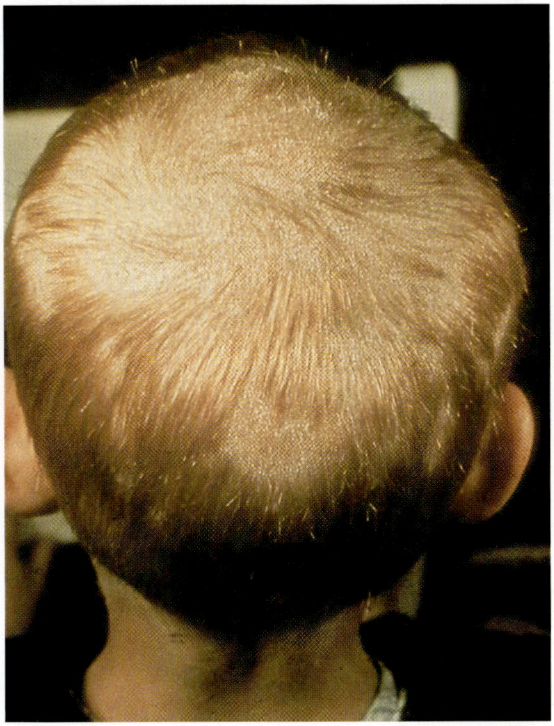

Abb. 6: Mikrosporie der Kopfhaut, hervorgerufen durch Microsporum canis (Foto: Archiv des Zentrums für Dermatologie, Andrologie und Venerologie der Universität Gießen).

ab (Abb. 6). Die Haarstümpfe sind glanzlos und in diesem Bereich kann eine feine, weißliche Schuppung vorliegen. Statt dieser früher häufigen Kopfform dominiert heute zunehmend die Körperform

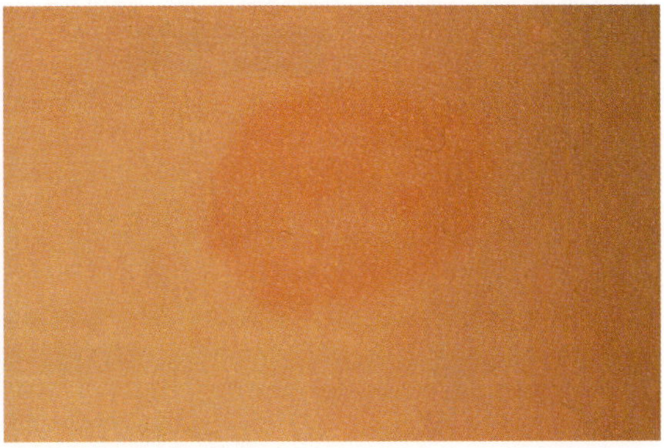

Abb. 7: Solitärer Mikrosporieherd am Körper, verursacht durch Microsporum canis, nach Kontakt mit einer infizierten Katze (Foto: Prof. Dr. W. Meinhof, Aachen).

(Tinea corporis). Deren Auftreten wird an Händen, Unterarmen, Oberkörper (Abb. 7) und Gesichtsregion beobachtet, die nicht von Kleidung bedeckt sind. In diesem Zusammenhang kommt es zur Ausbildung von solitären, z. T. auch konfluierenden Herden, die mit Krusten- und Schuppenbildung (gräuliche bis gelbliche Farbe) einhergehen. Die Randgebiete der betreffenden Stellen zeigen vielfach eine starke Rötung.

D: Zuverlässige Diagnose einer Mikrosporie nur durch den kulturellen Erregernachweis in Schuppen, Krusten oder Haarstümpfen. Die mikroskopische Untersuchung erlaubt nur einen Hinweis auf Vorliegen von Pilzelementen, aber nicht die Speziesdiagnose.

Pneumozystose

Ä: Pneumocystis (P.) carinii. Neuerdings wird von einigen Untersuchern dieser Erreger als Pilz angesehen.

V: Weltweit verbreitet. P. carinii kommt in der Lunge des Menschen und vieler Säugetierarten vor, die auch als Erregerreservoir für den Menschen in Betracht gezogen werden. In Dänemark konnte bei der mikroskopischen Untersuchung der Lungen von 75 Katzen in 4 % der Fälle P. carinii gefunden werden. Allerdings gibt es bisher noch keine konkreten Anhaltspunkte dafür, daß Katzen (Hunde oder andere Tierarten, insbesondere Nager) als eigentliche Infektionsquellen für den Menschen ermittelt wurden. P. carinii führt derzeit bei 60–80 % der AIDS-Patienten zu Komplikationen in Form von lebensbedrohenden Pneumonien.

Ü: Auf aerogenem Wege über kontaminierten Staub oder über Tröpfcheninfektion.

K: Inkubationszeit durchschnittlich 60 Tage; auch mehrere Monate möglich. Die Erkrankung äußert sich als interstitielle Pneumonie. Ein Teil der Patienten zeigt das uncharakteristische Bild einer spastischen Bronchitis oder eines „trockenen" Schnupfens mit nur leichten Beschwerden.

D: Mikroskopischer Erregernachweis in Trachealsekret, Bronchiallavage oder Lungenbiopsiematerial unter Verwendung von Spezialfärbungen (GIEMSA, GRAM-WEIGERT, GOMORIS-Methenamin-Silberfärbung u. a.).

Sporotrichose

Ä: Sporothrix (S.) schenckii.

V: Der Erreger, ein dimorpher (biphasischer) Pilz, ist weltweit in der Natur anzutreffen. Vor einigen Jahrzehnten kam die Sporotrichose in Europa offensichtlich noch häufiger vor, während sie heute seltener diagnostiziert wird. Dafür mehren sich aus den USA die Hinweise über ein dort gehäuftes sporadisches Auftreten der Sporotrichose bei Katzen. In der Mehrzahl der bisher bekannt gewordenen menschlichen Erkrankungsfälle, die von Katzen ausgingen, handelte es sich um Tierärzte oder Tierpfleger, die aufgrund ihrer beruflichen Tätigkeit intensiven Umgang mit infizierten Katzen hatten.

Ü: Offensichtlich über Kratzwunden, verursacht durch Katzen, kann die Sporotrichose auf den Menschen übertragen werden; ebenso nach direktem Kontakt mit ulzerierenden und aufgebrochenen Läsionen infizierter Tiere. Häufig erfolgt die Infektion des Menschen über Hautverletzungen durch Holzsplitter oder Dornen, denn S. schenckii kann als Saprophyt auf Pflanzen, Gräsern, Moosen sowie feuchtem, vermodertem Holz vorkommen.

K: Inkubationszeit durchschnittlich 3 Wochen (Extremwerte 1–12 Wochen). $^{3}/_{4}$ der Fälle verlaufen als kutane oder subkutane Prozesse, wobei sich an der Eintrittsstelle des Erregers eine bräunliche oder blaurote, schmerzhafte, sich langsam vergrößernde Papel entwickelt. Entlang der Lymphbahnen entstehen Metastasen; es bilden sich multiple, perlschnurartig angeordnete bis kirschkerngroße, gummöse, subkutan gelegene Knoten. Diese pflegen einzuschmelzen und nach außen durchzubrechen. In der Regel sind die Patienten fieberfrei. Zur Generalisation kommt es nur in den seltensten Fällen, wobei sich der Erreger zu 80 % in Knie-, Ellenbogen-, Fuß- und Handgelenken manifestiert, nicht dagegen in Hüfte, Schulter oder Rücken. Seltener werden Lunge, Auge, Mund, Gehirn oder Genitale im Zusammenhang mit einer Sporotrichose befallen.

D: Am sichersten durch kulturellen Erregernachweis im Eitersekretmaterial. Eventuell auch histologisch (unter Anwendung der Immunfluoreszenztechnik) oder mittels Kutantest (Sporotrichin). Serologische Nachweisverfahren haben keine praktische Bedeutung.

Trichophytie

Ä: Trichophyton (T.) mentagrophytes; vereinzelt T. quinckeanum sowie sehr selten T. gallinae, T. megninii oder T. schoenleinii von der Katze übertragen.

V: Die Trichophytie kommt weltweit vor. Bei Katzen mit mykotischen Hautveränderungen beträgt die Isolierungsrate von T. mentagrophytes bis zu 23 % (beim Hund zwischen 39 und 60 %).

Ü: In der gleichen Weise wie bei der Mikrosporie.

K: Die Inkubationszeit schwankt zwischen 14 Tagen und 4 Wochen. Als Prädilektionsstellen für die Infektion mit Trichophyton-Arten tierischen Ursprungs sind vorwiegend unbedeckte Körperteile, wie der Bereich des Kopfes (Hals, Gesicht) und der Extremitäten (Arme, Hände) zu nennen (Abb. 8). In erster Linie treten akut entzündliche, tiefgreifende Prozesse („tiefe Trichophytie", Kerion celsi, Sykosis, Tinea capitis) auf. Im Verlauf der Erkrankung kommt es zur Intensivierung der Entzündungserscheinungen mit Ausbildung umschriebener, bis in die Subkutis reichender, abszedierender und stark sezernierender, schmerzhafter Infiltrationen. Zusätzlich können Abgeschlagenheit, Fieber sowie Schwellungen der regionären Lymphknoten auftreten.

D: Die zuverlässige Diagnose einer Trichophytie ist nur durch den kulturellen Erregernachweis in Haarstümpfen, Schuppen oder Krusten möglich. Die mikroskopische Untersuchung entsprechender Veränderungen erlaubt nur den Hinweis auf Vorliegen von Pilzelementen, der aber für die Diagnose Trichophytie nicht ausreicht.

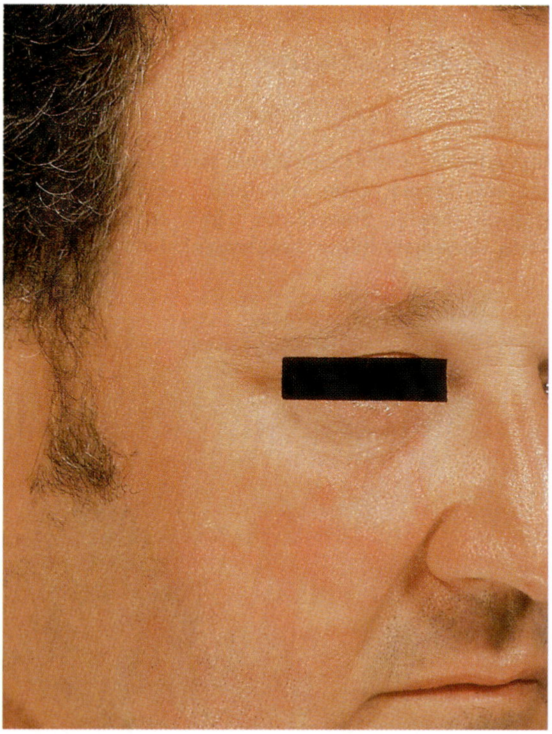

Abb. 8: Tinea faciei durch Trichophyton quinckeanum, übertragen durch eine Katze (Foto: Prof. Dr. L. Krempl-Lamprecht, München).

Erkrankungen durch Protozoen

Giardiose (Lambliasis)

Ä: Giardia (G.)-duodenalis-Gruppe, für die eine Wirtsspezifität offensichtlich weniger ausgeprägt ist.

V: Weltweites Vorkommen. In Norddeutschland wurden in den Jahren 1974 bis 1983 bei routinemäßigen Untersuchungen in 3,1 % der Kotproben von 910 Katzen Giardia-Zysten nachgewiesen. In Nordbayern gelang im Zeitraum von 1983 bis 1988 bei 814 Kotproben von Katzen in 4,2 % der Fälle ein mikroskopischer Nachweis von Giardien. In der Schweiz erwiesen sich 5,3 % von 94 untersuchten Katzen mit Giardien befallen, und in Österreich betrug die Nachweisrate bei 181 Katzenkotproben 6,1 %. Aufgrund dieser Befunde ist die Katze als eine mögliche Ansteckungsquelle für den Menschen nicht auszuschließen. Bis zum gegenwärtigen Zeitpunkt ist die eigentliche Infektionsquelle für den Menschen im Zusammenhang mit Giardia-Infektionen noch nicht gefunden worden, wobei offensichtlich kontaminiertem Trinkwasser sowie der Erregerübertragung von Mensch zu Mensch auch eine große Bedeutung zukommt.

Ü: Orale Aufnahme von Zysten (Schmutz- und Schmierinfektion).

K: Inkubationszeit 6–15 Tage. Hauptsymptome einer akuten Infektion sind plötzlich einsetzende Durchfälle (gelbliche, übelriechende, oft faulige Stühle, frei von Blut- oder Schleimbeimengungen). Krampfartige Bauchschmerzen, Brechreiz, Anorexie, Völlegefühl im Oberbauch nach Mahlzeiten, Herz- und Kreislaufbeschwerden vervollständigen das klinische Bild. Das akute Geschehen kann 3 bis 5 Tage anhalten. Subakute oder chronisch rezidivierende Verlaufsformen können sich insbesondere bei 1 bis 4 Jahre alten Kindern über Wochen oder Monate hinziehen.

D: Nachweis von Zysten im Stuhl (nach Telemann-Anreicherung oder MIF-Technik).

Kryptosporidiose

Ä: Cryptosporidium (C.) parvum.

V: Weltweit verbreitet. Es kann als gesichert gelten, daß Kälber als Infektionsquelle für den Menschen die größte Bedeutung haben. Auch Katzen (und Hunde) sind als potentielle Infektionsquellen in Betracht zu ziehen, obwohl bisher noch nicht bekannt wurde, daß Übertragungen tatsächlich von diesen Tieren ausgingen. In 1,3 % Kotproben von Katzen aus dem Raum München gelang der Nachweis von Kryptosporidien. In Österreich konnten bei der Sektion von 421 Katzen in 1,2 % der Fälle Kryptosporidien gefunden werden, während in der Schweiz bei koprologischen Untersuchungen von 306 Katzen die Nachweisquote 4,3 % betrug.

Ü: Durch orale Aufnahme von Oozysten.

K: Inkubationszeit 1–10 Tage. Am 3. bis 7. Tag der Patenz setzen die klinischen Erscheinungen in Form von Enterokolitis mit gelegentlichem Erbrechen und starken Diarrhoen (dünne, hellbraune, gelb oder grün tingierte Stühle, z. T. von geschmeidiger Konsistenz und fauligem Geruch) ein und können wenige Tage bis Wochen dauern. Häufig treten krampfartige Bauchschmerzen, Übelkeit, subfebrile bis febrile Temperaturen als Begleitsymptome auf. Bei immunkompetenten Patienten ist die Kryptosporidiose i. d. R. eine sich selbst terminierende Infektion. Bei immundefizienten Personen kann es zum Aufsteigen der Kryptosporidien in den Magen und von dort über Aspiration zur nicht mehr beherrschbaren Etablierung der Parasiten in der Lunge kommen.

D: Nachweis von Oozysten im Stuhl, Darmsaft oder Jejunum- und Ileumabstrichen der Mukosa durch native Untersuchung (Phasenkontrast) oder Färbung nach GIEMSA oder mit Karbolfuchsin. Auch mit Hilfe des IFT ist der Nachweis von Kryptosporidien-Oozysten möglich.

Pneumocystose

Siehe unter Abschnitt „Erkrankungen durch Pilze" (S. 224).

Toxoplasmose

Ä: Toxoplasma (T.) gondii.

V: Weltweit verbreitet. Nur Katzen und andere Feliden sind Endwirte von T. gondii und somit verantwortlich für die Ausstreuung von Oozysten. In den europäischen Ländern wurden in Reihenuntersuchungen von Katzen 0,4 bis 2 % (selten höher, Ausnahme ehemalige CSSR bis zu 17 %) als Ausscheider von T.-gondii-Oozysten ermittelt. Serologische Befunde lassen aber annehmen, daß über $^3/_4$ aller Katzen im Verlauf ihres Lebens T.-gondii-Infektionen durchmachen und somit irgendwann einmal für maximal 20 Tage zu Ausscheidern (von bis zu 10^9 Oozysten) werden. Vor allem junge Katzen sind als Ausscheider bedeutsam.

Ü: Auf oralem Wege durch die Aufnahme sporulierter Oozysten. Unter Berücksichtigung der hohen Tenazität sporulierter Oozysten im Freien (über 1 Jahr infektiös) liegt hiermit ein erhebliches Infek-

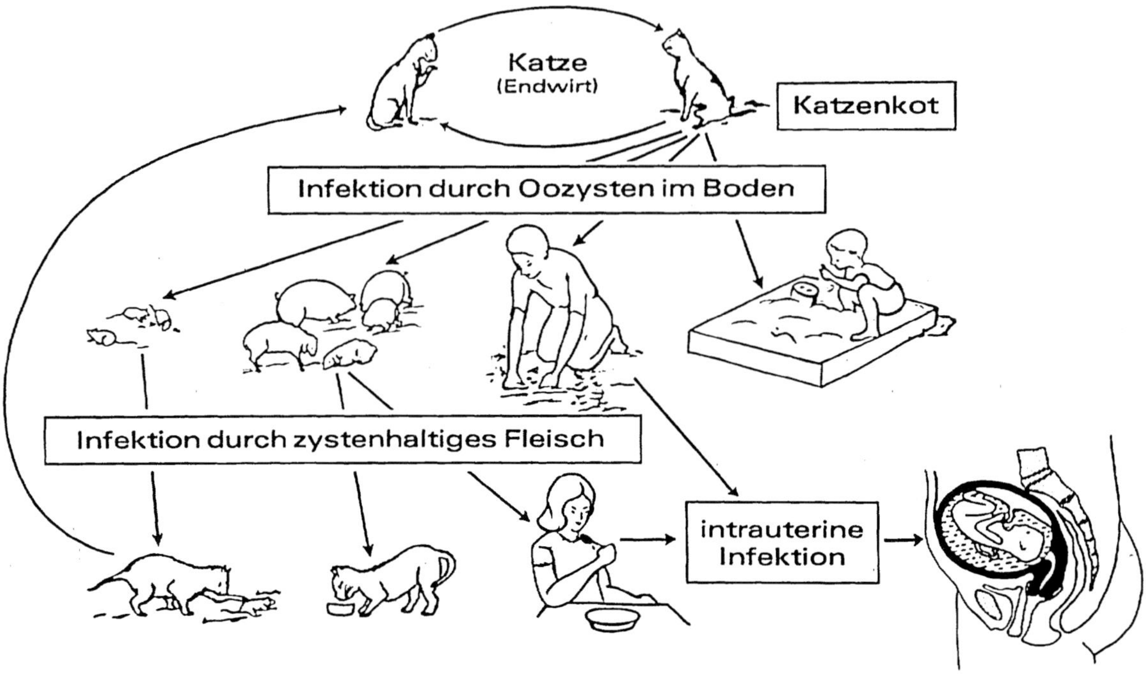

Abb. 9: Übertragungsmöglichkeiten des Erregers der Toxoplasmose auf den Menschen (Foto: Prof. Dr. H. M. Seitz, Bonn).

tionspotential (Katzenkot) vor, ohne, daß für die Infektion des Menschen ein direkter Kontakt zu Katzen notwendig ist (Abb. 9).

K: Die meisten Infektionen mit T. gondii verlaufen symptomlos. Bei einem geringen Prozentsatz der Toxoplasma-Infizierten treten geringfügige Krankheitserscheinungen auf in Form von subfebrilen bis febrilen Temperaturen, Kopfschmerzen, Gliederschmerzen und Vergrößerung der Lymphknoten. Infektionen mit T. gondii nehmen gegenwärtig vor allem als Komplikation bei erworbenen Immunsuppressionen (AIDS, zytostatische Behandlung) an Bedeutung zu. Bei ca. $^1/_4$ der AIDS-Patienten tritt die Toxoplasmose als Enzephalitis auf, die nicht selten zur unmittelbaren Todesursache wird. Zur pränatalen (konnatalen) Toxoplasmose kommt es dann, wenn sich Schwangere während der Gravidität erstmals infizieren. Die Häufigkeit solcher pränataler Infektionen beträgt gegenwärtig 1 Fall auf 1000 Lebendgeburten. Das Infektionsrisiko für die Frucht variiert mit dem Stadium der Gravidität, in der die Erstinfektion erfolgt; während des ersten Trimoniums mit ca. 15 % und nimmt bis zum 3. Trimonium auf ca. 70 % zu. Offensichtlich führen Frühinfektionen zum Abort, während bei später erfolgter Infektion irreparable Schäden im ZNS (Hydrocephalus internus, intrazerebrale Verkalkung) und/oder im Auge (Chorioretinitis) im Vordergrund stehen. Akut infizierte Neugeborene, bei denen angenommen werden kann, daß die Infektion im letzten Trimonium der Schwangerschaft erfolgte, zeigen oft wenige Stunden nach der Geburt kardiopulmonale Symptome und schweren Ikterus, verbunden mit einer hohen Letalität.

D: Von den vielen serologischen Nachweisverfahren, die zur Verfügung stehen, gelten derzeit der indirekte IFT sowie der ELISA, die eine getrennte Erfassung von IgM-Antikörpern (Auftreten während der akuten Infektion) und IgG-Antikörpern (Vorliegen während der latenten Infektion und können diaplazentar von der Mutter auf den Fötus übertragen werden) ermöglichen, als Standardmethoden. Auch die KBR (komplementbindende Antikörper treten später auf und persistieren länger) und der indirekte HAT (wird oft 2–3 Monate post inf. positiv) können zur serologischen Diagnosestellung herangezogen werden.

W: In Deutschland sind beim Menschen die Erkrankung sowie der Tod infolge angeborener Toxoplasmose meldepflichtig.

Die diagnostische Erfassung von Katzen als Oozysten-Ausscheider ist nur durch koprologische Untersuchungen möglich, nicht aber durch serologischen Antikörpernachweis. Das Ergebnis einer serologischen Untersuchung läßt daher keine Rückschlüsse zu, ob die betreffende Katze zum Zeitpunkt der serologischen Überprüfung Oozysten-Ausscheider ist.

Erkrankungen durch Trematoden

Clonorchiasis

Ä: Clonorchiasis (C.) sinensis.

V: Das Vorkommen von C. sinensis ist auf den asiatischen Raum (von Indochina bis Japan) beschränkt. Befallen sind neben dem Menschen auch Katzen, Hunde, Schweine, verschiedene Kleinraubtiere und Ratten, so daß ein schwer zu beherrschendes Erregerreservoir existiert. Als Endemiegebiete gelten derzeit vor allem Korea, Vietnam, Taiwan, während in China und Japan Erkrankungen beim Menschen nur selten auftreten.

Ü: Der Mensch infiziert sich durch Verzehr roher oder ungenügend zubereiteter Süßwasserfische, die im Entwicklungszyklus des Chinesischen Leberegels als 2. Zwischenwirt fungieren (1. Zwischenwirt sind Schnecken). Aufgrund dieser Tatsache ist die Katze eigentlich nur eine indirekte Infektionsquelle für den Menschen.

K: Inkubationszeit variabel. Anfangs Abgeschlagenheit, Inappetenz, gastrointestinale Beschwerden (Diarrhoe, Meteorismus). Schwere Infektionen gehen mit Schmerzen im rechten Oberbauch einher; Lebervergrößerung (Ikterus) und Fieber. Bei länger bestehender Infektion Auftreten von Leberzirrhose, Ödemen und Aszites möglich; auch Pankreatitis sowie Gallensteine können entstehen.

D: Mikroskopischer Nachweis von gelblich gefärbten, gedeckelten Eiern im Stuhl oder Duodenalsaft (Telemann-Anreicherungsverfahren).

Opisthorchiasis

Ä: Opisthorchis (O.) felineus, O. viverrini.

V: O. felineus ist vor allem in Fluß- und Seegebieten Osteuropas, einschließlich ehemalige DDR, Polen, russische Ukraine sowie Asien weitbverbreitet. O. viverrini wird in Südostasien, vorwiegend in Thailand und Laos sowie in Ostasien angetroffen. Endwirte sind fischfressende Säugetiere, überwiegend Katzen und Hunde. Über die aktuelle epidemiologische Situation in Europa liegen derzeit keine Daten vor. Jedoch wurde in jüngerer Zeit u. a. auch in Westdeutschland bei einer Katze nach Aufenthalt in Portugal und bei Personen in der Schweiz der Befall mit Opisthorchis ssp. beschrieben.

Ü: Durch Verzehr von rohen oder unzureichend zubereiteten Süßwasserfischen (diese sind 2. Zwischenwirt im Entwicklungszyklus des Katzenleberegels; 1. Zwischenwirt sind Wasserschnecken der Familie Hydrobiidae). Aus diesem Grunde stellen Katzen nur eine indirekte Ansteckungsquelle für den Menschen dar.

K: Nach Einwanderung über den Darm sowie den Ductus choledochus in die Gallengänge sowie nach einer Präpatenzzeit von $3^1/_2$–4 Wochen kommt es zur Cholangitis. Diese ist zurückzuführen auf Wucherungen des Gallengangepithels, zystenartigen Erweiterungen und fibrösen Verdickungen der Gallengänge. Bei starkem Befall Auftreten von Abdominalschmerzen, Durchfall, Aszites, hepatocholangitischen Symptomen sowie im Spätstadium Leberzirrhose und Pankreatitis.

D: Nachweis von längsovalen gedeckelten, gelblich bräunlichen Eiern im Stuhl oder Duodenalsaft.

Erkrankungen durch Zestoden

Diphyllobothriose

Ä: Diphyllobothrium (D.) latum.

V: Der früher in Binnenseegebieten Europas recht häufige Befall von Menschen und fischfressenden Säugetieren (Katze, Hund, Fuchs u. a.) mit D. latum ist in den letzten Jahrzehnten allgemein stark zurückgegangen. Die derzeitige epidemiologische Situation in Europa ist schwer zu beurteilen, da über die Prävalenz von D. latum beim Menschen (in der Schweiz wurden 1981 bis 1985 beim Menschen Befallsraten von 0,02 % bzw. 0,003 % ermittelt), anderen Endwirten oder Zwischenwirten (Fische) Mitteilungen aus neuerer Zeit offensichtlich nicht vorliegen.

Ü: Der Mensch infiziert sich i. d. R. durch Verzehr roher oder ungenügend zubereiteter Fische, die als 2. Zwischenwirt von D. latum dienen. Aus diesem Grunde stellen Katzen nur eine indirekte Ansteckungsquelle für den Menschen dar.

K: Inkubationszeit 3–6 Wochen. In den meisten Fällen verläuft die Infektion ohne klinische Symptome. Bei etwa 2 % der Betroffenen entwickelt sich eine Megaloblastenanämie (infolge Vitamin-B_{12}-Entzug). Weitere Symptome sind Mattigkeit, Schwindel; auch Leibschmerzen und Durchfall können auftreten. In vereinzelt schweren Fällen kommt es zu Parästhesien und Bewegungsstörungen.

D: Mikroskopischer Nachweis von gedeckelten, dickschaligen Eiern im Stuhl (Abb. 10).

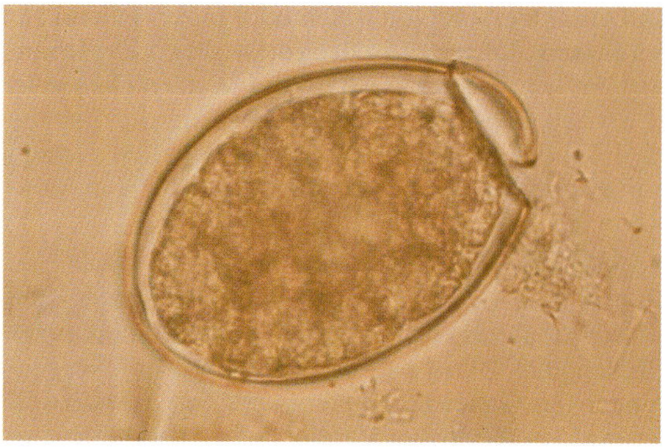

Abb. 10: Typisches Ei von Diphyllobothrium latum (mit Deckel) in einem ungefärbten Stuhlpräparat (Foto: Archiv Landesuntersuchungsamt für das Gesundheitswesen Nordbayern, Nürnberg).

Dipylidiose

Ä: Dipylidium (D.) canium.

V: Weltweites Vorkommen bei Feliden und Kaniden. In der Bundesrepublik Deutschland beträgt die Befallshäufigkeit bei Katzen ca. 2,3 % (bei Hunden ca. 3,5 %). In Österreich wurden bei der Sektion von 421 Katzen in 4,9 % der Fälle D. caninum gefunden.

Ü: Der Mensch infiziert sich durch akzidentelle orale Aufnahme von Zystizerkoiden (z. B. wenn diese in der Mundhöhle des Tieres verblieben sind und durch Belecken auf die Hand des Menschen übertragen und anschließend oral aufgenommen werden) oder auch von infizierten Flöhen (häufig bei Kindern).

K: In den meisten Fällen verläuft der Wurmbefall symptomlos. In seltenen Fällen, wenn Befall mit mehr als 100 Würmern, dann Auftreten von Leberzirrhose, blutig-schleimigem Durchfall, Afterjucken sowie Gewichtsverlust.

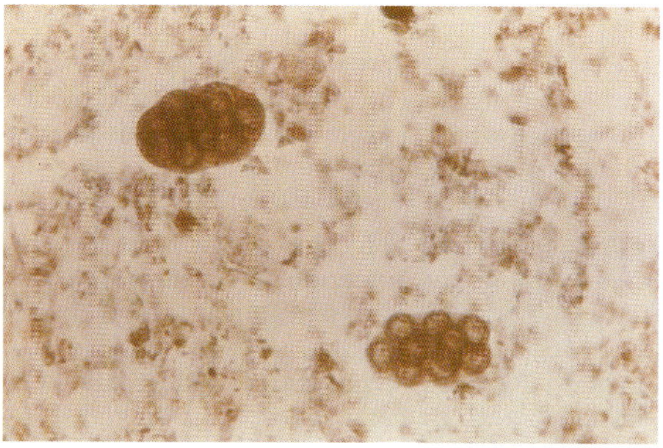

Abb. 11: Typische Eierpakete von Dipylidium caninum mit je 10 Eiern in einem ungefärbten Stuhlpräparat (Foto: Archiv Landesuntersuchungsamt für das Gesundheitswesen Nordbayern, Nürnberg).

D: Mikroskopischer Nachweis von charakteristischen „gurkenähnlichen", rosafarbenen bis rötlichen Proglottiden, die zahlreiche Eipakete mit 8–15 Eiern enthalten (Abb. 11). Gelegentlich können die Eipakete auch frei in den Fäzes vorliegen.

Echinokokkose (Alveoläre Echinokokkose

Ä: Echinococcus (E.) multilocularis. Natürliche Infektionen für E. granulosus, dem Erreger der zystischen Echinokokkose, scheinen bei Katzen offensichtlich nicht vorzukommen (Abb. 12).

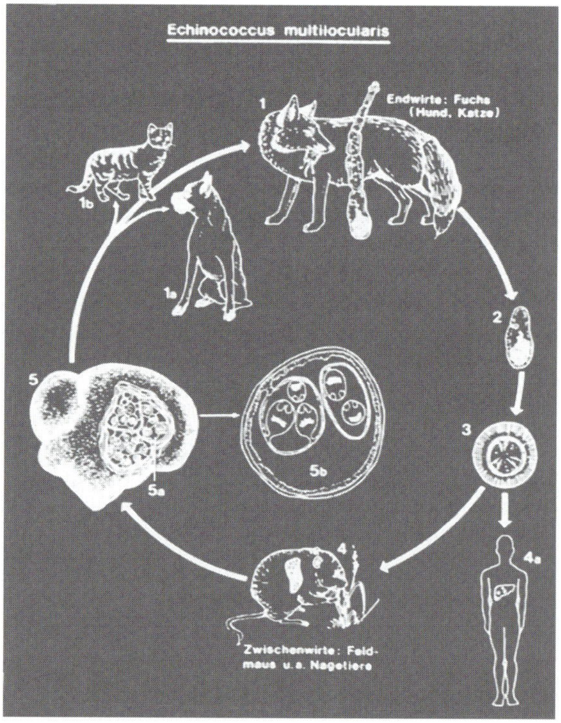

Abb. 12: Entwicklungszyklus des Fuchsbandwurms Echinococcus multilocularis (Foto: Prof. Dr. Dr. h. c. J. Eckert, Zürich).
1: Rotfuchs als Hauptendwirt für E. multilocularis. 1a und 1b: Hund und Katze sind gelegentlich Träger dieses Bandwurmes. 2: Proglottis mit Eiern. 3: Ei. 4: Feldmaus als Zwischenwirt mit Finnen in der Leber. 4a: Mensch als „Fehlwirt"; Ansiedlung der Finnen vorwiegend in der Leber. 5: Mäuseleber mit Finnen. 5a: Querschnitt einer Finne mit Einzelbläschen, Brutkapsel und Kopfanlagen. 5b: Einzelbläschen mit Kutikularschicht (außen), Keimschicht (innen), zwei Brutkapseln und darin enthalten Kopfanlagen.

V: Das europäische Verbreitungsgebiet von E. multilocularis umfaßt folgende Regionen: Frankreich (Massif Central, Franche-Compté, Lorraine, Rhône-Alpes), Schweiz (besonders die nördlichen Landesteile), Deutschland (vor allem Süddeutschland), Österreich (Tirol, Salzburg, Vorarlberg, Kärnten, Steiermark). In Endemiegebieten treten vor allem der Rotfuchs sowie Katzen und Hunde als Endwirte und verschiedene Arten von Kleinsäugern (Feld-, Schermaus, Bisamratte) als Zwischenwirt auf. Erhebungen zum Vorkommen von E. multilocularis, durchgeführt in Süddeutschland, ergaben für die Jahre 1973 bis 1974 bei 207 untersuchten Katzen (aus Südwürttemberg) eine Befallsquote von 0,5 %, in den Jahren 1974 bis 1981 bei 316 Katzen (aus Württemberg) eine Nachweisrate von 1,3 % sowie 1988/89 bei 162 Katzen (aus dem Regierungsbezirk Tübingen) eine Befallsquote von 1,8 %. In Rheinland-Pfalz wurden 1982/83 254 Katzen ohne einen positiven Befund mit E. multilocularis untersucht (bei einer gleichzeitigen Befallsrate der Füchse von 3,9 %). Im Raum Ulm konnte bei 5 von 11 untersuchten, streunenden Katzen E. multilocularis festgestellt werden. Diese Befunde zeigen, daß natürlich infizierte Katzen potentielle Ansteckungsquellen für den Menschen darstellen können.

Ü: Durch orale Aufnahme der Bandwurmeier, die vom Endwirt mit den Proglottiden über Faezes ausgeschieden werden. Die Proglottiden können auch im Fell infizierter Tiere haften. Auf diese Weise besteht die Gefahr der oralen Infizierung über die kontaminierte Hand.

K: Inkubationszeit Monate bis Jahre. Die klinische Symptomatik tritt erst spät, vor allem bei Personen im Alter zwischen 40 und 70 Jahren auf. Erste Lokalisation ist in den meisten Fällen die Leber, wobei die Erkrankung erst im fortgeschrittenen Stadium klinisch manifest (Beschwerden im rechten Oberbauch) wird. Die weitere Entwicklung hängt von der Lokalisation des/der Echinokokken und dem Grad ihrer Metastasierung ab. Es kommt zu einer Hepatomegalie mit Infiltration und Kompression der Gallengänge und der großen Blutgefäße; nachfolgend Ikterus und Aszites. Die Überlebenszeit der Patienten nach gestellter Diagnose liegt zwischen 2 Wochen und 18 Jahren.

D: Röntgenologisch oder szintigraphisch raumgreifende Veränderungen (dem Bild eines solitären Tumors entsprechend) in der Leber nachweisbar. Eine Biopsie ist wegen der Gefahr der Streuung kontraindiziert! Wichtigste Hilfsmittel für die Diagnosestellung sind der indirekte IFT und der ELISA, mit denen bei kombiniertem Einsatz 95 % der Fälle erfaßt werden.

W: In der Schweiz unterliegt seit dem 1. 1. 1988 die Echinokokkose beim Menschen der Meldepflicht. Dies ist in Deutschland und Österreich derzeit noch nicht der Fall.

Larva migrans cutanea

Ä: Ancylostoma (A.) tubaeforme.
Die Hundehakenwurmarten A. caninum und A. braziliense können gelegentlich auch bei Katzen auftreten.

V: Hakenwürmer kommen bei Tieren weltweit vor. Im norddeutschen Raum wurde in den letzten Jahren bei koprologischen Untersuchungen von 910 Katzen für Ankylostomen eine Befallsrate von ca. 1% ermittelt. Die Spezies A. braziliense tritt überwiegend in tropischen und subtropischen Klimazonen auf. Das Krankheitsbild des Larva migrans cutanea (syn. Hautmaulwurf, creeping eruption) wird beim Menschen hierzulande selten als autochthone Infektion, sondern gegenwärtig vor allem bei Urlaubern aus den Tropen, festgestellt.

U: Die Infektion des Menschen erfolgt perkutan, wenn invasionsfähige Larven mit der unbedeckten Haut in Kontakt kommen. Auch mit Kot infizierter Tiere kontaminierte Sandkästen, Spielflächen oder Badestrände sind als Infektionsquellen anzusehen.

K: 2–3 Tage nach Invasion der Larven kommt es zum Auftreten von bis zu 2 mm breiten, über der Hautoberfläche erhabenen Veränderungen mit umgebenden Erythem, Ödem und Krustenbildung, begleitet von quälendem Juckreiz und stechenden Schmerzen. Die Larven können sich innerhalb eines Tages um einige Millimeter, u. U. bis Zentimeter vorwärts „bohren", wobei die Wanderung Wochen bis Monate anhalten kann.

D: Aufgrund der typischen Hautveränderungen wird die Diagnose klinisch gestellt.

Larva migrans visceralis

Ä: Toxocara (T.) cati (syn. T. mystax); T. canis (häufiger beim Hund).

V: Toxocara-Infektionen kommen bei Fleischfressern weltweit vor. In den letzten Jahren im norddeutschen Raum durchgeführte parasitologische Kotuntersuchungen bei 910 Katzen erbrachten für T. cati eine Nachweisquote von 20 %. Im Raum München wurde bei 44 untersuchten Katzen eine Befallsquote von 31,8 % ermittelt. In der Schweiz betrugen entsprechende Nachweisraten 14,9–17,8 %. Vor allem junge Katzen bis zum Alter von 1 Jahr sind wesentlich häufiger infiziert als ältere Tiere. In diesem Zusammenhang ist von epidemiologischer

Bedeutung, daß vielfach auch auf dem Fell von Katzen Toxocara-Eier gefunden werden können. Neuere seroepidemiologische Untersuchungen in der Schweiz ergaben bei durchschnittlich 2,3 % von 1016 erwachsenen Blutspendern (regionale Schwankungen von 0–8,9 %) Antikörper (mittels ELISA) gegen Toxocara. In Süddeutschland wurden bei 15 514 Personen in 2,5 % der Fälle Antikörper (mittels Mikropräzipitation) gegen Toxocara festgestellt.

Ü: Durch orale Aufnahme larvenhaltiger (embryonierter) Eier. In diesem Zusammenhang stellen kontaminierte Spiel- und Sandplätze eine häufig nicht beachtete Infektionsquelle dar (öffentliche Spielplätze in verschiedenen deutschen Großstädten enthielten in bis zu 75 % der Fälle infektiöse Toxocara-Eier).

K: Inkubationszeit Wochen bis Monate. In vielen Fällen verläuft die Toxocariasis symptomlos (selbst bei Kindern in 20–40 % der Fälle nur eine Eosinophilie). Bei starkem Befall durchbrechen die Larven die Darmwand und wandern in die Leber (Hepatomegalie), Lunge (flüchtige Infiltrate und Husten) und auch in das Gehirn (Meningoencephalitis) ein. Auch der Befall des Auges ist nicht selten (Beeinträchtigung des Sehvermögens, chronische Veränderungen des Augeninneren).

D: Verdachtsdiagnose aufgrund des klinischen Bildes, verbunden mit Eosinophilie, Leukozytose, pathologisch veränderten Leberenzymwerten und erhöhtem Serum-LgE. Absicherung der Diagnose mittels ELISA oder Mikropräzipitationstestes möglich.

Erkrankungen durch Arthropoden

Flohstiche

Ä: Ctenocephalides (C.) felis, C. canis, Ceratophyllus gallinae, Pulex irritans.

V: Flöhe sind weltweit verbreitet und wenig wirtsspezifisch, obwohl einzelne Arten zur Vermehrung bestimmte Wirte bzw. deren Lager (Nest) bevorzugen. Aus diesem Grunde kann C. canis (bevorzugter Wirt Hund), Ceratophyllus gallinae (bevorzugter Wirt Vögel und Geflügel) sowie Pulex irritans (bevorzugter Wirt Mensch) auch bei Katzen auftreten. Eventuell stellen Lagerplätze der Tiere sowie Katzentoiletten Schlupfwinkel der adulten Flöhe bzw. der nicht parasitierenden Larven dar. Nach gegenwärtigen Kenntnissen gilt als gesichert, daß in Deutschland bei Haustieren und in der Umgebung von Menschen der Katzenfloh C. felis die häufigste Flohart ist. Ähnliche Beobachtungen liegen auch aus Dänemark und Schweden vor.

Ü: Thermische (z. B. Wärme), chemische (z. B. CO_2, Geruch) und mechanische (z. B. Lärm, Erschütterungen) Einflüsse helfen bei der Wirtsfindung. Der Hauptwirt wird meistens nur einmal, die Nebenwirte werden wiederholt gestochen.

K: Flohstiche treten beim Menschen immer multipel auf, da der Parasit mehrfach in die Haut einsticht, bevor er Blut saugt (Blutmahlzeit kann 2–15 Min. dauern). Die Folge sind gruppenweise oder linear auftretende Effloreszenzen. Nach wiederholter Exposition und zunehmender Sensibilisierung treten beim Menschen Frühreaktionen auf (häufig ist das orale Sekret des Flohes dafür verantwortlich zu machen). In der Mehrzahl der Fälle überwiegen Spätreaktionen, die i. d. R. nach $^1/_2$ bis 1 Tag auftreten und bis zu 3 Tagen anhalten können. In diesem Zusammenhang kommt es zum Auftreten von stark juckenden erythematösen Papeln. Durch Kratzen entstehen häufig Exkoriationen oder bakterielle Sekundärinfekte.

D: Charakteristisches klinisches Bild an den Prädilektionsstellen (Gesicht, Hals, Nacken, Schulter, Hüfte. Extremitäten). Absicherung der Diagnose durch direkten Nachweis der Parasiten.

Milbenbefall

Ä: Notoedres cati (Erreger der Katzenräude), Trombicula (T.) akamushi (Herbsterythem), Neotrombicula (N.) autumnalis (Herbsterythem), Cheyletiella-Arten (Ch. blakai, Ch. parasitivorax, Ch. yasguri u. a.), Octodectes (O.) cynotis (Ohrräude).

V: Ohrräudemilben sind bei den Katzen weit verbreitet und häufig stellen ältere Tiere symptomlose Träger dieser Milben dar. Auf diese Weise kann O. cynotis von Müttern auf Welpen übertragen werden. Das Herbsterythem (syn. Trombikulose, Stachelbeerkrankheit, Herbstbeiße, Leptus autumnalis) tritt vorwiegend im Herbst auf, wobei nur die Larven die Krankheitserscheinungen hervorrufen, nicht dagegen die Nymphen oder Imagines.

Ü: Der Mensch wird akzidentell und vorübergehend befallen durch Überwandern der Larven oder adulten Milben.

K: Je nach Milbenart heftig juckende Dermatitis, wobei u. U. kleine, hirsekorngroße, flache Knötchen entstehen (vor allem beim Befall mit Cheyletiella-Arten). Auch allergische Reaktionen möglich, Vorwiegend nach Befall mit T. akamushi oder N. autumnalis. Auch Otitis externa beim Menschen, hervorgerufen durch O. cynotis, ist bekanntgeworden.

D: Bei allen Milbenerkrankungen muß der Nachweis der Parasiten an den befallenen Stellen geführt werden.

Zeckenbefall

Ä: Ixodes (I.) ricinus (Gemeiner Holzbock), die in Europa am häufigsten vorkommende Schildzecken-Art; gelegentlich auch I. hexagonus (Igelzecke), seltener I. canisuga (Fuchszecke) bei der Katze anzutreffen.

V: Weit verbreitet, vor allem in warmen Gebieten. Auftreten in erster Linie bei den Tieren, die sich viel im Freien aufhalten. Im norddeutschen Raum erwiesen sich 80 (92 %) von 87 untersuchten Katzen mit Weibchen von I. ricinus befallen, weitere 6 Katzen (7 %) bzw. 1 Katze waren Träger von Igel- bzw. Fuchszecken. Es ist außerdem möglich, daß Katzen von 2 verschiedenen Zeckenarten, z. B. Gemeiner Holzbock und Igelzecke, gleichzeitig befallen sind.

Aufgrund des Entwicklungszyklus befällt I. ricinus die Tiere vor allem im Frühsommer (Mai–Juli) sowie im Herbst (September–Oktober), wobei sich alle Entwicklungsstadien (Larve – Nymphe – Imago) bei den Tieren manifestieren können. Ca. 98 % aller beim Menschen in Europa gefundenen Zecken entfallen auf die Spezies I. ricinus.

Ü: Der Mensch wird in den meisten Fällen nur als Nebenwirt akzidentell befallen.

K: Am Ort des Zeckenbisses Entzündung, Ödembildung und Erythem. Lähmung und Krämpfe (Zeckenparalyse) können weitere Folgen eines Zeckenbisses sein.

D: Direkter Nachweis der Zecken an der befallenen Hautstelle.

W: Im Zusammenhang mit Zeckenbissen muß darauf hingewiesen werden, daß in Europa der Gemeine Holzbock vor allem als Überträger von Frühsommer-Meningoencephalitis (FSME; nach bisherigen Kenntnissen sind Katzen für diese Erreger nicht empfänglich im Gegensatz zu Hunden), Lyme-Borreliose und Tularämie in Betracht kommen kann.

Literatur

ACHA, P. N., and B. SZYFRES (1987): Zoonoses and Communicable Diseases Common to Man and Animals. 2nd ed. Pan American Health Organization, Washington.

BECKER, W. (1992): Zoonosen-Fibel. 3. Aufl., H. Hoffmann-Verlag, Berlin.

BECKER, J. C., S. R. PALMER and J. M. PAYNE (1988): The Zoonoses. Edward Arnold, London – Baltimore – Melbourne – Auckland.

BÖHM, K. H. (1994): Katzen und menschliche Mikrosporie. Kleintierpraxis **39,** 111–113.

DEDIE, K., J. BOCKEMÜHL, H. KÜHN, K.-J. VOLKMER und Th. WEINKE (1993): Bakterielle Zoonosen bei Tier und Mensch. Ferdinand Enke-Verlag, Stuttgart.

ECKERT, J. (1988): Zur Bedeutung von Hund und Katze zu den Infektketten parasitärer Zoonosen in Europa. Wien. tierärztl. Mschr. **75,** 457–465.

KRAUSS, H., und A. WEBER (1986): Zoonosen. Deutscher Ärzteverlag, Köln.

LAPPIN, M. R. (1992): Feline Zoonoses. Curr. Vet. Ther. **11,** 284–291.

LIEBISCH, A., R. BRANDES und K. KOPPENSTEDT (1985): Zum Befall von Hunden und Katzen mit Zecken und Flöhen in Deutschland. Prakt. Tierarzt **66,** 817–819.

MÜLLER, H. E. (1989): Die Infektionserreger des Menschen. Springer-Verlag, Berlin – Heidelberg – New York – London – Paris – Tokyo.

WEBER, A. (1989): Aktuelle Zoonosen bei der Katze. Vet. J. **4** (11), 16–22.

WEBER, A. (1993): The significance of dogs and cats on the chain of infection in zoonoses, principally in Europe. Vet. Int. **5** (3), 27–36.

WEBER, A., und W. BECKER (1994): Dauerausscheider und Träger von Krankheitserregern bei Heimtieren – Bedeutung für den Menschen. 1. Viren, Chlamydien, Rickettsien und Bakterien. internist. prax. **34,** 535–547.

WEBER, A., und W. BECKER (1994): Dauerausscheider und Träger von Krankheitserregern bei Heimtieren – Bedeutung für den Menschen. 2. Pilze und Parasiten. internist. prax. **34,** i783–795.

ZAHNER, H. (1989): Durch Ektoparasiten hervorgerufene Zoonosen in der Pädiatrie. Sozialpädiatrie **11,** 312–316.

Krankheiten der Haut

Von R. Hämmerling

Raum für Notizen

Krankheiten der Haut

Die Dosierungen und Applikationsformen der angegebenen Arzneimittel erfolgen auf eigene Gefahr des Anwenders und sollten nach Beipackzettel überprüft werden. Die Angaben über die in Deutschland nicht für die Katze zugelassenen Arzneimittel beruhen auf internationalen Erfahrungen. Nicht zugelassene Arzneimittel sollten unter Beachtung eventueller Toxizität nur dann eingesetzt werden, wenn kein für die Katze zugelassenes, vergleichbar effektives Medikament zur Verfügung steht.

I. Anatomie und Physiologie

Katzen besitzen, bedingt durch natürliche Selektion, Mutationen und durch menschliche Manipulationen, eine einzigartige Vielfalt im Haarkleid, das letztendlich zum wesentlichen Teil die Rassezugehörigkeit bestimmt. Die Haut ist jedoch bis auf wenige Ausnahmen bei allen Katzen gleich. Der Aufbau der Haut ist in den verschiedenen Körperregionen weitgehend identisch, unterschiedlich ist lediglich die Dicke der Hautschichten und die Ausbildung der Hautanhangsgebilde, besonders des Haarkleides innerhalb der verschiedenen Züchtungen.

Die Katze hat unter den Haustieren die dünnste Haut. Sie nimmt in ihrer Dicke vom Rücken zum Bauch und an den Beinen von proximal nach distal hin ab. So ist die Haut der Katze (Dermis ohne Subcutis) mit 0,5 mm (Bauch) bis 1,0 mm (Rücken) sehr dünn im Vergleich zum Hund (1,0–5,0 mm). Lediglich an den Ballen als Lauf- und Kletterflächen sind alle Hautschichten sehr viel stärker entwickelt (MEYER et al., 1990). Das Haarkleid besteht aus kräftigen Primärhaaren (Deckhaare) und einem wesentlich größeren Anteil an kürzeren, schwächeren Sekundärhaaren (Wollhaare), die bei der Hauskatze am Bauch am dichtesten vorhanden sind, allerdings besteht eine große rassebedingte und individuelle Variationsbreite. Die meisten Katzen, sowohl gemischtrassige Hauskatzen als auch eine Reihe reinrassiger Katzen (z. B. Siamese, Burmese, Abbessinier, Russisch blau etc.) haben kurze Haare. Neben den reinrassigen Langhaarkatzen wie Perser, Angora, Himalaya etc. gibt es auch gemischtrassige langhaarige Hauskatzen. Besonders bei den langhaarigen Katzen kann es individuell schnell zu Verfilzungen der Haare kommen. Daher ist bei ihnen tägliche Pflege mit Kämmen angebracht, auch wenn das Katzenhaar nicht zur Verfilzung neigen sollte, um Schuppen und lose Haare zu entfernen, die sich bei der Fellpflege der Katzen mittels Lecken zu Haarballen im Darmtrakt ansammeln können. Haarlose Mutanten können von Zeit zu Zeit entstehen, bekannt ist die bei manchen beliebte Sphinxkatze, die nur stellenweise äußerst spärlich behaart ist.

Der Haarwechsel wird von endogenen und exogenen Faktoren beeinflußt. Den wichtigsten Einfluß übt das Tageslicht aus mit seiner vielseitigen Wirkung über die Hypothalamus-Hypophysenachse auf sich gegenseitig beeinflussende Hormone der Keimdrüsen, der Nebennierenrinde und der Schilddrüse. So initiieren z. B. Schilddrüsenhormone die Wachstumsphase (anagene Follikelphase), während Corticoide das Wachstum der Haarfollikel hemmen. Die Kastration beeinflußt gewöhnlich nicht den Haarwuchs.

Der normale Haarwuchs erfolgt zyklisch und ist von der Länge des Tageslichtes abhängig, mit deutlicher Aktivitätssteigerung im Sommer, am geringsten ist er im Winter. Im Sommer sind 30 % der Primärhaare und 50 % der Sekundärhaare in der telogenen Phase, im Winter steigt der telogene Follikelanteil auf jeweils 75 % und 90 % an. Das sollte unbedingt berücksichtigt werden bei der Beurteilung, ob die Haare leicht auszuzupfen sind: Katzenhaare sind im Winter wesentlich leichter auszuziehen als im Sommer (SCOTT, 1987, 1989).

Die Temperaturveränderungen scheinen zur Photoperiodizität nur einen zusätzlichen Stimulus zu liefern. Gewöhnlich erfolgt bei den im Freien gehaltenen Tieren der Haarwechsel im Frühjahr und Herbst, bei einer Tageslichtlänge von 650 und 750 Minuten, wie sie in Deutschland im März und September vorliegt (TOPP, 1983). Der Haarwechsel nimmt etwa 43 bis 53 Tage in Anspruch. Sehr viele Katzen leben ohne jeglichen Freigang ausschließlich in der Wohnung, so daß sie immer unter verlängerter Lichteinwirkung in Verbindung mit annähernd konstanter Temperatur gehalten werden – Faktoren, die einen immerwährenden, ganzjährigen Haarwechsel begünstigen.

Inwieweit diese kontinuierliche Haarkleiderneuerung nur zu einer Belästigung der Besitzer führt, die oft das ganze Jahr über starken Haarausfall ihrer Katzen klagen, oder ob die ununterbrochene Stoffwechselleistung zur Haarfollikelerneuerung auch zu einer Verminderung der Barriereleistung und zu einer verstärkten Anfälligkeit des Organs Haut führt, ist bislang noch nicht genügend untersucht worden (SCHWARZ, 1992).

Plötzlicher exzessiver Haarverlust bei Krankheiten oder nach einer Trächtigkeit ist vermutlich dadurch bedingt, daß durch Verkürzung der anagenen Phase vermehrt Haarfollikelgruppen synchron ins telogene Stadium übergetreten sind (telogener Deflux). Dieser schlagartige Haarausfall ist auch bei Streß zu beobachten, manchmal auch auf dem Tisch des Tierarztes. Durch angstbedingte Kontraktur der Musculi arrectores pili werden die telogenen Haare gleichzeitig ausgestoßen.

Da das Keratin der Haare fast ausschließlich aus Proteinen besteht, spielt die Ernährung ebenfalls eine wichtige Rolle bei der Erhaltung eines gesunden Haarkleides.

II. Mikroskopische Anatomie

1. Cutis (Haut im engeren Sinne mit Epidermis und Dermis)
2. Subcutis
3. Hautanhangsgebilde (Haare, Talg- und Duftdrüsen)
4. Muskeln, Blutgefäße, Nerven und Nervenendigungen.

1. Cutis

1.1. Epidermis

Auffallendes Merkmal der Haut der Katze ist die dünne Epidermis. Sie besteht vorwiegend aus Keratinozyten (85 %) mit einem relativ kleinen Anteil an Melanozyten (ca. 5 %), Langerhanszellen und Merkelzellen. Die Zellschichten der Epidermis repräsentieren die verschiedenen Entwicklungsstadien der Hautzellen, die wegen ihrer Fähigkeit, zu verhornen, Keratinozyten genannt werden. Die Differenzierung der Keratinozyten erfolgt von den inneren Basalzellen (Stratum basale) zur äußeren Hornschicht (Stratum corneum) (Abb. 1).

Die gesamte Zellerneuerungszeit der gesunden Epidermis dauert etwa 3 Wochen. Die sehr komplexen Differenzierungsvorgänge spielen sich sowohl im intrazellulären Protein der Keratinozyten, sowie an der Struktur der Zelloberfläche, als auch im interzellulären Kontakt der Keratinozyten untereinander ab. Die Keratinozyten sind nicht nur passive, strukturerhaltende Zellen der Epidermis, sondern sie erzeugen auch durch die Sekretion von Zytokinen und die Expression von Adhäsionsmolekülen ein Mikroklima, das eine Immunreaktion auslösen, verstärken

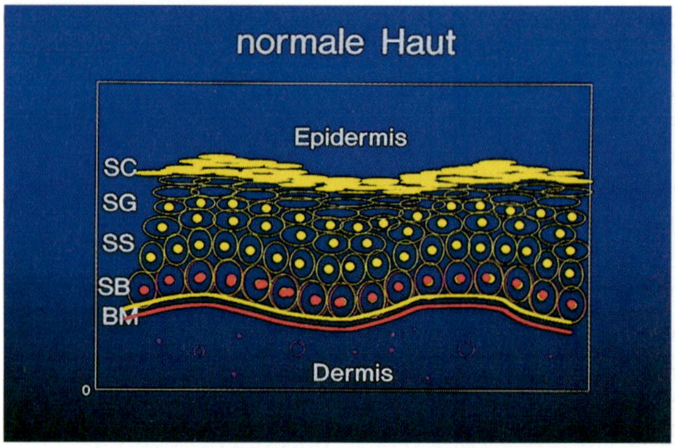

Abb. 1: Schema: normale Epidermis. SC: Stratum corneum, SG: Str. granulosum, SS: Stratum spinosum, SB: Stratum basale, BM: Basalmembran.

oder auch hemmen kann (M. SUTER, 1992, 1993; J. YAGER, 1992). Molekulare Strukturen der Zelloberfläche spielen eine Rolle in der Pathogenese spezieller Hautkrankheiten (z. B. Pemphigus).

Das **Stratum corneum** ist eine Schicht aus eosinophilen, kernlosen, plättchenartigen, abgestorbenen Keratinozyten (Korneozyten), bestehend fast nur noch aus keratinhaltigem Zellkörper, Tonofibrillen und lipidhaltiger Kittsubstanz. Die Zellorganellen der basalen Keratinozyten sind vollständig abgebaut. Diese Hornschicht ist am dicksten in dünn behaarter oder haarloser Haut, daher auf dem Nasenrücken und den Fußballen am besten entwickelt. Sie bildet zusammen mit essentiellen Fettsäuren und verschiedenen Wachsen die äußerste Schutzschicht gegen das Eindringen von Feuchtigkeit, Bakterien und Pilzen und schützt vor Wasser-, Elektrolyt- und Makromolekülverlust.

Die Korneozyten verlassen nach Abbau der Interzellularsubstanzen den Zellverband und werden mit Horn- und Lipidanteilen als Schuppen kontinuierlich in dem Maße abgestoßen, wie die Keratinozyten von unten nachgedrückt werden.

Es folgt darunter das **Stratum granulosum,** in dem wichtige Differenzierungsvorgänge für die Hornschicht ablaufen: Abplattung der Zellen, Veränderungen im Fettstoffwechsel mit intrazellulärer Synthese von Involucrin, einer Vorstufe des „verhornten Hüllstoffes", der am Übergang vom Stratum granulosum zum Stratum corneum in den Interzellularraum ausgeschüttet wird und durch Vernetzung die Korneozyten „zusammenkittet". Die Zellen des Stratum granulosum sind spindelförmig, kernhaltig mit stark basophilen Keratohyalingranula im Zytoplasma, die „Filaggrin" synthetisieren, eine cystinhaltige Substanz, die das Keratin vernetzt und ihm eine stabile Struktur verleiht. Das Keratohyalin ist zusammen mit den Tonofilamenten und anderen Strukturen wesentlich für den normalen Verhornungsprozeß. Diese einzellige Schicht ist in behaarter Haut gewöhnlich unzusammenhängend, lediglich um die Haarfollikelöffnung herum liegen zwei bis vier Zellschichten. Das Stratum granulosum ist ebenfalls auf dem Nasenrücken und den Fußballen am stärksten entwickelt.

Das **Stratum spinosum** enthält in der behaarten Haut ein bis zwei Zellagen (an den Fußballen bis zu 19) kernhaltiger, polygonaler Zellen, die durch Desmosomen (Haftplatten) miteinander verbunden sind. **Desmosomen** sind umschriebene plattenartige Verdickungen in der Zellmembran der Keratinozyten, von denen sich symmetrisch je zwei – getrennt durch den Interzellularraum – gegenüberliegen (simplifizierender Vergleich: wie Druckknöpfe). Desmosomen sind keine permanenten Strukturen, sondern werden dauernd neu gebildet und abgebaut, sonst wäre keine aktive Zellbewegung der Keratinozyten möglich. Jeder Keratinozyt besitzt sehr viele solcher Desmosomen, die im histologischen Präparat nach Fixierung der Zelle durch Schrupfung ein stacheliges (spinöses) Aussehen geben, daher der Name „Stachelzellschicht".

Die Tonofilamentbündel (Keratinfilamente) verlaufen kreuz und quer durch die Keratinozyten und inserieren beidseits an den Desmosomen. Die gut sichtbaren Interzellularspalten sind mit Glycoproteinen (Glycocalyx) ausgefüllt, die die Funktion einer interzellulären Zementsubstanz erfüllt. Die Epidermis ist dadurch ein festes, aber flexibles Netzwerk.

Das darunterliegende **Stratum basale** besteht aus einer Lage von basophilen, kernhaltigen Zellen. Die jugendlichen, basalen Keratinozyten (Basalzellen) sind untereinander durch Desmosomen, an die darunterliegende Basalmembran durch Hemidesmosomen verbunden (Abb. 2). Das Zytoplasma der Basalzellen enthält ebenfalls schon Keratinfilamente, deren Anzahl in Richtung Stratum spinosum und Stratum granulosum in Folge der Differenzierung der Keratinozyten deutlich zunimmt.

Im Stratum basale befinden sich **Langerhanszellen,** die schon 1868 von dem Medizinstudenten Langerhans entdeckt wurden, aber erst 1972 als funktionierende Zellen des Immunsystems erkannt wurden. Sie stammen als Vertreter des mononukleären Phagozytensystems von Knochenmarkzellen ab und wandern in Haut und Schleimhäute ein. Mit ihren dendritischen Ausläufern reichen sie bis in das Stratum spinosum hinein. Mit Rezeptoren an ihrer Oberfläche sind sie in der Lage, Antigene den T-Lymphozyten der Haut zu präsentieren. Daher spielen die Langerhanszellen im **„Immunorgan Haut"** eine wichtige Rolle bei der Überwachung von Virusinfektionen, Hauttumoren, sowie bei den allergischen Reaktionen der Haut. Übermäßige UV-Strahlung beeinträchtigt die Funktion der Langerhanszellen (M. SUTER, 1992; J. YAGER, 1992).

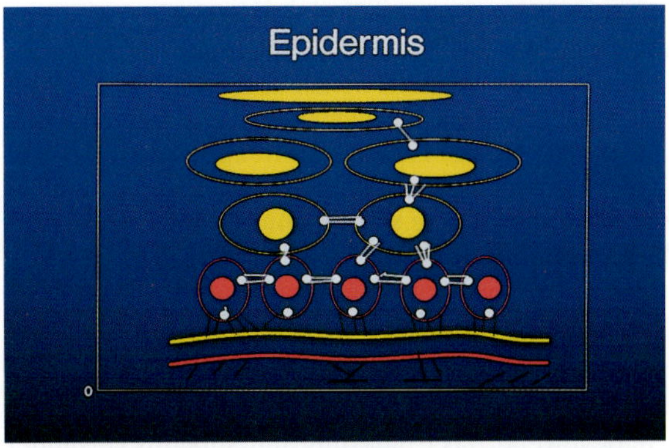

Abb. 2: Schema: Verbindung der Keratinozyten (gelb) untereinander durch Desmosomen; der basalen Keratinozyten (rot) mit der Basalmembran durch Hemidesmosomen.

Des weiteren befinden sich in der Basalzellschicht die **Merkelzellen,** die einzeln oder als Aggregate (Haarscheibe) als langsam adaptierende Mechanorezeptoren dienen, wahrscheinlich der Neuralleiste entstammen, fast stets mit Nervenfasern verbunden sind und als neuroendokrine Zellen dienen.

Die Basalmembran wird sowohl von den Basalzellen als auch von den darunterliegenden mesenchymalen Zellen gebildet und dient als **dermoepidermale Junktionszone** der Verankerung der Epidermis an der Dermis. Bleibt die Basalzellschicht intakt und funktionsfähig, können Wunden ohne Narbenbildung abheilen. Die Basalmembran bildet eine weitere Barriere gegen das tiefere Eindringen von pathogenen Keimen in die Dermis. Sie ist stärker entwickelt in nichtbehaarten Regionen und mucocutanen Übergängen. Da die Epidermis avaskularisiert ist, erfolgt die Ernährung der Keratinozyten mittels Diffusion durch die Basalmembran vom dermalen kapillären Blut. Die Basalzellen sitzen mit **Hemidesmosomen** auf der bandartigen Basallamina, die aus einem elektronenhellen (Lamina lucida) und einem elektronendichten (Lamina densa) Zwischenraum besteht, der dem Interzellularraum analog ist und mit diesem kommuniziert, wobei allerdings Antigenunterschiede in den Inhaltsstoffen bestehen. Die Basallamina (Lamina densa Collagen Typ IV) ist mit dem darunterliegenden dermalen Kollagen (Typ I und III) durch Verankerungsfibrillen (Kollagen Typ VII) verbunden (M. SUTER, 1993).

Kontinuitätstrennungen in der dermo-epidermalen Junktionszone können durch Schäden in jeder der

Strukturen bedingt sein, sehen lichtmikroskopisch ähnlich oder gleich aus und werden deshalb als „junktionale“ Blasen bezeichnet. Es sind schon verschiedene Zelloberflächenantigene bekannt, die Zielstrukturen der Autoimmunreaktionen sind (z. B. bullöses Pemphigoid-Antigen in den Hemidesmosomen). Bei der Katze stehen immunologische Untersuchungen noch aus.

1.2. Dermis (Corium)

Diese Hautschicht ist wesentlich dicker als die Epidermis und besteht aus kollagenem und elastischem Bindegewebe, das Epidermis und Subcutis verbindet und die Festigkeit und die hohe Elastizität der Haut gewährleistet. Hier befinden sich verschiedene Zellen, Nervengewebe, Blutgefäße, Lymphorgane, Haarfollikel, Schweißdrüsen, Talgdrüsen und Haarbalgmuskeln. Da der Katze, wie anderen Tieren auch, die zapfenartigen, epidermalen Reteleisten fehlen, gibt es keine klare Unterscheidung zwischen Stratum papillare und Stratum reticulare. Daher wird histologisch besser zwischen oberflächlicher und tiefer Dermis unterschieden. Normale Dermis der Katze enthält Fibroblasten, Mastzellen, gelegentlich perivasculäre mononucleäre Leukozyten, selten perivasculäre Neutrophile oder Eosinophile (SCOTT, 1980). Die Mastzellen sind im Gegensatz zum Hund besonders zahlreich vorhanden (FOSTER, 1994).

2. Subcutis (Hypodermis)

Das Bindegewebe der Dermis geht direkt in die Subcutis über, die tiefste und normalerweise dickste Schicht der Haut, bestehend aus lockerem Bindegewebe, in das reichlich Fettzellen eingeschlossen sind. Die Subcutis ermöglicht die Verschiebung der gesunden Haut über der knöchernen und muskulösen Unterlage. In das Stratum adiposum der Subcutis können, besonders bei der älteren Katze und bei fettreicher Fütterung, erhebliche Mengen an Depotfett eingelagert werden. Das Stratum fibrosum, das den Hautmuskel enthalten kann, verbindet die Haut mit der darunterliegenden Muskelfaszie oder dem Periost. In die oberste Schicht der Subcutis ragen die Haarfollikel hinein.

3. Hautanhangsgebilde

3.1. Haare und Haarfollikel

Haare sind tote Keratinfilamente. Das Haar besteht aus dem Haarschaft, der mittels des epithelialen Haarbulbus (Haarzwiebel) im Haarfollikel steckt und die dermale Haarpapille glockenartig überwölbt. Der aus der Haut herausragende freie Teil des Haares, der Haarschaft, besteht von innen nach außen aus Haarmark (Medulla), das auch fehlen kann, Haarrinde (Cortex) und Oberhäutchen (Cuticula). Das Haarmark nimmt bei Primärhaaren die Hälfte bis zwei Drittel der Haarbreite ein. Die Haarspitzen, der kolbennahe Teil des primären telogenen Primärhaares sowie Sekundärhaare sind in der Regel markfrei. Die Zellen des Haarmarkes enthalten Vakuolen und Pigmentgranula. Drei bis fünf solcher Markzellen formen Markscheiben, die zentral im Haar angeordnet und mit der Haarrinde fest verbunden sind. Zwischen ihnen befinden sich optisch leer erscheinende gasgefüllte Räume, die zusammen mit den Pigmentgranula der Mark- und Rindenzellen die Haarfarbe beeinflussen (SCHWARZ und MEYER, 1994).

Die Cortex besteht aus vollständig verhornten, spindelförmigen Zellen, die in Längsachse zum Haarschaft angeordnet sind. In diesen Zellen ist hauptsächlich das Pigment konzentriert, das dem Haar die Farbe verleiht. Die äußerste Cuticula wird durch flache, verhornte, kernlose Zellen geformt, die sich wie Dachziegel überlappen. Sekundärhaare haben eine dünnere Medulla und eine ausgeprägtere Cuticula als Primärhaare.

Haarfollikel werden normalerweise nach der Geburt nicht mehr neu gebildet. Sie wachsen in einem Winkel von 30–60 Grad zur Epidermis, so daß die Haare ebenfalls schräg zur Hautoberfläche stehen. Durch Muskelzellen epithelialen Ursprungs (Mm. arrectores pili) können die Haarwurzeln und damit die Haare aufgerichtet werden, wodurch die Isolierkapazität der Haare erhöht wird. Es gibt zwei Typen von Haarfollikeln: **primäre Follikel** bestehen aus einem Haarfollikel mit Talgdrüsen, Schweißdrüsen und einem Musculus arrector pili; **sekundäre Haarfollikel** bestehen aus mehreren Haarwurzeln, deren Haare durch eine gemeinsame Öffnung nach außen treten. Sekundäre Follikel besitzen nur Talgdrüsen, aber keine Schweißdrüsen und keine Muskeln. Die Haare werden entsprechend **Primär- oder Sekundärhaare** genannt.

Es gibt zwei verschiedene Anordnungen von Haarfollikeln. Die einfache Haarfollikelanordnung besteht in einer regelmäßigen Anordnung von ausschließlich Primärfollikeln (Rind und Pferd). Hund und Katze besitzen dagegen eine **zusammengesetzte Follikelanordnung,** bestehend aus einem zentralen Primärhaar und ein bis drei jederseits von ihm gelegenen Haarbündeln. Die Haarbündel enthalten wiederum je nach Körperregion ein bis drei laterale Primärhaare und sechs bis 20 Sekundärhaare (Wollhaare). Die lateralen Primärhaare und die Sekundärhaare kommen aus einer gemeinsamen Follikelöff-

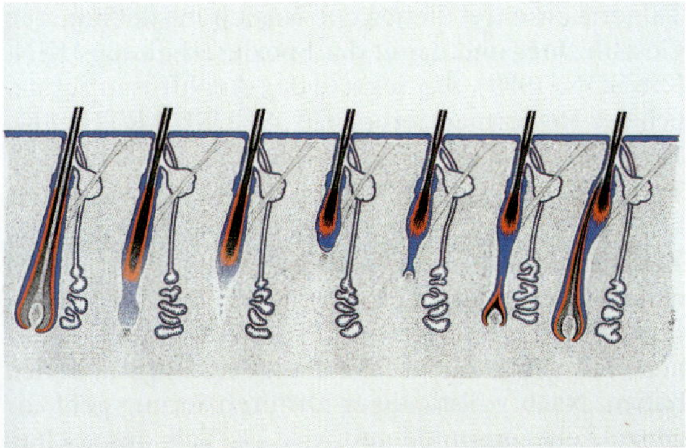

Abb. 3: Haarzyklusverlauf am Beispiel eines Primärhaarfollikels, Schema (R. Schwarz, Anatomisches Institut der Tierärztlichen Hochschule Hannover)
A: anagener Haarfollikel; B, C: Haarfollikel-Involution (katagen); D: telogener Haarfollikel (Kolbenhaarfollikel mit Kolbenhaar); E–G: telogene Haarfollikel mit neuer Haarfollikelanlage (E) bzw. mit unterschiedlich weit ausgebildeten neuen anagenen Haarwurzeln (F, G).
Am Haarfollikel: blau äußere, rot innere Wurzelscheide.

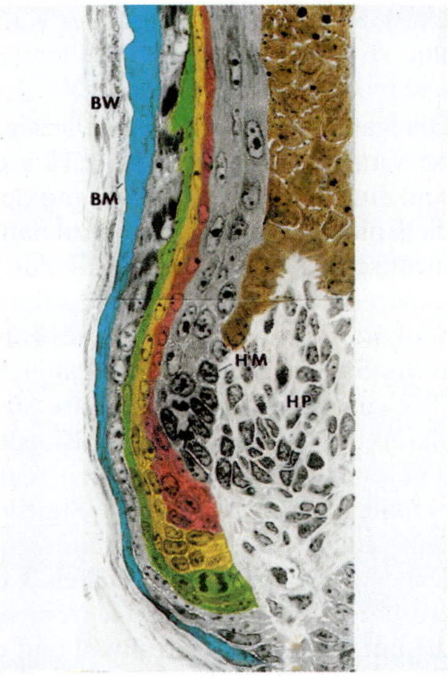

Abb. 4: Anagener Haarfollikel, Bulbusbereich, Semidünnschnitt, Toluidinblau-Färbung, koloriert, Vergr.: 8000mal (R. Schwarz, Anatomisches Institut der Tierärztlichen Hochschule Hannover).
HP: Haarpapille; HM: Haarmatrix; BM: Basalmembran; BW: bindegewebige Wurzelscheide.
Haarwurzel: braun Haarmark, grau Haarrinde, rot Haarkutikula. Innere epitheliale Wurzelscheide: gelb Scheidenkutikula, grün Huxleysche Schicht, grau Henleysche Schicht; äußere epitheliale Wurzelscheide: blau.

nung und benutzen gemeinsam die Drüsen und Muskeln. Die Anzahl der Haarbündel am Bauch ist immer wesentlich dichter als die am Rücken; es bestehen aber große rassebedingte Haardichteunteschiede. Das Wollhaarkleid bildet die entscheidende Isolierschicht gegen Wärmeverlust.

Zur **Erneuerung des Haares** (Abb. 3, 4) ereignen sich an den Haarfollikeln Auf-, Um- und Abbauvorgänge, die sich in kontinuierlich aufeinanderfolgenden Zyklen wiederholen. Dadurch wird zwischen aktiven (anagenen) und ruhenden (telogenen) Haarfollikeln unterschieden. Der **anagene Follikel** reicht tief in die Haut hinein, der **telogene Follikel** ist um die Hälfte bis ein Drittel kürzer und liegt viel oberflächlicher. In der **anagenen Phase** umstülpt der stark bulbusförmig angeschwollene Haarfollikel glockenförmig die zapfenförmige, bindegewebige Haarpapille, die die Haarmatrix versorgt, eine einschichtige Zellage, die nur durch die Basalmembran von der Haarpapille getrennt ist. Der Haarfollikel besteht von innen nach außen aus der **dermalen Haarpapille,** der **Haarmatrix,** dem **Haarschaft,** der **inneren Wurzelscheide,** die aus der Haarmatrix hervorgeht, der **äußeren Wurzelscheide** als Einstülpung des Stratum basale und aus der äußersten Umkleidung, der Fortsetzung der **Basalmembranzone,** die auch wieder die dermale Haarpapille umfaßt. Das Haar und die innere Wurzelscheide wachsen durch direkte Verhornung der Haarmatrixzellen und gleiten an den oberflächlichen Zellen der äußeren Wurzelscheide, die nicht verhornen, teleskopartig epidermiswärts.

Nach Abschluß des genetisch festgelegten Haarwachstums kommt es am anagenen Haarfollikel während der **Katagenphase** zu Abbauvorgängen: in der Matrix bilden sich keine neuen Markzellen, das engmaschige Kapillarnetz, das den anagenen Follikel strumpfartig überzieht, verschwindet, die schmaler werdende markfreie Haarwurzel wächst aus dem Haarfollikel heraus, der Follikel löst sich von der Papille, bildet sich zurück und es entsteht der ruhende oder **telogene Haarfollikel** mit einem kolbenförmigen, pinselartig aufgefaserten Haarwurzelrest, der nur noch aus Rinde und Cuticula besteht (Kolbenhaar). Die Länge des Zeitraumes, in der das Telogen- oder Kolbenhaar in der Haut verbleibt, ist von vielen genetischen, hormonellen, Gesundheits- und Umgebungsfaktoren abhängig.

Der neue Haarfollikel entsteht an der Basis des vorherigen telogenen Haarfollikels durch dort verbliebene Anteile der äußeren epithelialen Wurzelscheide, die das für die Haarfollikel-Neubildung erforderliche Zellpotential enthalten. Durch fortgesetzte Zellproliferation wächst die neue Anlage als solider Epithelstrang zunächst in die Tiefe. Sobald sie die endgültige Länge erreicht hat, nimmt die Matrix ihre Funktion wieder auf. Das neue Anagenhaar und die innere epitheliale Wurzelscheide wachsen wieder epidermiswärts in den bislang soliden Epithelstrang ein, seine peripheren Zellen bilden die äußere Wurzelscheide. Das dazugehörige Telogenhaar fällt erst aus, wenn das neue Anagenhaar den Haarkanal bzw. die Hautoberfläche erreicht hat (SCHWARZ, 1992).

Der Haarwuchs erfolgt bei der Katze im Mosaikmuster, d. h. nebeneinander stehende Haarfollikel befinden sich in verschiedenen Wachstumsphasen.

Die Katze besitzt zwei spezielle **sensorische Tasthaare:** Sinushaare und tylotriche Haare. Die **Sinushaare** sind dick, steif und am Ende zugespitzt. Sie verlassen die Epidermis im Gegensatz zu den üblichen Haaren nicht schräg, sondern in vertikaler Richtung. Sie befinden sich über den Augen, seitlich am Oberkiefer, am Unterkiefer und ein kleines Büschel von fünf bis sechs Sinushaaren an der Palmarseite des Carpus (Pili carpales). Die Sinushaare sind mikroskopisch charakterisiert durch einen Blutsinus zwischen der inneren und äußeren dermalen Wurzelscheide, in die nervale Fasern reichen. Das Sinushaar wird als langsam adaptierender Mechanorezeptor angesehen. Dagegen liegen die **tylotrichen Tasthaare** verstreut zwischen den normalen Haaren, sie sind größer als die umgebenden Haarfollikel und enthalten ein einzelnes kräftiges Haar. Der Follikel ist von einem ringförmigen Komplex neurovaskulären Gewebes auf der Höhe der Talgdrüsen umgeben. Zusätzlich liegt neben jedem tylotrichen Follikelkomplex ein großer Nerv. Das tylotriche Haar wird als schnell adaptierender Mechanorezeptor angesehen. Neben jedem tylotrichen Follikel liegt ein 0,16–0,42 mm großer **tylotricher Fleck,** die größeren befinden sich an der Bauchseite. Sie sind wie ein Polster leicht erhaben mit verdickter Epidermis. Der tylotriche Fleck besitzt keine Adnexalstrukturen, ist aber stark vaskularisiert und innerviert und mit vielen taktilen Merkelzellen unter der basalen Zellschicht ausgestattet.

3.2. Talgdrüsen

Die holokrin sezernierenden Talgdrüsen haben eine einfache alveolare Struktur, sind lobuliert und in behaarter Haut immer um die Haarfollikel angeordnet. Ihr verhornter Ausführungsgang mündet am Übergang des Isthmus-Infundibulums in den Haarfollikel. Nur an den Fußballen und in anderen haarlosen Gebieten münden sie direkt an die Oberfläche. Die Talgdrüsen sind in wenig behaarten Regionen am größten, wie z. B. an mucocutanen Übergängen und im Zwischenzehenbereich. Die meisten und größten Talgdrüsen befinden sich an den Lippen und am Kinn (Zirkumoraldrüsen, wegen der felinen Akne von Bedeutung), dorsal am Hals, Rücken und auf der gesamten Länge der dorsalen Oberfläche des Schwanzes (Suprakaudalorgan, bei Veränderung sog. Fettschwanz), etwas kleiner am oberen Augenlid (Meibomsche Drüse), am Präputium und am Scrotum. Viele große holokrin und apokrin sezernierende Talgdrüsen sind auch ein wichtiger Teil der Analbeutelwand. Artspezifische Pheromone im Talgdrüsensekret dienen der Anziehung des anderen Geschlechtes und damit der Spezieserhaltung (JENKINSON, 1989), die Sekrete der Analdrüsen zusätzlich der Reviermarkierung (FLACHSBARTH et al., 1992).

Talgdrüsen werden als Drüsen mit holokriner Sekretion beschrieben. Dies bedeutet Ausscheidung aller Zellbestandteile nach Auflösung der Zelle. Nach neuesten Erkenntnissen sezernieren die Zellen während ihrer Differenzierung Produkte, die sie vorher aus der extrazellulären Flüssigkeit aufgenommen haben. Nach vollständiger Differenzierung geht die ganze Zelle zugrunde und wird als Talg ausgeschieden. Somit wäre die Talgdrüse zu zwei verschiedenen Sekretionsarten befähigt. Die Talgdrüsentätigkeit wird stark vom hormonellen Zusammenspiel, besonders dem der Sexualsteroide, beeinflußt. Auch Streß, Krankheits- oder schlechte Ernährungsphasen können zu stumpfem und struppigem Aussehen des Felles durch veränderte Drüsensekretion führen. Die Lipidvakuolen der Drüsenzellen bestehen aus Triglyceriden, Phospholipiden und Cholesterinestern. Talg überzieht zusammen mit dem Sekret der Schweißdrüsen die Hornschicht der Epidermis mit einer Emulsion, die die Haut weich und elastisch erhält, dem dichten Fell einen stark wasserabweisenden Effekt und dem Haarkleid ein glänzendes Aussehen verleiht. Das Talg- und Schweißdrüsensekret bildet auf dem Stratum corneum eine physikalisch-chemische Barriere und übernimmt damit eine wesentliche Schutzfunktion im Abwehrmechanismus der Haut gegen potentielle pathogene Organismen. Vielen der freien Fettsäuren der Talgdrüsensekrete werden antimikrobielle Eigenschaften zugeschrieben.

3.3. Apokrine Schlauchdrüsen (Schweißdrüsen)

Neben den Talgdrüsen gibt es überall in der behaarten Haut von Hund und Katze noch eine zweite Drüsenart, die apokrinen Schlauchdrüsen, die ausschließlich an den Primärhaarfollikel gebunden sind. Das geschlängelte Drüsenendstück liegt unterhalb der Talgdrüsen in Höhe der Haarbulbi, also im Bereich zwischen Dermis und Subcutis, und zwar im stumpfen Winkel, den der Haarfollikel mit der Epidermis bildet. Der Ausführungsgang verläuft annähernd parallel zum Haarfollikel durch den Haarbalgmuskel und öffnet sich oberhalb der Talgdrüseneinmündung in den Haarkanal (epitrichial). An den Fußballen der Katze sind die Schlauchdrüsen ekkriner Art und münden direkt an der Oberseite von Epidermisleisten (atrichial). Dennoch entsprechen sie nur anatomisch, jedoch nicht funktionell den ekkrinen Schweißdrüsen des Menschen

(MEYER, BARTELS und SCHWARZ, 1990). Sowohl die Schlauchdrüsen der Ballen als auch die der behaarten Haut werden in der Literatur in Anlehnung an die Humanmedizin immer als Schweißdrüsen bezeichnet, was eigentlich irreführend und falsch ist, da sie weder phylogenetisch noch ontogenetisch, noch hinsichtlich ihrer Morphologie und Funktion den ekkrinen Schweißdrüsen der höheren Primaten entsprechen. Weder die apokrinen noch die ekkrinen Schlauchdrüsen von Hund und Katze haben für die Thermoregulation eine Bedeutung (SCHWARZ, 1994), zudem hat das Sekret der Schlauchdrüsen je nach Tierart und Bedarf eine völlig andere Zusammensetzung als der Schweiß des Menschen. Solange kein eigener Name für diese Drüsenart geschaffen wird, der der Funktion besser gerecht wird, wird sich der Begriff „Schweißdrüsen" hartnäckig halten, besonders in der anglo-amerikanischen Literatur (sweat glands), da auch der Name „Schlauchdrüse" nur die Anatomie der Drüse bezeichnet, aber übergangsweise Ersatz bieten kann.

Die apokrinen Schlauchdrüsen der behaarten Haut sind nicht innerviert, ihr Stoffwechsel unterliegt der Steuerung durch adrenerge Substanzen. Das Drüsensekret ist wäßrig bis zähflüssig, glykoproteinreich und entwickelt auf der Körperoberfläche individualspezifische Duftstoffe, die besonders bei feuchtem Haarkleid selbst für den Menschen wahrnehmbar sind (Duftdrüsen). Im physiologischen Zusammenwirken mit den Talgdrüsen haben beide Sekrete eine große Bedeutung für die Schutz- und Abwehrfunktion des Organs Haut. Der Hautoberflächenfilm hat einen pH-Wert von 5,8. Aufgrund nerval bedingter, verstärkter Aktivität der apokrinen Hautdrüsen kann der pH innerhalb kurzer Zeit alkalisch werden. Der lange Zeit propagierte „Säureschutzmantel" existiert nicht (SCHWARZ, 1994). Die mikrobiostatischen Eigenschaften des Oberflächenfilms auf dem Stratum corneum, auf dem sich permanent eine spezifische Mikroflora befindet, scheinen auf den freien Fettsäuren zu beruhen, die bei der Zersetzung der Hautlipide entstehen. Es ist noch nicht bekannt, ob die im Gegensatz zum Hund viel niedrigere Bakteriendichte auf der Haut der Katze, die eventuell durch die intensive Körpersäuberung niedrig gehalten wird, oder die spezifische Sekretzusammensetzung der Hautdrüsen die Katze vor der Entwicklung von generalisierten Pyodermien bewahrt, wie sie der Hund bei fast allen Hautstörungen aufweist.

Die Drüsen der Fußballen sind von nervalen, Cholinesterase und Pseudocholinesterase enthaltenden Strukturen umgeben, die auf adrenerge, besonders empfindlich aber auf cholinerge Substanzen reagieren; gut zu beobachten an nervösen Katzen, die auf dem Untersuchungstisch feuchte Fußabdrücke hinterlassen.

Die biologische Bedeutung der Ballendrüsensekrete wird zum einen in einer verbesserten Haftung der Laufflächen am Untergrund gesehen, die durch eine verstärkte Hydratisierung des Stratum corneum mit einem Sekret erreicht wird, dessen Glykoproteingehalt die Wasserspeicherungskapazität noch erhöht. Ein weiterer Aspekt könnte im Bereich des Reviermarkierens durch das sog. Krallenschärfen an besonderen Kratzbäumen liegen, indem während des Krallenschärfens Ballensekret abgegeben wird, das als individueller olfaktorischer Markierungsstoff dient. Dieser Duftstoff, der durch mikrobielle Zersetzung der Glykoproteine freigesetzt wird, bleibt als Markierung lange Zeit wahrnehmbar und könnte auch als erste Orientierungshilfe im Heimfindungsverhalten der Jungkatzen dienen (MEYER, BARTELS und SCHWARZ, 1990).

Die Annahme vom ekkrinen (Sekretausscheidung ohne Substanzverlust der Epithelzellen) und apokrinen Sekretionsmodus der Schlauchdrüsen wird kontrovers diskutiert. Wahrscheinlich entsteht das Sekret der Schlauchdrüsen ebenso wie bei den Talgdrüsen sowohl durch den Zelltod der Drüsenzellen (apokrin) als auch durch Sekretion (JENKINSON, 1989). Die Wärmeregulation erfolgt wegen des schnelleren Eintretens einer respiratorischen Alkalose bei der Katze seltener durch Hecheln, sondern vornehmlich mit Hilfe des Speichels. Bei hohen Außentemperaturen oder bei Sympathikusreizung produziert die Glandula submaxillaris vermehrt wäßrigen Speichel, den die Katze über ihr Fell verteilt, um sich zusätzlich Verdunstungskälte zu verschaffen. Dieser vermehrte Speichelfluß ist auch bei ängstlichen Katzen schlagartig auf dem Untersuchungstisch des Tierarztes zu beobachten.

4. Muskeln, Gefäße, Nerven

4.1. Arrektorenmuskeln

Mm. arrectores pili sind glatte Muskeln, die in der gesamten behaarten Haut vorhanden sind, am stärksten im Nacken und am Rumpf. Sie entspringen in der oberflächlichen Dermis und heften sich beinahe senkrecht an der Vorwölbung der primären Haarfollikel an. Verzweigte Muskeläste sind häufig in der oberflächlichen Dermis zu sehen. Normalerweise sind die Muskeln im Durchmesser $1/4$ bis halb so groß wie das Primärhaar, nur im dorsalen Lumbar-, Sacral- und Schwanzbereich sind sie gleich dick (SCOTT, 1980). Sie sind cholinerg innerviert und reagieren auf Epinephrin und Norepinephrin mit einer Kontraktur, die zur Aufrichtung der Follikel und damit Hochstellung der Haare führt. Adrenalin führt in Angst- oder Aggressionssituationen ebenfalls zur „optischen Vergrößerung" der Katze durch maximales Aufstellen der Haare. Bei ständig starker Erregung, wie sie z. B. bei hyperthyreoten Tieren anzutreffen ist, sind diese Muskeln besonders stark entwickelt; dieses kann im Bioptat ein histopathologischer Hinweis für den Kliniker sein. Die Wirkungsweise der Arrektorenmuskeln trägt physiologisch zur Thermoregulation und zur Entleerung der Talgdrüsen bei.

4.2. Blut- und Lymphgefäße

Die Haut wird durch drei miteinander kommunizierende, parallel zur Oberfläche verlaufende Gefäßbündel versorgt: Der **tiefe Plexus** verläuft zwischen Dermis und Subcutis mit absteigenden Gefäßzweigen in die Subcutis hinein. Seine aufsteigenden Äste versorgen die Haarfollikel und die Schlauchdrüsen und bilden gleichzeitig den **mittleren Plexus,** der in Höhe der Schlauchdrüsen liegt. Dieser Plexus schickt Zweige zu den Arrektorenmuskeln, aufsteigende und absteigende Zweige zum mittleren Teil der Haarfollikel und den Talgdrüsen. Die aufsteigenden Gefäßzweige bilden den **oberflächlichen Plexus,** aus dem unterhalb der Epidermis parallel zu ihr verlaufende Kapillarschlingen entspringen, die die Epidermis und obere Teile der Haarfollikel versorgen. Anhand der Höhe der perivasculären Entzündungen können manchmal Rückschlüsse auf eventuell zugrunde liegende Erkrankungen geschlossen werden.
Die Lymphgefäße entstehen aus dem kapillaren Netzwerk in der oberflächlichen Dermis und um die Adnexalstrukturen. Sie fließen in den subkutan gelegenen Lymphplexus.

4.3. Nerven

Die Nervenfasern sind generell mit den Blutgefäßen, den sensorischen Haaren und tylotrichen Polstern, den Merkelzellen, einigen Schweißdrüsen, den Arrektorenmuskeln und den Haarfollikeln verbunden. Sie erscheinen als subepidermaler Plexus, feine Fasern gehen in die Epidermis, winden sich durch das Stratum basale und Stratum spinosum und enden als unregelmäßige Verdichtung im Stratum granulosum und Stratum corneum.

III. Allgemeiner Teil

Für die Diagnostik von Hauterkrankungen ist es zunächst sehr wichtig, nach primären Hautveränderungen zu suchen, die sowohl in der Adspektion als auch in der histopathologischen Untersuchung Hinweise oder Aufschluß über die zugrunde liegenden Ursachen ergeben können. Leider bestehen manche Primäreffloreszenzen nur äußerst kurze Zeit. Durch die krankhaften Hautreaktionen entwickeln sich sehr schnell Sekundäreffloreszenzen, oftmals beschleunigt und verschlimmert durch den Leck- und Putztrieb der Katze.
Die genaue **Beschreibung** der am häufigsten bei der Katze vorkommenden **pathologischen Hautveränderungen** mit den möglichen **Ätiologien** und den notwendigen **diagnostischen Hilfsuntersuchungen** erfolgt im **Kapitel IV.** Die **Therapien** werden zusammen mit den **speziellen Erkrankungen** im **Kapitel V** besprochen.

Pathologische Hautveränderungen

- Hypotrichose / Alopezie
- Seborrhoen
- Papulo-krustöse Dermatitis, bei Hirsekorngröße als „miliare Dermatitis" oder „miliares Ekzem" bezeichnet.
- Eosinophile Granulome
- Eosinophile Plaques
- Lineare Granulome
- Schuppen
- Krusten
- Exkoriationen
- Ulzerationen
- Tumore

Viele Hautveränderungen sind nicht typisch für nur eine Ursache; so kann z. B. die „miliare Dermatitis" eine individuelle Hautreaktion auf unterschiedliche Ursachen sein oder anders ausgedrückt: Die gleiche Krankheitsursache kann bei verschiedenen Katzen unterschiedliche Krankheitsbilder hervorrufen.

Daher sind zunächst die diagnostischen Untersuchungsmethoden von größter Wichtigkeit. Nur eine kausale Therapie bringt dauerhaften Erfolg.

Allgemeine und spezielle diagnostische Untersuchungsmethoden

a. Allgemeinuntersuchung

- Anamnese
- Klinische Untersuchung
- Art der Fütterung
- Reaktionen auf vorangegangene Therapien

Allgemeinuntersuchung

Bei Hauterkrankungen werden die Beschwerden durch die Tierbesitzer häufig recht unterschiedlich empfunden. Daher ist zur Aufnahme der **Anamnese**

das gezielte Erfragen von größter Wichtigkeit. Da Hauterkrankungen oftmals schleichend auftreten und sich im klinischen Bild verändern können, ist es für die Diagnosestellung unabdingbar, die Krankengeschichte im Detail schriftlich zu fixieren. Dabei sollte nicht nur das momentane Aussehen der Veränderungen registriert werden, sondern durch gezielte Befragung muß auch der Beginn der Erkrankung erfaßt werden mit dem **zeitlichen Auftreten** und eventuellem **saisonalen Bezug,** der **Lokalisation,** dem **Verteilungsmuster** und dem **Aussehen der zuerst aufgetretenen Hauterscheinungen und dann dem Grad und der Art der Veränderungen.** Ein vorgefertigter Stempel im immer gleichen Untersuchungsschema kann hierbei hilfreich sein. Da die Katze im Gegensatz zum Hund häufig ein anderes Verhalten bei Juckreiz zeigt, wird die Frage nach dem Vorhandensein und der Ausprägung des **Juckreizes** von Katzenhaltern oftmals nicht richtig beantwortet. Katzen stillen den Juckreiz häufig nur durch **intensives Belecken,** die Besitzer aber meinen, ihre Katze wäre nur ganz besonders reinlich, wenn sie sich häufig und intensiv putzt.
Des weiteren gehört zum Vorbericht die Befragung nach **Ansteckungen** anderer Tiere im Haushalt oder von Familienmitgliedern, nach der Art der **Fütterung** und nach dem **Lebensraum der Katze. Reaktionen auf vorhergegangene Therapien** können manchmal diagnostisch sehr hilfreich sein.
Da die Haut nicht nur auf Störungen von außen reagiert, sondern auch wie ein Sensor die innere Gesundheit widerspiegelt, gehört zu jeder Hautuntersuchung auch im Vorbericht das Erfragen nach **zurückliegenden Erkrankungen** und eine **umfassende klinische Untersuchung.** Da die auslösenden Ursachen für die Hautstörungen vielfältiger Natur sein können, empfiehlt sich nicht nur für die Untersuchungen, sondern auch schon für das Erfragen des Vorberichtes das Vorgehen nach einem speziellen Schema (siehe rechts).

b. Spezielle Untersuchungsmethoden der Haut

- Adspektion des Haarkleides und der Haut
- Palpation der Haut
- Tesafilm-Abklatsch-Präparat
- Mikroskopische Beurteilung der Haare
- Geschabsel
- KOH-Präparat
- Woodsche Lampe
- Pilzkultur
- Biopsien
- Intradermaler Hauttest
- Zytologische Untersuchung
- Bakterienkultur / Resistenztest

Vorbericht

☐ **allgemein**

Trinkverhalten: Polydipsie: ja / nein

Freßverhalten:

Gewicht: Abmagerung: ja / nein

Art der Fütterung (alles angeben):

Stuhlgang:

Erwerb der Katze:
aus privater Zucht: aus Tierheim / Tierpension:

Lebensraum der Katze:
ausschließlich Wohnung: mit Freigang:

Aufenthalt in Katzenpension
(wann): im Ausland:

Anzahl der gehaltenen Katzen: andere Tiere:

Veränderungen im Lebensraum:

durchgemachte Infektionen: andere Erkrankungen:

Juckreiz (Lecken / Kratzen): ja fraglich nein

Putzverhalten: normal: intensiv (Beschreibung):

☐ **Hautveränderungen:**

Wann traten sie zuerst auf:

Wo traten sie zuerst auf:

Wie sahen sie am Anfang aus:

Jetziges Aussehen und Verteilung der Hautveränderungen:

◆ **alle bisherigen Medikamente:**

◆ **Erfolg:**

◆ **zuletzt gegebenes Medikament** (Art und Zeitpunkt):

1. Adspektion

Während der Aufnahme der gründlichen Anamnese wird zunächst der Gesamteindruck des Patienten festgehalten. Bei einem sehr hellen Untersuchungslicht erfolgt die nähere Adspektion der Haare und der Haut. Das Aussehen des Felles wird beurteilt, ob es glänzend, stumpf oder z. B. abgebrochen ist. Bei einer schuppigen Hauterkrankung wird beurteilt, ob die Schuppen trocken und klein sind und sich abstreifen lassen oder ob die Haut von großflächigen Schuppen bedeckt ist, die nur schwer von der Haut zu lösen sind oder sich mit Haarbüscheln abziehen lassen. Kleben die „Schuppen" in der Tiefe des Haares fest? Mit einem Vergrößerungsglas kann oft schon der Unterschied zwischen Hautschuppen und an den Haaren festklebenden Eiern oder sich bewegenden Parasiten gesehen werden. Verständlich ist, daß die Tierbesitzer darauf drängen, daß vornehmlich die Hautstörung angesehen wird, die zum Tierarztbesuch geführt hat. Wenn aber lediglich nur die Hautläsionen begutachtet werden, auf die die Besitzer zeigen, können durch Unterlassung der Adspektion des gesamten Patienten wichtige Details übersehen werden, die einen Hinweis auf die Ätiologie geben könnten. Adspektion bedeutet immer ein gründliches Anschauen des **gesamten Patienten** von „Kopf über Fuß bis Schwanzspitze", einschließlich Maulhöhle, Ohrkanal und Analbereich.

2. Palpation

Gegen den Haarstrich wird mit den Fingern geprüft, ob das Fell trocken oder fettig ist. Bei der Überprüfung der Dicke und Elastizität der Haut wird sehr gründlich mit den Fingerspitzen nach Hautveränderungen gesucht, die sehr häufig unter dem Fell nicht sichtbar sind. Manchmal zeigt sich erst durch die gründliche Palpation z. B. das Ausmaß der papulokrustösen Veränderungen, die durch unverändertes Fell auch für den Besitzer weitgehend unbemerkt geblieben waren.

3. Tesafilm-Präparat

Mit der Tesafilm-Abklatschmethode können oberflächlich auf der Haut lebende Parasiten (Cheyletiellen, Läuse, Haarlinge und die Eier der Parasiten) schnell und einfach nachgewiesen werden. Die Haare werden gescheitelt und ein um die Fingerkuppe gelegtes Stückchen Tesafilm wird auf die Haut gepreßt und anschließend direkt auf einen Objektträger geklebt, auf den man vorher einen Tropfen Öl oder 10%ige Kalilauge zur Aufhellung des Untersuchungsmaterials geben kann.

Diese Methode hat natürlich nur dann Erfolg, wenn durch vorherige intensive Adspektion der Haut und des Felles bei sehr hellem Licht und eventueller Zuhilfenahme einer Lupe gezielt verdächtiges und schuppenähnliches Material entnommen wird; bei negativem Ausfall sollte sie an anderen verdächtigen Stellen wiederholt werden. Eier von Läusen und Haarlingen können sehr fest an den Haaren kleben und sind oftmals nicht mit dem Tesaband zu entfernen. Verdächtig aussehende Haare werden dann besser ausgezupft und zur mikroskopischen Untersuchung mit Tesaband auf dem Objektträger festgeklebt oder in einem Tropfen 10%iger KOH-Lösung auf dem Objektträger mikroskopisch untersucht. Das festsitzende verdächtige Material kann auch mit einem mit Öl angefeuchteten Skalpell vom Haar abgestreift werden, um es unter dem Mikroskop anzuschauen. Nach Durchkämmen des Felles mit einem engen Flohkamm können die Schuppen und Haare vom Untersuchungstisch mit Klebeband fixiert werden.

4. Mikroskopische Beurteilung der Haare

Tesafilm eignet sich ebenfalls hervorragend zur Fixation mehrerer ausgezupfter Haare auf dem Objektträger, um die Haarspitzen, Haarwurzeln und Haarschäfte zu beurteilen. Haare werden am Rande eines kahlen Bezirkes ausgezupft. Die proximalen Haarenden werden nebeneinander auf den Tesafilmstreifen geklebt, um anhand der Haarwurzeln die Wachstumsphasen zu beurteilen (Trichogramm). Das im telogenen Zustand ausgezupfte Haar hat eine keulenförmige Haarwurzel ohne Wurzelscheide oder Pigment, ein in der anagenen Phase ausgezupftes Haar zeigt eine stärker ausgeprägte, feucht glitzernde, mehr viereckige, häufig pigmentierte Wurzel. Liegen ausschließlich telogene Haarwurzeln vor, kommen endokrine oder katabole systemische Erkrankungen in Frage, allerdings auch der telogene Deflux. Zur Beurteilung der Haarspitzen werden die ausgezupften Haare auf gleiche Länge geschnitten, so daß die distalen Haarspitzen nebeneinander auf den Objektträger geklebt werden können, um mikroskopisch zu beurteilen, ob die Haare einen intakten Haarschaft mit spitz auslaufenden Haarspitzen haben oder ausgefranst und abgeknabbert sind. Auf diese Weise kann der Unterschied zwischen dem Ausfallen und ausbleibendem Nachwachsen der Haare bei einer metabolischen Erkrankung oder endokrinen Imbalanz und dem Auslecken der Haare bei Juckreiz nachgewiesen werden. Der Haarschaft ist bei den selbstinduzierten Alopezien immer normal im Gegensatz zur Dermatophytose, bei der es zur Zerstörung des Haarschaftes kommt.

5. Hautgeschabsel

Hautgeschabsel dienen dem Nachweis von auf der Haut, oberflächlich in der Haut oder tief in der Haut und den Haarfollikeln lebenden Parasiten. Je nach Lebensraum der vermuteten Parasiten müssen die Hautgeschabsel daher auch unterschiedlich entnommen werden. Grundsätzlich werden Geschabsel mit einem Skalpell entnommen, das man mit Daumen und Zeigefinger hält und senkrecht zur Hautoberfläche über die Haut kratzt, während beide Hände engen Kontakt mit dem Körper der Katze haben, um sie bei Abwehrbewegungen nicht zu verletzen. Hierzu eignen sich gut die gebrauchten und daher etwas stumpferen, gereinigten Skalpellklingen von den Operationen. Die Klinge wird vorher mit einem kleinen Tropfen Öl auf einem Objektträger angefeuchtet. Bei einem oberflächlichen Geschabsel wird die oberere Hornschicht mit eventuell vorhandenen Schuppen, Krusten und Haarmaterial großflächig abgeschabt. Wenn nötig, sollten lange Haare mit der Schere gekürzt werden.

Es sollten auch immer einige ausgezupfte Haare von den veränderten Hautstellen gleichzeitig mit untersucht werden, da die Parasiten gerne am Haar haften. Beim Geschabsel sollten die von den Parasiten bevorzugten Körperpartien besonders intensiv untersucht werden (z. B. Notoedresmilben an den Ohrrändern, im Gesicht, Herbstgrasmilben im Zwischenzehenbereich, in der Ohrfalte). Ist das erste Geschabsel bei Verdacht auf eine parasitäre Erkrankung negativ, sollten unbedingt weitere von verschiedenen Lokalisationen entnommen werden. Das abgeschabte Material wird in dem Öltropfen auf dem Objektträger suspendiert und bei 100facher Vergrößerung und abgedunkeltem Licht bzw. tiefer gefahrenem Kondensor durchgemustert. Negative Geschabsel schließen eine parasitäre Erkrankung nicht unbedingt aus.

Mit dem tiefen Geschabsel werden Demodexmilben nachgewiesen, die allerdings bei der Katze in Deutschland sehr selten sind, dennoch sollten Hautveränderungen auch immer mit einem tiefen Geschabsel untersucht werden. Hierbei wird eine Hautfalte zwischen Daumen und Zeigefinger stark gepreßt, so daß Haarfollikel- und Talgdrüseninhalt herausgequetscht wird, der auf der Hautfalte mit der mit Öl angefeuchteten senkrecht gehaltenen Skalpellklinge abgekratzt wird.

6. KOH-Präparat

Erhält man im Geschabsel sehr viel undurchsichtiges Krusten-, Haar- und Schuppenmaterial, das im Mikroskop durch die Dichtigkeit nicht oder nur schwer nach Parasiten durchzumustern ist, empfiehlt es sich, 10–20%ige KOH auf das entnommene Material zu geben. Kalilauge hellt das Keratin in etwa einer halben Stunde auf, etwas schneller geht es, wenn der abgedeckte Objektträger über der Mikroskoplampe liegt. Um es vor der schnell eintretenden Eintrocknung und der Ausbildung von Kristallen zu schützen, sollte man das Material mit einem Deckglas abdecken oder bis zur späteren Untersuchung in einer feuchten Kammer (Gefäß mit nassem Tupfer, mit Deckel zu schließen) aufbewahren. Die schnellere Aufhellung des Keratins erreicht man durch vorsichtige Erwärmung des Objektträgers über der Bunsenflamme für 15–20 Sekunden.

Bei der mikroskopischen Untersuchung der Haare und Hautschuppen auf Pilze ist die Kalilauge ein unerläßliches Hilfsmittel, da ohne Aufhellung des Keratins die Hyphen und Sporen am Haar nicht gesichtet werden können. Da die Kalilauge zusammen mit dem Öl auf dem Objektträger viele kugelige Artefakte unterschiedlicher Größe bildet, sollte bei der Untersuchung der Haare und Schuppen auf Pilzsporen auf Öl beim Geschabsel verzichtet werden. Um die Pilzhyphen und Konidien bei 400facher Vergrößerung und halb geschlossener Blende besser erkennen zu können, kann die Kalilauge mit Methylenblau, blauer oder schwarzer Tinte versetzt werden. Auch bei guter Übung gelingt der mikroskopische Nachweis im Nativpräparat nicht immer. Erschwerend kommt die große Anzahl von Artefakten hinzu, wie Staubfäden, elastische Fasern, keratinisierte Zellwände, Cholesterinkristalle, der zugesetzte Farbstoff und nicht zuletzt die Kalilauge, die sehr schnell auskristallisieren kann. Wegen der schnellen Auskristallisierung sollte die Kalilauge nicht konzentrierter als 20 % sein. Pilzhyphen sind im Durchmesser gleichbleibend, septiert und variabel in der Länge, werden aber nicht nur von pathogenen Hautpilzen gebildet, sondern auch von Schimmelpilzen und Hefen, so daß unbedingt eine Pilzkultur zur Identifikation erforderlich ist.

Die Pilzsporen liegen meist um das Haar herum (ektotriches Wachstum), auch innerhalb des Haarschaftes (endotriches Wachstum) sind sie manchmal sichtbar (Abb. 5). Sie wachsen von der keratinisierten

Abb. 5: Pilzsporen am Haarschaft.

Hautoberfläche den Haarschaft entlang in die Tiefe, stoppen aber abrupt am Haarbulbus an der Grenze zu den Matrixzellen.

7. Woodsche Lampe

Eine zusätzliche Hilfe in der Diagnostik der Hautpilzinfektionen bietet die Woodsche Lampe, ein UV-Licht von 253,7 nm Länge, das durch Cobalt oder Nickel abgefiltert wird. Die Lampe sollte 5–10 Minuten vor Beginn der Untersuchung zwecks Aufwärmung angeschaltet werden. Die Untersuchung des Tieres erfolgt am besten in einem abgedunkelten Raum. Wenn das Licht auf das Haarkleid fällt, können die Haare, die mit Microsporum canis infiziert sind, mit einer gelb-grünen Fluoreszenz aufleuchten. Die Fluoreszenz beruht auf Tryptophanmetaboliten, die der Pilz produziert. Diese Metaboliten werden nur von Pilzen produziert, die in aktiv wachsendem Haar leben. Die Fluoreszenz ist daher nicht in Schuppen oder Krusten und auch nicht auf der positiven Pilzkultur zu sehen. Auch andere Pilze wie M. distortum, M. audouinii und Trichophyton schoenleinii, die selten bei der Katze, aber häufiger beim Menschen und Nager vorkommen, können ebenfalls Fluoreszenz zeigen. Viele Faktoren beeinflussen die Fluoreszenz, am häufigsten werden gelb aufleuchtende Krusten und Schuppen, weißlich leuchtende Fusseln und Staubpartikel, Seifen- und Medikamentenreste fälschlich als positiv angesehen. Wenn die durch die Pilzinfektion oft abgebrochenen Haare kurz über der Haut gelb-grünlich fluoreszieren, sollten die proximalen Enden der ausgezupften Haarschäfte ebenfalls leuchten. Die fluoreszierenden Haare sollten unbedingt mit einer Pinzette oder feinen Arterienklemme ausgezupft werden und auf einen Dermatophytenagar gelegt werden, um sie nach Wachstum zu identifizieren. Leider zeigen nur etwa 30–50 % der mit Microsporum canis infizierten Katzen positive Fluoreszenz an den infizierten Haaren, asymptomatische Sporenträger ohne Läsionen zeigen keine Fluoreszenz. Das Fehlen der Fluoreszenz bei der Woodschen Lampe bedeutet daher nicht den Ausschluß einer Pilzinfektion mit Microsporum canis, es ist nur eine zusätzliche Hilfsuntersuchung in der Pilzdiagnostik.

8. Pilzkultur

Zur Entnahme für die Bebrütung der Pilze auf einem Kulturmedium werden lange Haare im verdächtigen Hautbezirk bis auf wenige Millimeter über der Haut mit der Schere kurz geschnitten und mit Alkohol besprüht, um die Zahl der Saprophyten und Bakterien zu verringern. Nach kurzer Zeit der Lufttrocknung werden die Haarstümpfe aus dem veränderten Randbezirk der Hautläsion oder bevorzugt die unter dem Wood-Licht ausgewählten, fluoreszierenden Haare mit einer Pinzette ausgezupft und vorsichtig auf den Nährboden gelegt, ohne den Agar zu beschädigen. Ebenso können zusätzlich abgeschabte Schuppen und Krusten bebrütet werden. Allerdings darf die Kultur nicht mit zuviel Material überladen werden, um Überwucherungen mit Kontaminanten zu vermeiden. Mit der sog. Zahnbürstenmethode können in einem Katzenbestand, in dem immer wieder nur die jungen Tiere mit klinischen Erscheinungen an einer Pilzinfektion erkranken, die älteren symptomlosen Katzen als latente Trägertiere der Sporen herausgefunden werden.

Mit einer neuen, frisch aus der Verpackung entnommenen Zahnbürste wird das gesamte Haarkleid der verdächtigen Katze mehrere Minuten lang durchgebürstet, so daß Haare auf der Zahnbürste sichtbar sind. Die Borsten der Zahnbürste werden vorsichtig in die Pilzkultur gedrückt. Normalerweise wächst M. canis innerhalb von 7–10 Tagen, Sporen von asymptomatischen Trägertieren brauchen bis zum sichtbaren Wachstum der Kolonien häufig 14–21 Tage. Pilze wachsen gut auf einem Protein-Glukose-Agar bei Zimmertemperatur. Da jedoch auch Hefen und Schimmelpilze als sekundäre Begleiterreger auf vielen Hautläsionen zu finden sind und auf dem Agar gut und sogar schneller wachsen, ist die Unterscheidung zwischen diesen Begleitpilzen und den primär pathogenen Hautpilzen zur Diagnostik ein vordringliches Anliegen. In der tierärztlichen Routinepraxis wird zu diesem Zweck der Sabouraud-Dextrose-Agar mit pH-Indikator (Dermatophyten-Test-Medium = DTM-Agar) am häufigsten verwendet. Der Sabouraud-Dextrose-Agar ist meist mit Cycloheximid, Gentamicin und Chlortetracyclin versetzt, um Bakterien und saprophytisches Pilzwachstum zu unterdrücken. Als pH-Indikator ist Phenolrot zugesetzt.

Dermatophyten verbrauchen innerhalb der ersten acht Tage zuerst Protein aus dem Medium, wobei alkalische Substanzen entstehen, die den Agar rot färben. Die meisten anderen Pilze verbrauchen zuerst Kohlenhydrate und später Proteine. Dann färbt sich der Agar erst nach 10–14 Tagen rot. Leider ist die alleinige Rotfärbung des Agars kein sicherer Hinweis auf einen pathogenen Pilz, da auch nicht pathogene Hautpilze schon früh in der ersten Woche zur Rotfärbung führen können. Nur das Wachstum von weißlichen, zart gelblichen bis hell orangen, wolligen Pilzkulturen mit der gleichzeitigen Rotverfärbung um das Pilzmyzel herum weisen auf das Wachstum eines primär pathogenen Hautpilzes hin. Daher ist es unbedingt notwendig, die **Pilzkultur täglich** zu **kontrollieren.** Bei einem positiven Hautpilzbefund kann sofort mit der antimykotischen Therapie begonnen

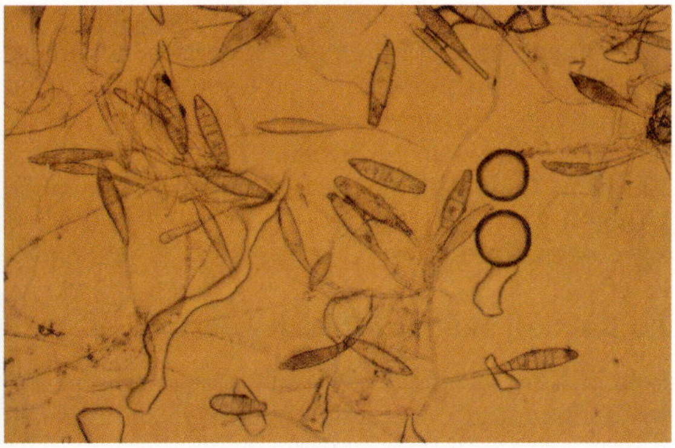

Abb. 6: Macroconidien von M. canis, mit Tesafilm vom Myzel der Pilzkultur entnommen.

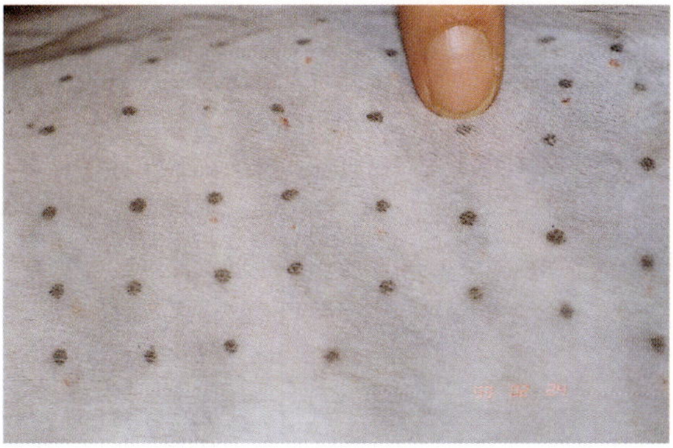

Abb. 7: Intradermaler Hauttest, infiltrative Quaddel fühlbar, aber kaum sichtbar.

werden. Neben falsch positiven Ergebnissen durch Überwucherung und durch zu spätes Ablesen der Kultur kommen auch ca. 20 % falsch negative Ergebnisse vor. Zur genaueren Differenzierung der Dermatophyten wird das Myzel mikroskopisch untersucht, indem mit Tesafilm zart von der Kultur entnommenes Myzel auf einem Objektträger mit 400facher Vergrößerung untersucht wird. Microsporum canis bildet typisch spindelförmige Makrokonidien, die sich allerdings manchmal erst nach längerem Stehenlassen der Kultur ausbilden (Abb. 6).

9. Biopsien

Die Biopsien dienen der histopathologischen Untersuchung. Die Entnahme der Hautbiopsien könnte theoretisch unter Lokalanaesthesie vorgenommen werden, wenn das Anaesthetikum (1–2 % Hostacain oder Lidocain) sehr sorgfältig neben die Läsion streng subkutan injiziert wird. Aus verschiedenen Gründen jedoch ist die Sedierung der Katze für die Biopsieentnahme vorzuziehen. Für eine gute histologische Diagnosestellung sind meistens mehrere Bioptate vonnöten, die sorgfältig adspektorisch und palpatorisch nach Primärläsionen und unterschiedlichen Stadien der Erkrankung ausgewählt werden müssen. Dieses längerfristige Hantieren an einer unsedierten Katze kann wegen zunehmender Nervosität des Patienten zu einem frühzeitigen Abbruch der Biopsieentnahme führen, mit einem eventuell unbefriedigenden histologischen Ergebnis. Zudem sind manche Körperbereiche wie Kopf, Ohren, Pfoten, mucocutane Übergänge wegen erhöhter Schmerzhaftigkeit ohnehin nur unter Narkose zu biopsieren.

Die Läsion für das vorgesehene Bioptat darf nicht rasiert werden, die Haare werden nur mit der Schere kurzgeschnitten, Schuppen, Krusten und borkige Beläge dürfen nicht entfernt werden, die Haut darf nicht mit Seife oder Desinfektionsmittel geschrubbt werden, ein Übersprühen mit Alkohol und Lufttrocknung ist ausreichend.

Die Biopsie erfolgt durch 6–8-mm-Einmalstanzen oder durch Entnahme von Hautspindeln bis in die Subcutis hinein mit anschließendem Wundverschluß. An Stellen, die zu starken Blutungen neigen, wie z. B. an der Nase, reicht eine 4-mm-Stanze. Das entnommene Hautstückchen wird zart an der Subcutis oder am äußersten Rand atraumatisch gefaßt, um Zerstörungen zu vermeiden.

Kleinere Veränderungen sollten ganz entnommen werden, größere Veränderungen werden meist am Rand zur normalen Haut bioptiert. Die beste Aussage kann der Histopathologe an Primärveränderungen machen, die nicht durch Selbsttraumatisierung stark verändert sind. Zur Fixation werden die Hautstückchen in ein Versandgefäß mit 4,5 % Formalin getan (konventionelle Histologie).

10. Intradermaler Hauttest

Der intradermale Hauttest dient bei atopischen Patienten der Identifikation der verursachenden Allergene zwecks Vermeidung bzw. Durchführung einer Immuntherapie mittels Hyposensibilisierung mit den als positiv ausgetesteten Allergenen. Vor der Durchführung des intradermalen Hauttestes sollten alle entzündungshemmenden Medikamente abgesetzt werden. Bei oral verabreichtem Prednisolon und Antihistaminika sollten bei der Katze mindestens 2 Wochen, bei injiziertem Depot-Glukokortikoid oder bei vorheriger Gestagentherapie wenigstens 3 Wochen Wartezeit eingehalten werden (BEVIER, 1994). Zur Sedation werden 1,0 mg/kg Rompun, 10

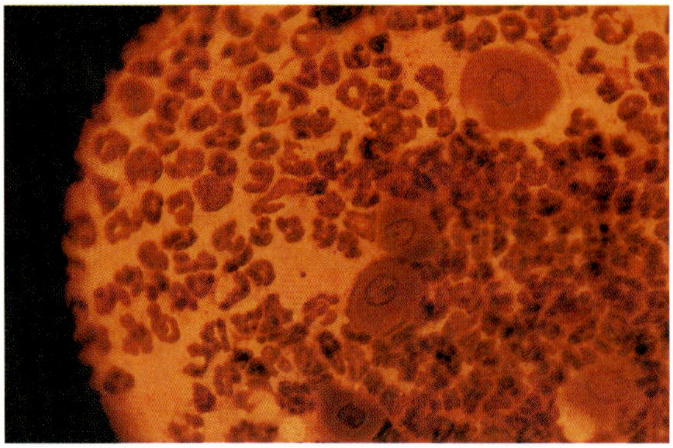

Abb. 8: Abklatschpräparat, nach Haemacolor gefärbt, starkes Trockensystem: große akantholytische Zellen zwischen Granulozyten, Verdacht auf Pemphigus.

mg/kg Ketamin und 50 µg/kg Atropin i. m. verabreicht. Mit einer Auswahl der wichtigsten Innenraum- und Umweltallergene erfolgt die Durchführung des intradermalen Hauttestes nach folgendem Schema: seitliche Brustwand scheren, Injektion von 0,05 ml standardisiertem Allergen intradermal (**nicht subkutan,** die Katzenhaut ist sehr dünn!), Ablesen der Reaktionen nach 15–20 Minuten. Das Ablesen der Hautreaktionen erfordert bei der Katze viel Übung. Die Quaddeln sind bei positiver Reaktion selten erythematös, sie zeigen sich nicht klar abgegrenzt und erhaben. Statt dessen verlaufen sie mehr infiltrativ, sind daher mehr fühlbar als sichtbar und können sich schneller zurückbilden (Abb. 7). Die unterschiedlich verwendeten Allergenpräparationen könnten auch bei der Katze zu verschieden starken Reaktionen führen (HÄMMERLING et al., 1994). Die Bestimmung des IgE in vitro mittels ELISA ergibt bisher keine zufriedenstellenden Ergebnisse (FOSTER et al., 1993).

11. Zytologische Untersuchung

Für eine zytologische Untersuchung kann aspiriertes Material dünn auf einem Objektträger ausgestrichen werden, bei einer ulzerativen Läsion wird ein mit einem Objektträger entnommenes Abklatschpräparat untersucht. Nach Lufttrocknung erfolgt die Färbung nach Gram oder mit einer handelsüblichen Schnellfärbemethode, mit denen auch Blutausstriche gefärbt werden. Die zytologische Beurteilung erfordert sicherlich einige Übung und erbringt meist nicht die endgültige Diagnose, sie kann aber manchmal eine Verdachtsdiagnose erhärten und Wegweiser sein für den nächsten diagnostischen Untersuchungsschritt. Werden z. B. in einer Untersuchung sehr viele eosinophile Zellen gefunden, liegt der Verdacht einer parasitären oder allergischen Genese nahe, das Vorherrschen von Neutrophilen und Macrophagen deutet eher auf ein infektiöses Geschehen hin, akantholytische Zellen lassen den Verdacht einer Pemphiguserkrankung entstehen (Abb. 8).

12. Bakterienkultur / Resistenztest

Bei der Katze kommt es sehr selten zu einer pustulösen, follikulären Pyodermie, sondern viel häufiger zu papulo-krustösen Veränderungen, die durch kausale Therapie häufig auch ohne Antibiotika abheilen, obwohl in diesen Veränderungen vermehrt Bakterien gefunden werden können. So ist die bakterielle Analyse einer intakten Pustel, wie sie bei rezidivierenden Pyodermien beim Hund routinemäßig durchgeführt wird, bei der Katze häufig nicht nötig und bei offenen, krustösen bis ulzerösen Läsionen wegen der Überwucherung durch Kontaminationskeime meist nicht angezeigt. Bei nicht heilenden Abszessen, die häufig zur Fistelbildung neigen, wird zwecks Bakterienkultur und Antibiogramm mit einem sterilen Tupfer Sekret aus der Tiefe der Läsion entnommen, ohne die kontaminierte Oberfläche zu berühren. Der sterile Holzstiel wird direkt über dem mit Sekret kontaminierten Watteträger, ohne ihn zu berühren, am Rand des Reagenzglases mit der sterilen Nährbouillon abgebrochen. Diese Nährbouillon eignet sich als Transportmedium zum Versand an ein bakteriologisches Labor. Der Resistenztest kann auch im Labor der eigenen Praxis durchgeführt werden. Dazu wird der kontaminierte Watteträger direkt auf einer Blutagarplatte ausgestrichen. Der Nährboden wird bei 37 Grad Celsius im Brutschrank bebrütet, nach 24–48 Stunden werden einzelne Kolonien mit der ausgeglühten, auf dem Agar abgekühlten Öse abgenommen und für den Resistenztest auf einer 2. Blutagarplatte wieder großflächig mit steriler physiologischer Kochsalzlösung ausgestrichen. Desgleichen kann für den Resistenztest nach 24–48 Stunden aus der trübe gewordenen Nährbouillon mit einem sterilen Watteträger der Ausstrich auf eine Blutagarplatte vorgenommen werden. Der Nachteil der Bouillon ist, daß keine einzelnen Kolonien zur Keimdifferenzierung vorliegen und daß eventuell vorhandene Kontaminationskeime sich überproportional vermehren können. Der Resistenztest wird mit handelsüblichen, standardisiert antibiotisch getränkten Ringen oder Plättchen vorgenommen, die mit einer sterilen Pinzette auf den vorher beimpften Agar gelegt werden. Die Wirksamkeit des Antibiotikums ist nach 24 Stunden Bebrütungszeit anhand des entstandenen Hemmhofes zu erkennen.

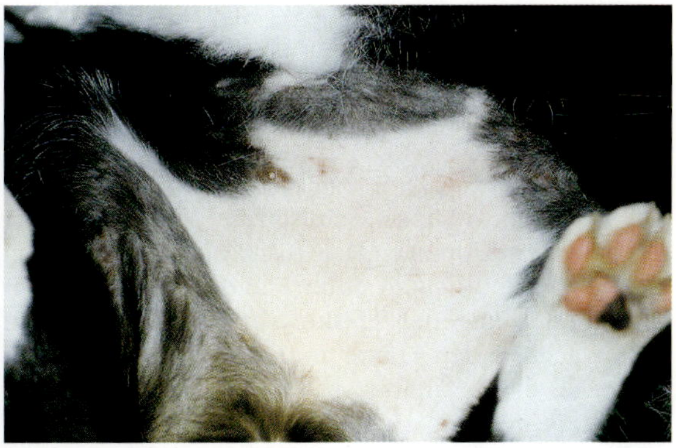

Abb. 9: Juckreiz; kahlgeleckter Bauch.

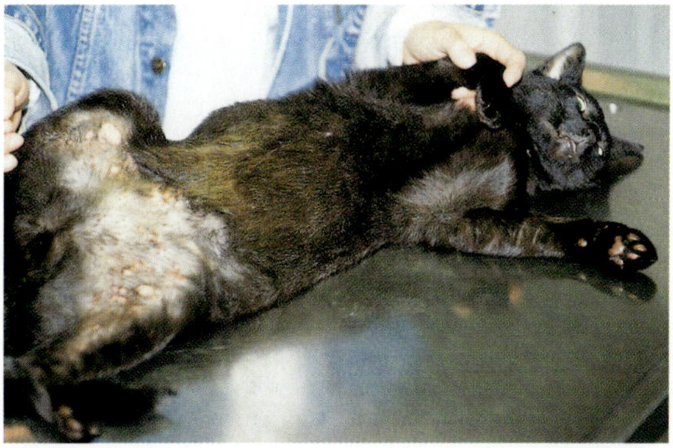

Abb. 10: Juckreiz; Alopezie und viele eosinophile Plaques.

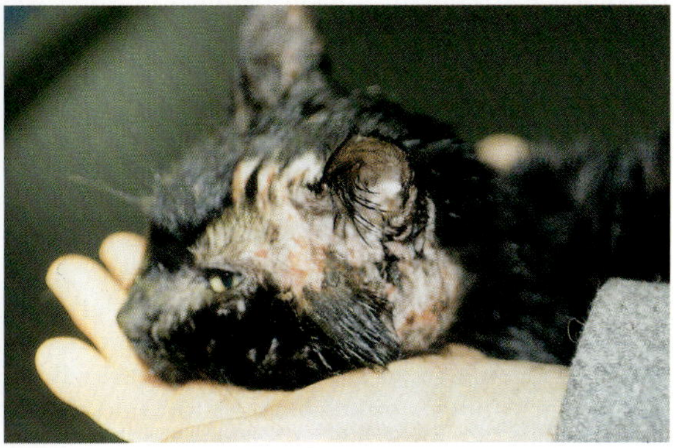

Abb. 11: Juckreiz; Automutilation durch Kratzen im Gesicht.

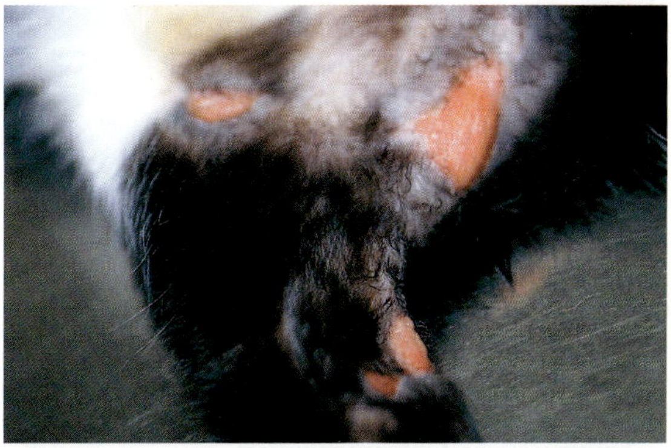

Abb. 12: Juckreiz; durch Lecken entstandene ulzeröse Läsionen am Hinterbein.

IV. Klinische Symptome und pathologische Hautveränderungen, ihre möglichen Ursachen, diagnostische Untersuchungen

1. Juckreiz
2. Hypotrichose / Alopezie
3. Seborrhoen, Schuppen
4. Miliare Dermatitis
5. Eosinophiler Granulom-Komplex (EGK)
6. Knotige Veränderungen
7. Krusten, Exkoriationen, Erosionen, Ulzerationen

1. Juckreiz

Juckreiz äußert sich bei den Katzen individuell sehr unterschiedlich und ist nicht in jedem Fall für den Katzenhalter klar ersichtlich (Abb. 9–12). Bei hochgradigem Juckreiz im Kopf-, Nacken- und Halsbereich fügen sich die Katzen mit ihren Krallen oft schwere Automutilationen zu, die sich als erosive, exsudative und krustöse Läsionen zeigen. Bei generalisiertem Juckreiz am übrigen Körper traumatisieren sich die Katzen ihre Haut seltener durch Beißen und Kratzen, sondern lecken sich die Haare in dem Maße, daß eine mehr oder weniger ausgedehnte symmetrische Alopezie besteht, häufig an der seitlichen Brustwand, am Bauch und an den Beinen und oft ohne klinisch sichtbare Läsionen. Durch permanentes, intensives Lecken an immer denselben Hautarealen kann es allerdings auch zu plaqueähnlichen, fibrosierenden Hautveränderungen kommen. Häufig entstehen bei der Katze auch juckreizbedingte miliare Dermatitiden, eosinophile Plaques, eosinophile Granulome oder seltener auch ein generalisiertes Erythem. Die Liste der möglichen Ursachen ist lang, dementsprechend vielfältig müssen auch die diagnostischen Hilfsuntersuchungen sein.

a. Mögliche Ursachen

- Ektoparasiten (Otodectes, Notoedres, Cheyletiella, Läuse, Haarlinge, Trombicula-Larven, Demodex)

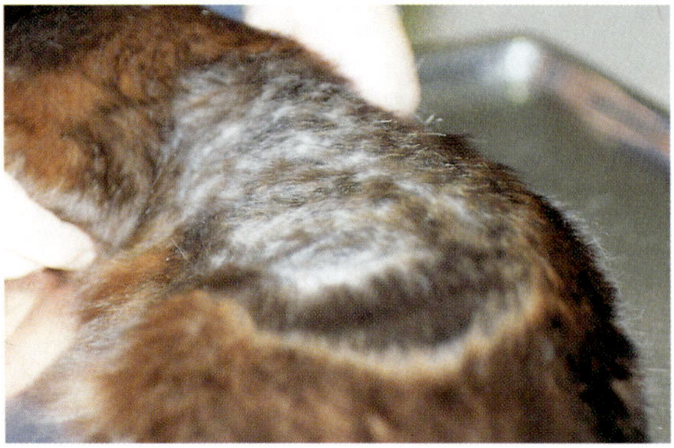

Abb. 13: Hypotrichose auf dem Rücken.

- Allergische Erkrankungen (Atopie, Flohallergie, Futtermittelallergien)
- Eosinophiler Granulom-Komplex
- Immun-mediierte Erkrankungen
- Nervosität / Hyperthyreose
- Dermatophytosen
- Sekundärläsionen mit bakterieller Besiedelung, auch Erkrankungen, die primär nicht oder nur wenig jucken (z. B. Autoimmunerkrankungen), können einen eigenen Juckreiz-Kratz-Zyklus ergeben.

b. Diagnostische Untersuchungen
- Hautgeschabsel
- Flohbehandlung
- Futterumstellung
- Intradermaler Allergietest

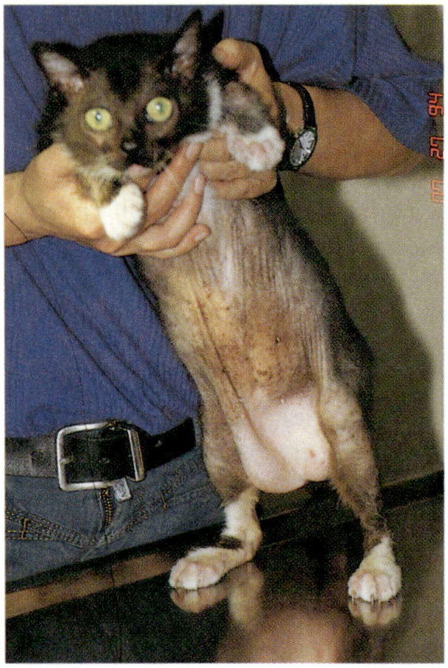

Abb. 14: Ausgedehnte „symmetrische" Alopezie.

- T4-Bestimmung
- Pilzkultur
- Biopsie

2. Hypotrichose / Alopezie

Bei der Hypotrichose (schütteres Haarkleid, Abb. 13) bzw. der Alopezie (Haarlosigkeit, Abb. 14, 14 a) gilt es sehr deutlich zu unterscheiden zwischen dem **Ausfallen** (telogener Deflux) bzw. ausbleibendem Nachwachsen der Haare und dem **Auslecken** der Haare durch übermäßigen Putztrieb der Katze. Diese Unterscheidung zu treffen, fällt klinisch manchmal nicht leicht. Eine Befragung der Tierbesitzer reicht hierzu oft nicht aus, weil die Katzen meist erst dann lecken, wenn sie unbeobachtet sind. Außerdem ist vielen Katzenhaltern nicht deutlich bewußt, wie hochgradig effektiv eine Katzenzunge als „Rasiermesser" funktioniert. Bei Juckreiz oder bei psychisch bedingtem anomalen Putztrieb leckt sich die Katze z.T. dermaßen ausdauernd, bis das Fell „kurzgeschoren" ist, so daß die Haut oft wie nackt aussieht und zur Fehldiagnose der Hormonstörungen führen kann. Die Haare fallen in diesem Fall aber nicht aus und wachsen nicht oder nur schlecht wieder nach, wie es bei einer hormonellen Imbalanz oder einer metabolischen Erkrankung der Fall ist, sondern die Katzen lecken sich so stark, daß die Haare, die in ihrem Wachstum eigentlich nicht gestört sind, immer wieder bis kurz über der Haut abgeleckt werden. Durch wochenlanges Verhüten des Leckens mit einem Halskragen kann der Beweis durch nachwachsendes Fell erbracht werden. Im Bioptat kann manchmal der histologische Nachweis gelingen, wenn kräuseliges Haar in den Follikeln sichtbar ist, das durch Zurückschnellen der überdehnten, abgeleckten Haarschäfte bedingt ist. Früher wurden die Katzen mit symmetrischer Alopezie bei klinisch of-

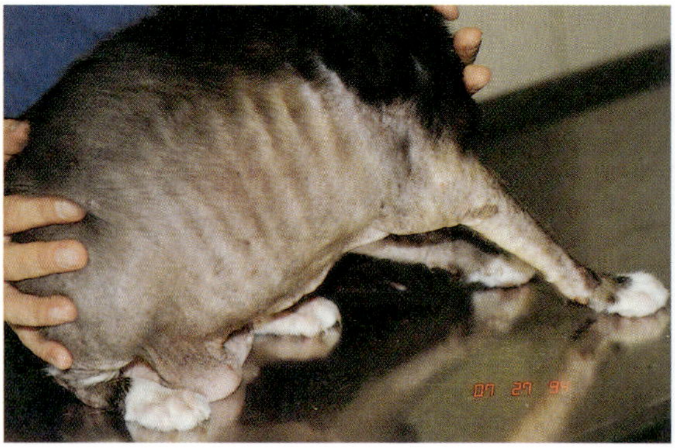

Abb. 14 a: Dieselbe Katze wie Abb. 14, Haare nur noch am Kopf und im dorsalen Nackenbereich, symmetrische Alopezie im „Leckbereich".

Abb. 15: Schuppen, verdickte Haut; in diesem Fall Pemphigus foliaceus.

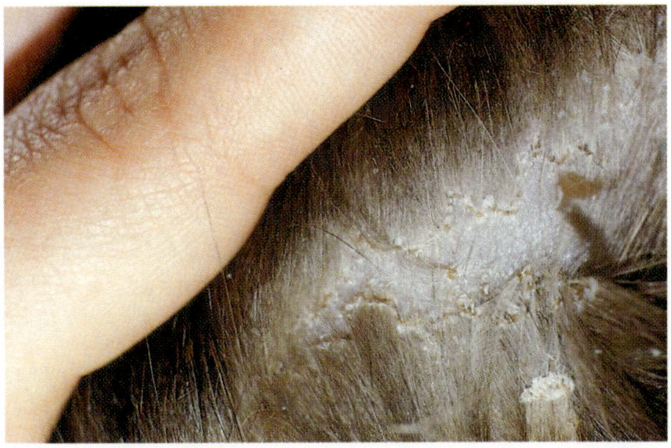

Abb. 16: Großflächige Verschuppung, die sich mit ganzen Haarbüscheln ablöst; in diesem Fall Pemphigus foliaceus.

fensichtlich nicht entzündlicher Haut in die Rubrik „feline endokrine Alopezie“ bzw. „feline idiopathische symmetrische Alopezie“ eingestuft. Endokrine Erkrankungen sind bei der Katze jedoch sehr selten für die Alopezie verantwortlich. Selbst bei der „psychogenen Alopezie“, die streßbedingt sein kann durch Umzug, Langeweile und andere Ursachen (WILLEMSE et al., 1989), muß differentialdiagnostisch daran gedacht werden, daß das intensive Lecken sehr häufig Ausdruck einer allergischen Genese ist (THODAY, 1989; SCOTT, 1991).
Eine sehr sorgfältige Aufnahme der Anamnese, die gründliche Untersuchung der Katze, die mikroskopische Untersuchung der Haarspitzen, Haarwurzeln und Haarschäfte und das Anlegen eines Halskragens sind notwendig für die Abklärung der möglichen Differentialdiagnosen.

a. Mögliche Ursachen

☐ **Haarzyklusanomalitäten**
- Kongenital / Hereditär
- Endokrine, metabolische Erkrankungen
- Telogener Deflux

☐ **Haarbalgschäden**
- Dermatophytose
- Demodikose
- Entzündungen

☐ **Selbstinduzierte Alopezie**
- Juckreiz (am häufigsten)
- Psychogene Ursachen

b. Diagnostische Untersuchungen
- Hautgeschabsel
- Pilzkultur
- Halskragen
- T4, Nebennierenrinden-Funktionstest
- Mikroskopische Untersuchung der Haare
- Biopsie

3. Seborrhoen, Schuppen

Die Katze reagiert seltener mit einer Seborrhoe auf eine zugrunde liegende Erkrankung und fast nie mit der sekundären Ausbildung einer generalisierten Follikulitis oder Pyodermie. Eine lokalisierte Form einer meist fettigen Seborrhoe ist der sog. Fettschwanz und die feline Akne, bei der es auch zur Follikulitis und Comedonenbildung kommen kann. Bei der Ausbildung von vermehrten Schuppen muß adspektorisch unterschieden werden zwischen „normalen“ Schuppen, die bei der Katze häufiger trocken als fettig sind und vermehrt bei schlechter Fellpflege, Ektoparasitenbefall, Infektionen mit Hautpilzen oder Allgemeinerkrankungen vorkommen können und größeren Zusammenklumpungen von Schuppen und verhornten Epidermisteilen, die am Ansatz der Haare und auf der Haut fest haften, hervorgerufen z. B. durch bullöse Erkrankungen, meistens durch Pemphigus foliaceus (Abb. 15, 16).

a. Mögliche Ursachen
- Schlechte Fellpflege
- Ektoparasiten
- Hautpilze
- Allgemeinerkrankungen
- Diabetes mellitus
- Autoimmunkrankheiten
- Mycosis fungoides

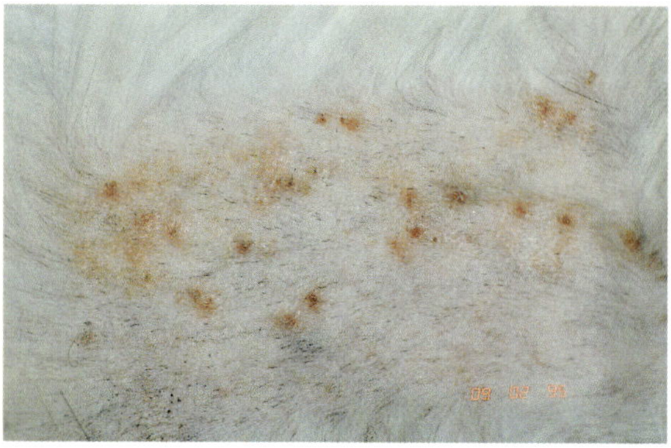

Abb. 17: Miliare Dermatitis im Bauchbereich, in diesem Fall durch Futtermittelallergie.

b. Diagnostische Untersuchungen
- Klinische Untersuchung (z. B. Blutbild, Leber-, Nierenprofil, Blutzucker etc.)
- Schilddrüse (T4-Bestimmung)
- Hautgeschabsel
- Pilzkultur
- Biopsien

4. Miliare Dermatitis

Die sog. „miliare Dermatitis“ (Abb. 17) ist keine eigenständige Erkrankung, sondern die häufigste Hautreaktion der Katzen auf sehr viele unterschiedliche Ursachen, somit multifaktoriell bedingt. Sie ist für die Besitzer vielfach nicht sichtbar, sondern äußert sich durch Juckreiz oder sie wird erst durch die Palpation entdeckt. Es bestehen hirsekorngroße („miliare“) 1–3 mm kleine, erythematöse Papeln, die jeweils mit einer kleinen grau-braunen Kruste nahe am Haaransatz bedeckt sein können. Die krustösen Papeln sind meist nicht follikulär, bei follikulärem Erscheinungsbild sollte eine bakterielle Follikulitis (sehr selten bei der Katze), eine Dermatophytose oder eine Demodikose in Erwägung gezogen werden. Die miliare Dermatitis ist eine Primärläsion, sie ist nicht erst durch Kratzen oder Lecken entstanden. Die miliare Dermatitis kann auf einzelne Areale beschränkt mit sehr vereinzelten Läsionen erscheinen, kommt aber auch generalisiert über den ganzen Körper verstreut vor. Das Verteilungsmuster der miliaren Dermatitis kann zunächst bei der Suche nach der auslösenden Ursache behilflich sein, ist aber nicht immer pathognomonisch: auf dem Dorsalbereich von Kopf, Nacken, Rücken, Schwanzansatz, manchmal nur im cranialen oder nur im kaudalen Bereich (Flohbißallergie, Cheyletiellose u. a.), Kopf und Nacken (Notoedresräude, Otodectesräude, Futtermittelallergie, Atopie, Pemphigus).

Die schuppigen, krustösen Papeln können vereinzelt, aber auch dicht beieinander liegen. Der Juckreiz ist nicht abhängig von der Zahl der Läsionen, sondern je nach auslösender Ursache der miliaren Dermatitis in der Intensität sehr unterschiedlich, am stärksten bei Allergien und parasitärer Infestation. Die häufigsten Sekundärläsionen sind traumatische Alopezien und Exkoriationen durch intensives Lecken und Kratzen. Neben der miliaren Dermatitis können Läsionen des eosinophilen Granulom-Komplexes gleichzeitig vorhanden sein, was auf eine Hypersensitivität deutet.

a. Mögliche Ursachen
- Ektoparasiten (Otodectes, Notoedres, Cheyletiella, Läuse, Haarlinge, Trombicula-Larven)
- Dermatophytose
- Flohallergie
- Futtermittelallergie
- Atopie
- Autoimmunerkrankungen

b. Diagnostische Untersuchungen
- Hautgeschabsel
- Pilzkultur
- Flohkontrolle und Flohbekämpfung
- Futterumstellung
- Intradermaltest
- Zytologische Untersuchung
- Biopsien

5. Eosinophiler Granulom-Komplex (EGK)

Der eosinophile Granulom-Komplex ist keine eigenständige Erkrankung und bedeutet keine ätiologische Diagnose, sondern unter diesem Namen werden bei der Katze sehr häufig vorkommende, primäre Hautreaktionen zusammengefaßt, die sich histologisch voneinander unterscheiden, deren klinische Abgrenzung voneinander mitunter schwierig ist und die durch Selbsttraumatisierung durch die Katze das Aussehen verändern können. Es ist wahrscheinlich, daß die unterschiedlichen Formen lediglich individuelle Reaktionsmuster der Katze bei vergleichbarer Ätiologie sind. Mitunter kommen bei derselben Katze zur gleichen Zeit verschiedene Formen des eosinophilen Granulom-Komplexes vor, die sich histologisch voneinander unterscheiden lassen. Ätiologie und Pathogenese des EGK sind nicht eindeutig geklärt. Durch viele Beobachtungen wird die Vermutung immer mehr bestärkt, daß alle Erscheinungsformen des eosinophilen Granulomkomplexes allergisch bedingt sind und lediglich unterschiedliche in-

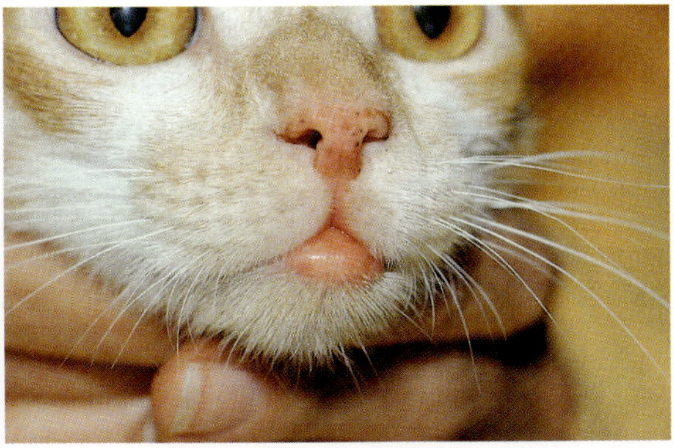

Abb. 18: „Geschwollene" Unterlippe durch ein eosinophiles Granulom.

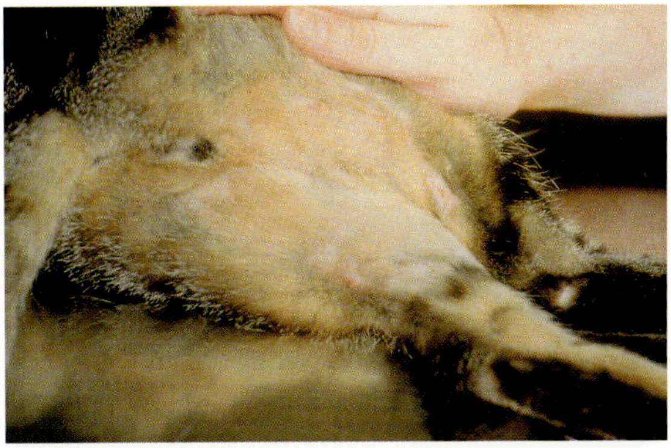

Abb. 19: Lineares Granulom an der Kaudalseite des Oberschenkels, besser fühlbar als sichtbar.

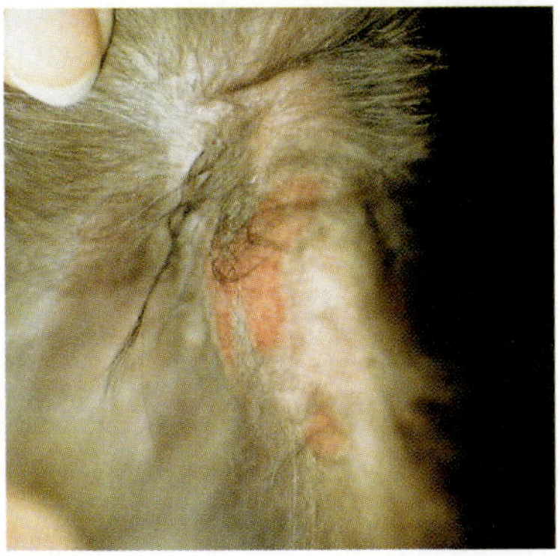

Abb. 20: Lineares, „plaqueähnliches" Granulom an der Kaudalseite der Oberschenkel.

dividuelle Reaktionsformen darstellen (MASON, 1990 a, b). Die Eosinophilen sind im peripheren Blut sehr kurzlebig. Sie wandern vornehmlich in das Gewebe ein, in dem durch Antigen-Antikörper-Reaktionen, durch Parasiten oder durch Mikroorganismen getriggerte Entzündungen ablaufen (ROSENKRANTZ, 1991). In einer neueren Untersuchung wurde die Hypothese der allergischen Genese gefestigt, indem mit Mosquitostichen auf der Nase von Katzen kollagenolytische Granulome reproduziert werden konnten (MASON et al., 1988; MASON, 1991).

Alle früher vermuteten Ursachen wie z. B. virale Genesen, bakterielle Ursachen, autoimmune Beteiligung sind wahrscheinlich gleichzeitige Begleitumstände. Mit systemischen Glukokortikoiden wird bislang der beste therapeutische Effekt erzielt. Um aber die Rezidivrate zu verringern, ist es für einen langfristigen Erfolg notwendig, frühzeitig nach den verantwortlichen Allergenen zu suchen.

Die drei Formen des EGK sind:

1. Kollagenolytisches Granulom (Syn.: eosinophiles Granulom, lineares Granulom)
2. Eosinophiles Plaque
3. Eosinophiles Ulcus (Syn.: indolentes Ulcus, Ulcus rodens)

5.1. Das kollagenolytische Granulom (lineares Granulom, eosinophiles Granulom)

Nur diese Form des eosinophilen Granulom-Komplexes ist auch histologisch ein Granulom, das generell in der Tiefe der Dermis entsteht, mit charakteristischen Merkmalen der Kollagenolyse mit palisadenförmiger granulomatöser Entzündung und Infiltration von Riesenzellen und Mastzellen und gewöhnlich einer Eosinophilie im Gewebe. Durch die große Vielfalt der klinischen Erscheinungen des kollagenolytischen Granuloms sind die verschiedenen Synonyma entstanden. Am häufigsten erscheint die kollagene Degeneration, gefolgt von der granulomatösen Entzündung, linienförmig, wodurch der Name lineares Granulom geprägt wurde. Diese charakteristischen bandartigen Läsionen befinden sich meistens an der Kaudalseite der Hinterschenkel (Abb. 19, 20), aber auch an der Bauchseite oder anderen Stellen des Körpers. Die Epidermis ist erhaben, gelb-rosa, mit intakter Oberfläche und variablem Haarausfall. Wenn sie nicht jucken, werden sie oft von den Besitzern entweder aufgrund des Haarausfalls oder per Zufall entdeckt. Sie können aber auch hochgradig jucken und durch Selbsttraumatisierung zu Entzündungen und Erosionen neigen. Im Gegensatz zum indolenten Ulcus und dem eosinophilen Plaque, die meist erst im Alter von 3–6 Jahren auftreten, kommt das lineare Granulom schon bei sehr jungen halb- bis einjährigen Katzen vor. Die Weibchen sind häufiger vertreten. Das gehäufte Auftreten von eosinophilen Granulomen in einer Zucht von spezifisch-pathogen-freien Katzen im Alter von 9–12 Monaten und von indolenten Ulcera im späteren Alter läßt an eine erbliche Komponente denken (POWER, 1990). Interessanterweise können eosinophile Granulome bei sehr jungen Katzen un-

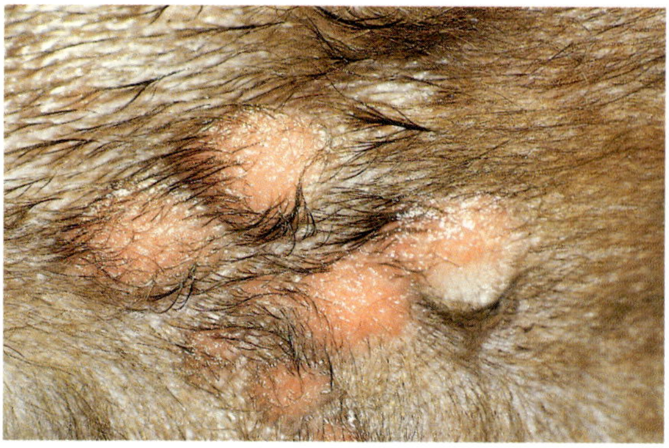

Abb. 21: Eosinophile Plaques im Bauchbereich.

ter einem Jahr spontan zurückgehen, oft ist aber eine Therapie erforderlich.
Atypische kollagenolytische Granulome können aber auch auf dem Nasenrücken, in der Maulhöhle, an den Ohren und Pfoten auftreten, wo sie auch rund und erosiv-ulcerativ sein können. Die „geschwollene Unterlippe" ist meist ein kollagenolytisches Granulom (Abb. 18). Eine periphere Lymphadenopathie kann vorhanden sein. Katzen mit linearem Granulom können gleichzeitig ein indolentes Ulcus und ein eosinophiles Plaque haben.

a. Differentialdiagnose
- Panniculitits
- Infektiöse Granulome
- Neoplasien

b. Diagnostische Untersuchungen
- Biopsie (keine ätiologische Diagnose, aber Ausschluß z. B. eines Tumors)
- Eosinophilie im Blut möglich

c. Die häufigsten Ursachen
- Flohallergie
- Futtermittelallergie
- Atopie

d. Ätiologische Diagnostik
- Besserung nach Flohbekämpfung
- Besserung nach Futterumstellung
- Intradermaltest

5.2. Das eosinophile Plaque

Die meisten eosinophilen Plaques erscheinen am Bauch, an der Innenseite der Oberschenkel und im Inguinalbereich, im Zwischenzehenbereich und im Halsbereich. Es sind erhabene, haarlose, erythematöse, oftmals feuchte, 1–5 cm runde Flecken (Abb. 21). Die Katzen mit eosinophilen Plaques lecken und kratzen sich exzessiv aufgrund des sehr starken Juckreizes und fügen sich zusätzliche Traumata zu. Vieles spricht dafür, daß die eosinophilen Plaques Ausdruck einer allergischen Reaktionslage sind. Eventuell entstehen eosinophile Plaques auch erst durch das intensive Lecken mit der rauhen Katzenzunge. Für diese Theorie würde sprechen, daß eosinophile Plaques häufig in Verbindung mit miliarer Dermatitis gesehen werden (Abb. 52) oder im Anschluß an intensives Lecken. Die Zahl der Eosinophilen ist im Gewebe und im Blut erhöht. Eine periphere Lymphadenopathie kann vorhanden sein. Katzen mit eosinophilen Plaques können gleichzeitig ein indolentes Ulcus (Abb. 23) und ein kollagenolytisches (meist lineares) Granulom haben.
Histologisch erscheinen die eosinophilen Plaques mit Spongiose, dermaler Eosinophilie mit Mastzellen und Plasmazellen. Granulome werden nicht gebildet.

a. Differentialdiagnose
- Neoplasien (Mastzelltumor)
- Plasmazelluläre Pododermatitis

b. Diagnostische Untersuchungen
- Biopsie (keine ätiologische Diagnose)
- Eosinophilie im Blut

c. Die häufigsten Ursachen
- Flohallergie
- Futtermittelallergie
- Atopie

d. Ätiologische Diagnostik
- Besserung nach Flohbekämpfung
- Besserung nach Futterumstellung
- Intradermaltest

e. Therapie
Die Behandlung des eosinophilen Plaques und des eosinophilen Granuloms mit systemischen Glukokortikoiden ist zwar sehr effektiv, aber nur symptomatisch. Um die hohe Rezidivrate zu verringern, sollte nach zugrunde liegenden allergischen Ursachen geforscht und dementsprechend behandelt werden.

5.3. Das eosinophile Ulcus (indolentes Ulcus, Ulcus rodens)

Das eosinophile Ulcus hat die geringste Berechtigung, in die Gruppe des eosinophilen Granulom-Komplexes eingeschlossen zu werden, da es weder eosinophil noch granulomatös ist. Da manche Katzen neben dem eosinophilen Ulcus gleichzeitig orale

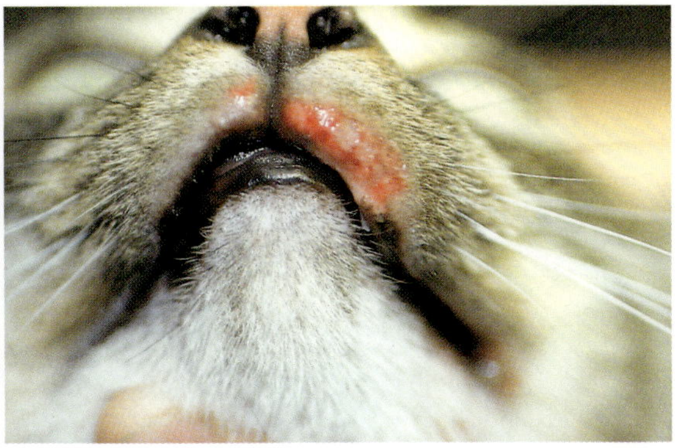

Abb. 22: Eosinophiles Ulcus an den Oberlippen; Anfangsstadium.

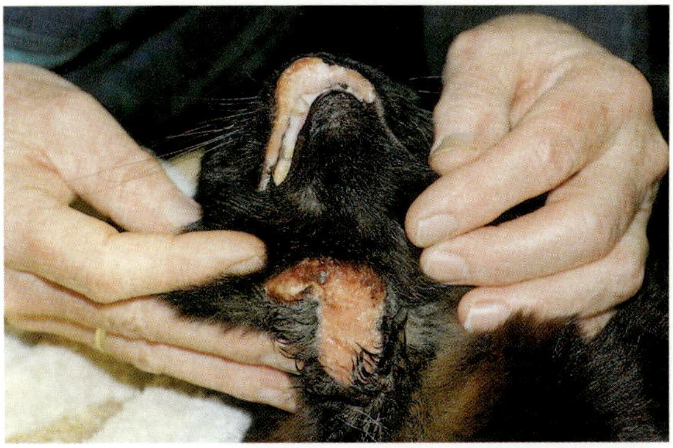

Abb. 23: Indolentes Ulcus an der gesamten Oberlippe und gleichzeitig großes eosinophiles Plaque im Halsbereich.

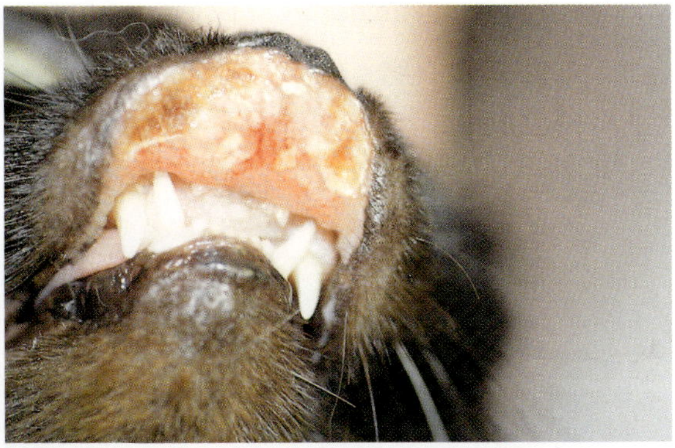

Abb. 24: Großes indolentes Ulcus der Oberlippe.

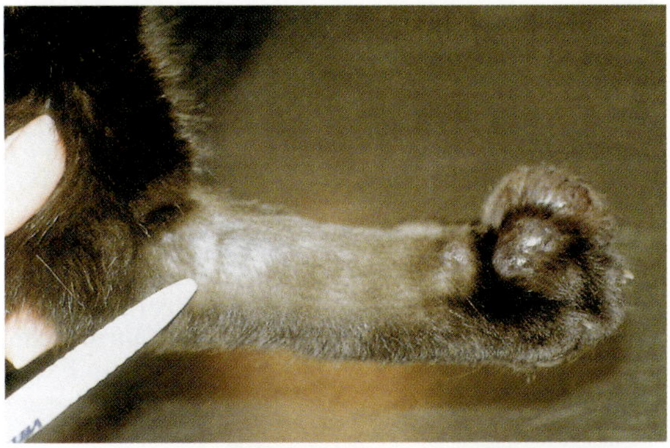

Abb. 25: Hämangiome und Angiomatose an der Vordergliedmaße.

kollagenolytische Granulome oder eosinophile Plaques zeigen, kann eine ähnliche Ätiologie nicht ausgeschlossen werden. Das Ulcus rodens ist meistens nicht schmerzhaft (indolent), befindet sich am häufigsten unilateral oder bilateral an der Oberlippe, kann sich aber auch so stark ausdehnen, daß die ganze Oberlippe bis hin zu Teilen des Nasenspiegels „weggefressen" werden (Abb. 22, 23, 24). Die mit einem oft rosa-weißen Rand gut abgesetzte, zentral erosive Ulzeration kann aber auch in der Maulhöhle und auf der Haut vorkommen. Die Biopsie zeigt eine chronisch ulzerative Dermatitis mit Zellinfiltraten von Mastzellen, Plasmazellen und einer unterschiedlichen Menge von Neutrophilen und Histiozyten. Generell besteht keine Gewebs- und Bluteosinophilie. Eine Lymphadenopathie kann vorhanden sein. Betroffen sind häufig ältere Katzen über 6 Jahre, Weibchen sollen bevorzugt erkranken.

a. Differentialdiagnosen

- Neoplasien (Plattenepithelkarzinom, Mastzelltumor, Lymphosarkom)
- Infizierte Ulcera (Bakterien, Pilze)
- FeLV-induzierte Ulcera

b. Diagnostische Untersuchungen

- Biopsie (keine ätiologische Diagnose)

c. Therapie

Bei kleineren Ulzerationen kann die Therapie mit Glukokortikoiden bzw. mit der Hyposensibilisierung (siehe unter Kapitel Allergien) manchmal noch eine Eintrocknung mit Stillstand bzw. eine Verkleinerung der Läsion bewirken, bei lange bestehenden, tiefen und ausgedehnten Nekrosen der Lippen und sogar des Nasenspiegels kommt jede Art einer symptomatischen Therapie zu spät; das fehlende Gewebe wird nicht mehr nachgebildet.

6. Knotige Veränderungen

Bei knotigen Läsionen kann oft schon palpatorisch unterschieden werden zwischen epidermal gelege-

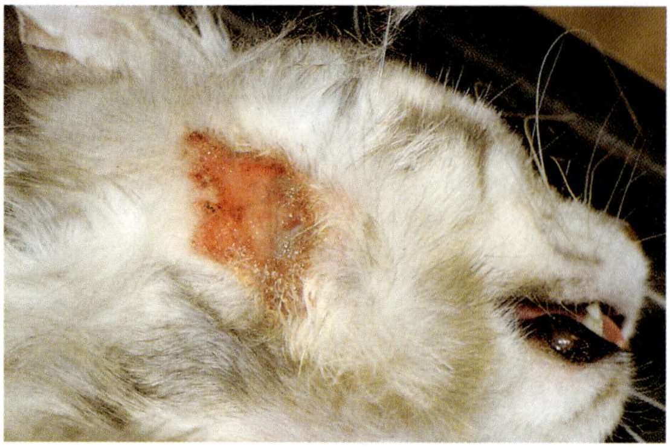

Abb. 26: Exkoriation, durch Kratzen selbstinduziert; in diesem Fall Juckreiz durch Futtermittelallergie.

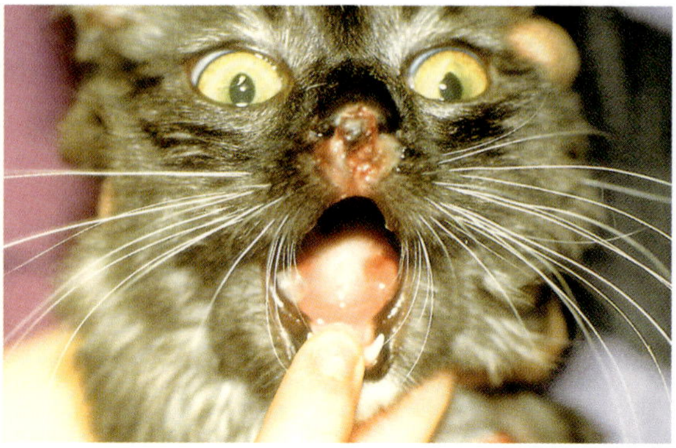

Abb. 27: Ulzerationen von Nase und Oberlippe, Zungennekrose; Verdacht Pemphigus vulgaris, Erythema multiforme. Katze war FeLV-positiv.

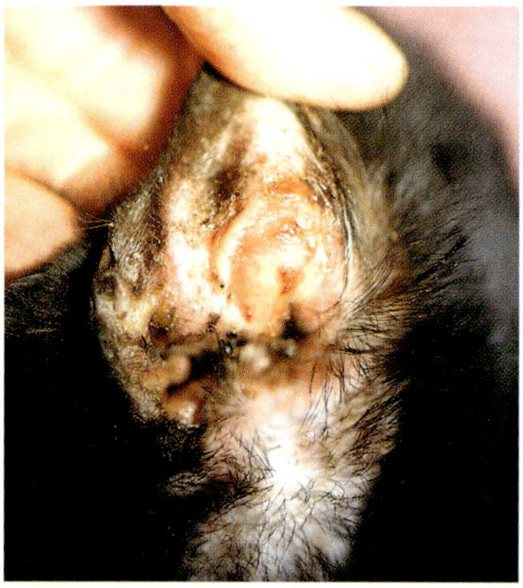

Abb. 28: Ulzeration in der Ohrmuschel; in diesem Fall Erythema multiforme (dieselbe Katze in Abb. 82–89).

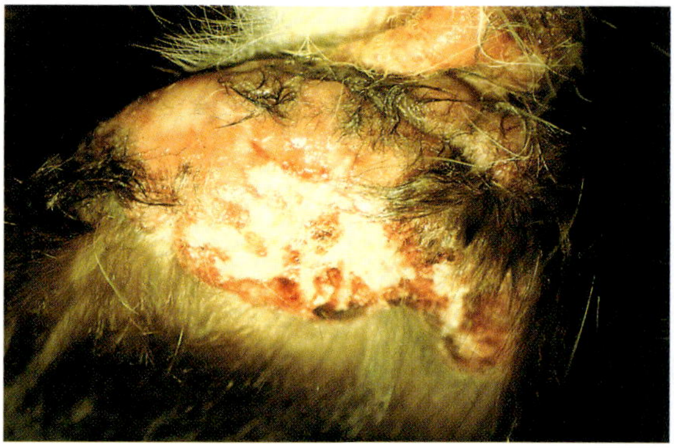

Abb. 29: Tumorbedingte ulzeröse Hauterkrankung.

nen und subkutanen Veränderungen und deren Abgrenzung zur Umgebung. In Frage kommen geschlossene Abszesse, Atherome und Furunkel, die zu Fistelbildungen neigen können, sowie multifaktoriell bedingte Granulome und Tumore. Da bei knotigen Veränderungen immer der Tumor differentialdiagnostisch im Vordergrund steht, der bei der Katze sehr häufig maligne ist, sollte schnellstmöglich die Diagnose durch Aspirationszytologie, Biopsie oder Totalexzision histologisch abgesichert werden (Abb. 25).

a. Mögliche Ursachen
- Abszesse
- Panniculitis
- Granulome
- Tumore

b. Diagnostische Untersuchungen
- Aspirationszytologie
- Biopsie

7. Krusten, Exkoriationen, Erosionen, Ulzerationen

Jede Ausbildung von Krusten ist ein Hinweis für eine tiefergehende Läsion der Epidermis, bei der es zur Austrocknung von serösem, blutigem, eitrigem Exsudat kommt, das mit Schuppen und Haaren verklumpt. Eine Exkoriation ist eine oberflächliche Zerstörung der Epidermis, kann ohne Narbenbildung abheilen und ist meistens eine durch Lecken und Kratzen selbstinduzierte Sekundärläsion. Eine Erosion ist eine oberflächlich gelegene Ulzeration, die aber nicht die Basalmembran durchbricht und daher ohne Narbenbildung abheilen kann, währenddessen wird der Terminus Ulcus für einen Einbruch bis in die Dermis hinein gebraucht, hervorgerufen oft durch schwere pathologische Prozesse. Ulcera heilen meist nur mit Narbenbildung ab.

Klinisch sind die Läsionen kaum voneinander zu differenzieren und eine primäre erosive Ulzeration ist nur schlecht von einer selbstinduzierten Exkoriation zu unterscheiden (Abb. 26, 27, 28, 29).

a. Mögliche Ursachen
- Autoimmunerkrankungen
- Arzneimittelexanthem
- Kontaktirritation
- Erythema multiforme
- Toxische epidermale Nekrolyse
- Panniculitis
- Eosinophiler Granulom-Komplex
- Plasmazellpododermatitis
- Neoplasien
- Solardermatitis
- Abszesse
- Katzenpocken
- FeLV-Infektion
- Leishmaniose
- Flohallergie
- Futtermittelallergie
- Atopie

b. Diagnostische Untersuchungen
- Biopsien
- Virologische Untersuchung von Hautmaterial
- Titerbestimmung auf Leishmanien
- Flohbekämpfung
- Futterumstellung
- Intradermaltest

V. Spezieller Teil

Krankheitsursachen, diagnostische Untersuchungen und Therapien

1. Ektoparasiten

In diesem Kapitel werden nur die Ektoparasiten besprochen, die zu Dermatosen führen können. So verursacht der Zeckenbefall, der bei der Katze speziell im Ohrbereich massiv sein kann, meist keine nennenswerten Hautreaktionen. Andere Ektoparasiten können bei einzelnen Tieren ohne stärkere Reaktionen im Fell und auf der Haut leben, so daß diese Katzen zu unerkannten Trägertieren und damit zu permanenten Infektionsquellen werden, sie können aber auch Anlaß sein zu äußerst reaktiven, schwerstgradigen Dermatosen. Einige in diesem Kapitel besprochene Ektoparasiten sind hoch kontagiös nicht nur für andere Tiere, sondern auch für den Menschen, und wenn die Parasiten auch nicht ihren Entwicklungszyklus auf dem fremden Wirt beenden, so können sie doch beim Menschen ebenfalls zu hochgradig juckenden Läsionen führen.

Die Besprechung der Ektoparasiten folgt hier nicht der parasitologischen Klassifizierung, sondern ihrer Lebensweise im Wirtstier.

Bei der **Behandlung** der Ektoparasitosen mit Insektiziden und Akariziden ist darauf zu achten, daß Katzen, besonders junge Katzen unter 1 Jahr, verstärkt empfindlich auf manche Wirkstoffe reagieren, die Hunde problemlos vertragen. Vorsicht ist geboten mit organischen Phosphorsäureesterverbindungen bei Katzen unter 1 Jahr; akute Intoxikationen mit Speicheln, Miosis, unkontrollierter Kot- und Urinabsatz und später einsetzende Neurotoxizität können vorkommen. Chlorierte Kohlenwasserstoffverbindungen dürfen absolut nicht bei Katzen verwendet werden, Amitraz wirkt in der für Hunde gut verträglichen höheren Dosierung bei Katzen toxisch. Gut verträglich, auch bei jungen Katzen, sind pyrethrumhaltige Derivate als Shampoo, Puder oder Sprühlösung, synthetische Pyrethroide und Carbamate, die im Gegensatz zu chlorierten Kohlenwasserstoffen und organischen Phosphorsäureesterverbindungen eine geringe Warmblütertoxizität aufweisen. Da die Anwendung von Akariziden bei den Haustieren vielfach durch starke emotional geführte Kritik von seiten der Tierbesitzer belastet wird, sollte die Therapie mit Fachwissen um Wirkungen und Nebenwirkungen und kritischem Sachverstand begleitet werden. Die Besprechung der einzelnen Akarizide würde in den folgenden Kapiteln den Rahmen sprengen, siehe hierzu die pharmakologische Fachliteratur (z. B. LÖSCHER et al., 1994).

A. Auf der Haut lebende Parasiten

1. Befall mit Haarlingen

Bei der Katze kommt *Felicola subrostratus* vor, auch Katzenhaarling genannt. Haarlinge sind wirtsspezifisch und können nur wenige Tage in der freien Umgebung überleben. Sie werden durch direkten Kontakt übertragen oder durch kontaminierte Bürsten oder Kämme. Die 1–2 mm langen weißen Eier (Nissen) kleben im Unterschied zu den Eiern von Cheyletiella, die viel kleiner sind, fast zur gesamten Länge sehr fest am Haarschaft. Nach 5–8 Tagen schlüpfen die Larven, die nach drei Häutungen geschlechtsreif werden. Die Larven gleichen weitgehend den Imagines. Die Gesamtentwicklung dauert 3–5 Wochen. Als Nahrung dienen Hautschuppen und gelegentlich austretendes Sekret. Vom Wirt getrennt, gehen die Haarlinge meist nach 1–2 Wochen zugrunde.

Sie kommen meist bei jungen Katzen vor, die aus vernachlässigten, unhygienischen und überfüllten Haltungen stammen. Haarlinge sind hoch kontagiös, so daß alle Tiere jeder Altersgruppe in den betreffenden Zwingern befallen sein können.

a. Klinik
- Juckreiz mit/ohne Läsionen
- Seborrhoe
- Miliare Dermatitis

Haarlinge halten sich bevorzugt am Kopf, Hals und Rücken auf. Sie sind sehr beweglich und beunruhigen die Katzen durch ihr dauerndes Umherkrabbeln. Dennoch variieren die klinischen Symptome zwischen Juckreiz ohne Läsionen, leichter Seborrhoe dorsal am Rumpf mit oder ohne Juckreiz. Am häufigsten besteht eine miliare Dermatitis. Es gibt aber auch Trägertiere ohne Symptome, die unbemerkt für die weitere Verbreitung sorgen.

b. Differentialdiagnose
- Seborrhoe anderer Genese
- Cheyletiellose
- Dermatophytose
- Notoedresräude
- Allergische Dermatitis (Flöhe, Futtermittel, Atopie)

c. Diagnose
- Adspektion mit Lupe, Tesafilm
- Mikroskopischer Nachweis der Eier an den Haaren
- Mikroskopische Differenzierung der Parasiten

d. Therapie

Akarizide Puder, Pyrethrine oder Carbamate für 4–5 Wochen.
Säuberung der Liegeplätze, **Behandlung aller Tiere im Haushalt.**

2. Cheyletiellose

Drei Arten der Raubmilbe Cheyletiella können zu Infektionen der Katze führen: *Cheyletiella blakei* ist die häufigste, *Cheyletiella parasitivorax* ist häufiger beim Kaninchen und *Cheyletiella yasguri* gewöhnlich auf dem Hund zu finden. Alle drei Arten können aber zwischen verschiedenen Wirten wandern. Die Milben sind mit 380 µm ziemlich groß, leben im Keratin der Hautoberfläche, bewegen sich relativ schnell, so daß mit dem bloßen Auge „wandernde Schuppen" zu sehen sind. Mit ihren Krallen können sie sich auch fest an der Epidermis festkrallen. Ein ovales Ende der kleinen Eier ist mit Filamenten am Haar festgeklebt, so daß mikroskopisch ein Abstand zum Haar entsteht im Gegensatz zum Ei der Haarlinge, das direkt am Haar klebt (Abb. 31, 32). Der Lebenszyklus von Ei, Larve, Nymphe bis zur adulten Milbe wird auf einem Wirt beendet. Das adulte Weibchen kann über 10 Tage außerhalb des Wirtstieres überleben, die adulten Männchen, Larven und Nymphen nur zwei Tage. Die Kontagiosität ist hoch. Die Ansteckung erfolgt über direkten und indirekten Kontakt: die Milbe ist schon auf Flöhen, Fliegen und Läusen identifiziert worden (ALEXANDER und IHRKE, 1982), die also die Cheyletiellose verbreiten können. Die Milben leben auf der Hautoberfläche und graben sich Pseudo-Tunnel in die Schuppenschicht. In periodischen Abständen haften sie sich fest an die Epidermis und bohren sie an, um Gewebsflüssigkeit aufzusaugen. Erwachsene gesunde Tiere zeigen bei Befall oft keine oder nur leichte Erscheinungen. Die Cheyletiellainfektion ist als Zoonose nicht zu unterschätzen: Bei wiederholtem Kontakt können die Menschen unterschiedlich schwere Hauterscheinungen bekommen, wie erythematöse, stark juckende Papeln, die sich zu bullösen, nässenden Pusteln mit zentraler Nekrose entwickeln können, meist an den Armen oder im Brust-Bauchbereich. Bei Behandlung der Tiere ist die Infestation beim Menschen innerhalb von 3 Wochen selbstlimitierend.

a. Klinik
- Seborrhoe
- Miliare Dermatitis
- Juckreiz
- Alopezie

Die Symptomatik variiert zwischen asymptomatischen Trägern, milder Schuppung bis trockener Seborrhoe, häufiger auf dem Rücken und im Kopfbereich, geringer bis stärkerer Juckreiz, der je nach Reaktion der Katze zum Auslecken der Haare führen kann. Seltener kommt es zu einer papulo-krustösen Dermatitis.

b. Differentialdiagnose
- Andere Parasiten
- Juckreiz und Haarlosigkeit anderer Genese

c. Diagnose
- Adspektion der „wandernden Schuppen", Entnahme mit Tesafilm
- Durchkämmen mit Flohkamm, oberflächliches Geschabsel
- Mikroskopische Untersuchung mit Differenzierung der Milben und der Eier an den Haaren
- Kotuntersuchung (durch Putzen und Lecken wird ein großer Teil der Milben abgeschluckt).

Das Nichtfinden der Milben schließt eine Cheyletiellose nicht aus!

d. Therapie

Akarazide Behandlung **aller Tiere im Haushalt** (auch der Kaninchen, Meerschweinchen, Hunde). Eine einmalige Injektion von Ivermectin 0,2–0,4 mg/kg s. c. ist meistens ausreichend (PARADIS, 1990). Ivermectin ist für Hunde und Katzen in

Abb. 30: Katzenhaarling (D. Barth, MSD Kathrinenhof).

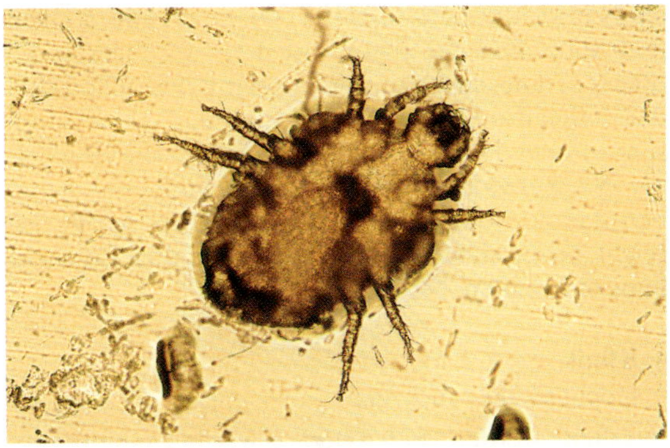

Abb. 31: Cheyletiellamilbe.

Abb. 32: Cheyletiellamilbe und Eier am Haarschaft.

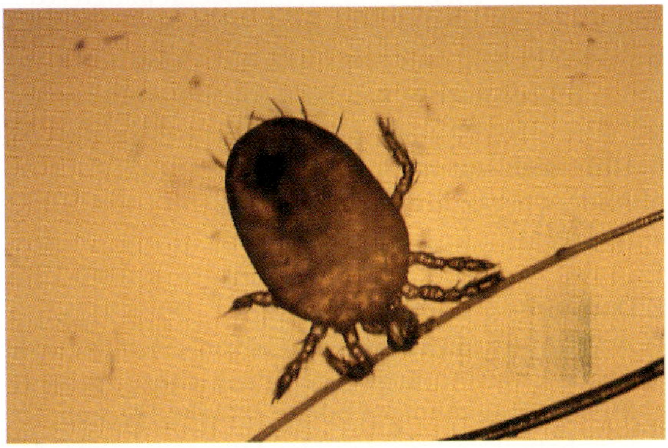

Abb. 33: Larve der Herbstgrasmilbe.

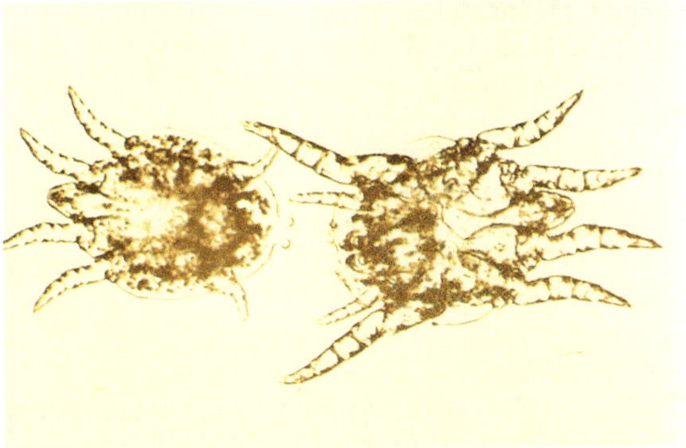

Abb. 34: Otodectesmilben.

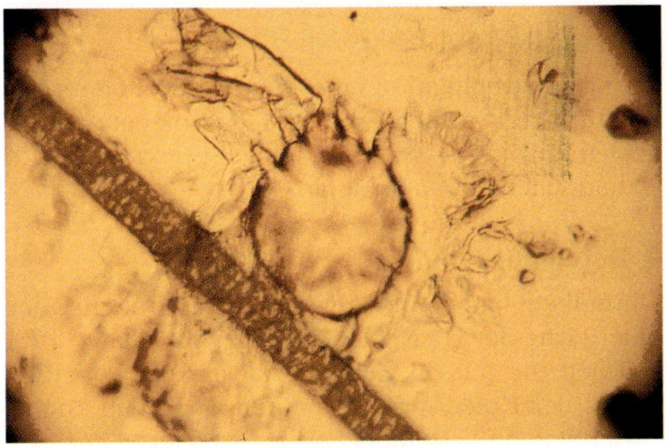

Abb. 35: Sarcoptesmilbe.

Deutschland nicht zugelassen. Der Tierbesitzer muß im Rahmen der Aufklärungspflicht darauf hingewiesen werden. Pyrethrine oder Carbamate für 4–5 Wochen, 2 Wochen über die klinische Abheilung hinaus. Verhinderung der Reinfektion durch Reinigung und anschließende Desinfektion der Umgebung mit Spray oder Fogger zur Flohbekämpfung auf Basis der Häutungshormone (Methoprene, Fenoxycarb).

3. Befall mit Larven der Herbstgrasmilben

Im Frühsommer bis Herbst kommt es in manchen Gegenden, offenbar nicht in Norddeutschland, zu einer explosionsartigen Vermehrung der Larven der Herbstgrasmilbe *Trombicula autumnalis* (Abb. 33), deren Nymphen und Adulte saprophytisch im Erdboden leben. Die Larvenstadien kriechen an Pflanzen, Sträuchern und Gräsern empor und befallen, ähnlich wie die Zecken, mit Vorliebe Hunde, Katzen und Menschen. Sie ritzen mit ihren Cheliceren die oberste Hautschicht an, zersetzen mit ihrem Speichel die Zellen des Stratum granulosum und des Stratum spinosum und saugen sie auf. Sie sind keine Blutsauger. Nach etwa einer Woche sind sie vollgesogen, haben das zwei- bis dreifache ihrer Körpergröße erreicht, lassen sich zu Boden fallen, um ihre Entwicklung zu beenden.

a. Klinik

- Hochgradiger Juckreiz

Befallen werden bevorzugt Zwischenzehenraum, Maulbereich, Ohrränder und hier besonders die Ohrfalte, Schwanzspitze, Bauch. Die klinische Symptomatik ist variabel und vermutlich abhängig vom Grad der sich ausbildenden Hypersensitivität. Gewöhnlich besteht intensiver Juckreiz, der durch Kratzen und Lecken zu Sekundärläsionen führen kann.

b. Diffentialdiagnose

- Andere parasitäre Erkrankungen
- Allergien

c. Diagnose

- Adspektion mit Lupe. Die Larven erscheinen als winzige, gelb-orange-rote Pünktchen, größere Milbenansammlungen bilden rötliche Flecken.
- Geschabsel, mikroskopische Differenzierung der Larven.

d. Therapie

1–2malige Applikation eines akariziden Puders mit Pyrethrinen/Pyrethroiden oder Carbamaten. Bei hochgradigem Juckreiz einmalige Applikation eines systemischen Glukokortikoids.

4. Befall mit Otodectes cynotis

Ohrmilben leben und bewegen sich frei auf der Oberfläche der Haut. Der Lebenszyklus dauert drei Wochen, sie fressen Zellmaterial und Gewebeflüssigkeit der Epidermis. Ohrmilben sind hoch kontagiös, kommen besonders bei jungen Tieren vor und sind nicht wirtsspezifisch. Sie scheinen besonders die Zeruminaldrüsen des Ohrkanales zu reizen, weil der Ohrkanal immer mit schwarz-braunem bröckeligen bis schmierigen Material gefüllt ist, in dem im Ausstrich Milben und Eier nachweisbar sind (Abb. 34). Oftmals werden die Milben bei der otoskopischen Untersuchung des Ohrkanals aufgeweckt und durch die Wärme der Lichtquelle zu schneller Bewegung angeregt, so daß sie durch die Lupe vor dem Hintergrund des braunen Sekretes erkennbar sind. Die Milben findet man aber auch außerhalb des Ohrkanals, besonders im Nacken, am Rumpf und an der Schwanzspitze.

a. Klinik

- Juckreiz
- Otitis

Ohrmilben bewirken mäßigen bis sehr starken Juckreiz, so daß sich die Katzen im Gesichtsbereich und Halsbereich schwere Exkoriationen zufügen können, ähnlich wie bei allergischen Reaktionen, besonders bei der Futtermittelallergie.

b. Differentialdiagnose

- Notoedresräude
- Futtermittelallergie
- Flohbißallergie
- Atopische Dermatitis

c. Diagnose

- Adspektion durch Otoskop mit Lupe, mikroskopische Untersuchung des Ausstrichs.

d. Therapie

Systemische und topische akarizide Behandlung aller Tiere im Haushalt. Da die Milben sich nicht nur im Ohrkanal, sondern auch auf der Haut aufhalten, sollte zur erfolgreichen Therapie, besonders bei Rezidiven, nicht nur das Ohr mit einer akarizid wirksamen Salbe oder Lotion, sondern der gesamte Körper mit einem pyrethrinhaltigen Akarizid behandelt werden. Die in vielen Präparaten fixen Kombinationen antiparasitärer Wirkstoffe mit Kortikosteroiden und antimikrobiell wirksamen Substanzen sind nicht empfehlenswert, da sie im allgemeinen der Situation des Einzelfalls nicht gerecht werden und das Krankheitsbild verschleiern können (UNGEMACH, 1994). Die ein- oder zweimalige Injektion von Ivermectin 0,2–0,3 mg/kg s. c. ist sehr effektiv. Ivermectin ist in Deutschland nicht für die Katze zugelassen.

5. Flohbefall

Flöhe sind bei weitem die häufigsten Ektoparasiten bei Katzen mit Freigang, aber auch bei Stubenkatzen, die im gleichen Haushalt mit Hunden zusammenleben. Durch die häufigen Bisse fühlen sich die Tiere in ihrem Wohlbefinden gestört und die Verunreinigung der Haut durch den Flohkot veranlaßt die Katzen, sich vermehrt zu putzen. Dennoch treten bei vielen Katzen und Hunden trotz massiven Flohbefalls oft keine Symptome auf. Eine Dermatitis entsteht nur dann, wenn die Tiere auf den Flohspeichel, der ein hochpotentes Allergen darstellt, mit einer Hypersensibilisierung reagieren (HALLIWELL, 1989, 1993).

Die Flöhe sind nicht sehr wirtsspezifisch. Meist halten sich *Ctenocephalides felis* bei Hund und Katze auf, selten *C. canis*. Die Flöhe sind Zwischenwirt für den Bandwurm Dipylidium caninum, eine rezidivierende Infektion mit dem Bandwurm kann also auch auf einen Flohbefall hinweisen. *Pulex irritans* (Menschenfloh) und der Igelfloh, der das Reservoir für rezidivierende Ansteckungen ist, können auch für kurze Zeit auf der Katze und dem Hund saugen und Allergien auslösen. Eine langfristige und erfolgreiche Flohbekämpfung bei allergisch reagierenden Tieren ist ohne Aufklärung der Tierbesitzer über die Lebensweise der Flöhe nicht möglich!

Lebenszyklus

Die Flöhe halten sich zur Nahrungsaufnahme und zur Eiablage im Haarkleid auf. Die Weibchen benötigen unbedingt eine Blutmahlzeit, um Eier zu legen. Der gesamte Lebenszyklus vom Ei über 3 Larvenstadien, der Puppe zum adulten Floh dauert zwischen 16 Tagen und 1 Jahr und ist abhängig von der Umgebung: schneller Lebenszyklus (16–21 Tage) in bevorzugter feuchter, warmer Umgebung (75–85 % Luftfeuchtigkeit, 18–27 °C), sonst länger. Die Eier (0,5–2 mm, weiß, oval) werden im Fell abgelegt und fallen, wenn sie trocken sind, dort herunter, wo die Katze sich aufhält: Schlafstätte, Sessel, Teppich, Fußboden. Die Eier können sich bei langhaarigen, besonders verfilzten Tieren (Perserkatzen) auch ausnahmsweise im Fell halten, so daß Larvenstadien im Fell gefunden werden können. Die Weibchen legen 20–30 Eier/Tag, viele 100/Leben, wenn sie die Möglichkeit zum Blutsaugen haben.

Die Larven fressen Hautschuppen und Kot der adulten Flöhe, der aus dem Fell fällt. Zur Weiterentwicklung wandern sie in dunkle Schlupfwinkel, wie Polster, Teppiche, Risse und Spalten des Fußbodens.

Nur 0,5–5 % der Flohpopulation besteht aus adulten Flöhen, der Rest befindet sich in den für den Tierhalter oftmals unsichtbaren Entwicklungsstadien (Eier, Larven, Puppen). Flöhe können lange hungern, erwachsene Flöhe in feuchter Umgebung 4–12 Monate lang.

a. Klinik

- Juckreiz
- Miliare Dermatitis
- Hypotrichose / Alopezie (selbstinduziert)
- Eosinophiler Granulom-Komplex

Das Verteilungsmuster der Hautveränderungen und der selbstinduzierten Alopezie auf der hinteren Rückenpartie ist zwar typisch für eine Flohspeichelallergie (Abb. 36), es können jedoch auch sehr unterschiedliche individuelle Hautreaktionen vorkommen. Häufig steht die miliare Dermatitis im Vordergrund mit variierendem Juckreiz, aber auch ausgedehnte Alopezie und Erscheinungen vom eosinophilen Granulom-Komplex sind mögliche Reaktionsformen (siehe Flohallergie, Seite 318).

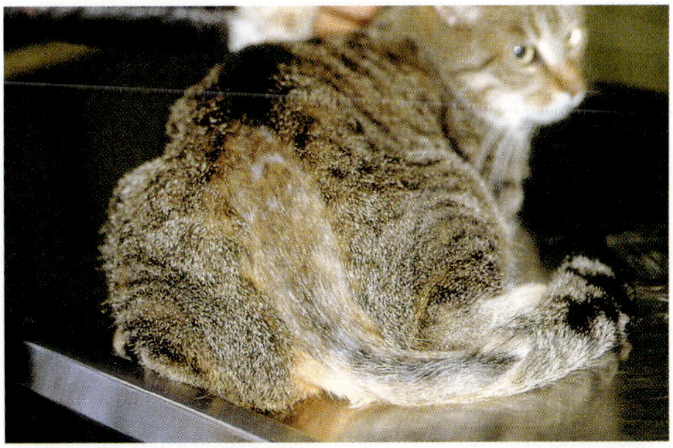

Abb. 36: Leckdermatitis im kaudalen Rückenbereich durch Flohbefall.

b. Differentialdiagnose

- Notoedresräude
- Cheyletiellose
- Befall mit Otodectesmilben
- Futtermittelallergie
- Atopie
- Dermatophytose
- Alopezien anderer Genese

c. Diagnose

- Adspektion, Floh / Flohkot
- Besserung nach Flohbekämpfung
- Intradermaltest (siehe Kapitel Flohallergie)
- Verdacht durch Verteilungsmuster der Läsionen

Bei gründlicher **Adspektion** und langem Suchen können manchmal adulte Flöhe und Flohkot gefunden werden, die leider meist durch den intensiven Putztrieb der Katzen sehr schnell entfernt werden, so daß die Tierhalter nur sehr schwer vom Flohbefall überzeugt werden können. Meist findet man Flöhe und Flohkot als Zufallsbefund bei den Katzen, die ohne nennenswerte Reaktion mit den Flöhen zusammenleben, während die auf den Floh allergisch reagierenden Tiere meist „ohne Flöhe" sind, weil sie mit der Zeit eine großartige Geschicklichkeit im „Verputzen" der Plagegeister entwickelt haben. Man sollte mit dem Flohkamm auf dem Rücken zwischen Kopf und Schwanzansatz Parasiten und Kot auskämmen. Wird der **Flohkot** (kleine schwarze Krümel) auf weißem, feuchtem Tuch verrieben, erhält man eine rotbraune Färbung durch das Blut. Befall mit Dipylidium caninum ist ebenfalls ein Hinweis auf Flohbefall.

d. Therapie

1. Behandlung des allergischen Tieres siehe Kapitel Flohallergie

2. Flohbekämpfung

Die dauerhafte Flohbekämpfung ist am einfachsten bei Stubenkatzen, schwierig bei Freigang-Katzen und bei denen, die in Gemeinschaft mit Hunden leben. Die Flohbekämpfung muß überall dort erfolgen, wo die Flöhe, vom Ei über Larve bis zum adulten Floh, sich aufhalten können, also auch die Polster im Auto nicht vergessen! Es gibt eine ständig zunehmende Anzahl akarizider Mittel zur Flohbekämpfung, deren ausführliche Besprechung den vorliegenden Rahmen sprengen würde.

a. Umgebung der Tiere (am wichtigsten):

Mit Staubsaugen und gründlicher Reinigung werden über 95 % aller Stadien vernichtet.

Präparate: Pyrethrine, synth. Pyrethroide (Permethrin + Zypermetrin), Carbamate, Organophosphate, Methoprene (ähnlich dem natürlichen Häutungshormon) verhindern das Wachstum von der Larve zum adulten Floh; Fenoxycarb verhindert schon die Entwicklung zur Larve. Je nach Dauer der Wirkungsweise muß die Bekämpfung periodisch wiederholt werden.

b. Alle Tiere im Haushalt, auch die symptomlosen Flohträger (siehe Lebenszyklus):

1. Topische Behandlung mit Permethrin – Puder. Bäder mit Shampoos (Pyrethrine, Pyrethroide, Carbamate) haben nur kurze Residualwirkung und sind bei Katzen oftmals schwieriger durchzuführen. Halsbänder mit verschiedenen Wirkstoffen (Pyrethrine/Pyrethroide, Carbamate), Organophosphorsäureester wie Dichlorvos, Diazinon etc. nicht bei Katzen unter einem Jahr anwenden.

2. Systemisch wirksame Mittel gegen adulte Flöhe über Tablettengabe (Cythioat), als ölige Lösung (Fenthion) zum Auftropfen auf den Rücken, Lufenuron als Suspension gegen präadulte Stadien. Leider entwickeln Flöhe Resistenzen. Unverträglichkeitsreaktionen der Haut, besonders auf Halsbänder, kommen vor. Vorsicht ist geboten vor Überdosierungen und der gleichzeitigen Anwendung sich potenzierender Mittel. Die alleinige Abtötung der adulten Flöhe durch Behandlung des Wirtstieres mit systemisch wirkenden akariziden Mitteln ist keine ausreichende Hilfe bei der Bekämpfung der Flohspeichelallergie!

B. Oberflächlich in der Haut lebende Milben (Grabmilben)

1. Notoedresräude

Die Scabies der Katze ist eine hoch kontagiöse Erkrankung meist durch *Notoedres cati,* eine primär für die Katze pathogene Milbe, die aber auch auf den Hund, das Kaninchen und den Menschen übergehen kann (MULLER u. a., 1989). *Sarcoptes scabiei*, die Grabmilbe des Hundes, ist aber auch vereinzelt bei der Katze gefunden worden (HAWKINS et al., 1987; FERGUSON et al., 1992). Bei Menschen können Papeln und Pusteln am Oberkörper und an den Armen entstehen, die besonders auf warmer Haut (nachts im Bett) hochgradig jucken. Bei erfolgreicher Behandlung der Tiere ist die Erkrankung beim Menschen selbstlimitierend.
Die Notoedresmilbe gehört zur Familie der Sarcoptesmilben (Grabmilben) mit einem vergleichbaren Lebenszyklus der Sarcoptes scabiei des Hundes, der vom Ei über Larve, Nymphe bis Imago ca. 18 Tage dauert; die adulte Milbe lebt 4–5 Wochen lang (Abb. 35). Sie leben permanent in der obersten Hornschicht der Haut und bohren Kanäle zur Eiablage.
Die Ansteckung mit Notoedresmilben erfolgt häufig in Zwingern, Pensionen und Tierheimen gewöhnlich durch direkten Kontakt mit infizierten Katzen, aber die Milbe ist auch mindestens 3 Tage außerhalb der Katzen lebensfähig, so daß Reinfektionen durch die Umgebung möglich sind. Die Notoedresmilben sind außerhalb der Katzen sehr empfindlich gegenüber Reinigung, Desinfektion und Austrocknung. Durch die hohe Kontagiosität können alle zusammenlebenden Tiere infiziert sein. Vornehmlich sind Jungtiere betroffen, die aus überfüllten Zwingern oder hygienisch nicht optimalen Katzenhaltungen kommen. Bedingt durch die ungünstigen Haltungsbedingungen sind daher manche Katzen parallel zur Notoedresräude zusätzlich durch andere, meist virale Erkrankungen in ihrer Abwehr geschwächt.

Abb. 37: Notoedresräude.

a. Klinik
- Juckreiz
- Krustöse Belege an den Ohren
- Papulo-krustöse Dermatitis, zu Beginn im Kopfbereich
- Alopezie, Hyperkeratose

Das Verteilungsmuster der Hautläsionen ist für die Notoedresräude recht typisch (Abb. 37). Die ersten Hautläsionen treten an den Ohrrändern auf, die sich schnell über die hintere Ohrmuschel, die Stirn, das Gesicht, den Nacken ausbreiten, aber auch durch das Putzen der Katze auf die Pfoten und den Perinealbereich ausgebreitet werden. Durch das Einbohren der weiblichen Milben in die oberste Hornschicht zwischen die Haarfollikel entstehen zunächst Papeln, es kommt sehr schnell zu einer Verdickung der Haut mit ausgeprägter Hautfaltenbildung, die später mit dicken, grauen, krustigen Belegen bedeckt ist. Es besteht intensiver Juckreiz. Je nach Dauer der Erkrankung kann es zur Generalisierung der papulokrustösen Dermatitis kommen, verbunden mit einer Alopezie und meist einer Lymphadenopathie.

Die Sarcoptes scabiei des Hundes kann ebenfalls eine Infektion bei der Katze verursachen mit weitreichenden klinischen Hauterscheinungen wie fokalen papulo-krustösen Erosionen am Kopf und an den Ohren bis hin zu generalisierten Infestationen mit Juckreiz, die zu Selbsttraumatisierungen und Alopezien führen, die nicht unterscheidbar sind von anderweitig bedingten juckenden Hauterkrankungen. Schwere Hyperkeratose bei nur minimalem Juckreiz wurde bei gleichzeitigem Bestehen von immunsuppressiven viralen Erkrankungen gesehen (FERGUSON, 1992).

b. Differentialdiagnose
- Andere Ektoparasitosen (Otodectes, Herbstgrasmilben, Cheyletiella, Demodex)
- Allergien (Futtermittel, Flöhe, Atopie)
- Dermatophytose
- Solardermatitis
- Autoimmunerkrankungen

c. Diagnose
- Geschabsel

Im oberflächlichen Hautgeschabsel ist die Milbe meist leicht zu finden.

d. Therapie

Reinigung der verkrusteten Ohren durch vorsichtiges Entfernen der Belege. Auch wenn die Milbe wirtsspezifisch ist und der gesamte Lebenszyklus nur auf der Katze beendet werden kann, ist für die erfolgreiche Ausheilung die akarizide Behandlung **aller im gleichen Haushalt lebenden Tiere** notwendig.

- 1. Topische Behandlung mit Akariziden wie z. B. Pyrethrinen. Waschungen mit organischen Phosphorsäureestern können sehr toxisch für Katzen sein!
- 2. Systemische Behandlung mit Ivermectin (nicht zugelassen für die Katze): 0,2–0,3 mg/kg s. c. 3mal im Abstand von 1 Woche.
- Bei hochgradigem Juckreiz kann zu Beginn eine unterstützende Behandlung mit systemischen Glukokortikoiden nötig sein: Methylprednisolonacetat (Depot Medrate): 5 mg/kg s. c. oder Prednisolon/Prednison oral 0,5–(1) mg/kg/Tag, nach 1 Woche jeden 2. Tag.

C. Oberflächlich und tief in der Haut lebende Milben

1. Demodikose

Die Demodikose kommt bei der Katze sehr selten vor. Bis 1990 ist in der nordamerikanischen Literatur von lediglich 21 Fällen bei der Katze berichtet worden (MEDLEAU, 1990).

Die Katze kann zwei Spezies beherbergen:

1. *Demodex cati,* (Abb. 38), die 0,2 mm lang ist, einen sehr schlanken Leib hat und etwa nur halb so dick ist wie die Demodexmilbe des Hundes;

2. eine unbenannte *Demodex sp.*, die etwas kürzer ist, mit einem plumpen, runden Abdomen, die nur auf der Hautoberfläche im Stratum corneum gefunden worden ist. Demodex cati lebt in den Haarfollikeln, aber im Gegensatz zum Hund auch im Stratum corneum und im Gehörgang. Die Entwicklung einer generalisierten Demodikose wird einer zugrunde liegenden Erkrankung zugeschrieben, wie Diabetes mellitus, FeLV- und FIV-Infektionen, chronischer Infektion der oberen Luftwege, systemischem Lupus oder Toxoplasmose (MEDLEAU et al., 1988). Bei dem bislang einzigen Fall einer generalisierten Demodikose durch *Demodex cati* bei einer Katze in eigener Praxis (Abb. 39–43), bei der die Symptome laut Anamnese schon nach wenigen Lebenswochen aufgetreten waren, waren zum Zeitpunkt der Vorstellung der nunmehr einjährigen Katze die Untersuchungen auf FeLV und FIV in zwei verschiedenen Labors negativ, auch die umfassende klinische Untersuchung erbrachte keine zugrunde liegenden systemischen Erkrankungen, allerdings zeigte die eingangs angelegte Pilzkultur auf dem DTM-Agar ein positives Resultat. Diesem Befund wird aber keine ursächliche Bedeutung zugeschrieben, da die Ausheilung der Demodikose ohne antimykotische Behandlung erreicht wurde.

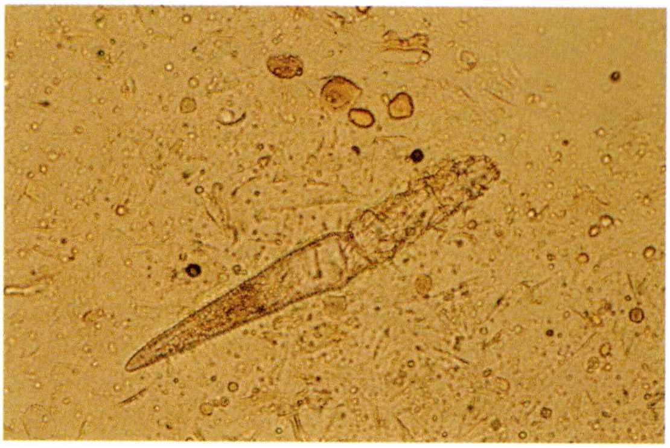

Abb. 38: Demodex cati.

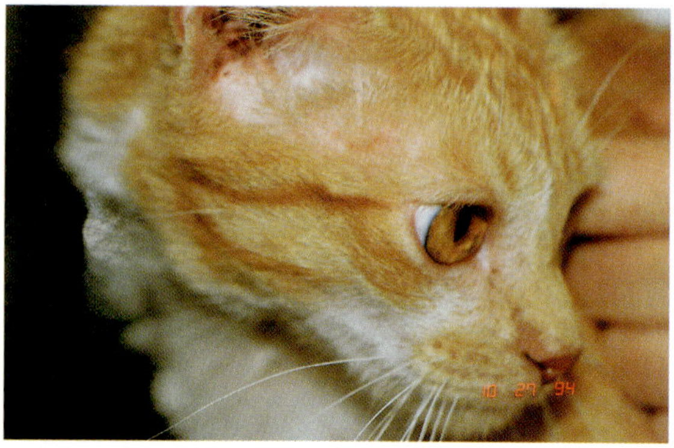

Abb. 39: Generalisierte Demodikose; Otitis ceruminosa; hochgradiger Juckreiz.

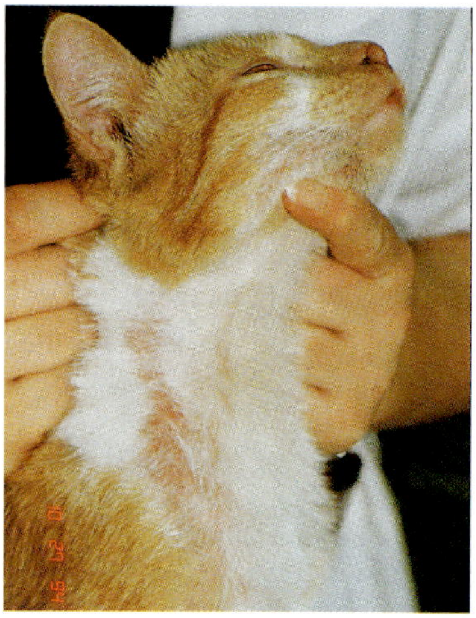

Abb. 40: Dieselbe Katze; Erythem im Halsbereich, hochgradiger Juckreiz.

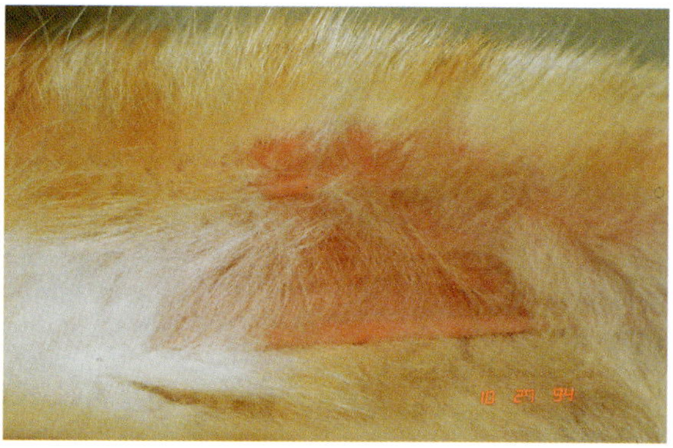

Abb. 41: Dieselbe Katze; Nahaufnahme des hochgradig erythematösen Bauchbereiches.

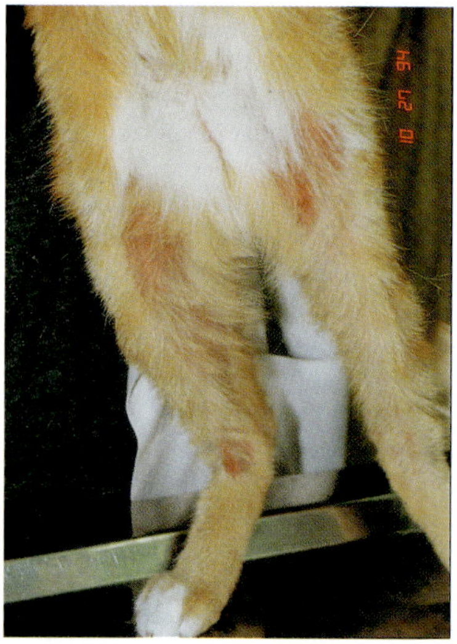

Abb. 42: Dieselbe Katze; Innenschenkel und Beine.

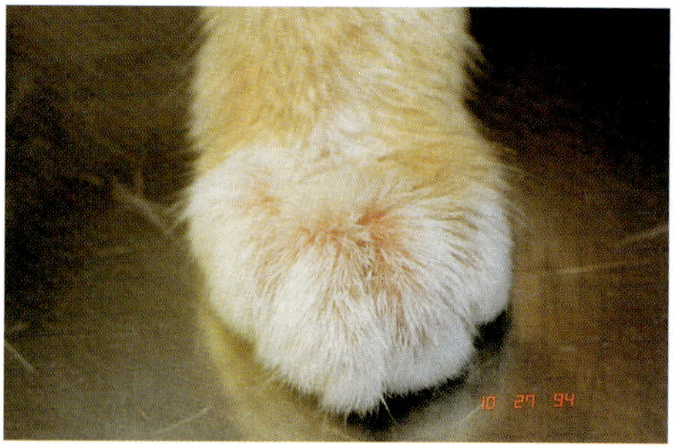

Abb. 43: Pfote derselben Katze mit generalisierter Demodikose.

a. Klinik

- Generalisiertes Erythem
- Hochgradiger Juckreiz
- Alopezie
- Pustulöse, papulo-krustöse Dermatitis
- Otitis ceruminosa

In der Literatur beschrieben wird die lokalisierte Form mit umschriebenen, haarlosen, schuppigen Stellen, erythematöser, papulo-pustulöser, krustöser Dermatitis, vornehmlich am Kopf, den Ohren und am Nacken. Die lokale Form juckt gewöhnlich nicht. Die lokale Demodikose kann sich auch nur als Otitis ceruminosa manifestieren. Die generalisierte Demodikose zeigt sehr unterschiedliche klinische Bilder wie papulo-krustöse Formen ähnlich der miliaren Dermatitis, pustulöse Follikulitis, exsudative Dermatitis mit Krusten, fleckenförmige bis generalisierte Alopezie mit unterschiedlicher Schuppenbildung, Erythem, Hautverdickung, Hyperpigmentierung. Es kann extremer Juckreiz bestehen. Bei der generalisierten Demodikose sind die Milben meist auch im Ohrkanal zu finden.

Für die **Therapie** wird in der Literatur die topische Applikation mit Amitrazlösung in einer Konzentration von 0,0125 % bis 0,025 % sowohl als Ganzkörperbehandlung, als auch als Ohrentropfen angegeben (MEDLEAU, 1990), sogar die wöchentliche Ganzkörperbehandlung mit Lösungen von 0,055 % ist beschrieben (MILLER, Jr., 1993). Nach der eigenen Erfahrung bewirkt das Amitraz in der höheren Dosierung zwar ein vermutlich schlagartiges Absterben der Milben auf dem Körper, einhergehend mit einer sehr schnellen Besserung der dermatologischen Befunde, aber die Behandlung war für die Katze mit sehr schweren toxischen Nebenwirkungen (vor allem Sedierung, Erbrechen und Durchfall) verbunden. Die für die Behandlung der Demodikose des Hundes gut verträgliche Dosierung von 0,05%iger Amitrazlösung ist für die Katze daher nicht zu vertreten. Amitraz ist zudem für die Katze nicht zugelassen. Die Beseitigung der Demodexmilben in den Ohren dauerte beim eigenen Fall wesentlich länger. Die für den Hund mögliche Behandlung mit der oralen Applikation von Ivermectin war wegen der Auslösung von sehr starkem Speichelfluß nicht durchführbar. Nach der Behandlung mit Ivermectin-Injektionen von 0,3 mg/kg einmal wöchentlich und der zweimal wöchentlichen topischen Applikation der unverdünnten Ivermectinlösung in das Ohr waren vier Wochen später immer noch Demodexmilben im Ohrkanal nachweisbar, hingegen war die übrige Haut inzwischen symptomlos und in keinem der Hautgeschabsel waren mehr Demodexmilben nachweisbar.

b. Differentialdiagnose

- Dermatophytose
- Allergische Dermatitis
- Psychogene Alopezie

c. Diagnose

- Mikroskopische Untersuchung des Ohrsekretes
- Oberflächliche und tiefe Geschabsel

d. Therapie

- Ivermectin 0,3 mg/kg s. c. 1mal wöchentlich (nicht für Katzen zugelassen)
- Topische Applikation von Ivermectin
- (Amitrazlösung 0,0125 %). Kann toxisch sein und ist nicht zugelassen für die Anwendung bei der Katze.

2. Hautpilzerkrankungen (Dermatomykosen)

Die Dermatomykosen werden unter Berücksichtigung ihrer Kontagiosität in ansteckende und nicht ansteckende Krankheiten der Haut und ihrer Anhangsgebilde unterteilt. Zu den **ansteckenden** Erregern bei den kleinen Haustieren gehören vor allem die **zoophilen Dermatophyten Microsporum canis, Microsporum gypseum** und **Trichophyton mentagrophytes.** Ihr Reservoir bilden kranke Tiere. Diese Hautpilze besitzen keratolytische Aktivitäten, d. h. sie dringen aktiv in die oberflächlichen keratinisierten Schichten der Haut, Nägel und Haare ein. Sie können nicht in lebenden Zellen oder stark entzündlichem Gewebe überleben. Bei der Katze ist zu etwa 98 % Microsporum canis beteiligt, wesentlich seltener Microsporum gypseum und Trichophyton mentagrophytes. Obwohl Microsporum canis hervorragend an die Haare der Katze adaptiert ist und Katzen dadurch häufig asymptomatische Trägertiere sind, sollte die Katze nicht als natürliches Reservoir für Microsporum canis angesehen werden, da M. canis nicht im Haarkleid gesunder Katzen isoliert werden kann und somit nicht zur normalen Flora der gesunden Katze gehört (MORIELLO, 1990). Jungkatzen sind sehr viel anfälliger für eine Infektion als erwachsene Tiere, besonders wenn sie in großen Beständen mit latent infizierten, klinisch meist unauffälligen Katzen auf engem Raum zusammenleben. Ektoparasiten, hier besonders Flöhe und Cheyletiellamilben, können zur Ausbreitung der Dermatophytose in den Zwingern beitragen.

Eine Pilzinfektion kann aber auch bei Katzen aller Altersgruppen auftreten, besonders begünstigt bei geschwächter Immunitätslage durch virale Infektionen oder durch Medikamente, schlechte Ernährung, häufiger sind auch durch Trächtigkeit und Laktation gestreßte Kätzinnen infiziert.

Die durch die Dermatophyten hervorgerufenen **klinischen Hauterscheinungen** sind bei der Katze **extrem variabel,** so daß die Diagnose Hautpilz die am häufigsten über- bzw. unterdiagnostizierte Hauterkrankung ist, besonders wenn die Diagnose nur per adspectionem gestellt wurde bzw. die Pilzkultur fehlerhaft abgelesen wurde. Wegen der großen Variabilität der Hautläsionen sollten daher alle Katzen mit therapieresistenten Hauterkrankungen auf Dermatophyten untersucht werden. Die Dermatophyten verursachen bis auf den Haarbruch keine speziellen Hautsymptome, aufgrund derer sie sicher zu diagnostizieren wären.

Die klassische Pilzläsion, die sog. Ringflechte, wird relativ selten bei der Katze gesehen. Der erythematöse Ringwall, der den schuppigen Fleck mit abgebrochenen Haaren zur gesunden Umgebung abgrenzt, wird durch eine entzündliche Reaktion der Haut gegen Stoffwechselprodukte des Pilzes verursacht. Bedingt durch den hohen Grad der Anpassung ruft M. canis selten bei der erwachsenen Katze eine entzündlich allergische, papulo-pustulöse Abwehrreaktion mit hochgradigem Juckreiz hervor, dennoch sollte jeder therapieresistente Juckreiz bei der Katze differentialdiagnostisch auf eine Dermatophytose untersucht werden. Bei Katzenwelpen, bei denen die ersten Läsionen zunächst im Gesicht und an den Vorderbeinen schon 10–14 Tage nach der Geburt auftreten können, verursacht die Pilzinfektion stärkere entzündliche Reaktionen als bei den erwachsenen Katzen. Die häufig multifokale, fleckige, schuppige, erythematöse, krustöse Alopezie befindet sich um die Augen herum, auf dem Nasenrücken (nur im Haarbereich, sonst andere Ursache!), um die Lippen herum, kann aber auch weite Areale des Körpers erfassen (Abb. 44–48).

Bei der erwachsenen Katze sollte jede lokale und generalisierte papulo-krustöse Dermatitis (miliare Dermatitis), jede trockene Seborrhoe, jede lokalisierte und generalisierte Alopezie, jede Follikulitis, jede Lichenifikation oder Hyperpigmentierung auf Dermatophyten untersucht werden. Sehr selten kommt es bei Infektionen mit M. canis zu granulomatösen bis pyogranulomatösen Panniculitiden. Ebenfalls kommt es seltener zu lokalisierten oder generalisierten Follikulitiden, auch das lokale Kerion, ein ulzerativer schmerzhafter bis juckender Hautknoten, der auch multipel auftreten kann, ist bei der Katze relativ selten. Die Infektion der Krallen (Onychomykose) führt zu Verfärbungen des Keratins, die Krallen brechen, wachsen verformt nach, und es kommt häufig zu einer Krallenbettentzündung (Paronychia). Die Läsionen sind häufig lokalisiert, besonders gerne am Kopf und an den Beinen, können aber multifokal und generalisiert vorkommen. Dermatophyteninfektionen der Katze sind von der Entwicklung humoraler und zellulärer Immunantworten vom Spättyp begleitet, so daß die Hypersensibilität mittels intradermaler Hauttestung mit Dermatophyten-Glycoprotein-Extrakten getestet werden kann (DeBOER et al., 1991).

a. Klinik
- Stumpfe, abgebrochene Haare
- Alopezie
- Seborrhoea sicca
- Juckreiz
- Klassische Ringflechte
- Miliare Dermatitis
- Follikulitis
- Panniculitis
- Paronychia
- Kerion

b. Differentialdiagnose
- Miliare Dermatitis anderer Genese
- Autoimmunerkrankungen (bes. bei Paronychia)
- Schuppige Alopezien anderer Genese
- Eosinophiler Granulom-Komplex (bei Kerion)

c. Diagnose
- Woodsche Lampe (nur 30–50 % M. canis positiv)
- Kalilaugenpräparat
- Pilzkultur
- Biopsie

d. Therapie

Eine Behandlung der infizierten Katze hat nur dann dauerhaften Erfolg, wenn die Sporen auf den latent infizierten Trägertieren und in der kontaminierten Umgebung ebenfalls nachhaltig beseitigt werden. Wenn in Katzenbeständen eine Katze mit M. canis infiziert ist, muß davon ausgegangen werden, daß alle Katzen Sporenträger sind (MORIELLO, 1990), eine Tatsache, die den Katzenzüchtern und Pensionsbetreibern deutlich gemacht werden muß. Die Entfernung oder Desinfektion der kontaminierten Gegenstände, insbesondere der Bürsten und Kämme, darf nicht vergessen werden. Daher sollte mit den Tierhaltern ein umfassendes Pilzbekämpfungsprogramm durchgesprochen werden. Auch wenn die Katzen scheinbar nur eine lokalisierte Pilzinfektion haben, können Sporen ebenfalls aus dem normal erscheinenden Haarkleid isoliert werden (MORIEL-

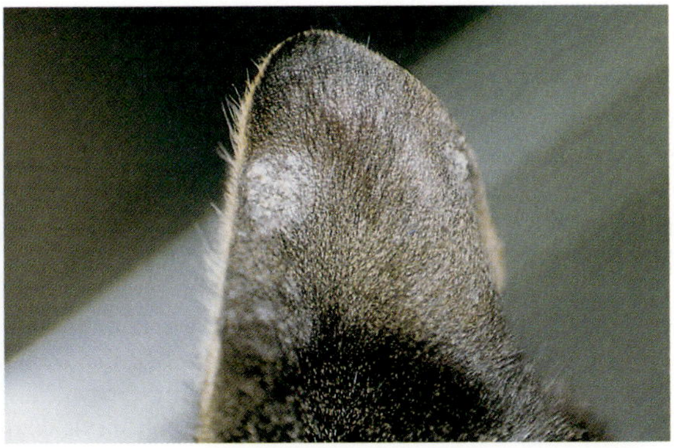

Abb. 44: Schuppig-krustöse Alopezie am Ohr; Infektion mit Microsporum canis.

Abb. 45: Fleckige Alopezie im Gesichtsbereich mit Juckreiz; Microsporum canis.

Abb. 46: Erythmatöse, fleckenförmige Alopezie mit starkem Juckreiz; Microsporum canis.

Abb. 47: Nahaufnahme von Abb. 46: Microsporum canis.

LO, 1990). Dennoch sollten Katzen mit vereinzelten Läsionen nicht unbedingt total geschoren werden, wie es früher immer propagiert wurde. Durch das Scheren können die Sporen noch weiter verbreitet werden. Bei vereinzelten Läsionen sollten nur die infizierten Haare von der Peripherie der Läsion geschnitten werden. Da die Sporen aber im Haarkleid verteilt sind, sollte immer eine Ganzkörpertherapie erfolgen, am besten wirksam ist die systemische Therapie (MORIELLO und DeBOER, 1994).

Zur Therapie stehen eine Reihe von fungistatischen und fungiziden systemischen und topischen Mitteln zur Verfügung. Bewährt hat sich die systemische Verabreichung von Griseofulvin, Ketoconazol oder Itraconazol. Griseofulvin wirkt fungistatisch, das kann eine längere Behandlungsdauer bedeuten, es ist stark teratogen und darf daher nicht trächtigen Tieren verabreicht werden. Die Dosierungsangaben für Griseofulvin werden in einem weiten Bereich angegeben, bei therapieresistenten Fällen sollte die höhere Dosierung bevorzugt werden. Die Resorption ist von der Partikelgröße abhängig, je kleiner,

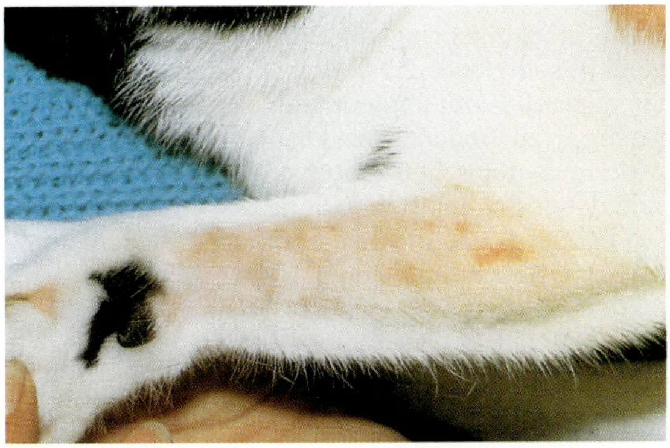

Abb. 48: Juckende „Leckdermatitis" am Vorderbein, nach Cortisonbehandlung verschlechtert; Infektion mit Microsporum canis.

desto besser. Unverträglichkeitserscheinungen wie Leukopenie und Knochenmarksuppression unter Griseofulvin sind weder dauer- noch dosisabhängig (KUNKLE et al., 1987). Die häufigsten Nebenwirkungen sind Erbrechen und Durchfall, Lethargie,

Neurotoxikose, Knochenmarksuppression und Hepatotoxie (HELTON et al., 1986). Besonders schwere Toxizitätserscheinungen entwickeln Siamesen-, Abessynier- und Himalayakatzen. Griseofulvin sollte mit einer fetten Mahlzeit verabreicht werden, um die Resorption zu beschleunigen und Erbrechen vorzubeugen.

Ketoconazol ist ein systemisch wirkendes, in höheren Dosen fungizides Breitspektrum-Antimykotikum, es kann zu Nebenwirkungen wie Anorexie, Erbrechen, Durchfall und einer reversiblen Erhöhung der Leberenzyme führen. Wegen teratogener Wirkung sollte es ebenfalls nicht trächtigen Tieren verabreicht werden. Zur besseren Resorption sollte es auch mit Futter gegeben werden (THODAY, 1993). Ketoconazol ist in Deutschland nicht für Katzen zugelassen.

Das systemisch wirksame Itraconazol ist bei der Katze vermutlich besser verträglich. Zur maximalen Resorption wird es ebenfalls am besten mit den Mahlzeiten verabreicht. Im Fall unerwünschter Nebenwirkungen wie Anorexie durch Lebertoxikose mit Erhöhung der ALT sollte das Medikament bis zur Besserung der Symptome abgesetzt werden. Bei Wiederaufnahme der Therapie sollte zunächst nur mit halber Dosis begonnen werden. Itraconazol persistiert lange in der Haut und im Haar, so daß voraussichtlich eine Intervallbehandlung möglich sein wird. Itraconazol befindet sich noch in der klinischen Prüfung für Dosierung und Dosisintervall. Für die Behandlung der Dermatophytose der Katze ist in Deutschland bislang nur das Griseofulvin zugelassen.

Wird eine zusätzliche äußerliche Behandlung durchgeführt, sollte bedacht werden, daß die Sporen nicht nur an der Läsion, sondern über das ganze Haarkleid verstreut zu finden sind. Die beim Menschen gut wirksamen topischen Antimykotika in Salbenform sind daher bei der Behandlung der Dermatophytosen bei der Katze nicht zu empfehlen. Die alleinige topische Behandlung einer Microsporum-canis-Infektion ist ebenfalls nicht ausreichend (DeBOER und MORIELLO, 1994).

Zur Unterstützung der systemischen Therapie hat sich für die äußerliche Behandlung das 0,2%ige Enilconazol (Imaverol, nicht zugelassen für die Katze) als gut wirksam erwiesen. Die Haut der gesamten Katze wird mit der fungiziden Lösung naß gemacht, am besten mittels einer Blumenspritze oder in einer Waschschüssel mit einem Tuch, auf keinen Fall sollten die Katzen getaucht werden. Anschließend wird die Katze mit einem Handtuch umwickelt, um die fungizide Nachwirkung des Imaverols in der nachfolgenden Dampfphase voll auszuschöpfen.

Zu Beginn der Therapie empfiehlt sich eine zweiwöchige orale Behandlung mit Ketoconazol und die anschließende Waschbehandlung mit Enilconazol im Abstand von 3–5 Tagen, bis zur Abheilung der Läsionen und dem negativen Ausfall der Pilzkultur. Die Waschbehandlung muß bei allen Haustieren durchgeführt werden. Zur Vermeidung der Reinfektion müssen ebenfalls die Umgebung und die kontaminierten Gegenstände mit fungiziden Desinfektionsmitteln gereinigt und besprüht werden, hierzu eignet sich ebenfalls die gleiche Waschlösung.
Die Dauer der Behandlung ist abhängig von der Ausheilung, meist 4–8 Wochen, bei Onychomykosen (Kralleninfektionen) 6–12 Monate und länger. Die Pilzkultur mit der Zahnbürstenmethode sollte 4–6 Wochen nach der letzten topischen antimykotischen Behandlung negativ sein.
Das Ausbleiben einer endgültigen Heilung ist äußerst selten auf eine Resistenz der Medikamente zurückzuführen, sondern basiert fast immer auf einer inkonsequenten Behandlung aller Tiere und dem Ausbleiben der notwendigen, gleichzeitigen antimykotischen Desinfektion der kontaminierten Umgebung.
Eine inaktivierte Microsporum-canis-Vaccine (CAIRNS et al., 1994) ist in Kanada und den USA im Handel.

Dosierungen der Antimykotika
oral
- Griseofulvin mikrofein: 50–130 mg/kg/Tag
- Griseofulvin ultramikronisiert: 5–10 mg/kg/Tag
- Ketoconazol: 5–7 mg/kg/Tag
- Itraconazol: 5–10 mg/kg/Tag

topisch
- Enilconazol 0,2 % alle 3–5 Tage

Die ebenfalls zu den Pilzerkrankungen gehörende **Kryptokokkose** und die **Sporotrichose** werden wegen ihrer klinischen Ausbildung von granulomatösen Läsionen im Kapitel 5.8., 5.9. besprochen.

3. Immunologische Erkrankungen

In den letzten 15 Jahren sind die Erkenntnisse über immunologische Wirkungsweisen enorm gestiegen. Viele in der Humanmedizin inzwischen erforschte Pathomechanismen werden jedoch noch wegen fehlender Untersuchungen oder mangels geeigneter diagnostischer Testverfahren in der Veterinärmedizin theoretisch vom Menschen auf die Tiere oder auch vom Hund auf die Katze übertragen, obwohl jede Tierart sicherlich ihre eigenen immunologischen Besonderheiten aufweist.

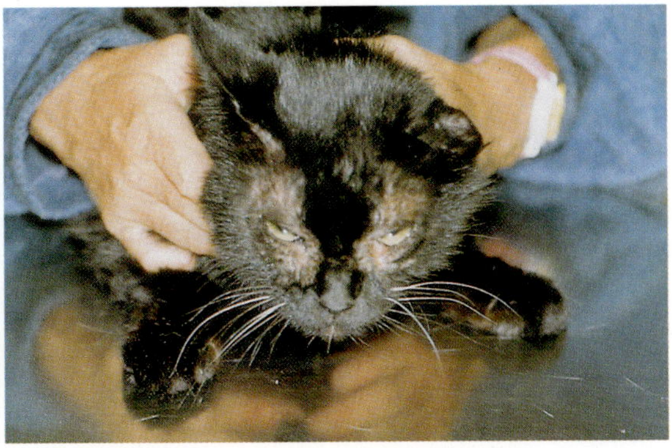

Abb. 49: Atopische Dermatitis periokulär, allergische Conjunctivitis.

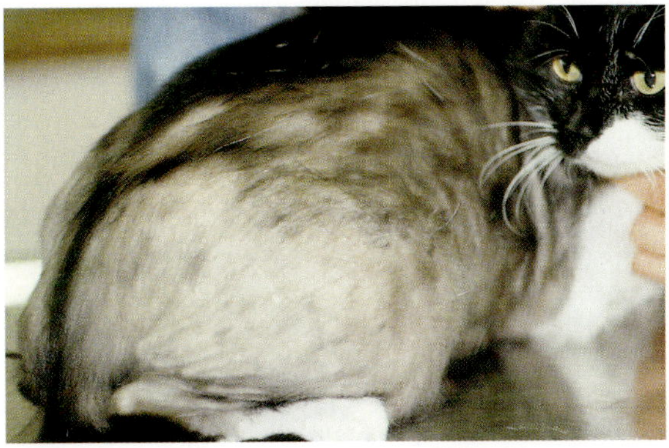

Abb. 50: Alopezie durch allergisch bedingten Juckreiz.

3.1. Allergische Erkrankungen

Unter den bislang gewonnenen immunologischen Erkenntnissen erfolgt eine grobe Einteilung der allergischen Erkrankungen in atopische und nichtatopische Reaktionen.

Der Begriff „Atopie" bezeichnet eine genetisch determinierte Bereitschaft, gegen Umgebungsallergene nach einer Sensibilisierungsphase IgE-Antikörper zu entwickeln mit der Folge von allergischen Erkrankungen. Bei den nichtatopischen allergischen Reaktionen liegt definitionsgemäß keine Prädisposition vor, auf ein Allergen IgE zu produzieren, sondern vornehmlich sind zelluläre Überempfindlichkeitsreaktionen (oft Typ-III und Typ-IV) vorhanden, obwohl die IgE-bedingte Typ-I-Reaktion mitbeteiligt sein kann. Zu den nichtatopischen Reaktionen werden die Flohspeichelallergie, die Futtermittelallergie und die Kontaktallergie gezählt.

3.1.1. Atopie

Obwohl der Nachweis einer familiären Prädisposition bei der Katze noch nicht gesichert ist und das IgE der Katze ebenso wie das canine IgE immunchemisch noch nicht definiert werden konnten [aus diesem Grunde sind die von einigen Labors angebotenen Bestimmungen des spez. IgE im Blut mittels ELISA und RAST sowohl beim Hund als auch bei der Katze (ANDERSON, 1993) sehr unzuverlässig], besteht klinisch kein Zweifel, daß Katzen allergisch auf Antigene reagieren können (HALLIWELL and GORMAN, 1989; BEVIER, 1989). Die allergische Reaktion findet bei der Katze im Unterschied zum Hund sehr viel häufiger im Respirationstrakt statt mit der Ausbildung eines Asthmas, vergleichbar dem des Menschen, mit der Trias von reaktiver, reversibler Bronchokonstriktion, Schleimhautschwellung und Bildung eines abnormen, zähflüssigen Bronchialsekretes. Beim allergischen Asthma spielen neben dem Einatmen von Umgebungsallergenen auch das passive Rauchen (!) eine Rolle, das aber auch zu allergisch bedingtem Pruritus führen kann (PROST, 1993). Ebenso sind Rhinitis und Conjunctivitis bei der Katze häufiger als beim Hund zu sehen (Abb. 49). Die meisten atopischen Katzen sind unter 2 Jahre alt, aber auch ältere Katzen können erkranken, besonders wenn die „allergene Schwelle" durch Flöhe oder/und zusätzliche Futtermittelallergie überschritten wird.

Die atopischen Hautreaktionen der Katze sind von großer Vielfalt. Häufig beginnt die Allergie bei der Katze mit lokalem oder generalisiertem Juckreiz, der sich klinisch nur in einer **Hypotrichose bis Alopezie** bei nicht entzündlicher Haut äußert (Abb. 50). Der Juckreiz führt zu ausdauerndem Lecken und Putzen, und es können dadurch weite Areale am Rumpf, Bauch und an den Hinterbeinen kahlgeleckt sein.

Die klinisch manifeste Alopezie muß differentialdiagnostisch durch mikroskopische Beurteilung der abgeknabberten Haarspitzen von der endokrinen Alopezie unterschieden werden (siehe auch Abb. 102).

Durch das Ansprechen auf die Behandlung mit Megestrolazetat sind früher diese bilateral symmetrisch „kahlgeleckten" Katzen als endokrine Alopezie und psychogene Alopezie fehldiagnostiziert worden. Das Nachwachsen des Haarkleides war jedoch in den meisten Fällen auf die steroidale Wirkung des Megestrolazetats zurückzuführen: Vergleichbar wie durch die Therapie mit Glukokortikoiden verringerte sich der allergisch bedingte Juckreiz; die Haare wurden nicht mehr ausgeleckt, bis die Wirkung des Medikamentes nachließ.

Bei lang andauerndem und stark ausgeprägtem Juckreiz können ulzeröse Läsionen im „Einflußbereich" der Zunge geleckt werden (Abb. 51), während starker Juckreiz im Kopf- und Nackenbereich durch die scharfen Krallen der Hinterpfoten häufig zu dau-

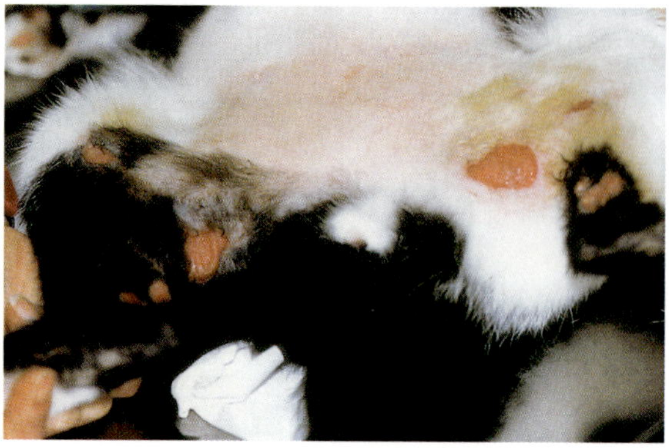

Abb. 51: Alopezie und selbstinduzierte Ulzerationen durch allergisch bedingten Juckreiz.

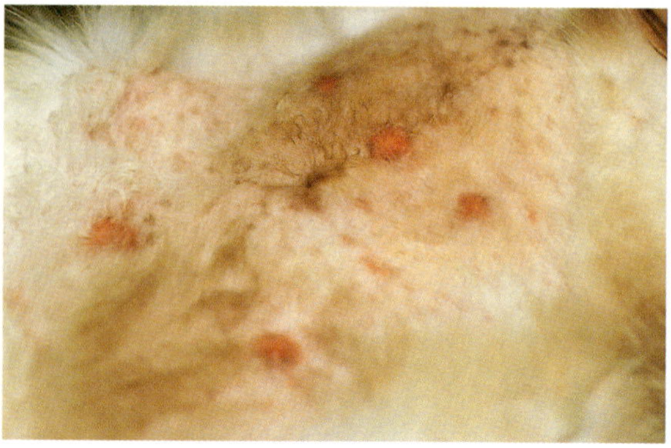

Abb. 52: Allergisch bedingte miliare Dermatitis mit eosinophilen Plaques im Bauchbereich.

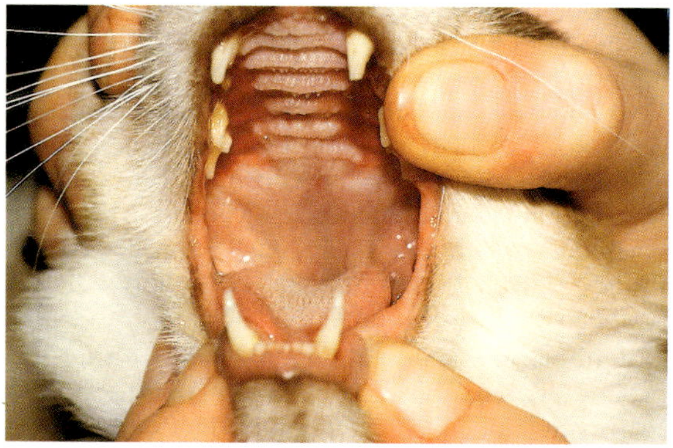

Abb. 53: Dieselbe Katze wie Abb. 52: allergisch bedingte Stomatitis.

erhaften und schweren **Exkoriationen** führt. Vermutlich bedingt durch die im Gegensatz zum Hund vermehrte Anzahl von Mastzellen in der gesunden Haut der Katze, die mit der höchsten Zahl an der Kaudalseite der Ohren und am Kinn vertreten sind (FOSTER, 1994), kommt es bei allergischer Reaktionslage zu einer Degranulation sehr vieler Mastzellen in der Haut mit Ausbildung von papulo-krustösen Dermatitiden, die das Aussehen einer **„miliaren Dermatitis"** bedingen (Abb. 52). Mit der großen Anzahl degranulierender Mastzellen ist eine verstärkte Ansammlung eosinophiler Zellen verbunden, die zur Ausbildung von stark juckenden **eosinophilen Plaques** und **linearen Granulomen** führen können (MILLER, Jr., 1993), die bei atopischen Katzen ebenfalls sehr häufig anzutreffen sind (PROST, 1992). Das für die atopische Dermatitis des Hundes typische Verteilungsmuster des Juckreizes (Pfoten, Vorderseite der Beine, axillär, inguinal, Ohren, Gesicht) und die in der Folge entstehenden typischen Sekundärläsionen (besonders die Lichenifikation) sind bei der Katze nicht in der Art ausgeprägt. Allerdings erscheinen die Läsionen des **eosinophilen Granulom-Komplexes,** die vermutlich ausschließlich allergisch bedingte primäre Hautreaktionen sind, gehäuft an den „atopischen Prädilektionsstellen" (Bauch, Hinterbeine, Pfoten), wie auch die durch den hochgradigen Juckreiz bedingten selbstinduzierten tiefen Exkoriationen vornehmlich im Gesichtsbereich, unter den Ohren und im Nackenbereich auftreten.

Wenn eine Korrelation zwischen dem Auftreten der allergischen Erscheinungen, den vermuteten Allergenen und einem positiven Resultat im intradermalen Hauttest gefunden wird, sollte eine Hyposensibilisierung versucht werden (Abb. 54, 55). Unter einer Hyposensibilisierung mit den relevanten Allergenen kommt es zu einer wesentlichen Besserung der respiratorischen Beschwerden, und auch die meisten Hautprobleme klingen weitgehend ab, ein zusätzlicher Beweis einer IgE-mediierten allergischen Reaktion. Aber dadurch, daß die Katzen langfristige Cortisonbehandlungen besser tolerieren als die Hunde und sie sich wiederholte Injektionen unter der Hyposensibilisierung häufig nur ungern gefallen lassen und mit Streßverhalten reagieren, sind weltweit wesentlich weniger Intradermaltestungen und Hyposensibilisierungen bei Katzen durchgeführt worden, so daß die Erfahrungen leider geringer sind als beim Hund.

a. Klinik

- Juckreiz, besonders Kopf, Nacken, Bauch, Pfoten, aber auch generalisiert
- Alopezie, besonders Bauch und Hinterbeine, oft bilateral symmetrisch
- Erythem, Exkoriationen
- Miliare Dermatitis
- Eosinophiler Granulom-Komplex

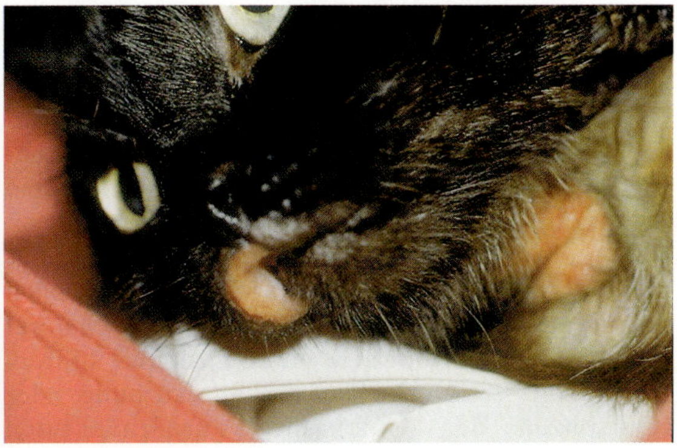

Abb. 54: Indolentes Ulcus und eosinophiles Plaque durch Allergie auf Hausstaubmilben.

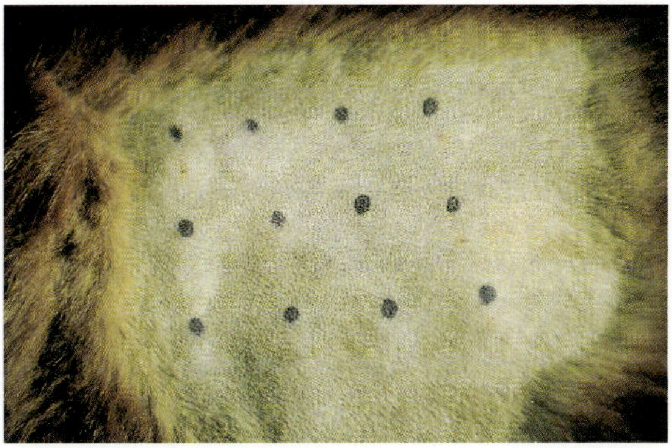

Abb. 55: Intrakutantest der Katze aus Abb. 54 mit positiver Reaktion auf Hausstaubmilben. Verschwinden des eosinophilen Plaques nach Hyposensibilisierung, aber nur Eintrocknung und Stillstand des indolenten Ulcus.

- Kombinationen mehrerer Hautreaktionen
- Bluteosinophilie häufig (bes. beim Asthma)

b. Differentialdiagnose
- Flohallergie
- Futtermittelallergie
- Psychogener Juckreiz
- Kontaktdermatitis
- Ektoparasitosen
- Dermatophytose

c. Diagnose
- Ausschluß der Differentialdiagnosen
- Flohbekämpfung
- Futterumstellung
- Halskragen
- Biopsien
- Die **endgültige Diagnose** basiert auf der **Anamnese,** der **positiven** Reaktion im **intradermalen Hauttest,** der **Korrelation** des Testergebnisses zum Auftreten der Erscheinungen und dem **Ansprechen auf die Therapien,** besonders auf die **Hyposensibilisierung.**

d. Therapien

1. Systemische Glukokortikoide
2. Antihistaminika
3. Hyposensibilisierung

ad 1. Systemische Glukokortikoide

Die Katze zeigt im Gegensatz zum Hund stärkere Resistenzen gegenüber den Glukokortikoiden. Die orale Gabe von Prednison, Prednisolon oder Methylprednisolontabletten erfordert häufig höhere Dosierungen, um einen juckreizstillenden Effekt zu erzielen. In manchen rezidivierenden Fällen hilft der Wechsel zu potenteren und länger wirksamen Cortisonen wie Dexamethason oder Triamcinolon in Tablettenform. Die Katze toleriert Cortisoninjektionen in Depotform meistens ohne Nebenwirkungen, es ist sogar häufig so, daß die orale Cortisonmedikation selbst in höherer Dosierung nicht vergleichbar effektiv ist.

Prednison/Prednisolontabletten: Anfangsdosis von 2 mg/kg/Tag sollte graduell reduziert werden, aber häufig sind 1 mg/kg/Tag nicht mehr ausreichend.

Dexamethasontabletten: Anfangsdosis 1 mg/Katze/Tag für 1 Woche, Erhaltungsdosis 1 mg/Katze 2mal die Woche.

Triamcinolontabletten: 0,25–0,5 mg/Katze/Tag für 1 Woche, dann nur noch 2–3mal wöchentlich. Cortisontabletten sollten bei der Katze abends verabreicht werden.

Methyl-Prednisolonacetat (Depot-Medrate): 3–5 mg/kg s. c. hat sich als injizierbares Depotpräparat für die Katze als sehr effektiv erwiesen.
Nach relativ schneller Besserung wird die Dosierung noch 2mal im Abstand von 2 bis 3 Wochen wiederholt. Allerdings sollten für eine Dauerbehandlung rezidivierender allergisch bedingter Probleme die Abstände zwischen den Injektionen nicht kürzer als 2–3 Monate sein.
Viele Jahre lang sind Katzen mit verschiedenen klinischen Symptomen, vor allem der Alopezie, aber auch mit miliarer Dermatitis, eosinophilem Granulom-Komplex und anderen juckenden Hautproblemen mit Megestrolazetat behandelt worden. Mit dieser Therapie wurden auch zeitweise Verbesserungen erzielt, die jedoch, wie schon erwähnt, vermutlich ausschließlich der steroidalen Wirkung des Megestrolazetats zuzuschreiben sind. Wegen der erheblichen Nebenwirkungen sollte eine Therapie mit Megestrolazetat bei der Katze nicht mehr erfolgen und endlich der Vergangenheit angehören. Nebenwir-

kungen wie Glukoseintoleranz, Diabetes mellitus, Xanthome, Pyometra, adrenale Suppression, enorme Gesäugehyperplasie (auch bei Katern!) und Neoplasien sind dokumentiert.

ad 2. Nichtsteroidale juckreizstillende Medikamente

Ob das Histamin bei allergischen Reaktionen der Katze, sowohl an den Bronchien als auch in der Haut, eine größere Rolle spielt als beim Hund, bei dem Histamin im Gegensatz zu anderen Entzündungsmediatoren wie den Eicosanoiden eine eher untergeordnete Rolle spielt, ist nicht genügend erforscht, so daß die Verwendung von H1- und H2-Antihistaminika auch bei der Katze nur empirisch eingesetzt werden (LÖSCHER, 1994).

Chlorpheniramin: 2–4 mg/Katze oral 1–2mal täglich

Clemastin: 0,68 mg/kg 2mal täglich (SCOTT, 1994)

ad 3. Hyposensibilisierung

Viele Katzen werden naturgemäß sehr unleidlich, wenn es darum geht, daß die Besitzer ihnen regelmäßig Medikamente in Form von Tabletten oder Injektionen geben müssen. Die Hyposensibilisierungen, die bei den Hunden mit wöchentlichen Injektionen von den Besitzern ohne Probleme selbst durchgeführt werden können, stoßen daher bei vielen Katzenbesitzern zunächst auf skeptische Ablehnung. Erst wenn die Therapie mit systemischen Glukokortikoiden nach längerer Zeit an Wirkung verliert oder aber die Nebenwirkungen (Diabetes mellitus, iatrogener Cushing) doch stärker werden, finden sich die Besitzer zur Hyposensibilisierung bereit.

Die Durchführung der Hyposensibilisierung erfolgt nach den gleichen Kriterien wie beim Hund (REEDY et al., 1989). Durch ein- bis zweimal wöchentliche subkutane Injektionen zunächst stark verdünnter wäßriger Lösungen der positiv getesteten Allergene wird durch steigende Konzentrationen eine Umstimmung der für die allergischen Reaktionen verantwortlichen Zytokine und Antikörper zu erreichen versucht. Die Geschwindigkeit der Konzentrationserhöhung der Lösungen sollte individuell angepaßt sein und ist auch abhängig von der verwendeten Allergenzubereitung.

3.1.2. Flohallergie

Die allergischen Reaktionen auf Bestandteile des Flohspeichels sind komplexer Natur. Beteiligt sind die IgE-mediierte Sofortreaktion, die zellmediierte Spätreaktion, die kutane basophile Hypersensitivität und eventuelle Beteiligungen von Spätphasen- und IgG-mediierten Arthusreaktionen (HALLIWELL, 1993). Sie können bei Katzen aller Altersgruppen auftreten, das vorherrschende Merkmal ist der Juckreiz. Die Flohallergie ist unabhängig von der Anzahl der Flöhe und der Flohbisse. Die allergische Hautreaktion manifestiert sich am häufigsten als **miliare Dermatitis,** die auf der **hinteren Rückenpartie** ein hinweisendes Signal für eine Flohallergie ist, aber genauso häufig tritt sie am Bauch, am Kopf, Hals und im Nacken, an den Oberschenkeln oder auch generalisiert auf. Der **Juckreiz** kann aber auch durch intensives Lecken und Putzen zu bilateral symmetrischen **Alopezien** ohne Läsionen führen, wobei die mikroskopische Untersuchung der Haarspitzen den Unterschied zur endokrinen Alopezie liefert. Auch beim **eosinophilem Granulom-Komplex** sollte immer neben der Atopie die Flohallergie in Betracht gezogen werden, besonders wenn es sich um Katzen mit Freigang handelt oder sie in Gemeinschaft mit Hunden leben (Abb. 56–59).

a. Klinik

- Juckreiz
- Hypotrichose / Alopezie auf kaudaler Rückenpartie und Schwanzansatz
- Symmetrische Alopezie am Bauch und in den Flanken, mit und ohne Läsionen
- Miliare Dermatitis
- Exkoriative Läsionen bei starkem Juckreiz
- Eosinophiler Granulom-Komplex
- Kombinationen mehrerer Hautreaktionen
- Lymphadenopathie

b. Differentialdiagnose

- Futtermittelallergie
- Atopie
- Psychogener Juckreiz
- Kontaktdermatitis
- Ektoparasitosen
- Dermatophytose

c. Diagnose

- **Nachweis von Floh / Flohkot**
  Bei allergisch reagierenden Tieren sind Flöhe und Flohkot wegen des vermehrten Putztriebes der Katze oftmals nicht zu finden.
- **Intradermaltest** mit 0,05 ml 1:1000 w/v wäßrigem Flohextrakt (Greer). Wenn nach 15–30 Minuten keine Sofortreaktion sichtbar ist, muß das Testfeld wegen der allergischen Spätreaktion nach 24 und 48 Stunden kontrolliert werden. Die verzögerte Reaktion kann eventuell dann als Hautverdickung gefühlt werden. Allerdings ist der negative Ausfall des intradermalen Hauttestes kein Beweis für das Nichtvorhandensein einer Flohallergie.
- **Besserung nach erfolgreicher Flohbekämpfung.**

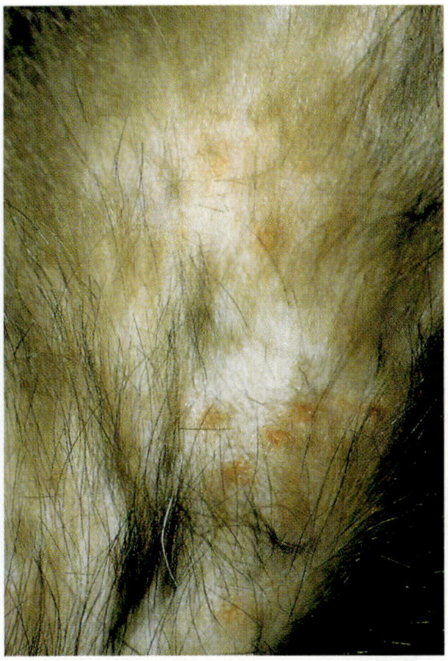

Abb. 56: Miliare Dermatitis im hinteren Rückenbereich durch Flohallergie.

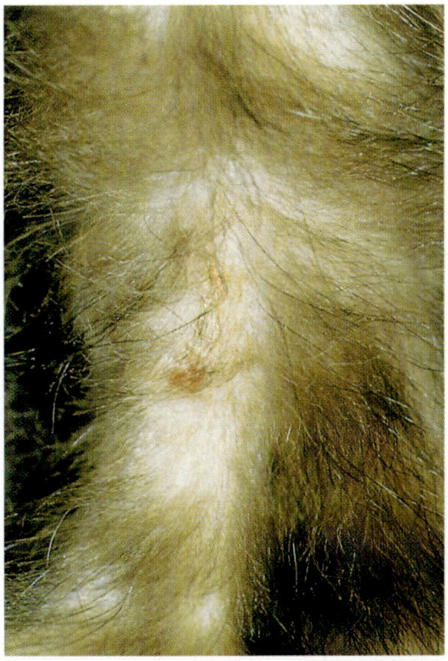

Abb. 57: Dieselbe Katze wie in Abb. 56 mit Flohallergie, Schwanzbereich.

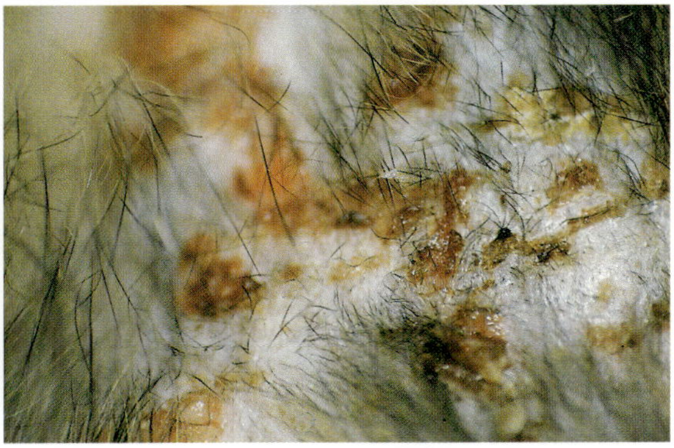

Abb. 58: Tiefgehende, selbstzugefügte Bißläsionen wegen Juckreiz durch Flohallergie.

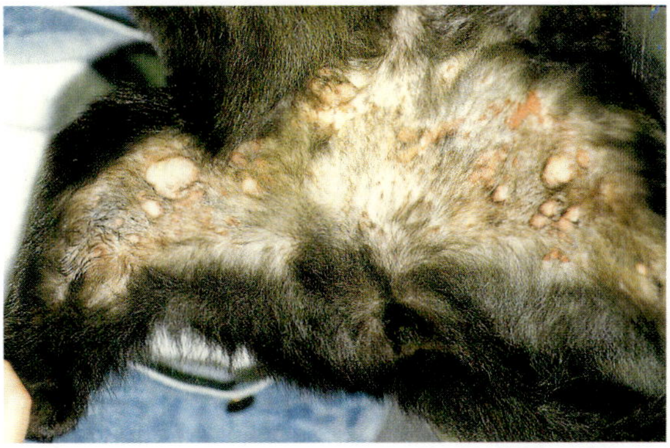

Abb. 59: Viele verschieden große eosinophile Plaques im Bauchbereich und an der Innenseite der Oberschenkel durch Flohallergie.

d. Therapie

Beim klinischen Verdacht auf eine allergische Dermatitis muß eine Flohbehandlung erfolgen, auch wenn kein Floh oder Flohkot gefunden wurden.

– 1. Flohbekämpfung

Die erfolgreichste Therapie liegt in der dauerhaften Elimination der Flöhe. Hierzu ist die alleinige Flohbekämpfung auf der Katze mit systemisch wirksamen Mitteln unzulänglich, zumal die Flöhe erst durch den Kontakt mit der Katzenhaut absterben, die Katze aber auf den Flohspeichel die Allergie entwickelt hat. Wichtig ist die gleichzeitige Flohbekämpfung in der Umgebung der Katze, die bei der Möglichkeit der rezidivierenden Ansteckung durch Freigang oder Hunde ganzjährig erfolgen muß (siehe S. 307).

– 2. Behandlung der allergischen Flohdermatitis

Der Einsatz von systemischen Glukokortikoiden ist bei der Reduktion der allergischen Symptome hilfreich, aber auf Dauer selbst unter hohen Dosierungen weniger effektiv, wenn die Flöhe nicht gleichzeitig eliminiert werden.

Ausführliche Besprechung der Glukokortikoidtherapie siehe S. 317.

- Injektion von 20 mg Methylprednisolonacetat (Depot Medrate) s. c. / Katze, nicht öfter als alle 3 Monate
- Prednisolon-/Prednisontabletten: 2 mg/kg/Tag für 1 Woche, dann Reduktion alternierend jeden 2. Tag, wenn noch nötig

- Die Hyposensibilisierung gegen Flöhe ist nicht effektiv und in unseren Breitengraden nicht notwendig.

3.1.3. Futtermittelallergie

Die allergische Reaktion auf Bestandteile im Futtermittel kann schon sehr früh im Alter von 6 Monaten, aber auch in jedem späteren Alter auftreten und ist nicht auf einen Wechsel im Futterangebot zurückzuführen, wie viele Besitzer meinen, sondern tritt meist als Reaktion auf das Futter auf, das die Katzen schon über einen sehr langen Zeitraum fressen. Der echten Futtermittelallergie liegt vermutlich eine Kombination der allergischen Reaktionen vom Typ I, Typ III und Typ IV zugrunde (HALLIWELL und GORMAN, 1989), und sie muß unterschieden werden von einer Futtermittelintoleranz nichtimmunologischen Ursprungs, was klinisch sehr schwer ist. Nach einer Phase der wochenlangen Eliminationsdiät ist nach der Abheilung durch die einmalige Provokationsfütterung des vermutlich allergenen Futters die allergische Reaktion wiederholbar, wobei die Symptome sehr schnell nach 15 bis 30 Minuten, aber auch verzögert nach 24 Stunden oder noch wesentlich später nach bis zu 10 Tagen auftreten und oft sehr lange Zeit, zwischen 1 bis zu 9 Wochen zur klinischen Abheilung benötigen (ROSSER, Jr., E., 1992). Kommt es während der Eliminationsdiät nur zur partiellen Remission der klinischen Befunde, muß an eine zusätzliche Hypersensitivität wie Atopie und/oder Flohallergie gedacht werden. Die klinischen Symptome können den Gastrointestinaltrakt (Erbrechen, Durchfall, Colitis) oder die Haut oder auch beide Organe betreffen. Die Symptome der Haut gleichen denen der Flohallergie und der Atopie, es besteht dauerhafter Juckreiz ohne saisonalen Bezug und in manchen Fällen ohne wesentliche Beeinflußbarkeit durch Corticosteroide.

Neben dem immer vorhandenen schweren Juckreiz, sehr häufig im Kopfbereich, aber auch an anderen Körperregionen oder generalisiert, werden ebenfalls sehr häufig andere Hauterscheinungen wie miliare Dermatitis, juckreizbedingte Alopezie, erosive bis exkoriative Dermatitis besonders im Kopf- und Nackenbereich und eosinophile Plaques und eosinophile Granulome gesehen (CARLOTTI et al., 1990).

Die Futtermittelallergie kann durch alle Bestandteile des Futters ausgelöst werden, häufige Allergene sind Eiweiße, bestimmte Getreidesorten, Futterzusatzstoffe und Verdickungsmittel. Die Futtermittelallergie kommt nach Meinung des Autors sowohl beim Hund als auch bei der Katze wesentlich häufiger vor, als bislang in der Literatur angegeben wird, zumindest leistet sie einen nicht unerheblichen Beitrag zur Erreichung der „allergenen Schwelle“, sichtbar an der Verminderung der allergischen Symptome bei konsequenter Futterumstellung. Bei allen rezidivierenden allergischen Hautreaktionen sollten daher die Besitzer eine umfassende Aufklärung über Nahrungsmittelallergien erhalten.

Leider sind die Tierbesitzer „dank“ eindringlicher Werbekampagnen der Futtermittelhersteller der Meinung, selbst zubereitetes Futter wäre für Katzen und Hunde unzureichend und schädlich. Es bedarf intensiver Gespräche, sie davon zu überzeugen, daß die Haustiere bis vor 30 Jahren noch ausreichend mit abwechslungsreichen Essensresten ihrer Besitzer gefüttert wurden, die damals noch nicht abwertend „Tischabfälle“ genannt wurden, damals die Tiere aber noch nicht allergische Reaktionen in dem Maße hatten wie heute.

a. Klinik (Abb. 60–65)
- Nichtsaisonaler Juckreiz, besonders im Ohren-, Gesichts-, Kopf- und Nackenbereich, Generalisierung möglich
- Erythem, Ödem der Augenlider, selbstinduzierte Exkoriationen
- Ausgedehnte Hypotrichosen und Alopezien, durch Juckreiz „kahlgeleckt“
- Miliare Dermatitis
- Eosinophiler Granulom-Komplex (eosinophile Plaques, lineares Granulom)
- Otitis externa
- Kombinationen der Hautreaktionen

b. Differentialdiagnose
- Flohallergie
- Atopie
- Psychogener Juckreiz
- Kontaktdermatitis
- Ektoparasitosen
- Dermatophytose

c. Diagnose
- 1. Eliminationsdiät
- 2. Biopsie

ad 1. Eliminationsdiät

Nach Ausschluß der Differentialdiagnose ist die endgültige Diagnose nur durch Eliminationsdiät über mindestens neun Wochen und nach anschließender Provokationsfütterung des verdächtigten allergenen Futters zu stellen, wobei dann häufig das die Allergie auslösende Antigen im kommerziellen Fertigfuttermittel durch die Vielzahl der Möglichkeiten weiterhin unbekannt ist. Daher ist zunächst das Vermeiden jeglichen Fertigfutters unumgänglich. Für die Eliminationsdiät sollte nicht eine sogenannte „hypoaller-

Abb. 60: Katze mit Futtermittelallergie.

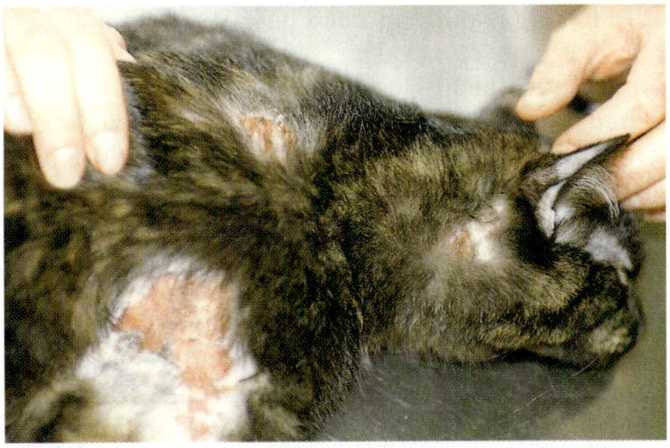

Abb. 61: Große eosinophile Plaques und selbstzugefügte Exkoriationen durch hochgradigen Juckreiz; Verdacht Futtermittelallergie.

Abb. 62: Durch Kratzen bedingte Exkoriation im Gesicht durch Futtermittelallergie.

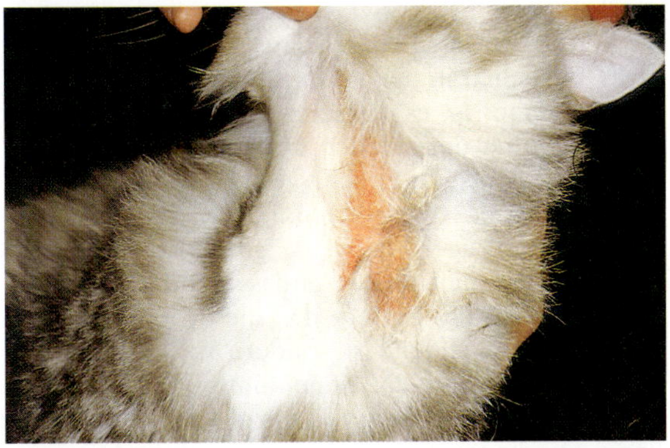

Abb. 63: Dieselbe Katze wie in Abb. 62, eosinophiles Plaque am Hals durch Futtermittelallergie.

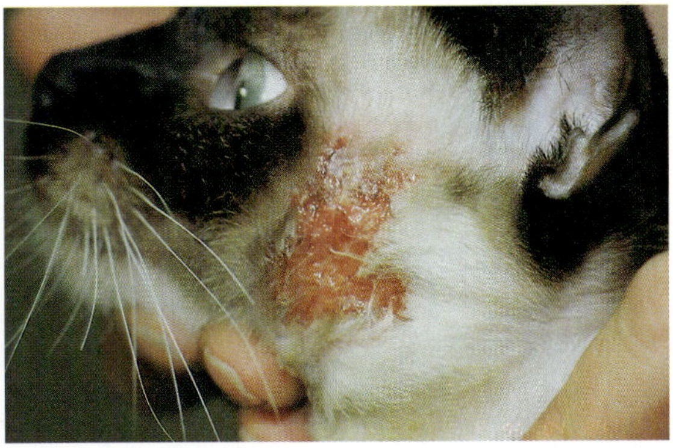

Abb. 64: Durch Kratzen bedingte Exkoriationen beidseitig im Gesicht durch Futtermittelallergie.

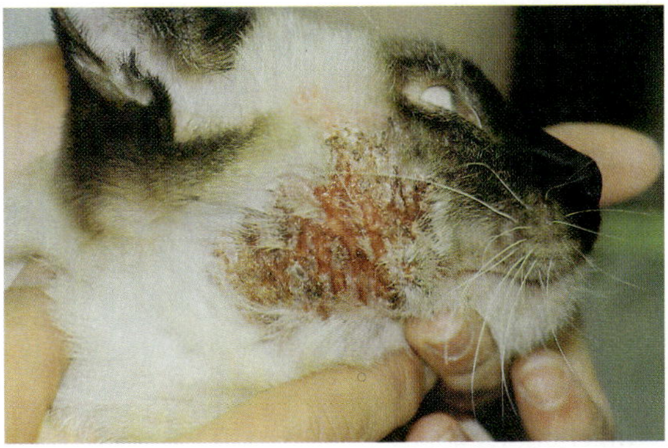

Abb. 65: Andere Gesichtshälfte der Katze von Abb. 64.

gene Diät“ mit kommerziellem Fertigfutter angeboten werden, sondern es muß eine Futterumstellung auf selbst zubereitetes Futter angestrebt werden.

Eliminationsdiät bedeutet Eiweiß und Kohlenhydrate über mindestens 2 Monate von einer einzigen Quelle (ROSSER, Jr., E., 1992). Das tierische

Eiweiß sollte während der Phase der Eliminationsdiät nur von einem Tier stammen, das möglichst vorher noch nicht Bestandteil des Fertigfutters gewesen ist, was durch das enorm vielfältige Angebot an Fertigfuttern erschwert wird. Da die meisten handelsüblichen Diäten Rindereiweiß enthalten, sollte die Proteinquelle von einem anderen Tier stammen. Kaninchen-, Wild-, Lamm- oder Geflügelfleisch werden von den Katzen akzeptiert. Den Besitzern muß aber verdeutlicht werden, daß auch Milch und Schlagsahne Rindereiweiß enthält, so daß zunächst alle Produkte vom Rind vermieden werden müssen. Die Kohlenhydrate sollten ebenfalls über den gesamten Zeitraum nur von einer Quelle stammen, es eignen sich Kartoffelpüree aus gekochten Kartoffeln, ohne Milch und ohne Butter, und zunächst kein Fertigprodukt aus der Tüte.

Viele Katzen zeigen ein sehr ausgeprägtes, eigensinniges Verhalten in der Akzeptanz des angebotenen Futters, daher ist es oft sehr schwierig, sie auf ein anderes Futter umzustellen, besonders wenn sie das zuvor gegebene Futter sehr gerne gefressen haben. Hier ist es wiederum notwendig, den Tierhalter davon zu überzeugen, daß eine gute Akzeptanz des Futters nicht gleichbedeutend sein muß mit einer guten Qualität des Futters, daß die Proteinquelle allein nicht entscheidend ist, sondern auch die Qualität des Proteins, und daß eine allergische Reaktion jederzeit auf viele Nahrungsbestandteile auftreten kann. Die konsequente Futterumstellung kann nur erreicht werden, wenn der Tierhalter von der Notwendigkeit überzeugt ist, sonst wird er spätestens nach der zweiten Futterverweigerung der Katze auf das gewohnte Futter zurückgreifen, damit sein Tier nicht verhungert. Am leichtesten wird die Futterumstellung durch allmähliches Zumischen des neuen Futters bei gleichzeitiger Reduktion des alten Futters erreicht, bis es ganz weggelassen wird. Aber es muß dem Tierhalter bewußt sein, daß auch nur „ein einziges Leckerchen" oder eine „Belohnung" mit dem allergenen Fertigfutter ausreichend für ein Rezidiv sein kann.

Bei sehr ausdauernden Futterverweigerern ist die Anwendung eines „Kunstgriffes" ausnahmsweise möglich: Diazepam (Valium) und Oxazepam (Adumbran) eignen sich als Appetitanreger.

ad 2. Biopsie

Neben dem eosinophilen Plaque und dem kollagenolytischen Granulom (lineares Granulom), die auch bei Atopie und Flohallergie vorkommen, sind die Infiltration von Mastzellen und Eosinophilen dominierend, meist sind der oberflächliche und der tiefe Gefäßplexus betroffen, wobei die tiefe perivasculäre, eosinophile Dermatitis diagnostisch für eine Futtermittelallergie ist, aber auch die lichenoide Mastzellinfiltration kann für eine Futtermittelallergie (v. TSCHARNER, 1992) sprechen.

Der Intradermaltest und die In-vitro-Blutuntersuchungen mittels ELISA oder RAST sind zur Bestimmung der Nahrungsmittelallergene nicht brauchbar.

Tabelle 1: Selbstgemischte Rationen für Katzen (ca. 4 kg KM) mit Futtermittelallergie (KIENZLE, 1995, persönliche Mitteilung)

Futtermittel in Gramm	Lamm	Pute	Wild	Kaninchen	Pferd	Fisch
Lammfleisch	75*					
Putenfleisch		100*				
Wild (z. B. Reh)			75*			
Kaninchen				70*		
Pferdefleisch					120*	
Kabeljau						190*
Leber **	15	15	15	15	15	15
gek. Kartoffeln	25	25	25	25	25	25
Mineralfutter ♣	4	4	4	4	4	6

*) Fleischmenge variiert in Abhängigkeit vom Fettgehalt, bei geringerem Fettgehalt höhere Menge und vice versa (nicht zu fettes Fleisch einkaufen und ausprobieren, ob angegebene Menge zu Gewichtsveränderung führt, dann entsprechend variieren)

**) Leber von einer Spezies, deren Fleisch vertragen wird. Beim Kabeljau muß evtl. Leber von einer Landtierart verfüttert werden. Für die Berechnung der Rationen wurden mittlere Vitamin-A-Gehalte der Leber zugrunde gelegt, die variieren können.

♣ Mineralstoffmischung siehe Tabelle 2.

◆ Sofern verträglich, können unterstützend zusätzlich Sonnenblumenöl (Linolsäure) oder Nachtkerzenöl (γ-Linolensäure, Kapsel nicht mitfüttern!) und/oder Fischöl in kleiner Dosierung (ca. 1 g) verfüttert werden.

◆◆ Die Ration muß außerdem noch mit Vitamin D (40 IE), E (10 mg), B_1 (0,5 mg) und evtl. B_6 (0,2 mg) ergänzt werden.

d. Therapie

– 1. Futter

Die beste Therapie besteht ebenso wie bei allen anderen Allergien in der Vermeidung des auslösenden Antigens, dessen Identifizierung bei der Futtermittelallergie sich oft sehr schwierig und zeitaufwendig gestaltet. Wenn der Wunsch der Besitzer nach kommerziellem Futter groß ist, so kann nach der Besserung unter der Eliminationsdiät der Versuch unternommen werden, ausschließlich jeweils nur ein bestimmtes Produkt für etwa eine Woche zu füttern und die Reaktion abzuwarten.

In diesem Fall sollte das Futtermittel ein sogenanntes „hypoallergenes Produkt" sein, das relativ wenige und vorher noch nicht gefütterte Einzelfuttermittel enthält. Auf diese Weise können jeweils nacheinander die verschiedenen Produkte auf ihre Verträglichkeit getestet werden. Bei der Auswahl der Produkte sollte man sich nach der Deklaration orientieren. In absehbarer Zeit müssen bei solchen Diätfuttermitteln die Einzelfuttermittel deklariert werden (viele Hersteller tun dies auch heute schon freiwillig), so daß man Produkte meiden kann, die Futterbestandteile enthalten, welche im Verdacht stehen, bei dem betreffenden Patienten allergen zu wirken.

Im Gegensatz zu einer selbstgemachten Diät ist es allerdings schon aus technischen Gründen bei kommerziellen Diätfuttern weitaus schwieriger, die Zahl der Einzelbestandteile zu reduzieren. Es kann deshalb sein, daß die Katze auf kommerzielle „hypoallergene" Futtermittel mit Rezidiven reagiert. In diesem Fall muß auf Dauer hausgemachtes Futter angeboten werden. Es bieten sich hier Kombinationen an von **25 % gekochten Kartoffeln** (als Brei, aber nicht als Fertigprodukt aus der Tüte) und **75 % Fleisch** von Tierarten, das selten verfüttert wird. Dazu gehören z. B. Kaninchen, Wild, Pute, Pferd, Lamm und Fisch (Tab. 1). Vermieden werden sollten solche Fischsorten, die von sich aus Histamin freisetzen. Erfahrungsgemäß ist Kabeljau gut geeignet. Das Fleisch sollte nicht zu fett sein, damit die Proteinzufuhr nicht zu gering ist. Diese Rationen können während der zwei- bis dreimonatigen Phase der Eliminationsdiät ohne Probleme verfüttert werden, auf die Dauer könnten aber verschiedene Mengen- (Calcium, Phosphor, Natrium, evtl. auch Magnesium) und Spurenelemente sowie Vitamine fehlen. Der Arachidonsäure- und der Taurinbedarf sind in der Regel gedeckt. Kommerzielle Mineralfutter sind häufig zur Ergänzung solcher Rationen nicht geeignet, da sie als Trägersubstanzen verschiedene allergene Bestandteile enthalten können (z. B. Getreideprodukte, Knochenmehl, Gelatine), die möglicherweise alle Bemühungen wieder zunichte machen. Die Ergänzung mit Mengen- und Spurenelementen kann über eine aus chemisch reinen Verbindungen hergestellte Mischung (Tab. 2.) erfolgen. Schwieriger ist dagegen die Ergänzung mit Vitaminen, da diese aus Gründen der Stabilität meist nicht in chemisch reiner Form vorliegen. Ein Teil der Vitamine kann durch Verfütterung von 10–15 % Leber (natürlich nur von der Tierart, auf die der Patient nicht allergisch reagiert) zugeführt werden. Einer höheren Leberverfütterung sind durch die hohen Vitamin-A-Gehalte jedoch Grenzen gesetzt, es besteht sonst die Gefahr einer Intoxikation. Die fehlenden Vitamine (D, E, B_1, evtl. B_6) sind einzeln, jedoch nicht als Reinsubstanz erhältlich. Sie sollten nacheinander auf Verträglichkeit geprüft werden. Kombinationspräparate mit Vitamin A sollten wegen der ohnehin reichlichen Versorgung durch die Leber gemieden werden.

Tabelle 2: Mineralstoffmischung für selbsthergestellte Rationen (KIENZLE, persönliche Mitteilung)

Chemische Verbindung	% ♣
$CaCO_3$	2,08
Ca-Glukonat	63,6
$Ca(H2Po4)_2{*}2H_2O$ (Calcium-Mono-Phosphat)	12,7
NaCL	19,6
MgO	1,4
Fe-Fumarat	0,35
ZnO	0,2
$MnSO_4$	0,063
KJ	0,0067

♣ Gehalte in 100 g Mineralstoffmischung: Ca 8 g, P 2,8 g, Na 7,5 g, Mg 700 mg, Fe 110 mg, Zn 150 mg, Mn 23 mg, J 5 mg

Es muß bedacht werden, daß alle Zusätze und Ergänzungen das Risiko einer Unverträglichkeit oder Allergie mit sich bringen. Dazu gehört die bei Fleischfütterung überflüssige Taurinergänzung durch Muschelsaft. Desgleichen sollten bei einer Ergänzung mit ungesättigten Fettsäuren die Präparate ohne die Kapseln verfüttert werden.

– 2. Die unterstützende Maßnahme mit ungesättigten Omega-6- und Omega-3-Fettsäuren, auch mit den neu auf den Markt kommenden Diätfuttermitteln, in denen das Omega-6:Omega-3-Verhältnis auf 5:1 und 10:1 optimiert wird, ist wahrscheinlich vor allem dann erfolgversprechend, wenn außerdem auch die Allergene aus der Nahrung eliminiert werden. Ob diese Therapie eine Eliminationsdiät ersetzen kann, ist als äußerst fraglich anzusehen und bedarf einer wissenschaftlichen Überprüfung.

– 3. Glukokortikoide können zur Linderung des Juckreizes eingesetzt werden, sind aber bei der Futtermittelallergie nicht in dem gleichen Maße erfolgreich wie bei der Atopie. Dosierungen siehe unter Atopie.

3.2. Plasmazelluläre Pododermatitis

Die plasmazelluläre Pododermatitis ist nur bei der Katze beschrieben, tritt aber wesentlich seltener auf als die relativ häufig vorkommende plasmazelluläre Gingivitis/Pharyngitis (Stomatitis), die meistens in Verbindung mit unterschiedlichen Hauterkrankungen gesehen wird. Beide Krankheitserscheinungen können bei derselben Katze gleichzeitig vorhanden sein. Die Pathogenese sowohl der plasmazellulären Pododermatitis als auch der plasmazellulären Stomatitis ist weitgehend unbekannt, sie hat vermutlich eine multifaktorielle Ätiologie. Es wird sowohl eine virale (FeLV/FIV) als eine immunmediierte Komponente diskutiert (GUAGUÈRE, E., und P. PRÈLAUD, 1991). Saisonale Rezidive und die therapeutische Beeinflussung eigener Fälle durch Glukokortikoide lassen ebenfalls eine allergische Genese vermuten (Abb. 66–69). Die Pododermatitis beginnt mit einer nicht schmerzhaften Schwellung oft mehrerer Ballen, meist der Metacarpal- oder Metatarsalballen, aber auch die Zehenballen können betroffen sein. Später kann es zu sehr schmerzhaften ulzerösen Veränderungen kommen, die zu hochgradigen Lahmheiten führen, mit Beteiligung der regionären Lymphknoten. Je nach zugrunde liegender Ätiologie zeigen die Katzen eine mehr oder weniger starke Beeinträchtigung ihrer Gesundheit und evtl. serologische Veränderungen (FIV/FeLV evtl. positiv, Anämie, Neutrophylie, Lymphozytose, Eosinophilie). Die Diagnose gründet sich auf das klinische Bild, das Ergebnis der Biopsie und das Ansprechen auf die Therapie. Die Prognose ist vorsichtig zu stellen.

a. Klinik
- Schwellung der Ballen
- Ulzeröse Granulombildung

b. Differentialdiagnose
- Kollagenolytisches Granulom
- Eosinophiles Plaque
- Pockeninfektion
- Autoimmunerkrankungen
- Tumore
- Kontaktdermatitis

c. Diagnose
- Aspirationszytologie
- Biopsie

d. Therapie (abhängig von vermuteter und nachgewiesener Ätiologie)

1. Versuch mit syst. Glukokortikoiden: Depot-Medrate, 5 mg/kg s. c.
2. chirurgische Exzision

3.3. Autoimmunerkrankungen

Im klassischen Sinne sind Autoimmunerkrankungen dadurch bedingt, daß humorale oder zelluläre Antikörper gegen körpereigene Zellen oder Zellstrukturen eine Überempfindlichkeitsreaktion auslösen: die „Eigen-fremd-Erkennung" versagt. Durch die Immunantwort resultieren pathologische Veränderungen mit unterschiedlich schwerwiegenden Verlaufsformen, je nachdem, welche Auswirkungen die betroffenen Zellschädigungen verursachen.
Die in der Veterinärmedizin bislang übliche Nomenklatur der autoimmunen Dermatosen richtet sich nach der Einteilung in der Humanmedizin, obgleich neben Ähnlichkeiten auch z. T. große Unterschiede in der klinischen und histologischen Ausprägung bestehen (z. B. mit seröser Flüssigkeit gefüllte z. T. große Bullae beim Menschen, dagegen selten und nur sehr kurzfristige Bullae beim Hund, die sehr schnell in Pusteln übergehen, bei der Katze durch die sehr dünne Epidermis nur außerordentlich selten anzutreffende Vesikel). Des weiteren existieren in der Veterinärmedizin bislang noch ungenügende wissenschaftliche Erkenntnisse über die Auto-Antikörper der jeweiligen Erkrankungen, so daß nicht genau bekannt ist, ob sie gegen die gleichen Antigene wie beim Menschen gerichtet sind. Es könnte daher sein, daß unterschiedliche Pathomechanismen zugrunde liegen und damit eine eigene Nomenklatur erforderlich wird.
Im nachfolgenden erfolgt eine klassische Einteilung der autoimmunen Dermatosen. Die auslösenden Antigene sind beim Menschen weitgehend, beim Hund nur zum Teil, bei der Katze noch nicht bekannt. Durch klinisch und histologisch ähnliche Erscheinungsformen wird diese Einteilung zunächst auch auf die Katze übertragen.
Klinisch sind die autoimmunen Hauterkrankungen gekennzeichnet durch **bullöse Dermatosen,** eine Gruppe schwerer, z. T. fataler Krankheiten, hervorgerufen durch Autoantikörper, die gerichtet sind:

1. **gegen** Membranantigene der **Keratinozyten** mit der Folge von Kohärenzverlust der Epidermalzellen, so daß epidermale Spalten **(Akantholyse)** entstehen (Abb. 70, 71).

Pemphigusgruppe:
- **Pemphigus foliaceus,** am häufigsten bei der Katze und beim Hund (Desmoglobin-1-Antigen beim Hund und Menschen)

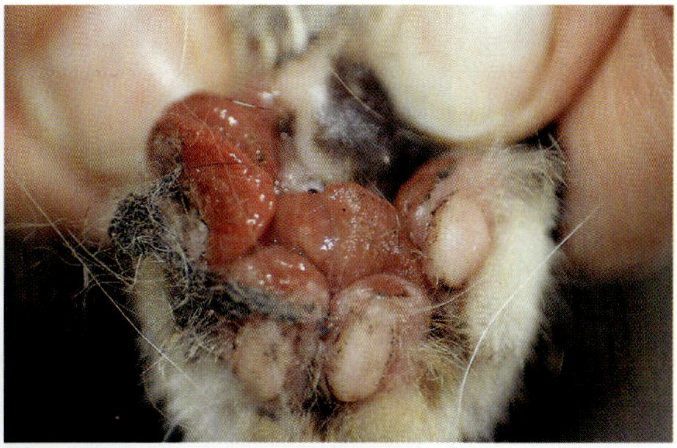

Abb. 66: Allergisch bedingte nässende, granulomatöse Pododermatitis mit Eosinophilen und Plasmazellen. Abheilung unter Glukokortikoiden, aber bei nachlassender Wirkung Rezidive.

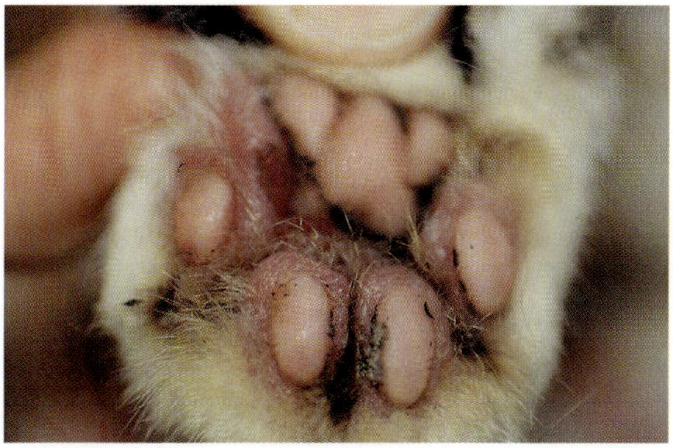

Abb. 67: Dieselbe Katze wie Abb. 66 mit Schwellung der Pfotenballen.

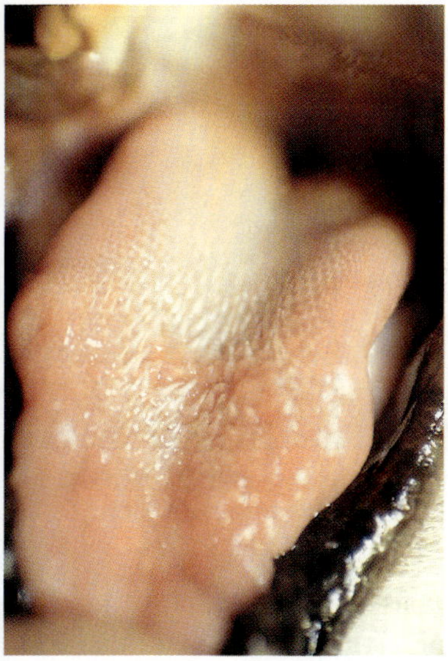

Abb. 68: Dieselbe Katze wie Abb. 66 und 67 mit granulomatösen Veränderungen der Zunge; Abheilung unter Glukokortikoiden.

Abb. 69: Dieselbe Katze wie Abb. 66 bis 68 mit granulomatöser Veränderung der Unterlippe.

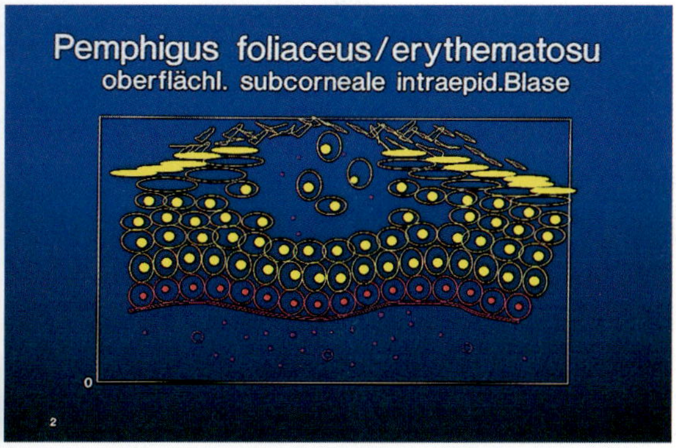

Abb. 70: Schema Epidermis; oberflächliche Bulla mit der Loslösung von „akantholytischen Zellen" durch Pemphiguserkrankung.

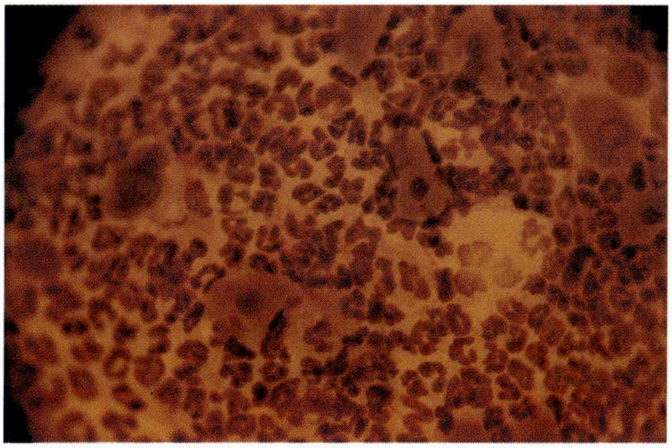

Abb. 71: Abklatschpräparat mit akantholytischen Zellen zwischen Granulozyten.

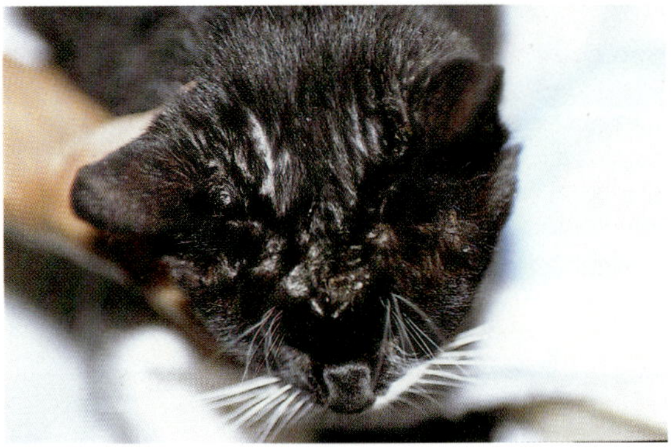

Abb. 72: Schuppig-krustöse Dermatitis durch Pemphigus foliaceus.

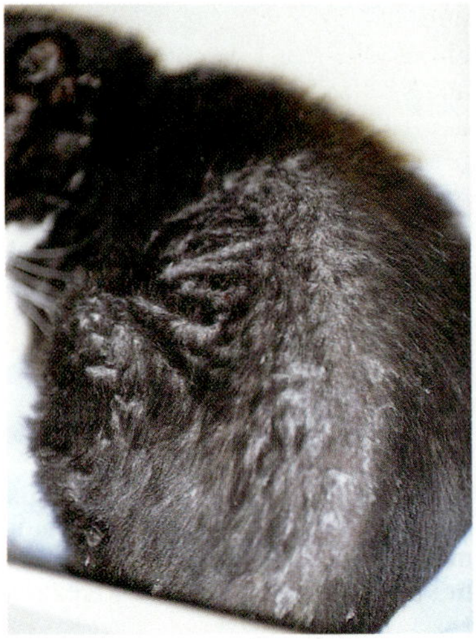

Abb. 73: Dieselbe Katze wie Abb. 72 mit Pemphigus foliaceus.

Abb. 74: Dieselbe Katze; generalisierte Veränderungen durch Pemphigus foliaceus vom Kopf bis in die Schwanzspitze.

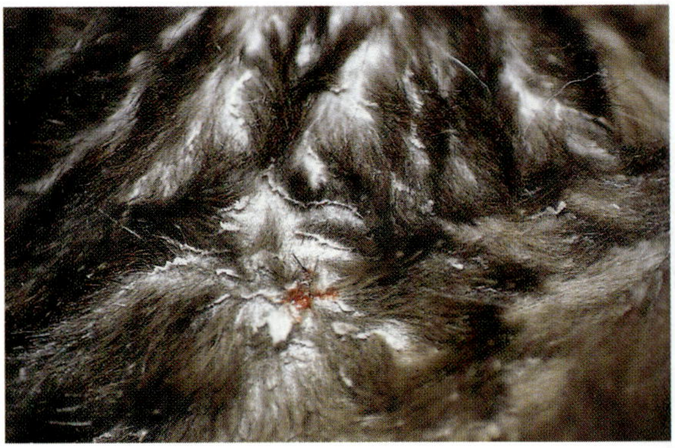

Abb. 75: Nahaufnahme mit aufgeplatzter Epidermis; im Abklatschpräparat die akantholytischen Zellen wie in Abb. 71.

- **Pemphigus erythematosus** (Antikörper gegen Keratinozyten und Basalmembran, Merkmale zwischen syst. Lupus erythematodes und P. foliaceus)
- **Pemphigus vulgaris** (am häufigsten beim Menschen, selten bei der Katze und beim Hund)

2. **gegen** die **dermo-epidermale Basalmembran** (Hemidesmosomen) mit der Folge von dermoepidermalem Kohärenzverlust, der zur Spaltenbildung über der Basalmembran führt.
   - **Pemphigoidgruppe: bullöses Pemphigoid** (bullöses Pemphigoid-Antigen beim Menschen und beim Hund).
3. **gegen** Produkte und Strukturen der **Zellkerne** (z. B. DNS), dadurch Entstehung von zirkulierenden Immunkomplexen und deren Ablagerung in verschiedenen Geweben und Organen, Aktivierung des Komplementsystems mit der Folge von Gewebszerstörung mehrerer Organe (Gelenke, Nieren, Haut etc.).
   - **Systemischer Lupus erythematodes (SLE)**
   - **discoidaler Lupus erythematodes** (gutartige Form des LE ohne multisystemische Beteiligung, nur auf die Haut im Gesicht beschränkt).

3.3.1. Pemphigus foliaceus

Der Pemphigus foliaceus ist die häufigste Form des Pemphiguskomplexes bei der Katze, es bestehen keine Alters- und Rassebegrenzungen, weibliche Katzen scheinen bevorzugt zu erkranken (GREEK, 1993). Klinisch dominiert eine colaretteartig erythematöse, schuppige, krustöse Dermatitis mit oft unauffälligem Allgemeinbefinden. Primärläsionen mit Bläschen, Papeln oder Pusteln sind wegen der dünnen Epidermis ohne ständige Beobachtung der Katzenhaut klinisch sehr selten anzutreffen, sie erodieren äußerst schnell, so daß die Sekundärläsionen mit erodierten Pusteln, Krusten, Hyperkeratose und schuppenden Alopezien überwiegen (Abb. 15, 16 und 72–75). Juckreiz ist meist nicht vorhanden. Die entzündlichen Veränderungen sind am häufigsten am Krallenfalz (Paronychia) und an den Pfoten, an den Ohren, im Gesicht, am Bauch und Rücken zu finden, seltener im Nacken. Die Läsionen zeigen meist eine bilateral symmetrische Tendenz. Sind die Läsionen nur auf den Gesichtsbereich begrenzt, ist an einen Pemphigus erythematosus zu denken. Beide Pemphigusarten sind klinisch schwer zu unterscheiden. Läsionen in der Maulhöhle und an den mucocutanen Übergängen sind nicht vorhanden. Die Prognose ist bei allen autoimmunen Hauterkrankungen vorsichtig zu stellen, je tiefer die Spaltenbildung in der Epidermis erfolgt, um so schwerwiegender ist die Verlaufsform. Von der Pemphigusgruppe ist der Pemphigus foliaceus die Erkrankung mit der günstigsten Prognose. Dennoch bleibt es eine Erkrankung, die ebenfalls eine lebenslängliche Behandlung erfordert.

3.3.2. Pemphigus erythematosus

Das klinische Bild entspricht dem des Pemphigus foliaceus, es ist meist nur auf den Kopfbereich beschränkt, mit Läsionen um das Auge herum, an den Ohren und um den Mund herum. Es gibt ebenfalls keine Alters- und Geschlechtsdispositionen. Die Primärläsionen gehen gleich schnell in die Sekundärläsionen über, so daß die exfoliative, erosive, krustöse Dermatitis überwiegt. Eine Schleimhautbeteiligung ist ebenfalls nicht vorhanden.

3.3.3. Pemphigus vulgaris

Der Pemphigus vulgaris ist im Unterschied zum Pemphigus foliaceus und Pemphigus erythematosus eine ulzeröse mucocutane Erkrankung, bei der Katze speziell manifestiert an der Maulschleimhaut, dem Zahnfleisch, dem harten und weichen Gaumen, der Zunge, den Lippen, den Nasenlöchern und dem Philtrum, am Krallenbett. Generalisierungen sind ebenfalls möglich.
Die oralen Ulzerationen können starke Salivation bedingen, Freßunlust, Anorexie, Lymphknotenvergrößerung können vorhanden sein. Die Prognose ist beim Pemphigus vulgaris schlecht.

3.3.4. Systemischer Lupus erythematodes (LE)/ diskoidaler Lupus erythematodes (DLE)

Der LE ist eine Autoimmunerkrankung mit systemischer Auswirkung auf mehrere Organe. Klinisch können vielfältige Erkrankungsbilder auftreten wie Fieber, Anämien, Lymphadenopathien, Glomerulonephritis, ulzerative Stomatitis. Besteht gleichzeitig eine Hautbeteiligung, kann die Diagnose erleichtert werden. Die Hauterscheinungen sind vesiko-bullöser Art und können ebenso vielfältig sein wie unter dem Pemphiguskomplex beschrieben.
Der **diskoidale Lupus** wird als die gutartige Form des systemischen LE angesehen und ist **nur auf die Haut** beschränkt. Bei der Katze treten die Läsionen mit Vesikeln, erythematösen Papeln, Schuppen, Ulzerationen und Krusten vornehmlich im gesamten Gesichtsbereich auf, bevorzugt an den Ohren, aber auch im Nacken. Ballenveränderungen und Generalisierungen sind möglich (WILLEMSE und KOEMAN, 1989). Sonnenlicht kann zur Verstärkung der Erkrankung führen.

a. Klinik der autoimmunen Hauterkrankungen
- Vesikeln
- Abschilferungen
- Erythem
- Schuppige Alopezien
- Krusten
- Erosionen
- Ulzerationen

b. Verteilung der Hautläsionen

1. P. foliaceus:
- Kopfbereich, – Nasenrücken, – Ohren, – Augenbereich, – Fußballen, – Nagelbett, – Generalisierung

2. P. erythematosus:
- Ausschließlich am Kopf und an den Ohren

3. P. vulgaris:
- Mucocutane Übergänge, – Maulschleimhaut, – Krallenbett, – Generalisierung möglich

4. Diskoidaler Lupus erythematodes (DLE):
- Vornehmlich Gesichtsbereich, – Ohren, – Nakken, aber auch
- Ballenveränderungen und Generalisierungen möglich

c. Differentialdiagnose
- Dermatophytose
- Ektoparasitosen
- Allergische Dermatitiden
- Solardermatitis (bei weißen Katzen)
- Plasmazelluläre Stomatitis
- Arzneimittelüberempfindlichkeit
- Erythema multiforme
- Virale Infektionen (FIV / FeLV)

d. Diagnose
- **1.** Klinische Verdachtsdiagnose durch Aussehen und **Verteilung der Läsionen (siehe unter b.)**

- **2.** exfoliative Zytologie (Tzanck-Test)
- **3.** Histopathologie
  a. konventionelle Histologie
  b. Immunhistologie
- **4.** ANA-Titer (Antinukleäre Antikörper)

ad 2. Zytologie (Tzanck-Test)
Bei der zytologischen Untersuchung eines Bläscheninhaltes oder des Abstriches einer erosiven Läsion sind beim Pemphiguskomplex neben neutrophilen Granulozyten meistens mehrere bis viele charakteristische akantholytische Zellen (aus dem Zellverband herausgelöste, abgerundete Keratinozyten) zu finden (Abb. 8, 71). Beim DLE findet man keine akantholytischen Zellen.

ad 3. Histopathologie
Sind keine intakten Vesikel zu finden, sollten für die histologische Untersuchung Bioptate aus den erythematösen Randzonen entnommen werden.

A. Pemphigusgruppe:

□ **konventionelle Histologie:** (Formalin als Fixationsmittel)

1. **Pemphigus foliaceus / erythematosus:**
   subcorneale, im Stratum granulosum gelegene Pusteln mit neutrophilen oder eosinophilen Granulozyten sowie zahlreichen akantholytischen Zellen.
2. **P. erythematosus:**
   lichenoide Interface-Dermatitis.
3. **Pemphigus vulgaris:**
   suprabasaliäre Spalten mit akantholytischen Zellen, wenige oder keine Entzündungszellen.

□ **Immunhistologie:** (vorher Absprache mit dem Pathologen über das Fixationsmittel).
- **Immunfluoreszenz** an unfixiertem (tiefgefrorenem) oder mit Michels Reagenz fixiertem Gewebe. Immunglobuline werden mit FITC (Fluoresceinmarker) markiert und damit sichtbar gemacht.
- **Immunhistochemie** an Formalin fixiertem, in Paraffin eingebettetem Gewebe. Immunglobuline werden mit PAP (Peroxydase-Antiperoxydase), Avidin-Biotin oder anderen Markern markiert und dann mit speziellem Farbstoff sichtbar gemacht. Nachweis von IgG, IgA und C3 auf Zellmembran der Keratinozyten.

Kritische Betrachtung der Immunhistologie:
Für die Diagnostik bislang immer weniger eingesetzt, da der Aufwand relativ groß ist und häufig falsch positive oder falsch negative Resultate erhalten werden.

– **Falsch positiv:** Bei entzündlichen Hautveränderungen, bei denen die Epidermis mitbetroffen ist, diffundieren Immunglobuline häufig in die Epidermis und werden dann mit immunhistochemischen Methoden nachgewiesen und falsch interpretiert. Das Epithel des Nasenspiegels und der Pfotenballen zeigt eventuell eine positive Reaktion auch ohne Entzündung.

– **Falsch negativ:** Bei mit Corticosteroiden vorbehandelten Tieren und häufig durch Probleme mit der Methodik.

B. Systemischer Lupus erythematodes (SLE):

□ **konventionelle Histologie:**
Schädigung der Basalzellen und deshalb hydropische oder lichenoide Interface-Dermatitis sowie Verlust von Melanin in die Dermis (Depigmentierung). Verdickung der Basalmembran bei Hund und Katze meist nicht vorhanden im Unterschied zum Menschen.

□ **Immunfluoreszenz und Immunhistochemie:**
Methoden gleich wie beim Pemphigus.
Granuläre Immunglobulinablagerungen in Basalmembranzone (Lupus-Band).

Kritische Betrachtung der Immunhistologie:
- Häufig unspezifische Farbreaktionen am dermoepidermalen Übergang, die die eigentliche Reaktion überdecken. Deshalb ist eine Interpretation oft sehr schwierig.

C. Discoidaler Lupus erythematodes (DLE):

□ **konventionelle Histologie:**
Interface-Dermatitis (hydropisch und/oder lichenoid), Pigmentinkontinenz, Civatte-Körper. Histologisch schwer vom SLE zu unterscheiden, Diagnose durch klinische Differenzierung.

□ **Immunfluoreszenz und Immunhistochemie:**
Granuläre Immunglobulinablagerung (meist IgG, gelegentlich IgM) und/oder Komplement an der dermo-epidermalen Basalmembran.
Eine negative Immunhistologie schließt DLE nicht aus, entscheidend ist die charakteristische Histopathologie.

ad 4. ANA-Titer
Antinukleäre Antikörper (ANA) sind eine heterogene Population von Antikörpern jeder Immunglobulinklasse, die gegen verschiedene Strukturen der Zellkerne gerichtet sind.
Vier Muster der nukleären Fluoreszenz im ANA-Test weisen auf antinukleäre Antikörper hin, aber diese Muster scheinen wenig oder keine Spezifität für den Hund und die Katze zu haben. Auch gibt es

zur Zeit keine standardisierten oder allgemein gültigen ANA-Teste in der Veterinärmedizin.
Die Bestimmung von antinukleären Antikörpern ist vor allem beim Verdacht auf einen **Systemischen Lupus Erythematodes** angezeigt. Ein Fluoreszenz-markierter polyklonaler Antikörper gegen Immunglobuline aller Klassen erfaßt Autoantikörper gegen Zellkernstrukturen.
Die Ergebnisse des ANA-Testes sind sehr kritisch zu bewerten. Leider können bei verschiedenen anderen Erkrankungen und auch durch Medikamente ebenfalls positive ANA-Titer vorkommen, Corticosteroide können ein falsch negatives Ergebnis bewirken.
Die Wahrscheinlichkeit eines systemischen Lupus ist beim Vorliegen von mehreren gleichzeitig oder nacheinander auftretenden Erkrankungen wie Glomerulonephritiden, Polyarthritiden, neuromuskulären Erkrankungen, hämolytischen Anämien, Thrombozytopenien, Hauterscheinungen, Fieberschüben und einem gleichzeitig positiven ANA-Titer sehr stark gegeben.
Beim **discoidalen Lupus** ist der ANA-Titer beim Hund stets negativ, bei der Katze kann eine geringe Titererhöhung vorhanden sein (WILLEMSE und KOEMAN, 1989), beim **Pemphigus erythematosus** ist ein positiver ANA-Titer möglich.

e. Therapie

– **1.** Die Behandlung aller Autoimmunerkrankungen basiert auf der Verabreichung **systemischer Glukokortikoide.** Die Dosierung muß im allgemeinen höher sein als bei den allergischen Dermatosen und wie in dem Kapitel schon ausgeführt, kann es sein, daß durch die verstärkten Resistenzen der Katze gegenüber Glukokortikoiden der Wechsel vom oralen Prednison/Prednisolon zu den stärker wirksamen Dexamethason- oder Triamcinolontabletten oder injizierbarem Methylprednisolon erforderlich ist. Wehren sich die Katzen gegen eine orale Dauertherapie, ist die Injektionstherapie erforderlich.
– **Prednison/Prednisolon:** Beginn mit 3–4 mg/kg täglich abends für 14 Tage, nach Besserung der Symptome Reduktion der Dosierung auf eine noch wirksame Erhaltungsdosis jeden 2. Tag.
– **Methylprednisoloninjektionen (Depot-Medrate):** 5 mg/kg s. c., erste Wiederholung der Injektion abhängig von der Schwere der Läsionen nach 1–2 Wochen, später individuell nach Bedarf.
– **2.** Bei nicht ausreichender Remission unter potenten Cortisongaben kann beim Pemphiguskomplex eine gleichzeitige Therapie mit intramuskulären Injektionen von **Goldsalzen (Aureothiogluconat)** versucht werden. Die Verträglichkeit muß zunächst ausgetestet werden mit zwei Testdosen von 0,25 mg/kg in der 1. Woche, 0,5 mg/kg in der 2. Woche und ab dann 1 mg/kg einmal wöchentlich bis zur Besserung der Symptome (1–2 Monate). Die Therapie mit Goldsalzen erfordert wegen der Nebenwirkungen eine strenge Überwachung des Blutbildes und darf nicht bei Nierenschädigungen durchgeführt werden (KRISTENSEN und MEHL, 1992). Der therapeutische Effekt der Goldsalztherapie ist nur bei manchen Katzen sichtbar und daher unter dem Risiko der Nebenwirkungen nur von geringem Nutzen.
– **3.** Die parallel zur Cortisontherapie gleichzeitige Verabreichung von **zytotoxischen Medikamenten** (Cyclophosphamide, Chlorambucil) ist bei der Katze im Gegensatz zum Hund selten notwendig und ebenfalls von starken Nebenwirkungen wie haemorrhagischer Cystitis, Leukopenie und Anämie begleitet. Das beim Hund häufig verwendete Azathioprin (Imurek®) kann bei der Katze schon in einer geringeren Dosierung von 0,2 mg/kg/Tag toxisch bis tödlich sein (Knochenmarkdepression und Leberfunktionsstörung).

3.4. Immunmediierte Erkrankungen

3.4.1. Arzneimittelexantheme

Arzneimittel können Unverträglichkeitsreaktionen bei einzelnen Individuen auslösen, die – gemessen am Einsatz der Medikamente – zwar selten vorkommen, aber vermutlich wegen der vielgestaltigen Reaktionsformen des öfteren nicht als solche erkannt und mißinterpretiert werden. Sie treten nicht nur als Hautreaktionen auf, sondern können sich an vielen Organsystemen äußern.
Unter Arzneimittelunverträglichkeitsreaktionen sind nicht die vorhersehbaren Nebenwirkungen gemeint, die bei unsachgemäßer Dosierung oder falscher Applikationsart einkalkulierbar sind, sondern es sind nicht vorhersehbare, fehlgesteuerte Reaktionen nichtimmunologischen oder immunologischen Ursprungs.
Die nichtimmunologischen Unverträglichkeitsreaktionen basieren auf einer Reihe von Pathomechanismen, wie z. B. direkte Auslösung von Mastzelldegranulation und damit Urtikaria und Angioödem, Interferenz von Medikamenten mit der Prostaglandinsynthese, unspezifische Aktivierung von Komplement und anderen Mechanismen.
Bei den immunologisch-mediierten Intoleranzreaktionen gegen Medikamente kann jeder der vier Haupttypen als ursächlicher Pathomechanismus vorliegen:

Typ-I-Reaktion (IgE-mediierte Mastzellen- oder Basophilendegranulation) äußert sich in Rhinitis, Konjunktivitis, Bronchospasmus, Urtikaria und Angioödem bis zum anaphylaktischen Schock.

Typ-II-(zytotoxische)Reaktionen lösen keine direkten Hautsymptome aus, treten jedoch als hämolytische Anämie und Thrombozytopenien mit möglicher Folge von Purpura-Reaktionen oder Organsymptomen seitens Nieren, Leber, Lunge etc. in Erscheinung.

Typ-III-(Immunkomplex-mediierte)Reaktionen manifestieren sich als der Serumkrankheit ähnliche Zustandsbilder (Fieber, Arthritis, Nephritis, Ödeme, Urtikaria).

Typ-IV-(zellmediierte)Reaktionen äußern sich hauptsächlich in der Kontaktdermatitis.

Die meisten Medikamente haben ein zu kleines Molekulargewicht, um von sich aus antigen zu wirken. Sie werden erst dadurch zum Allergen, daß sie sich via Haptenmechanismus an ein Trägereiweiß kovalent binden. Bei manchen Medikamenten entstehen erst durch die Metabolisierung reaktive Spaltprodukte, das beste Beispiel hierfür ist das Penicillin. Einige Medikamente teilen sich gemeinsame antigene Determinanten, dadurch reagieren z. B. viele auf Penicillin allergische Patienten auch auf Cephalosporine, die dann kontraindiziert sind. Bedeutungsvoll sind die photoallergischen Reaktionen, bei denen durch Verstoffwechselung eines Medikamentes eine photoaktive Substanz entsteht, die als Hapten mit potenten sensibilisierenden Eigenschaften agiert. Es resultiert eine photoallergische Kontaktdermatitis, wenn die Substanz topikal appliziert wird oder eine generalisierte photoallergische Reaktion bei Einnahme des Medikamentes. Beispiele für systemisch aktive Substanzen sind Griseofulvin, Sulfonamide und Phenothiazin. Oftmals ist es sehr schwierig, das auslösende Medikament zu identifizieren, zumal häufig mehrere Medikamente eingenommen wurden. Eine Faustregel sagt, daß das zuletzt eingenommene Medikament wahrscheinlich für die überschießende Reaktion verantwortlich ist, bei manchen Medikamenten besteht allerdings eine lange Latenzperiode. Hervorzuheben ist, daß immunmediierte Reaktionen auch durch Futterzusatzstoffe und Konservierungmittel ausgelöst werden können (siehe Futtermittelallergie).

a. Hautsymptome

I. Nach topischer Verabreichung verschiedener Medikamente können Hautreaktionen entstehen mit erythematösen Flecken und Papeln, die ineinanderfließen und in schweren Fällen zu schuppig-krustösen Ulzerationen führen können. Die häufigste Erscheinung nach topischer Applikation ist die **Kontaktdermatitis,** bedingt sowohl durch eine direkt irritierende wie auch eine T-Zell-vermittelte allergische Reaktion vom Spättyp (Abb. 76, 77). Neomycin ist eine häufige Ursache, desgleichen Flohhalsbänder. Die allergische Kontaktdermatitis ist bei der Katze eine seltene Reaktion.

II. Nach **systemischer Verabreichung** wird eine Vielzahl verschiedener Reaktionstypen beschrieben, die bei der Katze seltener auftreten als beim Hund (HALLIWELL, 1992).

1. Urticaria / Angioödem ist die häufigste Form, beschrieben als Reaktionen auf Vaccinen, Antibiotika (am häufigsten Trimethoprim-Sulfamethoxazol, Cephalosporine, Tetrazykline), Propylthiourazil, Amitraz, Antisera.

2. Exanthem (masernähnlich) mit lokalisierten oder generalisierten papulösen Ausschlägen nach den oben genannten Medikamenten oder einigen Shampoos (Katzen werden selten gebadet).

3. Fixes Arzneimittelexanthem ist eine einzelne fokale Reaktion, selten einige wenige Läsionen, bestehend aus einem fokalen, erythematösen Plaque, das ulzerieren und verkrusten kann. Es heilt ab und kommt an genau der gleichen Stelle wieder bei neuerlicher Einnahme des Medikamentes, mit zunehmender Zahl der Rezidive kann sich die Symptomatik verschärfen bis hin zur bullösen, nekrotisierenden Eruption. Beschrieben ist es nach Eingabe von Aureothioglukose u. a. Medikamenten.

4. Vasculitis als purpurrote oder ulzeröse Läsion ist eine seltene Medikamentenreaktion bei den Haustieren. Propylthiourazil, Acetylpromazin, Penicilline sind beschrieben.

5. Purpuraähnliche Reaktionen durch Thrombozytopenie sind bei Östrogenen, Levamisol, Aurothioglukose und vielen Antibiotika gesehen worden.

6. Vesico-bullöse, pemphigus-ähnliche Veränderungen nach Econazol, Neomycin, Triamcinolon, Trimethoprim-Sulfamethoxazol, Ampicillin, Amoxycillin.

7. Lichenoide Reaktionen mit fokalen, schuppig-krustösen Ausschlägen nach Cyclosporinen.

8. Generalisierte Erythrodermie und exfoliative Dermatitis ist eine generalisierte Hautrötung, die häufiger an den weniger behaarten Arealen wie Ohren und Bauch zu sehen ist, bei der es später zu einer Abschilferung kommen kann (Abb. 78–80), gesehen nach Lincomycin, Levamisol, L-Thyroxin, Shampoos mit Teer und Benzoyl-Peroxid.

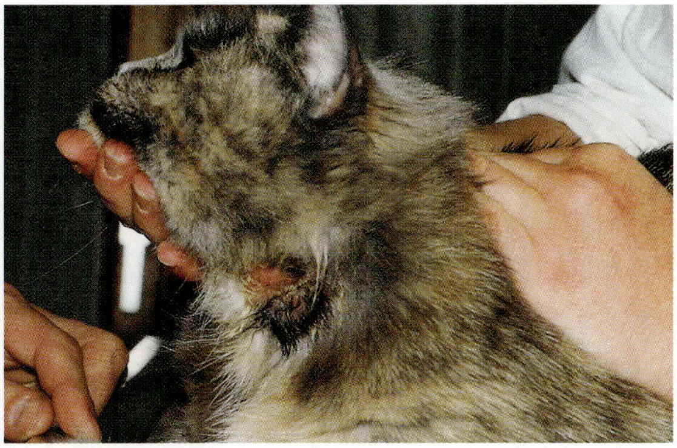

Abb. 76: Allergische Kontaktdermatitis durch Flohhalsband.

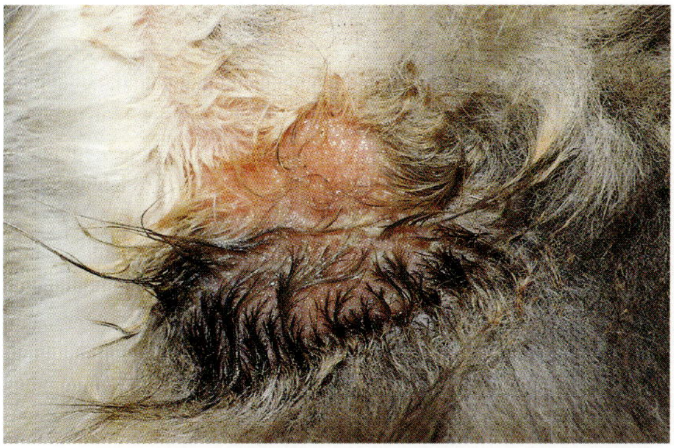

Abb. 77: Nahaufnahme von Abb. 76, allergische Kontaktdermatitis.

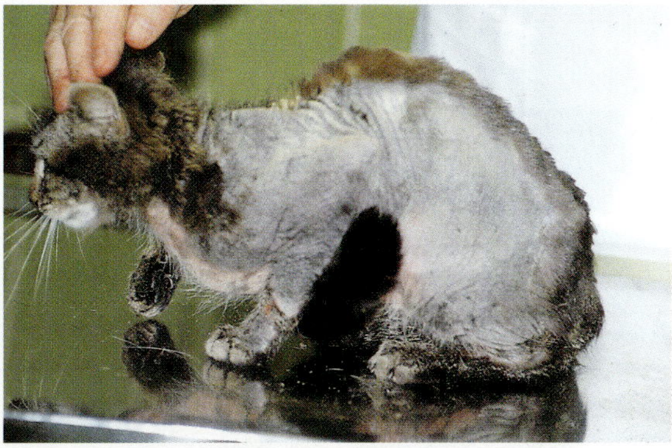

Abb. 78: Alopezie und Dermatitis nach Sturz in ein Gefäß mit Teer.

Abb. 79: Nahaufnahme derselben Katze aus Abb. 78; stark verdickte, schuppige Haut.

9. Erythema multiforme (siehe 3.4.2)

10. Toxisch-Epidermale Nekrolyse (siehe 3.4.3.)

b. Diagnose

Die Diagnose einer Medikamentenunverträglichkeitsreaktion ist sehr schwer zu erbringen und besteht oft nur in einer Vermutung durch einen Medikamenten-Vorbericht, der immer erhoben werden sollte. Es ist sehr gefährlich, eine Bestätigung durch Provokation zu versuchen. Der Vorbericht einer kürzlich vorgenommenen Medikamentierung zusammen mit vergleichbaren klinischen Symptomen und der eventuellen Unterstützung durch histopathologische Befunde sind manchmal ausreichend, um eine vorläufige Diagnose zu rechtfertigen. Wegen der sehr unterschiedlichen Hautsymptome sollten aber immer die möglichen Differentialdiagnosen

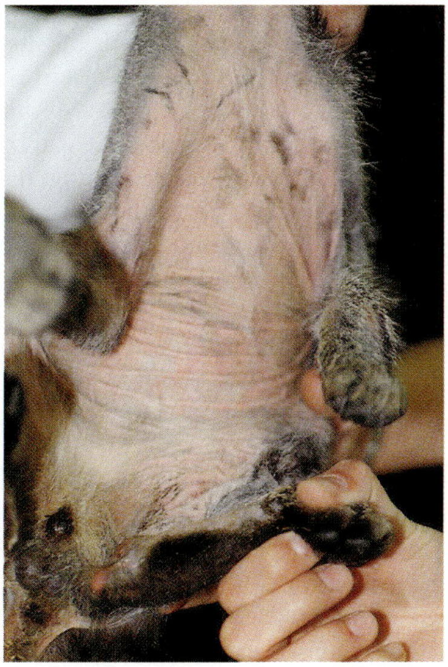

Abb. 80: Bauchansicht derselben Katze aus Abb. 78 und 79, Alopezie und hochgradiges Erythem.

durch gezielte Untersuchungen ausgeschlossen werden.

c. Therapie

Die Therapie besteht im Absetzen des Medikamentes und je nach vorliegender Symptomatik in einer unterstützenden Therapie. Bei akuter, starker Entzündung sind Corticosteroide indiziert.

3.4.2. Erythema multiforme

Das Erythema multiforme ist keine ursächliche Krankheit, sondern ein multifaktoriell bedingtes, akutes Reaktionsmuster der Haut, dessen klassischer morphologischer Ausdruck beim Menschen die „Irisläsion" ist: rote, runde Läsionen, die sich peripher ausbreiten, im Zentrum abblassen, aber rezidivieren können, und dadurch ein „Schießscheibenphänomen" bilden. Der Begriff „multiform" steht für die große Skala von Intensitätsabstufungen der erythematösen Läsionen. Es gibt unterschiedliche Verlaufsformen des Erythema multiforme: Der milde Verlaufstyp, der **„Minortyp"**, zeigt keine Schleimhautbeteiligung, keine oder nur geringe systemische Krankheitszeichen und heilt spontan ab. Der klinisch schwer verlaufende **„Majortyp"** zeigt ausgedehntere bullöse Hautläsionen verschiedenen Ausmaßes, ist immer vergesellschaftet mit einer z. T. schweren Schleimhautbeteiligung und systemischen Krankheitszeichen wie Fieber, Leukozytose und anderen Allgemeinstörungen und verläuft durch die Mitbeteiligung innerer Organe wie Nieren, Leber, Intestinaltrakt, Lunge etc. oft lebensbedrohlich **(Stevens-Johnson-Syndrom).**

Die **Pathomechanismen** des Erythema multiforme sind unklar, es werden Überempfindlichkeitsreaktionen verschiedener Reaktionstypen (II, III, IV) vermutet, die simultan ablaufen, ausgelöst durch verschiedene Triggermechanismen, die bei viralen Infektionen oder auch durch Medikamentenbehandlungen entstehen, durch die es zu toxischen und/oder immunologischen Veränderungen an Zellen, Gefäß- oder Gewebestrukturen kommt mit hypersensitiven und anderen Immunentgleisungen.

Die Medikamenten-bedingten Hautreaktionen (Arzneimittelexantheme) sind nicht durch Überdosierungen hervorgerufen, sondern sie sind dosisunabhängig und entstehen häufig nach intermittierender Einnahme (siehe 3.4.1.). Immunologisch kann das Medikament oder die entstehenden Metaboliten als Hapten antigenisch wirksam werden und die Immunreaktionen triggern.

Das Erythema multiforme ist bei der Katze eine in der Literatur sehr selten dokumentierte Erkrankung (SCOTT, 1984). Die **Hautläsionen** bei der Katze variieren zwischen Urticaria, fokalem oder generali-

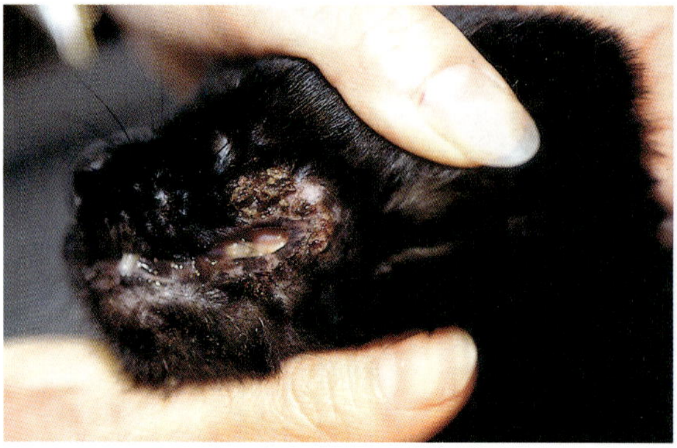

Abb. 81: Ulzerationen beidseitig an Mundwinkel und Lippen durch Erythema multiforme majus (E. m. m.).

Abb. 82: Andere Seite der Mundpartie von Abb. 81.

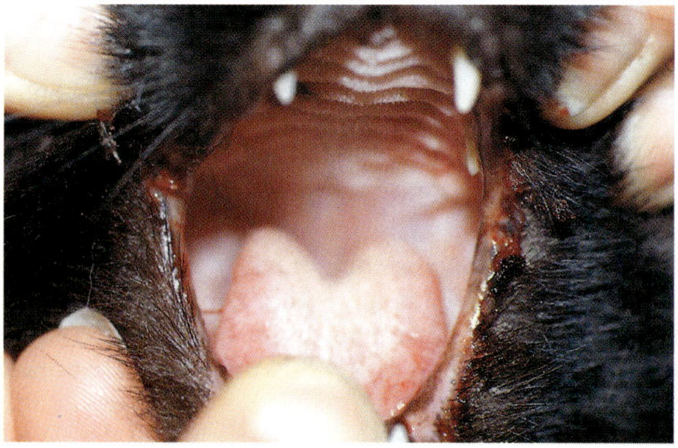

Abb. 83: Dieselbe Katze mit E. m. m.: Ulzerationen der Lippen, Zungennekrose und Gingivitis.

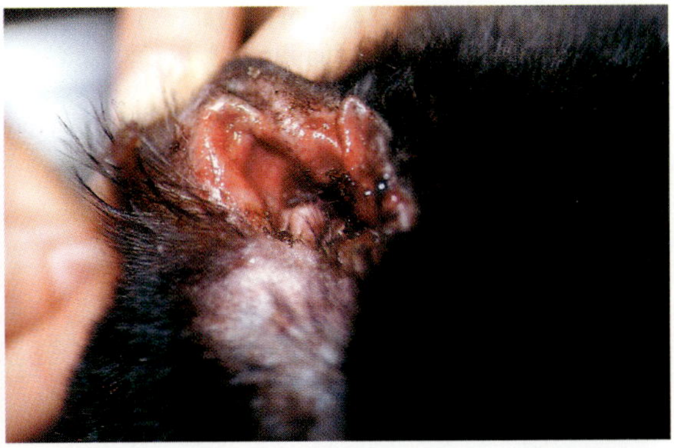

Abb. 84: Dieselbe Katze mit E. m. m.: Ulzerationen an beiden Ohren (siehe auch Abb. 28, zum späteren Zeitpunkt).

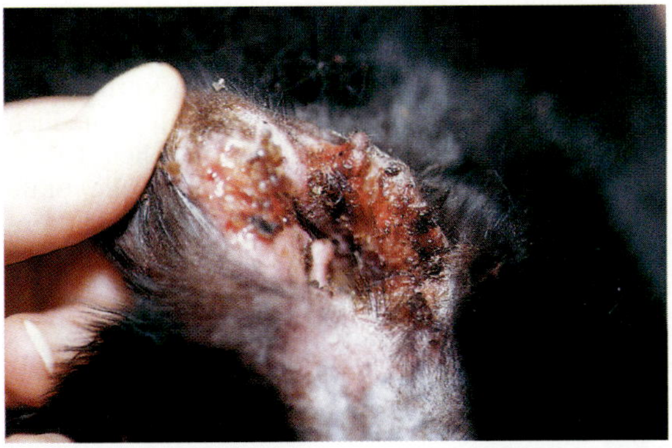

Abb. 85: Anderes Ohr von Abb. 84, E. m. m.

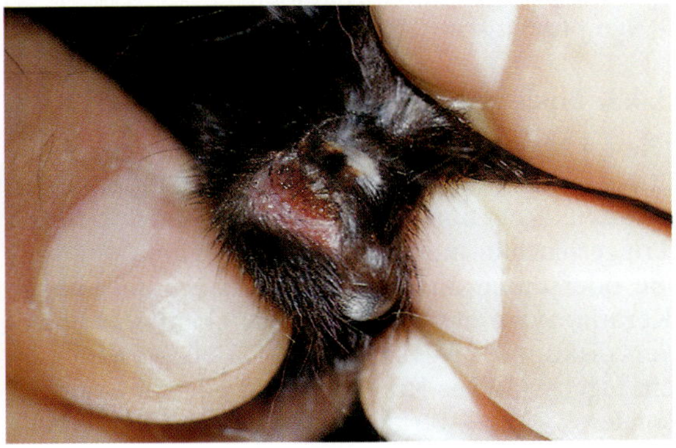

Abb. 86: Ballennekrose derselben Katze mit E. m. m.

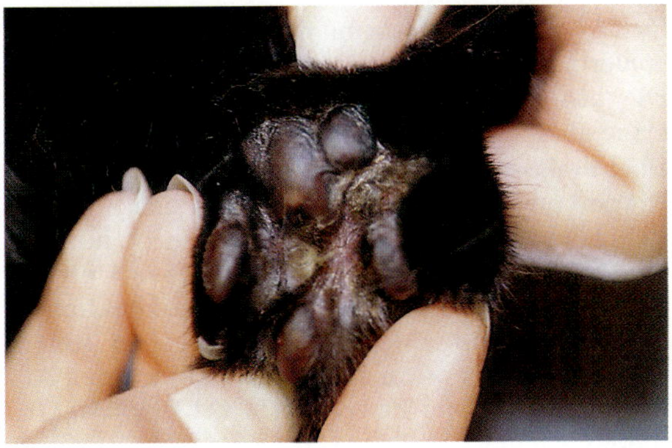

Abb. 87: Pododermatitis derselben Katze mit E. m. m.

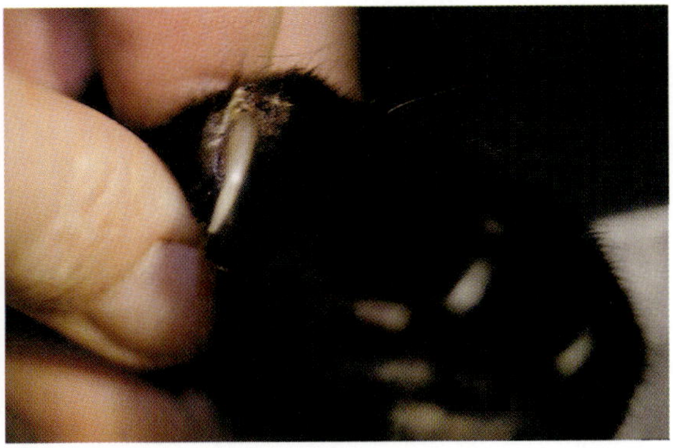

Abb. 88: Paronychia derselben Katze mit E. m. m.

Abb. 89: Dieselbe Katze von Abb. 81–88, nach Therapie mit Glukokortikoiden und Infusionen.

siertem leichten Erythem beim Minortyp bis hin zur sehr schweren nässenden, krustösen, teilweise ulzerösen Dermatitis ohne bestimmtes Verteilungsmuster (Abb. 81–89). Juckreiz ist unterschiedlich vorhanden, die Läsionen sind bei manchen Tieren sehr schmerzhaft. Beim Majortyp sind die orale Schleimhaut und die Lippen bei der Katze nicht immer betroffen (OLIVRY et al., 1990), im Gegensatz zum Menschen und zum Hund. Fieber kann vorhanden sein.

Die **Diagnose** wird durch die **Histopathologie** erbracht, die verschiedene Hautformen des Erythema multiforme unterscheidet (AFFOLTER und v. TSCHARNER, 1993):

□ die **dermale Form** mit dermalem Ödem, subepidermalen Vesikeln unter der Basalmembran, Lymphozyteninfiltration;

□ die **dermo-epidermale Form** mit apoptotischen Keratinozyten, Lymphozyten-Satellitose, hydropischer (evtl. lichenoider) Interface-Dermatitis, subepidermaler Vesikelbildung;

□ die **epidermale Form** mit massiver konfluierender epidermaler Nekrose und subepidermalen Vesikeln.

Die histopathologische Diagnose beinhaltet aber keine ätiologische Diagnose.

Eine **umfassende Anamnese** nach zurückliegenden **Erkrankungen** und vorangegangenen und noch bestehenden medikamentösen **Therapien** ist notwendig, zusammen mit einer sehr **gründlichen Untersuchung** der Organsysteme und auf Virusinfektionen. Noch bestehende Medikamenteneingaben sollten sofort gestoppt werden. In der Literatur wurden Aureothioglukose und Penicillin (SCOTT, 1984), Griseofulvin und Cephalexin (OLIVRY et al., 1990) als das Syndrom auslösende Medikamente verdächtigt.

Das **Erythema multiforme minor** kann spontan abheilen, wenn die zugrunde liegende Ursache behoben ist. Beim **Majortyp** sollte unbedingt eine Infusionstherapie dem Flüssigkeitsverlust entgegenwirken, ansonsten ist die symptomatische Therapie abhängig von der Verlaufsform. Es sollte immer ein Therapieversuch mit Glukokortikoiden unternommen werden. Die Erkrankung kann zurückgehen, wenn die auslösende Ursache, die sehr oft spekulativ bzw. unbekannt bleibt, beseitigt ist, allerdings wird der Verlauf von der Beteiligung der anderen Organe bestimmt. Das Vollbild des Erythema multiforme major (Stevens-Johnson-Syndrom) ist durch Glukokortikoide und andere immunmodulierende Medikamente meist nicht mehr beeinflußbar und verläuft oft tödlich.

a. Klinik
- Erythem, papulöse Dermatitis
- Vesiko-bullöse Dermatitis
- Nässende – krustöse – ulzeröse Dermatitis
- Veränderungen an mucocutanen Übergängen
- Orale Schleimhautnekrosen
- Allgemeinsymptome beim Erythema multiforme major

b. Differentialdiagnose
- Toxisch-Epidermale Nekrolyse
- Autoimmunerkrankungen (Lupus erythematodes)

c. Diagnose
- Biopsie
- Anamnese, Allgemeinuntersuchung

d. Mögliche Ursachen
- Infektionen, häufig viraler Genese
- Neoplasien
- Medikamente

e. Therapie
- Versuch mit Glukokortikoiden
- Symptomatische Therapien

3.4.3. Toxisch-Epidermale Nekrolyse (TEN)

Die toxische Epidermisnekrolyse ist ebenfalls keine ätiologische Diagnose, sondern eine multifaktoriell bedingte Reaktion, vermutlich durch die gleichen Triggermechanismen wie beim Erythema multiforme oder durch direkten toxischen Einfluß auf die Keratinozyten ausgelöst. Es wird ebenfalls kontrovers diskutiert, ob es sich bei der TEN überhaupt um ein eigenständiges Krankheitsbild oder um eine besonders schnell verlaufende, schwere epidermale Form des Erythema multiforme handelt.

Die TEN kommt sehr selten vor, klinisch ähnelt das Krankheitsbild einer Verbrennung 3. Grades. Es ist eine akute, schlagartig ausbrechende Erkrankung mit multifokalen oder generalisierten, vesiko-bullösen, ulzerösen Hautläsionen, das Nikolski-Zeichen ist positiv (auf einer scheinbar gesunden Haut läßt sich durch tangentialen Fingerdruck die Epidermis fetzig abschieben), die Maulschleimhaut und die mucocutanen Übergänge sind häufig verändert (SCOTT et al., 1979). Zusätzlich bestehen z. T. schwere Allgemeinsymptome wie Fieber, Anorexie, Lethargie. Die Hautläsionen können sehr schmerzhaft sein. Die **Diagnose** TEN wird durch die **histopathologische Untersuchung** gestellt: epidermale konfluierende Koagulationsnekrose, subepidermale Vesikelbildung, oft ohne entzündliche Reaktionen in der Dermis. Die möglichen Ursachen werden wie beim Erythema multiforme in Medikamenten (Trimethoprim-Sulfamethoxazol ist der häufigste Trigger der TEN), Erkrankungen, viralen Infektionen, Toxinen und Neoplasien vermutet.

Eine **Therapie** kann mit hochdosiertem Corticosteroid versucht werden, eine unterstützende Infusionstherapie ist unbedingt notwendig.

a. Klinik
- Verbrühungsähnliches Bild
- Erytheme
- Vesiko-bullöse Dermatitis
- Nässende – krustöse – ulzeröse Dermatitis
- Nikolski-Zeichen positiv

b. Differentialdiagnose
- Erythema multiforme
- Autoimmunerkrankungen

c. Diagnose
- Biopsie

d. mögliche Ursachen
- Medikamente (Sulfonamide, Aureothioglukose u. a.)
- Toxine
- Begleiterscheinung von Erkrankungen, viralen Infektionen, Neoplasien

e. Therapie
- Glukokortikoide hochdosiert
- Symptomatische Therapien
- Infusionstherapie

4. Bakterielle Dermatosen

Die normale Flora der gesunden Katzenhaut besteht aus α-hämolysierenden Streptokokken, Micrococcus sp., Acinetobacter sp. und coagulasenegativen Staphylococcen, während bei verschiedenen Erkrankungen der Haut (miliare Dermatitis, Abszesse, eosinophiles Plaque, exfoliative Dermatitis, Excoriation) auch coagulasepositive und coagulasenegative Staphylokokken isoliert wurden (SCOTT, 1989). Allerdings liegen die mikrobielle Besiedlungsdichte und -häufigkeit bei der Katze wesentlich unter denjenigen des Hundes, was u. a. auf die intensive Körpersäuberung der Katze zurückgeführt werden kann (SCHWARZ und MEYER, 1994). Im Gegensatz zum Hund, bei dem die Pyodermien mit Staphylokokken als Folgeerscheinung sehr vieler Erkrankungsursachen im Vordergrund stehen und zu Beginn meist auch parallel zur Therapie der Primärursache mit effektiven Antibiotika mitbehandelt werden müssen, entwickeln die Katzen höchst selten sekundär eine Pyodermie, die einer Antibiose bedarf. Selbst bei allergisch bedingten papulokrustösen Dermatitiden und ausgedehnten Exkoriationen, bei denen es zu einer Vermehrung der normalen Flora und der pathogenen Bakterien kommt, sind fast nie Antibiotika notwendig, auch nicht beim Einsatz von relativ hohen Cortisondosen.

Die orale Applikation der Antibiotika stößt bei den meisten Katzen auf starken Widerstand, besonders bei bitterem Geschmack (Trimethoprim-Sulfadiazin) speicheln die Katzen sehr stark. Daher sollte in den Fällen der notwendigen Antibiose die parenterale Verabreichung der Antibiotika bevorzugt werden.

Dosierungen:

Trimethoprim-Sulfadiazin: 2,5 mg/kg 2x tgl. bezogen auf den Trimethoprimanteil, 12,5 mg/kg 2x tgl. bezogen auf Sulfadiazin. Bei sehr langer Anwendung können Leukopenie und Anämie auftreten. Bei einer länger als zwei Wochen dauernden Anwendung sollte wegen der Sulfonamidwirkung oral Folsäure (5 mg/Katze/Tag) oder Hefe zugesetzt werden.

Amoxicillin mit Clavulansäure: 12 mg/kg 2x tgl.

Enrofloxacin: 5 mg/kg 1x tgl.

Penicillin/Streptomycin: Beim Einsatz von **hochdosierten Penicillinen** ist unbedingt darauf zu achten, daß **keine Kombinationspräparate mit Streptomycin** verwendet werden, da die Katze auf Streptomycin und Dihydrostreptomycin mit schweren Nebenwirkungen wie Neurotoxizität und Gehörverlust reagieren kann.

Ampicillin: als i. m. Injektion 20 mg/kg 3x täglich, oral 50 mg/kg 3x täglich.

Chloramphenicol: 30–50 mg/Katze 2x tgl. Unter der höheren Dosierung sind nach 2–3 Wochen Nebenwirkungen wie Depression, Anorexie, reversible Myelosuppression und Anämie möglich. Anämische Tiere dürfen kein Chloramphenicol erhalten.

4.1. Akne

Die Akne am Kinn der Katze kommt relativ häufig vor. Im Unterschied zur Akne des Menschen und der des Hundes verschwindet sie nicht mit Eintritt der Geschlechtsreife, so daß die feline Akne auch noch bei alten Katzen beiderlei Geschlechts angetroffen wird. Die genaue Ursache ist nicht bekannt, vermutet wird eine verstärkte Talgdrüsentätigkeit mit Ausbildung von Comedonen bei schlechterer Putzmöglichkeit in dem Bereich. Manche Katzen zeigen nur eine leichte Comedonenbildung mit schwärzlichem Sekret auf der Hautoberfläche am Kinn und an den Lippen – meistens den Unterlippen – (Abb. 90), bei anderen kommt es am Kinn zu bakteriellen Infektionen mit Papeln und manchmal nässenden Pusteln, die selten Furunkel bilden. Die feline Akne kann ebenfalls durch einen Befall der Haarfollikel mit Malassezien hervorgerufen werden.

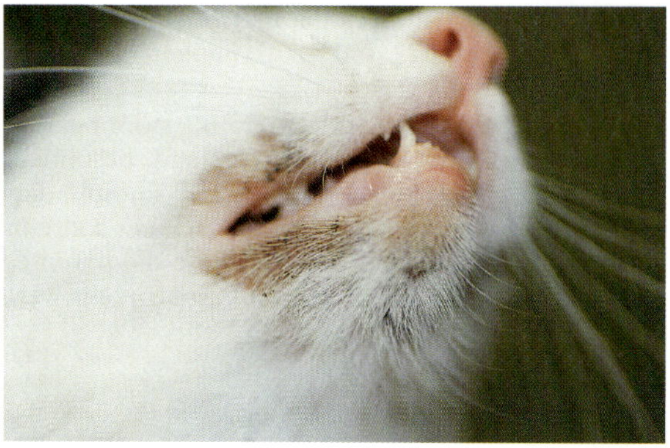

Abb. 90: Akne, leichte Form.

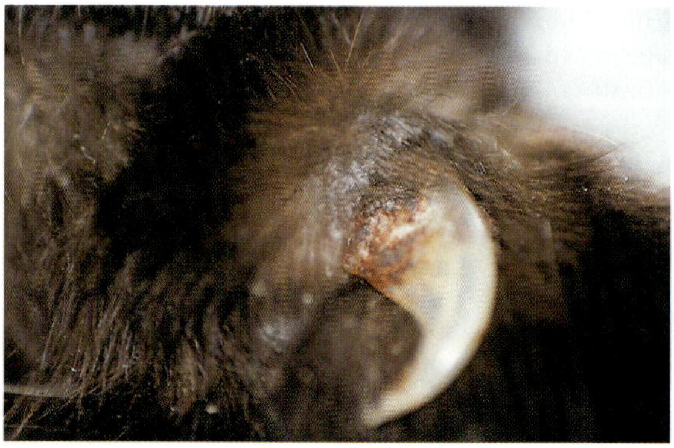

Abb. 91: Paronychia.

a. Klinik
- Comedone
- Papeln
- Pusteln

b. Diagnose
- Klinisches Bild
- Hautgeschabsel
- Pilzkultur
- Bakterienkultur

c. Differentialdiagnose
- Dermatomykose
- Demodikose (sehr selten bei der Katze, meist generalisiert)

d. Therapie

Die Behandlung besteht zunächst in der Aufklärung des Katzenhalters, daß es sich in den meist leichten Fällen um eine harmlose Erscheinung handelt, die oft nur kosmetischer Natur ist und daher auch nur den Besitzer stört, nicht die Katze. Es bedürfte der täglichen Pflege, um das Kinn mit einer milden Seifenlösung, 2%igem Benzoyl-Peroxid-Shampoo oder mit milder alkoholischer Lösung zu reinigen, eine Prozedur, die die Katze mehr stört als die Akne selbst. In den relativ seltenen Fällen der sekundären Follikulitis mit Pasteurella multocida, ß-hämolysierenden Streptokokken, coagulasepositiven Staphylokokken ist die systemische Verabreichung von Antibiotika notwendig. Bei einer Beteiligung der Akne mit Malassezien hilft eine Behandlung mit Ketoconazol (7–10 mg/kg/Tag).

4.2. Fettschwanz

Die besonders großen Talgdrüsen am Schwanz der Katze („Suprakaudalorgan") liegen in einer Linie dorsal auf der gesamten Länge des Schwanzes. Exzessive Drüsentätigkeit führt zunächst zu verstärkter Talgabsonderung mit Schuppenansammlung, die Krustenbildung und Alopezie auf der Schwanzoberseite zur Folge haben kann. Juckreiz ist meist nicht vorhanden, der Fettschwanz wird selten durch eine bakterielle Follikulitis kompliziert. Eine Therapie über die Pflege mit Seifenwaschungen hinaus ist daher selten indiziert. Ebenfalls wie bei der Akne besprochen, bedarf es auch hier der immer wiederkehrenden Pflege. Der Fettschwanz tritt häufiger bei intakten Katern auf, aber auch bei kastrierten Katern und bei weiblichen Katzen. Die Kastration hilft nicht gegen diese Art der Seborrhoe.

4.3. Paronychia

Eine Form einer tiefen Pyodermie ist die Krallenbettentzündung, die nach einer Verletzung an einer Kralle entstehen kann, häufig aber an mehreren Krallen gesehen wird. Das Nagelbett kann schmerzhaft gerötet sein, oft ist der Nagelfalz mit schmierigen Krusten belegt (Abb. 91). Die Paronychia entsteht fast immer in Folge einer anderen Erkrankung, oft durch Dermatophyten, manchmal als Begleiterscheinungen bei viralen Infektionen (FeLV). Differentialdiagnostisch sollten unbedingt eine Autoimmunerkrankung, bei der sehr häufig das Nagelbett in Mitleidenschaft gezogen ist, und eine Neoplasie (Plattenepithelkarzinom) in Betracht gezogen werden.

a. Klinik
- Schwellung, Rötung des Nagelbettes
- Eitriges Exsudat im Nagelfalz, eintrocknend
- Brüchige, deformierte Krallen

b. Diagnose
- Allgemeinuntersuchung
- Hautgeschabsel
- Pilzkultur
- Biopsie

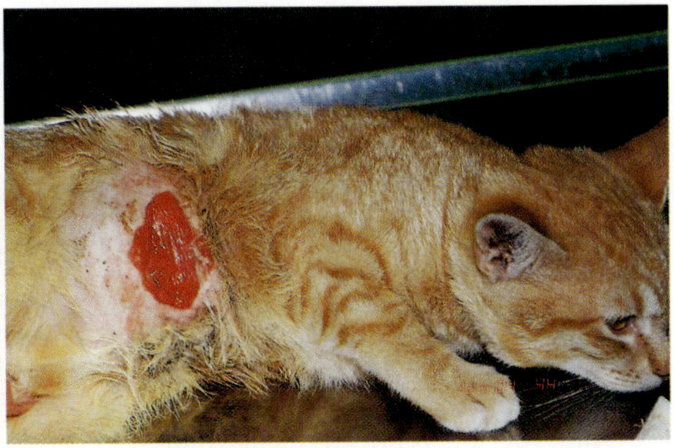

Abb. 92: Granulierende, schlecht heilende Wunde durch einen Abszeß; Katze FeLV-positiv.

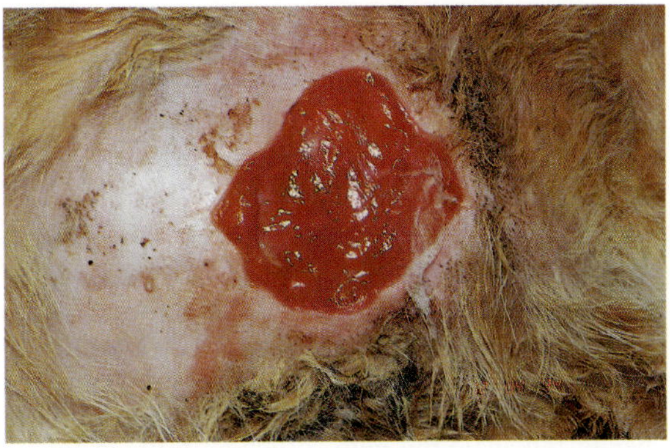

Abb. 93: Nahaufnahme von Abb. 92.

c. Differentialdiagnose
- Autoimmunerkrankungen
- Dermatomykosen
- Plattenepithelkarzinom

d. Therapie
- Die Behandlung richtet sich nach der Grundursache.

4.4. Abszesse

Meist als Folge von Verletzungen, bei den unkastrierten Katern sind es oft Bißwunden durch rivalisierende Kämpfe, aber auch durch Bisse von Nagetieren, entstehen relativ häufig tiefe Pyodermien, meist am Kopf, an den Beinen oder am Schwanzansatz. Bei den Biß- oder Stichverletzungen durch die kleinen spitzen Zähne des Gegners ist die Haut selbst oftmals nur geringfügig verletzt und schließt sich schnell unter einer Kruste, während sich darunter, bedingt durch Keime aus der Maulhöhle (Pasteurella multocida, fusiforme Bacillen, ß-hämolysierende Streptokokken und Bacteroides sp.) eine z. T. schmerzhafte Phlegmone anbilden kann mit nachfolgender Abszeßbildung. Oft haben die Katzen Schmerzen, Fieber ist möglich. Im Hämogramm findet man meist eine Leukozytose mit Neutrophilie. Neben der **lokalen Abszeßbehandlung** mit Drainage und Spülung mit H_2O_2, Chlorhexidin oder anderen desinfizierenden Lösungen muß eine **systemische Antibiose** erfolgen. Bei der Therapie der Abszesse sind meist systemische Penicilline und Ampicilline für 5–7 Tage erfolgreich. Die Rezidivrate der Abszesse bei unkastrierten Katern wird durch die Kastration meist drastisch gesenkt.

Bei therapieresistenten, schlecht oder nicht heilenden Abszessen mit Tendenz zur Ulzeration muß nach anderen Ursachen wie Fremdkörpern, Infektionen mit Aktinomyzeten, Nocardien, Mycobakterien, Kryptokokken, FIV- oder FeLV-Infektionen (Abb. 92, 93), viralen Katzenpocken oder Neoplasien geforscht werden.

Differentialdiagnose
- Mycobakteriose
- Aktinomykose
- Nocardiose
- Kryptokokkose
- Katzenpocken
- Neoplasie

5. Granulomatöse Veränderungen

Knotige Hautveränderungen, die bis in die Subcutis hineinreichen können, sind multifaktoriell bedingt und sollten zur Abgrenzung der neoplastischen und infektiösen Genese **immer histopathologisch** untersucht werden.

5.1. Panniculitis

Die Panniculitis ist eine multifaktoriell bedingte Entzündung des subkutanen Fettgewebes. Bei einer Zerstörung der Fettzellen, sowohl durch stumpfes Trauma (Schlag) als auch durch Entzündungen des umgebenden Gewebes, reagieren die freiwerdenden Fettsäuren als potente Entzündungsmediatoren. Die Panniculitis kann somit steril als auch infektiös bedingt sein (SCOTT und ANDERSON, 1987).

a. Mögliche Ursachen der Panniculitis
- Traumata
- Vit.-E-Mangel (Pansteatitis)
- Bakterielle Infektionen (Mycobakterien, Aktinomyzeten, Nocardien)
- Systemische Pilzinfektionen (Kryptokokken)
- Fremdkörper (einschließlich Injektionen!)

b. Diagnose
- Histopathologie

c. Therapie
- Chirurgische Exzision

5.2. Sterile noduläre Panniculitis

Am häufigsten befinden sich die tief sitzenden, gut abgesetzten, unterschiedlich großen Knoten solitär ventral am Bauch und ventrolateral an der Brust, können aber auch anders lokalisiert sein. Ursprünglich subkutan gelegen, können sie sich jedoch auch über Fistelkanäle mit gelb-rötlichem fettigen Inhalt öffnen. Das Allgemeinbefinden der Katzen ist meist nicht gestört und sie haben meist keine Schmerzen. In der Aspirationszytologie findet man Neutrophile und aktive Makrophagen, aber keine Mikroorganismen. Therapeutisch sollten Solitärknoten chirurgisch exzidiert werden und wegen der Differentialdiagnosen histologisch untersucht werden. In manchen Fällen sind hohe Dosen Glukokortikoide effektiv.

a. Differentialdiagnose
- Neoplasien
- Zysten
- Infektiös / oder Fremdkörpergranulome

b. Diagnose
- Aspirationszytologie
- Biopsie

c. Therapie
- Chirurgische Exzision
- Prednisolon / Prednison oral 2 mg/kg 2x tägl.
- Depot-Medrate 5 mg/kg s. c.

5.3. Pansteatitis

Bei der Fütterung einer sehr fetthaltigen Diät (z. B. von ausschließlich fetthaltigem Fisch, daher in Deutschland sehr selten) kann es bei Katzen zur Inaktivierung von Vitamin E kommen mit der Folge von Fettoxidation. Es kann das Krankheitsbild der Pansteatitis resultieren. Diese Form der pyogranulomatösen sterilen Panniculitis führt zu schmerzhaften Knoten im subkutanen Fettgewebe, in der Bauchhöhle und zu Störungen des Allgemeinbefindens mit Lethargie, Anorexie, Hyperaesthesie und Fieber (KOUTINAS et al., 1993). Die Erkrankung kann tödlich verlaufen. Die Therapie besteht in der Zufuhr von Vitamin E als Antioxidanz, systemische Glukokortikoide können anfangs hilfreich sein, die Fütterung muß umgestellt werden.

a. Diagnose
- Hinweis auf Fütterung
- Biopsie

b. Therapie
- Vitamin E: 50 mg/kg/Tag per os

5.4. Xanthome

Xanthome sind Ansammlungen von Lipidspeicherungen in Macrophagen, die zu gutartigen, umschriebenen subkutanen Granulomen oder zu weißen Plaque-ähnlichen, ulzerös-krustösen Veränderungen mit peripherem Erythem führen können (GRIESHABER et al., 1991), meist vergesellschaftet mit persisitierender Hyperlipidämie. Die charakteristischen Läsionen der Haut entstehen bei Fettstoffwechselstörungen entweder durch Zerstörung der Fettzellen durch Lipase, durch eine primär erblich bedingte Hyperchylomicronämie (JONES, 1986) oder durch sekundäre Hyperlipoproteinämien, häufig bei natürlichem oder durch Megestrolazetat-induziertem Diabetes mellitus (KWOCHKA und SHORT, 1984). Aber auch idiopathische Xanthome ohne abweichende Befunde im Fettstoffwechsel sind beschrieben (RHODES et al., 1990; DENEROLLE, 1992). Eine Kontrolle des Diabetes mellitus bzw. die Fütterung einer fettarmen Diät führt zur Rückbildung der Läsionen.

5.5. Mycobakteriosen

Kutane Infektionen mit Mycobakterien sind in Deutschland äußerst selten. Die Mycobakterien befinden sich in der Natur und können bei Verletzungen oder Traumata in die Haut gelangen und besonders bei Immunsuppression (Lepra des Menschen) zu granulomatösen, ulzerösen, fistelnden Läsionen führen. Mycobakterien sind säurefeste Stäbchen, die sich in der Ziehl-Neelsen-Färbung gut darstellen lassen. Zu ihnen zählen u. a. M. lepraemurium, M. tuberculosis, M. bovis und die atypischen Mycobakterien. Die Differenzierung ist im Kultur- oder/und Tierversuch sehr zeitaufwendig und verläuft oft negativ, M. lepraemurium läßt sich ebenfalls nicht anzüchten, so daß es differentialdiagnostisch sehr schwierig sein kann, eine Hauttuberkulose durch Infektion mit Mycobacterium tuberculosis oder M. bovis auszuschließen, weshalb Katzen mit mycobakteriellen Granulomen häufig euthanasiert werden (THIEL, W., et al., 1987). Die ätiologische Bedeutung von M. lepraemurium an der felinen Lepra, die außer den knotigen Hautveränderungen auch Nasen und Mundschleimhaut mit Lymphknotenbeteiligung zeigt, ist unsicher.

Andere bislang isolierte Mycobakterien werden in die Gruppe der opportunistischen, fakultativ patho-

genen Mycobakterien eingereiht, deren Erreger die **„atypischen mycobakteriellen Granulome"** verursachen. Diese normalerweise harmlosen Erreger leben in der Natur, vornehmlich im Wasser. Gelangen sie in verletztes Gewebe, können sie zu granulomatösen, ulzerierenden, fistelnden Infektionen führen, deren Entstehung sich über Wochen bis Monate erstreckt. Die atypischen mycobakteriellen Granulome befinden sich am Kopf, häufiger aber am Bauch und in der Lende. Im Gegensatz zu den anderen Mycobakterien bereitet die kulturelle Anzüchtung der atypischen Mycobakterien keine größeren Schwierigkeiten.
Bei der Erstellung der definitiven Diagnose von pyogranulomatösen Veränderungen muß den Labors sowohl für die Anzüchtung der Erreger, als auch den Histopathologen wegen der notwendigen speziellen Färbemethoden die Verdachtsdiagnose mitgeteilt werden.

a. Klinik
- Ulzerative, fistelnde Wunden
- Knötchen
- Abszesse

b. Diagnose
- Anamnese
- Zytologische Untersuchung von Aspirationsmaterial (Abklatsch) nach Ziehl-Neelsen Färbung
- Anzüchtung im Spezial-Medium (z. B. Löwenstein-Jensen)
- Biopsie

c. Differentialdiagnose
- Noduläre Panniculitis anderer Genese
- Abszesse
- Fremdkörpergranulome
- Eosinophiler Granulom-Komplex
- Tbc
- Aktinomykose
- Nocardiose
- Kryptokokkose
- Kerion

d. Therapie

Bei Solitärläsionen ist die großzügige **Exzision** der veränderten Gewebe angezeigt. Die atypischen Mycobakterien reagieren je nach Stamm sehr unterschiedlich auf die systemische Unterstützung durch **Antibiotika,** die daher durch Resistenzteste bestimmt werden sollten. Doxycyclin (5 mg/kg 2x täglich über 4–5 Monate) kann hilfreich sein (MASON und WILKINSON, 1989). Auch bei der felinen Lepra ist die chirurgische Exzision der Solitärveränderungen das Mittel der Wahl. Dapsone (1 mg/kg 2x tgl.) über mehrere Wochen verabreicht hat unterschiedlichen Erfolg, es kann toxische Nebenwirkungen haben. Insgesamt ist die Prognose bei den Mycobakteriosen unsicher.

5.6. Aktinomykose

Die verschiedenen Spezies der Aktinomyzeten sind gram-positive, anaerobe, nicht-säure-feste Stäbchen, von denen manche Arten als Kommensale in der Maulhöhle und im Darm leben und opportunistisch Infektionen verursachen können, besonders nach Bißwunden oder durch Verletzungen mit kontaminierten Fremdkörpern. Erkrankungen sind sehr selten. Sie verursachen über Monate bis Jahre langsam wachsende pyogranulomatöse, eitrige Infektionen der Haut und des darunterliegenden Gewebes, die ebenfalls den Knochen zerstören können (Osteomyelitis). Aus den Abszessen entleert sich dickes, gelb-graues oder dünneres hämorrhagisches, faulig stinkendes Sekret, das gelbe körnige Granula enthällt. Bei der Erstellung der definitiven Diagnose muß den Labors sowohl für die Anzüchtung der Erreger, als auch den Histopathologen wegen der notwendigen speziellen Färbemethoden die Verdachtsdiagnose mitgeteilt werden.

a. Klinik
- Abszesse
- Knotige Veränderungen
- Ulzerationen
- Fisteln

b. Diagnose
- Anamnese
- Anzüchtung in anaerober Kultur (Hinweis auf Verdachtsdiagnose)
- Aspirationszytologie
- Biopsie (Hinweis auf Verdachtsdiagnose)

c. Differentialdiagnose
- Nocardiose
- Kryptokokkose
- Abszesse anderen Ursprungs
- Noduläre Panniculitis anderer Genese
- Fremdkörpergranulome
- Eosinophiler Granulom-Komplex
- Neoplasien
- Kerion

d. Therapie

Die Behandlung muß wenigstens einen Monat über die klinische Abheilung hinaus gehen, das bedeutet eine oft mehrere Monate dauernde Therapie. Neben der hochdosierten **systemischen Antibiotikatherapie** (Penicillin 100 000 E/kg/Tag, Sulfonamide: 15–30 mg/kg 2x tgl., Trimethoprim-Sulfadiazin 5mg/kg 2x tgl. (bezogen auf den Trimethoprimanteil) ist eine lokale **chirurgische Entfernung der granulomatösen Wunden,** Drainage der Abszesse und sorgfältige Suche nach Fremdkörpern notwendig. Die Prognose ist vorsichtig zu stellen.

5.7. Nocardiose

Klinisch oftmals nicht zu unterscheiden von der Aktinomykose, verursachen Nocardia sp. eine ähnlich verlaufende Infektion der Haut (und/oder der Lunge!) mit Zellulitis, pyogranulomatösen, ulzerierenden Knötchen und fistelnden Abszessen. Nocardien sprechen nicht so gut auf die Behandlung mit Penicillinen an, so daß sie während der versuchsweisen Behandlung in niedrigerer Dosierung schon streuen können. Die Erreger der Nocardiose sind aerobe, grampositive, teilweise säurefeste Stäbchen, leben als gewöhnliche Saprophyten in der Erde (häufiger in feuchtwarmen Klimazonen) und verursachen meist durch Kontamination die schwerwiegenden Infektionen. Bei immunsupprimierten Katzen durch virale Infektionen können die opportunistischen Nocardien auch durch Inhalation zu Pneumonien und Pleuritiden führen. Vor der Behandlung sollten die Katzen auf FeLV/FIV getestet werden, da in den Fällen der konkurrierenden Virusinfektionen eine Antibiose selten Erfolg hat. Im Gegensatz zur Aktinomykose ist das Sekret der Nocardia-Abszesse meist rotbraun und suppig, die charakteristischen gelben körnigen Granula sind nicht immer vorhanden.

a. Klinik
- Abszesse
- Knotige Veränderungen
- Ulzerationen
- Fisteln

b. Diagnose
- Anamnese
- Anzüchtung in aerober Kultur (Hinweis auf Verdachtsdiagnose)
- Zytologie
- Biopsie (Hinweis auf Verdachtsdiagnose)

c. Differentialdiagnose
- Aktinomykose
- Kryptokokkose
- Abszesse anderen Ursprungs
- Noduläre Panniculitis anderer Genese
- Fremdkörpergranulome
- Eosinophiler Granulom-Komplex
- Neoplasien
- Kerion

d. Therapie
- Exzision
- Trimethoprim-Sulfadiazin hochdosiert für 4–6 Monate,

Folsäure 5 mg peroral 1x tgl., um Defizit vorzubeugen. Amikacin und Minocyclin (keine veterinärmedizinischen Präparate) sollen effektiv sein.

5.8. Kryptokokkose

Die Kryptokokkose gehört ätiologisch zu den **systemischen Pilzinfektionen,** wird aber wegen der klinischen Ausbildung von pyogranulomatösen Abszessen und ulzerösen Läsionen und damit der differentialdiagnostischen Ähnlichkeit zur Nocardiose und Aktinomykose hier besprochen.

Die Kryptokokkose ist eine oft systemisch verlaufende Mykose, verursacht durch einen hefeähnlichen saprophytischen Pilz, Cryptococcus neoformans, der häufiger im Taubenkot vorhanden ist und damit im mit Kot verunreinigten Boden. Als opportunistischer Erreger infiziert er vornehmlich immungeschwächte Tiere, meistens durch Virusinfektionen wie FIV oder FeLV, aber auch anderen immunsuppressiven Krankheiten oder Medikamenten. Die Eintrittspforte ist meist der obere Respirationstrakt (mit klinischen Anzeichen von serösem bis muco-purulentem Nasenausfluß und Atembeschwerden) mit nachfolgender hämatogener und lymphogener Ausbreitung einschließlich der Haut. Meist in der Haut und Subcutis des Kopfbereiches entstehen Knötchen, die abszedieren und ulzerieren. Die Krankheit kann generalisieren. Die Kryptokokken werden nicht von Tier zu Tier oder von Tier zu Mensch übertragen. Die Diagnose wird durch den Nachweis der typisch aussehenden Hefezellen gestellt, die – im Abklatschpräparat der Ulzeration oder durch Aspiration des Exsudates gewonnen und mit Diff Quick, Methylenblau oder Parkertinte gefärbt – als dünnwandige, runde bis ovale Zellen erscheinen, die von einem dicken Hof umgeben sind, so daß sie insgesamt relativ groß erscheinen. Kryptokokken wachsen auch auf Sabouraud-Agar, so daß die Identifikation nach der Anreicherung gelingt. Im histologischen Schnitt sind sie mit Spezialfärbung nachweisbar.

Einzelne Knoten und umschriebene Abszesse sollten chirurgisch exzidiert werden, zur systemischen Behandlung empfiehlt sich Itraconazol, Ketoconazol in hoher Dosierung über einen sehr langen Zeitraum oder eine Kombinationstherapie mit Ketoconazol und Flucytosin (Ancotil) (MIKICIUK et al., 1990). Die Prognose ist sehr vorsichtig zu stellen, besonders wegen der oft zugrunde liegenden immunsuppressiven Virusinfektionen.

a. Klinik
- Knötchen
- Abszesse
- Ulzerationen

b. Differentialdiagnose
- Aktinomykose
- Mycobakteriosen
- Nocardiose
- Neoplasien

c. Diagnose
- Zytologische Untersuchung
- Pilzkultur mit Sabouraudagar
- Biopsie

d. Therapie
- Itraconazol: 5 mg/kg 2x tägl.
- Ketoconazol: 10–20 mg/kg 1x tgl. für mehrere (3–8) Monate (Leberkontrolle!)
- Kombination von Ketoconazol 10 mg/kg 1x tägl. plus Flucytosin oral 125 mg 1x täglich

5.9. Sporotrichose

Die Sporotrichose gehört wie die Kryptokokkose zu den **systemischen Mykosen,** wird aber wegen der klinischen Ausbildung von subkutanen, granulomatösen Infektionen und der differentialdiagnostischen Ähnlichkeiten zu anderen pyogranulomatösen Prozessen hier besprochen. Die Krankheit kommt häufiger in feucht-warmen Klimazonen vor.

Verursacht wird die Infektion durch den dimorphen Pilz Sporotrix schenkii, der im Erdreich lebt und meist über Wunden in die Haut gelangt (MULLER, KIRK, SCOTT, 1989). Durch die mit Sporotrix kontaminierten Katzenpfoten kann die Infektion auch über Kampfwunden auf andere Katzen übertragen werden, eine Erklärung für das häufigere Auftreten bei Katern. Wegen der Ansteckungsgefahr für den Menschen sollte eine Sporotrichose frühzeitig diagnostiziert werden. An der Eintrittspforte, oft im Gesicht und an den Pfoten, bildet der Erreger zunächst feste runde Knoten, die ulzerativ aufbrechen. Die chronisch verlaufende Infektion spricht nicht auf die Behandlung mit Antibiotika an, sie schreitet über das subkutane Fettgewebe in die Lymphbahnen fort, seltener kommt es zu einer Infektion anderer Organe. Die nicht-disseminierte Form der Sporotrichose spricht gut auf die orale Behandlung mit anorganischem Jod in Form von Natrium-Jodid oder Kalium-Jodid 20 mg/kg/Tag oder 0,5 ml/5 kg/Tag der 20%igen Lösung an. Bei der disseminierten Form kann Amphotericin B i. v. infundiert werden.

6. Pockeninfektion

Die Pockeninfektionen der Katzen werden durch Orthopoxviren verursacht. Als Erregerreservoir sind kleine Nager hochverdächtig, so daß nur Katzen mit Freigang betroffen sind. Die meisten Infektionen treten im Sommer und Herbst auf, der Zeit der größten Kleinnagerdichte in den Gärten und Feldern. Die Infektion der Katze führt nicht zu Epidemien, aber bei engem Kontakt können infizierte Katzen sowohl den Menschen und als auch den Hund anstecken. Ein Todesfall eines immunsupprimierten jugendlichen Allergikers (Bronchialasthma) wird auf die Ansteckung mit dem Katzenpockenvirus zurückgeführt (von BOMHARD et al., 1989, 1991, 1992).

Die Läsionen befinden sich vornehmlich in der vorderen Körperhälfte, häufig im Kopfbereich, in der Maulhöhle, auf der Zunge, an den Lippen, an den Beinen und Pfoten, aber auch multipel über den Körper verstreut, das klinische Erscheinungsbild variiert zwischen pfenniggroßen Plaques, kleineren ulzerierenden, krustösen, z. T. konfluierenden Wunden und großflächig ausgedehnten nässenden, ulzerativen Dermatitiden. Das Allgemeinbefinden kann gestört sein.

Da die Katzenpocken eine noch relativ selten vermutete Krankheit ist, sollte wegen der nicht unbedenklichen Zoonose bei therapieresistenten, ulzerierenden Dermatitiden unbedingt eine Biopsie zur histologischen Untersuchung entnommen werden. Pocken sind der zuständigen Veterinärbehörde zu melden.

a. Klinik
- Plaques
- Tiefe Ulzerationen

b. Differentialdiagnose
- Bakterielle Infektionen
- Eosinophiles Granulom
- Plasmazelluläre Stomatitis
- Autoimmunerkrankung
- Neoplasien
- Aktinomykose
- Kryptokokkose

c. Diagnose
- Biopsie (eosinophile, intrazytoplasmatische Einschlußkörperchen in der Epidermis)
- Elektronenmikroskopische Darstellung des Pockenvirus
- Kultur: virologischer Nachweis aus Wundgewebe (auch aus Krusten möglich)
- Serologischer Nachweis im ELISA

d. Therapie

Bei gutem Allgemeinbefinden heilen die Läsionen häufig spontan ab, die systemische Antibiotikatherapie, häufig schon vor der endgültigen Diagnose eingesetzt, verbessert nur die sekundäre bakterielle Besiedelung, Corticosteroide sind bei Pocken kontraindiziert.

7. Neoplasien

Dieses knapp gehaltene Kapitel ist lediglich aus der Sicht des Klinikers geschrieben. Eine sehr ausführliche Besprechung erfolgt im Kapitel „Tumor und tumorähnliche Bildungen" sowie im Kapitel „Onkologie".

Tumore in der Haut der Katze sind sehr häufig bösartig. Beim Verdacht einer tumorösen Veränderung sollte daher immer die Totalexzision der Veränderung mit nachfolgender histologischer Untersuchung vorgenommen werden. Ist dies chirurgisch nicht machbar, muß mittels einer Teilexzision (Biopsie) die histologische Diagnose erfolgen, ohne die eine angemessene Therapie und Prognose nicht möglich ist. Mittels exfoliativer Zytologie (Aspirations- oder Abklatschpräparat) können Hinweise über die Zellart (Plattenepithelkarzinom) und infektiöse Beteiligung der Läsion gewonnen werden, sie sollte jedoch nicht die definitive Diagnose durch eine histologische Untersuchung des Bioptates ersetzen. Über die Hälfte aller Hauttumoren der Katze ist epithelialen Ursprungs, die andere ist mesenchymaler Herkunft, nur etwa 2 % gehen von Melanozyten aus.

Die beste **Therapie** besteht in der frühzeitigen radikalen Exzision **bis in das gesunde Gewebe.** Die Chemotherapie hilft bei malignen Hauttumoren der Katze nicht.

7.1. Basaliom

Die sehr häufig vorkommenden epithelialen Basalzelltumoren gehören noch zu den relativ gutartigen Hauttumoren, die meist gut abgesetzt und solitär sind ohne Metastasierungsneigung, die aber auch ulzerieren können. Da sie stark pigmentiert sein können, müssen sie vom Melanom differentialdiagnostisch unterschieden werden. Sie treten meist bei schon älteren Katzen auf und rezidivieren selten. Nach der Exzision ist die Prognose gut.

Therapie

– Chirurgische Exzision

Prognose: gut

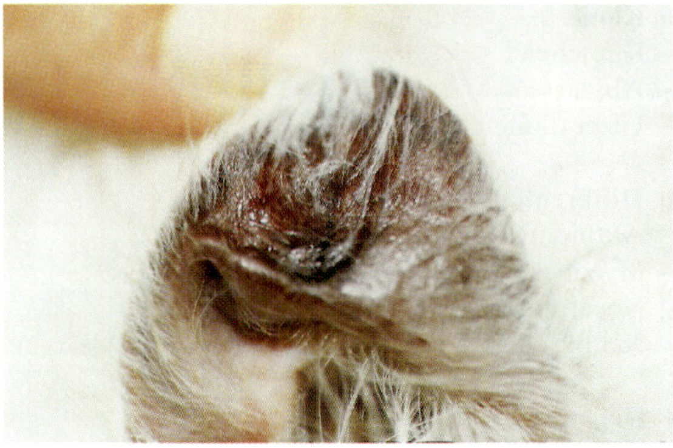

Abb. 94: Plattenepithelkarzinom am Ohr einer weißhaarigen Katze.

7.2. Plattenepithelkarzinom

Das Plattenepithelkarzinom ist ebenfalls bei älteren Katzen ein häufig vorkommender Hauttumor, der besonders gerne in spärlich behaarter Haut am Kopf, an den Augenlidern, den Lippen, der Nase und an den Ohren auftritt (Abb. 94), weitaus am häufigsten bei weißen Katzen und speziell bei denen mit blauen Augen, so daß neben der verstärkten Sonneneinstrahlung auf unpigmentierte Haut (Solardermatitis) auch genetische Faktoren eine prädisponierende Rolle spielen könnten (SCOTT, 1989).

Aber auch bei pigmentierten gemischtrassigen Katzen treten die Plattenepithelkarzinome häufiger multipel als 0,5–3 cm große, unregelmäßige, Plaqueähnliche, teilweise alopezische Läsionen auf, die bei einigen Katzen auch einzeln vorhanden sein können (BAER und RHODES, 1993). Die meist am Kopf, im Nacken, im Schulterbereich oder an den Vordergliedmaßen befindlichen Läsionen können scharf begrenzt bis invasiv wachsend sein, sie sind häufig ulzerierend mit blutig-krustiger Oberfläche. Multiple Plattenepithelkarzinome der Katze können sehr lange bestehen, ohne daß es zum Durchbruch der Basalmembran kommt. Dieser Krankheitsverlauf ähnelt dem Morbus Bowen des Menschen (MILLER, Jr., et al., 1992).

Nach großzügiger Totalexzision weit in gesundes Gewebe hinein können sie an anderen Stellen neu wachsen. Gewöhnlich metastasieren sie spät in die regionalen Lymphknoten, manchmal in die Lungen. Die Prognose ist abhängig vom Stadium der Krankheit und vom Grad der histologischen Ausdifferenzierung der Tumorzellen.

Therapie

– Röntgenkontrolle der Lungen

- Frühzeitige, großzügige chirurgische Exzision weit im gesunden Gewebe

Prognose: unsicher

7.3. Fibrosarkom

Unter den Hauttumoren sind sehr häufig die Fibrosarkome vertreten, maligne Bindegewebstumore, die vornehmlich bei älteren Katzen im durchschnittlichen Alter von 8 Jahren auftreten. Das feline Sarkomvirus (FeSV) ist immer mit FeLV vergesellschaftet und läßt sich nur beim Vorliegen der multizentrischen Fibrosarkomatose bei jungen Katzen unter 5 Jahren nachweisen. Die solitären Fibrosarkome der älteren Katzen sind nicht mit FeSV in Zusammenhang zu bringen. Die einzelnen Knoten sind unterschiedlich groß, verschieden strukturiert, invasiv wachsend, dadurch schlecht von der Umgebung abgesetzt und häufig ulzerierend. Prädilektionsstellen der Fibrosarkome sind der Nacken- und Schulterbereich und die seitliche Brust, sie können aber auch an anderen Stellen auftreten. Die Rezidivrate ist sehr hoch, die Chance gering, nach einer Operation rezidivfrei zu bleiben. Bei 71 % aller Tiere treten schon nach etwa einem viertel Jahr Rezidive auf, die Metastasierungsneigung der Fibrosarkome ist dagegen nicht so hoch. Die Dignität der Fibrosarkome ist von dem Grad der Differenzierung der Tumorzellen abhängig: die Fibrosarkome sind weniger maligne als die Spindelzellsarkome, am häufigsten metastasieren die polymorphkernigen Sarkome (STIGLMAIR-HERB und ORTMANN, 1987).

Therapie

- Chirurgische Exzision.

Prognose: trotz frühzeitig vorgenommener chirurgischer Exzision wegen hoher Rezidivrate schlecht.

7.4. Mastzelltumor

Nach den Basalzelltumoren sind die Mastzelltumoren bei der Katze zahlenmäßig am häufigsten vertreten (MILLER, W. H., et al., 1993); sie sind mesenchymalen Ursprungs. Sie sind häufiger in der Haut als viszeral vorhanden, Prädilektionsstellen sind der Kopf und der Nacken. Klinisch manifestieren sie sich als einzel oder multipel auftretende unterschiedlich große, erythematöse, fest in der Haut sitzende Plaques oder Knötchen, die auch ulzerieren können. Differentialdiagnostisch ähneln sie den eosinophilen Plaques. Die meisten Mastzelltumore scheinen benigne zu sein, einige zeigen Malignität durch Streuung in Lymphknoten, Leber, Milz und Lunge innerhalb weniger Monate. Bei nicht resizierbaren Mastzelltumoren kann eine Therapie mit Glukokortikoiden versucht werden.

Therapie

- Exzision einzelner Knoten
- Glukokortikoide können von kurzzeitigem Erfolg sein.

Prognose: unsicher

7.5. Melanome

Mehr oder weniger pigmentierte Neoplasien der Haut und der Schleimhaut sollten immer schnellstmöglich chirurgisch entfernt werden, da es sich um melanozytäre Neoplasien handeln kann, die sowohl benigne als auch maligne sein können, unabhängig vom Grad der Melanisierung, der epidermalen Ulzeration, der Begrenzung zur Umgebung und der Lokalisation. Eine Ausnahme bilden Neoplasien der Augenlider, die in einer Untersuchung ausnahmslos maligne waren (MILLER, W. H., et al., 1993). Prädilektionsstellen bei der Katze sind Ohren, Nacken, Kopf und Rumpfbereich. Vor einer chirurgischen Exstirpation sollte eine Röntgenaufnahme vom Thorax angefertigt werden.

Therapie

- Radikale chirurgische Exstirpation

Prognose: vorsichtig

7.6. Kutanes Lymphosarkom

Das kutane Lymphosarkom verläuft multifokal oder generalisiert mit unterschiedlichen klinischen Erscheinungsformen wie Knoten, Plaques, Ulzerationen oder exfoliativer Dermatitis, häufig verbunden mit Juckreiz. Das Allgemeinbefinden kann gestört sein. Bei der Katze ist es meist FeLV bedingt, obwohl die serologische Untersuchung gewöhnlich negativ verläuft (MULLER, KIRK, SCOTT, 1989). Histologisch kann das kutane Lymphosarkom in einen epitheliotropen, T-Lymphozyten bedingten Typ (Mycosis fungoides) und den nicht epithelioptropen Typ durch maligne B-Zellen eingeteilt werden. Eine Behandlung des Lymphosarkoms mit Zytostatika hat meist nur für wenige Monate Erfolg, der Verlauf ist gewöhnlich tödlich (s. auch Kapitel „Onkologie").

7.7. Mycosis fungoides (epitheliotropes T-Zell-Lymphom)

Der Terminus „Mycosis fungoides" ist begrifflich völlig inkorrekt, da die Erkrankung absolut nichts mit einer Mykose zu tun hat. Der Begriff leitet sich von der angeblich pilzartigen Gestalt der Tumoren später Stadien ab und ist zwar eine irreführende, aber inzwischen durch einen etwa 170jährigen Gebrauch in der Humanmedizin sanktionierte Bezeichnung. Die Mycosis fungoides ist ein malignes epitheliotropes Lymphom, ausgehend von den T-Helferzellen. Charakteristisch ist die primäre Hautmanifestation, erst später werden Lymphknoten und andere Viszeralorgane (Leber, Lunge, Milz u. a.) befallen, der Systemcharakter der Erkrankung wird nicht immer augenscheinlich. Das Allgemeinbefinden kann bei alleinigem Befall der Haut zunächst noch ungestört sein, der Verlauf ist protrahiert, die Verschlechterung hängt vom Übergreifen auf die Lymphknoten und die inneren Organe ab, mit dem Auftreten der Viszeralmanifestationen beginnt die rapide Verschlechterung. Die Prognose ist bislang unter allen verschiedenen Therapieformen, trotz manchmal „paradox" anmutenden Regressionsphasen der Haut, wie nachwachsendem Haarkleid, letztendlich immer infaust. Die Ätiologie ist unbekannt (EPSTEIN, 1980; ZACKHEIM, 1981).

Die Mycosis fungoides beginnt mit **unspezifischen Hauterscheinungen,** die ohne gezielte Untersuchungen häufiger zu einer diagnostischen Fehleinschätzung (z. B. Dermatomykose, endokrine Erkrankung) führt. Zunächst steht die **Alopezie** im Vordergrund, die fokal beginnt und mit weiterer Dauer der Erkrankung sich generalisiert ausbreiten kann (Abb. 95–97). Die Haut ist schuppig, verdickt und weniger elastisch, einzeln verdickte z. T. erythematöse Plaques sind fühlbar. In der Maulschleimhaut können ebenfalls vereinzelte Plaques vorhanden sein.

Sowohl das histopathologische Bild, u. a. mit Ansammlungen von charakteristischen lymphoiden Zellen, Sezary-Zellen und epidermalen Pautrier's Mikroabszessen, als auch die Aspirationszytologie der vergrößerten Lymphknoten und auch der Hautplaques sind diagnostisch (BAKER, SCOTT, 1989). Alle bisherigen therapeutischen Versuche mit hochdosierten Glukokortikoiden, verschiedenen Chemotherapeutika (ROSENKRANTZ et al., 1989) und Isotretinoiden (CODNER, 1993, eigene Erfahrungen nur beim Hund), das Übergreifen auf andere Organe zu verhindern, hatten keinen Erfolg. Die z. T. sehr starken Nebenwirkungen unter der chemotherapeutischen Therapie sind daher abzuwägen.

a. Klinik
- Alopezie, verdickte, schuppige Haut
- Erythematöse Plaques
- Maulschleimhautveränderungen

b. Diagnose
- Histopathologie

c. Therapieversuch
- Vincristin (0,75 mg/m^2 1x/Woche)
- Cyclosporine 15 mg/kg/Tag
- Prednison/Prednisolon tgl. 2 mg/kg, nach 3 Wochen jeden 2. Tag
- Isotretinoide (Roaccutan) 1–3 mg/kg/Tag

8. Photodermatitis

8.1. Solardermatitis

Die Pathogenese von Hautentzündungen durch die UV-Strahlung des Sonnenlichtes ist in ihrer ganzen Komplexizität nicht abgeklärt. Dermatitiden entstehen besonders auf unpigmentierter, spärlich behaarter Haut. Eine starke Empfindlichkeit haben die Ohrspitzen von Katzen mit weißen Ohren (besonders weiße Katzen mit blauen Augen). Sie können auf wiederholte Sonneneinstrahlung (sogar in nicht von der Sonne besonders verwöhnten Gebieten) mit hochgradiger Nekrose der Ohrspitzen reagieren, aus der sich später häufig ein Plattenepithelkarzinom entwickelt. Die Solardermatitis beginnt zunächst mit einem Erythem der Ohrränder (Abb. 98). Durch den folgenden Verlust der Haare werden die kahlen Ohrspitzen noch mehr den schädigenden UV-Strahlen ausgesetzt, so daß bei empfindlichen Katzen jeder Sommer zu einer Verstärkung der Hautläsionen führt: die stark gerötete Haut schält sich, es bilden sich blutige Krusten, die nekrotisierenden Ohrränder rollen sich ein (Abb. 99, 100).

Da sich aus diesem Stadium besonders bei älteren Katzen ein Plattenepithelkarzinom entwickeln kann (Abb. 94), sollten bei empfindlichen Katzen mit Freigang die dünn behaarten Partien mit Sonnenschutzmittel eingerieben werden. Sie sollten möglichst bei stärkerem Sonnenschein nicht ins Freie gelassen werden. Um die Entwicklung eines Plattenepithelkarzinoms zu verhindern, sollte beim Entstehen von nekrotisierenden Ohrrändern frühzeitig eine radikale Amputation der Ohren durchgeführt werden. Bei geschickter Chirurgie bedeckt später die behaarte Haut vollständig den verbliebenen Knorpelrand (Abb. 101).

Eine Solardermatitis kann gelegentlich auch in den dünn behaarten Partien des Gesichtes (Planum nasale, Augenlider, Lippen) auftreten.

Die Verdachtsdiagnose ergibt sich aus dem klinischen Erscheinungsbild, der Farbe der Katze und den Krankheitsschüben während der Sommermonate. In der histopathologischen Untersuchung kann eindeutig zwischen dem „Sonnenbrand" und dem Auftreten von epithelialen Tumorzellen differenziert werden.

a. Klinik
- Erythem
- Fokale Alopezie

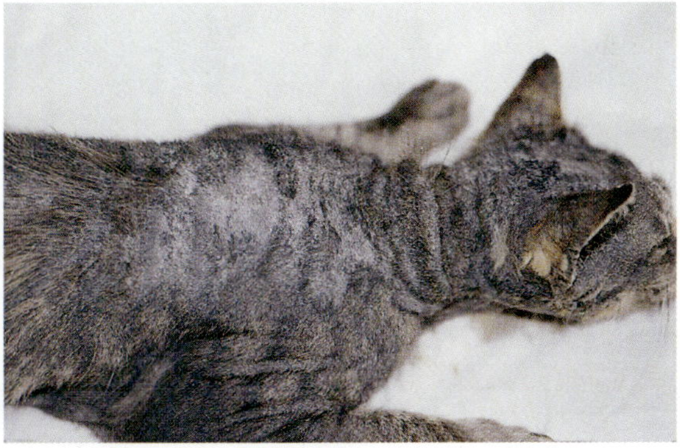

Abb. 95: Schuppige Alopezie durch Mycosis fungoides (Drs. Rösch, Haßloch).

Abb. 96: Nahaufnahme von Abb. 95; Mycosis fungoides (Drs. Rösch, Haßloch).

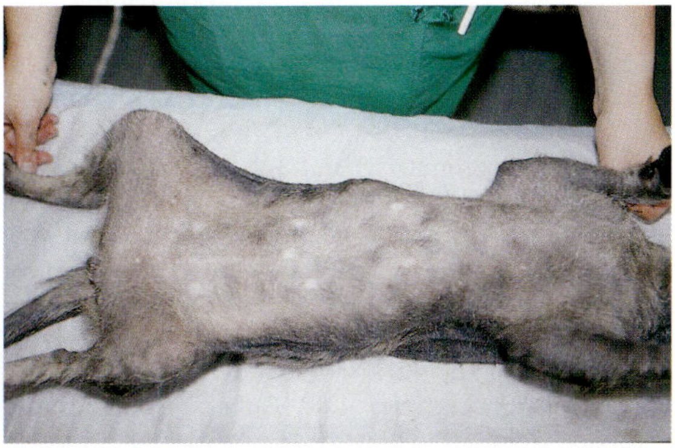

Abb. 97: Ventralseite derselben Katze mit ausgedehnter Alopezie, Mycosis fungoides (Drs. Rösch, Haßloch).

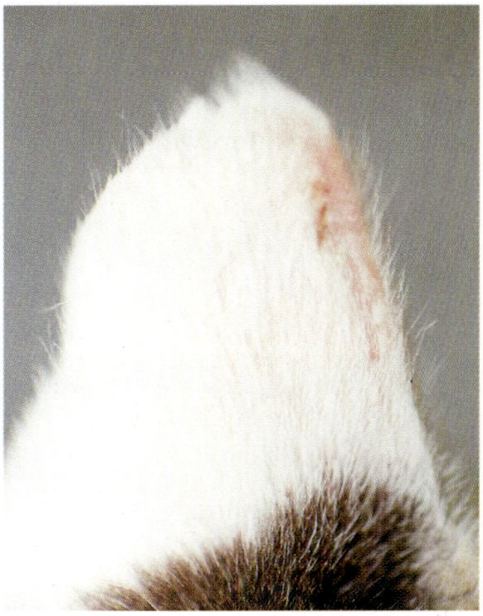

Abb. 98: Erythem des Ohrrandes; Beginn einer Solardermatitis.

Abb. 99: Nekrotische Ohrspitze durch Solardermatitis. Das andere Ohr derselben Katze hatte ein Plattenepithelkarzinom (siehe Abb. 94).

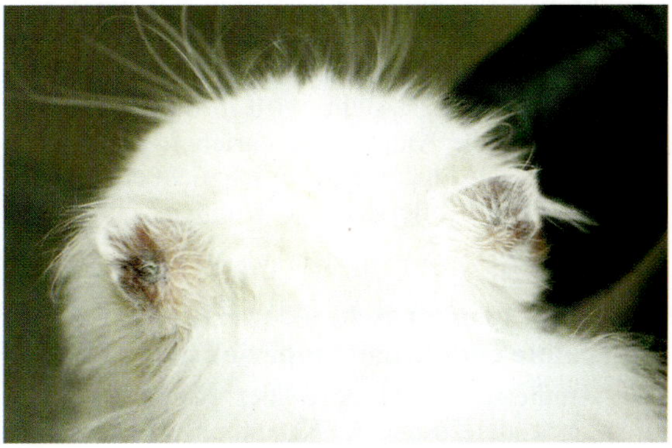

Abb. 100: Beidseitige Ohrrandnekrose durch Solardermatitis.

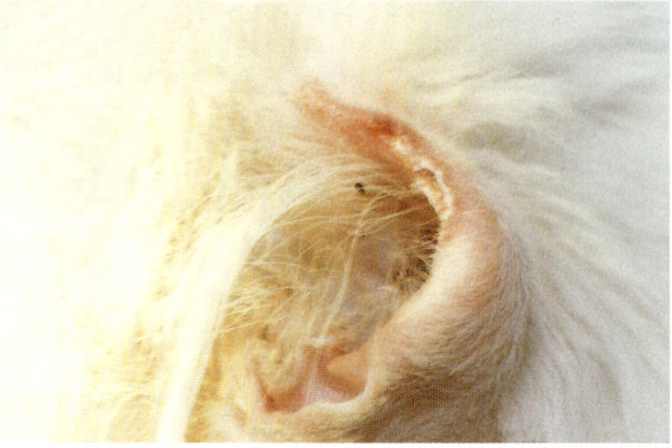

Abb. 101: Abheilung nach Amputation des nekrotischen Ohrrandes bis in die gesund behaarte Haut.

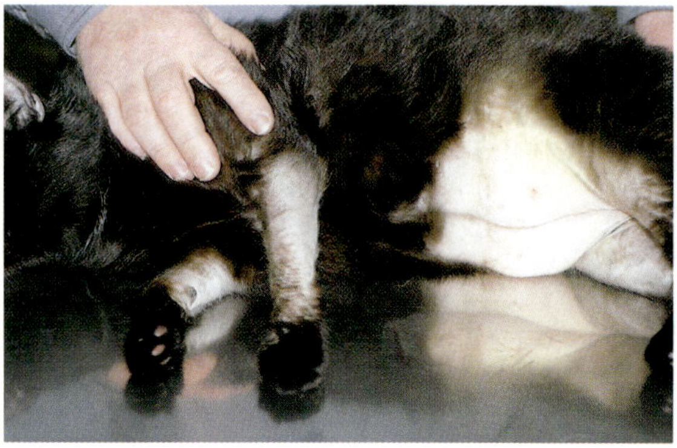

Abb. 102: Symmetrische Alopezie.

- Krusten
- Ulzeration, Nekrose

b. Differentialdiagnose
- Ohrrandverletzungen durch Kampfwunden
- Erfrierungen
- Autoimmunerkrankungen

c. Diagnose
- Anamnese
- Klinik
- Biopsie

d. Therapie
- Vermeidung der mittäglichen Sonne, Sonnenschutzmittel
- Amputation

9. Endokrine Erkrankungen

Endokrine Erkrankungen bedingen bei der Katze sehr selten Alopezien und Hautstörungen. Da in der Literatur jedoch noch häufig der Begriff der felinen endokrinen Alopezie steht, wird in diesem Kapitel die symmetrische Alopezie beschrieben, obwohl die meisten dieser Alopezien sicherlich nicht endokrinologisch, sondern allergisch oder/und psychisch bedingt sind.

9.1. Feline symmetrische Alopezie (Feline endokrine Alopezie)

Die symmetrische Alopezie der Katze ist keine ätiologisch determinierte Krankheit, sondern beschreibt lediglich ein klinisches Bild, das durch eine Vielfalt von Ursachen bedingt ist (siehe Kapitel III. 2. Hypotrichose / Alopezie). Die haarlosen Areale befinden sich fast immer ventral am Bauch und medial an den Hinterbeinen, gefolgt von der Lateral- und Kaudalseite der Hinterbeine und den Vorderbeinen (Abb. 102), der Kopf und der Rücken sind in der Regel normal behaart. Vielfach wurde die Ursache der symmetrischen Alopezie in einer endokrinen Störung vermutet, was zur Bezeichnung der „felinen endokrinen Alopezie" führte. Die Vermutung einer hormonellen Störung im Bereich der Geschlechtshormone wurde bestärkt durch das gehäufte Auftreten bei kastrierten Katzen. Hinzu kam das in manchen Fällen vorübergehende Ansprechen auf eine Hormontherapie. Die Substitutionstherapie erfolgte vielfach mit dem Hormon, das je nach dem Geschlecht der kastrierten Katze als defizitär angenommen wurde (Testosteron 12,5 mg/Katze, Diäthylstilböstrol 0,6 mg/Katze, Kombinationen beider Hormone; MULLER et al., 1989). Eine Therapie mit Androgenen oder/und Östrogenen kann bei der Katze zu Verhaltensstörungen und Leberschädigungen führen. Eine Imbalanz der Sexualhormone war aber nicht nachweisbar. Progesterone (Megestrolazetat, Proligeston) wurden ebenfalls mit zeitweiligem Erfolg eingesetzt, eine weitere Unterstützung der damaligen Annahme einer endokrinen Ätiologie, hingegen war der (vorübergehende) Erfolg auf die steroidale Wirkung zurückzuführen. Bei dem gehäuften Vorkommen der symmetrischen Alopezie bei kastrierten Katzen muß allerdings berücksichtigt werden, daß die meisten Katzen, die in der tierärztlichen Praxis vorgestellt werden, kastriert sind.

Bei der felinen symmetrischen Alopezie können die Haare lediglich im Bereich des stärksten Haarverlustes etwas leichter ausgezupft werden. Die Haut zeigt keine primären Entzündungserscheinungen und das Allgemeinbefinden der Katze ist ungestört.

Dagegen abzugrenzen sind Alopezien, bei denen die Haare überall am Körper leicht auszuziehen sind, mit gleichzeitigem Bestehen von exfoliativen Hautläsionen, besonders an den Füßen und gestörtem Allgemeinbefinden der Katzen. Diese Hauterscheinungen werden als paraneoplastische Alopezie indikativ für ein Adenokarzinom des Pankreas gewertet (BROOKS et al., 1994).

9.2. Psychogene Alopezie

Die psychogene Alopezie wird am häufigsten bei der Europäisch-Kurzhaarkatze gefunden. Die Alopezie befindet sich, wie bei der symmetrischen Alopezie beschrieben, fast immer ventral am Bauch und medial an den Hinterbeinen, gefolgt von der Lateral- und Kaudalseite der Hinterbeine und den Vorderbeinen. Es sind somit die Areale betroffen, die der Katze beim Putzakt besonders zugänglich sind. Heutzutage sind die meisten Katzen beiderlei Geschlechts kastriert und leben häufig ohne Freigang in der häuslichen Wohngemeinschaft mit enger Bindung an die Menschen. Es ist bekannt, daß Katzen auf Veränderungen ihres häuslichen Umfeldes (wie Ankunft eines Babys, eines anderen Tieres, auf den neuen Freund/neue Freundin, bei ungewohntem Lärm, Umzug etc.) mit streßbedingten psychischen Störungen reagieren können, die sich in verstärktem Putztrieb, häufiger aber im Markieren der Wohnung mit Urin äußern können. Allerdings kann auch niemand ausschließen, daß die einzig interessante Beschäftigung einer allein gehaltenen, sich ständig langweilenden Katze das Säubern und Putzen ihres Felles ist, indem sie stereotyp an immer den gleichen Körperstellen leckt. Die mikroskopische Untersuchung der Haare zeigt abgefressene, abgebrochene Haarspitzen. Beim Verdacht einer psychogenen Alopezie sollte das Lecken durch das Anlegen eines Halskragens verhindert werden, das Fell wächst nach. Leider tolerieren manche Katzen nur ungern einen Halskragen.

Um den Leck-Juckreiz-Leck-Kreislauf zu unterbrechen, kann anfangs Depot-Methylprednisolon verabreicht werden. Die früher häufig erfolgte Verabreichung von Megestrolazetat bei der psychogenen Alopezie sollte wegen der möglichen enormen Nebenwirkungen (siehe Kapitel Atopie, Therapie, S. 317) nicht mehr empfohlen werden. Therapieversuche mit Diazepam (1–2 mg/Katze oral 2x tägl.), Phenobarbital (2–6 mg/kg oral 2x tägl.), Naloxon (1 mg/kg i. v., Wiederholung beim Rezidiv) hatten unterschiedlichen Erfolg.

Es sollte bedacht werden, daß die häufigste Ursache der „psychogenen Alopezie" der allergisch bedingte Juckreiz ist.

9.3. Feline idiopathische symmetrische Alopezie (FISA)

Oftmals ist es sehr schwer, eine genaue Ursache der symmetrischen Alopezie zu diagnostizieren, zumal wenn die Besitzer das Lecken der Katze nicht beobachten. Somit steht der Begriff FISA für alle nicht diagnostizierten symmetrischen Alopezien, deren Ätiologie multifaktoriell bedingt sein kann. Im Unterschied zur allergisch bedingten symmetrischen Alopezie, bei der die Eosinophilen häufig vermehrt sind, ist die Zahl der Eosinophilen bei der FISA normal. Am häufigsten betroffen sind wieder kastrierte Kurzhaarkatzen bei gleichmäßiger Geschlechtsverteilung. Es besteht kein zeitlicher Zusammenhang zur erfolgten Kastration, die bei den meisten Katzen unter einem Jahr erfolgt ist.

Eine Behandlung mit T_3 in einer Dosierung von 20-50 µg/Katze 2x täglich kann nach mehreren Monaten zum Nachwachsen der Haare führen (THODAY, 1989), ist aber kein Beweis einer erniedrigten Schilddrüsenreserve.

Wenn lediglich eine Alopezie vorhanden ist, von der das Befinden der Katze in keiner Weise beeinträchtigt ist, sollte jede empirische Hormonbehandlung mit den möglichen Nebenwirkungen abgewogen werden, zumal das Fell zu einem späteren Zeitpunkt spontan nachwachsen kann.

9.4. Hyperthyreose

Die beim Hund gut bekannte primäre Hypothyreose kommt bei der Katze so gut wie nicht vor. Dagegen entwickelt die Katze mittleren Alters recht häufig eine Hyperthyreose, ausgelöst meist durch ein Adenom, sehr viel seltener durch ein Karzinom, einer oder wesentlich häufiger beider Schilddrüsenlappen.

Die hyperthyreote Katze wird von den Besitzern häufig vorgestellt wegen fortschreitender **Abmagerung** bei normalem oder stark **gesteigertem Appetit** (Abb. 103). Polydipsie und Polyurie sind zwar vorhanden, aber für die Besitzer nicht so auffallend. Manche Katzen erbrechen sich häufiger oder haben intermittierende Durchfälle. Bei der klinischen Untersuchung ist im fortgeschrittenen Stadium der Hyperthyreose eine deutlich sichtbare nervöse Überaktivität vorhanden, es besteht eine ausgeprägte **Tachycardie** mit Arrhythmie (Kardiomyopathie; Vorsicht mit Atropin bei Sedierungen!). Die Haut kann eine Seborrhoe aufweisen mit struppigem Haarkleid. Vielfach manifestiert sich die **Überaktivität** in ausdauerndem Putzen, das zur Alopezie führen kann.

Durch intensives Lecken an immer den gleichen Körperstellen kann es zu granulomatösen Verände-

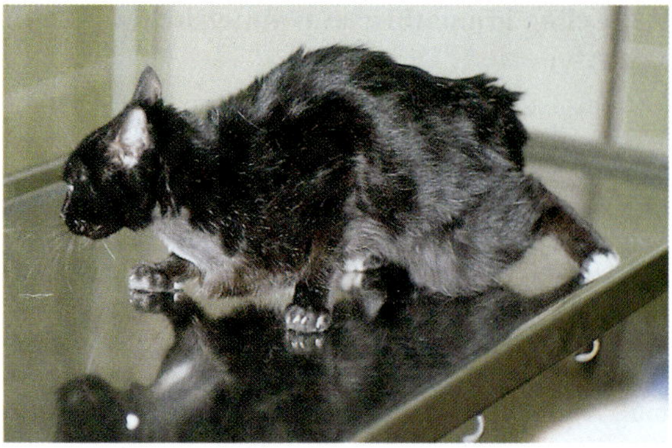

Abb. 103: Typisches Bild einer hyperthyreoten Katze: hochgradige Abmagerung, aufgeregtes Verhalten.

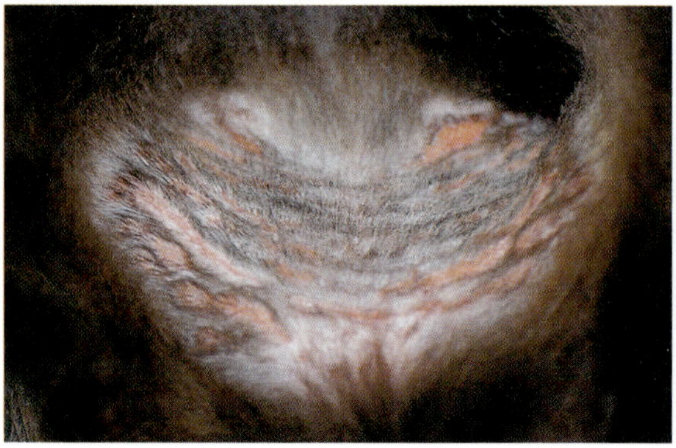

Abb. 104: Durch intensives Lecken entstandene lineare, eosinophile Dermatitis, die sich nicht durch Glukokortikoide bessern ließ. Das Lecken war psychogen durch Hyperthyreose bedingt. Erst die medikamentöse Behandlung der Hyperthyreose ließ die lineare Dermatitis abheilen. Die Katze war gut genährt und hatte keine typischen Anzeichen einer Hyperthyreose.

rungen durch Automutilation kommen. Leckt die Katze sich z. B. permanent an der faltigen Haut am Bauch, kann das klinische (und auch histologische) Bild eines linearen Granuloms entstehen (Abb. 104), das auf die Behandlung mit Corticosteroiden keine Besserung zeigt (im Gegensatz zum allergisch bedingten eosinophilen Granulom). Die Verdachtsdiagnose Hyperthyreose wird häufig schon durch die Anamnese und das typische klinische Bild gestellt, die Leberenzyme können stark erhöht sein, die vergrößerte Schilddrüse kann nicht immer palpiert werden. Die **Diagnose** wird durch den erhöhten T_4-Wert abgesichert, der nicht selten auf Werte von 10–20 µg/dl ansteigen kann.

Die **Therapie** besteht vornehmlich aus der chirurgischen Entfernung des neoplastischen Schilddrüsenlappens oder der täglichen Zufuhr von Thyreostatika, hier ist bei der Katze Thiamazol in einer Dosierung von 15 mg/Katze/Tag auf 3x verteilt am besten geeignet. Die T_4-Werte fallen in den meisten Fällen innerhalb von 2 Wochen ab, bei Therapieresistenz wird die Dosis zunächst auf 20–25 mg/Katze/Tag erhöht, bis die Werte auf euthyreotem Niveau sind (Kontrolle alle 14 Tage), dann erfolgt nach einer Dosisreduktion in 5-mg-Schritten die Dauerdosierung mit 5–10 mg/Katze/Tag. Unter der konservativen Dauertherapie sollte eine regelmäßige Kontrolle des Blutbildes erfolgen.

a. Klinik
- Gewichtsverlust trotz – Polyphagie
- Hyperaktivität
- Alopezie, – fettige Seborrhoe, – Leckgranulome

b. Differentialdiagnose (bezogen auf die Haut)
- Psychogene Alopezie
- Eosinophiler Granulom-Komplex

c. Diagnose
- T_4-Bestimmung

d. Therapie
- Chirurgie
- Thyreostatika: Thiamazol: anfangs 15 mg/Tag/Katze, Erhaltungsdosis 5–10 mg/Tag/Katze

9.5. Hyperadrenokortizismus

Sowohl der spontane als auch der iatrogene Hyperadrenokortizismus sind bei der Katze äußerst selten. Wird die Cushingkrankheit bei der Katze einmal diagnostiziert, so stehen die Symptome **Polyurie und Polydypsie** sehr stark im Vordergrund, bedingt durch die glukokortikoidinduzierte **Hyperglykämie** mit folgender Glukosurie und osmotischer Diurese (ZERBE, 1989). Der **schwer einstellbare Diabetes mellitus** ist bei der Katze mit Cushingerkrankung fast immer vorhanden. Die Diagnose Hyperadrenokortizismus erfolgt bei der Katze oft erst in einem sehr späten Stadium, wenn das Allgemeinbefinden schon hochgradig gestört sein kann.

Bei einem Vollbild des M. Cushing kann die **Haut der Katze extrem dünn und brüchig** sein, die bei Manipulationen während der Untersuchung sogar einreißen kann (RHODES et al., 1992). Haarverlust, Muskelschwund, Hängebauch, Gewichtszunahme, Infektionen, Demodikose (selten) sind vergleichbar mit den Symptomen des Hundes. Die Absicherung der **Diagnose** erfolgt durch die Dexamethason-Suppressionsteste (Cave: höhere Dexamethasondosierung als beim Hund) und den ACTH-Stimulationstest, aber es bestehen bei der Katze weniger Erfahrungen als beim Hund in der sicheren Aussage dieser Teste (ZERBE et al., 1989).

Die erfolgreichste **Therapie** soll in der chirurgischen Entfernung des unilateralen Nebennierenrindentumors (20 % des Hyperadrenokortizismus) oder der bilateralen Adrenalektomie bei hypophysärem Cushing (80 % des Hyperadrenokortizismus) bestehen; anschließend ist die tägliche Substitution von Prednison und Mineralokortikoiden oder Fludrocortison (0,02–0,05 mg/kg) erforderlich (ZERBE, MACDONALD, 1993). Bei extrem dünner Haut, die zu Einreißwunden führt, sollte vor der chirurgischen Exstirpation eine konservative Therapie das Cortisol senken, damit postoperativ die Haut heilt. Das Lysodren, das beim hypophysären Morbus Cushing des Hundes gute Erfolge hat, zeigt bei der Katze in der gleichen Dosierung keine ausreichende Hemmung der Nebennierenrinde. Desgleichen ist Ketoconazol mit unterschiedlichem Erfolg eingesetzt worden. Methyrapon, ein 11 β-Hydroxylase-Antagonist, bewirkt eine Enzymblockade im Cortisolmetabolismus. Die erforderlichen Dosen zur Herabsetzung des Cortisols sind sehr variabel (MACKEDANZ und STRUCKMANN, 1992; DALEY, ZERBE, SCHICK, 1993). Die Prognose ist je nach Ausprägung der Symptome individuell unterschiedlich. Bei unbehandeltem oder erfolglos therapiertem spontanen Morbus Cushing ist sie sehr schlecht.

a. Klinik

- Alopezie – dünne Haut – Einreißwunden
- Polydipsie / Polyurie
- Schwer einstellbarer Diabetes mellitus

b. Differentialdiagnose

- Kutane Asthenie (angeborener Defekt: lose, weit abhebbare, brüchige Haut, meist ohne Alopezie)
- Iatrogener Hyperkortisolismus
- Pankreastumor

c. Diagnose (nach ZERBE, 1989)

□ ACTH-Stimulationstest

1. Blutentnahme für basales Cortisol
2. 0,125 mg/Katze synt. ACTH i. m.
3. Blutentnahme nach 30 **und** 60 Minuten für 2. u. 3. Cortisolwert.

□ **Low-dose-Dexamethason-Suppressionstest** (unsicher in der Aussage)

1. Blutentnahme für basales Cortisol
2. Sofort 0,01–0,02 mg/kg wäßriges Dexamethason i.v.
3. Blutentnahme nach 4 und 8 Stunden für 2. und 3. Cortisolwert

□ **High-dose-Dexamethason-Suppressionstest** (**sicherer** in der Aussage als der Low-dose-test) Gleiche Durchführung, aber **0,1– 0,5** mg/kg wäßriges Dexamethason i. v.

□ **Zur Unterscheidung zwischen adrenalem Tumor und hypophysärem Hyperadrenokortizismus:** Gleiche Durchführung, aber **1,0** mg/kg wäßriges Dexamethason i. v.

d. Therapie

1. Chirurgisch:

- Entfernung einer Nebenniere beim NNR-Tumor
- Entfernung beider Nebennieren beim hypophysären Cushing mit nachfolgender **Substitution von Gluko- und Mineralokortikoiden.**

2. Konservativ:

- Methyrapone: 65 mg/kg 2–3x tägl.;
  oder 250 mg 1x tägl. oder auf 2–3mal aufteilen
- Ketokonazol: 5 mg/kg 2x tgl. für 1 Woche,
  dann 10 mg/kg 2x tgl.
  Kontrolle durch den ACTH-Stimulationstest.

Literatur

AFFOLTER, V. K., und C. von TSCHARNER (1993): Cutaneous Drug Reactions: a Retrospective Study of Histopathological Changes and their Correlation with the Clinical Disease, Veterinary Dermatology; Vol. **4;** No. 2: 9–85.

ALEXANDER, M. M., und P. IHRKE (1982): Cheyletiella Dermatitis in Small Animal Practice: A review. California Veterinarian, **36,** 9–12.

ANDERSON, R. K. (1993): In Vitro Testing For Feline Atopic Disease. Proceedings 10th ESVD Annual Congress, Aalborg.

BAKER, J. L., Scott, D. W. (1989): Mycosis Fungoides in Two Cats. Journal of the American Animal Hospital Association; Vol. **25;** No. 1: 97–101.

BAER, K. E., und K. H. RHODES (1993): Feline epidermal squamous cell carcinome in situ. 9th Proceedings of Annual Members Meeting AAVD & ACVD, San Diego.

BEVIER, D. E. (1989): The Reaction of Feline Skin to the Intradermal Injection of Allergenic Extracts and Passive Cutaneous Anaphylaxis Using Serum From Skin test Positive Cats. Advances in Veterinary Dermatology; Vol. **1:** 127–136. Eds.: C. vonTscharner und R. Halliwell, Baillière Tindall.

BEVIER, D. E. (1994): Effect of Methylprednisolone Acetate and Oral Prednisolone on Immediate Skin Test Reactivity in Cats. Proceedings of Annual Members Meeting AAVD & ACVD, Charleston.

BOMHARD, D. von, H. MAHNEL und B. BALLAUF (1989): Zwei Fälle von Pockeninfektionen bei Katzen, Kleintierpraxis **34:** 157–160.

BOMHARD, D. von, S. PFLEGHAAR, H. MAHNEL und SCHNEEKLOTH-DÜCKER (1991): Fallbericht: Katzenpockeninfektion als Zoonose für Hund und Mensch. Kleintierpraxis **36:** 511–514.

BOMHARD, D. von, S. PFLEGHAAR und H. MAHNEL (1992): Zur Epidemiologie, Klinik, Pathologie und Virologie der Katzen-Pocken-Infektion. Kleintierpraxis **37:** 219–230.

BROOKS, D. G., K. L. CAMPBELL, J. S. DENNIS und R. W. DUNSTAN (1994): Pancreatic Paraneoplastic Alopecia in Three Cats. Journal of the American Animal Hospital Association, Vol. **30,** No. 6.

CAIRNS, R., et al. (1994): Efficacy of an inactivated Microsporum canis Vaccine in Cats under Field Conditions. Proceedings of Annual Members Meeting AAVD & ACVD, Charleston.

CARLOTTI, D. N., I. REMY und C. PROST (1990): Food Allergy in Dogs and Cats. A Review and Report of 43 Cases. Veterinary Dermatology; Vol. **1;** No. 2: 5–62.

CODNER, E. C. (1993): Nutritional Management of Skin disease, Vitamin A and Synthetic Retinoids, Proceedings of 60th Annual Meeting of AAHA, Seattle.

DALEY, C. A, ZERBE, C. A, SCHICK, R. O., et al. (1993): Use of metyrapone to treat pituitary-dependent hyperadrenocorticism in a cat with large cutaneous wounds. Journal of Veterinary Medical Association, **202:** 956–960.

DeBOER, D. J., und K. MORIELLO (1994): Inability of topical treatment to influence the course of experimental feline Dermatophytosis. 10th Proceedings of Annual Members Meeting AAVD & ACVD, Charleston.

DeBOER, D., K. A. MORIELLO und A. J. COOLEY (1991): Immunological Reactivity to Intradermal Dermatophyte Antigens in Cats with Dermatophytosis. Veterinary Dermatology; Vol. **2;** No. 2: 59–67.

DENEROLLE, P. J. (1992): Three cases of Feline Cutaneous Xanthomas. Proceedings of the 2. World Congress of Veterinary Dermatology, Montréal.

EPSTEIN, E. H. (1980): Mycosis Fungoides: Clinical Course and Cellular Abnormalities. The Journal of Investigative Dermatology; **75:** 103–106.

FERGUSON, E. A., und S. CERT (1992): Sarcoptic Mange in the Cat. Proceedings of the 2. World Congress of Veterinary Dermatology, Montréal.

FLACHSBARTH, M. F., R. SCHWARZ und D. GERISCH (1992): Die Analbeutel der Hauskatze- ein Beitrag zur funktionellen Morphologie eines Chemo-Kommunikationsorgans. Kleintierpraxis **37,** Heft 4, 231–236.

FOSTER, A. P. (1994): A Study of the Number and Distribution of Cutaneous Mast Cells in Cats with Disease not Affecting the Skin. Veterinary Dermatology; Vol. **5;** No. 1: 17–20.

FOSTER, A., O'DAIR, H. (1993): Allergy Testing for Skin Disease in the Cat In Vivo vs In Vitro Tests. Veterinary Dermatology; Vol. **4;** No. 3: 111–115.

GREEK, J. S. (1993): Feline Pemphigus Foliaceus: A Retrospective of 23 Cases, University of Pensyilvania, 9th Proceedings of Annual Members Meeting AAVD & ACVD, San Diego.

GUAGUERE, E., B. HUBERT und C. DELABRE (1992): Review. Feline Pododermatoses, Veterinary Dermatology; Vol. **3;** No. 1: 1–12. 92

GUAGERE, E., und P. PRELAUD (1991): Feline Plasmocytic Pododermatitis; Clinical haematological findings in 10 cases. Proceedings of the 8th. Annual Meeting of the ESVD, Luxembourg.

GRIESHABER, T. L., P. McKEEVER und J. D. CONROY (1991): Spontaneous Cutaneous (Eruptive) Xanthomatosis in Two Cats. Journal of the American Animal Hospital Association; Vol **27;** No. 5: 509–512.

HÄMMERLING, R., C. M. KALVERAM und K. KALVERAM (1994): In vitro-Vergleich des Allergengehalts von Hauttestlösungen verschiedener Anbieter im veterinärmedizinischen Bereich. Kleintierpraxis **39,** Heft 10, 687–694.

HALLIWELL, R., und N. T. GORMAN (1989): Veterinary Clinical Immunology, Saunders Company.

HALLIWELL, R. E. W. (1992): Drug Reactions; Zusammenfassung Spezialistentreffen Dermatologie der 38. Jahrestagung der FKDVG, Bonn, 38–45.

HALLIWELL, R. E. W. (1993): Fleas and Fleabite Hypersensitivity. Proceedings of the 10th ESVD annual congress, Aalborg, 1993.

HAWKINS, J. A., R. K. McDONALD und B. J. WOODY (1987): Sarcoptes scabiei infestation in a cat. Journal of the American Animal Hospital Association 190 (12).

HELTON. K. A., G. H. NESBITT und P. CACIOLO (1986): Griseofulvin toxicity in cats: literatur review and report of seven cases. Journal of the American Animal Hospital Association, **22,** 453–458.

JENKINSON, D. M. (1989) : Sweat and Sebaceous Glands and their Function in Domestic Animals, Advances in Veterinary Dermatology, Vol. **1,** 229–251. Eds.: C. von Tscharner und R. Halliwell, Baillière Tindall.

JONES, B. R., et al. (1986): Inherited hyperchylomicronemia in the cat. Feline Pract. **16:** 7.

KIENZLE, E. (1995): persönliche Mitteilung. Lehrstuhl für Tierernährung und Diätetik, Tierärztliche Fakultät der Ludwig-Maximilians-Universität München.

KOUTINAS, A. F., MILLER, W. H., KRITSEPI, M., UND LEFKAS, S. (1993): Pansteatitis (Steatitis, „Yellow Fat Disease") in the Cat: A Review Article and Report of Four Spontaneous Cases. Veterinary Dermatology, Vol. **3,** No 3.

KRISTENSEN, F., und N. B. MEHL (1992): The use of gold in the treatment of auto-immune diseases in the dog and cat. The European Journal of Companion Animal Practice. Vol. **III** (1) Oct. 1992.

KUNKLE, G. A., und D. J. MEYER (1987): Toxicity of high dose griseofulvin in cats. Journal of the American Veterinary Medical Association, **191,** 322–323.

KWOCHKA, K. W., und B. G. SHORT (1984): Cutaneous xanthomatosis and diabetes mellitus following long-term therapie with megestrol acetat in cat. Compend. Cont. Ed. **6:** 185.

LÖSCHER, W., UNGEMACH, F. R., und R. KROKER (1994): Grundlagen der Pharmakotherapie bei Haus- und Nutztieren. Verlag P. Parey.

MACKEDANZ, R., und B. STRUCKMANN (1992): Bericht über einen Fall von Hypercortisolismus bei einer Katze. Kleintierpraxis **37,** 12, 843–46.

MASON, K. V., und A. G. EVANS (1988): Feline eosinophilic granuloma complex: a further clinical manifestation and etiology. Proceedings of the American Academy of Veterinary Dermatology, **1988;** 41.

MASON, K. V., und G. T. WILKINSON (1989): Results of Treatment of atypical Mycobacteriosis. Advances in Veterinary Dermatology, Vol. **1,** S. 452.

MASON, K. V. (1990): Cutaneous Drug Eruptions. The Veterinary Clinics of North America, Advances in Clinical Dermatology, 1633–-1653.

MASON, K. V. (1990a): A Cohesive Theory on the Aetiology and Pathogenesis of the Eosinophilic Granuloma Complex in the Cat. Proceedings of the 30th Annual Meeting of Veterinary Allergy, San Francisco.

MASON, K. V. (1990b): Eosinophilic Granulom Komplex in the Cat. Proceedings of the 7th Annual Meeting of the ESVD, Stockholm.

MASON, K. V., und A. G. EVANS (1991): Mosquito bite-caused eosinophilic dermatitis in cats. Journal of the American Veterinary Medical Association; Vol. **198:** 2086–2088.

MEDLEAU, L., C. A. BROWN, S. A. BROWN und C. S. JONES (1988): Demodicosis in Cats. Journal of the American Animal Hospital Association; Vol. **24,** No. 1: 85–91.

MEDLEAU, L. (1990): Demodicosis; in Recently Described Feline Dermatoses. The Veterinary Clinics of North America; Advances in Clinical Dermatology; November 1990.

MEYER, W., Th. BARTELS und R. SCHWARZ (1990): Zur Struktur und Funktion der Fußballen der Katze. Kleintierpraxis **35,** Heft 2: 45–96.

MIKICIUK, M. G., W. H. FALES und D. A. SCHMIDT (1990): Sucessful Treatment of Feline Cryptococcosis with Ketoconazole and Flucytosine. JAAHA, Vol. **26,** No. 2, 199–201.

MILLER, W. H., AFFOLTER, V., SCOTT, D. W., SUTER, M. M. (1992): Multicentric Squamous Cell Carcinomas in Situ Resembling Bowen's Disease in Five Cats. Veterinary Dermatology, Vol. **3,** No. 4/5, 177–182.

MILLER, Jr., W. H. (1993): Canine and Feline Demodicosis. Proceedings of the 10th ESVD Annual Congress, Aalborg.

MILLER, Jr., W. H., SCOTT, D. W., und ANDERSON, W. I. (1993): Feline Cutaneous Melanocytic Neoplasms: A Retrospective Analysis of 43 Cases (1979–1991). Veterinary Dermatology, Vol. **4,** No. 1, 19–26.

MILLER, Jr., B. (1993): Clinical Manifestation of Atopy. Proceedings of the 10th ESVD Annual Congress, Aalborg.

MORIELLO, K. A. (1990): Management of Dermatophyte infektions in Catteries and Multiple-Cat Households, The Veterinary Clinics of North Amerika, Advances in Clinical Dermatology, Nov. 1990.

MULLER, G. H., R. W. KIRK und D. W. SCOTT (1989): Fungal Diseases. Small Animal Dermatology, 4th Ed., Saunders, Philadelphia.

MULLER, G. H., R. W. KIRK und D. W. SCOTT (1989): Neoplastic Diseases. Small Animal Dermatology, 4th Ed., Saunders, Philadelphia.

MULLER, G. H., R. W. KIRK und D. W. SCOTT (1989): Feline Symmetric Alopecia. Small Animal Dermatology, 4th Ed., Saunders, Philadelphia.

OLIVRY, Th., E. GUAGUERRE, B. ATLEE und D. HERPIRET (1990): Generalised Erythema Multiforme with Systemic Involvement in Two Cats. 7th Annual Meeting of the ESVD, Stockholm.

PARADIS, M., SCOTT, D.W., und VILLENEUVE, A. (1990): Efficacy of Ivermectin Against Cheyletiella blakei Infestation in Cats. Journal of the American Animal Hospital Association; Vol. **26;** No. 2: 125–128.

POWER, Helen T. (1990): Eosinophilic Granuloma in a Family of Specific Pathogen-Free Cats. 6th Proceedings of the Annual Members Meeting AAVD&ACVD, San Francisco.

PROST, Ch. (1992): Atopy in the Cat: 28 Cases. Proceedings of the 2. World Congress of Veterinary Dermatology, Montréal.

PROST, Ch. (1993): Hypersensitivity to Tobacco in 6 dogs and 2 Cats: a social disease. Proceedings of the 10th ESVD annual congress, Aalborg, 1993.

REEDY, L. M., und W. H. MILLER (1989): Allergic Skin Diseases Of Dogs And Cats. Saunders Comp.

RHODES-HELTON, K., K. BAER und N. EVERDS (1990): Cutaneous Xanthomatosis Associated with Persistent Hyperlipidemia in a Cat. Proceedings of the 6th Annual Members Meeting AAVD & ACVD, San Francisco.

RHODES, K. H., M. WALLACE und K. BAER (1992): Cutaneous Manifestations of Feline Hyperadrenocorticism. Proceedings of the 2. World Congress of Veterinary Dermatology, Montréal.

ROSENKRANTZ, W. S. (1991): Eosinophilic Granuloma „Confusion“. Consultations in Feline Internal Medicine. Saunders, Philadelphia: 121–124.

ROSENKRANTZ, W., S., GRIFFIN C. E, und BARR, R. J. (1989): Clinical Evaluation of Cyclosporine in Animal Models with Cutaneous Immune-Mediated Disease and Epitheliotropic Lymphoma. Journal of the American Animal Hospital Association, Vol. **25,** No. 4, 377–384.

ROSSER, Jr., E. J. (1992): Food Allergy in the Cat: A Prospective Study of 13 Cats. Proceedings of the 2. World Congress of Veterinary Dermatology, Montréal. Advances in Veterinary Dermatology Vol. **2.** Eds. Ihrke, Mason, White.

SCHWARZ, R. (1992): Haarwachstum und Haarwechsel -- eine zusätzliche funktionelle Beanspruchung der Haut – am Beispiel markhaltiger Primärhaarfollikel, Kleintierpraxis **37,** 1992, 63–124.

SCHWARZ, R., und W. MEYER (1994): Haut und Hautorgane. Anatomie von Hund und Katze, Hrsg. J. Frewein und B. Vollmerhaus, Blackwell Wissenschaftsverlag, Berlin.

SCOTT, D. W., R. E. W. HALLIWELL, M. H. GOLDSCHMIDT und S. DIBARTOLA (1979): Toxic Epidermal Necrolysis in two Dogs and a Cat. Journal of the American Animal Hospital Association, Vol. **15,** No. 3: 271–279.

SCOTT, D. W. (1980): Feline Dermatology 1900–1978: a monograph. Journal of the American Animal Hospital Association; Vol. **16,** 331–448.

SCOTT, D. W. (1984): Feline Dermatology 1979–1982. Introspective Retrospection. Journal of the American Animal Hospital Association, Vol. **20:** 548–549.

SCOTT, D. W. (1987): The Skin. Diseases of the Cat, Vol. **1.,** Ed. Holzworth, J. W. B. Saunders Comp.

SCOTT, D. W., und ANDERSON, W. I. (1988): Panniculitis in Dogs and Cats: A Retrospective Analysis of 78 Cases. JAAHA, Vol. **24,** 551–559.

SCOTT, D. W. (1989): The Biology of Hair Growth and its Disturbances. Advances in Veterinary Dermatology, Vol. **1:** 3–33. Eds. C. vonTscharner und R. Halliwell, Baillière Tindall.

SCOTT, D. W. (1989): Diseases of the Skin. In The Cat, Diseases and Clinical Management, Ed. Sherding, R. G.: 1529–1600.

SCOTT, D. W. (1990): Feline Dermatology 1986–1988: JAAHA 1990, Vol. **26,** No. 5 Looking to the 90s through the eyes of many counsellors.

SCOTT, D. W. (1991): Feline Alopecia: Differential Diagnosis Of Symmetrical Hair Loss. Proceedings of the 8th Annual Meeting of the ESVD, Luxembourg.

SCOTT, D. W. (1994): Systemic Non-steroidal Antipruritic Therapy. Proceedings of the XIXth World Congress, Durban.

STIGLMAIR-HERB, M. Th., und U. ORTMANN (1987): Die Fibrosarkome der Katze unter besonderer Berücksichtigung ihrer Dignität. Kleintierpraxis **32,** 75–80.

SUTER, M. (1992): Die Haut als immunologisches Organ. Zusammenfassung Spezialistentreffen Dermatologie der 38. Jahrestagung der FKDVG, Bonn, 1–23.

SUTER, M. (1993): Keratinocyte Differentiation. Proceedings of th 10th ESVD Annual Congress, Aalborg.

THIEL, W., K.-J. KNOOP und P. SÖHL (1987): Durch Mycobakterien verursachte Hautgranulome bei einer Katze. W. Kleintierpraxis **32,** 2, 45–92.

THODAY, K. L. (1989): Aspects of Feline Symmetric Alopecia, Advances in Veterinary Dermatology, Vol. **1,** 47–69. Eds.: C. von Tscharner und R. Halliwell, Baillière Tindall.

THODAY, K. L. (1993): Dermatophytosis in Dogs and Cats. Proceedings of the 10th ESVD Annual Congress, Aalborg.

TOPP, M. (1993): Der Haarwechsel beim Hund. Diss. Tierärztliche Hochschule Hannover.

TSCHARNER, C. von (1992): Histologische Veränderungen bei allergischen Hautkrankheiten. Zusammenfassung Spezialistentreffen Dermatologie der 38. Jahrestagung der FKDVG, Bonn, 1–23.

WILLEMSE, T., und J. P. KOEMAN (1989): Discoid Lupus Erythematosus in Cats. Veterinary Dermatology Vol. **1,** No. 1: 19–24.

WILLEMSE, T., B. M. SPRUIJT und A. v. OSTERWYCK (1989): Feline Psychogenic Alopecia and the Role of the Opiod System. Advances in Veterinary Dermatology, Vol. **1,** 195–198. Eds.: C. von Tscharner und R. Halliwell, Baillière Tindall.

YAGER, J. A. (1992): The Skin as an Immune Organ. Advances in Veterinary Dermatology Vol. **2:** 3–31; Eds. Ihrke, Mason, White; Pergamon Press.

ZACKHEIM, H. S. (1981): Cutaneous T-Cell Lymphomas, A review of the recent literature. Arch. Dermatol. Vol. **117,** May 1981.

ZERBE, C. A. (1989): Feline Hyperadrenocorticism, Current Veterinary Therapy X, 1038–1042.

ZERBE, C. A., und J. M. MacDONALD (1993): Feline Hyperadrenocorticism. Current Veterinary Dermatology, Ed. Griffin, Kwochka, MacDonald, Mosby Year Book.

Krankheiten des Kreislaufsystems

Von L. P. Tilley

Deutsche Bearbeitung von E. Trautvetter

Raum für Notizen

Krankheiten des Kreislaufsystems

Untersuchung

Herzerkrankungen werden bei der Katze wesentlich seltener als beim Hund angetroffen. Klinische Erfahrung und Sektionsprotokolle des Animal Medical Center zeigen deutlich, daß Erkrankungen des Herzens auch bei Katzen schwerwiegende Probleme darstellen. Die *erworbenen* Herzerkrankungen machen 80–90 % aller Fälle aus [1, 4–13]. Ungefähr 95 % aller erworbenen Herzerkrankungen bei der Katze sind Kardiomyopathien, ein klinisch-pathologischer Begriff, der aussagt, daß die krankhafte Veränderung hauptsächlich den Herzmuskel und nicht die Herzklappen oder andere Herzstrukturen betrifft.

Andere bei Katzen beobachtete erworbene Herzerkrankungen sind Befall durch Dirofilaria immitis, Fibrose der Mitralklappe, Perikardmesotheliom, dystrophische Verkalkung der Aorta, Myokardblutung durch elektrischen Schlag, vegetavie Endokarditis und Hyperplasie der Pulmonalarterien.

Angeborene Herzfehler wurden bei 73 der im Zeitraum Januar 1962 bis Dezember 1974 sezierten Katzen gefunden. Dabei waren die häufigsten Diagnosen Ventrikel-Septum-Defekt (VSD), Aortenstenose, persistierender atrioventrikulärer Kanal, Trikuspidaldysplasie, Fallotsche Tetralogie und persistierender Ductus arteriosus (PDA). Ein Ventrikel-Septum-defekt war der häufigste angeborene Herzfehler bei Katzen.

In der Vorkommenshäufigkeit von Kardiomyopathien bestehen offensichtliche geographische Unterschiede. In den USA werden feline Kardiomyopathien in New York in größerer Zahl beobachtet, während sie in anderen Gegenden weniger oft vorkommen. Inwieweit zusätzlich das Interesse und die Arbeit einer kardiologisch spezialisierten Gruppe sowie eine überdurchschnittlich große Katzenpopulation hier einen wenn auch schwer definierbaren Einfluß auf die Zahl der beobachteten Krankheitsfälle hat, ist nicht zu entscheiden.

Auch in Deutschland (in der Berliner Klinik) hat die Zahl der Kardiomyopathien zugenommen, wobei auch wir erst mit zunehmender Katzenhaltung und zunehmender Aufmerksamkeit für Herzerkrankungen bei Katzen die klinische Diagnose feline Kardiomyopathie häufiger gestellt haben. Im Verlauf der letzten vier Jahre hat sich das Verhältnis von Katzen mit einer dilatativen Kardiomyopathie (1990 n = 57 / 1993 n = 23) zu Katzen mit einer hypertrophen Kardiomyopathie (1990 n = 23 / 1993 n = 40) erheblich verändert [16]. Die Meinung, daß infolge der Taurinsupplementierung *keine* felinen dilatativen Kardiomyopathiefälle mehr auftreten, können wir nach wie vor nicht teilen. Von den kongenitalen Herzfehlern kommt der Ventrikel-Septum-Defekt neben anderen Anomalien, die zu einer Rechtsherzbelastung führen, auch in unserer Katzenpopulation am häufigsten vor (Anmerkung des Bearbeiters).

Die Datenerhebung für den Herz-Kreislauf-Apparat umfaßt drei Teile: (1) Anamnese, (2) klinische Untersuchung und (3) spezielle Untersuchungen (EKG, Phonokardiogramm, Röntgenaufnahme des Thorax, Untersuchung von Blut, Urin und extravaskulären Flüssigkeiten) (s. Tab. 1).

Anamnese

Die Bedeutung einer sorgfältigen Anamnese kann nicht hoch genug eingeschätzt werden. Ein ausführliches Patientenprofil, das Daten wie Rasse, Geschlecht und Alter der Katze enthält, kann bei der Diagnose und der Behandlung von Herzerkrankungen sehr hilfreich sein. So ist z. B. die Diagnose Ductus arteriosus persistens bei einer 12jährigen Katze sehr unwahrscheinlich. Das Leitsymptom läßt sich meist leicht in Verbindung zu Anomalien des vaskulären Systems bringen. So sollte das Symptom Dyspnoe immer differentialdiagnostisch an eine Herzerkrankung denken lassen. Frühere Krankheiten sowie die Familienkrankengeschichte geben oft wertvolle Informationen in bezug auf das Herz-Kreislauf-System. So kann z. B. das Vorkommen von angeborenen Herzfehlern bei Katzen des gleichen Wurfes zur Diagnose führen. Weiterhin ist es wichtig, daß sich die Anamnese nicht auf das Herz-Kreislauf-System beschränkt, um Erkrankungen anderer Systeme zu erkennen, die wiederum Hinweise auf Herzerkrankungen geben können. Diese systematische Anamnese besteht aus einer Folge von Fragen in logischer anatomischer Reihenfolge, beginnend mit dem Kopf und entsprechend fortschreitend bis zum kaudalen Körperende.

Klinische Untersuchung

Die Untersuchung des Herz-Kreislauf-Systems umfaßt Adspektion, Palpation und Auskultation.

Tabelle 1: Systematisches Vorgehen bei Katzen mit kardiopulmonalen Erkrankungen

Anamnese
Alter, Rasse, Geschlecht
Vorhergehende Erkrankungen (internistische/chirurgische)
Augenblickliche Krankheiten
Zur Zeit verabreichte Medikamente/Therapiemaßnahmen
Klinische Symptome

Klinische Untersuchung
Vollständige Allgemeinuntersuchung
Überprüfung des kardiovaskulären Systems
- Palpation des präkardialen Bereiches
- Auskultation (Geräusche, Galopprhythmus, Intensität der Herztöne und Atemgeräuche, Herzfrequenz, Rhythmus)

Pulsmessung an der A. femoralis
Venenpuls der V. jugularis
Reaktion auf vagomimetische Manipulationen (Massage des Sinus caroticus, Druckausübung auf Bulbus)

Elektrokardiographie
Auswertung von Frequenz, Rhythmus, der P-Wellen und QRS-Komplexe

Röntgenologische Untersuchung
Hinweise auf Herzerkrankungen (Kardiomegalie)
Anzeichen kongestiver Herzinsuffizienz: Ergüsse (der Pleura, des Perikards oder des Abdomens), Lungenödem
Allgemeine Angiokardiographie
Katheterisierung

Echokardiographie
Überprüfung kardialer Strukturen und Funktionen
Abschätzung kardialer Shunts (einschließlich Kontrastuntersuchung)

Klinische Labordiagnostik (Ermittlung systemischer/metabolischer Störungen)
Blutbild
Biochemisches Profil
Elektrolyte (Serumkalium, -natrium, -chlorid, -kalzium)
Säure-Basen-Haushalt (Blut-pH-Wert, PCO_2, Bikarbonat)
T_3-, T_4-Werte im Serum
Überprüfung auf Felines Leukosevirus
Zytologische Untersuchungen (Ergüsse, Gewebeproben)
Serologische Untersuchungen auf Dirofilaria immitis

Überprüfung der Hämodynamik
Kapilläre Füllungszeit, Farbe der Schleimhäute
Pulsqualität der A. femoralis
Arterieller Blutdruck
Zentraler Venendruck
Harnmenge

Abkürzungen: PCO_2: Kohlendioxidpartialdruck; T_3: Trijodthyronin; T_4: Thyroxin.

Mit freundlicher Genehmigung entnommen aus: FOX, P. P.; P. KAPLAN: Feline arrhythmias. In Bonagura, J. (Hrsg.): Cardiology (Contemporary Issues in Small Animal Practice, Vol. 7) New York, Churchill Livingstone, 255 (1987).

Adspektion und Palpation

Schon während der Erhebung der Anamnese beginnt die Adspektion. Allgemeine Erscheinung, Körperhaltung, Verhalten, Gewicht und Atmungstyp sollten vermerkt werden. Andere Befunde können aufgetriebener Leib, periphere Ödeme und Verfärbung der Zunge und Schleimhäute sein. Adspektion und Palpation werden am besten zugleich durchgeführt. Zur Palpation des Thorax und des Abdomens wird die Katze am besten in Sternallage gehalten. Wegen der geringen Dicke der Brustwand und der Beweglichkeit der Rippen kann die Palpation des

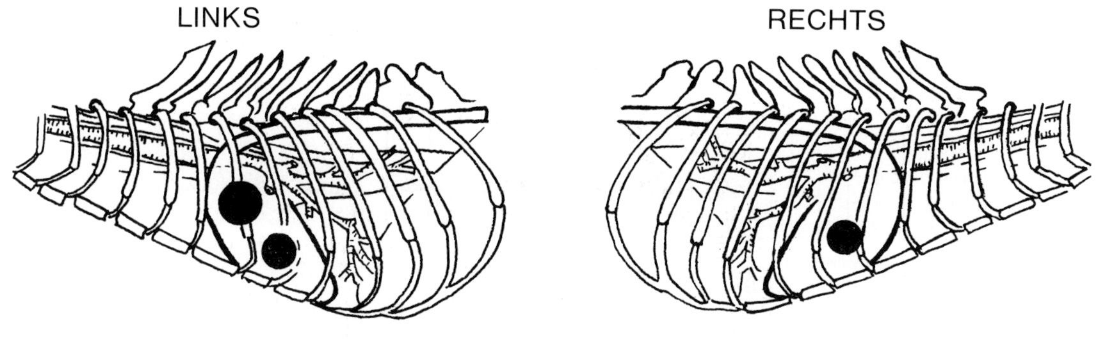

Abb. 1: Auskultationsbereiche bei der Katze.

Thorax bei der Katze wertvolle Hinweise auf kardiovaskuläre Erkrankungen geben. Die Stelle der höchsten Intensität des Herzschlages läßt sich normalerweise in der Nähe der Herzspitze am linken Rand des Sternums palpieren, was dem 5. oder 6. Interkostalraum entspricht. Die Bewegungen über der gesamten Herzgegend können am besten mit der flach an die Brust gelegten Handinnenfläche gefühlt werden. Örtlich begrenzte Bewegungen können oft besser mit den Fingerspitzen entdeckt werden. Zum Beispiel findet man bei Katzen mit linksventrikulärer Hypertrophie (hypertrophe Kardiomyopathie) oft einen in Amplitude und Ausbreitung verstärkten Herzspitzenstoß. Die Herzfrequenz kann so festgestellt werden und fühlbare Vibrationen im Zusammenhang mit einem lauten Herzgeräusch können entdeckt werden. Es folgt dann die Untersuchung des Abdomens: dabei ist besonders auf Aszites und Lebervergrößerung zu achten. Pulsfrequenz, Rhythmus und Amplitude können am besten an der A. femoralis bestimmt werden. Die Höhe der Amplitude sollte in groß, normal, klein oder nicht vorhanden unterteilt werden. Man sollte grundsätzlich beide Gliedmaßen miteinander vergleichen. Es ist wichtig, die Abnahme der Temperatur entlang der Gliedmaßen vergleichend zu beurteilen. Katzen mit thromboembolischem Verschluß der Aortenaufzweigung zeigen oft Pulslosigkeit und Kälte der betroffenen Gliedmaße.

Auskultation

Die Auskultationen des Thorax der Katze kann durch Schnurren erheblich erschwert sein. Ist dies der Fall, helfen Geduld, Umlagerung der Katze sowie leichte Massage des Kehlkopfes. Die Auskultation der Herztöne ist der wichtigste Teil der kardiovaskulären Untersuchung. An mindestens vier Auskultationsbereichen sollte das Herz abgehört werden: im Bereich der Mitralklappe (Herzspitze), an der linken Herzbasis (Pulmonal- und Aortenklappen-Auskultationsbereich), im Auskultationsbereich der Trikuspidalklappe an der rechten Seite und an der Brustapertur (Abb. 1).

Die physiologische Entstehung der normalen Herztöne soll kurz rekapituliert werden: der normale 1. und 2. Herzton werden in Abb. 2 A erläutert. Abb. 2 B verdeutlicht den Zusammenhang zwischen Herztönen und Aortendruck. Der 1. und 2. Herzton sind von großer Bedeutung, da sie den Herzzyklus in Systole und Diastole unterteilen. Der 1. Herzton markiert den Beginn der Systole und wird neben anderen Komponenten durch das Schließen der Mitral- und Trikuspidalklappe erklärt. Der 2. Herzton markiert das Schließen der Aorten- und Pulmonalklappe oder – mit anderen Worten – das Ende der Systole. Der 3. und 4. Herzton sind normalerweise bei der Katze nicht zu hören, es sei denn im Zusammenhang mit Herzerkrankungen. Der 3. Herzton entsteht am Ende der schnellen Ventrikelfüllungsphase (Abb. 2 C). Der 4. Herzton fällt in der späten Diastole mit der Vorhofkontraktion zusammen (Abb. 2 D und E).

Für die Diagnose von Herzerkrankungen sind Herzgeräusche sehr wichtig (Abb. 2 D und E). Die Beschreibung eines Herzgeräusches erfolgt nach 6 Kriterien: (1) Zeitpunkt in Relation zum Herzzyklus (systolisch, diastolisch, kontinuierlich). (2) Punctum maximum, (3) Lautstärke (Intensität von Grad I bis VI*), (4) Tonhöhe, (5) Dauer und (6) Qualität.

---

*) Grad I/VI – kaum wahrnehmbares Geräusch
II/VI – sehr leises Geräusch
III/VI – ein Geräusch von sehr geringer Intensität
IV/VI – ein Geräusch von mäßiger Intensität
V/VI – ein lautes Geräusch, das schon zu hören ist, wenn das Phonendoskop kaum den Thorax berührt hat
VI/VI – das lauteste Geräusch, das auch zu hören ist, wenn das Phonendoskop etwas von der Brustwand weggehalten wird.

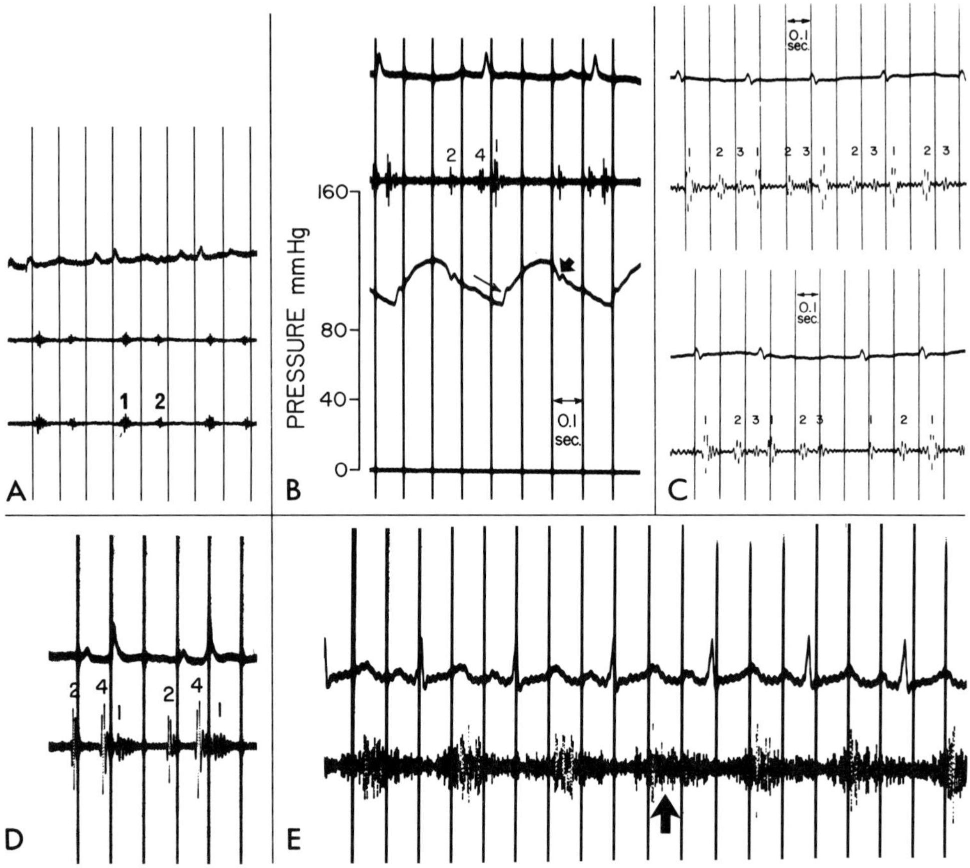

Abb. 2: EKG (Ableitung II) und Phonokardiogramm bei der Katze.
Laufgeschwindigkeit = 100 mm/sec Zeitstriche = 0,1 cm.
A: normaler 1. Herzton (1) und 2. Herzton (2) (aus Feline Practice 5, 1975).
B: Zusammenhang zwischen Herztönen und Aortendruck. Der dicke Pfeil zeigt auf den Ausschlag, der den Schluß der Aortenklappe anzeigt. Der dünne Pfeil weist auf den schnellen und kräftigen Druckanstieg hin, der charakteristisch für eine hypertrophe Kardiomyopathie ist.
C: Vorhofgalopp bei Katze mit hypertropher Kardiomyopathie.
(Wiedergabe mit Erlaubnis der American Animal Hospital Association).
D: Frühes systolisches Geräusch (1) und Vorhofgalopp (4) bei Katze mit hypertropher Kardiomyopathie.
E: Kontinuierliches „Maschinengeräusch" während Systole und Diastole. Höchste Intensität (Pfeil) am Ende der Systole und Beginn der Diastole. Katze mit Ductus arteriosus persistens.

Zum Beispiel kann das Geräusch des offenen Ductus arteriosus wie folgt beschrieben werden (Abb. 2 E): kontinuierliches Geräusch (während Systole und Diastole) mit Punctum maximum über dem Aorten-Pulmonalis-Bereich. Die Intensität ist meist ein Geräusch von Grad V/VI bis VI/VI mit wechselnder Tonhöhe von langer Dauer und einem maschinengeräuschartigen Charakter.

Spezielle Untersuchungen

Der dritte Teil der Datenerhebung beinhaltet hauptsächlich EKG, evtl. Phonokardiogramm, Röntgenuntersuchung des Thorax, Echokardiogramm sowie Untersuchung von Blut, Urin und extravaskulären Flüssigkeiten. Zur Diagnose besonderer kardiovaskulärer Anomalien stehen dem Spezialisten Durchleuchtung, Herzkatheter, Angiokardio-

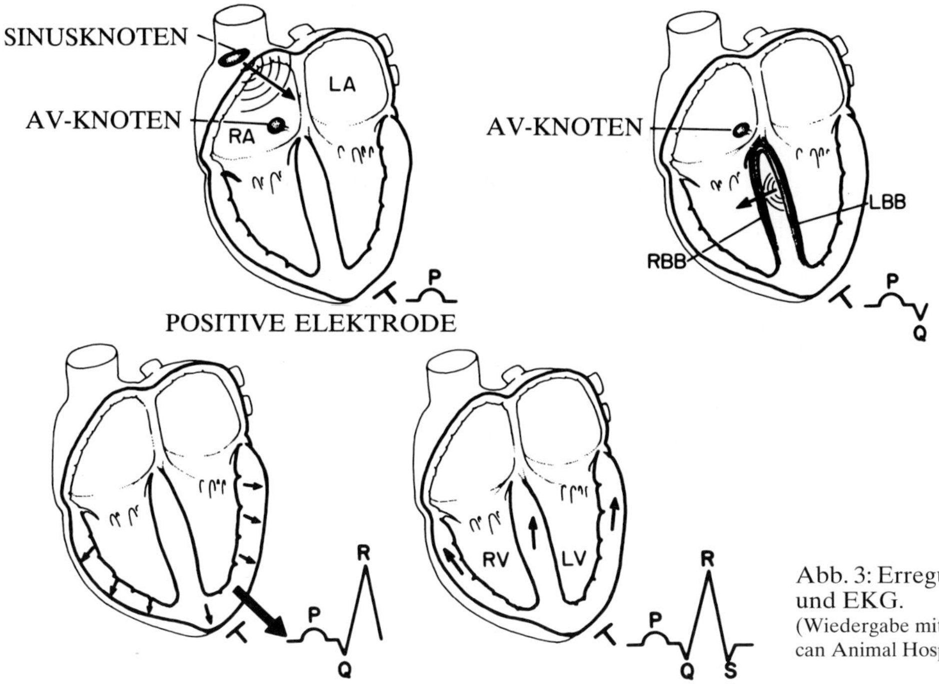

Abb. 3: Erregungsleitungssystem und EKG.
(Wiedergabe mit Erlaubnis der American Animal Hospital Association).

graphie und Messung des zentralen Venendruckes zur Verfügung.

Elektrokardiogramm

Das Elektrokardiogramm ist eine graphische Aufzeichnung von elektrischen Potentialen des Herzmuskels während der verschiedenen Phasen des Herzzyklus. Gemessen werden Schwankungen der Spannung, die durch Depolarisation und Repolarisation der Muskelzellen entstehen. Jeder Teil des Elektrokardiogramms entsteht in einer spezifischen anatomischen oder physiologischen Einheit des Herzens. Jede Veränderung im EKG signalisiert somit eine Veränderung in der entsprechenden Einheit des Herzens. [14]

Es ist wichtig, daß das EKG immer in Zusammenhang mit den klinischen Befunden interpretiert wird. Der Wert des Elektrokardiogramms erstreckt sich bei der Katze hauptsächlich auf zwei Gebiete: (1) Das Elektrokardiogramm ist entscheidend für die Diagnose der meisten Arrhythmien. (2) Das Elektrokardiogramm informiert über den Zustand des Myokards.

Die vier Diagramme in Abb. 3 zeigen das Elektrokardiogramm im Verhältnis zum Erregungsleitungssystem als einen elektrischen Impuls, der vom Sinusknoten bis zu den Purkinje-Fasern wandert. Für das Verständnis zahlreicher Veränderungen des Elektrokardiogramms sind diese Abbildungen sehr wichtig. Das Elektrokardiogramm wird in rechter Seitenlage abgenommen (Abb. 4), registriert werden die bipolaren Extremitätenableitungen nach Einthoven (I, II, III) und die unipolaren Extremitätenableitungen nach Goldberger (aVR, aVL, aVF; aV = aug-

Abb. 4: Abnahme eines EKG.

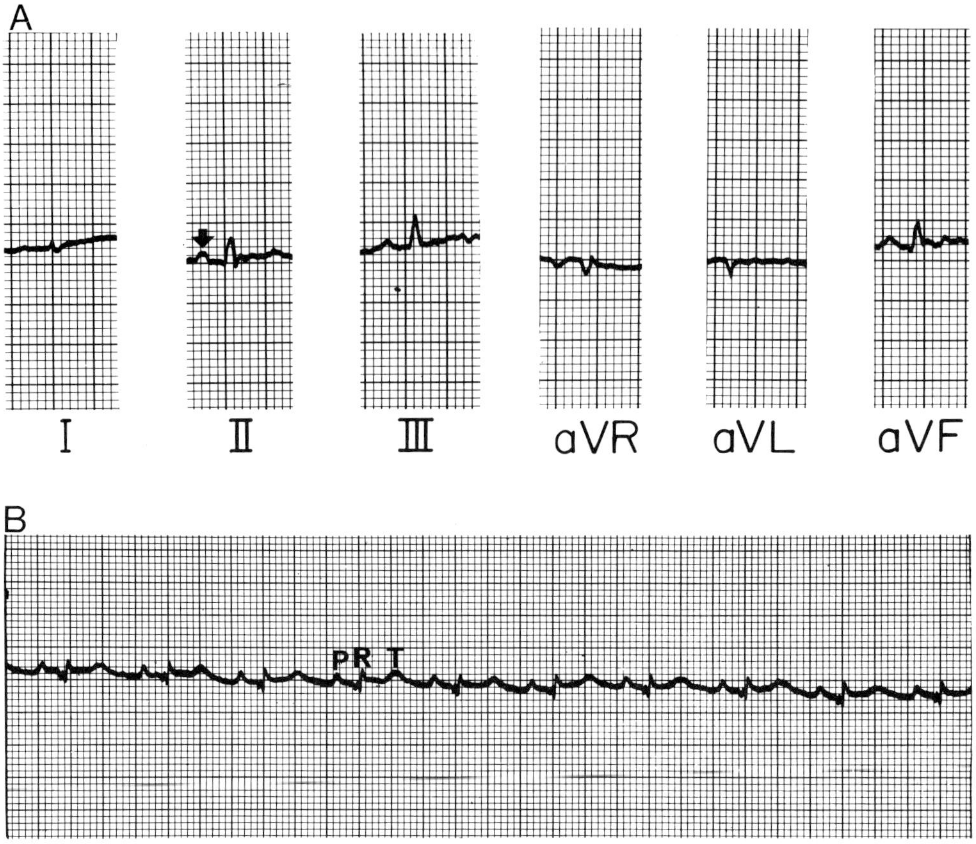

Abb. 5: A: bipolare und unipolare EKG-Ableitungen der Katze, Pfeil zeigt auf P-Welle.
(Wiedergabe aus Feline Practice 5, 1975 [8])

B: Normale Ableitung II der Katze. P = P-Welle, R = QRS-Komplex, T = T-Welle. Laufgeschwindigkeit = 50 mm/sec; 1 cm = 1 mV.

mented voltage) [5]. Abb. 5 A und B geben ein Beispiel für normale bipolare und unipolare Extremitätenableitungen und für einen Rhythmusstreifen, für den meist Ableitung II benutzt wird [3, 5, 6]. Die Tabelle 2 zeigt die Normalwerte des Elektrokardiogramms der Katze.

Röntgenaufnahme des Thorax

Abb. 6 A und B zeigen einen normalen Thorax bei lateralem und dorsoventralem Strahlengang. Abb. 6 C verdeutlicht die richtige Lagerung für eine dorsoventrale Aufnahme, die sich am besten zur Darstellung eines vergrößerten Herzens eignet.

Röntgenuntersuchungen

Die Röntgenuntersuchung ist unentbehrlich für eine umfassende Beurteilung des Herz-Kreislauf-Systems. Röntgenaufnahmen sind angezeigt, wenn: 1. die Auskultation ein Geräusch, einen Galopprhythmus bzw. Rasselgeräusche oder gedämpfte Lungengeräusche und Herztöne erkennen läßt, 2. EKG-Veränderungen auftreten, 3. klinische Anzeichen, die oft bei Herzfehlern zu beobachten sind, wie Dyspnoe, Zyanose und Aszites, gegeben sind, 4. eine akute Nachhandparese oder -paralyse auftritt, 5. ein Vergleich mit vorherigen oder zukünftigen Röntgenaufnahmen gewünscht wird, 6. Krankheitsverlauf oder der Erfolg einer Therapie zu beurteilen ist, 7. Kardiomyopathien oder Herzanomalien trotz des Fehlens von Geräuschen oder EKG-Abweichungen vermutet werden, 8. differentialdiagnostisch koexistierende oder zusätzliche Krankheiten erwogen werden, 9. schließlich eine verläßliche Prognose gestellt werden soll.

Die Röntgenaufnahme liefert Informationen über Größe, Form und Lage des Herzens sowie das Ausmaß einer Stauungsinsuffizienz. Dagegen können Nativaufnahmen keinen Aufschluß über Myokarddicke, Ventrikelvolumen und Herzleistung geben.

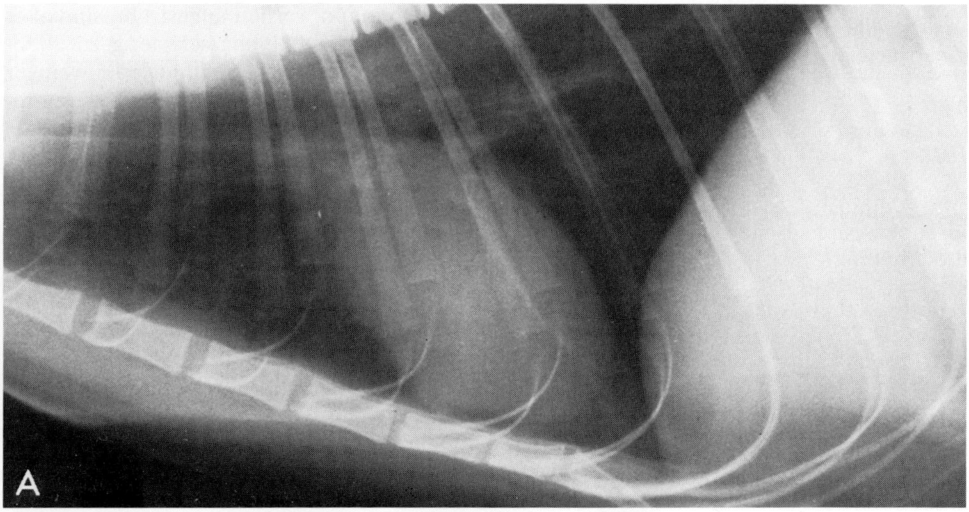

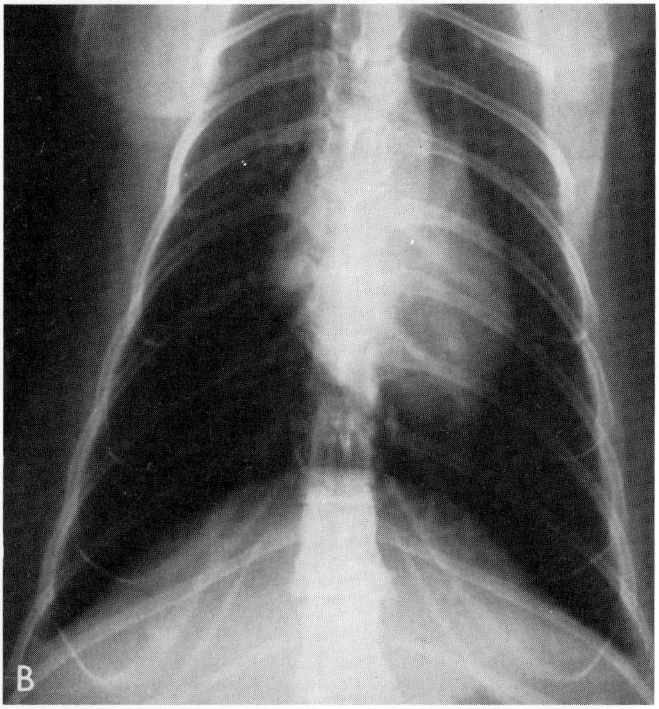

Abb. 6:
A: Normales Röntgenbild des Herzens bei lateralem Strahlengang.
B: Normales Röntgenbild bei dorsoventralem Strahlengang.
C. Lagerung für dorsoventrale Aufnahme.

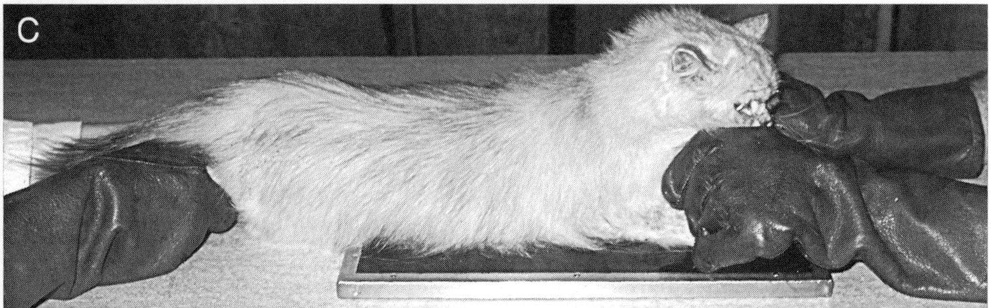

Tabelle 2: Übersicht über die elektrokardiographischen Normalwerte der Katze

Herzschlagfrequenz
160 bis 240 Schläge/min
Mittelwert: 197/Min.
Rhythmus
Normaler Sinusrhythmus
Sinustachykardie (physiologische Anpassung als Folge von Aufregung)
Messungen
(Ableitung II, 50 mm/Sek, 1 cm – 1 mV)*
P-Welle
Breite: maximal 0,04 Sek.
Höhe: maximal 0,2 mV
PQ-Intervall
Breite: 0,05 Sek. bis 0,09 Sek.
ORS-Komplex
Breite: maximal 0,04 Sek.
Höhe der R-Zacke: Maximal 0,9 mV
ST-Strecke
Keine sichtbare Senkung oder Hebung
T-Welle
Positiv, negativ oder biphasisch, meist jedoch positiv
Höhe: maximal 0,3 mV
QT-Intervall
Breite: 0,12 Sek. bis 0,18 Sek. bei normaler Herzschlagfrequenz (variiert zwischen 0,07 Sek. und 0,20 Sek.); Breite der T-Welle ist von der Herzschlagfrequenz abhängig (eine höhere Frequenz verkürzt das QT-Intervall und umgekehrt)
Elektrische Herzachse (Frontalebene)
0° bis +160°
Präkordiale Brunstwandableitungen
CV_6LL (V_2): R-Zacke < 1,0 mV
CV_6LU (V_4): R-Zacke nicht größer als 1,0 mV
V_{10}: T-Welle negativ; R/Q < 1,0

* Aus dem Animal Medical Center. Errechnet durch Addition und Subtraktion von 1,96 Standardabweichungen vom Mittelwert bei der Herzachsenmessung (p < 0,05 bzw. 95 % aller Messungen) und 1,645 Standardabweichungen vom Mittelwert bei der Höhe der Amplituden und der Dauer der Zeiten (p < 0,10 bzw. 90 % aller Messungen). Die errechneten Werte sind gerundet [7a].

Biologische Variationen der normalen Herzlage können die Deutung zusätzlich erschweren. Dennoch liefern Röntgenaufnahmen schnelle Informationen, die wesentlich für das Verständnis von Herzkrankheiten sind. Um die diagnostische Relevanz einer Röntgenuntersuchung zu gewährleisten, ist die Einhaltung einiger technischer Regeln wichtig. So ist die exakte Lagerung auf dem Röntgentisch für die Diagnose morphologischer Veränderungen essentiell. Besonders bei unruhigen streßanfälligen Tieren ist eine Sedation oft erforderlich. Aufnahmen bei maximaler Inspiration werden angestrebt, sind aber wegen der frequenten Atmung schwierig zu erlangen. Expositionszeiten von $^1/_{60}$ Sekunde oder weniger sind erforderlich, um die Bewegungseinflüsse zu reduzieren.

Im seitlichen Strahlengang liegt die normale Herzsilhouette zwischen dem 4. und 6. Rippenzwischenraum (Abb. 6 A). Die Herzspitze stellt den Schnittpunkt der Grenzen des rechten und linken Ventrikels dar und berührt das Sternum kranial des Zwerchfells. Der rechte Ventrikel liegt kranial der Herzspitze und geht ohne Grenze in den Röntgenschatten der rechten Vorkammer über, womit eine Unterscheidung zwischen einer Vergrößerung des rechten Atriums und des rechten Ventrikels praktisch unmöglich wird. Die linke Herzgrenze verläuft von der Spitze nach dorsal. Linker Ventrikel und linkes Atrium werden in etwa durch die Vena cava caudalis voneinander getrennt. Die Herzbasis wird durch die Vena cava cranialis, die Pulmonalarterien und Pulmonalvenen, die rechte Vorkammer, die Aorta ascendens, die linke Vorkammer und die Vena cava caudalis gekennzeichnet. Normalerweise zeigt die kaudale Herzkontur eine deutliche Taille (Einziehung).

Im dorsoventralen Strahlengang müssen Thoraxwirbel und Sternebrae senkrecht übereinander projiziert sein (Abb. 6 B und 6 C). Dies ist bei unsedierten Tieren und bei schwer dyspnoischen Katzen nicht immer zu erreichen. Die Herzspitze liegt leicht links von der Mittellinie, gelegentlich liegt sie direkt in der Mitte. Der rechte Ventrikel und das rechte Atrium liegen rechts von der Spitze, der linke Ventrikel und das linke Atrium links von der Spitze.

Der Aortenbogen und die Aorta descendens sind über dem Herzschatten links der Mittellinie sichtbar. Die Pulmonalarterie liegt etwa bei 1 Uhr, der linke Vorhof bei etwa 2 bis 3 Uhr, und die linke Kammer nimmt den Rest bis zur Herzspitze ein.

Zeichen einer Rechtsherzvergrößerung sind eine zunehmende Vorwölbung des Herzschattens nach kranial und ein stärkerer Kontakt zum Brustbein in der laterolateralen Aufnahme. Die Rechtsherzvergrößerung bewirkt ein Anheben der Luftröhre in der Gegend der kranialen Einziehung sowie ein leichtes Abheben der Herzspitze vom Brustbein im laterolateralen Strahlengang. In der dorsoventralen Projektion kann eine Verlagerung der Herzspitze nach rechts festgestellt werden. Ein Verstreichen der kranialen Einziehung kann durch eine Dilatation der rechten Vorkammer, der Pulmonalarterie oder der Aorta auftreten. Die isolierte Vergrößerung der rechten Herzhälfte ist ein ungewöhnlicher Befund.

Pulmonalstenosen, Fallotsche Tetralogie und schwere Trikuspidalinsuffizienzen, Rechts-Links-Shunts

(VSD; R → L PDA) oder Herzwürmer können jedoch zu einseitigen Rechtsherzvergrößerungen führen. Bei linksseitiger Herzvergrößerung infolge hypertropher oder dilatativer Kardiomyopathie und bei Hyperthyreose kann die rechte Herzhälfte ebenfalls vergrößert erscheinen.

Die Vergrößerung der linken Kammer ist immer verknüpft mit einer Dilatation des linken Atriums. Die konvexen Konturen der linken Kammer verstärken sich in beiden Projektionen. Das Herz wird im seitlichen Strahlengang länger und steht steiler; dies bewirkt ein Anheben der Trachea. Die Vergrößerung der linken Vorkammer ist an einer Aussackung nach kaudodorsal oberhalb des linken Ventrikels zu erkennen. In der dorsoventralen Sicht verringert sich der Abstand zwischen Herzkontur und Thoraxwand. Eine deutliche Einziehung oder Kerbung der kaudalen Herzkontur zwischen Atrium und Ventrikel entsteht bei ausgeprägter Vergrößerung der linken Vorkammer und leichter bis mäßiger Größenzunahme des linken Ventrikels, z. B. bei hypertropher Kardiomyopathie. Die Herzspitze kann dabei in der dorsoventralen Aufnahme leicht nach rechts verlagert sein. Bei hypertropher oder konstriktiver (restriktiver) Kardiomyopathie kann die Dilatation des linken Atriums mit einer konvexen Form des rechten Herzens insbesondere zwischen 9 und 12 Uhr verbunden sein und einen „herzförmigen" Schatten erzeugen. Vergrößerungen des linken Atriums und Ventrikels kommen auch bei kongenitalen Anomalien mit Links-Rechts-Shunt vor (PDA, VSD) sowie bei Aortenstenosen, Mitralinsuffizienzen infolge Fehlbildungen der Mitralklappe und hypertropher oder dilatativer Kardiomyopathie. Extrakardiale Veränderungen, die durch die hämodynamischen Folgen der Herzinsuffizienz verursacht werden, können zur Feststellung der Grundkrankheit beitragen und das diagnostische sowie therapeutische Vorgehen bestimmen. Ein Thoraxerguß, verursacht durch eine Rechtsherzinsuffizienz, kommt sehr viel häufiger vor als ein Aszites oder Perikarderguß. Diese Symptome können gelegentlich vorkommen, wenn eine chronische Linksherzinsuffizienz zu einer Widerstandserhöhung in der Lunge mit darauffolgendem Rechtsherzversagen führt. Ein Lungenödem, verursacht durch eine Linksherzinsuffizienz, kann zu einer interstitiellen und/oder alveolären Verschattung der Lunge führen.

Das klassische Hilusödem, wie man es beim Hund sieht, kommt bei der Katze nicht so häufig vor, bei der fleckige und herdförmige periphere Lungenödeme röntgenologisch am häufigsten vorkommen. Verminderte Lungendurchblutung mit dünnen Gefäßen und einem gut pneumatisierten Lungenfeld sind bei Pulmonalstenosen oder Rechts-Links-Shunts (z. B. großer VSD mit reitender Aorta, Fallotsche Tetralogie) zu sehen. Verstärkte Lungendurchblutung wird dagegen durch Links-Rechts-Shunts (PDA, VSD) verursacht. Herzwurmbefall kann zu verstärkter Lungengefäßzeichnung führen.

Oft ist es schwierig, die Herzgrenzen bei herzkranken Katzen klar auszumachen, besonders, wenn ein Thoraxerguß vorhanden ist. Mäßige bis starke Vergrößerungen des linken Atriums sind gewöhnlich die Folge einer primären Myokarderkrankung. Falls röntgenologisch nachweisbar, macht die Vorhofdilatation eine Kardiomyopathie sehr wahrscheinlich.

Generalisierte Herzvergrößerungen können bei allen Kardiomyopathie-Formen vorkommen. Bei der dilatativen Form ist die Herzspitze in der dorsoventralen Projektion oft groß und kugelig und besteht überwiegend aus dem dilatierten linken Ventrikel.

Sind linkes Atrium und linker Ventrikel sehr stark vergrößert, bilden sie eine stark nach außen gewölbte linke Herzkontur. Die Kardiomegalie der hypertrophen Kardiomyopathie ist häufiger mit einer ausgeprägten Vergrößerung des linken Atriums vergesellschaftet. In der dorsoventralen Sicht verursacht sie eine Ausbuchtung nach rechts. Die Herzspitze ist nicht kugelig, sondern ziemlich spitz. Der linke Ventrikel ist leicht bis mäßig vergrößert. Es muß jedoch betont werden, daß es auf Nativ-Aufnahmen nicht immer möglich ist, die Grundkrankheit zu erkennen oder zwischen den einzelnen Kardiomyopathie-Formen zu unterscheiden (siehe hierzu auch Abb. 15 u. 16; S. 21, 24 ff.). Alle verfügbaren klinischen, elektrokardiographischen und Labor-Daten müssen herangezogen werden, um eine Diagnose zu ermöglichen. Eine nicht selektive Angiokardiographie oder echokardiographische Untersuchungen sind öfters notwendig, um die zugrunde liegende Form der Herzerkrankung zu erkennen.

Klinische Echokardiographie

Die klinische Echokardiographie (Ultraschalluntersuchung des Herzens) ist ein besonders wertvolles diagnostisches Verfahren, da es dem Kliniker die Möglichkeit bietet, das schlagende Herz auf nichtinvasive Weise darzustellen, strukturelle Schäden aufzudecken und normale oder abweichende Herzfunktionen abzuschätzen. Der Ultraschall folgt den Gesetzen der Optik und kann somit weitergeleitet, reflektiert, gebrochen und gestreut werden. Die Grenzflächen von Geweben mit unterschiedlicher akustischer Impedanz, wie z. B. Muskulatur, Kollagen (Klappen) oder Blut, werden von den Schallwellen durchdrungen. Der Schallkopf kann sowohl Ultraschallimpulse entsenden als auch reflektierte Schallwellen empfangen.

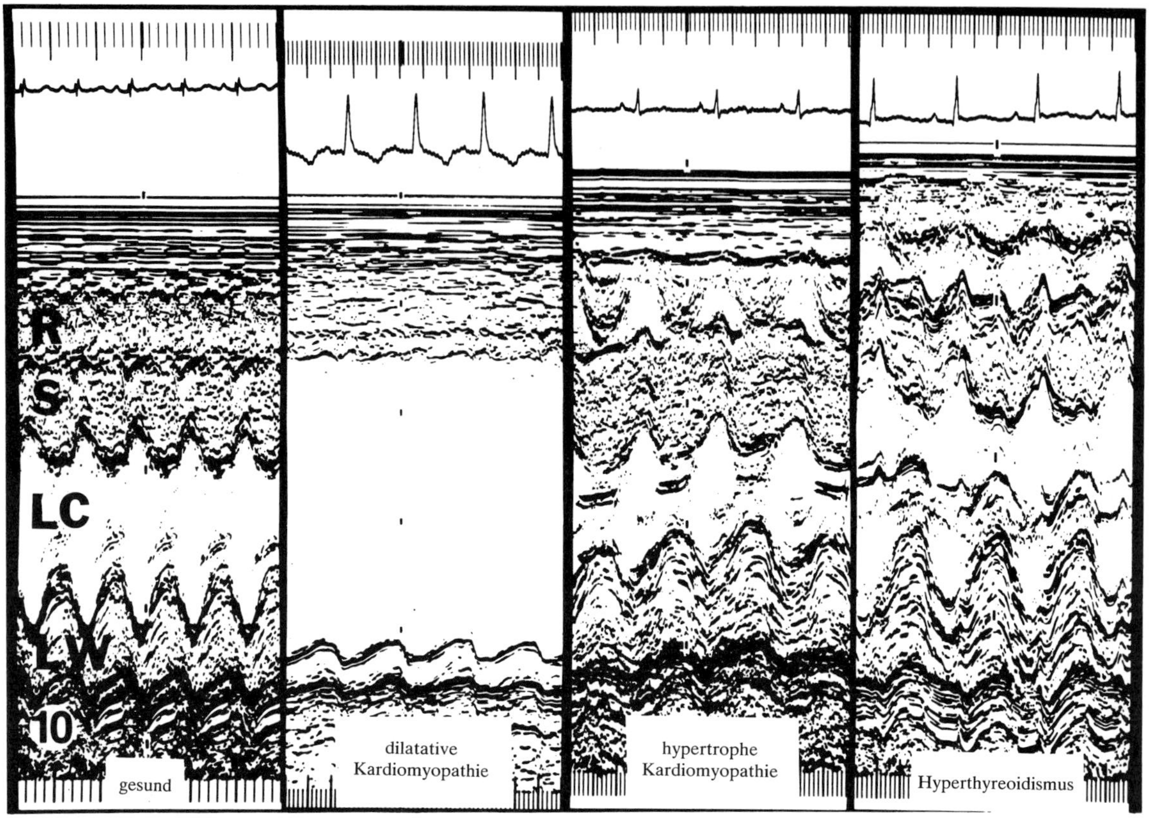

Abb. 7: M-mode-Abbildungen
Typische M-mode-Echokardiogramme der linken und rechten Herzkammer einer gesunden Katze, einer Katze mit dilatativer und einer Katze mit hypertropher Kardiomyopathie sowie einer Katze mit Hyperthyreose. R = rechter Ventrikel, S = Ventrikelseptum, LC = linke Herzkammer, LW = linke Ventrikelwand. Die Entfernungen zwischen den Markierungen entsprechen jeweils 1 cm.
(Mit frdl. Genehmigung entnommen aus: MOISE, N. S., u. a.: Echocardiography, Electrocardiography, and Radiography of cats with dilatation cardiomyopathy, hypertrophic cardiomyopathy, and hyperthyroidism. Am. J. Vet. Res. **47,** 1476 [1986]).

Richtet man den Ultraschall durch den Brustkorb auf das Herz zu, wird ein Teil der Energie zum Schallkopf reflektiert. Das Ultraschallgerät ist in der Lage, die räumliche Ausrichtung und Entfernung der zurückkehrenden Echos zu erfassen, die Signale zu verarbeiten und so ein Bild des Herzens zu erstellen. Für die Interpretierung dieser Sonographiebilder sind Kenntnisse der normalen Anatomie und der Pathologie des Herzens unbedingte Voraussetzung.
Gegenwärtig sind drei verschiedene Darstellungsarten gebräuchlich: das zweidimensionale, das M-mode- und das Doppler-Verfahren. Der M-mode-Ultraschall gibt ein eindimensionales Schnittbild des Herzens und wird durch die Beobachtung kardialer Bewegungen innerhalb eines Zeitraums beurteilt. Diese Methode wird üblicherweise zur Abschätzung der Herzwanddicke, des Ventrikelvolumens und der kardialen Kontraktionsfähigkeit (z. B. Verkürzungsfraktion) eingesetzt.
Die folgende Abbildung (Abb. 7) zeigt die Echokardiogramme von vier Katzen: einer gesunden, einer mit dilatativer und einer mit hypertropher Kardiomyopathie, ferner einer mit Hyperthyreose.
Im zweidimensionalen Ultraschallverfahren wird der kardiale Bereich durch mechanisches oder elektronisches Schwenken der Ultraschallwellen über das Herz hinweg dargestellt. Um die Herzbewegungen sichtbar zu machen, müssen die entstehenden Bilder immer wieder erneuert und die Bewegungen auf einem Videogerät zur Wiedergabe und Auswertung registriert werden. Mit dieser Methode erhält man einen Gesamteindruck über Ventrikelgröße, Wandbewegungen, Klappenstrukturen und deren Funktionsfähigkeit. Beim Doppler-Verfahren wird die Fre-

Tabelle 3: Echokardiographische Normalwerte der Katze

Parameter	Bereich (unsediert) (n = 30)	Bereich (sediert mit Ketamin) (n = 30)
$RVID_d$ (mm)	2,7–9,4	1,2–7,5
$LVID_d$ (mm)	12,0–19,8	10,7–17,3
$LVID_S$ (mm)	5,2–10,8	4,9–11,6
SF %	39,0–61,0	30,0–60,0
$LVPW_d$ (mm)	2,2–4,4	2,1–4,5
$LVPW_S$ (mm)	5,4–8,1	–
IVS_d (mm)	2,2–4,0	2,2–4,9
IVS_S (mm)	4,7–7,0	–
LA (mm)	9,3–15,1	7,2–13,3
Ao (mm)	7,2–11,9	7,1–11,5
LA/Ao	0,95–1,65	0,73–1,64
EPSS (mm)	0,17–0,21	–
PEP (s)	–	0,024–0,058
LVET (s)	0,10–0,18	0,093–0,176
PEP/LVET	–	0,228–0,513
Vcf (circumf/s)	2,35–4,95	2,27–5,17

Abkürzungen:

$RVID_d$	Diastolische Dimension der rechten Kammer
$LVID_d$	Diastolische Dimension der linken Kammer
$LVID_S$	Systolische Dimension der linken Kammer
SF	Verkürzungsfraktion der linken Kammer
$LVPW_d$	Diastolische Dicke der linken Kammerwand
$LVPW_S$	Systolische Dicke der linken Kammerwand
IVS_d	Diastolische Dicke des Septums
LVS_S	Systolische Dicke des Septums
LA	Systolische Dimension des linken Vorhofs
Ao	Diastolische Dimension der Aortenwurzel
EPSS	Entfernung zwischen IVS und E-Punkt
PEP	Prä-Ejektionszeit
LVET	linksventrikuläre Ejektionszeit
Vcf	mittlere Geschwindigkeit der Umfangsverkürzung

(Mit frdl. Genehmigung entnommen aus: HENICK, R.: Echocardiography, in Miller, M., and Tilley, L. P. (Ed.), Manual of canine and feline cardiology, 2nd Ed., W. B. Saunders, Philadelphia, 1993).

quenz der abgegebenen Schallwellen mit der von bewegten Blutzellen zurückgeworfenen Ultraschall-Frequenz verglichen. Sich auf den Schallkopf zubewegende Wellen ergeben einen Ultraschall höherer, wegziehende einen niedrigerer Frequenz. Dieser Doppler-Effekt wird zur Beurteilung der Strömung des Blutes benutzt.

Zusammenfassend läßt sich sagen, daß die Echokardiographie gut zur Beurteilung der Herzkammerstruktur und -funktion eingesetzt werden kann. Das Ventrikellumen und die Herzwanddicke können einfach dargestellt werden. Ebenso lassen sich Größe, Dicke und Bewegungen der Herzklappen sowie die kardiale Kontraktionsfähigkeit und anatomische Anomalitäten ermitteln. Ein physiologisch erscheinendes Echokardiogramm schließt aber nicht die Möglichkeit eines geringgradigen Herzschadens aus; mittels Doppler-Verfahren kann ein solcher genauer eruiert werden. Zum Auffinden kardialer Shunts eignen sich intravenöse Kontrastdarstellungen.

Diese Untersuchungsmethode ist nicht invasiv, unschädlich und frei von Gefahren, die mit dem Herzkatheterismus und der Cineangiographie verbunden sind [10, 11, 12, 13]. Ventrikelwandstärke und Ventrikelvolumen können gemessen und mit der Schwere der Erkrankung korreliert werden (Tab. 3). Die Geschwindigkeit des Klappenschlusses, systolische Zeitintervalle und Faserverkürzungen sind verläßliche Anzeichen der Ventrikelleistung. Die Echokardiographie liefert den Vorteil, Bewegungen und Dimensionen einzelner Herzstrukturen direkt sichtbar zu machen, während die Auskultation nur die Art einer Erkrankung vermuten läßt und man im Röntgenbild nicht zwischen Hypertrophie, Dilatation und Perikarderguß unterscheiden kann. Zusätzliche Informationen kann man erhalten, indem man Echokardiographie sowie Phonokardiographie, Druckregistrierungen und EKG miteinander kombiniert. Echokardiographisch sind wir in der Lage, zwischen den verschiedenen Gründen für eine Herzvergrößerung bei Katzen zu unterscheiden. Herzen mit hypertrophen und dilatativen (kongestiven) Kardiomyopathien sind durch die verschiedenen Maße der Wandmuskulatur und der Kammer voneinander differenziert worden. Perikardergüsse wurden auch bei Katzen durch einen echofreien Raum zwischen der Ventrikelwand und dem Herzbeutel nachgewiesen.

Kardiomyopathien

Herzmuskelerkrankungen werden in primäre und sekundäre Kardiomyopathien eingeteilt. Die Einteilung der primären Kardiomyopathien erfolgt entsprechend ihrer morphologischen Erscheinung in: hypertrophe Kardiomyopathie, idiopathische dilatative Kardiomyopathie, restriktive Kardiomyopathie und in eine nicht exakt definierte Kardiomyopathie. Letztere sind nicht genau definiert und passen nicht in die Klassifizierung der anderen Kardiomyopathieformen. Die einzige definitive Aussage, die man hinsichtlich der unklassifizierten Kardiomyopathie machen kann, ist die, daß es sich um eine Herzerkrankung handelt.

Für die Kardiomyopathie der Katze kommen nachgewiesenermaßen bzw. höchstwahrscheinlich folgende sekundäre Ursachen in Betracht: ernährungsbedingte (Taurinmangel), metabolische (Hyper-

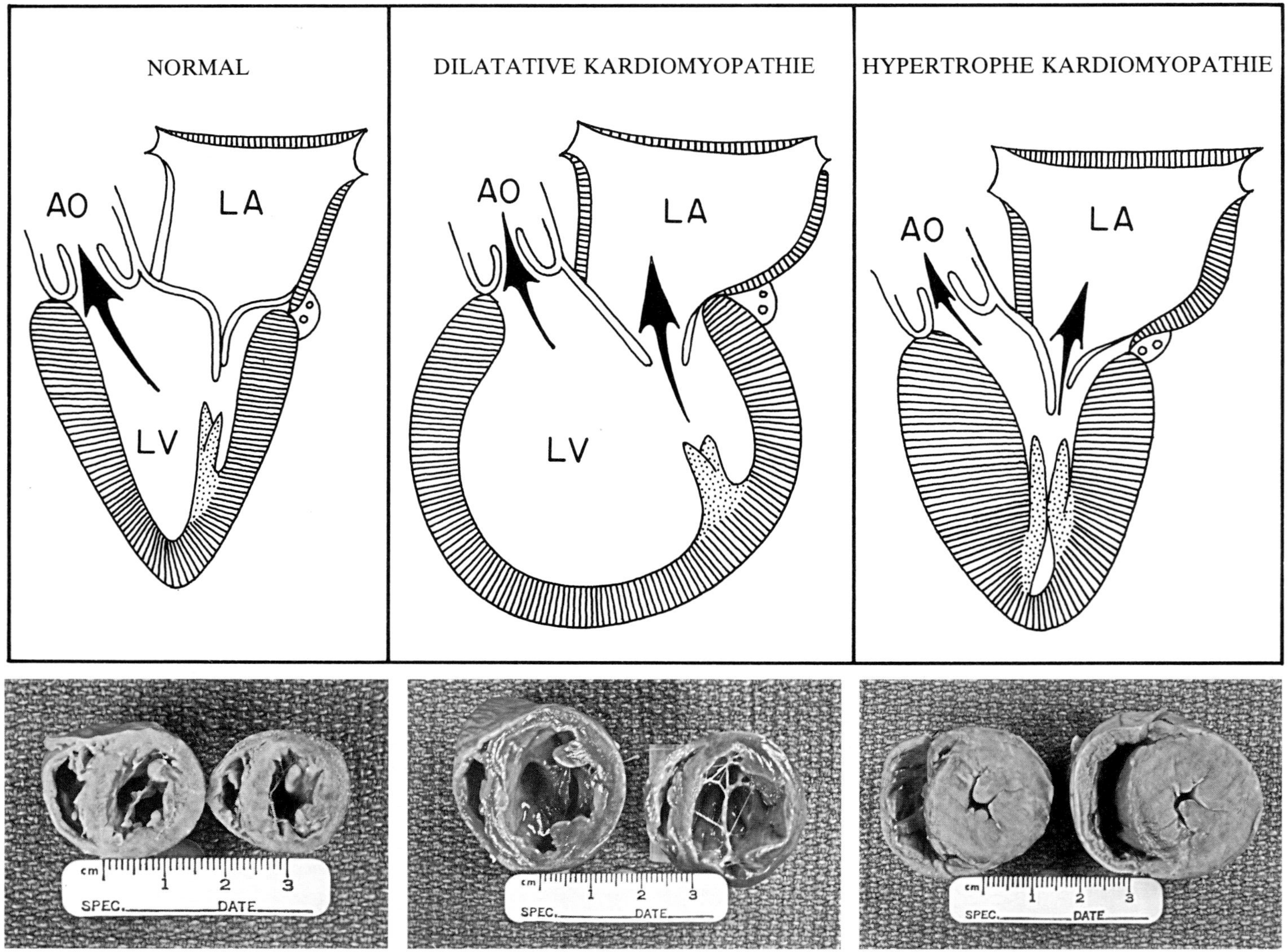

Abb. 8: Schematische Darstellung der Kardiomyopathien und ihre korrespondierenden Sektionsbilder (Katzen gleichen Alters und gleicher Größe)
(Schema aus Feline Practice 5, 1975 [8]).

Tabelle 4: Häufige klinische Befunde bei Katzen mit dilatativer, hypertropher und hyperthyreot bedingter Kardiomyopathie

	Dilatative Form	Hypertrophe Form	Hyperthyreose
Klinische Symptome	Schock Hypothermie Anorexie Dyspnoe Thromboembolie (prädisponierte) Rassen: Siamesen Burmesen Abessinier	Dyspnoe Thromboembolie plötzlicher Tod	Gewichtsverlust Hyperaktivität Polyphagie
EKG	ventrikuläre Extrasystolen, Vergrößerung der linken Herzkammer, Sinusbradykardie	atriale und ventrikuläre Arrhythmien, (intra)ventrikuläre Erregungsleitungsstörungen, Vergrößerung des linken Vorhofs und der linken Herzkammer	Sinustachykardie Vergrößerung der linken Herzkammer
Röntgen	Kardiomegalie Pleuraerguß	Vergrößerung des linken Vorhofs, Kardiomegalie Lungenödem	Vergrößerung der linken Herzkammer
Echokardiographie	massive Erweiterung des linken Ventrikels, schwache Kontraktionsfähigkeit	vermehrte Kontraktionskraft, Erweiterung des linken Vorhofs, verengte linke Herzkammer	vermehrte Kontraktionskraft, mäßige Hypertrophie des linken Ventrikels
Hämodynamik	systolische Dysfunktion, vermindertes Herzminutenvolumen	verminderte diastolische Füllung, herabgesetzte Dehnungsfähigkeit	Hyperkontraktibilität, Herzversagen mit erhöhtem Herzminutenvolumen

thyreose, Akromegalie), infiltrative (Neoplasien, Amyloidose), entzündliche (Toxine, immunologische Reaktion, Krankheitserreger), toxische (Doxorubicin, Schwermetalle) und genetische (einige hypertrophe Kardiomyopathien). Möglicherweise gibt es auch eine Prädisposition für das Entstehen einer taurinmangelbedingten Herzinsuffizienz.

Hypertrophe Kardiomyopathie

Anamnese und klinische Untersuchung

Bei der hypertrophen Kardiomyopathie der Katze findet sich keine Altersbevorzugung. Es scheint, daß Kater öfter betroffen sind. Unter allen Rassen zeigen nur Perserkatzen ein häufigeres Vorkommen. Möglicherweise besteht bei der Maine-Coon-Katze eine genetische Prädisposition (s. Tab. 4).

Die hervorstechenden klinischen Symptome sind Dyspnoe, Lethargie und Anorexie. Dyspnoe ist das häufigste klinische Symptom, entweder durch Schmerzreflex bei Thromboembolie oder durch Lungenödem bei Herzinsuffizienz bedingt (Abb. 9 A). Bei der Palpation des Thorax ist der Punkt der maximalen Intensität über der Herzspitze oft verstärkt fühlbar. Die Aortenbifurkation ist ein häufiger Entstehungsort für eine Thromboembolie. Dabei tritt gleichzeitig eine akute Lähmung der Hinterhand auf, der Femoralispuls ist nicht mehr palpierbar, die Pfotenballen können zyanotisch sein, und die betroffenen Extremitäten fühlen sich kalt an (Abb. 11). Häufig lassen sich feuchte Rasselgeräusche, Herzgeräusche, Galopprhythmus und Arrhythmien auskultieren. Oft findet man einen 4. Herzton (Vorhofgalopp) als direkten Hinweis auf die ursächliche Herzerkrankung. Der erhöhte Dehnungswiderstand der Ventrikel bei Hypertrophie begünstigt die Entstehung dieses Herztons.

A

B

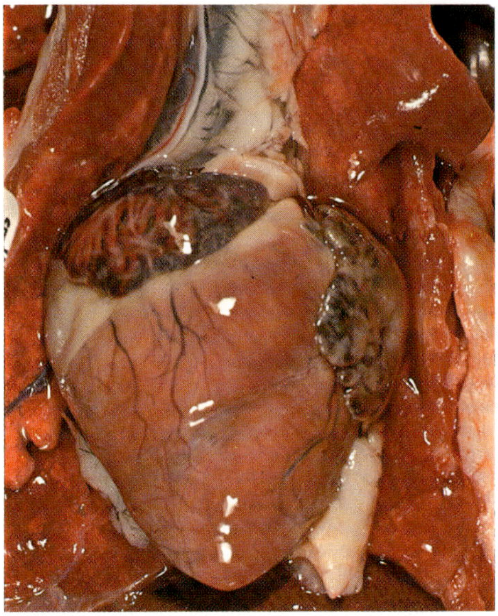

C

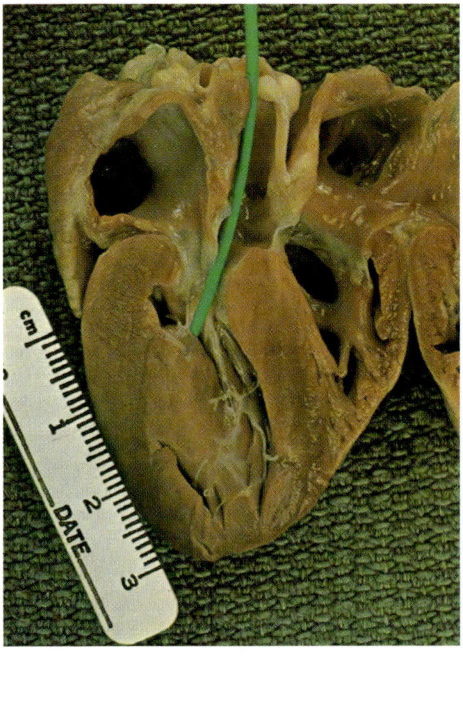

D

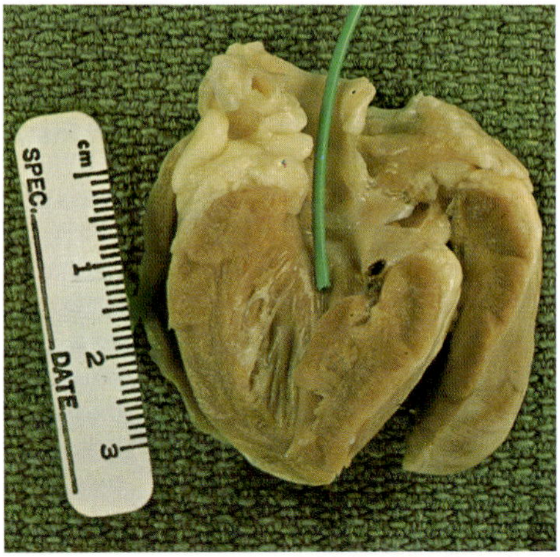

E

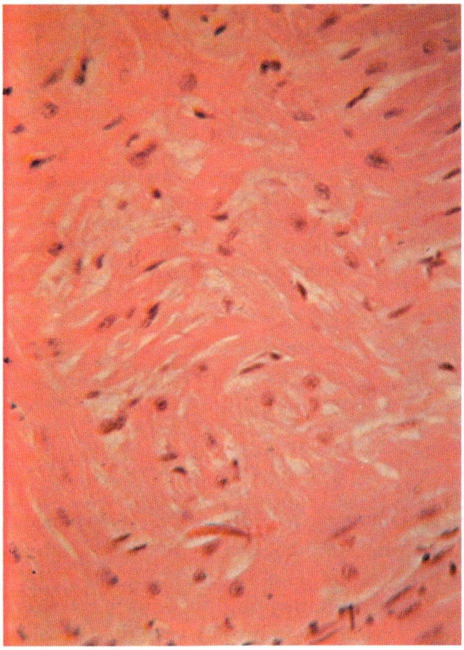

Abb. 9: Hypertrophe Kardiomyopathie.
A: Akute Dyspnoe als Zeichen einer Kardiomyopathie.
B: „Herzförmiges" Herz der Katze A: Vergrößerung von rechter Kammer und linkem Vorhof.
C: Eröffnete linke Kammer. Das hypertrophierte Septum behindert den Blutaustritt in die Aorta (Lage des Katheters).
D: Normale linke Kammer zum Vergleich.
E: Histologischer Schnitt (HE, 100fach) aus dem Myokard des Ventrikelseptums von C: hypertrophierte Muskelzellen und abnorme Anordnung der Bündel.
(Abb. 8 C, D aus Feline Practice 5, 1975 [8]).

A

B

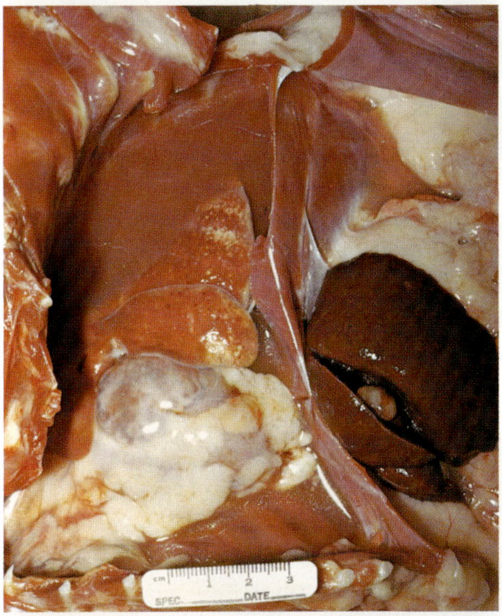

C

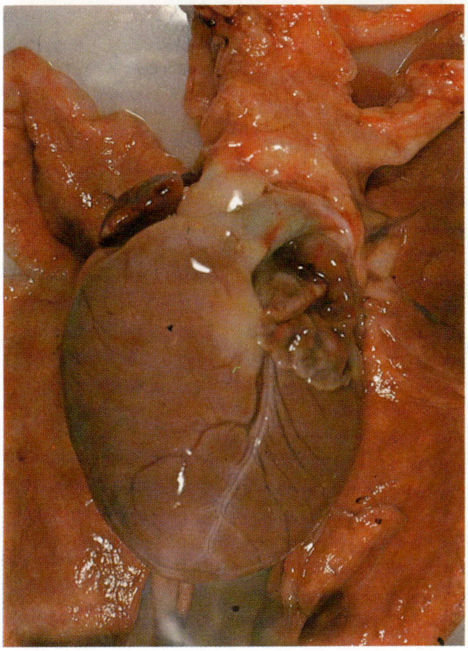

D

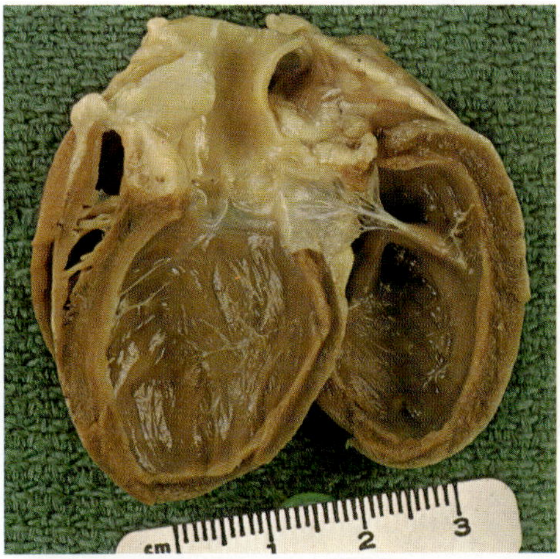

Abb. 10: Dilatative Kardiomyopathie.
A: Hochgradige Apathie bei dilatativer Kardiomyopathie.
B: Pleuraerguß und Lebervergrößerung (Sektionsbild der Katze 9 A).
C: Ausgeprägte Herzvergrößerung (Dilatation aller 4 Kammern).
D: Eröffnete linke Kammer und Aorta derselben Katze wie Abb. 9 C: Hochgradige Dilatation und Atrophie der Papillarmuskeln.

Elektrokardiogramm

Das EKG zeigt bei der hypertrophen Kardiomyopathie fast immer Veränderungen. Oft werden verschiedene Arrhythmieformen, Abweichungen der elektrischen Herzachse und Veränderungen in Dauer und Amplitude der P-Welle und des QRS-Komplexes gefunden (Abb. 12, 14). Das Erregungsleitungssystem zeigt Linksschenkelblock, Wolff-Parkinson-White-Syndrom und linksanterioren Hemiblock (Abb. 13).

Röntgenuntersuchung

Bei fast allen Katzen mit hypertropher Kardiomyopathie findet man ein vergrößertes Herz (Abb. 15 und 16). Beidseitige Vorhofvergrößerung ergibt bei dorsoventralem Strahlengang das Bild einer verbreiterten Herzbasis. Der hervorstechende röntgenologische Befund bei hypertropher Kardiomyopathie ist ein Lungenödem, gekennzeichnet durch partielle oder generalisierte wolkige Verschattungen (Abb. 15).

Pathologie

Die Erweiterung des linken Vorhofs ist ein konstanter Befund bei Katzen mit hypertropher Kardiomyopathie. Es findet sich eine Hypertrophie der linken

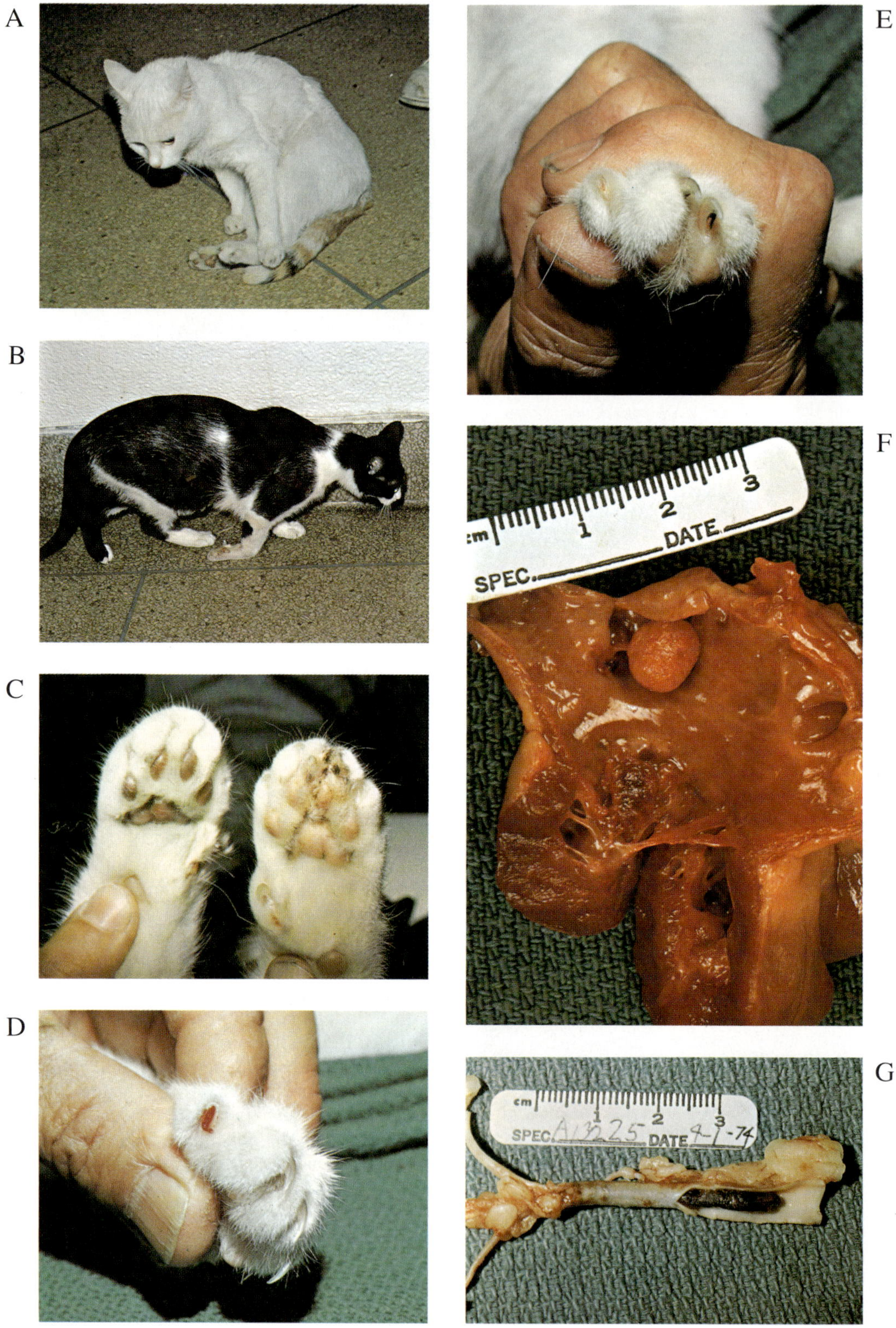

Abb. 11

Abb. 11: Thromboembolie.
A: Paralyse der Hinterhand.
B: Einseitige Parese einer Vorder- oder Hintergliedmaße je nach Sitz des Embolus.
C: Zyanotische Ballenverfärbung der betroffenen Gliedmaße im Vergleich zur normalen.
D: Beim Kurzschneiden einer Kralle tritt normalerweise hellrotes Blut aus.
E: Bei der betroffenen Gliedmaße tritt an der Kralle kein Blut aus.
F: Thrombus im linken Vorhof einer Katze mit hypertropher Kardiomyopathie.
G: Thrombus in der Aorta abdominalis.
(Abb. 10 A, C, D, E, G aus Veterinary Medicine/Small Animal Clinician 70, 1975 [4]).

Kammerwand, der Papillarmuskeln und des Septums, wodurch die linke Kammer eingeengt wird (Abb. 9 C). Zum Vergleich zeigt Abb. 9 D ein normales Herz.

Therapie

In Tabelle 5 werden die aktuellen therapeutischen Maßnahmen zur Behandlung hypertropher Kardiomyopathien aufgeführt.

Die Therapie besteht aus körperlicher Schonung und Medikamenten, die die Herzfrequenz erniedrigen und die Herzarbeit verbessern. Zusätzliche Medikamente werden zur Therapie des Lungenödems gegeben (z. B. Furosemid, Lasix® 2–5 mg/kg).

Prävention ist die beste Therapie für asymptomatische Katzen oder nach erfolgreicher Behandlung arterieller Thromboembolien und/oder Linksherzinsuffizienz. Zur Prävention und Therapie der Symptome, die bei hypertropher Kardiomyopathie auftreten können, wird Propranolol in einer Dosierung von 2,5 bis 5 mg 2- bis 3mal täglich verabreicht. Propranolol erniedrigt die Herzfrequenz, senkt den enddiastolischen Druck der linken Kammer, verlängert die Kammerfüllungszeit, verringert den Sauerstoffbedarf des Herzmuskels, hat antiarrhythmische Wirkungen, erniedrigt den Ausflußgradienten und wirkt einem Anstieg des enddiastolischen Druckes der linken Kammer entgegen, wenn er durch Streß (Tachykardie) erhöht wird. Ist Propranolol wirksam, so kann dieses durch den lang wirksamen β-Rezeptorenblocker Atenolol in einer täglichen Dosis von 6,25–12,5 mg ersetzt werden. Eine andere Alternative stellt der Kalziumantagonist Diltiazem (Dilzem®) dar, der in einer Dosis von 7,5 mg 3mal täglich verabreicht wird.

Dilatative Kardiomyopathie

Die Symptome der dilatativen Form entsprechen dem Erscheinungsbild beim Hund. Bis vor kurzem

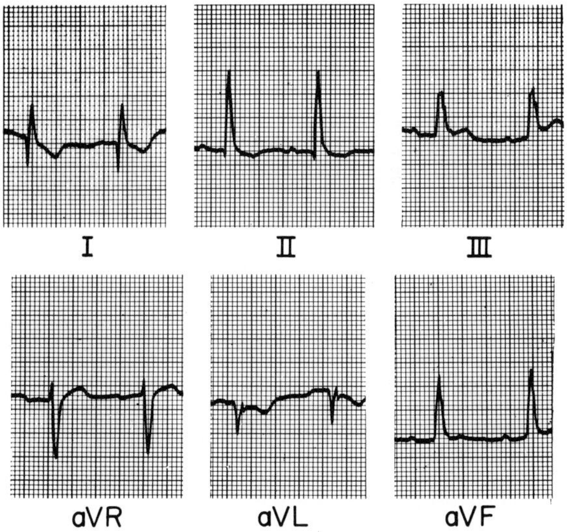

Abb. 12: EKG einer Katze mit hypertropher Kardiomyopathie: erhöhte Dauer und Amplitude des QRS-Komplexes in Ableitung II, III und aVF; tiefe Q-Zacke in Ableitung I und aVL als mögliches Anzeichen einer Hypertrophie des Septums.
(Aus American Journal of Pathology 87, 1977 [9]).

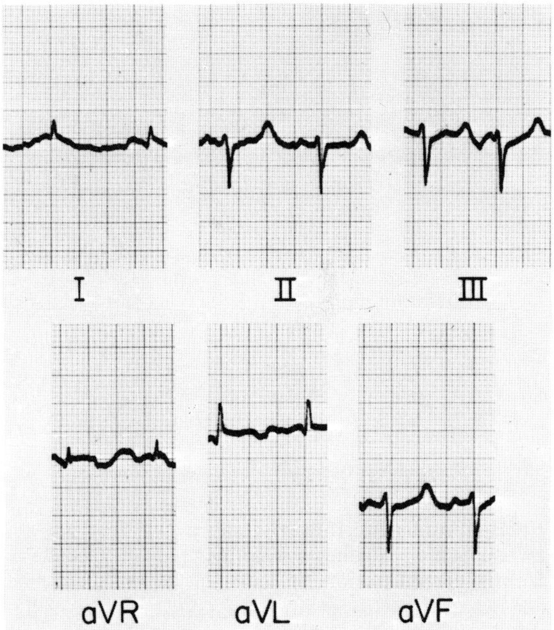

Abb. 13: EKG einer 4 Jahre alten Perserkatze mit akuter Atemnot. Die elektrische Herzachse zeigt eine hochgradige Verlagerung nach links. Dieser Befund geht gleichzeitig mit einem kompletten Block des vorderen Schenkels des linken Bündels einher. Das ergibt ein qR in Ableitung I, aVL und S in den Ableitungen II, III und aVF. Bei der Sektion wurde eine hypertrophe Kardiomyopathie gefunden.
(Aus Feline Practice 5, 1975 [8]).

Abb. 14: Rhythmusstörungen bei Kardiomyopathie. Laufgeschwindigkeit 50 mm/sec; 1 cm = 1 mV.

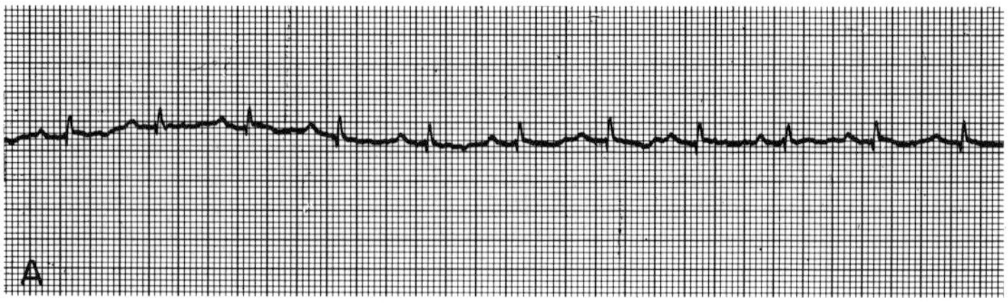

A: Normaler Sinusrhythmus: 200 Herzschläge/min.

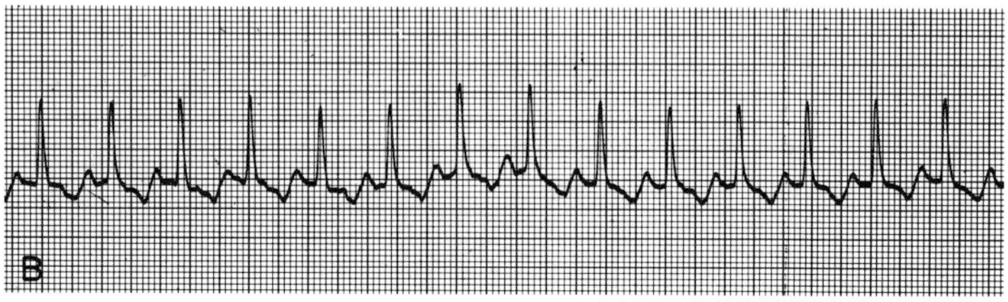

B: Vorhof-Tachykardie; 260 Herzschläge/min. Erhöhte Dauer und Amplitude des QRS-Komplexes.

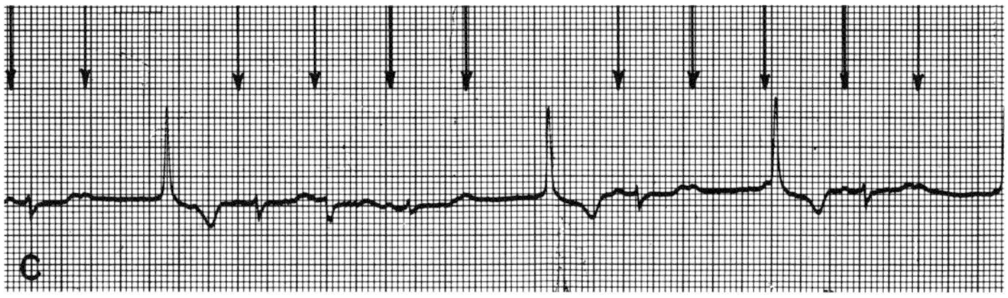

C: Atrioventrikulärer Block 2. Grades mit ventrikulären Extrasystolen; Pfeile zeigen auf P-Zacken.

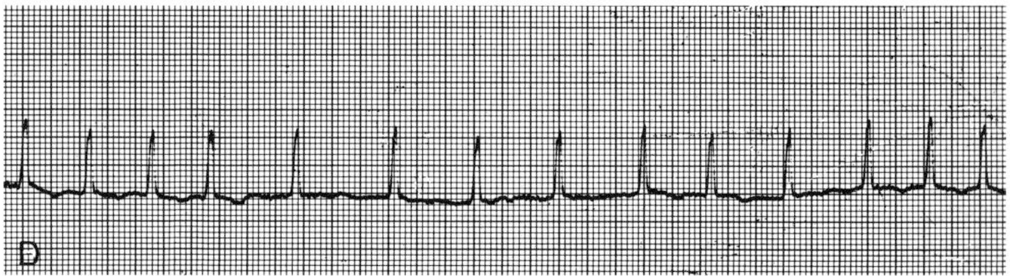

D: Vorhofflimmern.

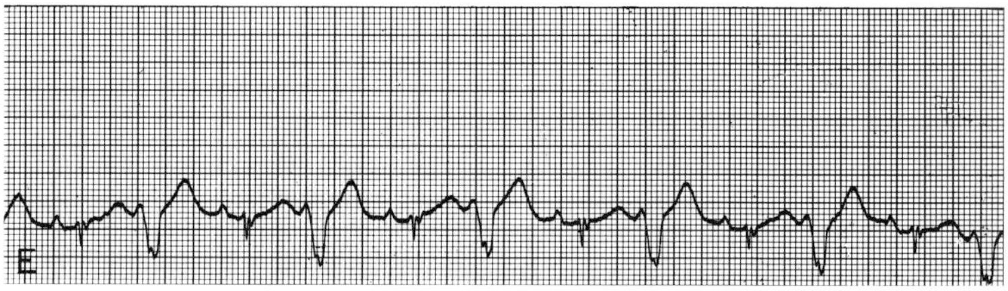

E: Bigeminus-Rhythmus; jeder zweite Schlag ist eine vorzeitige Ventrikelkontraktion.

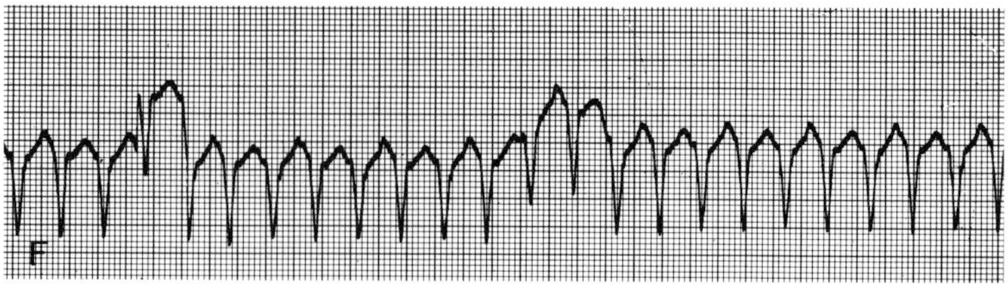

F: Kammer-Tachykardie.

(Aus American Journal of Pathology 87, 1977 [9]).

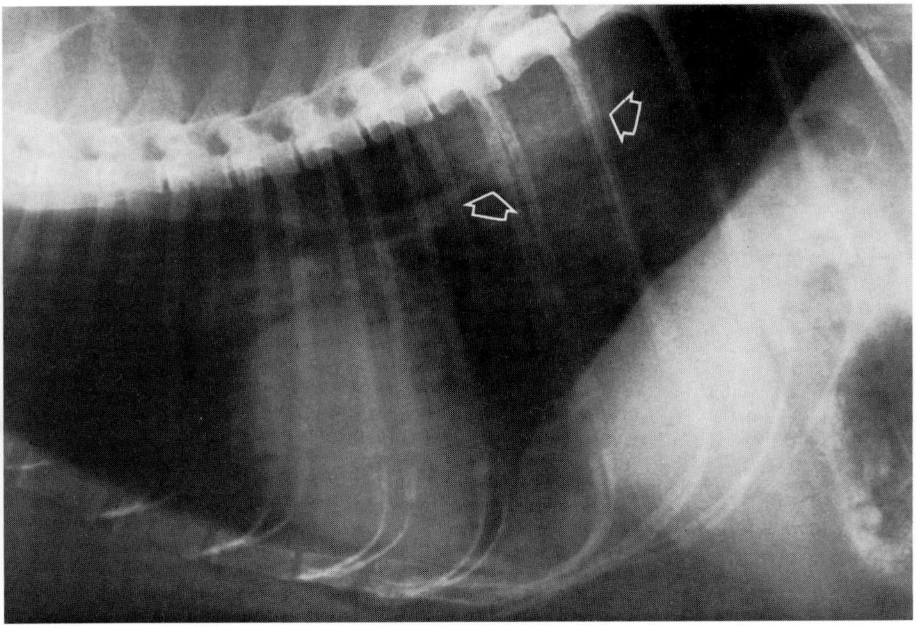

A

Abb. 15: Hypertrophe Kardiomyopathie im Röntgenbild. A: Seitliche Aufnahme; Pfeile zeigen auf Lungenödem; verlängerte Längsachse des Herzens; leichte Verlagerung der Trachea. B: Dorsoventrale Aufnahme; verlängerte Querachse des Herzens.

B

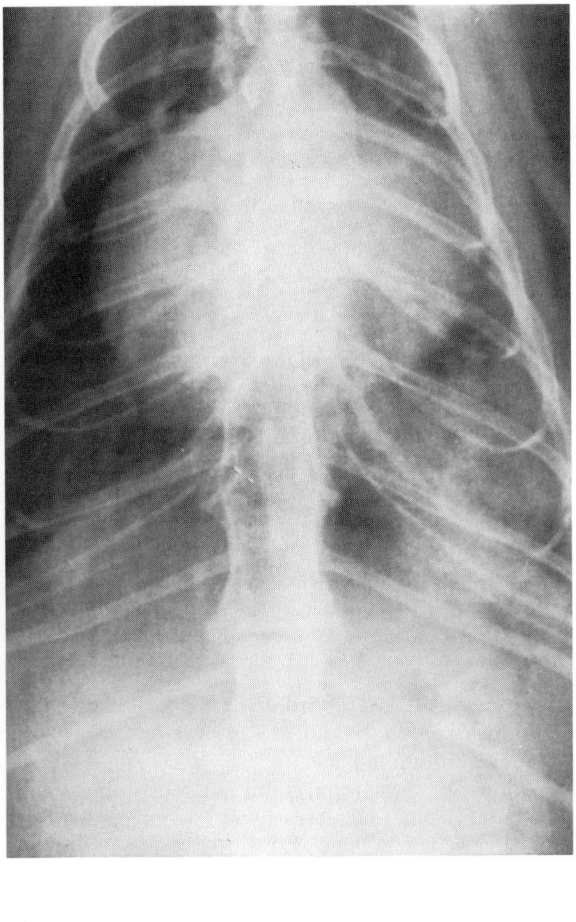

war die dilatative Kardiomyopathie eine häufig gestellte Diagnose. Im Jahre 1987 [15] fand man heraus, daß viele Katzen mit einer dilatativen Kardiomyopathie an einem Taurinmangel litten und daß diese nach Supplementierung mit Taurin verschwand. Die zusätzliche Anreicherung der kommerziellen Futtermittel mit Taurin führte zu einer erheblichen Verringerung des Auftretens dieser Herzerkrankung. Diese Ergebnisse sollten die Forschung stimulieren nach Ursachen und Heilmitteln bei anderen scheinbar irreversiblen und unheilbaren Erkrankungen bei allen Tierarten zu suchen.

Die primäre idiopathische dilatative Kardiomyopathie ist eine seltene Herzkrankheit bei Katzen. Zunächst sollte man alle Katzen so behandeln als hätten sie einen Taurinmangel, und zwar solange bis sich zeigt, daß die Taurinsupplementierung erfolglos ist. Eine Herzinsuffizienz, die als Folge einer anderen Krankheit besteht, muß diagnostisch ausgeschlossen werden, um definitiv die Diagnose einer idiopathischen dilatativen Kardiomyopathie zu stellen. Hierzu gehören lange Zeit bestehende kongenitale oder erworbene Volumenbelastung des linken Ventrikels oder toxische, ischämische, ernährungsbedingte oder metabolische Ursachen, denen ein Herzfehler zugrunde liegt. Die Ätiologie der idiopathischen dilatativen Kardiomyopathie bleibt ungeklärt. Sie ist jedoch häufig das Endstadium vieler Herzkrankheiten (s. Tab. 4).

Tabelle 5: Therapeutische Maßnahmen zur Behandlung durch hypertrophe Kardiomyopathie bedingter Herzinsuffizienz

Eliminierung von Stauungsanzeichen
(Lungenödem, Erguß):
- Diuretika
- Mechanische Flüssigkeitsentfernung

Reduzierung der diastolischen Dysfunktion:
- Verbesserung der ventrikulären Dehnungsfähigkeit
- Herabsetzung der Inotropie, Erhöhung der Ventrikelfüllungskapazität
- Einsatz von β-Rezeptorenblockern (z. B. Propranolol)
- Anwendung von Kalziumantagonisten (z. B. Diltiazem)

Behandlung von Arrhythmien:
- Supraventikulärer Art: Propranolol; Diltiazem
- Ventrikulärer Art: Propranolol

Zu vermeiden sind:
Medikamente oder Maßnahmen, die eine Behinderung des linksventrikulären Ausstromes begünstigen könnten:
- Positiv inotrop wirksame Kardiaka (z. B. Digoxin)
- Arterioläre Dilatativa (z. B. Enalapril, Benazepril)
- Massive Herabsetzung der Vorlast (Hyperdiurese)

Verabreichung spezieller Therapeutika:
- Aspirin (bei Thromboembolien)
- Heparin (bei Thromboembolien)

Mit frdl. Genehmigung entnommen aus: FOX, R. R.: Feline myocardial disease. in: Fox, P. (Hrsg.): Canine and Feline Cardiology, Churchill Livingstone, New York (1989).

Tabelle 6: Therapeutische Maßnahmen zur Behandlung dilatativer Kardiomyopathien

Optimierung der Ventrikelleistung durch:
- Pharmakologische Beeinflussung der
  Vorlast (ventrikulärer Füllungsdruck)
  Nachlast (Widerstand gegen die Ventrikelentleerung)
  Kontraktilität
  Herzfrequenz und -rhythmus

Beseitigung kongestiver Erscheinungen
(Ödem, Erguß) durch:
- Diuretika
- Vasodilatatoren

Behandlung von Begleitfaktoren:
- Behandlung ätiologischer Ursachen
  Taurinmangel
- Therapie primärer Krankheiten
  hochgradige Anämie
  Thyreotoxikose

Verabreichung spezieller Therapeutika:
- Aspirin (bei Thromboembolie)
- Flüssigkeitszufuhr (bei Schock, Dehydratation)
- Mechanische Flüssigkeitsentfernung:
  Thorakozentese
  Perikardzentese
- Exogene Wärmezufuhr (Erhöhung der Umgebungstemperatur)

Zu vermeiden sind:
Kardiodepressive oder -toxische Arzneimittel:
- Kein Einsatz negativ inotrop wirksamer Kardiaka wie
  β-Rezeptorenblocker (z. B. Propranolol)
  Kalziumantagonisten (z. B. Verapamil)
- Keine Anwendung kardiotoxischer Behandlungsformen wie
  Chemotherapie (z. B. Doxorubicin)

Individuell anzupassende Therapiebestandteile:
- Korrigierung diätetischer Imbalanzen
- Reduzierung (evtl. Eliminierung) von Kardiaka – soweit möglich

Mit frdl. Genehmigung entnommen aus: FOX, P. R.: Feline myocardial disease. In: Fox, P. (Hrsg.): Canine and Feline Cardiology, Churchill Livingstone, New York (1989).

Therapie

Tabelle 6 gibt die aktuellen therapeutischen Maßnahmen zur Behandlung dilatativer Kardiomyopathie wieder.

Die Therapie umfaßt absolute Ruhe, salzarme Diät, Digoxin und Furosemid. Da der Vollwirkspiegel von Digoxin (Lanitop® oder Lanitop mite®) schnell erreicht wird, wird die Digitalisierung der Katze im Gegensatz zum Hund von Anfang an nur mit der Erhaltungsdosis durchgeführt. Katzen reagieren ausgesprochen empfindlich auf Digitalis, deshalb ist besonderer Wert auf die Kontrolle von Nebenwirkungen zu legen (Erbrechen, Inappetenz, Durchfall, Arrhythmien). Die Erhaltungsdosis von Digoxin beträgt 0,01 mg/kg jeden 2. Tag (s. Tab. 8).

Furosemid (Lasix®) wird in einer Dosierung von 2–5 mg/kg jeden 2. oder 3. Tag oral verabreicht, im akuten Stadium injiziert.
Propranolol (Dociton®) kann bei sehr hoher Herzfrequenz in einer Dosierung von 2,5–5 mg 2- bis 3mal täglich zusätzlich eingesetzt werden.

Restriktive Kardiomyopathie

Die restriktive Kardiomyopathie ist selten. In den meisten Fällen dominiert die Erkrankung des linken Ventrikels. Spezifische klinische und morphologische Kriterien sind bis jetzt nicht genau bestimmt. Es ist nicht möglich, die restriktive Kardiomyopathie von einer infiltrativen Erkrankung des Myokards und unklassifizierten Formen der Kardiomyopathien zu unterscheiden, ohne daß ein invasives diagnostisches Verfahren angewendet wird oder die Obduktion letzten Aufschluß gibt.

Bei der restriktiven Kardiomyopathie behindert eine endokardiale, subendokardiale oder myokardiale Fibrose oder Infiltration die diastolische Funktion des Ventrikels, wodurch eine Behinderung der Kammerfüllung entsteht. Die systolische Funktion ist im allgemeinen normal. Eine Fibrosierung des Papillarmuskels, eine Verschiebung der Mitralklappen gegeneinander und Formveränderungen der linken Kammer führen zu einer Mitralregurgitation und damit zu einer stauungsbedingten Linksherzinsuffizienz. Extreme Vergrößerungen des linken Vorhofs und damit des linken Herzohres sind häufig. Pathophysiologisch betrachtet können eine Perikarditis, eine infiltrativ wachsende Neoplasie sowie eine Epikarditis oder Myokarditis zu ähnlichen Störungen der Herzfunktion führen. Bei einer perikardialen Erkrankung findet man gewöhnlich Anzeichen einer biventrikulären Behinderung.

Die zur Erstvorstellung der Katze führenden klinischen Befunde, die EKG-Veränderungen sowie die Ergebnisse der Röntgenaufnahmen des Thorax können denjenigen der anderen Kardiomyopathieformen ähnlich sein.

Die Ergebnisse der echokardiographischen Untersuchung variieren. Der linke Vorhof ist oft extrem vergrößert. Die Dimensionen der linken Kammer sind wenig oder gar nicht verändert. Bei der 2-D-Sonographie in der langen Achse fällt eventuell der Verlust der Symmetrie des linken Ventrikels und die Verdrehung oder Verschmelzung der Papillarmuskeln auf. Die Verkürzungsfraktion und die Entfernung zwischen Septum und E-Punkt ist normal bis geringgradig reduziert. Es gibt keine spezielle Therapie zur Behandlung der restriktiven Kardiomyopathie. Liegt diese Erkrankung vor, sollte man die akute Herzinsuffizienz genauso behandeln, als würde sie von einer anderen Herzerkrankung herrühren. Die Anwendung von β-Rezeptorenblockern verbessert die diastolische Herzfunktion nicht, führt jedoch zu einer Zustandsverbesserung bei Patienten mit ventrikulären und supraventrikulären Arrhythmien. Enalapril oder Benazepril können sehr wirksam sein. Es ist schwierig eine Prognose zu stellen. Einige Autoren berichten von einer Neigung zu verschiedenen Arrhythmien, Thrombembolien und hartnäckigen kongestiven Herzerkrankungen.

Unklassifizierte Feline Kardiomyopathie

Bei diesen Kardiomyopathien ist das Herz offensichtlich erkrankt. Die Erkrankung läßt sich aber weder den hypertrophen noch den dilatativen Formen zuordnen.

Hyperthyreose der Katzen

Die feline Hyperthyreose (Thyreotoxikose), verursacht durch ein hormonell aktives Schilddrüsenadenom (adenomatöse Hyperplasie), kann Herz-Kreislauf-Veränderungen wie Dyspnoe, Kardiomegalie, Tachykardie und andere elektrokardiographische Anomalien hervorrufen (s. Tab. 4). Tachykardie (240/min) und R-Zacken-Amplituden über 0,9 mV sind die am meisten beschriebenen EKG-Anomalien. Andere Veränderungen wie Vorhofextrasystolen, Vorhoftachykardien, Kammerextrasystolen, Bigemini, QRS-Verlängerungen und QT-Verkürzungen kommen ebenfalls vor.

Die Diagnose Hyperthyreose wird gestellt durch die Anamnese und die klinische Untersuchung: Überaktivität, Gewichtsverlust trotz Polyphagie, häufige Defäkation mit voluminösen Kotportionen, Polyurie und Polydipsie, Tachykardie, Kardiomegalie, Herzgeräusche, Arrhythmien und palpable Vergrößerungen eines oder beider Schilddrüsenlappen. Die Serum-Alanin-Aminotransferase (GPT), die Aspartat-Aminotransferase (GOT) und die alkalische Phosphatase können erhöht sein. Die Diagnose wird bestätigt durch Bestimmung des Serumthyroxins (T_4) und des Trijodthyronins (T_3).

Die präoperative, operative und postoperative Behandlung ist beschrieben worden. Hypoparathyreoidismus ist eine potentielle Komplikation der bilateralen Thyreoidektomie, verursacht durch die Entfernung der Epithelkörperchen, die sich im oder am Schilddrüsengewebe befinden. Tetanie und Schwäche kann durch die daraus resultierende Hypokalzämie entstehen. Im EKG kann eine Verlängerung des QT-Intervalls auftreten. Nach einer Kalzium-Substitutionstherapie kann eine Verkürzung (Normalisierung) dieses EKG-Intervalls beobachtet werden.

Gelegentlich mögen Symptome der Stauungsinsuffizienz den Anlaß zur Vorstellung beim Tierarzt darstellen. Viele elektrokardiographische und röntgenologische Veränderungen, die bei der Hyperthyreose vorkommen, ähneln denen einer primären Myokarderkrankung, einer Kardiomyopathie. Bei Katzen mit Symptomen, die auf eine Kardiomyopathie

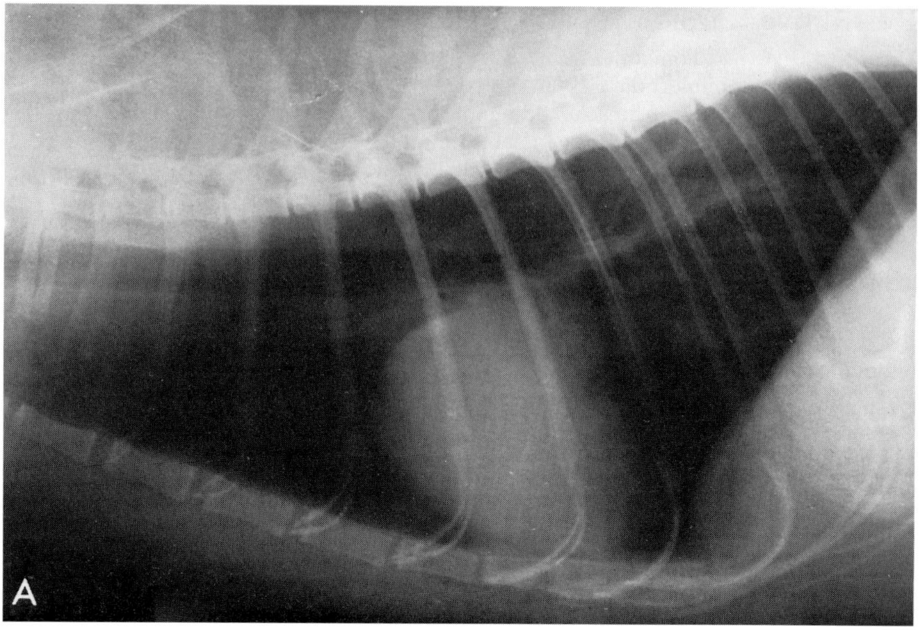

Abb. 16: Aufnahmen derselben Katze wie in Abb. 15 (A, B) nach eintägiger Behandlung: keine Anzeichen für Lungenödem; weiße Pfeile zeigen auf Vergrößerung des rechten Vorhofs und Kammer; schwarze Pfeile zeigen auf erhebliche Vergrößerung des linken Vorhofs.

hinweisen, sollte daher eine Hyperthyreose differentialdiagnostisch immer in Betracht gezogen werden.

Arterielle Thrombembolien

Nahezu 40 % der Katzen mit einer Kardiomyopathie entwickeln eine arterielle Thrombembolie.

Thrombembolien können jederzeit während des Krankheitsverlaufs auftreten und sogar die hauptsächlichen Symptome verursachen (Abb. 11 A–G).

Meistens bildet sich der Thrombus im linken Vorhof. Er kann sich jedoch auch in der linken Kammer oder im rechten Vorhof bilden. Eine Embolisierung im Gehirn, dem Herzen, der Niere(n), der Mesenterialarterie, der Brachialarterie oder der Endaufzweigung der Aorta ist ebenfalls möglich.

Bei den Katzen kann es durch eine ischämische Nekrose zum vollständigen Funktionsverlust der Gliedmaße(n) kommen, sie sterben an einer Toxämie oder bleiben durch eine Schädigung der peripheren Nerven gelähmt. Es kann aber auch zur vollständigen oder partiellen Wiederherstellung der Gliedmaßenfunktion kommen. Allgemein kann man sagen, daß gegenwärtig weder die konservative noch eine aggressive chirurgische Intervention den gewünschten Erfolg zeigt.

Die chirurgische Entfernung der Emboli birgt ein hohes Narkoserisiko, und ihre Ergebnisse sind unbefriedigend. Die Entfernung des Embolus mit einem

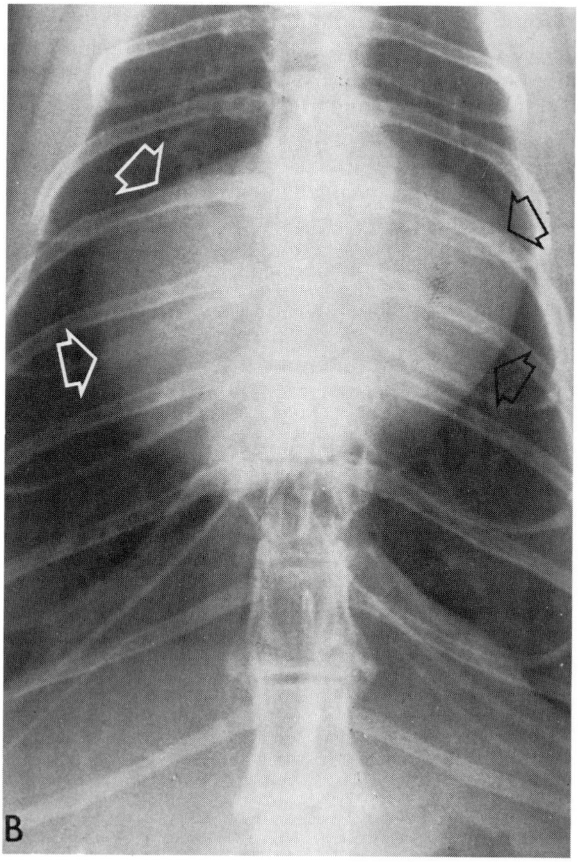

Katheter kommt nur wenig zum Einsatz, denn neben der Gefahr eines Narkosezwischenfalls besteht die des Reperfusionssyndroms. In Verbindung mit einer medikamentösen Therapie ist dies möglicherweise effektiv. In der Veterinärmedizin ist die thrombolytische Therapie zur Auflösung des Embolus bis jetzt wenig zum Einsatz gekommen. Streptokinase und Urokinase sind nicht so teuer wie neuere auf dem Markt befindliche fibrinolytische Mittel. Es ist wenig über klinische Erfahrungen mit dieser Therapie bekannt. Der Gewebs-Plasminogen-Aktivator soll zu einer effektiven Thrombolyse bei Katzen führen. Die hohen Therapiekosten sowie die mit der raschen Reperfusion gekoppelte hohe Morbidität und die fehlende Möglichkeit, ein Rezidiv zu verhindern, machen jedoch eine Therapie in den meisten Fällen unmöglich.

Eine Therapie, die die Entstehung einer Thrombembolie bzw. eine Rezidivierung verhindert, ist klinisch nicht erprobt oder bewiesen. Die Gabe niedriger Dosen Acetylsalicylsäure (25 mg/kg per os jeden 2. oder 3. Tag) ist die am häufigsten angewendete prophylaktische Maßnahme, obwohl es keinen Beweis für die Wirksamkeit gibt. In einer Studie betrug die Entstehung neuerlicher Thrombembolien bei den mit Acetylsalicylsäure behandelten Katzen bis 75 %. Eine Alternative stellt das Warfarin (0,05–0,5 mg/Katze per os einmal täglich) dar. Es erhöht aber das Risiko von Komplikationen (Blutungen) und die Behandlungskosten, weil ein intensiveres Monitoring notwendig ist. Bei der Warfarintherapie ist das Hauptziel, die Prothrombinzeit auf das 1,5fache des Normalwertes für das jeweilige Bestimmungslabor zu halten. Die bisher vorhandenen Daten sind zu unzulänglich, um entscheiden zu können, ob die Warfarinbehandlung in einem akzeptablen Nutzen-Risiko-Verhältnis steht.

In Fällen einer Warfarinintoxikation und dem Auftreten von Blutungen kann Vitamin K in einer Dosis von 1 mg/kg/Tag s. c. oder per os für 10–14 Tage als Antidot gegeben werden. Heparin (220 U/kg i. v., nach 3 Std. gefolgt von einer Erhaltungsdosis von 66–220 U/kg s. c. täglich) führt ebenfalls zu einem erhöhten Blutungsrisiko und ist außerdem teurer. Die Dosis ist so gewählt, daß die aktivierte partielle Thromboplastinzeit unverändert bzw. geringgradig oberhalb der normalen Referenzwerte liegt. Bei einer Heparinintoxikation und Blutungen kann Protaminsulfat als Antidot gegeben werden.

Einige Autoren empfehlen beim Auftreten einer akuten Thrombembolie den Gebrauch von Acepromazin (0,2–0,4 mg/kg 3mal täglich s. c.) oder Hydralazin (0,5–0,8 mg/kg 3mal täglich per os), um die Entstehung von Kollateralen zu forcieren.

Schmerzlindernde Mittel mit einem stark kardiodepressiven Effekt sollten vermieden werden.

Angeborene Herzfehler

Die folgende Tabelle 7 liefert einen Überblick diagnostischer Merkmale von sieben kongenitalen Herzfehlern.

Herz-Kreislauf-Pharmakologie

Die sorgfältige klinische Untersuchung, das EKG und die Röntgenaufnahme, bilden die Grundlage für die Behandlung der Herzkrankheiten. Das Verständnis für Ätiologie, Pathophysiologie und Entstehung von Herzkrankheiten ist Voraussetzung für die Einleitung eines geeigneten therapeutischen Vorgehens und mindert die Gefahr der Anwendung ungeeigneter oder gefährlicher Therapeutika. Klinische und labordiagnostische Untersuchungen sind notwendig, um z. B. extrakardiale Ursachen von Herzrhythmusstörungen, die ohne die Anwendung von Antiarrhythmika zu korrigieren sind, aufzudecken. Hinreichendes Wissen über erhältliche Arzneipräparationen, ihre Wirkungsweise und ihre Pharmakokinetik, potentielle Wechselwirkung und Kontraindikationen ist eine Vorbedingung für jede medikamentöse Intervention und ermöglicht erst die Auswahl eines geeigneten Arzneimittels, um z. B. Arrhythmien zu beeinflussen, die Kontraktilität des Myokards zu steigern oder die hämodynamische Belastung eines insuffizienten Herzens zu ändern.

Die Anwendung spezieller Medikamente zur Behandlung von Arrhythmien bei Katzen ist nicht allgemein üblich. Ziel der Therapie ist immer, einen kontrollierten Rhythmus zu erreichen. Dies gelingt häufig, wenn man die Krankheitsursache kennt und behandelt, bevor man Antiarrhythmika einsetzt. So wird z. B. bei Fällen mit Hyperkaliämien, verursacht durch eine Harnwegsobstruktion, die medizinische Behandlung (intravenöse Insulin-/Glukoseinjektion, Flüssigkeitsersatz und Wiederherstellung des Säure-Basen-Haushaltes) die damit verbundene Arrhythmie eliminieren. Bradykardien oder Ventrikelextrasystolen während einer Anästhesie verschwinden in der Regel, wenn man die Zufuhr des Narkosemittels vermindert und den Sauerstofffluß erhöht.

Wenn überhaupt antiarrhythmische Substanzen eingesetzt werden, so sind das Propranolol und das Diltiazem die beiden am häufigsten verwendeten Mittel. Medikamente wie Chinidin, Procainamid, Lidocain und Phenytoin, die beim Hund gern angewandt werden, können zur Behandlung bei Katzen nicht generell empfohlen werden, da ungeeignete Dosen leicht eine Intoxikation und den Tod bewirken können [14]. Besonders gefährlich für Katzen ist das Lido-

Tabelle 7: Diagnostische Merkmale häufiger angeborener Herzfehler bei Katzen

Herzfehler	Klinische Untersuchung	Elektrokardiogramm	Röntgenaufnahmen des Thorax
Ventrikulärer Septumdefekt (VSD) (siehe Abb. 16, 17)	Ein holosystolisches Geräusch mit Punctum maximum kranial auf der rechten Thoraxseite oder aber auch beidseits gleichstark ausgeprägt.	Oftmals unauffällig mit nur geringgradigen Veränderungen; sind Shunts größeren Umfanges vorhanden, können sich Anzeichen einer Linksherzvergrößerung entwickeln.	Generalisierte Kardiomegalie, Vergrößerung des linken Vorhofs und proportional dem Ausmaß des Shunts entsprechend ausgeprägte Zeichnung der Lungengefäße.
Aortenstenose	Systolisches Austreibungsgeräusch im Bereich der Herzbasis mit linksseitigem Punctum maximum (auch bilateral). Der 4. Herzton kann hörbar sein. Der A.-femoralis-Puls ist von geringer Stärke.	Meist (aber nicht zwingenderweise) liegt eine Erhöhung der QRS-Komplexe (Linksherzvergrößerung) vor.	Geringgradig bis mäßig ausgeprägte Kardiomegalie mit Vergrößerung des linken Vorhofs und Ventrikels. Eine postenotische Erweiterung der Aorta ist häufig nur schwer erkennbar. Die Zeichnung der Lungengefäße weist keine Veränderungen auf.
Persistierender Ductus arteriosus (PDA)	Persistierendes Geräusch mit Punctum maximum beidseits an der Herzbasis, häufig weiter ausstrahlend. A.-femoralis-Puls: hüpfend, schnell.	Durchweg Anzeichen einer Linksherzvergrößerung mit deutlich ausgeprägten Shunts. Unregelmäßig auftretende verlängerte P-Dauer (Vergrößerung des linken Vorhofs).	Kardiomegalie mit Vergrößerung des linken Vorhofs und Ventrikels sowie in Abhängigkeit von der Shuntgröße verstärkter Zeichnung der Lungengefäße. Bei der dorsoventralen Aufnahme kann die Herzsilhouette verlängert erscheinen, der Pulmonalarterienstamm stellt sich vergrößert dar, und Aneurysmen im Bereich des Ductus arteriosus sind eruierbar.
Endokard-Fibroelastose-Syndrom	Symptome wie Dyspnoe und Anzeichen einer Herzinsuffizienz treten bereits im frühen Lebensalter auf (< 16 Wochen). In den meisten Fällen lassen sich Tachykardie und systolische Herzgeräusche über der Mitralklappe feststellen.	Kein einheitliches Bild; meist aber Anzeichen einer Vergrößerung des linken Ventrikels (vergrößerte QRS-Amplituden und -Dauer).	Generalisierte, markante Kardiomegalie – jedoch ohne verstärkte Lungengefäßzeichnung. Lungenödem und Pleuraerguß sind häufige Befunde.
Fallotsche Tetralogie	Häufig treten Schwäche, Tachypnoe und Zyanose auf, kongestive Herzinsuffizienz ist aber selten. Im Bereich der linken Herzbasis läßt sich ein systolisches Austreibungsgeräusch ermitteln.	Meist sind Anzeichen einer Vergrößerung des rechten Ventrikels vorhanden.	Geringgradig ausgeprägte Kardiomegalie; häufig vorhandene Vergrößerung der rechten Herzkammer und verminderte Zeichnung der Lungengefäße. Eine poststenotisch auftretende Dilatation des Pulmonalarterienstammes ist nicht immer offensichtlich.

Tabelle 7: Fortsetzung

Herzfehler	Klinische Untersuchung	Elektrokardiogramm	Röntgenaufnahmen des Thorax
Mitral- und Trikuspidal-klappen-Anomalien	Regelmäßig auftretendes persistierendes systolisches Herzgeräusch links und/oder rechts; zunehmende Trikuspidal-Insuffizienz kann eine Ausweitung der V. jugularis und Aszites nach sich ziehen.	Uneinheitlich; vergrößerte P-Wellen sind häufig anzutreffen, Anzeichen von Ventrikelvergrößerungen dagegen nur unregelmäßig.	Mitralis: Duchweg vorhanden ist eine Vergrößerung der linken Vorkammer, wenn auch schwieriger zu erkennen als beim Hund. Ebenfalls anzutreffen ist eine gering- bis hochgradig ausgeprägte Kardiomegalie. Trikuspidalis: Hier zeigt sich eine markante Vergrößerung des rechten Vorhofs häufig als generalisierte Kardiomegalie bei unveränderter Lungengefäßzeichnung. Die Silhouette der Vena cava caudalis erscheint oft verbreitert.
Atrialer Septumdefekt (Endokardkissen-defekt)	Bereits im jugendlichen Alter treten oft schon Mattigkeit und Dyspnoe auf. Auf der linken Thoraxseite sind durch Mitralinsuffizienz oder VSD bedingte deutliche systolische Herzgeräusche zu hören.	Unterschiedlich; Anzeichen für eine Vorhofvergrößerung sind aber meist vorhanden. Oft finden sich auch Veränderungen der QRS-Komplexe im Sinne von Ventrikelvergrößerungen sowie partielle bzw. komplettem Rechtsschenkelblöcke.	Für gewöhnlich trifft man auf eine ausgeprägte und generalisierte Kardiomegalie. Die starke Zeichnung der Lungengefäße hilft bei der Unterscheidung dieses Defekts von nicht-shuntbedingten Dysfunktionen.

Mit frdl. Genehmigung aus: THOMAS, W.: Congenital Heart diseases. In: Current Veterinary Therapie VIII, (Hrsg.: Kirk, R. W.) W. B. Saunders, Philadelphia (1983).

cain. Es wird normalerweise in der Leber an Glucuronsäure gekoppelt. Katzen besitzen unzureichende Mengen an Glucuronyl-Transferase, und die Glucuronidbindungsrate von Medikamenten ist, im Vergleich zu anderen Spezies, extrem langsam. Bei intravenösen Lidocain-Injektionen von weniger als 2 mg/kg Körpergewicht ist von Reaktionen wie Krämpfen und Atmungsstörungen berichtet worden. Herz-Kreislauf-Symptome umfassen Bradyarrhythmien, Überleitungsstörungen und plötzliche Todesfälle. Im Stadium der Herzinsuffizienz kann die Pharmakokinetik von Lidocain durch Reduzierung der Plasmaclearance und des Verteilungsvolumens beeinflußt werden.

Untersuchungen der Pharmakokinetik von Phenytoin bei Katzen haben gezeigt, daß die Halbwertszeit viel länger als bei Hunden ist. Dies läßt sich zurückführen auf die Unfähigkeit der Katzen, Phenolverbindungen zu hydroxylieren (der Phenolring ist ein Teil des Phenytoins). Intoxikationserscheinungen sind Sedation, Anorexie und Ataxie. Propranolol ist wegen seiner breiten antiarrhythmischen Wirksamkeit das Medikament der Wahl bei Katzen. Die Stimulation beta-adrenerger Rezeptoren erhöht die Schlagfrequenz, steigert die Kontraktilität, die Automatie und die Erregungsübertragung. Die Blockade der Betarezeptoren verhindert damit diese Wirkungen. Folglich kann Propranolol nützlich für die Behandlung von Tachyarrhythmien sein (z. B. Kammertachykardien, Vorhoftachykardien und Vorhofflattern). Propranolol kann auch eine chinidinähnliche Wirkung entfalten. Durch die Herabsetzung der Automatie und der Leitfähigkeit im Myokard und im Purkinjesystem werden ventrikuläre Ektopien gehemmt. Propranolol wird zusammen mit Digitalis angewendet, um die AV-Überleitungszeit zu verlängern, wie z. B. bei Vorhofflimmern. Die Therapie muß dem klinischen Erfolg – wie erniedrigte Schlagfrequenz, Elimination oder Verminderung von Arrhythmien und Besserung der klinischen

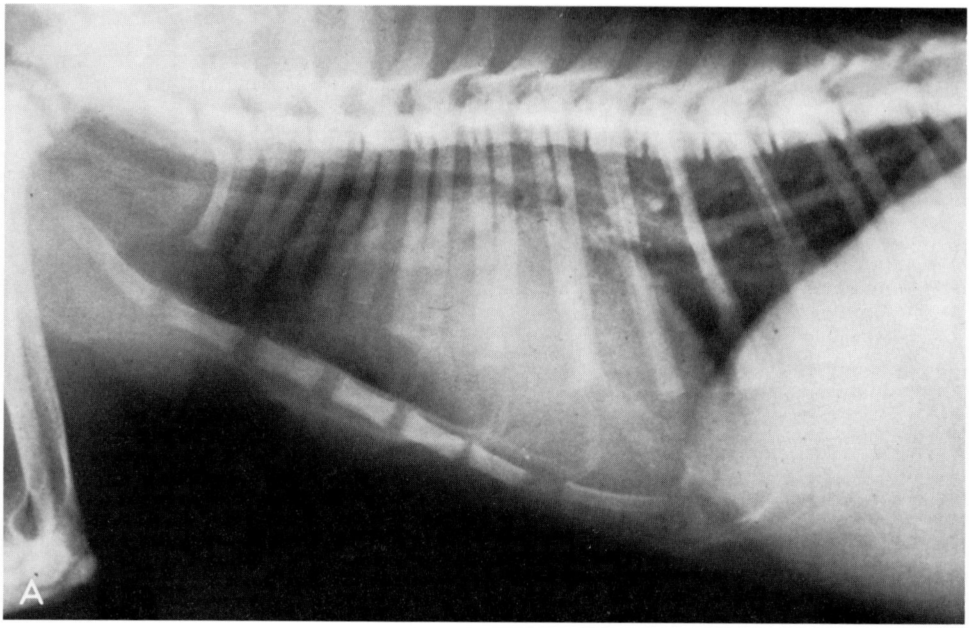

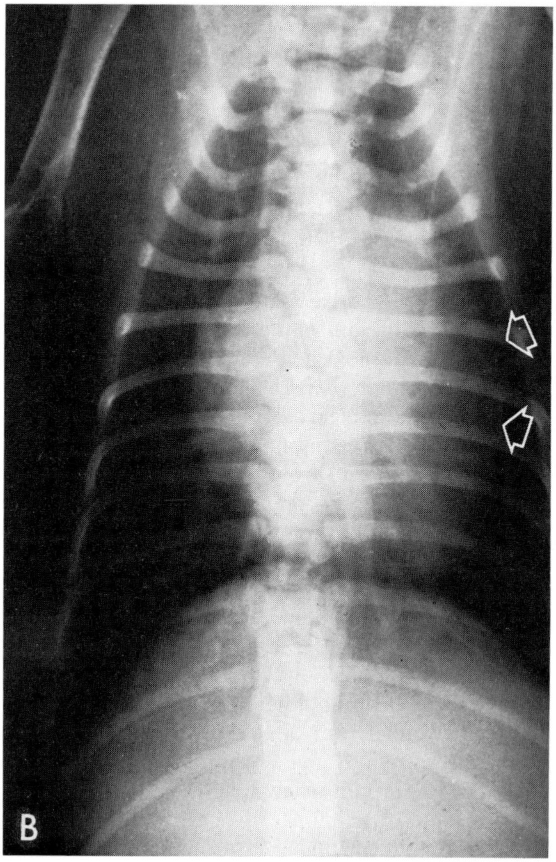

Abb. 17: Röntgenbilder einer Katze mit Ventrikel-Septum-Defekt.
A: Laterale Aufnahme zeigt Vergrößerung der rechten Kammer, die eine Verlagerung der Trachea vor dem Herzen verursacht. Erhöhte Dichte der Lunge durch vermehrte Blutfülle.
B: Dorsoventrale Aufnahme zeigt hochgradige Vergrößerung der rechten Kammer und mäßige Vergrößerung des linken Vorhofs (Pfeile).

Symptome – angepaßt werden. Darüber hinaus kann Propranolol auch bei der Behandlung hypertropher Kardiomyopathien nützlich sein. Durch eine Senkung des diastolischen Druckes im linken Ventrikel läßt sich die Ventrikelfüllung fördern. Demzufolge wird die Ventrikelarbeit über den Frank-Starling-Mechanismus verbessert und die Koronardurchblutung erhöht (der koronare Blutfluß ist während der Diastole am größten). Der myokardiale Sauerstoffverbrauch wird herabgesetzt. Durch eine Verminderung der Kontraktilität wird zusätzlich die Obstruktion des linksventrikulären Ausflußtrakts verringert. Die Blockade der Katecholaminwirkungen am Herzen verhindert streßinduzierte Sinustachykardien, die eine Herzinsuffizienz einleiten oder verschlechtern können.

Beim Asthma der Katzen, bei Bradyarrhythmien, beim AV-Block I. Grades und bei bestimmten Formen der Herzinsuffizienz ist Propranolol kontraindiziert. Es sollte bei linksherzbedingter Stauungsinsuf-

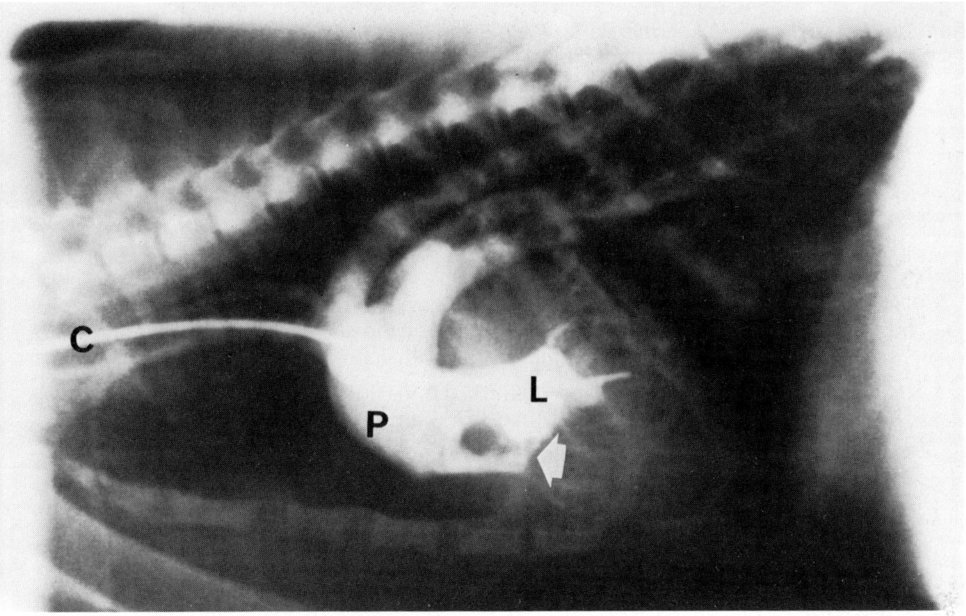

Abb. 18: Angiokardiogramm derselben Katze wie in Abb. 17.
Ein Katheter (C) wurde durch die A. carotis in die linke Kammer (L) eingeführt. Der Weg des in die linke Kammer injizierten Kontrastmittels kann durch den Septumdefekt (Pfeil) hindurch in die hypertrophierte rechte Kammer und Pulmonalarterien (P) verfolgt werden.

fizienz nicht angewendet werden, bevor das Lungenödem und andere Symptome der Herzinsuffizienz nicht beseitigt sind. Propranolol muß bei diabetischen Tieren mit Vorsicht angewendet werden, da es die Insulinsekretion blockiert.

Als Ersatz für Propranolol kann Atenolol, ein langwirkender β-Rezeptorenblocker, in einer Dosierung von 6,25–12,5 mg/kg einmal täglich gegeben werden. Die Kompliance des Besitzers ist wesentlich besser, wenn ein Medikament nur einmal anstatt dreimal täglich verabreicht wird. Die Anwendung von Digoxin bei Katzen kann schwierig und gefährlich sein. Ähnlich wie bei vielen anderen Medikamenten reagieren Katzen sensitiver auf die Wirkung des Digoxins und tendieren leicht zur Toxizitätserscheinungen. Digoxin ist zur Behandlung einer dilatativen Kardiomyopathie indiziert, um die Herzleistung zu verbessern.

Digitalis erhöht die Konzentrationskraft und senkt die Schlagfrequenz. Das letztere ist die Folge einer verlängerten AV-Überleitungszeit, einer erhöhten Refraktärzeit, einer reduzierten Antwort auf Sympathikusreize sowie eines erhöhten Vagustonus. Digoxin ist das am häufigsten eingesetzte Digitalisglykosid bei der Katze.

Trotz besserer Resorption und exakterer Dosierbarkeit von Digoxinelexieren wird Digitalis meist in Tablettenform verordnet, da Katzen das Elexier nur ungern nehmen (Geruch, Geschmack). Der erforderliche Teil einer Digoxintablette (0,01 mg/kg d. h. $^1/_2$ Tabl. einer 0,1 mg Tablette, z. B. Lanitop® jeden 2. Tag oder besser 0,005 mg/kg d. h. $^1/_2$ Tabl. einer 0,05 mg Tablette z. B. Lanitop mite® täglich für eine 5 kg schwere Katze) ist leicht einzugeben (s. Tab. 8).

Wenn eine Digitalisintoxikation auftritt, sollte die Digoxingabe für mindestens zwei Tage unterbrochen werden. Soweit erforderlich müssen Flüssigkeitsersatz geleistet und Elektrolytverluste ausgeglichen werden. Die Dosierung muß geändert werden, wenn sich klinische Parameter ändern, die die Digoxinpharmakokinetik beeinflussen. Plasmaspiegel können bestimmt werden, wenn die Intoxikation nicht allein aufgrund der klinischen Symptome und des Vorberichtes diagnostiziert werden kann.

Diuretika sind wirksam bei der Behandlung der Stauungsinsuffizienz, und zwar besonders, wenn sie in Verbindung mit Digoxin oder Propranolol benutzt werden. Sie erleichtern die Reduzierung der „Vorlast" am versagenden Herzen und erniedrigen den Venendruck. Indem sie die Wasser- und Elektrolytausscheidung über die Niere fördern, helfen sie, die durch die Herzinsuffizienz bedingte Flüssigkeitsretention zu mildern. Diuretika steigern die Herzleistung nicht direkt. Von den zwei bei Katzen am mei-

Tabelle 8: Kardiopulmonal wirksame Arzneimittel

Wirkstoff (Handelsname)	Arzneiform	Indikationen	Dosierung
Azetylsalizylsäure (z. B. Aspirin)	Tabl.: à 100, 300, 500 mg	Prophylaxe von Thromboembolien	25 mg/kg p. o., alle 3 Tage
Aminophyllin (Aminophyllin)	Tabl.: à 100 mg; Ampullen: 24 mg/ml; Drg.: 175, 350 mg	Asthma, COPD	5 mg/kg, 2–3x tägl., p. o., i. m., langsam i. v.
Atenolol (z. B. Tenormin)	Tabl.: à 25, 50, 100 mg; Inj.: 0,5 mg/ml	Vorhof- und Kammerarrhythmien, hypertrophe Kardiomyopathie, Bluthochdruck	6,25–12,5 mg, 1x tägl.
Atropinsulfat	Inj.: 0,5 mg/ml	Sinusbradykardie, AV-Block, Sinusknotenerkrankung	0,02 mg/kg i. v.; 0,045 mg/kg i. m., s. c., 3–4x tägl.
Benazepril	Tabl.: à 2,5, 5, 10, 20 mg	Ausgeglichene Vasodilatation bei kongestiver Herzinsuffizienz, Bluthochdruck	0,25–0,5 mg/kg tägl. p. o. oder jeden 2. Tag
Digoxin (z. B. Lanitop mite Tabl., Lanicor Inj.-Lösung, Lanicor Liquidum)	Tabl.: à 0,1 mg; Inj.: 0,25 mg/Amp.; Liquidum: 0,25 mg/15 Tr.	Myokardinsuffizienz	0,005 mg/kg tägl. oder 0,01 mg/kg, jeden 2. Tag (bevorzugt Tabl.), 0,007 mg/kg jeden 2. Tag (mit Lasix und Aspirin)
Diltiazem (z. B. Dilzem)	Tabl.: à 60 mg Retardtabl.: à 90 mg; Inj.: 1,25, 5 mg/ml	Supraventrikuläre Arrhythmien, hypertrophe Kardiomyophathie, Bluthochdruck	1,0–2,5 mg/kg 3x tägl. p. o.
Dobutamin HCl (z. B. Dobutrex)	Inj.: 12,5 mg/ml	Kurzzeittherapie schwerer myokardialer Insuffizienzen	5–15 µg/kg/min (Dosierung nach Wirkung), Verabreichung in 5 % Glukose in Wasser
Dopamin HCl (z. B. Dopamin-Nattermann)	Inj.: 5 und 40 mg/ml	Schock, Kurzzeittherapie schwerer myokardialer Insuffizienzen	2–10 µg/kg/min (Dosierung nach Wirkung), Verabreichung in 5 % Glukose in Wasser, NaCl oder Ringerlaktatlsg.
Doxapram HCl (z. B. Dopram)	Inj.: 20 mg/ml	Atemdepression oder -stillstand	5–10 mg/kg i. v.
Enalapril (Cardiovet)	Tabl.: à 1,0, 2,5, 5, 10, 20 mg	Ausgeglichene Vasodilatation bei kongestiver Herzinsuffizienz, Bluthochdruck	0,25–0,5 mg/kg tägl. p. o. oder jeden 2. Tag
Epinephrin (Adrenalin)	Inj.: 1:1000 (1 mg/ml), 1:10 000 (0,1 mg/ml)	Herzstillstand	0,2 mg/kg i. v., alle 3–5 min, bei intratrachealer Verabreichung die doppelte Dosis
Furosemid (z. B. Lasix)	Tabl.: à 40 mg; Inj.: 10 mg/ml, 50 mg/ml; Orale Lösung; 10 mg/ml	mit Flüssigkeitsretention einhergehende Erkrankungen (kongestive Herzinsuffizienz, Lebererkrankungen, Nephrotisches Syndrom), Bluthochdruck	1–2 mg/kg, 2x tägl. jeden 2. Tag, p. o., i. m., i. v.
Heparin (z. B. Liquemin)	Inj.: 2500, 5000, 10 000, 20 000 Einheiten/ml	Kurzfristige Prophylaxe von Thromboembolien	220 Einheiten/kg i. v., nach drei Std. 66 Einheiten/kg s. c., alle 6–8 Std.
Isoproterenol (Isuprel)**	Inj.: 1:5000 (0,2 mg/ml)	Kurzzeittherapie der Sinusbradykardie, AV-Block, Sinusknotenerkrankung	0,4–0,9 µ/kg/min i. v.: 0,1–0,2 mg alle 4–6 Std., i. m., s. c.

Tabelle 8: Fortsetzung

Wirkstoff (Handelsname)	Arzneiform	Indikationen	Dosierung
Nitroglyzerin (= Glyzerol-trinitrat) (z. B. Nitrofortin)	2%ige Salbe	Venodilatation bei kongestiver Herzinsuffizienz	$^1/_8$–$^1/_4$ inch (= 0,32–0,64 cm) 3–4x tägl. auf die Haut auftragen
Propranolol (z. B. Dociton)	Tabl.: à 10, 40, und 80 mg; Inj.: 1 mg/ml; Retard-Kaps.: à 80 und 160 mg	atriale und ventrikuläre Arrhythmien, hypertrophe Kardiomyopathie, Bluthochdruck, Thyreotoxikose	< 4,5 kg KM: 2,5–5 mp p. o., 2–3x tägl.; > 4,5 kg KM: 5 mg p. o., 2–3x tägl. 0,02 –0,06 mg/kg langsam i. v.
Taurin (Taurin V)	Tabl.: à 250 mg; Kapseln: 500 mg	dilatative Kardiomyopathie	250–500 mg, 2x tägl. p. o.
Thiazetarsamid (Caparsolate)	Inj.: 10 mg/ml	Abtötung adulter Herzwürmer	2,2 mg/kg i. v., 2x tägl. an 2 Tagen

**) = zur Zeit in Deutschland nur als Aerosol, Salbe, Puder oder Gel erhältlich; über eine vergleichbare Wirkungsweise verfügt:

Orciprenalin (Alupent)	Tabl. à 20 mg	0,1–0,5 µg/kg p. o.: 4–6x tägl.
	Inj.: 0,5 mg/ml	0,1–0,3 µg/kg/min DTI.
	Inf.: 0,5 mg/ml	Herzstillstand: 0,5–2 mg i. c.

Abkürzungen:

Amp.	Ampulle	Inj.	Injektionslösung	p. o.	per os
Drg.	Dragées	i. m.	intramuskulär	s. c.	subkutan
DTI	Dauertropfinfusion	i. v.	intravenös	Tabl.	Tabletten
i. c.	intracardial	Kaps.	Kapseln	Tr.	Tropfen
Inf.	Infusionslösung	Lsg.	Lösung		

sten angewendeten diuretischen Substanzen Furosemid und Thiazid, ist Furosemid stärker wirksam. Die starke diuretische Wirksamkeit des Furosemids beruht auf der Hemmung des aktiven Chloridtransports und der passiven Natriumrückresorption im aufsteigenden Teil der Henleschen Schleife. Der Wirkungseintritt ist schneller als bei den Thiaziden. Eine intravenöse Furosemidgabe kann eine maximale Diurese innerhalb von 30 bis 40 min auslösen, die für 2 bis 3 Stunden anhält. Dieser rasche Wirkungseintritt ist besonders geeignet zur Behandlung des akuten Lungenödems infolge Linksherzversagen bei hypertropher Kardiomyopathie. Einen therapeutischen Langzeiteffekt kann man erreichen, indem man Furosemid jeden 2. oder 3. Tag eingibt. Stabilere hämodynamische Verhältnisse ergeben sich allerdings bei täglicher Eingabe. Bei hohen Furosemidkonzentrationen im Plasma kann es zu Elektrolytentgleisungen kommen. Der wichtigste Grundsatz beim Gebrauch aller Diuretika ist, die kleinstmögliche wirksame Dosis anzuwenden.

Eine Therapie mit Vasodilatatoren bietet die Möglichkeit, die insuffizienten Ventrikel von exzessiven Volumina oder Drücken durch eine herabgesetzte „Nachlast" (afterload) und „Vorlast" (preload) zu entlasten. Arterielle Vasodilatatoren senken den Widerstand für den arteriellen Blutfluß und mindern die AV-Klappenregurgitation. Venöse Vasodilatatoren steigern das systemische Fassungsvermögen, erniedrigen den Venendruck und vermindern Lungenödeme. Die Therapie mit Vasodilatatoren kann als wesentliche klinische Nebenwirkung zu einer Hypotension führen. Die Dosierung für Enalapril und Benazepril beträgt 0,25–0,5 mg/kg p. o. täglich oder jeden 2. Tag.

Die Wirksamkeit von Katecholaminen beim chronischen und beim akuten Herzversagen wurde in Form einer Dauertropfinfusion untersucht. Dopamin-HCl (Inotropin®) und Dobutamin (Dobutrex®) verstärkten die Myokardkontraktilität und die Herzleistung im Stadium des akuten und therapierefraktären Herzversagens. Nützliche Effekte können durch die Kombination mit Vasodilatatoren erzielt werden.

In Tabelle 8 werden die gängigen kardiopulmonal wirksamen Arzneimittel für Katzen mit ihren Indikationen und Dosierungen aufgeführt.

Zusammenfassung

① *Dyspnoe* kann ein wichtiger Hinweis auf eine Herzerkrankung sein.

② Die *Palpation des Thorax* sollte nie unterlassen werden. Katzen mit Herzerkrankungen haben einen verstärkt fühlbaren linksventrikulären Herzspitzenstoß.

③ Eine *Arrhythmie* zeigt bei der Katze fast immer eine Herzerkrankung an.

④ Die meisten Katzen mit klinischen Anzeichen einer Herzerkrankung weisen auch *EKG-Veränderungen* auf.

⑤ Das *normale Katzen-EKG* hat eine sehr kleine P-Zacke und einen kleinen QRS-Komplex.

⑥ Unter den vielfältigen angeborenen Herzfehlern ist der *Ventrikel-Septum-Defekt* der häufigste. Die Mehrzahl der betroffenen Katzen bleibt symptomlos.

⑦ *Kardiomyopathie,* eine Erkrankung des Herzmuskels, umfaßt 95 % der erworbenen Herzerkrankungen der Katze.
- Am häufigsten ist die *hypertrophe Form* der Kardiomyopathie.
- Die Diagnose eines Lungenödems steht fast immer im Zusammenhang mit der hypertrophen Form.
- Die auffälligsten Symptome bei der *dilatativen Form* der Kardiomyopathie sind Lethargie und Schwäche.
- Die dilatative Form der Kardiomyopathie hat eine ungünstige Prognose.

⑧ *Arterielle Thromboembolie* tritt fast immer als Folge einer Kardiomyopathie auf. Die Prognose ist sehr ungünstig, auch bei chirurgischem Vorgehen.

Literatur

[1] LIU, S.-K., TILLEY, L. P., and LORD P. F.: Feline cardiomyopathy. Recent Adv. Cardiac Structure Metab., **10:** 627–635, 1975.

[2] OAKLEY, C. M.: Clinical recognition of the cardiomyopathies. Circ. Res., **34–35** (Suppl. 2): 152–167, 1974.

[3] ROGERS, W. A., and BISHOP, S. P.: Electrocardiographic parameters of the normal domestic cat. A comparison of standard limb leads and an orthogonal system. J. Electrocardiog., **4:** 315–321, 1971.

[4] TILLEY, L. P.: Cardiomyopathy and thromboembolism in the cat: a photographic essay. Vet. Med./Small Anim. Clin. **70:** 313–316, 1975.

[5] TILLEY, L. P.: Feline Cardiology: a symposium. Guest editor. Vet. Clin. N. A., **7:** 1977.

[6] TILLEY, L. P.: Feline cardiology. **In** Proceedings of the American Animal Hospital Association. 43rd Annual Meeting: 79–83, 1976.

[7] BONAGURA, J. D.: Cardiovascular diseases. IN: SHERDING, S. G. (Ed.) The cat. Disease and clinical menagment. 2nd. Ed. New York, Churchill Livingstone, 1994.

[7a] GOMPF, R. E., and TILLEY, L. P.: Comparison of lateral and sternal recumbent position for electrocardiography of the cat. Am. J. Vet. Res., **40:** 1483, 1979.

[8] TILLEY, L. P., and LIU, S.-K.: Cardiomyopathy and thromboembolism in the cat. Feline Pract., **5:** 32–41, 1975.

[9] TILLEY, L. P., LIU, S.-K., GILBERTSON, S. R., et al.: Primary myocardial disease in the cat: a model for human cardiomyopathy. Am. J. Pathol., **87:** 493–522. 1977.

[10] FOX, P., TILLEY, L. P., LIU, S.-K.: In CATCOTT. E. J. ed.: Feline Medicine. Edition 3, St. Barbara, Calif., Americ. Vet. Publ., 1983.

[11] TILLEY, L. P., and MILLER, M.: Manual of Feline and Canine Cardiology. Philadelphia, W. B. Saunders, 1995.

[12] BONAGURA, J. D., (Editor): „Contemporary Issues in Small Animal Practice." Cardiology, New York. Churchill Livingstone, 1987.

[13] FOX, P. R., (Editor): Canine and Feline Cardiology. New York, Churchill Livingstone, 1988.

[14] TILLEY, L. P.: Essentials of Canine and Feline Electrocardiography, Interpretation and Treatment. 3rd Ed., Baltimore, Williams & Williams, 1994.

[15] PION, P. D., et al.: Myocardial failure associated with low plasma taurine levels in cats and its reversal with with oral taurine. Science 237:764, 1987.

[16] SKRODZKI, M., und TRAUTVETTER, E.: Epidemiologische Aspekte von Herzerkrankungen bei Hund und Katze. Ein Vergleich Europa/USA. Wissensch. Tagungsbericht 9. VÖK-Jahrestagung, 1994.

Krankheiten des Respirationstrakts

Von W. Kraft

Raum für Notizen

Krankheiten des Respirationstrakts

Der Respirationstrakt wird eingeteilt in die Nasenhöhlen und -nebenhöhlen (bei der Katze nach NICKEL, SCHUMMER und SEIFERLE (1995) mit einheitlichem Sinus frontalis sowie einer Keilbeinhöhle), den Pharynx respiratorius, den Kehlkopf, die Luftröhre sowie Bronchien und Lunge; zum Respirationstrakt gerechnet wird auch die Pleura. Die Atmung geschieht bei der Katze normalerweise nur durch die Nase; im Gegensatz zum Hund wird Mundatmung nur unter außergewöhnlichen Umständen durchgeführt. Die Nasenhöhlen sind zur Vergrößerung der Oberfläche in drei durch die großen Nasenmuscheln gebildete Gänge geteilt. Die stark durchblutete Schleimhaut besitzt ein mehrreihiges Zylinderepithel mit Flimmerbesatz sowie Becherzellen. Hier wird die Luft von gröberen Teilchen befreit, angefeuchtet und vorgewärmt; der Flimmerbesatz befördert kleinste Teile entweder in Richtung Nasenöffnungen oder (im hinteren Bereich) in den Pharynxbereich, wo sie abgeschluckt oder durch Räuspern nach außen befördert werden.

Der Nasengrund ist Sitz des Geruchsorgans, von dem aus ein reflektorischer Schluß des Kehlkopfs bei Inhalation schädlicher Beimengungen zur Atemluft gesteuert wird. Die Verbindung zum Atmungsrachen wird durch den Nasenrachengang hergestellt.

Pharynx respiratorius und digestorius sind durch das Velum palatinum getrennt. Der Atmungsrachen erhält über die Tuba auditiva Verbindung zum Mittelohr. Der sich anschließende Kehlkopf ist bei der Katze lang und schlank. Er ist von einem mehrschichtigen Plattenepithel ausgekleidet, im hinteren Abschnitt von zylindrischem Flimmerepithel mit Becherzellen besetzt. Die Stimmbänder können bei der Exspiration willkürlich in Schwingungen versetzt werden und erzeugen so die Stimme und das Behaglichkeit ausdrückende Schnurren; bei Lähmung oder Bewußtlosigkeit geraten sie in- und auch exspiratorisch unwillkührlich in Schwingung. Die aus dorsal offenen Knorpelspangen bestehende Trachea wird in einen Hals- und einen Brustteil unterschieden. Die Spangen werden von Bindegewebe gestützt. In der Bifurkation zweigt sich dorsal der Herzbasis die Trachea in die Hauptbronchien auf, die sich weiterhin in die Lappenbronchien teilen. Hieraus leiten sich Segment-, Subsegmentbronchien und Bronchuli (Bronchiuli) ab; aus den Bronchuli gehen die Bronchuli terminales und schließlich Bronchuli respiratorii 1. bis 3. Ordnung hervor, die in die Alveolengänge münden und schließlich in den Alveolen enden. Hier erfolgt der Gasaustausch.

Makroskopisch ist die Lunge in folgende Lappen gegliedert: links ein zweigeteilter Spitzenlappen und ein Zwerchfellappen, rechts ein ungeteilter Spitzenlappen, Mittellappen, Zwerchfellappen und medial angehängt ein Anhangslappen.

Die Lunge dient bekanntlich dem Gasaustausch. Die normale trockene Luft enthält 21 % Sauerstoff und 79 % Stickstoff neben Spuren anderer Gase. Nach der Gleichung Partialdruck eines Gases = Gesamtgasdruck x Konzentration des Gases (pG = pB x kG) ergibt sich bei 760 mm Hg für Sauerstoff ein Partialdruck von 0,21 x 760 = 160 mm Hg. Die Atemluft enthält zusätzlich Wasserdampf, dessen Druck bei 39 °C Körpertemperatur 52 mm Hg beträgt und der vom Gesamtdruck subtrahiert werden muß. Die Alveolarluft enthält ferner Kohlendioxid, das bei Körpertemperatur etwa 5,6 % beträgt und damit pCO_2 (alveolär) = 0,056 x 708 = 39,7 mm Hg. Im Alveolarlumen ist der pO_2 höher, der pCO_2 niedriger als in den Lungenkapillaren. Durch Diffusion wird ein Druckausgleich angestrebt. Der Gasaustausch kann nur ordnungsgemäß stattfinden, wenn die Atemluft bewegt und damit CO_2-angereicherte Luft aus Lunge und Atemwegen hinaus- und O_2-haltige hineinbefördert wird. Diese Bewegung wird in der Inspiration durch Zwerchfell und Interkostalmuskeln hervorgerufen, während die Exspiration bei ruhiger Atmung in Gesundheit durch die Elastizität von Lunge und Thorax passiv bewerkstelligt wird; erst bei forcierter Atmung, insbesondere bei schweren Erkrankungen im Bereich der Atemwege, werden akzessorische Atemmuskeln zu Hilfe genommen (Bauch-, Interkostalmuskeln). Das in der Lunge enthaltene Luftvolumen wird als Totalkapazität bezeichnet, d. i. das bei maximaler Einatmung erreichbare Volumen. Es wird von der Grenze der Lungenelastizität bestimmt. Dagegen ist das Residualvolumen die Restmenge der Luft, die nach maximaler Exspiration in der Lunge zurückbleibt. Die Vitalkapazität stellt die Größe des bei ruhiger Atmung zwischen In- und Exspiration erreichten Volumens dar.

Die funktionelle Residualkapazität wird bestimmt vom Restvolumen der Lunge bei ruhigem, nicht forciertem Ausatmen.

In den Luftwegen bis zum Erreichen der Alveolen findet kein Gasaustausch statt; das dort vorhandene Atemvolumen wird daher als respiratorischer Totraum bezeichnet. Zu diesem anatomisch bedingten Totraum muß das Volumen addiert werden, das bei Überventilation oder Unterperfusion von Alveolen hinzukommt (funktioneller Totraum). Hiervon unterschieden wird die alveoläre Ventilation, in der der Gasaustausch zwischen Luft und Lungenkapillaren stattfindet.

Der durch Diffusion ins Blut gelangte Sauerstoff wird nahezu ausschließlich an Hämoglobin gebunden transportiert, wobei die Bindungskapazität abhängig ist hauptsächlich vom O_2-Partialdruck und der Hämoglobinkonzentration und modifiziert wird vom pH und der Temperatur: Mit steigender Temperatur und fallendem pH wird die Bindungsfähigkeit des Hb schlechter. Das aus dem Stoffwechsel stammende CO_2 ist zu geringem Teil im Plasma gelöst, zum größten Teil aber gelangt es in die Erythrozyten, wo es teilweise physikalisch gelöst oder als Anhydrid an das NH_2 des Hb gebunden wird. Der weitaus größte Teil jedoch bildet mit Wasser unter Katalysierung durch die Karboanhydrase Kohlensäure. Dabei werden Wasserstoffionen frei, die von dem durch Sauerstoffabgabe alkalisch gewordenen Hb neutralisiert werden. Das HCO_3^- diffundiert aus den Erythrozyten in Plasma. Während die Regulierung des HCO_3^- durch die Nieren geschieht, wird H_2CO_3 nach der Formel $H_2CO_3 \rightarrow H_2O + CO_2$ über die Lunge ausgeschieden, die eine sehr hohe Ausscheidungskapazität für flüchtige Säuren besitzt. Nach der Hasselbalch-Henderson-Gleichung ergibt sich

$$pH = pk' + \log \frac{HCO_3^-}{H_2CO_3}$$

wobei pk' die erste Dissoziationskonstante von Plasma-CO_2 darstellt und bei 37 °C und einem pH von 7,40 den Betrag von 6,10 ergibt. Danach läßt sich in dieser Gleichung bei Messung zweier Werte jeweils der dritte errechnen und so jeder Befund im Säuren-Basen-Gleichgewicht ermitteln. Eine Änderung von Zähler und gleichzeitig Nenner in gleichem Sinne heißt „kompensiert", weil dabei das Ergebnis, der pH, gleich bleibt. „Dekompensiert" heißt eine Abweichung, wenn sich Zähler oder Nenner unterschiedlich ändern, so daß sich der pH-Wert ebenfalls verändert. Steigt etwa der Zähler infolge Zunahme von pCO_2 an, so steigt damit die Gesamtpufferkapazität des Blutes, der pH steigt. Durch Ventilationsänderungen der Lunge erfolgt eine Änderung des pCO_2, woraus im Falle der Verminderung eine Verkleinerung des Nenners und damit eine respiratorische Alkalose, im Falle einer Erhöhung eine respiratorische Azidose entsteht. Hyperventilation führt dann also durch erhöhte CO_2-Abgabe zur respiratorischen Alkalose, Hypoventilation durch verminderte CO_2-Abgabe zur respiratorischen Azidose. Es treten dann aber metabolische Regulationsmechanismen ein, die die respiratorischen Verschiebungen erneut kompensieren können.

Die Atemregulation ist ein sehr komplexer Vorgang, der z. T. noch nicht restlos verstanden wird. Im bulbären Atemzentrum bestehen in- und exspiratorische Regulationsmechanismen, die allein aber nicht die Atemrhythmik aufrechterhalten können. Sie wird vom pneumotaktischen Zentrum in der Pons gesteuert, das wiederum durch kortikale, bulbäre und thermische Reize beeinflußt wird; auch dem Vagus kommt eine wesentliche Bedeutung zu. Eine Reizung des Atemzentrums wird bei Absinken des O_2-Partialdrucks (oder Steigerung des CO_2-Partialdrucks) über Chemorezeptoren im Glomus aorticum und G. caroticum ausgelöst. Eine Atemfrequenzsteigerung erfolgt auch bei pH-Abfall. Offenbar ist die intrazelluläre pH-Absenkung der ausschlaggebende Faktor. Wie die Atemfrequenzsteuerung bei körperlicher Belastung oder Kälte gesteuert wird, ist nicht im einzelnen bekannt.

Da die Lunge über die Atemwege mit der Atemluft und über Blut- und Lymphgefäße mit dem Gesamtorganismus verbunden ist, besteht für dieses Organ eine besondere Infektionsgefährdung, durch die Atemluft auch die Gefahr der Schädigung durch Austrocknung, Fremdkörper und Gase. Wie bereits erwähnt, erfolgt eine Luftbefeuchtung bereits in den oberen Luftwegen, ebenso eine Herausfilterung gröberer Fremdkörper. Sie werden eingehüllt von Sekreten und durch die Zilien in oropharyngealer Richtung bewegt. Der Schleimproduktion und den intakten Flimmerepithelien kommt eine wesentliche Abwehrfunktion zu. Beide Mechanismen können gestört werden durch virale Infektionen, allergische Reaktionen, heiße oder sehr kalte oder sehr staubhaltige Luft, Rauch oder Gase. Die so vorgeschädigte Schleimhaut wird dann durch bakterielle Infektionen gefährdet. Durch vermehrte Sekretmengen oder Fremdkörper werden Hustenreflexe zur Befreiung der Atemwege ausgelöst. Die tiefsten Verzweigungen der Atemwege sind dagegen besonders gefährdet, da eine Entfernung von Schleim und Fremdkörpern besonders langsam verläuft und Schädigungen durch reizende Gase sich hier am stärksten auswirken .

Chronische Erkrankungen der Atemwege führen zu einer Veränderung des Sekrets in Menge und Konsistenz. Gegen bakterielle Infektionen besitzt die Lunge ein spezielles Abwehrsystem in den alveolären

Makrophagen, die dem Knochenmark entstammen und modifizierte Monozyten darstellen. Sie phagozytieren Bakterien oder kleinste Fremdkörper und werden dann entweder ausgeflimmert oder wandern durch das Alveolarepithel ins Interstitium, von wo aus sie über Lymphbahnen ins lymphatische Gewebe oder über die Kapillaren mit dem Blut abtransportiert werden. Hinzu kommen zellständige und humorale Abwehrsysteme, die die Manifestation von Infektionen verhindern. Zum anderen stellt das Lungenkapillargebiet einen großen Blutfilter dar, durch den das gesamte Blut hindurchgepumpt wird. Auf diese Weise werden Thromben u. a. größere Aggregate, aber auch Tumorzellverbände, zurückgehalten, deren Einschleppung etwa ins Gehirn damit verhindert wird.

Untersuchungsgang

Wie in jedem Fall geht auch oder Untersuchung der Atmungsorgane die sorgfältige Aufnahme des Vorberichts voraus, die schriftlich niedergelegt werden sollte. Außer Rasse, Alter und Geschlecht müssen ggf. Zeitpunkt des Erwerbs und Herkunftsart (evtl. wichtig für Inkubationszeiten und Infektionsgefährdung), Impfungen (Art und Zeitpunkt), frühere Krankheiten, gegenwärtige Haltungsbedingungen, weitere Tiere der Umgebung und deren Erkrankungen, Art und Dauer der gegenwärtigen Symptome, Verlauf, Vorbehandlung und deren Erfolg, Art des Futters, Futteraufnahme, Gewichtsverhalten festgehalten werden; für evtl. forensische Folgen ist ggf. die Art des Kaufvertrags zu erfragen (vorlegen lassen!). Häufig sind Symptome von seiten des Respirationstrakt sekundäre Folgen einer anderweitigen Erkrankung; dies gilt besonders für Symptome der tiefen Luftwege, die von der Trachea abwärts angenommen werden. Es ist daher erforderlich, eine Allgemeinuntersuchung vorzunehmen und auch andere Organsysteme in die Untersuchung einzubeziehen. Dagegen sind Krankheitszeichen der oberen Luftwege in der Regel recht eindeutig dem Respirationstrakt zuzuordnen und werden bereits vom Besitzer meist richtig erkannt und geschildert.

Eine Reihe von Symptomen werden häufig bereits im Vorbericht geschildert:

Niesen

Durch Reiz der sensiblen Nervenenden in der Schleimhaut der Nasenhöhle und der Nasenmuscheln wird ein Juckreiz ausgelöst. Nach langsamem Einatmen wird die Luft explosionsartig durch die Nase ausgestoßen. Ziel ist das Entfernen des Sekrets oder des auslösenden Agens aus der Nasenhöhle. Ursachen für Niesen können sein

- trockene Schwellung der Nasenschleimhaut während der Initialphase von Infektionskrankheiten des Respirationstrakts; zu dieser Zeit besteht noch kein Ausfluß, aber durch Schleimhautschwellung bereits Atembeschwerde;
- verstärkte Sekretion während späterer Phasen von Infektionskrankheiten. Ausscheidung von Sekret in den Nasenhöhlen bei Sinusitiden;
- Fremdkörper (beginnend mit Staub bis zu Grannen, Holzstückchen, Metallgegenständen, Knochenstücken, Pflanzenteilen);
- Tumoren;
- Parasiten.

Der Sitz der Erkrankung bei Niesen ist immer im Bereich der Nasenhöhle zu suchen. Davon unberührt bleibt die Feststellung, daß Krankheiten, die zum Niesen führen, zusätzlich auch andere Regionen des Respirationstrakts betreffen können.

Nasenausfluß

Es ist festzustellen, welche Qualität der Nasenfluor aufweist: serös, mukös, eitrig, blutig, in welcher Quantität er austritt, ob er dauernd oder nur zu bestimmten Zeiten oder nur beim Niesen erscheint. Wichtig ist besonders, ob der Nasenausfluß ein- oder beidseitig auftritt. Während einseitiger Nasenausfluß in aller Regel auf einen Krankheitsprozeß innerhalb der betreffenden Nasen- oder Nasennebenhöhle hindeutet, kann beidseitiger Ausfluß sowohl seinen Ursprung in der Nase als auch in tieferen Teilen des Respriationstrakts, ja sogar außerhalb haben.

– ***Beidseitiger seröser Nasenausfluß:***

akute virale oder rickettsiale Infektionskrankheiten des Respirationstrakts
Allergie
Staub-, Rauch-, Gasexposition

– ***Beidseitiger schleimiger bis mukopurulenter Nasenausfluß:***

mykotische Rhinitis oder Sinusitis, spätere Stadien viraler (bakteriell infizierter) Rhinitiden

– ***Beidseitiger eitriger Nasenausfluß:***

sekundäre bakterielle Infektion bei primärer anderer (meist viraler) Erkrankung, z. B. Katzenschnupfenkomplex, ferner bei Gaumenspalte, Regurgitation

– ***Beidseitiger oder einseitiger schleimiger bis mukopurulenter Nasenausfluß***

Conchendegeneration
Tumorose

– ***Einseitiger eitriger Nasenausfluß:***

Neoplasie, Zahnfach-, Zahnerkrankung, Fremdkörper, Trauma

– ***Einseitiger blutiger Nasenausfluß:***

Neoplasie, Trauma, Fremdkörper

– ***Beidseitiger schleimiger bis eitriger Ausfluß, bei Fütterung mit Futter vermischt:***

Gaumenspalte

– ***Beidseitiger blutiger Nasenausfluß:***

akutes Trauma (oft nach Aufschlagen des Kopfes beim Niesen, dabei auch einseitig möglich), Lungenblutung, Gerinnungsstörungen (Thrombozytopenie, Dicumarolvergiftung, Faktorenmängel, Verbrauchskoagulopathie), Gefäßschädigung (FeLV-Infektion)

Husten

Nach tieferem Einatmen und Verschluß der Rima vocalis wird die Luft explosionsartig unter hohem Druck und unter Zuhilfenahme der akzessorischen Atemmuskulatur bei plötzlich geöffneter Stimmritze ausgestoßen. Dabei entsteht ein steiler intrathorakaler Druckanstieg, der bei traumatischen, entzündlichen oder tumorösen Veränderungen zu erheblichen Schmerzen führen kann und dann zu unterdrücken versucht wird. Husten wird durch Schwellung und Entzündung der Schleimhaut, Sekretauflagerungen, Fremdkörper, Gase, Tumoren vom Kehlkopf abwärts ausgelöst. Während die Lokalisation des Reizes also im Kehlkopf oder/und den tiefen Luftwegen feststeht, kann jedoch die auslösende Ursache auch in oberen Luftwegen zu suchen sein. Nicht selten fließen Sekret oder Blut aus der Nase oder auch aus dem Mundhöhlenbereich über den Pharynx in die tieferen Luftwege und lösen dann Husten aus. Im hinteren Bereich der Nase und des Pharyngs respiratorius festgeklemmte Fremdkörper (etwa Hartgrashalme) können in den Kehlkopf reichen und einen heftigen Hustenreiz auslösen.

Husten sollte genauer beschrieben werden: vereinzelt oder anfallsweise, feucht oder trocken, laut oder schwach, schmerzhaft, spontan oder auslösbar. Fremdkörper führen vielfach zu sehr lautem, anfallsartigem Husten, der anfangs trocken ist, später schleimig-eitrigen, schließlich eitrigen bis blutigen oder mißfarbenen Auswurf zutage fördert. Frische virale Entzündungen, Staub, ganz zu Beginn auch Rauchinhalation ziehen einen trockenen Husten nach sich, der später feucht wird; ähnliches gilt für allergische Reaktionen ohne stärkeren Bronchospasmus.

✻ ✻ ✻

Man sollte sich an ein Untersuchungsschema halten, das folgende Inhalte berücksichtigt, aber je nach Fall abgewandelt werden kann.

Allgemeinuntersuchung

Atemfrequenz
Pulsfrequenz (dabei auch Pulsqualität beachten)
Körperinnentemperatur
Allgemeinbefinden
Ernährungszustand (Katzen mit Atemnot haben oft ein Energiedefizit und magern ab), Körperhaltung (Atemnot!)
Pflegezustand (Katzen mit schwerer Allgemeinerkrankung oder mit Erkrankungen der Mundhöhle, auch infolge von Krankheiten des Respirationstrakts, putzen sich nicht)
Verhalten.

Spezielle Untersuchung

Danach folgt die spezielle Untersuchung des Respirationstrakts, die folgendes berücksichtigt.

- Nasenausfluß
  ja ☐ nein ☐
  einseitig ☐ beidseitig ☐
  Menge geringgradig ☐ mittelgradig ☐ hochgradig ☐
  Qualität seromukös ☐ mukös ☐ purulent ☐ blutig ☐

- Atemluft
  entströmt beiden Nasenöffnungen ja ☐ nein ☐
  Geruch artspezifisch ☐ faulig ☐ sonstig:

- Atemgeräusche ja ☐ nein ☐
  Schnarchgeräusch ja ☐ nein ☐
  Stridor ja ☐ nein ☐

- Nase, Nasennebenhöhle
  symmetrisch ☐ asymmetrisch ☐
  Palpation schmerzhaft ☐ nicht schmerzhaft ☐
  Konstistenz knöchern ☐ nachgiebig ☐

- Lidspalten
  Form symmetrisch ☐ asymmetrisch geöffnet ☐
  Öffnungsgrad gut ☐ mäßig ☐ geschlossen ☐ übermäßig ☐
  Ausfluß nein ☐ gering ☐ mäßig ☐ hochgradig ☐
  Art des Ausflusses serös ☐ seromukös ☐ mukös ☐ eitrig ☐
  Cornea feucht ☐ trocken ☐ glatt ☐ rauh ☐ glänzend ☐
  matt ☐ klar ☐ getrübt ☐ Gefäßeinsprossung ja ☐ nein ☐
  Zusammenhangstrennung ja ☐ nein ☐

- Schleimhäute
  Farbe rosa (mit Stich ins Bläuliche) ☐ gerötet ☐ gelblich ☐ gelb ☐
  cyanotisch ☐ blaßrosa ☐ weiß ☐
  feucht ☐ trocken ☐ glatt ☐ rauh ☐ glänzend ☐ matt ☐
  Blutungen ja ☐ nein ☐
  ödematös ja ☐ nein ☐

- Mundhöhlen- und Rachenveränderungen unbedingt beachten! Viele Krankheiten des Respirationstrakts gehen mit Symptomen in der Mundhöhle einher.

- Lymphonodi mandibulares
  vergrößert ja ☐ nein ☐ gelappt ja ☐ nein ☐
  einseitig ☐ beidseitig ☐ schmerzhaft ja ☐ nein ☐
  Elastizität erhalten ☐ verhärtet ☐

- Kehlkopf
  Schmerzhaftigkeit bei Palpation ja ☐ nein ☐
  Husten bei Palpation auslösbar ja ☐ nein ☐ Qualität des Hustens:

- Trachea
  Elastizität erhalten ja ☐ nein ☐
  Schmerzhaftigkeit bei Palpation ja ☐ nein ☐
  Husten bei Palpation auslösbar ja ☐ nein ☐
  Formveränderung nein ☐ ja ☐ welche:

- Vena jugularis
  (bei kurzhaarigen Katzen oder nach Schur sichtbar)
  Füllungszustand ggr ☐ mgr ☐ hgr ☐
  Rückstau ja ☐ nein ☐
  Stauprobe: gut sichtbar, fließt sofort ab/verzögert/stark verzögert
  Venenpuls ja ☐ nein ☐ diastolisch ☐ systolisch ☐

- Thorax
  Form symmetrisch ☐ asymmetrisch ☐ ggf. nach welcher Seite:
  Atmung ruhig ☐ angestrengt – ggr ☐ mgr ☐ hgr ☐
  oberflächlich ☐ hechelnd ☐ Mundatmung ☐
  Beatmung des Thorax gleichmäßig ☐ ungleichmäßig ☐
  Atemtyp kostoabdominal ☐ überwiegend kostal ☐
  überwiegend abdominal ☐
  Palpation schmerzhaft ja ☐ nein ☐
  Schmerzhaftigkeit generalisiert ☐ örtlich ☐
  Verletzungen ja ☐ nein ☐
  Umfangsvermehrungen ja ☐ nein ☐
  Elastizität erhalten ja ☐ nein ☐
  Husten bei Palpation auslösbar ja ☐ nein ☐

Auskultation:		Stenosengeräusche (Hiemen, Giemen)	☐
Bronchovesikuläres Atemgeräusch	☐	trockene Rasselgeräusche (Krepitation)	☐
Bronchialatemgeräusch	☐	feuchte Rasselgeräusche	☐
Röhrenatmen	☐	verminderte Atemgräusche	☐

Atemgeräusche können bei der wachen Katze entweder in- oder exspiratorisch oder gemischt auftreten. Der Sitz ist meist der nasopharyngeale Raum.

Bei brachycephalen Katzen wird bisweilen ein inspiratorisches schnarchendes Atemgeräusch vernommen, das durch das Schlagen des weichen Gaumens gegen die Glottis entsteht. Schnarchende Atemgeräusche werden bei brachycephalen Katzen (Perserkatzen) oft infolge der stark gebogenen und teilweise verlegten Nasengänge festgestellt (Krankzüchtung!).

Das sehr laute exspiratorisch ausgelöste Räuspern kommt zustande, wenn die Katze eine Störung im Rachenbereich loswerden will. Dabei wird zunächst mit Zungengrund und weichem Gaumen die hintere Mundhöhle verschlossen und dann unter kräftigem Ausstoßen der Luft geöffnet, so daß die Luft unter lautem Geräusch, das man etwa mit „k-ch" beschreiben kann, ausgestoßen. Dabei werden oft Sekret- oder Speichelmassen ausgeschleudert. Der Sitz der Störung ist also der Rachenraum. Es wird vernommen bei Entzündungen (Pharyngitis), bei Fremdkörpern oder bei Tumoren.

Wenn die Katze versucht, durch verstärkte Inspiration einen Fremdkörper oder zähes Sekret in Richtung Oropharynx zu befördern, entsteht ein Geräusch wie beim „Hochziehen" der Nase (Mensch). Von dort kann das störende Material abgeschluckt oder ausgespuckt werden. Besonders bei Fremdkörpern (Grashalmen), die sich im oropharyngealen Raum festgesetzt haben, kommen die Schnarchgeräusche bisweilen anfallsartig vor.

In den oberen Luftwegen kommt als Stridor ein Stenosengeräusch meist bei Verengungen oder Verlegungen im Kehlkopfbereich, sehr selten im Trachealbereich vor. Durch Auskultation hört man Stenosengeräusche in den tiefen Luftwegen infolge Verlegung oder Verengung des Lumens im Bereich der Bronchen oder Bronchioli.

Im Gegensatz zum Hund atmet die Katze normalerweise bei geschlossener Mundspalte durch die Nase. **Mundatmung,** besonders Hecheln, ist bei der Katze immer ein schwerwiegendes Zeichen einer Atemstörung. Sie kommt vor, wenn die Katze stark gejagt worden ist und einen hohen Sauerstoffbedarf hat, ferner bei Überhitzung, Azidose, hochgradiger Reduktion der Lungenkapazität (Tumorose, Pneumonie, Hydrothorax), bei hochgradiger Herzinsuffizienz (Linksherzinsuffizienz mit Lungenkongestion), ferner bei vollständiger Verlegung der Nasengänge.

Atembeschwerden sind bei Erkrankungen des Respirationstrakts besonders sorgfältig zu beachten. Die gesunde Katze zeigt in Ruhe 20 bis 25 Atemzüge pro Minute; durch die Aufregung während der Untersuchung kann sich die Frequenz auf 60/min steigern, bei sehr erregten Tieren (Kämpfe mit Tierarzt oder Pflegepersonal) kann sie noch höher sein; in diesen Fällen können auch Mundatmung und Hecheln auftreten. Man sollte also unbedingt auf schonenden Umgang achten und das Verhalten der Katze berücksichtigen. Normalerweise wird eine Steigerung der Atmung über 30/min als **Tachypnoe** bezeichnet. Außer bei Erregung und Anstrengung kommt Tachypnoe bei Hypoventilation, Herzkrankheiten mit Lungenkongestion, Hyperthermie, Anämie, Schock vor.

Dyspnoe (s. Tab. 1) oder Atemnot/Atembeschwerden (ein gradueller Unterschied) kann, muß aber nicht mit Tachypnoe einhergehen. Die Katze nimmt eine sitzende bis kauernde Stellung ein, die Ellbogen sind mehr oder weniger ausgeprägt abgestellt, bisweilen besteht Maulatmung, oft sind die Augen ängstlich weitgestellt (bei hohen Graden der Dyspnoe). Die Atmung selbst kann oberflächlich oder tief, langsam oder beschleunigt sein. Man unterscheidet in- oder exspiratorische sowie in- und exspiratorisch gemischte Dyspnoe. Inspiratorische Dyspnoe kommt besonders bei Stenosen der Atemwege vor, ferner bei Unvermögen, die Lunge ausreichend zu belüften. Dies wird beobachtet bei Herabsetzung der Vitalkapazität aus unterschiedlichen Gründen. Eine herabgesetzte Ausdehnungsfähigkeit der Lunge wird beobachtet bei alveolärem oder interstitiellem Ödem, bei Pneumonie, bei Infiltrationen (Pneumonie, Neoplasie), bei Krankheiten der Pleura (Pleuritis) oder des Thorax (Pneumothorax) oder auch bei neurologischen Erkrankungen. Die Lungen-Compliance ist herabgesetzt.

Die exspiratorische Dyspnoe kommt in den meisten Fällen durch intrathorakale Druckerhöhung infolge obstruktiver Pneumopathie zustande. Zugrunde liegen können Bronchitis, Bronchiolitis, Bronchiektasie, Lungenemphysem, Asthma bronchiale, seltener Lungenödem. In diesen Fällen kann die Luft inspiratorisch mehr oder weniger ungehindert in die Alveolen gelangen; bei der Ausatmung wird durch Verengung der Atemwege die Luft am vollständigen Entweichen gehindert, so daß das Residualvolumen ansteigt. Um die in der Lunge zurückgebliebene Luft abzuatmen, wird die akzessorische Atmungsmuskulatur zu Hilfe genommen. Dabei erhöht sich der intrathorakale Druck, der sich auf die Lunge und die Bronchioli und Bronchen fortsetzt. Im Gegensatz zum lungengesunden Individuum, bei dem die Bronchen während der Atmung unverändert weit bleiben, verengen sie sich bei exspiratorischer Dyspnoe mit Druckerhöhung im intrathorakalen Bereich bei jeder Exspiration, während sie sich bei Inspiration erweitern. Diese Verhältnisse lassen sich durch Endoskopie gut beobachten.

Tabelle 1: Ursachen der Dyspnoe

1. Respirationstrakt
1.1. Luftwege
intraluminale Obstruktion:
Fremdkörper in Nase, Rachen, Larynx, Trachea,
Bronchen,
gestielte Tumoren,
chronische obstruktive Pneumopathie,
Wurmbefall;
intramurale Obstruktion:
akute Spasmen und Ödeme (Nase, Kehlkopf, Bronchen),
chronische obstruktive Pneumopathie,
Tumoren,
entzündliche Infiltrate,
Wurminfiltrate,
Traumen,
Mißbildungen (einschließlich der absichtlich durch Zucht hervorgerufenen [Perserkatzen]);
extramurale Obstruktionen:
Tumoren,
Abszesse,
Hämatome,
(Kardiomegalie);
1.2. Lunge
Pneumonien (viral, bakteriell, mykotisch, parasitär, Aspirationspneumonie),
Ödem,
Tumoren,
Lungenlappentorsion;
1.3. Brusthöhle:
Pleuritis,
Pneumothorax,
Hydrothorax,
Pyothorax,
Hämothorax,
(Pseudo-)Chylothorax,
Tumoren;
1.4. Mediastinum:
Tumoren (besonders Leukose),
Mediastinitis;

2. Herz
Kardiomyopathie,
Herzklappeninsuffizienz,
Herzklappenstenose,
Mißbildungen,
Rhythmusstörungen,
Endokarditis;

3. Kreislauf:
akutes Kreislaufversagen,
Lungenembolie,
Aortenembolie (Azidose);

4. Blut:
Anämien (akute und schwere chronische Blutungsanämie, schwere aplastische Anämie, hämolytische Anämie),
Leukämien,
Hypervolämie;

5. Stoffwechselstörungen:
Azidosen (Urämie, diabetische Ketoazidose, Kreislaufversagen),
Hyperthyreose;

6. Zwerchfellhochstand:
Magen-Darm-Meteorismus,
Magenüberladung,
Magentorsio,
Tumoren der Bauchhöhle;

7. Medikamentös, toxisch:
Morphin und Derivate, Überdosierung,
Hyperinfusion (iatrogen),
Azetaminophenvergiftung,
Sympathomimetikaüberdosierung,
Organophosphatvergiftung.

Gemischte Dyspnoe wird besonders beim Lungenödem beobachtet. Sie wird auch gesehen, wenn mehrere der oben beschriebenen Krankheitsbilder gleichzeitig vorkommen.

Es folgt die Auskultation von Lunge und Herz (die Herzuntersuchung wie die des gesamten Kreislaufs und auch die Palpation der Bauchorgane ist grundsätzlich durchzuführen, da sehr häufig hier die Ursachen gleichzeitiger Symptome von seiten des Respirationstrakts bestehen, andererseits primäre Erkrankungen des Respirationstrakts zur sekundären Beeinträchtigung des Herzens und der Organe des großen Kreislaufs führen). Die Auskultation muß in ruhiger Umgebung (auch keine Unterhaltung mit dem Besitzer!) und unter Konzentration des Untersuchers stattfinden. Als erstes wird man das Herz links und rechts (!) untersuchen (s. Kreislauf). Sodann wird der gesamte, normalerweise von der Lunge eingenommene Raum auskultiert. Es ist darauf zu achten, ob die Geräusche tatsächlich ihren Ursprung in den Atmungsorganen haben (Beachtung gleichzeitiger Atembewegungen) und nicht etwa durch das Herz (Herzfrequenz beachten) oder durch Reibung auf den Haaren (Feststellung durch absichtliches Reiben des Phonendoskops auf dem Fell) vorgetäuscht werden. Grundsätzlich sind beide Thoraxhälften zu auskultieren. Die gesunde Katze läßt ein bronchovesikuläres Atemgeräusch vernehmen, das sich bei Hyperventilation verstärkt. Das Atemgeräusch ist über den Stammbronchen und der Trachea am stärksten, pflanzt sich aber bis in Spitzen- und Zwerchfellappen fort und ist rechts und links gleich stark. „Asymmetrie“ oder verstärktes Bronchovesikuläratmen kaudodorsal bei vermindertem oder fehlendem Atemgeräusch ventral spricht für das Vorliegen raumfordernder Prozesse (Thymus, Lymphome) oder von Flüssigkeitsergüssen.

Trockene Rasselgeräusche oder Knisterrasseln werden durch das inspiratorische Auseinanderreißen von verklebten Bronchioli und Alveolen hervorgerufen (COP). Feuchtes Rasseln wird bei Bewegungen von Flüssigkeit in größeren und kleineren Bronchen verursacht; es entsteht nur, wenn die hinter den Schleimmassen liegenden Atemwege noch belüftet sind. Daher ist selbst bei akutem (oder chronischem) Lungenödem nur dann mit Rasselgeräuschen zu rechnen, wenn noch besser beatmete Lungenareale vorhanden sind. Stenosengeräusche (Hiemen und Giemen) treten bei Bronchospasmen, Fibrose der Bronchialwände, zähem Schleim oder Kompression auf. Verstärktes Bronchialatmen wird bei Verdichtung von Lungengewebe bei erhaltener Belüftung des betreffenden Bronchus vernommen. Interstitielle Pneumonien ohne Kompression von Bronchen/Bronchioli ergeben kein verändertes Atmungsgeräusch.

Die geschilderten Veränderungen treffen in diesen reinen Formen gerade bei der Katze nur im „Idealfall“ zu. Viel öfter ist der Auskultationsbefund unbestimmter und muß durch weitere Untersuchungen ergänzt werden. Hierzu ist etwa die Perkussion heranzuziehen, die i. a. von dorsal nach ventral durchgeführt wird in Form der Finger-Finger-Perkussion. Der aufliegende Finger darf nicht aufgepreßt werden, die Perkussion soll leicht erfolgen, damit die Luftsäule in der Lunge und nicht die Brustwand in Schwingungen versetzt wird. Normalerweise besteht ein voller Lungenschall. Bei Flüssigkeitsergüssen liegt auch bei Lageänderung der Katze immer eine horizontale Dämpfungslinie vor. Größere Tumormassen ergeben eine von der Lage der Katze unabhängige Dämpfung; in beiden Fällen ist das beatmete Lungenfeld bisweilen überlaut (sog. vikariierendes Emphysem). Abgekürzte Schallqualitäten werden bei Verdichtungen oder Flüssigkeitserguß in die Lunge verkommen.

Labordiagnostik

Nach Abschluß der klinischen Untersuchung sollten bei allen Katzen mit Erkrankungen der tiefen Atemwege und mit schwereren Erkrankungen der oberen Atemwege Laboruntersuchungen durchgeführt werden. Ihre Auswahl hängt vom klinischen Untersuchungsergebnis ab. Sie sollten jedoch folgende Merkmale berücksichtigen: Hämatokrit, Leukozytenzahl, Differentialblutbild, evtl. Blutkörperchensenkungsreaktion, Serum-Protein, bei Atemnot wenn möglich auch arterielle Blutgasanalyse, ferner FIV-Antikörper, FeLV-Antigen, bei Verdacht auf FIP oder/und Hyperproteinämie auch Elektropherogramm. Weitere Bestimmungen können je nach Untersuchungsergebnissen erforderlich werden.

Eine wichtige Maßnahme ist die bakteriologische Untersuchung, an die sich ein Antibiogramm anschließt. Das Material kann entweder aus dem spontanen Ausfluß oder nach Nasenspülung gewonnen werden. Sehr gut geeignet ist die direkte Entnahme aus Trachea oder Bronchen unter Endoskopiekontrolle, die wir gegenüber der Trachealpunktion vorziehen. Dabei kann gleichzeitig auch Sekret zur zytologischen Untersuchung gewonnen werden (Beurteilung s. Spezialwerke der Labordiagnostik).

Röntgen

– Obere Luftwege

Die Röntgenaufnahme des Schädels sollte immer vorgenommen werden, wenn chronischer Nasenausfluß ohne anderweitig abklärbare Ursache besteht; dies gilt ganz besonders bei einseitigem Nasenausfluß. Im allgemeinen wird die Katze dazu in Narkose gelegt. Es werden sowohl laterale als auch dorsoventrale Untersuchungen durchgeführt. Dorsoventrale oder ventrodorsale Aufnahmen werden bei geöffnetem Mund durchgeführt, wobei im Falle von dorsoventralen Aufnahmen des Kopfes der Film in die Mundhöhle plaziert wird. Geachtet wird auf Erkrankungen der Zahnwurzeln, Knochenbrüche, Knochenauflösung, Fremdkörper, Verschattungen in den Nasengängen (Vergleich beider Nasengänge), Verschattungen in der Stirnhöhle, Umfangsvermehrungen, Zusammenhangstrennungen oder Fremdkörper im Rachen-, Kehlkopf- oder Trachealbereich.

– Tiefe Luftwege

Es wird immer eine laterale und eine dorsoventrale Aufnahme erstellt. Die Belichtung muß kurz sein (0,01 bis 0,07 s), damit die Aufnahme nicht veratmet wird. Das Röntgengerät muß 200 bis 300 mA Leistung und 80 bis 100 (125) kV Spannung liefern. Eine Buggy-Blende ist bei der Katze im allgemeinen nicht erforderlich.

Die Katze wird normalerweise in Rechtsseitenlage verbracht. Man sollte zur ersten Übersicht diese Lage wählen, um immer den gleichen Seiteneindruck zu gewinnen. Gleiches gilt für die dorsoventrale Aufnahme; das ventrodorsale Bild weicht vom dorsoventralen ab. Man sollte daher immer eine bestimmte Lage einhalten, es sei denn, man verfolgt ganz bestimmte Untersuchungsziele. Bei lateralem Strahlengang kann man den Herzschatten gut erkennen; kranial davon erscheinen – übereinander projiziert – der rechte und der linke kraniale Lungenlappen. Kaudal werden – ebenfalls übereinander projiziert – der rechte und linke kaudale Lungenlappen (Zwerchfellslappen) erkannt, auf den hinter dem Herzschatten der rechte akzessorische Lungenlappen projiziert ist. Auf den Herzschatten wird der mittlere rechte Lungenlappen projiziert.

Die Trachea zieht im spitzen Winkel ventral der Wirbelsäule bis in Höhe der Herzbasis etwa in der Mitte der Thoraxgesamthöhe. Über der Herzbasis teilt sich der Ösophagus in der Bifurkation in rechten und linken Bronchus. Der rechte Bronchus teilt sich in vier lobäre Bronchen, nämlich den in den rechten kranialen, rechten mittleren, den akzessorischen und den rechten kaudalen Lappen reichenden Bronchus. Der linke Bronchus teilt sich auf in den linken kranialen und linken kaudalen Bronchus. Die Bronchen sind auf dem Röntgenbild mittelbar gut erkennbar, aber über eine längere Strecke nur dann zu verfolgen, wenn sich die sie begleitenden Blutgefäße gut darstellen oder wenn sie oder das umgebende Lungengewebe pathologisch verändert, d. h. verdichtet, sind.

Die Blutgefäße sind gut sichtbar. Grundsätzlich gilt, daß die Arterien bei lateralem Strahlengang dorsal, die Venen ventral der zugehörigen Bronchen ziehen. Die Arterien sind markanter dargestellt, bei dorsoventralem Strahlengang liegen die Arterien lateral, die Venen medial der Bronchen.

Das Mediastinum ist nur kranial des Herzens um den Verlauf der Trachea herum erkennbar. Es nimmt ungefähr ein Drittel der Thoraxhöhle ein. In dieser deutlich sichtbaren Struktur verlaufen außer der Trachea auch der Ösophagus, die Aorta, die von ihr abgehenden Gefäße, Nerven und Lymphknoten, die jedoch bei der gesunden Katze nicht eindeutig voneinander differenzierbar sind. Kaudal zieht, aus dem Zwerchfellbereich kommend, die Vena cava leicht schräg und etwa gleich breit in Richtung des linken Vorhofs. Das Lungengewebe erscheint im Bereich kranial des Herzens etwas dichter als im Kaudallappenbereich.

Die Aufnahme muß in voller Inspirationsstellung erfolgen. Dann ist die Lunge mit Luft gefüllt, bis zur 12. oder 13. Rippe ausgedehnt, die Gefäße sind gut zu identifizieren. Bei Exspiration erscheint die Lunge dichter (weniger luftgefüllt), das Herz liegt breiter auf dem Sternum auf, der gesamte Herzschatten ist breiter.

Die Auswertung einer Röntgenaufnahme ist nur bei guter Qualität möglich und sollte nach einem strengen System erfolgen:

- Feststellung intra- und extrapulmonaler (-thorakaler) Strukturen. Sie ist leicht möglich, wenn man dorsoventrale und laterale Aufnahmen vergleicht und außerdem den klinischen Untersuchungsbefund berücksichtigt.
- Dichte des Lungengewebes: Sie kann erhöht oder herabgesetzt sein. Verschattungen können interstitiell (feinstreifig, seltener knotig), alveolär (diffus), vaskulär oder bronchial, ferner gemischt sein. Interstitielle Zeichnung wird beobachtet bei Flüssigkeitsansammlung im Interstitium (interstitielles Ödem, interstitielle Pneumonie), bei zellulärer Infiltration oder bei Fibrose. Die Lunge erscheint wie von einem feinen Netz gezeichnet, die Gefäßränder sind nicht mehr deutlich erkennbar. Mehr knotige Verdichtungen werden bei Abszessen, Tumoren oder Granulomen gesehen. Alveoläre Verdichtungen erscheinen mehr wolkig und diffus.

Die dichtere alveoläre Zeichnung kommt zustande, wenn die Luft in den Alveolen durch Flüssigkeit (Wasser, Exsudat, Blut) oder durch Zellen ersetzt worden ist. Die alveoläre Zeichnung kann über Teile von Lappen, ganze Lappen (dann sind ihre Grenzen erkennbar) oder weite Teile der Lunge ausgedehnt sein. Auch in diesen Fällen sind die Gefäße nicht mehr deutlich dargestellt. Oft enthalten die Bronchen jedoch noch Luft. Sie zeichnen sich dann deutlich vom umgebenden dichteren Lungengewebe ab (Aerobronchogramm). Alveoläre Verdichtungen werden bei Bronchopneumonie, Lungenödem (alveoläres Ödem), bei Aspirationspneumonie und bei Lungenblutungen gesehen. Atelektasen führen zu einer weiteren Verdichtung des Gewebes, wenn die Luft vollständig resorbiert ist. Lungenlappentorsionen zeigen sich ebenfalls als starke Verdichtungen, die scharf umschrieben sind und im Vergleich von lateraler und dorsoventraler Röntgenaufnahme identifiziert werden können.

Umschriebene Verdichtungen vom Weichteiltyp werden bei Tumoren gesehen. Sie können in der Lunge oder auch im Bereich der Herzbasis (Lymphknoten) beobachtet werden. Oft zeichnen sie sich nicht gut gegen die mediastinale Zeichnung ab. In diesen Fällen erscheint das Mediastinum oft verbreitert.

Fremdkörper in der Lunge, die selbst keinen Schatten geben, stellen sich nach einigen Tagen als m. o. w. scharf umschriebene spindelförmige bis ovale Verschattung dar. Die Verschattung kommt durch die entzündliche und zelluläre Exsudation zustande.

Die Gefäßzeichnung ist vermindert, die Gefäße schmäler oder kaum gezeichnet bei Durchblutungsstörungen, insbesondere bei Hypovolämie. Besonders die Vena cava ist deutlich verschmälert oder auch ungleich breit (schmäler am Durchtritt durch das Zwerchfell als gegen die Herzbasis). Auch die

Herzsilhouette ist schmal. Ähnliches kommt beim Kreislaufschock zur Beobachtung. Bei Verlegung einer Lungenarterie bricht die dorsale (lateraler Strahlengang) oder laterale (dorsoventraler Strahlengang) Gefäßzeichnung plötzlich ab.

Die Bronchen sind bei der Katze so wenig kontrastreich, daß sie sich normalerweise nur mittelbar durch die sie begleitenden Gefäße darstellen. Beim Ödem der Bronchialwand, bei Infiltrationen und/oder Hypertrophie oder Hyperplasie werden sie dagegen als verdickte doppelte Streifen oder als mehr oder weniger kreisrunde Ringe („Donuts") sichtbar, zumindest solange der Bronchus noch Luft führt. Ursachen sind Bronchitiden, Bronchiolitiden, Bronchiektasien oder felines Asthma bronchiale.

Eine verminderte Dichte wird bei Emphysem mit starker Luftfüllung gesehen. Ist das Emphysem nur auf den Rand der Lunge beschränkt, so können randständige „Aufhellungen" beobachtet werden. Bei Pneumothorax erscheint die Thoraxaufnahme ebenfalls aufgehellt; der betroffene Lungenflügel ist kollabiert und stellt sich als minderdurchblutetes Organ in Mediastinalnähe dar.

Intrathorakale, extrapulmonale Verdichtungen müssen besonders sorgfältig überprüft werden, damit sie nicht fälschlich als pulmonal fehlinterpretiert werden. Am leichtesten gelingt dies bei Flüssigkeitsergüssen in die Thorakalhöhle. Dabei hat der Erguß die Tendenz, den jeweils tiefsten Punkt der Brusthöhle aufzusuchen. Die luftgefüllten Lungenlappen sind jeweils nach oben verdrängt, sie schwimmen gewissermaßen auf dem Erguß. Durch Einfließen der Ergußflüssigkeit zwischen die Lungenlappen werden diese auseinander gedrängt; es entstehen zeltförmige Verschattungen mit scharfen runden Begrenzungen. Man sollte sich jedoch davor hüten, bei Katzen mit starkem Erguß und hochgradiger Atemnot ein diagnostisches Übersoll erfüllen zu wollen, indem die Katze in mehreren Ebenen geröntgt wird; dies gilt ganz besonders für die ventrodorsale Lage. Die schwerkranken Patienten können in dieser Stellung an Kreislaufversagen oder Atemnot sterben. Es sollte jedoch mit dorsoventralem Strahlengang festgestellt werden, ob der Erguß beide Thoraxhälften erfaßt hat. Bei Einseitigkeit liegt häufig eine eitrige Infektion vor, während bei Beidseitigkeit an eine Allgemeinerkrankung zu denken ist.

Trockene Pleuritiden erscheinen als m. o. w. diffuse, aber meist geringgradige Verschattung. Durch Verdickung der Pleura pulmonalis zeichnen sich die Lungengrenzen als dünne scharfe Linien ab.

Lungenlappentorsionen zeigen sich nach Resorption der Luft als scharf begrenzte deutliche Verschattungen vom Weichteiltyp.

Endoskopie

Mit dieser Untersuchungsmethode läßt sich sowohl ein adspektorischer Einblick in die oberen und tiefen Luftwege erhalten als auch Untersuchungsmaterial (Bakteriologie, Zytologie, Histologie) direkt und unter Sichtkontrolle gewinnen. Durch Beobachtung der Atembewegungen (Bronchienbifurkation) lassen sich wertvolle Rückschlüsse auf die Lungenmechanik und die intrathorakalen Druckverhältnisse ziehen. Mit den heute zur Verfügung stehenden sehr kleinlumigen starren und besonders flexiblen Endoskopen lassen sich sehr gute Ergebnisse erzielen.

Die Nase läßt sich orthograd mit feinen Arthroskopen (2 bis 3 mm Durchmesser) gut untersuchen. Wichtig ist, daß die Katze in reflexloser Narkose liegt und daß die Nasenschleimhaut zusätzlich mit einem Lokalanästhetikum behandelt wird. Andernfalls wird ein Niesreflex ausgelöst, wobei es zu schweren Blutungen kommt und die weitere Untersuchung unmöglich wird. Auch wird beim Niesen das empfindliche starre Endoskop oft irreversibel zerstört. Durch eine neben dem Endoskop eingeführte Bürste oder einen Tupfer kann gezielt Sekret entnommen werden. Außerdem kann ein Kunststoffschlauch eingeführt und Nasensekret „erspült" werden. Der Biopsie sind Grenzen gesetzt. Die Biopsiezangen müssen insbesondere der beschränkten Platzverhältnisse und der durch die Biopsie auslösten Blutung wegen sehr fein sein; außerdem machen die zu starken Blutungen, die die weitere Untersuchung unmöglich. Biopsien müssen daher zum Schluß der Endoskopie durchgeführt werden. Zur Tumordiagnostik sind sie jedoch sehr wertvoll.

Der Rachenraum einschließlich des Nasenrachengangs und des hinteren Teils der Nasenhöhle läßt sich gut mit dem flexiblen Endoskop einsehen. Dazu wird das Gerät in die Mundhöhle bis hinter den Rand des weichen Gaumens geschoben und um etwa 150° nach oben gerichtet. Durch leichtes Drehen sowie Auf- und Abführen der Endoskopspitze gewinnt man einen vollständigen Überblick über das zu untersuchende Gebiet. Außerdem lassen sich bei Geräten mit Arbeitskanal Spülproben und Biopsien gewinnen sowie Fremdkörper entfernen. Das neuerdings entwickelte Postrhinoskop, ein starres Endoskop mit retrograd gerichtetem Blickwinkel, ergibt brillante Bilder mit großer Lichtstärke und Übersichtlichkeit. Es ist aber bei kleineren Katzen wegen des großen Bügels zum Führen um den weichen Gaumen nicht geeignet.

Sowohl mit starren als auch – besser – mit flexiblen Endoskopen lassen sich gute Einblicke in Kehlkopf, Trachea sowie die größeren Bronchen gewinnen. Während die starren Endoskope etwas einfacher zu handhaben sind und bessere, lichtstärkere Bilder ab-

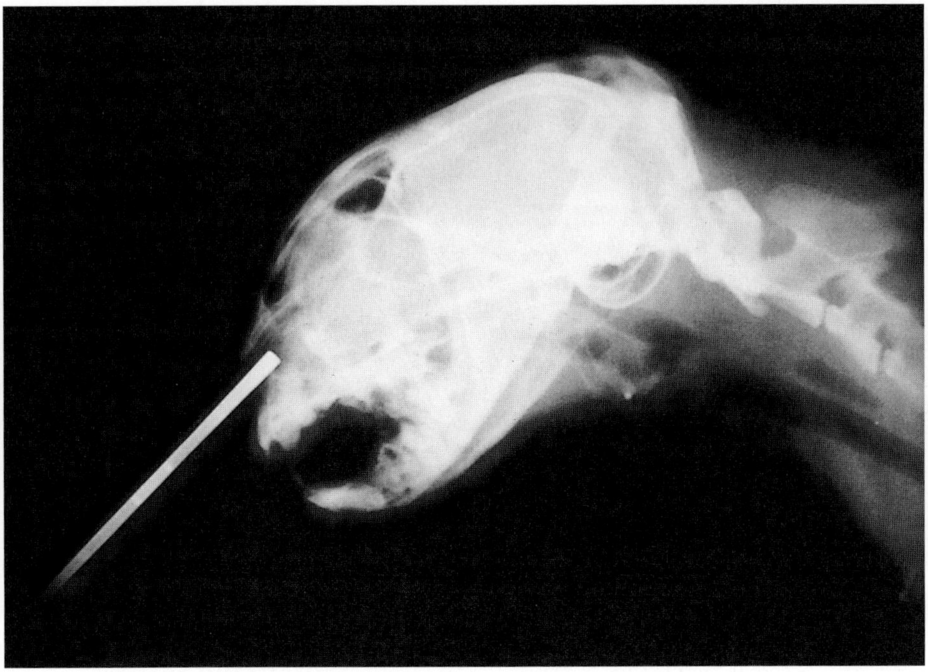

Abb. 1: Röntgenbild einer Rhinoskopie mit einem flexiblen Endoskop.

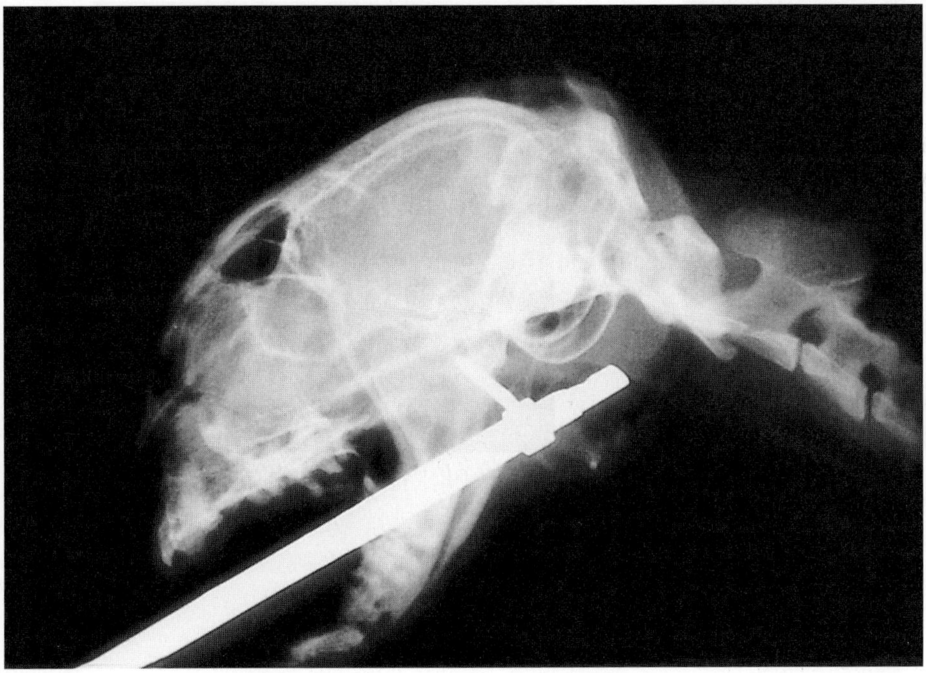

Abb. 2: Retrograde Endoskopie mittels starren Retrorhinoskops; die Platzverhältnisse erlauben diese Methode nur bei großen Katzen.

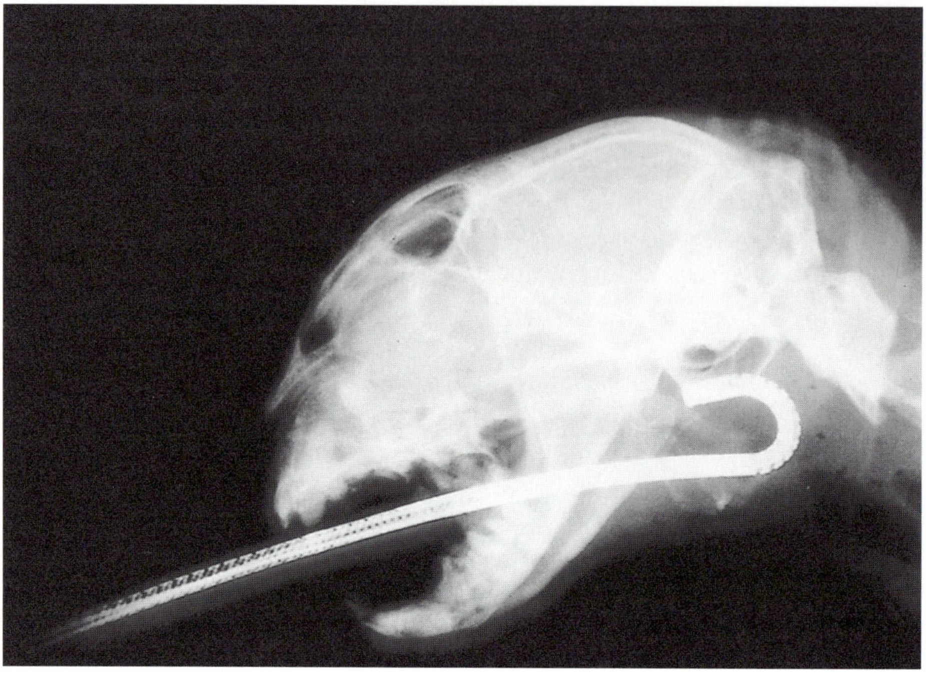

Abb. 3: Retograde Endoskopie der hinteren Nasenhöhle mittels eines flexiblen Endoskops; die Methode gestattet weitgehende Bewegungsfreiheit sowie das Entnehmen von Tupfer-, Spül- und Biopsieproben.

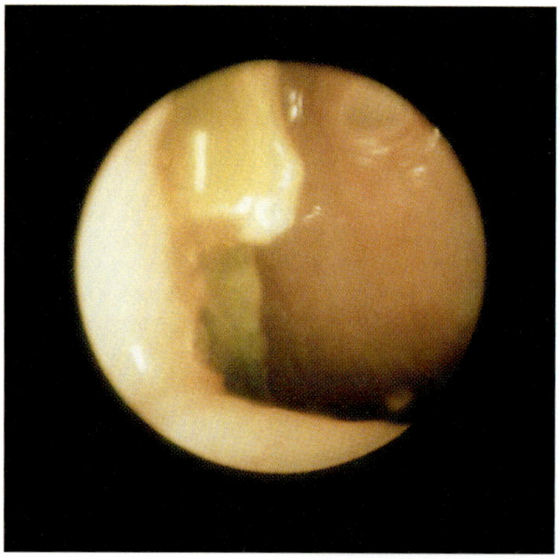

Abb. 4: Endoskopischer Blick in den Pharynx einer seit zwei Monaten an beidseitigem Nasenausfluß und Würgen erkrankten Katze: Fremdkörper (Hartgrashalm) im Meatus nasopharyngeus.

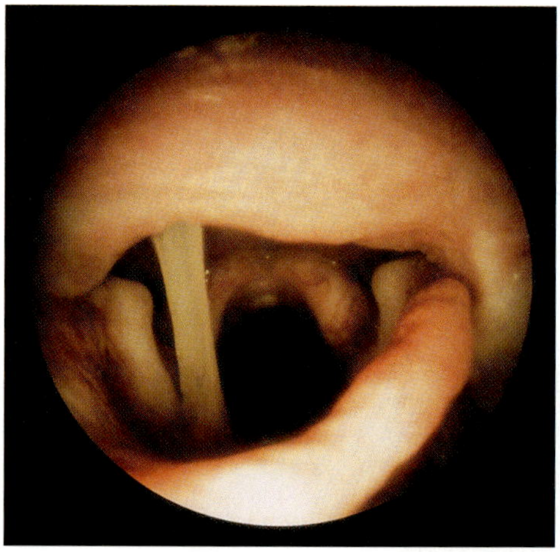

Abb. 5: Blick in Pharynx: eitrige Rhinitis.

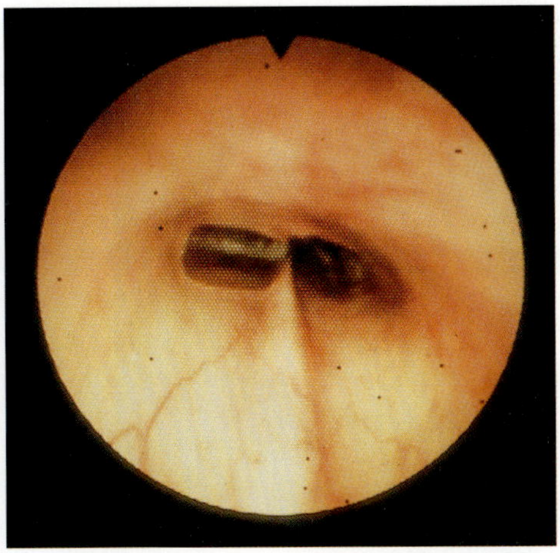
6

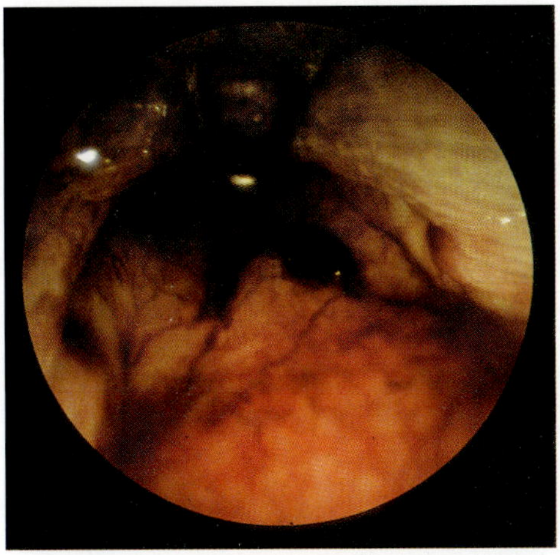
7

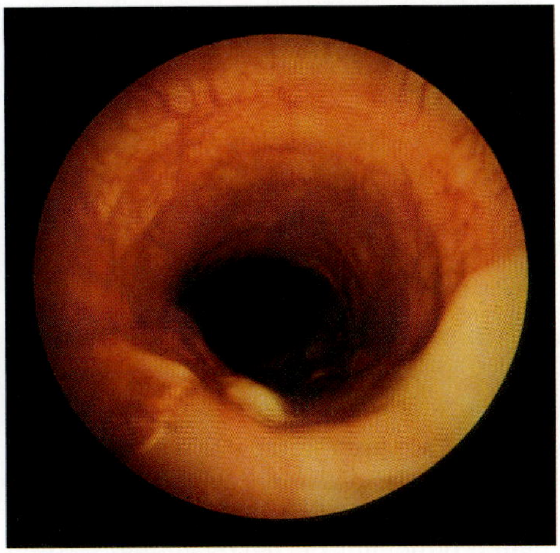
8

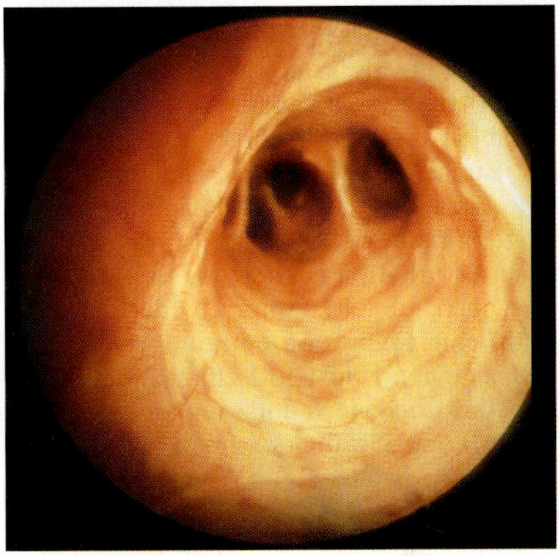
9

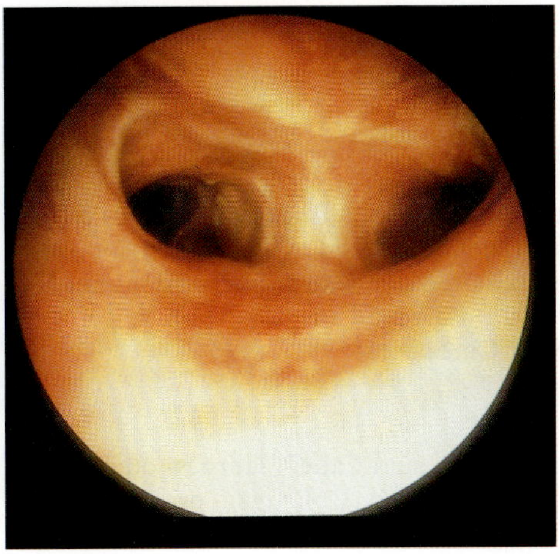
10

Abb. 6: Retrograde Blick mit dem flexiblen Endoskop in die Nasenhöhle vom Pharynx aus (Einführung des Geräts durch die Mundhöhle; physiologisches Bild).

Abb. 7: Hochgradige follikuläre Rhinitis.

Abb. 8: Endoskopischer Blick in die Trachea mit Sekretbolus; eitrige Tracheobronchitis.

Abb. 9: Blick auf die Bifurcatio tracheae: hochgradige Tracheobronchitis mit Rötung und Sekretion.

Abb. 10: Blick auf die Bifurkation: hochgradige Verbreiterung des normalerweise scharfen Septums zwischen den Stammbronchen infolge Druckerhöhung im Thorax bei chronischer obstruktiver Pneumopathie.

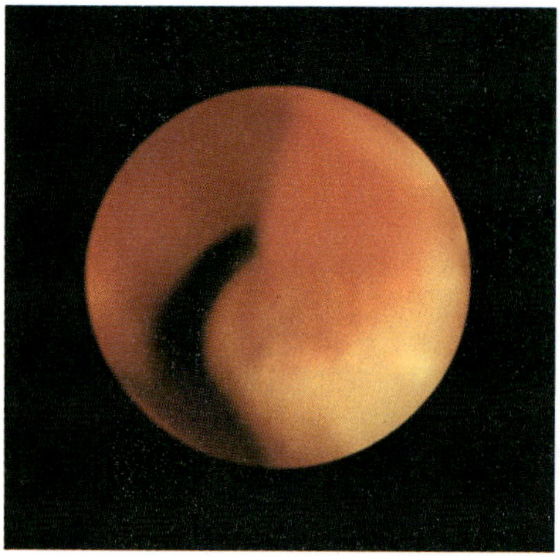

Abb. 11: Akute Rhinitis (Rhinoskopie).

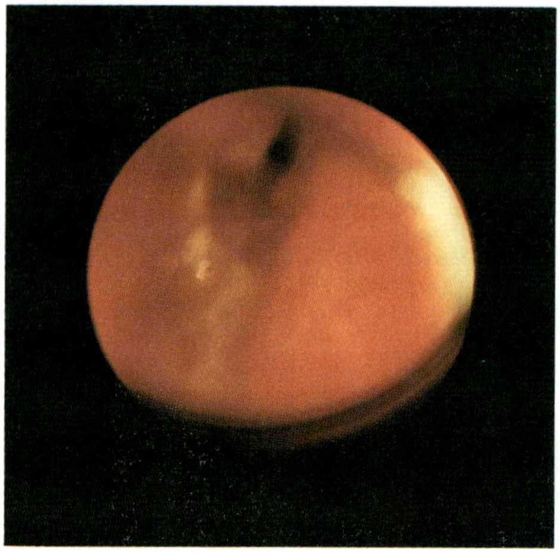

Abb. 12: Akute Rhinitis mit hochgradigem Schleimhautödem (Rhinoskopie).

geben, kann man mit den flexiblen Geräten wesentlich tiefer und verletzungsärmer in die nachgeordneten kleineren Bronchen gelangen. Außerdem lassen sich mit flexiblen Geräten leichter gezielte Proben entnehmen. Zunächst werden die Schleimhaut untersucht, die Form der Luftwege beachtet, Sekretansammlungen und ihre Art registriert und die Bewegungen der Bifurkation bei der Atmung beobachtet. Dabei ist auch auf Seitenunterschiede zu achten. Danach kann eine Spülprobe entnommen werden. Man führt dazu einen Kunststoffschlauch durch den Arbeitskanal des Endoskops und saugt entweder Sekret unter Sichtkontrolle ab oder gibt 8 bis 12 ml sterile Kochsalzlösung in den zu untersuchenden Bronchus. Durch Kippen des Tisches kann man die Katze dann nach vorn neigen, so daß das Sekret nach vorn fließt und abgesaugt werden kann. Die Spülprobe wird dann zur bakteriologischen und zytologischen Untersuchung aufbereitet. Näheres siehe Bücher der Labordiagnostik und Endoskopie.

Lungenbiopsie

Wenn die Diagnose anderweitig nicht zu stellen ist, kann bei Verdichtungen der Lunge – diffus oder umschrieben – eine Biopsie durchgeführt werden. Sie kann entweder transkutan oder auch durch das Endoskop durchgeführt werden. In jedem Falle ist eine Feine-Nadel-Biopsie anzuwenden. Biopsien bei eröffneter Brusthöhle können jedoch auch als Stanzen oder durch Gewebeentnahme gewonnen werden. Die Durchführung der Feine-Nadel-Biopsie entspricht der auch bei anderen Organen bekannten Technik. Meist bluten die Katzen kurz danach aus der Nase. Die Prozedur ist i. a. gefahrlos; in manchen Fällen kommen aber doch auch erheblichere Blutungen vor, die aber meist gefährlicher aussehen als sie sind.

Auf die Thorakozentese und die Untersuchung des Punktats wird bei der Besprechung von Krankheiten der Brusthöhle eingegangen.

Krankheiten der Nasenhöhle und der Nasennebenhöhle

Die Form der Nasenhöhle und der Nasennebenhöhlen wird von einem knöchernen und knorpeligen Gerüst gebildet. Der Anfangsteil der Nasenhöhle ist durch kutane, der Hauptteil einschließlich der Nasen- und Siebbeinmuscheln sowie die Stirnhöhle sind durch Flimmerepithel mit Becherzellen und serösen Drüsenzellen ausgekleidet. Erkrankungen der Nasenschleimhaut führen zur Beeinträchtigung ihrer Funktionen: Filterung, Befeuchtung und Anwärmung der Atemluft, Elimination von Krankheitserregern, Geruchsempfinden.

Rhinitis acuta

Die akuten entzündlichen Erkrankungen der Nasenschleimhaut gehören zu den häufigsten internistischen Krankheiten der Katze. Sie werden meistens durch Infektionserreger ausgelöst und zeigen eine Tendenz zur Chronizität.

Ätiologie

Primäre Ursachen sind Calici-, Herpes- oder Reoviren, ferner Chlamydien (Chlamydia psittaci), Mykoplasmen oder Pilze (Aspergillen, Cryptokokken).

Akute Rhinitiden sind in der Regel Teil einer viralen Erkrankung der oberen Luftwege. OTT (1975) schätzt, daß die akuten Rhinitiden zusammen mit den Erkrankungen der oberen Luftwege zu 85 bis 90 % durch Herpes- oder Caliciviren ausgelöst werden. Bakterielle Infektionskrankheiten sind in den weitaus meisten Fällen als Sekundärinfektionen viraler Infektionskrankheiten zu betrachten. Auch Allergien können Rhinitiden auslösen, die allerdings eher chronischen Verlauf zeigen. Weitere Ursachen sind Fremdkörper, Traumen, Rauchinhalation.
Die Infektionskrankheiten werden durch Immunsuppression (FeLV, FIV, medikamentös) begünstigt. Allergische Rhinitiden sind bei Hund und Katze im Gegensatz zum Menschen offenbar seltener. Sie können bakteriell infiziert und damit diagnostisch nur unsicher als Allergien erkennbar werden. Die Symptome gleichen dann bakteriell superinfizierten viralen Rhinitiden. Allergische Rhinitiden können akut oder chronisch verlaufen.

Klinisches Bild

Hervorstechendstes Merkmal akuter Rhinitiden sind Niesen und Nasenausfluß. Anfangs steht oft das Niesen im Vordergrund; die Nasenschleimhaut ist trocken, geschwollen und gerötet, so daß in den ersten Stunden kein Ausfluß besteht. Danach werden mit dem Niesen und auch zwischendurch unterschiedlich große Mengen eines serösen, später seromukösen und schließlich oft eitrigen Sekrets ausgeschieden. Durch Gefäßarrosion oder Aufschlagen des Kopfes beim Niesen kann der Ausfluß blutig werden. Je nach Grundkrankheit können Fieber und gestörtes Allgemeinbefinden hinzukommen. Durch Abnahme des Geruchssinns sowie bei gestörtem Allgemeinbefinden sistiert die Futteraufnahme.
Meist sind die akuten viralen Entzündungen der Nasenschleimhaut mit Stomatitiden unterschiedlichen Ausmaßes verbunden, besonders mit Gingivitiden, aber auch mit Glossitiden, Tonsillitiden und Pharyngitiden.

Diagnose

Die klinischen Symptome sind eindeutig; es sind jedoch einige differentialdiagnostische Überlegungen anzustellen (s. unten). Bedeutend unsicherer ist die Feststellung der auslösenden Ursache. Soll sie bestimmt werden, sind umfangreiche Untersuchungen erforderlich: virale und bakteriologische Untersuchung, am besten mit Anfertigung eines Antibiogramms, Endoskopie mit Zytologie oder histologischer Untersuchung eines Bioptats, ferner Röntgenuntersuchung der Nasen- und Nasennebenhöhle; letztere Untersuchungen sind besonders angezeigt, wenn bereits Chronizität besteht.

Wichtig ist die Feststellung, ob der Ausfluß aus beiden Nasenöffnungen oder nur einer kommt. Bei Fremdkörpern besteht meist einseitiger Ausfluß, die Katze versucht zudem, durch Kratzen den störenden Gegenstand loszuwerden. Bisweilen liegt auch bei Traumen einseitiger Ausfluß vor, ferner örtliche Schmerzhaftigkeit, Schwellung oder Zusammenhangstrennung der Haut. Infektionskrankheiten führen dagegen in aller Regel zu beidseitigem Ausfluß, außerdem zu den oben beschriebenen gleichzeitigen Erkrankungen der Mundhöhlenschleimhaut und der Konjunktiven.

Virologische Untersuchung

Sie stößt insofern an Grenzen, als es nur wenige Institute gibt, die Viren des Respirationstrakts der Katze bestimmen. Von Bedeutung wäre sie besonders in Zuchten, um durch gezielte Impfprogramme eine sinnvolle Prophylaxe zu betreiben. Außerdem läßt sich durch Nachweis von Herpesviren eine gezielte herpestatische Therapie durchführen. Von Bedeutung sind außerdem Nachweis oder Ausschluß von FeLV- und FIV-Infektionen wegen der immunsuppressiven Wirkung.

Bakteriologische Untersuchung

Sie ist oft nur von beschränktem Wert, wenn sie aus dem Spontanausfluß durchgeführt wird, da auch bei der gesunden Katze eine ganze Reihe von fakultativ pathogenen Keimen (Bakterien, Pilze) vorkommen. Besser ist die gezielte Entnahme von Sekret während der Rhinoskopie oder die bakteriologische Untersuchung aus Gewebe, das durch gezielte Biopsie oder Curettage gewonnen worden ist. Aber selbst dann können pathogene Keime durch ubiquitäre Bakterien oder Pilze überwuchert werden. Die Interpretation einer bakteriologischen Untersuchung ist also mit Vorsicht zu interpretieren.

Blutuntersuchung

Sie gibt Hinweise auf eine Generalisierung der Krankheit (Leukozytose, beschleunigte Blutsenkungsreaktion). Bisweilen, allerdings keineswegs immer, bestehen bei allergischen Rhinitiden Bluteosinophilien. Bei stärkerem Nasenbluten sollte immer auch eine Gerinnungsuntersuchung durchgeführt werden (Kumarinvergiftung, Verbrauchskoagulopathie, Thrombozytopenie).

Rhinoskopie

Sie muß unter tiefer Narkose, ggf. unterstützt durch Lokalanästhesie in Form eines Sprays, durchgeführt werden. Man kann sowohl orthograd mit einem starren oder flexiblen Endoskop in die Nasengänge als auch mit einem Postrhinoskop oder einem kleinlumigen flexiblen Endoskop retrograd über die Mundhöhle in den Atmungsrachen und den Nasenrachen eingehen und von hinten die Nasenhöhle adspizieren. Dabei lassen sich Veränderungen der Nasenschleimhaut, Fremdkörper, Tumoren und Sekretmassen gut erkennen.

Zytologische Untersuchung, Bioptat

Die Entnahme erfolgt in tiefer Narkose. Zur Entnahme einer Probe für eine zytologische Untersuchung kann eine retrograde Spülung über ein flexibles Endoskop durchgeführt werden. Oder man verwendet eine Zytologiebürste, die ebenfalls über ein Endoskop unter Sichtkontrolle an den Ort der Erkrankung geführt wird. Gleiches gilt für das Einbringen einer Biopsiezange. Die Bürstenkürettage und die Biopsie führen zu starken Blutungen; sie müssen daher ans Ende einer Untersuchung gestellt werden. Durch die zytologische und die histologische Untersuchung werden wertvolle Hinweise auf die Art der Erreger, auf die Ursache (Eosinophilie bei Allergie) und den Grad der Schleimhautschädigung erhalten.

Differentialdiagnose

Wichtig ist vor allem die Unterscheidung der Infektionskrankheiten von anderen Ursachen wie Traumen, Fremdkörper, Tumoren (eher chronische Krankheitszeichen), sehr selten Parasiten (klinische Untersuchung, Endoskopie, Röntgen), ferner Zahnwurzelabszesse (Röntgen). Bei Blutungen ist an die o. a. Gerinnungsstörungen zu denken (Thrombozytenzählung, Gerinnungsanalyse).
Selten kommen angeborene oder erworbene Gaumendefekte in Frage; sie führen eher zu chronischen Krankheitsbildern. Sie lassen sich durch Adspektion des Gaumens unter Narkose leicht feststellen.

Therapie

- Die Nasenöffnungen sollten regelmäßig von verklebendem Sekret befreit werden. Man verwendet hierzu warmes Wasser und einen Wattebausch, Einmalgeschirrtücher o. ä.
- Günstig ist der Aufenthalt in nicht zu trockener, nicht zu warmer (20–25 °C), in jedem Fall aber zugfreier Luft.
- Antibiotika bei nachgewiesener bakterieller Infektion nach Antibiogramm. Breitspektrumantibiotika werden bei schwerer Allgemeinreaktion ebenfalls zur Verhinderung von bakteriellen Sekundärinfektionen gegeben. Geeignet sind:
  Ampicillin, 25 mg/kg KM dreimal täglich;
  Enrofloxacin, 5 mg/kg KM zweimal täglich;
  Chlortetracyclin, 15 bis 25 mg/kg KM zwei- bis dreimal täglich;
  Oxytetracyclin, 15 mg/kg KM zwei- bis dreimal täglich;
  Doxycyclin, 10 mg/kg KM zweimal täglich, besonders bei Verdacht auf Chlamydieninfektion;
  Sulfonamid-Trimethoprim, 30 mg/kg KM zweimal täglich.
- Bei Herpesvirose: Herpestatika werden appliziert, besonders wenn gleichzeitig eine Einbeziehung der Augen ins Krankheitsgeschehen besteht, aber auch bei Herpes-Rhinitiden. Gegeben werden können Idoxuridin in Tropfenform alle 3 bis 5 Stunden; ferner eignen sich Vidarabin oder Arabinosid. Eine systemische Behandlung mit Aciclovir (Zovirax) wird bei uns im Falle nachgewiesener Herpesvirusinfektionen durchgeführt. Dosis: 5 mg/kg KM zweimal täglich.
- Pilzinfektionen: Thiabendazole, 20 mg/kg KM, per os auf zweimal täglich verteilt, sechs Wochen lang; örtlich Thiabendazole oder Jodkomplex (z. B. Betaisodona®) oder Lugolsche Lösung. – Ketokonazol (z. B. Nizoral®), 10 mg/kg KM zweimal täglich, sechs Wochen lang,
- Allergische Rhinitis: Ideal wäre die Verhinderung weiteren Kontakts mit dem Allergen. Dies ist allerdings eine recht akademische Forderung, da es in den meisten Fällen unbekannt bleibt. Immerhin gelingt es bisweilen, durch Versetzen der Katze an einen anderen Ort die allergische Rhinitis zur Spontanheilung zu bringen. Im übrigen werden Kortikosteroide angewandt. Sie können örtlich in Form von Nasentropfen gegeben werden (wobei kaum eine Katze über längere Zeit mitspielt), besser systemisch als Tabletten (Prednisolon, anfangs 1–2 mg/kg KM zweimal täglich, mit Reduktion bis zur gerade noch wirksamen Dosis, die bisweilen bei 0,2 bis 0,5 mg/kg KM jeden zweiten Tag liegt, oder Dexamethason, Beginn mit 0,07 mg/kg, einmal jeden zweiten Tag). In vielen Fällen erzielt man sehr gute Erfolge mit Langzeitkortikosteroiden, die bei der Katze weitaus problemloser als beim Hund o. a. Haustieren angewandt werden können: Methylprednisolonacetat (z. B. Depot-Medrate®), 2 bis 4 mg/kg KM, einmal wöchentlich bis 14tägig, oder Triamcinolon (z. B. Volon A®), 1 bis 2 (3) mg/Katze alle 6 bis 12 Wochen.

Rhinitis chronica

Die chronischen entzündlichen Krankheiten der Nase sind bei der Katze sehr häufig anzutreffen und stellen eine diagnostische und therapeutische Herausforderung an Tierärztin oder Tierarzt dar. Der Besitzer muß sich mit Geduld wappnen. Häufig geht die chronitische Rhinitis aus den akuten Formen hervor, oder sie verlaufen von Anfang an chronisch.

Ätiologie

Ursächlich kommen dieselben Faktoren wie bei der akuten Rhinitis in Frage. In den weitaus meisten Fällen dürfte auch hier ursprünglich eine virale Infektion zugrunde liegen. Sie kann kompliziert werden durch Bakterien oder/und Pilze. Außerdem kommen auch hier Fremdkörper, Tumoren, gutartige Polypen, selten Parasiten, ferner Zahnkrankheiten in Frage. Allergien können ebenfalls zu chronischer Rhinitis führen, sind bei der Katze (wie auch beim Hund) offenbar wesentlich seltener anzutreffen als beim Menschen.

Klinisches Bild

Charakteristisch ist das Niesen, verbunden mit einem oft sehr produktiven, in der Regel zähen, eitrigen Nasenfluor, der in der Umgebung verteilt wird und dadurch zu einer besonderen Belastung für die Besitzer wird. Die Tiere niesen oft geradezu anfallsweise und schlagen dabei nicht selten den Kopf auf, so daß Nasenbluten entstehen kann. Schwellung der Nasenscheimhaut und Sekretmassen verlegen die Nasengänge oft so stark, daß Atembeschwerden und Atemgeräusche auftreten. Oft bestehen gleichzeitig Augenausfluß, zum Teil durch Verlegung des Tränen-Nasengangs, und Entzündungen der Mundschleimhaut, meistens als Gingivitis. Die Krankheit kann sowohl kurz- als auch normalköpfige Katzen erfassen; allerdings verläuft sie bei kurznasigen Katzen (Perserkatzen) schwerer, die Atembeschwerden sind erheblicher, und die Krankheit ist schwerer zu beeinflussen.

An Cryptococcen-Rhinitis erkrankte Katzen – Infektionsort ist meist die Umgebung von Taubenhaltungen, wo sich der Erreger im Kot monatelang infektiös erhält – leiden in der Regel unter chronischem schleimigen, eitrigen oder hämorrhagischen Nasenausfluß, der auch einseitig auftreten kann. Selten schließen sich durch aufsteigende Infektion des Gehirns neurologische Symptome in Gestalt von Ataxien, Lähmungen der Kopfnerven, epileptischen Anfällen oder Verhaltensauffälligkeiten an. Auch über granulomatöse Chorioretinitis wird berichtet. Meistens sind auch andere Körperregionen, insbesondere Haut und Lymphknoten, betroffen. Wesentlich öfter als Infektionen des Gehirns kommt bei längerem Bestehen und Anorexie das Bild der Hypothiaminose zustande.

Aspergillose ist bei Katzen seltener als beim Hund anzutreffen. Die Nasenausflüsse gleichen denen bei Cryptococcose.

Ein bei Hund und Katze eigentümliches Phänomen ist das sogenannte „Rückwärtsniesen“. Es ist vergleichbar mit dem „Aufziehen“ der Nase beim Menschen, tritt aber anfallsartig auf. Ursache sind die Ansammlung zähen Sekrets oder aber Fremdkörper oder Polypen im hinteren Bereich der Nasenhöhle oder des Nasenrachengangs. In einigen Fällen konnten wir jedoch keinerlei sichtbare Veränderungen feststellen.

Wichtig für Diagnose und Therapie ist auch hier die Unterscheidung, ob der Ausfluß uni- oder bilateral auftritt (s. Einleitung)

Diagnose

Die Diagnose einer chronischen Rhinitis ist von der Sache her ebenfalls leicht zu stellen. Öfter als bei akuter Rhinitis ist aber bei der chronischen Nasenschleimhautentzündung die Ätiologie schwierig, allzu oft auch überhaupt nicht sicher festzulegen. Die sorgfältige Untersuchung ist daher besonders wichtig. Sie umfaßt

- eine eingehende klinische Untersuchung. Es muß eine Allgemeinuntersuchung durchgeführt werden, wobei besonders auf Auswirkungen auf das Allgemeinbefinden und damit auf den Gesamtorganismus geachtet werden muß;
- die spezielle Untersuchung. Sie berücksichtigt besonders auch den tiefen Respirationstrakt, das Herz sowie Teile des Digestionstrakts (Mundhöhle). Insbesondere müssen Art, Menge, Beschaffenheit des Ausflusses, Ein- oder Beidseitigkeit, Beatmung der Nasenöffnungen (Wattebausch), Form, Konsistenz, Schmerzhaftigkeit von Nase und Nasennebenhöhlenbereich, der Kehlkopf mit der Luftröhre und die Lunge sowie der Zustand der Mundhöhlenschleimhaut, der Rachen, die Tonsillen und die Lymphknoten berücksichtigt werden. Hierzu muß die Katze in Narkose gelegt werden. Es ist besonders auch auf Polypen und Tumoren zu achten, ferner auf eventuelle Verbindungen zwischen Nasen- und Mundhöhle im Bereich des harten oder weichen Gaumens (Fisteln, Wolfsrachen). Spezielle Aufmerksamkeit erfordern die Form des Gaumens, seine Symmetrie und etwaige Vorwölbungen, ebenso wie die Zahnreihe und der Gesundheitszustand der Zähne.
- Labordiagnostisch sollten rotes und weißes Blutbild, evtl. Blutsenkungsreaktion, FeLV- und FIV-Untersuchung sowie Gesamtprotein (Hinweis auf FIP) bestimmt werden, bei wiederholten Blutungen auch der Gerinnungsstatus einschließlich Zahl der Thrombozyten.
- Eine Röntgenuntersuchung, am besten das CT, der Nase und der Nebenhöhlen deckt anatomische

Veränderungen auf. Insbesondere lassen sich einseitige Verschattungen, Verschattungen der Stirnhöhle als Ausdruck von Sinusitiden, Tumoren, Zahnfisteln oder Wurzelgranulome als Ursache chronischer Rhinitiden erkennen. Die Aufnahmen sollten laterolateral, dorsoventral bei geöffnetem Maul und frontal durchgeführt werden. Man achte auf folgende Zeichen:

- ein- oder beidseitige Verdichtungen im Bereich der Nasenhöhle mit Gewebs- oder Flüssigkeitscharakter: Entzündung, Tumor, Fremdkörperreaktion, Blutung;
- einseitige, selten beidseitige Umfangsvermehrung mit Weichteilverschattungen: Tumoren;
- Knochenauflösung: Osteodystrophie, bösartiger Tumor;
- Auflösung (Aufhellung) im Bereich der Zahnwurzelspitze mit Verlust der Lamina dura: Zahnfistel, Wurzelgranulom;
- Asymmetrie evtl. mit Verdichtungen oder Aufhellungen: Malignom mit Osteolyse, Osteitis.

• Die Endoskopie hat sich als besonders wertvolle Methode zur Diagnose von Erkrankungen der Nasenhöhle erwiesen. Man sollte sie bei jedem chronischen Nasenausfluß durchführen, und zwar in Form der orthograden Untersuchung mit einem starren Arthroskop oder einem flexiblen Rhino- oder Zystoskop und als retrograde Rhinoskopie („Postrhinoskopie“) mit einem starren 140°-Postrhinoskop oder einem flexiblen 4-mm-Endoskop mit Arbeitskanal. Die für den Menschen gebräuchlichen Postrhinoskope sind jedoch nur bei größeren Katzen einsatzfähig. Man achtet auf die Farbe und Beschaffenheit der Schleimhaut, etwaige Polypen oder bösartige Tumoren (Biopsie!), anatomische Veränderungen der Nasenmuscheln, Art, Menge und Beschaffenheit des Sekrets, Fremdkörper.

• Die bakteriologische Untersuchung sollte nie unterlassen werden, auch wenn ubiquitäre Keime die eigentlichen Krankheitserreger oft bereits überwuchert haben; insbesondere ist bei der virologischen Untersuchung häufig kein besonderer Befund zu erheben. Obwohl Chlamydien als Ursache seltener in Frage kommen, sollte eine spezielle Untersuchung nicht unterlassen werden, wenn keine andere Ursache zu ermitteln ist. Die bei der Rhinoskopie gewonnenen Sekrete und insbesondere die Bürstenproben sind meist zuverlässiger als die Untersuchung des Auswurfs. Es sollte insbesondere ein Antibiogramm angefertigt werden. Dabei sollte auch eine mykologische Untersuchung angeschlossen werden.

• Eine zytologische oder auch eine histologische Untersuchung sollte sich an jede Rhinoskopie bei chronischer Rhinitis anschließen. Material für eine zytologische Untersuchung läßt sich mit einer zytologischen Bürste, die durch den Arbeitskanal des – flexiblen – Endoskops eingeführt wird, gut gewinnen. Meist blutet die Nasenschleimhaut nach Gewinnung der Probe recht stark, besonders bei der erhöhten Empfindlichkeit infolge chronischer Entzündung. Die Probenentnahme sollte daher zuletzt durchgeführt werden. Dies gilt in noch erhöhtem Maße für die Entnahme eines Bioptats.

Es ist zu achten auf Bakterien (Bakteriogramm, Antibiogramm), Chlamydien, Pilze (mykologische Untersuchung; Cryptococcus neoformans, Aspergillen, Penicillium), Parasiten, Schleimhautzellen und ihre Intaktheit, Eosinophile (Hinweis für Allergie), Tumorzellen.

Allergische Rhinitiden stellen ein – bei der Katze allerdings seltenes – diagnostisches Problem dar. Man sollte versuchen, aufgrund des Vorberichts Hinweise auf das Auftreten von Nasenausfluß und Niesen bei Verbringen der Katze in bestimmte Umgebungen (Zimmer, Stall, Heuboden, andere Haustiere o. ä.) zu gewinnen. Diese Empfehlungen sind allerdings oft recht theoretisch. Eine relative Erhärtung des Verdachts auf Allergie erhält man durch das Schleimhautbioptat, in dem sich vermehrt Eosinophile finden.

Differentialdiagnose

Es kommen dieselben Krankheiten in Frage wie bei akuter Rhinitis, zusätzlich insbesondere Tumoren (Malignome, maligne Lymphome, Polypen, auch Polypen, die von der Tuba auditiva ausgehen). Insbesondere sind Krankheiten der Zähne, ferner Verbindungen zwischen Mund- und Nasenhöhle auszuschließen. Fremdkörper, Polypen oder zähe Sekretmassen im hinteren Nasenhöhlen- und Nasenrachengangbereich führen zum „Rückwärtsniesen“ und lassen sich endoskopisch leicht erkennen.

Therapie

Sie richtet sich sehr stark nach der Ursache (sofern sie ermittelt werden kann).

• Chronische bakterielle Rhinitis nach früher wahrscheinlich vorausgegangener viraler Infektionskrankheit:

Systemisch Antibiotika nach Antibiogramm. In der Regel gut wirksam sind wiederum:

- Ampicillin, 25 mg/kg KM dreimal täglich;
- Enrofloxacin, 5 mg/kg KM zweimal täglich;
- Chlortetracyclin, 15 bis 25 mg/kg KM zwei- bis dreimal täglich;
- Oxytetracyclin, 15 mg/kg KM zwei- bis dreimal täglich;
- Doxycyclin, 10 mg/kg KM, zweimal täglich, besonders bei Verdacht auf Chlamydieninfektion;

Sulfonamid-Trimethoprim, 30 mg/kg KM zweimal täglich.

Bei Chlamydiose oder bei Beteiligung von Mycoplasmen sind Tetracyclin, 25 mg/kg KM auf dreimal täglich, Doxycyclin, 10 mg/kg KM zweimal täglich, oder Chloramphenicol, 30 mg/kg KM drei- bis viermal täglich, erforderlich. Bei Katzen vor Abschluß des Zahnwechsels sind Tetracycline als Nasentropfen und nicht systemisch zu geben.

- Reinigung der äußeren Nase.
- Abschwellung der Nasenschleimhaut mit Metazolin (z. B. Otriven für Kleinkinder®, Nasivin für Säuglinge®), alle drei Stunden zwei bis drei Tropfen in jedes Nasenloch
- Spülung mit Rivanol oder Jodkomplex. Die erste Spülung geschieht am besten retrograd bei der Postrhinoskopie in Narkose. Die nichtnarkotisierte Katze wehrt sich oft unüberwindlich gegen Nasenspülungen. Allerdings gelingt es geschickten Besitzern, die Behandlung durchzuführen. Man muß dazu den Kopf nach unten halten, damit das Spülmittel mit dem Sekret aus den Nasenlöchern abläuft und nicht aspiriert wird.
- Provokation des Niesens und Sekretentfernung kann mit physiologischer Kochsalzlösung durchgeführt werden. Die Maßnahme ist am besten in einer Wanne durchzuführen, da die Katze andernfalls die Umgebung stark verunreinigt und infiziert. Es kann versucht werden, mehrfach tägliche Spülungen mit 0,5promilliger Rivanol- oder 1%iger Povidon-Jod-Lösung (z. B. Betaisodona®) oder 0,5%iger Chlorhexidin-Lösung durchzuführen; allerdings werden solche Maßnahmen nur von wenigen Katzen akzeptiert.
- Rhinomykosen: Systemische Behandlung mit Ketokonazol (z. B. Nizoral®), Anfangsdosis 10 bis 20 mg/kg KM, auf einmal täglich. Als Nebenwirkungen können Anorexie, Erbrechen oder Leberenzymerhöhungen auftreten. In solchen Fällen kann versucht werden, die Dosis auf zweimal täglich zu verteilen. Lassen sich auch damit die Nebenwirkungen nicht verhindern, so muß Ketokonazol jeden zweiten Tag gegeben werden. Die Behandlung ist mindestens einen Monat, besser jedoch wesentlich länger (bis zu einem halben Jahr) durchzuführen. Eine regelmäßige Kontrolle der Katze ist unbedingt erforderlich. Bei nervösen Symptomen durch Enzephalitiden wurden – toxische! – Dosen bis zu 70 mg/kg KM empfohlen. Örtlich empfiehlt sich außerdem die Behandlung mit Povidon-Jod (z. B. Betaisodona®) oder 1%iger Lugolscher Lösung.

Thiabendazol in einer Dosis von 20 bis 40 mg/kg KM wird auf zweimal täglich verteilt. Die Nebenwirkungen sind denen von Ketokonazol in der hohen Dosis ähnlich.

Besonders bei Aspergillosen wird zusätzlich zur systemischen die örtliche Behandlung mit Enilkonazol empfohlen. Der Wirkstoff sollte bei der ersten Applikation in Form einer Nasenspülung (Narkose!) durchgeführt werden. Dazu werden 100 mg in zwei bis fünf Milliliter Kochsalzlösung verbracht und über eine Kunststoffsonde an den mykotischen Herd unter Sichtkontrolle (Rhinoskopie) appliziert. Später wird der Wirkstoff in Form von Nasentropfen zwei- bis dreimal täglich gegeben.

- Allergische Rhinitiden: Die besten Resultate erhält man natürlich durch Entfernung der Katze aus der mit dem Allergen behafteten Umgebung. Da dies in der Regel unmöglich ist, bleibt oft nur die Behandlung mit Corticosteroiden: Prednisolon 0,5 bis 1,0 mg/kg zweimal täglich, Reduktion bis zur gerade wirksamen Dosis, am besten jeden zweiten Tag zu geben. In manchen Fällen ergibt die Behandlung mit Langzeitcorticosteroiden, Methylprednisolon 10 bis 20 mg/Katze, alle 8 bis 14 Tage, oder Triamcinolonacetonid, 1 bis 2 (3) mg/Katze alle 6 bis 12 Wochen, bessere Erfolge. In jedem Falle muß ausgeschlossen werden, daß eine andere Krankheit zugrunde liegt, die durch die Corticosteroidgabe verschlechtert werden kann. Insbesondere ist auf das Vorliegen anderer Infektionskrankheiten (besonders auch FeLV, FIV oder FIP) zu achten, ferner sind Fremdkörper, Tumoren, Nebenhöhlen- und Zahnkrankheiten auszuschließen.

Prognose

Während akute Rhinitiden i. a. eine gute Heiltendenz zeigen, trifft dies bei chronischen Rhinitiden in keiner Weise zu. Wenn es gelingt, die Ursache zweifelsfrei zu ermitteln, kann durch eine konsequente, insbesondere ausreichend lange, das heißt in der Regel monatelange, gezielte Therapie Heilung erzielt werden. Nicht selten bleiben jedoch alle Maßnahmen erfolglos. Dies gilt um so mehr, wenn der Ursache nicht ausreichend nachgegangen wird oder sie im dunkeln bleibt. Besonders Zahnwurzel- oder Nebenhöhlenerkrankungen werden oft nicht richtig erkannt und können dann zu jahrelangen Rhinitiden führen.

Stenose der Nasengänge

Während beim Hund vollständige Stenosen der Nasengänge bei brachyzephalen Rassen häufig vorkommen, wurde bei der Katze erst in einem Fall einer Perserkatze hierüber berichtet (HARVEY, 1986). Allerdings kommen Verengungen der Nasengänge bei kurzköpfigen Katzen nicht selten vor. Sie führen zu inspiratorischen Atembeschwerden, die schon bei

geringer Anstrengung zur für die Katze untypischen Mundatmung führen. Besonders inspiratorisch werden Stenosengeräusche hörbar. Brachyzephale Katzen (besonders sehr kurzköpfige Perserkatzen) leiden offenbar häufiger an chronischen Rhinitiden und dann verstärkt unter Atemnot. Sie zeigen dann besonders häufig beidseitigen Augenausfluß infolge einer Verlegung des Tränen-Nasengangs.
Die Behandlung besteht in der nasalen Applikation von abschwellenden Nasentropfen wie Metazolin. Infektionskrankheiten der Nasenschleimhaut sind, wie unter chronischer Rhinitis beschrieben, zu behandeln. Eine plastische Operation ist in schweren Fällen erforderlich. Grundsätzlich sollte der Tierarzt jedoch darauf hinwirken, daß das „Schönheits"-Ideal der allzu kurzköpfigen Katzen als Krankzüchtung nicht weiterverfolgt wird.

Fremdkörper

Katzen leiden nicht selten an Fremdkörpererkankungen der Nasenhöhlen oder/und des Nasenrachenraumes. Häufig sind es Pflanzenteile (Holzstückchen, Hartgras, seltener Getreideähren), die ortho- oder retrograd in Nase oder Nasenrachengang eindringen.

Klinisches Bild

Die Tiere zeigen plötzliches unaufhörliches Niesen, das anfangs unproduktiv, später zunehmend produktiv ist und von schleimig über eitrig häufig bis blutig reicht. Der Ausfluß ist meist einseitig, kann jedoch beiderseits auftreten, wenn der Fremdkörper im Nasenrachengang lokalisiert ist. In diesen Fällen können auch würgender Hustenreiz und „Räuspern" hinzukommen, wenn der Fremdkörper gleichzeitig in die Pharynx-Larynx-Gegend hineinreicht.

Diagnose

Bei jedem plötzlich aufgetretenen anfallsartigen Niesen mit oder ohne „Räuspern" oder Würgereiz ist an eine Fremdkörpererkrankung im Bereich der Nasenhöhle und des Nasenrachengangs zu denken. Da die Fremdkörper des Nasenrachenraumes in der Regel röntgenologisch kaum oder nicht nachweisbar sind, werden sie nur selten an Hand einer Röntgenaufnahme erkannt. Dagegen ermöglicht die endoskopische Untersuchung unschwer die Erkennung. Man sollte dabei zunächst den Rachen durch die Mundhöhle untersuchen, danach retrograd den Nasenrachengang und den hinteren Teil der Nasenhöhlen (Postrhinoskopie) und schließlich den vorderen Teil der Nasenhöhlen orthograd mit einem starren oder einem flexiblen Endoskop.

Therapie

Im allgemeinen lassen sich Fremdkörper ohne Schwierigkeiten unter Sicht- oder Endoskopiekontrolle mit einer Fremdkörperfaßzange entfernen. Eine Nachbehandlung ist in der Regel nicht erforderlich, es sei denn, der Fremdkörper oder seine Entfernung haben größere Verletzungen gesetzt, oder es sind nach längerem Persistieren bereits nekrotische Veränderungen der Schleimhaut oder der Nasenmuscheln entstanden. In diesem Falle kann eine mehrtägige systemische Antibiotikabehandlung die Heilung beschleunigen.

Prognose

Sie ist im allgemeinen günstig.

Neoplasien

Vorkommen können benigne Polypen und Malignome, insbesondere maligne Lymphome, Adenokarzinome, Plattenepithelkarzinome, Fibro-, Chondro- und Osteosarkome.

Klinisches Bild

Es besteht chronischer ein- oder beidseitiger Nasenausfluß, der in der Regel schleimig-purulent bis blutig und mißfarben ist und besonders bei Einbeziehung des Knochens übelriechend wird. Bei Infiltration in den harten Gaumen können Symptome von seiten der Mundhöhle hinzutreten: Beschwerden bei der Futteraufnahme, Mundausfluß. In fortgeschrittenen Fällen kommen Deformationen des Gesichtsschädels hinzu. Schließlich werden Atembeschwerden infolge der Stenosierung einer oder beider Nasenhöhlen festgestellt.
Polypen können bereits bei Welpen auftreten. Sie sind nicht selten im nasopharyngealen Bereich lokalisiert. Dabei werden oft schwere episodische Atembeschwerden gesehen, die sogar zum plötzlichen Erstickungstod führen können. Häufig nehmen sie ihren Ausgang von der Tuba auditiva. In manchen Fällen werden die Katzen mit den Zeichen einer Otitis externa vorgestellt und die polypösen Neubildungen übersehen.

Diagnose

Sie kann durch Röntgenuntersuchung gestellt werden. Gesichert wird sie durch Biopsie und histologische Untersuchung unter endoskopischer Kontrolle.

Therapie

Gutartige Polypen werden, sofern sie klein und umschrieben sind, während der endoskopischen Untersuchung mit der Biopsiezange abgetragen (in jedem Fall eine histologische Untersuchung anschließen). Bei umfangreichen polypösen Veränderungen wird eine großflächige Exzision erforderlich. Viele der Polypen sind auf der nasenseitigen Fläche des weichen Gaumens lokalisiert. Um sie zu entfernen, zieht man das Gaumensegel durch die Mundhöhle nach vorn und klappt es um. Weiter vorn lokalisierte Polypen kann man durch den Arbeitskanal eines flexiblen Endoskops erfassen und mit der Biopsiezange abtragen. Als Komplikationen wird über Horner-Syndrom und Otitis media berichtet (PARKER und BINNIGTON, 1985). Eine Antibiotikabehandlung bekämpft bakterielle Infektionen.

Im Falle von bösartigen Tumoren ist, sofern möglich, eine vollständige Kurettage durchzuführen. THRALL und HARVEY (1983) empfehlen die anschließende Bestrahlung und erzielen damit bessere Erfolge als mit der chirurgischen Maßnahme allein. Lymphosarkome können chemotherapeutisch behandelt werden.

Prognose

Gutartige Polypen haben eine günstige Prognose, können aber bei unvollständiger Entfernung rezidivieren. Die Prognose bei bösartigen Tumoren ist eher ungünstig. Dabei spielen Rezidive und die Infiltration in die knöcherne Unterlage eine weitaus größere Rolle als Metastasen, die erst sehr spät auftreten. THRALL und HARVEY berichten von einer hohen Rezidivrate innerhalb von drei bis sechs Monaten, wenn nur chirurgisch exstirpiert wird. Bei Kombination mit Bestrahlung erhöht sich die symptomfreie Zeit auf ein bis vier Jahre.

Nasopharyngeale Fisteln

Sie kommen bei der Katze seltener als beim Hund vor. Ursachen sind Traumen (Autounfälle), Abszesse an Zahnwurzeln, Zahnextraktionen und Tumoren. Die **klinischen Symptome** bestehen in einseitigem Nasenausfluß, der auch unabhängig von der Futter- und Wasseraufnahme besteht und eitrig bis mißfarben, zuweilen auch blutig sein kann, ferner in Niesen. Die **Diagnose** wird durch Adspektion des Gaumens, ggf. unter Zuhilfenahme einer röntgenologischen Untersuchung der Zahnwurzeln und Biopsie (Tumorverdacht), gestellt.

Die **Therapie** erfolgt durch Zahnextraktion (bei Periodontitis), bei unfallbedingten Fisteln durch Verschluß. Bei tumorösen Fisteln kann die Exstirpation versucht werden. Die **Prognose** ist bei letzteren schlecht, sonst günstig.

Sinusitis

Während akuter Rhinitiden durch Viren des Katzenschnupfenkomplexes sollen bis zu 90 % der Katzen gleichzeitig an Sinusitiden erkranken (POVEY u. M., 1973; WARDLEY u. M., 1974; FORD, 1979). Die **Symptome** der Sinusitis gehen jedoch immer in denen der akuten Rhinitis unter. Dagegen kann die chronische Sinusitis, die wesentlich seltener als die akute vorkommt, eine Ursache des chronischen Nasenausflusses sein. In der Regel besteht gleichzeitig eine chronische Rhinitis, die mit den üblichen therapeutischen Maßnahmen nur vorübergehend beeinflußbar ist. Die **Diagnose** wird durch dorsoventrale, frontale und laterale Röntgenaufnahme gestellt, wobei sich nicht nur die Stirnhöhle, sondern in den meisten Fällen auch die Nasenhöhlen verschattet darstellen. Gleichzeitig müssen die Zähne des Oberkiefers auf Zeichen einer Periostitis untersucht werden. Die **Therapie** einer Sinusitis kann konservativ oder chirurgisch erfolgen. Während die akuten Sinusitiden in der Regel mit der Grundkrankheit ausheilen, stellen die chronischen ein therapeutisches Problem dar. Es wird versucht, mit Antibiotika nach Antibiogramm eine Heilung herbeizuführen. Die Behandlung muß mindestens drei bis vier Wochen durchgeführt werden. Zur Abschwellung der Nasenschleimhaut und besseren Entleerung des Sekrets werden alle drei Stunden Metazolin-Nasentropfen gegeben. Spülungen mit Kochsalzlösung führen zu massiver Entleerung des Sekrets. Mehrfach täglich wiederholte Spülungen mit 0,5promilliger Rivanol-, 1%iger Povidon-Jod-Lösung (z. B. Betaisodona®) oder 0,5%iger Chlorhexidin-Lösung können die Heilung unterstützen, werden aber nur von wenigen, sehr gutmütigen Katzen toleriert. Die chirurgische Eröffnung der Stirnhöhle und Spülung sollte den Fällen vorbehalten bleiben, die konservativ nicht erfolgreich behandelt werden können.

Die **Prognose** bei akuten Sinusitiden ist günstig, bei chronischen quoad restitutionem jedoch ausgesprochen ungünstig. Man sollte die Besitzer frühzeitig darauf hinweisen.

Gaumenspalte

Die Gaumenspalte als krankhafte Verbindung zwischen Nasen- und Mundhöhle kann angeboren oder erworben sein.

Klinisches Bild

Die angeborene Form wird in den ersten Lebenstagen bis -wochen klinisch evident. Sie äußert sich durch Regurgitation von Milch aus der Nase beim Saugakt. In vielen Fällen schließt sich bald eine Aspirationspneumonie an. Ist dies nicht der Fall, so entwickelt sich über kurz oder lang eine eitrige Rhinitis. Erworbene Gaumenspalten werden in Verbindung mit Unfällen, besonders Verkehrsunfällen, gesehen. Auch hierbei wird Regurgitation beobachtet, die Katzen nehmen aber zu Beginn überhaupt keine Nahrung und nur ungern Flüssigkeit auf, zeigen häufig Salivation und gleich nach dem Unfall Nasen- und Mundbluten.

Diagnose

Sie läßt sich leicht durch Adspektion der Mundhöhle stellen. Bisweilen sind die Öffnungen allerdings so klein, daß sie als Fisteln nur durch sorgfältige Adspektion und Palpation unter Narkose erkannt werden.

Therapie

Angeborene Gaumenspalten sollten nicht behandelt, die betroffenen Welpen getötet werden. Bis etwa glasstecknadelkopfgroße Öffnungen können spontan heilen. Größere Spalten erfordern einen chirurgischen Verschluß.

Prognose

Bei angeborener Gaumenspalte ungünstig, bei erworbener günstig, wenn das Trauma keine anderweitig irreparablen Schäden (Gehirntrauma) hinterlassen hat.

Krankheiten des Kehlkopfes

Laryngitis

Die Entzündung des Kehlkopfs kommt bei der Katze in Verbindung mit dem Katzenschnupfenkomplex und der Parvovirose sowie bei Einatmung reizender, evtl. heißer Gase vor (Rauch bei Zimmerbränden), ferner bei Aspiration reizender Substanzen (Fehlschlucken, Mageninhalt). Schwere Laryngitiden und Tracheitiden werden zuweilen nach Intubation gesehen, insbesondere wenn der Tracheotubus nicht ausreichend vom Desinfektionsmittel freigespült worden ist. Gleiches gilt auch für Endoskope. Eine Sonderform stellt die granulomatöse Entzündung dar, die bei der Katze selten vorkommt und deren Ätiologie unbekannt ist.

Klinisches Bild

Akute Laryngitiden führen zu lautem, rauhem und trockenem Husten, der häufig anfallsartig auftritt, bei chronischen Entzündungen ist der Husten dagegen seltener. Er wird insbesondere beim Einatmen kalter Luft sowie beim Trinken und bei der Futteraufnahme ausgelöst. Wenn die Stimmbänder mitbetroffen sind, wird die Stimme heiser; bisweilen versagt sie vollständig, so daß die Katzen „tonlos miauen". Bei hochgradiger ödematöser Verengung, ebenso bei der granulomatösen Form, können schwere stenotische Atembeschwerden hinzukommen. Schwerste Laryngitiden in Verbindung mit nekrotischen Tracheitiden und Ödemen werden in seltenen Fällen nach Intubationen gesehen, wobei vermutlich Desinfektionsreste die Ursache sind.

Diagnose

Der Husten läßt sich durch leichten Druck auf den Kehlkopf, der schmerzhaft ist und zu Abwehrbewegungen führt, auslösen. Das endoskopische Bild zeigt höhere Rötung, Ödematisierung, bisweilen lymphatische Infiltration. Bei granulomatöser Entzündung erscheint der Kehlkopf stark umfangsvermehrt und wie bei Neoplasien infiltriert. Die Biopsie und histologische Untersuchung ergibt jedoch die wahre Ursache.

Differentialdiagnose

In Frage kommen besonders Fremdkörper, die durch Röntgen oder – besser – endoskopische Untersuchung ausgeschlossen oder nachgewiesen werden können. Auch Kehlkopflähmungen lassen sich durch Laryngoskopie unschwer erkennen. Neoplasien werden durch histologische Untersuchung eines Bioptats festgestellt. Ferner kommen alle Krankheiten, die mit Husten einhergehen, in Frage: Tracheobronchitis, laryngeale, tracheale oder bronchiale Fremdkörper oder Parasiten, Neubildungen. Beim Glottisödem oder Laryngospasmus steht die Atemnot im Vordergrund, bei nasopharyngealen Polypen und Tuba-Polypen ebenso Atembeschwerden und Nasenausfluß.

Therapie

Akute Laryngitiden, die in Verbindung mit infektiösen Allgemeinerkrankungen auftreten, werden wie diese behandelt und heilen mit ihnen zusammen ab. In Fällen, in denen eine starke Atembeschwerde besteht, ergeben kurzfristige Corticosteroidgaben rasche Besserung; dies gilt insbesondere bei nichtinfektiösen Ursachen. Inhalationen (große Teilchengröße) mit Antiphlogistika (Kamille), Sekretolytika (0,9%ige Kochsalzlösung), Desinfizientien (0,5promillige Rivanol- oder 1%ige Povidon-Jod-Lösungen (z. B. Betaisodona), 0,5%ige Chlorhexidin-Lösung) können zusätzlich angewandt werden. Inhalationen mit ätherischen Ölen sollen nicht durchgeführt werden, da manche Katzen darauf mit Glottiskrampf reagieren.

Um den oft quälenden Husten zu verhindern, der die Kehlkopfentzündung unterhalten kann, werden Antitussiva gegeben: Codein 0,25 mg/kg KM.

Glottisödem

Ödeme des Kehlkopfes werden bei der Katze selten beobachtet. Sie kommen im Verlauf von Infektionskrankheiten, als Folge von Traumen (Tracheotubus, robuste Tracheoskopie), bei Fremdkörpern und bei Rauchvergiftungen vor. Das **klinische Bild** besteht in schwerer Dyspnoe, wobei besonders inspiratorische Stenosengeräusche und Mundatmung, verbunden mit Angstzuständen, Hyperkapnie mit Blaufärbung der Schleimhäute, manchmal gleichzeitig ein Lungenödem festgestellt werden. Besonders im Verlaufe von unvorsichtigen, aber hin und wieder auch bei lege artis durchgeführten Manipulationen (Endoskopie, Tracheotubus) kann ein Kehlkopfödem sehr rasch auftreten und zu einem vollständigen Verlegen der Luftwege und damit zum Erstickungstod führen. Die Gefahr ist deshalb groß, weil bei ungenügender Narkoseüberwachung die ersten Zeichen der Atembehinderung übersehen werden können.

Die **Therapie** besteht in der Applikation von Corticosteroiden in hoher Dosis (Prednisolon 2 bis 5 mg/kg KM i. v.), Diuretika (Furosemid 1 bis 2 mg/kg KM oder Xipamid 0,5 mg/kg KM), in lebensbedrohlichen Fällen örtliches Aufsprühen von Adrenalin sowie Inhalation von sauerstoffangereicherter Atemluft (Narkosekäfig). Notfalls muß (erneut) ein Tracheotubus gelegt werden, bis die Schwellung unter der medikamentösen Behandlung abgeklungen ist, was in der Regel etwa zwei Tage dauert.

Laryngospasmus

Die spastische Verengung des Kehlkopfes kann spontan ohne erkennbare Ursache, durch Manipulationen (Endoskopie) oder nach Inhalation reizender Stoffe (Rauch, ätherische Öle) auftreten.

Klinisches Bild

Die Katze zeigt plötzlich schwere Atemnot. Der Kopf wird gestreckt, die Katze nimmt eine geduckte Stellung mit gespreizten Ellbogen ein, oft wird die Zunge leicht vorgestreckt, die Pupillen sind geweitet, das Aussehen ist ängstlich. Meist werden Husten und starke Stenosengeräusche vernommen, die leicht dem Kehlkopf zuzuweisen sind (Auskultation). Bei längerer Dauer besteht eine deutliche Zyanose. In den meisten Fällen bleibt jedoch der Zustand nur kurze Zeit (bis zu einer Minute) bestehen, er kann jedoch mehrmals am Tag auftreten: Auch Episoden von wenigen Anfällen pro Monat sind bekannt.

Bei narkotisierten Katzen, denen ein Tracheotubus oder ein Endoskop eingeführt werden soll, schließt sich bei Berührung die Glottis krampfartig, so daß der Durchtritt unmöglich wird. Dies wiederholt sich bei den nächsten Versuchen. Tritt der Laryngospasmus während einer Narkose ein, so geben Atemstillstand und Blaufärbung der Schleimhäute direkte und sofortige Hinweise.

Diagnose

Wenn Manipulationen vorausgegangen sind (Tracheotubus, Endoskopie), ist die Diagnose bei den entsprechenden klinischen Zeichen (Atemnot bis Atemstillstand, Blaufärbung der Schleimhäute, Husten; Adspektion des Kehlkopfs durch Laryngoskopie) einfach zu stellen. Gleiches gilt für vorausgegangene Inhalation von Rauch oder reizenden Medikamenten, die man aus dem Vorbericht erfahren kann. Wesentlich problematischer stellen sich die spontan auftretenden und bei Vorstellung des Patienten oft nicht mehr erkennbaren Laryngospasmen dar. Die Laryngoskopie ergibt dann in manchen Fällen noch eine Rötung oder Schwellung, in anderen ist jedoch keine Veränderung sichtbar. In diesen Fällen muß man sich auf die Verdachtsdiagnose beschränken.

Differentialdiagnose

Kehlkopfkollaps (klinische Zeichen der Dyspnoe dauern ständig; endoskopische Untersuchung);

Trachealkollaps (bei der Katze extrem selten; die Dyspnoe ist ständig vorhanden; Röntgen, Endoskopie);

Asthma bronchiale (die Symptome können ebenfalls episodisch auftreten, dauern aber in der Regel wesentlich länger als beim Laryngospasmus).

Therapie

Die episodisch auftretenden Laryngospasmen werden mit Corticosteroiden, Prednisolon 0,5 mg/kg KM, im akuten Anfall bis zu 5 mg/kg KM, behandelt. Man sollte die intramuskuläre Injektion dem Besitzer zeigen, damit er sie im Notfall selbst durchführen kann.

Bei Rauchinhalation wird zusätzlich ein Diuretikum (Furosemid, 1 bis 2 mg/kg KM, Xipamid, 0,5 bis 1 mg/kg KM) gegeben. Außerdem wird die Katze in einen mit Sauerstoff beschickten Narkosekäfig verbracht.

Die bei Manipulationen am Kehlkopf auftretenden Spasmen lassen sich am besten durch ausreichende Narkose und Aufsprühen eines Lokalanästhetikums vermeiden. Sofern ein iatrogener Laryngospasmus

nicht spontan abklingt, muß eine Tracheotomie durchgeführt werden.
Nach Inhalationen auftretende Laryngospasmen erfordern keine besondere Behandlung.

Kehlkopfkollaps, Kehlkopfparalyse

Die beim Hund relativ häufige Krankheit kommt bei der Katze offenbar nur ausnahmsweise vor.

Klinisches Bild

Es kommt zu einem langsam fortschreitenden, in manchen Fällen aber plötzlichen Auftreten von Veränderungen der Stimme, die Katze miaut zunächst heiser, später bisweilen „tonlos".
Besonders inspiratorisch wird eine bisweilen schwere Atemnot beobachtet. In diesen Fällen besteht eine deutliche Zyanose. Bei leichtem Druck auf den Kehlkopf verstärken sich die Symptome. Oft sind die Tiere schon lange krank, bis der Tierarzt aufgesucht wird, da die Krankheit häufig nur langsam fortschreitet.
Die Ursache ist nicht bekannt.

Diagnose

Es ist erforderlich, eine direkte Untersuchung des Kehlkopfs mit Hilfe der Laryngoskopie durchzuführen. Der Kehlkopf erscheint sowohl in- als auch exspiratorisch weitgehend geschlossen. Oft sind die Stimmbänder ödematös und gerötet, vermutlich durch die forcierten Inspirationsversuche.
HARDIE u. M. (1981) haben elektromyographische Untersuchungen der Kehlkopfmuskulatur durchgeführt und konnten damit die Lähmung verifizieren.

Differentialdiagnose

In Frage kommen Trachealkollaps, Larynxödem, obturierende Neubildungen oder Fremdkörper. Die endoskopische Untersuchung kann in allen Fällen Klarheit bringen.

Therapie

Eine konservative Therapie ist nicht bekannt. Die einzige erfolgversprechende Behandlung ist die Kehlkopfplastik.

Neubildungen

Sie sind selten und dann in der Regel bösartig. Meistens werden Plattenepithelkarzinome und lymphomatöse Infiltrate beobachtet.
Das **klinische Bild** imponiert durch zunehmende Atemnot, Heiserkeit und schließlich Tonlosigkeit. Die **Diagnose** läßt sich durch endoskopische Adspektion, Biopsie und histologische Untersuchung leicht stellen. Die **Therapie** ist im Falle von Plattenepithelkarzinomen sehr wenig erfolgversprechend. Bei malignen Lymphomen kann eine konsequente Chemotherapie (s. d.) mehr oder weniger lange Remissionen ergeben.

Fremdkörper

Sie kommen bei der Katze wesentlich häufiger vor als beim Hund. Gefunden werden insbesondere Knochen von Beutetieren (vorwiegend Wirbel), Hartgräser und andere Pflanzenteile (Grannen, kleine Äste), Bindfäden, seltener Metallgegenstände.

Klinisches Bild

Typisch ist das plötzliche Einsetzen unstillbaren Hustens in der Regel mit Atemnot, inspiratorischem Stridor und Zyanose. Druck auf den Kehlkopf verstärkt die Symptome.

Diagnose

Die Untersuchung muß unter Narkose erfolgen. Die Laryngoskopie läßt den Fremdkörper leicht erkennen. Bisweilen sind aber besonders Bindfäden oder längere Pflanzenteile im Nasenrachengang verhakt, die nur zeitweise bei der Inspiration in den Kehlkopf hineingeraten. Bei begründetem Verdacht muß man also auch den Nasenrachengang endoskopisch untersuchen.

Differentialdiagnose

Bei Trachealfremdkörpern können die gleichen Symptome auftreten. Sie lassen sich durch Tracheoskopie leicht nachweisen.
Ganz ähnliche Symptome, wenn auch in der Regel mit geringerer Dyspnoe und ohne Zyanose einhergehend, werden bei Fremdkörpern in den Bronchen gesehen. Um sie auszuschließen, wird eine Röntgenuntersuchung des Thorax durchgeführt und eine Bronchoskopie angeschlossen.

Therapie

Die Entfernung des Fremdkörpers mit der Endoskopiezange gelingt einfach, wenn keine scharfen Kanten oder Widerhaken vorhanden sind. In diesen Fällen muß besonders vorsichtig vorgegangen werden, um die dabei entstehenden Verletzungen so gering wie möglich zu halten. Es läßt sich dabei oft nicht verhindern, daß selbst umfangreichere Blutungen entstehen. Sie verlaufen in aller Regel ohne Folgen. Wesentlich unangenehmer sind die im nachhinein oft auftretenden Ödeme und Glottiskrämpfe. Man sollte daher immer eine fünftägige Behandlung mit Corticosteroiden durchführen, anfangs als intravenöse Injektion (2 bis 5 mg/kg KM), danach 0,5 bis 1 mg/kg KM ggf. in Tablettenform, ausschleichend.

Krankheiten der Luftröhre

Tracheitis

Entzündliche Krankheiten der Luftröhre kommen nahezu ausschließlich zusammen mit Bronchitiden aus gleichen Ursachen vor. Häufig sind gerade bei den akuten Tracheitiden gleichzeitig auch Rhinitiden, Tonsillitiden, Pharyngitiden und Laryngitiden zu beobachten. Unter diesen Weiterungen sind die entzündlichen Erkrankungen der Luftröhre in der Regel zu sehen, ist das diagnostische und therapeutische Procedere zu berücksichtigen. Auslösende Ursachen sind Infektionskrankheiten des Respirationstrakts, insbesondere der Katzenschnupfenkomplex, ferner Mycoplasmen und Bordetellen. Unter den nichtinfektiösen Agentien kommen besonders heiße Luft, Rauch oder sonstige reizenden Gase in Frage. Keine sehr große Rolle scheinen bei der Katze Allergene zu spielen. Dagegen kann nach Intubation bisweilen eine Tracheitis gesehen werden. Aus diesen ätiologischen Gründen verläuft die Tracheitis der Katze in den weitaus meisten Fällen akut, eine chronische Tracheitis kommt kaum einmal vor.

Klinisches Bild

Auffallendstes Symptom ist der laute und trockene Husten. Für eine „isolierte" Tracheitis ohne Beteiligung der Bronchen ist produktiver Husten untypisch; sobald jedoch die Bronchen beteiligt sind, wird der Husten später in der Regel produktiv. Eine Tracheitis, die durch Druckeinwirkung (Tracheotubus), reizende Substanzen (Desinfektionsmittel an Tracheotubus oder Endoskop, Aspiration von Magensaft) oder durch Fremdkörper ausgelöst worden ist, kann allerdings eitrig-blutig sein, wenn auch in geringer Menge, und es können nekrotische Schleimhautfetzen ausgehustet werden.
Fieber, Leukozytose und beschleunigte Blutkörperchensenkungsreaktion sind für eine unkomplizierte Tracheitis untypisch. Wenn sie jedoch mit Symptomen von seiten der Lunge als Folge einer Allgemeininfektion oder tiefen Inhalation von Entzündungsprodukten einhergeht, werden diese Symptome in der Regel beobachtet.

Diagnose

Lauter spontaner, in der Regel unproduktiver, durch Druck auf die Trachea auch leicht auszulösender Husten ist typisch für eine Tracheitis. Sicherheit bringt die Endoskopie, die allerdings kaum einmal wegen einer akuten Tracheitis durchgeführt wird. Es zeigt sich dann eine höhere Rötung der Schleimhaut; in manchen Fällen ist eine stärkere Ramifikation zu erkennen. Die Trachealschleimhaut erscheint eher trocken. Sekretboli stammen nicht aus der Trachea, sondern aus den Bronchen, ebenso zerfetzte Sekretmassen, die durch Aushusten über die Trachealschleimhaut verteilt sein können.
Bei Inhalations- oder Aspirationstracheitiden werden hochgradige Rötungen gesehen. Wenn sehr stark reizende Substanzen (Magensaft, Desinfektionsmittel) in die Trachea geraten sind, können erhebliche Schleimhautnekrosen beobachtet werden, die sich in großen Fetzen ablösen; gleichzeitig werden ausgedehnte Ödeme bemerkt, die zu einem Atemhindernis bedeutenden Ausmaßes werden können.
Im Trachealsekret, das eventuell durch Waschung mit 0,9%iger Kochsalzlösung gewonnen werden kann, werden hauptsächlich Entzündungszellen (neutrophile Leukozyten mit zum Teil deutlichen Degenerationserscheinungen), ferner vereinzelt oder im Verband liegende, evtl. degenerierte Flimmerepithelzellen gefunden. Bakterien werden immer gefunden; massenhaftes Auftreten einer einzelnen Bakterienart spricht dagegen für eine – sekundäre – bakterielle Infektion. Das vermehrte Auftreten von eosinophilen Granulozyten, zum Teil auch von Lymphozyten und Plasmazellen, spricht für eine Inhalationsallergie. Degenerierte Flimmerepithelzellen in großen Verbänden zusammen mit Neutrophilen werden bei Eingüssen, Inhalations- oder Aspirationstracheitiden gefunden.

Differentialdiagnose

Wie schon erwähnt, kommen isolierte Tracheitiden nur selten vor. Vielmehr sind meist gleichzeitig weitere Bereiche der Atemwege erkrankt. Entsprechend werden die Symptome von seiten dieser Organe festzustellen sein: Niesen (Nase bis zum Nasen-Rachengang), Atemnot (Obstruktionen der Atemwege, dabei besonders inspiratorische Dyspnoe; Erkrankung der Lunge mit Gasaustauschstörungen, dabei in- und exspiratorische Dyspnoe, Zyanose, Hypoxämie, in schweren Fällen auch Hyperkapnie), Allgemeininfektionen gehen mit Beeinträchtigungen des Allgemeinbefindens einher, was bei unkomplizierten Tracheitiden in der Regel nicht der Fall ist, ferner mit Veränderungen der Leukozytenzahl und der Blutkörperchensenkungsreaktion.

Therapie

In den meisten Fällen heilen akute Tracheitiden mit der auslösenden Allgemeinkrankheit spontan aus.

Bei quälendem trockenen Husten sollte ein Antitussivum gegeben werden (Codein 0,25 mg/kg KM).
Breitspektrumantibiotika empfehlen sich bei bakteriellen, aber auch bei primär nichtinfektiösen, aber schwereren, insbesondere nektrotisierenden Tracheitiden. Geeignet sind etwa Ampicillin, Amoxicillin, Tetrazykline oder Trimethoprim-Sulfonamid-Kombinationen. Sie sollten noch etwa eine Woche nach Abklingen der akuten Symptome oder Behebung der Ursache weitergegeben werden.
Mit Ausnahme von Infektionskrankheiten, dagegen bei Allergien und durch heiße oder reizende Gase ausgelösten Tracheitiden eignen sich Corticosteroide: Prednisolon 1,0 bis 2,0 mg/kg KM als Anfangsdosis zweimal täglich, dann Reduzierung der Dosis, wenn möglich jeden zweiten Tag. Methylprednisolon-21-Acetat oder Triamcinolonacetonid als Langzeitcorticosteroide sind bei Allergien der Katze gut geeignet; gegeben werden 2 bis 4 mg/kg KM bzw. 1 bis 2 (3) mg/Katze. Wiederholung nach Bedarf. Ansonsten ist die kurzfristige Behandlung mit einem Kurzzeitcorticosteroid in jedem Falle vorzuziehen.
Inhalationen mit Kamillentee, grobe Teilchengröße, können ebenfalls angewandt werden.

Prognose

Sie ist im allgemeinen günstig.

Trachealkollaps

Die beim Kleinsthund häufige Krankheit, die auf einem unvollständigen Verschluß der Knorpelspangen beruht, kommt bei der Katze offenbar nur extrem selten vor. Sie wurde von uns bei einer sechsjährigen, besonders kurzköpfigen Perserkatze beobachtet, die schwere inspiratorische Dyspnoe mit Hustenanfällen und Zyanose aufwies. Das Tier zeigte die Symptome besonders nach kurzem Spielen. Bronchoskopisch fiel ein extremer Trachealkollaps mit hochgradiger Rötung und Ramifikation auf. Eine Behandlung wurde bei dieser Katze aus äußeren Gründen nicht durchgeführt. Erwägenswert wäre – wie beim Hund – die konservative Behandlung mit Corticosteroiden und Theophyllin.

Neubildungen

Tumoren der Luftröhre sind bei der Katze selten anzutreffen, jedoch offenbar häufiger als bisher angenommen worden ist. VEITH (1974) berichtet von einem Plattenepithelkarzinom bei einer älteren Katze, und SCHNEIDER u. M. (1979) entfernten ein Lymphosarkom aus der Trachea einer Siamkatze. Wir selbst konnten wiederholt maligne Lymphome in der Trachea sehen (BALLAUF und KRAFT, 1993).
Häufiger als intramurale Stenosen durch Tumoren kommen jedoch extramurale, intrathorakale Kompressionen vor, wobei der tumorös entartete Thymus oder maligne Lymphome der Lungenlymphknoten am häufigsten die Ursache darstellen.

Klinisches Bild

Im Vordergrund bei Tumoren im Wandbereich der Trachea steht die zunehmende Dyspnoe, die anfangs besonders inspiratorisch, später auch mit einem deutlichen exspiratorischen Anteil auffällt. Sie wird besonders stark bei körperlicher Anstrengung oder Aufregung und veranlaßt die Katze zur Mundatmung (Hecheln). Sehr rasch tritt dann eine deutliche Zyanose auf. Auskultatorisch lassen sich Stenosengeräusche am lautesten über der Trachea und – fortgeleitet und weniger laut – über der Lunge hören. Es besteht Husten, der bei Lymphosarkomen meist trocken oder nur gering feucht, bei ulzerierenden Tumoren dagegen produktiv, mißfarben und übelriechend ist.
Bei extramuraler Kompression der Trachea bestehen ständig Dyspnoe und Tachypnoe, da gleichzeitig auch die Lunge stark komprimiert wird. Auch sie werden durch Anstrengung und Aufregung verstärkt. Es können jedoch keine oder zumindest weniger deutliche Stenosengeräusche auskultatorisch festgestellt werden.

Diagnose

Intramurale Trachealtumoren lassen sich durch Röntgenuntersuchung und durch Endoskopie feststellen. Eine gezielte Biopsie ist am besten bei der endoskopischen Untersuchung durchzuführen.
Extratracheale Tumoren, die zur Kompression der Trachea führen, werden durch Palpation (Halsbereich) oder durch Röntgenuntersuchung (Thoraxbereich) erkennbar.

Differentialdiagnose

Intraluminale Obturationen etwa durch Fremdkörper verlaufen im Gegensatz zu Tumoren perakut und führen zu anfallsartigem lauten Husten. Sie können endoskopisch leicht diagnostiziert werden.
Verletzungen der Trachea, die zu Stenosen geführt haben, können meist von außen, sicher aber über die Tracheoskopie festgestellt werden.
Nicht unerwähnt bleiben dürfen differentialdiagnostisch Herzinsuffizienzen, die ebenfalls langsam entstehen und zu Atemnot und Husten führen können. Sie lassen sich durch spezielle Herzuntersuchung erkennen.

Therapie

Bei umschriebenen Tumoren, die etwa von den Knorpelringen oder der Schleimhaut ausgehen, ist eine Exstirpation erfolgversprechend. Maligne Lymphome können vorübergehend erfolgreich zytostatisch behandelt werden. Es sei jedoch wieder auf die Tatsache hingewiesen, daß unter der zytostatischen Therapie auch vorher FeLV-Antigen-negative Katzen fakultativ wieder positiv und damit zu Ausscheidern werden können.

Fremdkörper

Sie kommen bei der Katze wesentlich seltener vor als beim Hund. Sie bestehen meist aus Pflanzenteilen (Hartgras, Zierpflanzen, Grannen) und bleiben meist vor der Bifurkation oder in den Bronchen stecken.

Klinisch steht der plötzlich einsetzende laute, unstillbare, trockene Husten im Vordergrund („Fremdkörperhusten"). Wird der Fremdkörper nicht entfernt, so entwickelt sich zunächst örtlich, dann durch Aspiration und Hinablaufen des Sekrets eine um sich greifende eitrige Tracheobronchitis.

Die **Diagnose** läßt sich röntgenologisch erst stellen, wenn bereits eine stärkere Exsudation stattgefunden hat. Dagegen erkennt man den Fremdkörper, oft umgeben von eitrigem Sekret und reaktiver Entzündung, durch Endoskopie am besten mit einem flexiblen Endoskop, mit dem man gegebenenfalls auch in die tieferen Bronchen vordringen kann, leicht.

Therapie

Über den Arbeitskanal des Endoskops läßt sich der Fremdkörper in den meisten Fällen gut entfernen. Wenn Pflanzenteile allerdings länger liegen oder verkeilt sind, müssen sie oft stückchenweise entfernt werden. Eine antibiotische Therapie soll sich in jedem Falle anschließen, insbesondere wenn bereits eine eitrige Entzündung um sich gegriffen hat.

Krankheiten der Bronchen und der Lunge

Krankheiten der Bronchen

Überraschenderweise gibt es wenige Berichte über spezielle Untersuchungen zu Erkrankungen der Bronchen bei der Katze, obgleich sie als recht häufig gelten können. Dies liegt einerseits daran, daß die Durchführung aufwendigerer klinischer Untersuchungsmethoden bei der Katze beschränkt ist, andererseits auch wenig Erfahrung von seiten der pathologischen Anatomie und Histologie vorliegt, da Katzen mit Bronchitits überleben und daher nicht zur Sektion gelangen. Dies macht andererseits aber auch die Beschreibung der Gruppe von Krankheiten der Bronchen bei der Katze nicht leicht. Selbst die Bezeichnungen und Definitionen einzelner Krankheitsgruppen sind problematisch, da sie häufig von der Humanmedizin abgeleitet werden und relativ kritiklos auf die Katze übertragen worden sind. Insofern sind aus medizinischen und didaktischen Gründen wichtige Krankheitsabgrenzungen und -einteilungen bei der Katze schwierig. Wenn sie dennoch versucht werden soll, so deshalb, weil die verschiedenen Krankheiten der Bronchen und der Lunge – entsprechend ihrer Ätiologie – oft unterschiedlich behandelt werden müssen.

Generell kann festgestellt werden, daß bei den meisten Bronchialerkrankungen obstruktive Elemente vorherrschen, so daß eine erhöhte Resistenz in den Luftwegen besteht. Die Folge ist eine Dyspnoe, die überwiegend inspiratorisch, aber vielfach verbunden mit einem deutlichen exspiratorischen Anteil ist (gemischte Dyspnoe, insbesondere bei felinem Asthma oder COP).

Bronchitis, Bronchiolitis

In der Regel liegen primäre virale Infektionen zugrunde, die sekundär bakteriell infiziert sein können; primär bakterielle Bronchitiden sind selten, wohl mit Ausnahme der in Mitteleuropa bei der Katze zumindest zur Zeit sehr seltenen Tuberkulose. Häufige Sekundärerreger sind Pasteurellen und Bordetellen, aber auch ubiquitäre Eitererreger. Sehr selten sind Mykosen anzutreffen. Nichtinfektiöse Ursachen sind Aspiration von Futter, Magensaft oder Fremdkörpern, Inspiration von (heißen) Rauchgasen, Intubation. Allergische Bronchitiden kommen auch bei der Katze zweifellos vor; ihr exakter Nachweis ist aber schwierig. Sekundär können Bronchitiden durch Kontamination mit infizierten Sekreten aus den oberen Luftwegen zustande kommen (Rhinitis, Sinusitis, Pharyngitis).

Eine Rolle spielen können immunsuppressive Vorgänge, seien sie durch Viren wie FeLV oder FIV oder iatrogen durch Corticosteroide oder Zytostatika ausgelöst. Auch durch längere Antibiotikabehandlung kann die normale Flora der Luftwege verändert werden, so daß resistente pathogene Krankheitserreger überwiegen.

Klinisches Bild

Bronchitiden und Bronchiolitiden können akut oder chronisch verlaufen. Im Vordergrund steht Husten, der bei akuten Bronchitiden und Bronchiolitiden infolge von viralen Infektionskrankheiten anfangs trocken, dann produktiv ist. Er tritt häufig anfallsartig auf. Danach ist die Dyspnoe, die in Ruhe nicht oder kaum zu erkennen ist, verstärkt, die Katze macht einen erschöpften Eindruck. Oft besteht gleichzeitig schleimig-eitriger Nasenausfluß.

In der Regel ist eine Entzündung allein der Bronchen nicht oder nur gering fieberhaft. Es werden keine oder nur geringe Grade von Leukozytosen festgestellt, die Blutkörperchensenkungsreaktion ist nicht beschleunigt. Diese Verhältnisse ändern sich dann, wenn die zugrunde liegende Krankheit auf Allgemeinerkrankungen, besonders Infektionskrankheiten, zurückzuführen ist oder wenn Komplikationen etwa in Form von Pneumonien hinzutreten.

Die auskultatorische Untersuchung ergibt verschärftes Bronchialatmen (wobei das Bronchialatemgeräusch bei der Katze normalerweise schon stärker als beim Hund ist), Stridor (hiemende und giemende Atemgeräusche), bei chronischer Bronchiolitis auch trockene Rasselgeräusche. Bei generalisierter Bronchitis/Bronchiolitis kann die Atembeschwerde insbesondere nach Aufregung oder Anstrengung so stark sein, daß Mundatmung und Zyanose gesehen werden. Andererseits kann bei ruhiger Untersuchung auch jegliches Zeichen einer Dyspnoe fehlen. Im Vordergrund steht die exspiratorische Dyspnoe, die allerdings in schwereren Graden einen deutlichen inspiratorischen Anteil aufweisen kann.

Der Perkussionsschall stellt sich unauffällig dar; jedoch sind die Lungengrenzen besonders bei chronischer Bronchitis erweitert und tympanisch. Die exakte Feststellung ist in vielen Fällen, besonders bei jungen und kleinen Katzen, unsicher. Bei der Perkussion kann oft Husten ausgelöst werden.

Manche Katzen verweigern die Futter-, bisweilen auch die Wasseraufnahme. Dann bestehen Abmagerung bzw. auch Dehydratation.

Diagnose

Außer den bereits beschriebenen Untersuchungsverfahren ist in jedem Falle eine Röntgenaufnahme zu machen. In vielen Fällen stellt sich die Lunge (fast) unverändert dar. Andererseits wird eine m. o. w. deutliche Bronchialzeichnung festgestellt. In manchen Fällen ist gleichzeitig das Lungeninterstitium verdichtet, seltener werden auch alveoläre Verschattungen als Zeichen einer Atelektase oder des Übergangs in eine Bronchopneumonie gesehen. Als Zeichen einer obstruktiven Bronchitis/Bronchiolitis werden oft eine Erweiterung der Lungengrenzen und eine Aufhellung des kaudalen Lungenlappens und Abflachung der Zwerchfellkuppel beobachtet; die Blutgefäße werden dann schlechter abgebildet. Als Zeichen der Atemnot besteht eine starke Luftfüllung des Magens (Luftschlucken, Aerophagie). Wichtig ist die Beachtung der Herzform und -größe. Besonders bei länger bestehender Bronchitis kann das rechte Herz als Zeichen einer Druckerhöhung vergrößert sein.

Die endoskopische Untersuchung, die besonders bei chronischen Krankheitsbildern durchgeführt werden sollte, ergibt unterschiedliche Bilder: In vielen Fällen erkennt man „Bolus-"artige Ansammlungen eitrigen Sekrets in der Trachea, das sich beim Atmen leicht hin- und herbewegt. Nach Hustenanfällen kann es zerrissen und über die Trachealwand verstreut sein. Die Bifurkation und die tieferen Bronchen, bei Mitbeteiligung der Trachea auch die Trachealschleimhaut, erscheinen m. o. w. gerötet, bisweilen ramifiziert. Als Zeichen eines Ödems kann die Bifurkation verbreitert sein. Bei Druckerhöhung im Thorax infolge von Air-trapping bei chronischer obstruktiver Bronchopathie ist die Bifurkation ebenfalls verbreitert, die Bronchen sind verengt. Ihr Lumen verändert sich mit jedem Atemzug: Exspiration führt zur Verengung, Inspiration zur Erweiterung. Häufig lassen sich Sekretbahnen in mehrere Bronchen verfolgen.

Bei nichtinfektiösen Ursachen werden bisweilen schwere Schleimhautdefekte, die im Falle von örtlichen Schädigungen (Intubation) umschrieben sind, festgestellt.

Gute diagnostische und damit therapeutische Hinweise vermag die Zytologie zu geben. Bei akuten Bronchitiden/Bronchiolitiden mit bakterieller Sekundärinfektion herrschen neutrophile Granulozyten, oft mit degeneriertem Kern, und Bakterien vor. Massenhaft Sekret wird – außer im Anfangsstadium – gefunden. In manchen Fällen liegen Makrophagen vor. Vermehrte Eosinophilenanteile sprechen für eine allergische Komponente.

Bei nichtinfektiösen Ursachen werden außer neutrophilen Granulozyten und evtl. Bakterien auch massenhaft, oft im Verband liegende Flimmerepithelien gefunden, die teilweise degeneriert sein können.

In jedem Falle sollte eine bakteriologische Untersuchung angeschlossen werden, die auch ein Antibiogramm enthalten sollte. Dabei ist jedoch zu berücksichtigen, daß Bakterien oder Mykoplasmen Sekundärerreger einer vorausgegangenen Primärkrankheit sein können.

Seltener wird eine Biopsie durchgeführt. Sie bietet sich bei allen unklaren Röntgen- oder Endoskopieveränderungen insbesondere bei Umfangsvermehrungen an und kann als Schleimhautbiopsie der Trachea und Bronchen über den Arbeitskanal des Endoskops oder als Blindbiopsie der Lunge transkutan oder ebenfalls durch den Arbeitskanal des Endoskops durchgeführt werden.

Therapie

Akute Bronchitiden und Bronchiolitiden heilen in der Regel mit der Grundkrankheit ab. Man kann die Heilung jedoch unterstützen, bei bakterieller Bronchitis auch kausal behandeln.

• Zu Beginn, wenn ein quälender trockener Husten vorliegt, empfiehlt sich die Gabe von *Antitussiva:* Codein 0,25 mg/kg KM. Dies verbietet sich, sobald der Husten produktiv wird. Die gleichzeitige Gabe von Antitussiva und Expektorantien, wie sie auch in manchen Spezialitäten als Arzneimittelkombinationen vorliegen, ist fast immer unsinnig und kontraindiziert.

• Von Bedeutung ist die Behandlung bakterieller (Sekundär-)Infektionen. Hierzu eignen sich *Breitspektrumantibiotika oder Sulfonamid-Trimethoprim-Kombinationen.* Wenn eine Bronchoskopie durchgeführt wird, sollte man unbedingt Sekret zur bakteriologischen Untersuchung und zum Anfertigen eines Antibiogramms gewinnen.

Geeignet sind

Ampicillin 25 mg/kg KM dreimal täglich;
Amoxicillin 10 mg/kg KM zweimal täglich;
Kanamycin 15 bis 25 mg/kg KM auf dreimal täglich verteilt (nephrotoxisch!);
Erythromycin 25 mg/kg KM auf zweimal täglich verteilt (relativ enges Wirkungsspektrum);
Tylosin 20 mg/kg KM auf zweimal täglich verteilt (wirksam auch bei Mycoplasmen);
Enrofloxacin 5 mg/kg KM zweimal täglich;
Chlortetracyclin 15 bis 25 mg/kg KM zwei- bis dreimal täglich;
Oxytetracyclin 15 mg/kg KM zwei- bis dreimal täglich;
Doxycyclin 10 mg/kg KM, zweimal täglich, besonders bei Verdacht auf Chlamydieninfektion;
Sulfonamid-Trimethoprim 30 mg/kg KM zweimal täglich.

• Da sowohl bei akuten als auch besonders bei chronischen Bronchitiden spastische Komponenten eine Rolle spielen und damit Atemnot hervorrufen und den Gasaustausch behindern, sind *Bronchospasmolytika* erforderlich. Verwendung finden Methylxanthine und Parasympatholytika (UNGEMACH, 1994).

β_2-Sympathomimetika:

Geeignet sind Clenbuterol 0,8 µg/kg KM einmal täglich.

Salbutamol 50 µg/kg KM auf dreimal täglich verteilt.

Methylxanthine:

Theophyllin 4 mg/kg KM zwei- bis dreimal täglich.

• *Corticosteroide* verbieten sich bei akuten infektiösen Bronchitiden. Bei chronischen Bronchopathien in Form der COP oder des felinen Asthmassind sie jedoch als Mittel der Wahl anzusehen (s. Chronische obstruktive Pneumopathien).

• *Expektorantien* haben das Ziel, den Sekretstau zu lösen. Eine ätiologische Therapie ist mit ihnen nicht möglich, sie vermögen jedoch die Heilung zu unterstützen. Sie werden unterteilt in Sekretolytika, Mukolytika und Sekretomotorika.

Sekretolytika:

- Ammoniumchlorid 10 bis 15 mg/kg KM zwei- bis dreimal täglich
- Bromhexin (z. B. Bisolvon®) 0,5 bis 1,0 mg/kg KM (zwei- bis) dreimal täglich
- Die beim Pferd angewandte Sekretolyse mit 0,9%iger Kochsalzlösung ist bei der Katze ohne Bedeutung; sie kann jedoch als Inhalationsbehandlung erfolgreich durchgeführt werden.

Mukolytika:

- Acetylcystein (Fluimucil®) 5 mg/kg KM zwei- bis dreimal täglich, kombinieren mit Bronchospasmolytika.

  Die übrigen Mukolytika, ebenso die Sekretomotorika, spielen bei der Katze keine Rolle.

• Nichtinfektiöse Bronchitiden, insbesondere durch reizende Gase, Aspiration oder mechanische Einflüsse ausgelöste, werden mit Antibiotika, Prednisolon (Anfangsdosis 2 bis 5 mg/kg KM i. v.), Diuretika (Furosemid 1 bis 2 mg/kg KM i. v.; Xipamid, 0,5 mg/kg KM i. v.) behandelt. In schweren Fällen ist eine Intubation erforderlich.

Allergische Bronchitis, Felines Asthma bronchiale

Die zum klinischen Bild der chronischen obstruktiven Lungenkrankheiten gehörende allergische Bronchitis und Bronchiolitis (chronische obstruktive Pneumopathie, COP, chronic obstructive pulmonary disease, COPD) oder das Feline Asthma bronchiale kommt bei der Katze jedenfalls nach klinischer Erfahrung recht häufig vor. Es handelt sich dabei um eine allergische Reaktion nach dem Typ I. Je nach Allergenexposition können die damit verbundenen Atembeschwerden sporadisch oder chronisch auftreten.

Ursächlich werden eine ganze Reihe von Allergenen vermutet. Der exakte Nachweis ist jedoch kaum möglich, insbesondere da keine systematischen Untersuchungen zu diesem Thema vorliegen. In einzelnen Fällen konnten Zigarettenrauch, Fußbodenpflegemittel und Sprays als wahrscheinliche Allergene ausfindig gemacht werden; es kann vermutet werden, daß auch Hausstaub und Hausstaubmilbe ursächlich in Frage kommen. Auch in Verbindung mit chronischen Entzündungen der Luftwege wird die Krankheit beobachtet.

Pathophysiologisch muß bei der Allergie nach Typ I zunächst eine Sensibilisierung gegen das betreffende Allergen stattfinden. Es wird Immunglobulin (IgE) in den Bronchialwänden gebildet. Bei erneutem Kontakt mit dem Allergen kommt es zur allergischen Reaktion mit Degranulation der Gewebsmastzellen und Freisetzung biogener Amine wie Histamin, Kinine, Slow Reacting Substances of Anaphylaxis (SRSA) und dem Chemotaktischen Faktor der Eosinophilen. Die Folgen treten sofort ein:

- Konstriktion der Bronchiolen (die Mediatoren aktivieren Rezeptoren der glatten Muskulatur)
- Erhöhung der Kapillarpermeabilität (Entzündung)
- Dyskrinie

Hieraus lassen sich die klinischen Symptome erklären und die Therapie ableiten.

Klinisches Bild

Charakteristisch ist das plötzliche Einsetzen der Krankheitssymptome. Sie können mild sein, sind aber bisweilen so gravierend, daß ein echter Notfall entsteht. Im Vordergrund steht die Atemnot, die höchstgradige Ausmaße mit Mundatmung, vorgestreckter Zunge, Tachypnoe und der charakteristischen Körperhaltung bei schwerer Dyspnoe annehmen kann: Kauern auf den vier Pfoten mit abduzierten Ellbogen. Die Pupillen und Augen sind ängstlich geweitet, der Kopf wird leicht gestreckt. In diesen schweren Fällen ist eine Zyanose immer vorhanden. Oft kann man schon auf die Entfernung deutliche Stenosengeräusche bei der Atmung hören. Die Katze zeigt keineswegs immer Husten. Wenn sie jedoch hustet, ist er unproduktiv oder nur wenig feucht (Dyskrinie!). Der Anfall kann wenige Minuten bis Stunden dauern, oder das Krankheitsbild bleibt dauernd unverändert bestehen, bis therapeutisch eingegriffen wird.

Bei der Auskultation werden hochgradige Stridorzeichen vernommen: Besonders inspiratorisch lassen sich deutliches Hiemen und Giemen hören. Labordiagnostisch werden – infolge der Streßsituation – Neutrophilie und Hyperglykämie festgestellt. Das Röntgenbild kann unauffällig sein. In anderen Fällen zeigen sich Zeichen von Air-trapping bis zum Lungenemphysem: Aufhellung besonders der Lungenränder und Abflachung und Kaudalverschiebung des Zwerchfells mit vergrößertem Spalt zwischen Herzschatten und Zwerchfell. Die Bronchialwände sind verdickt und zeigen das typische Bild der „eisenbahnschienenartigen" Bronchialwände und der ringförmigen Verdickung der Bronchen („Donuts"). In aller Regel besteht Aerophagie mit starker Luftfüllung des Magens und oft auch des Darms.

Besondere Bedeutung kommt der Untersuchung des Bronchialsekrets zu, das am besten während einer Bronchoskopie gewonnen wird. Bronchoskopisch läßt sich makroskopisch oft nur sehr wenig Sekret erkennen, bisweilen aber in Form eines sehr zähen „Bolus" im intrathorakalen Teil der Trachea. Wenn nur wenig Sekret vorhanden ist, führt man eine Bronchialwaschung durch. Bei allergischer Bronchitis findet man zahlreich bis massenhaft (bis zu 100 %) eosinophile Granulozyten in der Spülflüssigkeit, daneben Lymphozyten, Plasmazellen, Neutrophile, bisweilen Curschmann-Spiralen.

Bei längerer Dauer der allergischen Bronchitis kommt eine Hypertonie im kleinen Kreislauf mit Cor pulmonale zustande. Durch die mangelhafte Beatmung wird eine reflektorische Engstellung der Lungenblutgefäße ausgelöst. Insgesamt kann durch die Freisetzung von Adrenalin eine Blutdruckerhöhung resultieren. Die Folgen sind Hypoxämie und Hyperkapnie. Hierdurch wird die Tachypnoe verstärkt. Außerdem kommt eine Druckerhöhung im Gehirn zustande.

Diagnose

Das klinische Bild mit überwiegend inspiratorischer Dyspnoe, Tachypnoe, Stridor und seinem plötzlichen Einsetzen, die Röntgenuntersuchung sowie der in den meisten Fällen typische zytologische Befund des Bronchialsekrets machen die Diagnose in der Regel leicht.

Differentialdiagnose

- Pneumothorax (Perkussionsbefund: tympanischer Schall, Röntgenbild lateral und dorsoventral: kollabierter Lungenflügel, stark aufgehellter Thorakalspalt)
- Thoraxerguß (entsteht – außer bei Blutungen – langsamer, Perkussionsbefund: leerer Schall, Röntgenbild: typische Verschattung, Thorakozentese: Flüssigkeitsaspiration)
- Tumor (entsteht langsamer, typisches Röntgenbild)
- Pneumonie (Röntgenbild: alveoläre oder interstitielle oder gemischte Verschattung, Fieber)
- Lungenödem (meist feuchte bis sehr feuchte Rasselgeräusche, feuchtes Hüsteln, Abgang von Schaum aus Mund und Nase, Röntgenbild: Verschattung)
- Zwerchfellruptur (die Röntgenaufnahme bringt in der Regel Klarheit)

Therapie

- Verbringen in einen Narkosekäfig zur Sauerstoffbeatmung (2 l/min).

- Bronchospasmolytika: Theophyllin 0,5 mg/kg KM langsam i. v., später 4 mg/kg KM zwei- bis dreimal täglich per os.
- Clenbuterol 0,8 µg/kg KM auf einmal täglich.
- Corticosteroide: Prednisolon, wäßrige Lösung, 2 bis 5 mg/kg KM i. v.

Bei chronisch an Asthma bronchiale leidenden Patienten müssen diese Maßnahmen als Dauerbehandlung per os durchgeführt werden:

- Theophyllin 4 mg/kg KM auf dreimal täglich verteilt.
- Prednisolon 0,5 bis 1 mg/kg KM zweimal täglich.

Sofern mit Prednisolon kein ausreichender Erfolg eintritt, wird ein anderes Corticosteroid angewandt, z. B. Dexamethason 0,05 bis 0,07 (bis 0,1 mg)/kg jeden zweiten Tag.

- Langzeitcorticosteroid: Methylprednisolon-21-Acetat 2 bis 4 mg/kg KM i. m., Wiederholung nach zwei bis vier Wochen. Triamcinolonacetonid 1 bis 2 (3) mg/Katze [andere Empfehlung: 0,2 bis 0,3 mg/kg KM].

Für akute Notfälle sollte man den Besitzer in der intramuskulären, mindestens aber in der subkutanen Injektion unterweisen, damit er notfalls sofort selbst eingreifen kann.

Pneumonie

Unter Pneumonie versteht man die Entzündung des Lungenparenchyms, wobei die Bronchopneumonie von den Bronchen und Bronchioli ausgeht und durch Fortleitung über die Luftwege, die Lymphgefäße, die

Tabelle 2: Pneumonie: Terminologie, Ätiologie und morphologische Charakteristika (nach McKIERNAN, 1983, modifiziert).

Typ und morphologische Charakteristika	Ursachen
Bronchopneumonie (Katarrhalische, exsudative Pneumonie) Anteroventrale Lokalisation, verschiedene Lappen in unterschiedlichen Phasen	Infektionen; Parasiten (Aelurostrongylus; Toxoplasma) allergisch (eosinophile Pneumonie; Astham, Aspiration):
Lobäre Pneumonie (fibrinöse Pneumonie). Gesamter Lungenlappen in gleicher Phase, zusammen mit Pleuritis	Infektionen; Aspiration; perforierendes Trauma; Parasiten; Torsion des Lungenlappens.
Intersitielle Pneumonie (Pneumonitis des engl. Sprachraums, milare Pneumonie). Diffus, alle Lappen betreffend, gewöhnlich perihiläre Lokalisation	Infektionen (initial und in der Heilphase, gewöhnlich bei viralen Infektionen, Septikämie und Toxämie systemischer Krankheiten); Larva migrans und adulte Parasiten; Toxämie (Urämie); toxische Gase; Aspiration; Allergie; Embolie.
Embolische Pneumonie, Thromboembolie, Infarkte Disseminiert, kaufdale Lappen bevorzugt, gewöhnlich periphere Lokalisation	Infektionen mit Eitererregern (Staph. aureus, Streptokokken); Septikämie; Parasiten (Aelurostrongylus, Toxoplasmen); Endokarditis; Herzversagen; Koagulophathie, Fettembolie.
Granulomatöse Pneumonie Zwerchfellappen, perihiläre Lokalisation, perihiläre Lymphadenopathie	Infektionen; Mykosen; Tuberkulose; Parasiten; Fremdkörper; Aspiration (Mineralöl).
Aspirationspneumonie Mittel- und Anhangslappen bevorzugt	Dysphagie; nervale Störungen, Bewußtlosigkeit, Anästhesie.
Atelektase Mittellappen bevorzugt	Vollständige Obstruktion von Bronchen oder Bronchiolen (Bronchiolitis; Aspirationspneumonie), Kompressions-Atelektase (Pleuraerguß, Pneumothorax).
Abszesse, Kavernen Zwerchfellappen bevorzugt	Infektionen oder Embolie mit Eitererregern; Pilze; Parasiten; Aspiration; Fremdkörper; Trauma; Obstruktion der Bronchen; primäre Neoplasmen.
Neoplasmen	Sekundäre oder primäre mit oder ohne Sekundärinfektionen.
Gangrän	Schwere Infektionen; Aspiration sauren Magensafts.

Wände der Bronchen und Bronchioli über das peribronchiale Gewebe das Lungenparenchym erfaßt. Ursachen sind bakterielle Infektionen, die nach einer vorausgegangenen Virusinfektion manifest werden. Prädisponierend können auch alle immunsuppressiven Vorgänge sein: Infektionen mit FeLV oder FIV, Corticosteroid-Langzeitbehandlung, Immunsuppressiva einschließlich zytostatischer Behandlung. Die Erreger sind ähnlich wie bei akuter Bronchitis: Pasteurella multocida, Bordetella bronchiseptica, Klebsiellen, Escherichia coli, Proteus sowie Staphylococcen und Streptococcen. Seltene Ursachen sind Toxoplasmose, Pilzinfektionen, Parasiten. Die Bronchopneumonie ist in der Regel eine lobuläre (Herdpneumonie) oder lobäre Krankheit; sie kann sich jedoch auf weitere Teile der Lunge ausdehnen. Es entsteht ein eitriges Exsudat. Durch Exsudation und zellige Infiltration kann eine umfangreiche, ganze Lungenlappen erfassende Gewebsverdichtung zustande kommen, so daß nur noch die größeren Bronchen belüftet sind.

Nichtinfektiöse Ursachen einer Bronchopneumonie, die jedoch in den meisten Fällen im Verlaufe der Krankheit infiziert werden, sind Rauchinhalationen, bei denen sowohl eine chemische als auch eine thermische Komponente als Auslöser der Pneumonie vorliegen kann, ferner Aspiration reizender Substanzen (Futter, insbesondere Aspiration sauren Magensafts, Desinfektionsmittel, Medikamente, besonders Mineralöle, wie Paraffinum liquidum).

Dagegen ist bei der interstitiellen Pneumonie das Stützgewebe der Lunge betroffen. Auslösende Ursachen sind besonders Viren, insbesondere das Feline Herpesvirus und das Calicivirus, zum Teil auch Reoviren kommen in Frage; auch das feline Coronavirus wird beschuldigt. Als weiterer häufiger Erreger ist Chlamydia psittaci anzutreffen („Katzenpneumonitis"). Auch bakterielle Septikämien, bei denen die Bakterien über Blut und Lymphe in das Interstitium gelangen, führen zu interstitiellen Pneumonien. Toxischer Natur sind die im Verlaufe von Urämien auftretenden interstitiellen Pneumonien. Ferner kommen Inhalationen von Toxinen, Allergene und Parasiten als Ursachen vor. Im Interstitium kann eine vermehrte Flüssigkeitsfüllung festgestellt werden. Bleibt die interstitielle Pneumonie länger bestehen, so kommt es zur Gewebsverdichtung und zur Verbreiterung des Interstitiums. Oft geht die interstitielle in eine alveoläre Pneumonie über, wie auch umgekehrt zunächst alveoläre Bronchopneumonie interstitielle Komponenten aufweisen können.

Klinisches Bild

Die auffälligsten Symptome sind Dyspnoe, Tachypnoe, Fieber, gestörtes Allgemeinbefinden, Anorexie, im Falle von Bronchopneumonien Husten, der bei reiner interstitieller Pneumonie jedoch fehlt, bis eine Exsudation in Alveolen und Bronchiolen stattfindet. In schweren, ausgedehnten Fällen kann eine

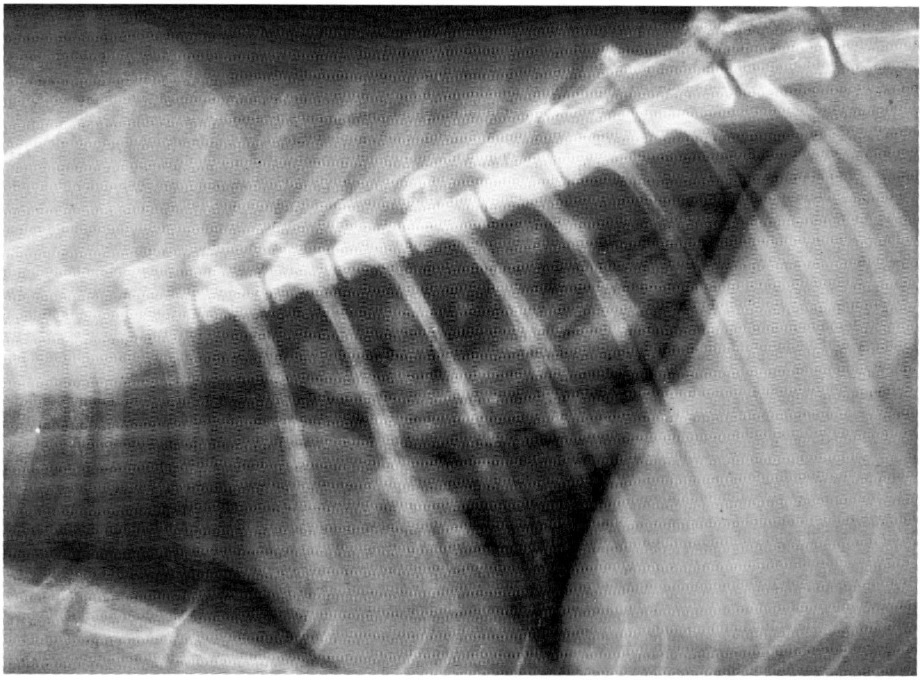

Abb. 13: Mykotische granulomatöse Pneumonie (gleichzeitig mykotische Enzephalitis).

deutliche Zyanose bestehen, die Tiere zeigen Mundatmung, ängstlichen Gesichtsausdruck, sitzen geduckt in Brust-Bauch-Stellung mit abgestellten Ellbogen. Meist besteht Nasenausfluß. Die auskultatorischen Lungenbefunde sind bisweilen sehr diskret; in anderen Fällen können verschärftes Vesikuläratmen, feuchte Rasselgeräusche, bei Lungengewebsverdichtungen auch Röhrenatmen gehört werden. Der Auskultationsbefund ist bei der Katze wenig aussagekräftig. Bisweilen meint man eine abgekürzte Schallqualität festzustellen (unsicher bei Verdichtungen und Sekretansammlungen), ein ins Tympanische gehender Schall kann bei vikariierendem Emphysem vorkommen (meist in den Kaudallappen im dorsalen Bereich).

Die Röntgenaufnahme ergibt eine auf einen Lungenlappen beschränkte oder auch auf mehrere Lappen ausgedehnte alveoläre Verschattung bei Bronchopneumonie. Bei interstitieller Pneumonie sind zumindest anfangs keine deutlichen Symptome zu erkennen; später jedoch entwickelt sich eine verstärkte interstitielle Zeichnung, die dann auch mit alveolärer Zeichnung kombiniert ist. Oft bestehen lobäre Verdichtungen (lobäre Pneumonie). Aerobronchogramme sind dann gut sichtbar. Bei länger anhaltender Pneumonie wird eine Erweiterung der Herzsilhouette rechtsseitig beobachtet.

Labordiagnostisch ergibt sich in den meisten Fällen – außer bei akuten, nichtkomplizierten viralen Infektionskrankheiten – eine deutliche Leukozytose, in manchen, aber keineswegs allen Fällen mit relativer und/oder absoluter Linksverschiebung. Die Blutkörperchensenkungsreaktion ist stark beschleunigt. Meist wird eine milde bis mittelgradige Hyperglykämie festgestellt (cave Verwechslung mit Diabetes mellitus).

Eine Bronchoskopie sollte nur durchgeführt werden, wenn notfalls mit einer Sauerstoff-Luftgemischbeatmung eingegriffen werden kann. Sie ist indiziert, wenn Sekret zur zytologischen und bakteriologischen Untersuchung gewonnen werden soll. Andere Möglichkeiten zur Materialgewinnung sind die transtracheale Aspiration oder die Feine-Nadel-Lungenbiopsie, wobei in letzterem Falle auch eine histologische Untersuchung möglich ist, die allerdings auch über die Bronchoskopie erfolgen kann. Bei bakteriellen Pneumonien werden massenhaft Leukozyten (neutrophile Granulozyten mit zum Teil pyknotischem Zellkern) und Bakterien gefunden, die teilweise auch intrazellulär liegen. Die Zahl der Epithelzellen ist gering, sie können bei Bronchopneumonie jedoch degeneriert sein. Den Hintergrund des Zellausstrichs bildet bläulich gefärbtes Sekret. Bei Bronchiolitis werden Curschmannsche Spiralen gefunden. Virale Pneumonien geben kein typisches Zellbild ab. Dagegen können bei Chlamydiose hin und wieder die Erreger gefunden werden. Bei Mykosen lassen sich ebenfalls die Erreger nachweisen.

Inhalationspneumonien zeigen einen starken Anstieg der Leukozyten, ferner vermehrt zum Teil degenerierte Flimmerepithelien.

Außerdem werden oft massenhaft Makrophagen gefunden, die zahlreiche Vakuolen und phagozytierte Fremdkörpersubstanz enthalten. Sehr deutlich wird dies bei Eingußpneumonien; besonders eindrucksvoll sind die in den Makrophagen liegenden Paraffintropfen bei versehentlich in den Respirationstrakt gelangtem Paraffinum liquidum.

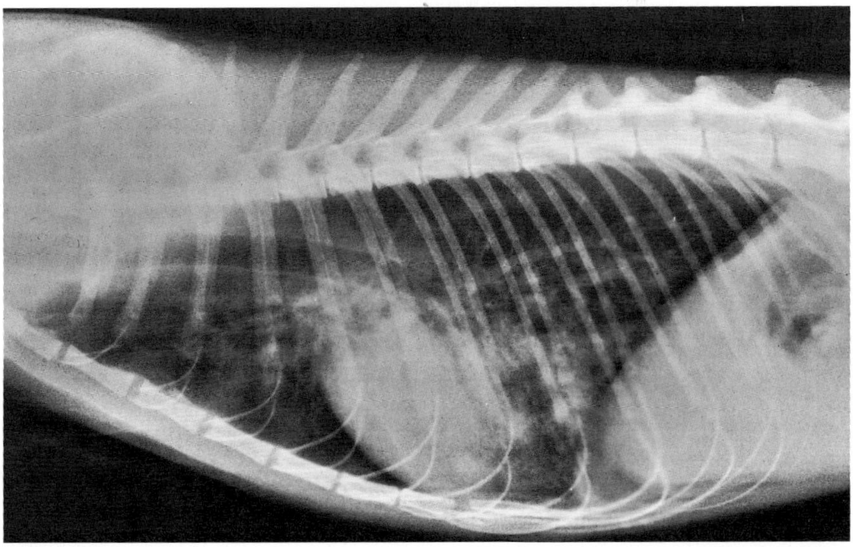

Abb. 14
Eitrig-abszedierende Pneumonie.

Diagnose

Der klinische Befund – Fieber, Atembeschwerde, Auskultationsbefund, Röntgen- und Laborbefunde – in Verbindung mit dem Vorbericht – vorausgegangene Zeichen einer viralen Infektionskrankheit besonders des Katzenschnupfenkomplexes, Inhalation von Rauch (Fellgeruch!), Erbrechen, Eingabe von Medikamenten – lassen die Diagnose unschwer stellen.

Gute Dienste leistet die Endoskopie mit zytologischer Untersuchung des Bronchialsekrets. Das endoskopische Bild ergibt eine hochgradige Rötung und Raminfizierung der Schleimhaut, gering- bis hochgradige Sekretion, das zytologische Bild zeigt massenhaft Neutrophile, oft mit deutlichen Degenerationserscheinungen, Karyorhexis oder Karyolysis, bei bakterieller Infektion auch Phagozytose von Bakterien, oft Eosinophile, meistens massenhaft Makrophagen mit phagozytiertem Material.

Differentialdiagnose

- Lungentorsion (Röntgenbild)
- Lungenödem (zumindest anfangs kein Fieber, mäßige Leukozytose, keine beschleunigte Blutkörperchensenkungsreaktion, keine Ursache für Lungenödem auffindbar (Linksherzinsuffizienz, Intoxikation, Masseninfusion)
- Pleuritis (Röntgenbild, Punktion, Endoskopie)
- Pneumothorax (Auskultation, Perkussion, Röntgenbild)
- Tumoren (Biopsie, histologische oder/und zytologische Untersuchung)
- Eosinophile Lungeninfiltrate (Bronchialzytologie, Feine-Nadel-Lungenbiopsie)

Therapie

Sie ist abhängig von der Ursache und den Befunden. Erforderlich ist eine antibiotische Therapie. Am besten geschieht dies wiederum nach Anfertigen eines Antibiogramms, bis zu dessen Ergebnis Breitspektrumantibiotika eingesetzt werden sollen. Es gelten dieselben Dosierungsangaben wie unter „Bronchitis, Bronchiolitis" (Seite 413) verzeichnet.

Auf Antitussiva soll verzichtet werden; bei produktiver Pneumonie sind sie kontraindiziert und geradezu als Kunstfehler anzusehen.

Espektorantien können dagegen die Behandlung unterstützen, sofern ein zähes Sekret vorliegt. Bei eitrigen Bronchopneumonien ist Acetylcystein in seiner Wirksung beeinträchtigt. Andererseits hemmt es die Wirkung von Betalactamantibiotika, weshalb es zeitlich versetzt mit diesen gegeben werden soll. Außerdem darf es nicht mit Metallteilen in Berührung gebracht werden. Im übrigen gelten die im Kapitel „Bronchitis, Bronchiolitis" gegebenen Richtlinien.

Bronchodilatatoren (Bronchospasmolytika) werden mit Erfolg gegeben. Besonders Methylxanthine (Euphyllin 10 mg/kg KM) ist zu empfehlen.

Geeignet ist ferner Clenbuterol 0,8 µg/kg KM, auf ein- bis zweimal täglich verteilt.

Corticosteroide sind mit Ausnahme von eosinophilen Pneumonien und im Anfangsstadium von Inhalationspneumonien kontraindiziert.

Bei starker Atemnot und Zyanose sind die Katzen in einen Narkosekäfig zu verbringen und mit einem Sauerstoffluftgemisch zu beatmen (2 l Sauerstoff/min zuführen). Auf die Inhalation von reinem Sauerstoff ist zu verzichten, da er die Atemwege zusätzlich reizt.

Lungenödem

Man versteht hierunter eine meist akute vermehrte Wasseransammlung (Ödem) zunächst im Interstitium (interstitielles Ödem) und schließlich auch in den Alveolen (alveoläres Ödem). Ein Lungenödem entsteht, wenn der intravasale onkotische Druck – auch iatrogen durch Überwässerung – abnimmt oder der intravasale hydrostatische Druck ansteigt. Weiterhin kann durch lymphatische Abflußstörungen der interstitiellen Lymphgefäße eine vermehrte Ansammlung von Flüssigkeit im Interstitium resultieren. Permeabilitätsstörungen der Gefäßendothelien führen zu vermehrtem Verlust von intravasaler Flüssigkeit ins Interstitium. Ein Lungenödem entsteht, wenn eine oder mehrere dieser pathophysiologischen Veränderungen vorliegen.

Erhöhter intravasaler Druck

Die häufigste Ursache des akuten Lungenödems ist in einer akuten Linksherzinsuffizienz zu suchen. Durch die Linksherzinsuffizienz steigt der intravasale hydrostatische Druck im kleinen Kreislauf an und übertrifft schließlich den onkotischen (koloidosmotischen) Druck. Die Folge ist ein Austritt von Plasmaflüssigkeit ins Interstitium und schließlich in die Alveolen. Dagegen führen chronische Herzinsuffizienzen bei der Katze weniger häufig, insbesondere klinisch weniger dramatisch zum Lungenödem, da offenbar eine erhebliche Anpassungskapazität besteht und dilatatorische (kongestive) Herzinsuffizienzen bei dieser Tierart seltener sind. Hierbei spielt die Anpassung der lymphatischen Drainage eine besondere präventive Rolle, indem sich die Lymphgefäße in Lumen und an Zahl vermehren.

Eine weitere Ursache ist in einer – gewollten oder unbeabsichtigten, jedenfalls iatrogenen – Hyperinfusion zu suchen. Auch hierbei überwiegt der hy-

drostatische den onkotischen Druck. Verstärkt wird der Effekt noch durch die Anwesenheit von Natrium-Ionen.
Beim neurogenen („zentralen") Lungenödem besteht vermutlich folgender pathophysiologischer Mechanismus: Durch Schädel-Hirn-Trauma wird das sympathische Nervensystem aktiviert. Dies führt zu einer schlagartigen Sekretion von Adrenalin. Die Folge ist eine maximale Konstriktion der Arteriolen und Venolen im großen Kreislauf. Das dabei dem großen Kreislauf ausweichende Blut gerät in den Lungenkreislauf, wo es zu einer akuten Druckerhöhung führt. Hieraus resultiert ein akutes Lungenödem.

Erhöhte Gefäßpermeabilität

Die Ursachen sind infektiös, toxisch, immunologisch, infolge einer disseminierten intravasalen Koagulation oder durch die sogenannte akute respiratorische Insuffizienz der Erwachsenen (s. d.) (früher als Schocklunge bezeichnet) ausgelöst.
Bei Infektionskrankheiten der Lunge werden die Endothelschäden durch Viren oder Bakterien und ihre Toxine direkt ausgelöst. Ein Teil der disseminierten intravasalen Koagulopathien hat ihre Ursache ebenfalls in Infektionskrankheiten, sie kann aber auch durch andere, mit Kreislaufinsuffizienz einhergehende Krankheiten ausgelöst werden, die ihren primären Sitz nicht in der Lunge haben (vasoaktive Substanzen, Histamin, Kinine, Prostaglandine, Endotoxin). Unter den toxischen Gefäßschädigungen spielen Rauchvergiftungen, Inhalation reinen Sauerstoffs, Aspiration von Futter, Mineralöl oder saurem Magensaft eine Rolle. Auch die bei Urämie auftretenden Lungenödeme werden einer toxischen Wirkung zugeschrieben. Exogene Toxine können Schlangengifte und das Rodentizid ANTU (α-Naphthyl-Thioharnstoff) sein.

Lymphatische Insuffizienz

Die lymphatische Drainage kann behindert sein durch Lymphknotenvergrößerungen infolge von Karzinomatose oder malignen Lymphomen. Auch bei Lungenlappentorsionen kommt es zu Obstruktionen der Lymphgefäße.

Herabgesetzter onkotischer Druck

Die häufigste Ursache eines hyponkotischen Lungenödems bei der Katze ist eine Hypoproteinämie, insbesondere Hypalbuminämie, die durch Nephropathien, Enteropathien, selten Hauterkrankungen (etwa bei schweren Verbrennungen; jeweils Proteinverluste), Hepatopathien, Ernährungsdefiziten (jeweils Synthesestörungen) ausgelöst werden kann. Diese Ursachen sind aufzuklären. Daneben hat die Hyperinfusion neben einer Druckerhöhung im kleinen Kreislauf auch eine hyponkotische Komponente.

Seltene Ursachen

Lungenembolie, herabgesetzter Luftdruck (große Höhe), postanästhetisch, Kardioversion.

Klinisches Bild

Im Vordergrund steht in den meisten Fällen das plötzliche und dramatische Einsetzen schwerer klinischer Symptome von Dyspnoe und Orthopnoe, wobei gleichmäßig eine in- und exspiratorische (also „gemischte") Atembeschwerde bis hin zu schwerster Atemnot besteht. Meist wird Husten festgestellt, der feucht und rasselnd ist. In vielen Fällen, besonders terminal, wird ein schaumiger, oft leicht rötlicher (blutiger) Auswurf gesehen. In der Regel entsteht rasch eine ausgeprägte Zyanose. Die Tiere machen einen außerordentlich ängstlichen Eindruck. Sie sind entweder ständig unruhig, nehmen aber häufig die typische Haltung bei Atemnot ein: Hockstellung, aber kein Liegen auf Bauch und Brust, Ellbogen abgestellt, Kopf etwas nach vorn gestreckt, Mundatmung mit bisweilen leicht vorgestreckter (bläulicher) Zunge, ängstlich geweitete Augen und Pupillen. Besonders terminal kann weißlicher bis rötlicher Schaum aus Nase und Mund abgehen oder ausgehustet werden.
Auskultatorisch wird – außer wenn das Ödem nur das Interstitium oder/und nur Alveolen erfaßt hat – ein typisches, sehr feuchtes Rasselgeräusch vernommen. Die Rasselgeräusche sind sowohl in- als auch exspiratorisch zu hören. Sie werden auch über den Bronchen und der Trachea gehört, können aber auch von deren Atemgeräuschen übertönt sein.

Abb. 15: Lungenödem.

Die Herztöne sind oft so stark von Lungengeräuschen überlagert, daß sie nicht sicher beurteilt werden können; insbesondere fehlt bisweilen die Möglichkeit, Herzgeräusche sicher zu ermitteln. Um die – häufig als Ursache in Frage kommende – Herzinsuffizienz aufzudecken, müssen daher weitere Untersuchungsverfahren angewandt werden: EKG, Ultraschalluntersuchung; auf Röntgenuntersuchungen sollte man besonders bei schwereren Fällen besser verzichten, insbesondere da die Patienten Seiten- oder gar Rückenlagerungen sehr schlecht tolerieren und dadurch sogar der Tod ausgelöst werden kann. Bei kardiogenem Lungenödem werden oft ein Galopprhythmus, Arrhythmien sowie unterschiedliche Herzgeräusche festgestellt. Gerade bei kardiogenen akuten Lungenödemen herrscht eine Tachykardie, wobei der Puls von anfangs hart sein, später unfühlbar werden kann.

Diagnose

Das klinische Bild des kardiogenen Lungenödems ist recht typisch: plötzlich einsetzende Atemnot, in der Regel feuchte Rasselgeräusche, schaumiger Nasen- und Mundausfluß, typische Zeichen einer Linksherzinsuffizienz mit Stauungssymptomen in den Lungenvenen, alveoläre und interstitielle Verschattungen besonders im Bereich der Bifurkation um die Herzbasis (noch einmal: Vorsicht bei Lateral- und Rückenlagerungen! Eine Röntgenuntersuchung ist bei akutem kardiogenen Lungenödem in der Regel überflüssig!). Das EKG ist oft stark verändert (Tachyarrhythmia absoluta, Kammerextrasystolen, paroxysmale Tachykardie). Dilatation des linken Ventrikels und evtl. des Vorhofs und Mitralklappeninsuffizienz lassen sich im Ultraschallbild erkennen.

Beim nichtkardiogenen Lungenödem gibt der Vorbericht oft eindeutige Hinweise: Verbrennungen, Rauchinhalation, frühere Diagnose eines Krankheitssyndroms mit Proteinverlust, Schädel-Hirn-Trauma, Vergiftung, Infektionskrankheit, Medikamentenunverträglichkeit. Hierzu sind Laboruntersuchungen erforderlich: Serum-Proteinbestimmung, Albuminbestimmung, Hämogramm, Leber-, Nierenparameter, Urinanalyse, besonders spezifisches Gewicht und Proteinkonzentration.

Differentialdiagnose

- Pneumonie (sie kann ebenfalls rasch beginnen, aber trotzdem noch etwas protrahierter, ist weniger häufig von Anfang an so generalisiert wie das akute Lungenödem, es besteht primär keine Linksherzinsuffizienz, sondern eher Rechtsherzbelastung, meist fieberhaft, eitriger, nicht dagegen schaumiger Nasenausfluß und Auswurf. Bisweilen ist die Unterscheidung unsicher, insbesondere wenn eine Pneumonie zum Lungenödem geführt hat)
- Allergie (Asthma bronchiale) (Dyspnoe mit trockenen Rasselgeräuschen, keine Zeichen einer Linksherzdilatation oder Rechtsherzhypertrophie, kein Nasenausfluß oder Auswurf. Eosinophile Granulozyten im Trachealsekret)

Therapie

Allgemeine Sofortmaßnahmen:

- Unbedingt weitere Belastung vermeiden, insbesondere überflüssige Untersuchungsverfahren unterlassen (Röntgen). Den Patienten möglichst bald in einen nicht zu großen Käfig verbringen und in Ruhe lassen (aber beobachten!)
- Sauerstoff zuführen, zwei bis sechs Liter pro Minute zur Atemluft geben (Narkosekäfig, Trichter). Keinen reinen Sauerstoff atmen lassen! Intubation nur durchführen, wenn eine lebensbedrohende Verlegung der Atemwege durch Schaum entsteht. Schaum absaugen. Sauerstoff durch 20- bis 50%iges Äthanol strömen lassen (es setzt die Schaumblasenoberflächenspannung herab und sediert leicht)
- Bronchodilatation: Aminophyllin 0,5 bis 1,0 mg/kg KM langsam intravenös, später 5 mg/kg KM p. o.; kein Theophyllin
- Ataraktika: Diazepam 1 mg/kg KM i. v., Wiederholung bei Bedarf (i. a. nach 4 bis 6 Std.)
  Oder: Phenobarbital 5 bis 10 mg/kg KM, evtl. nach 12 Stunden wiederholen
  Oder: Acetylpromazin 0,1 bis 0,25 mg/kg KM, bei Bedarf nach 4 bis 8 Std. wiederholen
- Schleifendiuretika: Furosemid 2 bis 5 mg/kg KM i. v. Oder: Xipamid 0,5 bis 1,0 mg/kg KM i. v.

Spezielle Therapie:

Kardiogenes Lungenödem:

- Dopamin 2 bis 10 µg/kg KM und Minute in der Dauertropfinfusion
- ACE-Blocker: Captopril 0,5 bis 1 mg/kg KM; Hydralazin 0,5 bis 1 mg/kg KM; Enalapril 0,5 bis 1 mg/kg KM
- Herzglykoside (bei kongestiver Kardiomyopathie): Metil-Digoxin 0,007 mg/kg KM i. v., nach 12 Stunden wiederholen, nach drei Tagen nur noch einmal täglich (per os)

Bei iatrogener Hyperinfusion:

- Massive Diurese Furosemid 2 bis 5 mg/kg KM i. v. Oder: Xipamid 0,5 bis 1,0 mg/kg KM intravenös. Evtl. Aderlaß 10 bis 20 ml/kg KM, nur im äußersten Notfall (Proteinverlust!)

Erhöhte Kapillarpermeabilität:
- Diuruse: Furosemid 1 bis 2 mg/kg KM; Xipamid 0,5 bis 1 mg/kg KM i. v.
- Prednisolon 2 bis 5 mg/kg KM i. v.
- Flunixin meglumin 0,25 bis 1 mg/kg KM i. v., i. m.

Hypoproteinämie:
- Plasmatransfusion
- Plasmaexpander, hohes Molekulargewicht (60 000 bis 70 000 Da), 15 bis 20 ml/kg KM
- Behandlung der Grundkrankheit

Neurogenes Lungenödem:

α-Adrenolytika:
- Phentolamin 1 mg/kg KM innerhalb 30 min in der Dauertropfinfusion. Oder:
- Phenoxybenzamin 0,5 bis 2mg/kg KM langsam i. v. (längere Wirkung als Phentolamin)

Prognose

Sie ist bei voll ausgeprägtem Lungenödem in jedem Falle als sehr ernst anzusehen. Während in früheren Jahren insbesondere ein kardiogenes Lungenödem nur eine kurze durchschnittliche Überlebenszeit hatte (beim Hund in einer eigenen Untersuchung von durchschnittlich vier Monaten), ist die Langzeitprognose heute bei konsequenter Herztherapie wesentlich günstiger.

Akute respiratorische Insuffizienz der erwachsenen Katze (Adult respiratory distress syndrome, Schocklunge)

Die akute respiratorische Insuffizienz ist ein in der Humanmedizin gut bekanntes, in der Tiermedizin ebenfalls vorkommendes, aber noch relativ wenig beachtetes Krankheitsbild. Es kann zahlreiche Ursachen haben, ist jedoch ein pathophysiologisch und klinisch sehr einheitliches Krankheitsbild, einhergehend mit einer schweren arteriellen Hypoxämie. Die Krankheit wurde früher als Schocklunge bezeichnet. Eine akute respiratorische Insuffizienz kommt definitionsgemäß nur bei vorher herz- oder lungengesunden Patienten vor; eine respiratorische Insuffizienz, die im Verlaufe einer vorher bereits manifesten Herz- oder Lungenkrankheit akut entsteht, fällt nicht unter den Krankheitsbegriff.

Folgende **ätiologische Faktoren** können zur akuten respiratorischen Insuffienz der erwachsenen Katze führen:
- Schock (traumatisch, septisch, hämorrhagisch)
- Infektionskrankheiten
- Traumen (Thorax, Lunge, extrathorakal)
- Aspiration von saurem Magensaft (Mendelson-Syndrom) oder Mineralöl
- Inhalation von Gasen (Rauch, NO_2, Chlorgas, Ammoniak)
- disseminierte intravasale Gerinnung, Verbrauchskoagulopathie
- akute Pankreatitis, Pankreasnekrose
- Fettembolie
- Verbrennungen
- Masseninfusionen
- Urämie, besonders bei akutem Nierenversagen
- schwere chirurgische Eingriffe

Pathophysiologie

Charakteristisch für die Auslösung des Syndroms ist die ausgedehnte Erhöhung der Permeabilität der alveolokapillären Membran. Hieraus resultiert ein umfangreiches interstitielles, später auch alveoläres Ödem. Im folgenden entstehen Leukozytenaggregate, zum Teil auch Thrombozytenaggregate und Mikrothromben in der Endstrombahn der Lunge. Die Alveolarsepten sind umfangsvermehrt. Es bilden sich sogenannte „hyaline Membranen" in den Alveolen. Bei längerer Dauer kommt es zur interstitiellen Zellvermehrung. Es entstehen Bindegewebsfasern. Die alveolokapilläre Strecke ist verlängert, der Gasaustausch schwer gestört. Eine besondere pathogenetische Rolle scheinen polymorphkernige Granulozyten und auch Alveolarmakrophagen zu spielen, insbeondere deren proteolytische Enzyme Elastase und Kolagenase, sowie Sauerstoffradikale. Dagegen ist zu Beginn der hydrostatische Druck in den Lungenkapillaren – im Gegensatz zum kardiogenen Lungenödem – nicht erhöht. Allerdings entspricht das klinische Bild zum Teil dem des akuten Lungenödems.

Insgesamt wird ein hochgradiger Abfall des Sauerstoffpartialdrucks beobachtet. Gleichzeitig steigt die alveolokapilläre Sauerstoffdruckdifferenz an. Da die Surfactantsynthese abfällt und damit der Surfactantfilm in den Alveolen und Bronchiolen abreißt, kollabieren die Alveolen und Bronchioli. Die mit längerer Dauer zunehmende Fibrosierung des Interstitiums führt zu einer weiteren Behinderung des Gasaustauschs. In den Pulmonalarterien entsteht ein zunehmender Hochdruck mit Rückwirkungen auf das rechte Herz.

Wie und weshalb diese Veränderung im respiratorischen System bei den oben angeführten ätiologischen Faktoren entsteht, ist nicht oder nur teilweise bekannt.

Klinisches Bild

Die klinischen Symptome entwickeln sich entweder sofort im Anschluß an die auslösende Noxe, wie dies im Falle einer Lungenkongestion oder einer Gasvergiftung der Fall ist, oder erst nach einigen Stunden, wie bei Aspiration von Magensaft oder Mineralöl sowie beim hypovolämischen Schock, oder es verstreichen mehrere Tage bis zum Eintritt des Syndroms, wie bei akuter Pankreasnekrose oder Sepsis.

Die Symptome sind schwere Dyspnoe, Tachypnoe, Zyanose, oft schon zu Beginn trockene Rasselgeräusche (Knisterrasseln, Krepitation).

Beim Menschen werden drei Stadien beobachtet (STEPPLING und FERLINZ, 1994), die sich andeutungsweise auch bei der Katze (und beim Hund) finden:

Stadium I: Tachypnoe, Dyspnoe, leichte arterielle Hypoxämie. Röntgenbefunde: „unscharfe Hili" (perivaskuläres Ödem im Bereich der Hilusgefäße)

Stadium II: Schwere Dyspnoe, Zyanose, Somnolenz, schwere arterielle Hypoxämie. Röntgenbefunde: Zeichen des interstitiellen bis alveolären Lungenödems

Stadium III: Respiratorische Globalinsuffizienz mit schwerer Dyspnoe, Hypoxämie und Hyperkapnie. Röntgenbefunde: Konfluierende Fleckschatten, „weiße Lunge"

Diagnose

Hinweisend ist das Auftreten erster Symptome je nach auslösender Ursache direkt oder mit Verzögerung nach der Einwirkung der Noxe. Die Röntgenbefunde der Lunge sind denen des nichtkardiogenen Lungenödems vergleichbar; es bestehen keine Zeichen einer Linksherzinsuffizienz, insbesondere lassen sich auch echokardiographisch keine Linksherzinsuffizienzsymptome darstellen, wohl aber später Rechtsherzinsuffizienz. In der Blutgasanalyse finden sich zunehmende Zeichen einer arteriellen Hypoxämie und einer respiratorischen Alkalose.

Charakteristisch ist das fehlende Ansprechen der Krankheitssymptome auf Sauerstoffbeatmung.

Differentialdiagnose

Wichtig ist besonders der Ausschluß eines akuten kardiogenen Lungenödems. Bei der akuten respiratorischen Insuffizienz bestehen zu Beginn der Krankheit keinerlei Herzsymptome, insbesondere keine Linksherzinsuffizienz. Der enddiastolische Druck in der linken Herzkammer ist unverändert. Ebenso sind die anderen Ursachen für ein – nichtkardiogenes – akutes Lungenödem, mit dem die akute respiratorische Insuffizienz einiges gemein hat, auszuschließen.

Weiterhin kommen akute Pneumonien differentialdiagnostisch in Betracht, ferner Aspirationspneumonien ohne das Vollbild der akuten respiratorischen Insuffizienz.

Therapie

- Sauerstoffapplikation im Narkosekäfig (2 bis 6 l/min) oder besser über Intubation, wobei der endexspiratorische Druck positiv sein soll (PEEP)
- Diazepam 1 mg/kg KM i. v.
- Diuretika: Furosemid 2 bis 5 mg/kg KM oder Xipamid 1 bis 2 mg/kg KM
- Achten auf Hydratationsgrad: bei Zeichen einer Dehydrierung Unterbrechen der Diurese, vorsichtige Infusion von Vollelektrolytlösungen
- Corticosteroide: Ihre Wirkung ist nicht bewiesen; allenfalls könnte man sich einen positven Effekt auf die Bildung des Surfactant vorstellen
- Intensive Behandlung der Grundkrankheit

Prognose

Sie ist nach wie vor äußerst ernst. Die Letalität übertrifft die Zahl der Genesenden bei weitem.

Lungenlappentorsion

Die Verdrehung eines Lungenlappens um seine Längsachse wird bei der Katze seltener als beim Hund beobachtet. Dabei kommt es zur Strangulation des Bronchus und seiner Blut- und Lymphgefäße. Insbesondere die Vene und die Lymphgefäße werden verlegt, während die Arterie zumindest teilweise durchgängig bleibt. Dadurch kommt eine aktive Hyperämie im betroffenen Lobus zustande, die zu seiner Vergrößerung führt. Außerdem kann Blut oder blutiges Transsudat in den Pleuralspalt eindringen. Da auch der Bronchus verschlossen ist, wird die Luft im torquierten Lappen resorbiert. Es kommt bei längerer Dauer zu einer Verdichtung des Gewebes, oder aber der Lungenlappen wird nekrotisch. In anderen Fällen kann eine Revaskularisation von der Pleura aus stattfinden. Die Ursache der Lungenlappentorsion ist unklar.

Klinisches Bild

Die Symptome sind nicht sehr spezifisch. Sie bestehen in plötzlich auftretender Dyspnoe, Husten mit blutigem Sputum (oft übersehen), Kreislaufschock, Fieber. Oft bestehen schon vorher Zeichen einer akuten oder chronischen Lungenerkrankung.

Diagnose

Plötzliches Einsetzen der Symptome mit Kreislaufinsuffizienz (Schock) und Bluthusten sowie Hämothorax müssen – auch – an eine Lungenlappentorsion denken lassen. Wichtig ist die Röntgenuntersuchung. Oft stellt man einen mehr oder weniger umfangreichen Erguß in den Thorakalspalt fest, bei dessen Punktion sich eine blutige Flüssigkeit entleert. Der Erguß macht allerdings bisweilen die Untersuchung der Lungenlappen unmöglich oder erschwert sie zumindest. Der torquierte Lappen ist röntgenologisch stark verdichtet (Weichteil-Flüssigkeitsschatten), anfangs kann ein Aerobronchogramm sichtbar sein.

Bei der Bronchoskopie kann man den torquierten Bronchus oft recht gut erkennen.

In unklaren Fällen wird eine diagnostische – und im positiven Falle sogleich eine therapeutische – Thorakotomie durchgeführt.

Differentialdiagnose

Eine lobäre Verdichtung bei lobärer Pneumonie kann eine Torsion vortäuschen. Es besteht jedoch eitriges Sekret. Auch ein großer solitärer Lungen-, Lymphknoten- oder Mediastinaltumor kann im Röntgenbild ähnlich aussehen. Die Biopsie ergibt Klarheit.

In Einzelfällen kann auch die in die Brusthöhle vorgefallene Leber oder Milz bei Zwerchfellruptur wie eine Torsion erscheinen.

Therapie

Die chirurgische Lobektomie ist in jedem Falle anzuraten. Der Kreislauf des Patienten ist jedoch vorher zu stabilisieren. Hierzu ist eine Elektrolyt- und Plasmaexpanderinfusion durchzuführen oder eine Blut- oder Plasmatransfusion vorzunehmen. Der Patient ist zu intubieren und mit Sauerstoff zu beatmen.

Lungentumoren

Die primären, d. h. von der Lunge ausgehenden, Turmoren sind bei der Katze selten, aber immer maligne. DORN u. M. (1968) schätzen die Erkrankungsrate in Kalifornien auf 2,2 Fälle pro 100 000 Katzen, wobei in einer älteren Untersuchung das Durchschnittsalter bei Erkrankung elf Jahre betrug (MONLUX, 1953). Wesentlich häufiger kommen Sekundärtumoren als Metastasen anderer Primärtumoren vor.

Klinisches Bild

Die klinischen Symptome sind unterschiedlich und hängen ab von der Art des Tumors, von seiner Lokalisation, von der Größe und seiner Proliferationsrate. Insbesondere sind sekundäre Infektionen, Blutungen und Nekrosen für den Verlauf von Bedeutung. Man kann örtliche, d. h. von der Lunge ausgehende, und Allgemeinsymptome feststellen. Die von seiten der Lunge bestehenden Krankheitszeichen sind Husten, der anfangs trocken, später meist feucht ist. Auch blutiger Ausfluß oder blutiger Nasenfluor kommen vor. Meistens wird die Krankheit in diesem Stadium diagnostiziert, so daß es nicht zu Dyspnoe kommt, die erst auftritt, wenn der Tumor eine bedeutendere Größe erreicht hat oder umfangreiche Metastasierung besteht oder wenn sich ein Brusthöhlenerguß entwickelt hat.

Die Allgemeinsymptome fallen besonders durch Gewichtsverlust auf (Tumor-Nekrosefaktor), ferner wird in späteren Stadien Anorexie beobachtet. Ebenso kann Fieber auftreten. Die Atemluft kann übelriechend werden durch Tumornekrose. In diesen Stadien können sekundär Pneumonien hinzukommen, die das Ende beschleunigen.

Die ungleich häufigeren Lungenmetastasen lassen ähnliche Symptome erkennen; insbesondere tritt je nach Größe und oft erheblicher Zahl und Ausbreitung der Metastasen schon relativ früh Dyspnoe auf. Je nach erkranktem Primärorgan stehen dessen Ausfallserscheinungen jedoch im Vordergrund. In jedem Falle sollte man bei anderweitiger Tumorkrankheit auch nach Metastasen in der Lunge fahnden, um Aussagen über die Prognose und Entscheidungen zur Therapie treffen zu können.

Nicht selten ist die Lunge im Verlaufe einer Lymphosarkomatose miterkrankt.

Als Komplikationen von Lungentumoren werden in wenigen Fällen hypertrophische Osteopathien (Morbus Möller-Barlow) gesehen.

Diagnose

Da die klinischen Symptome unspezifisch sind, müssen weitere Untersuchungsverfahren herangezogen werden. Dies ist insbesondere die Röntgenuntersuchung. Die Veränderungen können als solitärer Rundschatten imponieren, multipel ein- oder beidseitig auftreten (Metastasen) oder infiltrative Verschattungen darstellen. Wächst der Tumor im Bereich eines Bronchus, so kann es zur Obstruktion mit distaler Atelektase und Lappenverdichtung kommen. Sowohl in diesem Falle als auch bei diffusem infiltrativen Wachstum kann die röntgenologische Diagnose schwierig, unsicher oder sogar unmöglich sein.

In den unsicheren Fällen müssen zytologische oder/und histologische Untersuchungen angeschlossen werden. Die Proben zur zytologischen Untersuchung können auf viererlei Weise gewonnen werden:

- durch Gewinnung von Bronchialsekret durch Spülung mit 0,9%iger Kochsalzlösung (nur erfolgreich bei Tumoren, die in die Luftwege eingebrochen sind oder dort ihren Ursprung haben);
- durch transbronchiale Feine-Nadel-Biopsie über den Arbeitskanal des Bronchoskops;
- durch Punktion der Brusthöhle und Aspiration von Flüssigkeit (unsicher, da nur selten Tumorzellen in der Brusthöhle erscheinen);
- durch transkutane, d. h. transthorakale, Feine-Nadel-Biopsie der Lunge.

Das Material für die histologische Untersuchung wird durch Probeentnahme bei eröffnetem Brustkorb gewonnen. Bisweilen müssen mehrere Untersuchungsmethoden angewandt werden.
Bei Verdacht auf malignes Lymphom empfiehlt sich auch eine Untersuchung auf FeLV-Antigen.

Differentialdiagnose

In Frage kommen Lungenlappentorsionen, Lungenabszesse, Mediastinaltumoren oder -abszesse, Thymussarkom sowie Lymphadenitiden. Infiltrativ wachsende Tumoren sind oft nicht von Pneumonien zu unterscheiden.

Therapie

Bei primären Solitärtumoren empfiehlt sich Tumorektomie in Gestalt einer Lobektomie. Sobald jedoch Metastasen vorhanden sind und oder ein Thoraxerguß festgestellt wird, ist eine chirurgische Behandlung nicht mehr sinnvoll. Die chirurgische Behandlung ist auch nicht mehr sehr aussichtsreich, wenn regionale Lymphknoten betroffen sind, der Tumor in den Bereich der Bifurkation oder in die Trachea eingebrochen ist oder wenn Mediastinallymphknoten zusätzlich erkrankt sind. Ebenfalls ist eine chirurgische Behandlung bei systemischer Lymphosarkomatose oder im Falle von Lungenmetastasen nicht indiziert.
Die Chemotherapie von Lungentumoren ist abhängig von der Art des Tumors. Lymphatische Tumoren der Lunge sprechen oft recht gut auf Chemotherapie an und können lange Remissionen erzielen.

Lungenemphysem

Die bei der Katze seltene Krankheit kann in ihrer chronischen Form als Folge der chronischen obstruktiven Lungenerkrankungen angesehen werden. Definitionsgemäß ist das chronische Lungenemphysem infolge Überdehnung, Ruptur und Konfluktion von Alveolen (chronisches alveoläres Emphysem) irreversibel. Hiervon unterschieden werden müssen chronische und akute Lungenblähungen, die prinzipiell reversibel sind. Die Ursachen der Überdehnungen sind chronische Bronchitis und/oder Bronchiolitis, Bronchopneumonie, Asthma bronchiale, seltener komprimierende Tumoren; akute Lungenblähungen, die als Kompensation des Ausfalls größerer Lungenteile bis hin zum Lungenflügel entstehen.
Lungenemphyseme sind mit einer Behinderung des Gasaustausches verbunden. Dies macht sich in erster Linie in einer Abnahme des arteriellen Sauerstoffpartialdrucks bemerkbar, weniger im Anstieg des Kohlendioxidpartialdrucks. Darüber hinaus führen die Dehnung und die Konfluktion der Alveolen zu einer Streckung und die Bindegewebszubildung zur Kompression der Kapillaren. Die Folge ist eine Verengung des Lungenkapillargebiets mit Druckerhöhung im kleinen Kreislauf, woraus wiederum eine Druckerhöhung im rechten Herzen und Hypertrophie und Dilatation resultieren. Die Konfluktion der Alveolen führt zu einer stärkeren Luftfüllung der Lunge, die in Verbindung mit der Verengung der Bronchen und Bronchioli eine Verschlechterung der Ventilation, eine Erhöhung der Residual- und Verminderung der Vitalkapazität ergibt.

Klinik: In frühen Stadien der Krankheit zeigt die Katze nur nach Anstrengung Tachy- und Dyspnoe, später auch in der Ruhe. Besonders die exspiratorische Phase ist als Ausdruck der verminderten Lungenelastizität erschwert. Es wird Husten vernommen, der saisonal unterschiedlich häufig auftritt. Er ist anfangs durchaus kräftig, wird in fortgeschrittenen Stadien aber schwächer, langgezogen und quälend und ist wenig produktiv. Fieber fehlt in der Regel. Auskultatorisch können besonders nach Atemhemmung Stenosengeräusche festgestellt werden. Perkutorisch läßt sich eine Erweiterung der Lungengrenzen besonders in der mittleren Linie feststellen, während die Schallqualität kaum von der der gesunden Lunge abweicht. Im Röntgenbild lassen sich evtl. die chronische Obstruktion nachweisen sowie die Abflachung der Zwerchfellskuppel erkennen.
Im Blutbild ergeben sich kaum Veränderungen. Allenfalls können eine Polyglobulie (erhöhter Hämatokrit, vermehrte Erythrozytenzahl) sowie die erwähnten Verschiebungen in der Blutgasanalyse auftreten.

Diagnose: Wichtig ist die Differenzierung zwischen der reversiblen chronischen Lungenblähung und dem irreversiblen chronischen Emphysem. Der Patient erhält hierzu täglich 0,2 bis 0,5 mg Prednisolon/kg. Unter der abschwellenden und antiphlogistischen Wirkung kommt eine Erweiterung der Atemwege zustande, die beim irreversiblen Emphysem zwar zu einer Verbesserung des Krankheitsbildes, nicht jedoch zu dessen Heilung führt. Insbesondere bleiben Atembeschwerde, Lungenerweiterung, Husten, Zwerchfellabflachung bestehen, wenn auch unter der Behandlung in geringerem Ausmaß. Bei reversibler Lungenblähung müssen die krankhaften Befunde spätestens nach etwa zwei Wochen verschwunden sein.

Differentialdiagnose: Herzerkrankungen; chronische obstruktive Lungenerkrankungen ohne Erweiterung (Perkussion, Röntgen); Erkrankungen der Brusthöhle (Röntgen); allgemeine fieberhafte Erkrankungen mit Tachypnoe.

Prognose: Die reversible Lungenblähung ist abhängig von der Beeinflußbarkeit der Grundkrankheit unter Therapie heute eher günstig zu beurteilen. Irreversibles Lungenemphysem quoad restitutionem infaust, unter Behandlung quoad vitam zunächst nicht ungünstig, die Krankheit neigt jedoch zur Progression.

Therapie: Unter der Behandlung mit Kortikosteroiden kommt immer eine Besserung, bei Lungenblähung infolge spastischer, insbesondere allergischer Bronchitis oder Bronchiolitis auch eine Heilung zustande. Gegeben wird Prednisolon in einer Dosis von 0,2 bis 0,5 mg/kg, anfangs zweimal, später einmal täglich abends; nach Abklingen der Symptome kann die Dosis weiter reduziert, evtl. jeden zweiten Tag gegeben werden. Bronchodilatatoren können die Behandlung unterstützen. Sekretolytika (Acetylcystein, etwa Fluimucetin oder Fluimucil) sollten nur bei Ansammlungen zähen Sekrets (Bronchoskopie), nicht dagegen bei spastischer Bronchiolitis gegeben werden. Antibiotika sind kaum einmal indiziert.

Lungenblutungen

Lungenblutungen (Hämaptoe) kommen bei Katzen selten vor, am ehesten noch nach Traumen oder Kumarinvergiftung; am häufigsten werden Lungenblutungen und Ödeme bei sehr jungen Welpen gesehen, die aus größerer Höhe gestürzt sind (Heuboden, beim Spiel mit Kindern). Es tritt schnell zunehmende Atemnot mit Zyanose auf, aus Mund und Nase entweicht schaumiges hellrotes Blut. Über der Lunge sind Rasselgeräusche zu hören. Im Röntgenbild werden diffuse Verdichtungen nach Art einer alveolären Flüssigkeitsfüllung erkennbar. Die sinnvollste Behandlung ist die absolute Ruhigstellung des Patienten in der Narkosebox und Zufuhr von Sauerstoff, der durch Alkohol geleitet wird. Hämostyptika sind mit Ausnahme von Partialthromboplastin, z. B. Clauden, sinnvol. Zentrales Lungenödem s. d.

Erkrankungen der Pleura und des Mediastinums

Pleuritis

Die entzündlichen Erkrankungen des Brustfells können fibrinös („trocken") oder exsudativ („naß") bis purulent (Pyothorax) erscheinen. Oft kennzeichnet die trockene Form den Beginn der Krankheit. Ursächlich infrage kommen virale Krankheitserreger, besonders die des Katzenschnupfenkomplexes und der felinen infektiösen Peritonitis, ferner Bakterien (Mycobacterium bovis, M. tuberculosis, Staphylokokken, Streptokokken, Pasteurellen, E. coli, Pseudomonas, Proteus), seltener Aktinomyceten oder Nocardien. Auch die Larven von Aelurostrongylus sollen Pleuritiden hervorrufen (HAYWARD, 1968; SUMNER-SMITH u. M., 1975). Während Pleuritiden durch Erreger allgemeiner Infektionskrankheiten im Verlauf der entsprechenden Grunderkrankung durch hämato- oder lymphogene Ausbreitung, evtl. auch durch Abszeßdurchbruch auftreten, dringen Eitererreger meist durch die verletzte Brustwand, seltener durch perforierende Erkrankungen der Atemwege oder des Ösophagus (über eine Mediastinitis) in den Pleuraspalt ein.

Klinik: Die **fibrinöse oder trockene Pleuritis** ist oft der Anfang einer entzündlichen Brustfellerkrankung und führt zu oberflächlicher, schmerzhafter und frequenter Atmung; meist besteht Fieber, die Palpation ist schmerzhaft, die Auskultation ergibt trockene Reibegeräusche. Die Atemgeräusche können in jedem Abschnitt der Brusthöhle unvermindert gehört werden. In der Regel besteht trockener, sehr schmerzhafter und daher unterdrückter Husten. Röntgenologisch können eine Hervorhebung der Grenzen der Lungenlappen sowie flächenhafte Verschattungen bemerkt werden (röntgen in zwei Ebenen). Meist bestehen deutliche Leukozytose mit Linksverschiebung und beschleunigte Blutkörperchensenkungsreaktion. Sehr bald bilden sich m. o. w. umfangreiche Exsudate, die zell- und eiweißreich sind, es entsteht die **exsudative oder nasse Pleuritis,** während der die Schmerzhaftigkeit bei Atmung, Husten und Palpation erheblich nachläßt bis offenbar zum vollständigen Verschwinden. Dadurch normalisiert sich bei geringen Ergüssen die Atmung. Bei schweren Ergüssen kommt jedoch eine Beeinträchtigung der Lungenfunktion durch räumliche Behinderung zustande. Die Auskultation ist bei geringen Ergüssen unauffällig, bei großen Flüssigkeitsmengen werden am stehenden Patienten ventral stark abgeschwächte Herztöne und Atemgeräusche, in den dorsalen Bereichen überlaute Atemgeräusche gehört („Plätschern" ist natürlich nicht zu erwarten, es sei denn, es liegen Gasbildner als Erreger vor, was bei der Katze offenbar selten vorkommt; PARKS u. M., 1972). Analog wird die Perkussion ventral leer, dorsal ggf. überlaut mit in jeder Lage des Patienten m. o. w. horizontaler Dämpfungslinie. Die Röntgenuntersuchung ergibt bei geringen Flüssigkeitsergüssen weiterhin verbreiterte und scharf gezeichnete Lungengrenzen, die sich entsprechend der Lage jeweils nach „unten" besonders auffallend darstellen. Große Flüssigkeitsmengen zeigen die nach dorsal abgedrängte Lunge, ventral eine „wellenförmige" (infolge der Lungenlappen) scharf begrenzte Flüssigkeitsverschattung.

Durch Eitererreger jeder Art entsteht ein eitriges Exsudat und damit das als **Pyothorax, thorakales Empyem** oder das nach JUBB u. M. (1970) auch als granulomatöse oder proliferative Pleuritis bezeichnete Krankheitsbild. Das Leiden wird in Verbindung mit dem Katzenschnupfenkomplex beschrieben (HOLZWORTH, 1963, WHITEHEAD, 1963), in den eigenen Fällen konnten jedoch vielfach keine Verbindungen mit Symptomen von seiten der oberen Luftwege gefunden werden. Oft sind es vielmehr Eitererreger, die offenbar durch penetrierende Wunden (die bei Vorstellung oft schon geheilt sind) durch die Brustwand oder den Respirationstrakt erreichen; es liegen meist Bakterien vor, die als „normale" Keimflora in der Mundhöhle der Katze auftreten (SAERDING, 1979), besonders häufig aber Pasteurellen. Die beim Hund häufige Nocardiose kommt bei der Katze offenbar seltener vor und sollte nur nach Erregernachweis diagnostiziert werden.

Katzen mit Pyothorax machen einen schwerkranken Eindruck. Die Krankheit kann perakut verlaufen, so daß die Patienten in bereits moribundem Zustand nach kurzer Krankheit in Seitenlage dem Tierarzt vorgestellt werden. Nicht selten werden die schweren Krankheitsbilder mit ausgeprägter Dyspnoe als Katzenschnupfenkomplex oder auch akute Herzinsuffienz fehlinterpretiert. In protahierteren Fällen verläuft die Krankheit typischer. Die Tiere sind apathisch, anorektisch, meist besteht hohes Fieber, gegen Ende auch Untertemperatur. Die Perkussions-, Auskultations- und Röntgenbefunde entsprechen denen bei höhergradiger exsudativer Pleuritis. Im Blutbild können entweder Leukozytosen mit Neutrophilie und Linksverschiebung oder aber – besonders bei schneller Ausbildung des Pyothorax – Leukopenien auftreten. Die Blutkörperchensenkungsreaktion ist immer stark beschleunigt. Das Punktat ist eitrig bis bräunlich, trüb, weist ein hohes spezifisches Gewicht auf, die Eiweißproben sind stark positiv, im Ausstrich werden massenhaft neutrophile Granulozyten vielfach mit Degenerationserscheinungen, Erythrozyten und (weniger zahlreich) Epithelien

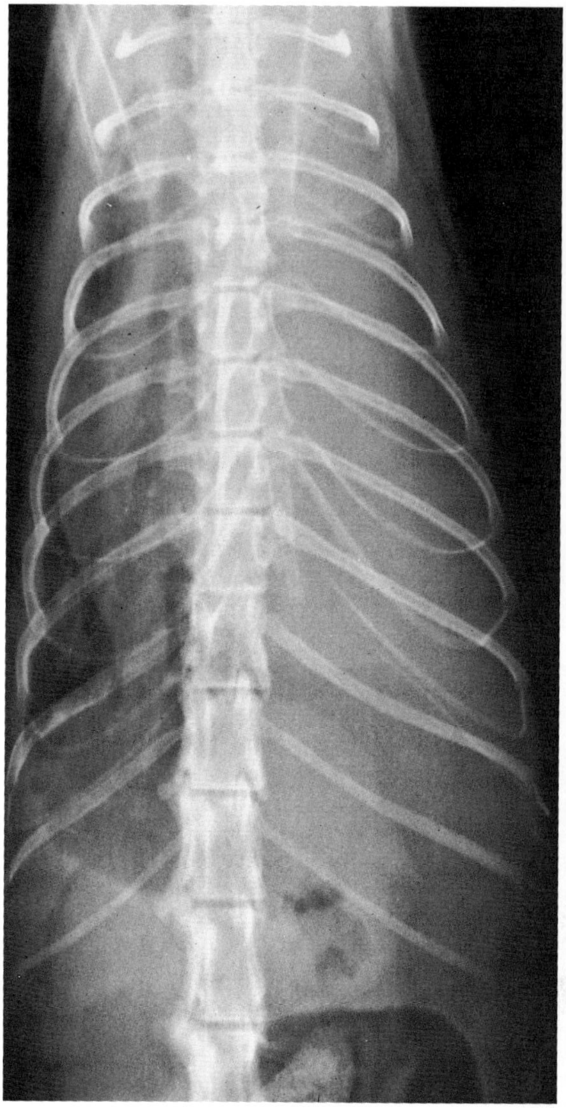

Abb. 16: Seit einer Woche Anorexie, Abmagerung, hochgradige Dyspnoe. Herztöne und Atemgeräusche nur rechts hörbar. Links leerer Perkusssionsschall über gesamtem Lungenfeld. Röntgen: Links diffuse Verschattung. Serofibrinöse Pleuritis.

und Makrophagen gefunden. Je nach Ursache kann ggf. der Erreger identifiziert werden.

Diagnose: Die klinischen Befunde in Verbindung mit Röntgenuntersuchung, klinischer Labordiagnostik und Bakteriologie, ggf. Virologie, sichern die Diagnose.

Differentialdiagnose: Hydrothorax, Hämothorax, Chylo-, Pseudochylothorax (Untersuchung des Punktats), Tumoren der Brusthöhle (sie sind durch

Perkussion und Auskultation in verschiedenen Positionen sowie Röntgen, ggf. Punktion und Biopsie abgrenzbar), Zwerchfellrupturen (Röntgen, ggf. nach peroraler Kontrastmittelgabe).

Prognose: Akute trockene und nasse Pleuritiden sind unter konsequenter Behandlung relativ günstig, Pyothorax recht ungünstig, Ergüsse durch FIP infaust zu beurteilen.

Therapie: Sie hängt sehr vom Erreger ab, der nach Möglichkeit vor Einleitung einer Behandlung ermittelt werden soll; dabei soll im Falle einer bakteriellen Infektion gleichzeitig ein Antibiogramm angefertigt werden. Bei Flüssigkeitsergüssen ist eine Thorakozentese zur Entlastung der Lunge und Entfernung der toxischen Substanzen vorzunehmen. Hierzu werden heute mehr und mehr Dauerdrainagen vorgenommen, während das wiederholte Punktieren der Brusthöhle mit Kanülen verlassen wird. Geeignet sind Venenkatheter mit großem Lumen, die nach chirurgischer Vorbehandlung der Haut im siebten oder achten Interkostalraum unterhalb des Flüssigkeitsspiegels eingeführt und an der Haut vernäht werden. Die Flüssigkeit kann dann über einen Dreiwegehahn oder ein Unterdruckflaschensystem abgesaugt werden. Dies kann besonders bei zähem, fibrin- oder zellreichem Exsudat schwierig und zeitraubend werden. Seitliche Öffnungen im Katheter verbessern hier die Möglichkeiten. Nach Entleerung der Brusthöhle kann eine „Waschung" (Lavage) mit warmer Ringerlösung durchgeführt werden. Die verwendete Menge soll 10 ml/kg nicht überschreiten. Nach etwa einer Stunde wird die infundierte Flüssigkeit abgesaugt, wobei allerdings i. d. R. ein Teil resorbiert worden ist. Manche Autoren setzen der Waschflüssigkeit Antibiotika oder Enzyme (Streptokinase, Chymotrypsin) zu. Das Absaugen ist zweimal täglich bis zu einer Woche durchzuführen. Die Punktionsstelle und der Katheter sind unter einem sauberen Verband zu halten.

Eine systematische Behandlung mit Antibiotika oder Chemotherapeutika unter Beachtung des Erregers, der jeweiligen Dosierung und Halbwertszeit ist grundsätzlich durchzuführen; vor Erhalt des Antibiogramms empfehlen sich Ampicillin, 50–100 mg/kg, und Kanamycin, 25 mg/kg, jeweils auf dreimal täglich verteilt.

Vielfach werden Allgemeinmaßnahmen wie Flüssigkeitsersatz und künstliche Ernährung notwendig.

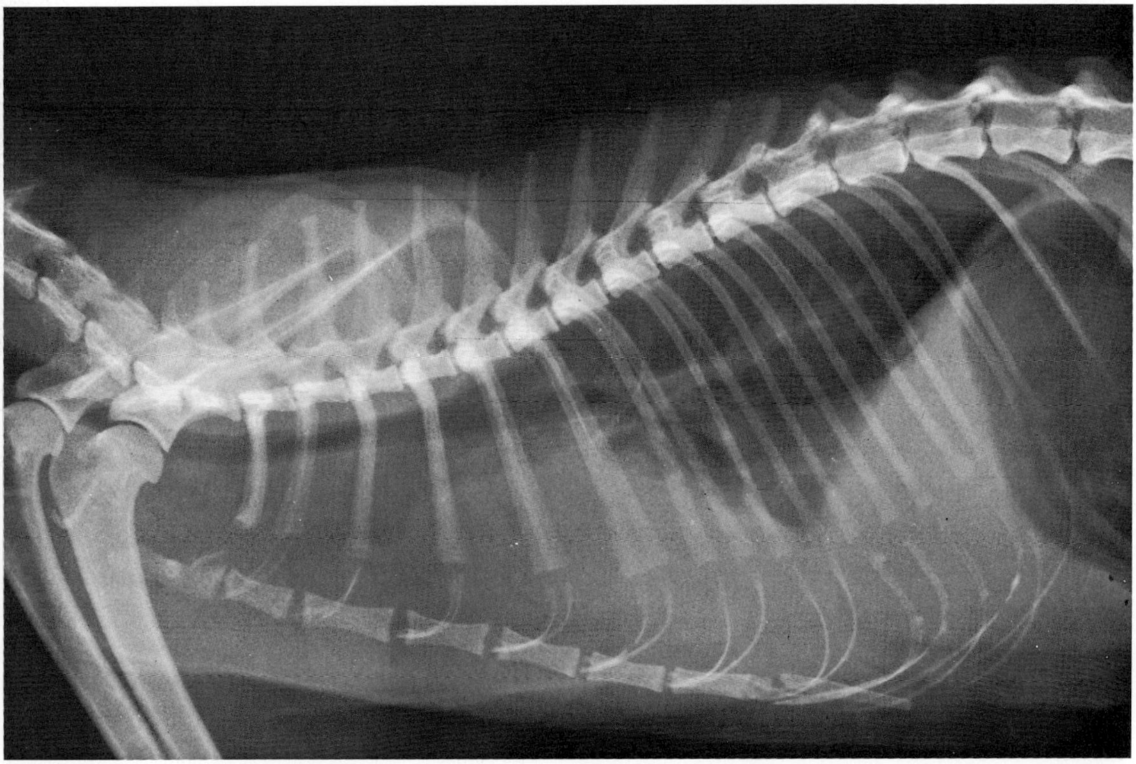

Abb. 17: Seit drei Tagen Dyspnoe, Anorexie, Fieber bis 40,9 °C, Leukozytose mit Kernlinksverschiebung. Eitrige Pleuritis (Pyothorax). Bakteriologische Untersuchung: Nocardiose.

Hydrothorax

Unter Hydrothorax wird im folgenden nur die Flüssigkeitsansammlung nichtentzündlicher Genese in der Brusthöhle verstanden. Die häufigste Ursache sind bei der Katze Rechtsherzinsuffizienzen, wesentlich seltener sind Senkung des kolloidosmotischen Drucks infolge verminderter Albuminsynthese bzw. erhöhten -verlusts, Leberinsuffizienz, nephrotisches Syndrom, exsudative Enteropathie der Grund. Meistens finden sich die Ergüsse als reine Transsudate, d. h. zell- und proteinarme, m. o. w. klare Flüssigkeiten niedrigen spezifischen Gewichts gleichzeitig in beiden Brusthöhlenhälften. Nach einiger Zeit modifiziert sich das zunächst zellarme Transsudat infolge Absterbens der wenigen Zellen, wodurch Phagozyten chemotaktisch angelockt werden; außerdem kommt es bei längerem Bestehen, insbesondere bei Herzinsuffizienz, zu einer Schädigung der Gefäße, woraus eine erhöhte Gefäßpermeabilität mit Verlust eiweiß- und schließlich zellreicher Flüssigkeit resultiert. Hin und wieder können Flüssigkeitsergüsse durch Gefäßkompressionen ausgelöst werden. Auch durch Inkarzerationen von Bauchorganen bei Zwerchfellsrupturen kommen oft modifizierte Transsudate vor.

Klinik: Die klinischen Symptome sind die der räumlichen Behinderung der Atmung mit den Folgen der Atelektase, Dyspnoe, Zyanose. Auskultations- und Perkussions- sowie Röntgenbefunde gleichen denen anderer Flüssigkeitsergüsse (s. Pleuritis). Das Allgemeinbefinden ist je nach Grundkrankheit m. o. w. gestört. Fieber ist untypisch. I. a. treten auch keine Blutbildveränderungen auf; allenfalls bei modifiziertem Transsudat kann eine leichtere Leukozytose vorliegen. Die Bestimmung des Serum-Proteins, ggf. in Verbindung mit dem Elektropherogramm, gibt Anhaltspunkte für eine eventuelle Hypoproteinämie.

Diagnose: Die klinische Untersuchung (Perkussion, Auskultation) gibt Hinweise auf den Flüssigkeitserguß im Thorax, die Punktion und labordiagnostische Untersuchung des Punktats macht dessen Zuordnung möglich. Wichtig ist die Ätiologie: Hypoprotein- und -albuminämie: Nieren-, Leber-, Darmuntersuchung; Normoproteinämie: Herzinsuffizienz, Zwerchfellruptur, Tumor.

Differentialdiagnose: s. Pleuritis.

Therapie: Die Behandlung richtet sich nach der Grundkrankheit. Bei schwerer Beeinträchtigung der Atmung muß Entlastung durch Thorakozentese im siebten oder achten Interkostalraum geschaffen werden (Dreiwegehahn zur Verhinderung der Luftaspiration). Ansonsten ist nach Behandlung der Ursache mit Diuretika (Furosemid, 1 bis 2 mg/kg, dreimal täglich; Aldosteronantagonisten: Spironolacton, 3 bis 6 mg/kg, dreimal täglich) die Resorption zu unterstützen.

Chylothorax

Durch Zerreißung des Ductus thoracicus infolge Traumas oder durch entzündliche oder tumoröse Erosion kommen Ergüsse des Chylus in die Brusthöhle zustande. Auch nach Inkarzeration von

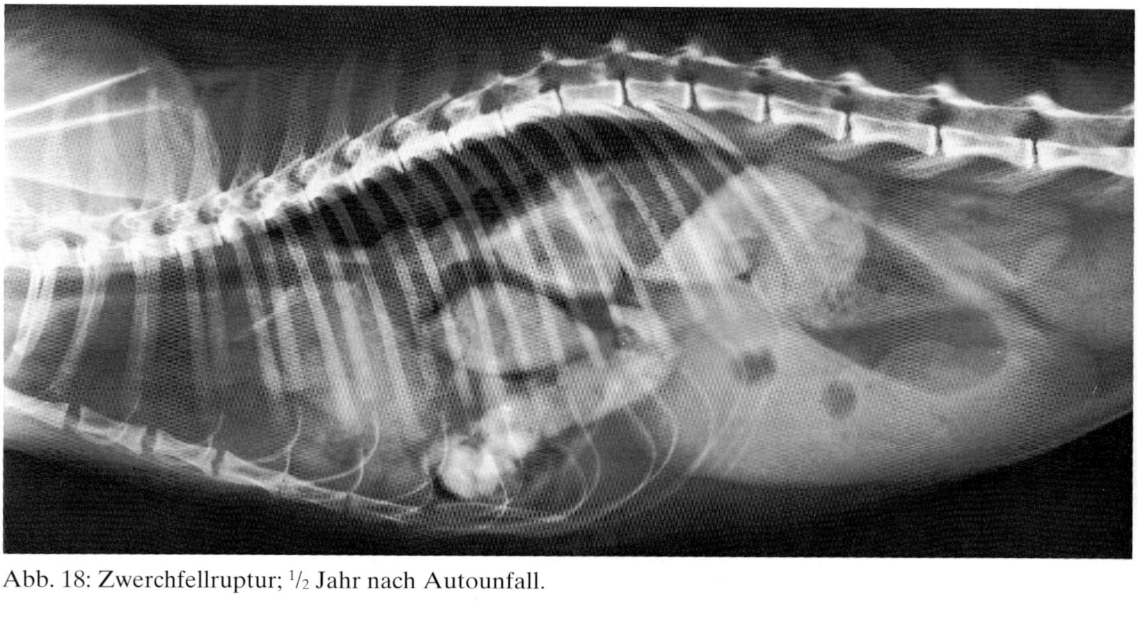

Abb. 18: Zwerchfellruptur; 1/2 Jahr nach Autounfall.

Darmteilen in Zwerchfellshernien oder -rupturen ist Chylothorax beobachtet worden (MEINCKE u. M., 1969). Häufiger als echte chylöse sind jedoch pseudochylöse Ergüsse. Sie entstehen als Modifikation von Exsudaten. Es kommt dabei zu einer Umwandlung der Entzündungsprodukte in Cholesterinkristalle, die der Ergußflüssigkeit das gleiche milchähnliche Aussehen verleihen wie bei echtem Chylus, der sein Aussehen von Chylomikronen erhält. Pseudochylöse Ergüsse können bei bakteriellen und viralen (feline infektiöse Peritonitis) und nichtinfektiösen Pleuritiden auftreten.

Klinik: Es bestehen die Symptome der Grundkrankheit zuzüglich derer des Brusthöhlenergusses.

Diagnose: Klinische Untersuchung mit Röntgendiagnostik und labordiagnostischer Differenzierung des Ergusses.

Differentialdiagnose: s. Pleuritis

Prognose: Abhängig von der Grundkrankheit. Die echten chylösen Ergüsse sind unter Diät nicht ungünstig zu beurteilen.

Therapie: Echter Chylothorax kann spontan heilen (MEINCKE u. M., 1969). Die konservative Behandlung sieht diätetische Maßnahmen in Form von Protein- und Kohlehydratfütterung vor (mageres Fleisch, Reis, Traubenzucker); längerkettige Fettsäuren (mehr als 12 C-Atome) sollen vermieden werden. Im übrigen bleibt die chirurgische Intervention. Der Milchbrustgang kann bei der Katze schwer zu finden sein. Das Auffinden wird erleichtert, wenn der Katze ein bis zwei Stunden vor der Operation eine halbe Tasse mit einem Eßlöffel Kondensmilch angereicherte Milch eingegeben wird. Der Ductus thoracicus kann von links oder von rechts zugänglich gemacht und am Zwerchfell ligiert werden. Auf jeden Fall soll eine Entlastung durch Punktion durchgeführt werden. Die Behandlung des Pseudochylus entspricht der der Pleuritis.

Hämothorax

Blutungen in der Brusthöhle treten meist durch Unfälle, seltener infolge hämorrhagischer Diathesen (Kumarinvergiftung, Tumoren o. a.) auf.

Klinik: Die klinischen Symptome ähneln denen eines Hydrothorax, kompliziert durch die auslösende Ur-

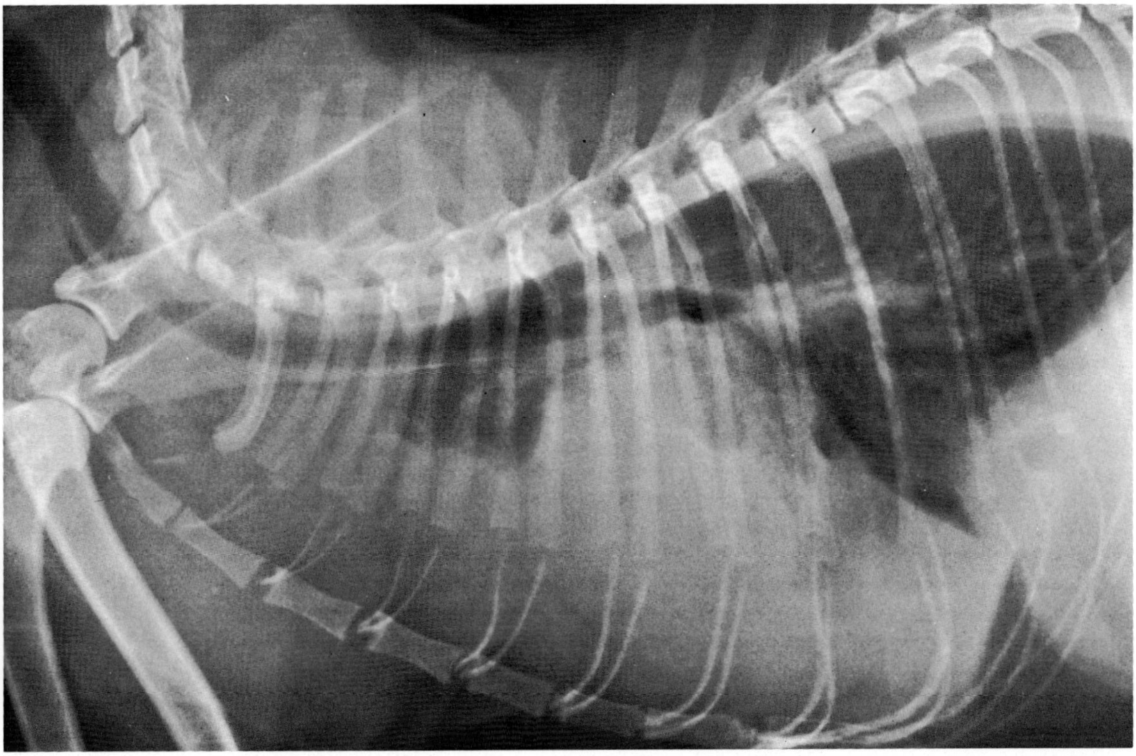

Abb. 19: Abmagerung, Dyspnoe, Tachypnoe, nach kurzer Bewegung Atemnot, Husten, Zyanose. Ventral leerer Perkussionsschall, Herztöne schwach hörbar, Herzgeräusch II/VI, Puls schwach. Punktat: modifiziertes Transsudat. Kongestive Kardiomyopathie mit Hydrothorax und Hydroperikard.

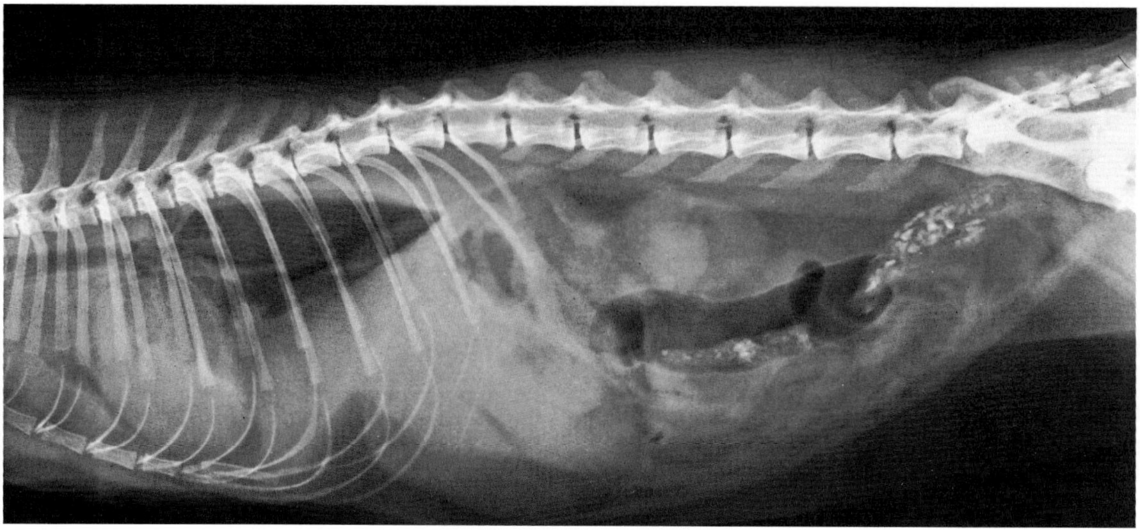

Abb. 20: Hydrothorax und Hepatomegalie bei kongestiver Kardiopathie.

sache (Rippenbrüche, Bißverletzungen), bei starker Blutung bestehen die Symptome der Hypovolämie.

Diagnose: Durch Thorakonzentese läßt sich bei frischen Blutungen sowie bei Gerinnungsstörungen ungeronnenes Blut, bei älteren Blutungen oft nur gelbliche bis rötliche Flüssigkeit gewinnen. Bei Tumoren werden Tumorzellen nachgewiesen. Kumarinvergiftungen verlaufen mit gleichzeitig schwerer Gerinnungsstörung im Blut.

Differentialdiagnose: Pleuritis, nichtentzündliche Ergüsse. Wichtig ist die Erkennung einer Hämostasestörung (s. d.).

Prognose: Sie entspricht der Grundkrankheit.

Therapie: Sie ist abhängig von der auslösenden Ursache. Sofern stärkere Blutverluste eingetreten sind, ist eine vorsichtige Bluttransfusion vorzunehmen. Bei Atemstörungen ist der Erguß zu entfernen.

Pneumothorax

Eintritt von Luft in den Pleuraspalt kommt durch penetrierende Verletzungen der Brusthöhle oder Zusammenhangstrennungen der Trachea, Bronchen oder Lunge einschließlich der Pleura costalis zustande. Häufiger als zu erwarten bleibt aber die Ursache unklar. Die Folge des Pneumothorax ist Kollabieren der Lunge mit Beeinträchtigung oder Ausfall der Funktion. Bei Zusammenhangstrennungen von Alveolen oder Bronchen kann die Luft ins Mediastinum entweichen. Es bildet sich dann am Brusteingang ein Luftpolster, das bei Palpation krepitiert.

Klinik: Bei stärkeren Ausmaßen steht Dyspnoe im Vordergrund. Die Auskultation ergibt weitgehend oder völlig fehlende Atemgeräusche über der erkrankten Thoraxhälfte, die Perkussion tympanischen Schall. Auf dem Röntgenbild ist die atelektatische, kollabierte Lunge zu erkennen.

Diagnose: Die fehlenden oder abgeschwächten Atemgeräusche, der tympanische Perkussionsschall und die Röntgenbefunde sind typisch.

Therapie: Soweit möglich, wird die penetrierende Wunde (Brustwand) verschlossen. Bei schweren Atembeschwerden kann ein Absaugen der Luft mit Spritze und Dreiwegehahn versucht werden. Ansonsten kann die Resorption abgewartet werden, die allerdings Wochen dauern kann.

Neubildungen

Tumoren treten am häufigsten im Verlauf der Leukose im Mediastinum und am Brusteingang auf. Durch Gefäßkompression wird vorwiegend bei Befall der Lymphknoten am Brusteingang der Venenblutdruck erhöht, und es tritt Flüssigkeit aus. Druck auf Ösophagus und Trachea können Schluckbeschwerden und Atemgeräusche verursachen. Große oder multilokuläre Tumoren führen zu erheblichen Atemstörungen. Tumoren der Pleura costalis scheinen bei der Katze sehr selten zu sein.

Diagnose: Die Diagnose wird durch die klassischen Untersuchungsverfahren, insbesondere Perkussion und Auskultation, Röntgendiagnostik sowie zytologische Untersuchung eines Punktats oder Bioptats gestellt.

Therapie: Für die Behandlung leukotischer Veränderungen gelten die im Kapitel „Leukose" mitgeteilten Richtlinien. Ansonsten kommt die chirurgische Entfernung in Frage.

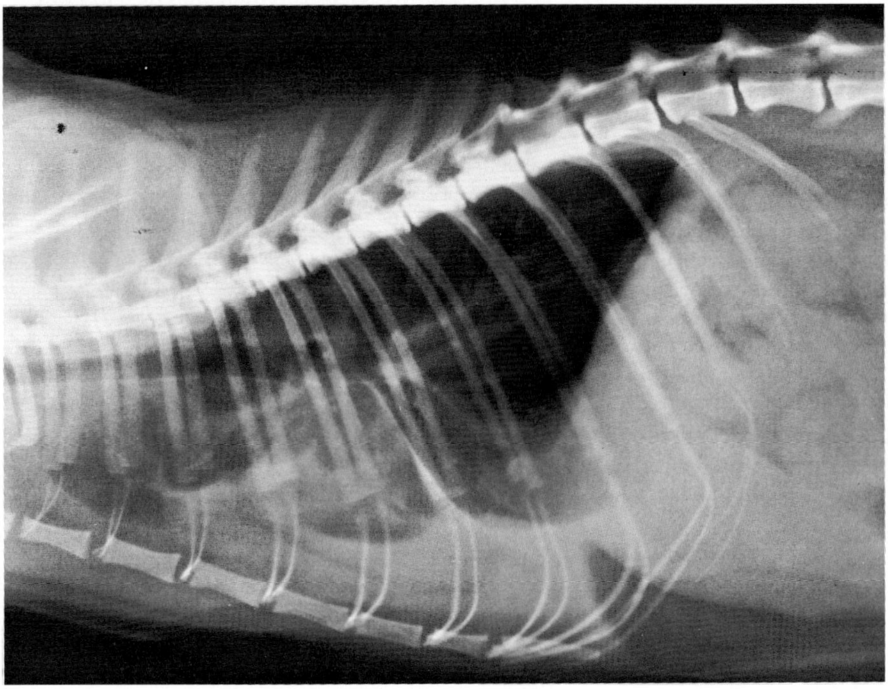

Abb. 21:
Erguß in die Brusthöhle: Hämothorax bei hämorrhagischer Diathese.

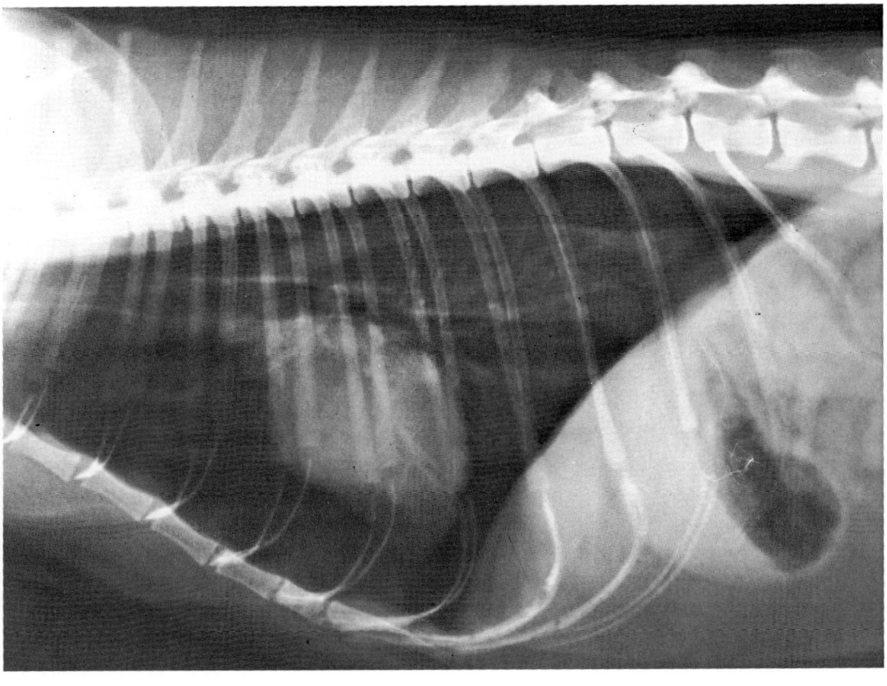

Abb. 22:
Pneumothorax.

Mediastinitis

Die Entzündung des Mediastinums kann aus denselben Gründen wie die der Pleura entstehen; sie kommt ferner häufig bei Perforation des Ösophagus sowie der Trachea vor. Auch Bisse in den Hals führen bisweilen zur Mediastinitis. Die **klinischen Symptome** entstehen und verlaufen akut und bestehen in Schmerzhaftigkeit des Thorax, Fieber, Tachypnoe, Tachykardie. Labordiagnostisch werden Leukozytose mit Linksverschiebung und Beschleunigung der Blutkörperchensenkungsreaktion festgestellt. Im Röntgenbild erkennt man eine Verbreiterung und Vertiefung des mediastinalen Schattens. Die **Prognose** ist besonders bei perforierenden (Fremdkörper-)Verletzungen des Ösophagus vorsichtig bis ungünstig. Die **Therapie** besteht in der Behebung der Ursache und in der Gabe von Breitspektrumantibiotika.

Mediastinalödem

Flüssigkeitsergüsse ins Mediastinum werden am häufigsten in Verbindung mit dem Hydrothorax gesehen, von dessen Symptomen sie überdeckt werden. M. o. w. isolierte Mediastinalödeme entstehen bei ANTU-Vergiftung; auch Cyanide kommen als Ursache in Frage. Durch venöse oder lymphatische Abflußstörungen (Lymphknotentumoren des Mittelfells) kommen hydrostatische Ödeme zur Beobachtung. Die **Symptome** sind hauptsächlich Dyspnoe, Zyanose und verminderte Bereitschaft zur körperlichen Bewegung; Fieber fehlt gewöhnlich. Im Röntgenbild ist das Mediastinum verbreitert, tiefer verschattet, die Trachea ist weniger klar dargestellt. Die **Behandlung** entspricht der der Grundkrankheit.

Neubildungen im Mediastinum

Sie sind bei der Katze recht häufig, gehen hauptsächlich vom Thymus (Thymom, Thymussarkom), den Mediastinallymphknoten, seltener von den Aortenkörperchen (Chemodektome), von ektopischem Schilddrüsen- oder Nebenschilddrüsengewebe aus und sind meist in Verbindung mit der felinen Leukose zu bringen. Auch Metastasen anderer Primärtumoren kommen vor. **Klinisch** fällt außer evtl. Allgemeinsymptomen besonders die schwere Dyspnoe auf. Perkutorisch ist die von der Lage des Patienten unabhängige Dämpfung im kranialen Brustbereich auszumachen. Im Röntgenbild erkennt man den enorm verbreiterten Mediastinalschatten, der den Herzschatten besonders an dessen kranialer Begrenzung völlig überlagern kann. Die Punktion der Brusthöhle oder Biopsie des Tumors ergibt bei Lymphosarkomen massenhaft relativ einförmige lymphatische Zellen mit bisweilen lockerer Kernstruktur und hin und wieder Kernteilungen. Die **Therapie** ist i. a. die der lymphatischen Leukose. Die leukotischen Tumoren sprechen oft überraschend gut an; so kann schon wenige Tage nach Beginn der zytostatischen Behandlung eine Normalisierung der Atmung eintreten und ein Thymustumor nicht mehr nachweisbar sein. Es sei aber erneut auf die seuchenhygienische Problematik der Behandlung der Leukose hingewiesen.

Literatur

BALLAUF, B., KRAFT, W.: Endoskopie des Respirationstrakts bei Hund und Katze. In: W. KRAFT (Hsg): Tierärztliche Endoskopie. Schattauer Verlag, Stuttgart, New York (1993).

BEDFORD, P. G. C., u. M.: Nasopharyngeal polyps in the cat. Vet. Rec. **109,** 551 (1981).

BRADLEY, R. L.: Selected oral, pharyngeal, and upper respiratory conditions in the cat. Vet. Clin. North Amer. Small Anim. Pract. **14,** 1173 (1984).

CHRISTOPH, H. J., VIERNEISEL, H.: Zur Anwendung des Cytostatikums „Endoxan“ bei Hund und Katze. Mh. Vet. Med. **17,** 3 (1962).

COLEGRAVE, A. J., et al.: Chronic rhinitis. Vet. Rec. **76,** 67 (1964).

COOK, W. R.: Observations on the upper respiratory tract of the dog and cat. J. Small Anim. Pract. **5,** 309 (1965).

DORN, C. R., et al.: Survey of animal neoplasms in Alameda and Contra Costa Counties, California. 11. Cancer morbidity in dogs and cats from Alameda County. J. Natl. Cancer Inst. **40,** 307 (1968).

FRENKEL, J. K.: Toxoplasmosis in cats: Diagnosis, treatment and prevention. Comp. Immun. Microbiol. Infect. Dis., **1,** 15–20 (1978).

FORD, R. B.: Feline viral respiratory disease. Comp. Cont. Educ. Small Anim. Pract. **1,** 337 (1979).

GALE, V. C.: Chronic rhinitis in cats. Vet. Rec. **75,** 1310 (1963).

HARVEY, C. E.: Surgical correction of stenotic nares in a cat. J. Amer. Anim. Hosp. Assoc. **22,** 31 (1986).

HARVEY, L. E., GOLDSCHMIDT, M.: Inflammatory polypoid growth in the ear canal of cats. J. Small Anim. Pract. **19,** 669–677 (1978).

HAYWARD, A. H. S.: Thoracic effusions in the cat. J. Small. Anim. Pract. **9,** 75 (1968).

HOLZWORTH, J.: Leukemia and related neoplasms in the cat. J. Am. Vet. Med. Assoc. **176,** 47 (1960).

JAKSCH, W.: Atmungsorgane. In: H.-J. CHRISTOPH: Klinik der Katzenkrankheiten. Fischer, Jena (1977).

KING, J. M., ROTH, L., HORNBUCKLE, W. E.: Eustachian tube polyps a cause of chronic respiratory distress. Cornell Feline Health Center Vet. News **47** (1983).

McKIERNAN, B. C.: Lower respiratory tract disease. In: S. J. ETTINGER: Textbook of Veterinary Internal Medicine, 2. Aufl. Saunders (1983).

MEINCKE, J. E., HOBBIE, W. V., BARTO, L. R.: Traumatic chylothorax with associated diaphragmatic hernias in the cat. J. Am. Vet. Med. Assoc. **155,** 15 (1969).

MONLUX, W. S.: Primary pulmonary neoplasms in domestic animals. Southwest Vet. **6,** 131 (1953).

PARKER, N. R., BINNINGTON, A. G.: Nasopharyngeal-polyps in cats: Three case reports and a review of the literature. J. Amer. Anim. Hosp. Assoc. **21,** 473 (1985).

PARKS. J. L., KLEINE, L. J.: Emphysematous pleuritis in a cat (What is your Diagnosis?) J. Am. Vet. Med. Assoc. **161,** 211 (1972).

PENNOCK, P. W.: Pulmonary Edema. In: Current Veterinary Therapy I. W. B. Saunders Co., Philadelphia (1964).

POVEY, R. C., WARDLEY, R. C., VESSEN, H.: Feline Picornavirus infection: The in vivo carrier state. Vet. Rec. **92,** 224 (1973).

STEIN, B.: Diuretics for sinusitis in cats. Mod. Vet. Pract. **5,** 11 (2) (1971).

SUMMER-SMITH, G., EGER, C. E.: The respiratory system. In: E. J. CATCOTT: Feline medicine and surgery. Amer. Vet. Publ. (1975).

SUTER, P. F.: Interpretation of pulmonary radiographs. In: KIRK, R. W. (ed): Current Veterinary Therapy, VIII. W. B. Saunders Co., Philadelphia, Pa., (1980).

SUTER, P. F., ETTINGER, S. J.: Chronic respiratory disorders. In: ETTINGER, S. J. (ed): Veterinary Internal Medicine. W. B. Saunders Co., Philadelphia Pa. (1975 a).

SUTER, P. F., ETTINGER, S. J.: Miscellaneous diseases of the thorax. In: ETTINGER, S. J. (ed): Veterinary Internal Medicine. W. B. Saunders Co., Philadelphia, Pa. (1975 b).

SZERDA-PRZESTASZEWSKA, M., WIDDICOMBE, J. L.: Reflex effects of chemical irritation of the upper airways on the laryngeal lumen in cats. Resp. Physiol. **18,** 107 (1973).

THRALL, D. E., HARVEY, C. E.: Radiotherapy of malignant nasal tumors in 21 dogs. J. Amer. Vet. Med. Assoc. **183,** 663 (1983).

WARDLEY, R. C., GASKELL, R. M., POVEY, R. C.: Feline respiratory viruses: Their prevalence in clinical healthy cats. J. Small Anim. Pract. **15,** 579 (1974).

WHITEHEAD, J. E.: Differential diagnosis of dyspnea in cats. Mod. Vet. Pract. **44,** 43 (1963).

WILKINSON, G. T.: Diseases of the Cat. Pergamon Press, London and New York (1966).

Krankheiten der Zähne und des Kiefers

Von P. Fahrenkrug

Raum für Notizen

Krankheiten der Zähne und des Kiefers

1. Gebiß der Katze

Vor etwa 50 Millionen Jahren entwickelten sich aus den Alt-Raubtieren (Miacidae) die katzenartigen und hundeartigen Raubtiere (THENIUS, 1989). Im Gegensatz zu den Canoidea, deren Gebiß im Bereich der Backenzähne durch Ausbildung von Kauflächen (zentrale Grube der ersten oberen Molaren) Hinweise zum Übergang in eine Mischernährung aufweist, besitzen die Katzen ein stark spezialisiertes sekodontes Raubtiergebiß. Es gestattet daher nur das Zerschneiden der Beutestücke zur Vorbereitung des Herunterschlingens von Fleischfetzen sowie die Zerstörung knöcherner Strukturen (Sectorii/ Brechschere: P4/OK und M1/UK).

Das ursprünglich 44zähnige Gebiß der Urformen der plazentalen Mammalier ist bei der Katze auf 30 Zähne reduziert. Zwar weisen einige Wildfeliden Variationen in Zahnform und Zahnanzahl auf (z. B. der Luchs: 28 Zähne), jedoch ist die im Habitus sehr unterschiedliche Familie der Katzenartigen mit erstaunlich identischer Bezahnung ausgestattet (KEIL, 1966), Abb. 1, Abb. 2, Abb. 3).

Pro Quadrant finden wir:

Im Oberkiefer:

3 Inzisiven (I)
1 Caninus (C)
3 Prämolaren (P)
1 Molaren (M)

Im Unterkiefer

3 Inzisiven
1 Caninus
2 Prämolaren
1 Molaren.

ZAHNSCHEMA:

Milchgebiß:

$$\frac{Id\;Id\;Id\;\;Cd\;\;Pd\;Pd\;Pd}{Id\;Id\;Id\;\;Cd\;\;Pd\;Pd} \times 2 = 26 \text{ Zähne}$$

Wechselgebiß:

$$\frac{I\;I\;I\;\;C\;\;PPP\;M}{I\;I\;I\;\;C\;\;PP\;M} \times 2 = 30 \text{ Zähne}$$

Milchzähne werden durch ein nachgestelltes d (von „dentes decidui") charakterisiert.

Das Gebiß wird in vier Quadranten eingeteilt. Beginnend mit dem oberen rechten Quadranten (1) wird im Uhrzeigersinn weitergezählt. Die Zähne können von der Mittellinie aus nach distal mit Ziffern bezeichnet werden. International durchgesetzt hat sich das Zahnschema nach TRIADAN (1972), bei dem jeder Zahn durch eine dreiziffrige Zahl charakterisiert wird. Die erste Ziffer gibt den Quadranten, die nächste Ziffer unter Einfügung einer Null den Zahn an. So erhält der rechte obere Caninus die Ziffer 104, der linke untere Reißzahn die Ziffer 307. Die Inzisivi sind sehr klein ausgebildet und stehen in dichter Reihe nebeneinander. Sie dienen weniger dem Ergreifen von Beute, sondern eher der Fellpflege („Kammzähnchen"). Die vier Canini des Ober-

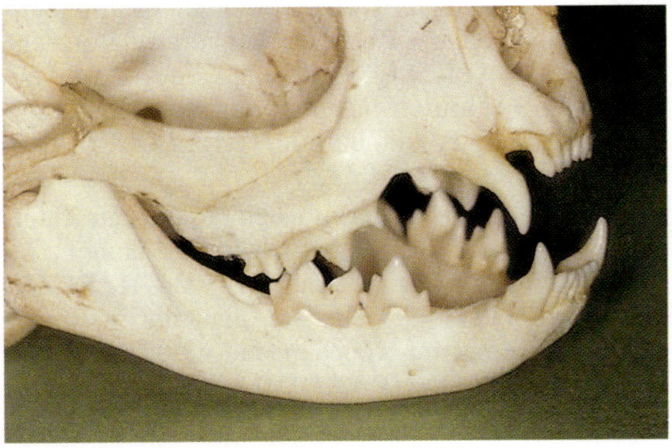

Abb. 1: Milchgebiß der Katze:

$$\frac{Id\;Id\;Id\;\;Cd\;\;Pd\;Pd\;Pd}{Id\;Id\;Id\;\;Cd\;\;Pd\;Pd} \times 2 = 26 \text{ Zähne}$$

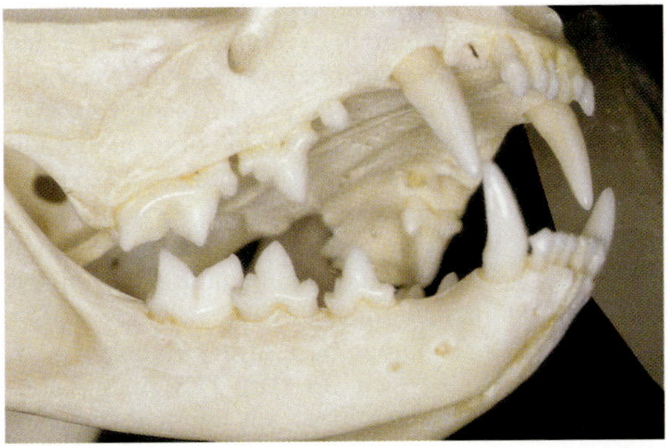

Abb. 2: Bleibendes Gebiß der Katze:

$$\frac{I\;I\;I\;\;C\;\;PPP\;M}{I\;I\;I\;\;C\;\;PP\;M} \times 2 = 30 \text{ Zähne}$$

und Unterkiefers sind die effektiven Waffen der Feliden beim Beutefang, sowie dem Tötungsakt der Raubtiere. Die Prämolaren und Molaren können mit den Antagonisten des Gegenkiefers lediglich schneidende Bewegungen ausführen. Im Bereich zwischen oberem P 4 und unterem M 1 bilden diese beiden Zähne die für die Raubtiere typische „Brechschere", höchst effektive Schneidewerkzeuge, die es dem Tier ermöglichen, durch die Zerstörung der knöchernen Strukturen ihrer Beutetiere an das ernährungsphysiologisch unverzichtbare Knochenmark der Beutetiere zu gelangen.

2. Anatomie des Zahnes und Zahnhalteapparates

Abgesehen von der durch die jeweilige Ernährungsweise abweichenden Zahnform sind die Strukturen des Kauorganes unserer Haussäugetiere denen des Menschen sehr ähnlich. Wir unterscheiden am Zahn den sichtbaren Teil, die **KRONE,** von der **ZAHNWURZEL,** die den Zahn im Kieferknochen verankert. Die Krone ist bedeckt vom **ZAHNSCHMELZ.** Der Zahnschmelz ist eine abrasionsfeste und harte Körpersubstanz, die zu ca. 97 % aus Apatitkristallen (fluorhaltiges Phosphatmineral) besteht. Der Schmelz der Milchzähne wird während der späten Fötalentwicklung, der Schmelz der bleibenden Zähne ebenfalls bereits während der Fötalentwicklung sowie kurz nach der Geburt von spezialisierten Zellen, den **ADAMANTOBLASTEN,** gebildet. Die Zellen liegen dem Zahnkeim kuppelförmig auf und werden beim Durchtritt des Zahnes durch das Mundhöhlenepithel durch Abrasion sofort zerstört.

Durch die fehlende Regenerationsfähigkeit des Zahnschmelzes müssen Schmelzdefekte, die durch Abrasion, Karies oder Frakturen entstanden sind, daher stets durch körperfremde Materialien versorgt werden, weil der Schmelz nach dem Adamantoblastenverlust nicht mehr nachgebildet werden kann. Störungen des Allgemeinbefindens (Stoffwechselstörungen, Unterernährung, Malabsorptionssyndrom, Vergiftungen, Infekte etc.) bedingen eine ungenügende Mineralisation des Schmelzes. Es entstehen irreversible Schmelzaplasien und -hypoplasien.

Permanente Verfärbungen der Zähne können durch die Gabe verschiedener Medikamente, besonders von Tetrazyklinen, verursacht werden.

Unter der Schmelzkappe besteht der Zahn im Kronen- und Wurzelbereich aus **DENTIN,** auch Zahnbein genannt. Das Dentin ist mit der Knochensubstanz eng verwandt und wird von den **ODONTOBLASTEN** gebildet.

Die Odontoblasten bilden die innere Auskleidung der Zahnhöhle, der **PULPENHÖHLE.**

Die Pulpa, laienhaft auch als „Zahnnerv" bezeichnet, besteht aus Binde- und Nervgewebe, Venen, Arterien und Lymphgefäßen.

Nach dem Durchtritt des Zahnes ist diese Pulpenhöhle sehr weitlumig und die Dentinschicht noch relativ dünn. Im Laufe der ersten Lebensmonate setzt eine heftige Syntheseaktivität der Odontoblasten ein, die die Pulpenhöhle zugunsten einer Verdickung der Dentinschicht verengt. Im Gegensatz zur Schmelzbildung hält die Dentinbildung während des gesamten Lebens an, so daß mit wachsender Dentinschichtdicke der Zahn stabiler und damit bruchsicherer wird. Mit fortschreitendem Lebensalter wird die Dentinschichtdicke so massiv, daß schließlich das verbleibende Pulpenlumen nur noch fadenförmig ist und unter Umständen ganz obliteriert. Äußere Reize durch Frakturen, Abrasionen, osteoklastische Resorptionen, Kältereize (ständige Aufnahme kalter Tränke etc.) regen die Odontoblasten zur schnellen Bildung von REIZDENTIN an, das als „Narbe" die Pulpa vor diesen Reizen isolieren soll. Durch bestimmte Medikamente kann die Reizdentinbildung beschleunigt werden. Die Dentinsubstanz besitzt zahllose Tubuli, die radiär von der Zahnmittelachse aus nach außen verlaufen. In diese Tubuli ragen Odontoblastenfortsätze hinein, die sensible Schmerzreize an die Pulpainnervation weiterleiten.

Sie enthält sensible Nervstrukturen. Die Innervation erfolgt durch maxilläre und mandibuläre Anteile des N. trigeminus. Die räumliche Form der Pulpenhöhle entspricht in etwa der verkleinerten Form des jeweiligen Zahnes. Wir unterscheiden aus therapeutischen Gründen die Kronenpulpa von der Wurzelpulpa. Bei mehrwurzeligen Zähnen enthält jede Wurzel einen Pulpakanal, gelegentlich auch mehrere getrennte Kanäle.

Beim jungen Tier treten die Gefäße und Nerven durch das **FORAMEN APICALE** aus dem Knochen in den Zahn ein. Während der Zahnreifung bildet sich auch bei der Katze ein feinverzweigtes, sehr englumiges APICALES DELTA aus, das die zellulären Strukturen in hunderten von Kanälchen in das Zahninnere hineinführt (HENNET, 1990), s. Abb. 3, Abb. 4.

Im Bereich der im Kieferknochen befestigten Zahnwurzel wird das DENTIN von einer dünnen, im Apexbereich etwas verdickten **WURZELZEMENTSCHICHT** bedeckt. Sie dient der Verankerung des Zahnes im Knochen und wird daher dem Zahnhalteapparat = **PARODONTIUM** zugerechnet. Die Substanz ähnelt dem Faserknochen, besitzt jedoch zusätzlich kollagene Fibrillen, die mineralisiert sein können und sich zu den SHARPEY'schen Fasern zusammenbündeln. Sie werden auch desmodontale Fasern genannt. Diese Fasern inserieren in

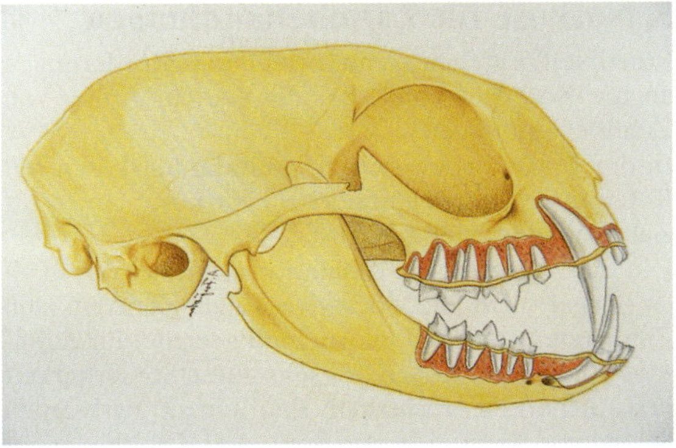

Abb. 3: Schematische Darstellung der Katzenbezahnung. Beziehung der Zahnwurzeln zum Kiefer.

der **GINGIVA,** dem „Zahnfleisch", und zwar in dem Bereich, der die Zahnkrone umgibt. Dieser Abschnitt wird als BEFESTIGTE GINGIVA (attached Gingiva) bezeichnet, die sich nahtlos in die FREIE GINGIVA = bewegliche Schleimhaut fortsetzt. Letztere hat keine faserige Verbindung zum Zahn mehr, sondern ist mit dem Knochen verbunden. Im Bereich der knöchernen **ALVEOLE** (Zahnfach) inserieren die Fasern des Zahnhalteapparates direkt in der mit Periost ausgekleideten knöchernen Alveole. Der enge Spalt zwischen Wurzelzementschicht und Gingiva bzw. Knochenanheftungsstellen wird somit von einem dicht verzweigten Netz kollagener Fasern ausgefüllt. Die Fasern verlaufen in allen Richtungen des Raumes.

Auf den Zahn einwirkende Kräfte können bis zu einem bestimmten Auslenkungsgrad in intrudierender, extrudierender und rotierender Richtung abgefedert werden. Hierdurch soll ein Befestigungsverlust oder Zahnausfall nach Möglichkeit vermieden werden. Bei Überdehnung der einzelnen Fasern kommt es zur Luxation (Zahnlockerung), ggf. zur Avulsion (völliges Herausschlagen des Zahnes aus der Alveole).

3. Zahnwechsel

Auch die Katze macht einen Zahnwechsel durch. Die Milchzähne brechen in der dritten bis achten Lebenswoche durch. Das Milchgebiß ist als Anpassung an die Ernährung in der Jugendphase des Tieres und den sehr begrenzten Platzbedarf auf den Kiefern des wachsenden Jungtieres weiter reduziert und besteht aus:

$$\frac{\text{Id Id Id Cd Pd Pd Pd}}{\text{Id Id Id Cd}\quad\text{Pd Pd}} \times 2 = 26 \text{ Zähne}$$

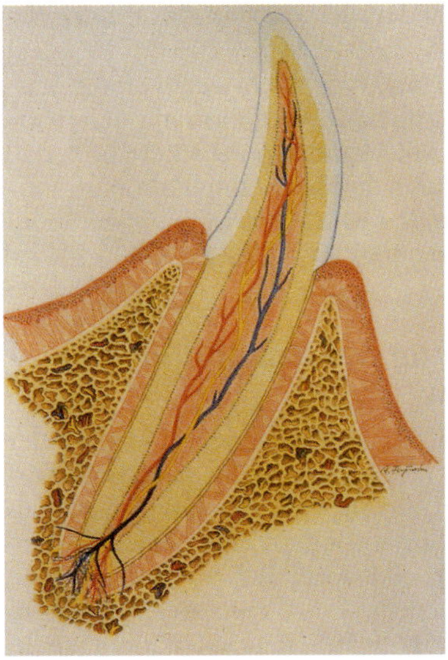

Abb. 4: Schematische Darstellung der Zahn- und Alveolarstrukturen.

Der Durchbruch der Milchzähne sowie deren Ersatz durch die zweite Dentition ist ein komplizierter Vorgang, dessen Physiologie noch nicht vollständig aufgeklärt werden konnte. Auch Milchzähne besitzen vollständig ausgebildete Wurzeln. Der unter dem Milchzahnvorgänger im Kieferknochen sitzende Zahnkeim des bleibenden Zahnes nimmt durch die Synthesevorgänge der Adamantoblasten und Odontoblasten an Volumen zu und übt dabei einen Druck auf die Milchzahnwurzelspitze aus. Die Resorption der Milchzahnwurzeln und des Zahnfleisches beim Durchbruch in die Maulhöhle wird durch phagozytäre Resorptionsaktivitäten von Osteoklasten/Odontoklasten, Fibroblasten und Makrophagen erreicht, die aus mesenchymalen Zellen herangebildet werden. Es wird diskutiert, ob auch in der Pulpa des Milchzahnes undifferenzierte Zellen vorhanden sind, die sich zu resorptiven Tätigkeiten spezialisieren können.

Nach vollständiger Resorption der Milchzahnwurzel fällt der Zahnrest aus und gibt den Platz für den bleibenden Zahn frei (BIENIEK und BIENIEK, 1993). Die Milchzähne sind deutlich zierlicher als die der bleibenden Zähne. Im Alter von fünf bis acht Wochen ist das Milchgebiß der Jungkatze vollständig ausgeprägt. Mit etwa $3^1/_2$ Monaten setzt der Zahnwechsel ein und ist mit $5^1/_2$ bis 6 Monaten beendet. Nach dem endgültigen Hochwachsen der Zähne ist also mit etwa 7 Monaten das Ersatzgebiß der Katze vollständig ausgebildet und funktionsfähig. In aller Regel geht der Zahnwechsel bei der Katze problemlos vonstatten. Nur gelegentlich kommt es zur Milchzahnpersistenz, d. h. zum gleichzeitigen Vorhandensein des Milchzahnes und seines permanenten

Nachfolgers. Besonders häufig sind die Canini betroffen.

Anders als beim Hund, vor allem verzwergter Rassen, ist eine tierärztliche Intervention nur selten erforderlich, da die Milchcanini so gelockert sind, daß der Tierbesitzer durch digitale Manipulation im Verlauf weniger Tage den Milchcaninus bis zum Spontanverlust luxieren kann.

4. Untersuchung der Maulhöhle und der Zähne

Die Inspektion der Maulhöhle und des Gebisses der Katze ist manchmal nicht ganz einfach. An unsedierten Tieren gelingt es selbst dem geübten Untersucher nicht immer, insbesondere die distalen Gebißabschnitte hinreichend sorgfältig zu untersuchen. Während widersetzliche oder aggressive Tiere ohnehin nur in Narkose oder Sedation einer eingehenden Untersuchung zugänglich sind, kann aufgrund der grazilen Größenverhältnisse der Bezahnung und der ungünstigen Belichtungsverhältnisse in der Maulhöhle häufig am unsedierten Tier nur ein erster Eindruck gewonnen werden. Das Öffnen der Maulhöhle kann durch Fixierung des Oberschädels mit der linken Hand und Herabdrücken des Unterkiefers mit dem Zeigefinger der rechten Hand meist recht gut durchgeführt werden. Läßt die Katze sich diese Manipulation nicht gefallen, kann man durch Hochziehen der Lippe an den Tasthaaren bei geschlossenem Fang einen zumindest groben Überblick über die vorderen und mittleren Gebißabschnitte bekommen. Die häufig geübte Untersuchung des Gebisses mittels Zwangsöffnung durch im Ober- und Unterkiefer eingelegte Schlingen aus Mullbinden oder Ligaturengummi ist sehr unfallträchtig, da bei Abwehrbewegungen des Tieres der Untersucher häufig eine Überstreckung des Unterkiefers im Kiefergelenk provoziert, die zu Luxationen oder gar Frakturen Anlaß geben kann. Hier ist also äußerste Vorsicht geboten. Eine sichere Diagnostik, gerade im Hinblick auf einen Befall mit „Neck lesions" (Näheres siehe dort) ist zudem meistens mit der Notwendigkeit der Anfertigung von Röntgenaufnahmen verknüpft. Ferner ist häufig die Sondierung der Parodontaltaschen mit einer Parodontalsonde durchzuführen. Insofern ist es für eine einwandfreie und lückenlose Diagnostik von Zahn- und Maulerkrankungen ohnehin sicherer, den Weg einer Sedation oder Narkose zu wählen.

Für die praxisnahe rationelle Dokumentation der erhobenen Befunde steht ein spezielles Diagnostikformular („Befundbogen für Zahnpatienten KATZE", UPJOHN GmbH, D-91052 Erlangen) als Einlageblatt für die Patientenkartei zur Verfügung.

5. Narkose für Zahnbehandlungen

Prinzipiell bestehen keine speziellen Anforderungen an die Narkosetechnik bei der Durchführung von Zahnbehandlungen.

In der Praxis haben sich die Standardnarkosen mit Ketamin/Xylazin (Näheres bei „Narkose") auch für Zahnbehandlungen bewährt.

Die Intubation für die Inhalationsnarkose stört in aller Regel nicht die operative Zugänglichkeit zum Zahnsystem. Sie ist hervorragend geeignet für Zahnsanierungen, die neben der sehr guten Steuerbarkeit und Sicherheit zusätzlich den einzig wirksamen Schutz vor Aspiration von Spül- und Kühlflüssigkeit sowie Füllungsmaterialüberschüssen, Zahnsteinpartikeln und sonstigen Fremdkörpern bietet. Die Gefahr der Aspiration von Kühlwasser oder Fremdkörpern bei der Zahnbehandlung darf nicht unterschätzt werden. Schwere Aspirationspneumonien mit teils letalem Ausgang werden immer wieder als Folge von unsorgfältig durchgeführten Zahnbehandlungen beobachtet. Die Intubation bietet den sichersten möglichen Schutz gegen diese Komplikation.

Eine Ausnahme bildet hier jedoch die operative Versorgung von Kieferfrakturen und Gelenksluxationen, weil intraoperativ zur Funktionskontrolle das Maul mehrfach in maximaler Interkuspidationsstellung geschlossen werden muß. Hier stört dann der Tubus meist erheblich, so daß in diesen Fällen eine Injektionsnarkose zu bevorzugen ist.

Die Tubuseinführung über eine Pharyngostomie ist zwar prinzipiell möglich, aber bei der Katze wegen der Größenverhältnisse in der Praxis selten anwendbar.

6. Angeborene Defekte

Weitaus seltener als beim Hund beobachtet man in der Praxis angeborene Fehlbildungen des Zahnsystems. Am häufigsten kommt es bei Perserkatzen oder Edelkatzen-Mischlingen zu Kieferdeformationen und unkorrekt positionierten Zähnen. (Näheres hierzu im Kapitel Kieferorthopädie.)

Gelegentlich beobachtet man Zahnfehlbildungen, Nichtanlagen oder Doppelanlagen von Zähnen (Abb. 5 a, Abb. 5 b, Abb. 6). Sie sind klinisch meist irrelevant und bedürfen nur äußerst selten der tierärztlichen Behandlung.

Schmelzhypoplasien treten bei der Katze selten auf, während sie beim Hund mit zunehmender Häufigkeit beobachtet werden können. Die generalisierte Schmelzhypoplasie ist beim Hund zumeist Ausdruck einer Staupeinfektion, die bei der Katze nicht vorkommt. Eine lokale begrenzte Schmelzhypoplasie wird häufig durch Adamantoblastenschädigung nach einer Infektion des permanenten Zahnkeimes durch den Kanal des frakturierten Milchzahnes, meistens des Milchcaninus, verursacht (FAHRENKRUG, 1994).

Prophylaktisch sind daher frakturierte Milchzähne sofort schonend zu extrahieren.

7. Zahnextraktion

Die Extraktion nicht erhaltungsfähiger bzw. fehlgestellter Zähne mit Okklusionsbehinderungen stellt einen der häufigsten Eingriffe am Zahnsystem der Katze dar. Sie ist im Katzengebiß nicht ganz einfach. Im Vergleich zum Menschen- oder Hundezahn erscheint der Katzenzahn spröder und neigt auch aufgrund seiner grazilen Größe eher zu intraoperativer Frakturierung als bei anderen Spezies. Zur Vermeidung von Komplikationen sind daher eine sorgfältige und schonende Behandlungstechnik sowie ein geeignetes Instrumentarium anzuwenden. Zähne, die aufgrund chronischer parodontaler Infektion oder nach Unfällen stark gelockert sind, lassen sich in aller Regel recht einfach mit Hilfe geeigneter kleiner Zahnzangen (Human-Zahnzangen aus der Kinderzahnheilkunde) extrahieren.

Festsitzende Zähne oder frakturierte Wurzelreste erfordern eine Luxierung mit Hilfe von grazilen Wurzelhebern (Bein'schen Hebeln/Hebern). Mittlerweile sind im Veterinärhandel mehrere geeignete Ausführungen erhältlich. Für die Katze empfiehlt sich die Anschaffung eines leicht gebogenen scharf angeschliffenen Hebers mit ca. 2 mm breiter Klinge.

Technik:

Zunächst wird in achsialer Richtung unter leichtem Druck und sorgfältiger Fixierung des tief narkotisierten Tieres mit der Schneide des Wurzelhebers die perikoronale Gingiva zirkulär abpräpariert. Durch weiteren achsialen Druck kommt es zu einer Aufweitung des knöchernen Alveolenfaches und zunehmender, sich in die Tiefe fortsetzender Zerreißung der periodontalen Fasern. Der Wurzelheber wirkt also als Keil in die Tiefe des Zahnfaches.

Die Keilung der Zahnwurzel gegen die Alveolenwand bewirkt eine Zerstörung der periodontalen Fasern sowohl an der Druckseite – also der dem Instrument abgewandten Wurzelseite – als auch eine Dehnungsruptur der periodontalen Fasern an der Zugseite in unmittelbarer Nähe der Arbeitsspitze des Wurzelhebers. Gleichzeitig kommt es im Periodontalspalt durch Zerreißung von Kapillaren zu Blutungen. Die entstehenden Mikrohämatome verhindern das Zurückgleiten der Zahnwurzel in die ursprüngliche Position, wenn der Wurzelheber umgesetzt wird. Setzt man nun den Wurzelheber an anderer Stelle der Zahnwurzel an, kommt es auch hier zu kapillaren Blutungen und die entstehenden Blutkissen helfen, den Zahnrest aus der Alveole zu treiben. Erst wenn der Zahnrest deutliche Anzeichen von Luxation zeigt, sollte das Instrument gewechselt werden und der Zahn mit Hilfe einer geeigneten Zahnzange aus der Alveole herausbefördert werden. Bei einwurzeligen Zähnen ist hierzu eine rotierende Bewegung am besten geeignet. Eine Luxation in mesiodistaler Richtung ist meist wenig effektiv, da die Alveolenwände in dieser Richtung aufgrund des Knochenverlaufes im Ober- und Unterkiefer am solidesten sind und die geringste Tendenz zur Aufweitung zeigen werden.

Im Ober- und Unterkiefer ist daher die Luxation in bukko-palatinaler bzw. bukko-lingualer Richtung sinnvoller, da nach bukkal hin nur dünne und daher fragile Alveolenwände angelegt sind.

Zähne, die bereits seit längerem, z. B. nach Fraktur und Pulpennekrose, devital sind, sind häufig so spröde, daß eine ordnungsgemäße Extraktion so gut wie unmöglich ist. Diese Zähne neigen zu Splitterfrakturen bereits bei minimaler Kraftanwendung. Hier kann mit Hilfe der Osteotomie eine vollständige Wurzelextraktion erfolgen (Abb. 5 a, Abb. 5 b, 11 a, 11 b) (FAHRENKRUG, 1988; SHIPP und FAHRENKRUG, 1992).

Technik:

Zunächst werden die bukkale bzw. labiale Schleimhaut und das Periost über dem Zahnfach trapezförmig oder dreieckig inzidiert. Sodann wird mit Hilfe eines Raspatoriums dieser Mukoperiostlappen von der knöchernen Unterlage abpräpariert, um den die Zahnwurzel bedeckenden Alveolarknochen freizulegen. Mit Hilfe von wassergekühlten Knochenfräsen (Rundfräse, Lindemannfräse) wird die Alveole eröffnet und die Wurzel freigelegt. Sie läßt sich nach Luxation mit einem Bein'schen Hebel leicht entfernen. Die Schleimhautwunde ist nach der Extraktion zu schließen, die Wundheilung verläuft in aller Regel problemlos.

Mehrwurzelige Zähne lassen sich leichter extrahieren, wenn sie mittels einer Zahnbohrmaschine (Trennscheibe, Diamantschleifer) vorher zerteilt werden.

Ein weiteres praxisbewährtes Verfahren zur Entfernung von Wurzelresten wurde von ZETNER (1992) dargestellt. Es handelt sich hierbei um die sogenannte „Atomisation" mit Hilfe schnellaufender Bohrer. Hierzu benötigt man eine zahnärztliche Turbine mit Wasserkühlung, wie sie in modernen Tierzahnbehandlungseinheiten vorhanden ist. Ein Rosenbohrer geeigneter Größe (z. B. ISO 10 bis ISO 14) wird mit leichtem Druck achsial auf den Wurzelrest gelenkt und pulverisiert hierbei die Wurzel in winzige Split-

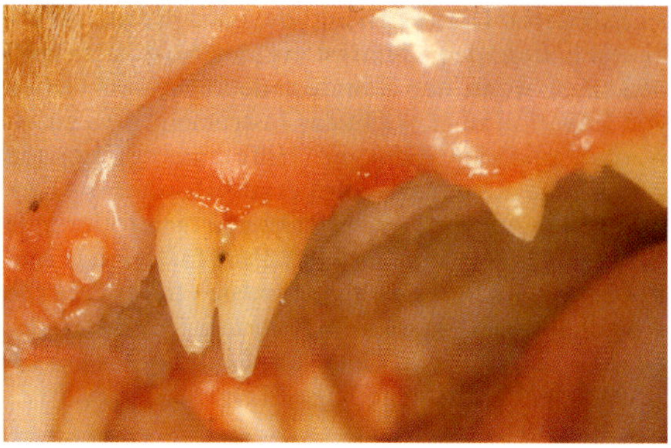

Abb. 5 a: Doppelanlage der Ersatz-Canini (Zwillingszahn).

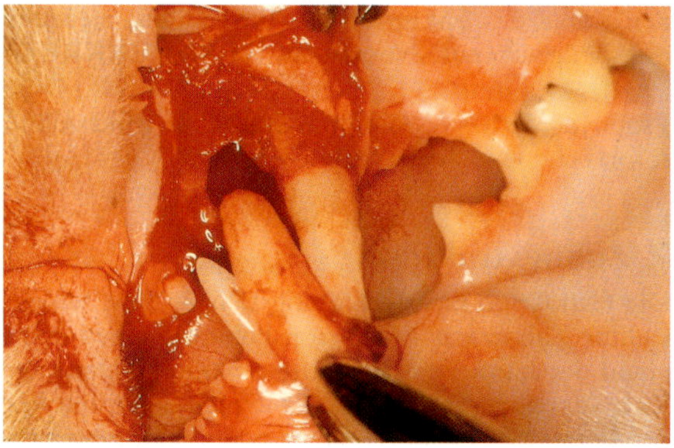

Abb. 5 b: Extraktion des Zwillingszahnes durch Osteotomie.

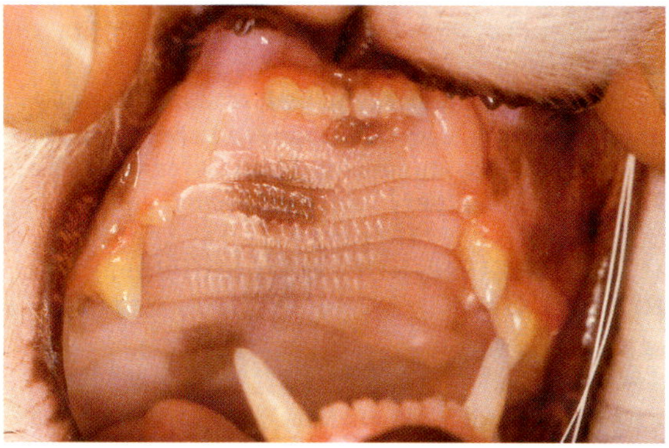

Abb. 6: Beidseitige röntgenologisch gesicherte Aplasie der Canini.

ter, die mit dem Wasserkühlstrahl der Turbine aus der Alveole ausgespült werden. Hierbei entsteht ein typisches zirpendes, sirrendes Geräusch. Die Wundheilung verläuft komplikationslos.

Die Methode bedarf einiger Erfahrung im Umgang mit schnellaufenden zahnärztlichen Geräten. Es besteht im Oberkiefer die Gefahr der Traumatisierung der Kieferhöhlen, im Unterkiefer kann der N. mandibularis geschädigt werden.

8. Versorgung von Zahnfrakturen

Zahnfrakturen werden nach Beißereien, häuslichen Unfällen, Autounfällen und Fensterstürzen und Mißhandlungen häufig beobachtet. Besonders betroffen sind die Canini, die aufgrund ihrer Länge (Hebelarm) sowie der exponierten Lage in den vorderen Gebißabschnitten besonders frakturgefährdet sind. Je nach Schweregrad des Traumas unterscheiden wir verschiedene Behandlungsweisen:

A. Zahnfraktur ohne Pulpeneröffnung

Leichtere Hartsubstanzbeschädigungen an Schmelz oder Dentin können ohne Therapie belassen werden. Sollten die entstandenen Schmelzkanten jedoch sehr scharfkantig sein und die Gefahr einer Weichteilverletzung an Lippe oder Lefze bestehen, muß mit Hilfe rotierender Instrumente, z. B. Diamantschleifern, die scharfe Kante geglättet werden. Zum Schutz eventuell freiliegender Dentinbezirke kann die Auftragung eines fluoridhaltigen Zahnschutzlackes (z. B. Duraphatlack®) hilfreich sein.

B. Frische Zahnfraktur mit Pulpeneröffnung/Vitalamputation

Grundsätzlich ist die Vitalerhaltung der Zähne anzustreben, wenn der Fall rechtzeitig genug, also innerhalb weniger Stunden bis weniger Tage, vorgestellt wird. Die Pulpa als weichgewebiger Inhalt des Zahnes versorgt die Zahnhartsubstanzen durch Diffusion mit einem regelmäßigen Stoffaustausch. Die dentinbildenden Odontoblasten, die der Pulpenhöhlenwand randständig anliegen, produzieren zeitlebens Dentin und können sogar durch Reparatur – bzw. Tertiärdentin Zahndefekte sanieren. Opfert man die Pulpa leichtfertig, werden diese Ernährungs- und Reparaturaktivitäten durch fehlende Blutversorgung unterbrochen mit der Folge, daß der Zahn im Laufe der weiteren Monate versprödet und zu erneuter Fraktur neigt. Bei baldiger Intervention können traumatisch eröffnete vitale Pulpen mit Hilfe der sogenannten Vitalamputation erhalten werden.

Technik:

Zunächst muß ein ca. 2–3 mm großer Abschnitt der durch Fraktur freigelegten Pulpa unter sterilen Kautelen entfernt werden. Dies kann mit Hilfe eines sterilen Rosenbohrers, einer sterilen kleinen scharfen

Kürette oder auch, unter größter Vorsicht, mit dem Elektrochirurgie-Gerät durchgeführt werden.

Die Entfernung dieses frakturnahen Pulpenabschnittes ist nötig, um den Raum für die medikamentöse Versorgung der Pulpa, der Unterfüllung und der definitiven Deckfüllung zu gewinnen. Die Entfernung des obersten Pulpenbereiches bewirkt gleichzeitig, daß die zwangsläufig durch die Exposition mit der Außenwelt bakteriell kontaminierte und oberflächlich nekrotische Pulpenfläche im Bereich der Frakturebene des Zahnes angefrischt wird. Tiefere, bakterienarme vitale Schichten der Pulpa bilden dann die Grundlage der einzubringenden Medikamente und Füllungen.

Die Blutstillung des in aller Regel nach Amputation heftig blutenden Pulpenstumpfes erfolgt mit H_2O_2 5–15%ig, mit Adrenalintropfen oder gegebenenfalls mit vorsichtiger Elektrokoagulation. Nach der Blutstillung wird der Pulpenstumpf mit einer dünnen Schicht Kalziumhydroxydkonzentratpaste bedeckt. Sie bewirkt eine sterile Nekrose (Verätzung) der oberflächlichen Odontoblastenschichten durch den stark basischen pH-Wert von ca. 12. Verbleibende dentinbildende Zellen werden angeregt, vermehrt reparatives Dentin im Bereich der Läsion zu synthetisieren, so daß der Defekt innerhalb weniger Monate verschlossen wird.

Die wässerig-cremige $CaOH_2$-Paste ist mechanisch unstabil und muß immer mit einer Unterfüllung geschützt werden. Das Einbringen der Unterfüllung (z. B. Harvard-Phosphatzement®, Dycal®, Kerr-Life®, oder Alkaliner®) erfolgt drucklos. Nach dem vollständigen Aushärten des soliden Unterfüllungsmaterials wird der verbliebene Kavitätenbereich mit einem umgekehrten Kegelbohrer etwas auspräpariert, ein leichter Unterschnitt im Dentin angelegt und das definitive Füllungsmaterial, z. B. Amalgam, Komposit-Kunststoff oder Glasionomerzement, eingebracht. Nach dem Aushärten des Füllungsmaterials wird der Zahnstumpf gegebenenfalls von scharfen Bruchkanten befreit (finiert), die Füllung oberflächlich geglättet und poliert.

Ein Röntgenbild sollte am Tage der Operation für weitere Verlaufskontrollen durchgeführt werden. Treten später Zweifel an der Vitalitätserhaltung des Zahnes auf, kann durch ein erneutes Röntgenbild überprüft werden, ob die Operation erfolgreich war. Im Vergleich zum ersten Bild muß das Pulpenlumen weiter eingeengt sein, sofern Odontoblasten vital geblieben sind.

Odontoblasten produzieren zeitlebens Dentin, weshalb sich das Pulpenlumen mit zunehmendem Lebensalter stets weiter einengt. Sollte der unbehandelte Caninus der Gegenseite ein engeres Pulpenlumen aufweisen als der frakturierte und vorbehandelte Zahn, ist die Vitalerhaltung fehlgeschlagen. Da man in diesem Fall von einer infizierten Pulpa ausgehen muß, ist die vollständige Ausräumung des Zahnes (Totalexstirpation) in einer weiteren Sitzung zu erwägen.

C. Pulpagangrän/Totalexstirpation

Sollte die freiliegende Pulpa nach einer Zahnfraktur für längere Zeit der Außenwelt zugänglich sein, so führt die bakterielle Kontamination des vitalen Pulpenstumpfes mit ubiquitären pathogenen Keimen zu einer ausgeprägten Pulpitis mit nachfolgender Pulpennekrose und späterer Gangränisierung. Der Übergang von der noch zu rettenden, vitalen Pulpa zur unrettbar verlorenen Pulpa ist fließend und kann auf den ersten Blick nicht sicher beurteilt werden. Nach prognostischer Aufklärung und Rücksprache mit dem Tierbesitzer kann jedoch auch in verschlepp-ten Fällen versucht werden, zunächst die oben geschilderte Vitalamputation durchzuführen, weil die Vitalerhaltung des Zahnes die bessere Langzeitprognose hinsichtlich der Prophylaxe erneuter Zahnfrakturen (Versprödung devitaler Zähne) verspricht.

Je länger die Pulpa freiliegt, desto höher ist das Risiko eines Fehlschlages der Vitalerhaltung, so daß später eine weitere endodontische Behandlung notwendig wird (Totalexstirpation der nekrotischen Pulpa).

Ein Zeitraum zwischen Pulpenexposition und erfolgversprechender Behandlung kann nicht exakt definiert werden, da die Umstände des Einzelfalles ganz entscheidend auf die Prognose Einfluß haben. Hierzu zählen:

- die individuelle Abwehrlage des Tieres,
- die Menge und Pathogenität der Keime in der Maulhöhle des Tieres
- viele weitere Faktoren, z. B. die Fläche des exponierten Pulpenstumpfes oder der Verschmutzungsgrad.

Erfahrungsgemäß kann eine erfolgversprechende Vitalamputation auch innerhalb ca. einer Woche nach der Zahnfraktur noch durchgeführt werden. Erschwerend kommt hinzu, daß der Tierbesitzer häufig nicht in der Lage ist, einen exakten Unfallzeitpunkt anzugeben. Bei verschleppten Fällen wird also in der Regel eine Vitalamputation nicht mehr möglich sein und die Totalexstirpation der weichgewebigen Pulpeninhalte wird die Therapie zur Wahl (BIENIEK und BIENIEK, 1993).

Technik:

Der Zahn wird zunächst aufgebohrt, um einen möglichst geraden, glattläufigen Zugang zum kompletten Wurzelkanalsystem zu bieten.

Bei mehrwurzeligen Zähnen ist ggf. ein geradliniger Zugang in jeden einzelnen Wurzelkanal zu präparieren. Sodann wird mit Nervnadeln (dünnen mit Widerhaken versehenen Stahlinstrumenten) der infizierte oder nekrotische Pulpeninhalt ausgeräumt. Dann erfolgt eine mechanische Aufbereitung des Pulpenkanales mit Hilfe von Hedströmfeilen in aufsteigender Dicke. Hierbei werden noch vorhandene Reste weichgewebiger Pulpenbestandteile ausgekratzt sowie auch die mit Bakterien und Zelldetritus beladenen wandständigen Schichten des Dentins abgeschabt, um eine möglichst bakterienarme Pulpenhöhle zu erreichen (Abb. 13 a, Abb. 13 b). Nach Spülung des Wurzelkanals mit 3%igem H_2O_2 und 5%igem Natriumhypochlorit im Wechsel wird der Zahn mit Hilfe von Papierspitzen geeigneter Größe sorgfältig ausgetrocknet.

Abschließend wird der komplette Pulpenraum mit einer Wurzelkanalfüllungspaste, z. B. Endomethasone®, ausgefüllt. Endomethasone® ist ein bewährtes Wurzelfüllmittel auf der Basis von Zinkoxid und Nelkenöl, dem zur sicheren Abtötung verbliebener Bakterien medikamentöse Zusätze in Form von Antibiotika und Desinfizienzien sowie antiphlogistisch wirksames Cortison beigemengt sind. Die dicksahnig angerührte Paste wird mit Hilfe einer Injektionsnadel oder einer Füllspirale (Lentulo) in den Zahn eingebracht. Zur Verdichtung der Wurzelfüllung und zum Austreiben eventuell im Lumen befindlicher Luftblasen werden je nach Kanaldurchmesser eine oder mehrere Gutta-Percha-Spitzen in den Kanal hineingedrückt. Die Gutta-Percha-Spitzen ermöglichen eine lückenlose Adaptation des verdichteten Wurzelfüllmaterials an die Kanalwände und stabilisieren die weiche Wurzelfüllpaste. Überstehende Gutta-Percha-Abschnitte werden mit Hilfe eines erhitzten Heidemannspatels abgetrennt. Mit einem Zementstopfer kann die Wurzelfüllung jetzt noch weiter komprimiert werden, bevor mit Hilfe eines umgekehrten Kegelbohrers im oberflächlichen Bereich ca. 2–3 mm tief eine kleine Kavität präpariert wird, in die dann das definitive Füllungsmaterial eingebracht werden kann. Eine Unterfüllung ist in den Fällen der Totalexstirpation meist nicht erforderlich, weil die Unterfüllung vor allem dem Schutz der vitalen Pulpa dient, die hier nicht mehr vorhanden ist. Auch bei der Totalexstirpation sollte zur Qualitätssicherung ein Röntgenbild angefertigt werden (Abb. 13 b).

9. Füllungstherapie

Zur Füllung von Zahndefekten und zum definitiven Verschluß endodontischer Zugänge zum Wurzelsystem stehen im wesentlichen drei Füllungsmaterialien zur Verfügung:

- Amalgam
- Komposit-Kunststoff (Composite)
- Glasionomerzement.

Das Amalgam ist das stabilste metallische Füllungsmaterial, das uns zur Verfügung steht. Es ist bei sensibilisierten Tierbesitzern wegen der anhaltenden Diskussion über seine Verwendung als Füllungsmaterial in der Humanzahnheilkunde (Quecksilberintoxikation) unter Umständen negativ beleumundet, so daß trotz der unbestrittenen medizinischen Zuverlässigkeit des Füllmaterials eine alternative Füllung aus Kunststoff oder Glasionomerzement bevorzugt werden sollte. Kunststoff- und Glasionomerzementfüllungen haben zudem den Vorteil, kosmetisch deutlich ansprechender zu wirken, da sie zahnfarbig sind. Gleichwohl ist jedoch das Amalgam leichter zu verarbeiten und in der Handhabung problemloser.

Komposit-Kunststoffe sind heute sehr hoch entwickelt und ergeben dauerhafte, funktionell und kosmetisch sehr befriedigende Restaurationsergebnisse. Komposit-Kunststoffe bestehen im wesentlichen aus einer Trägermasse aus Acrylat („Plexiglas"), dem Farbstoffe zur Anpassung des Materials an die natürliche Zahnfarbe sowie mikroskopisch kleine Kristalle aus Quarz oder Glas zur Erhöhung der Abrasionsfestigkeit beigemengt sind. Daher hat dieses Füllungsmaterial seinen Namen „Komposit", da es aus der weichen Trägermasse und den Füllerpartikeln zusammengesetzt („komponiert") ist (KÖRBER und LUDWIG, 1982).

Komposite werden in zwei Sorten angeboten. Die chemisch härtende Variante wird zu gleichen Teilen aus Basispaste und Katalysatorpaste zusammengespatelt und unverzüglich in die Kavität eingebracht. Sie härtet dort nach ca. 60 Sekunden aus. Die zweite Variante ist ein einphasiges Präparat und läßt sich bequemer und ohne Zeitdruck verarbeiten. Nach Einbringung in die Kavität härtet das Material durch Belichtung mit einer Spezialpolimerisationslampe innerhalb von 20 Sekunden aus.

Die dritte Stoffgruppe der Füllungsmaterialien bilden die Glasionomerzemente. Derzeit ist ihre Abrasionsfestigkeit noch nicht befriedigend, jedoch haben sie den großen technologischen Vorteil, mit der Zahnhartsubstanz (Dentin) eine feste chemische Verbindung einzugehen. Während Amalgame und Komposit-Kunststoffe nur unzureichend am Zahn haften bzw. sogar durch Polimerisationsschrumpfung zur Randspaltbildung neigen, verbindet sich der Glasionomerzement im Randbereich chemisch durch Wasserstoffbrückenbindungen mit der Dentinsubstanz. Es entsteht also ein sehr fester Verbund zwischen Zahn und Füllung. Dieser Verbund erschwert das Eindringen von Bakterien in die Randspalten zwischen Füllung und Zahnsubstanz.

10. Prothetik

Die prothetische Wiederherstellung stark beschädigter Zähne stellt in der Praxis bei der Katze eher die Ausnahme dar. Während beim Hund zur Rehabilitation von Diensthunden für den Jagd-, Polizei-, Zoll- oder Sporthundegebrauch erhebliche finanzielle Aufwendungen getätigt werden, um namentlich beschädigte Canini durch Überkronungen wieder voll funktionsfähig zu machen, ist den meisten Katzenbesitzern lediglich an einer medizinisch notwendigen endodontischen Wiederherstellung beschädigter Zähne gelegen. Für prothetische Aufbau- und Wiederherstellungsmaßnahmen kommen im Katzengebiß aufgrund der grazilen Größenverhältnisse ohnehin meist nur die Canini in Betracht.

Um Form und Funktionsfähigkeit frakturierter Canini wieder herzustellen, kann nach Wurzelfüllung, Präparation des verbliebenen Zahnstumpfes, Abdrucknahme und Herstellung einer Goldkrone im zahntechnischen Labor diese Krone angepaßt und zementiert werden (FAHRENKRUG, 1988). Die Durchführung von prothetischen Maßnahmen im Katzengebiß ist nicht ganz einfach, da aufgrund der grazilen Zahngröße eine sehr sorgfältige Präparation erforderlich ist. Die Abdrucknahme so kleiner Objekte wie eines präparierten Katzencaninus erfordert zudem genaueste und präzise Vorgehensweise (Abb. 13 c).

Alternativ zur Versorgung mit Metallkronen kann ein zahnfarbiger Kunststoffaufbau mit Verankerung durch parapulpäre Stifte bzw. in den Wurzelkanal eingebrachte Wurzelstifte erfolgen. Diese Aufbauten sind jedoch wesentlich frakturgefährdeter als eine metallische Überkronung. Sie stellen eine Möglichkeit dar, dem Wunsch von Katzenbesitzern zu entsprechen, ihren Ausstellungstieren eine kosmetisch ansprechende Wiederherstellung der Zähne zu ermöglichen.

11. Kieferorthopädie

In der Kieferorthopädie muß generell zwischen **Zahn**fehlstellungen (dento-alveolären Veränderungen) auf korrekter knöcherner Basis und **Kiefer**fehlbildungen (basal-skelettalen Dysharmonien), z. B. ungleichen Längenentwicklungen der Unter- und Oberkiefer, unterschieden werden.

Kieferorthopädische **Zahn**fehlstellungen werden mit zunehmender Häufigkeit, vor allem bei der Perserkatze, beobachtet. Während die Hauskatze kaum **Kiefer**deformierungen und Kieferveränderungen mit Okklusionsbehinderungen aufweist, kommt es bei Perser- oder Siamkatzen gelegentlich auch zu basal-skelettalen Kieferanomalien (Abb. 7, Abb. 8).

Hiervon abzugrenzen sind Zahnfehlstellungen, die keine echte kieferorthopädische Fehlstellung sind, sondern Unfallfolgen mit dysgnather Verheilung nach Luxationen von Zähnen oder Kieferfrakturen darstellen. Die Palette der kieferorthopädischen Regulierungsmaßnahmen bei der Katze ist sehr beschränkt. Die grazilen Größenverhältnisse im Katzengebiß sowie die im Vergleich zum Hund noch deutlich schlechtere Toleranz der Katzen, Regulierungsapparaturen für längere Zeit im Maul zu tolerieren, beschränken das therapeutische Spektrum sehr deutlich. Die typische kieferorthopädische Fehlstellung der Katze ist eine Verlagerung unterer oder oberer Canini, in der Regel nach außen, die zum Einbiß des Caninus in die Lippe und damit zur Ausprägung von Ulcera, in seltenen Fällen sogar Perforationen führen kann (Abb. 9, Abb. 10). Zahnregulierungen können mit aufgeklebten Gummiligaturen (Schmelzanätztechnik) (Abb. 9) oder mit laborseitig nach Abdrucknahme und Gipsmodellherstellung angefertigten Federdraht- oder Dehnschraubenapparaturen durchgeführt werden (Abb. 10, STAUDACHER, 1996). Gummiligaturen werden jedoch häufig von der Katze aus dem Maul ent-

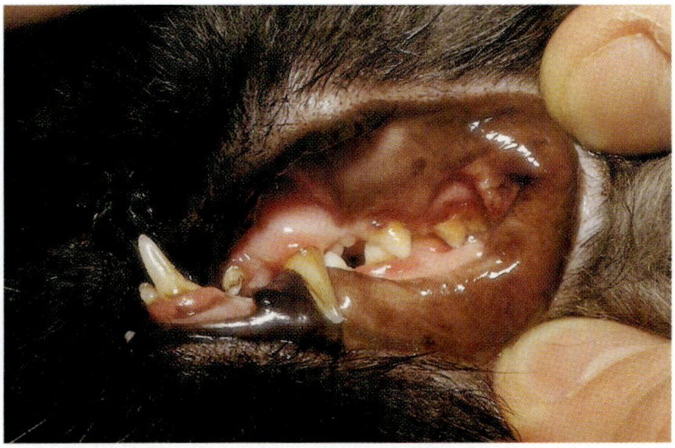

Abb. 7: Skelettaler Mesialbiß (relative Unterkieferverlängerung); Foto: Röcken.

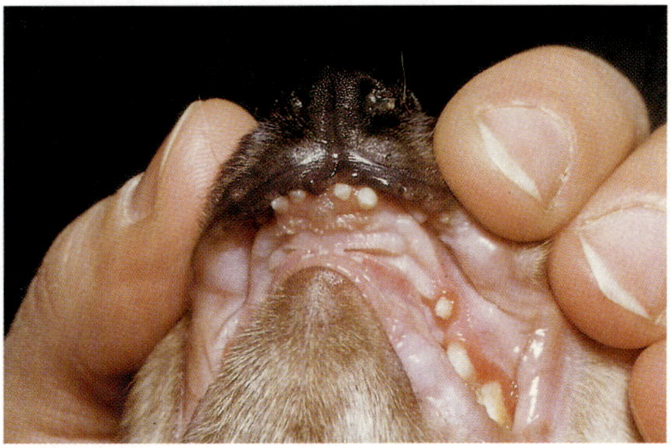

Abb. 8: Skelettaler Distalbiß (relative Unterkieferverkürzung); Foto: Röcken.

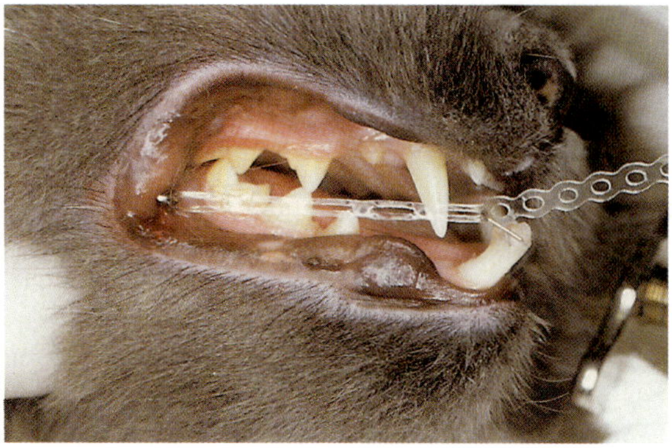

Abb. 9: Kieferorthopädie: Distalisierung des Caninus mit Gummiligaturen/Schmelzanätztechnik; Foto: Staudacher.

Abb. 10 (rechts): Kieferorthopädie: Mesialkippung des rechten Oberkiefercaninus durch Federdrahtapparatur; Foto: Staudacher.

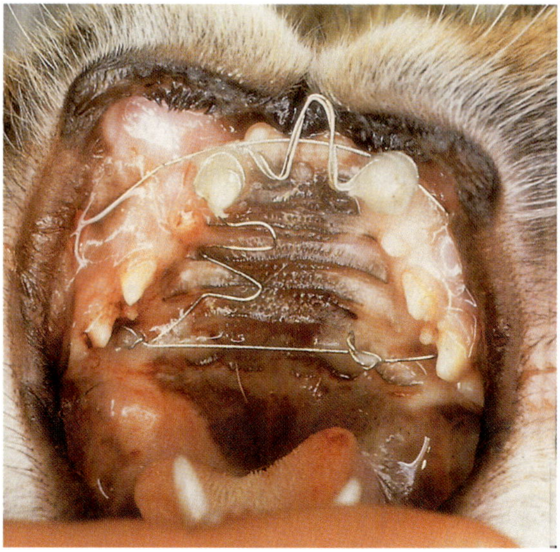

fernt, da der permanente Druck auf die Zähne Beschwerden, wie Juckreiz und Druckgefühl etc., verursacht. Das Tier ist daher zur Sicherung der Apparatur mit einem Halskragen zu versehen. Falls eine kieferorthopädische Regulierung zu aufwendig ist, sollten traumatisierende Caninusfehlstellungen durch Kürzung des betreffenden Zahnes mit anschließender Wurzelkanalversorgung behandelt werden.

12. Kieferluxation

Nach Unfällen oder Beißereien, insbesondere jedoch nach Fensterstürzen kommt es zu Kieferluxationen, die einseitig oder beidseitig auftreten können. Es können auch gleichzeitig Kieferfrakturen auftreten. Bei der Diagnostik ist zunächst abzuklären, ob es sich um eine Luxation des Kiefergelenkköpfchens **hinter** oder **vor (weitaus häufiger)** die Kiefergelenkspfanne handelt. Dies kann im seitlichen Strahlengang röntgenologisch überprüft werden. Das Kiefergelenk sollte so schnell wie möglich wieder eingerenkt werden. Hierzu kann eine mit Leukoplastband umwickelte 2 oder 5 ml Einmalspritze, ein Bleistift mit Sechskantprofil oder ein entsprechend zugeschnittenes Holzstäbchen verwendet werden. Das Instrument wird im Bereich des Übergangs von Prämolaren und Molaren quer ins Maul plaziert und der Fang im Bereich der Schneidezähne mit leichtem Druck geschlossen. Da das Instrument als Hypomochleon wirkt, hebelt man hierdurch die Kiefergelenksköpfchen aus der pathologischen luxierten Position. Im Falle einer Luxation nach kaudal würde der Unterkiefer durch Vorwärtsdrehung des Instruments in die korrekte Position nach rostral bewegt werden, während bei einer Rotation des Instrumentes nach hinten der nach vorn luxierte Unterkiefer in die korrekte Position in die Pfanne zurückbewegt wird. Häufig kann ein schnappendes Geräusch gehört werden, wenn der Proc. condylaris in seine physiologische Lage verbracht wird. Die erfolgreiche Behandlung zeigt sich sofort an der wiederhergestellten eugnathen Okklusion.

13. Kieferfrakturen

Die Ursache von Kiefer- und Schädelfrakturen bei der Katze sind vor allem Fensterstürze, Autounfälle oder Raufereien.

Symphysenfrakturen können durch den Frakturspalt, der zwischen beiden mittleren Incisivi bis zur Unterlippe reicht, erkannt werden. Die Mandibulahälften sind gegeneinander verschieblich.

Therapie:

Zur Therapie der Symphysenfraktur hat sich vor allem die zirkummandibuläre Drahtcerclage bewährt. Alternativ ist eine stabile Frakturversorgung mit einem transmandibulär plazierten Kirschnerdraht oder Steinmannagel möglich.

Frakturen des Corpus oder Ramus mandibulae werden durch röntgenologische Diagnostik gesichert. In zwei Ebenen sind sowohl dorso-ventrale als auch laterolaterale Aufnahmen herzustellen. Die häufig auftretenden Frakturen der Mandibula hinter den Canini sind besonders gut in der seitlichen Aufnahme zu sehen. Aufgrund der dünnen Knochenschichtdicken im Bereich der Caninuswurzel, die ca. 70 % des Mandibula-Querschnittes für sich beansprucht und des zusätzlichen Vorliegens der Foramina mentalia, liegt hier ein locus minoris resistentiae vor.

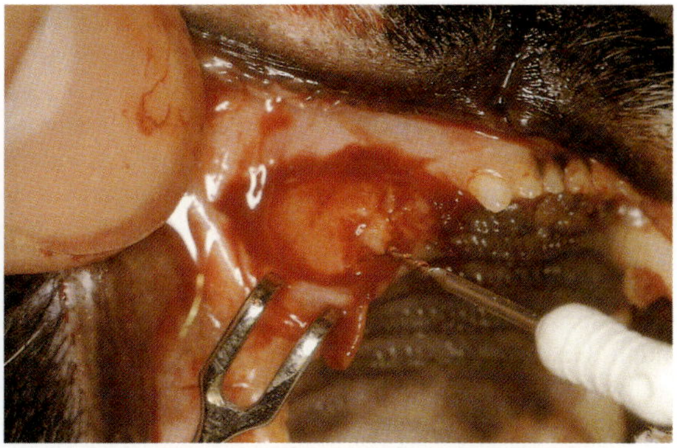

Abb. 11 a: Extraktion eines frakturierten Caninus. Wurzelkanalinstrument im Kanal zur Darstellung der Zahnwurzel.

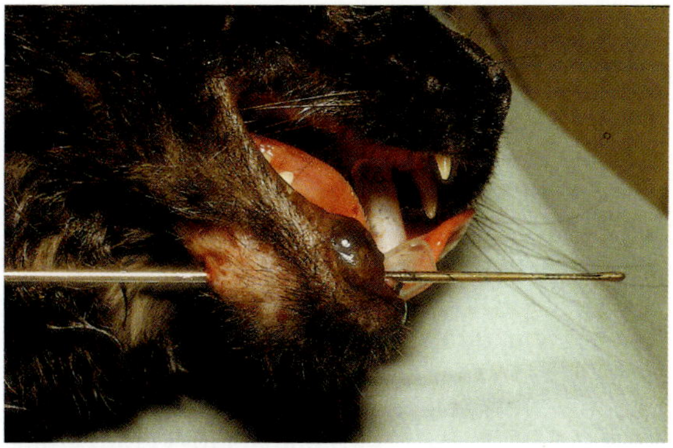

Abb. 12: Zahnfistel nach infizierter Unterkieferfraktur; Foto: Röcken.

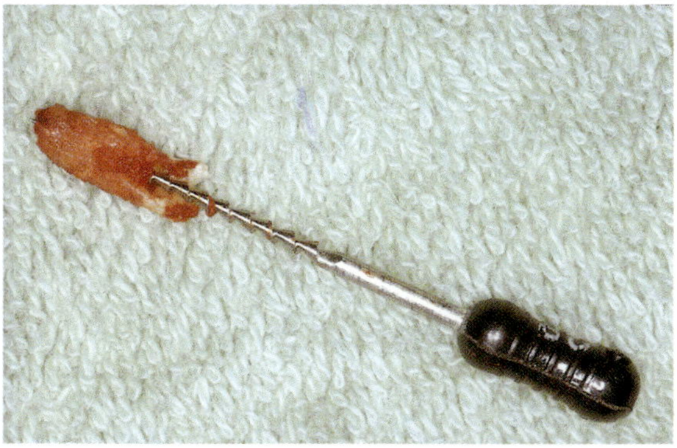

Abb. 11 b: Extraktionspräparat aus Abb. 11 a.

Krepitation ist oft, aber nicht immer feststellbar. Subgingivale oder periartikuläre Hämatome sind ein wichtiger Hinweis auf die Frakturstelle.

Therapie:

Konservative Schienung durch Maulschlinge und Zubinden des Fanges mit einer gekreuzten Schlinge oder Klebeband.

Bei der **operativen Therapie** können Kieferfrakturen durch bewährte Osteosyntheseverfahren wie Cerclagen, spezielle Drahtnähte, Platten, Bohrdrähte und extrakutane Schienung nach BECKER (1965) fixiert werden. Bei letzterer werden mehrere dünne Bohrdrähte in die frakturierten Kiefersegmente eingebracht und die vorstehenden Enden mit Acrylat in orthognather Stellung fixiert.

Als spezielle Methode zur Versorgung der Kieferfrakturen der Katze gilt die **Parapulpärstift-Composite-Brücke nach ZETNER (1987).**

Parapulpärstifte sind dünne, ca. 4 mm lange und bis 1,2 mm starke Gewindestifte, die in der Zahnmedizin zur zusätzlichen Befestigung unter Aufbaufüllungen und hochbelasteten Restaurationen Verwendung finden.

Nach Vorbohren eines passenden Bohrkanales werden in Ober- und Unterkiefercanini je 1–2 Parapulpärstifte selbstschneidend eingedreht.

Nach Reinigung und Desinfektion sowie Versorgung von Schleimhautverletzungen wird der Unterkiefer mit einer geeigneten Zange (z. B. Zweipunktzange) erfaßt und reponiert.

Nach korrekter Reposition unter Kieferschluß werden nun nach Anätzung des Zahnschmelzes (Schmelzanätztechnik) die Stifte mit lichthärtendem oder autopolymerisierendem Composite gegeneinander fixiert.

Die Ernährung kann mit flüssigem oder breiigem Futter mittels Plastikspritze über die Wangentasche, ggf. durch Infusionen sichergestellt werden.

Nach 1–3 Wochen werden die Brücken nach Dünnschleifen des Composites mit einer Zange abgenommen und die Parapulpärstifte nach Absetzen in Höhe der Schmelzoberfläche poliert. Alternativ können dic Parapulpärstifte herausgedreht und die Bohrlöcher mit kleinen Composite-Füllungen versiegelt werden (kosmetisch vorteilhafter, ZETNER, 1992).

Die Kiefer können auch in halboffener Stellung fixiert werden, damit die Katzen flüssige und halbflüssige Nahrung selbst aufnehmen können.

Bei Behinderung der Nasenatmung (Epistaxis, Palatoschisis mit Schwellung) ist diese offene Methode vorzuziehen, ebenfalls wird in Fällen von Erbrechen das Aspirationsrisiko minimiert (FAHRENKRUG, 1988, SHIPP und FAHRENKRUG, 1992; RÖCKEN und GERLACH, 1996).

Nachteil: Ungenaue Reposition vor der Fixation führt zu Zahnfrühkontakten, ggf. sogar völliger Kiefersperre nach Abnahme der Brücke (Anisognathie), daher ist die offene Methode nur für den erfahrenen Behandler empfehlenswert.

Die Wiederherstellung der knöchernen Kieferintegrität steht naturgemäß im Vordergrund der Therapiebemühungen. Sollte daher nach Abnahme der Apparatur eine Verzahnungsbehinderung feststellbar sein, so kann der störende Frühkontakt eingeschliffen werden. Auch eine Extraktion des störenden Zahnes kann erwogen werden, um dem Tier wieder einen funktionsgerechten Kieferschluß zu ermöglichen.

RÖCKEN und GERLACH (1996) favorisieren die nicht-invasive Composite-Verklebung der Canini in halboffener Kieferstellung mit Hilfe der Schmelzanätztechnik ohne Parapulpärstift-Verankerung. Hier besteht zwar ein gewisses Risiko der Apparaturlockerung, jedoch wird die Gefahr einer Pulpatraumatisierung – gerade bei jungen Tieren mit weitem Pulpalumen – sicher ausgeschlossen, da die Integrität der 4 betroffenen Canini nicht verletzt wird.

Zur Sicherstellung der Fixierung sind hier die Caninusflächen großzügig anzuätzen und großflächig zu verkleben, was bei der Abnahme einen gewissen Zeitaufwand für die Compositeentfernung erfordert.

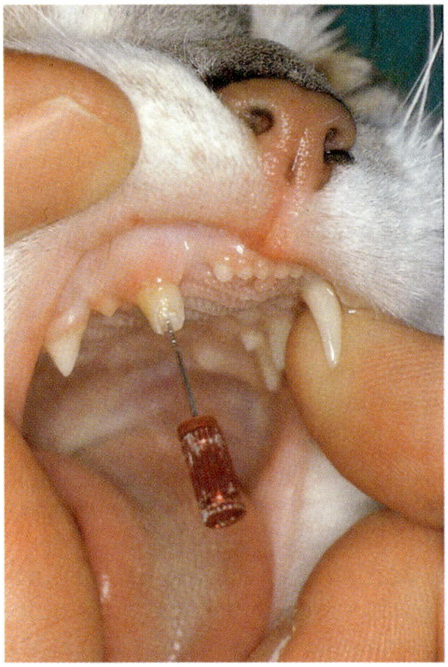

Abb. 13 a: Caninusfraktur: Aufbereitung des Wurzelkanales mit Hedström-Feile.

14. Gaumenspalten

Gaumenspalten werden als Palatochisis traumatica nach Unfällen, insbesondere nach Fensterstürzen, gelegentlich beobachtet, während angeborene Gaumendefekte äußerst selten zu sehen sind.

Durch den Defekt gelangen Nahrungsbestandteile in den Nasenraum und verursachen dort rhinologische Komplikationen. Es ist daher in der Ausheilungsphase eine antibiotische Schutztherapie empfehlenswert, unter der die Defekte ohne chirurgische Versorgung nach ca. 3 Wochen ausheilen.

Nach besonders großen Defekten oder Komplikationen kann die Lücke nach Mobilisierung der Schleimhaut und Anlegen von bilateralen Entlastungsschnitten median chirurgisch verschlossen werden. Eine unbehinderte Nasenatmung ist sicherzustellen.

15. Tumoren

Mit deutlich zunehmender Häufigkeit beobachten wir Malignome im Maul- und Kieferbereich der Katze, deren Nährboden offenbar durch immunsuppressive Allgemeinzustände und chronisch veränderte orale Gewebe bereitet wird.

REINACHER (1992) fand Tumoren in 17 % sezierter FIV-positiver Katzen, LOESENBECK (1996) gibt ebenfalls mehr als 15 % Neoplasiefälle im FIV-Patientengut an.

Das Melanosarkom der Katze ist selten, die häufigsten malignen Tumoren in der Mundhöhle sind das

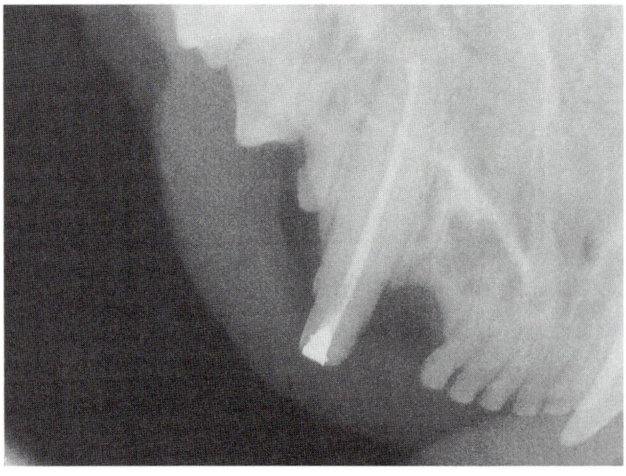

Abb. 13 b: Röntgenkontrolle der Wurzelfüllung.

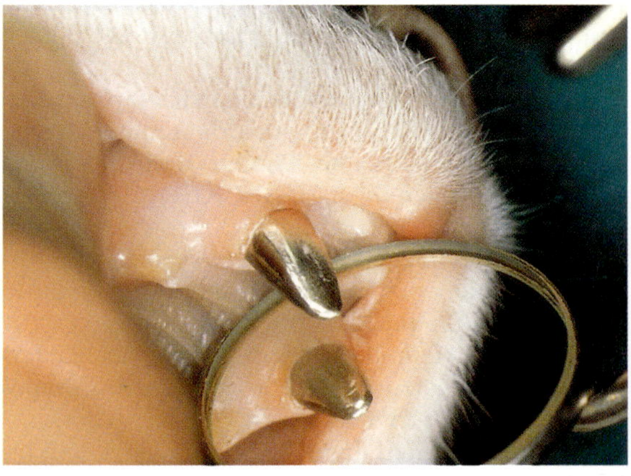

Abb. 13 c: Restauration des Caninus aus Abb. 13 a und b mit einer Goldgußkrone.

Fibrosarkom (ca. ein Viertel der Fälle) und das Plattenepithelkarzinom in ca. drei Viertel der Fälle, welches vom Zungengrund, Zahnfleisch oder auch von den Tonsillen seinen Ausgang nimmt.

Die Tumoren sind von sulzig-brüchiger Konsistenz, wachsen invasiv und neigen zur Ulzeration durch Sekundärinfektionen. Beim Plattenepithelkarzinom kommt es zur Auflösung des Kieferknochens. Metastasen sind häufig und kommen zuerst in den regionären Mandibularlymphknoten, später auch in anderen Organsystemen vor.

WARRLICH (1995) berichtet über zwei direkt benachbarte Malignome im Oberkiefer einer 14jährigen Katze (Fibrosarkom und Plattenepithelkarzinom) mit massiven Gewebsdestruktionen und Lungenmetastasierung (Abb. 26).

Die **Therapie** entspricht chirurgischen Grundsätzen der Tumorchirurgie.

Mandibulektomien bzw. Hemimandibulektomien können zu guten Langzeiterfolgen führen.

Derart invasive Operationen bedürfen zwingend einer eingehenden Diskussion mit dem Tierbesitzer über die Operationsfolgen.

Obwohl die kosmetische Entstellung der kieferamputierten Katzen wegen ihrer kugeligen Kopfform eher weniger dramatisch als bei Mensch oder Hund empfunden wird, kann nicht jeder Tierbesitzer mit den optischen Folgen dieser Operationen gut umgehen.

Fernerhin muß der Besitzer auf den zukünftig erhöhten Pflegebedarf der Tiere aufmerksam gemacht werden, da unsaubere Nahrungsaufnahme, verminderte Körper- und Fellpflege sowie Speicheltröpfeln resultieren können.

Generell ist leider zu bemerken, daß Maul/Kiefertumoren der Katzen später und damit häufig in infaustem Zustand vom Besitzer bemerkt werden als bei Hunden.

Der Grund liegt wohl in der erschwerten visuellen Kontrolle der Maulhöhle seitens der Besitzer, während das Hundemaul mit eventuellen Umfangsvermehrungen oder anderen Auffälligkeiten beim Hecheln etc. dem zufälligen Blick des Tierbesitzers eher zugänglich ist. Viele Tiere zeigen erst bei erheblichen Tumorausbreitungen klinische Symptome

In praxi wird daher nach Abwägung aller Faktoren (Lebensalter, Lebensqualität, weitere Allgemeinerkrankungen (FIV, FeLV!!), Kosten, Pflegebedarf etc.) eine Euthanasie des Patienten häufig unumgänglich sein.

16. Parodontologie

Die Erkrankungen des Parodontiums mit den hieraus sich entwickelnden „neck lesions" (s. unter – 17. –) stellen heute das mit Abstand größte Problem in der felinen Stomatologie dar.

Bei den im Katzengebiß auftretenden Zahnbettererkrankungen handelt es sich im wesentlichen um entzündliche Formen, wobei die wichtigste Ursache für diese Gingivitiden und Parodontitiden die Zahnplaque ist.

Plaque ist zäher, gelblicher strukturierter Zahnbelag. Sie besteht aus Bakterien, die durch eine Matrix aus Polysacchariden (Glukane, Dextrane, Fruktane) fest miteinander verklebt sind. Plaque ist durch natürliche Selbstreinigungsmechanismen wie Speicheleinwirkung etc. nicht abspülbar (RATEITSCHAK et al., 1984).

In Plaquebelägen finden wir zahlreiche Keime, z. B. Staphylokokken, Bacteroides, Pasteurellen, Mikrokokken, Aktinomyzeten, Proteus, Pseudomanas, Fusobakterien und Spirillen. REICHART, AMTSBERG und DÜRR (1980) unveröff., zit. n. KRAFT und DÜRR (1991) prüften die mikrobielle Zusammensetzung der Plaque bei der Katze und wiesen in begrenzten Untersuchungen vor allem verschiedene Streptokokken (S. uberis, S. viridans Typ IV, S. faecalis, S. lactis), Staphylococcus albus, Pasteurella multocida sowie Neisserien nach.

Junge Plaqueflora setzt sich mehr aus grampositiven, aeroben und ältere Beläge setzen sich mehr aus gramnegativen, anaeroben Keimen zusammen.

Entscheidend für die Plaqueansammlung und insbesondere deren Pathogenität ist der Funktionsgrad des körpereigenen Immunsystems.

Die Keime setzen Toxine frei, die zu lokaler Destruktion parodontaler Haltegewebe und damit zur Zahnlockerung führen können. Generalisierte Schädigungen weiterer Parenchyme (Herz, Leber, Niere) sowie des humoralen und zellulären Immunsystems werden diskutiert (ZETNER, 1992; DeBOWES, 1994).

Plaque wird durch Abstreifen der Beläge mit Sonde oder Spatel diagnostiziert.

Das Ausmaß des Plaquebefalles kann mit speziellen Färbelösungen (Plaquerevelatoren, z. B. Erythrosin- oder Fuchsinlösung, Natriumfluorescein) für wissenschaftliche Studien oder zur Demonstration für Tierbesitzer nachgewiesen werden.

Plaquebeläge wandeln sich durch Einlagerung von Mineralsalzen aus dem Speichel in **Zahnstein** um. Zahnstein ist bakterienarm und an sich wenig pathogen, reizt aber durch seine Rauhigkeit das benachbarte Gingivagewebe und bietet erneut gebildeter Plaque günstige Anheftungsmöglichkeiten. Zahnstein kann nach Abstreifen der Plaque und Trocknung der Zahnoberfläche visuell dargestellt werden.

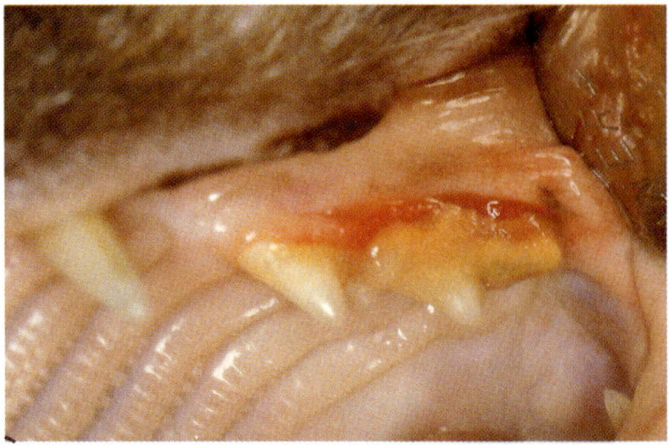

Abb. 14 a: Gingivitis: Marginale Gingivitis im Bereich der Zahnsteinbeläge, Restgebiß unauffällig.

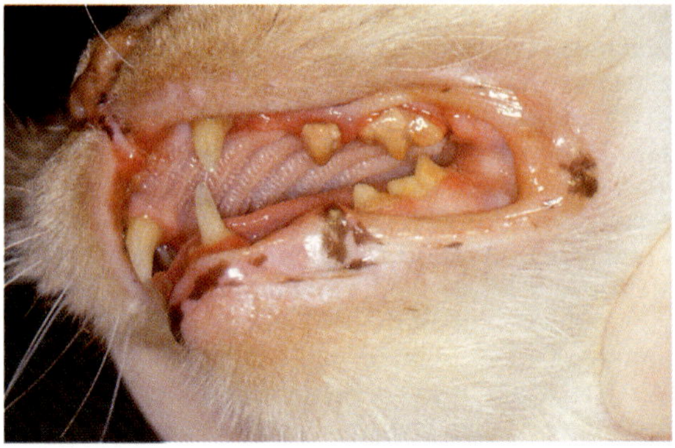

Abb. 14 b: Generalisierte Gingivitis mit Übergang zur Parodontitis.

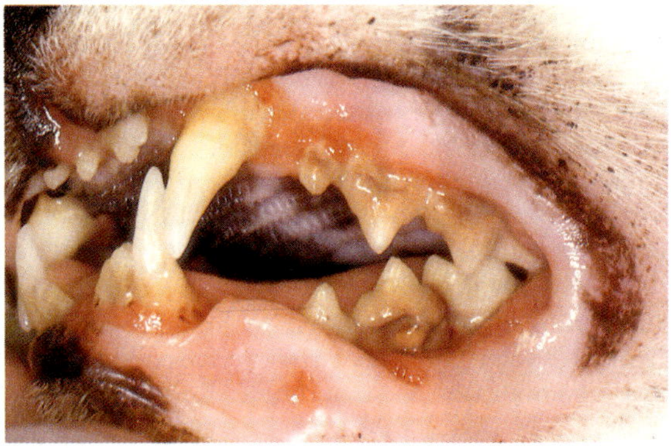

Abb. 14 c: Schwere Parodontitis mit multiplen neck lesions.

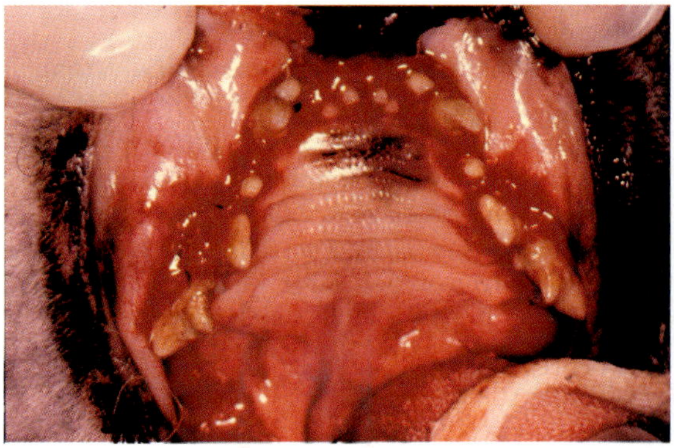

Abb. 14 d: Schwere generalisierte Parodontitis/Stomatitis mit Pharynxbeteiligung; Foto: Lyon.

Supragingivaler Zahnstein ist gelb bis braunschwarz, **subgingivaler Zahnstein** – der auch als **Konkrement** bezeichnet wird – braun bis schwarz gefärbt.

Konkremente sind wesentlich schwerer zu entfernen, da sie am Zement des Wurzelbereiches, d. h. an porösen Oberflächen fest anhaften, während supragingivaler Zahnstein leichter abzusprengen ist, weil er dem glatten Zahnschmelz anhaftet.

Eine Zahnsteinbildung ohne vorherige Plaqueansammlung ist unmöglich, da die Plaque das Grundgerüst der Zahnsteinbildung darstellt. Faktoren wie genetische Disposition, Mineralkonzentration im Speichel, Speichelmenge und -qualität, Mundatmung (Xerostomie) sowie der pH-Wert in der Maulhöhle beeinflussen entscheidend Schnelligkeit und Menge der Zahnsteinbildung.

Die Prädilektionsstellen der Plaque und damit auch der Zahnsteinbildung sind die Labialflächen der Canini sowie die bukkalen Flächen im Prämolaren- und Molarenbereich, also in der Nähe der Ausführungsgänge der Speicheldrüsen.

Der Incisivenbereich ist als Folge der bei der Katze besonders ausgeprägten Fellpflege („Zahnputzeffekt") im Gegensatz zum Menschen meist völlig plaque- und zahnsteinfrei.

STUDER und STAPLEY (1973) haben besonders auf die Bedeutung der Futterkonsistenz bei der Entstehung der Katzengingivitis und Parodontopathien hingewiesen.

Die Toxine der Plaquebakterien verursachen zunächst eine **marginale GINGIVITIS** mit entzündlicher Rötung und Schwellung des Zahnfleischrandes. Das Saumepithel geht zugrunde, es entsteht aus der physiologischen Zahnfleisch**furche** die pathologische Zahnfleisch**tasche**. Das Ausmaß der Gingivitis wird durch Sondierung der Zahnfleischtaschentiefe mit Parodontalsonden (Millimeterkalibrierung) diagnostiziert. Eine physiologische Zahnfleischfurche der Katze ist je nach Körpergröße des Tieres ca. 1–2 mm tief, tieferreichende Sondierungstiefen sind pathologisch und werden daher als Zahnfleischtasche definiert.

Die entzündliche Schwellung des Zahnfleischrandes verfälscht den Sondierungsbefund der Zahnfleischtasche („Pseudotasche").

Mit fortschreitender Gingivitis breitet sich der Zerstörungsprozeß im Zahnhalteapparates apikalwärts aus, es entsteht die **PARODONTITIS** mit **irreversibler** Zerstörung des weichgewebigen und knöchernen Parodontes.

Wir beobachten gingivale Rezessionen (horizontalen Gewebsabbau) und mit zunehmender Taschenbildung vertikalen Gewebsabbau des gingivalen Attachments mit Alveolarknochenbeteiligung.

Bei fortgeschrittenen Parodontopathien sollte der Zustand der Alveolarknochen durch die Anfertigung von intraoralen Zahnröntgenbildern überprüft werden (SAGER und BIENIEK, 1988). Man erkennt ggf. horizontalen und vertikalen Knochenabbau. Der Übergang von Gingivitis zur Parodontitis ist adspektorisch nicht feststellbar.

Die diagnostische Differenzierung zwischen Gingivitis und Parodontitis beginnt bei der normalgroßen Katze mit Taschentiefen von über 3 mm unter zusätzlicher Diagnosesicherung mittels Röntgenaufnahmen.

Differentialdiagnostisch kommen durch Immundefekte ausgelöste Erkrankungen (Pemphigus, Lupus) in Betracht . Die Unterscheidung ist durch histologische (Vesikelbildung) und immunologische Untersuchungen möglich.

Die Übergänge zu spezifischen Mundhöhlenerkrankungen der Katze wie Plasmazellgingivitis, eosinophiler Granulom-Komplex sowie viralen Erkrankungen mit oraler Manifestation (FeLV, FIV, Caliciviren, FRV) sind fließend und daher nicht immer unterscheidbar (ZETNER, 1992).

Gelegentlich kommen spezifische Gingivitiden bei der Katze zur Beobachtung. Dabei führt die akute nekrotisierende Gingivititis (Vincent's Infektion, Trench Mouth) zu ausgedehnten Ulzerationen der Gingiva und der Mukosa. Bakteriologisch finden sich bei dieser ulzerierenden Gingivitis Fusobakterien, orale Spirochäten (Borrelia vincentie) sowie Vibrionen und Kokken. In seltenen Fällen können auch aktinomykotische Gingivitiden auftreten (REICHART, in KRAFT/DÜRR, 1991).

Bei **fortschreitendem Verlauf** mit zunehmender Zahnlockerung führt die Eigenbeweglichkeit des Zahnes zur Überdehnung der noch vorhandenen parodontalen Fasern und zu einer konischen Ausweitung der Zahnalveole, die pathogenen Keimen einen idealen Nährboden bietet. Derart gelockerte Zähne verursachen bei jedem Kauakt Schmerzen und sollten daher umgehend entfernt werden. Die Extraktion beendet auch die Bakterien- und Toxinausschüttung (Bakteriämie mit Absiedlung von Keimen in andere Organe) aus der chronisch entzündeten Zahnalveole.

Die Extraktion (s. Kapitel 7) parodontal gelockerter Zähne stellt in aller Regel keinerlei Problem dar, wenn diese Zähne nicht zusätzlich durch „neck lesions" vorgeschädigt sind. (Näheres siehe unter – 17. –.)

Therapie:

Während die auf den oberflächlichen Bereich beschränkte **Gingivitis** durch entsprechende therapeutische Maßnahmen (Zahnreinigung, Chemotherapie) **reversibel** und damit heilbar ist, kann die **Parodontitis nicht mehr ad integrum geheilt** werden. Lediglich eine Stabilisierung des Zustandes und eine Verhinderung weitergehender Zerstörung können durch chirurgische Verfahren, Chemotherapie und dauerhafte prophylaktische Maßnahmen (Recall) erreicht werden.

Chemotherapie:

Während leichtere Gingivitiden nach mechanischer Plaque- und Zahnsteinentfernung innerhalb weniger Tage spontan abheilen, ist bei stärkeren Krankheitsbildern sowohl präoperativ als auch postoperativ eine Chemotherapie empfehlenswert.

ROSS (1972) empfiehlt bei Vorliegen einer Parodontopathie mit anderen schweren entzündlichen Organerkrankungen die antibiotische Therapie im Zuge konservativer oder chirurgischer Maßnahmen.

Präoperative Antibiotikatherapie verringert die Vernebelung des stark keimhaltigen Aerosols (Gefährdung von Patient und Behandler!!) bei der Ultraschall-Zahnsteinentfernung als auch die massenhafte Ausschwemmung der Keime in die Blutbahn.

Geeignete Therapeutika:

Lokale Therapie: 0,1 bis 0,2%ige Chlorhexidinlösungen (CHX-LA Haftsalbe).

Orale oder parenterale Therapie:

Spiramycin (75 000–300 000 IE/kg KM p. o.) wirkt durch seine hohe Konzentration im Speichel.

Handelspräparate: Rovamycin®, Suanatem® (Kombination mit Metronidazol). Metronidazol (20 mg/kg KM p. o.) wirkt gegen anaerobe Flora. Handelspräparate: Clont®, Flagyl®.

Clindamycin, z. B. Cleorobe®, tgl. 2 x 5,5 mg/KG KM p. o. (hoher Knochenspiegel, besonders geeignet bei Osteomyelitiden).

Trimethoprim (2–15 mg/kg KM s. c., i. m., p. o) in Kombination mit Sulfonamiden Handelspräparate: Bactrim®, Duoprim ®, Tribrissen ®.

Mechanische Reinigung:

Plaque und Zahnstein werden in Sedation oder Narkose mit dem Ultraschall-Zahnsteinentfernungsgerät (ZEG) unter Wasserkühlung rationell entfernt.

Die Vorteile der intensiven, schnellen und sauberen Zahnstein- und Konkremententfernung durch das Ultraschallgerät wurden durch PRIEUR bereits 1973 beschrieben. Besonders die geriatrische Katze sollte in Intervallen von 6 Monaten kontrolliert und ggf. entsprechend behandelt werden.

Moderne elektronische Ultraschallzahnsteinentfernungsgeräte erreichen Frequenzen von ca. 27 000 Hertz (Magnetostriktionsprinzip), ca. 32 000 Hertz (Piezo-Prinzip) und 42 000 Hertz (Ferritstab-Prinzip), während luftbetriebene Airscaler mit 6000–10 000 Hertz unterhalb der Ultraschallgrenze bleiben und daher in der Wirksamkeit nicht besonders effektiv sind.

Handinstrumente sind zur Zahnsteinentfernung bei der Katze von großem Vorteil, weil sich mit ihnen die dem ZEG nicht zugänglichen engen Interdentalräume erreichen und reinigen lassen.

Scaler werden zur supragingivalen Schmelzreinigung, **Küretten** zur subgingivalen Ausräumung der Innenseiten in der Zahnfleischtasche und zur Entfernung von Belägen im Zahnhals- und Wurzeloberflächenbereich verwendet.

Die Anheftung des Zahnsteins sowie auch die mechanische Zahnsteinentfernung hinterlassen auf der Schmelzoberfläche erhebliche Rauhigkeiten.

Nach der Entfernung von Plaque und Zahnstein wird die Politur der Zahnoberflächen mit Gummipolierern („Brownies und Greenies") oder Polierkelch und Bimsmehl dringend empfohlen, um das Wiederauftreten von Plaque und Zahnstein zu verzögern (POLLMEIER, 1994; RÖCKEN et al., 1996).

Prophylaxe:

Das Zähneputzen mit einer kleinen Kinderzahnbürste und geeigneten handelsüblichen Tierzahnpasten oder mit Schlämmkreide stellt die beste Prophylaxemöglichkeit dar. Im Gegensatz zu Hunden, die bei früher Eingewöhnung hier eine sehr gute Akzeptanz zeigen, ist naturgemäß bei vielen Katzen eine solche Maßnahme durch den Besitzer nur schwer ausführbar.

Die Plaquebildung kann durch Futterumstellung vermindert werden. Prädisponierte Tiere sollten regelmäßig in Abständen von 6–12 Monaten nachuntersucht und ggf. einer Zahnreinigung unterzogen werden. Ein **Recall-System** mit regelmäßiger Terminerinnerung ist sehr hilfreich.

Chirurgische Therapie:

Die Gingivektomie und die Gingivoplastik sind oralchirurgische Eingriffe an der Gingiva, die der Entfernung erkrankter Gewebe als auch der Wiederherstellung der Selbstreinigungsmechanismen des Gebisses dienen TRIADAN (1973).

Gingivektomie:

Die pathologischen Zahnfleischtaschen werden mit dem Skalpell oder mittels eines Elektrotoms, besser Radiochirurgiegerätes wegen der Verminderung von thermischen Gewebeschäden mit der Schlingen- oder Drahtelektrode entfernt. Ideal ist ein Schnittwinkel von 30–40°, um einen physiologischen Zahnfleischansatz zu erzielen. Die pathologische Zahnfleischtasche muß ausreichend tief, jedoch strikt ohne Enudierung des Kieferknochens entfernt werden. Es muß daher eine Taschentiefe von 1–2 mm wie bei der physiologischen Zahnfleischfurche belassen werden.

Wiederholte, unter Kühlung mittels Luftstrom leichthändig geführte wischende Bewegungen („Pinselstrich-Technik"; ZETNER, 1992) vermeiden die Überhitzung der Umgebung.

Das Gingivagewebe wird durch rasch sich wiederholende, zügig im Bogen und drucklos durchgeführte Abtragungsbewegungen mit der Elektrotomschlinge schrittweise entfernt. Knochenkontakt mit der Elektrode ist wegen der stark nekrotisierenden Wirkung strikt zu vermeiden (RATEITSCHAK et al., 1984).

Die vorherige zirkuläre Exploration der Taschen mit Sondierung des Taschenbodens und ggf. Markierung der Taschentiefen mittels einer speziellen Markierungspinzette, die auf der Außenfläche der Gingiva Blutungspunkte hinterläßt, ist empfehlenswert.

Die **Gingivoplastik** ist dagegen eine mehr modellierend-korrigierende Variante der Gingivektomie. Sie hat die Entfernung des wulstig geschwollenen Zahnfleischrandes und die Herstellung eines möglichst physiologischen Zahnfleischansatzes zum Ziel. Das Abgleiten der Nahrung in den Vestibulumbereich wird begünstigt, so daß die Ansammlung von Futterresten und bakteriellen Belägen im kritischen Zahnhalsbereich verhindert wird. Die physiologischen Selbstreinigungsmechanismen der parodontalen Gewebe werden also wiederhergestellt. Gerade hier sind Elektro- und Radiotome dem Skalpell vorzuziehen, weil mit der Schlingenelektrode auch verdickte Gingiva flächig ausgedünnt und gezielt modelliert werden kann.

Moderne Elektro-, Radiotome verfügen über Schneidestromregulierungen, die gleichzeitig das Schneiden und das Koagulieren ermöglichen und daher für übersichtliche, blutarme Operationsfelder sorgen. (ZETNER, 1994)

Orale Manifestation viraler Erkrankungen

Die typischen felinen Viruserkrankungen FeLV, FIV, FRV, FCV, FIP sind häufig mit oralen Manifestationen verbunden.

ZETNER (1992) unterscheidet zwei Hauptgruppen:

1. durch Immunschwäche bedingte Gingivitiden/Stomatitiden: FeLV, FIV, FIP, FeSFV

2a: Ulzerationen an Zunge, Gaumen oder Mundschleimhaut: FCV (Caliciviren): Ulzerationen ohne schwere Erkrankung des oberen Respirationstraktes

2b: FRV (Rhinotracheitis): Ulzerationen der Zunge mit schwerer Erkrankung des oberen Respirationstraktes, häufig auch mit bakterieller Sekundärinfektion

Die Prognose bei nachgewiesener Virusinfektion ist immer vorsichtig zu stellen, da es häufig zu Rezidiven kommt. Auf eine mögliche lokale Virusinfektion bei seronegativen Befunden sei hingewiesen (ZETNER et al., 1993; s. unter – 17. –).

Bei jeder trotz Zahnsanierung und Parodontalbehandlung unheilbaren schweren Gingivitis/Stomatitis sollte an einen Zusammenhang mit immundepressiven Viruserkrankungen gedacht werden.

Plasmazellgingivitis:

Der histologische Nachweis einer Infiltration des Gewebes mit mononukleären Zellen (Plasmazellen) verifiziert die Diagnose der Plasmazellgingivitis, die sich makroskopisch durch himbeerfarbige, hochrote, leicht blutende, granulomatöse Wucherungen der Gingiva und der Mundschleimhaut – gehäuft im Bereich des Oropharynx – manifestiert.

Ätiologie:

Nach ZETNER (1992) liegen über die genauen Ursachen und die Pathogenese bisher nur unzureichende Erkenntnisse vor, evtl. spielt eine Calicivirus-Infektion eine Rolle. Möglicherweise aber ist die plasmazelluläre Infiltration eine „überschießende Antwort auf polyklonale B-Zell-Aktivatoren der Plaque“.

Therapie:

Bei vorsichtiger Prognosestellung verspricht der Behandlungszyklus nach ZETNER (1992) der über längere Zeit repetiert werden sollte, Besserung.
Zwischen den Behandlungsschritten liegen Pausen von 2–5 Wochen.

1. Antibiotische Therapie über eine Woche (s. o.) zur Vorbereitung der Initialbehandlung
2. Entfernung von Plaque und Zahnstein mit dem Ultraschallgerät, Politur, ggf. Gingivoplastik/Gingivektomie (s. o.)
3. Ggf. weitere antibiotische Therapie über eine Woche (s. o.)
4. Gestagene:

Megestrolacetat: orale Therapie: Nia-15-mg-Tabletten®

1. Woche: 5 mg/Katze p. o. täglich,
2. Woche: 5 mg/Katze p. o. jeden 3. Tag
3. Woche: 5 mg/Katze p. o. jeden 5. Tag,

Medroxyprogesteron: parenterale Therapie: Perlutex®:

15–30 mg/Katze i. m. (einmalig zu injizieren).
(Cave!: Fertilitätsstörungen sind möglich.)

Proligeston: Delvosteron®:

50–150 mg/Katze i. m. Wirkt meist etwas schwächer als Megestrolacetat. Die gute antiinflammatorische Wirkung der Gestagene bei der Katze wird durch eine sechsfach höhere Anzahl von Sexualhormonrezeptoren in der Mundhöhle erklärlich.

Intraläsionale Cortisoninjektionen:

Volon A®-10, Kristallsuspension: max. 10 mg pro Katze, subgingival, auf mehrere Depots verteilt.

Chlorhexidinhaltige Salben können vom Tierbesitzer über längere Zeiträume regelmäßig aufgetragen werden (CHX-LA, St. Jon Vrx.).

17. Neck lesions

Als „neck lesion” beschreiben SCHNECK und OSBORN (1976) erstmals eine nicht kariöse Zahnhartsubstanzläsion mit derzeit noch ungeklärter Genese. Diese durch zelluläre Resorptionsvorgänge bedingte Zerstörung der Zahnhartsubstanzen Schmelz, Dentin und Zement wird im amerikanischen Schrifttum auch als „cervical line lesion” (MULLIGAN, 1988 b), „external root resorption” (LYON, 1990) oder „feline dental resorptive lesion” (COLMERY und FROST, 1986; OKUDA und HARVEY, 1992) bezeichnet.
Früher wurde diese Erkrankung in der Literatur als „Katzenkaries” bzw. „kariesähnliche Läsion” angesprochen (JOSHUA, 1965; WILKINSON, 1966 und REICHART 1978 a). Nach heutigem wissenschaftlichen Kenntnisstand ist die Bezeichnung „Zahnkaries” nicht zutreffend. Die echte Zahnkaries ist definiert als „chemisch–parasitäre Zahnhartsubstanznekrose” bakterieller Genese (BECKER und MORGENROTH, 1986; FAHRENKRUG, 1988; SAU-

ERWEIN, 1981). Im Rahmen eines ätiologischen Faktorenbündels verstoffwechseln Streptococcus-mutans-Arten („Parasiten") die durch „Säureangriff" entmineralisierten erweichten Schmelz- und Dentinhartsubstanzen.

Die bakterielle organische Säurefreisetzung erfolgt durch Zersetzung kohlenhydratreicher Nahrungsreste und Plaquebestandteile.

Echte Zahnkaries ist im Defektbereich durch unterschiedliche Zonen charakterisiert (SAUERWEIN, 1981). Die „bakterienreiche Zone", „Zone der Trübung", „Zone der Transparenz" können histologisch dargestellt werden, während bei den „neck lesions" der Katze die lakunären Defekte von **unverändertem** Dentin **ohne** Zonenbildung begrenzt sind (SCHLUP, 1981; VICKENDEY, 1981; SCHLUP und STICH, 198; Abb. 18). Die Lakunen entstehen durch zelluläre Resorptionsvorgänge, deren Ursachen nicht geklärt sind. HARVEY (1988) und LYON (1990) beschreiben eine von außen beginnende Resorption. Es besteht jedoch Grund zu der Annahme, daß die Läsionen auch im Inneren der Pulpahöhle Ihren Ausgang nehmen können (ROES, 1996).

Dekalzifizierungen der Zahnhartsubstanz werden auch im Zusammenhang mit anderen Erkrankungen des Zahnes und der ihn umgebenden Gewebe gesehen. Man beobachtet eine durch Odontoklasten verursachte innere Dekalzifizierung („internal resorption") der Zahnhartsubstanz bei geschädigtem Pulpengewebe (HARVEY, 1988; OKUDA und HARVEY, 1992) und eine äußere Zerstörung („external resorption") der Zahnwurzeln bei einer das Zahnfach erreichenden Osteomyelitis (HOLMSTROM, 1985; HARVEY, 1988; OKUDA und HARVEY, 1992). Außerdem ist eine von außen beginnende Zahnwurzelauflösung im Verlauf einer Periodontitis sowohl beim Menschen als auch beim Hund und anderen Tieren beschrieben.

Auch bei Menschen (BHASKAR, 1971), Großkatzen (BERGER et al., 1994, 1995) und Hunden (COLMERY, 1988; SHIPP und FAHRENKRUG, 1992; LYON, 1993; HARVEY, 1994) sind vereinzelt nicht kariöse Dekalzifizierungen der Zahnhartsubstanz am Zahnhals beschrieben. HARVEY stellt 1994 klinisch, röntgenologisch und mikroskopisch übereinstimmende Befunde an Hunde- und Katzenzähnen fest, auch ROES und RÖCKEN (1996) beschreiben einen Fall beim Hund mit den für „neck lesions" typischen histologischen Befunden.

„Neck lesions" werden meist von weiteren entzündlichen Erscheinungen in der Maulhöhle begleitet, die in ihrer Intensität beim Einzeltier sehr unterschiedlich ausgeprägt sein können (HARVEY, 1988; WILLIAMS und ALLER, 1992). Zu dem Krankheitsbild zählen verstärkte Plaquebildung, Zahnstein mit Gingivitis, alleinige Gingivitis, Stomatitis und parodontale Erkrankungen (SCHLUP, 1982; SCHLUP und STICH, 1982; ZETNER, 1990).

Die „neck lesions" finden sich zumeist an den bukkalen bzw. labialen Flächen der Prämolaren oder Molaren des Ober- und Unterkiefers, seltener an den Canini und Incisivi (SCHLUP, 1982; WESSUM et. al, 1992). Nach OKUDA und HARVEY (1992) scheint der zuerst betroffene Teil mehrwurzeliger Zähne häufig die Umgebung der Bifurkation (Abb. 17) zu sein.

Morphologisch finden sich die lakunären Defekte im Bereich des Zahnhalses und werden durch hyperplastische Gingiva (SCHLUP und STICH, 1982) oder Zahnstein (REICHART, 1978 b; HOLMSTROM, 1991) verdeckt. Die proliferierte Gingiva erscheint hyperämisch und ödematös. Nach Entfernen der Gingiva und/oder des Zahnsteines wird das unterschiedliche Ausmaß der Kavitäten sichtbar (SCHLUP und STICH, 1982; Abb. 15, Abb. 21, Abb. 22).

Im fortgeschritteneren Stadium erreicht die Läsion die Pulpenhöhle, geht über sie hinaus, zerstört einzelne Wurzeln und führt letztlich zum Zahnkronenverlust (ZETNER, 1990; FAHRENKRUG, 1993; Abb. 19, Abb. 20, Abb. 24, Abb. 25).

Im amerikanischen Schrifttum werden die „neck lesions" nach MULLIGAN (1988 a und b) klinisch in fünf Klassen unterteilt, während LYON (1990), DORENKAMP (1993) und DeBOWES (1994) die Klassen 4 und 5 aus therapeutischen Gründen zusammenfassen.

KLASSE 1: oberflächlicher Defekt, der nicht mehr als 0,5 mm in den Zahnhals hineinreicht (Abb. 15)

KLASSE 2: deutliche Läsion, die die Pulpenhöhle noch nicht erreicht (Abb. 18)

KLASSE 3: die Läsion erreicht den Rand der Pulpenhöhle (Abb. 16)

KLASSE 4: tiefe Läsion, die die Pulpenhöhle erreicht und diese überschreitet (Abb. 17, Abb. 20)

KLASSE 5: der Zahn ist frakturiert, und die verbliebenen Wurzelreste sind entweder noch sichtbar oder von Zahnfleisch verdeckt (Abb. 24)

Die erkrankten Tiere zeigen auffällige Symptome wie Salivation, Kaustörungen, „Unterkieferzittern", Futter- und Wasserverweigerung, Abmagerung bis zur Kachexie und Dehydratation (LYON, 1990). Dieser Symptomkomplex, der von Aggressivität und Wesensveränderungen (FAHRENKRUG 1991) begleitet sein kann, erklärt sich durch die hochgradige Schmerzhaftigkeit der befallenen Zähne (ZETNER, 1992). Durch den Krankheitsprozeß werden die die Pulpa umhüllende Zahnhartgewebe zerstört, so daß sensible Nervenendigungen in den Dentinkanälchen

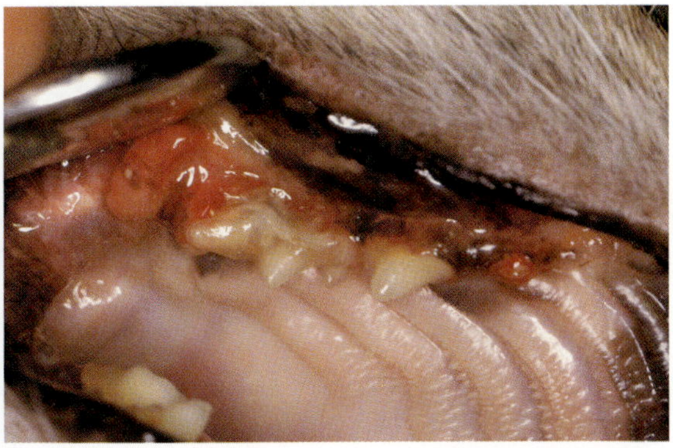

Abb. 15: Neck lesions am oberen P4: oberflächliche Dekalzifizierung im mesialen Bereich (Klasse 1), unter der Gingivahyperplasie tiefe Läsion im distalen Abschnitt (Klasse 3).

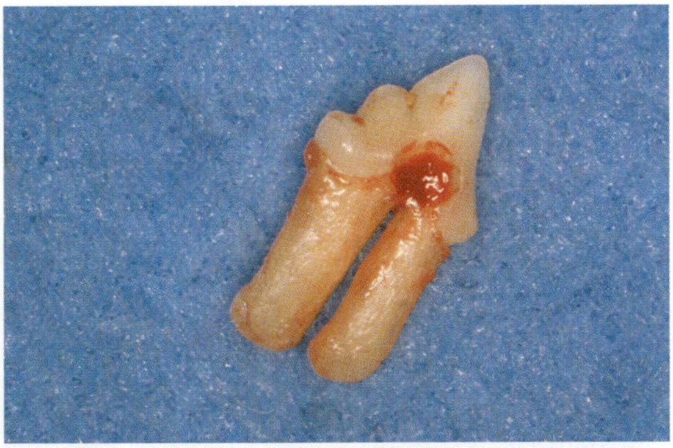

Abb. 17: Extraktionspräparat P3: Kreisrunder Defekt mit Pulpeneröffnung (Klasse 4).

Abb. 18 (rechts): Dünnschliffpräparat: Neck lesion im Zahnhalsbereich (Klasse 2); nichtkariöse Resorptionslakune ohne Zonenbildung.

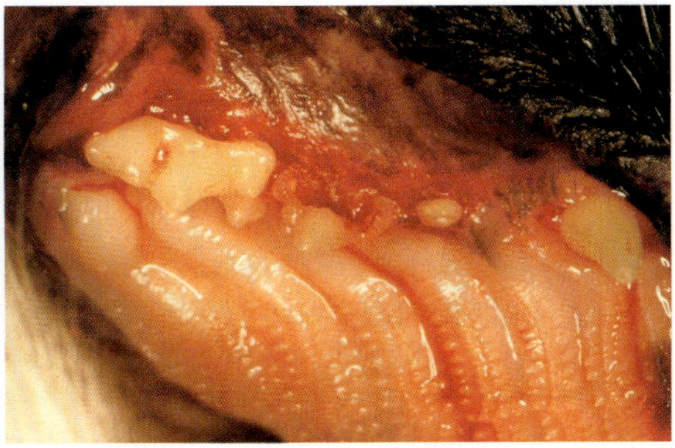

Abb. 19: Neck lesion bei P4, Pulpeneröffnung, Verlust von Teilen der Zahnkrone Klasse 4–5.

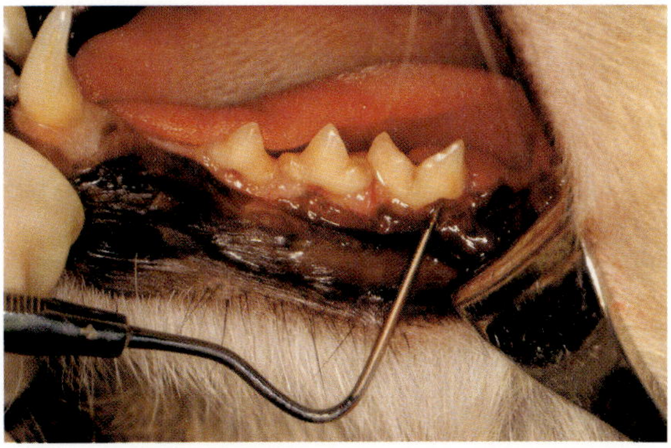

Abb. 16: Sondierung einer Klasse 2–3 Läsion im distalen Bereich von M1.

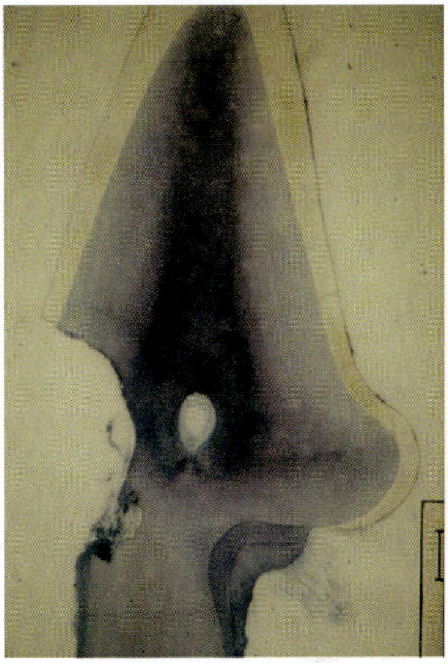

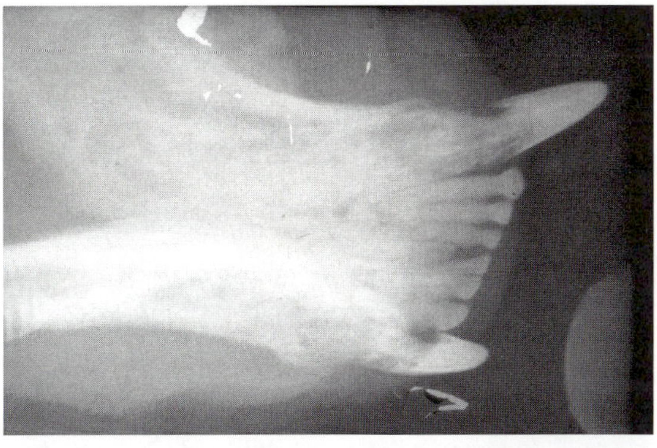

Abb. 20: Röntgenaufnahme der Unterkiefercanini; Klasse 4 – Läsionen beidseits mit Pulpeneröffnung; Umwandlung der Zahnwurzel in Knochen, Verlust des Periodontalspaltes und des periodontalen Faserapparates.

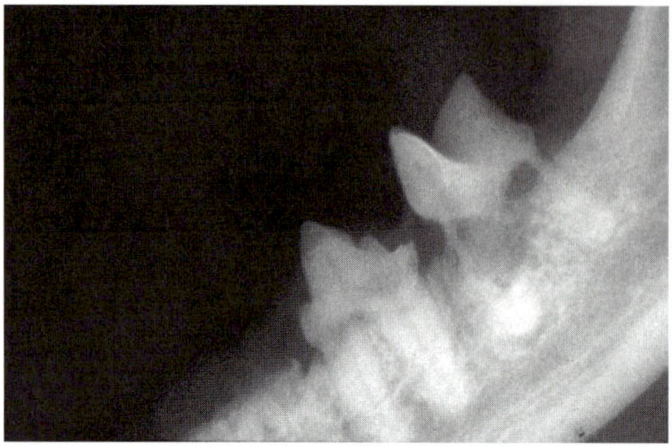

Abb. 21: Röntgenbild: schwere Wurzeldestruktionen am M1 (Unterkiefer) bei weitgehend intakter Krone. Makroskopisch unauffällig, ohne Sondierung/Röntgen nicht erkennbar; Foto: Roes.

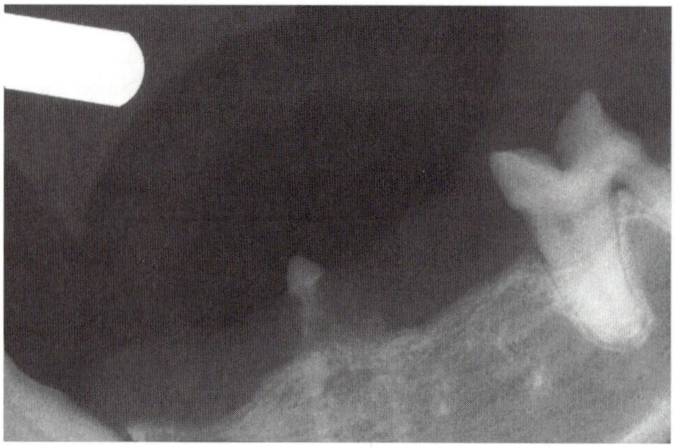

Abb. 22: Röntgenbild: „Ghost-root": P3 (Unterkiefer) mit ossifizierten Wurzeln, Teile der Zahnkrone erhalten. Ohne Sondierung und Röntgenkontrolle leicht zu übersehen; Foto: Roes.

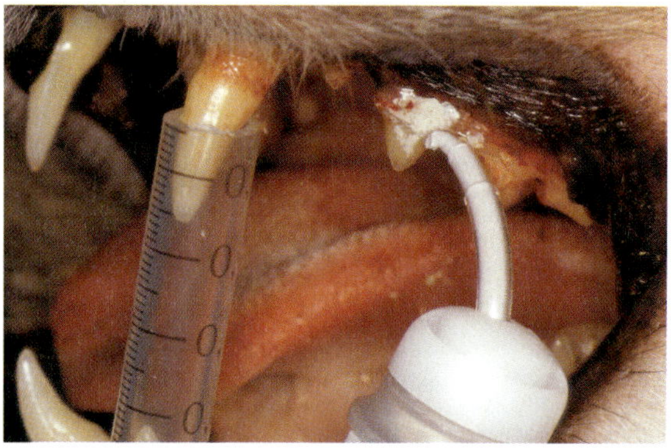

Abb. 23: Versorgung einer Kavität der Klasse 1–2 mit Glasionomerzement am P3 (Oberkiefer).

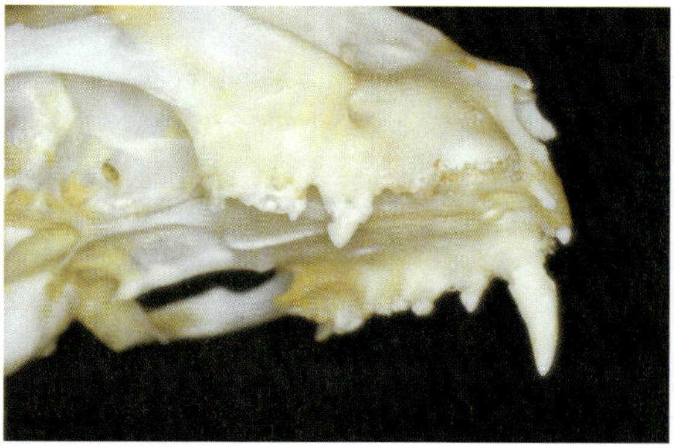

Abb. 24: Skelettpräparat: Multiple Destruktionen mit Zahnkronenverlusten, Alveolitiden, Fistelgängen etc.

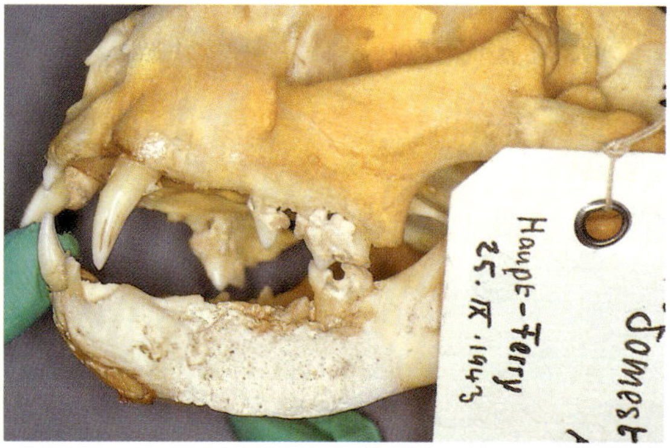

Abb. 25: Neck lesions bei einem Schädelpräparat von 1943: derzeit frühester Befund von neck lesions bei Hauskatzen; Foto: Dobbertin.

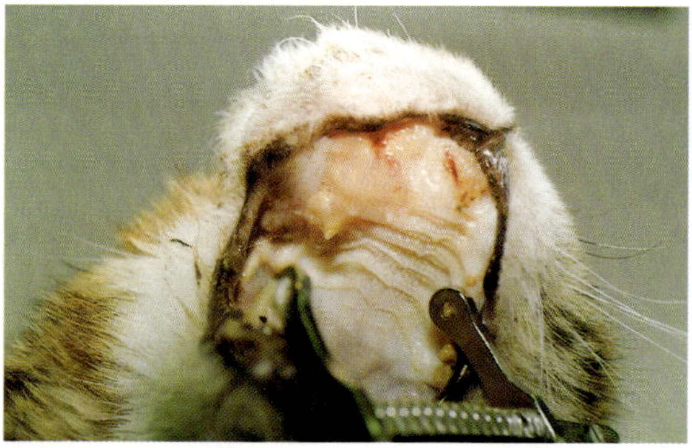

Abb. 26: Tumoren: Gleichzeitiges Auftreten eines Fibrosarkoms und eines Plattenepithelkarzinoms; Foto: Warrlich.

freiliegen (DORENKAMP, 1993). Pulpitis und Pulpennekrose schließen sich an. Nach Fraktur der Zahnkrone (Klasse 5 bzw. 4, s. o.), stellen die zurückbleibenden Wurzelreste einen permanenten Entzündungsreiz dar (ZETNER, 1990). Im frühen Stadium ist das Geschehen schwer zu diagnostizieren, da die Lakunen häufig von entzündlich verändertem Zahnfleisch, Granulationsgewebe oder Zahnstein ausgefüllt und damit verdeckt sind (REICHART, 1978 b; ZETNER, 1990; HOLMSTROM, 1991).

Die „neck lesions" zählen zu den am häufigsten übersehenen Krankheiten in der Veterinärmedizin (MULLIGAN, 1988 a) und sind nach Zahnsteinentfernung nur durch gründliche Exploration mittels Zahnsonden und spezielle röntgenologische Untersuchungsverfahren am sedierten Tier feststellbar (ZETNER 1990; HENNET et al., 1993), Abb. 21, Abb. 22).

In den statistischen Untersuchungen über die Häufigkeit von „neck lesions" im Katzengebiß wird in den letzten Jahrzehnten ein deutlicher Anstieg festgestellt. Die Erhebungen erfolgen entweder am vorhandenen Patientengut oder retrospektiv anhand zoologischer Sammlungen historischer Schädel (HARVEY und ALSTON, 1990; WILLIAMS, 1991 und DOBBERTIN, 1994), die auch den bisher ältesten Befund am Schädelpräparat einer 1943 verstorbenen Katze (Abb. 25) dokumentierte. Die ermittelte Häufigkeit von „neck lesions" im Katzengebiß muß dahingehend unterschieden werden, ob die Probandentiere zum allgemeinen Patientengut oder zu einem Patientengut gehören, welches wegen eines stomatologischen Problems untersucht wurde.

In unterschiedlichen Studien wird eine Häufigkeit des „neck lesion"-Befalles zwischen 1,9 %, (TEKELI, 1973) und 52 % (Coles, 199o) im allgemeinen Patientengut, bei Katzen mit stomatologischer Symptomatik zwischen 43 % (REMEEUS, 1991) und 67 %, (HARVEY, 1992) beschrieben.

Nach SCHLUP (1981) treten „neck lesions" häufiger bei Rassekatzen als bei Hauskatzen und ihren Mischlingen auf (47,6 % Rassekatzen, 25,4 % Hauskazen). Unabhängig von der Rasse wird ein sprunghafter Anstieg erkrankter Katzen ab dem 4. Lebensjahr festgestellt.

COLES (1990) zeigt eine Altersdisposition auf. Im normalen Patientenstamm findet er bei 74 % der über 6 Jahre alten Katzen „neck lesions", bei jüngeren nur eine Inzidenz von 16 %.

Ätiopathogenese

Trotz intensiver Erforschung des Problemes in den letzten Jahren (SCHLUP und STICH, 1982; REICHART et al., 1984; ZETNER, 1990; OKUDA und HARVEY, 1992), stellen die gewonnenen Erkenntnisse allenfalls Bruchstücke der Pathogenese dar. Ein schlüssiger Zusammenhang zwischen klinischen und pathologisch-histologischen Befunden ist bis heute nicht erstellt (HARVEY, 1991 b).

Betrachtet man die „neck lesion" histologisch, so sind die Ränder der Kavität teils regelmäßig, teils unregelmäßig gestaltet. Oft unterminiert der Defekt Schmelz und Dentin. An die Lakune grenzender Schmelz und das Dentin sind unverändert.

Nach SCHLUP und STICH (1982) wird die Lakune von Granulationsgewebe der Gingiva und des Desmodonts ausgefüllt. Das histologische Bild wird von Entzündungszellen und einem dichten Kapillarnetz bestimmt. An Kontaktstellen des Weichgewebes zur Zahnhartsubstanz fallen aktive und ruhende Zonen auf.

In der aktiven Zone können Destruktionszellen (multinukleäre Riesenzellen, Dentino- bzw. Zementoklasten) und als Ausdruck von Reparationsvorgängen Osteocementocyten nachgewiesen werden.

REICHART et al. (1984) und OHBA et al. (1993) beschreiben das die Lakune ausfüllende Gewebe als entzündlich infiltriert und gut vaskularisiert.

LUKMAN et al. (1994) weisen an 20 von 42 (47,6 %) untersuchten Zähnen reparatives Dentin innerhalb der Resorptionslakunen nach. Es ist vor allem bei Zähnen mit deutlichen Dentinläsionen ohne Eröffnung der Pulpenhöhle zu finden. OKUDA und HARVEY gelingt es 1992, Odontoklasten in den Läsionen selektiv über die tartratresistente saure Phosphatase (TRAP) nachzuweisen.

Sie beschreiben ferner „ankylotische" Verbindungen zwischen Kieferknochen und erkranktem Zahn (Abb. 20).

ZETNER (1990) sieht anhand der Kieferknochendichte und des Zustandes der Lamina dura im Röntgenbild einen Zusammenhang zwischen fortschreitendem horizontalen Knochenabbau, abnehmender Knochendichte und dem Auftreten von „neck lesions".

Der destruktiven Odontoklastentätigkeit fällt offensichtlich eine zentrale Rolle in der Pathogenese zu. Vielfach bilden sie den Ansatzpunkt ätiologischer Überlegungen (ROES, 1996).

Odontoklasten sind große (10–100 μm), mehrkernige (3–30 oder mehr) Zellen (BUCHER, 1980). Sie werden auch als Dentoklasten bezeichnet. Sie stimmen in ihrer Struktur mit den Osteoklasten überein (ADDISON, 1978 u. 1979; SCHROEDER, 1992), näheres hierzu bei ROES (1996).

Im Bereich ihres Resorptionsgebietes treten saure Phosphatase, Kollagenasen und andere proteolytische Fermente aus (SCHROEDER, 1992) und bauen die Grundsubstanz des Knochens bzw. Zahnes enzymatisch ab. Es entsteht in der Hartsubstanz eine

Howship-Lakune (DAMBACHER und HAAS, 1987) (Abb. 18).

Osteoklasten bilden zusammen mit Osteozyten und Osteoblasten das „remodelling system" des Knochens, welches den Knochen durch ständigen Aufbzw. Abbau den gegenwärtigen Belastungen anpaßt (STÜNZI und WEISS, 1982).

Parathormon (PTH), osteoklastenaktivierender Faktor (OAF = Interleukin-1ß) und Prostaglandine (PG E1, 2) regulieren im wesentlichen den Abbau, Östrogene und Calcitonin den Aufbau (SCHROEDER, 1992).

Die Destruktionstätigkeit ist mit der physiologischen Lyse von Zahnhartgeweben bei der Milchzahnresorption vergleichbar (OKUDA und HARVEY, 1992).

Eine den Vorgängen bei der Bildung von „neck lesions" vergleichbare Lyse von Zahnhartgeweben wird auch bei einer chronischen apikalen Parodontitis mit externer Granulombildung an der Grenze zwischen Zahn und Granulationsgewebe als odontoklastischer Abbau von Zement und Dentin beim Menschen beobachtet (SCHROEDER, 1992). ROES (1996) weist in pathologisch-anatomischen und histologischen Untersuchungen nach, daß es sich bei den „neck lesions" der Katze um eine entzündlich-destruierende Erkrankung des Parodontiums handelt, die auf die angrenzenden Hart- und Weichgewebe übergreift. Dieser Entzündungsprozeß erfaßt große Teile der Zahnoberfläche und wird durch resorptive und reparative Phasen bestimmt. Der Krankheitsverlauf läßt sich in **Resorptionsphase, Umbauphase, Bildung von Osteoid und Ossifikationsphase** gliedern.

Die Aktivierung bzw. Steuerung der Odontoklastenaktivität ist daher die Schlüsselfrage der zahlreichen ätiologischen Lösungsansätze (ZETNER, 1990; OKUDA und HARVEY, 1992).

Folgende Einflüsse auf die Aktivierung der Osteoklasten/Odontoklasten werden diskutiert:

Ernährung

Das zeitliche Zusammentreffen des gehäuften Auftretens der „neck lesions" und der Entwicklung und Verbreitung von **kommerziell hergestellten Tierfuttermitteln** seit den sechziger Jahren hat das Fertigfutter als möglichen Auslöser ins Gespräch gebracht. Die Untersuchungen beziehen sich auf direkte Wechselwirkungen zwischen Futter und Zahnhartgeweben oder auf Stoffwechselentgleisungen.

„Neck lesions" wurden auch bei wildlebenden afrikanischen Großkatzen nachgewiesen (BERGER et al., 1995). Die Katzenpopulation in der ehemaligen DDR zeigte ebenfalls einen starken Befall mit „neck lesions", obwohl sie kein industriell hergestelltes Fertigfutter erhalten hatte. Zahlreiche betroffene Katzen aus der Studie von DOBBERTIN (1993) wurden ohne Industriefutter mit Tischabfällen bzw. durch selbsterlegte Feldbeute ernährt.

Jedes **Trockenfutter** wird bei der Produktion zum Zwecke der Konservierung und besseren Akzeptanz oberflächlich mit Säure behandelt. Obwohl Zahnhartsubstanz im sauren Milieu entkalkt wird, weisen ZETNER und STEURER (1992) nach, daß durch säurehaltige Trockenfuttergabe der für eine Dekalzifizierung notwendige pH-Wert von 4–5 nicht erreicht werden kann.

Eine **Hypervitaminose A** soll zu Dekalzifizierungen der Zähne führen können. SEAWRIGHT und HRDLICKA (1974) wiesen u. a. Zahnverlust nach extensiver Leberfütterung bei Katzenwelpen nach, dagegen zeigt ZETNER (1990), daß selbst bei alleiniger Leberfütterung (max. 9022 I.E./kg KGW/Tag) in Europa der Einfluß eines Vitamin-A-Überschusses auf das Entstehen der „neck lesions" strittig ist.

Eine durch Kalzium-Defizit oder falsches Ca/P-Verhältnis in der Nahrung verursachte Kalzium-Mangel-Situation des Organismus wird mit einer vermehrten Sekretion von Parathormon beantwortet (WIESNER und RIBBECK, 1983). Durch diesen **alimentären Hyperparathyreoidismus** werden Osteoklasten aktiviert, die ihrerseits den Knochenabbau vorantreiben (STÜNZI und WEISS, 1982). Gleiches wird hypothetisch für die Odontoklasten unterstellt, die wiederum nun Zahnhartgewebe unter Bildung von „neck lesions" abbauen. Diese Theorie ist zur Zeit weder eindeutig belegt noch widerlegt. ZETNER (1990) kann zeigen, daß ein signifikanter Zusammenhang zwischen niedrigem Kalziumgehalt bzw. erniedrigtem Ca/P-Quotient im Futter und dem erhöhtem Auftreten von „neck lesions" besteht. Eine Veränderung der Serumwerte für Kalzium und Phosphor kann nicht nachgewiesen werden.

Autoren, die die Ursachen der „neck lesions" als ein multifaktorielles Geschehen im Formenkreis der **Parodontopathien** ansehen, orientieren sich an den bekannten ätiologischen bzw. pathogenetischen Faktoren der humanen Parodontopathien, d. h. sie stellen Bakterien, Plaque, Zahnstein und die immunologischen Abwehrfunktionen in den Mittelpunkt ihrer Überlegungen.

HARVEY stellt im Jahre 1988 fest, daß mikrobiologisch untersuchte Tupferproben der Maulschleimhaut von gingivitischen Katzen mit „neck lesions" ähnliche aerobe und anaerobe Bakterienstämme aufweisen wie Menschen und Hunde, die an Gingivitis und Parodontitis leiden.

Die signifikante Korrelation zwischen dem gehäuften Auftreten von Zahnstein und „neck lesions" ist schon lange bekannt (REICHART, 1978 a und b; ZETNER, 1990). ZETNER (1990) interpretiert den starken Zahnsteinbefall jedoch eher als Folge der „neck lesions“, da er die aufgerauhte Resorptionslakune als Prädilektionsstelle für Zahnsteinansatz sieht.

Andererseits enthalten die aufgelagerten Plaque- und Zahnsteinschichten massenhaft pathogene Bakterien, die Toxine produzieren, welche in die Mechanismen der Immunabwehr eingreifen. Sie dringen in die durch ihre Enzyme (Hyaluronidase, Kollagenase) aufgelockerte Gingiva ein, wo sie die Körperabwehr erneut stimulieren. Die Freisetzung lysosomaler Enzyme und eine gesteigerte Phagozytoserate sind die Folge. Diese Abwehrvorgänge bekämpfen zwar die Bakterien, führen aber auf der anderen Seite zu autodestruktiven Vorgängen, die Parodontopathien zur Folge haben (ZETNER, 1977; DÜRR und REICHART, 1978; KÖNIG, 1987). Ein Zusammenhang zwischen den oben beschriebenen pathogenetischen Vorgängen der Parodontopathien und dem Entstehen der „neck lesions" wird von MULLIGAN (1988 a, 1990), OKUDA und HARVEY (1992) sowie ROES (1996) gesehen.

OKUDA und HARVEY (1992) betrachten die **immunologischen** Interaktionen zwischen Wirtsabwehr und Mikroorganismen als grundlegend in der Pathogenese. Die Bakterien stimulieren über ihre Stoffwechselprodukte wie Lipopolysaccharide, Muramyldipeptide und Enzyme die Sekretion von Entzündungsmediatoren seitens des Wirtes. Es handelt sich in der Hauptsache um Zytokine, Interleukine (wie IL 1ß = OAF und IL 6) und Prostaglandine (wie PG E2), die von Makrophagen, Epithelzellen (besonders Keratinozyten) und Fibroblasten freigesetzt werden. Odontoklasten bzw. Osteoklasten werden so angelockt und aktiviert.

OKUDA und HARVEY (1992) betrachten die **Pathogenese als ein multifaktorielles Geschehen.** Mechanische Belastungsfaktoren der Zähne, Ernährungsimbalancen und systemische bzw. immunologische Erkrankungen des Wirtes stellen pathogenetische Faktoren dar. Systemische virale Erkrankungen können zu immunologischer Dysfunktion oder Immunsuppression führen. OKUDA und HARVEY (1992) sowie ZETNER (1992) erwähnen das Feline Leukosevirus (FeLV), das Feline Immundefizienzvirus (FIV) und Feline Caliciviren. Für die Caliciviren ist ein gehäuftes Auftreten im Speichel an „neck lesions" erkrankter Katzen nachgewiesen (HARVEY, 1988 und 1991 a).

„Neck lesions" ohne gleichzeitige oder früher vorhandene Parodontopathie gibt es nicht. Die Aktivierung der Odontoklasten ist daher eng mit dem durch Entzündungsprozesse veränderten humoralen Mikroenvironment in der Zahnfleischtasche und dem periodontalen Raum verknüpft.

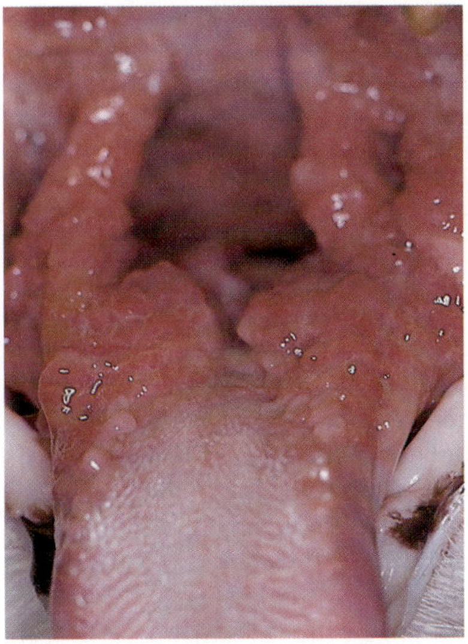

Abb. 27: Histologisch verifiziertes Plattenepithelkarzinom des Oropharynx.

Fällt die ständige kompetente Immunantwort auf bakterielle Reize der kontinuierlich nachwachsenden Plaque/Zahnsteinbeläge durch immunsuppressive virale Erkrankungen aus, entsteht zwingend die oben bereits geschilderte hochgradige Gingivitis/ Stomatitis.

Nachdem die Häufung von serologisch nachgewiesenen immunsuppressiven Viruserkrankungen und dem Auftreten von „neck lesions“ assoziiert mit Gingivitis/Stomatitis verschiedentlich beschrieben wurde und der Nachweis einer lokalen intraoralen FeLV-Virusinfektion auch bei seronegativen Katzen gelang (ZETNER et al., 1993), muß angenommen werden, daß der Schlüssel zur Ätiologie der „neck lesions" daher in der Gingivitis aufgrund virusbedingter Immunsuppression liegt.

Das erst seit Mitte der 70er Jahre gehäuft zu beobachtende Auftreten der „neck lesions" entwickelt sich parallel zum Durchseuchungsgrad der Katzenpopulation mit immunsuppressiven Viruserkrankungen. Immunsuppression wird nicht nur durch die erwähnten Viruserkrankungen verursacht, sondern kann viele andere nichtvirale Ursachen haben. Daher stellt das früher zu beobachtende gelegentliche Auftreten der neck lesions (DOBBERTIN, 1993) keinen Widerspruch zu der These dar, daß der heutige massive Befall eine Folge der Viruserkrankungen sei.

Die **Therapie** der erkrankten Tiere gestaltet sich analog zur Unheilbarkeit der viralen Grunderkrankung derzeit äußerst unbefriedigend. Ziel der Behandlung muß zunächst die Wiederherstellung der Schmerzfreiheit sein, um den Tieren weiteres Leiden zu ersparen.

Wegen des nachgewiesen progredienten Verlaufes und des Fehlens einer gesicherten Ätiologie empfehlen einige Autoren die Extraktion aller befallenen Zähne als einzige Therapiemöglichkeit (HARVEY, 1989 und 1991 b; SAMS und HARVEY, 1989), während andere Autoren zunächst konservierende Maßnahmen wie Füllungen, bei Pulpabeteiligung auch nach vorheriger endodontischer Versorgung betroffener Zähne, favorisieren. FROST und WILLIAMS (1986), COLMERY (1988), MULLIGAN (1988 a), FAHRENKRUG (1988, 1991 und 1993), JOHNSTON (1990), HOLMSTROM (1991) und REICHART (1991) berichten über die konservierende Therapie mittels Füllungen; jedoch fehlen Angaben über deren konsequente Anwendungen sowie Verlaufskontrollen.

Allein LYON (1992) und ZETNER und STEURER (1994) veröffentlichen Ergebnisse von Verlaufsuntersuchungen. LYON (1992) kontrolliert 58 Katzen 1 bis 2 Jahre nach restaurativer Behandlung mit Glas-Ionomer-Zementen, jedoch ohne Röntgenkontrollen. Nur 33 % der Zähne zeigen makroskopisch kein Fortschreiten der Läsion. ZETNER und STEURER (1994) führen bei 19 Patienten mit 22 Kompostit-Füllungen Kontroll- und Röntgenuntersuchungen 1 bis 2 Jahre nach Behandlung durch. 18 % der restaurativ versorgten Zähne erscheinen makroskopisch intakt, weisen aber röntgenologische Veränderungen auf. 9 % der untersuchten Zähne entwickeln weder eine neue Läsion noch eine Wurzelresorption. Bei 56 % finden sich Resorptionsvorgänge ohne Füllungsverlust, bei 14 % Füllungsverluste und bei 9 % Zahnkronenverluste.Es kann also meist nur ein Bruchteil der Maßnahmen als mittelfristig erfolgreich beurteilt werden.

Die Extraktion aller Zähne mit „neck lesions" der Klassen 4 und 5 wird übereinstimmend von allen Autoren empfohlen. Während MULLIGAN (1988 a) noch „neck lesions" der Klasse 3 endodontisch versorgt, empfehlen andere auch hier die Extraktion (JOHNSTON, 1990; FAHRENKRUG, 1991).

Prinzipiell werden „neck lesions" der Klassen 2 restaurativ versorgt (MULLIGAN, 1988 a; JOHNSTON, 1990; LYON, 1990; FAHRENKRUG, 1991; DORENKAMP, 1993).

„Neck lesions" der Klasse 1 werden von JOHNSTON (1990) und FAHRENKRUG (1991) mit einer Füllung versorgt (Abb. 23). Dagegen empfehlen MULLIGAN (1988 a), LYON (1990), ZETNER (1992), DORENKAMP (1993) und DeBOWES (1994) eine Fluoridlackbehandlung (z. B. Duraphat®) nach Säuberung und Politur der Läsion. Die Behandlung stützt sich auf humanmedizinische Erfahrungen, wonach Fluoriden ein zeitlich begrenzter zahnhärtender und gegen Dekalzifizierung protektiver Effekt zugesprochen wird (KÖNIG, 1987).

In einer umfangreichen Studie verfolgt ROES (1996) über einen Zeitraum von 9–15 Monaten das Schicksal von 88 Zähnen mit „neck lesions", die bei leichtem Befall einer konservierenden Therapie mit Glas-Ionomer-Zementen unterzogen wurden. Insgesamt werden bei 158 Katzen 535 an „neck lesions" erkrankte Zähne behandelt, von denen der weitaus größte Teil sofort extrahiert wird. Bei 60 Tieren können durch klinische und spezielle röntgenologische Untersuchungen 88 Zähne identifiziert werden, die die Kriterien einer geringen Ausdehnung der Läsionen, eine geschlossene Pulpenhöhle, einen festen Sitz des Zahnes im Zahnfach und Unversehrtheit der Wurzeln für eine Restauration erfüllen.

Nach Abschluß der Untersuchung zeigen nur 21 Zähne (30,4 %) klinisch kein Fortschreiten der Resorption. Bei 15 dieser Zähne (15/21 = 71,4 %) können zusätzlich dentalröntgenologische Aufnahmen angefertigt werden, die in 7 Fällen (7/15 = 46,7 %) einen verborgenen Resorptionsfortgang aufdecken.

Ausgehend von zunächst 535 diagnostizierten „neck lesions" können daher nur 14 Zähne über einen Zeitraum von durchschnittlich 12,5 Monaten ohne Defektvergrößerung erhalten werden. Gestalt und Pathogenese der Resorptionsläsionen zeigen, daß eine restaurative Therapie bei dieser Erkrankung in der Regel scheitern muß.

Die ROES'sche Studie verdeutlicht, daß es nahezu unmöglich ist, den Krankheitsprozeß mit den derzeitigen Untersuchungsmethoden klinisch im vollen Umfang zu erkennen und durch eine Kavitätenpräparation vollständig zu beseitigen.

Als nach derzeitigem Stand der Forschung praktikabler Therapieansatz muß daher empfohlen werden:

- Klassen 2–5: Extraktion befallener Zähne.
- Klasse 1: Konservierende Behandlung durch Füllung, bevorzugt mit Glasionomerzement.
- Durch vorherige Röntgenkontrolle sollte eine makroskopisch nicht erkennbare Beteiligung im Bereich der Zahnwurzeln ausgeschlossen werden.
- Die Prognose ist vorsichtig zu stellen.
- Makroskopische und röntgenologische Verlaufskontrollen.
- Kontrolle der Gingivitis/Stomatitis durch regelmäßige Zahnsteinentfernung, Politur der Zähne, ggf. Chemotherapie.
- Prophylaxe: Verhinderung einer Virusinfektion durch bestmöglichen Impfschutz.
- Einschränkung und Kontrolle von Tierkontakten.
- Regelmäßige Gebißkontrolle, Parodontalprophylaxe.

18. Mundschleimhautkrankheiten

Außer benignen und malignen Neoplasien der oralen Mukosa können Veränderungen entstehen durch
1. Trauma,
2. Infektionen, a) mykotischer, b) bakterieller, c) viraler Grundlage,
3. Stoffwechsel und
4. Immunbedingte Erkrankungen

Traumatisch bedingte Veränderungen

Verletzungen der Mundschleimhaut können entstehen durch Belecken scharfer Gegenstände oder durch Biß in Elektroschnüre. Auch die Aufnahme starker Säuren oder Basen führen zur Bildung von oralen Ulzerationen. Der Kontakt mit der Zimmerpflanze Diffenbachia verursacht ebenfalls großflächige, verätzungsartige Erosionen (STÖVER, 1987). Die Therapie besteht vor allem in der Erkennung und Beseitigung der zugrundeliegenden Ursache. Darüber sind nur symptomatische Maßnahmen notwendig.

Mykotische Infektionen

Die orale Candidiasis – die Krankheit der Kranken – ist selten und betrifft vor allem immundefiziente Tiere oder tritt nach Gabe von Kortikosteroiden oder Antibiotika auf. Es findet sich vorwiegend die Spezies Candida albicans (HARVEY, 1985). Im Bereich der Kommissuren finden sich ulzerierende, verkrustende Läsionen neben chronischer Gingivitis, Gingivarezessionen oder Glossitis mit weißen, plaqueähnlichen, abwischbaren, pseudomembranösen Pilzbelägen. Neben einer sorgfältigen Säuberung der Mundhöhle und der Zähne ist Ketokonazol heute das Mittel der Therapie.

Bakterielle und virale Infektionen

Die bakteriellen Infektionen betreffen im wesentlichen die Gingivitiden und Parodontopathien. Diese wurden im Kapitel 16, „Parodontologie" behandelt.

Stoffwechselstörungen

Orale Ulzerationen können durch verschiedene Stoffwechselentgleisungen verursacht werden. Der Hypothyreoidismus, Diabetes mellitus sowie die Urämie als chronische oder akute Form können ursächlich sein. Neben der internistischen Abklärung und entsprechender Therapie können symptomatische orale Maßnahmen im Sinne der Prophylaxe von Sekundärinfektionen und adäquater Ernährung durchgeführt werden (REICHART, in KRAFT/DÜRR, 1991).

Immunbedingte Erkrankungen

Autoimmunerkrankungen

Orale Ulcerationen können im Verlauf von Autoimmunerkrankungen auftreten und wurden im Zusammenhang mit folgenden Erkrankungen beschrieben:
1. Systemischer Lupus erythematosus
2. Erkrankungen des Pemphigus-Komplexes
3. Idiopathische Vaskulitis
4. Toxische epidermale Nekrolyse.

Obwohl das klinische Bild bei diesen Erkrankungen ähnlich ist, unterscheiden sie sich in ihrer Pathogenese beträchtlich. Ulcerative Läsionen beim systemischen Lupus erythematosus, bei der idiopathischen Vaskulitis und der toxischen epidermalen Nekrolyse sind Ausdruck von Schäden am Blutgefäßsystem. Im Verlaufe von Erkrankungen des Pemphiguskomplexes kommt es zur Bildung von flüssigkeitsgefüllten Spalten oder Blasen oder von Pusteln in der Epidermis. Platzen diese sehr fragilen Gebilde, resultiert hieraus ein Ulcus.

1. Systemischer Lupus erythematosus

Der systemische Lupus erythematosus (SLE) ist eine seltene, multisystemische Immunerkrankung bei Katzen (SCOTT et al., 1987; PEDERSEN und BARLOW, 1991). Sie wird durch die Bildung von Antikörpern gegen körpereigenes Gewebe verursacht. Ihr klinisches Erscheinungsbild variiert je nach dem, welches Organsystem betroffen ist. Häufig zeigen betroffene Katzen Verhaltensänderungen, Fieber, Gewichtsabnahme und Lymphknotenvergrößerung. Fast alle Tiere leiden unter einer nicht-erosiven Polyarthritis, die sich jedoch nur bei einem Viertel der Tiere inform von Lahmheit oder einem steifen Gang zeigt. Viele Katzen mit SLE haben eine geringgradige Proteinurie und ein langsam fortschreitendes Nierenversagen, das auf eine Immunkomplex-Glomerulonephritis zurückzuführen ist. Hautveränderungen, Ulcerationen in der Mundhöhle oder Blutveränderungen (Anämie, Thrombozytopenie) werden seltener beobachtet. Die Ulcerationen in der Mundhöhle sind wahrscheinlich als Ausdruck einer systemischen Vaskulitis zu werten, die sowohl bei Mensch als auch beim Tier Bestandteil der Erkrankung ist (PEDERSEN, 1992).

2. Erkrankungen des Pemphigus-Komplexes

Bei der Katze werden 3 Formen des Pemphigus-Komplexes beschrieben: Pemphigus foliaceus, Pemphigus erythematosus und Pemphigus vulgaris (MANNING et al., 1982). Hiervon zeichnet sich Pemphigus vulgaris am häufigsten durch Beteiligung der Mundhöhle aus. Sowohl fokale als auch diffuse ulcerative Veränderungen finden sich im Bereich der

Lippen, der Zunge, des Zahnfleisches, des Überganges zum Nasenspiegel und der Mundwinkel (BROWN und HURVITZ, 1979; MANNING et al., 1982; ZETNER et al., 1989). Katzen mit Pemphigus vulgaris zeigen Anorexie, Gewichtsverlust und Hypersalivation.

3. Idiopathische Vaskulitis

Die idiopathische Vaskulitis ist eine sehr seltene Erkrankung bei der Katze. PEDERSEN (1992) beschreibt diese Erkrankung bei zwei jungen weiblichen Katzen, die Ulcerationen im Bereich des Gaumens, an der Zunge, den Lippen, der Kornea, der Haut und des Nasenspiegels zeigen. Die Behandlung allein mit Prednisolon zeigte keine Wirkung, erst die Kombination von Prednisolon mit Cyclophosphamid brachte die Läsionen zum Abheilen. Nach Absetzen der Medikamente kam es jedoch zum Rezidiv.

Die Diagnose von SLE, Erkrankungen des Pemphigus-Komplexes und der idiopathischen Vaskulitis basiert auf der Erhebung eines vollständigen Vorberichts, der allgemeinen klinischen Untersuchung, Direktausstrichen, Biopsien, Immunfluoreszenz- oder Immunperoxidaseuntersuchungen, dem Nachweis von antinukleären Antikörpern (SLE) und dem Erfolg einer entsprechenden Behandlung.

Diese wird durchgeführt mit immunsuppressiven Dosen von Prednison allein (Prednison 2–4 mg/kg KGW 2 x täglich p. os) oder durch die Kombination von Prednison mit Zyklophosphamid, Chlorambucil oder Goldsalzen.

4. Toxische epidermale Nekrolyse

Die toxische epidermale Nekrolyse ist eine unterschiedlich schmerzhafte vesikobullöse und ulcerative Erkrankung, die sich an der Haut und der Mundschleimhaut manifestiert. Sie tritt fast immer als Folge einer Arzneimittelunverträglichkeit auf und wurde nach der Verabreichung von Immunseren, Antibiotika und steroidhaltigen Medikamenten beobachtet. Aber auch Toxine, Infektionen, bösartige Tumoren und Allgemeinerkrankungen können die Erkrankung induzieren (SCOTT, 1987; ROSENKRANTZ, 1993). Die Behandlung richtet sich einerseits gegen die auslösenden Faktoren, umfaßt aber auch andererseits symptomatisch unterstützende Maßnahmen wie Verabreichung von Antibiotika, Infusionen und topische Therapie.

Immunvermittelte Erkrankungen

Eine andere Gruppe von immunbedingten Erkrankungen, die mit oralen Ulcerationen einhergehen kann ist der eosinophile Granulom-Komplex (EGK). Unter diesem Begriff werden drei verschiedene Erkrankungen subsumiert, die Veränderungen an der Haut und der Mundschleimhaut bewirken: das eosinophile Ulcus, das eosinophile Granulom und die eosinophile Plaque. Alle Erkrankungen sind recht häufig und werden meistens im Zusammenhang mit allergischen Erkrankungen oder Reaktionen auf Insektenbisse gesehen (REEDY, 1982; McDOUGAL, 1986; MASON und EVANS, 1991; ROSENKRANTZ, 1991). Auch Bakterien scheinen bei der Pathogenese eine Rolle zu spielen, da in einigen Fällen Antibiotikatherapie die Läsionen zum Abheilen brachte (ROSENKRANTZ, 1991). Selten können die Läsionen auch erblich bedingt sein (POWER, 1991).

Alle drei Krankheiten des EGK können Veränderungen in der Mundhöhle bewirken, die dann zumeist am Gaumen oder auf der Zunge zu finden sind. Das eosinophile Ulcus stellt sich dar als umschriebene, rot-braune Läsion mit erhobenen Rändern. Die eosinophilen Plaques zeigen sich als umschriebene, erhabene, gerötete Veränderungen und das eosinophile Granulom als papuläre bis noduläre Läsion. Für die Diagnose ist der Vorbericht und die klinische Untersuchung von großer Bedeutung. Je nach dem, welche Anhaltspunkte sich hieraus ergeben, werden weiterführende Untersuchungen wie Hautgeschabsel, Zytologie, Resistenztest, Biopsie, Eliminationsdiät oder Allergietest durchgeführt.

Die Behandlung der Erkrankungen des EGK richtet sich nach der zugrunde liegenden Erkrankung. Bei Erstvorstellungen und unkomplizierten Fällen kann die Therapie mit der Gabe von Antibiotika (z. B. Amoxicillin mit Clavulansäure 12,5 mg/kg KGW 2x tägl. p. os) für ca. 2 Wochen eingeleitet werden. Bei allergischen Grunderkrankungen umfaßt die Behandlung Allergenvermeidung und -reduktion und Hyposensibilisierung. Auch die Verwendung von Prednison (4–5 mg/kg KGW täglich p. os als Induktionsdosis, dann in absteigender Dosierung jeden 2. Tag), Triamcinolon (0,5–0,75 mg/kg KGW tgl. p. os als Induktionsdosis, dann in absteigender Dosierung jeden 2. bis 3. Tag) findet weitverbreitet Anwendung. Von der Verwendung von Megestrolacetat sollte wegen potentieller Nebenwirkungen abgesehen werden.

Danksagung

Für zahlreiche Anregungen, konstruktive Kritik und Korrekturen und für die Überlassung von Abbildungen danke ich herzlich den Kolleginnen und Kollegen Dres. Felicitas Dobbertin, Hamburg, Christine Löwenstein, Speyer, Ken Lyon, Mesa/AZ, USA, Friedrich Röcken Jr., Schleswig, Friedrich Roes, Berlin, Gerhard Staudacher, Aachen, Hamburg und Anne Warrlich, Besigheim.

Literatur

ADDISON, W. C.: β-Hydroxybutyrate dehydrogenase activity in human and kitten odontoclasts and kitten osteoclasts. Histochem. J. **10,** 731–737 (1978).

ADDISON, W. C.: Enzyme histochemical characteristics of human and kitten odontoclasts and kitten osteoclasts: a comparative study using whole cells. Histochem. J. **11,** 719–735 (1979).

BECKER, E.: Über Zahn- und Kieferkrankheiten bei unseren Haustieren. Zahnärztl. Praxis **16,** 143ff (1965).

BECKER, R.; MORGENROTH, K.: Pathologie der Mundhöhle. 2. Aufl. Thieme, Stuttgart (1986).

BERGER, M.; SCHAWALDER, P.; STICH, H.; LUSSI, A.: A case of „neck" lesions in a leopard (panthera pardus). Proc. III. Europ. Congr. Vet. Dent. (1994).

BERGER, M.; SCHAWALDER, P.; STICH, H.; LUSSI, A.: „Neck Lesion" bei Großkatzen; Untersuchungen beim Leoparden (Panthera pardus). Kleintierpraxis **40,** 537–549 (1995).

BIENIEK, H. J.; BIENIEK, K. W.: Zahnheilkunde für die Kleintierpraxis. Enke, Stuttgart (1993).

BHASKAR, S. N.: Synopsis der Mundkrankheiten. 3. Aufl. Medica, Stuttgart (1991).

BROWN, N. O., und A. I. HURVITZ (1979): A mucocutaneous disease in a cat resembling human pemphigus. J. Am. Anim. Hosp. Assoc. **15,** 25–28.

BUCHER, O.: Cytologie, Histologie und mikroskopische Anatomie des Menschen. 10. Aufl. Huber, Bern (1980).

COLES, S.: The prevalence of buccal cervical root resorptions in australian cats. J. Vet. Dent. **7,** 14–16 (1990).

COLMERY, B.: Restorations for neck lesions: amalgam/composites/dental „caries". Proc. II Ann. Acad. Vet. Dent. Conf. 14–15 (1988).

COLMERY, B.; FROST, P.: Peridontal disease. Etiology and pathogenesis. Vet. Clin. North Am. Small Anim. Pract. **16,** 817–833 (1986).

DAMBACHER, M. A.; HAAS, H. G.: Kalziumhormone, Skelett und Mineralstoffwechsel – physiologische Grundlagen. In: SIEGENTHALER, W. (Hrsg.): Klinische Pathophysiologie. 6. Aufl. Thieme, Stuttgart, S. 341–369 (1987).

DeBOWES, L. J.: Odontoklastische resorptive Läsionen bei Katzen. Waltham Focus **4,** 2–8 (1994).

DOBBERTIN, F.: Zur Pathologie der Zahn- und Zahnbetterkrankungen bei Felis silvestris forma catus. Hamburg, Univ., Fachber. Medizin, Diss. (1994).

DORENKAMP, B.: Zahnerkrankungen bei Katzen – Klassifizierung und Behandlung. Biol. Tiermedizin **2,** 40–45 (1993).

DÜRR, U. M.; REICHART, P.: Gingivitis der Katze – medikamentöse und chirurgische Therapie. Kleintierpraxis **23,** 231–235 (1978).

FAHRENKRUG, P.: Handbuch der Zahnbehandlung in der Kleintierpraxis. 4. Aufl. Albrecht, Aulendorf (1988).

FAHRENKRUG, P.: Neck lesions bei der Katze. Videovet Spiegel Nr. **7 + 8,** 2–4 (1991).

FAHRENKRUG, P.: Der stomatologische Untersuchungsgang bei Hund und Katze. Upjohn, Heppenheim (1993).

FAHRENKRUG, P.: Milchzahn- und Zahnwechselprobleme des Junghundes. Veterinärspiegel Nr. **4,** 12–24 (1994).

FROST, P.; WILLIAMS, C. A.: Feline dental disease. Vet. Clin. North Am. Small Anim. Pract. **16,** 851–873 (1986).

HARVEY, C. E.: Pathogenesis – neck lesion. Proc. II Ann. Acad. Vet. Dent. Conf., 2–4 (1988).

HARVEY, C.: Veterinary Dentistry , W. B. Saunders Co., Philadelphia, 1985.

HARVEY, C. E.: Oral, dental, pharyngeal and salivary gland disorders. In: ETTINGER, S. J. (Hrsg.): Textbook Of Veterinary. Internal Medicine. 3. Aufl. Saunders Company, Philadelphia, S. 1203–1254 (1989).

HARVEY, C. E.: Oral inflammatory diseases in cats. J. Am. Anim. Hosp. Assoc. **27,** 585–591 (1991 a).

HARVEY, C. E.: External odontoclastic resorption lesions in cats. A treatable disease? J. Vet. Dent. **8,** 16–17 (1991 b).

HARVEY, C. E.: Epidemiology of feline oral diseases. Proc. VI. Vet. Dent. Forum, 33–37 (1992).

HARVEY, C. E.: Dental resorptive lesions in dogs. Proc. III. Europ. Congr. Vet. Dent. (1994).

HARVEY, C. E.; ALSTON, W. E.: Dental diseases in cat skulls acquired before 1960. Proc. IV. Vet. Dent. Forum, 41 (1990).

HENNET, P. R.: Contribution à l'étude des lésions périapicales et du traitement endodontique chez le chien. Thèse de Doctorat Vétérinaire, Université Paul Sabatier, Toulouse (1990).

HENNET, P. R.; HARVEY, C. E.; FLAX, B. B.: Feline odontoclastic resorptions: A retrospective study. Proc II Europ. Congr. Vet. Dent. (1993).

HOLMSTROM, S. E.: Surgical treatment for osteomyelitis with dental resorption. Vet. Med. **2,** 48f (1985).

HOLMSTROM, S. E.: External osteoclastic resorption lesions (neck lesions). Proc. V. Vet. Dent. Forum, 39–43 (1991).

JOHNSTON, N. W.: Some aspects of feline peridontal disease. Br. Vet. Dent. Assoc. J. **3,** 10–12 (1990).

JOSHUA, J. O.: The clinical aspects of some diseases of cats. Heinemann, London (1965).

KEIL, A.: Grundzüge der Odontologie. 2 Aufl. Borntraeger, Berlin (1966)

KÖRBER, K.; LUDWIG, K.: Zahnärztliche Werkstoffkunde und Technologie, Thieme 1982.

KÖNIG, K. G.: Karies und Parodontopathien. Thieme, Stuttgart (1987).

LOESENBECK, G.: Das Immundefizienzsyndrom bei Katzen. VETImpulse **5,** 16–17 (1996).

LUKMAN, K.; PAVLICA , Z.; JUNTES, P.: A histologic evaluation of reparative dentin in feline teeth with odontoclastic resorptive lesions – a preliminary report. Proc. III. Europ. Congr. Vet. Dent. (1994).

LYON, K. F.: Feline dental disease – classification and treatment. Vet. Focus **2,** 27–29 (1990).

LYON, K. F.: Subgingival odotoclastic resorptive lesions: classification, treatment and results in 58 cats. Vet. Clin. North Am. Small Anim. Pract. **22,** 1417–1432 (1992).

LYON, K. F.: Fotodokumentation. J. Vet. Dent. 10 (1993).

MANNING, T. O., Scott, D. W., Smith, C. A. und al. (1982): Pemphigus diseases in the cat: Seven case reports and discussion. J. Am. Anim. Hosp. Assoc. **18,** 433–443.

MASON, K. V., und A. EVANS (1988): Feline eosinophilic granuloma complex: a further clinical manifestation and etiology. In Proceedings, Annual members´ meeting AAVD and ACVD, Washington D. C..

McDOUGAL, B. J. (1986): Allergy testing and hyposensitization for the three common feline dermatoses. Mod. Vet. Pract. **67,** 629.

MULLIGAN, T.: Restorations for feline cervical line lesions: Glass ionomers. Proc. II. Ann. Acad. Vet. Dent. Conf., 5 (1988 a).

MULLIGAN, T.: Classification of feline cervical line lesions. Proc. II. Ann. Acad. Vet. Dent. Conf. 6–12 (1988 b).

OHBA, S.; KIBA, H.; KUWABARA, M.; TANAKA, S.; KOIDE, F.; TAKEISHI, M.: A histopathological study of neck lesions in feline teeth. J. Am. Anim. Hosp. Assoc. **29,** 216–220 (1993).

OKUDA, A.; HARVEY, C. E.: Etiopathogenesis of feline dental resorptive lesions. Vet. Clin. North Am. Small Anim. Pract. **22,** 1385–1404 (1992).

PEDERSEN, N. C., und J. E. BARLOW (1991): Systemic lupus erythematosus in the cat. Feline Pract. **19,** 5–13.

PEDERSEN, N. C. (1992): Inflammatory oral cavity diseases of the cat. Vet. Clin. North Am. Small Anim. Pract. 1992 Nov, **22** (6), 1323–1345.

POLLMEIER, S.: Der Einfluß von Politurmaßnahmen nach Zahnsteinentfernung auf die Neubildung von Plaque und Zahnstein im Hundegebiß. Berlin, Freie Univ., Fachber. Veterinärmed., Diss. (1994).

POWER, H. T. (1990): Eosinophilic granuloma in a family of specific pathogen-free cats. In Proceedings, Annual members' meeting AAVD ans ACVD.

PRIEUR, W. D.: Zahnsteinentfernung mit dem Ultraschallgerät. Prakt. Tierarzt, **30,** Nr. 1, 20–23 (1976).

RATEITSCHAK, K. H.; RATEITSCHAK, E. M., WOLF, H. F.: Farbatlanten der Zahnmedizin 1, Parodontologie. Thieme, Stuttgart (1984).

REEDY, L. M. (1982): Results of allergy testing and hyposensitization in selected feline skin disease. J. Am. Anim. Hosp. Assoc. **18,** 618.

REICHART, P.: Kariestherapie im Hunde- und Katzengebiß. Tierärztl. Prax. **6,** 361–364 (1978 a).

REICHART, P.: Therapie der Parodontopathien im Hunde- und Katzengebiß. Tierärztl. Prax. **6,** 237–242 (1978 b).

REICHART, P.: Krankheiten der Zähne und des Kiefers. In: KRAFT, W.; DÜRR, U. M.: Katzenkrankheiten. Klinik und Therapie. 3. Aufl. Schaper, Alfeld, S. 275–287 (1991).

REICHART, P.; AMTSBERG; DÜRR, (1980, unveröff.): Zit. nach REICHART, P. (1991).

REICHART, P.; DÜRR, U. M.; TRIADAN, H.; VICKENDEY, G.: Periodontal disease in the domestic cat J. Periodont. Res. **19,** 67–75 (1984).

REICHART, P.: Krankheiten der Zähne und des Kiefers. In: W. KRAFT und U. M. DÜRR (Hrsg.): Katzenkrankheiten. Klinik und Therapie. 3. Aufl. Verlag Schaper, Hannover, S. 275–287 (1991).

REINACHER, M.: Pathologie der Infektion mit dem Felinen Leukämievirus(FeLV) bei der Katze. Collegium Veterinarium XXIII, 82–83, 1992.

REMEEUS, P. G. K.: Tandhalsleasies Bij De Kat (Zahnhalsläsionen bei der Katze). Dier En Arts, **7,** 223–226 (1991).

ROES, F.: Pathogenese, Diagnose und Therapie bei „neck lesions" der Katze unter Verwendung von GLAS-IONOMER-ZEMENTEN. Berlin, Freie Univ., Fachber. Veterinärmed., Diss. (1996).

ROES, F.; RÖCKEN jun., F. E.; TRAUTVETTER, E.: Zahnhartsubstanzresorption bei einem Riesenschnauzer. Prakt. Tierarzt **77,** 694–696 (1996).

RÖCKEN jun., F. E.; POLLMEIER, S.; FAHRENKRUG, P.; TRAUTVETTER, E.: Der Einfluß von Politurmaßnahmen nach Zahnsteinentfernung auf die Neubildung von Plaque und Zahnstein im Hundegebiß. Prakt. Tierarzt **77,** 701–711 (1996).

RÖCKEN jun., F. E.; GERLACH, K. F.: Die Verblockung der Ober- und Unterkiefercanini mit der Composite-Adhäsivtechnik zur Behandlung von Kieferfrakturen bei der Katze. Prakt. Tierarzt **77,** 712–722 (1996).

ROSS, D. L.: Dental diagnostic and therapeutic techniques. J. Am. Vet. Med. Assoc. **161,** 1426–1428 (1972).

SAGER, M.; BIENIEK, K. W.: Verwendung von Zahnröntgenfilmen in der Kleintierpraxis. Prakt. Tierarzt **11,** 51–56 (1988).

ROSENKRANTZ, W. S. (1993): Cutaneous drug reactions. In: GRIFFIN, C. E., et al. (eds.): Current Veterinary Dermatology, Mosby Year Book, St. Louis, 154–164

ROSENKRANTZ, W. S. (1991): Eosinophilic granuloma confusion. In: August, J. R. (ed.): Consultations in feline internal medicine, Philadelphia, 1991, W. B. Saunders, 121.

SAMS, D. L.; HARVEY, C. E.: Oral and dental diseases. In: SHERDING, R. (Hrsg.): The cat – diseases and clinical management. Churchill Livingstone, New York, S. 875–906 (1989).

SAUERWEIN, E.: Kariologie. Thieme, Stuttgart (1974).

SCHLUP, D.: Epidemiologische und morphologische Untersuchungen am Katzengebiß. Bern, Univers., Veterinärmed. Fak., Diss. (1981).

SCHLUP, D.: Epidemiologische und morphologische Untersuchungen am Katzengebiß – I. Mitteilung: Epidemiologische Untersuchungen. Kleintierpraxis **27,** 87–94 (1982).

SCHLUP, D.; STICH, H.: Epidemiologische und morphologische Untersuchungen am Katzengebiß – II. Mitteilung: Morphologische Untersuchung der „neck lesion". Kleintierpraxis **27,** 179–188 (1982).

SCHNECK, G. W.; OSBORN, J. W.: Neck lesions in the teeth of cats. Vet. Rec. **99,** 100 (1976).

SCHROEDER, H. E.: Orale Strukturbiologie. 4. Aufl. Thieme, Stuttgart (1992).

SCOTT, D. W. et al. (1987): Immune–mediated dermatoses in domestic animals: Ten years after – part II. Comp. Cont. Educ. **9,** 423.

SEAWRIGHT, A. A.; HRDLICKA, J.: Pathogenetic factors in tooth loss in young cats on a high daily oral intake of vitamin A. Aust. Vet. J. **50,** 133–141 (1974).

SHIPP, A. D.; FAHRENKRUG, P.: Practitioners' guide to veterinary dentistry. Verlag Griffin Printing, Glendale (1992).

STAUDACHER ;G.: Kieferorthopädische Behandlungen im Oberkiefer von Hund und Katze. Prakt.Tierarzt **77,** 687–693, 1996.

STÖVER, S. C.: A Differential for oral ulcers in cats. Feline Health Topics **2,** 1–5 , 1987.

STUDER, E.; STAPLEY, R. B.: The role of dry foods in maintaining healthy teeth and gums in the cat. Vet. Med. Small Anim. Clin. **68,** 1124–1126 (1973).

STÜNZI, H.; WEISS, E.: Allgemeine Pathologie für Tierärzte und Studierende der Tiermedizin. 7. Aufl. Parey, Berlin (1982).

TEKELI, (tm): Statistische Erhebungen über die Zahnkrankheiten der Katze. Ankara, Univ., Veterinärmed. Fak., Diss. (1973).

THENIUS, E.: Zähne und Gebiß der Säugetiere. Walter de Gruyter, Berlin, New York (1989).

TRIADAN, H.: Tierzahnheilkunde: Zahnerhaltung (Füllungstherapie mit „Composite Materials" und Endodontie) bei Affen und Raubtieren. Schweiz. Arch. Tierheilk. **114,** 292–316 (1972).

TRIADAN, H.: Tierzahnheilkunde: Parodontologie bei Affen und Raubtieren. Schweiz. Arch. Tierheilk. **115,** 401–419 (1973).

VICKENDEY, G.: Klinische und histologische Untersuchungen am gingivoparodontalen Komplex der Katze. Hannover, Med. Hochsch., Diss. (1981).

WARRLICH, A.: Gleichzeitiges Vorkommen eines Fibrosarkoms und eines Plattenepithelkarzinoms der Mundschleimhaut im Oberkiefer bei einer Katze. Prakt. Tierarzt **76,** 213–214 (1995)

WESSUM, R. van; HARVEY, C. E.; HENNET, P.: Feline dental resorptive lesions: prevalence patterns. Vet. Clin. North Am. Small Anim. Pract. **22,** 1405–1417 (1992).

WIESNER, E.; RIBBECK, R.: Wörterbuch der Veterinärmedizin. 2. Aufl. Fischer, Stuttgart (1983).

WILKINSON, G.T.: Diseases of the cat. Pergamon Press, Oxford (1966).

WILLIAMS, C. A.: Feline stomatology. Proc. V. Vet. Dent. Forum (1991), zit. nach WESSUM et al. (1992).

WILLIAMS, C. A.; ALLER, M. S.: Gingivitis/stomatitis in cats. Vet. Clin. North Am. Small Anim. Pract. **22,** 1361–1383 (1992).

ZETNER, K.: Parodontopathien beim Kleintier. Kleintierpraxis **22,** 311–314 (1977).

ZETNER, K.: Die Behandlung von Kieferfrakturen der Katze mit der Parapulpärstift-Composite-Brücke. Kleintierpraxis **32,** 5–12 (1987).

ZETNER, K.: Neck lesions bei der Katze – Diagnostisch-ätiologische Untersuchungen über Zusammenhänge zwischen Röntgenbefund und Fütterung. Waltham Rep. **30,** 15–23 (1990).

ZETNER, K.: Krankheiten der Mundhöhle, der Kiefer und der Zähne. In: SCHMIDT, V.; HORZINEK, M. C. (Hrsg.): Krankheiten der Katze. Fischer, Jena, Bd. 1, S. 540–569 (1992).

ZETNER, K.: Radiochirurgische Geräte in der Parodontalchirurgie. Veterinärspiegel Nr. 4, 4–11 (1994).

ZETNER, K., LUTZ, H.; REINACHER, M.; KÖLBL, S.; STEURER, I.: The etiological importance of local FeLV infection for chronic oral disease in the cat. Proceed. 2nd Europ. Congr. Vet. Dent., Berlin 6. Okt. 1993.

ZETNER, K.; STEURER, I.: Der Einfluß von Trockenfutter auf die Entstehung von Neck lesions. Prakt. Tierarzt **4,** 289–297 (1992).

ZETNER, K. P. Kampfer, H. LUTZ und C. E. HARVEY (1989): Vergleichende immunologische und virologische Untersuchungen von Katzen mit chronischen oralen Erkrankungen. Wien. Tierärztl. Mschr. **76,** 303–308.

ZETNER, K.; STEURER, I.: Long-term results of neck-lesion–fillings with a micro-glass-composite. Proc. III. Europ. Congr. Vet. Dent. (1994).

Krankheiten der Verdauungsorgane (außer Leber und Pankreas)

Von I. NOLTE

Raum für Notizen

Krankheiten der Verdauungsorgane (außer Leber und Pankreas)

Allgemeines

Anatomie und Physiologie

Die Anatomie und Physiologie des Verdauungsapparates weisen die Katze als spezialisierten Fleischfresser aus.

Die **Zunge** der Katze, bestehend aus der freien Zungenspitze, dem Zungenkörper und der Zungenwurzel, ist oval geformt und besitzt im Gegensatz zum Hund keinen Sulcus medianus. Sie ist allseitig von kutaner Schleimhaut überzogen. Auf der Oberfläche befinden sich stark verhornende, kaudal gerichtete Zungenpapillen (Hornzähnchen). An der Zungenspitze und am Zungenkörper liegen die mit Geschmacksknospen versehenen Papillae fungiformes und auf dem Zungenrücken, weit rachenwärts lokalisiert, können die ebenfalls der Geschmackswahrnehmung dienenden Papillae vallatae unterschieden werden.

Die der Zunge eigenen Beweglichkeit wird durch ein intra- und ein extralinguales Muskelsystem gewährleistet. Dabei besitzen die intralingualen Muskeln keinen Ansatz am Skelett. Sie bestehen aus longitudinalen, transversalen und vertikalen Skelettmuskelfasern.

Mit der sehr beweglichen Zunge können Katzen Flüssigkeit aufnehmen. Die Flüssigkeit haftet zwischen den deutlich ausgebildeten Hornpapillen auf der Zunge. Die Menge der anhaftenden Flüssigkeit hängt von ihrer Konsistenz ab.

Katzen verwenden ihre Zunge vor allem auch zur Körperpflege, wobei die Zunge mit den Hornpapillen wie eine Bürste wirkt. Die nach kaudal gerichteten Zungenpapillen und die Fähigkeit der Katze, den Fang sehr weit zu öffnen, ermöglichen es ihr, Beute bis zu einer bestimmten Größe in toto zu schlucken.

Der **Verdauungskanal** ist vom ösophagus bis zum Rektum innen von der Tunica mucosa ausgekleidet, die der Muskelhaut (Tunica muscularis) aus inneren zirkulären und äußeren longitudinalen Muskelfasern aufliegt. Die äußere Umhüllung besteht aus der Tunica serosa, die im Halsteil des Ösophagus durch eine bindegewebige Adventitia ersetzt wird.

Der **Ösophagus** dient als Verbindungsschlauch zwischen Pharynx und Magen und wird in einen Hals-, Brust- und kurzen (terminalen) Bauchteil untergliedert. Die stark gefaltete Schleimhaut ermöglicht eine weite Dehnung der Speiseröhre. In der Lamina submucosa finden sich bei der Katze nur im Übergangsbereich vom Pharynx zum Ösophagus muköse Drüsen.

Die Trennung in zwei Muskelschichten innerhalb der Tunica muscularis ist in Pharynxnähe undeutlich. Erst im mittleren Teil können zwei sich überkreuzende Spiralschichten differenziert werden, die im Endteil eine äußere Längs- und eine innere Kreisschicht bilden. Der kraniale Teil der Ösophagusmuskulatur besteht aus Skelett-, die zweite Hälfte aus glatter Muskulatur. Im Vergleich zum Hund, dessen Speiseröhrenmuskulatur in ihrer Gesamtheit aus quergestreifter Muskulatur besteht, ist die Passagezeit mit 12 bis 15 Sekunden länger (Hund: 4 bis 8 Sekunden).

Der leere Schlund ist in mehrere längsverlaufende Falten gelegt. Dadurch zeigt die Oberfläche des terminalen Speiseröhrenabschnittes ein schuppenartiges Schleimhautrelief. Bei Röntgenkontrastuntersuchungen stellt sich dieser Bereich im latero-lateralen Strahlengang wie ein Fischgrätmuster dar, das nicht als pathologischer Befund fehlinterpretiert werden darf (Abb. 1).

Der **Magen** der Katze liegt relativ weit kaudal, wodurch eine Palpation fast des gesamten Magens mög-

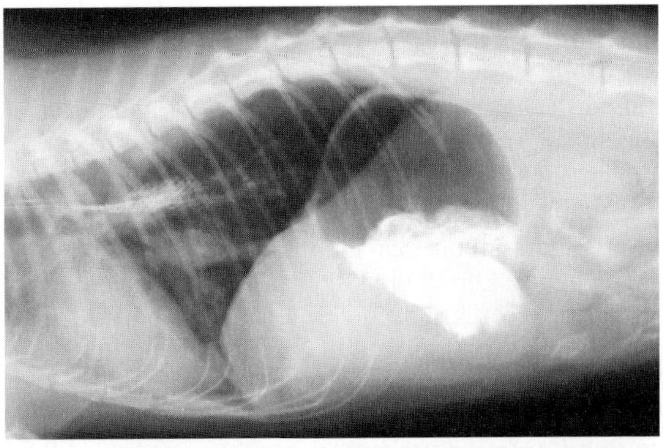

Abb. 1: Fischgrätmuster im terminalen Teil des Ösophagus nach Kontrastmitteleingabe. Diese Kontrastmittelzeichnung auf dem Röntgenbild wird durch das typische Schleimhautrelief der Speiseröhre der Katze verursacht und ist normal.

lich ist. Der innen einhöhlige Magen ist vollständig mit einer Drüsenschleimhaut (Tunica mucosa) ausgekleidet. Nach ihrer Lokalisation werden in ihr Kardia-, Fundus- und Pylorusdrüsen unterschieden. Die durch die Lamina propria abgetrennte Lamina muscularis ist bei der Katze als Fleischfresser stark ausgeprägt und weist einen sich überkreuzenden spiraligen Verlauf auf. Die nach außen folgende Submukosa enthält neben Blutgefäßen die nervösen Anteile des Meißnerschen Plexus. Die anschließende Tunica muscularis besteht aus einer zweigeteilten glatten Muskelschicht. Die innere dieser beiden Schichten bildet kardiaseits durch schräg verlaufende Faserbündel den Sphincter cardiae und im Bereich des Pylorus den stärkeren Sphincter pylori. Zwischen diesen Muskelschichten lagern Ganglienzellen und Nervengeflechte des vegetativen Nervensystems (Auerbachscher Plexus, Plexus myentericus). Zwischen Muskelschichten und äußerer Hülle (Tunica serosa) befindet sich die Subserosa mit eingelagerten elastischen Fasern.

Die Magendrüsen sezernieren, wenn Nahrung aufgenommen wird. Aber auch im leeren Magen der Katze befindet sich ein die Oberfläche abdeckender Schleim. Der Speichel der Katze enthält wie beim Hund kein Ptyalin (alpha-Amylase), weshalb kohlenhydratreiches Futter nicht im Magen aufgeschlossen werden kann. Bei Fleischfütterung wird durch Pepsin und HCl eine rasche Proteolyse eingeleitet. Obwohl im Magen keine Lipasen gebildet werden, kann eine reichliche Fettfütterung zu einem Rückfluß von Darminhalt führen, wobei dann durch die gleichzeitige Alkalisierung des Mageninhaltes eine Fettverdauung im Magen stattfindet.

Kaudal von Leber und Magen auf der ventralen Bauchwand liegt der bei der Katze verhältnismäßig lange **Dünndarm.** Auf dem Röntgenbild im seitlichen Strahlengang wird sichtbar, daß der Darmabschnitt bei dieser Tierart häufig durch ein stärker ausgebildetes xiphoidales Fettdepot nach kaudodorsal verdrängt ist. Die Gesamtlänge des Dünndarms macht ca. 1,80 bis 2,00 m aus, wobei das an der kranialen Gekrösewurzel fixierte Jejunum der längste Darmabschnitt ist.

Der Wandaufbau des Dünndarmes entspricht der des Magens. Durch die Lagerung der Tunica mucosa in Falten (Kerckringsche Falten), Zotten (Villi) und Mikrovilli ist die resorptive Oberfläche um das Dreihundertfache vergrößert. Dabei können bei der Katze im Jejunum auf einem Quadratzentimeter viertausendfünfhundert Zotten gezählt werden. Allein die nur 1 bis 1,5 Mikrometer langen Mikrovilli vergrößern die Mukosafläche bei einer Dichte von hundert bis zweihundert Millionen pro Quadratmillimeter um etwa das Dreißigfache.

Zwischen der Lamina muscularis mucosae und den folgenden Glandulae intestinales liegt die besonders bei der Katze stark ausgebildete Lamina subglandularis aus dichtgelagerten Kollagenfasern, die Schutz vor spitzen Nahrungsbestandteilen bietet.

Auf der Höhe des ersten bis zweiten Lendenwirbels geht das Ileum zwischen Zäkum und Colon ascendens in den **Dickdarm** über. Der Dickdarm dieses Fleischfressers ist kürzer als bei den Pflanzenfressern und im Durchmesser kaum größer als der Dünndarm. Das Zäkum stellt nur ein kurzes, gerades und blind endendes Säckchen dar. Entsprechend gelangt nur wenig Verdauliches aus dem Dünndarm in den Dickdarm, wo im wesentlichen eine Eindickung des Kotes durch Wasserentzug erfolgt. Durch die Ansiedlung von Lactobazillen können aber auch in diesem Darmteil Proteine, abgeschilferte Darmepithelien, Sekrete und abgestorbene Bakterien verdaut werden. Eine Zellulosespaltung ist bei entsprechender bakterieller Besiedlung mit Einschränkung möglich. Durch die Mikroflora im Dickdarm werden darüber hinaus Folsäure, Biotin und Vitamin K in der für die Katze notwendigen Menge synthetisiert.

Das **Rektum** der Katze ist etwa 4 bis 5 Zentimeter lang und gerade. Sein Durchmesser ist zunächst einmal vom Alter, der Größe des Tieres und dem Füllungszustand abhängig, es kann allgemein als sehr dehnungsfähig angesehen werden. Den Endabschnitt des Verdauungsapparates bildet der etwa 1 cm lange Anus, der in zwei Zonen aufgeteilt wird: Die kraniale Grenze bildet die anorektale Linie, an welcher die relativ glatte Oberfläche des Rektumepithels von längsgefalteter Schleimhaut mit etwas rauherem, verhornendem Plattenepithel abgelöst wird. Diese Längsfalten sind mehrere Millimeter lang und enden abrupt im Bereich der anokutanen Grenzlinie. Weiter kaudal nimmt die Verhornung des Epithels zu und geht über die mukokutane Grenzschicht hinaus in die behaarte Haut über. Die Zirkumanal- und Analdrüsen stellen eine Konzentration seborrhoischer, apokriner und tubuloalveolärer Schweißdrüsen dar, die direkt unter dem Analepithel liegen. Ein Großteil dieser Drüsen hat Ausführungsgänge, die auf der Epitheloberfläche enden. Die paarig angelegten Analbeutel haben einen Durchmesser von etwa 1 cm und liegen ventro-dorsal zwischen dem internen und externen Analsphinktermuskel. Die Ausführungsgänge sind etwa 5 mm lang und münden dorso-medial der Beutel auf der unbehaarten Haut, knapp kaudal der anokutanen Linie. Der externe Analsphinkter umschließt den Anus vollständig. Der kranio-laterale Teil des Sphinkter ani externus ist mit dem Musculus levator ani über Faszien verbunden.

Die Muskelfasern des Musculus ani externus bestehen aus quergestreifter Muskulatur und werden über die Spinalnerven des Kreuzbeines aus Ästen des Nervus pudendalis versorgt. Der Nervus pudendus versorgt die Haut des Anus und des Perianalbeckens außerdem mit sensorischen Fasern. Das Rektum und der Musculus ani externus werden durch Äste des Plexus pelvis innerviert.

Untersuchung des Verdauungsapparates

Jedesmal, wenn dem Tierarzt ein neuer Patient vorgestellt wird, steht er erneut vor der Herausforderung, eine korrekte Diagnose zu stellen. In vielen Fällen ist die Anforderung an die Diagnostik nicht groß, in anderen Fällen steht der Kliniker vor einem komplexen Krankheitsgeschehen, das über die einfache Befunderhebung hinausgehende Untersuchungen verlangt. Im folgenden Abschnitt sollen unter Aufzeichnung der Symptome, die auf eine Erkrankung des Verdauungsapparates hindeuten, die differentialdiagnostischen Möglichkeiten angedeutet werden. Eine exakte Diagnose von Störungen im Verdauungstrakt erfordert in jedem Fall eine ausführliche Anamnese und eine sorgfältige Allgemeinuntersuchung vor einer differenzierten Untersuchung des erkrankten Organsystems.

Erkrankungen des Gastrointestinaltraktes gehören zu den häufigsten Leiden der Katze, wobei die Hinweise aus der **Anamnese** sehr unspezifisch sein können. Daher ist es erforderlich, bei der Erhebung folgende Fragen zu berücksichtigen:

1. Wie lange besteht bereits das Beschwerdebild?
2. Wie ist der Impfstatus? Wann wurde womit entwurmt?
3. Hat die Katze freien Auslauf?
4. Woher kommt die Katze? War sie im Ausland?
5. Tritt im Zusammenhang mit der Erkrankung Erbrechen auf?
   Wenn ja, wie ist die zeitliche Folge zur Futteraufnahme?
   Erfolgt es mit Anstrengung oder leicht?
6. Woraus besteht die Fütterung? Ist der Appetit eingeschränkt?
   Treten die Beschwerden in zeitlichem Zusammenhang mit der Fütterung auf?
7. Sind irgendwelche Medikamente gegeben worden?
8. War die Katze früher krank oder ist sie operiert worden?
   Liegt Gewichtsverlust vor oder zeigt das Tier Durchfall, dann sollten folgende Fragen angeschlossen werden:
9. Wie häufig und wieviel Kot wird pro Tag abgesetzt?
10. Wie ist die Konsistenz, der Verdauungsgrad und der Geruch?
11. Befinden sich im Kot Blut oder Schleim?
12. Wird Flatulenz beobachtet?
13. Leidet die Katze unter Tenesmus oder schießt der Kot aus dem After?

Die routinemäßige Untersuchung des Patienten beginnt nach der üblichen Aufnahme der Kennzeichen, des Gewichts und der allgemeinen Beurteilung des Allgemeinbefindens mit der Erfassung von Umfangsvermehrung oder Asymmetrie des Abdomens, der Haltung des Tieres in der Ruhe und der Bewegung.

Nach der Adspektion des Lippenschlusses und der Form der Kiefer schließt sich eine Untersuchung der **Maulhöhle** an, die bei nahezu allen Katzen ohne Sedation vorgenommen werden kann. Die Beurteilung der Kieferstellung erfolgt nach vorsichtigem Anheben und Zurückziehen der Lippen. Die Zähne werden auf Karies, Schmelzdefekte, Wurzelabdeckung, Peridontitis, Zahnverlust, Brüche und scharfe Kanten untersucht.

Die gesunde Mundschleimhaut der Katze ist blaßrosa und teilweise pigmentiert. Entsprechend dem im allgemeinen niedrigeren Hämatokrit ist sie physiologisch blasser als beim Hund. Die gesamte Maulschleimhaut muß auf Farbveränderungen, Petechien oder größere Blutungen, Hypertrophie oder Substanzverluste, Anschluß des Zahnfleisches an die Zähne, Schwellungen oder andere Größenzunahmen und sonstige Hinweise auf eine Entzündung hin betrachtet werden.

Bei der Untersuchung des harten Gaumens wird vor allem auf Fremdkörper, oronasale Fisteln und Palatoschisis geachtet.

Für Entzündungen der Maulschleimhaut (Stomatitis) sind neben primären lokalen Ursachen (physikalisch, chemisch, infektiös, immunologisch) oftmals systemische Erkrankungen wie Urämie, Diabetes mellitus, Thalliumvergiftung, Virusinfektion und allgemeine Resistenzminderung verantwortlich.

Auf Erkrankungen der Zunge weisen Verfärbungen, membranöse oder pseudomembranöse Auflagerungen, Fremdkörper, Geschwüre oder Zubildungen hin. Weiterhin ist darauf zu achten, wie weit die Zunge bei normaler Haltung nach vorne reicht und ob beide Hälften symmetrisch ausgebildet sind. Bei der Katze ist es besonders wichtig, auch die Zungenunterseite nach Fremdkörpern (vor allem fädigen), Ulzera und Schwellungen im Bereich des Frenulums der Zunge abzusuchen (Abb. 2).

Der Schluckreflex ist auf einfache Weise durch Reizung des Pharynx überprüfbar. Schluckstörungen

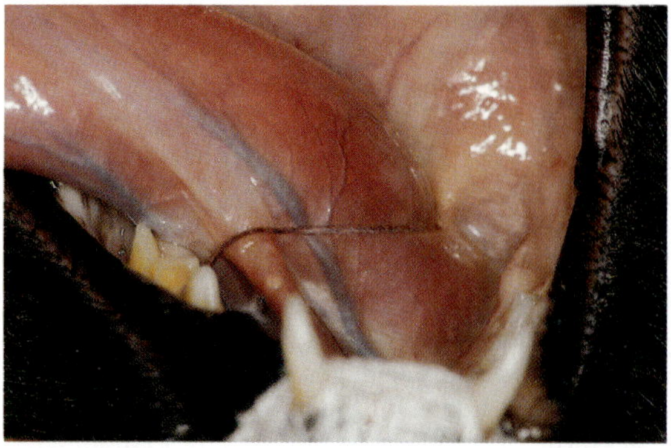

Abb. 2: Faden unter dem Zungengrund, bis in den Darm reichend.

(Dysphagie) können mit lokalen Veränderungen des Oropharynx oder mit Erkrankungen des zentralen Nervensystems in Verbindung stehen.

Eine sorgfältige, länger dauernde Untersuchung des Gaumens, des Pharynx und der Backentaschen wird im allgemeinen eine Kurznarkose erforderlich machen. Zur Untersuchung wird eine Punktlampe, ein Zungenspatel oder ein Laryngoskop benötigt. Den möglichen Erfordernissen entsprechend sollte für weitergehende Untersuchungen ein Biopsiebesteck und ein steriler Tupfer für die Probenentnahme bereitgelegt werden.

Abhängig von der Ausdehnung retropharyngealer Tumoren oder Abszesse kann es zu einer entsprechenden Einengung im Pharynx-/Larynxbereich kommen, die durch eine sorgfältige digitale Palpation dieses Gebietes einzugrenzen sind. Auch Frakturen des Zungenbeins können gelegentlich Ursache für Schluckstörungen sein, die im positiven Fall anhand von Krepitation und Schwellung im hinteren Pharynxbereich diagnostiziert werden. Bei Katzen, die aus größeren Höhen herunterfallen, werden hin und wieder auch Frakturen des harten Gaumens festgestellt. Das Ausmaß muß in der Regel röntgenologisch erfaßt werden, oder eine Sondierung in Narkose bringt Klarheit.

Die in der Maulhöhle der Katze auftretenden Tumoren sind vorwiegend Plattenepithelkarzinome und Fibrosarkome, wobei die Metastasierung bevorzugt in die regionären Lymphknoten erfolgt. Dennoch erfordert es die Sorgfalt, bei einem Tumorverdacht auch die Lunge zu röntgen.

Die **Tonsillen** und deren Umgebung werden nach Größenzunahme, Farbe und Konsistenz beurteilt, und in einzelnen Fällen erfordert es die Diagnosefindung, ein Bioptat zu entnehmen. Für die sorgfältige Untersuchung der tieferen Bereiche der Maulhöhle und der Tonsillentaschen sind Zahnspiegel und Sonde hilfreich.

Bei der Untersuchung diagnostisch von Bedeutung ist der Geruch der Ausatmungsluft, wobei ein übler Mundgeruch (Foetor ex ore) bei lokalen Prozessen, wie Entzündung der Maulschleimhaut, der Tonsillen, Erkrankungen der Zähne, in der Regel uncharakteristisch faulig ist. Liegen primär andere Krankheiten wie Urämie vor, ist der Geruch ammoniakalisch, bei einem Diabetes riecht er nach Azeton (nach Äpfeln) und bei eitrigen Pneumonien dumpf faulig.

Die **Speiseröhre** beginnt unmittelbar kaudal des Pharynx. Sie liegt dorsal auf dem kranialen Teil der Trachea. Im weiteren Verlauf verlagert sie sich etwas nach links, um aber erst nach Passieren des Brusteinganges vollständig links und mehr ventral von der Trachea zu liegen. Im Bereich der Herzbasis schlägt sich der Ösophagus wieder nach dorsal und überquert die Bifurkation der Hauptbronchien. Schließlich durchquert er das Zwerchfell und mündet über die Kardia in den Magenfundus.

Über die Palpation im Halsbereich hinaus ist der Ösophagus nur röntgenologisch oder mit dem Endoskop für eine Untersuchung zugänglich. Zuvor ist es aber wichtig, die Katze bei der Futter- und Wasseraufnahme hinsichtlich des Schluckverhaltens zu beobachten. Die bei einer Erkrankung der Speiseröhre gesehenen Befunde sind Regurgitieren, abnormales, u. U. schmerzhaftes Schlucken (Odynophagie) und Gewichtsverlust. Mit der röntgenologischen und endoskopischen Untersuchung werden Überdehnungen der Speiseröhre sichtbar, die mit Futter, Flüssigkeit, Fremdkörper, Tumorgeschehen oder Gas ausgefüllt sein können. Katzen, die regurgitieren, leiden gelegentlich an Aspirationspneumonie und Pharyngitis, wobei Husten als begleitendes Symptom vorhanden ist.

Zur Adspektion des **Abdomens** wird die Katze am geeignetsten auf den Untersuchungstisch gestellt, mit dem Kopf vom Betrachter abgewandt. Umfangsvermehrungen des Bauches können dabei allgemein oder lokalisiert auftreten. Lokalisierten Größenveränderungen liegen in der Regel Tumoren zugrunde, wogegen eine allgemeine Dickenzunahme durch Fett, Flüssigkeit, Aufgasung oder Trächtigkeit verursacht wird. Weiterhin sollte darauf geachtet werden, wie die Bauchwand während der Atmung bewegt wird. Ein ungleichmäßiger, meist auch flacher Einsatz der Bauchwandmuskulatur deutet auf einen schmerzhaften Prozeß im Abdomen hin (Peritonitis, Fremdkörper, u. a.). Außerdem wird geprüft, ob das Abdomen angespannt, eventuell auch aufgeschürzt getragen wird. Dabei versucht die Katze, die Hintergliedmaßen weit unter das Abdomen zu plazieren,

was sich auch durch einen aufgekrümmten Rücken darstellt.
Im Anschluß an die Adspektion wird das Abdomen sorgfältig palpiert. Der Untersucher steht dabei hinter dem Tier, wobei eine Hilfsperson vorsichtig den Kopf der Katze fixiert. Durch sanften Druck auf das Abdomen wird die Konzentration des Tieres abgelenkt. Bei der weitergehenden Palpation sollte auf die Benutzung der Fingerspitzen verzichtet werden. Das bedeutet, daß der Druck mit den flach auf die Abdominalwand gelegten Händen langsam erhöht wird. Bei der Palpation wird darauf geachtet, ob an irgendeiner Stelle Schmerz auszulösen ist oder ob eine Umfangsvermehrung oder eine abnormale Flüssigkeits- oder Gasansammlung zu fühlen ist. Auch bei dieser Untersuchungstechnik ist es wichtig, daß man sich eine bestimmte Systematik aneignet und einhält.

Die **Leber** der Katze ist nur teilweise palpabel. Die Abgrenzung wird erleichtert, indem das Tier an den Vordergliedmaßen aufgestellt wird. Bei der Beurteilung ist darauf zu achten, wie weit die Ausdehnung der Leber über den Rippenbogen hinaus reicht. Außerdem wird beurteilt, inwieweit sich die Leberränder scharf oder abgerundet darstellen.
Die Palpierbarkeit der Milz hängt vom Füllungszustand des Magens ab. Ist der Magen gut gefüllt, dann kann die Milz als ein etwa daumenlanges, zungenförmiges Gebilde im Bereich der linken oberen Bauchwand gefühlt werden. Ist der Magen dagegen leer, dann ist die gesamte Milz intrathorakal gelegen. Um eine abnormale Position der Milz zu diagnostizieren, ist eine Orientierung über den Füllungszustand des Magens wichtig. Eine Verlagerung der Milz kann bei einer Zwerchfellhernie oder -ruptur, bei einer Milzvergrößerung oder aber auch bei intraabdominalen Tumoren auftreten.
Bei der gesunden Katze können beide **Nieren** gut palpiert werden. Sie sind etwa kleinmandarinengroß und haben eine glatte, feste Oberfläche. Oft kommt es zu einer Verwechslung der Nieren mit einem Tumor oder einem Fetus.

Der **Magenfundus** der Katze liegt auf der linken Seite, der Pylorus auf der rechten. Bei leichter Füllung dehnt sich der Magen nach links aus. Liegt ein stärkerer Füllungszustand vor, dann kann sich der Magen mit seiner großen Kurvatur so weit nach kaudoventral verlagern, daß er bis zur Mitte zwischen Xiphoid und Becken reichen kann.

Das **Duodenum** entspringt auf der rechten Seite dem Pylorus und liegt lateral vom Colon ascendens und dem Zäkum. Das **Jejunum** füllt den rechten ventralen Quadranten des Abdomens aus. Als letzter Abschnitt des Dünndarms stellt das **Ileum** die Verbindung zum Dickdarm her. Der absteigende Teil des Duodenums, ebenso die Verbindung zwischen Ileum und Kolon, können auf der rechten Körperseite palpiert werden, wenn die Darmabschnitte nach dorsal gegen die sublumbale Muskulatur gepreßt werden und mit der flachen Hand von medial nach lateral gerollt werden. Der Dickdarm der Katze besteht aus **Zäkum, Kolon, Rektum** und **Anus.** Das Zäkum ist rechts von der Mittellinie zu fühlen, ungefähr auf der Höhe des zweiten Lendenwirbels. Vor der Gekrösewurzel wendet sich das Colon transversum von rechts nach links. Der absteigende Teil des Kolons ist auf der linken Seite tastbar, insbesondere , wenn die Katze längere Zeit keinen Kot abgesetzt hat. Die Blase ist vor dem Beckeneingang als prallelastisches, rundes Gebilde zu ermitteln und reicht, je nach Füllungszustand, bis in die Nabelgegend.
Wenn in der Bauchhöhle eine Umfangsvermehrung festgestellt werden kann, dann müssen deren Position, Schmerzhaftigkeit, Grad der Beweglichkeit und die Konsistenz bestimmt werden. In jedem Fall muß darauf geachtet werden, ob sich die Umfangsvermehrung tatsächlich in der Bauchhöhle befindet oder ob ein Gesäugetumor oder eine Fettgewebsgeschwulst in der Bauchwandmuskulatur eine Gewebszubildung in der Bauchhöhle vortäuscht. Zur Lokalisation einer Veränderung in der Bauchhöhle empfiehlt es sich, den Bauchraum in acht Quadranten aufzuteilen, wobei auf jeder Seite, links wie rechts, vier Quadranten unterschieden werden: der linke vordere dorsale Quadrant, der linke hintere dorsale Quadrant, der linke ventrale vordere Quadrant, der linke hintere ventrale Quadrant, entsprechend auf der rechten Seite die gleiche Aufteilung.

Im Anschluß an die Palpation kann das Abdomen perkutiert werden. Im Gegensatz zum Pflanzenfresser spielt die Perkussion, ebenso wie die Auskultation des Abdomens, keine große Rolle bei der Untersuchung und wird nur in Ausnahmefällen angewendet. Bei einem gesunden Tier ist der Schall der Bauchwand tympanisch, außer im Bereich der Leber und der Blase. Bei einer starken Füllung des Magens mit Gas ist der tympanische Schall verstärkt. Wird freie Flüssigkeit in der Bauchhöhle vermutet, dann empfiehlt es sich, eine Hand auf die eine Seite der Bauchwand zu legen und mit der anderen Hand auf der gegenüberliegenden Seite der Bauchwand vorsichtig mit den Fingern zu trommeln. Im positiven Falle können leichte Flüssigkeitswellen an der flach aufliegenden Hand wahrgenommen werden.

Die Untersuchung des Verdauungsapparates wird abgeschlossen mit einer Untersuchung des **Rektums** und der **Perianalregion.** Mit einem Gummihandschuh und Paraffinöl als Gleitmittel kann eine digitale Untersuchung des Rektums erfolgen. Dabei wird zunächst die Konsistenz des Kotes im Rektum geprüft. Ferner wird auf Veränderungen der Schleimhautoberfläche, Strikturen, eventuell vorliegende Beckenfrakturen, die Größe des Beckenkanals und auf Veränderungen der Konsistenz des umgebenden Weichteilgewebes geachtet. Beim Kater wird bei der rektalen Untersuchung gleichzeitig die Prostata palpiert. Nach Abschluß der digitalen Untersuchung des Rektums kann eine direkte visuelle Untersuchung mit dem Proktoskop notwendig werden. Diese Untersuchung ist nur unter Sedation mit einer lokalen oder allgemeinen Anästhesie ausführbar.

Nach der sorgfältigen Untersuchung des Verdauungsapparates und des Abdomens können weitergehende Untersuchungen für eine gezielte Diagnostik erforderlich sein. Dazu gehören: das Einführen einer Magensonde, die Ösophagoskopie unter Durchleuchtung, durch Röntgen oder mit dem Endoskop, Probefütterungen, Proktoskopie und labordiagnostische Untersuchungen von Blut, Kot und Magensaft. Vielfach müssen zur endgültigen Diagnosefindung Gewebsproben entnommen oder eine explorative Laparotomie durchgeführt werden.

Kotgewinnung und -untersuchung

Es sollte immer versucht werden, frische Kotproben zu untersuchen. Der Kot wird in fest zu verschließenden Gefäßen transportiert. Soll der Kot vom Patientenbesitzer mitgebracht werden, empfiehlt es sich, einen Einmalhandschuh und einen Holzlöffel mitzugeben. Gelingt es dem Patientenbesitzer nicht, Kot zu gewinnen, so kann er bei der Untersuchung direkt aus dem Rektum entnommen werden. Hierzu sollte Gleitmittel Verwendung finden, das die anschließende Untersuchung nicht beeinträchtigt. Bewährt hat sich in diesem Fall dünnflüssiges Paraffinöl. Kotreste, die am Thermometer haften, reichen in der Regel für eine Kotuntersuchung nicht aus, es sei denn, es liegt ein sehr starker Parasitenbefall vor. Soll die Kotprobe für mehrere Stunden oder gar Tage aufgehoben werden (z. B. Sammelkotprobe), muß das mit Kot gefüllte, verschlossene Gefäß im Kühlschrank aufbewahrt werden. Bei 4 °C bleiben die Parasiteneier und -larven bis zu 72 Stunden nachweisbar. Auch Formalin kann der Kotprobe zugesetzt werden, wobei ein Teil 10%iger Formalinlösung auf 4 Teile Kot gerechnet wird, um die Parasiteneier oder -larven zu konservieren. Makroskopisch können im Kot nur adulte Würmer oder Bandwurmglieder gesehen werden.

Bei der Kotuntersuchung ist darauf zu achten, ob Blut, Schleim, Fett oder nicht verdaute Futterbestandteile im Kot vorhanden sind. Neben dem Geruch des Kotes wird die Menge geschätzt und die Konsistenz beurteilt. Das Kotvolumen hängt vor allen Dingen vom Wasser- und Rohfasergehalt ab. Von einer gesunden Katze ausgeschiedener Kot enthält etwa 60 bis 70 % Wasser. Je länger jedoch die gastrointestinale Passage dauert, um so fester wird der Kot. Der Kot ist gewöhnlich braun, wobei die Färbung von den Pigmenten Urobilin und Dagobilin bestimmt wird. Diese Substanzen werden durch bakterielle Einflüsse aus Bilirubin gebildet. Ist der Stuhl dunkelbraun oder gar schwarz, kann dies bedeuten, daß die Katze eine anteilsmäßig hohe Fleischdiät erhalten hat oder aber, daß Blut aus Bereichen des oberen Gastrointestinaltraktes mit dem Kot vermischt ist. Ein grießartig grauer, heller Kot deutet auf eine Gallengangsverlegung oder auf eine Pankreasinsuffizienz hin. Ein hellbrauner, weißlich gefärbter Stuhl wird bei Katzenwelpen oder bei Katzen, die eine hohe Milchdiät erhalten, gesehen. Ein sehr weißer, nicht mit Gallenpigment behafteter Kot kann gelegentlich bei völligem Fehlen von Gallenfarbstoffen beobachtet werden, wie das bei Durchfällen mit einer stark beschleunigten Passage durch den Darmkanal auftritt. Frisches, rotes Blut im Stuhl findet sich bei Blutungen im Kolon oder Rektum. Physiologischerweise enthält der Kot nur geringe Mengen von Schleim, die schwer identifiziert werden können. Erhöhte Schleimmengen treten als Zeichen von Erkrankungen der unteren Darmabschnitte auf und stehen in Verbindung mit akuten oder chronischen Entzündungen oder Funktionsstörungen des terminalen Ileums, des Zäkums oder des Kolons.

Der Geruch des Kotes entsteht durch Indole und Skatole, die wiederum Produkte der bakteriellen Verdauung von Tryptophan sind. Außerdem entwickelt sich der Kotgeruch durch Abbauprodukte von schwefelhaltigen Aminosäuren und Sulfhydrylgruppen. Veränderungen in der Diät oder der Bakterienflora im Darm können zu einer auffälligen Änderung des Kotgeruches führen.

Mikroskopische Untersuchung des Kotes

Kotausstriche aus einer Mischung von Kot mit physiologischer Kochsalzlösung werden angefertigt, wenn nur kleine Mengen Kotes zur Verfügung stehen und wenn die Kotuntersuchung innerhalb kürzerer Zeit durchgeführt werden muß. Bei dieser Untersuchung zählt nur das positive Ergebnis. Ein negativer Parasitenbefund ist nicht beweisend.

Zum Nachweis der Parasiteneier oder von Oozysten wird am besten das Flotationsverfahren angewendet. Das Prinzip dieser Methode besteht darin, daß das spezifische Gewicht der Lösung, mit der der Kot vermischt wird, höher ist als das der meisten Parasiteneier oder Oozysten, aber geringer als das der sonstigen Kotbestandteile. Für dieses Flotationsverfahren werden Lösungen von Kochsalz, Zucker, Glyzerin, Zinksulfat oder Magnesiumsulfat benutzt. Zuckerlösungen sind zwar für die meisten Parasiteneier geeignet, die Eier von Bandwürmern flottieren jedoch nicht in diesen Lösungen. Protozoen, wie Toxoplasma, Giardia, Hammondia und Isospora sind nur kurze Zeit im Kot nachzuweisen. Daher muß der Kot sofort untersucht oder mit einem Fixativ behandelt werden. Zur Fixation können entweder Polyvinylalkohol oder 10%iges Formalin Verwendung finden. Der frische Kot kann aber zur besseren Sichtbarmachung der Protozoen auch mit Lugolscher Lösung angefärbt werden.

Bei der Verwendung von Zucker- oder Kochsalzlösung können Giardienzysten im Flotationsverfahren nicht gefunden werden. Wird jedoch Zinksulfat (331 g $ZNSO_4$ in 1 l warmen Wasser, spezifisches Gewicht 1.18) mit der Kotprobe vermischt und anschließend zentrifugiert, dann sind auch die Zysten dieser Protozoen nachweisbar. Die fixierten Kotproben können mit Hämatoxylin oder Giemsa angefärbt werden, um die Protozoen besser sichtbar zu machen. Der Giardiennachweis ist jedoch sicherer, wenn man nicht die Kotproben untersucht, sondern ein Aspirationspräparat des Duodenums anfertigt.

Der Kot sollte in jedem Fall auch auf unverdaute Muskelfasern (Kreatorrhoe), Fett (Steatorrhoe) oder Stärke (Milorrhoe) und das Fehlen pankreatischer proteolytischer Enzyme (Chymotrypsin) untersucht werden. Fett kann auf einfache Weise durch eine Sudanrot-Färbung nachgewiesen werden, Muskelfasern sind mikroskopisch im direkten Kotausstrich sichtbar, und mit der Zugabe eines Tropfens Lugol'scher Lösung wird die ungefärbte Stärke dunkelblau gefärbt. Der Trypsinnachweis kann auf einfache Weise nach der von FREUDIGER und BERGER beschriebenen Methode durchgeführt werden. Diese Methode beruht auf der Spaltung von Paratoluol-Sulfanyl-L-Arginin-Methylester (THAME-Lösung) durch Trypsin (PABA-Test).

Endoskopische Untersuchung bei chronischen Magen-Darmerkrankungen

Die meisten chronischen Erkrankungen von Magen, Dünndarm oder Dickdarm erfordern die Entnahme bioptischen Materials, um die Diagnose zu sichern. Der überwiegende Teil der chronischen gastrointestinalen Erkrankungen ist auf idiopathische entzündliche Prozesse wie die lymphozytäre plasmazelluläre Gastritis und Enteritis oder Colitis, Störungen der Darmmotilität, infektiöse Erkrankungen oder auf Neubildungen zurückzuführen. In der ersten Phase, in der ein Patient mit Symptomen gastrointestinaler Erkrankungen vorgestellt wird, muß zunächst an diätetische, parasitäre oder infektiöse (bakterielle, virale) Ursachen gedacht werden, bevor weitergehende, für den Patienten nur in Narkose tolerierbare Untersuchungen angeschlossen werden. Die Hilfsuntersuchungen werden sich zunächst auf das Anfertigen eines Blutbildes, die Untersuchung der klinisch-chemischen Parameter, die Untersuchung auf Verdaulichkeit und die Anzüchtung von Bakterienstämmen zum kulturellen Nachweis sowie die röntgenologische Untersuchung beschränken. In den Fällen, in denen die Symptomatik durch die eingeleitete Therapie nicht beseitigt werden kann, müssen unbedingt Versuche unternommen werden, von geeigneten Organen und Organlokalisationen Material für eine histologische Untersuchung zu gewinnen. Dieser Schritt führt dann meistens zu einer zuverlässigen Diagnose.

Die Endoskopie gilt seit etwa 10 Jahren in der Veterinärmedizin als wichtige und unverzichtbare Methode zur Diagnose chronischer Störungen des Magen-Darmkanals. Der Gebrauch eines flexiblen Fiberendoskops ermöglicht die Betrachtung der Schleimhaut des Ösophagus, des Magens und von Teilen des oberen Dünndarmes. Für die Untersuchung der Katze sollte das Endoskop einen Durchmesser von weniger als 8 mm haben. In vielen Fällen kann über das Duodenum hinaus der proximale Teil des Jejunums mit einem solchen Endoskop erreicht werden. Der größte Wert der Endoskopie liegt allerdings nicht darin, die entzündliche Schleimhaut makroskopisch zu beurteilen, sondern in der Möglichkeit, mit den entsprechenden Zangen bioptisches Material zu entnehmen. Dabei muß beachtet werden, daß von verschiedenen Lokalisationen des Magens und des Darms mehrere Bioptate entnommen werden. Grundsätzlich sollte bei einer Endoskopie des Magens oder des Darms immer auch eine Biopsie durchgeführt werden. Selbst gute Barium-Kontrastdarstellungen des Magen-Darmkanals sind in der Regel nicht geeignet, bestimmte Veränderungen der Schleimhaut darzustellen, ebensowenig ist dies allein durch die Endoskopie und ohne eine anschließende histologische Untersuchung des Bioptats möglich. Die Biopsiestücke müssen so beschaffen sein, daß bei der Einbettung in den Paraffinblock Oberfläche und Basis gut erkennbar sind und der Pathologe so eine exakte vertikale Schnittführung gewährleisten kann. Es ist dabei anzumerken, daß die Gewinnung derartiger Partikel mit der Biopsiezange schwierig ist und die Saugbiopsiemethode in diesen Fällen überlegen ist. Dieser Nachteil kann aber ausgeglichen werden durch ein „mehr" an Partikeln.

Zur Diagnostik umschriebener Prozesse muß für die Materialgewinnung die Grundregel gelten: „So viel wie möglich und so vielseitig wie möglich". So sollten grundsätzlich 5 bis 10 Partikel entnommen werden, denn nicht selten findet man nur in 1 oder 2 der Biopsieproben die für den umschriebenen Prozeß repräsentative Veränderung. Die Materialbearbeitung obliegt nicht allein dem Pathologen. Sie beginnt mit der Exzision und der Überführung des Biopsiepartikels in die Fixierungsflüssigkeit.

Für die kleinen Biopsiepartikel genügt eine 4%ige Formalinlösung. Das Biopsiestück wird dabei unmittelbar nach der Entnahme in diese Lösung verbracht und nicht umgekehrt das Glas später mit der Fixierlösung aufgefüllt, denn das Partikel muß schwimmen und darf **nicht** an der Wand anhaften. Anzahl und Art der Partikel sollen auf dem Einsendungsgläschen wie auch auf dem Untersuchungsantrag verzeichnet sein. Das Interesse des Pathologen an der Anamnese und den klinischen Befunden sollte vom Kliniker nicht als diagnostische Insuffizienz ausgelegt werden. Die Interpretation des histologischen Befundes hängt in vielen Fällen entscheidend vom Wissen über den makroskopischen bzw. endoskopischen Befund ab. Dies gilt auch für die Anamnese und die sonstigen klinischen Befunde.

Bei Erkrankungen, die mit Entzündungsreaktionen einhergehen, sind die histologischen Veränderungen entweder gering, mittelgradig, schwer oder sehr schwer; dabei interessiert gleichzeitig der Anteil und die Art der Entzündungszellen (Lymphozyten, Plasmazellen, eosinophile Granulozyten, neutrophile Granulozyten, Histiozyten). Mit diesen Informationen, die über die Art und den Grad der Veränderung Auskunft geben, können Aussagen über die Dauer und die Form der Behandlung gemacht werden.

Die häufigste Erkrankung bei der Katze, die durch diese Untersuchung diagnostiziert werden kann, ist die lymphozytär-plasmazelluläre Enteritis. Außerdem sind eosinophile oder histiozytäre Enteritis und Lymphangiektasien mit Hilfe der Schleimhautbiopsie zu unterscheiden. Bei der Katze ist auch eine entzündliche Darmerkrankung beschrieben, bei der ausschließlich Infiltrationen mit entdifferenzierten Lymphozyten vorliegen. Darüber hinaus kann mit der Endoskopie in Kombination mit der Biopsie auch der Verlauf einer Erkrankung beurteilt und damit die Effektivität der Therapie überprüft werden. Ein entscheidender Nachteil der Gastro- und Enteroskopien ist, daß Erkrankungen im Bauchhöhlenbereich (z. B. die Serosawand des Magens infiltrierende Tumoren, Pankreatitis, Pankreasneoplasien), die die gleichen Symptome hervorrufen können, wie sie bei Vorliegen einer Gastritis, bei entzündlichen Dünndarmerkrankungen oder einer Kolitis auftreten, nicht mit diesem Untersuchungsverfahren zu diagnostizieren sind.

Eine sorgfältige Aufnahme der Anamnese, eine klinische Allgemeinuntersuchung und die Ergebnisse von Hilfsuntersuchungen sind nützlich, um vorauszubestimmen, inwieweit eine endoskopische Untersuchung hinsichtlich einer klaren Diagnosestellung Aussicht auf Erfolg bietet. Entsprechen der endoskopische Befund und die Ergebnisse der histologischen Untersuchung nicht den Ergebnissen der klinischen Untersuchung oder führt die eingeleitete Behandlung nicht zu einer Besserung der Situation, dann ist eine Probelaparotomie indiziert.

Röntgenologische Untersuchung des Magen-Darmkanals

Für die Kontrastuntersuchung des Magen-Darmkanals stehen handelsfertige Kontrastmittel zur Verfügung. Für eine gezielte Untersuchung der Speiseröhre einschließlich des Schluckmechanismus, der Schleimhautverhältnisse sowie des Pharynx, empfiehlt sich die Anwendung einer Ösophaguspaste (Mikrotrast®). Bei der Katze hat sich für die Darstellung des gesamten Magen-Darmkanals eine Bariumsulfat-Fertigsuspension (100 ml enthalten 100 g Bariumsulfat mit Kohlendioxyd) bewährt, da es ein von ihr gern angenommenes Geschmackskorrigens enthält. Bei Verdacht auf eine Perforation im Verlauf der Verdauungsorgane sollten wasserlösliche Mittel angewendet werden (Telebrix® enthält 60 % Meglumin und 10 % Natriumdiatrizoat). Da das Telebrix® jedoch sehr stark hyperosmol ist, wird für die Kontrastdarstellung die fertige Lösung mit 2 Teilen Wasser auf 1 Teil Gastrografin® verdünnt.

Bevor eine Kontrastdarstellung eingeleitet wird, sollte die Katze 12 Stunden nüchtern sein. Je nach Verdachtsdiagnose sind 2 bis 5 ml Bariumsuspension pro kg Körpergewicht erforderlich. Vor der Kontrastdarstellung muß selbstverständlich eine Leeraufnahme in 2 Ebenen angefertigt werden. Ist das Kolon noch mit Kot gefüllt, sollte u. U. vor der Röntgenkontrastuntersuchung ein Mikroklist angewendet oder ein Einlauf durchgeführt werden (nicht bei Fremdkörperverdacht). Unmittelbar nach der Eingabe des Röntgenkontrastmittels wird erstmalig, dann nach 30 Minuten und in der Folge nach 1 Stunde bzw. 2 Stunden in jeweils 2 Ebenen geröntgt. Von den wasserlöslichen Kontrastmitteln wie Meglumin (Telebrix®) werden kleinere Volumina angewendet (0,5 ml/kg KGW). Die Passagezeit beträgt bei den wasserlöslichen Kontrastmitteln ungefähr 30 bis 60

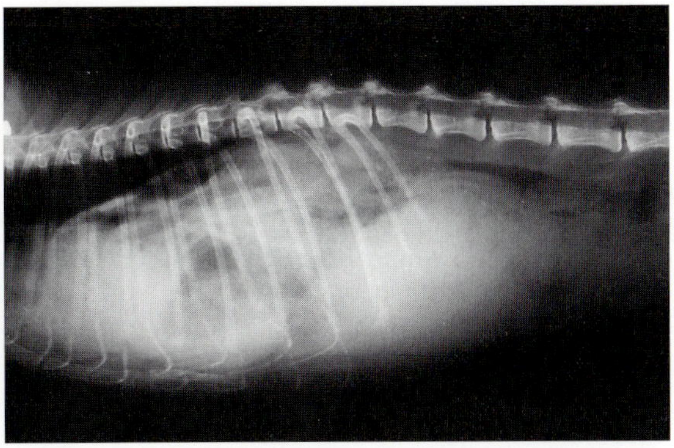

Abb. 3 a: Röntgenaufnahme einer Katze mit Zwerchfellruptur nach Autounfall. Magen und Teile des Darmes haben sich in den Thoraxraum verlagert.

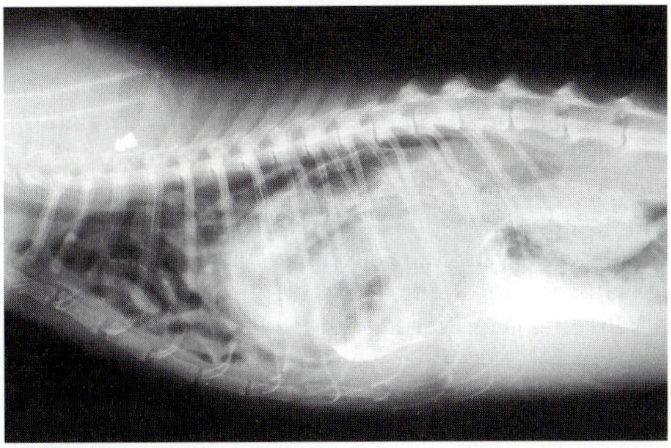

Abb. 3 b: Nach Kontrastmitteleingabe stellen sich die verlagerten Hohlorgane deutlich dar.

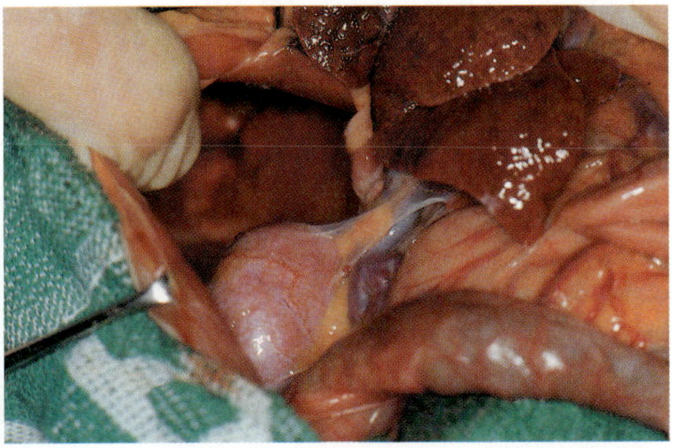

Abb. 3 c: Das intraoperative Bild zeigt den Zwerchfellriß, gequetschte Leberlappen und peritoneale Reaktionen am Darm.

Minuten, Bariumlösungen dagegen benötigen etwa 1 bis 3 Stunden, um den Dünndarm zu passieren. Das Kolon füllt sich in der Regel 6 Stunden nach oraler Kontrastmitteleingabe. Das Kontrastmittel kann physiologisch durchaus auch nach 2 bis 3 Tagen noch im Enddarm nachgewiesen werden.

Kontraststudien des oberen Gastrointestinaltraktes sind in der Regel dann indiziert, wenn vorliegendes Erbrechen oder Durchfall auf die Behandlung nicht ansprechen, ein Bluterbrechen vorliegt oder nichtschattengebende Fremdkörper vermutet werden. Darüber hinaus kann die Kontrastmitteluntersuchung für die Darstellung von Neoplasien, Obstruktionen und Verlagerungen (Zwerchfellsruptur) hilfreich sein (Abb. 3 a–c).

Im Verlauf der Kontrastmitteluntersuchung des Magen-Darmkanals sollten folgende Punkte beachtet werden:

1. Größe der intestinalen Umfangsvermehrung
2. Relief der Magen-Darmschleimhaut
3. Dicke der Darmwand
4. Passagezeiten
5. Lage des Dünndarmabschnittes
6. Homogenität des Kontrastmittels im Darmlumen.

Für die Untersuchung der Speiseröhrenmotilität empfiehlt sich die Anwendung der Durchleuchtungstechnik. Hierbei haben sich neben den flüssigen Kontrastmitteln vor allen Dingen die Eingabe von in Gelatinekapseln verpacktem Bariumsulfatpulver und mit Bariumsulfatlösung vermischtes Futter bewährt.

Ultraschalluntersuchung (Sonographie)

In den vergangenen Jahren hat die Sonographie vor allem für die Diagnostik der Bauchhöhlenorgane große praktische Bedeutung erlangt. Mit dieser nichtinvasiven Technik lassen sich ohne Belastung für die Katze und damit beliebig wiederholbar die Gallenblase, Niere, Milz, Leber, Aorta, Organe des kleinen Beckens, Bauchdecke, Ergüsse und mit einiger Einschränkung Bauchspeicheldrüse, Nebenniere, Magen und verdickte Darmschlingen erfassen. Die Sensitivität bei der Beurteilung von Veränderungen der Hohlorgane und der parenchymatösen Organe hängt in großem Maße von der Erfahrung des Untersuchers ab. Im allgemeinen ist die Sonographie ein wertvolles Instrument zur Differenzierung akuter und chronischer Parenchymschäden und zum Nachweis umschriebener Läsionen wie Neubildungen, Zysten, Verkalkungen u. a.

Bei unklaren Befunden werden ultraschallgezielte Feinnadelpunktionen von Bauchorganen immer wichtiger. Erforderlich ist ein Ultraschallgerät mit einem zweidimensionalen Darstellungsverfahren. Zur Vorbereitung des Patienten müssen ein Gerin-

nungsstatus (Quick-Wert, partielle Thromboplastinzeit, Thrombozyten), bei Leberpunktion zusätzlich Bilirubin und alkalische Phosphatase im Serum erhoben werden. Nach der Punktion muß der Patient wie nach einer Operation überwacht werden.
Der Punktionsort und die Einstichrichtung werden sonographisch bestimmt. Anschließend wird der Abstand des zu punktierenden Gewebes von der Hautoberfläche auf dem Bildschirm abgemessen und durch eine Markierung (z. B. Pflasterstreifen) auf der Punktionskanüle markiert. Nach Desinfektion der Punktionsstelle wird die Kanüle bis zur markierten Eindringtiefe vorgeschoben. Durch maximale Aspiration mit einer aufgesetzten 10- oder 20-ml-Spritze unter gleichzeitigem leichten Vorschieben und Zurückziehen der Kanüle wird aus der verdächtigen Stelle Material angesogen. Die Aspiration wird danach abgebrochen, die Kanüle entfernt. Das gewonnene Material kann anschließend durch Durchblasen der Kanüle auf einen Objektträger gebracht werden.

Die direkten Untersuchungsverfahren wie **Laparoskopie** und **diagnostische Laparotomie** sind durch die modernen, weniger invasiven Methoden zurückgetreten. Unverändert großen Wert hat in praxi für die Diagnostik, die chirurgische Intervention oder alleine zur Entscheidungsfindung die **Probelaparotomie.**

Symptomatologie bei Erkrankungen des Verdauungsapparates

Appetit (Freßlust)

Dem Appetit – der Freßlust – liegt primär das Hungergefühl zugrunde. Hunger wird kontrolliert durch das Zusammenspiel zweier Zentren im Hypothalamus. Das Freßzentrum, das den Appetit stimuliert, scheint ständig aktiv zu sein, jedoch wird seine Aktivität zeitweise unterbrochen durch die Aktivität des Sättigungszentrums nach der Futteraufnahme. Wahrscheinlich wird die Aktivität des Sättigungszentrums direkt gesteuert von der zellulären Glukoseutilisation und vom Blutglukosespiegel. Der Appetit wird nach der jeweiligen Lebhaftigkeit beurteilt, mit der Katzen vorgelegtes Futter und Trinkwasser zu sich nehmen. Bei niedriger Umgebungstemperatur und Kontraktionen des leeren Magens wird der Appetit stimuliert, wogegen hohe Temperatur und Ausdehnung des Magen-Darmkanals den Appetit vermindern. Auch das Kauen und Schlucken haben einen sättigenden Einfluß. Umwelt, Haltungsbedingungen, Geruch und Geschmack wirken in der Regel stimulierend auf die Futteraufnahme. Im allgemeinen sind das Freßzentrum und das Sättigungszentrum so aufeinander abgestimmt, daß die Kalorienaufnahme dem Energiebedarf entspricht.
Der Appetit ist sehr weitgehend ein Gradmesser für die Gesundheit einer Katze, vor allem in der Bewertung des Patientenbesitzers. Selten kommt der Patientenbesitzer mit seiner Katze in die Sprechstunde, die zu viel ißt, häufiger dagegen wegen eines wirklichen oder vermeintlichen Appetitmangels. Beide Störungen – zu viel oder zu wenig fressen – müssen auf ihre Ursache hin untersucht werden.
Im Fragenkatalog zur Anamnese und während der Beobachtung des Patienten bei der Futteraufnahme interessieren im Zusammenhang mit dem Appetit die folgenden Symptome: Inappetenz, wechselnder Appetit, Dysphagie, Odynophagie, Kaustörungen, Polyphagie, Allotriophagie, Gewichtsverlust und Adipositas.

Die **Inappetenz (Anorexie)** zeigt sich in verminderter oder fehlender Freßlust. Das Interesse an der Nahrung und der Flüssigkeit ist eingeschränkt. Hauptsächlich können physiologische Besonderheiten wie plötzlicher Futterwechsel, Besitzer- oder Ortswechsel, Absetzen saugender Welpen, verdorbenes oder wenig schmackhaftes Futter, körperliche Überanstrengung, Sexualtrieb, Klimaeinflüsse (große Hitze) und anderes verantwortlich sein. Es ist immer kritisch zu prüfen, ob wirklich ein Appetitmangel vorliegt oder ob der Patientenbesitzer nur eine falsche Auffassung von der richtigen Nahrungsmenge hat. Wenn die Katze lebhaft ist, einen normalen Spieltrieb zeigt, häufig freien Auslauf hat und kein Erbrechen oder Durchfall zeigt, braucht ein Appetitmangel keine organische Bedeutung zu haben. Bei der Katze ist eine psychisch bedingte Appetitlosigkeit als Ausdruck eines Konfliktes mit der Umwelt häufig, da viele Katzen eine ausgesprochene vegetative Labilität zeigen.
Inappetenz wird aber auch bei zahlreichen Erkrankungen gefunden, wie z. B.: akute oder chronische Gastritis, Enteritis (in der Regel Gastroenteritis), Koprostase, Herzinsuffizienz, Hepatopathie, Pankreatitis, Niereninsuffizienz, fieberhafte Infektionskrankheit, Stoffwechselstörung, Arzneimittelbehandlung (z. B. Digitalis, Diuretika, Antibiotika), Schmerz (Abb. 4), Atemnot, Störung des Sensoriums und neoplastische Erkrankung (z. B. Leukose).

Wechselnder Appetit ist oftmals Ausdruck eines chronischen Leidens, insbesondere chronischer Erkrankungen des Magen-Darmkanals und der Leber. Wechselnder Appetit wird außerdem häufig bei der felinen infektiösen Peritonitis (FIP) beobachtet.
Bei Katzenwelpen, aber auch bei Tieren bis ins Erwachsenenalter hinein, gibt es Individuen mit gerin-

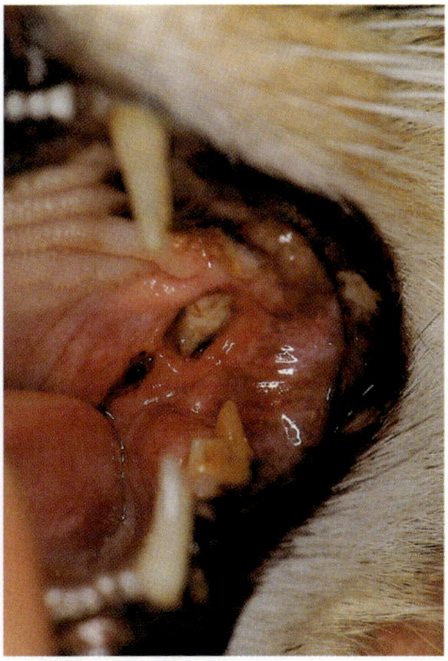

Abb. 4: Zahnstumpf mit schwerer Gingivitis. Ursache für mehrwöchige Anorexie.

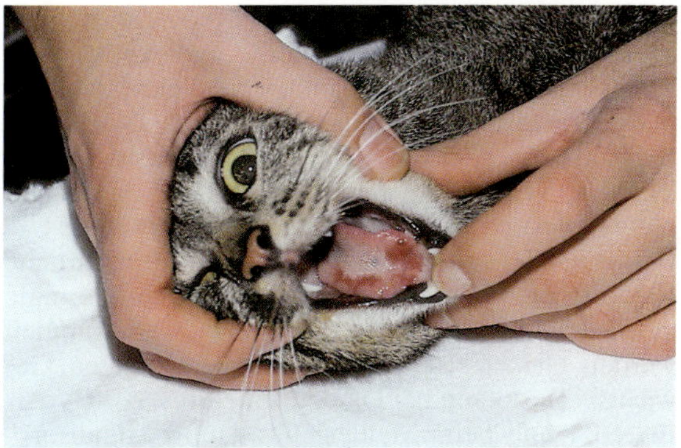

Abb. 5: Zungenrandnekrose mit erheblicher Einschränkung des Appetits.

gem Nahrungsbedarf. Dies sind vielfach besonders temperamentvolle, meist sensible bis ängstliche Tiere, die das Durchschnittsgewicht des Rassestandards nicht erreichen (Appetitneurose?).

Als **Dysphagie (Schluckstörungen)** werden im Gegensatz zur eingeschränkten Freßlust Störungen im physiologischen Ablauf des Schluckaktes bei meist erhaltenem oder gesteigertem Appetit bezeichnet. Der Schluckvorgang funktioniert nur bei einwandfreier Zusammenarbeit von sensiblen und motorischen Nerven einerseits und der speziellen Muskulatur andererseits.

Die möglichen Ursachen für Schluckstörungen sind zahlreich. Dysphagie tritt infolge von Schmerzen oder einer Dysfunktion der beteiligten Organe auf. Sie findet sich daher bei Motilitätsstörungen des Ösophagus (vegetative Dystonie, idiopathisch), bei Fremdkörpern, Divertikeln, Ösophagitiden, Gefäßmißbildungen, Tortikollis und auch bei Halswirbelsäulenerkrankungen sowie bei Tumoren und Erkrankungen des zentralen Nervensystems (z. B. Tollwut, Aujeszkysche Krankheit, Schwermetallvergiftungen). Die Schwierigkeiten beim Schlucken äußern sich in Schmerzen **(Odynophagie),** im Unvermögen, Flüssigkeit oder feste Speisen in die Speiseröhre weiter zu befördern und im Verschlucken (Aspirationspneumonie). Bei neugeborenen Welpen sind sie gelegentlich die Folge von Mißbildungen im Maul-/Rachenbereich, von Gaumenspalten und von Gefäßanomalien im Bereich der Herzbasis, die den Ösophagus verlegen.

Bei Störungen des Schluckvorganges können verschiedene klinische Symptome wie Anorexie, orale und nasale Regurgitation, Hypersalivation, Husten, Dyspnoe (Aspirationspneumonie) und Gewichtsverlust gesehen werden. Schwere Entzündungen im Maulhöhlenbereich, besonders des Gaumens, des Pharynx und der Tonsillen, können zu Schwierigkeiten beim Schlucken führen. Katzen mit Erkrankungen der oberen Atemwege infolge einer Herpesvirus-, Picorna- oder Calicivirusinfektion zeigen ulzeröse Glossitiden, Pharyngitis und Schmerzen beim Schlucken. Auch epitheliale Erkrankungen der Mundschleimhaut im Zusammenhang mit dem Pemphiguskomplex können aufgrund schwerer Entzündungen in der Maulhöhle zu einer Dysphagie führen.

Kaustörungen zeigen sich in einer verlangsamten, oftmals unterbrochenen Kauweise. Die aufgenommene Nahrung wird übermäßig eingespeichelt, festes Futter wird vielfach verweigert. Ursächlich kommen für Kaustörungen Zahnerkrankungen, Fremdkörper in der Maulhöhle, Entzündungen der Maulschleimhaut (Abb. 5), Kiefergelenkserkrankungen (Trismus), der Myositis-Polyarthritiskomplex, neurologische Erkrankungen, Mißbildungen (Gaumenspalte, Lippenspalte) und Tumoren der Maul- und Rachenhöhle in Betracht.

Eine krankhafte Steigerung des Appetits (Heißhunger, **Polyphagie**) steht im Zusammenhang mit einem gesteigerten Verbrauch (Stoffwechselstörungen, Parasitenbefall) oder einem erhöhten Verlust von Nährstoffen (Pankreasinsuffizienz, Diabetes mellitus, Malabsorption). Faktoren, die einen erhöhten Verlust bedingen oder eine erhöhte Aufnahme erfordern, sind physiologischerweise die Trächtigkeit und die Laktationsperiode, Ängstlichkeit oder kalte Umgebung. Aber auch bei chronisch zehrenden Erkrankungen, die nicht mit einer schweren Störung des Allgemeinbefindens einhergehen, kann ein gesteigerter Appetit beobachtet werden, wie z. B. bei chronischen Blutungen, fistelnden Wunden, Hepatopathien, Proteinverlust durch Aszites und bei Hyperthyreoidismus. Auch verschiedene Arzneimittel wie Megestrolazetat, Glukokortikoide und Antikonvulsiva wie Phenytoin und Primidion steigern den Appetit. Eine erhöhte Freßlust führt in der Regel erst bei starkem Ausmaß den Patientenbesitzer zum Tierarzt, weil „ein gesegneter Appetit" als im allgemeinen gesund und erfreulich angesehen wird. Um tatsächlich herauszufinden, ob eine unnatürliche Freßlust, eine Polyphagie, vorliegt, sollten über eine gewisse Zeit Gewichtskontrollen vorgenommen werden. Gesteigerter Appetit mit gleichzeitigem Gewichtsverlust kann bei Diabetes mellitus, bei Hyperthyreose und beim Maldigestions- und Malabsorptionssyndrom gesehen werden. Um herauszufinden, ob die vermehrte Freßlust auf diätetische Fehler zurückzuführen ist, muß der Patientenbesitzer genauestens über das angebotene Futter befragt werden. Eine Kotuntersuchung gibt darüber Aufschluß, inwieweit Parasiten oder eine mangelhafte Verdaulichkeit Ursache für die Polyphagie sind. Eine Blutuntersuchung, insbesondere des roten Blutbildes, sowie der Leber- und der Nierenwerte geben Auskunft über eine Beteiligung innerer Organe.

Von der krankhaften Steigerung des Appetits muß eine widernatürliche Freßlust **(Allotriophagie)** abgegrenzt werden, die bei der Katze recht selten ist. Nehmen die Tiere ungewöhnliche Stoffe (Kot, Urin, Steine, Mörtel etc.) auf, dann liegt eine Allotriophagie vor. Für ein solches Verhalten können extreme Mangelzustände (unzureichende Versorgung mit Proteinen, Mineralstoffen, Vitaminen und Spurenelementen), Verdauungsstörungen (Pankreasinsuffizienz), Malabsorptionssyndrom und neurologische Erkrankungen (Tollwut) verantwortlich sein.

Übergewicht **(Adipositas)** besteht, wenn der Durchschnittswert des Gewichtes (bezogen auf die Rasse und die jeweilige Körpergröße) um mehr als ein Viertel überschritten wird. Eine physiologische Neigung zur Adipositas entwickelt sich in der Regel erst im Laufe des zweiten Lebensjahres. Die häufigsten Fälle von Adipositas ergeben sich aus dem Zusammenspiel mehrerer förderlicher Faktoren: Fütterung ungünstig zusammengesetzter Nahrung, Neigung zu gesteigerter Nahrungsaufnahme mit einer begünstigenden Konstitution zum gesteigerten Fettansatz und mangelnder Auslauf sowie Kastration bei gleichbleibendem Nahrungsangebot. Oftmals zeigen die Patientenbesitzer adipöser Katzen auch Anzeichen von Übergewicht. Dieser sich aus mehreren Faktoren zusammensetzenden Adipositas stehen die selteneren Adipositasfälle gegenüber, bei denen die Fettsuchterkrankung kennzeichnendes Symptom darstellt. So tritt Adipositas bei endokrinen Störungen auf. Dies sind die bei der Katze seltenen Fälle von Hyperkortizismus und Hypothyreose. Gleichermaßen selten tritt die Adipositas als Folge zerebraler Schäden nach Schädeltraumen und nach Enzephalitis auf. Die Ursache der Adipositas ist daher in der Regel in den verschiedenen Umwelteinflüssen zu suchen.

Durst

Der Durst wird sowohl von physiologischen als auch von pathologischen Einflüssen bestimmt. Der spezifische Reiz für das Durstgefühl entsteht schon bei geringer Dehydratation der Zellen. Selten kann der Durst auch durch eine Störung im Bereich des hypothalamischen Zentrums hervorgerufen werden, wodurch eine primäre Polydipsie entsteht (Diabetes insipidus). Die Flüssigkeitsaufnahme bei Katzen ist sehr variabel und hängt vor allen Dingen auch von Umwelteinflüssen ab, außerdem von der Futterzusammensetzung und dem Wassergehalt des Kotes. Eine Wasseraufnahme von 100 ml/kg Körpergewicht/Tag wird als obere Grenze für die Katze angesehen. Aufgrund pathologischer Vorgänge kann der Durst gesteigert **(Polydipsie)** oder vermindert **(Oligo-** oder **Adipsie)** sein. Als Polydipsie wird ein Zustand angesehen, bei dem über längere Zeit ein exzessiver Durst beobachtet wird. Durchschnittlich nimmt eine Katze ca. 60 ml Wasser/kg Körpergewicht/Tag auf. Der extrazelluläre Flüssigkeitsgehalt wird über Osmorezeptoren durch die Flüssigkeitsaufnahme und die Urinproduktion geregelt. Die Urinmenge wird im wesentlichen durch die Wirkung des antidiuretischen Hormons (ADH) bestimmt. Die Konzentration des Urins resultiert aus dem aktiven Transport von Natrium in der Henle'schen Schleife, wobei ein Konzentrationsgradient zum Nierenmark aufgebaut wird. Besitzer von Katzen, denen vorwiegend Trockenfutter gefüttert wird (8 % Wassergehalt) im Gegensatz zu Weichfutter (70 % Wassergehalt), berichten häufig über eine physiologische Durststeigerung bei ihren Tieren. Da die Katze gewöhnlich eine konstante Wassermenge aufnimmt, wird sie bei der Fütterung von Trockenfutter mit weniger Wassergehalt zusätzlich Wasser aufnehmen müssen. Die meisten Katzen trinken sehr wenig Wasser, es sei denn, sie werden nur mit Trockenfutter gefüttert. Katzen, die einen starken Flüssigkeitsverlust erleiden, werden mehr Flüssigkeit aufnehmen, um den Verlust auszugleichen. Starker Wasser- und Elektrolytverlust, wie er bei anhaltenden Durchfällen und Erbrechen, bei Niereninsuffizienz, Diabetes mellitus, Diabetes insipidus, Hepatopathien und Fieber auftritt, führt zur Polydipsie. Aber auch hohe Dosen von Kortikosteroiden und Progestagenen, Gastritiden, Pharyngitis und Aszites können eine gesteigerte Flüssigkeitsaufnahme nach sich ziehen. Die

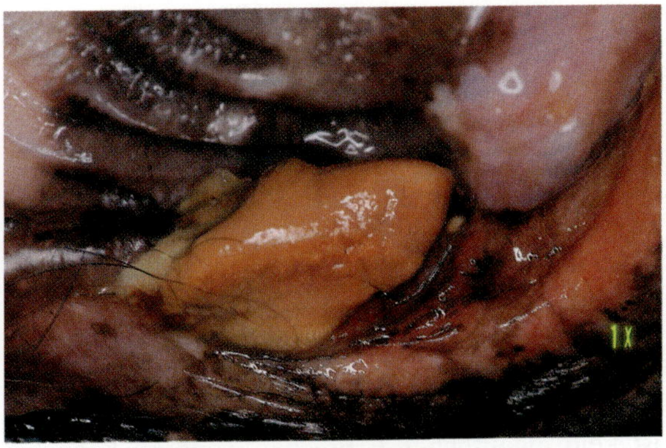

Abb. 6 a: Zahnstein mit Periodontitis, Futterresten und Haaren in den Schleimhauttaschen, begleitet von Foetor ex ore.

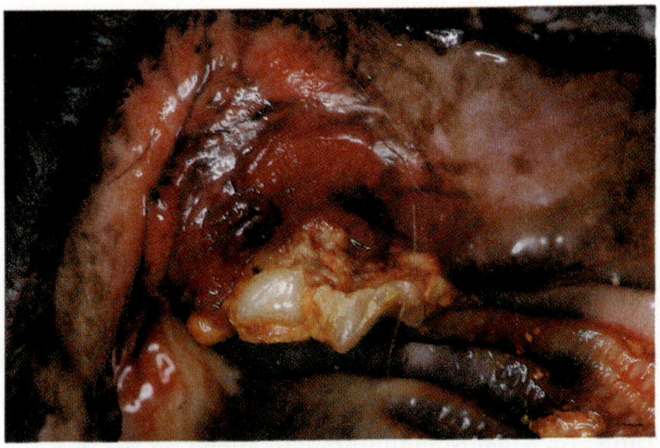

Abb. 6 b: Nach Ablösen des Zahnsteines bis in die Tiefe und Behandlung der Entzündung kann der Zahn erhalten werden.

Anamnese ist hinsichtlich der Flüssigkeitsaufnahme vielfach inkorrekt. Vor allem bei freilaufenden Katzen wird zusätzlich Flüssigkeit außerhalb des Wassernapfes aufgenommen, so daß der Patientenbesitzer die Flüssigkeitsaufnahme nicht beurteilen kann. Eine sichere Beurteilung des Trinkverhaltens ist nur durch mehrtägige Kontrolle der Flüssigkeitsaufnahme möglich, wobei die Katze unter Umständen in einem Stoffwechselkäfig gehalten werden muß, um auch die Urinausscheidung beurteilen zu können. Bei gering- bis mittelgradigen Magen-Darmerkrankungen ohne Durchfall und mit nur mäßigem Erbrechen, sowie bei Urämien (Endstadium) und anderen mit Depression einhergehenden Krankheiten beobachtet man häufig einen verminderten Durst.

Gewichtsverlust

Verminderte Futteraufnahme beeinflußt die Stoffwechselvorgänge, da der Organismus versucht, Energie zu sparen. Hieraus resultieren: Veränderung der Aktivität, des Temperaments, der Körpertemperatur und des Allgemeinbefindens des Tieres.

Häufig ist es schwierig, die Beobachtung oder das Empfinden des Tierbesitzers einzuschätzen, ob seine Katze Gewicht verliert oder nicht. Erschwert wird die Beurteilung, wenn die Fütterung häufiger wechselt, das Tier zuvor übergewichtig war oder wenn keine früheren, konkreten Gewichtsangaben vorliegen. Die beiden wichtigsten Ereignisse im Zusammenhang mit Gewichtsverlust sind mangelnder Appetit und Futteraufnahme sowie Symptome wie Erbrechen und Durchfall, die auf Störungen der Magen- und Darmfunktion hindeuten. Die Stärke und die Dauer des Gewichtsverlustes sind wichtige Hinweise auf die Schwere der Erkrankung.

Speicheln (Salivation)

Ein pathologisch vermehrter Speichelfluß kann bei Erkrankungen der Zähne oder des Zahnfleisches, bei Stomatitiden, Fremdkörpern, Tumoren in der Mundhöhle, Sialadenitis, Vergiftungen (Alkylphosphate), Aufnahme von Amara (Bittermittel, Arzneimittelinhaltsstoffe) und bei neurologischen Erkrankungen (Kinetose, Commotio, Enzephalitis, Myelitis) auftreten. Bei Kau- und Schluckstörungen wird ein hochgradig vermehrter Speichelfluß beobachtet. In Erwartung von Futter oder bei erhöhter Erregung (Katze im tierärztlichen Behandlungsraum) kann ein gesteigerter Speichelfluß (Ptyalismus) physiologischerweise gesehen werden.

Foetor ex ore

Ein übler Mundgeruch (Foetor ex ore) ist nicht unbedingt mit dem Geruch der Atemluft identisch, doch in den meisten Fällen nicht klar abgrenzbar, so daß eine sorgfältige lokale sowie allgemeine Untersuchung notwendig ist. Der üble Mundgeruch kann für den Patientenbesitzer außerordentlich belästigend sein, ohne daß das Tier selbst unter Allgemeinstörungen leidet. Die Ursachen für den Foetor ex ore können im Cavum oris zu suchen sein, wie bei starkem Zahnsteinbefall, Zahnbelägen, Zahnhöhlen mit Fäulnis zurückgehaltener Speisereste, Karies, externer Wurzelauflösung und eingeklemmtem Fremdmaterial (Abb. 6 a, b). Außerdem kann bei entzündlichen und geschwürigen lokalen Veränderungen (Periodontitis, Gingivitis, Stomatitis) der Maulschleimhaut und im Lippenbereich ein übler Mundgeruch entstehen, dessen Ursprung leicht zu finden ist. Daneben können Erkrankungen der Nachbarorgane (Tonsillen, Nasen- und Nebenhöhlen) als Ursache für einen Foetor ex ore in Frage kommen. Übelriechende Ausatmungsluft wird jedoch auch als Begleitsymptom von Erkrankungen entfernter Organe wie der Lunge (Bronchopneumonie, Tumoren), des Ösophagus (Ösophagusdivertikel, Ösophagusdilatation), des Magens (Gastritis, urämische Gastritis, Anazidität) und des Pankreas (Diabetes-Azetongeruch) beobachtet.

Vomitus (Emesis, Erbrechen)

Erbrechen ist eine reflektorische rückläufige Entleerung von Mageninhalt und evtl. auch von Ingesta aus dem Duodenum. Das Brechzentrum (Medulla oblongata) steuert diesen Vorgang. Über efferente Nervenbahnen sind besonders die Bauchdecken- und Zwerchfellmuskulatur mit beteiligt. Die Entleerung des Magens erfolgt durch mehrmalige, abrupte Kontraktionen von Zwerchfell, Bauchwand und Magen. Das Erbrechen beginnt mit Speicheln und wiederholten Schluckbewegungen, die zu einer Relaxation des gastroösophagealen Sphinkters führen. Die Epiglottis schließt die Trachea, und das Tier hält die Atmung an. Durch die Kontraktion der abdominalen Muskulatur wird der intraabdominale Druck gesteigert, die Kardia öffnet sich, und der Mageninhalt wird herausgepreßt. Erbrechen ist oft ein sinnvoller Vorgang, der der Entleerung von verdorbenem, toxischem und unverdaulichem Mageninhalt dient. Die Katze kann leicht erbrechen.

Erbrechen kann auch unabhängig vom Magen an anderer Stelle des funktionell anatomischen Systems ausgelöst werden und ist daher ein vieldeutiges Symptom. Erbrechen kann reflektorisch über die Rachenschleimhaut, durch Geruchs- oder Geschmacksempfindungen, über das Gleichgewichtsorgan (Kinetose, Reisekrankheit) oder direkt über toxisch-chemische sowie durch mechanische Reizung des Brechzentrums selbst (zerebrales Erbrechen) verursacht werden.

Im einzelnen können folgende Organe ursächlich erkrankt sein: **Rachenschleimhaut** (Pharyngitis, Tonsillitis, mechanische Reizung [oft mit heftigem Husten verbunden]), **Speiseröhre** (Ösophagusstenose, Divertikel, Hiatushernie, Fremdkörper), **Magen** (Gastroenteritis, Fremdkörper, Magenüberladung, reizende oder verdorbene Futterstoffe, Arzneimittel, Gifte, Emetika, Magengeschwüre, Funktionsstörung der Kardia oder des Pylorus, akute oder chronische Gastritis), **Darm** (Enteritis, Ileus [mechanisch, paralytisch, spastisch]), Parasiten, Koprostase, **Leber** (chronische oder akute Hepatitis, Hepatopathie), **Bauchspeicheldrüse** (akute oder chronische Pankreatitis), **Bauchfell** (Peritonitis), Niere (Urämie), **Herz und Kreislauf** (Kreislaufversagen, Herzinsuffizienz), **ZNS** (Kinetose, Commotio, Glaukom, Enzephalitis, Hydrozephalus, vegetative Übererregbarkeit (Siamkatzen), **Vergiftung** (Morphin, Xylazin, Apomorphin, Harnstoff und anderes).

Außerdem kann Erbrechen im Zusammenhang mit verschiedenen **Infektionskrankheiten** (Panleukopenie), **Parasitenbefall** (Toxoplasmose) und **Tumorerkrankungen** der voran genannten Organe sowie bei der Leukose auftreten.

Die Art des Erbrechens kann einigen Aufschluß über die Ursache geben. Das Auswürgen von Gras, Haaren und Resten von Beutetieren (Mäuse, Vögel) ist kein eigentliches Erbrechen, sondern kann bei sonst gutem Allgemeinbefinden als physiologischer Vorgang angesehen werden. Erbricht die Katze dagegen im Schwall, d. h., unter reichlichem Druck der Bauchpresse erfolgt die Magenentleerung, so deutet dies auf ein pathologisches Geschehen hin. Ist das Erbrochene unverdaut, liegt dem Erbrechen eine Erkrankung des Schlundes oder eine Anazidität (Achlorhydrie) des Magens zu Grunde. In diesen Fällen riecht das Erbrochene nicht sauer. Riecht das Erbrochene dagegen sauer und reagiert sauer auf Lackmuspapier, dann stammt es mit großer Sicherheit aus dem Magen. Liegt im Zusammenhang mit lang anhaltendem Erbrechen eine Gelbfärbung durch Gallebeimengung vor, dann stammt das Erbrochene aus dem mittleren Duodenum. Auch das Erbrechen gelb gefärbten Schleims ohne Futterbestandteile ist möglich. Steht dagegen eine hochsitzende Darmstenose zur Diskussion, ist die Darmentleerung also oberhalb der Einmündung des Ductus choledochus gelegen (z. B. Pylorusstenose), ist das Erbrochene ungefärbt. Wird Koterbrechen beobachtet, dann liegt ein tiefsitzender Ileus vor, wobei der üble Geruch auf Fäulnis hindeutet. Enthält das Erbrochene nur Schleim, so ist dies ein Zeichen für eine Gastritis (sauer), oder bei alkalischer Reaktion kann der Schleim auch aus der Speiseröhre oder von einer schweren Bronchitis stammen. Bei urämischem Erbrechen verbreitet das Erbrochene vielfach einen stechenden ammoniakalischen Geruch. Verweilt Blut längere Zeit im Magen, bekommt es im Erbrochenen durch die Umwandlung durch die Magensäure zu Hämatin kaffeesatzähnliches Aussehen. Das Blut kann sowohl aus dem Magen (Magenerosionen [Fremdkörper], Ulkus, Tumoren) als auch aus höheren Abschnitten des Verdauungsapparates (tiefgreifende Entzündung der Maul-, Rachen- und Schlundschleimhaut, Verletzungen durch Biß oder Fremdkörper, Zahnfrakturen) stammen. Blutbeimengungen, die höheren Abschnitten entstammen, sind hell. Stärkere, anhaltende Blutungen mit oder ohne Erbrechen können auch auf einer Hämostasestörung (z. B. Kumarinvergiftung) beruhen.

Aus der Vielzahl der möglichen Ursachen des Erbrechens wird ersichtlich, wie schwierig die Diagnose zu stellen ist. Zunächst ist es wichtig, nach der klinischen Allgemeinuntersuchung zu entscheiden, ob das Erbrechen akut oder chronisch ist. Liegt akutes Erbrechen vor, muß auf Hinweise für ein Schockgeschehen, auf akuten abdominalen Schmerz, Krämpfe, schweren Elektrolyt- und Flüssigkeitsverlust, erhöhte Temperatur und Störungen des Säure-Basenhaushaltes geachtet werden und dann in Form einer Notfallbehandlung die entsprechenden Maßnahmen ergriffen werden. Anschließend muß entschieden werden, ob der Grund des Erbrechens primär im Bereich des Gastrointestinaltraktes zu suchen ist oder ob sich die Ursache sekundär als Folge einer metabolischen Störung darstellt.
In den Fällen, in denen die Ursache des Erbrechens im Bereich des Magen-Darmkanales liegt, kann allgemein gesagt werden, daß je länger das Zeitintervall zwischen Fütterung und Erbrechen reicht, desto weiter distal ist der Verschluß oder die Ursache im Magen-Darmkanal zu finden. Erbrechen dagegen, das kurze Zeit oder unmittelbar nach dem Abschlucken beobachtet wird, deutet auf eine Erkrankung der Maulhöhle oder der Speiseröhre hin. Erbrechen, das etwa eine halbe bis zu einer Stunde nach dem Fressen auftritt, wird vorwiegend bei Erkrankungen des Magens gesehen. Erbrechen, das noch später, etwa nach drei bis vier Stunden im Anschluß an die Futteraufnahme erfolgt, steht in der Regel mit einer Erkrankung des Dünndarmes in Verbindung. Im Zusammenhang mit Erkrankungen des Dickdarmes tritt dagegen selten Erbrechen auf. Erbrechen, das ohne Beziehung zur Fütterung besteht, hat in der Regel seine Ursache in systemischen Erkrankungen wie Stoffwechselstörungen, Vergiftungen oder neurologischen Störungen. Bei funktionellen Erkrankungen (Ösophagusdilatation, Pylorusstenose) findet sich vielfach ein intermittierendes Erbrechen. Organerkrankungen dagegen sind meist durch anhaltendes Erbrechen gekennzeichten. Tritt im Zusammenhang mit dem Erbrechen Durchfall auf, weisen beide Symptome, zusammengenommen, auf eine mehr generalisierte gastrointestinale Erkrankung hin, wie z. B. Infektionen (Parvovirose).
Röntgenkontrast-, Ultraschall- und endoskopische Untersuchungen sowie gelegentlich auch explorative Operationen sind die über die allgemeine und spezielle Organuntersuchung hinausgehenden Verfahren zur Abklärung des lang anhaltenden Erbrechens.

Regurgitation

Das schwallartige Erbrechen und Herauslaufenlassen der Nahrung ohne Antiperistaltik in die Maulhöhle und/oder Nase wird als Regurgitieren bezeichnet (Ösophagusdilatation, Hiatushernie). Die Regurgitation ist für das Tier nicht mit großer Anstrengung verbunden. Die Bauchpresse wird dabei nicht eingesetzt. Das Futter ist, da es in den meisten Fällen aus dem Ösophagus stammt, nicht angedaut und wird daher auch häufiger von der Katze erneut gefressen. Symptome, die beim Regurgitieren infolge von Erkrankungen der Speiseröhre auftreten, sind Herauslaufen von Nahrungsbestandteilen und Speichel aus der Nase, Schluckstörungen, wiederholte Schluckversuche, vermehrtes Speicheln, Wischen mit der Pfote zum Hals, Dyspnoe, feuchter Husten (Aspirationspneumonie), Gewichtsverlust, Tonsillitis und Pharyngitis. Wird bei einer Katze wiederholt Regurgitieren beobachtet, muß eine sorgfältige Untersuchung des Pharynx und der Speiseröhre vorgenommen werden. Wiederholtes Regurgitieren tritt bei folgenden Erkrankungen auf: Fremdkörper in der Speiseröhre, ösophageale Stenosen, Ösophagitis, Hiatushernien, Ösophagustumoren, Dysphagia lusoria, Ösophagusdilatation, Ösophagusdivertikel, Perikardialhernie und Pylorusstenosen. Besonders sind auch neurologische Störungen zu beachten, wie z. B.: Tollwut, Aujeszkysche Krankheit, feline Dysautonomie u. a.

Meteorismus

Eine übermäßige Gasansammlung im Darm bedingt u. U. eine Vergrößerung des gesamten Abdomens und kann als Folge von diätetischen Fehlern (blähendes Futter), von Verdauungsstörungen (Dysbakterie, Hepatopathie, Pankreatopathie), Bauchfellentzündung, Herzinsuffizienz (mangelhafte Resorptionsleistung), vor Darmverschlüssen (Koprostase, Fremdkörper, angeborene Stenose im Darmverlauf) und Darmlähmung (Verletzung des Rückenmarks) auftreten.

Diarrhoe

Der Begriff Diarrhoe oder Durchfall wird vielfach als ungenaue Beschreibung für das Absetzen ungeformten (unzureichend eingedickten) Kotes und vermehrten und gehäuften Kotabsatzes gebraucht. Man spricht von breiigem, wäßrigem, schleimigem, schleimig-eitrigem und blutig-schleimigem Durchfall. Ein genaueres Nachfragen beim Patientenbesitzer über Konsistenz, Farbe, Geruch und Beimengungen wie Schleim, Eiter und Blut ist daher notwendig. Die Konsistenz des Kotes wird vorwiegend durch die aufgenommene Nahrung bestimmt, außerdem durch die Flüssigkeitsaufnahme und den Wassergehalt des Kotes. Bei normalem Stuhl beträgt der Wassergehalt etwa 60 bis 80 %. Mehr als 98 % aller in den Darm gelangender Flüssigkeit wird gewöhnlich resorbiert. Bei Durchfällen liegt in der Regel eine Erhöhung der fäkalen Flüssigkeitsmenge vor, die die Menge übersteigt, die im Kolon resorbiert werden kann. Ursachen für eine Flüssigkeitsvermehrung im Kot sind: Hypersekretion im Darmkanal, veränderte Motilität des Darms (Hypomotilität infolge Entzündungen), Permeabilitätsstörung des Darmepithels, Malabsorption, veränderte osmotische Verhältnisse und Verschiebung innerhalb der Bakterienflora im Intestinaltrakt.

Die Ursachen für eine Diarrhoe sind vielfältig. Fast immer tritt sie in Verbindung mit Erbrechen als Gastroenteritis auf. Diätetische Fehler sind die häufigsten Ursachen für Durchfall bei der Katze. Dabei bestehen auch individuelle Unterschiede in der Toleranz gegenüber bestimmten Futterzusammensetzungen. Einzelne Tiere tolerieren z. B. plötzliche Futterumstellungen ohne Schwierigkeiten. Die meisten Katzen verweigern in der Regel jedoch das ungewohnte Futter oder sie reagieren mit sofortigem Durchfall und/oder Erbrechen.

Neben den diätetischen Einflüssen führt eine Vielzahl von anderen Faktoren zu Durchfall: Viren, Bakterien, Parasiten, Arzneimittel (z. B. Digitalis, Antibiotika), unverdauliche und schleimhautschädigende Fremdkörper (Haare, Pflanzen), Intoleranz gegenüber Futterallergenen (z. B. Milch), Toxine (z. B. Schwermetalle), Darmtumoren (alimentäre Form der Leukose), Psyche, Hormone und Organerkrankungen (Hepatopathie, Pankreatopathie, Herzinsuffizienz, Niereninsuffizienz, Gastritis).

Die zahlreichen Ursachen, die zu einer Durchfallerkrankung führen, sind im Einzelfall schwer zu differenzieren. Bei chronischen oder dramatischen Durchfallerkrankungen der Katze wird der erste Schritt in der Diagnosestellung der Versuch sein, die Erkrankung anatomisch einzugrenzen (Dünn- oder Dickdarm). Hierzu kann die Anamnese, die klinische Allgemeinuntersuchung und die Charakterisierung der Kotqualität hilfreich sein.

Die Erkrankungen des Dünndarms sind vielfach verbunden mit Erkrankungen der beteiligten Verdauungsdrüsen (Pankreas, Leber). Sie beeinflussen durch ihre sekretorische Funktion wesentlich die Dünndarmverdauung. Die Diagnostik von Dünndarmerkrankungen erfordert daher einerseits, mit Hilfe der Labordiagnostik Erkrankungen der Verdauungsdrüsen zu erfassen, andererseits Infektionen von Parasitenbefall oder Malabsorptionsvorgängen abzugrenzen.

Durchfälle, die ihre Ursache in Erkrankungen des Dickdarms haben, d. h. ungefähr die Hälfte der chronischen Durchfälle bei der Katze, werden durch Erkrankungen des Zäkums, des Colon ascendens, transversum oder descendens hervorgerufen.

Die Erkrankungen des Dickdarms sind vielfach leichter zu erkennen, wenn mit Hilfe der Proktoskopie oder Kolonoskopie bioptisches Material für die histologische Untersuchung gewonnen werden kann.

Im wesentlichen sind es vier Mechanismen, die durch eine Erhöhung des Wassergehaltes des Kotes Durchfall bedingen:

1. Osmotische Bindung von Wasser innerhalb des Darmlumens
2. Sekretion von Flüssigkeit in das Darmlumen
3. Exsudation in den Darm (Entzündung)
4. Störungen der Darmmotilität

Durchfälle treten ferner dann auf, wenn das aufgenommene Futter infolge eines Enzymmangels nicht genügend aufgespalten und somit nicht ausreichend resorbiert werden kann, so daß ein sogenannter Massenstuhl ausgeschieden wird (Maldigestion). Erfolgt die enzymatische Aufspaltung regelrecht, ist aber eine ausreichende Resorption der Spaltprodukte aufgrund von Veränderungen an der Darmwand nicht möglich, wird von einer Malresorption oder Malabsorption gesprochen. Grundsätzlich kann gesagt werden, daß immer beim Vorliegen von Durchfallerkrankungen entweder eine Maldigestion oder eine Malabsorption vorliegt, bei der die osmotische Bindung des Kotes größer ist. Zu sekretorischen Durchfällen kommt es vor allen Dingen bei akuten Enteritiden durch die Beteiligung von Escherichia coli-Keimen. Exsudative Vorgänge sind meist Folge von Parasiteninfestationen oder entstehen bei bakteriellen Entzündungsvorgängen.

Bei der Ursachensuche von Durchfallerkrankungen ist der sorgfältigen Anamnese große Bedeutung beizumessen. Hier sind vornehmlich Fragen zur Fütterung, Appetit und Dauer der vorliegenden Erkrankung als auch zu vorangegangenen Erkrankungen zu stellen. Weiterhin sollten Fragen zur Umwelt bzw. Umweltveränderungen, Impfstatus und Vorbehandlung des Durchfalles angesprochen werden. Die klinische Untersuchung muß eine gründliche Kotuntersuchung beinhalten, wobei die Konsistenz, die Farbe, der Geruch sowie Beimengungen von Blut und Schleim zu berücksichtigen sind.

Durchfälle können sowohl chronisch als auch akut verlaufen. Der akute Durchfall ist gekennzeichnet durch eine wässrige Konsistenz, wobei gelegentlich auch Blut vorhanden ist. Die Patienten sind vorher noch gesund gewesen. Der akute Durchfall ist vielfach von Fieber, Apathie, Anorexie und gesteigerter Darmperistaltik begleitet. Ätiologisch kann der Durchfall in drei Gruppen differenziert werden:

1. Funktionelle Störungen als Folge von Nahrungs- oder Arzneimittelallergien, Enzymmangel oder -schwäche, gestörte Resorption und vegetative Störungen (sensible, neurotische Patienten),
2. Allgemein- oder Stoffwechselerkrankungen, die den Magen-Darmtrakt sekundär beeinträchtigen (Urämie, Herzinsuffizienz, Leberzirrhose und Schwermetallvergiftung);
3. Infektiöse Erkrankungen des Darmkanals (Bakterien, Viren, Helminthen, Pilze, Protozoen und unspezifische entzündliche Erkrankungen).

Während einer Durchfallerkrankung kommt es, unabhängig von der Genese, zu einer Verschiebung der Darmflora (Dysbakteriose). Wegen der beschleunigten Passage verringert sich die Zahl der anaeroben Keime bei gleichzeitigem Anstieg von Coli-Bakterien. Störungen im proximalen Abschnitt des Verdauungskanales führen zu Malabsorption und damit zu einer Erhöhung von Eiweiß, Kohlenhydrat und Fett, die im Dickdarm mikrobiell umgesetzt werden. Hierdurch werden die Lebensbedingungen bestimmter Bakterien verbessert und die physiologische Keimflora verschoben. Bei der Interpretation des bakteriologischen Befundes einer Kotprobe ist dies zu berücksichtigen.

Die Bedeutung enteropathogener Bakterien als primäre Ursache für Durchfallerkrankungen bei der Katze ist nicht groß. Escherichia coli gehört zur normalen Darmflora der Katze. Die Bedeutung von toxinbildenden Escherichia coli im Zusammenhang mit der Pathogenese von Durchfallerkrankungen bei der Katze ist im Gegensatz zu Mensch, Ferkel und Kalb nicht ausreichend untersucht.

Koprostase (Konstipation, Obstipation)

Die Obstipation entsteht nach verlängertem Verweilen von Kot im Kolon und Rektum mit seltener und verminderter, oft schwieriger oder sistierender Entleerung eines dann verhärteten Stuhles. Die Stuhlverstopfung ist oft von Tenesmus und Afterrutschen begleitet. Entwickelt sich ein Megakolon, fehlt der Defäkationsreiz und die Katze macht keinerlei Anstalten, Kot abzusetzen. Bei der Katze ist die Konsistenz der Faeces so variabel wie die Häufigkeit des Kotabsatzes. Katzen setzen hin und wieder Kotballen von sehr harter Konsistenz ab. Eine Koprostase besteht, wenn der steinharte Stuhl als ein zusammenhängender Strang vom Kolon zum Rektum reicht. Die Kolonfunktion wird vom Magen reflektorisch zum Kolon hin reguliert. Eine gestörte Magenmotilität kann zu einer Hemmung dieses Reflexes führen und damit die Kolonperistaltik beeinflussen. Prinzipiell kann die Obstipation aufgrund von vier pathophysiologischen Vorgängen verursacht werden:

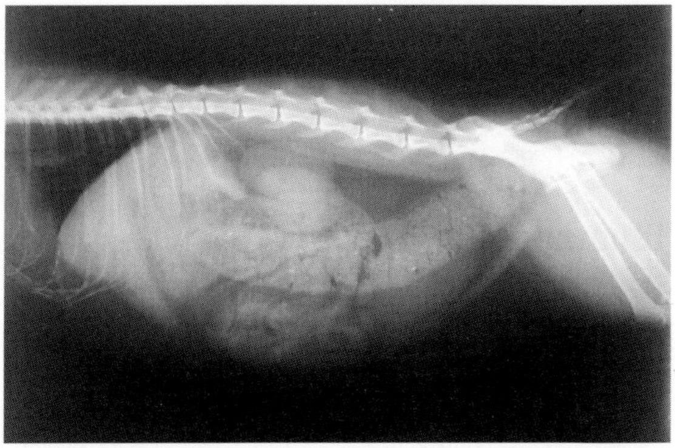

Abb. 7: Röntgenaufnahme eines 7 Jahre alten, kastrierten adipösen Stubenkaters mit Koprostase.

1. Unterdrückung oder Überspielung des Defäkationsreizes: allgemeine Trägheit, Bewegungsmangel bei Stubenkatzen (Abb.7),
   aggressive Verhaltensstörung (Änderung der familiären Situation, Neuerwerbung anderer Haustiere, Klinikaufenthalt, Transport oder Reise u. a.).
2. Mangelhafter Defäkationsreiz:
   Rückenmarksquerschnittssyndrom (entzündlich, traumatisch oder neoplastisch), Ernährung mit rohfaserarmer Kost (Stubenkatzen, Fehlen von Katzengras), mangelhafte Bewegung (Boxenruhe bei schwerer Erkrankung).
3. Abnorme Motilität des Kolons:
   Die notwendige Peristaltik wird bei einer Reihe von primären Erkrankungen vermindert, so daß es zu einer Kotanschoppung kommt (Dysautonomia, Hypothyreose).
4. Stenosen im Kolon- und/oder Rektumbereich:
   Angeborene Anal- oder Rektumstenosen, Kotsteine (bei schweren Obstipationen kann es mit der Zeit zu steinharten Hindernissen kommen). Beckenfrakturen, entzündliche und neoplastische Erkrankungen führen infolge von Strikturen oder exogenen Obstruktionen zu einer Obstipation.

Aber auch die spastische Obstipation ist in diesem Zusammenhang zu erwähnen, wo durch eine verstärkte Wandspannung der Darminhalt länger als üblich verweilt. Bei langhaarigen Katzen kann es durch Verklebung der Haare im Afterbereich zu einem Defäkationshindernis kommen, wobei einerseits durch das mechanische Hindernis, andererseits durch die Schmerzen, die bei der Defäkation entstehen (Zug an den Haaren), sich eine Obstipation entwickelt.

Die Kotanschoppung wird aufgrund der Anamnese, der Palpation des Dickdarmes, der rektalen-digitalen Untersuchung und aufgrund von Röntgenaufnahmen des Abdomens diagnostiziert.

Tenesmus ani

Schmerzen werden beim Stuhlgang dann empfunden, wenn ein Mißverhältnis zwischen der Dicke des durchtretenden Kotes und der schmerzlosen Dehnbarkeit des Analringes besteht. Erschwerter, meist schmerzhafter Kotabsatz (Afterzwang, Tenesmus) wird durch starke Mastdarmreizung (langanhaltende Durchfälle), Entzündung der Anal- und Zirkumanaldrüsen sowie der Analbeutel, Stenose, Fistel, Divertikel, Rhagade, Prolaps des Enddarmes oder Verklebung der Afterhaare verursacht. Den oft starken, durch die Entzündung ausgelösten Juckreiz und Schmerz versucht die Katze durch häufiges Lecken im Afterbereich, Scheuern und Beißen im Bereich der Schwanzbasis zu mildern. Bei Katern ist in diesem Zusammenhang differentialdiagnostisch immer auch an das feline urogenitale Syndrom (FUS) zu denken (siehe dort).

Wenn mit Hilfe der Adspektion und der digitalen Untersuchung des Enddarmes die Ursache für den Tenesmus nicht gefunden werden kann, ist unter Anästhesie eine Proktoskopie indiziert. Rektale Kontrasteinläufe können erforderlich sein, um die Veränderungen sichtbar zu machen.

Meläna (Teerstuhl, Blutstuhl)

Hellrot gefärbte Blutbeimengungen zum Kot stammen in der Regel aus den unteren Darmabschnitten, bei massiven Blutungen jedoch auch u. U. aus höher gelegenen Abschnitten, so z. B. aus dem Dünndarm (Parvovirose oder hämorrhagische Diathese). Aus höheren Bereichen ausgetretenes Blut (Maul, Nasen-Rachenraum, Tonsillen, Ösophagus, Magen und Duodenum) ist nach der Passage durch Magensäure, Darmenzyme und -flora derart verändert, daß es meist schwarz aussieht (Teerstuhl). Die Farbe des Katzenkotes variiert stark und ist diätabhängig. Bei vorwiegender Fleischfütterung ist der Test auf okkultes Blut in der Regel geringgradig positiv. Außerdem können Stuhlverfärbungen durch ausgeschiedene Gallenpigmente auftreten.

Die Blutbeimengungen aus tieferen Darmabschnitten mit frischem Blut, ebenso wie die Verfärbung des Kotes durch erhöhte Gallenfarbstoffausscheidung, ist im engeren Sinn keine Meläna. Die Meläna entsteht im allgemeinen als Folge chronischer Blutungen aus dem oberen Magen-Darmkanal. Bei älteren Patienten kommen hierfür ursächlich vorwiegend Neoplasmen, seltener Geschwüre und nicht heilende Verletzungen der Darmschleimhaut in Frage. Bei Jungtieren sind es vor allen Dingen Hakenwürmer und andere blutsaugende Parasiten, die zu einer Schwarzfärbung des Stuhles führen.

Ein durch Blut schwarzgefärbter Stuhl ist in jedem Fall ein ernstzunehmendes Symptom. Wenn durch den Nachweis von okkultem Blut (Hämolyse der im Kot befindlichen Erythrozyten im Wasser oder mikroskopischer Nachweis der Erythrozyten in Ausstrichen mit physiologischer Kochsalzlösung) gesichert ist, daß es sich um eine Meläna handelt, sind weitergehende Untersuchungen erforderlich.

Über die Anamnese muß herausgefunden werden, ob Einflüsse vorgelegen haben, die Magengeschwüre hervorrufen konnten, wie z. B. Streß, Urämie oder die Behandlung mit Kortikosteroiden und Aspirin. Der Kot sollte wiederholt auf Endoparasiten untersucht werden. Im weiteren Verlauf ist es vielfach erforderlich, endoskopische Untersuchungen der Speiseröhre, des Magens, des Duodenums und/oder Röntgenkontrastuntersuchungen des gesamten Magen-Darmkanals durchzuführen.

Hämatemesis

Hämatemesis ist das Erbrechen von Blut. Die Hämatemesis kann zahlreiche Ursachen haben, wobei differentialdiagnostisch zunächst eine grobe Einteilung nach der Farbe erfolgen sollte. Es handelt sich entweder um helles oder braun-schwarzes Blut. Hellrotes Blut stammt in der Regel aus Bereichen oberhalb des Magens. Braun-schwarzes Blut kann ebenfalls aus diesen Räumen stammen, wenn es abgeschluckt durch die Magensäure zu Hämatin umgewandelt wird. Es kann aber auch direkt auf Magen- oder Duodenalblutungen hindeuten. Große Blutmengen entstammen entweder massiven Einzelblutungen oder auch längerdauernden Sickerblutungen. Die Ursachen für Bluterbrechen liegen in schweren Verletzungen der Schleimhaut durch Fremdkörper, Erosionen bei Tumoren und Geschwüren, die durch Urämie, Streß oder Arzneimittel wie langanhaltende Behandlung mit Aspirin und Kortikosteroiden hervorgerufen werden können. Im Zusammenhang mit einer hämorrhagischen Diathese kann Bluterbrechen als Folge von Vergiftungen mit Cumarin-Derivaten oder häufiger als Folge einer Thrombozytopenie auftreten.

Für die Diagnosefindung ist die Anamnese wichtig. Insbesondere wird nach Fremdkörperaufnahme gefragt, oder ob die Katze Zugang zu vergifteten Ködern hatte. Über die klinische Allgemeinuntersuchung hinaus ist eine sorgfältige Untersuchung der

Maulhöhle und des Rachens notwendig. Führt diese nicht zur Diagnose, werden röntgenologische und labordiagnostische Untersuchungen angeschlossen. Im weiteren kann sich eine endoskopische Untersuchung der Speiseröhre und des Magens bis hin zum Duodenum anschließen.

Differentialdiagnostisch muß bei Hämatemesis in jedem Fall auch an eine Hämatopnoe gedacht werden.

Erkrankungen der Maulhöhle

Allgemeines

Bei der Katze beginnt der Durchbruch der Milchzähne mit der zweiten Woche und ist gewöhnlich nach der siebten Woche vollzogen. Das bleibende Gebiß bricht zwischen dem dritten und sechsten Monat durch. Anodontie, das Fehlen von einem oder mehreren Zähnen, ist bei der Katze beschrieben, jedoch sehr selten.

Die Maulhöhle enthält eine große Menge verschiedener Bakterien. Diese mikrobielle Flora unterscheidet sich von der Keimbesiedlung im Bereich der Nasenöffnungen, des Nasopharynx oder des Oropharynx. Im Saugwelpenalter befindet sich der überwiegende Teil der Bakterien auf dem Zungenrücken. Mit dem Durchbruch der Zähne wechseln die Bakterienkolonien auf die Zahnoberfläche und an den Zahnfleischrand. Auf der Krone der Zähne sind sie an der Plaquebildung entscheidend beteiligt. In Zahnbelägen finden sich eine Vielzahl von Bakterien, es werden im Durchschnitt Zahlen von 2×10^{12} Bakterien/g Plaquematerial angegeben. Die Anhäufung von Plaques, verbunden mit Mineralisation, führt zur Zahnsteinbildung. Die normale Bakterienflora der Katze besteht im wesentlichen aus aeroben Bakterien. Die Streptokokken machen mit 80 bis 90 % den größten Anteil aus. Im Laufe der weiteren Entwicklung kommen auch andere Bakterienstämme hinzu. Vor allem Spirochäten und Bacteroidesspezies als Bewohner des Gingivalsulkus spielen hier eine Rolle. Bei lokalen Resistenzminderungen können die Bakterien in das Weichteilgewebe penetrieren und Entzündungen hervorrufen. Eine besondere Bedeutung hat die Maulhöhlenflora aber auch bei Bißverletzungen, wo sie gesundes Gewebe kontaminiert. Die Keimzahl und die Zusammensetzung der Mundhöhlenflora beeinflußt im wesentlichen die Art und die Schwere der Entzündung, die sich in der Maulhöhle entwickeln kann. Exogene Infektionen durch Bakterien, die sich normalerweise dort nicht aufhalten, sind sehr selten. Klinisch relevante Infektionen entstehen durch endogene Organismen, wenn eine Gruppe über die andere dominiert und die physiologisch ausgewogene Keimflora gestört wird. Besonders hartnäckige Erkrankungen entstehen nach Immunsuppression (FeLV, FIV).

Zähne

Erkrankungen der Zahnpulpa (Pulpitis)

Die Pulpahöhle enthält Weichteilgewebe, das aus Blutgefäßen, Nerven und Bindegewebe zusammengesetzt ist. Dementsprechend liegt ihre Funktion alleine darin, das Dentin mit Nährstoffen zu versorgen und die sensorischen Impulse zu übermitteln. Erkrankungen der Pulpa (Pulpitis) können durch direkte Verbindungen der Pulpahöhle mit der Maulhöhle und durch Ausdehnung von peridontalen Erkrankungen über die Wurzelspitze des Zahnes entstehen. Durch Zahnfrakturen und tiefgreifende kariöse Veränderungen kann die Zahnpulpa mit der oralen Flora in Kontakt kommen. Erkrankungen der Pulpa zeigen sich in einer Dunkelfärbung der Zähne, wenn der Prozeß chronisch wird. Braun- oder Dunkelfärbung des Dentins um die verletzte Pulpahöhle herum deutet Reparationsvorgänge durch sekundäre Dentinbildung an. Solche Veränderungen zeigen sich vor allen Dingen an den Kanini und auch an den Schneidezähnen älterer Katzen; diese Zähne bleiben in der Regel lebensfähig, sind aber teilweise schmerzhaft. Liegt eine Rot- oder Rosafärbung der Zähne vor, so deutet dies eine kürzlich entstandene Pulpaerkrankung an. In solchen Fällen ist es erforderlich, möglichst innerhalb von 12 Stunden eine Pulpahöhlenbehandlung durchzuführen, da sich sonst innerhalb von 6 bis 12 Monaten Nekrosen entwickeln.

Zahnfrakturen sind oft schwer zu erkennen. Wird eine Zahnfraktur vermutet, empfiehlt es sich, die Zähne von hinten zu beleuchten, um in dem durchscheinenden Licht die Frakturlinie besser erkennen zu können. Ist die Pulpahöhle nicht eröffnet, so muß der Zahn keiner weiteren Behandlung unterzogen werden. Liegt aber eine Längsfraktur mit Eröffnung der Pulpahöhle vor, so ist eine Behandlung durchzuführen oder der Zahn zu extrahieren. Röntgenaufnahmen müssen angefertigt werden, wenn zu erwarten ist, daß über die Zahnfraktur hinaus auch der Kiefer verletzt ist.

In sehr seltenen Fällen kommt es von peridontalen Erkrankungen ausgehend zu einer Beteiligung des Zahnwurzelkanals und der Pulpahöhle. Hat sich dennoch aufgrund von peridontalen Entzündungen ein Wurzelspitzenabszeß oder eine Pulpanekrose gebildet, muß eine Wurzelkanalbehandlung oder die Zahnextraktion durchgeführt werden.

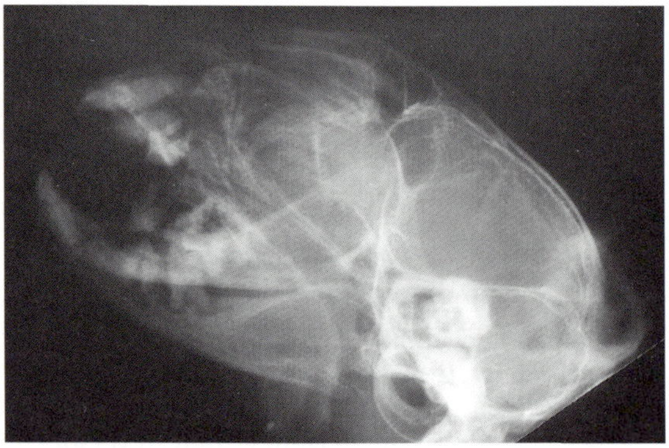

Abb. 8: Röntgenaufnahme (latero-lateral) einer Katze mit ausgedehnter Periodontitis und periapikalen Abszessen an Prämolaren und Molaren des Unterkiefers.

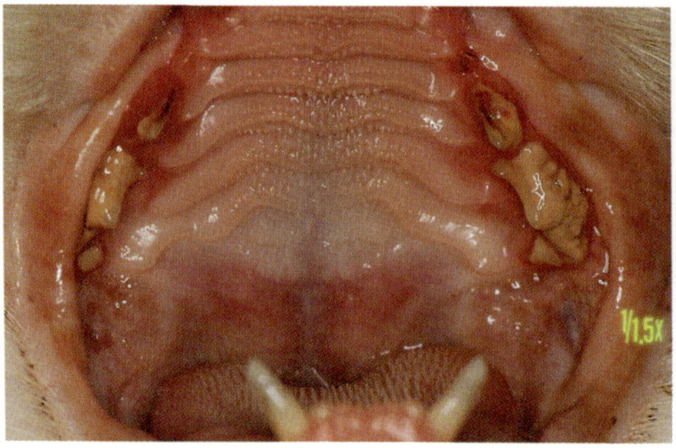

Abb. 9: Ausgedehnte Zahnsteinbildung mit Periodontitis und Gingivitis.

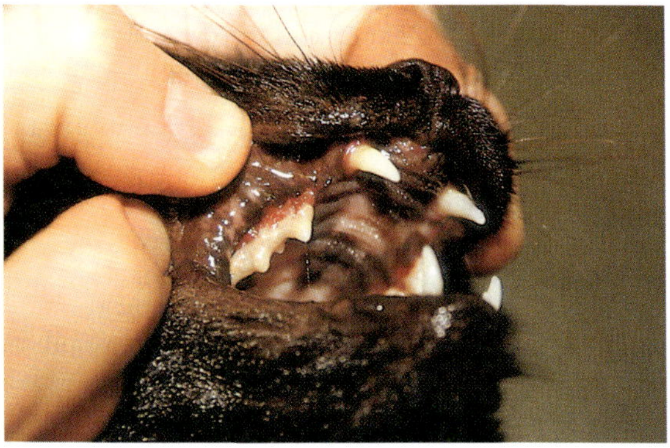

Abb. 10: Periodontitis nach Plaquebildung an den prämolaren Zähnen im Oberkiefer.

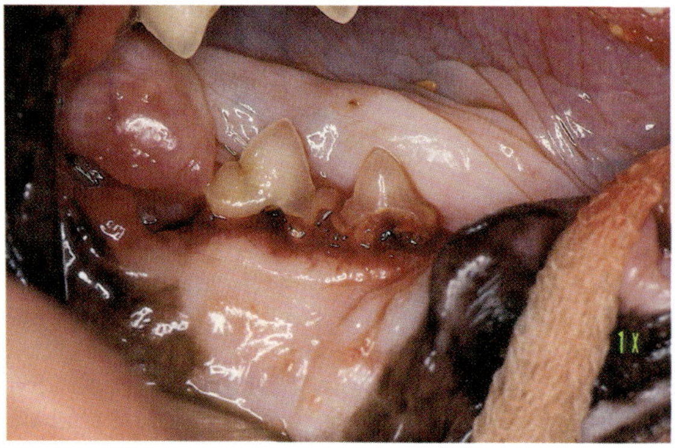

Abb. 11: 8 Jahre alte Katze mit externer Zahnwurzelresorption (neck lesions).

Erkrankungen des Wurzelkanals sind oft sehr schmerzhaft und zeigen sich unter Umständen in einer Kopfschiefhaltung, verändertem, einseitigem Kauen, verminderter Futteraufnahme, Gewichtsverlust und durch Bewegungen der Pfote in Richtung des schmerzhaften Prozesses. Röntgenologisch ist ein Wurzelspitzenabszeß in einer Aufhellung erkennbar, die durch Sklerose, Zystenbildung oder Reaktionen am Knochen hervorgerufen wird (Abb. 8).

Zahnstein (Abb. 9)

Zahnstein bildet sich aus Plaque. Plaques (Abb. 10) sind Zusammenlagerungen von untergegangenem Weichteilgewebe, Bakterien und bakteriellen Stoffwechselprodukten, die sich mit Speichel mischen. Katzen, die überwiegend im Haus gehalten werden, also keine Mäusefänger sind und bevorzugt Weichfutter fressen, neigen zu exzessiver Zahnsteinbildung. Zahnstein ist als schmutzig-gelb-braune, harte mineralisierte Masse zu erkennen, die fest an der Zahnoberfläche haftet. Die stetige Weiterentwicklung des Zahnsteins, zusammen mit anderen Faktoren wie Kalzium/Phosphor-Verhältnis und bakterieller Besiedelung des Speichels führt zu periodontalen Erkrankungen. Dabei entwickeln sich Zahnfleischtaschen, Zerstörung des periodontalen Ligamentes und Zahnverlust bis zur Ausschälung des Alveolarknochens. Weiterhin zeigen sich ein fauliger Mundgeruch, Schmerzen und Unfähigkeit, Nahrung ausreichend zu kauen.

Externe Zahnwurzelresorption (Katzenkaries, neck lesions)

Ätiologie

Unter externer Wurzelresorption (Wurzelauflösung) werden Veränderungen an den Zähnen von Katzen bezeichnet, die durch Osteoklastenaktivität entstehen (Abb. 11). Es handelt sich dabei nicht um kariöse Veränderungen, obwohl diese Erkrankung, die vor allen Dingen bei älteren Hauskatzen auftritt, aber auch bei allen Rassekatzen gesehen wird, auch als Katzenkaries, Zahnhalskaries (neck lesions), Schmelzrandkaries oder Wurzelkaries bezeichnet wird. Die Ursache der externen Zahnwurzelresorption der Katze ist bis heute unbekannt. Es besteht offenbar kein Zusammenhang zu FeLV-Infektionen, Plaque- oder Zahnsteinablagerungen oder spezifischen bakteriellen Einflüssen. Hingegen wird die externe Zahnwurzelresorption häufig gemeinsam mit lymphozytären und plasmazellulären Zahnfleischentzündungen gefunden. Die Zusammenhänge sind allerdings unklar. Das Auftreten der externen Zahnwurzelresorption hängt offenbar von der Dauer solcher Entzündungen ab und auch davon, in welchem Grade sie sich entwickeln. Sehr früh werden Veränderungen bei proliferativem, stark entzündetem Zahnfleisch gesehen, das zwischen den betroffenen Zähnen liegt. Bei der externen Zahnwurzelresorption selbst handelt es sich um eine Aushöhlung des Zahnes am Übergang von Schmelz zu Zahnzement, d. h. im Bereich des Zahnhalses (neck lesions). Der Substanzverlust ist scharf umrandet und von Schmelz und Dentin begrenzt, die ihrerseits normale Härte und Zusammensetzung zeigen. Die Aushöhlungen und Substanzverluste können soweit gehen, daß die Pulpahöhle frei liegt. Größere Defekte unterminieren die Krone des Zahnes, bis sie letztendlich verlorengeht. Die verbliebenen Wurzelfragmente stecken in den Alveolen und haben die Neigung, sich zystisch zu verändern. In langanhaltenden Fällen, in denen verschiedene Zähne betroffen sind, ragen nur noch Zahnspitzen und -stümpfe durch das veränderte Zahnfleischgewebe hervor. Es können zwar alle Zähne betroffen sein, die externe Wurzelresorption tritt aber vorwiegend an den molaren und prämolaren Zähnen auf. Die Hauptangriffsfläche ist der buccale Teil der Zähne, es werden aber auch linguale Defekte beobachtet. Es können einzelne Zähne betroffen sein, in der Regel sind es aber mehrere.

Symptome

Die externe Zahnwurzelresorption ist äußerst schmerzhaft und erfordert daher eine Behandlung. Die Symptome dieser Erkrankung sind Salivation, Kaubeschwerden oder Bevorzugung von Weichfutter und Wischen mit der Pfote zum Maul.

Diagnose

Während der Mundhöhlenuntersuchung wehrt sich die betroffene Katze im allgemeinen stark, da beim Öffnen der Maulhöhle durch den Druck der Hände die Schmerzen verstärkt werden. Daher ist es in solchen Fällen oftmals notwendig, die Katze unter Allgemeinanästhesie zu untersuchen. Das Zahnfleisch der betroffenen Zähne ist stark entzündet und blutet sehr leicht bei der geringsten Berührung. Röntgenologisch können die externen Zahnwurzelresorptionen als Bereiche verminderter Strahlendichte in den Zähnen gesehen werden (Abb. 12). Um das Ausmaß der Einbeziehung der Pulpa festzustellen, müssen Röntgenaufnahmen in 2 Ebenen angefertigt werden, wobei es erforderlich ist, einen speziellen Zahnfilm zu verwenden. Auf einer Schädelaufnahme sind die entsprechenden Defekte nicht sichtbar. Im Zusammenhang mit der externen Zahnwurzelresorption kommt es zu einem Untergang der elastischen Aufhängung des Zahnes durch die kollagenen Faserbündel (Sharpey'sche Fasern). Durch den Verlust dieses periodontalen Ligamentes entwickelt sich eine Ankylose zwischen Zahn und Alveolarknochen. Hierdurch wird die Extraktion der verbleibenden Zahnreste schwierig. Katzen, die an der externen Wurzelresorption leiden und bei denen Zähne fehlen, müssen röntgenologisch untersucht werden um festzustellen, ob Wurzelreste in den Alveolen verblieben sind.

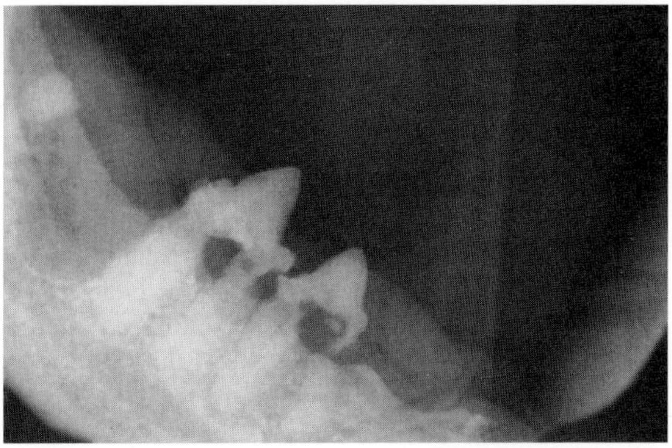

Abb. 12: Röntgenaufnahme von Zähnen mit externer Zahnwurzelresorption.

Therapie

Die Therapie der externen Wurzelresorption hängt von der Schwere der Veränderungen, der Zahl der betroffenen Zähne und den Wünschen des Besitzers ab. Die befallenen Zähne können fluoridiert werden, mit dem Ziel, das Fortschreiten der Erkrankung zu verzögern. Diese Maßnahmen müssen aber im 6monatigen Abstand wiederholt werden, um die Weiterentwicklung der Erkrankung nachhaltig aufzuhalten. Aber auch eine konservierende Behandlung mit Amalgam, Kunststoffen oder anderen Füllmaterialien kann versucht werden. Wenn die Pulpahöhle mit betroffen ist, muß zur Erhaltung des Zahnes rechtzeitig eine Wurzelkanaltherapie eingeleitet werden.

Da bei Katzen eine konservierende Behandlung sehr schwierig und zeitaufwendig ist, wird in der Regel in solchen Fällen die Zahnextraktion durchgeführt. Nach der Zahnextraktion verbessert sich das Befinden im allgemeinen sehr schnell, der Appetit steigt, die Katzen nehmen an Gewicht zu. Immer ist es notwendig, Zahnreste mit einem Rosenbohrer oder Kegelbohrer, u. U. auch mit einem Schleifkörper zu entfernen. Die Therapie der häufig gleichzeitig auftretenden lymphozytär-plasmazellulären Zahnfleischentzündung wird konservativ mit Steroiden oder Progestagenen vorgenommen.

Karies (Caries dentium)

Ätiologie

Karies ist eine lokale Demineralisation des Zahnschmelzes durch Toxine, in erster Linie Milchsäure, die durch kohlenhydratspaltende Bakterien gebildet werden. Dazu lösen die durch die Bakterien gebildeten Enzyme die organische Substanz der harten Zahnanteile auf. So kann Karies die Pulpahöhle befallen und die Ursache für Erkrankungen im Zahninneren sein.

Karies wird bei der Katze relativ selten gesehen, wobei eine gewisse Disposition durch Störungen der primären Mineralisation gegeben sein kann. Die Gründe, weshalb Karies bei der Katze selten auftritt, liegen in der Futterzusammensetzung, in der wenig Kohlenhydrate vorhanden sind, womit die Entwicklung einer kariogenen Mundflora praktisch ausgeschlossen ist. Außerdem sind die Form der Zähne und die großen Zahnzwischenräume wenig dazu geeignet, daß Futterreste haften bleiben, die als Nährböden für kariesbildende Bakterien dienen. Der alkalische Speichel der Katze als Fleischfresser hemmt zusätzlich das Wachstum milchsäure- und toxinbildender Bakterienstämme.

Symptome und Diagnostik

Beschwerden, die sich beim Auftreten von Zahnkaries zeigen, sind Schmerzen beim Kauen und übler Mundgeruch (Foetor ex ore). Die Diagnose wird durch Adspektion mit Hilfe einer guten Lichtquelle und eines Zahnkratzers gestellt. Da die Läsionen am Zahn oftmals sehr schmerzhaft sind, ist für die Untersuchung in der Regel eine Anästhesie erforderlich. Die anfänglich sichtbaren Veränderungen sind fleckige Trübungen des dann glanzlosen und stumpfweißen Zahnschmelzes. Später, mit Freiwerden des Dentins, wird der Zahn lokal und unscharf begrenzt braun-schwarz. Es entwickelt sich eine Aushöhlung am Zahn, die bis in die Pulpahöhle reichen kann. Von anderen Veränderungen am Zahnschmelz, z. B. Schmelzhypoplasien, unterscheiden sich die Kariesdefekte dadurch, daß sie vergleichsweise weich sind und die befallenen Stellen einen unregelmäßigen, rauhen Boden aufweisen. Karies findet man bei der Katze, wenn überhaupt, vorwiegend an den Kauflächen oder Molaren und seltener am Zahnhals.

Therapie

Bei der Katze wird die Behandlung im allgemeinen in einer Extraktion des befallenen Zahnes bestehen. Leichtere bis mittelgradige Veränderungen können durch Aufbohren und Abschleifen des kariösen Materials und anschließende Fluoridierung und/oder Füllung mit Amalgam versorgt werden.

Periodontitis

Ätiologie

Bei der Periodontitis oder Parodontitis apicalis handelt es sich um einen entzündlichen Prozeß in der Umgebung der Wurzel bzw. der Wurzelspitze des Zahnes. Dabei wird die Wurzelhaut (Periodontium) und deren knöcherne Umgebung mit einbezogen. Die Entzündung entsteht in der Regel durch bakterielle Infektionen. Beschränkt sich die Entzündung lediglich auf das Periodontium, wird diese periodontale Erkrankung als Gingivitis bezeichnet. Ist das benachbarte Gewebe dagegen mit einbezogen, wird der Begriff Periodontitis, vor allen Dingen unter Einbeziehung der Wurzel, als Parodontitis apicalis bezeichnet. Die Erkrankung beginnt meist in der Tiefe und wird von einer verstärkten Exsudation zwischen Zahn und Zahnfleischrand begleitet. Schreitet die Entzündung fort, so entwickelt sich am Zahnfleischrand eine entzündliche Veränderung, die auf das weitere Zahnfleisch übergreifen kann. Im weiteren Verlauf führt die Entzündung zu einer Lockerung des periodontalen Gewebes, was eine Instabilität des Zahnes nach sich zieht. Am häufigsten erfolgt die Infektion durch eingekeilte Futtermassen zwischen Zahn und Zahnfleischrand, aber auch Pulpitiden, Zahnfissuren und -frakturen und die senile Atrophie des Zahnfleisches können zur Entstehung einer Periodontitis beitragen. Im wesentlichen sind es Bacteroides- und Fusobacterium-Spezies, von denen eine Erkrankung des Periodontiums ausgeht.

Bei der Katze können im Zusammenhang mit einer allgemeinen Gingivitis/Stomatitis Caliciviren nachgewiesen werden. Inwieweit diese Beobachtung bei der Entstehung der periodontalen Erkrankung der Katze tatsächlich eine Rolle spielt, ist bisher ungeklärt. Im weiteren Verlauf kann es, jedenfalls von einer Periodontitis ausgehend, zu einer ulzerativen Veränderung des subgingivalen Epithels kommen. Die Entzündung kann dabei bis in den Alveolarknochen fortschreiten (Abb. 13). Nicht selten ist auch

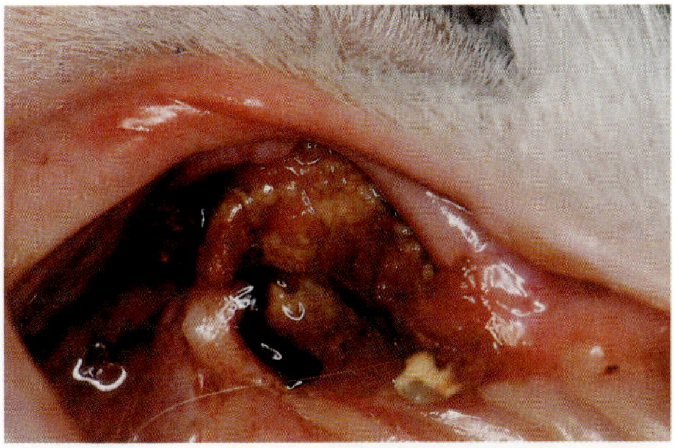

Abb. 13: Knochennekrose infolge tiefgreifender Entzündung im Bereich der rechten Oberkieferbackenzähne.

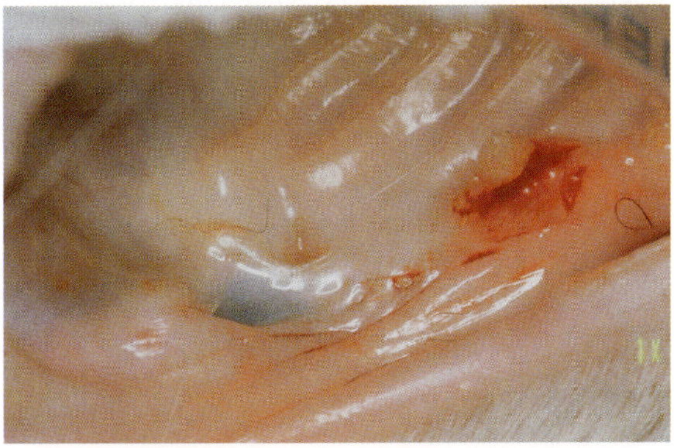

Abb. 14 b: Dieselbe Katze: Öffnung der Fistelkanäle auf Höhe der Alveolarfächer von P 4 und M 1 des Oberkiefers rechts.

eine Abszedierung oder Fistelbildung (Abb. 14 a) des periodontalen oder periapikalen Gewebes unter Einbeziehung der Pulpa, die dann zu Schmerzen und Beschwerden beim Kauvorgang führt (Abb. 14 b).

Symptome

Periodontale Erkrankungen sind also in der Regel die Folge bakterieller Infektionen, so daß die Zeichen der Entzündung mit Wärme, Rötung, Schwellung, Schmerz und Verlust der Funktion gesehen werden. Die Tiere sind in unterschiedlichem Ausmaß beim Kauen behindert.

Diagnose

Gemeinsames Auftreten von Zahnstein und Plaquebildung an den Zähnen, Verlust des Kontaktes von Zahnfleisch zu Zahnhals, eine bis an die Wurzel herunterreichende Taschenbildung, Exsudationen aus diesem entzündeten Bereich oder entfernt davon

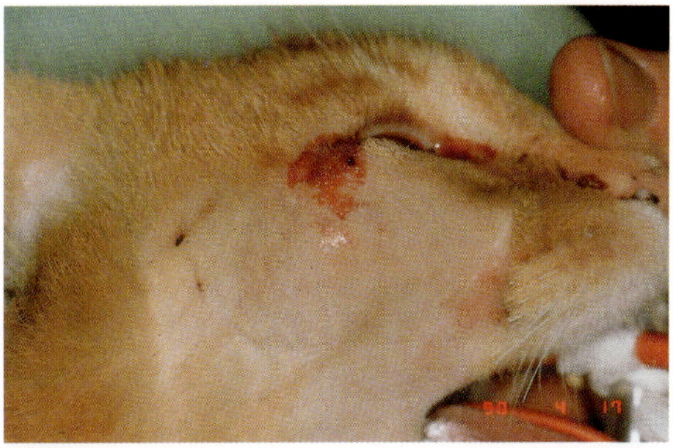

Abb. 14 a: Zahnfistel mit periorbitaler Abszedierung. Ursache sind Wurzelreste einer vorangegangenen Zahnbehandlung.

nach Fistelbildung ermöglichen bereits die Diagnosestellung bei der Adspektion (Abb. 9, 10, 11). Die Periodontitis kann oft nur schwer von der Gingivitis unterschieden werden.

Röntgenaufnahmen und Untersuchungen des Gingivalspaltes mit einer dünnen Sonde sind für die Unterscheidung dieser beiden Erkrankungen hilfreich (Abb. 14 c, d). Tritt aus der Zahnfleischtasche Blut und seröse oder eitrige Flüssigkeit aus (Abb. 14 b), können Plaques festgestellt werden und sind die Taschen tiefgreifend, dann handelt es sich um eine echte Periodontitis und nicht nur um Hyperplasien des Zahnfleisches, wie sie im Zusammenhang mit einer Gingivitis gesehen werden. Es gehört jedoch einige Erfahrung dazu, sogenannte Pseudotaschen, wie sie bei Zahnfleischentzündungen auftreten, von richtigen tiefen Schleimhauttaschen, wie sie für periodontale Erkrankungen typisch sind, schnell und sicher zu differenzieren. Katzen, die Taschen aufweisen, die tiefer als 3 mm reichen und deren freier Zahnfleischrand mehr als 2 mm vom Zahnhals entfernt ist, haben, allgemein gesprochen, eine Periodontitis. Röntgenologisch zeigen sich tiefe Entzündungen des Periodontiums in einem Verlust des Alveolarknochens. Entzündungen des Weichteilgewebes dagegen, wie Fisteln und Abszesse, werden durch sorgfältige Inspektion und Sondierung erfaßt.

Therapie

Katzen mit einer Periodontitis müssen einer Zahnbehandlung unterzogen werden (Abb. 14 a–f).

Da Bakterien die wichtigste primäre Ursache der periodontalen Erkrankungen sind, ist der zu erhaltene Zahn sorgfältig von Plaques zu reinigen und eventuell vorhandene Futterreste aus der Zahnfleischtasche zu entfernen. Diese, wie auch die weiteren Maßnahmen zur Zahnsteinentfernung sowie notwendige Zahnfleischresektionen werden unter Allgemein-

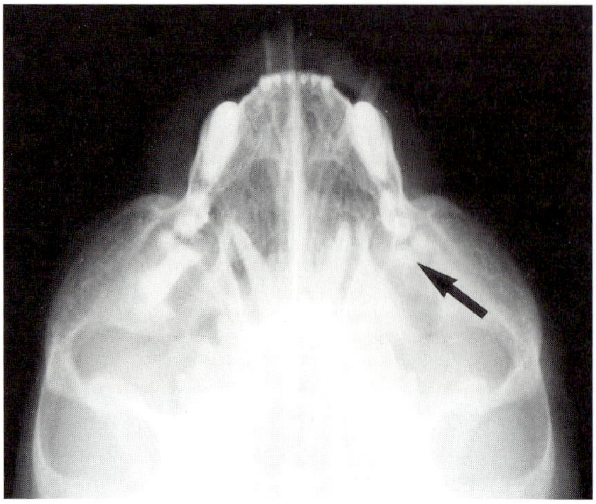

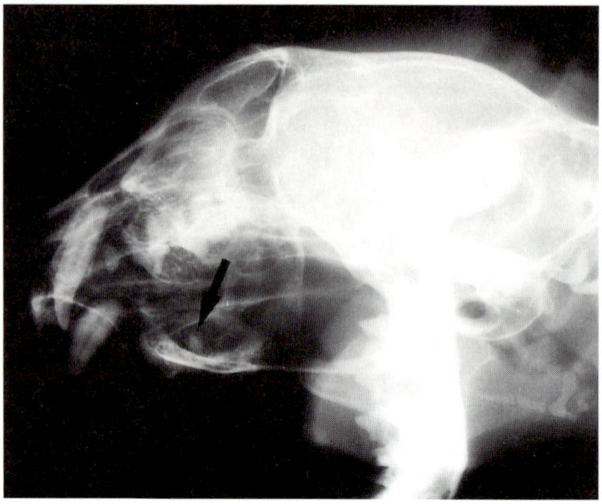

Abb. 14 c, d: Röntgenaufnahmen in 2 Ebenen des Kiefers derselben Katze. Pfeile zeigen auf die Wurzelreste, die den Fistelgrund darstellen.

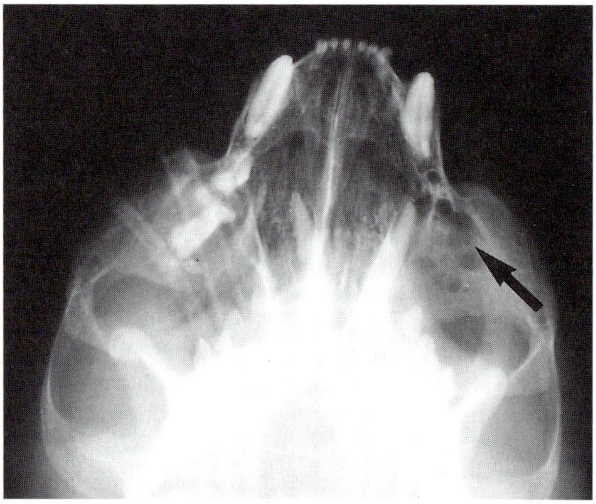

Abb. 14 e: Röntgenaufnahme (ventrodorsal). Pfeil zeigt auf die Alveolarhöhle, aus der die Wurzelreste entfernt wurden.

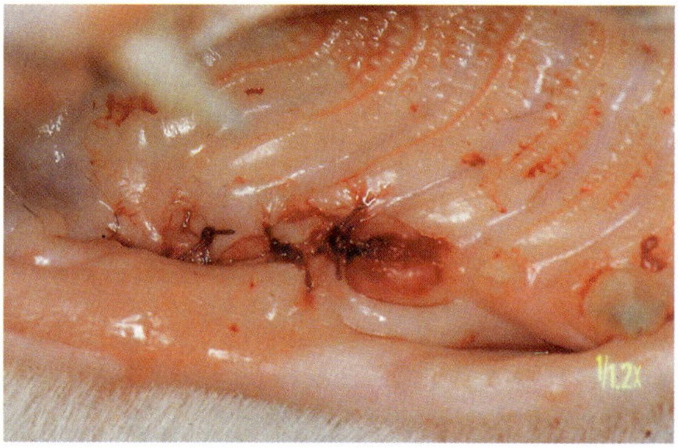

Abb. 14 f: Mundhöhle nach Eröffnung der Fistelkanäle und Extraktion der Wurzelreste. Naht der Schleimhaut mit Vicryl®.

narkose durchgeführt. Zahnstein und Plaquebeläge können mit einem Zahnsteininstrument (Skaler) und/oder Ultraschallgerät entfernt werden (Abb. 6 a, b). Bei der Anwendung des Skalers ist darauf zu achten, daß er nahe der Spitze gefaßt wird und daß die Kratzbewegungen von der Tiefe gegen die Zahnkrone geführt werden. Beim Gebrauch des Ultraschallgerätes ist unbedingt eine Wasserkühlung zu benutzen. Weiterhin muß darauf Wert gelegt werden, daß die Ultraschallsonde zur Entfernung hartnäckiger Zahnsteinbeläge nicht an einer Stelle ruht. Wichtig ist außerdem, daß die Sondenspitze des Ultraschalls in einem Winkel von etwa 45° zur Zahnoberfläche gehalten wird. Die Ultraschallsonde eignet sich vor allen Dingen auch für die Reinigung der Zahnflächen, die in der Tiefe der Taschen liegen. Die Rauhigkeiten, die auf der Zahnoberfläche nach der Entfernung des Zahnsteines zurückbleiben, müssen zur Prophylaxe sorgfältig geglättet werden. Hierzu haben sich niedertourige Gummipolierer und die Anwendung von Polierpaste bewährt. Insbesondere wenn die entzündlichen Prozesse bis in die Umgebung der Wurzelspitze des Zahnes reichen, damit also die Wurzelhaut und deren knöcherne Umgebung mit erfaßt ist, muß eine Resektion der freien Zahnfleischtaschen vorgenommen werden. Die Entfernung des Weichteilgewebes vermindert die Möglichkeit, daß sich Futter, und damit Bakterien, ansammelt und so in Kontakt zum Periodontium gelangt. Nach der Gingiektomie sollte für etwa 2 bis 4

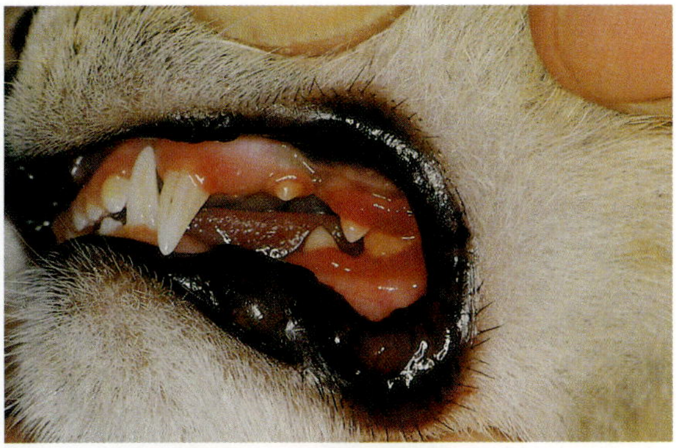

Abb. 15: Gingivitis im Zusammenhang mit dem Zahnwechsel. Im allgemeinen keine Behandlung erforderlich.

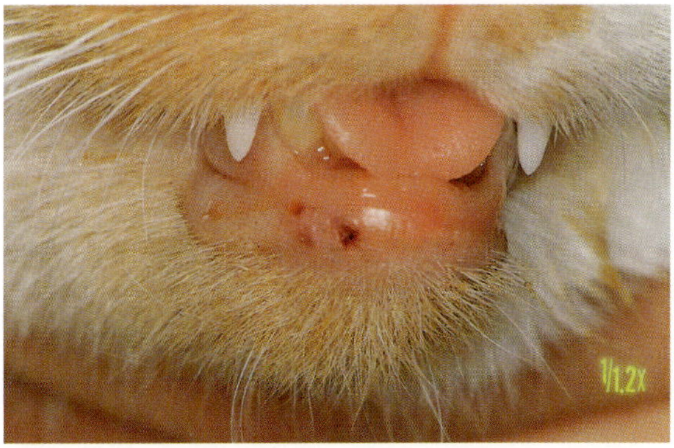

Abb. 16: Cheilitis nach Kontakt mit ätzender Substanz.

Wochen Weichfutter gefüttert werden. Danach kann auf normales Futter umgestellt werden. Eine erfolgreiche Therapie und Prophylaxe ist nur gewährleistet, wenn der Patient in seiner häuslichen Umgebung entsprechend gehalten wird. Die Verwendung von Munddesinfizienzien bei der Katze ist eher von theoretischer Bedeutung. Die Anwendung systemischer Antibiotika, wie vor allen Dingen Spiramycin, das über den Speichel in hoher Konzentration in der Mundhöhle angereichert wird, hat sich bewährt. Da der Anteil an Kohlehydraten in der Nahrung von Bedeutung ist, sollte vor allen Dingen die Verfütterung von Süßigkeiten vermieden werden. Kauübungen führen zu einer Vermehrung alkalischen Speichels, womit es zu einer Neutralisation saurer Produkte wie der durch die Bakterien produzierten Milchsäure kommt. Zähnebürsten, das beim Hund mit Erfolg angewendet wird, toleriert die Katze im allgemeinen nicht. Katzen, die freien Auslauf haben und Mäusefänger sind, haben in der Regel keine Probleme mit periodontalen Erkrankungen und Zahnstein.

Gingivitis

Eine deutliche Rötung des Zahnfleischrandes (Hyperämie des Zahnfleischrandes) bei Katzenwelpen ist gelegentlich Grund für eine Vorstellung durch den Patientenbesitzer. Der Patient scheint dabei in seinem Wohlbefinden nicht beeinträchtigt zu sein, und die Hyperämie verschwindet spätestens mit dem Zahnwechsel. Eine Behandlung ist nicht erforderlich (Abb. 15).

Ätiologie und Symptome

Entzündungen des Zahnfleisches treten im Bereich oder der näheren Umgebung der Zähne auf. Der Charakter der Entzündung kann sehr unterschiedlich sein. Er reicht von der akut auftretenden hochroten Gingivitis acuta simplex, deren Ursache häufig schmierige Beläge auf den Zähnen und dem Zahnfleisch sind, die aber auch in Gesellschaft von fieberhaften Allgemeinerkrankungen auftritt, bis zu tiefgreifenden, nekrotisierenden oder ulzerativen Veränderungen mit fortschreitendem Gewebszerfall. Die Gingivitis necroticans oder ulcerosa ist häufig mit einer Stomatitis verbunden und tritt vor allen Dingen am buccalen Zahnfleischrand auf. Als Folge des zerfallenden putriden Gewebes (putride Infektion) entsteht ein aashafter Foetor ex ore. Die Katzen zeigen bei Berührung Schmerzen, das Futter wird häufig wegen der mechanischen Reizung verweigert. Darüber hinaus findet sich ein vermehrter Speichelfluß und vielfach auch eine Vergrößerung der regionären Lymphknoten. Die Keimbesiedlung entspricht der bei den periodontalen Erkrankungen beschriebenen, und auch hier sind es primär Bakterien aus dem Mundhöhlenbereich, die an den entzündlichen Veränderungen beteiligt sind. Begünstigend wirken Zahnplaque, Karies, Zahnstein, eingespießte Futterreste, aber auch Resistenzschwäche. Aus den Ulzerationen läßt sich häufig in Übereinstimmung mit den Erregern der Claud-Vincent-Angina eine Fusospirochätose nachweisen.

Therapie

Wesentliches Ziel der Behandlung muß eine sorgfältige Beseitigung der Plaques, der Speisereste und des Zahnsteines sein, wobei hier, im Gegensatz zur Periodontitis, auf eine Gingiektomie verzichtet werden kann. Die Behandlung, die unter Sedation erfolgt, wird nach der Reinigung fortgesetzt, indem das Zahnfleisch mit 3%iger H_2O_2-Lösung touchiert wird.

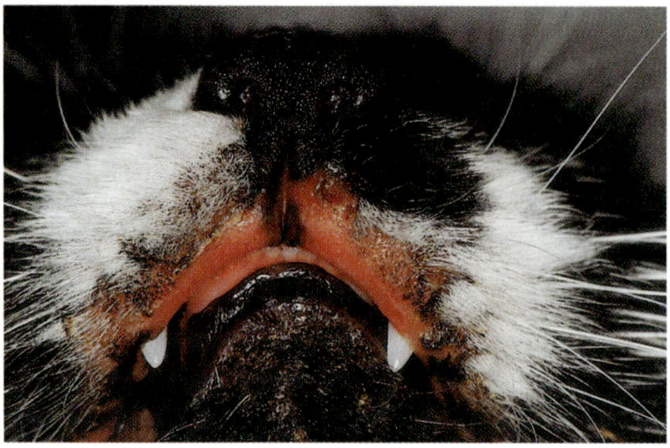

Abb. 17: Eosinophiles Granulom. Cheilitis an der Oberlippe.

Abb. 18: British Kurzhaar Katzenwelpe mit Cheiloschisis.

Für die Nachbehandlung haben sich bei der Katze insbesondere Spiramycin- und Clindamycin-Präparate bewährt.
Liegen andere Allgemeinerkrankungen zugrunde, muß über die lokale Behandlung hinaus die Grundkrankheit behandelt werden. Differentialdiagnostisch sind Verwechslungen mit der Periodontitis möglich. Bei der chronischen Gingivitis sind jedoch keine Zahnfleischtaschen vorhanden, die dort allerdings durch das ödematös gequollene Zahnfleisch vorgetäuscht werden können. Ebenso liegt keine Zahnlockerung vor.

Stomatitis

Die Mundhöhlenschleimhaut ist gut durchblutet und enthält sehr viel lymphoretikuläres Gewebe, wodurch sie als wirksame Barriere gegenüber Infektionen dient. Entzündungen der Mundhöhle werden als Stomatitis, die der Rachenhöhle als Pharyngitis bezeichnet. Je nach Lokalisation können ferner eine Glossitis oder Gingivitis, Cheilitis (Abb. 16) oder Tonsillitis unterschieden werden.

Ätiologie

Die Stomatitis kann Ausdruck einer Allgemeinerkrankung sein: Urämie, Schwermetallvergiftung (besonders Thallium), Immundefekt (T-Zellsupression, FIV, FeLV-Infektion u. a.), Immunopathie (Pemphigus, eosinophiles Granulom, Abb. 17); oder es handelt sich um lokal induzierte Erkrankungen: Zahnanomalien und -krankheiten, Traumen, Mißbildungen (Abb. 18), Virusinfektionen (felines Rhinotracheitis-Virus, felines Calici-Virus), Mykose (Candida) und Tumoren.
Nach Verletzung der Mundschleimhaut ist die Heilungstendenz bei gesunden Tieren gut. Entzündungserscheinungen sind unterschiedlicher Qualität. Eine Stomatits catarrhalis findet sich in der Regel bei unspezifischer Ursache, die Stomatitis vesiculosa wird bei Virusinfektionen, Verbrennungen und Verätzungen gesehen und die Stomatitis erosiva et ulcerosa entwickelt sich oft im Anschluß an eine Stomatitis vesiculosa.
Der Grad der Entzündung hängt in entscheidendem Maße von der Zusammensetzung der Mundhöhlenflora ab. Entscheidend erschwert oder gar unmöglich gemacht wird die Heilung einer Entzündung im Bereich der Mundschleimhaut bei Vorliegen einer lokalen oder allgemeinen Resistenzminderung (z. B. FIV-Infektion, Abb. 19 a, b). Auch Ursachen wie Zahnfrakturen, Pulpitis, Zahnstein oder scharfe Zahnkanten unterhalten eine Stomatitis, wenn sie nicht beseitigt werden (Abb. 20 a, b).

Symptome

Erkrankungen der Mundschleimhaut verlaufen mit einer Verminderung des Appetits. Ausgeprägt ist die Inappetenz, wenn die Stomatitis als Symptom einer Allgemeinerkrankung in Erscheinung tritt. Dysphagie mit Salivation wird bei tiefgreifenden, ulzerösen Veränderungen beobachtet. Oftmals ist dem Speichel Blut beigemengt. Hier wird der Patientenbesitzer meist durch einen Foetor ex ore auf die Erkrankung aufmerksam.
Nach dem Verlauf kann zwischen akuten und chronischen Formen der Stomatitis unterschieden werden.

Diagnose

Neben der Erhebung eines vollständigen Vorberichtes und der klinischen Allgemeinuntersuchung muß die Mundhöhle sorgfältig – in vielen Fällen unter Sedierung des Patienten – inspiziert werden. Die

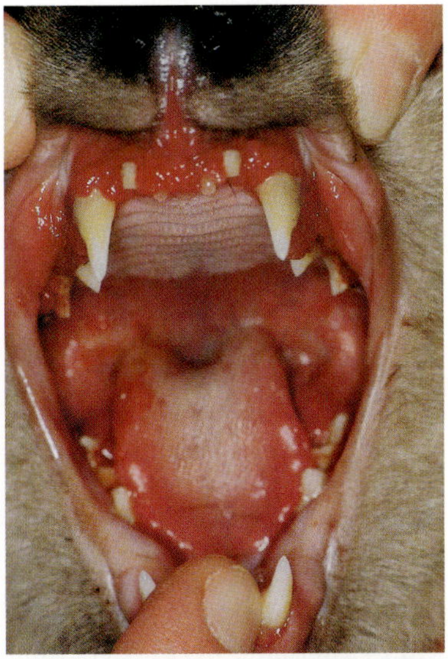

Abb. 19 a: Siamkatze (4 Jahre) mit ausgedehnter Stomatitis und Pharyngitis. Serologisch wurden Antikörper gegen das Feline Immunschwäche Virus (FIV) nachgewiesen.

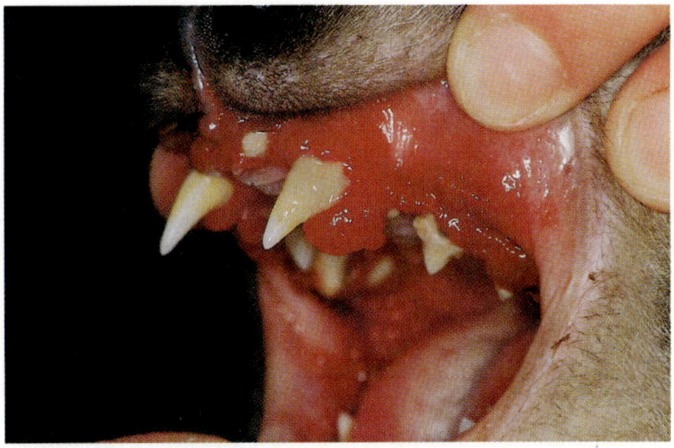

Abb. 19 b: In der seitlichen Aufnahme zeigen sich bei dieser Katze die hyperplastischen Veränderungen des Zahnfleisches.

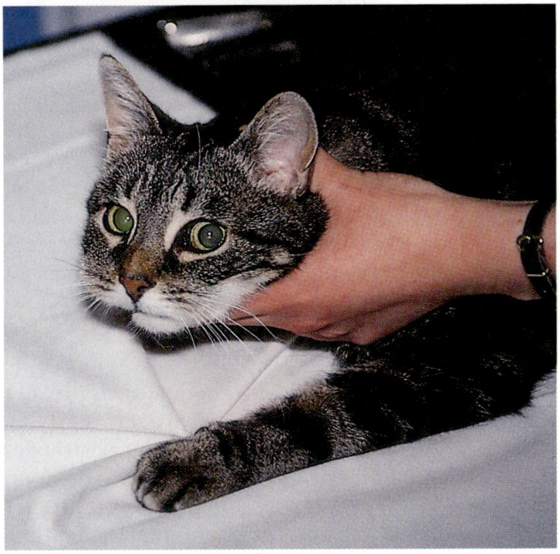

Abb. 20 a: Geschwollener linker Oberkiefer als Folge einer Zahnfistel vom 4. Prämolaren ausgehend.

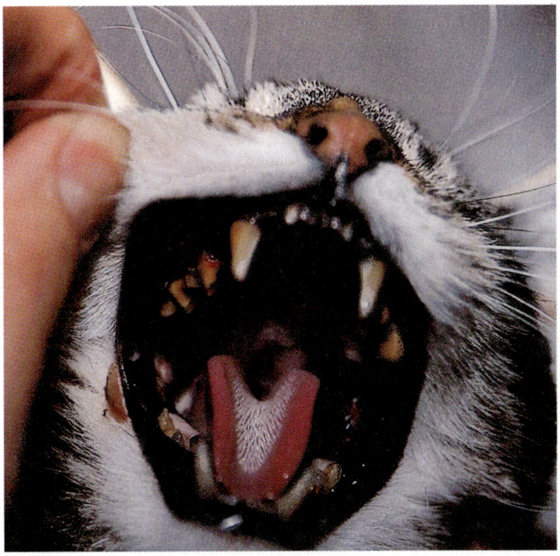

Abb. 20 b: Betroffener Zahn im linken Oberkiefer. Nicht zu erhalten, daher Extraktion.

Untersuchung auf Allgemeinerkrankungen erfordert bei Vorliegen eines entsprechenden Verdachtes eine Blutuntersuchung, wobei hier gleichzeitig die serologischen Untersuchungen auf FeLV und FIV durchgeführt werden sollten. Der mikrobiologische Erregernachweis aus einem Mundhöhlenabstrich ist im allgemeinen unergiebig. Liegen hyperplastische und erosive, bzw. ulzerative Veränderungen der Mundschleimhaut vor, ist eine histologische Gewebsuntersuchung, unter Umständen auch eine immunhistologische Untersuchung, notwendig.

Therapie

Viren, Bakterien oder Pilze sind häufig bei Erkrankungen der Mundschleimhaut beteiligt oder gegebenenfalls primäre Ursache für die Stomatitis. Eine antibiotische Behandlung ist in vielen Fällen auch bei nichtbakteriell bedingten Formen der Stomatitis zunächst einmal hilfreich, da die Keimverschiebung bzw. Zunahme der Bakteriendichte eine wesentliche Rolle für den Verlauf auch der nicht infektiösen Formen spielt. Ziel jeglicher therapeutischer Bemühungen sollte aber die Ursachenbeseitigung sein. Bei widersetzlichen Tieren ist die lokale Behandlung oftmals nur nach vorheriger Gabe eines Tranquilizers oder in Allgemeinnarkose möglich. Grundsätzlich müssen erkrankte Zähne mitbehandelt und physikalische Ursachen – wie Fremdkörper – beseitigt werden. Ist die Stomatitis Ausdruck einer Allgemeinerkrankung, liegt der Schwerpunkt der Behandlung auf der Beseitigung der Grundkrankheit. Daneben wird je nach Erfordernissen die Lokalbehandlung in der Mundhöhle zusätzlich durchgeführt.

Mundtoilette

Die entzündete Mundhöhle wird durch vorsichtiges Reinigen der Läsionen mit lauwarmem Leitungswasser ausgespült. Anschließend werden die betroffenen Stellen mit Hydrogen. Oxydat. Sol. 3%ig oder Tct. Myrrhae im Verhältnis 1:1 mit Tct. Ratannhiae gespült oder betupft. Für die Behandlung der felinen Stomatitis geeignete Handelspräparate sind: Cional®, Mallebrin®.
Wiederholte Sprühbehandlungen werden von der Katze ohne Sedierung im allgemeinen nicht toleriert. Bei überschießenden Entzündungen ebenso wie bei immunpathologischen Vorgängen können antiphlogistisch wirksame Medikamente erforderlich sein. Hierzu gehören Kälberserumdialysate (Solcoseryl®) und Kortikosteroidsalben (z. B. Volon® A Haftsalbe). Gelangen die Medikamente bei durch pseudomembranöse Auflagerungen und Futterreste verdeckten tiefgreifenden Nekrosen nicht an den Ort der Wirkung, dann empfiehlt es sich, das nekrotische Gewebe abzutragen. Dies gelingt am besten mit Hilfe eines scharfen Löffels oder einer geballten Skalpellklinge. Anschließend wird die Oberfläche mit 2–5%iger Silbernitratlösung behandelt.

Systemische Therapie

Die Heilungsvorgänge können durch die Gabe von Multivitaminpräparaten unterstützt werden. Primär bakterielle Prozesse wie auch Sekundärinfektionen können durch Antibiotika (Spiramycin in Kombination mit Metronidazol, Clindamycin oder Ampicillin) limitiert werden. Selten auftretende Pilzinfektionen der Mundhöhle (Candida albicans) können durch Griseofulvin (80–120 mg/kg) oder Ketoconazol (10 mg/kg) behandelt werden. Begleitend zur medikamentösen Therapie wird Weichfutter angeboten, Trockenfutter sollte eingeweicht werden. Besonders geeignet zur Verbesserung der Mundhöhlenflora sind auch Sauermilchprodukte (Hüttenkäse, Magerquark u. a.).
Ist die Reaktion der Mundschleimhaut hyperplastisch und haben sich Schleimhauttaschen gebildet, empfiehlt sich ein chirurgisches Vorgehen mit dem Radiotom oder auch die Kryochirurgie. Liegt die Ursache der Entzündung in einer Zahnerkrankung, muß eine Zahnsanierung – evtl. auch eine Zahnextraktion – erfolgen.
Überschießende entzündliche Reaktionen, so auch bei immunologischen Erkrankungen, machen den Einsatz von Antiphlogistika notwendig.

Feline Glossopharyngitis

Ätiologie

Eine Sonderform der Stomatitis bei der Katze ist die feline Glossopharyngitis (Abb. 21). Kaudal des Molaren (M 1) am Übergang zwischen Ober- und Unterkiefer entwickeln sich schwere ulzerative Veränderungen. Es ist nicht geklärt, ob es sich bei dieser Entzündung um eine spezielle Form des felinen eosinophilen Komplexes handelt. Ebensowenig ist bis jetzt bewiesen, daß dieser Erkrankung ätiologisch eine Immunsuppression durch das „feline immune deficiency virus" (FIV) zugrunde liegt. Wiederholt wurden bei solchen Katzen Caliciviren und auch das feline Leukosevirus nachgewiesen.

Symptome

Die Erkrankung ist schmerzhaft, die Tiere zeigen daher in der Regel Anorexie, Speicheln, Foetor ex ore und Gewichtsverlust. Das Öffnen des Fanges stößt vielfach wegen der starken Schmerzen auf größere Widerstände. Die Veränderungen sind unterschiedlich groß und erscheinen oberflächlich gesehen als granulomatöse Entzündung.

Therapie

Die Anwendung systemischer oder auch lokaler Antibiotika ist wenig hilfreich. Dagegen führt die kryochirurgische Therapie oder auch eine adstringierende Behandlung mit H_2O_2 3%ig oder Argentum nitricum ($AgNO_3$ 1%ig) in Kombination mit einer Kortisonbehandlung zum gewünschten Erfolg. Die Wirksamkeit von Kortikosteroiden legt den Schluß nahe, daß es sich um einen immunpathologischen Prozeß handeln könnte. Rezidive sind häufig. Um diese zu verhindern, empfiehlt es sich, nach lokaler Behandlung und Gabe eines kurzwirkenden Kortikosteroids (z. B. Prednisolon 0,2–0,5 mg/kg täglich) nach Remission der Veränderungen die Prednisolonbehandlung fortzusetzen und die angegebene Dosis nach Bedarf in 2- oder 3tägigen Intervallen zu verordnen.

Glossitis

Entzündungen der Mundschleimhaut können isoliert auf die Zunge beschränkt sein. Die Ursache ist oftmals ungeklärt, Kontakt mit chemischen, die Schleimhaut schädigenden Substanzen kann vermu-

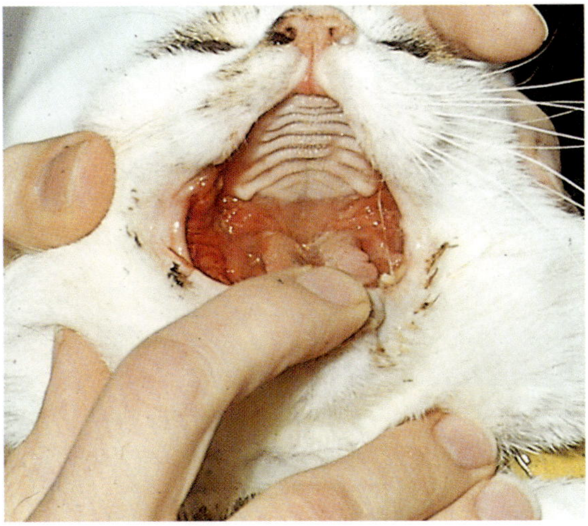

Abb. 21: Feline Glossopharyngitis.

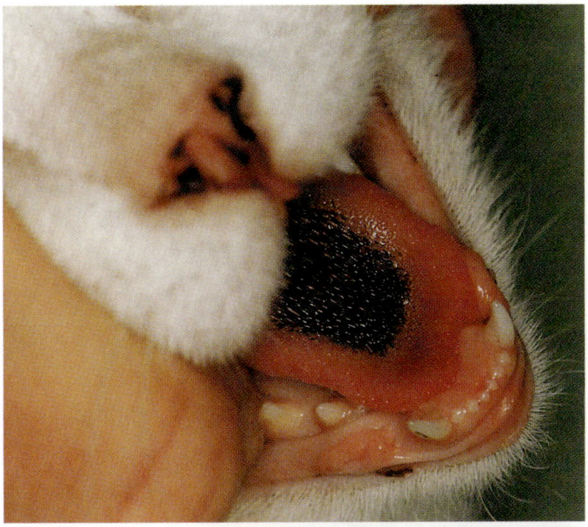

Abb. 22: Glossitis infolge Leckens von teerhaltigem Material.

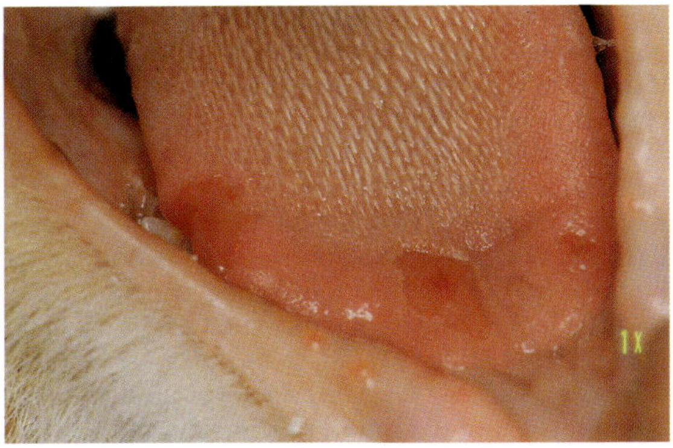

Abb. 23: Zungenulzera, scharf umgrenzt, Herpesvirus nachgewiesen.

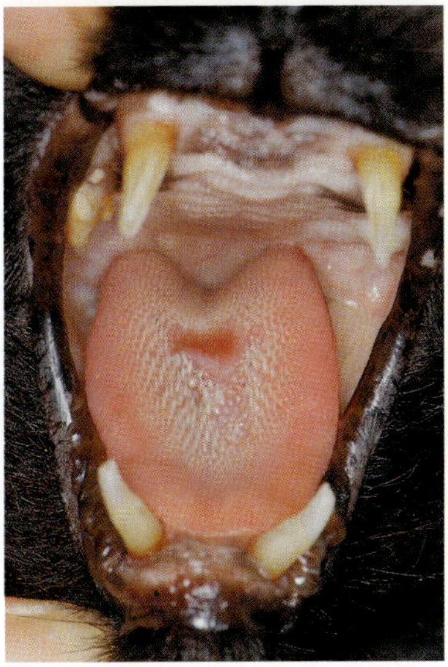

Abb. 24: Zentrale ulzerative Glossitis. Ätiologisch ungeklärt.

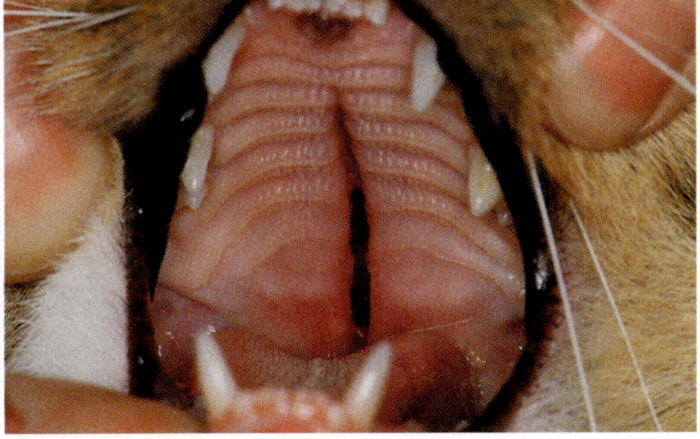

Abb. 25: Gaumenspalte nach Sturz aus dem Fenster.

tet werden (Abb. 22). Es wird aber auch – ähnlich wie bei der felinen Glossopharyngitis – eine virale Ätiologie diskutiert (Abb. 23, 24). Die Behandlung ist rein symptomatisch und richtet sich nach Art und Ausdehnung der Veränderung (s. Stomatitis).

Kieferfraktur, -luxation, Gaumenspalte

Ätiologie

Mit zu den häufigsten Folgen von Unfällen und Verletzungen bei der Katze gehören Frakturen des Kiefers und Gaumenspalten (Abb. 25), die gelegentlich auch mit einer Zerreißung der deckenden Schleimhaut einhergehen, so daß der Bruch zur Mundhöhle hinein offen ist.

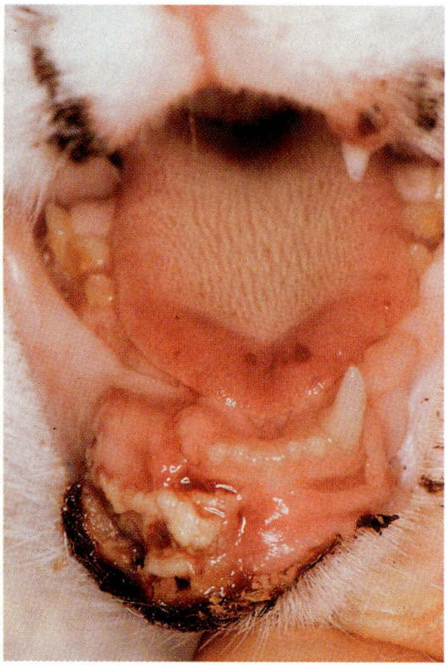

Abb. 26 a: Unterkieferfraktur zwischen den Inzisivi mit Dislokation.

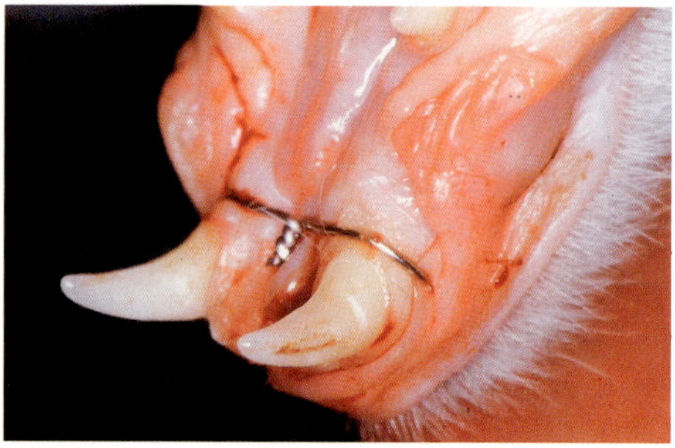

Abb. 26 b: Reposition und Fixation mit einer Drahtcerclage über beide Canini.

Symptome und Diagnose

Der Funktionsausfall und die Schmerzen, die mit der Kieferfraktur verbunden sind, führen zu Futterverweigerung, Krepitation und auch Dislokation, die vor allen Dingen durch die verschobene Zahnreihe leicht zu erkennen ist. Krepitation, die im Bereich des temporomandibulären Gelenkes lokalisiert ist, kann in der Regel nur unter Allgemeinanästhesie festgestellt werden. Zur Unterscheidung einer Luxation von einer Fraktur und für das weitere therapeutische Vorgehen ist eine Röntgenaufnahme in zwei Ebenen anzufertigen. Die Gaumenspalte ist leicht bei der Adspektion der Mundhöhle zu erkennen.

Therapie

Die bei der Katze häufigste Kieferfraktur ist die Symphysenfraktur. Beim erwachsenen Tier kann sie operativ durch eine Drahtcerclage in einfacher Weise fixiert werden (Abb. 26 a, b). Bei jungen Tieren und bei Frakturen der Kieferäste kann der Fang des Tieres mit einer Fadenschlinge verschlossen werden. Nach kurzer Zeit gelingt es diesen Tieren, mit der Zunge flüssige Nahrung aufzunehmen (Abb. 27 a–d).

Abhängig von der Breite des Spaltes im Gaumen muß diese nach parallelen Entlastungsschnitten vernäht werden (Abb. 28 a–c). Die Behandlung von Zahnfrakturen bei der Katze beschränkt sich im wesentlichen auf eine Abrundung scharfer Kanten. Ist die Pulpahöhle eröffnet, so kann sie bei einer frischen Fraktur verschlossen werden. Im Einzelfall muß entschieden werden, ob der Zahn erhaltenswert ist.

Eine Ausrenkung des Unterkiefers (Luxatio mandibulae) zeigt sich durch ein Auseinanderklaffen der Zahnreihe (Maulsperre), wobei sich der Unterkiefer zusätzlich nicht ohne weiteres passiv zum Oberkiefer in Okklusion bringen läßt. Abhängig davon, ob eine oder beide Seiten luxiert sind, ist der Unterkiefer zur gesunden Seite hin verschoben. Liegt allerdings eine Fraktur des Gelenkköpfchens vor, dann ist der Unterkiefer zur kranken Seite verlagert. Sind beide Kiefergelenke ausgerenkt und gleitet das Gelenkköpfchen mit seinen Menisken über das Tuberculum articulare, dann ist der Unterkiefer nach vorne herausgetreten und die unteren Schneidezähne stehen vor den Schneidezähnen des Oberkiefers.

Zur Reposition der Unterkieferluxation bedient man sich am besten eines Hypomochlions, das als Stemmpunkt verwendet wird (Abb. 29 a, b). Nach Einsetzen des Hypomochlions versucht man durch Druck auf die Mandibulasymphyse und die Nase, bei gleichzeitiger Bewegung des Unterkiefers nach abwärts und rückwärts, den Unterkiefer zu reponieren. Die Nachbehandlung beschränkt sich je nach Alter des Tieres und Art der Fraktur oder Luxation auf flüssige, bzw. suppige Ernährung.

Tumoren der Mundhöhle

Epuliden werden bei der Katze im Gegensatz zum Hund kaum gesehen.

Die häufigsten neoplastischen Veränderungen im Bereich der Mundhöhle sind **Plattenepithelkarzinome** und **Fibrosarkome.** Sie finden sich speziell im Fall des Plattenepithelkarzinoms vorwiegend sublingual

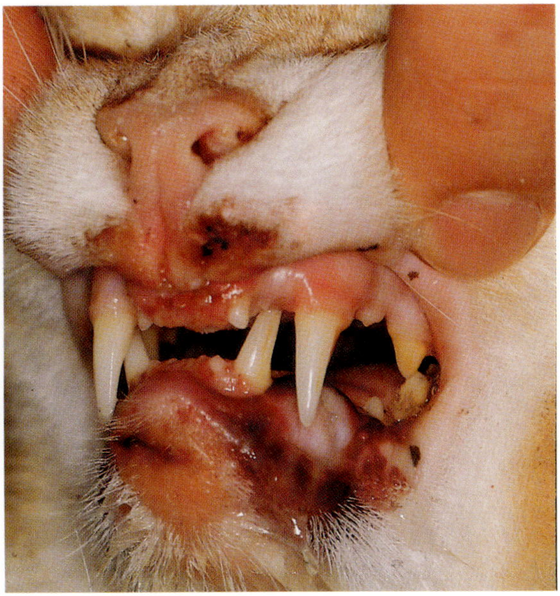

Abb. 27 a: Unterkieferfraktur bei einer 2 Jahre alten Katze. Beide Mandibularäste apikal der Canini sind betroffen. Kieferschluß ist unmöglich (Malokklusion).

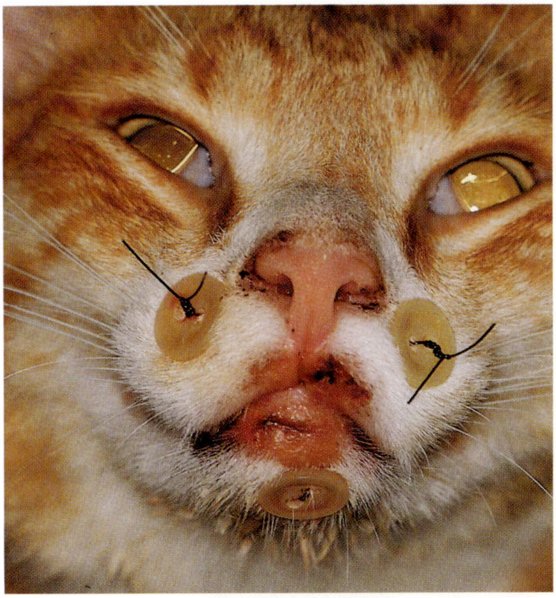

Abb. 27 b: Reposition des Unterkiefers, Extraktion des linken frakturierten Caninus aus eröffneter Alveole und Fixation mit einem Lippenflap in orthognather Stellung.

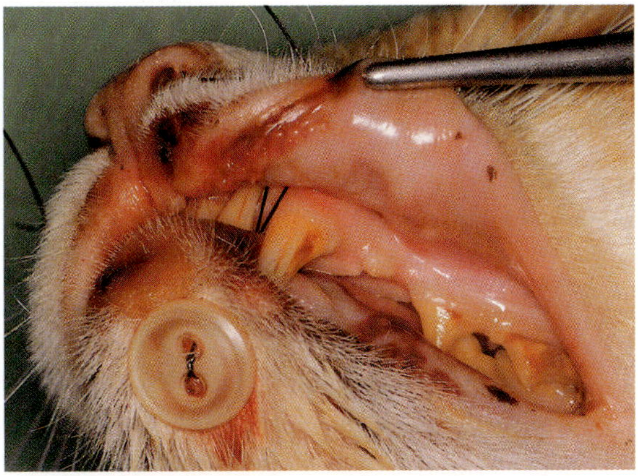

Abb. 27 c: Darstellung der Orthognathie nach Reposition und Fixation.

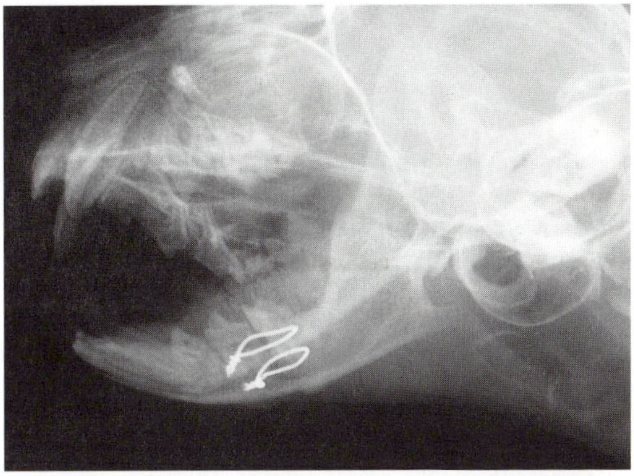

Abb. 27 d: Seitliche Röntgenaufnahme und Frakturversorgung beider Mandibeln mit Drahtcerclagen.

und zwar im kaudalen Bereich, hinter dem Zungenbändchen sowie am Zahnfleisch (Abb. 30 a, b). Auch Tonsillen und Gaumen können betroffen sein. Das Fibrosarkom wächst meist in der Maxilla, ist gelegentlich jedoch auch in anderer Lokalisation zu finden (Abb. 31 a, b).

Die Neigung zur Metastasenbildung ist bei Plattenepithelkarzinomen der Tonsillen relativ gering. Wenn sie metastasieren, breiten sich Plattenepithelkarzinome bevorzugt über die regionären Lymphknoten aus. Metastasen sind dann meistens in den retropharyngealen Lymphknoten und auch in der Lunge angesiedelt.

Die Prognose von Malignomen der Gingiva und ganz allgemein im mehr rostralen Bereich ist besser. Hier sind zwar infiltratives Wachstum und hohe Rezidivrate häufig, die Neigung zu lymphogener Ausbreitung aber gering.

Beim Fibrosarkom beträgt der Anteil an metastasierenden Tumoren etwa 30 %, wobei die Ausbreitung vielfach über den Blutstrom erfolgt.

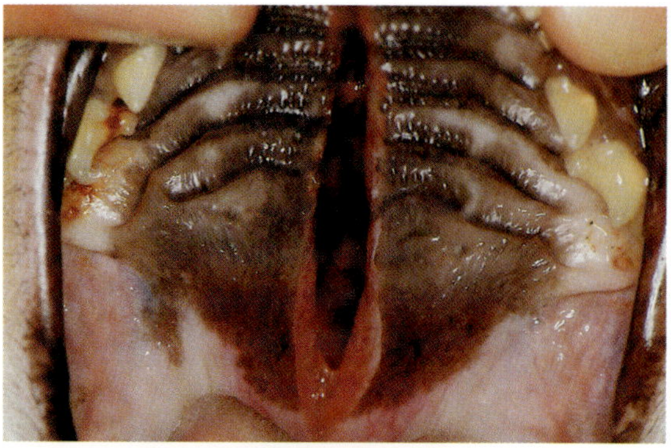

28 a

28 b

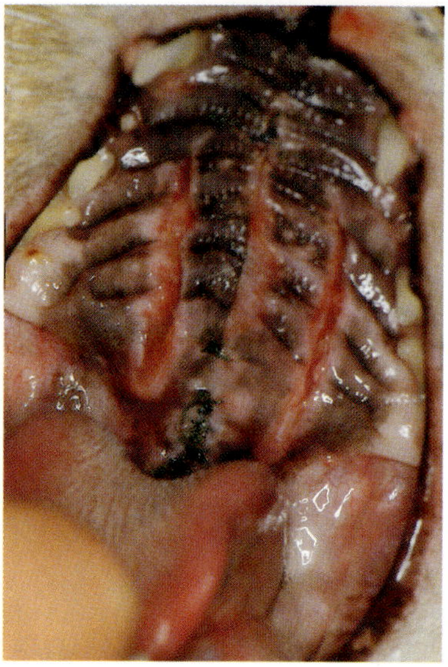

28 c

Abb. 28 a: Weit klaffende posttraumatische Gaumenspalte einer 9 Jahre alten Katze.

Abb. 28 b: Verschluß der Gaumenspalte mit Einzelheften nach Anlegen zweier Entlastungsschnitte.

Abb. 28 c: Zustand eine Woche post operationem.

Abb. 29 a: Luxation der Mandibula nach Unfall.

Abb. 29 b: Einrenken des Unterkiefers mit einem Hypomochlion.

29 a

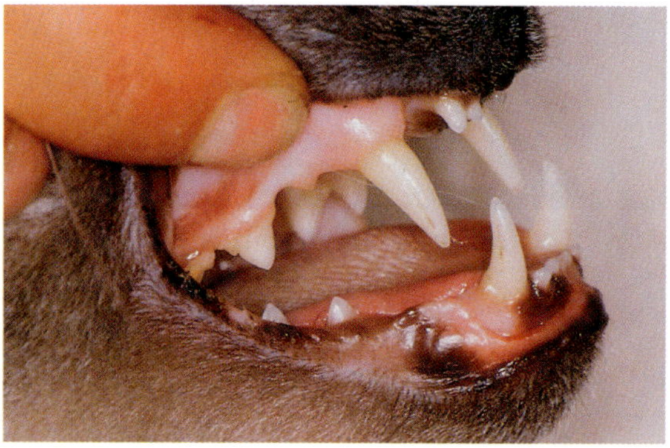

29 b

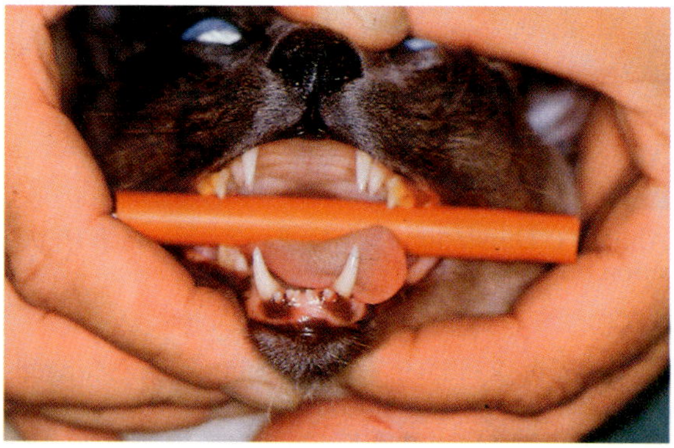

Andere Tumoren der Mundhöhle sind wesentlich seltener. Vorkommen können von Maxilla oder Mandibula (vorwiegend jedoch vom harten Gaumen) ausgehende **Osteosarkome, Adenokarzinome** der Speicheldrüse, **odontogene Tumoren** (Ameloblastom, Fibrodentom) sowie **Mastzelltumoren.**

Symptome

Meist sind es Schluckbeschwerden und Behinderungen beim Kauen, die als erste Symptome auffallen. Speicheln und Foetor ex ore sind oft begleitende Erscheinungen. Im fortgeschrittenen Stadium können auch bereits äußerlich Schwellungen und Umfangsvermehrungen auffallen (Abb. 32 a, b).

Abb. 30 a: Wegen eines Plattenepithelkarzinoms im Bereich des Frenulums kann die Zunge nicht vollständig in der Mundhöhle versammelt werden. Sie wird nach der dem Tumor abgewandten Seite hin gehalten.

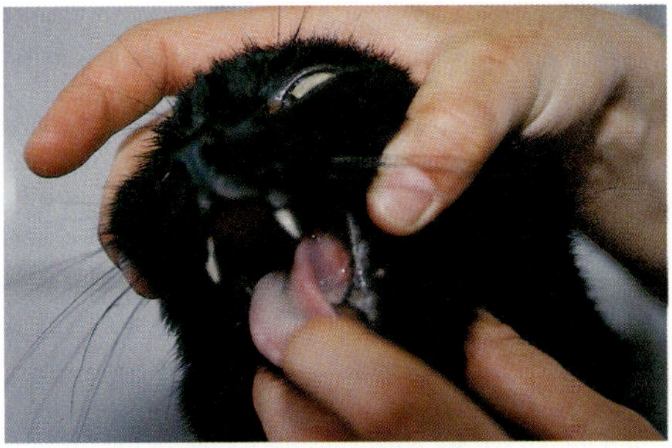

Abb. 30 b: Dieselbe Katze mit Darstellung des Plattenepithelkarzinoms am Zungengrund.

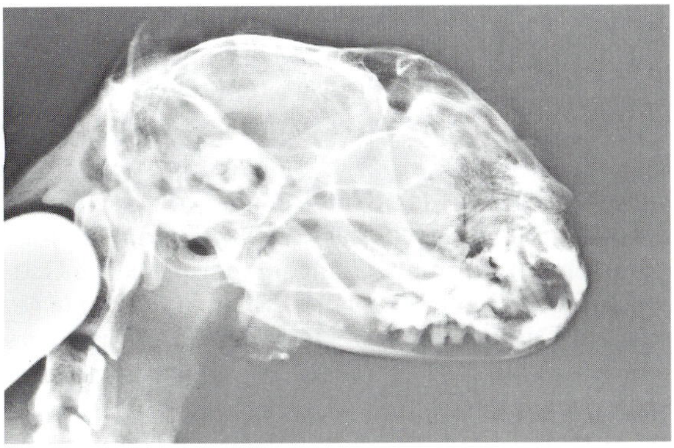

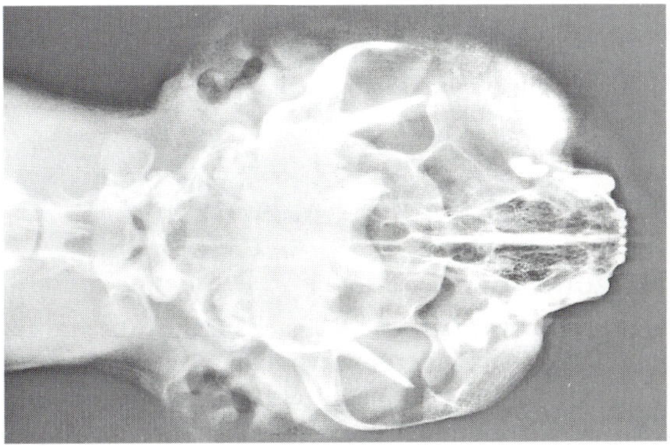

Abb. 31 a, b: 7 Jahre alte Katze mit einem Fibrosarkom im Bereich des Oberkiefers. Die Röntgenaufnahmen in 2 Ebenen machen das Ausmaß der Veränderungen und die Beteiligung des Knochens deutlich.

Abb. 32 a: Invasiv wachsendes Plattenepithelkarzinom am rechten Oberkiefer einer 11jährigen Katze. Schwellung unter dem rechten Auge. Sehr schmerzhaft. Katze läßt sich nur sediert untersuchen.

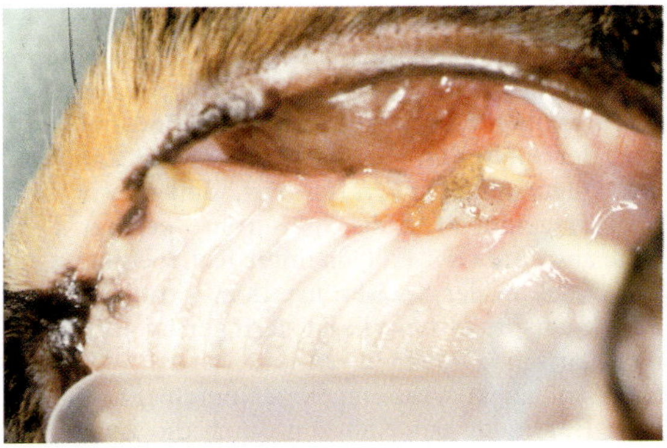

Abb. 32 b: Ausdehnung des Tumors von der Mundhöhle aus gesehen. Der Kieferknochen ist nicht mit einbezogen.

Diagnose

Vorbericht, klinische Untersuchung respektive Inspektion der Maulhöhle sowie, zur Differenzierung gutartiger Wucherungen von bösartigen Neoplasien, Biopsie und histopathologische Differenzierung und Röntgenuntersuchung. Bei Verdacht auf Malignität muß unbedingt auch der Thorax geröntgt werden. Eine sorgfältige Palpation der regionären Lymphknoten ist obligat.

Therapie

Lassen es Lokalisation und klinischer Allgemeinzustand zu, so ist die chirurgische Exzision anzuraten. Dabei wird sogar die Entfernung einer Mandibularhälfte nach einer Gewöhnungszeit toleriert. Die größte Schwierigkeit liegt darin, die Katze anschließend zur Futteraufnahme zu bewegen. Kryochirurgie und Kauterisierung haben sich bei stark blutenden Läsionen als vorteilhaft erwiesen.
Im Falle ausgedehnter bzw. metastasierender maligner Tumoren sollte wegen der aussichtslosen Prognose von einer chirurgischen Behandlung abgesehen werden.

Erkrankungen der Speiseröhre

Allgemeines

Der **Schluckvorgang** gliedert sich in drei Abschnitte: in einen oralen, einen pharyngealen und einen ösophagealen. Beim normalen Schluckakt wird durch das feine Zusammenspiel der willkürlichen Mund- und Rachenmuskulatur sowie der unwillkürlich versorgten Muskulatur der Speiseröhre und des Magens Nahrung von der Mundhöhle in den Magen transportiert. Die den Nahrungsbrei befördernde Kraft ist eine magenwärts verlaufende Muskelkontraktion. Hierbei wird jeweils das apikale Segment fest verschlossen, während der kaudale Teil gleichzeitig relaxiert. Ein Schließmuskel am Eingang der Speiseröhre (oberer Ösophagussphinkter) und am Übergang der Speiseröhre in den Magen (Kardia, unterer Ösophagussphinkter) verhindert, daß passiv Luft oder Mageninhalt in die Speiseröhre gelangt. Dies wäre ansonsten der Fall, da unter Ruhebedingungen der Druck in der Speiseröhre dem intrathorakalen Druck entspricht und dieser geringer ist als der atmosphärische Druck.
Der Schluckakt wird eingeleitet durch die willkürliche Bewegung der Nahrung durch die Zunge aus der Maulhöhle in den Rachen. Afferente Nervenfasern leiten Signale zum Schluckzentrum in der Medulla oblongata, von wo aus die weitere Steuerung des Schluckvorganges erfolgt. Physiologischerweise verlaufen geordnete peristaltische Kontraktionen durch die Speiseröhre, die mit einer Relaxierung des funktionellen Sphinkters (der Kardia) enden.

Bleiben Nahrungsbestandteile im Ösophagus liegen, so wird durch den Dehnungsreiz über afferente Nervenfasern und das Schluckzentrum eine „sekundäre“ peristaltische Welle erzeugt. Diese sekundäre peristaltische Welle, die man unter Durchleuchtung darstellen kann, verläuft ohne Beteiligung der Maul- und Rachenmuskulatur.

Eine **Dysphagie** im Zusammenhang mit einer gestörten Ösophagusfunktion kann auf dem Boden einer morphologischen Veränderung, einer mechanischen Behinderung oder als Folge funktioneller Störungen entstehen. Die Motorik und die ventilähnlich wirkenden Verschlußmechanismen stehen als Funktionen der Speiseröhre sehr stark im Vordergrund.

Infolge einer gestörten Ösophagusfunktion kann sich eine Dilatation der Speiseröhre unterschiedlicher Ausprägung entwickeln, die nach ihrer Entstehung als primäre bzw. idiopathische oder bei bekannter Ursache als sekundäre Ösophagusdilatation benannt wird. Es kommt zur Retention von Nahrung im Ösophagus, die Speiseröhre ist sackartig erweitert.

Im Vordergrund der **Symptomatik** von Speiseröhrenerkrankungen steht das **Regurgitieren.** Dabei ist vor allem im Zusammenhang mit der primären Ösophagusdilatation der Appetit erhalten, oft sogar gesteigert. Die Patienten nehmen das Futter im allgemeinen gierig auf, erbrechen es jedoch kurze Zeit später wieder.

Beim Regurgitieren fließt Futterbrei aus der Speiseröhre passiv in den Rachen bzw. in die Maulhöhle. Es fehlt meistens ein Würgereiz. Allerdings kann durch den Vorgang des Regurgitierens Übelkeit mit Erbrechen ausgelöst werden. Erbrechen wird über das Brechzentrum gesteuert unter Beteiligung des Magens, des Zwerchfells, der Bauchpresse und der Speiseröhre. Solange die den Ösophagus versorgenden Nerven und dessen Muskulatur funktionsfähig sind, kann das Tier erbrechen.

Erbrochener Futterbrei, der nicht mit Magensaft vermischt ist, bleibt pH-neutral und weist auch keine Gelbfärbung durch Beimengung von Gallensaft auf. Als Folge retinierten Futters oder von Schädigungen durch Fremdkörper können Entzündungen der Speiseröhrenschleimhaut entstehen. Diese Prozesse sind meist sehr schmerzhaft, wodurch auch der Appetit eingeschränkt ist.

Neben diesen typischen Symptomen, die bei Erkrankungen der Speiseröhre gesehen werden, können aber auch andere Befunde erhoben werden, die nicht unmittelbar auf eine Beteiligung der Speiseröhre hindeuten und daher differentialdiagnostisch genauer abgeklärt werden müssen.

Gewichtsverlust im Zusammenhang mit Erbrechen ist ein sehr unspezifisches Symptom, das bei einer Vielzahl von Erkrankungen mit schweren Störungen des Allgemeinbefindens auftritt. Bei der primären Ösophagusdilatation ist das Allgemeinbefinden in der Regel nur wenig gestört. Das Unvermögen, ausreichende Mengen Futter in den Magen zu befördern, führt hier zu Gewichtsverlust bei gesteigertem Appetit.

Durch Überfüllung der sackartigen Dilatation kann es zu einem Rückfluß des Nahrungsbreies in die Luftröhre kommen. In diesen Fällen tritt **Hustenreiz** im Zusammenhang mit der Nahrungsaufnahme auf. Begünstigend wirkt die Körperhaltung beim Fressen, wenn das Futter aus Näpfen vom Boden aufgenommen wird. Durch Druck des gedehnten Ösophagus können die Rezeptoren in der Tracheo-Bronchialschleimhaut gereizt werden und Husten auslösen. Durch die Einengung des Thoraxraumes bei ausgedehnten Dilatationen der Speiseröhre ist die Atmung behindert **(Dyspnoe).**

Symptome seitens des Atmungsapparates sind daher daraufhin zu untersuchen, ob ihre Ursache auch in einer Schluckstörung mit Aspirationspneumonie liegen kann, oder ob der gedehnte und mit Futter angeschoppte Ösophagus auf Trachea, Bronchien und Lunge drückt und dadurch die Atmung erschwert.

Salivation kann im Zusammenhang mit Schluckstörungen auf neurogene Erregungen oder auf entzündliche Erkrankungen und Verletzungen der Maulhöhle und der Zähne hinweisen.

Wird eine Katze vorgestellt, die neben einer beobachteten Schluckstörung gleichzeitig eine **veränderte Lautäußerung** zeigt, muß differentialdiagnostisch an Tollwut gedacht werden. Aber auch andere sekundäre Formen der Ösophagusdilatation (infektiös, autoimmun oder endokrin) bedingen neuromuskuläre Erkrankungen, die mit einer solchen Symptomatik einhergehen können.

Außerdem können pathologische Herzbefunde (primäre Kardiomyopathie, Gefäßmißbildungen) oder Schwellungen in der Nachbarschaft des Ösophagus (Thymus- und Mediastinalleukose, Abszeß, Hämatom) und Organverlagerungen (Zwerchfellruptur) zu einer Lungeneinengung unter Beteiligung der Speiseröhre führen, die mit Schluckstörungen mit oder ohne Dilatation einhergehen.

Verglichen mit der Anamnese ist die allgemeine **klinische Untersuchung** bei Erkrankungen der Speiseröhre wenig ergiebig. Sie dient in erster Linie der Erkennung von Erkrankungen, die mit einer Störung des Allgemeinbefindens unter Beteiligung des Ösophagus einhergehen, das sich in Schluckbeschwerden und Erbrechen zeigt.

Deutet die Symptomatologie auf eine Dysphagie infolge einer Störung der Speiseröhrenfunktion hin, dann ist eine **röntgenologische Untersuchung** durchzuführen. Bei Vorliegen einer Ösophagusdilatation ist röntgenologisch vor allem der gasgefüllte, sackartig erweiterte Schlund charakteristisch. Wird die Röntgenaufnahme im Sitzen oder Stehen angefertigt und befindet sich noch Nahrungsbrei oder Flüssigkeit in der Speiseröhre, so wird eine Spiegelbildung sichtbar. Unter der Durchleuchtung zeigt sich nach Eingabe von Kontrastmedium bei der Ösophagusdilatation fehlende Peristaltik. Lediglich ungeordnete, sogenannte tertiäre Kontraktionen können gelegentlich beobachtet werden.

Röntgenologisch sind vor allen Dingen auch Fremdkörper, Gefäßanomalien und Kompressionen durch Umfangsvermehrungen aus der Nachbarschaft der Speiseröhre auszuschließen. Um Fremdkörper nicht zu überdecken, wird vor einer Kontrastuntersuchung in jedem Fall eine Leeraufnahme angefertigt.

Mit Hilfe der **Endoskopie** läßt sich ein nicht schattengebender Fremdkörper nachweisen. Liegt eine Ösophagusdilatation aufgrund einer Funktionsstörung vor, kann die Motilität im Bereich der Kardia direkt eingesehen werden. Mit der Endoskopie alleine kann der Funktionszustand des unteren funktionellen Ösophagussphinkters jedoch nur unzureichend beurteilt werden. Zur Objektivierung der Funktionsstörung ist eine manometrische Untersuchung anzuschließen. Für die Diagnostik ist dies jedoch im allgemeinen nicht erforderlich. Der eigentliche Wert der Endoskopie liegt in der Möglichkeit der direkten Untersuchung und ggf. in der Biopsieentnahme der Speiseröhrenschleimhaut, da sie die Beurteilung des Ausmaßes einer eventuell vorhandenen Entzündung ermöglicht.

Neben der makroskopischen Beurteilung von regurgitiertem oder erbrochenem Futter kommt der pH-Messung eine besondere Bedeutung zu. **Laboruntersuchungen** haben ansonsten für die Diagnostik von Speiseröhrenerkrankungen untergeordnete Bedeutung. Sie dienen im besonderen dazu, Allgemeinerkrankungen differentialdiagnostisch abzuklären und das Ausmaß einer Entzündung im Speiseröhrenbereich bzw. neben der Röntgenuntersuchung den Grad der eventuell vorhandenen Aspirationspneumonie zu beurteilen.

Fremdkörper

Ätiologie

Im Schlund steckengebliebene Fremdkörper kommen in allen Altersklassen vor und stellen mit Ab-

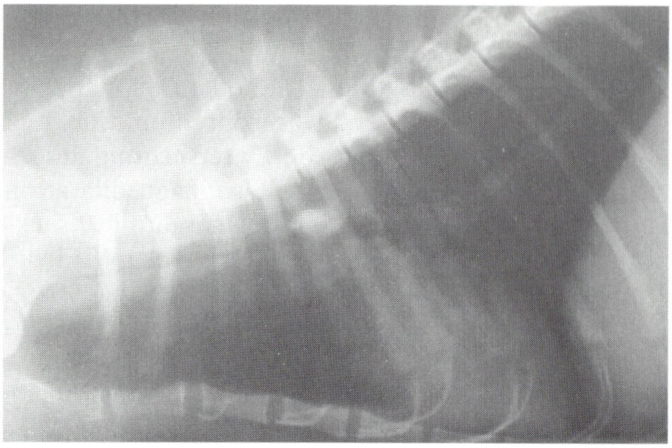

Abb. 33: Röntgenaufnahme im latero-lateralen Strahlengang. Knochenstück in der Speiseröhre über der Herzbasis.

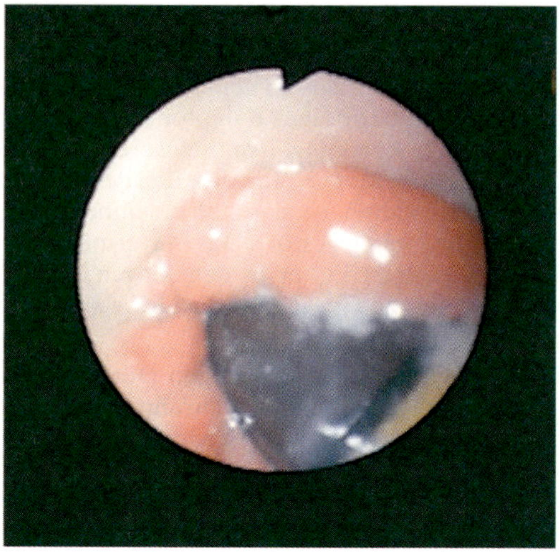

Abb. 34: Endoskopisches Bild von Teilen eines Gummispieltieres in der Speiseröhre einer Katze vor Extraktion mit einer Fremdkörperfaßzange.

stand die häufigste Ursache der Speiseröhrenerkrankungen der Katze dar. Insbesondere bei jungen verspielten Tieren muß auf fadenförmige Fremdkörper geachtet werden, die sich oft um den Zungengrund schlingen und über die Speiseröhre hinaus bis zum Magen und Darm reichen. Aber auch Angelhaken, Nadeln, Knochen, vor allem Hühnchenknochen, können von Katzen aufgenommen werden und in der Speiseröhre steckenbleiben (Abb. 33).

Anatomisch gibt es vier Engstellen, an denen ein abgeschluckter Fremdkörper steckenbleibt. Es sind dies der obere Ösophagussphinkter, der Brusteingang, die Herzbasis und der Bereich der Durchtrittstelle durch das Zwerchfell.

Symptome

Das Ausmaß der Erkrankung und die Symptomatik hängen davon ab, ob ein vollständiger oder teilweiser Verschluß der Speiseröhre vorliegt. Im Vordergrund steht plötzlich auftretendes Erbrechen oder Regurgitieren unmittelbar nach der Futteraufnahme, Odynophagie, Salivation, Würgen, Vorstrecken des Kopfes und eventuell Kratzen mit der Pfote im Hals/Kopfbereich. Viele Katzen verweigern sofort die Futter- und Wasseraufnahme. Wird die Erkrankung nicht rechtzeitig erkannt, entwickeln die Tiere eine zunehmende Hinfälligkeit, verlieren an Gewicht und werden exsikkotisch. Bei Fremdkörpern im thorakalen Teil des Ösophagus ist die Komplikationsrate größer als bei Fremdkörpern im Halsteil der Speiseröhre. Es kann zu einer Perforation des Ösophagus kommen, in deren Folge dann eine Beteiligung der umliegenden Organe und der Pleura beobachtet wird. Werden solche Fremdkörper entfernt, bleiben vielfach Strikturen zurück.

Nicht selten sind auch Divertikel, die entweder durch angeschoppte Futtermassen oder durch unsachgemäße Entfernung eines Fremdkörpers entstehen. Die Beschwerden, die ein Fremdkörper verursacht, hängen wesentlich von seiner Oberflächenbeschaffenheit und Größe ab.

Diagnose

Für die Diagnostik wichtig ist der Vorbericht. Häufig ist die Aufnahme eines Fremdkörpers beobachtet worden. Bei der Katze werden Fremdkörper hauptsächlich bei Tieren unter 2 Jahren gefunden.

Zur klinischen Allgemeinuntersuchung gehört hier besonders die sorgfältige Untersuchung der Maulhöhle und des Pharynx. Bei entsprechendem Verdacht ist die Röntgenuntersuchung ohne oder mit Kontrastdarstellung anzuschließen. Im Zweifelsfall ist eine Endoskopie bzw. Ösophagoskopie mit einem starren oder elastischen Endoskop angezeigt. Ist das Endoskop mit einem Instrumentenkanal ausgestattet, so kann der Fremdkörper unter visueller Kontrolle extrahiert werden (Abb. 34).

Therapie

Unter dem Bildverstärker können schattengebende Fremdkörper mit geeigneten Zangen extrahiert oder, wenn es sich um verdauliche Fremdkörper handelt, in den Magen weitergeschoben werden. Die Entfernung scharfer, festsitzender Fremdkörper ist nicht ungefährlich und sollte immer unter Sichtkontrolle, d. h. unter Durchleuchtung oder mit dem En-

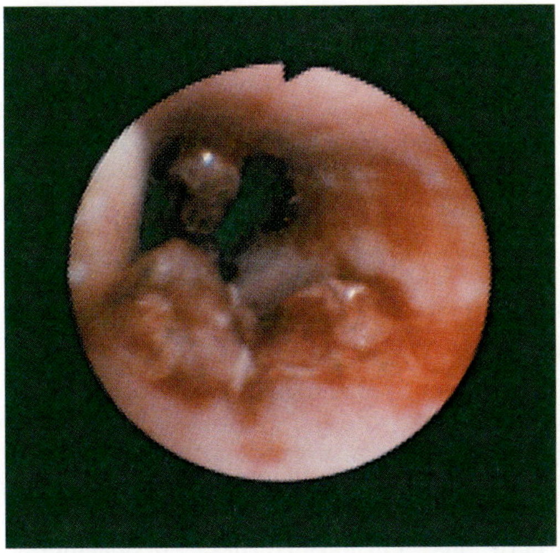

Abb. 35 a: Endoskopischer Befund: Erosiv-ulzeröse Ösophagitis infolge einer mehrmonatig bestehenden primären Ösophagusdilatation.

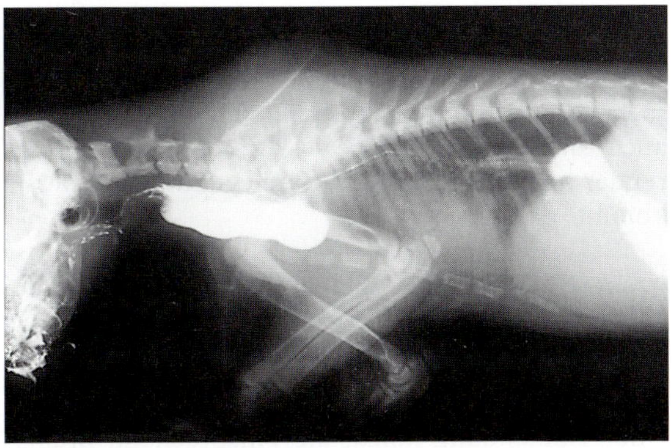

Abb. 35 b: 9 Monate alte Katze mit Ösophagusspasmus nach Verätzung der Speiseröhre.

doskop erfolgen. Ist es nicht gelungen, den Fremdkörper retrograd aus der Speiseröhre zu entfernen, muß abgewartet werden, ob er im Magen an- oder verdaut wird und den Darm passiert. In jedem Fall muß die Katze über die nächsten 8–10 Tage beobachtet werden, dabei ist darauf zu achten, ob der Fremdkörper ausgeschieden wird. Eventuell wird eine Gastro- oder Enterotomie erforderlich sein. Die klinische Erfahrung zeigt, daß die Ösophagotomie im Vergleich zur Gastro- oder Enterotomie eher Strikturen und dauerhafte Schluckbeschwerden nach sich zieht.

Nachdem der Fremdkörper aus der Speiseröhre entfernt worden ist, muß die Speiseröhrenschleimhaut auf das Ausmaß ihrer Schädigung hin mit dem Endoskop untersucht werden. Auch durch die Gabe von resorbierbarem Kontrastmittel (wie z. B. Gastrografin®) kann die Schleimhautschädigung und auch eine evtl. vorliegende Perforation sichtbar gemacht werden. Liegt eine Perforation der Speiseröhre vor, so zeigt sich dies auch durch die Entwicklung eines Pneumomediastinums oder Pneumothorax. Bei ausgedehnter Verletzung mit Zerreißung der Speiseröhrenwand muß eine chirurgische Versorgung durchgeführt werden. Oberflächliche Entzündungen der Ösophagusschleimhaut heilen in der Regel nach 10–14 Tagen ab. Zur Unterstützung des Heilungsprozesses siehe Therapie der Ösophagitis.

Prognose

Die Prognose von Ösophaguserkrankungen infolge Aufnahme von Fremdkörpern hängt im entscheidenden Maße von der Dauer der Erkrankung und der Art des Fremdkörpers ab. Komplikationen können durch unsachgemäße Extraktionsversuche eintreten.

Ösophagitis

Ätiologie

Entzündungen der Ösophagusschleimhaut sind in der Regel Folge anderer Erkrankungen der Speiseröhre (Abb. 35 a, b). Das vorsichtige Freßverhalten der Katze ist sicher Grund dafür, daß eine primäre, akute Form der Ösophagitis praktisch keine Rolle spielt.

Der Grad der Speiseröhrenentzündung ist abhängig von der Ursache, wobei selten die Muscularis mitbeteiligt ist. Vor allem bei Fremdkörpern und besonders nach Extraktionsversuchen kann die Entzündung tiefgreifend sein und sogar auf die benachbarten Organe des Halses oder des Thorax übergreifen. Ist die Muscularis in die Entzündung mit einbezogen, kann es als gefürchtete Komplikation zu einer Narbenstriktur kommen, die zu fortgesetzten Schluckstörungen Anlaß gibt.

Im Zusammenhang mit routinemäßig durchgeführten operativen Eingriffen (z. B. Ovariohysterektomie) wird bei Katzen eine **Refluxoesophagitis** beobachtet, ohne daß der Vorbericht einen Hinweis auf eine Dysphagie oder auf Erbrechen gibt. Bei diesen Katzen wird eine Striktur nahe des Brusteingangs gesehen, die sich einige Tage oder Wochen postoperativ entwickelt. Die Ursache ist bis heute unklar. Verschiedene Autoren halten es jedoch für wahrscheinlich, daß sich in der Narkose saurer Magensaft in dem Ösophagusabschnitt vom Brusteingang bis zur Herzbasis ansammelt und die Schleimhaut im Sinne einer Refluxösophagitis schädigt (Abb. 36).

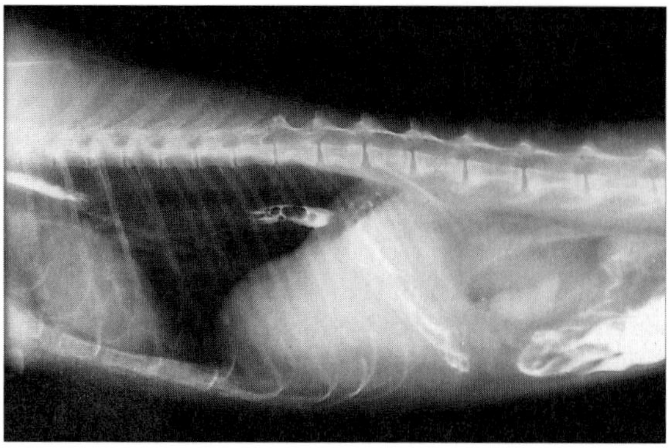

Abb. 36: Kontrastspuren in der Speiseröhre deuten die entzündlichen Veränderungen bei einer Refluxösophagitis an.

Symptome und Diagnose

Im Vordergrund der Ösophagitis stehen Dysphagie, Odynophagie, Regurgitieren bzw. Erbrechen. Je nach Schwere der Entzündung kann es zu Allgemeinstörungen wie Fieber, Anorexie und Apathie kommen. Greift die Entzündung auf den Thoraxraum über, entwickelt sich eine Dysphagie, die oft von Husten begleitet ist.
Neben der Anamnese und der klinischen Allgemeinuntersuchung sind es hier vor allen Dingen die diagnostischen Hilfsmittel wie Röntgen und im besonderen die Endoskopie, die die Diagnosestellung ermöglichen.

Therapie

Ist die Ursache der Ösophagitis bekannt, dann sollte sie beseitigt werden. Als symptomatische Maßnahme wird die Fütterung von reizlosem, breiigem Futter empfohlen, um die Ausheilung der Entzündung zu erleichtern. Dem Futter können Antazida auf der Basis von Magnesiumoxyd, Magnesium- und Kalziumsilikat oder Aluminiumphosphat, z. B. Phosphalogel®, Gelusil®, beigemischt werden. Bei schmerzhaften Entzündungen erreicht man durch den Zusatz von lokalen Anästhetika, z. B. Lidocain, eine Linderung der Beschwerden. Einer wegen starker Schmerzen behinderten Schluckpassage wird über Analgetika und Spasmolytika in Zäpfchenform oder als Injektion (Buscopan®) entgegengewirkt.

Prognose

Die Beurteilung der Prognose hängt im wesentlichen von der Tiefe der Entzündung und der Ursache ab. Kann die Ursache abgestellt werden, und ist die Entzündung lediglich oberflächlich, dann ist die Prognose als gut zu stellen. Eine tiefgreifende, nekrotisierende Ösophagitis kann eine Strikturbildung nach sich ziehen oder auch unter Einbeziehung des Mediastinums und der Pleurahöhle mit Fistelbildung und gangränösen Veränderungen einhergehen. In diesen Fällen ist die Prognose ungünstig bis infaust.

Ösophagusdivertikel

Ätiologie

Divertikel der Speiseröhre sind selten. Angeborene Divertikel, wie sie vom Menschen bekannt sind, scheinen bei der Katze nicht vorzukommen. Erworbene Divertikel werden als Folge von unsachgemäßem Sondieren oder Entfernen von Fremdkörpern als Pulsionsdivertikel beobachtet. Es kommt dabei zur Zerreißung einer oder mehrerer Wandschichten, wobei die Mukosa sackartig durch einen umgrenzten Spalt oder ein Loch durchtritt. Pulsationsdivertikel finden sich in der Regel kranial der vorhandenen oder ursprünglichen Stenose. In der Folge entwickelt sich eine tiefgreifende Entzündung durch die Nahrungsanschoppung in der sackartig erweiterten Ausstülpung, wobei es dann auch zur Ruptur der Divertikelwand mit nekrotisierender Entzündung des umliegenden Gewebes kommt.

Symptome

Im Vordergrund des Beschwerdebildes stehen auch hier die Dysphagie und das Erbrechen. Abhängig von der Dauer der Erkrankung treten die Anzeichen einer Entzündung hinzu, die entsprechend dramatisch verläuft, wenn der ausgesackte Teil der Speiseröhre perforiert.

Diagnose

Bei Verdacht auf ein Ösophagusdivertikel müssen weiterführende diagnostische Verfahren angewendet werden, wobei hier nach positivem Röntgenbefund eine Endoskopie anzuschließen ist.

Therapie

Die Behandlung des Schlunddivertikels ist chirurgisch möglich. Es muß versucht werden, die Wandschichten zu schließen, wobei die ektopische Schleimhaut reseziert wird. Leider sind jedoch Narbenstrikturen häufig.

Prognose

Die Prognose ist im allgemeinen ungünstig. Auch nach Resektion der entzündeten Schleimhaut kommt es im Bereich der versorgten Wandschichten häufig zur Strikturbildung. Hat sich aufgrund einer tiefgreifenden Entzündung mit Einschmelzung des umliegenden Gewebes ein Gangrän entwickelt, ist die Prognose infaust.

Schlundstenosen (Gefäßmißbildungen, Geschwülste)

a) Zu einer Schlundeinengung führende Gefäßmißbildungen sind bei der Katze selten. Im eigenen Patientengut wurden sie bisher nie gesehen, auch als Sektionsbefund ist die angeborene Gefäßmißbildung mit Einschnürung der Speiseröhre selten.

Symptome

Die Tiere regurgitieren wenige Sekunden nach der Futteraufnahme. Liegt der Prozeß längere Zeit vor und ist der Schlund entsprechend geweitet, kann das Regurgitieren auch erst nach Stunden auftreten. Die Beschwerden entwickeln sich in der Regel nach dem Absetzen der Welpen bei der Umstellung auf festes Futter. Im weiteren Verlauf kann flüssige Nahrung unter Umständen ohne auffällige Beschwerden abgeschluckt werden.

Diagnose

Katzenwelpen, die nach dem Absetzen regurgitieren, müssen sorgfältig auskultiert werden, um herznahe Nebengeräusche zu erfassen. In der Durchleuchtung mit Kontrastmittel zeigt sich die Anschoppung kranial der Herzbasis. Für die Diagnostik und das therapeutische Vorgehen ist eine selektive Angiokardiographie erforderlich. Bei Tumoren genügt im allgemeinen eine Röntgenkontrastuntersuchung (Abb. 37 a, b).

Therapie

Die Gefäßmißbildung muß, nachdem sie mit der Angiokardiographie lokalisiert worden ist, über eine Thorakotomie unter kontrollierter Beatmung ligiert und durchtrennt werden.

Prognose

Die Prognose hängt im entscheidenden Maße davon ab, wie frühzeitig die Erkrankung erkannt wird. Über die Dehnung der Ösophaguswandmuskulatur hinaus kann es zu Zerreißungen kommen, wonach sich die Erweiterung nur unvollkommen und langsam zurückbildet.

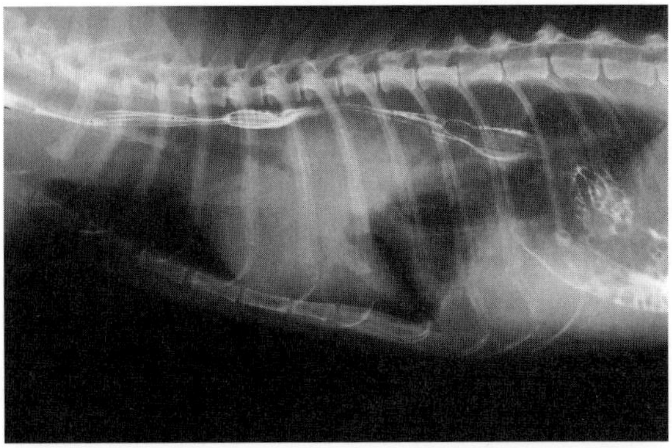

Abb. 37 a (oben), b (unten): Ein Lungenkarzinom komprimiert bei dieser 9 Jahre alten Katze die Speiseröhre, die mit Bariumsulfatkontrastmittel gefüllt ist. Chronisches Erbrechen wurde vorberichtlich geäußert. Die dorsoventrale Röntgenaufnahme des Thorax dieser Katze zeigt die Abweichung der kontrastgefüllten Speiseröhre.

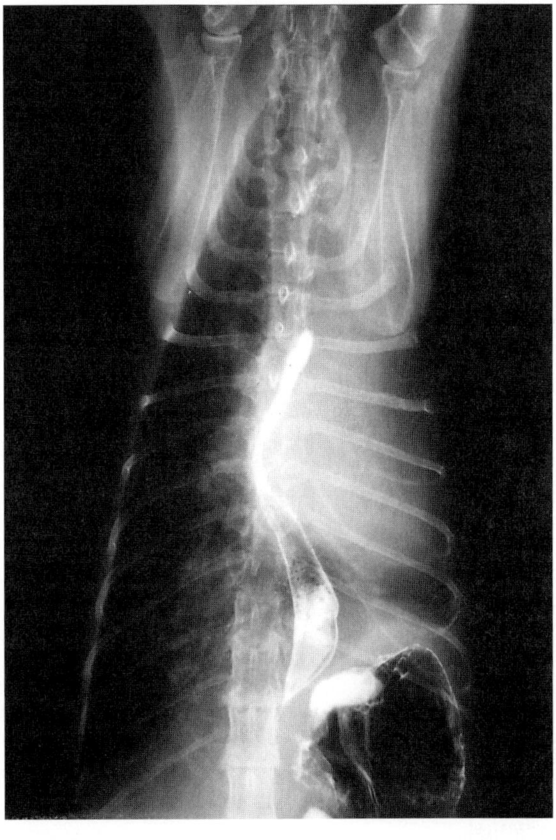

Neoplasien

Primäre und sekundäre Tumoren der Speiseröhre sind bei der Katze selten. Es sind aber Karzinome beobachtet worden.

Infolge granulomatöser Ösophagusveränderungen nach Spirocerca lupi-Befall soll es auch bei der Katze in Form einer Präkanzerose zur Fibrosarkom- oder Osteosarkombildung in der Speiseröhre gekommen sein. Die Spirozerkose ist in Mitteleuropa nicht beheimatet, sie wird in einigen Ländern Südeuropas und Südamerikas, aber auch in Kansas und im Yukon Territorium von Kanada gesehen.

Diagnose

Liegt der Verdacht eines Spirocerca lupi-Befalles vor, muß das Erbrochene und der Kot auf Parasiteneier untersucht werden. Dem direkten Ausstrich ist der Vorzug zu geben, da die Eier des Parasiten im Flotationsverfahren nicht angereichert werden. Kann mit Hilfe der röntgenologischen Untersuchung eine Zubildung der Ösophaguswand dargestellt werden, empfiehlt sich eine Probenentnahme unter endoskopischer Kontrolle.

Therapie

Liegt bereits eine maligne Entartung des Gewebes vor, so ist eine Therapie in der Regel aussichtslos. Je nach Größe des Prozesses muß eine chirurgische Intervention erwogen werden. Narbenstrikturen sind allerdings häufig. Bei Befall mit Spirocerca lupi ohne maligne Entartung kann eine Behandlung mit Diäthylcarbamazin (50–200 mg/kg) so lange durchgeführt werden, bis keine Eier mehr ausgeschieden werden.
Auch Tumoren aus der Nachbarschaft der Speiseröhre können zu einer Verlegung führen. Bei der Katze sind es vor allen Dingen Lymphosarkome, die im Thymus oder in den Mediastinallymphknoten lokalisiert sind und zu einer Einengung der Speiseröhre führen. Ein Teil dieser Tumoren ist FeLV-assoziiert, wobei das Virus durch die entsprechenden serologischen Verfahren nachgewiesen werden kann. Eine erfolgversprechende Therapie gibt es bisher für die Katze nicht. Die Schluckpassage kann aber ebenso durch Hämatome und Abszesse – je nach Ausdehnung – behindert sein. Abhängig von der Ursache und der Lokalisation kann eine entsprechende Therapie erwogen werden.

Neuromuskuläre Erkrankungen der Speiseröhre

Ätiologie

Bei der Katze ist der weit überwiegende Anteil der Ösophagusdilatationen idiopathisch und damit – bis auf wenige Ausnahmen – die Ursache unklar. Im eigenen Klientel zeigt sich, daß die Siamkatze überproportional häufig an der primären oder idiopathischen Ösophagusdilatation erkrankt. Insgesamt handelt es sich jedoch um eine seltene Erkrankung, die bevorzugt innerhalb der ersten 2 Lebensjahre auftritt. Im mittleren Alter zwischen 3–8 Jahren wird sie noch seltener oder gar nicht diagnostiziert. Eine Geschlechtsdisposition ist nicht erkennbar.

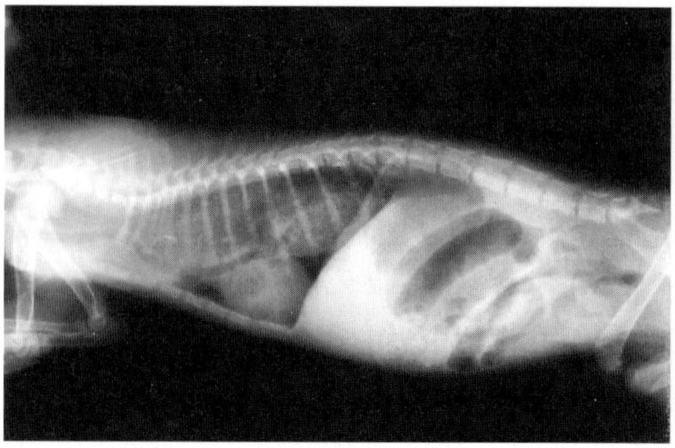

Abb. 38: Die mit Futter gefüllte Speiseröhre engt den Thoraxraum ein und drückt die Trachea nach ventral. Magen und Darm sind gasgefüllt. Die Katze ist abgemagert.

Auch im Zusammenhang mit primär neurologischen oder neuromuskulären Erkrankungen kommen gelegentlich Schluckbeschwerden durch eine sich sekundär einstellende Ösophagusdilatation vor (Aujeszkysche Krankheit, feline Dysautonomia, Tollwut, Lupus erythematosus, Myasthenia gravis).

Als **idiopathische Ösophagusdilatation** wird eine angeborene oder erworbene Funktionsstörung des unteren Ösophagussphinkters bezeichnet, die mit einem mehr oder weniger stark dilatierten Schlund und geringer oder fehlender Peristaltik einhergeht (Abb. 38). Dabei liegt die eigentliche Störung in einem Verlust der motorischen Funktion. Ein Defekt in einem Abschnitt des Reflexbogens, der für die gesteuerte Kontraktion notwendig ist, oder in der Osophagusmuskulatur bzw. den myoneuralen Verbindungen ist Ursache für den Funktionsausfall. Untersuchungen beim Menschen und beim Hund lassen vermuten, daß die neurologische Störung während des Schluckaktes im afferenten Teil des Reflexbogens oder im kranialen/dorsalen Motorneuron des Schluckzentrums liegt, das seinerseits mit dem Nucleus ambiguus, also dem kranialen/ventralen Motorneuron und somit mit dem Anfang der motorischen Einheit verbunden ist. Manometrische Untersuchungen zur Messung der Druckverhältnisse im Kardiabereich der Katze liegen nicht vor. Nach eigenen Untersuchungen und den Ergebnissen der Durchleuchtung konnte jedoch gezeigt werden, daß

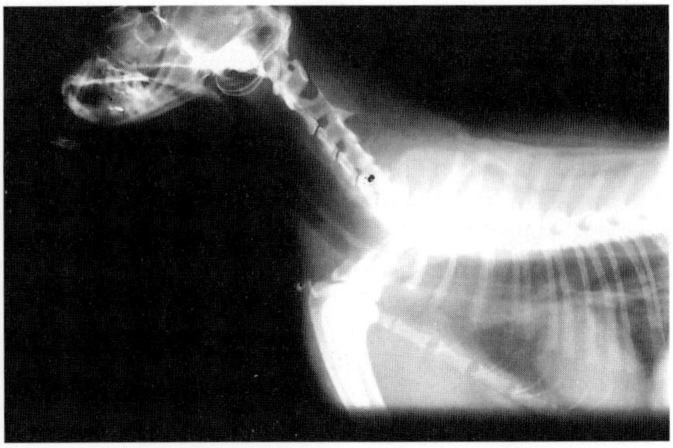

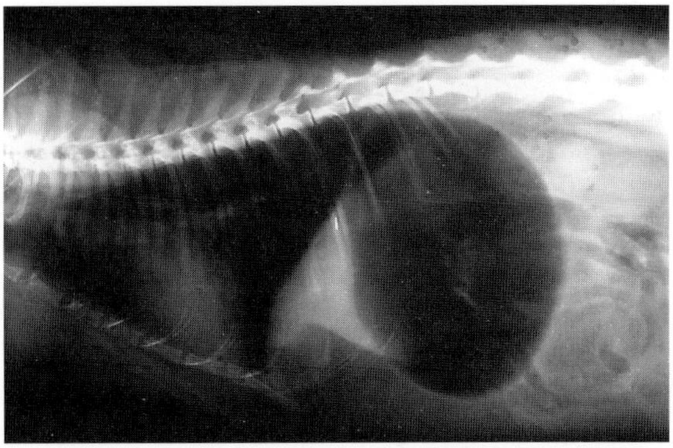

Abb. 39 a, b: Seitlich zum Röntgen gelagerte Katze mit Schlundatonie infolge einer Aujeszkyinfektion. Speiseröhre gasgefüllt. Auch der thorakale Teil der Speiseröhre und der Magen sind atonisch und gasgefüllt.

eine Öffnung der Kardia unabhängig von der peristaltischen Welle möglich ist.
Eine sekundäre neuromuskuläre Erkrankung bei der Siamkatze läßt sich auf einen gleichzeitig vorhandenen **Pylorusspasmus** zurückführen. Das gehäufte Auftreten dieser Erkrankung bei der Siamkatze legt eine Rassendisposition nahe. Die mit akutem Erbrechen nach der Futteraufnahme einhergehende Verkrampfung des Pylorus kann durch eine Kontraststudie nachgewiesen werden. Neben dem geweiteten, kontrastmittelgefüllten Ösophagus findet sich eine deutlich verzögerte Entleerung aus dem Magen.

Symptome

Ist die Ösophagusdilatation Folge einer neuromuskulären Erkrankung, hängt die Symptomatologie im wesentlichen davon ab, ob die Erkrankung primär die Speiseröhre betrifft, oder ob auch andere Organe durch die zugrunde liegende Erkrankung einbezogen sind. Seitens der Speiseröhre steht die Dysphagie und das Regurgitieren von unverdautem Futter im Vordergrund. Das Futter sammelt sich oft stunden-, sogar tagelang im atonischen Schlund. Insbesondere beim Treppen- oder Bergablauf wird das in der Speiseröhre befindliche Futter plötzlich und vielfach ohne große Anstrengung regurgitiert. Durch Kompression des stark geweiteten Ösophagus kann aufgrund einer Reizung der Bronchien und der Trachea, aber auch durch fehlgeschlucktes Futter Husten beobachtet werden . Solange kein Futter aspiriert wurde und auch keine tiefgreifenden Entzündungen der Ösophagusschleimhaut durch das angeschoppte Futter entstanden sind, ist das Allgemeinbefinden der Tiere ungestört. Trotz des gesteigerten Appetits magern die Tiere ab.
Abhängig von einer zugrunde liegenden Allgemeinerkrankung können noch andere Symptome beobachtet werden.

Myasthenia gravis

Bei der Katze ist die Funktionsstörung des Ösophagus auf die aus quergestreifter Muskulatur bestehenden kranialen zwei Drittel der Speiseröhre begrenzt. Wie beim Hund wird auch bei der Katze eine schnelle Ermüdbarkeit in Bewegung beobachtet, die sich nach Neostigmin-Behandlung normalisiert.

Lupus erythematodes

Eine im Zusammenhang mit einem systemischen Lupus erythematodes auftretende Polymyositis kann auch die Muskulatur der Speiseröhre mit einbeziehen. Daneben ist auf erosive und ulzerative Entzündungen der Haut sowie eine Beteiligung der Niere und der Blutzellen zu achten.

Aujeszkysche Krankheit – Thalliumvergiftung – Tollwut

Gemeinsam ist diesen Erkrankungen eine neurologische Störung, die mit einer Funktionsstörung der Speiseröhre einhergehen kann (Abb. 39 a, b). Erkrankungen dieser Art verlaufen in der Regel gleichzeitig mit schweren Störungen des Allgemeinbefindens (siehe dort). Treten bei einer Katze mit Freilauf Schluckstörungen auf und wird die Futter- und Tränkeaufnahme verweigert, muß in jedem Fall der Impfstatus überprüft und an Tollwut gedacht werden.

Diagnose

Wenn aufgrund der Anamnese und der Symptomatik eine neuromuskuläre Störung des Ösophagus in Frage kommt, muß nach Klärung der Impfprophylaxe eine sorgfältige Allgemeinuntersuchung

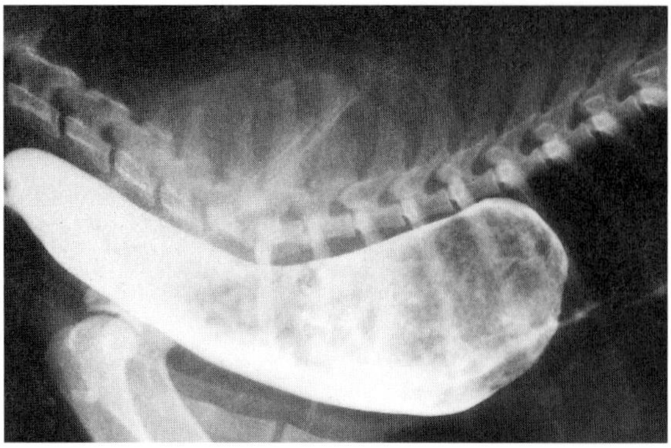

Abb. 40: Primäre Ösophagusdilatation bei einer 8jährigen Burmakatze. Der kontrastmittelvermischte Futterbrei zeigt deutlich die erhebliche Ausweitung der Speiseröhre auf der Röntgenaufnahme.

durchgeführt werden. Die Darstellung des geweiteten, mit Gas oder Futter gefüllten Schlundes gelingt am einfachsten und deutlichsten mit der Röntgenuntersuchung. Eingegebenes bariumhaltiges Kontrastmittel macht das Ausmaß der Dilatation deutlich (Abb. 40). Bei der Durchleuchtung kann die Parese bzw. Paralyse der Ösophagusmuskulatur anhand fehlender Kontraktionswellen diagnostiziert werden.

Therapie

Die primäre Ösophagusdilatation der Katze muß als unheilbar angesehen werden. Die Unsicherheit hinsichtlich Ätiologie und Pathogenese der primären bzw. idiopathischen Ösophagusdilatation gestaltet die Therapie entsprechend schwierig. Die Dilatationsbehandlung ist bei der Katze bisher nicht erprobt, prinzipiell aber möglich.

Bei der sekundären Form der Ösophagusdilatation muß – wenn möglich – die Grundkrankheit beseitigt werden. Gute Aussicht auf Erfolg hat dabei die Dilatation, die aufgrund eines Pylorusspasmus entstanden ist. Letzterer kann durch eine Pyloromyotomie operativ beseitigt werden. Besteht die Dilatation nicht zu lange, kann die Muskulatur wenige Wochen nach Beseitigung der Ursache wieder normale Funktion erlangen.

Unabhängig von der Ursache und der Therapie muß das Futter aus erhöhter Position angeboten werden, damit es mit Hilfe der Schwerkraft in den Magen gelangen kann. Zuvor sollte unter Durchleuchtung abgeklärt werden, ob größere, feste Fleischbrocken oder aber flüssige bzw. breiige Nahrung besser abgeschluckt werden kann. Konservative Behandlungsversuche mit Vitamin-B-Komplex, Vitamin E und Spasmolytika sind von zweifelhaftem Wert.

Prognose

Mit Ausnahme des Pylorusspasmus der Siamkatze sind sowohl die primären als auch die sekundären neuromuskulären Störungen der Ösophagusfunktion Erkrankungen mit ungünstiger Prognose. Dies gilt auch für die primäre Ösophagusdilatation, bei der das Allgemeinbefinden zumindest in der Anfangsphase noch ungestört ist.

Hiatushernie (Bruch des Hiatus oesophageus)

Ein Vorfall von Gewebe (Netz, Fett), bzw. von Teilen des Magens durch den Hiatus oesophageus wird als Hiatushernie bezeichnet. Bei der Katze wird in der Regel eine intraösophageale Verlagerung des Magens gesehen. Werden die Teile des verlagerten Magens invaginiert, wird von einer permanenten Hernie gesprochen. Der Verlauf ist dramatisch. Häufiger ist jedoch die lebensbedrohende Verlagerung des Magenfundus in den kaudalen thorakalen Ösophagus, die auch chronisch rezidivierend auftreten kann.

Ätiologie

Der Hiatushernie liegt eine angeborene oder erworbene Erweiterung der Durchtrittsstelle der Speiseröhre durch das Zwerchfell zugrunde. Der den Ösophagus umgrenzende elliptische und sphinkterähnliche Muskelring kann an irgendeiner Stelle geweitet oder unterbrochen sein. Die häufigste Lokalisation ist supraösophageal. Zur Entstehung der Hiatushernie, die in ihrer Ätiologie und Pathogenese noch nicht völlig geklärt ist, bedarf es neben der Gewebsschwäche auch eines erhöhten intraabdominalen Drucks (z. B. Koprostase, Adipositas, Trächtigkeit).

Symptome

Bei der chronisch rezidivierenden Einstülpung des Magens in die Speiseröhre wird häufiges Erbrechen beobachtet, das im Zusammenhang mit der Futteraufnahme gesehen wird. Dabei zeigen sich Phasen der Besserung, gefolgt von einer Verschlechterung der Symptomatik. Vor allem kurzhaarige Katzen sollen nach DE HOFF an dieser Erkrankung leiden. Insgesamt gesehen ist sie jedoch selten.

Wird der Magen in die Speiseröhre hineininvaginiert, entwickelt sich neben dem plötzlichen Erbrechen bzw. Hervorwürgen von Schleim eine zunehmende Verschlechterung des Allgemeinbefindens mit Dyspnoe und Schocksymptomatik.

Diagnose

Bei der chronisch rezidivierenden Einstülpung des Magens in die Speiseröhre sind die Tiere meist bei gutem Allgemeinbefinden, wobei die Anamnese einen wichtigen Hinweis gibt. Im allgemeinen ist ein sehr enger zeitlicher Zusammenhang zur Futteraufnahme zu beobachten; das Erbrechen kann aber auch erst nach Stunden auftreten.

Die Befunde, die durch die klinische und labordiagnostische Untersuchung erhoben werden können, hängen im wesentlichen von der Dauer und der Schwere der Erkrankung ab und sind nicht spezifisch für eine Hiatushernie.

Röntgenologisch zeigt sich die Hiatushernie in der Leeraufnahme vielfach durch eine Verschattung im Bereich des Übertrittes der Speiseröhre durch das Zwerchfell, aber erst mit Hilfe der Kontrastmitteluntersuchung läßt sich die Diagnose sichern. Vielfach gelangt flüssiger Kontrastbrei in den Magen, wobei Kontrastmittelreste im terminalen Teil des Ösophagus haften bleiben. Durch Druck auf das Abdomen kann das Kontrastmittel in den Ösophagus hineingedrückt werden, wobei die Speiseröhre dann geweitet erscheint. Besser noch läßt sich die Hiatushernie mit der Durchleuchtung darstellen, wobei sich der Magen während des Schluckvorganges teilweise in die Speiseröhre verlagert und mit der Verlagerung des Magens auch Kontrastmittel schubweise in die Speiseröhre gelangt.

Bei fortbestehendem Verdacht auf eine Hiatushernie, die sich röntgenologisch nicht absichern läßt, muß eine Probelaparotomie durchgeführt werden. An der Durchtrittstelle der Speiseröhre durch das Zwerchfell kann im positiven Fall eine Unterbrechung des sphinkterähnlichen Muskelringes palpiert werden. Außerdem zeigt sich die Hiatushernie in einer pathologisch vermehrten Vaskularisierung des Fundusteils des Magens.

Bei der invaginierten Hiatushernie stellt sich auch in der Leeraufnahme die zwerchfellsnahe Verschattung im thorakalen Teil der Speiseröhre gut sichtbar dar. Vor der Verwendung von Bariumsulfat als Kontrastmittel muß hier gewarnt werden, da die Gefahr der Aspiration besteht; besser geeignet sind daher wasserlösliche Röntgenkontrastmittel (z. B. Meglumin, Gastrografin®).

Therapie

Ist die Diagnose röntgenologisch gesichert, so ist eine chirurgische Behandlung indiziert. Aber auch in diesen Fällen – wie bei einer diagnostischen Laparotomie wegen chronischen Erbrechens – müssen die Leber, das Gallengangssystem, die Bauchspeicheldrüse, der Pylorus, der Magen, die Milz und bei Verdacht auf eine Hiatushernie insbesondere der Hiatus oesophageus sorgfältig untersucht werden. Die verstärkte Vaskularisierung des ventralen Magenfundus sowie die digital feststellbare, übermäßige Weite des Hiatus oesophageus bestätigen den Verdacht. Wenn der Defekt identifiziert ist, muß eine plastische Verkleinerung des Hiatus oesophageus in Kombination mit einer Gastropexie durchgeführt werden, wobei die Kardia und der Magenfundus bis zum Eintritt des Ösophagus an das Zwerchfell fixiert werden.

Besondere Bedeutung kommt auch der postoperativen Nachsorge zu. Zunächst müssen die Katzen häufig mit kleinen Mengen Futter versorgt werden. Es muß einem Erbrechen nach der chirurgischen Versorgung vorgebeugt werden, damit die Gastropexie und der Verschluß des Zwerchfells nicht gefährdet wird. Daher ist es erforderlich, neben den Fütterungsmaßnahmen auch antiemetische Medikamente (z. B. Metoclopramidhydrochlorid) anzuwenden. Hierdurch wird der Sphinktertonus des Ösophagus erhöht und die Magenentleerung beschleunigt.

Prognose

Die Prognose hängt im wesentlichen von der Größe des Zwerchfelldefektes ab. Bei einer Invagination des Magens ist die Prognose ungünstig.

Spirocerca lupi

Dieser seltene Nematode ist ein Parasit, der in tropischen bzw. subtropischen Regionen auftritt.

Die getrenntgeschlechtlichen Würmer sind 3 cm (Männchen) bis 8 cm (Weibchen) lang und meist von blutroter Farbe.

Bei der Entwicklung dienen verschiedene Käferarten als Zwischen-, Nager und Reptilien als Transportwirte.

Nach Aufnahme des Parasiten und dessen Freiwerden im Magen wandert er durch die Magenarterien in den Ösophagus und die Aorta.

Adulte Würmer leben im Ösophagus, selten auch in der Magen- und Darmwand. Die Schäden sind Aortenaneurysmen und Aortenthromben, gelegentlich sogar Rupturen, Ösophagusstenosen sowie maligne Neoplasien der Speiseröhre. In die Lunge eingewanderte Parasiten können eine hypertrophische, pulmonale Osteopathie (Akropachie) auslösen.

Symptome

Die klinischen Anzeichen sind Anorexie, persistierendes Regurgitieren, Würgen, Erbrechen, Schwäche, Dyspnoe, Anämie, Kortexverdickung der langen Röhrenknochen, Paraplegien und Konvulsionen. Oft sterben die Tiere, ohne vorher irgendwelche

Symptome gezeigt zu haben, bereits in der Präpatenz. Jungtiere sind am empfänglichsten.

Diagnose

Die Diagnose kann über den Einachweis im Erbrochenen gestellt werden. Meistens gelingt sie sicher mit der Endoskopie oder röntgenologisch.

Therapie

Therapeutisch wirksam sind Diäthylcarbamazin, 50–200 mg/kg KGW täglich, Disophenol, 10 mg/kg KGW subkutan, sowie Dithiazaninjodid (Dizan), 20 mg/kg KGW per os.

Erkrankungen des Magens

Der Magen dient u. a. als Futterspeicher. Über das Erbrechen hat die Katze die Möglichkeit, unverträgliche Nahrung aus dem Magen hinauszubefördern. Aber auch unverträgliche Substanzen verweilen über einen gewissen Zeitraum im Magen und können – je nach Beschaffenheit – mechanisch, chemisch, thermisch oder infektiös bedingte Schäden der Magenschleimhaut verursachen. Neben den direkten, durch exogene Faktoren hervorgerufenen Erkrankungen des Magens beziehen verschiedene Allgemeinerkrankungen auch den Magen ein (Infektionskrankheiten, Urämie, Hepatopathie, Pankreatopathie, Parasiten, Streß u. a.).

Erbrechen ist das Leitsymptom von Magenerkrankungen. Erbrechen findet sich aber als Symptom von verschiedenen Erkrankungen, so daß der Kliniker beim Vorliegen von Erbrechen vor einer Vielzahl differentialdiagnostischer Möglichkeiten steht. Bei der Erhebung des Vorberichtes, besser noch durch eigene Beobachtung, muß das Erbrechen vom Regurgitieren (Erkrankungen der Speiseröhre), von Husten mit Auswürgen von Schleim, u. U. auch von Futter (Erkrankungen des Atmungsapparates oder des Herz-Kreislauf-Systems) unterschieden werden. Wesentliche Hinweise auf die Ursache des Erbrechens lassen sich aus der Anamnese und der klinischen Allgemeinuntersuchung herleiten. Von besonderem Interesse sind Fragen nach dem Zusammenhang mit der Futteraufnahme, dem Aussehen des Erbrochenen, nach der Aufnahme von fremdem oder verdorbenem Futter, nach Arzneimitteln, nach vorangegangenen Operationen, Entwurmung u. a.

Bei der Katze ist das gleichzeitige Auftreten von Erbrechen und Durchfall häufig. Dies läßt in erster Linie an eine Erkrankung des gesamten Magen-Darm-Traktes denken. Aufgrund der vielfältigen Ursachen des Erbrechens kommen für die Diagnostik zahlreiche Hilfsuntersuchungen in Frage.

Untersuchungen bei unklarem Erbrechen

1. Blutbild (Leukozyten, Hämatokrit, Blutsenkung)
2. Harnstoff, Kreatinin, Elektrolyte, Gesamteiweiß, Blutgase
3. Serumenzyme (GPT, GLDH), Bilirubin
4. Abdomen-Röntgenübersichtsaufnahme
5. Kotuntersuchung (parasitologisch)
6. Endoskopie und Biopsie
7. Sonographie
8. Röntgenkontrastmitteluntersuchung

Gastritis allgemein

Nach dem Verlauf wird zwischen akuter und chronischer Gastritis unterschieden, wobei die Gastritis häufig mit Darmentzündungen vergesellschaftet ist und dann von einer Gastroenteritis gesprochen wird. Abhängig von den Schleimhautveränderungen ist die Gastritis katarrhalisch, fibrinös, hämorrhagisch, erosiv, diphtheroid oder ulzerös.

Funktionelle Magenbeschwerden

Ohne organische Veränderungen verlaufen die differentialdiagnostisch schwierig zu unterscheidenden funktionellen Magenbeschwerden, Reizmagen (gestörte Magenfunktion).

Ätiologie

Funktionelle Magenbeschwerden finden sich bei der Katze im Zusammenhang mit Streßsituationen, wie sie bei Klinikaufenthalt, Transport, häuslichen Veränderungen, Rangordnungskämpfen u. a. beobachtet werden können. Angst, Erregungs- bzw. Streßzustände führen zu Inappetenz oder wechselndem Appetit und psychogenem Erbrechen (besonders Siamkatzen).

Symptome

Die funktionellen Magenbeschwerden sind in der Symptomatik unspezifisch. Es liegt Inappetenz oder wechselnder Appetit vor. Erbrechen kann unmittelbar nach der Mahlzeit beobachtet werden. Vor dem Erbrechen oder auch unabhängig von dem Erbrechen zeigen die Katzen Erregungszustände, die sich im Extremfall in Salivation, geweiteten Pupillen und Haarverlust ausdrücken. Bei der klinischen Untersuchung zeigt sich allenfalls eine Druckempfindlichkeit im Epigastricum.

Diagnose

Da die Symptome unspezifisch sind, ist die differentialdiagnostische Abgrenzung schwierig. Andere Ursachen wie diätetische, organische und andere Allgemeinerkrankungen müssen durch eine gründliche klinische Untersuchung ausgeschlossen werden. Kann durch eine symptomatische Behandlung der Katze nicht geholfen werden, müssen weitergehende Untersuchungen wie Röntgen, Blutuntersuchung, Ultraschall usw. durchgeführt werden.

Therapie

Neben der Fütterung leicht verdaulicher Speisen muß der Patientenbesitzer auf die Notwendigkeit der persönlichen Zuwendung hingewiesen werden. Abhängig vom persönlichen Umfeld der Katze sind entsprechende Maßnahmen zu empfehlen. Nur wenn die Maßnahmen nicht greifen, kann eine Behandlung mit Megöstrolacetat oder Diazepam erwogen werden.

Prognose

Vorsichtig bis ungünstig. Abhängig davon, ob die Ursache ermittelt und abgestellt werden kann.

Akute Gastritis

Als akute Gastritis wird ein in der Regel auf die Schleimhaut beschränkter Entzündungsprozeß bezeichnet, dessen auffälligstes Symptom das Erbrechen ist. Die Diagnose einer akuten Gastritis und die Beurteilung ihres Schweregrades kann nur durch die histologische Untersuchung von Schleimhautbiopsien erfolgen. Auch makroskopisch (endoskopisch) ist die akute Gastritis nur durch eine unspezifische Hyperämie und ein Schleimhautödem mit verstärkter Schleimabsonderung gekennzeichnet (katarrhalische Gastritis). Der gutartige Verlauf der Erkrankung und das gute Ansprechen auf die üblichen Therapiemaßnahmen erübrigen im allgemeinen eine aufwendige klinische Untersuchung. Das vorsichtig auswählende Freßverhalten der Katze ist vermutlich der Grund, weshalb die akute Gastritis eher selten ist.

Ätiologie

Die wichtigsten Ursachen der akuten Gastritis sind exogene Noxen (Viren, Bakterien, Parasiten, Chemikalien, Arzneimittel, Fremdkörper u. a.), die in den meisten Fällen der akuten Gastritis nicht mehr ermittelt werden können. Aber auch endogene Ursachen (Sepsis, Niereninsuffizienz) kommen ätiologisch in Betracht. Die häufigsten Ursachen sind jedoch auch bei der Katze Fütterungsfehler (Milch, verdorbenes oder zu kaltes Futter, Zimmerpflanzen, Süßigkeiten u. a.).

Symptome

Die akute Gastritis zeichnet sich vor allen Dingen durch zum Teil heftiges Erbrechen aus. Dabei kann das Erbrochene je nach Charakter der Entzündung Schleim, Schleimhautfetzen oder Blutbeimengungen enthalten. Im allgemeinen verweigern die Katzen die Futteraufnahme, fressen Gras und speicheln, und nur gelegentlich liegt eine Störung des Allgemeinbefindens vor. Palpatorisch findet sich eine erhöhte Druckempfindlichkeit in der Magengegend. Je nach Verdauungsgrad der erbrochenen Nahrung kann auf die Verweildauer im Magen geschlossen werden. Gelbe oder grüne Verfärbungen sind als Hinweis auf einen intestinalen Reflux von Galle zu deuten. Der Geruch des Erbrochenen gibt Hinweise auf die Azidität.

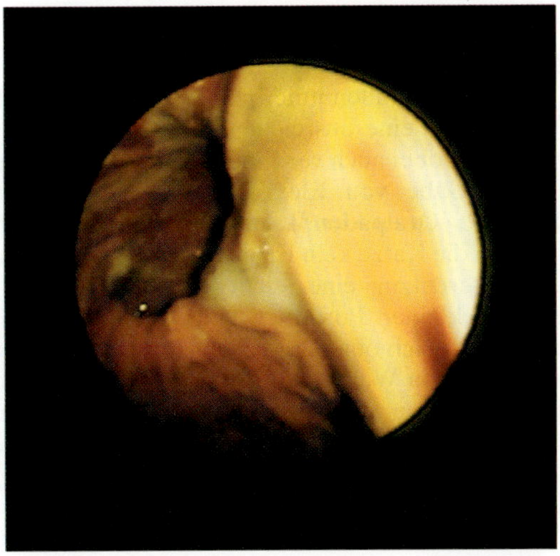

Abb. 41: Bei der gastroskopischen Untersuchung wird eine Gummifolie im Magen einer Katze festgestellt und mit der Fremdkörperfaßzange entfernt.

Diagnose

Die Diagnose „akute Gastritis“ läßt sich in der Regel mit Hilfe des Vorberichts, der klinischen Symptomatik und den Ergebnissen der Röntgen- und Labordiagnostik stellen. Vor allem Fremdkörper müssen ausgeschlossen werden (Abb. 41). Es gehört daher bei der klinischen Allgemeinuntersuchung von Katzen zur Routine, auch den Zungengrund nach fädigen Fremdkörpern mit zu untersuchen. Da die akute Gastritis die häufigste Ursache für Erbrechen ist und sie auf eine symptomatische Behandlung im allgemeinen sehr schnell anspricht, sind aufwendige klinische Untersuchungsmethoden entbehrlich. Lediglich in schweren Fällen und wenn mehrere Tiere gleichzeitig erkrankt sind sowie bei Versagen der eingeleiteten Behandlung sind weitergehende Untersuchungen erforderlich (s. o.).

Therapie

Nach Futterentzug bessert sich die akute Gastritis in den meisten Fällen innerhalb von 24 Stunden. Es ist jedoch für eine ausreichende Flüssigkeitszufuhr zu sorgen, wobei auch verdünnter schwarzer Tee neben der Gabe von Elektrolyt-Glukose-Lösungen (Elotrans®, Oralpädon®) gut aufgenommen wird. Nachdem die Katze kein Erbrechen mehr zeigt, folgt dem Futterentzug eine leicht verdauliche Diät in mehreren kleinen Portionen über den Tag verteilt. Bewährt hat sich eine handelsübliche Diät (Magen-Darm-Diät von Waltham, Prescription Diet® i/d von Hill's) oder eine selbst zubereitete Kost, bestehend aus Hüttenkäse, Magerquark oder hart gekochten Eiern für die Proteinversorgung, gekochter und geschälter Reis, Nudeln oder Kartoffelbrei mit Wasser angerührt für die Kohlenhydratversorgung und, um die Akzeptanz zu verbessern, $^1/_5$ der Portion bestehend aus gekochtem, kleingeschnittenem Rind- oder Hühnerfleisch. Dem Futter muß Salz zugegeben werden.

Ist der Flüssigkeitsverlust erheblich und sind Zeichen einer Hämokonzentration zu erkennen, dann muß nach Bestimmung der Elektrolytverhältnisse im Plasma und des Säure-Basen-Haushaltes eine parenterale Infusionsbehandlung durchgeführt werden. Dabei ist, über den täglichen Flüssigkeitsbedarf von etwa 60 ml/kg KGW hinaus, entsprechend dem Grad der Exsikkose bis zu einer Menge von 100–120 ml/kg KGW/Tag zusätzlich Flüssigkeit zu infundieren. Liegt eine metabolische Azidose vor, so kann eine Vollelektrolyt- oder Ringerlactatlösung infundiert werden. Hat sich dagegen eine metabolische Alkalose entwickelt, so empfiehlt sich, isotonische Kochsalzlösung zu geben. Es ist besonders auf einen Kaliumverlust zu achten, der nach Kaliumbestimmung substituiert wird.

Bei anhaltendem Erbrechen können Antiemetika erforderlich werden. Geeignet sind hier bei starkem Erbrechen mit Spasmen Anticholinergika (z. B. Buscopan®). Hilfreich sind in vielen Fällen Antazida (z. B. Phosphalugel®, Gelusil-lac®), und H_2-Blocker (Cimetidin®). Auch Opiatabkömmlinge (Diphenoxylat) können mit oder ohne begleitendem Durchfall therapeutisch genutzt werden.

Ist die akute Gastritis Folge einer Fremdkörpererkrankung, muß der Fremdkörper mit bildgebenden Hilfsmitteln und einer Zange oder über eine Gastrotomie entfernt werden. Kleinere Fremdkörper, auch wenn sie spitz oder scharf sind, verlassen vielfach via naturalis den Magen. Dies kann erleichtert werden, wenn der Katze Paraffinöl eingegeben wird oder sie zum Grasfressen angehalten werden kann.

Prognose

Akute Gastritiden heilen in der Regel schnell und komplikationslos aus. Vielfach verschwindet das Erbrechen schon während des Futterentzuges nach Beseitigung der Ursache.

Chronische Gastritis

Die Diagnose „chronische Gastritits" kann definitiv nur nach histologischer Untersuchung einer Schleimhautbiopsie nach Ausschöpfung aller zur Verfügung stehenden klinischen Untersuchungsmöglichkeiten gestellt werden. Die chronische Gastritits als selbständige Erkrankung ist bei der Katze selten. Sie äußert sich klinisch in über längere Zeit bestehendem und nicht als Begleitsymptom einer anderen Organerkrankung zuzuordnendem Erbrechen.

Ätiologie

Eine ätiologische Diagnose ist nur ausnahmsweise möglich. Viele exo- und endogene Noxen können für eine chronische Gastritits verantwortlich sein. Dies sind mehr oder weniger alle bereits bei der akuten Gastritits aufgeführten Faktoren. Diese Noxen führen, wenn sie über einen längeren Zeitraum wiederholt auf die Magenschleimhaut einwirken, zu chronischen Entzündungserscheinungen. Ein Teil der chronischen Gastritisfälle ist dabei dem Formenkreis der allergisch bzw. immunmediierten Erkrankungen zuzurechnen. Im Zusammenhang mit der felinen Hyperthyreose entwickelt sich häufig aufgrund der gesteigerten Funktion des vegetativen Nervensystems eine chronische Gastritis, die meist durch Vomitus in Verbindung mit Diarrhoe auffällig wird. Histologisch kann man die chronische Gastritis entsprechend des dominierenden Entzündungstyps unterteilen:

1. Bei der Katze am häufigsten ist der lymphozytär-plasmazelluläre Typus mit vereinzelten neutrophilen Granulozyten. Häufig finden sich diese Infiltrate nicht isoliert im Magen, sondern erstrecken sich auch auf den Dünndarm. Makroskopische Befunde an der Schleimhaut sind oberflächliche Erosionen und Ödeme, nur in Ausnahmefällen leichte Hämorrhagien.
   Die beim Hund bekannte atrophische Gastritis, die eventuell den Folgezustand der lange bestehenden oberflächlichen lympho-plasmazytären Gastritis darstellt, ist für die Katze bisher nicht beschrieben.
2. Die eosinophile Gastritis ist ein seltenes Krankheitsbild, das durch Infiltrate eosinophiler Granulozyten, meist in Verbindung mit einer peripheren Bluteosinophilie gekennzeichnet ist. Die Magen-

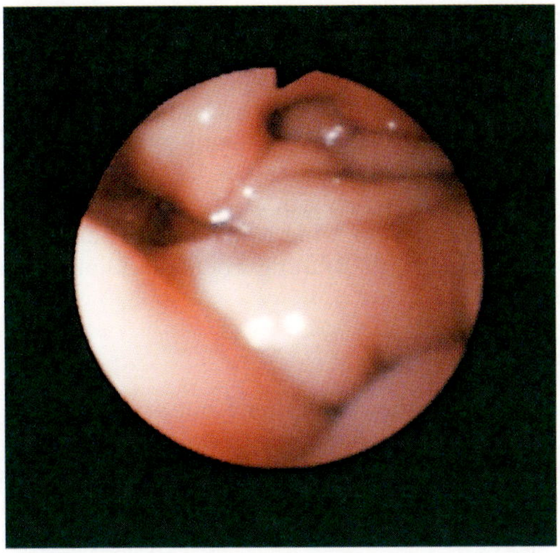

Abb. 42: Endoskopisches Bild einer flächenhaften Verdickung der Magenschleimhaut einer Katze mit eosinophiler Gastritis.

schleimhaut ist segmental oder flächig verdickt (Abb. 42). Die Ursache ist nicht bekannt. Vermutet wird eine allergische oder parasitäre Genese.

3. Die chronische fibröse Gastritis ist bei der Katze im Zusammenhang mit Ollulanus tricuspis-Infektion beschrieben.
4. Histiozytäre und granulomatöse Gastritiden sind Raritäten mit schlechter Prognose.

Symptome

Eindrucksvolles Symptom ist das Erbrechen, das in ganz unterschiedlicher Häufigkeit und Beziehung zur Futteraufnahme auftreten kann. Anamnestisch liegt ein meist wochen- oder monatelanges Erbrechen vor. Die Tiere befinden sich dabei in relativ gutem körperlichen Zustand. Die Gewichtsabnahme ist in der Regel undramatisch. Erst nach und nach entwickelt sich ein schlechter werdendes Allgemeinbefinden.

Diagnose

Die Untersuchung des Erbrochenen ist oft unergiebig. Manchmal wird nur weißlich-gelblicher Schleim, eventuell vermischt mit Haaren, erbrochen. Bei der klinischen Untersuchung ist nicht immer eine Schmerzhaftigkeit im Abdomen festzustellen.

Labordiagnostisch sollten Hämatokrit und Gesamteiweiß untersucht werden, um anämische und Dehydrierungszustände aufzudecken. Eine milde regenerative Anämie kann vorhanden sein. Im Falle der eosinophilen Gastritis oder bei Befall mit Parasiten ist häufig eine periphere Erhöhung der Eosinophilen vorhanden, bei der lymphozytär-plasmazellulären Gastritis eine leichte Neutrophilie. Die Messung von Harnstoff und Leberenzymen (GPT, GLDH) schließt die Beteiligung von Nieren- oder Lebererkrankungen aus.

Die Diagnose ergibt sich aus Anamnese, klinischer Untersuchung und Labordiagnostik. Erbrochenes und Kot sollten unbedingt auf das Vorhandensein von Parasiten untersucht werden. Die röntgenologische Darstellung des Magens ist meist wenig ergiebig. Eventuell zeigt sich nach Doppelkontrastdarstellung ein verändertes Schleimhautrelief. Die wichtigste und zuverlässigste Untersuchung, mit der die Diagnose abgesichert werden kann, ist die Endoskopie in Verbindung mit einer Biopsie. Die Schleimhaut kann dabei in leichteren Fällen im endoskopischen Bild unverändert erscheinen, bei schweren Krankheitsbildern dagegen Hyperämien, Erosionen und Blutungen zeigen.

Falls eine ursächliche Diagnose gestellt wird, ist selbstverständlich ein Abstellen der Ursache erforderlich. Medikamente, Chemikalien, Pflanzen etc., die als Verursacher in Betracht kommen, müssen eliminiert werden. Liegt eine Hyperthyreose vor, bringt die dagegen gerichtete Behandlung Hilfe (siehe dort). Besteht der Verdacht auf eine Futtermittelallergie, so sollte eine kommerzielle Hypoallergiediät bzw. ein selbst zubereitetes Futter (Reis, Hüttenkäse, Lamm- oder Hühnchenfleisch) verordnet werden. Diese Diät erweist sich auch bei allen anderen Ursachen als hilfreich. Das Futter sollte in mehreren kleinen Portionen über den Tag verteilt gegeben werden. Kortikosteroide können im Falle eines immunopathischen Geschehens indiziert sein, obgleich ihr Einsatz sorgfältig abzuwägen ist, um der Entwicklung von Magengeschwüren nicht Vorschub zu leisten. Sie sollten generell niedrig dosiert werden (z. B. Prednisolon, 0,2 bis 0,5 mg/kg Körpergewicht/Tag). Tritt unter dieser Behandlung eine Besserung auf, wird die Dosis zur Erhaltung noch reduziert. Falls ein Ansprechen auf Kortikosteroide nicht erfolgt, kann in Ausnahmefällen mit dem Immunsuppressor Azathioprin (Imurek®), 1 bis 2 mg/kg Körpergewicht/Tag therapiert werden.

Geschwüre

Ätiologie

Magengeschwüre entstehen als sogenannte peptische Geschwüre durch „Selbstverdauung“, wenn die Mukosa durch eine Noxe geschädigt ist. Bei der Katze kommen sowohl mehr erosiv oberflächliche, multipel verteilte und in der Regel nur stecknadelkopfgroße Geschwüre vor, als auch flächenhaft ausgebreitete Ulzera mit aufgeworfenem, wallartigem Rand, der als Charakteristikum für das chronische Geschwür angesehen wird. In jedem Fall können mehr oder minder starke Blutungen imponieren. Das Geschwür kann entweder narbig ausheilen oder im Extremfall zur Perforation, nachfolgender Peritonitis und zum Tode führen. Es gibt mannigfaltige Gründe, die zur Ulzeration der Magenschleimhaut Anlaß geben. Meist wirken verschiedene Faktoren gemeinsam. Generell sind es exogene oder endogene, die Durchblutung der Mukosa beeinflussende Ursachen.

Exogene Ursachen: Für viele Arzneimittel ist eine ulzerogene Potenz nachgewiesen, so zum Beispiel für Azetylsalizylsäure, Indometacin, viele andere nichtsteroidale Antiphlogistika, aber auch für Kortikosteroide. Generell spielt die Dauer der Anwendung und die Dosis eine entscheidende Rolle für die Auswirkungen dieser Medikamente.

Endogene Faktoren, die die Bildung von Magengeschwüren fördern, sind zum Beispiel Neoplasien (Mastozytom, Inselzelltumoren des exokrinen Pankreas), die über eine gesteigerte Salzsäureproduktion zur Hyperazidität und zu Ulzerationen führen. Im Falle des Mastozytoms ist dabei eine erhöhte Histaminausschüttung für die Hyperazidität verantwortlich. Tumoren der sogenannten Deltazellen des Pankreas bilden hingegen Gastrin.

Nierenversagen führt einmal zu erhöhten Serumgastrinwerten, da das Hormon durch die geschädigte Niere unzureichend verstoffwechselt wird und somit zur erhöhten Aktivität der salzsäureproduzierenden Belegzellen führt. Zum anderen werden im Zuge der Urämie urämische Toxine über die Magenschleimhaut ausgeschieden und dort zu Ammoniak umgewandelt, das die Schleimhaut direkt angreift.

Auch auf der Grundlage einer chronischen Gastritis können sich Geschwüre entwickeln, obwohl dies bei der Katze eher selten vorkommt.

Schließlich ist bekannt, daß Traumata, Streßzustände, neurologische Erkrankungen, Schock bzw. Minderdurchblutung/Hypotension ganz allgemein ulzerogen wirken können. Dies ist ein häufiges Problem beim menschlichen Intensivpatienten, was auch für den Hund nachgewiesen wurde, aber offenbar seltener bei der Katze der Fall ist.

Symptome

Nur selten liegt der Vorstellung des Ulkuspatienten eine längere Krankengeschichte zugrunde. Meist ist es ein akutes Geschehen, das, je nachdem wie tiefgreifend das Geschwür ist, bzw. ob eine Perforation vorliegt oder nicht, mehr oder minder dramatisch abläuft.

Auch hier ist Erbrechen das wichtigste Krankheitszeichen. Dem Erbrochenen ist frisches oder schon angedautes Blut beigemengt (Hämatemesis). Die Tiere sind depressiv, anorektisch und kauern häufig teilnahmslos am Boden. Meläna bzw. okkultes Blut im Stuhl sind häufig vorhanden. Bei durchgebrochenem Geschwür stellen sich rasch Schock, Fieber und tiefe Depression ein. Eine Anämie kann bei längerer oder sehr heftiger Blutung ebenfalls klinisch feststellbar sein.

Diagnose

Die beschriebenen Symptome müssen entweder in Verbindung mit der entsprechenden Anamnese (längere Arzneimitteltherapie) bzw. mit Hinweisen auf endogene Ursachen (Nierenversagen, Hepato-, Splenomegalie bei Mastozytom) zur Verdachtsdiagnose Magenulkus führen. Laboruntersuchungen decken Anämie bzw. Meläna auf. Bei der Untersuchung auf okkultes Blut muß daran gedacht werden, daß fleischreiche Nahrung zu falsch positiven Ergebnissen führen kann und somit zwei bis drei Tage vor dem Test eine fleischlose Diät gefüttert werden sollte.

Die Endoskopie ist ergiebiger als die Röntgenuntersuchung. Die Veränderungen erweisen sich in der Gastroskopie als flächen- oder punktförmige Erosionen, die sehr leicht bluten. Bei geringeren Defekten kann auch im Magen vorhandenes Blut Aufschluß geben.

Bei unergiebiger klinischer Untersuchung ohne Hinweis auf andere Ursachen sollte an ein, wenn auch sehr seltenes, Zollinger-Ellison-Syndrom gedacht und der Serumgastrinspiegel ermittelt werden (Humanassay).

Schließlich bleibt als diagnostisches und u. U. therapeutisches Mittel die Laparotomie und Gastrotomie, die in jedem Fall eine Exploration des Pankreas auf etwaige Neoplasien einschließen sollte. Bei großen oder penetrierenden Defekten kann hierbei eine Resektion des Ulkus (partielle Gastrektomie) durchgeführt werden.

Therapie

Die Behandlung des Magengeschwürs richtet sich nach dem jeweiligen klinischen Zustand des Patienten und gliedert sich dementsprechend in eine Primärversorgung und eine längerfristige Therapie mit dem Ziel der definitiven Heilung. Arzneimittelgaben werden sofort abgesetzt. Bei akuten Blutverlusten mit Wasser- und Elektrolytdefizit sind zunächst diese zu ersetzen. Falls erforderlich, muß eine Bluttransfusion durchgeführt werden. Die Eingabe von Eis bzw. Eiswasser gilt heute als obsolet.

Zur Ausheilung des Geschwürs stehen sowohl die Säureproduktion hemmende als auch schleimhautprotektive Mittel zur Verfügung. Als besonders erfolgreich hat sich in den letzten Jahren die Hemmung der Magensäuresekretion über den H 2 – Antagonisten Cimetidin (Tagamet®, 10 bis 20 mg/kg auf 3x täglich verteilt) erwiesen. In Deutschland ist das Cimetidin nur als humanmedizinische Spezialität auf dem Markt und sehr teuer.

Die säureneutralisierenden Antazida wie Aluminiumhydroxyd, Natriumbikarbonat oder Kalziumkarbonat haben nur Sinn, wenn sie sehr häufig über den Tag verteilt gegeben werden, was bei der Katze schwierig sein kann. Sie sind daher eine eher unpraktikable Methode und zudem nicht ohne Gefahr von Nebenwirkungen. Die Ionenanteile können zu Elektrolytverschiebungen führen, die durchaus ernsthafte Beschwerden nach sich ziehen.

Das Zytoprotektivum Sucralfat (Ulcogant®) hingegen wird praktisch nicht absorbiert und gut vertragen. Es schirmt die Läsion mechanisch ab und bindet darüber hinaus Magensaft, Gallen- und Pankreassekrete. Dosierung: $^1/_4$ bis $^1/_2$ g alle 6 Stunden. Es sollte in Verbindung mit Cimetidin, und zwar eine Stunde vor dessen Verabfolgung, gegeben werden.

Einen zytoprotektiven Effekt sagt man auch den Prostaglandinen der PGE-Gruppe nach. Diese stehen für eine Routinetherapie derzeit aber nicht zur Verfügung.

Verzögerte Magenentleerung

Die verzögerte Magenentleerung kann auf mechanische Abflußbehinderungen, Pylorusstenosen, bzw. Dysfunktion und Störungen der Magenmotilität zurückzuführen sein. Die häufigste bei der Katze vorkommende Ursache ist die Pylorusstenose. Es existiert eine Prädisposition der Siam- und Perserkatze.

Ätiologie

Kompressionen des Magenausganges durch Tumoren oder Abszesse der benachbarten Organe bzw. Entzündungen sind selten. Obturationen können durch solche Prozesse innerhalb des Magens sowie Fremdkörper hervorgerufen werden. In der Magenschleimhaut selber gelegene entzündliche oder neoplastische Infiltrationen können ebenfalls hin und wieder Anlaß zu einer verzögerten Magenentleerung geben. Bekannte und häufige Ursache ist dagegen die Pylorusstenose. Entgegen der früheren Ansicht, daß es sich hierbei um eine Hypertrophie der Kreismuskulatur des Pylorus im Sinne eines Spasmus handele, ergibt das Operationsbild eine normal ausgebildete Muskulatur, aber einen sehr engen Ausgang in das Duodenum. Die Ursache ist bis heute nicht bekannt, die auffällige Häufung bei den Edelrassen Perser und Siam legt eine hereditäre Genese nahe.

Symptome

Die Patienten erbrechen nach der Mahlzeit, wobei dies sofort oder auch bis zu einigen Stunden postprandial erfolgen kann. Geruch und pH-Wert des Erbrochenen lassen darauf schließen, daß es aus dem Magen stammt. Im Falle der Pylorusstenose erfolgt das Erbrechen häufig explosionsartig. Die Tiere sind jung (bis zu einem Jahr), häufig läßt die körperliche Entwicklung zu wünschen übrig.

Diagnose

Anamnese und Symptomatik im Falle der Pylorusstenose, Alter und Rasse lassen auf eine Störung der Magenentleerung schließen. Eventuell ist der pralle Magen fühlbar. Zur Diagnosesicherung führt man eine Röntgenkontrastdarstellung durch, die im positiven Fall eine permanente Magendilatation und eine stark verzögerte Magenpassage ergibt. Liegen innerhalb des Magens Fremdkörper oder raumfordernde Prozesse vor, so kann die Röntgenuntersuchung ebenfalls Aufschluß bringen. Bei der Pylorusstenose erweist sich die Menge des Futterbreies, der bei normaler peristaltischer Aktivität weiterbefördert wird, als schmaler Strich. Die Nahrung wird nur in ganz geringen Portionen transportiert.

Die Blutuntersuchung ist in den meisten Fällen unergiebig.

Therapie

Bei Neoplasien, Abszessen, Ulzera etc. bleibt nur die operative Entfernung. Auch die Pylorusstenose wird chirurgisch, und zwar mit einer Pyloromyotomie, versorgt: die Muskulatur des Pylorus wird an der dem Gekröse gegenüberliegenden Seite auf einer Länge von 3 bis 5 cm inzidiert und mit 2 vorgelegten Haltefäden so auseinandergezogen, daß sie anschließend mit Knopfheften quer wieder vernäht werden kann.

Ollulanus tricuspis

Ein kleiner (maximal 1mm) Nematode, mit dem bis zu 40 % der Tiere in ländlichen Katzenpopulationen befallen sein können. Alle Entwicklungsstadien leben im Magen, wo das vivipare Weibchen die Drittlarve freisetzt.

Die Übertragung erfolgt durch Erbrochenes.

Symptome

Ein Befall mit Ollulanus tricuspis äußert sich in einer chronischen Gastritis mit Abmagern, Erbrechen und Schwäche.

Diagnose

Durch Provokation des Vomitus (Rompun®) können Würmer im Mageninhalt nachgewiesen werden, auch der mikroskopische Nachweis in Schleimhautgeschabsel oder Magenschleim ist möglich.

Therapie

Therapeutisch wirksam ist Levamisol in einer Dosierung von 5 mg/kg KGW subkutan.

Tumoren des Magens

Neoplasien des Magens werden bei der Katze sehr selten gesehen. Die Prognose ist bei malignen Tumoren ungünstig.

Ätiologie

Gutartige Geschwülste in Form von Schleimhautpolypen sind entweder Zufallsbefunde oder verursachen eine mechanische Passagebehinderung. Der häufigste bösartige Tumor ist im Gegensatz zum Hund nicht das Adenokarzinom, sondern das Lymphosarkom, wobei die betroffenen Tiere zum größten Teil FeLV-negativ sind.
Karzinoide, d. h. Tumoren, die sich von enterochromaffinen Zellen ableiten, sowie Leiomyosarkome sind vereinzelt bei der Katze beschrieben.

Symptome

Die Beschwerden sind abhängig von der Größe und Lokalisation des Tumors. Häufigstes Symptom ist Erbrechen, eventuell mit Blutbeimengungen. Eine Tumormasse kann palpabel sein. Die Tiere sind meist abgemagert, anorektisch und lethargisch, können aber auch in erstaunlich guter Verfassung sein; eventuell liegt eine Anämie vor.

Diagnose

Nur in seltenen Fällen wird sich anhand der klinischen Befunde eine definitive Diagnose stellen lassen. Eine Röntgenaufnahme ergibt Verdichtungen, Schleimhautverdickungen oder Abflußbehinderungen.
Die Endoskopie zeigt im Falle von Polypen, großen oder ulzerierten Tumoren ein eindeutiges Bild (Abb. 43). Falls der Tumor mehr schleimhautinfiltrierend wächst (Lymphosarkom), ist die Biopsie, die aber in jedem Fall entnommen werden sollte, entscheidend.

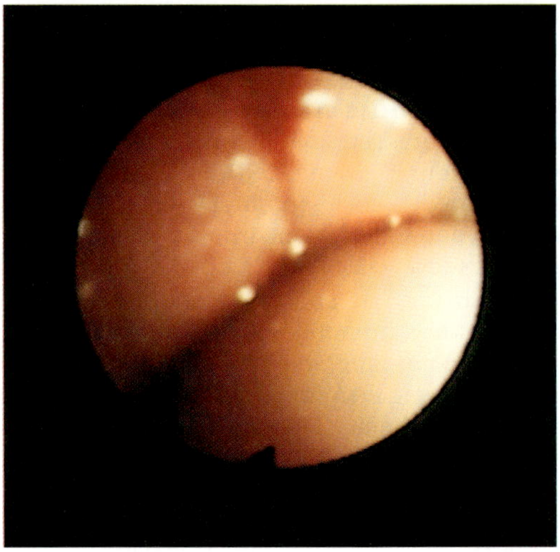

Abb. 43: Endoskopische Aufnahme von einem Lymphosarkom im Magen einer Katze mit blutigem Erbrechen.

Therapie

Bei gutartigen Tumoren kann, wenn Lage und Größe es zulassen, die chirurgische Entfernung angezeigt sein. Die operative Entfernung maligner Neoplasien mit anschließender Chemo- oder Strahlentherapie gehört nicht zu den Routinemaßnahmen, ist aber möglich.

Krankheiten des Darmes

Ätiologie und Pathogenese von Darmerkrankungen

Das wichtigste Symptom von Darmerkrankungen ist Durchfall. Sehr oft ist Durchfall mit Erbrechen kombiniert (Gastroenteritis). Der Mechanismus, der einem Durchfall am häufigsten zugrundeliegt, ist eine Hypersekretion von Flüssigkeit und Ionen in das Darmlumen. Die Gründe, die hierzu führen, sind mannigfaltig und vielfach noch nicht bis ins Detail aufgeklärt. Primäre Infektionen mit enterotoxinbildenden Escherichia coli-Keimen, bzw. anderen Toxinbildnern scheinen bei der Katze, im Gegensatz zu Kalb und Ferkel, kaum eine Rolle zu spielen. Als Folge einer durch diätetische Fehler oder wegen anderer Organerkrankungen sich entwickelnden Dysbakteriose, d. h. Aufsteigen der physiologischen Darmflora in normalerweise nicht besiedelte Darmabschnitte, können aber auch hier Keime am Dünndarmepithel haften und es schädigen. Faktoren, die

eine Verschiebung der Darmflora zugunsten der Proteolyten bewirken, sind nachgewiesenermaßen Verfütterung schlecht verdaulicher Proteine (kollagenreiche Schlachtabfälle); zu hohe Kohlenhydratanteile hingegen begünstigen eine übermäßige Vermehrung milchsäureproduzierender Saccharolyten.
Mediatoren intestinaler Hypersekretion sind ferner verschiedene Entzündungprodukte (Histamin, Bradykinin, Prostaglandin), hydroxylierte Fettsäuren, die hydroxylierten Gallensäuren und bestimmte Laxantien. Alle diese Faktoren führen zu einer Umkehrung der Sekretionsvorgänge im Darm, die zwar auch normalerweise bidirektionell sind, bei denen ansonsten aber netto die Absorption überwiegt. Die Grundlage hierfür ist eine Erhöhung der cyclo AMP- bzw. cyclo GMP-Spiegel, welche die Ionensekretion stimulieren. An diesen zyklischen Nukleotiden greifen auch verschiedene Pharmaka an, die man sich bei der Therapie der Diarrhoe zunutze macht.

Allgemeine Therapie

Grundsätzlich sind die meisten Durchfälle bei der Katze alimentär bedingte, häufig sich selbst limitierende Ereignisse.
Die größte Zahl der vorgestellten Fälle ist daher mit diätetischen Maßnahmen zu beherrschen. Generell empfiehlt sich ein Futterentzug über 24 bis 48 Stunden, danach wird ein leicht verdauliches und hypoallergenes Futter in mehreren kleinen Portionen angeboten. Dies kann zum Beispiel bestehen aus $^1/_3$ Hüttenkäse, Quark oder Ei, $^1/_3$ geschältem, gekochtem Reis sowie $^1/_3$ magerem, gekochtem Fleisch (Hühnchen, Lamm). Als Getränk empfiehlt sich verdünnter, schwarzer Tee oder eine handelsübliche Elektrolytlösung (Oralpädon®, Elotrans®). Man kann sich eine Lösung zur oralen Rehydratation auch nach folgendem Rezept einfach selbst herstellen:
2 Eßlöffel (20 g) Glukose, $^2/_3$ Teelöffel (3,5 g) Kochsalz, $^1/_2$ Teelöffel (2,5 g) Natriumbikarbonat, $^1/_4$ Teelöffel (1,5 g) Kaliumchlorid auf einen Liter Wasser.
Ob eine orale Rehydratation ausreicht oder aber eine Infusionstherapie eingeleitet werden muß, hängt vom klinischen Zustand des Patienten ab. Zeigt sich durch die klinische Untersuchung (Hautturgor, Feuchtigkeit der Schleimhäute, Augäpfel) bzw. anhand von Hämatokrit und Gesamteiweiß, daß das Tier bereits exsikkotisch ist, so muß eine Infusionsbehandlung durchgeführt werden. Der Bedarf errechnet sich aus dem Grundbedarf (ca. 60 ml Wasser, 7,5 mmol Natrium, 6,6 mmol Kalium, 5,4 mmol Chlorionen täglich pro kg Körpergewicht). Hinzu gerechnet werden muß der mit der Erkrankung verbundene Verlust.
Die Menge, die maximal infundiert werden kann, muß entsprechend des Therapieerfolges errechnet werden und sollte zwei- bis dreimal 120 ml/kg und Tag nicht übersteigen.
Geeignete Lösungen sind z. B. Ringerlösung, aber auch isotonische Kochsalzlösung und Vollelektrolytlösungen.
Da sich bei drastischen Durchfällen fast immer auch eine metabolische Azidose einstellt, muß Bikarbonat substituiert werden. Idealerweise geschieht dies nach Blutgasanalyse anhand der Formel

- BE x 0,3 x kg KGW = Menge benötigter Bikarbonatlösung in ml einer 8,4 %igen Lösung

beziehungsweise als Faustformel 1 ml/kg einer 8,4 %igen Lösung, falls keine Analysemöglichkeit zur Verfügung steht.
In den diätetisch bedingten Fällen werden die oben geschilderten Maßnahmen aber in der Regel ausreichend sein. An dieser Stelle sei darauf hingewiesen, daß eine Antibiotikatherapie bei Fehlen von Fieber oder anderen Anzeichen einer infektiösen Ursache nicht indiziert ist. Sie führt im Gegenteil häufig zu erheblichen Störungen der Darmflora und bewirkt so eher das Gegenteil von dem, was eigentlich erreicht werden soll. In jedem Fall sollten einer Antibiotikabehandlung eine Keimbestimmung und ein Resistenztest vorangehen, wobei hier Klarheit darüber herrschen muß, daß eine normal untersuchte Kotprobe oft irreführende Ergebnisse zeigt.
Bakterien als Durchfallerreger bei der Katze sind Salmonellen, Campylobacter, Yersinia, Bacillus piliformis sowie Mykobakterien. Einige dieser Keime benötigen aber besondere Bedingungen, will man sie kulturell nachweisen (mikro- bzw. anaerobes Klima, spezielle Medien). Dies ist vor der Probenentnahme zu berücksichtigen.
Neben den Maßnahmen, die Diätetik und Rehydratation betreffen, haben sich verschiedene Medikamente klinisch bewährt, z. B. der Opiatagonist Loperamid (oral als Tropfen oder Kapseln 0,05 mg/kg) 2- bis 3mal täglich oder auch das zur Ulkustherapie verwendete Sucralfat (Ulcogant®), 3x täglich 0,5 g oral. Das Sucralfat ist wasserunlöslich und bildet eine auf der Mukosa des Magens und des Duodenums haftende Schutzschicht. Da Sucralfat praktisch nicht resorbiert wird, sind ernstere Nebenwirkungen von diesem Pharmakon bei der Katze nicht zu erwarten. Azulfidine® (Salazosulfapyridin, 12,5 mg/kg Körpergewicht) setzt sich zusammen aus 5-Aminosalicylsäure und Sulfaperidin. Durch Bakterien wird das Salazosulfapyridin in seine beiden Komponenten gespalten. Wirksamer Anteil ist dabei das Salizylat, das eine antisekretorische und antiphlogistische Wirkung hat. Bei Diarrhoe sind Azulfidine®-Tabletten zu bevorzugen.

Andere Maßnahmen wie die Gabe von Adsorbentien (Kaolin, Pektin, Bariumsulfat, Kohlepräparate, unlösliche Wismutsalze, Siliziumdioxide und Tannin) sind in ihrer Wirkung umstritten, obschon Bestandteil zahlreicher Antidiarrhoika. Sie sollen Enterotoxine, Bakterien und Viren binden. Inwieweit die klinische Besserung Folge solcher Präparate ist, ist nicht ausreichend gesichert. Adsorbentien können mit der Resorption anderer, gleichzeitig applizierter Medikamente interferieren.
Weiterhin gibt es eine Vielzahl von Medikamenten, die die Darmflora „sanieren" und „normalisieren" sollen. Diese enthalten Hefezellen, Laktobazillen und Colistämme, ihre Wirkung ist dabei nicht erwiesen. Fraglich ist, ob sie nach oraler Gabe überhaupt die entsprechenden Darmabschnitte erreichen.

Infektiöse Durchfallursachen

Bakterien

1. Salmonellen

Zu den wenigen als Durchfallursachen bei der Katze nachgewiesenen Bakterien gehören Salmonellen. Obwohl Hund und Katze eine hohe Resistenz gegenüber Infektionen mit Salmonellen aufweisen, kann es unter geeigneten Umständen doch zur klinisch erkennbaren Erkrankung kommen. Diese Faktoren sind: sehr hohe Erregerdosis, äußere Stressoren (hohe Besatzdichte in Tierheimen, Zuchten und Kliniken), Immunsuppression, Alter. Meist sind es junge Kätzchen, die bereits eine andere Erkrankung durchmachen (Parvovirose, FeLV-Infektion) oder durchgemacht haben. Eine Infektion mit Salmonella kann klinisch inapparente Keimausscheidung, lokal begrenzte Gastroenteritis oder aber generalisierte Erregerausbreitung zur Folge haben.

Symptome

Die gastrointestinale Form verläuft mit Erbrechen und wässrigem, oft Blut und Schleim enthaltendem Durchfall. Fieber ist in der Regel vorhanden, außerdem Anorexie, Apathie, Dehydratation, Gewichtsverlust und Schmerzen im Bauchbereich. Selten geht diese Form in eine Generalisation mit Bakteriämie und Sepsis über.

Diagnose

Eine ätiologische Diagnose ist nur über die Kotkultur möglich. Katzen, die unter Einwirkung vorgenannter Risikofaktoren plötzlich an heftiger Gastroenteritis erkranken, sind Salmonellose-verdächtig.

Therapie

Eine Antibiotikatherapie ist umstritten und nur in Fällen von generalisierter Erregerausbreitung tatsächlich indiziert. Die lokale Form ist bei entsprechender symptomatischer Therapie selbstlimitierend. Die kausale Behandlung tötet ohnehin meist nicht alle Erreger ab und führt lediglich zu erhöhter Resistenzbildung und verlängerter asymptomatischer Erregerausscheidung, was im Hinblick auf eine menschliche Gefährdung (Zoonose) unbedingt zu vermeiden ist. Bei schweren, fieberhaften Fällen mit blutigem Durchfall ist die Antibiotikatherapie anzuraten. Ein Resistenztest sollte vorausgehen. Wirksam sind, neben Trimethoprim/Sulfodiazin, Ampicillin und Chloramphenicol.

2. Yersinia pseudotuberculosis; Y. enterocolitica

Bakterien dieser Art werden gelegentlich bei Katzen gefunden, wobei es fraglich ist, ob sie für die Katze eine besondere Bedeutung als Krankheitserreger haben, da die Isolation häufig auch aus gesunden Tieren gelingt.
Eine Rolle spielt die Infektionsgefährdung des Menschen.

3. Campylobacter jejuni

Auch hier ist die Katze gelegentlich asymptomatischer Keimträger. Manchmal zeigt sich eine milde Gastroenteritis. Eine Behandlung mit Erythromycin, 10 mg/kg Körpergewicht per os 3x täglich ist wirksam.

4. Bacillus piliformis (Tyzzersche Krankheit)

Seltene, aber in der Regel fatal verlaufende Erkrankung bei jungen Kätzchen, die unter Parasitenbefall und begleitenden Virusinfektionen leiden. Es kommt zur hämorrhagisch- nekrotisierenden Enterocolitis, Lebernekrose und Ikterus. Die Diagnose wird in der Regel post mortem durch Erregernachweis im Tierversuch (Mäuseinokulation) gestellt.

Viren

Wichtigste virale Ursache von Durchfall bei Katzen ist der Erreger der **Panleukopenie** oder **Katzenseuche,** das feline Parvovirus. Es soll hier unter Verweis auf das Kapitel Infektionskrankheiten nur kurz dargestellt werden.

Ätiologie

Das Parvovirus hat einen Tropismus für Zellen mit hoher Mitoserate, zu denen u. a. die Epithelzellen der Darmkrypten neben Knochenmark und Herz-

muskelzellen sehr junger Tiere (letztere nachgewiesen nur beim Hund) zählen.
Das sehr resistente Virus wird oral, eventuell auch aerogen, aufgenommen und führt zur perakut oder akut verlaufenden Erkrankung.

Symptome

Im Vordergrund stehen wässrige, häufig blutige Durchfälle mit sich rasch entwickelnder Exsikkose und Hinfälligkeit, Apathie und Fieber. Manchmal kommt es zu einem Vorfall der Nickhaut. Auch Anämien treten gelegentlich in Erscheinung.

Diagnose

Die Diagnose wird meist labordiagnostisch anhand der starken Leukopenie, bzw. Lymphopenie mit Werten zwischen 500 und 2000/µl gestellt. Eine ätiologische Diagnose ist über den elektronenmikroskopischen Nachweis von Viruspartikeln im Kot möglich.

Therapie

Die Therapie ist symptomatisch (siehe allgemeine Therapie von Durchfallerkrankungen). Wichtigste Maßnahme ist die Bekämpfung der Dehydratation. Um den Gefahren durch die stark geminderte Infektionsabwehr zu begegnen, ist eine intravenöse, antibiotische Therapie, z. B. Ampicillin (20 bis 100 mg/kg Körpergewicht) indiziert. Bei der Katze ist die Gabe von Immunseren (Feliserin®) zum Teil erfolgreich. Im Stadium schwerer Depression sind Kortikosteroide (Prednisolon) kurzzeitig gegeben oft wirksam.

Prophylaxe

Es stehen gut wirksame Tot- wie auch Lebendimpfstoffe zur Verfügung. Erste Vakzination im Alter von 6–8 Wochen. Boosterung 2–4 Wochen später, anschließend jährliche Wiederholungsimpfung.

FeLV-assoziierte Enteritis

Auch das feline Leukosevirus (FeLV) kann eine Enteritis bedingen. Diese Erkrankung wird dem Komplex der sogenannten FeLV-assoziierten Krankheiten zugeordnet. Das pathologisch-anatomische Bild ähnelt dem der Katzenseuche, ist jedoch histologisch davon zu unterscheiden. Die betroffenen Katzen sind nicht parvovirusinfiziert.

Symptome

Es werden Anorexie, Depression, Vomitus und Durchfall, der oft blutig ist, beobachtet. Klinisch sind panleukopeniebedingte und FeLV-assoziierte Enteritis praktisch nicht voneinander zu unterscheiden.

Diagnose

Das Durchschnittsalter FeLV-infizierter Katzen liegt etwas höher als das bei der Panleukopenie. Bei Katzen mit FeLV-assoziierter Enteritis ist der Parvovirusnachweis aus dem Kot negativ, während der Nachweis des FeLV-Antigens per Immunfluoreszenz bzw. Immunoperoxidase oder mit dem ELISA meist positiv ist.

Therapie

Da die Prognose als infaust gilt, erscheinen Behandlungsversuche sinnlos. Bei unklaren Fällen (Virusnachweis negativ) ist die Therapie symptomatisch (siehe vorne).

Andere Viren als Erreger von Durchfallerkrankungen

Rota-, Astro- und **Coronaviren** sind als enteropathogene Viren von geringer Bedeutung bekannt. Coronaviren können bei jungen Kätzchen Gastroenteritiden mit blutigen Durchfällen, Granulozytopenie und Dehydrierungszustände bedingen. Diese Enteritiden zeigen aber in der Regel einen milden Verlauf. Differentialdiagnostisch spielt diese Infektion hinsichtlich der felinen infektiösen Peritonitis eine Rolle. Nach einer Infektion sind Antikörper nachweisbar, die von denen der FIP nicht zu unterscheiden sind.
Calici-, Picorna- und Togaviridae wurden aus Katzenkot isoliert, ohne daß sie mit Durchfallerkrankungen ursächlich in Zusammenhang gebracht werden konnten.

Entzündliche Darmerkrankungen ohne infektiöse Ursache

Diese Darmentzündungen sind charakterisiert durch Infiltration einer oder mehrerer Schichten des Darmes mit Entzündungszellen. Entsprechend des Vorherrschens der jeweiligen Zellart unterscheidet man eine lymphozytär-plasmazytäre, eine eosinophile und eine granulomatöse Entzündung. Die Diagnose kann nur histologisch mittels Biopsiebefund gestellt werden. Oft sind neben dem Dünn- auch der Dickdarm und der Magen einbezogen.

Lymphozytär-plasmazelluläre Enteritis

Ätiologie

Die Ätiologie ist unbekannt. Man vermutet hyperergische Reaktionen auf Antigene wie Nahrungsmittelbestandteile, Darmsekrete, Darmparasiten oder auch Darmflora. Entsprechende Infiltrate werden selten im Zusammenhang mit Giardiainfektionen und Dysbakteriosen gefunden.

Symptome

Typisch sind chronisches Erbrechen mit oder ohne begleitende Diarrhoe, Gewichtsverlust und längere symptomfreie Intervalle. Steatorrhoe als Ausdruck der Maldigestion kann vorhanden sein. Die Kotbeschaffenheit ist variabel. Die klinische Untersuchung ergibt eventuell verdickte Darmwände und vergrößerte Mesenteriallymphknoten.

Diagnose

Klinische und labormäßige Untersuchung verlaufen meist unergiebig. Die Röntgenkontrastdarstellung weist eventuell auf Unregelmäßigkeiten der Darmoberfläche hin. Klarheit bringt die Biopsie. Differentialdiagnostisch ist an eine Dysbakteriose, Giardiose und andere entzündliche Darmerkrankungen zu denken.

Therapie

Die empirische Behandlung einer eventuell vorliegenden Futtermittelallergie ist anzuraten, da häufig bereits mit diätetischen Mitteln eine deutliche Besserung erzielt werden kann. Auch Metronidazol (Flagyl®, 50 mg/kg Körpergewicht) ist oft wirksam. Erweisen sich diese Behandlungsversuche als ineffektiv, so sind Kortikosteroide indiziert (Dexamethason oral 0,02 bis 0,03 mg/kg täglich, verteilt auf zwei Gaben). Nach Remission der Symptome geht man auf die Hälfte der Dosis, um nach 8–12 Wochen versuchsweise aus der Therapie auszuschleichen.

Eosinophile Enteritis

Diffuse Infiltration sowohl gastrointestinaler als auch anderer Gewebe (Milz, Lunge, Pankreas) mit eosinophilen Granulozyten.

Ätiologie

Die Ätiologie ist bis heute ungeklärt. Wahrscheinlich ist sie allergisch, bzw. immunpathologisch.

Symptome

Klinisch stellt sich die Erkrankung ähnlich wie die lymphozytär-plasmazelluläre Enteritis dar. Hinzu treten bei Befall extraintestinaler Gewebe die entsprechenden Symptome.

Diagnose

Charakteristisch ist eine ausgeprägte Bluteosinophilie (10–30 %), die durch eosinophile Dominanz in der Histologie bestätigt wird. Hin und wieder zeigt sich eine Hypoproteinämie als Ausdruck enteralen Proteinverlustes.

Therapie

Verglichen mit der eosinophilen Enteritis des Hundes ist die Prognose relativ ungünstig. Lebenslange immunsuppressive Therapie (Dexamethason 0,04 bis 0,06 mg/kg initial bis zur Remission, anschließend siehe lymphozytär-plasmazelluläre Enteritis) ist oft die einzige Möglichkeit. Falls der Patient hierauf nicht anspricht, kann Azathioprin (Imurek® 0,3 bis 1 mg/kg) versucht werden.

Granulomatöse Enteritis

Ätiologie

Bei dieser seltenen Erkrankung kommt es zu regionären tumorartigen Wandverdickungen im Ileum und Kolon, eventuell kombiniert mit regionärer Lymphknotenhyperplasie. Ob eine Homologisierung mit dem bei Mensch und Hund bekannten Morbus Crohn getroffen werden kann, ist noch nicht klar.

Symptome

Anorexie, Gewichtsverlust, Depression und wechselnder, blutig-wässriger Durchfall. Meist ist die Darmverdickung als solide Masse palpabel oder im Bariumkontrastbild darstellbar.

Diagnose

Histopathologische Untersuchung von Bioptaten zur Abgrenzung infektiöser Erkrankungen, vor allem FIP und Tuberkulose.

Therapie

Bei Vorliegen obstruktiver und stenosierender Granulome ist die chirurgische Exzision angezeigt, die aber mit immunsuppressiver Therapie (Kortikosteroide alleine oder in Kombination mit Azathioprin) kombiniert, bzw. nachtherapiert werden muß.

Hyperthyreose

Die Hyperthyreose der Katze ist sehr häufig mit voluminösem, sehr weichem Stuhl verbunden. Die typischen klinischen Symptome der Hyperthyreose (Polyphagie bei gleichzeitigem Gewichtsverlust, Ruhelosigkeit) und eine vergrößerte, palpable Schilddrüse lassen eine Verdachtsdiagnose leicht stellen. Die T4-Bestimmung sichert die Diagnose. Behandlung der Hyperthyreose siehe dort.

Parasitäre Darmerkrankungen

Protozoen

Giardia cati

Seltener als der Hund ist die Katze mit diesem Zoonoseerreger infiziert. Die Giardien von Hund und Katze sind morphologisch nicht zu unterscheiden. Es werden jedoch aufgrund der nachgewiesenen hohen Wirts-Spezifität verschiedenen Spezies eigene Arten zugeordnet (Giardia canis et cati). Giardien sind Flagellaten mit einem recht typisch aussehenden, birnenförmigen Trophozoiten, der zwei Kerne enthält sowie acht Geißeln und eine ventrale Sauggrube aufweist.

Die Zysten, die die Verbreitungsformen darstellen, sind ovoid und enthalten meist vier Kerne und ein Gewirr von mehreren Geißeln. Die Vermehrung erfolgt durch Zweiteilung, der Entwicklungszyklus ist direkt. Mit Hilfe der Sauggrube heftet sich der Parasit an das Dünndarmepithel und verursacht katarrhalische Entzündungen der Duodenal- und Jejunalschleimhaut. Auch ein Eindringen in die Epithelzellen ist möglich und führt dann zur Bildung von Antikörpern. Vorwiegend sind Jungtiere betroffen.

Symptome

Die Katzen zeigen als Symptome hartnäckigen, wechselnden Durchfall, der schleimig ist und auch Blut enthalten kann, sowie gelegentliches Erbrechen.

Die Giardiose ist eine typische Faktorenerkrankung, die meist mit anderen Parasitosen vergesellschaftet ist. Der Zystennachweis im Kot gelingt relativ leicht (Abb. 44). Post mortem wird die Diagnose über einen Schleimhautabstrich gestellt. Können die Zysten von Giardien im Kot mit der Flotationsmethode nicht nachgewiesen werden (Zinkchlorid-Natriumchlorid-Technik), empfiehlt sich die MIFC-Technik (Merthiolate-Iodine-Formaline-Concentration).

Durch diese Methode, die gleichzeitig ein Fixierungs- und Anreicherungsverfahren darstellt, wird die Nachweissicherheit auch für vegetative Formen und enzystierte Protozoen wesentlich erhöht.

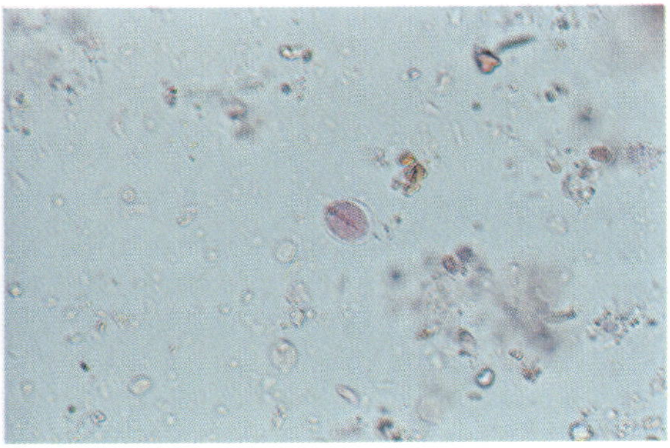

Abb. 44: Zyste von Giardia sp. 50fach (Foto: C. Bauer).

Therapie

Gut wirksam ist Metronidazol, (50 mg/kg täglich über 5 Tage), ein Imidazolderivat (Flagyl®), außerdem Glycobiarsol (Milibis®) sowie Quinacrinhydrochlorid (Atabrine®).

Toxoplasma gondii

Die Katze ist neben anderen Feliden einziger Endwirt für Toxoplasma gondii. Damit kommt ihr die zentrale Rolle in der Epizootiologie zu. Nur im Katzendarm erfolgt nach oraler Aufnahme von Zysten im Anschluß an eine ungeschlechtliche Vermehrungsphase die geschlechtliche Vermehrung, die ihren Abschluß in der Bildung und Ausscheidung von Oozysten findet. Infiziert sich die Katze selbst mit Oozysten, so läuft – wie bei allen anderen Zwischenwirten – die Zystenbildung in allen inneren Organen ab. Auch in diesem Fall dringen aber einige Parasiten in das Dünndarmepithel ein und leiten hier eine geschlechtliche Vermehrung ein. Hauptansteckungsquelle ist rohes Schweine- oder Schaffleisch.

Die Infektion verläuft bei der Katze normalerweise inapparent. Nur neugeborene Kätzchen oder Tiere mit einem schweren Immundefekt erkranken ernsthaft mit Pneumonie, Hepatitis, zentralnervösen Störungen, Myokarditis und Retinitis.

Die größte Bedeutung von Toxoplasma gondii liegt in der Gefährdung schwangerer Frauen. Bei Erstkontakt mit dem Erreger führen diaplazentare Infektionen des Embryos zu schwersten Hirnschäden.

Diagnose

Der Oozystennachweis gelingt mit der Flotationsmethode. Allerdings sind diese sehr leicht mit Oozysten der Gattung Hammondia zu verwechseln. Auch der Sabin-Feldman-Test kann zur Diagnosesicherung herangezogen werden.

Therapie

Die Bekämpfung der Toxoplasmose liegt vor allem in hygienischen Maßnahmen, wie der ausschließlichen Verfütterung von Dosenfutter oder ausreichend erhitzten oder durchgefrorenen Fleisches. Bei einer akuten Toxoplasmose können Sulfonamide (100 mg/kg KGW Sulfamethazin), Clindamycin

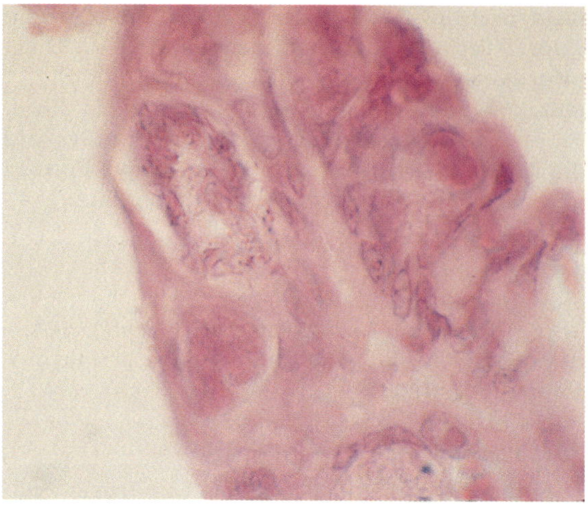

Abb. 45: Histologischer Schnitt aus dem Dünndarm einer Katze. Mikrogamonten liegen intrazellulär in parasitophoren Vakuolen von Isospora sp.; Aussehen wie Zysten. 100fach (Foto: C. Bauer).

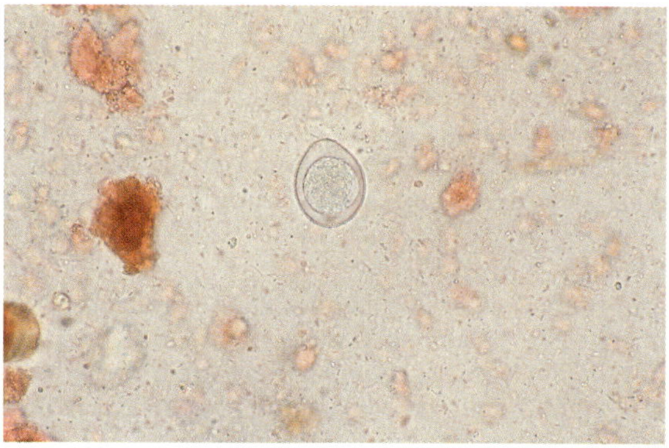

Abb. 46 a: Unsporulierte Isospora rivolta Oozyste im Kot einer Katze. 40fach (Foto: C. Bauer).

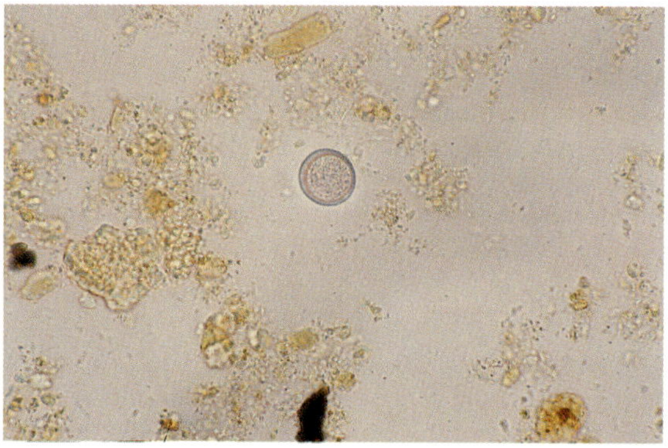

Abb. 46 b: Isospora felis. Eiförmige unsporulierte Oozyste mit leicht flaschenförmig ausgezogenem, schmälerem Ende. 40fach (Foto: C. Bauer).

(Antirobe®) und Enrofloxacin (2,5 mg/kg KGW) versucht werden.

Isospora rivolta, felis

Im allgemeinen rufen Infektionen kaum ernsthafte klinische Erkrankungen hervor. Nur massiver Parasitenbefall führt zu schleimig-blutigen Durchfällen, Fieber, Inappetenz, Abmagerung, in sehr seltenen Fällen (Jungtiere) auch zum Tod.
Der für alle Kokzidien charakteristische komplizierte Entwicklungszyklus von Schizogonie und Gamogonie läuft in den Epithelzellen von Jejunum, Ileum, Zäkum und Kolon ab (Abb. 45).

Diagnose

Die leicht identifizierbaren, da recht großen Oozysten werden mit der Flotationsmethode nachgewiesen (Abb. 46 a, b).

Therapie

Die Therapie besteht in strenger Hygiene sowie Medikation mit Amprolium (Amprolvet®, 60 bis 80 mg/kg KGW in Gelatinekapseln über 5 Tage), Tribrissen® (15–20 mg/kg KGW 2x täglich über 6 Tage) oder Metronidazol (50–60 mg/kg täglich über 5 Tage).

Sarcocystis

Die Katze ist Endwirt für Sarcocystis bovifelis, Sarcocystis gigantea des Schafes sowie verschiedene in Kleinnagern und im Geflügel vorkommende Arten. Der obligat zweiwirtige Entwicklungszyklus läuft in der Epithelschicht der Dünndarmzotten ab. Die Infektion verläuft meist inapparent. Die Diagnosestellung gelingt mit Hilfe der Flotation (Abb. 47). Die Bekämpfung erfolgt durch Fütterungs- und Haltungshygiene.

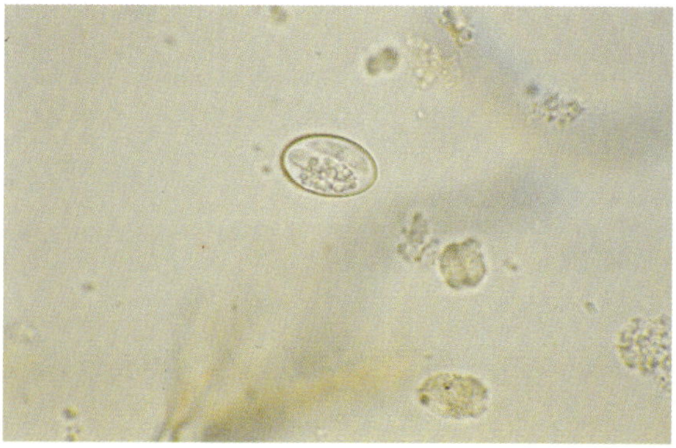

Abb. 47: Voll sporulierte Oozyste von Sarcocystis sp. im Kot. 100fach (Foto: C. Bauer).

Besnoitia

Die Katze ist Endwirt für Besnoitia wallacei und Besnoitia darlingi. Zwischenwirte sind Opossum und Eidechse. Die Entwicklung der für die Katze apathogenen Besnoitien findet im Dünndarm statt.

Hammondia

Hammondia heydorni und Hammondia hammondii entwickeln sich nur intestinal, ohne Schäden zu provozieren. Die Bedeutung besteht in der Verwechslungsgefahr der Oozysten mit denen von Toxoplasma gondii. Neben der morphologischen besteht auch eine serologische Verwandtschaft.

Trematoden

Alaria alata

Der 3–6 mm lange und 1–2 mm breite Egel parasitiert normalerweise symptomlos im Dünndarm. Er entwickelt sich über Wasserschnecken als ersten und über Kaulquappen und erwachsene Anuren als zweiten Zwischenwirt. Die sog. Mesozerkarien können sich auch in zahlreichen anderen Wirten, wie z. B. dem Schwein, bei dem sie als Dunckersche Muskelegel bekannt sind, entwickeln. In der Katze kommt es zu einer Lungenwanderung der Jugendstadien, ehe sie im Darm geschlechtsreif werden.

Die großen, gelbbraunen Eier mit Operculum (Deckel) werden durch Sedimentation nachgewiesen. Eine evtl. notwendige Behandlung kann mit Fenbendazol (Panacur®) durchgeführt werden.

Zestoden

Bei den Bandwürmern unterscheidet man zwei große Gruppen, die Pseudophyllida und die Cyclophyllida.

Erstere sind gekennzeichnet durch einen Skolex mit zwei Sauggruben und einen rosettartigen, zentralständigen Uterus, der über zwei flächenständige Genitalpori nach außen mündet. Die Proglottis ist breiter als lang. Die Eier sind ovoid, gedeckelt und trematodeneierähnlich.

Relevanter Vertreter dieser Gruppe ist **Diphyllobotrium latum.**

Der Fischfinnen- oder Grubenkopfbandwurm bildet in der Katze meist nur unreife Stadien. Erster Zwischenwirt sind Kleinkrebse. In ihnen entwickelt sich die erste Finne, das Prozerkoid, in verschiedenen Fischen als zweitem Wirt dann das Plerozerkoid, die zweite Finne.

Die Präpatenz beträgt 14–40 Tage. Diphyllobotrium latum kommt in den Gebieten von Nord- und Ostsee sowie an großen Seen und Flußläufen vor. Wirksames Therapeutikum ist Praziquantel (Droncit®).

Die Ordnung Cyclophyllida mit verschiedenen Familien ist charakterisiert durch einen mit 4 Saugnäpfen bewehrten Skolex. Eine Uterusöffnung ist nicht vorhanden. Die kleinen Eier enthalten die sog. Sechs-Haken-Larve, die Onkosphäre.

Bei der Katze kommen Bandwürmer der Familien Mesocestoididae, Taeniidae sowie Dipylididae vor.

Mesocestoides leptothylacus und **Mesocestoides corti** kommen gelegentlich bei der Katze vor. Die Katze infiziert sich nach Aufnahme von tetrathyridienhaltigem Mäusefleisch. Über klinische Symptomatik und auch die genaue Entwicklung des Wurmes ist relativ wenig bekannt.

Der typische „Katzenbandwurm" ist **Hydatigera taeniaeformis.** Seine Länge variiert zwischen 15 und 60 cm. Der große, kräftige Skolex ist mit zahlreichen Haken bewehrt. Jede Proglottide enthält einen gut ausgebildeten, stark verzweigten Uterus. Zwischenwirte für Hydatigera taeniaeformis sind verschiedene Nager. In ihnen entwickelt sich die Finne Strobilocercus fasciolaris in der Leber. Die Finne kann auch für den Menschen gefährlich werden.

Taenia pisiformis und **Taenia hydatigena** finden sich weitaus häufiger beim Fuchs bzw. Hund als bei der Katze, in der die Bandwurmglieder meist nicht zur Geschlechtsreife gelangen.

Die Vertreter der Familie Taeniidae sind für den Endwirt, außer bei extrem starkem Befall, wo sie Anlaß zu einem Ileus geben können, ohne pathogene Bedeutung.

Der in seiner hygienischen Bedeutung für den Menschen sehr wichtige **Echinococcus multilocularis** kann von Mäusefängern ins Haus eingeschleppt und auf den Menschen übertragen werden. Dieser fungiert dann als Zwischenwirt, in dem sich die Finne Echinococcus alveolaris entwickelt. Die Krankheit endet wegen der Inoperabilität der infiltrativ wie eine bösartige Geschwulst wachsenden Parasitenblasen meist tödlich, weshalb der Prophylaxe eine überragende Bedeutung zukommt.

Der sehr kleine Bandwurm ist fünfgliedrig und $1^1/_2$ bis 3 mm lang. Der Uterus hat keine seitlichen Verzweigungen.

Die Überlebensdauer in der Katze beträgt 5 bis 6 Monate. Nach einer Präpatenz von 37 Tagen werden massenhaft Eier ausgeschieden.

Der bei Hund und Katze am weitesten verbreitete Bandwurm ist **Dipylidium caninum** aus der Familie der Dipylididae.

Der gesamte Wurm hat eine Länge von 20 bis 45 cm. Er hat einen kleinen Skolex mit Rostellum. Charakteristisch sind die Proglottiden, die wegen ihres

Aussehens dem Parasiten den Namen „Gurkenkernbandwurm" eingetragen haben. Der Besitzer bemerkt abgehende Proglottiden häufig als kleinere, reiskornartige Gebilde, die an der Afterrosette kleben bleiben.

Zwischenwirt für Dipylidium sind Flöhe. In ihrer Leibeshöhle entwickelt sich die Finne, die von der Katze beim Zerknacken des Flohs aufgenommen wird.

Symptome

Welpen sind ernsthafter durch den Bandwurmbefall beeinträchtigt als erwachsene Tiere. Sie können abmagern, kümmern und im Extremfall eine Exsikkose entwickeln. Die Symptomatik des älteren Tieres ist unspezifisch und äußert sich in Bauchschmerzen, wechselndem Durchfall, Appetitlosigkeit und Nervosität.

Diagnose

Häufig ist der Juckreiz, der durch die abgehenden, bzw. auch aktiv aus dem After auswandernden Proglottiden verursacht wird, ein erster Hinweis. Die Tiere „fahren Schlitten", d. h. rutschen auf dem After hin und her und versuchen ständig, sich am After zu lecken. Die Diagnose wird relativ leicht durch die makroskopisch gut sichtbaren, abgehenden Bandwurmglieder gestellt.

Therapie

Sehr gut wirksam gegen alle beschriebenen Bandwurmarten ist Praziquantel (Droncit®) in einer Dosierung von 5 mg/kg KGW per os, subkutan oder intramuskulär. Niclosamid (Mansonil®) ist unwirksam bei Echinococcus und Mesocestoides. Als Nebenwirkungen dieser Therapie können Durchfall und Erbrechen auftreten. Die therapeutische Dosis liegt bei 100 bis 150 mg/kg KGW. Das Mebendazol (Telmin KH®) in der Dosierung von 22 mg/kg KGW kann ebenfalls zur Bandwurmeliminierung verwendet werden, wobei die Wirkung vor allem gegen Dipylidium oft nicht befriedigend ist. Schließlich ist noch das Bunamidin (Scolaban®) zu erwähnen. 25 bis 50 mg/kg KGW werden dem nüchternen Tier per os verabreicht. Auch bei Bunamidin sind Durchfall und Erbrechen als Nebenwirkungen möglich.

Nematoden

Ein Nematodenbefall ist bei der Katze sehr häufig und von entsprechender Bedeutung. Die am weitaus stärksten vertretenen Arten gehören dabei zu den Spul- und Hakenwürmern.

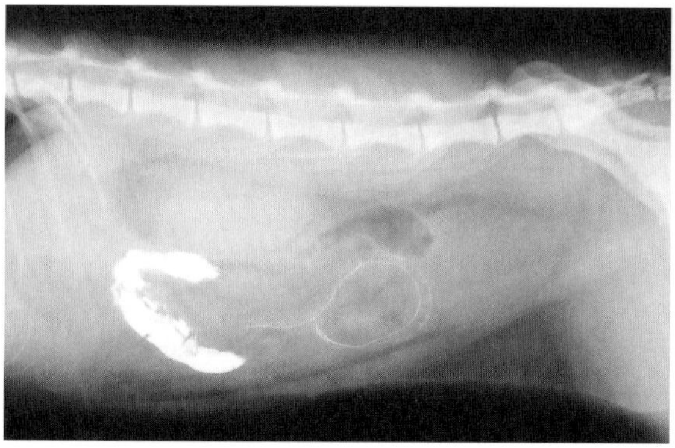

Abb. 48: Spulwurm im Dünndarm einer 1jährigen Katze durch Kontrastmittel röntgenologisch sichtbar.

a) Spulwürmer (Abb. 48)

Die Askariden oder Spulwürmer der Katze werden etwa 10 cm lang und sind von robuster Gestalt. Kennzeichnend sind die sog. Zervikalflügel.

Toxocara mystax

Auch andere Feliden, sowie in seltenen Fällen der Fuchs, sind Endwirt.

Das geschlechtsreife Weibchen legt bis zu 200 000 Eier pro Tag, die ungefurcht ausgeschieden werden. Abhängig von den Umweltbedingungen (Temperatur, Luftfeuchte), reifen nach variabler Entwicklungszeit mit einem Minimum von 12 Tagen die infektionstüchtigen Larven II. Es bestehen verschiedene Infektionsmöglichkeiten, die weitaus häufigste ist die galaktogene. Das Maximum der Larvenausscheidung über die Milch liegt zwei Wochen p.p., die Larven werden aber während der gesamten Laktationsperiode ausgeschieden. Die oral aufgenommenen Larven können verschiedene Entwicklungswege durchlaufen: nach einer trachealen Wanderung siedeln sich die Würmer im Dünndarm an oder sie machen eine somatische Wanderung durch, die entweder mit der Abkapselung der Larven oder mit deren aktivem Einwandern in die Magenwand endet. Befinden sich die Larven in einem nicht adäquaten Wirt, so wird stets letztere Möglichkeit realisiert. Nach oraler Aufnahme von Larven können diese auch ohne Körperwanderung direkt in die Magenwand gelangen. In jedem Fall erfolgen die letzte Häutung sowie die Entwicklung der geschlechtsreifen Stadien aber im Darm.

Eine pränatale Infektion, wie sie beim Hund bekannt ist, konnte bei der Katze bisher nicht nachgewiesen werden.

Die in der Muskulatur abgekapselten und ruhenden Larven können während der Trächtigkeit aufgrund hormoneller Einflüsse seitens des Wirtes reaktiviert werden. Sie wandern dann in die Milchdrüse und können so zur galaktogenen Infektion der Welpen führen.

Die erwachsene Katze kann sich auch durch Aufnahme befallener Zwischenwirte, wie Kleinnager etc., sowie durch Ablecken der Welpen mit deren Kot infizieren.

Symptome

Stark infizierte Welpen sind am schlimmsten betroffen. Todesfälle in den ersten Lebenstagen sind bei extrem starkem Befall keine Seltenheit. Entsprechend der Entwicklung der Parasiten sind verschiedene Organmanifestationen möglich, wie Pneumonie, Anämie, Entwicklungsstörungen, ZNS-Symptome, Husten, Nasenausfluß, Erbrechen, Durchfall, Meteorismus, Abmagerung bei erhaltener Freßlust, glanzloses, struppiges Haarkleid sowie Störungen des Knochenwachstums, dem eine Schädigung der Parathyreoidea durch von den Würmern produzierte Toxine zugrunde liegt. Außerdem kann es durch die Ausbildung von Wurmgranulomen in Leber und Niere zu erheblichen Störungen in deren Funktionen kommen.

Diagnose

Der Einachweis gelingt mit der Flotationsmethode relativ leicht und sicher. Evtl. sind Sammelkotproben zu untersuchen. Die Eier sind mittelgroß, dickschalig und enthalten eine Zygote (Abb. 49). Aber auch bei fehlendem Einachweis ist die oben beschriebene Symptomatik recht eindeutig. In hochgradigen Fällen können auch Würmer erbrochen werden. Sie sind dann im Mageninhalt leicht zu identifizieren.

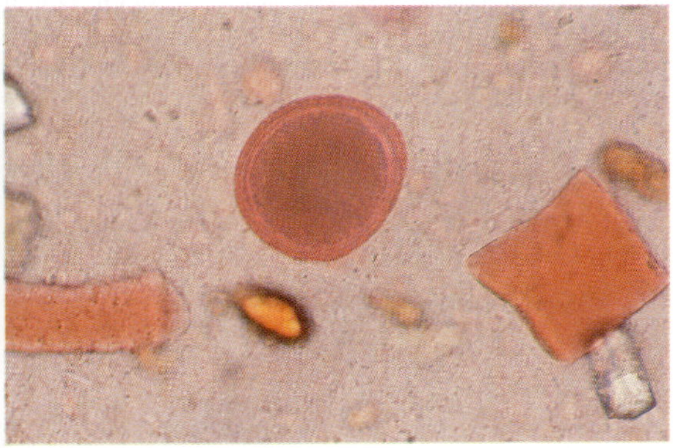

Abb. 49: Ei von Toxocara mystax. 40fach (Foto C. Bauer).

Therapie

Es stehen eine Reihe gut wirksamer Anthelmintika zur Verfügung, die gut verträglich sind: Piperazin (100 mg/kg KGW Piperazin-Base oder entsprechend 150 bis 250 mg/kg KGW Piperazinsalze), außerdem Fenbendazol, Mebendazol und Pyrantelpamoat.

b) Hakenwürmer

Hakenwürmer haben ein dorsal abgebogenes Vorderende, das ihnen ihr typisches Aussehen verleiht. Sie sind kleiner als Spulwürmer (nur 1–2 cm lang) und haben eine mit Zähnen oder schneidenden Platten ausgestattete Mundkapsel.

Der Hakenwurm der Katze, Ancylostoma tubaeforme, entwickelt sich nach der Eiablage zunächst bis zum Larvenstadium III im Freien. Die danach zumeist perkutan aufgenommenen Larven können wiederum verschiedene Entwicklungswege einschlagen. Nach Einwanderung über die Haarfollikel wandern die Larven, geleitet durch positive Chemotaxis, in die Blutgefäße. Über die Venen, rechtes Herz, Lunge, Trachea und Ösophagus gelangen sie schließlich in den Darm, wobei der Hauptsitz das Jejunum ist. Ein Teil der Larven bildet Muskellarven, die kurz vor der Geburt reaktiviert werden. Die perorale Infektion führt meist zu einer direkten Ansiedlung im Darm. Es können aber auch von hier aus Larven eine somatische Wanderung machen oder auch ihre Entwicklung unterbrechen und in ein Stadium der sog. Hypobiose gehen.

Die adulten Würmer sind Blutsauger und Gewebefresser, wobei sie durch häufigen Wechsel der Anheftungsstelle den Wirt sehr stark schädigen können.

Symptome

Abmagerung, struppiges Haarkleid, Anämie, blutige Durchfälle, Koliken, Depression und periphere Ödeme weisen auf einen Hakenwurmbefall hin.

Diagnose

Auch die Eier von Hakenwürmern können mittels einer Kotuntersuchung leicht nachgewiesen werden. Es handelt sich um mittelgroße, dünnschalige, 4–8 Blastomeren enthaltende Eier (Abb. 50).

Therapie

Pyrantelpamoat, Mebendazol und Fenbendazol sind sehr gut geeignet.

Prophylaxe

Aufgrund der erheblichen Schädigung, die gerade den Welpen durch Nematodenbefall (Spul- und Hakenwürmer) zugefügt werden kann, sollte die

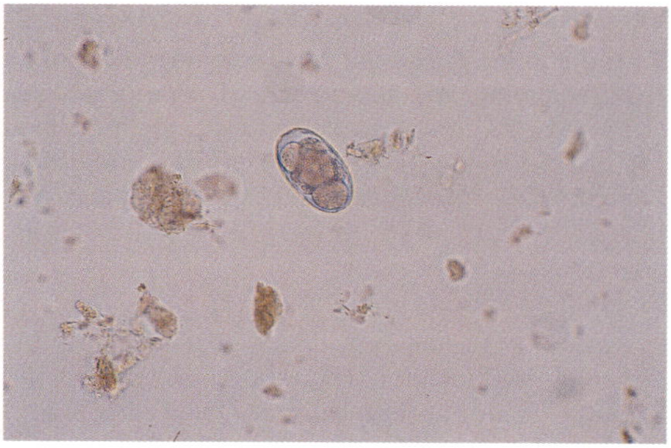

Abb. 50 (oben): Hakenwurmei im Kot. 40fach (Foto: C. Bauer).

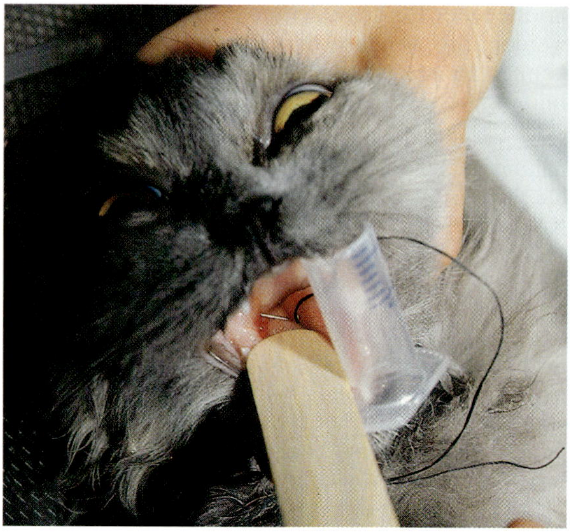

Abb. 51 a (rechts): Nadel mit Faden in weichem Gaumen und Zungenbasis eingespießt.

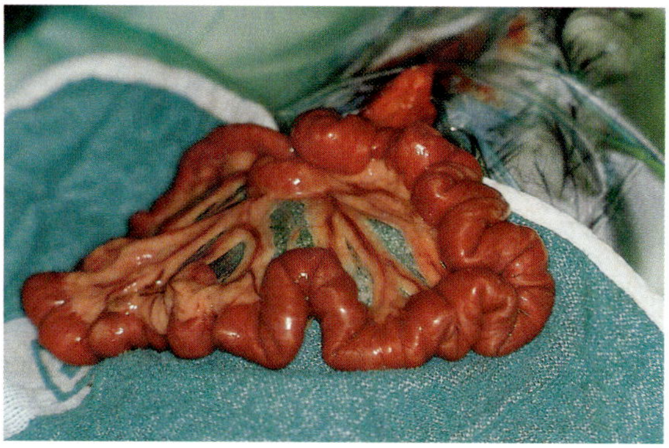

Abb. 51 b: Aufgereihter Dünndarm auf einem unter der Zunge verankerten Faden.

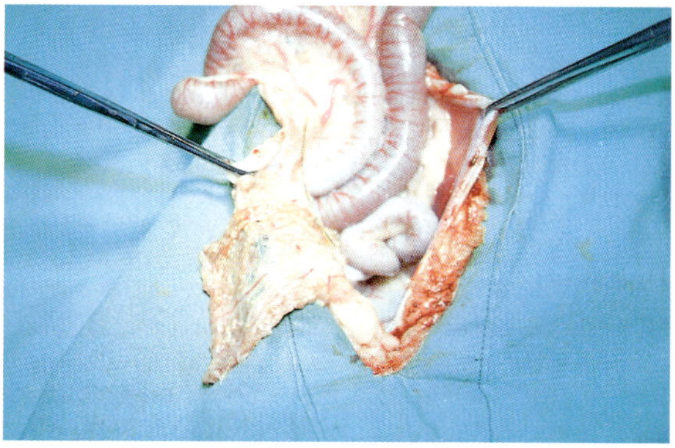

Abb. 51 c: Durchgespießtes Drahtstück mit peritonealen Reaktionen.

prophylaktische wie die therapeutische Wurmbekämpfung nach folgendem Schema genau und sorgfältig durchgeführt werden: neugeborene Welpen als auch säugende Muttertiere sollten 2, 4, 6 und 8 Wochen nach der Geburt mit wirksamen Anthelmintika behandelt werden. Im späteren Alter sollte – je nach der Lebensgewohnheit der Katze (Freigänger, Mäusefänger) – in Abständen von 3 bis 6 Monaten, bei reinen Wohnungskatzen evtl. auch jährlich, entwurmt werden.

Auch Haken- bzw. Spulwurmlarven können auf den Menschen übergehen, wenngleich dies eher für die im Hund parasitierenden Arten zutrifft. Trotzdem sollte man dies beim Umgang mit infizierten Tieren beachten (die Eier können auch am Fell der Katze haften) bzw. für eine entsprechende Umgebungshygiene sorgen.

Ileus

Der Ileus oder Darmverschluß kann das Darmlumen unvollständig (Subileus) oder völlig verlegen. Dabei ist der Verlauf des Geschehens um so schneller und dramatischer, je weiter proximal der Ileus ist (hoher bzw. tiefer Ileus).

Mechanischer Ileus

Ätiologische Faktoren, die einen mechanischen Ileus bedingen können, sind:

- Fremdkörper
- Parasiten
- Intestinale Tumoren
- Intussuszeptionen bzw. Invaginationen (Darmeinschiebung)
- Inkarzeration des Darmes in eine Hernie

Adhäsionen bzw. Verklebungen nach Traumata oder postoperativ
Darmdrehung (Volvulus)
Abszesse und Hämatome in der Darmwand
Angeborene Mißbildungen wie Atresien oder Stenosen

Katzen sind in ihrem Freßverhalten sehr vorsichtig. Abgeschluckte Fremdkörper sind meistens Spielzeuge. An erster Stelle steht hier der fadenförmige Fremdkörper, wie z. B. Wollfäden oder Nähgarn, Geschenkband, Angelschnüre etc. Dabei besteht die Gefahr, daß sich der Faden um den Zungengrund schlingt oder an einer Magenfalte zurückgehalten wird, das andere Ende aber durch die Magenperistaltik nach kaudal weiterbefördert wird, dabei den Darm girlandenartig auffädelt und am Mesenterialansatz einschneidet. Die Folgen sind Darmwandperforation, Peritonitis und Tod (Abb. 2 und 51 a–c).

Intussuszeptionen werden bei der Katze seltener als beim Hund beobachtet. Sie treten als Folge von fadenförmigen Fremdkörpern oder bei starkem Parasitenbefall auf und finden sich demzufolge häufiger bei jungen Katzen. Auch vorangegangene Laparotomien aus verschiedensten Ursachen können Anlaß für eine Intussuszeption sein.

Eine weitere, bei der Katze häufiger zu beobachtende Form des Ileus ist die Darmeinklemmung in eine Hernie bzw. beim Zwerchfellriß (Abb. 3 a–c, 53).

Die Pathophysiologie des Ileus ist in allen Fällen mehr oder weniger gleich:

Es kommt zur prästenotischen Darmerweiterung durch Anschoppung flüssigen und gasförmigen Darminhaltes. Der Darm versucht durch anhaltende, peristaltische Bewegungen der glatten Muskulatur, die sich bis hin zum Dauerkrampf steigern können, den Fremdkörper aboral weiterzubefördern. Im weiteren entwickelt sich eine venöse Abflußbehinderung bei zumeist erhaltenem arteriellen Zufluß, was eine hämorrhagische Infarzierung des betroffenen Darmabschnittes nach sich zieht. Die Darmwand ist ödematös verdickt, es besteht eine Permeabilitätsstörung, die durch bei länger bestehendem Ileus sich entwickelnde ischämische Wandveränderungen noch dramatischer wird. Flüssigkeit und Plasma gehen in das Darmlumen wie auch in das Interstitium hinein verloren. Zusätzlich werden Toxine, die sich als Zersetzungsprodukte des angestauten Darminhaltes gebildet haben, resorbiert. Schließlich kommt es zu Kreislaufversagen, Wasser- und Elektrolytimbalancen, Peritonitis, Intoxikation und Tod.

Symptome

Die klassische Symptomentrias des Ileus besteht in Vomitus, Anorexie und sistierendem Kotabsatz. Eine mehr oder weniger ausgeprägte Exsikkose, kolikartige Bauchschmerzen und sich rasch verschlechternder Zustand komplettieren das Bild.

Evtl. ist der Fremdkörper oder die Darmeinschiebung fühlbar. Der zu ertastende Bezirk ist allgemein schmerzhaft. Bei hohem Ileus wird manchmal auch Kot erbrochen.

Diagnose

Häufig berichtet der Besitzer, daß die Aufnahme von Gegenständen beobachtet wurde bzw. ein Spielzeug o. ä. fehlt. Das klinische Bild ist meist recht eindeutig, oft kann durch Palpation auch eine Lokalisation des Geschehens vorgenommen werden. Die Auskultation des Abdomens gibt bei der Katze keine zusätzlichen Hinweise, da häufig auch beim völlig gesunden Tier keine Peristaltikgeräusche hörbar sind. In jedem Fall ist die Zungenbasis auf eingespießte Nadeln bzw. festgeschlungene Fäden zu kontrollieren (Abb. 2 und 51 a). Wichtige, ergänzende Untersuchung ist das Röntgen. Als erstes fertigt man eine Leeraufnahme an. Hierbei können schattengebende Fremdkörper, Tumoren etc. erkannt werden. Es zeigt sich außerdem eine Erweiterung der vor dem Verschluß liegenden Darmteile sowie ein leeres Rektum. Bei unklaren Fällen kann die Kontrastdarstellung weiterhelfen (Abb. 52 a, b, 54 a, b). Die Magenpassage des Kontrastbreis ist dabei verzögert: er staut sich vor dem Hindernis an bzw. fließt im Falle eines Subileus als dünner Strang daran vorbei.

Differentialdiagnostisch müssen alle Erkrankungen mit plötzlich einsetzendem und langanhaltendem Erbrechen in Betracht gezogen werden, wie der paralytische Ileus, die Urämie u. a. (Abb. 55).

Therapie

Die möglichst frühe Operation ist anzustreben. Hierbei muß besonderer Wert auf die Kreislaufstützung gelegt werden. Infusionsbehandlungen sind daher von äußerster Wichtigkeit. Besonders geeignet sind Plasmaexpander.

Der Fremdkörper wird entfernt, wobei es beim fadenförmigen Fremdkörper erforderlich sein kann, den Darm an mehreren Stellen zu eröffnen. Dies ist häufig besser als der Versuch, den Faden in toto herauszuziehen, da hierbei die Gefahr des Hineinschneidens in das Gewebe zu groß ist. Anschließend wird die Vitalität des Gewebes beurteilt. Neben der adspektorischen und palpatorischen Prüfung besteht die Möglichkeit, die Erhaltung der Darmfunktion zu testen, indem man auf ca. 50 °C erwärmte Kochsalzlösung über den Darm schüttet. Reagiert er mit Kontraktionen, so ist er funktionell intakt. Bei hochgradiger ischämischer bzw. Drucknekrose muß das abgestorbene Darmteil reseziert werden.

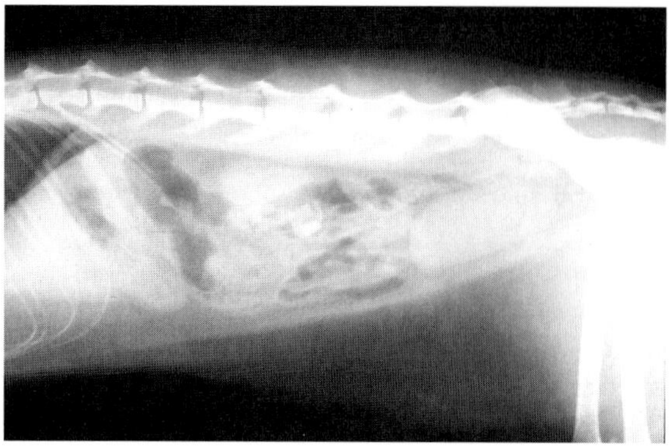

52 a

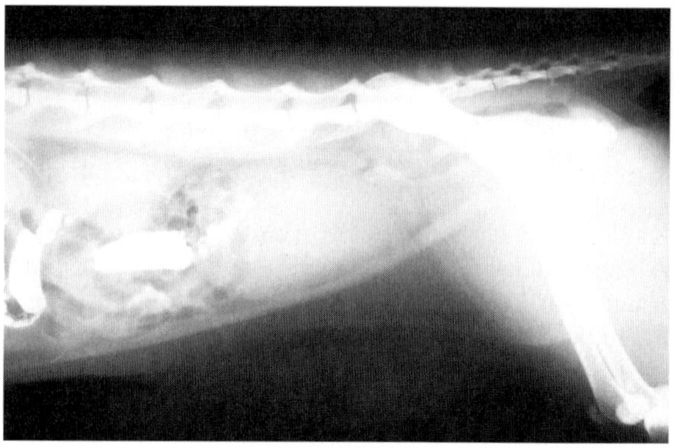

Abb. 52 a: 4 Jahre alte Katze. Röntgenbild im laterolateralen Strahlengang. Fremdkörperverdacht.

Abb. 52 b: Dieselbe Katze 6 Stunden nach Eingabe von Bariumsulfat als Kontrastmittel. Durch Plastikkappe verlegtes Darmlumen führt zum Kontrastmittelstau.

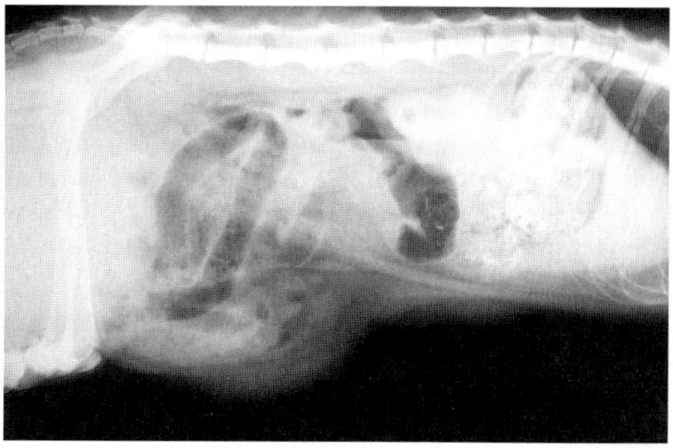

Abb. 53: Rektusabriß (Bauchbruch) nach Sturz mit röntgenologisch deutlich verlagerten Darmschlingen in den Bruchsack.

Abb. 54 a, b: Fädiger Fremdkörper stellt sich mit Kontrastmittel in der Speiseröhre dar. Nadel hatte sich tief in den Pharynx eingebohrt. Röntgenaufnahme nach Bariumkontrastgabe in 2 Ebenen.

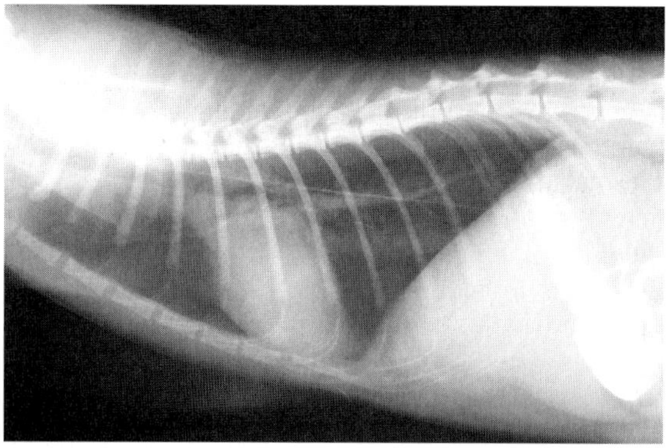

54 a

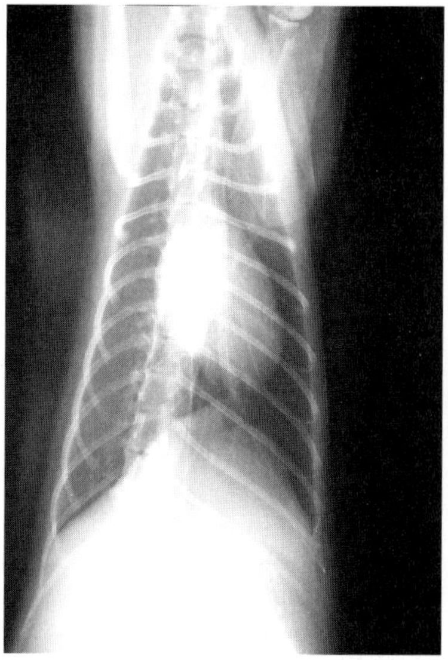

Aber auch der schadenfreie Abgang fadenförmiger und anderer Fremdkörper ist möglich. Eine Beobachtung des Tieres bis zum Erscheinen des Fremdkörpers in den Fäzes ist geboten (Abb. 56 a–c).

Paralytischer Ileus

Der paralytische Ileus ist wesentlich seltener und kommt im Zusammenhang mit schweren Infektionen, wie z. B. der Panleukopenie und bei Peritonitis

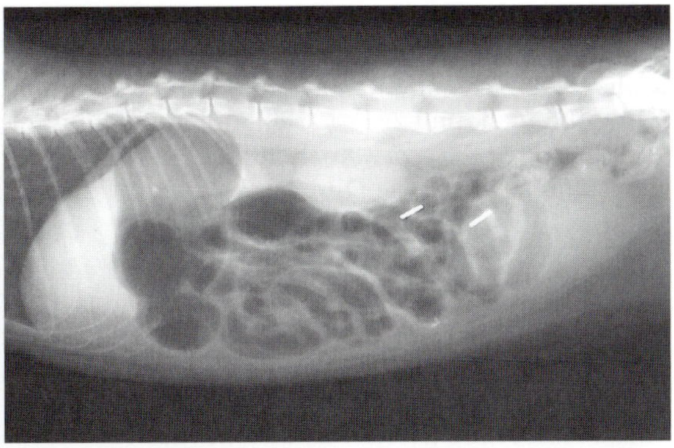

Abb. 55: Aufgegaster Magen und Darm im Zusammenhang mit Spulwurmbefall. Die beiden metallischen Teile sind Ligaclips, die bei der Kastration der Kätzin verwendet wurden.

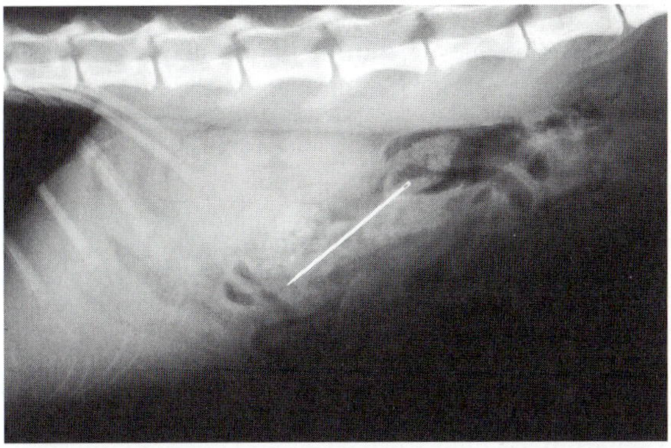

Abb. 56 a: Nadel im Röntgenbild der Bauchhöhle einer 1jährigen Katze. Aufnahme von Nadel und Faden waren vom Besitzer beobachtet worden.

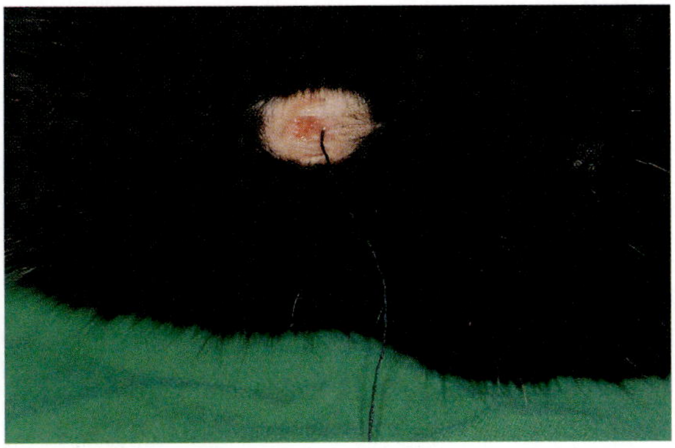

Abb. 56 b: Nach mehreren Stunden erscheinen Nadel und Faden am After.

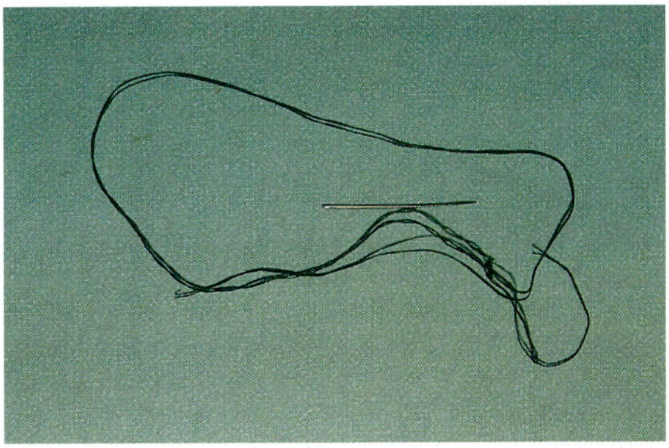

Abb. 56 c: Die ausgeschiedene Nadel mit anheftendem Faden in erheblicher Länge.

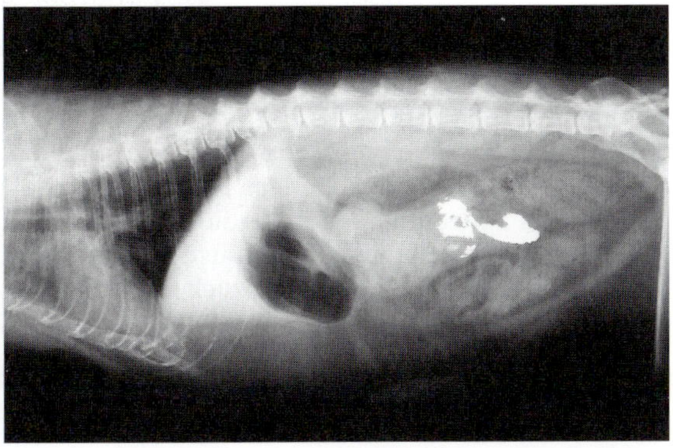

Abb. 57: Bei der kontrastreichen Struktur im Röntgenbild einer 2jährigen Hauskatze handelt es sich um Lametta, das in der Weihnachtszeit aufgenommen wurde. Fehlender Kotabsatz ist auf die gleichzeitig vorliegende Koprostase zurückzuführen.

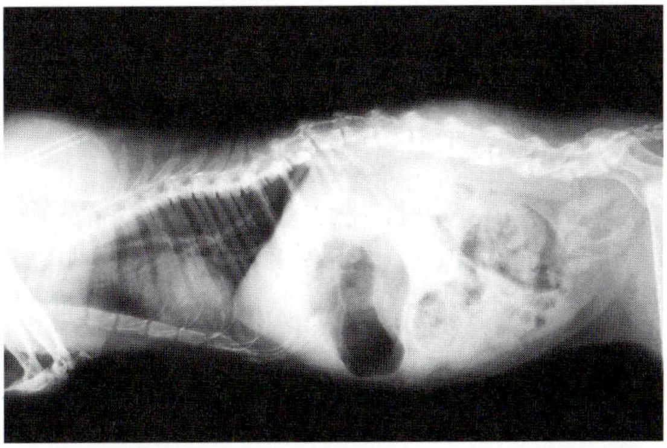

Abb. 58: 2jährige Perserkatze mit Osteodystrophia fibrosa infolge eines alimentären Hyperparathyreoidismus. Wirbelsäule verkrümmt. Sistierender Kotabsatz.

vor. Es besteht ein Nebeneinander von Spasmus und Darmatonie. Dieser Befund kann sich auch durch Rückenmarks- oder Ganglienzellschädigung bei der akuten Pankreasnekrose und nach abdominaler Traumatisierung einstellen.

Symptome

Vomitus, Meteorismus und sistierender Kotabsatz und meist weniger drastischer Verlauf als beim mechanischen Ileus.

Diagnose

Sie beruht auf dem Vorbericht und auf der klinischen Allgemeinuntersuchung in Verbindung mit Röntgen.

Therapie

Bei zugrunde liegender Allgemeinerkrankung muß die entsprechende Therapie eingeleitet werden. Neostigmin und Pyridostigmin als Cholinergika können zur Anregung der Peristaltik führen. Die Prognose ist jedoch zweifelhaft.

Obstipation, Koprostase

Obstipation bzw. Verstopfung ist ein häufiges Symptom bei der Katze. Sie äußert sich in vermindertem oder fehlendem, mit Schwierigkeiten verbundenem Kotabsatz. Da die Kolonschleimhaut auch bei Nichtabsetzen des im Enddarm bzw. Kolon befindlichen Kotes weiterhin Wasser resorbiert, führt die Kotanschoppung im Extremfall zur Bildung steinharter Kotballen (Abb. 57). Bei Bestehenbleiben des Zustandes kommt es allmählich zur Ausdehnung der Darmwand und zur Ausprägung eines Megakolons.

Ätiologie

Die Ursachen einer Koprostase bei der Katze können sowohl physischer als auch psychischer Natur sein. Physisch faßbare Gründe sind funktioneller (Rückenmarksläsionen, z. B. nach Traumen, Osteodystrophia fibrosa (Abb. 58), feline Dysautonomia, angeborenes bzw. idiopathisches Megakolon) oder mechanischer Art (Fremdkörper, Verletzungen im Anorektalbereich, Tumoren). Gelegentlich beobachtet man bei langhaarigen Tieren (Perser), die Schwierigkeiten mit der Fellpflege haben, eine sog. Pseudoobstipation, bei der der Anus durch an den langen Haaren der Umgebung haftende Kotteile verklebt ist und somit den Kotabsatz behindert bzw. verunmöglicht (Abb. 59).
Psychische Faktoren sind Umgebungs- oder Besitzerwechsel, eine verschmutzte Katzentoilette oder begleitende Erkrankungen, die das Wohlbefinden des Tieres stören (z. B. orthopädische Eingriffe mit störenden Verbänden). Schließlich gibt es eine Reihe von Medikamenten, die zu Verstopfung führen können, und zwar vor allem Durchfallmittel. Hier sind zu erwähnen Anticholinergika, Opiate, Bariumsulfat sowie einige Diuretika.

Symptome

Fehlender Kotabsatz über mehrere Tage, verbunden mit Tenesmus und meist auch Anorexie, deuten auf eine Obstipation hin. Häufig sind die Tiere lethargisch und bewegen sich aufgrund des Unwohlseins kaum. Erbrechen tritt hin und wieder auf.

Diagnose

Anamnese, Palpation (harte Kotballen im Enddarm), digitale rektale Untersuchung sowie Röntgen. Führen diese Untersuchungen alleine nicht weiter, ist eine neurologische Untersuchung anzuschließen.

Therapie

In den meisten Fällen von Verstopfung genügt die Applikation eines oder zweier Mikroclist® (wesentlicher Bestandteil Sorbit), um die Defäkation auszulösen. Bei extremer Kotanschoppung und Bildung sehr harter Faeces muß ein Einlauf mit warmer physiologischer Kochsalzlösung vorgenommen werden. Der Einlaufflüssigkeit kann als Gleitmittel Paraffinöl beigegeben werden. Leitungswasser kann bei Resorption zu hämolytischer Anämie führen. Mit einem Harnröhrenkatheter kann ein Paraffindepot proximal der Koprostase beginnend, über den Kotstrang nach kaudal fortgesetzt plaziert werden. Führt auch dies nicht zum Erfolg, so sollte als Ultima ratio eine Laparotomie mit Ausmassieren der obstipierenden Kotmassen in Richtung Enddarm in Erwägung gezogen werden. Die Entfernung mit der Fremdkörperzange birgt große Verletzungsgefahr und ist daher nicht anzuraten, zumal sie nur in Narkose vorgenommen werden kann.
Wichtig ist die Prophylaxe, da die Koprostase bei vielen Katzen ein rekurrierendes Problem darstellt. Besonderes Augenmerk ist auf die Ernährung zu legen: Stubenkatzen müssen mit Katzengras versorgt werden, dem Futter kann Milchzucker beigegeben werden. Auch Pumpernickel und Leinsamen können untergemischt dazu beitragen, die Faeces geschmeidig zu machen. Laktulose (Bifiteral®) ist ein nichtresorbierbares Disaccharid, das im Dickdarm von Bakterien glykolytisch abgebaut wird und sich in der Therapie anhaltender Obstipationen bewährt hat. Laktulose und seine sauren Abbauprodukte fördern die Peristaltik und binden Wasser. Der süße Geschmack erleichtert das Eingeben bei der Katze.

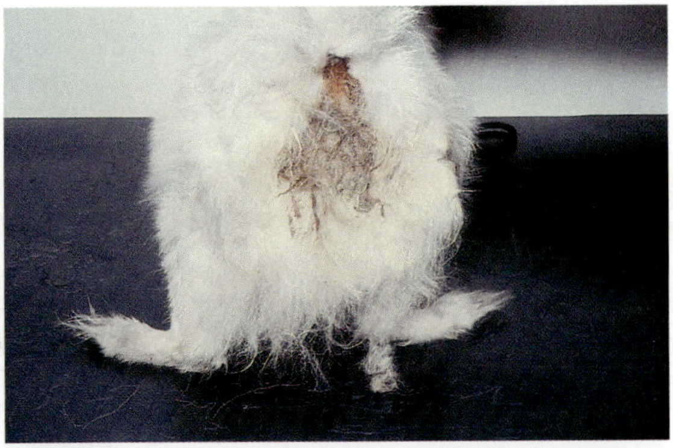

Abb. 59: Koprostase nach Verklebung des Afters mit Kot (Kotplatte) bei einer Perserkatze.

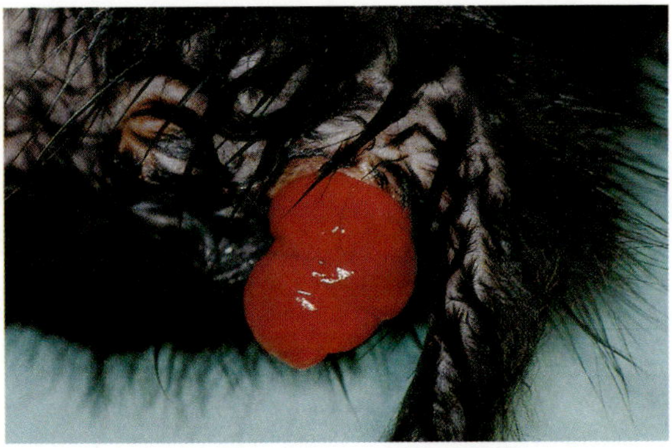

Abb. 60: 8 Wochen alte Hauskatze mit durchfallbedingtem Rektumprolaps.

Der Besitzer ist anzuweisen, langhaarige Katzen durch regelmäßiges Kämmen bei der Fellpflege zu unterstützen. Hilfreich ist das häufige Massieren des Abdomens. Die Katzentoilette muß stets sauber gehalten werden.

Entzündungen des Dickdarmes

Akute Dickdarmentzündungen können parasitär sowie durch Fremdkörper bedingt sein oder nach Obstipationsbehandlung (reizende Einläufe) auftreten.

Symptome

Diarrhoe, Tenesmus, Flatulenz, blutüberzogener Kot.

Therapie

Abstellen der Ursache, Futterentzug über 24–48 Stunden, rektale Antiphlogistikaapplikation (Betnesol® Rektal-Instillation).

Eine sehr seltene chronische Dickdarmerkrankung bei der Katze ist die histiozytäre Kolitis, deren Genese unklar ist. Es scheinen, ähnlich wie beim Hund (Boxer), hereditäre Faktoren eine Rolle zu spielen.

Symptome

Blutiger, oft muköser Durchfall bei erhaltenem Appetit. Tenesmus ist typisch.

Therapie

Die orale Gabe von 10–15 mg/kg KGW Azulfidine oder Kortikosteroide (Prednisolon 0,5 mg/kg) bringt in der Regel Abhilfe. Rezidive sind jedoch häufig.

Die **lymphozytär-plasmazelluläre Kolitis** ist bei der Katze öfter anzutreffen.

Ätiologie

Man vermutet eine Nahrungsmittelallergie, da die meisten Fälle diätetisch erfolgreich zu behandeln sind.

Symptome

Typische Dickdarmdiarrhoe mit schleimigem, manchmal blutigem Kot, Tenesmus, gehäuftem Kotabsatz und erhaltenem Appetit.

Diagnose

Die Diagnose wird nach Rektoskopie durch eine Biopsie gesichert. Dabei zeigt sich eine lymphozytär-plasmazelluläre Infiltration der Lamina propria.

Therapie

Fütterung einer hypoallergenen Diät (s. vorn), Kortikosteroide und Sulfasalazine (Azulfidine).

Anorektalerkrankungen

Im Gegensatz zum Hund spielen diese Erkrankungen bei der Katze eine untergeordnete Rolle. Einzig der **Rektumprolaps** kommt häufiger vor.

Ätiologie

Er entsteht durch starkes Pressen, wie z. B. bei Obstipation, Erkrankungen des Urogenitaltraktes, nach Schwergeburten und bei langanhaltenden Durchfallerkrankungen.

Symptome

Der Mastdarmvorfall ist eindeutig zu diagnostizieren. Die vorgefallene Schleimhaut ist stark gerötet, ödematös und zeigt je nach Dauer des Zustandes Anzeichen von Nekrose (Abb. 60).

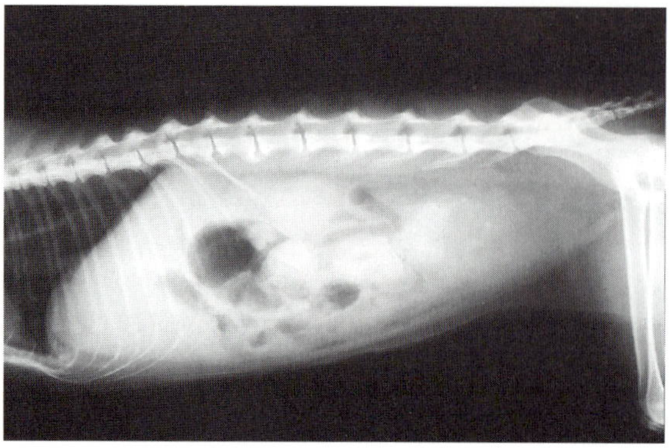

Abb. 61: 14jährige Katze mit einer Koprostase als Folge eines Adenokarzinoms im Kolon.

Diagnose

Die Diagnose ist durch Adspektion leicht zu stellen.

Therapie

Bei gesunder Schleimhaut ist die konservative Therapie mit Kühlung, Reinigung (isotonische Kochsalzlösung), Auftragen eines Oberflächenanästhetikums (z. B. Lidocain), vorsichtiger Reposition und Anlegen einer lockeren Tabaksbeutelnaht (die ca. 7 Tage liegenbleibt) indiziert. Ist der Vorfall älter, stark verschmutzt, und zeigen sich bereits Anzeichen einer Nekrose, so muß die vorgefallene Schleimhaut amputiert werden. Postoperativ, wie auch bei konservativer Therapie, wird über eine Woche suppige Nahrung verabreicht.

Tumoren des Darmes

Geschwülste des Darmes treten bei der Katze nicht allzu selten auf. Dabei handelt es sich vorwiegend um Adenokarzinome und Lymphosarkome. Das benigne Leiomyom und seine bösartige Form, das Leiomyosarkom sowie Fibrosarkome und Karzinoide sind wesentlich seltener.

Die Symptomatik setzt oft schleichend ein und kann je nach Lokalisation, Wachstumsart und Ausdehnung des Tumors sehr unterschiedlich sein (Abb. 61).

Inappetenz und Depression sowie gastrointestinale Beschwerden wie Diarrhoe, Darmblutungen, oft auch Vomitus, weisen auf ein tumoröses Geschehen im Darm hin. Die das Lumen einengenden oder völlig verschließenden Tumoren führen zum klinischen Bild des Subileus bzw. Ileus.

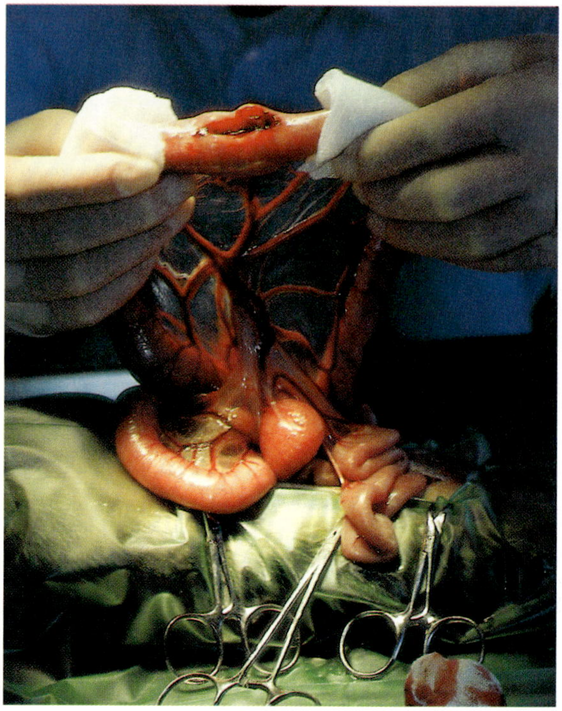

Abb. 62: Subileus wegen eines Lymphosarkoms im Jejunum. Speckige Schnittfläche. Serologisch konnte bei dieser alimentären Form der Leukose kein Antigen des felinen Leukosevirus nachgewiesen werden.

Lymphosarkom

Ätiologie

Leukotische Lymphosarkome als Ausdruck der alimentären Leukose sind recht häufig bei der Katze. Auffallend ist der geringe Prozentsatz virämischer Katzen: der FeLV-Nachweis gelingt bei der alimentären Leukose nur in etwa 25 % der Fälle. Die intestinale Lymphosarkomatose tritt als diffuse Form mit Infiltration der Lamina propria und Lamina submucosa sowie als solide Form mit Befall einzelner Darmabschnitte, die dann segmental verdickt sind, auf (Abb. 62). Regelmäßig sind die zugehörigen Lymphknoten mitbetroffen und bei der Palpation gut zu fühlen.

Symptome

Zu den allgemeinen Symptomen, die bei der Leukose in der Regel anzutreffen sind, wie Apathie, Fieber, Anämie, glanzloses Fell, treten die durch die neoplastischen Darmveränderungen hervorgerufenen Erscheinungen. Die Katzen werden vorgestellt mit Inappetenz, intermittierender Diarrhoe und Vomitus, Meläna, evtl. auch mit Aszites.

Diagnose

Bei der klinischen Untersuchung ergibt die Palpation oft eindeutig verdickte Darmränder oder Darmabschnitte, ferner eine intestinale Lymphadenopathie. Die Röntgenuntersuchung und Kontrastdarstellung können zusätzliche Informationen über Grad und Ausdehnung der Neoplasie geben.

Im allgemeinen ist die Symptomatik so typisch, daß zur Diagnosestellung auf die Biopsie verzichtet werden kann. Bei der Interpretation eines Biopsiebefundes ist die Verwechslungsgefahr mit einer lymphozytär-plasmazellulären Enteritis zu beachten.

Therapie

Die Prognose ist infaust. Bei Vorstellung der Tiere ist der Zustand meist so weit fortgeschritten, daß palliative Therapieversuche aussichtslos sind. Alternativ kann auf Wunsch des Besitzers eine chirurgische Exzision des Tumors bzw. des betroffenen Darmabschnittes vorgenommen werden. Die Überlebenszeit ist aber selten länger als wenige Monate. Kortison kann die Symptomatik lindern und die Lebensqualität verbessern (Prednisolon oral, 1–2 mg/kg einmal täglich).

In den letzten Jahren sind verschiedene Chemotherapieprotokolle klinisch angewendet worden, die geeignet sind, die Überlebenszeit deutlich zu verlängern und dabei das Wohlbefinden der Katze deutlich verbessern. An dieser Stelle sei nur ein Beispiel genannt, das sich in der Anwendung bewährt hat:

Zyklische Kombinations-Chemotherapie des felinen Lymphosarkoms

I. Induktion

Tag 0	A-Asparaginase	400 IU/kg i.p., i.v.
	Vincristine	0,025 mg/kg i.v.
	Beginn: Prednisolon	5 mg/Katze 2 x tägl. p.o.
Tag 7	Cyclophosphamid	10 mg/kg i.v.
Tag 14	Doxorubicin	1 mg/kg i.v. über 10–20 min
	vorher Dexamethason	0,05 mg i.v.
Tag 21	Vincristine	0,025 mg/kg i.v.
Tag 28	Cyclophosphamid	10 mg/kg i.v.
Tag 35	Doxorubicin	1 mg/kg i.v. über 10–20 min
	vorher Dexamethason	0,05 mg i.v.
Tag 45	Beginn der Erhaltungstherapie	

II. Erhaltung

Zyklus 1

Tag 0	Vincristine	0,025 mg/kg i.v.
Tag 10	Cyclophosphamid	10 mg/kg i.v.
Tag 20	Vincristine	0,025 mg/kg i.v.
Tag 30	Methotrexat	0,8 mg/kg i.v.
Tag 40	Vincristine	0,025 mg/kg i.v.
Tag 50	Cyclophosphamid	10 mg/kg i.v.
Tag 60	Vincristine	0,025 mg/kg i.v.
Tag 70	Methotrexat	0,8 mg/kg i.v.
Tag 80	Beginn Zyklus 2	

Zyklus 2

Zyklus 1 im 14tägigen Abstand wiederholen – 1 Jahr lang

Zyklus 3

Zyklus 1 im 21tägigen Abstand wiederholen – 1 Jahr lang

Zyklus 4

Zyklus 1 im 28tägigen Abstand wiederholen

Adenokarzinom

Am häufigsten betroffen sind Katzen mittleren und höheren Alters. Der Tumor kann prinzipiell im gesamten Darmkonvolut lokalisiert sein, findet sich aber häufig im Ileum und Jejunum. Adenokarzinome wachsen entweder expandierend oder aber mehr infiltrativ und auf das Lumen gerichtet. Dieser letztere Typus verursacht häufig Strikturen und Stenosen (Abb. 61).

Symptome

Meläna, Abmagerung, sistierender Kotabsatz, Anämie, evtl. Ileussymptomatik, vor allem mit zunehmendem Erbrechen und Hinfälligkeit.

Diagnose

Vorbericht, klinische Untersuchung in Verbindung mit Röntgendarstellung, Alter des Tieres (!), weisen auf einen malignen Tumor hin. Auch beim Adenokarzinom sind im Zuge der Metastasierung häufig die intestinalen Lymphknoten vergrößert und zu fühlen. Endgültige Sicherheit gibt die Probelaparotomie mit Biopsie.

Therapie

Da die Prognose des Adenokarzinoms schlecht ist, muß die Therapie sorgfältig erwogen werden. Bei fortgeschrittener Metastasierung ist sie nicht zu empfehlen. In frühen Stadien bzw. als palliative Maßnahme kann die chirurgische Tumorentfernung und begleitende Chemotherapie (z. B. Chlorambucil 0,5–1 mg/kg KGW oral) versucht werden.

Erkrankungen des Peritonaeums

Das Bauchfell (Peritonaeum) entspricht der Auskleidung der übrigen großen Körperhöhlen und besteht aus einer Schicht Deckzellen (Mesothel), die von einer blut- und lymphgefäßreichen Schicht, dem Stratum subserosum, unterlegt ist. Das Mesothel produziert eine seröse Flüssigkeit, die ein Gleiten der Bauchhöhlenorgane ermöglicht. Das Bauchfell ist neben der Sekretionsleistung auch in der Lage, resorptive Funktionen zu übernehmen.

Die nicht entzündlichen Ergüsse in den Bauchraum (Aszites, Hämaskos u. a.) sind primär auf Erkrankungen anderer Organe (Leber, Herz, Blut, Milz u. a.) zurückzuführen und werden an entsprechender Stelle besprochen.

Peritonitis

Ätiologie

Die Peritonitis ist eine entzündliche Erkrankung, die lokalisiert bleiben oder das gesamte Peritonaeum betreffen kann. Die Peritonitis kann durch infektiöse, mechanische oder chemische Einflüsse entstehen, wenn Körperflüssigkeiten (Magen-, Darm-, Harn- oder Gallenblaseninhalt, Pankreassekret, Blut u. a.) über Perforationen oder Rupturen in die freie Bauchhöhle gelangen (Abb. 63). Aber auch bei perforierenden Verletzungen und im Zusammenhang mit chirurgischen Eingriffen ist eine Infektionsgefahr gegeben (Abb. 64). Obwohl die Abwehrmechanismen in der Körperhöhle durch das Peritonaeum selbst und das Netz außerordentlich wirksam sind, kann es nach Keimbesiedlung auch zu klinisch manifesten Infektionen kommen. Eine sterile Peritonitis ist selten. Die Gefährlichkeit bzw. der Verlauf der Peritonitis hängt in hohem Maße von der Zahl und Virulenz der Keime ab. Demnach kann auch nach dem Verlauf zwischen einer perakuten oder chronischen Peritonitis unterschieden werden. Lokalisierte Entzündungen finden sich gelegentlich nach Bauchhöhlenoperationen, nach Perforationen durch spitze Fremdkörper (unsachgemäße Injektion, Pankreatitis, Tuberkulose und Karzinose). Das Peritonaeum reagiert mit der Ausbildung einer schützenden, fibrinösen Verklebung, mit der die Ausbreitung des Prozesses verhindert werden soll. Auf diese Weise kann es aber zur mechanischen Behinderung der Darmfunktion (z. B. Bridenileus) kommen. Breitet sich die Infektion aus, folgen schwere Störungen des Allgemeinbefindens, die ihre Ursache in einer Septikämie mit anschließendem Schock haben.

Nach den entzündlichen Veränderungen kann eine seröse oder serofibrinöse Peritonitis unterschieden werden, die in fortgeschrittenen Fällen fibroplastisch bzw. adhäsiv wird. Bei ausgedehnten, diffusen Peritonitiden findet sich häufig ein eitriges Exsudat (Peritonitis purulenta).

Symptome

Die auftretenden Befunde richten sich im wesentlichen nach der Ausdehnung der Entzündung und den angesiedelten Keimen. Bei der akuten diffusen Peritonitis ist eine erhöhte Bauchdeckenspannung an einem aufgeschürzten Abdomen und einer deutlichen Schmerzhaftigkeit bei der Palpation erkennbar. Es liegt in der Regel eine schwere Störung des Allgemeinbefindens mit Fieber vor. Aufgrund toxischer Darmlähmungen kann sich Erbrechen einstellen und es wird glasig-schleimiger Durchfallkot abgesetzt. Es kommt in diesen Fällen oft zu toxischen Auswirkungen auf Herz und Kreislauf sowie auf die parenchymatösen Organe und zu einer Störung des Wasser- und Elektrolythaushaltes, in deren Gefolge sich ein schweres Schockgeschehen entwickeln kann. Bei den chronisch lokalisierten Peritonitiden kommt es zu Verklebungen mit einzelnen Organen oder Organabschnitten, die in ihrer Funktion beeinträchtigt sein können. Bei der Palpation ist ein umschriebener Druckschmerz auslösbar. Die Tiere sind oft inappetent und magern ab, wobei es – je nach Lokalisation – zu unterschiedlich ausgeprägten Störungen der Verdauungsfunktion mit Erbrechen und Durchfall kommt.

Diagnose

Neben der Anamnese weist das klinische Bild auf eine fieberhafte Allgemeinerkrankung hin, die sich auf den Bauchraum lokalisieren läßt. Je nach Menge der Flüssigkeitsansammlung sind die Organe der Bauchhöhle röntgenologisch überhaupt nicht oder nur unscharf abzugrenzen. Die Organkontur ist diffus verwischt. Liegt eine chronisch lokalisierte Peritonitits vor, so wird unter Umständen ein begrenzter Bereich mit erhöhter Röntgendichte deutlich (Abb. 65 a, b). Labordiagnostisch finden sich unterschiedlich erhöhte Leukozytenwerte, wobei in der Regel eine Linksverschiebung im Differentialblutbild anzutreffen ist. Ist der Verlauf der Erkrankung chronisch, entwickelt sich eine Leukopenie, die prognostisch ungünstig zu bewerten ist. Die abdominale Parazentese, die auf der rechten Seite und abhängig vom Flüssigkeitsstand in unterschiedlicher Höhe durchgeführt wird, ermöglicht neben der Diagnoseabsicherung (blutig-eitriges, flockiges Punktat) eine

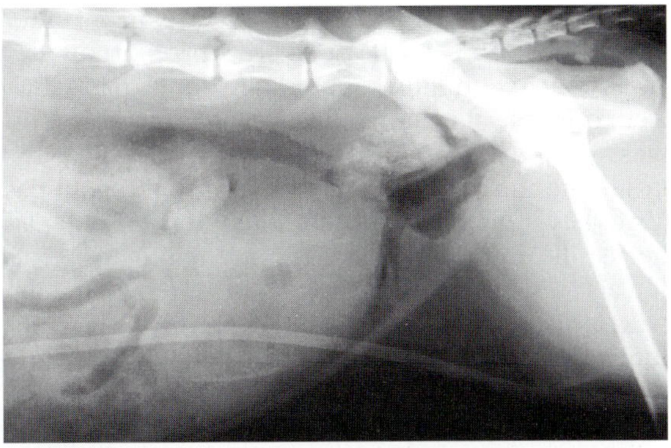

Abb. 63: Peritonitis aufgrund einer Harnröhrenperforation. Röntgenbild mit Luftkontrast.

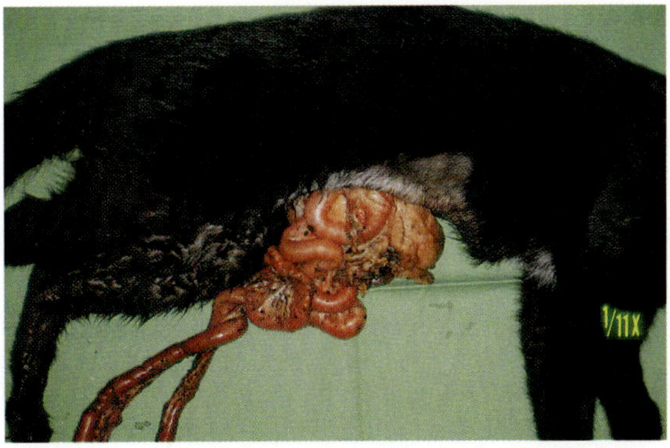

Abb. 64: $1^{1}/_{2}$jährige Katze mit Bauchbruch nach Peritonitis und Nahtdehiszenz.

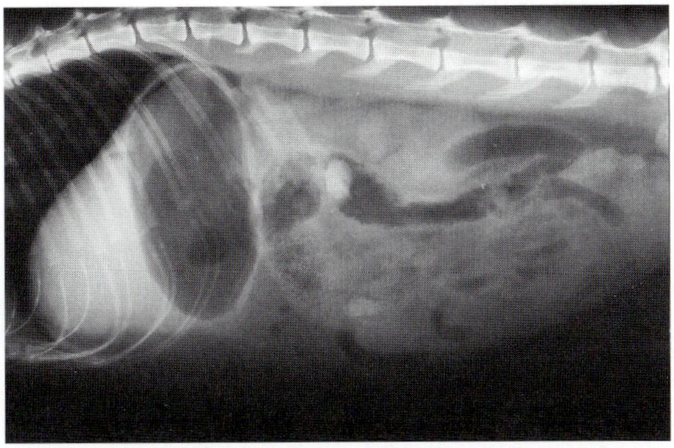

Abb. 65 a: Lokalisierte Peritonitis infolge einer Darmperforation. Röntgenologisch diffuse Zeichnung kaudoventral des Pylorus.

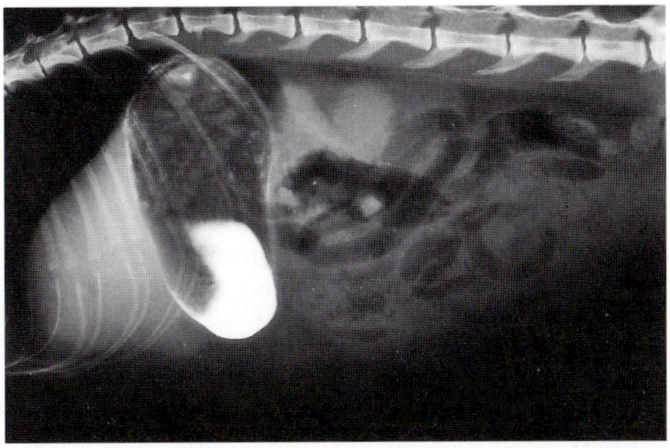

Abb. 65 b: Eingegebenes Kontrastmittel sammelt sich im atonischen Magen an. Der Pylorus ist kontrastmittelgefüllt.

Abb. 66: Strohfarbenes, zellarmes und eiweißreiches Punktat aus der Bauchhöhle einer Katze mit feliner infektiöser Peritonitis.

Keimbestimmung und Resistenzprüfung sowie über den Zellausstrich Rückschlüsse auf neoplastische Erkrankungen.

Therapie

Im Vordergrund der Behandlung steht das Abstellen bzw. die Beseitigung der Ursache. Im Zusammenhang mit der schweren Allgemeinstörung ist ein Flüssigkeitsersatz und in vielen Fällen die Substitution von Kalium und Natrium per Infusion erforderlich. Nach Bestimmung des Säure-Basen-Haushaltes kann die oft bestehende Azidose ausgeglichen werden. Abhängig von der Ausdehnung der Peritonitis wird die Lungenfunktion gleichzeitig durch Kompression gestört. Liegt der Verdacht einer Ruptur oder Perforation eines Bauchhöhlenorganes vor, so ist die chirurgische Intervention anzustreben, nachdem die Katze für die Operation stabilisiert wurde. Die Infektion muß zunächst durch Breitspektrumantibiotika (z. B. Ampicillin, Sulfodiazin-Trimethoprim, Enrofloxacin) behandelt werden. Nach dem Ergebnis des Keim- und Resistenztestes wird im Bedarfsfall das Antibiotikum gewechselt. Vor allem bei der purulenten Form der Peritonitis ist eine Schlauch- oder Penrosedrainage nützlich. In hartnäckigen Fällen ist eine Spül-Saugdrainage einzulegen, wobei auf das Einbringen von Antibiotika verzichtet werden sollte und der Spülung mit physiologischer Kochsalzlösung oder Plasmaexpandern der Vorzug zu geben ist. Das Lösen von Verklebungen zieht in der Regel neuerliche Adhäsionen nach sich. Durch das Einnähen im Netz und Spülung mit Plasmaexpandern (Dextran) oder durch die vorsichtige Dosierung von Kortikosteroiden postoperativ kann versucht werden, Verklebungen vorzubeugen.

Prognose

Die eitrige Peritonitis gehört zu den nur schwer zu beherrschenden Infektionen der Katze. Die Behandlung ist in der Regel langwierig, intensiv und auch nach positivem Ausgang oft durch Komplikationen, die insbesondere durch Verklebungen entstehen, begleitet. Ist der Verlauf durch eine schwere fieberhafte Allgemeinstörung gekennzeichnet und das Tier bereits im Schock, endet die Erkrankung für die Katze oft tödlich.

Feline Infektiöse Peritonitis (FIP)

Die Feline Infektiöse Peritonitis wird besser als Feline Infektiöse Polyserositis oder Feline Infektiöse Perivaskulitis bezeichnet. Sie beschränkt sich also nicht alleine auf das Peritonaeum, sondern pathologisch-anatomische Veränderungen werden auch in der Brusthöhle, im Herzbeutel, in der Leber, in der Niere, im ZNS, am Auge und den Lymphknoten gefunden. Die FIP ist eine Erkrankung aller Feliden, hauptsächlich jedoch der Haus- und Edelkatzen.

Ätiologie und Pathogenese

Bei der chronisch verlaufenden Erkrankung spielt die Infektion mit Coronaviren eine Rolle. Offenbar kann die Infektion beendet werden, wenn die zellvermittelte Immunität intakt ist. Ist die zellvermittelte Immunität schwach, kommt es zu einem erheblichen Anstieg von Antikörpern. Diese Antikörper binden freies Virus und bilden Immunkomplexe, die perivaskulär (Arteriolen, Venolen, Venen) abgelagert werden. Es entwickelt sich dann eine Perivaskulitis, die durch komplementvermittelte Reaktionen verschärft wird. Möglicherweise vermitteln die Antikörper eine verstärkte Opsonierung und Phagozytose durch Makrophagen, wodurch die Verbreitung des FIP-Virus erleichtert wird.

Über 50 % der FIP-Fälle treten bei Katzen unter einem Jahr auf. Die FIP ist positiv korreliert mit der Infektion und Immunsuppression durch das feline Leukosevirus. Ist die zelluläre und humorale Abwehr intakt, führt eine Erstinfektion nicht zur Erkrankung. Im Rahmen der Erstinfektion befällt das Virus bevorzugt die Mesothelzellen der Serosen. Daher ist die Bauchhöhle stärker und häufiger betroffen als andere Organe. Der weitere Verlauf hängt im wesentlichen von der individuellen Abwehrlage der infizierten Katze ab. Die Virusausscheidung erfolgt über die Speicheldrüse, den Magen-Darmtrakt, den Atmungsapparat wie auch über die Harnwege. Die Antikörper sind auch bei gesunden Katzen in Einzelhaltung zu etwa 50 % und bei etwa 90 % der Katzen, die in Zuchten gehalten werden, vorhanden. Die Inkubationszeit ist sehr variabel und schwankt zwischen einem Tag und drei bis vier Monaten.

Symptome

Klinisch manifestiert sich die FIP in zwei Formen:

1. Exsudative („feuchte") Form
2. Exsudatarme, granulomatöse („trockene") Form

In 70 % der Fälle ist in erster Linie das Peritonaeum betroffen, wobei die exsudative Form mit Abstand am häufigsten ist. Die Erkrankung zeigt sich anfänglich sehr unspezifisch. Es sind vor allem der Appetit, die Lebhaftigkeit und die Bewegungsfreudigkeit eingeschränkt. In etwa $^2/_3$ der Fälle liegt eine Temperaturerhöhung auf 40 °C vor. Das Fieber ist intermittierend. Bei der häufigsten klassischen oder exsudativen Form der FIP ist die Exsudatansammlung in der Bauch- und/oder Brusthöhle charakteristisch. Dies zeigt sich durch die Ausbildung eines deutlichen Ergusses mit Umfangsvermehrung des Abdomens. Da die Tiere abmagern, ist die Auftreibung des Abdomens besonders augenfällig. Die zum Teil enorme Flüssigkeitsfüllung verursacht auch ohne direkte Beteiligung der Pleura eine Dyspnoe.

Diagnose

Labordiagnostisch fällt vor allem die Erhöhung des Gesamteiweißes auf. Daneben wird mit unterschiedlicher Häufigkeit eine Leukozytose mit Lymphopenie, eine Anämie, eine Hyperglykämie und auch ein Ikterus gefunden. Typisch für die Erkrankung ist das Bauchhöhlenpunktat; es handelt sich um ein Exsudat, das klar, strohgelb- bis bernsteinfarben, viskös, eiweißreich und zellarm ist (Abb. 66). Das spezifische Gewicht liegt zwischen 1020 und 1050 und der Eiweißgehalt bewegt sich zwischen 3,5 und 12 g/dl. In chronischen Fällen werden mononukleäre Zellen, wie Lymphozyten, Makrophagen und Mesothelzellen gefunden.

Bei der „trockenen" Form der FIP läßt sich im allgemeinen kein Punktat gewinnen. Da das klinische Bild bei der „trockenen" Form sehr unspezifisch ist, ist die Nachfrage nach einem zuverlässigen serologischen Test groß. Die Ergebnisse der Antikörpertiterbestimmung müssen jedoch mit Einschränkung gewertet werden, da auch klinisch gesunde Katzen Antikörper gegen Coronaviren haben können und bei FIP-kranken Katzen gelegentlich niedrige Titer gefunden werden. Die Messung der Antikörperkonzentration kann daher nur gemeinsam mit den klinischen Befunden als ein Teil der Diagnostik gesehen werden. Im Punktat und post mortem im Gefrierschnitt ist ein Antigennachweis möglich.
Differentialdiagnostisch kommen alle Erkrankungen, die mit einer Flüssigkeitsansammlung in der Bauchhöhle einhergehen oder die durch einen chronisch progressiven Verlauf gekennzeichnet sind, in Frage. An erster Stelle ist hier die Infektion mit dem felinen Leukosevirus zu nennen, aber auch andere fieberhafte Allgemeinerkrankungen müssen abgeklärt werden. In diesem Zusammenhang ist besonders auch an eine Infektion mit nachfolgender Immunsuppression durch das „Feline immune deficiency virus" (FIV) zu denken.

Therapie

Bis heute ist keine Therapie wirksam, wenn die klinischen Erscheinungen einer FIP bereits aufgetreten sind. Im Gegensatz zu einzelnen Berichten, die unter Verwendung von Chemotherapeutika und immunsuppressiven Medikamenten von Erfolgen hinsichtlich einer Heilung sprechen, muß, ausgehend von allen anderen gut dokumentierten Studien mit hoher Patientenzahl, davon ausgegangen werden, daß zur Zeit kein geeignetes Therapieverfahren zur Verfügung steht. Ein erhöhter Antikörpertiter rechtfertigt alleine keine Behandlung.

Prognose

Bis auf höchst seltene Spontanheilungen verläuft die Erkrankung immer letal. Typisch bei dieser Infektion ist ein Wechsel zwischen scheinbarer Verbesserung und Verschlechterung der Symptomatik. Dies veranlaßt den Patientenbesitzer häufig, abzuwarten.

Prophylaxe

Wegen der bedeutenden immunologischen Komponente in der Pathogenese der FIP konnte bisher keine wirksame Vakzine entwickelt werden. Die seit Ende 1993 erhältliche temperaturempfindliche Mutante des DF 2-Stammes des FIP-Virus ist zur intranasalen Vakzination bestimmt. Diese Mutante synthetisiert bei etwa 31 °C auf der Nasenschleimhaut Virus-RNA, jedoch keine intakten Viruspartikel. Die Vakzine Primucell FIP® muß sich jedoch noch in der klinischen Anwendung bewähren. Eine uneingeschränkte Empfehlung ist bis heute nicht möglich, da auch an die Gefahr einer Rekombination von Impfgenom und wilder feliner Coronaviren gedacht werden muß.

Literatur

ANDERSON, N. V. (1980): Veterinary gastroenterology. Lea u. Febiger, Philadelphia.

BARR, St. C., and D. D. BOWMAN (1994): Giardiasis in dogs and Cats. Compend. Contin. Educ. Pract. Vet. **5,** 603–614.

BAUER, Ch., u. M. STOYE (1984): Ergebnisse parasitologischer Kotuntersuchungen von Equiden, Hunden, Katzen und Igeln der Jahre 1974 bis 1983. Dtsch. tierärztl. Wochenschr. **91,** 255.

BIERMANN, U., W. HERBST, H. KRAUSS u. Th. SCHLIESSER (1989): Elektronenmikroskopische Nachweisrate enteraler Viren bei Durchfallkrankheiten von Hund, Katze, Kalb, Schwein und Fohlen im Jahr 1988 – Elektronenmikroskopische Untersuchungsbefunde. Berl. Münch. Tierärztl. Wschr. **102,** 412.

BJORLING, D. E., and D. T. CROWE (1989): Peritonitis. In: R. G. Sherding (ed.), The cat. Churchill Livingstone, New York.

BÖHMER, E., U. MATIS, W. ZEDLER u. T. HÄNICHEN (1990): Dünndarmileus bei Katze und Hund – katamnestische Betrachtungen von 704 Patienten. Tierärztl. Prax. **18,** 171.

BURROWS, C. F., and G. W. ELLISON (1989): Recto-anal disease. In: S. J. Ettinger (ed.), Textbook of veterinary internal medicine. W. B. Saunders Co., Philadelphia.

CORNELIUS, L. M. (1980): Fluid therapy in small animal practice. J. Am. Vet. Med. Assoc. **176,** 110.

DENNIS, J. S., J. M. KRUGER and T. P. Mullaney (1992): Lymphocytic/plasmacytic gastroenteritis in cats: 14 cases (1985–1990). J. Am. Vet. Med. Assoc. **11,** 1712–1718.

EGBERINK, H., J. EDERVEEN, M. KOOLEN, H. LUTZ u. M. C. HORZINEK (1988): Infektionen mit dem felinen T-lymphotropen Lentivirus. Kleintierprax. **33,** 243.

EGBERINK, H. F., u. M. C. HORZINEK (1994): Impfung gegen Feline Infektiöse Peritonitis. Kleintierprax. **39,** 557–560.

ENTERLINE, H., and THOMPSON (1984): Pathology of the esophagus. Springer, New York – Berlin – Heidelberg – Tokio.

FÖLSCH, U. R., u. K. JUNGE (1982): Medikamentöse Therapie in der Gastroenterologie. Springer, Berlin – Heidelberg – New York.

FROST, J. W., u. W. LOHRBACH (1987): Der Nachweis von Antikörpern gegen das Virus der Felinen Infektiösen Peritonitis (FIP) mittels Indirektem Immunfluoreszenztest. Tierärztl. Prax. **15,** 301.

HERBST, W., K. DANNER u. H. KRAUSS (1987): Elektronenmikroskopische Diagnostik bei Enteritiden der Katze. Kleintierprax. **32,** 343.

JOHANNSEN, U. (1967): Untersuchungen zur infektiösen Enteritis (Panleukopenie) der Feliden. Arch. exper. Vet. med. **22,** 233.

JONES, B. R., A. C. JOHNSTONE and W. S. HANCOCK (1985): Tyzzer's disease in kittens with familial primary hyperlipoproteinaemia. J. Small Anim. Pract. **26,** 411.

LOUPAL, G., u.Chr. PFEIL (1984): Tumoren im Darmtrakt der Katze unter besonderer Berücksichtigung der nicht hämatopoetischen Geschwülste. Berl. Münch. Tierärztl. Wschr. **97,** 208.

MÜNSTER, M., u. W. KRAFT (1990): Ösophagoskopie und Gastroskopie bei Hund und Katze. Tierärztl. Prax. **18,** 53.

NOLTE, I. (1987): Dysphagie als Folge von Störungen der Ösophagusfunktion bei Hund und Katze. Tierärztl. Prax. **15,** 417.

NOLTE, I. (1988): Zur Antibiotikabehandlung bei Durchfallerkrankungen von Hund und Katze. Tierärztl. Prax. **16,** 197.

OHBA, S, H. KIBA, M. KUWABARA, K. KUWABARA, S. TANAKA, F. KOIDE and M. TAKEISHI (1993): A histopathological study of neck lesions in feline teeth. J. Am. Anim. Hosp. Assoc. **29,** 216–220.

PETERSEN, N. C., E. W. HO, M. L. BROWN u. J. K. YAMAMOTO (1987): Isolierung eines T-lymphotropen Virus bei Hauskatzen mit einem Immunmangel-ähnlichen Syndrom. Science. **235,** 790.

PETZINGER, E. (1987): Wirkungsmechanismen bakterieller Enterotoxine und neue Konzepte der Therapie sekretorischer Diarrhöen. Pferdeheilk. **3,** 237.

REINACHER, M., and G. THEILEN (1987): Frequency and significance of feline leukemia virus infection in necropsied cats Am. J. Vet. Res. **48,** 939.

REINACHER, M. (1986): Infektionen mit dem Felinen Leukämie-Virus (FeLV) bei sezierten Katzen. Kleintierprax. **32,** 65.

REINACHER, M. (1987): Feline leukemia Virus-associated enteritis – A condition with features of feline panleukopenia. Vet. Pathol. **24,** 1.

SAMS, D. L., and C. E. HARVEY (1989): Oral and dental disease. In: R. G. Sherding (ed.), The cat. Churchill Livingstone, New York.

SHELTON, G. H., Ch. K. GRANT, S. M. COTTER, M. B. GARDNER, W. D. HARDY, Jr., and R. F. DIGIACOMO (1990): Feline immunodeficiency virus and feline leukemia virus infections and their relationships to lymphoid malignancies in cats: A retrospective study (1968–1988). J. Acquired Imm. Deficiency Syndromes **3,** 623.

SHERDING, R. G. (1989): Diseases of the intestines. In: R. G. Sherding (ed.), The cat. Churchill Livingstone, New York.

TODD, K. S., and A. J. PAUL (1983): The alimentary system. In: Pratt, P. W.: Feline medicine. Am. Vet. Publications, Santa Barbara.

TWEDT, D. C., and M. L. MAGNE (1989): Diseases of the stomach. In: S. J. Ettinger (ed.), Textbook of veterinary internal medicine. W. B. Saunders Co., Philadelphia.

WALTER, J. H., u. R. RUDOLPH (1989): Untersuchungen zur Häufigkeit und zur Pathogenese der Felinen Infektiösen Peritonitis (FIP). Dtsch. tierärztl. Wschr. **96,** 194.

WILLIAMS, D. A., S. D. REED and P. LINDALL (1990): Fecal proteolytic activity in clinically normal cats and in a cat with exocrine pancreatic insufficiency. J. Am. Vet. Med. Assoc. **197,** 210.

Krankheiten der Leber

Von W. Kraft

Raum für Notizen

Krankheiten der Leber

Die Leber der Katze ragt ventral (in der Regio xiphoidea) bis fingerbreit über den Thorax hinaus. Sie ist besonders bei adipösen Katzen durch Fettgewebe nach dorsal vom Xiphoid abgehoben. Das Organ ist stark gegliedert. Es besteht aus dem großen Lobus sinister lateralis, dem kleineren Lobus sinister medialis, dem Lobus dexter lateralis und medialis, dem Lobus quadratus und dem Processus caudatus mit dem Processus papillaris. Der Lobus sinister lateralis ist der größte Leberlappen. Er ragt über den Rippenbogen in der Regio xiphoidea hinaus in die Bauchhöhle, und sein Rand kann bei einem Teil der Katzen palpiert werden. Die Gallenblase liegt in Höhe des achten Interkostalraums rechts von der Medianen. Sie kann bei der Katze verdoppelt sein. Der oder die Ductus hepatici gehen aus den Ductus biliferi hervor. Ductus hepaticus und D. cysticus (der die Verbindung mit der Gallenblase herstellt) vereinigen sich im D. choledochus. Dieser mündet ca. drei Zentimeter vom Pylorus entfernt zusammen mit dem Ductus pancreaticus major auf der Papilla duodeni in den Zwölffingerdarm (SCHUMMER u. M., 1960).

Als kleinste anatomische Einheit der Leber wird das Leberläppchen angesehen. Vom Verständnis pathogenetischer Vorgänge sinnvoller erscheint jedoch die Betrachtung der funktionellen Einheit, bestehend aus einem terminalen Ast der Arteria hepatica und Vena portae, den davon versorgten Leberzellbalken, dem oder den zugehörenden Gallenkanalikuli, dem Glissonschen Dreieck und der Zentralvene.

Die Leberzellbalken bestehen aus einer einfachen Reihe von Hepatozyten, die von den mit venösem (V. portae) und arteriellem (A. hepatica) Blut durchströmten Sinusoiden umflossen werden. Zwischen das sinusoidale Blut, das zum überwiegenden Teil aus dem venösen Blut der Portalvene und nur zu geringem Teil aus dem arteriellen der A. hepatica besteht, und die Hepatozyten sind Endothelzellen gelagert, so daß keine direkte Berührung zwischen Blut und Hepatozyten zustande kommt. Die Endothelzellen sind fenestriert, so daß ein Stoffaustausch gewährleistet ist. Einige dieser Endothelzellen sind zu retikuloendothelialen Zellen modifiziert und werden als Kupffersche Sternzellen bezeichnet. Zwischen Endothel und Hepatozyten befindet sich der Dissesche Raum mit einem kollagenen Stützfaserwerk. Die Hepatozyten vergrößern ihre Oberfläche und damit die Möglichkeit des Stoffaustauschs durch Bildung von Mikrovilli. Sie befinden sich sowohl auf der sinusoidalen als auch auf der kanalikulären Seite des Hepatozyten. Hier bildet die Hepatozytenmembran mit derjenigen benachbarter Zellen den Gallenkanalikulus. In ihm fließt die vom Hepatozyten sezernierte Galle in umgekehrter Richtung von der Umgebung der Zentralvene zentrifugal und ergießt sich in größere Gänge. Dagegen sammelt sich Sinusoidalblut in der Zentralvene, die als Beginn der Lebervene aufgefaßt werden kann.

Die Funktion der Leber ist außerordentlich komplex und Gegenstand intensiver Forschungsarbeit. Kohlehydrate werden in Form von Glykogen gespeichert. Sie werden bei Bedarf zu Glukose hydrolysiert (Glykogenolyse), die ins Blut abgegeben wird. Bei Mangel an Glykogen wird Glukose aus Aminosäuren gebildet (Glukoneogenese). Während die Blutglukose in andere Gewebe nur unter Insulinwirkung gelangen kann, penetriert sie die Hepatozytenmembran insulinunabhängig. Die Verstoffwechselung der Glukose verbraucht zur Energiegewinnung zwei Moleküle ATP; dagegen benötigt die Fruktose deren vier.

Die aus der Fettresorption im Darm hervorgehenden Chylomikronen werden mit dem Blut der Vena portae der Leber zugeführt. Dort werden die Triglyceride hydrolysiert, und die Fettsäuren können direkt zur Energiegewinnung oxidiert werden; oder aber die Fettsäuren werden erneut zum Aufbau von Triglyceriden verwendet, die wiederum der Synthese von Cholesterin und Phospholipiden dienen. Bei vermindertem Energieangebot (Fasten) werden durch eine ganze Reihe von Hormonen (Kortikosteroide Katecholamine, Thyroxin, Trijodthyronin, Glukagon, Somatotropes Hormon) Fettsäuren aus den Depots mobilisiert und der Leber zur Energiegewinnung zugeführt. Hier werden sie unter Einwirkung mitochondrialer Enzyme oxidiert zu Acetyl-Coenzym A, das mit Oxalazetat zusammen Zitrat bildet und im Zitronensäurezyklus verstoffwechselt wird. Oxalazetat ist ein Produkt des Glukosestoffwechsels. Beim Fehlen von verfügbarer Glukose (Diabetes mellitus) wird Acetyl-Coenzym A nicht verstoffwechselt, sondern zu Azetazetat umgewandelt.

Die aus dem Darm nach der Proteinverdauung in die Leber transportierten Aminosäuren werden deaminiert und zu Kohlehydraten und Fetten metabolisiert. Dabei entstehen α-Ketosäuren, die als Energielieferanten dienen, oder Fettsäuren und Monosaccharide. Andererseits werden von der Leber Aminosäuren synthetisiert.

Das unter dem Einfluß von Bakterienurease im Darm freigesetzte und resorbierte Ammoniak gelangt über die Portalvene ebenfalls zur Leber. Das Portalblut ist bei der Katze etwa doppelt so reich an Ammoniak (ca. 700 µg/dl) wie beim Hund. In der Leber wird Ammoniak im Krebszyklus detoxifiziert zu Harnstoff und über die Niere ausgeschieden. Gelangt Ammoniak in höherer Konzentration in den Kreislauf (prä- oder intrahepatische portosystemische Shunts), so entwickelt sich das hepatoenzephale Syndrom oder Coma hepaticum.

Außer Aminosäuren werden in der Leber Albumin, α- und z. T. β-Globuline und ein Teil der Gerinnungsfaktoren synthetisiert. Für den Stoffwechsel steht dazu eine ganze Reihe von Enzymen zur Verfügung, die klinisch für die Diagnose von erheblicher Bedeutung sind. Dies sind bei der Katze vor allem die Alanin-Amino-Transferase (ALT, früher GPT) und die Glutamatdehydrogenase (GLDH). Während die ALT im Zytoplasma enthalten und in den periportalen Hepatozyten am höchsten ist, ist die GLDH mitochondrial lokalisiert und in höchster Aktivität zentrilobulär zu finden (SCHMIDT, 1978). Während Noxen, die nur zur Störung der Zellmembranfunktionen führen, einen Verlust der Zelle an ALT und damit eine Aktivitätssteigerung im Blutplasma nach sich ziehen, kommt es bei Zellnekrosen zum Verlust von GLDH und deren Steigerung im Blutplasma. Diagnostisch von Bedeutung ist, daß eine ALT-Erhöhung ohne oder mit GLDH-Steigerung vorkommen kann, daß aber auch bei der Katze wie beim Hund (KRAFT u. M., 1983) allein GLDH-Aktivitätssteigerungen beobachtet werden können. Von sehr viel geringerer Bedeutung als beim Hund ist die alkalische Phosphatase als Suchmethode (wobei aber HORNBUCKLE u. M., 1980, und GRUFFYDD-JONES u. M., 1983, durchaus anderer Meinung sind); sie steigt erst bei schweren Hepatopathien an, ist dann aber als ernstes Zeichen zu werten. Die Gamma-Glutamyl-Transferase ist bei der Katze diagnostisch praktisch bedeutungslos (KREBS, 1979). Eine wichtige Aufgabe kommt der Leber in der Sekretion der Gallensäuren zu, die einerseits im Organismus wie ein Detergens und damit wie ein Enzymgift wirken, andererseits im Dünndarm für die Mizellenbildung bei der Fettverdauung benötigt werden. Auf ähnliche Weise wie die Gallensäuren werden natürliche (Bilirubin) und künstlich dem Organismus zugeführte Farbstoffe (Bromsulfonphthalein) ausgeschleust.

Allgemeine Vorbemerkungen

Leberkrankheiten können in primäre und in sekundäre Hepatopathien eingeteilt werden. Primäre Hepatopathien entstehen in der Leber selbst. Sie führen zunächst zu Störungen der Leberfunktion oder der anatomischen Beschaffenheit und erst sekundär zur Beeinträchtigung anderer Organe und Funktionen. Bei sekundären Hepatopathien wird die Leber als Folge anderweitiger Organkrankheiten oder Funktionsstörungen in ein primär nichthepatisches Krankheitsgeschehen „sekundär" einbezogen. In beiden Fällen können die Symptome von seiten der Leber sehr ähnlich oder identisch sein. Die Unterscheidung erscheint uns jedoch im Hinblick auf therapeutische Beeinflußbarkeit und Prognose wichtig. Die Symptome von Krankheiten der Leber sind unspezifisch. Es gibt kein für eine Leberkrankheit spezifisches („pathognomonisches") Symptom; selbst das Auftreten von Symptomengruppen ist nicht mit absoluter Sicherheit primären Leberkrankheiten zuzuordnen. Immer besteht die Möglichkeit, daß auch andere Organkrankheiten oder Funktionsstörungen Symptome oder Symptomengruppen hervorrufen können, die Leberkrankheiten vortäuschen. Die bei Leberkrankheiten auftretenden klinischen Zeichen und Befunde sind in Tabelle 1 aufgeführt.

Tabelle 1: Die häufigsten klinischen Symptome bei Leberkrankheiten

Anorexie	Polyurie
Erbrechen	Ikterus
Durchfall	hämorrhagische Diathese
Polydipsie	Leistungsschwäche

Dies bedeutet, daß über die „klassische" klinische Untersuchung hinaus weitere Untersuchungsmethoden, insbesondere Labordiagnostik, Ultraschalluntersuchung und ggf. Biopsie und Histologie oder Zytologie, angewendet werden müssen.
Wie kommen die unterschiedlichen Symptome bei Hepatopathien zustande?

Polydipsie, Polyurie

Die Ursache kann in einem sekundären Hyperaldosteronismus gesehen werden. Aldosteron wird normalerweise in der Leber abgebaut; bei generalisierter Hepatopathie ist dieser Abbau gestört, so daß ein Hyperaldosteronismus entsteht. Dadurch kommt eine Natriumretension zustande. Hieraus resultiert ein vermehrtes Durstgefühl. Die vermehrte Wasseraufnahme hat eine Polyurie zur Folge.
In der Vena portae werden Osmorezeptoren angetroffen. Bei einer – hepatogenen oder nichthepato-

genen – Hypertension im Portalsystem werden diese Osmorezeptoren aktiviert, was Polydipsie und -urie zur Folge hat.
Die verminderte Synthese von Harnstoff aus Ammoniak, die bei generalisierter Hepatopathie zu einem auffallenden Abfall des Serum-Harnstoffs und zu einem Anstieg von Ammoniak führt, soll ebenfalls Ursache einer Polyurie mit nachfolgender Polydipsie sein. Die Harnstoffabsenkung soll zu einem Abfall des medullären Harnstoffkonzentrationsgradienten führen.
Weiterhin wird ein verminderter Abbau von Cortisol für die Polydipsie verantwortlich gemacht. Bei hepatoenzephalem Syndrom soll eine Beeinflussung des Durstzentrums zur Polydipsie führen.

Ikterus (Gelbsucht)

Man versteht unter Ikterus das vermehrte Auftreten von Bilirubin in Blutserum und Geweben, insbesondere der Haut und Schleimhaut, verbunden mit Gelbfärbung. Ikterus kann zustande kommen durch stark vermehrte Bildung von Bilirubin nach Hämolyse oder durch verminderte Ausscheidung infolge Leberkrankheiten oder Galleabflußstörungen. Die Leber hat eine große Ausscheidungskapazität für Bilirubin. Dies bedeutet, daß geringere Mengen von primärem Bilirubin nach weniger starker Hämolyse problemlos konjugiert und ausgeschieden werden. Wenn jedoch Ikterus auftritt, so bedeutet dies, daß entweder eine erhebliche Hämolyse oder aber eine schwerwiegende Ausscheidungsinsuffizienz vorliegen muß.
Bilirubin entsteht als eisenfreies Abbauprodukt des Hämoglobins, genauer des Häms, im Retikuloendothelialen System. Unter Einwirkung der Häm-Oxigenase wird der Protoporphyrinring geöffnet; es entsteht zunächst Biliverdin. Durch Biliverdinreduktase wird es in das wasserunlösliche, aber fettlösliche Bilirubin I (primäres Bilirubin, „indirektes" Bilirubin) umgewandelt. Dieses Bilirubin I wird ins Blutserum entlassen und an Transportalbumin gebunden. Die Bindung an Albumin verhindert die Rückdiffusion in Zellen. Mit dem Blut gelangt es in die Lebersinusoide, wo es von den Hepatozyten an der sinusoidalen Seite nach Abspaltung vom Albumin aufgenommen wird. Dies geschieht durch Übertragung auf ein Transportprotein in der Hepatozytenmembran. In den Hepatozyten erfolgt eine Konjugation an Ligandin, das sogenannte Y-Protein, und danach wird es entweder am Z-Protein gespeichert oder an Zellorganellen weitergegeben. Durch eine mikrosomale Glukuronyltransferase (die auch bei der Katze vorhanden ist) im endoplasmatischen Retikulum findet nun die Konjugation an Glukuronsäure zu glukuroniertem Bilirubin (sekundäres oder Bilirubin II) statt. Dies ist wasserlöslich und wird an der kanalikulären Seite des Hepatozyten in die Gallenkanalikuli ausgeschieden. Die Ausscheidung ist gebunden an funktionstüchtige Mikrovilli, bei deren Zerstörung infolge von Leberkrankheiten die Exkretion nicht mehr ausreichend möglich ist. Der genaue Ausscheidungsmechanismus ist unbekannt. Jedenfalls ist die Bilirubinausscheidung aus dem Hepatozyten in den Gallenkanalikulus der limitierende Schritt im Bilirubinstoffwechsel.
Nach Ankunft des sekundären Bilirubins im Darm erfolgt durch Darmbakterien die Abspaltung der Glukuronsäure. Dieses dekonjugierte Bilirubin wird durch weitere Bakterienenzyme zu Urobilinogen umgewandelt. Ein Teil dieses Urobilinogens wird im Darm zu Urobilin und Sterkobilin oxidiert, die dem Kot die Farbe geben. Ein anderer Teil des Urobilinogens wird resorbiert, über die Pfortader erneut der Leber zugeführt und wiederum über die Galle in den

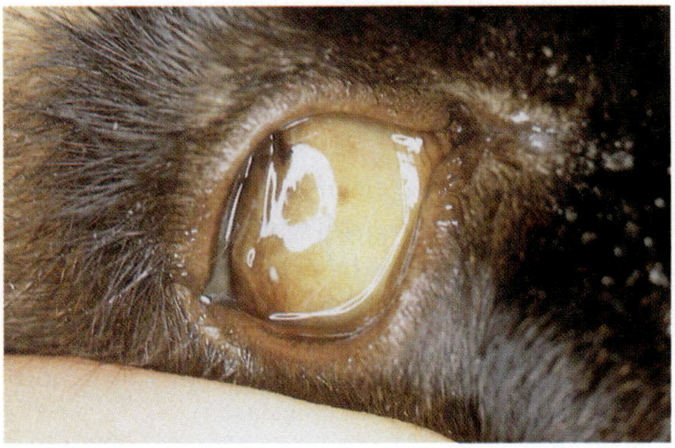

Abb. 1: Konjunktiven bei Ikterus.

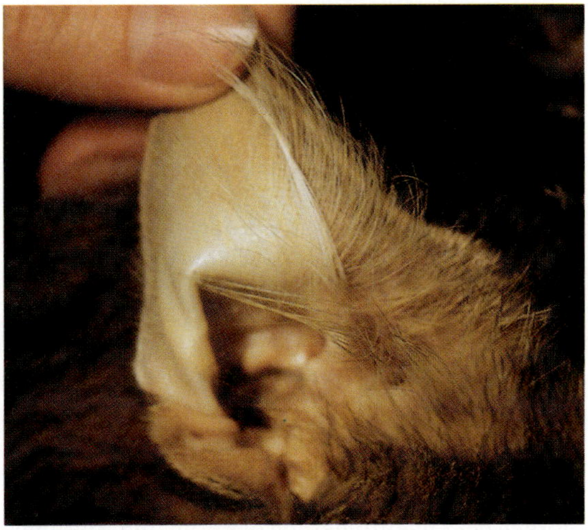

Abb. 2: Gelbfärbung der Ohren bei Ikterus

Darm ausgeschieden. Ein kleiner Teil gelangt aber in den allgemeinen Kreislauf und wird über die Niere ausgeschieden, so daß er im Urin auftritt und nachgewiesen werden kann. Ebenso gerät ein kleiner Teil des konjugierten Bilirubins aus den Hepatozyten in den Kreislauf, der allerdings bei der Katze i. a. geringer ist als beim Hund.
Im Blut der Katze können also Gallenfarbstoffe hauptsächlich in drei Formen physiologischerweise vorkommen:
- primäres Bilirubin
- sekundäres Bilirubin
- Urobilinogen

Ein Ikterus kann auf mindestens drei verschiedene Weisen entstehen:
- prähepatisch
- intrahepatisch
- posthepatisch

Schließlich können die verschiedenen Kombinationen auch in unterschiedlichen zeitlichen Folgen auftreten.

Der *prähepatische Ikterus* entsteht durch Hämolyse, in seltenen Fällen auch durch große Hämatome. Pathophysiologisch entsteht dann ein prähepatischer Ikterus, sobald die Leberaufnahmekapazität für primäres Bilirubin übertroffen wird, so daß es sich im Blutserum sozusagen zurückstaut. Allerdings kann bei schweren Hämolysen auch das sekundäre Bilirubin ansteigen, dann nämlich, wenn in den Hepatozyten so viel sekundäres Bilirubin angefallen ist, daß der limitierende Schritt der kanalikulären Ausscheidung überschritten wird. Es bleibt also festzuhalten, daß bei Hämolyse zwar in der Regel primäres Bilirubin vermehrt ist, daß diese Regel aber keineswegs ohne Ausnahme ist und daß durchaus auch sekundäres Bilirubin erhöht sein kann.

Der *intrahepatische oder hepatozelluläre Ikterus* hat seine Ursache in Erkrankungen der Leberzellen selbst. Er tritt dann auf, wenn die Ausscheidung an der kanalikulären Seite der Hepatozyten herabgesetzt ist. Dies kommt bei Zerstörung der empfindlichen Mikrovilli zustande. Das sekundäre Bilirubin gelangt dann retrograd in die Blutbahn, es wird „regurgitiert". Dagegen ist der Konjugierungsvorgang sehr stabil und funktioniert auch bei schwereren Beeinträchtigungen der Hepatozyten zunächst noch. Hieraus folgt, daß nicht bei allen Leberkrankheiten mit einem Ikterus gerechnet werden muß.
Ein intrahepatischer Ikterus stellt sich also als Erhöhung des sekundären Bilirubins im Blutserum dar. Dies ist aber wiederum keineswegs ohne Ausnahmen der Fall: Auch primäres Bilirubin kann erhöht sein. Dies kann auf dreierlei Weise entstehen: durch Störung der Glukuronierung des primären Bilirubins innerhalb der Leberzelle infolge schwerer Leberkrankheiten; durch eine zusätzliche Hämolyse; durch teilweise Dekonjugierung des in die Blutbahn regurgitierten sekundären Bilirubins.
Daraus ist abzuleiten, daß bei intrahepatischem Ikterus zwar zunächst mit einer Erhöhung des sekundären Bilirubins zu rechnen ist, daß dies aber keineswegs in Ausschließlichkeit der Fall ist.

Der *posthepatische oder Stauungs-Ikterus* kommt durch teilweisen oder vollständigen Verschluß der Gallengänge zustande. Das sekundäre Bilirubin tritt über die Leberzellen und die Gallenkapillaren ins Blut. Es wird vermehrt als Bilirubin II nachgewiesen. Aber auch hierbei wird ein Teil in Bilirubin I dekonjugiert, oder es wird Bilirubin I infolge der Überlastung der Hepatozyten nicht mehr aufgenommen und konjugiert.
Man muß also bei Differenzierungen der verschiedenen Ikterusformen entsprechende Vorsicht walten lassen, wenn man die Bestimmung von Bulirubin I und II zugrunde legt. Besonders unübersichtlich werden die Verhältnisse, wenn Kombinationen der verschiedenen Ikterusformen auftreten.
Urobilinogen tritt in geringer Menge normalerweise im Urin auf. Bei posthepatischem Ikterus infolge vollständigen Verschlusses des Gallengangs kann kein Urobilinogen im Darm gebildet und damit auch nicht resorbiert und mit dem Urin ausgeschieden werden. Bei posthepatischem Ikterus liegt somit eine Erhöhung von Serum-Bilirubin sowie eine Erhöhung von Urin-Bilirubin, aber kein Urin-Urobilinogen vor. Urobilinogen im Urin kann bei prä- und intrahepatischem Ikterus erhöht sein. Allerdings kann Urobilinogen im Urin bei schwerer generalisierter Hepatopathie (Leberzirrhose) auch fehlen, wenn durch die Zerstörung der Mikrovilli kein Bilirubin mehr in die Gallenkanalikuli ausgeschieden wird.
Ein sicherer Grenzwert für Serum-Bilirubin, von dem ab eine Gelbfärbung der Schleimhäute stattfindet, kann nicht angegeben werden. Er hängt nicht zuletzt auch vom Farbempfinden des Untersuchers ab. Im allgemeinen kann man bereits bei Serum-Bilirubinwerten um 1 mg/dl gelbstichige Schleimhäute (Grund des dritten Augenlids) und um 1,5 mg/dl einen Gelbstich der Haut (weiße Ohren) erkennen.

Cholestase

Man versteht unter Cholestase die völlige oder teilweise Behinderung des Galleflusses und den Rückstau von Bestandteilen der Galle ins Blut. Man unterscheidet verschiedene Formen der Cholestase:
- obstruktive Cholestasen (intrahepatische Cholestasen, posthepatische Cholestasen)
- nichtobstruktive Cholestasen (primäre Cholestasen, sekundäre Cholestasen)

Die Galle ist eine wäßrige Flüssigkeit, die eine Reihe von Substanzen enthält. Von besonderer Bedeutung sind die Gallensäuren, die in konjugierter Form vorliegen. In der Galle liegen sie als Natrium- und Kaliumsalze vor. Sie werden in Form von Mizellen ausgeschieden, die außerdem noch Phospholipide und Cholesterin enthalten. Durch die hydrophobe Seite der Gallensäuren (Gallensalze), die in den Mizellen nach außen gekehrt ist, bleiben die Mizellen löslich.

Die Ausscheidung der Gallensäuren an der kanalikulären Hepatozytenseite ist stark energieverbrauchend (ATP-abhängig) und geschieht wiederum durch die Mikrovilli. Sie erfolgt gegen einen osmotischen Druckgradienten. Dadurch wird ein Wassereinstrom einerseits transzellulär durch die Hepatozyten, andererseits parazellulär durch den Interzellulärraum, die sogenannten Zonulae occludentes oder tight junctions, provoziert. Den hieraus abzuleitenden Galleфluß bezeichnet man als „gallesäureabhängig" im Gegensatz zum „gallensäureunabhängigen Gallefluß", der vorwiegend durch Bikarbonationen, ferner durch organische Säuren, Chloride und Sulfate aufrecht erhalten wird.

Auf ihrem Weg durch die Gallenkanalikuli, den Gallengang und in der Gallenblase wird die Galle durch Resorption von Ionen und Sekretion von Wasser in Zusammensetzung und Konzentration verändert. Im Gallengang befinden sich offenbar Druckrezeptoren. Jedenfalls kann durch Druckanstieg auch bei der Katze Erbrechen beobachtet werden. Offenbar bestehen aber im Gegensatz zum Menschen bei der Katze keine auffälligen Schmerzen.

Die primären Gallensäuren Cholsäure und Chenodeoxicholsäure werden mit der Galle in den Dünndarm abgegeben. Durch die Darmflora werden sie in sekundäre Gallensäuren umgewandelt (Deoxicholsäure und Lithocholsäure). Sie sind für die Fettverdauung erforderlich. Im Ileum werden sie zum größten Teil rückresorbiert, gelangen über den Portalkreislauf in die Leber, die sie nahezu vollständig extrahiert (enterohepatischer Kreislauf). Bei Leberkrankheiten ist die Aufnahmefähigkeit herabgesetzt, weshalb die Gallensäuren im Serum ansteigen.

Die Gallenblase dient als Speicher der Galle. Sie wird nach einer fettreichen Nahrung entleert, wobei das Dünndarmschleimhauthormon Cholezystokinin die Kontraktion fördert. Die danach vermehrt im Ileum resorbierten sekundären Gallensäuren können im Blutserum kurzfristig vermehrt nachgewiesen werden.

Die obstruktive Cholestase wird ausgelöst durch Gallengangs- oder Gallenblasenkonkremente (Cholelithiasis), eingetrocknete Galle, in den Gallengang eingetretene Parasiten, Gallengangsmißbildungen, Tumoren (auch vom Pankreas oder Duodenum ausgehend), Strikturen.

Nichtobstruktive Cholestasen sind schwerer zu verstehen und zum Teil pathophysiologisch ungeklärt. Eine Reihe von Ursachen werden verantwortlich gemacht:

- Arzneimittel (Östrogene, Phenothiazine)
- Toxine (Schwermetalle, Tetrachlorkohlenstoff, Pilzgifte)
- Endotoxin
- billiäre Zirrhose
- Rechtsherzinsuffizienz (selten)

Die bei Cholestase auftretenden Störungen betreffen besonders die zelltoxischen emulgatorischen Eigenschaften der Gallensäuren. Im Darm wird die Fettverdauung schwer gestört und führt zur Steatorrhoe, die gleichzeitig wegen der gestörten Bilirubinausscheidung mit einer Hellfärbung einhergeht. Die Resorption fettlöslicher Substanzen (Vitamine A, D, E, K) ist herabgesetzt, es treten Anorexie und Meteorismus sowie Gerinnungsstörungen auf. Länger bestehende Cholestase führt zur Leberzirrhose durch Nekrose des Leberparenchyms und Bindegewebszubildung.

Um die Resorptionsstörungen lebenswichtiger Vitamine zu behandeln, die durch die Störung der Fettverdauung auftreten, werden folgende substituierende Maßnahmen empfohlen:

Vitamin A	0,5 bis 1,5 mg/kg
Vitamin B_1	0,5 bis 2,0 mg/kg
Vitamin B_2	0,1 bis 0,5 mg/kg
Vitamin B_6	2 bis 5 mg/kg
Vitamin D	200 µg/kg
Vitamin K	1 bis 2 mg/kg

Hepatomegalie

Eine generalisierte Hepatomegalie wird bei Cholangiohepatitis, Lebertumoren (bei primärem Lebertumor evtl. auch nur örtliche Umfangsvermehrung), Lebermetastasen, lymphatischer Leukose, idiopathischer oder sekundärer Lipidose, Amyloidose beobachtet. Zysten werden bei der Zystenleber der Katze gesehen.

Häufigere Ursachen einer sekundären Lebervergrößerung bei der Katze sind in einer Kongestion zu suchen, die allerdings bei weitem seltener als beim Hund auftritt. In Frage kommen Rechtsherzinsuffizienz, Obstruktion der Vena cava caudalis sowie das Budd-Chiari-Syndrom. Die granulomatöse Hepatitis bei FIP dürfte eine der häufigsten Ursachen für eine Lebervergrößerung bei der Katze sein.

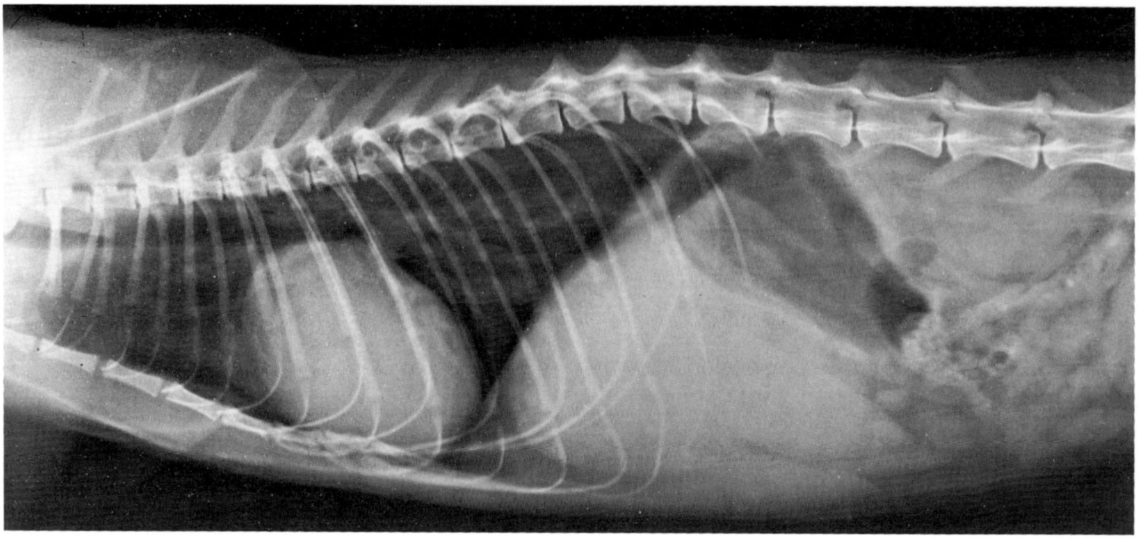

Abb. 3: Hepatomegalie bei dilatativer Kardiomyopathie.

Mikrohepathie

Sie kommt bei der Katze selten vor und wird beim angeborenen portosystemischen Shunt gesehen.

Hepatogener Aszites

Der durch Leberkrankheiten verursachte Bauchhöhlenerguß kann prinzipiell auf dreierlei Weise zustande kommen:

- portaler Hochdruck
- Hypoproteinämie
- Hyperaldosteronismus

sowie durch verschiedene Kombinationen. Die häufigste Ursache ist der portale Hochdruck. Dabei spielt die intrahepatisch-sinusoidale Widerstandserhöhung die größte Rolle. Durch Granulome, Regeneratknoten, Amyloidablagerung, Zysten oder Infiltrate von Bindegewebs- oder Tumorzellen ausgelöste Kompression oder Verlegung der Sinusoide wird der Blutfluß stark eingeschränkt. Die Folge ist eine Erhöhung des Portaldrucks mit Hypertension im „Splanchnikusgebiet", wodurch der intravasale Druck stark ansteigt. Dies mündet schon frühzeitig in den Austritt von zellarmem Transsudat in die freie Bauchhöhle.

Beim Budd-Chiari-Syndrom kommt es zu einem thrombotisch-embolischen Verschluß der Lebervene. Es ist als intrahepatisch-postsinusoidale Ursache für eine portale Hypertension aufzufassen. Seine Ursache bei der Katze, bei der es in seltenen Fällen vorkommt, ist unbekannt.

Bei fortgeschrittenen generalisierten Leberkrankheiten mit weitgehendem Untergang der Leberzellen kommt durch Synthesestörung eine Hypalbuminämie zustande, die zu einer Herabsetzung des onkotisch-osmotischen Drucks und damit zum Austritt von Blutflüssigkeit führt. Die Folgen sind in der Regel nicht nur ein Aszites, sondern auch weitere Körperhöhlen-, seltener dagegen Gewebsergüsse. Das Krankheitsbild kommt bei der Katze seltener als beim Hund vor.

Hyperaldosteronismus mit Blutdrucksteigerung wird bei generalisierter Hepatopathie schwerer Grade gesehen. Die Funktionsstörung kommt durch verminderten Aldosteronabbau in der geschädigten Leber zustande. Ob das Krankheitsbild bei der Katze von Bedeutung ist, ist unbekannt.

Zur Behandlung des hepatogenen Aszites wird folgendes empfohlen:

Schleifendiuretika

Furosemid 1–2 mg/kg KM

Aldosteronantagonisten

Spironolacton 3–6 mg/kg KM (Vorsicht bei Hyperkaliämie!)

Osmodiuretika

Mannitol 0,5 bis 1,5 g/kg und Tag, bis 0,3 g/kg und Std. in der Dauertropfinfusion

Magenulzera

Sie werden bei der Katze selten als Folge chronischer Leberkrankheiten angetroffen und manifestieren

klinisch mit Inappetenz, Erbrechen, evtl. blutig oder „kaffeesatzähnlich". Die Folgen sind Dehydratation (durch das Erbrechen) und Gewichtsverlust (durch die Anorexie) sowie Blutverlustanämien. Das Symptom „Magenulkus" muß daher behandelt werden. Folgende Maßnahmen sind empfehlenswert:
Vitamin K_1 1 mg/kg KM s. c.
Cimetidin 1–10 mg/kg KM, alle 8 Std.
oder Ranitidin 0,5 mg/kg (Katze) alle 12 Std.
oder Omeprazol 0,5–0,7 mg/kg einmal täglich p. o.
Heparin bei DIC

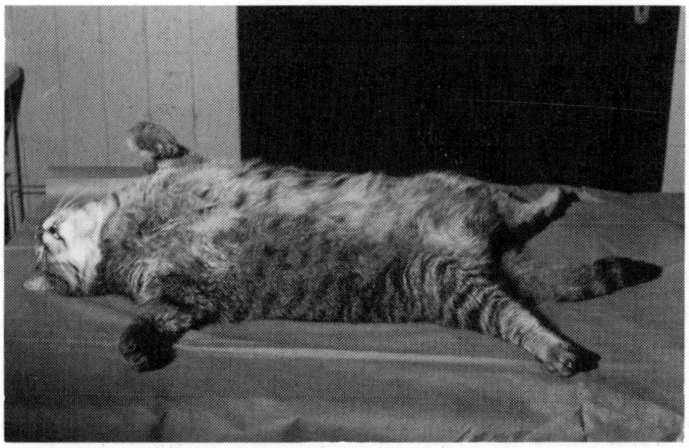

Abb. 4: Hepatoenzephalopathie, Coma hepaticum.

Gerinnungsstörungen

Sämtliche Gerinnungsfaktoren mit Ausnahme des Faktors XIII (und IV) werden in der Leber gebildet. Gerinnungsstörungen im Verlauf generalisierter Hepatopathien können daher als Folge von Synthesestörungen der Gerinnungsfaktoren auftreten. Bei der Katze haben diese Störungen jedoch eine geringere klinische Relevanz. Die Synthese Vitamin-K-abhängiger Gerinnungsfaktoren (Faktor II, VII, IX und X) ist gestört, wenn eine weitgehende oder vollständige Okklusion des Gallengangs vorliegt und keine Gallensäuren zur Fettresorption in den Darm gelangen. In manchen Fällen einer Hepatopathie mit massivem Zelluntergang kann eine disseminierte intravasale Gerinnung mit Verbrauchskoagulopathie beobachtet werden. Alle diese Formen von hepatogenen Gerinnungsstörungen sind bei der Katze jedoch selten anzutreffen. Hinzu kommen allerdings solche, die als Folge einer Grundkrankheit (Tumorose, insbesondere Lymphosarkomatose) mit sekundärer Hepatopathie auftreten.
Bei Gerinnungsstörungen werden folgende therapeutische Maßnahmen erforderlich:
Vitamin-K-Mangel:
  Vitamin K anfangs 5 mg/kg oder mehr,
  Dauerbehandlung 1 mg/kg KM möglichst parenteral
Faktoren-Synthesestörung:
  Plasma-(Blut-)Transfusion 5 ml/kg KM
Verbrauchskoagulopathie:
  Heparin 50 bis 80 (bis 100) E/kg und h,
  danach 30 bis 50 E/kg und Stunde

Hepatoenzephales Syndrom

Das Syndrom wird im deutschen Schrifttum überwiegend als Präcoma und Coma hepaticum beschrieben und umfaßt alle Veränderungen des Bewußtseins, die bei Leberkranken auftreten. Eine Reihe pathophysiologischer Geschehnisse führen bei generalisierter Hepatopathie infolge der Resorption toxischer Substanzen aus dem Darm, die in der Leber nicht entgiftet werden, zu erheblichen Ausfallserscheinungen des Gehirns. Ein weiterer Pathogenitätsmechanismus besteht in portosystemischen Shunts, bei denen die toxischen Metaboliten vor Erreichen der Leber gewissermaßen „um die Leber herumgeführt" werden und keinen Kontakt mit den Hepatozyten erhalten. Ursachen sind Stoffwechselprodukte, die normalerweise in der Leber entgiftet, bei generalisiertem Funktionsausfall jedoch in den großen Kreislauf und mit ihm ins Gehirn gelangen. Dies ist besonders Ammoniak, das unter dem Einfluß der Bakterienurease bei der Proteinverdauung im Darm anfällt, über die Vena portae zur Leber transportiert und in den Hepatozyten zu Harnstoff entgiftet wird; bei Hepatopathie ist diese Harnstoffsynthese vermindert, Ammoniak gelangt vermehrt ins Gehirn; die Konzentration des Blut-Ammoniaks in der Vena portae ist bei der Katze doppelt so hoch wie beim Hund. Der schädigenden Wirkung liegt wahrscheinlich eine Bindung des Ammoniaks an Glutaminsäure zugrunde. Ein anderer Pathomechanismus wird in der reduktiven Aminierung von α-Ketoglutarsäure gesehen. Dies führt zu einer Entziehung des α-Ketoglutarats aus dem Citronensäurezyklus und damit zur energetischen Schwächung des Gehirnstoffwechsels. Eine Korrelation zwischen venösem Ammoniak und Schwere der zerebralen Ausfälle besteht jedoch nicht. Wahrscheinlich tragen zur Schwere der Symptome weitere toxische Substanzen bei.

Eine Reihe anderer im Darm bei der Proteinverdauung entstehender Stoffwechselprodukte verstärken die Ammoniakwirkung im Gehirn. Wie eigene Untersuchungen zeigen konnten, entstehen bei Leberkrankheiten vermehrt Phenolkörper. Weitere hepatogene Enzephalotoxine sind Mercaptane und kurzkettige Fettsäuren, die die Neurotransmitter der Neurone beeinflussen. Eine bedeutende Rolle spielen die aromatischen Aminosäuren, die in der geschädigten Leber nicht metabolisiert werden. Das Verhältnis von verzweigt = kettigen zu aromatischen Aminosäuren im Serum beträgt normalerweise 2,2 bis 5:1. Bei hepatoenzephalem Syndrom vermindert es sich auf 2:1 bis 1:1. In die Rechnung gehen bei den Seitenkettenaminosäuren Leucin, Isoleucin und Valin, bei den aromatischen Aminosäuren Phenylalanin und Tyrosin ein. Die aromatischen Aminosäuren fungieren als falsche Neurotransmitter. Auch das teilweise heute noch als „Lebermittel" beliebte Methionin ist eine aromatische Aminosäure und sollte aus der Lebertherapie weitestgehend verbannt werden.

Es konnte darüber hinaus gezeigt werden, daß bei Coma hepaticum die Zahl der Gamma-Aminobuttersäure-(GABA-)Rezeptoren im Gehirn vermehrt ist. Substanzen mit GABA-artiger Wirkung, die im Darm entstehen und in der Leber nicht entgiftet werden, führen zu einer verstärkten GABA-ähnlichen Wirkung, womit die komatösen Ausfallserscheinungen gut erklärt werden können. Außerdem vermögen Barbiturate und Benzodiazepine an die GABA-Rezeptoren zu binden. Dies ist eine Erklärung für die bei Hepatopathien verstärkte Wirkung dieser Substanzen.

Weitere toxische Stoffwechselprodukte sind Skatole, Indole, Tryptophan und Serotonin.

Die klinischen Symptome bei Präcoma und Coma hepaticum sind zunächst unspezifisch, wie dies bei Hepatopathien der Fall ist, zu denen zusätzlich Apathie, Übelkeit mit Erbrechen, Salivation, Benommenheit mit schwankendem, ataktischem Gang, bisweilen Muskelzittern, Schlafsucht bis hin zum Koma hinzukommen. Die Katzen sitzen oft stundenlang mit gebeugtem oder mit der Stirn in eine Ecke gedrücktem Kopf (Kopfschmerz?) unbeweglich da. Die Symptome können – anfangs – intermittierend, später permanent vorhanden sein. Charakteristisch ist, daß nach Futteraufnahme – falls sie in einer Phase der Besserung noch geschieht – die Symptome sich verstärken (vermehrte Bildung der „Komastoffe" nach Verdauung im Darm).

Therapeutische Maßnahmen umfassen folgende Punkte:

Behandlung des HE-Syndroms
- leicht verdauliches Futter, keine Ballaststoffe
- Lactulose 1–2 ml/kg KM, alle 8 Stunden
- Neomycin 20 mg/kg KM, alle 8 Stunden
- Metronidazol 10 mg/kg KM, alle 12 Stunden

- Lactulose-Klistier: 3 Teile Lactulose + 7 Teile Wasser,
  - davon 25 ml/kg KM rektal,
  - nach 20 bis 30 min entfernen

bei Krampfanfällen:
- Versuch mit Diazepam 0,5 mg/kg KM i. v.
- Wenn erfolglos:
- Phenobarbital 2 mg/kg i. v.

Gehirnödem (Verdacht!):
- Mannit 1–2 g/kg KM i. v. (DTI)
- Furosemid 1–2 mg/kg KM i. v.

Sofern ein portosystemischer Shunt die Ursache des HE-Syndroms ist, wird, sofern möglich, die chirurgische Korrektur angestrebt.

Hepatorenales Syndrom

In einem geringen Teil der Fälle von Hepatopathien kommen gleichzeitig Niereninsuffizienzen unterschiedlicher Art und Schwere hinzu. Dieses Zusammentreffen wird unter der Bezeichnung Hepatorenales Syndrom erfaßt. Man hat früher vermutet, daß in der Leber Toxine gebildet oder nicht entgiftet würden, die zu einer sekundären Nierenschädigung führten. Es ist aber nie gelungen, solche spezifisch die Niere schädigenden Stoffe zu finden. Allerdings gibt es Noxen, die gleichzeitig Leber und Nieren schädigen können, wie etwa eine Reihe von exogenen und endogenen Toxinen. Der Begriff des Hepatorenalen Syndroms ist insofern als unscharf zu bezeichnen. Es ist daher erforderlich, bei gleichzeitig mit einer Hepatopathie auftretender Niereninsuffizienz auch anderen ätiologischen Faktoren und damit Behandlungswegen nachzugehen.

Eine gleichzeitige Schädigung von Leber und Niere kommt vor bei Leptospirose, Sepsis, malignem Lymphom, FIP, ferner bei Vergiftungen mit Tetrachlorkohlenstoff, Phosphor, Blei, Arsen, Benzol, Pilzen. In diesen Fällen treten Oligurie und Azotämie mit den klinischen Zeichen einer Urämie auf. Die bei der Katze anzutreffende Cholangiohepatitis kann durch dauerndes Erbrechen zur Dehydratation und damit zum prärenalen Nierenversagen (Schock) führen.

Ein Hepatorenales Syndrom kann ausgelöst werden durch eine sehr massive Ausschwemmungstherapie, besonders wenn ein Aszites sehr rasch entstanden ist. Die massive Diurese kann dann zu einem akuten Natrium- und Kaliummangel führen, wodurch die Nierenfunktion stark beeinträchtigt wird. Die Folge ist eine Oligurie mit Azotämie.

Blutveränderungen

Die Erythrozyten sind bei portalem Hochdruck geringer mit Hämoglobin beladen, wodurch eine hypochrome Anämie entsteht. Gleichzeitig kann infolge einer Splenomegalie eine Thrombozytopenie entstehen. Diese Veränderungen, insbesondere die hypochrome Anämie, scheinen bei der Katze jedoch seltener vorzukommen als etwa beim Hund. Auf vermehrte Gallensäuren im Blut wird das Auftreten von Targetzellen zurückgeführt. Die Gallensäuren sollen den Einbau von Cholesterin in die Erythrozytenmembran fördern. Das Phänomen tritt besonders bei Cholestase auf. Bei hepatogenem Ikterus entsteht gehäuft auch eine hämolytische Anämie. Die Überlebenszeit der Erythrozyten ist vermindert; die Ursache ist unbekannt. Gleichzeitig kann eine verminderte Bildung im Knochenmark vorliegen.

Untersuchungsgang

Über folgende Untersuchungsschritte ist unter Einschluß des Vorberichts zu entscheiden:

1. Anamnese
2. Klinische Untersuchung
3. Labordiagnostik
4. Röntgen
5. Sonographie
6. Endoskopie
7. Laparoskopie, Biopsie
8. Angio-Cholezystographie

Wie eingangs bemerkt, gibt es keine für Leberkrankheiten spezifischen („pathognomonischen") Krankheitszeichen. Trotzdem ist es unbedingt erforderlich, einen exakten Vorbericht und eine klinische Untersuchung durchzuführen, die die bei Leberkrankheiten auftretenden Symptome berücksichtigt. Nur hierdurch ist es möglich, Hinweise auf das Vorliegen einer primären Leberkrankheit oder einer sekundären Mitbeteiligung der Leber im Verlaufe anderer Organkrankheiten oder Funktionsstörungen zu erhalten. Anschließend ist es möglich, durch Einsatz weiterer, gezielter Untersuchungsverfahren eine exakte Diagnose zu stellen und damit eine Prognose zu ermöglichen und einen Therapieplan aufzustellen.

Die Untersuchung nach den klassischen klinischen Untersuchungsmethoden umfaßt den gesamten allgemeinen und speziellen Untersuchungsgang, da Leberkrankheiten sowohl Allgemeinsymptome als auch zahlreiche Organ- und Funktionsstörungen nach sich ziehen können. Andererseits kann die Leber bei zahlreichen Organkrankheiten und Funktionsstörungen sekundär betroffen sein. Man achtet insbesondere auf den Ernährungs-, bei Jungtieren auch auf den Entwicklungszustand (angeborene portosystemische Shunts führen zu Kümmern), ferner auf das Verhalten (Hepatoenzephales Syndrom), auf den Hydratationsgrad, Haar- und Hautveränderungen (struppiges Haarkleid, Verfärbungen, Hautfalte), Schleimhautveränderungen (Farbe: Anämie, Ikterus, Rötung, ferner Ulzera, Blutungen), Lymphknotengrößen, Herz-Kreislauf-Störungen (insbesondere Rechtsherzinsuffizienz), Umfangsvermehrung des Abdomens (insbesondere Lebervergrößerung, Milzvergrößerung, Tumoren, Aszites).

Wenn hierbei Veränderungen gefunden werden, die für eine Leberkrankheit sprechen, oder aber wenn keine anderweitige Klarheit über das aktuelle Krankheitsgeschehen erhalten wird, müssen weitere Untersuchungen angeschlossen werden. Dies sind insbesondere Laboruntersuchungen. Die meisten labordiagnostischen Maßnahmen dienen dem Zweck, die Frage zu beantworten, ob eine Leberkrankheit vorliegt, nicht welche. Wir haben die labordiagnostischen Maßnahmen in folgende Gruppen eingeteilt (KRAFT, 1987, 1995):

Tabelle 2: Lebersuchprogramm

ALT	+
AST	+
GLDH	+
Urin-Bilirubin	+

Tabelle 3: Ergänzungsprogramm

Blutbild	+
AP	+
S-Bilirubin	+
sek. Bilirubin	+
Harn-Urobilinogen	+
Plasma-Ammoniak	+
Röntgenbild	+
Sonographie	+
Biopsie	+

Tabelle 4: Programm bei besonderen Fragestellungen

Ammoniumchloridbelastungstest	+
Gallensäuren, postprandial	+
Gerinnungsanalysen	+
S-Protein	+
Albumin-Globulin-Verhältnis	+
Elektrophorese	+
Blutglukose	+
S-Cortisol	(+)
S-Thyroxin	+
Angiographie	+
Cholezystographie	+
Bakteriologische Untersuchung	+

Ultraschalluntersuchung

Über die hervorragenden Untersuchungsmöglichkeiten der Leber durch Ultraschall wurde im deutschen und ausländischen Schrifttum vielfach hingewiesen. Man achtet auf vermehrte Flüssigkeit in der Bauchhöhle sowie ihre Beschaffenheit, ferner auf die Größe der Leber und ihrer Lappen (generalisierte/lokale Vergrößerung), auf die Dichte des Gewebes und seine Homogenität. Die Blutgefäße stellen sich als echoleere Kanäle dar, während die Wände der Gallengänge echodicht erscheinen. Es ist auf den Verlauf, das Lumen und die Zahl der Gefäße zu achten. Tumoren sind echoärmer als das umgebende Lebergewebe, gleiches gilt für vergrößerte Lymphknoten. Echoleer („schwarz") sind Zysten; wenn sie Zellen oder Debris enthalten, werden einzelne Echos in der leeren Region sichtbar. Eine Verdichtung der Echos erhält man bei bindegewebiger Verdichtung oder Mineralisation. Eine verstärkte Füllung der Gallenblase kann auf längere Anorexie hindeuten. Wenn allerdings gleichzeitig die Gallengänge dilatiert sind, liegt mit hoher Wahrscheinlichkeit eine Abflußstörung vor.
SCHMIDT (1987) fast die Beurteilungskriterien bei der Sonographie der Leber wie folgt zusammen:

Tabelle 5: Sonographische Kriterien der gesunden Leber (nach SCHMIDT)

Lebergröße	rasseabhängig
Kontur	kraniale Fläche dem Diaphragma anliegend, kaudale Fläche regelmäßig konkav, Ränder spitzwinklig
Binnenstruktur	wenige feine, regelmäßige Echos
Pfortader	echofrei mit deutlicher echoreicher Randbefestigung, z. T. bis in die Peripherie zu verfolgen
Lebervene	keine Begrenzung, Kaliberzunahme zur Vena cava hin
Gallenblase	deutlich abgesetzt, echofrei mit dorsaler Schallverstärkung
Gallengänge	nur im pathologischen Zustand sichtbar
Leberarterie	nur im pathologischen Zustand sichtbar
Konsistenz, Verformbarkeit und Schmerzhaftigkeit bei gezielter Palpation	

Röntgenuntersuchung

Die laterale und dorsoventrale Übersichtsaufnahme dient der Feststellung von Lage und Größe der Leber. Bei Rechtsseitenlage wird die Leber vom Magen begrenzt. Sie ragt ventral etwa fingerbreit über den Rippenbogen in die Bauchhöhle hinaus. Katzen mit vermehrtem Fett im Abdomen zeigen ventral innerhalb und hinter dem Rippenbogen eine diffuse, oft mehrere Zentimeter breite Verschattung, über der deutlich die Leber abgegrenzt ist. Bei generalisierter Lebervergrößerung reicht das Organ mehr oder weniger umfangreich über den Rippenbogen in die Bauchhöhle hinein. Der Magen wird nach kaudal abgedrängt, so daß die Magenachse aus der Senkrechten nach kaudal gekippt erscheint, der Pylorus nach kaudal verlagert ist. Bisweilen lassen sich in der lateralen Aufnahme bei Hepatomegalie Leber und Milz nicht trennen. In diesen Fällen kann eine dorsoventrale Aufnahme – oder die Sonographie – weiterhelfen. Die Leberränder können abgerundet sein. Nicht beurteilbar ist die Leber dann, wenn größere Flüssigkeitsmengen im Abdomen vorhanden sind.

Lokale Umfangsvermehrungen können oft nicht mit Sicherheit entdeckt werden. Am besten lassen sich Umfangsvermehrungen des rechten lateralen Leberlappens erkennen, da sie den Pylorus in der lateralen Aufnahme nach dorsal und in der ventrodorsalen Aufnahme nach links verlagern, während der Fundus an seinem normalen Ort liegen bleibt; die Magenachse ist also geknickt. Bei linksseitiger Lebervergrößerung verlagert sich der Fundus nach kaudal.

Tumormetastasen oder Zysten verleihen dem Hinterrand des Leberschattens eine unregelmäßige Linie. Die Differenzierung gelingt in der Regel mittels Ultraschalluntersuchung.
Kontrastdarstellungen sind besonders für die Lokalisierung und den Typ eines portosystemischen Shunts erforderlich. Es gibt mehrere Methoden zur Darstel-

lung. Ein Venenkatheter wird bei eröffneter Bauchhöhle in die Milz- oder eine Mesenterialvene gelegt, und es wird 0,5 bis 1 ml/kg KM jodhaltiges Kontrastmittel injiziert. Am Ende der Injektion werden Röntgenuntersuchungen, am besten Videoaufnahmen bei Durchleuchtung, angefertigt. Bei normaler Gefäßausbildung fließt das Kontrastmittel in die Vena portae, von dort in die Leber und teilt sich hier verschiedentlich auf, bis die Leber insgesamt kontrastreich erscheint.

Leberbiopsie

Sie kann auf verschiedene Weise durchgeführt werden: unter Sichtkontrolle bei eröffneter Bauchhöhle, unter Sichtkontrolle mittels Laparoskopie, als transkutane thorakale oder abdominale Blindbiopsie oder als sonographisch kontrollierte gezielte Biopsie. Die Wahl der Methode hängt weitgehend von der Erfahrung des Operateurs ab und sollte danach gewählt werden. Im übrigen wird die Methode bei eröffneter Bauchhöhle zunehmend nur noch dann herangezogen, wenn die Bauchhöhle schon aus einem anderen Grund eröffnet worden ist. Die transthorakale Blindbiopsie wird unter örtlicher Anästhesie oder allgemeiner Narkose auf halber Höhe des Brustkorbs im achten Interkostalraum rechts durchgeführt. Nach Hautperforation (Stilett) wird die mit Mandrin versehene Biopsiekanüle in die Brusthöhle eingeschoben, ihre Spitze in Richtung Zwerchfell geschoben, bis an den atemsynchronen Bewegungen der Kanüle das Erreichen des Zwerchfells erkennbar wird. Sodann wird mit der aufgesetzten Spritze aspiriert und die Kanüle rasch durch das Zwerchfell in die Leber eingestochen und rasch wieder herausgezogen. Der Stanzzylinder wird in das Fixiermedium ausgespritzt. Der Vorteil der transthorakalen Biopsie besteht in der geringen Gefahr der Gallenblasenperforation. Allerdings kann ein Pneumothorax auftreten, und bei ungeschicktem Vorgehen kann die Lunge verletzt werden. Bei Infektionen der Brusthöhle werden die Erreger in Leber und Bauchhöhle verschleppt.

Die transabdominale Biopsie erfolgt in Rechtsseitenlage und wird links zwischen Rippenbogen und Xiphoid ausgeführt. Die Vorgehensweise ist ähnlich wie bei der transthorakalen Biopsie. Die Gefahr der Gallenblasenperforation mit Schock und anschließender galliger Peritonitis ist größer als bei transthorakaler Kanülenführung, wenn die Biopsierichtung zu weit nach rechts gerät.

Zunehmend setzt sich die ultraschallkontrollierte Biopsie durch, die nicht nur die gezielte Biopsie gestattet, sondern auch ungewollte Organverletzungen vermeiden hilft.

Wesentlich gezielter vorgehen kann man mit der laparoskopisch kontrollierten Biopsie. Je nach Sitz der Erkrankung geht man mit dem Endoskop in der Medianen oder auch rechts- oder linksseitig ein und kann dann das Biopsiegerät entweder durch den Arbeitskanal des Laparoskops oder durch eine gesonderte Punktionsstelle einbringen. Die laparoskopische Methode hat den Vorteil, daß man mit ihr nicht zur gezielte Biopsien durchführen kann, sondern wesentlich größere Bioptate erhält. Auch können Nachblutungen erkannt und gestoppt werden.

Generelle Therapiemaßnahmen bei Hepatopathien

1. Behandlung der Ursache
2. Behandlung von Wasser-Elektrolyt-Imbalanzen
3. Azidose-Alkalose-Ausgleich
4. Behandlung der Entzündung
5. Behandlung der Fibrose
6. Diätetik
7. Behandlung des Hepatoenzephalen Syndroms
8. Behandlung des Aszites
9. Behandlung von Koagulopathien
10. Behandlung von Infektionen
11. Behandlung gastrointestinaler Ulzera
12. Choleretika

Ad 1. Behandlung der Ursache

Vermeidung hepatotoxischer Therapiemaßnahmen (s. u.)

Behandlung bakterieller Infektionen:

Tyzzersche Krankheit (Bac. piliformis): Tetracyclin, 25 mg/kg, auf 3x tägl. verteilt

Trematodenbefall (selten): Praziquantel (Droncit) 5 mg/kg KM, 2x tägl., 2 Tage lang

Behandlung einer Kupfervergiftung (bei der Katze Ausnahmeerscheinungen):

D-Penicillamin 10 bis 15 mg/kg, alle 12 h

Zinkazetat 100 mg/kg KM, alle 12 h

Diätetik

Ad 2. Behandlung von Wasser-Elektrolyt-Kalium-Imbalanzen

- Substitution des täglichen Bedarfs
- Substitution der Dehydratation
- Substitution zusätzlicher Verluste (Durchfall, Erbrechen, Diurese)
- Hypokaliämie: täglicher Bedarf: 5 mmol K^+/l Infusionslösung

  3,0–3,4 mmol K^+/dl Serum: 20 mmol K^+/l Infusionslösung

  2,5–2,9 mmol K^+/dl Serum: 30 mmol K^+/l Infusionslösung

2,0–2,5 mmol K^+/dl Serum: 40–50 mmol K^+/l Infusionslösung
< 2,0 mmol K^+/dl Serum: 60–80 mmol K^+/l Infusionslösung
- Hyperkaliämie: Glucose-Lösung 5%ig, 2 g/kg KM DTI + Insulin 1 E/3 g Glucose
  Bei Herzarrhythmie:
  Natriumbicarbonat 1–2 mmol/kg KM
  Kalziumgluconat 10%ig, 0,5 ml/kg KM, beides langsam (15 min) i. v.

Ad 3. Azidose-Alkalose-Behandlung

- Acidose: –BE x 0,3 x kg KM = mmol Bicarbonat
- Alkalose: +BE x 0,3 x kg KM = mmol Ammoniumchlorid oder Natriumchlorid

Ad 4. Behandlung von Leberentzündung

Wenn keine Infektionskrankheit vorliegt (Biopsie!):
Prednisolon 1–2 mg/kg /KM, ausschleichend bis 0,5 mg/kg KM jeden zweiten Tag
In Kombination mit Azathioprin:
Azathioprin 1 mg/kg KM + Prednisolon 0,5 bis 1 mg/kg KM

Ad 5. Behandlung der Leberfibrose (selten bei der Katze)

Colchicin 0,03 mg/kg KM (wenig Erfahrung; Nebenwirkungen: Erbrechen, Durchfall)
D-Penicillamin ist nicht erfolgreich

Ad 6. Diät

Fettarm, kohlehydratreich, Protein leicht verdaulich, wenig aromatische Aminosäuren
künstliche Ernährung durch Nasen-Schlund-Sonde oder transkutane Magensonde
täglicher Erhaltungsenergiebedarf der Katze:
1,4 x 30 (kg KM) + 70 = Energiebedarf in kcal
(Beispiel 5 kg Katze:
1,4 x 30 x 5 + 70 = 280 kcal oder ca. 1120 kJ)
Protein-Kohlehydratreich, fettarm
Hühnerbrühe mit Reisschleim u. Magerquark
Feline Prescription p/d oder c/d + Wasser

Ad 7. Behandlung des Hepatoenzephalen Syndroms (Coma hepaticum)

- leicht verdauliches Futter, keine Ballaststoffe
- Lactulose 1–2 ml/kg KM, alle 8 Stunden
  Neomycin 20 mg/kg KM, alle 8 Stunden
  Metronidazol 10 mg/kg KM, alle 12 Stunden
- Lactulose-Klistier: 3 Teile Lactulose + 7 Teile Wasser,
  davon 25 ml/kg KM rektal, nach 20 bis 30 min entfernen
- Krampfanfälle: Versuch mit Diazepam 0,5 mg/kg KM i. v.
  Wenn erfolglos: Phenobarbital 2–3 mg/kg i. v.
  Gehirnödem (Verdacht!): Mannit 1–2 g/kg KM i. v. (DTI), Furosemid 1–2 mg/kg

Ad 8. Behandlung des Aszites

Käfigruhe (—> Verbesserung der Nierendurchblutung)
Natriumreduktion (0,1 bis 0,3 % der Trockenmasse) (k/d, h/d)
Spironolacton (Aldactone) 2 bis 4 mg/kg + Furosemid 1 bis 2 mg/kg

Ad 9. Behandlung von Koagulopathien

Vitamin-K-Mangel: Vitamin K anfangs 5 mg/kg oder mehr, Dauerbehandlung 1 mg/kg
Synthesestörung: Plasma-(Blut-)Transfusion 5 ml/kg KM
Verbrauchskoagulopathie: Heparin 50 bis 80 (bis 100) E/kg und h,
danach 30 bis 50 E/kg und Stunde

Ad 10. Behandlung bakterieller Infektionen

Antibiotika oder Chemotherapeutika nach Antibiogramm (Blut, Leber [Galle])
mögliche Antibiotika:
Amoxicillin 10–20 mg/kg
Cephazolin (Elzogram) 25–50 mg/kg
Enrofloxazin 5 mg/kg
Kanamycin 15 bis 25 mg/kg
Gentamicin 3 bis 4 mg/kg
Cave! Nicht oder nur ausnahmsweise anwenden: Cephalexin, Tetrazykline, Chloramphenicol, Sulfonamide, Makrolidantibiotika (Erythromycin, Tylosin, Spiramycin)

Ad 11. Behandlung gastrointestinaler Ulzera

H2-Antagonisten
Famotidin (Pepdul) 0,5 mg/kg, 1x täglich
Ranitidin (Sostril) 0,5 mg/kg, 2x täglich
Cimetidin (Tagamet) 5 bis 10 mg/kg, 3x tgl.
Sucralfat (Ulcogant) 20 bis 40 mg/kg, 3x täglich

Ad 12. Choleretika

(Clanobutin [Bykahepar] 20 mg/kg KM)
Gallensäuren:
Dehydrocholsäure (Decholin) 10–20 mg/kg
Ursodeoxycholat (Ursochol) 10–15 mg/kg
Chenodeoxicholsäure (Chenofalk) 10–15 mg/kg
Bei extrahepatischer Cholestase kontraindiziert

Hepatopathie

Die Symptome von primären Leberkrankheiten der Katze sind sich sehr ähnlich, unbeschadet der zugrunde liegenden speziellen Krankheit. Bei sekundären Hepatopathien herrschen bisweilen die Symptome der Grundkrankheit vor. Da die Differenzierung von Leberkrankheiten klinisch oft nicht einfach ist, insbesondere wenn die weitergehenden diagnostischen Hilfsmittel nicht ausgeschöpft werden (können), hat man früher den allgemeinen klinischen Begriff der Hepatopathie gewählt, wenn die Differenzierung nicht gelang. Grundsätzlich sollte man heute aber schon unter prognostischen und therapeutischen Gesichtspunkten eine exakte Diagnose stellen und den unscharfen Begriff der Hepatopathie ohne weitere Differenzierung allenfalls als Überbegriff einer „Leberkrankheit" bis zur Diagnosestellung gelten lassen. Im folgenden soll daher verstärkter Wert auf die einzelnen Krankheitsbilder gelegt werden.

Akute toxische Hepatose

Während beim Hund infektiöse Agentien als Auslöser von akuten Leberkrankheiten bekannt sind (H. c. c.), fehlen bei der Katze offensichtlich virale Erreger, so daß keine virale akute Hepatitis vorkommt. Zwar können in Verbindung mit systemischen Infektionen durch Coronaviren (FIP) oder Bakterien (Bacillus piliformis, Tyzzersche Krankheit) akute und chronische Hepatitiden auftreten; sie gelten jedoch als sekundäre Leberentzündungen und werden daher bei den Infektionskrankheiten behandelt.
Auch akute toxische Hepatopathien (Hepatosen) gehören zu den eher seltenen Krankheiten. Man versteht hierunter Störungen der Leberfunktion durch exogene Toxine, sei es in Form von Medikamenten oder aber in Form von natürlich vorkommenden oder technischen Giften. Eine ganze Reihe von Toxinen sind bei der Katze als lebertoxisch erkannt. Besonders bei Langzeitapplikation oder/und Überdosierung ist daran zu denken, daß akute Lebersymptome auch aus der medikamentösen Behandlung herrühren können. Folgende Substanzen sollten berücksichtigt werden:

Klinisches Bild

Es ist, wie bei Leberkrankheiten bekannt, unspezifisch und besteht in Anorexie, Erbrechen, evtl. Durchfall, Apathie bis zum Koma. Die Leberenzyme ALT, AST und GLDH, im akuten Krankheitsfall jedoch (noch) nicht oder kaum AP, sind erhöht. Je nach Art des Giftes können weitere Symptome auftreten.

Tabelle 6: Hepatotoxine

Aflatoxin	Phenole	Toluene
Arsenverbindungen	Tetrachlorkohlenstoff	Trichloräthan
Phalloidin (Pilzgifte)	Thallium	Zinkphosphid

Eine ganze Reihe von Medikamenten haben einen fakultativ toxischen Einfluß auf die Leber, auch wenn die Gefahr einer Schädigung bei kurzer Anwendung gering ist:

Tabelle 7: Hepatotoxische Wirkstoffe

Acetaminophen	Glucocorticoide	Phenazopyridin
Acepromazin	Griseofulvin	Phenobarbital
Anabolika	Halothan	Phenothiazine
Azetylsalizylsäure	Itraconazol	Phenytoin
Azathioprin	Ivermectin	Phenylbutazon
Amoxicillin	Ketokonazol	Primidon
Carbamacin	Ketaminhydrochlorid	Propylthiouracil
Chloramphenicol	Mebendazol	Sulfadiazin + Trimeth.
Clindamycin	Megestrolazetat	Tetrazykline
Enrofloxacin	Methimazol	Thiazetarsamid
Fenbendazol	Methotrexat	Tolbutamin
Fluran (Methoxi-)	Oxibendazol	Trimethoprim

Die häufigsten Symptome akuter Hepatitiden oder Hepatosen der Katze sind in Tabelle 8 aufgeführt.

Tabelle 8: Häufige Symptome bei Leberkrankheiten
Anorexie
Erbrechen
Durchfall
Fieber
Apathie
Somnolenz
Koma
Hepatoenzephalopathie
Leistungsschwäche
Vorderbauch-(Galle-)Schmerzen
Polydipsie
Polyurie
Ikterus
hämorrhagische Diathese (Verbrauchskoagulopathie)
Farbveränderung von Kot und Urin
Hyperenzymämie
Gallensäurenerhöhung (Serum)

Diagnose

Die Leberenzyme ALT, AST und GLDH sind besonders bei akuten Krankheitsbildern immer erhöht. Darüber hinaus kann in vielen Fällen das Urin-Bilirubin erhöht sein. In schweren Fällen mit Cholestase steigen auch AP und Serum-Gallensäuren an. Wichtig ist die Aufnahme des Vorberichts, insbesondere über eine eventuelle medikamentöse Vorbehandlung. Der Giftnachweis im Urin oder Serum ist abhängig von der Art des Toxins. Im übrigen gibt es keine sichere diagnostische Möglichkeit.

Therapie

Natürlich wird man sofort eine fakultativ lebertoxische Behandlung abbrechen. Im Darmkanal noch befindliche Toxine werden durch Klysmen, Erbrechen oder durch Verhinderung der Resorption und die Gabe von Abführmitteln unschädlich gemacht. Geeignet ist Laktulosesirup, 1 bis 2 ml/kg KM, mehrmals täglich per os. Für einige Substanzen sind spezifische Antidota vorhanden. Näheres zur allgemeinen und speziellen Behandlung von Intoxikationen s. Kapitel „Vergiftungen".

Eine Wirkung gegen hepatotoxische Substanzen wurde beim Silymarin, einem Extrakt der Mariendistel, nachgewiesen. Untersucht wurde die Wirkung gegenüber Detergentien, dem Gift des Knollenblätterpilzes und dem Tetrachlorkohlenstoff. Die Dosis beträgt 30 bis 40 mg/kg KM, dreimal täglich anzuwenden.

Im übrigen werden allgemeine Maßnahmen durchgeführt: Substitution von Wasser und Elektrolyten, Azidoseausgleich, Aminosäuren (Arginin, 1 g/kg KM, und Taurin, 500 mg/kg KM), von fettlöslichen Vitaminen, Thiamin, 0,5 bis 2 mg/kg KM.

Cholangitis, Cholangiohepatitis

Unter dem Begriff der Cholangitis oder Cholangiohepatitis versteht man einen entzündlichen Prozeß des Gallengangs (Cholangitis), der das Leberparenchym selbst (Cholangiohepatitis) erfassen kann. Weiterhin kann die Gallenblase entzündlich erkranken (Cholecystitis).

Das Krankheitsbild kommt bei der Katze ungleich häufiger vor als beim Hund, wurde zumindest bei der Katze wesentlich genauer untersucht (EDWARDS u. M., 1983; HIRSCH und DOIGE, 1983; KELLY u. M., 1975; LUCKE und DAVIS, 1984; MORRISON, 1985; PRASSE u. M., 1982). Als Ursachen werden aszendierende Bakterien aus dem Duodenum, besonders Escherichia coli, beschuldigt. Außerdem sollen immunpathogene Vorgänge in Frage kommen. Ferner werden Cholangitiden/Cholangiohepatitiden bei Toxoplasmose, bei anderen Protozoeninfektionen (Coccidia-like organisms), bei der Tyzzerschen Krankheit (Bacillus piliformis) beobachtet. Hinzu kommen unbekannte Ursachen. Eine idiopathische Form läßt sich ebenfalls ätiologisch nicht festlegen.

Klinisches Bild

Entsprechend der unterschiedlichen Ursachen werden verschiedene Formen der Krankheit beobachtet:

- eitrige Cholangitis/Cholangiohepatitis
- lymphatische oder nichteitrige Cholangitis/Cholangiohepatitis
- sklerosierende Cholangitis/Cholangiohepatitis

1. Eitrige Cholangitis/Cholangiohepatitis

Die Krankheit wird vorwiegend bei Katzen höheren Alters gesehen. In den meisten Fällen, jedoch keineswegs immer, besteht Fieber. Die Katzen verweigern die Nahrung, sind apathisch, erbrechen und verlieren Gewicht. Der Gewichtsverlust betrifft nicht nur die Körpermasse, sondern beruht zum Teil auch auf einer oft massiven Dehydratation. Es entwickelt sich ein Ikterus, der oft erhebliche Ausmaße erreicht; das Serum-Bilirubin übersteigt nicht selten 10 mg/dl. Bei schwerer generalisierter Cholangiohepatitis entwickelt sich bisweilen ein akutes Leberversagen: hohes Fieber, hochgradig gestörtes Allgemeinbefinden bis zum Leberkoma (= Hepatoen-

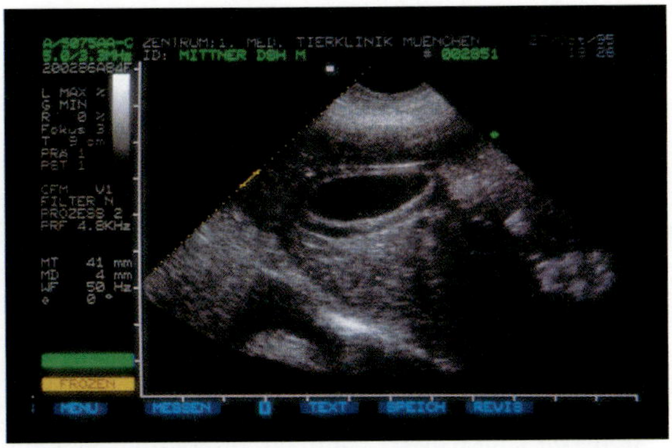

Abb. 5: Gallenblasenwandödem (zweischichtige Echos der Gallenblasenwand) bei Cholangiohepatitis (Photo: A. Hörauf).

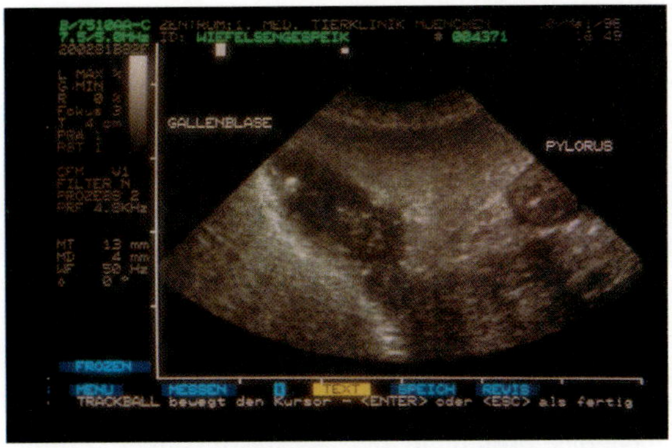

Abb. 6: Weiche Gallenblasenkonkremente.

zephales Syndrom), Kreislaufversagen, Erbrechen, Durchfall, hochgradige Dehydratation, petechiale Blutungen (Verbrauchskoagulopathie). Die Krankheit verläuft im allgemeinen akut oder intermittierend.

Die Ursache der eitrigen Cholangitis/Cholangiohepatitis sind infektiöse Agentien.

2. Lymphatische oder nichteitrige Cholangitis/Cholangiohepatitis

Meistens erkranken junge Katzen bis zu einem Alter von vier Jahren. Im Gegensatz zur eitrigen Form verläuft die nichteitrige Cholangitis/Cholangiohepatitis chronisch. Phasen mit deutlichen Krankheitssymptomen können mit Zeiten der Unauffälligkeit abwechseln. Die Symptome bestehen in Gewichtsverlust bis zur Abmagerung, zeitweisem Fieber, Anorexie, zuweilen aber Polyphagie, Ikterus und Hepatomegalie. Oft wird ein ausgeprägter Aszites beobachtet. Es wird ein niedriges spezifisches Gewicht mit geringem oder mäßig erhöhtem Protein gefunden. Bei akuten Exazerbationen kann ebenfalls ein akutes Leberversagen auftreten.

Im Blut wird oft eine Leukozytose mit Neutrophilie, bisweilen aber mit relativer oder/und absoluter Lymphozytose beobachtet. Das Serum-Protein ist erhöht; es besteht eine Hyperglobulinämie (cave Verwechslung mit FIP!) bei mäßiger Hypalbuminämie. Serum-Bilirubin ist i. a. nicht so stark erhöht wie bei eitriger Cholangitis/Cholangiohepatitis (bis 5 mg/dl).

Als Ursache werden immunopathogene Vorgänge verantwortlich gemacht.

3. Sklerosierende Cholangitis/Cholangiohepatitis

Das bei der Katze sehr seltene Krankheitsbild verläuft von Anbeginn an chronisch mit sklerosierender Bindegewebsvermehrung. Die Gallengänge sind extra- und intrahepatisch verdickt. Bisweilen ist auch die Gallenblase betroffen. Die Umfangsvermehrung der Wände kann so ausgeprägt sein, daß das Lumen gegen Null geht und eine nahezu vollständige Obliteration resultiert. Es entsteht wie bei den vorhergehenden Formen ein posthepatischer Ikterus.

Die Laboruntersuchungen ergeben ein unterschiedlich stark erhöhtes Bilirubin. Es besteht jedoch in der Regel nur eine milde Leukozytose. Wie bei der eitrigen und der nichteitrigen Form entwickelt sich eine starke Hyperenzymämie. Erhöht sind bei allen drei Krankheitsformen besonders die ALT, AST, GLDH und als Zeichen der Cholestase auch die AP. Die Serum-Gallensäuren sind ebenfalls erhöht. Sobald ein mehr oder weniger vollständiges Sistieren des Galleflusses eintritt, wird in dem dunkelgelbbraunen Urin kein Urobilinogen mehr nachgewiesen.

Diagnose

Man sollte zunächst grundsätzlich die Aktivitäten der Leberenzyme AST, ALT, GLDH und AP untersuchen, um einen prähepatischen Ikterus auszuschließen. Negatives Urin-Urobilinogen bei Ikterus und erhöhtem Urin-Bilirubin deutet auf einen Gallengangsverschluß (posthepatischer Ikterus) hin.

Die Röntgenuntersuchung führt nicht weiter. Einen wesentlichen Fortschritt stellt dagegen die Ultraschalluntersuchung der Leber dar. Die Gallengänge sind erheblich gestaut, die Wände verdickt und echogen. Die Gallenblase ist stark gefüllt, die Wände können ebenfalls verdickt sein. Bei Aszites infolge der nichteitrigen Cholangitis/Cholangiohepatitis läßt sich der Erguß sonographisch gut darstellen.

Eine definitive Diagnose, auch eine Differenzierung der drei Typen der Krankheit, erfolgt mit der Leberbiopsie. Sie sollte jedoch erst nach einer Untersuchung der Blutgerinnung erfolgen.

Differentialdiagnose

Insbesondere muß ein prähepatischer Ikterus ausgeschlossen werden (zu Beginn keine Leberenzymerhöhung, hämolytisches Serum, vermehrt Retikulozyten). Ebenso müssen andere Ikterusursachen ausgeschlossen werden (Tumoren, Lipidose, mechanischer extrahepatischer Gallengangsverschluß).

Ein Problem ist der Ausschluß von FIP, wenn sowohl Serum-Protein, insbesondere gamma-Globulin, als auch das Protein in der Aszitesflüssigkeit erhöht sind. Bei FIP läßt sich in Zellen des Exsudats Coronavirusantigen nachweisen. Außerdem sind die Serum-Enzyme bei FIP nur erhöht, wenn die Leber massiv ins Krankheitsgeschehen einbezogen ist. Die Biopsie ergibt i. a. zusätzliche Information.

Ein weiteres diagnostisches Problem stellt die Leberlipidose der Katze dar. Sie beginnt jedoch von vornherein schwerer und verläuft akut mit ständiger Verschlechterung des Krankheitszustands. Die Sonographie vermag Hinweise zu geben. Sicherheit bringt die Biospie.

Tumoren lassen sich durch sonographische Untersuchung, ggf. unterstützt durch Laparoskopie und histologische Untersuchung eines unter Sichtkontrolle entnommenen Bioptats, nachweisen.

Prognose

Eitrige Cholangitis/Cholangiohepatitis ungünstig.

Nichteitrige Cholangitis/Cholangiohepatitis zweifelhaft bis günstig.

Bei sklerosierender Cholangitis/Cholangiohepatitis besteht wenig Erfahrung.

Therapie

Wichtig für den Erfolg der Behandlung ist die Form der Cholangitis/Cholangiohepatitis. Die Diagnose muß daher diese Differenzierung zum Ziele haben.

Eitrige Cholangitis/Cholangiohepatitis

Antibiose: Anfangs parenterale, später – nach Sistieren eines evtl. Erbrechens – orale Applikation von Antibiotika.

Mögliche Antibiotika:
- Amoxicillin 10–20 mg/kg
- Cephazolin (Elzogram) 25–50 mg/kg
- Enrofloxazin 5 mg/kg
- Kanamycin 15 bis 25 mg/kg
- Gentamicin 3 bis 4 mg/kg

Die Behandlung muß mindestens vier Wochen durchgeführt werden.

- Choleretika:
  Gallensäuren:
  - Dehydrocholsäure (Decholin®) 10–20 mg/kg
  - Ursodeoxycholat (Ursochol®) 10–15 mg/kg
  - Chenodeoxycholsäure (Chenofalk®) 10–15 mg/kg

  Clanobutin (Bykahepar®) 20 mg/kg KM. Es ist nicht bei Gallestau (extrahepatische Cholestase) indiziert. Clanobutin soll kanzerogen sein und ist deshalb kaum noch erhältlich.

Bei extrahepatischer Cholestase sind Choleretika kontraindiziert.

- Dehydratationsausgleich: Wichtig ist die Substitution von Elektrolyt-Lösungen. Sie richten sich am besten nach der Serum-Elektrolyt-Untersuchung. Berechnung der Menge s. Kapitel „Notfälle in der inneren Medizin“.
- Azidosebehandlung: Natriumbikarbonat in der Dauertropfinfusion, berechnet nach der Formel –BE x 0,3 x kg KM = zu substituierende Bikarbonationen
- Verbrauchskoagulopathie: Heparin, Beginn mit 50 bis 100 E/kg KM im Dauertropf, später auf 30 E/kg KM und Stunde reduzieren.
- Appetitanregung mit Diazepam (1/4 mg/kg KM i. m.).

Falls die konservative Therapie erfolglos bleibt, ist die chirurgische Intervention erforderlich.

Nichteitrige Cholangitis/Cholangiohepatitis

- Prednisolon, Beginn mit 2 bis 5 mg/kg KM auf zweimal täglich verteilt, nach Besserung Reduktion auf 1 bis 2 mg/kg KM. Die Behandlung muß mindestens einen bis zwei Monate durchgeführt werden. Danach kann die Dosis langsam reduziert werden bis zu 0,5 mg/kg KM jeden zweiten Tag.
- Diuretische Therapie: Furosemid 1 bis 2 mg/kg KM oder Xipamid 0,5 mg/kg KM auf zweimal täglich.

Sklerosierende Cholangitis/Cholangiohepatitis

Die Therapie ist wenig aussichtsreich. Versucht werden kann die Behandlung wie bei nichteitriger Cholangitis/Cholangiohepatitis. Auch eine Gallenblasen-Duodenal-Anastomose kann erfolgreich sein.

Gallengangsobstruktion

Ursachen der – seltenen – Gallengangsobstruktion können Cholangitis, Gallensteine, eingetrocknete und verhärtete Galle, Pankreasfibrose, Tumoren oder Hämatome im Gallengangsbereich, im Pankreas oder im Duodenum, Zwerchfellruptur sowie in

Gegenden mit Leberegelvorkommen auch inkarzerierte Leberegel sein. Bei der Katze gehören Gallengangsobstruktionen zu den Seltenheiten.

Klinisches Bild

Es besteht das Bild des posthepatischen Ikterus. Die klinischen Symptome umfassen Ikterus, Anorexie, Erbrechen, Gewichtsverlust, Steatorrhoe mit hellem, fettigem Durchfall, Gerinnungsstörungen mit Blutungsbereitschaft.

Diagnose

Die Erkrankung des Leber-Galle-Systems läßt sich leicht labordiagnostisch feststellen: Erhöhung von AST, GLDH, weniger ALT, aber besonders auffallend AP, die bei der Katze erst bei schwereren Lebererkankungen mit Gallestau vermehrt ist. Ferner steigen das Serum-Bilirubin ebenso wie das Urin-Bilirubin stark an. Bei vollständigem Verschluß wird Urin-Urobilinogen negativ. Ein solcher „typischer" Befund spricht für einen posthepatischen Ikterus.

Die Sonographie zeigt eine stark gefüllte Gallenblase und dilatierte intra- und extrahepatische Gallengänge. Allerdings können diese Befunde in den ersten beiden Tagen so dezent sein, daß sie nicht sicher erkannt werden. Dabei kann auch häufig die auslösende Ursache ermittelt werden. Durch Applikation einer fettreichen Nahrung bei noch Futter aufnehmenden Katzen oder nach Applikation von 0,3 μg Cholecystokinin entleert sich die nicht durch Obstruktion behinderte Gallenblase.

Weniger Aufschluß erhält man durch die Röntgenleeruntersuchung. Die Kontrastdarstellung erübrigt sich weitgehend, seit die Sonographie Eingang in die tierärztliche Praxis gefunden hat.

Eine einfache und aufschlußreiche Untersuchungsmethode ist die Laparoskopie. Mit ihrer Hilfe lassen sich die Gallenblase und Gallengänge gut verfolgen. Durch Punktion der Gallenblase können Galle entnommen werden und ggf. eine bakteriologische Untersuchung durchgeführt werden. Allerdings wird in der Regel die Laparotomie vorgezogen, da dann gleich die chirurgische Therapie eingeleitet werden kann.

Therapie

Die Behandlung ist chirurgisch. Bevor jedoch ein operativer Eingriff durchgeführt wird, muß eine Gerinnungsanalyse vorgenommen werden, da durch die fehlende Galle im Dünndarm kein Vitamin K resorbiert wird. Sollte eine Gerinnungsstörung vorliegen, so sollte zwei Tage lang Vitamin K_1, 5 mg/kg KM i. m., gegeben werden.

Gallengangs- oder Gallenblasenruptur

Verletzungen des Gallengangs kommen in der Regel durch stumpfe oder scharfe Traumen (Autounfälle, Schuß- oder Stichverletzungen, Bisse) oder iatrogen (Bauchpunktion, Leberbiopsie) zustande. Selten sind endogene Ursachen (Neoplastome, Cholelithiasis) verantwortlich zu machen.

Klinisches Bild

Bei plötzlicher Ruptur der Gallenblase können Schockzustände auftreten. Daran anschließend und bei langsamer Entwicklung wird eine gallige Peritonitis beobachtet mit Bauchschmerz (unsicher), Fieber, Ikterus, Erbrechen, Anorexie. Es entsteht rasch ein Erguß, der alle Zeichen der Peritonitis aufweist; insbesondere ist das Exsudat proteinreich, Rivaltapositiv, enthält massenhaft neutrophile Granulozyten und Makrophagen, die Gallenpigment phagozytiert haben.

Im Blutserum werden erhöhte Aktivitäten der Leberenzyme ALT, AST und GLDH, jedoch kaum Erhöhung der AP gemessen. Bilirubin ist erhöht, ebenso die Serumgallensäuren.

Diagnose

Die Diagnose fußt auf der klinischen Untersuchung in Verbindung mit dem Vorbericht; insbesondere findet das Exsudat Beachtung.

Die Röntgenuntersuchung ergibt Ergußzeichen im Abdomen. Wichtiger ist die Ultraschalluntersuchung: Die Gallenblase ist klein oder nicht erkennbar, im Abdomen finden sich Ergußzeichen.

Therapie

Die Behandlung ist rein chirurgisch, wobei die Gallenblase verschlossen werden muß. Auch Gallenblasen-Duodenalanastomosen können erforderlich werden. Vorher sollte der Gerinnungsstatus überprüft und ggf. Vitamin K_1 parenteral substituiert werden. Bei Schocksymptomen ist insbesondere auf Volumensubstitution zu achten.

Leberlipidose

Die Leberlipidose ist eine bei der Katze verhältnismäßig häufig vorkommende Stoffwechselkrankheit mit exzessiver Lipidansammlung in den Hepatozyten. Sie führt zum Leberversagen und endet häufig tödlich.

Die Ursache der idiopathischen Leberlipidose ist unklar. Sekundär tritt sie bei Diabetes mellitus auf. Von der idiopathischen Form werden häufiger jüngere weibliche Siamkatzen betroffen. Eine Prädisposition besteht bei Adipositas. Bei Europäisch Kurzhaar er-

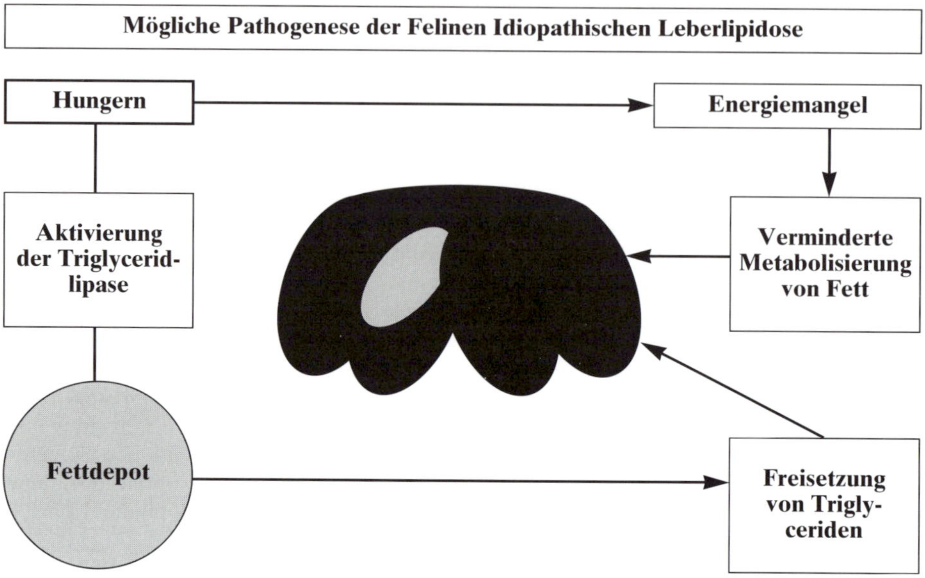

Abb. 7: Schematische Darstellung der Pathogenese der Leberlipidose.

kranken dagegen eher ältere Tiere, wobei keine Geschlechtsprädisposition vorkommt.

Der Pathogenitätsmechanismus der idiopathischen Leberlipidose ist unbekannt. Es wird vermutet, daß ein Proteindefizit in der Nahrung, evtl. bei gleichzeitigem Unterangebot an Kohlehydraten, die Krankheit auszulösen vermag. Da Katzen einen höheren Proteinbedarf als Hunde haben, kommt eine Unterversorgung bei Fütterung von Hundenahrung leicht zustande. Die kalorische Unterversorgung ist besonders gravierend bei anorektischen Katzen. In beiden Fällen wird besonders bei adipösen Katzen Fett aus den Depots mobilisiert – ähnlich wie bei adipösen Ponys bei der Ponyhyperlipidämie. Die Fettsäuren geraten in die Leber, wo sie infolge des Energiedefizits unvollständig metabolisiert und als Triglyzeride in den Hepatozyten abgelagert werden. Spekuliert wurde, ob gleichzeitig eine periphere Insulinresistenz vorliege. Bewiesen ist dies nicht, ebenso wenig wie eine Insulintherapie gesicherte Besserungen des Krankheitsgeschehens zu bewirken vermag.

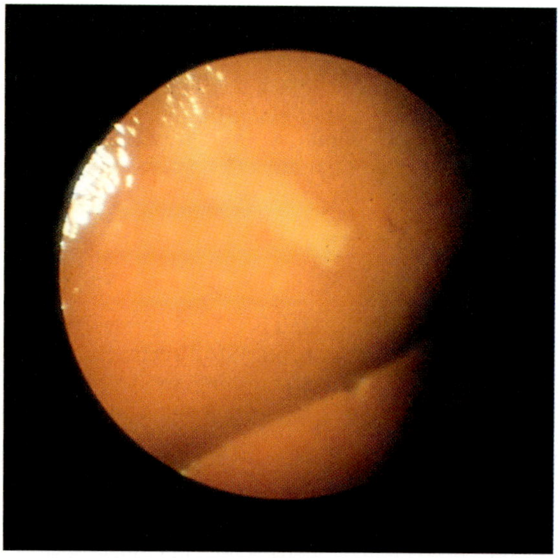

Abb. 8: Endoskopisches Bild bei Leberlipidose

Eine andere Ursache wird im Argininmangel vermutet. Arginin ist erforderlich zur Metabolisierung von Ammoniak zu Harnstoff. Bei anorektischen Katzen entsteht rasch ein Arginindefizit, da die Katze Arginin nicht selbst synthetisieren kann und es daher mit der Nahrung aufnehmen muß. Bei Arginindefizit kann eine Hyperammoniämie zustande kommen. Außerdem werden hepatotoxische Substanzen wie etwa die Orotsäure synthetisiert. Orotsäure fördert die Triglyzeridansammlung in den Hepatozyten. Aus diesen Gründen wird die häufige Beobachtung verständlich, daß besonders fette, hungernde Katzen zur Leberlipidose neigen.

Unterstützt wird die Krankheitsentwicklung durch eine endo- oder exogene Schädigung der hepatozellulären Mitochondrien. Sie sind erforderlich, um Fettsäuren für den energieliefernden Stoffwechsel verfügbar zu machen. Schädigungen der Mitochondrien können durch eine Reihe von pharmakologischen Wirkstoffen und von Toxinen, etwa Bakterientoxinen, hervorgerufen werden.

Bei Diabetes mellitus dagegen ist das Insulindefizit, absolut oder relativ, mit Sicherheit die Ursache für die Fettakkumulation. Insulinmangel zieht eine Aktivierung der Lipoproteinlipase nach sich. Sie führt die Mobilisation der Fettdepots herbei. In den Leberzellen werden dann Triglyzeride abgelagert.

Der pathophysiologische Vorgang in der Entstehung des schweren Krankheitsbildes bei Leberlipidose der Katze ist ebenfalls unklar. Normalerweise schadet eine Fettansammlung im Hepatozyten kaum. Es wird vermutet, daß die Leberlipidose eine mechanische Störung der Zellorganellen nachsichziehe. Ein anderer Erklärungsversuch vermutet vorausgegangene Schädigungen des Hepatozyten, insbesondere seiner Mitochondrien, so daß die Verfettung eine Sekundärerscheinung eines vorgeschädigten Hepatozyten wäre.

Klinisches Bild

Die erkrankte Katze ist gewöhnlich stark adipös und verweigert – oft aus anderem Grund – plötzlich vollständig die Nahrung. In manchen Fällen geht aus dem Vorbericht hervor, daß die Katze in irgendeiner Weise einer Belastung ausgesetzt war. In anderen Lipidosefällen gibt selbst die sorgfältig aufgenommene Anamnese bei zuverlässig beobachtenden Besitzern keine solche Hinweise.

Die Patienten sind apathisch, erbrechen in einem Teil der Fälle, es besteht bisweilen Durchfall. Rasch entwickelt sich in einem Teil der Fälle ein oft schwerer Ikterus. Durch Nahrungs- und oft auch Wasserverweigerung, verbunden mit Erbrechen und Durchfall, entsteht eine hochgradige Dehydratation. Typisch ist das Bild des Praecoma oder Coma hepaticum (Hepatoenzephales Syndrom): Apathie bis zum Koma, Pressen des Kopfes gegen die Wand oder in eine Ecke, Ataxie, bisweilen auch Krampfanfälle. Es können schwere Gerinnungsstörungen auftreten.

Diagnose

Bei jeder fetten, plötzlich anorektisch werdenden Katze muß mit einer Leberlipidose gerechnet werden. Die Leber ist vergrößert; dies kann palpatorisch, röntgenographisch und besonders mit Ultraschalluntersuchung nachgewiesen werden. Bei der Sonographie imponiert eine besonders starke Echogenität der Leber. Das Blutserum kann opaque sein. Meist besteht eine gering- bis mittelgradige aplastische, nichtregenerative Anämie. Die Leberenzyme sind meist stark erhöht; dies trifft insbesondere für die cholestaseanzeigende Alkalische Phosphatase zu. Auch die GLDH und die AST sind meist sehr deutlich erhöht, während die ALT bisweilen kaum oder wenig angestiegen ist. Serum- und Urin-Bilirubin sind meistens, aber keineswegs immer, deutlich bis sehr stark (> 10 mg/dl) erhöht. Gleiches gilt für die Serum-Gallensäuren. Bei Diabetes mellitus besteht eine Hyperglykämie. Blutglukoseerhöhungen werden in der Regel aber auch bei idiopathischer Lipidose angetroffen. In solchen Fällen sind zur Differenzierung einer diabetogenen von einer idiopathischen Leberlipidose Fructosamine zu bestimmen.

Die sicherste Diagnose einer – idiopathischen oder diabetogenen – Lipidose (die Unterscheidung ist hiermit nicht möglich) erfolgt an Hand der histologischen Untersuchung eines Leberbioptats. Da Gerinnungsstörungen auftreten können, sollten diese vorher untersucht worden sein. Es empfehlen sich die nicht mit einer Vollnarkose durchführbaren Methoden (transkutane Biopsie unter Ultraschallkontrolle).

Differentialdiagnose

Es kommen alle Krankheiten in Frage, die mit einer Lebervergrößerung und den Symptomen einer Hepatopathie, insbesondere eines Hepatoenzephalen Syndroms, einhergehen.

- Cholangitis, Cholangiohepatitis: Sie verläuft im allgemeinen protrahierter. Die Lebervergrößerung ist nicht erheblich. Die Biopsie bringt Klarheit.
- Feline infektiöse Perotonitis: Es besteht kaum einmal ein Hepatoenzephales Syndrom, allerdings bisweilen eine Enzephalitis. Die Leberenzyme sind selten so deutlich erhöht wie bei Leberlipidose. Es liegt eine Hyperproteinämie mit Hyper-Gamma-Globulinämie vor. Bei der exsudativen Form wird ein typischer Bauchhöhlenerguß mit der Möglichkeit des Antigennachweises gefunden.
- Felines malignes Lymphom: Die Leber ist weniger echogen. Oft bestehen typische Blutbildveränderungen. Die Leberenzyme sind weniger stark erhöht; die AP ist allerdings auch hierbei oft stärker angestiegen. Der FeLV-Antigentest ist oft – aber keineswegs immer – positiv. Ein Hepatoenzephales Syndrom kommt praktisch nie vor. Die Krankheit entsteht und verläuft langsamer.

Prognose

Sie ist sehr ungünstig, die Überlebensrate kann aber bei aggressiver Therapie deutlich erhöht werden (bis zu 60 %).

Therapie

- Wichtig ist die frühzeitige Erkennung der Gefahr einer Leberlipidose (hungernde oder „gestreßte" adipöse Katze). In solchen Fällen ist die künstliche Ernährung sofort einzuleiten (Ösophagussonde, transkutan-transabdominale Sondenernährung).
- Das Futter sollte wenig Fett, aber eine erhöhte Proteinration enthalten, solange kein Hepatoenze-

phales Syndrom besteht. In diesem Fall ist auch Protein einzuschränken (Feline kd-Diät). Die benötigte Energie beträgt etwa 100 kcal oder ca. 400 kJ/kg KM.

- Arginin, 1 g/kg KM, und Taurin, 500 mg/kg KM, sind zu geben, solange die Katze kein kommerzielles Katzenfutter aufnimmt.
- Mit Diazepam (0,25 mg/kg KM per os oder 0,1 bis 0,25 mg/Katze intravenös) versucht man, den Appetit anzuregen.
- Parenteral (als Dauertropfinfusion) werden Vollelektrolytlösungen nach den üblichen Richtlinien gegeben (s. Kapitel „Notfälle in der Inneren Medizin").
- Entscheidend für das Überleben der Katze ist die Ernährung (Energiezufuhr), die, da die meisten Katzen jedes Futter verweigern, mit der transkutan-transabdominalen Magensonde durchzuführen ist. s. „Diät".
- Zusätzlich wird Kalium, 0,3 (bis 0,5) mmol/kg KM pro Stunde, in Form von Kaliumchlorid verabreicht.
- Glukoselösung 10%ig, 2 g Glukose/kg KM und Stunde im Dauertropf, evtl. zusätzlich – 1 E Alt-Insulin/3 g Glukose.
- Thiamin (Vitamin B_1) 100 mg/kg KM

Kontraindiziert sind Glucocorticoide. Unbewiesen ist die Wirksamkeit von Methionin, bei Hepatoenzephalem Syndrom ist es kontraindiziert.

Neubildungen

Primäre Lebertumoren treten bei der Katze relativ selten auf. Am häufigsten sind Gallengangskarzinome, weniger häufig hepatozelluläre Adenome oder Karzinome zu beobachten. Die Ursachen sind unbekannt. Ein Zusammengang primärer hepatozellulärer Neoplasien mit Viren, wie beim Menschen im Falle der Hepatitis-B-Infektion, ist bei der Katze nicht bekannt. Wesentlich häufiger werden Tumoren des Leukosekomplexes angetroffen. Auch Hämangioendotheliome werden diagnostiziert. Gutartige Tumoren (Hepatome und Gallengangsadenome) erscheinen als umschriebene Massen, die im Falle der Hepatome oft zu einer unförmigen Vergrößerung eines Leberlappens führen, in anderen Fällen als gestielte Umfangsvermehrungen imponieren. Gallengangsadenome können zystisch sein, enthalten eine schleimige Flüssigkeit und können zur Gallengangsobstruktion führen.

Sekundäre Tumoren (Tumormetastasen) treten ungleich häufiger auf. Der Primärtumor gehört bei der Katze meistens zum Lymphomkomplex, auch Metastasen von myeloproliferativen und Mastzelltumoren kommen vor. Mammatumoren sind bei der Katze sehr bösartig und metastasieren oft sehr frühzeitig u. a. in die Leber.

Klinisches Bild

Das klinische Bild entspricht dem der chronischen Leberkrankheiten: Anorexie, Erbrechen, Abmagerung, Hepatomegalie, ist also unspezifisch. In späten Stadien treten Leberkoma, Verbrauchskoagulopathie, Aszites, Hämaskos und evtl. karzinomatöse Peritonitis auf. Bei gutartigen Hepatomen sind die Symptome oft sehr dezent und bleiben lange Zeit unbemerkt, bis die Umfangsvermehrung im Vorderbauchbereich dem Besitzer besonders beim Streicheln auffällt. Tumoren, die die Gallengänge verschließen, sind Ursache für einen posthepatischen Ikterus.

Diagnose

Oft lassen sich die vergrößerte Leber oder einzelne Bezirke (Leberlappen) deutlich palpieren. Die Leberenzyme können angestiegen sein, sind aber insbesondere in früheren Stadien oft unverändert. Die AP ist häufiger erhöht als die übrigen Leberenzyme. Bilirubinerhöhungen finden sich nur, wenn eine stärkere Beeinträchtigung des Galleflusses erreicht ist.

Die Röntgenaufnahme gibt Hinweise, ist aber häufig nur in der Lage, die Vergrößerung des Organs oder von Organteilen aufzudecken; ferner sind Ergüsse in die Bauchhöhle festzustellen. Bessere Ergebnisse lassen sich mit der Sonographie erzielen. Die Tumoren können einzeln oder multipel vorliegen und erscheinen in der Regel echoärmer als die Umgebung, hin und wieder aber auch echodichter (hepatozelluläres Karzinom). Oft lassen sich die vergrößerten Lymphknoten erkennen. Eine definitive Diagnose läßt sich jedoch erst mit der histologischen Untersuchung eines Bioptats stellen. Bei Solitärtumoren sollte dies unter Laparotomie mit gleichzeitiger Entfernung geschehen. Ansonsten werden die Tumoren unter Ultraschalluntersuchung oder durch Laparoskopie bioptiert.

Therapie

Die Behandlung von benignen Tumoren besteht in der vollständigen Exstirpation. Gleiches gilt für solitäre maligne Tumoren.

Tumormetastasen haben eine sehr schlechte Prognose. Eine chemotherapeutische Behandlung bringt keine Aussicht auf wesentliche, insbesondere länger anhaltende Besserung.

Tumoren des Leukosekomplexes können entsprechend der zugrunde liegenden Hämoblastose behandelt werden (s. d.).

Sekundäre Leberneoplasien

Sie werden bei der Katze hauptsächlich im Verlauf des Leukosekomplexes gesehen. Ferner können alle übrigen Primärtumoren, deren venöser Abfluß über die Vena portae oder die Arteria hepatica in die Leber geleitet wird, zu Lebermetastasen führen. Weniger üblich ist die Metastasierung über Lymphgefäße oder direkten Tumorkontakt (Kontaktmetastasen).

Die Symptome entsprechen weitgehend denen, die vom Primärtumor ausgelöst werden. Zusätzlich können die Symptome einer chronischen Hepatopathie hinzukommen.

Die Diagnose wird am besten mit Hilfe der Sonographie und ggf. Biopsie gestellt. Die Therapie ist palliativ, und ihr – relativer – Erfolg hängt davon ab, ob der Primärtumor chemotherapeutisch zu beeinflussen ist.

Portosystemische Shunts

Man versteht hierunter die Ausbildung von Verbindungen zwischen der Vena portae und dem Kreislaufsystem unter Umgehung der Leber. Dadurch wird das aus dem Verdauungstrakt kommende Blut nicht den Lebersinusoiden und damit den Hepatozyten zugeführt, sondern um die Leber herum abgeleitet. Die Folgen sind mangelhafte Detoxifikation und Metabolisierung der aus dem Verdauungstrakt ankommenden Stoffe. Da mit dem Portalblut außerdem ein – noch nicht sicher festgelegter – Wachstumsfaktor der Leber zugeführt wird, bleiben Lebern mit angeborenem portosystemischen Shunt klein (Atrophie der Leber, Mikrohepathie). Für den erkrankten Organismus bedeutet dies eine Überschwemmung mit toxischen Stoffwechselprodukten, die zu einer Ausbildung eines Leberkomas oder -präkomas (Hepatoenzephales Syndrom) führen.

Wie beim Hund können auch bei der Katze portosystemische Shunts angeboren oder durch Leberkrankheiten später erworben sein. Beide kommen jedoch bei der Katze seltener als beim Hund vor. Bei der Katze ist die häufigste Form der portocavale Shunt, bei dem eine direkte Verbindung zwischen Vena portae und Vena cava besteht. Es handelt sich dabei um eine angeborene Gefäßmißbildung. Multiple Shunts sind dagegen meistens erworben.

Auch die erworbenen portosystemischen Shunts kommen bei der Katze wesentlich seltener vor als beim Hund, da die ursächlichen Leberkrankheiten – Leberzirrhose, chronische aggressive Hepatitis – bei der Katze Ausnahmen darstellen.

Klinisches Bild

Die angeborenen portosystemischen Shunts führen zur körperlichen und geistigen Entwicklungsstörung der Welpen und Jungkatzen. Die Symptome können bereits bei zwei Monate alten Tieren manifest sein, werden aber bisweilen erst später beobachtet. Ein häufiges Frühsymptom ist der Ptyalismus. Die Tiere bleiben zu klein und sind abgemagert. Typisch sind die Symptome des Hepatoenzephalen (HE-) Syndroms: Apathie bis Präkoma und Koma, Krampfanfälle, verlangsamte, „zeitlupenartige“ Bewegungen, Ataxien, Hypersalivation (Ptyalismus). Typisch für das HE-Syndrom ist die Verstärkung der Symptome kurze Zeit nach Aufnahme einer proteinreichen Nahrung. Die Wirkung von Medikamenten ist beeinträchtigt. Dies gilt besonders für solche Wirkstoffe, die erst wirksam werden, wenn sie in der Leber metabolisiert worden sind. Andererseits werden etwa Narkotika in der Leber nicht entgiftet und darüber hinaus leichter in die Neurone aufgenommen, so daß ihre Wirkung verlängert und verstärkt ist. Die Symptome sind, geordnet nach Häufigkeit, in Tabelle 9 zusammengefaßt.

Tabelle 9: Symptome bei portosystemischem Shunt / Hepatoenzephalopathie
(Fettdruck: häufig; *kursiv: seltener;* Normaldruck: sehr selten)

Ptyalismus	*Erbrechen*
Leistungsschwäche	*Durchfall*
Gewichtsverlust	Polyurie
Entwicklungsstörung/ Jungtiere	Polydipsie
Apathie	Fieber
Somnolenz	Ikterus
Koma hepaticum	Hyperenzymämie
Krampfanfälle	Aszites
Verhaltensstörungen	Vorderbauch-palpationsschmerz
Mikrohepathie	
Gallensäurenerhöhung	
Hyperammoniämie	

Diagnose

Charakteristisch sind Entwicklungsstörungen in Verbindung mit Hepatoenzephalem Syndrom. Die Leberenzyme ALT, AST, GLDH und AP sind nicht oder nur selten und dann geringgradig angestiegen. Dagegen ist Serum-Ammoniak in der Regel deutlich erhöht. Gleiches gilt für die Serum-Gallensäuren. Ist dies nicht der Fall, so sollte man eine fettreiche Mahlzeit geben (100 g Fleisch, 1 Eigelb, 3 Teelöffel

Öl). Dies führt einerseits zu einer Kontraktion der Gallenblase und zur Entleerung der Galle in den Darm, aus dem die Gallensäuren resorbiert werden, im Serum erscheinen und infolge der Umgehung der Leber im Serum erhöht sind. Die Bestimmung der Serum-Gallensäuren nach zwei und vier Stunden ergibt bei portosystemischem Shunt nach der Probefütterung andererseits einen deutlichen Anstieg über Werte von 20 µmol/l. RUFER und GRÜNBAUM (1995) haben für den Hund einen Gallensäurenstimultationstest beschrieben, bei dem 0,3 µg Cholecystokinin/kg KM intramuskulär gegeben werden. Nach zwei und vier Stunden wird erneut Blut gewonnen. Die Serum-Gallensäuren erreichten bei portosystemischem Shunt Werte von über 15 µmol/l.

Durch die proteinreiche Nahrung steigt auch das Serum-Ammoniak bei portosystemischem Shunt an. Sicherer ist jedoch der Ammoniumchlorid-Belastungstest. Man gibt 100 mg Ammoniumchlorid/kg KM mit der Sonde oder einer magenlöslichen Kapsel ein und bestimmt Ammoniak vor und 30 min nach der Applikation. Bei portosystemischem Shunt steigt der 30-Minuten-Wert über 120 µg/dl an.

Es sollten Blut-Glukose und Serum-Kalium bestimmt werden. Häufig sind sie vermindert.

Die exakte Position des Shunts wird mit Röntgenkontrastuntersuchungen festgestellt (s. unter „Untersuchungsgang – Röntgenuntersuchung").

Differentialdiagnose

In Frage kommen Krankheiten des Jungtieralters, die mit ähnlichen ZNS-Symptomen einhergehen.

- Hydrozephalus (der Gehirnschädel ist bei jungen Welpen deutlich hervorgewölbt, die Bewegungen sind „zeitlupenartiger", es besteht ein divergierender Strabismus nach unten-außen, oft ist die Fontanelle nicht geschlossen)
- Vergiftungen (sie setzen abrupt ein, führen entweder rasch zum Tod oder zur Heilung)
- Enzephalitis (sie geht meist mit Fieber einher, Serum-Ammoniak und -Gallensäuren bleiben unverändert, der Liquor ist zell- und proteinreich, die Pándy-Reaktion positiv)
- Hypothiaminose (das Krankheitsbild ist ähnlich, Serum-Ammoniak und -Gallensäuren sind aber unverändert)

Therapie

- In schweren Fällen eines Leberkomas muß zunächst Volumen aufgefüllt werden. Man gibt Vollelektrolytlösungen, berechnet nach dem Dehydratationsgrad oder bei geringer Dehydratation bis 60, bei mittelgradiger bis 80 und bei hochgradiger bis 120 ml/kg KM über den Tag verteilt als Dauertropfinfusion.
- Bei Hypokaliämie werden folgende Dosen K^+ gegeben, wobei eine Menge von 0,3 (bis höchstens 0,5) mmol Kalium/kg KM pro Stunde (als Kaliumchlorid) in der Dauertropfinfusion infundiert wird:
  Serumkalium
  - 3,0 bis 3,4 mmol/l: 2 mmol/100 ml (20 mmol/l) Infusionslösung
  - 2,5 bis 2,9 mmol/l: 3 mmol/100 ml (30 mmol/l) Infusionslösung
  - 2,0 bis 2,4 mmol/l: 4 bis 5 mmol/100 ml (40 bis 50 mmol/l) Infusionslösung
  - unter 2,0 mmol/l: 6 bis 8 mmol/100 ml (60 bis 80 mmol/l) Infusionslösung
- Bei Hypoglykämie 2 g Glukose als 20%ige Glukoselösung in der Dauertropfinfusion, evtl. + 1 E Altinsulin pro 3 g Glukose.
- Ein Klysma vermindert die Bakterienflora im Dickdarm und vermindert die weitere Bildung von Ammoniak. Günstig wirkt besonders ein Lactulose-Klysma: 3 Teile Lactulose + 7 Teile Wasser.
- Applikation von Lactulose 2 g/kg KM per os.

Diese Behandlung kann auch längere Zeit durchgeführt werden bei Tieren, die nicht sofort operiert werden können. In diesem Fall ist die Proteinration einzuschränken. Auf Dauer ist die konservative Behandlung jedoch keine Lösung des Poblems, auch wenn die Besitzer bei rasch einsetzender Besserung fälschlich eine Heilung annehmen.

Die hin und wieder empfohlene Gabe von darmwirksamen Antibiotika ist nur bis zu einer Woche erfolgreich und daher für eine längere Therapie weniger empfehlenswert. Ebenso sollte keine Diurese durchgeführt werden. Die Gabe von Methionin oder anderen aromatischen Aminosäuren ist kontraindiziert. Dies gilt auch für Corticosteroide.

Die operative Behandlung des extrahepatischen Shunts ist dann durchzuführen, wenn die Operationsfähigkeit hergestellt ist. Wegen der verminderten Metabolisierung ist die Inhalationsnarkose der Injektionsnarkose in jedem Falle vorzuziehen. Der Shunt ist auf keinen Fall sofort vollständig zu schließen, sondern nur so weit, daß vor dem Verschluß höchstens ein Druck von 16 bis 18 mm Wasser entsteht. Der restliche Verschluß muß später nachgeholt werden.

Seltene Leberkrankheiten

Leberzysten, vereinzelt bis massenhaft, werden gelegentlich bei älteren Katzen beobachtet. In der Regel verursachen sie keine klinischen Symptome, können aber durch ihre Masse zu einer Umfangsvermehrung im vorderen Bauchbereich führen. Sie lassen sich durch Ultraschalluntersuchung leicht nachweisen. SKRODZKI u. M. (1992) berichten über eine polyzystische Erkrankung bei einer Perserkatze, bei der auch andere Organe (Bronchialdrüsen, Pankreas, Niere) betroffen waren.

In tropischen Regionen werden Infestationen durch **Leberegel** (Platynosomum spec.) beobachtet. Die Symptome entsprechen denen einer Gallengangsobstruktion. Die Diagnose ist unsicher, nur beim positiven Befund von Leberegeleiern im Kot beweisend, im negativen Falle jedoch nicht. Bei aus tropischen Ländern oder den Südstaaten der USA importierten Katzen mit den Symptomen einer Gallengangsobstruktion (s. d.) sollte man wiederholte Kotuntersuchungen durchführen. Die Behandlung besteht in der Gabe von Praziquantel, 20 mg/kg KM, oder Nitroscanat, 50 bis 100 mg/kg KM p. o.

Sekundäre Hepatopathien

Eine ganze Reihe von anderweitigen Primärkrankheiten können zu sekundärer Mitbeteiligung der Leber führen. Dabei werden die Symptome der Primärkrankheit durch Lebersymptome kompliziert, andererseits kann aber die Feststellung einer – gleichzeitigen – Leberkrankheit (Ikterus, Hyperenzymämie, Hyperammoniämie u. a.) zur Fehldiagnose einer primären Hepatopathie und damit zum Übersehen des eigentlichen Krankheitsgeschehens führen.

Häufige sekundäre Reaktionen der Leber werden bei folgenden Krankheiten gesehen:

Diabetes mellitus
Hyperthyreose
Hyperadrenokortizismus, Cushing-Syndrom (bei der Katze äußerst selten)
Infektionskrankheiten
Rechtsherzinsuffizienz
akute Pankreatitis
akute hämolytische Anämie
akute Enteritis
feline Lipidose

- Diabetes mellitus. Fast immer wird eine mehr oder weniger ausgeprägte Aktivitätssteigerung von ALT, GLDH und auch AST gefunden. Wie im Kapitel „Leberlipidose“ beschrieben, kommt in einigen Fällen eine schwere Verfettung der Leber mit häufig tödlichem Ausgang zustande.
- Hyperthyreose: In den meisten Fällen kann eine Leberenzymaktivitätssteigerung nachgewiesen werden. In selteneren Fällen tritt ein Ikterus auf. Die Hepatopathie kann zu den unspezifischen Lebersymptomen wie Erbrechen und Anorexie führen; die bei Hyperthyreose häufige Abmagerung kann durch die komplizierende Hepatopathie verstärkt werden.
- Hyperadrenokortizismus: Im Gegensatz zum Hund werden bei der Katze keine Lebersymptome beobachtet. Dies gilt sowohl für den bei der Katze sehr seltenen spontanen als auch für den iatrogenen Hypercortisolismus.
- Eine Reihe von Infektionskrankheiten kann zu schweren Leberaffektionen führen. Dies sind insbesondere Infektionen durch das FeLV, durch das feline Coronavirus, durch Bacillus piliformis (Tyzzersche Krankheit), bei Toxoplasmose.
- Rechtsherzinsuffizienz kommt bei der Katze ungleich seltener vor als beim Hund. Sie führt zur Leberkongestion, wobei sich das Organ bis über den Rippenbogen vergrößern kann. Die Lebervenen sind erheblich verbreitert. Vereinzelt kommt es zur Bindegewebszubildung. Die Leberenzyme ALT, AST und GLDH können mäßig erhöht sein. Ausfallserscheinungen werden von seiten der Leber nicht gesehen.
- Akute Pankreatitis (s. d.) kommt bei der Katze zumindest in ihrer schweren Form der Pankreasnekrose offensichtlich noch seltener vor als beim Hund. Zudem ist ihre Diagnose unsicherer, da die sogenannten „Pankreasenzyme“ Lipase und Amylase bei akuten Pankreatitiden seltener erhöht sind als beim Hund.
- Akute hämolytische Anämien führen zum einen infolge einer Hypoxämie/Hypoxie, zum andern ggf. durch die resultierende Kreislaufinsuffizienz zu Leberreaktionen.
- Akute Enteritis führen, wie eigene Untersuchungen gezeigt haben (KRAFT u. M, 1983, GAWAZ, 1984) zu sekundären Reaktionen von seiten der Leber. Die Enzymerhöhungen dürften auf Hypoämie/Hypoxie und auf hämatogene Einschleppung von Darmbakterien, zumindest aber von Darmtoxinen zurückzuführen sein.
- Man kann die feline Lipidose (s. d.) letztlich ebenfalls zu den sekundären Hepatopathien rechnen, da ihre auslösende Ursache extrahepatischen Ursprungs ist.

Klinisch stehen die Grundkrankheiten im Vordergrund. Sofern sie erfolgreich behandelt werden können, heilen die Symptome von seiten der Leber in der Regel spontan aus. Auf die Behandlung der Grundkrankheiten wird in den entsprechenden Kapiteln eingegangen, weshalb sie hier nicht wiederholt werden soll.

Literatur

BURROWS, C. F.; A. M. CHIAPELLA; P. JEZYK: Idiopathic feline hepatic lipidosis: The syndrome and speculations on its pathogenesis. Florida Vet. J. (1981).

CENTER, S. A.: Hepatic lipidosis in the cat. Proc. 4th Ann. Vet. Med. Forum (1986).

FELDMAN, B. F.; A. C. STRAFUSS; N. GABBERT: Bile duct carcinoma in the cat: three case reports. Feline Pract. **6,** 33–39 (1976).

FRESE, K.: Tumoren. In: W. KRAFT; U. M. DÜRR: Katzenkrankheiten, 1. Aufl. Schaper, Hannover (1978).

GAWAZ, M.: Vergleich der Serumaktivitäten von AST, ALT, AP und GLDH in der Diagnostik von Lebererkrankungen der Katze. Diss. München (1984).

HARY, W. D.: Hematopoetic tumors of cats. J. Amer. Anim. Hosp. Assoc. **17,** 921 (1981).

HIRSCH, U. M., C. E. DOIGE: Suppurative cholangitis in cats. J. Amer. Vet. Med. Assoc. **138,** 1223 (1983).

HORNBUCKLE, W. E.; G. S. ALLAN: Feline liver disease. In: KIRK, R. W.: Current Vet. Ther. VII, Saunders (1980).

KELLY, D. F., D. G. BAGGOT, C. J. GASKELL: Jaundice in the cat associated with inflammation of the biliary tract and pancreas. J. Small Anim. Pract. **16,** 163 (1975).

KRAFT, W.: Diagnostik von Leberkrankheiten bei Hund, Katze und Pferd. Tierärztl. Prax. **15,** 343 (1987).

KRAFT, W.: Leber. In: KRAFT, W.; U. M. DÜRR: Hsg. Klinische Labordiagnostik in der Tiermedizin. Schattauer Stuttgart, New York (1995).

KRAFT, W.; U. M. DÜRR: Kompendium der Klinischen Laboratoriumsdiagnostik bei Hund, Katze, Pferd. 2. Aufl.; Schaper (1982).

KRAFT, W.; A. K. GHERMAI; H. WINZINGER; L. KNOLL: Vergleich der Enzymaktivitäten von AST, ALT, GLDH, AP und GGT in der Diagnose von Lebererkrankungen beim Hund. Berl. Münch. Tierärztl. Wschr. **96,** 421–431 (1983).

KREBS, C.: Die Gamma-Glutamyltransferase-Aktivität bei der Katze. Vet. Diss. München (1979).

LISKA, W. D., u. M.: Feline systemic mastocytosis: A review and results of splenectomy in seven cases. J. Amer. Anim. Hosp. Assoc. **15,** 589 (1979).

MORRIS, J. G.; Q. R. ROGERS: Arginine, an essential amino acid for the cat. J. Nutr. **108,** 1944 (1978).

PARRISIUS, R.: Hyperammoniämien bei Katzen (in Vorbereitung).

PRASSE, K. W., u. M.: Chronic lymphocytic cholangitis in three cats. Vet. Pathol. **19,** 99 (1982).

POINCILIT, S.: Contribution à l'etude du test à la B. S. P. chez le chat. These pour le doctorat veterinaire, Alfort (1982).

ROTHUIZEN, J.; S. G. A. M. TH. VAN DEN INGH; G. VOORHORT; R. J. T. VAN DER LUER; W. WOUDA: Congenital porto-systemic shunts in sixteen dogs and three cats. J. Sm. Anim. Pract. **23,** 67–81 (1982).

SCHMIDT, S.: Zur Ultraschalluntersuchung der Leber bei Hund und Katze. Tierärztl. Prax. **15,** 57 (1987).

SCHMIDT, S.; SUTER, P. F.: Indirect and direct determination of the portal vein pressure in normal and abnormal dogs and normal cats. Am. J. Vet. Rad. Soc. **21,** 246 (1980).

SCHMIDT, S.; P. SUTER: Angiography of the hepatic and portal venous system in the dog and cat: an investigative method. Vet. Radiol. **21,** 57–77 (1980).

SKRODZKI, M., P. KATTINGER; E. TRAUTVETTER: Polyzystische Veränderungen in Leber, Niere, Pankreas und Bronchialdrüsen bei einer Perserkatze. Kleintierpraxis **37,** 599 (1992).

STROMBECK, D. R.; W. G. GUILFORD: Gastroenterology, 2. Aufl., Stonegate Publishing, Davis (1991).

SUTER, P. F.: Portal vein anomalies in the dog: their angiographic diagnosis. J. Am. Vet. Radiol. **16,** 84 (1975).

THORNBURG, L. P.; S. SIMPSON; K. DIGLIO: Fatty liver syndrome in cats. J. Amer. Anim. Hosp. Assoc. **18,** 397 (1982).

VULGAMOTT, J. C.; G. H. TURNWALD; G. K. KING; D. S. HERRING; J. F. HANSEN; H. W., Jr. BOOTHE: Congenital portocaval anomalies in the cat: two case reports. J. Am. Anim. Hosp. Assoc. **16,** 915–919 (1980).

WRIGLEY, R. H.: Radiographic and ultrasonographic diagnosis of liver diseases in dogs and cats. Vet. Clin. North Amer. **15,** 21 (1985).

Krankheiten des exokrinen Pankreas

Von W. KRAFT

Raum für Notizen

Krankheiten des exokrinen Pankreas

Das Pankreas der Katze ist, wie das des Hundes, U-förmig und besteht aus dem zentralen Mittelstück (Corpus) und dem Lobus pancreaticus dexter und Lobus pancreaticus sinister. Das Mittelstück hat enge Lagebeziehungen zum Pylorus, während der Lobus dexter der Pars descendens duodeni und der Lobus sinister dem Magen anliegen. Der Ausführungsgang (Ductus pancreaticus) mündet bei der Katze zusammen mit dem Ductus choledochus auf der Papilla duodeni major in den Zwölffingerdarm. Der Ductus pancreaticus accessorius fehlt meistens; wenn er vorhanden ist, mündet er auf der Papilla duodeni minor in das Duodenum.

Die Blutversorgung erfolgt über die Arteria coeliaca und die Arteria mesenterica cranialis. Abgeleitet wird das Blut in die Pfortader. Die Lymphe wird in Lymphknoten der Leber, der Milz, des Duodenums und des Mesenteriums abgeleitet. Die nervale Versorgung erfolgt durch den Nervus vagus.

Das Pankreas ist eine zusammengesetzte endokrine (Insulin in den B-Zellen, Glucagon in den A-Zellen, Somatostatin in den D-Zellen, ferner Kallikrein; Gastrin wird nur beim Zollinger-Ellison-Syndrom in Inselzelltumoren gebildet) und exokrine Drüse (Trypsinogen, Chymotrypsinogen, Proelastase, Procarboxypeptidase, Procolipase und Prophospholipase, ferner Lipase und α-Amylase). Außerdem wird Bikarbonat sezerniert. Während die endokrinen Hormone in die Blutbahn sezerniert werden, erfolgt die Fermentabgabe über den Ductus pancreaticus gemeinsam mit der Galle in den Dünndarm. Dort werden die Vorstufen in die Fermente aktiviert. Die im Duodenum sezernierte Enteropeptidase (Enterokinase) aktiviert Trypsinogen zu Trypsin; dieses aktiviert weiteres Trypsinogen zu Trypsin und Chymotrypsinogen zu Chymotrypsin. Die Sekretion von inaktiven Vorstufen im Pankreas und die Aktivierung erst im Duodenum dient dem Schutz des Organs vor Selbstverdauung. Daneben wird im Pankreas ein Trypsininhibitor gebildet. Seine Aufgabe ist die Verhinderung der Trypsinaktivierung im Pankreas und damit ebenfalls die Verhütung der Selbstverdauung.

Beim Hund erfolgt eine basale Pankreassaftsekretion auch in der Hungerphase. Nach der Fütterung wird Pankreassekret biphasisch sezerniert: Die erste Phase wird zwei, die zweite etwa 11 Stunden nach der Futteraufnahme beobachtet (ITOH u. M., 1980). Wie die Verhältnisse bei der Katze liegen, ist unbekannt. Die Sekretion wird durch eine enzephale und durch eine gastrale und intestinale Komponente gesteuert. Die Erwartung und der Geruch von Futter lösen die enzephale Komponente aus, während Sekretin und Cholezystokinin im Duodenum ins Blut sezerniert werden, wenn saurer und angedauter Mageninhalt ins Duodenum abgegeben wird. Dies veranlaßt das Pankreas zur Sekretion von Bikarbonat und Pankreasfermenten.

Die Morbidität der Pankreaserkrankungen bei der Katze kann als gering bezeichnet werden. HÄNICHEN und MINKUS (1990) fanden bei 6504 sezierten Katzen folgende Morbiditätsraten:

akute nekrotisierende Pankreatitis	20 (3 ‰)
chronisch-fibrosierende Pankreatitis einschließlich Pankreaszirrhose	49 (7 ‰)
interstitielle Pankreatitis bei Jungkatzen	5 (1 ‰)
Pankreaskarzinom	9 (1,4 ‰)

Die Symptome bei exokrinen Pankreaskrankheiten der Katze sind (noch) unspezifischer als beim Hund. Sie kommen zudem wesentlich seltener vor. Während STROMBECK (1979) eine Krankheitshäufigkeit von 1,5 ‰ angibt, fand DUFFELL eine Rate von 4,6 pro 1000 Katzen. Wesentlich häufiger findet dagegen der Pathologe pankreaskranke Katzen (OWENS u. M., 1975), woraus ersichtlich wird, daß zahlreiche Pankreaskrankheiten intra vitam unerkannt bleiben. Beispielsweise ist die recht häufig zu findende noduläre Hyperplasie klinisch symptomlos und stellt einen Zufallsbefund bei der Laparotomie, Laparoskopie oder Autopsie dar.

Akute und chronische Pankreatitis

Die relativ häufig beim Hund anzutreffende akute Entzündung des Pankreas in ihren verschieden schweren Verlaufsformen kommt bei der Katze offenbar seltener vor. Bisweilen wird die akute Pankreatitis bei der Katze im Verlauf systemischer Krankheiten beobachtet, tritt aber in den meisten Fällen als ödematöse („katarrhalische") Pankreatitis auf und ist dann klinisch nicht oder wenig auffällig; nur selten werden die schweren Verlaufsformen der hämorrhagischen und nekrotischen akuten Pankreatitis gesehen. Die Häufigkeit der chronischen Pankreatitis ist unbekannt.

Als auslösende Ursachen werden Cholangitis und Cholangiohepatitis sowie Pankreastraumen vermutet. So beschreiben LETTOW u. M. (1986) Pankreatitiden nach Fensterstürzen. In Ländern, in denen der Katzenleberegel (Amphimerus pseudofelineus) eine Rolle spielt, vermag er die Pankreatitis auszulösen. Auch bei Toxoplasmeninfektionen wurden Pankreatitiden festgestellt (SUTER und OLSEN, 1969; KELLY u. M., 1975; GUMBEIN, 1981; FOX u. M., 1981; HIRSCH und DOIGE, 1983; GARVEY und ZAWIE, 1984; JUBB, KENNEDY und PALMER, 1985). Die meisten Fälle einer Pankreatitis bei der Katzen müssen als idiopathisch bezeichnet werden (STEINER, 1995). Als Risikofaktoren nennt STEINER Traumen (Verkehrsunfälle, chirurgische Eingriffe?), Infektionskrankheiten, Organophosphatintoxikationen; ob Pharmaka eine Pankreatitis bei der Katze auszulösen vermögen, ist unbekannt.

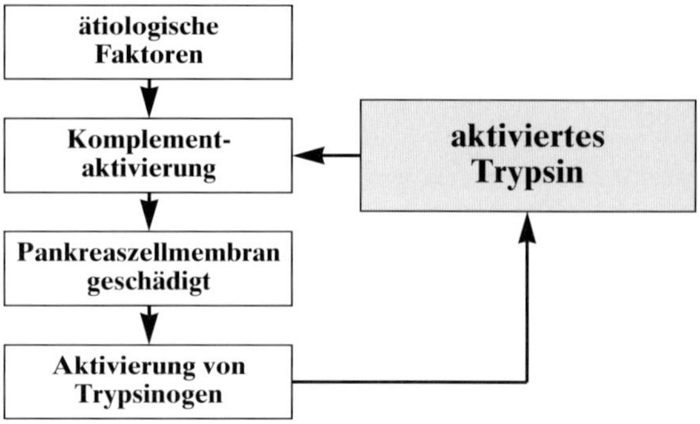

Abb. 1: Pathogenese der akuten Pankreatitis (1).

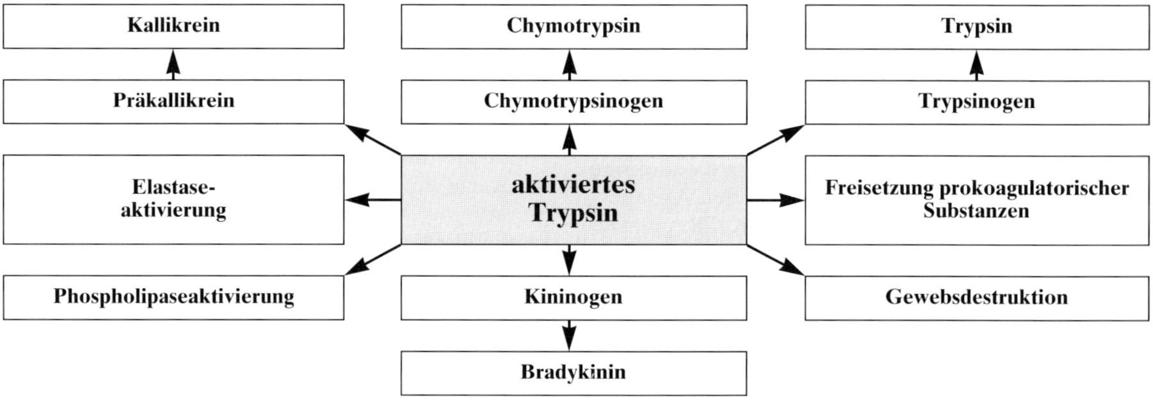

Abb. 2: Pathogenese der akuten Pankreatitis (2).

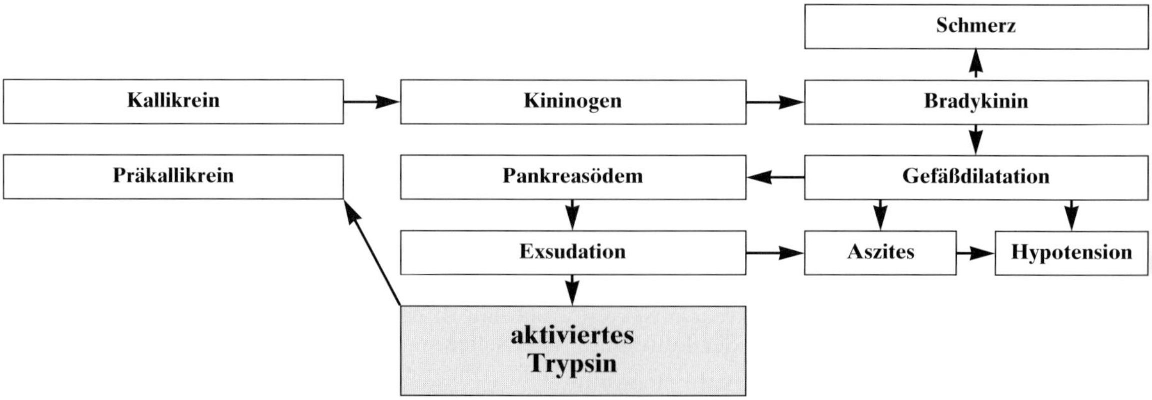

Abb. 3: Pathogenese der akuten Pankreatitis (3).

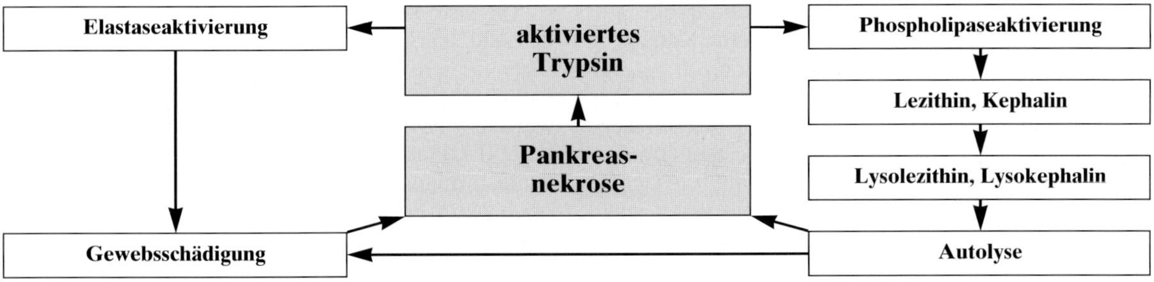

Abb. 4: Pathogenese der akuten Pankreatitis (4).

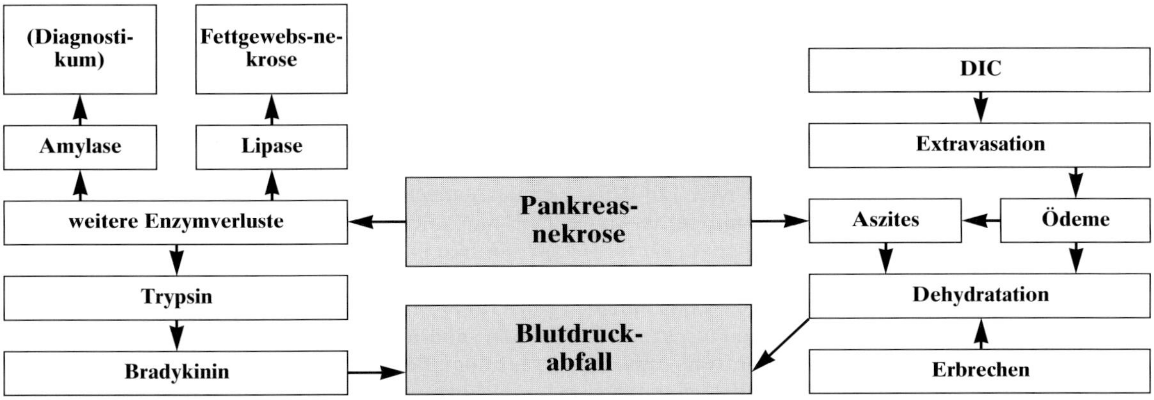

Abb. 5: Pathogenese der akuten Pankreatitis (5).

Während beim Hund – ähnlich wie beim Menschen – durch Verabreichung eines sehr fetten Futters eine Pankreatitis verursacht werden kann, ist dies bei der Katze offenbar nicht möglich. Ebenso scheint durch Kortikosteroide bei der Katze – wiederum im Gegensatz zum Hund – keine Pankreasentzündung hervorgerufen zu werden.

Es ist anzunehmen, daß bei der relativ häufigen Cholangitis der Katze häufiger auch Pankreatitiden vorkommen. Tatsächlich werden in manchen dieser Fälle auch Lipaseerhöhungen festgestellt. Da jedoch die Lebersymptome im Vordergrund stehen, dürften die Pankreaszeichen öfter übersehen werden. Insgesamt scheinen Pankreasentzündungen bei der Katze weniger dramatisch zu verlaufen als beim Hund. Bei der Katze stehen die Grundkrankheiten – Cholangitis, Cholangiohepatitis, Diabetes mellitus – im Vordergrund. Sie sind offenbar häufiger verantwortlich für einen tödlichen Ausgang als die Pankreatitis. Eine Ausnahme bildet die traumatische Pankreatitis, die per se (fast) immer tödlich endet (SUTER und OLSEN).

Pathogenetisch wird in den meisten Fällen von Pankreatitiden – Untersuchungen bestehen besonders beim Hund – eine Aktivierung der Verdauungsproenzyme noch innerhalb des Pankreas vermutet. Dadurch wird eine Entzündung der Bauchspeicheldrüse bis hin zur Nekrose eingeleitet. Die anatomische Nähe und die enge Versorgung mit Blut- und Lymphgefäßen führen dann zum Übergreifen der Entzündung auf Magen, Duodenum und Kolon. Noch folgenreicher ist jedoch die Freisetzung vasoaktiver Substanzen (Polypeptide) in die Blutbahn, die in die Leber, die Lunge, das Herz und die Nieren gelangen und dort akute Entzündungen, Nekrosen und Ödeme hervorrufen. Es wird ein Blutdruckabfall ausgelöst mit Blutstase in der Endstrombahn und Disseminierter intravasaler Koagulation und Verbrauchskoagulopathie.

Klinisches Bild

Gegenüber dem Hund bestehen außer in Häufigkeit, Schwere und klinischer Erscheinung noch einige andere bemerkenswerte Unterschiede. Während beim Hund meistens adipöse Individuen betroffen sind, erkranken bei der Katze durchaus auch normalgewichtige Tiere. Eine Geschlechts-, Rasse- oder Gewichtsdisposition konnte nicht nachgewiesen werden. Dagegen scheint eine Altersprädisposition vorzuliegen: FREUDIGERS (1989) Fälle von akuten Pankreatitiden waren zwischen acht und 13 Jahre alt, und DUFFELL (1975) findet chronische Pankreatitiden bei durchschnittlich acht Jahre alten Katzen. Wenn es zu klinischen Symptomen kommt, so sind sie meistens milder als beim Hund, oft fehlen sie oder können zumindest objektiv nicht nachgewiesen werden. Sie bestehen in Anorexie, Erbrechen, Ikterus und, besonders bei chronischem Verlauf, Gewichtsverlust. Ferner können – selten – Fieber und Tachykardie auftreten. Seltener werden Polydipsie und Polyurie bemerkt; es ist nicht sicher, ob sie auf die Pankreatitis per se oder die begleitende Nephropathie oder den häufig gleichzeitigen Diabetes mellitus zurückzuführen sind. Häufig besteht ein Ikterus, der zumindest bei den Katzen mit Cholangitis/Cholangiohepatitis (auch) dieser Krankheit angelastet werden muß. Bisweilen sind Leberlipidosen Ursachen einer akuten Pankreatitis, oder sie kommen häufig gemeinsam vor. Bauchschmerz wurde vorwiegend bei akuter, bei traumatischer und bei experimenteller Pankreatitis beobachtet. FREUDIGER schildert als Symptome der akuten Pankreatitis Anorexie, Apathie bis Somnolenz, Fieber, in fortgeschrittenen Fällen Untertemperatur, Dehydrierung bis Exsikkose, Abmagerung und in den Endstadien Schocksymptome mit Tachykardie und Pulsus paene insensibilis bis sensibilis sowie serosanguinöse Bauchhöhlenergüsse, ferner Vomitus und/oder Durchfälle. Als auffälligste Symptome beschreibt er den Vorderbauchpalpationsschmerz und nicht abgrenzbare dolente Weichteilverdichtungen.

Bei chronischer Pankreatitis wurden disseminierte Fettnekrosen beschrieben (RYAN und HOWARD, 1981). Dabei werden knotige Unterhautverdickungen palpiert. Zurückzuführen ist das Phänomen auf eine systemische Fettgewebsdystrophie.

HILL u. M. (1993) berichten von 40 Fällen schwerer Verlaufsformen akuter oder chronischer Pankreatitiden bei der Katze. Sie zeigten folgende Symptome:

Lethargie	100 %
Anorexie	97 %
Dehydratation	92 %
Hypothermie	68 %
Erbrechen	35 %
Abdominalschmerz	25 %
Dyspnoe	20 %
Durchfall	15 %
Ataxie	15 %

ferner Fieber, Polydipsie und Polyurie.

Diagnose

Bei der Katze scheint die Aktivität der Serum-Lipase nicht sehr zuverlässig zu sein. Anderslautende Berichte beruhen meist auf Untersuchungen an experimentell durch Obstruktion des Ausführungsgangs ausgelösten Pankreatitiden. Ähnliches gilt für die α-Amylase. Die Beobachtungen sind jedoch bisher nur sehr spärlich. SCHAER (1979) berichtet bei wenigen Fällen von akuter Pankreatitis über Hyperkaliämien und Hypokalzämien. In eigenen Fällen wurden Enzymaktivitätssteigerung von AST, ALT und GLDH und teilweise eine geringgradige Hypercholesterinämie festgestellt. Auch Urämien werden beobachtet. Sie sind möglicherweise häufiger die Ursache des Todes (oder der Euthanasie) als die Pankreatitis, die dann einen Zufallsbefund bei der Sektion darstellt. Es können schwere metabolische Azidosen auftreten. Leukozytosen mit Werten bis 50 000/µl können auftreten. HILL u. M. (1993) fanden bei ihren 40 Katzen mit Pankreatitiden in etwa zwei Drittel der Fälle eine Erhöhung der ALT, eine Hyperbilirubinämie, Hypercholesterinämie und Hyperglykämie. Darüber hinaus bestanden in rund der Hälfte der Fälle Azotämien, Hyperenzymämie der Alkalischen Phosphatase, Hypokalzämie und bei einem Viertel Hypalbuminämien.

Der nun auch für die Katze erhältliche TLI-Test (trysin-like immunoreactivity) soll „oft erhöht" sein (STEINER, 1995). Der Autor gibt als Referenzbereich für fTLI 17,1 bis 48,6 µg/l an; wahrscheinlich bestehen laborabhängige Referenzbereiche. Bei Pankreatitiden fand er 19 bis 540 µg/l.

Das Röntgenbild ist nicht spezifisch verändert. In schweren Fällen werden eine Starre und ein Meteorismus des Duodenums beobachtet (wiederholte ventrodorsale Aufnahmen zeigen, daß das oft geblähte Organ immer an derselben Stelle liegt, nach der lateralen Bauchwand verdrängt). Im Vorderbauchbereich, besonders auf der rechten Seite, findet sich ein verminderter Kontrast. Bisweilen bestehen Ergußzeichen. Mit der Ultraschalluntersuchung liegen m. W. noch keine größeren Erfahrungen vor.

Prognose

In den leichten ödematösen Formen bis günstig. Schwere (hämorrhagisch-nekrotisierende) ungünstig bis infaust.

Therapie

1. Hungern lassen, künstliche Ernährung über zentralen oder peripheren Venenkatheter. Keine Ernährung per os!

2. Wasser-Elektrolyt-Ausgleich: Da die Katzen bisweilen kein Wasser aufnehmen oder sofort wieder erbrechen, muß ein venöser Zugang geschaffen und durch einen Venenkatheter immer offen gehalten werden. Es werden bilanzierte Elektrolytlösungen gegeben (Serum-Ionogramm), sonst Vollelektrolytlösungen. Bisweilen besteht eine Hyperkaliämie, so daß Kalium-freie Lösungen gegeben werden müssen.

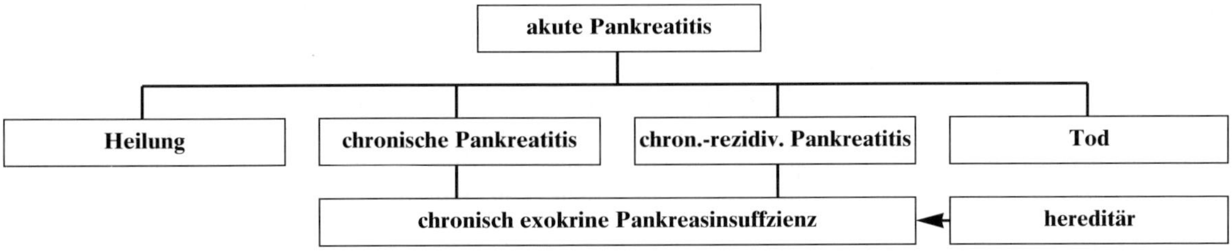

Abb. 6: Möglicher Verlauf exokriner Pankreopathien.

3. Azidoseausgleich: Natriumbikarbonatlösung 4,2%ig nach der Formel:
– Basenüberschuß (BE) (mmol/l) x kg KM x Faktor 0,3 = benötigte Bikarbonat-Ionen (mmol/Katze)
Die Bikarbonatlösung wird langsam über den ganzen Tag verteilt infundiert.
4. Aprotinin (Trasylol®) 5000 bis 8000 E/kg KM (Wirksamkeit unbewiesen).
5. Antiemetika: Chlorpromazin oder Prochlorperazin 0,25 bis 0,5 mg/kg KM i. m. oder i. v.
6. Beim Hund konnten in eigenen Untersuchungen Erfolge mit Selen, 0,1 mg/kg KM (entsprechend 0,3 mg Natriumselenit/kg KM), erzielt werden. Erfahrungen bei der Katze liegen nicht vor.
7. Breitspektrumantibiotika sind nur in schweren Fällen sinnvoll.
8. Nach Abklingen der akuten Symptome vorsichtiges Anfüttern, auf mehrfach am Tag verteilt eine fettarme, kohlehydratreiche, mäßig proteinhaltige Diät (etwa r/d-Diät, Versuch mit Anwärmen oder nach Wasseraufschwemmung mit der Sonde eingeben).

Chronische Pankreasinsuffizienz

Nur wenige Publikationen berichten über die gesicherte chronische exokrine Pankreasinsuffizienz bei der Katze (HOLZWORTH und COFFIN, 1953; HOSKINS u. M., 1982). Als Ursachen werden chronische Pankreatitis und Katzenleberegelbefall – der in Mitteleuropa keine Rolle spielt – vermutet. Offenbar besteht keine genetische Prädisposition. So ist die idiopathische Pankreasatrophie, die beim Hund vorkommt, bei der Katze noch nicht gefunden worden (ISLER, 1978).

Klinisches Bild

Es bestehen ähnlich wie beim Hund die Zeichen der Maldigestion, die zum Malassimilationssyndrom führen mit Gewichtsverlust, Polyphagie, Massenstühlen und Fettkot (Steatorrhoe). Durch die mangelhafte Fettassimilation entsteht eine Hypovitaminose fettlöslicher Vitamine (A, D, E, K). Das Allgemeinbefinden ist nicht gestört.

Diagnose

Die Diagnose wird ähnlich wie beim Hund durchgeführt. Neben der qualitativen Fett-, Muskelfaser- und Stärkebestimmung im Kot nach Fütterung einer Probekost aus gekochten Kartoffeln, rohem Muskelfleisch und Öl – was die Katze allerdings oft verweigert – eignet sich besser die dreimalige Bestimmung von Chymotrypsin im Kot. Ob der PABA-Test verläßliche Ergebnisse bringt, ist unklar. Bei gesunden Katzen wird nach einer oralen Gabe von 50 mg BT-PABA/kg KM 60 bis 120 min später ein Peak im Blut gesehen, der bei 7,5 ± 3,2 µg/dl bzw. 3,86 ± 1,34 µg/ml liegt (SHERDING u. M., 1982; HAWKINS u. M., 1986). Er ist damit erheblich niedriger als beim Hund. Nach FISCHER u. M. (1993) werden beim BT-PABA-Test Werte von 313 ± 176 µg/dl (3,13 ± 1,76 µg/ml) gefunden, wobei erhebliche individuelle Schwankungen auftreten. Bei zwei Katzen mit chronischer exokriner Pankreasinsuffizienz wurden 120-Minuten-Werte von 103 und 134 µg/dl ermittelt.
Gute Ergebnisse sollen die Bestimmung von Serum-Kobalamin (herabgesetzt) und besonders von fTLI bringen (STEINER, 1995). Bei chronischer exokriner Pankreasinsuffizienz soll es ebenfalls vermindert sein (≤ 8µg/l).

Differentialdiagnose

Infrage kommen die chronische idiopathische Darmentzündung, die durch Palpation und Röntgenkontrastaufnahmen wahrscheinlich gemacht und durch Biopsie (Endoskopie) nachgewiesen werden kann, ferner die Hyperthyreose, die wegen ihrer Seltenheit in Europa bisweilen übersehen wird; sie kann durch Bestimmung von Serum-Gesamtthyroxin (T4) leicht nachgewiesen werden.

Prognose

Sie ist unter Substitution von Pankreasfermenten günstig.

Therapie

Sie wird vom Hund abgeleitet und ist weitgehend empirisch, auch bezüglich der Menge der Pankreasenzyme und der Diät. Jedenfalls sollte die Fettration nicht herabgesetzt werden, da die Katze einen höheren Fettanteil in der Nahrung benötigt als der Hund. Außerdem verweigert die Katze eine ihr unbekannte Diät sehr häufig.

Man gibt einen bis zwei Teelöffel der handelsüblichen Pankreasfermentpräparate ins Futter und vermischt es, wobei die Frage, ob das Gemisch vorinkubiert werden muß oder gleich gefüttert werden kann, unterschiedlich diskutiert wird. Es empfiehlt sich außerdem, eine Vitaminmischung zuzufügen, die die fettlöslichen Vitamine A, D, E und K enthält. Da Katzen zum Vitamin-B-Defizit neigen, sollte auch eine Vitamin-B-Mischung angeboten werden.

Pankreaszysten

Sie werden als Zufallsbefund bei der Sektion oder bei der Ultraschalluntersuchung beobachtet. Dabei handelt es sich um eine zystische Erweiterung des Ductus pancreaticus, der bis zur Bildung einer „Pankreasblase" erweitert sein kann. Klinische Symptome fehlen im allgemeinen. Hin und wieder kommt jedoch eine Unterbrechung des Galleflusses mit Ikterus zustande. Die Möglichkeit von Pankreaszysten sollten jedoch bekannt sein, um Fehlinterpretationen bei einer Ultraschalluntersuchung vorzubeugen.

Pankreastumoren

In den meisten Fällen stellen die Pankreastumoren epitheliale Neubildungen dar. Entstehungsort sind meist die Gänge, seltener das Parenchym. Pankreastumorosen sind Krankheiten der alten Katzen jenseits des zehnten Lebensjahres.

ANDREWS (1987) berichtet von 58 Fällen. Davon zeigten knapp die Hälfte Anorexie und Gewichtsverlust, gefolgt von Apathie, Erbrechen, Ikterus, Obstipation oder Durchfall.

Zahlreiche Autoren berichten über **Pankreasadenome und -hyperplasien** (SCHMIDT und LANGHAM, 1967; JUBB und KENNEDY, 1970; ANDERSON und STAFUSS, 1971; OWENS und DRAZNER, 1975; PATNAIK u. M., 1975; KIRCHER u. M., 1976; PRIETER und McKAY, 1980; GARVEY und ZAWIE, 1984). Bisweilen werden sie als Zufallsbefunde bei der Sektion gesehen. Sie können einzeln oder multipel auftreten. Klinische Symptome werden nicht beobachtet.

Gastrinome (Zollinger-Ellison-Syndrom) stellen offenbar eine extreme Seltenheit dar. M. W. ist bisher erst ein Fall bei einer Katze beschrieben worden (MIDDLESTON, 1983). Die Katze zeigte blutiges Erbrechen. Das Serum-Gastrin war auf das Siebenfache der oberen Referenzbereichsgrenze angestiegen. Die Sektion ergab tumoröse Veränderungen der Inselzellen mit Lebermetastasen. Außerdem wurden Duodenalulzera gefunden. Theoretisch käme die Tumorektomie und die Behandlung mit Cimetidin, 10 mg/kg KM, auf zweimal täglich verteilt, in Frage.

Über **Karzinome** berichten ROWLATT (1967), SCHMIDT und LANGHAM (1967), ENGLE und BRODEY (1969), PATNAIK u. M. (1975), KIRCHER und NIELSEN (1976), BANNER u. M. (1979), COTCHIN (1983), GARVEY und ZAWIE (1984), CROW (1985), ANDREWS (1987). MÜNSTER und REUSCH (1988) schildern den Krankheitsverlauf von fünf Karzinomen und einem Lymphosarkom. Die Katzen waren zwischen drei und 14 Jahren alt. In allen Fällen bestand ein stark reduziertes Allgemeinbefinden, meistens Kachexie; ein Tumor konnte in den meisten Fällen intra vitam diagnostiziert werden, in einem Fall bestand eine erhebliche Schmerzhaftigkeit im vorderen Abdomen. Die Krankheitsdauer belief sich auf drei Tage bis zweieinhalb Monate. Zum Zeitpunkt der Diagnose waren in den meisten Fällen bereits Metastasen nachweisbar. Insgesamt sind die malignen Tumoren des felinen Pankreas aber eher selten; sie werden in den meisten Fällen post mortem diagnostiziert.

Eine sichere **Diagnose** ist durch Ultraschalldiagnose, sonst nur durch Laparoskopie, besser aber durch Probelaparotomie zu stellen. Die **Therapie** besteht in der radikalen Pankreatektomie. Die **Prognose** ist jedoch sehr ungünstig.

Literatur

ANDREWS, L. K.: Tumors of the exocrine pancreas. In: Holzworth, J.: Diseases of the cat. Saunders, Philadelphia 1987.

BANNER, B. F., u. M.: Acinar cell carcinoma of the pancreas in a cat. Vet. Pathol. **16,** 543–547 (1979).

COTCHIN, E. NEOPLASIA. In: WILKINSON, E.: Diseases of the cat and their management. Melbourne Blackwell Sci Publ., Oxford 1983.

CROW, S. E.: Tumors of the alimentary tract. Vet. Clin. North Amer. Small Anim. Pract. **15,** 577–596 (1985).

DUFFELL, S. J.: Some aspects of pancreatic diseases in the cat. J. Small Anim. Pract. **16,** 365 (1975).

ENGLE, G. C, und BRODEY, R. S.: Retrospective study of 395 feline neoplasms. J. Amer. Anim Hosp. Assoc. **5,** 21–31 (1969).

FISCHER, S., KRAFT, W.: BT-PABA-/Xylose-Test bei der Katze. Tierärztl. Prax. **21,** 159 (1993).

FOX, J. H., u. M.: Pancreatic function in domestic cats with pancreatic fouke infection. J. Amer. Vet. Med. Assoc. **178,** 58 (1981).

FREUDIGER, U.: Krankheiten des exokrinen Pankreas bei der Katze. Berl., Münch. Tierärztl. Wschr. **102,** 37–43 (1989).

GARVEY, M. S., ZAWIE, D. A.: Feline pancreatic disease. Vet. Clin. North Amer. Amer. Small Anim. Pract. **14,** 1231 (1984).

GUMBEIN, S. L.: Chronic pancreatitis in a cat. Feline pract. **11,** 23 (1981).

HÄNICHEN, T., MINKUS, G.: Retrospektive Studie zur Pathologie der Erkankungen des exokrinen Pankreas bei Hund und Katze. Tierärztl. Umschau **45,** 363–368 (1990).

HARDY, R. M.: Diseases of the exocrine pancreas. In: Sherding, R. G.: The cat: diseases and clinical management. Churchill Livingstone, New York 1989.

HAWKINS, E. C., u. M.: Digestion of bentiromide and absorption of xylose in healthy cats and absorption of xylose in cats with infiltrative intestinal disease. Amer. J. Vet. Res. **47,** 567 (1986).

HILL, R. C., van WINKLE, T. J.: Acute pancreatitis in the cat. Proc. 8th Ann. Forum Amer. Coll. Vet. Int. Med. 1990, 329–331.

HILL, R. C., van WINKLE, T. J.: Acute necrotizing pancreatitis and acute suppurative pancreatitis in the cat. A retrospective study of 40 cases (1976–1989). J. Vet. Intern. Med. **7,** 25–33 (1993).

HIRSCH, V. M., DOIGE, C. E.: Suppurative chzolangitis in cats. J. Amer. Vet. Med. Assoc. **182,** 1223 (1983).

HOLZWORTH, J., und COFFIN, D. L.: Pancreatic insufficiency and diabetes mellitus in a cat. Cornell Vet. **43,** 502 (1953.)

HOSKINS, J. D., TURK, J. R., TURK, M. A.: Feline pancreatic insufficiency. Vet. Med. Small Anim. Clin. **77,** 1745 (1982).

ITOH, Z., u. M.: Biphasic secretory response of exocrine pancreas to feeding. Amer. J. Physiol. **238,** 332 (1980).

JUBB, K. V. F., KENNEDY, P. C., PALMER, N.: Pthology of domestic animals. 3rd ed. Acad. Press, Orlando, 1985.

KELLY, D. F., BAGGOTT, D. G., GASKILL, C. H.: Jaundice in the catassociated with inflammation of the biliary tract and pancreas. J. Small Anim. Pract. **16,** 163 (1975).

KIRCHER, C. H., und NIELSEN, S. W.: Tumors of the pancreas. Bull. WHO **53,** 195–202 (1976).

KITCHELL, B. E. u. M.: Clinical and pathologic changes in experimentally induced acute pancreatitis in cats. Amer. J. Vet. Res. **47,** 1170 (1986).

MIDDLESTON, D. J.: Duodenal ulceration associated with a gastrin secreting pancreatic tumor in a cat. J. Amer. Vet. Med. Assoc. **183,** 461 (1983).

OWENS, J. M. et al.: Pancreatic diseases in the cat. J. Amer. Anim. Hosp. Assoc. **11,** 83 (1975).

MÜNSTER, M, REUSCH, C.: Tumoren des exokrinen Pankreas der Katze. Tierärztl. Prax. **16,** 317–320 (1988).

PATNAIK, A. K., u. M.: Nonhematopoetic neoplasms in cats. J. Natl. Cancer Inst. **54,** 854–860 (1975).

ROWLATT, O.: Spontaneous epithelial tumors of the pancreas of mammels. Br. J. Cancer **21,** 82–107 (1967).

RYAN, C. P., und HOWARD, E. B.: Systemic lipodystrophy associated with pancreatitis in a cat. Feline Pract. **11,** 31 (1981).

SCHAER, M. S.: A clinicopathologic survey of acute panreatitis in thirty dogs and five cats. J. Amer. Anim. Hops. Assoc. **15,** 681 (1979).

SCHMIDT, R. E., und LANGHAM, R. F.: A survey of feline neoplasms. J. Amer. Vet. Med. Assoc. **151,** 1325–1328 (1967).

SHERDING, R. G., u. M.: Bentiromide: Xylose test ind healthy cats. Amer. J. Vet. Res. **43,** 2272 (1982).

STEINER, J. M.: Erkrankungen des exokrinen Pankreas bei der Katze. Gastvortrag München, 1995.

STEINER, J. M., WILLIAMS, D. A.: Feline trypsin-like immunoreactivity as a diagnostic tool for diseases of the exocrine pancreas in the cat. Vet. Previews **2,** 7–9 (1995).

SUTER, P. F., OLSEN, S. E.: Traumatic hemorrhagic pancreatitis in the cat. J. Amer. Vet. Radiol. Soc. **10,** 4 (1969).

STROMBECK, D. R.: Small animal gastroenterology. Stonegate, Davis, 1979.

STROMBECK, D. R., und GUILFORD, W. G.: Small animal gastroenterology. 2nd ed.. Stonegate, Davis, 1991.

Krankheiten der Harnorgane

Von W. Kraft

Raum für Notizen

Krankheiten der Harnorgane

Zu den Harnorganen, die sowohl örtlich als auch funktional und von der genetischen Entwicklung her eine enge Beziehung zu den Geschlechtsorganen aufweisen, werden die harnbereitenden Nieren und die harnableitenden Wege, nämlich Nierenbecken, Harnleiter, Harnblase und Harnröhre, gezählt. Die Harnorgane gehören zu den am häufigsten erkrankenden Organen der Katze, wenn sie auch bei dieser Tierart nicht ganz so oft von Krankheiten betroffen werden wie beim Hund. Sie können sowohl primär erkranken als auch sekundär als Folge einer Reihe anderer Primärkrankheiten oder Funktionsstörungen in Mitleidenschaft gezogen werden.

Die Nieren liegen bei der Katze annähernd auf gleicher Höhe extrathorakal, die linke unterhalb des zweiten bis fünften, die rechte zwischen erstem und fünftem Lendenwirbelquerfortsatz (NICKEL, SCHUMMER, SEIFERLE, 1987). Ihre Größe wird bei der Katze mit folgenden Maßen angegeben (NICKEL, SCHUMMER, SEIFERLE): Länge 38 bis 44 mm, Breite 27 bis 31 mm, Dicke 20,5 bis 25 mm. Auf dem Röntgenbild haben sie eine Größe von etwa zwei Längen des zweiten Lendenwirbels. Bei der Katze sind sie „dickbohnenförmiger" als beim Hund.

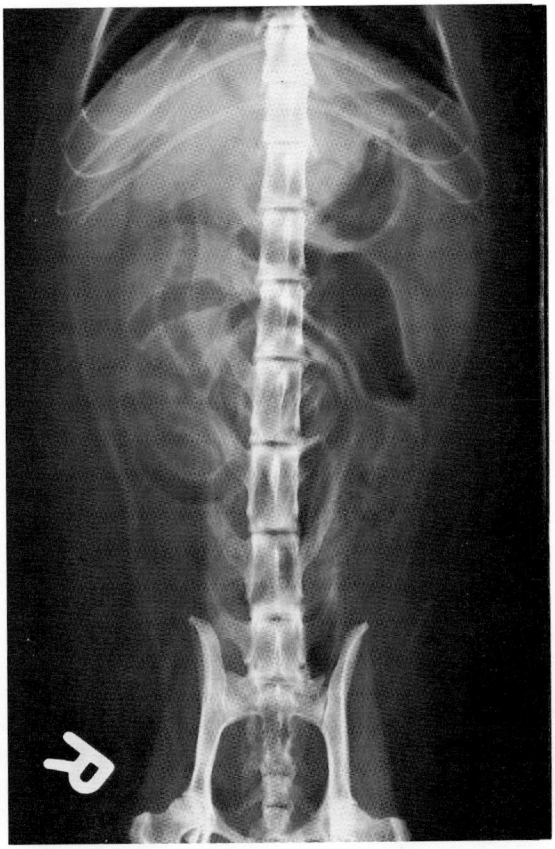

Abb. 1 a bis e: Urographie.
a) Vor Injektion von Urografin; ventrodorsal.

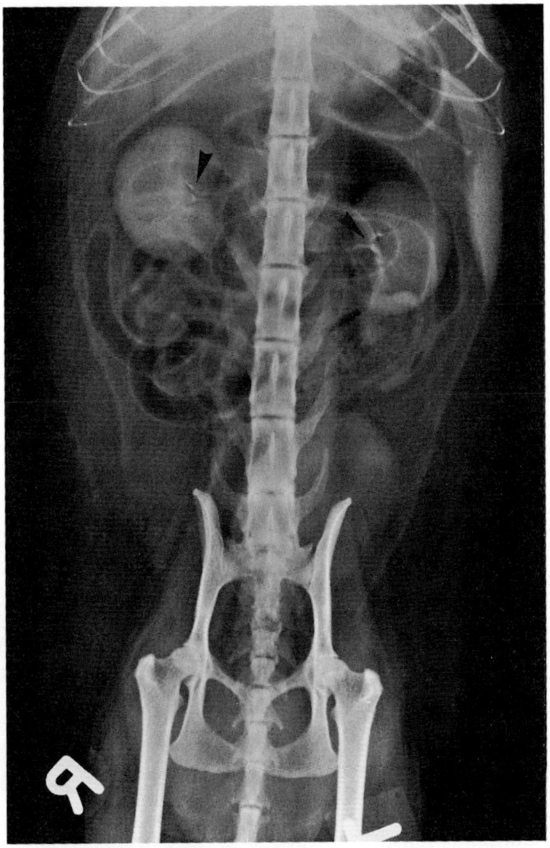

b) 3 Minuten nach Injektion von Urografin: Nieren, Nierenbecken und Ureteren dargestellt.

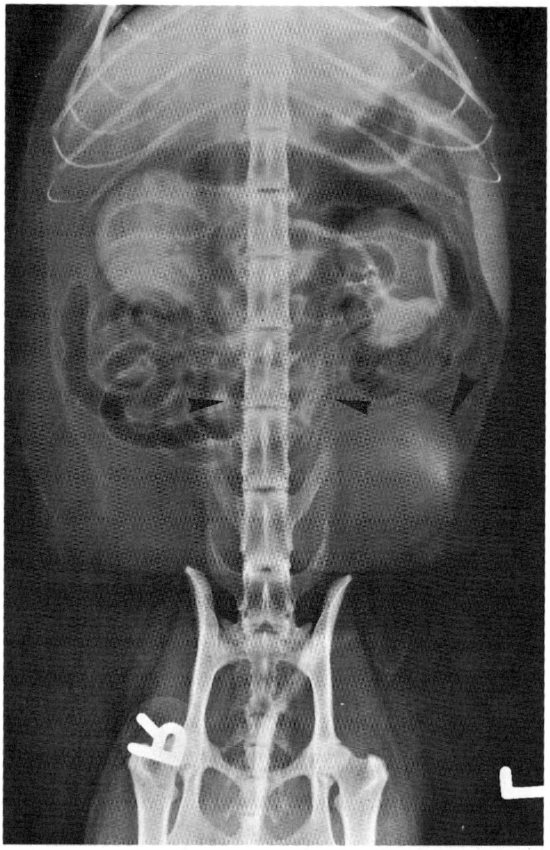

c) 8 Minuten nach Injektion von Urografin: beginnende Darstellung der Harnblase.

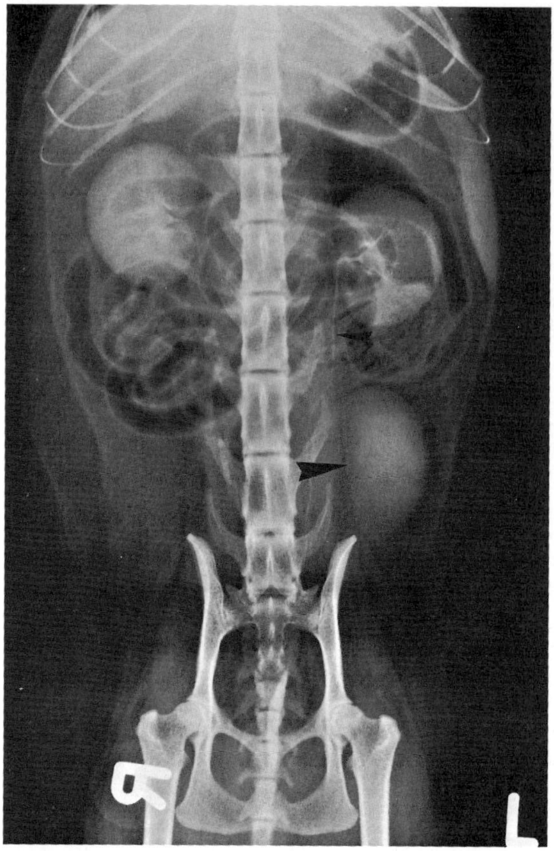

d) 13 Minuten nach Injektion von Urografin: deutliche Darstellung der Nieren, der Nierenkelche, des Nierenbeckens, der Ureteren und der Harnblase.

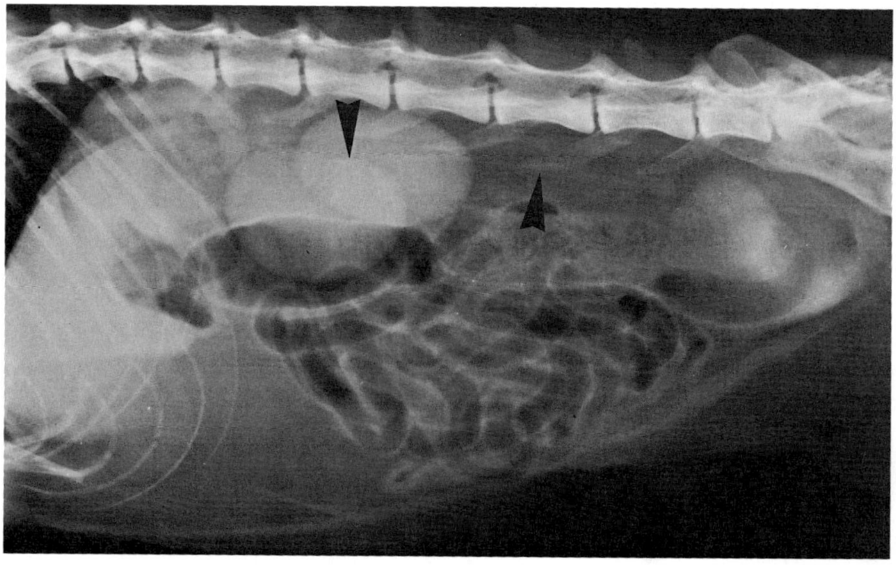

e) 15 Minuten nach Injektion von Urografin: latero-lateral. Rechter Ureter deutlich (Pfeil), linker schwach dargestellt.

Die Niere wird anatomisch eingeteilt in die bindegewebige Kapsel, die Rindenzone und die Markzone, der nach innen das Nierenbecken folgt, das in den Ureter mündet. Diese anatomischen Strukturen können beim nierenkranken Tier vielfältigen Veränderungen unterliegen, die in der Röntgenleeraufnahme nur ungenügend (Größen- und Formveränderungen), in der Kontrastdarstellung teilweise etwas besser (besonders Nierenbecken), am besten jedoch in der Ultraschalluntersuchung darzustellen sind.

Die Niere wird versorgt durch die Arteria renalis, die von der Aorta abzweigt und am Hilus in die Niere eintritt. Dort teilt sie sich in mehrere Zweige, die die Lobi renalis versorgen (Artt. interlobares). An der Basis der Markpyramiden teilen sie sich weiter auf. Nach weiteren Aufteilungen entspringen schließlich die Vasa afferentes, die zu den Glomerula führen, wo sie sich zum Gefäßknäuel des Glomerulums schlingen und jeweils in das Vas efferens münden (das ebenfalls arterielles Blut führt). Von hier aus wird das Blut zu den Kapillaren der Rindenkanälchen geführt.

Auffallend bei der Katzenniere sind die deutlich sichtbaren subkapsulären Venen, die sich bei der Laparoskopie deutlich erkennen lassen und einen physiologischen Befund darstellen. Das venöse Blut wird über die Vena renalis abgeführt, die am Hilus die Niere verläßt und in die Vena cava caudalis mündet.

Die harnbereitenden Einheiten (Nephrone) und das Sammelrohrsystem lassen sich folgendermaßen beschreiben (LIEBICH, 1993): Das Malpighische oder Nierenkörperchen setzt sich aus dem Glomerulum und der umgebenden, doppelwandigen Bowmanschen Kapsel zusammen. Das Glomerulum ist ein Gefäßknäuel, das als Aufzweigung des arteriellen Vas afferens aufgefaßt werden kann. Es wird von den Podozyten umschlossen, die sich vom inneren Blatt der Bowmanschen Kapsel ableiten. Zwischen ihren füßchenförmigen Fortsätzen bleiben Spalten frei. Sie erfüllen folgende Funktionen (LIEBICH, 1993): glomeruläre Filterfunktion, Aufnahme höhermolekularer Stoffe, Druckregulierung innerhalb des Nierenkörperchens, Neubildung fibrillärer Anteile der Basalmembran.

Als mechanischer Filter fungiert die Basalmembran, eine Struktur aus Makromolekülen und Glykoproteinen, die in einer Dicke von 0,1 bis 0,2 µm der Glomerulumwand von außen aufliegt.

Am Harnpol öffnet sich die Bowmansche Kapsel und entläßt den im Glomerulum gebildeten Primärharn in das Hauptstück, bestehend aus der Pars convoluta (Tubulus contortus I) und der Pars recta. Von hier aus wird die Henlesche Schleife erreicht mit ihrem dünnen absteigenden und dem dicken aufsteigenden Ast, der in das Schaltstück oder den Tubulus contortus II übergeht. Er leitet mit dem kurzen Verbindungsstück in ein Sammelrohr. Mehrere Sammelrohre führen in die Ductus papillares, die auf dem Porenfeld der Nierenpapille ins Nierenbecken münden.

Die Katze besitzt etwa 200 000 Nephrone und damit etwa halb so viel wie der Hund. Dagegen sind die Henleschen Schleifen der Katze wesentlich länger als beim Hund; sie reichen bis in die innere Markregion (NISSEN, 1966). Da in den Henleschen Schleifen die Hauptleistung der Harnkonzentration stattfindet (s. u.), wird hierin die Ursache für die hohe Harnkonzentrationsfähigkeit der Katze gesehen.

Eine Erhöhung der glomerulären Filtrationsrate (GFR) führt gleichzeitig zu einer Steigerung des tubulären Volumens. Damit kommt ein erhöhtes Volumen einschließlich vermehrter Natrium-Ionen an den Macula-densa-Zellen an, die mehr Natrium-Ionen resorbieren. Eine Erhöhung der Natrium-Ionen im juxtaglomerulären Apparat aber führt eine Freisetzung von Renin herbei.

	Erhöhung der GFR
	↓
	Erhöhung des tubulären Volumens und der Natrium-Ionen
	↓
Macula densa:	Natrium-Ionen-Resorption (Na-Rezeptoren?)
Juxtaglomerulärer Apparat:	↓
	Freisetzung von Renin, außerdem von Angiotensin, Prostaglandin, cAMP
	↓
	Kontraktion der Vasa afferentes
	↓
	Verminderung der GFR

Abb. 2: Steuerung der Harnproduktion.

Sobald im Blutkreislauf eine Druck- oder Volumenminderung entsteht, wird die GFR herabgesetzt, so daß eine Oligurie/Anurie entsteht. Gleichzeitig kommt eine hypoxische Schädigung der Tubuli zustande, die besonders die hypoxieempfindliche tubuläre Natriumresorption betrifft. Somit wird die frühdistale Natriumkonzentration in der Gegend der Macula densa erhöht, und es erfolgt wiederum eine Freisetzung von Renin in den afferenten, weniger den efferenten Arteriolen. Renin ist ein proteolytisches Enzym, das das in der Leber synthetisierte, im Blutplasma zirkulierende Angiotensinogen zu Angiotensin I aktiviert. Hauptsächlich in der Lunge wird dieses Angiotensin I zu Angiotensin II aktiviert, das sehr stark vasokonstriktorische Eigenschaften besitzt. Darüber hinaus stimuliert Angiotensin II die Freisetzung von Aldosteron aus der Nebennierenrinde.

Intravasaler Druck- oder Volumenabfall
↓
Nierenischämie
↙ ↘
Verminderung der GFR — Hypoxische Tubulusschädigung
↓
Verminderung der tubulären Na-Resorption
↘ ↙
Anstieg frühdistaler Na-Konzentration
↓
Macula densa: Aktivierung der Na-Resorptoren (?)
↓
Juxtaglomerulärer Apparat: Reninfreisetzung
↓
Leber: Angiotensinogen
↓
Angiotensin I
↓
Lunge (u. a. Gewebe): Angiotensin II
↙ ↘
Vasokonstriktion — Aldosteronfreisetzung (NNR)
↓
Niere: verminderte Nierendurchblutung
Gehirn: Durstgefühl
— tubuläre Rückresorption von Natrium und Wasser, tubuläre Sekretion von Kalium

Abb. 3: Pathogenese der Schockniere.

Die Ausscheidungsfunktion der Niere für harnpflichtige Substanzen ist eng korreliert mit ihrer Fähigkeit zur Harnproduktion. Diese wird bestimmt durch die Größen glomeruläre Filtration, tubuläre Rückresorption und tubuläre Sekretion. Die *glomeruläre Filtration* ist ein passiver Vorgang, bei dem infolge des Blutdrucks eine große Flüssigkeitsmenge durch die Membranen der Glomerula filtriert wird. Dieses als Primärharn bezeichnete Filtrat des Blutes ist zellfrei und nahezu proteinfrei. Als glomeruläre Filtrationsrate (GFR) wird die Menge filtrierten Primärharns, bezogen auf das durch die Glomerula strömende Blutplasma, bezeichnet. Sie wird beeinflußt vom Blutvolumen, hydrostatischen Druck, kolloidosmotischen Druck, von der Zahl der funktionsfähigen glomerulären Kapillaren, von deren Permeabilität, vom Druck des Niereninterstitiums und dem intratubulären hydrostatischen Druck (OSBORNE).

Tabelle 1: Beeinflussung der GFR

Blutvolumen
hydrostatischer Druck
kolloidosmotischer Druck
Zahl funktionsfähiger glomerulärer Kapillaren
Kapillarpermeabilität
Druck des Niereninterstitiums
intratubulärer hydrostatischer Druck

Das Glomerulumfiltrat, der Primärharn, entspricht etwa dem Plasma minus Zellen und Makromoleküle über 68 000 Dalton. Dies bedeutete einen schnellen Verlust an lebenswichtigen Substanzen und eine schwere Homöostasestörung etwa der Elektrolyte, wäre das Tubulussystem nicht in der Lage, durch selektive Rückresorption einen Ausgleich zu schaffen. Die Filterung wird nicht nur durch die Molekülgröße, sondern auch durch die elektrische Ladung bestimmt. Im übrigen aber ist die glomeruläre Filtration ein passiver Vorgang. Mit dem Primärharn werden harnpflichtige Stoffwechselprodukte ausgeschieden, deren Verbleib im Organismus zu schweren Allgemeinstörungen führen würde.

Die Zusammensetzung des Harns wird weitestgehend bestimmt von den Rückresorptions- und Sekretionsvorgängen im Tubulussystem. Im proximalen Tubulus werden bereits 75 % des Gesamtvolumens aus dem Primärharn passiv resorbiert. Gleichzeitig werden zahlreiche lebenswichtige Substanzen, wie Glukose, Aminosäuren, sowie die Elektrolyte Natrium, Kalium, Kalzium und Phosphat, aktiv und damit energieverbrauchend rückresorbiert. Dabei ist die Rückresorptionsfähigkeit etwa für Glukose beschränkt; wenn ihre Blutkonzentration und damit die Konzentration im Primärharn steigt, wird nicht mehr die gesamte Glukose zurückgewonnen und erscheint im Harn. Im distalen Tubulus werden die Sekretion von Wasserstoffionen, Ammoniak und Kalium und die Rückresorption von Bikarbonat- und Natriumionen durchgeführt. Unter dem Einfluß des Antidiuretischen Hormons (ADH) wird die Permeabilität der Epithelzellen des distalen Tubulus erhöht; die Folgen sind eine erhöhte Rückresorption von Wasser und eine Konzentration des Harns. Vermindertes ADH führt zur Dilution des Harns.

Die klinischen Konsequenzen bei Störungen der Filtrations-, Rückresorptions- und Sekretionsvorgänge sind beträchtlich. Im Glomerulum machen sie sich 1. als gestörte Ausscheidung unerwünschter Stoffwechselendprodukte (wie Säuren, Harnstoff und

Kreatinin), 2. als unerwünschte Ausscheidung lebenswichtiger Metaboliten, besonders von Plasmaproteinen, bemerkbar (OSBORNE). Die Erhöhung harnpflichtiger Stoffe im Blut wird als Azotämie bezeichnet. Allerdings ist nicht jede Azotämie glomerulär und damit renal bedingt; sie kann auch prärenal oder postrenal ausgelöst werden. Azotämie ist als Erhöhung harnpflichtiger Substanzen im Blut nicht identisch mit dem klinischen Syndrom der Urämie! – Viele Erkrankungen im Glomerulumbereich führen eine Permeabilitätssteigerung der Membranen herbei. Dies hat einen Verlust an Plasmaproteinen, in der Hauptsache von Albumin, zur Folge (Proteinurie).

In der Henleschen Schleife und im Distaltubulus sowie in den Sammelrohren sind Zellen vorhanden, die ein Mukoprotein, das Tamm-Horsfall-Mukoprotein, sezernieren (HOYER u. M., 1979). Wenn dieses Mukoprotein präzipitiert, entstehen Ausgüsse der Nierenkanälchen, die als Harnzylinder bezeichnet werden. Die Bildung von Zylindern wird begünstigt durch Säureionen und Protein. So führt eine Filtration von Protein im Glomerulum zur Bildung von Zylindern, die als hyaline Zylinder imponieren, wenn sie hauptsächlich aus Mukoprotein bestehen (SCHUMANN u. M., 1978). Durch Imprägnation verschiedener Zellen (Nierenepithelien, Leukozyten, Erythrozyten) entstehen die entsprechenden Zellzylinder. Tubuluserkrankungen sind charakterisiert durch Beeinträchtigung der Rückresorption und der Sekretion. Die verminderte Rückresorption zieht einen Verlust an Wasser, Natrium, Kalzium, Bikarbonat mit dem Urin nach sich; darüber hinaus werden wasserlösliche Vitamine verloren. Durch die gleichfalls verschlechterte Sekretionsleistung werden Kalium, Säureionen und Ammonium nicht genügend ausgeschieden und reichern sich im Organismus an.

Eine wesentliche Rolle spielt die Niere bei der Sekretion von Hormonen; sie kann geradezu als inkretorische Drüse angesehen werden. Andererseits wird ihre Funktion durch hormonelle Einwirkungen gesteuert. In viszeralen Glomerulumepithelzellen soll das die Erythrozytenreproduktion stimulierende Erythropoetin gebildet werden (BUSUTTIL u. M., 1972). Bei der Katze soll allerdings auch in den Karotiskörperchen eine nennenswerte extrarenale Erythropoetinsekretion stattfinden (TRAMEZZANI u. M., 1971). Die chronische Niereninsuffizienz geht daher bei der Katze weniger häufig mit nichtregenerativen hypoplastischen Anämien einher als beim Hund. Eine vermehrte Sekretion von Erythropoetin, wie sie bei manchen Nierentumoren, besonders aber bei chronischer renaler Hypoxie vorkommt, führt dagegen zur Stimulation der erythrozytären Stammzellen (SCOTT u. M., 1972; OSBORNE u. M., 1977).

1,25-Dihydroxycholecalciferol wird aus dem als Prohormon aufzufassenden Vitamin D nach Metabolisierung durch die Leber in der Niere gebildet. Es fördert die Kalziumresorption im Darm und steuert mit Parathormon zusammen den Kalzium- und Phosphormetabolismus im Blut- und Knochensystem. Bei chronischen Nierenerkrankungen kommt eine Hypokalzämie mit der Folge einer vermehrten Parathormonsekretion zustande, was zu einer Hyperphosphatämie führt. Die Ursache wird in einer verminderten 1,25-Dihydroxycholecalciferol-Synthese gesehen bei vermehrter Parathormonsekretion (renaler sekundärer Hyperparathyreoidismus).

Verschiedene Hormone werden in der Niere inaktiviert oder ausgeschieden. Bei Niereninsuffizienz reichern sich diese Hormone im Organismus an. Es sind hauptsächlich Gastrin, Calcitonin, Glucagon, Insulin, Parathormon, ADH und Renin.

Auf die Rolle des im juxtaglomerulären Raum gebildeten Renins wurde bereits eingegangen. Durch Krankheitszustände, die zu einer verminderten renalen Durchblutung und verminderten Spannung der Arteriolenwand führen, wird die Renininkretion angeregt, wodurch Angiotensinogen aktiviert wird und der Blutdruck steigt. Dadurch werden der Gefäßtonus erhöht und außerdem die Aldosteronsekretion stimuliert. Aldosteron fördert die Wasser- und Natriumrückresorption in den Tubuli. Durch die Abnahme des Glomerulumfiltrats und die Steigerung der Rückresorption von Natrium und Wasser kommt eine erhöhte Natriumkonzentration zustande, die zu vermehrter Angiotensinproduktion führt. Diese vasokonstriktorisch wirkende Substanz gibt Anlaß zur Verengung der Arteriolen des Nierenkörperchens und ergibt somit eine verminderte Perfusion mit Reduktion der Primärharnmenge (Oligurie, Anurie). Auf diese Weise wird glomerulär der Verlust von Flüssigkeit und Natrium minimiert, ein Vorgang, der zunächst lebensrettend sein kann. Da die Funktion des Aufrechterhaltens eines normalen Wasser- und Natriumspiegels von den Tubuli auf die Glomerula umgestellt worden ist, werden nunmehr auch alle anderen, normalerweise von den Glomerula filtrierten Substanzen zurückgehalten, und es resultiert eine Azotämie: Im Blutserum steigen Harnstoff, Kreatinin, Kalium, Phosphat und Säureionen an (Senkung des pH). Dies manifestiert sich als akutes Nierenversagen, dem ein Circulus vitiosus zugrunde liegt und der therapeutisch nur schwer oder nicht beeinflußt werden kann.

Normalerweise wird die Wasserhomöostase durch das Tubulussystem und seine Rückresorptionsfähigkeit unter ADH-Wirkung aufrechterhalten. Mehr als

99 % des von den Glomerula gebildeten Primärharns wird im Tubulussystem rückresorbiert. Im proximalen Tubulus erfolgt die Rückresorption von Wasser und gelösten Bestandteilen im gleichen Verhältnis, so daß keine Konzentration oder Verdünnung des Harns bis zum Ende des proximalen Tubulus zustande kommt, sehr wohl aber eine erhebliche Reduzierung der Menge. Der Harn hat vor Eintritt in die Henlesche Schleife also noch immer ein spezifisches Gewicht wie das Glomerulumfiltrat, das dem des eiweißfreien Serums, nämlich etwa 1,008 bis 1,012 oder einer Osmolalität von etwa 308 mosm/l, entspricht. Die Theorie der Harnkonzentration nach dem Gegenstromprinzip, die erstmals von KUHN u. M. (1942) erwähnt wurde, geht von folgender Überlegung aus: Aus dem aufsteigenden Schenkel der Henleschen Schleife wird Natrium aktiv ins Interstitium gepumpt. Dagegen kann Wasser in diesem Abschnitt wegen schlechter Permeabilität dieses Teils des Nephrons nicht folgen. Wasser kann aber aus dem absteigenden Schenkel des Tubulus abgesaugt werden, solange eine osmotische Druckdifferenz aufrechterhalten wird. Diese entsteht durch den Natriumüberschuß im Interstitium (hervorgebracht durch den aktiven Transport aus dem aufsteigenden Henle-Schenkel). Durch die gegensinnige Richtung des Flüssigkeitsstroms im absteigenden und im aufsteigenden Schenkel der Henleschen Schleife wird im absteigenden Schenkel die Flüssigkeit in immer hypertonere Umgebung verschoben, die ausreicht, um zunehmend Wasser zu resorbieren. Im aufsteigenden Schenkel wird dagegen die Flüssigkeit in eine hypotonere Umgebung verbracht; dies erleichtert den Übergang von Natrium (und Chlorid) ins Interstitium. Im distalen Tubulus ist die Konzentration an Natrium (und Chlorid) niedriger als im Plasma. Hier und in den Sammelrohren steigt die Wasserpermeabilität wieder an; der Harn wird konzentrierter. Allerdings wird noch Natrium (und Chlorid) resorbiert. Bei der Katze sind die Schleifen und Sammelrohre vergleichsweise länger als beim Hund oder dem Menschen, die Wasserresorptionsfläche also größer. Deshalb ist der Urin bei Feliden stärker konzentriert als bei Hund und Mensch. Bei der Katze kann die Harnkonzentration sehr hoch sein und Werte um 1,080 erreichen. Während beim Menschen die adäquate Harnkonzentration einem spezifischen Gewicht von 1,025 entspricht, ein Wert, der früher auch für die Haustiere angenommen worden ist, ist heute bekannt, daß das „adäquate" spezifische Gewicht beim Hund 1,030 und bei der Katze 1,035 beträgt.

Die aus dem Tubulussystem resorbierten Wasser- und Elektrolytmengen werden mit dem Blut der Vasa recta abtransportiert. Die Vasa recta sind räumlich eng mit dem ab- und aufsteigenden Schenkel der Henleschleife verbunden; sie werden im Gegenstrom vom Blut durchflossen, d. h. der Vas-rectum-Schenkel am absteigenden Henleschenkel führt Blut vom Mark in Richtung Rinde, im Schenkel am aufsteigenden Henleast ist es umgekehrt (Abb. 3). Auf diese Weise ist im aufsteigenden Gefäßschenkel eine Lösung höherer Salzkonzentration gegen eine Lösung niedriger Konzentration im absteigenden Gefäßschenkel verschoben. Dadurch entsteht ein Konzentrationsgradient, durch den der Austausch von Salz zwischen auf- und absteigendem Schenkel bewirkt wird, wodurch osmotisch wirksame Substanzen im Nierenmark zurückgehalten werden. Bei Erweiterung der Markgefäße durch Pharmaka wie Euphyllin oder aber im Schock, wenn das Mark noch gut durchblutet ist, aber gleichzeitig die GFR stark absinkt, kommt eine vermehrte Ausschwemmung osmotisch wirksamer Substanzen durch Störung des Austauschs von Salz zwischen auf- und absteigendem Gefäßschenkel zustande. Dagegen wirken Saluretika diuretisch durch Verminderung des aktiven Natriumtransports im dicken Teil der Henleschen Schleife.

Das antidiuretische Hormon (ADH) beeinflußt die Wasserdurchlässigkeit der Distaltubulus- und Sammelrohrepithelien, nicht dagegen die Proximaltubuluszellen. Wie vorher ausgeführt, ist der aus der Henleschleife ankommende Urin bluthypoton. Fehlt ADH (Diabetes insipidus), so wird eine große Menge hypotoner Flüssigkeit ausgeschieden. Der aktive Natriumtransport im distalen Tubulus ist nicht beeinträchtigt, der Urin ist also verdünnt; er erreicht ein spezifisches Gewicht von 1,001 bis 1,006 (Hyposthenurie) und liegt damit unter dem des Glomerulumfiltrats (1,008 bis 1,012). Dagegen kommt bei chronischen Niereninsuffizienzen mit Untergang von zwei Drittel der Nephrone oder mehr eine Harnkonzentration zustande, die m. o. w. der des Glomerulumfiltrats entspricht (Isosthenurie); die Niere verliert ihre Konzentrationsfähigkeit. Es entsteht eine Polyurie durch Verminderung der Wasserrückresorption, obwohl durch Untergang der Mehrzahl der Nephrone eine Verminderung der Primärharnproduktion eingetreten ist.

Eine erhebliche Verwirrung ist durch die unsaubere Verwendung und Vermischung von Begriffen entstanden, die sich auf klinische, labordiagnostische, pathologisch-anatomische bzw. histologische oder rein funktionelle Beschreibungen beziehen. OSBORNE unterscheidet daher streng zwischen „Nierenkrankheit" (renal disease) und „Nierenversagen" (renal failure). BUCHBORN (1976) versteht unter **akutem Nierenversagen** eine „unabhängig von renalen Grundleiden kurzfristig entstehende und fakulta-

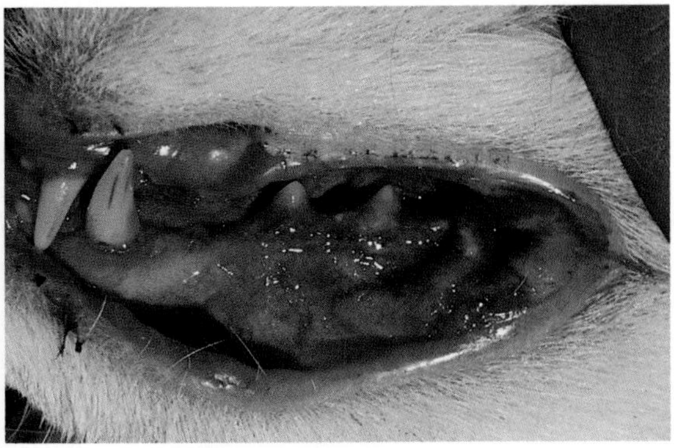

Abb. 4: Urämische Stomatitis.

tiv zur Urämie fortschreitende, reversible Niereninsuffizienz", die durch plötzliche kritische Herabsetzung der renalen Ausscheidungsfunktion entsteht, der also primär keine Nierenerkrankung, sondern eine Funktionsstörung zugrunde liegt. Hiervon zu unterscheiden sind **Nierenkrankheiten** (Nephropathien), die akut oder chronisch verlaufen können und durch Erkrankung oder Untergang von Nephronen zu einer Funktionsstörung führen. Unter **Azotämie** wird ein Laborbefund verstanden, der durch Erhöhung harnpflichtiger Stoffe (Harnstoff Kreatinin u. a.) im Blutserum gekennzeichnet ist. Azotämien können ihre Ursache extrarenal (Harnstofferhöhung kurz nach Fleischfütterung), prärenal (Herzinsuffizienz, Kreislaufstörung, akutes Nierenversagen), renal (Nierenkrankheit) oder postrenal (Krankheit der Harnwege) haben. **Urämie** ist ein klinisches Syndrom, das prärenale, renale oder postrenale Ursachen hat und das gekennzeichnet ist durch Azotämie, hämatologische Symptome (Anämie bei der Katze offenbar seltener als beim Menschen oder Hund), gastrointestinale Symptome, neuronale sowie Symptome von seiten des Knochensystems und Elektrolytverschiebungen.

Untersuchung

Vorbericht

Chronische Nierenkrankheiten (chronische Glomerulitis, chronische interstitielle Nephopathie, Schrumpfniere, Nierentumoren) sind vorwiegend Ereignisse der älteren Katze, während angeborene Krankheiten, z. T. auch Lymphome, der Harnorgane bei jungen Tieren zur Manifestation gelangen. Infektionen können in jedem Alter auftreten. Es ist daher ein sorgfältiger Vorbericht aufzunehmen, der insbesondere auch das Alter berücksichtigen muß. Dies ist bei Fundtieren allerdings oft unsicher und bei der Katze sehr häufig schlecht zu schätzen. Von Bedeutung bei Krankheiten der Harnorgane ist auch das Geschlecht. Kater neigen ungleich häufiger zu Verlegungen der Harnröhre als Kätzinnen (sog. Felines Urologisches Syndrom). Aus diesem Grund ist auch die Fütterung von Bedeutung (Trockenfutter – Naßfutter, welche Art und Menge, steht genügend Trinkwasser zur Verfügung, wie groß ist die Trinkmenge). Nie unterlassen werden soll die Frage nach der Menge des Urins (oft schwierig festzustellen) und dem Verhalten beim Urinabsatz (Dauer, Häufigkeit, evtl. vergebliche Versuche, Schmerzäußerungen). Da Katzen häufig außer Haus trinken, sich Futter besorgen und Urin absetzen, ist die Frage nach der Möglichkeit zum Freilaufen zu stellen.

Die Frage nach Verhaltensänderungen – vermehrtes Schlafbedürfnis, Apathie – kann in der Regel beantwortet werden. Bei chronischen Nephropathien verändert sich die Fellstruktur, sie wird stumpf, glanzlos, gesträubt, trocken. Die Katzen magern ab. In selteneren Fällen kommt eine Umfangsvermehrung des Bauches zur Beobachtung (hypoproteinämischer Aszites, FIP; Nierentumoren). Wichtig zur Entscheidung, ob eine Krankheit akut oder chronisch ist, ist die Frage nach dem Beginn der Symptome. Während bei chronischen Nierenkrankheiten die in der Regel langsame Entwicklung der Symptome anfangs oft übersehen wird, fällt dem Tierhalter bei akuten Nierenkrankheiten das plötzliche Einsetzen schwerer Krankheitssymptome auf. Während bei chronischen Nephropathien die Katzen schon vom Erscheinungsbild deutliche Krankheitssymptome zeigen (Abmagerung, glanzloses, gesträubtes Haarkleid), ist dies bei akuten Krankheiten nicht der Fall. Bei akuten Nierenkrankheiten bestehen selten Polydipsie und Polyurie; dies ist bei chronischer Nephropathie fast immer der Fall.

Es sollte nach Erkrankungen etwa vorhandener weiterer Katzen gefragt werden. Ebenso sollte nicht vergessen werden, die Möglichkeit zur Aufnahme nephrotoxischer Substanzen zu klären (auch wenn dies selten vom Besitzer beobachtet werden kann). Hierzu gehören Frostschutzmittel auf Äthylenglykolbasis, aber auch Arzneimittel wie Aminoglykoside, besonders Gentamicin, ferner Amphotericin B.

Klinische Untersuchung

Zunächst wird auf die im Vorbericht erwähnten Symptome geachtet, wie Verhalten, Abmagerung, gesträubtes Haarkleid, Umfangsvermehrung des Bauches. Der Hydratationsgrad wird untersucht an Hand des Hautturgors (Hautfaltenbildung und -verstreichen), der Farbe und Feuchtigkeit der Schleimhäute, der Kapillarfüllungszeit, des Bulbusdrucks

Tabelle 2: Dehydratationsgrade

Grad (%)	**< 5**	**um 5**	**6 – 9**	**10 – 12**	**> 12**
Symptome	keine	leichte Verzögerung des Verstreichens einer Hautfalte	Hautfalte verstreicht verzögert, Bulbi leicht eingesunken, KFZ bis 4", Schleimhäute trockener, Allgemeinbefinden mgr. gestört	Hautfalte bleibt bestehen, Bulbi eingesunken, Schleimhäute trocken, KFZ dtl. verzögert, Kreislaufschock manifest (Pulsus celer et mollis)	Vollbild des irreversiblen Kreislaufschocks, Tod in Kürze zu erwarten

und der Position der Bulbi, ferner des Hämatokritwertes und des Gesamtproteins im Blut; es muß jedoch darauf hingewiesen werden, daß diese Meßgrößen durch anderweitige Krankheiten beeinflußt werden können (Anämie, Proteinverlust). Wichtig sind die Bestimmung von Pulsfrequenz und -qualität und die Herzauskultation. Die Befunde dieser Untersuchungen müssen insgesamt gewertet werden. Oft täuschen abgemagerte Katzen eine Dehydratation vor, indem die gebildete Hautfalte wegen der „zu groß gewordenen", dem Ernährungszustand nicht mehr angepaßten Haut nicht verstreicht. Andererseits kann man bei fetten Katzen trotz erheblicher Dehydratation keine Veränderung des Hautturgors erkennen.

Wenn möglich, sollte der Blutdruck gemessen werden. Er kann bei Nierenkrankheiten stark erhöht sein (> 200 mm Hg). Mittelbare Hinweise auf einen erhöhten Blutdruck erhält man durch Palpation des Pulses (Pulsus durus) und Auskultation des Herzens (betonter zweiter Herzton), ferner durch Untersuchung der Retina (Ödem, Blutungen, Gefäßerweiterung und -schlängelung; Retinablutungen [besonders bei FeLV-Infektion]; Chorioretinitis bei FIP).

Die Form des Bauchumfangs ergibt ebenfalls wichtige Hinweise. Nierentumoren führen, gut sichtbar bei Kurzhaarkatzen, oft zu deutlichen Umfangsvermehrungen nur im Nierenbereich (die bisweilen von aufmerksamen Katzenhaltern schon im Vorbericht erwähnt werden). Sie lassen sich gut palpieren. Die mehr diffuse Umfangsvermehrung des Bauches, bisweilen vergesellschaftet mit teigiger (ödematöser) Umfangsvermehrung der Unterhaut an den Gliedmaßen, lenkt den Verdacht auf (hypoproteinämische) Ödeme.

Die Nieren- und Harnblasenpalpation sollte nie unterlassen werden. Kann man nur eine Niere fühlen, so sollte man die Katze vorn hochheben lassen. Erst wenn auch dann keine zweite Niere palpiert werden kann, sollte man an eine Aplasie denken, die durch Röntgen- und Ultraschalluntersuchung verifiziert werden kann. Geachtet wird auf Lage, Größe, Form, Konsistenz, Oberfläche, Gleichheit von rechter und linker Niere. Tumoren werden auf diese Weise an der Umfangsvermehrung, die in der Regel diffus ist, leicht erkannt. Die Konsistenz ist häufig unverändert. Vergrößerungen der Nieren (Renomegalie) kommen aber auch bei Nierenzysten (unregelmäßige Umfangsvermehrungen), Hydronephrose (oft einseitig), FIP (bisweilen einseitig) vor. Schrumpfnieren lassen sich erst in fortgeschrittenen Fällen deutlich palpieren. Die Oberfläche ist nicht mehr glatt, sondern höckrig, die Konsistenz härter, es können Rechts-links-Größenunterschiede bestehen.

Die Harnblase der Katze läßt sich im allgemeinen – besonders bei nicht zu fetten Tieren – gut palpieren, selbst wenn nur wenig Harn enthalten ist. Sie ist meist gut gespannt, so daß sie von Anfängern schon für einen Tumor gehalten worden ist. Eine ständig leere Harnblase, ohne daß die Katze unbemerkt Urin absetzen kann (Käfighaltung), spricht für prärenale, renale oder postrenale Anurie. In der Regel wird bei prärenaler und renaler Anurie immer noch eine geringe Menge Harn gebildet. Bei postrenaler Anurie sollte immer an einen Unfall mit Ureterenabriß oder Blasenruptur, nach Operationen, insbesondere nach Kastration weiblicher Katzen, an Unterbindung der Harnleiter gedacht werden. Eine übervolle Harnblase mit Harndrang besteht bei Harnröhrenverlegung durch Konkremente (früher als „FUS" bezeichnet). Eine ständig übervolle Blase bei Polydipsie wird bei (renaler) Polyurie, Diabetes mellitus, Diabetes insipidus, Diuretikabehandlung, Überinfusion, Glukokortikoidbehandlung gefunden. Eine übervolle Blase ohne Polydipsie kann bei Dysautonomie (Key-Gaskell-Syndrom) beobachtet werden. Schmerzhaft kann die Harnblasenpalpation bei

Unfallverletzung, Überfüllung (FUS), Entzündung, selten bei Tumoren sein.

Labordiagnostik

Sie wird in jedem Fall vor Einleitung einer Behandlung, insbesondere Infusionsbehandlung, eingeleitet und umfaßt zunächst Blut-, Serum- und Urinuntersuchung.

Blutuntersuchung: Bestimmt werden der Hämatokritwert, der Hinweise auf den Hydratationsgrad (Pseudopolyglobulie) oder Anämien gibt. Allerdings können Anämien bei Dehydratation maskiert sein. Bei parenteral mit zuviel Flüssigkeit vorbehandelten Katzen kann eine Anämie vorgetäuscht sein (Hydrämie). Bei niedrigem Hämatokritwert sollte unbedingt die Regenerationsfähigkeit durch Untersuchung der Retikulozytenzahl festgestellt werden. Eine Unterstützung der Untersuchung des Hydratationsgrades kann durch Serum-Proteinbestimmung herbeigeführt werden; allerdings unterliegt das Serumprotein den gleichen Verdünnungseffekten wie der Hämatokritwert, kann durch Nierenkrankheiten (Nephrotisches Syndrom), FIP, exsudative Enteropathie, Hepatopathien u. a. auch selbst verändert sein. Die Leukozytenzahl wird ebenfalls bestimmt. Bei Lymphomen besteht zuweilen – keineswegs immer! – eine Leukozytose mit relativer und absoluter Lymphozytose, häufiger jedoch eine Neutrophilie. Bei Urämie herrscht eine Tendenz zur Neutrophilie vor. Sie ist stärker ausgeprägt bei bakteriell-entzündlichen Krankheiten der Niere und der Harnwege.

Erforderlich ist die Untersuchung von Serumkreatinin und -harnstoff. Dabei ist Kreatinin dem – durch extrarenale Einflüsse stärker veränderlichen – Harnstoff vorzuziehen. Bei der Interpretation eines „normalen“ Wertes von Kreatinin und Harnstoff ist immer daran zu denken, daß geringergradige Nierenveränderung oder einseitige Erkrankungen nicht zur Azotämie führen; erst wenn mindestens 75 % der Nephrone funktionsgestört sind, kommt eine meßbare Azotämie zustande. Harnstoff ist trotz höhergradiger Nephropathie dann niedrig, wenn der Patient keine Nahrung oder weitgehend proteinfreies Futter aufnimmt. Nach Futteraufnahme oder nach umfangreicher Gewebsnekrose kann Harnstoff dagegen hoch sein, ohne daß eine Nephropathie vorliegt. Kreatinin kann falschvermindert sein, wenn eine erhebliche Abnahme der Muskelmasse besteht. Die Unterscheidung einer renalen von einer prä- oder postrenalen Urämie ist an Hand der Bestimmung von Kreatinin und Harnstoff allein nicht möglich. Zur Differenzierung sind Vorbericht (etwa Unfall, Trauma, chirurgischer Eingriff, vorausgegangene andere Krankheit, Länge der Erkrankung, welche Therapie) und die klinische Untersuchung (schmerzhafte Bauchpalpation, raumfordernde Prozesse, Nierengröße und -konsistenz, Blase, auch deren Größenveränderung im Verlauf, ferner Röntgen mit Kontrastdarstellung und Ultraschalluntersuchung) besonders wichtig.

Tabelle 3: Differentialdiagnose prärenale, renale, postrenale Azotämie: Anamnese und klinische Befunde

	prärenal	**renal**	**postrenal**
Polydipsie, Polyurie	–	+ (chronisch)	–
Oligurie, Anurie	+	± (Endstadium)	+
Hypothermie	±	+ (bisweilen)	–
Fieber	–	+ (bisw. akut), sonst -	--
Nephrotoxinexposition	–	+	–
Palpation schmerzhaft	–	+ (bisw. akut), sonst -	±
Blutdruck	normal oder erniedrigt	erhöht	alles möglich
Sonographie	unverändert	verändert (meistens)	Niere unverändert oder Becken dilatiert
Röntgen/Kontrast	unverändert	Ausscheidung verlangsamt	Nierenbecken dilatiert oder Leckage
Szintigraphie	unverändert oder leicht vermindert	erheblich vermindert	unverändert oder vermindert (Blase)

Tabelle 4: Differentialdiagnose prärenale, renale, postrenale Azotämie: Laborbefunde

	prärenal	**renal**	**postrenal**
Serum-Kreatinin	erhöht	erhöht	erhöht
Serum-Harnstoff	erhöht	erhöht	erhöht
U-P/C	normal	erhöht	normal
Azotämie nach Volumensubstitution	rasche Normalisierung	ggr. Besserung (prärenaler Anteil ausgeglichen)	ggr. Besserung (prärenaler Anteil ausgeglichen)
Hämatokrit	normal	normal bis erniedrigt	normal
Serum-Phosphat	normal oder erhöht	erhöht	erhöht
Serum-Kalium	normal	normal, term. erhöht	normal oder erhöht
Serum-Kalzium	normal	normal, anfangs bisw. erhöht, bisweilen vermindert	normal, selten vermindert
Azidose	– (durch Grundkrankheit evtl. +)	+	terminal +
spezifisches Gewicht/Urin	> 1,035	< 1,035 (chron: 1,008 – 1,012)	
Proteinurie	–	– bis ++	+
„Nierenepithelien"	–	– bis ++	–
Harnzylinder	–	– bis ++	–
Histologie (Bioptat)	unverändert	verändert	unverändert

Auch die Differenzierung zwischen chronischer und akuter Nephropathie läßt sich nicht durch einige wenige Untersuchungen durchführen. Die Höhe von Kreatinin und Harnstoff sagt auch nichts über die Prognose aus.

Tabelle 5: Differentialdiagnose akute und chronische Nephropathie: Anamnese und klinische Befunde

	akut	**chronisch**
Polydipsie, Polyurie	–	+
Oligurie, Anurie	±	terminal +
Hypothermie	–	+
Fieber	±	–
Nephrotoxinexposition	+	–
Palpation schmerzhaft	±	–
Blutdruck	normal oder erhöht	zunehmend erhöht
Sonographie	echodichter	zunehmend verändert in Form und Dichte
Röntgen/Kontrast	keine oder verlängerte Ausscheidung	verminderte Ausscheidung
Szintigraphie	verminderte Aktivität	verminderte Aktivität

Tabelle 6: Differentialdiagnose akute und chronische Nephropathie: Laborbefunde

	akut	**chronisch**
Serum-Kreatinin	erhöht	erhöht
Serum-Harnstoff	erhöht	erhöht
Azotämie nach Beginn der Volumensubstitution	kaum verändert (prärenaler Anteil ausgeglichen)	kaum verändert (prärenaler Anteil ausgeglichen)
Hämatokrit	unverändert	zunehmend erniedrigt
Anämie	–	aregenerativ
Serum-Phosphat	erhöht	erhöht
Serum-Kalium	erhöht oder normal	vermindert oder normal, terminal erhöht
Serum-Kalzium	vermindert oder normal	anfangs bisw. erhöht, sonst normal oder vermindert
Azidose	++ bis +++	+ bis ++ (bisw. +++)
spezifisches Gewicht/Urin	< 1,035	< 1,035, Isosthenurie (1,008 bis 1,012)
Proteinurie	+ bis ++	– bis +
„Nierenepithelien“	– bis ++	– bis (+)
Harnzylinder	– bis ++	– bis (+)
Histologie (Bioptat)	verändert	verändert

Eine besondere Bedeutung kommt den Elektrolytbestimmungen zu. Wichtig ist die Untersuchung des anorganischen Phosphats. Es steigt an, wenn mehr als 75 % der Nephrone funktionsuntüchtig werden. Man schreibt einer Hyperphosphatämie darüber hinaus einen negativen Effekt auf den weiteren Krankheitsfortgang zu.

Durch das mit Nieren- oder Harnwegskrankheiten oft einhergehende Erbrechen und die Polyurie können umfangreiche weitere Elektrolytverschiebungen stattfinden. Unbedingt sollte man daher Natrium, Kalium, Kalzium und Chloride im Blutserum bestimmen. Natrium und Chloride fallen bisweilen erheblich ab, während Kalzium in Frühstadien von Nephropathien und bisweilen bei Tumorose ansteigt, im Spätstadium von Niereninsuffizienzen aber eher abfällt. Im Endstadium von Nephropathien besteht häufig eine lebensbedrohende Hyperkaliämie. Mit den Elektrolytveränderungen, insbesondere mit Hyperphosphatämie, geht häufig eine hochgradige metabolische Azidose einher. Aus diesem Grund sollte immer eine Blutgasanalyse durchgeführt werden.

Bei Glomerulonephritis (Nephrotisches Syndrom) wird eine Hypoproteinämie, insbesondere Hypalbuminämie, gefunden. Gleichzeitig liegt eine Hypercholesterinämie vor.

Die **Urinuntersuchung** ist bei Verdacht auf Krankheiten der Nieren in jedem Falle durchzuführen. Urin läßt sich bei der Katze durch Ausmassieren der Harnblase gewinnen. Vorzuziehen ist jedoch die Zystozentese. Durch das Ausmassieren kann annähernd steriler Blasenurin gewonnen werden. Allerdings ist das Verfahren nicht schmerzlos, wie die Reaktion der Katzen zeigt, außerdem nicht ungefährlich: Die vorgeschädigte Harnblase kann platzen, Blasenurin wird ins Nierenbecken gepreßt, so daß bei Zystitis eine Infektion des Nierenbeckens und des Nierenparenchyms eintreten kann. Die Zystozentese kann „blind“, d. h. durch manuelle Fixation und schräg kaudodorsale Kanülenführung oder – besser – unter Ultraschallkontrolle durchgeführt werden. Die Katheterisierung sollte nur noch durchgeführt werden, wenn die Durchgängigkeit der Harnröhre geprüft oder – was selten erforderlich ist – eine örtliche Behandlung der Harnblase durchgeführt werden soll. HÖRAUF und LECHNER (1991) geben als Vorteile der Zystozentese die Verhinderung einer Verunreinigung und Kontamination durch Bakterien, Zellen und Zelldetritus aus den

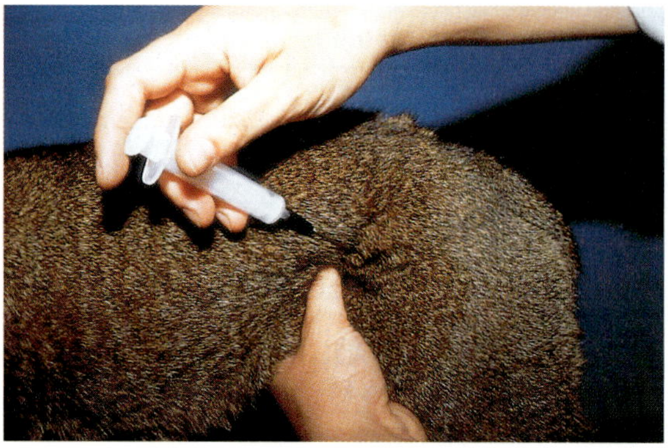

Abb. 5: Manuelle Fixation der Harnblase bei einer stehenden Katze. Darstellung des Einstichs in die seitliche Bauchwand in kaudodorsaler Richtung.

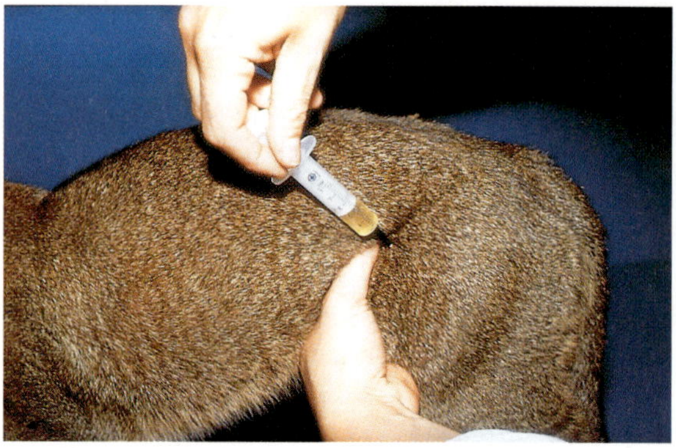

Abb. 6: Uringewinnung.

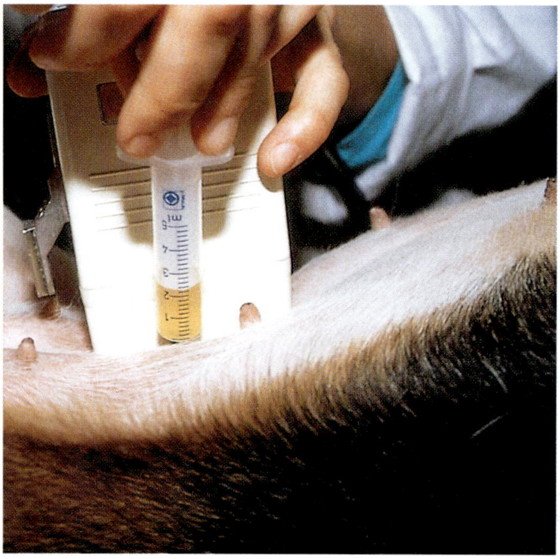

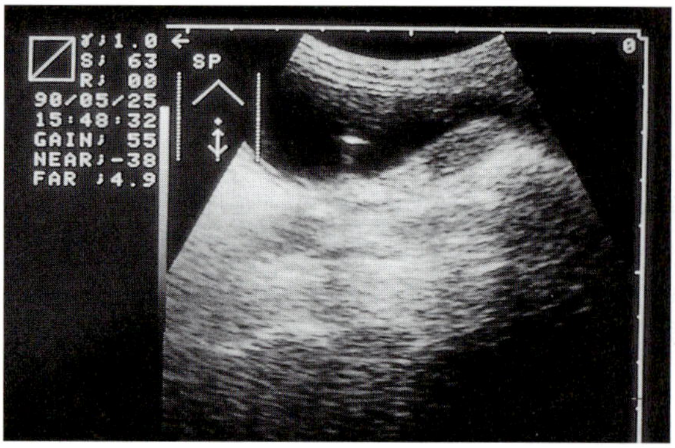

Abb. 8: Sonographische Darstellung der Harnblase und Position der Kanüle in der Blase (Abb. 5 bis 8 aus: A. Hörauf, „Tierärztliche Praxis" 1991, 19: 536–537, F. K. Schattauer Verlagsgesellschaft mbH, Stuttgart – New York).

Abb. 7 (links):
Stichrichtung unter sonographischer Kontrolle.

harnabführenden Wegen und Geschlechtsorganen, exakte Lokalisation einer Hämaturie, Pyurie oder Bakteriurie an; außerdem könne die Zystozentese bei der Kätzin im Gegensatz zur Katheterisierung ohne Narkose durchgeführt werden. Als Kontraindikationen werden sehr geringe Blasenfüllung, Pyometra und Blutgerinnungsstörungen genannt. Sie führen die Zystozentese als Blindbiospie oder unter Ultraschallkontrolle durch.

Untersucht wird der Harn physikalisch, chemisch und zytologisch. Die Bestimmung der Harnmenge ist bei der Katze in der Regel nicht sicher möglich. Immerhin kann untersucht werden, ob die Katze in das von der Katzenstreu entleerte „Katzenklo" uriniert. Andernfalls kann durch Wägen des Katzenklos vor und nach Benutzung ein einigermaßen brauchbares Ergebnis erzielt werden. Die gesunde Katze produziert in der Stunde durchschnittlich 1 bis 2 ml Urin pro Kilogramm Körpermasse. Weniger als 1 ml/kg KM entspricht einer Oligurie, weniger als 0,5 ml einer Anurie. Bei Polyurie werden deutlich mehr als 2 ml/kg KM ausgeschieden.

Tabelle 7: Harnmenge

gesunde Katze	1 bis 2 ml/kg KM und Stunde
Polyurie	ständig > 2 ml/kg KM und Stunde
Oligurie	< 1 ml/kg KM und Stunde
Anurie	< 0,5 ml/kg KM und Stunde

Das spezifische Gewicht gibt Hinweise auf die Konzentrationsfähigkeit der Niere und ist bei der Katze aus den o. a. Gründen höher als bei den übrigen Haussäugetieren. Es kann bis zu 1,085 erreichen. Der niedrigste mögliche Wert beträgt 1,001. Dies bedeutet, daß eine einmalige Messung keinen Aussagewert besitzt, es sei denn das spezifische Gewicht des Urins einer Katze, deren Konzentrationsfähigkeit geprüft werden soll, ist hoch, ohne daß gelöste Substanzen (Protein, Glukose) vorhanden sind. Nach OSBORNE muß die gesunde Katze mindestens ein spezifisches Gewicht von 1,035 erreichen. Man kann dies mit dem Konzentrationsversuch untersuchen. Dazu erhält die Katze 24 Stunden ein Trockenfutter angeboten (oder Futterentzug) und 12 (bis 24) Stunden kein Getränk. Vor dem Flüssigkeitsentzug wird die Blase entleert, danach im Abstand von drei bis vier Stunden Urin gewonnen, und es werden Urinmenge und spezifisches Gewicht gemessen; außerdem wird die Katze gewogen. Wenn sich Schwierigkeiten bei der häufigen Harngewinnung ergeben, so genügt notfalls die Harngewinnung vor Ende der Untersuchungszeit. Bei ausreichender Konzentrationsfähigkeit steigt das spezifische Gewicht über 1,035 an, bei Konzentrationsinsuffizienz bleibt es darunter, bei fehlender Konzentrationsfähigkeit bleibt es zwischen 1,008 und 1,012 (1,015). In diesem Falle könnte die Katze erheblich dehydrieren. Wenn das Gewicht im Verlaufe der Untersuchung um mehr als fünf Prozent abnimmt, muß der Konzentrationsversuch daher unterbrochen werden. Die Untersuchung verbietet sich bei Azotämie.
Von besonderer Bedeutung ist die Protein-(Albumin-)Ausscheidung. Normalerweise wird das im Glomerulum ausgeschiedene Protein im Tubulussystem rückresorbiert. Wird jedoch die Menge so groß,

Tabelle 8: Spezifisches Harngewicht (Dichte)

Breite bei gesunden Katzen	1,001 – 1,085
Mindestkonzentration nach Durstversuch	> 1,035
eingeschränkte Konzentrationsfähigkeit	< 1,035
Isosthenurie	1,008 – 1,012 (1,015)
Hyposthenurie	1,001 – 1,008

daß die Rückresorptionskapazität des Tubulussystems überfordert ist oder aber eine Tubulopathie besteht, dann erscheint Protein im Urin. Geringe Proteinmengen werden häufig bei chronischen interstitiellen Nephropathien gesehen. Eine „große" Proteinurie mit Albuminverlusten, die in den Grammbereich pro Tag gelangen können und mit Hypalbuminämie einhergehen, werden beim Nephrotischen Syndrom (Glomerulonephritis) gesehen.
Den meisten Urinuntersuchungen haftet der Nachteil an, daß sie qualitativ oder semiquantitativ durchgeführt werden. Ihre Ergebnisse sind daher wesentlich durch die Harnmenge beeinflußbar. Da die Harnmenge bei der Katze i. a. nur ungenau bestimmbar ist, hat es nicht an Versuchen gefehlt, eine quantifizierbare Bestimmung etwa des ausgeschiedenen Proteins zu erreichen. Man hat daher die ausgeschiedene Proteinmenge auf die gleichzeitig gemessene Kreatininkonzentration bezogen und daraus das Urin-Protein-K(C)reatinin-Verhältnis (U-P/C) berechnet. Danach ergibt sich bei der gesunden

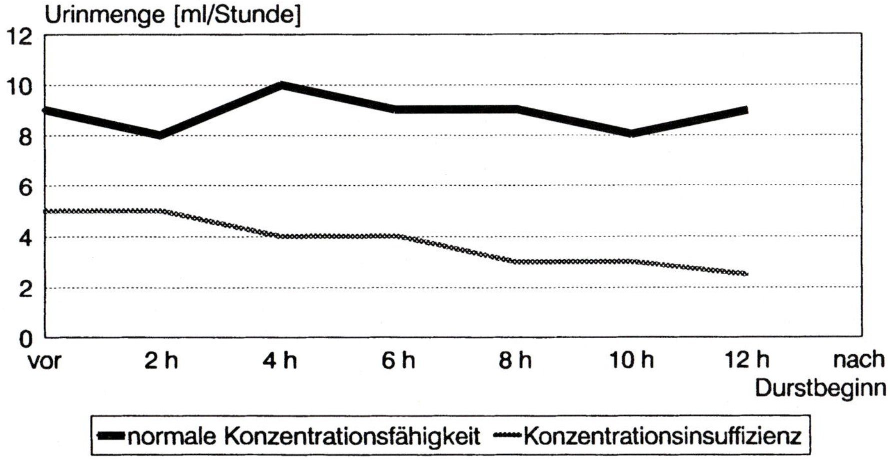

Abb. 9: Harnausscheidung Katze.

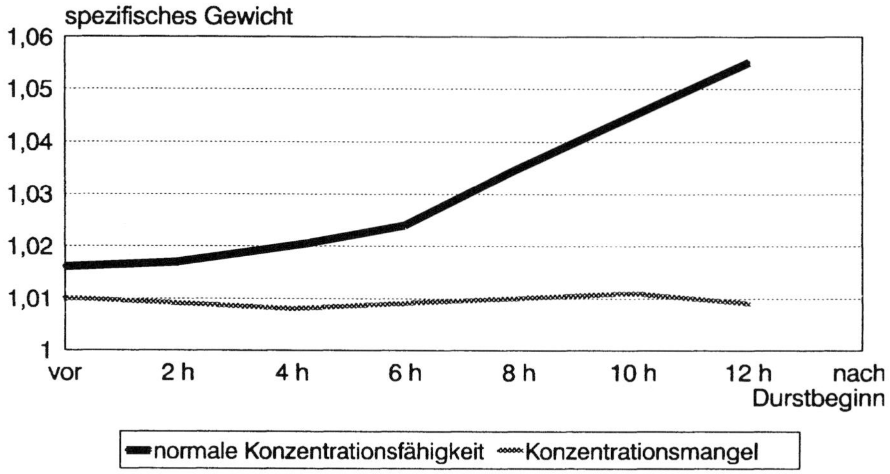

Abb. 10: Konzentrationsfähigkeit Katze.

Katze ein U-P/C von bis zu 0,33. Bei geringeren Erhöhungen (bis 2,0) ist eine interstitielle Nephritis oder chronische Nephropathie, bei Erhöhungen über 2,0 eine Glomerulonephritis oder Nierenamyloidose wahrscheinlich (HÖRAUF, 1992).

Der pH-Wert ist abhängig von der Futterart. Da die Katze in der Regel in überwiegender Menge tierisches Protein aufnimmt, ist der pH-Wert sauer. Alkalisch kann er werden bei bakterieller Zystitis.

Eine besondere Bedeutung kommt der Sedimentsowie der bakteriologischen Untersuchung zu. Näheres hierüber sowie über die weiteren Urinbefunde siehe Fachbücher der Labordiagnostik.

Clearance-Untersuchungen: Kreatinin wird ausschließlich im Gomerulum filtriert und im Tubulus weder ausgeschieden noch rückresorbiert. Es eignet sich daher gut für Clearance-Untersuchungen, wenn die Glomerulumfunktion festgestellt werden soll. Unter Praxisbedingungen kann die endogene Kreatinin-Clearance durchgeführt werden. Bestimmt werden die Menge des innerhalb von 20 Minuten ausgeschiedenen Harns, das Harn- und das Serum-Kreatinin. Die Clearance beträgt bei funktionsfähigem Glomerulumapparat 2,98 ± 0,96 ml/min und kg KM.

Ultraschalluntersuchung (Sonographie)

Sie gehört zu den größten Fortschritten in der Nierendiagnostik, die in den vergangenen Jahren in die Praxis eingeführt wurden, und ist geeignet, andere Untersuchungsmethoden zu ergänzen, teilweise auch zu ersetzen. Gegenüber der Röntgenuntersuchung hat sie den Vorteil, daß sich die Größe genauer bestimmen läßt, daß die anatomischen Strukturen wesentlich besser dargestellt werden und Abweichungen exakter bestimmt werden können. Darüber hinaus entsteht keine Strahlenbelastung des Patienten und des Personals. Dagegen lassen sich Funktionsstörungen nicht direkt nachweisen.

Verwendet werden sollten Schallköpfe mit 7,5 MH, um eine ausreichende Auflösung zu erreichen. Beurteilt werden Zahl und Größe der Nieren, Echogenität und Umfang von Nierenrinde, Nierenmark und Nierenbecken, Form und Oberflächenkontur. Bei parenchymatösen Veränderungen erscheint die Nierenstruktur i. a. echodichter, ohne daß daraus auf die Ursache oder Art der Veränderung geschlossen werden könnte. Die Nierenrinde ist echodichter als das Mark, das echoarm bis echofrei erscheint. Das Nierenbecken stellt sich als dichte Linie dar, das Lumen ist jedoch normalerweise nicht sichtbar. Blutgefäße können nur bei Verwendung von Hochfrequenzschallköpfen gesehen werden.

Abweichungen sind in jeder Nierenregion möglich, können diffus oder fokal sein und werden als höhere oder verminderte Echogenität oder als echofrei bezeichnet; Kalkeinlagerungen lassen sich an Hand der Hyperechogenität an der Oberfläche und der folgenden Schallauslöschung feststellen. Bei chronischen interstitiellen und Glomerulonephritiden sind die Nieren oft kleiner als normal, die Echogenität der Rinde ist erhöht, wobei die Grenze zum Mark unklar werden kann. Dagegen ist bei akuten Nephropathien und bei Glomerulopathien i. a. keine Veränderung des Sonogramms feststellbar; allenfalls besteht eine Vergrößerung des Organs und eine verminderte Echogenität der Nierenrinde.

Fokale Veränderungen stellen sich als umschriebene echoärmere oder -dichtere Zonen dar. Nierenkalzinose und Nierensteine lassen sich mittels Ultraschalldiagnostik auch dann nachweisen, wenn die Röntgenuntersuchung unauffällig war. Sie stellen sich als multi- bzw. monofokale echodichte Gebiete im Nierenparenchym bzw. im Nierenbecken dar mit in die Tiefe reichender Schallauslöschung.

Zysten erscheinen als runde echofreie („schwarze"), scharf begrenzte Veränderungen, die meist zufällig entdeckt werden und denen meist keine krankhafte Bedeutung beigemessen werden muß. Treten sie jedoch zahlreich auf (Zystenniere), so können sie zu fortschreitender Funktionsstörung durch Verdrängung des Nierenparenchyms führen. Ergüsse zwischen Kapsel und Nierenparenchym werden bisweilen bei Nierentumoren einschließlich -lymphomen gesehen.

Neoplasien können diffus auftreten und dann die ganze Niere erfassen, die vergrößert, echodichter oder auch -ärmer erscheint, oder aber fokal oder multipel. Das bei der Katze häufige Lymphom der Niere(n) tritt als diffuse echodichtere Vergrößerung des Cortex oder als multiple echoärmere Zonen (Knoten) innerhalb des Nierenparenchyms auf.

Nierenhämatome stellen sich als echoarme Umfangsvermehrungen unterschiedlicher Ausdehnung dar. Abzesse sind i. a. echodichter als Hämatome.

Hydronephrose zeigt sich als echofreie Vergrößerung des Nierenbeckens inmitten des Nierenmarks. Häufig läßt sich der ebenfalls dilatierte Harnleiter darstellen. Besonders zu Anfang können die Nierenpapillen noch gut abgegrenzt werden. Bei längerem Bestehen erscheint die Niere jedoch als echofreier (flüssigkeitsgefüllter) Sack, bei dem allenfalls randständig noch rudimentäres Nierenparenchym erkennbar wird.

Pyelonephritiden erscheinen ebenfalls als Dilatation des Nierenbeckens, wenn auch bei weitem nicht so stark wie bei Hydronephrose. Außerdem zeigen sich im Lumen zahlreiche diffuse Echos (Leukozyten, Zelldetritus).

Röntgenuntersuchung

Die Röntgenuntersuchung wird am besten an der nüchternen Katze durchgeführt. Es sollte sowohl eine laterolaterale als auch eine ventrodorsale Aufnahme angefertigt werden. Folgende Kriterien sollten bei der Beurteilung berücksichtigt werden:

- Zahl der Nieren
- Lage
- Form
- Größe (Länge, Höhe, Breite)
- Oberflächenkontur
- Dichte

Die Nieren der Katze sind beweglicher als die des Hundes. Sie sind häufiger als beim Hund übereinander projiziert.

Um die anatomischen – und zum Teil auch funktionalen – Verhältnisse genauer studieren zu können, bedient man sich der Ausscheidungsurographie, die jedoch erst nach einer Ultraschalluntersuchung durchgeführt werden soll. Sie ist indiziert bei Veränderungen der Größe, Form und Lokalisation und insbesondere zur Darstellung von Nierenbecken und Harnleiter sowie der Harnblase (und der Uretra). Zur Urographie werden jodhaltige Kontrastmittel gegeben, etwa Urographin. Man verwendet die 76 %ige Lösung, von der 0,5 ml/kg KM rasch intravenös injiziert werden. Ventrodorsale und laterolaterale Röntgenaufnahmen werden sofort, nach 5, 10, 20, (30) und 40 Minuten hergestellt. Bei schweren Ausscheidungsstörungen (renale Urämie) sind eventuell weitere Untersuchungen erforderlich. Man achtet auf die Darstellung der Nierenarterien (sofortige Aufnahme nach Injektion ist notwendig!), des Nierenparenchyms (sofort und fünf Minuten nach Injektion) und der Nierenbecken (10 bis 40 Minuten) sowie der Harnleiter (10 bis 40 Minuten). Die Blase stellt sich zwischen 20 und 40 Minuten dar.

Tabelle 9: Ausscheidungsurographie

	beste Darstellung nach Injektion in Minuten
Nierenarterien	sofort (bis 5 Minuten)
Nierenparenchym	sofort bis 5 Minuten
Nierenbecken	10 bis 40 Minuten
Harnleiter	10 bis 40 Minuten
Harnblase	20 bis 40 Minuten

Szintigraphie

Ebenfalls zu den bildgebenden diagnostischen Verfahren gehört die Szintigraphie, bei der nach Applikation eines Radionuklids die Radioaktivität im Bereich beider Nieren im Zeitablauf gemessen wird. Man kann hieraus gut auf die Ausscheidungsleistung jeder Niere schließen. Als Radionuklid wird ^{99m}Tc-Diäthylentriaminpentaessigsäure (^{99m}Tc-DTPA) verwandt, dessen Radionuklid ^{99m}Tc eine Halbwertszeit von 6 Stunden hat. Nach der Injektion werden die Radioaktivität über den Nieren und im Plasma gemessen. Damit läßt sich die glomeruläre Filtrationsrate errechnen. Die Szintigraphie kann als eine Clearancemethode aufgefaßt werden, die die seitengerechte Zuordnung des Versagens einer Niere (oder beider Nieren) gestattet. Die Anreicherung des Radionuklids in den Nieren ermöglicht außerdem die Größendarstellung, die allerdings durch Ultraschalldiagnostik mindestens ebenso gut gelingt. Da die Methode an aufwendige Apparaturen (Gammakamera, Kollimatoren) gebunden ist und die Erlaubnis zur Anwendung von Radionukliden voraussetzt, dürfte dieses Verfahren wenigen Kliniken vorbehalten sein.

Nierenbiopsie

Sie vermag Aufschluß über die histologischen Grundlagen von Nierenkrankheiten zu geben. Insbesondere ist sie von Bedeutung, wenn etwa die Ursache einer Proteinurie ermittelt werden soll, ferner wenn der Verdacht auf eine Tumorose besteht. Sie wurde eingehend von HÖRAUF, REUSCH und LECHNER (1990) und HÖRAUF (1992) beschrieben. Da bei urämischen Katzen bisweilen thrombozytopathische Blutungsneigungen bestehen, sollte grundsätzlich vor Durchführen dieser invasiven Methode eine Analyse der Thrombozytenfunktion vorgenommen werden. Dies kann am besten durch ein Thrombelastogramm, bei dessen Fehlen auch an Hand der Blutungszeit geschehen. Grundsätzlich wird sie in Vollnarkose als perkutane Blindbiopsie durchgeführt. Verwendet werden Tru-cut-Einmalbiopsiekanülen. In der Regel wird die linke Niere bioptiert, weshalb die Katze in rechte Seitenlage versetzt wird. Die linke Flanke wird ausgeschoren, gereinigt, desinfiziert und abgedeckt. Die Lage der linken Niere kann leicht durch Palpation festgestellt werden. Die Biopsiestelle befindet sich im Winkel zwischen hinterem Rippenrand und der Rückenmuskulatur. Die Haut wird vor dem kranialen Nierenpol mit dem Skalpell durchtrennt und die Biopsiekanüle in die Bauchhöhle eingeschoben. Die Niere wird perkutan manuell fixiert. Wichtig ist es, die Kanüle so einzustechen, daß sie nur die Rinde bioptiert und nicht ins Mark oder gar ins Nierenbecken gerät. Nach Zurückziehen der Kanüle wird die Gewebeprobe vorsichtig aus der Kanüle gewonnen. Die Fixation des Bioptats erfolgt in Formalinlösung. Die Bauchhaut wird geschlossen. Komplikationen sind bei ordnungsgemäßer Durchführung gering. Auch bei urämischen Patienten konnte keine (weitere) Verschlechterung des Allgemeinbefindens festgestellt werden. Hin und wieder kommt es zu kurzfristiger Makrohämaturie.

Akutes Nierenversagen

Definition

Beim akuten Nierenversagen (ANV) im engeren Sinne handelt es sich um einen nahezu plötzlichen Ausfall verschiedener Nierenfunktionen, dessen Ursache in einer extrarenalen, also zunächst nierenunabhängigen Grundkrankheit zu suchen ist. Das akute Nierenversagen im engeren Sinne ist also primär keine Nierenkrankheit; vielmehr erfolgt eine prinzipiell reversible Funktionsstörung der Niere aufgrund einer Zirkulationsstörung mit Hypoxie oder/und durch endogene oder exogene Toxine. Im weiteren Sinne versteht man unter akutem Nierenversagen alle durch Erkrankungen der Nieren selbst oder auch durch Obstruktion der harnabführenden Wege hervorgerufene plötzliche Funktionseinbußen. Das akute Nierenversagen beschreibt also ein klinisches Bild, dem eine Reihe unterschiedlicher pathogenetischer – prärenaler, intrarenaler oder postrenaler – Vorgänge zugrunde liegen können.

Ätiologie

Die möglichen Ursachen sind in Tabelle 10 aufgeführt. Bei der Katze spielen neben prärenalen Ursachen – hauptsächlich Thromboembolie der Arteriae renales oder durch Verbrauchskoagulopathie – auch postrenale, durch das sogenannte Feline Urologische Syndrom hervorgerufene eine besondere Rolle. Renale Ursachen sind dagegen seltener anzutreffen.

Die wohl häufigsten hypovolämischen Ursachen dürften bei der Katze durch unstillbares Erbrechen und profuse Durchfälle entstehen, wie sie etwa bei Infektiöser Panleukopenie (Feline Parvovirose) vorliegen. Seltener kommen bei Katzen schwere Blutungen, z. B. bei Kumarinvergiftung, vor. Ebenso sind Flüssigkeitsverluste durch Verbrennungen selten. Dagegen wird die Verbrauchskoagulopathie öfter angetroffen, in deren Folge nicht nur ein akutes Nierenversagen auftreten kann, sondern durch die disseminierte intravasale Gerinnung auch eine hypoxische Schädigung des Nierenparenchyms mit Nekrose eintreten kann. Auf diese Weise kann ein prinzipiell reversibles akutes Nierenversagen in ein irreversibles Krankheitsbild übergehen.

Nicht selten bei der Katze führen hypertrophische Myokardiopathien zur Thrombembolie der Nierenarterien mit der Folge einer Hypoxie des Nierenparenchyms. Auch in deren Folge kann eine irreversible Schädigung auftreten.

Von den Exotoxinen sind besonders Blei, Thallium, Arsen, Quecksilberverbindungen, Äthylenglykol als Ursache des ANV zu nennen. Im eigenen „Patientengut“ kommen derlei Vergiftungen aber beim Hund ungleich häufiger vor als bei der Katze, die wohl etwas „sorgfältiger“ im Aussuchen des Futters ist. Dagegen werden auch durch Arzneimittel hin und wieder Nierenversagen beobachtet. In Frage

Tabelle 10: Ursachen des akuten Nierenversagens

prärenal (ANV i. engeren Sinn)	**renal (ANV i. weiteren Sinn)**	**postrenal (ANV i. weit. Sinn)**
Zirkulationsstörungen	akute Glomerulopathien	Ureterobstruktion
Hypovolämie	hämolytisch-uräm. Syndrom	Urethraobstruktion
Blutverlust	interstitielle Nephritis	Harnblasendysfunktion
Wasserverlust	allergisch	
Wasserverschiebungen	infektiös-toxisch	
hypotensiv	Leptospirose (?)	
toxisch	akute Pyelonephritis	
Kreislaufschock	vaskuläre Veränderungen	
thrombotisch-embolisch	Nierentumoren	
kardial		
Herzinsuffizienz		
hypovolämisch		
hypotensiv		
toxische Ursachen		
endogene Toxine		
Hämoglobinämie		
Myoglobinämie		
Toxine bei Organkrankht.		
Toxine bei Stoffw.-Störg.		
exogene Toxine		
Arzneimittel		
Antibiotika		
Zytostatika		
Schwermetalle		
planzliche Toxine		
tierische Toxine		

kommen Aminoglykoside, Amphotericin B und Zytostatika, eventuell auch Sulfonamide.
Das sogenannte Feline Urologische Syndrom kann in protrahierten Fällen zum Rückstau in das Nierenbecken mit nachfolgender Beeinträchtigung der Nierenfunktion führen.

Pathogenese

Die Krankheitsentstehung wird zum Teil immer noch nicht restlos verstanden. Diskutiert werden verminderte oder zusammengebrochene Glomerulumfiltration infolge intrarenalen Druckabfalls, Verlegung der Tubuli mit Harnrückstau und unselektive passive Rückdiffusion des Glomerulumfiltrats in den Tubuli. Möglicherweise kommen mehrere Faktoren zusammen. Die verminderte Durchblutung spielt wahrscheinlich die initiale Hauptursache für das ANV. Dabei ist die Markdurchblutung weniger stark betroffen als die der Rinde. Es kommt zu einer Konstriktion des Vas afferens oder/und zur Dilatation des Vas efferens. Die Folge ist eine Ischämie im Glomerulum mit Verminderung der Primärharnsekretion. Gleichzeitig entsteht durch die hypoxische Schädigung des Tubulussystems eine verminderte tubuläre Natriumrückresorption. Dadurch kommt es zu einem Anstieg der Natriumkonzentration im Tubulusharn. Bei der Ankunft der Natriumionen im Bereich der Macula densa, in denen Natriumrezeptoren vermutet werden, wird eine Sekretion von Renin ausgelöst, das Angiotensinogen zu Angiotensin I umwandelt. In der Lunge wird Angiotensin I zu Angiotensin II aktiviert. Dessen stark vasokonstriktorische Eigenschaften führen zu einer Gefäßkonstriktion und damit zu einer weiteren Hypoxie in der Nierenrinde.

Prinzipiell gleich verläuft die Pathogenese des ANV bei Endo- und Exotoxinen als Ursache. Die Toxine beeinträchtigen enzymatische Stoffwechselvorgänge im Tubulussystem, insbesondere in dessen proximalem Anteil. Die Folgen sind Funktionsstörungen der Tubulusepithelien, die vermindert Natrium rückresorbieren. Damit kommt natriumreicher Harn an den Macula densa des juxtaglomerulären Apparates mit ihren Natriumrezeptoren an, die wiederum die Reninsekretion aktivieren und damit den Circulus vitiosus auslösen.

Neben Renin und Angiotensin sind noch eine Reihe weiterer Hormone an der Entstehung des ANV beteiligt. Dies sind insbesondere Noradrenalin, Prostaglandine, auch Thyroxin, ferner Histamin, Serotonin, Bradykinin, Kallikrein und Zytokine. Nachdem eine Zeitlang die Vorstellung der Obstruktion von Tubuli in der Pathogenese des ANV verlassen worden war, wurde die Verlegung in letzter Zeit wieder etwas mehr in den Vordergrund gestellt (GROSSER u. M., 1993). Danach kommt es zur Schwellung der Tubulusepithelien und des Interstitiums, außerdem zur Dilatation der Markkapillaren mit Kompression der Henleschen Schleifen, ferner zur Verlegung der Tubuli durch Zylinder.

Durch die verminderte Durchblutung der Niere infolge der auslösenden Primärkrankheit wird weniger Harn gebildet, es entsteht eine Oligurie. Dieses Stadium wird als „Niere im Schock" bezeichnet, ist prinzipiell reversibel und kann durch Beheben der Ursache und insbesondere Verbesserung der Kreislaufsituation und Volumensubstitution spontan heilen. Ist dagegen das Stadium der Vasokonstriktion und die verminderte Glomerulumdurchblutung infolge einer Konstriktion der Vasa afferentia und Dilatation der Vasa efferentia mit Aktivierung der Macula densa und Reninfreisetzung zustande gekommen, so spricht man von der „Schockniere". Dieses Stadium ist ungleich ernster zu beurteilen, da es – obgleich ebenfalls prinzipiell reversibel – wesentlich schlechter therapeutisch beeinflußbar ist.

Klinisches Bild

Unabhängig von der Ursache können vier Stadien des ANV beobachtet werden:

1. Initial- oder Schädigungsstadium
2. Stadium der Oligo-Anurie
3. Stadium der Polyurie
4. Stadium der funktionellen Wiederherstellung

Im Initialstadium steht die auslösende Ursache im Vordergrund des Krankheitsbildes und nimmt die gesamte Aufmerksamkeit in Anspruch. Dadurch werden der Blutdruckabfall und die verminderte Harnausscheidung meist übersehen. Aber gerade in diesem Stadium, dem der „Niere im Schock", könnte die Oligurie beobachtet und muß behandelt werden.

Sofern die Grundkrankheit – spontan oder infolge der eingeleiteten Therapie – überstanden wird, kann dieses Stadium folgenlos abheilen. In einigen Fällen, insbesondere wenn der Blutdruckabfall längere Zeit besteht und insbesondere ein Volumenverlust nicht ausreichend behandelt wird, tritt der Patient in das zweite Stadium der Oligo-Anurie ein („Schockniere"). Dabei steigen die harnpflichtigen Substanzen (Harnstoff, Kreatinin u. a.) im Blut täglich an (Harnstoff um etwa 40 bis 60 mg/dl, bei Fieber oder anderen eiweißkatabolen Prozessen noch stärker). Es entwickeln sich rasch Hyperkaliämie, Hyperphosphatämie und metabolische Azidose. In wenigen Tagen entsteht das Vollbild einer Urämie mit hochgradig gestörtem Allgemeinbefinden, Erbrechen, Anorexie, Foetor urinosus ex ore. Häufig sind Symptome von seiten des Nervensystems zu beobachten: fibrilläre Zuckungen, Ataxie, Benommenheit bis hin zu Krampfanfällen. Die Atmung wird tief infolge der metabolischen Azidose (Kußmaulsche Atmung). Die Urinmenge ist vermindert (Harnblase dauernd leer oder sich nur langsam füllend, „Katzenklo" wiederholt wiegen). Infolge des Kreislaufschocks, der Oligurie und wohl auch der Störung lokaler Abwehrmechanismen besteht die erhöhte Gefahr einer Infektion der Harnwege. Das spezifische Gewicht des wenigen noch sezernierten Urins ist herabgesetzt (< 1,035) und nähert sich der Isosthenurie. Meist wird eine Leukozytose beobachtet. In diesem Stadium kann der Patient – abgesehen von der auslösenden Grundkrankheit – als Folge der Urämie sterben. Insbesondere die Hyperkaliämie kann zu schweren Herzinsuffizienzen mit Erregungsstörungen und charakteristischen EKG-Veränderungen führen. Schließlich kann das Herz bei Kaliumwerten über 6 mmol/l in der Diastole stehen bleiben. Die metabolische Azidose, das Kreislaufversagen und die Harnstoffausscheidung mit Umwandlung in Ammoniak ziehen schwere gastrointestinale Störungen nach sich mit Mundschleimhautveränderungen (Stomatitis, Ulzera), Erbrechen, Durchfällen, Magen-Darm-Blutungen.

Übersteht die Katze dieses zweite Stadium, so tritt sie in das dritte oder polyurische Stadium ein. Dabei ist die glomeruläre Filtrationsrate noch immer eingeschränkt, die tubuläre Wasserrückresorption jedoch noch weiterhin gestört, so daß als Endsumme eine Vermehrung der Harnausscheidung resultiert. Die Harnmenge steigt auf über 2 ml/kg KM und Stunde, die Konzentrationsfähigkeit ist noch weiter herabgesetzt, so daß eine Hyposthenurie besteht (spezifisches Gewicht < 1,008). Die Ursache dieser tubulären Insuffizienz wird in einer zeitweisen Refraktärität der Tubulusepithelien gegenüber dem Antidiuretischen Hormon gesehen. Durch die noch fortbestehende Insuffizienz der Glomerula und des Tubulussystems wird die Azotämie mit Harnstoff- und Kreatininerhöhung, Hyperphosphatämie und Hyperkaliämie sowie Azidose zunächst noch weiter aufrecht erhalten.

Schließlich folgt das vierte Stadium der funktionellen Wiederherstellung. Dabei erlangen Glomerula und Tubuli ihre frühere Funktion weitgehend wieder. Die Azotämie verschwindet, Kalium und Phosphate werden ausgeschieden, ebenso die Säureionen, die Symptome von seiten des Nervensystems, des Magen-Darm-Trakts und des Herzens verschwinden. Allerdings kommt es nur selten zu einer vollständigen Restitutio ad integrum; in den meisten Fällen bleiben Funktionsbeeinträchtigungen der Nieren zurück, die sich etwa als Konzentrationsinsuffizienz manifestieren und im Durstversuch nachgewiesen werden können. Die Katzen zeigen jedoch keine objektiven Krankheitszeichen.

Diagnose

Wichtig sind Vorbericht und klinischer Untersuchungsbefund. Läßt sich eine Ursache für eine Schockniere nachweisen und bestehen Anurie und rasch zunehmende Azotämie, so kann – bei Ausschluß einer Verletzung der Harnwege – ein ANV als sicher gelten. Wichtig ist besonders die Früherkennung, weshalb bei allen schwereren Krankheitsbildern die Harnproduktion und -ausscheidung kontrolliert werden müssen.

Differentialdiagnose

Wichtig für Diagnose, Prognose und Therapie ist die Feststellung, ob eine prärenale, renale oder postrenale Urämie vorliegt. Die klinische Untersuchung in Verbindung mit dem Vorbericht gibt hierüber in der Regel rasch Aufschluß. Insbesondere müssen Harnwegsobstruktionen oder -rupturen ausgeschlossen werden (Röntgenleeraufnahme, negative, positive Röntgenkontrastaufnahmen). Die Differenzierung einer chronischen Niereninsuffizienz läßt sich im aktuellen Fall bisweilen schlecht abgrenzen. Die CNI läßt sich therapeutisch durch Flüssigkeits-Volumen-Substitution jedoch schlechter beeinflussen als das ANV. In Zweifelsfällen kann eine Nierenbiopsie Aufschluß geben.

Prognose

Je früher die Therapie einsetzt, um so günstiger ist die Prognose. Abgesehen von der Ursache läßt sich das Initialstadium oder die „Niere im Schock" günstig beeinflussen. Wesentlich problematischer stellt sich das oligurisch-anurische Stadium dar. Eine si-

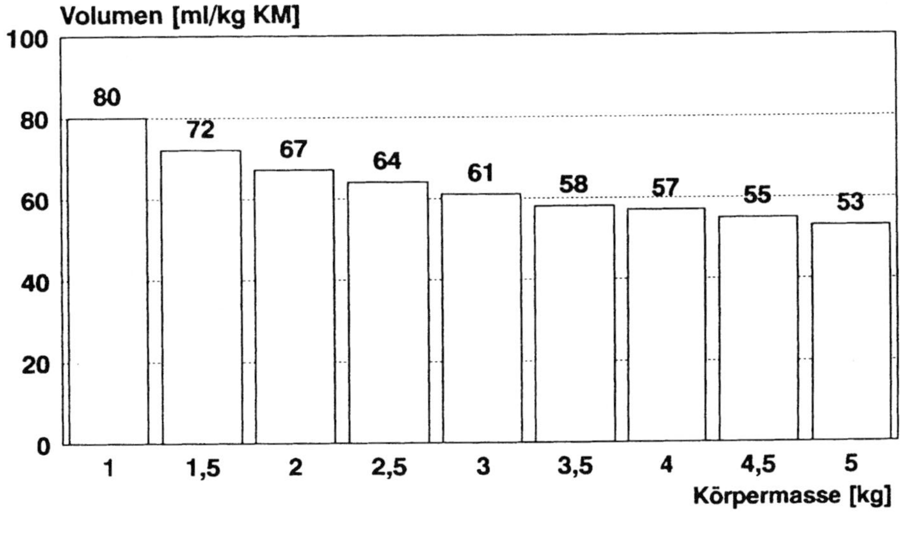

Abb. 11: Der tägliche Wasserbedarf von Katzen unterschiedlicher Körpermasse. Die Angaben bedeuten ml Wasser/kg Körpermasse am Tag.

chere therapeutische Beeinflussung läßt sich nicht in jedem Falle realisieren, so daß die späteren Stadien als zweifelhaft bis ungünstig angesehen werden müssen.

Therapie

1. Volumenersatz

Die Behandlung verfolgt das Ziel, im Initialstadium für ausreichenden Volumenersatz zu sorgen, um die Nierenfunktion aufrecht zu erhalten. Dabei ist auf folgende Kriterien zu achten (HASKENS, 1995):

- Substitution des täglichen Flüssigkeitsbedarfs (Erhaltungsdosis)
- Ausgleich der Dehydratation
- Ersatz des zusätzlichen Flüssigkeitsverlusts (durch Erbrechen, Durchfall, Polyurie)

Der tägliche Erhaltungsbedarf kann der Abbildung 11 entnommen werden.

Zusätzlich wird der Dehydratationsgrad an Hand des klinischen Bildes (Hautfalte, Bulbusdruck, Schleimhautfeuchtigkeit, zusätzliche, aber nicht immer eindeutige Hilfsmittel wie Hämatokrit und Serum-Protein) und des Vorberichts (Erbrechen, Durchfall etc.) geschätzt. Dann ergibt sich am Beispiel einer 3 kg schweren Katze mit einem geschätzten Dehydratationsgrad von 10 % ohne weiteren Flüssigkeitsverlust folgender Bedarf:

Überschlägig kann die Rehydratationsmenge auch nach folgenden Richtlinien bestimmt werden:

geringgradige Dehydratation:	40–60 ml/kg KM
mittelgradige Dehydratation:	60–80 ml/kg KM
hochgradige Dehydratation:	80–120 ml/kg KM oder mehr

Die Katze möge gleichzeitig eine Azidose aufweisen: der Basenüberschuß (BE) betrage – 9 mmol/l. Dann müssen zusätzlich folgende Substitutionsmaßnahmen ergriffen werden:

Die Katze benötigt also insgesamt 483 ml Flüssigkeit pro Tag, wovon 391,5 ml als Ringer-Laktat-Lösung und 91,5 ml als fünfprozentige Glucoselösung gegeben werden. Da eine Azidose besteht, werden 8,1 mmol Natriumbicarbonat hinzugefügt.

Man muß sich hüten, die Flüssigkeitsmenge zu überschreiten. Insbesondere wenn nach dieser Substitutionsmenge noch weiterhin eine Anurie besteht, darf nur noch die tägliche Erhaltungsdosis appliziert werden. Andernfalls besteht die erhebliche Gefahr einer Hyperhydratation mit erhöhtem Blutdruck im kleinen Kreislauf und den Folgen einer Rechtherzüberlastung und eines Lungenödems.

Tabelle 12: Beispiel einer metabolischen Azidose mit einem Basenexzeß BE von – 9 mmol/l

	Natriumbicarbonat
BE = – 9 mmol/l – 9 [BE] x 3 [KM] x 0,3 [Verteilungsraum]	8,1 mmol $NaCO_3$ = 16,2 ml der 4,2 %igen $NaCO_3$-Lösung oder 8,1 ml der 8,4 %igen Lsg

2. Diureseanregung

Sie darf erst nach erfolgter Rehydratation durchgeführt werden. Die Infusion von Mannitol kann in frühen Stadien die Diurese steigern. Dieser sechswertige Zuckeralkohol wird in hypertoner Lösung appliziert, in der Niere ausschließlich glomerulär filtriert, ohne daß im Tubulus eine Rückresorption stattfände. Die Dosis beträgt bis zu 1,5 g Mannitol/kg KM. Davon wird bis zu 0,5 g/kg innerhalb der ersten 15 Minuten gegeben. Nach etwa 15 Minuten soll die Diurese einsetzen. Sobald die Höchstdosis verabreicht ist, sollen keine weiteren Versuche gemacht werden.

Die Diurese kann auch mit Furosemid oder Xipamid angeregt werden. Dosis: 2 bis 5 mg/kg bzw. 0,1 bis 0,5 mg/kg KM intravenös.

Tabelle 11: Wasserbedarf am Beispiel einer 3 kg schweren Katze mit einem Dehydratationsgrad von etwa 10 % ohne zusätzliche Verluste

		Gesamtmenge	davon Ringer(-Laktat)	davon Glucose 5 %ig
Erhaltungsdosis	61 ml/kg	183 ml	ein Teil = 91,5 ml	ein Teil (91,5 ml)
Dehydratationsgrad	10 %	300 ml	300 ml	0 ml
zusätzlicher Verlust	0	0		
zusammen		483 ml/Tag	391,5 ml	91,5 ml

3. Vasodilatatoren

Sie werden bisweilen empfohlen und auch an eigenen Patienten durchgeführt. Ob ihnen jedoch entscheidende Wirkung zukommt, ist durchaus fraglich. Gegeben wird Dopamin in einer Dosis von 2 bis 5 µg/kg und Minute in der Dauertropfinfusion. Dopamin wirkt dilatierend auf die Arteria renalis. Man erwartet sich davon eine Erweiterung der Vasa afferentia zur besseren Durchblutung der Glomerula.

4. Bei Hyperkaliämie: Glucose-Lösung plus Insulin

Glucose 2 g/kg KM als 5 %ige Lösung
+ 1 E Alt-Insulin/3 g Glucose
in der Dauertropfinfusion.
Dies bedeutet bei einer 1 kg schweren Katze:

Benötigte Glucosemenge: 2 g
Die 5 %ige Lösung enthält 0,05 g Glucose/ml
Die Katze benötigt demnach 40 ml der 5 %igen Lösung
Diese Menge ist in die Gesamtmenge der Flüssigkeit einzurechnen.
Um die Kaliumwanderung in die Körperzellen weiterhin anzuregen, gibt man Insulin zu dieser Infusionslösung hinzu:
1 IU/3 g Glucose
Das bedeutet: 2 (g Glucose) : 3 (IU Insulin/3 g Glucose) = 2/3 U Insulin.
Die Katze erhält also 0,67 U Insulin in die Infusionslösung.

Am Beispiel einer 3 kg schweren Katze heißt dies:

Benötigte Glucosemenge 2 x 3 = 6 g Glucose.
Die 5 %ige Lösung enthält 0,05 g oder 50 mg/ml
Die Katze benötigt also 6 : 0,05 = 120 ml der 5 %igen Lösung.
Diese ist von der Gesamtmenge (s. oben) abzuziehen.
In die Infusionslösung werden 2 E Alt-Insulin hinzugefügt.
Statt Ringer-Laktat-Lösung wird kaliumfreie Lösung gegeben.

Tabelle 13: Therapie der Hyperkaliämie

Körpermasse [kg]	Glucose [g]	Glucose-Lsg. 5 %ig [ml]	Alt-Insulin [IU]
1	2	40	2/3
2	4	80	1 1/3
3	6	120	2
4	8	160	2 2/3
5	10	200	3 1/3
6	12	240	4

5. Dialyse

In der Kleintiermedizin ist fast ausschließlich die Peritonealdialyse in Gebrauch. Sie empfiehlt sich zur Überbrückung der Zeit, bis die Nieren sich aus oligoanurischer und polyurischer Phase erholt haben. Dabei nutzt man das Peritoneum als semipermeable Membran.
Als Infusionsgerät kann man eine großlumige Infusionskanüle (Braunüle) verwenden, der man seitlich weitere Öffnungen beibringt. Die Bauchhaut wird chirurgisch vorbereitet und die Kanüle etwa 3 cm hinter dem Nabel in die Bauchhöhle eingeschoben. Als Dialyselösung empfiehlt sich eine Lösung, die 2,5 g Glucose und 0,45 g Natriumchlorid pro 100 ml enthält. Davon werden 20 bis 40 ml/kg injiziert und 30 min in der Bauchhöhle belassen. Danach wird die Lösung abgesaugt und frische Lösung erneut instilliert. Dies kann mehrfach durchgeführt werden. Je nach Körpertemperatur kann die Wärme der Lösung variiert werden: 40 °C bei Untertemperatur, 30 bis 25 °C bei Fieber.

Chronische Niereninsuffizienz

Definition

Progressive Verminderung des Glomerlumfiltrats infolge fortschreitender Funktionsunfähigkeit der Nephrone. Die Folgen sind zunehmende Störungen des Wasser-Elektrolyt-Säure-Basen-Status sowie endokrine Funktionsstörungen (Erythropoetin-, 1,25-Dihydroxycholecalciferol-Abnahme). Labordiagnostisch wird ein Anstieg harnpflichtiger Substanzen im Blutserum beobachtet. Klinisch äußert sich die chronische Niereninsuffizienz im Bild der chronischen Urämie. Das Endstadium ist die Schrumpfniere.

Ätiologie und Pathogenese

Die Ursache chronischer Niereninsuffizienzen ist oft unklar. In vielen Fällen liegt eine idiopathische chronische interstitielle Nephritis vor (DiBARTOLA u. M., 1987). Seltener sind chronische Glomerulopathien (Glomerulitis) oder Amyloidosen verantwortlich. Weitere Ursachen einer chronischen Niereninsuffizienz sind Pyelonephritis, renales Lymphom (Lymphosarkom), Feline Infektiöse Peritonitis, Zystenniere, Hydronephrose und die mit Polyarteriitis nodosa einhergehenden Nephropathien. Hereditäre Nephropathien, wie sie bei zahlreichen Hunderassen beobachtet werden, sind bei der Katze sehr selten. Nicht sicher ist, ob Hyperkalzämien und Nephrotoxine eine Rolle in der Entstehung chronischer Nephropathien und damit chronischer Niereninsuffizienzen bei der Katze spielen. BILLER u. M. (1990,

1991) berichten von familiärer Zystenniere in einer Perserkatzenfamilie. CHEW u. M. (1982), BOYS u. M. (1984), DiBARTOLA u. M. (1995) sowie BLUNDEN und SMITH (1992) fanden familiäre Nierenamyloidosen bei Abessiniern.
Die bei der Katze nicht seltenen Embolien der Nierenarterien infolge hypertrophischer Myokardiopathien können zu chronischer, irreversibler Nierenschädigung Anlaß geben, die als Folge der akuten renalen Hypoxie entstehen kann. Ebenso können chronische Nierenschädigungen im Verlauf postrenaler Obstruktionen und Rückstau in die Nieren auftreten; die Druckerhöhung kann einen ausgedehnten Parenchymuntergang nach sich ziehen.

Tabelle 14: Ursachen chronischer Niereninsuffizienzen

Ursache	Häufigkeit
idiopathische interstitielle Nephritis	sehr häufig
Glomerulitis	häufig
Amyloidose	mittel
Pyelonephritis	mittel
Lymphom	mittel
FIP	mittel
Zystenniere	selten
Hydronephrose	selten
Arteriitis nodosa	sehr selten
familiär und hereditär	sehr selten
Hyperkalzämie	fraglich
Nephrotoxine	fraglich

OSBORNE u. M. (modifiziert) teilen die Ursachen chronischer Niereninsuffizienzen wie folgt ein (wobei aber einige Ursachen für die Katze nicht gesichert sind):

In den meisten Fällen kann man im Stadium der Vorstellung des Patienten in der Praxis die Ursache nicht mehr feststellen. Allenfalls in Frühstadien läßt sich durch Biopsie und histologische Untersuchung eine Differenzierung vornehmen. Mit fortschreitender Krankheit werden die Bilder denen der chronischen generalisierten Nephropathien sehr ähnlich; es werden destruktive (Entzündungen, Atrophie, Fibrose, Mineralisation) und kompensatorische Veränderungen (Hypertrophie und Hyperplasie) nebeneinander gesehen. Klinische Symptome treten erst nach Ausfall von etwa drei Vierteln der Gesamtnephronenzahl aus. Unabhängig von der primären Lokalisation und Ursache zeigen chronische Nephropathien fortschreitende Tendenz und führen schließlich zur generalisierten, progressiven und irreversiblen Schrumpfniere oder „End-stage-kidney". Es ist im Einzelfall noch immer nicht vollständig geklärt, weshalb die chronischen Nephropathien zum Fortschreiten der Zerstörung immer weiterer Nephrone führen. Verdächtigt werden besonders der sekundäre renale Hyperparathyreoidismus mit Hyperphosphatämie (IBELS u. M., 1978, ROSS u. M., 1980), in letzter Zeit jedoch eher die Azidose und der Bluthochdruck.
Eine neuere Theorie (Brennersche Hyperfiltrationstheorie) besagt, daß durch die zunehmende Verminderung der Zahl intakter Nephrone diese kompensatorisch hyperperfundiert werden. Zusätzlich steigt in ihnen durch Konstriktion der Vasa efferentia der Druck an. Die Folge ist eine Vemehrung der Proteinfiltration in den Bowmanschen Raum und ins Mesangium. Dadurch werde die Fibrosierung gefördert. Die Proteinfiltration werde begünstigt durch eine proteinreiche Fütterung. Interstitielle Nephropathien führen bereits vor Abnahme der glomerulären Filtrationsrate zu tubulären Funktionsein-

Tabelle 15: Einteilung chronischer Nephropathien mod. nach OSBORNE

glomerulär	tubulär	interstitiell	vaskulär
idiopathisch	Immunkomplex-Krh.	Amyloidose	Embolien
Amyloidose	Basalmembran-Krh.	medikamentös (?)	Atherosklerose (?)
diabetisch	ischämisch	Schwermetalle (?)	
DIC	neoplastisch	Immunopathien (?)	
Embolie	obstruktiv	Pyelonephritis	
Immunkomplex-Krh.	Transportstörungen (Fanconi-Syndrom, tubuläre Azidose, primäre renale Glucosurie) kongenital	systemische Mykose (?)	
medikamentös	Nephrotoxine (?)	idiopathisch	
FeLV/Leukose	Hyperkalzämie (?)		
neoplastisch			

bußen (SIEBERTH, ALTWEIN und HOHENFELLNER, 1994).

Unabhängig von der primären Ursache können chronische Nephropathien in einer generellen Nierenschädigung enden, wobei im fortgeschrittenen Stadium fast immer gleichzeitig Glomerula, Tubuli, Interstitium und Gefäßsystem ins Krankheitsgeschehen einbezogen sind.

Durch die zunehmende Verminderung der Zahl der Nephrone kommt es zunächst zu einer Mehrleistung der noch intakten durch erhöhte Perfusion. Schließlich aber wird eine zunehmende Retention harnpflichtiger Stoffe beobachtet. Dies sind insbesondere Kreatinin, Harnstoff, Harnsäure, Guanidine, Phenole, schließlich Substanzen mit einem mittleren molekularen Gewicht von 1200 bis 3000 Da. Die Störungen können folgendermaßen eingeteilt werden (Tabelle 16):

Durch die Niereninsuffizienz wird eine Reihe von hauptsächlich stickstoffhaltigen Substanzen nicht mehr ausgeschieden. Der Anstieg harnpflichtiger Stoffe im Blutserum wird als *Azotämie* bezeichnet. Ihr Ursprung ist zum einen die Nahrung (eiweißreiches Futter, insbesondere Fleischfütterung), zum andern auch körpereigenes Protein, das infolge einer katabolen Stoffwechselsituation abgebaut wird. Eine Erhöhung können die stickstoffhaltigen harnpflichtigen Stoffe außerdem erfahren durch Blutungen in den Magen-Darm-Trakt, Fieber (erhöhter Eiweißkatabolismus), Sepsis, Hungerzustände, Verbrennungen, Muskelnekrose. Prärenale Ursachen können hinzukommen und die Azotämie erheblich verstärken. Dies sind insbesondere Kreislaufversagen, Dehydratation, Streßsituationen jeglicher Art. Medikamentöse Einflüsse können ebenfalls aggravierend wirken, insbesondere nephrotoxische Substanzen.

Eine Hyperthyreose kann eine Azotämie im frühen Stadium maskieren. Dies beruht wohl auf der Erhöhung des Stoffwechsels und der Blutdruckerhöhung mit Verbesserung der Clearance unter Thyroxineinfluß. Wird bei einer solchen Katze die Hyperthyreose erfolgreich behandelt, kann die Nephropathie mit Azotämie/Urämie manifest werden.

Die Azotämie läßt sich an Hand der Serumkomponenten messen. Dabei ist der Messung von Kreatinin als dem durch extrarenale Ursachen weniger beeinflußbaren Metaboliten der Vorzug vor dem wesentlich stärker beeinflußbaren Harnstoff zu geben.

Die harnpflichtigen Substanzen werden normalerweise durch glomeruläre, zum Teil auch tubuläre Filtration oder Sekretion in den Harn abgegeben. Der Grad der Azotämie korreliert nicht unbedingt mit der Schwere der klinischen Symptome (Urämie).

Tabelle 16: Pathophysiologie chronischer Nephropathien

exkretorische Ausfälle	Störungen des Wasser-Elektrolyt-Säure-Basen-Haushalts	Störungen der inkretorischen Leistungen	Auswirkungen auf den Gesamtorganismus
Steigerung von – Kreatinin – Harnstoff – Harnsäure – Phenolen – Guanidinen in Serum und Primärharn	Wasserverlust durch – Polyurie – Erbrechen – Durchfall Ödeme möglich durch – Hypoproteinämie metabolische Azidose durch – Verminderung der NH_4^+-Exkretion – erhöhte Ausscheidung von Bikarbonationen Verlust von Ionen durch Erbrechen/Durchfall – Hypochlorämie – Hyponatriämie – Bikarbonatverlust – (Hypokaliämie)	verminderte Synthese von Erythropoetin – aplastische, aregenerative Anämie verminderte Synthese von 1,25-Dihydroxycholekalziferol – Hypokalzämie vermehrte Sekretion von Parathormon – Knochendemineralisation – Renin-Angiotensin-Aktivierung Hypertension	– Hypoproteinämie durch Proteinurie, verminderte Aufnahme (Diät), verminderte Synthese (insulinabhängig), erhöhte Proteolyse (durch Azidose) Dehydratation, Gewichtsverlust (Abmagerung, Dehydratation), Muskelschwäche, neuromusk. Störung, Herzinsuffizienz, Kreislaufinsuffizienz, Bluthochdruck, Blindheit, hypoprot. Ödeme, Erbrechen, Durchfall, PD, PU, aregenerative Anämie, Hypoxie, Osteofibrose, Thrombozytopathie

Die Katzennieren können möglicherweise auf eine metabolische Azidose schlechter durch eine erhöhte Sekretion von Ammonium reagieren als die Nieren anderer Spezies (LEMIEUX u. M., 1990). Es kann jedoch nicht gesagt werden, ob dies einen Einfluß auf eine eventuell raschere Azidoseentwicklung bei chronischer Niereninsuffizienz hat. Die verminderte Ausscheidung von NH_4^+-Ionen ist jedenfalls hauptverantwortlich für die renale metabolische Azidose bei Niereninsuffizienz. Hinzu kommen H^+-Ionen und schwefelsäureenthaltende Aminosäuren, deren Ursprung besonders in der Fütterung zu suchen ist. Allerdings scheint es nicht mehr haltbar zu sein, daß Fleischfütterung allein eine überwiegende Säuerung nach sich ziehe (BERLYNE, G., u. M., 1992). Eine wesentliche Rolle in der Ausscheidung von Säureionen während einer Urämie scheint dem Magen-Darm-Trakt zuzukommen (GIOVANNETTI u. M., 1992). Weniger wichtig scheinen dagegen das Skelettsystem im Ausgleich einer metabolischen Azidose zu sein (OH, 1991). Durch die Azidose wird eine verstärkte Kalziumausscheidung provoziert, die zur Demineralisation des Skelettsystems führt. Aggraviert wird die Demineralisation durch die infolge der negativen Kalziumbilanz mit der Tendenz zu niedrig-normalen oder leicht hypokalzämischen Serumwerten gesteigerte Aktivität der Epithelkörperchen. Es folgt ein renaler sekundärer Hyperparathyreoidismus mit vermehrter Sekretion von Parathormon und weiterer Mobilisation von Apatit und damit Freisetzung von Kalzium und gleichzeitig Phosphat, um die Kalziumhomöostase im Blutserum aufrecht zu erhalten. Das freiwerdende Phosphat kann durch die insuffiziente Niere nicht ausreichend ausgeschieden werden. Die Folgen dieser Mechanismen sind

- Knochendemineralisation und Osteoporose
- Weichteilkalzifizierung
- Hyperphosphatämie

Bei der Katze kommt es kaum einmal zu Spontanbrüchen infolge renaler Osteoporose. Auch die von Hundewelpen und -jungtieren bekannten Deformationen („rubber jaw") werden nicht beobachtet, da angeborene Nephropathien nahezu unbekannt sind. Die Hyperphosphatämie führt per se nicht zu klinischen Ausfallsserscheinungen. Sie ist jedoch ein Gradmesser der Nierenleistung. Phosphat wird im Darm resorbiert und normalerweise über die Niere ausgeschieden. Wenn es gelingt, die Aufnahme durch die Nahrung zu vermindern, sei es durch diätetische Maßnahmen, sei es durch Adsorption, dann kann die Hyperphosphatämie begrenzt werden. Andererseits wird Phosphat durch den infolge der Hypokalzämie entstehenden Hyperparathyreoidismus vermehrt freigesetzt.

Durch die Freisetzung von Kalzium (und Phosphat) aus dem Skelett wird häufig eine Ablagerung in Weichteilgewebe provoziert. Diese Veränderungen können besonders auf der Röntgenaufnahme festgestellt werden. Sie betreffen vorwiegend die Lunge, auch den Magen, das Myokard, Gefäße und die Nieren selbst.

Hypokaliämie

Eine Hypokaliämie wird in früheren bis fortgeschrittenen Stadien einer Urämie nicht selten beobachtet (DiBARTOLA u. M., 1987; DOW u. M., 1987, 1989; GREVEL u. M., 1993). Normalerweise wird Kalium glomerulär filtriert und tubulär rückresorbiert. Eine bestimmte Menge wird jedoch auch bei der gesunden Katze distaltubulär sezerniert, so daß im Urin immer etwas Kalium nachgewiesen werden kann. Diese distaltubuläre Sekretion wird gesteigert durch die Menge der Urinproduktion in der Zeiteinheit: je rascher und je mehr Urin produziert wird, um so mehr Kalium wird ausgeschieden.

Bei chronischer Niereninsuffizienz wird Kalium vermehrt in den noch intakten Tubuli ausgeschieden. Letztendlich liegt die Ursache von Hypokaliämien bei chronischer Niereninsuffizienz jedoch noch im dunkel. ADAMS u. M. (1991) bezweifeln, daß die Harn-Kaliumausscheidung für die Hypokaliämie verantwortlich ist, konnten sie doch keine wesentlich vermehrte absolute Kaliumausscheidung bei chronisch nephritischen Katzen beobachten. Im Magen-Darm-Trakt (Colon) wird jedenfalls vermehrt Kalium bei chronischen Niereninsuffizienzen ausgeschieden. Auch mit dem Erbrochenen kann Kalium in erheblicher Menge verloren gehen. Die Folge ist in manchen Fällen eine zum Teil bedeutende Hypokaliämie. Deren Folgen sind

- Störung der Zellmembranfunktionen
- Störung des Zellstoffwechsels

Tabelle 17: Grade der Hypokaliämie

Normokaliämie	Hyperkaliämie	geringgradige Hypokaliämie	mittelgradige Hypokaliämie	hochgradige Hypokaliämie	höchstgradige Hypokaliämie
3,5–5,5 mmol/l	> 5,5 mmol/l	3,0–3,4 mmol/l	2,5–2,9 mmol/l	2,0–2, 4 mmol/l	< 2,0 mmol/l

Diese Funktionsstörungen führen zu
- allgemeiner Muskelschwäche (neuromuskuläre Dysfunktion)
- Polymyopathie mit Schmerzzuständen
- Herzinsuffizienz
- Proteinsynthesestörung
- Aggravierung der Nierenfunktionsstörung (besonders zusammen mit Azidose)

Der Hypokaliämie wird besonders in Verbindung mit der metabolischen Azidose eine Ursache für schwere Verläufe der chronischen Niereninsuffizienz beigemessen (DOW u. M., 1990). Nach Ausgleich der Azidose und der Hypokaliämie kam es zu einer wesentlichen Verbesserung der Nierenfunktion.

Hyperkaliämie

Im Endstadium wird bisweilen eine Hyperkaliämie beobachtet. Sie kann folgende Ursachen haben:
- vermehrte Kaliumzufuhr (Nahrung, Infusion, Medikamente), insbesondere bei Azidose
- Oligurie/Anurie
- Natriummangel
- „kaliumsparende" Diuretika über längere Zeit (Spironolacton)
- Hypaldosteronismus (verminderte Kaliumsekretion)

Natriummangel kann dann zur Hyperkaliämie führen, wenn im distalen Tubulus nicht mehr genug Natrium zum Austausch gegen Kalium zur Verfügung steht. Dadurch werden Kaliumionen zurückgehalten. Durch Hyponatriämie wird außerdem das Glomerulumfiltrat vermindert mit der Folge einer Verstärkung der Azidose und Kaliumretention.

Hyperkaliämie bei Hyponatriämie und Azotämie (besonders Harnstofferhöhung) wird bei Hypadrenokortizismus (Morbus Addison) gefunden.

Die Folgen einer (renalen) Hyperkaliämie werden besonders am Herzen auffällig:
- Herzrhythmusstörungen
- Atrioventrikuläre Überleitungsstörungen (PQ-Verlängerung)
- QRS-Verbreiterung
- hohe, schmalbasige („zeltförmige") T-Zacke

Proteinurie

Katzen mit Urämie und Azidose haben häufig eine negative Proteinbilanz, die sich durch bisweilen erhebliche Gewichtsverluste bemerkbar macht. Die Ursachen sind:
- Proteinurie
- verminderte Aufnahme (Diät)
- verminderte insulinabhängige Synthese (durch Azidose)
- erhöhte Proteolyse (durch Azidose)
- Aktivierung einer muskelständigen Dehydrogenase (durch Azidose)
- Proteinsynthesestörung (durch Hypokaliämie)

Obgleich die qualitative Untersuchung des Harns oft keinen vermehrten Proteingehalt erkennen läßt, ist die absolute Menge des mit dem Harn verloren gehenden Proteins erhöht (POLZIN und M., 1989, 1995). HÖRAUF (1992) stellte an Hand des auf Harn-Kreatinin bezogenen Proteins im Urin (U-P/C) fest, daß praktisch alle zu chronischer Niereninsuffizienz führenden renalen Krankheiten – untersucht wurden interstitielle Nephritiden unterschiedlicher Grade, Glomerulonephritiden, Amyloidnephrose, Tubulonephrose, Lymphosarkome und ein Nierenkarzinom – zu teilweise erheblich gesteigerter Proteinurie führen können. Die größten Proteinurien wurden bei Tubulonephrose, Glomerulonephritiden und Amyloidnephrose gefunden: Während bei gesunden Katzen ein U-P/C-Referenzbereich bis 0,33 ermittelt wurde, lagen bei den genannten Krankheiten die Werte oft über 5, bei Amyloidnephrose über 9.

Erythropoetinmangel

Das Glykoproteinhormon Erythropoetin wird hauptsächlich in der Niere gebildet; obgleich es nach OSBORNE bei der Katze auch extrarenale Bildungsorte gibt, ist es bei Niereninsuffizienz zunehmend vermindert. Außer einer herabgesetzten Synthese werden auch verminderte Ansprechbarkeit der Peripherie und erhöhter Abbau vermutet (CHANDRA u. M., 1987).

Die Folge des Erythropoetinmangels ist eine aregenerative aplastische Anämie. Trotz ausgeprägter Blutarmut und Hypoxie werden keine Regenerationszeichen (Polychromasie, Retikulozytenvermehrung, Makrozyten) gefunden.

1,25-Dihydroxycholekalziferol (Calcitriol)

Das mit der Nahrung aufgenommene und im Darm resorbierte Vitamin D gerät mit dem Pfortaderblut in die Leber, wo es zu 25-Hydroxycholekalziferol hydroxyliert wird. Von der Leber aus gelangt es zur Niere. Dort wird es zusätzlich in α-Stellung (zum Teil auch in Stellung 24) hydroxyliert zum hormonell wirksamen 1,25-Dihydroxycholekalziferol oder Calcitriol. Der Weg der Bildung von Vitamin D_3 in der Haut spielt nach EARLE (1995) bei der Katze kaum eine Rolle.

Zielorgane des 1,25-Dihydroxycholekalziferols sind die Knochen, der Dünndarm und die Niere. Es diffundiert durch die Zellmembran und wird im Zytosol an spezifische Rezeptorproteine gebunden. Durch sie wird es zum Zellkern transportiert. Hier induziert

es die Synthese von Proteinen, die die Vitamin-D-Wirkung hervorrufen. Am Knochen aktiviert 1,25-Dihydroxycholekalziferol die Kalkeinlagerung und damit die Verknöcherung. Andererseits ist es aber auch nötig, um die Knochenresorption unter dem Einfluß von Calcitonin möglich zu machen. Allerdings überwiegt die Mineralisation den Abbau, da nur die Osteoblasten, nicht aber die Osteoklasten Rezeptoren für 1,25-Dihydroxycholekalziferol aufweisen. Im Dünndarm, besonders im Ileum, bewirkt es eine Steigerung der Kalziumresorption, möglicherweise auch der Resorption von Phosphat und Magnesium. In der Niere wird unter der Wirkung von 1,25-Dihydroxycholekalziferol die Rückresorption von Kalzium im distalen Tubulus gefördert.
Im Falle chronischer Niereninsuffizienzen wird 1,25-Dihydroxycholekalziferol vermindert sezerniert. Die Ausfälle, die durch seinen Mangel entstehen, lassen sich unschwer aus seinen physiologischen Funktionen erklären. Durch verminderte Resorption im Ileum in Verbindung mit herabgesetzter Rückresorption im distalen Nierentubulus kommt eine zunächst latente, dann faßbare Hypokalzämie zustande. Dadurch wird Parathormon vermehrt sezerniert (renaler sekundärer Hyperparathyreoidismus). Außerdem wird durch den Mangel an 1,25-Dihydroxycholekalziferol weniger Kalzium in den Knochen angelagert. Insgesamt resultiert eine Freisetzung von Kalzium und gleichzeitig Phosphat aus dem Skelettsystem. Dadurch wird einerseits die Kalziumhomöostase aufrecht erhalten, andererseits aber auch das Phosphat im Blut erhöht. Da Phosphat bei fortgeschrittenerer Niereninsuffizienz nicht mehr genügend ausgeschieden wird, resultiert eine Hyperphosphatämie.

Thrombozytopathie

Bei Urämie wird häufig eine erhöhte Blutungsbereitschaft trotz ausreichender plasmatischer Gerinnung und „normaler" Thrombozytenzahl bemerkt. Ursächlich werden Membrandefekte vermutet. Dabei können Blutungen auftreten, die gleichzeitig mit einer gesteigerten Thromboseneigung einhergehen. Die Blutungszeit ist verlängert, im Thrombelastogramm werden verlängerte r- und k-Zeiten festgestellt. Die urämische Thrombozytopathie muß bei Biopsien oder chirurgischen Eingriffen berücksichtigt werden. Die Bestimmung der Blutungszeit und/oder Anfertigung eines Thrombelastogramms sind erforderlich.

Bluthochdruck

Die arterielle Hypertension wird in etwa der Hälfte der Fälle chronischer Niereninsuffizienzen beobachtet. Wahrscheinlich ist die Hauptursache in einer Aktivierung der Renininkretion mit folgender Angiotensinbildung zu suchen. Außerdem wird vermehrt Noradrenalin freigesetzt. Als weitere Faktoren kommen Natriumretention und Erhöhung des intravasalen Wasservolumens, ferner der Hyperparathyreoidismus hinzu. Durch den arteriellen Hochdruck wird eine Linksherzhypertrophie ausgelöst. Die Renin-Angiotensin-Inkretion führt zur Konstriktion der Vasa afferentia. Die Hypertonie kann als Reparationsmaßnahme aufgefaßt werden, wodurch die Nierendurchblutung einigermaßen aufrecht erhalten wird. Andererseits wird durch den Hochdruck das Herz überlastet. Weitere Schädigungen erstrecken sich besonders auf die Augen und das Gehirn. Insbesondere Augensymptome werden relativ häufig bei der Katze beobachtet. Sie äußern sich als Blindheit mit Papillenödem, Blutungen in die Retina, Veränderungen der Blutgefäße des Augenhintergrunds (Schlängelung), Retinaablösung, bisweilen auch als Glaukom. Man nimmt heute an, daß der Hochdruck für die Ausfrechterhaltung einer (Rest-)Funktion der chronisch geschädigten Niere nicht erforderlich ist, daß er im Gegenteil zu einer weiteren Verschlechterung der Leistung führt. Aus diesem Grund soll er behandelt werden (s. Kapitel „Chronische Interstitielle Nephritis").

Neuromuskuläre Störungen

Sie werden ausgelöst durch Hypokalzämie (Tetanie), Hypo- oder – seltener – Hyperkaliämie, Azidose, Hyperparathyreoidismus, urämische Toxine, arteriellen Bluthochdruck. Die Störungen äußern sich in allgemeiner Schwäche, Apathie, Muskeldysfunktion, Myoklonien, Krampfanfällen, Koma.

Klinisches Bild

Die chronische Niereninsuffizienz der Katze kann in folgende Stadien eingeteilt werden:
1. Stadium der eingeschränkten Leistungsbreite: Die Niere ist in ihrer Leistungsfähigkeit eingeschränkt, das Glomerulumfiltrat vermindert, die maximale Harnkonzentrationsfähigkeit, zu messen mit dem Durst- oder Konzentrationsversuch, ist bereits herabgesetzt, die – bei der nicht speziell trainierten Katze schwierig zu bestimmende – renale Clearance vermindert. Die Harnmenge ist jedoch unverändert, ebenso besteht keine Azotämie. Allgemeinbefinden und Leitungsfähigkeit sind nicht beeinträchtigt. Die Krankheit wird in diesem Stadium allenfalls zufällig entdeckt.
2. Stadium der mäßigen Insuffizienz: Das Glomerulumfiltrat wird weiter vermindert; infolge der verringerten Rückresorption im Tubulussystem wird jedoch eine Polyurie beobachtet. Das spezifische Gewicht des Harns steigt auch beim Dürsten nicht mehr

auf 1,035. Harnstoff und Kreatinin sind im Blutserum noch nicht oder nur geringgradig erhöht, Elektrolytstörungen können fehlen, oder es besteht eine Tendenz zur Hyponatriämie, Hypochlorämie, Hypokalzämie und Hyperphosphatämie. Dem Besitzer fallen Inappetenz, häufiges Schlafbedürfnis (fragliches Symptom), manchmal Polydipsie (nur bei reinen Stubenkatzen relativ zuverlässig zu beurteilen), evtl. verminderte Leistungsfähigkeit (Schwäche) auf, hin und wieder werden Würgen und Erbrechen beobachtet.

3. Stadium der fortgeschrittenen Insuffizienz: Es kommt zu ausgeprägter Azotämie mit deutlichem Anstieg von Serum-Harnstoff und -Kreatinin infolge zunehmender Filtrationseinschränkung durch Verminderung funktionsfähiger Glomerula und Beeinträchtigung der Konzentrationsfähigkeit durch Refrakterität der Tubulusepithelien gegenüber dem antidiuretischen Hormon mit isosthenurischer Polyurie, die sich auch im Konzentrationsversuch nicht ändert. Die Elektrolyte verschieben sich weiterhin, insbesondere werden Anstieg von Phosphat und Azidose beobachtet, während Natrium, Kalium, Chlorid und Kalzium noch normal bis vermindert sein können. Mit zunehmender Dauer nehmen Polyurie und Polydipsie ab, es entwickelt sich eine Pseudonormalurie. Die Tiere sind deutlich krank; sie schlafen viel, zeigen Inappetenz, erbrechen häufig, wobei durch Blutbeimischung das Erbrochene braun verfärbt sein kann. Nicht selten treten chronische Durchfälle auf. Der fast immer deutliche Gewichtsverlust geht nicht nur auf die Dehydratation, sondern auch auf den Verlust an Gewebsmasse zurück. Durch den Anstieg neurotoxischer Stoffwechselprodukte können neurologische Symptome von fibrillären Zuckungen bis zu Konvulsionen oder komatösen Zuständen auftreten. Der sog. urinöse Mundgeruch kann zwar beobachtet werden, darf jedoch wegen der häufigen Gebißerkrankungen mit ähnlichem Geruch nicht überbewertet werden. Nicht selten bilden sich Mundschleimhautulzera, die Zunge ist bisweilen schmutzig-bräunlich verfärbt. Bei längerer Dauer kommt eine Dekalzifizierung des Skeletts mit Deformationen und selten Spontanbrüchen zur Beobachtung. Seltener als beim Hund werden aregenerative Anämien festgestellt.

4. Stadium der terminalen Insuffizienz („end stage kidney"): Die Polyurie schreitet über die isosthenurische Pseudonormalurie zur isosthenurischen Oligurie fort, die auch durch Flüssigkeitszufuhr und Diuretika nicht mehr beeinflußbar ist. Die Azotämie erreicht höchste Werte. Chlorid und Kalzium können vermindert sein, Kalium und besonders Phosphat sind deutlich erhöht (Phosphat bisweilen über 20 mg/dl), es besteht eine schwere Azidose.

Das klinische Bild der **Urämie** ist in diesem Stadium voll entwickelt. Das Allgemeinbefinden ist mittel- bis hochgradig gestört, die Tiere sind apathisch und verharren oft stundenlang unbeweglich.

Aus den pathophysiologischen Grundlagen und den vier Stadien der chronischen Niereninsuffizienz ergeben sich die klinischen Symptome. Während das erste Stadium nur selten und dann nur durch gezielte Untersuchungen (Funktionstests, insbesondere Konzentrationsversuch und Clearance-Untersuchungen) entdeckt werden kann und noch keine merkbaren klinischen Symptome hervorruft, werden mit Eintritt ins zweite und insbesondere ins dritte Stadium schon deutliche Symptome gefunden.

Leitsymptome chronischer Niereninsuffizienzen sind:

- Polydipsie
- Polyurie
- eingeschränkte Harnkonzentrationsfähigkeit (dauernd < 1,035, später 1,008 – 1,012)

Hinzu kommen:

- Dehydratation
- Inappetenz, Anorexie
- Gewichtsverlust
- Leistungsverlust
- Schwäche
- Apathie
- Schleimhäute oft blaß bis verwaschen, Gefäße stark gezeichnet

Von seiten des Haarkleides und der Haut werden folgende Symptome bemerkt:

- Trockenheit
- Glanzlosigkeit
- abstehende Haare
- Elastizitätseinbuße (Hautfalten bleiben bestehen)

Herz-Kreislauf:

- Pulsus durus
- arterieller Bluthochdruck
- Herzgeräusche
- Linksherzhypertrophie
- eventuell Herzrhythmusstörungen

Respirationstrakt:

- tiefe Atmung (Kussmaulsche Atmung)
- Atemluft stechend urinös
- verstärkt gezeichneter Bronchialbaum (Kalkeinlagerung)

Digestionstrakt:

- Stomatitis
- Schleimhaut schmutzig braun

- Foetor urinosus ex ore
- Schleimhautnekrosen (braune Zunge, bei der Katze selbst noch nicht beobachtet)
- Übelkeit
- Erbrechen
- Magenerosionen mit Blutungen (Gastroskopie)
- Durchfall, evtl. Meläna
- Obstipation (seltener)

Harnsystem:

- Polydipsie
- Polyurie
- Endstadium Oligurie/Anurie
- dauernd vermindertes spezifisches Gewicht (< 1,035, später 1,008 – 1,012 [1,015])
- Nieren verkleinert, derb, höckrig
- Parenchymveränderungen, Nierenrinden-Mark-Grenze undeutlich (Sonographie)

Augen:

- Retinopathien
- Blindheit

Nervensystem:

- Apathie
- Stupor bis Koma
- Muskelschwäche
- Muskelzittern
- Krampfanfälle
- Verhaltensstörungen

Skelettsystem:

- Osteofibrose

Diagnose

Unbedingt sollte bei Verdacht auf chronische Niereninsuffizienz eine sorgfältige klinische Untersuchung durchgeführt werden, um eventuelle Ursachen, anderweitige Krankheiten, insbesondere auch Auswirkungen auf den Gesamtorganismus festzustellen. Dabei ist auf die unter „klinisches Bild" genannten Organbefunde und Symptome besonderer Wert zu legen. Wichtig ist die Trinkmenge. Sie wird bei der Katze oft nur unsicher zu ermitteln sein. Der/die/das Tierhalter/in muß aufgefordert werden, künftig so weit wie möglich die exakte Trinkmenge zu messen. Bisweilen fällt aufmerksamen Tierbesitzern auf, daß der Urin heller geworden ist und daß die Katze vermehrt das Katzenklo aufsucht. Die Urinmenge kann annähernd genau durch Wägen der Einstreu täglich bestimmt werden.
Besonderes Augenmerk ist auf die Allgemeinuntersuchung zu legen. Tiere mit chronischer Niereninsuffizienz, insbesondere wenn bereits eine Urämie vorliegt, haben oft Untertemperatur. Der Hydratationsgrad ist an Hand der Hautelastizität und des Augenturgors zu überprüfen. Dagegen können gerade bei Nierenkrankheiten Hämatokrit und Serumproteingehalt sehr unsicher und irreführend sein. Urämische Katzen sind oft abgemagert. Die Schleimhäute können – besonders in der Mundhöhle – stark verändert sein. Häufig werden in fortgeschrittenen Stadien Braunverfärbungen, Entzündungen und Ulzera festgestellt. Der oft zu bemerkende Foetor urinosus darf nicht mit üblem Mundgeruch infolge von Zahnstein oder Stomatitis anderer Ursache verwechselt werden.
Besonderes Augenmerk ist dem Magen-Darm-Trakt zu widmen. Nicht selten wird Erbrechen festgestellt, das blutig sein kann; häufiger wird jedoch „kaffeesatzähnlicher" Vomitus gesehen, der durch angedautes Blut im Magen entsteht.
Bei chronischer Niereninsuffizienz besonders wichtig sind Laboruntersuchungen. Hierbei kommt der Urinuntersuchung, insbesondere dem spezifischen Gewicht und dem Eiweißgehalt, sowie der Blutserumuntersuchung, besonders Kreatinin und Harnstoff, Screeningfunktion zu.

Besteht aufgrund der klinischen Untersuchung der begründete Verdacht auf Nephropathie, so müssen folgende Fragen beantwortet werden:

- Ist die Krankheit glomerulär, tubulär, interstitiell lokalisiert oder generalisiert?
- Liegt eine behandelbare Grundkankheit vor?
- Ist die Krankheit reversibel oder irreversibel?
- In welchem Stadium befindet sich die Krankheit?
- Welche Auswirkungen auf den Gesamtorganismus liegen vor?
- Sind diese Auswirkungen behandelbar?
- Ist der Besitzer, die Besitzerin kooperativ (Intellekt, Akzeptanz, finanzieller Aufwand)?

Glomerulopathien

Kreatinin, ein Produkt des Muskelstoffwechsels, dessen Serumspiegel von der Muskelmasse des Individuums mäßig beeinflußt wird und das daher einerseits bei Jungtieren niedriger als bei Erwachsenen (KRAFT u. M., 1995) und andererseits bei schlecht bemuskelten Tieren niedriger als bei gut bemuskelten ist, wird nahezu ausschließlich im Glomerulum filtriert. Daher gibt Kreatinin Auskunft über die glomeruläre Filtrationsrate. Allerdings steigt es im Serum erst an, wenn mindestens drei Viertel der Nephrone ausgefallen sind. Es ist daher ein Indikator für eine bereits weit fortgeschrittene Niereninsuffizienz.
Wesentlich früher zeigt die *endogene Kreatininclearance* eine Glomerulopathie an. (Zur Durchführung

s. Fachbücher der Labordiagnostik.) Für die Katze kann eine endogene Kreatininclearance von 2 bis 5 ml/min und kg KM als physiologisch angenommen werden. Wenn etwa zwei Drittel der Nephrone ausgefallen sind, sinkt die endogene Kreatininclearance unter 2 ml/min und kg KM ab. Damit ist diese Untersuchungsmethode früher indikativ als die Messung des aktuellen Serumkreatininspiegels, der erst beim Ausfall von mehr als drei Viertel ansteigt. Beide Untersuchungen sollten jedoch nur noch mit der enzymatischen Methode durchgeführt werden.

Harnstoff oder Harnstoffstickstoff sind wesentlich stärker von extrarenalen Einflüssen abhängig als Kreatinin. Harnstoff wird in der Leber aus Ammoniak synthetisiert. Ammoniak gelangt in die Leber als Abbauprodukt des Aminosäurestoffwechsels. Damit ist die Höhe des Serumharnstoffs von folgenden extrarenalen, den Harnstoff steigernden Faktoren abhängig:

- Zeitpunkt der letzten Fütterung
- Art der Fütterung
- Abbau körpereigenen Proteins (Fieber, Verletzung, Hungerzustände, Hyperadrenokortizismus)
- Blutungen, besonders in dem Magen-Darm-Trakt
- medikamentös (Glukokortikoide, Tetrazykline)

Andererseits kann Serumharnstoff auch durch extrarenale Einflüsse gesenkt und damit scheinbar „normal" werden:

- proteinarme Nahrung
- Leberfunktionsstörungen
- Portosystemischer Shunt
- vorübergehende Nahrungskarenz
- medikamentös (Anabolika)

Harnstoff wird in den Glomerula filtriert und teilweise in den Tubuli rückresorbiert. Die Rückresorptionsrate ist um so größer, je geringer die Harnmenge ist, die durch die Tubuli fließt, je geringer also die Primärharnmenge ist. Er ist damit von zahlreichen extrarenalen und einigen intrarenalen Beeinflussungen abhängig. Damit eignet sich Serumharnstoff nicht ohne Einschränkung als Maß für die Glomerulumfunktion.

Albumin (Protein) erscheint vermehrt im Harn in der Hauptsache bei glomerulären Schädigungen (ABUELO, 1983; CHEW und DiBARTOLA, 1986). Es sind besonders großmolekulare Serumproteine, die durch die zunehmend durchlässige Glomerulummembran hindurchtreten (GÖRG u. M., 1985). Wahrscheinlich liegt bei der Katze ein ähnlicher Mechanismus vor wie beim Menschen, bei dem eine Schädigung der epithelialen Podozyten besteht und dadurch die elektrische Ladung an den Poren verändert wird. Dies führt zu einem Durchlässigwerden für die größeren Moleküle. Normalerweise beginnt die Behinderung der Filtration bei Molekülgrößen über 5000 Da; die Vollständigkeit wird bei etwa 70 000 Da erreicht. Bei Glomerulopathien wird die Durchlässigkeit dieser Molekülgrößen überschritten. Solange die tubuläre Rückresorption noch funktionsfähig ist, werden die kleinen Moleküle im Tubulus rückresorbiert, so daß nur eine Makroproteinurie resultiert. Ist auch das Tubulussystem geschädigt, werden sowohl Mikro- als auch Makromoleküle im Urin nachgewiesen. Der Referenzbereich der quantitativen Proteinausscheidung beträgt 1,5 bis 63,4 mg/dl (HÖRAUF, 1992).

Der weite Bereich zeigt, daß die Angabe des Proteins pro Milliliter Urin nicht sehr sinnvoll sein kann. Die Proteinausscheidung ist insbesondere erheblich beeinflußbar von der Gesamtmenge des Urins: Je geringer die Urinmenge ist, um so höher ist scheinbar die Proteinmenge, und je größer die Urinmenge ist, um so scheinbar geringer ist der Proteingehalt. Damit ist gerade im polyurischen Stadium der chronischen Nephropathie die Urinproteinmenge scheinbar gering. Es müßte also eine Methode gefunden werden, die die absolute Proteinmenge zu bestimmen gestattet. Die absolute Menge des ausgeschiedenen Proteins und der Mikro- und Makroproteine sind nur dann exakt zu bestimmen, wenn 24-Stunden-Urin gesammelt wird. Hieran scheitert diese Untersuchung bei der Katze nahezu immer. Man hat daher eine Bezugsgröße herangezogen, die relativ konstant mit dem Urin ausgeschieden wird, und hat hierzu Kreatinin ausersehen. HÖRAUF (1992) hat den Urin-Kreatinin/Protein-Quotienten (U-P/C) bei der gesunden Katze mit einem Wert bis 0,33 ermittelt. Mit dem U-P/C konnte eine Proteinurie auch dann nachgewiesen werden, wenn die Proteinbestimmung allein unverdächtig war.

Allerdings gelingt es auch mit dem U-P/C nicht, eine Glomerulopathie von einer interstitiellen Nephropathie zu differenzieren, wenn der U-P/C < 2 ist. Sind die Werte jedoch hoch (> 2, inbesondere aber ≥ 5), dann liegt mit hoher Wahrscheinlichkeit eine Glomerulopathie vor; niedrigere Werte schließen sie jedoch nicht aus.

Die *Urinproteinanalye,* bei der die Proteinmolekülgröße mit SDS-Polyacrylamidgelelektrophorese (SDS-PAGE) weiter aufgeschlüsselt wird, ergibt bei gesunden Katzen entweder keine oder eine Albuminbande bei 69 000 Da (HÖRAUF, 1992). Bei Glomerulitis kann eine Makroglobulinämie festgestellt werden. Allerdings bringt die Proteinanalyse bei der Katze keine so zuverlässigen Ergebnisse wie beim Menschen oder auch zum Teil beim Hund.

Die Szintigraphie, meistens durchgeführt mit ^{99m}Tc-Diäthylentriaminpentaazetat, ist an aufwendige Apparateausstattung und an die Erlaubnis zur Arbeit mit Radionukliden gebunden. Sie ist damit in der

Tabelle 18: Labordiagnostische Untersuchungen zur Diagnose von Glomerulopathien

Testmethode	**Glomerulopathie**	**Referenzbereich** konservative Einheiten	SI-Einheiten
Serum-Kreatinin	erhöht	bis 1,9 mg/dl	bis 168 µmol/l
Serum-Harnstoff	erhöht	30 – 68 mg/dl	5,0 – 11,3 mmol/l
Kreatininclearance	vermindert	2 – 5 ml/kg und min	
U-P/C	erhöht	0,33	

Praxis kaum durchzuführen, ergibt allerdings gut verwendbare Ergebnisse.

Tubulopathien

Eine empfindliche Meßgröße für die Tubulusfunktion ist das *spezifische Gewicht.* Im intakten Tubulus wird der Primärharn durch Rückresorption von Wasser, Elektrolyten und anderen Inhaltsstoffen konzentriert und in den Sekundärharn umgewandelt. Die Konzentrationsfähigkeit ist abhängig von ausreichender Sekretion des Antidiuretischen Hormons (ADH) und der ausreichenden Ansprechbarkeit der Tubulusepithelien auf ADH. Im Hypothalamus befinden sich Osmorezeptoren, die auf eine veränderte Osmolalität des Blutserums reagieren. Wenn die Osmolalität steigt, wird ADH in der Neurohypophyse sezerniert. Im distalen Tubulus wird daraufhin die Wasserdurchlässigkeit gesteigert, der Urin stärker konzentriert.

Das spezifische Gewicht oder die Dichte variiert bei der Katze zwischen 1,001 und 1,085. Je weniger gelöste Substanzen enthalten sind oder je höher der Wasseranteil ist, um so geringer ist das spezifische Gewicht. Tubulopathien äußern sich in zunehmender Konzentrationsschwäche, so daß das spezifische Gewicht den Wert von 1,035 nicht mehr erreichen kann und schließlich permanent zwischen 1,008 und 1,012 (1,015) liegt. Dieser Bereich entspricht dem im Tubulussystem unveränderten Glomerulumfiltrat und wird als Isosthenurie bezeichnet.

Eine einmalige Messung ist jedoch nicht ausreichend, es sei denn das spezifische Gewicht liegt über 1,034, ohne daß Glukose oder Protein enthalten sind. Dann erübrigen sich weitere Messungen, die Konzentrationsfähigkeit des Tubulussystems kann als bewiesen angesehen werden.

Ähnliche Aussagen werden durch die Messung der *Osmolalität* erhalten. Sie erfordert jedoch spezielle Meßgeräte. Die Osmolalität der Katze schwankt zwischen weiten Grenzen: 50 bis 3000 mml/kg. Bei Isosthenurie wird eine Osmolalität um 300 mmol/kg, bei Hyposthenurie darunter erwartet.

Der *Konzentrationstest* soll ermitteln, ob die Konzentrationsfähigkeit des Tubulussystems erhalten ist. Er wird durchgeführt, wenn das spezifische Gewicht dauernd unter 1,035, besonders wenn die Werte unter 1,012 (1,015) (Isosthenurie) oder gar unter 1,008 (Hyposthenurie) liegen. Der Test erfordert eine ständige Beobachtung der Katze, insbesondere muß festgestellt werden, ob während des Tests Gewichtsverluste eintreten (Dehydratation).

Man geht folgendermaßen vor:

- Entleerung der Harnblase
- Tränke entfernen, trockene Nahrung anbieten
- Feststellung von
  Körpergewicht,
  Hautturgor,
  Hämatokrit,
  Plasmaprotein,
  Serum-Kreatinin und -Harnstoff,
  spezifischem Gewicht des Urins,
  wenn möglich Serum- und
  Urinosmolalität
- alle zwei (bis drei) Stunden diese Meßgrößen bestimmen
- Durchführung i. a. 24 Stunden

Bei ausreichender Konzentrationsfähigkeit steigen das spezifische Gewicht über 1,034, die Osmolalität über 300 mosm/kg an. Im Falle mangelnder Konzentrationsfähigkeit werden diese Werte nicht erreicht, bei Isosthenurie (völliges Unvermögen zu konzentrieren) bleibt das spezifische Gewicht zwischen 1,008 und 1,012 (1,015), die Osmolalität überschreitet nicht 300 mosm/kg. Mangel an ADH oder Reaktionslosigkeit der Tubulusepithelien auf ADH (bei Diabetes insipidus) führt zu Hyposthenurie mit Werten unter 1,008 und 300 mosm/kg. Der Test ist sofort abzubrechen, wenn Zeichen einer Störung des Allgemeinbefindens, Dehydratation, Anstieg von Harnstoff und Kreatinin oder Gewichtsverlust über 5 % eintreten.

Der *Phenolrot- oder Phenolsulfonphthaleintest (PSP-Test)* vermag ebenfalls, Aussagen über die Tubulusfunktion zu erteilen. PSP wird an Plasmaproteine gebunden. Es wird zu etwa 95 % über die Tubuli und zu 5 % über die Glomerula ausgeschieden. Der Test wird jedoch erst bei hochgradigem Tubulusausfall positiv. In der Tiermedizin wird er fast ausschließlich als „Belastungstest" im Blutserum durchgeführt (s. Fachbücher der Labordiagnostik). Für die Katze liegen nur geringe Erfahrungen vor.

Glukose im Urin (Glukosurie) ist vieldeutig. Bei der Katze kommen besonders in Frage: Diabetes mellitus, Streßsituationen einschließlich Aufregung (Tierarztbesuch!), zuckerhaltige Futtermittel, glukosehaltige Infusionen. Glukose wird in den Glomerulumharn filtriert und im Tubulus rückresorbiert, so daß normalerweise im Endharn keine Glukose vorhanden ist. Übersteigt jedoch die Blutglukose die Rückresorptionskapazität (bei der Katze um 300 mg/dl), dann erscheint Glukose als Glukosurie im Harn. Bei Tubulopathien kann bisweilen die Rückresorption gestört sein, so daß auch dann eine Glukosurie entstehen kann.

Urinsedimente sind wenig aufschlußreich. Sie sind bei chronischen Nephropathien in der Regel spärlich. Bei Tubulusstörungen können eventuell vermehrt Rundepithelien („Nierenepithelien") auftreten. Eiterzellen treten bei Pyurie infolge eitriger Nephritis oder Pyelonephritis – aber auch bei Entzündungen der harnabführenden Wege – auf. Zylindrurien entstehen durch Ausgüsse der Harnkanälchen, beginnend am aufsteigenden Ast der Henleschen Schleife bis zu den distalen Tubuli. Bei großer Proteinurie infolge von Glomerulopathien oder Amyloidose werden vermehrt Tamm-Horsfall-Mukoproteine und Albumin ausgeschieden, die in den Tubuli ausfallen, diese ausfüllen und durch den Urindruck ausgeschieden werden. Granulierte Zylinder entstehen durch denaturiertes Eiweiß, zum Teil auch durch zerfallene Tubulusepithelien.

Tabelle 19: Labordiagnostische Untersuchungen zur Diagnose von Tubulopathien

Testmethode	Tubulopathie
spezifisches Gewicht	ständig < 1,035 später 1,008 – 1,012
Konzentrationstest	< 1,035 (1,008 – 1,012)
Glukose/Urin	bisweilen positiv

Sonographie

Normalerweise ist die Nierenrinde echogener als das Mark, von dem sie gut zu unterscheiden ist. Die Echogenität der Rinde wiederum ist weniger echogen als die Leber (Vergleichsorgan). Die Länge beträgt bei gesunden Katzen zwischen 3,8 und 4,4 cm. Bei chronischer Niereninsuffizienz kann die Rinde echodichter werden und ist vom Mark häufig nicht mehr deutlich abgrenzbar. Die Niere wird kleiner, höckrig (Schrumpfniere). Zysten können mit der Sonographie sehr gut festgestellt werden. Insbesondere Zystennieren als Ursache chronischer Niereninsuffizienz lassen sich mit dieser nichtinvasiven Methode sehr gut erkennen. Die Nierenzysten erscheinen als echoarme („schwarze") Hohlräume. Dagegen zeigen Abszesse oder Hämatome Muster mit gemischter Echogenität.

Besondere Möglichkeiten eröffnet die Sonographie bei der Feststellung von Nierentumoren. Tumoren erscheinen als m. o. w. scharf begrenzte Knoten, die gegenüber der Umgebung entweder eine geringere oder aber – seltener – eine dichtere Echogenität aufweisen. Insbesondere die bei der Katze nicht seltenen Lymphosarkome lassen sich gut erkennen und unter Anwendung der Nierenbiopsie mit histologischer Untersuchung diagnostizieren.

Nierenbiopsie

Diese sehr wertvolle diagnostische Methode wird bei der Katze in Vollnarkose durchgeführt. Empfehlenswert ist die Tru-Cut-Einmalbiopsiekanüle. Wie beim Hund wird die linke Niere biopsiert. Da in der Regel beide Nieren gleichzeitig und gleichmäßig verändert sind, genügt diese Methode, um einen Gesamteindruck über beide Nieren zu erhalten.

Der narkotisierte Patient wird in rechte Seitenlage verbracht. Die linke Flanke wird chirurgisch vorbereitet. Die linke Niere wird perkutan fixiert, die Bauchhaut vor dem vorderen Nierenpol durchtrennt, die Biopsiekanüle in die Bauchhöhle eingestochen. Die Einstichstelle befindet sich im Winkel zwischen ventralem Rand der Rückenmuskulatur und dem Rippenbogen (HÖRAUF, 1992). Sodann wird die Kanüle in die Niere eingestochen. Das Bioptat wird in Formalin konserviert.

Wichtig ist, daß nur die Rinde bioptiert wird. Daher ist die Stichrichtung nahezu parallel der Nierenoberfläche zu führen. Wird das Mark erreicht, so kommt es zu heftigen Hämaturien. Auf jeden Fall muß eine Verletzung des Nierenbeckens vermieden werden.

Differentialdiagnose der Nierenkrankheiten

Es ist besonders wichtig zu unterscheiden, ob eine prärenale, renale, postrenale, ferner ob eine akute oder chronische Nephropathie vorliegt (s. Diagnose). Die klinische Untersuchung ist ebenfalls besonders wichtig, um etwaige Ursachen einer prärenalen Nephropathie zu erkennen (Fremdkörper, Erbrechen, Durchfälle anderer Ursache, Herz-Kreislaufinsuffizienz). Ein Morbus Addison kann einer Nephropathie sehr ähnlich sehen; dabei ist jedoch im Falle des Hypadrenokortizismus eine Hyperkaliämie mit Hyponatriämie und meist auch Hypochlorämie vergesellschaftet. Diagnose Morbus Addison: Kortisol-ACTH-Test.

Prognose

Die Besitzer sind darauf hinzuweisen, daß chronische Niereninsuffizienzen immer eine fortschreitende Tendenz haben, daß also eine Heilung nicht möglich ist (außer evtl. durch Nierentransplantation). Allerdings läßt es sich nicht sagen, wie lange die Krankheit dauert; die Überlebenszeit kann bei ordnungsgemäßer Therapie wochen-, monate-, ja sogar bisweilen jahrelang sein. Mit dem Besitzer ist daher zu vereinbaren, ob eine Behandlung durchgeführt werden soll. Dies muß zweifellos auch die Kosten berücksichtigen. Akute Nierenkrankheiten können dagegen weitgehend – zumindest klinisch – ausheilen. Für die Prognose wichtig ist die Beantwortung der Frage, ob die Ursache ermittelt und geheilt werden kann.

Allgemeine therapeutische Maßnahmen

Folgende Maßnahmen sind erforderlich:
- Flüssigkeits-Elektrolyt-Ausgleich, insbesondere
- Azidose-Ausgleich und
- Phosphatverminderung
- Diätetik
- Therapie gastrointestinaler Entzündungen, Blutungen, Ulzera
- Therapie der Anämie
- Therapie des renalen sekundären Hyperparathyreoidismus
- Immunsuppressive Therapie (Glomerulopathie)

Flüssigkeits-Elektrolyt-(Volumen-)Ausgleich

Der Volumenausgleich muß
- den täglichen Bedarf
- den Dehydratationsgrad
- zusätzliche Verluste (Erbechen, Durchfall, Polyurie)

berücksichtigen.

Der tägliche Wasserbedarf ist, wie erwähnt, vom Gewicht abhängig und kann der Tabelle 20 entnommen werden.

Tabelle 20: Täglicher Wasserbedarf in Abhängigkeit vom Körpergewicht (Körpermasse)

Körpermasse [kg]	Wasserbedarf [ml/kg KM]	Wasserbedarf/ Katze [ml]
1	80	80
1,5	72	108
2	67	134
2,5	64	160
3	61	183
3,5	58	203
4	57	228
4,5	55	248
5	53	265

Der Dehydratationsgrad wird klinisch ermittelt, wobei Hämatokrit und Plasmaprotein eine gewisse Hilfestellung ermöglichen; beide Labormeßgrößen sind jedoch gerade bei Niereninsuffizienz erheblichen krankheitsbedingten Veränderungen unterworfen (Erythropoetinmangel führt zu Abnahme des Hämatokritwerts, wodurch trotz Hämokonzentration ein „normaler" Hämatokrit vorgetäuscht wird; Protein wird besonders bei Glomerulopathie vermehrt ausgeschieden, weshalb trotz scheinbar „normalen" Serumproteins eine Hämokonzentration vorliegen kann). Die zum Dehydratationsausgleich benötigte Wassermenge wird berechnet nach der Formel

Dehydratationsgrad [als Dezimalzahl] x kg KM = Wassermenge in l

Bei einem geschätzten Dehydratationsgrad von 8 % bedeutet dies also einen Faktor von 0,08, bei einer Katze von 3 kg Körpermasse würde dies folgende Gleichung bedeuten:

0,08 x 3 = 0,24 l oder 240 ml

Tabelle 21: Berechnung des Dehydratationsausgleichs

Grad [%]	< 5	um 5	6 – 9	10 – 12	> 12
KM [kg]	[ml]	[ml]	[ml]	[ml]	[ml]
1	ca. 40	50	60 – 90	100 – 120	> 120
2	ca. 80	100	120 – 180	200 – 240	> 240
3	ca. 120	150	180 – 270	300 – 360	> 360
4	ca. 160	200	240 – 360	400 – 480	> 480
5	ca. 200	250	300 – 450	500 – 600	> 600
6	ca. 240	300	360 – 540	600 – 720	> 720
7	ca. 280	350	420 – 630	700 – 740	> 740
8	ca. 320	400	480 – 720	800 – 860	> 860

Tabelle 22: Berechnung der Kaliumsubstitution pro Liter Infusionsflüssigkeit

Normokaliämie	Hyperkaliämie	geringgradige Hypokaliämie	mittelgradige Hypokaliämie	hochgradige Hypokaliämie	höchstgradige Hypokaliämie
3,5–5,5 mmol/l	> 5,5 mmol/l	3,0–3,4 mmol/l	2,5–2,9 mmol/l	2,0–2,4 mmol/l	< 2,0 mmol/l
5 mmol	-	20 mmol	30 mmol	40–50 mmol	60–80 mmol

Es sei betont, daß diese Flüssigkeitsmenge zusätzlich zum Erhaltungsbedarf gegeben werden muß. Sie wird als Ringer- oder Ringer-Laktat-Lösung verabreicht.

Des weiteren ist der zusätzliche Verlust zu ersetzen. Er wird an Hand des Vomitus, eines etwaigen Durchfalls und einer Polydipsie geschätzt. I. a. beträgt er die Hälfte des jeweiligen Erhaltungsbedarfs.

Beispiel: Eine 3 kg schwere Katze habe einen Erhaltungsbedarf von 183 ml, einen Dehydratationsgrad von 10 % und einen zusätzlichen Flüssigkeitsverlust, der der Hälfte des Erhaltungsbedarfs entsprechen möge. Dann folgt:

Erhaltungsbedarf	183 ml
Dehydratationsgrad 10 %	300 ml
zusätzlicher Flüssigkeitsverlust	91,5 ml
benötigte Gesamtmenge/1. Tag	574,5 ml

Die Erhaltungsmenge wird zur Hälfte als Ringer- und zur Hälfte als 5 %ige Glukoselösung verabreicht, die übrigen Mengen in Ringer-(Laktat-)Lösung.

Besteht eine Hypokaliämie, so wird zu je 1 l Infusionslösung Kaliumchlorid hinzugefügt nach folgender Schätzung:

Die in der Infusionslösung (Ringerlösung) vorhandene Kaliumionenmenge muß von der berechneten Menge subtrahiert werden. Die Infusionsgeschwindigkeit sollte für K^+ 0,3 mmol/kg und Stunde, höchstens 0,5 mmol/kg und Stunde, nicht überschreiten.

Liegen eine Hypochlorämie oder/und eine Hyponatriämie vor, so sollte nach dem ersten Tag geprüft werden, ob ein Ausgleich stattgefunden hat. Falls nicht, kann ein Teil der Glukoselösung durch Ringerlösung ersetzt werden. I. a. reicht die Infusion mit jeweils Ringer-Glukose-Lösungen jedoch aus, da Natrium in serumisoionischer und Chlorid in serumhyperionischer Lösung in der Ringerlösung vorhanden sind. Bei Hyponatriämie oder Hypochlorämie („Kochsalzmangelsyndrom") kann 0,9 %ige NaCl-

Tabelle 23: Benötigte Infusionsmenge der 4,2- oder 8,4 %igen Bikarbonatlösung bezogen auf den Azidosegrad /Basenüberschuß BE

– BE [mmol/]	benötigtes Bikarbonat [mmol/kg KM]	4,2 %ige Bikarbonat-Lsg. [ml/kg KM]	8,4 %ige Bikarbonat-Lsg. [ml/kg KM]
6	1,8	3,6	1,8
7	2,1	4,2	2,1
8	2,4	4,8	2,4
9	2,7	5,4	2,7
10	3,0	6,0	3,0
12	3,6	7,2	3,6
14	4,2	8,4	4,2
16	4,8	9,6	4,8
18	5,4	10,8	5,4
20	6,0	12,0	6,0
25	7,5	15,0	7,5

Lösung statt Ringer- oder Glukoselösung infundiert oder 10 %ige NaCl-Lösung injiziert werden.

Azidoseausgleich

Der Azidose wird eine wesentliche Bedeutung beim Fortschreiten einer chronischen Niereninsuffizienz beigemessen. Sie muß daher sorgfältig behandelt werden.

Der Ausgleich erfolgt am besten nach der Formel

- Basenüberschuß (BE in mmol) x 0,3 x kg KM
  = mmol der benötigten Bikarbonationen

Sofern keine Blutgasanalyse durchgeführt werden kann, empfiehlt sich die vier- bis sechsstündliche Gabe von 1–2 ml der 4,2 %igen Natriumbikarbonatlösung in der Dauertropfinfusion. Danach kann die Behandlung durch den Besitzer mit Bikarbonattabletten oder -pulver (nicht gern akzeptiert) erfolgen. Die Dosis beträgt 50 bis 100 mg Bikarbonat/kg KM, auf dreimal täglich verteilt.

Behandlung der Hyperphosphatämie

Während früher die Hyperphosphatämie für das Fortschreiten der chronischen Nierenerkrankungen verantwortlich gemacht wurde, steht heute die Azidose mehr im Vordergrund. Allerdings ist die Hyperphosphatämie nicht zu vernachlässigen, da die Senkung des Serum-Phosphats mit einer deutlichen Besserung des Allgemeinbefindens und der Nierenfunktion einherzugehen scheint. Besondere Bedeutung kommt daher der Diät zu (s. d.). Die Phosphatresorption kann gebremst werden durch Aluminiumhydroxid, 50 – 100 mg/kg, jeweils vor der Fütterung zu geben. Wenn die Eingabe Schwierigkeiten bereitet, kann versucht werden, sie über das Futter zu verabreichen. Auch bei Katzen, die kein Futter aufnehmen, läßt sich mit Alumiumhydroxid das Serumphosphat etwas beeinflussen. Die Substanz wirkt einzig im Darm.

Diät

s. Kapitel „Ernährung und Diätetik“.

Behandlung von Entzündungen, Blutungen und Ulzera im Magen-Darm-Trakt

Durch die Ausscheidung von Harnstoff in den Magen-Darm-Trakt und die Umwandlung in zytotoxischen Ammoniak werden häufig entzündliche Veränderungen beobachtet, die mit schweren Blutungen bis zur Ulkusbildung einhergehen können. Die Behandlung besteht in der Gabe von H_2-Blockern:

Cimetidin, 5 mg/kg, auf zweimal täglich verteilt. Oder Ranitidin, 1,0 mg/kg, auf zweimal täglich verteilt, oder Famotidin, gleiche Dosierung.

Ferner können Antazida gegeben werden:

Tabelle 24: Antazida

Wirkstoff	Handelsname	Dosis
Kalziumkarbonat	Acidonorm	50–100 mg/kg KM
Magnesiumhydroxid	Maaloxan	10–20 mg/kg KM
Magnesiumsilikat	Gelusil	20 mg/kg KM

Auch das für die Phosphatbindung verwendete Aluminiumhydroxid (Aludrox) ist als Antazidum einzusetzen. Dosis: 10 mg/kg KM.

Therapie der aplastischen Anämie

Die aregenerative Anämie beruht auf einem Mangel, einer verminderten Anprechbarkeit oder/und einer erhöhten Degradation von Erythropoetin. Die Substitution führt rasch zu einer Besserung des roten Blutbildes und zu einer oft wesentlichen Verbesserung des Allgemeinbefindens. Die Therapie mit dem einzig erhältlichen humanen rekombinanten Erythropoetin hat jedoch den Nachteil, daß in etwa einem Viertel der so Behandelten eine Sensibilisierung gegen Erythropoetin eintritt, die sich nicht nur gegen das Fremdhormon richtet, sondern auch gegen das eigene, allerdings kaum noch vorhandene. Unter diesen Gesichtspunkten ist die Behandlung abzuwägen. U. E. bietet sie jedoch bei drei Viertel der Katzen so große Vorteile, daß die Nachteile überwogen werden, zumal sowohl der Nichteinsatz als auch die Sensibilisierung den gleichen Effekt haben, nämlich das Persistieren der aplastischen Anämie. Nach Absetzen des humanen Rekombinanten-Erythropoetins bilden sich die Antikörper nach einigen Wochen wieder zurück. Die Behandlung ist jedoch teuer. Ein einheitliches Behandlungsschema existiert nicht. In der Münchener Klinik wird nach folgendem, von Leipold empfohlenen Schema verfahren:

1. Woche 2x wöchentlich 50 E/kg KM s. c. oder i. m.
2. Woche 2x wöchentlich 75 E/kg KM s. c. oder i. m.
3. Woche 2x wöchentlich 100 E/kg KM s. c. oder i. m.

Manche Fälle sprechen auf männliche Geschlechtshormone an. Gegeben werden:

Testosteron 1 bis 2 mg/kg KM
Oximetholon 1 bis 2 mg/kg KM
Nandrolon 5 mg/kg KM einmal wöchentlich i. m.

Die für chronisch niereninsuffiziente Katzen (und Hunde) verfügbaren kommerziellen Diäten enthalten in den meisten Fällen zu wenig Eisen. Es ist daher erforderlich, den Eisengehalt zu überprüfen. Die niereninsuffiziente Katze muß ausreichend mit Eisen versorgt werden, da nur dadurch die Voraussetzung für eine Behandlung der aplastischen Anämie geschaffen werden kann. Gegeben wird Eisen-II-Sulfat, 10 bis 20 mg/kg KM, auf einmal täglich p. o.

Behandlung des renalen sekundären Hyperparathyreoidismus

Die CNI führt zu einer Verminderung der Bildung von 1,25-Dihydroxycholekalziferol (= Calcitriol). Die Aktivität von Calcitriol wird durch die Hyperphosphatämie und das Parathormon gesteigert. Der Mangel an Calcitriol führt zu

- Hemmung der Kalziumresorption im Darm
- Hemmung der Kalzium- und Phosphorrückresorption in der Niere
- Hemmung der Freisetzung von Kalzium (und Phosphat) aus dem Skelett
- Steigerung der Parathormonsekretion (mittelbar)

Durch die Abnahme von Calcitriol sinkt Kalzium im Blutserum ab. Die Sekretion von Parathormon führt zum renalen sekundären Hyperparathyreoidismus. Diesen pathophysiologischen Vorgängen kann durch die orale Substitution vorgebeugt werden. Empfohlen wird eine orale Calcitrioldosis von 1,5 bis 3,5 ng/kg KM pro Tag (CHEW und NAGODE, 1992). BROWN und FINCO (1995) sind jedoch der Meinung, daß diese Dosis zumindest beim Hund zu niedrig sei; sie empfehlen 6,6 ng/kg KM. Erst durch diese Dosis gelang es, das Parathormon im Serum zu senken. Bei der Katze bestehen mit dieser hohen Dosis offenbar noch keine Erfahrungen.

Immunsuppressive Therapie

Sie wird versucht bei (Immun-) Glomerulopathie. Gegeben werden Prednisolon 2 bis 4 mg/kg KM, auf zweimal täglich verteilt, oder Prednisolon 1 bis 2 mg/kg zusammen mit Azathioprin, 0,5 bis 1 mg/kg KM. Die Erfolge sind jedoch nicht sehr überzeugend. Wir haben wiederholt Infektionskrankheiten mit dieser Therapie gesehen, insbesondere traten Dermatomykosen offensichtlich gehäuft auf.

Weitere Therapie

Unbedingt erforderlich ist die Substitution von Thiamin bei anorektischen Katzen. Zur Substitution wird eine höhere als die Erhaltungsdosis gegeben, nämlich 10 mg/Katze, während bei manifesten Thiaminmangelsymptomen (ZNS-Symptome) 100 mg/Katze gegeben wird.

Die Peritonealdialyse bringt besonders als Beginn der Behandlung einer CNI oft deutliche Besserung. Sie kann selbstverständlich nicht als Dauerbehandlung in der Tiermedizin durchgeführt werden.

Nephrotisches Syndrom, Glomerulonephritis

Definition

Immunpathogene Entzündung der Glomerula. Gekennzeichnet ist die Krankheit durch große Proteinurie, Hypoproteinämie, insbesondere Hypalbuminämie, Hyperlipidämie und Ödeme (hypalbuminämisch). Die Glomerulonephritis ist vorwiegend als pathologischer, das Nephrotische Syndrom als klinischer Begriff anzusehen, wobei das Krankheitsbild des Nephrotischen Syndroms allerdings auch bei nichtimmunogenen Nephropathien vorkommen kann.

Ätiologie

Zugrunde liegt bei der Katze eine Immunkomplexglomerulopathie. Ihre Ursachen sind vielfältig:

- idiopathisch
- infektiös
  - FeLV
  - FIV
  - bakteriell
- entzündlich
  - chronische progressive Polyarthritis
  - Pankreatitis
  - (Systemischer Lupus erythematodes?)
- neoplastisch
  - leukotisch
  - andere Tumoren
- familiär

REINACHER und FRESE (1991) untersuchten insgesamt 2483 Katzen und fanden bei 22 (1 %) eine Glomerulonephritis. Keines der Tiere mit Glomerulonephritis hatten FIP. Die Autoren fanden am ehesten einen Zusammenhang zwischen FIV-Infektion und Glomerulonephrirtis, kaum dagegen mit FeLV-Infektion oder Tumoren einschließlich der Leukose.

Pathogenese

Zirkulierende Immunkomplexe gelangen mit dem Blutstrom ins Glomerulum und werden an der Basalmembran abgelagert. Dadurch wird Komplement aktiviert, wodurch Leukozyten (neutrophile Granulozyten) angelockt werden. Diese entlassen lysosomale Enzyme, wodurch es zur Schädigung der Basalmembran kommt mit Veränderung der elektrischen Ladung an den Poren zwischen den Podozyten und damit zu vermehrter Durchlässigkeit für größere Moleküle. Das Ergebnis ist ein Verlust vorwiegend von Albumin, das im Blutserum abnimmt.

Antikörperbildung gegen Bestandteile der Glomerulumbasalmembran selbst (Autoimmunkrankheit) wurde bei der Katze noch nicht beschrieben.

In den meisten Fällen fahndet man vergeblich nach einer Grundkrankheit. Allerdings scheinen Neoplasien einschließlich Hämoblastosen die größte Gruppe der nichtidiopathischen Glomerulopathien auszumachen (ANDERSON und JERRETT, 1971; SCOTT u. M., 1973; GLICK u. M., 1978).

Klinisches Bild

Die klinischen Erscheinungen sind anfangs oft sehr unspezifisch und vieldeutig: Gewichtsverlust, zum Teil Anorexie, Apathie, gesträubtes Haarkleid. In anderen Fällen werden Erbrechen, Durchfälle, Polydipsie beobachtet, manchmal steht die Grundkrankheit (malignes Lymphom, andere Tumoren, FIV-Infektion o. a.) im Vordergrund.

Später entwickeln sich Flüssigkeitsergüsse besonders in der Bauch- und Brusthöhle, aber auch in der Unterhaut der Gliedmaßen, der Unterbrust und des Unterbauchs. Im Blutserum werden dann die typischen Bilder der Azotämie mit Hypoproteinämie und Hypercholesterinämie, im Urin große Proteinurie (Albuminurie) festgestellt. Das spezifische Harngewicht ist jedoch hoch (> 1,030; Albuminurie!). Der Proteinverlust geht in den Grammbereich pro Tag. Aregenerative Anämien kommen häufig vor.

Diagnose

Die Glomerulonephritis/das Nephrotische Syndrom wird durch labordiagnostische Maßnahmen diagnostiziert. Wichtig sind folgende Untersuchungen:

- Urin
  Protein stark erhöht
- Serum
  Harnstoff erhöht
  Kreatinin erhöht
  Protein (Albumin) stark vermindert
  Cholesterin erhöht
- Blut
  aregenerative Anämie
  (Zeichen der Chronizität)

Es sollte nach der Ursache gesucht werden. Insbesondere sind Untersuchungen auf FeLV-Infektion FIV-Infektion, FIP, Tumorose durchzuführen, da sie die häufigsten Ursachen neben den idiopathischen Glomerulopathien darstellen.

Sichergestellt werden kann die Diagnose durch eine Nierenbiopsie.

Prognose

Das Fortschreiten der Krankheit ist nicht sicher vorauszusagen. Je früher die Katzen in Behandlung kommen, um so besser ist die Prognose. Überlebenszeiten nichtazotämischer Tiere können Jahre betragen. Liegt dagegen das Vollbild der Urämie vor, dann ist die Prognose eher schlecht. Über Heilungen wurde berichtet.

Therapie

Sie verfolgt folgende Ziele:

- Behandlung der Glomerulitis
- Mobilisation der Ödeme
- Behandlung der Hypalbuminämie
- Behandlung der Urämie

Behandlung der Glomerulitis

Da angenommen wird, daß der Glomerulitis eine Immunkomplexkrankheit zugrunde liegt, wird eine Behandlung mit Prednisolon durchgeführt. Gegeben werden 2 bis 4 mg/kg, auf zweimal täglich verteilt, nach Besserung Reduktion der Dosis bis zu 0,5 mg/kg, evtl. jeden zweiten Tag. Kombiniert wird die Prednisolongabe mit Azathioprin (Imurek®), 0,5 bis 1,0 mg/kg, wobei dann die Prednisolondosis halbiert werden kann. Auch Kombinationen Prednisolon + Cyclophosphamid (Endoxan®), jeweils 1 bis 2 mg/kg, können gegeben werden. Bei schwerer Azotämie sollten jedoch wegen des eiweißkatabolen Effekts keine Kortikosteroide verwendet werden.

Mobilisation der Ödeme

Gegeben werden Diuretika, wobei Schleifendiuretika geeignet sind: Furosemid, 1 bis 2 mg/kg, oder Xipamid, 0,1 bis 0,5 mg/kg.

Behandlung der Hypalbuminämie

Solange keine Azotämie besteht, wird eine proteinreiche Nahrung gegeben. Zusätzlich können Anabolika verabreicht werden: Nandrolon (Laurabolin), 1 mg/kg, alle acht Tage.

Behandlung der Urämie

Die Behandlung entspricht den im Kapitel „Chronische Niereninsuffizienz“ dargestellten Maßnahmen (s. d.).

Nierenamyloidose

Definition

Reaktive Ablagerung von Amyloid in der Niere. Die Krankheit kommt in Verbindung mit anderen Grundkrankheiten vor. Eine offensichtlich erbliche Nierenamyloidose wird bei Abessiniern gefunden (CHEW u. M., 1982; BOYCE u. M., 1984; DiBARTOLA u. M., 1985, 1986 a und b).

Klinisches Bild

Die Symptome der chronischen Urämie liegen vor: Gewichtsverlust, Anorexie, Apathie, trockenes, struppiges Haarkleid, Polydipsie, Polyurie, Anämie (blasse Schleimhäute). In fortgeschrittenen Fällen der Urämie kommen Schleimhautulzera und Gingivitis hinzu. Labordiagnotisch werden Azotämie mit Hyperphosphatämie, häufig Hypokaliämie, metabolischer Azidose, ferner aregenerative Anämie, bisweilen milde Hypalbuminämie (zuweilen mit vermehrtem α-Globulin als Zeichen einer Entzündung), Albuminurie und eine Tendenz zur Isosthenurie (allerdings durch die Albuminurie bisweilen maskiert), Zylindrurie beobachtet. Glukosurie kann vorkommen.

Diagnose

Die Laborbefunde sprechen für eine chronische Nierenkrankheit. Bewiesen werden kann die Amyloidose durch eine Nierenbiopsie.

Therapie

Es bestehen nur sehr beschränkte Erfahrungen. Ziele sind:

- Behandlung einer evtl. Grundkrankheit
- Verhinderung der Ablagerung weiteren und Mobilisation bereits abgelagerten Amyloids
- Behandlung der CNI.

Die Behandlung von Grundkrankheiten umfaßt die Suche insbesondere nach Infektionskrankheiten einschließlich der FeLV-Infektion sowie nach Tumoren einschließlich Hämoblastosen.
Die Ablagerung von Amyloid und seine Mobilisation soll mit Dimethylsulfoxid (DMSO) oder Colchicin möglich sein. Bei der Katze besteht jedoch mit beiden Wirkstoffen keine Erfahrung.

Chronische interstitielle Nephritis

Definition

Entzündlich-degenerative Veränderungen vorwiegend im Nierenstroma, das Interstitium und die Tubuli erfassend. Häufigste chronische, zur Urämie und schließlich zur Schrumpfniere (Endstage kidney) führende Nierenkrankheit der Katze. Im Bioptat werden vermehrt Lymphozyten, Plasmazellen, Histiozyten, weniger Neutrophile gefunden.

Ätiologie

Die möglichen Ursachen sind identisch mit den in Tabelle 14 genannten, bleiben aber in den weitaus meisten Fällen im dunkeln. Im Einzelfall ist es kaum möglich, die – meist schon lange Zeit zurückliegende – Ursache zu ermitteln. Als Pyelonephritis wird die bakteriell-entzündliche Nierenentzündung bezeichnet. Die früher angenommene infektiöse Ursache für alle interstitiellen Nephritiden ist jedoch nicht mehr haltbar. Chronische interstitielle Nephritiden können auch im Gefolge akuter und chronischer Glomerulonephritiden auftreten, mit denen sie in fortgeschrittenen Fällen vergesellschaftet sind. Ob vesiko-uretraler Reflux eine Rolle bei der Entstehung spielt, ist unklar. Immerhin ist es möglich, daß die bei der Katze so häufigen Obstruktionen der Harnwege zur Entstehung der chronischen interstitiellen Nephritis beitragen können. Ebenso ist unbekannt, ob die früher häufig geübte Praxis des Ausmassierens der Harnblase zur Gewinnung von Urin zu Untersuchungszwecken zur interstitiellen Nephritis führen könne. Beim menschlichen Säugling werden jedenfalls narbige Veränderungen der Nieren durch vesiko-uretralen Reflux ausgelöst.

Klinisches Bild

Es ist das der chronischen Nephritis: Polydipsie, Polyurie, Gewichtsverlust, Anorexie, Erbrechen, Apathie, trockenes, struppiges Haarkleid, blasse Schleimhäute, Schleimhautulzera und Gingivitis. Durch Laboruntersuchungen werden Azotämie, Hyperphosphatämie, häufig Hypokaliämie, metabolische Azidose, aregenerative Anämie, geringgradige Hypalbuminämie und allenfalls vereinzelt Harnzylinder gefunden. Es besteht zunehmend eingeschränktes Harnkonzentrationsvermögen schließlich bis zur Isosthenurie. Zusätzlich entwickeln sich die im Kapitel „chronische Niereninsuffizienz" genannten Folgeerscheinungen mit Bluthochdruck, renalem sekundären Hyperparathyreoidismus, aregenerative, normochrome, normozytäre Anämie, Hypokaliämie mit deren Folgen (s. Kapitel „chronische Niereninsuffizienz").
In manchen Fällen besteht jedoch über lange Zeit keine faßbare Symptomatik, so daß die Katzen erst in fortgeschrittenem Stadium in die Behandlung des Tierarztes gelangen. Oft kann dabei nur ein ständig vermindertes spezifisches Gewicht gefunden werden.
Sofern ein Diabetes mellitus schon längere Zeit besteht, sollte immer auch eine eingehende Nierenuntersuchung durchgeführt werden, da Nephropathien in ihrem Gefolge entstehen können.

Diagnose

Die Diagnose der Urämie wird wie im Kapitel „chronische Niereninsuffizienz" beschrieben durchgeführt. Das pathologisch-anatomische/histologische Bild der interstitiellen Nephritis wird an Hand der histologischen Untersuchung eines Nierenbioptats gestellt.

Therapie

Die Behandlung entspricht der der chronischen Niereninsuffizienz. Sie hat folgende Ziele:

- Behandlung etwaiger Infektionen
- Behandlung postrenaler Ursachen (Obstruktionen der Harnwege)
- Behandlung weiterer, die intertitielle Nephritis begünstigender Krankheiten (Diabetes mellitus)
- Behandlung des Bluthochdrucks. In der Humanmedizin besteht Einigkeit, daß es keinen „Erfordernishochdruck" bei Nephropathien gibt, das heißt, daß die Niere zur Aufrechterhaltung ihrer (Rest-)Funktion nicht eines erhöhten Blutdrucks bedarf, daß sie vielmehr nach Normalisierung des Blutdrucks nach einer anfänglichen Verschlechterung der Funktion rasch zur Normalisierung (auf renal-krankheitsbedingtem niedrigen Niveau) zurückkehrt. Bei der Katze bestehen erst geringe Erfahrungen, da es noch nicht lange möglich ist, den Blutdruck unblutig einigermaßen sicher zu messen. Es ist jedoch anzunehmen, daß gleiche Verhältnisse wie beim Menschen herrschen. Die Behandlung erfolgt durch Fütterung kochsalz-(natrium-)armer Nahrung, durch Gabe blutdrucksenkender Mittel (Clonidin, Diazoxid), Anregung der Diurese (Furosemid). Außerdem können ACE-Blocker gegeben werden, um das Herz zu entlasten. Bei Gabe von blutdrucksenkenden Mitteln sollte jedoch die Nierenfunktion überwacht werden.
- Behandlung der Niereninsuffizienz: s. Kapitel „Chronische Niereninsuffizienz".

Pyelonephritis

Definition

Bakterielle Infektion des Nierenbeckens und des Niereninterstitiums. Sie scheint bei der Katze selten zu sein, wird zumindest selten diagnostiziert, wie vereinzelte Fallberichte ausweisen, kann aber experimentell durch intravenöse Injektion von Escherichia coli ausgelöst werden (KELLY u. M., 1979; McCULLAGH u. M., 1983).

Ätiologie und Pathogenese

Wenig ist bei der Katze bekannt über die Ursache. BRANDT (1971), DRAZNER (1980) und WATSON u. M. (1986) berichten über Einzelfälle. Entsprechend wenig ist über die Pathogenese zu finden. Vermutlich handelt es sich hauptsächlich um aufsteigende Infektionen zunächst des Nierenbeckens und danach der benachbarten Nierenstrukturen (Papille, Interstitium). Auch der hämatogene Weg bei Bakteriämie ist möglich und zumindest experimentell erwiesen.

Klinisches Bild

Berichtet wird über Fieber (besonders bei experimenteller Pyelonephritis), Anorexie, Gewichtsverlust, Apathie, Dehydratation, Pyurie. Sollte die Krankheit nicht ausheilen, schließt sich das Bild der chronischen Niereninsuffizienz an mit Polyurie, Polydipsie, schließlich Urämie mit Azotämie, metabolischer Azidose.

Diagnose

Neben den Blutuntersuchungen – rotes und weißes Blutbild (Leukozytose mit Neutrophilie), Blutsenkung, Serum-Harnstoff-, -Kreatinin, -Phosphat, -Kalium – ist besonders die Urinuntersuchung – Protein, Sediment, bakteriologische Untersuchung – erforderlich. Urinveränderungen bestehen früher, als azotämische Veränderungen auftreten. Es besteht eine große Proteinurie. Im Sediment werden Leukozyten, Zylinder und besonders Bakterien gefunden. Eine bakteriologische Untersuchung des am besten durch Zystozentese gewonnenen Harns mit Antibiogramm ist erforderlich.

Prognose

Sofern noch keine irreversiblen Störungen eingetreten sind, insbesondere wenn noch keine Urämie vorliegt, ist die Prognose durchaus günstig.

Therapie

Sie ist in erster Linie gegen die bakterielle Infektion zu richten: Antibiotika, die nach Antibiogramm gewählt werden. Vor Erhalt des Antibiogramms sollten Breitspektrumantibiotika (Ampicillin, Cephalosporine) gegeben werden. Die Behandlung ist vier bis sechs Wochen durchzuhalten. Es ist jedoch darauf zu achten, daß nephrotoxische Antibiotika, insbesondere Gentamicin, allenfalls in lebensbedrohenden Ausnahmefällen, in denen kein anderes Antibiotikum wirksam ist, angewandt werden.

Liegen postrenale Störungen vor, so sind diese gesondert zu behandeln. Dies gilt ganz besonders für die früher als FUS bezeichneten Obstruktionen der Harnwege.

Panarteriitis nodosa Synonyma: Polyarteriitis nodosa, Periarteriitis nodosa

Definition

Sehr seltene nekrotisierende Vaskulitis, die bei der Katze in den meisten Fällen die Nieren, aber auch andere Organe erfaßt und durch Gefäßverschluß zum Niereninfarkt führen kann und deren Ätiologie unbekannt ist.

Klinisches Bild

Es bietet die Symptome der chronischen Nephritis mit Anorexie, Apathie, Polydipsie und Polyurie, wozu allerdings auch Fieber kommen kann (ALTERA und BONASCH, 1966; LUCKE, 1968). Im Blut wird eine Azotämie festgestellt, ferner eine Leukozytose.

Diagnose

Die Urämie wird mittels Untersuchungen des Blutserums nachgewiesen. Eine ursächliche Diagnose gelingt mit der histologischen Untersuchung des Bioptats.

Therapie

Neben der Therapie der chronischen Niereninsuffizienz (s. d.) werden Kortikosteroide (Prednisolon, 2 bis 4 mg/kg KM) empfohlen, ferner Azathioprin (0,5 bis 2 mg/kg) und Cyclophosphamid (50 mg/m^2 oder 1 bis 2 mg/kg).

Nierentumoren

Primäre Nierenmalignome (Karzinome, Sarkome) sind bei der Katze außerordentlich selten. Dagegen werden Nierenlymphome (Lymphosarkome) wesentlich häufiger beobachtet. Die Krankheit tritt in den meisten Fällen beidseitig auf. In manchen Fällen ist sie auf die Nieren beschränkt; häufiger jedoch wird gleichzeitig eine Darmleukose beobachtet.

Klinisches Bild

Bei beidseitigem Befall der Nieren kommen in fortgeschrittenem Stadium die Symptome der chronischen Niereninsuffizienz zur Beobachtung. Allerdings wurden uns wiederholt Katzen vorgestellt, die noch keine für den Besitzer faßbaren renalen Symptome zeigten mit Ausnahme der Umfangsvermehrung, die dem Besitzer oder der Besitzerin beim Streicheln der Katze auffiel. In weiter fortgeschrittenen Stadien werden besonders auch Abmagerung, Blässe und aregenerative Anämie, Azotämie und besonders Proteinurie (Albuminurie) gesehen. Nicht selten kommen zu den Nierensymptomen auch noch solche von seiten des Magen-Darm-Kanals zur Beobachtung wie Erbrechen, Durchfall, Anorexie und Dehydratation.

Diagnose

Der Verdacht läßt sich schon häufig durch die klinische Untersuchung (Palpation und Sonographie der Nieren [wobei knotige oder generalisierte verminderte oder aber vermehrte Echogenität, oft mit subkapsulärem Erguß, beobachtet werden], des Darmes

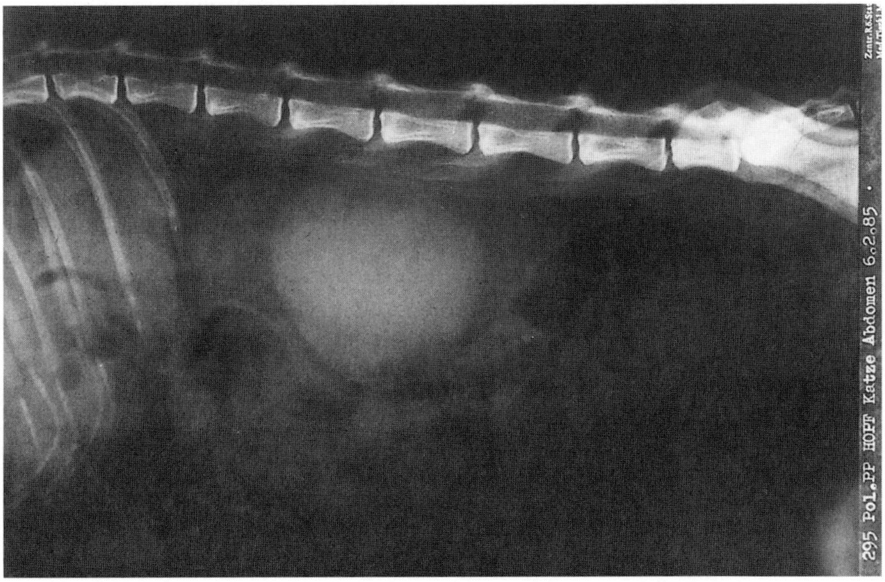

Abb. 12: Tumoren beider Nieren.

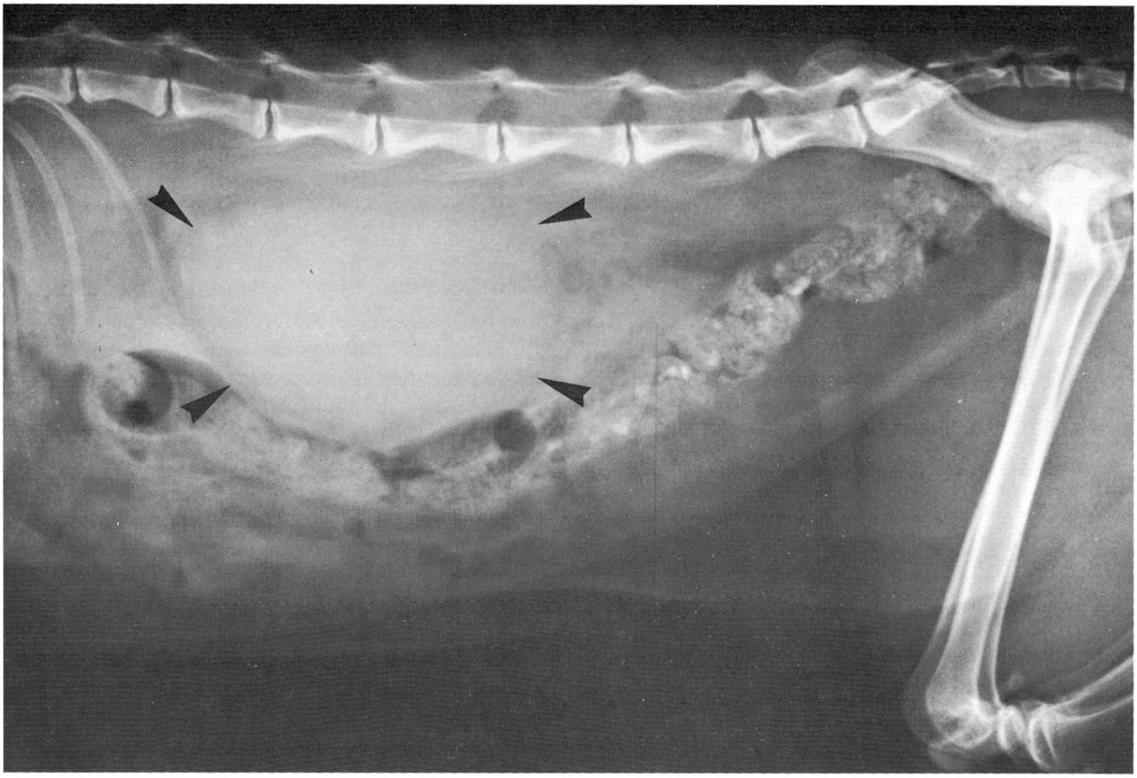

Abb. 13: Nierenleukose.

und der Bauchlymphknoten) erheben. Die Azotämie, Anämie und Urinbefunde deuten auf die fortgeschrittene Insuffizienz der Nieren. Eine definitive Diagnose wird durch die Nierenbiopsie gestellt. Etwa die Hälfte der Katzen mit Nierenlymphomen sind FeLV-Antigen-positiv.

Therapie

Neben der Therapie der chronischen Niereninsuffizienz kann die Chemotherapie empfohlen werden (s. Kapitel „Onkologie").

Zystenniere und Pseudozysten

Ein- oder (meistens) beidseitige, angeborene oder erworbene, bei der Katze eher seltene Krankheit der Nieren mit meist multipler Zystenbildung. Zugrunde liegen – zumindest den erworbenen – Zystennieren Verlegungen der Nierenkanälchen.
Von den echten Zysten zu unterscheiden sind die sogenannten Pseudozysten, bei denen extrarenale Flüssigkeitsansammlungen in sackförmigen, nicht durch Epithel ausgekleideten (daher Pseudozysten) Gebilden vorliegen. Ihre Entstehung ist unbekannt; jedoch wurde sie teilweise im Anschluß an Traumen und bei Tumoren beobachtet.

Klinisches Bild und Diagnose

Die Symptome hängen vom Ausmaß der Zystenbildung ab, insbesondere von der Ein- oder Beidseitigkeit. Im Falle ausgedehnter Zystenbildung bestehen die klinischen Symptome der chronischen Niereninsuffizienz mit Polydipsie, Polyurie, Apathie, Anorexie, Abmagerung, bisweilen Erbrechen. SKRODZKI u. M. (1992) berichten bei einer Perserkatze von polyzystischen Veränderungen, wobei außer den Nieren auch Pankreas, Leber und Bronchialdrüsen erfaßt waren. Das Tier zeigte erst mit 14 Jahren klinische Symptome.
Bereits palpatorisch lassen sich Vergrößerung der Nieren und höckerige Oberfläche erkennen. Die zystischen Veränderungen werden in der Ultraschalluntersuchung leicht diagnostiziert. Die Niereninsuffizienz wird an der Azotämie erkannt mit Harnstoff, Kreatinin-, später Phosphaterhöhung im Serum sowie zum Teil Hypokaliämie, aregenerativer Anämie, Isosthenurie, metabolischer Azidose. Kaum jedoch werden Proteinurie und Hypoproteinämie festgestellt.

Pseudozysten sind fast immer Krankheiten älterer Katzen. Sie zeigen im allgemeinen keine klinischen Symptome. Bisweilen werden allerdings Umfangsvermehrungen des Abdomens gesehen, die wegen ihres Ausmaßes sogar dem Besitzer auffallen. Die Diagnose von Pseudozysten gelingt leicht mit der Ultraschalluntersuchung. In aller Regel werden keine oder nur geringe Veränderungen im Sinne einer Azotämie gefunden. Sie kommen z. T. bei Nierenleukose vor.

Therapie

Sie ist palliativ und entspricht der Behandlung der chronischen Niereninsuffizienz (s. d.). Bei einseitiger Zystenniere kann die einseitige Nephrektomie erwogen werden.

Pseudozysten werden chirurgisch versorgt: Sie werden entleert und die Pseudozystenwand entfernt.

Hydronephrose

Definition

Rückstau von Harn in eine oder beide Nieren aufgrund einer postrenalen Obstruktion mit progressiver Dilatation des Nierenbeckens und zunehmender Druckatrophie des Nierenparenchyms.

Ätiologie

Es werden angeborene und erworbene Hydronephrosen beobachtet. Die angeborenen kommen durch Atresie oder Stenose der Ureteren zustande, die – ungleich häufigeren – erworbenen durch Obstruktionen einer oder beider Ureteren infolge von Konkrementen, Neoplasien, entzündlichen Verwachsungen oder durch iatrogene Vorgänge (versehentliche Unterbindung bei der Kastration der Kätzin oder anderen chirurgischen Maßnahmen). Häufig bleibt die Ursache jedoch unbekannt.

Klinisches Bild

Sofern die Krankheit einseitig ist, werden keine Symptome beobachtet. Erst wenn das Nierenbecken größere Ausmaße erreicht hat, fällt dem Besitzer die Umfangsvermehrung des Abdomens auf. Allerdings können auch bei einseitiger Hydronephrose Komplikationen infolge von Infektionen auftreten und das Bild der Pyohydronephrose entstehen lassen. In diesem Falle bestehen Fieber, Apathie bis hin zu septischem Schock mit Todesfolge. Im Blut werden eine Leukozytose oft erheblichen Ausmaßes mit Kernlinksverschiebung und hochgradig beschleunigte Blutkörperchensenkungsreaktion beobachtet. Eine Azotämie liegt bei einseitiger Hydronephrose dagegen nicht vor, wenn die kontralaterale Niere ausreichend funktionsfähig bleibt.

Beidseitige Hydronephrosen erreichen niemals die Ausmaße, die eine einseitige Erkrankung zeigt: Die Obstruktion beider Ureteren oder der Harnröhre führen unbehandelt schon nach wenigen Tagen zum Tod infolge extrarenaler Urämie.

Diagnose

Hinweise ergeben sich aus der Palpation der Nieren. Eine sichere Diagnose läßt sich mit der Ultraschalluntersuchung stellen. Auch durch intravenöse Urographie läßt sich die sackförmige Erweiterung des Nierenbeckens gut darstellen.

Liegen Allgemeinstörungen mit Fieber und Leukozytose vor, so sollte an eine Infektion der Hydronephrose gedacht werden. Eine Punktion muß jedoch mit Vorsicht durchgeführt werden, da der unter erhöhtem Druck stehende infizierte Urin in die Bauchhöhle austreten und zur Peritonitis führen kann.

Therapie

Sofern die Ursache der Obstruktion ermittelt und beseitigt werden kann, wäre diese Maßnahme Therapie der Wahl. Dies gelingt besonders bei iatrogenen Ursachen gut. Die Niere kann selbst nach vielen Tagen bis zu zwei Wochen noch eine gute Wiederherstellung der Funktion erfahren. Nicht selten ist die Beseitigung der Ursache aber unmöglich. In diesen Fällen muß die erkrankte Niere chirurgisch entfernt werden. Bei bakterieller Infektion mit Allgemeinstörungen muß bereits vor dem chirurgischen Eingriff mit der Breitspektrumantibiose begonnen werden. Im Falle eines septischen Schocks verschlechtert sich die Prognose außerordentlich stark. Dieses Krankheitsbild ist nach den Erfordernissen des Endotoxinschocks zu behandeln (s. d.).

Krankheiten der Harnwege

Als Harnwege werden i. a. die Organe vom Nierenbecken über die Ureteren und die Blase bis zur Harnröhre bezeichnet. Zuweilen werden die Harnwege funktionell noch einmal in obere – Nierenbecken und Ureteren – und untere – Harnblase und Harnröhre – unterteilt. LEES u. M. (1989) bevorzugen bei der Katze die Unterteilung der Verbindung von Nierenparenchym und Nierenbecken einerseits und die übrigen Harnwege andererseits.

Krankheiten der Harnwege kommen bei der Katze häufig zur Beobachtung. Sie wurden, insbesondere die der unteren Harnwege, seit Jahren mit dem – schlecht beschreibenden – Terminus „Felines Urologisches Syndrom", abgekürzt FUS, belegt. In Anbetracht des unbefriedigenden Terminus schlugen OSBORNE u. M. (1995) vor, die Abkürzung FUS beizubehalten, aber durch „Feline urologic signs" neu zu definieren. Im Deutschen würde dies „Feline urologische Symptome" bedeuten – eine u. E. nicht wesentlich glücklichere Bezeichnung. Da sich unter diesen etwas vagen und unspezifischen Termini mehrere Diagnosen verbergen, die zum Teil unterschiedlicher Behandlung bedürfen, sollte u. E. zu den exakteren älteren ätiologischen Diagnosen zurückgegriffen werden. Dabei spielt jedoch die Lokalisation innerhalb der Harnwege nur insofern eine Rolle, als bei örtlich begrenzten Krankheitsprozessen (beispielsweise Tumoren) eine lokale Behandlung durchgeführt werden muß.

Wie alle Einteilungen in der Medizin sind auch die vorstehenden etwas künstlich. So wird ein Teil der unter „Konkremente" zusammengefaßten Krankheiten, insbesondere Verlegungen durch organische Präzipitate, aber auch Harnsteine, infektiösen Entzündungen angelastet.

Die Symptome der Erkrankungen der Harnwege sind relativ ähnlich. Beobachtet werden:

- Dysurie [schmerzhafter, erschwerter Harnabsatz]
- Strangurie [Harnzwang mit brennendem Schmerz, Sitz: Harnblase, Urethra]
- Pollakisurie [(πολλακις = oft, häufig) häufiger Harndrang, geringe Harnmengen]
- Hämaturie

Bei vollständiger Obstruktion werden Anurie mit erheblicher Strangurie und wiederholtes Aufsuchen des „Katzenklos", verbunden mit Schmerzäußerungen beobachtet. Gestörtes Allgemeinbefinden mit Zeichen der postrenalen, schließlich auch der renalen Urämie findet man bei vollständiger Obstruktion der Harnwege, insbesondere wenn sich eine Druckerhöhung in den Nierenbecken (Hydronephrose) anschließt. Fieber wird bei aufsteigender Pyelonephritis oder bei tiefen Entzündungen der Harnwege (Harnblase) angetroffen.

Unterschieden werden können angeborene von erworbenen anatomischen Veränderungen. Die angeborenen werden in der Regel im Welpen- oder Jungerwachsenenalter beobachtet, die erworbenen später.

Infektiöse Entzündungen der Harnwege

Virale Ursachen

Auf Befunde der Arbeitsgruppe um Fabricant gehen erste Berichte zurück, nach denen Herpesviren in der Lage sein sollen, spontane Infektionskrankheiten des unteren Harntrakts, insbesondere das Feline urologische Syndrom, auszulösen (FABRICANT, C. G., 1984). Auch feline Caliciviren und synzythienbildende Viren wurden beschuldigt (MARTENS u. M., 1984; KRUGER u. M., 1989, 1990; KRUGER und OSBORNE, 1989, 1990, 1993). Die Befunde sind jedoch teilweise widersprüchlich. Bisher kann noch nicht gesagt werden, ob Viren tatsächlich eine Rolle in der Entstehung von entzündlichen Krankheiten der Harnwege spielen. Auch konnte ein eventueller Pathogenitätsmechanismus nicht befriedigend erklärt werden.

Bakterielle Ursachen

Eindeutig klar ist dagegen die bakterielle Genese mancher entzündlichen Krankheiten des Harntrakts. Allerdings scheinen bei der Katze bakterielle Infektionen bei weitem nicht die Rolle wie beim Hund zu spielen (LESS, 1984; KRUGER, 1991; OSBORNE u. M., 1984; 1992).

Als Ursachen bakterieller entzündlicher Krankheiten des Harntrakts kommen folgende Erreger in Frage:

Tabelle 25: Krankheiten der Harnwege können bei der Katze folgende Diagnosegruppen umfassen:

infektiöse Entzündungen	nichtinfektiöse Entzündungen	Konkremente	Anatomische Veränderungen	Neoplasien	idiopathisch
viral (??) bakteriell mykotisch parasitär	Ursache unklar; traumatisch? toxisch? medikamentös? immunogen?	Urolithiasis Harnsteine Harngrieß organische Präzipitate	angeboren: Divertikel Fisteln Phimose Uterus masculinus erworben: traumatisch Strikturen iatrogen	Lymphom, Lymphosarkom Karzinome Hämangiosarkom Fibrom Leiomyom Papillom Prostatakarzinom	(„aus sich selbst entstanden")

Staphylokokken
Streptokokken
Escherichia coli
Pasteurellen
Pseudomonas
Proteus
Enterobacter
Klebsiellen
Mykoplasmen?

Pathophysiologie

Die Katze besitzt eine Reihe von potenten Mechanismen zur Verhütung von Infektionen der Harnwege. Ein wesentlicher Faktor ist die hohe Salzkonzentration des Urins, kenntlich am höheren spezifischen Gewicht, als es beim Hund aufzutreten pflegt. Der beim Fleischfresser saure Urin wirkt zusätzlich bakterizid. Die Harnröhre weist darüber hinaus spezielle anatomische Strukturen auf, die ein Aufsteigen von Bakterien verhindern. Dabei bestehen sowohl funktionelle als auch anatomische Unterschiede zwischen männlichen und weiblichen Tieren. Bei weiblichen Individuen besteht eine Zone hohen Drucks in der Mitte der Urethra; dagegen ist die Harnröhre bei Kätzinnen kürzer und weiter als bei Katern. Im distalen Abschnitt der Harnröhre werden Mikrovilli gefunden, im proximalen dagegen Mikrofalten. Bei männlichen Tieren wirkt das Prostatasekret bakterizid, während bei weiblichen ein bakterizides Sekret in der Harnröhre selbst sezerniert wird. Ferner werden bei Eindringen von Mikroorganismen Antikörper (IgA, vielleicht auch IgG und IgM) gebildet. Die normale Exfoliation (Zellmauserung) der Harnblasen- und Harnröhrenepithelen sorgen außerdem dafür, daß etwaige bakterielle Besiedlungen minimiert werden. Der ständige Harnfluß trägt außerdem zu einer ständigen Entfernung etwa eingedrungener Erreger bei. Sind jedoch Bakterien ins Gewebe eingedrungen, so treten durch Chemotaxis angelockte neutrophile Granulozyten und Makrophagen in Aktion.

Diese Funktionen können durch zahlreiche Einflüsse empfindlich gestört werden. Hierhin gehören insbesondere auch ärztliche Maßnahmen wie das Katheterisieren der Harnblase. Auch durch diätetische Maßnahmen (zu wenig Wasser, alkalisierende Futter- oder Arzneimittel) können ggf. bakterielle Besiedlungen begünstigt werden. Möglicherweise können auch immunsuppressive Maßnahmen (Behandlung mit Kortikosteroiden und/oder Zytostatika) zu einer Begünstigung bakterieller Infektionen der Harnwege beitragen. Bakterielle Infektionen sind häufiger als beim Hund Sekundärereignisse nach anderweitiger Vorschädigung oder Krankheit.

Klinisches Bild

Im Vordergrund stehen Dysurie oder Strangurie. Die Tiere werden vorgestellt mit dem Vorbericht, sie versuchten wiederholt Urin abzusetzen und äußerten dabei laut Schmerzen. In manchen Fällen wird von gerötetem Urin berichtet. Manche Katzen verlassen geradezu „fluchtartig“ unter Fauchen das „Katzenklo“.

Das Allgemeinbefinden ist nur selten gestört. Erst wenn die Krankheit tiefe Schichten der Harnwege erfaßt hat oder wenn gar eine umfangreichere Re-

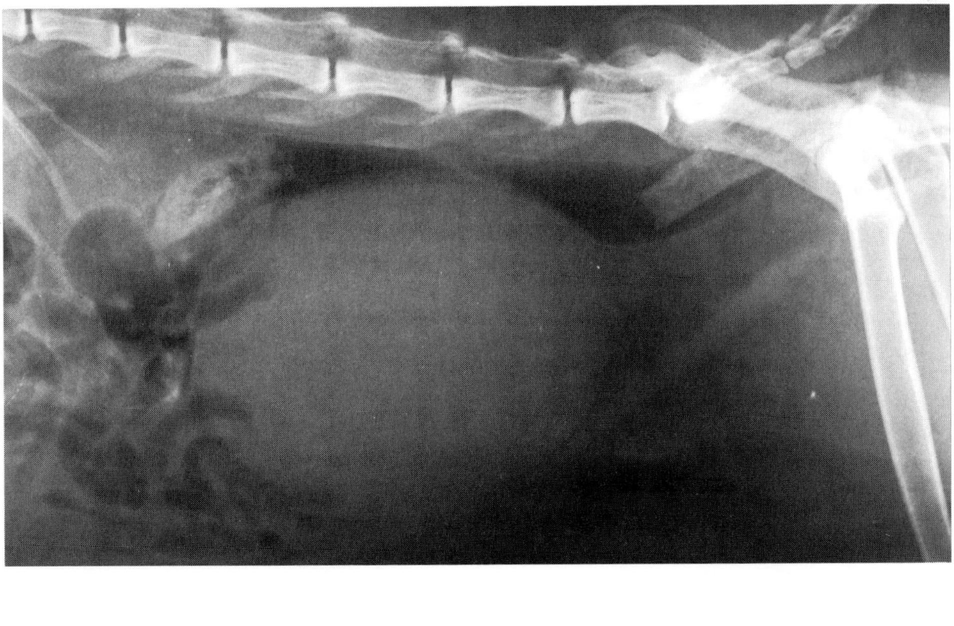

Abb. 14: Blasendilatation.

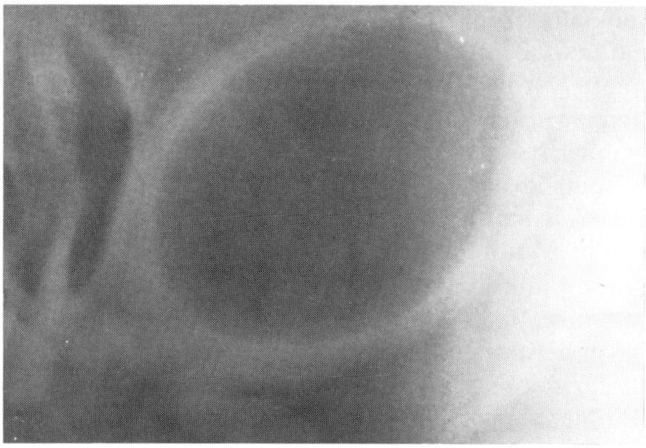

Abb. 15: Blasenwandverdickung bei chronischer Zystitis.

sorption von Harnbestandteilen durch die geschädigte Harnblasenwand stattfindet, entsteht eine Azotämie mit Urämie. In diesen Fällen können die Phosphate rasch ansteigen; auch Hyperkaliämien oft beträchtlicher Ausmaße mit allgemeiner Schwäche und Herzinsuffizienz mit EKG-Abweichungen (Verschwinden von P, Abnahme der Amplitude von R und „zeltförmiges" T) entstehen rasch. Fieber und Leukozytose werden bei tiefen Entzündungen der harnabführenden Wege (insbesondere der Harnblase) gesehen, besonders wenn die Krankheit bereits auf das Bauchfell übergegriffen hat.

Diagnose

Neben dem klinischen Bild und den Blut(serum)befunden ist besonders die Untersuchung des Harns bedeutungsvoll. Er soll nach Möglichkeit durch Zystozentese, keineswegs jedoch durch Ausmassieren der Harnblase gewonnen werden, da auf diese Weise infizierter Harn in das Nierenbecken gepreßt und schließlich das Nierenparenchym infiziert werden kann. Im Harn finden sich Leukozyten, Erythrozyten, Übergangsepithelien oder Plattenepithelien, auch geschwänzte oder backzahnähnliche Epithelien (häufig aus dem Nierenbecken stammend) können gefunden werden. Der Urin kann alkalisch werden (bakterielle Synthese von Ammoniak aus Harnstoff). Unbedingt muß eine bakteriologische Untersuchung mit Antibiogramm angefertigt werden. Wenn mehr als 1000 Bakterien/ml Urin gefunden werden (Zystozenteseurin), dann kann dies als beweisend für eine bakterielle Infektion angesehen werden.

Therapie

Es wird wie folgt vorgegangen:

- Feststellung und Beseitigung einer Primärursache

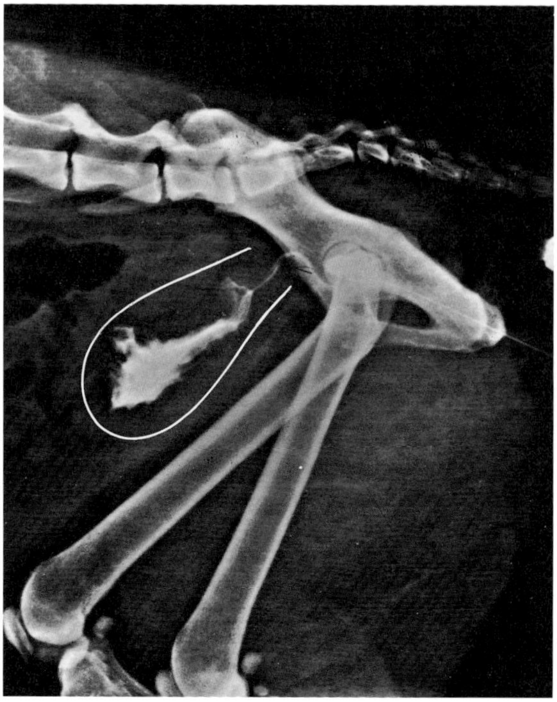

Abb. 16: Blasenwandverdickung bei chronischer Zystitis (Urografin-Kontrast).

- bakteriologische Untersuchung, Antibiogramm
- in schweren Fällen sofortige Breitspektrumantibiose, evtl. Antibiotikumwechsel nach Erhalt des Antibiogramms, in leichteren Fällen Abwarten des Antibiogramms und dann gezielte Antibiotikatherapie
- ggf. Ansäuern des Harns
- therapiebegleitende Harnkontrollen

Es muß untersucht werden, ob eine prädisponierende Primärursache für die – sekundäre – bakterielle Infektion vorliegt. Sie muß beseitigt werden.
Danach wird eine antibiotische Therapie eingeleitet, die aufgrund des Antibiogramms gewählt werden soll. Liegt eine schwere tiefe Entzündung mit Störung des Allgemeinbefindens, Fieber und Leukozytose vor, so ist sofort eine Breitspektrumantibiose einzuleiten und ggf. nach Erhalt des Antibiogramms zu ändern. Geeignet sind Ampicillin, 50 mg/kg KM, auf dreimal täglich verteilt, Amoxicillin, 20 mg/kg KM, auf zweimal täglich verteilt, Enrofloxacin, 5 bis 10 mg/kg KM, auf zweimal täglich verteilt, Tetrazyklin, 25 mg/kg KM, auf dreimal täglich verteilt.
Ist der Urin-pH alkalisch, so sollte er – auch zur Verhinderung von Konkrementen – angesäuert werden. Man kann hierzu Ammoniumchlorid, 50 bis 100 mg/kg KM, oder Vitamin C verwenden.

Nach fünf bis acht Tagen sollte eine erneute Bakterienkultur angelegt werden. Ist sie weiterhin positiv, dann muß das Antibiotikum gewechselt werden. Wenn keine Bakterien mehr nachgewiesen werden, so sollte die Antibiose noch mindestens vierzehn Tage bis drei Wochen fortgesetzt werden.

Mykosen des Harntrakts

Sie werden selten beobachtet, Berichte beziehen sich auf Falldarstellungen (DOSTER u. M., 1987; FULTON und WALKER, 1992) oder sind Lehrbuchberichte (LULICH und OSBORNE, 1992). Auch hier dürften primäre Infektionen selten sein. Vielmehr werden besonders vorausgegangene Antibiotikabehandlungen verantwortlich gemacht (LULICH und OSBORNE). Auch Kortikosteroidbehandlung kann die Pilzinfektion begünstigen (OSBORNE u. M., 1995). Als Ursache von Entzündungen der Harnwege bei der Katze wurden Candida spec. gefunden.

Klinisches Bild

Es entspricht dem der akuten bis chronischen entzündlichen Krankheiten der Harnwege: Dysurie und Strangurie, evtl. Hämaturie. Beim Hund wurden auch Bilder der Sepsis mit Kreislaufversagen gefunden. Im Harn werden neben Erythrozyten, Leukozyten und Übergangsepithelien die Erreger gefunden (s. Diagnose).

Diagnose

Sie stützt sich auf die Untersuchung des Urinsediments und Anfertigen einer mykologischen Untersuchung. Die Erreger sind etwa 3 bis 7 µm lang, können aber bis zu 600 µm auswachsen.

Therapie

Empfohlen wird die Alkalisierung des Urins. Hierzu ist Natriumbikarbonat geeignet, 50 bis 100 mg/kg KM. Der pH-Wert sollte 7,5 überschreiten. Als Antimykotika können folgende Wirkstoffe verwendet werden:

Ketokonazol 10 bis 30 mg/kg, auf dreimal täglich verteilt

Amphotericin B, Beginn 0,5 mg/kg im Dauertropf über Stunden, dann auf 0,75 mg/kg steigern.

Parasitäre Infestation

Als Ursache parasitärer Infestationen des Harntrakts wurde bei Katzen in den USA und in Australien Capillaria feliscati gefunden; in Mitteleuropa gibt es keine Berichte. Sie besiedeln in wenigen Exemplaren lediglich die Schleimhaut des Harntrakts. Dies dürfte der Grund sein, weshalb die Infestation in der Regel asymptomatisch bleibt. Ihr Nachweis ist daher eher als Zufallsbefund bei mikroskopischer Untersuchung des Harnsediments aufzufassen. Die Eier sind 50 bis 68 µm lang und 22 bis 32 µm dick und weisen an beiden Polen Fortsätze auf. Der adulte Wurm ist zwischen 13 und über 40 mm lang, wobei die Weibchen größer als die Männchen sind. Behandelt werden kann die Infestation mit Methyridin, 200 mg/kg. Auch Levamisol ist wirksam, ebenso Fenbendazol, 25 mg/kg, zweimal täglich während drei bis zehn Tagen (BROWN und PRESTWOOD, 1986).

Nichtinfektiöse Entzündungen der Harnwege

Bei der Katze werden bisweilen Entzündungen der Harnwege festgestellt, bei denen keinerlei Mikroorganismen als Ursache gefunden werden. Wir sahen in zwei Fällen nach Autounfällen lange Zeit bestehende Hämaturie, vermehrt Leukozyten und Übergangsepithelien im Sediment. Die Tiere starben nach acht Tagen bzw. zwei Wochen und wiesen nekrotisierende Blasenwandentzündungen auf, ohne äußere Verletzungen zu zeigen. Es kann angenommen werden, daß unter dem Einfluß des Unfallschocks eine lokale Ischämie eingetreten ist, die zur Blasenwandnekrose geführt hat.

Schwere Hämaturie kann nach Behandlung mit Zyklophosphamid (Endoxan) auftreten (CROW, S. E., u. M., 1977; STANTON und LEGENDRE, 1986). Das Zytostatikum, das weite Verbreitung in der Behandlung von Malignomen und Immunopathien gefunden hat, führt über seine toxischen Stoffwechselprodukte in Einzelfällen zu Dysurie mit schwerer Hämaturie und Ulkusbildung in der Harnblase. Die Veränderungen können – gut bekannt bei Mensch und Hund – bis zur Blasenwandnekrose führen. Zumindest beim Hund können durch Zyklophosphamid schwere irreversible, fibrotische Krankheitsbilder ausgelöst werden. Auch wurde über Blasenwandkarzinome als Folge der Behandlung berichtet. Vermutlich werden Nebenwirkungen durch verminderten Urinfluß begünstigt. Daher sollte vor Behandlungsbeginn im Falle von Volumendefiziten eine Rehydratation durchgeführt und auf ausreichende Flüssigkeitsversorgung während der Therapie hingewirkt werden. Die – in der Regel schon durch die Grundkrankheit selbst indizierte – gleichzeitige Behandlung mit Kortikosteroiden soll ebenfalls einen günstigen Einfluß auf die Verhinderung von Nebenwirkungen ausüben. In der Gabe von Kortikosteroiden und Flüssigkeitssubstitution ist auch die Behandlung zu sehen. Die Nebenwirkungen sind in milderen Stadien (keine Fibrose) reversibel.

Über einen Fall von Cystitis cystica berichtete ZACHARY (1981). Die vier Jahre alte Katze zeigte über Monate eine wechselhafte Hämaturie, Proteinurie und Pollakisurie und Palpationsschmerz. Eine Probelaparotomie ergab eine pflastersteinähnliche Blasenschleimhautstruktur mit Verdickung und Rötung. Darüber hinaus wurden zahlreiche Zysten in der Mukosa gefunden.

Urolithiasis

Definition

Kristalline oder weit überwiegend (95 %) kristalline Konkremente, in den meisten Fällen in der Harnblase, bisweilen jedoch auch im Nierenbecken entstehend und in die Harnleiter oder die Harnröhre wandernd. Urolithiasis, organische Präzipitate und Harnwegsinfektionen wurden unter dem Oberbegriff „Felines urologisches Syndrom (FUS)" zusammengefaßt. Aus Gründen der Ätiologie, Pathogenese, Symptomatologie und Therapie wird dieser Begriff jedoch zunehmend wieder verlassen.

Ätiopathogenese

Bei der Katze bestehen mehr als zwei Drittel der Harnsteine aus *Magnesium-Ammonium-Phosphat (Struvit, „Tripelphosphat")*. Es wird behauptet, daß ihr Entstehen durch Anwesenheit Urease-produzierender Bakterien begünstigt werde (Staphylokokken). Der durch Harnstoffmetabolisierung unter Ureaseeinfluß entstehende Ammoniak alkalisiere den Harn, wodurch die Kristallisation des Struvit erfolge. Dagegen spricht jedoch die Tatsache, daß bei der Katze nur selten Bakterien gefunden werden. Die Ätiologie bleibt daher in den meisten Fällen ungeklärt. Verlassen ist die Meinung, daß eine magnesiumreiche Diät die Bildung von Struvitsteinen begünstige; offenbar ist sogar eher das Gegenteil richtig (BUFFINGTON u. M., 1985, 1994; CHAUSOW, 1995).

In weitem Abstand folgen *Oxalatsteine* in der Häufigkeit. Chemisch handelt es sich um Kalziumoxalmono- oder -dihydrat. Die Steinbildung wird durch Hyperkalzämie begünstigt, offenbar auch durch einen niedrigen Blut- und Urin-pH-Wert. Es wird vermutet, daß durch den niedrigen Blut-pH-Wert die Mobilisation von Phosphat und Kalzium aus dem Skelett aktiviert und Kalzium vermehrt durch die Niere ausgeschieden wird. Damit wird die Bildung von Kalziumoxalat gefördert. Oxalat wird im intermediären Stoffwechsel gebildet, kann aber auch – bei der Katze selten – durch Futtermittel exogen zugeführt werden. Die Kalziumoxalatsteine sind außerordentlich hart und scharfkantig, weshalb sie häufig Schleimhautverletzungen bereiten und in den Harnwegen steckenbleiben.

Ammoniumuratsteine kommen seltener bei der Katze vor. In den meisten Fällen ist die Entstehung unklar; es wurden jedoch Fälle bekannt, bei denen ein portosystemischer Shunt mit dem Auftreten von Purinsteinen in Verbindung gebracht wurde. Ein saurer Harn-pH-Wert und besonders Leberfütterung begünstigen das Auftreten von Ammoniumuratsteinen.

Kalziumphoshatsteine kommen bei der Katze nur sehr selten vor; in der neuesten Untersuchung von OSBORNE u. M. (1995) belief sich die Rate auf etwa 1 %. Ob wie beim Menschen und beim Hund ein Hyperparathyreoidismus mit Erhöhung von Phosphaten und evtl. Kalzium in Serum und Urin eine Rolle spielt, ist noch nicht erwiesen.

Eine weitere, allerdings sehr selten vorkommende Ursache von Harnsteinen ist Zystin. Im Urin wurden erhöhte Werte von Arginin, Lysin und Ornithin gefunden (DiBARTOLA u. M., 1991; OSBORNE u. M., 1995).

Klinisches Bild

GRÜNBAUM und BÜNEMANN (1994) ermittelten unter 1592 stationären Katzen 34mal (2,14 %) Erkrankungen der Harnwege („FUS"), wobei nicht in jedem Falle eine Harnabsatzstörung vorlag. Harnsteine können über Monate und sogar Jahre klinisch symptomlos bleiben, verändern sich nicht nach Größe und Lokalisation und werden als Zufallsbefund festgestellt. In anderen Fällen führen sie zu entzündlich-degenerativen Prozessen in den Harnwegen, können insbesondere mit bakteriellen Infektionen vergesellschaftet sein und zu Beschwerden führen. Im Falle von Steckenbleiben in Ureteren oder Urethra werden schwere Symptome ausgelöst wie postrenale Urämie (beide Ureteren oder Harnröhre), Blasendilatation, Blasenwandnekrose, Harnröhrennekrose mit Periurethritis, Gangrän und Sepsis. Die einseitige, zur Hydronephrose führende Ureterobstruktion bleibt meist symptomlos.

Nierenbeckensteine bleiben häufig unerkannt und werden zufällig gefunden, wenn eine Röntgenaufnahme oder Ultraschalluntersuchung des Abdomens aus anderen Gründen durchgeführt werden, oder sie werden als gleichzeitiger Befund bei der Untersuchung auf Konkremente der unteren Harnwege gesehen.

Blasensteine führen dagegen häufig zu manifesten Symptomen wie Dysurie und Hämaturie. Die Katzen suchen häufig das Katzenklo auf und geben Schmerzäußerungen von sich. Besonders die Harnendportion ist blutig, ein Befund, der jedoch bei der Katze selbst dem aufmerksamen Besitzer häufig ent-

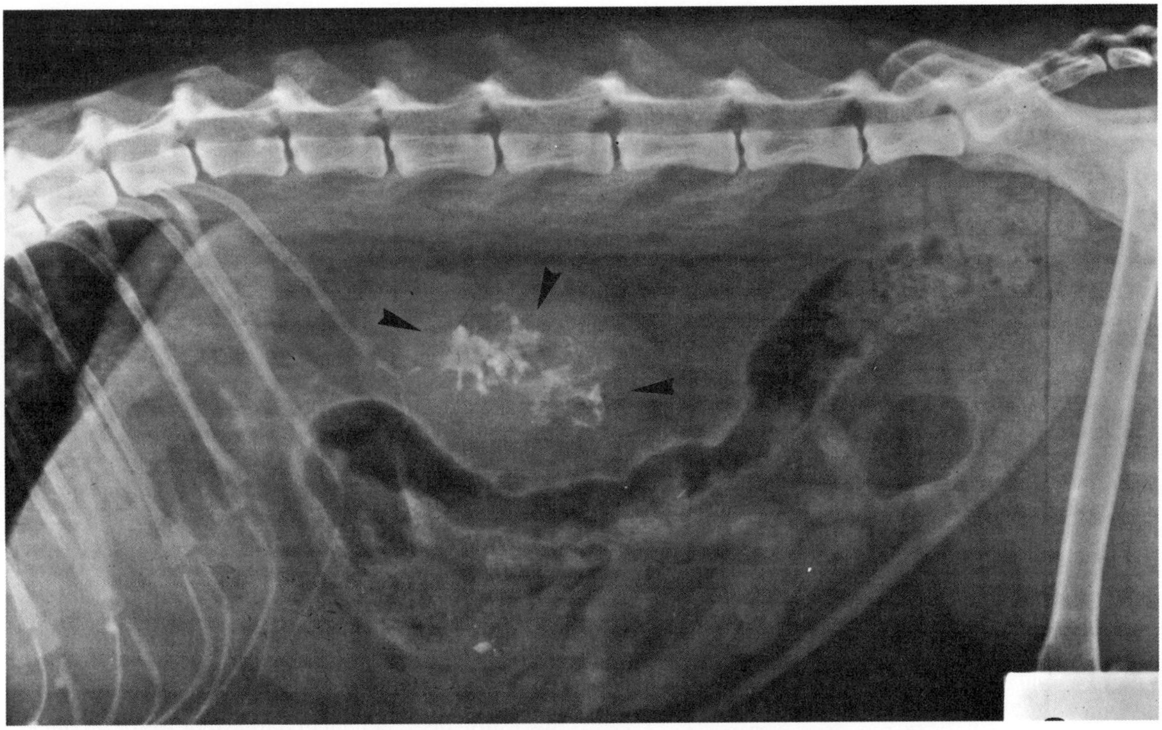

Abb. 17: Nierensteine bei einem 10jährigen Kater, latero-lateraler Strahlengang.

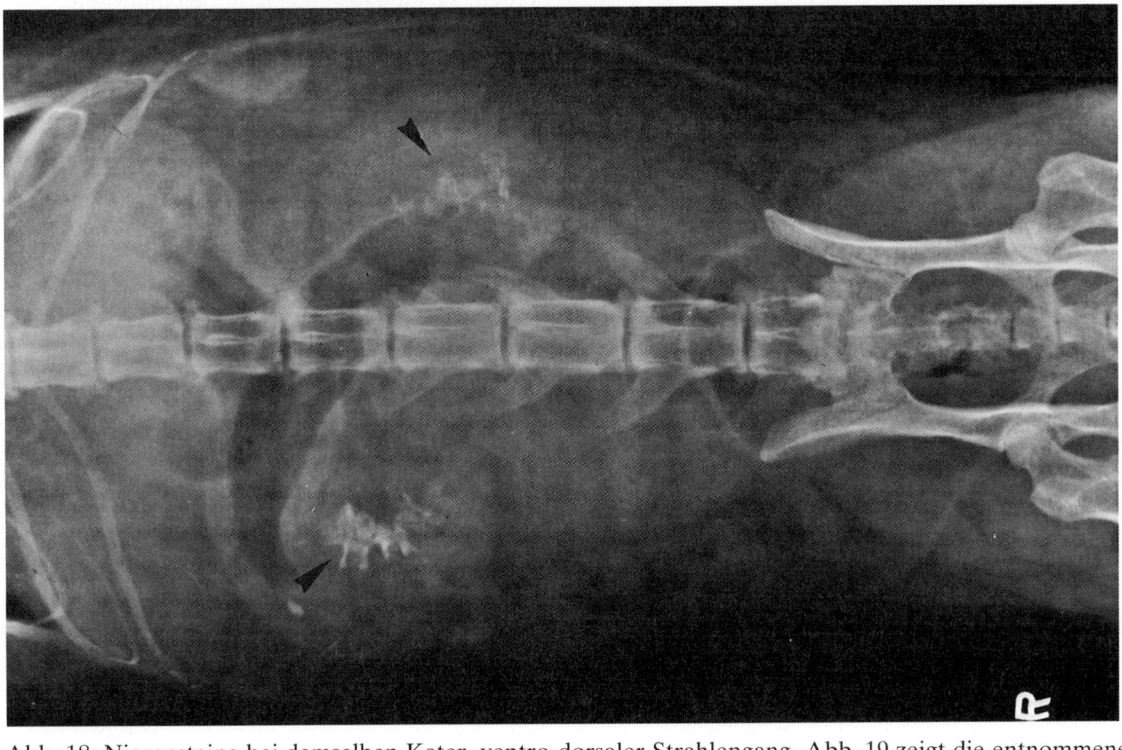

Abb. 18: Nierensteine bei demselben Kater, ventro-dorsaler Strahlengang. Abb. 19 zeigt die entnommenen Nierensteine.

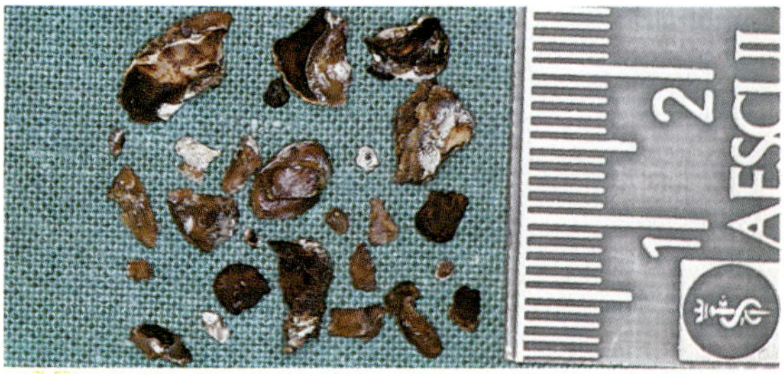

Abb. 19: Nierensteine, Apatit, 10jähriger Kater, Röntgenaufnahme siehe Abb. 17 und 18.

geht. Bei symptomloser Urolithiasis ist die Bauchpalpation schmerzlos, sobald Symptome bestehen können Schmerzreaktionen bei der Palpation ausgelöst werden. Die Steine können nicht immer palpiert werden. Bei tiefer Zystitis wird zusätzlich gestörtes Allgemeinbefinden mit Fieber und Leukozytose, häufig auch mit postrenaler Urämie beobachtet, besonders wenn zusätzlich noch Obstruktionen bestehen.

Schwere postrenale Urämien mit Kreatinin- und Harnstoffanstieg, Hyperphosphatämie und Hyperkaliämie werden bei vollständiger Obstruktion der Harnröhre gesehen. Dabei werden Erbrechen, Anorexie, hochgradig gestörtes Allgemeinbefinden, Dehydratation, schließlich Schocksymptome evtl. mit Sepsis (Harnröhrennekrose) beobachtet.

Diagnose

Bei Verdacht sind diagnostische Mittel der Wahl Ultraschall- und Röntgenuntersuchung. Kleine Steine

Abb. 20: Blasensteine.

und Mineralien geringer Dichte lassen sich mit Ultraschalluntersuchung besser darstellen. Werden Konkremente im Nierenbecken festgestellt, so muß, um die Seitenzuordnung zu sichern, eine dorsoventrale/ventrodorsale Aufnahme angefertigt werden. Bei Harnröhrensteinen ist häufig eine Sondierung erforderlich, da die sehr kleinen Konkremente anderweitig bisweilen nicht dargestellt werden können. In jedem Falle sollte eine Harnanalyse durchgeführt werden. Sie muß folgende Kriterien umfassen:

- spezifisches Gewicht
- Reaktion
- Sedimentuntersuchung mit Kristallbestimmung und Untersuchung der organischen Bestandteile
- bakteriologische Untersuchung

Tabelle 26: Befunde bei Erkrankungen der Harnwege

	oberflächliche Entzündung	tiefe Entzündung	Obstruktion/ eines Harnleiters	Obstruktion bd. Harnleiter, Urethra	Perforation
Dysurie	+	+	–	+	–
Strangurie	+	+	–	+	(+)
Pollakisurie	–	–	–	+	+
Anurie	–	–	–	+	+
Urämie **Harnstoff** **Kreatinin** **Hyperphosphatämie** **Hyperkaliämie**	–	(+)	–	+	+
Hämaturie	mikro	makro	(mikro)	– bis makro	mikro bis makro
Fieber	–	+	– bis +	– bis +	– bis +

Sobald Harnsteine gewonnen worden sind, sollte eine Steinanalyse durchgeführt werden.
Ebenfalls sollte eine Blut(serum)untersuchung erfolgen. Sie soll – jeweils variiert nach der Steinart – folgendes berücksichtigen:
- Hämatokrit, Hämoglobin (chronische Blutungen, Hämokonzentration)
- Leukozytenzahl (tiefe Entzündungen)
- Kreatinin, Harnstoff
- ggf. Phosphat, Kalium
- bei Kalziumsteinen: Serumkalzium

Therapie

Sie wird vom Allgemeinzustand entscheidend beeinflußt. Sind Allgemeinsymptome vorhanden, so sind diese entsprechend den Richtlinien für Notfälle zu behandeln. Insbesondere ist der Kreislaufschock zu behandeln. Die Dehydratation und eine eventuelle metabolische Azidose sind auszugleichen. Eine Sepsis ist mit Breispektrumantibiotika abzudecken. Antibiotika sind auch im Falle primärer oder sekundärer Infektionen der Harnwege angezeigt. Im übrigen richtet sich die Therapie nach der Art der Steine.
Bestehen dagegen keinerlei Symptome, sind die Konkremente also zufällig entdeckt worden, so braucht zunächst keine aggressive Therapie durchgeführt zu werden. Da die meisten Steine der Katze

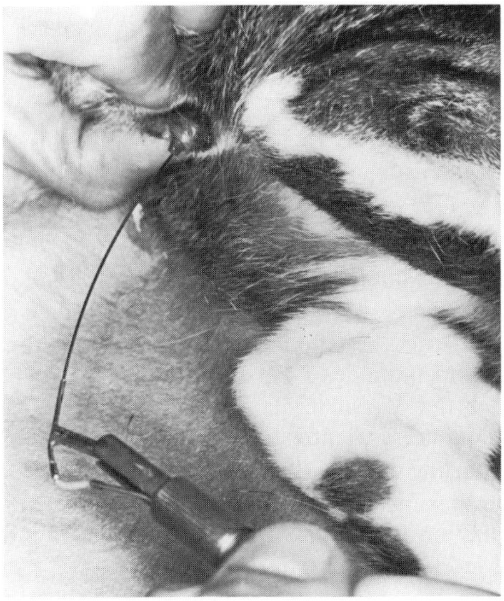

Abb. 21: Ultraschallharnröhrensonde im Einsatz.

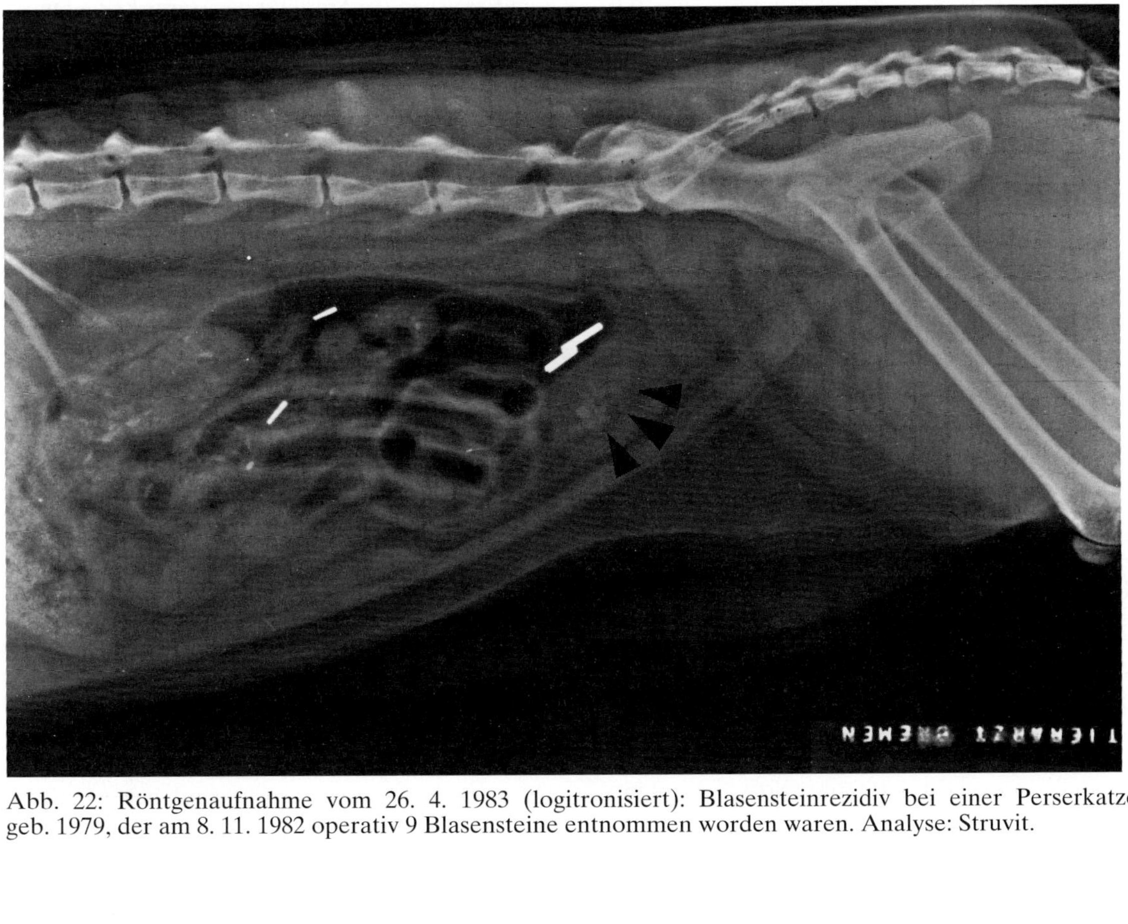

Abb. 22: Röntgenaufnahme vom 26. 4. 1983 (logitronisiert): Blasensteinrezidiv bei einer Perserkatze, geb. 1979, der am 8. 11. 1982 operativ 9 Blasensteine entnommen worden waren. Analyse: Struvit.

Struvitsteine sind, kann zunächst konservativ behandelt und durchaus eine abwartende Haltung eingenommen werden. Der Besitzer ist aber darauf hinzuweisen, daß beim Auftreten von Symptomen, insbesondere Hämaturie, Dys- oder Anurie sofort der Tierarzt aufzusuchen ist.

Struvitsteine

In manchen Fällen kommt es zur Spontanheilung, indem sich die Konkremente spontan auflösen.

Wenn das Krankheitsbild steril ist (bakteriologische Urinuntersuchung des Zystozentese-Urins), so empfiehlt sich der Versuch, die Steine aufzulösen. Man verfolgt dabei als wichtigstes Ziel die

- Ansäuerung des Urins (pH-Wert < 6,0)

Zur Ansäuerung (ggf. nach Behandlung einer kreislaufbedingten metabolischen Azidose) können folgende Medikamente verwendet werden:

Ammoniumchlorid 100 mg/kg KM, auf einmal oder besser dreimal täglich verteilt

Methionin 1 g/Katze und Tag

Vitamin C 100 bis 500 mg/Katze (wird wegen des sauren Geschmacks meistens verweigert)

Eine Ansäuerung des Harns über lange Zeit kann bei der Katze allerdings zur Demineralisierung der Knochen führen (negative Ca-Bilanz). Ebenso kann die Kaliumbilanz negativ werden (Hypokaliämie). Außerdem ist ggf. Taurin zu substituieren.

Die Dosen können erhöht werden, wenn der Harn-pH nicht tief genug absinkt.

Größere Dosen von Methionin wirken jedoch toxisch (FOX, 1984; FINCO u. M., 1986; FAU u. M., 1987). Bei Jungtieren im Wachstumsalter sollte eine Langzeitbehandlung mit Ammoniumchlorid nicht durchgeführt werden, da das Wachstum behindert werden kann (BUFFINGTON, 1988).

Eine Steigerung der Harnproduktion kann zu einer Herabsetzung der Konzentration führen. Es kann eine Behandlung mit Schleifendiuretika durchgeführt werden: Furosemid 1 mg/kg KM (es steigert jedoch die Kalziumausscheidung und sollte daher bei Kalziumsteinen nicht verwandt werden).

Zur Diätetik stehen Fertigfuttermittel zur Verfügung (z. B. s/d HILLS). Eine Übersicht über diätetische Maßnahmen gibt MEYER-LINDENBERG (1993). KIENZLE (1991) empfiehlt zur Auflösung von Struvitsteinen und zur Prophylaxe folgendes Rezept (Tab. 27):

Der Reis soll beim Kochen leicht gesalzen werden. Bei längerfristiger Verwendung soll 100 mg KCl pro 100 g Futter zugegeben werden. Pro 100 g enthält die Ration etwa 0,45 MJ DE.

Weiteres zur Diätetik s. Kapitel Fütterung und Diätetik.

Tabelle 27: Diät zur Auflösung und Prophylaxe von Struvitsteinen nach KIENZLE (1991)

	Steinauflösung (%)	Prophylaxe (%)
Fisch (frischer Dorsch)	25	23
Rindfleisch (Keule)	12	11
Rinderleber	2	2
Trockenhefe	1	1
Luzernegrünmehl	–	2
gekochter Reis	36	32
rohe Kartoffelstärke (nicht mit Wasser oder Fett erhitzen)	10	8
Wasser	11,8	20,6
Phosphorsäure 10 %ig	1,2	0,2
$CaCl_2$	1	0,2

Sind jedoch Bakterien gefunden worden, gleichgültig, ob sie nun primäre Ursache oder sekundäre Komplikation der Steinbildung seien, so muß nach Anfertigung eines Antibiogramms zusätzlich eine konsequente 3- bis 6wöchige Antibiotikabehandlung durchgeführt werden. Man sollte in diesem Falle bis zum Erreichen der Sterilität des Harns keine Diuresesteigerung durchführen, da der konzentrierte Katzenharn bakterizid wirkt.

Eine Steigerung der Diurese und Ansäuerung des Harns kann zur Struvitsteinprophylaxe durchgeführt werden.

Oxalatsteine

Eine Möglichkeit, bereits vorhandene Oxalatsteine aufzulösen, gibt es derzeit nicht. Die einzige Therapieform ist die chirurgische Entfernung. Allerdings können Oxalatsteine im Nierenbecken jahrelang klinisch symptomlos bleiben, so daß abzuwägen ist, ob der Eingriff nicht die größere Belastung darstellt. In jedem Falle sollte der Besitzer auf mögliche klinische Symptome hingewiesen werden, damit ggf. sofort eingegriffen werden kann.

Nach Entfernen der Steine oder dem Entschluß zum Abwarten sollten jedoch Maßnahmen ergriffen werden, die eine weitere Steinbildung verhindern. Dies sind:

- diätetische Maßnahmen
- Kaliumzitrat
- Vitamin B_6 (Pyridoxin)
- Diurese

Diätetische Maßnahmen sind schwer durchführbar. Die Kalziumaufnahme wesentlich zu reduzieren, ist nicht empfehlenswert. Oxalat wird bei der Katze eher durch den Intermediärstoffwechsel produziert

als über die Nahrung aufgenommen. Einer Steigerung des Kochsalzes im Futter zur Erhöhung des Durstgefühls steht jedoch die Erhöhung der Kalziumausscheidung entgegen. Eine Magnesiumerhöhung in der Nahrung, wie sie beim Menschen empfohlen wird, ist bei der Katze wegen der Struvitsteinbildung in ihrem Nutzen unsicher. Eher kann eine Diät mit niedrigem Gehalt tierischen Proteins, relativ niedriger Kalzium- und Kochsalzkonzentration empfohlen werden. Kommerziell erhältlich ist die k/d Diät von Hills, die diesen Vorgaben etwa entspricht.
Kaliumzitrat soll die Kristallisation von Kalziumoxalat durch Bildung löslicher Kalziumsalze verhindern. Osborne u. M. empfehlen die orale Gabe von 100 bis 150 mg/kg Kaliumzitrat, auf zwei- bis dreimal täglich verteilt.
Vitamin B_6 (Pyridoxin) steigert die Bildung von Glycin. Damit wird weniger Oxalat im intermediären Stoffwechsel gebildet. Die Tagesdosis für Pyridoxin beträgt 5 bis 10 mg/kg KM.
Thiaziddiuretika vermindern in der Niere die Kalziumausscheidung mit dem Urin. Sie werden daher beim Menschen eingesetzt. Ob bei der Katze der Vorteil die Nebenwirkungen übersteigt, ist bisher nicht bekannt. Offenbar sind die Nebenwirkungen (Dehydratation, Hypokaliämie, Hyperkalzämie) allerdings nicht so groß wie beim Menschen. Gegeben werden kann Hydrochlorothiazid (Vetidrex®, Esidrix®) in einer Tagesdosis von anfangs 1 bis 2, über längere Zeit von 0,5 mg/kg KM. Die Behandlung muß jedoch tierärztlich überwacht werden.

Ammoniumuratsteine

Eine medikamentöse Auflösungsmöglichkeit ist nicht bekannt. Führen Ammoniumuratsteine/Purinsteine zu klinischen Symptomen, so müssen sie daher chirurgisch entfernt werden. Zur Prophylaxe weiterer Steinbildungen sollten purinarme Nahrungsmittel gegeben werden; insbesondere sind Innereien wie Leber zu vermeiden. Der Urin sollte um den amphoteren pH-Wert (pH $\cong$ 7) liegen. Die Harnmenge sollte erhöht werden (Kochsalzgabe, Diuretika: Furosemid 1 mg/kg). Osborne u. M. erzielten Erfolge mit der Gabe von Allopurinol, 30 mg/kg KM, auf zweimal täglich verteilt.

Kalziumphosphatsteine

Eine medikamentöse Auflösung ist unbekannt. Die einzige therapeutisch erfolgreiche Methode scheint die chirurgische Entfernung zu sein. Jedenfalls sollte die verstärkte Ausscheidung von Kalzium durch Steigerung der Diurese mittels Furosemid vermieden werden. Aus demselben Grund verbietet sich auch die vermehrte Kochsalz-(Natrium-)Gabe.

Tabelle 28: Zusammenfassung der Urolithiasis-Therapie

Struvitsteine
- s/d-Diät
- Ammoniumchlorid 100 mg/kg oder
- Methionin 1 g/Katze oder
- Vitamin C 100 bis 500 mg/Katze
- Diurese: Furosemid 1 mg/kg
- Antibiose (infiziert)

Oxalatsteine
- k/d-Diät
- Kaliumzitrat 100–150 mg/kg
- Vitamin B_6 10 mg/kg KM
- Hydrochlorothiazid 0,5 (1 bis 2) mg/kg

Ammoniumuratsteine
- Diät (arm an Innereien, besonders Leber)
- Harn-pH amphoter
- Harnmenge erhöhen (Kochsalz; Furosemid 1 mg/kg)
- Allopurinol, 30 mg/kg, auf zweimal täglich (OSBORNE u. M.)

Kalziumphosphatsteine
- chirurgische Entfernung
- Diurese (Thiaziddiuretika)
- Natrium-(Kochsalz-)Reduktion

Vesiko-Umbilikaldivertikel

Zu den angeborenen anatomischen Veränderungen gehören die Vesikoumbilikalfistel und das Vesikoumbilikaldivertikel. Während bei der – sehr seltenen – Vesikoumbilikalfistel ein Offenbleiben des Urachus vorliegt, wobei Urin aus dem Nabel austritt (Blasen-Nabel-Fistel), liegt beim wesentlich häufigeren Vesikoumbilikaldivertikel eine Aussackung der Harnblase am Blasenscheitel vor. Es handelt sich dabei um Überbleibsel des nicht völlig atretisch gewordenen Urachus.

Klinisches Bild

OSBORNE u. M. (1987) fanden bei zahlreichen Katzen mit Hämaturie, Dysurie und zum Teil auch Obstruktion der Urethra ein Vesikoumbilikaldivertikel, wobei männliche Katzen etwa doppelt so häufig betroffen waren wie weibliche. Die stärkere Erkrankungsrate der männlichen Tiere wird auf die anatomischen Besonderheiten der Urethra zurückgeführt, wonach die engere und längere Harnröhre des Katers wesentlich häufiger zur Obstruktion neigt als die der Kätzin.
Das Vesikoumbilikaldivertikel bleibt klinisch unauffällig, solange keine Infektion der Harnblase vorliegt. Kommt dagegen eine bakterielle Infektion zu-

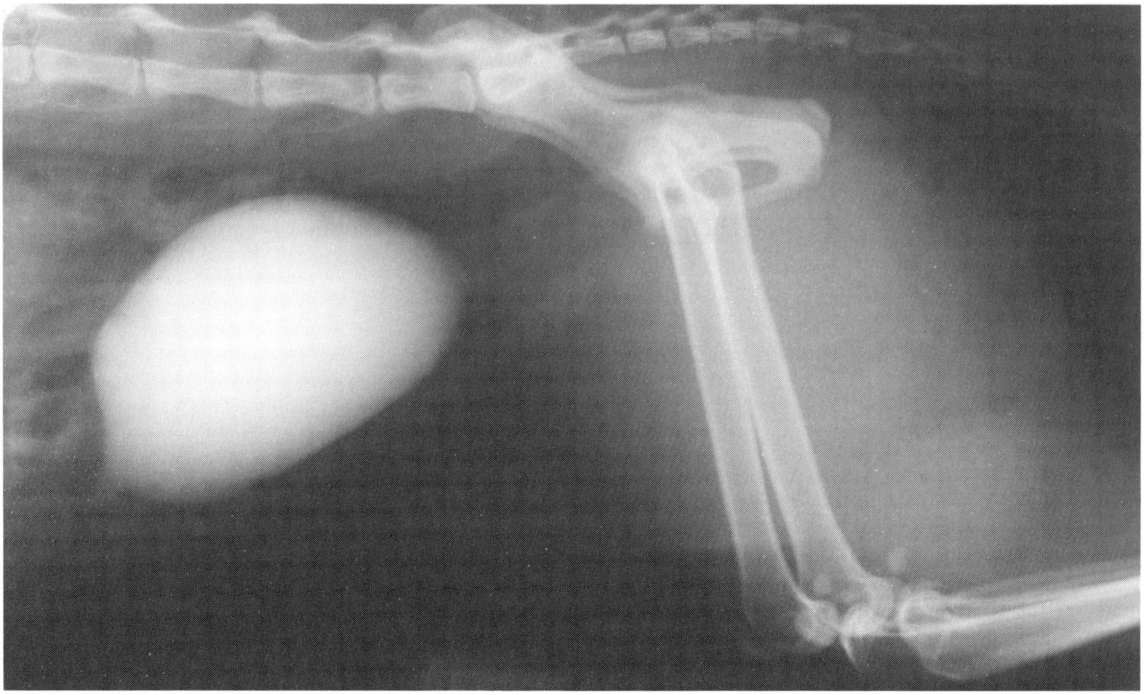

Abb. 23: Retrogrades Kontrast-Urethrozystogramm eines Katers mit Urachus-Divertikel.

stande, so werden die Symptome einer Zystitis beobachtet: Dysurie und (Mikro-)Hämaturie.

Diagnose

Die Diagnose wird mit retrograder oder auch renaler Kontrastdarstellung gesichert. Das Divertikel erscheint dabei am Blasenhals als zipfel- bis sackförmiger Fortsatz. Man sollte unbedingt ein Sediment anfertigen und eine bakteriologische Untersuchung mit Antibiogramm durchführen. Im Sediment werden i. a. neben Bakterien Erythrozyten und Leukozyten, Übergangsepithelien und womöglich Kristalle (Tripelphosphate) gefunden. Der Harn kann in diesem Falle alkalisch sein.

Therapie

Zunächst sollte bei bakterieller Infektion eine antibiotische Therapie bis zur Sterilität des Harns durchgeführt werden. Danach wird eine erneute Untersuchung mit Kontrastmedium angeschlossen, um festzustellen, ob das Divertikel noch vorhanden ist.
Sollte es sich nicht zurückbilden oder sollte eine Sterilität des Harns auch nach zwei Monaten nicht erreichbar sein oder eine Reinfektion vorkommen, so muß das Divertikel chirurgisch beseitigt werden. Die chirurgische Behandlung empfiehlt sich auch bei sterilem Harn, aber persistierender Hämaturie und Dysurie.

Urethraobstruktion durch organische Präzipitate

Definition

Teilweise oder vollständige Verlegung der Harnröhre durch weiches (organisches) Material unterschiedlicher, nur teilweise bekannter Zusammensetzung, in einem Teil der Fälle mit Kristallen durchsetzt. Das Krankheitsbild wurde früher zum sogenannten Felinen Urologischen Syndrom (FUS) gezählt.

Ätiologie

Die Ursache ist unbekannt. Verdächtigt werden pH-Veränderungen des Urins, Konzentrationserhöhungen (spezifisches Gewicht), Elektrolytverschiebungen, anatomische Ursachen (Strikturen), Trockenfutter. In früherer Zeit wurden besonders Infektionen der Harnblase und Harnröhre als Ursache verdächtigt. Seit jedoch bekannt ist, daß derlei bakterielle Infektionen bei der Katze selten vorkommen, muß diese Hypothese fallen gelassen werden. Infolge der Enge und Länge der Harnröhre kommen organische Präzipitate beim Kater wesentlich häufiger vor als bei der Kätzin. Häufig sind sie mit Struvitkristallen vermischt.

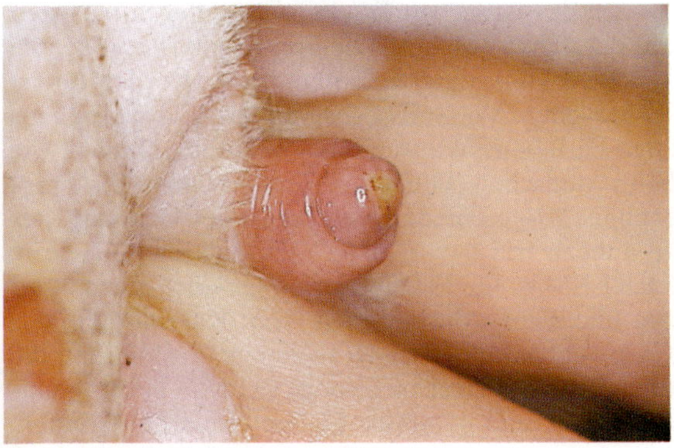

Abb. 24: Penisspitzennekrose.

Abb. 25: Harnröhrenpfropf, pastenstrangartig.

Pathogenese

Wie die Ätiologie ist auch die Pathogenese unklar. Eindeutig sind jedoch die Auswirkungen: Durch die Obstruktion der Harnröhre kommt es in kurzer Zeit zur Überdehnung der Harnblase und zum Rückstau in beide Ureteren und Nierenbecken. Die Folge ist eine rasch sich entwickelnde postrenale Urämie mit schweren Allgemeinerscheinungen. Außerdem wird durch den Druck des Pfropfes eine Nekrose der Harnröhrenschleimhaut ausgelöst, die zum Austritt von Urin in die Umgebung, zur Phlegmone und zur Sepsis mit tödlichem Ausgang führen kann.

Klinisches Bild

Das typische Bild besteht in Pollakisurie, Strangurie, Dysurie. Die Katzen suchen immer wieder ihr „Klo" auf und versuchen, Urin abzusetzen. Dies ist bisweilen von lauten Klagelauten begleitet. Oft werden wenige Tropfen Urins abgesetzt, der Blutspuren aufweisen kann oder auch fast aus reinem Blut besteht. Die Tiere drehen sich nach dem Penis um und belecken ihn intensiv. Der Penis wird in manchen Fällen blau bis mißfarben.

Wird die Krankheit nicht erfolgreich behandelt, so treten alsbald die Symptome der postrenalen Urämie hinzu: Störung des Allgemeinbefindens, Anorexie, Erbrechen, Dehydratation, Azotämie mit schwerer Elektrolytimbalance: Hyperphosphatämie und Hyperkaliämie mit Herzinsuffizienz und allgemeiner Muskelschwäche, hochgradige metabolische Azidose. Die Tiere geraten in einen schweren Kreislaufschock, der unbehandelt zum Tode führt.

Diagnose

Pollakisurie, Strangurie, Dysurie müssen insbesondere beim Kater immer an Urethraobstruktionen durch organische Präzipitate, aber auch an obturierende Harnsteine denken lassen. Die Harnblasenpalpation ist in der Regel deutlich schmerzhaft (außer in Terminalstadien). Die Blase ist deutlich vergrößert und sehr gespannt. Entleerungsversuche durch Massage (exakter: durch Zudrücken) sind unbedingt zu vermeiden, da es zur Regurgitation des (eventuell primär oder sekundär infizierten) Urins ins Nierenbecken kommt oder die geschädigte Blase platzen kann.

Der Penis erscheint derb, oft farbverändert (blaulivid bis mißfarben). Die rollende Palpation ergibt oft eine strangartige Verhärtung (ausgefüllte Harnröhre), bisweilen wird Krepitation festgestellt (bei Harngrießbeimengung zum Präzipitat). In manchen Fällen läßt sich das Präzipitat aus der Harnröhre herausmassieren.

Im Urin, sofern solcher noch gewonnen werden kann, wird Blut festgestellt; auch Kristalle, Zelldetritus und Protein können nachgewiesen werden.

Bei nicht vollständigem Verschluß der Harnröhre sind die Symptome milder, insbesondere ist die Harnblase nicht gespannt und wechselt in der Größe je nach dem aktuellen Ausmaß der Füllung.

Man sollte einen vorsichtigen Versuch der Katheterisierung durchführen. Dabei wird man rasch an die Obstruktion stoßen. Sie ist bei reinem Präzipitat weich, bei Beimengung von Kristallen (meist Struvit) jedoch kann eine Krepitation festgestellt werden.

Die Röntgenuntersuchung zeigt die vergrößerte Harnblase, eventuell auch vergrößerte Nieren (Rückstau). Eine Kontrastdarstellung kann, da das Krankheitsbild auf andere Weise in der Regel eindeutig diagnostiziert werden kann, unterbleiben, zumal der Kreislauf vor der Durchführung einer intravenösen Radiographie oft erst stabilisiert werden muß.

Dagegen sollten Laboruntersuchungen nicht unterlassen werden. Insbesondere sollte auf das Entstehen einer postrenalen Urämie geachtet werden und neben Harnstoff und Kreatinin bei deren Erhöhung auch Serumphosphat und -kalium bestimmt werden. Ebenso sollte eine Blutgasanalyse (metabolische Azidose) durchgeführt werden. Eine vorsichtig (!) mit dünner Kanüle vorgenommene Zystozentese ermöglicht die Untersuchung des Harns auf die Reaktion (pH-Wert), das spezifische Gewicht, Sediment und insbesondere auch Bakterien sowie die therapeutische Entleerung der Harnblase.

Therapie

Folgendermaßen soll vorgegangen werden:
- Spasmolyse: Butylscopolamin 0,5 mg/kg i. v. (Vorsicht bei Kreislaufschock)
- vorsichtige Penismassage
- Spülung der Harnröhre mit warmer physiologischer Kochsalzlösung unter Zugabe eines Lokalanästhetikums
- bei Beimengung von Harnkristallen (Struvit) kann mit warmer Walpolescher Lösung gespült werden
- Aufrechterhaltung eines sauren Harn-pH: Ammoniumchlorid 50 bis 100 mg/kg KM oder Methionin 500 bis 1000 mg/Katze
- evtl. Anregung der Diurese: Furosemid 1 mg/kg oder Hydrochlorothiazid 0,5 (1 bis 2) mg/kg
- bei bakterieller Infektion: Antibiotika nach Antibiogramm

Sollte die Harnblase sehr stark gespannt sein, so sollte vor der Freispülung eine Entleerung durch Zystozentese durchgeführt werden. Dies ist insbesondere dann erforderlich, wenn die Katze sich bereits im Schock befindet. In diesem Fall ist der Kreislaufstabilisierung Vorrang vor Versuchen zur Freispülung einzuräumen.

Nach Freispülung der Harnröhre ist inbesondere bei Azotämie und Dehydratation eine intensive Volumentherapie durchzuführen, die den Tagesbedarf, den Dehydratationsgrad und eventuelle zusätzliche Verluste ausgleichen muß (s. Einleitung). Eine metabolische Azidose ist auszugleichen.

Nach Behebung eines vollständigen Verschlusses sollte ein Verweilkatheter einen Tag bis drei Tage in der Harnröhre liegen bleiben. Es ist dabei auf peinliche Hygiene zu achten. Die Katze benötigt in dieser Zeit in der Regel einen Halskragen.

Die chirurgische Behandlung mittels Urethrotomie sollte nur dann durchgeführt werden, wenn konservative Maßnahmen nicht zum Erfolg führen und insbesondere wenn Strikturen der Harnröhre bestehen. In diesen Fällen wird die eröffnete Harnröhre freigespült. Der eine Zeitlang so beliebte „künstliche Penis" sollte im übrigen weitgehend der Vergangenheit angehören.

Blasentumoren

Ätiologie und Pathogenese

Sie kommen bei der Katze wesentlich seltener vor als beim Hund. Tumoren der übrigen Harnwege sind geradezu Raritäten. Die Ursache von Blasentumoren wird in der Ausscheidung kanzerogener Substanzen mit dem Urin gesehen. Die Speziesunterschiede, die zwischen Hund und Katze bestehen, werden unterschiedlicher Verstoffwechselung des Tryptophans zugeschrieben: Während beim Hund, ähnlich wie beim Menschen, Phenole als Metaboliten des Tryptophans ausgeschieden werden, ist der Urin der Katze nahezu frei davon (BROWN und PRICE, 1956; LEKLEM u. M., 1971). Hierin mag auch das nahezu ausschließliche Vorkommen von Karzinomen der Harnwege in der Blase zu suchen sein: Während die toxischen Stoffwechselprodukte des Tryptophans auf die Blasenschleimhaut lange einwirken können, streichen sie durch die Harnwege jeweils nur kurz hindurch.

Der mechanischen Irritation der Harnblasenwand durch einen jahrelangen Verweilkatheter wurde ein Fall von Harnblasenkarzinomatose zugeschrieben.

Klinisches Bild

Die karzinomatöse oder sarkomatöse Entartung des Harnblasenepithels ist bevorzugt eine Krankheit der älteren Katze. Im Vordergrund steht die Hämaturie, vergesellschaftet bisweilen mit Strangurie, Pollakisurie, Dysurie, in manchen Fällen mit Incontinentia urinae. Bei der Palpation kann zum Teil die verdickte Blasenwand ertastet werden. Nach CROW (1985) wachsen Blasenkarzinome langsam und metastasieren spät.

Diagnose

Die Diagnose ist ohne Laparotomie oder Zystoskopie und Biospie (Histologie, Zytologie) nur als Verdachtsdiagnose zu stellen. Im Urin werden i. a. keine Tumorzellen gesehen, es bestehen hauptsächlich Proteinurie und Hämaturie. Bakterien werden allenfalls als sekundäre Infektion gefunden. Die Harnblasenwandverdickung ist mit Doppelkontrast – Unregelmäßigkeit der Blasenwand bis hin zu deutlich eingeschränktem Blasenlumen – und besonders mit der Ultraschalluntersuchung zu erkennen.

Therapie

Mittel der Wahl ist die partielle Zystektomie. Dabei ist auch auf die regionalen Lymphknoten zu achten; ihre gleichzeitige Entfernung empfiehlt sich, wenn sie vergrößert sind. Da Blasentumoren langsam wachsen, ist die Prognose nicht ungünstig. In manchen Fällen ist jedoch der Sitz des Tumors so ungünstig (Blasenhals, Ureterenmündungen), daß eine aussichtsreiche Resektion nicht durchgeführt werden kann.

Harnabsatzstörungen Incontinentia urinae, Dysurie

Ätiologie und Pathogenese

Die Harnabsatzstörungen können in neurogene und anatomische Störungen eingeteilt werden. Störungen im Bereich der oberen motorischen Neurone führen zu einer Unterbrechung des willentlich gesteuerten Urinabsatzes und zur spastischen Kontraktion des Sphinkters.

Harnspeicherung und Harnabsatz sind komplizierten neuronalen Steuerungen unterworfen (Abb. 26). Die Harnbereitung führt zu einer m. o. w. kontinuierlichen Füllung der Harnblase. Ihre zunehmende Größenausdehnung zunächst ohne wesentliche Druckerhöhung macht die Speicherung von Harn möglich. Die Ausdehnung geschieht unter β-adrenergem Einfluß, unter dem sich die Harnblase vergrößern kann, ohne zunächst zu einer Innendruckerhöhung zu führen. Gleichzeitig bleibt der innere Harnblasensphinkter unter α-sympathischem Einfluß kontrahiert und gewährt damit den Verschluß der Harnröhre. Unter zunehmender Füllung kommt dann eine Dehnungsspannung der Harnblasenwand zustande. Dadurch werden Dehnungsrezeptoren in der Harnblasenwand aktiviert, die über den Nervus pelvicus Impulse zum Harnabsatzzentrum im Hirnstamm senden. Efferente Impulse vom Hirnstamm zu parasympathischen Sakralkernen führen zur Aktivierung der Blasenmuskulatur und zur Erschlaffung des inneren Sphinkters. Damit kann die Entleerung stattfinden. Darüber hinaus besteht über das Großhirn eine Einwirkungsmöglichkeit auf das Miktionszentrum, so daß eine willentliche Beeinflussung des Harnabsatzes möglich ist. Der Harnabsatz kann dadurch willentlich herbeigeführt oder verhindert werden.

Dysurien werden beobachtet, wenn ein erhöhter Druck der Sphinkter oder eine Verengung der Urethra vorliegen. Neurologische Ursachen können in einer Schädigung der oberen Rückenmarksneurone begründet sein. In diesen Fällen bleiben die Sphinkteren geschlossen, die Blase dehnt sich weit aus, schließlich wird der Sphinkterdruck überwunden, und die Harnblase läuft gewissermaßen passiv aus (Überlaufblase). Andere Ursachen können in intraluminalen Obstruktionen begründet sein (Konkremente, Präzipitate; s. d.). Dabei kann die Harnabsatzstörung auch nach der Behebung der Obstruktion noch einige Zeit bestehen bleiben (Schwellung der Urethraschleimhaut?). In weiteren Fällen können Harnabsatzstörungen ohne jegliche erkennbare Ursache auftreten („funktionelle Obstruktion"). Diese Dysurie kann zum einen in einem zu geringen

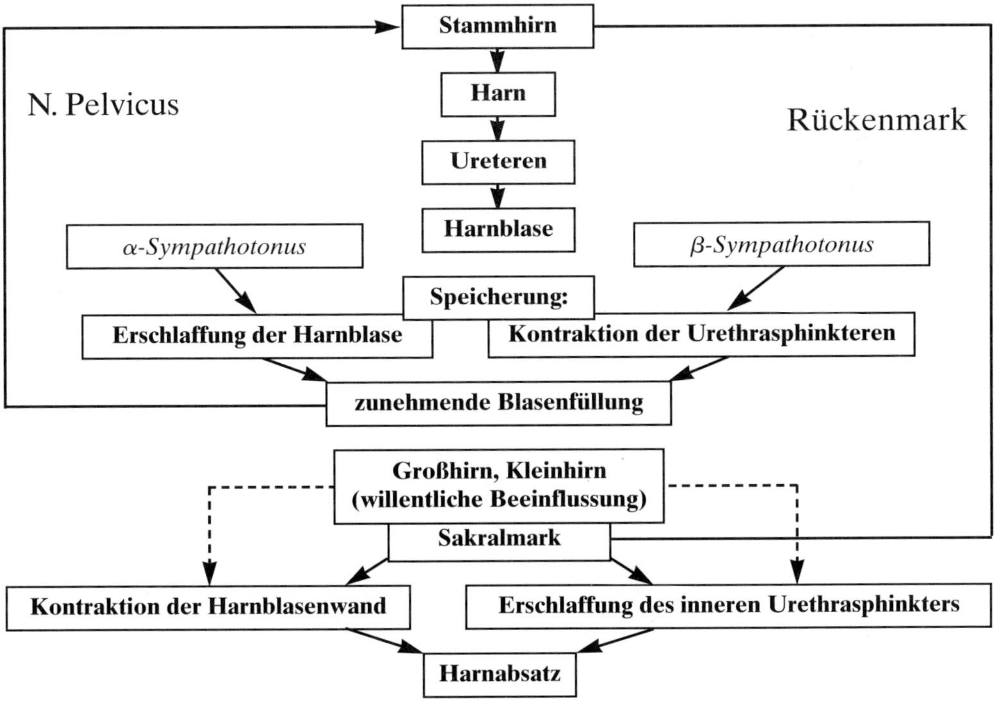

Abbildung 26: Nervale Steuerung des Harnabsatzes.

Blasendruck, zum andern in einer Erhöhung des intraurethralen Drucks begründet sein.

Die Unterbrechung des Reflexbogens in den oberen motorischen Neuronen verhindert also den dem Willen unterworfenen Harnabsatz und führt zu einer permanenten neurogenen Harnblasenkontraktion. Die Blasenkapazität wird verringert, es erfolgen vermehrt spontane, unwillentliche Entleerungen. Es entsteht das klinische Bild der spastischen Harnblase. Solange die unteren motorischen Neurone intakt bleiben, kann die Blasenentleerung erfolgen.

Störungen der unteren motorischen Neurone führen eine atonische Harnblase herbei. Die Füllung der Blase kann ständig fortschreiten; sie vergrößert und dehnt sich übermäßig, so daß es schließlich zum Überwinden des Sphinkterdrucks kommt und der Harn unwillkürlich abfließt (Überlaufblase). Bei welchem Füllungsgrad der Harnblase es zum „Überlaufen" kommt, hängt im wesentlichen von der aktuellen Schließmuskelfunktion ab.

Anatomische Störungen des Harnabsatzes kommen bei der Katze hauptsächlich in Form des Verschlusses der Harnröhre durch Konkremente oder Präzipitate vor. Dabei entsteht jedoch keine Inkontinenz, sondern eine Harnverhaltung durch Obstruktion. Inkontinenzen werden durch ektopische Ureteren ausgelöst. Dabei können folgende Fehlimplantationen vorkommen (BIEWENGA u. M., 1978): Mündung eines Ureters oder beider Ureteren in den Blasenhals, in die Urethra distal des Sphinkters, in den Ductus deferens, in den Uterus oder in die Vagina. In den meisten Fällen resultieren hieraus Harnabsatzbeschwerden oder Inkontinenz. POPP u. M. (1991) berichten von beidseitigen ektopischen Ureteren bei einem Perserkater, die in die Harnröhre mündeten. Andere angeborene Ursachen, wie persistierender Urachus, Ureterozele, Fisteln u. a., sind selten Ursachen für Incontinentia urinae. Erworbene anatomische Ursachen können entzündliche oder neoplastische Infiltrationen in die Harnröhre oder die Harnblase sein, die als Folgen von chronischen Zystitiden, Harnkonkrementen oder Neoplasien entstehen können.

Bei manchen Katzen wird eine Inkontinenz nur während der Ruhephasen beobachtet (Enurese). Der Urin geht spontan ab, während die Katze auf ihrem Lager liegt, insbesondere während des Schlafs. Sobald sie erwacht, kann sie den Urin zurückhalten und normal absetzen. BARSANTI und DOWNEY (1984) stellten fest, daß Katzen mit diesem Befunde häufig FeLV-infiziert waren.

Klinisches Bild

Die Inkontinenz äußert sich als unwillkürlicher Harnabgang. Dabei ist zu unterscheiden, ob sie während der Ruhe (Schlaf) oder sowohl im Ruhe- als auch im Wachzustand und dann kontinuierlich auftritt. Wichtig ist die Feststellung, ob eine ständige Blasenvergrößerung (Überlaufblase) oder eine eher kleine Blase vorliegt (Palpation, Röntgen-, Ultraschalluntersuchung).

Bei Dysurie, die durch zu geringe Blasenwandspannung oder zu hohen intramuralen Urethradruck ausgelöst wird, bestehen unterschiedliche Bilder: Während im ersten Fall eine Inkontinenz auftritt und besonders durch manuellen Druck auf die Harnblase leicht ein kräftiger Urinstrahl abgesetzt wird, ist im letzteren Fall erhöhter manueller Massagedruck erforderlich, um die Blase zu entleeren; dabei fällt der dünne Harnstrahl auf, wobei oft Abwehrreaktionen der Katze abgewendet werden müssen.

Diagnose

Es muß festgestellt werden, ob eine mechanische (anatomische) oder eine nervale Störung vorliegt. Dazu ist eine Gesamtuntersuchung erforderlich, die insbesondere weitere Ausfallserscheinungen (Großhirn, Rückenmark) berücksichtigen muß. Dazu sind Röntgenaufnahmen des Rückenmarks, evtl. mit Myelographie, und ggf. Computertomogramme erforderlich. Es muß festgestellt werden, ob eine Blasendilatation mit Überlaufblase oder eine

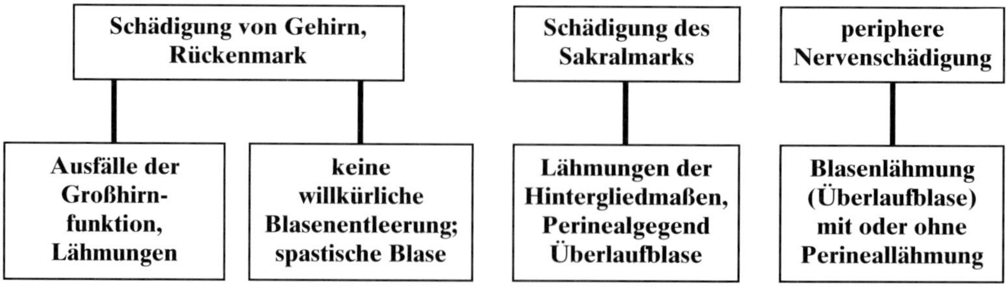

Abbildung 27: Lokalisation der neurogenen Schädigung des Harnabsatzes.

Pollakisurie mit eher kleiner Blase vorliegt. Zur Diagnose einer anatomischen Störung wird eine Ausscheidungsurographie durchgeführt. Sie vermag insbesondere Ureterenverlaufsanomalien, Anomalien der Harnblase oder der Urethra aufzudecken.

Die Beurteilung des Harns muß eine bakteriologische Untersuchung einschließen. Ebenso sollte besonders bei Enurese eine Untersuchung auf FeLV durchgeführt werden.

Prognose

Sie ist stark abhängig von der Ursache. Anatomische Veränderungen lassen sich im allgemeinen gut chirurgisch beheben. Neurologische Störungen sind häufig unbeeinflußbar, so daß die Prognose in diesen Fällen eher ungünstig ist.

Therapie

Die bei der Katze seltenen anatomischen Anomalien von Ureteren, Harnblase oder Urethra können chirurgisch behoben werden. Bei den nervalen Störungen ist die Behandlung im wesentlichen auf die Verhinderung von sekundären Krankheitsbildern, das sind vorwiegend Infektionen, beschränkt. Bei Überlaufblase kann die Blase häufig durch vorsichtige Massage entleert werden. Zu starkes Komprimieren muß vermieden werden, um eine Regurgitation des Urins in die Nierenbecken zu verhindern. Man sollte diese Behandlungsmaßnahme dem Besitzer zeigen, damit er sie selbst durchführen kann. Auf diese Weise kann eine Harnretention vermieden werden. Wesentlich problematischer ist das wiederholte Katheterisieren. Insbesondere können Dauerkatheter zu Harnblaseninfektionen führen. Man sollte daher das Katheterisieren auf die Fälle beschränken, in denen ein Ausmassieren der Blase nicht möglich ist. Dabei ist regelmäßig Urin zu untersuchen (pH-Wert, Protein, Blut), was der Besitzer ebenfalls an Hand von Teststreifen erlernen und selbst durchführen kann. Sobald Harnblaseninfektionen vorliegen, ist eine antibiotische Therapie nach Antibiogramm durchzuführen.

Bei Harnabsatzbeschwerden mit zu geringer Blasenwandspannung, ohne daß eine Störung des Zentralnervensystems erkennbar ist (primäre Detrusorschwäche), können Parasympathomimetika eingesetzt werden. Geeignet ist Bethnecholchlorid, das in einer Dosierung von 2,5 bis 5 mg/Katze auf dreimal täglich verteilt gegeben wird. Wegen der erheblichen Nebenwirkungen und der geringen therapeutischen Breite sollte Neostigmin (Prostigmin) nur sehr vorsichtig (0,01 mg/kg p. o.) angewandt werden. Bei Überdosierungen und gefährlichen Nebenwirkungen (Dyspnoe, Speicheln, Kolik mit Magen-Darm-Krämpfen, Durchfall) wird Atropin als Antidot gegeben (0,02 bis 0,04 mg/kg s. c.). Sollte die Krankheit längere Zeit bestanden und zu Dehydratation und Elektrolytimbalancen geführt haben, so sind diese auszugleichen.

Im Falle zu hoher intraurethraler Spannung empfehlen sich α-Adrenergika: Phenoxibenzamin in einer Dosis von 0,5 bis 1 mg/kg, auf ein- oder zweimal täglich verteilt. Dabei sollte zunächst die geringere Tagesdosis angewandt und nach drei bis fünf Tagen erhöht werden, falls keine ausreichende Wirkung erzielt werden konnte.

Literatur

ALTERA, K. P.; BONASH, H.: Periartritis nodosa in a cat. J. Am. Vet. Med. Assoc. **149,** 1307 (1966).

ANDERSON, L. J.; JARRETT, W. F. H.: Membranous glomerulonephritis associated with leukemia in cats. Res. Vet. Sci. **12,** 179 (1971).

BARSANTI, J. A., und DOWNEY, R.: Urinary incontinence in cats. J. Amer. Anim. Hosp. Assoc. **20,** 979 (1984).

BATTERSHELL, D.; GARCIA, J. P.: Polycystic kidney in a cat. J. Am. Vet. Med. Asscoc. **154,** 665 (1969).

BERLYNE, G., u. M.: Perspectives in acid-base balance in advanced chronic renal failure. Contrib. Nephrol. **100,** 105 (1992).

BILLER, D. S., u. M.: Polycystic kidney disease in a family of Persian cats. J. Amer. Vet. Med. Assoc. **196,** 1288 (1990).

BILLER, D. S., u. M.: Autosomal dominant polycystic kidney disease in cats. Proc. Amer. Soc. Nephrol. Baltimore (1991).

BLUNDEN, A. S.; SMITH, K. C.: Generalized amyloidosis and acute liver hemorrhage in four cats. J. Small Anim. Pract. **33,** 566 (1992).

BOYCE, J. T., u. M.: Familial renal amyloidosis in Abyssinian cats. Vet. Pathol. 21, 33 (1984).

BRANDT, M. E.: Pyelonephritis in a kitten. Vet. Med. S. A. C. **66,** 123 (1971).

BRENNER, B. M.; BEEUWKES, R.: The renal circulations. Hosp. Pract. **13,** 35 (1978).

BROUWERS, L.; DEWAELE, A.: Contribution à l'ètude de l'agénésie rénale chez le chien et le chat. Ann. Med. Vet. **104,** 229 (1960).

BROWN, P.: A Case of feline membranous glomerulonephritis. Vet. Rec. **89,** 557 (1971).

BROWN, S. A., und PRESTWOOD, A. K.: Parasites of the urinary tract. In: Kirk, R. W.: Current Vet. Ther. IX, Saunders, Philadelphia (1986).

BROWN, S. A.; FINCO, D. R.: Reassessment of the use of calcitriol in chronic renal failure. In: Bonagura, J. D., Kirk, R. W.: Current Veterinary Therapy, XII Ausgabe, Saunders, Philadelphia (1995).

BUCHBORN, E.; EDEL, H. H.: Akutes Nierenversagen. In: Handbuch d. Inn. Med. Springer, Berlin (1968).

BUFFINGTON, C. A.; COOKE, N. A., ROGERS, Q. R., MORRIS, J. G.: Feline struvite urolithiasis. Magnesium effect depends on pH. Feline Pract. **15,** 29 (1985).

BUFFINGTON, C. A.: Effects of diet on the feline urolithiasis syndrome. Thesis Davis (1988).

BUFFINGTON, C. A., u. M.: Lower urinary tract disease in cats: Is diet still a cause? J. Amer. Vet. Med. Assoc. **205,** 1524 (1994).

BUSH, M., et al.: Subcapsular hematomas associated with renal lymphoma in a cat: a radiographic study. J. Am. Vet. Radiol. Soc. **14,** 27 (1973).

BUSUTTIL. R. W.; ROH, B. L.; FISHER, J. W.: Localization of erythropoietin in the glomerulus of the hypoxic dog kidlley using a flourescent antibody technique. Acta Haematol. **47,** 239–242 (1972).

CAULFIELD, J. P.; FARQUHAR, M. G.: Distribution of aniollic sites in glomerular basement membranes: Their possible role in filtration and attachment. Proc. Natl. Acad. Sci. **73,** 1646 (1976).

CAYWOOD, D. D.; OSBORNE, C. A.; JOHNSTON, G. R.: Neoplasms in canine and feline urinary tracts. In: KIRK: Current Vet. Therapy VII. Saunders, Philadelphia (1980).

CHANDRA, M., u. M.: Relation of serum erythropoietin to renal excretory function: Evidence to lowered set point for erythropoietin production in chronic renal failure. J. Pediatrics **113**, 1015 (1987).

CHAUSOW, D. G.: Nutritional aspects of feline lower urinary tract disease. Vet. Int. **1,** 39 (1995).

CHEW, D. J., u. M.: Renal amyloidosis in related Abyssinian cats. J. Amer. Vet. Med. Assoc. **181,** 139 (1982).

COLLINS. D. R.: Dietary considerations in feline prac tice. Vet. Clin. North Am. **6,** 341 (1976).

CROMWELL, W. A., et al.: Polycystic renal disease in related cats. J. Am. Vet. Med. Assoc. **175,** 286 (1979).

CROW, S. E.: Urinary tract neoplasms in dogs and cats. Comp. Cont. Education Small Anim. Pract. **7,** 607 (1985).

CROW, S. E., u. M.: Cyclophosphamide-induced cystitis in the dog and cat. J. Amer. Vet. Med. Assoc. **171,** 259 (1977).

DiBARTOLA, S. P., u. M.: Tissue distribution of amyloid deposits in Abyssinian cats with familial amyloidosis. J. Comp. Pathol. **96,** 485 (1986).

DiBARTOLA, S. P., u. M.: Clinicopathologic findings associated with chronic renal disease in cats: 74 cases. J. Amer. Vet. Med. Assoc. **190,** 1196 (1987).

DILL, G. S., et al.: Transitional cell carcinoma of the urinary bladder in a cat. J. Am. Vet. Med. Assoc. **160,** 743 (1972) .

DORN, A. S., et al.: Squamous cell carcinoma of the urinary bladder in a cat. Feline Pract. **8,** 14 (1978).

DOSTER, R. M., u. M.: Trichosporonosis in two cats. J. Amer. Vet. Med. Assoc. **190,** 1184 (1987).

DOW, S. W., u. M.: Potassium depletion in cats: Renal and dietary influences. J. Amer. Vet. Med. Assoc. **191,** 1569 (1987).

DOW, S. W., u. M.: Hypokalemia in cats: 186 cases. J. Amer. Vet. Med. Assoc. **194,** 1604 (1989).

DOW, S. W., u. M.: Effects of dietary acidification and potassium depletion on acid-base balance, mineral metabolism and renal function in adult cats. J. Nutr. **120,** 569 (1990).

DOW, S. W., u. FETTMAN, M.: Potassium depletion in cats: The potassium connection. In: Current Vet. Ther. XI, 820 (1992).

FABRICANT, C. G.: The feline urologic syndrome induced by infection with a cellassociated herpesvirus. Vet. Clin North Amer. **14,** 493 (1984).

FAU, D., u. M.: Effect of excess dietary methionine on weight gain and plasma amino acids in kittens. J. Nutr. **117,** 1838 (1987).

FINCO, D. R.; BARASANTI, J. A.; BROWN, S. A.: Ammonium chloride as a urinary acidifier in cats: Efficacy, safety, and rational for is use. Mod. Vet. Pract. 537 (1986).

FINCO, D. R.; BARSANTI, J. A.; CROMWELL, W. A.: The urinary system. In: Feline Medicine. Amer. Vet. Publ. Inc. 1983.

FREDIGER, U.: Über die Nephritis der Katze. Kleintierpra.Yis 13, 153 (1968).

FREUDIGER, U.: Ätiologie der Nierenerkrankungen bei Hund und Katze. Schweiz. Arch. Tierh. **110,** 275 (1968).

FULTON, R. B., und WALKER, R. D.: Candida albicans urocystitis in a cat. J. Amer. Vet. Med. Assoc. **200,** 524 (1992).

GIOVANNETTI, S., u. M.: The metabolic acidosis in chronic renal failure: Pathophysiology and treatment. Contrib. Nephrol. **100,** 48 (1992).

GREENE. R. W.; BÖHNING, R. H.; Jr.: Patent persistent urachus associated with urolithiasis in a cat. J. Am. Vet. Med. Assoc. **18,** 489 (1971).

GREVEL, V., u. M.: Myopathie durch Kaliummangel bei acht Katzen und einem Hund.. Berl., Münch. Tierärztl. Wschr. **106,** 20 (1993).

GRÜNBAUM, E.-G.; BÜNEMANN, S.: Das Feline Urologische Syndrom aus internistischer Sicht. Kleintierpraxis **39,** 757 (1994).

GRUBER. R.: Die Harnblasentumoren bei Hund und Katze. Ein Beitrag zur Frage der Klassifizierung von Harn blasentumoren nach Gesichtspunkten der vergleichenden Pathologie. Vet. Diss. München (1970).

HAMILTON, J. M.: Nephritis in the cat. J. Sm. Anim. Pract. **7,** 445 (1966).

HANSEN, J. S.: Persistent urachal ligament in the cat. Vet. Med. S. A. C. **67,** 1090 (1972).

HARDY, W. D.: Proc. 40th. Ann. Mtg. AAHA (1973).

HEMSLEY, L. A.: Leptospira canicola and chronic nephritis in cats. Vet. Rec. **68,** 300 (1956).

HÖRAUF, A.; LECHNER, J.: Die Zystozentese bei Hund und Katze. Tierärztl. Prax. **19,** 535 (1991).

HÖRAUF, A.: Neue Möglichkeiten der Diagnostik von Nephropathien bei Hund und Katze: Harnproteinanalyse mittels SDS-Page und histologische Nieren-Bioptat-Untersuchung. Vet. Diss. München (1992).

HÖRAUF, A., C. REUSCH, J. LECHNER: Technik und klinische Folgeerscheinungen der Nierenbiopsie bei der Katze. Kleintierpraxis **35,** 521–526 (1990).

HÖRAUF, A.; REUSCH, C.; LECHNER, J.: Technik und klinische Folgeerscheinungen der Nierenbiopsie bei der Katze. Kleintierpraxis **35,** 521–526 (1990).

HOLZWORTH, J.: Leukemia and related neoplasmas in the cat. J. Am. Vet. Med. Assoc. **136,** 47 (1960).

HOYER, J. R.; SEILER, M. W.: Pathophysiology of Tamm-Horsfall protein. Kidney Int. **16,** 279–289 (1979).

IBELS, L.; ALFREY, A. C.; HAUT, L.; HUFFER, W. E.: Preservation of function in experimental renal disease by clictary restrictiolI of phospllatc. N. Engl. J. Med. **298,** 122–126 (1978).

KELLY, D. F., u. M.: Experimental pyelonephritis in the cat. J. Comp. Pathol. **89,** 125, 563 (1979).

KIENZLE, E.: Ernährung und Urolithiasis bei Haussäugetieren. Übers. Tierernährung, **19,** 157 (1991).

KIENZLE, E.; SCHNEIDER, R.; FIGGE, S.; MEYER, H.: Einfluß verschiedener Futtermittel auf den Wasser- und Mineralstoffhaushalt der Katze. In: 35. Jahrestagung der DVG-Fachgruppe „Kleintierkrankheiten“, Gießen (1989).

KNELLER. S. K.: Rolc of cxcretory urogramm in the diagnosis of rcnal and urcthral disease. Vet. Clin. North Am. **4,** 843 (1974).

KÖNIG, H. E.: Anatomie der Katze. Fischer-Verlag, Stuttgart, Jena, New York (1992).

KRUGER, J. M., u. M.: Genetic and serologic analysis of cell-associated herpesvirus infection of urinary tract in conventionally reared cats. Amer. J. Vet. Res. **50,** 2023 (1989).

KRUGER, J. M., und OSBORNE, C. A.: The role of viruses in feline lower urinary tract disease. J. Vet. Intern. Med. **4,** 71 (1990).

KRUGER, J. M., u. M.: Clinicopathologic analysis of herpesvirus-induced urinary infection in specific pathogen-free cats given methylprednisolone. Amer. J. Vet. Res. **51,** 878 (1990).

KRUGER, J. M., u. M.: Clinical evaluation of cats with lower urinary tract disease. J. Amer. Vet. Med. Assoc. **199,** 211 (1991).

KRUGER, J. M., und OSBORNE, C. A.: The role of uropathogens in feline lower urinary tract disease. Vet. Clin. North. Amer. **23,** 101 (1993).

KUNIEL, P. A.: The number and size of glomeruli in the kidney of several mammals. Bull. John Hopkins Hosp. **47,** 25–291 (1930).

LESS, G. E.: Epidemiology of naturally occuring feline bacterial urinary tract infections. Vet. Clin. North Amer. **14,** 471 (1984).

LEES, G. E.; ROGERS, K. S.; WOLF, A. M.: Diseases of the lower urinary tract. In: Sherding, R. G.: The cat, diseases and clinical management. Livingston, New York (1989).

LEMIEUX, G., u. M.: Metabolic characteristics of the cat kidney: Failure to adapt to metabolic acidosis. Amer. J. Physiol. **259,** 277 (1990).

LETTOW, E.; DÄMMRICH, K.: Angeborene polyzystische Lebcr- und Nierenveränderungen bei einer Katze. Kleintierpraxis **12,** 35 (1967).

LIEBICH, H.: Funktionelle Histologie. 2. Auflage. Schattauer Verlag, Stuttgart (1993).

LUCKE, V. M.: Renal polyarteritis nodosa in the cat. Vet. Red. **82,** 622 (1968).

LULICH, J., P., und OSBORNE, C. A.: Fungal urinary tract infection. In: Kirk, R. W.: Current Vet. Ther. IX, Saunders, Philadelphia (1992).

MacCULLAGH, K. G., u. M.: Experimental pyelonephritis in the cat. J. Comp. Pathol. **93,** 9 (1983).

MARTENS, J. G., u. M.: The role of infectious agents in laturally occuring feline urologic syndrome Vet. Clin. North Amer. **14,** 503 (1984).

MEYER-LINDENBERG, A.: Felines urologisches Syndrom (FUS) infolge der Struviturolithiasis – diätetische Maßnahmen. Kleintierpraxis **38,** 239 (1993).

MURTI, G. S.: Agenesis and dysgencsis of the canine kidncys. J. Am. Vet. Med. Assoc. **146,** 1120 (1965).

NASH, A. S.. et al.: Mcmbranous nephropathy in the cat: A clinical and pathological study. Vet. Rec. **105,** 71 (1979).

NISSEN, O. I.: The relation between reabsorprion rate and filtration rate in the superficial and deep areas of the kidney. Acta Physiol Scand. **66,** 286 (1966).

NORTHINGTON, J. W.; JULIANA, M. M.: Polycystic kidney discase in a cat. J. Sm. Anim. Pract. **18,** 663 (1977).

OH, M.: Irrelevance of bone buffering to acid-base homeostasis in chronic metabolic acidosis. Nephron **59,** 7 (1991).

OSBORNE, C. A., u. M.: Redefinition of the feline urologic syndrome: Feline lower urinary tract disease with heterogeneous causes. Vet. Clin. North Amer. **14,** 409 (1984).

OSBORNE, C. A., u. M.: Ethiopathogenesis and biological behavior of feline vesicourachal diverticula. Vet. Clin. North Amer. **17,** 697 (1987).

OSBORNE. C. A., et al.: Neoplasms of the canine and feline urinar bladder: incidcnce, etiologic factors, OCCU rcnce and pathologic fcatures. Am. J. Vet. Res. **29,** 2041 (1968).

OSBORNE. C. A., et al.: Renal Iymphoma in the dog and cat. J. Am. Vet. Med. Assoc. **158,** 2058 (1971).

OSBORNE. C. A.; HAMMER, R. F.; STEVENS. J. B.: RES!'ICK. J. S.; MICHAEL, A. F.: The glomerulus in health and disease: Rcview of domestic animals and man. Adv. Vet. Sci. Comp. Med. **21,** 207–285 (1977).

OSBORNE, C. A.; JOHSTON. S. D.: Ectopic hormone production b) noncIldocrine neoplasmas. In: KIRK. R. W.: Current Vctcrinaly Thcrapy VI, Saunders, Philadelphia (1977).

OSBORNE. C. A.; LOW, D. G.; FINCO, D. R.: Caninc and feline urolog). Saunders, Philadelphia (1972).

OSBORNE, C. A.; JERAJ, K.: Glomerulopathy and the nephrotic syndrome. In: KIRK: Current Veterinary Therapy VII, Saunders (1980).

OSBORNE, C. A.; VERNIER, R. L.: Glomerulonephritis in the dog and cat: a comparative review. J. Am. Anim. Hosp. Assoc. **9,** 101 (1973).

OSBORNE, C. A., et al.: Feline Urologic Syndrome: A Heterogeneous Phenomenon? JAAHA **20,** S. 17–32, (1984).

POLZIN, D. J., u. M.: Diseases of the kidneys and ureters. In: S. J. Ettinger: Textbook of Veterinary Internal Medicine, 3rd ed., Saunders, Philadelphia (1989).

POLZIN, D. J.; OSBORNE, C. A.; BARTGES, J. W.; JAMES, K. M.; CHURCHILL, J. A.: Chronic renal failure. In: S. J. Ettinger, E. C. Feldman: Textbook of Veterinary Internal Medicine, 4th ed., Saunders, Philadelphia (1995).

POPP, J.-P., u. M.: Bilateral ektopischer Ureter bei einem Perserkater – eine mögiche Ursache der Harninkontinenz. Tierärztl. Prax. **19,** 530 (1991).

POTKAY, S.; GARMAN, R.: Neoblastoma in a cat: The effects of nephrcctomy and occlusion of the caudal vena cava. J. Sm. Anim. Pract. **10,** 345 (1969).

REINACHER, M.; FREWE, K.: Untersuchungen zur Glomerulonephritis bei Hund und Katze. Tierärztl. Prax. **19,** 175 (1991).

REUSCH, C.; KRAFT, W.: Patterns of urinary enzyme excretion in healthy cats. Proc. Intern. Soc. Anim. Clin. Biochem. 267 (1990).

RIEDEL, W.: Häufigkeit der Krankheiten des Harnapparates bei Katzen. Berl. Münch. Tierärztl. Wschr. **82,** 397 (1969) .

RIEDEL, W.: Nierenbefunde bei Urämie der Katze. Berl. Münch. Tierärztl. Wschr. **81,** 159 (1968).

ROBINSON, G. W.: Uterus unicornis and unilateral renal agenesis in a cat. J. Am. Vet. Med. Assoc. **147,** 516 (1965).

SCHERZO, C. S.: Cystic liver and persistent urachus in a cat. J. Am. Vet. Med. Assoc. **151,** 1329 (1967).

SCHUMMER, A.; NICKEL, R.: Eingeweide. Parey, Berlin. Hamburg (1960).

SCHUMANN, G. B.; HARRIS, S.; HENRY, J. B.: An improved techniquc for examining urinary casts and a review of the significance. Am. J. Clin. Pathol. **69,** 18–23 (1973).

SCOTT, D. W.; SCHULTZ, R. D.; POST, J. E.; BOLTON, G. R.; BALDWIN, C. A.: Autoimmune hemolytic anemia in the cat. J. Am. Anim. Hosp. Assoc. **9,** 530 (1973).

SCOTT, R. C., et al.: Idiopathic membranous glomerulonephritis in a cat. J. Am. Anim. Hosp. Assoc. **11,** 53 (1977)

SCOTT, R. C.; PATNAIK, A. K.: Renal carcinoma with secondary polycythemia in the dog. J. Am. Anim. Hosp. Assoc. **8,** 275–283 (1972).

SKRODZKI, M.; KATTINGER, P.; TRAUTVETTER, E.: Polyzystische Veränderungen in Leber, Niere, Pankreas und Bronchialdrüsen bei einer Perserkatze. Kleintierpraxis **37,** 599 (1992).

STANTON, M. E., und LEGENDRE, A. M.: Effects of cyclophosphamide in dogs and cats. J. Amer. Vet. Med. Assoc. **188,** 1319 (1986).

TRAMEZZANI, J. H.; MORITA, E.; CHIOCCHIO, S. R: The carotid body as a neuroendocrine organ involved in control of erythropoicsis. Proc. Nat. Acad. Sci. **68,** 52–55 (1971).

WARD, J. M., et al.: Myeloproliferative disease and abnormal erythrogenesis in the cat. J. Am. Vet. Med. Assoc. **155,** 879 (1969).

WILLSON, J. E.; GILMORE, D. E.: Malignant lymphoma in a cat with involvement of the kidneys demonstrated radiolgraphically. J. Am. Vct. Med. Assoc. **140,** 1068 (1962).

WIMBERLEY, H. C.; LEWIS. R. M.: Transitional cell carcinoma in the domestic cat. Vet. Pathol. **16,** 223 (1979).

WOOLEY, R. E.; BLUE, J. L.: Quantitative and bacteriological studies of urine specimen from canine and feline urinary tract infections. J. Clin. Microb. **4,** 326–329 1976).

ZACHARY, J. F.: Cystitis cystica, cystitis glandularis, and Brunn's nests in a feline urinary bladder. Vet. Path. **18,** 113 (1981).

ZUBER, R. M.: Systemic amyloidosis in oriental and Siamese cats. Aust. Vet. Pract. **23,** 66 (1993).

Krankheiten des Blutes und der blutbildenden Organe

Von W. Kraft

Raum für Notizen

Krankheiten des Blutes und der blutbildenden Organe

Die Hämatopoese geht beim erwachsenen Tier hauptsächlich in den Knochen des Rumpfes (Rippen, Brustbein, Wirbel) und den Enden der Diaphysen von Röhrenknochen vor sich. Dieses rote Mark besteht aus retikulärem Bindegewebe mit Interzellularräumen, in denen die Stammzellen roter und weißer Blutzellen enthalten sind. Sie werden umspült vom Blut der venösen Sinus, die aus Arterien gespeist werden, die die Kortikalis penetrieren. Die Sinus sind von den hämatopoetischen Zellen durch Endothelien getrennt. Dies bedeutet, daß Blutzellen, die im Mark gereift sind, diese Endothelschicht durchwandern müssen, um ins Blut zu gelangen. Unter pathologischen Umständen wird das Endothel durch tumoröse, leukotische oder fibrotische Erkrankungen geschädigt, so daß unreife Zellen ins Blut der Sinus zu gelangen vermögen und im Kreislauf erscheinen.

Das gesamte Spektrum der Blutzellen stammt von einer hypothetischen pluripotenten Stammzelle ab, die jedoch bei der Katze – wie auch anderen Säugetieren – nach der Geburt noch nicht nachgewiesen worden ist; lediglich bei der Maus werden auch im Erwachsenenstadium pluripotente Stammzellen gefunden. Es gilt als gesichert, daß Erythrozyten, neutrophile, eosinophile und basophile Granulozyten, Monozyten und Blutplättchen von einer gemeinsamen Stammzelle abstammen. Sie ist im Knochenmark lokalisiert, während die Lymphozytopoese hauptsächlich im lymphatischen Gewebe stattfindet.

Hämoglobin ist als Transportmedium für Sauerstoff von der Lunge zu den Organen nur wirksam, wenn es in den Erythrozyten lokalisiert ist. Normalerweise werden Erythrozyten aus Knochenmarksstammzellen nach einer Reihe von Reifestadien gebildet: Aus der multipotenten Stammzelle geht eine unipotente Stammzelle als Vorläufer der erythrozytären Reihe hervor, die sich zum Pronormoblasten (= Proerythroblast) differenziert. Hieraus entwickeln sich nacheinander der basophile, polychromatische, oxyphile (= orthochromatische) Normoblast und durch Karyorrhexis die entsprechenden Normozyten (die im amerikanischen Schrifttum verwendeten Bezeichnungen sind Rubriblast für Pronormoblast, Prorubricyte für basophilen Normoblasten, Rubricyte für polychromatischen, Metarubricyte für oxyphilen Normoblasten; für die Einführung ins deutsche Schrifttum besteht m. E. kein Bedarf). Die Reifungszeit soll vier Tage betragen (ALSAKER u. M., 1977). Retikulozyten lassen sich mit Spezialfärbungen (Brillantkresylblau, Methylenblau, „test simplets") darstellen. Das Retikulum besteht aus Ribosomen, die nach der Entlassung des Kerns zunächst im Stroma zurückbleiben. Bei der Katze werden zwei (CRAMER u. M., 1972) bzw. drei Typen von Retikulozyten (SCHALM u. M., 1975) unterschieden. Die von SCHALM u. M. als Typ II und III bezeichneten Retikulozyten (große dunkle Granula bzw. dichtes dunkles Netzwerk) verhalten sich offenbar gleich (FAN u. M., 1978), indem ihre Reifezeit nur 12 Stunden dauert, während Typ I (feine bläuliche Granula) drei Tage braucht und eine inzwischen abgeschlosene Hämopoese anzeigt.

Die Erythropoese wird von dem in den Nieren und Karotiskörperchen (Katze) gebildeten Erythropoetin nach einem Rückkopplungsmechanismus gesteuert; außerdem greifen Schilddrüsenhormone, Wachstumshormone und Steroidhormone ein. Bei Hypoxie gleich welcher Ursache wird vermehrt Erythropoetin sezerniert. Bei Verlust der Fähigkeit zur Erythropoetinsekretion infolge Schrumpfniere kommt es dagegen bei der Katze seltener zu hypoplastischer Anämie als beim Hund, da Erythropoetin bei dieser Tierart offenbar auch extrarenal (Karotiskörperchen) synthetisiert wird.

Die Zahl der Erythrozyten der neugeborenen Katze entspricht etwa der der erwachsenen, nimmt aber innerhalb weniger Tage deutlich ab. Erst mit etwa einem halben Jahr ist der Bestand der erwachsenen Tiere erreicht. Ein physiologischer Neugeborenenikterus kommt bei der Katze weniger ausgeprägt und kürzere Zeit als beim Hund vor (eigene Beobachtung).

Die Überlebenszeit der Katzenerythrozyten wird je nach Untersuchungsmethode bis zu 73 Tagen (MAGGIOA, 1979), 76 Tagen (KREIER u. M., 1970), 77 Tagen (VALANTINE u. M., 1951) und 78 Tagen (KANEKO u. M., 1966) angegeben mit einer Halbwertszeit von 6 (MADEWELL u. M., 1983), 10,7 (SPINK u. M., 1966) bzw. 13,7 Tagen (WEISER und KOCIBA, 1982); die Werte differieren bei den verschiedenen Untersuchern also nicht allzu stark. Die wesentlich längere Überlebens- und Halbwertszeit der Erythrozyten gegenüber den meisten anderen Blutzellen ist der Grund, weshalb bei generalisierter Knochenmarksschädigung eine Anämie als letztes Zeichen einer Zellverminderung eintritt. Es wird angenommen, daß die Katze bis zu 0,6 Mio. Erythrozyten/µl Blut und Tag reproduzieren kann (WEISER und KOCIBA, 1982).

Nach umfangreicheren akuten Blutungen (Gefäßrupturen, Organverletzungen, Hämostasestörungen u. a.) ist der Hämatokritwert zunächst unverändert, da nicht nur korpuskuläre Bestandteile, sondern auch Plasma in gleicher Relation verloren gehen. Die dabei entstehende Hypovolämie wird durch Wasserresorption vorwiegend aus dem Magen-Darm-Kanal ausgeglichen. Die Regeneration von Erythrozyten setzt innerhalb der ersten beiden Tage nach der akuten Blutung ein: Es werden vermehrt Retikulozyten vom aggregierten Typ (Typ II oder Typ II und III) nachgewiesen, deren Maximum nach vier bis sieben Tagen erreicht wird. Nach der Normalisierung des Hämatokritwertes verschwinden die Retikulozyten rasch aus dem peripheren Blut; in diesem Stadium werden noch Retikulozyten vom punktierten Typ (Typ I) angetroffen.

Die Funktion der Leukozyten ist außerordentlich vielgestaltig. Die von der Knochenmarksstammzelle abgeleiteten Granulozyten machen eine ähnliche Reifung durch. Stellvertretend sei dies am neutrophilen Granulozyten dargestellt. Aus der Stammzelle entwickeln sich der noch nicht zu differenzierende Myeloblast, hieraus der Promyelozyt, Myelozyt (die letzte z. T. noch teilungsfähige Stufe), Metamyelozyt, stab- und segmentkernige Granulozyt.

Neutrophile Granulozyten bewegen sich aktiv und phagozytieren Fremdkörper, u. a. Bakterien, Protozoen, Pilze, Viren. Sie werden in eine Vakuole eingeschlossen und geraten mit den Granula in Berührung, aus denen bakterizide und verdauende Substanzen (Proteasen) entlassen werden. Diese Wirkung der Neutrophilen geht zwar auch im Blut vonstatten, meist aber wandern die Leukozyten aus dem Blutsystem aus. Durch Chemotaxis werden sie veranlaßt, zum Krankheitsort zu wandern. Sie können dort in unvorstellbaren Massen auftreten und Eiter bilden. Dabei werden nicht nur erwünschte Funktionen entfaltet; vielmehr wirken die Neutrophilen pyrogen, allergen, fördern Kreislaufinsuffizienz und disseminierte Gerinnung. Ihre Lebensdauer hängt stark vom Bedarf des Organismus ab. Die biologische Halbwertszeit bei der Katze wird mit 7,4 Stunden angegeben (PRASSE u. M., 1973).

Im gesunden Organismus gehen die alten Neutrophilen in der Schleimhaut des Darms, in der Lunge sowie in Leber, Milz und Knochenmark zugrunde (CRONKITE, 1979). Wenn Bedarf besteht, ergeht an das Knochenmark das Signal zur Entlassung von Leukozyten aus den Pools und zur Proliferation der teilungsfähigen Zellen. Wenn der Vorrat an reifen Zellen (Segmentkernigen) nicht ausreicht, werden zunehmend jüngere (Stabkernige, Metamyelozyten, evtl. Myelozyten) abgegeben; es resultiert eine „Linksverschiebung".

Eosinophile Granulozyten haben keine antibakteriellen Eigenschaften; ihre Wirkung ist antiphlogistisch und antiallergisch, indem sie das Histamin der Mastzellen inaktivieren. Sie werden im Knochenmark gebildet, halten sich nur wenige Stunden im Blut auf und wandern rasch ins geschädigte Gewebe aus. Dies ist die Ursache für die oft nur vorübergehende Eosinophilie bei allergischen Reaktionen. Normalerweise werden Eosinophile in der Darmschleimhaut abgebaut.

Die bei der Katze mit violetten Granula ausgestatteten Basophilen kommen im Blut nur in wenigen Exemplaren, zahlreich dagegen in den Geweben in der verwandten Form der Mastzellen vor. Die Granula enthalten Histamin, Heparin, „slow reactive substance", einen thrombozytenaktivierenden Faktor und einen Faktor zur chemotaktischen Aktivierung der Eosinophilen. Substanzen, die die Zellmembran der Basophilen und Gewebsmastzellen schädigen, führen zur Degranulation. Die Folgen sind Kontraktion der glatten Muskeln (Bronchospasmus), Permeabilitätserhöhung in der Endstrombahn, Beeinflussung der Blutgerinnung, Anziehung der Eosinophilen, Aktivierung der Thrombozyten.

Die Monozyten werden ebenfalls im Knochenmark gebildet und wandern aus den Blutgefäßen ins Gewebe aus. Hier verwandeln sie sich in Makrophagen. Sie nehmen an der Phagozytose teil und sezernieren eine ganze Reihe biologisch wichtiger Substanzen wie Proteasen, Prostaglandine, Transportproteine, Pyrogene. Makrophagen können Mikroorganismen, aber auch Zellmaterial phagozytieren, die zerstört und verdaut werden, z. T. aber auch überleben können und auf diese Weise verschleppt werden.

Die Lymphozytenbildung geht hauptsächlich im lymphatischen Gewebe (Lymphknoten, Mandeln, Milz, Thymus) vor sich. Unterschiedliche Größe und Form sind weniger wichtig als vielmehr die Ausstattung mit Membranrezeptoren und Antikörpern. Die Lymphozyten gelten als die immunkompetenten Zellen. An der Zelloberfläche sind Rezeptoren lokalisiert, die Immunglobuline darstellen und für die Antigenerkennung verantwortlich sind. Die noch nicht antigengeprägte Zelle (Precursorzelle) wird nach Zusammentreffen mit einem Antigen zur antigenaktivierten oder „kommittierten" Zelle transformiert, d. h. der so antigengeprägte Lymphozyt wird zum teilungsfähigen „Blasten", der sich alsbald zu teilen beginnt und so einen Klon einheitliche Antikörper produzierender Lymphozyten bildet. Auf diese Weise können bei Bedarf sehr schnell spezifisches Antigen produzierende Zellen zur Verfügung gestellt werden. Dabei werden drei immunkompetente Zellen unterschieden: (1) Antikörper produzierende Zellen, die aus der Differenzierung der Vorläuferzelle (precursor cell) zur immunglobulinproduzierenden Plasmazelle hervorgehen; (2) lymphatische Effektorzellen repräsentieren den größten Teil der zirkulierenden Lymphozyten und steuern den Ablauf zellulärer Immunreaktion; (3) Gedächtniszellen (memory cells) sind Lymphozyten, die durch einen Antigenstimulus geprägt sind und durch erneute Berührung mit dem Antigen sich wieder vermehren.

Ein zentrales Organ in der Immunabwehr ist der Thymus. In seiner Rinde vermehren sich Lymphozyten, die ins Mark wandern und – soweit sie nicht untergehen und von Makrophagen phagozytiert werden – ins Blut abgegeben werden. Sie werden als T-Lymphozyten bezeichnet. Ihre Lebensdauer ist groß. Sie siedeln sich in peripheren lymphatischen Geweben an und können von hier aus wieder in die Blutbahn gelangen (rezirkulieren). T-Lymphozyten sind für die zelluläre Immunantwort zuständig. Demgegenüber findet die Entwicklung der B-Lymphozyten bei Säugetieren in den als Äquivalent zur Bursa fabricii fungierenden Payerschen Platten oder dem Knochenmark (?) statt. B-Lymphozyten liegen in den lymphatischen Organen getrennt von den T-Lymphozyten. Sie bilden Antikörper, zu deren Produktion z. T. T-Lymphozyten beitragen müssen (Helferzellen).

Untersuchungsgang

Zahlreiche Krankheiten führen zu Veränderungen im peripheren Blut. Blutuntersuchungen sind daher keineswegs nur auf primäre Erkrankungen des Blutes oder Knochenmarks beschränkt, sondern gehören zu den häufigsten Maßnahmen in der täglichen Diagnostik und Verlaufskontrolle. Es ist dabei immer zu bedenken, daß Blutuntersuchungen den aktuellen Stand zu einem bestimmten Zeitpunkt wiedergeben, daß sie also gewissermaßen „Momentaufnahmen" eines im Fluß befindlichen, ständigen Veränderungen unterworfenen kinetischen Vorgangs darstellen. Hinzu kommt die Beeinflussung durch endogene und exogene Faktoren neben den durch die Krankheit selbst ausgelösten Veränderungen; nicht unterschätzt werden dürfen evtl. durch die Behandlung der Proben ausgelöste Artefakte. Daraus folgt, daß die Ergebnisse niemals kritiklos hingenommen werden dürfen, sondern in jedem Falle einer Interpretation bedürfen; ebenso muß eine besondere Sorgfalt und Sachkenntnis bei Entnahme, Verarbeitung und Auswertung der Proben herrschen (s. Fachliteratur zur Labordiagnostik und Hämatologie). Unter Beachtung dieser leicht zu erlernenden Voraussetzungen ist aber die Blutuntersuchung eine in jedem Praxislabor zu installierende Methode; sie kann als die einfachste Organbiopsiemethode betrachtet werden. Normalerweise gehört zum „Blutbild" mindestens die Bestimmung von Hämatokrit, Hämoglobin, wenn möglich Zählung der Erythrozyten, ferner die Zählung der Gesamt-Leukozyten sowie Bestimmung des Differentialblutbildes. Die Erythrozytenindizes und absoluten Zahlen der Leukozytenarten können dann leicht errechnet werden. Für bestimmte Zwecke erfolgt die Zählung der Retikulozyten und Thrombozyten.

Zur Punktion eignet sich am besten die Vena cephalica antebrachii. Die Vena saphena parva ist etwas schwerer zu punktieren; besser gelingt die Punktion der Vena femoralis. Wenn schnell größere Mengen Blut benötigt werden, wird die Vena jugularis herangezogen. Für kleine Blutmengen, wie sie für hämatologische Untersuchungen ausreichen, genügt vielfach die Punktion der Ohrrandvene (Vena auricularis). Das Blut kann sofort ohne Antikoagulanz weiter verarbeitet werden (Vena auricularis), in den meisten Fällen wird jedoch ein Gerinnungshemmer verwendet, der es gestattet, das Blut später zu bearbeiten oder zu versenden. Als Gerinnungshemmer wird für hämatologische Untersuchungen Äthylendiamintetraazetat (EDTA) verwendet. Fertig beschichtete Teströhrchen werden kommerziell angeboten. Man sollte jedoch das Verhältnis der Blutmenge zu der vorgelegten EDTA-Menge einhalten, da bei zu hoher Konzentration (zu wenig Blut) die Erythrozyten schrumpfen, wodurch der Hämatokrit zu niedrig wird. Gerechnet wird 1 mg EDTA-Na auf 1 ml Blut. Heparin ist wegen der Neigung der Leukozyten und Thrombozyten zur Agglomeration weniger geeignet, allerdings beeinflußt es nicht die Erythrozytengröße. Wichtig ist, daß bei der Entnahme die Kanülenspitze frei innerhalb des Venenlumens sitzt und keine Gewebsflüssigkeit beigemengt wird. Ebenso sind zu langes und zu festes Stauen des Gefäßes wie auch stark „pumpende" Bewegungen und Pressen der Gliedmaßen zu vermeiden. Auch die starke Aspiration mit der Spritze und Bildung eines Vakuums müssen unterbleiben.

Die Zellzahlen werden in praxi meist noch mit Zählkammern ermittelt. Elektronische Zählgeräte, wenn exakt geeicht, ergeben jedoch wesentlich präzisere und „richtigere" Ergebnisse; zudem läßt sich mit solchen Geräten vielfach gleichzeitig der Hämoglobingehalt bestimmen, häufig auch die Erythrozytenindices ausrechnen. Allerdings ist es mit den herkömmlichen Zählgeräten nicht möglich, die Thrombozytenzahl der Katze zu bestimmen. Sie muß daher noch immer mit dem Zählkammerverfahren ermittelt werden. Zur Differenzierung ist der Blutausstrich erforderlich. Die brillantesten und am besten zu differenzierenden Bilder werden immer noch mit der Panoptischen Färbung nach PAPPENHEIM erzielt. Die für automatisierte Färbungen häufig verwendete Wright-Färbung ergibt vergleichbar gute Präparate. In den letzten fünfzehn Jahren wurden jedoch zahlreiche Testkombinationen auf den Markt gebracht, die sich mehr oder weniger gut eignen, i. a. weniger zeit- und arbeitsaufwendig sind, aber i. d. R. weniger gute Färbeergebnisse liefern. Man muß sich mit der gegenüber den gewohnten Färbemethoden nach PAPPENHEIM oder WRIGHT unterschiedlichen Anfärbungen der Blutzellen auseinandersetzen, um Fehlinterpretationen zu vermeiden. Schwierigkeiten gibt es besonders in der Zuordnung von neutrophilen, eosinophilen und basophilen Granulozyten. Seit es nun auch für die Retikulozyten- und Thrombozytenzählung fertige Testbestecke gibt, ist auch deren Untersuchung jedem Praxislabor zugänglich. Mit der Retikulozytenfärbung lassen sich gleichzeitig die Heinzschen Innenkörper nachweisen. Zur Technik der Zelldifferenzierung s. Lehrbücher der Labordiagnostik und der Hämatologie. Man achtet auf folgende Erythrozytenformen und -färbungen:

Die Erythrozyten der Katze sind kleiner als die des Hundes. Sie haben keine oder nur eine geringe zentrale Eindellung, erscheinen daher also gleichmäßig oder annähernd gleichmäßig gefärbt (ohne zentrale Aufhellung). Dies macht die Erkennung von Sphärozyten unsicher bis unmöglich. Eine leichte Anisozytose kann vorkommen. Man berücksichtigt sowohl die Gesamtzahl als auch – im gefärbten Blutausstrich – Farbe, Form, Größe und Kern(reste).

- Polychromasie: Leichte graublaue bis deutlich bläulich-violette Farbe als Zeichen der nicht vollständig abgeschlossenen Reifung. Vorkommen: bei regenerativer Anämie, dabei dann auch Vergrößerung dieser Zellen, daher auch Erhöhung des MCV.
- Basophile Tüpfelung: Aggregation von Zellorganellen (Ribosomen). Vorkommen: bei erheblicher Erythrozytenregeneration; bei Bleivergiftung (viel zitiert, kaum einmal zu beobachten), ist auch keineswegs pathognomonisch.
- Retikulozyten: Färbung mit Brillantkresylblau oder Methylenblau. Bei der Katze kommen zwei oder drei verschiedene Formen der Retikulozyten vor, die „punktierte" (Typ I) und die aggregierte (Typ II, ggf. Typ III). Die Zellen der punktierten Form enthalten einige bis mehrere punktförmige blaue Körnchen, während die aggregierte Form eher klumpige, gröbere Organellen enthält. Die punktierten Zellen sind für die Beurteilung einer Erythrozytenregeneration offenbar bedeutungslos; sie kommen nach Ausheilung einer regenerativen Anämie noch vermehrt vor. Dagegen ist eine Vermehrung der aggregierten Form gleichbedeutend mit einer erhöhten Regeneration. Man sollte daher nur die aggregierten Zellformen in die Zählung der Retikulozyten einschließen. Sie sind nicht zu verwechseln mit den Heinzschen Innenkörpern, die größer, plumper, heller blau und häufig randständig sind.
- Heinzsche Innenkörper[1]): Nachweis mit Brillantkresylblau oder Methylenblau. Hell- bis mittelblaue kugelige bis polymorphe Gebilde aus denaturiertem Hämoglobin. Vorkommen: bei Hämoglobinopathien und Enzymopathien; bei der Katze offenbar häufig ohne klinische Relevanz. Vermehrt bei hämolytischen Anämien. Ihre exakte Bedeutung ist nicht ganz klar. Die in der Literatur häufig bemühte „Zwiebelvergiftung" dürfte bei der Katze eher eine akademische Verlegenheitslösung sein. Ihre Überlebenszeit ist kürzer als die anderer Erythrozyten.
- Normoblasten: Erythrozyten mit mehr oder weniger reifem bis pyknotischem Zellkern, teilweise stark polychromatisch. Vorkommen: bei stark regenerativer Anämie, extramedullärer Hämatopoese (oft mit schlechter Regeneration), ferner bei myeloproliferativen Krankheiten.
- Howell-Jolly-Körper[2]): Kernrest unterschiedlicher Größe, mit den üblichen Färbemethoden als rundes, dunkelblaues bis schwarzblaues Körperchen erkennbar. Vorkommen: in geringer Zahl bei der Katze offenbar nicht krankhaft. Vermehrt kommen sie bei regenerativen Anämien vor.
- Sphärozyten[3]): Kugelzellen, die bei den anderen Haustierarten aufgrund der fehlenden zentralen Aufhellung gut, bei der Katze kaum erkennbar sind.
- Fragmentozyten: In Teile zerbrochene Erythrozyten. Vorkommen: bei Gefäßschäden, disseminierter intravasaler Koagulation und anderer Thrombenbildung (Zerstörung der Zellen durch mechanisches „Aufschlagen" auf das Hindernis).

Wie bei den Erythrozyten werden auch bei den Leukozyten die Gesamtzahl aller weißer Blutzellen (Automaten, Zählkammern) und die relative (prozentuale) Verteilung (Differenzierung im gefärbten Ausstrich) ermittelt; aus beiden lassen sich die absoluten Zahlen der verschiedenen Zellarten errechnen.

---

[1]) Robert Heinz, 1865–1924, Pharmakologe in Erlangen und München
[2]) William Howell, 1860–1945, Physiologe, Baltimore
[3]) σφαιρα = Kugel

Die Gesamtzahl der im peripheren Blut anzutreffenden weißen Blutzellen ist erheblichen Schwankungen unterworfen. Sie variiert zwischen 6 000 und 18 000/µl, bei ruhigen Katzen zwischen 6 000 und 11 000/µl (KRAFT u. DÜRR, 1981, 1995, 1997). Die Katze hat ein neutrophiles Blutbild, d. h., die Zahl der neutrophilen Granulozyten übertrifft die aller anderen Zellarten.

- Neutrophile Granulozyten: Sie enthalten einen bandförmigen bis mehrfach segmentierten Kern, der Zelleib ist kaum bis leicht blaßblau angefärbt, die Granula sind bei der Wrightschen oder Pappenheimschen Färbung nicht oder gerade schwach sichtbar; bei einigen kommerziell erhältlichen anderen Färbemethoden können sie jedoch stark dunkel gefärbt sein (Testsimplets®). Die stabkernigen neutrophilen Granulozyten werden unterschiedlich definiert. Für unsere eigenen Bewertungen schlossen wir uns der Definition an, nach der unter Stabkernigen nur solche Zellen verstanden werden, deren Kerndurchmesser an der schmalsten Stelle mindestens ein Drittel des sonstigen Durchmessers aufweist. Hypersegmentiert sind solche Zellen, deren Kerne mehr als fünf Segmente besitzt. Sie gelangen bei der Katze jedoch nur selten zur Beobachtung, da die Kerne der Granulozyten bei dieser Tierart weniger stark segmentiert sind als etwa beim Menschen. Man kann daher schon bei vier Segmenten von Hypersegmentierung sprechen.

Die neutrophilen Granulozyten haben die Aufgabe, eingedrungene Mikroorganismen, insbesondere Bakterien, zu phagozytieren und zu verdauen. Dies kann im Blut selbst geschehen. In den meisten Fällen wandern sie jedoch ins Gewebe aus, wo sie durch eine Reihe von Substanzen chemotaktisch angelockt werden, sich ansammeln und in großer Menge den Eiter bilden. Die Neutrophilen sind außerordentlich beweglich, wie Untersuchungen im Phasenkontrastmikroskop am Lebendpräparat zeigen KRAFT u. M. (1964).

- Eosinophile Granulozyten: Sie sind bei der Katze etwa gleich groß wie die Neutrophilen, unterscheiden sich aber durch die Form der Granula von denen anderer Spezies: Sie sind fein stabförmig, hellrosa und kommen in großer Zahl im sonst blassen Zytoplasma vor. In manchen Färbungen können sie nahezu schwarz erscheinen. Eosinophile können mit der Färbung nach Dunger direkt nachgewiesen und ihre absolute Zahl festgestellt werden. Der Kern ist wesentlich weniger segmentiert als der der neutrophilen Granulozyten.

Die Granula enthalten eine Reihe von Substanzen: Arylsulfatase (gegen die slow reacting substances of anaphylaxis gerichtet), Histaminase (gegen Histamin), Kininase (gegen Kinin), möglicherweise auch gegen Parasiten wirksame Substanzen und gewebsschädigende Proteine.

Eosinophile Granulozyten sind ebenfalls sehr beweglich. Sie haben Bedeutung bei der Immunabwehr von Parasiten, sind an der IgE-vermittelten Immunreaktion vom Soforttyp (Typ I) und an der zellvermittelten Überempfindlichkeitsreaktion vom verzögerten Typ (Typ IV) beteiligt. Ihre gewebeschädigende Wirkung kommt besonders bei eosinophilen Infiltrationen zur Beobachtung (eosinophile Gastroenteritis, eosinophile Granulome).

- Basophile Granulozyten: Sie entsprechen den Mastzellen im peripheren Blut und kommen dort nur selten zur Beobachtung. Bei der Katze sind sie schwach hellblau granuliert und können in schlecht gefärbten Präparaten leicht mit eosinophilen Granulozyten verwechselt werden. Der direkte Nachweis der Basophilen gelingt mit der Romanowsky-Färbung. Die Granula enthalten Histamin, Heparin, slow reacting substances of anaphylaxis.

Basophile Granulozyten exprimieren an ihrer Oberfläche Rezeptoren für IgE. Nach Besetzung der Rezeptoren durch das Antigen erfolgt die Degranulation, so daß die darin enthaltenen Mediatoren freigesetzt werden und zu zahlreichen Reaktionen im Organismus führen. Insbesondere kommt eine Erweiterung der Blutgefäße zustande mit Hyperämie (Entzündung), Blutdruckabfall und Bronchokonstriktion.

- Monozyten: Sie sind die größten im peripheren Blut vorkommenden Blutzellen und Vorgänger der Makrophagen. Ihr Kern ist unregelmäßig geformt, im allgemeinen heller als der der Granulozyten. Das Zytoplasma ist „schiefergrau", enthält Vakuolen und einzelne Granula.

Ihre Aufgabe besteht in der Phagozytose von Mikroorganismen und Zelltrümmern. Sie sind gut beweglich und können ins Gewebe auswandern.

- Lymphozyten: Sie sind i. a. die zweithäufigste Zellart bei der Katze. Man unterscheidet zwei Zellpopulationen: die B- und die T-Lymphozyten, die für die humorale bzw. zelluläre Immunreaktion verantwortlich sind. Aus den B-Lymphozyten können Plasmazellen hervorgehen.

Zur Beurteilung der Blutbilder kranker Katzen ist die Kenntnis von „Referenzbereichen" erforderlich, mit denen jeweils aktuelle Blutbilder verglichen werden müssen. Es sei noch einmal darauf hingewiesen, daß jeder gefundene Wert der Interpretation bedarf und nur selten in der Lage ist, als Einzelwert eine sofortige Diagnose zu ermöglichen.

Dagegen bleibt die Knochenmarksdifferenzierung in der Regel Spezialisten vorbehalten. Man sollte Knochenmarksausstriche daher an ein Speziallabor einsenden. Die Entnahme gestaltet sich bei der Katze schwieriger als bei anderen Spezies (s. Kap. „Untersuchungs- und Behandlungstechniken").

Zur Abklärung besonders von bösartigen Erkrankungen können weitere Untersuchungen, wie Biopsie von Leber, Milz o. a. Organen, nötig werden. Spezielle Techniken sind bei Autoimmunkrankheiten erforderlich (Coombs-Test).

Krankheiten des roten Blutzellsystems

Anämien

Unter Anämie versteht man das Absinken des biologisch funktionsfähigen Hämoglobins unter die untere Grenze des Referenzbereichs. Dieser beträgt bei der Katze 8 bis 17 g/dl. Die Einteilung der Anämien kann wie folgt geschehen, wobei die Grenzen nicht scharf sind:

Tabelle 1: Einteilung der Anämien

Blutungsanämien (= regenerativ)
Störungen der Erythropoese (= aregenerativ) (Aplastische Anämien)
Störungen durch erhöhten Abbau (= regenerativ) (Hämolytische Anämien)

Die Anämien können also grob in die in Abb. 1 dargestellten Formen unterteilt werden.
Die Diagnostik von Anämien kann, wie in Abb. 2 dargestellt, erfolgen. Es sei jedoch noch einmal darauf hingewiesen, daß wesentliche Hinweise durch die klinische Untersuchung erhalten werden.

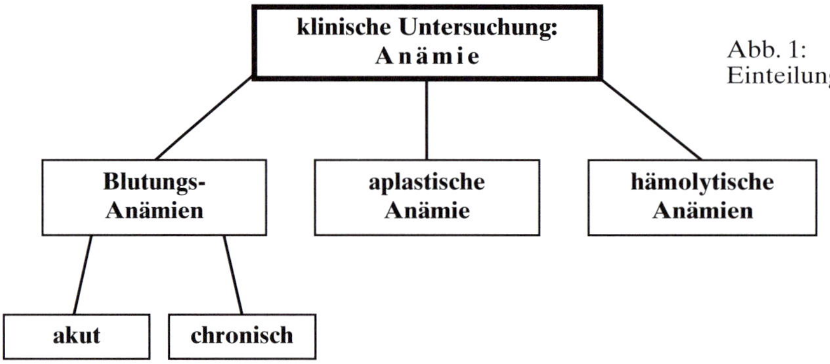

Abb. 1: Einteilung der Anämien.

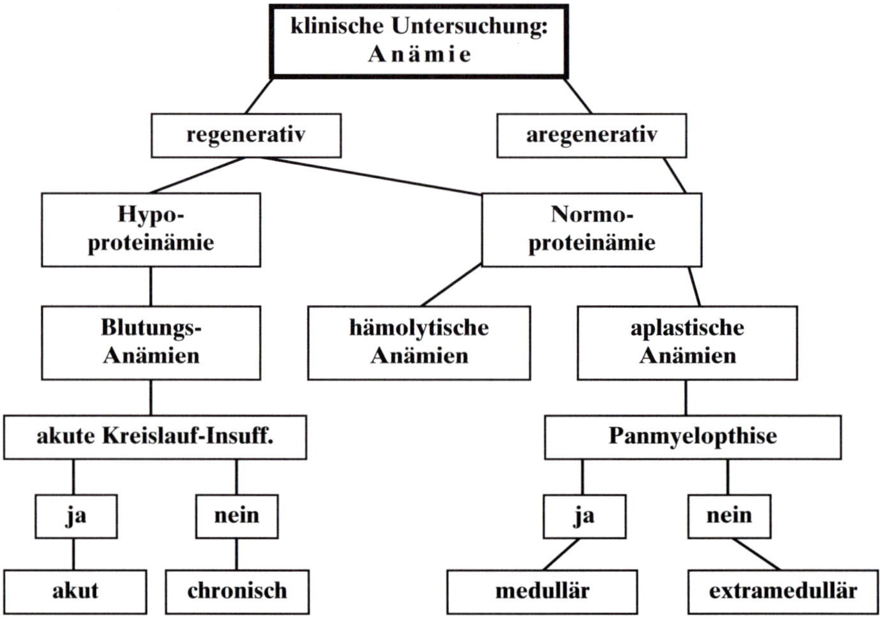

Abb. 2: Differentialdiagnose der Anämien.

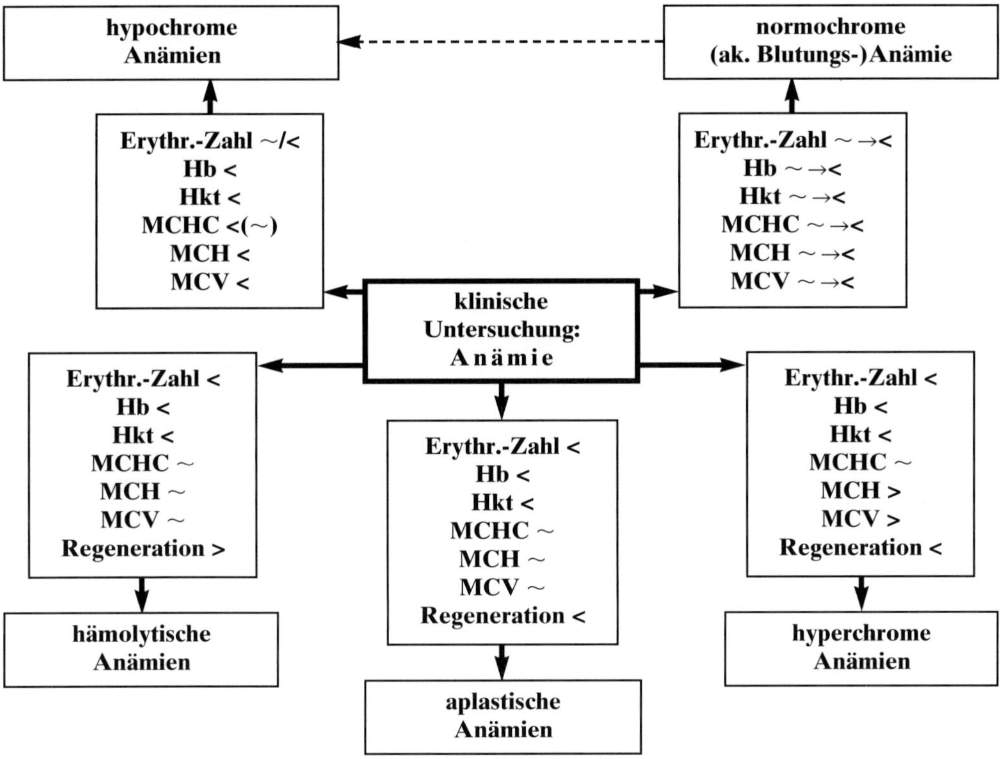

Abb. 3: Diagnostik der Anämien (Aus: KRAFT, W., DÜRR, U. M.: Klinische Labordiagnostik, 4. Auflage, 1997).

Labordiagnostische Untersuchungen können Anämien weiter eingrenzen, wie aus Abb. 3 hervorgeht.

Blutungsanämien

Es muß streng unterschieden werden zwischen akuten Blutungen, die in der Hauptsache die Symptome einer akuten Hypovolämie hervorbringen, und chronischen Blutungsanämien, bei denen der Verlust des Hämoglobins im Vordergrund steht. Beide ergeben außer symptomatischen Unterschieden auch völlig verschiedene Laborbefunde.

1. Akute Blutungen

Klinik: Akute Blutverluste, bei denen mehr als 25 % des Blutvolumens (das entspricht etwa 20 ml/kg KG) verloren wird, führen zu den Symptomen der Hypovolämie (hypovolämischer Schock; s. d.). Sie manifestieren sich in allgemeiner Muskelschwäche, Kühle bis Kälte der Körperoberfläche, insbesondere der Gliedmaßenenden, Blässe der Schleimhäute, Tachykardie, anfangs gespannter, später schlaffer Arterie, an der der Puls schließlich verschwindet, Tachy- bis Dyspnoe. In der weiteren Folge entsteht durch Ausschaltung der Niere aus dem Kreislauf eine Oligurie bis Anurie („Niere im Schock") mit prärenaler Azotämie und Urämie. Durch Ischämie des Darmes und die dadurch ausgelöste Hypoxie werden die gegenüber Sauerstoffarmut empfindlichen Epithelien der Darmschleimhaut geschädigt und verfallen der Nekrose. Die Folge sind Blutungen in das Darmlumen, sobald die Darmgefäße entweder bei Dezentralisation des Kreislaufs oder aber bei Heilung wieder blutgefüllt werden. Sofern die Blutung nicht gestoppt und das Volumen nicht aufgefüllt werden, erfolgt durch terminale Weitstellung der peripheren Blutgefäße ein Einströmen des dem Kreislauf verbliebenen Blutes in die peripheren Gefäße, wodurch das Herzzeitvolumen absinkt und die Versorgung der primär lebenswichtigen Organe (Herz, Gehirn, Lunge) nicht mehr gewährleistet ist. Durch Stase in der Endstrombahn und eventuelle Freisetzung sog. prokoagulatorischer Substanzen wird die disseminierte intravasale Koagulation mit nachfolgender Verbrauchskoagulopathie ausgelöst. Hierdurch erfolgen eine weitere Verschlechterung der Durchblutung und Hypoxie mit Azidose und evtl. Gewebsnekrose. Bei Volumenverlusten von mehr als 40 % tritt der Tod rasch ein. Bei weniger schweren Verlusten kann er noch nach Tagen durch die Folgeschäden erfolgen.

Labordiagnostisch lassen sich gleich nach dem Blutverlust keine Veränderungen in der Blutprobe nachweisen; insbesondere sinkt etwa der Hämatokrit nicht ab, da bei der Blutung sowohl Blutkörperchen als auch Plasma gleichzeitig verlorengehen. Erst nach zwei bis vier Stunden beginnt durch Einströmen von Flüssigkeit in den Intravasalraum eine „Verdünnung" der verbliebenen Erythrozyten. Dies manifestiert sich nun im Abfall des Hämatokrits; es resultiert eine normochrome Anämie. Dabei sinkt auch der Proteingehalt. Durch Aktivierung des Knochenmarks infolge Inkretion von Erythropoetin werden in den folgenden Tagen vermehrt große hypochrome Erythrozyten (Makrozyten) und Retikulozyten ins Blut entlassen, so daß die anfängliche Hypovolämie zunächst in eine normochrome, später in eine hypochrome regenerative Anämie übergeht. Die Normalisierung hängt weitgehend von der Versorgung mit Eisen und der Aktivität des Knochenmarks ab.

Therapie: Die Behandlung der akuten Blutungsanämie besteht in der möglichst raschen Blutstillung sowie im Volumenersatz. Bluttransfusionen werden durchgeführt, wenn das klinische Bild für einen hypovolämischen Schock spricht oder – nach einigen Stunden – der Hämatokritwert unter 10 % absinkt. Die beste Methode ist der Ersatz durch arteigenes Blut. Gewisse Schwierigkeiten kann die Gewinnung einer ausreichenden Menge Katzenblutes bereiten. Die früher auch von uns häufig durchgeführte Herzpunktion wird nur noch in Ausnahmefällen angewandt, da bei häufiger Wiederholung anatomische Schädigungen am Herzen beobachtet wurden. Etwas umständlicher, aber für den Spender schonender, gestaltet sich die Gewinnung des Blutes aus der Vena jugularis oder einer Arm- oder Beinvene. Einer gesunden Katze können 8 bis 10 ml Blut/kg Körpergewicht entnommen werden. Zur Entnahme wird die Jugularisgegend geschoren und mit Alkohol abgerieben. Die Venenpunktion kann mit einer Braunüle oder (bei einigem Geschick problemlos) mit einer gewöhnlichen Kanüle, die man vorher leicht abbiegen kann, erfolgen. Am besten setzt man eine Spritze, die mit einem Gerinnungshemmer versehen worden ist, direkt auf und aspiriert vorsichtig. In die Spritze gibt man vorher einen handelsüblichen Gerinnungshemmer (Zitrat-Dextrose oder Zitrat-Phosphat-Dextrose-Adenin), wobei das Verhältnis 2,5 ml Gerinnungshemmer/10 ml Blut betragen soll. Die Gesamtdosis soll je nach Volumenverlust 10 bis 20 ml/kg KM betragen. Am besten wird das Blut intravenös im Dauertropf verabreicht. Man gibt 30 bis 60 Tropfen pro Minute. Sofern dies nicht möglich ist, kann notfalls eine intraperitoneale Infusion vorgenommen werden. Auf jeden Fall sollte vorher eine Verträglichkeitsprobe gemacht werden. Am einfachsten geschieht dies mit der Kreuzprobe als Objektträgermethode (s. Fachbücher der Labordiagnostik). Es sollte wenigstens ein Test mit Spendererythrozyten und Empfängerserum durchgeführt werden.

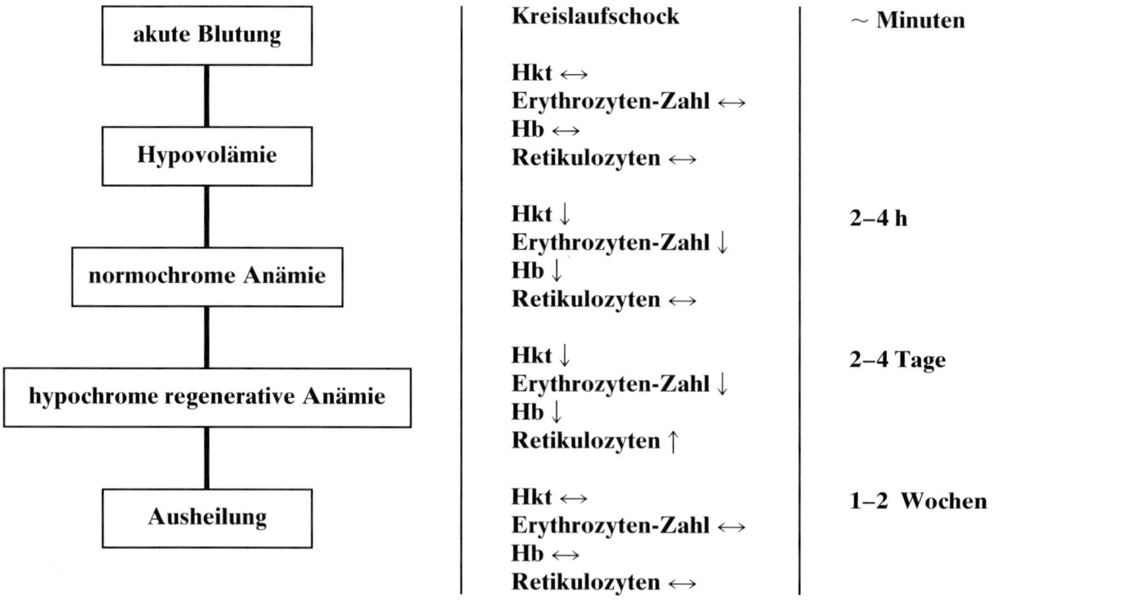

Abb. 4: Verlauf nach akuter Blutungsanämie/Hypovolämie.

HAARER und GRÜNBAUM (1993) fanden in Deutschland (Raum Gießen) ein Überwiegen der Blutgruppe A (92,6 % der untersuchten Katzen) gegenüber 6,7 % der Blutgruppe B und 0,7 % der Blutgruppe AB. Die Blutgruppen zeigen eine deutliche Rassezuordnung: Sämtliche Somalikatzen (n = 27) gehörten der Blutgruppe AB an, während die Blutgruppe B besonders bei British Shorthair, weniger bei Perserkatzen und bei Siam-, Burma- und Orientalischen Kurzhaarkatzen gefunden wurde. Es ist selbstverständlich, daß Blut nur von gut untersuchten, insbesondere nicht an übertragbaren Infektionskrankheiten leidenden oder mit FeLV oder FIV klinisch inapparent infizierten Katzen transfundiert werden darf.

Wenn kein Blut zur Verfügung steht, können Plasmaexpander verwendet werden. Hierzu werden hauptsächlich Dextrane mit einem Molekulargewicht um 70 000 angewendet. Gegeben werden bis zu 15 ml/kg KM. Das darüber hinaus benötigte Volumen wird durch salinische Lösungen (Ringer-Lösung) ersetzt.

2. Chronische Blutungsanämie

Durch fortdauernde geringgradige Blutverluste, die zumindest zeitweise unbemerkt bleiben können, verliert der Organismus in der Hauptsache Eisen. Normalerweise enthält die Fleischnahrung der Katze genügend Eisen, so daß geringe Blutungen durch erhöhte Resorption und Freisetzung von Eisen aus Makrophagen rasch ausgeglichen werden können. Bei langer Dauer jedoch kommen Eisendefizite zustande. Dies wird noch am ehesten bei säugenden Kätzinnen beobachtet, die an chronischer hämorrhagischer Gastroenteritis, Endoparasitosen, blutenden Ulzera, Tumoren, Ektoparasiten, chronischen hämorrhagischen Zystitiden oder Urolithiasis leiden; auch die ständig wiederholte Blutentnahme zu diagnostischen Zwecken oder zur Bluttransfusion führt das Bild der chronischen Blutungsanämie hierbei.

Klinik: Dem Besitzer fallen die verminderte Lebhaftigkeit und evtl. Leistungsfähigkeit, das erhöhte Schlafbedürfnis, bei unpigmentiertem Nasenspiegel auch dessen Blässe auf. In schweren Fällen besteht Polypnoe. Die Schleimhaut wird blaß bis porzellanweiß. Je nach Ätiologie können Parasiten oder deren Spuren (Kot, Dermatitis, Kratzdefekte), Meläna oder Hämaturie beobachtet werden. Seltener als beim Hund kommen Blutungen der Mundschleimhaut als Folge hämorrhagischer Diathesen, insbesondere Kumarinvergiftungen, mit Schmierspuren an den Zähnen vor. Die häufig stark blutenden Stomatitiden der Katze führen überraschenderweise selten zu chronischen Blutungsanämien.

Labordiagnostisch fallen mikrozytäre hypochrome Erythrozyten auf. Unter den Erythrozytenindizes

Abb. 5:
Befunde bei chronischer Blutungsanämie.

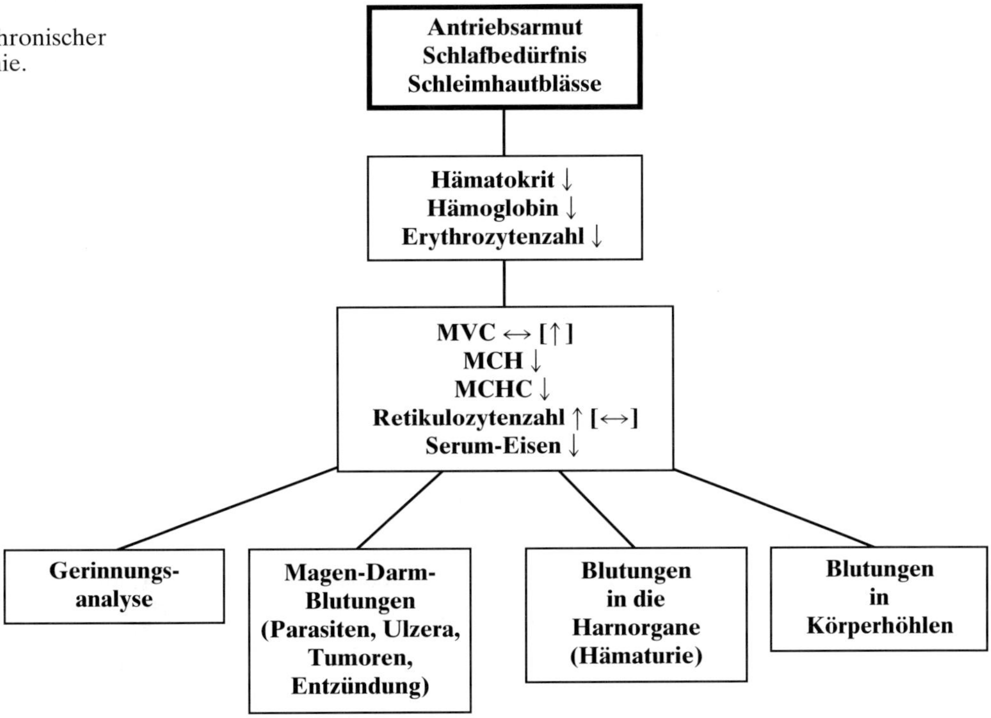

sind MCV und MCHC subnormal. Das Serumeisen ist vermindert, die Eisenbindungskapazität erhöht. Die Retikulozyten sind erhöht.

Diagnose: Sie ist relativ einfach anhand der klinischen Untersuchung (Ursachendiagnose) sowie des Blutbildes (anfangs normozytäre, später ggf. makro- oder mikrozytäre hypochrome Erythrozyten; wenige Retikulozyten, MCV und MCHC sowie Serum-Eisen vermindert) zu stellen.
Es muß in jedem Falle nach der chronischen Blutungsquelle gesucht werden.

Differentialdiagnose: Aplastische Anämien sind eher normochrom, Serumeisen ist vermehrt.

Prognose: Sie hängt wesentlich von der Möglichkeit der Ursachenbeseitigung ab. Gelingt diese, so ist die Prognose günstig, die Regeneration benötigt aber einige Wochen.

Therapie: Die vordringlichste Maßnahme besteht in der Beseitigung der Ursache. Die Nahrung soll reich an Eisen sein, was schon allein durch natürliche (artgemäße) Fütterung mit Fleisch gewährleistet wird. Zusätzlich kann Eisen in der Nahrung substituiert werden; dazu eignen sich Eisenchlorid oder -sulfat, 10 bis 20 mg/Katze. Es sollte mehrere Wochen gegeben werden. Vor der Injektion von Eisenpräparaten raten wir bei der Katze ab; zu leicht können Vergiftungen auftreten. Spurenelemente, insbesondere Kobalt, sollten nicht gleichzeitig gegeben werden.

Störungen der Erythropoese: Aplastische Anämien

1. Erythropoetinmangel

Die beim Hund mit Schrumpfniere so häufige normochrome Anämie ohne Regenerationszeichen kommt bei der Katze seltener vor und ist weniger ausgeprägt. Vermutlich liegt dies an extrarenaler Erythropoetinsynthese.

Klinik: Die Symptomatologie wird weitgehend von der Grundkrankheit geprägt (chronische Nephropathie im Endstadium mit schwerer Urämie). Im Blutbild wird eine normochrome Anämie bei weitgehender oder vollständiger Abwesenheit der Retikulozyten bemerkt.

Therapie: Die Grundkrankheit ist kaum entscheidend zu beeinflussen. Mit Anabolika läßt sich eine relativ gute Wirkung auf das Knochenmark erzielen (Nandrolondecanoat, z. B. Deca-Durabolin, alle 14 Tage 5 bis 10 mg i. m., oder Metenolonänanthat, z. B. Depot-Primobolan pro infantibus, alle 14 Tage 5 mg i. m.). Gute Ergebnisse lassen sich mit der – allerdings nicht billigen – Erythropoetinsubstitution erzielen. Wir gehen nach der Empfehlung von LEIPOLD vor:

1. Woche zweimal wöchentlich
   50 E/kg KM i. m. oder s. c.
2. Woche zweimal wöchentlich
   75 E/kg KM i. m. oder s. c.
3. Woche zweimal wöchentlich
   100 E/kg KM i. m. oder s. c.

2. Aplastische Anämie (im weiteren Sinne), Panmyelophthise

Die im deutschen Sprachraum häufig verwendeten Begriffe wie Panmyelophthise, Panmyelopathie und idiopathische oder toxische Panzytopenie sind identisch mit der aplastischen Anämie (STRAUB, 1977). Da außer den roten Blutzellen auch die übrigen von der Knochenmarksstammzelle abstammenden Blutzellen betroffen sind, ist der im englischen Sprachraum bevorzugte Begriff nicht umfassend genug. Dies um so mehr, als die Knochenmarksschädigung in erster Linie zur Leukozyto- und Thrombozytopenie und wegen der längeren Überlebenszeit der Erythrozyten erst nach Wochen zur Anämie führt. Der Begriff der hypoplastischen Anämie soll den geringeren Schweregrad ausdrücken.

Zwei Wege der Pathogenese sind denkbar: (1) Verminderung der erythrozytären Stammzellen; (2) Verhinderung der Reifung der Erythrozyten trotz ausreichender Stammzellen. In praxi ist die Ursache vielfach nicht zu klären. Bei der Katze sind eine Reihe von Substanzen bekannt, die durch einen toxischen Effekt auf die Stammzellen zur aplastischen Anämie führen können: Chloramphenicol, Phenylbutazon, Salizylate, Sulfonamide, Zytostatika. Die wohl wichtigste Ursache für aplastische Anämien der Katze wird durch das feline Leukosevirus ausgelöst. In einer eigenen Untersuchung war ein Drittel aller Katzen, die FeLV-positiv reagierten, an einer aplastischen Anämie erkrankt. Auch nach Überstehen einer schweren infektiösen Panleukopenie besonders mit langdauernder Leukopenie und langsamer Erholung konnten in eigenen Fällen wiederholt aplastische Anämien beobachtet werden. Welcher Art die bei feliner infektiöser Peritonitis bisweilen auftretenden Anämien sind, ist noch nicht restlos klar. Je nach Definition kann auch der Erythropoetinmangel unter die aplastischen Anämien im weiteren Sinne eingereiht werden.

Klinik: Im Vordergrund steht die auslösende Krankheit. Daneben werden die Symptome der Anämie beobachtet: Schwäche, Müdigkeit, Inappetenz, Verkriechen, Wärmebedürfnis, Blässe der Schleimhäute und der unpigmentierten Haut (Nasenspiegel, Ohren, Bauch). Vielfach wird Fieber entsprechend der Grundkrankheit gesehen, auch Erbrechen und

Durchfälle kommen je nach auslösender Ursache vor.

Im Blut wird eine normozytäre orthochrome Anämie ohne Regeneration (Fehlen der Retikulozyten) gefunden. In typischen Fällen bestehen gleichzeitig Neutropenie (Granulozytopenie) und Thrombozytopenie (daher die Bezeichnung „Panmyelophthise"); allerdings können diese auch fehlen.

Diagnose: Das Blutbild ergibt eine aregenerative normozytäre, orthochrome Anämie. Gleichzeitig besteht oft eine Neutropenie; eine Thrombozytopenie kann hinzukommen. Das Knochenmark ist zellarm. Es sollte grundsätzlich die Ursache gesucht werden. Insbesondere ist ein Test auf feline Leukose durchzuführen. Des weiteren ist die Arzneimittelanwendung zu kontrollieren.

Prognose: Sie ist zweifelhaft bis ungünstig. Bisweilen gibt es Spontanremissionen.

Therapie: Abstellen der Ursache ist, wo möglich, die wichtigste Maßnahme. Wiederholte Injektionen kleiner Frischblutmengen wurden früher empfohlen. Da dadurch jedoch bisweilen eine Sensibilisierung beobachtet wird, nicht zuletzt auch wegen der damit verbundenen Gefahr der Übertragung von Infektionserregern, wird die Methode heute nur noch selten angewandt. Besser geeignet ist die Anwendung von Erythropoetin (s. vorheriges Kapitel), die jedoch keineswegs in jedem Falle erfolgreich ist; dies gilt insbesondere für Fälle, in denen bereits als Folge der aplastischen Anämie eine Erhöhung des Erythropoetinspiegels im Blut vorliegt. Man sollte daher möglichst das Erythropoetin im Blutserum untersuchen. Von unsicherem Erfolg sind Anabolika, die die Erythropoese durch Aktivierung von Erythropoetin anregen sollen. Kortikosteroide können die Halbwertszeit der Erythrozyten erhöhen, indem die Eliminierung älterer Zellen in der Milz verhindert wird. Dagegen ist es unklar, ob sie die Produktion von Erythrozyten anregen. Sofern eine hämolytische Komponente zur aplastischen Anämie hinzukommt, wird diese durch die Kortikosteroidtherapie günstig beeinflußt. FeLV-positive Katzen sollten erst dann mit Kortikosteroiden behandelt werden, wenn andere Ursachen der Anämie auszuschließen sind. Keine Besserung ist von Eisen, Spurenelementen, Vitaminen, unspezifischer Reiztherapie und den sich zunehmender Beliebtheit erfreuenden „Therapeutika" der „Okkultmedizin" zu erwarten.

Störungen durch erhöhten Abbau: Hämolytische Anämien

Wenn der durch Hämolyse hervorgerufene Abbau von Erythrozyten die Neubildung übertrifft, so folgt hieraus eine Anämie. Man unterscheidet korpuskuläre und extrakorpuskuläre hämolytische Anämien. Bei den korpuskulären Hämolysen bestehen Defekte in den Erythrozyten, wodurch die Lebensdauer stark verkürzt wird. Hierher gehören hereditäre Erkrankungen und Enzymdefekte. Diese Formen sind bei Katzen nicht untersucht. Bei den extrakorpuskulär bedingten hämolytischen Anämien sind die Erythrozyten zunächst unauffällig, werden aber durch äußere Einflüsse (Infektionen, Toxine, Kälte, immunologische Vorgänge u. a.) geschädigt. In diesen Fällen werden auch von gesunden Spendern stammende Erythrozyten erfaßt und erkranken. Hämolytische Anämien weisen immer deutliche Veränderungen des Blutbildes, besonders vermehrt Retikulozyten, auf (s. Abbildung 6).

1. Hämobartonellose

Die durch Haemobartonella felis ausgelösten hämolytischen Anämien der Katze kommen nicht so häufig vor, wie früher vermutet, können aber schwere bis schwerste, nicht selten tödliche Krankheitsbilder darstellen. Der Erreger wird durch blutsaugende Insekten, mangelnde Hygiene bei Injektionen, ferner durch Bluttransfusionen übertragen. Die auf der Membran der Erythrozyten marginal lokalisierten Rickettsien führen eine Membranstörung herbei. Die Erythrozyten kugeln sich z. T. ab, die Membran wird durchlässig. Die so geschädigten Zellen werden phagozytiert, das Hämoglobin wird frei und im RES zu primärem Bilirubin abgebaut. Durch Bildung von Antikörpern nicht nur gegen die Hämobartonellen, sondern auch gegen die Erythrozyten selbst wird die Hämolyse verstärkt. Der Coombstest wird positiv.

Abb. 6: Diagnose der hämolytischen Anämien.

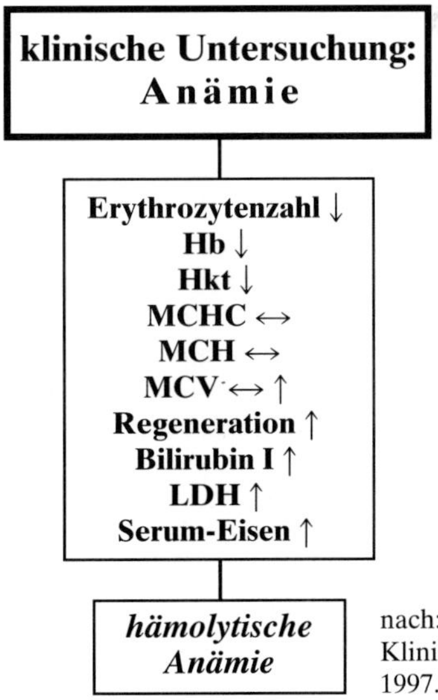

nach: W. Kraft, U. M. Dürr: Klinische Labordiagnostik, 1997.

Wann die Krankheit im Einzelfall manifest wird, ist weiterhin unbekannt. Es wurde postuliert, daß die Krankheit durch „Streß“, insbesondere aber durch immunsuppressive Krankheiten (FeLV- oder/und FIV-Infektion) oder immunsuppressive Therapie (Zytostatika, Kortikosteroide) ausgelöst werde. Dies scheint aber nach klinischer Beobachtung wesentlich seltener, wenn überhaupt, der Fall zu sein; zu selten werden Krankheitsausbrüche bei den betroffenen Katzen beobachtet.

Klinik: Es bestehen die Symptome der akuten Hämolyse (s. d.): Fieber, Inappetenz, Schwäche, Kachexie, Anämie, Ikterus, Splenomegalie. Im Blut werden Polychromasie, Makrozytose, Vermehrung der Normoblasten und Retikulozyten gefunden. Marginal finden sich massenhaft bis vereinzelt die m. o. w. stäbchenförmigen Hämobartonellen. Zeitweise sollen Hämobartonellen fehlen können; bei begründetem Verdacht (klinisches Bild) muß die Blutuntersuchung wiederholt werden. Meist besteht eine Leukozytose (Neutrophilie).

Diagnose: Sie wird im Blutausstrich, der nach PAPPENHEIM oder WRIGHT gefärbt ist, gestellt. Die Hämobartonellen erscheinen als einen bis zwei Mikrometer große blaue Stäbchen oder Ringe dar, die in Ein- oder Mehrzahl meistens marginal auf der Erythrozytenmembran anzutreffen sind. Bei Katzen, die mit Tetracyclinen oder Thioacetarsamid vorbehandelt sind, lassen sich in der Regel keine Hämobartonellen mehr nachweisen.

Differentialdiagnose: Es kommt besonders die anämische Form der felinen Leukose in Betracht, mit der die Hämobartonellose auch vergesellschaftet sein kann. In jedem Falle sollte eine serologische Untersuchung auf FeLV-Antigen vorgenommen werden.

Nicht verwechselt werden dürfen Hämobartonellen mit Jolly-Körpern. Beide lassen sich mit den üblichen Färbemethoden darstellen. Während aber Hämobartonellen fast ausschließlich marginal liegen und stäbchenförmig gestreckt sind, erscheinen Jolly-Körper punktförmig bis abgekugelt und sind innerhalb des Erythrozyten lokalisiert. In Präparaten, die mit Retikulozyten-Färbungen bearbeitet worden sind, dürfen Hämobartonellen nicht mit den bei (gesunden) Katzen häufig vorkommenden Heinzschen Innenkörpern und selbstverständlich nicht mit dem Retikulum verwechselt werden. Zur Darstellung von Hämobartonellen sind daher Färbungen zu wählen, die Heinzsche Innenkörper oder Retikulozyten nicht darstellen (PAPPENHEIM, WRIGHT).

Prognose: Die Krankheit ist bei nicht zu spät einsetzender Therapie recht günstig zu beurteilen. Ohne Behandlung sterben die Katzen zum Teil. Spontanheilungen kommen jedoch vor.

Therapie: Während Tetracycline drei Wochen lang dreimal täglich in einer Tagesdosis von 15 mg/kg (intramuskulär) bzw. 25 mg/kg (oral) gegeben werden müssen, ist mit Thioacetarsamid (Caparsolate) mit einer zweimaligen Dosis von 1 mg/kg im Abstand von 48 Stunden eine Freiheit von Rickettsien zu erzielen. Es folgt dann eine rasche Erholung. Tritt sie jedoch nicht ein, so ist unbedingt nach weiteren Ursachen (FeLV) zu fahnden.

2. Autoimmunhämolytische Anämien (AIHA)

Unter dieser Krankheitsbezeichnung verbergen sich beim Hund eine Reihe ätiologisch und pathogenetisch verschiedener Erkrankungen der roten Blutzellen, vielfach auch der Thrombozyten, die in einer vermehrten Zerstörung der Erythrozyten resultieren. Es werden eine primäre oder eigentliche AIHA von einer sekundären (symptomatischen) unterschieden. Bei der primären AIHA ist die Ursache der Hämolyse im Organismus selbst zu suchen (idiopathisch), während bei der sekundären „äußere” Einflüsse bestehen wie virale oder bakterielle Ursachen, Rickettsien oder Tumoren. Die Feststellung der Ursache ist prognostisch und therapeutisch von Interesse. Beim Menschen sind eine Reihe von Arzneimitteln als fakultative Auslöser einer sekundären AIHA erkannt (Penicillin, Streptomycin, Novobiocin, Phenacetin, Chinidin u. a.). Bei der Katze ist deren Bedeutung nicht geklärt. Ob Kälteagglutinine eine größere Rolle spielen, ist nicht untersucht. Dagegen scheinen bei Katzen hauptsächlich sekundäre AIHA vorzukommen und in Verbindung mit Infektionen durch das FeLV (SCOTT u. M., 1973; THEILEN u. M., 1979; MADEWELL u. M., 1980); daneben wird auch die Hämobartonellose als Ursache beschuldigt (SCOTT u. M., 1973).

Pathogenetisch kommen mehrere Wege in Frage. Als Antikörper werden IgG oder IgM nachgewiesen. Während IgG sich zwar an der Erythrozytenmembran anheften, können sie im Gegensatz zu IgM die Blutzellen nicht zur Agglutination bringen. Erythrozyten, die von IgG besetzt sind, werden von Makrophagen phagozytiert; dies geschieht hauptsächlich in der Milz, z. T. auch in den Kupfferschen Sternzellen der Leber. Die Phagozytose in der Milz bei AIHA mit IgG bedeutet, daß Besserung durch Milzexstirpation zu erwarten ist. IgM entfalten ihre agglutinierende Wirkung hauptsächlich bei tiefen Temperaturen (Gliedmaßen bei kalter Umgebung). Die Hämolyse erfolgt nach Aktivierung von Komplement intravasal, oder die Komplement-besetzten Erythrozyten werden in Leber oder – geringergradig – Milz entfernt. Die Milzexstirpation ist hierbei also nahezu wirkungslos.

Klinik: Die Symptome sind recht unspezifisch und bestehen in gestörtem Allgemeinbefinden mit Anorexie, Verkriechen, Apathie, evtl. Fieber. Bei der Untersuchung werden Blässe der unpigmentierten Haut und der Schleimhäute gefunden, ferner Zeichen der Anämie im Blut (Hämatokrit, Erythrozyten und Hämoglobin vermindert). Es treten vermehrt Mikrozyten und Sphärozyten (letztere im Katzenblut schwer zu erkennen) auf. Sofern keine Depression des Knochenmarks gleichzeitig vorherrscht, wie das bei der Katze allerdings häufig der Fall ist (FeLV-Infektion!), besteht eine m. o. w. deutliche Vermehrung der Retikulozyten. Neutrophile und besonders Monozyten können vermehrt sein. Meist besteht eine geringgradige, seltener hochgradige Bilirubinämie, wobei besonders primäres Bilirubin erhöht ist. Bei unkomplizierter AIHA wird zumindest anfangs keine Leber-Hyperenzymämie festgestellt.

Diagnose: Die klinische Untersuchung und die Blutuntersuchung einschließlich Retikulozytenbestimmung sowie ggf. Bilirubinerhöhung (Bilirubin I) ohne Leberenzymerhöhung weisen in Richtung der Diagnose einer AIHA. Es sollte aber unbedingt nach der Ursache gesucht werden (FeLV, Hämobartonellen, Arzneimittel). Grundsätzlich sollte auch die Art der Immunreaktion untersucht werden. Objektträgermethode: Ein Tropfen frisches Heparinblut wird auf einem auf 37 °C erwärmten Objektträger mit einem Tropfen warmer physiologischer Kochsalzlösung vermischt. Das Auftreten von Agglutination ist beweisend für AIHA; zugrunde liegen können IgG oder IgM. Das gleiche Verfahren kann, wenn es bei 37 °C negativ verlief, bei 4 °C wiederholt werden. Wenn es nunmehr zur Agglutination kommt, sind Kälteagglutinine vorhanden. Sofern diese Tests nicht positiv verlaufen, wird der direkte Coombs-Test angeschlossen (s. Fachbücher der Labordiagnostik). Bei positivem Coombs-Test liegen meist (nicht immer!) IgG vor. Sofern der Coombs-Test positiv verläuft, aber keine Regenerationszeichen im Blut (Retikulozyten) vorhanden sind, muß mit komplizierender Knochenmarksschädigung (etwa durch FeLV) gerechnet werden. Bei AIHA ist das Serum-Eisen erhöht, die Eisenbindungskapazität vermindert. Sphärozyten und Mikrosphärozyten, wie sie beim Hund oder Pferd im Gefolge autoimmunhämolytischer Anämien vorkommen, können bei der Katze infolge der spezieseigentümlichen Erythrozytenform kaum bestimmt werden. Dagegen ist die Fragilität in hypotoner Kochsalzlösung verstärkt (Kochsalzreihe absteigender Konzentration).

Differentialdiagnose: Ausgeschlossen werden müssen chronische Blutungsanämien (Serum-Eisen vermindert, Eisenbindungskapazität erhöht, Coombs-Test negativ). Insbesondere müssen FeLV-Infektionen und Hämobartonellosen ausgeschlossen werden.

Prognose: Sie ist wesentlich abhängig von der Ursache. IgG-induzierte AIHA sind i. a. besser zu behandeln als die durch IgM ausgelösten (die direkte Bestimmung der Immunglobuline ist routinemäßig bei der Katze leider noch nicht möglich).

Therapie: Wenn es die Umstände der Primärkrankheit erlauben, kann mit Kortikosteroiden vielfach eine günstige Wirkung erzielt werden (IgG). Die Anfangsdosis liegt für Prednisolon bei 2 bis 4 mg/kg auf zweimal täglich verteilt. Die Dosis kann auf die Hälfte bis ein Viertel reduziert werden, wenn gleichzeitig Immunsuppressiva, z. B. Azathioprin (Imurek), 0,5 bis 2,0 mg/kg, gegeben werden. Es besteht dabei jedoch die Gefahr der Aktivierung einer inapparenten Infektion (Panleukopenie, Leukose). Bei Milzvergrößerung sollte eine Splenektomie durchgeführt werden. Eine Beeinflussung der AIHA bei IgM jedoch ist kaum zu erwarten.

3. Innenkörperanämie

Katzen weisen, offenbar ohne jegliche Erkrankung, Heinzsche Innenkörper in den Erythrozyten auf. Sie können mit den Retikulozytenfärbungen (Brillantkresylblau, Methylenblau) sichtbar gemacht werden, erscheinen jedoch nicht in den üblichen Blutfärbungen. Die Ursache des bei der Katze offenbar physiologischen Auftretens Heinzscher Innenkörper ist unbekannt; vermutet wird die Erhöhung von Sulfhydrylgruppen im Hämoglobin der Katze. Unter Oxidantien werden Disulfidbrücken im Hämoglobinmolekül gebildet, wodurch es denaturiert und anfärbbar wird. Es ist nicht restlos bekannt, unter welchen Umständen Katzen eine Vermehrung der Heinzschen Innenkörper aufweisen und wo die Grenze zum Gesunden zu ziehen ist. In eigenen Fällen, die mit Anämien verbunden waren, wurden bis annähernd einhundert Prozent der Erythrozyten mit Innenkörpern gefunden. Auslösende Ursachen können bei Katzen Methylenblau, Phenacetin, Azetaminophen, Phenazopyridin, Chlorate und Nitrate sein (SCHECHTER u. M., 1973; BOON u. M., 1974; FINCO u. M., 1975; HARVEY u. M., 1976; SCHALM, 1975).

Klinik: Die Krankheit setzt plötzlich mit schwerer Symptomatik ein. Unspezifische Allgemeinsymptome wie Anorexie, Apathie, Schwäche, evtl. Fieber führen zum Tierarztbesuch. Die sorgfältige Untersuchung ergibt nicht immer deutliche Zeichen der Anämie mit Schleimhautblässe; vielmehr werden öfter verwaschene, graue Schleimhäute beobachtet. Bisweilen besteht Ikterus. Auch Zyanose wird gefunden. In einem Teil der Fälle kann eine Splenomegalie palpatorisch und röntgenologisch nachgewie-

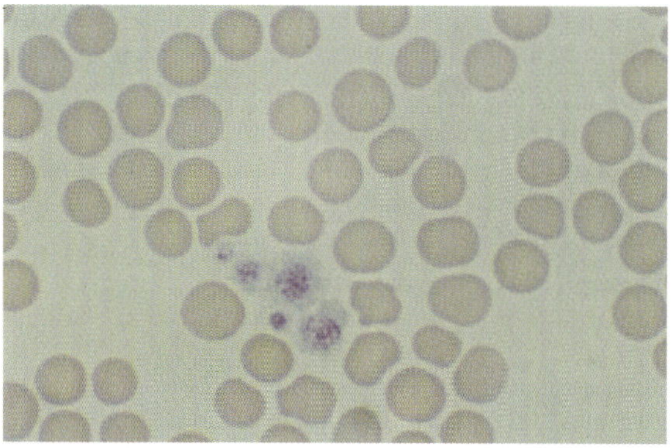

Abb. 7: Riesenthrombozyten, deren Größe die der Erythrozyten übertrifft (Vergrößerung 1200:1).

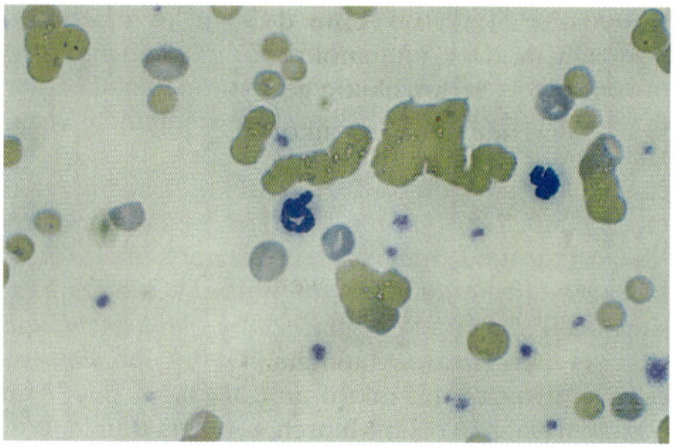

Abb. 8: Anisozytose und Polychromasie zeigen eine regenerative Anämie, die „Verklumpung" (Aggregation) von Erythrozyten deutet auf eine immunhämolytische Anämie hin (Vergrößerung 1000:1).

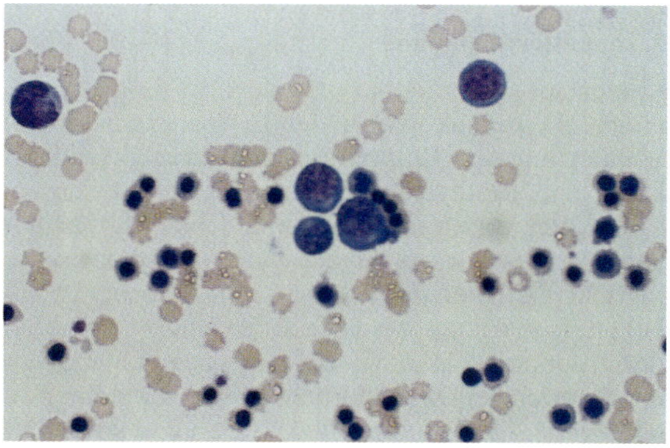

Abb. 9: Massenhaft Normoblasten neben einigen Erythroblasten bei einer stark regenerativen Anämie (Vergrößerung 800:1).

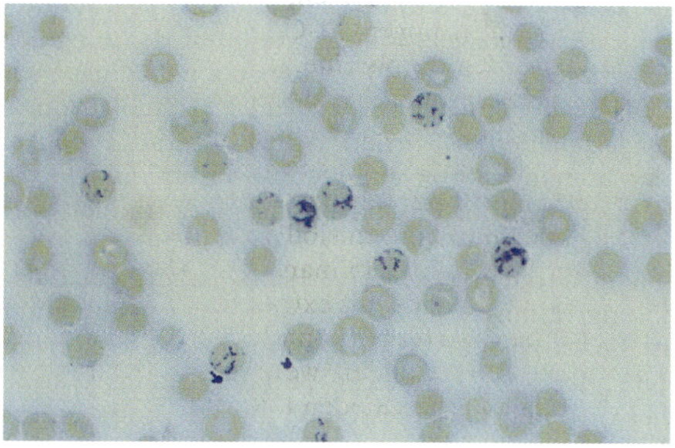

Abb. 10: Retikulozytenvermehrung bei regenerativer Anämie (Brillantkresylblaufärbung).

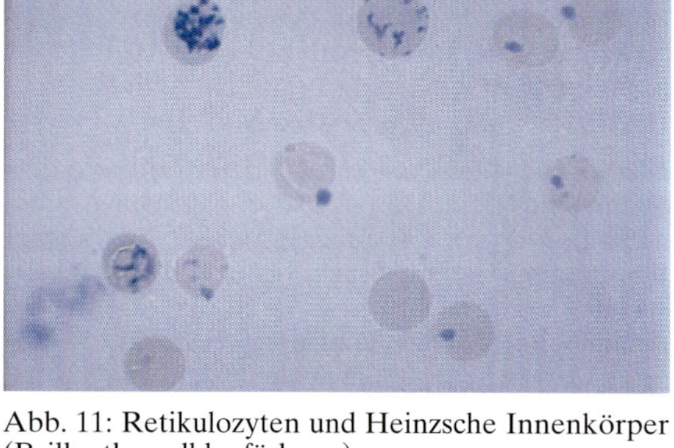

Abb. 11: Retikulozyten und Heinzsche Innenkörper (Brillantkresylblaufärbung).

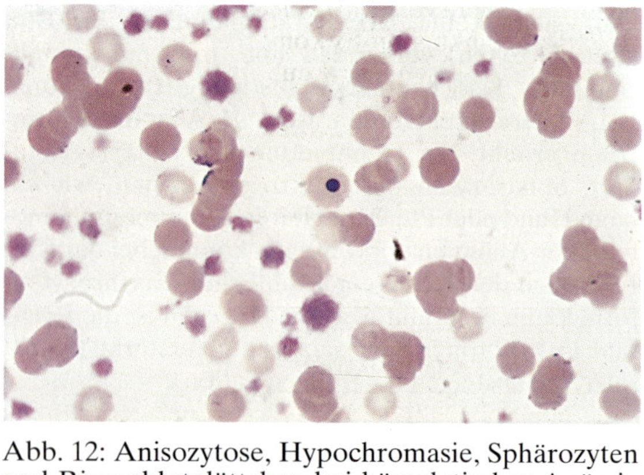

Abb. 12: Anisozytose, Hypochromasie, Sphärozyten und Riesenblutplättchen bei hämolytischer Anämie im Verlaufe von feliner Leukose.

sen werden. Im Urin kann die Hämoglobinprobe positiv sein. Der Hämatokrit ist vermindert, das überstehende Serum häufig gerötet (Hämolyse).

Diagnose: Heinzsche Innenkörper werden im Blutausstrich in fast allen Erythrozyten nachgewiesen.

Differentialdiagnose: Die Laborbefunde sind typisch.

Prognose: Relativ günstig, wenn die Ursache ausgeschlossen werden kann.

Therapie: Die beste Maßnahme ist die Abstellung der Behandlung mit den o. a. (evtl. auch anderen) Wirkstoffen. Die beim Menschen durchgeführte Behandlung mit Methylenblau verbietet sich bei der Katze. Ob Ascorbinsäure oder Azetylzystein wirksam sind, ist nicht restlos geklärt.

4. Porphyrie

Die bei der Katze selten vorkommende Krankheit ist dominant-autosomal vererblich (GLENN u. M., 1968). Es wird angenommen, daß eine Insuffizienz der Uroporphyrinogen-III-Cosynthetase vorliegt. Dadurch werden Porphyrine, nämlich Uroporphyrinogen I und Koproporphyrinogen I, in den Geweben des Organismus angereichert. Die Ablagerung in Geweben, die dem Sonnenlicht (Ultraviolettstrahlung) exponiert sind, führt zu einer Fluoreszenz. Es besteht erhöhte Photosensibilisierung sowie Braunrotfärbung der Zähne; in manchen Fällen wird eine hämolytische Anämie mit extramedullärer Hämatopoese beobachtet; ferner können Makrozytosen und Hämosiderosen gefunden werden. Porphyrin wird mit dem Urin ausgeschieden und kann dort nachgewiesen werden.

Eine wirksame **Therapie** ist nicht bekannt.

Symptomatische oder sekundäre Anämien

Unter diesem Begriff werden Anämien verstanden, die als Begleitsymptom verschiedenartiger, meist schwerer Krankheiten vorkommen. Hierher gehören diejenigen Anämien bei Leukosen, die durch Infiltration des Marks unter Verdrängung der erythropoetischen Stammzellen entstehen. Meist sind diese Anämien jedoch komplexerer Natur. Dies trifft auch für Tumorerkrankungen zu. Offenbar kommt der „innere Eisenmangel" bei Tumoren der Katze aber seltener vor als beim Hund. Dabei wird Eisen vermehrt ins retikuloendotheliale System eingelagert, das damit der Erythropoese fehlt; es handelt sich also um eine durch innere Faktoren (Tumor) bedingte Eisenmangelanämie. Ähnliches gilt für Infektanämien, die bei chronischen Infektionen und Sepsis vorkommen. Wie bei den Tumoranämien liegt eine absolute Verminderung der Eisenbindungskapazität zugrunde, möglicherweise auch eine Hemmung der Erythropoese. Als Grundkrankheiten kommen Sepsis, Pyometra, Peritonitis, Pleuritis, FIP in Frage.

Seltener als beim Menschen kommen bei Katzen mit chronischen Leberkrankheiten Anämien vor, wahrscheinlich weil das Endstadium selten erreicht wird. Auch fehlen die Varizenblutungen bei dieser Tierart als Anämieursache. Auch bei Schrumpfnieren sind Anämien seltener. Ob bei Urämie anfallende Toxine oder urämische Hämolysen eine wesentliche Rolle spielen, läßt sich derzeit nicht sagen.

Die Behandlung besteht in der Abstellung bzw. Behandlung der Ursache. Meist heilt die Anämie, wenn zumindest die Besserung der Grundkrankheit gelingt, spontan aus. Bei Leukosen wäre der Einsatz von Zytostatika denkbar und ist auch erfolgreich; es soll jedoch noch einmal auf die epidemiologische Problematik der Leukosebehandlung bei der Katze verwiesen werden. Gleichzeitige Hämolyse spricht besonders gut auf Prednisolon an. Bei Tumoren hilft nur deren Behandlung; hohe Eisengaben sind erfolglos. Ähnliches gilt für die Anämie bei chronischen Infektionskrankheiten.

Polyglobulien

Unterschieden werden muß zwischen echten (absoluten) und Pseudo- (relativen) Polyglobulien (s. Abb. 13).

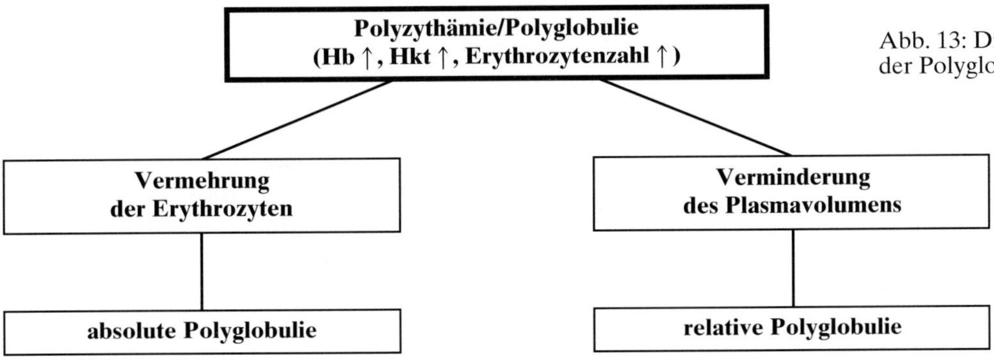

Abb. 13: Differenzierung der Polyglobulien (I).

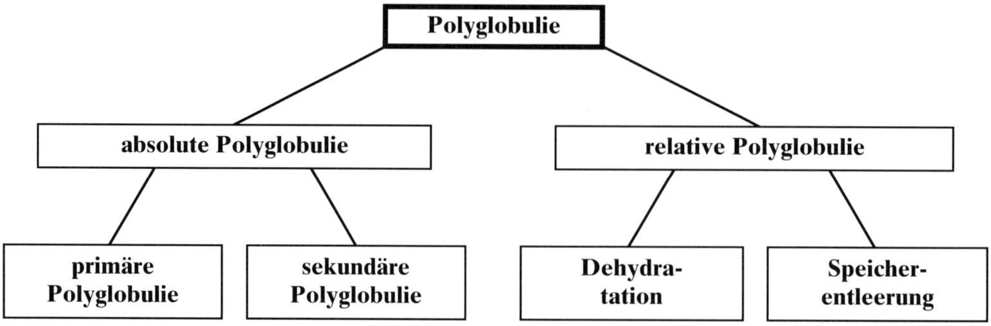

Abb. 14: Differenzierung der Polyglobulien (II).

Die *absoluten („echten" oder „wahren") Polyglobulien* oder Polyzythämien gehen mit einer Vermehrung der Erythrozyten einher. Man unterscheidet primäre von sekundären absoluten Polyglobulien (Abb. 14). Bei den primären Formen liegt eine Erkrankung des Knochenmarks selbst vor. Die *primären Polyglobulien* können als maligne Profileration der Knochenmarksstammzellen aufgefaßt werden. Sie gehen bisweilen mit einer Erhöhung der Leukozyten- und der Thrombozytenzahlen einher. Erythropoetin im Blutserum ist nicht erhöht (Abb. 15). Primäre Polyglobulien sind bei der Katze bisher nur ganz vereinzelt beschrieben worden und entsprechen dem Krankheitsbild der Polycythaemia (rubra) vera.

Sekundäre Polyglobulien werden bei Hypoxie/Hypoxämie beobachtet. Durch die länger dauernde Abnahme des Sauerstoffpartialdrucks kommt eine Aktivierung der Erythropoetinsekretion zustande, die die Stammzellen zur vermehrten – benignen – Zellteilung veranlaßt. Zugrunde liegen können Lungen- und Herzkrankheiten. Im Blut ist – im Gegensatz zur Polycythaemia vera – das Erythropoetin erhöht. Auch die sekundären Polyglobulien sind bei der Katze – anders als beispielsweise beim Pferd – sehr selten anzutreffen.

Zu den sekundären Polyglobulien werden auch die durch vermehrte Erythropoetinsekretion aufgrund von Nierenkrankheiten (Durchblutungsstörungen, Tumoren, Zystennieren) gerechnet. Hierbei liegt als Grundkrankheit die Nierenveränderung mit den entsprechenden Symptomen vor. Auch bei der renalen sekundären Polyglobulie ist Erythropoetin im Blutserum vermehrt; es liegt jedoch keine Hypoxämie vor (Abb. 15). Auch bei Hyperthyreosen werden sekundäre Polyzythämien beobachtet.

Wesentlich häufiger als die absoluten Polyglobulien kommen auch bei der Katze die *relativen oder Pseudopolyglobulien* vor. In den meisten Fällen liegen ihnen Dehydratationen unterschiedlicher Ursachen zugrunde (unstillbares Erbrechen, Durchfall, Polyurie). In vielen Fällen liegt gleichzeitig eine Hyperproteinämie vor, keineswegs jedoch immer, da gerade bei den zugrunde liegenden Krankheiten nicht selten ein erheblicher Proteinverlust eintreten kann (exsudative Enteropathie, Glomerulonephritis/große Proteinurie).

Eine vorübergehende relative Polyglobulie tritt durch Entleerung der Blutspeicher (Milz) infolge von Aufregung (Tierarztbesuch, Prozedur der Blutentnahme!) auf. Das Serum-Protein bleibt in diesen Fällen jedoch unverändert.

Zur Differenzierung der verschiedenen Polyglobulieformen ist die klinische Untersuchung von hervorragender Bedeutung. Sie berücksichtigt etwa zugrunde liegende Primärkrankheiten, die mit Druchfall, Erbrechen, Polyurie einhergehen. Besondere Beachtung müssen Anzeichen einer Dehydratation finden (Exsikkose mit verzögert oder nichtverstreichender Hautfalte, trockene Schleimhäute, tiefliegende Bulbi, Dehydratationszeichen der Thoraxröntgenaufnahme). Ferner ist auf Herz-Kreislauf-Lungen-Krankheiten besonders zu achten. Nierenvergrößerung sollte immer an eine primäre Polyglobulie denken lassen. Katzen, die sich bei der Untersuchung oder Blutentnahme besonders erregen, haben leicht einen hohen Hämatokritwert; die gleichzeitige Untersuchung des Serum-Proteins kann dann Klarheit ergeben, wenn das Serum-Protein vorher im Referenzbereich gelegen hat. Dieses Beispiel zeigt, daß die Vergleiche Hämatokritwert/Serum-Protein niemals absolut gewertet werden dürfen, sondern der Interpretation aufgrund des klinischen Untersuchungsbefundes bedürfen: Ein scheinbar „normaler" Proteinwert kann bei Dehydratation vorgetäuscht sein, wenn vorher eine Hypoproteinämie bestanden hat.

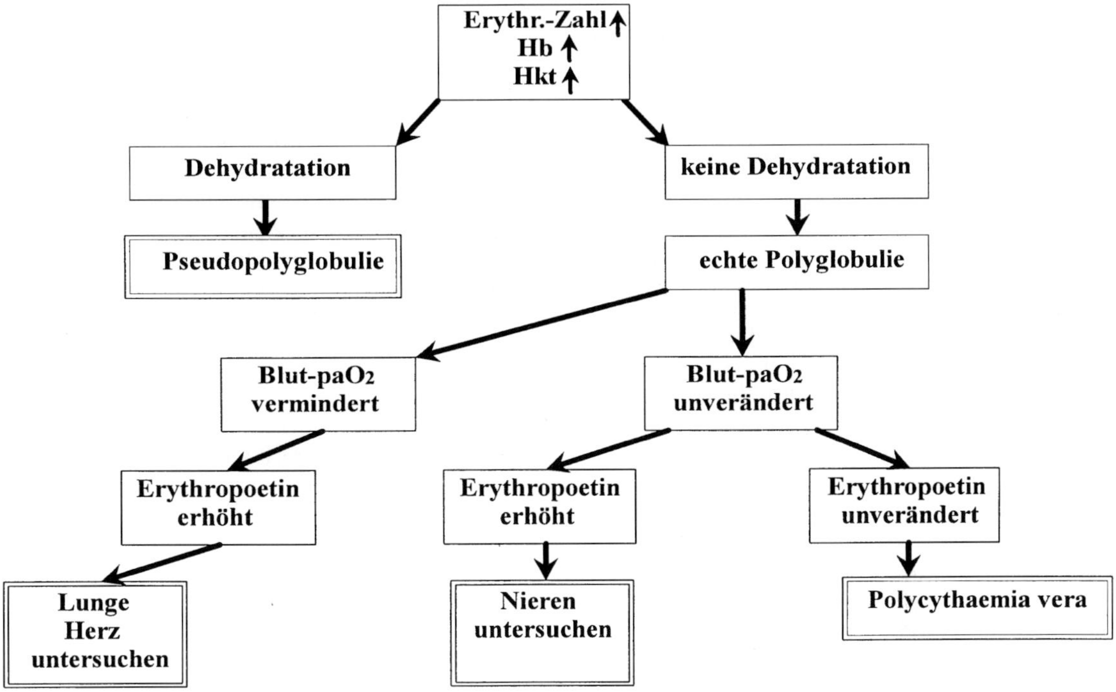

Abb. 15: Differentialdiagnose der Polyglobulien (aus: W. KRAFT, U. M. DÜRR: Klinische Labordiagnostik, 4. Auflage, 1996)

Therapie sekundärer Polyglobulien

Eine Behandlung der durch Hypoxämie ausgelösten sekundären Polyglobulie erfolgt über die Behandlung der Grundkrankheit (Herz, Lunge).

Die Polyglobulien durch Dehydratation führen bei höheren Graden zu erheblichen Kreislaufstörungen bis hin zum Kreislaufschock mit tödlichem Ausgang. Sie stellen internistische Notfälle dar und bedürfen einer sofortigen Intensivtherapie. Erforderlich ist eine ausreichende intravenöse Versorgung mit Flüssigkeit (Volumen). Dabei sind die drei Komponenten zu berücksichtigen:

- Deckung des täglichen Bedarfs
- Substitution des entstandenen Defizits (= Ausgleich der Dehydratation)
- Substitution der zusätzlich verloren gehenden Flüssigkeitsmengen (Durchfall, Erbrechen etc.)

Für Einzelheiten sei auf das Kapitel „Notfälle in der Inneren Medizin“ verwiesen.

Polycythaemia (rubra) vera

Es handelt sich um eine myeloproliferative Krankheit mit Vermehrung der Stammzellen und einem sehr zellreichen Knochenmark, in dem auch die Megakaryozyten vermehrt sein können. Die Reifung der Erythrozyten erfolgt vollständig, so daß reife Zellen in der Peripherie auftreten. Gleichzeitig können Blutplättchen und Leukozyten im peripheren Blut vermehrt auftreten.

Die Krankheit kommt bei der Katze sehr selten vor (REED u. M., 1970; THEILEN u. M., 1979); die eigene Erfahrung beruht ebenfalls auf wenigen Einzelfällen. Welche Ursache zugrunde liegt, ist unbekannt, insbesondere ist ein Zusammenhang mit dem FeLV nicht sicher.

Das **klinische Bild** ist bestimmt durch verminderte Leistungsfähigkeit infolge der erhöhten Blutviskosität mit ungünstigen Fließeigenschaften. Dadurch besteht eine Tendenz zur Hypoxie. Dagegen liegt keine Hypoxämie vor, der Sauerstoffpartialdruck ist unverändert. Ebenso ist Erythropoetin nicht erhöht.

Die Schleimhäute erscheinen leuchtend rot, die Episkleralgefäße stark hervortretend. pO_2 und Erythropoetin sind unverändert.

Der durch die Vermehrung der Erythrozytenmasse provozierte „Sludge“ in der Peripherie, verbunden mit einer evtl. gleichzeitigen Vermehrung der Blutplättchen, zieht eine erhöhte Thrombosegefahr nach sich.

Die **Diagnose** läßt sich an Hand folgender Kriterien stellen:
- klinisches Bild (rote Schleimhäute, Belastungsinsuffizienz)
- Polyglobulie
- unveränderter Sauerstoffpartialdruck
- unverändertes (nicht erhöhtes) Erythropoetin

Differentialdiagnostisch ist an sekundäre Polyglobulien durch Hypoxämien sowie an Erythropoetin-sezernierende Nierenkrankheiten zu denken; in diesen Fällen ist Bluterythropoetin erhöht. Relative Polyglobulien lassen sich an Hand des klinischen Bildes in Verbindung mit dem Vorbericht leicht ausschließen.

Therapie

Wegen der Seltenheit der Krankheit bei der Katze basieren die Therapieempfehlungen auf Einzelerfahrungen. Die Behandlung wird durch folgende Maßnahmen bestimmt:
- Reduktion der Erythrozytenmenge
- Reinfusion des Plasmas oder Infusion saliner Lösungen
- Zytostatika

Es werden 10 bis 15 ml Blut/kg KM und Tag aus der Vena jugularis entnommen, bis ein physiologischer Hämatokritwert erreicht ist. Um den Patienten nicht zu dehydrieren und ihm zu viel Protein zu entziehen, kann – und sollte – man das Plasma reinfundieren. Sobald die Erythrozytenmasse wieder ansteigt, ist die Blutentnahme erneut durchzuführen.
Als Zytostatikum empfiehlt sich Cyclophosphamid. Nähere Einzelheiten s. Kapitel „Onkologie“.

Erythrämische Leukämie

Synonyma: Erythrämische Myelose, Erythroblastische Leukämie

Klinisches Bild

Es handelt sich um eine unkontrollierte Vermehrung erythrozytärer Stammzellen im Knochenmark. Im Blut besteht eine aregenerative Anämie (!) mit einer Vermehrung kernhaltiger roter Blutzellen. Gleichzeitig besteht eine Thrombozytopenie. Die klinischen Symptome sind unspezifisch: Apathie, Schwäche, hochgradige Blässe, Anorexie. Betroffen sind vorwiegend jüngere Katzen. Im Blut findet man die Symptome der aregenerativen Anämie mit normo- bis makrozytären Normozyten sowie vermehrt Normoblasten. Dies führt in Verbindung mit der Knochenmarksbiopsie zur Diagnose.

Die **Therapie** ist unklar. Versucht werden können Behandlungsschemata wie bei Myelosen.

Erythroleukämie

Bei dieser selten beschriebenen Krankheit sind sowohl die roten als auch die weißen Blutzellen betroffen. Im Blut werden Erythroblasten und Myeloblasten angetroffen. Beide Zellarten sind auch im Knochenmark vermehrt. Die klinischen Symptome sind wiederum unspezifisch wie bei anderen Leukosen. Ein Behandlungsschema ist nicht einheitlich erprobt.

Krankheiten der weißen Blutzellsysteme

(s. auch Kap. „Infektionskrankheiten”)

Leukozytopenien

Verminderungen der Leukozyten betreffen bei der Katze häufig alle Arten der weißen Zellen, wodurch die relativen Zahlen zwar erhalten bleiben, die absoluten Werte jedoch sinken. Nicht selten nehmen jedoch die einzelnen Zellarten unterschiedlich stark ab, in anderen Fällen ist nur eine Art betroffen, andere bleiben „normal” oder nehmen sogar zu. Die Ursache für eine Zellverminderung kann begründet sein in verminderter Bildung und Entlassung aus dem Knochenmark oder/und erhöhtem Verbrauch im Blut. Bisweilen kommt beides zusammen vor. Eine verminderte Produktion von weißen Zellen wird am häufigsten durch bestimmte Viren ausgelöst; am auffälligsten ist dies beim Panleukopenievirus der Fall, nicht selten wird Leukopenie bei Infektionen mit FeLV oder FIV, seltener bei FIP beobachtet. Im Falle der Leukämie können zwei verschiedene Ursachen vorliegen: entweder besteht eine Knochenmarkshypoplasie, die meist gleichzeitig zu Anämie und Thrombozytopenie führt, oder aber das Knochenmark ist sogar hyperplastisch, wobei dann allerdings der Reifungsprozeß oder die Freisetzung ins Blut behindert sind. Eine weitere Ursache für eine Leukopenie bei Infektionen mit dem FeLV besteht in der hin und wieder zu beobachtenden Myelofibrose; auch hierbei werden in der Regel gleichzeitig Anämie und Thrombozytopenie gefunden. Schwere Leukopenien werden bei Erkrankungen am früher sogenannten panleukopenieähnlichen Syndrom, ausgelöst durch das FeLV, beobachtet. Zu lange und zu hoch dosierte Behandlung mit Zytostatika führt ebenfalls Leukozytopenien herbei. Auch durch andere Arzneimittel werden Leukopenien fakultativ ausgelöst: Phenylbutazon,

Propylthiouracil, Pyrimethamin, Lymphozytopenie und Eosinopenie werden beim Cushing-Syndrom und bei Kortikosteroidbehandlung gesehen. Auch akute Streßzustände ergeben solche Verschiebungen, während bei chronischen Belastungen eher Lymphozytosen zustande kommen.

Zusammenfassend können bei der Katze folgende Krankheiten und Zustände zu Leukopenien führen:

- virale Infektionskrankheiten (Parvovirose, FeLV-, selten FIV-, Coronavirusinfektion)
- Sepsis
- Toxoplasmose (akut)
- stark erhöhter Verbrauch (akute Peritonitis, Pleuritis)
- Kreislaufschock
- Urämie
- Neoplasien des Knochenmarks, Knochenmarksfibrose
- medikamentös, insbesondere Zytostatika

Zu den Verminderungen der einzelnen Zellarten s. Fachbücher der Labordiagnostik.

Die klinischen Symptome von Leukopenien werden von der Grundkrankheit bestimmt. Hinzu kommen ggf. Symptome, die durch sekundäre Infektionen ausgelöst werden. Die mit Lymphozytopenien einhergehende Immunsuppression führt zu einer Manifestation von klinisch inapparenten Infektionskrankheiten. Die *Therapie* wird durch die Grundkrankheit bestimmt. Es müssen unbedingt Antibiotika angewandt werden. Geeignet ist Ampicillin (25 bis 50 mg/kg, auf dreimal täglich). Transfusionen von Leukozytenkonzentraten sind nur sehr kurzfristig wirksam.

Eine rasche Stimulation der neutrophilen Granulozyten läßt sich mit Filgrastim (Neupogen®) erzielen. Dies gilt insbesondere für Leukopenien, die durch Zytostatikatherapie eingetreten sind; weniger überzeugend sind dagegen die Ergebnisse bei Parvovirose. Die Dosis beträgt 5 µg/kg KM s. c., zwei- bis dreimal im Abstand von 24 Stunden (KRAFT und KUFFER, 1995).

Leukozytosen

Auch bei den Vermehrungen der weißen Blutzellen können alle Zellen m. o. w. gleichmäßig oder nur eine einzelne Zellart betroffen sein.

Meist sind die neutrophilen Granulozyten relativ und/oder absolut vermehrt, seltener die Lymphozyten, Eosinophilen oder Monozyten. Neutrophilien können mit oder ohne Linksverschiebung einhergehen. Leukozytosen sind bei Katzen sehr häufige Ereignisse. Sie können in physiologische und pathologische, letztere wiederum in reversible und prinzipiell irreversible unterteilt werden.

Folgende Ursachen können bei Katzen zur Leukozytose führen (KRAFT u. M., 1981, 1995):

Physiologische Leukozytosen, deren Grundlage eine Neutrophilie ist:

Aufregung, Furcht (etwa vor Hunden ohne Möglichkeit zur Abwehr oder Einhaltung der Fluchtdistanz im Wartezimmer), fremde Umgebung (Verbringen in Tierheime; tierärztliche Praxis), Behandlung durch fremde Personen, körperliche Belastung, Geburt. Die Leukozytose, die hierbei zu beobachten ist, wird durch eine Neutrophilie und Lymphozytose repräsentiert. Sie kommt zustande durch Adrenalinfreisetzung und die damit verbundene Blutdrucksteigerung. Dadurch werden die „marginal", d. h. an den Blutgefäßwänden, haftenden neutrophilen Granulozyten abgelöst und mit dem Blutstrom mitgerissen (Erhöhung des „zentralen" zuungunsten des „marginalen Leukozytenpools"). Die physiologische Leukozytose dürfte die hauptsächliche Ursache für die meist zu hohen „Normalwerte" der Katze in der Literatur sein. Bei geeigneter Sedierung werden weder Leukozytose noch Hyperglykämie beobachtet, ebensowenig bei sehr ruhigen oder sorgfältig an fremde Umgebungen gewöhnte und einfühlsam behandelte Katzen. Die physiologische von pathologischen Leukozytosen abzugrenzen, ist der Interpretation des Tierarztes vorbehalten und ist nur zu oft kaum möglich. Bei physiologischen Neutrophilien besteht eine normale Blutkörperchensenkungsreaktion, die Elektrophorese ist unverändert, die Körpertemperatur ist hoch normal bis leicht erhöht, es besteht Hyperglykämie. Besonders wichtig ist die Beachtung und Berücksichtigung des Verhaltens und die Dauer des Wartezimmeraufenthaltes.

Pathologische Leukozytosen können alle Arten weißer Blutzellen betreffen. Eine Differenzierung ist daher nötig. Meistens, aber keineswegs immer, sind die Neutrophilen betroffen:

Bakterielle Infektionskrankheiten, unregelmäßig und oft nur vorübergehend bei exogenen und endogenen Intoxikationen, parenterale Resorption körpereigenen oder -fremden Proteins o. a. Substanzen, Tumoren, Cushing-Syndrom, Diabetes mellitus, bestimmte Gehirnerkrankungen, besonders mit Krampfanfällen einhergehende, Allergien, posthämorrhagisch. Als irreversible Leukozytosen bezeichnet man die bei Leukosen auftretenden Erhöhungen der spezifischen Leukozyten, auch wenn unter Zytostatikabehandlung totale Remissionen vorübergehend gelingen. Neutrophilien können bei allen Formen der Leukosen auftreten, also auch etwa bei lymphatischen Leukosen.

Eosinophilien sind vielfach Ausdruck von Erkrankungen der Immunabwehr. Ihr Fehlen bedeutet nicht die Abwesenheit solcher Krankheiten.

Basophilien werden bisweilen bei Allergien und Hyperlipämien gesehen.

Monozytosen kommen vor bei Infektionskrankheiten, besonders in der Überwindungsphase, ferner bei Hyperkortizismus, Immunopathien, hämolytischen Anämien, exsudativer Peritonitis oder Pleuritis.

Lymphozytosen werden bei Katzen recht häufig beobachtet, ohne daß sie bestimmten Krankheiten zugeordnet werden können. Es ist möglich, aber nicht bewiesen, daß es sich dabei um Tiere handelt, die langdauernden Streßsituationen ausgesetzt sind. Auch bei Jungtieren werden vermehrt Lymphozyten gefunden. Pathologische Ursachen sind:

Infektionskrankheiten, die sich entweder in der Heilphase befinden oder aber chronisch geworden sind. Virale Infektionskrankheiten zeigen im Anfangsstadium oft sehr ausgeprägte relative Lymphozytosen, wobei die absoluten Werte jedoch normal oder sogar vermindert sein können. Irreversible Lymphozytosen werden bei lymphatischer Leukämie beobachtet.

Eine Behandlung der Leukozytosen selbst ist nicht das Ziel tierärztlichen Handelns; vielmehr sind die Leukozytenzahlen als Information über den Fortgang einer Krankheit oder deren erfolgreiche Behandlung anzusehen. Es muß also auf die entsprechenden Kapitel verwiesen werden. Physiologische Neutrophilien infolge Aufregung können durch Aufklärung des Besitzers und eigenes Zutun des Tierarztes vielfach, aber nicht immer vermieden werden. Die Katze ist frühzeitig an Transportkörbe zu gewöhnen. Am geeignetsten sind solche, die nach oben vollständig geöffnet werden können. Ebenso muß die Katze systematisch ans Autofahren gewöhnt werden. Beim Tierarzt ist jede Aufregung soweit wie irgend möglich zu vermeiden. Ein gemeinsamer Warteraum mit Hunden ist ungeeignet. Soweit es einzurichten ist, sollten Katzen sofort nach Ankunft untersucht werden. Hierbei ist auf besonders rücksichtsvolle Weise unter Beachtung des arteigenen Verhaltens vorzugehen. Jede Anwendung von Zwang ist soweit wie möglich zu vermeiden. Dies gilt besonders auch für die Blutentnahme.

Zusammenfassend können folgende Krankheiten und Zustände zur Erhöhung der Leukozyten führen:

Tabelle 2: Leukozytosen der Katzen

Neutrophilie	**Eosinophilie**	**Basophilie**	**Monozytose**	**Lymphozytose**
physiologisch: körperliche Bewegung, Aufregung, „Streß“ krankhaft: Infektionskrankheiten: bakterielle mykotische protozoäre Entzündungen: infektiöse nekrotische traumatische Verbrennungen metabolisch urämisch diabetisch Kortikosteroide Hyperthyreose hämolytisch neoplastisch myeloprolif. karzinomatös lymphomatöse(!) Neoplasien	Infektionskrankheiten: bisweilen bei Pneumonien, FIP, Panleukopenie, jeweils in den Heilphasen; Toxoplasmose, Endo- und Ektoparasitosen, chron. Entzündungen Allergien einschl. Flohallergie, Atopie (?), Pemphigus, felines Asthma Eosinophile Gastroenteritis Eosinophile Infiltration (Lunge) Eosinophiles Granulom bisweilen bei Tumorosen	selten; bei Allergien, Infektionskrankheiten, Hyperlipämie; Mastozytose: entzündliche Erkrankungen des Magen-Darm- oder des Respirationstrakts (sehr selten)	Infektionskrankheiten in der Heilphase, bes. bakterielle und Hämobartonellose Entzündungen neoplastisch: Monozytenleukämie, Lymphom	chron. Entzündungen und Infektionskrankheiten Immunkrankheiten Neoplasien Lymphom, lymphatische Leukämie

Tabelle 3: Hämoblastosen der Katzen

- Lymphatische Reihe:
  - Lymphozytäre Leukämie
  - Lymphoblastische Leukämie
  - Lymphom
- Myeloische Reihe:
  - Myeloische Leukämien
    - neutrophile,
    - eosinophile,
    - basophile Leukämie
  - Monozytenleukämie
  - Myelomonozytäre Leukämie
  - Megakaryozytenleukämie
  - Myelofibrose
  - Polycythaemia (rubra) vera
  - Erythrämische Leukämie
  - Erythroleukämie
  - Leukämische Retikuloendotheliose (Haarzell-Leukämie)
- Unreifzellige Leukämie
- Plasmazelltumor (Myelom)
- Mastzelleukose
- Thymom

Hämoblastosen

Die bösartigen Krankheiten des Blutes sind bei der Katze im Gegensatz zu den anderen Haustieren außerordentlich vielgestaltig. Von „Leukämie" sollte nur gesprochen werden, wenn in der Peripherie leukämische Zellen auftreten. Obgleich die überwiegende Mehrzahl durch maligne Entartung des lymphatischen Systems gekennzeichnet sind, werden in nicht seltenen Fällen das rote oder das granulozytäre System oder auch nichthämatopoetische Zellreihen betroffen. Bei der Katze sind folgende Krankheiten beschrieben worden.

Die überwiegende Mehrzahl der Hämoblastosen der Katze wird durch das FeLV ausgelöst. Es bestehen jedoch wenig Zweifel, daß sie auch bei dieser Tierart durch andere, zum Teil unbekannte Agentien ausgelöst werden können oder idiopathisch entstehen.

Lymphatische Leukämien

Es handelt sich um bösartige Proliferationen des lymphatischen Gewebes im Knochenmark, wobei eine Vermehrung der lymphatischen Zellen im Blut auftritt. Die im Blut anzutreffenden Zellen können reif **(lymphozytäre Leukämie)** oder unreif **(lymphoblastische Leukämie)** sein. Die Unterscheidung ist wegen des Verlaufs und der therapeutischen Beeinflußbarkeit von Bedeutung: Lymphoblastische Leukämien verlaufen akuter als lymphozytäre und sind durch Chemotherapeutika besser beeinflußbar.

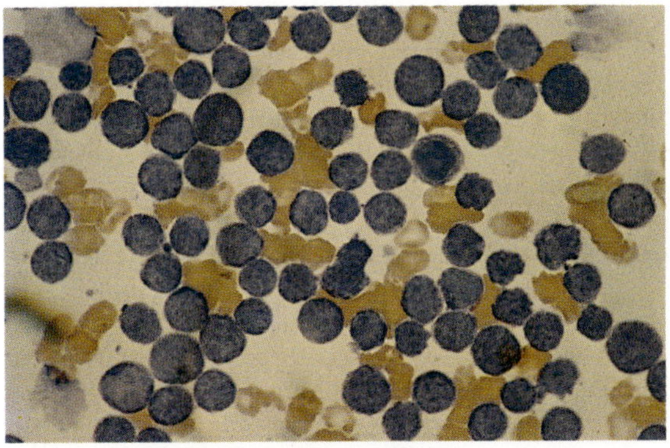

Abb. 17: Lymphatische Leukämie.

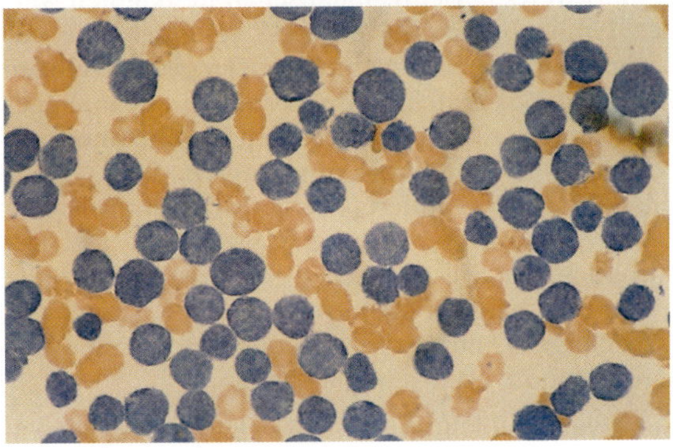

Abb. 18: Lymphatische Leukämie mit 100 % lymphatischer Zellen.

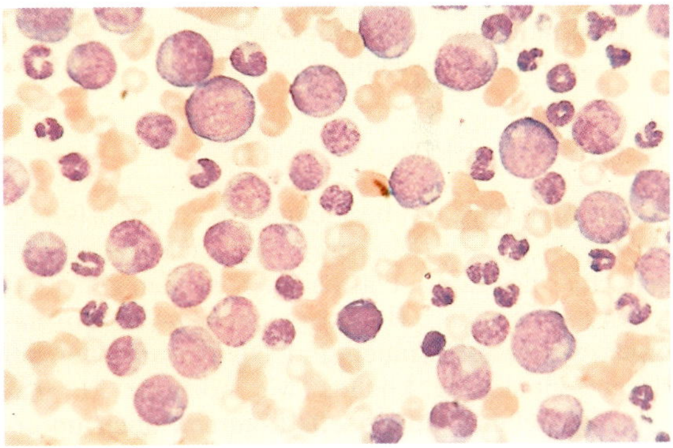

Abb. 19: Lymphatische Leukämie mit gleichzeitiger Vermehrung der neutrophilen Granulozyten.

Es bestehen damit Parallelen zur akuten lymphoblastischen Leukämie des Kindes. Allerdings werden die meisten lymphoblastischen Leukämien der Katze von T-Zell-Leukosen repräsentiert, die eine schlechtere Prognose haben.

Die *klinischen Symptome* sind im Kap. „FeLV-Infektion" (Infektionskrankheiten) beschrieben worden. Sehr häufig bestehen neben leukämischen Erscheinungen Anämien unterschiedlicher Art. Während bei der „klassischen" Leukämie mit einer Vermehrung der betroffenen Zellart im Blut gerechnet werden muß, werden auch beim malignen Lymphom der Katze viele, sogar überwiegend, normale oder sogar subnormale Zellzahlen gefunden (subleukämisch, aleukämisch), wobei aber oft eine relative Lymphozytose mit m. o. w. atypischen Lymphozyten angetroffen wird; andererseits können aber auch massive Leukozytosen bis mehrere 100 000/µl auftreten. Die *Diagnose* wird anhand des klinischen Bildes und der Blutuntersuchung gestellt. In Fällen mit weitgehend unauffälligem Blutbild oder bei Leukopenie sollte eine Knochenmarkuntersuchung durchgeführt werden. Bei lymphatischen Leukämien werden lymphatische Zellverbände gefunden, die aus Lymphoblasten oder mehr oder weniger reifzelligen Lymphozyten bestehen. Bei Verdacht auf malignes Lymphom werden die betroffenen Organe (meistens periphere oder innere Lymphknoten, Leber, Milz oder Nieren) bioptiert (Feine-Nadel-Biopsie zur zytologischen Untersuchung, Stanzbiopsie oder Exstirpation zur histologischen Untersuchung). Die Unterscheidung der hämolymphatischen Neoplasien ist wichtig, da lymphatische Neoplasien i. a. eine bessere Prognose als myeloische haben.

Selbstverständlich muß in allen Fällen mit Leukämieverdacht eine Untersuchung auf FeLV durchgeführt werden, die allerdings nicht selten negativ verläuft, was – wie früher betont – keineswegs auf eine nichtvirale Ätiologie schließen läßt. Die Therapie der lymphatischen Leukosen wird im Kap. „Onkologie" ausführlich geschildert.

Plasmazelleukose

Die auch als Myelom bezeichnete Krankheit befällt das Knochenmark (Myelom) oder auch andere Organe (Plasmozytom). Plasmazellen werden gelegentlich in das periphere Blut abgegeben, wo sie normalerweise nicht aufzufinden sind. Die Plasmazellen bei Plasmazelleukämie können wie normale Plasmazellen aussehen, andererseits kommen auch unterschiedlich geformte zur Beobachtung. Sie stammen von einem einzigen B-Lymphozytenklon ab, wie ihre Fähigkeit, ein uniformes funktionsloses Immunglobulin zu bilden, zeigt. Die Verdrängung des Knochenmarks führt zu Erythropenie, Leukopenie und Thrombozytopenie. Hieraus resultieren Anämie, Neigung zu Infektionskrankheiten und Blutungen. Es kann eine Hyperproteinämie gefunden werden, wobei die Vermehrung auf ein monoklonales γ-Globulin zurückzuführen ist (schmaler, sehr hoher γ-Globulinpeak im Elektropherogramm). Die γ-Hyperglobulinämie kann zur Präzipitation an der Basalmembran der Glomerula führen und damit eine Glomerulopathie auslösen. Spontanfrakturen der Knochen können auftreten. Als weitere klinische Symptome werden Anorexie, Apathie, Blässe der Schleimhäute, durch Antibiotika unbeeinflußbares Fieber beobachtet. Die Katzen weisen eine Tendenz für andere, inbesondere infektiöse, Krankheiten auf. Im Urin können Bence-Jones-Körper nachgewiesen werden. Die **Diagnose** kann im Blut gestellt werden, wenn überwiegend Plasmazellen vorkommen. Ebenso sprechen Bence-Jones-Körper im Urin, gleichzeitig Hyper-γ-Globulinämie vom monoklonalen Typ („M-Komponente") im Blutserum, für die Krankheit. Im Knochenmark werden massenhaft Plasmazellen nachgewiesen, ebenso in Plasmozytomen (Feine-Nadel-Biopsie). Die Therapie der Plasmazelleukose entspricht der der lymphatischen Leukose (s. Kap. „Neoplasien").

Myeloische Leukämie

Es handelt sich um die zweithäufigste Leukämie der Katze; damit kommt die myeloische Leukämie bei dieser Tierart wesentlich häufiger vor als beim Hund, wo diese Form eine absolute Rarität darstellt. Im Knochenmark werden häufig Myeloblasten gefunden, die schwierig von Lymphoblasten zu unterscheiden sind; der Myeloblast hat ein feineres Chromatin, das Verhältnis des Kerns zum Protoplasma ist kleiner; bisweilen werden Zystoplasmagranula gesehen (Reifung in Richtung Promyelozyt). Promyelozyten und Myelozyten werden seltener als Myeloblasten gefunden. Im peripheren Blut können Leukopenien oder Leukozytosen festgestellt werden, wobei die unreifen Zellformen seltener vorkommen als die reiferen. Meistens sind innere Organe gleichzeitig betroffen: besonders Hepato-Splenomegalie wird gesehen. Auch andere Organe können betroffen sein.

Klinisches Bild

Die Krankheit tritt als akute oder als chronische Form auf. Die akute myeloische Leukämie kommt bei der Katze häufiger als die chronische vor. Sie erfaßt hauptsächlich Jungkatzen. Ihr **klinisches Bild** ist durch plötzlich einsetzende schwere Störung des Allgemeinbefindens mit Apathie, Schwäche, Erbrechen, Durchfall und Anorexie, ferner insbesondere Schleimhautblässe geprägt. Es besteht eine Tendenz zu Hämorrhagien. Bisweilen werden Hepato- und Splenomegalie gesehen. Im Blut werden eine normo- bis makrozytäre aregenerative Anämie mit Normoblasten sowie eine Thrombozytopenie gefunden. Es kann eine Neutropenie (!), aber auch eine hochgradige Neutrophilie vorliegen, wobei Myeloblasten im

Blut auftreten können. In den weißen Zellen werden saure Phosphatase, PAS, aber keine alkalische Phosphatase nachgewiesen.

Prognose: Die Krankheit verläuft wie eine akute Infektionskrankheit und geht unbehandelt nach wenigen Wochen tödlich aus.

Die **Diagnose** erfolgt an Hand des Blutausstrichs und insbesondere der Organbiopsie. Die Therapie ist von der der lymphatischen Neoplasien verschieden; sie wird im Kapitel „Neoplasien" ausführlich geschildert.

Mastzellneoplasien

Mastzellen sind mit den basophilen Granulozyten verwandt, aber offenbar nicht identisch. Die Funktionen beider Zelltypen sind sich sehr ähnlich. Mastzellen kommen im Gewebe, Basophile im Blut vor.

Mastzelltumoren sind bei der Katze nicht häufig. Sie werden als Hauttumoren oder als Eingeweidetumoren gesehen, wobei die Meinungen, welche Form die häufigere sei, auseinander gehen.

Die Hautform der Mastzellneoplasien imponieren als Knoten in der Haut, deren Lokalisation besonders der Kopf-Hals-Bereich ist. Die Knoten können in der Einzahl auftreten oder disseminiert. WILCOCK u. M. (1986) unterscheiden zwei Gruppen von Mastzelltumoren: eine vom Mastzelltyp, die bei über vier Jahre alten Katzen vorkommt und bei der keine Rasseprädisposition vorkommt, und eine vom histiozytären Typ, die besonders bei Siamkatzen vorkommt, die unter vier Jahre alt sind; dieser Typ tritt miliar auf und verläuft gutartig. Die Verfasser konnten Spontanregressionen beobachten.

Die Eingeweideform erfaßt das hämolymphatische oder das intestinale System. Im Falle der Erkrankung des hämolymphatischen Systems entsteht eine Mastzelleukämie mit Einbeziehung von Milz, Leber, Lymphknoten und Knochenmark. Im Blut werden dann häufig, aber keineswegs immer, Mastzellen („Basophilie") gefunden. Es liegt dann das Bild der Mastzell-Leukämie vor. Die klinischen Symptome manifestieren sich unspezifisch als gestörtes Allgemeinbefinden mit Apathie, Schwäche, Anorexie und Erbrechen. Der Bauch ist bisweilen wegen der Hepatosplenomegalie umfangsvermehrt.

Bei der intestinalen Form zeigen ebenfalls Umfangsvermehrungen des Abdomens, die auf tumoröse Massen im Viszeralbereich zurückgehen. Auch hierbei werden Anorexie, Erbrechen, ferner Durchfall und auf längere Dauer Abmagerung beobachtet. In der Regel sind der Dünndarm und Darmlymphknoten betroffen. Vermutlich durch die Histaminfreisetzung aus den Mastzellgranula und die daraus folgende Gastrinsekretion mit Hyperazidität entstehen blutende Magengeschwüre. Häufig werden Metastasen in anderen Organen gesehen, jedoch keine Mastzellvermehrung im Blut.

Die **Diagnose** wird an Hand des Blutbildes oder/und der zytologischen (Feine-Nadel-Biopsie) oder histologischen Untersuchung (Exstirpation oder Stanzbiopsie) gestellt. Der FeLV-Antigentest ist nicht brauchbar, da die meisten Katzen mit Mastzelltumoren negativ reagieren.

Ein zuverlässiges **Therapie**protokoll ist nicht erarbeitet. Soweit möglich, sollten solitäre Tumoren chirurgisch entfernt werden; dies gilt besonders für die Hautform und die Milz. LISKA u. M. (1979) berichten von einer Überlebenszeit von 0 bis 34 Monaten mit einem Median von 11 Monaten. Auf die spontane Regressivität einiger Tumoren wurde bereits hingewiesen. Die Therapie mit Prednisolon scheint keine besonders guten Ergebnisse zu bringen (WELLER, 1978; COHEN und KOCH, 1980). CUTO (1989) empfiehlt neben der Exstirpation die Bestrahlung, die Gabe von Prednisolon, eine Woche 40 mg/m^2 alle 24 Stunden, dann 20 mg/m^2 jeden zweiten Tag.

Eosinophilenleukämie

Die Kenntnis über diese Leukämieform beruht auf wenigen Fällen. Gefunden wurden höchstgradige Eosinophilien sowohl im Blut als auch im Knochenmark, ferner Infiltrationen in zahlreichen inneren Organen. Therapeutisch wurden Kortikosteroide, Busulfan und Vincristin mit wenig überzeugendem Erfolg eingesetzt (s. Kap. „Onkologie").

Monozytenleukämie

Auch diese Krankheit kommt sehr selten bei der Katze zur Beobachtung, in der Mehrzahl mit Blut-Leukozytose, wobei bis zu 96 % Monozyten gefunden wurden; bisweilen wurden normale oder leukopenische Blutbilder festgestellt. Die Patienten zeigten Apathie, Anorexie, Fieber und Anämie. Organsymptome bestanden von seiten des Gehirns, des Herzens und der Nieren. Die Monozyten besitzen große Zellkerne, zum Teil können Teilungsformen gefunden werden. Eine gesicherte Therapie besteht nicht, es kann ein Versuch wie bei myeloischer Leukämie gemacht werden.

Gerade die schlechte Reaktion der Eosinophilie auf Kortikosteroide wird als Hinweis auf eine Eosinophilenleukämie und zur Differenzierung von eine reaktiven Eosinophilie angesehen.

Von den Eosinophilenleukämien wird die eosinophile leukämoide Reaktion unterschieden. Sie wird besonders beim maligen Lymphom des Gastrointestinaltrakts beobachtet. Das Disseminierte Eosinophile Syndrom geht ebenfalls häufig mit einer hochgradigen Bluteosinophilie einher. Gleichzeitig werden Eosinophileninfiltrate in den Darm, die Leber, die Milz, das Pankreas und in die Nebennieren sowie die zugehörigen Lymphknoten gefunden. Das klinische Bild wird von dem unterschiedlichen Befall der Organe bestimmt und besteht anfangs in Erbrechen, Durchfall und Dehydratation; später werden Vergrößerungen der Leber und der Milz und Zeichen von seiten des Pankreas (Malassimilation) beobachtet. Im Gegensatz zur Eosinophilenleukämie sprechen letztere Syndrome auf Kortikosteroide an.

Megakaryozytenleukämie

Auch diese Leukoseform ist sehr selten. In der Peripherie werden Megakaryozyten gefunden, die oftmals schlecht von Stammzellen unterschieden werden können. In der Regel besteht eine erhebliche Vermehrung von Blutplättchen, aber auch Thrombozytopenien können vorkommen. Die Knochenmarksbiopsie kann vermehrt Megakaryozyten aufzeigen. Eine Behandlung der Megakaryozytenleukämie wird nicht beschrieben.

Myelofibrose

Es handelt sich um eine Proliferation der Fibroblasten, wobei die hämatopoetischen Stammzellen verdrängt werden. Gefunden werden Anämien und Hepatosplenomegalien. Die Knochenmarksbiopsie ergibt eine verminderte Zellzahl, die Kortikalis kann verdickt sein.

Hämostasestörungen

Die Störungen der Blutgerinnung können eingeteilt werden in

1. Thrombozytopenien und -pathien
2. Koagulationsstörungen
3. Gefäßschäden
4. Kombinationen aus (1) bis (3)

1. Thrombozytopenien

Sie sind die häufigste Ursache für Hämostasestörungen beim Tier. Zugrunde liegen können verminderte Produktion, erhöhter Verbrauch (Zerstörung, Umsatzerhöhung) oder Verteilungsstörungen. Eine **verminderte Produktion** kommt bei der Katze in der Hauptsache durch eine Infektion mit dem FeLV zur Beobachtung (Panmyelophthise). Andere Ursachen sind Toxine einschließlich therapeutisch eingesetzter, ferner ionisierende Strahlen. Dabei sind die Megakaryozyten im Knochenmark vermindert.

Umsatzerhöhungen mit erhöhtem Verbrauch kommen bei Verbrauchskoagulopathie/Disseminierter intravasaler Gerinnung, rascher Thrombenbildung oder immunpathogener Thrombozytopenie vor. In diesen Fällen ist die Zahl der Megakaryozyten im Knochenmark normal oder vermehrt.

Verteilungsstörungen werden bei Herz-Kreislaufinsuffizienz oder bei Splenomegalie gesehen.

Klinik: Thrombozytopenien gehen, wenn die Zahl 30 000/µl unterschreitet, mit Spontanblutungen einher, Punktionsstellen bluten verlängert nach. Die Bildung des Primärthrombus ist verzögert.

Diagnose: Thrombozytopenien werden durch Zählung der Thrombozyten im peripheren Blut diagnostiziert, wobei zu beachten ist, daß die Thrombozyten der Katze sehr unterschiedlich groß sind und zur Agglomeration neigen; eine Zählung in automatischen Zählgeräten wirft bei dieser Tierart Probleme auf. Hilfreich ist das Thrombelastogramm; es kann darüber hinaus auch Plättcheninsuffizienzen aufdecken (s. Fachbücher der Labordiagnostik).

Die Behandlung von Thrombozytopenien hängt von der Ursache ab. Die bei der Verbrauchskoagulopathie zu beobachtenden Thrombozytopenien werden durch Behebung des Kreislaufsversagens sowie durch Applikation von Heparin behandelt (Anfangsdosis 50 bis 80 [bis 100] E Heparin/kg KM in der Dauertropfinfusion innerhalb einer Stunde, danach 30 bis 50 E/kg KM als Dauertropfinfusion in der Stunde, nach Erholung des Kreislaufversagens Depot-Heparin, zweimal täglich 200 E/kg KM subkutan). Infektionskrankheiten, die zur Thrombozytopenie führen können, werden durch Behandlung der Grundkrankheit therapiert; dies gilt insbesondere für die FeLV-Infektion, die bei der Katze die häufigste Ursache einer Thrombozytopenie infolge einer Infektion darzustellen scheint. Ebenso führen Infektionen durch das FIV zu Thrombozytopenie (HARTMANN, 1995). Auch bei Hämobartonellose werden Thrombozytopenien beobachtet. Bei immunmediierter Thrombozytopenie sind Behandlungen mit Prednisolon, 2 (bis 4) mg/kg KM, auf zweimal täglich verteilt, erfolgreich; sie können mit Immunsuppressiva kombiniert werden: Azathioprin (z. B. Imurek®), 0,5 bis 2 mg/kg KM, oder Cyclophosphamid (z. B. Endoxan®), 1 bis 2 mg/kg KM. Bei Verteilungsstörungen der Thrombozyten infolge einer Splenomegalie kommt die Splenektomie infrage.

2. Koagulationsstörungen

Wesentlich seltener als Thrombozytopenien kommen Störungen der Gerinnungsfaktoren vor, selbst wenn man die noch relativ häufigen Dicumarolvergiftungen hinzurechnet. Man kann die Koagulopathien in angeborene (erbliche) und erworbene einteilen, worunter die erworbenen häufiger als die angeborenen anzutreffen sind. Koagulationsstörungen führen zur Insuffizienz der Sekundärthromben.

2.1. Erworbene Koagulationsstörungen

Dicumarolvergiftungen werden bei der Katze ungleich seltener beobachtet als beim Hund; dieser Tatsache liegen möglicherweise weniger eine geringere Empfindlichkeit gegenüber dem Gift zugrunde als vielmehr unterschiedliche Lebens- und Eßgewohnheiten. So gibt es weitaus mehr Katzen als Hunde, die als reine Haustiere nie ins Freie kommen; andererseits werden überwiegende „Freiläufer" schlechter beobachtet, und ihr plötzliches Verschwinden fällt nicht auf. Wesentlich wichtiger für das seltenere Auftreten der Dicumarolvergiftung – wie auch anderer Vergiftungen mit Rodentiziden – dürfte aber den unterschiedlichen Futteraufnahmegewohnheiten zuzuschreiben sein, da die Katze weniger dazu neigt, Köder aus ihr unbekanntem oder ungewohntem Futter anzunehmen.

Pathogenetisch liegt der Erkrankung eine kompetitive Verdrängung des Vitamins K aus den Bindungsorten der Gerinnungsfaktoren zugrunde; Vitamin-K-abhängig sind die Faktoren II, VII, IX und X. Die Folge ist eine Abnahme der Gerinnungsfaktoren, ohne daß infolge des Vitamin-K-Mangels genügend Nachschub erfolgt. Dies hat zur Folge, daß erst nach einer gewissen Latenzzeit und eher bei wiederholter Aufnahme selbst kleiner Mengen von Dicumarol als nach einer einzigen großen Menge unstillbare Blutungen aus Haut, Schleimhaut, in die Körperhöhlen oder die ausführenden Organe auftreten. Es entsteht eine schwere akute Blutungsanämie mit hypovolämischem Schock.

Das klinische Bild entspricht damit dem einer akuten Blutungsanämie mit Unruhe, Schwäche, Tachypnoe, Tachykardie, Schleimhautblässe, zunehmend schwächer werdendem Puls, Kühle der Peripherie, schließlich Festliegen und Tod im hypovolämischen Schock.

Die Diagnose ist intra vitam – und in der Regel auch post mortem – oft nur als Verdachtsdiagnose zu stellen, wenn der Quicktest und besonders die partielle Thromboplastinzeit stark verlängert, die Thrombozytenzahl aber normal bis mäßig erniedrigt sind (Verlust von Plättchen). Eine weitestgehende Bestätigung erfährt die Diagnose, wenn nach Injektion von Vit. K_1 und frischem Vollblut die Blutungen alsbald zum Stehen kommen (diagnostische – und therapeutische – Behandlung).

Differentialdiagnostisch kämen andere Vitamin-K-Mangelzustände in Frage, die infolge insuffizienter Fettverdauung auftreten können, aber bei der Katze noch nicht mit Sicherheit beobachtet worden sind. Im Falle chronischer Leberkrankheiten kommt im Endstadium eine Verminderung der Bereitstellung der dort produzierten Gerinnungsfaktoren zustande; dabei sind gleichzeitig deutliche Symptome von seiten der Leber vorhanden, die sich langsam entwickelt haben und daher schon bekannt sein sollten.

Therapeutisch wird Vitamin K_1 in einer Anfangsdosis von 10 bis 20 mg/kg injiziert; an den fünf darauffolgenden Tagen wird die Dosis auf ca. 1 mg/kg reduziert und auf zwei- bis dreimal täglich per os gegeben. Frisch gewonnenes Katzenvollblut (5 bis 20 ml i. v.) sorgt für einen sofortigen Ersatz der Gerinnungsfaktoren und führt eine sofortige Blutstillung herbei. Im Falle eines hypovolämischen Schocks wäre die ausreichende Substitution von Blut die geeignetste Maßnahme; falls dies nicht möglich ist, können Plasmaexpander und/oder Vollelektrolytlösungen verabreicht werden (erst nach Applikation von Vit. K). Punktionen der Körperhöhlen sollen nur bei lebensbedrohenden Zuständen (Thorax, Herzbeutel) durchgeführt werden, nachdem die Blutstillung zustande gekommen ist.

Erworbene Faktor-VII-Mangelzustände werden bei Phenobarbitalgabe (schon bei 10 mg/kg und Tag) hin und wieder beobachtet. Der Faktor fällt aber nicht so stark ab (auf 50 %), daß bereits klinische Erscheinungen auftreten.

Verbrauchskoagulopathie (disseminierte intravasale Gerinnung) kommt zustande durch Freisetzung prokoagulatorischer Substanzen bei zahlreichen Krankheiten, die zu einer schweren Azidose und zum Kreislaufschock führen. Verbrauchskoagulopathien mit oder ohne schwere Hämorrhagien können auftreten bei Sepsis, generalisierter Tumorose, schweren Traumen, Hitzschlag und besonders Panleukopenie (HOFFMANN, 1973; KRAFT, 1973, 1975). Das Auftreten einer Verbrauchskoagulopathie stellt immer eine sehr ernste Komplikation einer Krankheit dar und muß als prognostisch ungünstiges Zeichen gewertet werden. Durch das Entstehen disseminierter Mikrothromben in mehr oder weniger ausgedehnten Gefäßgebieten – vorwiegend betroffen sind Nierenrinde und -mark, Glomerulum, Lunge und Leber – wird der Blutfluß unterbrochen, so daß in den betroffenen Endstrombahnen Hypoxie und Nekrosen entstehen. Durch den massenhaften Verbrauch von Thrombozyten und Gerinnungsfaktoren und den im Schock verminderten Nachschub kommt ein Absinken dieser für die Gerinnung wichtigen Komponenten zustande, so daß Mängel sowohl an Faktoren als auch an Blutplättchen die Folge sind (Verbrauchskoagulopathie). Dies kann bis zur Ungerinnbarkeit des Blutes führen, so daß Petechien, Ekchymosen und stärkere Blutungen die Folge sein können.

Die Therapie muß die Behandlung der Grundkrankheit, insbesondere aber des Kreislaufschocks (s. d.) zum Ziele haben. Wichtigste Maßnahme ist die Volumensubstitution. Zur Verhinderung weiterer Koagulation und damit Normalisierung der Gerinnungsfaktoren wird Heparin gegeben, 50 bis 100 E/kg alle 90 bis 120 min i. v. oder nach der Initialdosis 30 bis 50 E/kg und Stunde im Dauertropf; nach Normalisierung der Kreislaufverhältnisse kann Depot-Heparinat in einer Dosis von 200 E/kg alle 12 Stunden s. c. gegeben werden (KRAFT, 1975; GERBIG u. M., 1977; KRAFT, 1980).

2.2. Angeborene Koagulationsstörungen

Hämophilie A kommt bei der Katze wesentlich seltener vor als beim Hund (COTTER u. M., 1978). Ursächlich liegt ein Faktor-VIII-Mangel zugrunde, der bisher nur in wenigen Fällen beschrieben wurde. Der genetische Defekt wird mit dem X-Chromosom weitergegeben. Dies bedeutet, daß heterozygote Kätzinnen nicht erkranken, die den Defekt erbenden männlichen Nachkommen aber Bluter sind. Klinisch werden protahierte Blutungen aus Mikroläsionen, Gelegenheits- oder Operationswunden gesehen, nachdem anfangs ein Blutungsstillstand durch Plättchenaggregation zustande gekommen war. Allerdings neigt die Katze offenbar weniger zu Spontanblutungen als der Hund. Zur Diagnose wird der Faktor VIII bestimmt, wozu die Eichkurve mit Katzenblut angefertigt werden sollte. Therapeutisch wird bei akuten Blutungen Frischblut transfundiert; auch frisches Plasma kann verwendet werden (5 bis 10 ml/kg).

Hämophilie B, Mangel an Faktor XI, ist ebenfalls bei der Katze beschrieben worden (DODDS, 1975). Auch diese Krankheit kommt extrem selten vor. Die Symptome gleichen denen bei Hämophilie A. Die Diagnose erfolgt über Bestimmung der Faktor-IX-Aktivität, die Therapie durch Transfusion von Plasma (oder Serum).

3. Gefäßschäden

Hämostasestörungen durch Gefäßerkrankungen kommen bei der Katze seltener vor. Sie werden beobachtet bei Gefäßentzündung und -nekrose, einem Krankheitsbild, das auch als Vaskulitis bezeichnet wird. Weiterhin treten Hämostasestörungen bei Gefäßtumoren auf.

Vaskulitiden werden entweder durch Fortleitung von Entzündungen aus umgebenden Inflammationen auf die Gefäße oder durch Infektionserreger, Endotoxine, Exotoxine oder Immumreaktionen ausgelöst. Zunächst kommt es zur Schädigung des Gefäßendothels. dabei kommt das Kollogen der Gefäßwand mit dem Blut in Berührung. Es erfolgt eine Bildung von Mikrothromben; außerdem Komplement aktiviert. Durch Chemotaxis werden weiße Blutzellen angelokt, die die Zellwand infiltrieren. Die Freisetzung von Lysozymen führen eine weitere Gefäßwandschädigung herbei. Die Gefäße werden permeabel und brüchig. Die Folgen können mehr oder weniger umfangreiche Blutungen, aber auch das Auslösen einer disseminierten intravalen Koagulation sein.

Krankheiten der Lymphknoten

Abgesehen vom Lymphomkomplex kommen Lymphknotenerkrankungen bei der Katze relativ selten vor. Körper- und/oder Organlymphknoten erkranken bei lymphatischen Neoplasien in unterschiedlicher Häufigkeit. Sie sind vergrößert, erscheinen palpatorisch gelappt, sind glatt, nicht schmerzhaft. Die Diagnose kann anhand der Biopsie gestellt werden.

Lymphknotenvergrößerungen werden bei FIV-infizierten Katzen beobachtet. Die Tiere leiden zum Teil an Fieber, Apathie, Anorexie und Gewichtsverlust. Die Diagnose erfolgt durch Antikörpernachweis.

Bakterielle Infektionen führen besonders im Kopfbereich zu Lymphadenitiden der Lnn. mandibulares. Dies trifft besonders für die eiternden Verletzungen der Kopfhaut infolge von Katerkämpfen zu. Auch Entzündungen im Bereich des Unterkiefers führen zu Lymphadenitiden. Die Behandlung ist die der Grundkrankheit; die Anwendung von Chemotherapeutika/Antibiotika ist empfehlenswert.

Krankheiten der Milz

Die Milz kann im Verlaufe einer Leukose miterkranken. Auch bei Hämangioendotheliose kommen Mitbeteiligungen der Milz vor, wobei diese Erkrankung wesentlich seltener als beim Hund diagnostiziert wird. Milzvergrößerungen werden bei Infektionskrankheiten, insbesondere der Hämobartonellose, beobachtet. Bei Anämien kann die extramedulläre Hämatopoese zum Teil in der Milz ablaufen. Das Organ ist dabei erheblich vergrößert. Vergrößerungen (Splenomegalien) kommen auch bei Kongestionen infolge Rechtsherzinsuffizienz zur Beobachtung. Eine Folge von Splenomegalien kann eine Verteilungsstörung der Thrombozyten und damit eine Thrombozytopenie sein. Zur Diagnose werden Palpation, Röntgenuntersuchung, Sonographie und Biopsie durchgeführt. Unerläßlich ist das Anfertigen eines Blutbildes.

Krankheiten des Thymus

Im Alter von vier bis fünf Monaten hat der Thymus bei der Katze die Funktion beendet und ist kaum noch nachweisbar. Tumoren des Thymus (Thymome) werden beim erwachsenen Tier gefunden; sie sind in der Regel gutartig und wachsen langsam, können aber durch ihre Größe zu Atembeschwerden Anlaß geben. Sie lassen sich klinisch und röntgenologisch nicht von den bösartigen Lymphosarkomen unterscheiden. Eine Biopsie gestattet die Diagnose.

Bei Katzenwelpen kann die Thymusdrüse im Verlauf der infektiösen Panleukopenie miterkranken. Auch die Infektion mit dem FeLV führt zu Miterkrankungen des Thymus, zu seiner Atrophie und zum Tode der Katze.

Literatur

ALSAKER, R. D., LABER, J., STEVENS, J., PERMAN, V.: A comparison of polychromasia and reticulocyte counts in assessing erythrocytic regenerative response in the cat. J. Am. Vet. Med. Assoc. **170,** 39 (1977).

BUSH, B. M.: Interpretation of laboratory results for small animal clinicians. Blackwell, London, Edinburgh, Boston, Melbourne, Paris, Berlin, Wien (1991).

CAPEN, In: MOULTON: Tumors in domestic animals. Univ. Calif. Press, 2nd ed., Berkeley (1978).

COHEN, S. J., KOCH, F.: Cutaneous mastocytosis with metastases in a domestic cat. Feline Pract. **10,** 41 (1980).

COUTO, C. G.: Oncology. In: SHERDING, R. G.: The cat. Linvingstone, New York (1989).

COTTER, S. M., BRENNER, R. M., DODDS, W. J.: Hemophilia A in three unrelated cats. J. Amer. Vet. Med. Assoc. **172,** 166–168 (1978).

CRAMER, D. V., LEWIS, R. M.: Reticulocyte response in the cat. J. Am. Vet. Med. Assoc. **160,** 61–67 (1972).

CRONKITE, E. P.: Kinetics of granulopoiesis. Clin. Haematol. **8,** 351 (1979).

DOODS, W. J.: Bleeding disorders. In: S. J. ETTINGER: Textbook of Veterinary Internal Medicine. Saunders, Philadelphia (1975).

FAN, L. C., DORNER, J. L., HOFFMAN, W. E.: Reticulocyte response and maturation in experimental acute blood loss anemia in the cat. J. Am. Anim. Hosp. Assoc. **14,** 219–224 (1978).

FINCO, D. R., DUNCAN, J. R., SCHALL, W. D., PRASSE, K. W.: Acetaminophen toxicity in the cat. J. Am. Vet. Med. Assoc. **166, 469** (1975).

GERBIG, T., KRAFT, W., KRAFT, I.: Die Kaolinaktivierte Partielle Thromboplastinzeit bei gesunden Katzen und die Kontrolle der Heparintherapie. Kleintierpraxis **22,** 293–296 (1977).

HAARER, M., GRÜNBAUM, E.-G.: Zur Blutgruppendiagnostik bei der Katze. Tierärztl. Prax. **21,** 339 (1993)

HARVEY, J. W.; KORNICK, H. P.: Phenazopyridinetoxicosis in the cat. J. Am. Vet. Med. Assoc. **169, 327** (1976).

KRAFT, W.: Das Thrombelastogramm der gesunden Hauskatze und die Behandlung der Verbrauchskoagulopathie bei Panleukopenie. Berl. Münch. Tierärztl. Wschr. **86,** 394–396 (1973).

KRAFT, W., DÜRR, U. M. (Herausgeber): Klinische Labordiagnostik in der Tiermedizin. 3. Auflage. Schattauer-Verlag, Stuttgart, New York (1995).

KRAFT, W., DÜRR, U. M. (Herausgeber): Klinische Labordiagnostik in der Tiermedizin. 4. Auflage. Schattauer-Verlag, Stuttgart, New York (1996).

KRAFT, W., DÜRR, U. M.: Kompendium der klin. Labordiagnostik. Schaper, Hannover (1981).

KRAFT, W., KUFFER, M.: Behandlung schwerer Neutropenien bei Hund und Katze mit Filgrastim. Tierärztl. Prax. **23,** 609 (1995)

KRAFT, W., u. M.: Thrombozytopenie bei Feliner Infektiöser Panleukopenie. Kleintierpraxis **25,** 129 (1980).

LISKA, W. D., u. M.: Feline systemic mastocytosis: A review and results of splenectomy in seven cases. J Amer. Anim. Hosp. Assoc. **15,** 589 (1979)

PRASSE, K. W., KAEBERLE, M. L., RAMSEY, F. K.: Blood neutrophilic granulocyte kinetics in cats. Am. J. Vet. Res. **34,** 1021 (1973).

REED, C., LING, G. V., GOULD, D., KANEKO, J. J.: Polycythemia vera in a cat. J. Am. Vet. Med. Assoc. **157,** 85 (1970).

SCHALM, O. W.: Erythropoiesis in the cat (Figures 1–4) Feline Pract. **5,** 41–43 (1975).

SCHALM, O. W., JAIN, N. C., CARROLL, E. J.: Veterinary Hematology, 3rd ed. Lea & Febiger, Philadelphia (1975).

SCHECHTER, R. D., SCHALM, O. W., KANEKO, J. J.: Heinz body hemolytic anemia associated with the use of urinary antiseptics containing methylene blue in the cat. J. Am. Vet. Med. Assoc. **162,** 37 (1973).

SCOTT, D. W., SCHULTZ, R. D., POST, J. E., BOLTON, G. R., BALDWIN, C. A.: Autoimmune hemolytic anemia in the cat. J. Am. Anim. Hosp. Assoc. **9,** 530 (1973).

STRAUB, P. W.: Anämien durch Störungen der Erythropoese. Hyperplastische Anämien. In: HORNBOSTEL, H. u. M.: Innere Medizin in Praxis und Klinik. Thieme, Stuttgart (1977).

THEILEN, G. H., MADEWELL, B. R.: Veterinary cancer medicine. Lea & Febiger (1979, 1987).

WELLER, R. E.: Systemic mastocytosis and mastocythemia in a cat. Mod. Vet. Pract. **59,** 41 (1978).

WILCOCK, B. P., YAGER, J. A., ZINK, M. C.: The morphology and biologic behaviour of feline cutaneous mastocytomas. Vet. Pathol. **23,** 320 (1986).

Gerinnungsstörungen

Von I. Nolte

Raum für Notizen

Gerinnungsstörungen

Physiologie und Pathophysiologie

Die an der Hämostase beteiligten Reaktionsschritte sind sehr komplex. Sie umfassen neben Gerinnungszellen (Thrombozyten bzw. Blutplättchen), Plasma- und Gewebefaktoren (Zymogene, Cofaktoren, Fibrinogen und Inhibitoren) auch die Blutgefäße. Die Funktion der Hämostase liegt in der Erhaltung der Fließeigenschaft des Blutes und der Gefäßwand. Die drei Komponenten Thrombozyten, plasmatische Gerinnung und Gefäßwand stellen damit zusammen das hämostatische Potential. Störungen innerhalb des Systems der Hämostase können durch eine überschießende Aktivierung am falschen Ort zur Verlegung eines sonst intakten Gefäßes führen (z. B. Aortenthrombose bei primärer Kardiomyopathie). Durch eine fehlende oder mangelhafte Blutstillung kann es andererseits zu vermehrten oder verlängerten Blutungen infolge von Verletzungen, postoperativ, oder auch spontan nach banalen Belastungen kommen (hämorrhagische Diathese). Die Einteilung der hämorrhagischen Diathesen orientiert sich im allgemeinen an der Pathogenese und an den beteiligten drei Komponenten der Blutstillung und umfaßt daher:

- **thrombozytäre Störungen der Hämostase**
- **Koagulopathien**
- **Vasopathien.**

Physiologie

Thromboyzten

Thrombozyten oder Blutplättchen sind kernlose, dem Zytoplasma der Megakaryozyten entstammende Zellfragmente. Das mittlere Plättchenvolumen (MPV) bewegt sich bei der Katze zwischen 11–18 fl. Die Megakaryozyten werden, ebenso wie die Vorläuferzellen der Erythrozyten und Leukozyten, hypothetisch aus einer gemeinsamen pluripotenten Stammzelle gebildet, die die Fähigkeit der Reproduktion und der Differenzierung in die drei hämatopoetischen Zellreihen besitzt. Die Reifung zum Megakaryozyten verläuft im Knochenmark über drei morphologisch und histochemisch differenzierbare Zellformen:

- **Megakaryoblast**
- **Promegakaryozyt**
- **reifer Megakaryozyt.**

Der Megakaryozyt ist die unmittelbare Vorstufe der Thrombozyten. Über einen Zerfall des Megakaryozytenplasmas können bis zu mehrere Hundert Thrombozyten pro Megakaryozyt entstehen.

Über den Regulationsmechanismus der Thrombozytopoese bei der Katze ist wie beim Menschen und den anderen Tierarten wenig bekannt. Es wird allgemein eine humorale Regelsubstanz – das Thrombopoetin – dafür verantwortlich gemacht, die direkt in die Megakaryopoese eingreift. Herkunft, biochemische Struktur und Wirkungsmechanismus dieser postulierten Substanz sind noch weitgehend unbekannt. Stellgröße für die Bildung des Thrombopoetins ist die Thrombozytenkonzentration im zirkulierenden Blut oder das gesamte Thrombozytenvolumen. Thrombozytopenien werden zunächst durch Freisetzung der Thrombozyten aus ihren Speichern, im wesentlichen aus der Milz, ausgeglichen. Anschließend kommt es zu einer Größenzunahme und einer beschleunigten Ausreifung der Megakaryozyten. Dagegen bewirken Thrombozytosen über die verminderte Thrombopoetinbildung einen gegenteiligen Effekt an den Megakaryozyten.

Die Lebensdauer der felinen Thrombozyten beträgt schätzungsweise 10 Tage.

Die Thrombozyten enthalten zentral die zuvor im Megakaryozyten angehäuften Organellen und Granula (Granulomer) und peripher ein strukturarmes Zytoplasma (Hyalomer) mit einem kontraktilen Mikrotubulisystem (Abb. 1). Das Zytoplasma wird von einer Glykoproteinhülle umschlossen, die einerseits verschiedene an der Gerinnung beteiligte Komponenten trägt (z. B. Plättchenfaktor 3, von Willebrand-Faktor), und andererseits eine Variation von Einstülpungen in das Zytoplasma aufweist, die als „surface-connected open canalicular system" eine Verbindung des Zellinneren mit der Umgebung darstellt. Die Mikrotubuli stabilisieren die Plättchenform. Mit ihnen verläuft ein aktomyosinähnliches kontraktiles Protein, das als Thrombasthenin bezeichnet wird. Nach Bildung eines Gerinnsels ziehen diese Fasern das Koagulum unter Auspressung von Serum zusammen und geben ihm damit die erforderliche Festigkeit in der Nachphase der Gerinnung.

Im Granulomer des Thrombozyten liegen mehrere Speichergranula, welche die für den physiologischen

Ablauf der Gerinnung erforderlichen Substanzen enthalten. Im wesentlichen sind es die:

α-Granula : Fibrinogen
Plättchen-Wachstumsfaktor
Plättchenfaktor 4
β-Thromboglobulin

β-Granula (dense bodies):
A D P
Serotonin

Lysosomen: lysosomale Enzyme.

Daneben existiert ein dichtes tubuläres System aus zu Kanälen und Bläschen geformten Membranen. In diesem findet ein Teil der Prostaglandin- und Thromboxansynthese statt, daneben dient es als Kalziumspeicher. Auffällig bei den Thrombozyten der Katze sind im Vergleich zum Hund zahlreiche Organellen, insbesondere viele Mitochondrien (Abb. 1).

Innerhalb des regulären Gerinnungsablaufes haben die Thrombozyten verschiedene Funktionen. Das intakte Gefäßendothel reagiert nicht mit Thrombozyten oder anderen Blutbestandteilen. Dies liegt vermutlich an der Abstoßungskraft gleichartiger elektrischer Ladungen von Gefäßendothel und Thrombozyten. Kommt es in einem geschädigten Gefäßabschnitt zu einer Strömungsverlangsamung, dann nähern sich die Thrombozyten der Gefäßwand und mit abweichenden Scherkräften häufen sich die Plättchenkollisionen. Es entstehen veränderte elektrische Strömungspotentiale, und die Thrombozyten werden aktiviert.

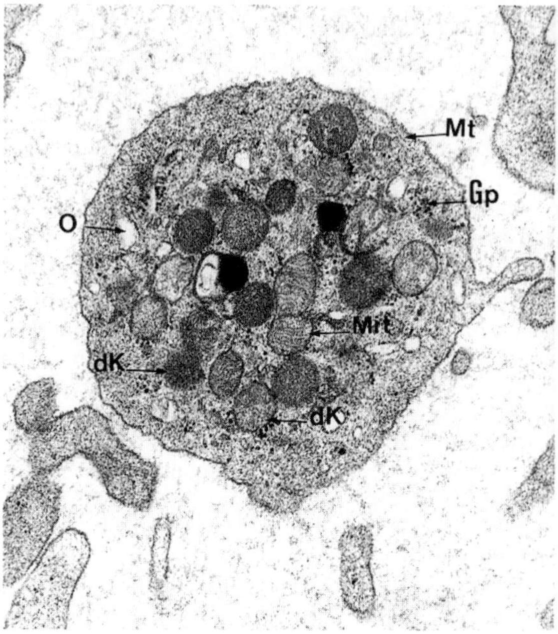

Abb. 1: Transmissionselektronenmikroskopische Aufnahme eines Thrombozyten aus plättchenreichem Plasma einer Katze. Auffällig gegenüber anderen Tierarten ist die hohe Dichte an Granula und Organellen (besond. Mitochondrien). Subzelluläre Strukturen: Mikrotubuli (Mt), α-Granula (G), Glykogenpartikel (Gp), Mitochondrien (Mit), offenes tubuläres System (O) und dichte Körper (dK) (x 12 000) Aufn.: V. Geiß u. I. Nolte.

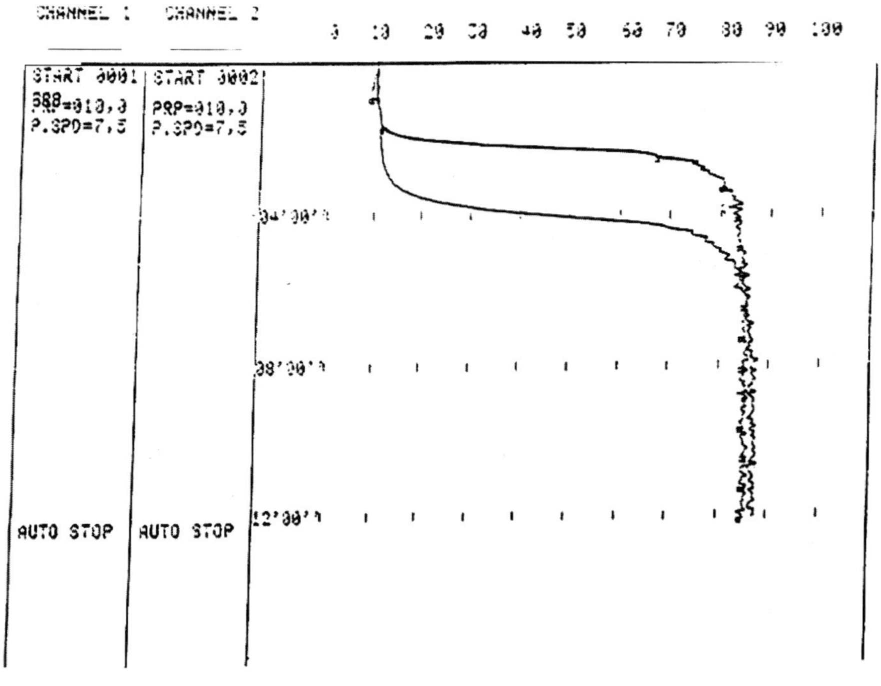

Abb. 2: Thrombozytenaggregationskurven einer klinisch gesunden Katze auf unterschiedliche Kollagenstimuli. Shape change wird in der Kurve nicht deutlich.
Kanal 1: 0,5 µg/ml Kollagen ———
Kanal 2: 2,5 µg/ml Kollagen ———
Probe enthält 272 500 Thrombozyten/µl. ▪ ▪
(Hart und Nolte, 1991).

Erst an geschädigten Endothelzellen werden die Blutplättchen adhärent. Dies kann als initiales Ereignis für die Bildung eines Plättchenpfropfes als Endprodukt für einen Defektverschluß aufgefaßt werden. Die Bindung des Willebrand-Faktors (WF) am Subendothel fördert die Adhäsion. Es setzt nun ein Formwandel (shape change) ein. Die Thrombozyten verlieren ihre Scheibenform, werden kugelig und bilden Pseudopodien aus. Dieser Prozeß ist reversibel und kann durch die Thrombozytenaggregationsuntersuchung nach BORN auch in vitro dargestellt werden, wobei bei den äußerst aktiven Thrombozyten der Katze diese Phase oft nur undeutlich aufgezeichnet wird (Abb. 2). Bei ausreichend intensiver Stimulation mit plättchenaktivierenden Substanzen wie Kollagen, Adenosindiphosphat (ADP) oder Thrombin tritt eine zunächst noch reversible Zusammenlagerung (Aggregation) zahlreicher Thrombozyten ein. Diese Aktivierung der Plättchen wird in der Aggregationsuntersuchung durch die erste Phase repräsentiert und mündet in vivo in einen lockeren, lokal fixierten Plättchenthrombus. Bei noch stärkerem Reiz schließt sich die zweite, irreversible Phase der Aggregation an. Damit ist die Freisetzung von vasoaktiven und aggregationsfördernden Substanzen verbunden. Thromboxan A_2 und Serotonin bewirken lokal eine reflektorische Vasokonstriktion mit Absinken des intravasalen Drucks. ADP, Thromboxan A_2 und Phospholipide (u. a. Plättchenfaktor 3) sind stark aggregationsfördernde Substanzen, die weitere Thrombozyten zur Zusammenlagerung veranlassen. Gehemmt wird der Aggregationsvorgang durch in den Gefäßendothelien gebildetes Prostacyclin, das nach Thrombinkontakt wirksam wird.

Während der Aggregatbildung werden von den Thrombozyten membranständige Phospholipide (Plättchenfaktor 3) durch einen „rapid flip-flop“ Mechanismus verfügbar gemacht und damit die plasmatische Gerinnung auf dem endogenen Weg aktiviert. Die gerinnungsaktive Wirkung der Phospholipide ist vor allem durch ihre reaktive Oberfläche bedingt. Es entstehen Aktivatorkomplexe, die neben dem Phospholipid aus einem oder mehreren Gerinnungsfaktoren und Kalziumionen bestehen. Über die Aktivierung des Intrinsic-Systems entsteht Fibrin, das sich zwischen die Thrombozyten lagert, und es kommt damit zur Bildung eines Plättchenfibrinthrombus.

Plasmatische Gerinnung

Die an der plasmatischen Gerinnung beteiligten Faktoren werden wie beim Menschen mit den römischen Ziffern I bis XIII bezeichnet. Die Faktoren II, V, VII, IX, X, XI, XII sowie das an der Gerinnung und Fibrinolyse beteiligte Präkallikrein und das „high molecular weight“ Kininogen (HMWK) werden in der Leber synthetisiert. Faktor III ist ein Phospholipid und wird als Initiator des Extrinsic-Systems angesehen (Gewebsthromboplastin). Gelegentlich wird Kalzium noch als Faktor IV geführt. Die Benennung von Faktor VI für die aktivierte Form von V ist nicht mehr gebräuchlich. Die Faktoren II, VII, IX, X und XII sind Proteasen mit der Aminosäure Serin im aktiven Zentrum. Im Verlaufe des Gerinnungsprozesses werden diese Proenzyme in die aktive Form überführt und mit „a“ gekennzeichnet. Die Faktoren V und VIII wirken an bestimmten Stellen des Gerinnungssystems als Cofaktoren.

Beim Faktor VIII-Molekül ist zu unterscheiden zwischen dem für die Thrombozytenfunktion (Adhäsion und Aggregation) wesentlichen Trägerprotein, dem Willebrand-Faktor (WF) und dem gerinnungsaktiven, kleineren Cofaktor (F VIII: C), dessen Verminderung zur Hämophilie A führt. Die Synthese der Faktor VIII Moleküle erfolgt im Endothel und vermutlich auch im Monozyten-Makrophagen-System. Die Bildung der Faktoren des Prothrombinkomplexes (II, VII, IX, X) ist Vitamin K-abhängig. Vitamin K besitzt strukturelle Ähnlichkeiten mit den Kumarinderivaten und den Indandionen. Bei Abwesenheit von Vitamin K oder in Gegenwart von Kumarinderivaten unterbleibt die Umwandlung in Karboxyprothrombin. Das Molekül liegt dann als funktionsuntüchtiger Vorläufer in der Zirkulation vor.

Das Fibrinogenmolekül (Faktor I) wird in den Hepatozyten synthetisiert. Das Fibrinogenmolekül läßt sich in drei Untereinheiten der, alpha-, beta- und gamma-Kette unterscheiden, die durch Disulfidbrücken zusammengehalten werden. An den N-terminalen Enden der alpha- und der beta-Kette befinden sich die Fibrinopeptide A und B. Nach Einwirkung von Thrombin zerfällt das Fibrinogenmolekül in die Fibrinopeptide A und B und das Fibrinmonomer. Die Fibrinmonomermoleküle polymerisieren in einer End-zu-End- und einer Seit-zu-Seit-Assoziation. Faktor XIII (Fibrinase) wird durch Thrombin und Faktor Xa enzymatisch aktiviert. Dieser ist dann in der Lage, durch Transpeptidierung das noch lösliche Fibrin in unlösliches umzuwandeln, das in vitro nicht mehr durch höhermolare Harnstofflösung gelöst werden kann.

Entscheidende Reaktionen innerhalb der plasmatischen Gerinnung sind letztlich die Umwandlung von Fibrinogen in Fibrin durch Thrombin (Faktor IIa) und die stabilisierende Funktion von Faktor XIIIa. Dieses Ziel kann über zwei Systeme erreicht werden:

- **endogenes (Intrinsic) System und**
- **exogenes (Extrinsic) System.**

Als Auslöser kann einerseits der Fremdoberflächenkontakt die intravasale Aktivierung des endogenen

Systems bewirken, andererseits wird das exogene System durch die bei einer Verletzung freigesetzten Gewebsthromboplastine aktiviert. Beim endogenen Weg der Gerinnung kommt dem Präkallikrein-Kallikrein-System noch eine beschleunigende Wirkung zu. Gleichzeitig kann der aktivierte Faktor XII über Kallikrein und Plasmin eine Fibrinolyse induzieren (Pathogenese der sekundären Hyperfibrinolyse). Nach Aktivierung des Intrinsic- und Extrinsic-Systems steht die Bildung eines Faktor X-Aktivators, in die je nach Startreaktion verschiedene Faktoren integriert sind. Faktor Xa ist der essentielle Bestandteil des Prothrombin-Aktivators, der aktiviertes Thrombin (Faktor IIa) entstehen läßt, womit die Umwandlung von Fibrinogen in Fibrin erreicht wird.

Fibrinolyse und Inhibitoren

Das plasmatische Gerinnungssystem wird durch die Fibrinolyse ergänzt, deren Schlüsselenzym die Serinprotease Plasmin ist, die durch Proteolyse aus Plasminogen entsteht. Plasmin wird in der Leber gebildet. Auch bei der Fibrinolyse kann zwischen einem Intrinsic- und einem Extrinsic-System unterschieden werden. Innerhalb des endogenen Systems geht die Umwandlung des Plasminogens von einem Blutaktivator, Faktor XIIa, und auch von Kallikrein aus. Ein Gefäßwandaktivator, ein Gewebsaktivator oder Urokinase bewirken die exogene Umwandlung. Während Urokinase direkt Plasmin bilden kann, induziert Streptokinase über eine stöchiometrische Bindung mit dem Plasminogenmolekül eine Konformationsänderung. Diese Komplexbindung ist enzymatisch aktiv, wobei das Plasminogenmolekül zum Proaktivator für eine weitere Umwandlung von Plasminogen in Plasmin wird.
Natürlich vorkommende Inhibitoren schützen das System der plasmatischen Gerinnung und der Fibrinolyse vor aktivierenden Vorgängen zum falschen Zeitpunkt und am falschen Ort. Der stärkste Inhibitor ist das Antithrombin III, das durch Heparin in seiner Wirkung gesteigert wird. Andere Hemmkörper sind: α1-Antitrypsin, Protein C, und der C_1-Inaktivator. Diese sind, wie auch die Inhibitoren der Fibrinolyse, bei der Katze im einzelnen noch unzureichend untersucht.

Gefäßwand

Die intakte Gefäßwand reagiert nicht mit den Faktoren der plasmatischen Gerinnung und den Thrombozyten. Läsionen der Gefäßwand haben eine Vasokonstriktion zur Folge. Muskelfreie Kapillaren und Venolen sind nicht in der Lage, sich zu kontrahieren. Bei niedrigem intravasalen Druck kollabieren solche Gefäße, und die Endothelzellen können miteinander verkleben.
Daneben haben die Endothelzellen wichtige Funktionen innerhalb der Hämostase durch verschiedene die Gerinnung hemmende oder fördernde Inhaltsstoffe.

Diagnostik von Hämostasestörungen

Anamnese

Die Erhebung der Anamnese ist für die Diagnostik eventuell vorhandener Gerinnungsstörungen von großer Bedeutung, auch wenn keine offensichtlichen Blutungen auftreten. Hierbei wird zunächst nach früheren Blutungen gefragt, aber auch nach Symptomen, die nicht mit augenfälligen Blutungen in Zusammenhang stehen müssen, wie z. B.: Lahmheiten, Schwellungen, unklare Fieberschübe, schlecht heilende oder nachblutende Verletzungen, Dunkelfärbung von Harn oder Kot, Schwäche und Blässe nach vorangegangenen Bauchhöhlenoperationen u. a. Liegt der Verdacht einer angeborenen Gerinnungsstörung vor, so muß über das Signalement hinaus eine sorgfältige Familienanamnese erhoben werden. Bei der Katze sind die Fragen zur Haltung von besonderer Wichtigkeit. Hierbei interessiert, ob sie Freigänger ist, Mäuse fängt und sie verspeist. Manchmal hat der Katzenbesitzer selbst verendete Nager gesehen oder kann über ausgelegte kumarinhaltige Köder berichten. Von Bedeutung für die Erkennung von Blutungsneigungen sind weiterhin Fragen nach Arzneimittelbehandlungen (z. B. Azetylsalizylsäure, Phenylbutazon, Zytostatika, Penicillin) und Begleiterkrankungen, die mit Urämie, Ikterus, Leber- und Knochenmarksschädigungen verlaufen.

Klinische Untersuchung

Grundsätzlich muß eine sorgfältige klinische Allgemeinuntersuchung durchgeführt werden. Diese beinhaltet eine genaue Adspektion der äußeren Haut und der Schleimhäute. Nach dem Blutungstyp lassen sich hämorrhagische Diathesen oft bereits grob kategorisieren. Koagulopathien zeichnen sich durch ausgedehnte Sugillationen und Suffusionen in Haut und Schleimhäuten aus (Abb. 3). Aber auch tiefe Weichteilblutungen treten spontan oder nach geringfügigen Traumen auf. Bei der Hämophilie sind Blutungen in Gelenke und Meningen häufig.
Thrombozytäre Gerinnungsstörungen sind gekennzeichnet durch petechiale Blutungen und Ekchymosen. Diese finden sich vorwiegend an der Innenseite der Ohrmuscheln, auf den Schleimhäuten, an Unterbrust und Unterbauch (Abb. 4). Aber auch Blutungen der Nase, des Gastrointestinaltraktes und des Harnapparates sind häufig. Im Anschluß an die Blutentnahme treten Nachblutungen auf.

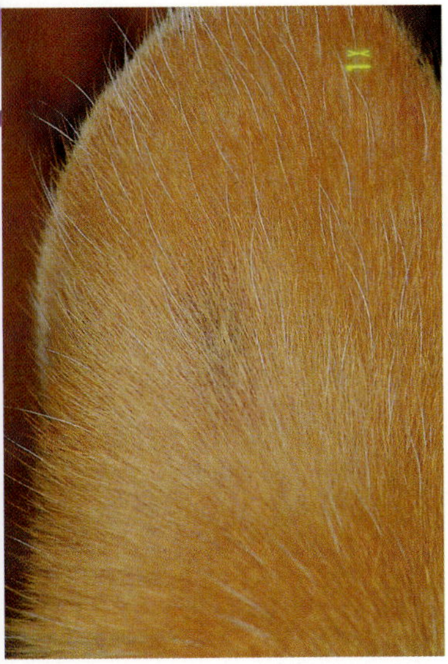

Abb. 3: Sugillationsblutung auf der Außenfläche des Ohres einer Katze mit einer Koagulopathie infolge eines Faktor IX-Mangels.

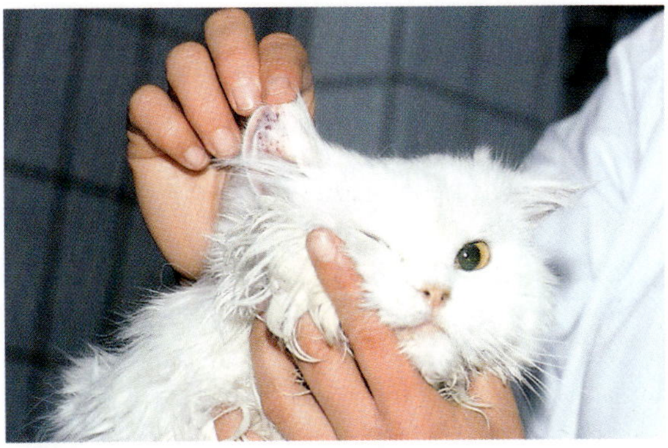

Abb. 4: Petechiale Blutungen bei einer Thrombozytopenie (18 000/µl) an der Innenseite der Ohrmuschel. Knochenmarkssuppression nach Infektion mit dem felinen Leukosevirus.

Andere Symptome, die mit einer Blutgerinnungsstörung in Verbindung stehen können, sind: Fieber, Splenomegalie, Hepatomegalie, Lymphadenose, Abdominalschmerz, gedämpfte Herztöne, Lungengeräusche, Husten, blutiges Erbrechen, Ergüsse in Brust- und Bauchhöhle, Anämie, Ikterus u. a.

Spezielle Gerinnungsdiagnostik

Von der Anamnese und den klinischen Symptomen her kann oft nicht entschieden werden, ob ein Trauma, eine Entzündung, ein Tumor oder eine Gerinnungsstörung im engeren Sinn Ursache der Blutung ist. In diesen Fällen müssen verschiedene Gerinnungsuntersuchungen durchgeführt werden, um die Art der Gerinnungsstörung zu erkennen und – wenn möglich – kausal zu behandeln. Um die einzelnen Bereiche des Gerinnungssystems der Katze zu überprüfen, müssen Thrombozytenzählung, Prothrombinzeit (PT, Thromboplastinzeit, Quickzeit), partielle Thromboplastinzeit (aPTT), Thrombinzeit (TZ) und Fibrinogengehaltsbestimmungen durchgeführt werden. Je nach Ergebnis dieser orientierenden Untersuchungen kann dann durch spezifische Analysen zwischen den unterschiedlichen Hämostasestörungen differenziert werden.
Eine besondere Schwierigkeit bei der Gerinnungsdiagnostik der Katze ist, daß vielfach eine streßfreie Blutentnahme nicht möglich ist.

Differentialblutbild

Die Auswertung eines Blutausstriches ist die erste gerinnungsanalytische Untersuchung (Abb. 5). Aufgrund der Zahlenverhältnisse von Erythrozyten zu Thrombozyten sowie der Morphologie der Blutplättchen läßt sich die Ursache der Gerinnungsstörung vielfach schon eingrenzen. Von Interesse sind nicht nur ein Mangel, sondern auch ein Überschuß an Plättchen, wie er z. B. bei der Megakaryozytenleukose der Katze zu finden ist, die mit Hämostasestörungen einhergehen kann (Abb. 6). Die Morphologie der Thrombozyten gibt Hinweise auf das Alter der Plättchen. Vereinfacht gesehen sind Makroformen jünger und hämostyptisch aktiver. Thrombopenien mit gleichzeitigem Anstieg der Makroformen im Blutausstrich deuten auf einen gesteigerten Thrombozytenabbau hin, wie er bei der primären (idiopathischen; Autoantikörper gegen Thrombozyten), der sekundären (Sensibilisierung durch Medikamente, Bakterien und Viren) Thrombopenie sowie im Zusammenhang mit anderen immunologischen Erkrankungen (autoimmunhämolytische Anämie, Lupus erythematosus und andere) beobachtet wird.

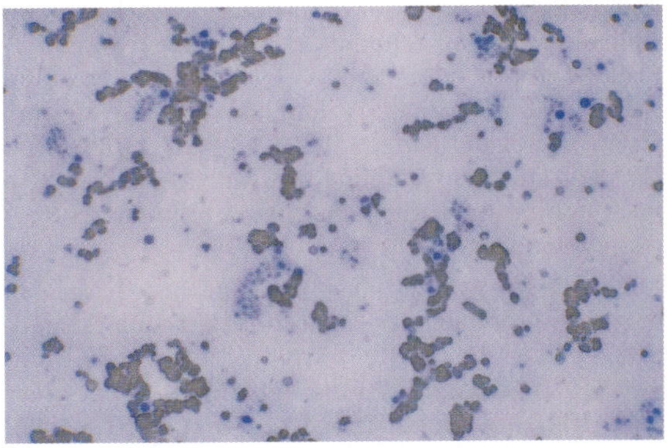

Abb. 5: Blutausstrich einer Katze mit lymphatischer Leukose (FeLV-Antigen serologisch nicht nachweisbar), Anämie (Hämatokrit 12 %, Thrombozythämie: 945 000 µl) (x 160).

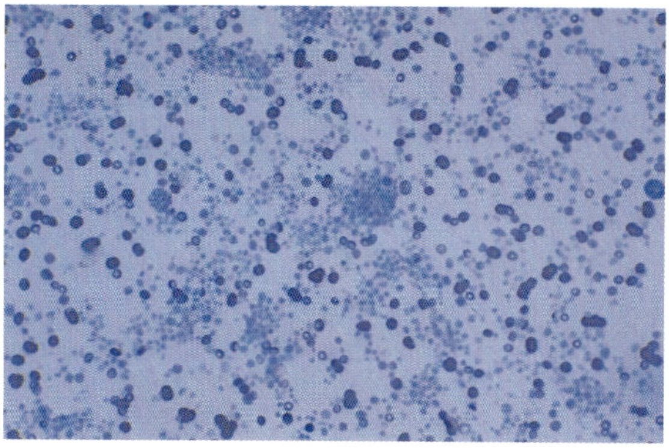

Abb. 6: Blutausstrich einer Katze mit Megakaryozytenleukose. Anämie mit gleichzeitiger Thrombozythämie (1 400 000 Thrombozyten/µl) Thrombozyten liegen in zahlreichen Aggregaten vor.

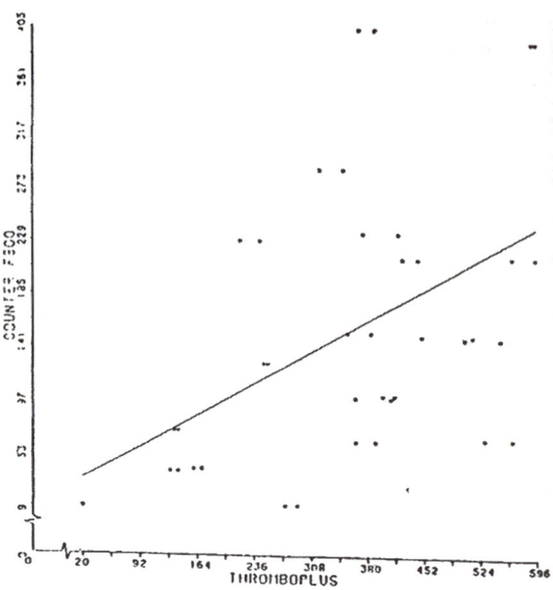

Abb. 7: Die Übereinstimmung visueller und automatischer Zählmethoden ist bei der Katze häufig schlecht. Zellcounter müssen daher auf ihre Zuverlässigkeit für die Zählung von Thrombozyten der Katze überprüft werden. Vergleich einer visuellen (Thromboplus®) und einer automatischen Thrombozytenzählmethode (Sysmex® F 800) bei der Katze (n = 20). Schlechte Korrelation: r = 0.50 (Hart und Nolte, 1990).

Thrombozytenzählung

Die Thrombozytenzählung ist ein wesentlicher Teil der Gerinnungsdiagnostik bei der Katze, da Veränderungen der Thrombozytenzahl, vor allem Thrombopenien, bei ihr im besonderen Maße gesehen werden. Es ist jedoch nicht möglich, eine feste Korrelation zwischen Thrombozytenzahl und Blutungsmanifestation herzustellen. Klinisch zeigt sich gelegentlich, daß bei sehr niedrigen Zählwerten (unter 10 000 Thrombozyten /µl) keine, andererseits bei höheren Ergebnissen durchaus Blutungsneigungen in Erscheinung treten.

Die Thrombozytenzählung erfolgt visuell nach Anwendung von verschiedenen Verdünnungs- und Färbeflüssigkeiten oder automatisch mit einem Zellcounter (Abb. 7). Bei der Katze ist die Übereinstimmung zwischen der visuellen und der automatisierten Methode jedoch unzureichend. Dies liegt daran, daß bei der Thrombozytenzählung der Katze im Zellcounter keine genügende Differenzierungsmöglichkeit zwischen den relativ großen Thrombozyten (MPV: 11–18 fl) und den gleichzeitig kleinen Erythrozyten der Katze (MCV: 37–49 fl) möglich ist. Die Thrombozytenzählung im Blut der Katze kann nach den bisher vorliegenden Erkenntnissen zuverlässig nur visuell erfolgen.

Die Zahlenangaben über die Thrombozyten bei der Katze sind in der Literatur sehr unterschiedlich. Unterschiedliche Färbetechniken, Verdünnungsflüssigkeiten, Antikoagulantien, verschiedene Blutentnahmeorte und der Erregungszustand der Katze beeinflussen das Zählergebnis. Nach eigenen Untersuchungen kann als Normalbereich 200 000 bis 500 000 Thrombozyten/µl angegeben werden.

Kapilläre Blutungszeit

Über die direkte Zählung der Thrombozyten in der Kammer hinaus interessiert bei verschiedenen Erkrankungen die Funktion der Thrombozyten. Eine zuverlässige und vor allem mit geringem technischen Aufwand praktizierbare Funktionsdiagnostik ist die kapilläre Blutungszeit, die allerdings bisher bei der Katze nicht standardisiert ist.

Darüber hinaus stehen relativ teure und daher im allgemeinen Spezialkliniken vorbehaltene Geräte zur Verfügung, mit denen die Art der Gerinnungsstörung (auch die plasmatische) graphisch dargestellt werden kann.

Thrombelastographie, Resonanzthrombographie

Die Thrombelastographie wurde bereits 1948 von HARTERT in die humanmedizinische Gerinnungsdiagnostik eingeführt und gehört dort heute noch zu den wichtigsten Methoden zur Charakterisierung globaler thrombozytenabhängiger Gerinnungsstörungen. Bei der Verwendung von Zitratlösung als Antikoagulans in einem Verhältnis von 1+9 zu Vollblut kann die Thrombelastographie auch bei der

Abb. 8:
Dynamische Aufzeichnung des Gerinnungsvorganges nach Rekalzifizierung des mit Zitratlösung antikoagulierten Blutes einer Katze (Pause, 1988).

a) Resonanzthrombogramm einer klinisch gesunden weiblichen Katze, 2 Jahre (oben), Thrombelastogramm derselben Katze (unten).

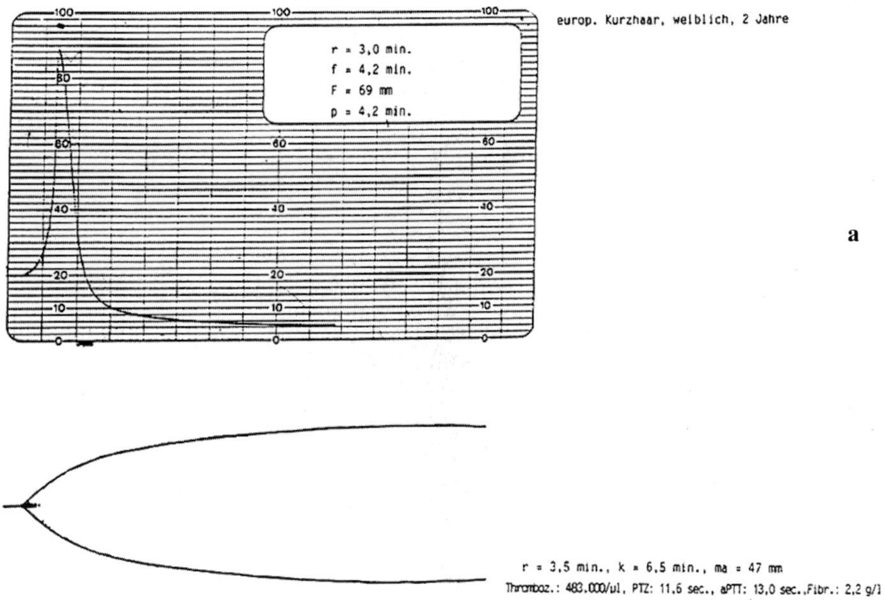

a

b) Resonanzthrombogramm einer Katze mit Panleukopenie (oben) Thrombelastogramm derselben Katze (unten). Durch beide Kurven wird eine Verbrauchskoagulopathie angedeutet (RTG-p verlängert, TEG-ma verringert). Es liegen geringgrade Thrombozytopenie und verlängerte Zeiten für die Prothrombinzeit und partielle Thromboplastinzeit vor. Die Fibrinogenkonzentration ist erhöht.

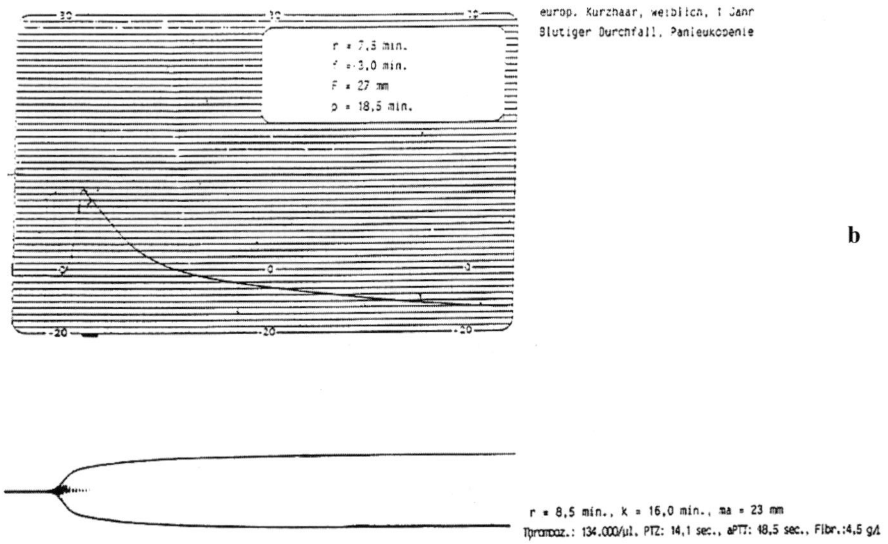

b

Katze durchgeführt werden. Entgegen den Angaben für den Menschen muß das Zitratvollblut im Verhältnis 3+2 mit Kalziumchloridlösung rekalzifiziert werden. Eine Weiterentwicklung dieser Methode ist die Resonanzthrombographie, die auch bei der Katze anwendbar ist. Mit ihr kann neben der Plättchenfunktion vor allem auch die Fibrinbildung dokumentiert werden (Abb. 8 a und b).

Thrombozytenaggregation

Zur Untersuchung der speziellen Thrombozytenfunktion und -eigenschaft können Aggregationsinduktoren eingesetzt werden (Abb. 9). Die Wirkungsweise bestimmter Induktoren (ADP, Kollagen, Thrombin und andere) auf das Aggregationsverhalten erlaubt Aussagen über spezifische Funktionsstörungen der Thrombozyten, wie sie bei der Katze

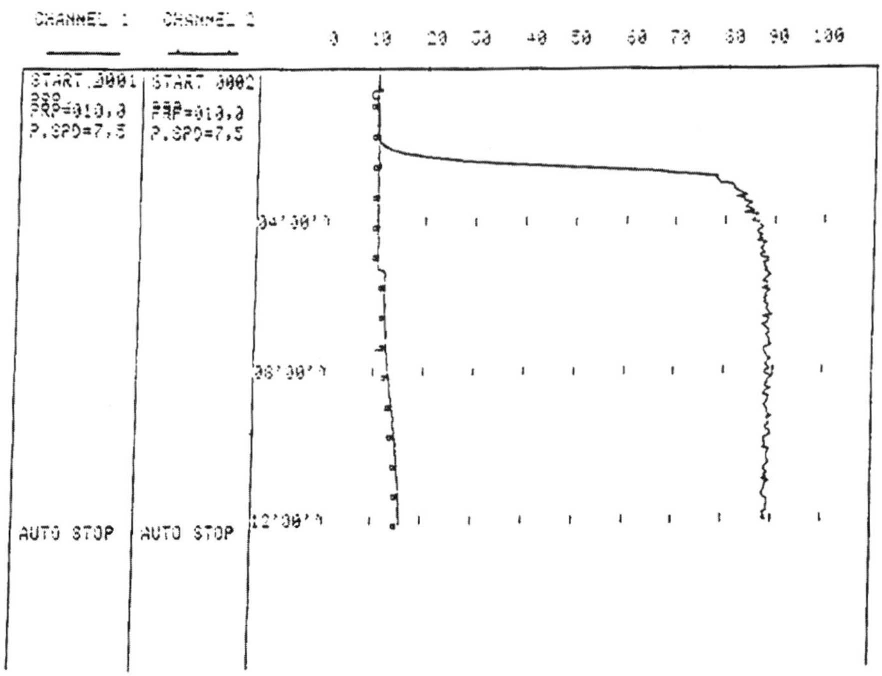

Abb. 9: Aufzeichnung des Thrombozytenaggregationsverhaltens vor (Kanal 1) und eine Stunde (Kanal 2) nach Behandlung mit Azetylsalizylsäure (10 mg/kg KGW i. v.). Kanal 1: 0,5 µg/ml Kollagen ——— Kanal 2: 3 x 0,5 µg/ml Kollagen ■ ■ (Hart und Nolte, 1991).

allerdings recht selten sind (Azetylsalicylsäure, Ikterus, von Willebrand-Syndrom und anderes).

Plasmatische Gerinnung

Die Diagnostik der plasmatischen Gerinnungsstörungen läßt sich bei der Katze auf einfache Weise mit humanmedizinischen Testkits für die globalen Gerinnungstests (aPTT, PT, TZ) und für die Einzelfaktoranalysen z. B. in einem Koagulometer nach SCHNITGER und GROSS durchführen.

Die Bestimmung der **Prothrombinzeit** dient der Kontrolle des exogenen Gerinnungssystems. Dabei wird durch Zugabe von Gewebsthromboplastin und Kalziumionen zu plättchenarmem Zitratplasma das exogene Gerinnungssystem aktiviert und die Zeit bis zum Auftreten eines Fibringerinnsels gemessen. Die Gerinnungszeit ist dann abhängig von der Konzentration bzw. Aktivität der Faktoren II, V, VII, X und des Fibrinogens. Da die Prothrombinzeitkurve der Katze bei unverdünntem Plasma sehr steil verläuft, empfiehlt es sich, das Plasma mit einem Gerinnungspuffer (z. B. DBA im Verhältnis 1:3) zu verdünnen, um eine bessere Ablesbarkeit durch einen flacheren Kurvenverlauf zu erhalten (Abb. 10). Die Prothrombinzeit ist für die Diagnose der Dikumarolvergiftung und des bei der Katze sehr seltenen Faktor-VII-Mangels von Bedeutung. Auch bei Hepatopathien und Vitamin K-Resorptionsstörungen unterschiedlicher Genese ist die Prothrombinzeit verändert, allerdings nur so geringgradig, daß dies erst nach Verdünnung des Plasmas zum Ausdruck kommt.

Die Bestimmung der **partiellen Thromboplastinzeit (PTT)** ist eine globale Gerinnungsmethode, die das endogene Gerinnungssystem erfaßt. Durch Zugabe eines Phospholipids (z. B. Kephalin) als Plättchenfaktor 3-Ersatz und von Kalziumionen zu plättchenarmem Plasma wird der endogene Ablauf der Gerinnung gestartet. Bei der sogenannten aktivierten partiellen Thromboplastinzeit (aPTT) wird noch ein Oberflächenaktivator in Form von Kaolin, Zelit oder ähnlichem hinzugefügt. Mit Zugabe der Kalziumionen beginnt der Gerinnungsablauf, der dann analog zur Prothrombinzeit gemessen werden kann. Bei der Katze ist zur genaueren Ablesbarkeit ebenfalls eine Modifizierung durch eine 1:3 Plasma zu DBA-Pufferverdünnung empfehlenswert. Infolge der Verdünnung des Katzenplasmas sind milde Gerinnungsstörungen, die sonst kaum Veränderungen in der Gerinnungszeit verursachen würden, mit einer deutlicheren Verlängerung der Meßzeiten mit größerer Sicherheit erkennbar. Die Messung der aktivierten partiellen Thromboplastinzeit ist empfindlich in bezug auf die Gerinnungsfaktoren XII, XI, IX, VIII, X, V, II und das Fibrinogen. Die Verlängerung der

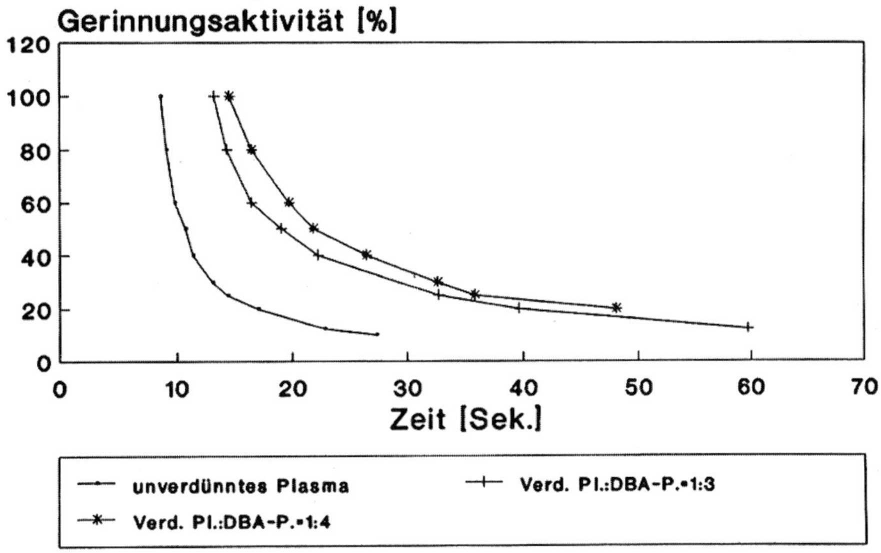

Abb. 10: Kurvenverlauf der Prothrombinzeit unter Anwendung eines für den Menschen konzipierten konfektionellen Testsystems. Unverdünntes Zitratplasma von Katzen (n = 10), gerinnt sehr schnell. Unterschiede sind durch die Zeitmessung (Sekunden) kaum zu erfassen. Verdünnung des Zitratplasmas mit Gerinnungspuffer (DBA 1:3 und 1:4) verbessert die Ablesbarkeit (Hart und Nolte, 1990).

aPTT bei leichtem Fibrinogenmangel oder Hyperfibrinolyse ist ähnlich der Prothrombinzeit nur geringfügig. Die aPTT kann zum einen als Globalmethode zur Kontrolle des endogenen Gerinnungssystems, vor allem bei Verdacht des Mangels eines der Hämophiliefaktoren VIII, IX, XI, XII bei der Katze, zum anderen zur Kontrolle einer Heparintherapie, darüber hinaus aber auch bei Verbrauchskoagulopathien eingesetzt werden. Bei Vitamin K-Mangelzuständen, z. B. der Kumarinvergiftung, ist die aPTT ebenfalls verlängert. Die Diagnose ist aber erst über die Prothrombinzeit sicher zu stellen.

Der dritte Globaltest zur Diagnostik der plasmatischen Blutgerinnung ist die **Thrombinzeit,** die eine Kontrolle der dritten Gerinnungsphase ermöglicht. Hierbei wird Plasma mit Thrombin versetzt, dadurch die Umwandlung von Fibrinogen in Fibrin vollzogen und die Gerinnung induziert. Die Thrombinzeit ist somit ein Indikator für den Fibrinogengehalt im Plasma in Gegenwart von Fibrinogen oder Fibrinspaltprodukten und von Heparin und damit vor allem ein für die Kontrolle der Heparintherapie der Katze wichtiger Test. Das in den humanmedizinischen, konfektionellen Test eingesetzte Plasma darf für die Messung der Thrombinzeit bei der Katze nicht verdünnt werden.

Die Bestimmung von **Einzelfaktoren** mit Hilfe von Mangelplasmen ist über die Gerinnungszeit ohne größeren Aufwand möglich. Die zur Verfügung stehenden Testkits sind jedoch teuer. Im allgemeinen wird so verfahren, daß erst die globalen Gerinnungstests angewendet werden, um den Defekt im Gerinnungssystem näher einzugrenzen, anschließend kann – je nach Befund – die Bestimmung der Einzelfaktoren erfolgen. Zum Beispiel ist bei Verlängerung der aPTT eine anschließende Faktor VIII-Bestimmung sinnvoll. Bei der Katze ist die semiquantitative Bestimmung von Einzelfaktoren mit immunologischen Methoden bisher nicht durchführbar.

Bei der **Fibrinogenbestimmung** handelt es sich eigentlich um eine Einzelfaktorbestimmung, da aber mit Durchführung der Prothrombinzeit, der aktivierten partiellen Thromboplastinzeit und der Fibrinogenbestimmung alle drei Phasen der plasmatischen Blutgerinnung kontrolliert werden können, wird diese Untersuchung in der Regel unter den Globalmethoden geführt.

Die Bestimmung des Fibrinogens im plättchenarmen Plasma kann über die Gerinnungszeit nach CLAUSS, durch Hitzekoagulation, mit Hilfe der Elektrophorese, photometrisch mittels der Kjeldahlmethode sowie halbquantitativ über den Staphylokokken-Clumpingtest erfolgen.

Die einfachste und bei der Katze in der Regel angewandte Methode ist die Bestimmung der Gerinnungszeit nach CLAUSS, wobei zu verdünntem plättchenarmen Plasma Thrombin im Überschuß hinzugefügt und anschließend die Gerinnungszeit gemessen wird. Diese ist dann fast ausschließlich von der Fibrinogenkonzentration abhängig. Die gemessene Zeit kann mittels einer Eichkurve in den Fibrinogengehalt umgerechnet werden. Veränderungen im Fibrinogengehalt des Plasmas der Katze sind mit unterschiedlicher Häufigkeit bei verschiedenen inneren Erkrankungen anzutreffen. Hauptbildungsort des Fibrinogens ist die Leber, weshalb Hepato-

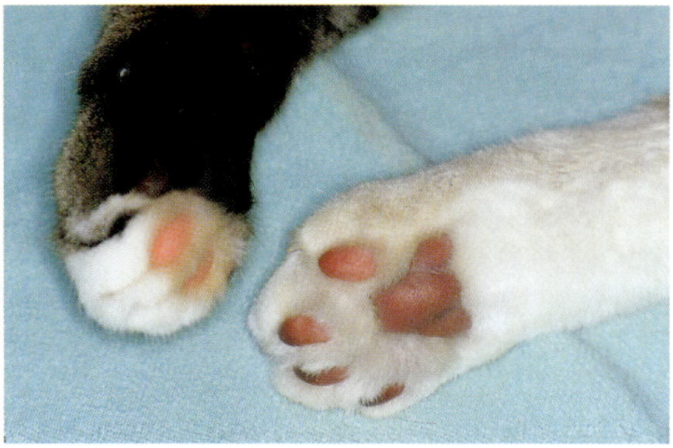

Abb. 11: Europäische Kurzhaarkatze (5 Jahre) mit zyanotischer Verfärbung der Pfotenballen einer Hintergliedmaße (rechts) infolge einer Aortenthrombose. Im Vergleich dazu die normal perfundierte Vordergliedmaße (links).

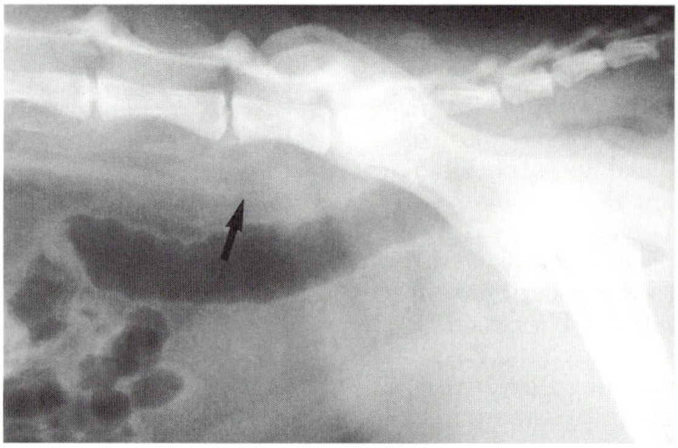

Abb. 12: Nichtselektive Röntgenkontrastdarstellung eines Aortenverschlusses bei einer Katze. Der Pfeil zeigt auf den Kontrastmittelstop in der kaudalen Aorta.

pathien oft mit Hypofibrinogenämien verbunden sind. Wichtig ist jedoch die Art der Hepatopathie; so kann bei Leberentzündungen durchaus eine Hyperfibrinogenämie oder eine verstärkte Fibrinolyse entstehen. Weitere Ursachen für Hypofibrinogenämien sind Verbrauchskoagulopathien.

Eine Hyperfibrinogenämie findet sich vor allem bei entzündlichen Erkrankungen.

Zur Bestimmung der **Fibrinogenspaltprodukte** kann neben der Bestimmung der Thrombinzeit oder der Reptilasezeit der Latextest durchgeführt werden, der bei Anwesenheit von Fibrinogenspaltprodukten auf der Agglutination von Latexpartikeln basiert. Ein anderes Verfahren ist der Staphylokokken-Clumpingtest, der mit bestimmten Staphylococcus aureus-Stämmen arbeitet, die einen Clumpingfaktor an der Zellwand besitzen, und mit Fibrin- und Fibrinogenspaltprodukten „verklumpen".

Zum Nachweis von Fibrinmonomeren ist ein kommerzieller Test erhältlich, bei welchem Humanerythrozyten durch Anwesenheit von Fibrinmonomerkomplexen zur Agglutination gebracht werden.

Spezielle Hämostasestörungen

Thrombose

Die Thrombose entwickelt sich nach einem akut oder verzögert verlaufenden intravasalen Gerinnungsprozeß. Hierdurch wird das Gefäßlumen teilweise oder vollständig verschlossen. Die Schwere der nachfolgenden Schädigung ist abhängig davon, welches Gefäß betroffen ist und von dem Ausmaß der Verlegung. Liegt der Thrombus in einer Arterie, tritt eine Ischämie ein, ist eine Vene betroffen, dann steht die Blutstauung im Vordergrund.

Die Aortenthrombose im Zusammenhang mit der primären Kardiomyopathie ist eine wichtige und dramatisch verlaufende arterielle Verschlußkrankheit der Katze.

Es sind am häufigsten Kater aller Altersgruppen betroffen, die meistens an der primären hypertrophischen Kardiomyopathie leiden. 50 % dieser Katzen entwickeln eine Aortenthrombose. Aber auch im Zusammenhang mit der dilatativen Kardiomyopathie entstehen Thromben. Daneben soll es auch durch mechanische Traumatisierung und durch atheromatöse Intimaveränderungen zu einer Thrombusbildung im kaudalen Abschnitt der Aorta kommen, der bis in die Aa. iliacae hineinreicht. Im Zusammenhang mit der hypertrophen Kardiomyopathie wird vermutet, daß sich der Embolus im linken Vorhof oder Ventrikel bildet und von dort in die Aorta abgeschwemmt wird. Die kaudale Aorta ist zwar die häufigste Lokalisation einer Thromboembolie bei der Katze; Thromben werden aber gelegentlich auch in den Arterien der Vordergliedmaße, der Niere, des Mesenteriums, der Leber, der Milz und des Ovariums gefunden.

Symptome

Neben den durch die primäre hypertrophe Kardiomyopathie bedingten Symptomen (Anorexie, Dyspnoe, systolisches Herzgeräusch u. a.), treten die Folgeerscheinungen der erwähnten Verschlußkrankheiten auf.

Verlegt oder verschließt der Thrombus die kaudale Aorta und die davon abzweigenden Arterien, so treten Paresen oder Paralysen einer oder beider Hin-

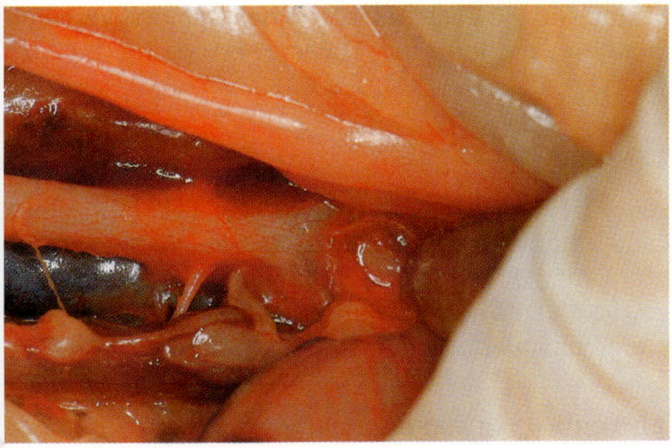

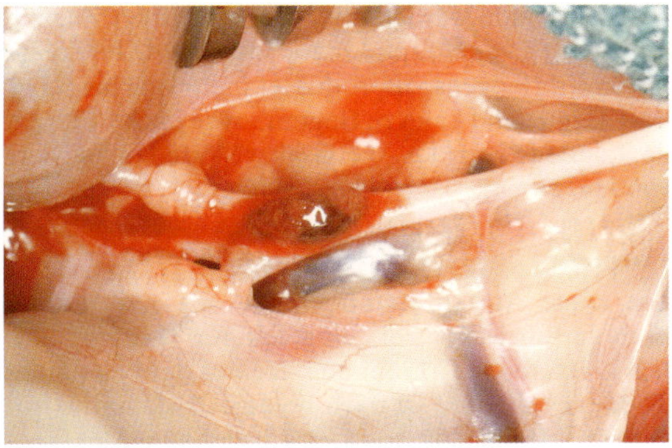

13 b

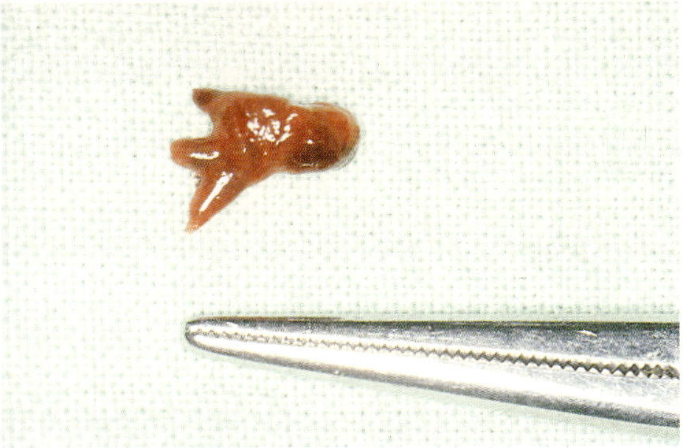

Abb. 13:
a) Operationssitus einer Katze mit Thrombusbildung in der Aortenaufzweigung,
b) Thrombektomie, c) Herausgelöster Thrombus. Die Thrombusform zeigt die Lage in der Aortenaufzweigung an.

tergliedmaßen auf. Das betroffene Bein ist kalt, die Pfotenballen blaß und zyanotisch (Abb. 11). Innerhalb kurzer Zeit nach dem Verschluß haben die Tiere wegen der eingetretenen Ischämie und Hypoxie starke Schmerzen. Der Femoralispuls ist vielfach nicht fühlbar. Abhängig vom Umfang des Verschlusses und des betroffenen Gefäßgebietes kann sich ein Schockgeschehen entwickeln, dem die Katze mit ihrem vorgeschädigten Herzmuskel bei nicht rechtzeitiger Hilfe erliegt.

Diagnose

Die Erkrankung beginnt im allgemeinen mit einer charakteristischen plötzlich einsetzenden Lahmheit der Hinterhand. Die Anamnese weist vielfach auf eine vorbestehende Herzerkrankung hin. Zur Absicherung der primären hypertrophen Kardiomyopathie wird die allgemeine klinische Untersuchung des Herz-Kreislauf-Systems durch Elektrokardiogramm und Ultraschalldiagnostik ergänzt.

Typisch für den arteriellen Verschluß sind die kalten, blassen oder zyanotischen und schmerzhaften Hintergliedmaßen. Die Pulsqualität der A. femoralis beider Seiten ist unterschiedlich oder auf beiden Seiten kaum oder gar nicht zu palpieren.

Bei unsicherer Diagnose kann durch eine nichtselektive Angiographie über die V. jugularis mit 5–10 ml eines wasserlöslichen, jodhaltigen Röntgenkontrastmittels der Thrombus nachgewiesen werden (Abb. 12).

Therapie

Die chirurgische Entfernung des Thrombus aus der kaudalen Aorta gelingt mit sehr wechselndem Erfolg (Abb. 13 a–c). Bereits die Narkose beinhaltet ein hohes Risiko. Einerseits ist die Katze durch die vorliegende Herzerkrankung gefährdet, andererseits besteht wegen der hochgradig schmerzhaften Aortenthrombose und der azidotischen Stoffwechsellage extreme Schockgefahr. Daher müssen neben der Herz- und Infusionstherapie Analgetika und Natriumbikarbonat gegeben werden. Als Analgetikum sollte in dieser Situation am besten 10 mg/kg Azetylsalizylsäure (Aspirin, Aspisol®, Fa. Bayer) i. v. injiziert werden. Neben der analgetischen Wirkung hemmt die Azetylsalizylsäure irreversibel die Thrombozytenaggregation und wirkt damit einer weiteren Thrombenbildung entgegen. Bei der Katze ist die Inhibition der Thrombozytenaggregation durch Aspirin allerdings nicht gesichert.

Auch die fibrinolytische Therapie mit Streptokinase oder Urokinase bringt selten den erwünschten Erfolg. Streptokinase kann in einer Dosierung von 50 000 bis 80 000 I. E. initial gegeben werden. Jede weitere Stunde werden über einen venösen Zugang ca. 40 000 I. E. Streptokinase infundiert, bis keine Fibrin-Fibrinogenspaltprodukte mehr nachweisbar sind. Begleitend kann zu Beginn sowie nach weiteren 24 Stunden 10 mg/kg Azetylsalizylsäure i. v. injiziert werden.

Prognose

Die feline Aortenthromboembolie ist eine dramatisch und meistens trotz eingeleiteter Therapie tödlich verlaufende Erkrankung. Keines der bekannten Therapieverfahren ist nach heutiger Erkenntnis zuverlässig. Abhängig von der Ausdehnung des Verschlusses kommt es in den betroffenen Abschnitten zu ischämischen Nekrosen, Toxämie und Nervenschädigung. Nur selten kann eine Rekanalisation erreicht oder die Katze bis zur Ausbildung von Kollateralgefäßen gepflegt werden.

Thrombozytäre Gerinnungsstörungen

Unter thrombozytären Gerinnungsstörungen werden Blutungszustände verstanden, die durch einen Mangel, Überschuß und/oder eine Funktionsstörung der Blutplättchen bedingt sind. Klinisch besitzen bei der Katze die Thrombozytopenien die größere Bedeutung. Es werden lebensbedrohliche Verletzungsblutungen, postoperative Hämorrhagien und spontane Blutungskrisen gesehen.

Thrombozytose

Die Thrombozytose oder Thrombozythämie ist eine seltene Erkrankung der Katze mit Thrombozytenzahlen über 600 000/μl. Zu einer physiologischen Thrombozytose kommt es nach akuten Blutungen, bei Traumen, Infektionen, Tumoren und Eisenmangel. Eine starke Erhöhung der peripheren Thrombozytenzahl wird im Anschluß an eine Splenektomie gesehen, da den Thrombozyten damit das wichtigste Speicher- und Abbauorgan genommen wird.

Hämorrhagische Diathesen bei Thrombozytenzahlen von über 1 000 000/μl sind bei der seltenen Megakaryozytenleukose der Katze beobachtet worden (Abb. 6). Gerinnungsanalytisch wird hier zunächst eine ausgeprägte Hyperkoagulabilität beobachtet, deren Ursache vermutlich die Thrombozythämie mit gesteigerter Thrombozytenfunktion und nachfolgender Verminderung der plasmatischen Gerinnungsfaktoren ist. Die Abnahme der Faktorenkonzentration, die die Blutung nach sich zieht, ist dabei wohl auf einen Verbrauch während der hyperkoagulatorischen Vorgänge zurückzuführen.

Vereinzelt kann eine Thrombozytose auch in Verbindung mit der Felinen Infektiösen Peritonitis auftreten. Sie ist begleitet von einer hämorrhagischen Diathese, die auf eine Thrombozytopathie hindeutet.

Therapie

Einer Hyperkoagulabilität infolge Thrombozytose kann durch Hemmung der Thrombozytenaggregation mit 10 mg/kg Azetylsalizylsäure entgegengewirkt werden. Im weiteren muß die Grunderkrankung behandelt werden.

Thrombozytopenie

Die Verminderung der Thrombozytenzahl unter 200 000/μl wird als Thrombozytopenie bezeichnet. Die zahlenmäßige Grenze (kritische Thrombozytenzahl), unterhalb derer Blutungen auftreten, ist nicht fest zu ziehen. Da die Thrombozyten in engem Wechselspiel mit den plasmatischen Gerinnungsfaktoren und den Gefäßwänden stehen, hängt es einerseits von deren qualitativem und auch quantitativem Verhältnis ab, ob bei einer bestimmten Thrombozytenzahl spontan Blutungen auftreten. Eine Blutungsneigung kann klinisch nicht absolut erfaßt werden. Es bestehen erhebliche Unterschiede zwischen den Ereignissen, die Anlaß für eine Blutung sein können. Ebenso beeinflussen verschiedene Parameter, wie Erythrozytenzahl, Lokalisation der Blutung, Kaliber der verletzten Gefäße die Dauer einer Blutung. Besondere Bedeutung für die primäre Blutstillung hat der Funktionszustand der Thrombozyten selbst. Große, jugendliche Thrombozyten, die nach einem Verlust der Plättchen z. B. bei der idiopathischen thrombozytopenischen Purpura (ITP) neu gebildet werden, sind hämostatisch besonders aktiv. Selbst bei Thrombozytenzahlen unter 10 000/μl werden oft keine spontanen Blutungen gesehen. Um die Blutungsneigung infolge eines thrombozytopenischen Krankheitsgeschehens zu objektivieren, gilt die kapilläre Blutungszeit als die zuverlässigste und aussagekräftigste Untersuchungsmethode. Alle in vitro Verfahren sind nur als Hilfsuntersuchungen geeignet, um einen bestimmten qualitativen oder quantitativen Defekt aufzudecken. Über das aktuelle Hämostasepotential sagen sie wenig aus. Leider ist die kapilläre Blutungszeit bisher bei der Katze nicht standardisiert. Mit einer spitzen Skalpellklinge oder einer Hämostillette kann eine kleinere Wunde am Zahnfleisch oder am Unterbauch in der Nähe des Nabels gesetzt werden. Die kapilläre Blutungszeit ist verlängert, wenn die so gesetzte Blutung über 4 Minuten anhält.

Die auch in der Humanmedizin sehr selten vorkommenden angeborenen Thrombozytopenien stehen den erworbenen Formen gegenüber, die isoliert oder im Zusammenhang mit einer Vielzahl von Erkrankungen auftreten können.

Die erworbenen Thrombozytopenien der Katze werden am besten nach ihrer Pathogenese modifiziert nach GREEN (1983) eingeteilt:

I. Störung der Thrombozytenbildung

1. Tumoren (bes. myeloproliferative Neoplasien)
2. Infektionen (bes. Felines Leukosevirus, Panleukopenie)
3. Toxine (Phenylbutazon, Zytostatika u. a.)

II. Störung des Thrombozytenabbaus

1. Verbrauchskoagulopathie (bes. Panleukopenie)
2. Immunopathie
   -primär, idiopatisch
   -sekundär

III. Störung der Thrombozytenverteilung

I. Störung der Thrombozytenbildung

Thrombozytopenien aufgrund von Plättchenbildungsstörungen können durch verschiedene Noxen hervorgerufen werden.

Bei der Katze sind sie am häufigsten Begleitsymptom hämatologischer Grundkrankheiten, z. B. der Leukose und der Lymphosarkomatose.

Die durch das feline Leukosevirus (FeLV) hervorgerufene Leukose spielt bei der Katze die größte Rolle. Der serologische Nachweis gelingt nicht immer. Wie es in diesem Zusammenhang zur Thrombozytopenie kommt, ist nicht restlos geklärt. Möglich ist eine direkte Zerstörung der Megakaryozyten und eine Verdrängung der Megakaryozyten durch andere proliferative Zellreihen. Die verminderte Megakaryozytendichte kann im Knochenmarksaspirat nachgewiesen werden. Das FeLV-Virus wird aber auch von den Thrombozyten phagozytiert und an die Zellmembran gebunden, wobei beide Phänomene für einen beschleunigten Abbau der Zellen verantwortlich sein können. Ist das Knochenmark noch regenerativ, finden sich vermehrt große, jugendliche Plättchen im Blutausstrich. Eine hämorrhagische Diathese wird bei etwa 23 %, intestinale Blutungen bei 22 % und Gehirnblutungen bei 29 % der FeLV-positiven Katzen gesehen (REINACHER, 1986).

Eine Reihe von anderen Viren besitzt eine spezifische Affinität zu den Megakaryozyten. Als Folge der Replikation in diesen Zellen findet sich auch in seltenen Fällen bei der Panleukopenie der Katze eine vorübergehende Thrombozytopenie. Die bei der Felinen Infektiösen Peritonitis gelegentlich beobachtete Thrombozytopenie ist eher Folge einer disseminierten intravasalen Gerinnung.

Toxisch-medikamentös induzierte Thrombozytopenien infolge direkter Knochenmarksschädigung sind auch bei der Katze bekannt. Jedoch ist hier eine vergleichsweise geringe Anzahl von Substanzen mit myelosuppressiver Wirkung beschrieben. Oft kann anamnestisch nicht geklärt werden, welches Gift die Megakaryozytenschädigung mit der darauffolgenden Thrombozytopenie verursacht hat.

II. Störung des Thrombozytenabbaus

Eine wichtige Ursache für den gesteigerten Plättchenabbau ist die Verbrauchskoagulopathie, die durch eine intravasale Umsatzsteigerung von Thrombozyten und plasmatischen Gerinnungsfaktoren charakterisiert ist und in der Folge verschiedener, pathogenetisch uneinheitlicher Grundkrankheiten auftreten kann.

Bei der Katze können einige Infektionskrankheiten mit einer Verbrauchskoagulopathie einhergehen:

Panleukopenie
Feline Infektiöse Peritonitis
Hämobartonellose
Calicivirusinfektion (experimentell)
Septikämien.

Daneben kommen als Ursache für die disseminierte intravasale Gerinnung (DIC) auch nicht-infektiöse Erkrankungen in Frage, die immer mit einer Thrombozytopenie verlaufen:

starker Blutverlust, Schock
Hämolytische Anämie
Anaphylaxie
Leberzirrhose
Pankreatitis
Trauma (postoperativ)
Zwerchfellsruptur
Kardiomyopathie, u. a.

Die Formen der durch Immunmechanismen hervorgerufenen Thrombozytopenien lassen sich unterscheiden in

1. die primäre (idiopathische), durch antithrombozytäre Autoantikörper bedingte Thrombozytopenie, die bei der Katze sehr selten vorkommt.
2. die sekundäre, durch Bindung von Antigenen oder Haptenen an der Plättchenoberfläche bedingte Thrombozytopenie.

Bei beiden Formen ist die Megakaryozytenzahl im Knochenmark normal oder erhöht. Die idiopathische thrombozytopenische Purpura (ITP, Morbus Werlhof) tritt gehäuft mit autoimmunhämolytischer Anämie auf.

Der Abbau der Thrombozyten findet überwiegend im Monozyten-Makrophagen-System von Milz und Leber statt. Die Folge ist Hepato- und Splenomega-

lie. An den Thrombozyten und den Megakaryozyten wird bevorzugt IgG gefunden.
Die Interaktion von Immunkomplexen an der Plättchenwand bei der sekundären immunmediierten Thrombozytopenie führt zu einer Aktivierung der Thrombozyten mit Freisetzungsreaktion und beschleunigtem Abbau in Milz und Leber. Diese Form der Thrombozytopenie scheint in der letzten Zeit häufiger aufzutreten. Als auslösende Agentien kommen Medikamente, Fremdeiweiß, Umweltgifte, Bakterien und Viren in Frage.
Für die Katze ist bisher keine der genannten Substanzen als Verursacher einer Antigen-Antikörperreaktion mit Schädigung der Thrombozyten zweifelsfrei nachgewiesen. An Medikamenten kommen in Frage
Analgetika (Salizylate, Azetylsalizylsäure, Phenylbutazon u. a.); Antibiotika (Penicillin, Tetrazyklin, Sulfonamide u. a.); Sedativa, Antikonvulsiva (Barbiturate), Furosemid, Digitoxin u. a.
Wenn diese Arzneimittel sofort abgesetzt und schnell metabolisiert werden, verschwindet die hämorrhagische Diathese nach 3–4 Tagen. Die Megakaryozyten im Knochenmark sind normal. Thrombozytentransfusionen sind ohne Erfolg, da ein sofortiger intravasaler Abbau einsetzt.
Thrombozytopenien entstehen postinfektiös nicht nur durch eine Bildungsstörung oder durch Antigen-Antikörperreaktionen, sondern auch durch direkt schädigende Einflüsse des infektiösen Agens. Im Rahmen von Septikämien, vor allem durch gram-negative, aber auch gram-positive Bakterien kommt es zu Thrombozytopenien. Es bestehen in diesen Fällen fließende Übergänge zum Syndrom der disseminierten intravasalen Gerinnung und der Verbrauchskoagulopathie. Auch in Verbindung mit anderen Erkrankungen des Immunsystems, z. B. systemischem Lupus erythematosus oder autoimmunhämolytischer Anämie, werden immunbedingte Thrombozytopenien bei der Katze gesehen.

III. Störung der Thrombozytenverteilung

Neben isolierten Erkrankungen der Milz (z. B. Hämatome, Zysten, primäre Milztumoren) verlaufen verschiedene Erkrankungen (z. B. Leukose, Hämangiom, malignes Hämangioendotheliom, Lebererkrankungen, Infektionen) unter Milzbeteiligung in Form einer Splenomegalie mit begleitender Thrombozytopenie.
Ein Sonderfall der Splenomegalie ist der Hypersplenismus, der mit Verminderung eines oder mehrerer Blutbestandteile einhergeht. Während physiologisch etwa ein Drittel der gesamten Plättchenmenge in der Milz reversibel gespeichert wird, können beim Hypersplenismus bis zu 80 % der Thrombozyten in der Milz nachgewiesen werden. Dieses Krankheitsbild wird bei der Katze jedoch höchst selten angetroffen.

Thrombozytopathie

Störungen der Thrombozytenfunktion sind angeboren oder erworben. Kongenitale Thrombozytopathien sind bei der Katze selten. Qualitative Störungen der Plättchenfunktion können sich in Störungen der

1. Adhäsion
2. Aggregation
3. Freisetzungsreaktion

ausdrücken. Der Verdacht auf eine Thrombozytopathie kommt immer dann auf, wenn bei entsprechender Blutungssymptomatik die Thrombozytenzahl normal oder annähernd normal ist und keine Störung im plasmatischen Gerinnungssystem vorliegt.
ad 1. Treten bei Thrombozytopathien jedoch gleichzeitig auch verlängerte Gerinnungstests auf, ist an eine von Willebrand-Erkrankung zu denken. Die von Willebrand-Erkrankung ist eine angeborene Störung, bei der die Plättchenadhäsion beeinträchtigt ist. Im Blutplasma liegt ein Mangel des von Willebrand-Faktors vor, einer Untereinheit des Faktor VIII-Moleküls (WF, siehe oben). Die von Willebrand Erkrankung ist eine autosomal dominant vererbte hämorrhagische Diathese. Die Erkrankung ist charakterisiert durch eine verlängerte kapilläre Blutungszeit, normale Thrombozytenzahl, verlängerte aPTT und einen Mangel an Faktor VIII. Die von Willebrand-Faktor-Aktivität gewährleistet das Anheften (Adhäsion) der Thrombozyten am Subendothel und ist daher für die Bildung des primären Plättchenthrombus erforderlich. Die Thrombozyten sind morphologisch und funktionell normal, jedoch durch den fehlenden notwendigen plasmatischen Cofaktor in ihrer Funktion eingeschränkt.
Ein Mangel, ein Fehlen bzw. eine funktionelle Beeinträchtigung des membranständigen Glykoprotein I-Komplexes, der sich in einer angeborenen Störung der kollageninduzierten Adhäsion ausdrückt (Bernard-Soulier-Syndrom) ist bisher bei der Katze nicht nachgewiesen worden.
Das vereinzelt bei der Katze beschriebene Ehlers-Danlos-Syndrom beruht auf einem Mangel und einem Defekt der kollagenen (Typ II Kollagen) und der elastischen Fasern. Dieses Syndrom ist durch eine leichte Verletzlichkeit der Haut, Überbeweglichkeit der Gelenke und Blutungsneigung charakterisiert. Die hämorrhagische Diathese zeigt sich klinisch in Purpura, subkutanen Hämatomen, Nachbluten und gastrointestinalen Blutungen. Über den Vererbungsmodus bei der Katze ist nichts Näheres be-

kannt. Beim Menschen ist der Erbgang autosomal rezessiv oder χ-chromosomal gebunden.

Eine erworbene Thrombozytenadhäsionsstörung findet sich im Zusammenhang mit einer Urämie. Bei schweren Niereninsuffizienzen fallen hämorrhagische Diathesen auf, die durch eine Beeinflussung des Prostaglandinstoffwechsels verursacht werden sollen. Die Bindung von Kollagen an das Glykoprotein I der Plättchen führt zu einer Störung der Thrombozytenadhäsion.

ad 2. Störungen der Thrombozytenaggregation als Thrombasthenia Glanzmann-Naegli mit einem Mangel oder Fehlen der Membranglykoproteine II b und III a sind bei der Katze bis heute nicht beschrieben.

Makromoleküle wie z. B. Dextran lagern sich auf der Thrombozytenoberfläche an und verhindern so die ADP-Bindung und damit die Aggregation. Dieser Effekt kann therapeutisch bei Bauchhöhlenoperationen (Vorbeuge von Verklebungen) oder zur Verhinderung der disseminierten intravasalen Gerinnung im Schock genutzt werden. Die Wirkung nach Dextraninfusion hält je nach Molekulargewicht zwischen 4 und 12 Stunden an.

Penicilline und Cephalosporine können die Aggregation und die Freisetzungsreaktion der Thrombozyten hemmen. Dies kann im Zusammenhang mit anderen Störungen der Hämostase klinisch von Bedeutung sein.

Aspirin (Azetylsalizylsäure) verursacht eine Thrombozytopathie, die durch eine verlängerte kapilläre Blutungszeit und eine verminderte Aggregationsfähigkeit der Thrombozyten gekennzeichnet ist. Durch Azetylierung der Zyklooxygenase bewirkt die Azetylsalizylsäure eine Hemmung des Prostaglandinstoffwechsels und damit der Thromboxanbildung. Die Schädigung der Thromboxansynthese ist irreversibel. Azetylsalizylsäure hat einen schleimhautschädigenden Effekt, so daß z. B. bei einer erosiven oder ulzerativen Gastritis klinisch relevante Blutungen auftreten können. Auch andere nichtsteroidale Antiphlogistika wie Phenylbutazon, Indometacin u. a. hemmen die Zyklooxygenaseaktivität in gleicher Weise.

ad 3. Störungen der Plättchenfreisetzung sind charakterisiert durch eine normale Adhäsion und Aggregation auf stimulierende Substanzen, wie Kollagen, Thrombin und ADP. Die Aggregation ist dann aber reversibel.„Storage pool-Defekte" sind durch eine Reduktion bzw. ein Fehlen der „dense bodies" gekennzeichnet. Damit ist die Speicherfähigkeit für ADP, ATP, Kalzium und Serotonin und die in-vitro-Aggregation auf Kollagen aufgehoben oder zumindest stark reduziert. Nur die erste Phase der Aggregation kann beobachtet werden, d. h. die Thrombozytenaggregate lösen sich leicht wieder auf. Diese Art Speicherkrankheit ist bei der Perserkatze beobachtet worden.

Als Chediak-Higashi-Syndrom ist eine weitere „storage pool" Erkrankung der Thrombozyten bekannt, bei der sowohl die „dense bodies" wie auch die α-Granula abnormal angelegt sind. Diese Thrombozytopathie ist durch eine hämorrhagische Diathese charakterisiert, wobei die Tiere zum okulokutanen Albinismus und zu rezidivierenden, eitrigen Infekten neigen.

Verschiedene Erkrankungen verlaufen mit Thrombozytopenien und kombinierten Formen von Thrombozytopathien. Hierzu gehören myeloproliferative Erkrankungen, akute Leukämie, Ehrlichiose, Urämie, multiple Myelome und Leberzirrhose.

Symptome

Charakteristisch für thrombozytäre Blutungsneigungen ist das Auftreten von Petechien (Purpura), d. h. von flohstichartigen Blutpünktchen bis zu markstückgroßen Blutflecken (Ekchymosen). Gleichzeitig bestehen jedoch vielfach Schleimhautblutungen (Nase, Zahnfleisch, Magen-Darm-Kanal, Harnwege). Es werden aber auch lebensbedrohliche Verletzungsblutungen, postoperative Hämorrhagien und spontane Blutungen im Bereich lebenswichtiger Organe wie Niere, ZNS und anderen gesehen.

Diagnose

Bei anamnestischen oder augenfälligen Blutungen sowie vor großen operativen Eingriffen muß eine Gerinnungsstörung ausgeschlossen sein, bzw. die hämorrhagische Diathese bezüglich Art und Ausmaß diagnostiziert werden. Die wichtigen thrombozytären Gerinnungsstörungen können einfach mit gefärbten Blutausstrichen durch die Thrombozytenzählung und die kapilläre Blutungszeit diagnostiziert werden. Zur Abgrenzung einer Koagulopathie werden die globalen Gerinnungstests (Prothrombinzeit, aktivierte partielle Thromboplastinzeit, Thrombinzeit, Fibrinogenbestimmung) durchgeführt. Für die Diagnostik der selten vorkommenden Thrombozytopathien sollte an erster Stelle die kapilläre Blutungszeit stehen. Die in-vitro-Methoden wie Thrombozytenaggregation, zytologische sowie unter Umständen elektronenmikroskopische Untersuchungen und bei immunologischen Störungen auch der Nachweis von Antiplättchensubstanzen können die Störung weiter eingrenzen. In den Fällen, in denen weder thrombozytäre Störungen der Hämostase noch Koagulopathien für die hämorrhagische Diathese verantwortlich gemacht werden können, muß an die oft schwer erfaßbaren Vasopathien gedacht werden.

Therapie

In erster Linie richtet sich die Behandlung der Thrombozytopenien gegen die Grundkrankheit oder zielt auf die Ausschaltung der auslösenden Noxe. Gelingt es nicht, die Ursache der Erkrankung abzuklären und damit kausal therapeutisch in den Krankheitsverlauf einzugreifen, ist eine symptomatische Behandlung indiziert, zumindest vorübergehend. Oft bleibt sie allerdings die einzig mögliche Behandlungsform. Aufgrund klinischer Beobachtungen und aufgrund der Erfahrungen der Humanmedizin hat sich bei der Katze vor allem auch der Einsatz von Kortikosteroiden als symptomatische Maßnahme bewährt.

Hinsichtlich der Auswahl eines bestimmten Glukokortikoids herrscht allgemein Übereinstimmung insofern, daß es eine Differenzierung der Einzelpräparate für bestimmte Indikationen nicht gibt. Immer wieder unternommene Versuche, bestimmte Glukokortikoide bestimmten Anwendungsgebieten zuzuordnen und den Vorzug zu geben, haben nicht überzeugen können. Dennoch haben sich Prednison und Prednisolon bzw. ihre Abkömmlinge scheinbar in der Praxis durchgesetzt. Bei immunbedingten Thrombozytopenien soll allerdings Dexamethason gewisse Vorteile besitzen. Bezüglich der Höhe der Dosierung sind die Angaben sehr unterschiedlich. Überschreitung der oberen Dosierungsgrenze (1–3 mg/kg KGW/Tag) sind jedoch üblich und richten sich nach dem Schweregrad der Erkrankung. Offenbar ist die erfolgreiche Therapie dosisabhängig. Grundsätzlich ist zu bemerken, daß mit weniger Nebenwirkungen zu rechnen ist, wenn kurzfristig hochdosiert wird, als wenn kleine Dosen über längere Zeit verabreicht werden. Wegen der vielfältigen Eigenschaften, die dem Kortison hinsichtlich seiner Wirkung auf die Thrombozyten zugesprochen werden (Verminderung der Abbaurate geschädigter Plättchen, Senkung des Antiplättchenfaktorspiegels, gefäßabdichtender Effekt, Steigerung der Thrombopoese), ist es wohl das geeignetste Medikament zur Notfallbehandlung, das ohne Kenntnis der Ursache auch bei Thrombozytopathien eingesetzt werden kann.

Neben der Kortisonbehandlung besteht bei der Katze die Möglichkeit, frisches Vollblut oder thrombozytenreiches Plasma zu transfundieren, um der thrombozytären Gerinnungsstörung entgegenzuwirken. Daneben soll es durch Vincristin (Vinkaalkaloid) auch zu einer Stimulation der Plättchenproduktion kommen.

Führt eine Störung des Thrombozytenabbaus zur Thrombozytopenie, können neben Kortikosteroiden eine Splenektomie oder eine Chemotherapie mit z. B. Vincristin, Cyclophosphamid, Azathioprin und anderen versucht werden. In diesem Zusammenhang kann die Transfusion von lebensfähigen Thrombozyten nur als akute Notfallmaßnahme angesehen werden, wenn die Blutung durch Kortison nicht zu beeinflussen ist. Ein Langzeiterfolg ist wegen des beschleunigten Abbaus nicht zu erwarten.

Prognose

Die Prognose hängt entscheidend von der zugrundeliegenden Erkrankung ab, die zur Störung der thrombozytenabhängigen Gerinnung führt.

Plasmatische Gerinnungsstörung

Störungen in der plasmatischen Gerinnung können vielfältige Ursachen haben. Die bei der Katze am häufigsten auftretende Koagulopathie wird durch Kumarinintoxikationen ausgelöst. Angeborene Koagulopathien in Form des Mangels eines Einzelfaktors finden sich bei der Katze selten. Da der Leber eine große Rolle bei der Bildung der plasmatischen Gerinnungsfaktoren zukommt, kann bei einer Hepatopathie die Blutgerinnung gestört sein. Hämorrhagische Diathesen treten aber erst bei schweren Leberfunktionsstörungen auf.

Erworbene Koagulopathie

Kumarinvergiftung

Kumarinderivate, die als Rodentizide eingesetzt werden, führen bei Aufnahme durch die Katze zu schweren Vergiftungserscheinungen in Form einer hämorrhagischen Diathese. Allerdings ist die Aufnahme von kumarinpräparierten Ködern bei der Katze im Vergleich zu anderen Tierarten selten. Es ist wahrscheinlicher, daß Katzen über das Fressen kumarinvergifteter Mäuse erkranken. Tägliche Mengen von 1 mg/kg über 5 Tage oder 5–50 mg/kg als Bolus können zu hämorrhagischen Diathesen führen. Es ist nicht bekannt, wieviele kumarinvergiftete Mäuse eine Katze fressen muß, bevor es zu klinisch manifesten Blutungen kommt.

Kumarinderivate sind Antagonisten des Vitamin K, welches in der Leber für die Synthese der Gerinnungsfaktoren II, VII, IX und X benötigt wird.

Symptome

Die Symptomatik beginnt 3 bis 10 Tage nach der Giftaufnahme und ist sehr variabel. Die klinischen Symptome richten sich nach Art und Ort der Blutung, z. B. Dyspnoe und Husten bei Lungenblutungen, Lahmheit bei Gelenkblutungen, Unterhautblutungen (Abb. 14). Oft werden vom Besitzer über-

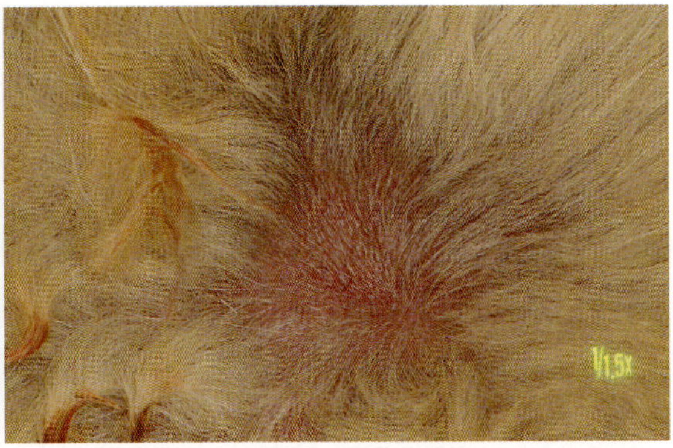

Abb. 14: Kumarinvergiftete Katze mit ausgedehnter Unterhautblutung und Schwellung.

haupt keine Blutungen, sondern nur Apathie, Inappetenz und evtl. Erbrechen bemerkt. In den meisten Fällen kann jedoch eine mäßige bis starke Anämie diagnostiziert werden.

Diagnose

Die Diagnose erfolgt durch Bestimmung der Prothrombinzeit, die immer deutlich verlängert ist. Die Verlängerung der aktivierten partiellen Thromboplastinzeit ist variabel.

Therapie

Bei Kumarinintoxikation ist die sofortige Substitution mit Vitamin K_1-Präparaten (Konakion®) in einer Dosierung von 5–10 mg/kg KGW intravenös erforderlich. Mit dem Wirkungseintritt ist nach etwa 1–2 Stunden zu rechnen. Liegen akut lebensbedrohende Blutungen vor, muß durch die intravenöse Gabe eines Kortikosteroids, z. B. Prednisolon, 5 mg/kg KGW i.v. oder, wenn vorhanden, mit Frischplasmatransfusion behandelt werden.

Verbrauchskoagulopathie, Disseminierte intravaskuläre Gerinnung und Fibrinolyse, thrombohämorrhagisches Syndrom

Unter den Begriffen Verbrauchskoagulopathie, disseminierte intravaskuläre Gerinnung und thrombohämorrhagisches Syndrom versteht man eine erworbene Gerinnungsstörung (Hyperkoagulabilität), die im Verlauf einer in der Zirkulation generalisiert auftretenden und fortschreitenden Aktivierung des Gerinnungssystems gesehen wird. Sie ist gekennzeichnet durch einen erhöhten Umsatz plasmatischer und zellulärer Gerinnungskomponenten (Verbrauch) unter zunehmender Abnahme des Hämostasepotentials. Es folgt eine Hypokoagulabilität (Untergerinnbarkeit) mit sich steigernder hämorrhagischer Diathese. Im weiteren kann es zu einer sekundären Aktivierung der Fibrinolyse kommen, die zu einem weiteren Verbrauch von Gerinnungsfaktoren führt und die hämorrhagische Diathese verstärkt. Mit dem Begriff disseminierte intravaskuläre Gerinnung wird das morphologische Substrat beschrieben, d. h. die Mikrothromben, die in der Gefäßperipherie zahlreicher Organe abgeschieden werden. Die Bezeichnung „thrombohämorrhagisches Syndrom“ charakterisiert das Nebeneinander von Thrombose und Blutung.

Die Verbrauchskoagulopathie ist keine selbständige Erkrankung, sondern Ausdruck von Störungen, wie sie bei verschiedenen akuten und chronischen pathologischen Prozessen auftreten und ist unter Umständen entscheidend für deren Verlauf. Prinzipiell kommen 3 verschiedene Aktivierungsmechanismen für die Ausbildung einer Verbrauchskoagulopathie in Frage:

1. Der exogene Weg der Blutgerinnung, d. h. Aktivierung des Gewebeplasmaplättchensystems
2. Stimulation des endogenen Weges, d. h. Aktivierung des Plasmaplättchensystems
3. Direkte Aktivierung von Prothrombin oder Faktor X durch proteolytische Enzyme, wie Trypsin, Schlangengift oder Leukozytenprotease.

Verbrauchskoagulopathie und Hyperfibrinolyse treten häufig gemeinsam, jedoch in Abhängigkeit von der Art und dem Verlauf der Grunderkrankung, der Funktion des Monozyten-Makrophagen-Systems und der reaktiven Fibrinolyse mit unterschiedlicher Intensität auf. Dies beeinflußt die Prognose und die Therapie. Die Abscheidung von Fibrinthromben im Gefäßsystem führt zu Mikrozirkulationsstörungen der betroffenen Organe und zum generalisierten Kreislaufschock. Die Pathogenese des Syndroms „Verbrauchskoagulopathie“ ist vielgestaltig. Sie kann bei der Katze durch folgende Faktoren ausgelöst werden:

- Gewebsthromboplastine, z. B. zerfallende Tumorzellen, ausgedehnte Verletzungen, Gewebsnekrosen.
- Bakterientoxine (Exo- und Endotoxine)
- Endothelschädigung, primär z. B. durch FIP, sekundär durch Sauerstoffmangel bei Durchblutungsstörungen im Verlauf der Aortenthrombose und beim Schock
- Immunologische Faktoren durch Bildung von Antigen-Antikörperkomplexen
- Stoffe mit Thrombinwirkung, z. B. Schlangengifte.

Bei der Katze spielt die Verbrauchskoagulopathie vor allem bei der Felinen Infektiösen Peritonitis und der Panleukopenie eine Rolle. Es wird in Verbindung mit diesen Erkrankungen eine Hyperfibrinogenämie, die teilweise mit einer Verlängerung der Prothrombinzeit und/oder der aktivierten partiellen Thromboplastinzeit verbunden ist, gesehen. Gleichzeitig kann eine gering- bis mittelgradige Thrombozytopenie auftreten. Nach eigenen Beobachtungen kommt es bei Leberzellkarzinomen, der idiopathischen hämolytischen Anämie und vor allem bei einem massiven Befall mit Hämobartonellen zu einer Umsatzsteigerung, die eine Hyperkoagulabilität nach sich zieht und, abhängig vom Stadium des Geschehens, von unterschiedlicher Dauer ist. Die Folge ist eine zunehmende intravasale Anreicherung von Fibrinmonomeren nach intravasaler Thrombinwirkung und Abspaltung der Fibrinopeptide A und B aus dem Fibrinogenmolekül. Hält die Stimulation an, kommt es zu einer zunehmenden Umsatzsteigerung mit Verbrauch von Gerinnungsfaktoren und Thrombozyten. Entsprechend der Verlaufsform läßt sich eine akute und eine chronische disseminierte intravaskuläre Gerinnung unterscheiden, wobei es bei der akuten Form zu einem massiven Verbrauch des Hämostasepotentials mit massiver hämorrhagischer Diathese kommen kann. Die häufiger auftretende chronische Verbrauchskoagulopathie kann durch kompensatorische Synthesesteigerung der Gerinnungsfaktoren und Thrombozyten zu normalen oder sogar erhöhten Aktivitäten der Faktoren und der Fibrinogenkonzentration führen.

Blutungen, die sich im Zusammenhang mit einer Verbrauchskoagulopathie zeigen, sind nicht typisch, da sowohl die plasmatischen als auch die thrombozytären Formen kombiniert sind. Vor allem bei Notfalloperationen von im Schock befindlichen Katzen treten schwer zu stillende Blutungen auf.

Diagnose

Die Diagnose eines gesteigerten Umsatzes an Gerinnungsfaktoren, Thrombozyten und/oder dem Fibrinolysesystem wird anhand klinischer und gerinnungsanalytischer Parameter gestellt. Da der Normbereich vieler gerinnungsanalytischer Untersuchungen bei der Katze relativ breit ist, erlauben geringe Abweichungen keine eindeutige Aussage. Zuverlässiger sind Verlaufskontrollen, die individuelle Normwerte berücksichtigen und eine Tendenz erkennen lassen. Der größte Teil der Katzen, bei denen eine Verbrauchskoagulopathie diagnostiziert wird, zeigt noch keine hämorrhagische Diathese. Dies kann an dem fast immer erhöhten Fibrinogengehalt und der nur selten verringerten Thrombozytenzahl liegen.

Therapie

Die Behandlung der Verbrauchskoagulopathie und deren Folgen besteht im wesentlichen aus:

1. Abstellen der Ursache (antibiotische Behandlung, Schockbekämpfung)
2. Unterbrechung der Umsatzsteigerung (Heparintherapie)
3. Wiederherstellung eines ausreichenden hämostatischen Potentials (Frischblut, Frischplasma)
4. Verhinderung der Mikrothrombosierung (Azetylsalizylsäure, Plasmaexpander)

Angeborene Koagulopathien

Angeborene Koagulopathien beruhen auf einer isolierten oder kombinierten Defektbildung von plasmatischen Gerinnungsproteinen. Über das Vorkommen eines Mangels an Einzelfaktoren bei der Katze ist bisher nur wenig bekannt. Eine gewisse Bedeutung besitzen die Hämophilie A, die Hämophilie B, der Faktor XII-Mangel und die von Willebrand-Erkrankung.

Hämophilie A

Die Hämophilie A ist eine angeborene, X-chromosomal vererbte hämorrhagische Diathese, die durch Fehlen bzw. Verminderung der biologischen Aktivität des Faktor VIII verursacht wird. Durch den Vererbungsmodus erkranken nur männliche Tiere, während die Kätzin mit dem defekten X-Chromosom den Faktor VIII-Mangel überträgt (Konduktorinnen). Die hämorrhagische Diathese beim Kater ist in der Regel gering ausgeprägt. Im Vergleich zum Pferd und großen sowie kleinen Hunderassen wird der Grad der Blutungsneigung mit dem Körpergewicht in Verbindung gebracht. Große Hunde und Pferde bluten bei der Hämophilie A wesentlich stärker.

Der Faktor VIII besteht aus mehreren Molekülen (siehe vorne). An diesen unterschiedlichen Proteinen sind zwei gekoppelte Funktionen des Faktors wesentlich:

a. Plättchenadhäsion an veränderter Oberfläche
b. Gerinnungsaktivität im endogenen System

Bei der Hämophilie A ist lediglich der gerinnungsaktive Anteil Faktor VIII: C unterschiedlich stark vermindert. Die andere Komponente (von Willebrand-Faktor- Aktivität) sind im Gegensatz zur von Willebrand-Erkrankung in normaler Konzentration vorhanden. Damit ist eine primäre Blutstillung bei der Hämophilie A (Bildung eines Plättchenthrombus) möglich. Es kommt aber zu einer plasmatischen Gerinnungsstörung in unterschiedlicher Ausprägung.

Diagnose

Die betroffenen Katzen haben individuell unterschiedlich verlängerte Zeiten der aktivierten partiellen Thromboplastinzeit (aPTT) und eine unter 10 % erniedrigte Faktor VIII-Aktivitäten nach Vermischung mit Faktor VIII Mangelplasma. Der Gehalt an von Willebrand-Faktor ist normal oder erhöht.

Therapie

Eine Therapie der bei der Katze nur mäßig ausgeprägten Symptome ist im allgemeinen nicht erforderlich. Bei kleineren Verletzungen und Zahnextraktionen genügt in der Regel eine lokale Blutstillung. Nur bei anhaltenden Blutungen, wie sie infolge größerer Verletzungen und nach Operationen zu beobachten sind, ist der Einsatz von Frischplasma oder selbst herzustellendem Kryopräzipitat erforderlich. Kommt es zu einer Faktor VIII abhängigen Hämaturie, so kann mit Kortikosteroiden (1–2 mg Prednisolon pro kg) eine Blutstillung erreicht werden. Ob die Verwendung von Desmopressin (DDAVP, Deamino-D-Arginin-Vasopressin) bei der Hämophilie A der Katze nutzbringend ist, kann aus eigenen Erfahrungen nicht beurteilt werden.

Wesentlich für die Bekämpfung der Hämophilie A bei der Katze sind zuchthygienische Maßnahmen.

Prognose

Die Blutungen sind im allgemeinen nicht lebensbedrohlich.

Von Willebrand-Erkrankung

Die von Willebrand-Erkrankung ist auch bei der Katze bekannt. Sie ist durch eine Verminderung oder einen Defekt des Willebarand-Faktor-Moleküls bei verlängerter kapillärer Blutungszeit und gestörter plasmatischer Gerinnung gekennzeichnet. Im Gegensatz zur Hämophilie A mit Verminderung des niedermolekularen Anteils (Faktor VIII: C) ist bei der von Willebrand-Erkrankung die hochmolekulare Komponente (WF) erniedrigt.

Symptome

Es zeigen sich Blutungen wie bei Thrombozytopathien.

Diagnose

Die Kombination von verlängerter kapillärer Blutungszeit und aktivierter partieller Thromboplastinzeit deuten auf die von Willebrand-Erkrankung hin. Der immunologische Nachweis von von Willebrand-Faktor Antigen ist bei der Katze mit humanmedizinischen Testmethoden möglich.

Therapie

Falls eine Behandlung bei stärkerer Blutung erforderlich wird, hat sich Frischplasma bewährt.

Prognose

Die Schwere der klinischen Symptomatik nimmt mit zunehmendem Alter ab.

Prophylaxe

Eine strenge Zuchtselektion kann das Auftreten der Erkrankung limitieren.

Faktor IX-Mangel, Hämophilie B (Christmas-Disease)

Die Hämophilie B beruht auf einer Erniedrigung von Faktor IX und wurde bisher vor allem bei Domestic und British Kurzhaarkatzen und bei Siamesen beobachtet. Der Erbgang ist wie bei der Hämophilie A X-chromosomal-rezessiv. Sie tritt jedoch wesentlich seltener als die Hämophilie A auf. Das klinische Bild wie auch die Therapie folgt den gleichen Grundsätzen wie bei der Hämophilie A. Die Halbwertszeit von Faktor IX ist allerdings länger als die von Faktor VIII. Da die aktivierte partielle Thromboplastinzeit sowohl bei der Hämophilie A als auch B verlängert ist, kann der eigentliche Faktorenmangel nur unter Verwendung von Mangelplasma identifiziert werden. Weibliche Überträgerinnen besitzen eine Faktor IX-Aktivität von 40–60 %.

Blutungen treten erst bei einem Faktor IX-Gehalt von unter 1 % spontan auf. Subkutane Hämatome und Nachblutungen aus der Kastrationswunde werden gesehen.

Die Therapie besteht in der i. v. Injektion von frischem Plasma.

Faktor XI-Mangel

Nur ein Bericht liegt vor über einen Kater mit wiederholter Epistaxis und späterem Exitus infolge einer Verblutung in die Bauchhöhle. Die aktivierte partielle Thromboplastinzeit ist verlängert und die Faktor XI-Aktivität beträgt ca. 5 %. Mit Frischplasma kann der Mangel substituiert werden.

Faktor XII-Mangel

Der Mangel an Faktor XII (Hagemann-Faktor) ist ein asymptomatisch verlaufender Mangel eines Gerinnungsfaktors, der bei der Katze häufig existiert. Klinisch spielt diese Erkrankung keine Rolle. Es treten keine spontanen Blutungen auf. Die betroffenen Katzen dienen allerdings als Modell für die beim Menschen bekannte Störung. Labordiagnostisch fällt die deutlich verlängerte aktivierte partielle Thromboplastinzeit auf, ohne daß eine hämorrhagische

Diathese vorliegt. Mit Faktor XII-Mangelplasma kann der Defekt diagnostiziert werden. Auch perioperativ ist keine Substitutionsbehandlung erforderlich.

Literatur

ALLEN, D. G., JOHNSTONE, B., and S. CRANE (1985): Effects of aspirin and propanol alone and in combination on hemostatic determinants in the healthy cat. Am. J. Vet. Res. **46,** 660.

AUER, L., and K. BELL (1983): Transfusion reactions in cats due to AB blood group incompatibility. Res. Vet. Sci. **35,** 145.

COWLES, B. E., MEYERS, K. M., WARDROP, K.J ., MENARD, M., and D. SYLVESTER (1992): Prolonged bleeding time of chediak-higashi cats corrected by platelet transfusion. Thrombosis and Haemostasis **6,** 708–712.

DAVENPORT, D. J., BREITSCHWERDT, E. B., and M. C. CARAKOSTAS (1982): Platelet disorders in the dog and cat. Part 1: Physiology and Pathogenesis. Comp. Cont. Educ. **4,** 762.

FELDMANN, B. F. (1981): Coagulopathies in small animals. J. Am. Vet. Med. Assoc. **179,** 559.

DENIZ, A., MISCHKE, R., u. I. NOLTE (1995): Eignung der aktivierten partiellen Thromboplastinzeit (aPTT) als Screeningkot für gering- bis mittelgradige Gerinnungsfaktorverminderungen bei der Katze. Dtsch. Tierärztl. Wschr. **102,** 206–208.

FELDMANN, B. F., SOARES, C. J., KITCHELL, B. E., BROWN, C. C., and S. O'NEILL (1983): Hemorrhage in a cat caused by inhibition of factor XI (plasma thromboplastin antecedent). J. Am. Vet. Med. Assoc. **182,** 589.

FOGH, J. M., and I. T. FOGH (1988): Inherited coagulation disorders. Vet. Clin. North Am. **18,** 231.

HART, S., u. I. NOLTE (1990): Schwierigkeiten bei der Gerinnungsdiagnostik der Katze. 35. Jahrestagung der Fachgruppe „Kleintierkrankheiten" der DVG, 12.–14. 10. 1989, Gießen, DVG-Selbstverlag, Gießen, S. 332.

HART, S., u. I. NOLTE (1991): Zur Thrombozytenaggregation bei der Katze. Tierärztl. Prax. **19,** 413.

HART, S., u. I. NOLTE (1994): Coagulation disorders in FIV seropositive cats. J. Vet. Int. Med. **8,** 355–362.

HART, S., SOMMER, B., DENIZ, A., KIETZMANN, M., u. I. NOLTE (1994): Wirkung von Acetylsalicylsäure auf Thrombozytenaggregation und kapilläre Blutungszeit bei gesunden Katzen. 4. Jahrestagung der Fachgruppe „Innere Medizin und klinische Laboratoriumsdiagnostik" der DVT, 10.–13. 3. 1994, München. DVG-Selbstverlag, Gießen, S. 72.

JORDAN, H. L., GRINDEM, C. B., and E. B. BREITSCHWERDT (1993): Thrombocytopenia in cats: A retrospective study of 41 cases. J. Vet. Int. Med. **5,** 261–265.

KAMMERMANN-LÜSCHER, B. (1978): Cumarinvergiftung bei Hund und Katze. Schweiz. Arch. Tierheilk. **120,** 231.

KARGES, H. E., FUNK, K. A., and H. RONNEBERGER (1994): Activity of coagulation and fibrinolysis parameters in animals. Arznei.-Forsch/Drug. Res. **44,** 793–797.

KIER, A. B., BRESNAHAN, J. F., WHITE, F. J., and J. E. WAGNER (1980): The inheritance pattern of factor XII (Hagemann) deficiency in domestic cats. Can. J. Comp. Med. **44,** 309.

KILLINGSWORTH, C. R., WEISS, D. J., EYSTER, G. E., BARTLETT, P. C., and T. G. BELL (1985): Screening coagulation tests in the cat: reference values based on direct venipuncture and catheterized samples. Vet. Clin. Pathol. **14,** 19.

KRAFT, W. (1973): Das Thrombelastogramm der gesunden Hauskatze und die Behandlung der Verbrauchskoagulopathie bei Panleukopenie. Berl. Münch. tierärztl. Wochenschr. **86,** 394.

MISCHKE, R., DENIZ, A., u. I. NOLTE (1994): Optimierte Methode zur Messung der Gerinnungsfaktoren II, V, VII und X bei der Katze. Dtsch. Tierärztl. Wschr. **101,** 430–433.

MISCHKE, R., DENIZ, A., u. I. NOTE (1995): Messung der Aktivität der Gerinnungsfaktoren VIII:C, IX, XI und XII bei der Katze. J. Vet. Med. A **42,** 513–520.

NEMI, C. J., and J. W. SWITZER (1981): Autoimmune thrombocytopenia in dogs and cats. Vet. Clin. North Am. **11,** 421.

NOLTE, I., MÜLLER-BERGHAUS, G., FAILING, K., u. C. NIEMANN (1988): Untersuchung zur Wirksamkeit der kombinierten Behandlung thrombozytärer hämorrhagischer Diathesen des Hundes mit Prednisolon und Bluttransfusion am Beispiel einer durch Aspirin hervorgerufenen Thrombozytopathie. Tierärztl. Prax. **16,** 417.

NOLTE, I., GARDNER, L., and U. AMMELOUNX (1984): Suspected coumarin toxicosis in a FeLV-positive cat. Feline Pract. **14,** 20.

PARRY, B. W. (1985): Evaluation of haemostatic disorders in dogs and cats. Vet. Annual **25,** 302.

PAUSE, B. (1988): Vergleichende Untersuchung zur Gerinnungsdiagnostik mit dem Resonanzthrombographen und dem Thrombelastographen gemessen an der Thrombozytenzahl, dem Fibrinogengehalt, der Prothrombinzeit und der aktivierten partiellen Thromboplastinzeit bei klinisch gesunden und kranken Hunden, Katzen und Pferden. Vet. Diss. Gießen.

PION, P. D. (1988): Feline aortic thromboemboli and the potential utility of thrombolytic therapy with tissue plasminogen activator. Vet. Clin. North Am. **18,** 79.

WELLES, E. G., BOUDREAUX, M. K., CRAGER, C. S., and J. W.TYLER (1994): Platelet function and antithrombin, plasminogen, and fibrinolytic activities in cats with heart disease. Am. J. Vet. Res. **5,** 619–627.

Krankheiten des Endokrinums

Von W. Kraft

Raum für Notizen

Krankheiten des Endokrinums

Im Gegensatz zum Hund ist das Gebiet der Endokrinologie bei der Katze noch weniger erschlossen. Dies liegt teilweise daran, daß bis zum Jahr 1979, als die ersten Mitteilungen über gehäuftes Vorkommen von Hyperthyreosen bei der Katze publiziert wurden, im wesentlichen lediglich der Diabetes mellitus leidlich bekannt war. Wenn auch endokrine Störungen bei der Katze – zumindest in unserem Einzugsbereich – absolut seltener sind als beim Hund, so dürfte doch andererseits noch vieles unbekannt sein; insbesondere spielen beim – ungenügenden – Erkennen von Endokrinopathien die Schwierigkeiten der oft speziesspezifischen Hormondiagnostik eine Rolle.

Hypophyse

Die Hypophyse der Katze liegt an der Hirnbasis in der Sella turcica. Sie hat, wie bei anderen Säugetieren auch, neuronale und epitheliale Anteile. Das Organ kann in die Neurohypophyse (Hypophysenhinterlappen, Lobus posterior, HHL) und die Adenohypophyse (Hypophysenvorderlappen, Lobus posterior, HVL) unterteilt werden; zwischen beiden liegt der Zwischenlappen. Dazwischen befindet sich als Residuum der embryonalen Rathke-Tasche die Hypophysenhöhle. Die Hypophyse kann als Bindeglied zwischen vegetativem Nervensystem und Endokrinum aufgefaßt werden (LIEBICH, 1993).

Die Hypophyse fungiert als übergeordnete Drüse, die eine Reihe von nachgeordneten endokrinen Organen beeinflußt, andererseits auch wiederum von diesen beeinflußt wird (Rückkopplungsmechanismus oder Feed back). Tab. 2 gibt einen Überblick über die von der Hypophyse sezernierten Hormone.

Die Hypophysenhormone unterliegen zum Teil wiederum übergeordneten Hormonen, den Releasing-Hormonen. Im Falle des ACTH ist dies das Corticotropin-Releasing-Hormon (CRH) Dieses im Hypothalamus synthetisierte Hormon fließt über die Gefäße des Hypophysenstiels in die Hypophyse, wo unter seinem Einfluß ACTH sezerniert wird. Dieses gelangt auf dem Blutweg in die Nebennieren, die mit einer Sekretion von Cortisol antworten. Das erhöhte Cortisol erreicht wiederum auf dem Blutweg Hypophyse und Hypothalamus. Dort hemmt es die weitere Freisetzung von ACTH und CRH (negativer Feed back).

Ähnlich verhält es sich mit der Jodhormonsynthese und -sekretion der Schilddrüse: Thyrotropin-Releasing-Hormon (TRH) wird im Hypothalamus gebildet, erreicht die Hypophyse, wo die Sekretion und Synthese von – speziesspezifischem – Thyreotropin (TSH) erfolgt. Dieses gelangt über die Blutbahn zur Schilddrüse, regt dort zur Sekretion und Synthese (in dieser zeitlichen Reihenfolge) der Jodhormone, besonders des Thyroxins, an. Deren Erhöhung im Blut

Tabelle 1: Hypothalamische Hormone und ihre Hypophysenwirkung

Hypothalamushormon	Hypophysenhormon
Thyrotropin-Releasing-Hormon (TRH)	Thyreotropin (TSH)
Corticotropin-Releasing-Hormon (CRH)	Adrenocorticotropes Hormon (ACTH)
Wachstumshormon-Releasing-Hormon (Somatokrinin, GHRH)	Wachstumshormon (Somatotropin, STH)
Gonadotropin-Releasing-Hormon (GnRH)	Follikelstimulierendes Hormon (FSH), Luteinisierungshormon (LH)
Prolaktin-Releasing-Hormon	Prolaktin
Melanotropin-Releasing-Hormon (MSRH)	Melanotropin (MSH)

Tabelle 2: Hypopyhsenhormone und ihre Wirkung

Hypophysenhormon	Syntheseort	Erfolgsorgan, Wirkung
Thyreotropin (Thyreoidea-stimulierendes Hormon, TSH)	Pars distalis der Adenohypophyse	Schilddrüse (Thyroxin, Trijodthyronin)
Adrenocorticotropes Hormon (ACTH)	Pars distalis, Pars intermedia der Adenohypophyse	Nebennierenrinde (Zona reticularis ([Cortisol])
Lipotropine	Pars distalis der Adenohypophyse	Fetttransport
Endogene Opioide	Pars intermedia der Adenohypophyse	Vegetativum (endorphinerge Neurone)
Wachstumshormon (Somatotropin, STH)	Pars distalis der Adenohypophyse	DNA-Synthesesteigerung Glukoneogenese
Gonadotropine:		
– Follikelstimulierendes Hormon (FSH)	Pars distalis der Adenohypophyse	Granulosazellproliferation
– Luteinisierendes Hormon (LH)		Follikelreifung, Ovulation; Wachstum der Leydigzellen
Melanozyten-stimulierendes Hormon (Melanotropin, MSH)	Pars intermedia der Adenohypophyse	Melanozyten, Melaninsynthese
Antidiuretisches Hormon (Adiuretin, Vasopressin, ADH)	Lobus posterior (Neurohypophyse) (Speicherorgan), synthetisiert in Neuronen des Hypothalamus	Nierentubuli: Wasserretention, Permeabilitätssteigerung; Vasokonstriktion

führt zur Hemmung weiterer TRH- und TSH-Freisetzung.

Die Releasing-Hormone unterliegen außerdem äußeren Einflüssen (Wachzustand, Schlaf, Hunger, Aufregung etc., allgemein „Streß"). Es handelt sich um vergleichsweise kleine Peptide, die im Gegensatz zu den Hypophysenhormonen keine Speziesspezifität aufweisen. Dagegen stellen die Hypophysenhormone große Eiweißmoleküle dar, die arteigentümliche Aminosäurensequenzen besitzen. Dies macht ihre Diagnostik schwierig, da Testbestecke aus der Humanmedizin nur in Ausnahmefällen beim Tier angewandt werden können.

Auch das ADH (Antidiuretisches Hormon, Vasopressin) wird in Neuronen des Hypothalamus gebildet (im Supraopticus- und paraventrikulären Bereich). Das Hormon wirkt auf die Tubulus- und Sammelrohrepithelien der Niere, indem es die Wasserresorption steigert und auf diese Weise den Wasserhaushalt des Körpers reguliert. Dabei wird lediglich „freies" Wasser resorbiert, jedoch keine Elektrolyte. Dies führt zur einer Konzentrationssteigerung im Urin. Die Wasserresorption ist energieunabhängig. Das Vasopressin erweitert lediglich die Kanäle für den Wasserdurchtritt. Das Wasser gelangt dabei in ein Gebiet höheren osmotischen Drucks im Niereninterstitium. Durch die Wasserrückresorption aus den Tubuli bei absolut nichtveränderter Elektrolytmenge erhält der Harn ein höheres spezifisches Gewicht (Dichte), das bei der gesunden Katze im Konzentrationsversuch mindestens 1,035 erreichen muß.

Vasopressin (ADH) führt zur Kontraktion der Uterusmuskulatur während der Geburt und damit zur Austreibung der Frucht. Es aktiviert darüber hinaus die Milchejektion beim Saugakt.

Diabetes insipidus

Katzen leiden extrem selten an Diabetes insipidus. Unterschieden werden kann der von der Hypophyse ausgehende zentrale oder neurogene vom renalen Diabetes insipidus. Beim zentralen Diabetes insipidus besteht eine verminderte Synthese oder Sekretion von ADH, beim renalen dagegen eine verminderte Ansprechbarkeit der Tubulus- und Sammelrohrepithelien auf ausreichend vorhandenes ADH. Bei der Katze ist bisher nur über die zentrale Form und auch nur jeweils in Einzelfällen berichtet worden (GREIG, 1963; GREEN und FARROW, 1974; ROGERS u. M., 1977; BURNIE und DUNN, 1982; COURT und WATSON, 1983; FELDMAN und NELSON, 1987; KRAUS, 1987), davon in einem Fall über einen angeborenen Diabetes insipidus (WINTERBOTHAM und MASON, 1983).

Die Ursache des zentralen Diabetes insipidus ist meist idiopathisch – d. h. die Ursache bleibt unbekannt. Bisweilen führen Tumoren (FELDMAN und NELSON, 1987) oder Traumen (ROGERS u. M., 1977), theoretisch auch Entzündungen im Hypothalamusbereich, zu einer verminderten Produktion.

Klinisches Bild

Die erkrankten Tiere, über die berichtet wurde, waren relativ jung, das jüngste sechs Wochen alt. Im Vordergrund stehen Polydipsie und Polyurie. Die aufgenommene Wassermenge ist etwa doppelt so hoch wie normal (ca. 4 ml/kg KM und Stunde gegenüber 1,5 bis 3 ml/kg KM und Stunde). Im übrigen zeigen sich wenige Symptome, wobei die Abmagerung noch das auffallendste ist. Hinzu kommt eine leichte Dehydratation mit Erhöhung von Hämatokrit, eventuell auch von Serum-Protein und -Natrium.

Diagnose und Differentialdiagnose

Das klinische Bild allein reicht nicht aus, um die Diagnose mit einiger Sicherheit zu stellen. Da andere Krankheiten als Ursachen einer Polydipsie bei der Katze wesentlich häufiger vorkommen als Diabetes insipidus, wird man sie zunächst ausschließen. Typisches Symptom eines Diabetes insipidus ist die ständige Hyposthenurie, worunter bei der Katze Dichtewerte des Harns unter 1,008 fallen. Die Dichte (spezifisches Gewicht) steigt auch nach Dürsten nicht oder kaum an. Im Gegensatz zum Diabetes mellitus mit seinem in der Regel hohen spezifischen Gewicht enthält der Harn keine Glukose und kein Azeton. Bei der chronischen Niereninsuffizienz ist das spezifische Gewicht höher (Isosthenurie zwischen 1,008 bis 1,012 [1,015]), es entsteht eine Azotämie. Eine psychogene Polydipsie ist bei der Katze unbekannt.

Zur Diagnose empfiehlt sich der *Volhardsche Durst- oder Konzentrationsversuch.*[1]) Durch Wasserentzug wird normalerweise Vasopressin sezerniert, so daß die Wasserrückresorption im Tubulus-Sammelrohr-System angeregt wird und die Urinkonzentration ansteigt (bei der Katze normalerweise über 1,035). Vorausgesetzt, es liegt keine Niereninsuffizienz vor – diese ist vorher auszuschließen –, steigt das spezifische Harngewicht auf den Wert von 1,035 oder darüber, auf jeden Fall aber über den oberen Grenzwert der Hyposthenurie (1,008) und auch der Isosthenurie (1,012) an.

[1]) Professor Dr. Franz Volhard (1872–1950) war Internist an den Universitäten in Halle und Frankfurt am Main und galt seinerzeit als einer der führenden Nephrologen der Welt („Nierenpapst").

Die Durchführung des Tests muß gut überwacht werden, da die Patienten sehr rasch erhebliche Wassermengen verlieren, gut zu kontrollieren über das Körpergewicht. Man geht folgendermaßen vor:

- Gewichtskontrolle vor Beginn des Konzentrationsversuchs
- vollständige Entleerung der Harnblase und Messung des spezifischen Harngewichts
- Entzug von Futter und Wasser (Käfighaltung)
- alle zwei bis drei Stunden Gewicht kontrollieren und Harnblase entleeren, spezifisches Gewicht und, wenn möglich, Osmolalität messen
- sobald mehr als 5 % des Körpergewichts verloren sind, ist der Versuch sofort zu unterbrechen (quälender Durst, Dehydratation, nervale Symptome, Lebensgefahr).

• Reaktion der gesunden Katze auf den Konzentrationsversuch:

- Abnahme der Urinmenge während des Konzentrationsversuchs
- Anstieg des spezifischen Gewichts mindestens auf 1,035, in der Regel weit über 1,035
- Anstieg der Osmolalität über 900 mOsm/kg
- kein oder kaum Gewichtsverlust

• Reaktion der Katze mit Diabetes insipidus:

- keine Abnahme der Urinmenge
- kein Anstieg des spezifischen Gewichts über 1,008
- Osmolalität bleibt sehr niedrig (wenige 100 bis unter 100 mOsm/kg)
- rascher Gewichtsverlust

Eine weitere diagnostische Möglichkeit besteht in der *exogenen Gabe von Vasopressin* (Pitressin-Test). Er kann sofort an den Konzentrationsversuch angeschlossen werden und wird folgendermaßen durchgeführt:

- Wasser- und Futterentzug während der Untersuchung
- Gewinnung von Urin, Messung des spezifischen Gewichts (und, wenn möglich, der Osmolalität)
- 0,5 IU Vasopressin (Pitressin)/kg KM intramuskulär
- 30', 60' und 120' nach Pitressingabe Uringewinnung, Messung des spezifischen Gewichts (und der Osmolalität)

• Reaktion der gesunden Katze auf Pitressingabe:

- Anstieg des spezifischen Gewichts (und der Osmolalität) mindestens auf Werte über 1,035, in der Regel weit über 1,035, bzw. über 900 mOsm/kg
- Abnahme der Urinmenge während des Beobachtungszeitraums

• Reaktion der Katze mit Diabetes insipidus:

- kein (nennenswerter) Anstieg
- keine Abnahme der Urinmengen während des Beobachtungszeitraums

Therapie

Dem Patienten ist in jedem Fall genügend Wasser anzubieten. Dürsten lassen ist – außer kurzfristig zur Stellung der Diagnose – als Qual zu betrachten.

Medikamentös ist die Substitution von Vasopressin durchzuführen. Hierzu stehen verschiedene Präparationen zur Verfügung:

- Vasopressin als Tannat (Pitressintannat), 1 bis 2 IU/Katze je nach Wirkung alle 1 bis 3 Tage
- Desmopressin (1-desamino-8-D-Arginin-Vasopressin, 100 g/ml) als Nasentropfen (teuer!), ein- bis zweimal täglich in die Nase geben; da die intranasale Applikation bei der Katze oft auf Schwierigkeiten stößt, können die Tropfen in gleicher Weise auch konjunktival gegeben werden. Stößt auch dieses auf Schwierigkeiten, so kann auch die subkutane Gabe gewählt werden.
- Hydrochlorthiazid ist auch bei der Katze empfohlen worden (PETERSON und RANDOLPH, 1989). Es sollen 4 bis 8 mg/kg KM auf zweimal täglich verteilt gegeben werden. Ebenso Chlorpropamid (40 mg/kg KM; ROGERS u. M., 1977).

Akromegalie

Durch vermehrte Sekretion von Wachstumshormonen (Somatotropin, Somatotropes Hormon oder STH) wird ein verstärktes Wachstum besonders der Knochen und eine Vermehrung des Bindegewebes hervorgerufen; auch innere Organe vergrößern sich. Bei der Katze ist auch diese Entgleisung in der Hormonsekretion der Hypophyse eine ausgesprochene Rarität, die bisher nur in Einzelfällen beschrieben worden ist (GEMBARDT und LOPPNOW, 1976; EIGENMANN, WORTMAN und HASKINS, 1984; MIDDLETON u. M., 1985; LICHTENSTEIGER, WORTMAN und EIGENMANN, 1986; PETERSON u. M., 1986).

Ursächlich liegen allen bisher beschriebenen Fällen azidophile Hypophysenadenome zugrunde. PETERSON (1987) zeigte, daß bei der Katze durch eine längere Behandlung mit Progestagenen (Megestrolazetat) anders als beim Hund keine vermehrte Sekretion von STH ausgelöst wird. In einer früheren Beobachtung jedoch konnten PETERSON und M. (1981) eine Katze beobachten, die nach längerer Megestrolbehandlung sowohl einen insulinunabhängigen Diabetes mellitus als auch eine Erhöhung von STH entwickelte. Nachdem das Progestagen abgesetzt worden war, bildete sich die STH-induzierte Akromegalie allerdings nicht zurück, so daß anzunehmen ist, daß sich die Akromegalie unabhängig vom Megestrolazetat entwickelt hatte.

Klinisches Bild

PETERSON und RANDOLPH (1989) stellten die klinischen Symptome bei acht Katzen zusammen. Danach zeigten alle acht Polydipsie und Polyurie. Sie werden zurückgeführt zum einen auf den bei Akromegalie sehr häufigen Diabetes mellitus, zum andern auf die ebenfalls relativ häufig zu beobachtende Urämie. Sieben Katzen wiesen Herzgeräusche, Kardio- und Hepatomegalie, Nephromegalie, Nierenversagen auf, und einen „großen Kopf" stellten sie bei fünf Katzen fest, die Hälfte der Patienten zeigte Gewichtszunahme, Arthritis, Spondylose und einen vergrößerten Unterkiefer (Prognathia inferior). Weniger häufig waren vergrößerte endokrine (?) Organe, Umfangsvermehrung des Bauches, Vergrößerung der Zunge und Kreisbewegung. Außerdem wird über Hautverdickung mit Faltenbildung besonders im Kopf-Hals-Bereich berichtet. Eine Umfangsvermehrung der Gelenke wurde einer Verdickung der Gelenkkapseln, der Bänder, des Knorpels und der Knochen angelastet, wie sie auch beim Menschen vorkommen.

Alle ihre Katzen hatten eine Hyperglykämie. Häufig waren Hyperproteinämie, Azotämie und Hyperphosphatämie. Der insulinunabhängige Diabetes mellitus ist offenbar eine regelmäßige Komplikation des Hypersomatotropismus, wie er auch beim Hund bekannt ist. Die Ursache wird in einer Abnahme der Insulinrezeptoren unter dem Einfluß des Wachstumshormons gesehen.

Diagnose

Die Feststellung eines insulinresistenten Diabetes mellitus sollte auch den Gedanken an einen STH-Überschuß aufkommen lassen, insbesondere wenn gleichzeitig weitere Symptome dieses Krankheitsbildes, etwa Umfangsvermehrung und Verplumpung des Kopfes, bestehen. Auch die Vergrößerung von inneren Organen (Leber, Niere) und ihre Folgeerscheinungen gehören hierzu. Eine eindeutige Diagnose läßt sich nur anhand der STH-Bestimmung im Serum stellen. Felines STH kann mit denselben Bestimmungsmethoden wie kanines Wachstumshormon nachgewiesen werden. Tests, die für den Menschen entwickelt worden sind, erwiesen sich aber als ungeeignet. STH ist sehr empfindlich. Die Blutproben müssen sofort in einer Kühlzentrifuge zentrifugiert und das Plasma sofort eingefroren werden.

Eine weitere – oder, bei der wenig verbreiteten Möglichkeit zur Bestimmung von STH, einzige – (relative) Sicherung der Diagnose besteht in der Computertomographie der Hypophyse, die sich als vergrößert erweist.

Therapie

Eine sichere Therapie ist unbekannt. PETERSON und RANDOLPH (1989) versuchten ein Somatostatin-Präparat bei zwei akromegalen Katzen. Tagesdosen von 20 bis 40 µg, auf zweimal verteilt, führten nicht zur Verminderung des Wachstumshormonspiegels. In einem Fall berichten sie sogar von einer Dosis von 200 µg, die ebenfalls nicht erfolgreich war.

Schilddrüse

Wie beim Hund besteht auch die Schilddrüse der Katze aus zwei getrennten Drüsenteilen, dem Lobus sinister und dem L. dexter. Obwohl die den ersten Trachealringen anliegenden Schilddrüsenteile bis zu 2 cm lang sind, können sie wegen ihren Flachheit – 5 mm Dicke und etwa 3 mm Breite – in der Regel nicht palpiert werden. An ihrem kaudalen Pol ist die externe Parathyreoidea lokalisiert, während sich die interne innerhalb des Schilddrüsengewebes befindet. Die Schilddrüse liegt nahe der Arteria carotis und des Nervus vagus. Die Kenntnis dieser anatomischen Verhältnisse ist wichtig zur Abschätzung von Komplikationen, die durch eine tumoröse Entartung entstehen können, und andererseits für das Vorgehen bei operativen Eingriffen.

Die arterielle Blutversorgung erfolgt über die kraniale Schilddrüsenarterie, die aus der Arteria carotis communis entspringt. Am kranialen und kaudalen Pol wird das Blut von den Venae thyreoideae abgeleitet. Eine kaudale Schilddrüsenarterie fehlt bei der Katze meistens im Gegensatz zum Hund (KÖNIG, 1992).

Wie beim Hund besteht auch bei der Katze in den weitaus meisten Fällen ektopisches Schilddrüsengewebe. Diese „akzessorischen" Schilddrüsen können entlang der Aorta bis hin zur Herzbasis gefunden werden. Normalerweise sind sie hormonell inaktiv, da sie durch die Jodhormonsekretion der „normalen" Schilddrüsen über den Rückkopplungsmechanismus zur Hypophyse supprimiert werden. Wenn jedoch eine beidseitige Thyreoidektomie vorgenommen wird, steigt die Sekretion von TSH in der Hypophyse infolge des absinkenden Jodhormonspiegels an, so daß das vorher inaktive ektopische Schilddrüsengewebe zur Hormonproduktion und -sekretion angeregt wird. Aus diesem Grund kann bei der Katze wie beim Hund in den meisten Fällen selbst nach einer beidseitigen Thyreoidektomie auf eine Thyroxinsubstitution verzichtet werden.

Das ektopische Schilddrüsengewebe kann andererseits aber auch gleichzeitig oder – selten – unabhängig von der normotopen Schilddrüse adenomatös oder karzinomatös entarten. In diesen Fällen reicht die chirurgische Behandlung der normotopen Schilddrüse allein nicht aus.

Der histologische Aufbau der Schilddrüse besteht aus den Schilddrüsenfollikeln, die von kubischem oder zylindrischem Epithel, den Thyreozyten, umgeben sind. Sie bilden das Thyreoglobulin, aus dem die Jodhormone Thyroxin, ein Tetrajodthyronin, und Trijodthyronin sowie ihre hormonell nicht aktiven Vorstufen Mono- und Dijodthyrosin und das ebenfalls hormonell nicht wirksame reverse Trijodthyronin (rT_3) hervorgehen. Die Schilddrüse ist der einzige Ort im Organismus, in dem Jod zu den hormonell aktiven Verbindungen verarbeitet wird. Allerdings wird Jod an mehreren Orten im Körper in drüsigen Organen gespeichert.

Die Hormonproduktion setzt eine ausreichende Versorgung mit Jod über die Nahrung voraus. Die natürliche Jodaufnahme war in Gegenden mit niedrigem Jodangebot in der Nahrung in früheren Jahren nicht immer gewährleistet. Dies führte bei Mensch und Tier, die auf jodarmen alluvialen Böden lebten, sehr häufig zu Jodmangelzuständen, die zu einem chronischen Jodhormondefizit Anlaß gaben und damit durch Aktivierung der Hypophyse mit vermehrter TSH-Sekretion eine Größenzunahme der Schilddrüse zur Folge hatten. Heute werden infolge der kommerziellen Nahrungsmittel beim Tier fast keine Jodmangelkröpfe mehr gesehen. Der tägliche Jodbedarf wird bei der Katze auf 100 bis 150 µg/Katze geschätzt. Die kommerziellen Nahrungsmittel enthalten meist ein Mehrfaches dieser Erhaltungsdosis.

Der Jodstoffwechsel ist in Abb. 1 dargestellt. Das mit der Nahrung aufgenommene Jod wird im Magen zu Jodid umgewandelt. Als solches wird es resorbiert und gelangt an alle Orte des Organismus. In zahlreichen drüsigen Geweben wird es angereichert, so etwa im Magen, der Milchdrüse, der Plazenta, den Tubuluszellen und in den Speicheldrüsen. Ein Einbau in hormonell aktive Verbindungen erfolgt jedoch nur in der Schilddrüse. Hier wird es gegen den Konzentrationsgradienten aktiv in die Thyreozyten an der gefäßseitigen, d. h. an der dem Follikellumen abgewandten, Seite aufgenommen (Jodination). Die Aufnahme erfolgt unter Stimulation durch Thyreoidea-stimulierendes Hormon (TSH). TSH stimuliert dabei Membranrezeptoren der Thyreozyten. Durch Aktivierung der Adenylatzyklase wird ATP in cAMP umgewandelt, und dieses sorgt für eine Anregung der Jodidpumpe an den Zellrezeptoren. Das Jodid gelangt auf diese Weise ins Zellinnere und erreicht durch Diffusion nach Oxidation zu Jod durch eine Peroxidase (Jodisation) das Follikellumen.

Unabhängig vom Jodangebot wird in den Ribosomen der Thyreozyten aus Aminosäuren – u. a. Tyrosin – das Thyreoglobulin synthetisiert. Es wird ange-

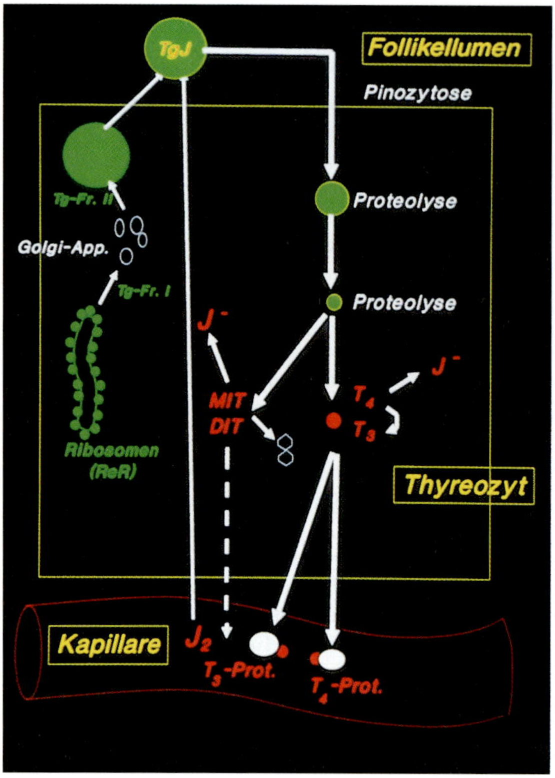

Abb. 1: Jodstoffwechsel am Thyreozyten.

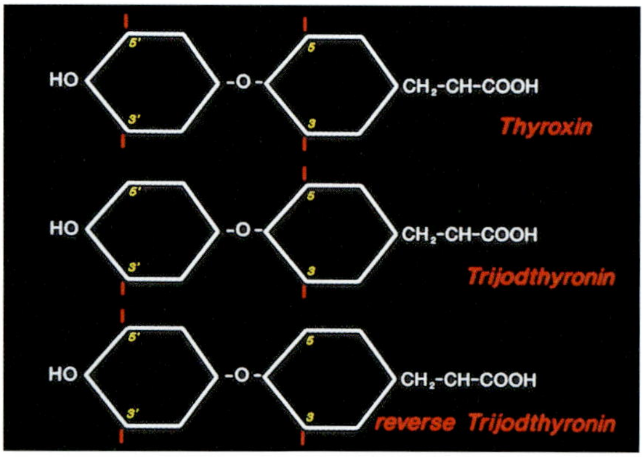

Abb. 2: Strukturformel von Thyroxin, Trijodthyronin und reversem Trijodthyronin.

nommen, daß am Golgiapparat der Kohlehydratanteil zugefügt wird. Das noch nicht jodierte Thyreoglobulin wandert an die follikelseitige Zellmembran, verschmilzt mit ihr, worauf es ins Follikellumen gelangt. Sofort wird der Tyrosinanteil jodiert. Nun wird durch Pinozytose das jodierte Thyreoglobulin ins

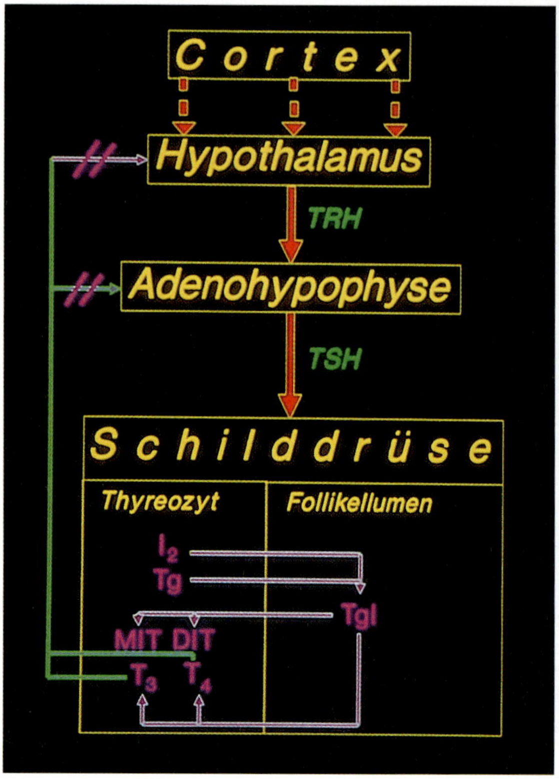

Abb. 3: Regelkreis Hypothalamus-Hypophyse-Schilddrüse.

Zellinnere befördert. Hydrolysierende Enzyme spalten den Proteinanteil ab und setzen somit die Jodverbindungen frei. Aus zwei Molekülen Dijodtyrosin (DJT) entsteht ein Molekül Thyroxin (T_4), aus einem Molekül Monojodtyrosin (MJT) und einem DJT ein Molekül Trijodthyronin (T_3). Neben dem hormonell wirksamen T_3 wird eine geringe Menge reverses Trijodthyronin (rT_3) gebildet. Dieses ist hormonell inaktiv. Beim Menschen und beim Hund konnte gezeigt werden, daß dieses rT_3 vermehrt bei schweren, insbesondere fieberhaften Krankheiten gebildet wird, während besonders das T_3 in diesen Zuständen abnimmt. Man kann diese vermehrte Bildung von rT_3 zuungunsten von T_3 teleologisch als Schonungsmaßnahme ansehen, die dafür sorgt, daß der unter Einwirkung der Krankheit belastete Organismus nicht noch zusätzlich von den stoffwechselsteigernden, sauerstoffverbrauchenden Schilddrüsenhormonen aktiviert wird.

Wie T_4 und T_3 aus den Thyreozyten ins Blut gelangen, ist unklar; wahrscheinlich werden auch MJT und DJT ins Blut abgegeben, verlieren dort aber sehr rasch ihr Jod, das wieder in die Schilddrüse (oder andere jodaufnehmende Organe) gerät. Allerdings wird der größte Teil der Jodtyrosine bereits innerhalb der Thyreozyten dejodiert, ebenso wie ein Teil des T_4 zu T_3 dejodiert wird. Das dabei freiwerdende Jodid wird in den intrazellulären Jodkreislauf eingegliedert. Die Katze kann wie der Hund größere Mengen an Jodhormonen sezernieren als der Mensch. Die tägliche Sekretion des Hundes wurde bei T_4 mit 5,6 ± 1,2 und bei T_3 mit 0,4 ± 0,1 µg/kg KM errechnet (BROOME u. M., 1987). Allerdings wird nur ein Teil des T_3 in der Schilddrüse synthetisiert und sezerniert; vielmehr wird ein großer Anteil in den Körperzellen aus T_4 durch enzymatische Monodejodierung an 5'-Stelle des Thyroxin-Moleküls gebildet (Abb. 2). Auch der größte Teil des rT_3 wird auf diese Weise in der Peripherie bereitgestellt.

Die Hormonsynthese kann auf vielfältige Weise gestört sein oder gestört werden. Eine vermehrte Sekretion von TSH oder auch dem übergeordneten TRH (Thyrotropin-Releasing-Hormon) führt zu einer Erhöhung der Synthese und Sekretion von T_4 und T_3. Häufiger kommt jedoch die adenomatöse oder adenokarzinomatöse Hyperthyreose vor, bei der sich die Schilddrüse gewissermaßen verselbständigt und unabhängig vom übergeordneten TSH autonom Jodhormone bildet. Dabei wird die STH-Inkretion herabgesetzt.

Durch einen Überschuß an Jod („Plummerung") kann die Hormonsynthese vorübergehend geblockt werden. Dieser Jodexzeß hemmt die Schilddrüsenproteasen, was zu einer Verminderung der Freisetzung von Jodhormonen aus dem Thyreoglobulin führt. Ähnlich wirken Perchlorate und Isothiozyanate. Diese Stoffe werden als Jodinationshemmer zusammengefaßt und finden als Thyreostatika Verwendung.

Wesentlich weiter verbreitet als Thyreostatika sind die Jodisationshemmer. Sie hemmen die Peroxidase und verhindern so die Oxidation von Jodid zu Jod und damit den Einbau ins Tyrosin. Hierzu gehören die Thiouracile und die Thioimidazole.

Auf völlig gleiche Weise wie das „natürliche" ^{127}Jod gelangen auch radioaktive Isotope des Jods in die Schilddrüse, und auf gleiche Weise werden sie in die Hormone eingebaut. Die Schilddrüse kann also nicht zwischen inaktivem und radioaktivem Jod unterscheiden. Man macht sich diesen Vorgang in der Diagnostik und in der Therapie zunutze. In der Regel wird dazu das ^{131}J herangezogen, das eine relativ kurze Halbwertszeit von etwa acht Tagen hat. Dagegen werden jodähnliche Elemente, wie etwa Technetium, lediglich in die Schilddrüse aufgenommen („getrappt"), ohne in Hormone eingebaut zu werden. In Form des $^{99m}TcO_4$ (Pertechnetat) mit einer kurzen radioaktiven Halbwertszeit von sechs Stunden (im Gegensatz zu ^{99}Tc, das eine HWZ von über einer Million Jahre aufweist) werden solche Isotope zur Diagnostik (Szintigraphie) herangezogen.

Nach der Sekretion der Jodhormone aus der Schilddrüse ins Blut erfolgt eine Bindung an Plasmaproteine. Bei der Katze scheint T_4 hauptsächlich an Albumin und Präalbumin gebunden transportiert zu werden (BIGLER, 1976; LARSSON u. M., 1985; eigene Untersuchungen, 1976). Das proteingebundene Jodhormon wird an der Zellmembran vom Transporteiweiß befreit und kann als freies Hormon in die Zelle gelangen. Dort wird T_4 zu T_3 monodejodiert und kann damit die hormonelle Funktion entfalten. Man hat aus diesem Grund T_4 als Prohormon des T_3 aufgefaßt. Es gibt jedoch Hinweise, daß auch das T_4 selbst hormonelle Wirksamkeit zu entfalten vermag, da man neben den wesentlich zahlreicheren T_3-Rezeptoren in der Zelle auch T_4-Rezeptoren nachweisen konnte. Allerdings ist die biologische Aktivität des T_3 um ein Mehrfaches höher als die des T_4. Im Blutserum kann ein geringer Teil des T_4 und des T_3 ebenfalls als freies, d. h. nichtproteingebundenes Hormon (FT_4 und FT_3) nachgewiesen werden. Diagnostisch kann das FT_4 gut in der Erkennung von – bei der Katze allerdings extrem seltenen – Hypothyreose verwendet werden. Zur Diagnostik von Hyperthyreosen bei der Katze eignet sich FT_4 ebenfalls, mit Einschränkung auch FT_3, ohne jedoch die Aussagekraft von T_4 übertreffen zu können.

Wie wirken nun die Jodhormone? Grundsätzlich können die Aktivitäten zusammengefaßt werden als stoffwechselsteigernd, sauerstoffverbrauchsfördernd und proteinsyntheseanregend. Man hat die Wirksamkeit in eine Sofort- und eine protrahierte Phase eingeteilt. In der Sofortphase werden der mitochondriale Sauerstoffverbrauch und der Transport von Aminosäuren schon kurz nach der Einwirkung der Hormone gesteigert. Dies geschieht zum großen Teil über eine Aktivierung der Membran-Na^+-K^+-ATPase. Die resultierende Stoffwechselanregung zeigt sich bereits an der Erhöhung der Produktion chemischer Wärme.

Dem protrahierteren Effekt liegt eine gesteigerte Synthese von Protein zugrunde. Dies geschieht über eine Bindung von T_3 an Nukleusrezeptoren.

Schilddrüsenhormone aktivieren in zahlreichen Organen die Stoffwechselvorgänge, allerdings nicht überall in gleicher Intensität; offenbar bestehen auch speziesspezifische Unterschiede. Ein Unterangebot wie bei Hypothyreose führt zu einer Stoffwechselverlangsamung und hat unterschiedliche Störungen zur Folge (s. Hypothyreose). Ein Überangebot wie bei Hyperthyreose (s. d.) ruft durch eine Übersteigerung des Stoffwechsels katabolische Effekte hervor.

Die Schilddrüsenkrankheiten können folgendermaßen eingeteilt werden:

- Funktionsstörungen
  - Hyperthyreosen
  - Hypothyreosen
- euthyreote („blande") Strumen
- Thyreoiditiden
- Neoplasien
  - Adenome
    mononodulär
    multinodulär
    atypisch
  - Karzinome
    follikulär
    papillär

Diese Einteilung ist aus didaktischen Gründen sinnvoll. Man muß sich aber bewußt sein, daß die Krankheitsformen ineinander übergehen können oder auseinander hervorgehen. So liegen Hyperthyreosen meistens Schilddrüsenadenome zugrunde. Aber auch Karzinome können – selten – mit Hyperthyreosen vergesellschaftet sein. Zum Teil sind die Krankheitsbilder bei der Katze nahezu unbekannt, wie die Thyreoiditiden. Beim Hund mündet eine Form der Thyreoiditis, nämlich die lymphozytäre Thyreoiditis oder Hashimoto-Thyreoiditis, in die Hypothyreose. Die offensichtliche Seltenheit der lymphozytären Thyreoiditis bei der Katze dürfte der Grund sein, warum die Hypothyreose bei dieser Tierart noch seltener vorkommt als beim Hund. Die Hyperthyreosen weisen außerordentlich große geographische Unterschiede auf.

Hyperthyreose

Die häufigste Schilddrüsenkrankheit der Katze ist die Überfunktion der Thyreoidea (Hyperthyreose oder auch Thyreotoxikose). Allerdings werden ganz erhebliche geographische Unterschiede festgestellt. Sporadisch wurden Hyperthyreosen schon früher gefunden (CARLSON, 1914; HUQUENIN, 1927; SCHLUMBERGER, 1955); allerdings konnten Pathologen bei älteren Katzen häufig histologische Veränderungen der Schilddrüsen feststellen, die allerdings offenbar keine oder nur selten klinische Symptome nach sich zogen (CLARK und MEIER, 1958; LUCKE, 1964; LEAV u. M., 1976; DAHME und WEISS, 1988). Eine erhebliche Bedeutung erfuhren sie jedoch erst seit Ende der 70er Jahre dieses Jahrhunderts (PETERSON u. M., 1979), und zwar besonders in den USA (HOLZWORTH u. M., 1980; HOENIG u. M., 1982; PETERSON u. M., 1983; PETERSON, 1984). Im Einzugsgebiet des Animal Medical Center, New York, leidet etwa jede 300ste dort vorgestellte Katze an einer Hyperthyreose. In Deutschland sind Hyperthyreosen auch heute noch extrem selten anzutreffen. In einer eigenen Aufstellung im südlichen Deutschland (München und Gießen) wurden in den Jahren von 1974 bis 1986 bei rund 23 000 internistisch kranker Katzen – trotz mehrerer Forschungsprojekte – 20 Hyperthyreosen diagnostiziert. Dies entspricht einer hyperthyreoten Katze auf 1150 internistisch erkrankten oder einem Prozentsatz von 0,087 % gegenüber 0,3 % in den USA. Rechnet man die chirurgisch oder gynäkologisch erkrankten Katzen hinzu, so dürfte sich die Erkrankungsrate in Deutschland noch erheblich vermindern. In einer späteren Untersuchung von in der Medizinischen Tierklinik in München vorgestellten internistisch kranken Katzen wurden 27 Hyperthyreosen diagnostiziert. Fünf dieser Tiere stammten aus den USA. In manchen Jahren konnte keine, in zwei anderen Jahren dagegen jeweils acht hyperthyreote Katzen gefunden werden.

Die Hyperthyreose oder Thyreotoxikose kann als Krankheitsbild definiert werden, das durch die Stoffwechselstörung infolge Überproduktion von Thyroxin und Trijodthyronin hervorgerufen wird. Die Stoffwechselfunktionen sind insgesamt gesteigert. Dabei ist die Synthese von Protein erhöht. Diese Neubildung wird allerdings vom gleichzeitigen Abbau übertroffen, so daß insgesamt eine negative Bilanz besteht. Dies führt zu einem Abbau körpereigener Energieträger und zu erhöhtem Sauerstoffverbrauch. Durch vermehrte Futteraufnahme wird – allerdings vergeblich – versucht, die Energiebilanz aufrechtzuerhalten.

Die Steigerung des Stoffwechsels führt zu einer erhöhten Produktion chemisch gebildeter Wärme. Dies dürfte die Ursache sein, daß hyperthyreote Individuen bisweilen eine Tendenz zu erhöhter Körpertemperatur aufweisen und die Kühle suchen. Dies gilt auch für manche Katzen. Es ist allerdings nicht sicher, ob die Neigung zur Hyperthermie allein von den Schilddrüsenhormonen ausgelöst wird. Es wird vielmehr angenommen, daß die Schilddrüsenhormone einen mittelbar kalorigenen Effekt auslösen, indem sie die adrenergen Rezeptoren der Körperperipherie vermehren (COULOMBE u. M., 1976). Die adrenerge Aktivität führt zur Tachykardie und zur Herzhypertrophie, ein Symptom, das sehr vielen hyperthyreoten Katzen eigen ist.

Aus einem ähnlichen Grund, nämlich übersteigerter Ansprechbarkeit auf die – im übrigen nicht vermehrten – Katecholamine, dürfte auch die rasche Ermüdbarkeit Hyperthyreoter eintreten. Besonders bei ungewohnter Belastung zeigen die Tiere sehr rasch Zittern und Mundatmung bis zur Atemnot sowie eine ausgeprägte Tachykardie. Die Tachy- und Dyspnoe ist auf eine Verminderung der Vitalkapazität zurückzuführen bei gleichzeitig erhöhtem Sauerstoffbedarf.

Damit Hand in Hand geht eine vermehrte Produktion von Kohlendioxid, das eine zentrale Tachypnoe hervorruft. Daß eine Steigerung der Ansprechbarkeit für Katecholamine besteht, zeigt auch die Tatsache, daß die Gabe von β-Sympatholytika (etwa Propranolol) zu einer Besserung des Krankheitsbildes führt.

Auf die Tendenz zur Hyperthermie und die erhöhte Aktivität ist teilweise die Polydipsie zurückzuführen. Dies erklärt die bisweilen erheblich vermehrte Wasseraufnahme allerdings nur zu einem Teil. Es wird angenommen, daß die Hyperthyreoten eine psychische Polydipsie auslösen. Zudem ist die Nierendurchblutung erhöht.

Eine örtliche Hypoxie der Leber entsteht durch erhöhten Sauerstoffverbrauch im Magen-Darm-Bereich. Von Bedeutung für eine schlechtere Blutversorgung dürfte auch der verstärkte Einfluß der Katecholamine sein. Gleichzeitig wird unter deren Einfluß der Leberstoffwechsel angeregt. Das Leberglykogen sinkt ab. Hierin dürfte zumindest eine der Ursachen für eine thyreogene Hepatopathie zu sehen sein, die nicht selten mit erheblicher Hyperenzymämie, zum Teil auch mit Ikterus einhergeht.

Klinisches Bild

Die häufigsten Symptome sind in der Tabelle 3 dargestellt. Ausgewertet wurden 48 hyperthyreote Katzen, die seit 1974 zunächst in Gießen, später (seit 1978) in München beobachtet wurden. Obenan in der Häufigkeit steht der Gewichtsverlust, der auch in der Untersuchung an den 94 Katzen von FELDMAN und NELSON (1987) an erster Stelle steht. Dabei ist manchmal ein kurioser Appetit festzustellen; von Besitzern wurde uns berichtet, daß die Katze bisweilen über Kraftfutter für Schweine, über Hunde- und Hühnerfutter hergefallen oder in die Speisekammer eingebrochen seien. Besonders häufig werden auch Polydipsie, Erbrechen und Durchfall genannt.

Andererseits findet man auch Anorexie, in eigenen Fällen besonders bei fortgeschrittener Karzinomatose. Sowohl bei Polyphagie als auch bei Anorexie fällt dem Besitzer bereits der oft erhebliche Gewichtsverlust auf, der bis zur Kachexie reichen kann. Die Hautelastizität ist herabgesetzt (nicht zu verwechseln mit Dehydratation! Durch die Abnahme der Körpermasse, insbesondere des subkutanen Fetts, ist die Haut gewissermaßen „zu weit" geworden). In eigenen Fällen wurde häufig über besondere „Nervosität" geklagt. Die Katzen sind dauernd in Bewegung. Bei Aufregung wird rasch ein Muskeltremor beobachtet, die Tiere zeigen bisweilen leichte Inkoordination der Bewegungen. Selbst bei geringer Anstrengung wird rasch Atemnot mit Mundatmung

Tabelle 3: Relative Häufigkeit von Symptomen bei Hyperthyreose (48 Fälle)

Symptome	Häufigkeit [%]
Gewichtsverlust	80
Tachykardie	75
Polyphagie	72
Unruhe	56
Erbrechen	56
Durchfall	50
Dyspnoe	50
Hypertrophe Kardiomyopathie	46
Schwäche	19
Muskelzittern	14
Anorexie	10
Ikterus	10
Temperaturerhöhung (>39,4 °C)	10

und ängstlich geweiteten Pupillen beobachtet. In Ruhe werden bisweilen die Symptome der Hypothiaminose beobachtet: Kopfbeugen, weite Pupillen, Apathie, Ataxie. Der Vitamin-B-Mangel entsteht bei anorektischen Katzen und möglicherweise auch durch die Polydipsie/Polyurie.

Die Symptome verlaufen allerdings in den Fällen, in denen autonome Adenome zugrunde liegen, langsam progressiv, so daß die Tiere oft erst in fortgeschrittenem Stadium vorgestellt werden. Karzinomkranke Katzen zeigen offenbar früher auffällige Symptome. In der Regel wird in diesen Fällen weniger über Polyphagie berichtet.

In den meisten Fällen kann man die vergrößerten Schilddrüsen palpieren. Man muß sich allerdings hüten, sie nur an der Stelle zu suchen, an der die

Abb. 4: Hyperthyreose: Die Katze befindet sich in ständiger Unruhe.

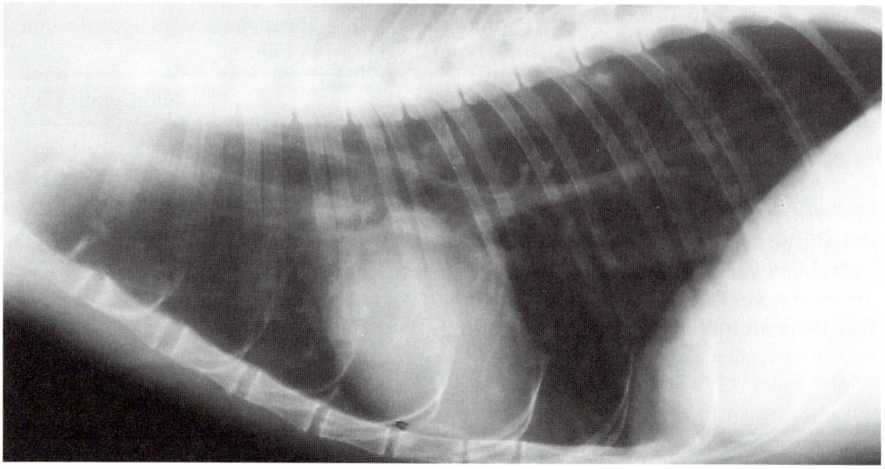

Abb. 5:
Herzhypertrophie bei Hyperthyreose.

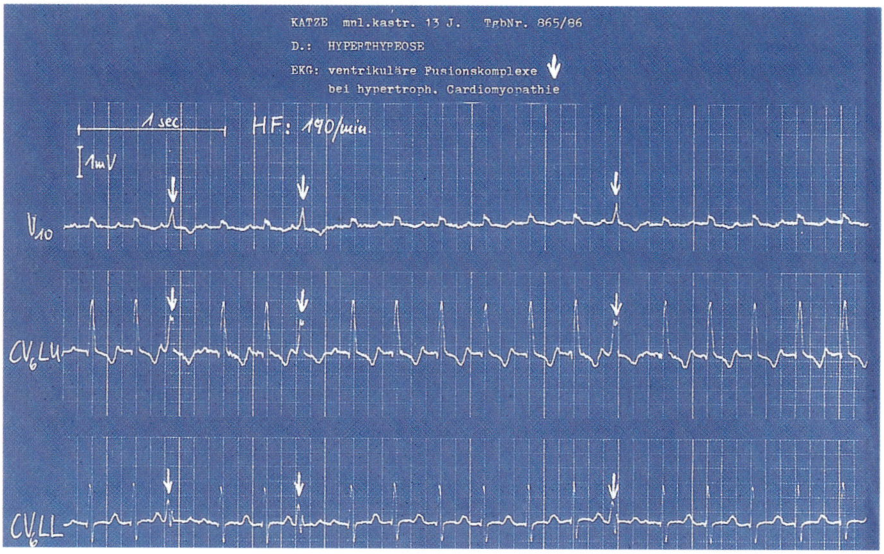

Abb. 6:
EKG einer hyperthyreoten Katze.

nichtvergrößerte Schilddrüse normalerweise liegt, nämlich an der Trachea direkt hinter dem Kehlkopf. Die vergrößerte Schilddrüse kann vielmehr am Hals abwärts bis in die Höhe des Brusteingangs wandern. Sie kann sich dann wieder der Palpation entziehen.

Zur Palpation der Struma, die dem Anfänger erfahrungsgemäß Schwierigkeiten bereitet, streckt man den Kopf leicht nach oben, so daß die Trachea deutlich fühlbar wird. Man umfaßt dann mit Daumen, Zeige- und Mittelfinger die Trachea und palpiert, vom Kehlkopf kommend, an ihr entlang bis zum Brusteingang. Hat man die vergrößerte Schilddrüse nicht palpiert, so wiederholt man die Untersuchung durch Palpation der dorsalen Fläche der Luftröhre. Die Struma kann man dann oft plötzlich palpieren und hinter der Trachea „hervorholen“. Während die nichtvergrößerte Schilddrüse nicht palpabel ist, erscheint das Adenom bei Hyperthyreose in der Regel beidseits, das Karzinom bisweilen auch einseitig vergrößert.

In vielen Fällen besteht eine Tachykardie. Der Befund ist allerdings bei Katzen auf dem Untersuchungstisch nichts Ungewöhnliches und darüber hinaus keineswegs pathognomonisch für eine Hyperthyreose. Häufig ist ein Galopprhythmus zu vernehmen. Bisweilen werden Herzgeräusche oder unsaubere Herztöne auskultiert. Die Palpation der Herzgegend ergibt pochende Herzschläge und ein breites Palpationsfeld. Im EKG werden Sinustachykardie, Hypervoltage (vergrößerte R-Zacke), verbreiterter QRS-Komplex, oft auch Kammerextrasystolen beobachtet. Auch Vorhofflimmern kommt vor. Das Röntgenbild ergibt eine oft stark vergrößerte Herzsilhouette. Die Ultraschalluntersuchung zeigt eine deutlich verdickte Kammerwand und ein verdicktes Septum. In der Regel besteht eine Hyperkontraktilität. Es sei aber darauf hingewiesen, daß die hypertrophische Kardiomyopathie bei der Katze keine Seltenheit ist und keineswegs pathognomonisch für Hyperthyreose ist; man sollte in Fällen hypertrophischer Kardiomyopathie aber an diese Stoffwechselstörung denken.

In einem Teil der Fälle werden Lebersymptome beobachtet. Die Leber ist vergrößert, die Enzyme AST, ALT, GLDH und AP sind erhöht. In wenigen Fällen konnten wir einen Ikterus mit Erhöhung des Serum-Bilirubins feststellen.

Der Einfluß der Katecholamine in Verbindung mit der chronischen Streßsituation führt sehr häufig zu einer Hyperglykämie, die mit einem Diabetes mellitus verwechselt werden kann. Auch Azotämien kommen offenbar häufiger vor. Dies ist nur in einem Teil der Fälle auf eine Niereninsuffizienz zurückzuführen; bei den meisten Katzen normalisieren sich die Serumwerte von Harnstoff und Kreatinin nach der erfolgreichen Hyperthyreosebehandlung.

Diagnose

Hinweise ergeben folgende klinische Befunde:
- Gewichtsverlust
- Hyperaktivität
- Tachykardie und Herzhypertrophie
- Vergrößerung einer oder beider Schilddrüsen

Dieser Symptomenkomplex ist zwar häufig, aber keineswegs immer bei Hyperthyreose vorhanden. Da die Krankheit noch immer in Europa zu den Seltenheiten gehört, besteht hier eine relativ geringe Sensibilität; sie wird daher erfahrungsgemäß in der Routinepraxis bisweilen übersehen.

Das diagnostische Vorgehen gestaltet sich nach der klinischen Untersuchung wie folgt:
1. Schilddrüsenhormonbestimmung (Thyroxin) im Serum
2. Röntgen des Thorax
3. wenn möglich Szintigraphie

Ad 1. Schilddrüsenhormonbestimmung

In Verdachtsfällen wird Serum-Thyroxin bestimmt. Es ist bei Hyperthyreosen der Katze die zuverlässigste Meßgröße. Im hyperthyreoten Bereich eignen sich die für die Humanmedizin entwickelten Testkits sowohl auf RIA- als auch auf Elisa-Basis gut. Die Referenzbereiche („Normalwerte") variieren etwas von einem zum andern Labor und nach der Methode. Man sollte sich daher nach dem jeweiligen oberen laboreigenen Grenzwert richten. In den eigenen Untersuchungen wurde mittels Elisa-Methode ein oberer Grenzwert von 4,0 µg/dl (51 nmol/l) ermittelt (KRAFT, 1995). Bei hyperthyreoten Katzen werden in den weitaus meisten Fällen deutlich höhere Werte gefunden. Der höchste bisher selbst bei einer Katze gemessene Wert betrug 17,5 µg/dl. HOLZWORTH u. M. (1980) geben jedoch Werte bis 30 µg/dl, PETERSON u. M. (1983) bis 54 und FELDMAN und NELSON (1987) bis 31,8 µg/dl an. In Fällen, die klinisch für eine Hyperthyreose sprechen, deren T_4-Werte aber – noch – hochnormal, also nicht erhöht sind, kann evtl. die Bestimmung des Freien Thyroxins (FT_4) weitere Klärung bringen. Größere Erfahrungen fehlen jedoch bei der Katze. Eine weitere Bestimmung von T_4 nach einem bis zwei Monaten kann Klarheit bringen. Wenn allerdings T_4 und FT_4 nicht erhöht sind, so dürfte sicher sein, daß zur Zeit der Bestimmung keine Hyperthyreose vorliegt. Über eine isolierte Trijodthyronin-(T_3)-Hyperthyreose ist bei der Katze nichts Sicheres bekannt. Im übrigen ergibt die Bestimmung von T_3, offensichtlich auch von FT_3, keine weitere diagnostische Sicherheit. Trijodthyronin ist sowohl in der Diagnostik der Hyper- als auch der Hypothyreose nicht sehr zuverlässig.

Während der TSH- oder der TRH-Stimulationstest bei Hypothyreose von erheblicher diagnostischer Bedeutung sind, kann er als entbehrlich angesehen werden, wenn der Ausgangswert („0-Wert") von T_4 (und FT_4) bereits erhöht ist. Wie beim Hund, steigen auch bei hyperthyreoten Katzen die Schilddrüsenhormonwerte nach Applikation von TSH in manchen Fällen nur noch gering über den Ausgangswert an. Man kann dies damit deuten, daß die hyperthyreote Schilddrüse bereits vor der Stimulation eine maximale Sekretion der Jodhormone aufweist. FELDMAN und NELSON (1987) zeigen, daß der prozentuale Anstieg von T_4 nach TSH-Applikation im allgemeinen geringer ausfällt als bei euthyreoten Katzen.

Ad 2. Röntgen

Bei Hyperthyreose sollte zumindest im europäischen Raum auch an eine karzinomatöse Erkrankung gedacht werden. Die Röntgenuntersuchung der Brusthöhle kann bei entsprechender Größe Metastasen aufdecken. Die Röntgenuntersuchung ist dann teilweise entbehrlich, wenn eine Szintigraphie durchgeführt wird. Beim Hund allerdings gibt es Schilddrüsenmalignome, die Jod oder Technetium nicht speichern und daher der Szintigraphie entgehen können.

Ad 3. Szintigraphie

Die Szintigraphie bildet die Schilddrüse aufgrund der Speicherung von bestimmten Radionukliden mit Hilfe einer Gamma-Kamera oder eines Kollimators

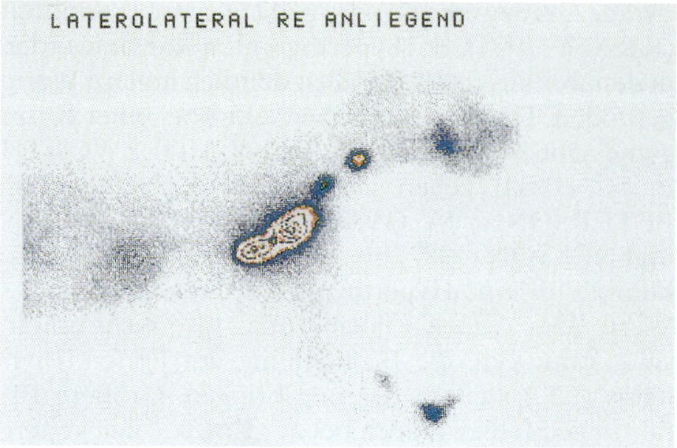

Abb. 7: Szintigraphie einer Katze mit Hyperthyreose: Die „heißen" Zonen stellen von rechts nach links folgende Strukturen dar: Speicheldrüsen mit Kopfbereich; zwei kleine autonom hormonproduzierende und damit Technetium anreichernde Schilddrüsenbereiche etwa in der Mitte des Halsbereichs, ein sehr großer „heißer" Knoten am Brusteingang, ferner das Herz und am linken Bildrand der Magen. Der am unteren Bildrand erkennbare heiße Fleck ist die Injektionsstelle des Radionuklids.

auf Papier oder Filmmaterial ab. Neben der Schilddrüse speichern auch andere Organe die Radionuklide und werden ebenfalls abgebildet (Abb. 7, 8). Diese Tatsache ist für die Interpretation wichtig. Im Bereich der Schilddrüse sind dies insbesondere die Speicheldrüsen und der Magen.

Prinzipiell können drei Radionuklide zu diagnostischen Zwecken verwendet werden: ^{131}Jod, ^{123}Jod und ^{99m}Tc. ^{131}Jod ist ein energiereicher β- und γ-Strahler (364 keV) mit einer Halbwertszeit von rund acht Tagen. Nach der Applikation muß man einen Tag bis zur Szintigraphie warten. Das Isotop ist billig, wird aber wegen der hohen Energie und des damit verbundenen Risikos für Umgebung, Anwender und Patient zu diagnostischen Zwecken kaum noch verwendet. ^{123}Jod ist demgegenüber ein wesentlich „weicherer" γ-Strahler (159 keV), der eine Halbwertszeit von rund 13 Stunden aufweist. Die Szintigraphie kann bereits nach vier Stunden durchgeführt werden. Wegen seines hohen Preises wird ^{123}Jod nicht zur Szintigraphie verwendet. Demgegenüber weist ^{99m}Tc eine Reihe von Vorteilen auf, die es für die üblichen Szintigraphien als am geeignetsten erscheinen lassen: Es kann leicht hergestellt werden, ist daher verhältnismäßig preiswert, ist ein relativ weicher γ-Strahler (140 keV), hat eine kurze Halbwertszeit von sechs Stunden und wird nicht in die Jodhormone eingebaut, gelangt also nicht in die organische Phase. Für Anwender, Patient und Umgebung besteht kein besonderes Risiko. Bereits zwanzig Minuten nach intravenöser Applikation kann die Szintigraphie

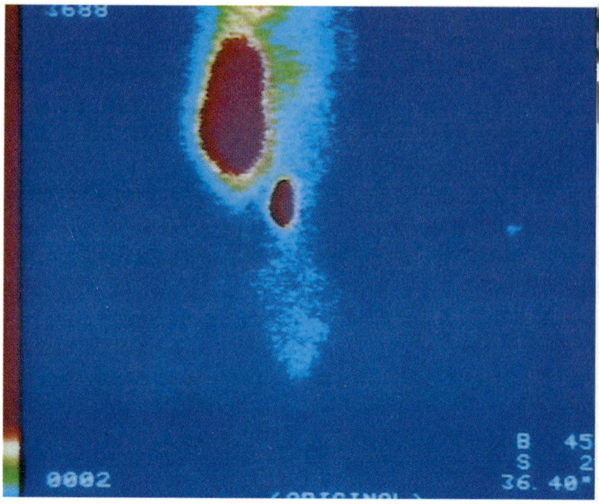

Abb 8: Szintigramm (Hals, ventrodorsal) autonomer Adenome sehr ungleicher Größe beider Schilddrüsenanlagen mit Hyperthyreose.

durchgeführt werden. Es wird in Form des ^{99m}Tc-Pertechnetats ($^{99m}TcO_4$) angewandt. Die Dosis beträgt ca. 600 µCi (= 2,2 x 10^7 Bq) intravenös. Die narkotisierte Katze wird in Rückenlage nach 20 min gescannt. Bei Untersuchung der Brusthöhle ist die Seitenlage vorzuziehen.

Beurteilung:

Das Szintigramm der schilddrüsengesunden Katze läßt die beiden m. o. w. parallel nebeneinander liegende Schilddrüsen erkennen. Ihre Größe entspricht etwa der der Speicheldrüsen, die sich ebenfalls gut darstellen. Soweit der Magen ins Bild gerät, ist auch er dargestellt.

Bei Adenomen oder Karzinomen ist eine oder sind beide Schilddrüsen vergrößert. Sofern eine Hyperthyreose nur von einer Drüsenanlage ausgelöst worden ist, stellt sich die nicht veränderte Drüsenanlage verkleinert oder überhaupt nicht dar (Suppression des TSH durch die Hyperthyreose mit Atrophie der nichterkrankten Schilddrüse). Die erkrankte Drüse zeigt in der Regel eine erhöhte Aktivität („heißer Knoten"), erkenntlich am Vergleich mit den weniger „heißen" Speicheldrüsen.

Bei hormonsezernierendem ektopischen Schilddrüsengewebes etwa im Mediastinum läßt sich dieses ebenfalls gut darstellen. Allerdings wird dieses Gewebe von der adenomatösen Schilddrüse bei Hyperthyreose oft supprimiert, so daß es kein Technetium speichert und daher nicht erkennbar wird. In diesen Fällen läßt es sich durch vorherige Gabe von TSH sichtbar machen. Auch Metastasen, sofern sie Technetium speichern, lassen sich – ggf. nach TSH-Gabe – erkennen. Man kann dazu 24 Stunden nach der ersten szintigraphischen Untersuchung 1/2 E TSH/kg KM intramuskulär injizieren und nach vier bis acht Stunden die Szintigraphie erneut durchführen. Auf diese Weise läßt sich ektopisches Gewebe in der Regel gut darstellen.

Prinzipiell muß festgestellt werden, daß die Szintigraphie nicht zwischen gutartigen und bösartigen Tumoren unterscheiden kann. Allerdings bleiben Karzinome „kalt", wenn sie entdifferenziert sind und kein Hormon bilden und daher meist auch kein Technetium oder Jod speichern. In diesen Fällen besteht allerdings auch keine Hyperthyreose.

Therapie

Drei Therapiemethoden sind möglich:
1. chirurgische Thyreoidektomie
2. Radiojodtherapie
3. Thyreostatika

Für alle drei Methoden gibt es Gründe und Gegengründe. FELDMAN und NELSON (1987) haben sie wie folgt zusammengestellt:

Ad 1. Chirurgische Thyreoidektomie

Die vergrößerten normotopen Schilddrüsen sind leicht zugänglich und können gut exstirpiert werden. Sind jedoch adenomatöse oder karzinomatöse ektopische Drüsenanlagen vorhanden, so ist die Exstirpation bisweilen problematisch. Die Szintigraphie kann hierüber Klarheit bringen. Bei der Thyreoidektomie muß unbedingt die externe Parathyreoidea, die am kranialen Pol gut sichtbar ist, geschont werden. Ebenso muß der Nervus recurrens erhalten bleiben.

Die Thyreoidektomie nach Eröffnung der Kapsel hat den Vorteil, daß die Epithelkörperchen sicherer geschont werden können. Sie gehen bei der

Tabelle 4: Therapiemöglichkeiten bei Hyperthyreose

Therapieform	Vorteile	Nachteile
chirurgische Thyreoidektomie	1. heilt normalerweise die Hyperthyreose 2. Schilddrüse ist leicht exzidierbar 3. Relativ preiswert 4. kein aufwendiges Gerät nötig	1. Risiko für alte und hinfällige Katzen 2. Anästhesie kann andere Organsysteme dekompensieren 3. iatrogene Hypothyreose möglich 4. iatrogener Hypoparathyreoidismus 5. Besitzer kann Op. verweigern 6. Induktion einer Thyreotoxikose 7. Schädigung des N. recurrens 8. nicht alles krankhafte Schilddrüsengewebe zu entfernen
orale Thyreostatika	1. korrigieren normalerweise die Hyperthyreose 2. preiswert 3. geringe Tablettengröße (also leicht applizierbar) 4. keine Anästhesie oder Chirurgie 5. keine teuren Gerätschaften 6. keine Hospitalisation erforderlich	1. Nebenwirkungen: a. Anorexie b. Erbrechen c. Apathie d. hämolytische Anämie e. Thrombozytopenie f. Granulozytopenie 2. tägliche Gabe erforderlich 3. iatrogene Hypothyreose
radioaktives Jod (Radiojodresektion)	1. korrigiert normalerweise die Hyperthyreose 2. meist nur eine Behandlung erforderlich, keine Tabletten 3. keine Anästhesie oder Chirurgie (d. h. kein Streß für die Katze) 4. schnelle Reduktion der Schilddrüsenhormone	1. komplizierte Einrichtung erforderlich 2. die Behandlung ist gefährlich für Umgebung und nicht immer durchführbar 3. verlängerter Klinikaufenthalt bis zum Abklingen erforderlich 4. iatrogene Hypothyreose 5. erneute Behandlung bei 20 bis 30 % erforderlich

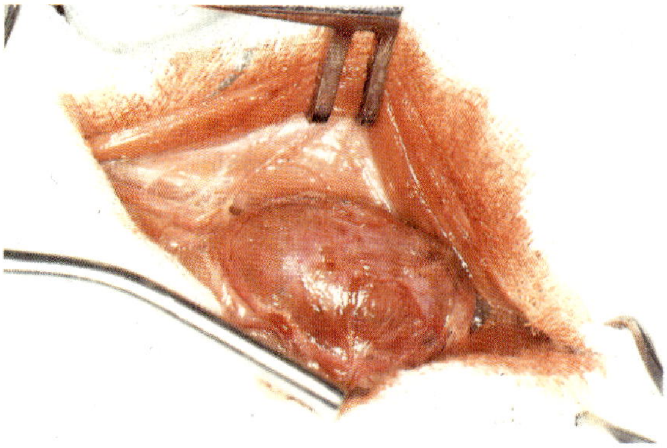

Abb. 9: Thyreoidektomie bei Hyperthyreose infolge autonomen Adenoms.

Thyreoidektomie in toto, d. h. Schilddrüsenentfernung in der Kapsel, leichter verloren. Andererseits bleiben an der Kapselinnenseite immer einige Thyreozyten „hängen". Diese restlichen Zellen vermögen sich zu regenerieren und zu vermehren, so daß nach Monaten bis Jahren ein hyperthyreoter Rückfall eintreten kann.

Hyperthyreote Katzen weisen eine erhöhte Sterblichkeit bei der Operation auf. Dies dürfte hauptsächlich auf die Katecholamineinwirkung zurückzuführen sein. Die Sterblichkeitsrate kann durch eine sinnvolle präoperative Behandlung herabgesetzt werden. Hierzu gibt es mehrere Behandlungsschemata:

- Die Vorbehandlung mit β-Sympathikolytika vermindert die periphere Ansprechbarkeit der Katecholaminrezeptoren. Dies ist besonders augenfällig bei Katzen mit hypertropher Myokardiopathie und Tachykardie. Geeignet ist Propranolol (Dociton®). Die Dosis beträgt 0,5 bis 1,0 mg/kg, wenn es per os gegeben wird; bei intravenöser Applikation vermindert sich die Dosis auf 0,05 bis 0,1 mg/kg KM. Der Wirkstoff hat bei der Katze eine sehr kurze Halbwertszeit. Er sollte daher auf mindestens sechsmal pro Tag verteilt werden; da diese häufige Gabe jedoch kaum durchzuhalten ist, wird man die jeweils höhere Dosis auf dreimal geben. Die Behandlung soll mindestens acht Tage vor der Operation begonnen werden.
- Durch vorbereitende Behandlung mit Thyreostatika kann die Höhe der Schilddrüsenhormone im Blut direkt herabgesetzt werden. Die Behandlung muß jedoch mindestens einen, besser zwei Monate ante operationem begonnen werden. Geeignet ist Propylthiouracil, 50 mg/Katze, auf dreimal täglich verteilt. Besser verträglich mit geringeren Nebenwirkungen ist jedoch Thiamazol (Methimazol) (z. B. Favistan®). Die Dosis beträgt 5 mg/Katze, am besten auf dreimal täglich verteilt. Die Substanz kann notfalls auch auf einmal gegeben werden.
- Durch einen Überschuß an Jod (Jodid) erreicht man eine Blockade der Jodhormonsekretion [„Plummerung"[2]]. Die Dosis beträgt 1,0 mg/kg KM, kann kurzfristig aber auch wesentlich höher angesetzt werden. Die Behandlung sollte nicht länger als eine Woche durchgeführt werden, da die Blockade andernfalls aufgehoben und eine thyreotoxische Krise provoziert werden kann.
- Elektrolyt-Wasser-Substitution bei Dehydratation infolge dauernden Erbrechens oder Durchfalls.

Postoperative Nachsorge

Es sollte unbedingt auf den Serum-Kalziumspiegel geachtet werden, wenn nicht sichergestellt werden kann, daß mindestens eine Parathyreoidea erhalten werden konnte. Die Überwachung sollte bis zu einer Woche ausgedehnt werden. Selbst wenn eine oder mehrere Nebenschilddrüsen geschont werden konnten, kann es nach chirurgischer Behandlung der Hyperthyreose vorübergehend zu einem Kalziumabfall kommen, der sich aber rasch regeneriert. Eine thyreoprive Hypokalzämie führt dagegen alsbald zu schwerer hypokalzämischer Tetanie, die tödlich enden kann. Der Serum-Kalziumspiegel fällt in diesem Fall unter 2 mmol/l. In solchen Fällen ist die langsame (!) intravenöse Gabe von Kalziumboroglukonat zu empfehlen, 1 bis 3 ml der 10%igen Lösung. Die Injektion ist zwei- bis dreimal pro Tag zu wiederholen. Die Gabe von Dihydrotachysterol (AT10®), beginnend mit 0,03 mg/kg und dann langsam vermindert bis 0,01 mg/kg, jeweils einmal täglich, vermag den Serum-Kalziumspiegel rasch zu erhöhen. Die „ausschleichende" Therapie hat das Ziel, ektopischem Parathyreoideagewebe, das bei Hund und Katze ähnlich häufig wie Schilddrüsengewebe vorkommt, die Aktivierung zu ermöglichen, so daß die natürliche Versorgung mit Parathormon und damit die Aufrechterhalten der Kalziumhomöostase gewährleistet werden.

Bei nichttetanischen Formen oder zur längeren Behandlung einer milderen Hypokalzämie kann Vitamin D_2 in einer Dosis von 200 µg/kg KM zusammen mit Kalzium, 250 mg/kg KM, per os gegeben werden. Die Verfolgung der Schilddrüsenhormone ergibt auch nach einseitiger Thyreoidektomie ein Absinken in den ersten beiden Tagen (Abb. 10). Das häufig vorhandene ektopische Schilddrüsengewebe wird bei einer Substitution von Thyroxin weiterhin sup-

[2]) H. S. Plummer (1874–1974) war Internist und Endokrinologie in Minnesota.

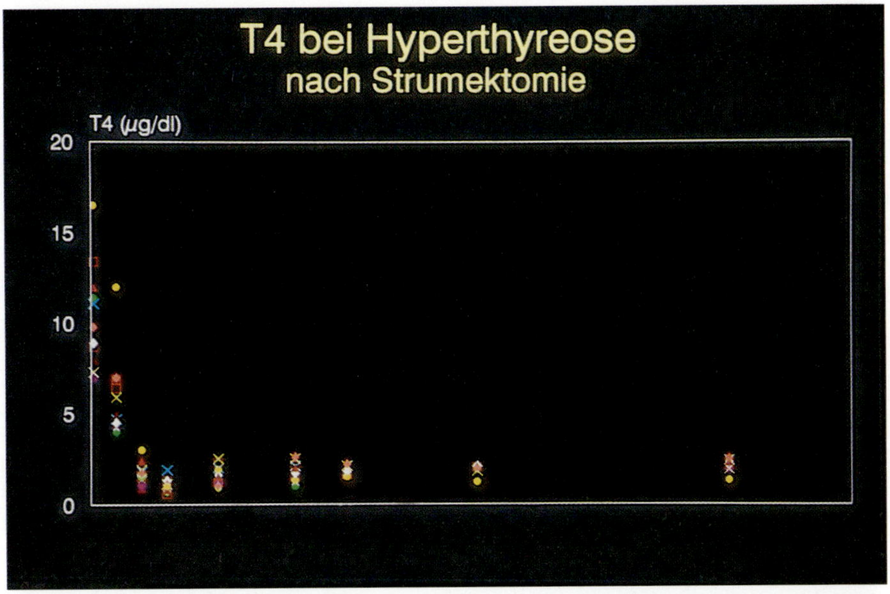

Abb. 10: Verhalten von Thyroxin nach Thyreoidektomie. Die T4-Werte fallen zunächst sehr stark ab, steigen danach aber infolge Aktivierung ektopischen Schilddrüsengewebes wieder leicht an.

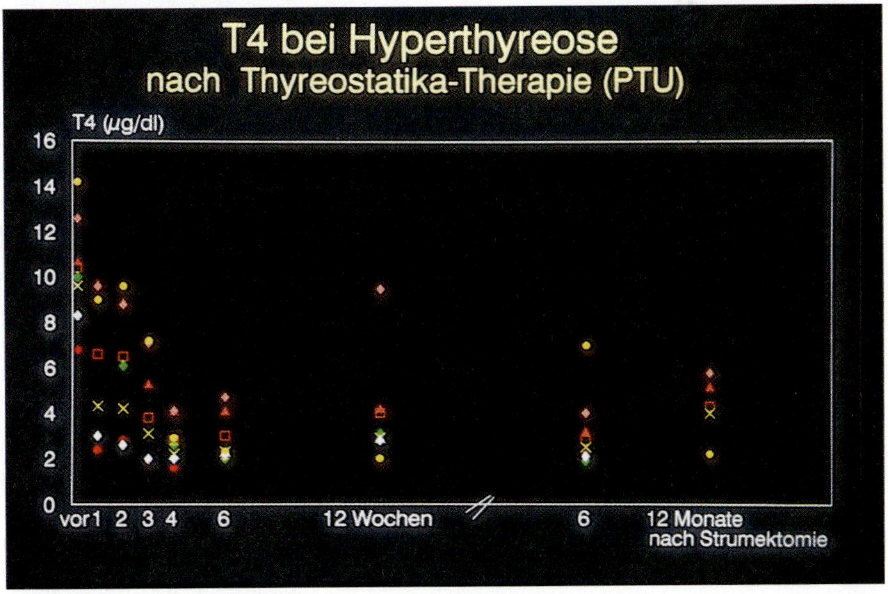

Abb. 11: Thyroxinwerte bei Behandlung mit Thyreostatika. Der „Ausreißer" beruht auf einer unzuverlässigen Applikation durch den Besitzer.

primiert. Man kann daher nach Ektomie gutartiger Adenome acht Tage bis zu einer Substitution warten. Liegen die Thyroxinwerte dann immer noch wesentlich unter 1,5 µg/dl, sollte mit 10 bis 20 µg/kg KM substituiert werden. Allerdings muß man sich darüber im klaren sein, daß die vermehrte TSH-Inkretion kurz nach der Strumektomie zu einer Anregung des Wachstums auch von ektopischem Schilddrüsengewebe führt. Insbesondere nach Karzinomoperationen sollte daher mit der Substitution begonnen werden.

Ad 2. Thyreostatika

Angewandt werden können hauptsächlich zwei Stoffklassen:

- Jodisationshemmer
- Jodinationshemmer

Für die Langzeitbehandlung eignen sich die Jodisationshemmer. Sie verhindern die Anlagerung von Jod in die Tyrosylgruppe des Thyreoglobulins und so die Bildung von Thyroxin und Trijodthyronin. Für die Katze sind Propylthiouracil (Propycil®),

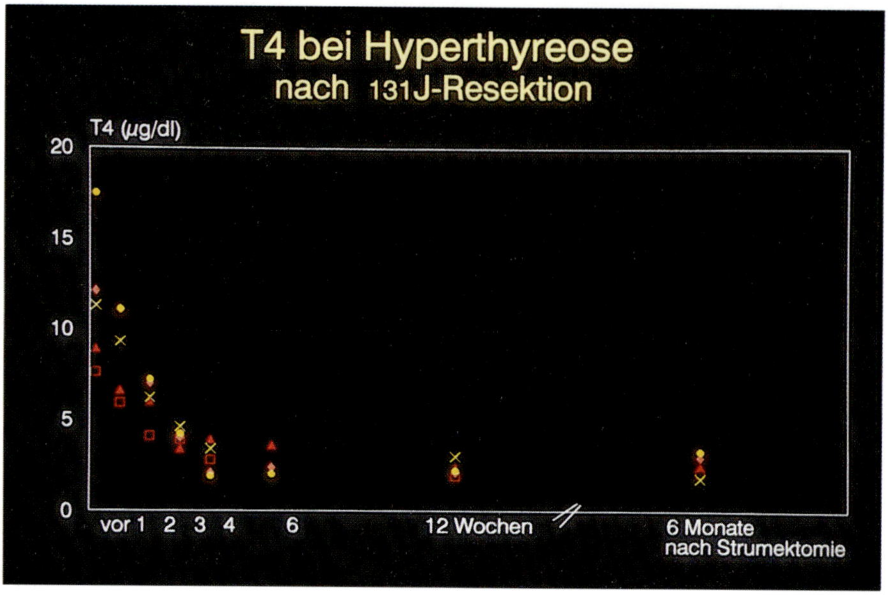

Abb. 12: Verlauf der Thyroxinwerte nach Radiojodresektion.

Methylthiouracil (Thyreostat®) sowie Thiamazol (Favistan®) anwendbar. Thiamazol (oder Methimazol) ist besser verträglich, weshalb dieser Substanz heute der Vorzug gegeben wird. Die Dosen betragen für Propylthiouracil und Methylthiouracil 50 mg/Katze, für Thiamazol 5 mg/Katze, später versuchsweise auf die Hälfte reduziert. Die Dosis sollte auf dreimal täglich verteilt werden. In vielen Fällen ist dies nicht möglich, da sich die Katze einer so häufigen Applikation gegenüber wehrt oder auch weil sie bisweilen außer Haus weilt. In diesen Fällen kann die volle Dosis notfalls auf einmal gegeben werden. Dabei sind die Nebenwirkungen von Thiamazol geringer als bei den Thiouracilen, bei denen autoimmunhämolytische Anämien und Thrombozytopenien aufgetreten sind. Die Katze sollte zunächst alle zwei Wochen kontrolliert werden (Bestimmung von Serum-Thyroxin sowie Untersuchung des weißen und roten Blutbildes). Später kann das Intervall auf einmal im Vierteljahr verlängert werden.

Ad 3. Radiojodresektion

Obgleich die Behandlung mit radioaktivem Jod (^{131}J) gute Ergebnisse bringt, wird es zumindest in Deutschland nicht mehr angewandt, da die Strahlenbelastung der Umgebung groß ist. FELDMAN und NELSON (1987) berichten jedoch von weit über dreihundert radiojodresezierten Katzen. Die die Thyreozyten schädigende Wirkung geht dabei hauptsächlich von der β-Strahlung aus, die nur wenige hundert Mikrometer ins umgebende Gewebe einzudringen vermag. Dabei werden die Thyreozyten irreversibel geschädigt und werden nekrotisch, oder es werden Schäden gesetzt, die eine spätere Degeneration zur Folge haben. Die Dosis kann nach der Formel

$$\frac{20.000 \text{ rad/g x Schilddrüsengewicht (g) x } T_{1/2}\ ^{131}J}{(160 \text{ rad/}\mu\text{Ci})(\% \text{ Radiojod-Uptake})(100 \text{ x } T_{eff})}$$

errechnet werden, wobei $T_{1/2}$ die Halbwertszeit für ^{131}J bedeutet, die mit acht Tagen anzusetzen ist und T_{eff} die tatsächliche physiologische Halbwertszeit des radioaktiven Jods in der Katze darstellt; sie ist wesentlich kürzer als die physikalische Halbwertszeit. Die komplizierte Berechnung der Joddosis bringt jedoch keine besseren Ergebnisse als die Anwendung einer „Einheitsdosis" (KLAUSNER u. M., 1987), über deren Höhe jedoch keine einheitliche Meinung besteht. In eigenen früheren Behandlungen wurden 2 mCi ^{131}J mit gutem Erfolg angewandt. Die Katze muß nach der Behandlung in besonderen Käfigen untergebracht werden, die es möglich machen, Urin und Fäzes zu sammeln und sie abklingen zu lassen. Sie muß mindestens 14 Tage hospitalisiert werden. Das Pflegepersonal muß besonders geschult sein und Schutzkleidung tragen, damit es sich nicht kontaminiert. Hinzu kommt die heutige emotionale Einstellung von Besitzern und Personal gegenüber der Radioaktivität. Die Radiojodresektion wird, obwohl die Ergebnisse überzeugend sind und wohl von den drei aufgeführten Therapieschemata die besten Resultate ergibt, aus all diesen Gründen bei uns zur Zeit nicht mehr weiter verfolgt.

Hypothyreose

Im Gegensatz zur Hyperthyreose in Nordamerika ist die Hypothyreose, die Unterfunktion der Schilddrüse mit dem Ergebnis eines Jodhormonmangels, bei der Katze ein extrem seltenes Ereignis. Es ist noch wesentlich seltener als beim Hund. Es wird sogar bezweifelt, ob bei der erwachsenen Katze überhaupt eine spontane Hypothyreose vorkomme, die nicht schon während der Jugend entstanden ist (PETERSON und RANDOLPH, 1989). Lediglich nach hochdosierter Radiojodtherapie, bisweilen auch nach beidseitiger Thyreoidektomie, kann in Ausnahmefällen eine iatrogene Hypothyreose beobachtet werden. In eigenen Fällen war das nur einmal möglich. Bei Behandlungen von Hyperthyreosen mit Thyreostatika können zwar bisweilen subnormale Serumthyroxinwerte auftreten; allerdings sind dann Freies Thyroxin und Trijodthyronin mindestens in den Referenzbereichen (oder sogar darüber), so daß keine Hypothyreosesymptome beobachtet werden. Die Erfahrungen über das klinische Bild der Hypothyreose bei der Katze sind daher nur außerordentlich beschränkt. Jeder Fall sollte daher gut diagnostiziert, dokumentiert und publiziert werden.

Klinisches Bild

Bei iatrogener Hypothyreose fallen besonders eine bisweilen immense Zunahme des Körpergewichts (neben Adipositas auch Einlagerung von Wasser) und Apathie auf. Die Haut ist verdickt, es besteht eine Tendenz zur Haarverfilzung und schließlich – wenn auch offenbar seltener als beim Hund – zum Haarverlust, der beidseitig symmetrisch am Rumpf auftritt. Insgesamt machen die Katzen einen abgestumpften, stupiden Eindruck, der noch unterstrichen wird durch die plumpe Körperform und insbesondere den dicken Kopf mit den häufig halb geschlossenen Augen und die Bewegungs- und Reaktionsarmut. Tritt die Hypothyreose spontan im Welpenalter auf, so bleiben die betroffenen Katzen kleiner als ihre Wurfgeschwister, entwickeln sich schlecht und machen einen „unintelligenten" Eindruck. Die Katze zeigt das Bild des „altgewordenen Welpen" (kein pathognomonisches Zeichen!), d. h. der Kopf behält seine kindliche Kugelform mit relativ kurzem Gesichtsschädel. Der Rumpf erscheint tonnenförmig, die Gliedmaßen sind kurz, stämmig und leicht nach außen gebogen (Bild des Kreatinismus).

Abb. 13: Hypothyreose, hochgradige Gewichtszunahme (9,8 kg).

Diagnose

Die Bestimmung des Serum-Thyroxins ist Mittel der Wahl zur Diagnose einer Hypothyreose. Während wir bisher davon ausgegangen sind, daß T_4-Werte unter 1 µg/dl als sicher hypothyreot einzustufen seien, sind wir nun nach der Erfahrung beim Hund, daß auch sehr niedrige T_4-Werte in seltenen Fällen noch durch TSH oder TRH stimulierbar waren, auch bei der Katze vorsichtiger geworden. Wir empfehlen daher, in jedem Fall einen TSH- oder TRH-Stimulationstest durchzuführen. Dies gilt für alle T_4-Werte unter 1,5 µg/dl. Der TSH-Test ist nicht standardisiert; er wird nach dem eigenen Protokoll wie folgt durchgeführt:

Abb. 14: Kretinismus; Wurfgeschwister, 1 Jahr alt.

- 8 Uhr Blutentnahme für den Basiswert
- intramuskuläre (!) Injektion von 0,5 E TSH/kg KM
- Vierstundenwert: Blutentnahme um 12 Uhr
- Achtstundenwert: Blutentnahme 16 Uhr.

Bei Euthyreoten steigt der Vier-, insbesondere aber der Achtstundenwert mindestens in den euthyreoten Bereich; es werden in der Regel mindestens Verdoppelungen des Basiswertes, oft sogar hyperthyreote Werte erzielt.

Der TSH-Test ist heute, nachdem TSH nur noch schwer käuflich zu erwerben ist, leider nicht mehr in größerem Umfang durchführbar. Hinzu kommt, daß bei wiederholter Applikation von TSH eine Sensibilisierung gegenüber diesem großen artfremden Proteinmolekül provoziert werden kann, die beim Hund – allerdings nur nach intravenöser Gabe – zu Todesfällen geführt hat. Man hat daher nach Auswegen gesucht und sie – wenn auch mit Einschränkung – im TRH-Test gefunden. Das wesentlich kleinere und interspezieseinheitliche Molekül kann problemlos intravenös injiziert werden. Der Test wird in München wie folgt durchgeführt:

- 8 Uhr Blutentnahme für den Basiswert
- intravenöse (!) Injektion von 100 µg TRH/Katze (!)
- Zweistundenwert: Blutentnahme 10 Uhr
- Vierstundenwert: Blutentnahme um 12 Uhr.

Soweit bisher erkennbar, steigt das Serum-Gesamtthyroxin und das Freie Thyroxin nach vier Stunden auf sein Maximum, das bei gesunden Katzen über im euthyreoten Bereich, nämlich über 1,5 µg/dl bzw. über 0,6 ng/dl liegt. Das Gesamttrijodthyronin erreicht bereits nach zwei Stunden sein Maximum (über 60 ng/dl). Ein Nichtreagieren von Gesamtthyroxin, Freiem Thyroxin (und Trijodthyronin) kann bedeuten, daß

- die Schilddrüse auf das von der Hypophyse unter TRH-Einfluß sezernierte TSH nicht reagiert (primäre Hypothyreose)
- die Hypophyse kein TSH sezerniert und damit die Schilddrüse kein Jodhormon synthetisiert und sezerniert (sekundäre Hypothyreose)
- eine anderweitige, die Schilddrüsenfunktion beeinflussende schwerere Krankheit vorliegt (non thyroidal illness, NTI)

Ob es bei der Katze allerdings eine sekundäre Hypothyreose überhaupt gibt, ist unbekannt.

Therapie

Mittel der Wahl ist L-Thyroxin, das in einer Dosis von 10 µg/kg KM, auf zweimal täglich verteilt, oral gegeben wird. Notfalls kann die Dosis plena auch auf einmal verabreicht werden. Nach vier Wochen sollte eine Blutkontrolle durchgeführt werden, wobei die Blutentnahme 8 bis 12 Stunden nach der letzten Gabe erfolgen sollte. Die Schilddrüsenhormone – stellvertretend kann das T_4 allein bestimmt werden – müssen dann im Referenzbereich liegen (T_4 >1,5 µg/dl). Wichtiger als der Blutbefund ist jedoch das klinische Erscheinungsbild. Ist noch keine ausreichende klinische Besserung eingetreten, so kann die Tagesdosis auf 15 (20) µg/kg KM gesteigert werden. Bestehen Hyperthyreosesymptome wie Unruhe, Tremor, Tachypnoe, so wird die Dosis halbiert (5 µg/kg KM).

Euthyreote (blande) Strumen

Unter Struma versteht man ganz allgemein die Vergrößerung der Schilddrüse ohne Rücksicht auf Funktion oder Dignität. Die euthyreote oder blande Struma stellt die hyperplastische Vergrößerung der Schilddrüse ohne hormonelle Dysfunktion, insbesondere ohne Hyperthyreose, dar. Es bestehen weder entzündliche noch neoplastische Veränderungen. Die euthyreote oder blande Struma kommt hauptsächlich durch chronischen Jodmangel in der Nahrung zustande. Der tägliche Jodbedarf wird für erwachsene Katzen mit etwa 0,2, für Welpen mit etwa 0,6 µg/kg KM angegeben (KALLFELZ, 1978). Wird die Jodversorgung unterschritten, so entsteht unter der Einwirkung einer verstärkten TSH-Sekretion ein Größenwachstum (Hyperplasie) der Schilddrüsen, die nicht nur die normotopen Drüsen, sondern auch ektopisches Gewebe erfaßt.

In einer Zeit der Ernährung mit Fertigfuttern und ihrer ausreichenden Jodversorgung besteht die Gefahr der Jodmangelernährung kaum noch. Bei der Katze wird daher, ähnlich wie beim Hund, in unserer Gegend keine blande Struma mehr gesehen. Würde sie einmal diagnostiziert, wäre die doppelte Gabe der Joderhaltungsdosis zu empfehlen. Allerdings reichte die ausreichende Jodversorgung nicht zur Rückbildung der hyperplastischen Drüsen aus; eine tägliche Applikation von 25 µg Thyroxin/kg KM konnte die Rückbildung eher bewirken.

Differentialdiagnostisch ist besonders an die hyperthyreote Struma zu denken, die eine adenomatöse gutartige Hyperplasie darstellt, ferner an die eu- oder hyperthyreote maligne Struma carcinomatosa. Die Funktionsstörung läßt sich leicht anhand der Serum-Thyroxinbestimmung feststellen. Zur Diagnostik der Dignität ist eine Biopsie oder – besser – Strumektomie mit histologischer Untersuchung erforderlich. S. Kap. 18.2.2. Hyperthyreose.

Thyreoiditis

Über die Entzündungen der Schilddrüse ist bei der Katze nahezu nichts bekannt; dies gilt insbesondere für das intra vitam diagnostizierte Krankheitsbild. Hierüber gibt es keine Berichte. Bei der histologischen Untersuchung sezierter Katzen wurde auch bei dieser Tierart die lymphozytäre Thyreoiditis gefunden (CLARK und MEIER, 1958; LUCKE, 1964). Offenbar führen die Thyreoiditiden bei der Katze nicht zu klinischer Manifestation, insbesondere scheinen sie nur ausnahmsweise eine Hypothyreose zu verursachen, wie dies beim Hund offenbar vergleichsweise wesentlich häufiger vorzukommen scheint. Die Diagnose wird daher allenfalls erst post mortem zu stellen sein.

Schilddrüsentumoren

Wie schon im Kapitel 18.2.1. „Hyperthyreose" erwähnt, kommen benigne adenomatöse Veränderungen der normo- und ektopischen Schilddrüsen in Nordamerika offenbar wesentlich häufiger vor als in Europa und führen dort zu den so häufigen Hyperthyreosen (s. d.). In unserer Gegend sind Adenome und Adenokarzinome sehr selten. Die Malignome zeigen ein invasives Wachstum und erfassen umgebendes Gewebe wie die Blutgefäße und Nerven (N. vagus, N. recurrens) und das Bindegewebe. Bisweilen werden Lymphknoten- und Lungenmetastasen beobachtet (LEAV u. M., 1976). Nicht selten treten offenbar gleichzeitig tumoröse Veränderungen des ektopischen Schilddrüsengewebes auf. Nach LEAV u. M. (1976) sind nahezu alle Schilddrüsenmalignome der Katze follikuläre Karzinome; offenbar nur ausnahmsweise werden papilläre Karzinome beobachtet. Follikuläre Karzinome können hyper- oder euthyreot sein.

Die **Diagnose** der Funktionsstörung wird wiederum durch Bestimmung des Serum-Thyroxins, die Dignität durch histologische Untersuchung des Gewebsbioptats oder – eindeutiger – der exstirpierten Schilddrüse gestellt. Die zytologische Untersuchung eines Feine-Nadel-Bioptats ist bei der Schilddrüse mit großen Unsicherheiten verbunden, weshalb die histologische Diagnose unbedingt vorzuziehen ist. Der Fall eines papillären Karzinoms von LEAV u. M. wurde als Zufallsbefund bei der histologischen Untersuchung eines multilokulären adenomatösen Kropfes gefunden.

Die **Therapie** besteht in der radikalen Entfernung der karzinomatösen Schilddrüse. Bei hyperthyreoten Adenomen bietet die Radiojodresektion offenbar die besten Erfolgsaussichten. Dies gilt auch für metastasierende Karzinome. Eine Vorbehandlung einer hyperthyreoten Stoffwechsellage mit Propranolol oder Thyreostatika vor der chirurgischen Exstirpation ist empfehlenswert (s. Kapitel Hyperthyreose).

Parathyreoidea

Die Nebenschilddrüse, Epithelkörperchen oder Parathyreoidea, kommt in jeder Schilddrüse zweifach vor. Die äußeren Nebenschilddrüsen liegen am kranialen Pol jeder Schilddrüse, sind wenige Millimeter groß, von hellerer Farbe und auf der chirurgisch freigelegten Schilddrüse gut sichtbar. Die inneren Nebenschilddrüsen liegen innerhalb des Schilddrüsenparenchyms (KÖNIG, 1992). Daneben kommen bei der Katze häufig ektopische Nebenschilddrüsenanlagen im Halsbereich und im Mittelfellspalt vor, die bei einer Totalexstirpation in Funktion treten können.

Aufgabe der Parathyreoideae ist die Aufrechterhaltung der Kalziumhomöostase. Hierzu sezerniert sie das Parathormon, das eine Erhöhung des Serum-Kalziumspiegels hervorruft und an drei Wirkungsorten angreift:

- Resorptionsförderung des Kalziums im Darm,
- Steigerung der tubulären Kalziumrückresorption,
- Mobilisation von Kalzium aus dem Skelettsystem.

In einem negativen Rückkoppelungssystem wird die Sekretionstätigkeit der Parathyreoidea und die Höhe des Parathormonspiegels im Serum gesenkt, wenn das Serum-Kalzium ansteigt. Auf diese Weise wird eine grobe Homöostase erreicht, die jedoch zur Feinregulation nicht ausreicht, da Parathormon eine mehrere Stunden anhaltende Wirkung entfaltet und so eine zu starke Erhöhung des Kalziums erfolgte. Die Feinregulation wird durch das Calcitonin (auch Thyreocalcitonin genannt) gesteuert. Das in den C-Zellen der Schilddrüse gebildete Hormon ist in gewisser Weise als Antagonist des Parathormons aufzufassen, das wesentlich rascher und kürzer wirksam ist als das Parathormon und zu einer Senkung des Serum-Kalziumspiegels führt. Es hemmt insbesondere den Kalziumumsatz im Knochen.

Parathormon ist wie auch das Calcitonin ein Polypeptid. Es besteht aus 84 Aminosäuren. Das kleinere Calcitonin besteht nur aus 32 Aminosäuren. Die hohe Speziesspezifität macht eine Bestimmung der felinen Hormone mit Testmethoden, die für den Menschen entwickelt worden sind, unmöglich.

Ein weiteres System, das in den Kalziumstoffwechsel entscheidend eingreift, ist das D-Hormon-System. Mit der Nahrung der Katze wird im allgemeinen genügend Vitamin D_3 oder Cholekalziferol zugeführt. Es gilt als zunächst hormonell unwirksames Proprohormon, das im Darm resorbiert und in der Leber in Position 25 zu 25-Hydroxicholekalziferol (25-OH-D_3) hydrolysiert wird. Auch dieses gilt noch als Prohormon. Es gelangt mit dem Blutkreislauf in die Niere, wo es unter Anwesenheit von Parathormon durch eine Hydroxylase in den Nierentubulusepithelien zu 1,25-Dihydroxicholekalziferol oder Calcitriol weiter hydrolysiert wird. Dies ist nun ein

Tabelle 5: Wirkung von Parathormon, Calcitonin und 1,25-Dihydroxicholecalciferol (Calcitriol)

Parathormon	Knochen	Freisetzung von Ca und P
	Darm	Förderung der Ca-Resorption durch Bildung eines Ca-bindenden Proteins im Dünndarm
	Blut	Erhöhung von Ca (Normalisierung) und P
	Niere	Förderung der Ca-Rückresorption und P-Ausscheidung
Calcitonin	Knochen	Hemmung der Ca- und P-Freisetzung durch Hemmung der Osteoklasten
	Darm	Steigerung des Phosphattransports (?)
	Niere	Ausscheidung von Kalzium, Phosphat und Natrium
	Blut	Senkung des Kalzium und des Phosphats
1,25-$(OH)_2$-Cholecalciferol (Calcitriol)	Knochen	Anlagerung von Kalzium und Phosphat
	Darm	Förderung der Kalzium-Resorption
	Knochen	Förderung der Kalziumeinlagerung
	Blut	Kalzium-steigernd

außerordentlich wirksames Hormon. Es setzt Kalzium und damit gleichzeitig auch Phosphat aus dem Knochensystem frei und führt damit zur Erhöhung der Kalzium- und des Phosphatkonzentration im Blutserum. Die Freisetzung wird, wie oben erwähnt, durch Calcitonin gehemmt.

Hyperparathyreoidismus

Die Überfunktionen der Nebenschilddrüse werden eingeteilt in
- primären Hyperparathyreoidismus
- sekundären Hyperparathyreoidismus
  - alimentärer sekundärer Hyperparathyreoidismus
  - renaler sekundärer Hyperparathyreoidismus

Primärer Hyperparathyreoidismus

Der primäre Hyperparathyreoidismus wird durch hormonell aktive Adenome der Nebenschilddrüse ausgelöst. Grundlage ist die vermehrte Sekretion von Parathormon. Der primäre Hyperparathyreoidismus ist bei der Katze eine extreme Rarität (PATNAIK u. M., 1975; CARPENTER u. M., 1987).

Das bisher nur in wenigen Fällen (zwei kastrierte Kater von 10 und 17 Jahren) dokumentierte **klinische Bild** bestand in Apathie, Anorexie, Erbrechen und Muskelzuckungen. Labordiagnostisch wurde eine Hyperkalzämie festgestellt (22,8 und 14,5 mg/dl). Das Röntgenbild zeigte eine Abnahme der Knochendichte der Skapula und eine trabekuläre Veränderung des Humerus. Bei der Sektion einer dieser Katzen stellte sich eine Verdünnung der großen Röhrenknochen und der Rippen heraus.

Wesentlich häufigere Ursachen einer Hyperkalzämie sind Vitamin-D-Hypervitaminose, Morbus Addison (Hypadrenokortizismus), Osteolysen (Osteosarkom) und der Pseudohyperparathyreoidismus, die **differentialdiagnostisch** in Betracht gezogen werden müssen.

Therapeutisch kommt die vollständige Entfernung (Parathyreoidektomie) in Frage, die bei einer der beiden Katzen Carpenters zur Heilung führte.

Sekundärer Hyperparathyreoidismus

Das Krankheitsbild wird unterteilt in alimentären und in renalen sekundären Hyperparathyreoidismus. Ein tertiärer und ein quartärer Hyperparathyreoidismus wie bei Menschen spielt bei der Katze keine Rolle.

Sekundärer alimentärer Hyperparathyreoidismus

Der sekundäre alimentäre Hyperparathyreoidismus kommt dadurch zustande, daß mit der Nahrung zuwenig Kalzium zugeführt wird, so daß das Kalzium-Phosphor-Verhältnis in der Nahrung sehr stark zuungunsten des Kalziums verschoben ist, wobei der absolute Kalziumgehalt ausreichend sein kann, oder – sehr selten – daß Kalzium im Darm ungenügend resorbiert wird. Insgesamt resultiert aus diesen unternormalen Kalziumangeboten ein Kalziumdefizit, das

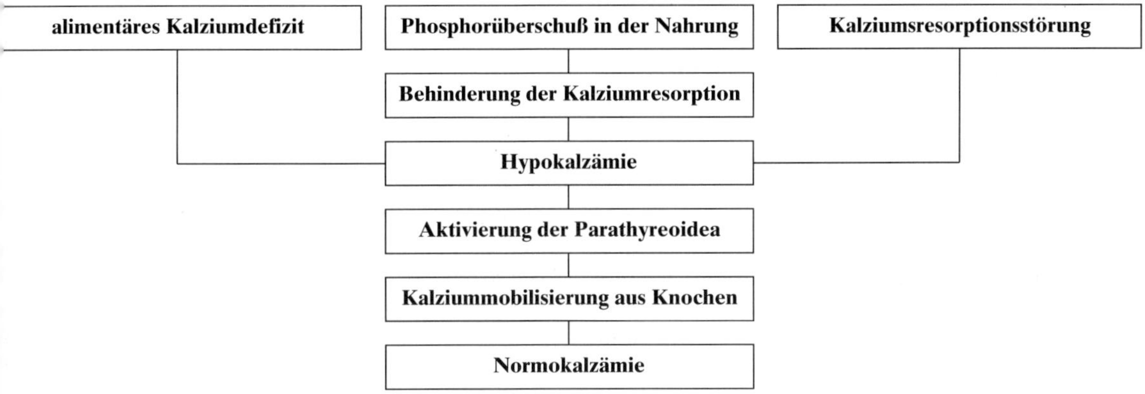

Abb. 15: Sekundärer alimentärer Hyperparathyreoidismus: Pathogenese.

zu einer Aktivierung der Parathyreoidea und damit zum Hyperparathyreoidismus führt.
Ein alimentäres Überangebot von Phosphor bei zu geringem oder selbst normalem Kalziumanteil hat eine Hemmung der Kalziumresorption im Darm zur Folge. Hieraus ergibt sich, wie beim absoluten alimentären Unterangebot von Kalzium, eine Hypokalzämie. Sehr selten führen chronische Darmkrankheiten mit Resorptionsstörungen zu einer Hypokalzämie.
Aus allen drei möglichen Formen ergibt sich eine vermehrte Sekretion von Parathormon, die in einer Mobilisierung von Kalzium aus dem Knochen führt mit dem Ziel eines Ausgleichs der drohenden Hypokalzämie. Die Folge hiervon ist eine Entkalkung des Skeletts und Osteofibrose mit Deformationen der Knochen. Die Skelettveränderungen sind besonders einschneidend bei jungen Tieren vor der Beendigung des Knochenwachstums. Darüber hinaus haben Katzenwelpen einen höheren Kalziumbedarf als Erwachsene.
Der Kalziumbedarf neugeborener und junger Katzen wird mit 200 bis 400 mg/kg KM angegeben (GROPP und BIRZER, 1991). Das Kalzium-Phosphor-Verhältnis soll 2 : 1 betragen. Bei erwachsenen Katzen vermindert sich der tägliche Kalziumbedarf auf ca. 125 mg/kg bei einem Kalzium-Phosphor-Verhältnis von 0,9 bis 1,1 : 1. An alimentärem sekundären Hyperparathyreoidismus erkranken Katzen, die mit selbstgemachtem Futter vorwiegend aus Fleisch und Innereien ernährt werden. In der irrtümlichen Meinung, daß dies ein besonders „gutes" Futter sei, haben besonders Züchter von Edelkatzen das Krankheitsbild erzeugt, das geradezu „endemisch" in bestimmten Zuchten auftrat. Dies führte zu dem Irrtum, daß es sich dabei um eine erbliche Krankheit handeln müsse, der man den vom Menschen her bekannten Namen „Osteogenesis imperfecta" gab. Inzwischen gehört das Krankheitsbild zu den absoluten Seltenheiten, da sich die Futterabhängigkeit herumgesprochen hat.

Klinisches Bild

Es erkranken besonders Jungkatzen ohne Rasse- und Geschlechtsdisposition. In vergangenen Zeiten waren jedoch besonders Edelkatzen wegen der in diesen Zuchten früher verbreiteten Fütterungseigentümlichkeiten betroffen (s. o.). Die Tiere fallen durch Bewegungsunlust, ungeschickten Gang bis zu Lähmungen (verkrümmte Wirbelsäule) und Lahmheiten (Spontanfrakturen) auf. Die Gliedmaßen erscheinen verkürzt und krumm, der Brustkorb ist oft tonnenförmig, die Wirbelsäule verkrümmt.
Auf der Röntgenaufnahme erkennt man umfangreiche Verformungen der Gliedmaßenknochen, des Beckens, der Wirbelsäule und der Rippen. Die Kortikalis ist dünn. Spontanfrakturen und Impressionen können vorkommen.
Das Blutbild ist unauffällig. Das Serum-Kalzium ist normal bis niedrignormal, kaum einmal erniedrigt. Serum-Phosphat ist nur selten erhöht, da es über die Niere ungehindert ausgeschieden werden kann. Der Hyperparathyreoidismus führt zur erhöhten Kalziumrückresorption und zur verminderten Phosphatrückresorption in den Nierentubuli.

Diagnose

Sie läßt sich anhand des klinischen Bildes in Verbindung mit dem Vorbericht (Futteranamnese!) leicht stellen.

Differentialdiagnose

In Frage kommen besonders Knochenbrüche nach Unfällen. Wenn bei Jungkatzen, die Auslauf haben und bei denen Unfälle nicht sicher nachzuweisen sind, Knochenbrüche auftreten, sollte immer auch nach sekundärem alimentären Hyperparathyreoidismus gefahndet werden. Sogar wenn Unfälle erfolgt sind, sollte die Krankheit mit in die diagnostischen Erwägungen einbezogen werden.

Prognose

Sofern noch keine behindernden irreversiblen Störungen aufgetreten sind (Querschnittslähmungen, Beckentrümmerbrüche mit Darmpassagebehinderung, schwere Brusthöhlendeformationen), ist die Prognose nicht ungünstig.

Therapie

Wichtig ist die Futterumstellung. Man verabreicht am besten ein kommerziell erhältliches vitaminiertes (Vitamin D) Katzenfutter, das ein Kalzium-Phosphor-Verhältnis von 2 : 1 aufweist. Entgegen eigenen früheren Empfehlungen geben wir heute kein zusätzliches Kalzium in Form von Injektionen mehr. Auch zusätzliche Vitamin-D-Applikation wird nicht mehr durchgeführt.

Will man das Futter selbst herstellen, so muß darauf geachtet werden, daß es ausreichend Kalzium enthält. Die für den Menschen verfügbaren „Kalkpräparate" haben oft einen hohen Phosphatanteil. Näheres siehe Kapitel „Ernährung und Diätetik".

Wichtig ist die Ruhigstellung der Katzen, bis die Festigkeit des Skeletts wiederhergestellt ist. Klettern soll verhindert werden, da Stürze leichter als bei Gesunden zu Brüchen und Deformationen führen können. Günstig ist eine ein- bis zweiwöchige Käfigruhe. Unter ausgewogener Diät können sich die Tiere schon nach wenigen Tagen problemlos bewegen. Die Knochendeformationen können sich weitgehend zurückbilden. Neurologische Symptome durch Wirbelbrüche oder Wirbelsäulendeformationen sind jedoch oft irreversibel.

Sekundärer renaler Hyperparathyreoidismus

Bei Niereninsuffizienz, insbesondere bei chronischer Nephropathie, wird durch die Verminderung funktionstüchtiger Glomeruli die Phosphatausscheidung herabgesetzt. Die Folge ist ein Anstieg des Phosphats im Blutserum. Gleichzeitig wird das im Darm resorbierte Vitamin D, das in der Leber zu 25-Hydroxicholecalciferol hydroxiliert wurde, nicht in die hormonell aktive Form des 1,25-Dihydroxicholecalciferol (Calcitriol) umgewandelt. Dadurch sinkt der Serum-Kalziumspiegel ab. Die Folge hiervon ist eine Aktivierung der Parathyreoidea zur vermehrten Sekretion von Parathormon. Die Nebenschilddrüsen können dabei beträchtlich hypertrophieren. Durch den Hyperparathyreoidismus wird Kalzium und zusätzliches Phosphat aus dem Skelettsystem freigesetzt, das dabei fibrotisch verändert wird. Insgesamt resultiert eine Erhöhung des Serum-Kalziumspiegels auf normale bis niedrignormale Werte und eine Hyperphosphatämie oft beträchtlichen Ausmaßes.

Endokrines Pankreas

Das Pankreas hat U-Form, teilt sich in das zentrale Corpus pancreatis und die beiden Schenkel Lobus

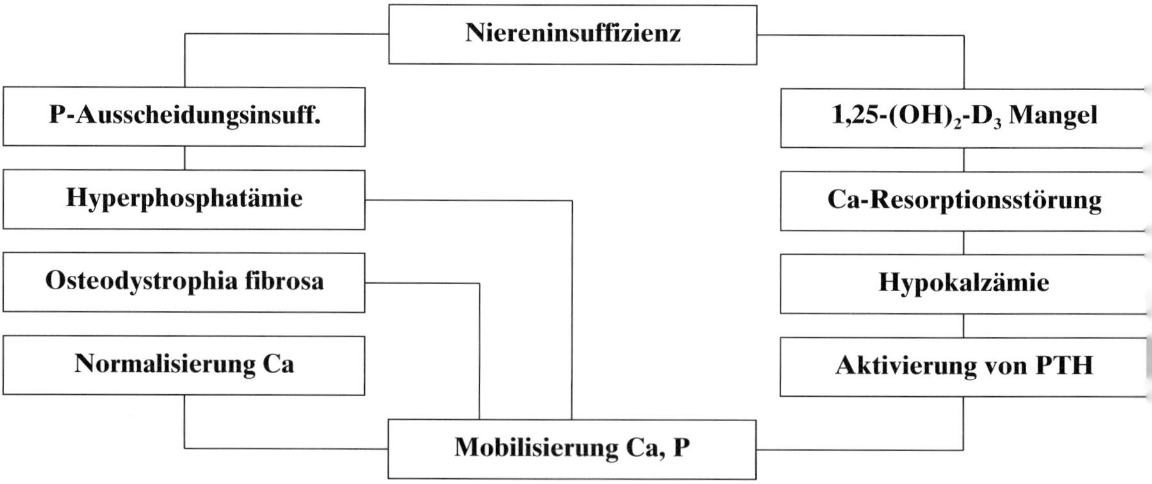

Abbildung 16: Pathogenese des sekundären renalen Hyperparathyreoidismus.

pancreatis dexter, am Duodenum gelegen, und den Lobus pancreatis sinister in Magennähe, der mit dem Mesocolon verbunden ist. Der Ausführungsgang des Pankreas, Ductus pancreaticus, mündet mit dem Ductus choledochus auf der Papilla major. Der Ductus pancreaticus accessorius ist schwächer und mündet ca. 10 mm distal ins Duodenum (KÖNIG, 1992). Beide Ausführungsgänge können bei der Duodenoskopie erkannt werden. Eine bisweilen auftretende Pankreasblase kann neben der Gallenblase liegen und bei der Ultraschalluntersuchung auffallen.
Am Pankreas wird ein exokriner und ein endokriner Teil unterschieden. Während das exokrine Pankreas die inaktiven Vorstufen von Verdauungsfermenten (Trypsinogen, Chymotrypsinogen) sezerniert, werden im inkretorischen (endokrinen) Pankreas die Hormone Insulin und Glucagon sowie Somatostatin gebildet. Die inkretorischen Hormone werden im Inselapparat synthetisiert. Man kann fünf inkretorische Zelltypen unterscheiden, die die verschiedenen Hormone bilden (LIEBICH, 1993):

- A- oder α-Zellen: Glukagon
- B- oder β-Zellen: Insulin
- C-Zellen: undifferenzierte Stammzellen oder inaktive α- oder β-Zellen
- D- oder δ-Zellen: Somatostatin
- F-Zellen (PP-Zellen): gastro-entero-pankreatische Polypeptidhormone

Diabetes mellitus

Definition

Insulinabhängige oder insulinunabhängige Entgleisung des Fett-, Aminosäuren- und Glukosestoffwechsels infolge absoluten oder relativen Insulinmangels.

Ätiologie

Katzen können entweder am insulinabhängigen oder am insulinunabhängigen Diabetes mellitus erkranken. Als Ursachen werden diskutiert:

- Insulinabhängiger Diabetes mellitus (Blutinsulin niedrig, kein Anstieg nach Glukagongabe oder Glukoseinfusion):
  - Inselzellamyloidose
  - Pankreatitis
  - Virusinfektionen (Parvovirose)
  - immunogen?
  - hereditär?
- Insulinunabhängiger Diabetes mellitus (Blutinsulin normal oder hoch, nach Glukoseinfusion Anstieg)
  - Adipositas
  - Inselzellamyloidose

Die Inselzellamyloidose kann sowohl zu einer verminderten Insulinsekretion als auch zu einer Insulinresistenz führen (O'BRION u. M., 1986; WESTERMARK u. M., 1987; JOHNSON u. M., 1988; 1989).

Pathophysiologie

Ein Insulinmangel führt zu einer verminderten Utilisation von Glukose, Fettsäuren und Aminosäuren in den peripheren Körperzellen. Dabei ist es für die Entstehung klinischer Symptome letztlich gleichgültig, ob zu wenig Insulin sezerniert wird (insulinabhängiger Diabetes mellitus infolge einer Pankreasinselzellerkrankung) oder ob die peripheren Zellrezeptoren für Insulin blockiert sind (insulinunabhängiger Diabetes mellitus). Die Folge ist ein verminderter Verbrauch (Utilisation) von Glukose und damit ein Glukoseanstieg im Blut. Sobald die – bei der Katze mit bis zu 300 mg/dl hohe – Glukoseschwelle der Niere überschritten wird, erfolgt eine Ausscheidung mit dem Urin (Glukosurie). Mit der Glukose wird vermehrt Wasser mit dem Urin ausgeschieden (Polyurie), so daß eine Dehydrierung einsetzt, die durch vermehrte Wasseraufnahme wettgemacht wird (Polydipsie). Das Durstgefühl wird durch die erhöhte Blutviskosität verstärkt. Außerdem führt die erhöhte Viskosität zur Thromboseneigung.
Mit der verminderten Utilisation von Glukose und anderen Energielieferanten entsteht ein Energie-

Tabelle 6: Inkretorisches Pankreas und seine Hormone

Hormon	Zelltyp (Bildungsort)	Wirkung
Glukagon	α-Zellen	Glykogenolyse, Glukoneogenese, Blut-Glc-Steigerung
Insulin	β-Zellen	Glykogensynthese, Proteinsynthese, Lipolysehemmung, Blut-Glc-Abfall, intrazellulärer K^+-Einstrom
Somatostatin	δ-Zellen	Hemmung von Somatotropin
Polypeptidhormone	F- (PP-) Zellen	unklar

defizit mit der Folge eines Gewichtsverlusts. Zusätzlich kommt eine Freisetzung von nichtveresterten Fettsäuren aus den Fettdepots zustande. Normalerweise werden die Fettsäuren unter Insulineinfluß in der Leber als Triglyzeride eingebaut. Die Aufnahme der Fettsäuren in die Leberzellen ist insulinunabhängig, die Metabolisierung dagegen ist insulinabhängig. Bei Insulinmangel – absolut oder relativ – gelangen die Fettsäuren zwar in die Leber, werden aber zu Azetylcoenzym A oxidiert und schließlich zu Azetazetyl-CoA, das schließlich zu Azetessigsäure, β-Hydroxybuttersäure und Azeton metabolisiert wird. Diese drei Substanzen werden als Ketonkörper zusammengefaßt und sind für die Ketose verantwortlich. Da sie sauer reagieren, führen sie zur Azidose, zum Unterschied von anderen Azidosen als Ketoazidose bezeichnet.

Geringe Mengen von Ketonkörpern können bei Glukosemangel – etwa in Hungersituationen – als Energielieferanten fungieren. Bei diabetischer Ketose werden jedoch sehr große Mengen an Ketonkörpern gebildet, die außerdem unter Insulinmangel nicht ausreichend metabolisiert werden können. Sie steigen zunächst im Blut an und werden dann im Urin ausgeschieden (Ketonurie).

Gleichzeitig wird weniger Kalium in die Körperzellen aufgenommen. Es steigt zunächst im Blut an, wird aber infolge der Polyurie vermehrt im Urin ausgeschieden, so daß schließlich eine Hypokaliämie resultiert. Ebenso werden vermehrt Natriumionen ausgeschieden. Die Situation wird noch verschärft durch häufig auftretendes Erbrechen, wodurch weiter Wasser und Elektrolyte (Natrium, Kalium, Chlorid, auch Säureionen) verloren werden. Die Folge ist oft eine prärenale Azotämie.

Ein spezielles Phänomen, das bei manchen Katzen beobachtet wird, ist die passagere Hyperglykämie, auch als Streßhyperglykämie bezeichnet. Dabei tritt unter Aufregung (Tierarztbesuch, Hunde in der Nähe) eine Hyperglykämie auf, die erhebliche Ausmaße annehmen kann. NELSON u. M. (1992) halten diese Katzen für subklinische Diabetiker. Sie berichten, daß ca. 20 % der diabetischen Katzen an dieser Form leiden und nur vorübergehend Insulin benötigen. NELSON (1995) nimmt an, daß der Diabetes mellitus bei diesen Katzen subklinisch bleibe, bis eine Streßsituation eintritt (Aufregung, Entzündung, systemische Krankheit, Applikation eines Insulinantagonisten wie Kortikosteroide, Gestagene).

Klinisches Bild

Die Krankheit ist bei der Katze über ein halbes Jahrhundert bekannt (HJÄRRE, 1927) und stellt die häufigste endokrine Krankheit der Katze in unserer Gegend dar. Obgleich der Diabetes mellitus eine Krankheit der älteren Katzen ist, können doch auch hin und wieder Jungtiere erkranken (SCHAER, 1973; 1975; v. SANDERSLEBEN u. M., 1983; FELDMAN u. NELSON, 1987). Im Gegensatz zum Hund besteht eine Geschlechtsprädisposition.

Bei unkompliziertem Diabetes (ohne Ketoazidose) fallen dem Besitzer Polydipsie und Polyurie auf. Oft wird gleichzeitig eine Polyphagie als Folge des Energiedefizits beobachtet. Dieses ist auch der Grund, weshalb viele Besitzer von Gewichtsverlust berichten. Die Katzen sind ursprünglich nicht selten überdurchschnittlich fett gewesen, weshalb beim ersten Tierarztbesuch oft ein scheinbar normales Gewicht vorliegt.

Bei der Untersuchung fallen nicht selten Dehydratation, trockenes stumpfes Haarkleid und Hepatomegalie infolge der Einlagerung von Fett auf. Sonstige Zeichen fehlen bei unkompoliziertem Diabetes mellitus.

Im Blut werden folgende Abweichungen gesehen: Hyperglykämie, Hyperosmolalität, oft Hyponatriämie, Hypokaliämie, Hypochlorämie, beginnende Azotämie. Besteht der Diabetes schon einige Wochen, so wird vermehrt Fructosamin angetroffen (REUSCH, 1992). Im Urin wird besonders Glukose gefunden. Das spezifische Gewicht ist trotz der Polyurie hoch.

In komplizierten Fällen verschlechtert sich das Allgemeinbefinden, die Tiere dehydrieren ernsthaft, sie erbrechen, Durchfall kann vorkommen. In diesen Fällen kann Anorexie auftreten. Es können Mundschleimhautulzera beobachtet werden, deren Entstehung man zum Teil der Glukoseausscheidung mit dem Speichel und der darauf beruhenden Bakterienvermehrung zuschreibt. Ähnliche Ursachen wird der häufig zu beobachtenden Urozystitis zugrunde gelegt. Eine manifeste Urämie mit Erbrechen und Azotämie kann sowohl prärenalen als auch renalen Ursprung haben. In wenigen Fällen werden klinisch manifeste Neuropathien gesehen, obgleich histologische Nervenveränderungen offenbar sehr häufig anzutreffen sind (DAHME u. M., 1989). Sie äußern sich als plantare Fußung („bärentatziger Gang") der Hintergliedmaßen. Durch die Störung des Leberstoffwechsels kann ein Ikterus beobachtet werden.

Ein hyperosmolarer Diabetes mellitus ohne Ketoazidose kommt bei der Katze selten vor, ist aber als ernsthafte Komplikation anzusehen, die einer sofortigen Behandlung bedarf. Die klinischen Symptome können bis zum Koma diabeticum führen. Im Blut werden sehr hohe Glukosewerte (> 500 mg/dl) gefunden, ebenfalls eine Hyperosmolalität von > 350 mosm/l.

Bei Ketoazidose ist das Allgemeinbefinden ebenfalls stark gestört. Die Tiere machen einen schwer kranken Eindruck, Anorexie, Erbrechen und Durchfall treten häufig auf, es wird in der Regel eine schwere Dehydratation beobachtet. Die Atemluft riecht stechend. Im Blut werden außer den oben beschriebenen Befunden zusätzlich eine Azidose angetroffen, im Urin Ketonkörper. Die diabetische Ketoazidose ist immer ein lebensbedrohendes Zeichen.

Eine diabetische Katarakt ist bei der Katze im Gegensatz zum Hund unbekannt.

Diagnose

Es sollten, soweit möglich, folgende Untersuchungen bei Verdacht auf Diabetes mellitus (oder wenn er anhand der Blutglukosebestimmung bereits wahrscheinlich ist) durchgeführt werden:

Blut(serum):
- Blutglukose – bei Diabetes mellitus erhöht
- Fructosamin – erhöht
- ALT – erhöht (diabetische Hepatopathie)
- AST – erhöht (diabetische Hepatopathie)
- GLDH – oft erhöht (diabetische Hepatopathie)
- AP – oft erhöht (diabetische Hepatopathie)
- Bilirubin – bisweilen erhöht (diabetische Hepatopathie)
- Natrium – erniedrigt
- Kalium – erniedrigt (selten erhöht bei Ketoazidose)
- Chlorid – erniedrigt
- Cholesterin – erhöht
- Blutgasanalyse – metabolische Azidose
- Plasmaosmolalität – erhöht

Urin:
- Glukosurie
- Ketonurie
- hohes spezifisches Gewicht
- evtl. Bakterien (Zystitis)

Wichtig ist, daß die Katze bei der Untersuchung nüchtern und möglichst nicht aufgeregt ist. Ist man sich nicht sicher, ob eine Hyperglykämie streßbedingt ist, so kann die Bestimmung von Fructosamin oder die wiederholte Untersuchung nach Beruhigung Aufschluß geben.

Therapie

Sie umfaßt folgende Punkte:
- Insulintherapie
- Flüssigkeitssubstitution
- Elektrolytausgleich
- Azidoseausgleich

Insulintherapie: Es gibt zahlreiche verschiedene Empfehlungen. In einer Form wird Alt-Insulin in einer Dosis von 0,2 E/kg KM i. m. gegeben und alle Stunde 0,1 E/kg KM wiederholt, bis weniger als 250 mg Glukose/dl erreicht sind. Danach wird alle sechs Stunden 0,5 E/kg Insulin gegeben. Ziel ist die Einstellung von Blutglukose zwischen 100 und 250 mg/dl. Dieses Verfahren ist besonders bei Ketoazidose empfehlenswert.

Bei unkompliziertem Diabetes kann folgende Methode empfohlen werden: **Intermediärinsulin,** Beginn mit 0,2 (0,25) E/kg KM s. c., alle zwei (drei) Stunden Messung der Blutglukose/Tagesprofil). Ziel ist das Erreichen eines Blutglukosespiegels von < 200 mg/dl. Die Insulinmenge ist so zu variieren, daß dieses Ziel erreicht wird. In den meisten Fällen gelingt dies ausreichend, in manchen Fällen („schwer“ oder „nicht einstellbarer Diabetes“) jedoch nicht. Dann liegt möglicherweise eine Krankheit zugrunde, die durch Freisetzung von Streßhormonen eine nicht vorhersehbare Reaktion hervorruft liegt.

Die Erstellung eines Tagesprofils ist unbedingt erforderlich. Es genügt nicht, Insulin zu geben und etwa am darauf folgenden Tag die Blutglukose zu messen. War die Insulindosis zu hoch, so kann dann die Blutglukose sogar höher sein als am Tag zuvor, da durch eine zu hohe Insulindosis glukoseerhöhende Streßhormone sezerniert werden und als Reaktion auf die insulinbedingte Hypoglykämie dann eine Hyperglykämie hervorrufen. Bei einer dann oft erfolgenden weiteren Erhöhung des Insulin kann die Katze ggf. in einen hypoglykämischen Schock mit Todesfolge geraten.

Die Einstellung einer stationär aufgenommenen Katze ist auf Dauer oft unbefriedigend. Wenn man sie nach Hause entläßt, steigt der Blutglukosespiegel oft wieder an. Für die Langzeitkontrolle empfiehlt sich die Untersuchung des Fructosamins, das bei unzureichend eingestelltem Diabetes über den Wert von 340 µmol/l ansteigt (REUSCH, 1992). Die unbefriedigende Einstellung kann drei Ursachen haben:
- die Katze hat mehr Bewegung, ist Streßsituationen ausgesetzt
- die Fütterung ist unregelmäßig
- die Insulinbehandlung ist unzuverlässig

Man muß in diesen Fällen den Besitzer sorgfältig aufklären. Wir lassen uns dann die Injektion vom Besitzer vorführen. Man sollte ihn dann bitten, zu Hause Insulin zu injizieren und nach zwei bis vier Stunden in die Sprechstunde zur Blutentnahme kommen. Je nach Glukosespiegel kann dann die Insulinmenge variiert werden.

Oralantidiabetika: Für die Dauerbehandlung wären orale Antidiabetika günstig. Sie haben sich jedoch nur in wenigen Fällen bei der Katze bewährt. Geeignet wäre Sulfonuylharnstoff in einer Dosis von 0,5 bis 1,0 mg/kg, auf zweimal täglich verteilt.

Volumen-(Flüssigkeits-)Substitution: Bei allen Fällen von Dehydratation, besonders aber bei Ketoazi-

dose, ist für ausreichenden Flüssigkeitsersatz zu sorgen. Die Menge setzt sich zusammen aus
- Tagesbedarf
- Dehydratationsausgleich
- Ausgleich zusätzlich verlorener Flüssigkeitsmengen (s. Seite 93)

Verwendet wird besonders 0,9%ige Kochsalzlösung, die besser als Ringerlösung oder Ringer-Laktat-Lösung geeignet ist.

Elektrolytausgleich: Da in der Regel ein Mangel sowohl an Natrium als auch an Chloriden besteht, ist die Substitution mit physiologischer Kochsalzlösung zu empfehlen. Bei Hypokaliämie wird zusätzlich Kaliumchlorid appliziert nach den auf Seite 553 gegebenen Empfehlungen. Bisweilen werden Hypophosphatämien angetroffen; in diesem Fall kann Kaliumphosphat gegeben werden (0,01 mmol/kg KM in der DTI).

Azidoseausgleich: Er ist in den meisten Fällen unnötig, wenn die Insulinapplikation und der Elektrolytausgleich ausreichend sind. In schweren Fällen einer metabolischen Azidose (pH < 7,2; BE < –10 mmol/l) kann Bikarbonat gegeben werden. Dosis: – BE x 0,1 x kg KM. Die Dosis ist also in der Regel geringer als für den Ausgleich anderer metabolischer Azidosen.

Hyperinsulinismus

Die vermehrte Sekretion von Insulin infolge eines endokrin aktiven Pankreastumors kommt bei der Katze offenbar sehr selten vor. WILKINSON (1968) beschreibt einen Fall eines Inselzelltumors.

Eine zweijährige Katze litt an Krampfanfällen, an denen sie schließlich starb. Eine Untersuchung des Blutes auf Glukose erfolgte offenbar nicht. Bei der Sektion fand sich ein Adenokarzinom. Der Fall zeigt, daß auch bei der Katze durch Hyperinsulinismus und Hypoglykämie ausgelöste Krampfanfälle, die an Epilepsie erinnern, möglich sind. Die Hypoglykämie ist leicht anhand einer Blutuntersuchung festzustellen. Ein Pankreasadenom ist sehr wahrscheinlich, wenn ein Glukosebelastungstest positiv verläuft, d. h. wenn nach Injektion von 1 g Glukose/kg KG ein sehr rascher Abfall erneut auf subnormale Werte zu beobachten ist. Die Therapie ist rein chirurisch. Während der Operation muß Glukose infundiert werden.

Morbus Addison, Hypadrenokortizismus

Während der Hyperadrenokortizismus erst 1932 durch CUSHING beschrieben wurde, gehen die ersten Beobachtungen der chronischen Unterfunktion der Nebenniere auf ADDISON zurück, der sie bereits 1855 beim Menschen beschrieb. Bei der Katze wird die Krankheit ebenfalls seltener als beim Hund festgestellt.

Klinik

Die verläßlichsten Berichte über klinische Symptome bei der Katze kommen aus der experimentellen Medizin (MONTIGEL u. M., 1943; DEMOLE u. M., 1947; WEINER u. M., 1967). Danach stellt sich die akute Addisonkrise ähnlich dar wie beim Hund. Am auffallendsten sind die schwere Adynamie, die sehr rasch fortschreitet, Erbrechen, Anorexie, Dehydratation, Hypothermie. Spontaner Morbus Addison kann auftreten bei beidseitiger Entzündung der Nebennieren (Tuberkulose; FREUDIGER u. M., 1955), Verkalkung (ROSS u. M., 1955; OETTEL u. M., 1966), beim Hund und anderen Spezies wurden als Ursache Tumoren, disseminierte intravasale Koagulation, Protozoeninfektionen, Mykosen, beidseitige Tumoren beobachtet, ferner eine idiopathische Atrophie, die autoimmun bedingt sein soll.

Durch die verringerte Kaliumausscheidung in der Niere werden Hyperkaliämie, durch erhöhten Natrium- und Chloridverlust dagegen Hyponatriämie und Hypochlorämie festgestellt. Zumindest beim Hund besteht eine Tendenz zur Leukozytose, wobei überraschenderweise eine Neutrophilie vorherrscht (Folge von Infektionen?). Ob eine Eosinophilie besteht, ist umstritten; ihr Fehlen ist jedenfalls kein sicheres Zeichen zum Ausschluß eines Morbus Addison. Ähnliches gilt für die Lymphozytose. Ebenfalls beim Hund recht häufig ist die prärenale Azotämie (Erhöhung von Serumharnstoff und -kreatinin). Sie kann als Folge der Dehydratation und der Elektrolytverschiebungen betrachtet werden. Charakteristisch ist – beim Hund – die Erhöhung der T-Welle im EKG als Ausdruck der Hyperkaliämie. Des weiteren werden Verkürzungen der QT-Strecke beobachtet. Hochgradige Hyperkaliämie hat Verbreiterungen des QRS-Komplexes und ein Verschwinden der P-Welle zur Folge.

Diagnose

Die Messung von 17-Hydroxikortikosteroiden im Urin ist weitgehend nur von theoretischer Bedeutung und allenfalls Kliniken vorbehalten, da 24-Stunden-Urin benötigt wird. Geeigneter erscheint die Serum-Cortisol-Bestimmung in Verbindung mit dem ACTH-Test. Das eigene Vorgehen gestaltet sich folgendermaßen: Der Katze wird Blut entnommen und darauf 2 IE ACTH/kg Körpergewicht intramuskulär injiziert. Nach genau zwei Stunden werden eine erneute Blutprobe entnommen und in beiden Pro-

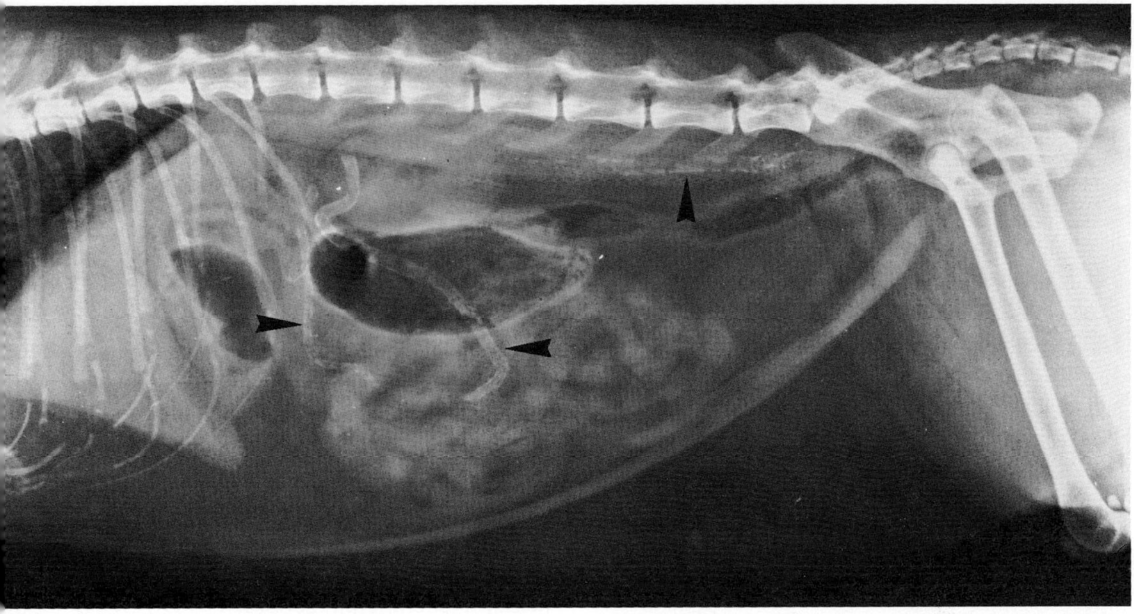

Abb. 17: Intimaverkalkungen bei Diabetes mellitus.

ben Cortisol bestimmt. (Falls gewünscht, kann nach weiteren zwei Stunden eine dritte Blutprobe zur Bestimmung der Bluteosinophilen gewonnen werden.) Ein Ausgangswert von unter 1,5 µg/dl ist (vorläufig!) verdächtig; soweit bisher bekannt, steigt bei Katzen mit Morbus Addison der Cortisolspiegel nach ACTH-Gabe nicht oder nur gering, bei gesunden Tieren dagegen um das Doppelte bis Vierfache oder mehr des Ausgangswertes an.

Die Zählung der Eosinophilen (direkte Zählung!) vor und vier Stunden nach ACTH-Injektion muß bei Nebennieren-intakten Katzen einen Abfall auf 10 % oder weniger des Ausgangswertes ergeben; bis 50 % gilt als verdächig, darüber als krankhaft.

Differentialdiagnose

Hauptsächlich kommt Niereninsuffizienz (Azotämie!) in Frage.

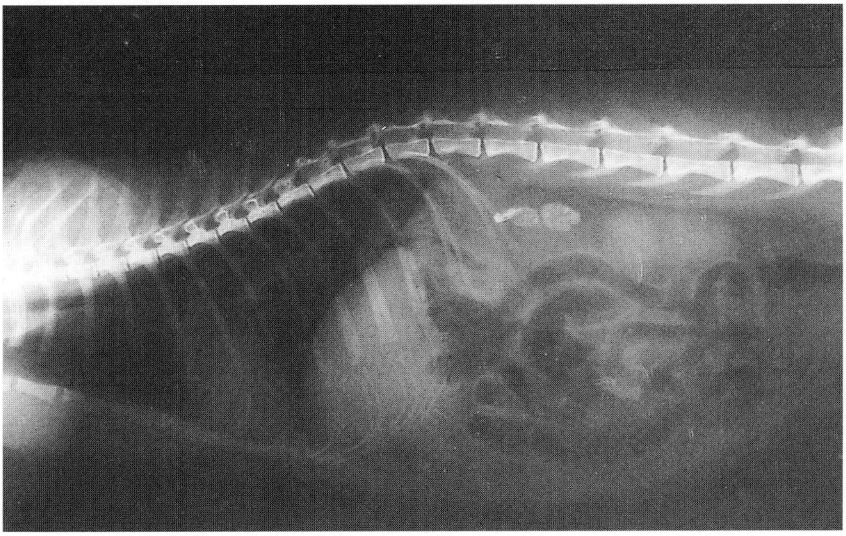

Abb. 18: Verkalkung der Nebennieren.

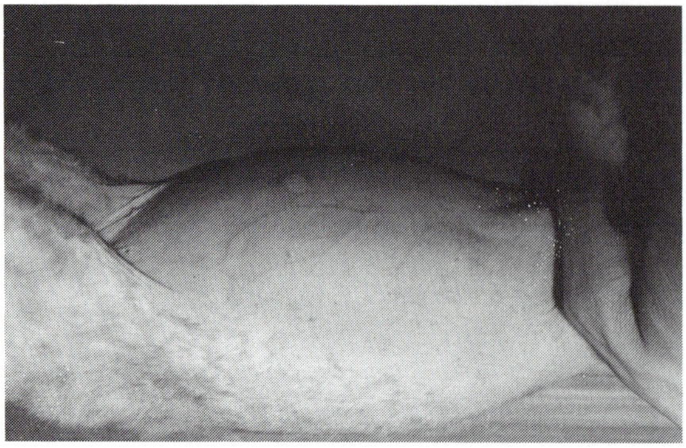

Abb. 19: Cushing-Syndrom. Muskelatrophie mit Hängebauch, Hautatrophie, durchscheinende Hautgefäße.

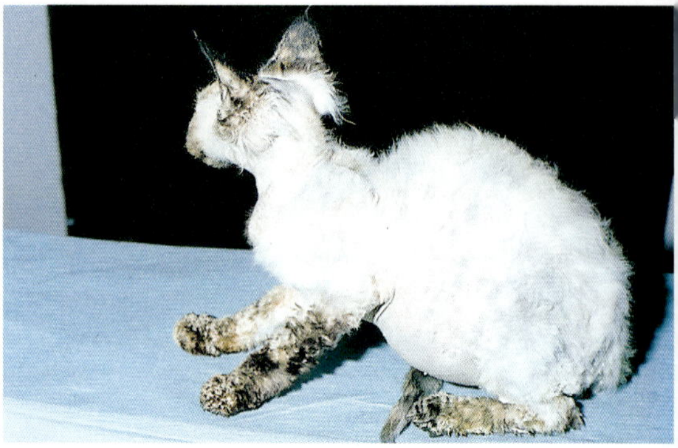

Abb. 20: Cushing-Syndrom. Sehr seltene Form mit Haarausfall, Haut- und Muskelatrophie (Hängebauch, allgemeine Bewegungsschwäche) und Kyphose. I. Med. Tierklinik München.

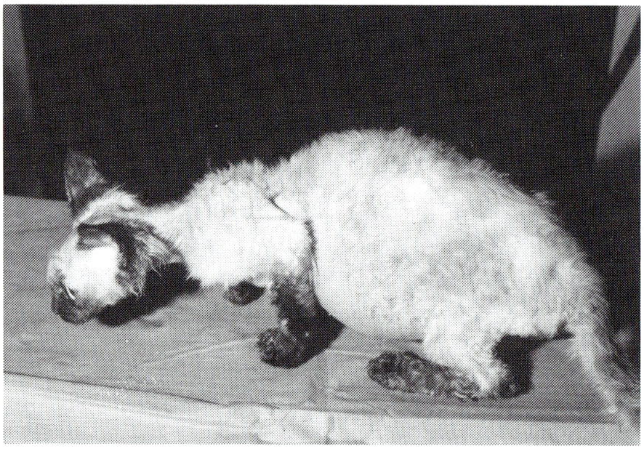

Abb. 21: Cushing-Syndrom. Stammfettsucht, Muskelatrophie, Hängebauch.

Prognose

Unter exakter Therapie recht günstig.

Therapie

Sie ist von experimentellem Morbus Addison und vom Hund hergeleitet; bei der Katze gibt es noch relativ geringe Erfahrung.

Akute Addisonkrise:

1. DOCA 1 bis mg i. m.
2. Dauertropfinfusion: Glukoselösung 5 % und gleichzeitig NaCl-enthaltende, K-arme isotonische Elektrolytlösungen.
3. Zur DTI: Prednisolon 5 bis 8 mg/kg.

Chronische Nebenniereninsuffizienz und Behandlung nach Addisonkrise:

1. Fludrokortison, 1x tägl. 0,1 bis 1,0 mg/Tier (z. B. Astonin-H oder Fludrocortison Squibb), lebenslang.
2. Nahrung leicht salzen.

Verkalkung

Relativ häufig werden bei der Sektion Verkalkungen beider Nebennieren gefunden (POBISCH, 1958); BARTELS, 1961; McHOWELL u. M., 1964), die sich in ausgeprägten Fällen auch röntgenologisch darstellen lassen. Die Ursache ist nicht bekannt. Unbekannt ist auch, ob eine weitgehende Verkalkung zu klinischen Symptomen Anlaß gibt, etwa Hypadrenokortizismus, wie es ROSS u. M. (1955) sowie OETTEL u. M. (1966) annehmen. In eigenen Fällen konnten keine Anzeichen eines Morbus Addison gefunden werden.

Seltene Endokrinopathien: Cushing-Syndrom und Hypophysentumoren

In wenigen Fällen wurde über ein ACTH-abhängiges Cushing-Syndrom bei der Katze berichtet (FOX und BEATTY, 1975; PETERSON und STEELE, 1986; ZERBE u. M., 1987; NELSON u. M., 1988). Das Krankheitsbild kommt wesentlich seltener vor als beim Hund. Ausgangspunkt ist die Pars distalis oder die Pars intermedia. Das klinische Bild wird im Kapitel „Hyperadrenokortizismus“ beschrieben.

ZAKI und LIU (1973) und ZAKI u. M. (1975) berichten über Hypophysentumoren, die allein durch ihre Größe die umgebenden Gehirnregionen durch Druckentwicklung so stark schädigten, daß klinische Symptome auftraten. Sie bestanden in allgemeiner Schwäche, Apathie, Koordinationsstörungen und Blindheit. Eine Behandlung ist nicht bekannt, da die Tumoren infolge ihrer Größe beim Auftreten klinischer Symptome nicht mehr entfernt werden können.

Literatur

BARTELS, K.-P.: Verkalkung bei einer Katze. Kleintierpraxis **6,** 80 (1961).

BELSHAW, B. E.; BARANDES, M.; BECKER, D. V.: A model of iodine kinetics in the dog. Endocrinology **95,** 1078 (1974).

BIGLER, B.: Thyroxinbindende Serumproteine bei der Katze: Ein Vergleich zu Hund und Mensch . . . Schweiz. Arch. Tierhkde **118,** 559 (1976).

BROOME, M. R.; HAYES, M. T.; TURREL, J. M.: Peripheral metabolism of thyroid hormones and iodide in healthy and hyperthyroid cats. Amer. J. Vet. Res. **48,** 1286 (1987).

CAPEN: In: MOULTON: Tumors in domestic animals. 2nd ed. Univ. Calif. Press, Berkeley, 1978.

CARLSON, A. J.: Amer. J. Physiol. **33,** 143 (1914).

CARPENTER, J. L.; ANDREWS, L. K.; HOLZWORTH, J.: Tumors and tumor-like lesions. In: Holzworth, J.: Diseases of the cat: Medicine and surgery. W. B. Saunders, Philadelphia, 1987.

CHEW, D. J.; SCHAER. M.; LIU, S. K.; OWENS, J. Pseudohyperparathyroidism in a cat. J. Am. Anim. Hosp. Assoc. **11,** 46–52 (1975).

CLARK, S. T.; MEIER. H.: A clinico-pathological study of thyroid disease in the dog and cat, Part 1. Thyroi pathology. Zbl. Vet. Med. **5,** 17–32 (1958).

CLARK, S. T., und MEIER, H.: A clinicopathological study of thyroid disease in the dog and cat. Zbl. Vet. Med. A **5,** 17 (1958).

COULOMBE, P. u. M.: Calecholamines, metabolism in thyroid diseases: I. Epinephrine secretion in hyperthyroidism and hypothyroidism. J. Endocrinol. Metab. **42,** 125 (1976).

DAHME, E.; HAFNER, A.; REUSCH, C.; SCHMIDT, P.: Diabetische Neuropathie bei Hund und Katze – eine bioptisch-elektronenmikroskopische Studie. Tierärztl. Prax. **17,** 177 (1989).

DAHME, E., und WEISS, E.: Grundriß der speziellen pathologischen Anatomie der Haustiere. Enke Verlag, Stuttgart, 1988.

DAHME, E., und WEISS, E.: Grundriß der speziellen pathologischen Anatomie der Haustiere. Enke Verlag, Stuttgart ,1988.

DEMOLE, V.; VERZAR, F.: Wirkung der Adrenalektomie und DOCA-Behandlung auf die Ascorbinaemia und Ascorbinurie der Katze. Experientia **3,** 419 (1947).

EIGENMANN, J. E., WORTMAN, J. A., und HASKINS, M. E.: Elevated growth hormone levels and diabetes mellitus in a cat with acromegalic features. J. Amer. Anim. Hosp. Assoc. **20,** 747 (1984).

FARNER, E.; KLINGER, R.: Über den endemischen Kropf der Katze. Viertelj. Schr. Naturforschende Ges. Zürich **63,** 497 (1920).

FELDMAN, E. C., NELSON, R. W.: Canine and feline endocrinology and reproduction. W. B. Saunders, 1987.

FELDMAN, E. C., u. NELSON, R. W.: Diabetes mellitus. In: Canine and feline endocrinology and reproduction. W. B. Saunders, Philadelphia, 1987.

FOX, J. G., und BEATTY, J. O.: A case report of complicated diabetes mellitus in a cat. J. Amer. Anim. Hosp. Assoc. **11,** 129 (1975).

FREUDIGER, U.: Endokrine Organe. In: H.-J. CHRISTOPH: Klinik der Katzenkrankheiten, 2. Auflage. Fischer, Jena, 1977.

FREUDIGER, U.; KUSLYS, A.: Untersuchungen über die Tuberkulose der Fleischfresser. Schweiz. Zschr. Tuberkulose **12,** 247 (1955).

FRIMMER, M.: Pharmakologie und Toxokologie. Schattauer, Stuttgart, New York, 1977.

GEMBARDT, C., und LOPPNOW, H.: Zur Pathogenese des spontanen Diabetes mellitus der Katze. II. Mitteilung. Berl. Münch. Tierärztl. Wschr. **89,** 336 (1976).

GREEN, R. A.; FARROW, C. S.: Diabetes insipidus in a cat. J. Am. Vet. Med. Assoc. **164,** 524–526 (1974).

GREIG, W. A.: Diabetes insipidus bei Hund und Katze. Kongreßbericht Int. Tierärztekongreß, Hannover, 1963.

GREIG, 1963; GREEN und FARROW, 1974; ROGERS u. M., 1877; BURNIE und DUNN, 1982; COURT und WATSON, 1983; FELDMAN und NELSON, 1987; KRAUS, 1987; MASON, 1983.

HJÄRRE, A.: Sektionsbefund beim Diabetes mellitus des Hundes und der Katze. Arch. wiss. Prakt. Tierhk. **57,** 1 (1927).

HOLZWORTH, J. R.; HUSTED, P.; WIND, A.: Arterial thrombosis and thyroid carcinoma in a cat. Cornell Vet. **45,** 487–496 (1955).

HOLZWORTH, J. R., et al.: Hyperthyroidism in cats. J. Am. Vet. Med. Assoc. **176,** 345 (1980).

HOLZWORTH, J., u. M.: Hyperthyroidism in the cat: ten cases. J. Amer. Vet. Med. Assoc. **176,** 345 (1980).

McHOWELL, J., PICKERING, C. M.: J. Comp. Path. Ther. **74,** 284 (1964)

JOHNSON, K. H., u. M.: Immunolocalization of islet amyloid polypeptide (IAPP) in pancreatic beta cells using peroxidase antiperoxidase (PAP) and protein A-gold techniques. Amer. J. Pathol. **130,** 1 (1988).

JOHNSON, K. H., u. M.: Islet amyloid, islet amyloid polypeptide and diabetes mellitus. New Engl. J. Med. **31,** 513 (1989).

JOHNSON, K. H.; OSBORNE, C. A.: Adenocarcinoma of the thyroid in a cat. J. Am. Vet. Med. Assoc. **156,** 906 (1970).

KALLFELZ, F. A.: Nutrient requirements of cats. Nat. Acad. Sci, Washington, 1978.

KANEKO, J. J.; MATTHEEUWS, D.; ROTTIERS, R P.; VERMEULEN, A.: Glucose tolerance and insulin response in diabetes mellitus of dogs. J. Sm. Anim. Pract **18,** 85 (1977).

KLAUSNER, J. S., u. M.: Results of radioiodine therapy in 23 cats with hyperthyroidism. Minn. J. Vet. Med. **27,** 28 (1987).

KRAFT, W.: Schilddrüsenfunktionsstörungen beim Hund. Habil.-Schrift, Gießen, 1976.

KRAFT, W.: Schilddrüse. In: KRAFT, W., und DÜRR, U. M.: Klinische Labordiagnostik in der Tiermedizin. Schattauer-Verlag, 1995.

KRÜSKEMPER, H. L.: Krankheiten der Hypophyse. In: HORNBOSTEL, H. u. M.: Innere Medizin in Praxis und Klinik. 2. Auflage, Band I. Thieme, Stuttgart, 1977.

LARSSON, M.; PETTERSON, T.; CARLSTRÖM, A.: Thyroid hormone binding in serum of 15 vertebrate species: Isolation of thyroxine-binding globulin and prealbumin analogs. Ge. Comp. Endocrinol. **58,** 360 (1985).

LEAV, I., u. M.: Adenomas and carcinomas of the canine and feline thyroid. Am. J. Path. **83,** 61–93 (1976).

LEAV, I.; SCHILLER, A. L.: Adenomas and carcinomas of the canine and feline thyroid. Am. J. Pathol. **83,** 61–122 (1976) .

LICHTENSTEIGER, C. A.; WORTMAN, J. A., und EIGENMANN, J. E.: Functional pituitary acidophilic adenoma in a cat with diabetes mellitus and acromegalic features. Vet. Path. **23,** 528 (1986).

LIEBICH, H.-G.: Funktionelle Histologie, 2. Aufl. Schattauer-Verlag, Stuttgart, New York, 1993.

LIEBICH, H.-G.: Funktionelle Histologie. Schattauer Verlag, Stuttgart, New York, 1993.

LUCKE, V. M.: A histological study of thyroid abnormalities in the domestic cat. J. Small Anim. Pract. **5,** 351 (1964).

LUCKE, M.: Histological examinations on thyroid abnormalities in the domestic cat. J. Sm. Anim. Pract **5,** 351–358 (1964).

MEIJER, J. C.; DE BRUIJNE, J. J.; RIJNBERK, A.; CROUGHS, R. J. M.: J. Endocrinol. **77,** 111–118 (1978).

MEIJER, J. C.; LUBBERINK, A. A. M. E.; RIJNBERK A.; CROUGHS, R. J. M.: Adrenocortical function tests in dogs with hyperfunctioning adrenocortical tumors. J. Endocrinol. **80,** 315–319 (1979).

MIDDLETON, D. J., u. M.: Growth hormone-producing pituitary adenoma, elevated serum somatotropin C concentrations and diabetes mellitus in a cat. Ca. Vet. J. **26,** 169 (1985).

MONTIGEL, C.; VERZAR, F.: Untersuchungen über den Kohlehydratstoffwechsel nach Adrenalektomie. Helv. Physiol. Acta **1,** 115 (1943).

NELSON, R. W.; FELDMAN, E. C.; SMITH, M. C.: Hyperadrenocorticism in cats: Seven cases (1978–1987). J. Amer. Vet. Med. Assoc. **193,** 245 (1988).

NELSON, R. W., u. M.: Transient diabetes mellitus in the cat. Proc. Amer. Congr. Vet. Int. Med., San Diego, 1992.

NELSON, R. W.: Diabetes mellitus. In: ETTINGER, S. J., und FELDMAN, E. C.: Textbook of Vet. Int. Med., Saunders, Philadelphia, 1995.

O'BRION, T. D., u. M.: Immunohistochemical morphometry of pancreatic endocrine cells in diabetic, normoglycaemic glucose-intolerant and normal cats. J. Comp. Pathol. **96,** 357 (1986).

OETTEL, M.; RITTENBACH, P.: Die Nebennierenverkalkung bei der Hauskatze. Wien, tierärztl. Mschr. **53,** 643 (1966).

PATNAIK, A. K., u. M.: Nonhematopoietic neoplasms in cats. J. Nat. Cancer Inst. **54,** 855 (1975).

PETERSON M. E.: Effects of megestrol acetate on glucose tolerance and growth hormone secretion in the ca. Res. Vet. Sci. **42,** 354 (1987).

PETERSON, M. E., JOHNSON, G. F., ANDREWS, L. K.: Spontaneous hyperthyroidism in the cat. In: Sci. Proc. Amer. Coll. Vet. Int. Med., Seite 108, 1079.

PETERSON, M. E., u. M.: Spontaneous acromegaly in the cat. Proceedings 4th Ann. Vet. Med. Forum. Washington, 1986.

PETERSON, M. E., und RANDOLPH, J. F.: Endocrine diseases. In: Sherding, R. G. The cat. Diseases and clinical management. Churchill Livingstone, New York 1989.

PETERSON, M. E., und STEELE, P.: Pituitary-dependent hyperadrenocorticism in a cat. J. Amer. Vet. Med. Assoc. **189,** 680 (1986).

POBISCH, R.: Röntgenologische Beobachtungen über die Nebennierenverkalkung bei der Katze. Wien. tierärztl. Mschr. **45,** 236 (1958).

REUSCH, C.: Untersuchung zur Aussagekraft von Proteinurie und Enzymurie für die Diagnose von Nierenerkrankungen unter besonderer Berücksichtigung der diabetischen Nephropathie. Habil.-Schrift, München, 1992.

ROGERS, W. A.; RUEBNER, B. H.: A retrospective study of probable glucocorticoid-induced hepatopathy in dogs. J. Am. Vet. Med. Assoc. **170,** 6 (1977).

ROSS, M. A.; GAINER, J. H.; INNES, J. R. M.: Dystrophic calcification in the adrenal glands of monkeys, cats and dogs. Arch. Pathol. **60,** 655–662 (1955).

v. SANDERSLEBEN, J.; POSPISCHIL, A.; KRAFT, W.: Infektion des Pankreas mit Parvo-Viren bei Katzen. Dtsch. tierärztl. Wschr. **90,** 313 (1983).

SCHAER, M.: A clinical survey of thirty cats with diabetes mellitus. J. Amer. Anim Hosp. Assoc. **9,** 548 (1975).

SCHAER, M.: Diabetes mellitus in a cat. J. Am. Anim. Hosp. Assoc. **9,** 548–554 (1973).

SCOTT. P. P.: Nutrition and disease. In: CATCOTT, E. J.: Feline medicine and surgery. Amer. Vet. Publ., Sta. Barbara, 1975.

SCOTT, P. P., et al.: Nutrition of the cat. Calcium and iodine deficiency on a meat diet. Brit. J. Nutr. **15,** 35 (1961).

SEIFERLE, E.: Nervensystem, Sinnesorgane, endokrine Drüsen. In: NICKEL, R.; SCHUMMER, A.; SEIFERLE, E.: Lehrbuch der Anatomie der Haustiere. Parey, Berlin, Hamburg. 1975.

SWIFT, G. A.; BROWN, R. H.: Surgical treatment of Cusing's syndrome in the cat. Vet. Rec. **99,** 374 (1976).

SWINGLE, W. W.; EISENMAN, A. J.: Studies on the functional significance of the suprarenal cortex. II. The acid-base equilibrium of epinephrectomized cats. Amer. J. Physiol. **79,** 679 (1927).

VERGER, G.: Contribution au diabetes insipidus des carnivores. Thèse, Lyon, 1933/34.

WEINER, D. E.; VERRIER, R. L.; MILLER, D. T.; LEFER, A. M.: Effect of adrenalectomy on hemodynamics and regional blood flow in the cat. Amer. J. Physiol. **213,** 473–476 (1967).

WESTERMARK, P., u. M.: Islet amyloid in type 2 human diabetes mellitus and adult diabetic cats is composed of a novel putative polypeptide hormone. Amer. J. Pathol **127,** 414 (1987).

WESTERMARK, P., u. M.: Islet amyloid polypeptide-like immunoreactivity in the islet B cells of type 2 (non-insulin-dependent) diabetic and nondiabetic individuals. Diabetologia **30,** 887 (1987).

WILKINSON, G. T.: Epileptiform convulsions in a cat possibly of hypoglycaemic origin. J. Sm. Anim. Pract. **9,** 555 (1968).

ZAKI. F. A.; LIU, S.-K. Pituitary chromophobe adenoma in a cat. Vet. Pathol. 10, 232 (1973).

ZAKI, F. A.; HARRIS, J.; BUDZILOVICH, G.: Cystic pituicytoma of the neurohypophysis in a Siamese cat. J. Comp. Path. **85,** 467 (1975).

ZAKI, F. A., und LIU, S. K.: Pituitary chromophobe adenoma in a cat. Vet. Path. **10,** 232 (1973).

ZERBE, C. A., u. M.: Hyperadrenocorticism in a cat. J. Amer. Vet. Med. Assoc. **190,** 559 (1987).

Krankheiten des Immunsystems

Von W. Kraft

Raum für Notizen

Krankheiten des Immunsystems

Immunreaktionen laufen im Prinzip bei allen Säugetieren ähnlich ab. Die bei anderen Spezies gewonnenen Erkenntnisse lassen sich also auf die Katze übertragen. Immunreaktionen sollen den Organismus vor Krankheit, insbesondere vor Infektionskrankheiten, aber auch vor Tumorkrankheiten schützen.

Das Immunsystem hat eine humorale und eine zelluläre Komponente. Beide werden von Lymphozyten getragen, die auf eine gemeinsame Stammzelle zurückgeführt werden. Bereits vor der Geburt wird der Thymus von Lymphozyten besiedelt, die sich dort zu T-Lymphozyten differenzieren. Vom Thymus aus erfolgt eine sekundäre Besiedlung peripherer Organe, z. B. Lymphknoten und Milz. T-Lymphozyten kommt die Aufgabe der zellulären Abwehr von Infektionserregern und tumorösen Krankheiten zu.

Demgegenüber differenziert sich eine andere Lymphozytenart nicht im Thymus, sondern stammt direkt aus dem Knochenmark. Nach ihrer Entwicklung beim Vogel werden sie B-Lymphozyten (Bursa) genannt; ihre Entwicklung beim Säugetier wird in einem Bursaäquivalent angenommen. Sie werden von eingedrungenen Antigenen geprägt und bilden jeweils einen Lymphozytenklon. Bei erneutem Kontakt mit dem entsprechenden Antigen vermehrt sich der betreffende Lymphozytenklon und differenziert sich zu Plasmazellen, die Immunglobulin abgeben.

Das Immunsystem besteht aus einem Komplex von Funktionen, die die Elimination in den Körper eingedrungener Krankheitserreger und körpereigener, aber als fremd erkannter Zellen zum Ziel hat. Beteiligt sind insbesondere das lymphatische System, das Monozyten-Makrophagen-System, Granulozyten sowie zahlreiche Makromoleküle. Die angeborene unspezifische Immunantwort wird durch Phagozyten, Komplement, Killerzellen, die erworbene spezifische durch Lymphozyten und ihre spezifischen Antikörper repräsentiert.

Krankheiten des Immunsystems (Immunopathien) manifestieren sich in einem Mangel der Immunabwehr (Immundefizienz, Immundefekt) oder in einer „Überreaktion", „Entgleisung" (Allergien, Autoimmunkrankheiten, Immunkomplexkrankheiten).

Immundefizienzkrankheiten können in angeborene und erworbene eingeteilt werden. Angeborene scheinen bei der Katze keine Bedeutung zu haben. Dagegen kommt erworbenen Immundefizienzkrankheiten seit Bekanntwerden der immunsupprimierenden Eigenschaften von FeLV- und FIV-Infektionen eine erhebliche Bedeutung zu. Außerdem vermögen diese und andere Viren Autoimmunkrankheiten auszulösen.

Allergien sind erworbene Immunkrankheiten, die durch (wiederholten) Kontakt des Individuums mit einer als fremd erkannten Substanz (Allergen) auftreten (Überempfindlichkeitsreaktion). Es werden vier Überempfindlichkeitsreaktionen unterschieden:

Immunkrankheiten

Der Begriff der Allergie beschreibt eine Situation, in der die Reaktion zwischen Antigen und Antikörper zu einer für den Organismus schädlichen Reaktion führt. Die allergischen Reaktionen der Katze sind noch recht lückenhaft bekannt. Es ist möglich, daß auch bei dieser Tierart die vier Reaktionstypen anaphylaktische Reaktionen, zytotoxische Reaktion, Reaktion vom Arthustyp und verzögerte zellvermittelte Reaktion bestehen.

Typ I: Anaphylaktische Reaktion

Die Reaktion wird von bestimmten, als Reagine bezeichneten Antikörpern ausgelöst, die an Mastzellen gebunden sind. Bei Kontakt der sensibilisierten, antikörperbeladenen Mastzelle wird diese geschädigt und degranuliert. Die Granula enthalten u. a. Histamin, das entlassen wird und zu Gefäßdilatation (Hyperämie, Entzündung), Gefäßpermeabilitätssteigerung (entzündliches Ödem) und ggf. zu Allgemeinreaktionen mit Bronchokonstriktion und Schock führt. Damit löst die anaphylaktische Reaktion eine lokale Entzündung oder aber einen Kreislaufschock aus. Die Katze neigt nicht zu dieser Reaktionsart, vermutlich weil sie Fremdprotein sehr schnell aus dem Körper eliminiert. Dies dürfte der Grund sein, warum ein atopisches oder allergisches Ekzem, eine häufige Krankheit des Hundes, bei der Katze wesentlich seltener beobachtet wird. Hierher gehört das miliare Ekzem, das außer nach Typ I auch nach Typ IV reagiert. Auch Inhalationsallergene wurden als Ursache für Allergien nach Typ I nachgewiesen, wenn auch nur ausnahmsweise. Selten werden auch allergische Krankheiten der Luftwege

(Rhinitis, Bronchitis) nachgewiesen, häufiger chronische Colitiden, die durch Nahrungsallergene ausgelöst werden. Auch konnten anaphylaktische Schocks bei Katzen unter natürlichen Verhältnissen noch nicht mit Sicherheit nachgewiesen werden.

Typ II: Zytotoxische Reaktion

Die Reaktion benötigt i. a. Komplement. Sie wird ausgelöst durch Antikörper gegen Zellen, Gewebsbestandteile oder vorher in Zellen eingedrungene Antigene. Das Ergebnis ist eine Zerstörung von Zellen oder Geweben. Der Typ II ist verantwortlich für autoimmunhämolytische Anämien (verursacht bisweilen durch Infektionskrankheiten wie Leukose- oder Hämobartonellose und nachgewiesen durch den Coombs-Test), autoimmune thrombozytopenische Purpura, Bluttransfusionszwischenfälle, Kälteagglutination, Pemphigus und Arzneimittelallergien.

Typ III: Arthus-Reaktion

Beim Typ III bilden sich Antigen-Antikörper-Komplexe, die in oder um Blutgefäße abgelagert werden und zu Gefäßschäden oder -verschlüssen führen. Dadurch werden Gewebsschäden ausgelöst, kompliziert durch Komplement. Zu den Krankheiten, die durch den Arthus-Typ ausgelöst werden, gehört die Immunkomplex-Glomerulonephritis. Dabei kommt es zur Ablagerung von Immunkomplexen an der Basalmembran des Glomerulums, die sich verdickt und schließlich zum Absterben des Glomerulums führt. Die Folge ist eine Urämie. Ausgelöst wird die Krankheit durch das FeLV, seltener durch andere Infektionskrankheiten oder Lupus erythematodes; das seltene nephrotische Syndrom wird durch eine idiopathische Glomerulonephritis ausgelöst. – Auch die Amyloidose wird einer Immunreaktion vom Typ III zugeschrieben. Allerdings bestehen bei der Katze noch wenig Informationen, inwiefern auch hier wie bei anderen Spezies eine primäre (plasmazellausgelöste) von einer sekundären Amyloidose (verbunden mit Infektions- und Tumorkrankheiten) zu unterscheiden ist. – Der Systemische Lupus erythematodes kommt bei der Katze sehr selten vor. Dabei werden antinukleäre Antikörper gebildet, die mit Nucleinsäuren Komplexe bilden und daher in zahlreichen Organen entzündliche Reaktionen auszulösen vermögen.

Typ IV: Verzögerte, zellvermittelte Reaktion

Die Reaktion wird durch früher sensibilisierte T-Lymphozyten ausgelöst. Sie ist verantwortlich für Kontaktallergien, Insektenbißallergien und spielt eine Rolle bei der Tuberkulose. Bei der Katze spielt dieser Allergietyp offensichtlich kaum eine Rolle. Offenbar spielen Allergien bei der Katze eine geringere Rolle als beim Hund.

Allergien

Allergisches Ekzem („Atopische Dermatitis")

Die beim Hund sehr häufige Krankheit kommt bei der Katze offenbar nur ausnahmsweise vor. Das Allergen wird in den meisten Fällen inhaliert, seltener oral oder durch die Haut aufgenommen. Die Krankheit wird wahrscheinlich durch IgE vermittelt. Beim Hund wird die Krankheit – je nach auslösendem Agens – saisonal gehäuft beobachtet; bei der Katze liegen keine Erfahrungen vor.

Klinisch manifestiert sich das allergische Ekzem durch Juckreiz, Schuppenbildung in Form von trockener bis öliger Seborrhoe, Exkoriationen, Otitis, Kinnekzem. Eine Urticaria tritt bei der Katze offenbar nicht auf. Über das auslösende Agens ist bei der Katze sehr wenig bekannt. Beim Hund sind es vor allem Hausstaub und Hausstaubmilbe sowie Pollen. Differentialdiagnostisch kommen Ektoparasiten, Kontaktekzem (Halsband), bakterielle Infektionen und Dermatomykosen in Frage.

Die Therapie besteht analog zum Hund in der Gabe von Kortikosteroiden, insbesondere aber im Versuch zur Eliminierung des Allergens.

Nahrungsmittelallergie

Die Krankheit kommt sowohl beim Hund als auch bei der Katze vor und manifestiert sich mit entzündlichen Symptomen der Haut und/oder des Magen-Darm-Trakts. Pathogenetisch verantwortlich sind IgE und IgA. Durch Freisetzung von Mastzellmediatoren (besonders Histamin) wird die Entzündung ausgelöst. Die klinischen Symptome bestehen bei der Katze hauptsächlich in Form des miliaren Ekzems mit disseminierten punkt- bis glasstecknadelkopfgroßen Krusten, die einen geröteten Hof aufweisen und der Haut eine reibeisenartige Oberfläche verleihen. Daneben werden ulzeröse Veränderungen gesehen. Bei der Manifestation im Magen-Darm-Bereich werden Erbrechen nach der Aufnahme der allergischen Nahrung beobachtet, ferner wäßrige bis blutige Durchfälle. Selten treten Haut- und Magen-Darm-Formen gemeinsam auf.

Die Diagnose beruht auf der sorgfältigen Anamnese und der Verabreichung einer gewöhnlich nicht allergisch wirkenden Diät (sog. Eliminationsdiät). Als gut geeignet erwiesen hat sich Hüttenkäse oder Magerquark, die aber mindestens drei Wochen ohne jede andere Nahrung, Zusatznahrung oder

Leckereien gegeben werden müssen. Zu trinken erhält der Patient reines Wasser. Verschwinden die Symptome, so kann davon ausgegangen werden, daß die Katze an einer Nahrungsmittelallergie leidet. Danach wird jeweils für eine Woche eine einzige weitere Futterart gegeben. Diese Behandlung ist nur erfolgreich, wenn der Besitzer (und der Patient!) mitarbeitet. Die meisten Katzen nehmen die „Dreiwochendiät" recht gern. Sollte die Nahrung verweigert werden, so kann der Versuch mit Sauermilch (Dickmilch) oder aber mit Schaffleisch durchgeführt werden.

Eine Beschleunigung des Verfahrens kann mit folgender Methode erreicht werden: Der Patient hungert 72 Stunden, es wird ihm zu Beginn ein Abführmittel (0,5 bis 1,0 g Glaubersalz/kg KM in 5%iger Lösung) mit der Magensonde verabreicht. Während des Hungerns erhält die Katze nur Leitungswasser. Gehen die Symptome zurück, so darf von einer Nahrungsmittelallergie ausgegangen werden. Man kann dann die Hüttenkäse/Magerquarkdiät anschließen.

Die Therapie beruht auf der Vermeidung des als allergisch erkannten Nahrungsmittels und der Gabe nichtallergischer Futterarten. Als (bisher) seltener allergen haben sich Milchprodukte (Magerquark, Sauermilch, Hüttenkäse) und geschälter Reis (von Katzen nicht gern genommen) erwiesen, von den Fleischsorten besonders Schaffleisch. Die Meinung, ob Nahrungsmittelallergien gut auf Kortikosteroide ansprechen, gehen etwas auseinander. Insbesondere bei weniger kooperativen Patienten (und Besitzern) kann jedoch ein Versuch gemacht werden, ebenso können Antihistaminika gegeben werden.

Autoimmunkrankheiten oder Autoaggressionskrankheiten entstehen dann, wenn ein Individuum gegen seine eigenen Gewebe oder Zellen oder andere körpereigene Substanzen Antikörper (= Autoantikörper) bildet. Warum dies geschieht, ist im Einzelfall unbekannt. Bekannt ist jedoch, daß Viren, insbesondere das FeLV, dabei eine Rolle spielen; ebenso können durch Gewebsverletzungen Antigene freigesetzt und Antikörper gebildet werden. Unterschieden werden organspezifische (z. B. Autoimmunhämolytische Anämie) und systemische (organunspezifische, z. B. Systemischer Lupus erythematodes) Autoimmunkrankheiten.

Bei *Immunkomplexkrankheiten* werden Antigen-Antikörper-Komplexe gebildet, die löslich sind und im Blutserum angetroffen werden. Sie werden an den Blutgefäßwänden abgelagert. Hier rufen sie eine Überempfindlichkeitsreaktion hervor, die dem Typ III (Arthus-Reaktion) folgt. Die dabei entstehenden Entzündungen lösen die entsprechenden organspezifischen oder allgemeinen Krankheitsbilder aus. Typisches Beispiel sind manche Glomerulonephritiden (Nephrotisches Syndrom), die bei der Katze häufig mit einer FeLV-Infektion einhergehen.

Parasitenallergien

Während Katzen selten allergisch auf Endoparasitenallergene reagieren, kommt dies gegenüber Ektoparasiten, insbesondere bei Flohbefall, wesentlich häufiger vor. Selten sind allergische Reaktionen auf Fluginsektenstiche, obgleich sie hin und wieder zu schweren Reaktionen bis hin zum allergischen Schock führen können. Während Endoparasiten zu einer Reaktion des Typs I mit IgE führen, werden durch Ektoparasiten die Typen I und IV ausgelöst. Bei Flohbefall kann der Speichel als Hapten wirken, das sich mit körpereigenem Protein zum vollständigen Allergen verbindet und besonders bei wiederholten Saugversuchen zu den entzündlichen Reaktionen führt.

Das klinische Bild bei Allergien gegen Endoparasiten ist gekennzeichnet durch Juckreiz; bei Hakenwurmbefall kann an den unteren Körpergegenden (Gliedmaßen, Unterbauch, Unterbrust) eine Rötung auftreten, was allerdings seltener als beim Hund der Fall ist (dichte Behaarung). Daneben kann ein m. o. w. generalisiertes miliares Ekzem auftreten. Das miliare Ekzem ist auch das charakteristische Krankheitsbild bei Flohstichallergie. Meist ist der gesamte Körper übersät mit kleinen, bis glasstecknadelkopfgroßen krustigen und erythematösen Effloreszenzen, die der Haut eine reibeisenartige Beschaffenheit verleihen. In der Regel besteht Juckreiz.

Die Diagnose erfolgt durch Kotuntersuchung und sorgfältige Adspektion der Haut auf Ektoparasiten. Differentialdiagnostisch in Frage kommen Pyodermien, die bei der Katze seltenen Hautallergien, ferner Futter- und Medikamentenallergie.

Die Therapie besteht in der Behandlung der auslösenden Parasitenbefälle. Sehr rasche Besserung wird in der Regel auf die Gabe von Kortikosteroiden erzielt (Prednisolon, 1 bis 2 mg/kg, nach ersten Anzeichen der Besserung rasches „Ausschleichen"). Wichtig bei Flohbefall ist besonders die gleichzeitige Mitbehandlung der Umgebung, wozu sich die modernen Dip-on-Antiparasitika eignen.

Kontaktekzem

Die Krankheit kommt bei der Katze offenbar selten vor. Sie beruht auf der Verbindung eines externen Haptens mit körpereigenem Protein zu einem vollständigen Allergen. Klinisch wird an der Stelle des Kontakts ein örtliches Ekzem festgestellt. Wenn eine Kontaktallergie vermutet wird, so sollte das auslösende Agens entfernt werden. Eine systemische oder örtliche Kortikosteroidbehandlung bringt rasche Linderung.

Felines Asthma bronchiale

Die Krankheit wird durch inhalierte und seltener durch ingestierte Allergene ausgelöst. Sie folgt dem Typ I der Immunreaktionen: Bei erneutem Kontakt mit dem Allergen wird an Mastzellen gebundenes IgE durch das Allergen aktiviert, die Mastzellen degranulieren sich, es werden vasoaktive Substanzen, insbesondere Histamin, freigesetzt. Dies führt zu einer perakuten Kontraktion der glatten Bronchialmuskeln und damit einer Konstriktion der Bronchen, etwas verzögert wird ein zähes Sekret freigesetzt (Dyskrinie; Resorption von Wasser nach Hyperkrinie). Die Folge ist ein mehr oder weniger hochgradiger Atemwiderstand mit Störung besonders der In-, weniger deutlich auch der Exspiration.

Klinisches Bild

Die Krankheitssymptome treten perakut auf, können aber auch chronisch über viele Jahre in Form der chronischen obstruktiven Pneumopathie (COP, COPD) verlaufen. Das perakute Krankheitsbild entsteht schlagartig mit hochgradiger in-, etwas geringer exspiratorischer Atemnot. Die Tiere sind ängstlich, die Augen geweitet, oft wird Mundatmung beobachtet, häufig kann ein Stridor vernommen werden. Die Katzen nehmen Brust-Bauch-Haltung mit abgestellten Vordergliedmaßen ein. Die Schleimhäute werden in manchen Fällen livid.

Im chronischen Verlauf bestehen ähnliche Krankheitszeichen, in der Regel jedoch wesentlich geringer in der Ausprägung. Es wird eine ständige, besonders inspiratorische Dyspnoe beobachtet, häufig auch ein m. o. w. feuchter Husten.

Auskultatorisch stehen Stridorgeräusche im Vordergrund. Knisterrasseln ist typisch. Die Blutgasanalyse kann eine Verminderung des Sauerstoffpartialdrucks, in hochgradigen Fällen auch eine Erhöhung des Kohlendioxiddrucks ergeben. Bei chronischem Verlauf wird eine Polyglobulie angetroffen.

Diagnose

Das klinische Bild ist besonders bei Asthma bronchiale recht typisch. Es kann erhärtet werden, wenn im Tracheobronchialsekret (Lavage) eine Vermehrung der eosinophilen Granulozyten, häufig auch der Lymphozyten und Plasmazellen, mitunter der basophilen Granulozyten gefunden wird, wobei basophile von eosinophilen Granulozyten bei der Katze schwer zu unterscheiden sind. Die Röntgenaufnahme läßt verdickte Bronchialwände erkennen.

Differentialdiagnose

In Frage kommen Hitzschlag, Thromboembolie einer Lungenarterie, Herzinsuffizienz, Zwerchfellsruptur, Tumoren im Bereich der Brusthöhle, Erguß in die Thorakalhöhle. Die Krankheitsbilder sind leicht anhand des Vorberichts (Hitzschlag: in der Regel Autoaufenthalt im Sommer), durch Röntgen- und/oder Ultraschalluntersuchungen zu differenzieren.

Therapie

Der Asthma-bronchiale-Anfall verlangt eine sofortige intravenöse Therapie mit Kortikosteroiden und Bronchodilatatoren. Angezeigt ist Prednisolon in einer Dosis von 5 mg/kg KM oder mehr intravenös. Später wird die orale Erhaltungsdosis gegeben, die zwischen 0,5 und 1 mg/kg KM liegt, auf zweimal pro Tag verteilt oder, wenn möglich, jeden zweiten Tag gegeben wird.

Eine Behandlung mit Langzeitkortikosteroiden kommt besonders bei Rezidiven oder bei chronischer obstruktiver Pneumopathie in Frage. Geeignet ist Methylprednisolon-21-acetat (Depot-Medrate®), das bei der Katze in einer Dosis von 2 bis 4 mg/kg KM gegeben und nach einer bis mehreren Wochen wiederholt werden kann. Nach eigenen vielfältigen Beobachtungen ist die Behandlung mit Triamcinolonacetonid (Volon A®) jedoch vorteilhafter.

Die alleinige Therapie mit Kortikosteroiden ist jedoch nicht ausreichend, da ihre Wirkung erst nach zwei bis drei Stunden eintritt. Zusätzlich sind Bronchospasmolytika zu verabreichen. Geeignet ist Theophyllin (Euphyllin®, Aminophyllin®) in einer Dosis von 5 mg/kg KM intravenös. Als Dauerbehandlung wird Theophyllin in einer Dosis von 10 mg/kg KM, auf dreimal täglich verteilt, gegeben.

Bei hochgradiger Atemnot und lividen Schleimhäuten (Hypoxämie, Hyperkapnie) sollte eine Beatmung mit Sauerstoff im Narkosekäfig durchgeführt werden.

Allergie gegenüber Medikamenten

Sie wird nicht allzu selten auch bei der Katze gesehen. Die Krankheit folgt den Allergietypen I, II, III und IV. Nachgewiesen als Kontaktallergene wurden Antiparasitika (Flohhalsbänder), Antibiotika (besonders Penicilline), Impfstoffe, selten andere. Das klinische Bild imponiert als unspezifische Hautrötungen, Juckreiz, Papeln, Pusteln, Ulzera bis hin zu umschriebenen bis ausgebreiteten Formen der toxischen epidermalen Nekrolyse. Die Diagnose beruht auf der sorgfältig aufgenommenen Anamnese, die insbesondere den Arzneimittelkonsum des Patienten berücksichtigen muß. Nicht selten geht aus dem

Vorbericht eine wiederholte Erkrankung nach Kontakt mit einem bestimmten Mittel hervor.
Die Therapie besteht im sofortigen Entfernen des Arzneimittels und der systemischen Gabe von Kortikosteroiden (Prednisolon, 1 bis 2 [bis 4] mg/kg KM). In der Regel tritt damit bereits innerhalb eines Tages ein Stillstand und nach wenigen Tagen eine deutlich erkennbare Besserung bis Heilung ein, selbst wenn, wie im Falle der Nekrolyse, umfangreiche Läsionen entstanden waren.

Immundefizienzkrankheiten

Immundefizienzkrankheiten können angeboren oder erworben sein. Die angeborenen Krankheiten sind bei der Katze nur sehr mangelhaft bekannt. So wurde bei blauen Perserkatzen das autosomal rezessive *Chédiak-Higashi-Syndrom* beschrieben. Die Patienten weisen Riesenlysosomen auf. Die klinischen Symptome bestehen in Albinismus, Photophobie, hämorrhagischer Diathese und einer verminderten Zerstörung der von den neutrophilen Granulozyten phagozytierten Bakterien.
Bei Kurzhaarkatzen kommt die autosomal dominante *Pelger-Huët-Anomalie* der neutrophilen und eosinophilen Granulozyten vor, bei denen eine bohnenförmige bis runde Verformung der Leukozytenkerne beobachtet wird. Die Funktion der Zellen scheint nicht beeinträchtigt zu sein. Allerdings ist die Lebenserwartung der betroffenen Individuen geringer als bei gesunden. Offenbar werden auch Beeinträchtigungen der Immunozyten hervorgerufen.
Ungleich wichtiger als die angeborenen sind auch bei der Katze die erworbenen Immundefizienzkrankheiten. Vorübergehende Immundefizienz wird durch eine Reihe von transienten viralen oder bakteriellen Infektionen, ferner durch chronische Krankheiten oder *immunsuppressive Medikamente* (Kortikosteroide, Zytostatika) ausgelöst. Permanente Immunsuppressionen können die Folgen der Infektionen durch das *Feline Leukosevirus* (FeLV) oder das *Feline Immundefizienzvirus* (FIV) sein. Viren können auf verschiedene Weise zur Immundefizienz führen: Lyse lymphoider Zellen (Staupevirus), Infektion der Lymphozyten mit Beeinträchtigung ihrer Funktion (Bovines Leukosevirus), direkte Interferenz mit Antigenerkennung (FeLV), Bildung großer Mengen von Immunkomplexen (FIP). Das Feline Parvovirus, der Erreger der Infektiösen Panleukopenie, vermag eine transiente T-Zell-Verarmung auszulösen, die dadurch zu einer vorübergehenden Immunsuppression führen kann; tatsächlich kann man bei oder kurz nach Erkrankung an Panleukopenie gehäuft Ausbrüche weiterer viraler Infektionskrankheiten (besonders Katzenschnupfen und Krankheiten des Leukosekomplexes) sowie Hämobartonellose beobachten. Die Immunsuppression scheint aber bei der Parvovirose des Hundes stärker ausgeprägt zu sein.
Die Infektion durch das *Feline Leukosevirus* kann bei Jungtieren zu einer Destruktion lymphoiden Gewebes mit der Folge der Atrophie führen. Dadurch können bakterielle und andere virale Infektionen manifest werden. Bei älteren Katzen kommt dagegen eine Immunsuppression ohne Atrophie des lymphatischen Gewebes, ja zum Teil mit Hypertrophie zustande. Als Ursache wird eine übermäßige Produktion eines viralen Hüllproteins (p15E) angesehen. Die Immunsuppression scheint darüber hinaus durch eine Mutante des FeLV besonders ausgeprägt zu sein.
Das *Feline Immundefizienzvirus* (FIV, vormals auch als Felines T-lymphotropes Lentivirus, FTLV, bezeichnet) wurde 1987 von PEDERSEN u. M. in Kalifornien entdeckt und seither weltweit mit deutlichen geographischen Abweichungen nachgewiesen; im Einzugsgebiet der Münchner Tierklinik beträgt die Infektionsrate 2,3 % (HARTMANN und HINTZE, 1991). Es vermehrt sich vorzugsweise in felinen T-lymphoplastoiden Zellen. Das Virus persistiert lebenslang. Es ist verwandt, aber nicht identisch mit dem HIV des Menschen (PEDERSEN, 1989; YAMAMOTO u. M., 1989). Eine gegenseitige Infektion scheint nach dem derzeitigen Stand des Wissens ausgeschlossen. Nach der Entwicklung monoklonaler Antikörper gegen feline CD4 durch ACKLEY u. M. (1990) und gegen CD8 durch KLOTZ u. M. (1986) ist es HOFFMAN-FEZER u. M. gelungen, bei FIV-Antikörper-positiven Katzen eine Tendenz zur Verminderung des Anteils von CD4 und zur Vermehrung der CD8-Lymphozyten nachzuweisen. Seropositive Katzen hatten dagegen gleich viel Ig^+-B-Lymphozyten wie die seronegativen.
Damit gibt es bei der Hauskatze zwei Viren, die eine Immunsuppression hervorzurufen vermögen. Wie schon im Kap. Infektionskrankheiten aufgeführt, ist die durchschnittliche Multimorbidität bei FIV-infizierten Katzen größer als bei nichtinfizierten; ähnliches gilt für FeLV-infizierte Katzen (s. Kap. Infektionskrankheiten).

Organspezifische Autoimmunkrankheiten

Pemphigus („Blasensucht")

Es handelt sich um eine Autoimmunkrankheit, bei der in der Epidermis Antikörper gegen die interzelluläre Kittsubstanz, die Glykokalyx, gebildet werden. Dabei wird die Kittsubstanz aufgelöst, die Zellen werden aus ihrem Verband befreit, zwischen die entstehenden Hohlräume tritt interzelluläres Wasser. Dies ist die Ursache der beim Pemphigus häufigen Blasenbildung. In die zunächst klare Flüssigkeit können Granulozyten einwandern, so daß eine eitrige Pustel entsteht, deren Inhalt zunächst steril ist, später aber, insbesondere nach Einreißen, bakteriell infiziert wird.

Klinisches Bild

Die Krankheit kommt absolut seltener vor als beim Hund. Bei der Katze werden hauptsächlich drei Formen unterschieden:

- P. foliaceus mit Vesikel-, Bulla-, Pustelbildung hauptsächlich symmetrisch am Kopf, besonders an den Ohren, ferner am Rumpf, seltener an den Gliedmaßen. Die Krusten reißen ein, und es bildet sich ein sekundär meist infizierter Schorf. Ferner werden Schuppen, in manchen Fällen tiefere Ulzera festgestellt. Die Veränderungen sind schmerzhaft (Palpation) und zeigen häufig starken Juckreiz, der zu Kratzschäden Anlaß gibt. Besonders unangenehme Veränderungen kommen auf der Cornea vor, wobei subkorneale Blasenbildungen zu Trübungen der Hornhaut, zu Ulzera und in seltenen Fällen „panzerartigen" Hornhautveränderungen führen.
- Der P. erythematosus wird als eine leichtere Form des P. foliaceus aufgefaßt, die in der Hauptsache mit Rötungen, Schuppen und Krusten einhergeht.
- Der P. vulgaris erfaßt die Schleimhaut und die mukokutanen Übergänge. Auch hierbei werden Rötungen und Blasen beobachtet, die rasch einreißen und eine hochgradig gerötete, leicht blutende Oberfläche hinterlassen. Betroffen sind besonders die Gegenden um die Augen (Lidränder), die Nasenöffnungen, die Lippen, die Schleimhaut der Mundhöhle, seltener Vulva oder Präputialöffnung.

Für die Blasen charakteristisch ist der Nikolski-Effekt: Durch leichten seitlichen Druck lassen sie sich in die Umgebung verstreichen. Bei der Katze ist der Effekt wegen des dichten Haarkleides oft nicht gut sichtbar.

Die **Diagnose** wird histologisch gestellt. Dazu wird eine möglichst frische Effloreszenz, am besten eine frische Vesikel, in toto, also unverletzt, möglichst atraumatisch entnommen und sofort in Formalin gegeben und zur Untersuchungsstelle versandt. Gelegentlich fordert die Untersuchungsstelle ein anderes Fixationsmedium, daher ist vorher ggf. eine Information erforderlich.

Differentialdiagnostisch kommen Calicivirus-induzierte Stomatitiden in Frage, die dem P. vulgaris ähnliche Veränderungen hervorzurufen vermögen und möglicherweise zum Teil an der Verursachung einiger Formen des Pemphigus beteiligt sein könnten. Das Eosinophile Granulom läßt sich meist klinisch unterscheiden – granulomatöse bis ulzeröse Veränderungen beim Eosinophilen-Granulom-Komplex – und kann notfalls histologisch abgegrenzt werden.
Die **Therapie** ist bei Autoimmunkrankheiten nahezu gleich und wird gesondert im Kapitel „Therapie von Immunkrankheiten" am Ende abgehandelt. Bei den einzelnen Krankheiten wird sie nur erwähnt, wenn spezielle Behandlungsverfahren erforderlich sind.

Glomerulonephritis, Nephrotisches Syndrom

Die Glomerulonephritis, die zum klinischen Bild des Nephrotischen Syndroms mit „großer" Proteinurie (Albuminurie) führt, wird zumindest zum großen Teil als Immunkomplexkrankheit aufgefaßt. Antigen-Antikörper-Komplement-Komplexe lagern sich an die Außenseite der Basalmembran an und locken Granulozyten an. Deren lysosomale Enzyme lassen die Basalmembran für größere Moleküle durchlässig werden, so daß Proteine, insbesondere Albumin, die Blutbahn verlassen können und im Primärharn auftreten. Durch weitere Vergrößerung der Poren zwischen den Podozyten können schließlich auch Erythrozyten im Harn vorkommen. Es lagern sich Thrombozyten an, und es kommt zur Fibrinpräzipitation, wodurch die Fibrosierung der Glomerula bewirkt wird.
Einen besonderen Einfluß auf die Entstehung der im Blut zirkulierenden Immunkomplexe und damit auf die Pathogenese der Glomerulonephritis haben virale Infektionen, die nicht unbedingt zu weiteren Krankheitsbildern geführt haben müssen. Dies sind insbesondere FeLV- und Coronavirusinfektionen. Ebenso wird dem Lymphosarkom eine pathogenetische Eigenschaft zugeschrieben, auch wenn im Blut kein FeLV-Antigen nachweisbar ist (ANDERSON und JARRETT, 1971; FRANCIS u. M., 1980; WERNER und GORMAN, 1984; PEDERSEN, 1987). Idiopathische Formen sind jedoch nicht ausgeschlossen.

Klinisches Bild

Es ist das Krankheitsbild des Nephrotischen Syndroms: große Albuminurie, Hypoproteinämie (besonders Hypalbuminämie), im weiteren Verlauf hypoproteinämische Ergüsse niedrigen spezifischen Gewichts und Proteingehalts in die Körperhöhlen und Ödeme. Da die Katze normalerweise hohe Serumproteinwerte aufweist, werden milde Formen der Hypoproteinämie durch Absenkung des Serumalbumins bisweilen nicht entdeckt. Eine sorgfältige Blutuntersuchung bringt häufig auch eine aregenerative Anämie und eine Hyperfibrinogenämie zutage. In fortgeschritteneren Fällen findet sich eine Azotämie. Im Endstadium werden Elektrolytstörungen, besonders Hyperphosphatämie und zuletzt Hyperkaliämie beobachtet.

Die Katzen fallen durch zunehmende Apathie, Anorexie, Abmagerung, evtl. Erbrechen auf. Meist beobachtet der Tierhalter auch eine Polydipsie. Übler Mundgeruch rührt von Ulzera oder ammoniakalischen Veränderungen des Harnstoffs durch Bakterien in der Mundhöhle her.

In manchen Fällen kommen weitere Immunkrankheiten, wie Arthritis und hämolytische Anämie, hinzu.

Diagnose

Die Diagnose eines Nephrotischen Syndroms ist anhand der Protein-(Albumin-)Bestimmung in Urin und Serum leicht zu stellen. Die Biopsie einer Niere und die histologische Untersuchung des Bioptats führen endgültig zur Diagnose.

Differentialdiagnose

Wichtig nach der Diagnose der Glomerulonephritis ist besonders die Feststellung einer evtl. Ursache. Insbesondere sollte eine Untersuchung auf FeLV-Antigene durchgeführt werden. Wichtig ist auch die Feststellung, ob ggf. ein Tumor vorliegt.

Therapie: siehe „Therapie von Autoimmunkrankheiten".

Myasthenia gravis

Die Krankheit kommt bei der Katze noch seltener vor als beim Hund (INDRIERI, 1983). Dabei werden Autoantikörper gegenüber den Azetylcholinrezeptoren gebildet, die auf diese Weise blockiert werden, so daß Azetylcholin nicht wirksam werden kann. Hieraus resultiert eine allgemeine Muskelschwäche.

Klinisches Bild

Nach kurzer Bewegung kommt eine allgemeine Muskelschwäche mit Zusammenbrechen in den Gliedmaßen, besonders in den Hintergliedmaßen, zustande. Nach einiger Zeit erholen sich die meisten Tiere wieder. In fortgeschrittenem Stadium wird vollständiges Festliegen beobachtet. Auch Schlunddilatationen kommen vor.

Diagnose

Durch „diagnostische Therapie" läßt sich die Diagnose leicht stellen. Man gibt Pyridostigmin (Mestinon®), 0,05 bis 0,1 mg/kg KM intramuskulär. Liegt eine Myasthenia gravis vor, so verschwinden die Symptome in den folgenden Minuten. Die Wirkung hält etwa drei Stunden an.

Ist die Ursache der Myasthenia gravis eine Immunkrankheit, so können im Blutserum Antikörper nachgewiesen werden (INDRIERI u. M., 1983).

Differentialdiagnose

Als Ursachen einer Lähmung kommen neurologische Krankheiten in Frage (Rückenmarkserkrankungen, Polyneuropathie), die sich jedoch nach einer Erholungsphase nicht bessern. Besonders die Dysautonomie (Key-Gaskell-Syndrom) kann ebenfalls Schlunddilatation hervorbringen. Auch idiopathische Schlunddilatationen müssen berücksichtigt werden.

Therapie

Kurzfristig kann eine Behandlung mit Neostigmin (0,01 bis 0,05 mg/kg KM s. c.; LÖSCHER, 1994) oder Pyridostigmin (0,05 bis 0,1 mg/kg KM s. c.) durchgeführt werden. Langfristig sind Kortikosteroide anzuwenden.

Progressive Polyarthritis

Die ebenfalls bei der Katze sehr seltene Krankheit wird mit der gleichzeitigen Infektion durch das FeLV mit dem Synzytienbildenden Virus in Verbindung gebracht (CURTIS, R., 1979; PEDERSEN u. M., 1980). Sie wird vorwiegend bei jungen bis mittelalten männlichen Katzen gesehen.

Das **klinische Bild** besteht in schmerzhaften Gelenken, die zu Lahmheit Anlaß geben. Dabei kommt es zur Verdickung und Versteifung der Gelenke (Ankylosierung). Eine weitere Form wird besonders bei alten Katzen beiderlei Geschlechts beobachtet mit schwerer Gelenksdeformation und Instabilität der Gelenke.

Die **Diagnose** läßt sich durch Röntgen und durch Untersuchung der Synovia stellen. In der – sterilen – Gelenksflüssigkeit werden vermehrt neutrophile Granulozyten gefunden, im Blut Neutrophilie, Monozytose, Hyperfibrinogenämie, beschleunigte Blutkörperchensenkungsreaktion. Es lassen sich jedoch keine Rheumafaktoren nachweisen (Antikörper gegen IgG).

Die **Prognose** ist ungünstig. Ein Behandlungsversuch kann mit Kortikosteroiden und Immunsuppressiva gemacht werden.

Therapie: siehe „Therapie von Autoimmunkrankheiten".

Autoimmunhämolytische Anämie

Die Autoimmunhämolytische Anämie (AIHA) ist häufig auf eine Infektion mit dem FeLV zurückzuführen. Dabei wird diskutiert, ob es sich um eine Reaktion gegen auf den Erythrozyten lokalisierte Antigene oder gegen das FeLV selbst handelt (WERNER und GORMAN, 1984). Sicher ist, daß eine Überempfindlichkeitsreaktion nach dem Typ II vorliegt, bei der Zelloberflächenantigene mit Antikörpern und Komplement reagieren, wodurch eine Zellschädigung ausgelöst wird und die so geschädigten Zellen lysieren und von Phagozyten entfernt werden. Daneben wird eine idiopathische, nicht mit der FeLV-Infektion in Verbindung zu bringende Autoimmunhämolytische Anämie gefunden. Der Coombs-Test ist meist positiv.

Klinisches Bild

Es ist das der akuten oder subakuten hämolytischen Anämie mit Apathie, Fieber, Anorexie. Die Schleimhäute sind blaß, nur in schweren akuten bis perakuten Fällen wird ein Ikterus mit Vergrößerung der Milz und teilweise auch der Leber angetroffen. Im Blutserum wird erhöhtes Bilirubin gefunden, wobei besonders, aber keineswegs ausschließlich, primäres Bilirubin erhöht ist, im Harn eine Bilirubinurie. Die mehr oder weniger schwere Anämie ist in der Regel regenerativ (Vermehrung der Retikulozyten), es werden eine Anisozytose, Polychromasie, Poikilozytose, Mikrozytose, sehr oft eine Vermehrung der Normoblasten gefunden. Der Coombs-Test ist häufig positiv. Im gefärbten Ausstrich erscheinen Erythrozyten aggregate. Allerdings kann auch besonders bei FeLV-Infektionen eine aregenerative Anämie vorliegen.

Diagnose

Das klinische Bild in Verbindung mit den typischen labordiagnostischen Zeichen einer meist Coombs-Test-positiven hämolytischen Anämie lenkt den Verdacht auf eine autoimmunhämolytische Anämie. Die IgM, oft auch IgG, sind vermehrt. Es sollte eine Untersuchung auf Autoagglutination durchgeführt werden: Je ein Tropfen EDTA-Blut wird je auf zwei Objektträger gegeben und bei 38 °C und bei 4 °C untersucht. Tritt eine Agglutination bei 4 °C ein, so liegen Kälteagglutinine vor. Man sollte die Untersuchung dann mit einer Blutverdünnung mit – in einem Falle kalter (4 °C), im andern warmer (38 °C) – physiologischer Kochsalzlösung im Verhältnis Blut : NaCl-Lösung = 1 : 3 wiederholen und im Mikroskop untersuchen. Geachtet wird darauf, ob eine wirkliche Agglutination oder nur eine Geldrollenbildung vorliegt.

Wenn gleichzeitig eine Thrombozytopenie vorliegt, sollte an einen Lupus erythematodes gedacht werden. In diesem Falle ist ein ANA-Test durchzuführen. Auf jeden Fall muß eine Untersuchung auf FeLV-Infektion durchgeführt werden, da hiervon die weitere Entscheidung über eine Behandlung wesentlich beeinflußt wird.

Differentialdiagnose

Insbesondere kommt der Lupus erythematodes in Frage. Daher ist hierauf zu untersuchen. Hämolytische Anämien werden auch durch andere Infektionserreger, insbesondere die Hämobartonellose, ausgelöst. Hierauf muß in jedem Falle wegen der therapeutischen Konsequenz geachtet werden. Auch FeLV-Antigen-negative lymphatische oder myeloische Neoplasien führen hin und wieder zu autoimmunhämolytischen Anämien.

Therapie

Autoimmunhämolytische Anämien lassen sich erfolgreich mit Kortikosteroiden und immunsuppressiv wirkenden Zytostatika behandeln. Im Falle der Katze ist dies jedoch teilweise problematisch, wenn die autoimmunhämolytische Anämie durch FeLV ausgelöst worden ist. In diesen Fällen kommt eine Virusvermehrung und möglicherweise verstärkte Ausscheidung mit den bekannten seuchenhygienischen Problemen für die Population zustande. Auch konnte bei im Serum FeLV-Antigen-negativen Katzen mit Lymphosarkomen eine erneute Virämie durch immunsuppressive Therapien provoziert werden. Man wird also im Einzelfall das Behandlungsverfahren abwägen und mit dem Besitzer besprechen müssen.

Autoimmunthrombozytopenie

Die Krankheit ist auch unter dem Namen Idopathische Thrombozytopenische Purpura bekannt, da sich infolge der Thrombozytopenie violette Blutungen in der Haut einstellen können. Bei der Katze kommt die Krankheit wohl in den meisten Fällen in der Folge einer FeLV-Infektion zustande. Klinisch manifestiert sie sich als Blutungen in Form von Petechien, Ekchymosen und Suggilationen. Wenn die Blutung in die Haut stattfindet, treten die oben beschriebenen purpurfarbenen Flecke auf. In den Schleimhäuten werden oft umfangreiche Blutungen festgestellt. In schweren Fällen können sich ausgeprägte Blutungsanämien entwickeln. Auch Epistaxis kann beobachtet werden, ebenso Blutungen in die vordere Augenkammer (wobei allerdings dem FeLV selbst eine Endothelschädigung zugeschrieben wird, die auch ohne Thrombozytopenie zu Blutungen ins

Auge führt). Manchmal ist die Krankheit mit einer autoimmunhämolytischen Anämie verbunden.

Die Diagnose läßt sich anhand der Thrombozytenzählung, in Zweifelsfällen unter Zuhilfenahme des Thrombelastogramms, stellen, insbesondere wenn gleichzeitig der direkte Coombstest positiv ist und eine Infektion mit dem FeLV nachgewiesen wird. Weniger als 30 000 Thrombozyten pro Mikroliter führen – abhängig vom Alter der Blutplättchen – zu einer deutlichen Erhöhung der Blutungsbereitschaft; nicht selten werden aber auch Werte unter 10 000/µl gefunden.

Therapeutisch kommt die Eliminierung eines zugrunde liegenden infektiösen Agens in Frage. Unabhängig davon werden Kortikosteroide appliziert – auch bei FeLV-Infektionen, wenn sichergestellt werden kann, daß der Patient nicht mit nichtinfizierten Katzen in Berührung kommen kann. Dabei muß man sich im klaren sein, daß ein so behandelter FeLV-infizierter Patient vermehrt Viren ausscheiden kann. Gegeben wird Prednisolon, 1 bis 2 mg/kg KM, auf zweimal täglich verteilt, evtl. bis zur doppelten Dosis. Zusätzlich kann Azathioprin oder Chlorambucil oder Cyclophoshamid angewandt werden. Nach Erreichen einer annähernd normalisierten Thrombozytenzahl wird schrittweise vermindert, wobei dann spätestens nach jeweils einer Woche eine erneute Plättchenzählung durchzuführen ist. In schweren Fällen mit lebensbedrohlicher Blutung kann nach Prednisolongabe eine Plättchen-, evtl. auch – nicht so günstig – eine homologe Frischbluttransfusion vorgenommen werden. Die Milzexstirpation scheint keine durchgreifende Wirkung zu haben.

Nichtorganspezifische (systemische) Autoimmunkrankheiten

Die systemischen Autoimmunkrankheiten folgen in der Hauptsache dem Typ III (Arthustyp) der Überempfindlichkeitsreaktionen. Es bilden sich Antigen-Antikörper-Komplexe aus zirkulierendem Antigen. Sie werden in unterschiedlichen Geweben abgelagert. Durch den Komplex wird Komplement aktiviert, und es werden Entzündungsmediatoren freigesetzt. Vermittelt wird die Reaktion durch IgG. Durch die Ablagerung in Geweben und Organen kann eine generalisierte, also systemische, Erkrankung resultieren.

Systemischer Lupus erythematodes

Auch diese Autoimmunkrankheit wird bei der Katze sehr selten diagnostiziert. Die Ursache ist unbekannt. Virusinfektionen werden beim Menschen als Auslöser diskutiert, wobei eine polyklonale B-Zell-Aktivierung vorliegt. Die Pathogenese folgt hauptsächlich dem Überempfindlichkeitstyp III. Es werden antinukleäre Antikörper (ANA) gebildet, die gegen Zellkernbestandteile gerichtet sind, ferner Antikörper gegen Membranbestandteile, gegen Erythrozyten, Thrombozyten und Leukozyten. Die zirkulierenden Immunkomplexe werden außerdem an Gefäßwänden, im Glomerulum, an der Synovialmembran abgelagert und führen über die Aktivierung von Komplement und die Freisetzung von Zytokinen zur Entzündung (s. Glomerulonephritis). Diese kann zahlreiche Organe erfassen, kann aber auch, wie bei der Hautform, weitgehend auf ein Organ beschränkt sein.

Klinisches Bild

Die erkrankten Katzen zeigen Allgemeinstörungen wie Apathie, Leistungsschwäche (übermäßiges Schlafen), Anorexie, Gewichtsverlust, Fieber. Daneben können unterschiedliche Organsymptome bestehen. Dem Katzenhalter fallen insbesondere Lahmheit und Hautveränderungen auf. Die Lahmheit hat ihre Ursache in einer Polyarthritis, die Hautveränderungen entsprechen erythematösen, squamösen, krustösen und bullösen Dermatitiden, die häufig symmetrisch sind. Hinzu kommt als Ausdruck einer Glomerulonephritis das Bild des Nephrotischen Syndroms mit Albuminurie und Hypalbuminämie. Ferner können hämolytische Anämien und Thrombozytopenien mit petechialen und ekchymotischen Blutungen auftreten.

Diagnose

Das mehr oder weniger ausgeprägt systemische Krankheitsbild lenkt den Verdacht auf Lupus erythematodes. Der Coombs-Test ist in der Regel positiv. Bei Verdacht auf systemischen Lupus erythematodes sollte immer ein Test auf ANA durchgeführt werden; allerdings sind die Erfahrungen bezüglich seiner Aussagekraft infolge der Seltenheit der Krankheit bei der Katze sehr beschränkt (WERNER und GORMAN, 1984; GORMAN und WERNER, 1986). Bei der Katze werden bei SLE niedrige ANA-Titer von bis zu 1 : 40 festgestellt (PEDERSEN, 1987). Vorübergehende niedrige ANA-Titer werden auch bei anderen Krankheiten, wie FeLV-Infektion, Coronavirus-Infektion, Cholangiohepatitis, und nach Behandlung mit Propylthiouracil oder Methimazol gesehen (AUCOIN u. M., 1984; WERNER und GORMAN, 1984; PEDERSEN, 1984, 1987; THOMPSON, 1994). Die Unsicherheit in der Aussagekraft gilt auch für die Lupus-erythematodes-(LE-)Zellen.

Polyarthritis nodosa

Das Krankheitsbild wurde bisher nur selten beschrieben (ALTERA und BONASCH, 1966; CURTIS, 1979). Es gehört zu den nichterosiven Arthropathien. Betroffen sind durch Ablagerungen von Immunkomplexen die großen und mittleren Arterien und Arteriolen (im Gegensatz zum Systemischen Lupus erythematodes, bei dem kleine Arteriolen und Venolen erfaßt werden). Das **klinische Bild** besteht in gestörtem Allgemeinbefinden mit Fieber, Leukozytose (Neutrophilie), Apathie, Anorexie, Lahmheit und Schmerzhaftigkeit der Gelenke. Die **Diagnose** kann histologisch gestellt werden. Die **Therapie** war in den beschriebenen Fällen unbefriedigend.

Therapie von Autoimmunkrankheiten

Da in den meisten Fällen eine ursächliche Therapie nicht möglich ist, besteht die Behandlung der Autoimmunkrankheiten in der Unterdrückung der Immunreaktionen und der Verhinderung der entzündlichen Folgen. Hierzu sind Kortikosteroide und Immunsuppressiva (Zytostatika) geeignet. Ein erhebliches Problem besteht dann, wenn die Ursache – vermutlich oder nachgewiesen – in einer viralen Infektion zu suchen ist. Insbesondere die FeLV-Infektion ist, wie beschrieben, häufig die letztliche Ursache. Selbst wenn kein FeLV-Antigen im Blut nachzuweisen ist, konnte in einigen Fällen nach immunsuppressiver Behandlung eine (erneute) Virämie provoziert werden. Bei nachgewiesener FeLV-Infektion muß das erhöhte Risiko sowohl für den betroffenen Patienten als auch insbesondere für die Population berücksichtigt werden.

Kortikosteroide

Sie sind Mittel der ersten Wahl für eine immunsuppressive Basistherapie (UNGEMACH, 1994). Sie haben einen suppressiven Effekt auf die Lymphozyten, insbesondere hemmen sie Mediatoren, wie Interleukine, und unterdrücken die Differenzierung von Lymphozyten. Durch Hemmung der T-Lymphozyten wird die Antikörperproduktion herabgesetzt. Hinzu kommt der sehr wirkungsvolle antiphlogistische Einfluß der Kortikosteroide.

Mittel der Wahl ist *Prednisolon.* Es werden Anfangsdosen von 2 bis 4 mg/kg KM, auf zweimal täglich verteilt, appliziert. Nach Abklingen der Symptome wird schrittweise reduziert, bis gerade keine Krankheitszeichen mehr auftreten. Dies ist in der Regel bei einer Tagesdosis von 0,5 bis 0,7 mg/kg KM der Fall. Wenn möglich, sollte als Dauertherapie die volle Tagesdosis jeden zweiten Tag gegeben werden. Falls kein ausreichender Effekt erzielt wird, kann ein Versuch mit Dexamethason, Anfangsdosis 0,1 bis 0,2 mg/kg KM jeden zweiten Tag, gemacht werden.

Langzeitkortikosteroide können bei der Katze gefahrloser als beim Hund eingesetzt werden. Möglich ist *Triamcinolonacetonid* (z. B. Volon A®), das allerdings nur bis zu 0,5 mg/Katze (!) dosiert werden sollte, da das Präparat Phenol enthält (UNGEMACH). In eigenen Fällen wurden jedoch auch Dosen von 2 bis 3 mg/Katze problemlos vertragen. *Methylprednisolon-21-Acetet* (z. B. Depot-Medrate®) wird in einer Dosis von 2 bis 4 mg/kg KM einmal wöchentlich oder in längeren Abständen je nach Wirkung gegeben. Die therapeutische Wirkung ist jedoch nicht so überzeugend wie bei Triamcinolonacetonid.

Zytostatika

Wenn durch Kortikosteroide keine ausreichende Immunsuppression zu erreichen ist, können sie mit Zytostatika kombiniert werden. Nachteil der Zytostatika ist die Suppression der Knochenmarkszellen und anderer schnell sich teilender Zellen.

Gut geeignet ist *Azathioprin* (z. B. Imurek®), das in einer Dosis von 2 mg/kg KM, einmal täglich gegeben wird. In Kombination mit Prednisolon kann die Dosis um die Hälfte vermindert werden. Nach Wirkungseintritt wird die Dosis auf 0,5 bis 1 mg/kg KM reduziert.

Cyclophosphamid (z. B. Endoxan®) wird in einer Dosis von 50 mg/m^2) KOF oder 1 bis 2 (bis 2,5) mg/kg KM gegeben. Die Behandlungsvorschriften gehen etwas auseinander; man kann die Behandlung drei bis sechs Wochen lang durchführen, wobei die Applikation aber nur an drei von vier Tagen jeder Woche durchgeführt wird.

Gute Wirkungen werden auch mit *Chlorambucil* (z. B. Leukeran®) erzielt. Die Dosis von 0,2, später von 0,1 mg/kg KM wird einmal täglich gegeben.

Vincristin ist ebenfalls erfolgreich als Immunsuppressivum einzusetzen. Es wird einmal wöchentlich streng (!) intravenös in einer Dosis von 0,015 mg/kg KM gegeben.

Bei Behandlung mit *Aurothioglukonat,* die beim Hund im Falle von Autoimmunkrankheiten sehr erfolgreich ist, besteht bei der Katze keine ausreichende Erfahrung.

Weitere Behandlung

Neben der immunsuppressiven Therapie muß ggf. eine antibiotische Behandlung durchgeführt werden, wenn etwa Hautkrankheiten bakteriell infiziert sind oder wenn eine Hämobartonellose auslösende Ursache einer AIHA war. Man muß dabei beachten, daß manche Antibiotika, wie Tetrazykline und Chloramphenikol, ebenfalls einen, wenn auch geringen, immunsuppressiven Effekt haben und die suppressive

Behandlung noch verstärken können. Außerdem hat Chloramphenikol bei der Katze offenbar einen knochenmarksdepressiven Effekt.

Literatur

ANDERSON, L. J., und W. F. H. JARRETT: Membranous glomerulonephritis associated with leukemia in cats. Res. Vet. Sci. **12,** 179 (1971).

ALTERA, K. P., und H. BONASCH: Periartrithis nodosa in a cat. J. Amer. Vet. Med. Assoc. **149,** 1307 (1066).

AUCOIN, D. P., u. M.: Propylthiouracil-induced immune-mediated disease in the cat. J. Pharmacol. Exper. Ther. **234,** 13 (1984).

CURTIS, R.: Polyarthritis in a cat. Vet. Res. **105,** 354 (1979).

FRANCIS, D. P., u. M.: Increased risk of lymphoma and glomerulonephritis in a closed population of cats exposed to feline leukemia virus. Amer. J. Epidemio. **111,** 337 (1980).

GORMAN, N. T., und L. L. WERNER: Immune-mediated diseases of the dog and cat. Brit. Vet. J. **142,** 395 (1986).

GORMAN, N. T., und L. L. WERNER: Immune-mediated Diseases. In: SHERDING, R. G.: The cat. Diseases and clinical Management. Churchill Livingstone, New York, Edinburgh, London, Melbourne (1989).

HARDY, W. D.: Feline T-lymphotropic lentivirus: retrovirus-induced immunosuppression in cats. J. Amer. Anim. Hosp. Assoc. **24,** 241 (1988).

HARTMANN, K.: Referenzbereiche in der Labordiagnostik der Katze. Diss. München (1990).

HARTMANN, K., und K. HINZE: Epidemiologie und Klinik der FIV-Infektion in Bayern. Tierärztl. Prax. (1991).

HOFFMANN-FEZER, G., L. THUM, C. ACKLEY, J. MYSLIWIETZ, K. HARTMANN und W. KRAFT: T-lymphocyte subpopulations in FIV-positive and -negative cats. Schweiz. Arch. Tierheilk. **132,** 409 (1990).

HARTMANN, K., und H. LUTZ: Vorkommen der FIV-Infektionen im Einzugsbereich der Münchner Tierklinik. Tierärztl. Prax. Suppl. **5,** 81 (1989).

HORZINEK, M. C., J. EVERDEEN, H. EGBERINK und H., LUTZ: Das feline T-lymphotrope Lentivirus (FTLV): Verursacher von AIDS bei der Katze. Vortrag anläßlich der 34. Jahrestagung der FG. Kleintierkrankheiten der DVG, Nürnberg (1988).

INDRIERI, R. J., u. M.: Myasthenia gravis in two cats. J. Amer. Vet. Med. Assoc. **182,** 57 (1983).

LUTZ, H., H. EGBERINK, P. ARNOLD, G. WINKLER, C. WOLFENBERGER, O. JARRETT, A. L. PARODI, N. C. PEDERSEN und M. C., HORZINEK: Felines T-lymphotropes Lentivirus (FTLV): Experimentelle Infektion und Vorkommen in einigen Ländern Europas. Kleintierpraxis **33,** 445 (1988).

PEDERSEN, N. C., J. K. YAMAMOTO, T. ISHIDA und H. HANSEN: Feline immunodeficiency virus infektion. Vet. Immun. Immunopath. **21,** 111 (1989).

PEDERSEN, N. C.: Basic and clinical immunology. In: J. HOLZWORTH: Diseases of the cat. Saunders, Philadelphia, (1987).

PEDERSEN, N. C., L. JOHNSON, D. BIRCH und G. H. THEILEN: Possible immunoenhancement of persistent viremia by feline leukemia virus envelope glycoprotein vaccines in challenge exposure situations where whole inactivated virus vaccines were protective. Vet. Immunol. Immunopathol. **11,** 123 (1986).

PEDERSEN, N. C., R. T. POOL und T. O'BRIEN: Feline chronic progressive polyarthritis. Amer. J. Vet. Res. **41,** 522 (1980).

WERNER, L. L., und N. T. GORMAN: Immune-mediated disorders of cats. Vet. Clin. North Amer. **14,** 1039 (1984).

Krankheiten des Nervensystems

Von W. Kraft

Raum für Notizen

Krankheiten des Nervensystems

Das Nervensystem und seine Krankheiten können unter verschiedenen Gesichtspunkten eingeteilt werden. Anatomisch-topographische Einteilungen berücksichtigen die Lage des Nervensystems im Organismus:

- zentrales Nervensystem mit
  - Gehirn
  - Rückenmark
- peripheres Nervensystem mit
  - Gehirnnerven
  - Rückenmarksnerven
  - periphere Ganglien und Nerven

Die funktionelle Einteilung berücksichtigt die Aufgaben des Nervensystems:

- animales Nervensystem
  - willkürliche Funktionen
  - Wahrnehmung von inneren und äußeren Einflüssen (Reizen)
  - Steuerung der Motorik
  - Verarbeitung und Integration von Reizen und ihrer Beantwortung
- vegetatives oder autonomes Nervensystem
  - unwillkürliche Steuerung der Vitalfunktionen über drei Systeme:
    - sympathisches Nervensystem
    - parasympathisches Nervensystem
    - intramurales Nervensystem

In den Seitenhörnern der Rückenmarkssegmente C_8 bis L_3 sind die Neurone des Sympathikus (συμπαθειν = mitempfinden, mitleiden) lokalisiert. Seine efferenten Fasern verlassen das Rückenmark über die Ventralwurzeln und gewinnen Anschluß an den Grenzstrang (Truncus sympathicus). Von hier aus ziehen Nervenfasern zu den Erfolgsorganen. Umgekehrt reichen viszerosensible Bahnen von den Eingeweiden zum Sympathikus und vermitteln so Schmerzreaktionen von seiten der inneren Organe. Funktionen bei Erregung des Sympathikus sind:

Tachykardie
Dilatation der Koronargefäße
Konstriktion der peripheren Gefäße
Tachypnoe
Hypertension (Blutdruckanstieg)
Mydriasis
Hemmung der Magen-Darm-Motorik
Glykogenabbau in der Leber
Urinretention, Kontraktion des Sphinkters, Hemmung des Detrusors
Hemmung der Sekretion drüsiger Organe im Magen-Darm-Bereich
Adrenalinsekretion
Insulinhemmung
Jodhormonsekretion
Piloerektion (Aufstellung des „Kammes“)

Das parasympathische System (παρ'α = neben, abweichend) hat seine Wurzeln im Hirnstamm und Sakralmark. Es erhält Fasern vom Nervus vagus (X. Gehirnnerv), vom N. oculomotorius (III. Gehirnnerv), VII. und IX. Gehirnnerv. Parasympathische Fasern verlassen im Kreuzbeinbereich das Rückenmark in den Ventralwurzeln und verlaufen hauptsächlich im Nervus pudendus, aus dem die Nervi pelvini hervorgehen.

Die Funktionen des parasympathischen Systems sind:

Bradykardie
Konstriktion der Koronargefäße
Dilatation der peripheren Gefäße
Bronchokonstriktion
Miosis
Speichelsekretion
Sekretionsanregung drüsiger Organe besonders im Magen-Darm-Bereich
Hemmung der Adrenalinsekretion
Steigerung der Insulinsekretion
Hemmung der Schilddrüsensekretion
Steigerung der Peristaltik
Kotentleerung
Urinentleerung
Erektion

Weiterhin können die Nerven selbst eingeteilt werden in

- efferente oder somatomotorische Nerven, die Impulse vom ZNS an die Erfolgsorgane (quergestreifte Muskulatur) abgeben
- afferente oder somatosensible Nerven, die aus der Peripherie (Sinne, Muskeln, Haut, innere Organe) ankommende sensible oder propriozeptive Impulse an das Zentralnervensystem weiterleiten

Neurologische Krankheiten gehen in vielen Fällen mit neuromuskulären Funktionsstörungen einher. Sie zeigen sich klinisch daher häufig als Beeinträchtigung der Bewegungen. Diese Störungen können permanent vorliegen und werden dann vom Untersucher leicht wahrgenommen, wie etwa bei Querschnittslähmungen, oder sie treten vorübergehend auf, wie bei Epilepsie oder Myasthenia gravis, wobei die aktuelle Untersuchung des Nervensystems unauffällig sein kann. Daher ist die sorgfältige Aufnahme der Anamnese unumgänglich.

Das Alter der Tiere spielt eine besondere Rolle, da einige Krankheiten (zerebellare Ataxie, angeborene Deformationen, einige Stoffwechselkrankheiten) bereits kurz nach der Geburt oder in den ersten Lebenswochen manifest werden. So berichten SCHÄFFER u. M. (1991) von einer Doppelmißbildung des Gehirns und eines Auges. Hepatoenzephales Syndrom infolge portosystemischen Shunts manifestiert sich in den ersten Lebensmonaten. Andere Krankheiten sind ausgesprochene Alterskrankheiten (Degenerationen des Nervensystems, viele Stoffwechselkrankheiten mit Auswirkungen auf das Nervensystem), während die meisten nervalen Krankheiten in jedem Alter auftreten können. Insgesamt werden jedoch die meisten Neuropathien bei Katzen mit vier bis fünf Jahren diagnostiziert. Dabei tritt eine Häufung epileptischer Anfallskrankheiten zutage (TRIMBORN und KRAFT, 1992).

Die Dauer der Krankheitszeichen geben Hinweise auf die Art der Krankheit: Degenerative Krankheiten beginnen langsam, die Symptome zeigen fortschreitenden Charakter; die Krankheit verläuft chronisch. Dagegen führen Traumen, Krankheiten der Blutgefäße und Vergiftungen zu sofortigen (perakut) oder nach wenigen Stunden oder Tagen (akut) einsetzenden Symptomen. Neoplasien können sowohl plötzliche (akut) als auch langsam einsetzende Krankheitssymptome (chronische) hervorbringen. Auch Stoffwechselstörungen können, je nach deren Verlauf, perakute, akute oder subakute, seltener chronische Symptome von seiten des Nervensystems nach sich ziehen. Entzündliche Vorgänge führen meist zu akuten bis subakuten Verläufen.

Der Fortgang der klinischen Symptome ist sehr variabel. Während Krampfanfälle nach wenigen Minuten vorbei sind und nie mehr auftreten müssen, kann das Krankheitsbild der Epilepsie mit der Zeit in der Schwere fortschreiten, die Anfälle können in immer kürzeren Abständen folgen. Auch andere neurologische Krankheiten (Tumoren, Degenerationen, Entzündungen) zeigen häufig fortschreitenden Charakter. In anderen Fällen stagniert die Krankheit, in wieder anderen wird häufig ein spontan rückläufiges Krankheitsbild gesehen (häufig bei Traumen, Vergiftungen, Stoffwechselstörungen, Entzündungen). Der Besitzer ist daher unbedingt nach dem Krankheitsverlauf zu fragen, wobei gezielt nach Besserung, Verschlechterung oder Gleichförmigkeit gefragt werden sollte, auch nach Symptomenwechsel.

Tabelle 1: Entstehung neurologischer Krankheitssymptome

perakut innerhalb weniger Stunden voll entwickelt	**akut** innerhalb zweier Tage voll entwickelt	**subakut** innerhalb zweier Wochen voll entwickelt	**chronisch** innerhalb von mehr als 2 Wochen voll entwickelt
Traumen Gefäßschäden Vergiftungen (Stoffwechselstörungen)	Stoffwechselstörungen Vergiftungen Traumen (Folgen) Entzündungen (Neoplasien)	Entzündungen Neoplasien Stoffwechselstörungen	degenerative Prozesse Tumoren Stoffwechselstörungen

Tabelle 2: Verlauf neurologischer Störungen, sofern die akuten Symptome überlebt werden

Besserung	**gleichbleibend**	**Verschlechterung**
Traumen Blutungen, vask. Störungen z. T. bei Vergiftungen z. T. bei Stoffwechselstörung	Stoffwechselstörungen Rückenmarksschäden z. T. bei Entzündungen Anomalien	Tumoren Entzündungen Degenerationen Embolien Anomalien

Eine Änderung des Charakters der Symptome kommt immer dann zur Beobachtung, wenn die Grundkrankheit zu einer Beeinträchtigung weiterer Gebiete des Nervensystems führt. Dies gilt insbesondere für alle raumfordernden Prozesse, die allein durch die Druckausübung auf benachbarte Areale des zentralen Nervensystems zu einer Ausweitung der Symptome führen. Es betrifft vor allem Tumoren, die durch ihr zunehmendes Größenwachstum sowohl benachbartes Gewebe beeinträchtigen als auch durch Kompression von Blut- und Lymphgefäßen sowie der Liquorräume zu Symptomenweiterungen und zu perakuten Verschlechterungen des Krankheitsbildes führen können. Ähnliches gilt für Blutungen. Sofern diese jedoch zum baldigen Stillstand kommen und resorbiert werden, können Spontanheilungen eintreten, wenn noch kein umfangreicher Zelluntergang stattgefunden hat. Im Falle infiltrativ wachsender Tumoren kommt die aktive Verdrängung nervalen Gewebes hinzu. Dies führt zur Beeinträchtigung weiterer Nervenareale und damit zu einer Weiterung und Änderung, in der Regel Verschlechterung, der Symptome und Schwere des Krankheitsbildes. Blutgefäßverschlüsse (Embolien) bedeuten in den meisten Fällen ebenfalls akute Verschlechterungen der Krankheitsbilder.

Darüber hinaus ist zu beachten, ob im Falle fortschreitender Krankheitsbilder eine Ausdehnung auf benachbarte nervale Zentren besteht oder ob sich Krankheitsbilder entwickeln, die mit der ursprünglichen Lokalisation nicht in Einklang zu bringen sind. Der erste Fall tritt besonders bei Tumoren ein, die sich ausdehnen, ferner bei Blutungen oder Traumen, bei Entzündungen jeweils mit ödematöser Druckentwicklung. Bei Infektionskrankheiten und entzündlichen Infektionen des Nervensystems sowie bei multiplen Blutungen (Gerinnungsstörungen) oder metastasierenden Tumoren können dagegen örtlich unabhängige Symptomenbilder entstehen. Aus diesen Gründen ist der Besitzer danach zu fragen, ob ein Symptomenwechsel oder eine Symptomenweiterung eingetreten ist. Insbesondere ist auch danach zu fragen, ob auslösende Ursachen beobachtet wurden oder ob sich das Krankheitsbild unter Belastung (Laufen, Aufregung, nach Futteraufnahme) verschlechtert (oder auch bessert).

Nicht zuletzt ist nach weiteren, nichtneurologischen Symptomen zu fahnden. Dies gilt etwa für Umfangsveränderungen des Bauches (FIP), Kontakt zu leukosekranken Katzen, Polydipsie/Polyurie (Urämie, Diabetes mellitus).

Die Untersuchung ist folgendermaßen durchzuführen: Beobachtung der Katze in Ruhe, wenn möglich in der vertrauten Umgebung, sonst im Sprechzimmer, danach in der Bewegung (Versuch, in den Transportbehälter zurückzugelangen, Bewegung auf dem Untersuchungstisch, auf dem Fußboden), Untersuchung der Muskulatur (Umfangsvermehrung, Umfangsverminderung, Symmetrie, Tonus, Schmerzhaftigkeit), Untersuchung des Bewegungsapparats (um Fehlinterpretationen von Bewegungsstörungen zu vermeiden), Untersuchung der Sinne, Reflexprüfung. Erforderlich ist in vielen Fällen eine Gesamtuntersuchung, um etwaige Organ- oder Stoffwechselkrankheiten auszuschließen. Dies betrifft insbesondere das Herz-Kreislauf-System, den Respirationstrakt, die Leber, die Nieren, das Endokrinum, das rote und weiße Blutbild, ferner die Serumelektrolyte.

Die Unterteilung in zentrales und peripheres Nervensystem ist nicht unproblematisch, aber aus didaktischen Gründen und auch funktionellen Gegebenheiten durchaus praktisch sinnvoll. Folgende Funktionen können den einzelnen Regionen des Nervensystems zugeordnet werden:

Die oberen motorischen Neuronen liegen in der grauen Substanz des Großhirns und des Hirnstamms. Ihre Axone verlaufen in der weißen Substanz von Hirnstamm und Rückenmark. Schädigungen von Großhirn, Hirnstamm oder Rückenmark (C1 bis B5, T3 bis L3) führen zu Störungen der Innervation durch die oberen motorischen Neurone. Die Folgen sind Hyperreflexie, Hypertonie bis zu Krämpfen und kontralaterale (gekreuzte) Extensorreflexe.

Dagegen liegen die Kerne der unteren motorischen Neuronen in der grauen Substanz der Ventralhörner. Die Axone verlaufen nach Verlassen des Rückenmarks in den peripheren Nerven zu den Muskeln. Ihre Schädigung führt zu Hyporeflexie, Hypotonie bis zur schlaffen Lähmung, Zittern, neurogener Muskelatrophie und Wurzelsymptomen.

Untersuchung

Sie soll die Fragen beantworten:

- Liegt ein neurologisches Krankheitsgeschehen vor?
- Ist dieses Krankheitsgeschehen primär im Nervensystem oder sekundär aufgrund einer anderen Organ- oder Funktionsstörung entstanden?
- Wo im Nervensystem ist die Krankheit lokalisiert?
  - Im Gehirn (intrakraniell)
    - Großhirn
    - Kleinhirn
    - Hirnstamm
  - Im Rückenmark
  - In den peripheren Nerven

Tabelle 3: Übersicht über die Funktionen des Nervensystems und ihre Ausfälle

Region	Funktion	Symptome bei Erkrankung
Großhirn (einschl. Dienzephalon)	Bewußtsein Wahrnehmung Schmerzempfinden und Schmerzlokalisation Erlernen, Erfahrung Verhalten willentliche motorische Steuerung	Bewußtseinstrübung bis Bewußtlosigkeit, Verhaltensstörungen, allgemeine Schwäche, Störung der Stellreaktionen, Krampfanfälle
Kleinhirn	motorische Feinregulierung, Bewegungskoordination Muskeltonus Gleichgewicht	Intentionstremor, Ataxie, Hypermetrie, Nystagmus; Bewußtsein und Lernfähigkeit, Muskelkraft erhalten
Stammhirn	Bewußtsein, motorische Regulation der Körperhaltung, Schmerzwahrnehmung, Wahrnehmung der Muskelspannung, Gleichgewichtserhaltung, Gehirnnervenfunktionen, autonomes Nervensystem, vegetative Funktionen	Bewußtlosigkeit, Depressionen, allgemeine Schwäche, Ataxie, abnormale Stellreaktionen, Gleichgewichtsstörungen, Nystagmus, Kopfbeugen, Ausfall von Funktionen der III.–XII. Gehirnnerven, Herzrhythmusstörung, Atemrhythmusstörungen
Gehirnnerven:		
GN I (N. olphactorius) (Großhirn)	Geruchssinn	Geruchsstörungen
GN II (N. opticus) (Großhirn)	Sehvermögen	Sehstörungen bis Blindheit
GN III (N. oculomotorius) (Hirnstamm)	Bulbusmuskeln	Bulbuslähmung
GN IV (N. trochlearis)	M. obliquus bulbi dorsalis	teilweise Bulbuslähmung
GN V (N. trigeminus) N. ophthalmicus	sensibel: Augenlider, Bulbus, Haut, Conjunctiva, Tränendrüse	Sensibilitäts- und Funktionsstörungen im Augenbereich
N. maxillaris	Haut in Schläfen- u. Scheitelgegend, Tränendrüse, Nasenschleimhaut, Gaumenschleimhaut, Oberkieferzähne, Sinushaare der Oberlippe	Gefühllosigkeit im Einzugsgebiet
N. mandibularis	enthält motorische Fasern: Kaumuskeln	Herabhängen der Lippen und Lider beidseitig: Lähmung des Unterkiefers Kaumuskellähmung
GN VI (N. abducens)	M. rectus lateralis, M. retractor bulbi	Deviation des Bulbus nach innen
GN VII (N. intermediofacialis)	vordere $^2/_3$ der Schleimhaut der Zunge und des Mundhöhlenbodens, mimische Muskulatur, M. digastricus,	zentrale Fazialislähmung: Lähmung aller Ohr-, Lid-, Nasen-, Lippenmuskeln beider Seiten periphere Fazialislähmung:

Region	Funktion	Symptome bei Erkrankung
	M. stylohyoideus, Muskeln der Ohrrückseite, Haut des Ohres, M. der Augenlider, Parotis Muskeln der Backen, Lippen, Nase	mimische Muskulatur einer Seite, Gesicht nach gesunder Seite verzogen
GN VIII (N. vestibulocochlearis)	Gleichgewichtsorgan, Gehör	Gleichgewichtsstörungen, Kopfschiefhaltung, Taubheit
GN IX (N. glossopharyngeus)	Zunge, Pharynx, Schlundkopf-erweiterer, Gaumensegel, Ohrspeicheldrüse	Lähmung der Zunge, des Pharynx, des Gaumensegels (?) motorisch und sensibel
GN X (N. vagus)	vegetativ (parasympathisch) Eingeweide, motorisch Schlundkopfschnürer, Kehlkopf, Trachea, Ösophagus	Schlundkopflähmung, Kehlkopflähmung, Tachykardie, vegetative Eingeweidestörungen
GN XI (N. accessorius)	M. brachiocephalicus, M. omotransversarius, M. trapezius	
GN XII (N. hypoglossus)	Zungenmuskulatur	Zungenlähmung
Rückenmark	sensorisches Empfinden, Schmerzempfinden, Muskelspannung, motorische Steuerung, Muskelreflexe, autonomes Nervensystem	Schmerz, allgemeine Muskelschwäche, abnorme Stellungsreaktionen, Ataxie abnorme Reflexie, Organlähmungen (Harnblase, Darm, Muskeln, Atmung)
C1 bis C5	motorische und sensible Innervation von Rumpf und Gliedmaßen	untere motorische Neuronen: Tetraplegie, Ataxie, Lähmung der Rumpfmuskulatur, Atemlähmung, Schmerzhaftigkeit des Halses, Horner-Syndrom
C6 bis T2	motorische und sensible Innveration von Rumpf und Gliedmaßen; untere motorische Neuronen der Vglm.	Tetraplegie, Ausfall der unteren motorischen Neuronen in Vglm., Lähmung der Hglm.; Ataxie aller Glm., Horner-Syndrom
T3 bis L3	motorische und sensible Innervation von Rumpf und Hglm.	Paraparese der oberen motorischen Neuronen, Ataxie der Hglm.
L4 bis S3	motorische und sensible Innervation der Hglm, untere motorische Neuronen der Blase, der Schließmuskeln der Harnröhre und des Anus	Paraparese der oberen motorischen Neuronen, Ataxie der Hglm., Ataxie der Hglm., Paraplegie der unteren motorischen Neuronen, Ataxie der Hglm., Lähmung der Blase, der Harnröhre, des Anus
Periphere Nerven	sensible oder/und motorische Funktionen, innere Organe	Verlust sensibler Empfindungen, motorische Funktionsstörungen, Muskelschwäche, Muskelatrophie, Unterbrechung der Reflexbögen, Störungen der Funktionen innerer Organe und inkretorischer Drüsen

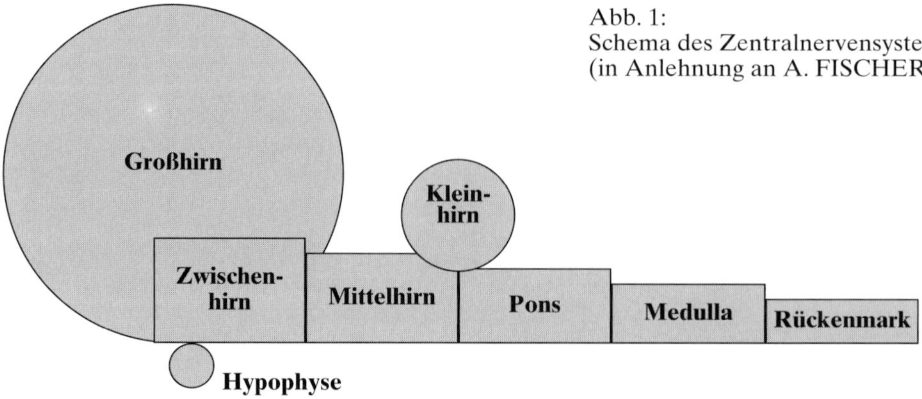

Abb. 1:
Schema des Zentralnervensystems
(in Anlehnung an A. FISCHER, 1996).

Der neurologische Untersuchungsgang wird wie folgt durchgeführt (FISCHER, 1996):

1. Bewußtsein und Verhalten
2. Körperhaltung und Gang
3. Haltungs- und Stellreaktionen
4. Spinale Reflexe
5. Gehirnnerven
6. Schmerzempfinden

Ad 1. Bewußtsein und Verhalten

Das Bewußtsein wird durch das Großhirn aufrecht erhalten, wobei die Formatio reticularis im Zwischenhirn mit Strukturen, die bis zur Medulla oblongata reichen, den Wachheitsgrad bestimmt und sensorische Impulse aus Rückenmark und peripherem Nervensystem sowie vegetative Funktionen dem Großhirn vermittelt. Eine wesentliche Bedeutung kommt dem Limbischen System zu. Diese phylogenetisch alte funktionelle Struktur umfaßt Teile des Großhirns und des Hirnstammes und erhält Impulse von der Formatio reticularis, vom Thalamus und vom Großhirn. Es beeinflußt die arterhaltenden Instinkthandlungen, ist für emotionale Reaktionen und das arttypische Verhalten verantwortlich und spielt offenbar auch eine Rolle bei Gedächtnis und Lernfähigkeit.

Die Symptome lassen schließlich Hinweise auf die Lokalisation der Krankheit in den verschiedenen Bereichen des Großhirns zu, wie Abb. 3 zeigt.

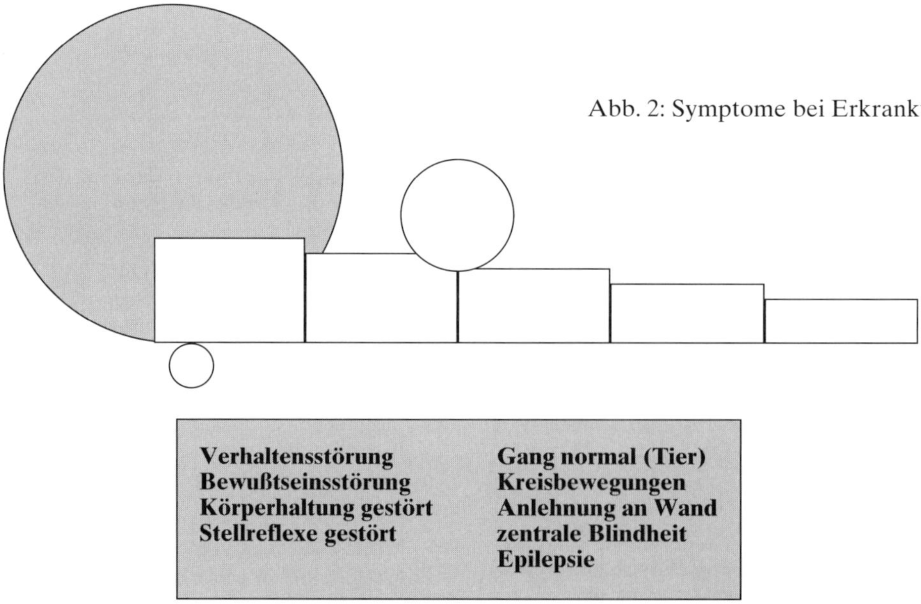

Abb. 2: Symptome bei Erkrankung des Großhirns.

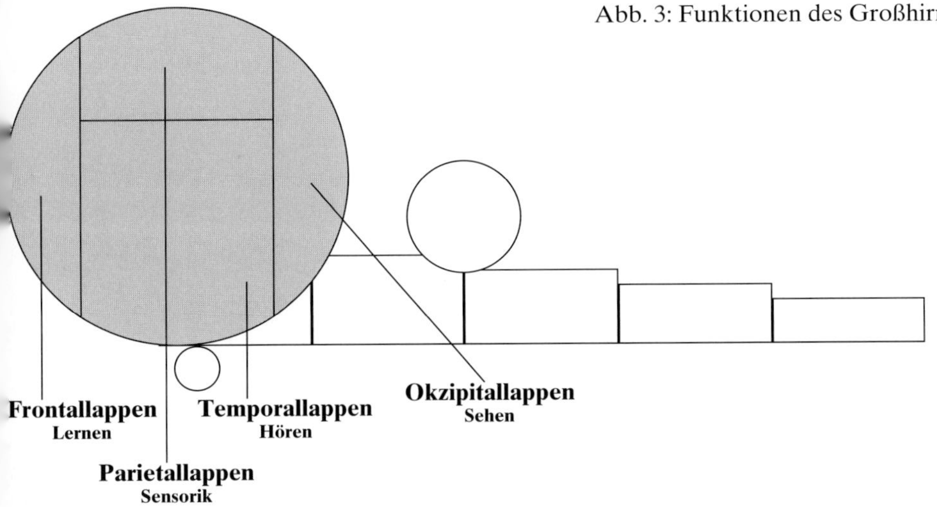

Abb. 3: Funktionen des Großhirns.

Ad 2. Körperhaltung und Gang

Normalerweise befindet sich die Körperhaltung der Katze in ausbalancierter Zuordnung der Gliedmaßen, des Kopfes und des Rumpfes, wodurch eine Koordination aller Bewegungsvorgänge ermöglicht wird. Haltungsstörungen äußern sich durch Beeinträchtigung des Ganges und der Körperhaltung. Während beim Menschen der Gang durch den Cortex des Großhirns gesteuert wird, erfolgt dies bei der Katze wie bei anderen Säugetieren durch den Hirnstamm, wozu noch nachgeordnete spinale Zentren treten (spinaler Automatismus). Die Feinabstimmung der Bewegungen geschieht im Kleinhirn. Bei dessen Erkrankung werden Intentionstremor, Ataxie, Hypermetrie und breitbeiniger, unsicherer Gang bei intakter Großhirnfunktion beobachtet.

Unterschieden werden müssen Ataxie, Parese, Paralyse von Lahmheiten. Unter Ataxie versteht man Koordinationsstörungen der Bewegungsabläufe; ihr Ursprung kann im Kleinhirn, im Vestibularapparat und im Rückenmark liegen. Paresen sind unvollständige, Paralysen vollständige Lähmungen. Sie können ihre Ursache in Stammhirnkrankheiten oder in Krankheiten des Rückenmarks haben. Lähmungen führen zu Lahmheiten; im engeren Sinne versteht man unter Lahmheiten jedoch die Bewegungsauswirkungen von Krankheiten der Muskeln, Gelenke oder Knochen.

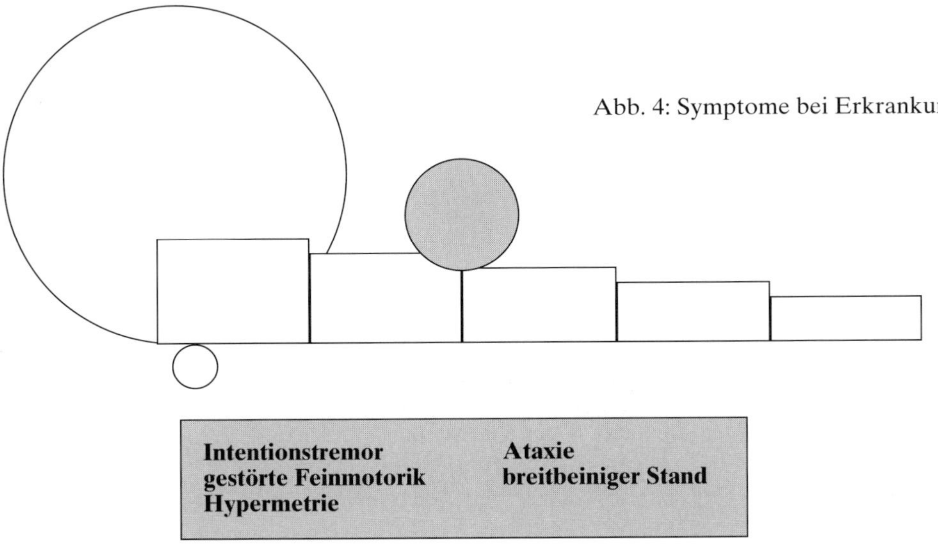

Abb. 4: Symptome bei Erkrankung des Kleinhirns.

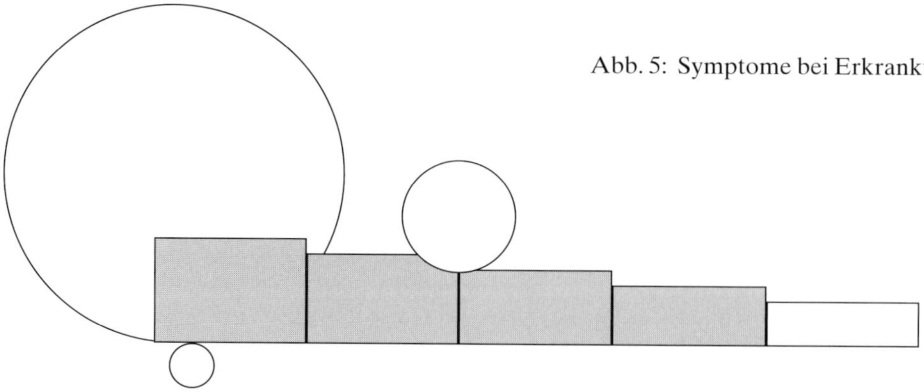

Abb. 5: Symptome bei Erkrankung des Hirnstamms

Bewußtseinsstörung bis Bewußtlosigkeit
Ataxie
Parese
Tetraplegie
Lähmung der GN III bis XII
verzögerte Propriozeption
vegetative Dysfunktion
Atemstörung
Kreislaufstörung
Magen-Darm-Lähmung

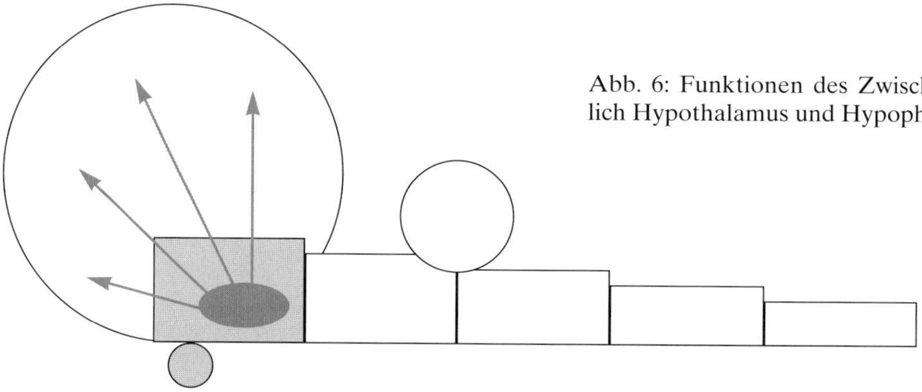

Abb. 6: Funktionen des Zwischenhirns, einschließlich Hypothalamus und Hypophyse.

Sensorik, Hunger, Durst, Emotionen,
Formatio reticularis:
regelt Wachheitsgrad,
Schlaf im Cortex
Hypophyse, Hypothalamus:
endokrine Regulation

Ad 3. Haltungs- und Stellreaktionen

Man prüft sie durch Untersuchung der Propriozeption. Dazu werden die Zehen jedes Beines gebeugt. Das gesunde Tier korrigiert die ungewohnte Haltung sofort. Ferner läßt man die Katze auf jedem Bein unter Hochheben der anderen Beine hüpfen, wobei der Kopf hochgehoben und der Hals gestreckt werden. Weiterhin läßt man die Katze auf den Hinter- und auf den Vorderbeinen sowie rechts und links auf den Beinen jeweils einer Körperseite seitlich hüpfen. Die Untersuchung gibt Auskunft über die Funktionsfähigkeit der kontralateralen Seite des Kortex und des Hirnstammes (Kreuzung der zentripetalen Fasern auf die andere Seite) und über die ipsilaterale Seite des Rückenmarks sowie die peripheren Nerven.

Ad 4. Spinale Reflexe

Der ordnungsgemäße Ablauf der Reflexe ist an den intakten Reflexbogen gebunden. Sensible Nervenfasern leiten den Impuls zum Reflexzentrum im Rückenmark, wo er auf efferente motorische Bahnen umgeschaltet wird. Man unterscheidet untere und obere motorische Neuronen. Die unteren motorischen Neuronen stellen die motorischen Zentren des Reflexes dar. Das Zentrum liegt im Ventralhorn des Rückenmarks. Sein Axon erreicht zentrifugal (efferent) das Erfolgsorgan. Das obere motorische Neuron befindet sich im Gehirn, sein Axon verläuft in den absteigenden Bahnen des Rückenmarks. Der Reflex erlischt, wenn eine unterbrechende Schädigung innerhalb des Reflexbogens einschließlich des unteren motorischen Neurons eingetreten ist. Dabei besteht eine schlaffe Lähmung der nicht mehr innervierten Muskelbereiche, der Muskeltonus ist herabgesetzt. Dagegen besteht Hyperreflexie, wenn das obere motorische Neuron geschädigt ist und die Erkrankung kranial des Reflexbogens lokalisiert ist. Der vom oberen Neuron nicht mehr gehemmte Reflex ist in diesem Falle spastisch gelähmt, der Muskeltonus erhöht.

Bei der Katze können besonders folgende Spinalreflexe untersucht werden (geprüfter Nerv kursiv, Reflexbogen in Klammern):

- Patellareflex. *N. femoralis* (M. gastrocnemius – L4 bis 6 – N. femoralis)
- Extensor-carpi-radialis-Reflex. *N. radialis* (M. ext. carpi rad. – C7 bis T1 [T2] – N. rad.)
- Trizepsreflex. *N. radialis* (M. triceps – C7 bis T1 [T2] – N. radialis); oft nicht sicher
- Bizepsreflex. *N. musculocutaneus* (Sehne des M. biceps – C6 bis C8 – N. musculocutan.)
- Anal-, Perianalreflex. *Nn. perinealis und pudendus, Cauda equina* (N. pudendus, S1 bis 3)
- Schwanzreflex. Wie Analreflex.
- Panniculusreflex. *N. thoracicus lat., Rückenmark* (Haut – Dorsalwurzeln – aufsteigende Rückenmarksbahnen – C8 bis T1 – N. thoracicus lat.)

Ad 5. Gehirnnerven

Untersucht werden sollten die Nn. opticus (II), oculomotorius (III), trigeminus (V), facialis (VII), vestibulocochlearis [vestibularis, cochlearis] (VIII), vagus (X) und glossopharyngeus (IX). Die Untersuchung ist unten näher beschrieben. Die übrigen Gehirnnerven erkranken seltener und sind unsicherer zu untersuchen.

Ad 6. Schmerzempfinden

Flexorreflexe: Untersucht wird die Reaktion durch Kneifen einer Zehe oder in den Zwischenzehenraum. Der Reflex selbst prüft alle peripheren sensiblen Nerven der Hinter- und Vordergliedmaßen, wird im Rückenmark umgeschaltet (C6 bis T2 [Vordergliedmaßen] bzw. L6 bis S1 [S2] [Hintergliedmaßen]) und gelangt über die motorischen Bahnen zu den Flexoren der Gliedmaßen, die in allen Gelenken kräftig gebeugt werden. Davon unterschieden wird die reine Schmerzreaktion, die die Hautsensibilität prüft und die über die aufsteigenden Rückenmarksbahnen das Großhirn erreicht. Die Schmerzreaktion kann ohne die motorische Antwort stattfinden, wenn das motorische Reflexzentrum (unteres motorisches Neuron) im Rückenmark gestört ist. Umgekehrt kann der motorische Reflex vorhanden sein, auch wenn infolge Erkrankung der aufsteigenden Nervenbahnen oder des Gehirns keine Schmerzreaktion stattfindet.

Untersuchungsmethoden

Adspektion: Die Beobachtung des Patienten in Ruhe und Bewegung ist die erste Untersuchungsmaßnahme. Man beachtet folgende Punkte:

- Aufmerksamkeit
- Wachheitsgrad
- Kopfhaltung
- Bewegungen
- Kontrolle der Bemuskelung, insbesondere der Symmetrie (Kopf, Rumpf, Gliedmaßen)
- Reaktion auf Bewegungen, Geräusche, Hindernisse in der – fremden – Umgebung

Weiteres Vorgehen

Palpation: Man prüft die Spannung der Muskulatur durch Betasten. Enervierte Muskeln haben eine erhöhte Spannung, wenn die Schädigung erst Stunden bis wenige Tage zurückliegt. Danach werden die Muskeln schlaff, schließlich rasch atrophisch. Dazu soll man immer die kontralaterale Seite zum Vergleich untersuchen. Atrophisch wird die Muskulatur jedoch auch bei (ein- oder beidseitigen) Lahmheiten.

Kopfmuskeln: Man kann die Kopfmuskeln einteilen in

- mimische Muskeln (innerviert vom VII. Gehirnnerv) und
- Kaumuskeln (innerviert vom V. Gehirnnerv).

Die mimische Muskulatur kann gelähmt sein durch Schädigungen des VII. Gehirnnervs oder des Stammhirns. Dabei hängen Lippe und Lefze, ebenso das untere Augenlid der betroffenen Seite herunter, in manchen Fällen besteht eine Ptosis. Die Innervationsstörung läßt sich durch Prüfung des Kornea- und Lidreflexes weiter prüfen (s. unten).

Bei Lähmung der Kaumuskulatur besteht eine Schädigung des V. Gehirnnervs oder des Hirnstammes.

Tabelle 4: Adspektorische Untersuchung

normaler Befund	krankhafter Befund	betroffenes anatomisches oder funktionelles System
aufmerksam	Apathie, Depression, Koma	Großhirn, vorderer Hirnstamm
arttypisches Verhalten	artuntypisches Verhalten	Großhirn Limbisches System
gerichteter Blick und Gang	unsicherer Gang, Taumeln, ungerichteter Blick	Vestibularapparat, Kleinhirn
Kopf gerade	Kopfschiefhaltung Kopfbeugung Opisthotonus	Vestibularapparat, Kleinhirn Großhirn, Muskellähmung Muskelkrämpfe unterschiedlicher Ursache
gerader Gang, willkürliche Richtungsänderung	Kreis-, Manegebewegungen	Großhirn
Stand aufrecht, ruhig Gang sicher, taktisch, geschmeidig, kraftvoll Gliedmaßen in ordnungsgemäßer Stellung und Bewegung	unsicher, Intentionstremor, schwankend, ataktisch, Hypermetrie, Breitbeinigkeit	Kleinhirn, Vestibularapparat Stammhirn
	gleiche Symptome und Bewußtseinstrübung, -losigkeit	Stammhirn
	[nicht verwechseln mit Lahmheit]	

Sie führt zur Atrophie der betroffenen Kaumuskeln, evtl. zur Behinderung der Futteraufnahme und – bei beiderseitiger Lähmung – zum Herabhängen des Unterkiefers.

– Prüfung der Propriozeption:

Sie hat zum Ziel, die Beherrschbarkeit der Bewegungen und der Lage des Körpers im Raum zu prüfen (Tiefensensibilität). Man bringt dem Patienten dazu abnorme Haltungen des Körpers und der Gliedmaßen bei und untersucht, ob und wie er sie korrigieren kann. Dabei zeigt es sich, ob eine regelrechte Verbindung zu den oberen motorischen Neuronen (sensibel, zentripetal) und von dort zu den unteren motorischen Neuronen und zu den Zielorganen (zentrifugal, motorisch) besteht. Eine exakte Lokalisation eines eventuellen Schadens ist allein mit dieser Untersuchung jedoch nicht oder nur annähernd möglich.

– Prüfung des Stellreflexes (der Stellreaktion):

Man beugt die Zehen und läßt los oder setzt sie mit dem Rücken auf. Das gesunde Tier korrigiert die Stellung sofort; krankhaft ist die dauernd oder über längere Zeit beibehaltene unphysiologische Stellung. Die Untersuchung wird an allen vier Gliedmaßen jeweils mehrmals durchgeführt. Den gleichen Untersuchungszweck erfüllt die Untersuchung des einseitigen Stehens und Gehens nach der Seite sowie das Gehen nur auf der Vor- (Vorwärtsbewegung) oder nur auf der Nachhand (Rückwärtsbewegung). Man hebt dazu die Katze jeweils an beiden Gliedmaßen einer Seite oder beider Vorder- oder Hintergliedmaßen, schließlich dreier Gliedmaßen hoch und beobachtet sie im Stehen und „Gehen“ (Hoppeln). Die gesunde Katze tritt auf den jeweils belasteten Gliedmaßen – evtl. unter Abwehrbewegungen – fest auf und in der Regel etwas weiter durch. Bei unvollständiger oder fehlender Innervation erfolgt Einknicken. Dabei kann eine gewisse Zuordnung zur Lokalisation der Läsion erfolgen, wenn einzelne Regionen (Gliedmaßen) allein oder stärker als andere betroffen sind.

– Prüfung der nervalen Leistungsfähigkeit:

Man muß bei diesen Untersuchungen berücksichtigen, daß die Prüfung der Nervenleistungsfähigkeit nicht nur von der Unversehrtheit der Reflexbögen abhängt, sondern auch von der Gesamtsituation, in der sich die Katze befindet. Dies trifft vor allem für die fremde Umgebung zu, in der sich das Tier in der Praxis befindet. Sie kann die Reaktion erheblich be-

Tabelle 5: Untersuchung der Gehirnnerven

Reflexbogen			Prüfungs-methode	normale Reaktion	krankhafte Reaktion
Gehirnnerv zentripetal (sensorisch)	**Zentrum**	**Gehirnnerv zentrifugal (motorisch)**			
I (Nervus olfactorius)	Riechhirn (Großhirn)	–	Vorhalten von Geruchsstoff	Schnuppern	ohne Reaktion
II (N. opticus)	Großhirn	VII (N. inter-mediofacialis)	Drohen	Blinzeln, Zurückzucken	keine Reaktion: GN II, Gehirn; kein Blinzeln, aber Zurück-zucken: GN VII
II (N. opticus)	Mittelhirn	III (N. oculomotorius)	Lichteinfall in Pupille	starke Pupillen-kontraktion ispilateral, ggr. kontralateral	o. Reaktion: GN II geschädigt; o. Reaktion ipsilat., aber kon-tralat: Schaden hinter Chiasma opt. nur ipsilat. Reaktion: kon-tralat. Schaden hinter Chiasma
V (N. trigeminus)	Pons, Medulla	VI	Korneatest des Bulbus (VI)	Zurückziehen	kein Zurückziehen
V (N. trigeminus)	Pons, Medulla obl.	VII	Lidberühren	Lidschluß, Blinzeln	keine Reaktion
V (N. trigeminus)	Medulla obl.	XII	Zungenbe-wegung prüfen	normale Bewegung	einseitige Läh-mung, Atrophie
VIII (N. vestibulocochl.)	Stammhirn	III, IV, VI	Augenbewe-gung prüfen	Augenbewe-gungen physiol.	Nystagmus
VIII (N. vestibulocochl.)	Stammhirn, Vestibulum	III, IV, VI	Augenbewe-gung prüfen	Augenbewe-gungen physiol.	Nystagmus
VIII (N. vestibulocochl.)	Kleinhirn, Vestibulum	III, IV, VI	Augenbewe-gung prüfen	Augenbewe-gungen physiol.	Nystagmus
IX (N. glosso-pharyngeus), X (N. vagus)	Medulla obl.	IX, X	Abschlucken prüfen (Pal-pation, Futter eingeben)	normales Abschlucken	Schluck-lähmung

einflussen. Außerdem können eine Reihe von nichtnervalen Krankheiten – Organkrankheiten, Stoffwechselstörungen einschließlich Fütterungsfehlern – zu nervalen Störungen führen oder diese vortäuschen. Es sei daher noch einmal die Notwendigkeit einer exakten Aufnahme des Vorberichts und einer klinischen Untersuchung betont.

Gehirnnerven

Prüfung des Geruchssinns

Man hält der Katze in der geschlossenen Hand oder unter einer Schachtel versteckt ein Stück Käse oder Fisch vor. Sofern der Geruchssinn erhalten ist, wird die Katze intensiv danach suchen.

Lage der Augenachse

Normalerweise verläuft die Achse beider Augen parallel; Abweichungen führen zum Schielen, wobei divergierender oder konvergierender Strabismus (Schielen), Abweichungen der Augenachse nach unter oder oben unterschieden werden müssen. Beiderseits ventrolateraler Strabismus kommt bei Druckerhöhung im Gehirn insbesondere infolge eines Hydrozephalus zur Beobachtung.

Tabelle 6: Strabismus

Strabismus nach:	Ausfall der Nerven:
medial	GN VI (N. abducens)
ventrolateral	GN III (N. oculomotorius oder GN VII (N. intermediofacialis)
Bulbusrotation	GN IV (N. trochlearis)

Prüfung der Augenbeweglichkeit

Normalerweise kann die Katze ihren Bulbus in alle Richtungen bewegen; die Beurteilung ist jedoch nicht ganz so einfach wie beim Hund, da die Katze häufig nicht dazu zu bewegen ist, in der tierärztlichen Praxis die Augen auf den gewünschten bewegten Gegenstand zu richten. Allerdings kommt eine totale Augenlähmung mit starrem Blick beim Tier selten vor. Sie tritt auf bei schwerer Schädigung des Großhirns. Die Augenachsen sind dann nach der kranken Seite gerichtet.

Nystagmus

Nystagmus ist die langsam-rasche Bewegung beider Bulbi nach latero-medial (horizontaler Nystagmus), dorsoventral (vertikaler Nystagmus) oder rotierend. Die langsame Bewegung verläuft nach der kranken Seite, die rasche (Korrektur) nach der gesunden. Zur Beschreibung der Richtung des Nystagmus wird – paradoxerweise – die rasche Bewegung genannt.

Man kann einen „physiologischen" von einem pathologischen Nystagmus unterscheiden. Ein „physiologischer" Nystagmus kann ausgelöst werden, wenn der Patient oder sein Kopf rasch gedreht wird. Dabei wird der VIII. Gehirnnerv (N. vestibulotrochlearis) als afferenter Nerv stimuliert. Die efferenten Bahnen verlaufen in den Nerven III, IV und VI, die einen Nystagmus zur Drehrichtung hin (rasche Augenbewegung) provozieren. Eine Lähmung des VIII. Gehirnnervs führt zum Ausbleiben des Nystagmus, ebenso der Nerven III, IV und VI. Eine ähnliche nystagmusauslösende Ursache hat das Spülen eines Gehörgangs mit kaltem Wasser: Durch die einseitige plötzliche Abkühlung gerät die Endolymphe des Ohrlabyrinths in Turbulenzen, wodurch der VIII. Gehirnnerv aktiviert wird und ein Nystagmus ausgelöst werden kann.

Ein pathologischer Nystagmus tritt bei Erkrankungen im gesamten Gebiet des Gleichgewichtssinnes auf. Dieser beginnt mit dem Innenohr und führt über den N. vestibulotrochlearis (VIII. Gehirnnerv) über den Hirnstamm bis zum Kleinhirn.

Wichtig ist die Zeitdauer des Nystagmus. Wenn er länger als acht bis vierzehn Tage dauert, spricht dies eher für eine zentrale Schädigung; peripherer Nystagmus verschwindet in der Regel innerhalb weniger, spätestens 14 Tagen.

Drohreflex

Mit ihm lassen sich der N. opticus und der N. intermediofacialis sowie das Zentrum im Stammhirn und Großhirn prüfen. Man führt eine rasche Bewegung der Hand gegen das Auge der zu untersuchenden Seite aus. Dabei darf man weder die Haut noch die Sinneshaare oder gar das Auge oder die Haut berühren; auch muß man vermeiden, einen Luftzug zu erzeugen. Normalerweise weicht die Katze ruckartig aus. Ist dies der Fall, so kann angenommen werden, daß die Katze die „Bedrohung" gesehen hat (Prüfung des N. opticus [II. GN.]). Das darauf erfolgende Blinzeln zeigt einen intakten N. facialis (VII.

Tabelle 7: Nystagmus

Richtung und Auftreten des Nystagmus	Läsion
horizontal	periphere Vestibularerkrankung
vertikal	zentrale Vestibularerkrankung
Rotation	nicht zu lokalisieren
permanenter Nystagmus unabh. von Position	periphere Vestibularerkrankung
Nystagmus bei abnormer Kopflage	meist zentrale Vestibular-, Kleinhirn- oder Hirnstammerkrankung

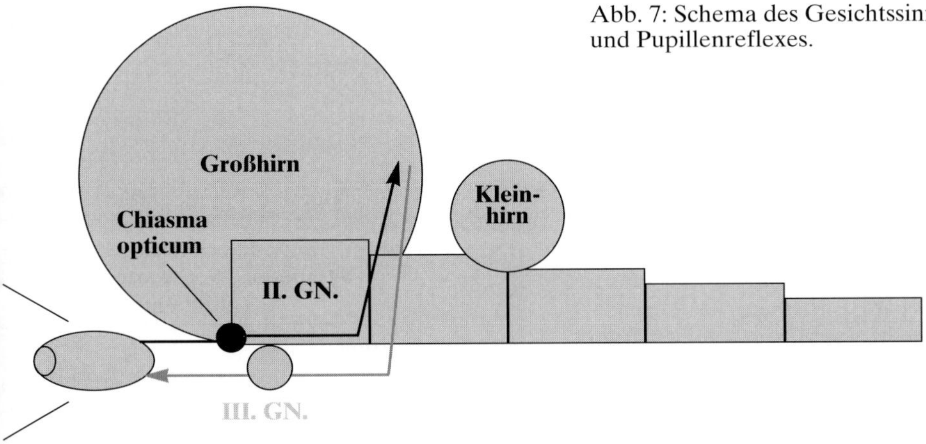

Abb. 7: Schema des Gesichtssinns und Pupillenreflexes.

GN.) an. Der Drohreflex ist nur auslösbar bei ungestörtem Bewußtsein. Der Ausfall des Drohreflexes kann folgende Ursachen haben:

- Erkrankung des Auges (Blindheit durch Kornea-, Linsen-, Glaskörpertrübung)
- Retinaerkrankung
- Erkrankung des Nervus opticus
- Erkrankung des Tractus opticus (kontralateral)
- Erkrankung des Hirnstamms (kontralateral)
- Erkrankung des Großhirns (ipsilateral)
- Erkrankung des Nervus facialis (ipsilateral)

Erkrankung des Kleinhirns

Pupillenweite

Sie wird durch das einfallende, die Retina erreichende Licht beeinflußt. Um die Pupillenweite zu prüfen, muß daher im hellen wie im abgedunkelten Raum untersucht werden (Drehen der Katze nach der Lichtquelle und von der Lichtquelle weg). Bei Aufregung (Sympathikotonie) sind beide Pupillen weit geöffnet (Tierarztbesuch!), ebenso nach Applikation von Sympathikomimetika oder Parasympathikolytika. Beiderseits dauernd weite Pupillen bestehen auch bei beiderseitiger Schädigung der Retina, des Nervus opticus, Tractus opticus, des Sehzentrums und des Nervus oculomotorius. Dauernd erweiterte Pupillen (Mydriasis) werden auch beobachtet, wenn ein übermäßiger Sympathotonus vorliegt einschließlich Behandlung mit Sympathotonika. Bei einseitiger Sympathikushemmung ist die ipsilaterale Pupille (Horner-Syndrom) verengt (Grenzstrangerkrankung). Außer der einseitigen Pupillenverengung (Lähmung des Musculus dilatator pupillae) kommen beim Horner-Syndrom noch Enophthalmus und Ptosis hinzu.

Anisokorie

Man versteht hierunter die ungleich großen (weiten) Pupillen. Die gleichweite Öffnung muß bei jeder neurologischen Untersuchung geprüft werden. Ungleich große Pupillen liegen vor, wenn entweder der Nervus oculomotorius gestört ist, wobei sich die betroffene Pupille vergrößert, oder wenn die die Iris (Musculus dilatator pupillae) innervierenden sympathischen Nervenfasern ausgefallen sind; in diesem Falle ist die betroffene Pupille verengt. Ähnliche Veränderungen treten auf, wenn ein Auge mit Parasympatholytika oder Sympathomimetika behandelt worden sind (Vorbericht!).

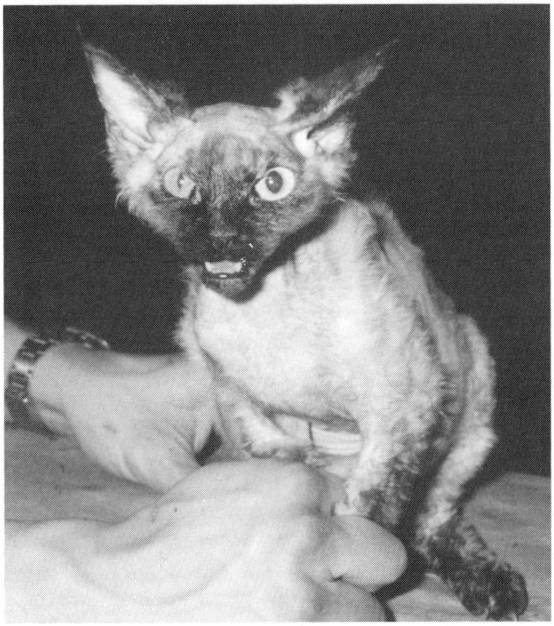

Abb. 8: Anisokorie bei leukotischer Gehirninfiltration.

Pupillenreflex

Er wird durch Beleuchten der Retina geprüft, indem ein Lichtstrahl senkrecht auf die Pupille gerichtet wird. Der Reflexbogen verläuft von der Retina über den N. opticus, teilt sich im Chiasma opticum auf die ipsi- und die kontralaterale Seite, verläuft beiderseits im Tractus opticus und erreicht das Corpus geniculatum laterale. Dort erfolgt die Umschaltung auf die efferenten motorischen Bahnen des Nervus oculomotorius, der seine Fasern aus dem Nucleus motorius und dem Nucleus parasympathicus des Tegmentum mesencephali erhält. Vom Corpus geniculatum laterale ziehen Nervenfasern zur jeweils kontralateralen Seite hinüber, so daß der Ausfall der ipsilateralen Verbindung zwischen Corpus geniculatum laterale und Nervus oculomotorius nicht zur Areflexie führt. Unter Lichteinfluß auf die Retina wird die Pupille auf beiden Seiten eng gestellt. Die Beurteilbarkeit des Reflexes setzt voraus, daß keine Erkrankungen der Iris vorliegen und daß keine parasympatholytischen Medikamente gegeben worden sind.

Ausfall des ipsi- und kontralateralen Pupillenreflexes können folgende Ursachen haben:
- Erkrankung des Auges (Kornea-, Linsen-, Glaskörpertrübung)
- Retinaerkrankung
- Erkrankung des Nervus opticus
- Erkrankung im Chiasma opticum
- beidseitige Erkrankung innerhalb der Reflexbögen

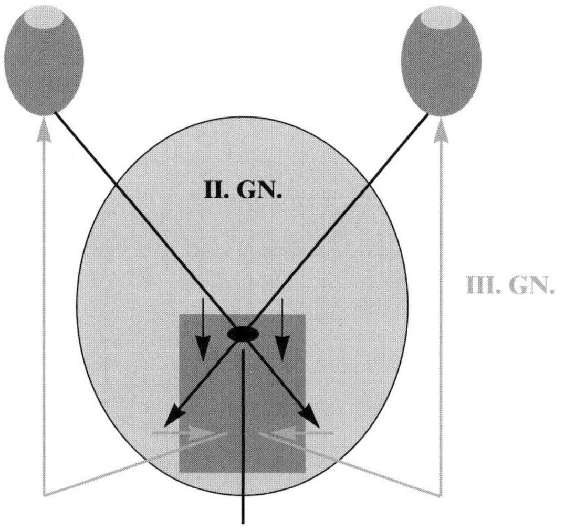

Abb. 9: Schema des Gesichtssinns und Pupillenreflexes.

Ausfall des ipsilateralen Pupillenreflexes bei erhaltener konsensueller (kontralateraler) Reflexie:
- Erkrankung des ipsilateralen Nervus oculomotorius
- Erkrankung des ipsilateralen Tractus opticus oder Sehzentrums

Ausfall des kontralateralen Pupillenreflexes bei erhaltenem ipsilateralen Reflex:
- Erkrankung des kontralateralen Nervus oculomotorius
- Erkrankung des kontralateralen Tractus opticus oder Sehzentrums

Der kontralaterale Pupillenreflex läuft auch dann ungestört ab, wenn eine Erkrankung der kontralateralen Retina oder des Nervus opticus besteht!

Lidreflex

Er wird geprüft durch Berühren des Lidrandes. Bei intaktem Reflexbogen schließt die Katze ein- oder mehrmals das Lid. Der Reflexbogen verläuft über den V. Gehirnnerv zum Stammhirn und zum VII. Gehirnnerv.

Kornealreflex

Mit einem Wattebausch wird die Kornea berührt, worauf es zum Schluß des Lids („Blinzeln") und Zurückziehen des Kopfes kommt; gleichzeitig wird der Bulbus leicht zurückgezogen. Der Reflexbogen verläuft wie beim Lidreflex über V. und VII. Gehirnnerv mit dem Zentrum im Stammhirn. Bleibt das Zurückziehen des Bulbus aus, so liegt wahrscheinlich eine Erkrankung im Bereich des VI. Gehirnnervs (N. abducens) vor.

Sensibilitätsprüfung der Kopfhaut (Nasenspiegel)

Sie wird untersucht durch Berühren des Nasenspiegels mit einer Pinzette o. ä. Bei intaktem Reflexbogen (V. Gehirnnerv – Großhirn) zieht die Katze den Kopf zurück.

Untersuchung der Zunge, der Mundschleimhaut und des Rachens

Die ein- oder beidseitige Zungenatrophie kommt bei Schädigung des XII. Gehirnnervs (N. hypoglossus), ferner bei Erkrankungen des IX. (N. glossopharyngeus) und X. Gehirnnervs (N. vagus) oder des Stammhirns zur Beobachtung. Gleichzeitig können Lähmungen des Pharynx und des weichen Gaumens sowie des Kehlkopfs (Rekurrenslähmung) und des Ösophagus (Megaösophagus) vorliegen.

Untersuchung des Rückenmarks

Wie am Kopf, so müssen auch an den Gliedmaßen und am Rumpf zunächst durch Adspektion und Palpation die Muskelentwicklung (Umfang), die Spannung und die Symmetrie beurteilt werden. Sodann kann mit der Prüfung von Schmerzreaktionen (nozizeptive Reaktionen) begonnen werden.

Schmerzreaktionen

Auf Schmerzreize reagieren gesunde Katzen durch Abwehrbewegungen und Ausweichen. Verminderte Schmerzreaktionen (Hypalgesien) liegen vor, wenn das Tier steigende Grade der Benommenheit bis zu Bewußtlosigkeit erleidet (in diesem Fall besteht Analgesie). Bei Krankheiten des Großhirns bestehen generalisierte Hyp-/Analgesie, bei Krankheiten des Rückenmarks beidseitige, bei Störungen der Nerven nach Verlassen des Rückenmarks einseitige und bei Krankheiten peripherer Nerven örtliche Hyp- oder Analgesie. Geprüft wird die Schmerzreaktion durch Zusammenkneifen der Zehen oder der Haut oder durch Beibringen von Nadelstichen jeweils beidseitig.

Hyperalgesien werden bei entzündlichen Hautkrankheiten beobachtet und dürfen dann nicht mit primär neurologischen Symptomen verwechselt werden. Im Falle von Nervenkrankheiten können meningeale Störungen oder Nervenwurzelsyndrome zur Hyperalgesie führen. Sie kommen oft streng örtlich vor, so daß die Lokalisierung des Schadens gut vorgenommen werden kann.

Reflexe

Eine besondere Bedeutung kommt den Reflexen zu. Sie ergeben Aussagen über den Zustand des Reflexbogens. Es ist daher erforderlich, über die anatomischen Verhältnisse Bescheid zu wissen.

Während mit den früher beschriebenen Stellreflexen neben den peripheren Nerven auch die Verbindung oberer und unterer motorischer Neurone geprüft wurde, werden in diesem Kapitel die segmentalen Reflexbögen untersucht. Ihre Beeinflussung durch des Gehirn (obere motorische Zentren) wird lediglich durch Hemmung der Reflexintensität sichtbar: Ist die Verbindung des oberen motorischen Zentrums zum unteren unterbrochen, so fällt der hemmende Effekt weg, und der Reflex wird intensiver (Hyperreflexie), so daß eine (Rückenmarks-)Läsion kranial des Reflexzentrums im Rückenmark zu einer übermäßigen Reflexantwort führt. Ist dagegen der Reflexbogen selbst oder das untere motorische Zentrum betroffen, so liegt eine Hypo- oder Areflexie vor. Dabei kann trotzdem Schmerz empfunden werden. FENNER (1995) empfiehlt die Einteilung der Reflexe in folgende Grade:

Grad 0: keine Reflexantwort (Areflexie)

Grad 1: verminderte Reflexantwort (Hyporeflexie)

Grad 2: normale Reflexantwort (Normoreflexie)

Grad 3: verstärkte Reflexantwort (Hyperreflexie)

Grad 4: verstärkte Reflexantwort mit tonischem Krampf (Hyperreflexie mit Klonus)

Die Rückenmarksreflexe können eingeteilt werden in propriozeptive, nozizeptive und andere Reflexe. Die propriozeptiven Reflexe beruhen auf einer raschen Dehnung von Muskelspindeln oder Sehnen und der nachfolgenden Entlastungsbewegung. Ihre Reflexzentren befinden sich ausschließlich im Rückenmark. Durch das Gehirn werden sie in ihrer Intensität gehemmt, so daß Gehirnerkrankungen einschließlich Bewußtlosigkeit oder eine Unterbrechung des Rückenmarks kranial des Reflexzentrums zu einer Hyperreflexie führen.

Unter nozizeptiven Reflexen versteht man solche Reaktionen, die durch Aktivierung der Schmerzempfindung in der Haut ausgelöst werden. Sie werden provoziert durch leichtes Drücken der Haut mit einer Arterienklemme, der Lippen oder von Zehen mit den Fingern oder (vorsichtiges!) Stechen mit einer Nadel. Dabei werden freie Schmerzrezeptoren in der Haut (Nozizeptoren) angeregt. Ihr Reflexbogen verläuft durch die entsprechenden afferenten (sensiblen) und efferenten (motorischen) Nerven mit den Reflexzentren im Rückenmark, im Kopfbereich auch im Stammhirn. Aussagekräftig ist nur die Hypo- oder Areflexie, die eine Unterbrechung im Reflexzentrum anzeigt (oder in den afferenten oder efferenten Fasern). Eine Hyperreflexie bei nozizeptiven Reflexen ist nicht definierbar.

Einige Reflexe können beim gesunden Individuum nicht ausgelöst werden. Sie treten erst auf, wenn sie von den oberen motorischen Zentren nicht unterdrückt werden. Hierzu gehört der Babinski-Reflex und der gekreuzte Extensor-Reflex.

Die wichtigsten Reflexprüfungen, die auch die oder der Ungeübtere durchführen und leicht beurteilen kann, sind Patellasehnen-(Quadrizeps-)Reflex und Zwischenzehenreflex.

Trizepsreflex

Der Reflexbogen beginnt am Ansatz der Sehne des Musculus triceps, sein Zentrum liegt im Rückenmark zwischen C7 und T1/T2, und seine efferenten Impulse verlaufen im N. radialis. Er wird ausgelöst durch Beklopfen des Sehnenansatzes. Im normoreflektorischen Falle erfolgt ein leichtes Strecken im Ellbogen.

Extensor-Carpi-radialis-Reflex

Der Reflexbogen beginnt am Muskelbauch des M. ext. carpi radialis und verläuft sonst wie der Trizepsreflex. Mit ihm prüft man also ebenso das Reflexzentrum zwischen C7 und T1/T2 und den N. radialis durch Beklopfen der Muskelspindel.

Bizepsreflex

Der Reflex wird ausgelöst durch Beklopfen des Sehnenansatzes des M. biceps. Sein Reflexbogen verläuft über die Rückenmarkssegmente C6 bis C8 und efferent durch den N. musculocutaneus. Sein Ausfall zeigt eine Schädigung des N. musculocutaneus an.

Patellasehnenreflex (Quadrizepsreflex)

Durch Beklopfen der Patellasehne wird der Reflex, dessen Bogen durch L4 bis L6 und efferent über den N. femoralis verläuft, ausgelöst. Dessen Ausfall führt zur Areflexie. Eine scheinbare Hyperreflexie wird ausgelöst durch Lähmung der Antagonisten des Quadrizeps.

Tibialisreflex

Durch Beklopfen der Spindel des M. tibialis wird der Reflex ausgelöst. Sein Zentrum liegt zwischen L6 und S1, sein efferenter Impuls verläuft im Nervus fibularis nervi ischiadici.

Gastrocnemiusreflex

Beklopft wird der M. gastrocnemius oder sein Sehnenansatz über dem Tuber calcanei. Es folgt eine Streckung des Tarsus (unsicher wie auch der Tibialisreflex). Das Zentrum liegt wiederum zwischen L6 und S1. Der efferente Impuls verläuft im N. tibialis nervi ischiadici.

(Zwischen-)Zehenreflex

Er wird als Schmerzreflex ausgelöst durch Kompression eines Zehs oder der Haut im Zwischenzehenbereich. Normalerweise zieht die gesunde Katze die Gliedmaße an. An der Vordergliedmaße werden alle Nerven und das Zentrum zwischen C6 und T1/T2 geprüft, an der Hintergliedmaße hauptsächlich der N. ischiaticus und das Zentrum zwischen L6 und S1/S2.

Panniculusreflex

Der Hautreflex wird mittels leichter Nadelstiche oder einer Arterienklemme geprüft. Er muß über die gesamte Seite des Rumpfes und über dem Kreuzbein untersucht werden. Der Reiz verläuft über die Dorsalwurzeln in das Rückenmark, wo er nach kranial weitergegeben wird. Er führt über die unteren motorischen Neurone von C8 und T1 und löst eine Kontraktion des Hautmuskels aus. Die Katze reagiert besonders intensiv bei Berühren der Lenden-Kreuzbein-Gegend durch Aufrichten der Hinterhand und Aufstellen des Schwanzes.

Anal- oder Perinealreflex

Mit einer Arterienklemme wird die Haut um den Anus leicht gedrückt. Bereits beim Fiebermessen kann man den Reflex ebenfalls beobachten. Normalerweise wird er durch eine Kontraktion des Sphinkters und ein Senken des Schwanzes beantwortet. Der Reflexbogen verläuft über den N. pudendus und den N. perinealis. Das Zentrum liegt zwischen S1 und S3 und in der Cauda equina. Bei Lähmungen im Bereich des Reflexzentrums (Wirbelbrüche, Reißen am Schwanz mit Nervenabrissen) bleibt der Anus offen stehen und reagiert nicht. Sofern jedoch eine Wirbel-Rückenmarkssegment-Verletzung weiter kranial vorliegt, besteht eine Hyperreflexie mit spastischer Lähmung des Anus. Der Reflex ist besonders wichtig bei Harnabsatzstörungen, bei denen er über die Art der Lähmung – schlaff oder spastisch – Aussagen zuläßt.

Schwanzreflex

Mit dem Finger oder dem Reflexhammer wird die Schwanzunterseite hinter dem Schwanzansatz berührt und leicht beklopft. Die gesunde Katze senkt den Schwanz. Das Ausbleiben des Reflexes ist nicht in allen Fällen krankhaft, kann jedoch – insbesondere bei Schwanzlähmung – eine Verletzung im Reflexbogen, der im selben Bereich wie der Analreflex liegt, anzeigen. Unterbrechungen des Rückenmarks vor den unteren motorischen Neuronen (kranial des Reflexzentrums) wird dagegen eine spastische Einklemmung des Schwanzes beobachtet. Die Aussagen des Schwanzreflexes entsprechen denen des Analreflexes.

Babinski-Reflex

Wenn die Plantarseite des Metatarsus beklopft wird, erfolgt beim Gesunden keine Reaktion. Im Falle einer Störung im Reflexzentrum werden die Zehen gespreizt und gestreckt.

Röntgenuntersuchung

Indikationen für Röntgenaufnahmen des Kopfes sind

- Schädeltrauma
- Verdacht auf Hydrozephalus
- andere Schädeldeformationen
- Mittel- oder Innenohrveränderungen (Bulla tympanica)

Zur Diagnose von Gehirntumoren sind die üblichen Röntgenaufnahmen wenig geeignet. Allenfalls verkalkte Tumoren lassen sich erkennen.
Die Katze soll zunächst dorsoventral oder ventrodorsal, ferner laterolateral geröntgt werden. Dazu ist eine exakte Lagerung des Kopfes erforderlich. Dies ist mit wenigen Ausnahmen nur beim sedierten Patienten möglich. Die einzelnen Schädelregionen sind auf Symmetrie zu untersuchen; insbesondere ist auf Seitenabweichungen der Form und Dichte zu achten. Die Knochen des Gehirnschädels sind bei dauernder Druckerhöhung (Hydrozephalus, auch bei Tumoren) dünner, bei Jungtieren auch aufgewölbt. Die Bulla tympanica kann bei Entzündung flüssigkeitsgefüllt sein.
Angiographische Untersuchungen werden seit der größeren Zugänglichkeit der Computertomographie (CT) auch in der Tiermedizin weniger durchgeführt. Die CT gestattet die exakte bildliche Darstellung des Schädels, der Wirbelsäule und ihrer Weichteile und Hohlräume in verschiedenen Ebenen, so daß eine wesentlich bessere Beurteilung möglich wird. Mit intravenöser Applikation von Jodkontrastmitteln kann die Kontrastierung noch verbessert werden. Nachteile der CT sind die erheblichen Kosten.

Frühe akustisch evozierte Potentiale (FAEP)

Im Gegensatz zum Elektroenzephalogramm, bei dem spontane elektrische Entladungen gemessen werden, erfolgt bei der Messung evozierter Potentiale die Aufzeichnung von Nervenpotentialen nach einem iatrogen gesetzten Reiz. Solche Reize können akustisch, optisch oder sensibel sein. Bei der Katze hat insbesondere die Messung akustisch evozierter Potentiale eine Bedeutung zur Feststellung von Schwerhörigkeit, ein- oder beidseitiger Taubhaut erlangt. Die Untersuchungen wurden bei der Katze besonders von CAIRD u. M. (1985 a und b) eingeführt. In München wird die Untersuchung in Anlehnung an die von BRAUN (1988) und FISCHER (1989, 1990) für den Hund beschriebenen Methode durchgeführt. Die Patienten müssen sediert oder narkotisiert werden. Es werden drei Elektroden am Kopf des Tieres fixiert, und zwar am Ohrgrund in Höhe des Mastoids (aktive Elektrode), in Scheitelmitte (Referenzelektrode) und dorsal im Nacken (Erdelektrode). Die akustischen Impulse werden über Kopfhörer übertragen, wobei der elektrische Stimulus ein Clickgeräusch von jeweils 100 msec und 10 Impulsen pro Sekunde darstellt. Die Lautstärke des Impulses wird in 15 dB-Schritten gesteigert, und die elektrischen Impulse werden abgeleitet, wobei das kontralaterale Ohr durch ein Rauschen „vertäubt“ wird. Danach erfolgt die Ableitung der Impulse am kontralateralen Ohr in der gleichen Weise. Die abgeleiteten Impulsmessungen werden summiert, und es werden die Durchschnittswerte errechnet und bildlich als Kurve dargestellt („avaraging“).
Normalerweise können sechs Peaks (I bis VI) abgeleitet werden. Die einzelnen Peaks können anatomischen Strukturen zugeordnet werden. Damit lassen sich durch Veränderungen von Peaks bis hin zu ihrem völligen Ausfall (Kurve als Gerade dargestellt) auf die Ausfälle im Hirnstamm schließen. Aussagen über andere Bereiche im zentralen Nervensystem (Kleinhirn, Großhirn, Zwischenhirn) sind damit nicht möglich (FISCHER, 1989). Die Untersuchung hat besondere Bedeutung bei der Feststellung erblicher Taubheit in Katzenzuchten weißer und blauäugiger Tiere erhalten.

Liquor cerebrospinalis

Er wird in Narkose durch Punktion der Cisterna magna gewonnen. Erforderlich ist eine Liquorpunktionskanüle, evtl. ein Dreiwegehahn und ein Manometer, wenn der Liquordruck gemessen werden soll, und ein Gefäß zur Aufnahme des Liquors. Die Haare im Nackenbereich müssen geschoren, die Haut desinfiziert werden. Die Katze wird so in Seitenlage verbracht, daß die Wirbelsäule parallel zur Tischkante verläuft, der Kopf leicht gebeugt (bis 90°). Man orientiert sich an den Alae atlantis und der Protuberantia occipitalis: Im Schnittpunkt der Verbindungslinie der beiden Alae mit der Senkrechten von der Protuberanz nach kaudal liegt die Einstichstelle. Die Kanüle wird, mit dem schrägen Anschliff nach kranial, annähernd senkrecht langsam eingeschoben. Bei Nachlassen des Widerstands ist der Liquorraum erreicht. Das Stilett wird entfernt, und der Liquor tropft ab. Ist dies nicht der Fall, so kann die Kanülenspitze vielleicht noch im Gewebe stecken. Das Stilett ist wieder einzusetzen und die Kanüle vorsichtig weiterzuschieben. Tropft auch jetzt kein Liquor ab, so kann durch Kompression der Venae jugulares eine vorübergehende intrakraniale Druckerhöhung provoziert werden. Wenn auch jetzt noch kein Liquor abfließt, so liegt möglicherweise eine Hernie vor. Dieser Zustand kann lebensbedrohlich sein. Die Punktion ist abzubrechen und der Patient mit Sauerstoff hyperzuventilieren. In manchen Fällen kann der Liquor so zähflüssig sein, daß er nicht abtropft noch abgesaugt werden kann, wie es bei FIP nicht selten vorkommt.

Liquoruntersuchung

Der normale Liquor fließt tropfenweise langsam ab, ist klar, von wäßriger Konsistenz und farblos. Bei erhöhtem Druck fließt er ab. Der Druck kann mit dem Manometer gemessen werden; Referenzbereiche konnten jedoch für die Katze nicht gefunden werden.

Erhöhte Drücke sind bei Hydrozephalus, Gehirntumoren und entzündlichen Prozessen zu erwarten.

Die häufigste makroskopisch sichtbare Veränderung des Liquors kommt durch artifizielle Blutbeimengung infolge der Verletzung eines Blutgefäßes bei der Punktion zustande. In diesem Fall ist der Liquor gerötet. Man kann dann den Mandrin wieder in die Kanüle einsetzen und eine Minute liegen lassen. Danach ist der Liquor meistens nicht mehr kontaminiert. Auch bei frischen Blutungen in den Subarachnoidalraum kann Blut nachgewiesen werden. Es bleibt jedoch weiterhin im Liquor, auch nach Einsetzen des Mandrins und Abwarten. In diesem Fall muß ein Teil des Liquors zentrifugiert werden. Ist der Überstand danach klar, dann liegt eine frische Blutung vor; bleibt er rötlich, dann ist das Blut bereits hämolytisch, die Blutung ist älter. Schließlich kann der Liquor gelb werden; dann liegt eine Xanthochromie vor, die bei längerer Zeit zurückliegenden Blutungen oder bei Ikterus auftritt. Bei stark vermehrten Leukozyten wird der Liquor trüb bis grauweiß.

Die zytologische Untersuchung wird am frischen, unvorbehandelten Liquor durchgeführt oder mit der Zytozentrifuge ermittelt. GREVEL (1991) konnte mit einem Sedimentierverfahren wesentlich bessere zytologische Ergebnisse als mit der Zählkammer erzielen; sie fand deutlich höhere Zellzahlen, wenn eine Sedimentation durchgeführt wurde. Gemessen werden Zellzahl und Zellart (s. Fachbücher der Labordiagnostik). Eine Erhöhung der Zellzahl wird bei Entzündungen, Tumoren, Traumen, Gefäßverletzungen festgestellt. Die Zelldifferenzierung gibt Hinweise auf die Ätiologie: vermehrt Neutrophile und Monozyten sprechen für eine bakterielle, vermehrt Lymphozyten für eine virale Infektion. Wenn die Krankheit längere Zeit besteht, können diese Trennungen verwischt sein.

Die chemischen Untersuchungen erstrecken sich insbesondere auf Protein und Eiweißlabilitätsproben, ferner auf Glukose. Das Protein besteht normalerweise zu über Dreiviertel aus Albumin. Der in der Cisterna magna gewonnene Liquor ist etwas proteinärmer als der im Lumbalbereich punktierte. Eine Vermehrung des Liquorproteins liegt bei Entzündungen der Meningen, des Gehirns oder des Rückenmarks vor, ferner bei Tumoren oder Blutungen. Besonders bakterielle Infektionen, aber auch Viruskrankheiten können zu Proteinvermehrungen führen, wobei bei viralen Infektionen (FIP!) besonders γ-Globuline vermehrt sein können. In solchen Fällen sind auch die Labilitätsproben positiv: die Pándy-Reaktion zeigt vorwiegend, aber nicht ausschließlich Globuline, die Nonne-Apelt-Reaktion ausschließlich Globulinvermehrungen an.

Die Glukoseuntersuchung hat in der Tiermedizin nicht die gleiche Bedeutung wie in der Humanmedizin. Allerdings kann auch hier ein Anstieg der Liquorglukose bei Sepsis eintreten.

Krankheiten des Gehirns

Symptome, die für eine Erkrankung des Gehirns sprechen, sind besonders Verhaltensänderungen (Aggressivität, Abweisung, Fluchtneigung, vermehrte Anhänglichkeit), Änderung des Wachheitsgrades, „Bewußtseinstrübung" (Apathie bis zu Stupor und Koma, vermehrtes Schlafbedürfnis), Krampfanfälle (generalisiert oder lokalisiert [fokal]). Einer oder – selten – beide vom Großhirn abgehende Gehirnnerven können ausfallen: Störung des Geruchsempfindens, Blindheit ein- oder beidseitig, Areflexie der Pupillen.

Krankheiten des Stammhirns manifestieren sich ebenfalls durch Störungen des Wachheitsgrades bis zur Bewußtlosigkeit, Kopfschiefhaltung und Rollen um die Längsachse, Kreisbewegungen, Nystagmus, Ataxien, allgemeine Schwäche, Störungen der vom Stammhirn abgehenden Gehirnnerven (Gehirnnerven III bis XII). Sofern sympathische oder parasympathische Fasern betroffen sind, können Störungen von seiten des Herzens (Frequenz, Rhythmus), der Atmung, des Kreislaufs und des Gastrointestinaltrakts hinzukommen.

Kleinhirnerkrankungen zeigen sich in Intentionstremor, Ataxie, Störungen der motorischen Feinabstimmung, Hypermetrie bei völlig ungestörtem Allgemeinbefinden und voll erhaltener „Intelligenz".

I. a. werden die differentialdiagnostisch in Frage kommenden nichtnervalen Krankheiten und Störungen erst ausgeschlossen, bevor man weitere diagnostische Verfahren zur Verifizierung einer Gehirn- oder Rückenmarkskrankheit durchführt.

Infektiöse Entzündungen des Gehirns Enzephalitis, Meningitis, Meningoenzephalitis

Ätiologie

In den meisten Fällen kommen virale Infektionserreger in Frage: Rhabdoviren (Tollwut), Herpesvirus suis (Aujeszkysche Krankheit), Coronaviren (FIP), ferner Bakterien (Eitererreger über den Respirationstrakt oder den Gehörgang bei Otitis media oder interna), seltener Toxoplasmen, Fungi (systemische Mykosen).

Pathogenese

Die Errger gelangen hämatogen, neurogen, rhinogen oder otogen ins Zentralnervensystem. Je nach Erreger werden seröse, eitrige, abszedierende, granulomatöse, nekrotisierende, hämorrhagische oder degenerative Veränderungen ausgelöst. Die Krankheitssymptome werden durch die Hyperämie und entzündliche Ödembildung des Gehirns hervorgerufen. Die akuten viralen Infektionserreger führen zu umfangreichen Zelluntergängen. Neutrophile Granulozyten und Makrophagen, bei viralen Infektionen Lymphozyten, wandern aus dem Blutstrom ins nervale Gewebe. Phagozytierende Eigenschaften entwickeln auch die Mesogliazellen.

Tollwutviren breiten sich nach zentripetaler Wanderung in den peripheren Nerven aus dem Inokulations-(Verletzungs-)Gebiet hauptsächlich im Hirnstamm und im Kleinhirn und insbesondere im Limbischen System und der Formatio reticularis aus, woraus sich die spezifischen Symptome der Krankheit erklären. Dagegen wird das Großhirn ausgespart.

Die Infektion durch das Virus der Aujeszkyschen Krankheit wird in der Regel über rohes Fleisch infizierter Schweine aufgenommen. Das Virus gelangt meistens vom Rachenraum aus über den Nervus trigeminus und den Nervus glossopharyngeus in den Hirnstamm. Hieraus erklären sich die motorischen Ausfallserscheinungen besonders der Atemmuskulatur sowie der hochgradige Juckreiz, die Schlundlähmung und der Speichelfluß.

Das feline Coronavirus führt in selteneren Fällen, in den letzten Jahren allerdings ganz offensichtlich häufiger als früher, zu granulomatösen (DAHME und WEISS; REINACHER) Entzündungen der Hirnkammern und Meningen. In einigen Fällen können auch vermehrt neutrophile Granulozyten angetroffen werden, so daß ein eitriger Charakter der Entzündung vorliegen kann. Daneben werden Entzündungen des gesamten Auges beobachtet, die ebenfalls granulomatös sind (DAHME und WEISS). Durch die Verlegung des Liquorflusses infolge der granulomatösen Entzündung kann ein erhöhter intrakranieller Druck entstehen.

Eitererreger finden ihren Weg hämatolymphogen oder durch Kontakt über die Nase oder den Gehörgang ins Gehirn. Sie führen zu generalisierten diffusen Menigoenzephalitiden/-myelitiden oder zu umschriebenen Entzündungen, bisweilen mit Abszeßbildung. Die Schädigungen kommen dann durch das entzündliche Ödem, durch Druckerhöhung, Bakterientoxine, Einschmelzung von Nervengewebe, Thrombenbildung und Hypoxie zustande. Durch Verlegung des Aquaeductus mesencephali (Sylvii) kann wiederum ein Hydrocephalus internus acquisitus entstehen.

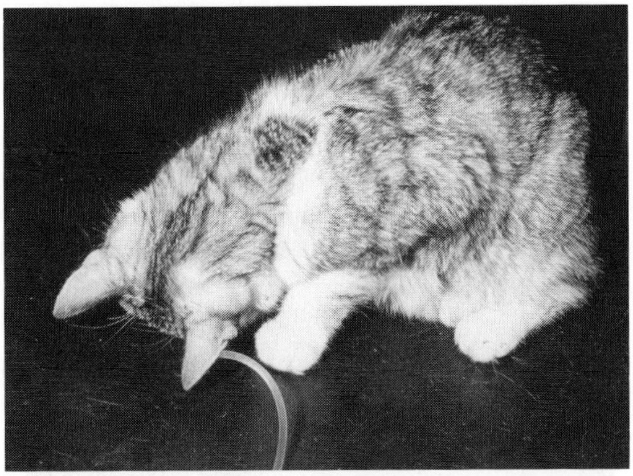

Abb. 10: Enzephalitis im Anschluß an Herpes-Katzenschnupfen. Stupor, Neigen des Kopfes bis zur Berührung der Unterlage mit der Stirn.

Pilzinfektionen des Gehirns gehören in unserer Gegend zu den Seltenheiten. In Frage kommen Kryptokokken- und Candida-Arten, ferner Aspergillen und Mukor. Sie werden lymphohämatogen ins ZNS verbracht und führen zu eitrigen und pyogranulomatösen Entzündungen.

Toxoplasmen können hämatogen ins Gehirn gelangen und eine multifokale histiozytäre Entzündung hervorrufen (HIRTH und NIELSEN, 1969).

Klinisches Bild

Das klinische Bild der Enzephalitis ist trotz unterschiedlicher Erreger relativ einheitlich, allerdings abhängig von der betroffenen Region und dem durch die verschiedenen Erreger bedingten unterschiedlichen Verläufe. Sie bestehen in

- plötzlich einsetzendem hohen Fieber
- Bewußtseinstörungen bis zur Bewußtlosigkeit
- Verhaltensstörungen
- generalisierten oder Herdzeichen
- Krampfanfällen
- Störungen einzelner oder mehrerer Gehirnnerven (Lähmungen, Stimmveränderung, Gesichtsausfälle, Störungen der Augenmotorik, des Schluckreflexes u. v. a.)
- vegetativen Störungen (Speicheln, Herz-, Atemfrequenz, Kreislauf, Magen-Darm-Motorik, Miktion u. a.)
- häufig Stauungspapille

Insbesondere bei bakteriellen und Mykoseerregern entsteht eine Leukozytose (Neutrophilie mit Linksverschiebung). Die Blutkörperchensenkungsreaktion ist stark beschleunigt. Im übrigen sei auf die Beschreibung der Symptome in den Kapiteln über

Tollwut, Pseudowut und Feline Coronavirose (FIP) verwiesen.

Die Toxoplasmose verläuft häufig klinisch inapparent. In anderen Fällen stehen Enteritiden und Pneumonien im Vordergrund. Gehirnsymptome hängen von Lokalisation, Art und Ausbreitung ab. Sie bestehen häufig in Streckkrämpfen, seltener schlaffen Paresen. Ferner werden Ataxien, Tremor und Krampfanfälle gesehen.

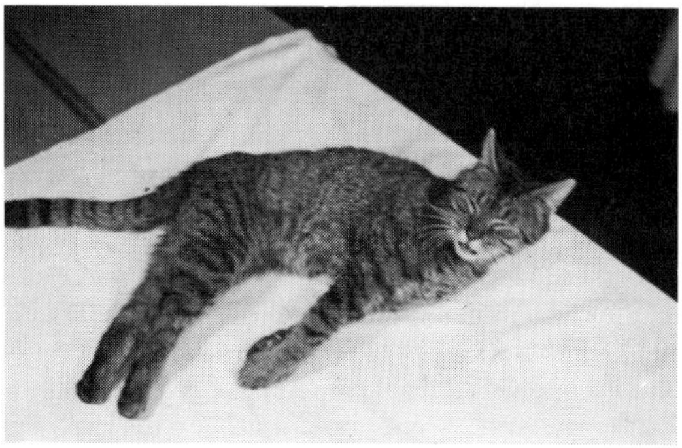

Abb. 11: Streckkrämpfe bei Toxoplasmose des Zentralnervensystems.

Bei der Meningitis als Entzündung der harten und weichen Hirnhäute (M. cerebralis oder cerebrospinalis als Kombination mit der Meningitis der Rückenmarkshäute) werden folgende Symptome beobachtet:

- hohes Fieber
- Anzeichen von Kopfschmerz (Pressen des Kopfes gegen die Wand, Bewegungsunterdrückung, Apathie)
- hochgradige Schmerzhaftigkeit bei aktiver und passiver Bewegung der Wirbelsäule (Meningitis spinalis)
- Opisthotonus
- vegetative Störungen möglich (Erbrechen, Bradykardie, Atemstörungen)
- z. T. Krämpfe, Bewußtseinstrübung, Stauungspapille
- z. T. regionaler Hautschmerz

Diagnose

Tollwut: Sie verläuft unter den bekannten Verhaltensstörungen mit Lähmungen, die Symptome sind aber nicht pathognomonisch (s. d.). Eine sichere Diagnose ist bei der Sektion möglich. Sobald aufgrund des klinischen Bildes der Verdacht auf Tollwut besteht, sollten keine weiteren diagnostischen oder gar therapeutischen Maßnahmen (verboten!) durchgeführt werden. Die Krankheit verläuft in wenigen Tagen tödlich.

Pseudowut: Der Verlauf ist i. a. perakut. In typischen Fällen werden der hochgradige Juckreiz mit Automutilation, Lähmungen des Schlundkopfes, klagendes, oft heiseres Miauen und schließlich Lähmung der Kopf-, Rumpf- und Gliedmaßenmuskeln beobachtet. Die Tiere sterben meist innerhalb eines Tages. Noch raschere Verläufe werden bisweilen bei Jungkatzen gesehen, bei denen nahezu ohne Krankheitszeichen, insbesondere ohne den typischen Juckreiz, plötzlich der Tod eintritt. Die Diagnose wird postmortal gesichert.

Feline Coronavirose (FIP): Sie läßt sich durch Blut- und Liquoruntersuchung mit hoher Wahrscheinlichkeit stellen: Der Proteingehalt ist erhöht, zurückgehend hauptsächlich auf eine Vermehrung der γ-Globuline, ferner auf eine Erhöhung der α_2-Globuline. Im Liquor werden vermehrt Zellen gefunden, hauptsächlich Lymphozyten, aber auch neutrophile Granulozyten. In manchen Fällen ist der Liquor jedoch so zähflüssig, daß er nicht gewonnen werden kann.

Bakterielle oder mykotische (eitrige) Entzündungen: Sie gehen mit hohem Fieber und Blutneutrophilie einher. Im Liquor werden ebenfalls vermehrt bis stark vermehrt neutrophile Granulozyten gefunden, ebenso ist Protein vermehrt, die Pándy- und in der Regel auch die Nonne-Apelt-Reaktion sind positiv. Im Liquor können die Erreger nachgewiesen werden, oft auch im Blut (Blutkultur).

Toxoplasmose: Im Liquor werden vermehrt Neutrophile, aber auch mononukleäre Zellen gefunden. Offenbar selten werden Toxoplasmen nachgewiesen (FENNER, 1989). Eine Retinitis kann bestehen. Man sollte auch nach weiteren Organkrankheiten (Pneumonie, Enteritis) fahnden. Im Serum wird ein erhöhter Titer ermittelt, der jedoch nicht beweisend ist. Spezifische Toxoplasma-gondii-IgM und -IgA können im Serum nachgewiesen werden. Eine Kotuntersuchung sollte nicht unterlassen werden.

Prognose

Jede Infektion des Zentralnervensystems ist als außerordentlich ernst anzusehen. Infaust sind Tollwut und Pseudowut, ebenso die Coronavirose. Etwas günstiger zu beurteilen sind bakterielle, weniger günstig mykotische Entzündungen. Auch die Toxoplasmose des ZNS ist zweifelhaft bis ungünstig.

Therapie

Tollwut und Pseudowut sind nicht behandelbar, bei der Tollwut ist ein Behandlungsversuch außerdem verboten. Eine Hoffnung auf Heilung ist auch bei

Coronavirose verfehlt. Eine Behandlung mit Kortikosteroiden kann den Krankheitsverlauf hinauszögern. Man beginnt mit Prednisolon, 2 mg/kg KM, auf zweimal täglich verteilt. Eine Kombination mit Azathioprin, 0,5 bis 1,0 mg/kg KM, ist möglich, wobei die Halbierung der Prednisolondosis empfehlenswert ist.

Bakterielle Infektionen werden mit Antibiotika behandelt. Dabei ist darauf zu achten, daß ein liquorgängiges Antibiotikum verwendet wird. Gut liquorgängig ist Chloramphenicol, bis 100 mg/kg, auf drei- bis viermal täglich verteilt; die bei der Katze beschriebenen Nebenwirkungen – schwer beeinflußbare aplastische Anämie – werden in Kauf genommen, da die Unterlassung der Anwendung größere Nachteile als Vorteile erbringt. Auch Rifampicin vermag die Blut-Hirn-Schranke gut zu überwinden. Dosis: 20 bis 25 mg/kg KM. Auch Clindamycin tritt in den Liquorraum über. Dosis: 20 bis 25 mg/kg KM, auf zweimal täglich verteilt. Eine schlechte Penetrationsfähigkeit weisen die Penicilline auf, die deshalb höher dosiert werden müssen, sollen sie bei Behandlungen von bakteriellen Infektionen des Nervensystems eingesetzt werden: Penicillin 50 000 bis 100 000 E/kg KM, Ampicillin 100 mg/kg KM. Zudem sollen sie einen neurotoxischen Effekt aufweisen.

Für Mykosen werden Amphotericin B, bis 1 mg/kg KM in der DTI, sowie Ketokonazol, 30 mg/kg KM, mit geringen Aussichten auf Heilung empfohlen.

Auch die Toxoplasmosetherapie ist wenig erfolgreich. Angewandt werden Clindamycin, 25 mg/kg KM, auf zweimal täglich verteilt, ferner Trimethoprim-Sulfonamid-Kombinationen, 30 mg/kg KM, auf zweimal täglich verteilt. Die Behandlung muß vier bis sechs Wochen lang durchgeführt werden.

Die Frage, ob bei infektiösen Entzündungen Kortikosteroide angewandt werden sollen, wird weiter diskutiert. Ziel der Behandlung ist die möglichst rasche Unterdrückung der Entzündung und des entzündlichen Ödems, um die (Dauer-)Schäden am Gehirn so gering wie möglich zu halten. Andererseits wird damit die Immunabwehr unterdrückt, so daß die Erreger sich weiter vermehren können. Dies ist besonders bei viralen Infektionserregern, die mit Therapeutika nicht beeinflußt werden können, zu berücksichtigen. Aber auch bei Anwendung von bakteriostatischen, also nichtbakteriziden Antibiotika oder Chemotherapeutika im Verlaufe von bakteriellen, mykotischen oder parasitären Infektionen ist die Anwendung von Kortikosteroiden problematisch. Die Dosis würde für Prednisolon 10 (!) mg/kg KM betragen und auf zweimal täglich verteilt zu geben sein. Danach wird Dexamethason in einer Dosis von 0,1 bis 0,2 mg/kg KM drei Tage lang gegeben.

Liegt ein entzündliches Gehirnödem vor, was man immer annehmen sollte, so sollte mit Sauerstoff beatmet werden. Eine Zunahme des Sauerstoffs im Blut und eine Abnahme von CO_2 verringert die Gefahr eines Gehirnödems. Mannitol, 1 g/kg KM, in der 15- bis 20%igen Lösung, 1 bis 2 ml/min, wird als Osmodiuretikum gegeben und hat einen günstigen Einfluß auf den intrakraniellen Druck. Auch Furosemid ist geeignet; Dosis: 1 bis 2 mg/kg KM.

Feline Polioenzephalomyelitis

VANDEFELDE und BRAUN (1979) berichteten über diese Krankheit, die gewisse Ähnlichkeiten mit viralen Infektionskrankheiten aufweist. Die Krankheit verläuft sehr protrahiert und äußert sich in Ataxie und Hinterhandlähmungen, zum Teil auch Intentionstremor und Hyperästhesie. In zwei Fällen wurden Krampfanfälle beobachtet.
Die Diagnose wurde erst bei der Sektion gestellt. Die Prognose ist schlecht. Eine Therapie ist nicht bekannt.

Zerebellare Hypoplasie

Synonym: Angeborene Kleinhirnataxie

Ätiologie

Infektion des Feten während der Trächtigkeit durch Viren, hauptsächlich Parvoviren.

Pathogenese

Parvoviren befallen Zellen, die sich in Reproduktionsphase befinden. Sofern das Kleinhirn betroffen ist, resultieren unterschiedliche Grade der Hypoplasie, die zu m. o. w. schweren klinischen Ausfallserscheinungen führen.

Klinisches Bild

In der Regel, aber nicht immer, sind mehrere bis alle Welpen eines Wurfes befallen. Die Kätzchen zeigen in schweren Fällen bereits während der ersten Lebenstage Schwierigkeiten beim Erfassen der Zitze des Muttertiers. Die Symptome werden unübersehbar, wenn die Welpen das Nest verlassen. In anderen Fällen nehmen die Symptome nach anfänglich normaler Entwicklung in den ersten Lebensmonaten kontinuierlich zu. Sie äußern sich in mehr oder weniger starkem Intentionstremor und in Hypermetrie, die Feinabstimmung der Bewegungen findet nicht statt, so daß fahrige, unsichere Kopf- und Gliedmaßenbewegungen zu beobachten sind. Die Gliedmaßen werden zu hoch angesetzt und vorgeführt, wenn die Tiere stehenbleiben, wippen sie charakteristischerweise in den Gliedmaßen nach. In besonders schweren Fällen stürzen die Tiere zur Seite, Rollen über die Längsachse und haben Schwierigkeiten, sich einigermaßen auf den Beinen zu halten. Oftmals haben die Katzen Schwierigkeiten bei der Futter- und Getränkeaufnahme, indem sie den Kopf nicht ausreichend genau gezielt zum Futter oder Wasser bewegen können. Die Großhirnleistungen sind in keiner Weise gestört. Die Tiere entwickeln eine normale „Intelligenz", sind gelehrig wie gesunde Geschwister und zeigen keinerlei Verhaltensstörungen. Nystagmus ist uncharakteristisch. Im Laufe der Zeit scheint sich eine gewisse Gewöhnung an den Zustand zu entwickeln, so daß die Tiere besser mit ihrer Krankheit zurechtkommen. Eine echte Kompensation scheint jedoch nicht vorzukommen.

Therapie

Eine Behandlung ist nicht bekannt. Besitzerin oder Besitzer sind auf den nichtfortschreitenden, aber auch nicht wesentlich sich bessernden Charakter der Krankheit hinzuweisen, wobei die Tiere allerdings ansonsten normale „Familienmitglieder" werden können.

Hydrocephalus internus

Ätiologie

Ursachen sind Stauung von Liquor cerebrospinalis in den Ventrikeln meist infolge von Abflußstörungen über den Aquaeductus mesencephali (Sylvii) oder seltener durch verminderte Resorption im Subarachnoidalraum. Bei der Siamkatze soll nach SILSON und ROBINSON (1969) eine autosomal-rezessive Vererbung vorkommen. Der Hydrozephalus kann in den meisten Fällen zu den angeborenen Krankheiten gerechnet werden (H. internus congenitus). Neben erblichen Verengungen im Ductusbereich sollen möglicherweise auch virale Infektionen ursächlich verantwortlich sein. Dagegen ist der H. i. acquisitus (wie der Name sagt) erworben. Auch er kann infolge von Meningo-Enzephalitiden (Coronavirose [FIP]) auftreten. Als weitere Ursachen kommen Tumoren mit Verschluß des Aquaeductus Sylvii in Frage (DAHME und WEISS, 1988).

Pathogenese

Durch die Druckerhöhung kommt es zu einer zunehmenden Erweiterung der Seiten- und des dritten Ventrikels. Die Drucksteigerung führt zur Druckatrophie der Großhirnhemisphären und zum Schwund des Septum pellucidum. Außerdem kann eine Kompression gegen das Tentorium cerebelli osseum zustande kommen, und das Kleinhirn kann in das Foramen occipitale hineingepreßt werden. Bei Welpen weichen die noch nicht fest verfugten Schädelknochen auseinander, so daß das Gehirn zunächst noch ausweichen kann und der Gehirnschädel außerordentlich stark an Umfang zunimmt. Dies ist bei der erwachsenen Katze nicht mehr möglich. Die Symptome entstehen daher bei der erwachsenen Katze rascher und schwerer als bei Welpen.

Klinisches Bild

Es erklärt sich unschwer aus der Pathogenese. Es sind zunächst vorwiegend Großhirnsymptome, später auch Kleinhirn- und Stammhirnsymptome, die zur Beobachtung gelangen. In den meisten Fällen sind die Patienten weniger lebhaft bis apathisch, nur selten kommen Exzitationen vor. Bisweilen werden allerdings Krampfanfälle beobachtet. Die Bewegungen sind langsam, „zeitlupenartig". Häufig bestehen Ataxien und Unsicherheiten beim Gehen mit Niederstürzen. Als typisches Zeichen der intrakraniellen Druckerhöhung wird bei Jungkatzen eine zunehmende Vergrößerung des Gehirnschädels gesehen, die Knochen geben auf leichten(!) Druck nach, die Fontanelle ist breit und offen. Ebenso tritt typischerweise ein eigentümlich starrer ventrolateraler Strabismus auf („Sonnenuntergangsphänomen"), wobei die Tiere offensichtlich blind sind.

Diagnose

Das klinische Bild bei Jungkatzen – Verhaltensstörungen, „Intelligenz"-Störung, langsame, oft Kreisbewegungen, epileptische Anfälle, Schlafbedürfnis, ventraler divergierender Strabismus bei aufgewölbtem Gehirnschädel, oft offene Fontanelle – ist typisch. Durch eine Röntgenaufnahme kann die oft äußerst dünne und fein gezeichnete Schädeldecke festgestellt werden. Bei Alttieren besteht jedoch keine Umfangsvermehrung des Gehirnschädels. Auch bringt die Röntgenaufnahme nicht immer weiter. Dagegen ist sowohl beim Welpen als auch beim Alttier die Computertomographie geradezu als diagnostisches – wenn auch teures – Mittel der Wahl anzusehen, das nicht nur den dünnen Knochen, sondern insbesondere auch die Vergrößerung der Ventrikel und Atrophie der Hemisphären sichtbar werden läßt. Von einer Liquorpunktion soll man absehen, da durch die plötzliche Druckentlastung eine Einklemmung des Gehirns unter dem knöchernen Gehirnzelt stattfindet, die tödlich enden kann.

Prognose

Sie ist eher als ungünstig zu bezeichnen. Insbesondere wenn die zugrunde liegende Krankheit nicht bekannt wird oder nicht behandelt werden kann und wenn bereits irreversible Gehirnschäden aufgetreten sind, ist kaum eine nachhaltige Besserung zu erwarten.

Therapie

Sie ist nicht sehr aussichtsreich. Die beim Menschen verwendeten Liquorpumpen und Drainagen werden bei der Katze nicht angewandt. Versucht werden kann eine massive Diurese: Mannitol, 1 g/kg KM, in der 15- bis 20%igen Lösung, 1 bis 2 ml/min, als Osmodiuretikum. Ferner: Furosemid 5 mg/kg KM. Auch Kortikosteroide werden angewandt: Prednisolon 0,5 bis 2,0 mg/kg, auf zweimal täglich verteilt, nach Eintritt der Besserung Reduktion der Dosis bis zum Erreichen der gerade noch wirksamen Menge. Bei epileptischen Anfällen wird Phenobarbital in einer Dosis von 3 bis 6 mg/kg, auf zweimal täglich verteilt, gegeben.

Tumoren

Neubildungen kommen bei der Katze besonders im Bereich des Gehirns häufig vor. In den meisten Fällen handelt es sich um *Meningiome* vom kugeligen Typ mit geringem infiltrativen Wachstum; durch ihre Expansionsneigung verdrängen sie aber das Gehirn. Meistens bleiben sie jedoch klein und führen nicht zu Ausfallserscheinungen. Ihr Sitz ist vorwiegend die Falx cerebri und die Tela chorioidea des Dritten Ventrikels (DAHME, 1988; NAFE, 1979).
Eindeutig infiltrativ wachsen dagegen die Meningealsarkome und malignen Lymphome. Erstere leiten sich vom Meninxmesenchym ab und infiltrieren das Gehirn entlang der Blutgefäße, während Lymphome in Verbindung mit der lymphatischen Leukose/Leukämie auftreten. Sie finden sich sowohl im Gehirn- als auch im Rückenmarksbereich und können zu schwersten Ausfallserscheinungen führen. Als weitere Tumoren werden Hypophysentumoren, Medulloblastome, Ependymome und Tumoren der Nervenwurzeln angetroffen (LUGINBÜHL u. M., 1968; ZAKI und HURVITZ, 1976). Metastasierungen finden im Gehirn und Rückenmark ausschließlich hämatogen statt. Andere Tumorarten kommen bei der Katze selten vor.

Pathogenese

Die Tumoren des Zentralnervensystems entstehen entweder primär oder auf dem Wege der Metastasierung. Die von ihnen ausgelösten Schädigungen beruhen hauptsächlich auf folgenden Ursachen:
- Verdrängung von Nervengewebe (Raumforderung)
- Zerstörung von Nervengewebe (Infiltration)
- Verlegung des Liquorabflusses (Druckerhöhung)
- Verlegung des Blutflusses (Hypoxie)
- Beeinflussung der Blut-Hirn-Schranke

Hieraus folgt, daß der Sitz des Tumors eine wesentliche Rolle bei der Entstehung von klinischen Symptomen spielt. Multiple Tumoren entwickeln darüber hinaus eine multifokale Symptomatologie.

Klinisches Bild

Die klinischen Symptome hängen erheblich von der Lage, Größe und der Art des Wachstums ab. Die häufigsten Tumoren der Katze, die Menigiome, zeigen ein langsames Wachstum, das wenig Neigung zur Infiltration hat. Sie erreichen daher während des relativ kurzen Lebens selten eine Größe, die zu merkbaren Ausfällen führt. Andererseits kann bei entsprechender Größe und Lage die Verdrängung des Nervengewebes so große Ausmaße erreichen, daß schwere klinische Symptome auftreten.
Die Katzen zeigen bei Krankheitsbeginn nicht selten unspezifische Veränderungen mit Verhaltensstörungen („Persönlichkeitsveränderungen"). Tumoren im Großhirnbereich führen zu Ausfallserscheinungen des kontralateralen Gesichtssinns je nach Lokalisation bis hin zur vollständigen Blindheit. Liegt der Tumor rostral des Chiasma opticum, dann besteht ipsilaterale Blindheit mit ipsi- und kontralateralem Ausfall des Pupillenreflexes. Häufig werden Krampfanfälle meist vom fokalen bis sekundär generalisierten Typ beobachtet. Gerade wenn Krampfanfälle bei alten Katzen zum ersten Mal auftreten, sollte ein Gehirntumor differentialdiagnostisch in Betracht gezogen werden. Weiterhin kommen Kreisbewegungen und allgemeine Schwäche vor. Später kommen kontralaterale Haltungs- und Stellreaktionsausfälle hinzu.
Tumoren im Kleinhirnbereich äußern sich als Gleichgewichtsstörungen, Ataxie, Hypermetrie, Intentionstremor und mangelhafte Abstimmung der Feinmotorik. Symptome von Tumoren sowohl im Großhirn- als auch im Kleinhirnbereich entwickeln sich eher langsam. Dagegen entstehen Krankheitszeichen im Stammhirnbereich und Rückenmark eher akut, bisweilen perakut. Selbst kleine Tumoren im Hirnstamm führen bisweilen zu schweren, lebensbedrohenden Symptomen mit Kreislaufschock und Atemlähmung. Sie können außerdem rasch zu Druckerhöhungen im Ventrikelbereich Anlaß geben. Damit können mehrere Gehirnabschnitte betroffen sein. Die scheinbar rasche Entwicklung wird nicht zuletzt durch Blutkreislaufstörungen, Druckerhöhungen und Ödeme hervorgerufen.

Diagnose

Die klinische Untersuchung vermag in der Regel nur eine Verdachtsdiagnose zu ermöglichen. Dazu gehören die langsame Entwicklung der Krankheitssymptome, insbesondere wenn Groß- oder Kleinhirn betroffen sind, das Alter der Katzen – mit Ausnahme der lymphatischen Tumoren sind fast ausschließlich alte Tiere betroffen –, die zumindest anfangs meist – außer bei multiplen Metastasen – monofokale Lokalisation der Symptome.

Die Röntgenuntersuchung ergibt nur in seltenen Fällen verwertbare Ergebnisse. Bisweilen kann man Zeichen einer Druckerhöhung mit Dickenabnahme der Schädelkalotte erkennen; selten sind Metastasen im Schädel selbst zu sehen. Eine Kalzifizierung des Tumors kann hin und wieder beobachtet werden.

Eine sehr wertvolle Hilfe ist die Untersuchung mit dem Computertomogramm. Der Tumor ist sicher nach Größe und Lage zu bestimmen; außerdem erlaubt die Untersuchungsmethode, Sekundärschäden zu ermitteln, besonders Wasseransammlungen in den Ventrikeln. Die CT ergibt wichtige Aussagen über die Möglichkeit, den Tumor operativ zu entfernen. Auch die Elektroenzephalographie, die besonders bei Krampfanfällen vorteilhaft ist, vermag den Tumor zu lokalisieren. Allerdings werden keine Aussagen über die Möglichkeit zur Entfernung des Tumors erhalten.

Die Untersuchung des Liquor cerebrospinalis läßt in typischen Fällen eine Druckerhöhung erkennen (Vorsicht! Entnahme nur geringer Mengen, damit keine Einklemmung von Gehirnteilen entsteht!), Erhöhung von Protein bei normaler Zellzahl und -art. Es wäre allerdings verfehlt, wollte man Tumorzellen erwarten. Dies ist äußerst selten der Fall und noch am häufigsten bei lymphatischen Tumoren festzustellen.

Therapie

Mittel der Wahl die operative Entfernung des Tumors. Dies gelingt bei oberflächlichen Tumoren, die etwa das Großhirn komprimieren, oft recht gut. Bei günstiger Lage kann die Lebenserwartung der Katze unbeeinträchtigt sein. Die chemotherapeutische Behandlung ist nur beschränkt einsatzfähig, da die Blut-Hirn-Schranke von den meisten Chemotherapeutika nicht überwunden werden kann. Eine gewisse günstige Beeinflußbarkeit läßt sich bei lymphatischen Infiltrationen infolge maligner Lymphome erzielen.

Nicht vernachlässigt werden sollte die symptomatische Therapie. Sie ist insbesondere gegen das oft lebensbedrohliche Ödem gerichtet. Hierzu werden Kortikosteroide eingesetzt: Prednisolon 10 (!) mg/kg KM, einmal intravenös, danach bis zur Besserung Reduktion auf zweimal täglich 1–0,5 mg/kg KM, jeweils einige Tage. In manchen Fällen führt Dexamethason zu einer besseren Beeinflussung: 2 mg/kg, danach Reduktion auf 0,1 bis 0,2 mg/kg KM.

Diuretika werden ebenfalls gegen das häufig begleitende Ödem eingesetzt: Furosemid, 1 bis 2 mg/kg, oder Xipamid, 0,1 bis 0,5 mg/kg KM. Ebenfalls werden durch die Infusion von Mannitol, 1 bis 2 g/kg, DTI, gute Ergebnisse erzielt.

Bei Krampfanfällen wird eine antiepileptische Therapie durchgeführt (s. d.).

Blutungen

Sie sind intra vitam häufig nur unsicher zu diagnostizieren und kommen bei der Katze offenbar auch selten vor. Ursachen können hauptsächlich Traumen sein, ferner Blutgerinnungsstörungen (Verbrauchskoagulopathie, Vergiftung mit Kumarin). Die **klinischen Symptome** variieren je nach Sitz und Ausbreitung der Blutung. Während Blutungen im Bereich des Großhirns zu Benommenheit, Sehstörungen, Krampfanfällen, Kreisbewegungen und Störungen des Allgemeinbefindens führen, werden bei Blutungen ims Stammhirn rasch einsetzende Bewußtlosigkeit mit Kreislaufversagen und Atemlähmung beobachtet.

Die **Diagnose** ist häufig eine Verdachtsdiagnose. Sie muß insbesondere berücksichtigen, ob vorher ein Unfall eingetreten war oder ob eine hämorrhagische Diathese besteht. Eine Untersuchung der Rückenmarksflüssigkeit gibt fast immer Aufschluß: Es wird ein blutiger bis xanthochromer Liquor mit Erythrozyten und zum Teil phagozytierten Erythrozyten gefunden.

Die **Therapie** besteht in der Abstellung und Behandlung der Ursache (s. o.). Des weiteren ist eine Druckentlastung anzustreben durch Applikation von Furosemid, 2 bis 4 mg/kg, und/oder Mannitol, 1 g/kg KM, $^{2}/_{3}$ innerhalb der ersten 20 Minuten, $^{1}/_{3}$ innerhalb der letzten 40 Minuten als Dauertropfinfusionslösung i. v. Die Gabe von Prednisolon, 2 bis 5 mg/kg KM soll der Ödemwirkung ebenfalls entgegenwirken.

Feline ischämische Enzephalopathie

Über die Krankheit wurde besonders in den Vereinigten Staaten berichtet (deLAHUNTA, 1977; NAFE, 1980), wo sie besonders in den Oststaaten besonders häufig in den Sommermonaten vorkommen soll. Es wird vermutet, daß das Krankheitsbild in Verbindung mit einer FeLV-Infektion, einer Pneumonie oder auch einer hypertrophen Myokardiopathie zu sehen ist.

Klinisches Bild

Wie Gehirnblutungen, so ist auch die Ischämie ein perakutes Krankheitsbild mit Krampfanfällen, oft fokal, Benommenheit bis Bewußtlosigkeit, Verhaltensstörungen, Blindheit. Je nach Sitz der Ischämie können die Symptome ein- oder beidseitig auftreten.

Diagnose

Die klinischen Symptome und die Untersuchungsergebnisse gleichen denen bei Gehirnblutungen mit dem Unterschied, daß im Liquor kein Blut, eher vermehrt Protein gefunden wird. Unbedingt ausgeschlossen werden muß ein vorausgegangener Unfall, der durch Commotio cerebri ähnliche Symptome hervorrufen kann.

Prognose

Nach wenigen Tagen erfolgt eine bisweilen rasche, meist aber langsame Erholung. Danach kann in seltenen Fällen eine vollständige Restitutio ad integrum stattfinden, oder es bleiben einzelne Ausfälle auf Dauer zurück; dies können insbesondere Krampfanfälle, aber auch Kreisbewegungen und Lähmungen sein.

Therapie

Sie besteht in der Gabe von Kortikosteroiden in hoher Dosis. Allerdings scheint der Effekt durchaus begrenzt zu sein. Vorsichtshalber sollte vorübergehend eine Therapie mit Antiepileptika (Phenobarbital 3 bis 6 mg/kg KM, auf zweimal täglich verteilt), ggf. auch Volumensubstitution durchgeführt werden.

Feline spongiforme Enzephalopathie (FSE) (Transmissible [Bovine] spongiforme Enzephalopathie [TSE, BSE])

WYATT u. M. berichteten erstmals im Jahre 1990 von einer Katze mit BSE/FSE. Bereits ein Jahr später (1991) überblickten sie fünf Haukatzen, die an Boviner spongiformer Enzephalopathie (BSE) erkrankt gewesen waren. Innerhalb von sechs Monaten wurden im Feline Centre in Langford, Großbritannien, fünfzehn Hauskatzen mit den Symptomen Bewegungsstörungen, Verhaltensstörungen und gestörtes Bewußtsein angetroffen. Schon wenig später konnte auch WYATT (1991) von insgesamt 15 Fällen berichten. Bis 1994 waren bereits 54 Fälle von FSE bekannt geworden (WILESMITH, zit. nach HEWICKER-TRAUTWEIN, 1994). Inzwischen wurden auch bei in Zoos von Großbritannien und Australien gehaltenen Wildfeliden Einzelfälle von FSE beobachtet.

Ätiopathogenese

Es wird allgemein als bewiesen angesehen, daß die transmissiblen spongiformen Enzephalopathien durch „unkonventionelle Agentien oder Erreger" ausgelöst werden, die den Namen Prionen (von prion [eigentlich proin] = proteinaceous infectious particle) erhielten. Sie sind außerordentlich resistent, überstehen Temperaturen bis 200 (?) °C und zahlreiche Desinfizientien (KAADEN, 1994). Sie stellen Eiweißmoleküle von 2 bis 6 nm und einem Molekulargewicht von 28 000 Da dar. Möglicherweise werden die Prionen durch infiziertes Futter (Nervengewebe) übertragen. Wie der Erreger das Nervensystem der Katze erreicht und auf welche Weise das Nervengewebe verändert wird, ist unklar. Jedenfalls resultiert bei der Katze eine progressive degenerative Enzephalopathie mit Vakuolisierung der grauen Substanz sowie des Zytoplasmas und der Fortsätze der Neuronen und Neuronenuntergang. Außerdem wird Amyloid in Form von Fibrillen abgelagert, die ein wichtiges diagnostisches Kriterium darstellen.

Klinisches Bild

Die Symptome wurden eindrucksvoll von WYATT u. M. (1990, 1991, 1993), GRUFFYDD-JONES u. M. (1991), PEARSON u. M. (1993) geschildert. Die erkrankten Tiere hatten ein Alter von vier bis zwölf Jahren. Sie zeigten Parästhesien, Ataxien, Kreisbewegungen, abnorme Kopfhaltungen, geduckten Gang, Muskelzuckungen sowie Harn- und Kotabsatzbeschwerden. Zum Teil wurden besondere Ängstlichkeit, andererseits auch Aggressivität beobachtet. Die Tiere starrten ungerichtet vor sich hin. Die Symptome waren progressiv.

HEWICKER-TRAUTWEIN (1994) faßt die bisher geschilderten Symptome zusammen:

Ataxie	11	
Verhaltensänderungen	10	
– Aggressivität		6
– Ängstlichkeit		4
Hyperästhesie	10	
– akustische und taktile Reize		7
– akustische Reize		2
– taktile Reize		1
Polyphagie	8	
Veränderung des Fellpflegeverhaltens	7	
– vermindert		4
– gesteigert		3
Hypermetrie	6	
kriechender Gang	5	
Hypersalivation	5	
Polydipsie	5	

Diagnose

Sie läßt sich nur durch histologische Untersuchung beweisen. Bei der histologischen Untersuchung werden die typischen Symptome wie bei der BSE gefunden. PEARSON u. M. (1992) konnten das als „Erreger“ angesehene PrP^{Sc} und Fibrillen im Gehirnhomogenat erkrankter Katzen nachweisen.

Therapie

Eine Behandlung ist nicht bekannt. Die Krankheit endet ausnahmslos tödlich.

Traumen

Die häufigsten Ursachen für Gehirntraumen der Katze stellen Autounfälle dar. Das oft vermutete Herunterfallen von Schränken oder dergleichen sowie das Abstürzen aus Fenstern und Fallen auf den Kopf führt dagegen wesentlich seltener zu Gehirnschäden, da die gesunde Katze sich in der Regel äußerst geschickt abfängt. Hat jedoch ein solches Ereignis zu Gehirnsymptomen geführt, so sollte danach gefahndet werden, ob nicht schon vorher Auffälligkeiten beobachtet worden waren oder ob evtl. andere Ursachen zum Absturz geführt haben könnten.

Pathogenese und klinisches Bild

Schäden, die durch Traumen auftreten können, sind Blutungen, Kommotionen (Commotio cerebri [„Gehirnerschütterung“]), Kontusionen (Contusio cerebri [„Gehirnprellung“]) und Ödeme.

Die **Commotio cerebri** bezeichnet eine reversible, nicht mit anatomischen Veränderungen, insbesondere auch nicht mit Blutungen einhergehende Funktionsstörung des Gehirns infolge von äußerer Gewalteinwirkung. Die Symptome sind kurzfristige oder bis mehrere Stunden anhaltende Bewußtseinstrübung bis Bewußtlosigkeit, Nausea, Übelkeit mit Erbrechen. Die Diagnose kann aufgrund des Vorberichts und der klinischen Symptomatologie gestellt werden. Im Liquor wird kein Blut gefunden.

Unter **Contusio cerebri** versteht man das gedeckte Schädel-Hirn-Trauma, bei dem an der Stelle des Traumas (Coup) und auf dessen Gegenseite (Contrecoup) Gewebsschäden mit leichten (petechialen) Blutungen auftreten. Der Contrecoup entsteht durch kurzdauerndes Abweichen des Gehirns von der Schädelwand, wobei ein kurzfristiger Unterdruck ausgelöst wird. Durch die Sogwirkung reißen Blutgefäße auf (JAGGY und TIPOLD, 1992). Symptome sind Bewußtlosigkeit, Pupillenstarre, Atemstörungen, Hyperthermie („zentrales Fieber“). Eine gefährliche Komplikation ist das Gehirnödem mit generalisierter intrakranialer Druckerhöhung. Auch können größere Blutungen auftreten. Dabei kann eine dauernde Bewußtlosigkeit (apallisches Syndrom) entstehen, das schließlich zum Tode führt. Im EEG wird eine Verlangsamung der Hirnströme (Grundrhythmus) festgestellt, im Liquor finden sich Erythrozyten.

Unbedingt müssen die extranervalen Folgezustände erkannt und behandelt werden. Dies gilt umgekehrt auch für primär extranervale Krankheiten, die etwa zu Atemstillstand – mechanisch oder funktionell – geführt haben. Hierbei ist mit einer lebensbedrohenden oder die spätere Funktion irreversibel beeinträchtigenden Hypoxie des Gehirns zu rechnen. Zur Überwachung eignet sich am besten die Messung des arteriellen pO_2-Drucks.

Treten Blutungen aus der Nase auf, so kann dies auf einer banalen, auf die Nasenschleimhaut beschränkten Epistaxis beruhen, die rasch spontan zum Stillstand kommt. Ungleich ernster sind Blutungen aus den Ohren anzusehen. Sie sind in der Regel mit Schädelbasisbrüchen vergesellschaftet. Dabei können das Stammhirn verletzt sein und rasch der Tod eintreten.

Bei Katzen, die ein Schädeltrauma erlitten und eine Kommotion oder Kontusion davongetragen haben, sollte man immer eine Ödembildung im Gehirn annehmen. Ein solches Ödem kann sowohl extra- als auch intrazellulär auftreten. Die Ursache extrazellulärer Ödeme ist in der erhöhten Gefäßpermeabilität zu suchen. Sie können eine generalisierte intrathekale Druckerhöhung nach sich ziehen. Das intrazelluläre Ödem dagegen entsteht durch die allgemeine Hypoxie, wodurch die sauerstoffmangelempfindlichen Nervenzellen des Gehirns in den anaeroben Stoffwechsel gelangen und Laktat anreichern. Die nach einem Gehirntrauma nicht selten hinzukommenden Krämpfe verschlechtern die Durchblutung weiterhin und sorgen für eine weitere Mangeldurchblutung mit Hypoxie und Hyperkapnie. Dabei werden Laktatazidose und Gehirnödem noch gesteigert, so daß ein Circulus vitiosus resultiert.

Sowohl Blutungen als auch Ödeme führen, wenn sie ausreichend umfangreich sind, zu Bewußtseinstrübungen bis Bewußtseinsverlust. Dies gilt für das Großhirn, insbesondere aber auch für das Stammhirn mit der Formatio reticularis. Bei Stammhirnläsionen treten außer Bewußtseinsbeeinträchtigungen Tetraplegien, Streckkrämpfe, Opisthotonus (Mittelhirnläsionen) auf, ferner können ein- oder beidseitige reaktive oder areaktive Pupillenveränderungen beobachtet werden (JAGGY und TIPOLD, 1992). Durch Beeinträchtigung der vegetativen Funktionen werden Störungen des Herz- und Atmungsrhythmus' beobachtet.

In manchen Fällen kommt ein lebensbedrohendes „zentrales Lungenödem“ durch perakuten Bluthochdruck im kleinen Kreislauf infolge eines allgemeinen Sympathikotonus hinzu.

Diagnose

Benommenheit bis Bewußtlosigkeit nach einem Trauma lenken auf Commotio oder Contusio cerebri; dabei sind die Symptome bei Kontusion ungleich schwerer und andauernder. Bei Stammhirnbeeinträchtigung fällt der Pupillenreflex aus. Außerdem kann Nystagmus beobachtet werden. Im EEG werden bei Kontusionen Verlangsamung der Hirnströme, im Liquor Erythrozyten gefunden.

Differentialdiagnose

Liegen Verletzungen des Rückenmarks oder peripherer Nerven, jedoch keine Gehirnschädigung vor, so ist das Bewußtsein ungetrübt; ähnlich liegen die Schäden jedoch auch bei Kleinhirnbeschädigungen, bei denen zusätzlich ein Intentionstremor beobachtet wird.
Kurz nach einem schädigenden Ereignis können die Katzen einen verstörten Eindruck machen. Dieser darf nicht mit Bewußtseinsstörungen verwechselt werden.

Therapie

Behandelt werden müssen
- Hypoxie
- erhöhter Gehirndruck (Ödem)
- Schockbehandlung
- Azidoseausgleich
- evtl. Flüssigkeitssubstitution (langsam!)

Man sollte den Patienten als erstes intranasal intubieren oder in eine Narkoseboxe verbringen und mit Sauerstoff beatmen. Mit Hilfe eines Respirators werden 12 bis 15 Beatmungen/min verabfolgt.
Prednisolon, 10 mg/kg KM, oder Dexamethason, 2 mg/kg KM werden intravenös gegeben. Die Dosierung ist rasch zu reduzieren: Prednisolon auf 0,5 bis 1 mg/kg, Dexamthason auf 0,1 mg/kg. I. a. ist die Behandlung nach drei Tagen zu beenden.
Da immer ein Gehirnödem vorliegen kann, sollten Diuretika gegeben werden:
- Mannitol, 1 bis 1,5 g/kg KM, zwei Drittel in den ersten zwanzig Minuten, ein Drittel in den letzten vierzig Minuten.
- Oder Furosemid, 2 bis 4 mg/kg KM intravenös.
- Oder Xipamid, 0,5 mg/kg KM intravenös.

Bei Krämpfen wird Diazepam, 0,25 bis 0,5 mg/kg KM, intravenös gegeben.
Azidose und Volumenmangel werden mit Ringer- oder Ringer-Laktat-Lösung nach den früher erwähnten Richtlinien ausgeglichen. Es muß jedoch vorsichtig und nur bei tatsächlicher Hypovolämie infundiert werden. Auf Glukoselösung sollte verzichtet werden. Schädelfrakturen werden chirurgisch behandelt.

Organ- und Stoffwechselstörungen sowie Vergiftungen mit Auswirkungen auf das Gehirn

Als Ursachen kommen in Frage:
- Herzkrankheiten mit Minderdurchblutung des Gehirns
- Lungenerkrankungen mit Hypoxämie und Hypoxie des Gehirns
- Urämie
- Leberkrankheiten mit hepatoenzephalem Syndrom
- Anämie mit Hypoxie des Gehirns (selten)
- Thiaminmangel
- Hypoglykämie
- Bleivergiftung
- Arsenvergiftung
- Arzneimittelnebenwirkungen

Diese Krankheitsursachen werden in den jeweiligen speziellen Kapiteln behandelt. Daher soll hier nur auf den Thiaminmangel eingegangen werden.

Thiaminmangel

Thiamin oder Vitamin B_1 ist ein lebensnotwendiges Vitamin, bei dessen Fehlen schwere nervale Störungen auftreten können. Als Thiaminpyrophosphat ist es erforderlich zur enzymatischen Dekarboxilierung von Pyruvat zu Azetylcoenzym A. Sein Fehlen führt im Blut zum Anstieg von Pyruvat und Laktat. Dadurch wird der Energiehaushalt beeinträchtigt, worunter besonders das energieabhängige Zentralnervensystem leidet. Außerdem besteht eine Aktivitätsminderung der thiaminabhängigen Erythrozytentransketolase.
Die Katze hat einen wesentlich höheren Bedarf an Thiamin als etwa der Hund. Möglicherweise steigt dieser Bedarf noch während schwererer Krankheitszustände an, oder es wird wegen der Futterverweigerung kein Thiamin aufgenommen, wodurch rasch ein Defizit entsteht. Die in der Literatur immer wieder bemühte Verfütterung bestimmter thiaminasehaltiger Arten von rohem Fisch spielte in keinem einzigen unserer zahlreichen Fälle von Hypothiaminose eine Rolle. Vielmehr waren Katzen betroffen, die an einer schwereren, zur Futterverweigerung führenden Grundkrankheit litten. Dies waren insbesondere der Katzenschnupfenkomplex, Durchfälle und Erbrechen (Panleukopenie), längere Anorexie, FeLV-Infektionen. Auch in der alleinigen Verfütterung gekochten Futters soll eine mögliche Ursache zu suchen sein.

Tabelle 8: Ursachen von Krampfanfällen

Gehirn	andere Organe	Stoffwechselstörung	exogen
idiopathisch	Herzinsuffizienz	Hypoglykämie	Thiaminmangel
Tumoren	(Hypoxämie)	Thiaminmangel	Vergiftungen
Narben	Lungeninsuffizienz	Hypoxämie	Blei
Enzephalitiden incl.	(Hypoxämie)	Hypoxie	Quecksilber
Coronavirose	Niereninsuffizienz	Azidose	Äthylenglykol
Tollwut	(Urämie)	Urämie	Organophosphate
M. Aujeszkyi	Leberinsuffizienz	Hepatoenzephales	Metaldehyd
Toxoplasmose	(Hepatoenzephales	Syndrom (porto-	(Arsen)
bakterielle Infektion	Syndrom)	systemischer Shunt,	(Nikotin)
Mykose	Anämie	Hepatopathie)	(Strychnin)
granulomatös	Polyglobulie	Hypokaliämie	Phenole
		Hypokalzämie	Medikamente
Meningoenzephalitis		Hyperthermie	Parasympatholytika
Abszesse		Fieber	Insulinüberdosis
Hydrozephalus			u. a.
Blutungen			
Ischämie			

Die **klinischen Symptome** entstehen durch eine Polyneuropathie, bei längerem Zuwarten bis zur Therapie werden Stammhirnnekrosen gefunden, seltener Nekrosen von Großhirnganglien. Sie bestehen in allgemeiner Schwäche, Benommenheit, Ataxie, „zeitlupenartigen" Bewegungen, gestörten Haltungs- und Stellreaktionen, bisweilen Hyperreflexie der Spinalreflexe, Herabstürzen von Tischen oder erhöhten Sitzplätzen, Ventroflexion des Kopfes, Mydriasis. Die Ventroflexion zusammen mit Mydriasis ist bei entsprechendem Vorbericht nahezu pathognomonisch.

Die **Diagnose** läßt sich leicht an Hand des Vorberichts – Hungern, Grundkrankheit –, des klinischen Bildes und der raschen Besserung auf Thiamin („diagnostische Therapie") stellen. Plasma-Pyruvat und -Laktat sind erhöht.

Die **Prognose** ist günstig, wenn innerhalb der ersten beiden Tage nach Beginn der Symptome mit der Behandlung begonnen wird. Dann können die Symptome spurlos abheilen. Wird erst später begonnen, können irreversible Schäden eingetreten sein, die zu dauernder Behinderung führen.

Die **Therapie** besteht in der Gabe von 100 mg Thiamin/kg KM i. m. über einige Tage. Danach kann die Dosis auf 10 mg/kg reduziert werden.

Krampfanfälle

Krampfanfälle oder epileptische Anfälle sind plötzlich auftretende (paroxysmale) Störungen der Motorik und des Sensoriums infolge einer schlagartigen Hyperaktivität des gesamten Zentralnervensystems oder einzelner Bereiche. Zugrunde liegt eine synchrone elektrische Entladung einer m. o. w. großen Gruppe von Neuronen. Zahlreiche Katzen erleiden im Laufe ihres Lebens ein einziges Mal oder wenige Male einen epileptischen Anfall. Unter Epilepsie versteht man das Wiederkehren von Krampfanfällen. Die Unterscheidung zwischen „idiopathischer oder genuiner Epilepsie" und „symptomatischer Epilepsie", von der bisweilen noch die nichthirnorganischen Krampfanfälle abgetrennt wurden, wird heute bisweilen abgelehnt. Bei der Katze werden allerdings überwiegend symptomatische Krampfanfälle beobachtet.

Ätiologie

Zahlreiche Krankheiten des Gehirns, anderer Organe, Stoffwechselstörungen oder exogene Faktoren, deren Trennung bisweilen nicht scharf ist, können epileptische Anfälle hervorrufen. Dies sind insbesondere:

Pathogenese

Der Ausgangspunkt der meisten generalisierten Krampfanfälle liegt rostral im Mittelhirn. Von hier aus werden über Nervenbahnen Hirnmantel, limbisches System, Thalamus, Hypothalamus, schließlich das gesamte Nervensystem erfaßt. Der Ausgangspunkt kann aber je nach Lokalisation einer auslösenden Noxe variieren. Insbesondere müssen nicht alle Hirnareale ergriffen werden, so daß der Anfall lokalisiert bleibt.

Im Mittelpunkt des Anfallsgeschehens steht das epileptische Neuron. Solange die Membranpotentiale physiologisch auf- und abgebaut werden, wird die normale nervale Funktion aufrechterhalten. Wenn diese Fähigkeit durch intra- oder extrazelluläre Einflüsse gestört wird, kann das Neuron epileptisch werden. Das Neuron entlädt sich. Nach SCOLLO-LAVIZZARI (1976) werden dabei folgende Pathogenitätsmechanismen festgestellt:

- Energiemangel für den Transport von Kaliumionen in die Zelle hinein und von Natriumionen aus der Zelle heraus. Diese Störungen kommen vor bei Hypoglykämie, Hypoxie, Störungen der Enzym- und Katalysatoraktivitäten, Intoxikationen, die das Oxidationssystem blockieren
- Depolarisation der Zellmembran als Folge allgemeiner Elektrolytstörungen: bei Ödemen, Hypokalzämie
- Depolarisation der Zellmembran als Folge einer gesteigerten Konzentration exzitatorischer oder Mangel inhibitorischer Transmitter
- Exzitatorisches „Bombardement" mit exogenen Stimuli wie bei Reflexepilepsie
- Fehlen normaler inhibitorischer Einflüsse von seiten besonderer Zellen mit inhibitorischer Funktion: inhibitorische Interneurone in den thalamokortikalen Relaiszellen, wie Körbchenzellen im Hippokampus und Sternzellen im Neokortex. Einige spezielle anatomische Strukturen, die sogenannten Suppressorzonen, wie der Hypothalamus, der Nucleus caudatus, die Formation reticularis und Anteile des Kleinhirns, gehören zu diesem weit verbreiteten Hemmsystem

Das epileptisch gewordene Neuron neigt zur Spontanentladung. Es hat die Tendenz, diese Spontanentladung seinen Nachbarneuronen mitzuteilen. Mehrere epileptische Neurone bilden dann einen epileptischen Focus, in dem die einzelnen epileptischen Neurone sich synchron entladen. Sobald also aus der asynchronen („chaotischen") Entladung der Neurone eine Synchronizität entsteht, wird die epileptische Entladung eingeleitet. Der epileptische Focus kann wiederum benachbarte Hirnareale beeinflussen und deren Reizschwelle herabsetzen. Auf diese Weise können m. o. w. umfangreiche Bezirke erfaßt werden. Je nach Lokalisation, Ausbreitung und Dauer werden Aurae epilepticae, lokalisierte, generalisierte, psychomotorische Anfälle oder Status epileptici ausgelöst.

Klinisches Bild

Der Ictus oder Krampfanfall setzt sich typischerweise aus drei Komponenten zusammen: Aura epileptica, epileptischer Anfall, postiktale Phase. Die Aura kann fehlen oder so kurz und gering ausgeprägt sein, daß sie nicht beobachtet wird. Folgende Symptome können beobachtet werden:

- Aura epileptica: Plötzliches Weglaufen, plötzliche Lautäußerungen, oftmals mit veränderter Stimme, unmotiviertes Aufhorchen, Kratzsucht, Aggressivität, Orientierungslosigkeit u. a.
- Iktus: Die Krämpfe können fokal beginnen und lokalisiert bleiben, oder sich zunehmend generalisieren, oder sie beginnen sofort als generalisierte Krämpfe mit getrübtem Bewußtsein bis zur Bewußtlosigkeit mit Niederstürzen. Zunächst bestehen tonische, später klonisch werdende Krämpfe der gestreiften Muskulatur, oft Schreien, Kaukrämpfe, Speicheln und Schaumkauen, unwillkürliche Miktion und Kotabsatz. In der Regel endet das Krampfstadium nach wenigen Sekunden bis zu zwei Minuten im Stadium der klonischen Krämpfe als Ausdruck zunehmend die Oberhand gewinnender antagonistisch-antiiktaler Einflüsse, die langsam nachlassen und in das postiktale Stadium überleiten, oder die Krämpfe beginnen aufs Neue oder gehen ohne Unterbrechung weiter und münden in einen bis zu einer halben Stunde, bisweilen auch länger dauernden Status epilepticus.
- Postiktales Stadium: Die gesamte Muskulatur erschlafft, die Tiere liegen noch bewußtlos, wachen schließlich auf, sind anfangs noch benommen und taumeln, zeigen innerhalb weniger Minuten keinerlei Symptome mehr, sind aber bisweilen etwas „aufgeregter" und unruhiger als sonst.

Diagnose

Oftmals müssen sich der Tierarzt oder die Tierärztin mit dem Vorbericht zufrieden geben, da die Tiere während des Vorstellens in der Praxis in der Regel anfallsfrei bleiben. Es sollte eine gesamte neurologische Untersuchung durchgeführt werden. Um andere Organkrankheiten auszuschließen, ist oft auch eine Gesamtuntersuchung einschließlich Labordiagnostik erforderlich. Ergibt die Gesamtuntersuchung keinen Anhaltspunkt für eine Erkrankung außerhalb des ZNS und liegen keine Zeichen für eine schwerwiegende Gehirnerkankung vor, ist insbesondere erst einmal oder nur ein- bis zweimal im Jahr ein Anfall aufgetreten, so brauchen keine weiteren Untersuchungen und keine Behandlungen durchgeführt werden. Im anderen Fall sind eine Liquoruntersuchung, wenn möglich eine elektroenzephalographische und eine Computertomographie einzuleiten. Allerdings ergibt die Liquoruntersuchung häufig keinerlei krankhafte Abweichung.

Differentialdiagnose

Es sollte versucht werden, die in Tabelle 8 erwähnten Ursachen zu evaluieren. Dies ist wegen der

Prognose, zum Teil auch aus seuchenhygienischen Gründen (Tollwut, Aujeszky-Krankheit, FIP, FeLV), und wegen der therapeutischen Eingriffsmöglichkeiten unbedingt erforderlich. Bei Katzen, bei denen in fortgeschrittenem Alter zum ersten Male eine Epilepsie auftritt, sollte ein Tumor ausgeschlossen werden. Sofern eine Ursache nicht ermittelt oder eine Grundkrankheit nicht behandelt werden kann, wenn der Verdacht auf idiopathische Epilepsie besteht, müssen dem Besitzer die Aussichten der – symptomatischen – antiepileptischen Therapie unterbreitet werden.

Prognose

Sie hängt von der jeweiligen Grundkrankheit ab. Ist sie ausreichend behandelbar, so können die Anfälle völlig verschwinden. Mit der antiepileptischen Therapie können etwa 50 % der Katzen symptomlos werden, weitere 20 % werden gebessert (die Anfälle treten seltener auf, die Schwere ist geringer); die restlichen etwa 30 % sind unbeeinflußbar.

Therapie

Im Vordergrund steht die Behandlung der Ursache, sofern sie zu sichern und zu behandeln ist. Im übrigen ist das Ziel, die weitgehende oder vollständige Anfallsfreiheit oder doch die deutliche Reduzierung von Zahl und Schwere der Anfälle zu erreichen.

Das schwerste und eindrucksvollste Krampfereignis mit den schwersten Schädigungen des Zentralnervensystems ist der *Status epilepticus* (s. u.). Er muß daher sofort unterbrochen werden. Als erstes sollte ein Venenkatheter oder eine Braunüle gelegt werden. Ggf. ist eine Hypoglykämie oder -kalzämie auszugleichen, die Cholinesterasebestimmung zeigt an, ob evtl. eine Behandlung mit Atropin (Organophosphatvergiftung) indiziert ist. Bei Hyperthermie (> 41,6 °C) ist ein feucht-kaltes Tuch um die Katze zu legen. Eine Sauerstoffbeatmung ist vorzubereiten (Intubation, Nasensonde, Narkosekäfig).

Um die Krämpfe zu unterbrechen, wird Diazepam (Valium®), 0,5 mg/kg KM, intravenös injiziert. Neuerdings wird Lorazepam (z. B. Duralozam®) in einer Gesamtdosis von 1 bis 2 mg empfohlen (FENNER, 1989). Es soll eine stärker antikonvulsive Wirkung als Diazepam besitzen, andererseits aber stärker atemdepressiv wirken als dieses.

Sollten die Krämpfe nicht sofort oder innerhalb weniger Minuten verschwinden, so kann dieselbe Diazepamdosis noch ein- bis zweimal gegeben werden, insgesamt also 1,5 mg Diazepam/kg KM. JAGGY und TIPOLD (1992) empfehlen, von vornherein eine Dosis von 0,5 bis 2,0 mg/kg KM zu geben. Sollte auch dann noch keine Besserung eintreten, so ist mit Phenobarbital weiterzubehandeln in einer Dosierung von 3 bis 6 mg/kg KM intravenös. Sollte nach jeweils einer Viertelstunde noch immer keine Besserung eingetreten sein, so kann die Behandlung bis zu dreimal wiederholt werden; 20 mg/kg sollten allerdings möglichst nicht überschritten werden. Wenn nach diesen wiederholten Gaben keine Anfallsfreiheit eintritt, so sollte eine Inhalationsnarkose mit Isofluran durchgeführt werden. Auch Pentobarbital kann als Injektionsnarkotikum mit guter antiepileptischer Wirkung bei Status epilepticus erfolgreich eingesetzt werden. Dosis: 3 bis 6 mg/kg KM i. v. (HWZ 5 Stunden). Ggf. muß eine künstliche Beatmung durchgeführt werden, da Barbiturate in höheren Dosen atemdepressiv wirken können.

Für die Langzeitbehandlung mit Antiepileptika müssen einige Voraussetzungen mit dem Besitzer geklärt werden:

- Krampfanfälle, die einmal oder wenige Male pro Jahr auftreten, bedürfen keiner Behandlung
- öfter auftretende Anfälle müssen behandelt werden
- es ist ein Anfallskalender zu führen
- die Behandlung führt nicht immer zum vollen Erfolg (s. Prognose)
- „Erfolg“ kann evtl. schon die Verminderung der Anfälle in Zahl und Schwere bedeuten
- die Behandlung muß in manchen Fällen lebenslang durchgeführt werden
- die Behandlung muß zuverlässig, insbesondere regelmäßig durchgeführt werden
- die Unterbrechung der Behandlung kann besonders schwere Anfälle provozieren
- ist ein Jahr lang kein Anfall aufgetreten, so kann die Behandlung schrittweise reduziert werden unter tierärztlicher Kontrolle
- Nebenwirkungen der Behandlung sind mitzuteilen
- es sollte eine regelmäßige tierärztliche Kontrolle der Katze durchgeführt werden, anfangs alle acht bis 14 Tage, nach ausreichender Einstellung alle drei Monate

Die Tierärztin/der Tierarzt sollte sich über die Wirksamkeit der Antiepileptika bei der Katze im klaren sein und keine seit langem erwiesenermaßen unwirksamen Mittel mehr einsetzen. Darüber hinaus sollte über die Halbwertszeit und Wirkungsdauer Klarheit herrschen. LÖSCHER (1993, 1994) gibt als wirksame Antiepileptika Diazepam und Phenobarbital an. Fraglich ist, ob Primidon, Phenytoin, Carbamazepin, Clonazepam und Nitrazepam bei der Katze wirksam sind. Von den neuen Antiepileptika ist nach LÖSCHER (1994) lediglich Vigabatrin bei der Katze „vielleicht“ wirksam; alle anderen sind bei dieser Tierart noch nicht ausreichend untersucht. Zum Vergleich: beim Hund sind Primidon, Di- und Clonazepam wirksam, letztere nur im Status epilepticus an-

zuwenden; Phenytoin und Carbamazepin sind ungeeignet. Man sollte sich bei der Katze daher für die Behandlung akuter Anfälle auf Diazepam und notfalls Phenobarbital oder Pentobarbital, für die Langzeitbehandlung auf Phenobarbital beschränken.
Phenobarbital hat bei der Katze eine HWZ von 34 bis 43 Stunden (LÖSCHER, 1993). Es wird in einer Dosis von 3 bis 6 mg/kg, auf zweimal täglich verteilt, per os gegeben. Nach mehr als einer Woche ist ein Steady state zu erwarten. Man wird daher nach etwa 14 Tagen eine Blutuntersuchung durchführen und das Barbiturat bestimmen. Ziel ist, einen Blutwert von 10 bis 40 µg/ml zu erreichen. Richtlinie ist jedoch in erster Linie die Anfallsfreiheit. Man kann erforderlichenfalls Phenobarbital in Zwei- bis Vier-Wochen-Schritten auf 10 mg/kg und sogar darüber erhöhen. Da die HWZ bei der Katze sehr lang ist, genügt die Behandlung notfalls auch einmal pro Tag. Da es durch die Niere ausgeschieden wird, muß es bei Niereninsuffizienz vorsichtiger dosiert werden. Die anfangs bemerkbare sedative Wirkung klingt sehr rasch ab. Phenobarbital kann zu einer Enzyminduktion führen. Daher ist die Alkalische Phosphatase häufig erhöht, ohne daß aber Leberfunktionsstörungen auftreten.
Bei der Katze soll auch Diazepam zur Dauermedikation erfolgreich eingesetzt werden können. Die Dosis beträgt 0,5 bis 1,0 mg/kg, dreimal täglich.
Ist die Katze ein Jahr lang anfallsfrei geblieben, so reduzieren wir Phenobarbital schrittweise in Vierteljahresabständen und geben den Besitzern auf, weiterhin exakt auf das erneute Auftreten von Anfällen zu achten. Sobald sie eintreten, wird die nächsthöhere Dosis angewandt.

Status epilepticus

Definition

Sich in kurzen Abständen (wenigen Minuten) wiederholende epileptische Anfälle ohne Bewußtseinserlangung oder Daueranfälle ohne zwischenzeitliche Erholung.

Klinisches Bild

Die Katzen erleiden einen schweren Anfall nach dem andern, ohne zwischenzeitlich das Bewußtsein wiedererlangt zu haben, oder der Krampfanfall dauert bis zu einer halben Stunde, selten länger, ohne wesentliche Unterbrechung fort. Durch die Dauerkrämpfe kommen hypoxische und zum Teil auch hypoglykämische Folgeschäden zustande: Gehirnödem, Nervenzellnekrosen. Evtl. kann durch intrakraniale Druckerhöhung eine Herniation unter das Tentorium cerebelli osseum mit Lebensgefahr entstehen. Als extrakraniale Folgen können Herzrhythmusstörungen, Niereninsuffizienz, Muskelnekrosen, ferner Hypoglykämie nach anfänglicher Hyperglykämie auftreten. *Der Status epilepticus ist immer als lebensbedrohlicher Notfall anzusehen und als solcher zu behandeln!*

Therapeutisch-diagnostisches Vorgehen

- Atemweg freihalten, notfalls Intubation, Sauerstoffbeatmung
- Krampfunterbrechung: Diazepam 0,5 bis 1 (2) mg/kg KM i. v. über Venenkatheter (Braunüle)
- Falls weiter krampfend: Diazepam nach einigen Minuten wiederholen (bis zweimal)
- Bei längerer Dauer: Gehirnödem wahrscheinlich. Mannitol 1 bis 1,5 g/kg KM DTI, Kortikosteroide: Prednisolon 1 bis 2 mg/kg KM oder Dexamethason 0,1 bis 0,2 mg/kg KM intravenös. Sauerstoffbeatmung
- Blutentnahme: Bestimmung von Glukose, Kalzium, Cholinesterase
- Hypoglykämie: 2 g Glukose/kg, 50%ige Glukoselösung
- Hypokalzämie: Kalziumboroglukonat i. v.
- Cholinesteraseaktivität niedrig: Atropinum sulfuricum 0,1 mg/kg, ggf. nach 20 bis 30 min wiederholen

Narkolepsie

Das beim Hund (Dobermann) schon sehr seltene Syndrom stellt bei der Katze offenbar eine absolute Rarität dar (KNECHT, 1973). Es tritt als plötzlicher, nicht beherrschbarer Zwang zum Schlafen auf; gleichzeitig besteht Tonusverlust der Skelettmuskulatur. Die klinischen Symptome dauern wenige Minuten, wiederholen sich aber oft mehrfach am Tag. Der Tierarzt ist auf die Beschreibung durch den Besitzer angewiesen, da erkrankte Tiere den Anfall kaum in praxi zeigen dürften. Die Diagnose wird durch Ausschluß anderer Krankheiten, insbesondere von Krampfanfällen, gestellt. Während bei Krampfanfällen tonische und klonische Konvulsionen auftreten, ist das narkoleptische Tier von Anfang an schlaff und bewußtlos. Die Therapie sollte nur eingeleitet werden, wenn oft wiederholte Anfälle auftreten, da durch die Arzneimittel Nebenwirkungen erwartet werden müssen. Es wird Imipramin (Tofranil) empfohlen. Die Dosierung erfolgt individuell; man sollte im akuten Anfall mit 0,1 mg/kg intravenös beginnen und kann die Behandlung oral in einer Dosis von 0,1 bis 0,5 mg/kg, auf dreimal täglich, fortführen. Unbedingt müssen Herzerkrankungen, besonders Rhythmusstörungen, sowie Epilepsie ausgeschlossen werden.

Zentrales Vestibularsyndrom

Bei Krankheiten des Innenohrs, einschließlich des Nervus vestibulocochlearis (VIII. Gehirnnerv, früher anschaulich N. statoacusticus) und seines Nucleus werden Symptome ausgelöst, die denen des peripheren Vestibularsyndroms ähnlich, aber nicht identisch sind. Das System beeinflußt mittelbar die Bewegungskoordination durch Informationsweitergabe an das Kleinhirn, den Hirnstamm und das Großhirn. Ursachen des zentralen Vestibularsyndroms der Katze können Entzündungen im Innenohr mit Weiterleitung in Richtung Stammhirn sein. Die Innenohrentzündungen selbst können durch Fortleitung einer Otitis externa und media entstanden sein. Weitere Ursachen eines zentralen Vestibularsyndroms können Coronavirose, Tumoren (besonderes Meningiome, auch Lymphome) und Traumen sein.

Die Symptome des zentralen Vestibularsyndroms sind Kopfschiefhaltung nach der erkrankten Seite, Nystagmus von der erkrankten Seite weg (rasche Bewegung), Rollen über Körperlängsachse. Abweichend von peripheren Nystagmus bestehen beim zentralen Nystagmus Störungen der Propriozeption. Ferner wird ein vertikaler Nystagmus beobachtet, der beim peripheren Vestibularsyndrom fehlt.

Die Behandlung besteht in der Therapie der Grundkrankheit. Versucht werden können Kortkosteroide (Dexamethason, 0,1 bis 0,2 mg/kg KM, jeden zweiten Tag), ferner Diruretika (Furosemid, 1 bis 2 [bis 5] mg/kg KM, Xipamid, 0,1 bis 0,5 mg/kg).

Tabelle 9: Symptome bei Vestibularsyndrom, gemeinsame Symptome

Symptome
Kopfschiefhaltung
Rollen um Längsachse
Drehbewegungen
Nystagmus
horizontal
kreisförmig

Tabelle 10: Symptome bei peripherem und zentralem Vestibularsyndrom

Symptome	peripher	zentral
Nystagmus		
vertikal	nein	ja
Richtungsänderung	nein	ja
Störung der Propriozeption	nein	ja

Idiopathisches peripheres Vestibularsyndrom

Plötzlich auftretende Kopfschiefhaltung mit Gleichgewichtsstörungen meist mit Nystagmus ohne erkennbare Ursache.

Ätiologie

Unbekannt (idiopathisch).

Klinisches Bild

Das klinische Bild ist typisch: Die Tiere zeigen eine innerhalb weniger Stunden sich voll entwickelnde Gleichgewichtsstörung mit Kopfschiefhaltung, Ataxie, Kreisbewegung und Niederstürzen. Die Krankheit tritt bei Katzen jeden Alters auf. Weitere klinische Symptome, insbesondere solche von seiten des Nervensystems und des Ohres, fehlen. Offenbar wird aber Übelkeit ausgelöst, da manche Katzen erbrechen.

Diagnose

Sie wird an Hand des klinischen Bildes gestellt, wobei andere Ursachen für ein Vestibularsyndrom auszuschließen sind. Es ist darauf zu achten, daß lediglich Ausfälle von seiten des VIII. Gehirnnervs und keine weiteren Nervenausfälle bestehen.

Differentialdiagnose

Ausgeschlossen werden müssen eine Otitis interna oder media (Untersuchung des Gehörgangs einschließlich des Trommelfells, Röntgen des Schädels), Traumen (Vorbericht, klinische Untersuchung des Kopfes), weitere intrakraniale Krankheiten, die binnen kurzem oder von Beginn an zu weiteren nervalen Symptomen führen.

Prognose

Sie ist günstig. Am schnellsten hört der Nystagmus auf, der innerhalb weniger Tage verschwunden sein kann. Das Gleichgewicht wird dagegen in der Regel erst später zurückgewonnen. Gleichgewichtsstörungen können mehrere Wochen bestehen bleiben.

Therapie

Es ist keine Behandlung bekannt. Ob die Behandlung mit Kortikosteroiden zu einer Abkürzung der Krankheitsdauer führt, wurde nie exakt nachgewiesen. Wir verabreichen Prednisolon, 1 bis 2 mg/kg KM.

Traumatisches Vestibularsyndrom

Nach Schädelverletzungen, insbesondere schweren stumpfen Traumen (Autounfälle, Schläge), kann ebenfalls das **klinische Bild** des Vestibularsyndroms mit Kopfschiefhaltung, Nystagmus, Gleichgewichtsstörungen, Ataxie auftreten. Die Katzen zeigen dabei häufig noch weitere Krankheitszeichen, insbesondere auch äußerliche Blutungen, bisweilen die Symptome der Commotio sive Contusio cerebri.

Die otoskopische Untersuchung ergibt bisweilen eine Blutung hinter das Trommelfell (rotes oder blaurotes Durchscheinen) oder eine Ruptur des Trommelfells.

Die **Prognose** ist bei alleinigem Vestibularsyndrom günstig. Eine **Therapie** ist selten erforderlich; allerdings sollte bei Schädeltraumen eine Behandlung mit Kortikosteroiden und Diuretika durchgeführt werden, sobald weitere Symptome hinzukommen, die für ein Gehirnödem sprechen (s. d.).

Taubheit

Angeborene Taubheit kommt bei weißen Katzen vor, insbesondere bei solchen mit blauen Augen. Die Krankheit ist erblich und beruht auf einer Degeneration des VIII. Gehirnnervs, die sich zwischen dem vierten und 21. Lebenstag entwickelt (DELACK, 1984). Die Taubheit kann ein- oder beidseitig auftreten, wobei die einseitige Taubheit dem Besitzer in der Regel nicht auffällt und mit herkömmlichen klinischen Untersuchungsmethoden nicht sicher nachweisbar ist.

Die klinische Prüfung der Taubheit geschieht durch Anrufen der Katze durch eine vertraute Person, die sich außerhalb des Untersuchungszimmers befindet, oder durch Imitieren der Stimmen von Beutetieren, Klatschen in die Hände, ohne daß die Katze den Luftzug spürt. Exaktere Untersuchungen sind durch die Messung akustisch evozierter Potentiale (AEP) möglich. Damit ist eine Lokalisation der zur Taubheit führenden Krankheit möglich. Ebenso kann mit AEP die einseitige Taubheit gut nachgewiesen werden.

Eine Therapiemöglichkeit besteht nicht. Die betroffenen Katzen, auch die einseitig tauben, sind von der Zucht auszuschließen.

Krankheiten des Rückenmarks

Das Rückenmark hat die Aufgabe des Empfangs und der Übertragung sensibler, von der Peripherie ankommender Reize auf eigene oder höhere Zentren (zentripetale Reize), ist selbst Sitz von Reflexzentren. Zu seinen Aufgaben gehört ferner die Steuerung motorischer Impulse von den oberen motorischen Zentren auf untere Motorzentren und die Erregungsübertragung auf periphere Organe (zentrifugale Erregungsübertragung). Die zentripetalen Reize sind sowohl propriozeptiv (für die koordinierten Bewegungen verantwortlich) als auch nozizeptiv (Schmerzempfinden mit dem Ziel der Verhinderung von Schäden). Ihre Beschädigung ziehen Ataxie oder Analgesie oder beides nach sich. Störung der zentrifugalen motorischen Funktionen führen zu Muskelschwäche, Parese oder Paralyse, wobei je nach Lokalisation eine Hintergliedmaße (meist periphere Nerven, aber auch einseitige Rückenmarksschäden) oder beide Hintergliedmaßen (Paraplegie; hinteres Rückenmark) oder alle Gliedmaßen (Tetraplegie; vorderes Rückenmark) betroffen sein können.

Funktionsstörungen des Rückenmarks haben auch Auswirkungen auf das autonome Nervensystem. So werden Funktionsstörungen der Harnblase, des Darms, insbesondere mit Entleerungsstörungen, des Herzens sowie Atemstörungen bis hin zur Atemlähmung ausgelöst.

Um eine aktuelle Krankheit richtig erkennen zu können, ist es erforderlich, die Lokalisation eines Schadens im Rückenmark zu bestimmen. Dies gilt sowohl für die Längenausdehnung als auch für die Lage innerhalb der Feinstruktur des Rückenmarks. Ferner müssen die Ausbreitung der Krankheit und natürlich, wenn möglich, ihre Natur und damit Prognose und Therapiefähigkeit ermittelt werden.

Einige wichtige Fakten:

- die weiße Substanz stellt die Verbindung zwischen den oberen und unteren nervalen Zentren her
- in der grauen Substanz befinden sich die tieferen motorischen Zentren und Reflexzentren
- motorische Nervenbahnen liegen oberflächlich ventral mit Ausnahme der
- vestibulospinalen Fasern, die in der Tiefe verlaufen
- propriozeptive Bahnen liegen oberflächlich dorsal
- nozizeptive Bahnen befinden sich in der Tiefe
- autonome Bahnen liegen ebenfalls in der Tiefe des Rückenmarks
- die meisten Nervenbahnen innerhalb des Rückenmarks laufen ipsilateral (auf der Seite der von ihnen versorgten Gliedmaßen; Ausnahme: nozizeptive Bahnen und propriozeptive Bahnen der Hintergliedmaßen)

Hieraus folgt:

- Beschädigung der weißen Substanz führt zum Ausfall der vom Gehirn ausgehenden willkürlichen Steuerung und zur Rückmeldung von peripheren Reizen ans Gehirn (beispielsweise nozizeptive [Schmerz-]Empfindung)

- Beschädigung der grauen Substanz führt zum Ausfall der tiefen motorischen Zentren und damit zur Areflexie
- Noxen, die von ventral auf das Rückenmark einwirken (beispielsweise Bandscheibenvorfälle), führen zu motorischen Ausfällen (Paresen, Paralysen) der betreffenden oder aller Gliedmaßen
- Krankheiten, die in der Tiefe des Rückenmarks ihren Ausgang nehmen (z. B. manche Tumoren), führen zu Gleichgewichtsstörungen ohne Vestibularzeichen (keine Kopfschiefhaltung, kein Nystagmus)
- Insulte von dorsal (Verletzungen) führen zu Ataxie
- in der Tiefe beginnende Krankheiten führen zu Gefühllosigkeit
- in der Tiefe beginnende Krankheiten führen zu Störungen der autonomen Versorgung der inneren Organe
- seitliche Insulte auf das Rückenmark führen zu einseitigen (ipsilateralen) Ausfallserscheinungen

Wichtig ist die Lokalisation (wobei das Auftreten einiger Symptome von der Schwere der Störung abhängig ist):

- C1 bis C5:
  Tetraplegie mit rascher Muskelatrophie oder Tetraparese
  Ataxie aller Gliedmaßen
  steifer, schmerzhafter Halsbereich
  Hyperreflexie aller Gliedmaßenreflexe
  Muskeltonus aller Gliedmaßen erhöht oder normal
  Atemstillstand oder Atembeschwerden bei schwerer Schädigung
  Kreislaufschock bei schwerer Schädigung
  Horner-Syndrom, Strabismus möglich
  Lähmung von Harnblase, Darm, spastische Lähmung der Sphinkteren
- C6 bis T2:
  Vordergliedmaßen mit Symptomen durch Ausfall der unteren motorischen Neurone
  Hintergliedmaßen mit Symptomen durch Ausfall der oberen motorischen Neurone
  Tetraplegie oder Tetraparese, evtl. Hemiplegie
  Muskeltonus in Vordergliedmaßen vermindert, normal oder erhöht
  Muskeltonus in Hintergliedmaßen normal oder erhöht
  Ataxie aller Gliedmaßen
  steifer, schmerzhafter Halsbereich
  Hyperreflexie der Gliedmaßenreflexe
  Hyper-, Hypo- oder Areflexie der Vordergliedmaßen
  Horner-Syndrom
  Lähmung von Harnblase, Darm, spastische Lähmung der Sphinkteren
  evtl. Atembeschwerden durch Lähmung des Zwerchfells
- T3 bis L3:
  Vordergliedmaßen o. b. B.
  Hintergliedmaßen mit Symptomen durch Ausfall der oberen motorischen Neurone
  Paraplegie oder Paraparese
  Störung in den vorderen Segmenten (T3 bi L1):
  Hypo- bis Areflexie des Panniculusreflexes
  Ataxie der Hintergliedmaßen
  Hyperalgesie im Hintergliedmaßenbereich
  Hyperreflexie der Hintergliedmaßenreflexe und des Analreflexes
  Lähmung von Harnblase, Darm, spastische Lähmung der Sphinkteren
  Atrophie der Hintergliedmaßenmuskulatur
- L4 bis S3:
  Hintergliedmaßen mit Symptomen durch Ausfall der oberen motorischen Neurone
  Paraplegie oder Paraparese
  Hyperalgesie
  Atonie der Hintergliedmaßen, Muskelatrophie
  Hyper-, Normo-, Hypo- oder Areflexie (je nach Lokalisation des Schadens)
  Ataxie
  Lähmung von Harnblase, Darm, schlaffe Lähmung der Sphinkteren

Prozesse, die die Meningen einbeziehen, sind ebenso wie Nervenwurzelerkrankungen sehr schmerzhaft. Krankheiten des Rückenmarks selbst sind – wie auch des Gehirns – dagegen geringer schmerzhaft oder schmerzlos.

Es kann zusammengefaßt werden, daß krankhafte Vorgänge, die das Rückenmark, aber nicht das Gehirn betreffen, zu Bewegungsstörungen, Ataxie, Schmerzhaftigkeit im Bereich von Hals, Rumpf oder/und Gliedmaßen, Reflexstörungen, Störungen des Harn- und Kotabsatzes, evtl. auch zu Atemstörungen führen, nicht dagegen zu Störungen des „Bewußtseins" oder zu Zeichen von seiten der Gehirnnerven (außer bei hohen Erkrankungen des Halsmarks). Eine Ausnahme bildet das Horner-Syndrom, das auch bei Erkrankungen bis hinunter zum dritten Thoraxsegment auftreten kann.

Myelitiden

Ätiologie

Felines Coronavirus (FIP), Tollwut, Aujeszkysche Krankheit, bakteriell, Toxoplasma gondii, Mykosen, aseptisch-granulomatös, idiopathisch. WILKINSON (1988) berichtet von Neuropathien, die möglicherweise durch den Biß einer australischen Spinne ausgelöst worden waren.

Pathogenese

Die Erreger werden in den meisten Fällen hämatogen verbreitet, im Falle bakterieller Infektionen kommen insbesondere auch Verletzungen (Bisse) in Frage. Die Erreger rufen direkte Zelldestruktionen hervor. Die chemotaktisch angelockten Leukozyten (neutrophile Granulozyten) fördern die Gewebsschädigung durch Freisetzung von Toxinen. Zum Teil entsteht die Schädigung auch durch das entzündliche Ödem, die Exsudation und die daraus resultierende Druckeinwirkung.

Klinisches Bild

Entzündungen des Rückenmarks sind in der Regel rasch sich ausbreitende generalisierte Krankheiten, die oft auch das Gehirn und die Meningen erfassen. Es bestehen daher meist Rückenmarkssymptome, die anfangs lokalisiert sein können, sich aber rasch ausbreiten (aufsteigen). Bewegungsstörungen bis hin zu Paraplegie oder Tetraplegie treten auf, meist hohes Fieber; wenn die Meningen einbezogen sind, ist das Krankheitsbild von starker Schmerzhaftigkeit geprägt. Im Blut werden eine Leukozytose meist mit Linksverschiebung, beschleunigte BSR, Hyperproteinämie mit Vermehrung der γ-Globuline (besonders bei FIP) beobachtet.

Diagnose

Sie läßt sich gut an Hand der Liquoruntersuchung stellen, insbesondere wenn es gelingt, den Erreger nachzuweisen. Bei Verdacht auf Tollwut ist die Liquorentnahme jedoch zu unterlassen.

Differentialdiagnose

In Frage kommen besonders raumfordernde Prozesse, die mit Ausnahme der lymphatischen Infiltrate in Verbindung mit einer lymphatischen Leukose jedoch eher lokale Symptome hervorbringen und seltener mit Fieber einhergehen.

Therapie

Die viralen Infektionskrankheiten sollten oder dürfen (Tollwut) nicht behandelt werden. Eine gewisse Besserung kann bei Coronavirose durch Einsatz von Kortikosteroiden vorübergehend, aber nicht dauerhaft erzielt werden.

Bei bakteriellen Infektionen wird neben der örtlichen Therapie einer Verletzung (Hunde- oder Katzenbiß, Schußverletzungen oder andere anthropogene Insulte) eine Allgemeinbehandlung mit Antibiotika durchgeführt. Geeignet sind:

- Chloramphenicol, 100 mg/kg KM, auf viermal täglich verteilt
- Rifampicin, 20 bis 25 mg/kg KM
- Clindamycin, 20 bis 25 mg/kg KM
- Sulfonamid-Trimethoprim, 30 mg/kg KM, auf zweimal täglich verteilt

Weniger gut geeignet, da den Liquorraum schlechter erreichend, sind:

- Penicillin, 20 000 bis 50 000 (bis 100 000) E/kg KM, auf dreimal täglich verteilt
- Ampicillin, 25 bis 50 mg/kg KM, auf dreimal täglich verteilt
- Cephalosporine, 60 mg/kg KM, auf dreimal täglich verteilt (kurze HWZ)
- Metronidazol, 25 bis 50 mg/kg KM

Diskusprolaps

Bandscheibenvorfälle ereignen sich bei Katzen wesentlich seltener als bei einigen Hunderassen, sie können geradezu als Seltenheit bezeichnet werden. Zugrunde liegt eine Degeneration des Discus intervertebralis, dessen Ursache, zumindest was die Katze betrifft, weitgehend spekulativ ist. Die Bandscheibe tritt bei der Katze in der Regel nicht durch eine Ruptur des Annulus fibrosus aus, der bei der Katze intakt bleibt, sondern wölbt sich nach dorsal vor (Protrusion), so daß Annulus fibrosus und Ligamentum longitudinale dorsale in den Wirbelkanal hineingedrückt werden.

Pathophysiologie

Die Schädigung des Rückenmarks erfolgt nicht nur durch die räumliche Beengung infolge der Diskusvorwölbung allein. Vielmehr entstehen Blutungen und ein Ödem, die beide zusätzlich als raumfordernde Prozesse fungieren. Dadurch wird eine Behinderung der Durchblutung ausgelöst, die zur Hypoxie und örtlichen Azidose (Laktatazidose) führt. Diese wiederum provozieren die Freisetzung lysosomaler Enzyme. Es wird Kalium angereichert, so daß die Depolarisation an den Nervenzellen verhindert wird. Ferner kommt es zur Plättchenaggregation mit Thrombusbildung, die den Blutfluß weiterhin behindert. Die insbesondere von den neutrophilen Granulozyten freigesetzten Enzyme rufen eine Axondemyelinisierung hervor. Die Folgen dieser pathophysiologischen Vorgänge sind Nekrose der grauen Substanz, Demyelinisierung und Unterbrechung der Erregungsleitung sowie Degeneration der distalen Abschnitte der betroffenen Rückmarksbahnen.

Allgemeinreaktionen sind Freisetzung endogener Opioide, zunächst vermehrte, nach einigen Stunden verminderte Sekretion von Cortisol, bisweilen Abfall der Blutglukose nach anfänglicher Hyperglykämie, Neutrophilie.

Klinisches Bild

Die Symptome verlaufen in der Regel weniger akut als bei chondrodystrophen Hunderassen. Erkrankungen der Thorakal- und Lumbalsegmente kommen häufiger vor also solche der Halswirbelsäule.

Beim Sitz in der Halswirbelsäule werden unterschiedliche, meist jedoch leichtere Formen der Nackensteifigkeit, des Schmerzes (passives Beugen), Hypertonus der Halsmuskulatur, Ventralwurzelsymptome, steifer Gang und Ataxie bis hin zu Tetraparese gesehen.

Thorakolumbale Symptome sind Schmerzhaftigkeit, die sich in Bewegungsvermeidung äußern. Schmerzreaktionen können leicht ausgelöst werden; sie werden ein bis zwei Segmente vor dem Prolaps festgestellt. Die Bewegungsstörungen können von Ataxie über allgemeine Schwäche der Hintergliedmaßen bis zur Paraparese führen. Es kann zum unwillkürlichen Harn- und Kotabsatz kommen. Die Harnblase ist häufig dilatiert.

Diagnose

Sie wird durch Röntgenuntersuchung gestellt. Zunächst werden Lehraufnahmen lateral und dorsoventral hergestellt. Im besten Falle sieht man bei der Katze eine Verkalkung des betroffenen Diskus. Sofern damit keine sichere Diagnose gestellt werden kann, wird eine Myelographie durchgeführt, vor der Liquor gewonnen werden sollte. Sie zeigt eine Unterbrechung oder Einschnürung im ventralen Bereich an der Stelle der Protrusion. Sehr gute diagnostische Ergebnisse werden mit der allerdings teuren Computertomographie erzielt.

Differentialdiagnose

In Frage kommen besonders äußere Verletzungen (stumpfe und scharfe Traumen). Dabei treten die Schmerz- und Ausfallserscheinungen jedoch meist noch rascher auf als bei der Diskusprotrusion der Katze. Auch werden häufig noch weitere Zeichen einer Verletzung gesehen (Verletzungen der Haut, subkutane oder intramuskuläre Hämatome, Wirbelluxationen, Wirbelbrüche). Durchaus können externe Verletzungen auch Anlaß für eine Bandscheibenprotrusion sein. Beide treten rasch auf und haben eine Tendenz zur Besserung oder zumindest in der Regel nicht zur Verschlechterung.

In Betracht gezogen werden müssen Discospondylitis, Tumoren und leukotische Infiltrationen. Auch hier bieten die Myelographie und die CT gute Differenzierungsmöglichkeiten.

Therapie

Eine für alle Fälle ideale Behandlungsweise gibt e[s] nicht. Sie hängt zum einen vom Zustand des Patienten, zum zweiten vom Krankheitsbild, zum dritte[n] von der Spezialisierung der behandelnden Tierärzti[n] oder des Tierarztes ab – nicht zuletzt von deren Vorlieben. Grundsätzlich kann gesagt werden, daß wenn in der Myelographie eine deutliche Einengun[g] des Rückenmarks beobachtet wird, eine chirurgisch[e] Entlastung vorgenommen werden sollte. Ist die[s] nicht der Fall, so sollte eher eine konservative Behandlung gewählt werden.

Die konservative Behandlung hat folgende Ziele:

- Behebung des Ödems
- Membranstabilisierung
- Stabilisierung der Blutgefäßwände
- Verhinderung der Wirkung lysosomaler Enzyme
- Verhinderung der Entstehung einer sterilen Entzündung

Diesem Ziel dient der Einsatz von Kortikosteroiden in der Hoffnung, es möge diese Wirkungen entfalten. Gegeben wird Prednisolon in einer (ein- bis zweimaligen) Dosis von 10 bis 20 mg/kg KM, danach reduziert auf 2 mg/kg KM, auf zweimal täglich verteilt, während dreier Tage. Möglicherweise erfolgreicher ist Dexamethason in einer Anfangsdosis von 2 mg/kg KM, danach Reduktion auf 0,1 bis 0,2 mg/kg KM. Auch Azathioprin und Cyclophosphamid sind zu diesem Zweck empfohlen worden. Sie sollen darüber hinaus in der Lage sein, die Remyelinisierung zu fördern (TRIARHON und HERNDEN, 1986).

Der Behandlung des Ödems dient die Anwendung von Diuretika. Empfohlen werden Mannitol, 1 bis 1,5 g/kg KM, ebenso Furosemid, 2 bis 4 mg/kg, oder Xipamid, 0,1 bis 0,5 mg/kg.

Der Plättchenaggregation entgegenwirken soll DMSO (De la TORRE, 1981). Es besitzt membranstabiliserende Eigenschaften, fängt Sauerstoffradikale ab, hat antithrombotische Wirkung und hemmt die Leukostaxis (UNGEMACH, 1994). DMSO kann örtlich auf die intakte Haut aufgetragen werden. Die Dosis beträgt 1 bis 3 ml/Katze.

Naloxon wird als Mittel gegen die Freisetzung endogener Opioide empfohlen. Dosis: 0,05 mg/kg intravenös, ggf. nach wenigen Minuten wiederholen.

Diskospondylitis

Definition

Infektiöse Entzündung des Bandscheibenbereichs und der angrenzenden Wirbel.

Tabelle 11: Zusammenfassung der medikamentösen Therapie

Wirkstoff	Wirkung	Dosierung	Wiederholung
Prednisolon	Behebung des Ödems, Membranstabilisierung, Stabilisierung der Blutgefäßwände, gegen lysosomale Enzyme, antiinflammatorisch	10 bis 20 mg/kg i. v.	3 Tage 2 mg/kg
Dexamethason	wie Prednisolon, aber stärkerer Effekt	2 mg/kg i. v.	3 Tage 0,1 bis 0,2 mg/kg
Mannitol	osmodiuretisch	1 bis 1,5 g/kg DTI	
Furosemid	Schleifendiuretikum	2 bis 4 mg/kg i. v.	
Xipamid	wie Furosemid	0,1 bis 0,5 mg/kg i. v.	
DMSO	membranstabilisierend, gegen Sauerstoffradikale, antithrombotische Wirkung, hemmt Leukostaxis	1 bis 3 (bis 5) ml/Ktz örtlich	
Naloxon	Morphinantagonist	0,05 mg/kg i. v.	ggf. nach wenigen Minuten

Ätiologie

In der Regel sind Staphylokokken oder Streptokokken verantwortlich, die hämatogen übertragen werden.

Klinisches Bild

Die Tiere, in den meisten Fällen Kater, zeigen Schmerzhaftigkeit, insbesondere auch bei passiver Bewegung während der Untersuchung, bisweilen gestörtes Allgemeinbefinden und Fieber. Lähmungen treten auf, wenn größere Knocheneinschmelzungen zu Frakturen oder Impressionen geführt haben und Rückenmark oder Nervenwurzeln beschädigt wurden.

Es sollte unbedingt nach weiteren Organinfektionen (Harnblase, Nieren, Herz, Lunge, Mundschleimhautulzera) gesucht werden, von denen die Diskospondylitis ausgegangen sein kann.

Diagnose

Nach der klinischen Untersuchung, die das betroffene Segment festlegt, wird eine Röntgenuntersuchung der Wirbelsäule vorgenommen. Dabei fällt einige Wochen nach Beginn der Krankheitssymptome die Osteolyse der Wirbelkörper im Bereich der Endplatten auf. Es sollte eine Blutkultur angelegt und ein Antibiogramm durchgeführt werden. Auch können der betroffene Wirbel bioptiert und eine bakteriologische Untersuchung des Punktats angelegt werden.

Differentialdiagnose

Gedacht werden muß an Traumen, Diskusprolaps, Meningitis und Tumoren. Sie werden durch die klinische Untersuchung in Verbindung mit Röntgendiagnostik, Myelographie und ggf. CT ausgeschlossen.

Therapie

Da die Diskospondylose eine bakterielle Infektion darstellt, werden Antibiotika angewandt. Man sollte ein Antibiogramm anfertigen und nach dessen Ausfall behandeln, aber schon vor Erhalt des Antibiogramms mit der – vorläufigen – Behandlung beginnen. Geeignet erscheinen penicillinaseresistente (Staphylokokken!) Penicilline (Isoxazolylpenicilline) wie Oxa-, Cloxa- und Dicloxacillin 50 bis 100 mg/kg, auf dreimal täglich verteilt, ferner Cephalosporine, 60 mg/kg KM, auf dreimal täglich verteilt. Auch Enrofloxacin, 5 bis 10 mg/kg, auf zweimal täglich verteilt, kann gegeben werden.

Tumoren

Wie bereits früher erwähnt, können Tumoren im Bereich des Rückenmarks innerhalb des Marks (intramedullär) oder von außerhalb (Wirbelkanal, Wirbelkörper, also extramedullär) auftreten (HOLLIDAY und TURREL, 1987). Bei der Katze sind die intramedullären Tumoren selten (LÜTTGEN u. M.,

1980). Sie können als Primärtumoren oder als Metastasen vorkommen.

Die **intramedullären Tumoren** entstehen innerhalb des Rückenmarks. Die **klinischen Symptome** beginnen in der Regel langsam, haben aber fortschreitende Tendenz. Sie können sich jedoch plötzlich verschlechtern, wenn der Tumor ein größeres Blutgefäß arrodiert hat und eine größere Blutung aufgetreten ist. Klinisch werden symmetrische oder asymmetrische Lähmungen der Gliedmaßen beobachtet. Schmerzhaftigkeit tritt selten auf.

Die **Diagnose** kann durch Röntgenuntersuchung oft nicht sicher gestellt werden; etwas bessere, oft aber auch noch unsichere Ergebnisse liefert die Myelographie. Mittels Computertomographie kann die Diagnose jedoch gut gestellt werden. Im Liquor kann eine leichte Proteinerhöhung vorliegen.

Eine **Therapie** intramedullärer Tumoren ist kaum möglich. Die chirurgische Entfernung fällt wegen der damit verbundenen Schädigung des umgebenden Nervengewebes aus. Bestrahlung wäre möglich. Mit Chemotherapie besteht bei intramedullären Tumoren wenig Erfahrung.

Extramedulläre Tumoren und Infiltrationen kommen wesentlich häufiger vor. Beobachtet werden Lymphome, Meningiome, Neurofibrome. Sie können primär oder metastatisch auftreten. Auch bei extramedullären Tumoren ist das **klinische Bild** mit Ausnahme der Lymphome eher chronisch. Die Symptome entstehen in den meisten Fällen zumindest zunächst asymmetrisch, d. h. eine Seite ist ausschließlich oder stärker als die andere betroffen. Sie bestehen in Ataxie, Monoparese bis -plegie, bei Lokalisation des Tumors im Hals- oder kranialen Thoraxbereich bis zu Tetraparese und Tetraplegie. Im Gegensatz zu intramedullären Tumoren sind extramedulläre schmerzhaft.

Während die meisten Rückenmarkstumoren der Katze Erkrankungen der Alttiere sind, kommen Lymphome schon bei Jungtieren zwischen einem und drei Jahren am häufigsten zur Beobachtung. Sie stellen zudem die häufigste Form der Rückenmarkstumoren dar und zeigen eher einen akuten Verlauf. SHEPARD und de LAHUNTA (1980) stellten bei allen befallenen Katzen FeLV-positive Reaktionen fest; eigene Befunde zeigten allerdings auch negative Testergebnisse.

Die **Diagnose** läßt sich aufgrund der klinischen Untersuchung unter Berücksichtigung des Vorberichts (Verlauf) vermuten und insbesondere durch Myelographie und CT verifizieren. Es sollte eine Liquoruntersuchung durchgeführt werden, die im Falle einer lymphatischen Leukose bisweilen (bei Einbruch des Tumors in den Subarachnoidalraum) vermehrt mononukleäre Zellen, ansonsten eine leichte Proteinvermehrung ergibt.

Differentialdiagnostisch kommen alle langsam, zum Teil auch schnell sich entwickelnden Rückenmarkskrankheiten in Frage.

Die **Therapie** besteht bei Solitärtumoren in der chirurgischen Entfernung. Lymphatische Tumoren sprechen recht gut auf Chemotherapie an. Sie wird im Kapitel Onkologie beschrieben.

Traumen

Sie rufen dieselben Wirkungen hervor wie Diskusprotrusionen, führen aber bei der Katze wesentlich rascher zu klinischen Zeichen. Ursachen sind in den meisten Fällen Autounfälle, Bisse durch Hunde, seltener Katzen oder Wildtiere, bisweilen auch stumpfe Traumen durch Anwendung von Gewalt durch Katzengegner (oft sogenannte Vogelfreunde).

Klinisches Bild

Die klinischen Symptome ähneln denen bei Diskusprotrusion, mit der auch die Pathophysiologie weitgehend übereinstimmt:

Halsbereich: Nackensteifigkeit, Schmerz, Hypertonie der Halsmuskulatur, Ventralwurzelsymptome, steifer Gang und Ataxie bis hin zu Tetraparese. Bei Genickbrüchen (vollständige Unterbrechung der Leitungsfunktion, Lähmung lebenswichtiger Zentren in der Medulla oblongata) kommt es zu sofortiger Bewußtlosigkeit, zu Atemstillstand und zum Kreislaufversagen mit Todesfolge.

Thorakolumbalbereich: Schmerzhaftigkeit (ein bis zwei Segmente vor der Verletzung), Ataxie, Schwäche der Hintergliedmaßen, Paraparese, unwillkürlicher Harn- und Kotabsatz, Harnblasendilatation, meist Schließmuskelspasmen.

Diagnose

Die Diagnose wird durch die klinische Untersuchung gesichert. Insbesondere Röntgenuntersuchung und ggf. Myelographie sollten nicht unterlassen werden.

Differentialdiagnose

Sie entspricht der des Diskusprolaps (s. d.).

Therapie

Wenn nötig – Wirbelverletzungen – wird eine chirurgische Versorgung durchgeführt. Ansonsten entspricht die konservative Behandlung der des Diskusprolaps.

Vitamin-A-Hypervitaminose

Die **Ursache** ist eine exzessive Fütterung mit Leber, wodurch eine Knochenproliferation zustande kommt, die den Wirbelkanal und die Foramina intervertebralia einengt und zur Rückenmarks- und Nervenwurzelkompression führt. Das klinische Bild geht mit Schmerzhaftigkeit besonders im Bereich des Halses, Steifheit des Halses, Ataxie und Lähmung vorwiegend der Vordergliedmaßen einher.

Die **Diagnose** wird an Hand der Röntgenuntersuchung und des Vorberichts (Fütterung) gestellt.

Die **Therapie** ist rein diätetisch. Eine gewisse Besserung kann eintreten, wenn es gelingt, die Katze auf eine andere Diät umzustellen, zumindest wird dann eine weitere Knochenproliferation verhindert.

Krankheiten peripherer Nerven

Periphere Nervenkrankheiten führen zu Lähmungen, die sich klinisch als Muskelschwäche, Parese oder Paralyse äußern. Sie führen innerhalb weniger Tage zur neurogenen Muskelatrophie. Abhängig davon, ob sensible oder motorische Nerven betroffen sind, ist die willentliche Steuerung von Bewegungen herabgesetzt (motorische Nervenstörung), oder es kann sich ein gewisser motorischer Automatismus erhalten (sensible Nerven gestört). Nozizeptive Nervenschäden führen zu abnormen Schmerzreaktionen (Hyp-, Analgesie, Parästhesie), während bei Störungen der Propriozeption zu Ataxien vorliegen.

Periphere Nervenschäden werden in den meisten Fällen durch örtliche Krankheiten, wie Verletzungen oder Tumoren, seltener durch Allgemeinkrankheiten, wie Diabetes mellitus, feline Dysautonomie (Key-Gaskell-Syndrom) oder auch feline Coronavirose (FIP), ausgelöst.

Zur **Diagnose** peripherer Nervenkrankheiten werden die klinische Untersuchung, insbesondere die Reflexprüfungen, bei Erkrankung mehrerer peripherer Nerven auch Liquoruntersuchung, ferner Elektromyographie, Nervenleitgeschwindigkeit und Nervenbiopsie/Histologie herangezogen.

Feline Dysautonomie

Synonym: Key-Gaskell-Syndrom

Ätiologie

Unbekannt. Spekuliert wurde mit infektiösen oder toxischen Agentien, wobei eine gewisse Ähnlichkeit der klinischen und pathologisch-histologischen Befunde mit der Grass-Sickness des Pferdes besteht. Eine Übertragung der Krankheit gelang nicht (GRIFFITHS u. M., 1985).

Pathophysiologie

Erfaßt wird sowohl das sympathische als auch das parasympathische Nervensystem. Im Vordergrund stehen fortschreitende degenerative Veränderungen an Neuronen des vegetativen Nervensystems (USCETTI u. M., 1991; GRIFFITHS u. M., 1985; LITSCHI und DIETH, 1989; SHARP u. M., 1984). Die nichtneuronalen Zellen proliferieren, die Nervenzellen gehen zunehmend zugrunde. Im Gehirn können die motorischen Kerne der Gehirnnerven III, V, VII, X und XII, im Rückenmark das Ventralhorn und die intermediolaterale graue Substanz betroffen sein (SHARP u. M., 1984; GRIFFITHS u. M., 1985; GUSCETTI u. M., 1991). Auch die intramuralen Neuronen des Gastrointestinaltrakts können betroffen sein (SHARP, 1990). Warum diese Degenerationen entstehen, bleibt weiterhin unbekannt.

Klinisches Bild

Die Krankheit wurde zuerst in Großbritannien beschrieben (ROCHLITZ, 1984; SHARP u. M., 1984; GASKELL und EDNEY, 1985; GRIFFITHS u. M., 1985). Hier erfuhr sie zunächst eine geradezu explosionsartige Vermehrung. Nachdem später auch in anderen europäischen Ländern (Norwegen [PRESTHUS, 1987], Frankreich [RÉGNIER u. M., 1987], Belgien [SCHRAUWEN u. M., 1987], den Niederlanden [van TOOR u. KOEDAM, 1988], Deutschland [KRAFT u. M., 1988], Österreich [SCHWENDENWEIN, 1990] und der Schweiz [GUSCETTI u. M., 1991]), und außerhalb Europas jeweils über Einzelfälle berichtet worden ist, scheint die Krankheit inzwischen (weitgehend) erloschen zu sein. Kürzlich (im Jahr 1995) wurde jedoch in der Münchener Klinik erneut ein Fall diagnostiziert. Da man weder die Ursache noch den Grund ihres plötzlichen Auftretens und offensichtlich weitgehenden Erlöschens kennt, muß man jederzeit auf ein erneutes Erscheinen gefaßt sein, wie auch der neue Münchener Fall demonstriert.

Die Krankheit bevorzugt keine Rasse, kein Geschlecht und kann Katzen jeden Alters befallen. Sie beginnt gewöhnlich akut innerhalb weniger Tage. Die Tierbesitzer suchen den Tierarzt meistens wegen Störung des Allgemeinbefindens, Apathie, Futterverweigerung sowie „Erbrechens" auf. Bei der klinischen Untersuchung werden am häufigsten trockene Schleimhäute (Augen, Nase), Pupillenerweiterung (Mydriasis) mit Verlust des Pupillenreflexes, Vorfall des dritten Augenlids gesehen. Das Erbrechen erweist sich aufgrund von Röntgenaufnahmen in der Regel als Regurgitation infolge einer Ösophagusdilatation. Häufig werden gleichzeitig gasgefüllte Darmschlingen und eine Magendilatation beobachtet. In vielen Fällen besteht eine Bradykardie. Weitere Symptome sind Harnblasendilatation, Koprostase, Harninkontinenz und Verlust von Sphinkter- und Schwanzreflex. Folgen der Dysautonomie können schwere Dehydratation und Abmagerung, allgemeine Schwäche und schließlich der Tod sein.

Zusammenfassung der Befunde

- Häufige Befunde
  - Apathie
  - Anorexie
  - Regurgitation, Erbrechen
  - Trockenheit der Schleimhäute
  - Vorfall des dritten Augenlids
  - Mydriasis
  - Verlust des Pupillenreflexes
  - Ösophagusdilatation
  - Magen-Darm-Meteorismus
- Weitere Befunde
  - Obstipatio coli
  - Blasendilatation
  - Kot- und Urininkontinenz
  - Verlust der Lumbosakralreflexe
  - leichte Ataxie der Hintergliedmaßen (Propriozeptionsverlust)

Diagnose

Sie beruht auf dem klinischen Bild (s. o.), das eindeutig ist.

Prognose

Sie ist ungünstig. Bei geringgradigen Dysautonomien kann nach Wochen und Monaten eine Besserung eintreten. Ansonsten sind die Symptome in der Mehrzahl der Fälle progressiv, so daß die Ausfälle zum Tod oder zum Einschläfern der Katzen führen. Besonders ungünstig sollen Blasen- und Sphinkterenlähmungen verlaufen.

Therapie

Sie ist symptomatisch; eine ätiologische Therapie ist – wie die Ätiologie selbst – nicht bekannt. Man substituiert Flüssigkeit und Elektrolyte, gibt Glukoselösung und gleicht eine eventuelle Hypothermie aus. Metoclopramid wird zur Behandlung des Erbrechens eingesetzt. Die künstliche Ernährung durch eine perkutane Magensonde verhindert die negative Energiebilanz und die Abmagerung und umgeht die Schluckstörungen durch die Ösophagusdilatation. Die gelähmte Harnblase kann durch Massage entleert werden. Die Obstipation wird durch Klysmen mit physiologischer Kochsalzlösung behandelt. Die Schleimhäute des Kopfes müssen durch Befeuchten, die Konjunktiven mit künstlichen Tränen vor dem Austrocknen bewahrt werden. Evtl. müssen bei bakteriellen Infektionen Antibiotika eingesetzt werden. Versuche mit Parasympathikomimetika, insbesondere mit indirekt wirkenden, wie Neostigmin, 0,0 mg/kg KM, waren nicht sehr erfolgreich.

Myasthenia gravis

Bei der Katze kommen beide Formen der Myasthenia gravis, die angeborene und die erworbene vor. Bei der angeborenen Form besteht ein Mangel an Azetylcholinrezeptoren in der Muskulatur, so daß die Impulsübertragung vom Nerven auf den Muskel nicht möglich ist. Der erworbenen Form liegt eine Antikörperbildung gegen Proteine der Azetylcholinrezeptoren zugrunde.

Klinisches Bild

Eine Muskelschwäche nach Beginn körperlicher Bewegung bis hin zu vorübergehender vollständiger schlaffer Lähmung der Gliedmaßenmuskulatur ist charakteristisch für die Myasthenie. In schweren Fällen können die Interkostalmuskeln gelähmt sein mit der Folge schwerer Atemstörungen. Bisweilen ist der Schlund gelähmt, so daß eine Dilatation zustande kommt mit Regurgitation, sekundär auch Aspirationspneumonie.

Diagnose

Typisch für Myasthenia gravis ist die zunehmende Lähmung der Gliedmaßen nach Arbeits-(Bewegungs-)Beginn, die sich nach einer Ruhepause wieder spontan beheben. Eine Schlunddilatation kann röntgenologisch nachgewiesen werden, kommt allerdings nicht so häufig vor wie bei M. g. des Hundes. Die diagnostische Injektion von Cholinesteraseblockern führt zu einer Behebung der klinischen Symptome. Bei erworbener M. g. können Antikörper gegen Cholinesteraserezeptorenproteine nachgewiesen werden.

Differentialdiagnose

In Frage kommen Hypoglykämie, Hypokaliämie, schwere Anämien, die jedoch alle leicht labordiagnostisch abgeklärt werden können.

Therapie

Verwandt werden Cholinesteraseblocker wie Pyridostigmin (Mestinon), 0,25 mg/kg per os. Soll der Wirkstoff parenteral gegeben werden, so liegt die Dosis wesentlich niedriger: 0,05 mg/kg s. c. Sie kann je nach Wirkung erhöht werden.

Eine immunsuppressive Behandlung mit Kortikosteroiden ist in allen Fällen von erworbener M. a. empfehlenswert: Prednisolon 2 bis 4 mg/kg, auf zweimal täglich verteilt, Reduktion nach Wirkung.

Diabetische Polyneuropathie

In einigen Fällen von Diabetes mellitus können schwere Polyneuropathien auftreten, die besonders die Gliedmaßeninnervation betreffen. Dabei kommt offenbar eine Demyelinisierung der peripheren Nerven zustande. DAHME u. M. (1989) konnten charakteristische Neuropathien in Hautstanzen von diabetischen Katzen (und Hunden) nachweisen, die sich als axonale Atrophien, Demyelinisierungen und intraaxonalen Glykogenakkumulationen äußerten.

Klinisches Bild

Im typischen Falle besteht eine unvollständige Lähmung der Hintergliedmaßen, die zu plantarem Aufsetzen des Hinterfußes führt, und eine Lähmung des Schwanzes. Die Blutuntersuchung ergibt eine Erhöhung der Blutglukose und des Fructosamins als Zeichen eines länger bestehenden Diabetes mellitus (DAHME u. M., 1989).
Die **Therapie** ist die des Diabetes mellitus. In der Regel bessert sich die Neuropathie mit der konsequenten Diabetestherapie, kann jedoch bei Unterbrechung der Behandlung wieder auftreten.

Polyradikuloneuritis

Definition

Entzündliche Reaktion mehrerer Nervenwurzeln.

Ätiopathogenese

Unklar.

Klinisches Bild

Das Krankheitsbild scheint häufiger vorzukommen, als früher vermutet wurde. Es ist gekennzeichnet durch plötzlichen Beginn von Lähmungen von Paresen bis Paralysen, wobei Para- und Tetraparesen oder -plegien auftreten können. Schmerzhaftigkeit kann vorkommen. Die Ursache ist idiopathisch, möglicherweise immunogen, kann aber auch infektiös sein (Toxoplasmose, Neospora?).

Diagnose

Die Diagnose sollte außer durch das klinische Bild auch durch die Liquoruntersuchung vervollständigt werden. Während bei der idiopathischen Form lediglich eine Erhöhung des Proteins und evtl. der Neutrophilenzahl gefunden werden, werden bei Infektionen neben einer Proteinvermehrung Erhöhungen der mononukleären und der neutrophilen Zellen, evtl. auch der Erreger selbst gefunden, wenn zusätzlich eine Myelitis eingetreten ist.

Therapie

Die Therapie besteht in der Gabe von Trimethoprim-Sulfonamid 30 mg/kg , auf zweimal täglich verteilt, Clindamycin 25 mg/kg, auf dreimal täglich verteilt, oder anderen Antibiotika. Insbesondere bei der idiopathischen Form sollen Kortikosteroide, Prednisolon 2 bis 4 mg/kg, auf zweimal täglich verteilt, oder Dexamethason, 0,5 mg/kg KM, nach Besserung Reduktion auf 0,5 bzw. 0,05 bis 0,1 mg/kg.

Literatur

BEDFORD, P. G.; CLARKE, E. G.: Experimental benzoic acid poisoning in the cat. Vet. Rec. **90,** 53–58 (1972).

BRAUN, P.: Frühe akustisch evozierte Potentiale. Diss. München (1988).

CAIRD, D., SONTHEIMER, D., KLINIKE, R.: Intra- and extracranial recorded auditory evoked potentials in the cat. I. Source location and binaural interaction. Electoenc. Clin. Neurophysiol. **61,** 50 (1985 a).

CAIRD, D., SONTHEIMER, D., KLINIKE, R.: Intra- and extracranial recorded auditory evoked potentials in the cat. II. Effects of interaural time and intensity differences. Electoenc. Clin. Neurophysiol. **61,** 539 (1985 b).

CHRISMAN, C. L.: Problems im small animal neurology. Lea & Febiger, Philadelphia, 1982.

DAHME, E., KRAFT, W.; SCABELL, J.: Hypertrophische Polyneuropathie bei der Katze. J. Vet. Med A. **34,** 271–288 (1987).

DAHME, E., WEISS, E.: Grundriß der speziellen pathologischen Anatomie der Haustiere. Enke-Verlag, Stuttgart (1988).

DAHME, E., HAFNER, A., REUSCH, C., SCHMIDT, P.: Diabetische Neuropathie bei Hund und Katze – eine bioptisch-elektronenmikroskopische Studie. Tierärztl. Prax. **17,** 177 (1989).

DEFOREST, M. E.; BASRUR, P. K.: Malformations and the Manx syndrome in cats. Can Vet. J. **20,** 304–314 (1979).

DE LAHUNTA, A.: Veterinary neuroanatomy and clinical neurology. W. B. Saunders, Philadelphia, 1977.

DE LAHUNTA, A.: Feline ischemic encephalopathy: A cerebral infarction syndrome. In: KIRK, R. W.: Current Vet. Ther., Saunders, Philadelphia (1977).

DORN, A. S.; JOINER, R. W.: Surgical removal of a meningocele from a Manx cat. Feline Pract. **6,** 37–40 (1976).

ERLEWEIN, D. L.: Postvaccinal rabies in a cat. Feline Pract. **11,** 16–21 (1981).

FANKHAUSER, R.: LUGINBÜHL, H.; MCGRATH, J. T.: Cerebrovascular disease in various animal species. Ann. N. Y. Acad. Sci. **127,** 817 (1965).

FENNER, W. R.: Diseases of the brain. In: ETTINGER, S. J., FELDMAN, E. C.: Textbook of Vet. Int. Med., 4. Aufl., Saunders, Philadelphia (1995).

FIELD, B.; WANNER, R. A.: Cerebral malformation in a Manx cat. Vet. Rec. **96,** 42–43 (1975).

FISCHER, A.: Akustisch evozierte Potentiale beim Hund. Tierärztl. Prax. Suppl. **5,** 46 (1989).

FISCHER, A.: Klinische Anwendung früher akustisch evozierter Potentiale beim Hund. Diss. München (1990).

FLAGSTAD, A.: Felin dyautonomi (Key-Gaskell syndrom). Es ny sygdom hos katte – nur ogsa i Danmark. Dansk Vet. Tidskrift **68,** 433 (1985).

FRESE, K.: Tumoren. In: W. KRAFT, U. M. DÜRR: Katzenkrankheiten, 1. Aufl. Schaper, Hannover, 1978.

GASKELL, C. J., EDNEY, A. T. B.: Feline dysautonomia distribution. Vet. Rec. **117,** 395 (1985).

GREVEL, V.: Erfahrungen mit einem Sedimetierverfahren zur Anreicherung von Liquorzellen bei Hund und Katze. Teil 1. Tierärztl. Prax. **19,** 553 (1991).

GRIFFITHS, I. R., SHARP, N. J. H., MCCULLOCK, M. C.: Feline dysautonomia (the Key-Gaskell syndrome): an ultra structural study of autonomic ganglia and nerves. Neuropathol. Appl. Neurobiol. **11,** 17 (1985).

GUSCETTI, F., POSPISCHIL, A., LÄUCHLI, C., EHRENSPERGER, F.: Pathomorphologie der felinen Dysautonomie (Key-Gaskell-Syndrom). Tierärztl. Prax. **19,** 296 (1991).

HIRTH, R. S., NIELSEN, S. W.: Pathology of feline toxoplasmosis. J. Small Ani. Pract. **10,** 155 (1969).

HEWICKER-TRAUTWEIN, M.: Die feline spongiforme Enzephalopathie. Kleintierprax. **39,** 855 (1994).

HOLLIDAY, T. A., TURREL, J. M.: Diagnosis and treatment of tumors affecting the nervous system. In: THEILEN, G. H., MADEWELL, B. R.: Veterinary cancer medicine. Lea und Febiger, Philadelphia (1987).

JAGGY, A., TIPOLD, A.: Neurologische Notfälle beim Kleintier. Kleintierprax. **37,** 749 (1992).

JOHN, E. R.: Mechanisms of memory. Acad. Press, New York, 1967.

KAADEN, O.-R.: Unkonventionelle Erreger – eine Gefahr für Mensch und Tier? Berl. Münchn. Tierärztl. Wschr. **107,** 44 (1994).

KALLFELZ, F. A.: Scintigraphic diagnosis of brain lesions in the dog and cat. J. Am. Vet. Med. Assoc. **172,** 589–597 (1978).

KNECHT, C. C.; OLIVER, J. E.; REDDING, R.; SELCER, R.; JOHNSON, G.: Narcolepsy in a dog and a cat. J. Am. Vet. Med. Assoc. **162,** 1052–1053 (1973).

KÖNIG, H. E.: Anatomie der Katze. Gustav-Fischer-Verlag, Stuttgart, Jena (1992).

KORNEGAY, J. N.: Feline infectious peritous peritonitis: the central nervous system form. J. Am. Anim. Hosp. Assoc. **14,** 580 (1978).

KRAFT, W., BALLAUF, B.; CHERMAI, A. K.; MÜNSTER, M.: Feline Dysautonomie (Key-Gaskell-Syndrom), Kleintierpraxis **33,** 287–290 (1988).

LINQUIST, W. D.; WINTERS, K. D.: Feline Pract. **11,** 37 (1981).

LITSCHI, B., DIETH, V.: Key-Gaskell-Syndrom bei einer Katze in der Schweiz. Schweiz. Arch. Tierhk. **131,** 133 (1989).

LÖSCHER, W.: Antiepileptika. In: LÖSCHER, W., UNGEMACH, F. R., KROKER, R.: Grundlagen der Pharmakotherapie bei Haus- und Nutztieren. Parey-Verlag, Berlin und Hamburg (1994).

LÖSCHER, W.: Neue Antiepileptika – ein Fortschritt für die Behandlung epileptischer Tiere? Kleintierprax. **39,** 325 (1994).

LUNGINBÜHL, H.: Studies in meningomas in cats. Am. J. Vet. Res. **22,** 1030–1040 (1961).

LUTTGEN, P. J.; BRAUND, K. G.; BRAWNER, W. R., Jr VANDEVELDE, M.: A retrospektive study of twenty-nine spinal tumors in the dog and cat. J. Sm. Anim. Pract. **21,** 213–226 (1980).

LUGINBÜHL, H., FANKHAUSER, R., MCGRATH, J. T.: Spontaneous neoplasms of the nervous system in animals. Progress Neurol. Surg. **2,** 85 (1968).

MESFIN, G. M.; KUSEWITT, D.; PARKER, A.: Degenerative myelopathy in a cat. J. Am. Vet. Med. Assoc. **176,** 62–64 (1980).

NAFE, L. A.: Menigiomas in the cat: A retrospective clinical study of 36 cases. J. Amer. Vet. Med. Assoc. **174,** 1224 (1979).

NAFE, L. A.: Topics in feline neurology. Vet. Clin. North Amer. **14,** 1289 (1980).

NORTHINGTON, J. W.; JULIANA, M. M.: Exradural lymphosacoma in six cats. J. Sm. Anim. Pract. **19,** 409 (1978).

OEHME, F. W.: Antifreeze (Ethylene glykol) poisoning. In: KIRK, R. W.: Current Veterinary Therapy VI. Saunders, Philadephia 1974.

OEHME, F. W.: Comparative study of the biotransformation and excretion of phenol. Diss. Missouri, Columbia, 1969.

PARKER, A. J.; O'BRIEN, D. P.; SAWCHUK, S. A.: The nervous system. In: PRATT, P. W.: Feline medicine. Amer. Vet. Publ., Sta. Barbara, 1983.

PARRISIUS, R.: Hyperammoniämie bei Katzen (in Vorbereitung).

PEARSON, G. R., u. M.: Feline spongiform encephalopathy: a review. In: RAW, M. E., PARKINSON, T. J.: The Vet. Ann. 33, London (1993).

PENNY, R.; CARLISLE, C. H.: PRESCOTT, C. W.; DAVIDSON, H. A.: Effects of chloramphenicol on the haemopoietic of the cat. Br. Vet. J. **123,** 145 (1967).

ROTHUIZEN, J.; VAN DEN INGH, TH. S. G. A. M.; VOORHORT, G.; VAN DER LUER, R. J. T.; WOUDA, W.: Cogenital porto-systemic shunts in sixteen dogs and three cats. J. Sm. Anim. Pract. **23,** 67–81 (1982).

SCHÄFFER, E. H., KOCH, H., SCHMAHL, W.: Unilaterale Doppelmißbildung des Auges und Doppelmißbildung des Gehirns bei einer Katze. Tierärztl. Prax. **19,** 408 (1991).

SCHRAUWEN, E., APELDOORN, A.; LENNENS, P.: Feline dysautonomia in Belgium, Vet. Rec. **121,** 203 (1987).

SCOLLO-LAVIZZARI, G.: Epilepsien. In: SIEGENTHALER, W.: Klinische Pathologie, Thieme, Stuttgart, 1976.

SEIFERLE, E.: Nervensystem, Sinnesorgane, endokrine Drüsen. In: NICKEL, R.; SCHUMMER, A.; SEIFERLE, E.: Lehrbuch der Anatomie der Haustiere IV. Parey, Berlin, Hamburg, 1975.

SHARP, N. J. H., NASH, A. S., GRIFFITHS, I. R.: Feline dysautonomie (the Key-Gaskell syndrome): a clinical and pathologic study of fouty cases. J. Small Anim. Pract. **25,** 599 (1984).

SHEPARD, D. E., DE LAHUNTA, A.: Central nervous system disease in the cat. Comp. Cont. Educ. **2,** 306 (1980).

SILSON, M., und ROBINSON, R.: Hereditary hydrocephalus in the cat. Vet. Rec. **84,** 477 (1969).

SIMPSON, S.: Disease of the vestibular system. In: KIRK, R. W.: Current Veterinary Therapy VIII. Saunders, Philadelphia, 1983.

LAUSON, D. O.; FINN, P. J: Meningoencephalitits and anophtalmitis in feline infectious peritonitis. J. Am. Vet. Med. Assoc. **160,** 729 (1972).

YMONDS, C.: Disorder of the memory: Brain **89,** 625 (1966).

HEILEN, G. H.; MADEWELL, B. R.: Veterinary cancer medicine. Lea & Febiger, Philadelphia 1979.

RIMBORN, A., KRAFT, W.: Multimorbidität bei der Katze. Kleintierprax. **37,** 361 (1992).

JNGEMACH, F. R.: Pharmaka zur Beeinflussung von Entzündungen. In: LÖSCHER, W., UNGEMACH, F. R., KROKER, R.: Grundlagen der Pharmakotherapie bei Haus- und Nutztieren. Parey-Verlag, Berlin und Hamburg (1994).

USCETTI, F., POSPISCHIL, A., LÄUCHLI, CHR., EHRENSPERGER, F.: Pathomorphologie der felinen Dysautonomie (Key-Gaskell-Syndrom). Tierärztl. Prax. **19,** 296 (1991).

VANDEFELDE, M., BRAUND, K. G.: Polioencephalomyelitis in cats. Vet. Pathol. **16,** 420 (1979).

VULGAMOTT, J. C., et al.: Congenital protocaval anomalies in the cat: two case reports. J. Am. Anim. Hosp. Assoc. **16,** 915 (1980).

WILKINSON, G. T.: Neuropathy in two Russian Blue Cats – an exercise in differential diagnosis. Austral. Vet. Pract. **18,** 12 (1988).

WISSLER, J.: Forsta fallet i Sverige av dilaterade pupillsyndromet hos katt. Svensk Vet. Tidning **35,** 533 (1983).

WYATT, J. M., u. M.: Spongiform encephalopathy in a cat. Vet. Rec. **126,** 513 (1990).

WYATT, J. M., u. M.: Naturally occuring scrapie-like spongiform encephalopathy in five domestic cats. Vet. Rec. **129,** 233 (1991).

WYATT, J. M.: Naturally occuring spongiform encephalopathy in cats in the U. K. Aust. Vet. Pract. **21,** 174 (1991).

WYATT, J. M., u. M.: Feline spongiform encephalopathy. Feline Pract. **21,** 7 (1993).

ZAKI, F. A.; HURVITZ, A. J.: Spontaneous neoplasms of the central nervous system of the cat. J. Small Anim. Pract. **17,** 773–782 (1976).

Krankheiten des Auges

Von C. L. Martin

Deutsche Bearbeitung von G. Teichert

Raum für Notizen

Krankheiten des Auges

Primäre Augenerkrankungen der Katze sind selten. Häufiger findet man Veränderungen, die durch systemische Erkrankungen bedingt sind.

Glücklicherweise wurde die Anatomie des Kopfes und der Augenhöhle der Katze nicht so entscheidend durch Zucht verändert wie beim Hund. Deshalb müssen hier seltener anatomisch bedingte Defekte korrigiert werden.

Untersuchung des Auges und diagnostische Techniken

Anamnese

Im Praxisbetrieb wird das Erheben der Anamnese häufig vernachlässigt oder bleibt auf das beschränkt, was der Besitzer von sich aus erzählt. Die meisten Diagnosen am Auge basieren auf der direkten Untersuchung und werden dadurch erhärtet, daß man weiß, welche Erscheinungen durch Zucht, Alter und Rasse bedingt sind.

Dennoch darf die Bedeutung der Anamnese nicht vernachlässigt werden. Da viele systemische Erkrankungen das Auge und seine Anhangsorgane beeinflussen, muß immer auch eine allgemeine Anamnese erhoben werden. Leider müssen viele Fragen nach äußeren Einwirkungen und wichtigen Körperfunktionen und Dauer der Erkrankung bei Katzen, die sich häufig unkontrolliert im Freien aufhalten, unbeantwortet bleiben. Zucht, Alter und gelegentlich auch das Geschlecht geben dem erfahrenen Kliniker wichtige Hinweise, da viele Augensyndrome mit bestimmten Züchtungen einhergehen oder zumindest durch sie begünstigt werden.

Die Klagen der Besitzer lassen sich gewöhnlich in 7 Kategorien einteilen.

1. Verminderte Sehkraft oder Blindheit
2. Augenausfluß
3. Farbveränderungen am Auge
4. Schmerzen
5. Trübungen, Auflagerungen
6. Veränderungen an der Pupille
7. Hervorquellende Augen.

Diese Punkte bilden die Grundlage der Diagnose.

1. Verminderte Sehkraft – Blindheit

Die Angaben des Besitzers können irreführend sein: Tiere mit schleichendem Verlust der Sehkraft werden stets erst dann vorgestellt, wenn der Besitzer diesen bemerkt, also in einem späten Stadium der Erkrankung. Man sollte nach Tages- oder Nachtsehvermögen, der Fähigkeit, bewegte bzw. unbewegte Objekte zu erkennen sowie dem Sehen im Fern- und Nahbereich fragen. Die meisten Katzen werden nur dann vorgestellt, wenn die Erkrankung beidseitig schwer ist.

2. Augenausfluß

Augenausfluß führt die Besitzer häufig zum Tierarzt. Angaben bezüglich Dauer, Verlauf, Umfeld, Kontakt mit anderen Katzen und Beeinflussung des Verlaufs durch Therapie oder Jahreszeit müssen berücksichtigt werden.

3. Farbveränderungen am Auge

Sie können sowohl die Bindehaut (rotes Auge bei Konjunktivitis) als auch die Oberfläche bei Hornhauttrübungen, die Vorderkammer oder auch die Iris betreffen. Diese Veränderungen fallen besonders dann auf, wenn nur ein Auge betroffen ist oder das Tier sehr helle Augen hat.

4. Schmerzen am Auge

Blepharospasmus und Augenreiben werden vom Besitzer schnell bemerkt. Häufig äußern sich Schmerzen jedoch viel undeutlicher. Die Tiere sind ruhiger, häufig apathische und ihr Temperament ist verändert. Dies wird dem Besitzer erst dann klar, wenn es dem Tier wieder besser geht.

5. Trübungen oder Auflagerungen auf oder im Auge können von einem Vorfall der Nickhaut, schmierigem Augenausfluß, Hornhautflecken, Ansammlungen von Fibrin oder anderen Stoffen in der Vorderkammer oder von einer Katarakt hervorgerufen werden. Man sollte Informationen bezüglich Dauer, beständige oder in Schüben verlaufende Verschlechterung und auslösende Faktoren sammeln.

6. Veränderungen der Pupille werden gewöhnlich dann bemerkt, wenn Seitenunterschiede bestehen, oder auch wenn zusätzliche Beschwerden auftreten, die das Augenmerk des Besitzers auf das Auge lenken, so etwa Blindheit. Die Größe der Pupille ist auch bei hellgefärbten Irides oder einer weißen Katarakt deutlich zu erkennen.

7. Hervorquellende Augen
Meistens ist nur ein Auge vom Hervorquellen betroffen. Dieser Zustand kann akuter oder chronischer Natur sein und wird häufig von Rötung, Schmerz, Augenausfluß oder Belag begleitet.

Krankheitsverlauf

Man sollte das Erscheinungsbild und seine Veränderungen im Laufe der Zeit sowie Beeinflussung durch Therapie und durch Veränderung der Umgebung festhalten. Besonders bei Vorstellung chronischer Fälle muß man sich nach vorhergegangener Behandlung mit Haus- oder Arzneimitteln erkundigen. Der Krankheitsverlauf kann sich gewandelt haben. Frühere Therapie kann die Deutung von Untersuchungsergebnissen, z. B. den Pupillarreflex oder den Augeninnendruck betreffend, erschweren. Wenn eine vorhergegangene Therapie nicht angesprochen hat, sollte man den Besitzer fragen, ob er mit den Anweisungen zurechtgekommen ist. Bei neuen Patienten muß man sich nach früheren Augenerkrankungen, deren Verlauf und Ansprechen auf die Therapie erkundigen.
Da sich systemische Erkrankungen oft am Auge manifestieren, darf man Verbindungen zu Prozessen außerhalb des Auges nicht außer acht lassen. Darüber hinaus kann eine topische Behandlung systemische Nebenwirkungen haben bzw. können auch systemische Medikamente Nebenwirkungen am Auge zeigen. Daher müssen Augenpatienten vor der Behandlung auf systemische Erkrankungen untersucht werden. Hinweise auf die Umgebung des Tieres, wie Unterbringung, z. B. Streu, Ausstellung oder auch Reize, wie Zigarettenrauch und Fiberglas, können helfen, die Krankheitsursache zu finden.

Äußerliche Untersuchung des Auges

Der erste Schritt der Augenuntersuchung ist die Untersuchung des Vorderabschnittes, der Anhangsorgane und der periorbitalen Region in entspanntem ungestörten Zustand bei normaler Raumbeleuchtung. Man darf das Tier nicht so am Kopf festhalten, daß sich dabei die Form des Lids verändert. Auch können sonst bei Tieren, die Schmerzen am Auge haben oder schon mit Augenpräparaten behandelt worden sind, Blepharospasmen auftreten. Die Symmetrie bezüglich Lidspalten, Hervorstehen und Größe der Augäpfel, Stellung von Lidern und Nickhaut sowie Größe und Form der Pupillen läßt sich am besten aus einer Entfernung von $^1/_2$–1 m beurteilen.

Augenlider

Um das Lid zu untersuchen, muß die Katze nicht besonders festgehalten werden. Zustand der Haut, Schwellungen, Verletzungen, Ansammlungen von Exsudaten oder Tränen, Gestalt des Lidrandes, Blepharospasmus und die Fähigkeit zu zwinkern lassen sich so feststellen.

Konjunktiva

Lid-, Bulbus- und Nickhautkonjunktiva werden auf Farbveränderungen (Blässe, Ikterus, Hyperämie), Chemosis (Ödem), Ansammlungen von Exsudaten und deren Beschaffenheit, Follikelbildung, Pseudomembranen, Fremdkörper, Verletzungen und Verklebungen bzw. Verwachsungen hin untersucht. Herunterdrücken oder Anheben der Lider mit dem Finger ermöglichen nur eine oberflächliche Untersuchung der Lid- und Bulbusoberfläche, da die Augenlider zu fest an den Augapfel anschließen, um ihn völlig bloßlegen zu können. Ist noch eine genauere Untersuchung erforderlich, so müssen die Lider unter Oberflächenanästhesie mit Hilfe einer Pinzette auswärts gekehrt werden. Weil Oberflächenanästhetika bakterizid wirken und die Tränenproduktion beeinflussen können, müssen Abstriche für Bakterienkulturen und Untersuchung der Tränenproduktion (Schirmer-Test) vorher gemacht werden, damit die Ergebnisse nicht verfälscht werden. Bindehautabstriche für eine zytologische Untersuchung können wichtige Hinweise auf die Krankheitsursache geben, sind sie doch eine einfache Möglichkeit, Chlamydien- und Mykoplasmeninfektionen (Abb. 1) [1] festzustellen. Giemsa- oder Wright-Giemsa-Färbungen eignen sich hierfür am besten.

Tränensee und Tränenpunkte

sollen auf eine eventuelle Obliteration durch Verwachsung der Konjunktiva (Symblepharon) untersucht werden. Die Durchgängigkeit der Tränenwege läßt sich am besten beurteilen, wenn man Fluoreszein in das Auge träufelt und dann die Nasenlöcher beobachtet. Dabei hilft ultraviolettes Licht, z. B. Woodsche Lampe, das den Farbstoff fluoreszieren läßt. Die Verlegung nur eines Tränenpunktes kann noch einen positiven Fluoreszein-Test ergeben. Eindeutige Ergebnisse erhält man durch Aufsuchen der

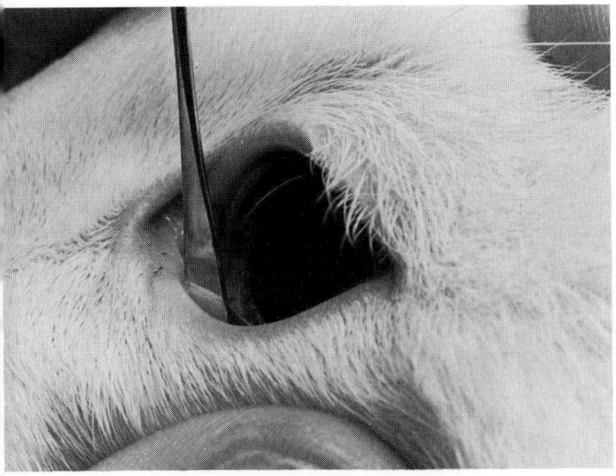

Abb. 1: Anfertigung eines Bindehautabstriches mit einem Kimura-Spatel nach Oberflächenanästhesie. Um nicht fettiges Material aus den Meibomschen Drüsen auszupressen, muß die Ausschabung am tiefsten Punkt erfolgen. Das Material wird auf einem Objektträger ausgestrichen und nach Lufttrocknung gefärbt.

einzelnen Tränenpunkte und Spülen. Das Einführen einer Kanüle ist bei der Katze schwieriger als beim Hund, da die Tränenpunkte kleiner sind und die Lid-Bulbusverbindung fester ist. Am besten benutzt man eine konische Tränenkanal-Kanüle. Meistens ist der Patient so unruhig, daß eine Narkose erforderlich ist. Die Tränenproduktion kann man mit Hilfe von Filterpapier oder Schirmer-Test-Streifen abschätzen. Die Tränenproduktion, wie auch Reflexreize, mißt man gewöhnlich, bevor man eine Lokalanästhesie vornimmt. Das Ende des Streifens legt man in die Mitte des unteren Bindehautsackes und liest ab, wie viele Millimeter des Streifens pro Minute durchnäßt werden. Der normale Wert für Katzen liegt bei 17 mm pro Minute plus/minus 5 mm pro Minute (Abb. 2 u. Abb. 3) [2].

Kornea

Die Kornea sollte man auf Klarheit und Glanz untersuchen, dann auf Blutgefäße, Pigmentierung, Ödeme, Narben, Verletzungen, Geschwüre, Hornhautpräzipitate auf dem Endothel und Verklebungen mit der Konjunktiva oder der Iris, kristalline Ablagerungen und neoplastische Einlagerungen. Einfallendes und durchfallendes Licht gegen den Tapetumreflex bei erweiterter Pupille erlauben es, die meisten Trübungen zu erkennen. Man benötigt jedoch fokale Beleuchtung und Vergrößerung, d. h. eine Spaltlampe oder ein Hornhautmikroskop (Abb. 4), um sie genau zu lokalisieren. Fluoreszein erleichtert es, Defekte im Epithel zu erkennen und den Heilungsverlauf zu kontrollieren. Da viele Korneaepitheldefekte bei der Katze sehr fein sind, sollte man die Untersuchung mit Kobaltblaulicht vornehmen, welches die Fluoreszenz verstärkt. Abstriche von der Kornea mit einem Spatel können zytologische Hinweise geben und helfen, den Infektionserreger zu finden.

Die Vorderkammer ist normalerweise optisch leer. Bei der Katze ist sie groß und tief. Die Vorderkammer wird auf Tiefe, Klarheit, Ablagerungen von roten und weißen Blutkörperchen, Fibrin, Verlagerung der Linse, Zysten und Neubildungen untersucht. Erhöhter Proteingehalt und Zellen im Kammerwasser erzeugen den sogenannten Tyndalleffekt (Abb. 5). Kann man bei fokaler Beleuchtung sehen, wie der Lichtstrahl die Vorderkammer durchläuft, so ist dies ein Zeichen für den Tyndalleffekt, der durch meist entzündungsbedingte Veränderungen der Gefäßpermeabilität der Uvea anterior verursacht wird. Bei fokaler Beleuchtung und Vergrößerung kann man in pathologischen Stadien Zellen erkennen, die sich im Konvektionsstrom des Kammerwassers bewegen oder im Endothel der Kornea abgelagert sind. Sind diese Hornhautpräzipitate klein, so verursachen sie eine schwache Trübung der Kornea. Es handelt sich um Ansammlungen von Neutrophilen. Größere Einlagerungen sehen fettähnlich aus. Sie werden von Makrophagen und mononukleären Zellen gebildet und weisen auf eine granulomatöse Entzündung hin. Material für bakteriologische, zytologische, serologische und chemische Analysen gewinnt man durch Punktion der Vorderkammer. Unter Allgemeinanästhesie, bei Verwendung von Ketamin-HCl muß man zusätzlich ein Oberflächenanästhetikum anwenden, wird eine Kanüle Nr. 18 nahe dem Limbus, parallel zur Iris , eingestochen. Man zieht etwa 0,5 ml Flüssigkeit ab, muß dabei jedoch darauf achten, daß die Vorderkammer nicht zu sehr zusammenfällt (Abb. 6).

Iris

Die Iris wird auf Farbe, Struktur, Gefäßeinsprossung (Rubeose), Neubildungen, Pupillengröße und -form, Verklebungen sowie Fasern und Lichtreflexe untersucht. Die Farbe der Katzeniris variiert von blau bis orange. Die Pupillen reagieren sehr stark auf Licht, dilatiert sind sie groß und rund, kontrahiert nur noch ein schmaler vertikaler Schlitz. Tonometrie und Gonioskopie werden gewöhnlich bei der Glaukombeurteilung eingesetzt. Die Gonioskopie (Untersuchung des Iridokornealwinkels) erlaubt es, sowohl eine Neubildung in der peripheren Iris besser zu beurteilen, als auch die Ätiologie eines Glaukoms zu bestimmen. Dazu sind eine Kontaktlinse, eine Lichtquelle und evtl. eine Vergrößerungsmöglichkeit nötig. Man nimmt dazu gewöhnlich eine Ober-

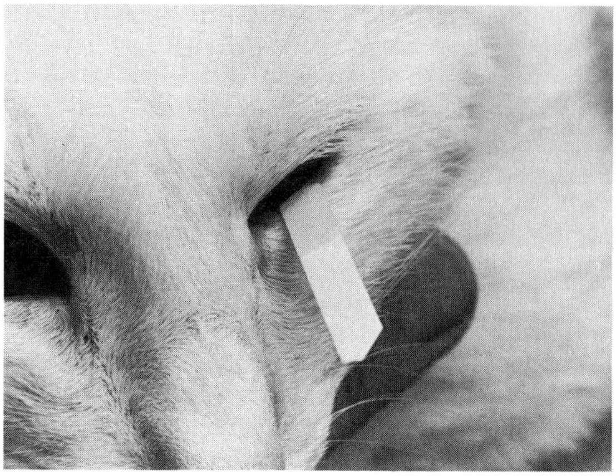

Abb. 2: Schirmer-Test.

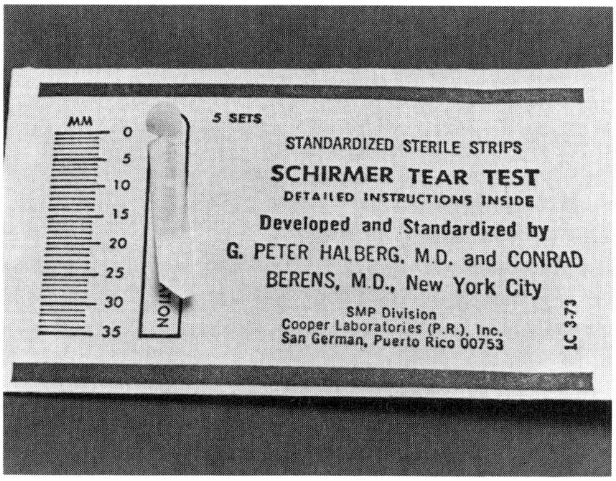

Abb. 3: Schirmer-Test.

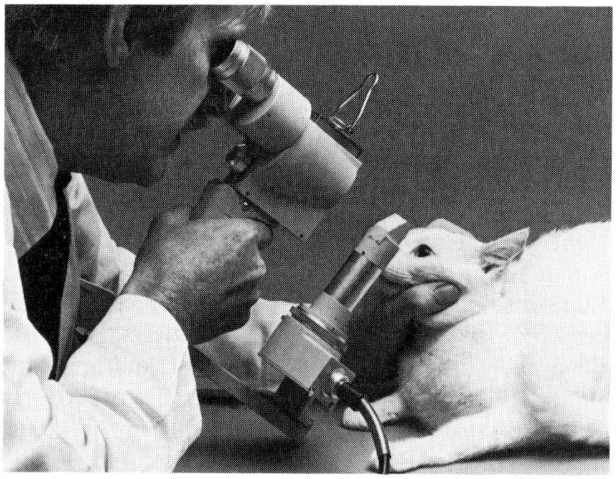

Abb. 4: Kowa-Handspaltlampe, sie ist ideal zur Anwendung in der Veterinärmedizin. Sie erlaubt vergrößerte Beobachtung des vorderen Augenabschnittes mit verschiedenen Beleuchtungsarten.

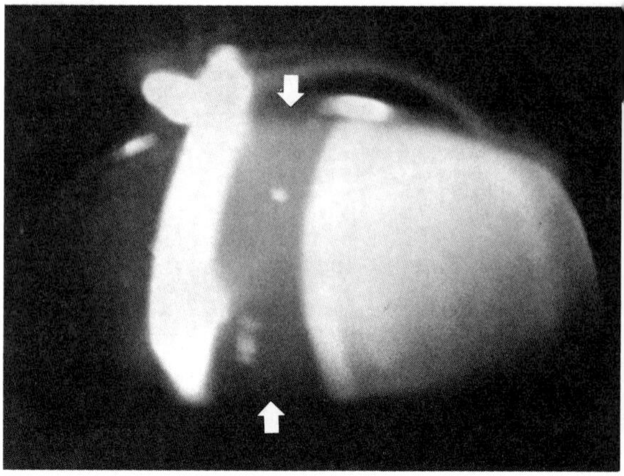

Abb. 5: Durch den Tyndalleffekt sichtbar werdende Zellansammlungen (zwischen den Pfeilen) in der Vorderkammer. Die von links kommende Spaltbeleuchtung macht zunächst die Kornea und dann erst wieder die Linse sichtbar. Die normale Vorderkammer ist ein dunkler Zwischenraum, da von dort kein Licht zum Untersucher reflektiert wird.

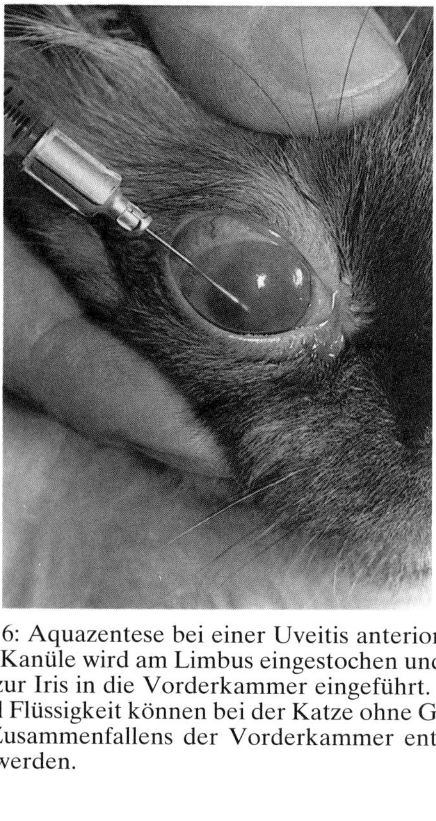

Abb. 6: Aquazentese bei einer Uveitis anterior. Die feine Kanüle wird am Limbus eingestochen und parallel zur Iris in die Vorderkammer eingeführt. Etwa 0,5 ml Flüssigkeit können bei der Katze ohne Gefahr des Zusammenfallens der Vorderkammer entnommen werden.

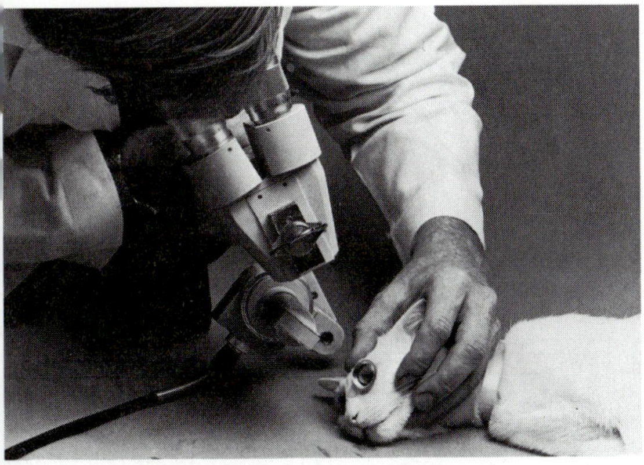

Abb. 7: Gonioskopie mit der Spaltlampe und einer Franklin-Kontaktlinse unter Ketamin-Anästhesie.

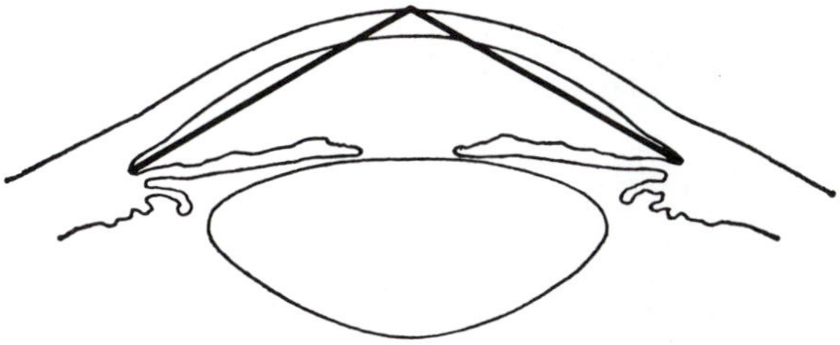

Abb. 8: Totalreflexion der vom Iridokornealwinkel ausgehenden Lichtstrahlen.

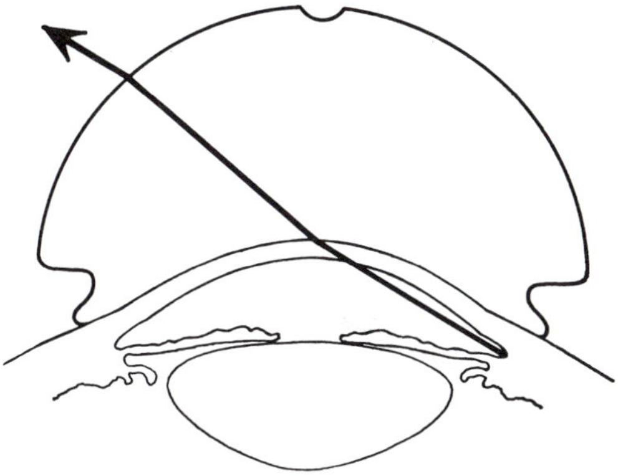

Abb. 9: Direkte Gonioskopie – die auf die Kornea aufgesetzte Glas- oder Plastiklinse verhindert die Totalreflexion der Lichtstrahlen an der Hornhaut/Luft-Grenzfläche und ermöglicht so ein Hineinsehen in den Kammerwinkel.

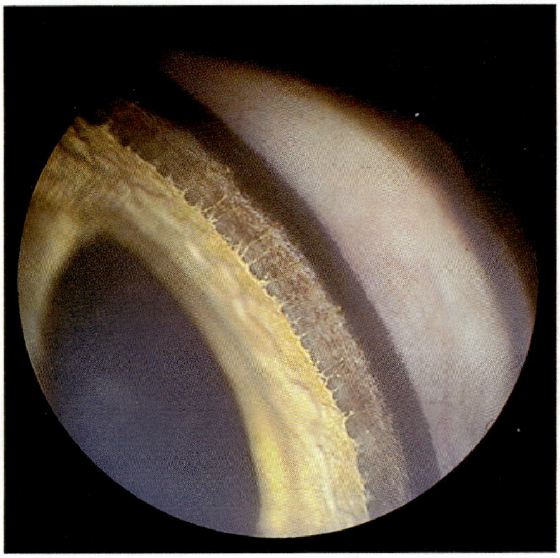

Abb. 10: Normaler Iridokornealwinkel einer Katze mit langem Lig. pectinatum.

flächenanästhesie vor (Abb. 7). In der Veterinärophthalmologie wird meist die direkte Gonioskopie angewandt. Eine auf die Kornea aufgesetzte Linse (Verf. benutzt eine *Franklin pediatric goniolens* von Firma Franklin Ophthalmic Instruments, 2600 Industrial Blvd. Oakland, CA 94545) läßt den Kammerwinkel sichtbar werden (Abb. 8, 9). Die Länge des bei der Katze gut entwickelten Ligamentum pectinatum iridis dient als Maß, um die Kammerwinkelgröße abzuschätzen (Abb. 10). Man achtet auf periphere Synechien (Verklebungen der Iris mit der Kornea), Zysten, Tumoren und schlecht entwickelte Kammerwinkel. Bei der digitalen Tonometrie wird mit den Zeigefingern der Augapfel durch das obere Augenlid hindurch palpiert. So kann man starke Veränderungen des Drucks (Hypotonie, Glaukom) erkennen. Aber diese Technik erbringt nur sehr ungenaue Resultate. Das gebräuchlichste Hilfsmittel zur Bestimmung des Augeninnendrucks ist das Tonometer nach Schiötz. Es wird nach Oberflächenanästhesie für 2–3 Sekunden zentral auf die Hornhaut aufgesetzt und dann abgelesen. 3–4 Bestimmungen sind erforderlich (Abb. 11, 12). Es ist umstritten, ob man nur Skalenwerte verwenden soll, die Umrechnungstabellen in mm Hg vom Menschen oder spezielle Tabellen für Hunde und Katzen wie Tab. 1 und 2 [3]. Der normale Augendruck der Katze beträgt 15–25 mm Hg, und die Meßwerte beider Augen sollen höchstens einen Unterschied von 4–5 mm Hg aufweisen. Verschmutzung des Instruments, Gebrauch in nicht vertikaler Stellung, enge Korneakrümmung (Mikrophthalmus), weite Hornhaut-

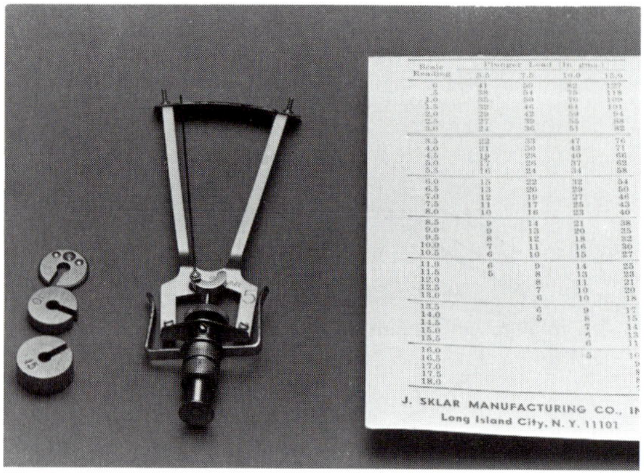

Abb. 11: Schiötz-Tonometer mit Gewichten und Umrechnungstabelle (Mensch) in mm Hg.

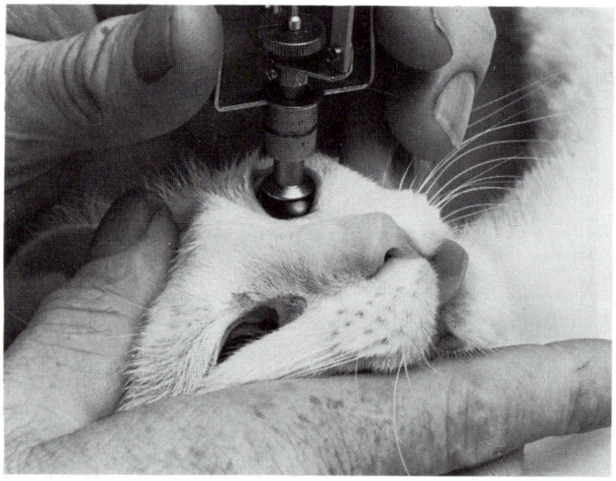

Abb. 12: Druckmessung mit dem Schiötz-Tonometer. Das Instrument muß senkrecht auf der Korneamitte stehen.

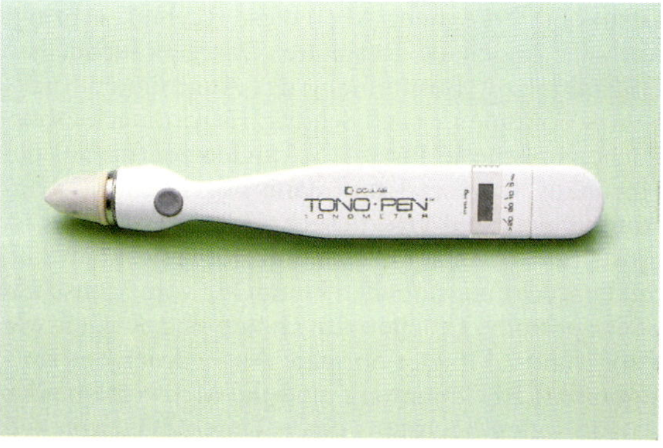

Abb. 12 a: Das Tono-Pen-Applanationstonometer, das für die Veterinärmedizin besonders gut geeignet ist.

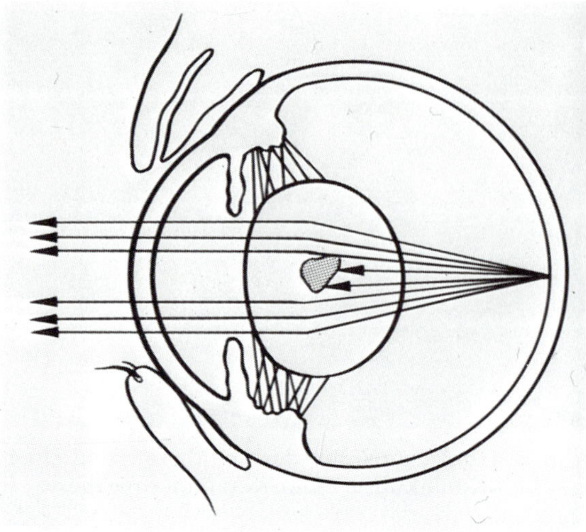

Abb. 13: Prinzip der Retroillumination gegen den Fundusreflex. Jede Trübung zwischen Fundus und Beobachter (hier ist sie in der Linse) erscheint als dunkler oder grauer Fleck innerhalb des Reflexes.

krümmung (Buphthalmus), Hornhautnarben und Ödeme, vorgefallene Linse und Druckausübung auf den Bulbus beim Aufhalten der Lider können ungenaue Ergebnisse verursachen. Das *Tono-Pen*-Tonometer ist ein transportables Applanationstonometer, das sich in der Veterinärmedizin als sehr brauchbar erwiesen hat. (In Deutschland gilt es als nicht eichfähig und ist daher offiziell nicht zugelassen.) Es ist eine sehr einfache, genaue, schonende Methode zur Ermittlung des Augendruckes bei einer Vielzahl von Tierarten (Abb. 12 a). Niedrige Werte werden überbewertet und höhere als Normalwerte werden unterbewertet, aber der Fehler ist nicht so groß, daß fehlerhafte Diagnosen resultieren [3 a, 3 b].

Linse

Erweiterung der Pupille ist unbedingte Voraussetzung für eine genaue Untersuchung der Linse. Sie wird am besten mit einem schwachen Mydriatikum, wie z. B. 0,5–1 % Tropicamidlösung (Mydriatikum Stulln®) erzielt. Die Pupillenerweiterung dauert 8 Stunden an, im Gegensatz zu 4–5 Tagen bei der Anwendung von Atropin. Bei der Anwendung von Tropicamid tritt meist Speicheln auf, wahrscheinlich wegen des bitteren Geschmacks, wenn das Präparat von den Nasenlöchern abgeleckt wird, die es über den Tränennasengang erreicht. Durchfallende Beleuchtung gegen den Fundus-Lichtreflex ist eine sehr schnelle und zuverlässige Methode, um Linsentrübungen zu erkennen (Abb. 13). Die Trübungen lassen sich am besten unter einer fokalen Lichtquelle lokalisieren. Um die Linse wie auch jedes andere

Tabelle 1: Umrechnungstabelle für Schiötz-Tonometrie beim Hund [3]

Schiötz-Skala	IOP (mm Hg) 5,5 g	IOP (mm Hg) 7,5 g	IOP (mm Hg) 10,0 g
0.5	46	61	75
1.0	44	59	73
1.5	43	56	70
2.0	40	53	66
2.5	33	47	61
3.0	26	40	55
3.5	23	35	49
4.0	21	32	44
4.5	20	29	41
5.0	19	27	38
5.5	18	26	36
6.0	17	24	33
6.5	16	23	31
7.0	15	22	30
7.5		20	28
8.0	14	19	27
8.5	13		25
9.0		18	24
9.5	12	17	23
10.0		16	22
10.5	11	15	21
11.0			20
11.5	10	14	19
12.0		13	18
12.5			17
13.0		12	16
13.5	8	11	15
14.0			
14.5		10	14
15.0	7		13
15.5		9	12
16.0			
16.5	6	8	11
17.0			10
17.5		7	
18.0	5		9
18.5		6	
19.0			8
19.5			7
20.0		5	

Tabelle 2: Umrechnungstabelle für Schiötz-Tonometrie bei der Katze [3]

Schiötz-Skala	IOP (mm Hg) 5,5 g	IOP (mm Hg) 7,5 g	IOP (mm Hg) 10,0 g
0.5	44	73	
1.0	42	71	
1.5	40	68	
2.0	37	65	80
2.5	33	61	76
3.0	30	56	71
3.5	27	48	66
4.0	25	42	61
4.5	24	37	56
5.0	22	34	51
5.5	21	31	47
6.0	20	29	44
6.5	18	27	40
7.0		25	37
7.5	17	24	35
8.0	16	22	33
8.5	15	21	31
9.0	14	20	29
9.5	13	19	27
10.0		18	25
10.5		17	23
11.0	12	16	22
11.5	11	15	20
12.0		14	19
12.5	10	13	18
13.0		12	17
13.5	9		15
14.0		11	14
14.5	8	10	13
15.0			12
15.5		9	11
16.0	7	8	10
16.5			9
17.0	6	7	8
17.5		6	7
18.0			6
18.5	5	5	5
19.0			
19.5			
20.0			

durchsichtige Medium zu untersuchen, wird ein direktes Ophthalmoskop benutzt, wobei die Stärke der konvexen Linsen (schwarze Zahlen) erhöht wird (Abb. 14). Bei der Dioptrieneinstellung von +8 bis +12 ist die Linse scharf eingestellt. Die Linse wird auf Durchsichtigkeit, Kolobome, Lageveränderungen, Überbleibsel embryonaler Gefäße auf ihrer Kapseloberfläche, Größe und Form untersucht. Trübungen können nur die Kapseloberfläche (extralentikulär) oder die gesamte Linse betreffen. Die Unterschiede der Trübungen in Größe, Form und Lage sind mannigfaltig. Bei Subluxation oder Kolobom der Linse erscheint bei Pupillenerweiterung der linsenfreie Teil der Pupille sichel- bis halbmondförmig.

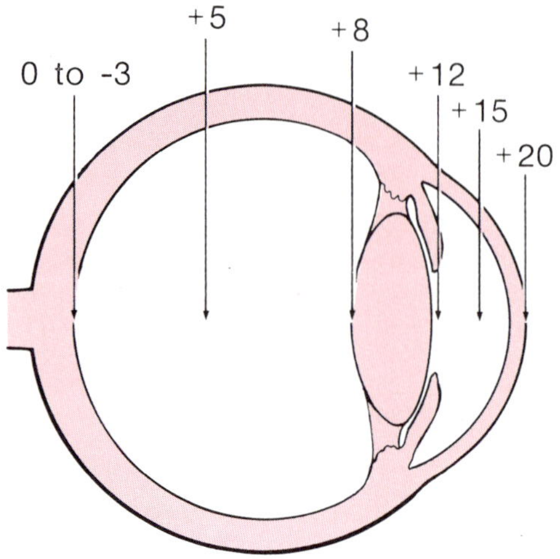

Abb. 14: Linseneinstellungen beim direkten Ophthalmoskop, um die einzelnen Augenabschnitte scharf zu sehen.

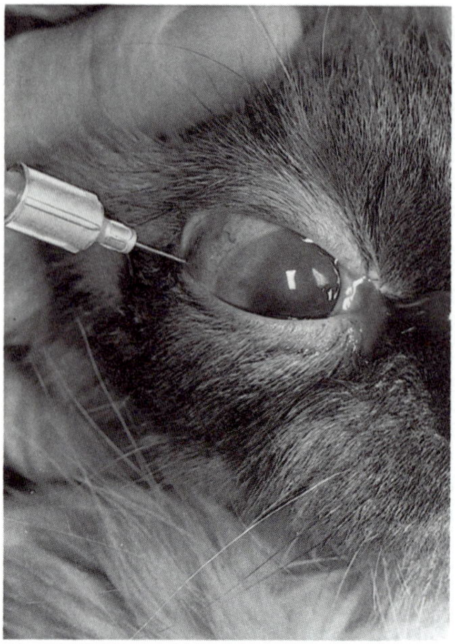

Abb. 15: Glaskörperpunktion bei einer Katze mit Uveitis anterior. Die Kanüle wird 6–8 mm hinter dem Limbus eingestochen und in die Mitte des Bulbus vorgeschoben. Wenn der Glaskörper verflüssigt ist, gelingt die Aspiration mit einer 25er Kanüle.

Glaskörper

Bei Untersuchung im durchfallenden Licht kann man leicht Trübungen erkennen. Direkte fokale oder diffuse Beleuchtung wird für die weitere Untersuchung des vorderen Teils des Glaskörpers, indirekte Ophthalmoskopie für den hinteren Teil des Glaskörpers verwendet. Es wird besonders auf Membranen, organisierte dichte Narben, Blutungen, größere Reste embryonaler Gefäße und Verflüssigung geachtet. Bei hochgradig entzündlichen Veränderungen kann eine Parazentese des Glaskörpers für kulturelle und zytologische Untersuchungen durchgeführt werden. Dazu wird mit einer 18er-Kanüle lateral 6–8 mm hinter dem Limbus durch die Pars plana des Glaskörpers hindurchgestochen (Abb. 15). Glaskörperblutungen sind jedoch eine häufige Komplikation, daher sollte eine Parazentese nur am hochgradig veränderten Auge vorgenommen werden.

Netzhaut

Die Untersuchung der Retina mit dem direkten oder indirekten Ophthalmoskop wird am besten bei maximaler Pupillenerweiterung durchgeführt. Die Untersuchung kann sich bei Tieren schwierig gestalten, bei denen eine Photophobie vorliegt. Auch die Membrana nictitans kann bei der Untersuchung des Fundus hinderlich sein. Schnelle Untersuchung bei schwachem Licht und geschicktes Halten der Katze ermöglichen meist ein kurzes Betrachten des Augenhintergrundes. Widersetzt sich der Patient ernstlich der Untersuchung, so kann man ihm Ketamin-HCl intravenös verabreichen, wenn es auf Grund des Allgemeinzustandes kein Risiko darstellt

Der Augenhintergrund (Fundus) der Katze zeigt wesentlich weniger individuelle Abweichungen als der des Hundes. Die Papille ist rund, ohne Nervenscheide und zeigt im Zentrum eine geringe Exkavation. Sie liegt am Rande des Tapetum lucidum. Gewöhnlich sind drei Paare stärkerer Arterien und Venen vorhanden, die vom Rand der Papille ausgehen. Ein Paar verläuft von dorsonasal nach temporal, ein Paar ventronasal und ein Paar ventrotemporal. Ein relativ gefäßfreies Gebiet liegt 3–4 mm dorsotemporal von der Papille und wird als Area centralis oder Makula bezeichnet [4].

Das Tapetum stellt ein rechtwinkliges Dreieck dar, wobei der rechte Winkel dorsal liegt. Katzen mit weißem Fell und blauen Augen haben nicht immer ein Tapetum lucidum. Die Farbe variiert von gelb über blau bis blaugrün. Der tapetumfreie Teil ist dunkel oder pigmentiert, außer bei blauäugigen Tieren, wo er getigert ist. Dieser Eindruck entsteht, weil die rötlich-orangen Chorioidalgefäße zur Papille hin zusammenlaufen und dabei mit dem weißen Hintergrund der Sklera alternieren (Abb. 16 u. 17).

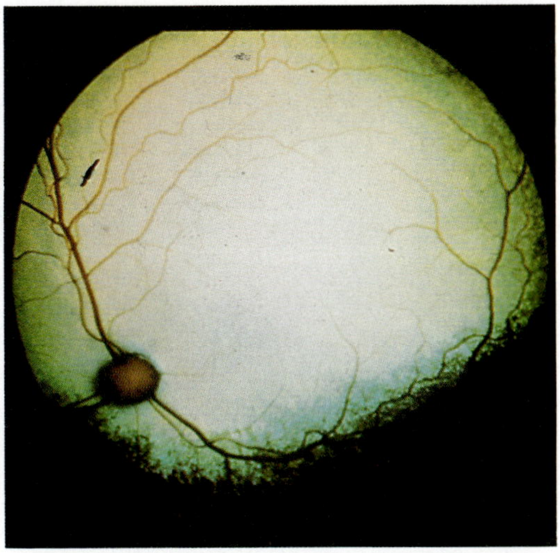

Abb. 16: Normaler Katzenfundus, aufgenommen mit einer Weitwinkelfunduskamera. Die Papille ist klein, rund und liegt im Tapetum lucidum und hat drei Paar Arterien und Venen. Das Tapetum nigrum ist stark pigmentiert. Die Makula ist der relativ gefäßfreie Teil temporal der Papille. Aufnahme von Dr. A. MacMillan, San Diego, CA.

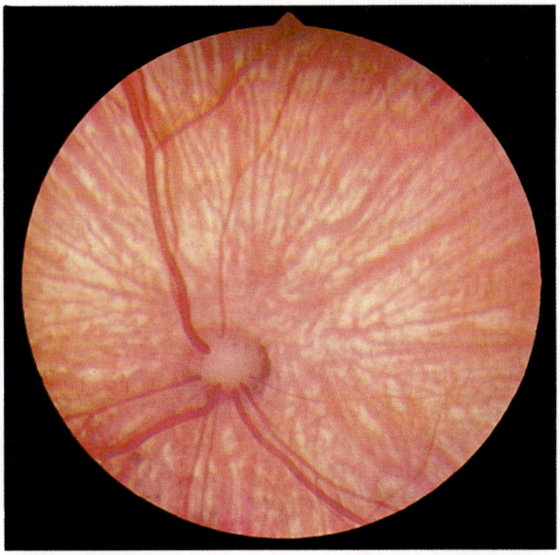

Abb. 17: Albinotischer Fundus-Typ einer Katze mit blauen Augen und weißem Fell. Tapetum lucidum, Pigment in der Chorioidea und das Pigmentepithel fehlen, so daß die Gefäße der Retina und die größeren Chorioidealgefäße gegen den weißen Hintergrund der Sklera sichtbar werden.

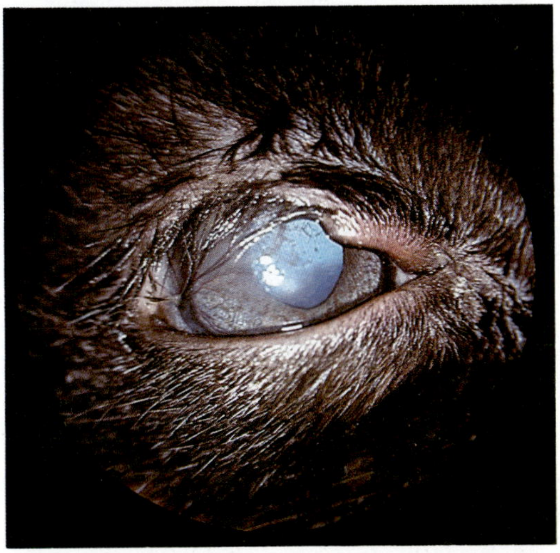

Abb. 18: Agenesie des oberen temporalen Lidanteils mit begleitender Trichiasis und persistierende Pupillarmembran. Der Zustand war beidseitig.

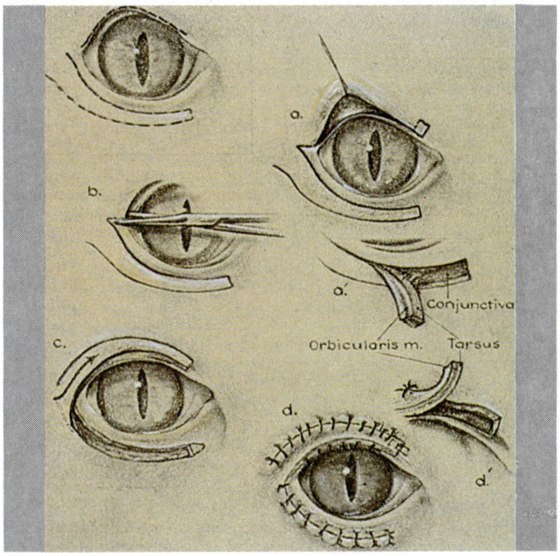

Abb. 19: Stiellappenplastik bei Agenesie des oberen Augenlids. Nach ROBERTS und BISTNER [6].

B-Scan-Sonographie dient bei Trübungen im Auge zur Abklärung von Ausmaß und Ursache und führt zu einer genaueren Prognose. Trübungen von Kornea, Linse und Glaskörper verdecken oft den Rest des Auges. Die Sonographie ermöglicht die Beurteilung von Strukturen hinter der Trübung; so läßt sich zum Beispiel das Vorliegen eines Tumors oder eines Fremdkörpers feststellen. Obwohl Geräte zur Augen-Sonographie meist Schallköpfe mit 10 MHz besitzen, können auch solche mit 5–7 MHz zur Diagnostik benutzt werden. Katarakt, Retinablösungen, Glaskörperblutungen und -degeneration, Neoplasien und perforierende Fremdkörper sind einige Beispiele für Veränderungen, die durch Sonographie erkannt werden können.

Augenlider

Agenesie des oberen Augenlides

Klinisches Bild: Das obere Augenlid zeigt manchmal einen ausgedehnten Defekt (Kolobom), der eine fehlende Entwicklung des temporalen Lides darstellt. Die Länge dieser Mißbildung ist unterschiedlich, meist jedoch sehr beträchtlich und variiert von der Hälfte bis zu $^2/_3$ des Lides. In diesem Bereich kann es zu einer chronischen Keratitis kommen, weil die Haare der eingerollten Haut zu einer ständigen Reizung der Hornhaut führen (Abb. 18). Das Tier kann die Lider nur mit Mühe vollständig schließen. Die Anomalie ist meist beidseitig. Häufig treten gleichzeitig andere Mißbildungen an einem oder beiden Augen auf. Die häufigste Anomalie ist eine persistierende Pupillarmembran mit Verklebungen zur Kornea oder zur Linse. Kolobome treten auch in anderen Teilen des Auges, wie der Chorioidea und Papilla optica, auf [5]. Die Agenesie kann auch im Zusammenhang mit weiteren generalisierten Mißbildungen, wie zum Beispiel Mikrophthalmie, auftreten.

Diagnose und Therapie: Die Diagnose ist eindeutig und wird normalerweise schon beim Jungtier gestellt. Die Therapie besteht in der Rekonstruktion des Lides, um dadurch die reizauslösenden Haare zu entfernen und den Defekt auszufüllen. Eine chirurgische Korrektur empfiehlt sich erst, wenn die Katze 4–6 Monate alt ist. Bis dahin kann durch Kryotherapie der Trichiasis die Irritation der Kornea gemildert werden. Es gibt verschiedene Operationsmethoden. So kann man z. B. einen Stiellappen vom Unterlid mit Basis nahe am lateralen Augenwinkel bilden, um damit den Defekt auszufüllen (Abb. 19) [6]. Da bei der Katze die Haut am Schädel sehr straff anliegt, kann so leicht ein Entropium an der Entnahmestelle entstehen. Andere Techniken, wie bei der Brückenlappenbildung nach Cutler-Beard und eine Lidrandplastik können ebenfalls Anwendung finden. Die Cutler-Beard-Technik ist eine Operation in 2 Sitzungen. Wird sie auf beiden Seiten gleichzeitig durchgeführt, macht sie die Katze für einige Wochen blind (Abb. 20, 21) [7, 8].

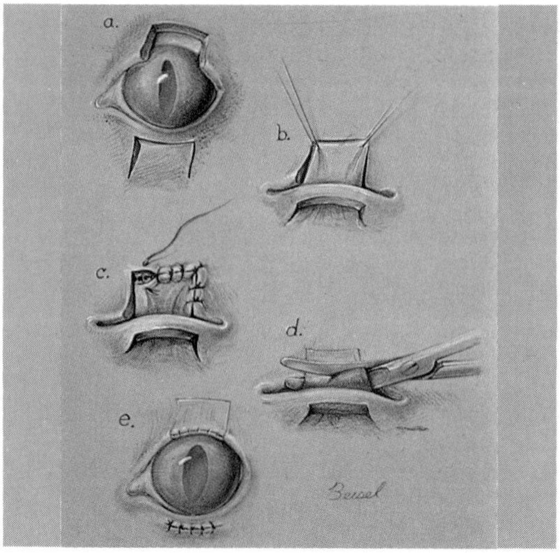

Abb. 20: Brückenlappenplastik nach Cutler-Beard zur Ausfüllung großer Liddefekte sowohl des Ober- als auch des Unterlids. a) Mobilisierung eines Hautlappens von der gegenüberliegenden Seite. b) Lappen wird unter dem intakten Lidrand hindurchgeführt. c) Einnähen des Lappens in den Defekt mit oberflächlichen und tiefen Nähten. d) Nach Einheilen (6–8 Wochen) wird der Lappen entsprechend dem Verlauf des Lidrandes abgetrennt. Der Rest des Lappens wird angefrischt und an der Entnahmestelle eingenäht. e) Zustand nach Verschluß der Entnahmestelle und Naht von Bindehaut und Haut am neuen Lidrand.

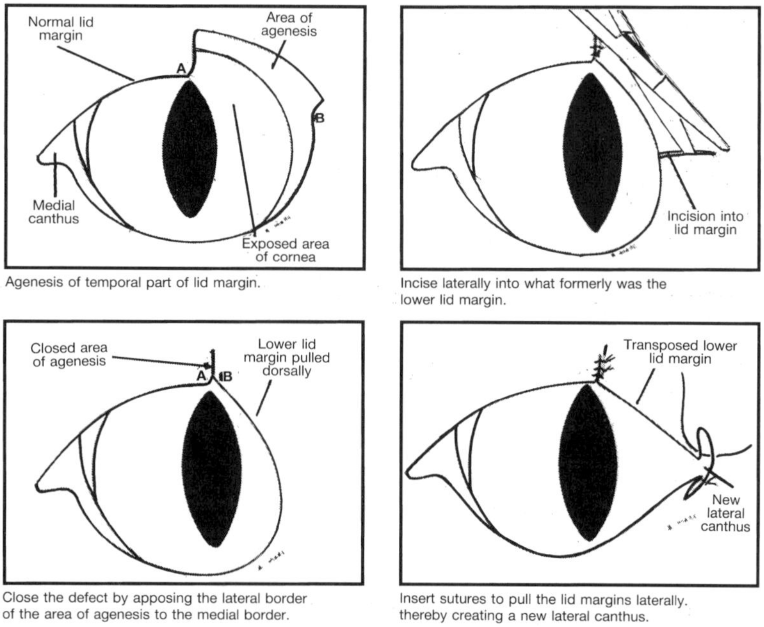

Abb. 21: Kantoplastik zur Korrektur eines lateralen Liddefektes. Original Dr. Rowan Blogg [8].

Ankyloblepharon mit neonataler Konjunktivitis

Klinisches Bild: Ein physiologisches Ankyloblepharon ist bis zu 10–14 Tagen nach der Geburt vorhanden. Wenn eine bakteriell, viral oder durch Chlamydien bedingte Konjunktivitis besteht, bevor sich die Lider öffnen, verursacht die Ansammlung von Eiter eine Hervorwölbung der Augenlider. Oft sammelt sich im medialen Augenwinkel eingetrocknetes Exsudat an. Die Retention des Exsudates verursacht oft eine Keratitis, die ulzerieren und die Kornea perforieren kann, noch bevor tierärztliche Hilfe in Anspruch genommen wird. Die Erkrankung kann ein- und beidseitig auftreten, meist werden Staphylokokken und Escherichia coli nachgewiesen. Die Therapie besteht hauptsächlich darin, das physiologische Ankyloblepharon zu öffnen. Meist genügt dazu ein leichter Zug mit den Fingern. Man kann auch einen Watteträger in den medialen Augenwinkel einsetzen und damit die Lider öffnen oder sie im medialen Augenwinkel beginnend mit einer kleinen Arterienklemme auseinanderspreizen. Nach Öffnung der Lider kann der Augapfel häufig auf Grund einer Enophthalmie nicht beurteilt werden. Material für eine kulturelle Untersuchung mit Resistenztest sollte entnommen und der Bindehautsack mit feuchter Watte gereinigt werden. Eine Augensalbe mit einem Breitspektrum-Antibiotikum wird drei- bis viermal täglich aufgebracht. Die Salbe darf kein Kortikosteroid enthalten, da die Möglichkeit eines Korneaulkus besteht. Wenn bei Therapiebeginn die Kornea noch nicht perforiert ist, ist die Prognose gut.

Entropium

Klinisches Bild: Bei der Katze ist das Verhältnis von Lidern und Augapfel gut, so daß ein Entropium nicht als anatomisch bedingtes Problem auftritt, außer bei Perserkatzen am medialen Unterlid. Auch bei Mikrophthalmie oder Phthisis bulbi kann sich ein Entropium entwickeln. Die meisten Entropien betreffen das temporale Unterlid. Schmerzen an Konjunktiva und Kornea bewirken zunächst einen Spasmus (Abb. 22). Gelingt es, den Reiz schnell zu lindern und den Spasmus zu lösen, erübrigt sich oft eine chirurgische Behandlung der Erkrankung. Sie wird jedoch nötig, wenn der Zustand schon mehrere Tage oder Wochen andauert. Ob eine operative Korrektur nötig ist, kann man anhand der Reaktion auf ein topisches Anästhetikum entscheiden. Meistens liegt zusätzlich zum Entropium eine gewöhnlich ulzeröse Keratitis vor. Häufig ist nur schwer festzustellen, welche Erkrankung zuerst auftrat. Entspricht die Lage der Keratitis der des Entropiums, so ist die Keratitis sekundärer Natur.

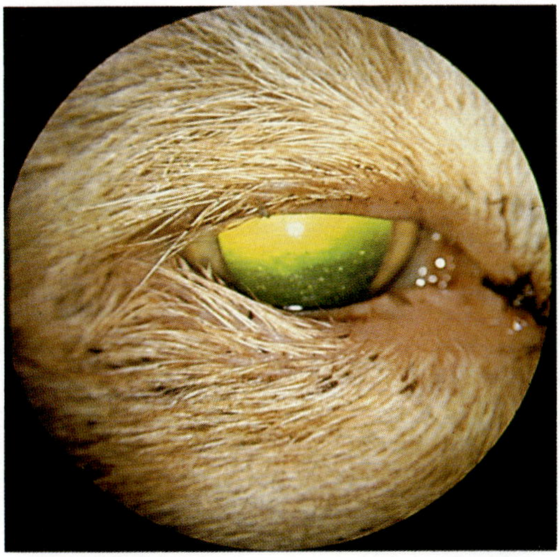

Abb. 22: Entropium des Unterlids mit Trichiasis.

Therapie: Wenn es sich nur um ein spastisches Entropium handelt, richtet sich die Behandlung hauptsächlich auf die Korneaerkrankung. In diesem Fall wird eine Bindehautdeckung der Hornhaut mittels Fixation der Membrana nictitans geschaffen und für mindestens eine Woche belassen. Man kann auch die Lidränder durch einstülpende Nähte für etwa eine Woche ektropionieren. Dann wird die Lage des Lides kontrolliert (Abb. 23, 24). Bei der chirurgischen Korrektur wird eine Hautellipse von ca. 3–5 mm Größe, je nach Schwere des Falles, genau am Lidrand entfernt. Gleichzeitig wird die Korneaerkrankung behandelt. Die chirurgischen Ergebnisse sind normalerweise sehr gut.

Abnormale Zilien: Distichiasis, Trichiasis und verirrte Wimpern kommen bei der Katze selten vor. Es handelt sich meist nur um wenige Zilien, die sich mittels Kryotherapie leicht beseitigen lassen (Abb. 24 a).

Blepharitis

Klinisches Bild: Die Blepharitis tritt meist in Verbindung mit generalisierten und potentiell generalisierten Hautveränderungen auf.

Acariasis

Die Krätze der Katze, verursacht durch Notoedres cati, ist eine seltene, aber typische Ursache für eine Dermatitis am Kopf und Hals. Die Läsionen jucken heftig. Die Haut ist verdickt, stark faltig und verkrustet. Da die Erkrankung ansteckend ist, sind meist mehrere Tiere befallen. Obwohl hauptsächlich Katzen befallen werden, können auch Mensch und Hund vorübergehend erkranken. Die Milbe ist ein

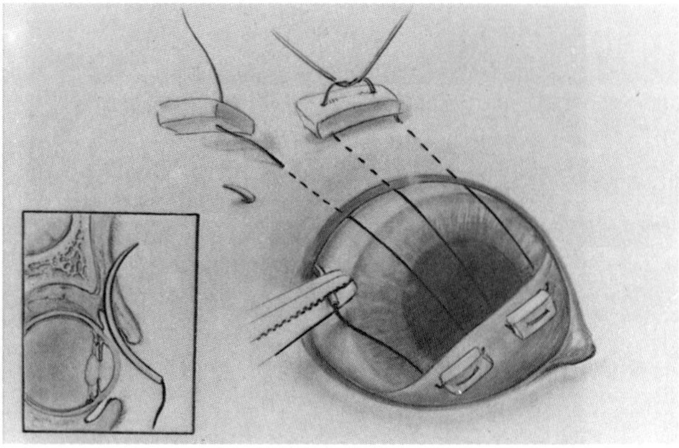

A

Abb. 23: A und B zeigen Möglichkeiten zum Hochnähen der Nickhaut. Gummibandstückchen verhindern das Durchschneiden des Gewebes durch die Naht. Die Nähte müssen fest geknotet werden, damit das Nahtmaterial nicht auf der Kornea reibt und sie schädigt.

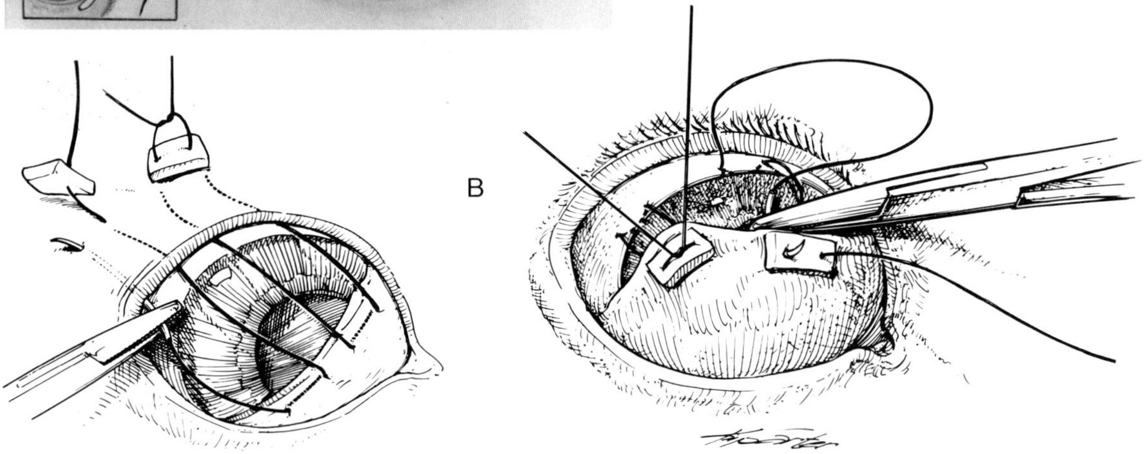

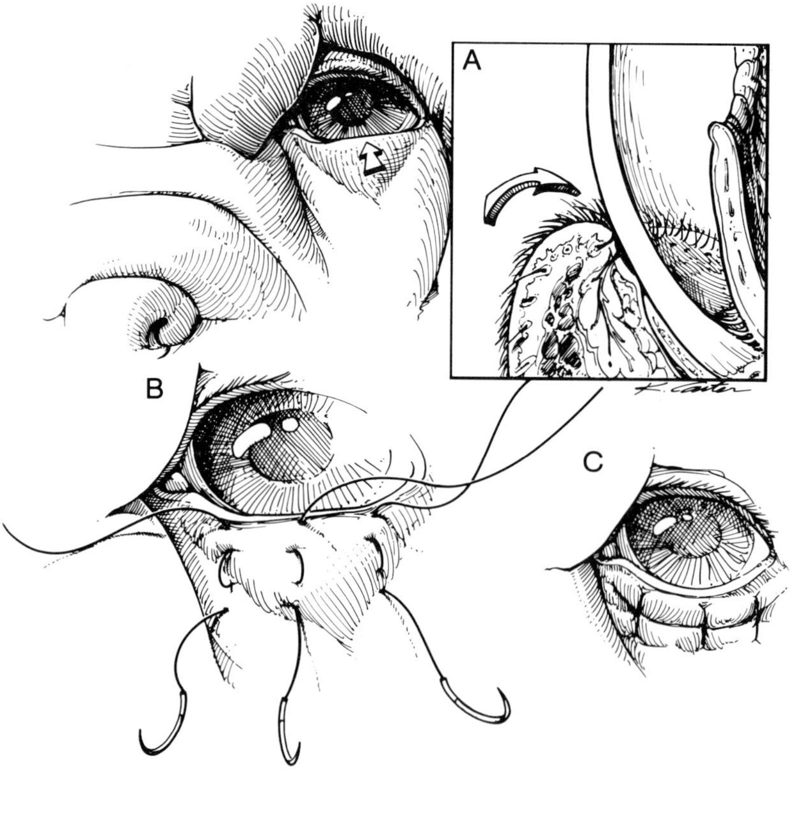

Abb. 24: Beseitigung eines spastischen Entropiums (hier bei einem Hund) durch Heftnähte, die für etwa 7–14 Tage verbleiben.

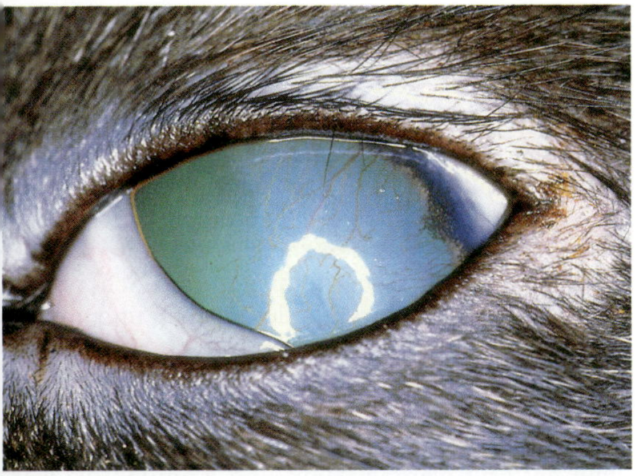

Abb. 24 a: Distichiasis mit begleitender oberflächlicher Vaskularisation und Pigmentation.

Zwangsparasit und kann nur kurze Zeit ohne Wirt leben [9]. Demodikose der Katze kann gleichfalls eine Gesichtsdermatitis verursachen [10].

Diagnose und Therapie: Stark juckende Hautveränderungen und Krusten an Kopf und Hals sind ein eindeutiges Symptom für Notoedres. Meist läßt sich die Milbe in einem Hautgeschabsel nachweisen. Die Behandlung wird nach den für die Haut gültigen Maßstäben durchgeführt. In Fällen von Katzen-Demodikose sollte ein FIV-Test durchgeführt werden [11].

Dermatomykose

Gelegentlich tritt ein Hautpilz nur in der Umgebung der Augen auf. Meist sind jedoch auch andere Stellen betroffen. Microsporum canis ist der häufigste Erreger von Hautpilzerkrankungen der Katze. Größtenteils werden junge Katzen befallen. Da die Erkrankung ansteckend ist – sie kann auch auf die Kinder im Haushalt übertragen werden – sollten befallene Tiere isoliert werden. Microsporum canis kann in trockenem Milieu 13 Monate überleben. Die Veränderungen können von schuppigen Flecken bis zu erythematösen Ekzemen variieren (Abb. 25) [12].

Diagnose und Therapie: Erkrankung mehrerer Katzen oder Übertragung auf Familienmitglieder, Alter, bisweilen Fehlen von Juckreiz und generalisierter Befall der Haut sind wichtige Hinweise. Weitere Hinweise geben Untersuchungen von Hautgeschabseln und Pilzkulturen sowie Adspektion mit der Woodschen Lampe auf Fluoreszenz. Bei Microsporum canis sind etwa 50 % der Fälle positiv. Zur Therapie gibt man täglich Griseofulvin ein, schert die Haare des betroffenen und umliegenden Gebietes und verabreicht topisch Fungizide (s. auch Kapitel über Dermatologie).

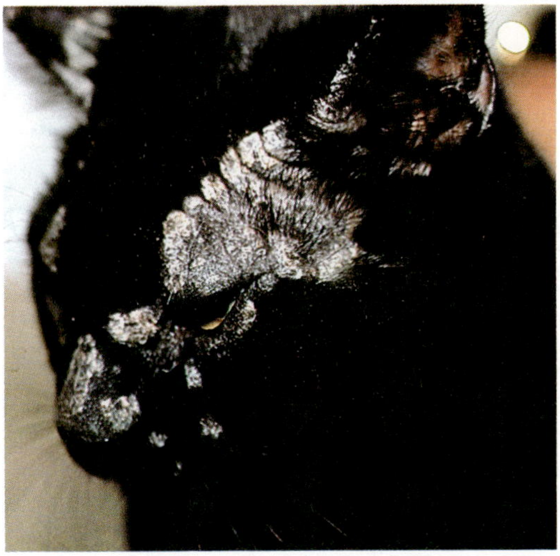

Abb. 25: Microsporum-canis-Infektion der Augenumgebung.

Bakteriell bedingte Erkrankungen

Klinisches Bild: Bakterielle Infektionen der Augenumgebung entstehen meist als Folge von Kampfwunden (unkastrierte Kater). Es kommt dann evtl. zu weiträumigen Abszedierungen mit Abfluß in den Bindehautsack und dann durch das Lid. Gelegentlich sind die Lider so stark geschwollen, daß das Auge nicht untersucht werden kann. Die Erkrankung ist meist einseitig. Bevor der Abszeß aufbricht, hat das Tier meist Fieber.

Diagnose und Therapie: Die Diagnose ist nicht schwierig, da in den meisten Fällen schon Eiter herausläuft. Wenn nicht, bringt eine Spaltung der Schwellung schnell Klarheit. Die Therapie besteht darin, einen ventralen Abfluß zu schaffen, den Abszeß mit einer antiseptischen und antibiotischen Lösung zu spülen, systemisch Penizillin und örtlich eine antibiotische Augensalbe einzusetzen. Falls schon Abfluß in den Bindehautsack besteht, ist besonderer Wert auf die Auswahl des Antiseptikums zu legen, da manche die Hornhaut reizen können. Die Prognose ist gut, es sei denn, es besteht zusätzlich eine FIV-Erkrankung [13].

Immunbedingte Blepharitis

Beim Pemphiguskomplex und beim systemischen Lupus erythematodes kommt es häufig zu einer Dermatose im Gesicht, die auch die Augenlider und insbesondere die Lidränder (Pemphigus vulgaris) befallen kann. Es ist keine Rassen-, Alters- oder Geschlechts-Prädilektion bekannt [14]. Die Läsionen im Gesicht sind gekennzeichnet durch Krusten,

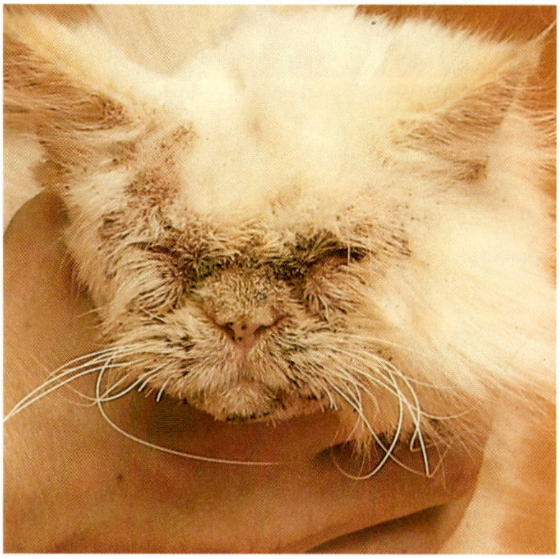

Abb. 26: Dermatitis und Blepharitis bei einer Himalaya-Katze mit Lupus erythematodes. Nach zunächst gutem Ansprechen auf Kortikosteroide kam es zu einem Rückfall. Eine Goldtherapie führte zum Erfolg.

Alopezie, Erytheme, Erosionen, Bläschen und Pusteln. Die typischen Bläschen bei Pemphigus sind klein und oft kaum sichtbar (Abb. 26).

Diagnose und Therapie der verschiedenen Autoimmunerkrankungen der Haut s. Kapitel Hauterkrankungen. Auch beim eosinophilen Granulom kann es gelegentlich zur Erkrankung der Lider kommen. Die Ursache ist unbekannt. Die Veränderungen sind ulzerös, erythematös, nässend und juckend [15].

Die **Diagnose** wird durch histologische Untersuchung gestellt und die **Therapie** besteht in der Intervall-Therapie mit systemischen, langwirkenden Glucocorticoiden oder Megestrolacetat. Rückfälle sind wahrscheinlich.

Lidverletzungen

Verletzungen des Lidrandes sind besonders bei Katern häufig. Meistens handelt es sich um Kampfwunden. Auch Selbstverletzungen kommen häufig vor. Die Verletzungen lassen sich für Behandlungszwecke in solche, die etwa senkrecht, und solche, die etwa parallel zum Lidrand verlaufen, einteilen.

Die ersteren treten meist als Folge von Kämpfen auf. Sie heilen nicht narbenlos, erfordern aber nur aus kosmetischen Gründen eine Korrektur. Größere senkrechte Verletzungen müssen besonders sorgfältig behandelt werden, weil der Musculus orbicularis oculi die Wunde klaffen läßt, so daß jede Korrekturnaht unter Spannung steht. Parallel zum Lidrand verlaufende Verletzungen klaffen nicht so leicht, weil sie parallel zu den Orbicularisfasern liegen. Auf die Erhaltung des Lidrandes sollte immer geachtet werden.

Therapie: Chirurgische Therapie sollte so früh wie möglich erfolgen. Generell sollte man die Wundränder so wenig wie möglich begradigen. Selbst lange dünne Hautlappen heilen wieder ein, wenn man sie sorgfältig einnäht. Wundreinigung und Scheren erfordern besondere Sorgfalt, desgleichen im Hinblick auf Korneaschäden die Auswahl der Hautdesinfizientien. Sollten abgeschnittene Haare in die Wunde geraten sein, können sie durch ein wasserlösliches steriles Gleitmittel (Methylzellulose) umhüllt und dann entfernt werden. Haut und Konjunktiva werden einzeln genäht. Konjunktiva und subkonjunktivales Gewebe werden mit einfachen Knopfnähten oder fortlaufend mit versenkten Knoten (resorbierbares Nahtmaterial 5-0 oder dünner) genäht.
Am wichtigsten ist die sorgfältige Naht des Lidrandes. Die Knoten müssen so plaziert werden, daß die Fadenenden die Kornea nicht irritieren können. Auch diese Naht erfolgt mit einfachen Knopfnähten. Eine antibiotische Lokalbehandlung wird 2–3 Tage lang durchgeführt.

Lidtumoren

Lidtumoren sind bei der Katze selten und wie andere Tumoren der Katze meist bösartig. Das Plattenepithelkarzinom ist der häufigste Tumor. Es erscheint als langsam wachsende, ulzerierende Läsion des unteren Lidrandes. Wie beim Plattenepithelkarzinom des Ohres vermutet man einen Zusammenhang mit Lichtstrahlen. Meistens sind weiße Katzen betroffen (Abb. 27) [16]. Die Häufigkeit nimmt mit dem Alter zu, und erst im Spätstadium tritt eine Metastasierung ein, die dann normalerweise die regionalen Lymphknoten erfaßt. Fibrosarkome kommen sowohl gestielt als auch breit aufsitzend in der Umgebung der Augen vor (Abb. 28).
Diagnose und Therapie: Das klinische Bild der Plattenepithelkarzinome ist typisch, sollte aber durch Biopsie abgesichert werden. Die Therapie reicht entsprechend den Möglichkeiten von der chirurgischen Entfernung über die Kryotherapie und Diathermie bis zur Bestrahlungstherapie mit radioaktiven Implantaten [7, 17–19].

Bindehauterkrankungen – Konjunktivitis

Bindehauterkrankungen treten bei der Katze häufig auf. Weil bei der Katze keine Bindehaut sichtbar ist, bemerkt der Besitzer nur Augenausfluß, Verände-

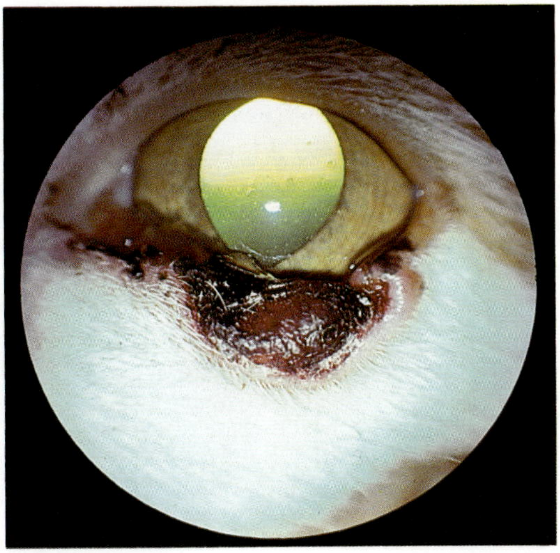

Abb. 27: Plattenepithelkarzinom bei einer weißen älteren Katze. Die Behandlung erfolgte mit Diathermie.

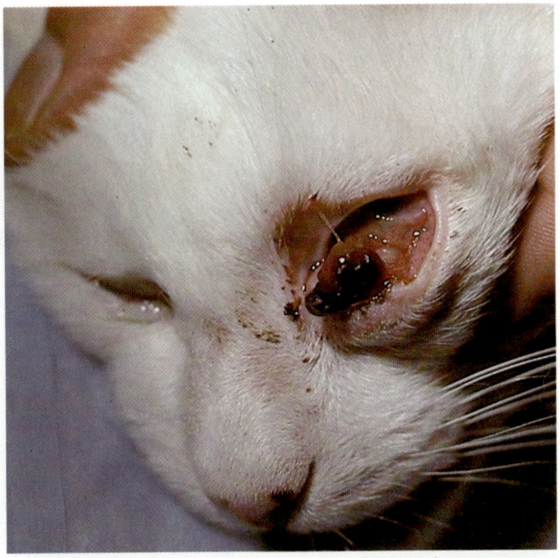

Abb. 28: Fibrosarkom in der Mitte des Unterlids und der Konjunktiva. Wegen des weißen Fells kommt differentialdiagnostisch ein Plattenepithelkarzinom in Betracht.

rungen von Lage und Farbe der Membrana nictitans und auch Blepharospasmus. In schweren Fällen einer Chemosis wird die hyperämische Bindehaut sichtbar. Ursache sind meist Infektionserreger. Erbringt die Anamnese, daß in einem Haushalt mehrere Katzen betroffen sind oder daß die Katze freien Auslauf hat, in Pension oder auf einer Katzenausstellung war, so spricht dieses für ein infektiöses Geschehen. Mechanisch oder chemisch bedingte Reizung kann eine Konjunktivitis erzeugen, aber auf Grund der sehr straffen Lid-Bulbus-Verbindung kommt dieses wesentlich seltener vor als beim Hund. Katzen, die freien Auslauf haben, zeigen besonders im Frühling und Sommer Bindehautreizung pflanzlicher Ursache, d. h. durch Pollen und Pflanzensaft. Konjunktivitiden können nach Art des Ausflusses und Krankheitsdauer beschrieben werden, ohne daß dieses eine besondere Bedeutung zur Abklärung der Ursache und zur Wahl der Therapie hätte. Eine vollständige Anamnese mit eingehender Augenuntersuchung, Anlegung von Kulturen und Abschabungen für zytologische Untersuchungen sind für eine genaue Diagnose erforderlich. Im Gegensatz zum Hund können die Konjunktiven der Katze frei von Viren, Mykoplasmen, Chlamydien und Bakterien sein. In einer Untersuchung fanden sich nur bei 2 von 50 gesunden Katzen Staph. epidermidis und nichthämolysierende Streptokokken. In einer neueren Untersuchung fanden sich bei 60 % der Katzen Bakterien oder Pilze im Bindehautsack. Am häufigsten fand sich ein Koagulase-negativer Staph. epidermidis (56 % der Proben). Bei 16 % der Augen wurden saprophytische Pilze aus dem Bindehautsack isoliert [20 a].

Viruskonjunktivitis

Klinisches Bild: Gewöhnlich besteht eine Konjunktivitis in unterschiedlicher Ausprägung bei den Viruserkrankungen des oberen Respirationstraktes der Katze. Herpes-, Calici-, REO- und Myxoviren sind aus den Atemwegen der Katze isoliert worden. Die Herpes- und Caliciviren sind die hauptsächlichen Erreger der Infektion der oberen Atemwege der Katze. Sind typische Anzeichen einer Systemerkrankung vorhanden, so besteht keine Schwierigkeit, die Ursache der damit verbundenen Konjunktivitis zu diagnostizieren. In den schweren Formen der virusbedingten Konjunktivitis wird der ursprünglich ein- oder beidseitig bestehende seröse Augenausfluß zu einem beidseitigen schleimig-eitrigen Ausfluß (Abb. 29). Das Herpesvirus ist normalerweise an den schweren Formen des respiratorisch-okulären Syndroms mitbeteiligt. Dies kann labormäßig durch Virusisolation bestätigt werden. Leichter ist der Nachweis fluoreszierender Herpes-Antikörper in Kornea- oder Bindehautgeschabseln. Man nimmt allgemein an, daß das Calicivirus mit sehr milden oder überhaupt keinen Reaktionen der Bindehaut einhergeht. Aber das kann sich je nach Virusstamm ändern [21].
Schwierigkeiten bei der Diagnose treten auf, wenn ein- oder beidseitiger seröser bis seromuköser Ausfluß das einzige klinische Symptom ohne jeglichen Hinweis auf eine Erkrankung des Respirations-

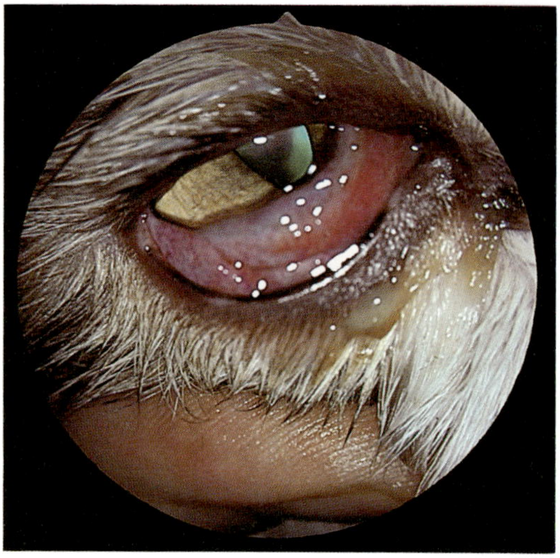

Abb. 29: Herpes-Konjunktivitis bei einer Katze mit frischer Atemwegserkrankung. Beide Augen sind erkrankt und oft besteht sehr starker mukopurulenter Ausfluß.

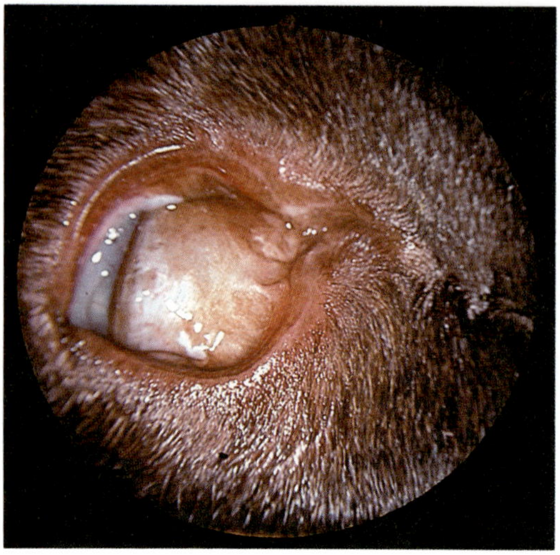

Abb. 30: Symblepharon bei einer gerade erwachsenen Katze mit einseitiger chronischer Epiphora und Nickhautvorfall. Verklebungen verschließen den Bindehautsack und den unteren Tränenpunkt. Schwere Herpesvirus-Konjunktivitis im Welpenalter ist die häufigste Ursache für ein Symblepharon.

traktes ist. In solchen Fällen ist die Bindehautentzündung meist nicht schwerwiegend und kann als nur mäßige Hyperämie der palpebralen Bindehaut sichtbar sein. Die vermehrte Tränenbildung kann wochenlang bestehen und auf die herkömmliche Therapie wenig ansprechen. In chronischen Fällen von Epiphora sollte man genau auf das Vorliegen eines Symblepharons achten, welches den Bindehautsack, die Tränenabflußwege oder den Tränensee verlegt. Wenn ein Symblepharon den Tränenabfluß verlegt, ist die Membrana nictitans meist teilweise vorgefallen, da die Verklebungen ihre Retraktionsfähigkeit einschränken (Abb. 30).

Diagnose und Therapie: In ausgeprägten Fällen ist die Diagnose einer viralen Konjunktivitis einfach. Man kann davon ausgehen, daß Herpesviren bei allen schweren Fällen mitbeteiligt sind. Nach Giemsa gefärbte Abstriche der Bindehaut können hilfreich bei der Differentialdiagnose der milderen Form sein, bei der die Krankheitszeichen am Auge dominieren. Das Fehlen von Mykoplasmen- und Chlamydieneinschlüssen, wie das Vorhandensein von Riesenepithelzellen, deuten auf eine herpesbedingte Konjunktivitis hin. Einschlußkörperchen findet man bei gewöhnlichen zytologischen Untersuchungen selten. Besteht die Möglichkeit der Untersuchung auf fluoreszierende Antikörper, so dient dies einer schnellen Diagnosefindung. Allerdings schließt ein negatives Ergebnis das Vorhandensein von Herpesviren nicht aus wegen der für Herpeserkrankungen typischen intermittierenden Virusausscheidung. Fächerförmige Geschwüre der Kornea in Verbindung mit einer Konjunktivitis deuten ebenfalls auf eine Herpesvirusinfektion hin. Bei 91 Fällen, die sowohl auf fluoreszierende Antikörper als auch kulturell untersucht wurden, konnten lediglich bei 19 % Herpesviren nachgewiesen werden. Die Virusanzüchtung erwies sich als empfindlicher gegenüber der Untersuchung auf fluoreszierende Antikörper [21 a]. Ist einmal die Diagnose einer herpesbedingten Konjunktivitis gestellt, so kann eine spezifische Therapie mit einem Virustatikum bei sechsmaliger Applikation am Tag versucht werden.

Zur Zeit sind drei antivirale Medikamente zur Lokalbehandlung erhältlich: Idoxuridin, z. B. Symniol®, Adeninarabinosid (Vidarabin®) und Trifluorthymidin. Die neueren Medikamente sollen besser wirksam sein, sind aber auch viel teurer als das ursprüngliche Idoxuridin. Da 69–80 % der Katzen nach Herpesvirusinfektionen zu Ausscheidern werden, kann nach Streß oder Kortikosteroidtherapie eine Rezidivierung erfolgen, worauf die Besitzer vorbereitet werden sollten [21, 21 b]. Beim Wiederauftreten sind die Anzeichen meist leichter und der Verlauf kürzer. Wenn ein mukopurulenter Ausfluß besteht, sollte die Therapie in der topischen Anwendung von Breitspektrumantibiotika bestehen, um sekundäre bakterielle Komplikationen zu verhindern. Prophylaxe: Gegen Herpes- und Caliciviren gibt es Impfstoffe, aber sie schützen nicht vor Augensymptomen, und auch in der Augentherapie wurde nichts über Erfolge bekannt.

Chlamydienbedingte Konjunktivitis

Klinisches Bild: Chlamydia psittaci hielt man früher unter dem Namen Miyagawanella felis für den Erreger der Pneumonitis; heute schreibt man ihr eher konjunktivale Symptome zu als Lungenveränderungen. Die Konjunktivitis beginnt meist einseitig und wird in 7 Tagen beidseitig. In akuten Fällen ist die Konjunktiva ödematös, glänzend und graurosa. Der Augenausfluß ist zunächst serös, wird aber innerhalb weniger Tage mukös und dann mukopurulent. Im weiteren Verlauf geht die Chemosis zurück, die Konjunktiva erscheint verdickt und hyperämisch. In chronischen Fällen entsteht eine Hyperplasie der Follikel, der mukopurulente Ausfluß wird geringer (Abb. 31). Häufig besteht ein schwerer Blepharospasmus, der zu einem spastischen Entropium führen kann. Fieber und eine leichte seröse Rhinitis mit gelegentlichem Niesen können beobachtet werden [22–24].

Unbehandelte Katzen können zu Ausscheidern werden, und die Krankheit bleibt über Monate oder zeitlebens bestehen. Im Umgang mit chlamydieninfizierten Katzen ist besondere persönliche Hygiene erforderlich, da ihnen ein gewisses zoonotisches Potential zugeschrieben wird. Sowohl Herpesviren als auch Chlamydien können eine neonatale Konjunktivitis bei Welpen verursachen, wenn deren Mütter Ausscheider sind.

Diagnose und Therapie: Das klinische Bild, die Anamnese, Bindehautabstriche und das Ansprechen auf eine Lokalbehandlung mit Tetrazyklinen im akuten Stadium ermöglichen eine Wahrscheinlichkeitsdiagnose. Auf Bindehautabstrichen, die nach Giemsa gefärbt sind, können die Elementarkörper in den Epithelzellen nachgewiesen werden und ebenso zahlreiche Eosinophile und einige Lymphozyten (Abb. 32). Die im Zytoplasma liegenden Elementarkörper können etwa 50 Tage lang nachgewiesen werden, treten aber nur in den ersten beiden Wochen der Erkrankung sehr zahlreich auf. Im Anfangsstadium ist eine örtliche Tetrazyklinbehandlung, drei- bis viermal täglich, vielversprechend. Um Rückfälle zu vermeiden, sollte die Behandlung noch bis zu zwei Wochen nach der klinischen Heilung fortgesetzt werden. Besondere Schwierigkeiten können in Katzenzwingern und Kliniken auftreten, weil leicht Ausscheider entstehen und die Immunität von kurzer Dauer ist. Impfungen mit modifizierten Lebendvakzinen sollte man bei Zwinger- und Ausstellungskatzen in Erwägung ziehen [25].

Mykoplasmenbedingte Konjunktivitis

Klinisches Bild: Mykoplasmen werden sowohl als Ursache einer Konjunktivitis bei der Katze, als auch als Bewohner der Konjunktiva, die keinerlei Krankheitserscheinungen hervorrufen, angesehen. Meist wird Mycoplasma felis isoliert. Wahrscheinlich ist ein zusätzlicher Streßfaktor nötig, um die Erkrankung auszulösen.

So trat bei experimentell infizierten Augen die Erkrankung erst nach Kortikoidanwendung auf. Die gleichzeitige Isolierung von Viren und Mykoplasmen von der Konjunktiva und dem oberen Respirationstrakt unterstützt die Anschauung, daß Mykoplasmen häufig Sekundärerreger sind [26, 27]. Man kann bei Konjunktivitiden Mykoplasmen allein antreffen oder zusammen mit einer anderen systemischen Erkrankung oder mit anderen Infektionserregern. Mykoplasmen scheinen nur selten die Ursache beim Konjunktivitis-Syndrom der Katze zu sein. Dies entspricht meiner eigenen Erfahrung und ist auch das Ergebnis einer Studie bei 91 Fällen von chronischer Konjunktivitis [21 a].

Eine Mykoplasmen-Konjunktivitis kann zunächst einseitig auftreten, aber innerhalb von 10 Tagen befällt sie auch das zweite Auge. Anfänglich ist der Augenausfluß serös, und es bestehen eine deutliche Hyperämie und Chemosis. An der unteren Lid- und Bulbusbindehaut ist gewöhnlich eine deutliche papilläre Hypertrophie sichtbar. Auch die Membrana nictitans weist diese Anzeichen auf und ist meist vorgefallen. Gleichzeitig besteht ein Blepharospasmus. Innerhalb von 4 – 10 Tagen nimmt die akute Hyperämie ab und läßt eine bleiche verdickte Konjunktiva mit leichter Ödematisierung zurück. Gleichzeitig nimmt der mukopurulente Ausfluß zu, und Pseudomembranen bilden sich auf der Konjunktiva aus dem aufliegenden Exsudat. Die Dauer der Krankheit beträgt etwa 30 Tage (Abb. 33).

Diagnose und Therapie: Obwohl die klinischen Zeichen typisch sind, ist für eine sichere Diagnose die zytologische Untersuchung eines Konjunktivalabstriches erforderlich. Die Mykoplasmen erscheinen als kokkoide bis kokkobazilläre Organismen in Haufen über der epithelialen Zellmembran und färben sich basophil an (Abb. 34). Der Entzündungszelltyp ist hauptsächlich neutrophil. Unter antibiotischer Therapie kann der Verlauf der Krankheit auf 4–5 Tage abgekürzt werden. Wirksam sind Tetrazykline, Chloramphenicol und Gentamicin. Einige Isolate waren gegenüber Neomycin resistent.

Bakterielle Konjunktivitis

Die gesunde Katze hat nicht wie der Hund eine Bakterienflora der Bindehaut, so daß die bakterielle Konjunktivitis vergleichsweise selten ist. In einer neueren Untersuchung fand sich nur in einer von 38 Konjunktivalsackproben ein potentiell pathogener Erreger. Die bakterielle Konjunktivitis verursacht

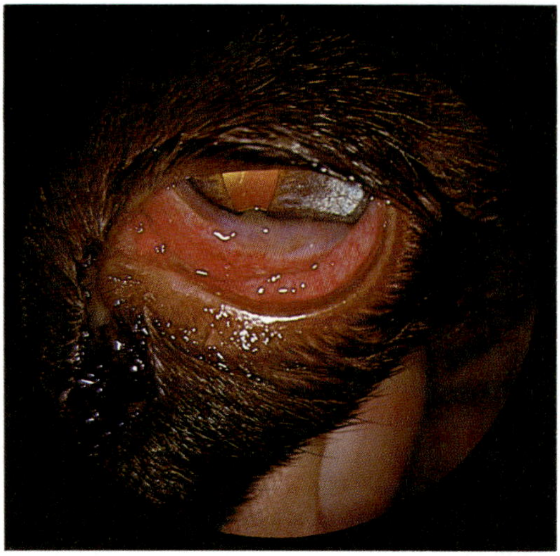

Abb. 31: Chlamydienbedingte Konjunktivitis, die einseitig begann. Der mukopurulente Ausfluß ist zu erkennen.

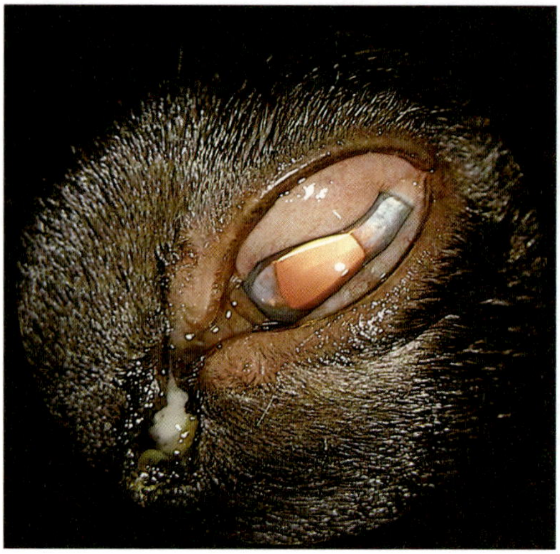

Abb. 33: Akute Mykoplasmen-Konjunktivitis (einseitig).

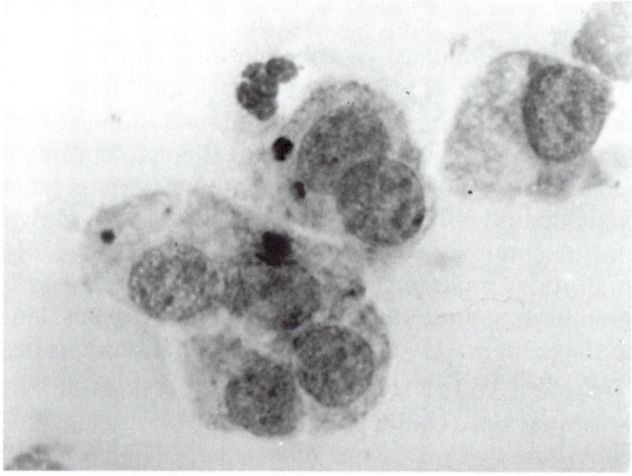

Abb. 32: Chlamydien-Einschlußkörperchen erkennt man als dunkle zytoplasmatische Elementarkörper in den Epithelzellen.

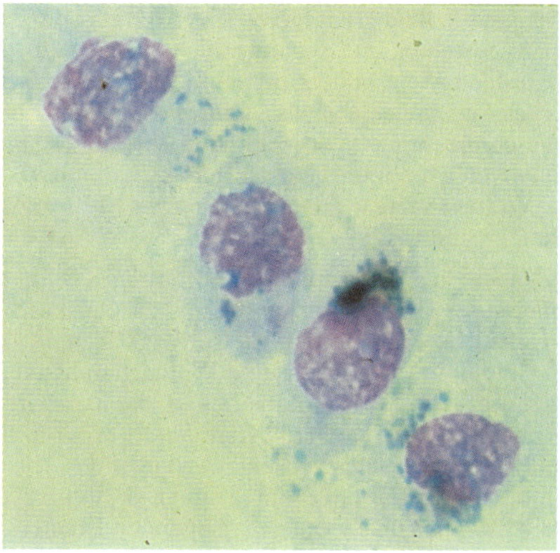

Abb. 34: Epithelzellen eines Bindehautabstriches des Falles von Abb. 33. Basophile kokkenähnliche Einschlüsse sind Mykoplasmen. Auch die Kultur ergab das Vorliegen von Mykoplasma spec.

einen schleimig-eitrigen Augenausfluß. Der Erreger kann primär oder im Gefolge des Herpesvirus sekundär sein. Sie kann chronisch oder akut sein.
Häufig sind Kampfwunden mit Abszessen am Kopf und Verletzungen der Augen selbst die Ursache einer bakteriellen Konjunktivitis. Bei Salmonellenträgern kann eine salmonellenbedingte Konjunktivitis auftreten [28].

Diagnose und Therapie: Bei einer Konjunktivitis mit schleimig-eitrigen Exsudaten nimmt man gewöhnlich eine bakterielle Komponente an. Dieser Verdacht kann bestätigt werden, wenn sich Bakterien im Konjunktivalabstrich finden. Eine eindeutige Diagnose kann aufgrund von Kulturen und Antibiogrammen häufig erst im nachhinein erstellt werden. Da diese Untersuchungen außerdem recht teuer sind, bleiben sie besonders schweren und ungewöhnlichen, auch chronischen Fällen einer Konjunktivitis vorbehalten. Zur Behandlung wird drei- bis viermal täglich ein lokales Breitspektrum-Antibiotikum angewendet. Man sucht das Antibiotikum in erster Linie nach seiner Wirksamkeit aus, da es keine Rolle spielt, ob es ins Auge eindringt. Ein nicht systemisch

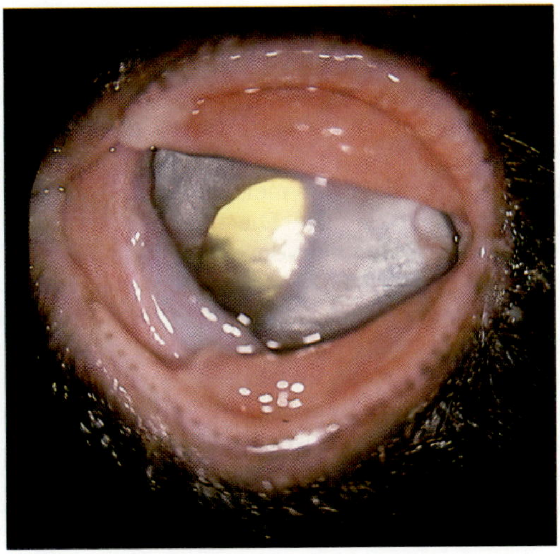

Abb. 35: Chronische eosinophile Konjunktivitis mit deutlicher Chemosis, Hyperämie und leichter Keratitis. Im Bindehautabstrich fanden sich zahlreiche Eosinophile und Mastzellen. Aufnahme von Dr. V. Pentlarge, Athens, GA.

verwendetes Breitspektrum-Antibiotikum wird für die normale Behandlung bevorzugt. Man sollte wichtige systemisch anzuwendende Antibiotika möglichst nicht lokal anwenden, um die Entstehung resistenter Bakterienstämme und eine Sensibilisierung des Patienten gegen ein Antibiotikum, das später einmal für eine systemische Therapie benötigt werden könnte, zu vermeiden.

Allergische Konjunktivitis

Die eosinophile Konjunktivitis der Katze ist vermutlich eine immunbedingte Erkrankung durch ein unbekanntes Antigen. Typisch sind der chronische Verlauf, die Erkrankung nur eines oder beider Augen, auffallende Chemosis, Hyperämie und konjunktivale Follikel (Abb. 35). Die Tränenproduktion ist häufig vermindert, aber nach Schwinden der Konjunktiva-Schwellung normalisiert sie sich wieder [29].

Diagnose und Therapie: Bei zytologischen und bioptischen Untersuchungen findet man zahlreiche Eosinophile und Mastzellen. Eine leichte Keratitis kann in chronischen Fällen entstehen, man spricht jedoch nicht von einer eosinophilen Keratitis. Das Syndrom spricht im allgemeinen gut auf topisch angewandte Kortikosteroide, die anfangs häufig und bei Dauerbehandlung seltener gegeben werden, an. Bei Nichtansprechen kann man lokal Natriumcromoglicicum (Opticrom®, Vividrine®) oder Cyclosporin sowie oral Megestrolacetat anwenden.

Tränenapparat

Der Tränenapparat besteht aus Tränendrüse, Nickhautdrüse, Tränensee, Tränenpunkten, Tränenröhrchen, Tränensack und Tränennasengang.

Erkrankungen des Tränenapparates, ausgenommen zu geringe Tränenbildung und Epiphora, sind bei der Katze ungewöhnlich.

Epiphora – Tränenfluß

Epiphora, pathologisches Tränenträufeln, ist ein Überfließen von Tränen auf die Wangen, verursacht durch mangelhaften Abfluß oder durch erhöhte Produktion infolge einer Reizung. Epiphora als Symptom einer Verlegung der proximalen Tränenabflußwege ist nicht ungewöhnlich.

Kongenitale Atresie der Tränenpunkte oder Tränenröhrchen kann hin und wieder vorkommen; aber den häufigsten Grund für Obstruktionen bilden entzündungsbedingte Verklebungen. Verklebungen zwischen der Lidfläche der Membrana nictitans und der palpebralen Konjunktiva können entweder nur den Tränensee beseitigen oder aber auch die Tränenpunkte verschließen (Abb. 30). Die Gesichtsform kann zur Ausbildung einer Epiphora beitragen, wie zum Beispiel bei extrem kurznasigen Perserkatzen, die häufig ein leichtes mediales Entropium und nur einen winzigen Tränensee haben. Neubildungen am Lidrand und in der Nasenhöhle sind eine seltene Ursache für Obstruktionen der Tränenabflußwege. Kratzwunden können zu sogenannten erworbenen Kolobomen des Lidrandes führen und Epiphora erzeugen. In den meisten Fällen ist Epiphora jedoch auf einen reflektorischen Tränenfluß infolge einer Reizung durch Bindehaut-, Hornhaut- oder andere Augenkrankheiten zurückzuführen. Je nach Ursache kann das Tränenträufeln ein- oder beidseitig sein.

Diagnose und Therapie: Eine gründliche Untersuchung ist erforderlich, um einige der bereits erwähnten Gründe auszuschließen. Ein Symblepharon kann einfach durch Ausdrehen des unteren Lides festgestellt werden. Die Durchgängigkeit des Tränennasenganges kann durch Fluoreszein geprüft werden, das in das Auge geträufelt wird. Die Untersuchung der Nase, evtl. mit UV-Licht, etwa 5 Minuten lang, hat das Ziel, Fluoreszein nachzuweisen. Wenn kein Fluoreszein sichtbar ist, muß der Tränennasengang nicht verschlossen sein, da etwa die Hälfte der gesunden Katzen ein negatives Testergebnis zeigt.

Die Spülung der Tränenwege wird am besten unter Allgemeinanästhesie durchgeführt, da die Tränenpunkte sehr klein sind. Man benutzt eine konische Tränengangskanüle und beobachtet den Austritt der Spülflüssigkeit an den Nasenlöchern bzw. auch am

unteren Tränenpunkt, sofern die Spülung vom oberen Tränenpunkt erfolgte.
Die Therapie soll sich möglichst nach den Ursachen richten. Lidanomalien sollten korrigiert werden. Konjunktivitiden und Hornhautgeschwüre müssen behandelt werden. Verklebungen, die zur Verkleinerung des Tränensees geführt haben, lassen sich leicht lösen. Sind jedoch die Tränenpunkte verlegt, gelingt es meist nicht, den Tränenpunkt offenzuhalten. Eine Konjunktiva-Rhinostomie mit Hilfe eines Polyäthylenschlauches ist bei Hund und Katze beschrieben worden, hat sich aber bei der Katze als nicht so erfolgreich erwiesen wie beim Hund [30].

Keratoconjunctivitis sicca

Eine zu geringe Tränenproduktion wird bei der Katze wesentlich seltener als beim Hund beobachtet. Verf. sah diese Erkrankung bei Nervenschädigungen, Herpesinfektionen, lokalen Traumen, bei hochgradiger Chemosis und angeboren bei Burmakatzen.

Klinisches Bild: Burmesen, Abessinier und Himalaya-Zuchten sind häufiger betroffen als andere Rassen [31]. Die Katze mit einer zu geringen Tränenproduktion zeigt eine chronische Konjunktivitis mit geringem oder mäßigem Ausfluß. Eine Keratitis kann bestehen, aber die pathologischen Veränderungen können nur gering sein, sofern sie nicht chronisch sind. Da die Anzeichen einer Keratoconjunctivitis sicca bei der Katze nicht so auffallend wie beim Hund sind, wird sie leicht übersehen.

Diagnose und Therapie: Der Ausgang des Schirmer-Tests und der fehlende Korneaglanz führen zur Diagnose. Die Ätiologie ist häufig unklar. Neurogenbedingte Keratoconjunctivitis-sicca-Fälle sollten auf örtliche, aber auch auf orale Pilocarpingaben ansprechen. Anfänglich gibt man 2 Tropfen einer einprozentigen Pilocarpinlösung zweimal täglich ins Futter. Entsprechend der Reaktion wird die Dosis angepaßt [32]. Eine 1–2%ige Cyclosporinlösung kann bei der Katze, wie auch beim Hund, bei der Keratoconjunctivitis sicca hilfreich sein [33]. Zusätzlich gibt man viermal oder öfter Polyvinylpyrrolidon als künstliche Tränenflüssigkeit oder auch als alleinige Therapie, wenn Pilocarpin entweder nicht vertragen wird oder nicht ausreichend wirkt. Lokale Antibiotika sind je nach Art und Grad des Ausflusses indiziert. Bei hochgradiger Chemosis können topische Steroide die Schwellung beseitigen und die Tränenproduktion wieder in Gang kommen lassen. Die Behandlung sollte 4–8 Wochen fortgesetzt werden, ehe der Behandlungserfolg beurteilt wird. In chronischen und therapieresistenten Fällen kann die Transplantation des Ductus parotidicus versucht werden. Aber sie ist schwieriger als beim Hund und daher auch weniger erfolgreich [34].

Membrana nictitans, drittes Augenlid

Die Membrana nictitans besteht aus zwei konjunktivalen Oberflächen, die einen elastischen Knorpel der ihr die Form gibt, eine seröse Drüse und einen glatten Muskel einschließen [35]. Die konjunktivalen Oberflächen sind bei den meisten Erkrankungen der Konjunktiva mitbeteiligt. Die Lage des dritten Augenlides wird durch aktive und passive Komponenten reguliert. Der glatte Muskel, der von Sympathikusfasern innerviert wird, sorgt für den Tonus, der die Membrana nictitans in retrahierter Stellung hält. Ein aktiver Vorfall des dritten Augenlides wird durch Fasern des lateralen geraden Augenmuskels bewirkt, die sich an der Nickhaut anheften. Sie werden vom 6. Gehirnnerven innerviert [36, 37]. Die passive Komponente entsteht bei einer Retraktion des Bulbus in die Orbita. Dabei drückt er auf ein Fettpolster an der Basis der Nickhaut und schiebt diese so über den Augapfel.

Vorfall der Membrana nictitans

Die Gründe für ein Hervortreten der Nickhaut können sehr unterschiedlich sein. Der Nickhautvorfall kann mit lokalen oder systemischen Veränderungen einhergehen. Er kann ein- oder beidseitig sein. Die Ursachen für einen Nickhautvorfall lassen sich meist anhand der Tabelle 3 ermitteln.

Jede Veränderung des orbitalen und periorbitalen Gewebes, Schwellung oder Atrophie, bewirkt einen passiven Vorfall der Nickhaut. Wenn die Schwellungen oder Atrophien durch systemische Erkrankungen hervorgerufen werden, ist der Vorfall meist beidseitig.

Systemische Ursachen für einen Schwund orbitaler und periorbitaler Gewebsmassen sind u. a. Dehydrierung, Kachexie und Atrophie der Kaumuskulatur. Örtliche Ursachen sind Phthisis bulbi, Mikrophthalmus (ein- oder beidseitig), posttraumatische und postinflammatorische Atrophien und Verklebungen. Schwellungen des orbitalen und periorbitalen Gewebes systemischer Natur können ein- oder beidseitig sein: zum Beispiel Blutungsanomalien mit Blutansammlungen im Orbitalbereich, Septikämien mit Abszeßbildung, Myositis, Ödeme und Neoplasien. Raumfordernde Prozesse können auch durch lokale Störungen hervorgerufen werden, z. B. Traumen.

Nervenschädigungen, die zu einer Herabsetzung des Sympathikustonus führen, bewirken einen Nickhautvorfall. Treten dabei noch Miosis und Ptosis auf, spricht man vom Horner-Syndrom. Die Läsion am Sympathikus kann irgendwo im Verlauf der Sympathikuskette vorliegen, aber bei der Katze ist dies meist im Brustbereich oder Mittelohr (Abb. 36).

Tabelle 3: (ES = einseitiger Vorfall, BS = beidseitiger Vorfall)

Ursachen eines Membrana nictitans-Vorfalls			
Schwund des orbitalen u. periorbitalen Gewebes	systemisch	Dehydration	BS
		Kachexie	BS
		Muskelatrophie (chron. Myositis)	BS
	lokal	Mikrophthalmus	ES oder BS
		Phthisis bulbi	ES
		posttraumatisch oder entzündlich Muskel-, Fett-Atrophie od. Fibrose	ES
Neurogen	Horner's Syndrom	Kopf	ES
		Halsmark C 2, 3	ES
		Brust	ES
		Nacken	ES
		Mittelohr	ES
		Orbita	ES
	Unwohlsein BS		
	idiopathisch BS		
	Dysautonomie BS		
Verstärkte Retraktion d. Bulbus	Schmerz am Auge	Konjunktiven	oft BS
		Cornea	ES
		intraokulär	ES oder BS
	Tetanus		
	Toxine	Strychnin	BS
		Chlorierte Kohlenwasserstoffe	BS
Zunahme des orbitalen u. periorbitalen Gewebes	Neubildungen	lokal	ES
		systemische Mitbeteiligung	meist ES
	Entzündung meist ES		
	Blutung	Trauma	ES
		Blutgerinnungsstörung	ES oder BS
	Ödem	Trauma	ES
		immunbedingt	
	akute Myositis meist BS		

Abb. 36: Horner-Syndrom bei einer Mittelohrinfektion: Ptosis, Nickhautvorfall und Miosis.

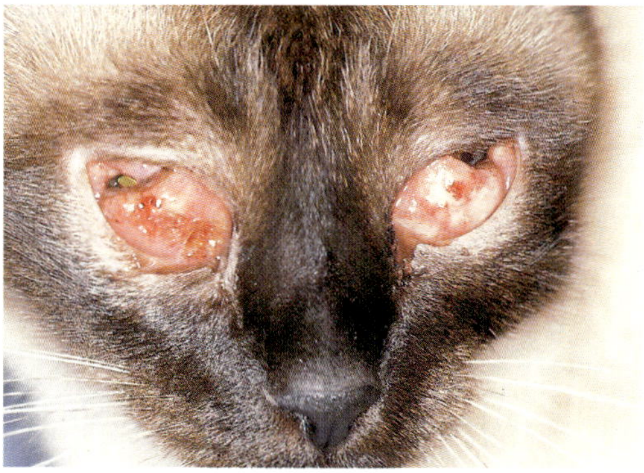

Abb. 36 a: Beidseitiger deutlicher Vorfall und Verdickung der Nickhaut und Konjunktivaschwellung. Geschabsel von der Oberfläche des dritten Augenlids enthielten zahlreiche Kryptokokken. Die Katze hatte keine Symptome von seiten des Nervensystems oder der Nase. Sie war jedoch immer wieder in den letzten zwei Jahren wegen rezidivierender Schwellungen eines Zervikallymphknotens mit Depotkortikosteroiden behandelt worden. Die Augen konnten nicht vollständig untersucht werden; sie erschienen aber normal, und die Katze konnte sehen.

Reizung oder Schmerz führen zu einer Retraktion des Bulbus in die Orbita und damit zu einem Nickhautvorfall (Abb. 36 a). Postinflammatorische Verklebungen der Bindehaut können zu einem dauerhaften Vorfall der Membrana nictitans führen (Abb. 30). Erhöhter Muskeltonus z. B. durch Tetanus oder nach Strychninvergiftung führt ebenfalls zur Bulbusretraktion und damit zum Vorfall der Nickhaut. Allgemeines Unwohlsein aufgrund verschiedenster Ursachen kann zum Nickhautvorfall führen. Dies scheint unabhängig von Hydratation und Gewichtsverlust zu sein und ist wahrscheinlich nervlich bedingt, obwohl weitere sympathikusbedingte Veränderungen am Auge nicht vorhanden sind. Nickhautvorfall wurde von einigen Klinikern mit Bandwurmbefall in Zusammenhang gebracht. Bei 7 von 50 Katzen mit Diarrhoe und Nickhautvorfall wurden Torovirus-ähnliche Partikel isoliert. Die Diarrhoe trat meist vor dem Nickhautvorfall auf. Manchmal bestand gleichzeitig ein geringerer Tonus des M. sphinkter ani. Der Zustand hielt bei etwa 50 % der Katzen ungefähr 4 Wochen an. Dieses Krankheitsbild konnte bei Katzenwelpen durch Virusübertragung nicht reproduziert werden [37 A]. Ob Toroviren für einen idiopathischen beidseitigen Nickhautvorfall bei anscheinend gesunden Katzen, der meist 3–4 Wochen dauert, verantwortlich zu machen sind, ist unbekannt (Abb. 37). Bei genauerer Untersuchung lassen sich allerdings nur wenige Fälle dieser Kategorie zuordnen.

Diagnose und Therapie: Um die Ursachen für einen Nickhautvorfall zu finden, bedarf es einer gründlichen Untersuchung des Auges und des gesamten Organismus. Die Therapie soll sich gegen das Grundleiden richten, da der Prolaps selbst die Sehfähigkeit nicht beeinträchtigt. Sympathikomimetika, wie z. B. lokal angewandtes Epinephrin, bewirken eine Retraktion der Nickhaut, sind aber nur selten erforderlich.

Verletzungen: Verletzungen der Nickhaut kommen bei Kämpfen zwischen Katern häufig vor. Kleinere Verletzungen des Randes schließen sich nicht vollständig, was aber ohne funktionelle Bedeutung ist. Übersetzer sah jedoch häufig Hornhautreizungen und vermehrten Tränenfluß auch schon bei kleinen Verletzungen des Nickhautrandes (Lupe!), die nach Begradigung verschwanden. Größere Risse müssen genäht werden (feinstes Catgut oder Kollagen). Um Dehiszenzen zu verhindern, sollte die Naht in zwei Schichten erfolgen. Lokale Antibiose für 5 Tage.

Neubildungen: Primäre Tumoren der Nickhaut sind selten. Plattenepithelkarzinome, Hämangiome und Hämangiosarkome können von der Konjunktiva – aktinisch bedingt – ausgehen, während Adenokarzinome ihren Ursprung im Drüsengewebe haben.

Kornea

Korneaerkrankungen werden im allgemeinen in nichtentzündliche und entzündliche sowie nichtulzeröse und ulzeröse eingeteilt. Außerdem teilt man sie nach der Tiefe ein und danach, ob die Schädigung vor der Geburt oder danach erworben wurde.

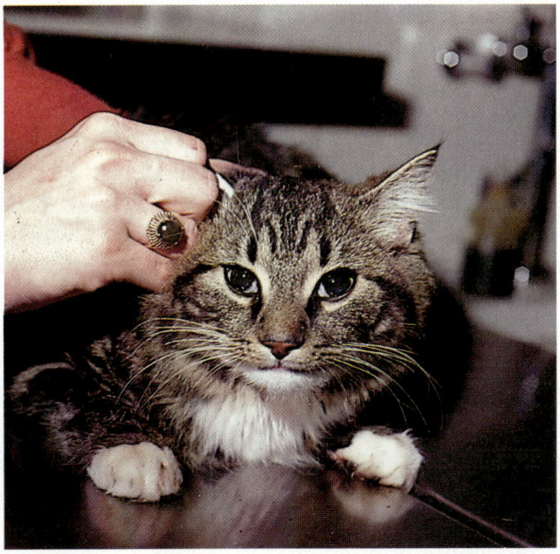

Abb. 37: Idiopathischer beidseitiger Nickhautvorfall bei einer jungen Katze.

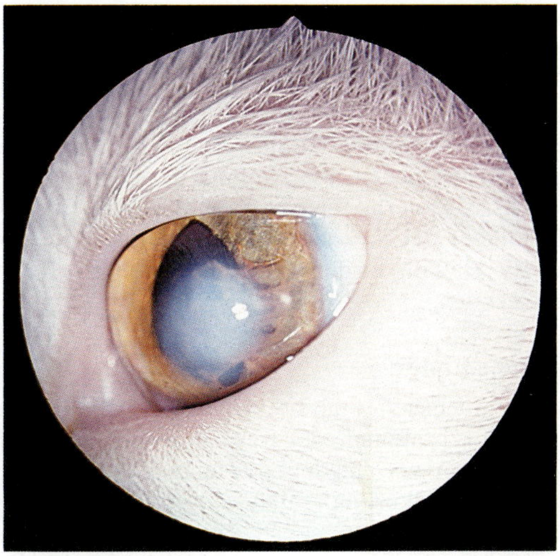

Abb. 38: Nichtentzündliches herdförmiges Hornhautödem bei vorderer Irissynechie durch Anheftung von Fasern der Pupillarmembran an das Korneaendothel (angeborener Zustand).

Entzündliche und nichtentzündliche Prozesse der Hornhaut unterscheiden sich durch die Vaskularisation. Eine gewisse Vaskularisation kann allerdings auch eine nichtentzündliche Hornhauterkrankung begleiten. Eine Ulzeration läßt sich durch eine Fluoreszeinanfärbung nachweisen, während die Tiefe der Veränderung am besten mittels des Hornhautmikroskopes bestimmt wird. Eine subjektive Beurteilung reicht allerdings meist aus. Um angeborene von erworbenen Schäden zu unterscheiden, sollte man die Anamnese, das Alter des Tieres, weitere Syndrome und evtl. vorhandene embryonale Überbleibsel berücksichtigen.

Kongenitale nichtentzündliche tiefe Trübungen der Kornea

Trübungen im tiefen Stroma und in Höhe der Descemetschen Membran werden in Verbindung mit anhaftenden Überbleibseln der fetalen Pupillarmembran gefunden. Pigmentierte Fasern aus der Iris erstrecken sich durch die vordere Augenkammer und heften sich an der Innenseite der Kornea an. Die damit verbundene Korneatrübung kann entweder nur aus einer tiefen punktförmigen Trübung bestehen, oder in schweren Fällen ist durch die Funktionsstörung des Korneaendothels ein gleichzeitiges Ödem des Stromas vorhanden (Abb. 38). Die Pupillarfasern können mit anderen Augenanomalien, z. B. Agenesie des Augenlides und Kolobomen, vergesellschaftet oder als isolierte Anomalie vorhanden sein.

Diagnose und Therapie: Das Vorhandensein und der Ursprung der pigmentierten Fasern von der Iris weisen auf eine angeborene Veränderung hin. Ein erworbenes Leukoma adhaerens läßt sich aufgrund seiner Vorgeschichte (perforierende Korneaverletzung mit Narbenbildung) diagnostizieren. Eine Behandlung ist meist nicht erforderlich. Selbst in schweren Fällen mit einer Ödematisierung kann es zu einem spontanen Verschwinden des Ödems kommen, wobei jedoch eine Resttrübung der Descemetschen Membran übrigbleibt. Eine Keratoplastik kann dann in Betracht gezogen werden, wenn ein schwerer Fall vorliegt und nach mehreren Monaten keine spontane Besserung eintritt. Eine Keratoplastik wird nur selten erforderlich.

Erworbene nichtentzündliche Trübungen der Kornea – Korneaödem

Klinisches Bild: Ein Ödem des Hornhautstromas wurde bei Manxkatzen beschrieben. Die Krankheit beginnt im Alter von 4–5 Monaten beidseitig mit einem leichten Ödem und entwickelt sich im Laufe von etwa 2 Jahren zu einer schweren bullösen Keratitis durch Flüssigkeitsansammlung in der Kornea. Die Blasen können platzen und oberflächliche Erosionen hinterlassen. Durch Sekundärinfektionen kann es zum Verlust des Auges kommen. Die Ursache ist unbekannt. Es konnten keine morphologischen Veränderungen des Korneaendothels und Stromas nachgewiesen werden. Man meint, daß die Epithelveränderungen durch das chronische Ödem verursacht werden [38].

Diagnose und Therapie: Tritt bei jungen Manxkatzen ein beidseitiges progressives Korneaödem auf, so weist dies auf die Diagnose hin. Die Therapie soll der bakteriellen Infektion vorbeugen, die nach dem Platzen der Hornhautblasen auftreten kann. Außerdem soll man versuchen, die Heilung der Hornhauterosionen zu fördern. Weiche Kontaktlinsen oder das Hochnähen der Nickhaut als Bindehautschürze können die Heilung fördern, aber man muß mit Rezidiven rechnen.

Kornea-Lipide

Gelegentlich sieht man bei der Katze Anhäufungen von weißkristallinen oder weißamorphen Lipidablagerungen in verschiedenen Tiefen des Hornhautstromas. Lipidkeratopathien schreiten langsam fort, führen aber nur selten zur Erblindung. Lipide können sich in der Hornhaut anhäufen in Verbindung mit heftiger Entzündung und Neovaskularisation oder aber auch mit ganz geringer entzündlicher Reaktion als Folge lokaler Ernährungsstörungen. Liegen die Ablagerungen im oberen Drittel des Hornhautstromas, kann man eine oberflächliche Keratektomie versuchen. Die Trübungen verursachen meist keine Beeinträchtigung der Sehfähigkeit. Rezidive sind möglich, zumal die Ätiologie unbekannt ist und daher eine Prophylaxe nicht möglich ist [39].

Mukopolysaccharidose der Kornea

Klinisches Bild: Zwei angeborene Formen einer Störung des Mukopolysaccharidstoffwechsels der Katze wurden beschrieben, die beide mit wolkigen Hornhauttrübungen einhergehen. Ein Mangel an Alpha-L-Iduronidase sowie ein Mangel an Arylsulfatase B wurden beschieben, bei denen es auch zu Skelettveränderung und neurologischen Symptomen kam. In beiden Fällen war die Hornhaut schwach, aber deutlich in allen Schichten diffus getrübt [40, 41]. Außerdem kann eine Retinaatrophie vorliegen.

Diagnose und Therapie: Diffuse, nichtentzündliche, wolkige Hornhauttrübungen bei Katzen mit flachen Gesichtern und vielleicht auch Zwergwuchs sind verdächtig für eine Mukopolysaccharidose. Ein Toluidinblautest des Urins ist ein schneller Suchtest, und beim Arylsulfatase-B-Mangel zeigen die zirkulierenden Neutrophilen toluidinblau-positive Granula. Eine genaue Diagnose ist durch Enzymuntersuchungen an Fibroblastenkulturen oder zirkulierenden Leukozyten möglich. Eine Therapie gibt es nicht.

GM1- und GM2-Gangliosidosis

Zwei Formen von angeborenen Gangliosidmetabolismusstörungen wurden bei der Katze beschrieben, die ähnliche Symptome an Augen und Nerven zeigen. Die Katzenwelpen entwickeln einen sich schnell verschlimmernden Kopftremor, später kommen Ataxie und Spastizität des Stammes hinzu.
Die Kornea zeigt bei beiden Formen zunehmende Trübungen. Mit 5–6 Monaten sind die Katzen dann blind. Ultrastrukturelle Veränderungen in der Kornea weisen auf eine Anhäufung von Glykosaminen in den Keratozyten und Endothelzellen hin, während die Ganglienzellen in der Retina vielschichtige zytoplasmatische Einschlüsse von Glycolipiden aufweisen. Die Korneatrübungen sehen wie bei der Mukopolysaccharidose aus [42, 43].

Diagnose und Therapie: Das gemeinsame Vorkommen von progressiver neurologischer und ophthalmologischer Erkrankung führt zur klinischen Diagnose, die durch pathologisch-anatomische Untersuchungen erhärtet wird. Die Typendifferenzierung ist nur biochemisch möglich. Da es keine Therpie gibt, müssen die Tiere im allgemeinen mit 6 Monaten eingeschläfert werden.

Mannosidosis

Bei Perserkatzen kann ein autosomal rezessives Gen, das einen Mangel an alpha-Mannosidase bewirkt, eine Anhäufung von nicht abgebauten Oligosacchariden in verschiedenen Geweben hervorrufen. Im Alter von 2–5 Monaten lassen sich klinisch Augenveränderungen in der Kornea und Linse feststellen. Die ersten Korneaveränderungen zeigen sich als leichter zentraler Schleier, der in Dichte und Größe zunehmen kann. Die Vaskularisation der Kornea kann unterschiedlich stark sein. Die Linsentrübungen beginnen entlang der hinteren Naht und weiten sich oft zu einer Trübung der hinteren Kapsel aus. Es handelt sich um intrazelluläre Vakuolen mit feinflockigem Inhalt. Er besteht aus einem teilweise abgebauten Oligosaccharid, das alpha-Mannosyl und n-Acetylglukosamid-Reste enthält. Die Vakuolen kommen in fast allen Zellen des Auges vor, klinisch sichtbar sind sie jedoch nur in Kornea und Linse [43 a, 43 b].

Diagnose und Therapie: Das Zusammentreffen von Alter, Augenveränderungen und neurologischen Störungen wie Ataxie und Tremor weisen auf eine metabolische Speicherkrankheit hin. Meist kann die Diagnose erst durch spezielle histopathologische Untersuchungen gestellt werden.

Oberflächliche Keratitis

Klinisches Bild: Oberflächliche Keratitis tritt bei der Katze nicht selten auf, aber im Gegensatz zum Hund meist einseitig. Eine Keratitis kommt oft im Zusammenhang mit mechanischen Faktoren vor, wie z. B. beim Entropium, bei Agenesie der Lider und Verletzungen.

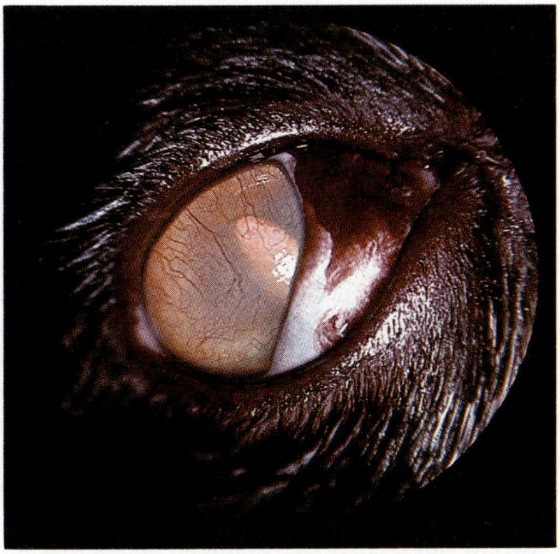

Abb. 39: Fortgeschrittene Herpes-Keratitis. Man sieht eine leichte diffuse Vernarbung mit zahlreichen oberflächlichen Blutgefäßen. Ein außerdem vorhandenes verzweigtes Ulkus ist nicht erkennbar, da nicht angefärbt.

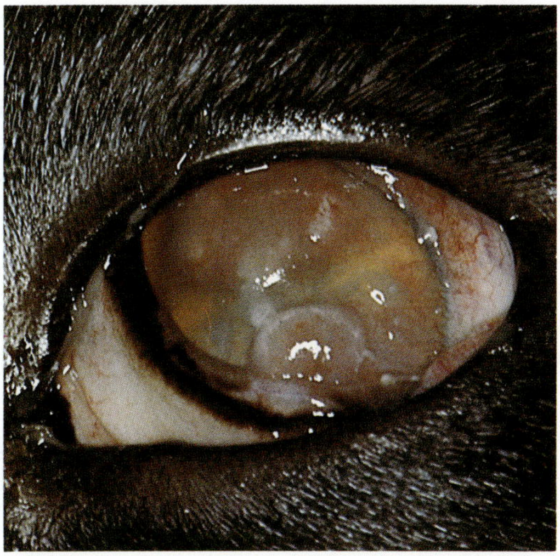

Abb. 40: Eosinophile Keratitis. Die Erkrankung trat beidseitig auf und war stark proliferativ. Aufnahme von Dr. A. Winston, Atlanta, GA.

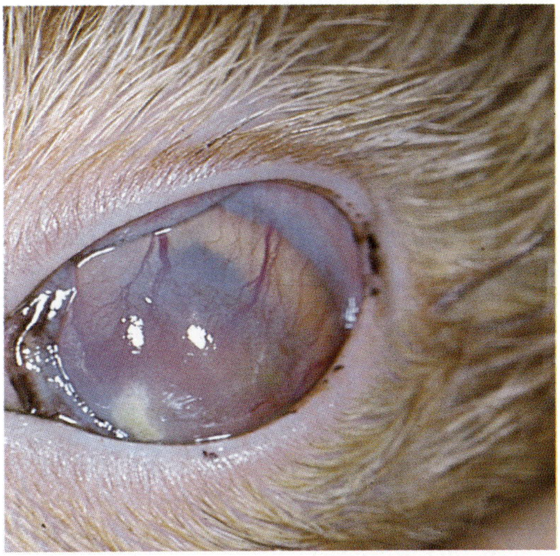

Abb. 41: Candida-Keratitis mit gelblich-weißer Auflagerung. Der Zustand war chronisch und mit zahlreichen Antibiotika-Steroid-Präparaten vorbehandelt worden. Er sprach auf subkonjunktivale Amphotericin-B-Injektionen nach Abtragung der Auflagerungen an.

Herpesbedingte Keratitis

Herpesvirusinfektionen mit einer tiefen Keratitis können bei jungen und alten Katzen vorkommen. Das Syndrom einer progressiven oberflächlichen Keratitis bei der gerade erwachsenen Katze, häufig ohne sichtbare Erscheinungen am Respirationstrakt, wird einer rezidivierenden Augeninfektion mit dem Herpesvirus zugeschrieben.

Charakteristisch sind eine progressive oberflächliche Vaskularisation und multifokale graue Makula, die zu leichter bis mittlerer Narbenbildung führen. Die Veränderungen können ein- oder beidseitig auftreten und haben meist ein begleitendes Ulkus (Abb. 39). Bestimmte Herpesvirus-Stämme vermehren sich im Stroma und die Immunantwort des Wirts führt zu Stromaläsionen [43 c, 43 d]. Experimentelle Vorbehandlung des Katzenauges mit subkonjunktivalen Dexamethasoninjektionen im Anfangsstadium einer oberflächlichen Infektion führte zu einer tiefen Keratitis [43 e].

Eosinophile Keratitis

Eine fortschreitende proliferative Keratopathie mit Granulationsgewebsbildung eines oder beider Augen wurde bei der Katze beobachtet. Die Läsion ist zunächst einseitig, greift aber ohne Behandlung auf das andere Auge über (Abb. 40) [44–46]. Korneageschabsel oder Biopsien enthalten überwiegend Eosinophile und Mastzellen. Einige Katzen haben eine Eosinophilie. Der Schirmer-Test kann erniedrigt sein, bessert sich aber mit der Behandlung der Keratitis.

Mykotische Keratitis

Bei einer Untersuchung der Konjunktivalflora gesunder Katzen fand man bei 16–40 % Pilze. Am häufigsten fand man Cladosporium oxysorium, Aspergillus spp. und Penicillium ssp. [23 a, 47]. Die Studie mit 40 % Befall stammt aus Florida; es ist fraglich, ob man in kühleren Regionen zu gleichen Untersuchungsergebnissen kommen würde. Trotz des Vorkommens von Pilzen in der normalen Flora sind sie selten die Ursache einer Keratitis. Eine genaue Diagnose ist aber zur Einleitung einer spezifischen Therapie erforderlich. Eine langdauernde Vorbehandlung mit Antibiotika-Kortikosteroid-Kombinationen, die zunächst ansprach, dann aber zur Verschlechterung führte, ist typisch. Verletzungen durch pflanzliche Fremdkörper sind die klassische Ursache für eine mykotische Keratitis. Aber häufig fehlt der Beweis. Bei zusätzlicher Candida-Besiedlung sieht man oberflächliche gelbgraue Korneaauflagerungen mit begleitender Vaskularisation (Abb. 41). Bei Aspergillus sieht man verzweigte Stromaherde, während bei Rhinosporidia multiple, weiße, fadenförmige Trübungen im vorderen Stroma auftreten [48].

Weitere Ursachen, die zu einer Keratitis führen, sind mangelnde Tränenproduktion (Keratoconjunctivitis sicca), Lähmungen des Trigeminus und Facialis sowie ein Exophthalmus.

Oberflächliche Vaskularisation der Kornea ist ein hervorstechendes Kennzeichen einer Keratitis jeglicher Chronizität. Verschiedene Grade einer Korneatrübung durch Ödeme, Narbengewebe und zelluläre Infiltration können angetroffen werden. Eine ausgedehnte Pigmenteinwanderung vom Limbus her ist bei der Katze selten. Bei den meisten Keratitiden ist eine mehr oder weniger ausgeprägte Konjunktivitis vorhanden. Mit Ausnahme der eosinophilen Keratitis sieht man bei der Katze selten die beim Hund häufigen „autoimmun-bedingten" Keratitiden, die eine ständige Steroidtherapie erforderlich machen.

Diagnose und Therapie: Mechanisch und neurologisch bedingte Keratitiden und solche, die mit Tränenfluß einhergehen, lassen sich schon beim Betrachten des Auges diagnostizieren. Infektiöse Ursachen werden durch Korneaabstriche, Anlage von Kulturen, die Vorgeschichte der Erkrankung und das Ansprechen auf eine Therapie diagnostiziert. Korneaabstriche können eine schnelle diagnostische Maßnahme zur Erkennung von mykotischen, bakteriellen und eosinophilen Keratitiden sein. Fluoreszeinmarkierte Herpesantikörper weisen auf das Herpesvirus hin. Übliche Fixationsmethoden überdecken jedoch die Einschlüsse bei zytologischen Untersuchungen.

Fixation in Bouins-Lösung für eine Stunde und anschließende Behandlung mit 70%igem Alkohol und Färbung nach Papanicolaou ist die geeignetste Methode um intranukleäre Herpeseinschlußkörperchen zu zeigen [49]. Die meisten Diagnosen einer Herpeskeratitis sind Verdachtsdiagnosen, es sei denn, vorher oder gleichzeitig treten Epithelulzerationen auf. Diese sind spezifisch. In Fällen, die im Aussehen, in der Verlaufsdauer und im Ansprechen auf die Therapie ungewöhnlich sind, kann schon eine kleine oberflächliche Keratektomie Gewebe für histopatholgische und kulturelle Untersuchungen liefern. Die histopathologische Untersuchung kann die einzige Möglichkeit sein, eine genaue Diagnose zu stellen, weil die klinischen Erscheinungsbilder verschiedener Erkrankungen sich überschneiden, da die Kornea nur begrenzte Reaktionsmöglichkeiten hat.

Nichtulzeröse Keratitiden werden gewöhnlich mit topischen Kortikosteroiden behandelt, nachdem mechanische und infektiöse Ursachen beseitigt wurden.

Die Kortikosteroide verringern Vernarbungen der Kornea und Vaskularisation. Bei Herpesverdacht ist eine spezifische, topische Antivirustherapie angezeigt (Idoxuridin, Vidarabin®, Trifluridin).

In vitro ist die relative Wirksamkeit gegenüber dem felinen Herpesvirus wie folgt: Trifluridin → Idoxuridin → Vidarabin → Acyclovir [50].

Man sollte bei Herpesverdacht eine Fluoreszeinlösung einträufeln und unter Blaulicht die Hornhaut auf kleine verzweigte Ulzerationen untersuchen (Lupe!). Pathogenese und Therapie der Herpesviruskeratitis müssen abgegrenzt werden von humanmedizinischen Erfahrungen mit Herpesaugenerkrankungen und auch von solchen, die von Kaninchenversuchen stammen. Unglücklicherweise gibt es hier verschiedene Meinungen.

Das Auftreten einer Herpesviruskeratitis kann vom Virusstamm und von der Immunlage des Wirtes abhängen [43 c]. Topische antivirale Medikamente kann man versuchen, jedoch wirken sie nicht, wenn das Virus sich nicht im Hornhautstroma vermehrt [52]. Die Anwendung von Kortikosteroiden ist in solchen Fällen strittig. Viele Reaktionen im Hornhautstroma sind die Antwort des Immunsystems des Wirtes und berechtigen daher die Anwendung von Steroiden, um die Reaktionen zu unterdrücken und Narbenbildung einzuschränken. Das Risiko, Virus zu aktivieren und die experimentelle Erfahrung, daß eine epitheliale Infektion unter Steroidanwendung auf das Stroma übergreift, zeigen deutlich die Gefahren einer Steroidanwendung [43 e]. Werden Steroide bei starker Narbenbildung eingesetzt, sollte man sie möglichst niedrig dosieren und zusätzlich eine antivirale Therapie betreiben [53].

Eine eosinophile Keratitis sollte zunächst mit Kortikosteroiden behandelt werden. Erst bei ungenügendem Ansprechen ist Megestrolazetat angezeigt (5 mg täglich bis zur Besserung, anschließend die Dosis senken). Rezidive sind wahrscheinlich, aber durch eine Dauertherapie mit 5 mg Megestrolazetat einmal pro Woche läßt sich der Zustand unter Kontrolle halten. Auch die topische Anwendung von Cyclosporin kann alternativ zur Therapie der eosinophilen Keratitis benutzt werden. Bestehen bei einer Keratitis Schmerzen, sollte man einmal täglich Atropin anwenden, um den Ziliarspasmus zu lösen. Topische Antibiotika sind bei begleitender bakterieller Besiedlung angezeigt. Besteht mit Sicherheit eine mykotische Keratitis bereitet es große Schwierigkeiten ein entsprechendes Therapeutikum zu finden. Beläge auf der Kornea werden abgeschabt. Natamycin ist das einzige im Handel erhältliche Augenantimykotikum; es kann jedoch die intakte Kornea nicht penetrieren. Amphotericin B 0,15%ig lokal oder 125 mg subkonjunktival, Nystatin (100 000–200 000 Einheiten in 15 ml Lösungsmittel), 1%iges Clotrimazol und 2%iges Niconazol wurden lokal mit unterschiedlichem Erfolg angewendet. Sulfadiazinsilber wurde kürzlich in Form einer 1%igen Salbe als wirksame antimykotische Substanz für den Menschen empfohlen. Verf. hatte gute Erfolge bei der Behandlung mykotischer Keratitiden beim Pferd [54]. Diese Medikamente müssen 4–6mal täglich, und zwar für einige Wochen, appliziert werden. Meist heilt die Kornea der Katze sehr gut und mit minimaler Pigmentierung.

Tiefe oder interstitielle Keratitis

Klinisches Bild: Eine interstitielle Keratitis ist meist mit einer chronischen Uveitis anterior und tiefen Ulzerationen verbunden. Die Vaskularisation der Kornea ist bei der interstitiellen Keratitis meist sowohl oberflächlich als auch tief und kann am besten mit der Spaltlampe lokalisiert werden. Grad und Ausdehnung der Vaskularisation hängen von der Chronizität und Schwere der Erkrankung ab. Im allgemeinen kann man sehen, daß die Gefäße hinter dem undurchsichtigen Limbus beginnen und im Anfang pinselartig erscheinen. Dieses Erscheinungsbild ist nicht unbedingt eindeutig, da eine dichte oberflächliche Vaskularisation ähnlich aussehen kann. Im allgemeinen entwickeln sich oberflächliche Gefäße mehr verzweigt. Der Grad der Korneatrübung variiert von einem leichten Hauch bis zu einem dichten Ödem des Stromas, wenn das Endothel stark geschädigt ist. Begleitende Zeichen einer Uveitis anterior wie Präzipitate der Hornhaut sind oft vorhanden. Je nach Auftreten lokal oder diffus, beeinflussen sie die Dichte einer Hornhauttrübung. Miosis, Synechie, Hypotonie, ziliare Hyperämie und Veränderungen in Farbe und Struktur der Iris deuten oft auf eine begleitende Uveitis anterior hin.

Diagnose und Therapie: Trübung der Kornea und Vaskularisation von tieferen Hornhautschichten berechtigen zur Diagnose einer interstitiellen Keratitis. Anzeichen einer Uveitis anterior deuten darauf hin, daß die tieferen Hornhautschichten befallen sind. Die Therapie richtet sich hauptsächlich auf die Uveitis anterior. Sind keine Ulzerationen vorhanden, erweisen sich topische Steroide im akuten Stadium als nützlich.

Ulzeröse Keratitis

Klinisches Bild: Oberflächliche Ulzerationen entstehen bei der Katze meist durch mechanische Irritationen, wie z. B. beim Entropium, der Trichiasis und beim Lagophthalmus. Letzterer wird auch bei der Ketaminanästhesie beobachtet. Daher sollte man die Hornhaut mit einer indifferenten Salbe schützen. Das Herpesvirus verursacht verzweigte Ulzerationen, die ein- oder beidseitig auftreten. Die typische Läsion ist oberflächlich und verzweigt. Sie kann trotz Fluoreszeinfärbung leicht übersehen werden (Abb. 42). Zunächst punktförmige epitheliale Erosionen können zu einem großen Ulkus verschmelzen. Abhängig von der Krankheitsdauer können verschiedene Grade einer Vaskularisation auftreten (Abb. 39). Das ulzeröse Syndrom entwickelt sich meist bei jung erwachsenen Katzen, die keine floriden respiratorischen Symptome zeigen [55, 56]. Wegen der Hypalgesie der Hornhaut sieht man keinen Blepharospasmus. Bei Katzenwelpen kann eine neonatale Herpesinfektion zu einem ulzerösen Syndrom mit Beteiligung des oberen Respirationstraktes führen (Abb. 43).
Unabhängig von der Ursache kann ein oberflächliches Ulkus schnell tiefer werden und zur Perforation führen. Bestimmte Bakterien, meist Pseudomonas aeruginosa, sezernieren Proteasen, die schnell

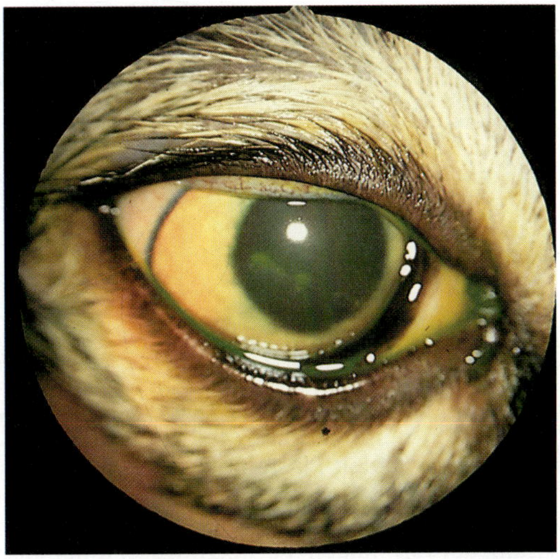

Abb. 42: Frische verzweigte Herpes-Ulzeration, die ohne Anfärbung leicht zu übersehen ist.

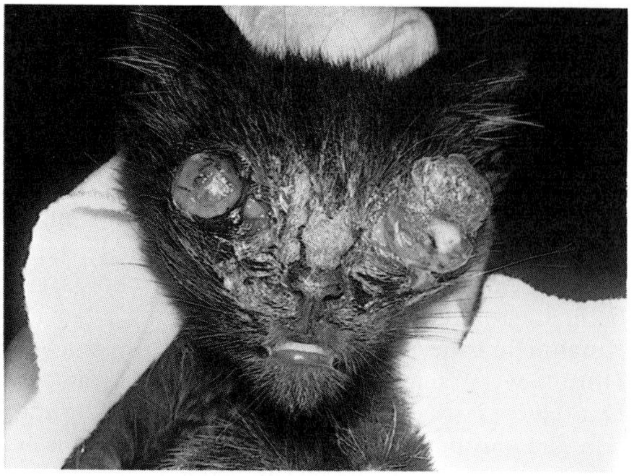

Abb. 43: Junge Katze mit einer ulzerösen Herpes-Keratitis. Auf einem Auge besteht ein großes Staphylom aus einem Irisprolaps und Fibrinexsudaten, während das bessere Auge einen Lagophthalmus durch Entzündung der Augenumgebung aufweist und ulzeriert ist. Die meisten Welpen des Wurfes starben mit respiratorischen Symptomen.

das Stroma zerstören. Aus verschiedenen unbekannten Gründen können endogene Kollagenosen wirksam werden, die sehr schnell (in Stunden) das Stroma einschmelzen und das Ulkus in Tiefe und Ausdehnung vergrößern. Die Quellen für Kollagenosen sind vielfältig. Es gehören dazu Neutrophile, Fibroblasten und vielleicht das Epithel. Nach einer Anlaufzeit von etwa 4–5 Tagen nach der Verletzung kommt es zu einer gegenseitigen Beeinflussung von Epithel und Stroma, so daß ruhende Kollagenase in aktive umgewandelt wird und eine schnelle Verflüssigung des Stromakollagens resultiert. Plasmin, das als Plasminogen in der normalen Hornhaut vorhanden ist, wurde als Aktivator für Kollagenase nachgewiesen. Zugrundegehende Keratozyten, Epithelzellen und Neutrophile setzen einen Plasminogenaktivator frei, der Plasminogen in Plasmin umwandelt, das wiederum latente Kollagenase aktiviert (Abb. 44). Kortikosteroide verstärken die Kollagenase-Aktivität (15mal) und sind daher bei ulzerösen Prozessen kontraindiziert. Diese Verstärkung der Kollagenase-Aktivität ist schwerwiegender als die relativ geringe Beeinträchtigung der epithelialen Heilung [57–61].

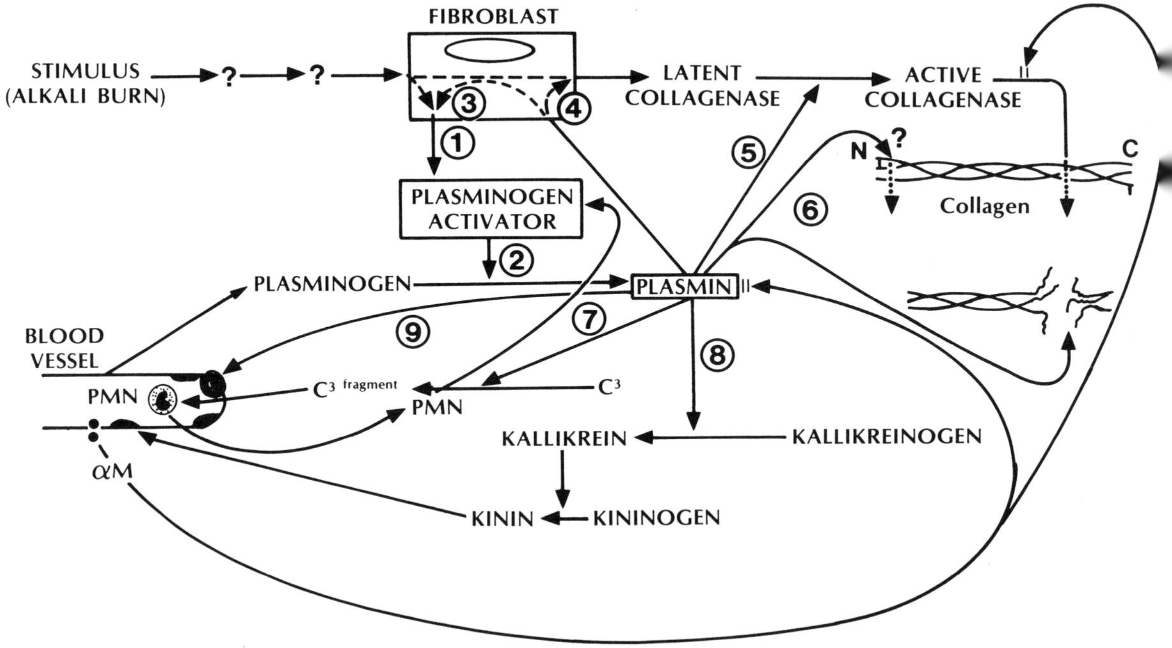

Abb. 44: Modell über die Rolle des Plasmins als Kollagenase-Aktivator bei einer Entstehung eines Kornea-Ulkus: (1) Ein Verletzungsreiz induziert die Keratozyten einen Plasminogen-Aktivator freizusetzen. (2) Dieser Aktivator wandelt Plasminogen, das im Stroma vorhanden ist, in Plasmin um. (3) Plasmin bewirkt durch ein Feed-back, daß die Keratozyten noch mehr Aktivator freisetzen, der (4) wiederum die Sekretion von Kollagenase bewirkt und (5) latente Kollagenase aktiviert. (6) Des weiteren führt Plasmin möglicherweise zur Spaltung der terminalen Vernetzungsregionen des Kollagens und (7) zur Herstellung chemotaktisch wirkender Bruchstücke aus Komplement für die polymorphkernigen neutrophilen Leukozyten, welche (8) die Bildung von vaso-aktiven Kininen anregen und (9) die Angiogenese stimulieren.

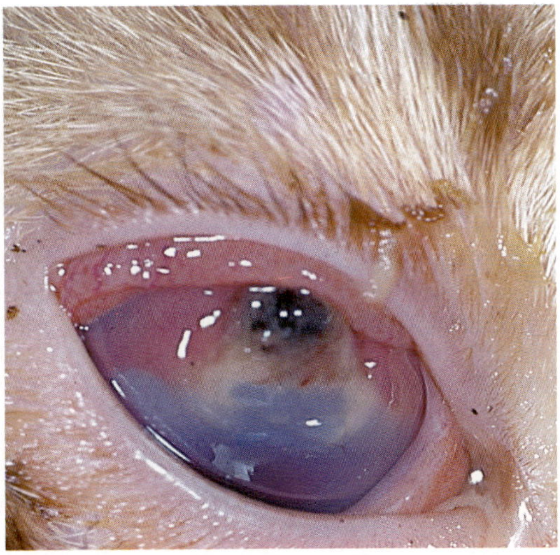

Abb. 45: Alter Irisprolaps nach einem perforierenden Ulkus. Man erkennt eine starke Vaskularisation und Leukozyten-Infiltration (gelb). Der vorgefallene Irisanteil wurde entfernt und die Wunde mit einer Bindehautschürze bedeckt. Das Auge wurde funktionell geheilt.

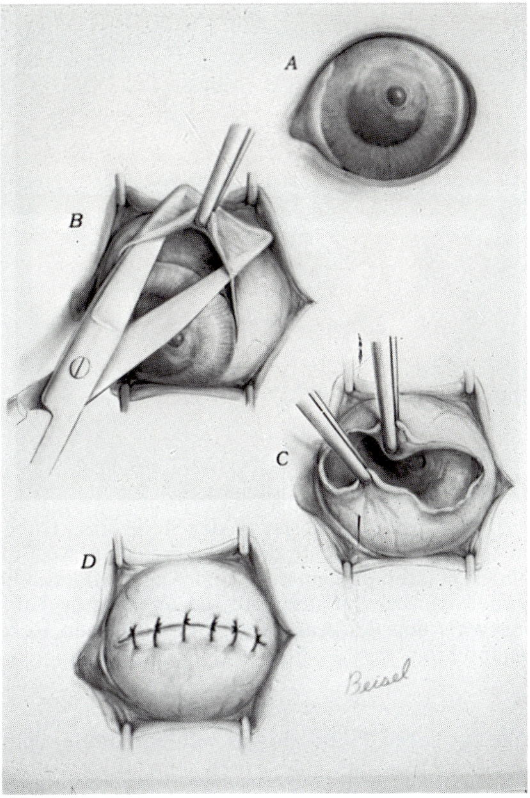

Abb. 46: Präparation einer 360°-Bindehautschürze, um ein tiefes Ulkus abzudecken. Nach 10–14 Tagen wird die Bindehautschürze entfernt. Etwaige Verklebungen werden gelöst.

Diagnose und Therapie: Das Bestehen und die Ausdehnung eines Ulkus lassen sich am besten mit Hilfe von Fluoreszeinnatrium diagnostizieren. Blaulicht läßt die angefärbten Läsionen fluoreszieren und kann so zum Entdecken auch kleinster Verletzungen des Epithels führen. Wenn die Kornea als Schutzschicht nicht mehr intakt ist, sollte man drei- bis viermal täglich topische Breitspektrum-Antibiotika anwenden, um bakterielle Komplikationen bei nichtinfizierten Ulzera zu vermeiden. Deutet ein Blepharospasmus auf Schmerzen hin, kann die örtliche Anwendung von ½–1%igem Atropin einmal täglich Linderung von dem Ziliarspasmus verschaffen. Die Beseitigung mechanischer Faktoren, wie z. B. die Korrektur eines Entropiums, läßt die Kornea schnell heilen. Wenn Lagophthalmus oder verminderte Tränensekretion auslösende Faktoren sind, kann die Behandlung mit künstlichen Tränen, eine Tarsorrhaphie (temporäre oder permanente partielle Tarsorrhaphie oder eine Transplantation des Ductus parotideus erforderlich sein.

Herpesbedingte Ulzerationen sollten mit einem spezifischen Virustatikum wie Idoxuridin (Spersidu C®) behandelt werden. Die Augensalbe wird sechsmal täglich aufgetragen. Bei ungenügend ansprechender Therapie sollte man die Diagnose überprüfen und ggf. ein anderes antivirales Präparat benutzen. Kauterisieren des Ulkus ist eine ältere, aber immer noch wirksame Form der Herpesbehandlung. Eine häufige Kontrolle der Ulzera – etwa alle drei Tage – ist empfehlenswert wegen der Möglichkeit von Komplikationen. Bei verzögerter Heilung des Ulkus muß das Hochnähen der Nickhaut bzw. die Applikation einer weichen Kontaktlinse erwogen werden, um das Entstehen von Korneasequestern möglichst zu verhindern. Beide Methoden wirken wie ein Druckverband, schützen die Hornhautoberfläche und fördern so die Heilung. Die Korneaabdeckung sollte mindestens eine Woche lang belassen werden.

Ein progressives Ulkus verlangt sofort eine intensive Behandlung, um einer Perforation vorzubeugen. Eine intensive cremig-weiße Randzone des Ulkus zeigt einen starken leukotaktischen Reiz an (Abb. 45), der im allgemeinen durch eine bakterielle Infektion ausgelöst wird. Die Bakterien sind leicht im Korneaabstrich zu erkennen. Man kann eine Kultur anlegen, jedoch gibt schon die Morphologie der Bakterien im Ausstrich einen Hinweis auf die erforderliche Therapie. Schlanke Stäbchen lassen das Vorliegen von Pseudomonas aeruginosa vermuten. Man sollte also gleich ein Antibiotikum mit bekannter

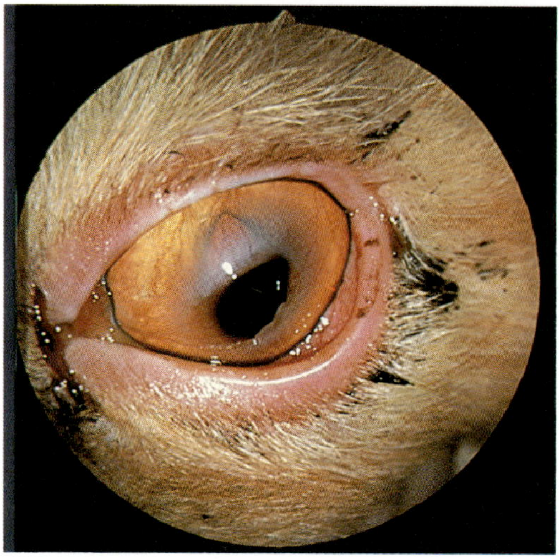

Abb. 47: Kornea-Sequester an der Stelle eines früheren Ulkus. Man beachte den schwärzlichen Ausfluß auf den Haaren und am medialen Augenwinkel. Die Kornea ist vaskularisiert und die anhaltende Konjunktivitis und der Ausfluß deuten auf einen Reizzustand hin.

Wirkung gegen Pseudomonas wählen. Gentamicin-Augentropfen, die man durch Hinzufügen einer Gentamicin-Injektionslösung auf den 3–4fachen Gentamicingehalt verstärkt, werden stündlich appliziert [62]. 10–20 mg Gentamicin können noch zusätzlich subkonjunktival injiziert werden. Da immer mehr Pseudomonasstämme eine Resistenz gegenüber Gentamicin aufweisen, kann eine Therapie mit Polymyxin B, Chloramphenicol oder Tobramycin erforderlich sein. Schnell sich ausbreitende Ulzera mit geringen Randinfiltrationen erweisen sich meist als steril. Man nimmt an, daß es sich um Kollagenase-Ulzera handelt und therapiert sie mit Substanzen, die eine Antikollagenase-Wirkung haben. Serumglobuline vieler Spezies enthalten Antikollagenase und können örtlich angewandt werden.

Acetylcystein, Natrium- und Calcium-EDTA, zyklisches Adenosin-Monophosphat, Penicillamin und Natriumcitrat hemmen die Kollagenasebildung oder -aktivität [63–65]. Im Handel gibt es Acetylcystein-Lösungen (z. B. Mucolyticum „Lappe“®), die man benutzen kann. Um die Kornea nicht zu reizen und nicht zu schädigen, sollte man eine 10%ige Lösung benutzen. Die Anwendung erfolgt stündlich zusätzlich zu den Antibiotika (Penicilline und Cyclosporine werden durch Acetylcystein zerstört!). Eine geöffnete Acetylcysteinampulle muß gekühlt aufbewahrt werden, da sie sich sonst nur zwei bis drei Tage hält. Trotz dieser neuen Behandlungsmöglichkeiten ist die Prognose dieser sich schnell ausweitenden Ulzera nicht immer günstig, so daß eine zusätzliche chirurgische Maßnahme (360°-Bindehautschürze) erforderlich werden kann (Abb. 46). Das bei dieser Operation austretende Blut scheint eine therapeutische Wirkung zu haben. Bindehautschürzen und Transplantate, die auf der Kornea mit Nähten verankert werden, reißen häufig aus, da die Hornhaut weiter einschmilzt. Erst wenn das Ulkus epithelisiert ist, können Kortikosteroide eingesetzt werden, um die Narbenbildung gering zu halten. Bei Epitheldefekten sind sie nicht erforderlich und bei primären Herpesinfektionen wahrscheinlich sogar kontraindiziert.

Korneasequester oder Cornea nigra

Klinisches Bild: Dieses Syndrom kommt offensichtlich nur bei der Katze vor. Charakteristisch für diese Erkrankung ist ein brauner bis schwarzer Plaque, der zentral oder parazentral in der Kornea liegt (Abb. 47). Oft kann die Läsion auf einen Riß im Epithel und darauf folgende Ablagerung und Wachstum einer braun pigmentierten Fläche im Ulkus zurückverfolgt werden. Dieser Zustand kann sich schnell in 1–3 Wochen entwickeln. Blepharospasmus als Zeichen von Schmerzen, Tränenfluß und Vorfall der Nickhaut können Begleitsymptome sein. Wenn der Prozeß sich ausdehnt, wird der Fleck dunkler und hebt sich als Plaque von der umgebenden Hornhaut ab. Es kommt zu einer oberflächlichen Hornhautvaskularisation, die manchmal sehr ausgeprägt ist. Der Sequester färbt sich nur mit Bengalrot, aber nicht mit Fluoreszein an [66–70]. Die Art des Pigments ist nicht bekannt, aber eine Ablagerung einer Substanz der Tränenflüssigkeit oder Mucin sollen dafür verantwortlich sein. Und tatsächlich zeigen einige Katzen mit dieser Erkrankung entsprechende schwarze Ablagerungen am Lidrand und an den Haaren der Augenumgebung, wenn eine Epiphora vorliegt. Ich selbst habe dieses Syndrom auch bei Katzen mit Konjunktivitis sicca gesehen, daher kann also der seröse Anteil der Tränenflüssigkeit nicht die Quelle des Farbstoffes sein. Außerdem lassen sich keine Unterschiede weder in Menge noch Art der Tränenproteine zwischen gesunden und Katzen mit Korneasequestern nachweisen [70 a]. Hauptsächlich sind Perserkatzen betroffen, aber auch Siam-, Himalaya- und Europäisch Kurzhaarkatzen finden sich unter den erkrankten Tieren. In England findet man das Syndrom hauptsächlich bei langhaarigen Colourpoint-Katzen und hält es für eine primäre Stroma-Dystrophie [71]. Pathologisch-anatomisch besteht die Veränderung aus einer Koagulationsnekrose des Stromas. In der Peripherie finden sich häufig mononukleäre Entzündungszellen. Bakterien und Pilze können sekundär im nekrotischen Stroma auftreten.

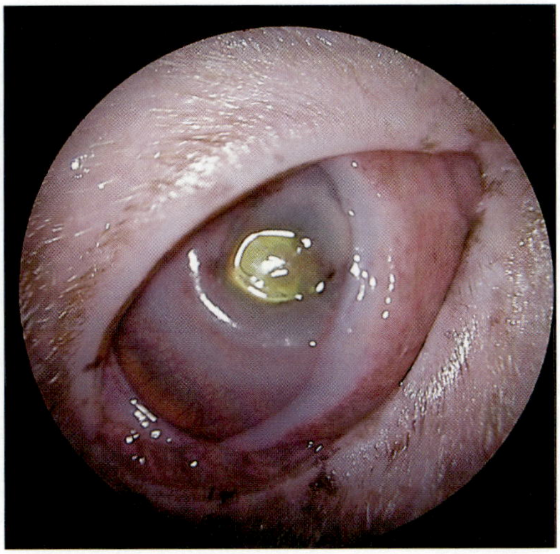

Abb. 48: Deszemetozele, die aus einem Herpes-Ulkus durch Kollagenase-Aktivierung entstand. Die Katze war Herpes- und FeLV-positiv.

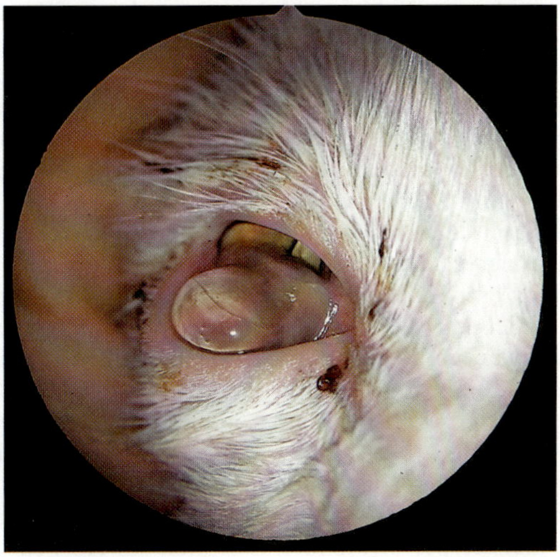

Abb. 49: Riesendeszemetozele nach einer Kampfverletzung. Die Deszemetozele wurde exzidiert und der Defekt vernäht. Die Kornea heilte komplikationslos. Die Sehkraft blieb erhalten.

Therapie: Der Verlauf der Krankheit ist chronisch. Meist löst sich der Sequester nach einigen Wochen oder Monaten spontan. Je intensiver die vaskuläre Reaktion ist, um so schneller ist die Abstoßung. Wenn die Katzen keine Schmerzen zeigen und die Besitzer nicht übermäßig besorgt sind, warte ich meist ab, ob sich die Schuppe spontan ablöst. Bei Katzen, die Schmerzen zeigen, oder bei ungeduldigen Besitzern, ist eine oberflächliche Keratektomie angezeigt. Dieser Eingriff ist relativ erfolgreich. Häufig gelingt jedoch nicht die vollständige Entfernung der Veränderung wegen ihrer Ausdehnung bis in die tieferen Hornhautschichten. Anschließend empfiehlt sich die Anlage einer Bindehautschürze aus der Nickhaut, um die Heilung zu beschleunigen, da bei langsamem Heilungsverlauf wiederum eine Pigmentierung des Operationsgebietes auftreten kann (Abb. 23). Auch mit einer gestielten Bindehautplastik oder einer keratokonjunktivalen Schiebeplastik kann man die Korneawunde abdecken, um eine erneute Pigmentierung zu vermeiden [72].

Komplizierte Korneageschwüre und Verletzungen

Klinisches Bild: In diese Kategorie werden tiefe Ulzerationen, Descemetocelen und Irisprolaps eingereiht. Ohne Rücksicht auf die Ursache sind sie grundsätzlich chirurgisch zu behandeln, um den Bulbus als solchen zu erhalten oder zu festigen. Das Ulkus mit seinem Gewebsverlust ist schwerer zu behandeln als eine Verletzung, die nur in einer einfachen Gewebstrennung besteht. Alle Ursachen oberflächlicher Geschwüre treffen auch für die tiefen Ulzera zu. Komplizierende Faktoren eines oberflächlichen Ulkus können eine bakterielle Infektion (mit proteolytischen Enzymen) oder eine endogene enzymatische (Kollagenase) Zerstörung des Korneastromas sein (Abb. 43, 45, 48). Meist entstehen perforierende Korneaverletzungen durch Krallen bei Kämpfen. Dabei kann es zu selbstheilenden punktförmigen Wunden oder aber auch zu langen Rissen kommen. Größere Schädelverletzungen (Autounfälle) können zu einem Riß der Kornea oder Sklera führen, der wie eine äußere Verletzung erscheint. Die Unterscheidung ist aber prognostisch von Bedeutung. Der Riß kann ebenso wie eine äußere Verletzung genäht werden. Aber die innere Zerstörung des Auges ist schwerwiegender und führt zu Blindheit oder auch häufig zu einer Phthisis bulbi.

Diagnose und Therapie: Die Diagnose ist meist leicht zu stellen. Die Katze hat eine sehr elastische Descemetsche Membran und kann Descemetozelen von erstaunlicher Größe entwickeln (Abb. 49). Schwarzes Pigment in der Wunde spricht für eine Perforation und Einbeziehung der Iris (Abb. 45). Kleine perforierende Verletzungen durch Krallen können übersehen oder nicht als Perforation erkannt werden. Erst mit dem Hornhautmikroskop läßt sich die Tiefe der Verletzung erkennen. Tiefe Ulzerationen kann man behandeln mit einer Bindehautschürze aus der Nickhaut oder der Konjunktiva, durch Naht, mit Hilfe von Gewebekleber oder durch ein lamelläres autologes Korneatransplantat oder durch die Übertragung gefrorener Kornea oder Sklera. Die

Methode der Wahl ist abhängig von der Erfahrung des Chirurgen, den verfügbaren Instrumenten und der Lokalisation und Tiefe des Ulkus. Wichtig ist auch, ob sich das Ulkus noch in einer progressiven Phase befindet. Ein Ulkus mit kleinem Durchmesser kann besser konservativ behandelt werden als ein solches mit großem Durchmesser. Kleine Ulzera können manchmal sogar genäht oder auch geklebt (Histoacryl®) werden. Eine Descemetozele kann mit einer 18er-Kanüle punktiert (Parazentese) und anschließend die Reposition und Abdeckung versucht werden. Bei sehr großen Descemetozelen muß die vorgefallene Membran abgetragen werden. Bei einem Irisvorfall wird der prolabierte Teil entfernt, es sei denn, er ist sehr frisch. Anhängendes Irisgewebe wird von der Innenseite der Kornea entfernt und der Defekt geschlossen. Glücklicherweise sind die meisten perforierenden Läsionen der Kornea bei der Katze Rißwunden, die genäht werden können. Atraumatische Nadel-Faden-Kombinationen Größe 6/0–8/0 für ophthalmologischen Gebrauch (innenliegende Schneide oder Spatulaform) sind unbedingte Voraussetzungen für die peinlich genaue Vereinigung der Wundränder. Bei der Wahl des Nahtmaterials sollte man bedenken, daß Seide zu starken Reaktionen führen kann. Die Naht sollte mit Einzelheften durchgeführt werden. Bei einer glatten unkomplizierten Wunde kann auch eine einfache fortlaufende Naht gelegt werden. Die Nähte sollen tief gelegt werden, dürfen aber nicht das Endothel verletzen (Lupe oder Operationsmikroskop). Die Vorderkammer wird mit physiologischer Kochsalzlösung wieder aufgefüllt, um Leckstellen der Naht zu entdecken. Dazu wird die Vorderkammerkanüle entweder durch die Wunde oder eine scharfe feine Kanüle am Limbus eingeführt. Finden sich noch Leckstellen, müssen sie durch zusätzliche Nähte verschlossen werden. Haben sich Linse und Iris durch Kammerwasseransammlung in der Glaskörperhöhle nach vorn verlagert, so ist es nötig, die Flüssigkeit vor der Rekonstruktion der Vorderkammer zu entfernen. Dazu wird eine Parazentese der Glaskörperhöhle mit einer 18er-Kanüle durchgeführt. Wurde die Linsenkapsel zerrissen, muß die Linse entfernt werden, um eine immuninduzierte Entzündung zu vermeiden (Phakoanaphylaxie, phakoklastische Uveitis). Die

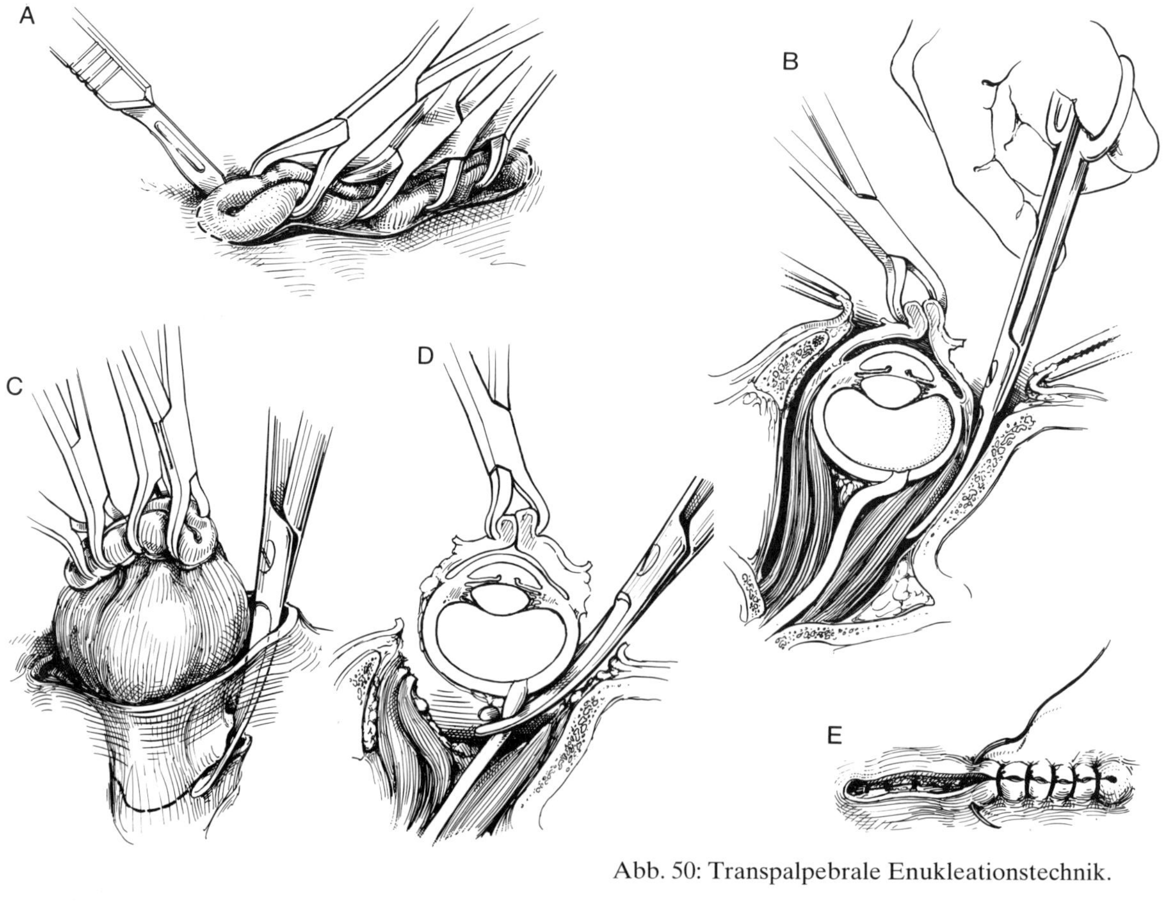

Abb. 50: Transpalpebrale Enukleationstechnik.

Tabelle 4: Intraokuläre Antibiotika-Dosierung			
Gentamicin		300–500	µg
Amikacin		500	µg
Cefalotin		2	mg
Cefaloridin		250	µg
Cefazolin		2,25	mg
Moxalactam		1,25	mg
Methicillin	bis	10	mg
Amphotericin-B		1–5	µg

Aus MARTIN, C.: Ocular infections, in Infectious Diseases of the Dog and Cat, 2. Aufl. herausgegeben von Craig Greene. W. B. Saunders, Philadelphia, im Druck.

medikamentelle Therapie besteht in der topischen und systemischen Anwendung von Antibiotika (Tab. 4). Besonders während der Operation kann man sie auch intraokulär oder subkonjunktival applizieren. Gentamicin und Cephalosporin – auch in Kombination- sind gute Antibiotika für die einleitende intraoperative Therapie. Bis ein Antibiogramm vorliegt, wird topisch weiterbehandelt. Bei einer Iritis ist die topische Anwendung von Atropin erforderlich, um den Schmerz zu lindern und einer Synechie vorzubeugen. Im weiteren Verlauf der Erkrankung können Kortikosteroide angezeigt sein, sofern nicht eine Infektion droht oder bereits eine Ulzeration besteht.

Liegt ein großer Irisprolaps mit Staphylombildung vor (Abb. 43), sollte das Auge enukleiert werden (Abb. 50), da als Folge Blindheit, evtl. Glaukombildung, Panophthalmie und Phthisis bulbi zu erwarten sind.

Vordere Augenkammer

Erkrankungen der vorderen Augenkammer weisen auf pathologische Veränderungen in benachbarten Regionen, insbesondere der Uvea, hin. Sie werden im entsprechenden Kapitel mit abgehandelt. Die grundlegenden Veränderungen in der Vorderkammer betreffen Abweichungen in bezug auf Tiefe und Zusammensetzung der Flüssigkeit.

Veränderungen der Kammertiefe

Die Tiefe der vorderen Augenkammer hängt im wesentlichen von der Stellung von Iris und Linse ab. Die vordere Augenkammer ist bei der Katze normalerweise tief. Ein Verschluß der Pupille oder zirkuläre Verwachsungen des Pupillenrandes mit der Linsenvorderfläche (Seclusio pupillae) führt zu einer sogenannten Napfkucheniris (Iris bombata) und einer Abflachung, wenn nicht sogar zu einer Aufhebung der Vorderkammer (Abb. 51). In Verbindung mit einer Verwachsung (Synechie) oder allein durch eine Gewebszubildung in der Iris oder hinter der Iris, wie

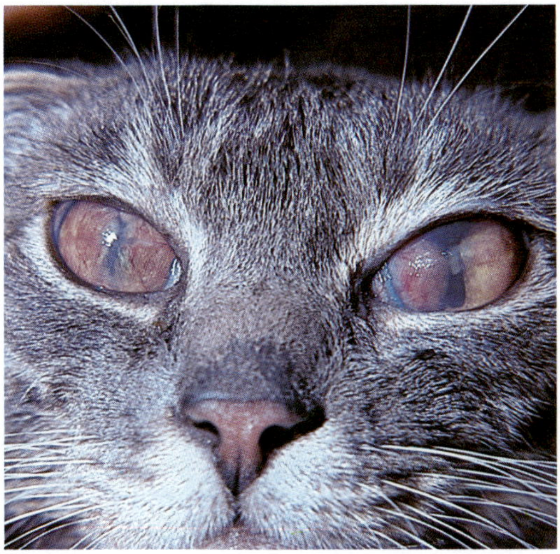

Abb. 51: Beidseitige Iris bombé mit Sekundär-Glaukom bei Leukose. Die Katze war blind, aber bis auf die Augen scheinbar gesund. Die Pupillen sind unregelmäßig durch die hintere Synechie, und eine interstitielle Keratitis wird deutlich durch eine tiefe Vaskularisation der Kornea.

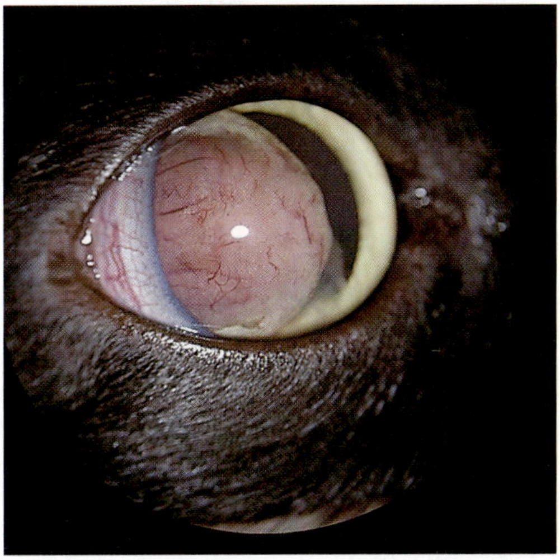

Abb. 52: Vermutliches Iris-Granulom, das vor der Überweisung schon einmal rezidivierte und auf eine 4wöchige topische Kortikosteroidbehandlung ansprach. Die Ursache war unbekannt. Die Katze war im übrigen gesund und FeLV-negativ.

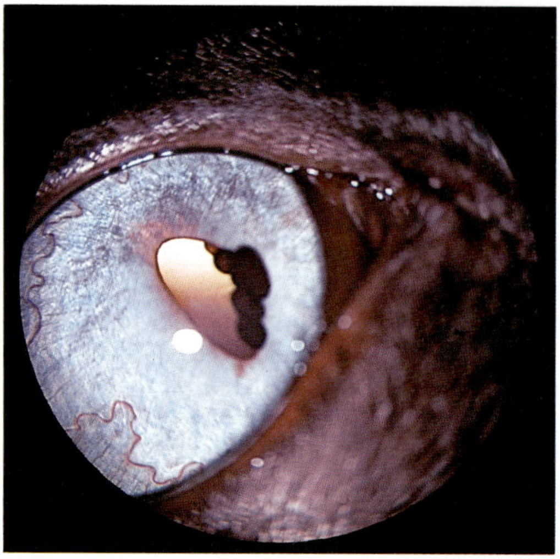

Abb. 53: Multiple Iriszysten am Pupillenrand, die mit dem rückseitigen Irisepithel verklebt sind.

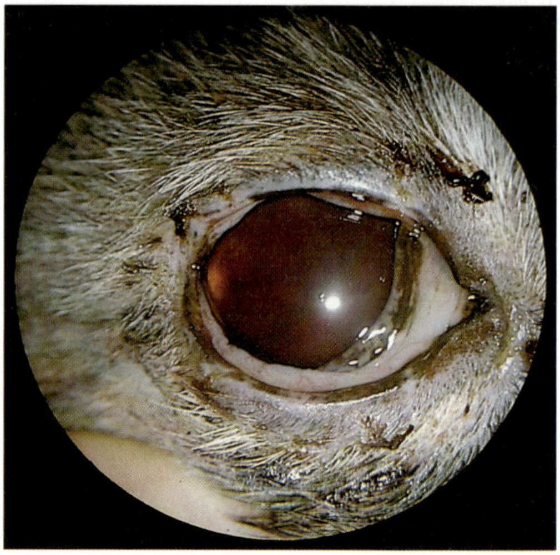

Abb. 54: Hyphaema aus geronnenem Blut, das fast die gesamte Vorderkammer ausfüllt. Der Zustand war beidseitig und auf einen Schrotschuß zurückzuführen.

zum Beispiel bei einem granulomatösen oder neoplastischen Prozeß, wird die Tiefe der Vorderkammer in ähnlicher Weise vermindert (Abb. 52). Eine Zunahme der Tiefe der Vorderkammer entsteht bei der Linsenluxation nach hinten, bei einer Mikrophakie und nach Linsenresorption oder Linsenextraktion. Die Therapie richtet sich nach der Erkrankungsursache und/oder den Folgen, wie z. B. Glaukom.

Abnormer Vorderkammerinhalt

In der vorderen Augenkammer können Tumoren, die meist von der Uvea anterior ausgehen, Zysten und Fremdkörper vorkommen (Abb. 52). Zysten lassen sich leicht mittels Transillumination von Neubildungen unterscheiden. Die Zysten gehen vom hinteren Pigmentepithel der Iris aus und haften bei der Katze normalerweise am Pupillenrand an (Abb. 53). Iriszysten erfordern im allgemeinen keine Therapie. Sollte sie jedoch notwendig sein, kann eine Aspiration durch eine limbusnahe Punktion erfolgen. Bei Fremdkörpern in der Vorderkammer hängt die Behandlung von der Art des Fremdkörpers und der Reaktion des Auges auf ihn ab. Man muß das Risiko eines chirurgischen Eingriffes abwägen.

Veränderungen im Flüssigkeitsgehalt – Blut

Klinisches Bild: Blut in der vorderen Augenkammer wird als Hyphaema bezeichnet. Es wird normalerweise nach Traumen am Auge beobachtet, die zu Rissen in der Uvea anterior geführt haben. Dyskrasie des Blutes, wie zum Beispiel beim Leukosekomplex der Katze, ist ein weiterer Grund für ein Hyphaema. Der Grad eines Hyphaemas reicht vom kleinen Gerinnsel bis zur vollständigen Füllung der Vorderkammer mit Blut. Im akuten Stadium ist die Farbe leuchtend rot, beim Fortschreiten der Gerinnung wird die Farbe dunkler (Abb. 54). Das Hyphaema selbst verursacht keine anhaltende Blindheit, aber seine Folgen, wie Glaukom, Anfärbung der Kornea mit Blutfarbstoffen oder gleichzeitig andere Verletzungen, können zum Erblinden führen.

Diagnose und Therapie: Die Diagnose ist leicht zu stellen und oft ist auch die Ursache leicht zu ermitteln. Ein Hyphaema hat meist nur geringe Folgen, es sei denn, es füllt mehr als drei Viertel der Vorderkammer aus. Tritt es als Sekundärerscheinung einer Blutdyskrasie auf, so ist die Therapie – falls es eine gibt – auf die ursächliche Erkrankung zu richten. Traumatisch bedingte Blutansammlungen in der Vorderkammer treten oft bei Kopfverletzungen auf, die mit Priorität zu behandeln sind. Alle Hyphaemaformen werden zuerst medikamentös behandelt. Die Therapie zielt darauf ab, die Blutung zum Stehen zu bringen, ein Wiederauftreten der Blutung zu verhindern, den Abfluß des Blutes aus der Vorderkammer zu unterstützen und Folgeerscheinungen, wie ein Glaukom oder eine Uveitis anterior, zu behandeln. Bezüglich der Therapie gibt es keine einheitliche Meinung und eine Vielfalt von Wirkstoffen wird empfohlen. Die kleineren Blutungen werden schnell resorbiert, und die Therapie – wenn überhaupt eine erforderlich ist – richtet sich auf die traumatische Iri-

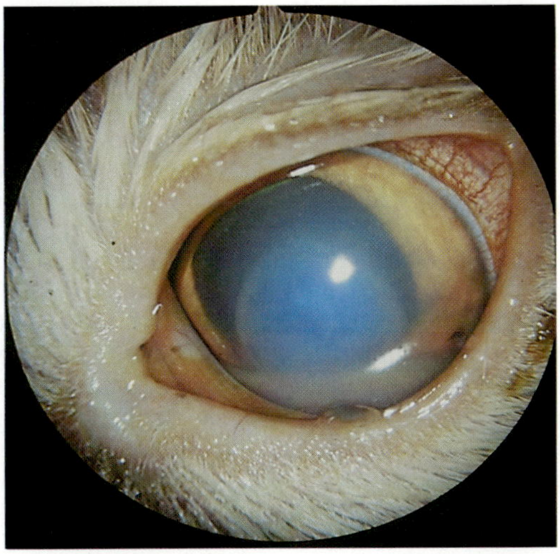

Abb. 55: Hypopyon im unteren Teil der Vorderkammer zusammen mit einem oberflächlichen Kornea-Ulkus.

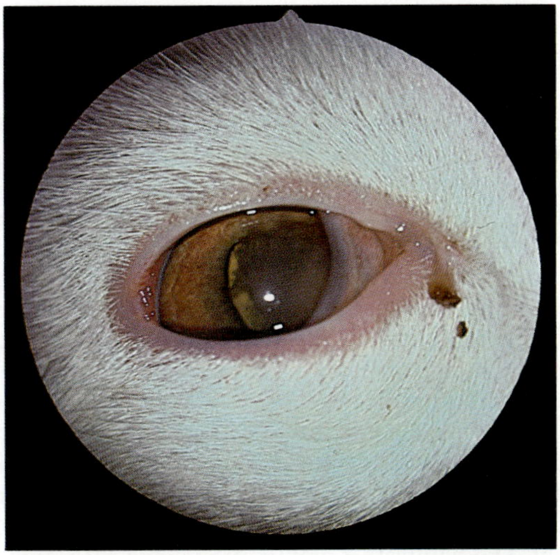

Abb. 56: Fibrinkoagulum in der Vorderkammer. Eine akute beidseitige Iritis mit großen Fibrinflocken trat nach Anwendung von Aerosolsprays in einem kleinen Raum auf. Eine Steroidbehandlung erbrachte eine erstaunlich schnelle Heilung.

tis, d. h. lokalen Einsatz von Atropin und Kortikosteroiden. Häufig wird eine Sedation zur Untersuchung nötig sein. Dabei sollte man jedoch erwägen, ob es nicht besser wäre, mit der Untersuchung abzuwarten und die Katze zunächst einmal nur mit einer minimalen Therapie in einen Käfig zu setzen. Für die Prognose ist es wichtig, ein traumatisch geschädigtes Auge richtig zu erkennen, besonders, wenn es sich um Verletzungen im hinteren Teil des Bulbus handelt. Diese Augen sind meist sehr weich. Die Folge ist eine Phthisis bulbi, das Auge muß meist entfernt werden. Die Prognose ist besonders dann vorsichtig zu stellen, wenn ein vollständiges Hyphaema zusammen mit einer Hypotonie des Bulbus angetroffen wird. Die Wirksamkeit von Pharmaka, die beim traumatisch bedingten Hyphaema die Blutung zum Stehen bringen sollen, ist sehr fraglich. Es liegt nicht genügend Material vor, um solche Wirkstoffe, wie Vitamin K, konjugierte Östrogene oder andere systemische Koagulantien zu empfehlen. Über die Wirkung vasokonstriktiver Medikamente, wie zum Beispiel Sympathomimetika (Epinephrin, Phenylephrin) wurde bisher kaum berichtet. Die örtliche Anwendung von Miotika (1%iges Pilocarpin, 3mal täglich) kann empfohlen werden. Es erleichtert den Abtransport der Erythrozyten mit dem Kammerwasser, kann aber auch die Blutungsgefahr durch Vasodilatation erhöhen und den Ziliarspasmus bei einer traumatischen Uveitis verschlimmern [73]. Um das Risiko des Auftretens von Nachblutungen, die häufig Komplikationen nach sich ziehen, zu verringern, wurde eine antifibrinolytische Therapie vorgeschlagen. Aminocapronsäure (Epsilon-Aminocapronsäure „Roche"®) und Tranexamsäure (Anvitoff®) sind Antifibrinolytika, die beim Menschen benutzt wurden. Über Wirksamkeit und Nebenwirkungen bei der Katze ist noch nichts bekannt [74]. Der intraokuläre Druck sollte gemessen werden, um das Auftreten eines Sekundärglaukoms zu entdecken. Einer Druckerhöhung sollte mit carboanhydrasehemmenden Diuretika, die die Kammerwasserproduktion herabsetzen, entgegengewirkt werden. Nach Doppelblindversuchen scheint die medikamentöse Behandlung ohne Einfluß auf den Verlauf der Erkrankung zu sein. Lediglich die Schwere der auslösenden Ursache bestimmt den Verlauf [73].

Hypopyon

Klinisches Bild: Die Ansammlung weißer Blutzellen in der Vorderkammer kann so ausgeprägt sein, daß im unteren Teil eine grauweiße Masse sichtbar wird (Abb. 55). Auslösende Ursache für dieses nicht selten auftretende Hypopyon ist ein Korneaulkus oder eine Uveitis. Das Hypopyon allein weist noch nicht unbedingt auf eine Sepsis in der Vorderkammer hin. Die Therapie richtet sich gegen die auslösenden Faktoren. Mit dem Rückgang des Reizes kommt es zur Resorption des Hypopyons. Eine leichte Trübung des Epithels, die ohne Bedeutung ist, kann bestehen bleiben.

Fibrin in der vorderen Augenkammer

Klinisches Bild: Nicht selten finden sich besonders in der Pupillengegend massive Ablagerungen von Fibrin in Verbindung mit einer nichtgranulomatösen Uveitis anterior (Iritis). Eine Rötung wird immer erkennbar sein. Die Fibrinansammlung verschwindet schnell, wenn die Iritis abgeheilt ist. Die Reste des Fibrins bleiben oft als flottierende Schleier in der Vorderkammer zurück. Eine bleibende Trübung der vorderen Linsenkapsel ist häufig (Abb. 56). Die Behandlung richtet sich auf die Uveitis. Die intraokuläre Injektion von 25 mcg TPA (Tissue Plasminogen Activator) bewirkt eine überraschende Auflösung der Fibrinmassen und löst Synechien, sofern die Anwendung innerhalb von 4–5 Tagen nach Entstehung erfolgt. Das Fibrin kann sich jedoch wieder bilden, wenn der Reiz, z. B. eine Uveitis anterior, weiterbesteht. Die häufigste Komplikation einer TPA-Injektion ist das Entstehen eines Hyphaemas, allerdings meist nur dann, wenn von vornherein Gefäßschäden bestanden [74 a].

Fibrinfäden müssen von Glaskörperfäden unterschieden werden, die in die Vorderkammer eingedrungen sind. Glaskörper fällt im allgemeinen durch die Pupille vor, während Fibrin in der Pupillargegend vorhanden sein kann oder durch die Pupille vordringen kann. Glaskörper in der Vorderkammer weist auf eine subluxierte Linse hin. Die Pupille sollte erweitert werden, um die Herkunft der Fäden und den Zustand der Linse zu beurteilen.

Glaukom

Klinisches Bild: Als Glaukom wird eine Erhöhung des Augeninnendrucks bezeichnet. Das Kammerwasser wird normalerweise kontinuierlich produziert, und deshalb besteht ein Gleichgewicht zwischen Zufluß und Abfluß, um den Augeninnendruck innerhalb der normalen Grenzen (15–25 mm Hg) aufrechtzuerhalten. Die meisten Theorien und bewiesenen Ursachen des Glaukoms deuten auf eine Behinderung des Kammerwasserabflusses hin. Glaukome werden grundsätzlich in primäre und sekundäre und solche mit offenem und geschlossenem Kammerwinkel eingeteilt.

Das Primärglaukom entsteht ohne Zusammenhang mit einer vorhergehenden intraokulären Erkrankung, wie z. B. entzündlichen Verklebungen, Tumoren und Hyphaema. Die Bezeichnung „offener Kammerwinkel", „verklebter" und „enger Kammerwinkel" beruhen auf dem Erscheinungsbild bei der Gonioskopie. Das Weitwinkelglaukom entwickelt sich trotz eines normal erscheinenden Irido-Kornealwinkels. Es kommt bei der Katze wahrscheinlich vor, ist aber nicht gut belegt [75, 76]. Eine Verstopfung oder ein Verschluß des Kammerwinkels durch Entzündung oder einen Tumor führen zum „closed angle Glaucoma". Dies ist wohl die häufigste Ursache für das Katzen-Glaukom [75, 76]. Der Verschluß kann durch eine periphere vordere Synechie oder durch die Ablagerung von Fibrin und Zelldetritus entstehen. In einer neueren Studie über 132 enukleierte Glaukom-Bulbi hatten 68 (62 %) deutliche pathologische Veränderungen, die zu einer Abflußbehinderung führten, während 63 (48 %) weder im Kammerwinkel noch im Pupillarbereich verändert waren. Dreiundfünfzig (40 %) Bulbi zeigten eine plasmozytäre und lymphozytäre Uveitis anterior. In keinem dieser Fälle bestanden jedoch auffallende Adhäsionen oder entzündungsbedingte Verlegungen des Trabekel-Netzwerkes, um so rein mechanisch das Glaukom zu erklären. Es bestand also kein Zusammenhang zwischen Glaukom und Uveitis anterior. Bei 38 Bulbi (29 %) lagen Melanome der Uvea, die klinisch meist nicht erkannt worden waren, als Glaukomursache vor [76]. Die häufigsten Ursachen für Sekundärglaukome bei der Katze sind Tumoren (Melanome, Lymphome, Sarkome), hintere Synechien, periphere vordere Synechien und nach vorn luxierte Linsen. Bei der Katzenleukose kann es zu einer Beteiligung der Iris kommen, die tumorartig erscheint. Eine granulomatöse Uveitis anterior mit hinterer Synechie führt zu einer Iris bombé und zum Glaukom (Abb. 51). Im Zusammenhang mit dem Katzen-Leukosevirus können Augenveränderungen auftreten, ohne daß allgemeine Leukosezeichen zu erkennen sind. Im Verlaufe von einigen Wochen oder Monaten erscheinen dann die systemischen Leukosesymptome. Die meisten dieser Katzen sterben innerhalb von 6 Monaten. Aus klinischer Sicht scheint die Häufigkeit FeLV-assoziierter Augenveränderungen im letzten Jahrzehnt abgenommen zu haben. Eine Uveitis anterior jeglicher Ursache kann ein sekundäres Glaukom aufgrund zellulärer Exsudate oder entzündungsbedingter Verklebungen und fibrovaskulärer Membranen, die Iris und Kammerwinkel bedecken, erzeugen. In vielen Fällen ist der Zusammenhang zwischen Iritis und Glaukom nicht deutlich, da ein Verschlußmechanismus weder durch klinische noch durch histopathologische Untersuchungen bewiesen werden kann [76].

Topisch angewandte Kortikosteroide führten nach zweiwöchiger Anwendung zu einer Steigerung des Augeninnendrucks. Die Druckerhöhung war mäßig (25–35 mm Hg), hielt für die Dauer der Behandlung an und verschwand mit dem Absetzen des Medikaments . Veränderungen des Sehvermögens, des ERG und des Sehnerven wurden nicht beobachtet. Sub-

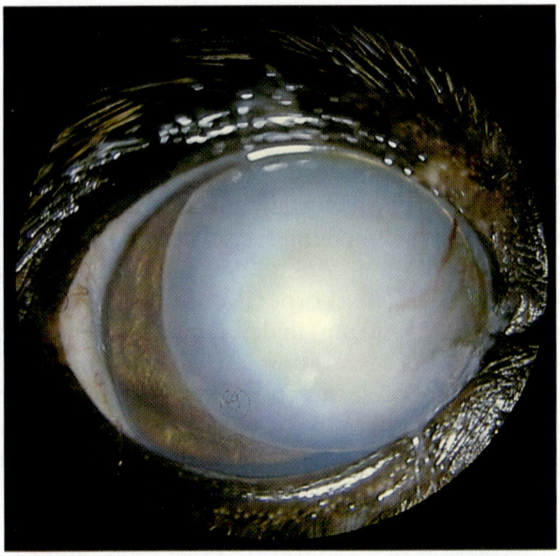

Abb. 57: Luxation einer stark getrübten Linse nach vorn bei einer 13jährigen Katze. Die Veränderung bestand schon längere Zeit in beiden Augen. Zur Zeit der Untersuchung waren die Bulbi weich.

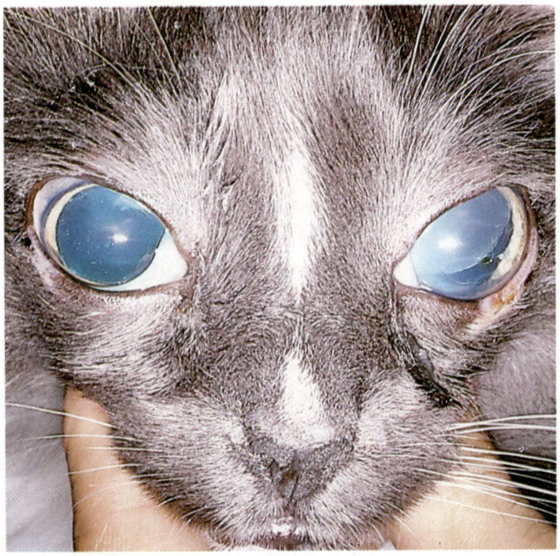

Abb. 58: Beidseitiges primäres Weitwinkel-Glaukom mit Buphthalmus, dilatierten Pupillen und einer subluxierten Linse.

cortikale Katarakte wurden bei vielen Tieren nach Kortikosteroid-Therapie beobachtet [76 a]. Die klinische Bedeutung von steroidinduzierter Druckerhöhung und Kataraktentstehung muß noch weiter erforscht werden.

Eine Uveitis anterior ist immer mit einer Verminderung der Kammerwasserproduktion verbunden. Dank einer erfolgreichen Therapie der Uveitis anterior kann sich die Kammerwasserproduktion normalisieren. Bestehen weiterhin Verklebungen, die zu Abflußstörungen führen, kann auf die frühere Hypotonie sogar ein Glaukom folgen. Da die meisten Patienten mit einer nichtseptischen Uveitis mit Kortikosteroiden behandelt werden, ist der Mechanismus, der zur intraokulären Druckerhöhung führt, wahrscheinlich multifaktoriell begründet.

Ältere Katzen werden manchmal mit ein- oder beidseitigem Glaukom und gleichzeitiger vorderer Linsenluxation vorgestellt (Abb. 57). Oft läßt sich nicht mehr eindeutig feststellen, ob die Linsenluxation das Glaukom zur Folge hat oder sekundär aufgrund des Buphthalmus mit Ruptur der Zonulafasern entstanden ist. Nach meiner Erfahrung werden die meisten Katzen in einem chronischen Zustand vorgestellt, wo die Sehkraft schon verloren ist und der Druck normal sein kann. Es ist wichtig, die Linse sorgfältig zu untersuchen, da eine große tiefe Vorderkammer bei der Katze eine luxierte Linse enthalten kann, ohne daß sich ein Glaukom entwickelt.

Die Anzeichen eines Glaukoms bei der Katze sind ähnlich wie bei anderen Tierarten, aber in vielen Fällen nicht so deutlich wie beim Hund. Das ist auch der Grund, weshalb man relativ selten in die Lage kommt, ein Katzen-Glaukom zu behandeln, zu einem Zeitpunkt, wo es noch möglich ist, wenigstens einen Teil der Sehkraft zu erhalten oder wiederzuerlangen.

Die Symptome des Glaukoms umfassen Buphthalmus (vergrößertes Auge), erhöhte Blutfülle der Ziliargefäße, eine weite starre Pupille, harten Bulbus, Blindheit und Kornea-Ödem (Abb. 58). Veränderungen des Fundus (Retina-Atrophie) und Veränderungen der Papille können auftreten, sind aber häufig wegen der Erkrankungen der vorderen Augenabschnitte nicht zu erkennen. Linsenluxation und Erkrankungen der Uvea anterior treten häufig gemeinsam auf.

Die Bezeichnung „absolutes Glaukom" wird für irreversibel erblindete Augen verwendet, ohne Rücksicht auf die Ursache des Glaukoms. Das Glaukom ist ein Syndrom und man sollte versuchen, den Grund für die Druckerhöhung zu finden, um eine spezifische Therapie zu verordnen und eine genaue Prognose stellen zu können.

Therapie: Es gibt wenig Informationen über die Therapie des Glaukoms bei der Katze. Die meisten Fälle werden zu spät vorgestellt, um noch eine Besserung der Sehkraft zu erreichen. Beim Sekundär-Glaukom muß nach Möglichkeit die Ursache behandelt werden. Gleichzeitig gibt man Carboanhydrasehemmer, um den Augendruck zu regulieren. Diclofenamid wird in einer Dosis von 0,5–1 mg/kg Körpergewicht zweimal täglich oral gegeben. Bei kleinen Katzen ist die genaue Dosierung schwierig, da die im

Handel erhältlichen Tabletten 50 mg enthalten. Daueranwendung kann zu Kachexie und allgemeiner Schwäche führen. Topisch kann man Timololmaleat oder einen anderen Beta-Rezeptorenblocker benutzen. Beta-Rezeptorenblocker vermindern die Kammerwasserproduktion. Die lokale Pilocarpinanwendung führt oft zu Reizzuständen. Liegt ein Glaukom mit einer Iris bombé oder einer Occlusio pupillae vor, kann man eine Sprengung mit einer intraokulären Injektion von 25 mcg TPA oder einem kräftigen Mydriatikum (Atropin) versuchen. Meist ist dies jedoch in chronischen Fällen erfolglos [74 a]. Nach Abklingen der Entzündung kann eine chirurgische Therapie versucht werden.

Das primäre Weitwinkel-Glaukom wird meist besser auf eine topische Therapie mit Pilocarpin, Epinephrin oder Timololmaleat ansprechen. Wenn der Effekt nicht ausreicht, wird ebenfalls ein Carboanhydrasehemmer gegeben. Wenn der Patient nur schlecht überwacht werden kann, störende Nebenwirkungen auftreten, und der Besitzer mit der Behandlung nicht zurechtkommt, sollte die chirurgische Behandlung erwogen werden. Ist die Sehkraft des Auges noch erhalten und sind kosmetische Gründe wichtig, ist heutzutage die Zyklokryotherapie oder die YAG-Laser-Cyclophotokoagulation in der Veterinärmedizin der erfolgversprechendste Weg, das Glaukom zu beherrschen. Hierbei wird der Ziliarkörper durch die intakte Konjunktiva und Sklera vereist, um seine sekretorische Fähigkeit zu vermindern. Ich benutze ein Kryotherapiegerät mit Stickoxid, dessen Sonde –60° C erreicht. 3–5 mm vom Limbus entfernt wird rundherum, Punkt für Punkt, 2 Minuten lang vereist [77].

Sonden, die durch flüssigen Stickstoff gekühlt werden bewirken ein tieferes Einfrieren. Da diese Sonden meist größer sind, ist ihre Anwendung am Katzenauge mit seiner straffen Lid-Bulbus-Verbindung schwieriger [78, 79]. Dieses Verfahren kann wiederholt werden. Nach einer vorübergehenden Druckerhöhung, die durch Carboanhydrasehemmer gemildert werden kann, sinkt der Druck innerhalb von 48–72 Stunden und erreicht nach 7–10 Tagen seinen Tiefstwert. Die Schwellung der Konjunktiva nach dem Einfrieren hängt sehr vom Einzeltier und der Technik ab, klingt aber in der ersten postoperativen Woche ab. Die Chemosis wird mit Steroiden (topisch oder subkonjunktival) behandelt. Häufig kommt es zu wiederholten Druckanstiegen innerhalb von 1–4 Monaten, die entweder eine medikamentöse Therapie oder ein erneutes Einfrieren erforderlich machen (30 %) [79].

Ist eine Linsenluxation die Ursache eines akuten Glaukoms, ist die Extraktion das Mittel der Wahl. Weniger erfolgversprechend ist die Entfernung der Linse in chronischen Fällen, wo die Veränderungen eine Normalisierung des Druckes verhindern können. Bei blinden Augen ist eine derartig teure und an Komplikationsmöglichkeiten reiche Operation nicht gerechtfertigt. Bei blinden, schmerzenden glaukomatösen Augen, bei denen weder eine Infektion noch eine Neoplasie vorliegt, bestehen folgende Behandlungsmöglichkeiten: Evisceration mit Silikonkugel-Implantation, Zyklokryotherapie, chemische Ablation des Ziliarkörpers durch Injektion von Gentamicin (25–30 mg) in den Glaskörper oder Enukleation. Die Eviszeration mit nachfolgender Implantation einer schwarzen Silikonkugel vom Durchmesser der Kornea ergibt ein kosmetisch besseres Resultat als die Enukleation. Der entfernte Bulbusinhalt sollte histologisch untersucht werden, um eine Neoplasie als Ursache auszuschließen. Die chemische Ablation des Ziliarkörpers ist eine billige und zuverlässige Möglichkeit, den intraokulären Druck zu senken. Nachteilig ist das Fehlen von Gewebe zur histopathologischen Untersuchung und das häufige Auftreten einer Phthisis bulbi [80, 81].

Linse

An der vollentwickelten Linse können sich im wesentlichen drei Veränderungen abspielen: Trübung (Katarakt), Resorption und Luxation. Kongenitale Veränderungen, wie z. B. abnormale Formen (Lentikonus, Sphärophakie) und Größe (Mikrophakie) und persistierende Überbleibsel der embryonalen Gefäße, sowohl anterior (Pupillarmembran) als auch posterior (Überbleibsel der Hyaloidea anterior) können vorhanden sein. Die Linse wächst langsam während des Lebens; daraus ergibt sich nicht nur eine Zunahme ihrer Größe, sondern auch eine Verdichtung ihrer Zentralregion. Diese zentrale Verdichtung führt zu einer Kernsklerose oder Trübung, die in der Linse alter Katzen sichtbar ist. Daraus ergibt sich weder eine wesentliche Sehbehinderung, noch schließt es die Untersuchung des Fundus mit dem indirekten Ophthalmoskop aus. Bei dilatierter Pupille und Retroillumination erscheint die Kernsklerose als Linse innerhalb der Linse. Dieser Prozeß schreitet bei der Katze langsamer fort als beim Hund.

Katarakte

Klinisches Bild: Eine Katarakt ist eine Trübung der Linse oder ihrer Kapsel. Katarakte können in einer Vielfalt von Formen, Größen und an den verschiedensten Stellen der Linse auftreten. Verschiedene Klassifizierungen der Katarakte, die auf Alter, Form und Ursache der Trübungen beruhen, werden empfohlen. Katarakte treten bei der Katze nicht so häu-

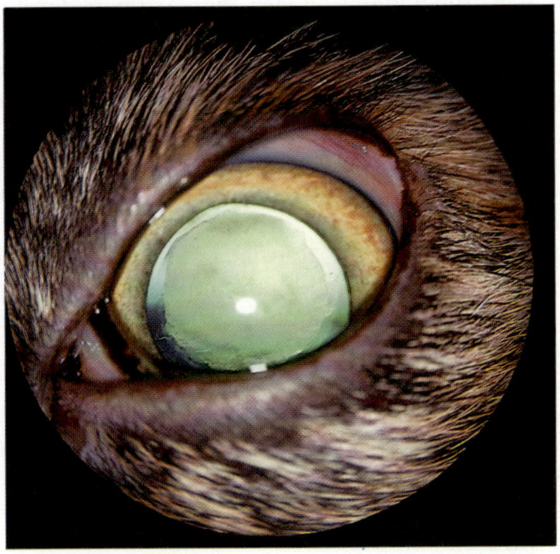

Abb. 59: Angeborene beidseitige Linsentrübung. Die Katze war zum Zeitpunkt der Aufnahme 6 Monate alt und konnte sehen. Man beachte, daß die Trübung im Zentrum der Linse liegt.

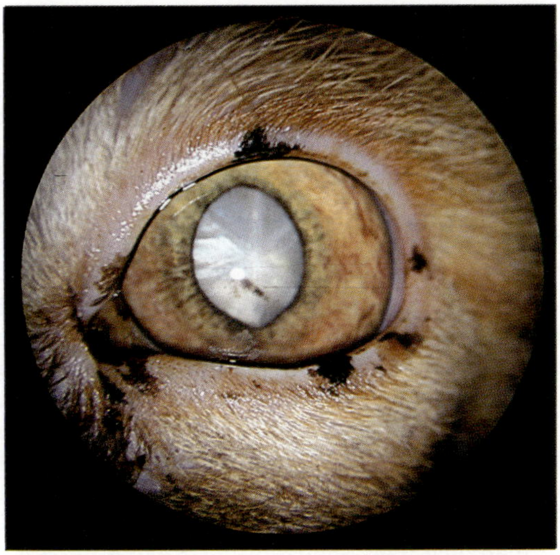

Abb. 60: Reifer Star bei einer alten Katze.

fig auf wie beim Hund. Am häufigsten treten sie aufgrund zellulärer und fibrinöser Ablagerungen und gestörter Ernährung der Linse als Sekundärerscheinung bei einer Uveitis anterior mit Synechie auf. Ein direktes Trauma der Linse durch ein perforierendes Geschoß oder eine Krallenverletzung ist nicht selten. Das Trauma kann bis zur Uveitis anterior führen, die zur Kataraktbildung beiträgt oder einen Riß der vorderen Linsenkapsel bewirkt, so daß eine immuninduzierte (gegen das Linsenprotein) Entzündung entsteht [82]. Angeborene Katarakte werden gelegentlich beobachtet. Sie können in einem sonst normalen Auge vorhanden oder Teil einer umfassenden Anomalie sein, wie z. B. bei Mikrophthalmus. Angeborene Katarakte schreiten im allgemeinen nicht fort. Die angeborene Katarakt kann eine erhebliche Sehstörung bei Katzenwelpen bewirken. Wenn die Linse wächst, wird die Katarakt relativ kleiner im Verhältnis zum Rest der Linse und ein fast normaler Visus stellt sich ein (Abb. 59). Angeborene Katarakte kann man auch in Verbindung mit Resten der embryonalen Pupillarmembran und bei persistierendem primären Glaskörper finden. Angeborene erbliche Linsentrübungen kommen meist bei Perserkatzen oder auch Rassen vor, wo früher einmal Perserkatzen eingekreuzt wurden [83]. Angeborene Linsentrübungen müssen von solchen unterschieden werden, die nach Fütterung von Muttermilchersatz auftreten können. Wenn diese Präparate zuwenig Arginin enthalten, können während der Zeit der Verabfolgung Katarakte auftreten, die sich nach Absetzen bis auf kleine perinukleäre Resttrübungen zurückbilden können (83 a).

Katzen mit Diabetes mellitus können eine Katarakt entwickeln, die jedoch im Verlauf der Krankheit später auftritt als beim Hund [84]. Kataraktbildung gibt es häufig bei länger bestehender Linsenluxation, besonders dann, wenn auch ein Glaukom vorliegt (Abb. 57). Gelegentlich wird bei der Katze ein Altersstar beobachtet (Abb. 60). Längerdauernde topische Kortikosteroidanwendung führte experimentell zu subkapsulären Katarakten. Wir beobachteten toxische Katarakte (Vakuolen im Äquator der Linse) nach verschiedenen Medikamenten, gewöhnlich nach Antibiotikagaben.

Therapie: Sofern das Sehvermögen nicht erheblich beeinträchtigt ist, ist keine spezifische Therapie erforderlich. Mydriatika, wie einprozentiges Atropin, können zweimal wöchentlich appliziert werden, um in Fällen, wo die Trübung sich in der optischen Achse befindet, das Sehvermögen zu verbessern. Bei jungen Kätzchen mit unkomplizierten Katarakten bessert sich häufig das Sehvermögen kontinuierlich mit dem Wachstum der Linse. Die Katarakte müssen jedoch beobachtet werden, ob sie evtl. eine linseninduzierte Uveitis bewirken. Diese wird mit topischen Kortikosteroiden und Atropin behandelt. Komplizierte Katarakte uns solche, die sekundär aufgrund einer Entzündung entstanden sind, werden nicht operiert, weil gleichzeitig Veränderungen der Retina einhergehen und weil ein starker postoperativer Entzündungsreiz ausgelöst wird. Eine Linsenextraktion kann mit relativ guten Ergebnissen durchgeführt werden, wenn die Patienten dazu richtig ausgesucht werden.

Lageveränderungen der Linse

Klinisches Bild: Eine Lageveränderung der Linse, sowohl eine teilweise wie auch komplette Luxation aus der Fossa hyaloidea, stellt eine nicht seltene klinische Erscheinung in Zusammenhang mit einem Glaukom oder einer Uveitis dar. Wie bei der Besprechung des Glaukoms erwähnt, ist es oft schwierig festzustellen, ob die Lageveränderung der Linse eine aktive oder passive Rolle gespielt hat.

Familiäre oder genetische Syndrome, die eine Linsenluxation beinhalten, wurden bei der Katze bislang noch nicht festgestellt. Allerdings fand man, daß Siamkatzen häufiger als andere Rassen Linsenluxationen haben. Bei 14 % der befallenen Siamkatzen fand sich keine sichtbare Läsion oder ein Hinweis auf ein früheres Trauma. Die Durchschnittskatze mit einer Linsenluxation ist 7–9 Jahre alt, ein Freigänger und männlich. Die Mehrzahl der Katzen mit Lageveränderungen der Linse haben ihre Sehfähigkeit wegen Störungen der Refraktion, Glaukom, Katarakt oder Uveitis verloren. Wenn das andere Auge mit normalem Sitz der Linse auch ohne Sehkraft ist, weiß man, daß andere Gründe für die Blindheit verantwortlich sind. Eine Uveitis fand sich in 67 % der Augen mit Lageveränderungen der Linse, jedoch nur bei 40 % der nicht erkrankten Augen. Serologische Untersuchungen bei Uveitis ergaben: 0 von 31 waren positiv für FeLV, 2 von 25 (8 %) positiv für FIP, 5 von 9 (56 %) positiv für FIV und 3 von 17 (17 %) positiv für Toxoplasma gondii; d. h. nur 10 von 82 oder 12 % ergaben positive Tests [84 a]. Eine andere serologische Untersuchung bei Uveitispatienten ergab eine Häufigkeit von 13 % bei Linsenluxation, von denen alle toxoplasmosepositv waren. Bei 27 % bestand gleichzeitig eine Infektion mit FIV [84 b].

Stumpfe Schädeltraumen scheinen nur selten die Ursache für eine Linsenverlagerung zu sein, angesichts der Vielzahl schwerer Schädelverletzungen ohne solche Folgen. Bei großen perforierenden Verletzungen und traumatisch bedingten Rupturen des Augapfels könnte es zu einer Linsenluxation oder Herausstoßen der Linse aufgrund des plötzlichen Druckabfalls im Bulbus kommen.

Die Anzeichen einer Lageveränderung der Linse können deutlich sein. Bei Luxation in die Vorderkammer ist die Linse vor der Iris sichtbar, und in chronischen Fällen entsteht oft eine Katarakt (Abb. 57). Die Kornea entwickelt an der Stelle, wo die Linse das Epithel berührt, eine ödematöse Trübung. Später kommt es zur Vaskularisierung der Kornea. Wegen des Fehlens der Linsenaufhängung kann man Irisschlottern (Iridodonesis) bei Bewegungen des Kopfes beobachten. Subluxation oder partielle Lageveränderung kann nach jeder Richtung hin geschehen. Bei Dilatation der Pupille kann der Linsenäquator und ein halbmondförmiger strahlender Fundusreflex am Pupillenrand gesehen werden (Abb. 58). Irisschlottern (Iridodonesis) ist deutlich sichtbar.

Eine Luxation in die Glaskörperhöhle, kann, muß aber nicht, von einem Glaukom begleitet sein. Die Linse ist ventral im Glaskörperraum sichtbar und bei chronischem Verlauf normalerweise getrübt. Ein verkleinertes Fundusbild kann mit einer Stablampe gesehen werden. Iridodonesis und eine tiefe Vorderkammer sind vorhanden.

Therapie: Frisch in die Vorderkammer luxierte Linsen werden chirurgisch entfernt, um ein Glaukom zu verhindern. Subluxierte Linsen bedürfen keiner speziellen Therapie, man sollte sie jedoch unter Kontrolle behalten. Bei Linsenluxation in den Glaskörper wird ein chirurgisches Vorgehen nicht empfohlen. Im allgemeinen hängt die Entscheidung zur Linsenextraktion davon ab, wie lange die Lageveränderung der Linse schon besteht, welche anderen klinischen Zeichen am Auge vorhanden sind und wie man die Rolle der Linse im gesamten Krankheitsprozeß einschätzt.

Uvea anterior

Die Uvea anterior besteht aus Ziliarkörper und Iris, die Uvea posterior aus der Chorioidea.

Kongenitale Anomalien der Uvea anterior

Im allgemeinen sind die kongenitalen Anomalien der Uvea nur von diagnostischem Interesse mit minimalen therapeutischen Konsequenzen. Einige angeborene Merkmale, wie z. B. die Irisfarbe, können Bedeutung für andere Systeme haben.

Persistierende Pupillarmembran

Gelegentlich können feine fadenförmige Stränge, die von der Iris ausgehen, beobachtet werden. Diese Fäden sieht man meist bei jungen Katzen. Sie verschwinden normalerweise wieder, sofern sie nicht mit pathologischen Veränderungen einhergehen. Es kommt dann zu vorderen oder hinteren Verklebungen des Pupillarrandes. Hintere Anheftungen an die Linsenkapsel kommen zusammen mit axialen Kapselkatarakten vor, vordere Synechien mit dem Korneaendothel dagegen mit Korneatrübungen. Die Trübungen der Kornea können umschriebene oder ausgedehnte tiefgreifende Trübungen mit Ödem des Stromas sein (Abb. 38). Eine persistierende Pupillarmembran kann als isolierte Anomalie oder auch in Verbindung mit anderen Augenanomalien, wie z. B. Agenesie der Lider, auftreten. Die angeborenen Fälen sollten differentialdiagnostisch von erworbenen Synechien und entzündungsbedingten Fibrinfäden abgegrenzt werden.

Koloboma

Gelegentlich wird ein angeborener Defekt am Pupillenrand, der wie eine Kerbe aussieht, festgestellt. Er ist ohne klinische Bedeutung. Kolobome werden als typisch bezeichnet, wenn sie ventro-nasal gelegen sind, und als atypisch, wenn sie an anderer Stelle liegen. Bei der Katze sind Iris-Kolobome meist auf den Pupillarrand beschränkt [5].

Irisfärbung

Blaufärbung einer oder beider Irides bei weißen Katzen kann auf ein Waardenburg-Syndrom mit Taubheit aufgrund angeborener Degeneration des inneren Ohres hinweisen. Angeborene Taubheit tritt bei Katzen nur auf, wenn sie weißhaarig sind. Sie kann ein- oder beidseitig sein und ist nicht geschlechtsgebunden. Der Gehörverlust kommt meist, aber nicht unbedingt, mit blauen Irides vor, und wenn nur eine Iris blau ist, kann die Taubheit ein- oder beidseitig sein. Weiße langhaarige Katzen sind häufiger taub als kurzhaarige Katzen (Abb. 61).

Etwa 20 % aller weißen Katzen sind taub. Das Syndrom beruht auf einem Gen, das immer weißes Fell bewirkt, aber nicht immer Taubheit und blaue Irisfärbung [85, 86]. Liegt eine Heterochromie vor, besteht auch eine Anisokorie: Das Auge mit der blauen Iris hat eine etwas weiter geöffnete Pupille.

Albinos haben immer ein normales Gehör, obwohl sie rosa oder blaue Irides, je nach Grad des Albinismus, haben. Albinos haben Melanozyten, aber sie haben einen Tyrosinasemangel und können daher kein Melanin bilden. Im Gegensatz dazu haben weiße, blauäugige Katzen keine Melanozyten, die von der embryonalen Neuralleiste her einwandern. Die Siamkatze wird als unvollständiger Albino betrachtet [87].

Das Chediak-Higashi-Syndrom wurde bei der Katze beschrieben. Es bestehen ein teilweiser okulokutaner Albinismus, erhöhte Anfälligkeit für bakterielle Infektionen und verlängerte Blutungszeiten. Am Auge zeigen sich Nystagmus, blassere Irisfärbung, Photophobie und das Fehlen eines Tapetums. Angeborene Katarakte, die zusammen mit diesem Syndrom beobachtet wurden, haben einen eigenen Erbgang [83]. Die Diagnose Chediak-Higashi-Syndrom wird aufgrund des okulokutanen Albinismus gestellt, in dem man die Haare auf vergrößerte Melaningranula und die polymorphkernigen Leukozyten auf vergrößerte zytoplasmatische Granula hin untersucht [88].

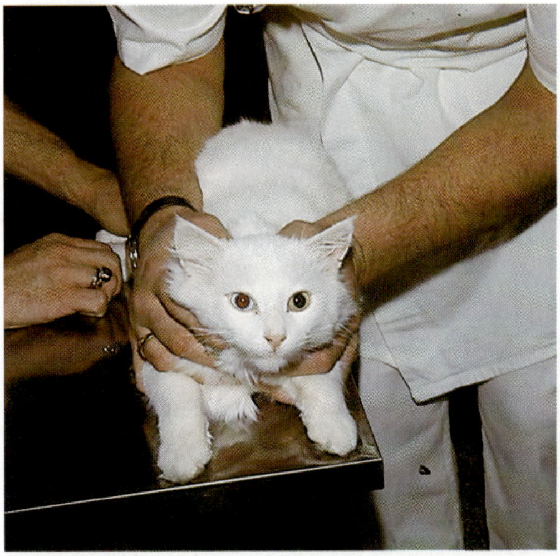

Abb. 61: Taube weiße Katze mit einer Heterochromie. Man beachte, daß das Auge mit der blauen Iris eine etwas größere Pupille hat und der Fundusreflex rot ist.

Uveitis anterior

Klinisches Bild: Die Uveitis anterior wird auch als Iridozyklitis bezeichnet, da in den meisten Fällen das krankhafte Geschehen nicht allein auf die Iris oder den Ziliarkörper beschränkt bleibt. Die Uveitis anterior kommt bei der Katze häufig vor. Sie tritt oft beidseitig auf und ist häufig das Zeichen einer systemischen Erkrankung. Die Ursache der Entzündung kann exogen oder endogen sein. Die entzündliche Reaktion kann in Form einer granulomatösen oder nichtgranulomatösen Uveitis in Erscheinung treten. Im allgemeinen sind die Anzeichen einer Uveitis anterior ziemlich dramatisch. Veränderungen der Farbe der Iris und ihrer Struktur werden besonders deutlich, wenn die Erkrankung einseitig oder bei einem Tier mit blauer Iris auftritt. Die Irisfärbung wird dunkler und matter, wobei die feine Granulastruktur der Oberfläche schwindet. Die Farbe einer blauen Iris wechselt in leichten Fällen von einem tiefen Blau in ein helleres und bei starker Entzündung in eine braune Farbe. Die Pupille ist meist miotisch und kann aufgrund einer hinteren Synechie unregelmäßig und starr sein. Die Konjunktivalvenen, die für Abfluß aus den episkleralen und skleralen Plexus sorgen, sind angestaut, und bei schweren Verlaufsformen erscheint der vordere Augenabschnitt getrübt. Die Trübung kann aufgrund eines leichten Korneaödems, eines Niederschlages von Entzündungszellen auf dem Korneaendothel (Korneapräzipitat), einer protein- und zellbedingten Trübung des Kammerwassers und aufgrund von Fibrinklumpen in

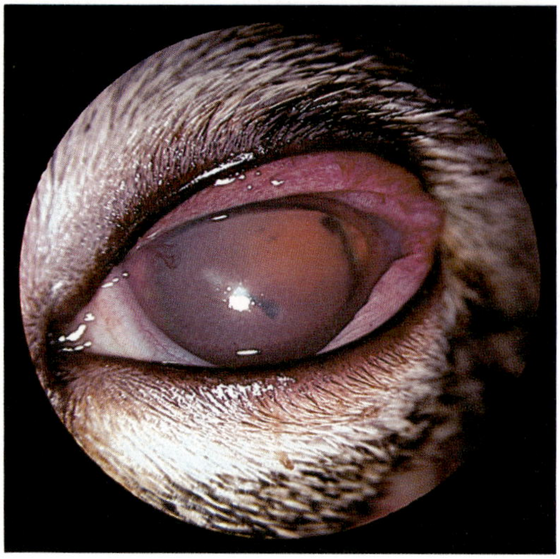

Abb. 62: Akute exogene bakterielle Endophthalmitis nach einer Katzenkrallenverletzung. Der intraokuläre Druck war erhöht (dilatierte Pupille), und die entzündliche Trübung verhinderte die Fundusuntersuchung. Die perforierende Korneaverletzung erkennt man neben dem Blitzreflex. Intraokuläre Gentamicin-Anwendung zusammen mit systemischer Ampicillin-Therapie brachte den Prozeß schnell unter Kontrolle. Das Auge war jedoch durch die entzündliche Schädigung blind.

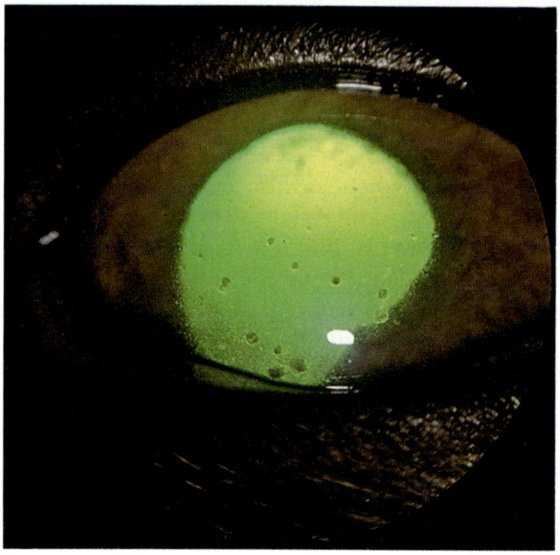

Abb. 63: Granulomatöse Uveitis anterior bei Histoplasmose. Gegen den Fundusreflex erkennt man einige große „Hammelfett"-Präzipitate zusammen mit feinen Niederschlägen. Man beachte die unregelmäßige Pupillenform als Folge einer hinteren Synechie.

der vorderen Augenkammer entstehen. Typischerweise ist das entzündete Auge weich (Hypotonie); Photophobie und Blepharospasmus können auftreten. Eine eingeschränkte Sehfähigkeit oder sogar Blindheit kann vorhanden sein. Allgemeinerscheinungen, wie Anorexie und Mattigkeit können in Zusammenhang mit der Uveitis anterior auftreten, wenn diese die Manifestation einer Systemerkrankung sind.

Exogene Uveitis anterior

Exogene Ursachen der Uveitis anterior manifestieren sich meist einseitig und können in penetrierende und nichtpenetrierende Ursachen eingeteilt werden. Ein stumpfes Trauma auf den Bulbus kann eine aseptische Uveitis anterior hervorrufen, während perforierende Verletzungen, wie Kratzwunden, Geschosse und Ulzera, ein hohes Risiko einer bakterienbedingten Sepsis bedeuten (Abb. 62). Die exogene Ursache einer Uveitis anterior kann augenfällig sein, aber bei freilebenden Katzen sind sichere anamnestische Daten nicht zu erhalten. Eine Sonderform der Uveitis ist die durch äußere Einwirkung entstehende Phakoanaphylaxie oder phakoklastische Uveitis. Typisch ist eine perforierende Augenverletzung mit Riß der Linsenkapsel, wodurch das Linsenprotein dem Immunsystem ausgesetzt wird. Erst nach 2–3 Wochen entwickelt sich eine immer weiter um sich greifende Uveitis anterior (eigentlich eine Panophthalmie) mit Entwicklung eines Sekundärglaukoms. Die ursprüngliche Uveitis, die nach einer Verletzung entstanden ist, kann durchaus gut auf eine Therapie angesprochen haben, es kann aber Wochen später ein nicht zu beeinflussendes Rezidiv entstehen. Die typische Phakoanaphylaxie tritt klinisch als überschießende Uveitis anterior/-Panophthalmie in Erscheinung, die auf eine Therapie nicht anspricht.

Endogene Uveitis anterior (Iridozyklitis)

Obwohl die Unterscheidung, ob eine granulomatöse oder nichtgranulomatöse Entzündung vorliegt, eigentlich nur vom Pathologen getroffen werden kann, wird man klinisch oft eine Verdachtsdiagnose stellen. Die klinische Diagnose einer granulomatösen Uveitis anterior beruht auf dem Nachweis ausgedehnter Präzipitate an der Kornea („Hammelfett"-Präzipitate), die zusammen mit kleineren Präzipitaten zerstreut auftreten (Abb. 63, 64). Die „Hammelfett"-Präzipitate bestehen aus Makrophagen und mononukleären Zellen. Die Iris ist diffus verdickt oder weist gelegentlich kleine graue Knötchen auf. Der Krankheitsbeginn ist schleichend, der Verlauf chronisch (Abb. 64). Wenn die Diagnose granulomatöse Uveitis gestellt ist, findet man meist auch die

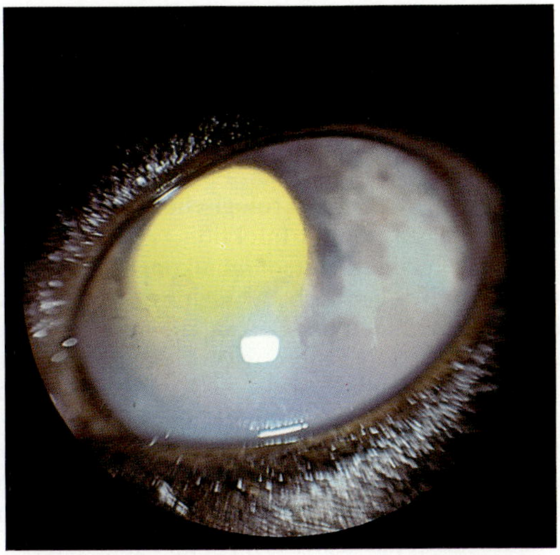

Abb. 64: Granulomatöse Uveitis anterior bei Kryptokokkose. Im unteren Drittel der Hornhaut sieht man eine graue Trübung durch eine Zellschicht auf dem Kornea-Endothel, die temporale Iris zeigt graue Knötchen. Bei der Parazentese wurden Kryptokokken gefunden. Die Katze hatte fortgeschrittene neurologische Symptome und starb.

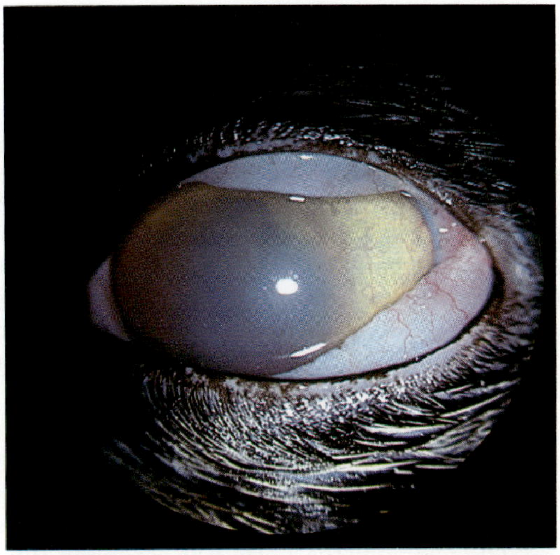

Abb. 65: Uveitis anterior bei einer anscheinend gesunden Katze. Beide Augen waren erkrankt, man sah blutiggefärbte Fibrinflocken in der Vorderkammer, Chemosis und Hyperämie der Iris. Einzelne „Hammelfett"-Präzipitate waren sichtbar, sind aber hier nicht abgebildet. Das Tier war leukosepositiv und hatte einen erhöhten FIP-Titer. Nach 2–3 Wochen entwickelten sich systemische Krankheitszeichen.

zugehörige Systemerkrankung. Die meisten Fälle einer granulomatösen Uveitis anterior treten beidseitig auf, wobei die Symptome unterschiedlich stark ausgeprägt sein können. Leider ist die Prognose der Systemerkrankung schlecht, wenn sie mit einer granulomatösen Uveitis einhergeht. Ihre häufigsten Ursachen sind der Katzenleukose-Komplex, FIP, Toxoplasmose und systemische Mykosen, wobei die ersten drei die häufigsten sind [84 b, 89, 90]. Die durch Katzenleukose und FIP bedingten Entzündungserscheinungen der vorderen Augenabschnitte lassen sich nicht unterscheiden. Wie bei anderen Manifestationen der Leukose sind nicht alle Katzen virämisch. Die Erscheinungen am Auge können sowohl bei anscheinend gesunden als auch bei offensichtlich kranken Katzen auftreten. Bei sorgfältiger Untersuchung mag man Veränderungen finden, die der Besitzer noch nicht bemerkt hat, aber viele Katzen sind offensichtlich gesund (Abb. 65). Aber auch diese Gruppe wird systemische Symptome entwickeln und nach 3–6 Monaten sterben. Bei einer neueren Untersuchung fand man bei 16 % der Uveitis-Fälle Hornhautpräzipitate und davon waren 87 % serologisch positiv für Toxoplasma gondii [84 b].

Nichtgranulomatöse Uveitis anterior

Die Ursachen für eine nichtgranulomatöse Uveitis anterior sind gewöhnlich verborgener und wurden bisher in bezug auf ihre Ätiologie häufig nicht erkannt. Meist geht man davon aus, daß sie Manifestationen einer Systemerkrankung sind, da sie beidseitig auftreten und oberflächliche Erkrankungen der Augen fehlen. Häufig ist der Zusammenhang kaum erkennbar, wenn man sich auf serologische Tests verläßt. Örtliche Infektionen irgendwo im Körper (Zähne, Sinus, Analbeutel, Wunden) werden üblicherweise als Quellen für Bakterientoxine angesehen, aber nur sehr selten kann der Kliniker hier einen Zusammenhang sehen. Virusinfekte, Allergie, Toxoplasmose und von der Linse ausgehende Entzündungen sind einige der zu berücksichtigenden Ursachen. Gelegentlich haben wir das Auftreten einer Uveitis anterior nach Versprühen von Aerosolen gesehen. Die Unterscheidung von granulomatöser und nichtgranulomatöser Uveitis ist ziemlich willkürlich und verschwommen (Abb. 56). Ich habe bei zahlreichen Gelegenheiten beobachtet, wie sich eine akute fibrinöse Reaktion in eine typische granulomatöse Reaktion mit „Hammelfett"-Präzipitaten umwandelte. Bei einer Untersuchung von 158 Katzenaugen mit Uveitis handelte es sich bei 46 Fällen (29 %) um eine lympho-plasmazelluläre Entzündung der vorderen Uvea. Infektiöse Ursachen waren nicht ersichtlich, der Zustand war meist beidseitig, das Durchschnittsalter lag bei 7,4 Jahren, es bestand weder eine Rasse- noch eine Geschlechtsprädisposition. Zwei Katzen waren serologisch toxoplasmosepositiv aber FeLV- und FIP-negativ. Seltener bestand eine lymphozytäre und plasmazelluläre noduläre Uveitis bei etwas älteren Katzen (8,8 Jahre), sie war meist einseitig. Die übrigen Fälle verteilen sich wie folgt: 22 % FIP, 21 % Lymphosarkom, 10 % Traumen oder Folgen von Keratitis, 8 % Folgen einer systemischen Mykose. Diese Untersuchung umfaßt schwerste Formen von Uveitis, an denen die Katzen entweder starben oder so folgenschwere Veränderungen hatten, daß die Augen enukleiert werden mußten [90 a].

Bei einer anderen Studie von 53 Katzen mit nichttraumatischer Uveitis hielt man 37 (70 %) für idiopathisch und 9 (17 %) für FeLV/Lymphosarkombedingt. In einem Fall bestand FIP und Toxoplasmose. Die idiopathische Form war chronisch (über 200 Tage) ohne systemische Erkrankung. Es handelte sich um ältere Tiere (im Durchschnitt 9,3 Jahre). In 32 % der Fälle trat sie bilateral auf, häufiger beim männlichen Geschlecht (4,3:1). In 36 % der Fälle wurde eine Enukleation vorgenommen. Charakteristisch war bei diesen idiopathischen Fällen eine lymphozytäre und plasmazelluläre Infiltration der Uvea anterior. 20 Serumproben von Katzen mit idiopathischer Uveitis wurden nachträglich auf FIV untersucht. 21 % davon waren positiv [90 b]. Aus den erwähnten Untersuchungen geht hervor, daß histopathologische Untersuchungen nicht in jedem Fall die Ätiologie einer chronischen nichtgranulomatösen Uveitis erklären können. Serologische Untersuchungen von Uveitis-Patienten werfen verschiedene Fragen auf. Von 124 Katzen hatten 83 % einen positiven Titer. Bei dieser Reihe waren die meisten (74 %) toxoplasmosepositiv (T. gondii). (Gesunde Katzen haben zu 54 % einen positiven Titer.) 13 % zeigten positive FIV-Titer, 12 % FeLV- und 6 % FIP-Titer. 17 % waren serologisch negativ [90 c]. Eine andere Untersuchungsreihe des gleichen Labors ergab 90 % positive Titer bei Uveitis-Patienten (79 % T. gondii, 23 % FIV, 6 % FeLV und 27 % FIP) [84 b].

Wie früher schon erwähnt, kann das FIV-Virus bei einer Uveitis anterior vorkommen. Die Augensymptome bestehen aus einer Uveitis anterior, einem Glaukom und einer Entzündung der Pars plana des Ziliarkörpers. Die Entzündung ist meist sehr leicht, chronisch und charakterisiert durch eine Rötung des Kammerwassers, periphere Hyperämie der Iris, hintere Synechie, vordere subkapsuläre Linsentrübungen und Hypotonie des Bulbus. Vom sogenannten „Pars-planitis-Syndrom“ spricht man beim Vorliegen von weißen, zelligen Infiltraten, die oft mit dem peripheren vorderen Glaskörper verschmelzen [90 d].

Welche Rolle Toxoplasma gondii bei der Uveitis anterior spielt, ist nicht bekannt. Das Vorhandensein von Elisa-Tests auf Toxoplasma-Antigen und Katzen-Toxoplasma-gondii-IgG und -IgM führte dazu die Rolle der Toxoplasmose bei der Uveitis zu überdenken [90 e, 90 f]. Während 74–79 % der Katzen mit einer Uveitis anterior serologische Anzeichen für eine Toxoplasma-gondii-Infektion zeigten, konnten in den wegen eines Sekundärglaukoms enukleierten Bulbi keine Erreger nachgewiesen werden. Kürzlich wurde bestätigt, daß bei Katzen, die an histologisch gesicherter Toxoplasmose gestorben waren, eine Augenbeteiligung vorlag. Diese Untersuchung umfaßt 100 Fälle über einen Zeitraum von 38 Jahren. Die Augen von 27 Katzen standen zur Untersuchung zur Verfügung. Davon zeigten 22 eine intraokuläre Entzündung. Bei 10 Katzen wurde Toxoplasma gondii histologisch nachgewiesen [90 g]. Eine multifokale Iridozyklochorioiditis war die häufigste Veränderung. Eine histologische Sicherung von Toxoplasmose mit letalem Ausgang ist weitaus seltener als die Serologie dies erwarten ließe. Der genaue Zusammenhang zwischen Toxoplasma gondii und Uveitis ist nicht bekannt. Als indirekten Beweis für die Beteiligung von Toxplasma gondii an der Uveitis wird die erfolgreiche Anwendung von Clindamycin angesehen. Clindamycin (25 mg/kg) allein oder zusammen mit Glukokortikoiden war wirksamer als Glukokortikoide allein [84 b].

Diagnose und Therapie: Eine gründliche Anamnese und eingehende Allgemeinuntersuchung sollte durchgeführt werden, um zu einer definitiven Diagnose zu kommen.Da eine beidseitige Uveitis häufig die Manifestation einer Systemerkrankung mit schlechter Prognose ist, sollte man so viele Untersuchungsergebnisse wie möglich zusammentragen. Ein vollständiger Blutstatus, Gesamtprotein, Toxoplasmose-Titer, FIV-Titer und Leukosetest sollten als erstes bestimmt werden. Bei der Toxoplasmosediagnostik sollte man beachten, daß der Latex-Test und die indirekte Haemagglutination nicht so empfindlich und spezifisch sind, wie die Elisa-Technik, um Toxoplasma-gondii-IgG und -IgM nachzuweisen [90 h]. Ein IgM- und IgG-Antikörpertiter von 1:64 oder höher ist als positiv zu bewerten. IgM-Titer sind der Beweis für eine aktive, akute Infektion. Eine Parazentese der Vorderkammer kann man durchführen, aber man erhält dadurch im allgemeinen keinen ätiologischen Hinweis [90 d]. Zusätzliche Tests auf systemische Mykosen können durchgeführt werden, wenn die zuvor erwähnten Untersuchungen keine Diagnose erbracht haben. Nicht alle Katzen mit Augenerscheinungen des Leukosekomplexes sind virämisch, deshalb schließt ein negativer Test eine Leukose nicht aus. Gesund erscheinende Katzen sollten trotz der Möglichkeit einer systemischen Erkrankung behandelt werden, wenn keine Ansteckungsgefahr für weitere Tiere besteht. Bei frühzeitiger Behandlung mit topischen Kortikosteroiden und Atropin kommt es häufig zu einem überraschend guten Erfolg und die Sehkraft kann meist erhalten werden. Beginnt die Behandlung erst nach dem Auftreten ausgedehnter Synechien, kann der intraokuläre Druck steigen und eine Glaukombehandlung wird erforderlich. Eine Clindamycin-HCl-Behandlung (25 mg/kg in 2 Gaben) über 14–21 Tage ist meist indiziert und sollte serologisch kontrolliert werden.

Systemische Mykosen werden systemisch mit Amphotericin-B behandelt. Wenn man annimmt, daß das Auge seine Sehkraft verloren hat, kann eine intraokuläre Injektion mit Amphotericin-B vorgenommen werden. Beim sehenden Auge muß die Dosierung wegen der Toxizität dieses Antibiotikums für die Retina sehr vorsichtig erfolgen. Eine Injektion in den Glaskörper von 5 µg bezeichnet ein Untersucher als nichttoxisch, während ein anderer schon 1 µg als toxisch bezeichnet [91, 92]. Einige Kliniker empfehlen die Enukleierung eines infizierten Bulbus, um damit den Infektionsherd zu entfernen, zumal im Auge sowieso keine therapeutischen Amphotericin-B-Spiegel zu erreichen sind.

Eine exogene Uveitis ist meist einseitig. Sie kann sowohl durch ein stumpfes, nicht perforierendes Trauma als auch durch ein perforierendes hervorgerufen werden. Hinweise auf ein stumpfes Trauma können sich durch die Vorgeschichte und die Art der begleitenden Verletzungen ergeben. Diese Form ist steril und spricht im allgemeinen gut auf topische Kortikosteroide und Mydriatika an. Epitheldefekte der Kornea sollten vor der Behandlung mit Kortikosteroiden ausgeschlossen werden. Perforierende Verletzungen kann man an einer deutlich abgegrenzten Trübung durch die ganze Dicke der Kornea oder an einem Irisprolaps erkennen. Eine Kammerwasserpunktion (Aquazentese) zwecks bakteriologischer und zytologischer Untersuchungen ist bei Augen mit mäßiger bis heftiger Reaktion angezeigt. Vermutet man eine Sepsis, sollte man bei dieser Gelegenheit 400–500 µg Gentamicin oder Amikacin (Biklin®) in den Glaskörper injizieren. Bei einer bakteriellen Sepsis findet man bei zytologischer Untersuchung Neutrophile, die meist eine toxische Granulierung aufweisen und oft phagozytierte Bakterien enthalten. Zusätzlich zum intraokulär applizierten Antibiotikum sollte man dieses auch subkonjunktival injizieren oder sehr häufig (stündlich) ein bakterizides Antibiotikum einträufeln. Wird eine Panophthalmie vermutet, muß ein systemisches Antibiotikum gegeben werden. Perforierende Schußverletzungen bewirken im allgemeinen eine sterile Entzündung, die mit Antibiotika und Kortikosteroiden behandelt werden kann. Wurde jedoch die Linsenkapsel verletzt, muß die Linse entfernt werden, um eine spätere immunbedingte Uveitis zu verhindern. Entwickelt sich eine Phakoanaphylaxie, findet sich in der Vorgeschichte eine perforierende Verletzung, die sich zunächst besserte, dann aber durch eine deutliche Verschlimmerung der Entzündung gekennzeichnet ist. Eine Aquazentese ergibt sterile Flüssigkeit mit zahlreichen gesunden Neutrophilen und Makrophagen. Da die Phakoanaphylaxie typischerweise eine überschießende, sehr schmerzhafte Panophthalmie ist, gefolgt von einem Glaukom, und auf konservative Therapie nicht anspricht, kommt nur die Enukleation als Therapie in Frage.

Dysautonomie (Key-Gaskell-Syndrom)

Eine generalisierte Dysautonomie unbekannter Ursache kann bei Katzen beobachtet werden. Meist kommt dieses Syndrom bei Katzen in England vor, aber es ist nicht geographisch auf die Britischen Inseln begrenzt.

Am Auge bestehen folgende Symptome: beidseitige Mydriasis, Nickhautvorfall und Tränenmangel. Systemische Symptome sind eine trockene Maulhöhle, Vomitus, Obstipation, Blasendilatation und eine unbeeinflußbare Herzfrequenz. Kachexie und Pneumonie sind die Folgen einer Fehlfunktion des Verdauungstraktes [93–96].

Durch die Anwendung künstlicher Tränen und direkt wirkender Parasympathomimetika zur Stimulierung der Tränensekretion soll der Tränenfilm verbessert oder erhalten werden. Cyclosporin kann lokal zur Förderung des Tränenflusses eingesetzt werden.

Uvea posterior und Retina

Kongenitale Anomalien

Die häufigste angeborene Anomalie der Chorioidea ist das Kolobom. Es fällt als eine blasse Zone, die sich am hinteren Pol des Bulbus befindet, auf und und kann auch den Sehnervenkopf miteinbeziehen [5]. Die blasse Zone ist die Sklera, die sichtbar wird, da sich an dieser Stelle kein Chorioidea-Pigment, keine Blutgefäße und kein Tapetum befinden (Abb. 66). Gelegentlich sieht man ein zilioretinales Gefäß vom Kolobom ausgehen. Kolobome sind klinisch kaum bedeutsam, sollten aber von erworbenen Narben unterschieden werden.

Uveitis posterior

Das über Art und Ätiologie der Uveitis anterior Gesagte gilt auch für die Chorioidea. Meist kommen

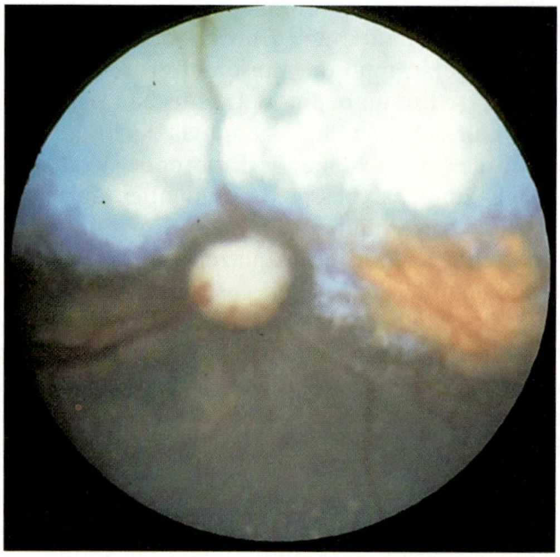

Abb. 66: Chorioidea- und Retina-Kolobom, sichtbar als eine weiße Zone freiliegender Sklera unmittelbar an der Papille.

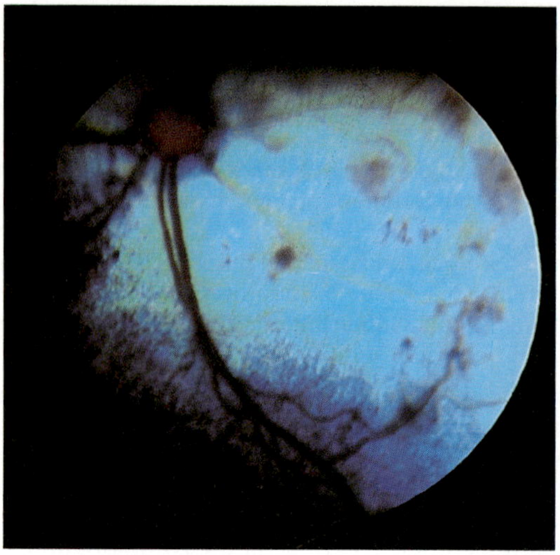

Abb. 67: Multifokale, chorioretinale Veränderungen bei Toxoplasmose. Leichte neurologische Veränderungen waren vorhanden. Die Katze schied vorübergehend Oozysten aus. Der Sabin-Feldmann-Titer stieg an; die Krankheit heilte ohne Behandlung aus. Aus den chorioretinalen Veränderungen entstanden hyperreflektive Narben.

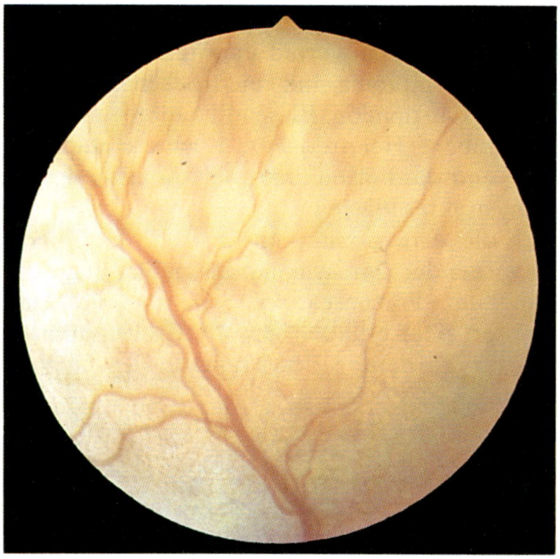

Abb. 68: Akute Chorioretinitis bei einer Katze mit FIP. Das Tapetum lucidum links des Gefäßes hat Feinzeichnung und normale Farbe durch entzündliches Ödem und Blutungen verloren.

Entzündungen des vorderen und hinteren Teiles der Uvea gleichzeitig vor. Die Veränderungen des hinteren Augenabschnittes sind dann jedoch wegen der Veränderungen des vorderen Abschnittes schwierig zu beurteilen, da letztere eine Fundusbeurteilung nahezu unmöglich machen. Oft kommt eine isolierte Erkrankung der Chorioidea nicht zur Vorstellung, bis Blindheit daraus entstanden ist, oder sie wird diagnostiziert, wenn aus anderen Gründen eine Untersuchung des Auges durchgeführt wird. Aufgrund ihrer Lage ist die Retina oft in das Entzündungsgeschehen an der Chorioidea mit einbezogen. Es entsteht dann eine Chorioretinitis.

Im Hinblick auf Prognose, Therapie und Korrelation mit anderen systemischen Krankheiten ist es wichtig, frische Verletzungen von Narben zu unterscheiden. Akute chorioretinale Schäden sind durch eine Trübung oder das Fehlen scharfer Umrisse charakterisiert. Der Rand der Läsion stellt sich undeutlich dar, und die Details der Tapetumstruktur sind verlorengegangen. Eine Trübung des ganzen Glaskörpers kann vorhanden sein, oder es ist nur die Stelle getrübt, die der Läsion nahe liegt. Wenn die Entzündung nachläßt, demarkieren sich die Ränder schärfer und die Läsion ist deutlich erkennbar. Im Bereich des Tapetum nigrum sind auffallend depigmentierte Bezirke typisch für Narben. Pigmentanhäufungen peripher und/oder zentral inmitten der Läsion sind häufig. Die Narben auf dem Tapetum sind scharf demarkierte Gebiete, die abhängig vom einfallenden Licht hyperreflektiv oder stumpf erscheinen. Farbänderungen und Anhäufung von Pigment sind oft anzutreffen. Die Diagnose granulomatöse bzw. nichtgranulomatöse Chorioiditis ist eine rein pathologisch-anatomische Diagnose; klinisch basiert sie auf der Beobachtung von raumfordernden Läsionen, die die Retinagefäße anheben und verdrängen. Die Ursachen dafür entsprechen denen für

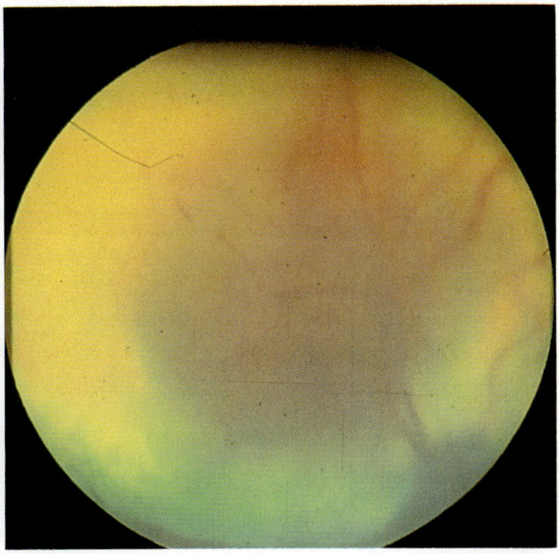

Abb. 69: Über der Papille befindet sich ein großes graues Granulom im Tapetum lucidum, verursacht durch Cryptococcus spec.

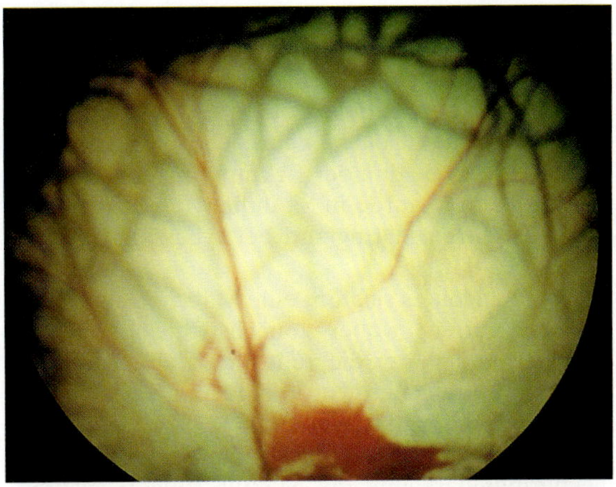

Abb. 69 a: Ophthalmomyasis interna. Man beachte die gewundenen Gänge im Tapetum durch eine wandernde Fliegenlarve. Die frische Blutung über der Papille weist auf ein akutes Geschehen hin.

die Iridozyklitis, z. B. Kryptokokkose, Toxoplasmose, Histoplasmose, Blastomykose und FIP. Diese Veränderungen sind meist beidseitig (Abb. 67, 68, 69). [89, 90, 97–102]. Ophthalmomyasis ist eine besondere Form einer Chorioretinitis durch verirrte Fliegenlarven. Man erkennt sie, selbst wenn auch die Larven nicht mehr sichtbar sind, an den gewundenen Wanderspuren mit dunklen Pigmentklumpen, die über den Fundus verteilt sind. In akuten Fällen kann man auch die Larven sehen, häufiger findet man zufällig die Narben ohne Larven (Abb. 69 a) [102 a, 102 b].

Diagnose und Therapie: Nur bei Patienten mit einer frischen Chorioretinitis sind diagnostische Maßnahmen erforderlich. Die individuellen Fundusveränderungen sind selten so spezifisch in ihrem Aussehen, daß daraus eine ätiologische Diagnose möglich ist. Die Veränderungen an Chorioidea und Retina sind Teil einer systemischen Erkrankung. Daher ist eine allgemeine Anamnese, Untersuchung und Testung angezeigt, um die Ursachen zu ergründen. Ergibt sich daraus keine Diagnose, kann eine Glaskörperparazentese angezeigt sein. Ich wende diese Untersuchung nur in schweren Fällen an, um ein noch sehendes Auge nicht zu gefährden. Unter Allgemeinanästhesie oder tiefer Sedation wird eine kurze, sehr dünne Kanüle etwa 6 mm hinter dem temporalen Limbus in Richtung auf das Zentrum der Glaskörperhöhle eingeführt und die Aspiration versucht (Abb. 15). Erhält man keine Flüssigkeit, versucht man es mit einer etwas dickeren Kanüle. Die häufigste Komplikation dabei ist eine Blutung.

Eine Behandlung sollte man nur bei akuten Fällen versuchen. Sie wird bestimmt durch den Allgemeinzustand. Die Therapie ist auf die Behandlung der Uvea posterior gerichtet und erfolgt meist systemisch, intravitreal und gelegentlich durch retrobulbäre Injektionen. Die Anwendung von Kortikosteroiden ist meist kontraindiziert, da die granulomatöse Form meist infektiöser Ursache ist. Die mykotische Chorioretinitis wird im allgemeinen systemisch mit Amphotericin-B behandelt. Sie kann aber auch durch Injektionen von 1–5 μg Amphotericin-B direkt in die Glaskörperhöhle unterstützt werden. Toxoplasmose kann eine vorübergehende Krankheit mit Spontanheilung der Chorioretinitis sein.

Nichtentzündliche Retinaerkrankungen

Das Panleukopenievirus verursacht vermutlich an der sich entwickelnden Retina örtlich begrenzte Gebiete mit einer Retinadysplasie und Atrophie [103, 104]. Die Veränderungen am Tapetum lucidum stellen sich als scharf demarkierte Zonen mit gesteigerter Reflexion und veränderter Farbe dar, während das Tapetum nigrum herdförmige Bezirke mit Pigmentverlust zeigt. Die Veränderungen an der Retina können gleichzeitig mit cerebellärer Hypoplasie bei jungen Kätzchen bestehen. Sie werden durch intrauterine oder frühe neonatale Infektionen verursacht. Klinische Anzeichen, die auf das Auge hinweisen, sind im allgemeinen nicht vorhanden.

Erbliche Retinadegeneration

Erbliche Retinadegenerationen sind bei der Katze selten, ausgenommen bei Abessiniern in Skandinavien und England. Eine Photorezeptor-Dysplasie mit darauffolgender Degeneration wurde bei sehr jungen Perserkatzen, kurzhaarigen Hauskatzen und Abessinierkatzen beobachtet. Im Alter von 6 Wochen bis 4 Monaten entwickelte sich völlige Blindheit [105, 108]. Ein Beginn der Erkrankung erst im Alter von 1–2 Jahren wurde in Skandinavien und mit ungefähr 6 Jahren in England bei Abessiniern beobachtet [109–112].

Hierbei handelt es sich um eine Stäbchen- und Zapfendegeneration, wobei zunächst die peripheren Stäbchen und später die zentralen Zapfen befallen werden. In Schweden wurde dafür ein einfacher rezessiver Erbgang nachgewiesen [113]. Die Augenveränderungen sind beidseitig. Zunächst erscheinen die peripapilläre und die Makula-Region gesprenkelt, später ist das gesamte Tapetum lucidum verändert. Graue Depigmentierung wechselt mit Hyperreflexie des Tapetums je nach Einfallswinkel des Untersuchungslichtes. Die Retinagefäße werden immer dünner und verschwinden schließlich völlig (vgl. Taurinmangel). Im Tapetum nigrum können sowohl Pigmentanhäufungen als auch Depigmentierungen gesehen werden.

Die angeborene Retinadegeneration kann ähnlich wie erworbene Formen dieser Erkrankung aussehen (Taurin-Mangel, Glaukom und Trauma).

Ernährungsbedingte Retinadegeneration

Es ist seit 1965 bekannt, daß ein halb aufbereitetes Futter, das Casein als einzige Proteinquelle enthält, Retinadegeneration auslösen kann. Die verantwortlichen Faktoren sind nicht bekannt [114]. Es wurde nachgewiesen, daß es dieser Nahrung an Taurin, einer schwefelhaltigen, für die meisten Tierarten nicht essentiellen Aminosäure, mangelt. Taurin findet sich in hoher Konzentration in der Schicht der Photorezeptoren. Die Katze ist offensichtlich nicht in der Lage, genügend Taurin aus seinen Vorstufen Methionin oder Zystein zu synthetisieren. Etwa 10–45 Wochen nach einer Taurin-Mangeldiät ent-

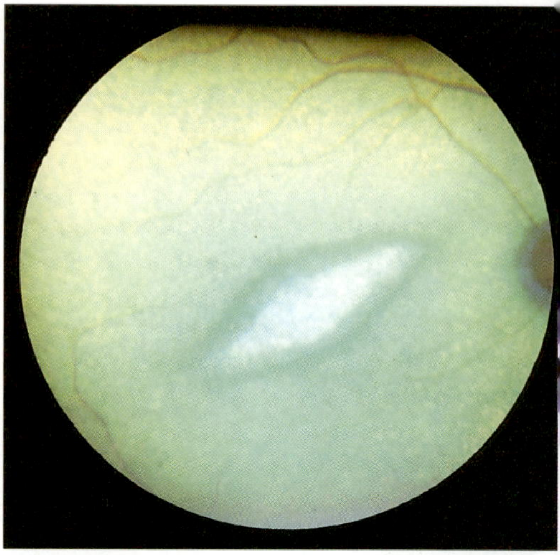

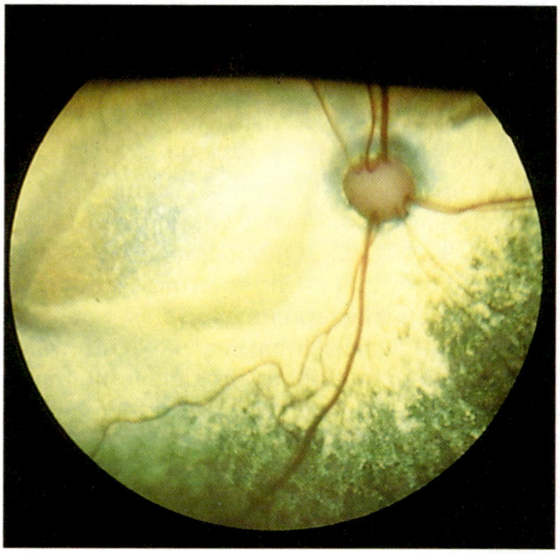

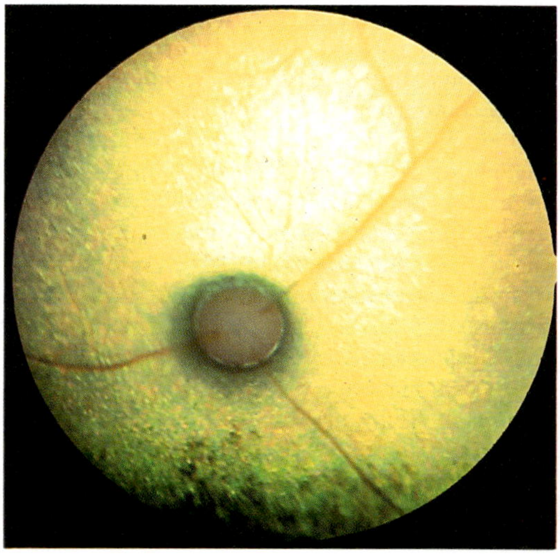

Abb. 70: Beginnende Makula-Veränderungen bei Taurin-Mangel. Die Veränderung betrifft beide Augen.

Abb. 71: Bandförmige Zone mit gesteigerter Reflexion im Bereich zwischen Makula und Papille. Beidseitig beobachtet bei noch nicht lange bestehendem Taurin-Mangel.

Abb. 72: Fortgeschrittene Retina-Atrophie bei Taurin-Mangel. Ausgeprägter Gefäßschwund bis auf die Hauptgefäße. Deutliche Steigerung der Fundusreflexion, beidseitig.

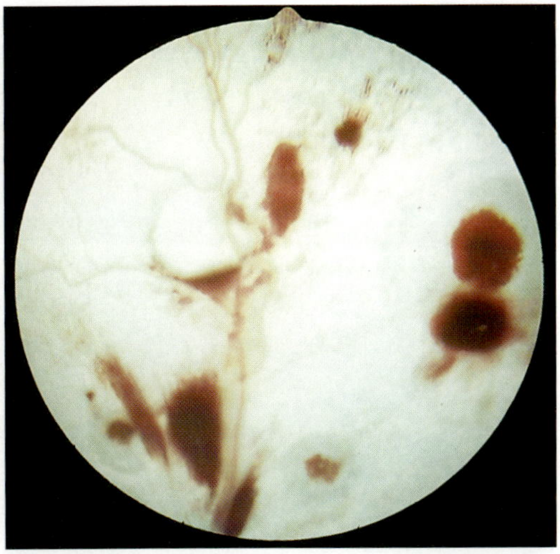

Abb. 73: Multiple Retinablutungen bei Leukose mit aplastischer Anämie. Man beachte die blassen Retinagefäße, die auf die Anämie hinweisen. Ausgedehnte flächenhafte, streifenförmige und punktförmige Blutungen sind sichtbar.

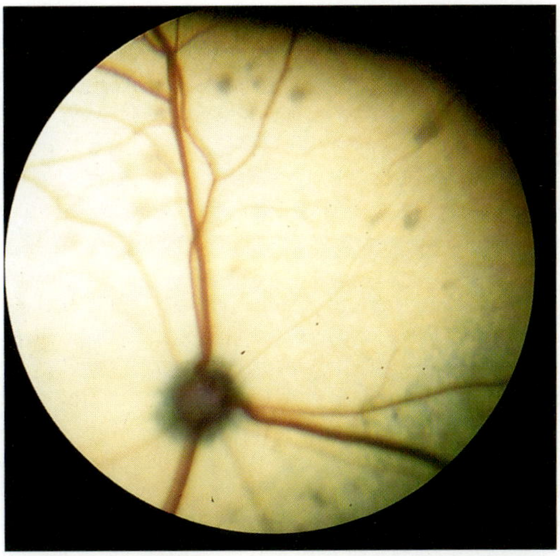

Abb. 74: Multifokale graue Infiltrate bei einer Katze mit Leukose der Mesenteriallymphknoten. Während der systemischen Chemotherapie bildeten sich die Infiltrate schnell zurück.

wickeln sich bei jungen Kätzchen Retinaveränderungen. Ältere Katzen scheinen weniger empfindlich zu sein und benötigen 11 Monate, um erste Veränderungen zu zeigen [115–117]. Die ersten Retinaveränderungen erscheinen als zunehmende Granulierung der Makula-Region. Daraus entsteht eine ovale Zone mit gesteigerter Reflexion, die von einem dunklen Rand umgeben ist. Beim weiteren Fortschreiten erfaßt die Veränderung die gesamte Zone der höchsten Zapfendichte und breitet sich zu einem Band über die Papille aus. Evtl. entsteht eine generalisierte Hyperreflexion des gesamten Tapetum lucidum. Mit Fortschreiten der Veränderung werden die Gefäße dünner. Die Krankheit tritt beidseitig auf (Abb. 70, 71, 72).

Klinische Syndrome mit örtlich begrenzten Makulaveränderungen und generalisierter Retinaatrophie wurden für selbständige Krankheiten gehalten [118–120]. Man kann die verschiedenen klinischen Syndrome der Makula-Degeneration und generalisierten Retinaatrophie als unterschiedliche Stadien eines Taurin-Mangels ansehen. Viele handelsübliche Hundefuttermittel enthielten wenig Taurin. Eine Studie in Haushalten mit mehreren Katzen, die nicht miteinander verwandt waren, ergab eine hohe Rate von Retinadegenerationen, wenn die Katzen mit Hundefutter ernährt wurden [121]. Durch Taurinzusatz zur Nahrung läßt sich ein Ausbreiten der Makula-Degeneration verhindern, jedoch gibt es keine Therapie für die fortgeschrittenen Degenerationen.

Retinaveränderungen bei kardiovaskulären Erkrankungen

Der Augenhintergrund ist häufig bei Erkrankungen, die alle oder einzelne Bestandteile des Blutes und der Blutgefäße betreffen, beteiligt.

Anämie und Thrombozytopenie: Blutungen treten häufig als Manifestation einer schweren Anämie wie bei der Hämobartonellose, dem FeLV-Komplex und bei Thrombozytopenien auf. Wenn der Hämatokrit auf 5–7 % fällt, treten Blutungen häufig und unabhängig von einer gleichzeitig bestehenden Thrombozytopenie auf. Außerdem sind die Retinagefäße bei einer Anämie sehr blaß und eine diffuse matte Sprenkelung des Tapetums kann auftreten. Dies ist Ausdruck einer unspezifischen „toxischen" Veränderung, die man bei einer Reihe systemisch erkrankter Katzen findet. Die Blutungen können präretinal (hellrot und groß), in der Nervenfaserschicht (flache streifenförmige Blutungen) und intraretinal (punktförmige rote Flecke) liegen (Abb. 73). Letztere Form ist die häufigste. Kleinere Blutungen verschwinden meist schnell und vollständig durch eine Transfusion. Kleine reflektierende Flecke können noch für eine kurze Zeit nach dem Rückgang der Blutung beobachtet werden. Manchmal bleiben permanente Störungen des Pigments zurück.

Polyglobulie: Auch eine absolute Vermehrung der Erythrozyten bewirkt Veränderungen an den Retinagefäßen. Bei einer erheblichen Erhöhung des Hämatokrits müssen sich die Retinagefäße durch Er-

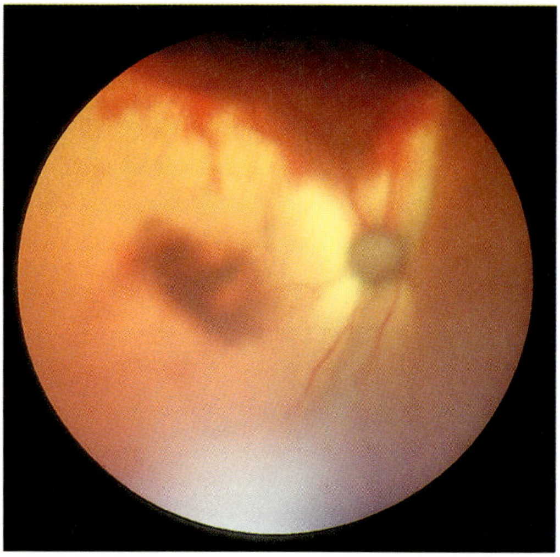

Abb. 75: Retinablutungen und eine partielle transsudative Netzhautablösung bei einer älteren Katze mit Bluthochdruck und einem Nierenschaden.

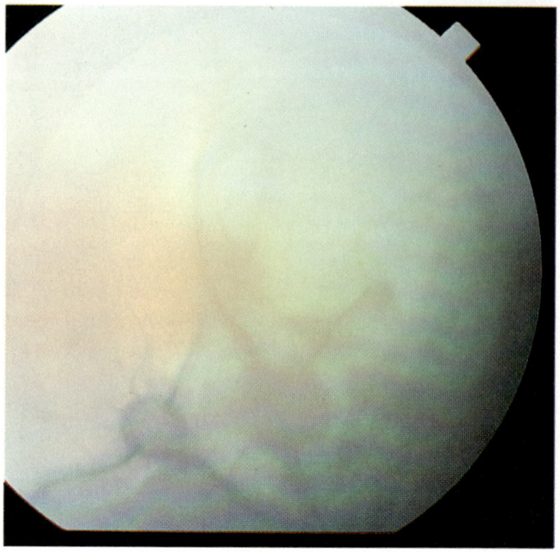

Abb. 76: Fast totale transsudative Netzhautablösung bei einer Katze mit einem systolischen Blutdruck von 220 mm Hg und einem diastolischen Blutdruck von 180 mm Hg.

weiterung und Verlängerung anpassen. Es ergeben sich geschlängelte Gefäße, die dunkler sind. Retina- und Glaskörperblutungen können auftreten [122]. Diagnose und Therapie basieren auf der systemischen Grundkrankheit.

Tumoren des lymphatischen Systems

Neubildungen des lymphatischen Systems können auch am Fundus Veränderungen hervorrufen, wie z. B. Retinablutungen. Herdförmige und diffuse Infiltrate und Netzhautablösungen können sich entwickeln (Abb. 74). Monoklonale Gammopathien können zu einem Hyperviskositäts-Syndrom mit Blutungen, Gefäßschlängelungen und Retinazysten führen. Die Diagnose stützt sich auf klinisch-pathologische Daten. Die Therapie ist auf das Grundleiden gerichtet.

Bluthochdruck: Häufig weisen erst Veränderungen am Auge auf dieses klinische Syndrom hin. Bei der Katze sind meist Nierenerkrankungen die Ursache einer Hypertonie. Man findet folgende Fundusveränderungen: Retina- und Glaskörperblutungen, erweiterte und stark gewundene Gefäße, Papillenödem, Retinaödem und punktförmige oder generalisierte Netzhautablösungen (Abb. 75, 76). Anzeichen im vorderen Augenabschnitt sind Hyphaema, Uveitis anterior und Glaukom. Die Diagnose wird durch wiederholte unblutige Blutdruckmessungen abgesichert. Eine erfolgreiche Therapie des Hochdrucks kann die Netzhautablösungen beseitigen, trotzdem kommt es häufig zu einer Netzhautatrophie [123].

Traumatisch bedingte Retinadegeneration

In allen Fällen eines traumatischen Prolapses des Augapfels sollte aus prognostischen Gründen eine Untersuchung des Fundus erfolgen. Da ein sehr heftiges Trauma erforderlich ist, um den Augapfel einer Katze zu prolabieren, kommt es meist zu einem Abriß des N. opticus und/oder der kurzen Ziliararterien, was wiederum zu einer generalisierten Retina-Atrophie führt. Stumpfe Traumen können zu einer punktförmigen Netzhautablösung führen. Perforierende Verletzungen ziehen Glaskörperblutungen, offene Wunden und punktförmige oder diffuse Ablösungen nach sich.

Retinaablösung

Ausgebreitete Netzhautablösungen verschiedener Grade sind bei der Katze häufig. Sie können spontan abheilen. Da sie jedoch häufig mit einer Allgemeinerkrankung in Zusammenhang stehen, ist eine gründliche Untersuchung erforderlich. Allgemeinerkrankungen, die differentialdiagnostisch in Frage kommen, sind systemische Mykosen, FIP, der FeLV-Komplex, Toxoplasmose, Bluthochdruck, Ethylen-Glykol-Vergiftung und Periarteriitis nodosa (Abb. 76) [124].

Nach der Wiederanheftung ausgedehnter Netzhautablösungen können Falten in der Netzhaut bestehen bleiben. Sie erscheinen als kurze, leicht gebogene Linien, die im Tapetum lucidum dunkler und im Tapetum nigrum weniger pigmentiert als der Hintergrund sind (Abb. 77) [125].

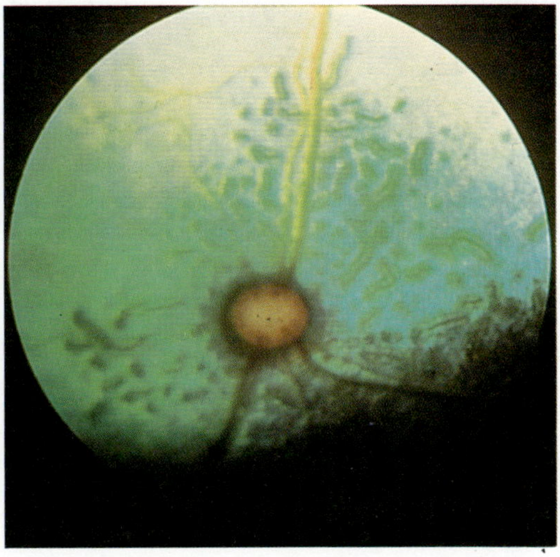

Abb. 77: Multiple krummlinige Retinafalten, die sich nach einer exsudativen oder transsudativen herdförmigen Netzhautablösung entwickelten.

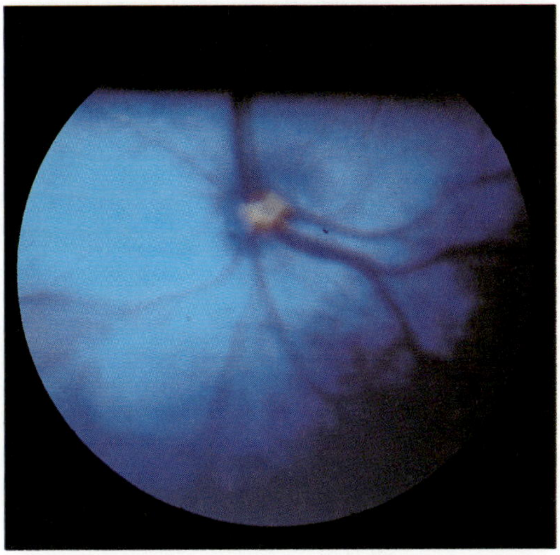

Abb. 78: Hypoplasie des N. opticus bei einem Katzenwelpen. Auffallend sind das blaue unreife Tapetum mit einer gesprenkelten, wahrscheinlich dysplastischen Zone und einer extrem kleinen Papilla optica. Der Welpe hatte außerdem eine Kleinhirn-Atrophie durch eine Panleukopenie.

Nervus opticus

Aplasie und Hypoplasie des Nervus opticus

Selten findet man ein- oder beidseitig ein vollständiges Fehlen oder eine unvollständige Ausbildung des Sehnerven. Klinisch manifestieren sich Aplasie und Hypoplasie bei beidseitigem Vorkommen als Blindheit mit dilatierten Pupillen. Ist nur eine Seite erkrankt, fehlt der Pupillarreflex. Bei der Fundusuntersuchung findet man nur eine sehr kleine Papille, oder sie fehlt vollständig. Die Ursache ist meist unbekannt, jedoch wird eine intrauterine Infektion mit dem Panleukopenievirus damit in Verbindung gebracht (Abb. 78) [126]. Es gibt keine Therapie.

Neuritis des Nervus opticus

Eine Entzündung des Sehnerven beruht bei der Katze meist auf der Ausweitung von Entzündungen benachbarter Gebiete wie Retina, Augenhöhle oder Gehirn. Als Ätiologie einer Neuritis des N. opticus können eine Chorioretinitis aufgrund einer Toxoplasmose, das Übergreifen einer Kryptokokkeninfektion auf die Retina, Augenhöhle und Stirnhöhle und die FIP in Frage kommen. Gelegentlich erblinden Katzen nach einer Erkrankung des Respirationsapparates ohne Veränderungen von ERG und Fundus. Hier wird das Herpesvirus als Ursache für die Neuritis vermutet. Die Therapie richtet sich auf die systemische Erkrankung.

Abriß des Nervus opticus

Abriß des N. opticus ist häufig die Folge eines Bulbusvorfalles. Der Glanz des Tapetum lucidum verstärkt sich, während die Retina atrophiert und die Blutgefäße leer erscheinen. Verschiedene Grade einer Ophthalmoplegie können einen Sehnervenabriß begleiten. Sie weisen auf eine Schädigung des N. oculomotorius hin. Es gibt keine Therapie. Beim Enukleieren eines Katzenauges sollte man besonders vorsichtig vorgehen und starken Zug auf den Sehnerven vermeiden. Als seltene Komplikation wurde eine akute Erblindung des anderen Auges beobachtet. Man vermutete eine Schädigung des Chiasma opticum.

Neubildungen

Neubildungen am Auge lassen sich einteilen in primäre Neubildungen, die von dem Gewebe im Augapfel, oder sekundäre Neubildungen, die von angrenzenden oder weiter entfernt liegenden Strukturen ihren Ursprung nehmen. Die häufigste Neubildung am Auge der Katze ist das Lymphosarkom. Der häufigste Primärtumor ist das bösartige Melanom der Uvea anterior (Iris und Ziliarkörper).

Die Mitbeteiligung der Augen beim Lymphosarkom wurde bei der Uvea anterior und posterior miterwähnt. Diese ist häufig beidseitig und kann früher auftreten als offensichtlich systemische Krankheitszeichen. Sie kann diese begleiten und chronisch ver-

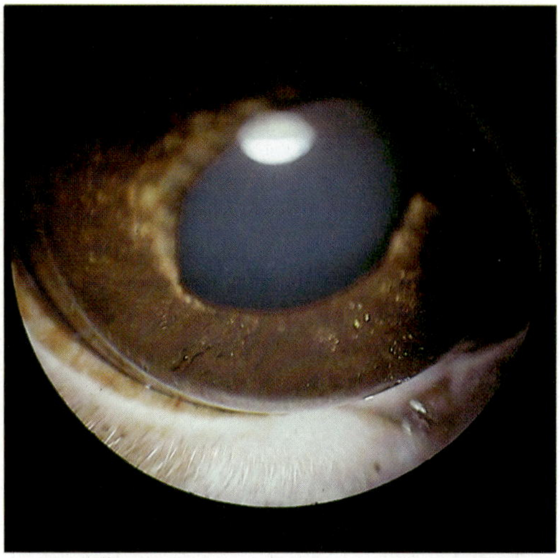

Abb. 79: Diffuses Iris-Melanom. Die langsame Entwicklung führt meist zu einem Sekundär-Glaukom.

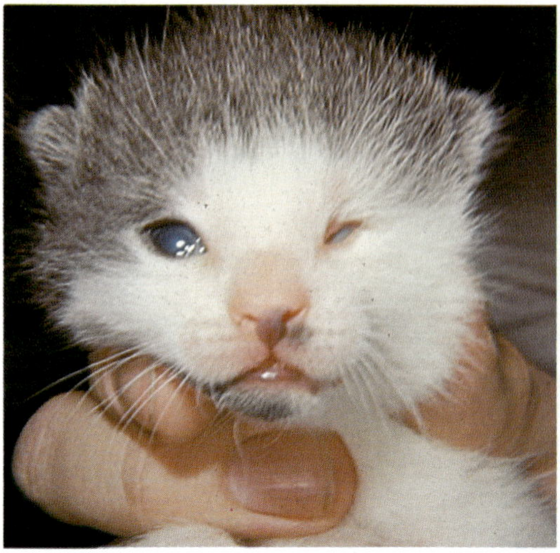

Abb. 80: Einseitiger Mikrophthalmus unbekannter Genese.

laufen. Bei einer Leukoseerkrankung der Katze werden die verschiedensten Augenveränderungen beobachtet, wie granulomatöse Uveitis anterior, Sekundärglaukom, Ausbildung solider Tumoren, chorioretinale Infiltrate und Blutungen sowie atypische Pupillenreaktionen. Der Ausgangspunkt des bösartigen Melanoms der Katze ist normalerweise die Uvea anterior. Anzeichen sind ein Dunklerwerden der Iris oder ein Glaukom. Das übliche Erscheinungsbild zeigt bei einer älteren Katze (ca. 11 Jahre alt) das Auftreten fokaler oder multifokaler Pigmentinfiltrationen, die allmählich zusammenwachsen und größere pigmentierte Flächen bilden und evtl. die ganze Iris ergreifen können (Abb. 79). Die Iris wird dicker und im späteren Verlauf wird die Beweglichkeit der Pupille eingeschränkt und ihre Form verändert. Im Endstadium entsteht durch die Tumorinfiltration in den Kammerwinkel ein Glaukom. Spontane Blutungen in Vorderkammer (Hyphaema) und Entzündungen durch nekrotischen Zerfall von Tumorgewebe können die Tumordiagnose erschweren [127–130]. Wenn die Kornea oder die vordere Augenkammer nicht durchsichtig sind, kann es schwierig sein, ein Glaukom mit einer Neubildung in Verbindung zu bringen. Experimentell konnten Uveamelanome durch das feline Sarkomvirus hervorgerufen werden; unsere Fälle waren jedoch immer FeLV-negativ [131].

Die Therapie besteht in der Enukleation, und eine gründliche Allgemeinuntersuchung einschließlich Röntgen sollte vorgenommen werden, um eventuelle Metastasen zu entdecken. Die Prognose ist vorsichtig zu stellen, da bis zu 63 % der Katzen an Metastasen sterben [132].

Einer frühzeitigen Enukleation des noch funktionsfähigen Auges stimmen die Besitzer häufig nicht zu. Sie warten meistens ab, bis ein Glaukom entstanden ist, ehe sie ihre Einwilligung geben. Der Vorteil einer frühzeitigen Enukleation ist nicht bewiesen; daher ist es schwierig, die Besitzer zu beraten. Argumente gegen eine frühe Enukleation beruhen auf vergleichenden Untersuchungen beim Menschen, die besagen, daß dadurch die Metastasierung beschleunigt wird. Entsprechende Ergebnisse erhielt man bei experimentell durch das feline Sarkomvirus erzeugten Melanomen: Die Todesrate stieg durch die Enukleation [133, 134].

Verschiedene intraokuläre Sarkome werden als Spätfolgen von Traumen oder Entzündungen des Augapfels angesehen. Da dies häufig in Augen mit getrübten Medien entsteht, wird das Tumorgeschehen meist erst sehr spät entdeckt. Der Ursprung des Sarkoms ist nicht sicher, es könnte das Linsenepithel sein [135–139]. Die Tumorart kann vom Osteosarkom bis zum undifferenzierten Sarkom variieren. Metastasen wurden nicht beschrieben, aber die Sklera und der Sehnerv werden aggressiv infiltriert. In solchen Fällen sollte lieber eine Exenteration als eine Enukleation durchgeführt werden.

Augapfel

Mikrophthalmus

Als Mikrophthalmus wird ein angeborenes zu kleines Auge bezeichnet. Der Grad der Ausprägung ist unterschiedlich und variiert von einem Auge, das so klein ist, daß es kaum zu entdecken ist (Kryptophthalmus), bis zu einem fast normal großen. Diese Erkrankung kommt aus unbekannter Ursache ziemlich häufig bei der Katze vor und kann ein- oder beidseitig auftreten (Abb. 80). Bei Augen, die kaum oder wenig kleiner sind, können Struktur und Funktion relativ normal sein. Häufig bestehen jedoch gleichzeitig mehrere Augenanomalien, wie Katarakte, persistierende Pupillarmembran, Dysplasie der Retina und Agenesie der Augenlider. Aufgrund der verminderten Bulbusgröße bestehen Entropium, prolabierte Membrana nictitans und eine kleine Augenhöhle. Eine spezielle Therapie gibt es nicht.

Phthisis bulbi

Als Phthisis bulbi wird eine erworbene Abnahme in der Größe des Augapfels bezeichnet. Sie tritt als Folge schwerer intraokulärer Schäden traumatischer oder infektiöser Ursache auf. Äußerlich ist der Augapfel klein, und häufig sind Kornea und Linse getrübt, wodurch eine genauere Untersuchung des Augeninneren verhindert wird. Meist verbleiben diese Augen im Tier, da die Besitzer eine Enukleation scheuen. Treten jedoch Schmerzen am Auge oder Infektionen der Bindehäute auf, wird die operative Entfernung des Augapfels erforderlich. Das Mißverhältnis zwischen Lidern und Augapfel ist häufig die Ursache für eine chronisch-eitrige Konjunktivitis. Die spätere Entstehung eines Sarkoms nach Augenverletzungen oder -entzündungen sollte ein zwingender Grund für eine routinemäßige Enukleation bei Phthisis bulbi sein.

Panophthalmie und Endophthalmie

Als Panophthalmie wird eine Entzündung aller Augenhäute bezeichnet, während bei der Endophthalmie eine Entzündung im Bereich der Augenhohlräume und der angrenzenden Gebiete vorliegt. Die Ursachen (meist äußere) sind im allgemeinen dieselben wie bei der Uveitis. Intensive Therapie ist notwendig, um die Sehkraft zu retten, kommt aber meist zu spät. Die Diagnose wird aufgrund des Grades der intraokulären Entzündung gestellt. Wenn schwere Trübungen des vorderen Segments vorhanden sind, ist eine Mitbeteiligung des hinteren Segments zu vermuten oder durch Ultraschalluntersuchung nachzuweisen (Abb. 62). Die Ätiologie ergibt sich aus der Anamnese, der Allgemeinuntersuchung, dem Vorhandensein von perforierenden Verletzungen und dem Ergebnis einer Parazentese der Augenhohlräume (bakteriologisch und zytologisch).

Die Behandlung frischer Fälle besteht in Allgemeinanästhesie, Parazentese von Vorderkammer und Glaskörperhöhle zwecks bakteriologischer und zytologischer Diagnostik und der intravitrealen Injektion

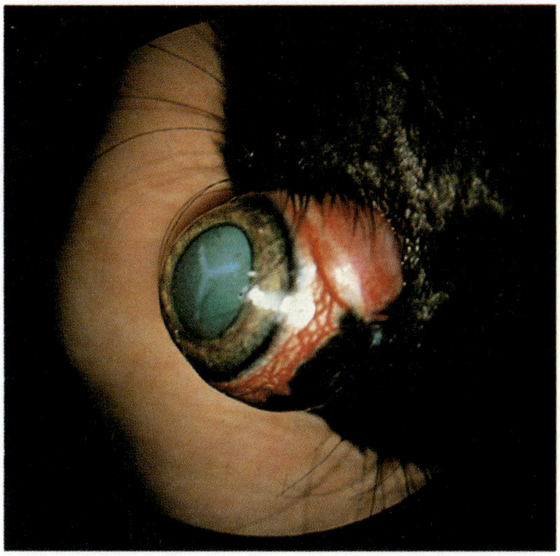

Abb. 81: Bulbusprolaps bei einer jungen Katze. Teile der Sklera erscheinen durch Austrocknung schwarz, die Linsennähte werden durch den vorübergehenden Star (Linsenödem) deutlich. Das Auge wurde erhalten, war aber blind wegen Gefäß- und Nervenabriß.

von 350–500 µg Gentamicin-Cephalosporin. Außerdem gibt man allgemein und lokal Antibiotika. Die Prognose ist wegen der entzündungsbedingten Narbenbildung ungünstig zu stellen.

Exophthalmus

Klinisches Bild: Das Hervortreten des Bulbus aus der Augenhöhle und das Einklemmen durch die Lider (die Lidränder liegen dann hinter dem Augenäquator) ist fast immer die Folge eines Autounfalls. Durch das Trauma entstehen Blutungen in der Orbita und ein Ödem, die beide den Augapfel verdrängen (Abb. 81).

Im typischen Fall ist der Augapfel vollständig prolabiert und muß oft mit erheblicher Gewalt in die Orbita zurückverlagert werden. Eine Vielzahl von okulären und periokulären Schädigungen ist möglich. Entsprechend vielfältig sind Therapie und Prognose. Der Bulbus sollte fest erscheinen, da sein Innendruck durch die Lideinklemmung erhöht wird. Erscheint er dagegen weich, deutet dies auf eine Bulbusverletzung hin. Die Pupille kann verengt oder dilatiert sein, wobei eine Verengung ein besseres Zeichen ist, weil sie auf eine intakte Innervation hinweist. Dilatation der Pupille kann die Folge einer Verletzung des N. oculomotorius, eines erhöhten Augeninnendruckes oder einer traumatischen Lähmung der Iris sein. Gelegentlich tritt gleichzeitig ein Hyphaema auf. Die Kornea ist oft von eingetrockne-

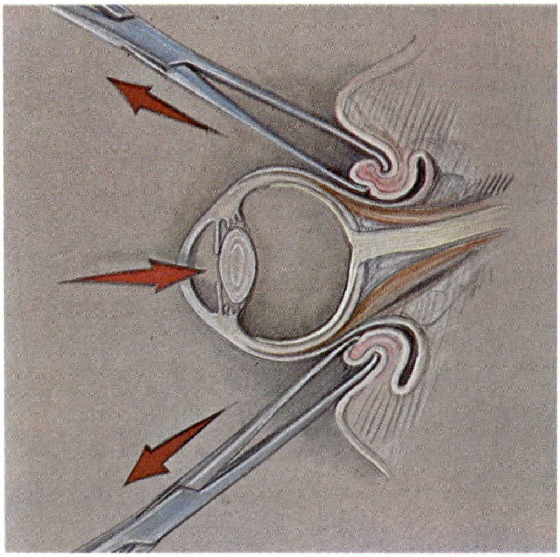

Abb. 82: Darstellung der Zurücklagerung eines vorgefallenen Augapfels.

Abb. 83: Strabismus convergens bei einer Siamkatze

ten Sekreten bedeckt, und der erste Eindruck weist auf eine schwere Korneaveränderung hin. Gründliches Spülen entfernt die Auflagerungen, und man ist oft über den guten Zustand der Kornea erstaunt. Häufig sind verschiedene extraokuläre Muskeln, die Konjunktiva und der N. opticus mit seinen Gefäßen zerrissen.

Therapie: Prognose und Therapie hängen vom Grad der Verletzung und der Dauer dieses Zustandes ab. Bei einer Katze, die frei herumläuft, kann der Bulbus schon lange prolabiert sein, bevor sie zum Besitzer zurückkehrt. Wenn der Besitzer anruft, sollte er veranlaßt werden, das Auge mit einem feuchten Tuch abzudecken, um eine weitere Austrocknung der Kornea zu verhindern. Eine hypertonische Zuckerlösung kann helfen, Flüssigkeit aus dem ödematisierten Gewebe zu entfernen. Eine entscheidende Hilfe bietet es jedoch nicht. Eine sofortige fachgerechte Behandlung ist anzuraten.

Da der Zustand und die weitere Behandlung schmerzhaft sind, ist eine Allgemeinanästhesie erforderlich. Eine genaue Einschätzung des Zustandes ist ohne entsprechende Anästhesie meist nicht möglich; insbesondere im Hinblick auf den neurologischen Status und das offensichtliche Schädeltrauma. Anschließend an die Reinigung des Bulbus und seiner Umgebung erfolgt eine gründliche Untersuchung. In der Regel sollte man zuerst versuchen, das Auge aus funktionellen, aber auch aus kosmetischen Gründen zu erhalten, da eine Enukleation immer noch durchgeführt werden kann. Bei dieser Entscheidung sollte man jedoch auch den Wunsch des Besitzers berücksichtigen. Ein sehr weicher, höchstwahrscheinlich rupturierter Bulbus, der nur noch an wenigen extraokulären Muskelfasern hängt und sowieso zur Phthisis bulbi tendiert, sollte gleich entfernt werden. Ansonsten erfolgt eine Rückverlagerung des Bulbus in die Orbita.

Ein reponierter Bulbus erfordert einen Lidverschluß, bis die Schwellung in der Orbita zurückgegangen ist, um eine Austrocknung der Hornhaut zu vermeiden.

Dazu werden die Lidränder zuerst gefaßt und ausgestülpt, um sie dann bei gleichzeitigem Druck auf den Bulbus in Richtung Orbita, vor den Bulbusäquator zu bringen (Abb. 82). Besondere Beachtung muß dem nasalen Lidwinkel zuteil werden, da dort ein Ligament verläuft, das die Lider hinter dem Augapfel zurückhält. Gibt es Schwierigkeiten beim Zurückverlagern des Bulbus, kann eine temporale Kantotomie helfen. Meist ist dies unnötig.

Um den reponierten Bulbus in der Orbita zu halten, werden die Lider eng miteinander vernäht. Durch zwei rückläufige Nähte werden sie nach außen gestülpt. Ein Einschneiden der Fäden verhindert man, indem man sie durch etwa 10 mm lange Abschnitte von Plastikschläuchen (Infusionsbesteck) fädelt. Sind die Nähte nicht eng genug, so können die Fäden nach Abklingen der Schwellung die Kornea berühren und traumatisieren. Den Lidverschluß beläßt man für zwei bis drei Wochen. Medikamente, im allgemeinen antibiotische Augensalben, lassen sich vom medialen Augenwinkel her einbringen. Bei der Katze ist dies jedoch meist schwierig und auch für den Behandlungserfolg nicht entscheidend.

Die häufigste Folgeerscheinung nach Entfernung des künstlichen Lidverschlusses sind Ulzerationen der Kornea aufgrund des Fehlens von Tränenflüssigkeit. Intensive Therapie mit künstlicher Tränenflüssigkeit und Pilocarpinstimulation der Tränendrüse müssen oft wochenlang durchgeführt werden. Abweichungen in der Augenstellung aufgrund von Schädigungen an Nerven oder extraokulären Muskeln sind häufig. Aber sie bessern sich meist innerhalb weniger Wochen.

Die Untersuchung des Fundus kann eine ausgedehnte Ödematisierung der Retina, Netzhautablösung, Nekrose und Fehlen von Blutgefäßen ergeben.

Auf alle diese Komplikationsmöglichkeiten muß der Besitzer ausdrücklich hingewiesen werden.

Strabismus convergens bei Siamkatzen

Einwärtsschielen bei Siamkatzen ist schon lange bekannt. Der Grad der Abweichung variiert, und manchmal ist nur ein leichter Nystagmus vorhanden (Abb. 83).

Siamkatzen wie auch andere Tiere vom albinotischen Typ können Abweichungen der Nerven aufweisen, die sich im Chiasma opticum kreuzen [140]. Bei der normalen Katze kreuzen etwa 65 % der Nervenfasern, aber bei Siamkatzen ist der Prozentsatz der kreuzenden Fasern, die aus der temporalen Retina entspringen, erhöht. Als Ergebnis des Kreuzens von Fasern aus der zentralen temporalen Retina fehlt die neuroanatomische Grundlage für ein binokulares Sehen in den zentralen 40° des Gesichtsfeldes [140].

Die Augenabweichung besteht bei der Geburt noch nicht, aber es entwickelt sich ein Strabismus convergens im Alter von zwei bis sechs Monaten [142]. Man nimmt an, daß der Strabismus ein Versuch ist, die abnormale Projektion der Retina im Gehirn zu kompensieren.

Orbita

Entzündungen: Entzündungen der Orbita und des retro-orbitalen Gewebes sowie Abszedierungen werden gelegentlich bei Katzenwelpen und erwachsenen Katzen beobachtet. Wegen der nicht geschlossenen knöchernen Augenhöhle der Katze können entzündliche Veränderungen von Gewebestrukturen außerhalb der Orbita, wie z. B. der Glandula zygomatica, Zahnwurzelabszesse und Myositis der Kaumuskulatur, charakteristische Symptome von raumfordernden Gewebsmassen in der Augenhöhle hervorrufen. Die Symptome von orbitalen und retroorbitalen Entzündungen sind akuter Exophthalmus, Nickhautvorfall, Schmerzen beim Öffnen des Fangs und Schwellung der Lider. Abhängig von der Schwere der Veränderungen können Pupillendilatation und Blindheit beobachtet werden. Eine ulzeröse Keratitis kann sich bei fehlendem Lidschluß entwickeln. Schmerzen und das akute Auftreten ermöglichen die Unterscheidung von entzündlichen und neoplastischen Veränderungen.

Die Ätiologie entzündlicher Veränderungen der Orbita ist meist bakterieller oder mykotischer Natur. Der Infektionsweg kann über ein Trauma, eine Septikämie oder Ausbreitung von benachbarten Strukturen her (Sinus paranasalis) erfolgen [143].

Primäre oder sekundäre Tumoren der Orbita sind bei der Katze relativ selten. Rundzellsarkome werden selten beide Augenhöhlen erfassen. Plattenepithelkarzinome, Fibrosarkome und Adenokarzinome benachbarter Gewebestrukturen können die Orbita miteinbeziehen. Während Tumoren der Augenhöhle meist durch einen sich langsam entwickelnden, nichtschmerzenden Exophthalmus charakterisiert sind, haben wir einen auffallenden Enophthalmus mit einem Fibrosarkom und Plattenepithelkarzinom, die von außen in die Orbita eindrangen, beobachtet. Der Grund für diesen auffallenden Enophthalmus war eine Einschmelzung der ventrolateralen Periorbita, die praktisch zur Vergrößerung der Augenhöhle führte. Die Ursache dieser Einschmelzung war nicht klar [144].

Literatur

[1] LAVACH, J. D., THRALL, M. A., BENJAMIN, M. M., SEVERIN, G. A.: Cytology of normal and inflamed conjunctivas in dogs and cats. J. Am. Vet. Med. Assoc. **170:** 722–727 (1977).

[2] VEITH, L. A., CURE, T. H., GELATT, K.: The Schirmer tear test in cats. Mod. Vet. Pract. **57:** 48–49 (1970).

[3] PICKETT, J., MILLER, P., MAJORS, L.: Calibration of the Schiotz tonometer for the canine and feline eye. Trans. Sci. Program Am. Coll. Vet. Ophthalmol. **19:** 47–51 (1988).

[3 A] MILLER, P., PICKETT, J., MAJORS, L., KURZMAN, I.: Evaluation of two applanation tonometers in cats. Am. J. Vet. Res. **52:** 1917–1921 (1991).

[3 B] MILLER, P., PICKETT, J.: Comparison of the human and canine Schiotz tonemetry conversion table in clinically normal cats. J. Am. Vet. Med. Assoc. **201:** 1017–1020 (1992).

[4] HENKIND, P.: The retinal vascular system of the domestic cat. Exp. Eye Res. **5:** 10–20 (1966).

[5] BELLHORN, R. W., BARNETT, K. C., HENKIND, P.: Ocular colobomas in domestic cats. J. Am. Vet. Med. Assoc. **159:** 1015–1021 (1971).

[6] ROBERTS, S. R., BISTNER, S. I.: Surgical correction of eyelid agenesis. Mod. Vet. Pract. **49:** 40–43 (1968).

[7] DOHERTY, M. J.: A bridge-flap blepharorraphy method for eyelid reconstruction in the cat. J. Am. Anim. Hosp. Assoc. **9:** 238–241 (1973).

[8] BLOGG, J. R.: Agenesis of the feline upper eyelid. Feline Pract. **15:** 31–35 (1985).

[9] SOULSBY, E. J.: Helminths, Arthropods and Protozoa of Domesticated Animals (Monning), 6th ed., Williams and Wilkins, Baltimore, p. 505 (1968).

[10] STOGDALE, L., MOORE, D.: Feline demodicosis. J. Am. Anim. Hosp. Assoc. **18:** 427–432 (1982).

[11] CHALMERS, S., SCHICK, R., JEFFERS, J.: Demodicosis in two cats seropositive for feline immunodeficiency virus. J. Am. Vet. Med. Assoc. **194:** 255–256 (1989).

[12] MULLER, G., KIRK, R., SCOTT, D.: Fungal Diseases. In Small Animal Dermatology, 3rd ed., W. B. Saunders, Philadelphia, pp. 243–300 (1983).

[13] YAMAMOTO, J. K., HANSEN, H., HO, E. W., MORISHITA, T. Y., OKUDA, T., SAWA, T. R., NAKAMURA, R. M., PEDERSEN, N. C.: Epidemiologic and clinical aspects of feline immunodeficiency virus infection in cats from the continental United States and Canada and possible mode of transmission. J. Am. Vet. Med. Assoc. **194:** 213–220 (1989).

[14] MANNING, T. O., SCOTT, D. W., SMITH, C. A., LEWIS, R. M.: Pemphigus diseases in the feline: seven case reports and discussion. J. Am. Anim. Hosp. Assoc. **18:** 433–442 (1982).

[15] LATIMER, C., DUNSTAN, R. W.: Eosinophilic plaque involving eyelids of a cat. J. Am. Anim. Hosp. Assoc. **23:** 649–653 (1987).

[16] THEILEN, G., MADEWELL, B.: Tumors and Tumorlike Conditions of Epithelial Origin. In Veterinary Cancer Therapy, 2nd ed., Lea & Febiger, Philadelphia, pp. 240–266 (1987).

[17] GRIER, R. L., BREWER, W. G., THEILEN, G. H.: Hyperthemic treatment of superficial tumors in cats and dogs. J. Am. Vet. Med. Assoc. **177:** 227–232 (1980).

[18] HOLMBERG, D. L., WITHROW, S. J.: Cryosurgical treatment of palpebral neoplasms: clinical and experimental results. Vet. Surg. **8:** 68–73 (1979).

[19] TURREL, J. M., KOBLIK, P. D.: Techniques of afterloading iridium-192 interstitial brachytherapy in veterinary medicine. Vet. Radiol. **24:** 278–283 (1983).

[20] SHEWEN, P. E., POVEY, R. C., WILSON, M. R.: A survey of the conjunctival flora of clinically normal cats and cats with conjunctivitis. Can. Vet. J. **21:** 231–233 (1980).

[20 a] GERDING, P., CORMANY, K., KAKOMA, I.: Survey of topographic distribution of bacterial and fungal microorganisms in eyes of clinically normal cats. Fel. Pract. **21:** 20–23 (1993).

[21] POVEY, R. G.: Feline respiratory infections – a clinical review. Can. Vet. J. **17:** 93–100 (1976).

[21 a] NASISSE, M., GUY, J., STEVENS, J., ENGLISH, R., DAVIDSON, M.: Clinical and laboratory findings in chronic conjunctivitis in cats: 91 cases (1983–1991). J. Am. Vet. Med. Assoc. **203:** 834–837 (1993).

[21 b] GASKELL, R.: Upper respiratory disease in the cat (including Chlamydia): control and prevention. Fel. Pract. **21:** 29–34 (1993).

[22] CELLO, R. M.: Ocular infections with PLT (Bedsonia) group agents. Am. J. Ophthal. **63:** 244–248 (1967).

[23] HOOVER, E. A., KAHN, D. E., LANGLOSS, J. M.: Experimentally induced feline chlamydial infection (felin pneumonitis). Am. J. Vet. Res. **39:** 541–547 (1978).

[24] SHEWEN, P. E., POVEY, R. C., WILSON, M. R.: Feline chlamydial infection. Can. Vet. J. **19:** 289–292 (1978).

[25] SHEWEN, P. E., POVEY, R. C., WILSON, M. R.: A comparison of efficacy of a live and four inactivated vaccine preparations for the protection of cats against experimental challenge with Chlamydia psittaci. Can. J. Comp. Med **44:** 244–251 (1980).

[26] CELLO, R. M.: PPLO in conjunctivitis of the cat. Proceedings of the Am. Soc. Vet. Ophthal. (1965).

[27] CAMPBELL, L. H., SNYDER, S. B., REED, C., FOX, J. G.: Mycoplasma felis-associated conjunctivitis in cats. J. Am. Vet. Med. Assoc. **163:** 991–995 (1973).

[28] FOX, J. G., GALUS, C. B.: Salmonella-associated conjunctivitis in a cat. J. Am. Vet. Med. Assoc. **171:** 845–847 (1977).

[29] PENTLARGE, V.: Eosinophilic conjunctivitis in five cats In press. J. Am. Anim. Hosp. Assoc. (1989).

[30] COVITZ, D., HUNZIKER, J., KOCH, S.: Conjunctivorhinostomy: a surgical method for the control of epiphora in the dog and cat. J. Am. Vet. Med. Assoc. **171:** 251–255 (1977).

[31] KERN, T.: Disorders of the lacrimal system. In Current Veterinary Therapy. Kirk, R. (ed.). W. B. Saunders, Philadelphia, vol. 9. pp. 634–641 (1986).

[32] RUBIN, L., AGUIRRE, G.: Clinical use of pilocarpine for keratoconjunctivitis sicca in dogs and cats. J. Am. Vet. Med. Assoc. **151:** 313–320 (1967).

[33] SALISBURY, M. A., KASWAN, R. L., WARD, D. A., MARTIN, C. L., RAMSEY, J. M., FISCHER, C. A.: Topical application of cyclosporine in the management of keratoconjunctivitis sicca in dogs. J. Am. Anim. Hosp. Assoc. **26:** 269–274 (1990).

[34] GWIN, R., GELATT, K., PEIFFER, R.: Parotid duct transposition in a cat with keratoconjunctivitis sicca. J. Am. Anim. Hosp. Assoc. **13:** 42–45 (1977).

[35] BANKS, W.: Applied Veterinary Histology. Williams & Wilkins, Baltimore, vol. 2 (1985).

[36] ROSENBLEUTH, A., BARD, P.: The innervation and functions of the nictitating membrane in the cat. Am. J. Physiol. **100:** 537–544 (1932).

[37] THOMPSON, J. W.: The nerve supply to the nictitating membrane of the cat. J. Anat. **95:** 371–385 (1967).

[37 A] MUIR, P., JONES, T., HOWARD, P., et al.: A clinical and microbiological study of cats with protruding nictitating membranes and diarrheos: isolation of a novel virus. Vet. Rec. **127,** 324–330 (1990).

[38] BISTNER, S., AGUIRRE, G., SHIVELY, J.: Hereditary corneal dystrophy in the Manx cat: a preliminary report. Invest. Ophthalmol. Vis. Sci. **15:** 15–26 (1976).

[39] CARRINGTON, S. D.: Lipid keratopathy in a cat. J. Small Anim. Pract. **24:** 495–505 (1983).

[40] COWELL, K. R. K., JEZYK, P. F., HASKINS, M. E., PATTERSON, D. F.: Mucopolysaccharidosis in a cat. J. Am. Vet. Med. Assoc. **169:** 334–339 (1976).

[41] HASKINS, M. E., JEZYK, P. F., DESNICK, R. J., McDONOUGH, S. K., PATTERSON, D. F.: Mucopolysaccharidosis in a domestic short-haired cat – A disease distinct from that seen in the Siamese cat. J. Am. Vet. Med. Assoc. **175:** 384–387 (1979).

[42] CORK, L., MUNNELL, J., LORENZ, M.: The pathology of feline GM2 gangliosidosis. Am. J. Path. **90:** 723–734 (1978).

[43] MURRAY, J., BLAKEMORE, W., BARNETT, K.: Ocular lesions in cats with GM1 – Gangliosidosis with visceral involvement. J. Small Anim. Pract. **18:** 1–10 (1977).

[43 a] ALROY, J., BACHRACH, A., THALHAMMER, J., et al.: Clinical, neurophysiological, biochemical and morphological features of eyes in Persian cats with mannodisosis. Virchows Archiv B Cell. Pathol. **60:** 173–180 (1991).

[43 b] VANDEVELDE, M., FRANKHAUSER, R., BICHSEL, P., et al.: Hereditary neurovisceral mannosidosis associated with alpha-mannosidase deficiency in a family of Persian cats. Acta Neuropathol. **58:** 64–68 (1982).

[43 c] WANDER, A., CENTIFANTO, Y., KAUFMAN, H.: Strain specificity of clinical isolates of herpes simples virus. Arch. Ophthalmol., **98,** 1458–1461 (1980).

[43 d] McNEIL, J., KAUFMAN, H.: Local antivirals in a herpes simples stromal keratitis model. Arch. Ophthalmol. **97,** 727 (1979).

[43 e] NASISSE, M., GUY, J., DAVIDSON, M., SUSSMAN, W., FAIRLEY, N.: Experimental ocular herpesvirusinfection in the cat. Invest. Ophthalmol. Vis. Sci. **30,** 1758–1768 (1989).

[44] BRIGHTMAN, A., VESTRE, W., HELPER, L., GODSHALK, C.: Chronic eosinophilic keratitis in the cat. Fel. Pract. **9:** 21–24 (1979).

[45] PAULSEN, M. E., LAVACH, J. D., SEVERIN, G. A., EICHENBAUM, J. D.: Feline eosinophilic keratitis: a review of 15 clinical cases. J. Am. Anim. Hosp. Assoc. **23:** 63–69 (1987).

[46] COLLINS, B. K., SWANSON, J. F., MacWILLIAMS, P. S.: Eosinophilic keratitis and keratoconjunctivitis sicca in a cat. Mod. Vet. Pract. **67:** 32–35 (1986).

[47] SAMUELSON, D. A., ANDRESEN, T. L., GWIN, R. M.: Conjunctival fungal flora in horses, cattle, dogs, and cats. J. Am. Vet. Med. Assoc. **184:** 1240–1242 (1984).

[48] PEIFFER, R., JACKSON, W.: Mycotic keratopathy of the dog and cat in the Southeastern United States: a preliminary report. J. Am. Anim. Hosp. Assoc. **15:** 93–97 (1979).

[49] PLOTKIN, J., REYNAUD, OKUMOTO, M.: Cytologic study of herpetic keratitis – preparation of corneal scrapings. Arch. Ophthalmol. **85:** 597–599 (1971).

[50] NASISSE, M., GUY, J., DAVIDSON, M., SUSSMAN, W., DeCLERCQ, E.: In vitro susceptibility of feline herpesvirus-1 to vidarabine, idoxuridine, trifluridine, acyclovir, or bromovinyldeoxyuridine. Am. J. Vet. Res. **50:** 158–160 (1989).

[52] McNEILL, J., KAUFMAN, H.: Local antivirals in a herpes simplex stromal keratitis model. Arch. Ophthalmol. **97:** 727–729 (1979).

[53] OSTLER, H., PAVIN-LANGSTON, D., ABELSON, M.: Glucocorticoid therapy in ocular herpes simplex. Surv. Ophthalmol. **23:** 35–48 (1978).

[54] MOHAN, M., VAJPAYEE, R., KALRA, V., SACHDEV, M.: Management of keratomycosis with 1 % silver sulfadiazine: A prospective controlled clinical trial in 110 cases. In The Cornea: Transactions of the World Congress on the Cornea III, Cavanagh, H. D. (eds.). Raven Press, Ltd., New York, pp. 495–498 (1988).

[55] ROBERTS, S., DAWSON, C., COLEMAN, V., TOGNI, B.: Dendritic keratitis in a cat. J. Am. Vet. Med. Assoc. **161:** 285–289 (1972).

[56] BISTNER, S. CARLSON, J., SHIVELY, J., SCOTT, F.: Ocular manifestations of feline herpes virus infection. J. Am. Vet. Med. Assoc. **159:** 1223–1237 (1971).

[57] BROWN, S., WELLER, C., VIDRICH, A.: Effect of corticosteroids on corneal collagenase of rabbits. Am. J. Ophthalmol. **70:** 744–747 (1970).

[58] BROWN, S.: Collagenase and corneal ulcers. Invest. Ophthalmol. **10:** 203–209 (1971).

[59] BERMAN, M., LEARY, R., GAGE, J.: Evidence for a role of the plasminogen activator-plasmic system in corneal ulceration. Invest. Ophthalmol. Vis. Sci. **19:** 1204–1221 (1980).

[60] BERMAN, M., KENYON, K., HAYASHI, K., L'HERNAULT, N.: The pathogenesis of epithelial defects and stromal ulceration. In The Cornea: Transactions of the World Congress on the Cornea III. Cavanagh, H. D. (eds.). Raven Press, Ltd., New York, pp. 35–43 (1988).

[61] HO, P., ELLIOTT, J.: Kinetics of corneal epithelial regeneration. II. Epidermal growth factor and topical corticosteroids. Invest. Ophthalmol. Vis. Sci. **14:** 630–633 (1975).

[62] KUPFERMAN, A., LEIBOWITZ, H.: Topical antibiotic therapy of Pseudomonas aeruginosa keratitis. Arch. Ophthalmol. **97:** 1699–1702 (1979).

[63] HOOK, C., BROWN, S., IWANIJ, W., NAKANISHI, I.: Characterization and inhibition of corneal collagenase. Invest. Ophthalmol. Vis. Sci. **10:** 496–503 (1971).

[64] CRABB, C.: Endocrine influences on ulceration and regeneration in the alkali-burned cornea. Arch. Ophthalmol. **95:** 1866–1870 (1977).

[65] PFISTER, R., HADDOX, J., LANK, K.: Citrate or ascorbate/citrate of established corneal ulcers in the alkali-injured rabbit eye. Invest. Ophthalmol. Vis. Sci. **29:** 1110–1115 (1988).

[66] KNECHT, C., SCHILLER, A., SMALL, E.: Focal degeneration of the cornea with sequestration in a cat. J. Am. Vet. Med. Assoc. **149:** 1192–1193 (1966).

[67] SOURI, E.: The feline corneal nigrum. VM/SAC **70:** 531–534 (1975).

[68] FORMSTON, C., BEDFORD, P., STATON, J., TRIPHATHI, R.: Corneal necrosis in the cat. J. Small Anim. Pract. **15:** 19–25 (1974).

[69] GELATT, K., PEIFFER, R. STEVENS, J.: Chronic ulcerative keratitis and sequestrum in the domestic cat. J. Am. Anim. Hosp. Assoc. **9:** 204–213 (1973).

[70] PENTLARGE, V.: Corneal sequestration in cats. Compend Cont. Educ. **11:** 24–32 (1989).

[70 a] DAVIDSON, H., GERLACH, J., BULL, R.: Determination of protein concentrations and their molecular weight in tears from cats with normal corneas and cats with corneal sequestrum. Am. J. Vet. Res. **53:** 1756–1759 (1992).

[71] STARTUP, F.: Corneal necrosis and sequestration in the cat: a review and record of 100 cases. J. Small Anim. Pract. **29:** 476–486 (1988).

[72] PARSHALL, C.: Lamellar corneal-scleral transposition. J. Am. Anim. Hosp. Assoc. **9:** 270–277 (1973).

[73] WILSON, F.: Traumatic hyphema – pathogenesis and management. Ophthalmol. **87:** 910–919 (1980).

[74] PANDOLFI, M.: Intraocular hemorrhages: a hemostatic therapeutic approach. Surv. Ophthalmol. **22:** 322–334 (1978).

[74 a] MARTIN, C., KASWAN, R., GRATZEK, A., et al.: Ocular use of tissue plasminogen activator in companion animals. Prog. Vet. & Comp. Ophthalmol. **3:** 29–36 (1993).

[75] MARTIN, C.: Feline ophthalmologic diseases: the anterior chamber and glaucoma. Mod. Vet. Pract. **63:** 209–213 (1982).

[76] WILCOCK, B., PEIFFER, R.: The causes of glaucoma in cats. Vet. Pathol. **27:** 35–40 (1990).

[76 a] ZHAN, G., MIRANDA, O., BITO, L.: Steroid glaucoma: corticosteroid-induced ocular hypertension in cats. Exp. Eye Res. **54,** 211–218 (1992).

[77] BRIGHTMAN, A., VESTRE, W., HELPER, L., TOMES, J.: Cryosurgery for the treatment of canine glaucoma. J. Am. Anim. Hosp. Assoc. **18:** 319–322 (1982).

[78] ROBERTS, S., SEVERIN, G., LAVACH, J.: Cyclocryotherapy – Part I. Evaluation of a liquid nitrogen system. J. Am. Anim. Hosp. Assoc. **20:** 823–833 (1984).

[79] ROBERTS, S., SEVERIN, G., LAVACH, J.: Cyclocryotherapy – Part II. Clinical comparison of liquid nitrogen and nitrous oxide cryotherapy on glaucomatous eyes. J. Am. Anim. Hosp. Assoc. **20:** 828–833 (1984).

[80] MOLLER, I., COOK, C., PEIFFER, R., NASISSE, N., HARLING, D.: Indications for and complications of pharmacological ablation of the ciliary body for the treatment of chronic glaucoma in the dog. J. Am. Anim. Hosp. Assoc. **22:** 319–326 (1986).

[81] SPEISS, B.: Erfahrungen mit einer neuen Methode zur Behandlung des absoluten Glaukoms beim Hund und bei der Katze. Schweiz. Arch. Tierheilk. **128:** 469–473 (1986).

[82] PEIFFER, R. L., Jr., GELATT, K. N.: Cataracts in the cat. Feline Pract. **4:** 34–38 (1974).

[83] COLLIER, L., MOORE, C., PRIEUR, D.: Familial congenital cataracts in cats. Proc. Sci. Prog. Am. Coll. Vet. Ophthalmol. **18:** 22–30 (1987).

[83 a] REMILLARD, R., PICKETT, J., THATCHER, C., DAVENPORT, D.: Comparison of kittens fed queen's milk with those fed milk replacers. Am. J. Vet. Res. **54:** 901–907 (1993).

[84] SCHAER, M.: A clinical survey of thirty cats with diabetic mellitus. J. Am. Anim. Hosp. Assoc. **13:** 23–27 (1977).

[84 a] OLIVERO, D., RIIS, R., DUTTON, A., et al.: Feline lens displacement: a retrospective analysis of 345 cases. Prog. Vet. & Comp. Ophthalmol. **1,** 239–244 (1991).

[84 b] CHAVKIN, M., LAPPIN, M., POWELL, C., et al.: Seroepidemiologic and clinical observations of 93 cases of uveitis in cats. Prog. Vet. & Comp. Ophthalmol. **2:** 29–36 (1992).

[85] BERGSMA, D., BROWN, K.: White fur, blue eyes and deafness in the domestic cat. J. Heridity **62:** 171–185 (1971).

[86] MAIR, I.: Hereditary deafness in the white cat. Part I. Hereditary and clinical aspects. Acta Otolaryngol. Suppl. **314:** 5–11 (1973).

[87] THIBOS, L. N., LEVICK, W. R., MORSTYN, R.: Ocular pigmentation in white and Siamese cat. Invest. Ophthalmol. Vis. Sci. **19:** 475–486 (1980).

[88] COLLIER, L., BRYAN, G., PRIEUR, D.: Ocular man festations of the Chediak-Higashi syndrome in four sp cies of animals. J. Am. Vet. Med. Assoc. **175:** 587–59 (1979).

[89] DOHERTY, M.: Ocular manifestations of feline infe tious peritonitis. J. Am. Vet. Med. Assoc. **159:** 417–42 (1971).

[90] PIPER, R., COLE, C., SHADDUCK, J.: Natural and ex perimental ocular toxoplasmosis in animals. Am. J. Oph thalmol. **69:** 662–668 (1970).

[90 a] PEIFFER, R., WILCOCK, B.: Histopathologic study c uveitis in cats: 139 cases (1978–1988), J. Am. Vet. Med. As soc. **198:** 135–138 (1991).

[90 b] DAVIDSON, M., NASISSE, M., ENGLISH, R., WIL COCK, B., JAMIESON, V.: Feline anterior uveitis: a stu dy of 53 cases. J. Am. Anim. Hosp. Assoc. **27:** 77–83 (1991)

[90 c] LAPPIN, M. MARKS, A., GREENE, C., COLLINS, J. CARMAN, J., REIF, J., POWELL, C.: Serologic preva lence of selected infectious diseases in cats with uveitis. J Am. Vet. Med. Assoc. **201:** 1005–1016 (1992).

[90 d] ENGLISH, R., DAVIDSON, M., NASISSE, M., JA MIESON, V., LAPPIN, M.: Intraocular disease associate with feline immunodeficiency virus infection in cats. J Am. Vet. Med. Assoc. **196:** 1116–1119 (1990).

[90 e] LAPPIN, M., GREENE, C., PRESTWOOD, A. DAWE, D., TARLETON, R.: Diagnosis of recent *Toxo plasma gonii* infection in cats by use of an enzyme-linke immunosorbent assay for immunoglobulin M. Am. J. Vet Res. **50**: 1580–1585 (1989).

[90 f] LAPPIN, M., GREENE, C., PRESTWOOD, A., et al. Enzyme-linked immunosorbent assay for detection of circulating antigens of *Toxoplasma gondii* in the serum o cats. Am. J. Vet. Res. **50:** 1586–1590 (1989).

[90 g] DUBEY, J., CARPENTER, J.: Histologically confirmed clinical toxoplasmosis in cats: 100 cases (1952–1990). J. Am. Vet. Med. Assoc. **203:** 1556–1566 (1993).

[90 h] LAPPIN, M., POWELL, C.: Comparison of latex agglutination, indirect hemagglutination, and ELISA techniques for the detection of *Toxoplasma gondii*-specific antibodies in the serum of cats. J. Vet. Internal Med. **5:** 299–301 (1991).

[91] SOURI, E., GREENE, R.: Intravitreal amphotericin-B toxicity. Am. J. Ophthalmol. **78:** 77–81 (1974).

[92] AXELROD, A., PEYMAN, G., APPLE, D.: Toxicity of intravitreal injection of amphotericin-B. Am. J. Ophthalmol. **76:** 578–583 (1973).

[93] KEY, T., GASKELL, C. J.: Puzzling syndrome in cats associated with pupillary dilation (letter). Vet. Record. **110:** 160 (1982).

[94] ROCHLITZ, I.: Feline dysautonomia (the Key-Gaskell or dilated pupil syndrome): a preliminary review. J. Small Anim. Pract. **25:** 587–598 (1984).

[95] SHARP, N. J. H., NASH, A. S., GRIFFITHS, I. R.: Feline dysautonomia (the Key-Gaskell syndrome): a clinical and pathological study of forty cases. J. Small Anim. Pract. **25:** 599–615 (1984).

[96] EDNEY, A. T. B., GASKELL, C. J., FLAGSTAD, A., et al.: Feline dysautonomia (letter). Vet. Rec. **119:** 483 (1986).

[97] VAINISI, S., CAMPBELL, L.: Ocular toxoplasmosis in cats. J. Am. Vet. Med. Assoc. **154:** 141–152 (1969).

[98] BLOUIN, P., CELLO, R.: Experimental ocular cryptococcosis – preliminary studies in cats and mice. Invest. Ophthalmol. **19:** 21–30 (1980).

[99] PEIFFER, R. L., BELKIN, P.: Ocular manifestations of disseminated histoplasmosis in a cat. Feline Pract. **9:** 24–29 (1979).

[100] MAHAFFEY, E., GABBERT, N., JOHNSON, D., GUFFY, M.: Disseminated histoplasmosis in three cats. J. Am. Anim. Hosp. Assoc. **13:** 46–50 (1977).

[101] ALDEN, C., MOHAN, R.: Ocular blastomycosis in a cat. J. Am. Vet. Med. Assoc. **164:** 527–528 (1974).

[102] GWIN, R., MAKLEY, T., WYMAN, M., WERLING, K.: Multifocal ocular histoplasmosis in a dog and cat. J. Am. Vet. Med. Assoc. **176:** 638–642 (1980).

[102 a] KASWAN, R., MARTIN, C.: Ophthalmomyiasis interna in a dog and cat. Canine Pract. **11,** 28034 (1984).

[102 b] BROOKS, D., WOLF, E., MERIDETH, R.: Ophthalmomyiasis interna in two cats. J. Am. Anim. Hosp. Assoc. **20,** 157–160 (1984).

[103] MacMILLAN, A.: Retinal dysplasia and degeneration in the young cat: feline panleukopenia virus as an etiologic agent. Doctoral dissertation, University of California, Davis, CA.

[104] PERCY, D., SCOTT, F., ALBERT, D.: Retinal dysplasia due to feline panleukopenia virus infection. J. Am. Vet. Med. Assoc. **167:** 935–937 (1975).

[105] RUBIN, L., LIPTON, D.: Retinal degeneration in kittens. J. Am. Vet. Med. Assoc. **162:** 467–469 (1973).

[106] WEST-HYDE, L., BUYUKMIHCI, N.: Photoreceptor degeneration in a family of cats. J. Am. Vet. Med. Assoc. **181:** 243–247 (1982).

[107] CURTIS, R., BARNETT, K.: New hereditary retinopathies in the dog and cat. II. Pathology and electrophysiology. Internat. Soc. Vet. Ophthalmol. in Hamburg (1984).

[108] KELLY, D., LEWIS, D.: Rapidly progressive diffuse retinal degeneration in a kitten. J. Small Anim. Pract. **26:** 317–322 (1985).

[109] NARFSTROM, K., NILSSON, S.: Progressive retinal atrophy in the Abyssinian cat. Invest. Ophthalmol. Vis. Sci. **27:** 1569–1576 (1986).

[110] NARFSTROM, K.: Progressive retinal atrophy in the Abyssinian cat. Invest. Ophthalmol. Vis. Sci. **26:** 193–200 (1985).

[111] BARNETT, K.: Progressive retinal atrophy in the Abyssinian cat. J. Small Anim. Pract. **23:** 763–766 (1982).

[112] CARLILE, J., CARRINGTON, S., BEDFORD, P.: Six cases of progressive retinal atrophy in Abyssinian cats. J. Small Anim. Pract. **25:** 415–420 (1084).

[113] NARFSTROM, K.: Hereditary progressive retinal atrophy in the Abyssinian cat. J. Hered. **74:** 273–276 (1983).

[114] MORRIS, M.: Feline degenerative retinopathy. Cornell Vet. **55:** 295–308 (1965).

[115] RABIN, A., HAYES, K., BERSON, E.: Cone and rod responses in nutritionally induced retinal degeneration in the cat. Invest. Ophthalmol. Vis. Sci. **12:** 694–704 (1973).

[116] SCHMIDT, S., BERSON, E., HAYES, K.: Retinal degeneration in cats fed casein. 1. Taurine deficiency. Invest. Ophthalmol. Vis. Sci. **15:** 47–52 (1976).

[117] BARNETT, K., BURGER, I.: Taurine deficiency retinopathy in the cat. J. Small Anim. Pract. **21:** 521–534 (1980).

[118] BELLHORN, R., FISCHER, C.: Feline central retinal degeneration. J. Am. Vet. Med. Assoc. **157:** 842–849 (1970).

[119] BELLHORN, R., AGUIRRE, G., BELLHORN, M.: Feline central retinal degeneration. Invest. Ophthalmol. Vis. Sci. **13:** 608–616 (1974).

[120] RUBIN, L.: Atrophy of rods and cones in the cat retina. J. Am. Vet. Med. Assoc. **142:** 1415–1420 (1963).

[121] AGUIRRE, G.: Retinal degeneration associated with the feeding of dog foods to cats. J. Am. Vet. Med. Assoc. **172:** 791–796 (1978).

[122] LOMBARD, C., TWITCHELL, M.: Tetralogy of Fallot, persistent left cranial vena cava and retinal detachment in a cat. J. Am. Anim. Hosp. Assoc. **14:** 624–630 (1978).

[123] MORGAN, R.: Systemic hypertension in four cats: Ocular and medical findings. J. Am. Anim. Hosp. Assoc. **22:** 615–621 (1986).

[124] BARCLAY, S., RIIS, R.: Retinal detachment and reattachment associated with ethylene glycol intoxication in a cat. J. Am. Anim. Hosp. Assoc. **15:** 719–724 (1979).

[125] MacMILLAN, A.: Acquired retinal folds in a cat. J. Am. Vet. Med. Assoc. **168:** 1015–1020 (1976).

[126] GREENE, C. E., GORGACZ, E. J., MARTIN, C.: Hydranencephaly associated with feline panleukopenia. J. Am. Vet. Med. Assoc. **180:** 767–768 (1982).

[127] BELLHORN, R., HENKIND, P.: Intraocular malignant melanoma in domestic cats. J. Small Anim. Pract. **10:** 631–637 (1970).

[128] SAUNDERS, L., BARRON, C.: Primary pigmented intraocular tumors in animals. Cancer Res. **18:** 234–245 (1958).

[129] ACLAND, G., McLEAN, I., AGUIRRE, G., TRUCKSA, R.: Diffuse iris melanoma in cats. J. Am. Vet. Med. Assoc. **176:** 52–56 (1980).

[130] SCHAFFER, E., FUNKE, K.: Das primarintraokulare maligne Melanom bei Hund und Katze. Tierärztl. Praxis **13:** 343–359 (1985).

[131] ALBERT, D. M., SHADDUCK, J. A., CRAFT, J. L., NIEDERKORN, J. Y.: Feline uveal melanoma model induced with feline sarcoma virus. Invest. Ophthalmol. Vis. Sci. **20:** 606–624 (1981).

[132] PATNAIK, A., MOONEY, S.: Feline melanoma: a comparative study of ocular, oral and dermal neoplasms. Vet. Pathol. **25:** 105–112 (1988).

[133] NIEDERKORN, J., SHADDUCK, J., ALBERT, D.: Enucleation and the appearance of secondary primary tumors in cats bearing virally induced intraocular tumors. Invest. Ophthalmol. Vis. Sci. **23:** 719–725 (1982).

[134] ZIMMERMAN, L., McLEAN, I., FOSTER, W.: Statistical analysis of follow-up data concerning uveal melanomas, and the influence of enucleation. Ophthalmol. **87:** 557–564 (1980).

[135] DUBIELZIG, R.: Ocular sarcoma following trauma in three cats. J. Am. Vet. Med. Assoc. **184:** 578–581 (1984).

[136] WOOG, J., ALBERT, D., GONDER, J., CARPENTER, J.: Osteosarcoma in a phthisical feline eye. Vet. Pathol. **20:** 209–214 (1983).

[137] MILLER, W., BOOSINGER, T.: Intraocular osteosarcoma in a cat. J. Am. Anim. Hosp. Assoc. **23:** 317–320 (1987).

[138] PEIFFER, R.: Primary ocular sarcomas in the cat. Proc. Am. Coll. Vet. Ophthalmol. **17:** 73–79 (1986).

[139] DUBIELZIG, R., EVERITT, J., SHADDUCK, J., ALBERT, D.: Feline ocular melanoma and post-traumatic sarcoma. Proc. Am. Coll. Vet. Ophthalmol. **17:** 441–450 (1986).

[140] CREEL, D.: Visual system anomaly associated with albinism in the cat. Nature **231:** 464–466 (1971).

[141] BERMAN, N., CYNADER, M.: Comparison of receptive-field organization of the superior colliculus in Siamese and normal cats. J. Physiol. **224:** 363–389 (1972).

[142] BLAKE, R., CRAWFORD, M.: Development of strabismus in Siamese cats. Brain Res. **77:** 492–496 (1974).

[143] PEIFFER, R. L., Jr., BELKIN, P. V., JANKE, B. H.: Orbital cellulitis, sinusitis, and pneumonitis caused by Penicillium sp. in a cat. J. Am. Vet. Med. Assoc. **176:** 449–450 (1980).

[144] PENTLARGE, V. W., POWELL-JOHNSON, G., MARTIN, C. L., WHITE, M. R., LATIMER, K. S., WALLACE, K., RAMSEY, J.: Orbital neoplasia with enophthalmos in a cat. J. Am. Vet. Med. Assoc. In press (1989).

Krankheiten des Ohres

Von U. M. Dürr

Raum für Notizen

Krankheiten des Ohres

Krankheiten der Ohren sind bei Katzen häufig und oftmals die Ursache einer ständigen Beeinträchtigung ihres Wohlbefindens. Oft bestehen die Beschwerden schon über einen längeren Zeitraum, weil Erkrankungen der Ohren vom Besitzer nicht als bedrohlich angesehen werden und deshalb anfänglich nicht die Beachtung finden, die sie eigentlich verdienen.

Die anatomischen Verhältnisse des Katzenohres machen für Untersuchung und Behandlung ein geeignetes Instrumentarium erforderlich (s. Kapitel „Untersuchungs- und Behandlungstechniken", S. 14). Häufig wird eine medikamentöse Ruhigstellung der Katze erforderlich. Eine Ohrspülung würde von keiner Katze ohne Gegenwehr erdultet. Das Anlegen eines Halskragens für einige Tage kann von Vorteil sein.

Krankheiten der Ohrmuschel

Die Haut auf der konvexen Seite der Ohrmuschel ist dicht behaart und entspricht im Aufbau dem der Kopfhaut. Die Haut der konkaven Seite ist spärlich behaart und weist besonders viele Schlauchdrüsen auf.

Krankheiten der Haut zeigen sich oft anfänglich an den Ohrmuscheln oder beschränken sich auch völlig darauf. Insbesondere gilt dies für bakteriell bedingte Hautkrankheiten wie die Staphylokokkenfollikulitis (Abb. 1) und Mykosen (Abb. 2, 3). Abszedierungen sind meist Folgen eines Kampfes (Abb. 4). Sarkoptes- und Demodexmilben können haarlose und krustöse Veränderungen an den Ohrmuscheln hervorrufen, kommen aber sehr selten vor.

Othämatome, die gelegentlich nach heftigem Kopfschütteln und Bekratzen im Verlauf einer Erkrankung des äußeren Gehörganges auftreten (Abb. 5), werden chirurgisch versorgt, um die Bildung eines sog. Blumenkohlohres zu verhindern (Abb. 6). Es kann auch der Versuch gemacht werden, das Othämatom in Narkose durch eine kleine Incision mit Ringerlösung und Antibiotikazusatz zu spülen und nach Entfernung aller Gewebsnekrosen und Blutkoagula 0,2–0,4 mg Dexamethason zu instillieren. Die Instillation wird 3–4 Tage lang täglich wiederholt [1]. Bei dem in der Abbildung gezeigten alten Kater handelt es sich nicht um eine Faltohrkatze (Scottish Fold), bei der Kippohren bzw. Hängeohren zum Standard gehören. Die Verformungen beider Ohren sind hier Folgen einer chronischen Otitis mit Othämatombildung.

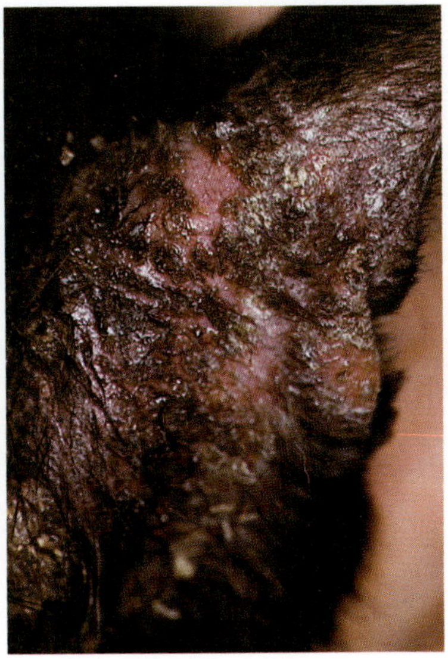

Abb. 1: Staphylokokkenfollikulitis

Abb. 2: Mykose (Microsporum canis) am Ohrrand

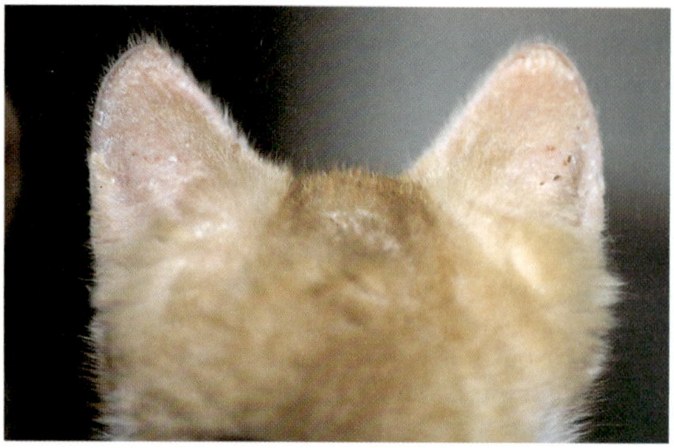

Abb. 3: Mykose (Microsporum canis)

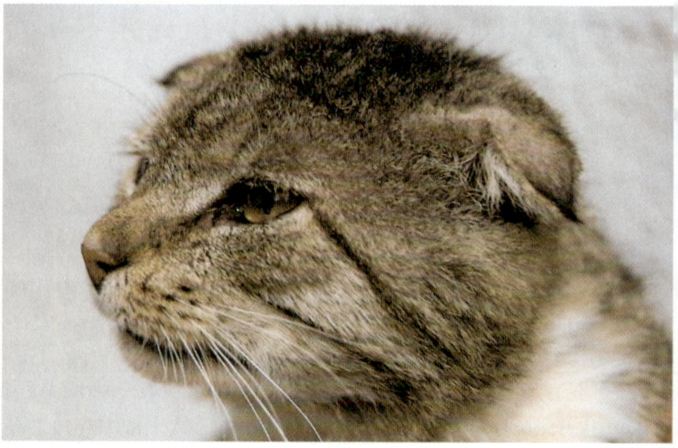

Abb. 6: „Schrumpfohren" als Folge chronischer Otitis mit Othämatombildung

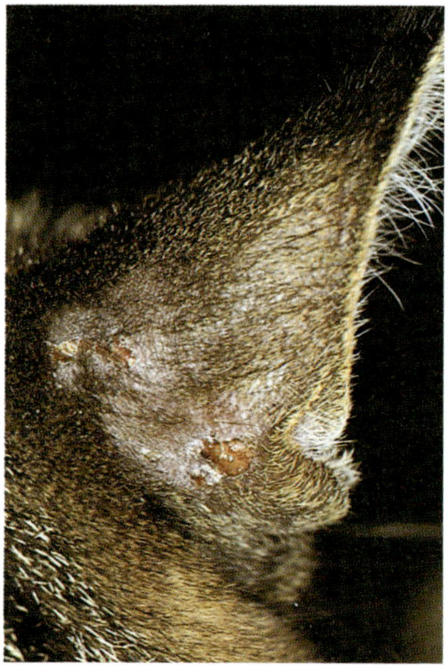

Abb. 4: Abszesse nach Kratzverletzung

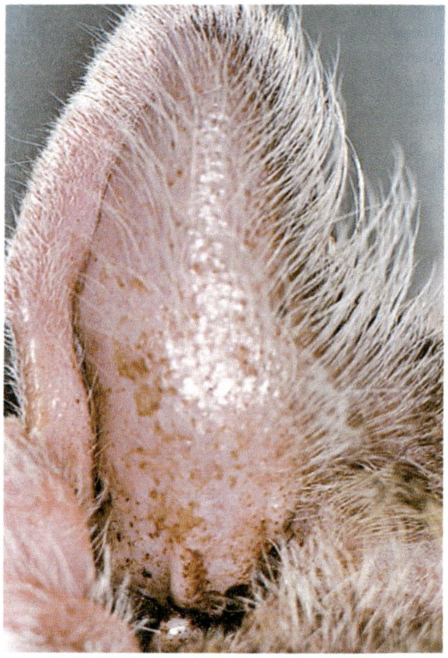

Abb. 5: Othämatom

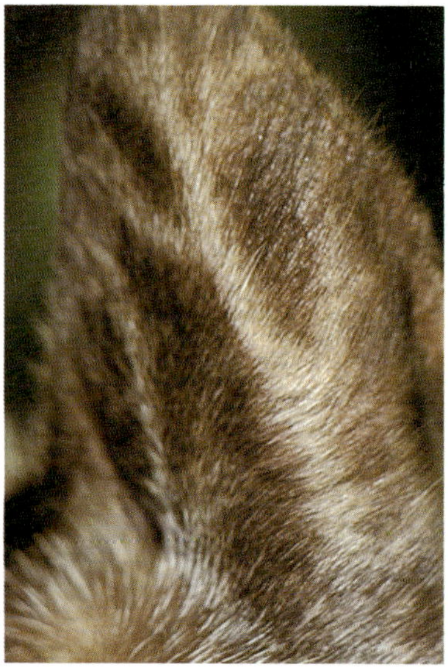

Abb. 7: Transitorische Farbveränderung, Siamkatze

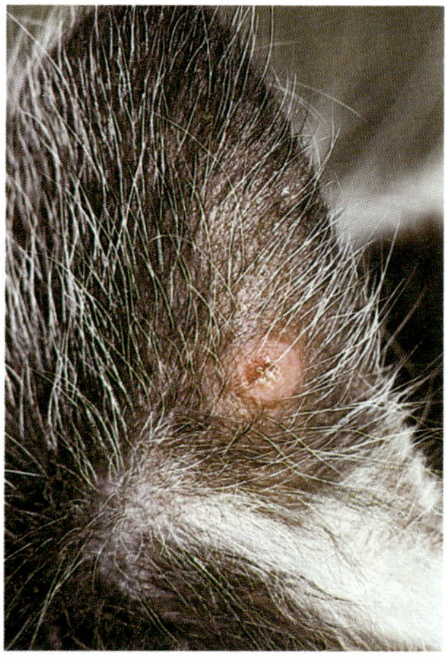

Abb. 8: Mastozytom, histologisch verifiziert

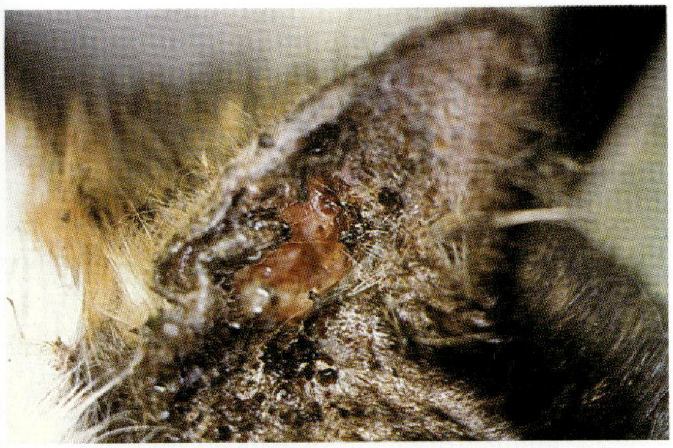

Abb. 9: Fibrosarkom, histologisch verifiziert

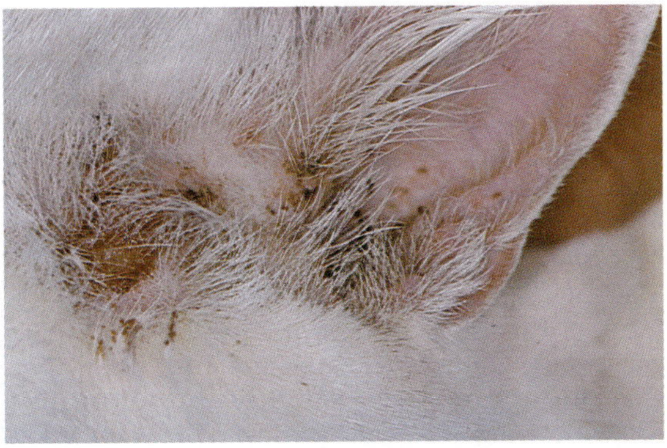

Abb. 10: Präaurikuläre Kratzdefekte

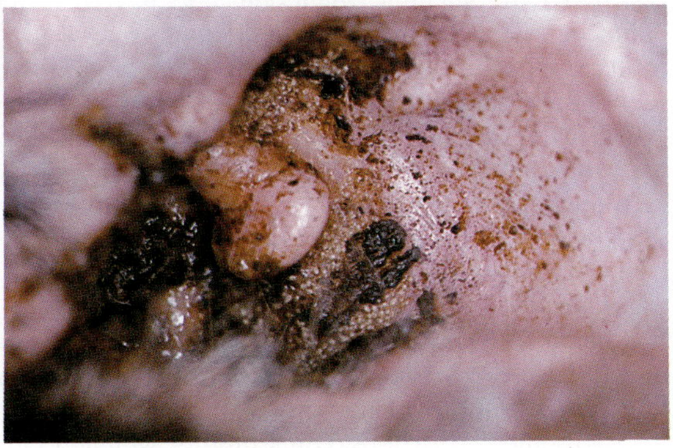

Abb. 11: Otitis parasitaia

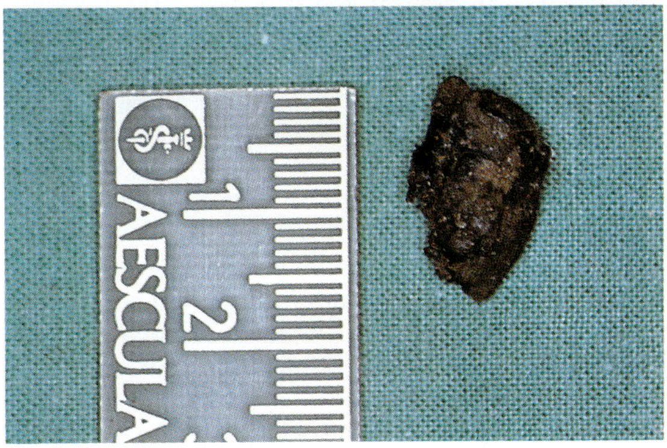

Abb. 12: Ohrpfropf mit Milben

Farbveränderungen der Behaarung, besonders bei Siamkatzen, können ohne erkennbare Ursache auftreten und auch wieder verschwinden (Abb. 7).
Tumore, die die Haut befallen, wie Mastozytome (Abb. 8), Fibrosarkome (Abb. 9) und Plattenepithelkarzinome, können auch an den Ohrmuscheln auftreten. Plattenepithelkarzinome bei weißen Katzen können schon im Alter von drei Monaten auftreten. Eine radikale Amputation der Ohrmuschel kann angezeigt sein. Grundsätzlich ist zur Abklärung eine histopathologische Untersuchung einzuleiten.

Krankheiten des äußeren Gehörgangs

Im äußeren Gehörgang finden sich die Schlauchdrüsen in zunehmender Zahl. Sie bilden zusammen mit den Talgdrüsen das Ohrsekret je nach Zustand in physiologischen oder pathologischen Mengen.
Häufigste Ursache einer Otitis externa sind Ohrmilben. Otitiden anderer Genese sind vergleichsweise seltener anzutreffen. Bakterien oder Pilze können Verursacher einer Otitis sein. Die von Bakterien über Lipolyse produzierten Fettsäuren führen zu einer Entzündung, die eine Größenzunahme der Drüsen verursacht. Als Folge produzieren die Schlauch- und Talgdrüsen mehr Sekret.
Generalisierte Dermatosen infolge von Allergien, Endokrinopathien und Immunkrankheiten (Pemphigus, Lupus) können die Ohren in das Krankheitsbild einbeziehen. Bei seborrhoeischen Hautkrankheiten ändert sich die Zusammensetzung des Cerumens.
Der aus einer Otitis resultierende Juckreiz führt zum Bekratzen und Reiben, was Kratzdefekte an der Ohrmuschel (Abb. 10) und Othämatome zur Folge haben kann. Eine über längere Zeit bestehende Otitis externa kann zur Perforation des Trommelfelles und Otitis media führen.

Otitis externa parasitaria

Beim Befall mit Ohrmilben (Otodectes spp.) verläuft das Stadium der Infestation unkompliziert. Geringer Juckreiz, leichte Rötung und Schwellung sind festzustellen. Im chronischen Stadium sammeln sich typische dunkelbraune wachsartige Krusten an (Abb. 11). Diese Krusten können als dicker Pfropf vergleichbar dem Cerumen obturans beim Menschen den Gehörgang verlegen (Abb. 12). Dieses Stadium wird oft durch Sekundärinfektionen kompliziert, da die milbenbedingten Irritationen des Gehörgangsepithels die lokalen Abwehrmechanismen gegen Mikroorganismen schwächen. Der Nachweis von Milben und Milbeneiern im Ohrsekret sowie die typische braune Farbe des Sekrets ermöglichen leicht die Diagnose.

Therapie: Antiparasitäre (Kontaktinsektizide, z. B. Jacutin® Emulsion) werden nach vorheriger Reinigung in den äußeren Gehörgang eingebracht. Eine Ohrspülung zur Lösung der Krusten mit warmer Ringer-Lösung ist bei hochgradigem Befall erforderlich (s. Kapitel „Untersuchungs- und Behandlungstechniken", S. 14).
Kombinationspräparate mit antiparasitärer, antibakterieller, antimykotischer und entzündungshemmender Wirkung werden lokal bei komplizierten Fällen angewendet.
Die Behandlung ist mindestens über einen Zeitraum von 14 Tagen, manchmal auch mehrere Monate hindurch, regelmäßig zu wiederholen. Die Gefahr der Reinfektion ist groß. Ohrmilben wandern auch in das Fell aus und können sich über den ganzen Körper verteilen. Von dort aus finden sie wieder ihren Weg in die Ohren. Ohrmilben können sich auch monatelang ohne Wirtstier in der Umgebung halten!
Seit Jahren hat sich die zwei- bis dreimalige subkutane Anwendung von 200–300 µg Ivermectin pro kg im Abstand von 7–14 Tagen bestens bewährt. Ivermectin steht als Ivomec®, Für Rinder, zur Verfügung und enthält 10 mg Ivermectin pro 1 ml. Eine 5 kg schwere Katze erhält also 0,15 ml. Ivomec® ist nicht für Katzen zugelassen; trotzdem kann die Anwendung bei der Katze als risikolos bezeichnet werden.
Bei oraler oder subkutaner Anwendung von Ivermectin in einer Dosis von 200–300 µg pro kg KGW wurde bislang über keine Nebenwirkungen berichtet [2, 3, 4]. Manche Katzen zeigen allerdings nach der subkutanen Injektion geringe Schmerzreaktionen, auf die der Tierhalter vorsorglich hingewiesen werden sollte.

Otitis externa nonparasitaria

Art und Aussehen des Sekrets und ggf. eine bakteriologische und mykologische Untersuchung mit Resistenzbestimmung führen zur genaueren Diagnose. In Ohrtupferproben lassen sich häufig Staphylokokken und Melassezien (Pityrosporum) nachweisen. [5].

Therapie: Eine mechanische Reinigung oder besser eine Ohrspülung mit körperwarmer Ringer-Lösung ist grundsätzlich durchzuführen. Bei nicht intaktem Trommelfell ist körperwarme Ringer-Lösung mit Antibiotika-Zusatz zu verwenden.
Die Vielzahl der Kombinationspräparate mit entzündungshemmender, antibakterieller und antimykotischer Wirkung kann Anwendung finden (z. B. Surolan®, Otiprin®). Zusätzlich kann eine systemische Behandlung mit Antibiotika angezeigt sein.
Hartnäckige Fälle, die entweder auf keine Therapie ansprechen oder ständig rezidivieren, und auch solche, wo der Besitzer selbst zur Ohrenbehandlung nicht in der Lage ist, sollten mittels einer Otitis-Operation angegangen werden.

Tumore und Pseudotumore

Die Zeruminaldrüsen und Schlauchdrüsen des äußeren Gehörganges geben nicht selten Anlaß zur Bildung tumorartiger Strukturen. Bei der histopathologischen Untersuchung zeigt sich jedoch, daß echte Tumore wie Zeruminaldrüsenadenome und -karzinome nur selten nachgewiesen werden können. In den meisten Fällen bestehen diese turmorartigen Strukturen aus entzündlich bedingtem Granulationsgewebe, in dem sich meist Retentionszysten der Schlauchdrüsen finden [6, 7]. Solche Pseudotumore oder Granulationspolypen (Ohrpolypen) im äußeren Gehörgang (Abb. 13–16) können sich im Einzelfall über das Mittelohr und die Eustachische Röhre, die bei der Katze relativ kurz ist, in die Schlundkopfhöhle ausbreiten. Sie sind dann bei der Adspektion des Rachenraumes als polypöse Masse zu erkennen [8]. Mit einem Kastrierhaken kann der weiche Gaumen bei der anästhesierten Katze etwas zurückgezogen und die polypöse Masse somit leichter dargestellt werden [9]. Bei jedem Ausfluß aus Ohr oder Nase und auch Atemnot ist deshalb differentialdiagnostisch das Vorliegen von Pseudotumoren in Betracht zu ziehen.

Therapie: Tumore und Pseudotumore im äußeren Gehörgang lassen sich nach vorheriger Otitis-Operation nach ZEPP, die Zugang zum horizontalen Teil des äußeren Gehörganges schafft, chirurgisch entfernen. Es wird auch ein direkter chirurgischer Zugang zum trommelfellnahen Teil des äußeren Gehörganges vorgeschlagen [10]. Dabei wird vorsichtig die Ohrspeicheldrüse durchtrennt. Der N. facialis ist dabei gefährdet.
Auch eine Entfernung (Ablatio) des gesamten äußeren Gehörganges bis zum Trommelfell ist erfolgversprechend, wenn keine schwere Mittelohrentzündung besteht. Sie ist als ultima ratio anzusehen.

Krankheiten des Mittelohres

Otitis media

Als aufsteigende Infektion von Nase oder Rachen, vom äußeren Gehörgang ausgehend oder hämatogen, wird die Otitis media meist von starken Schmer-

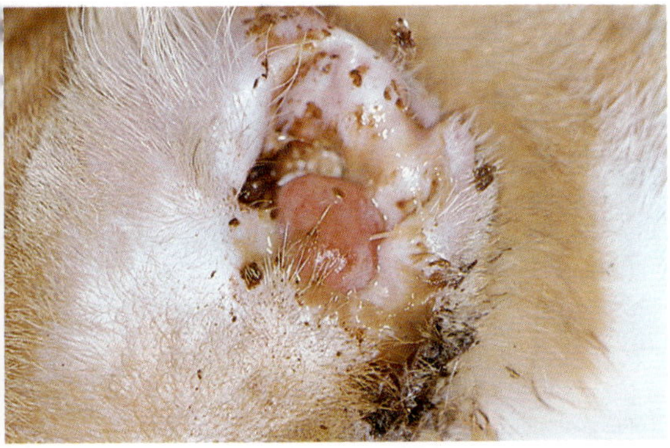

Abb. 13: Pseudotumor

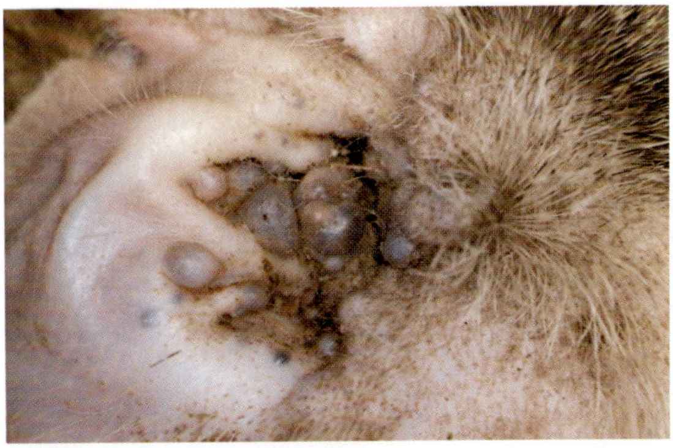

Abb. 14: Pseudotumor

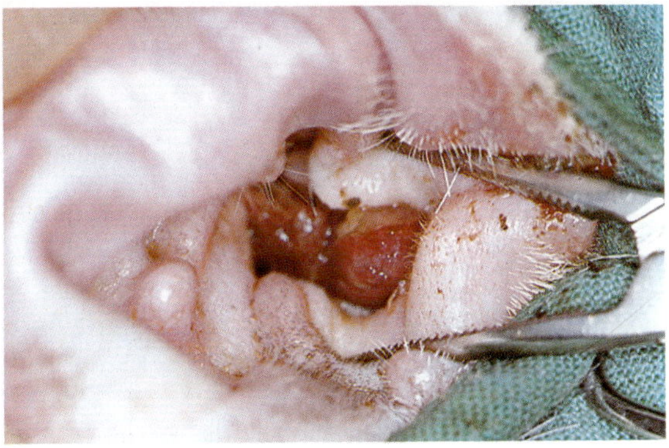

Abb. 15: Pseudotumor in situ

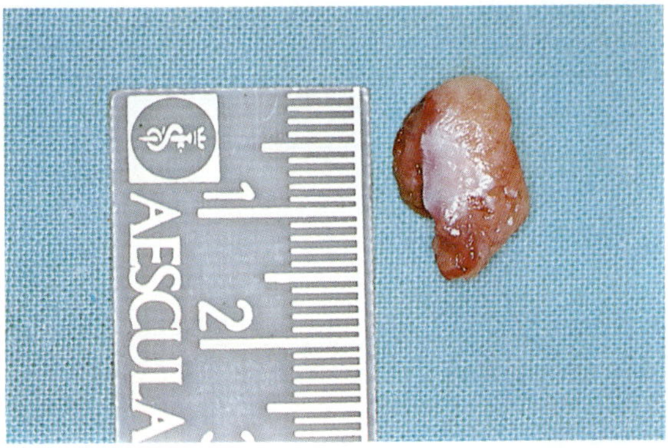

Abb. 16: Pseudotumor aus Abb. 15, exzidiert

zen und Kopfschiefhaltung nach der Seite des erkrankten Ohres hin begleitet. Für die Untersuchung des Trommelfelles ist ein völlig sauberer äußerer Gehörgang (Ohrspülung) Voraussetzung. Bei Adspektion des Trommelfelles läßt eine Vorwölbung auf eine Eiteransammlung im Mittelohr schließen. Die Parazentese des Trommelfelles (Myringotomie) ist dann angezeigt und bringt rasche Erleichterung. Nach Abheilung der Entzündung zeigt das Trommelfell gute Heilungstendenz, aber auch mit defektem Trommelfell scheinen Katzen gut hören zu können.

Eine Mittelohrentzündung kann auch Ursache eines chronischen Nasenausflusses sein.

Therapie: Systemisch werden Antibiotika eingesetzt, lokale Spülungen mit wasserlöslichen Antibiotika in körperwarmer Ringer-Lösung. Dabei wird die Spülflüssigkeit nach Möglichkeit abgesaugt.

Als chirurgische Behandlung kann eine Myringotomie durchgeführt werden.

Die Spülung des Mittelohres wird dadurch erschwert, daß sich bei der Katze ein Knochenseptum findet, das die ganze Paukenhöhle durchsetzt und in einen dorsalen Abschnitt, das eigentliche Cavum tympani, und einen ventralen Abschnitt teilt. Es besteht nur eine kleine Verbindungsöffnung an der Stelle, wo sich das Septum der Pars petrosa anlegt [11]. Die Eustachische Röhre verbindet nur die dorsale Abteilung der Paukenhöhle mit der Schlundkopfhöhle. Abfluß aus der ventralen Abteilung ist somit nicht möglich.

Die Paukenhöhle kann sichtbar gemacht werden, indem an der anästhesierten Katze im abgedunkelten Raum helles Licht mittels Otoskop möglichst nahe an das Trommelfell gebracht wird. Das durchscheinende Licht kann bei geöffnetem Fang lokalisiert werden. Zur weiteren Abklärung sind Röntgenaufnahmen erforderlich. Außer je einer Aufnahme im latero-lateralen und dorsoventralen Strahlengang geben Frontal- und Schrägaufnahmen zusätzliche wertvolle Informationen.

Zur Frontalaufnahme wird die immobilisierte Katze auf den Rücken gelegt. Mit kurzen Stücken einer Mullbinde, die hinter die oberen und unteren Canini gelegt werden, wird die Mundhöhle weit geöffnet. Dabei wird die Zunge zusammen mit dem Unterkie-

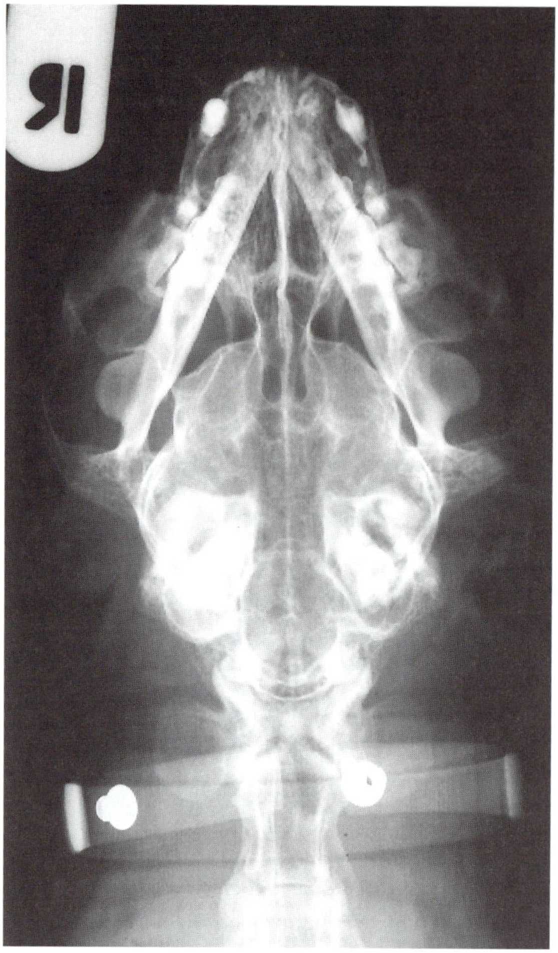

Abb. 17: Erhöhte Knochendichte der Paukenhöhlen

fer fixiert. Der Zentralstahl wird parallel zum harten Gaumen auf das Kiefergelenk gerichtet.
Zur Schrägaufnahme wird die Katze auf die Seite gelegt. Der Kopf wird mit Hilfe eines Maulsperrers, der die Mundhöhle offenhält, um 15 Grad verdreht. Die Prognose ist bei der Mittelohrentzündung vorsichtig zu stellen. Eine Heilung ist nur in weniger als 50 % der Fälle zu erreichen.
Auch Pseudotumore und Tumore können Erkrankungsursache im Mittelohr sein. Der Versuch einer chirurgischen Entfernung ist anzuraten. Beim Vorliegen von Polypen im Mittelohr kann eine Bulla-Osteoektomie erforderlich werden [12].
Auch bei röntgenologisch nachgewiesener erhöhter Knochendichte der Paukenhöhle als Ausdruck einer chronischen Entzündung (Abb. 17), wird eine Bulla-Osteotomie empfohlen [13].
Die Ergebnisse einer Bulla-Osteotomie sind vielversprechend [9, 14].

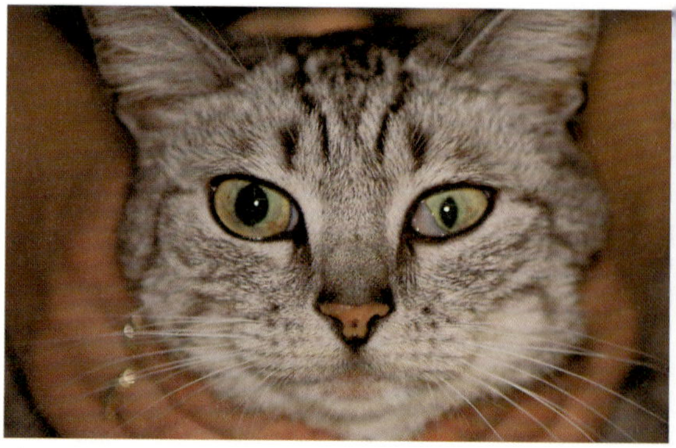

Abb. 18: Horner-Syndrom

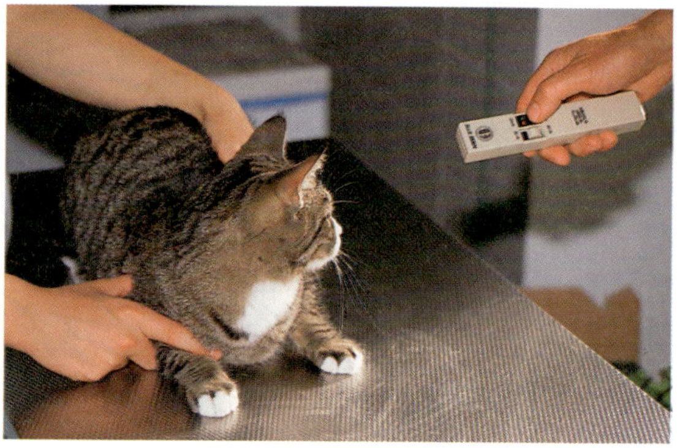

Abb. 19: Hörprüf-Gerät „Noise Stik"

Krankheiten des Innenohres

Otitis interna

Aus der Funktion des Innenohres als Hör- und Gleichgewichtsorgan lassen sich die aus seiner Erkrankung resultierenden Ausfallerscheinungen ableiten. Nystagmus, Gleichgewichtsstörungen und Kopfschiefhaltung sind die differentialdiagnostisch von anderen Erkrankungen des Zentralnervensystems abzutrennenden auffälligsten Erscheinungen. Die Prognose ist vorsichtig bis ungünstig zu stellen, denn auch nach Abheilung der Entzündung können Kopfschiefhaltung oder andere bleibende oder rezidivierende Erkrankungen wie epileptische Anfälle oder Abszesse mit Reaktivierung zurückbleiben.
Als Ursachen einer Innenohrerkrankung sind an erster Stelle die Ausbreitung einer Mittelohrentzündung, Schädeltraumen, Allgemeininfektionen und Ototoxine [15] zu nennen. Ototoxisch wirksam bei Katzen sind:
Streptomycin, Dihydrostreptomycin, Kanamycin, Neomycin und Salicylate (Schädigung der Cochlea) sowie Quecksilber (Schädigung der Cochlea), Arsen und Blei (Schädigung der Cochlea und des 8. Gehirnnervs.)

Otitis media und interna bestehen häufig gleichzeitig. Die Symptomatik überlagert sich entsprechend. Erreicht eine Infektion des Innenohres über den 8. Gehirnnerven das Gehirn, so endet die Krankheit tödlich.
Erkrankungen des Mittel- und Innenohres können periphere vestibuläre Symptome (Kopfschiefhaltung, Nystagmus, vestibulärer Strabismus und vestibuläre Ataxie) hervorrufen. Zusätzlich können eine Fazialisparese sowie Miosis, Enophthalmus und Ptosis (Horner-Syndrom) auftreten (Abb. 18).
Eine gründliche Untersuchung der Ohren einschließlich Röntgen ist zur Abklärung gegenüber dem idiopathischen (geriatrischen) Vestibulärsyndrom erforderlich.

Therapeutisch kommen Antibiotika, Steroide, Disuretika, Analgetika und Sedativa zum Einsatz.

Taubheit

Angeborene Defekte, besonders bei blauäugigen weißen Katzen, und alterungsbedingte degenerative Erkrankungen des Innenohres führen zu Taubheit. Die Möglichkeiten einer genaueren Diagnostik und gezielten Behandlung sind begrenzt.
Eine für praktische Belange ausreichende Prüfung des Hörvermögens kann mit einem Hörprüfgerät für Säuglinge „Noise Stik" (Fa. Albrecht) durchgeführt werden (Abb. 19). Es sendet auf Knopfdruck einen Mischton von 2000 bis 4000 Hz. In diesem Bereich besteht kein Unterschied zwischen dem Hörvermögen des Menschen und dem der Katze. Die Lautstärke ist von 60 dB auf 90 dB umschaltbar.
Zum Hörtest wird die Katze auf den Behandlungstisch gesetzt. Nachdem sie sich einige Minuten an diese Situation gewöhnt hat, wird das Gerät in Höhe des rechten bzw. linken Ohres ca. 20 cm entfernt davon gehalten und für 2 Sekunden eingeschaltet. Eine positive Reaktion besteht in Kopf-, Ohren- oder Augenbewegungen der Katze in Richtung auf das Gerät. Als eine negative Antwort wird eingestuft, wenn die Katze bei beiden Lautstärken keine sichtbare Reaktion zeigt.
Eine exakte Bestimmung des Hörvermögens mittels evozierter Potentiale bleibt wissenschaftlichen Untersuchungen vorbehalten. Besteht keine weitere Erkrankung, so sind Katzen gut dazu in der Lage, eine Taubheit zu kompensieren.

Literatur

[1] KUWAHARA, J.: Canine and Feline Aural Hematomas: Results of Treatment with Corticosteroids. J. Am. Anim. Hosp. Assoc. **22,** 641–647, 1986.

[2] SCHNECK, G.: Use of ivermectin against ear mites in cats. Vet. Record **123,** 599, 1988.

[3] GRAM, W. D.: Use of Ivermectin in the Treatment of Ectoparasites. In: AUGUST, J. R., Consultations in Feline Internal Medicine 2, Saunders, 217, 1994.

[4] MEDLEAU, L.: Using Ivermectin to treat parasitic dermatoses in small animals. Veterinary Medicine **89,** 770–774, 1994.

[5] NICKLAS, W.: Untersuchungen zur Keimflora im äußeren Gehörgang von Katzen. Kleintierpraxis **24,** 107–111, 1979.

[6] HARVEY, C. E., and GOLDSCHMIDT, M. H.: Inflammatory polypoid growths in the ear canal of cats. J. small Anim. Pract. **19,** 669–677, 1978.

[7] SCHULTE, A.: Neoplasien im Ohr der Katze. Kleintierpraxis **33,** 401–444, 1988).

[8] HITT, E. M., and SHRIVER, Th.: Chronic inflammatory polyps in the oronasopharynx of two cats. VM/SAC **78,** 909–911, 1983.

[9] KAPATKIN, A. et al.: Results of Surgery and Long-Term Follow-Up in 31 Cats with Nasopharyngeal Polyps. J. Am. Anim. Hosp. Assoc., **26**, 387–392, 1990.

[10] VENKER-van HAAGEN, A. J.: Diseases and Surgery of the Ear, in: The Cat, Vol. 2, S. 1635. Sherding, R. G., Editor, Churchill Livingstone, 1989.

[11] LITTLE, C. J. L., and LAND, D. J. G.: The surgical anatomy of the feline bulla tympanica. J. Small An. Pract. **27,** 371–378, 1986.

[12] BARREAU, P.: Polype lymphoide de l'oreille moyenne chez un chat: Traitement chirurgical. Pratique medicale et chirurgicale de l'animal de compagnie, **24,** 661–670, 1989.

[13] SCHMIDT, J. F., and KAPATKIN, A.: Nasopharyngeal and Ear Canal Polyps in the Cat. Feline Practice **18,** 16–19, 1990.

[14] FAULKNER, J. E., and BUDSBERG, S. C. : Results of Ventral Bulla Osteotomy for Treatment of Middle Ear Polyps in Cats. J. Am. Anim. Hosp. Assoc, **26,** 496–499, 1990.

[15] ROSE, W: R:, 1976 : Small Animal Clinical Otology, Otitis interna I: General Considerations, Vet. Med./Small Anim. Clin. **71,** Nr. 12, S. 1676.

Krankheiten des Bewegungsapparates

Von C. U. Rosenhagen

Raum für Notizen

Krankheiten des Bewegungsapparates

Generell sind Erkrankungen des Bewegungsapparates bei Katzen nicht selten. Sie werden jedoch erst bei offensichtlicher Lahmheit dem Tierarzt vorgestellt und alsdann zeigen sich während der klinischen Untersuchung, eventuell unter Zuhilfenahme von Röntgenuntersuchungen, Veränderungen am Skelett oder an der Muskulatur. Da Katzen aufgrund ihrer Gangart in der Lage sind, Lahmheiten relativ gut zu kompensieren (man denke an die vielen Katzen mit ein- oder beidseitigen Femurkopf- und -halsresektionen!), werden sie oft erst im fortgeschrittenen Stadium einer Erkrankung dem Tierarzt vorgestellt. Häufig bemerken die Besitzer nur eine gewisse Bewegungsunlust ohne definierte Lahmheit in einem bestimmten Bereich. Die klinische Untersuchung mittels Palpation führt selten zu einer exakten Diagnose. Auch die beim Hund übliche Untersuchung in der Bewegung ist in den meisten Tierarztpraxen nicht möglich.

Somit kommt der Röntgenuntersuchung bei Katzen eine besondere Bedeutung zu.

I. Arthritis

I a. Degenerative Arthritis

Traumatische Arthritis

Verletzungen durch Autounfälle, Stürze und Kämpfe mit anderen Artgenossen äußern sich üblicherweise durch Schmerzen und Schwellungen in einem Gelenk und bereiten diagnostisch selten Schwierigkeiten. Wenn der Kapsel- und Bandapparat intakt ist, so wird sich das Tier durch Ruhe und eine entsprechende medikamentelle Therapie mit Antipholgistika und Analgetika schnell wieder erholen. Bei Band- und/oder Kapselrupturen ist ein chirurgisches Eingreifen angezeigt. Differentialdiagnostisch kann eine solche Form der Arthritis von einer septischen Arthritis nur durch Punktion des Gelenkes abgegrenzt werden. Bakteriologische Untersuchungen der Synovialflüssigkeit geben Aufschluß über das Vorhandensein von pathogenen Keimen. Daraus leitet sich dann eine kausale Therapie ab.

Osteoarthritis

Eine funktionelle Störung der beweglichen Gelenke kann primär und sekundär, als Folge von anderen Gelenkveränderungen vorkommen. Hüftgelenksdysplasie, Patella-Luxation, Kreuzbandriß und angeborene Ellenbogen-Subluxation führen zu Fehlbelastungen der jeweiligen Gelenke und damit zu Lahmheiten. Auch daraus resultierende Überbelastungen anderer Gelenke können zu degenerativen Veränderungen mit vermehrter Wärme, Schwellungen und Schmerzhaftigkeit führen. Röntgenologisch sind Knorpel- und Knochendefekte, Knochenzubildungen im Sinne von Osteophyten und Exostosen sichtbar. Je nach Chronizität der Veränderung kalzifizieren auch die Weichteilstrukturen des jeweilen Gelenkes.

Bei sekundärer Osteoarthritis ist die Ursache ggf. chirurgisch zu beheben. Die medikamentelle Therapie besteht in der Verabreichung von Kortikosteroiden oder nichtsteroidalen Antiphlogistika, wobei Nebenwirkungen letzterer Medikamente genau zu beachten sind!

Prednisolon wird in einer Dosierung von 0,5–1 mg/kg KGW von Katzen gut toleriert und bewirkt oft schon sehr bald eine für den Besitzer sichtbare Verbesserung der Bewegungsabläufe. Amputation und Arthrodese sollten immer ganz am Ende der Prioritätenliste stehen!

I b. Infektiöse Arthritis

Eine infektiöse Arthropathie kann sehr unterschiedliche Ursachen haben. Die häufigste Form ist bei Katzen die bakterielle, **septische Arthritis** hervorgerufen durch Bißverletzungen oder Unfälle. Wenn bei Rangordnungskämpfen ein Gelenk durch die sehr spitzen Canini des Kontrahenten punktiert wird, so entwickelt sich nahezu immer eine septische Arthritis. Pasteurella spp., Staphylococcus spp. und Streptococcus spp. stehen als Erreger im Vordergrund. Das entzündete Gelenk ist schmerzhaft und geschwollen. In akuten Fällen beschränken sich die Veränderungen meistens nur auf die Weichteile. Sicherheitshalber soll eine Röntgenaufnahme angefertigt werden, um osteale und periosteale Verletzungen auszuschließen. Systemisch verabreichte Antibiotika helfen in den meisten Fällen zuverlässig. Sollte durch die Gabe von Ampicillin, Amoxycillin oder Clindamycin kein befriedigender Erfolg erzielt werden, so muß an eine Drainage des jeweiligen Gelenkes mit Bakterienkultur und Resistenztest gedacht werden.

Chronisch bakteriell infizierte Gelenke müssen immer punktiert werden, um eine Keimbestimmung und somit eine gezielte Antibiotika-Therapie durchführen zu können. Die letzte Möglichkeit nach gescheiterter konservativer Therapie ist die Arthrodese und ggf. Amputation der verletzten Gliedmaße. Letztere sollte nur bei vollständiger Destruktion der Gelenkanteile in Betracht gezogen werden.

Auch **Borreliose,** übertragen von Zecken, kann zu einer generalisierten oder auch nur lokalen Arthritis führen. Fieber, Anorexie, Lymphandenopathie, Meningitis und neurologische Ausfälle können begleitend diagnostiziert werden.

Ebenso wie **Mykoplasmen** und **Pilze** (Cryptococcus, Histoplasma) können auch Caliciviren besonders bei Jungtieren zu Gelenkveränderungen im Sinne einer Arthritis führen. die Diagnose ist jeweils durch Isolation des Erregers zu manifestieren und dann entsprechend zu therapieren.

I c. Nicht infektiöse Arthritis

Bei Katzen kommen, wenn auch selten, verschiedene Arten dieser Gelenkveränderungen vor. Zunächst ist die **Rheumatoide Arthritis** zu nennen. Röntgenaufnahmen zeigen schwere Gelenkdestruktionen bis hin zu Subluxationen. Häufig können bei solchen Patienten Serum-Rheumafaktoren festgestellt werden. Vornehmlich jüngere Tiere leiden unter **periostal proliferativer Polyarthritis** am Carpus und Tarsus.

Die radiologischen Veränderungen können außer massiven periostalen Reaktionen auch deutliche Zubildungen an den jeweiligen Sehnen- und Bandinsertionen aufweisen. Selten kommen bei Katzen auch Erkrankungen im Sinne eines systemischen **Lupus erythematosus** vor.

Alle Gelenksentzündungen, welche nicht in die vorgenannten Diagnose-Schemata einzuordnen sind, werden als **idiopathische Arthritiden** bezeichnet. Letztere werden in 4 Subtypen unterschieden. Unter Typ I wird eine Polyarthritis ohne primäre Ursache verstanden. Die Typen II–IV sind sekundäre Arthritiden mit unterschiedlicher Grunderkrankung wie Cystitis, Conjunktivitis, Entzündungen der Atemwegen oder Dermatitiden über Gastro-Intestinale Störungen bis hin zu Neoplasien in anderen Körperregionen außer den Gelenken. Ohne eine spezifische Therapie der Grunderkrankung ist eine Typ II–IV-Arthritis nicht zu heilen. Bei Vorliegen einer Chlamydien-Conjunktivitis mit begleitenden arthritischen Beschwerden, kann unter Umständen durch den Nachweis von zirkulierenden Chlamydien-Antikörpern die Diagnose bestätigt werden.

Die **Therapie** immunbedingter Arthritiden ist zunächst abhängig vom Schweregrad der Erkrankung. Bei jedem Verdacht auf Vorliegen einer auslösenden Primärerkrankung, ist diese natürlich zu therapieren. Prednisolon ist bei Katzen das Medikament der Wahl bei der Behandlung von immunbedingten Arthrifiden. Initial beginnt man mit einer hohen Dosierung von 2–4 mg/kg KGW über einen Zeitraum von 2 Wochen. Dann schließt sich ein Intervall von 6–8 Wochen mit einer Dosierung von 1 mg/kg KGW an, gefolgt von einer Erhaltungsdosis von 2tägig 0,5–1 mg/kG KGW.

Bei Vorliegen einer rheumatoiden- oder Periostal-Proliferativen Arthritis sind hohe Prednisolon-Gaben oft wenig sinnvoll. Daher werden Niedrigdosen von 0,5–1 mg/kg KGW mit cytotoxischen Medikamenten wie Cyclophosphamid 2,0 mg/kg KGW einmal tgl. kombiniert. Regelmäßige Kontrollen des weißen und roten Blutbildes sind notwendig. Diese Therapie sollte nicht länger als 4 Wochen durchgeführt werden, um Komplikationen der unteren Harnwege zu vermeiden. Vor einer Zytostatika-Therapie ist unbedingt ein FeLV und FIV-Test durchzuführen, um unangenehme Überraschungen auszuschließen.

II. Systemerkrankungen des Skelettes

II a. Störungen der Entwicklung,

die sich im allgemeinen Minderwuchs äußern, sind Folge von Mangelschäden bei Mutterkatze oder Katzenwelpen, sei es wegen mangelnder Zufuhr oder wegen mangelnder Nahrungsresorption als Folge von Krankheiten. Es entstehen „Kümmerlinge", bei denen alle Organe also auch das Skelett und in diesem alle zellulären Elemente mangelhaft ausgebildet sind. Dies ist bei Katzen selten.

II b. Störungen des Mineralstoffwechsels

Kalzium muß in genügender Menge in der Nahrung enthalten sein, es muß im richtigen Mengenverhältnis zum Phosphor stehen und es muß resorbiert werden. Azidität der Ingesta oder Anwesenheit von viel Oxalat hemmt die Ca-Resorption. Eine fördernde Rolle bei der Resorption wie beim intratorporalen Transport des Ca spielt das Vitamin D, das als Vitamin D_2 in der Nahrung vorhanden ist, als wirksames Vit. D_3 in der Haut gebildet wird und zuerst in der Leber und dann in den Nieren zu der biologisch wirksamsten Form metabolisiert wird. Störungen des Kalziumstoffwechsels wirken sich besonders deshalb am Knochen aus, weil dieser außer seiner Stützfunktion auch als Kalziumdepot für den Blutkalziumgehalt und damit den gesamten Mineralstoffwechsel fungiert. Das Kalzium wird im Knochen zunächst locker an Mucopolysaccharide, dann an randständige Hydroxylgruppen des Apatitis gebunden, ehe es als Hydroxylapatit fest in den mineralisierten Knochen eingebaut wird. Danach ist es nur durch osteoklastischen Abbau wieder mobilisierbar.

II ba. Mangelzustände

Rachitis wird verursacht durch mangelhafte Mineralisation des neugebildeten Knochens beim Jungtier. Beim Erwachsenen entsteht die **Osteomalazie** in gleicher Weise, wenn beim ständigen Umbau (turn over) des Knochens durch Osteoklasten und Osteoblasten das neugebildete Gewebe nicht mineralisiert wird. Beides ist bei Katzen nicht häufig. Die **Diagnose** stützt sich auf die röntgenologisch nachweisbare Erweiterung der Epiphysenfugen, die zur Metaphyse hin unregelmäßig begrenzt sind. Dabei sind die Metaphysenenden oft kelchartig verbreitert. Das ist am besten an schnellwachsenden Epiphysen wie an der distalen Radius und Ulna darstellbar. Verkrümmungen der langen Röhrenknochen kommen vor, auch kyphotische Verkrümmungen der Wirbelsäule und tonnenformiger Thorax.

Bei der Ätiologie ist im Gegensatz zu den Verhältnissen beim Menschen Vitmin-D-Mangel nicht eine wesentliche Ursache, sondern Kalziummangel oder vor allem ein Mißverhältnis von Kalzium und Phosphor in der Nahrung. Die **Therapie** besteht mithin in der erhöhten Zufuhr von Ca und vielleicht auch von P in dem Maße, daß in der Nahrung vorübergehend ein C:P-Verhältnis von 2:1, auf Dauer das richtige von 1,2:1 erreicht wird.

Besteht ausnahmsweise der Verdacht eines Vitamin-D-Mangels (Fertigfutter enthalten es i. d. R. reichlich), kann man etwas Vitamin D geben, jedoch nicht mehr als 10 bis 20 I U./kg/Tag.

Hyperparathyreoidismus

Während primärer Hyperparathyreoidismus durch Adenome der Nebenschilddrüsen bei der Katze unbekannt ist, verursacht der sekundäre, alimentäre Hyperparathyreoidismus die häufigste, jedenfalls die schwerwiegendste Skelettstörung bei Katzen.

Pathogenese: Die Nebenschilddrüsen werden zu vermehrter Abgabe des Parathormons stimuliert durch eine Hypokalzämie, die entweder durch mangelhafte Kalziumzufuhr oder vor allem exzessive Phosphorzufuhr herbeigeführt wurde (und experimentell herbeigeführt werden kann). Das Übermaß an Parathormon mobilisiert nun nicht nur das noch locker gebundene Kalzium aus den Knochen, sondern vermehrte Osteoklastenaktivität führt zum Abbau von Knochensubstanz, so daß fest gebundenes Kalzium die Hypokalzämie in Grenzen halten kann.

Parathormon stimuliert auch die Nieren zur Bildung von 1,25-Dihydroxycholecalciferol, das die Ca-Resorption im Darm, aber auch im Knochen fördert. Es entsteht eine **Osteodystrophia fibrosa.**

Bei längerem Bestehen kann es dahin kommen, daß auch die Kalziumzufuhr den Zustand nicht mehr ändert, durch adenomatöse Veränderung der Nebenschilddrüsen ist dann ein tertiärer Hyperparathyreoidismus entstanden.

Ätiologie: Die Ursache ist einseitige Fütterung mit magerem Fleisch. In rohem Fleisch ist das Verhältnis Ca:P wie 1:22, in roher Leber sogar wie 1:50. Bei der ausschließlichen Fütterung von Herzmuskelfleisch, für die das gleiche gilt, kann zusätzlich Jodmangel eine schädliche Rolle spielen, denn Jod ist im Herzmuskel nicht enthalten und Thyroxinmangel hemmt auch die Skelettentwicklung. Entscheidend ist aber das Ca:P-Verhältnis des knochenlosen Fleisches verglichen mit den samt Knochen verzehrten normalen Beutetieren der Katze. Ausschließliche Leberfütterung kann eine Mischform von Skeletterkrankungen hervorrufen: Das falsche Ca:P-Verhältnis führt zur Osteodystrophie, die Vitamin-A-Vergiftung (siehe diese) zu Exostosen.

Klinisches Bild: Befallene Tiere zeigen die ersten Symptome meist im Alter von 3–4 Monaten in gelegentlichen Bewegungsstörungen, sie werden doch erst häufig Monate später nach Zunahme der Beschwerden dem Tierarzt vorgestellt. Hervorstechend ist eine allgemeine Bewegungsunlust und Berührungsscheu. Die Fortbewegung scheint schmerzhaft zu sein, besonders geschont werden die Gliedmaßen, in denen die Entkalkung schon zu Spontanfrakturen geführt hat, so daß eine wechselnde Lahmheit entsteht. Das Gewicht wird zur Entlastung der Vorderbeine durch Unterstellen der Hinterbeine nach hinten verlegt – oder im umgekehrten Falle entsprechend nach vorn. Oft läßt auch die Körperhaltung schon Schäden der Wirbelsäule erkennen. Herauf- und Hinabspringen ist unmöglich oder kann, wenn versucht, zu Spontanfrakturen führen.

Im **Röntgenbild** sieht man papierdünne Schatten der Kompakta, besonders der Röhren-, aber auch aller übrigen Knochen. Auffallend ist ferner die geringe Schattenbildung der Wirbelkörper und die kyphotische, im Lendenbereich auch lordotische oft sehr ausgeprägte Verkrümmung der Wirbelsäule; auch Skoliosen kommen vor.

Das Becken ist verengt. Spontan entstandene Knick-, aber auch Stauchfrakturen der Röhrenknochen finden sich ebenso wie Kompressionsfrakturen

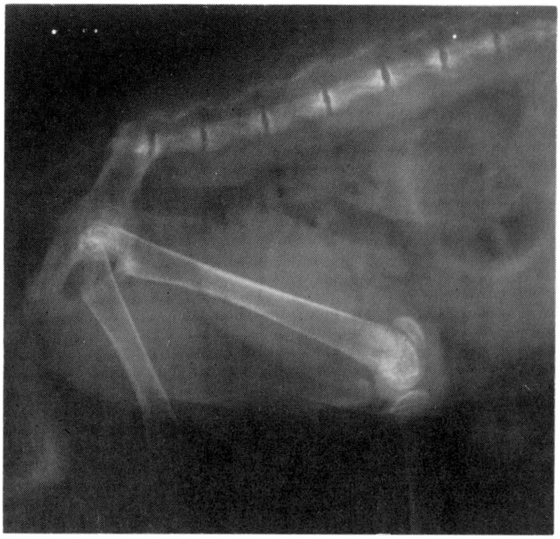

Abb. 1: Osteodystrophia fibrosa. Dünne Corticalis, kalkarme Wirbelkörper, verheilte Grünholzfraktur des einen Os femoris.

von Wirbelkörpern. Lordose und Beckenverengung können ein solches Ausmaß annehmen, daß es zu sehr ausgeprägten Koprostasen kommt. Berührung, besonders Druck auf Knochen ist offenbar hochgradig schmerzhaft. Dabei ist das Allgemeinbefinden sonst ungestört. Das gleiche Krankheitsbild wie bei heranwachsenden kann auch bei erwachsenen Tieren auftreten, wenn lange genug die beschriebene Fehlernährung hat wirksam sein können (Abb. 1). Erst nach längerer Krankheitsdauer (und begonnener Kalziumzufuhr?) können sich bei jugendlichen wie erwachsenen erkrankten Katzen auch Exostosen als zusätzliche Symptome einstellen.

Die Kallusbildung nach Frakturen ist kalkarm, also wenig röntgendicht, aber quantitativ oft überschießend, was in Gelenknähe oder im Becken zu Behinderungen führen kann.

Es hat den Anschein, daß der beschriebene sekundäre Hyperparathyreoidismus mit der zugehörigen alimentären Osteodystrophia fibrosa alles jene umfaßt, was man mit den Namen: Osteitis fibrosa, Osteofibrose, deformierende juvenile Spondylose, Spondylosis ancylopoetica, ankylosierende Panarthritis, Panarthrose, Periarthritis der Katze oder rarefizierende Osterodystrophie, paper bone disease, juvenile Osteoporose beschrieben hat. Klinisch nicht sicher abzugrenzen sind Defekte des Skelettsystems, die genetisch bedingt zu sein scheinen.

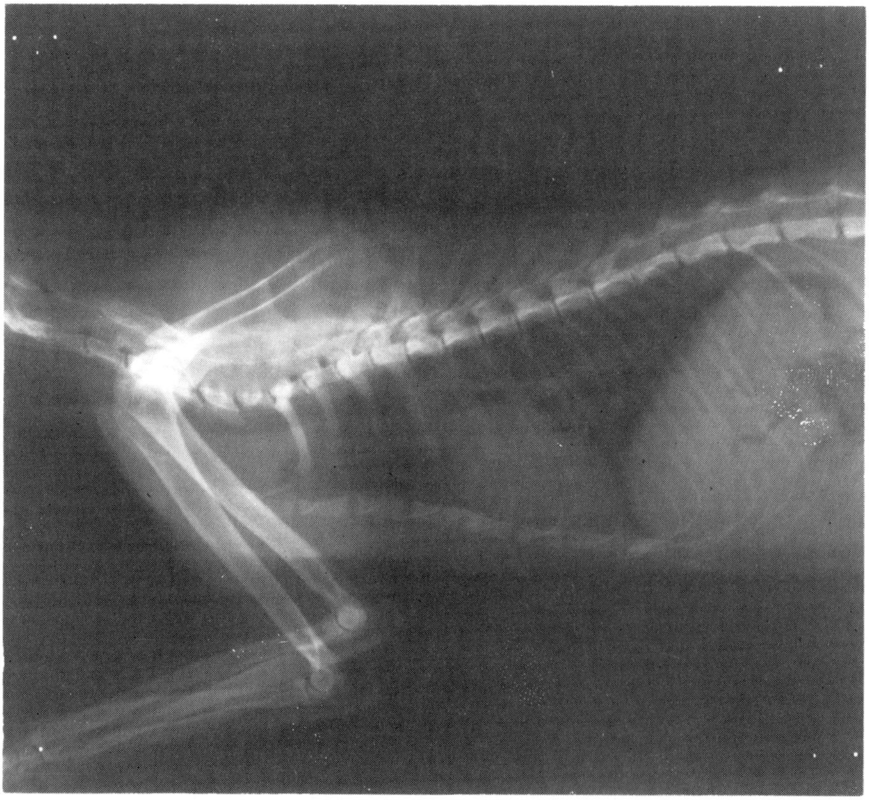

Abb. 2: Osteodystrophia fibrosa nach Leberfütterung. Ankylose der Halswirbelsäule durch umfangreiche kalkarme Knochenwucherungen, verformte Humeri mit schwacher Corticalis.

Prophylaxe und Therapie

Die Prophylaxe ergibt sich aus der Pathogenese: Vermeiden einer Ernährung, die zuviel Leber und überwiegend mageres Fleisch enthält.

Zu empfehlen ist die Fütterung eines zur Aufzucht von Jungkatzen zusammengestellten ausgewogenen Fertigfutters von guter Qualität und Verzicht auf zusätzliche Kalzium-Vitamin- oder „Was-auch-immer"-Gaben. Bei zu Übergewicht neigenden Jungtieren sollte die Menge dieses Qualitätsfutters beschränkt werden. Wird die Nahrung vom Besitzer selbst zurechtgemacht, dann Zufütterung von Kalzium, vorzugsweise nicht als Kalziumphosphat, sondern als Kalziumkarbonat oder -laktat. Bei bestehender Krankheit gilt das gleiche: ein gutes Aufzucht-Fertigfutter, nicht zu reichlich und ohne jeden Zusatz, sonst wird man Leber ganz streichen, die Fleischfütterung reduzieren, statt dessen Fisch und vor allem Milch und Milchprodukte, vorzugsweise Quark geben und Kalziumkarbonat und -laktat zufüttern. Zu Beginn der Therapie ist die intravenöse Verabreichung von 10 ml Kalziumgluconat 10%ig pro Tag und Katze empfohlen worden. Es fragt sich, ob das Risiko von Frakturen beim auch schonenden Fixieren zum Venenstauen bei der berührungsschmerzempfindlichen Katze den Therapeuten nicht besser mit peroraler Kalziumzufuhr sich bescheiden lassen sollte.

Von äußerster Wichtigkeit ist die absolute Ruhigstellung, d. h. Einsperrung der Tiere, solange, bis die Knochen wieder hinreichend stabil geworden sind. Von irgendwelchen Therapieversuchen an Spontanfrakturen, operativ oder konservativ, kann nicht dringend genug abgeraten werden.

Die **Prognose** ist bei Korrektur der Ursache bei Jungkatzen recht günstig und auch bei Erwachsenen führt konsequente – aber nur solche – Nahrungsumstellung zum Ende des gesteigerten Knochenabbaus und zur Wiederherstellung normaler Knochenstruktur.

Eingetretene Knochenverformungen bleiben freilich bestehen, das gilt besonders für die Wirbelsäule und das Becken. Solange es nicht zu Koprostasen kommt, Kompressionsfrakturen der Wirbel nicht Nervenschäden mit Paresen hervorgerufen haben und Geburten vermieden werden – am sichersten durch Kastration weiblicher Tiere –, leben Katzen mit verformtem Skelett erstaunlich unbeschwert.

Sekundärer Hyperparathyreoidismus renalen Ursprungs

Die Azidose, die chronische Nierenschäden, z. B. chronische Nephritiden, begleitet, kann zu einer hypokalzämischen Stoffwechsellage und damit zum sekundären Hyperparathyreoidismus führen. Dabei werden zuerst die Knochen des Kopfes und der Kiefer entkalkt. Da das fibröse Ersatzgewebe elastisch ist, wird der meist zahnlos gewordene Kiefer gummiartig (rubberjaw). Dieses Krankheitsbild ist bei Katzen nur selten beobachtet worden.

Andere Mangelkrankheiten

Phosphormangel entsteht nur bei rein vegetabilischer Nahrung, ist daher sehr selten und verursacht mangelhaft mineralisierte Osteoide ähnlich der Rachitis. Ebenso selten ist Mangel an Vitamin A, das Katzen zwingend benötigen, da sie es nicht aus Karotin selbst bilden können. Vitamin-A-Mangel ruft Symptome an anderen Organen hervor, bevor er sich auf das Skelett auswirkt; dort kommt es dann zu Verkürzung und Verdickung der Knochen. Ausgewogene Katzenfutter enthalten sowohl Phosphor als auch Vitamin A in hinreichender Menge.

II bb. Überschuß von Nähr- oder Wirkstoffen

Kalziumüberschuß mit erhöhtem Kalzium-Blutspiegel löst Hyperkalzitonismus aus, der Ca-Blutspiegel sinkt wieder. Am Knochen werden vor allem Schäden der Knorpelsubstanz auf Ca-Überschuß zurückgeführt.

Vitamin-D-Vergiftung kann leicht entstehen, weil fettlösliche Vitamine nicht wie wasserlösliche bei Überfluß schnell renal ausgeschieden werden können und weil in guter Absicht aber Unkenntnis gegebene Vit.-D-Präparate hochkonzentriert sind. Hyperkalzämie, Muskelschmerzen und -steifigkeit sind die Folgen, später kommt es zu Verkalkungen in Organen und durch Hemmung der Osteoklasten zu Wachstumshemmung des Skeletts und als Gesamtfolge zum Kümmern.

Vitamin-A-Vergiftung kann entstehen durch Überversorgung mit Vitamin-A-Präparaten, z. B. mit Lebertran oder durch ausschließliche oder stark überwiegende Fütterung mit (roher) Leber. Mit langfristiger hoher Vit.-A-Überdosierung konnte das Vergiftungsbild experimentell erzeugt werden. Die Symptome sind Schmerzen bei der Bewegung, Hockstellung, Lahmheiten, Hypersensibilität bei Berührung, mangelhafte Kalzifizierung des Knochens einerseits und Bildung von schließlich skurril großen Exostosen andererseits, die besonders die Wirbelsäule und vor allem die des Halses betreffen und zur Ankylosierung führen (Abb. 2).

Die Prophylaxe aller Überschußschäden besteht in ihrer Vermeidung, die **Therapie** im sofortigen Übergang zu einer ausgewogenen Ernährung. Im Falle der Vitamin-D-Vergiftung beschleunigt Kortisontherapie die Linderung der Symptome.

II c. Störungen der Grundsubstanzbildung

Hierbei handelt es sich um eine verminderte Bildung von Knochengewebe überhaupt. Das Ergebnis ist eine Knochenhypoplasie beim Jungtier und bei normalem, dem turn over entsprechenden Abbau, eine Knochenatrophie beim Erwachsenen.

Die Krankheit bezeichnet man als **Osteoporose.** Die angeborene Form der Osteoporose wird durch eine erbliche Minderleistung der Osteoblasten verusacht. Wahrscheinlich ist die gelegentlich als Osteogenesis imperfecta beschriebene Skelettstörung wachsender Katzen hier einzuordnen. Das Krankheitsbild dieser Tiere hatte folgende Gemeinsamkeiten: Sie stammten jeweils vom gleichen Kater ab, nach dessen Wechsel keine Fälle mehr vorkamen. Die Fütterung war nicht einseitig, andere Zwingergenossen erkrankten bei gleicher Fütterung nicht. Die Serumkalziumwerte waren normal, Exostosen wurden nie beobachtet. Knochenhistologische Untersuchungen liegen leider nicht vor. Bei der dominant vererbten Osteogenesis imperfecta Typ Lobstein des Menschen – über deren Pathogenese und Pathophysiologie noch keine letzte Klarheit herrscht – besteht als grundlegender Fehler eine Störung der Bindegewebsentwicklung: die embryonalen retikulären Fasern – nicht nur aber auch – in der Knochengrundsubstanz werden nicht in kollagene Fasern umgebaut, was außer an den Knochen auch andere Krankheitsfolgen hat, die bei der Katze fehlen. So sollte die Bezeichnung Osteogenesis imperfecta wohl besser vermieden werden. Vermutlich wird bei diesen Katzen irgendeine Störung in einem den Knochenaufbau regelnden System vererbt.

Klinisches Bild: Die im Röntgenbild dünne und scharfrandige Corticalis ist schwach. Spontanfrakturen, meist Teil- und Stauchfrakturen oder Grünholzbrüche, sind häufig, es wird dabei nur ein schwacher Kallus gebildet. Die Epiphysenfugen sind normal schmal und glatt, die Spongiosabälkchen der Metaphyse schwach und gering an Zahl, nach längerem Verlauf erscheinen einzelne Spongiosabälkchen stärker als normal, bleiben aber viel geringer an Zahl als normal.

Die Katzen kamen im Alter von 2 bis 12 Monaten zur Erstuntersuchung. Schmerzhaftigkeit, besonders der Hinterbeine, fiel zuerst auf; vorsichtige Bewegungen, nach Sprüngen oder Spielen plötzliche Verschlechterungen, wohl durch Spontanfrakturen. Deformitäten von Becken und Thorax stellten sich ein. Im ganzen ähnelte das äußere Erscheinungsbild sehr dem für die alimentäre Osteodystrophia fibrosa beschriebenen.

Therapie: Weder mit erhöhter Kalziumzufuhr noch mit sonst einer Therapie sind schnell Erfolge zu erzielen. Absolute Ruhigstellung zur Vermeidung weiterer Traumatisierung ist die Hauptsache, Einsperrung in einen Käfig von Kaninchenstall-Größe ist am besten. Das CA:P-Verhältnis in der Nahrung muß korrigiert werden. Zur Schmerzlinderung soll gelegentlich Phenylbutazon per os gedient haben, anabole Hormone schienen etwas zu bessern, sonst trat mit Erreichen der Geschlechtsreife Selbstheilung ein, natürlich unter Verbleib der Skelettdeformierungen, wenn bis dahin Komplikationen wie Koprostasen, Paresen u. a. hatten vermieden werden können.

Erworbene Osteoporose

Atrophie des Knochengewebes kann bei Hypoproteinamie als Folge von Mangelernährung, Resorptionsstörungen oder Diabetes mellitus auftreten. Das klinische Bild zeigt neben dem des Grundleidens die dünne scharf konturierte Corticalis.

III. Knochentumoren

Auch bei Katzen, wenn auch wohl seltener als bei Hunden, findet man Knochentumoren vielerei Art, die man in primäre und sekundäre unterteilen kann, die ersten können maligne oder benigne sein, wobei freilich auch die benignen die Knochenstruktur so zerstören können, daß die Gliedmaße nicht mehr funktioniert. Die zweiten sind fast stets maligne, sie sind Metastasen von Weichteiltumoren oder dringen in den Knochen durch Einwachsen von der Umgebung her ein.

III a. Primäre Knochentumoren

Primäre Knochentumoren sind am häufigsten **Osteosarkome,** die im Knochenmark oder selten juxtacortikal entstehen. Sie sind hochgradig schmerzhaft, sobald die Schwellung Gelenke oder das Periost affiziert. Schwellung, Schmerz, Funktionsstörung und röntgenologisch darstellbare Zerstörung der Knochenstruktur, bei der die Strahlendurchlässigkeit gegenüber der Norm verringert und vergößert sein kann, erlaubt die Verdachtsdiagnose. Prädilektionsstellen sind Femur, Radius, Ulna, Tibia, Humerus meist an den Metaphysen sowie Becken, Wirbelsäule und Schädel, Häufigkeit annähernd in dieser Reihenfolge. Eine Knochen-PE ist für die Abgrenzung zu infektiösen Veränderungen unumgänglich.

Das gleiche gilt für die selteneren **Chondrosarkome.** An benignen primären Knochentumoren sind **Osteome,** osteoide Osteome und **Chondrome** beschrieben.

III b. Sekundäre Knochentumoren

Nahezu alle malignen Tumoren können Knochenmetastasen bilden. So sind gefunden worden: Fibrosarkome, Plattenepithel-Karzinome, Lymphosarkome, Rhabdomyosarkome, maligne Melanome, Hämangiosarkome, Retothelsarkome, Meningiome und unreifzellige Stammzellenleukose.

Therapie: Sieht man davon ab, daß man mit Analgetika, wo nötig, die Euthanasie etwas hinausschieben kann oder bei tumorösen Systemerkrankungen mittels zytostatischer Therapie hinhaltende Erfolge erzielen kann, bleibt sonst nur die Operation zu erwägen. Bei benignen Tumoren kann man selten den Turmor unter Erhaltung der Knochen-Kontinuität entfernen, in anderen Fällen kann man die operativ separierten Knochenteile mittels Osteosynthese, ggf. mit Spongiosatransplantation, wieder vereinigen, sonst steht man vor der Entscheidung, ob man amputieren soll oder nicht. Soweit Gliedmaßen betroffen sind, hält der Verfasser eine Amputation für empfehlenswert, trotz der Metastasierungsgefahr. Selbstverständlich nur, wenn nicht schon Metastasen vorliegen (Röntgen!). Dabei wird immer die Meinung des Besitzers zu berücksichtigen sein, bei welcher irrationale Momente meist gewichtiger sind als rationale.

III c. Tumor-ähnliche Veränderungen

Exostosen kommen auch bei Katzen in verschiedenen Ausprägungen vor. Radiologisch lassen sich sowohl solitäre wie auch multiple Formen nachweisen, wobei erstere eine deutlich bessere Prognose haben. Nach lokaler Resektion der Osteophyen ist zunächst eine Besserung der Lahmheit zu erwarten. Eine Remission der Beschwerden kann jedoch nicht ausgeschlossen werden. Die regionäre Knochensubstanz ist generell nicht betroffen. Bei histologisch nachgewiesener Transformation zu einem malignen Geschehen, ist die Amputation der jeweiligen Gliedmaße die einzige Möglichkeit, dem Tier zu helfen.

Multiple Formen wie die **Osteochondromatose** treten fast ausschließlich am axialen Skelett (Rippen, Schulterblatt, Wirbelknochen, Schädel und Becken) auf. Differentialdiagnostisch sind maligne Tumore auszuschließen. Junge erwachsene Katzen sind am häufigsten betroffen. Die Prognose ist leider schlecht und die Überlebenszeiten überschreiten selten ein Jahr nach der Diagnosestellung aufgrund klinischer Beschwerden.

Die synoviale **Osteochondrometaplasie** ist durch knöcherne und/oder knorpelige Zubildungen als metaplastische Hyperplasie der Synoviazellen charakterisiert. Häufig erscheinen diese kalzifizierten Schatten in der Synovialschicht radiologisch wie freie Gelenkkörper. In der Regel ist nur ein Gelenk (Ellenbogen, Sprunggelenk und Kniegelenk) betroffen und eine Lahmheit tritt erst relativ spät auf. Die chirurgische Intervention ist schwierig wegen der Lokalisation in der Synovialis. Ein „Synovial-Stripping", also die Entferung der gesamten Synovialis kann durchgeführt werden. Der Langzeiterfolg ist jedoch fraglich!

Synoviale Zysten sind gutartige Veränderungen der Synovialis der Gelenke, Schleimbeutel oder Sehnenscheiden. Da sie oft zu Hautulcerationen an der betreffenden Lokalisation führen, sind sie schwierig von Haut- und Unterhaut-Neoplasien zu unterscheiden. Lokale Exzision und histologische Abklärung ist zu empfehlen.

Spondylosen (vornehmlich bei alten Perserkatzen im Lumbo-Sacralbereich) und **Spondylitis** werden ebenfalls radiologisch beobachtet. Erstere verursachen selten klinische Beschwerden, außer daß die Besitzer berichten, daß die Tiere seltener auf die „angestammten Möbel" springen. Eine Spondylitis ist differentialdiagnostisch durch Röntgenuntersuchung (Veränderung der Wirbelendplatten) und Laboruntersuchungen zu verifizieren.

IV. Erbliche-/Kongenitale Knochen- und Gelenkveränderungen

Unter **Mucopolysaccharidose** versteht man eine Störung des Glukosaminoglykan-Stoffwechsels. In der Humanmedizin werden verschiedene Typen unterschieden, von denen bei der Katze nur Typ I und IV nachgewiesen sind.

Die **feline Mucopolysaccharidose IV** ist eine erbliche, autosomal rezessive Erkrankung der Siamkatzen und Siam-Mischlinge. Befallene Katzen scheiden sehr viel Dermatan-Sulfat über die Nieren aus. Es besteht eine verringerte Arylphosphatase-B-Aktivität. Die klinischen Symptome reichen von einer verbreiterten Maxille über Cornea-Verschattungen bis zu Pectus excavatum und neurologischen Ausfallserscheinungen. Krepitation und Schmerzhaftigkeit der Gelenke mit Abduktion der Kniegelenke sind erste Hinweise. Manipulationen des Kopfes werden als unangenehm empfunden. Der Muskeltonus ist erhöht. Radiologisch können Hüft-Luxationen, Coxa valga, Fusion der Halswirbel sowie eine irreguläre Proliferation der distalen Epiphysen der Röhrenknochen beobachtet werden. Die Diagnose erfolgt durch den Nachweis von Glucosaminoglycanen im Harn sowie von hohen Mengen von Dermatan-Sulfat.

Eine Therapie ist nicht bekannt; einige Katzen widerstehen der Erkrankung jedoch über Jahre.

Die **feline Mucopolysaccharidose I** ist durch ähnliche Symptome wie der Typ IV gekennzeichnet mit Ausnahme der Epiphysen-Verbreitung der Röhrenknochen. Die Erkrankung wird autosomal rezessiv vererbt. Es sind weiße Hauskatzen befallen. Neben großen Mengen Dermatan wird von diesen Tieren in erhöhtem Maße Heparin Sulfat ausgeschieden verbunden mit einemMangel an alpha-L-Iduronidase. Für Therapie und Überlebenschance gilt das gleiche wie für den Typ IV.

Gar nicht so selten kommt bei Katzen eine ein- oder beidseitige **Patella-Luxation** vor. Typische Beobachtungen der Besitzer sind intermittierende Lahmheiten, welche das Tier durch gelegentliches Strecken der Hintergliedmaße wieder beheben kann. Die zunächst luxierte Patella gleitet dann in ihre physiologische Position zurück. Als Ursache kommt die mediale Rotation der Tub. tibiae ebenso vor wie ein zu flacher Sulcus trochlearis.

Die Diagnose wird durch klinische Untersuchungen unter Zuhilfenahme von Röntgenbildern gestellt Ätiologisch sind immer andere Primärerkrankungen auszuschließen wie zum Beispiel Hüft-Luxationen. Durch Reposition der Hüfte wird sich in diesem Falle auch die Patella-Luxation mit großer Wahrscheinlichkeit automatisch beheben lassen. Fälle von geringgradigen Veränderungen können konservativ behandelt werden. In fortgeschrittenem Stadium der Erkrankung muß chirurgisch korrigiert werden.

Auch die **Hüftgelenks-Dysplasie** ist bei der Katze beobachtet worden, verursacht aber selten klinische Probleme wie Lahmheiten, Schmerzäußerungen beim Springen oder abnormaler Gang (Abb. 3). Die Therapie kann zunächst konservativ versucht werden. In schweren Fällen kann eine Pektineus-Myektomie oder Femurkopf- und Halsresektion durchgeführt werden. Letztere wird von Katzen gut toleriert. Die Tiere sind anschließend nur selten in ihren Bewegungsabläufen eingeschränkt.

Die **Myelofribose** ist charakterisiert durch fibroplastische Proliferation und Kollagen-Ablagerungen im Knochenmark mit Leber-, Milz- und Lymphknotenveränderungen, verbunden mit starker Vergrößerung der haematopoetischen Zellen. Durch Schädigung des Knochenmarkes (FeLV-Infektion) kann eine sekundäre Myelofibrose entstehen. Bei Verdacht ist in jedem Falle ein FeLV-Test durchzuführen.

Falls radiologisch eine generalisierte Sklerosierung des Skelettes nachweisbar ist, so muß an eine **Osteopetrosis** gedacht werden. Differentialdiagnostisch ist die Osteosklerose von der -petrose nur schwer zu unterscheiden. Bei letzterer Erkrankung kommt es zu vermehrter Knochendichte der Wirbelknochen, der Kortikalis der langen Röhrenknochen mit Verlust der trabekulären Strukturen der Spongiosa. Eine kausale Therapie ist nicht bekannt.

Sehr selten kommt bei Katzen die **Hypertrophe Pulmonale Osteoarthropathie** vor. Im Vordergrund der Veränderungen steht die periosteale Proliferation mit gleichzeitigem Nachweis von intrathorakaler Umfangsvermehrung.

Als Unfallfolge können auch bei Katzen, wenngleich seltener als bei Hunden, **Rupturen des kranialen Kreuzbandes** vorkommen. Luxationen oder Subluxationen des Femoro-Tibialgelenkes sind die Folge.

Die Diagnostik folgt den gleichen Untersuchungsschemata wie beim Hund. Die Therapie variiert bei Katzen. Es gibt Veröffentlichungen, in denen die Autoren lediglich ein cleaning up mit anschließender lateraler Kapselraffung empfehlen. Sicher ist zumindest, daß Katzen weniger chirurgische Intervention benötigen als Hunde.

Die **Temporomandibuläre Osteopathie** ist dadurch gekennzeichnet, daß die Katze sich nur unter Schmerzen den Mund öffnen läßt. Die Tiere magern ab, weil sie zu einer normalen Futteraufnahme nicht fähig sind. Der Besitzer bemerkt, daß sich die Katze seltener putzt und das Fell ungepflegt wirkt. Radiologisch fällt eine Knochenproliferation im Bereich des Temporomandibulargelenkes mit verengtem Gelenkspalt auf. Die Frage nach traumatischen Geschehnissen wird vom Besitzer verneint oder wäre zumindest mehrere Monate zurückliegend. Die Therapie besteht in der chirurgischen Resektion der zygomatischen und mandibulären Gelenksanteile, um die entstandene Ankylose zu lösen. Die Prognose ist jedoch fraglich.

Die **Feline metaphyseale Osteopathie** ist ein Syndrom, das durch Knochenresorption im Bereich der Metaphysen gekennzeichnet ist. Spontanfrakturen sind nicht selten. Die Ätiologie dieser Erkrankung ist bisher unbekannt. Besonders ist die proximale Femurmetaphyse betroffen; die Veränderungen können aber an anderen Lokalisationen auftreten. Es erkranken sowohl junge als auch erwachsene Katzen. Eine spezifische Therapie ist bislang nicht bekannt.

V. Entzündliche Knochenerkrankungen

Osteomyelitis kommt als akute und chronische Form bei Katzen vor. Die häufigste Ätiologie ist eine penetrierende Bißverletzung gefolgt von iatrogener Entstehung nach Osteosynthese. Auch Krallenbett-Entzündungen können zu Osteomyelitiden führen. Differentialdiagnostisch ist immer bei längerem Bestehen ein Sarkom histologisch auszuschließen.

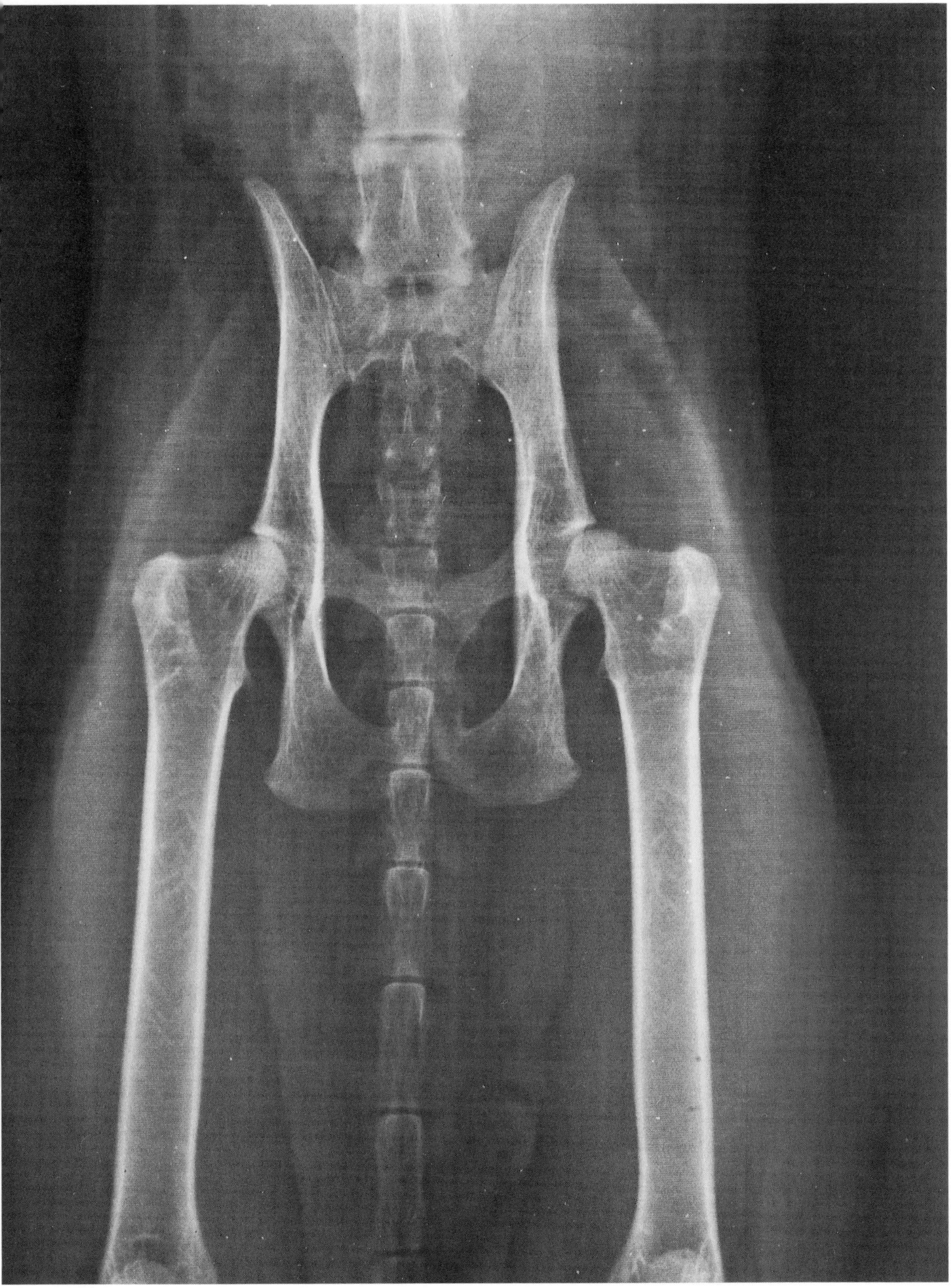

Abb. 3: Hüftgelenksdysplasie bei einer Hauskatze.

Bei Schmerzhaftigkeit im Kieferbereich, radiologisch häufig durch Osteolyse im Alveolarbereich der Zähne gekennzeichnet, muß an Osteomyelitis durch chronische Alveolitits gedacht werden.

Die klinischen Symptome reichen von Lahmheiten über Fieber, Schmerzhaftigkeit bei Palpation, Fisteln bis hin zu hochgradigen Schwellungen. Radiologisch können Knochen-Sklerose oder auch -Lyse sowie periostale Wucherungen evtl. mit Sequesterbildung sichtbar sein. Bei Verdacht einer Osteomyeltitis ist immer eine bakteriologische Untersuchung einzuleiten. Das Keimspektrum reicht von Staph. spp., Strept. spp., Pasteurella spp. und Pseudom. spp. bis hin zu verschiedenen Formen von Mykosen.

Die Therapie richtet sich in jedem Falle nach dem bakteriologischen Untersuchungsergebnis und nach dem entsprechenden Resistenztest.

Antibiotika sollten mindestens über einen Zeitraum von 4 Wochen verabreicht werden. Bewegungseinschränkung ist wichtig! Eine Implantation von Polymethacrylat-Kugelketten (Septopal®) kann den Therapieerfolg verbessern (nach 3–4 Wochen entfernen!).

Eine **Periostitis** entsteht am häufigsten als Folge von wiederholten mechanischen Reizungen an Band- und Muskelansätzen oder im Zusammenhang mit Traumen und Infektionen. Schmerz und Funktionsstörungen, evtl. palpierbare Schwellung und bei längerem Verlauf röntgenologisch darstellbare periostale Verknöcherungen sind die Symptome. Die **Therapie** besteht in Abstellung der Ursache, Ruhigstellung, wo nötig antibiotischer und entzündungswidriger Behandlung.

Eine Sonderform der chronischen Periostitis ist die **Akropachie.** Sie zeigt sich in schmerzhaften Schwellungen der distalen Teile der Beine, röntgenologisch sind ausgeprägte bis groteske Verdickungen der distalen Gliedmaßenknochen durch Osteophyten dar-

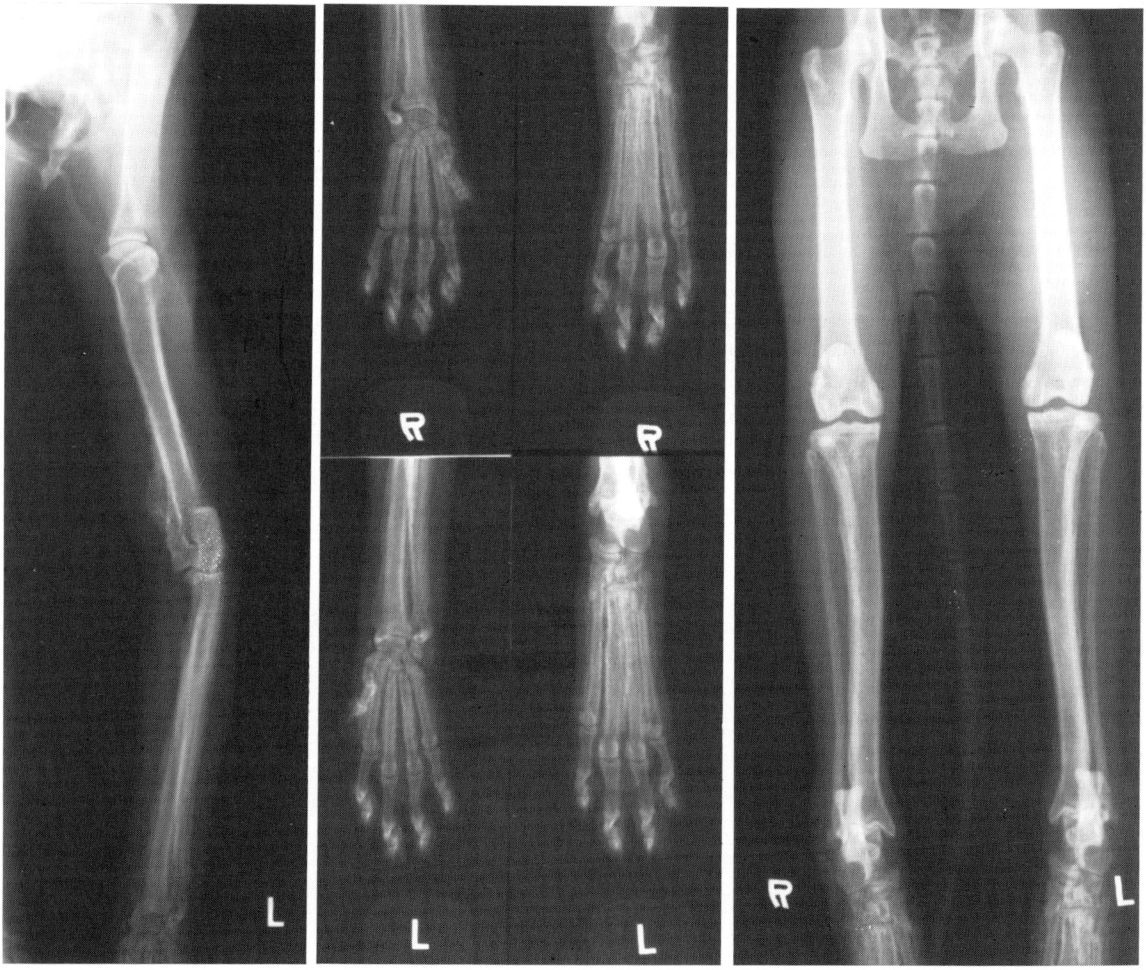

Abb. 4: Akropachie bei Lymphosarkom einer Niere.

tellbar. Hervorgerufen werden die Veränderungen klassischerweise durch tumoröse oder spezifische oder unspezifische entzündliche Lungenkrankheiten. Im vorliegenden Fall (Abb. 4) bestand ein Lymphosarkom einer Niere.

VI. Muskuläre Erkrankungen

Die dystrophische- und fibrotische Myopathie sind nur durch gezielte Muskelbiopsien differential-diagnostisch zu unterscheiden. Vorwärtsbewegung und Springvermögen sind bei diesen Tieren eingeschränkt und die Oberschenkelmuskulatur erscheint bei Palpation verhärtet.
Ähnliche Symptomatik ist bei der Kontraktion der Achillessehne und ggf. einer Ruptur derselben zu erwarten.

Myalgien und **Myositiden** sind bei der Katze selten beschrieben, können jedoch vorkommen und sind wie **Tenditiden** und **Tendovaginitiden** klinisch und bakteriologisch (und ggf. histologisch) abzuklären und alsdann antibiotisch und durch Ruhigstellung der betreffenden Gliedmaß zu behandeln.

Eine Sonderform ist die **Myositis ossificans,** welche lokal und generalisiert auftreten kann. Knöcherne Verhärtungen in einem oder mehreren Muskeln führen zu spezifischen oder allgemeinen Lahmheiten.
Durch die chirurgische Resektion kann in Einzelfällen eine Verbesserung der Bewegungsabläufe erreicht werden. Eine histologische Aufarbeitung der Resektionspräparate ist für die Abgrenzung zu neoplastischen Veränderungen unabdingbar.

Die **Thrombembolie der Aorta** ist differentialdiagnostisch von Wirbelsäulenerkrankungen zu unterscheiden. Ischämie der Hintergliedmaßen, sichtbar an den Ballen der Hinterpfoten sind erste Hinweise. Die Hinterpfoten weisen eine ausgeprägte Hypothermie auf. Die Therapie dieser Erkrankung wird in der Literatur sehr kontrovers diskutiert. Einige Autoren verweisen auf gute Erfolge mit konservativer Therapie mit Warfarin und Heparin, andere ziehen die chirurgische Entfernung des Thrombus vor. Entscheidend ist die Verbesserung der cardiologischen Situation des Patienten! Diese ist übereinstimmend der Grund für das perakute Krankheitsgeschehen! (siehe Kap. „Herz-Kreislauferkrankungen").

Aus dem anglo-amerikanischen Raum kommen vermehrt Berichte über die **Hypokalämische Polymyopathie** der Katzen. Die Erkrankung ist charakterisiert durch extreme Muskelschwäche, steifen Gang und deutlich verminderte Serum-Kalium-Werte durch hohe Ausscheidung über den Harntrakt. Als Ursache wird eine Nieren-Dysfunktion angenommen. Die Therapie besteht in hoher oraler Kalium-Substitution als Kalium-Glukonat in einer Dosierung von 5–10 mEQ/Tag auf 2 tägliche Dosen verteilt. In akuten Fällen sollte eine intravenöse Substitution von 0,5–1,0 mEQ/kg/Stunde erfolgen. Dabei ist auf die aktuellen Serum-Kalium-Werte sowie auf das EKG zu achten, um eine Hyperkaliämie zu vermeiden.

VII. Wirbelsäulenerkrankungen

Diskopathien führen bei Katzen selten zu schweren Ausfallserscheinungen. Calcinosen der Bandscheiben sind selten radiologisch auffällig, und verengte Zwischenwirbelspalten haben selten Protrusionen von Bandscheibenmaterial als Ursache. Bei Verdacht auf Protrusion von Bandscheibenmaterial muß eine Myelographie durchgeführt werden. Ätiologisch sind Traumata die häufigste Ursache für schwere neurologische Ausfälle im Bereich der Wirbelsäule.

Bakterielle bedingte **Diskospondylitis** ist selten bei Katzen. Im Zusammenhang mit schweren chronischen Infektionen des Harntraktes sowie schweren Bißverletzungen im Schwanzbereich können jedoch steifer Gang und Schmerzhaftigkeit auch im Hals- und Kopfbereich vorkommen. Radiologisch ist bei diesen Katzen eine Sklerose der Wirbelendplatten nachweisbar. Die Therapie besteht in der Verabreichung von Antibiotika über mehrere Wochen.

Unter dem **Felinen Hyperaesthesie-Syndrom** wird der Zustand einer allgemeinen Überempfindlichkeit im kaudalen Rückenbereich der Katze verstanden. Die Besitzer berichten, daß sich das Tier nur ungern den Rücken streicheln läßt und bei Berührung des Lendenwirbelbereichs spontan mit den Hintergliedmaßen einknickt. Wellenförmige Hautbewegungen, wie sie beim Auslösen des Pannikulus-Reflexes erwartet werden, sind ein häufig beobachtestes Symptom. Die Tiere springen ungern und können sogar Schmerzen bei Kot- und Harnabsatz zeigen. Radiologisch können Calcifikationen im Bandscheibenbereich, Sklerosierung der Wirbelendplatten oder Spondylosen nachgewiesen werden. Aber auch Katzen, welche klinisch hochgradig auffällig sind, lassen oft radiologisch keinerlei Veränderungen erkennen. Die Therapie besteht in der Gabe von Steroiden (Prednisolon 1 mg/kg KGW täglich), Phenobarbital oder Megestrolacetat.

Differentialdiagnostisch sind folgende Erkrankungen zu berücksichtigen:

Trauma (Beckenfrakturen, Sacrococcygeale Luxationen)
Bißwunden
Myositis, Osteomyelitis
Dermatitis (Miliares Ekzem)
Diskusprotrusionen
Diskospondylitis
Polyarthritis
Hüftdysplasie
Hypervitaminose A
Thrombembolie
Osteopetrose

Ein Lahmheits-Syndrom, welches noch nicht ätilogisch abgeklärt werden konnte, wurde unter der Bezeichnung **Limping Syndrome** im anglo-amerikanischen Raum beschrieben! Es handelt sich um eine unspezifische Lahmheit der Vordergliedmaße im Zusammenhang mit „Katzenschnupfen"

Literatur

BENNET, D. (1995): Teatment of the Immune-bades inflammatory arthropathies of the dog and cat, in Kirks Current Vet. Therapie XII, 1188–1195.

BENNET, D. (1993): Disorders of the Musculoseceletal System, in Handbook of Feline Medicine, Pergamom Press.

CLARC, L., P. B. ENGLISH und J. W. R. GARTNER (1970): Hypervitamonosis A of the cat, Adv,. Vet. Sci. Comp. Med. **14,** 1.

DÄMMRICH, K. (1976): Ca-Stoffwechselstörungen und Skelettveränderungen bei Hunden und Katzen, Effem Report Nr. 3, 1–7.

HEDHAMMAR, A., L. KROOK, H. F. SCHRYVER und F. A. KALLFELZ (1979): Kalziumbilanz beim Hund in: MEYER H. (Herausg.) Ernährung von Hund und Katze. S. 96–106, Hannover.

KROOK, L. (1971): Metabolic bone diseases in dogs and cats. Proc. 38th Ann. Meet. AAHA S. 350–354.

VANDEVELDE, M., und R. FANKHAUSER (1987): Einführung in die veterinärmedizinische Neurologie, S. 130, Berlin und Hamburg.

Gynäkologie, Andrologie, Geburtshilfe und Neonatologie

Von H.-K. Dreier

Raum für Notizen

Gynäkologie, Andrologie, Geburtshilfe und Neonatologie

A. Gynäkologie (Theriogenologie)

Anatomie

Die unterschiedlich stark behaarten **Labien** verlaufen in ihrer dorsalen Kommissur spitzwinkelig und in ihrer ventralen stumpfwinkelig zusammen. Die **Klitoris** von etwa 1 cm Länge befindet sich in einer flachen **Klitorisgrube** und hat eine unscheinbare Spitzenkappe. **Vestibulum vaginae** und **Vagina** sind zusammen ca. 4 cm lang, an deren Grenze die Urethra in einer tiefen Falte mündet. In der Vorhofwand befindet sich ein diffus angeordnetes Schwellgewebe. Die sehr kurze **Zervix** ist ein derber, länglicher Knoten mit einer papillenförmigen Portio vaginalis. Ein Orificium internum fehlt. Vorhof, Scheide und Muttermund liegen waagrecht in einer Ebene. Der **Uteruskörper** ist etwa 1,5–2,0 cm lang, die beiden **Uterushörner** haben eine Länge von ungefähr 9–10 cm und einen Durchmesser von 2–7 mm. Die etwa 5 cm langen **Tubae uterinae** liegen den Ovarien kranial bogenförmig an. Uterushörner und -körper werden von den **Mesometrien** fixiert. Diese deutlich ausgebildeten Bauchfellamellen haben nur in seltenen Fällen bei sehr adipösen Tieren Fettgewebe eingelagert. Die 8 bis 9 mm großen, länglich abgeplatteten **Ovarien** liegen entweder nur teilweise oder überhaupt nicht in der **Bursa ovarica** und sind durch lange **Mesovarien** in der Höhe des 3. und 4. Lendenwirbels kaudal der Nieren nach dorsal fixiert.

Das stark behaarte Gesäuge besteht aus einer rechten und linken Milchleiste mit je **2 Brust-** und **2 Abdominalkomplexen.** Zumeist sind die Milchdrüsenanlagen etwas gegeneinander verschoben und liegen selten genau gegenüber. Die kegelförmigen Zitzen haben eine abgestumpfte Spitze mit 5 bis 7 Ostia papillaria [23, 63].

Fortpflanzungsphysiologie

Die **Geschlechtsreife (Pubertät)** tritt bei der Katze durchschnittlich im Alter von 5 bis 7 Monaten ein. Im Extremfall kann die erste **Raunze (Rolligkeit),** die zur Konzeption führen kann, bei im Winter geborenen Tieren schon im 3. und 4. Lebensmonat beobachtet werden [2]. Andererseits wurde aber auch eine Geschlechtsreife erst im Alter von 1 bis $1^{1}/_{2}$ Jahren festgestellt [71]. Die Hauskatze hat einen **saisonal polyöstrischen Zyklus,** wobei die Tageslänge einen wesentlichen Einfluß auf den Sexualzyklus hat [41, 42]. Nach SHILLE und SOJKA (1995) kann die Zyklusaktivität mit folgendem künstlichen Lichtprogramm über das ganze Jahr bei im Haus gehaltenen Katzen induziert bzw. verlängert werden: eine 100-Watt-Lampe für eine Raumgröße von 4 x 4 m über einen Zeitraum von 10 bis 24 Stunden.

Die geschlechtliche Aktivität erfolgt hauptsächlich in den Monaten Februar bis Juli und tritt in der 2. Jahreshälfte nicht so oft ein [26, 85]. Die Katze hat eine **provozierte Ovulation,** d. h. die Eifreisetzung erfolgt nach einem entsprechenden Genital-(Zervix-)Reiz. Dieser wird entweder durch den Penis des Katers beim Deckakt oder die Inseminette im Verlauf einer künstlichen Besamung (KB; instrumentelle Samenübertragung) gesetzt. Die **Ovulationen** finden etwa 24 bis 48 Stunden post copulationem statt [29, 84]. Auch durch eine **sterile Kopulation** (Belecken des Genitales, Massage von Rücken und Genitale, Einführen eines sterilen Glasstäbchens oder eines anderen Gerätes in die Vagina (Modell Frank, Abb. 19) kann die Ovulation ausgelöst werden. In seltenen Fällen erfolgt eine **Spontanovulation.** Sowohl nach einer sterilen Kopulation als auch nach einer Spontanovulation tritt zumeist eine 30- bis 50tägige **Pseudogravidität** [52] oder eine mehrwöchige **Ruhepause** ein. Findet die Ovulation nicht statt, so kann die Katze nach 2–4 Tagen [2], nach 5–10 und mehr Tagen [52] oder nach 2 bis 19 Tagen (7 Tage im Durchschnitt) [81] wieder rollig werden. Die Follikel atresieren **(anovulatorischer Zyklus).** Der nächste Östrus tritt nach 1 bis 3 Wochen ein.

Wird die Kätzin zum Deckkater gebracht, so kann, durch die fremde Umgebung bzw. durch den Transportstreß bedingt, die Raunze abklingen und in ein paar Tagen wieder neu beginnen.

Sexualpheromone sind Wirkstoffe, die als Kommunikationsmittel bei Tieren der gleichen Art dienen. Pheromone werden durch den Geruchs- oder Geschmackssinn wahrgenommen und können im Stoffwechsel biochemisch wirksam werden. Katzen haben zumindest zwei Sexualpheromone. Die **Valeriansäure** ist im Scheidensekret der östrischen Katze enthalten und führt zur Stimulation des Katers, kann andererseits aber auch dazu beitragen, bei anderen weiblichen Katzen eine Rolligkeit zu induzieren. Das zweite Sexualpheromon ist katerspezifisch, dient zum Markieren des Territoriums und kann ebenfalls bei einigen Kätzinnen den Östrus auslösen [13].

Verhaltensphysiologie

Eine isoliert gehaltene, rollige Katze ist unruhig, frißt weniger, schreit viel oder andauernd, uriniert häufig und markiert manches Mal wie ein Kater (STEIN, 1975). Während der ersten Tage reibt sie immer häufiger den Kopf (**„Köpfchengeben“** [5]) und die Flanken an den verschiedensten Gegenständen. Zumeist wird der Kopf seitlich herabgedreht, mit der Backe am Fußboden gerieben oder in dieser Stellung am Boden entlanggeschoben. Oft wird der Kopf mit dem gesamten Körper weitergedreht, so daß die Katze auf eine Seite fällt. Sie wälzt sich ein paarmal hin und her, schärft dabei die Krallen an einer rauhen Oberfläche (**Rolligkeit,** Abb. 1 und 2) und beleckt daraufhin die Innenseite der Pfoten. Dieser Vorgang wird mehrmals wiederholt. Mit zunehmender Dauer der Raunze verstärkt sich diese Verhaltensweise. Dem Kater präsentiert sie die ödematisierte Vulva mit zur Seite gehobenem Schwanz. Der Deckakt wird jedoch noch nicht geduldet; bei Annäherungsversuchen wird der Kater attackiert oder die Katze läuft davon **(„Kokettierflucht“).** Erst in der Hochbrunst ist die Katze **paarungsbereit.** Sie legt Kopf und Hals auf oder über die bis zum Ellenbogengelenk durchgestreckten Vorderextremitäten; Thorax und Abdomen liegen dem Boden an. Das Becken ist hochgestellt, die Oberschenkel sind fast senkrecht zum Boden gerichtet, und die Kniegelenke befinden sich knapp über dem Boden. Der Schwanz ist angehoben und seitwärts gedreht (Abb. 3). Bei hoher Erregung erfolgt ein Treten mit den Hinterpfoten – **„Treteln“** [50].

Abb. 1: Rollige Katze.

Abb. 2: Rollige Katze.

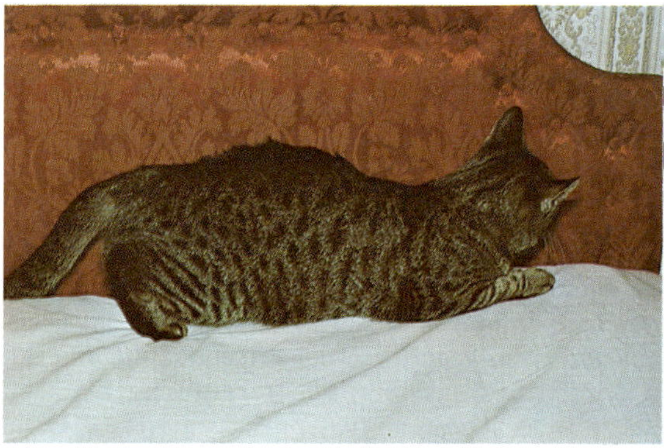

Abb. 3: Paarungsbereite Katze.

Klinisch-gynäkologische Untersuchung

Sie wird in die Adspektion, Inspektion, Vaginalzytologie, Palpation und Beurteilung der Mamma unterteilt. Bei der **Adspektion** des äußeren Genitales wird auf den Ödematisierungsgrad der Labien und auf einen Scheidenausfluß (mit Fluor verschmierte bzw. durch eingetrocknetes Sekret verklebte Haare) geachtet.

Zumeist ist die vaginale **Inspektion** aufgrund der Kleinheit des Organs und des sehr häufig ungebärdigen Verhaltens der Katze nur am sedierten Patienten möglich.

Aus diesem Grund gewinnt die **Vaginalzytologie** bei der Beurteilung des Zyklusstatus von Zuchtkatzen an Bedeutung. Mit Daumen und Zeigefinger werden die Labien gespreizt und eine ausgeglühte, eventuell mit physiologischer NaCl-Lösung angefeuchtete Drahtöse ca. 2 cm tief in die Vagina eingebracht. Mit zartem Druck wird die Öse mit einer von kranial nach kaudal geführten Bewegung über die Schleimhaut geführt. Das gewonnene Untersuchungsmaterial wird mit kreisförmigen Bewegungen auf einen entfetteten Objektträger dünn aufgetragen. Nach Fixierung der Ausstriche (aa Äther-Alkohol-Gemisch; Fixierspray; Lufttrocknung; Hitzefixierung) werden

Gynäkologie (Theriogenologie)

- **KASTRIERT**
  - **ENTZÜNDUNG TUMOR**: Labialtumor, Scheidenpolyp, Mammatumor, Mammazysten, Fibroadenomatose
  - **ZYKLUS**: akzessorische Ovarien, Restovar
- **NICHT KASTRIERT**
  - **TRÄCHTIG**

PHYSIOLOGISCH	PATHOLOGISCH
Trächtigkeit	Fruchtresorption Abortus Mazeration Mumfikation Trächtigkeit + Pyometra Überladung Torsio uteri Extrauteringravidität Hernia diaphragmatica Fibroadenomatose
Geburt	Wehenschwäche Nichteröffnung d. Zervix trockener Geburtskanal Beckenenge Einhorngravidität Einfrüchtigkeit Uterusruptur fehlerhafte Haltung der Frucht Querlagen der Frucht mißgebildete Frucht
Puerperium	Retentio secundinarum Puerperale Intoxikation Puerperale Infektion Inversio uteri et Prolapsus uteri post partum Mastitis Eklampsie

  - **NICHT TRÄCHTIG**

PHYSIOLOGISCH	PATHOLOGISCH
Proöstrus Östrus Metöstrus Anöstrus	Mißbildungen: Persistierendes Hymen Uterus Unicornis Akzessorische Ovarien Neubildungen: Labialtumor Scheidenpolypen Uterustumoren Ovarialtumoren Mammatumoren Fibroadenomatose Anöstrie Anaphrodisie Follikelpersistenz Hyperplasia glandularis cystica endometrii-Endometritis-Pyometra-Komplex Lactatio sine graviditatem Mammazysten Fibroadenomatose Fremdkörper

Algorithmus für den gynäkologischen (theriogenologischen) Problemkomplex

diese nach Papanicolaou, Shorr etc. gefärbt [22]. Die mikroskopische Beurteilung des Ausstriches erfolgt mit 100-, 400- und, wenn erforderlich, mit 1000facher Vergrößerung. Der Smear wird mäanderförmig abgesucht und es werden 100 bis 200 Zellen beurteilt. Im Ausstrich können an zelligen Bestandteilen Epithelzellen (Basal-, Parabasal-, Intermediärzellen, untere und obere Superfizialzellen, Schollen), Leukozyten, Erythrozyten, Schleimzellen und Keime vorkommen. Die Epithelzellen sind entweder basophil oder azidophil gefärbt. Als diagnostisches Hilfsmittel wird der Azidophilie-Index herangezogen. Dieser gibt an, wie viele von 100 ausgezählten Zellen eine rote Tinktion haben [22, 73]. Die **Palpation** des Uterus erfolgt ein- oder beidhändig und ist wegen der dünnen Bauchwand nicht besonders schwierig. Der Untersucher steht hinter der Katze. Die Daumen liegen der Flanke und die Finger der Bauchunterseite an. Auf diese Weise wird versucht, den Uterus in seiner Größe, Konsistenz und mit seinem Inhalt darzustellen. Bei der Beurteilung der **Mamma** wird auf Anbildung des Gesäuges, Milchfluß, entzündliche, tumoröse und zystöse Veränderungen geachtet.

Führt die klinische Befunderhebung zu keiner gesicherten Diagnose, so ergänzen die **Röntgen-** und **Ultraschall-/Sonographieuntersuchung** die klinisch diagnostischen Maßnahmen. Zur weiteren, vor allem aber wissenschaftlichen Abklärung können mit Hilfe des **Radioimmunoassays** (RIA) Hormonkonzentrationen bestimmt und den klinischen Befunden gegenübergestellt werden [81, 95].

Klinik des Normozyklus

1. Proöstrus

Dauer: 1–2 Tage; 17-β-Östradiol steigt innerhalb von 48 Stunden von <12 pg/ml auf >40 pg/ml an [82].
Der Proöstrus ist gekennzeichnet durch ödemisierte Labien, schleimigen Scheidenausfluß, vermehrten Feuchtigkeitsgrad der Genitalmukosa und bis zu bleistiftstarke, tonisierte, derb-elastische Uterushörner. Der Scheidenzellausstrich enthält Intermediär-, untere und obere Superfizialzellen zu etwa gleich großen Anteilen. Der Azidophilie-Index liegt bei etwa 30 %. Leukozyten, Schleimzellen, Schleim und erhöhter Keimgehalt können nachgewiesen werden. Die Ovarien weisen zahlreiche Kleinfollikel mit einem Durchmesser bis zu 1,0 mm auf.

2. Östrus

Dauer: 3–16 Tage, Ø 7 Tage; vor der Deckung steigt 17-β-Östradiol auf >40 pg/ml an [82].
Dieser Zyklusabschnitt ist erkennbar an dem positiven Genitalreiz, den gequollenen Labien, dem vermehrten grau bis glasklaren (Abb. 4), in manchen Fällen blutigen Fluor und an den bis zu bleistiftstarken, drehrunden, derb-elastischen Uterushörnern an. Im vaginalzytologischen Ausstrich überwiegen die oberen Superfizialzellen und Schollen. Der Azidophilie-Index beträgt etwa 70 % (Abb. 5 und 6). Die Eierstöcke weisen Groß- (1,5–2,5 mm), Klein-, Blutfollikel und Corpora hämorrhagica auf (Abb. 7, 8).

3. Metöstrus

Dauer: 35–70 Tage, Ø 45 Tage; 17-β-Östradiol (E2) <12pg/ml, Progesteron (P4) >20 pg/ml innerhalb von 14–18 Tagen [82].
Geringgradig gequollene Labien; grauweißlicher schleimiger Fluor; bis bleistiftstarke, weich-elastische Uterushörner. Vaginalzytologischer Befund: es überwiegen untere Superfizial- und Intermediärzellen, Leukozyten, Schleim; der Azidophilie-Index beträgt 0 % bis 30 % (Abb. 9). An den Ovarien sind Corpora lutea (2–3 mm) und Kleinfollikel nachweisbar (Abb. 10).

4. Anöstrus

Dauer: etwa 90 Tage im Herbst und Winter [82].
Entquollene Labien; etwa strohhalmstarke, seitlich abgeflachte Uterushörner. Smearbefund: Intermediär-, Parabasal- und Basalzellen. Die Eierstöcke weisen keine Funktionskörper auf.

Gynäkopathien

1. Mißbildungen (Anomalien)

a) Persistierendes Hymen (Hymenmembran)

Ab der ersten Raunze kommt es zu einem Sekretstau in Scheide und Uterus. Das Abdomen nimmt an Umfang zu. Die Katzen neigen zu vermehrtem Harn- und Kotabsatz, liegen in Seitenlage, pressen stark und schreien klagend [20]. Die Diagnose wird am sedierten Patienten mit Hilfe eines kleindimensionierten Vaginoskopes erstellt.

Therapie: mit einer Knopfsonde wird das Hymen perforiert und das Sekret zum Abfluß gebracht.
Eine gleichzeitige Ovariohysterektomie wird empfohlen [2].

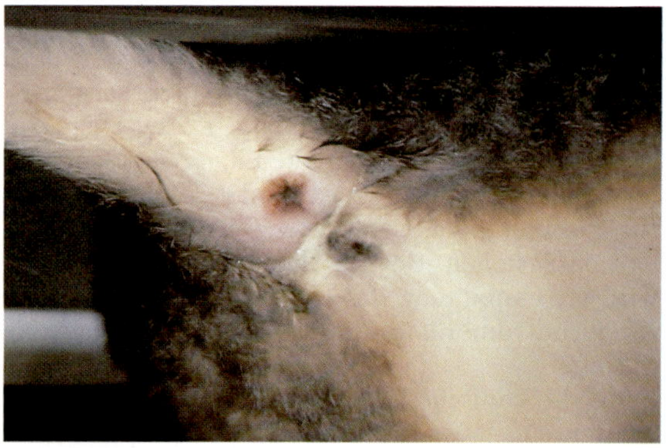

Abb. 4: Brunstschleim einer rolligen Katze.

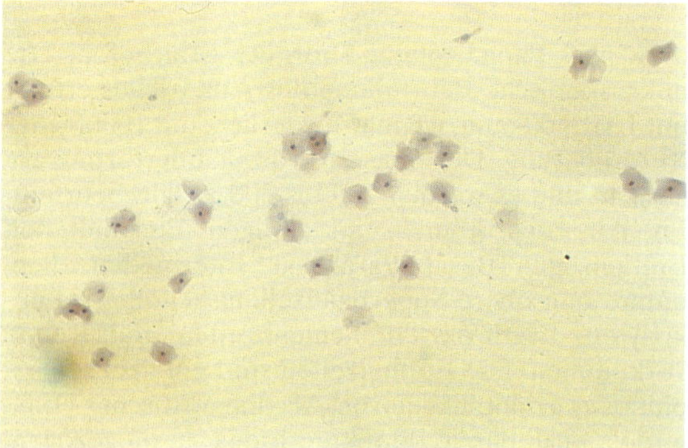

Abb. 5: Scheidenabstrich; Östrus, azidophile Superfizialzellen, 100fache Vergrößerung.

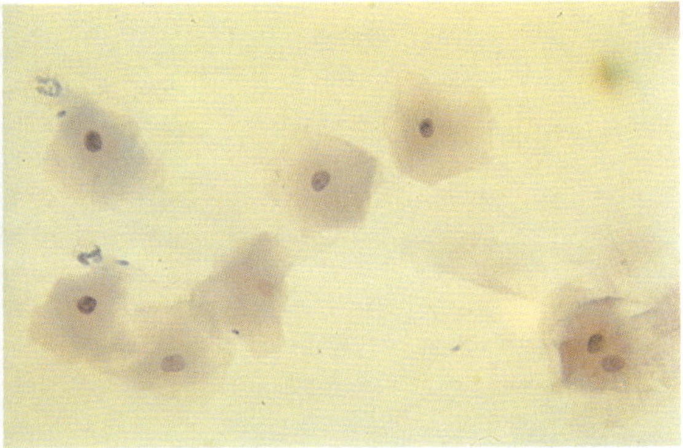

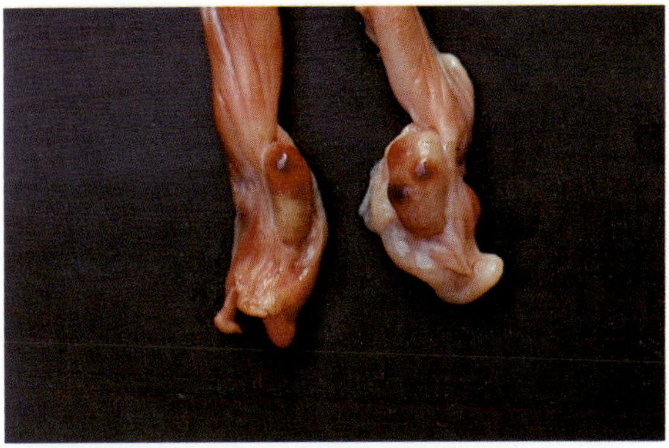

7

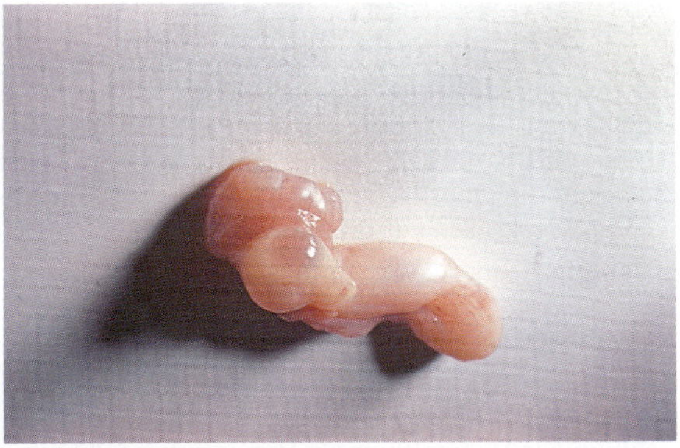

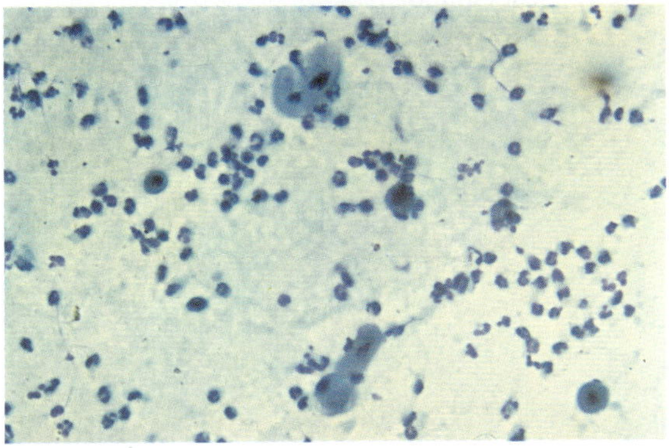

9

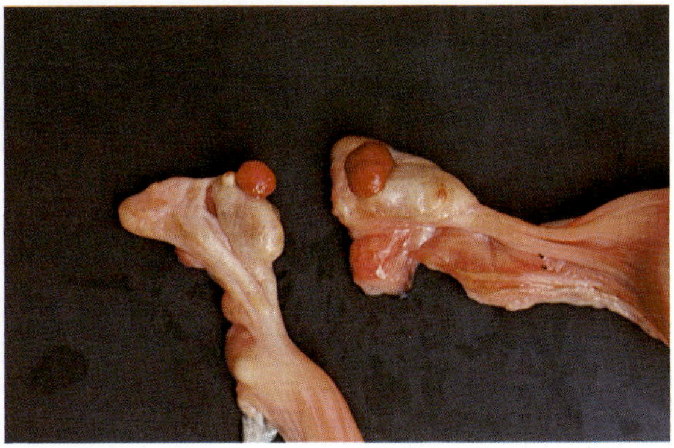

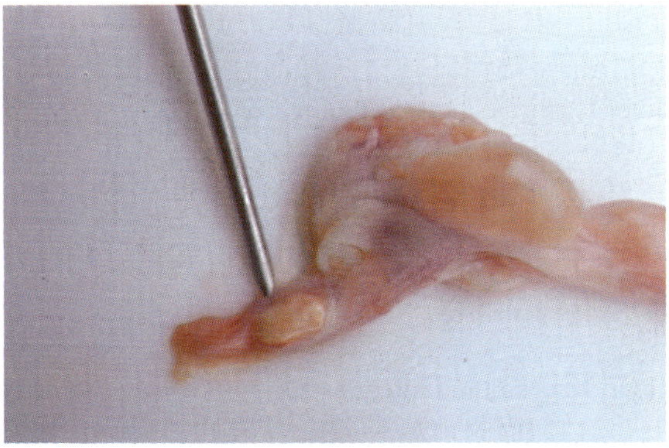

11

b) Akzessorische Ovarien (Nebenovar)

Im Mesovar kann germinatives Gewebe in ca. Stecknadelkopfgröße vorgefunden werden. Es kann bei der Kastration übersehen werden, so daß der chirurgische Eingriff die Raunze nicht ausschaltet (sehr selten; bisher nur einmal befundet, nicht pathohistologisch dokumentiert).

Differentialdiagnose: Corpus interrenale akzessorium (Beinnebenniere, akzessorische Nebenniere; Abb. 11): ist selten, jedoch wesentlich häufiger als das Nebenovar nachzuweisen; im Gegensatz zum

Abb. 6: Scheidenabstrich; Östrus, azidophile Superfizialzellen, Spermien, 400fache Vergrößerung.

Abb. 7: Ovarien: Klein- und Blutfollikel.

Abb. 8: Ovar: Großfollikel.

Abb. 9: Scheidenabstrich; Metöstrus, basophile untere Superfizialzellen, Intermediärzellen, Leukozyten, Schleim, 100fache Vergrößerung.

Abb. 10: Ovarien: Corpora lutea.

Abb. 11: Ovar mit akzessorischer Nebenniere (Corpus interrenale accessorium, Beinebenniere) im Mesovar.

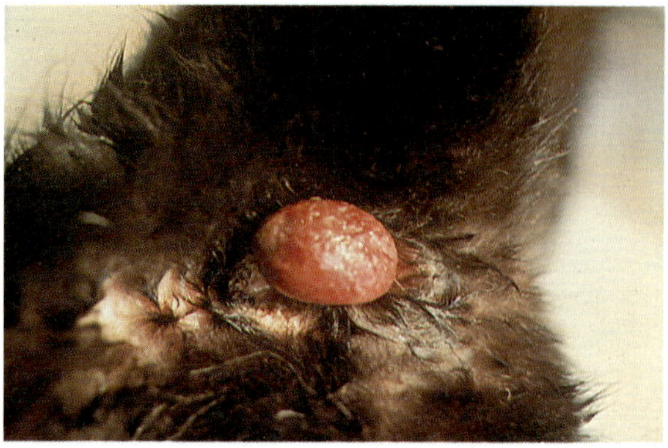

Abb. 12: Scheidenpolyp.

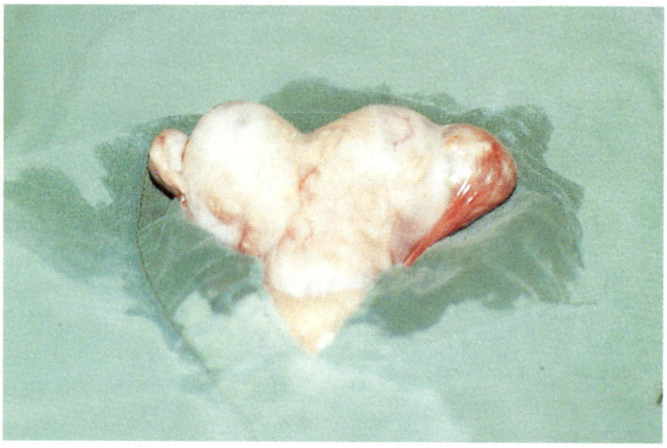

Abb. 14: Adenokarzinom der Uterusschleimhaut bei einer 17jährigen kastrierten Katze.

Ovargewebe hat es eine speckig glänzende Oberfläche.
Therapie: Relaparotomie.

c) Uterus unicornis

Bei einer ca. 1-jährigen Hauskatze wurde anläßlich einer Kastration folgender Operationssitus festgehalten: Uteruskörper, linkes Uterushorn und beide Ovarien waren normal angelegt. Das rechte Horn fehlte vollständig. Kein Hinweis für eine Uterusbifurkation.
Die Häufigkeit einer solchen Fehlanlage wird von SHEPPARD (1951) mit maximal einem Fall unter 1.000 Fällen angegeben.

2. Neubildungen (Neoplasmen)

a) Labialtumoren

Sie sind äußerst selten [17].

b) Scheidenpolypen (Fibrome, Lipofibrome)

Scheidenpolypen werden zumeist bei älteren Tieren diagnostiziert. Mit zunehmendem Wachstum treten

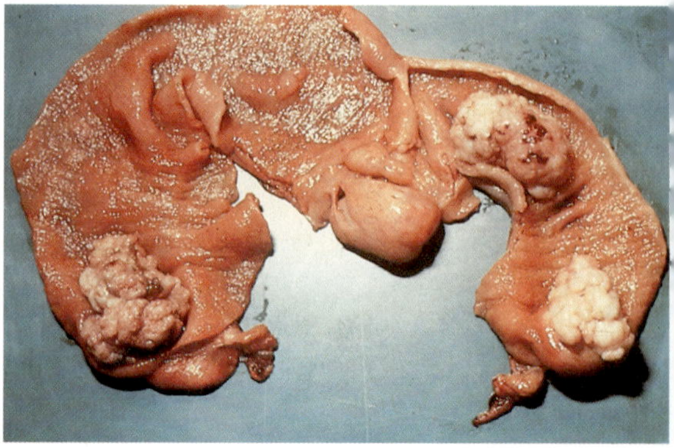

Abb. 13: Uterusadenofibrome (papilläre Uteruspolypen).

sie zwischen den Labien hervor (Abb. 12) und können sowohl den Abfluß von Uterussekret als auch Harn- und Kotabsatz beeinträchtigen. Die Katzen belecken die Oberfläche sehr häufig, so daß Blutungen und Nekrosen auftreten können.
Therapie: Tumorexstirpation (siehe A. XI. 3.).

c) Uterustumoren

Uterustumoren treten nicht sehr häufig auf und stellen zumeist Zufallsbefunde dar, wobei blutiger oder schleimiger Vaginalfluor als Hinweis dient. Klinisch können sie mit einer pathologischen Gravidität verwechselt werden, wie es bei den in der Abbildung 13 dokumentierten **papillären Adenofibromen** im Sinne von Uteruspolypen der Fall war: die makroskopisch unauffällige Uterusschleimhaut zeigte histologisch eine geringgradige glanduläre Hyperplasie. Dieser Befund entspricht der Ansicht von GELBERG und McENTEE [31], daß **Uteruspolypen** ihren Ursprung in Endometriumsarealen mit zystisch glandulärer Hyperplasie haben. Uteruspolypen werden von CARPENTER, ANDREWS und HOLZWORTH (1987) nicht als Tumoren klassifiziert, sondern als tumorähnliche Gewebszubildungen bezeichnet.
Uterusadenome sind sehr selten. Einen Bericht darüber gibt es von SCHMIDT und LANGHAM (1967).
Ein **Adenokarzinom** von der Uterusschleimhaut ausgehend konnte bei einer 17jährigen, kastrierten Katze am Restuterus (Abb. 14) nachgewiesen werden. Es gibt einige Berichte über Uterusadenokarzinome [19, 55, 72, 99]. Alle Patienten waren älter als 10 Jahre. So wurde ein Adenokarzinom bei einer kastrierten Katze beschrieben, die mit multiplen Abdominalmetastasen ad exitum kam [87].
Uterushämangiome sind gutartig und haben eine günstige Prognose [30].
Uterusadenomyosis (Uterine Endometriosis):

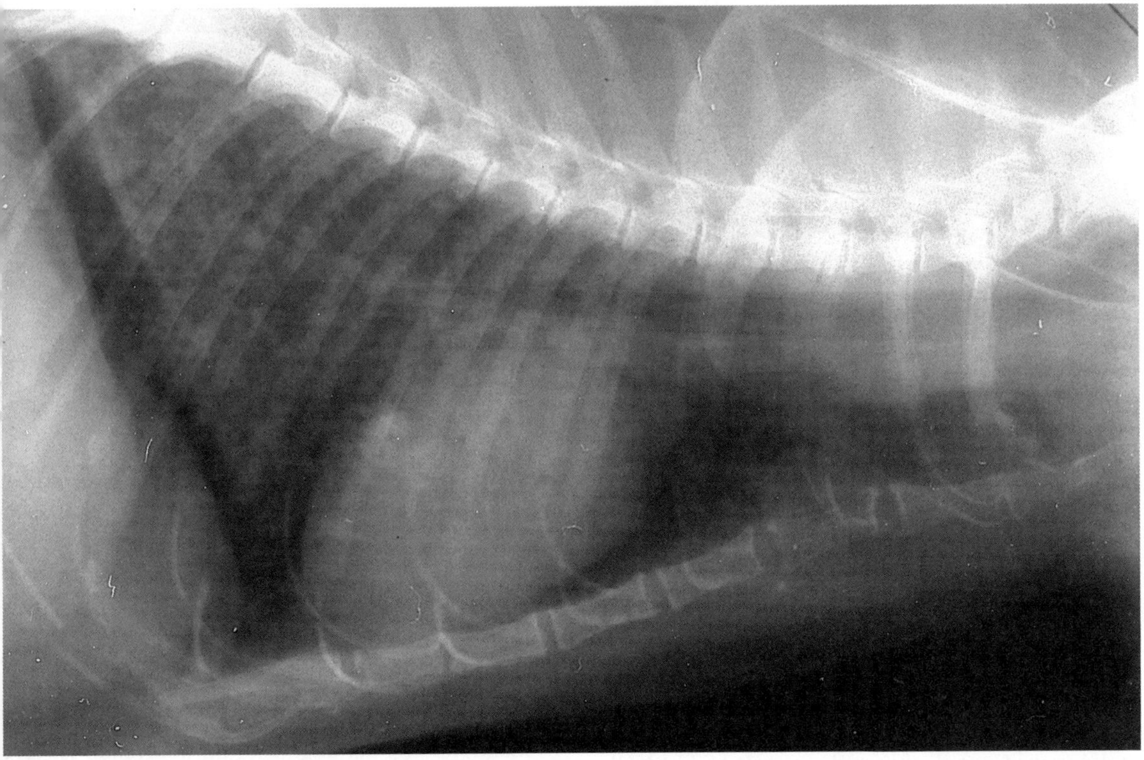

Abb. 15: Lungenmetastasen.

Unter der von FRANKLIN [28] beschriebenen Adenomyosis versteht man das Vorhandensein von Endometriumszellen im Myometrium. Die Gebärmutter ist knotig vergrößert. Im zitierten Fall waren die Uterushörner im Durchschnitt 2 cm und das 10,5 cm lange Corpus uteri war im Mittel 6 cm dick. Im Uteruslumen befand sich Eiter.

Therapie: Ovariohysterektomie nach vorausgegangener röntgenologischer Untersuchung auf Metastasen (Abb. 15). Bei nachgewiesenen Metastasen und gestörtem Allgemeinbefinden ist die Euthanasie anzuraten.

d) Eierstockneoplasmen

Diese sind zumeist nur auf einem Ovar nachweisbar und können palpatorisch, sonographisch und/oder röntgenologisch diagnostiziert werden. Es gibt **Granulosazelltumoren** (50 % aller Ovarialtumoren; [66]), **Dysgerminome** (15 % aller Ovarialtumoren, [7]), **Interstitialzellentumoren** [70, 21], **Karzinome** und **Adenome** [66], die häufig hormonaktiv sind. **Epithelialtumoren** (gutartig: [14, 66]; bösartig: [19, 66, 72] und **Teratome** (bei jungen Tieren; [19, 66]) sind sehr selten und sind zumeist nicht hormonaktiv. Granulosazelltumoren metastasieren zu 50 % und Dysgerminome zu 30 % [17, 31]. Sie führen zu einem gestörten Allgemeinbefinden wie Dauerraunze, Inappetenz, Gewichtsverlust, struppigen Haarkleid und Haarverlust [2, 4]. Ein **Fibrothekom,** das bei einer 5jährigen Katze aggressives Verhalten bei sonst ungestörtem Allgemeinbefinden hervorgerufen hat, wird von RÖCKEN 1984 beschrieben. 1980 wurde von HOFMANN und Mitarbeiter erstmals ein sogenanntes **Androblastom** mit Sertoli- und Leydig'schem Zellmuster in der Veterinärmedizin bei einer 6jährigen Hauskatze am rechten Ovar nachgewiesen. Weder vor noch nach der Tumorexstirpation zeigte die Katze eine hormonbedingte Verhaltensweise. Aufgrund der nachgewiesenen Hyperplasie des Endometriums wird eine Östrogenproduktion des Neoplasmas angenommen.

Therapie: siehe A. VI. 2. b).

e) Mammatumoren

Sie können einzeln oder multipel auftreten. Sie sind flacher und diffuser als beim Hund. Ungefähr 80–90 Prozent aller Mammatumoren sind bösartig, neigen zum raschen Wachstum und zur Metastasierung in die regionalen Lymphknoten und Lunge.

Nach ÜBERREITER [93] werden Neoplasmen bei der Katze zu 58,3 % in der Mamma vorgefunden. Die pathohistologische Untersuchung von Mamma-

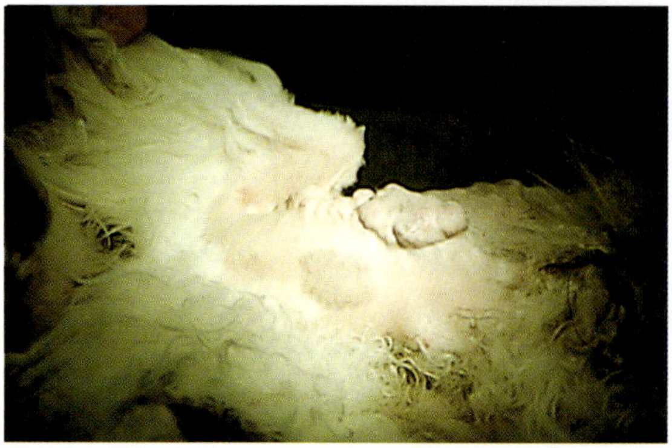

Abb. 16: Adenokarzinom der Mamma.

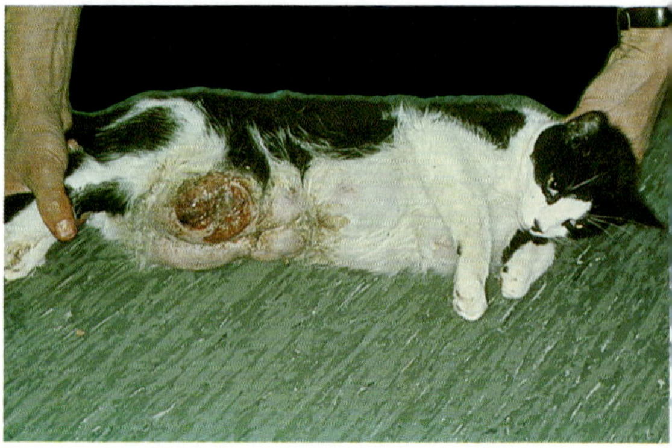

Abb. 17: Fibroadenomatose mit ulzeröser Veränderung.

turmoren ergab zu 54,5 % **Karzinome** (Adeno- [Abb. 16] und Plattenzellkarzinome) und **Sarkome** (Spindelzell- und Myoepithelzellsarkome). Die gutartigen Neubildungen werden als **Zystadenome, Adenome, Hämangiome** und **Mischtumoren** differenziert.

Mac EWEN und WITHROW geben 1989 den Prozentsatz von Mammatumoren von 100.000 ausgewerteten Katzen mit 31,8 bei nichtkastrierten und mit 20,4 bei ovariohysterektomierten Tieren an.

In einer weiteren Tumorstudie von BASTIANELLO [8] sind hingegen nur 9,5 % aller Neubildungen im Gesäuge lokalisiert. Sie wurden als Adenokarzinome (61 %), Adenome (34,8 %) und benigne Mischtumoren (4,2 %) klassifiziert.

Therapie: sind röntgenologisch keine Metastasen nachweisbar (Abb. 15), erfolgt die Exstirpation der betroffenen Mammarkomplexe bei gleichzeitiger Entfernung des regionalen Lymphknotens.

f) Fibroadenomatose

1954 beschrieb BLOOM in einer kurzen Mitteilung eine enorme Vergrößerung der Mamma, die nicht sezernierte. 1974 schlug er den Terminus Fibroadenomatose vor. ALLEN beschrieb 1973 fibroadenomatöse Veränderungen einzelner Mammarkomplexe bzw. beider Gesäugeleisten in 11 Fällen. Bei längerem Bestehen können Ulzera auftreten (Abb. 17).

Sie wird vor allem bei jungen, nicht kastrierten oder trächtigen Katzen nachgewiesen. Sie wurde selbst bei Katzen, die nie im Östrus waren, beobachtet. Ältere, weibliche, nicht kastrierte Katzen (über 10 Jahre), als auch kastrierte männliche und weibliche Katzen, die mit Gestagenen (Megestroacetat, Medroxyprogesteronacetat) behandelt wurden (Östrusverschiebung, Harnsritzen, dermatologische Probleme) wiesen eine Fibroadenomatose auf. Nach SHILLE und SOJKA (1995) entwickelt sie sich sehr rasch nach einer Trächtigkeit, Lactatio sine graviditatem und in manchen Fällen innerhalb eines Jahres nach einer Ovariohysterektomie.

Die Ätiologie ist nicht gesichert; es scheint jedoch eine Progesteronabhängigkeit zu bestehen [17, 35, 46, 79, 82].

Therapie:

- Kastration von der rechten Flanke, da der Zugang von der Linea alba, wegen der enormen Mammaanbildung, als ungünstig zu beurteilen ist [17, 86].
- Antiprolaktin wie z. B. Bromocryptin mesylate: 0,25 mg per oral 1mal täglich über 5–7 Tage [81].
- Gestagenabsatz.
- Exstirpation der betroffenen Mammarkomplexe, wenn andere Maßnahmen keinen Erfolg haben.

3. Anöstrie

Die Raunze bleibt aus. Im Scheidenbereich werden nur wenige und tiefe Zellen nachgewiesen. Sie kann durch Allgemeinerkrankungen, Parasitosen und Haltungsmängel (schlechte Ernährung, zu kalte Haltung, mangelhaftes Lichtprogramm, Überbesatz) [58] und übermäßige Ausstellungsbelastung [45] mitverursacht werden.

Therapie: siehe A. IX. 3.

Zusätzliche Begleitmaßnahmen: Allgemeinbehandlung, Entwurmung, Verbesserung der Haltungsbedingungen (z. B. 14 Stunden Licht pro Tag [42]).

4. Anaphrodisie

Wird vor allem bei Rassekatzen beobachtet. Der Zyklus läuft physiologisch ab. Der Deckakt wird nicht geduldet.

Therapie: Wenn der Besitzer die Katze nicht aus der Zucht nehmen will, ist die künstliche Besamung angezeigt [25, 47, 84].

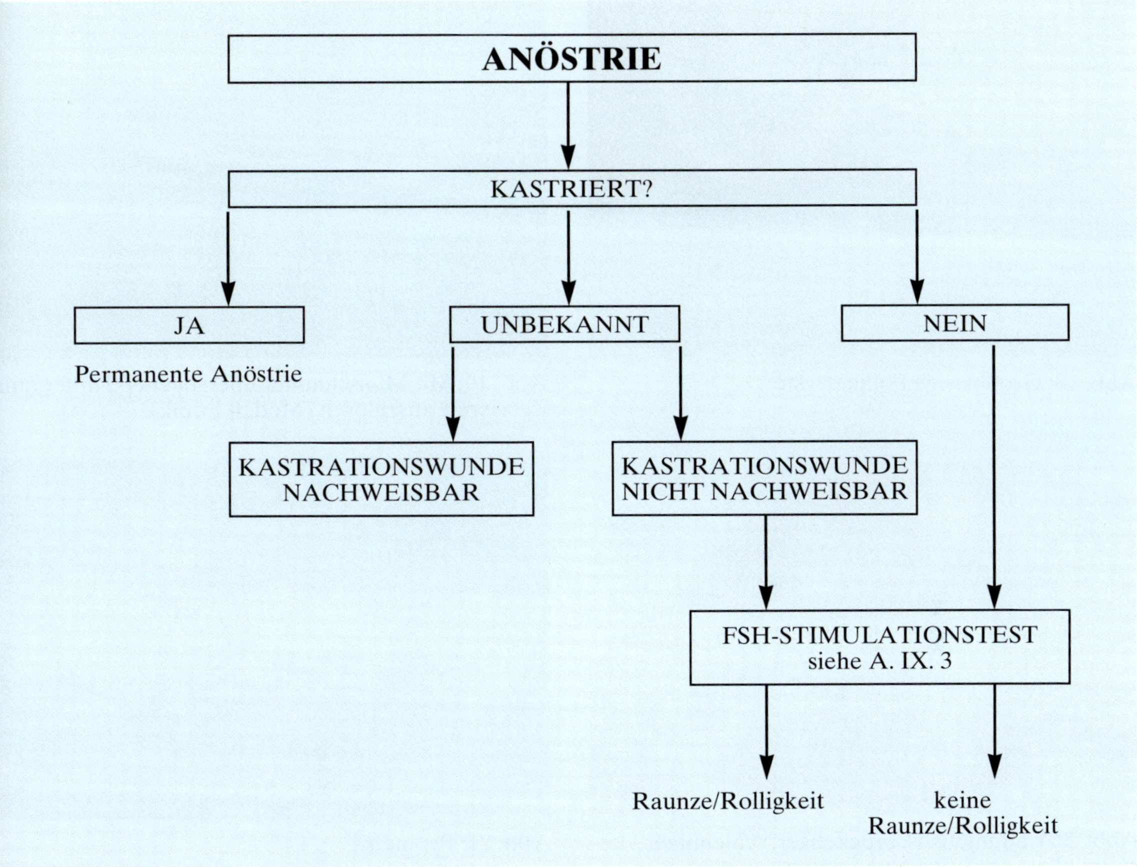

Algorithmus für den Problemkomplex Anöstrie.

5. Follikelpersistenz (Nymphomanie)

Wird der Östrus mit keinen Ovulationen abgeschlossen oder die Follikel atresieren nicht, so ist das klinische Bild einer Dauerraunze gegeben. Die Katze ist unruhig, magert wegen Freßunlust ab, und das Haarkleid ist häufig glanzlos und struppig. Eine hochgradige Schleimhautödemisierung bzw. -proliferation kann zu erschwertem Harnabsatz führen. Der Uterus ist rund und je nach Krankheitsdauer etwa bleistift- bis kleinfingerstark. Die Ovarien weisen klein- und/oder großblasige Zysten auf (Abb. 18).

Therapie:

- Deckung, wenn der Besitzer mit einer Trächtigkeit einverstanden ist.
- Kastration bzw. Ovariohysterektomie.
- eine konservative Behandlung mit vorsichtiger Prognose kann versucht werden mit:
  - 50–100 IE Luteinisierungshormon (LH) in 2- bis 3tägigen Abständen (Chorulon®).
  - 100 IE Releasinghormon (RH-LH, Lutal®, Receptal®) an 3 Tagen hintereinander [75].
  - 2,5–5,0 mg Gestagen (Perlutex®, Niagestin®) p. o. über etwa 1 Woche.
  - 1–2 mg CAP (Chlormadinoacetat, Tardak®) täglich über 7 bis 10 Tage [67].
  - Ovulationsinduktion mit sterilisiertem Glasstab, Wattetupfer oder mit einem Minischnuller überzogenen Tupfer (Modell Frank; Abb. 19) der in die Vagina eingeführt wird (Zervixreiz, sterile Kopulation).

6. Hyperplasia-glandularis-cystica-endometrii (HGCE) – Endometritis-Pyometra-Mukometra-Hydrometra-Komplex

Hormonale Imbalance, unkontrollierter Gestageneinsatz zur Raunzeunterdrückung oder fehlgesteuerte Östrusinduktion können zu diesen Gynäkopathien führen [2, 18]. Die Katzen weisen ein gestörtes Allgemeinbefinden auf; sie sind zumeist matt, fressen wenig oder überhaupt nicht, trinken vermehrt, setzen häufig Harn ab und verlieren an Ge-

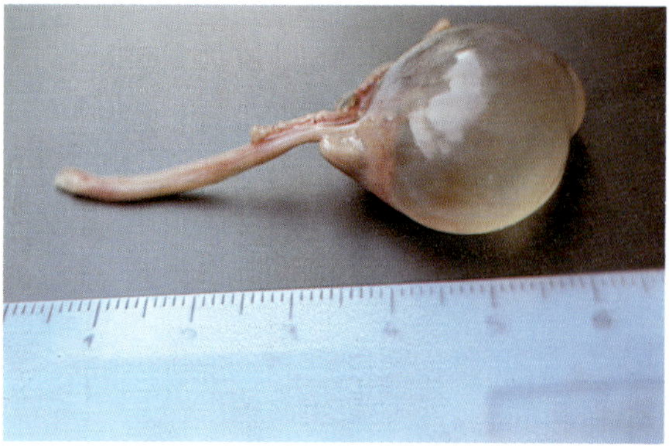

Abb. 18: Großblasige Follikelzyste.

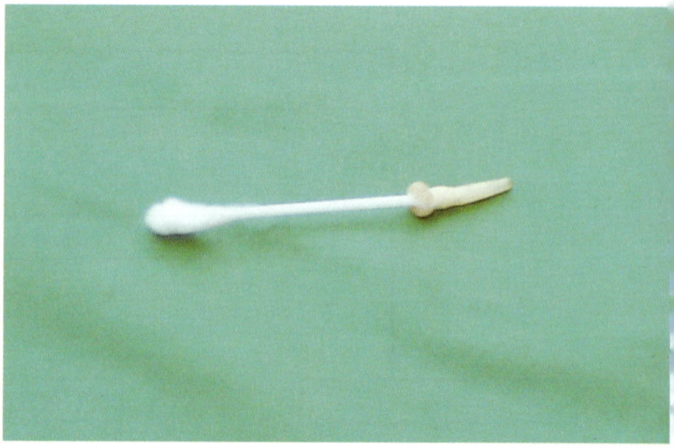

Abb. 19: Mit Minischnuller überzogener Tupfer, um Zervixreiz auszulösen (Modell Frank).

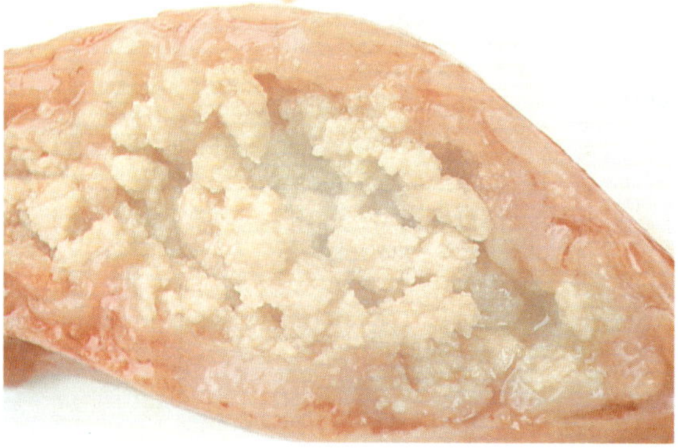

Abb. 20: Endometritis: bröckeliger, schleimiger Uterusinhalt.

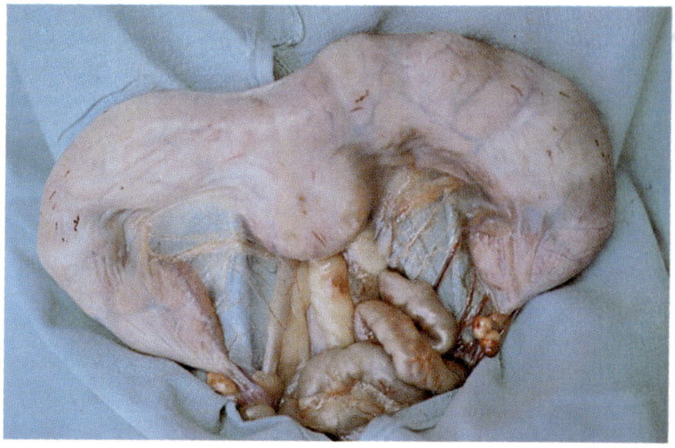

Abb. 21: Pyometra.

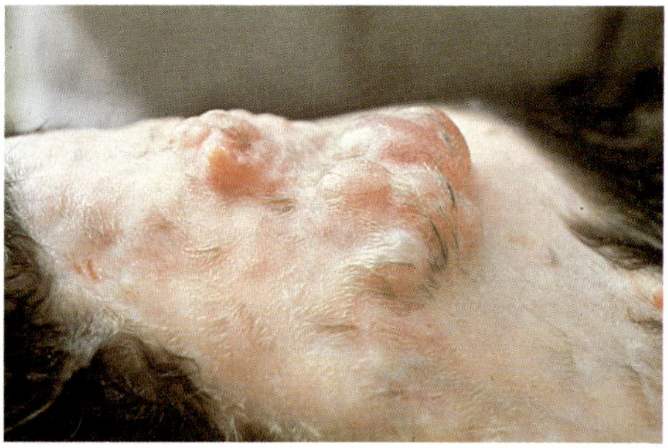

Abb. 22: Mammazysten in einer Größe, wie sie am häufigstens nachzuweisen sind.

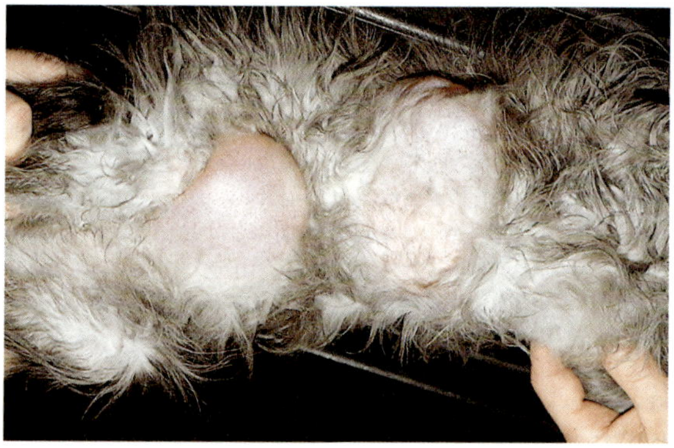

Abb. 23: Selten große Mammazysten bei einer 13jährigen weiblichen Katze; 3 faustgroße, blasige Gebilde mit 110 ml Zystenflüssigkeit.

wicht. Das Haarkleid ist glanzlos und struppig, die Hautelastizität vermindert und das 3. Augenlid vorgefallen. Der Scheidenausfluß ist rötlich, weißgelb, gelbgrün, braungrau (HGCE, Endometritis, Pyometra) oder glasklar (Hydrometra) und von dickschleimiger bis bröckeliger, schleimig-wässeriger (HGCE, Endometritis, Pyometra, Abb. 20) bzw. wässeriger (Hydrometra) Konsistenz. Der Uterus ist bis zu mehreren Fingern breit vergrößert (Abb. 21). Die Uteruswand ist entweder verdickt (Endometritis,

HGCE) oder im Falle einer Pyo- bzw. Hydrometra dünnwandig. Bei der Katze ist im Gegensatz zur Hündin der Uteruskörper meist mitbetroffen (Abb. 21). Die Ovarien weisen neben Corpora lutea Follikel und/oder Zysten auf.

Therapie: Ovariohysterektomie, Prostaglandin F2 (siehe A. X.).

7. Lactatio sine graviditate (L. s. g., Scheinträchtigkeit)

Sie wird bei der Katze nicht so häufig wie bei der Hündin diagnostiziert, da sehr oft ein anovulatorischer Zyklus abläuft. Sie tritt nach einer sterilen Kopulation auf. Es kommt zur Mammaanbildung und zum Milchfluß. Das psychische Verhalten ist zumeist unverändert. In der Folge können eine Milchstauung, Mastitis bzw. Mammanekrosen (Abb. 53) entstehen.

Therapie: dreimalige perorale Behandlung in 2-Tages-Abständen mit 200-400χ Parlodel® in Verbindung mit einem Antemetikum (Torecan®). Zusätzlich wird das Gesäuge mehrmals am Tag mit Heparinsalben (Pertrombon®, Hirudoid®, Lasonil®) versorgt. Bei Bestehen einer Mastitis (zumeist nur einzelne Komplexe betroffen) gelangen Antibiotika und Antiphlogistika parenteral zum Einsatz.

8. Mammazysten

Mammazysten werden ein- oder mehrkammerig in unterschiedlicher Größe im Mammagewebe nachgewiesen (Abb. 22 und 23). Die Genese ist unklar. Eine hormonell bedingte Ursache kann angenommen werden.

Therapie:
- Punktion und Absaugen der Zystenflüssigkeit; Allgemeinbehandlung bei Entnahme von großen Zystenflüssigkeitsmengen (Abb. 23).
- Exstirpation der betroffenen Mammabereiche.
- Kastration ist zu erwägen.

Fremdkörper in der Vagina

Fremdkörper, wie z. B. Mäusegerste, sind äußerst selten und können zu vergrößerten Labien und blutigem bzw. eitrigem Scheidenfluor führen. Dieser kann durch heftiges Pressen von selbst abgehen.

Therapie: Entfernung am sedierten Patienten, Antibiose.

Hormonell bedingter Haarverlust

Ein hormonell bedingter Haarverlust ist gekennzeichnet durch ein glanzloses, struppiges Haarkleid, einen symmetrischen Haarausfall im Bereich der Flanken, Brust-, Bauchunterseite und Hinterextremitäten. Die Haut weist keine Veränderungen wie Rötungen oder vermehrte Schuppenbildung auf. Es liegt kein Juckreiz vor (Abb. 24). Diese Veränderungen können sowohl bei kastrierten als auch bei unkastrierten Katzen auftreten. Diagnosehilfe: Halskrause über mehrere Wochen; erfolgt der Haarverlust durch „Haarzupfen aus Langeweile“, so wachsen die Haare ohne Behandlung wieder nach.

Abb. 24: Hormonell bedingter Haarverlust an der Bauchunterseite bei einer kastrierten Hauskatze.

Therapie:
- Megestrolacetatprogesteron (MAP; Nia 15®), Medroxyprogesteronacetat (MPA; Perlutex®) 2,5 mg tgl. über 14 Tage + 3mal wöchentlich über 3 Wochen + 1mal wöchentlich nach Bedarf [64]. Vorsicht bei Langzeittherapie: Mammaveränderungen, Stoffwechselbeeinflussung, deutliche Gewichtszunahme; Blutzuckerkontrollen sind angezeigt.
- 25 mg Testosteron als Implantat [44].

Zyklusmanipulation durch Hormoneinsatz

1. Raunzeverschiebung

- 0,25–0,7 mg/kg KGW Delmadinon Acetat (DMA, Tardak®) p. o. 1mal wöchentlich [43]
- 2,5–5,0 mg/kg KGW Delmadinon Acetat (DMA, Tardak®) s. c. 2mal jährlich [43]
- 2,5 mg Megestrolacetat-Progesteron (MAP, Niagestin®, Nia 15®) 2mal wöchentlich p. o. [2]
- 0,5 mg Norethindronacetat (NET) tgl. p. o. [98]

2. Raunzeunterdrückung

- 2,5–5,0 mg Megestrolacetat-Progesteron (Niagestin®, Nia 15®, MAP) tgl. p. o. über 6–8 Tage [2]

- 25–100 mg MAP (Niagestin®) im Abstand von ca. 1–1½ Monaten parenteral [90]

Vorsicht bei Langzeittherapie: Stoffwechsel- und Mammabeeinflussung, Lethargie, Diabetes mellitus, vermehrter Appetit, Gewichtszunahme in 25 % der Fälle [12].

3. Östrusinduktion

- am 1. Tage 100 IE follikelstimulierendes Hormon (FSH (Folligon®, Primogonyl®), dann 7mal 25–30 IE FSH s. c. [36].
- 0,01 Östrogen (Östradiolbenzoate®) in 3-Tages-Abständen s. c. [2]. Vaginalzytologische Kontrolle. Bei erhöhter Keimflora erfolgt eine antibiotische Behandlung und der Raunzeinduktionsversuch wird abgebrochen.
- 25–100 IE Pregnant Mare Serum Gonodotropin (PMSG) i. m. (Folligon®, Primogonyl®) nach dem Therapieschema von COLBY [18].

Die Behandlung erfolgt bis zur Deckung. Bei Katzen unter 1 Jahr besteht die Gefahr der zystösen Ovardegeneration. Sehr gute Erfolge ergeben sich in der Altersgruppe 1 bis 5 Jahre (4 Welpen pro Wurf). Bei Tieren, die älter als 5 Jahre sind, ist die Wurfgröße reduziert.

4. Nidationsverhütung

- Estradiol Cypionate (ECP): einmalige Gabe von 250 g 40 Stunden post copulationem i. m. [37]. Nach HERRON [36] ist mit 80 % Erfolg zu rechnen.
- Östradiolbenzoat (Östradiolbenzoate®, Progynon-B-Oleosum®) 3mal 0,5 mg in 2-Tages-Abständen oder eine einmalige Gabe von 1,0–3,0 mg s. c. Der Behandlungsbeginn soll innerhalb der ersten 5 Tage nach erfolgter Deckung erfolgen [2].

Tabelle: Therapieschema zur Östrusinduktion mit PMSG (COLBY, 1980)

	IE PMSG/Behandlungstag							
	1	2	3	4	5	6	7	8
Dezember bis Januar	100	50	50	50	50	50	50	50
Februar bis August	100	50	50	50	50	25	25	25
September bis November	100	50	50	50	50	50	50	50

Prostaglandineinsatz

Prostaglandin $F_2\alpha$ ($PGF_2\alpha$) bewirkt eine Luteolyse (Gelbkörperabbau) und Kontraktion der glatten Muskulatur, die wiederum eine Dilatation des Muttermundes und eine Kontraktion des Uterus verursacht. Über den Einsatz von Dinoprost-Trometamol-Salz (Dinoprost tromethamine, Dinolytic®) gibt es einige befriedigende Untersuchungsergebnisse. Die Herstellerfirma ist zur Zeit nicht bereit, den Einsatz bei Hund und Katze zu empfehlen. Daher muß ein eventueller $PGF_2\alpha$-Einsatz mit dem Besitzer im Detail besprochen werden (mögliche Rechtsfolgen!).

$PGF_2\alpha$ soll nur bei weitestgehend gesunden und jüngeren Tieren, und wenn der Besitzer mit einer Ovariohysterektomie nicht einverstanden ist, zum Einsatz gelangen.

Indikationen für eine $PGF_2\alpha$-Applikation:
- Endometritis purulenta acuta/chronica
- Pyometra mit offener Zervix
- Involutionsstörung post partum mit Endometritiserscheinungen
- Abortusauslösung nach dem 30. und 35. Trächtigkeitstag

Dosierung von $PGF_2\alpha$:
100–250 μg/kg KGW Dinoprost-Trometamol-Salz subkutan 1–2mal täglich über 5–10 Tage.

Nebenwirkungen von $PGF_2\alpha$:
Diese treten innerhalb von 30 bis 120 Sekunden auf, die für 2 bis 20 Minuten andauern. Mit zunehmender Behandlungsdauer nehmen die Nebenwirkungen ab, am 5. Therapietag sind sie nicht mehr oder nur geringgradig vorhanden. Nebenwirkungen nach ihrer Häufigkeit geordnet sind:
- Die Katze beginnt sich intensiv in den Flanken und/oder über der Vulva zu putzen
- Tachykardie
- Unruhe
- Speichelfluß
- Harn- und Kotabsatz
- weite Pupillen
- die Katze steht steif, Lordose (Überdosierung!)
- Erbrechen
- Ansteigen der inneren Körpertemperatur und Atemfrequenz.
- Rötung der Haut.

Behandlungsverlauf

Eine antibiotische Begleitbehandlung wird empfohlen. Ein verstärkter Scheidenausfluß stellt sich kurz nach Beginn der $PGF_2\alpha$-Therapie ein. 16 Katzen wurden behandelt und geheilt. Nach 1 bis 6 Wochen waren sie rollig, wurden gedeckt und 12 von ihnen gebaren lebende Welpen [24].

Gynäkologische Operationen

1. Kastration (Ovarektomie)

Indikation: Ausschaltung der Raunze

Zeitpunkt der Ovarektomie

Ausgehend von der Ansicht, daß mit dem Eintreten der **Geschlechtsreife (Pubertät)** die körperliche Entwicklung weitestgehend abgeschlossen ist, sollte dieser Eingriff nicht vor der ersten Raunze erfolgen. Es gibt jedoch Überlegungen, die Kastration bei streunenden oder nicht fürsorglich betreuten Katzen, bereits ab etwa dem 3. Lebensmonat durchzuführen **(Frühkastration),** um eine unkontrollierte Vermehrung der Katzenpopulation zu vermeiden [91].

Operationstechniken

a) Linea-alba-Laparotomie

Die sedierte Katze wird auf der Bauchunterseite vom Becken bis etwas kranial über den Nabel hinausgehend ausrasiert und in Rückenlage ausgebunden. Nach Desinfektion des Operationsfeldes wird 1 cm kaudal vom Nabel ein etwa 2 cm langer Hautschnitt gesetzt (Abb. 25). Das Operationstuch wird mit Tuchklemmen fixiert. Die Eröffnung der Bauchhöhle erfolgt in der Form eines Treppenschnittes, die Wundränder werden mit Wundhaken oder Arterienklemmen hochgehoben und gespreizt. Das Uterussuchhäkchen wird in der Höhe des 3. bis 4. Lendenwirbels entlang der Bauchwand zu Ovar und Uterushornspitze geführt und um 90 gedreht (Abb. 26), um diese zu entwickeln und in den Operationsbereich vorzulagern (Abb. 27). Fixation des Uterus mit einer Arterienklemme. Nach Setzen einer Uteruscatgutligatur zwischen Bifurkation und Pean erfolgt die Durchtrennung des Uterus mit der Schere in einer vorgequetschten Stelle (**Uterusteilamputation;** Abb. 28). Nach Durchtrennung des Mesometriums erfolgt die Torquierung des Mesovars, das mit einem Pean dorsal vom Ovar fixiert wird. Die Arterienklemme wird um 90° gedreht, so daß das Mesovar nahe dem Nierenfett außerhalb des Abdomens ligiert werden kann. Über dem Pean wird das Mesovar mit dem Skalpell durchtrennt (**Ovarektomie** Abb. 29). Dieser Vorgang wiederholt sich auf der anderen Seite. Die Bauchhöhle wird mit Knopfnähten (Seide 0–1, Chromcatgut 0, Dexon oder Vicryl 3/0, Prolene 3/0, Stahldraht monofil 4/0) in zwei Schichten verschlossen.

Operationsmodifikation

Beginn des Hautschnittes etwa 3 cm caudal vom Nabel. Nach Vorverlagerung des ersten Gebärmutterhornes wird am Uterus leicht angezogen bis im caudalen Wundwinkel das 2. Horn im Bifurkationsbereich sichtbar wird und somit sehr leicht vorverlagert werden kann. Der Uterus wird im Corpus uteri abgesetzt.

Vorteil des Linea-alba-Zuganges

- Bei der Indikation für eine Ovariohysterektomie ist diese durch weitere Eröffnung der Bauchhöhle nach kaudal leicht durchführbar.
- Ovarektomie ist auf beiden Seiten ohne Schwierigkeiten durchführbar.
- Als Einmann-Operation ohne Verletzung der Sorgfaltspflicht möglich.
- Kosmetische Erwägungen.

Nachteil des Linea-alba-Zuganges

- Das Auffinden von Ovarien und Uterus erfolgt weniger direkt und übersichtlich.
- Beim Sitzen und Liegen der Patienten ist die Operationswunde nicht frei; es kommt Haut auf Haut zu liegen, so daß die Abheilung beeinträchtigt werden kann.

b) Rechte Flankenlaparotomie (Wiener Methode)

Die sedierte Katze wird in der rechten Flanke vom Rippenbogen bis zur Spina iliaca ventralis und vom Gesäugeansatz bis nach dorsal über die autochthone Rückenmuskulatur ausrasiert. Sie wird in linker Seitenlage angebunden. Nach Desinfektion und steriler Abdeckung erfolgt die Durchtrennung der Haut in einer Länge von ca. 2 cm ventral der autochthonen Rückenmuskulatur und ungefähr in der Mitte zwischen dem Rippenbogen und einer gedachten Senkrechten zur Spina iliaca ventralis. Nach Entfernung eines etwa haselnußgroßen Stückes Fettgewebe wird die Bauchhöhle zwischen zwei Pinzetten schichtweise mit dem Skalpell eröffnet. Die Wundränder werden mit zwei Wundhäkchen gespreizt und unter Sicht wird mit dem Uterussuchhäkchen in den Sulcus, der von Nieren- und Gekrösefett gebildet wird, eingegangen. Das Häkchen wird nach dorsal gedreht und das rechte Uterushorn wird mit dem Ovar außerhalb des Wundbereiches vorverlagert und mit einer Arterienklemme fixiert. Das Uterushorn wird leicht gespannt, damit das Suchhäkchen entlang des Hornes zur Bifurcatio uteri geführt werden kann. Nun wird das Häkchen über kaudal nach ventral gedreht, um so das etwas tiefer liegende linke Horn zu entwickeln. Dieses wird ebenfalls mit einem Pean fixiert. Nach Setzen einer Uteruscatgutligatur zwischen Arterienklemme und Bifurkation erfolgt die **Uterusteilamputation.** Nach Durchtrennung des Mesometriums mit einer geraden stumpfen Schere erfolgt die Torquierung des Mesovars. Durch leichten

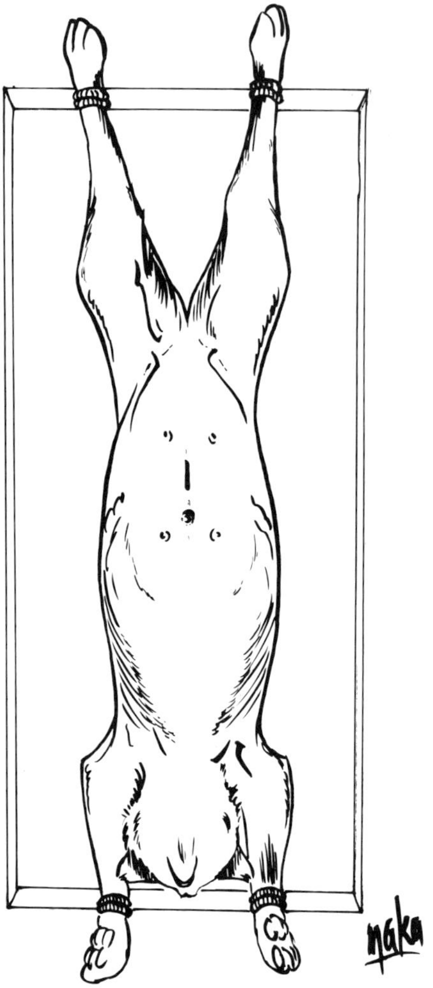

Abb. 25: Darstellung des Operationsfeldes in der Linea alba.

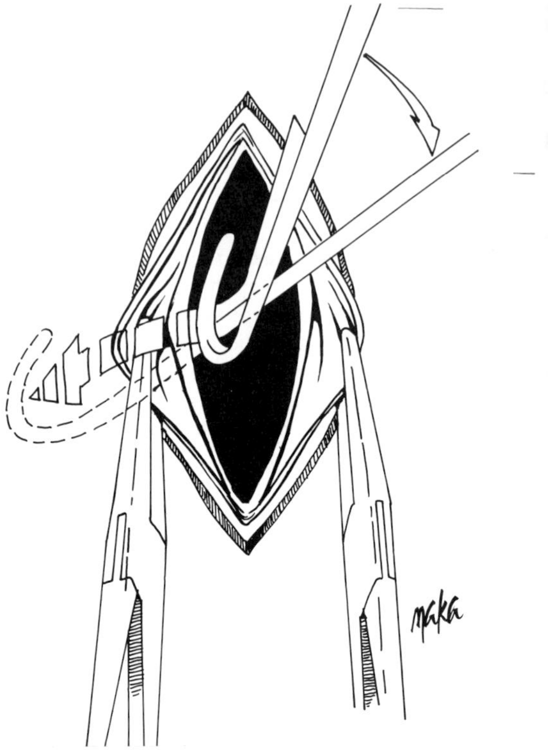

Abb. 26: Das Uterushäkchen wird entlang der Bauchwand zu Ovar und Uterushornspitze geführt.

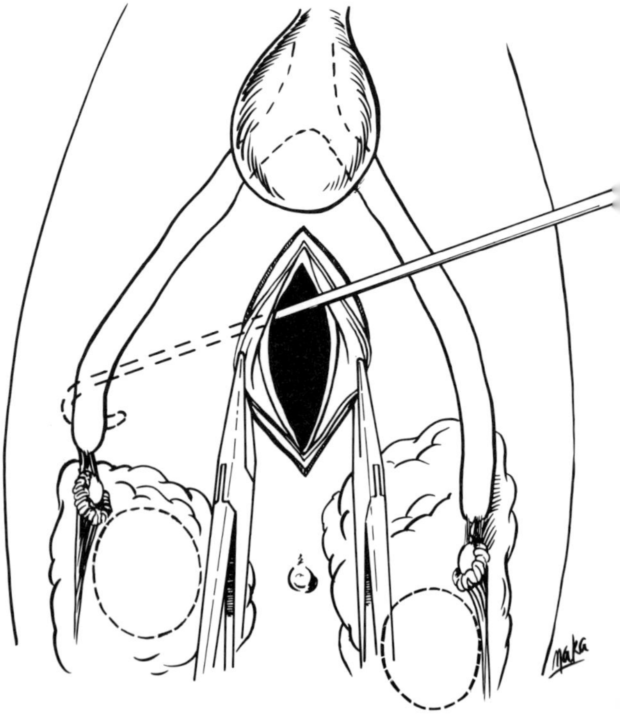

Abb. 27: Topographie des Urogenitaltraktes: das um 90° gedrehte Uterushäkchen ist in Position, um das linke Uterushorn zu entwickeln.

Abb. 28: Uterusteilamputation zwischen bifurkationsnaher Catgutligatur und Arterienklemme.

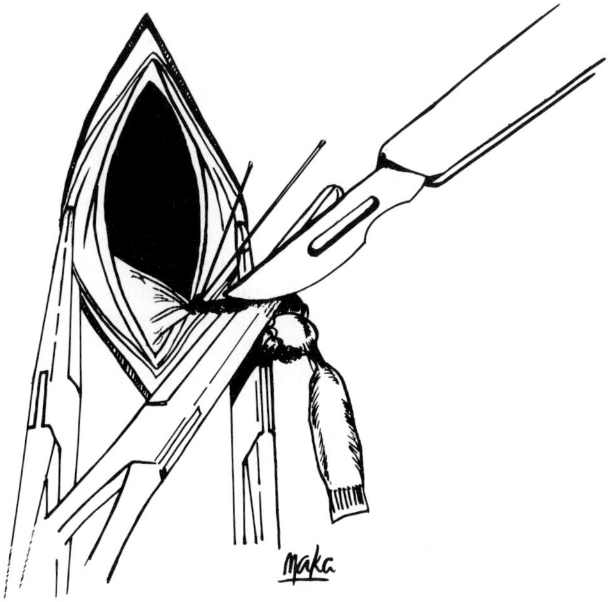

Abb. 29: Ovarektomie.

Zug wird das Ovar soweit als möglich vor den Wundbereich vorverlagert, um die Catgutmesovarialligatur nahe an das Nierenfett zu legen. Das Mesovar wird mit der Schere durchtrennt **(Ovarektomie).** Derselbe Vorgang wiederholt sich auf der anderen Seite. Der Verschluß der Bauchhöhle erfolgt mit einer fortlaufenden Catgutnaht (Nr. 0) in zwei Schichten.

Der Beginn der Naht ist im ventralen Wundwinkel, und es werden in der ersten Lage Peritoneum und M. abdominis transversus erfaßt. Mit ein und demselben Faden werden dann vondorsal nach ventral die Mm. abdominis internus und externus bei gleichzeitiger Erfassung der Unterlage aneinander adaptiert. Mit den beiden Fadenenden wird die Naht verknüpft. Anschließend ein bis zwei Unterhautbindegewebsnähte, wobei die Unterlage nicht erfaßt wird, um die Haut nicht an die Muskulatur zu adaptieren: bei jedem Schritt des Patienten würde ein Zug an der Naht erfolgen und zu einer Nahtdehiszenz führen. Die Haut wird mit Knopfnähten (Catgut 0, Seide 0, Prolene 3/0, Stahldraht 4/0 monofil) versorgt.

Begründung für den rechten Flankenzugang

Das linke Mesovar ist länger als das Aufhängeband des rechten Ovars. Dies ist eine Eigenart der Gonaden, die für beide Geschlechter der Fleischfresser zutrifft. Die beidseitige Ovarektomie ist daher von der rechten Flanke leichter durchführbar als von der linken Seite.

Vorteil der Flankenlaparotomie

Der Zugang zu den Ovarien und Uterushörnern ist direkt und ihre Entwicklung erfolgt kontrolliert unter Sicht.
Im Falle einer Fibroadenomatose Zugang der Wahl.

Nachteil der Flankenoperation

- im Falle einer Ovariohysterektomie ist das Absetzen im zervixnahen Uteruskörper (Hysterektomie) erschwert.
- Die linke Ovarektomie kann manchmal mit Schwierigkeiten verbunden sein.
- Kosmetische Erwägungen, Haarverfärbungen.
- invasiver Zugang (Muskeltrauma).
- Parästhesien sind möglich.

Allgemeine Bemerkungen zur Kastration

- Einen Tag vor der Operation keine feste Nahrung.
- Vor der Operation soll eine gynäkologische Untersuchung erfolgen, um eine mögliche Gynäkopathie bzw. Trächtigkeit ausschließen zu können.
- Operationstisch etwas kippen, damit das Darmkonvolut nach kranial verlagert wird – das Auffinden von Uterushörnern und Ovarien wird dadurch begünstigt.

- Vorsicht beim Anbringen des Peans und beim Legen der Ligaturen am Uterus. Die Gebärmutter ist besonders in der Nachgeburtszeit (Puerperium), aber auch im Metöstrus mürbe und brüchig.
- Die Mesovarialligaturen sollen nahe an das Nierenfett gelegt werden, um versprengtes germinatives Gewebe im Mesovar zu erkennen und zu entfernen.
- Der Uterus soll möglichst vollständig entfernt werden, da die seltenen Möglichkeiten bestehen, daß im höheren Alter die zurückverbliebenen indurierten Gebärmutterhörner einen Ileus verursachen (vergleichbar mit dem Lipoma pendulans des Pferdes) bzw. Uterustumoren auftreten können [66].
- Nahtentfernung nach 10 bis 14 Tagen je nach Wahl des Nahtmaterials.
- 14 Tage post operationem Bewegungsmöglichkeiten einschränken.

2. Ovariohysterektomie

Indikation: Endometritis, Pyometra, Hydrometra, Mucometra, Hyperplasia glandularis cystica endometrii (HGCE), Ovarial- und Uterustumoren, Hymenmembran.

Operationstechnik

Die Vorbereitung der Katze erfolgt wie bei der von der Linea alba aus durchgeführten Kastration.
Die Haut und das Unterhautbindegewebe werden vom Nabel bis knapp vor das Becken durchtrennt. Zwischen zwei Pinzetten wird mit dem Skalpell eine Inzision gesetzt, und mit der geraden stumpfen Schere erfolgt unter Finger- oder Instrumentenschutz die Eröffnung des Abdomens. Nach Verlagerung des Netzes nach kranial werden Uterus und Ovarien entwickelt. Mit dem Déchamp wird eine Catgutligatur Nr. 0 um das Mesovar herumgeführt und ligiert. Anlegen eines Peans an der Uterushornspitze, damit nach der Durchtrennung des Mesovars keine Blutung eintritt. Die Ovarektomie wird auf der zweiten Seite wiederholt und die beiden Mesometrien mit der Schere bis knapp an die Arteria uterina durchtrennt. Im Bereich der Zervix erfolgt eine doppelt verankerte **Catgutmassenstumpfligatur** (Achtung auf Uretheren). Nach Anbringen einer Gegenklemme wird kaudal von der Ligatur ein Tupfer gelegt. Dieser soll beim Durchtrennen des Uterus **(Hysterektomie)** eventuell abfließendes Entzündungsekret aufsaugen. Die Schleimhaut des Uterusstumpfes wird mit einer gebogenen Schere ausgeschnitten und mit Merfen®, Isozid-H® oder Betaisodona® touchiert. Der Verschluß der Bauchhöhle erfolgt mit Knopfnähten (Seide 0, Dexon 3/0, Stahldraht 4/0). Das Unterhautbindegewebe und die Haut werden mit Knopfnähten versorgt. Auf die Operationswunde wird ein antibiotischer Spray und/oder ein flüssiger Wundverband aufgebracht. Als Nachbehandlung ist eine antibiotische und roborierende Therapie sowie eine ausreichende Versorgung mit Elektrolyten angezeigt.
Die Hautnähte werden je nach Wahl des Nahtmaterials nach 10 bis 14 Tagen gezogen.

Raunze nach sachgemäß durchgeführter Kastration bzw. Ovariohysterektomie

Bei kastrierten Katzen werden Östrusmerkmale diagnostiziert. Die Ursache ist vermutlich im Bereich des Hypophysenvorderlappen und der Nebennierenrinde zu suchen.

Therapie: Gestageneinsatz (siehe A. IX.).

Folgen einer unsachgemäßen Kastration bzw. Ovariohysterektomie

- **Raunze:** sie wird beobachtet, wenn ein oder beide Eierstöcke, Anteile von Ovar (Restovar) zurück-

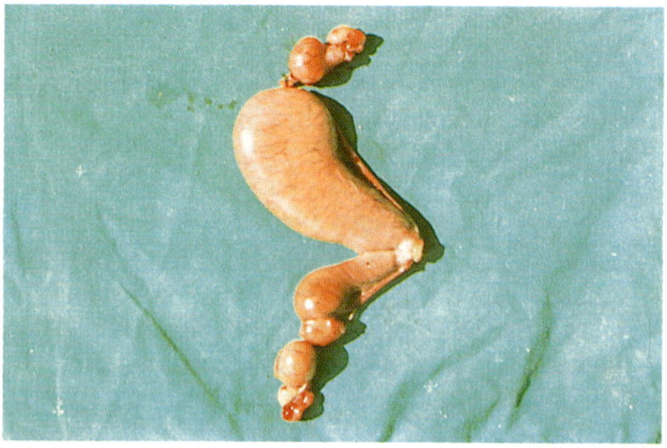

Abb. 30: Pyometra nach Eileiterligaturen (Sterilisation).

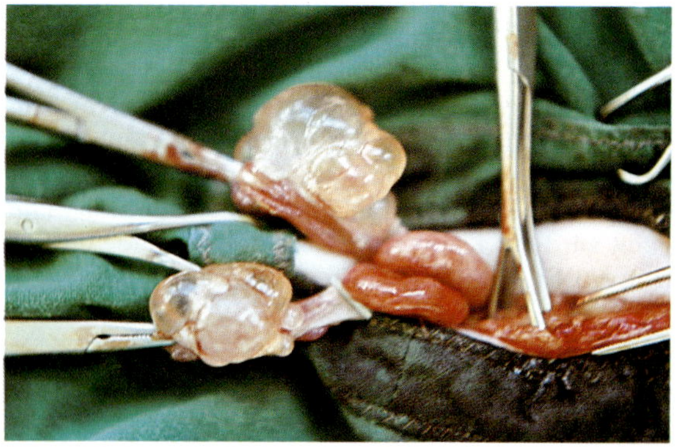

Abb. 31: Zystöse Ovardegeneration nach Eileiterligaturen mit Klips (Sterilisation).

verblieben sind oder versprengtes Keimdrüsengewebe im Mesovar (akzessorische Ovarien) übersehen worden ist.

- **HGCE-Endometritis-Pyometra-Mukometra-Hydrometra-Komplex:** Diese Gynäkopathie tritt auf, wenn germinatives Gewebe zurückgeblieben ist. Diese Erkrankung kann in ihrer Entstehung begünstigt werden, wenn über einen längeren Zeitraum die wiederaufgetretenen Raunzeerscheinungen mit Gestagen behandelt werden (Abb. 30).
- **Einhorngravidität** nach einseitiger Ovarektomie und Uterusteilamputation. In einem beobachteten Fall fiel der Besitzerin auf, daß die Katze bei gleicher Futtermenge nach der „Kastration" zunahm.

Therapie: Relaparotomie in der Linea alba.

Zur Sterilisation von weiblichen Katzen

Fallweise werden Katzen durch Legen von Ei-leiterligaturen unfruchtbar gemacht. Die Folge können massive Störungen der Ovarfunktion in Form von zystöser Entartung sein (Abb. 31).

3. Exstirpation von Scheidenpolypen

Am sedierten Patienten wird das Neoplasma (Abb. 12) soweit als möglich vorverlagert. Nahe der Scheidenschleimhaut wird je nach Stärke des Polypenhalses eine einfach oder doppelt verankerte Catgutligatur gesetzt. Etwa 0,5–1,0 cm von der Ligatur entfernt erfolgt die Durchtrennung des Polypenhalses mit dem Skalpell oder der Schere.

B. Andrologie

Anatomie

Die nahezu kugeligen **Hoden (Testes)** liegen im stark behaarten **Hodensack (Scrotum)** knapp unter dem Anus. Die Hüllen des Hodens sind die **Tunica dartos** und der **Proc. vaginalis.** Beide Schichten werden durch das bindegewebige Subdartoicum verbunden, und dazwischen liegt der schwach ausgebildete M. cremaster. Die **Scrotalraphe (Raphe scroti)** ist durch eine deutliche Furche gekennzeichnet. Die beiden Testes werden durch das Septum scroti voneinander getrennt. Der **Nebenhoden (Epididymis)** lagert sich dem Hoden dorsolateral an. Aus dem Nebenhodenschwanz zieht der **Ductus deferens,** der durch das **Ostium vaginale** in die Bauchhöhle gelangt. Nach einem starken Bogen in Richtung Beckenhöhle mündet er nach Passage der **Prostata**

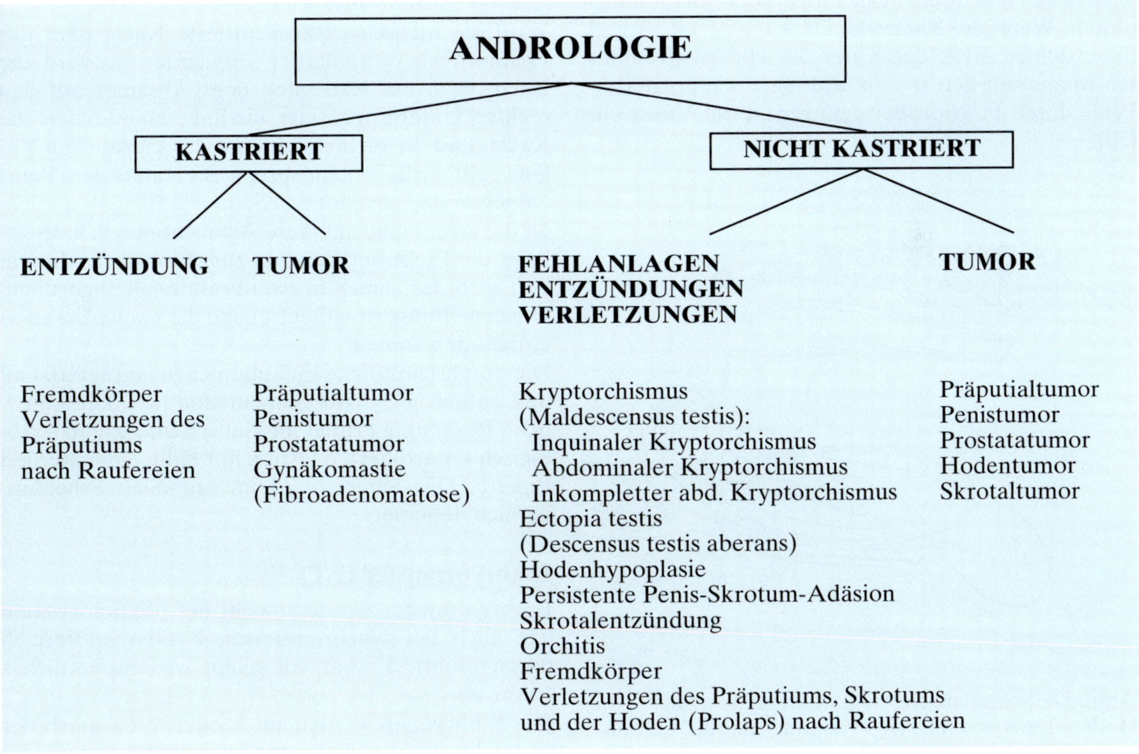

Algorithmus für den andrologischen Problemenkomplex

von dorsal auf dem kegelförmigen Colliculus seminalis in das Beckenstück der Urethra. Dem Beckenstück der Harnröhre liegt die **Glandula bulbourethralis** an. Der **Penis** besteht aus den beiden am Arcus ischiadicus befestigten Schenkeln (Crura penis), dem Corpus penis, dem etwa 5 mm langen **Os priapi (Penisknochen)** und der mit stachelförmigen, verhornten Papillen versehenen Penisspitze mit der Glans penis. Der Harnröhrenschwellkörper beginnt am Beckenausgang. Das **Praeputium (Vorhaut)** ist dickwulstig und das Ostium praeputiale ist nach kaudal gerichtet (Abb. 32; [23, 63]).

Physiologie, Verhaltensphysiologie

Die **Geschlechtsreife** tritt beim Kater mit ca. 8–10 Monaten ein. Freilebende Tiere werden früher geschlechtsreif [52]. Nach LEYHAUSEN [50] ist der Kater nicht immer paarungsbereit, und er weist eine wenig deutlich ausgeprägte Periodik, die unabhängig vom Geschlechtspartner ist und durch Harnspritzen gekennzeichnet ist, auf. So wurde vom Autor Harnspritzen und Belecken des halberegierten bzw. eregierten Penis beobachtet, obwohl keine rollende Katze in der Nähe war. Der **Deckung** geht ein intensives Liebesspiel, das tagelang dauern kann, voran („Kokettierflucht"). Der Kater packt die Kätzin am Nacken und übertritt sie mit Vorder- und Hinterpfoten. Wenn die Katze zur Deckung bereit ist und diese duldet, stellt der Kater die Hinterextremitäten wieder auf den Boden und führt den eregierten Penis durch Friktionsbewegungen in die Vulva ein [50].

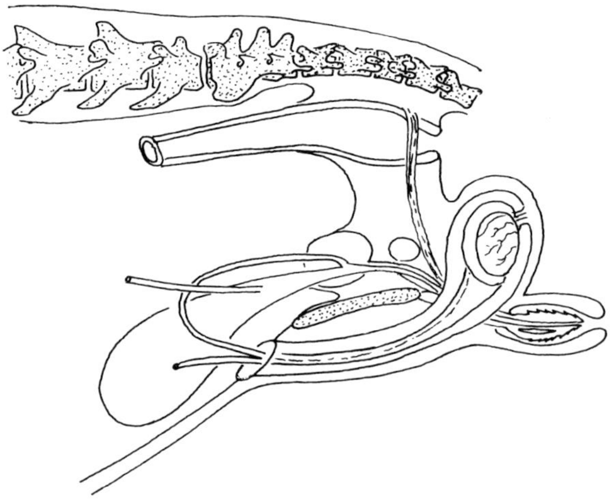

Abb. 32: Schematische Darstellung der Lage von Hoden, Ductus deferens, Prostata, Gladula bulbourethralis und Penis beim Kater (umgezeichnet nach Ellenberger-Baum [23]).

Klinisch-andrologische Untersuchung

Die klinisch-andrologische Untersuchung wird in die Adspektion und Palpation unterteilt. Bei der **Adspektion** wird auf Größe und Lage der Testes und auf eventuelle Sekretspuren um das Präputium geachtet. Die **Palpation** ergibt Aufschluß über die Größe, Konsistenz, Temperierung und Schmerzhaftigkeit der Hoden bzw. Vorhaut.

Künstliche Ab- und Besamung

Sie gelangen zur Anwendung bei mangelnder Libido, Anaphrodisie und im Rahmen wissenschaftlicher Fragestellungen. Der Samen wird mit Hilfe einer **künstlichen Vagina** [84], die ein graduiertes Auffangglas besitzt, gewonnen. Nach FOOTE [25] ist es möglich, einen Kater innerhalb von 14 Tagen an eine artifizielle Vagina zu gewöhnen. Er kann 3mal wöchentlich ohne Samenqualitätseinbußen abgesamt werden [84]. Um die Samenabgabe zu fördern, gibt es mehrere Stimulationsmöglichkeiten:

- durch eine östrische Katze (physiologischer bzw. induzierter Östrus),
- durch eine kastrierte Katze, der Östrogen injiziert wurde,
- durch ein Katzenfell als Phantom [56],
- durch Elektroejakulation [85].

Wird die östrische, östrogenisierte Katze oder das Phantom als Vorhaltetier verwendet, so wird die Katze bzw. das Katzenfell dem Absamer auf den rechten Unterarm gesetzt, die linke Hand fixiert die Katze, und die rechte Hand mit der künstlichen Vagina geht nach dem Aufsprung des Katers dem Penis entgegen und gewinnt den Samen [25].
Ist die Absamung auf diese Art nicht möglich, so gelangt die Elektroejakulation zum Einsatz. In diesem Fall wird der Samen in zwei Fraktionen abgegeben. Die erste Phase ist samenfrei und die zweite Fraktion enthält den Samen.
Die durchschnittliche Ejakulatmenge beträgt 0,04 ml und enthält 56,5 x 10^6 Samenfäden [85]. Die künstliche Besamung erfolgt im klinisch und vaginalzytologisch kontrollierten Östrus mit Hilfe einer sterilen Pipette. Der Samen wird im kranialen Scheidenbereich deponiert.

Embryotransfer (ET)

Embryotransfer wurde sowohl bei physiologischen wie auch bei synchronisierten Zyklen erfolgreich durchgeführt. Er hat vor allem wissenschaftliches Interesse.
Die Embryonen werden am 7. oder 8. Tag nach der ersten Deckung (= 1. Tag) mittels einer Laparotomie gewonnen. Je ein Katheter der Stärke 17 wird am

Übergang der Tubeneinmündungen in die Uterushornspitzen eingeführt und ein Harnröhrenkatheter wird nahe der Uterusbifurkation in Position gebracht. Die Embryonen werden mit 20–30 ml körperwarmen HAM'S F-10 Medium in cranio-caudaler Richtung gespült und in einer Gewebskulturschale gesammelt. Per laparotomiam werde die Embryonen der Empfängerkatze übertragen [33].

Andrologische Erkrankungen

Diese sind nicht sehr häufig zu beobachten, da die meisten Kater bei Eintritt der Geschlechtsreife kastriert werden.

1. Maldescensus testis, Kryptorchismus

Der Abstieg der Hoden von der Bauchhöhle in den Leisten- bzw. Skrotalbereich soll bereits zum Zeitpunkt der Geburt erfolgen. Sie können jedoch in den ersten Lebensmonaten zwischen Scrotum und Inquinalbereich hin- und herpendeln. Wegen der Kleinheit der Testikel ist der palpatorische Nachweis nicht immer einfach. Er ist im Impfalter problemlos möglich.

Ist der Descensus testis unvollständig, so liegt der Hoden im Inguinalbereich (**Maldescensus testis,** in der Literatur auch als **inguinaler Kryptorchismus** beschrieben; Abb. 33). Ist der Hodenabstieg vollständig unterblieben, so kann ein **abdominaler** bzw. **inkompletter abdominaler Kryptorchismus** vorliegen. Zumeist liegt ein einseitiger abdominaler kryptorcher Hoden vor. Der Geschlechtsgeruch bleibt erhalten. Der fehlgelagerte Hoden kann tumorös entarten.

Therapie: Testektomie.

2. Ectopia testis

Fehlwanderung **(Descensus testis aberans)** eines oder beider Hoden durch den von seinem Weg abgewichenen Processus vaginalis.

Bei einem 9 Monate alten getigerten Halbangorakater lag der rechte Hoden im Abdomen und der linke Testikel befand sich im Skrotum und zwar in der Position, in der physiologisch der rechte Hoden ist. Der Ductus deferens verlief quer über das Becken zum linken Ostium vaginale (abdominaler Kryptorchismus und Ectopia testis).

Therapie: Testektomie.

3. Persistente Penis-Skrotum-Adhäsion

Erfolgt die Kastration vor der Geschlechtsreife, so wird das Wachstum des Penis gehemmt, und die Verbindung Penis-Präputialschleimhaut kann bestehen bleiben. Der Urin wird ins Präputium abgegeben.

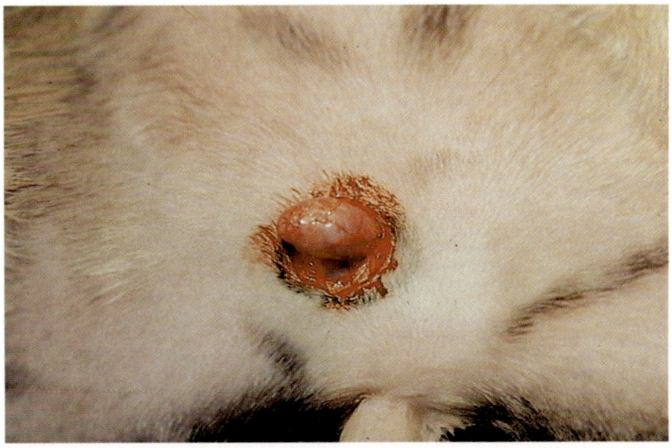

Abb. 33: Maldescensus testis, inguinaler Kryptorchismus: operativ freigelegter Hoden.

Ein Präputialkatarrh bzw. eine -entzündung sind die Folge [2].

Therapie:
- Lokale antiphlogistische Behandlung.
- Operative Lösung der Vorhaut vom Penis [2].

4. Orchitis (Hodenentzündung)

Sie entsteht zumeist durch Bißverletzungen und ist sehr schmerzhaft.

Therapie: Antibiotika und mit abklingender Entzündung Testektomie.

5. Neubildungen am Präputium

Sie sind sehr selten. Die Abb. 35 zeigt ein Fibrolipom bei einem 10jährigen kastrierten Kater.

Therapie: Testektomie, Exstirpation nach vorausgegangener Röntgenuntersuchung auf Metastasen (Abb. 15).

6. Neubildungen am Skrotum

Sie sind sehr selten. Gutartige Tumoren wie Fibrom [57], Papillom [72] und Epitheliom [51] wurden beschrieben.

Therapie: Testektomie, Exstirpation nach vorausgegangener Röntgenuntersuchung auf Metastasen (Abb. 15).

7. Neubildungen am Penis

Sie sind äußerst selten. 1901 berichtete STICKER über ein Karzinom und 1920 beschrieb HÜBNER ein Sarkom.

Therapie: Penisamputation nach vorausgegangener Röntgenuntersuchung auf Metastasen (Abb. 15).

8. Neubildungen an den Hoden

Sie sind sehr selten (Sertolizelltumor, Seminome, Interstitialzellentumoren, Karzinome [16, 17]).

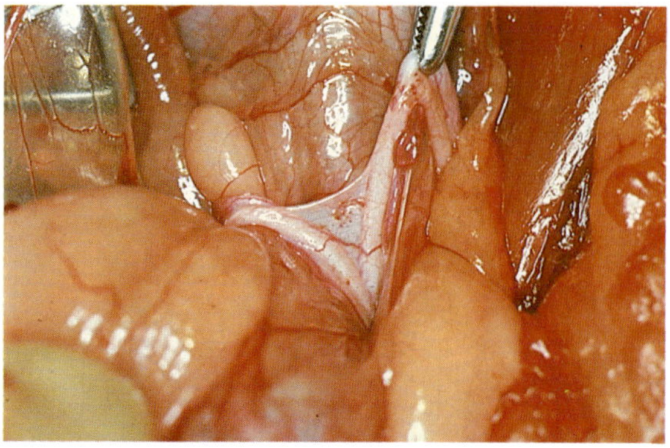

Abb. 34: Bifurkation der beiden Ductus deferentes.

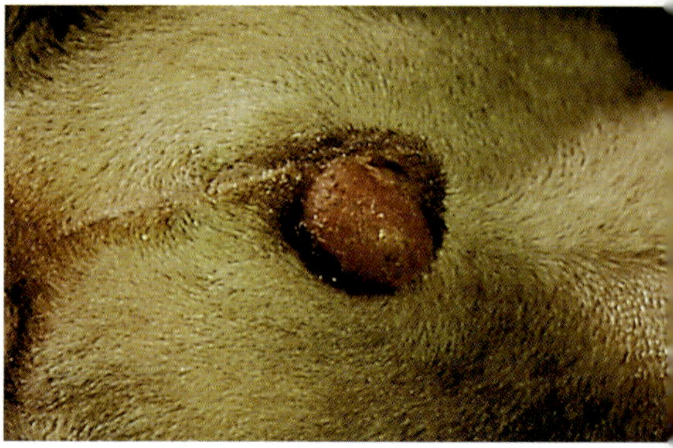

Abb. 35: Lipofibrom vom Präputium ausgehend bei einem 10jährigen, kastrierten Kater.

Therapie: Testektomie, Exstirpation nach vorausgegangener Röntgenuntersuchung auf Metastasen (Abb. 15).

9. Neubildungen an der Prostata

Berichte gibt es über ein Fibroadenom bei einer 13jährigen kastrierten Katze [19] und drei Adenokarzinome bei je einer 15-, 16- bzw. 22jährigen kastrierten Katze, die mit urologischen Problemen vorgestellt wurden [17].

10. Unfruchtbarkeit

Sie wird bei den selten vorkommenden dreifärbigen Katern beobachtet. Es werden **A-** bzw. **Hypoplasien** von Hoden, Nebenhoden und der Samenleiter und das **Fehlen von Spermien** beobachtet [48].

11. Verletzungen an Skrotum und Hoden

Sie werden durch Raufereien oder Unfälle verursacht. Einer oder beide Hoden können extraskrotal freiliegen **(Hodenprolaps)**

Therapie: Kastration.

12. Fremdkörper im Präputium

Selten, z. B. Mäusegerste

13. Gynäkomastie (Fibroadenomatose)

Selten. Gutartig. Vergrößerung einzelner Mammarkomplexe bzw. beider Gesäugeleisten nach Gestagengaben (Megestrolacetat, Medroxyprogesteronacetat) wegen Harnspritzens oder dermatologischer Probleme. Siehe auch Kapitel A. VI. 2. f.

Hormonanwendung beim Kater

1. Hypersexualität

Sexualverhalten, Harnspritzen und Streunen sind besonders stark ausgeprägt.

Therapie: 3–5 mg Delmadinon-Acetat pro kg KGW (Tardak® [2]).

2. Die Orchiektomie

Sie hat zu 90 % Erfolg, so daß der Kater geschlechtlich ruhig gestellt wird, nicht mehr den unangenehm riechenden Harn spritzt, nicht mehr streunt und rauft. In den übrigen 10 % empfiehlt VOITH (1980) zwei Behandlungsmöglichkeiten:

- subkutane Applikation von Medroxyprogesteronacetat (Perlutex®, 5 mg/kg KGW). Nach 24 Stunden soll bereits eine Wirkung zu erkennen sein. Ist dies nach einer Woche nicht gegeben, so wird die Behandlung einmal wiederholt;
- perorale Applikation von Medroxyprogesteronacetat (Perlutex®, NIA 15®)
  1. Woche: 5 mg 1 x täglich
  2. Woche: 5 mg jeden 2. Tag
  3. Woche: 5 mg jeden 3. Tag
  ab 4. Woche: 5 mg 1 x wöchentlich.

Ist nach 14 Tagen keine therapeutische Wirkung gegeben, so ist die Behandlung abzubrechen.

Mögliche **Nebenwirkungen:** Gewichtszunahme, Induktion eines Diabetes mellitus, negative Mammabeeinflussung im Sinne einer Fibroadenomatose.

Andrologische Operationen

1. Kastration (Testektomie, Orchiektomie)

Indikation: Ausschaltung des Geschlechtstriebes, Harnspritzens und Streunens; Verletzungen an Skrotum und Hoden.

Der sedierte Kater wird in Rückenlage gebracht, die Hinterextremitäten nach kranial verlagert, um eine Beckenhochlagerung zu erreichen, die Haare über dem Skrotum werden rasiert und der Operationsbeeich desinfiziert. Über den Hoden wird der Hodensack hochgezogen und mit einer Schere gekappt. Die reigelegten Testes werden nacheinander freipräpariert und der Samenstrang mit Catgut Nr. 0 ligiert. Etwa einen halben Zentimeter von der Ligatur entfernt wird der Samenstrang mit der Schere durchtrennt.

2. Maldescensus testis („Inguinaler Kryptorchismus")

Der in Rückenlage aufgebundene Kater wird vom Nabel bis über das Becken rasiert und desinfiziert. Über dem tastbaren inguinalen Hoden (Abb. 33) wird ein kleiner Schnitt gelegt. Er wird unter Schonung des N. genitofemoralis, der A. und V. pudenda interna und des Ln. inguinalis supf. durch stumpfe Präparation aus dem Inguinalfett herauspräpariert und nach Legen einer Catgutligatur abgesetzt.

3. Abdominaler Kryptorchismus

Vor der Operation ist eine sorgfältige Untersuchung auf Narben im äußeren Genitalbereich angezeigt, um eine bereits durchgeführte einseitige Kastration erkennen zu können.

Vorbereitungen wie unter 2., nur wird bis zum Proc. xiphoideus rasiert. Es erfolgt ein etwa 5 cm langer postumbilicaler Hautschnitt bis etwa auf Höhe der Leiste. Um einen klinisch nicht nachweisbaren inguinalen Hoden auszuschließen, wird der Bereich des äußeren Leistenringes stumpf dargestellt und unter Einsatz von Wundhaken sorgfältig untersucht.

Liegt ein **inkompletter abdominaler Kryptorchismus** vor, so ist im äußeren Leistenring eine etwa 2 bis 3 mm große, weiße, glatte Kuppe (Nebenhodenschwanz, Schlinge des Ductus deferens) sichtbar. Dieses Gebilde wird mit einer anatomischen Pinzette erfaßt und vorsichtig nach caudoventral gezogen. Gleichzeitig erfolgt ein Dehnen des äußeren Leistenringes mit einer anatomischen Pinzette. Auf diese Art und Weise kann der Hoden fast immer entwickelt werden. Ist im Bereich des Leistenringes weder der Funiculus spermaticus, der Ductus deferens noch ein Samenstrangstumpf nachzuweisen, so erfolgt die mediane Laparotomie zur Behebung des **abdominalen Kryptorchismus.** Diese beginnt kranial vom Os pubis (präpubische Eröffnung). Die Harnblase wird vorverlagert und nach kaudal geklappt. Der dorsale Blasenhals und die Aufzweigung der beiden Ducti deferentes (Abb. 34) an ihrer Einmündungsstelle in die Urethra werden aufgesucht. Entlang der Samenleiter werden die Testikel aufgesucht, und nach Legen einer Catgutligatur werden diese abgesetzt. Der Hoden kann manches Mal nur linsengroß sein und ähnlich wie das Ovar am kaudalen Nierenpol liegen. In diesem Fall wird die Bauchhöhle nach kranial weiter eröffnet, um die Orchiektomie problemlos durchführen zu können [49].

C. Gravidität, Partus und Puerperium

Physiologische Gravidität

Nach 5–6 Tagen gelangen die befruchteten Eizellen im 8-Zellstadium in den Uterus [38]. Die **Implantation** beginnt ab dem 13. bis 14. Tag post copulationem und ist mit 20 Tagen post copulationem abgeschlossen [2]. Die Katze bildet eine **Placenta endotheliochorialis** aus, über die die Feten ernährt und mit maternalen Antikörpern versorgt werden. Die **Trächtigkeitsdauer** liegt im Durchschnitt bei 62–65 Tagen und ist von der Rasse, Fruchtanzahl und -größe abhängig. Die Extremwerte sind 58 und 71 Tage. Während der Gravidität verändern die Katzen ihr Verhalten nicht wesentlich. Sie werden vielleicht etwas ruhiger und unnahbarer. Hochtragende Tiere können genauso zielgerecht springen wie im ingraviden Zustand [50]. Die Zitzen der **Mamma** sind schon während der Frühgravidität straffer, und beide Gesäugeleisten werden während der Trächtigkeit angebildet. Die größte Umfangsvermehrung erfolgt etwa in den letzten 3 Tagen vor der Geburt. Die Milch kann schon 1 Tag vor dem Partus ausmassiert werden.

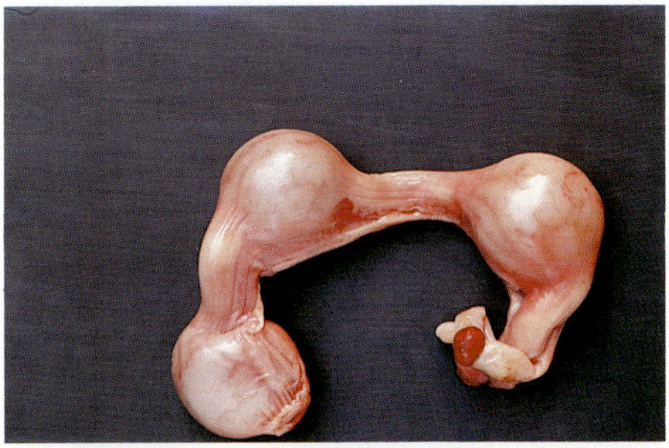

Abb. 36: Tischtennisballgroße Trächtigkeitsampullen. Ovar mit Graviditätsgelbkörper.

Möglichkeiten der Trächtigkeitsdiagnose

- ab dem 25. bis 30. Tag post copulationem fällt bei der Adspektion das birnenförmig vergrößerte Abdomen auf.
- Die Palpation ergibt um den 17. Trächtigkeitstag kirschgroße (schwierig nachzuweisen), zwischen dem 25. und 30. Tag post copulationem etwas klei-

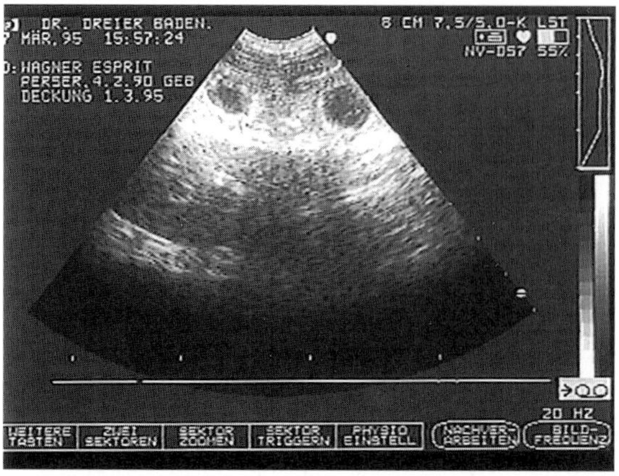

37

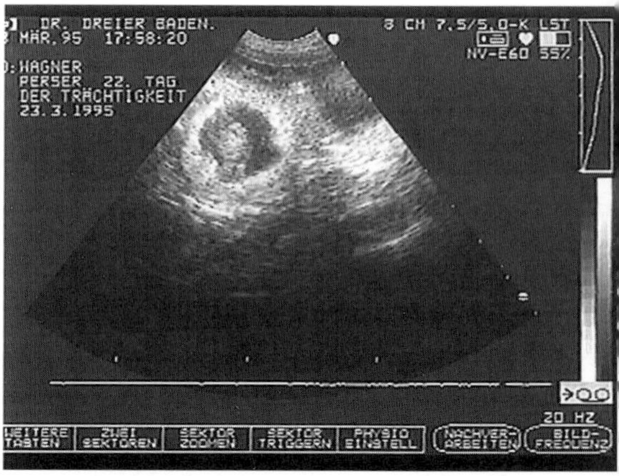

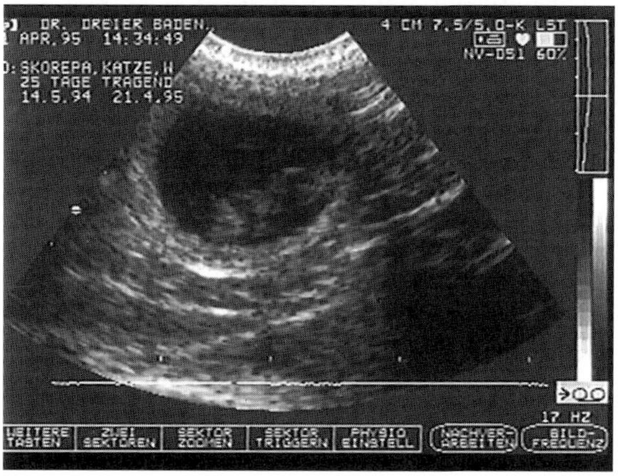

39

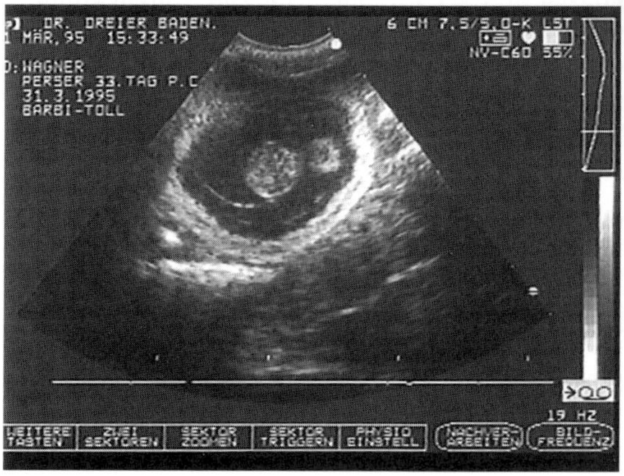

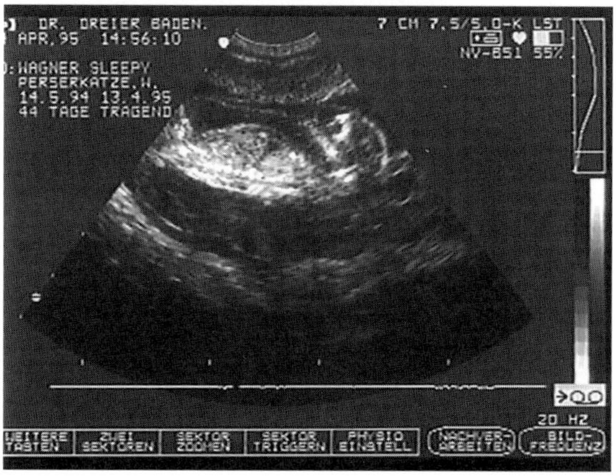

41

Abb. 37: Sonographische Trächtigkeitsdiagnose: 16. Tag post copulationem.

Abb. 38: Sonographische Trächtigkeitsdiagnose: 22. Tag post copulationem.

Abb. 39: Sonographische Trächtigkeitsdiagnose: 25. Tag post copulationem.

Abb. 40: Sonographische Trächtigkeitsdiagnose: 33. Tag post copulationem.

Abb. 41: Sonographische Trächtigkeitsdiagnose: 44. Tag post copulationem.

ner als tischtennisballgroße, pralle, glitschige Graviditätsampullen (leicht nachzuweisen; Abb. 36). Bis zum 35. Tag werden die kugeligen Fruchtkammern größer und spindelförmig. Die interampullären Uterusanteile werden nun von der Evolution voll miterfaßt und mit den Ampullen schlauchförmig ausgeglichen. In diesem Zustand ist die Gravidität schwer nachzuweisen. Ab dem 45. Graviditätstag können die Feten palpatorisch (besonders der Kopf) erfaßt werden.

- Unter Ausnützung des Dopplereffektes besteht ab dem 30./35. Graviditätstag die Möglichkeit des Graviditätsnachweises mit dem **Ultraschall** (Nachweis von Herz und Nabelgefäßen der Feten).
- Die **sonographische Trächtigkeitsdiagnose** ist etwa ab dem 20. Tage post copulationem mit hoher Genauigkeit durchführbar (Abb. 37, 38, 39, 40 und 41).
- Mit Hilfe der **Röntgenaufnahme** können ab dem 50./53. Tag der Trächtigkeit die Anzahl der fetalen Skelette nachgewiesen werden.

Pathologische Gravidität

1. Fruchttod

Während der gesamten Trächtigkeit kann es durch verschiedene Ursachen (hormonelle Störungen, Infektionen wie Feline Virale Rhinotracheitis, Panleukopenie, Feline Leukämie und Toxoplasmose, Allgemeinerkrankungen, Unterernährung, Trauma) zum Absterben von Embryonen und Feten kommen. Vor dem Abschluß der Implantation (um den 21. Tag post copulationem) kann es zur **Fruchtresorption** kommen, die häufig eine Endometritis zur Folge hat. Sterben Feten ab, so können eine **Mumifikation, Mazeration** oder ein **Abortus** eintreten. Sowohl die Mumifikation als auch die Mazeration sind zumeist mit keiner Allgemeinerkrankung gepaart und werden zufällig diagnostiziert. Stellt sich etwa 14 Tage vor dem Geburtstermin ein Abortus ein, so kann dieser über Tage ohne Anzeichen einer Erkrankung erfolgen.

Therapie: Es ist in den meisten Fällen keine Therapie erforderlich, wenn an noch lebenden Feten kein Interesse besteht. Ist das Allgemeinbefinden gestört, ist die Ovariohysterektomie angezeigt [2, 78].

2. Endometritis-Pyometra bei bestehender Trächtigkeit

Diese stellt bei Operationen einen Zufallsbefund dar. Die Patienten weisen schwere Allgemeinstörungen auf [2].

Therapie: Ovariohysterektomie.

3. Abortus und physiologische Geburt

Sieben und mehr Tage nach einem Abortus ist die Geburt von lebensfähigen und ausgereiften Welpen bei ungestörtem Allgemeinbefinden der Muttertiere möglich.

Therapie: Um die zum Zeitpunkt des Abortus noch nicht abgehenden Feten zu retten, ist der Einsatz von Progesteron (Luteosan®) in einer Dosierung von 12,5 bis 25 mg in 2- bis 3-Tages-Abständen angezeigt. Eine normale Geburt kann erwartet werden. Sorgfältige Beurteilung des Geburtstieres, um gegebenenfalls zeitgerecht einen Kaiserschnitt durchführen zu können. Übertragene Welpen sind oft weniger überlebensfähig als zeitgerecht oder zu früh geborene [60].

4. Metrorrhagia intragraviditatem

Blutungen aus der Gebärmutter werden durch Traumen (Placentalösung), polypöse Wucherungen oder infektiös bedingte Mucosaveränderungen verursacht [2]. Es stellen sich blutiger Vaginalfluor unterschiedlichen Grades (Abb. 42), anämische Schleimhäute, Unterkühlung, Inappetenz ein. An Leukose als zusätzliche Erkrankung ist zu denken und ein Leukosetest muß vor der Therapie durchgeführt werden.

Therapie: Sofortige Ovariohysterektomie.

5. Torsio uteri

Eine sehr seltene Komplikation. Die Ursache ist unbekannt und betrifft immer nur ein Horn (Abb. 43, 44). Als besonders charakteristischer Hinweis für eine Gebärmutterdrehung gilt die radförmige Vorwölbung in der Flanke [11], Unruhe, Pressen wie bei Harn- und Kotabsatz. Die Palpation des Abdomens ist schmerzhaft.

Therapie: Ovariohysterektomie nach vorheriger Entwicklung der Feten (Sectio Porro), wenn diese erwünscht sind.

6. Extrauteringravidität

Sie wird selten und zumeist nur zufällig nachgewiesen. Durch ein Trauma oder Oxytocinüberdosierung kann eine Uterusruptur erfolgen, so daß es zu einer Verlagerung einzelner oder aller Früchte in das Abdomen kommt (**sekundäre Bauchhöhlenträchtigkeit,** Abb. 45, 46 und 47). Die verlagerten Feten sterben ab; wird dieses Geschehen nicht erkannt, so können sich die Feten abkapseln, mumifizieren [6] oder über die ventrale Bauchwand nach außen fisteln [91].

Klinisch zeigen die Patienten keine auffallenden Veränderungen des Allgemeinbefindens. Es ist ein blutiger, schleimiger Scheidenausfluß nachweisbar. Die Früchte sind palpatorisch leicht erfaßbar.

Therapie: Laparotomie: Entwicklung der Welpen aus der Bauchhöhle und anschließende Ovariohysterektomie.

7. Extrauteringravidität/Pyometra

Eine Extrauteringravidität bei gleichzeitigem Bestehen einer Pyometra wird von VASSEUR und FELDMAN [94] beschrieben.

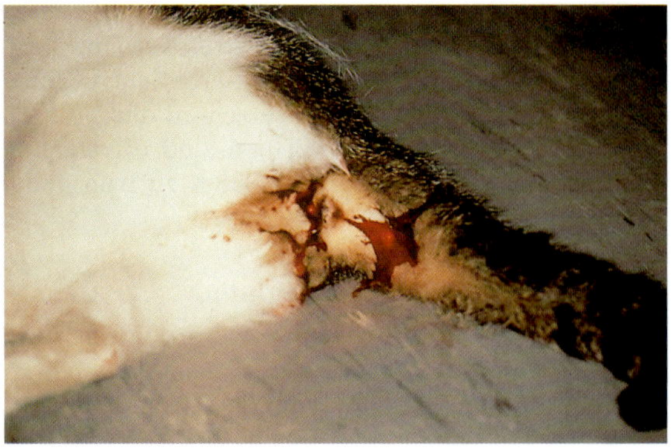

Abb. 42: Metrorrhagia intragravididatem: hochgradig blutiger Fluor, Hämatokrit = 24.

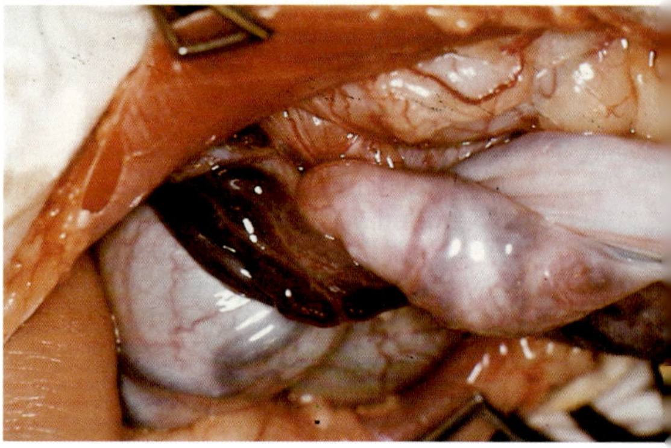

Abb. 43: Torsio uteri.

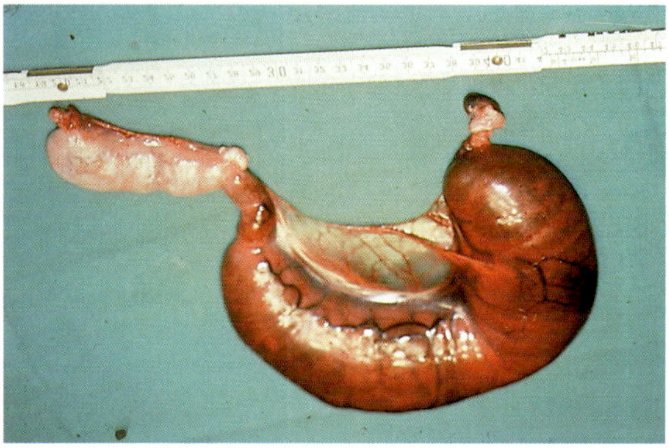

Abb. 44: Torquiertes Horn mit deutlicher Farbveränderung.

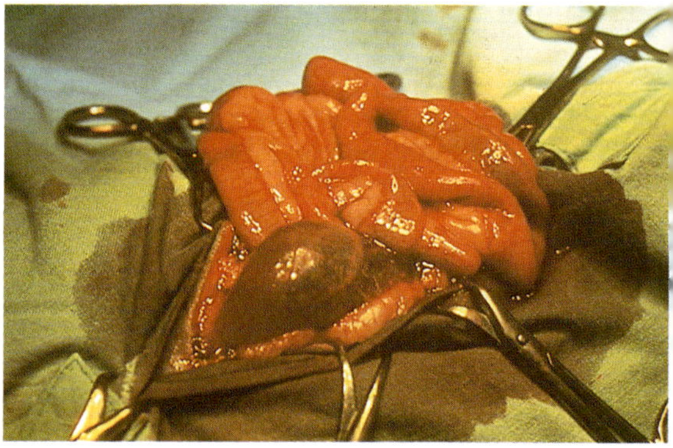

Abb. 45: Sekundäre Extrauteringravidität, Fruchtblase in der freien Bauchhöhle.

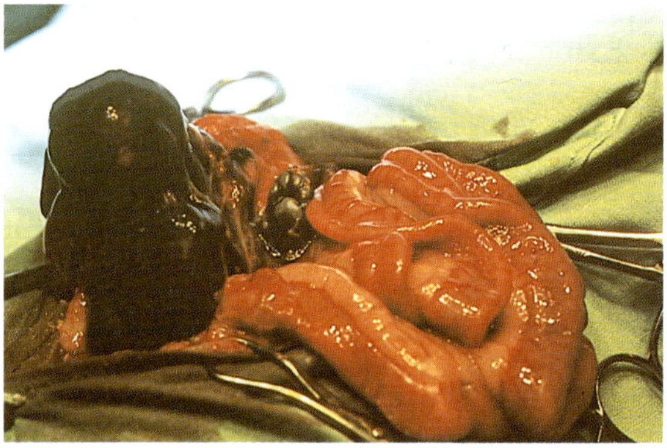

Abb. 46: Sekundäre Extrauteringravidität, Frucht in der freien Bauchhöhle.

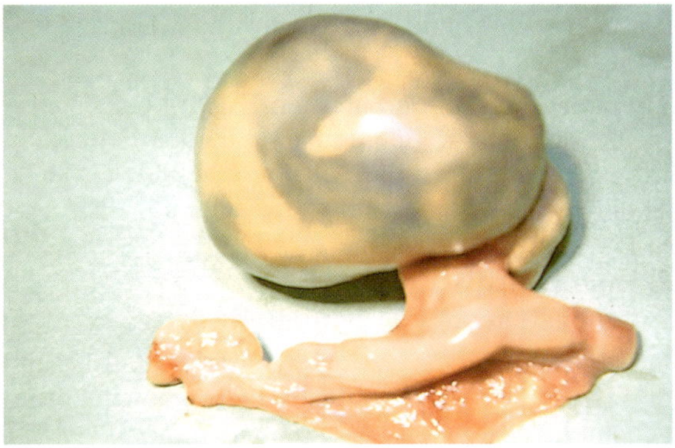

Abb. 47: Sekundäre Extrauteringravidität: Fetus in Verbindung mit der Uteruswand.

8. Überladung

Sie ist gegeben, wenn in der Gebärmutter eine abnorm hohe Anzahl von Früchten implantiert ist. Sie kann durch eine Hyperfetation (mehrmalige Belegung während einer Raunze) oder **Superfetation** wenn bei einer graviden Katze um den 20. Tag der Gravidität unter besonderer Stimulationssituation Follikel ovulieren und befruchtet werden – **Nachempfängnis** [41] verursacht werden. Das Abdomen ist hochgradig vergrößert und der Thorax wird dadurch eingeengt. Die Folge können Erbrechen, Atemnot und Inappetenz sein.

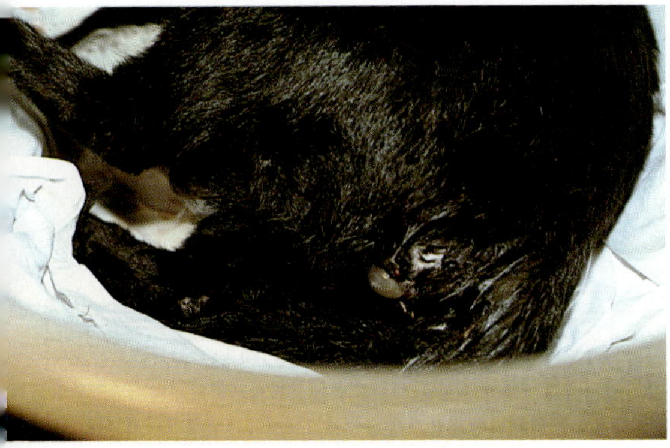

Abb. 48: Fruchtblase in der Rima vulvae.

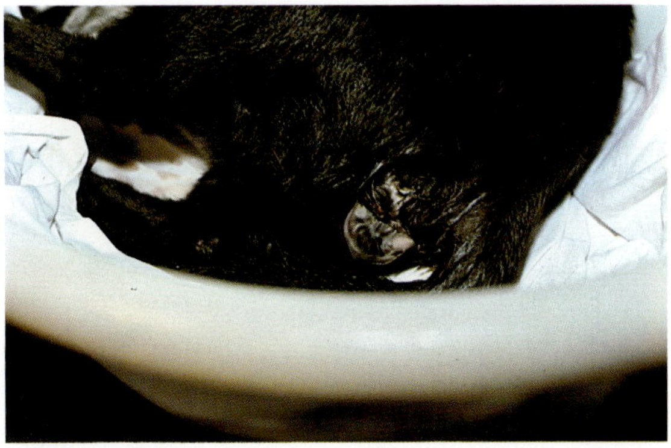

Abb. 49: Der von Fruchthüllen befreite Welpe tritt mit dem Kopf zwischen den Labien hervor.

Therapie: Allgemeinbehandlung, Futtermengen reduzieren und notfalls eine vorzeitige operative Entwicklung der Feten mit oder ohne Erhaltung des Uterus.

9. Zwerchfellruptur („Hernia diaphragmatica")

mit Verlagerung des graviden Uterus in den Thorax: sehr selten; in dem einzigen beobachteten Fall lagen Inappetenz und eine mittel- bis hochgradige Atemnot vor.

Diagnose: Röntgen.

Therapie: Schockbehandlung (siehe Kapitel „Sofortmaßnahmen beim akuten Trauma"). Laparotomie unter Überdruckbeatmung nach Stabilisierung des akut traumatisierten Patienten. Zurückverlagerung des Uterus und eventuell anderer Bauchorgane, Verschluß des Diaphragmas mit Dexon®, Vicryl® oder nicht resorbierbaren Einzelknopfnähten; durch hyperventilierte Lungen Luft aus dem Thorax entfernen; Kontrolle, ob Bauchwand andere Hernien aufweist. Ovariohysterektomie.

Medikamentös induzierter Abortus oder Frühgeburt

Bei Katzen, die mindestens 30 bis 40 Tage tragend sind, kann ein Abortus mit **Prostaglandin $F_2\alpha$** (THAM-Salz, 50–100 µg/kg KGW s. c.; Dinoprost®-Trometamol-Salz [Dinolytic®]: 100–250 µg/kg KGW s. c. 1–2mal täglich über 5 Tage) ausgelöst werden [24, 61]. Mit dieser Medikation ist auch die Induktion einer Frühgeburt möglich. Gesundheitsschädliche Nebenerscheinungen wurden von den Verfassern keine beschrieben. Weitere $PGF_2\alpha$-Anwendung siehe Abschnitt A. X.

Physiologische Geburt

Die **herannahende Geburt** ist gekennzeichnet durch vermehrte Unruhe und den Drang zum Nestbau. Die Muttertiere sondern sich ab, suchen einen ruhigen, warmen und dunklen Platz auf oder, wie es häufig bei der hausgehaltenen Katze der Fall ist, wird der Kontakt zum Besitzer vor und während der Geburt gesucht. Sowohl der **Geburtsmechanismus** als auch die hormonellen Verhältnisse vor, während und nach der Geburt sind noch wenig erforscht. Man kann jedoch annehmen, daß keine wesentlichen Unterschiede zu anderen multiparen Tieren bestehen. Ein wesentlicher Unterschied zwischen Katze und Hündin ist der Produktionsort des Progesterons während der letzten Graviditätswochen. Wird bei der Katze Progesteron in der Plazenta sezerniert, so wird dieses bei der Hündin während der gesamten Trächtigkeit von den Corpora lutea produziert. Die Geburtsauslösung wird sowohl vom fetalen als auch vom maternalen Hormonhaushalt bestimmt. Die Geburt kann bei der Katze lange dauern. So kann ein oder zwei Tage nach einer scheinbar abgeschlossenen Geburt noch ein Welpe, der zumeist tot ist, geboren werden. Die Geburt scheint so lange im Bereich der Norm zu sein, so lange die innere Körpertemperatur nicht erhöht und die abgehenden Geburtswässer in ihrem Aussehen und Geruch unverändert sind [3].

Knapp vor dem **Geburtsbeginn** ist die Katze unruhig, hechelt, leckt vermehrt an der Vulva, wendet den Kopf rasch in Richtung Flanken, und die Atemfrequenz ist durch die einsetzende Wehentätigkeit erhöht.

Während der **Preßwehen** liegt die Katze auf der Seite, die Hinterextremitäten sind weggestreckt und werden in der Wurfkiste häufig gegen die Wand abgestützt. Die Fruchtblase wird in der Rima vulvae sichtbar (Abb. 48).

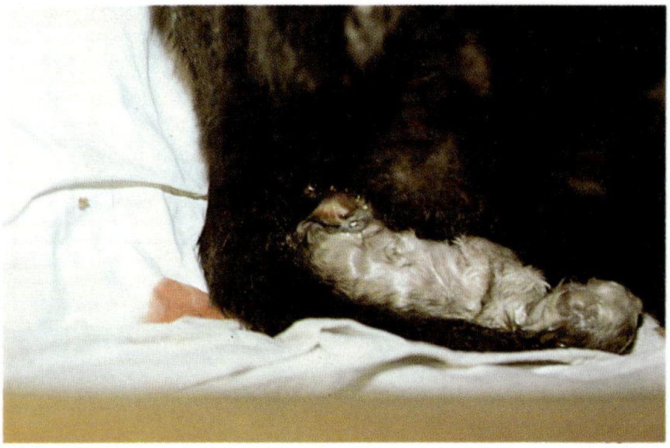

Abb. 50: Der Welpe ist geboren.

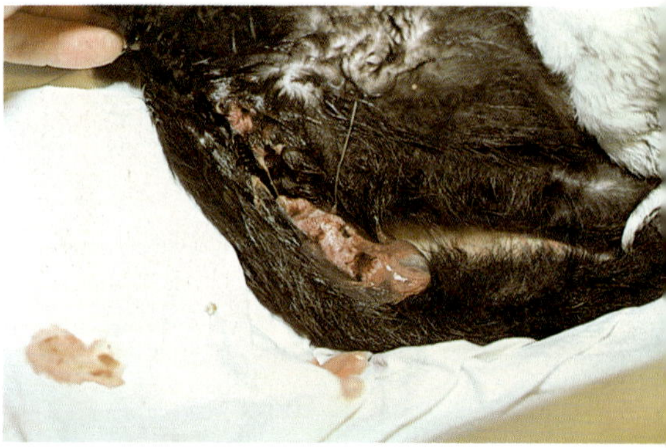

Abb. 51: Abgegangene Nachgeburt.

Die **Austreibungsphase** dauert bei der Katze länger als bei anderen multiparen Haustieren [59]. Die Welpen erscheinen beim Durchtreten verhältnismäßig groß (Abb. 49, 50).

Die Katze zieht die Jungen nicht, wie es bei der Hündin der Fall ist, aus dem Geburtskanal heraus. Sie befreit die Welpen, wenn erforderlich, von den Eihüllen, beißt die Nabelschnur durch, leckt den Neonaten trocken und entfernt die **Nachgeburt (Secundinae,** Abb. 51) durch Zug an der Nabelschnur. Der Nachgeburtsabgang gehört zeitlich gesehen zur Geburt. Die Placenten werden vom Muttertier aufgefressen **(Placentophagie).** Im Verlauf der Abnabelung kann es vor allem bei erstgebärenden Katzen vorkommen, daß ein Welpe teilweise oder vollständig aufgefressen wird **(Fetophagie).** Die Milchsekretion setzt zumeist während der Geburt ein und wird durch das Saugen der Welpen reflektorisch stimuliert.

Pathologie der Geburt

Geburtshilfeleistung ist bei der Katze nicht sehr häufig erforderlich. Der Geburtsablauf kann durch verschiedene Ursachen vom physiologischen Geschehen abweichen, so daß das Überlebensrisiko für Welpen und Mutter erhöht ist:

1. Primäre Wehenschwäche

Vom Anfang an ist keine Wehentätigkeit erkennbar. Häufiger bei erstgebärenden Katzen zu beobachten.

2. Sekundäre Wehenschwäche

Nach der Geburt von einer oder mehreren Früchten sistiert vor allem bei älteren Katzen die Wehentätigkeit.

3. Trockener Geburtskanal

Dauert die Geburt längere Zeit an, und es fließen die Geburtswässer ab, so liegt ein trockener Geburtskanal vor. Die Welpen können nicht vollständig geboren werden und bleiben im Geburtskanal stecken. Zumeist sind nur Kopf und Vordergliedmaßen oder Becken und Hinterextremitäten durchgetreten.

4. Beckenenge

Nach einer Beckenfraktur entsteht durch die Kallusbildung eine Beckenenge, die den Durchtritt der Früchte behindern kann. In seltenen Fällen treten bei jugendlichen Katzen mit schweren Stoffwechselstörungen Beckendeformationen auf, die ebenfalls zu einer Einengung des Beckens führen können („Rachitisches Becken" [11]).

5. Nichteröffnen des Muttermundes

Bei physiologischer Wurfgröße. Die Ursache ist unbekannt.

6. Einhorngravidität

Bei einer Einhorngravidität besteht die Möglichkeit, daß die Eröffnung des Muttermundes nicht erfolgt. Eine geringe Fruchtanzahl läßt ein Defizit fetaler Hormone, die für die Geburtsauslösung notwendig sind, vermuten.

7. Einfrüchtigkeit

Im Falle einer Einfrüchtigkeit ist das eher seltene Geburtshindernis einer absolut zu großen Frucht gegeben.

8. Gleichzeitiges Eintreten von zwei Welpen

in den Geburtsweg beeinträchtigt oder stoppt das Geburtsgeschehen bei zumeist heftiger Wehentätigkeit.

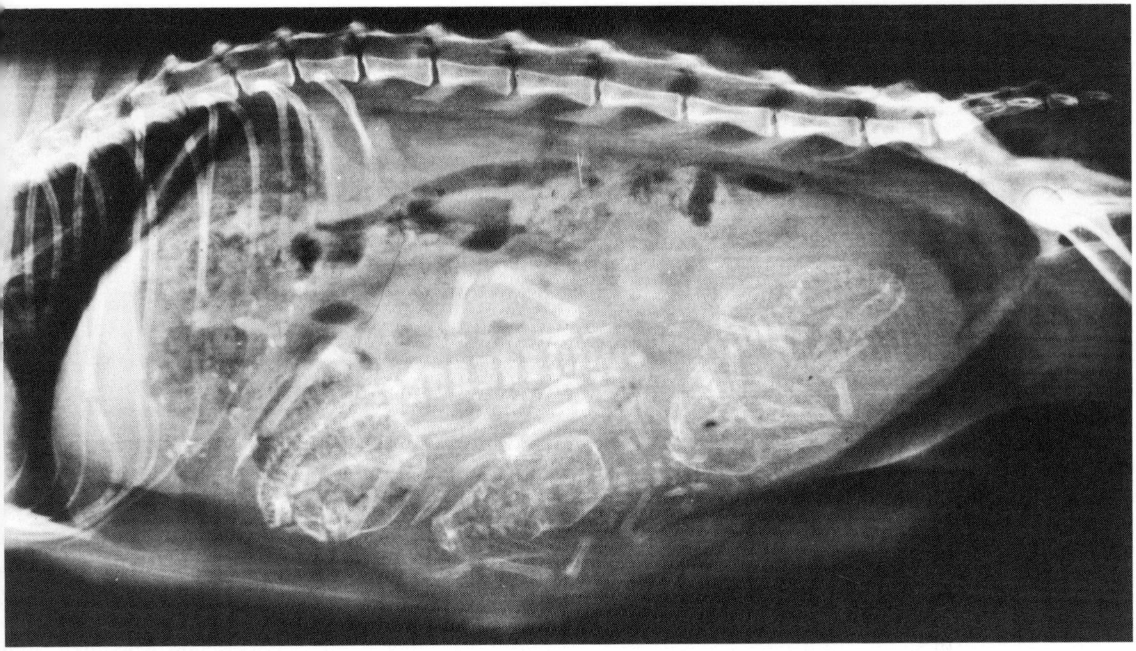

Abb. 52: Röntgenbild von abgestorbenen Früchten: deutliche Spaldingzeichen bei der vor dem Becken liegenden Frucht; schmaler Weichteilschatten. Logetronisiert (Röntgenklinik der Vet. Med. Univ. Wien).

9. Uterusruptur

Eine Uterusruptur ist durch Traumen oder Oxytocinüberdosierung bedingt und kann möglicherweise röntgenologisch und/oder sonographisch nachgewiesen werden.

10. Fehlerhafte Haltung

(Kopf-Brust- und Kopf-Seiten-Haltung), Querlagen und Mißbildungen können den Geburtsablauf behindern.

Therapie:

ad 1. und 2.: Subkutane Applikation eines Wehenmittels in der folgenden Zusammensetzung: 0,1–0,2 IE Oxytocin (Syntocinon®) + 10–20 mg eines Uterausspasmolytikums (Monzal®). Eine wiederholte Anwendung in 2- bis 3-Stunden-Abständen bei nicht erhöhter Körpertemperatur und physiologischen Geburtswässern ist möglich. Vorteilhafter als zu häufige Wehenmittelgabe sind energetische Maßnahmen, wie z. B. die Zufuhr von Glukose. Der Einsatz eines Spasmolytikums erfolgt, um die Wehentätigkeit zu optimieren und einen Tetanus uteri zu vermeiden. Mögliche Auswirkungen einer Oxytocinüberdosierung sind Blutungen in der Uteruswand, Tetanus uteri und Uterusruptur.

ad 3.: Nach Einbringen eines Gleitmittels (Paraffinöl) in den Geburtskanal wird der Welpe unter vorsichtigem Zug an Hautfalten über den Extremitäten extrahiert. Eventueller vorsichtiger Einsatz einer Geburtszange, wenn es die letzte Frucht ist.

ad 4. bis 10.: Sectio caesarea conservativa oder Sectio Porro.

Hinweise für eine abgestorbene Frucht:

- **Klinik:** erhöhte innere Körpertemperatur, im Geruch und Aussehen veränderte Geburtswässer.
- **Röntgen:** Spalding-Zeichen: darunter versteht man die dachziegelartige Überlagerung der Schädelknochen (Abb. 52). Der Weichteilschatten um die Frucht ist schmal.
- **Ultraschall:** Nachweis vom fetalen Herz und der Nabelgefäße ist nicht möglich.
- **Sonographie:** Herzaktivitäten sind während der dynamischen Untersuchung (Real-Time-Bild) nicht nachweisbar.

Physiologisches Puerperium

Die Nachgeburtsperiode dauert bei der Katze nur wenige Tage, es kann bereits am 1. und 2. Tag post partum eine zur Konzeption führende Raunze beobachtet werden [43]. Das Muttertier vernachläßigt die

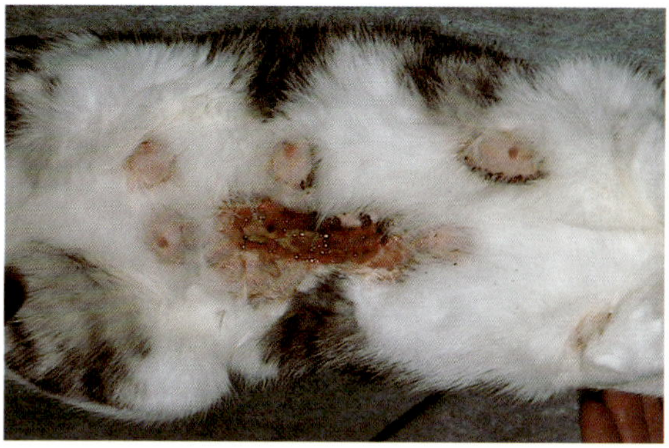

Abb. 53: Mastitis post partum mit Nekrosen.

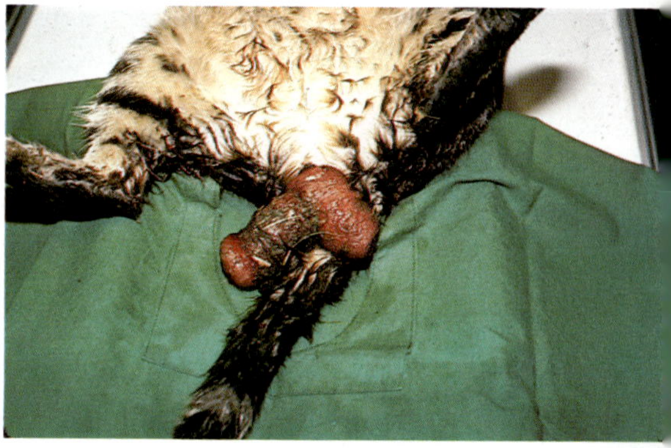

Abb. 54: Kompletter Uterusprolaps.

Pflege der Neugeborenen. Das klinische Puerperium ist wenig auffällig. Die Nachgeburtswässer (Lochien) sind nur in geringer Menge vorhanden. Die Haare im Bereich der Labien sind mit schleimig-rotbraunem Fluor geringgradig verklebt. Die Mamma ist vergrößert, weich-elastisch und laktierend.

Pathologisches Puerperium

Die Zeit nach der Geburt ist bei der Katze selten gestört. Zu den puerperalen Störungen gehören die Nachgeburtsverhaltung (Retentio secundinarum), puerperale Intoxikation und Infektion, Prolapsus uteri post partum, Mastitis und Eklampsie.

1. Retentio secundinarum, Puerperale Intoxikation und Infektion

Die im Uterus zurückverbliebene Plazenta kann palpatorisch als knollige oder zylindrische, teigige Verdickung nachgewiesen werden. Bleibt die Nachgeburt über längere Zeit retiniert, treten die Symptome einer Intoxikation und/oder Infektion auf: frequenter Puls, erhöhte Temperatur bis zu 41 °C, Inappetenz, allgemeine Schwäche, verminderte Hautelastizität, verwaschene Schleimhäute.

Therapie:

- Bei ungestörtem Allgemeinbefinden werden 2- bis 3mal tgl. 1 IE Oxytocin (Syntochinon®) oder $PGF_2\alpha$ (siehe Abschnitt A. X.) verabreicht. Eine gleichzeitige Antibiose ist angezeigt.
- Im Falle einer allgemeinen puerperalen Intoxikation oder Infektion ist die Ovariohysterektomie in Kombination mit einer intensiven Allgemeinbehandlung (Antibiotika, Herz-Kreislauf-Mittel, Elektrolyte, Vitamine) durchzuführen.

2. Inversio uteri et Prolapsus uteri post partum

Der Uterusvorfall kann nach einer schweren, lange andauernden Geburt [2] oder aber im Anschluß an eine leichte, sehr schnell ablaufende Geburt beobachtet werden („Sogwirkung"). Er kann vollständig (Abb. 54) oder unvollständig auftreten. Der inkomplette Vorfall hat ein zylindrisches Aussehen, und der komplette Gebärmuttervorfall sieht Y-förmig aus. Bleibt der Prolapsus uteri post partum längere Zeit bestehen, so trocknet die Oberfläche ab, und es entstehen Nekrosen.

Therapie:

- Konservative Behandlung: Sie ist nur in frischen Fällen angezeigt. Außer bei ganz ruhigen Patienten erfolgt die Reposition unter Allgemeinsedierung und/oder Epiduralanästhesie. Vorsichtige Rückverlagerung der vorgefallenen Gebärmutter bis in die Hornspitze mit dem Mandrain eines Vaginoskopes, wie es bei der Hündin Verwendung findet. Dieser Vorgang erfolgt unter palpatorischer Kontrolle über das Abdomen.
- Chirurgische Methode (s. Abschnitt C. VIII. 2).

3. Mastitis

An den ersten Tagen post partum ist das Gesäuge zumeist sehr gut angebildet und laktierend. Bei zu geringer Wurfgröße, lebensschwachen Welpen oder im Verlauf einer Retentio secundinarum kann es zu entzündlichen, abszedierenden oder nekrotisierenden Veränderungen eines oder mehrerer Komplexe kommen. Die Katze zeigt Inappetenz, Erbrechen, vermehrten Harnabsatz und Durchfall. Die innere Körpertemperatur ist erhöht, der Puls frequent, die Schleimhäute verwaschen und die Hautelastizität vermindert. Das veränderte Mammagewebe ist gerötet, blaurot oder schwarzviolett verfärbt, höher temperiert, schmerzhaft und weist fallweise nekrotische Bezirke auf (Abb. 53).

Therapie:
- Mastitis: Antibiotika, Antiprolaktin (200–400 χ Parlodel®), Heparinsalben (Hirudoid®, Pertrombon® etc.) zur lokalen Behandlung.
- Mammaabszeß, -nekrose: Antibiotika, Elektrolyte, Wärmeapplikation; bei Abszeßreife mit Skalpell spalten; demarkierende Behandlung (Theranekron®); Welpen von der Mutter trennen und künstlich ernähren.

4. Eklampsie

Sie kann vor, während und nach der Geburt auftreten. Die Ursache ist im Absinken des Kalziumblutspiegels und im psychisch-neurogenen Einflußbereich zu suchen. Anzeichen für eine bevorstehende Eklampsie sind verzögerter Pupillarreflex (Prodromal-Symptom), Unruhe, Vernachlässigung des Säugetriebes. Die Erkrankung selbst ist gekennzeichnet durch Seitenlage, tonisch-klonische Krämpfe, Kaukrämpfe mit vermehrtem Speichelfluß, Zungenbeißen, weite Pupillen, vergrößertes und pralles Gesäuge (Milchstauung) und erhöhte innere Körpertemperatur bis zu 41 °C und mehr.

Therapie:
- Allgemeinsedierung bzw. Beruhigung.
- Kalziumsubstitution in Form von ca. 3–5%igem Ca-Borogluconim.
- Mammabehandlung mit Heparinsalben (Pertrombon®, Hirudoid® etc.). Nach Abklingen der Krämpfe dreimalige perorale Behandlung mit 200–400 χ Parlodel® (in Kombination mit einem Antemetikum) in 2-Tages-Abständen.
- Welpen von Mutter trennen, um Rezidiv zu vermeiden.
- Kaiserschnitt, wenn Eklampsie vor oder während der Geburt eintritt.

Geburtshilfliche Operationen

1. Kaiserschnitt (Sectio caesarea conservativa, Sectio Porro)

Indikation: Überladung, nicht behebbare Wehenschwäche, Nichteröffnung der Cervix uteri, mangelhafte Eröffnung, Beckenenge, absolut zu große Frucht, fehlerhafte Haltung und Lage, Mißbildungen, Torsio uteri, Extrauteringravidität und Eklampsie. Je nach Schule wird die Sectio von der Flanke oder von der Linea alba aus durchgeführt.

a) Erfolgt die operative Entwicklung der Welpen von der **Linea alba** aus, so wird die Bauchhöhle ca. 1 cm kranial vom Nabel bis knapp vor die beiden inguinalen Mammakomplexe eröffnet. Die graviden Uterushörner werden vollständig vorverlagert. In der Verlängerung des Ligamentum intercornuale oder an der ventralen Seite des Corpus uteri wird die Gebärmutter eröffnet und die Welpen mitsamt der Nachgeburt (Zug an Fetus und Nabelschnur bei gleichzeitiger Massage an der Placentationsstelle) entwickelt. Ist die Uteruswand verändert (Blutungen, Anzeichen für eine Nekrose) oder besteht der Wunsch des Besitzers, die Katze gleichzeitig kastrieren zu lassen, so wird die Ovariohysterektomie (Sectio Porro) durchgeführt. Bei Erhaltung der Gebärmutter wird der Uterus mit einer fortlaufenden Catgutparallesticheinstülpungsnaht (3/0, 4/0) verschlossen (Sectio caesarea conservativa). Verschluß des Abdomens siehe Abschnitt A. XI. 1. a.

b) Um die Operationswunde möglichst vor den säugenden Welpen zu schonen, kann der Kaiserschnitt von der **rechten Flanke** durchgeführt werden (Wiener Schule). Die Bauchhöhleneröffnung erfolgt schichtweise durch einen schrägen Schnitt auf der Verbindungslinie Spina iliaca ventralis und Processus xiphoideus des Brustbeines. Weitere Vorgangsweise siehe A. XI. 1. b.

2. Inversio et Prolapsus uteri

Indikation: bei Uterusveränderungen wie Nekrosen und Einrissen.

Zweiphasenoperation

Primär erfolgt eine Laparotomie von der Linea alba aus. Die Mesovarien sind vermehrt gespannt und die Ovarien sind je nach Grad des Vorfalles nach kaudal verlagert. Nach beidseitiger Ovarektomie werden die Mesometrien durchtrennt. Für den zweiten Operationsabschnitt gibt es zwei Möglichkeiten:
- Die vorgefallenen Uterusanteile können durch sanften Zug an der nicht vorgefallenen Gebärmutter und bei gleichzeitiger Repositionshilfe über die Scheide in die Bauchhöhle zurückverlagert werden. Die Hysterektomie erfolgt mit Hilfe einer Massenstumpfligatur (siehe A. XI. 2.).
- Der Uterusprolaps wird vom Abdomen aus vervollständigt und die abgesetzten Eierstöcke in die vorgefallenen Hornspitzen verlagert. Im Bereich des Gebärmutterkörpers werden extravaginal zwei Catgutfäden (Nr. 2) in der Uteruswand verankert. Der Uteruskörper wird ca. 1 bis 2 cm eröffnet, um die Kontrolle zu haben, daß weder die Ovarien im Abdomen noch Bauchorgane in dem abzusetzenden Uterus verbleiben (Abb. 55). Nach einer zweifachen Ligatur mit verankerten Catgutfäden wird der Uterus etwa 1 cm von der Massenstumpfligatur entfernt durchtrennt (**extravaginale Stumpfversorgung;** Abb. 56 [10]).

Abb. 55 unten: Kompletter Uterusvorfall: in der Uteruswand verankerte Catgutfäden, Eröffnung des Uteruskörpers.

Abb. 56 rechts: Kompletter Uterusvorfall: extravaginale Hysterektomie.

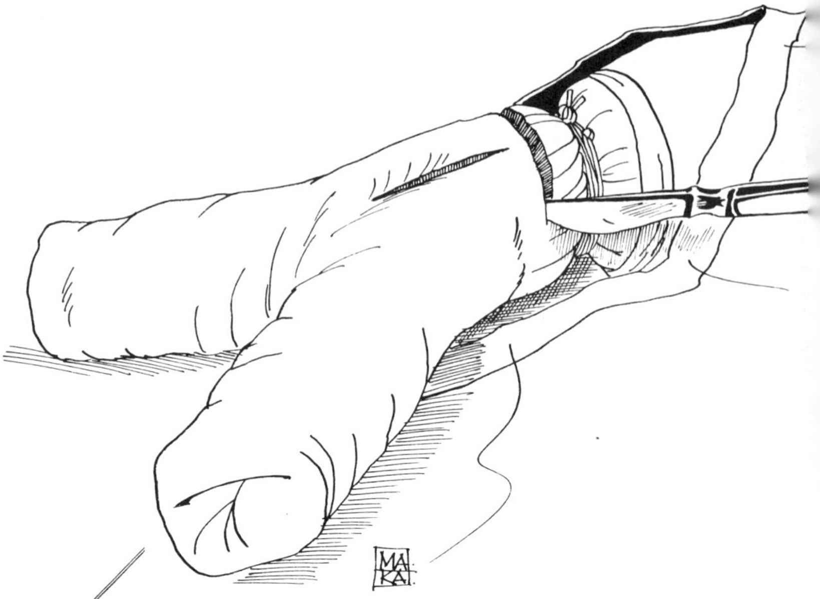

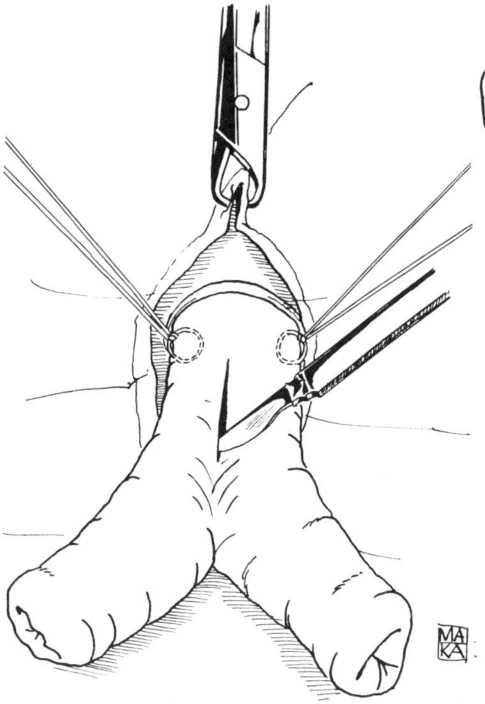

D. Neonatologie

Die Neugeborenen müssen mit Schutz- und Abwehrmechanismen gegen die negativen Einflüsse der Umwelt ausgestattet sein. Die Welpen sind von den mechanischen Belastungen der Geburt erheblich beansprucht und gelangen fast immer in eine wesentlich kältere Umgebung. Unreife Neonaten reagieren anders auf Kälte, Sauerstoffmangel und andere Umweltreize als geburtsreife oder übertragene Welpen. Die Menge an Herzglykogen ist bei unreifen Feten größer als bei geburtsreifen, und je übertragener ein Welpe zur Welt kommt, desto geringer ist diese Reserve [60].

Im Uterus befindet sich der Fötus in **Apnoe** (Atemstillstand infolge Unreife). **Asphyxie** hingegen ist ein atemloser Zustand, der wegen Sauerstoffmangels (z. B. durch lange Geburtsdauer bedingt) eingetreten ist. Bei einem apnoischen Welpen setzt die Atmung ein, sobald ausreichend CO_2 vorhanden ist (Reizung des Atemzentrums). Dies ist zumeist in einer bis maximal zwei Minuten der Fall. Bei asphyktischen Jungen kann die Atmung infolge der durch Umweltreize (z. B. Kälte) hervorgerufenen Schreckreaktion einsetzen. Beim apnoischen Welpen lösen äußere Reize keine Atmung aus. Das erste Inspirium findet bei weit geöffnetem Mund statt, und erst danach erfolgt die Atmung durch die Nase. **Anoxia neonatorum** ist ein Sammelbegriff für Sauerstoffmangelzustände beim Neugeborenen. Sie wird hervorgerufen durch eine Kompression des Nabelstranges, eine vorzeitige Plazentaloslösung oder eine zu lang andauernde Geburt. Es wurde nachgewiesen, daß übertragene Welpen eine Anoxia neonatorum wesentlich schlechter überleben als Feten, die unreif oder zeitgerecht zum Geburtstermin geboren werden (geringe Herzglykogenreserve) [60]. Eine Erkenntnis, die die Sinnhaftigkeit des zu langen Wartens mit einem Kaiserschnitt bei Überschreitung der oberen physiologischen Trächtigkeitsdauer in Frage stellt.

Das Neugeborene ist **wenig thermostabil,** daher müssen die Temperaturverhältnisse berücksichtigt werden.

Die Behaarung ist das wesentlichste Kriterium zur Beurteilung des **Reifegrades.** Ausgereifte Welpen sind vollständig behaart. Bei zu früh Geborenen fehlen die Haare an der Schenkelinnenseite und sind an der Bauch-Brustunterseite schütter.

Die Übertragung von **maternalen Antikörpern** erfolgt etwa im gleichen Ausmaß über die Placenta endotheliochorialis und die Kolostralmilch.

Innerhalb kurzer Zeit post natum saugen die Welpen bei der Mutter an den 5 bis 9 mm langen Zitzen der dicht behaarten halbkugeligen Mammakomplexe. Diese pflegt und putzt die Kätzchen, beleckt Anus und Geschlechtsteil, um Mekonium-, Kot- und Harnabsatz anzuregen. Durch eine sehr früh eintretende Raunze ab dem 2. Tag post partum wird diese Pflege womöglich vernachläßigt. Mit etwa 7 bis 12 Tagen lösen sich die Augenlider voneinander, und die Jungen beginnen zu sehen. Ab der 4. Lebenswoche fangen die Kätzchen mit koordinierten Bewegungen an, und ab diesem Zeitpunkt soll zur Schonung der Mutter zugefüttert werden.

Geschlechtsdifferenzierung: der Abstand von der Genitalöffnung zum After ist beim Männchen bedeutend größer als beim Weibchen. Durch Anfeuchten der Haare im Geschlechtsbereich können die zarten Vorwölbungen der beiden Hoden optisch besser sichtbar gemacht werden.

Neugeborenenprobleme sind gegeben bei:

Fruchtwasseraspiration

Im Verlauf einer verzögerten Austreibungsphase, vor allem bei einer Hinterendlage, kann Fruchtwasser aspiriert werden. Die Atmung ist erschwert und durch Rasselgeräusche charakterisiert. Vor den Nasen- und Mundöffnungen ist Schaum mit unterschiedlich großen Blasen.

Therapie:

- Entfernung der aspirierten Flüssigkeit bzw. des Schleimes aus den Atemwegen durch Absaugen mit Vakuumpumpe oder durch Herausschleudern, in dem der Welpe rasch kreisförmig durch die Luft bewegt wird (Zentrifugalkraft).
- Behebung der Blutacidose durch intravenöse Applikation von Natriumbicarbonat (8,4 %) kann versucht werden.

Asphyktische, lebensschwache Welpen

Nach einer zu lang andauernden Geburt können Asphyxie und Lebensschwäche der Neonaten diagnostiziert werden. Zumeist sterben sie nach 1–3 Tagen.

Behandlungsversuch:

- Aktivierung der Atemrezeptoren durch Massage der Zwischenrippenräume.
- Sauerstoffzufuhr durch Beatmung.
- Wärmeapplikation über Wärmematte, Wärmebett (keine von oben her durchgeführte Wärmebestrahlung).
- Behebung der Blutacidose (siehe D. I.).
- Fütterung mit Hilfe einer Pipette und Magensonde.

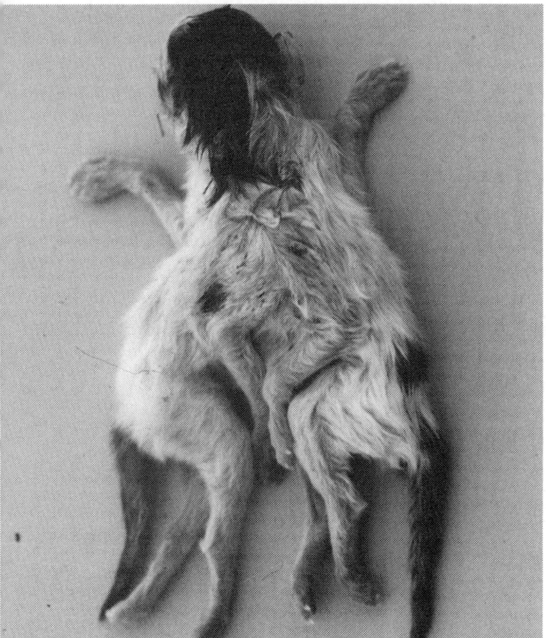

Abb. 57: Duplicitas completa (Cephalothoracopagus); wurde normal geboren.

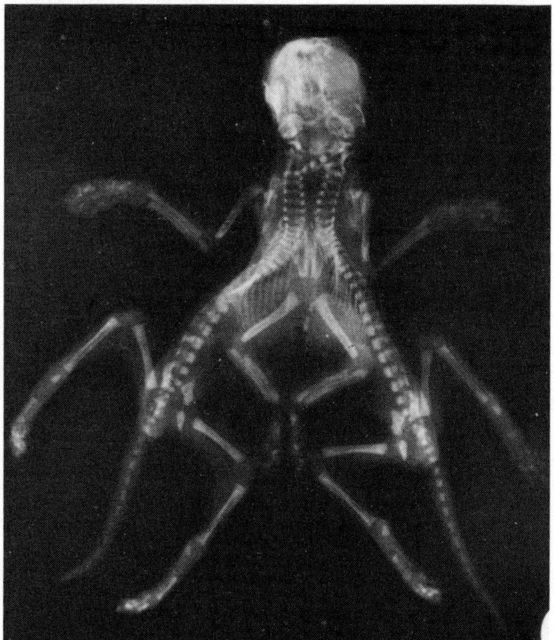

Abb. 58: Duplicitas completa (Cephalothoracopagus); Röntgenbild logetronisiert.

Mißbildungen

Hydrocephalus, Gaumenspalte (Palatoschisis), Hasenscharte (Cheiloschisis), offene Fontanelle, Duplizitates etc. (Abb. 57 und 58).

Therapie: keine, Euthanasie.

Fehlen der Lidspalte (Atresia palpebrarum)

Mit 7–12 Tagen löst sich die lidverbindende Epidermisbrücke. Erfolgt die Lösung nicht, so werden die Lider vorsichtig auseinandergezogen.

Kongenitale Anomalien des äußeren Auges [97]

1. Mikrophthalmie

Seltene, ein- oder beiseitige zu kleine Ausbildung des ganzen Augapfels bei erhaltener Sehfunktion (Nanophthalmie) oder bei erhaltener oder gestörter Sehfunktion zusammen mit anderen Mißbildungen: Membrana pupillaris persistens corneae adhaerens, Iriskolobom, korneosklerales Staphylom, Symblepharom-Pseudopterygium, Lidrandagenesie etc.

2. Strabismus convergens

(beidseitig = Esotropie)

Bei Siamkatzen u. a., erblich, erhaltene Sehfunktion.

3. Agenesie des Lidrandes

Kolobomartiger Defekt des temporalen oberen Lidrandes, als Folgen Trichiasis, Keratitis.

4. Dermoide

Versprengte Hautkeime, zumeist am temporalen Limbus, betreffen Lid, Bindehaut und Cornea.

5. Ophthalmia neonatorum

Neonatale Konjunktivitis bei physiologischem Ankyloblepharon oder verspäteter Lidöffnung; Öffnen der Lidspalte.

Ikterus neonatorum

Kann in seltenen Fällen ab dem 3./4. Tag post natum beobachtet werden (Abb. 59). Die Welpen trinken schlecht, sind geschwächt und nehmen an Gewicht ab. Bis etwa zum 8./10. Lebenstag klingt der Ikterus ab und die Welpen entwickeln sich normal weiter.

Therapie: In der Zeit der allgemeinen Schwäche intensive Betreuung durch künstliche Ernährung oder vermehrtes Anlegen am Gesäuge.

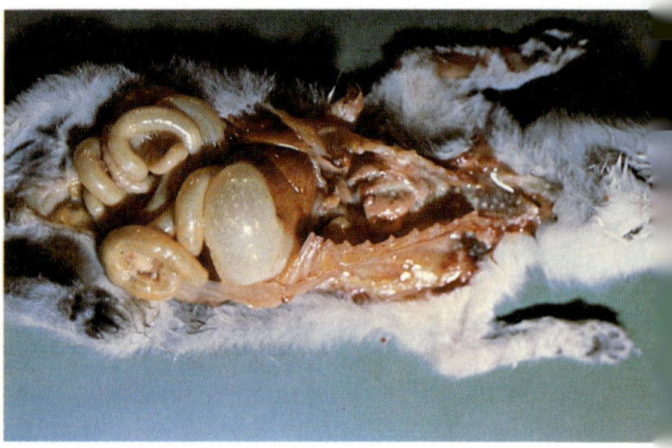

Abb. 59: Ikterus neonatorum bei einem 4 Tage alten Perserwelpen.

Infektionen

1. Parvovirusinfektion

Erfolgt eine intrauterine **Parvovirusinfektion** (FPLV) im letzten Trächtigkeitsdrittel, so kommt es zur Schädigung des ZNS **(zerebellare Hypoplasie)**, die einige Wochen nach der Geburt zum klinischen Bild der **spontanen felinen Ataxie** führt. Die Welpen entwickeln sich bis etwa zur 4. Lebenswoche normal. Es fallen Bewegungsstörungen wie unkoordinierte, steppende Schritte, Einknicken besonders in den Hinterextremitäten, Schwanken beim Stehen und Sitzen, der Intensionstremor, die Instabilität der Körperhaltung und die Hypotonie der Stammmuskulatur auf. Eine aussichtsreiche **Behandlung** gibt es nicht [27].

2. Feline Leukämie Virus

Auch das Feline Leukämie Virus (FeLV) passiert die Placenta [29]. Diese Infektion ist gekennzeichnet durch Freßunlust, Apathie, Anämie, Dyspnoe, Verdauungsstörungen, erhöhte Temperatur und im fortgeschrittenen Stadium durch vergrößerte Lymphknoten [100].

Therapie: Keine, Euthanasie.

3. Bakterielle Infektion

Durch mangelhafte Ernährung und insuffiziente Hygiene werden bakterielle Infektionen (E. coli., Staphylokokken, Streptokokken etc.) begünstigt. Inappetenz, Erbrechen, Durchfall, Schweratmigkeit, Exsikkose und struppiges Haarkleid sind feststellbar. Ein rascher Verfall der Welpen ist möglich (Septikämie).

Therapie: Antibiotika, Elektrolyte, künstliche Ernährung, Ursachenbehebung.

4. Parasitäre Infektionen

Spulwürmer (Toxocara mystax): galaktogene Infektion, je nach Grad des Befalles: Durchfall, Erbrechen, aufgeblähtes Abdomen, struppiges Haarkleid, schlechter Nährzustand.

Therapie: Banminth »Katze«, Flubenol KH®.

Bandwürmer (Dipylidium): sehr früher Befall ist durch galaktogene Infektion möglich.

Therapie: Droncit®, Lopatol®, Telmin KH® etc., Flohbekämpfung.

Hakenwürmer (Ancylostoma tubaeforme): galaktogene Infektion nicht nachgewiesen; Bodeninfektion.

Therapie: Banminth®, Panacur®, Telmin KH®, Flubenol KH®

Prophylaxe: Muttertier während der zweiten Trächtigkeitshälfte gegen Endoparasiten entwurmen.

Räude (Notoedres cati, Otodectes cynotis, Sarcoptes spec.): ist bereits bei Welpen nachzuweisen, wenn das Muttertier daran erkrankt ist.

Therapie: Pyrethrumverbindungen (CIT®); Lagerdesinfektion mit Pyrethroiden.

Mutterlose Ernährung

Sie ist angezeigt beim Tod des Muttertieres, bei schweren Erkrankungen wie puerperale Intoxikation und Infektion, Eklampsie, bei Agalaktie, Mastitis und lebensschwachen Welpen. Die Ernährung erfolgt entweder mit Pipetten oder kleinen Fläschchen, die mit einem schmalen Sauger versehen sind. Mit einer dünnen glühenden Nadel wird ein kleines Loch in den Sauger gebrannt. Vorsicht vor Aspiration von körperwarmer Milch (Schluckpneumonie). Fehlt der Saugreflex, so ist die Anwendung einer Magensonde erforderlich. Beim Füttern der Welpen soll die Möglichkeit geschaffen werden, daß sie sich mit den Vorderextremitäten abstützen und „treten" können.
Muttermilchersatz: z. B. Cimi-Lac®, Milk Substitute Instant Diet® (Waltham) oder selbst zubereitete Ersatzmilch.

Literatur

[1] ALLEN, H. C.: Feline mammary hypertrophy. Vet. Pathol. **10,** 501 (1973).

[2] ARBEITER, K.: In Klinik der Katzenkrankheiten. VEB Gustav Fischer Verlag, 2. Auflage, (1977).

[3] ARBEITER, K.: persönl. Mitteilung (1982).

[4] ARNBJERG, J.: Feline Practice **2,** 26 (1980).

[5] ANTONIUS, O.: Über Symbolhandlungen und Verwandtes bei Säugetieren. Z. Tierpsychol. **3,** 264 (1939).

[6] BARK, H., SEKELESEE and R. MARCUS: Extrauterine mummified Fetus in the cat. Feline Practice **3,** 44 (1980).

[7] BARRETT, R. E., und G. H. THEILEN: Neoplasms of the canine and feline reproductive tracts. In Kirk R. W. ed. 9: Current Veterinary Therapy, VI, Philadelphia, W. B. Saunders Company, (1977).

[8] BASTIANELLO, S. S.: A survey of neoplasia in domestic species over a 40-year period from 1935 to 1974 in the Republic of South Africa. V. Tumors occuring in the cat. Onderstepoort J. Vet. Res. **50,** 105–110 (1983).

[9] BEAVER, B. V.: Mating behaviour in the cat. Vet. Clin. North Am. **7,** 729 (1977).

[10] BENESCH, F., und M. KOSTNER: Die geburtshilflich-gynäkologischen Laparotomien bei Fleischfressern unter besonderer Berücksichtigung der lokalen Schmerzbetäubung. Urban und Schwarzenberg, Berlin-Wien, (1942).

[11] BENESCH, F.: Lehrbuch der tierärztl. Geburtshilfe und Gynäkologie. 2. Auflage, Urban und Schwarzenberg, München-Berlin-Wien, (1957).

[12] BENJAMIN, L. H.: Feline Behaviour. Feline Practice **3,** 11 (1979).

[13] BLAND, K. P.: Tom-cat odeur and other pheromones in feline reproduction. Vet. Sci. Comm. **3,** 125–136 (1979).

[14] BLOOM, F.: Pathology of the Dog and Cat. The Genitourinary System, with Clinical Considerations. Evanston, Illinois, American Veterinary Publications Inc., (1954).

[15] BLOOM, F.: Feline Mammary hypertrophy. Vet. Pathol. **11,** 561, (1974).

[16] BURKE, T. J.: in ETTINGER, S. J. (ed.): Textbook of Veterinary internal medicine. W. B. Saunders Company, Philadelphia, London, Toronto, Mexico City, Rio de Janeiro, Tokyo, (1983).

[17] CARPENTER J. L., L. K. ANDREWS and J. HOLZWORTH: Tumors and Tumor-Like Lesions. In Holzworth J. (ed.): Diseases of the Cat. W. B. Saunders, Philadelphia, Vol. I, 406–596, (1987).

[18] COLBY, E. D.: in MORROW, D. A. (ed.): Current Therapy in Theriogenology. W. B. Saunders Company, Philadelphia, London, Toronto, (1980).

[19] COTCHIN, E.: Neoplasia. In Wilkinson G.T. (ed.): Diseases of the Cat and Their Mangement. Melbourne, Blackwell Scientific Publikations, (1983).

[20] DOYEN, M., und V. LANDRAUB: Hymenpersistenz bei zwei dreifarbigen Katzen. Rev. med. vet. **116,** 509 (1965).

[21] DELLMAN, H. D., und E. M. BROWN: Textbook of Veterinary Histology, Philadelphia, Lea & Febiger, (1976).

[22] DREIER, H. K.: in KRAFT, DÜRR (Hsg.) Kompendium der klinischen Laboratoriumsdiagnostik bei Hund, Katze, Pferd. Verlag M. & H. Schaper, Hannover, (1981).

[23] ELLENBERGER, W., und H. BAUM: Handbuch der vergleichenden Anatomie der Haustiere. 18. Auflage. Springer Verlag, Berlin, (1943).

[24] FELDMAN, E. C., and R. W. NELSON: Canine and feline endocrinology and reproduction. W. B. Saunderns Company Philadelphia, London, Sidney, Tokio, Honkong, (1987).

[25] FOOTE, R. H.: in PAUFLER, S. K.: Künstliche Besamung und Eitransplantation bei Tier und Mensch. Verlag M. u. H. Schaper, Hannover, (1974).

[26] FOSTER, M. A., and F. L. HISAW: Experimental ovulation and the resulting pseudopregnancy in anoestrous cats. Anat. Rec. **62,** 75 (1935).

[27] FRANKHAUSER, R., und R. FATZEK: in J. CHRISTOPH (Hsg.): Klinik der Katzenkrankheiten. VEB Gustav Fischer Verlag, Jena, (1977).

[28] FRANKLIN, D. P.: Feline Adenomyosis. Feline Practice **5,** 45 (1980).

[29] FREUDIGER, V.: in CHRISTOPH, H. J. (Hsg.): Klinik der Katzenkrankheiten. VEB Gustav Fischer Verlag, (1977).

[30] FUKUI, K., and H. MATSUDA: Uterine haemangioma in a cat. The Veterinary Record **113,** 375 (1983).

[31] GELBERG, H. B., and K. McENTEE: Hyperplastic endometrial polyps in the dog and cat. Vet. Pathol. **21,** 570–573 (1984).

[32] GELBERG, H. B., and K. McENTEE: Feline ovarian neoplasmas. Vet. Pathol. **22,** 572–576, (1985).

[33] GOODROW K. L., J. G. HOWARD and D. E. WILDT: A comparison of embryo recovery, embryo quality, estradiol 17 beta and P4 profiles in domestic cats (Felis catus) at natural and induced oestrus. J. Reprod. Fertil. **82,** 553–561, (1988).

[34] GREULICH, W. W.: Artificially induced ovulation in the cat (Felis domestica). Anat. Rec. **58,** 217 (1934).

[35] HAYDEN, D. W., JOHNSTON, S. D., KLANG, D. T., JOHNSON, K. H., and D. M. BARNES: Feline Mammary hypertrophy fibroadenoma complex: Clinical and hormonal aspects. Amer. J. Vet. Res. **42,** 1699 (1981).

[36] HERRON, M. A.: Brunstinduktion. Feline Pract. **3,** 4 (1973).

[37] HERRON, M. A., and R. F. SIS: Ovarian transport in the cat and the effect of estrogen administration. Am J. Vet. Res. **35,** 1277 (1977).

[38] HERRON, M. A.: Feline reproduction. Vet. Clin. North. Am. **7,** 715 (1977).

[39] HOFMANN, W., ARBITER, D., and D. SCHEELE: Sex Cord Stromal Tumor of the Cat: So-Called Androblastoma with Sertoli-Leydig Cell Pattern. Vet. Pathol. 17 **4,** 508–513 (1980).

[40] HOOGEWEG, J. H., und E. R. FOLERS jr.: Superfetation bei einer Katze. J. Am. Vet. Med. Ass. **156,** 73 (1970).

[41] HURNI, H.: Einfluß der Tageslänge auf die jahreszeitliche Verteilung der Würfe in einer Katzenzucht. Zeitschrift f. Versuchstierkunde **17,** 121 (1975).

[42] HURNI, H.: Day length and breeding in the domestic cat. Lab. Anim. **15,** 229–233 (1981). HÜBNER, L.: Das Blutbild der Katze. Monats. Prakt. Tierheilkd. **31,** 499–501, (1920).

[43] JÖCHLE, W.: Progress in small animal reproductive physiology, therapy of reproductive disorders, and pet population control. Folia Vet. Latina **4,** 706 (1974).

[44] JOSHUA, J. O.: Some conditions seen in feline practice attributable to hormonal causes. Vet. Res. **88,** 511–514 (1971).

[45] JOSHUA, J. O.: Feline reproduction: the problem of infertility in purebred queens. Feline Pract. **5 (5),** 52–54 (1975).

[46] KÄUFER, I., und B. CZERNICKI: Ein Fall von vollständiger fibroadenomatöser Veränderung der Mamma (Fibroadenomatose). Kleintierpraxis **27,** 283 (1982).

[47] KLUG, E.: Die Fortpflanzung der Hauskatze (Felis domestica) unter besonderer Berücksichtigung der instrumentellen Samenübertragung. – Eine Literaturstudie. Vet Med. Diss. Hannover, (1969).

[48] KÖNIG, H., SCHÜRER, V., KÜPFER, U., und P. TSCHUDI: Hodenhypoplasie (Fehlen von Spermiogonien) und linksseitige Nebenhodenaplasie bei einem dreifärbigen Kater vom 39/xxy-Karyotyp. Dtsch. tierärztl Wschr. **90,** 341 (1983).

[49] KOPF, N.: Persönliche Mitteilung, (1983).

[50] LEYHAUSEN, P.: Katzen, eine Verhaltenskunde. Verlag Paul Parey, Berlin und Hamburg, (1979).

[51] LOMBARD, C.: Contribution à l'étude des tumeurs de l'appareil génital, chez les mammifères domestiques. Rev Méd. Vét. **112,** 509–526, 598–618, (1961).

[52] McDONALD, L. E.: Veterinary Endocrinology and Reproduction. Lea & Febiger, Philadelphia, (1980).

[53] ENGLE, G. C., und R. S. BRODEY: A retrospective study of 395 feline neoplasms. J. Am. Anim. Hosp. Assoc. **5,** 21–31, (1969).

[54] Mac EWEN, E. G., and S. J. WITHROW: Tumors in the Mammarynd. In Withrow S. J. and E. G. Mac Ewen (eds.): Clinical Veterinary Oncology. J. B. Lippincott, Philadelphia, 292–304, (1989).

[55] MEIER, H.: Carcinoma of the Uterus in the cat. Two cases. Cornell Vet. **46,** 188–200, (1956).

[56] MERKT, H., und E. KLUG: Film über Samenübertragung bei der Katze. Institut für Haustier-Besamung der Tierärztl. Hochschule Hannover, (1971).

[57] MILKS, H. J.: Some Diseases of the genitourinary system. Cornell Vet., **26,** 159–170 (1936).

[58] MOSIER, J. E.: Common Medical and Behavioural Problems in Cats. Mod. Vet. Pract. **56,** (10) 699–703 (1975).

[59] MOULTON, J. E.: Tumors in domestic animals. Berkeley, Calif. University of California Press. 368 (1978).

[60] NAAKTGEBOREN, C., und E. J. SLIJPER: Biologie der Geburt. Verlag Paul Parey, Hamburg und Berlin, (1978).

[61] NACHREINER, R. F., and D. N. MARPLE: Termination of pregnancy in cats with prostaglandin $F_2\alpha$. Prostaglandins **7,** 303 (1974).

[62] NETT, T. M., and P. N. S. OLSON: in ETTINGER, S. J.: Textbook of Veterinary internal medicine. Volume II, Second Edition W. B. Saunders Company, (1983).

[63] NICKEL, R., SCHUMMER, A., und R. SEIFERLE: Lehrbuch der Anatomie der Haustiere. Band II, Paul Parey in Berlin und Hamburg, (1960).

[64] NICHOLS, D.: in MULLER/KIRK: Small Animal Dermatology. W. B. Saunders Company, Philadelphia, London, Toronto, (1976).

[65] NORSWORTHY, G. D.: Kitten Mortality Complex. Feline Practice **2,** 57 (1979).

[66] NORRIS, H. J., GARNER, F. M. and H. B. TAYLOR: Pathology of feline ovarian neoplasmas. J. Pathol., **97,** 138–143 (1969).

[67] OETTEL, M., ARNOLD, P., und H. I. ARNOLD: Der Einsatz von Chlormadinonacetat bei Hund und Katze. Fortpfl. Haustiere **5,** 358–364 (1969).

[68] O'KEEFE D. A.: Tumors of the Genital System and Mammary nds. In Ettinger S. J. and E. C. Feldman (eds.) Textbook of Veterinary Internal Medicine, W. B. Saunders, Philadelphia, Vol. II, 1699–1704, (1995).

[69] PAPICH, M. G.: Pharmacological considerations during pregnancy in small animals. Proc. Soc. Theriogenology, 224–229, (1990).

[70] PETIT, G., PEYRON, A. und J. COCU: Sur une tumeur ovarienne issue des cellules interstitielles chez une chatte. Bull. Assoc. Fr. Cancer **15,** 393–403, (1926).

[71] POVEY, R. C.: Reproduction in the pedigree female cat. A. Survey of breeders. Can. Vet. J. **19,** 207 (1978).

[72] PRIESTER, W. A., and McKAY, F. W.: The Occurrence of Tumors in Domestic Animals. Natl. Cancer Inst. Monogr. **54,** (1980).

[73] REITER, Eva: Die Smear-Diagnostik und Befunde am inneren Genitale von Katzen mit abnormalem Zyklusablauf und Gynäkopathien. Vet. Med. Diss. Wien, (1982).

[74] RÖCKEN, H.: Ein Fibrothekom als Faktor für einen Verhaltensschaden bei einer Katze. Der praktische Tierarzt **4,** 344–346 (1984).

[75] ROUDEBUSH, P.: Peracute gangrenous mastitis in a cat. Feline Practice **1,** 35 (1973).

[76] RÜSSE, M.: Über die Anwendung von LH-RH bei Hund und Katze. Zuchthyg. **8,** 179 (1973).

[77] SCHMIDT, E., und R. F. LANGHAM: A survey of feline neoplasms. J. Am. Vet. Med. Assoc. **151,** 1325–1328, (1967).

[78] SCOTT, W. S., WEISS, R. C., POST, J. E., GILMARTIN, J. E., and Y. HOSHINO: Kitten Mortality complex (Neonatal FIP?) Feline Practice **2,** 44 (1979).

[79] SEILER, R. J., and W. R. KELLY: Total fibroadenomatous change of the mammary glands of two spayed cats. Feline Practice **2,** 25 (1979).

[80] SHEPPARD, M.: Some observations on cat pracice. Vet. Rec. **63,** 685–689 (1951).

[81] SHILLE, V. M., LUNDSTRÖM, K. E., und G. H. STABENFELDT: Follicular function in domestic cats as determined by estradiol-17 concentrations in plasma. Relation to eytrous behaviour and cornification of exfoliated vaginal epithelium. Biol. Reprod. **21,** 953 (1979).

[82] SHILLE, V. M., and N. J. SOJKA: Feline reproduction. In Ettinger S. J. and E. C. Feldman (eds.) Textbook of Veterinary Internal Medicine, W. B. Saunders, Philadelphia, Vol. II, 1690–1698, (1995).

[83] SILBERSIEPE, E., und E. BERGE: Lehrbuch der speziellen Chirurgie für Tierärzte und Studierende. Ferdinand Enke Verlag Stuttgart, (1976).

[84] SOJKA, N. F., JENNINGS, L. L., and C. E. HAMMER: Artificial insemination in the cat (Felis catus). Lab. Anim. Sci **20,** 198 (1980).

[85] SOJKA, N. J.: in MORROW, D. A.: Current Therapy in Theriogenology. W. B. Saunders Company, Philadelphia, London, Toronto, (1980).

[86] STEIN, B. S.: The genital system. In: Feline Medicine and Surgery, Catcott, E. J. (ed.), 2nd ed., Chapter 13. Amer. Vet. Publ. Inc., California (1975).

[87] STEIN, B. S.: Tumors of the feline genital tract. J. Am. Hospital Ass. **17,** 1022–1025 (1981).

[88] STICKER, A.: Über den Krebs der Tiere. Dtsch. Tierärzl. Wochenschr. **9,** 401–423, 433–436, (1901).

[89] STRASSER, H., BRUNK, R., und C. BAEDER: Untersuchungen zum Sexualzyklus der Katze **84,** 253 (1971).

[90] SULMANN, F. G.: Brunstunterdrückung bei der Katze. Vet. Med. **56,** 513 (1961).

[91] SVASTICS, D., und H. SZEKELY: Extrauterine Gravidität bei einer Katze. Wien tierärztl. Mschr. **52,** 788 (1965).

[92] THERAN, P.: Early-age neutering of dogs and cats. JAVMA, **202,** No 6, 914–917, (1993).

[93] ÜBERREITER, O.: Klinische Krebsforschung bei Tieren. Fortschritte der Veterinärmedizin. Verlag Paul Parey, Berlin und Hamburg, Heft **27,** (1977).

[94] VASSEUR, P. B., und E. C. FELDMAN: Pyometra associated with extrauterine pregnancy in a cat. JAAHA **18,** 870–874 (1982).

[95] VERHAGE, H. G., BEAMER, N. B., and R. M. BRENNER: Plasma levels of estradiol and progesterone in the cat during polyestrus, pregnancy and pseudopregnancy. Biol. Repord. **14,** 579 (1976).

[96] VOITH, V. L.: in MORROW, D. A. (ed.): Current Therapy in Theriogenology. W. B. Saunders Company, Philadelphia, London, Toronto (1980).

[97] WALDE, I., SCHÄFFER, E. H., und R. G. KÖSTLIN: Atlas der Augenerkrankungen bei Hund und Katze. Schattauer Verlag, (1989).

[98] WASSERSTRASS, J.: Studium zum Zyklusgeschehen der Katze und zur Möglichkeit der Brunstausschaltung mit einem peroral wirksamen Gestagenpräparat. Vet. med. Diss. München (1965).

[99] WHITEHEAD, J. E.: Neoplasia in the cat. Med. Small Anim. Clin. **62,** 44–45, 357–358 (1967).

[100] WITTMANN, W.: in BEER, J. (Hsg.): Infektionskrankheiten der Haustiere. VEB Gustav Fischer Verlag, Jena Teil **1,** 191–192 (1987).

Angeboren Mißbildungen und Stoffwechselstörungen

Von K. D. Weyrauch

Raum für Notizen

Angeborene Mißbildungen und Stoffwechselstörungen

Angeborene Mißbildungen kommen bei der Hauskatze noch relativ selten vor. Die Defekte sind entweder genetischer Art oder aber sie werden – und das in zunehmendem Maße – durch umweltbedingte Ursachen hervorgerufen. Für die meisten Schäden wird allerdings ein Zusammenwirken von genetischer Disposition und umweltbedingten Faktoren vermutet bzw. sind ihre Ursachen absolut unbekannt.

Genetisch verursachte Mißbildungen werden in der Regel einfach rezessiv vererbt. Das bedeutet, daß sie häufig erst viele Generationen nach einer erfolgten Mutation sichtbar werden und sich daher in einer Population intensiv ausbreiten können, bevor sie offenbar werden. Dominant vererbte Anomalien sind wie bei allen Haustieren auch bei der Katze sehr selten. Anlageträger sind hier leicht zu erkennen und können aus der Zucht herausgenommen werden.

Unter den **umweltbedingten Einflüssen** sind *physikalische Ursachen* anzuführen, so sind am häufigsten Auswirkungen durch ionisierende Strahlung beobachtet worden. Mechanische Ursachen, etwa bedingt durch Ruptur der Fruchtblasen, sind sehr selten. Unter den *chemischen Verursachern* von Entwicklungsstörungen sind besonders Arzneimittel, z. B. Tetracycline, Streptomycin, Griseofulvin und Diphenylhydantoin festgestellt worden. *Ursachen hormoneller oder alimentärer Art* für embryologische Fehlentwicklungen sind bei der Katze bisher nur ganz selten bzw. nicht beobachtet worden, dagegen ist die Panleukopenie als *infektiöser Auslöser* für Mißbildungen eindeutig nachgewiesen worden.

Erläuterungen

a) der verwendeten genetischen Bezeichnungen

Autosomal rezessiv: Gen ist an Autosomen gebunden, vererbt sich rezessiv.

Autosomal dominant: Gen ist an Autosomen gebunden, vererbt sich dominant.

Unvollständige Dominanz: Ausdruck eines Mischeffektes: homozygot dominante Tiere sind deutlich betroffen. Die heterozygoten Tiere sind weniger stark betroffen. Alle homozygot rezessiven Tiere zeigen keine Mißbildung.

Geschlechtsgebunden: Das betreffende zu vererbende Gen ist an ein Geschlechtschromosom gebunden.

Unvollständige Penetranz: Ein bestimmter Prozentsatz der Tiere mit einem bestimmten Gendefekt zeigt diesen – aufgrund genmodifizierter umweltbedingter Einflüsse – nicht.

Variable Expressivität: Genetische Abnormität zeigt sich bei verschiedenen Tieren in unterschiedlicher Weise.

Erbliche Prädisposition: Ein Tier, das für eine bestimmte Mißbildung prädisponiert ist, bringt genetisch wenig Widerstandskraft gegen die betreffende Mißbildung auf.

b) der in den Tabellen gebrauchten Abkürzungen:

H: Häufigkeitsgrad

R: Besonders betroffene Rassen

B: Beschreibung der Mißbildung

D: Diagnose

Ä: Ätiologie

N: Nebenbefund

T: Eventuelle Therapie

P: Prognose

I. Bewegungsapparat

Achondroplasie

H: Selten
B: Zwergwuchs, Muskelschwäche und Muskelatrophie im Bereich der Hintergliedmaßen
D: Bei der Geburt fallen extrem kurze Gliedmaßen sowie Muskelveränderungen auf
Ä: Erblich, autosomal rezessiv
N: Aszites, vergrößerte Milz und Lymphknoten, Speicherkrankheit der Leber
P: Tod innerhalb des 1. bis 4. Lebensmonats

Amelie

H: Selten
B: Tiere werden ohne Gliedmaßen geboren
Ä: Unbekannt
T: Euthanasie

Angeborene Myopathie

H: Sehr selten
R: Devon Rex Katze
B: Ventroflexion des Kopfes und des Halses, dorsales Vortreten der Skapula
D: Polymyositis
Ä: Erblich
N: Schluckstörungen
P: Oft Tod durch Laryngospasmus

Aplasie des Unterkieferastes

H: Selten
B: Kieferast ist nicht ausgebildet. Anomalie im Bereich des Ossifikationszentrums des Unterkieferastes
D: Röntgen
Ä: Unbekannt
N: Mikrognathie

Ektrodaktylie

H: Selten
B: Aplasie aller Zehen oder Teile einzelner Zehen, nur der Vordergliedmaßen
D: Röntgen, Palpation
Ä: Erblich, Gen in heterozygoter Form

Hüftgelenksdysplasie

H: Selten
R: Siamkatze und andere
B: Schwäche des Hüftgelenks mit sekundärer degenerativer Gelenkserkrankung
D: Röntgenologisch: schwach ausgebildetes Azetabulum, Subluxation des Femurkopfes
Ä: Möglicherweise erblich
T: Durch Tenotomie des M. pectineus könne[n] Schmerzen eventuell beseitigt werden

Knickschwanz

H: Selten
B: Knick liegt zwischen den Wirbeln an de[r] Grenze zwischen Wirbelkörper und Discu[s] intervertebralis
D: Äußere Untersuchung: Mißbildung liegt ge[-]wöhnlich gegen das Schwanzende, kann abe[r] auch an den übrigen Schwanzabschnitten be[-]obachtet werden
Ä: Erblich, autosomal rezessiv
T, P: Korrigierende Chirurgie, oft erfolglos

Knorpelige Exostosen (multipel)

H: Selten
B: Vom Knochenmantel ausgehende verknöcherte Protuberanzen
D: Palpation und Röntgen
Ä: Unbekannt

Patellaluxation

H: Selten
R: Rex-, Abessinierkatze und viele andere
B: Unfähigkeit, die Hinterbeine zu strecken, gestelzter Gang, normales Aufstehen fast unmöglich
D: Röntgen
Ä: Unbekannt

Pectus excavatum

H: Sehr selten
D: Stark eingedrücktes Sternum
Ä: Unbekannt
N: Links-rechts intrakardialer Shunt
T: In leichten Fällen nicht erforderlich, sonst starker Heftpflasterverband oder Ganzkörpergips

Peromelus ascelus

H: Selten
B: Fehlen der Hintergliedmaßen
Ä: Unbekannt
P: Lebensfähig

Polydaktilie

H: Häufig
R: Viele Rassen
B: Überzählige Zehen, hauptsächlich an den Vordergliedmaßen
D: Palpation und Röntgen

Ä: Erblich, einfach dominant mit variabler Expressivität

Radiushemimelie

H: Selten
B: Stummelförmige Extremität, Einwärtsdrehung der Pfote im Karpalgelenk
D: Röntgenologisch: Entwicklungsstörung des Radius
Ä: Unbekannt
T: Eventuell Amputation der Pfote

Schwanzlosigkeit

R: Manx, selten auch andere Rassen
B: Drei Variationen: a. keine Schwanzwirbel (rumpy), b. einige Schwanzwirbel in aufrechter Position (rumpy riser), c. einige Schwanzwirbel mit starkem Knick (stumpy)
D: Palpation, Röntgen
Ä: Erblich, autosomal dominant mit unvollständiger Penetranz
N: Spina bifida, Becken und Hintergliedmaßen deformiert
P: Halbletal

Syndaktylie

H: Selten
B: Verschmelzung von Zehen
D: Palpation und Röntgen
Ä: Unbekannt

Tellergesicht

H: Selten
R: Bei einigen Zuchtlinien von Perserkatzen
B: Brachiozephale Kopfform
D: Äußere Untersuchung
Ä: Unbekannt

Thoraxabnormitäten

H: Selten
B: Vorhandensein von 14 Brustwirbeln, 14 Rippenpaaren und 9 Sternebrae
D: Röntgen
Ä: Unbekannt
N: Kaudalverlagerung des Herzens

Wachstumshemmung der langen Knochen der Vordergliedmaßen „Känguruh-Katze"

H: Selten
B: Kurze Vorderbeine, lange Hinterbeine, frettchenartige Bewegungen
D: Verkürzung der langen Knochen der Vordergliedmaßen bei weiblichen Tieren
Ä: Erblich, möglicherweise an Geschlechtschromosom gebunden

II. Verdauungsapparat

Angeborene Zahnlosigkeit

H: Selten
B: Vollständiges Fehlen von Zähnen
Ä: Unbekannt

Achalasie des Oesophagus
(Oesophagusdauerspasmus)

H: Selten
B: Kaudaler Abschnitt der Oesophagusmuskulatur ist während des Schluckaktes kontrahiert. Keine effektive Peristaltik im Mittelabschnitt, Oesophaguserweiterung durch Futterstau
D: Regurgitieren sofort nach Futteraufnahme, Röntgen
Ä: Erblich, autosomal rezessiv
T: Behandlung möglich

Gaumenspalte

H: Selten
R: Siamkatze
B: Jungtiere sind nicht in der Lage zu saugen
D: Medianspalt im Gaumen
Ä: Möglicherweise erblich, Kariotyp jedoch normal
N: Gelegentlich Hasenscharte

Hasenscharte

H: Selten
B: Gespaltene Oberlippe
Ä: Möglicherweise erblich
N: Gaumenspalte

Innere Kiemenfistel

H: Selten
B: Fistel, ausgehend vom 2. Kiemenbogen, öffnet sich in den Pharynx, ruft ein sackartiges Gebilde in der Trachealgegend des unteren Halses hervor
D: Der aspirierte Inhalt des Sackes enthält epitheliale Zellen. Der Sack ist von mehrschichtigem Plattenepithel ausgekleidet. Flüssigkeit, die an den Sackinhalt erinnert, ist im Kehlkopfvorhof zu finden
Ä: Unbekannt

Megakolon

H: Selten

R: Verschiedene Rassen
B: Chronische Verstopfung, Appetitlosigkeit, allgemeines Unwohlsein, große Massen von Kot im Kolon, leeres Rektum
D: Vergrößerung, Verlängerung und Hypertrophie des Kolon, fehlender Plexus myentericus
Ä: Unbekannt
T: Darmresektion

III. Harnapparat

Angeborene Harninkontinenz

H: Selten
R: Verschiedene Rassen
B: Ektopie des Ureters, Sphinkterinkompetenz der Urethra
Ä: Unbekannt
N: Vaginale Aplasie, Hydronephrose
T: Chirurgisch, Uretertransplantation
P: Gut

Beckenniere

H: Selten
B: Niere in die Beckengegend verlagert, abnormale Form
D: Palpation: Die betroffene Niere ist prädisponiert für Hydronephritose, Pyonephritis, Pyelonephritis und Nierensteine, kann mit Abszessen, Tumoren oder Fremdkörpern verwechselt werden. Abnorme Wanderung der Urniere
N: Vaskuläre Abnormitäten

Hufeisenniere

H: Ziemlich selten
B: Symmetrische mediane Verschmelzung beider Nieren an deren kaudalem Pol mittels dünnem Bindegewebsstreifen oder Parenchymbrücke
D: Röntgen, Autopsiebefund
Ä: Frühembryonale Fusion
N: Vaskuläre Abnormitäten
T: Möglich

Nierenverschmelzung (unilateral)

H: Selten
B: Asymmetrische Verschmelzung bewirkt, daß Nieren scheiben-, kuchen- oder hantelförmig aussehen. Wenn Niere paramedian liegt, spricht man von überkreuzter Verlagerung
D: Röntgen, Autopsiebefund
Ä: Embryonale Verschmelzung

Persistierender Urachus

H: Selten
B: Aufgetriebener Bauch, evtl. Harnfluß au dem Nabel
D: Offenbleiben des Urachus: Urin tritt nac außen an die Körperoberfläche oder in di Bauchhöhle
Ä: Allantoisstiel hat sich nicht zurückgebilde und ist nach der Geburt u. U. noch in Funktion
N: Zystenleber
T: Kann chirurgisch behoben werden

Renale Agenesie (einseitig)

H: Relativ häufig
B: Fehlen (meistens) der rechten Niere, kompensatorische Hypertrophie der linken Niere
D: Röntgen, Laparotomie, Autopsiebefund. Die vorhandene Niere kann in abnormer Position liegen, prädisponiert für Entzündungen und Hydronephrose
Ä: Vermutlich Ausbildung nur einer Urogenitalplatte, männliche Individuen häufiger betroffen als weibliche
N: Uterus unicornis, atretische Vagina, fehlender Ureter, renale Blutgefäße und Vas deferens

Renale Hypoplasie (einseitig)

H: Selten
B: Kleine Niere mit reduziertem Parenchym, abnorme Glomeruli und Tubuli, gelegentlich Zysten sowie interstitielle Fibrosis oder Kalzifizierung
D: Röntgen, Histologie
Ä: Vermutlich unterbrochene Entwicklung des Mesonephros
N: Hypoplasie des Nierenbeckens, der beiden Ureter und der Nierengefäße

Ureterektopie

H: Selten
B: Harninkontinenz, Störungen beim Harnlassen
D: Röntgenologisch: Verlagerung des Ureters z. B. in den Uterus oder in die Urethra
Ä: Unbekannt
T: Chirurgische Behebung des Mangels

Zystenniere

H: Ziemlich häufig
B: Langsamer Gewichtsverlust, geringer Appetit, Anämie, Polydipsie, Polyurie und schließlich Urämie
D: Palpation: Multiple Zysten treten an die Stelle des Nierenparenchyms (beidseitig)

Ä: Während der Embryonalentwicklung treten Tubuli contorti und Sammelrohre nicht miteinander in Kontakt
N: Zystenleber, Zystenpankreas, perirenales Hygrom

IV. Geschlechtsapparat

Fehlende Verbindung zwischen Uteruskörper und -hörnern

H: Selten
B: Uterushörner sind mit Uteruskörper nur durch eine schmale Bindegewebsbrücke verbunden, gleichzeitig ist jeweils das rechte Uterushorn erweitert
D: Laparotomie-, Autopsiebefund
Ä: Unbekannt

Hermaphroditismus

H: Selten
B: Männliche und weibliche Gonaden in einem Tier. Einseitiger H.: Ovotestis auf der einen, Testis auf der anderen Seite
D: Äußere Untersuchung, Laparotomie, Histologie
Ä: Vollständige Gonadendifferenzierung ist ausgeblieben

Hydrometra

H: Sehr selten
B: Chronisch aufgeblähter Bauch
D: Röntgenologisch: Fehlen des Ostium uteri internum. Die Zervix ist nicht durchgehend kanalisiert, infolge fehlerhafter Entwicklung der Müllerschen Gänge
Ä: Unbekannt
T: Kastration

Kryptorchismus

H: Relativ häufig
R: Perserkatze und andere
B: Retention eines oder beider Hoden in der Bauchhöhle, dem Leistenkanal oder dem Inguinalring, mit daraus resultierender Hodenatrophie, kommt häufiger einseitig als beidseitig vor
D: Äußere Untersuchung
Ä: Möglicherweise erblich als einfaches rezessives Gen
N: Kastration, um Trauma und Orchitis zu vermeiden, oder chirurgische Korrektur, jedoch nicht bei Tieren, die zur Zucht verwendet werden sollen

Mikrorchie

H: Selten
B: Unilaterale oder bilaterale Hypoplasie der Hoden
D: Äußere Untersuchung, Histologie
Ä: Unbekannt
N: Keine Spermienbildung

Monorchie

H: Selten
B: Nur ein Hoden ausgebildet
Ä: Unbekannt
N: Fehlender Nebenhoden und Vorhandensein eines rudimentären Ductus deferens

Nabelstrangaplasie

H: Sehr selten
B: Fehlen des Nabelstranges, Teile der Baucheingeweide in der Fruchtblase
D: Äußere Untersuchung
Ä Während der Embryonalentwicklung hat das Amnion die Verbindung zwischen beiden Cölomhöhlen nicht unterbrochen, um den Nabelstrang zu bilden
N: Präureterische V. cava caudalis

Ovariumagenesie

H: Selten
B: Fehlen eines oder beider Ovarien
D: Laparotomie- oder Autopsiebefund
N: Mißbildungen am Genitale

Ovariumhypoplasie

H: Selten
B: Kleine Ovarien mit unvollständig ausgebildeten Follikeln
D: Laparotomie- oder Autopsiebefund
Ä: Unbekannt
N: Unterentwickelte sekundäre Geschlechtsmerkmale, unfruchtbar

Überzählige Ovarien

H: Selten
B: Akzessorische Ovarien im Lig. latum uteri oder in der Nähe der Ovarien
D: Laparotomie- oder Autopsiebefund, Tiere zeigen u. U. auch nach Ovariektomie Brunstsymptome
Ä: Abwanderung eines Teils des normalen Ovars

Uterushörner ungleicher Länge

H: Selten
D: Laparotomie- und Autopsiebefund
Ä: Unbekannt

Uterus unicornis

H: Selten
B: Vorhandensein nur eines Uterushornes, das andere fehlt entweder oder wird durch ein dünnes, fibröses Band repräsentiert
D: Laparotomie- und Autopsiebefund
Ä: Agenesie eines Müllerschen Ganges oder ausbleibende Entwicklung einer Urogenitalplatte
N: Gelegentlich Agenesie der Niere, des Ureters, Ovars und der dazugehörigen Strukturen

Verlagerter Hoden (Ektopie)

H: Selten
B: Verlagerung des Hodens während des Abstiegs: in die Perinealgegend, Oberschenkelgegend, Bauchhöhle, eine Seite des Skrotums oder andere Gegenden
D: Äußere Untersuchung
Ä: Unbekannt

Vaginale Atresie

H: Selten
B: Abnorm kleine Labien und/oder kleiner Vorhof
D: Äußere Untersuchung
Ä. Unbekannt
N: Atresie der Vulva

Verschmelzung der Uterushörner

H: Sehr selten
B: Einige Zentimeter lange Verschmelzungszone im kaudalen Uterusbereich
D: Laparotomie- oder Autopsiebefund
Ä: Unbekannt

V. Herz und Kreislaufapparat

Aortenstenose

H: Häufig
B: Rauhes systolisches Geräusch, präkardiales Schwirren
D: Einengung der Aortenöffnung oder der Aorta in sub- oder supravalvulärer Position. Vergrößerter linker Ventrikel
Ä: Unbekannt
N: Abnorme Aortenklappe

Aortenverlagerung nach rechts

H: Selten
D: Autopsie
Ä: Unbekannt
N: Atresia ani et recti, vergrößertes rechtes Herzohr, rundes Herz, Ventrikelseptum und Atria fehlen

Endokardiale Fibroblastosis

H: Ziemlich häufig
R: Siam-, Burmakatze und andere
B: Neugeborene leiden unter Dyspnoe, wachsen langsam
D: Histologie: Endokardfibroblastose, hauptsächlich linke Herzkammer betroffen

Fallot-Tetralogie

H: Selten
B: Wachstumshemmung, rasche Ermüdbarkeit, Dyspnoe, Schwäche, Lethargie, Zyanose, Muskelstarre beim Anfassen, systolisches Austreibungsgeräusch (Pulmonalisstenose und/oder systolisches Mittelfrequenzgeräusch)
D: Bestätigung durch Autopsiebefund: ventrikulärer Septumdefekt, Pulmonalisstenose, Rechtsverlagerung der Aorta, Ventrikularhypertrophie (rechts)
N: Polyzythämie

Gemeinsamer Atrioventrikulärer Kanal (persistierend)

H: Selten
B: Mangel an Widerstandskraft, Mitralisinsuffizienz, Herzversagen, Austreibungsgeräusch über dem linken vorderen Thoraxbereich, Herzvergrößerung
D: Defekt am unteren Vorhofseptum und am oberen Kammerseptum mit Anomalien an der Atrioventrikularklappe
Ä: Unbekannt, embryologisch ein Defekt des Endokardkissens
N: Gespaltene Mitralisklappe

Gemeinsamer Truncus arteriosus

H: Selten
B: Ein gemeinsamer Gefäßstamm für die Aorta, Koronararterien und Lungenarterien, der sich über einem Defekt im Kammerseptum erhebt
D: Autopsiebefund
Ä: Unbekannt
N: Trichterbrust

Hypoplasie des Truncus pulmonalis

H: Selten
B: Klinisch: Dyspnoe, Autopsie: Dilatation des rechten Herzens
D: Extrem kleiner Truncus pulmonalis
Ä: Unbekannt
N: Vorhandensein nur einer linken, selten einer rechten Vena cardinalis cranialis

Mißbildungen an der linken Atrioventrikularklappe

H: Relativ häufig
B: Angiokardiographische und echokardiographische Mitralisinsuffizienz und Dilatation des linken Vorhofs und Ventrikels bei jungen und adulten Tieren, bei neugeborenen Katzen plötzliches Einsetzen von Dyspnoe und Tod innerhalb von 24 Stunden
D: Die Klappe hat sich nicht vollständig in Klappenzipfel und Chordae tendineae entwickelt
Ä: Unbekannt

Multiple Herzdefekte

H: Selten
R: Siam- und Perserkatze
B: Im Alter von einer Woche: Anorexie, Hyperpnoe, zyanotische Schleimhäute. Im Alter von zwei Wochen: präkardiales Schwirren, pansystolisches Geräusch
D: Bestätigung bei Autopsie: offener Ductus arteriosus, interatrialer Septumdefekt, Trikuspidalisinsuffizienz
Ä: Unbekannt
N: Umbilikale Hernie

Offener Ductus arteriosus

H: Häufig
R: Siamkatze und andere
B: Ständiges Geräusch über dem Lungengebiet, vergrößertes Herz, Lungenödem, linke ventrikuläre und atriale Hypertrophie, vermehrter Sauerstoffdruck in der A. pulmonalis
Ä: Möglicherweise erblich. Postnatal unterbleibt der Schluß des Ductus arteriosus
N: Anomalie der Valvulae semilunares, Septumdefekt

Portosystemischer Shunt

H: Selten
R: Perserkatze und andere
B: Verhaltensstörungen, Ptyalismus
D: Vermutlich Überreste fetaler Anastomosen (intra- und extrahepatisch), Verbindung zwischen V. portae einerseits und V. cava caudalis bzw. V. phrenica caudalis oder V. azygos dextra andererseits, erhöhte Plasmaammoniakkonzentration, Verringerung der Lebergröße
Ä: Möglicherweise erblich
T: Chirurgische Einengung des Shuntgefäßes damit wird der Leber vermehrt Blut über die V. portae zugeführt

Pulmonalisstenose

H: Selten
B: Lautes systolisches Austreibungsgeräusch, präkardiales Schwirren in der Lungengegend
D: Einengung der A. pulmonalis an der Valva trunci pulmonalis oder unterhalb dieser Klappe, rechts Herzhypertrophie
Ä: Unbekannt
N: Defekt am Septum zwischen Aorta und A. pulmonalis

Rechter Aortenbogen (persistierend)

H: Selten
B: Tiere regurgitieren kurz nach Nahrungsaufnahme
D: Röntgenologische Bestätigung nach Gabe von Bariumbrei: Aortenbogen entwickelt sich aus der rechten, vierten Kiemenbogenarterie anstatt aus der linken und kreuzt den Oesophagus und die Trachea und bildet einen Gefäßring mit der Herzbasis, A. pulmonalis und Lig. arteriosum. Dieser Ring bewirkt eine Oesophagusstenose und eine Dilatation proximal der Einengung
Ä: Unbekannt
T: Durchtrennung des Lig. arteriosum

Taussig-Bing-Syndrom

H: Selten
B: Kammerscheidewanddefekt, Rechtsverlagerung der Aorta, reitende A. pulmonalis mit teilweiser Verlagerung nach links, Pulmonalisstenose
D: Autopsiebefund
Ä: Unbekannt

Trikuspidalisstenose

H: Selten
B: Schwäche, Zyanose, Venendilatation
D: Bestätigung durch Angiokardiographie: Einengung der Trikuspidalisöffnung verbunden mit Ventrikularhypoplasie (rechts)
Ä: Unbekannt
N: Vorhofseptumdefekt

Überzählige Musculi transversi cordis

H: Selten
B: U. a. Dyspnoe, Anorexie, Hyperthermie, Cardiomegalie, EKG-Abnormitäten, Lethargie, Reizleitungsstörungen
D: Röntgenologisch: Übermäßig viele Musculi transversi, welche die linke Herzkammer durchqueren, Linkshypertrophie bei jungen Tieren, Linksdilatation bei älteren Tieren
Ä: Möglicherweise erblich
P: Maximale Lebenserwartung 8 Jahre, Tod durch Herzschwäche

Ventrikelseptumdefekt

H: Ziemlich häufig (12 % aller Herzmißbildungen)
B: Dyspnoe, Schwirren entlang des Sternums, pansystolisches Geräusch
D: Röntgenologisch: vergrößertes (meist) rechtes Herz. Autopsiebefund: persistierende Verbindung zwischen linkem und rechtem Herzventrikel
Ä: Unbekannt, wird gewöhnlich nicht diagnostiziert, weil Tiere vor dem Absetzen sterben
N: Hydroperikard
T: Frühes Erkennen und entsprechende chirurgische Behandlung ermöglicht Heilung

Vorkammerseptumdefekt

H: Selten
B: Bei großer Öffnung: systolisches Geräusch der A. pulmonalis, präkardiales Schwirren in der Lungengegend
D: Röntgenologisch: Vergrößerung des rechten Ventrikels und der A. pulmonalis, Stau der Lungengefäße, persistierende Verbindung zwischen rechter und linker Vorkammer im Bereich des Foramen ovale
Ä: Unbekannt
N. Rechte ventrikuläre Hypertrophie

VI. Zentralnervensystem

Agenesie des Corpus callosum

H: Selten
R: Sibirienkatze
D: Autopsiebefund
Ä: Unbekannt, möglicherweise genetisch bedingt
N: Augenmißbildungen

Exenzephalie

H: Sehr selten
R: Manx
B: Mißbildung an den Schädelknochen mit hervortretender Gehirnsubstanz
D: Äußere Untersuchung, Autopsiebefund
Ä: Möglicherweise umweltbedingt. Mit Anenzephalie verwandt
N: Kyphoskoliosis, Dorsalverlagerung des Anus, Makrophthalmus, Gaumenspalte, vergrößerte Ohrmuscheln

Innerer Hydrozephalus

H: Ziemlich häufig
R: Siamkatze und andere
B: Keine Reflexe auf extreme Stimuli außer auf Wahrnehmen des Futters
D: Abnorme Ansammlung von Flüssigkeit in den Gehirnventrikeln
Ä: Erblich, möglicherweise rezessiv
N: Ödeme an den Gliedmaßen, gelegentlich Gaumenspalte, Hasenscharte oder Klumpfuß
P: Tödlich

Kleinhirnhypoplasie

H: Ziemlich häufig
B: Tremor, Hypertonie der Gliedmaßenmuskulatur und verlangsamte Reflexe, postnatale Dysmetrie, Hypermetrie der Halsmuskulatur
D: Autopsiebefund: ausgesprochenen kleines Cerebellum
Ä: Feline Panleukopenie, Virus vermutlich transplazentar übertragen. Eine andere Form scheint erblich zu sein
N: In manchen Fällen renale Hypoplasie oder testikuläre Hypoplasie

Meningoencephalozele

H: Selten
R: Burmakatze
B: Kraniofaziale Abnormitäten
D: Bruchartige Ausstülpung des Großhirns und seiner Häute durch einen Defekt im Schädeldach
Ä: Erblich, autosomal rezessiv

Meningozele

H: Selten
B: Hirnhauthernie durch Schädelmißbildung
D: Äußere Untersuchung
Ä: Unbekannt
N: Agenesie des Corpus callosum, des Septum pellucidum und der Hypocampuskomissur
T: Chirurgische Behandlung möglich

Mikrogyrie

H: Bei drei Tieren beobachtet
B: Bewegungen unkoordiniert, epileptoide Anfälle
D: Entwicklung vieler, abnormal kleiner Hirnwindungen
Ä: Unbekannt

Neuraxonale Dystrophie

H: Selten
B: Progressive Ataxie, Schwanken, geringe oder keine Liftreaktion (statokinetischer Reflex), langsamer Pupillarreflex, Sehstörung, abnorme Fellfarbe, an Siam-Lila erinnernd
D: Entwickelt sich im Alter von 6 Monaten. Makroskopisch pathologisch nicht sichtbar. Tiere sind geringfügig kleiner als normal. Histologisch: aufgetriebene Nervenzellfortsätze in einigen Gebieten des Hirnstammes, Atrophie des Vermis cerebellaris
Ä: Erblich, autosomale rezessive Anlage

Periphere und zentrale Axonopathie

H: Sehr selten
R: Burmakatze
B: Abnorme Körperhaltung, Neigung zum Umfallen
D: Histopathologisch: Axondegeneration im distalen Bereich, Myelinopathie
Ä: Vermutlich erblich

Spina bifida

H: Ziemlich häufig
R: Hauptsächlich Manx, andere seltener
B: Schwanzlosigkeit, hüpfender Gang, Harn- und Kotinkontinenz
D: Verhinderter Schluß der Wirbelbögen, manchmal vergesellschaftet mit Dysplasie oder Protrusion des Rückenmarks oder der Meningen
Ä: Erblich, bei Manx verbunden mit dem Gen für Schwanzlosigkeit, dominantes Gen mit unvollständiger Penetranz
N: Rachitis, sakrale Agenesie, Myelozele, Syringomyelie

Tremor

H: Selten
B: Tiere zittern stark, haben Schwierigkeiten beim Laufen und bei der Futteraufnahme. Langsames Wachstum
D: Wird zwei bis vier Wochen nach der Geburt offenbar. Mikroskopisch und makroskopisch keine Schäden erkennbar
Ä: Erblich, einfach autosomaler Faktor
P: Tiere gehen frühzeitig zugrunde

VII. Sinnesorgane

Abnorme Sehbahnen

H: Selten
R: Siamkatze
D: Reduzierte Pigmentation, Histologie
Ä: Abnormität der zentralen Sehbahn, resultierend aus einer Abnormität der Retina
N: Schielen im Zusammenhang mit ungenauer nervöser Kontrolle der Augenmuskeln

Augenlidagenesie

H: Ziemlich häufig
R: Perserkatze, Europäische Kurzhaarkatze
B: Fehlen der temporalen Hälfte eines oder beider Oberlider
D: Tarsus, Meibomsche Drüsen, M. orbicularis oculi nicht ausgebildet, kein Blinzelreflex
Ä: Unbekannt, fehlende Vereinigung der Lidränder
T: Chirurgische Behandlung möglich

Dermoid

H: Ziemlich häufig
R: U. a. Birmakatze
B: Oberflächlich in der Nähe des Limbus cornealis gelegene Veränderung der Konjunktiva, kann Pigment, Haare und Talgdrüsen enthalten und in die Kornea einstrahlen
D: Abnorme Differenzierung der Konjunktiva im Bereich des Augapfels
Ä: Erblich, möglicherweise autosomal dominant mit unvollständiger Penetranz
N: Leukoma
T: Chirurgische Entfernung

Entropium

H: Selten
B: Inversion des Augenlides
A: Unbekannt

Enophthalmus

H: Selten
B: Rückziehen des Augapfels in die Orbita
Ä: Unbekannt
T: Keine Behandlung nötig

Farbabnormität im Augenhintergrund

H: Selten
R: Siam- und Perserkatze
B: Fehlen des Pigments in der Chorioidea
D: Gefäße der Chorioidea werden sichtbar
Ä: Unbekannt

Infantiles Glaukom (Hydrophthalmus)

H: Selten
B: Vergrößerung der Kornea, zitternde Iris
D: Intraokuläre Druckzunahme
Ä: Unvollständige Entwicklung der Kammerwasserabflußwege
T: Goniotomie

Irisalbinismus

H: Ziemlich häufig
B: Fehlen des Pigments oder Vielfarbigkeit der Iris
D. Äußere Untersuchung
A: Unbekannt
N: Einseitige Taubheit, Lichtscheue, Strabismus

Irishypoplasie und Heterochromie

H: Selten
R: Siamkatze, weiße Katze
B: Rechte und linke Iris ist unterschiedlich gefärbt. Weiße Katzen haben blaue Augen
D: Schwache Entwicklung der Iris im Bereich der Pigmentschicht
Ä: Erblich
N: Einige weiße Katzen sind gleichzeitig taub. Bei älteren Tieren Irisatrophie

Katarakt

H: Selten
R: Verschiedene Rassen
B: Trübung der Linse oder der Linsenkapsel
D: Weite Pupille. Durch seitlich fokale Beleuchtung können Starpunkte festgestellt werden
Ä: Erblich. Möglicherweise intrauterine Infektionen, Strahlenschädigung oder pränatale Infektion des Auges. Häufigster Typ: Nukleärer Star
N: Persistierende Pupillarmembran und/oder Hyaloidgefäße, Mikrophthalmus
P: Gewöhnlich nicht fortschreitend

Keratokonus

H: Selten
B: Kegelförmige Ausbuchtung der Hornhaut
D: Äußere Untersuchung
Ä: Unbekannt

Kolobom

H: Ziemlich selten
B: Fissur in der Iris, Chorioidea oder dem Sehnerven
D: Ophthalmologisch und histologisch
Ä: Unbekannt
N: Kolobom der Chorioidea ist häufig vergesellschaftet mit Kolobom des Sehnerven

Korneadystrophie

H: Sehr selten
R: Manx und andere
D: Ödem der Korneaeigenschicht, Epithelödem, evtl. Blindheit
Ä: Unbekannt, bei Manx erblich

Lagophthalmus

H: Selten
B: Augenlider bedecken die Kornea nicht
D: Lidkolobom oder Hydrophthalmus
Ä: Unbekannt

Leukoma

H: Selten
B: Korneatrübung
D: Streifen der Pupillarmembran sind mit innerer Korneaoberfläche verklebt
Ä: Unbekannt

Megalokornea

H: Selten
B: Große Kornea mit abgeflachter äußerer Oberfläche, meist bilateral
D: Äußere Untersuchung
Ä: Unbekannt

Mikrokornea

H: Selten
B: Vorderabschnitt des Augapfels ist auffallend klein
D: Äußere Untersuchung
Ä: Unbekannt

Mikrophakie

H: Selten
B: Kleine sphärische Linse
D: Ophthalmologisch
Ä: Unbekannt
N: Linsenluxation und -subluxation, Grauer Star

Mikrophthalmus

H: Ziemlich selten
R: Burmakatze und andere

B: Hypoplastischer Augapfel, gewöhnlich beidseitig
D: Augen nur manchmal funktionstüchtig, gelegentlich verschleierte Kornea, Katarakt, abnorme Retina, Nystagmus, abnormer Schluß der Fissura optica
N: Abnormitäten an Kopf und Körper, Entropium

Nystagmus
H: Sehr selten
B: Unwillkürliche beidseitige, horizontale, vertikale, pendelnde oder gemischte Augenbewegungen, arhythmisch und wandernd
D: Klonische Kontraktionen der Augenmuskeln, gewöhnlich in Verbindung mit anderen Augenerkrankungen
N: Störung der Sehfähigkeit, okuläre und vestibuläre Erkrankung

Persistierende Pupillarmembran
H: Ziemlich selten
B: Radiärstreifen als Überreste der Tunica vasculosa lentis liegen auf der Pupille
D: Äußere Untersuchung, Sehfähigkeit gewöhnlich nicht beeinträchtigt
Ä: Gestörte Augenentwicklung während des fetalen und frühen postnatalen Lebens
N: Andere Augenabnormitäten

Progressive Atrophie der Retina
H: Häufig
R: Abessinier-, Perserkatze und andere
B: Degenerative Veränderungen der Retina beider Augen bis zum vollständigen Erblinden
D: Mydriasis, Hyperreflexie des Tapetum lucidum, Fehlen der retinalen Vaskularisation, abnorme Ausbildung der Stäbchen und Zapfen
Ä: Erblich, autosomal dominant bzw. autosomal rezessiv

Retinadegeneration (periphere)
H: Ziemlich selten
R: Perserkatze und halbwilde Katze
B: Mißbildung wird im Alter von 15 Wochen offenbar. Beeinträchtigung des Sehens, dilatierte Pupillen, verstärkter Tapetumreflex
D: Abnahme des Kalibers der Retinagefäße, blasse, kleine Sehnervenpapille. Histologisch: kurze Überreste der Stäbchen und Zapfen. Dünnung der äußere Körnerschicht und der äußeren plexiformen Schicht
Ä: Möglicherweise erblich, autosomal rezessiv

Retinadegeneration (zentrale)
H: Sehr häufig
R: Siamkatze
B: Degenerative Veränderungen in der Area centralis
D: Ophthalmoskopisch bei älteren Katzen: Läsion des temporalen Tapetum lucidum im Bereich der Area centralis. Histologisch: fokale Degeneration in den äußeren Zellschichten
Ä: Möglicherweise erblich

Stenosis der Tränenkanälchen
H: Selten
B: Tränende Augen
D: Aufbringen von fluoreszein-imprägniertem Papier auf die Konjunktiva oder Spülung mit Kochsalzlösung um Durchgängigkeit zu prüfen
Ä: Angeborener membranöser Verschluß der Puncta lacrimalia oder Fehlen des abführenden Tränenapparates

Strabismus
H: Ziemlich häufig
R: Siamkatze
B: Einwärtsrotation eines Auges, während das andere auf ein Objekt fixiert ist. Unkoordinierte Bewegungen der Augenmuskeln
D: Fehlerhafte Stellung der Augenachsen

Symblepharon
H: Selten
B: Verklebung der Bindehaut des Tarsus mit der des Bulbus
D: Äußere Untersuchung
Ä: Unbekannt
N: Mikrophthalmus
T: Kann chirurgisch behoben werden

Zyklopie
H: Selten
B: Fusion beider Augenhöhlen und deren Inhalt
D: Äußere Untersuchung
Ä: Unbekannt
N: Anomalien der Haut und des Gehirns
P: Gewöhnlicherweise tot geboren

Angeborene Taubheit
H: Selten
R: Versch. Rassen mit blauer Iris
B: Gehörlosigkeit, oft bei Tieren mit blauen Augen beobachtet
Ä: Erblich, autosomal dominant

N: Totale Gehörlosigkeit ist bei weißen Katzen mit Langhaarigkeit verbunden

Faltohren

H: Gelegentlich vorkommend
D: Äußere Untersuchung
Ä: Unbekannt. Es wird vermutet, daß Faltohren das Resultat eines heterozygoten Gentyps sind. F. mit Skelettanomalien deuten möglicherweise auf einen homozygoten Gentyp
N: Skelettanomalien im Schwanzbereich und an den Hinterextremitäten, übermäßiges Krallenwachstum

Vier Ohren

H: Selten
B: Beidseitig sind kleine Extraohrmuscheln angelegt. Tiere sind lethargisch
Ä: Einfach autosomal rezessiv
N: Mikrophthalmus, Mikrognathie

VIII. Haut

Amastie

H: Sehr selten
B: Fehlen (in der Regel) eines Mammarkomplexes
Ä. Unbekannt

Epitheliogenesis imperfecta

H: Selten
B: Unvollständige Entwicklung der Oberhaut, lineare Ulzera auf der Zunge
D: Histologisch: Ausdünnen und Verlust des Epithels
Ä: Unbekannt

Haarlosigkeit

H: Selten
R: Sphinx Katze, Mexikanische Katze
B: Spärliche Haare unterschiedlicher Typen und Größen beim erwachsenen Tier, schlecht ausgebildete Haarzwiebeln. Haare können leicht ausgezogen werden. Haut ist abnorm verdickt
D: Wenig Haare bei der Geburt, Verlust der Haare nach zwei Wochen, diese sind nach sechs Wochen wieder nachgewachsen und fallen nach sechs Monaten vollständig aus
Ä: Erblich, autosomal rezessiv

Kutane Asthenie

H: Selten
B: Schwache, fragile Haut, die überelastisch, dünn und leicht verletzbar ist. Haut schält sich schon bei geringsten Verletzungen ab
D: Histologisch: dünne Epidermis und Dermis, irreguläre Kollagenbündel in der Lederhaut
Ä: Erblich, autosomaler dominanter Erbgang, Defekt bei der Bildung kollagener Fasern

Pili torti

H: Sehr selten
B: Diffuser Haarausfall mit rasch fortschreitender Alopezie
D: Licht- und elektronenmikroskopisch ergibt sich eine Rotation des Schafts von Sekundärhaaren um 360°. Die sich entwickelnden Haarfollikel zeigen deutliche Hyperkeratose bzw. Entartung
P: Tod tritt nach spätestens 3 Wochen ein

Polymastie

H: Selten
B: Überzählige Mammarkomplexe mit Zitzen und Milchsekretion
D: Äußere Untersuchung
Ä: Unbekannt

Polythelie

H: Selten
B: Überzählige Zitzen können auf überzähligen Mammarkomplexen oder zu mehreren auf einem Mammarkomplex vorkommen
Ä: Unbekannt
N: Polymastie

„Rex" Mutante

H: Selten
B: Haar der Jungtiere ist gewellt, später wird es wollig, beim Adulten ist es lockig, kurz und plüschartig. Leithaare und Vibrissen fehlen oder sind verändert
D: Äußere Untersuchung
Ä: Erblich, einfach autosomal rezessiv

Strichkanal- und Zitzenzysternenabnormitäten

H: Selten
B: a. Ein oder mehrere Talgdrüsen münden in den Strichkanal. b. Blind endende Zitzenkanäle an der Basis der Zitze. c. Haare und Talgdrüsen treten in den Strichkanal. d. Gemeinsame Öffnung für zwei Strichkanäle
D: Äußere Untersuchung, Histologie
Ä: Unbekannt

IX. Angeborene Hernien

Leistenhernie

H: Ziemlich selten
B: Vorfall von Darmschlingen in dem Leistenkanal
D: Äußere Untersuchung
Ä: Unbekannt

Nabelhernie

H: Ziemlich selten
B: Vorfall von Darmteilen durch die Nabelpforte
Ä: Erbliche Disposition

Zwerchfellhernie

H: Häufig
R: Verschiedene Rassen
B: Angestrengte Atmung, Doppelschlagen der Bauchmuskulatur, Fehlen von Respirationsgeräuschen in einem Teil der Brusthöhle, dumpfe Herztöne
D: Röntgen, Zwerchfell ist nur teilweise oder überhaupt nicht ausgebildet. Ein Teil der Baucheingeweide ist in die Brusthöhle verlagert. Perikardhöhle ist vergrößert
Ä: Erblich, einfach autosomal rezessiv
N: Perikardhernie
T: Kann chirurgisch behoben werden

X. Angeborene Stoffwechseldefekte

Amyloidosis

H: Relativ häufig
R: Abessinier- , Orientkatze
B: Störungen im Proteinmetabolismus
D: Polarisationsmikroskopischer Befund: Amyloideinlagerung (grün) in der Niere, aber auch in Dünndarm, Milz, Herz, Nieren, Pankreas, Leber, Lymphknoten, Harnblase
Ä: Erblich, vermutlich autosomal rezessiv

Gangliosidosis

H: Selten
B: Im Alter von zwei Monaten zeigen die Tiere Lebensschwäche. Inkoordination der Hintergliedmaßen, Dysmetrie, schlechte Gewichtszunahme, leichter Tremor am Kopf und den Gliedmaßen, mit acht Monaten: Quadriplegie, mit einem Jahr: Sehstörungen und Konvulsionen
D: Makroskopisch pathologisch nicht sichtbar. Mikroskopisch: neuronale Degeneration, abnorme Anhäufung von GM1, Gangliosiden in der Großhirnrinde
Ä: Erblich, autosomale rezessive Anlage

Gangliosidosis GM1, GM2

H: Sehr selten
R: Korat -, Siamkatze und andere
B: Speicherung von Gangliosiden im ZNS und gelegentlich in Organen des Magendarmtrakts
D: Lektinfärbemuster der Neurone ist gestört durch fehlende Enzymaktivität (GM1). Typische Speichervakuolen (GM2)
Ä: Erblich, autosomal rezessiv

Hyperlipoproteinemia

H: Selten
R: Verschiedene Rassen
B: Xantome, Gefäßschwäche
D: Lipid- und Zeroidanhäufung in Leber, Niere, Milz, Nebenniere
Ä: Erblich, autosomal rezessiv
T: Fettarme, faserreiche Diät
P: Relativ günstig

Hyperthyroidose

H: Selten
R: Abessinierkatze und andere
B: Anzeichen von Wachstumsstörungen, Zwergwuchs, Lethargie
D: Schilddrüsenfunktionstest, Blutanalyse
Ä: Erblich, autosomal rezessiv
N: Reduzierte Motilität des Magendarmtrakts

Lysosomale Speicherkrankheit

H: Selten
R: U. a. Abessinierkatze
B: Allgemeine neurologische Erscheinungen, deutliche Ataxie, gestörter Richtungssinn, Hepato- und Splenomegalie, Skelettabnormitäten
D: Fehlen von sauren Hydrolasen in Lysosomen. Histologisch: Degeneration kortikaler Neurone
Ä: Erblich, autosomal rezessiv

Mannosidosis

H: Selten
R: Perserkatze
B: Störungen im Mannosestoffwechsel, Tremor, Ataxie, fortschreitende Schwäche
D: Vakuolisierung von Lymphozyten
Ä: Erblich, autosomal rezessiv
T: Versuch einer Knochenmarkstransplantation

Mucopolysaccharidose

H: Relativ häufig
R: Siamkatze
B: Breiter, abgeflachter Gesichtsschädel, abnorme Prozesse am Skelett, Exkretion eines spezifischen Mucopolysaccharides (Dermatansulfat) im Harn
D: Störung im Mucopolysaccharidabbau, Speicherkrankheit, MPS-Granula in von Routineblutausstrichen
Ä: Erblich, autosomal rezessiv
N: Taubheit, Korneatrübung

Porphyrismus

H: Ziemlich selten
B: Bräunliche Verfärbung der Zähne, im Fluoreszenzlicht besonders bei Milchzähnen Rotfärbung
D: Überproduktion von Porphyrinen, welche sich in den Knochen und Zähnen ablagern und im Harn und Kot ausgeschieden werden
Ä: Erblich, einfach autosomal mit variabler Expressivität

XI. Angeborene Doppelmißbildungen

Diprosopus Craniofaciale Duplikation („Doppelgesicht")

H: Selten
R: Burmakatze und andere
B: Von andeutungsweiser Duplikation der vordersten Abschnitte des Splanchnokraniums bis hin zum fast vollständigen Dizephalus, unvollständige Zwillingsbildung
Ä: Ungewisse genetische oder umweltbedingte Faktoren aber auch virusbedingte Ursachen werden diskutiert
N: Zyklopie
P: Tiere sterben kurz nach der Geburt

Mißbildungen der Gesichtsmitte

H: Selten
R: Burmakatze
B: Agenesie aller Derivate des medialen Nasenwulstes (?), lateral Verdoppelung aller Derivate des Oberkieferfortsatzes, Meningoencephalozele, sekundäre Augendegeneration
Ä: Erblich, autosomal rezessiv

Hinterer Zwilling

H: Selten
B: Doppelte Ausbildung des Beckens und der Beckengliedmaßen
Ä: Unvollständige Zwillingsbildung
N: Gaumenspalte, Spina bifida

„Umgedrehte Katze"

H: Selten
B: Alle inneren Organe, die normalerweise rechts liegen, sind in einer linken Position und umgekehrt
D: Autopsiebefund

XII. Chromosomale Abnormitäten

Autosomale Trisomie

H: In einem Fetus
B: Extrachromosom in der D-Gruppe eines fetalen Zwerges
D: Chromosomenanalyse
Ä: Unbekannt. Ein mazerierter Fetus war mit drei normalen Feten gefunden worden. Chromosomale Abnormität hat möglicherweise den fetalen Tod bewirkt

Calico-Katze, männliche Schildpattkatze

H: Häufig
B: Männliche Katzen sind orange und schwarz oder orange, schwarz und weiß gefärbt. Die meisten besitzen ein extra X-Chromosom und sind Chimären, zwei oder mehr Zellinien enthaltend. Einige sind diploid-haploide Chimären
D: Chromosomenanalyse
Ä: a. Fehlendes Crossing over während der Meiose. b. Somatische Chimäre, mit früher embryonaler Fusion von zwei Individuen. c. Crossing over zwischen X- und Y-Chromosom, wobei das Gen „Orange" auf das Y-Chromosom übertragen wird. Fruchtbare männliche Tiere selten (ca. 1 von 3000 Schildpattkatzen)
P: Gewöhnlich unfruchtbar wegen XXY Sexchromosomenkomplement

Chediale-Higashi-Syndrom

H: Selten
B: Abnorme Granulation der Leukozyten
D: Granulozyten, Monozyten, Lymphozyten enthalten große, rundliche Einschlüsse. Große PAS-positive Granula in den renalen Tubuluszellen
Ä: Erblich, autosomal rezessiv
P: Früher Tod durch starke Infektionsneigung

XIII. Hämatologische Abnormitäten

Hämophilie A und B

H: Selten

R: Kurzhaarkatze und andere

B: Anhaltende Blutungen bei Verletzungen oder Operationen

D: Blutungsneigung infolge Fehlens des Gerinnungsfaktors VIII (A) bzw. IX (B)

Ä: Erblich, heterosomal rezessiv, männliche Tiere erkranken, weibliche in der Regel nicht

Pelger-Huet Kernanomalie

H: Selten

B: Unklare respiratorische Erkrankung

D: Histologisch: Im Blutausstrich fällt die Kondensation des nukleären Chromatins auf. Charakteristische Abnahme der Lappung der neutrophilen Granulozyten. Verlust der Segmentation bei allen Granulozyten

Ä: Genetisch bedingter Defekt im Kernaufbau von Granulozyten. Heterozygot, selten homozygot vererbt, einfach autosomal dominant

Literatur

Bewegungsapparat

DAVIES, M., and I. GILL: Congenital patellar luxation in the cat. Vet. Rec. **121,** 474–475, 1987.

FRANCESCO, I. de, A. FASOLA, L. LEONARDI, B. BOCCARDORO, A. R. CALVARI, E. M. RIMOLDI: Aspetti radiographici di alcuni fenomeni di eteromorfismo regionale del rachide nel cane e nel gatto. Boll. Assoc. Ital. Vet. per Picc. Anim. **20,** 113–129, 1981.

JOHNSTON, S. A. , M. L. MOON, R. N. ATKINSON and G. E. EYSTER: Pectus excavatum and left to right intracardiac shunt in a kitten. J. Small Anim. Pract., **34,** 577–581, 1993.

LATIMER, K. S., G. N. ROWLAND and M. B. MAHAFFEY: Pelger-Huet anomaly and chondroplasie in a stillborn kitten. Vet. Path., **25,** 325–328, 1988.

MALIK, R., K. MEPSTEAD, F. YANG and C. HARPER: Hereditary myopathy of Devon Rex cats. J. Small Anim. Pract. **34,** 539–546, 1993.

SHIRES, P. K., D. R. WALDRON and J. PAYNE: Pectus excavatum in three kittens. J. Am. Anim. Hosp. Ass. **24,** 203–208, 1988.

Verdauungsapparat

HARVEY, C. E.: Palate defects in dogs and cats. Comp. Cont. Educ. Pract. Vet. **9,** 404–420, 1987.

Harnapparat

HOLT, P. E., and C. GIBBS: Congenital urinary incontinence in cats: a review of 19 cases. Vet. Rec. **5,** 437–442, 1992.

KUZMA, A. B., and D. L. HOLMBERG: Ectopic ureter in a cat. Canad. Vet. J., 29, 59–61, 1988.

Herz und Kreislauf

BERGER, B., P. G. WHITING, E. M. BREZNOCK, R. BRUHLUDAY and P. F. MOORE: Congenital feline portosystemic shunts. J. Am. Vet. Med. Ass. **188,** 517–521, 1986.

HAWE, R. S., and D. S. WILSON: Septal defect in a cat. Feline Pract. **11,** 44–47, 1981.

GOODWIN, J.-K., R. C. COOPER JR. and W. J. WEBER: The medical management of pets with congenital heart defects. Vet. Med. 670–675, 1992.

GREVEL, V., S. SCHMITT, L. LETTOW, P. F. SUTER und G. U. SCHMIDT: Der angeborene portosystemische Shunt bei Hund und Katze. Tierärztl. Praxis **15,** 77–92 und 185–194, 1987.

LITTLEWOOD, J. D.: Inherited bleeding disorders of dogs and cats. Heredity and Disease in dogs and cats. Proc. Symp. 16–19, 1988.

LUI, S. K., and B. BROWN: Malformation of mitral valve complex associated with cardiac dysfunction in 120 cats. Lab. Invest. 58, 56A, 1988.

MARTIN, R. A., and L. E. FREEMAN: Identification and surgical management of portosystemic shunts in the dog and cat. Sem. Vet. Med. and Surg. (Small Animal) **11,** 302–306, 1987.

PAASCH, L. H., and B. C. ZOOK: The pathogenesis of endocardial fibroelastosis in Burmese cats. Lab. Invest. 42, 197-204, 1980.

ROCHAT, M. C., J. C. LATTIMER, M. A. MILLER, GF. M. CONSTANTINESCU and E. L. SETTLES: Multiple cardiac anomalies in a cat. J. Am. Vet. Med. Ass. **201,** 7, 1049–1052, 1992.

SHINODA, T.: Pulmonary arterial stenosis and ventricular septal defect in cats. J. Jap. Vet. Med. Ass. **31,** 400–404, 1978.

Zentralnervensystem und Sinnesorgane

ANDERSON, R. E., M. E. MAUDE, S. E. G. NILSON and K. NARFSTRÖM: Plasma lipid abnormalities in the Abyssinian cat with a hereditary rod-cone degeneration. Exp. Eye Res. **53,** 415–417, 1991.

BEDFORD, P. G. C.: Control of inherited retinal degeneration in dogs and cats in the United Kingdom. J. Small Anim. Pract., **30,** 172–177, 1989.

BROWN, A., R. MUNGER and R. L. PFEIFFER: Congenital glaucoma and iridoschisis in a Siamese cat. Vet. Comp. Ophthalmol. **4,** 3, 121–124, 1994.

CURTIS, R., K. C. BARNETT and A. LEON: An earlyonset retinal distrophy with dominant inheritence in the Abyssinian cat. Clinical and pathological findings. Invest Ophthalmol. and Vis. Sci. **28,** 131–139, 1987.

DELACK, J. B.: Hereditary deafness in the white cat. Comp. Cont. Educ. Pract. Vet. **6,** 609–617, 1984.

DUNNET, R. L.: Microphthalmia in cats. New Zealand Vet. J. **29,** 38–39, 1981.

HARRISON, R. V., S. G. STANTON, D. IBRAHIM, A. NAGASAWA and R. J. MOUNT: Neonatal cochlear hearing loss results in developmental abnormalities of the central audiotory pathways. Acta Otolaryngol. (Stockh.) **113,** 296–302, 1993.

JACOBSON, S. G., C. M. KEMP, K. NARFSTRÖM and S. E. G. NILSON: Rhodopsin levels and rod-mediated function in Abyssinian cats with hereditary retinal degeneration. Exp. Eye Res. **49,** 843–852, 1989.

KOCH, S. A.: Congenital ophthalmic abnormalities in the Burmese cat. JAVMA **174,** 90–91, 1977.

LUTTGEN, P. J.: Deafness in the dog and cat. Ear Nose Throat **14,** 5, 981–989, 1994.

LÜLECI, G., G. BACCI, M. KIRVAN, E. LÜLECI, S. BEKTAS and S. BASARAN: A hereditary bisatellite-dicentric supernumerary chromosome in a case of Cat-eye Syndrome. Hereditas **111,** 7–10, 1989.

NARFSTRÖM, K., and S. E. NILSON: Morphological findings during retinal development and maturation in hereditary rod-cone degeneration in Abyssinian cats. Exp. Eye Res. **49,** 611–628, 1989.

MOREAU, P. M., J. M. VALLAT, J. HUGON, M. J. LEBOUTET and M. VANDEVELDE: Peripheral and central distal axonopathy of suspected inherited origin in Birman cats. Acta neuropath. **82,** 243–246, 1991.

RUBIN, L. F.: Hereditary cataract in Himalayan cats. Feline Pract. **16,** 14–15, 1986.

SEVERIN, G. A., and J. D. LAVACH: Congenital and hereditary diseases of the canine and feline eye. Curr. Vet. Therapy VI. Small Anim. Pract. 661–667, 1977.

SPONENBERG, D. P., and E. GRAFWEBSTER: Hereditary meningoencephalocele in Burmese cats. J. Heredity, **77,** 60, 1986.

Haut

COULTER, D. B., C. L. MARTIN, T. P. ALVARADO: A cat whith white fur and blue eyes. Calif. Veterinarian **34,** 11–14, 1980.

GEARY, M. R., and K. P. BAKER: The occurence of pili torti in a litter of kittens in England. J. Small Anim. Pract. **27,** 85–88, 1986.

HENDYUIBBS, P. M.: Hairless cats in Great Britain. J. Heredity **75,** 506–507, 1984.

PATTERSON, D. F., and R. R. MINOR: Hereditary, fragility and hyperextensibility of the skin of cats. Lab. Invest. **37,** 170–179, 1977.

Angeborene Stoffwechseldefekte

ALROY, J., V. GOYAL and C. D. WARREN: Lectin histochemistry of Gangliosidosis. I. Neural tissue in four mammalian species. Acta Neuropath. **76,** 109–114, 1988.

BAKER, H. J.: Inherited metabolic disorders of the nervous system in dogs and cats. Curr. Vet. Therapy VI. Small Anim. Pract. 868–870, 1977.

BLAND VAN DEN BERG, P., M. K. BAKER and A. L. LANGE: A suspected lysosomal storage disease in Abyssinian cats. Part I: Genetic and clinical pathologic aspects. J. South Afric. Vet. Ass. **48,** 195–199, 1977.

DIBARTOLA, S. P., M. J. TARR and M. D. BENSON: Tissue Distribution of amyloid deposits in Abyssinian cats with familial amyloidosis. J. Comp. Path. **96,** 387–389, 1986.

EVANS, R. J.: Lysosomal storage diseases in dogs and cats. Heredity and Disease in dogs and cats. Proc. Symp. 20–26, 1988.

HARVEY, J. W., M. DAHL, M. E. HIGH: Methemoglobin reductase deficiency in a cat. JAVMA, **205,** 9, 1290–1291, November 1994.

MAENHOUT, T., J. A. KINT, G. DACREMONT, R. DUCATELLE, J. G. LEROY, J. K. HOORENS: Mannosidosis in a litter of Persian cats. Vet. Rec. **122,** 351–354, 1988.

PATTERSON, D. F.: Die Genetik in der Kleintiermedizin: Neue Erkenntnisse über erbliche Erkrankungen des Stoffwechsels und angeborene Mißbildungen bei Hund und Katze. Der Prakt. Tierarzt **12,** 1061–1081, 1977.

PATTERSON, D. F.: Genetik in der Kleintiermedizin. Neue Erkenntnisse über erbliche Stoffwechselstörungen und kongenitale Mißbildungen bei Hunden und Katzen. Kleintierpraxis **25,** 104–106, 1980.

PATTERSON, D. F.: Hereditary defects in metabolism. Proc. Netherlds. Small Anim. Vet. Ass. **1,** 112–116, 1981.

SCHALM, O. W.: Mucopolysaccharidosis. Can. Pract. **4,** 30–31, 1977.

Angeborene Doppelmißbildungen

SEKELES, E., D. C. AHARON and U. FASS: Craniofacial duplication (Diprosopus) in the catcase report and review of the literature. Z.blatt Vet. Med. A, **32,** 226–233, 1985.

CAMON, J., J. RUBERTE and G. ORDONEZ: Diprosopia in a cat. J. Vet. Med. A **37,** 278–284, 1990.

Chromosomale Abnormitäten

LONG, S. E.: A 37 XO chromosome complement in a kitten. J. Small Anim. Pract. **21,** 627–631, 1980.

MERTON, D. A.: Selective breeding in the dog and cat. Part II: Known and suspected genetic diseases. The Comp. Cont. Educ. for the Pract. Vet. **4,** 323–356, 1982.

PATTERSON, D. F.: Genetic diseases of dog and cat – general principles. Proc. Netherlds. Small Anim. Vet. Ass. **1,** 99–111, 1981.

WENGER, D. A., M. SATTLER, T. KUDOH, S. P. SNYDER, R. S. KINGSTON: Niemann-Pick disease: genetic model in Siamese cats. Science **208,** 1472–1473, 1980.

WILLER, S., und H. WILLER: Genorte und Allele mit pathologischer Wirkung oder Nebenwirkung bei der Hauskatze (Übersichtsreferat). Mon.h. Vet. Med., **41,** 781–785, 1986.

Hämatologische Abnormitäten

GIGER, U., J. BÜCHELER, M. B. CALLAN, M. CASAL, M. GRIOT-WENK: Feline neonatale Isoerythrolyse und Transfusionsreaktionen. Kleintierpraxis **38,** 715–720, 1993.

WEBER, S. E., D. E. EVANS and B. F. FELDMAN: Pelger-Huet anomaly of granulocytic leucocyte in two feline littermates. Feline Pract. **11,** 1 44–47, 1981.

Allgemeines

GIGER, U., M. E. HASKINS: Inherited Disorders, in J. R. AUGUST, Diplomate: Consultations in Feline Internal Medicine 2, W. B. Saunders Company Philadelphia, 1994.

DE FOREST, M. E., and P. K. BASRUR: Malformation and the Manx Syndrome in cats. Can. Vet. J. **20,** 304–314, 1979.

EDNEY, A. T. B.: Hereditary and disease in dogs and cats. Proceedings of a symposium held jointly by BSAV and BAV Animal Welfare Foundation in liaison with the Kennel Club, 1992.

FREEMAN, L. J., G. A. HEGREBERG and J. D. ROBINETTE: Ehlers-Danlos syndrome in dogs and cats. Sem. Vet. Med. and Surg. (Small Animal) **11,** 221–227, 1987.

GOODWIN, J.-K., and R. C. COOPER: Understanding in the pathophysiology of genital heart defects. Vet. Med. **6,** 650–668, 1992.

SINOWATZ, F., I. RÜSSE: Mißbildungen, in: Lehrbuch der Embryologie der Haustiere. 419–460, Paul Parey, Berlin, 1991.

SAPERSTEIN, G., S. HARRIS, H. W. LEIPOLD: Congenital defects in domestic cats. A special reference for practitioners. Feline Pract., **6,** 18–27, 1976.

SAPERSTEIN, G., S. HARRIS, H. W. LEIPOLD: Congenital defects in domestic cats. A special reference for practitioners. Published for Ralston Purina by Veterinary Publishing Co., 1978.

WEGNER, W.: Tierschutzrelevante Erbmängel bei Hunden und Katzen. Tierärztl. Praxis **7,** 361–366, 1979.

WEGNER, W.: Defekte und Dispositionen. Tierärztl. Umsch. **34,** 55–60, 1979.

Krankheiten im Alter

Von W. Kraft

Raum für Notizen

Krankheiten im Alter

Die Geriatrie oder Lehre von den Krankheiten im Alter steckt bei den Haustieren noch in den Anfangsstadien. Sie besteht noch immer weitgehend aus Vermutungen, Unbewiesenem, Gemeinplätzen und vorschnellem Analogisieren vom Menschen auf die Tiere. Es wurden so wenige wissenschaftlich fundierte Untersuchungen durchgeführt, daß noch nicht einmal die Gelegenheit zu gröberen mathematisch-statistischen Irrtümern und Fehlinterpretationen genutzt wurde.

Das Altern eines Individuums ist ein komplexer biologischer, aber nicht krankhafter Prozeß, der mit einer Verminderung der Anpassungsfähigkeit auf innere und äußere Belastungen und einer stärkeren Empfänglichkeit gegenüber Krankheiten, die schließlich zum Tod führen können, einhergeht. Die Veränderungen im Alter gehen auf eine quantitative Veränderung der Körpermasse zurück. Diese quantitative Verminderung führt zu Funktionsbeschränkungen. Die Funktionsbeschränkungen ziehen zunehmende qualitative Beeinträchtigungen der Lebensäußerungen nach sich. Terminal werden die Funktionen des Organismus so weit eingeschränkt, daß die Beeinträchtigungen nicht mehr mit dem Leben vereinbar sind. Damit tritt der Tod ein.

Zusammenfassend kann also gesagt werden, daß Alter per se ist keine Krankheit, sondern eine physiologische Entwicklung ist. Hieraus folgt, daß Alter als solches nicht behandlungsfähig ist. Behandelt werden können Krankheiten im Alter. Bisher kann das Altern eines Individuums nicht hinausgezögert werden. Dagegen kann die individuelle Lebensspanne durch die Behandlung von Krankheiten, die sie andernfalls verkürzt hätten, besser ausgeschöpft werden. Das für ein Individuum erreichbare Alter ist genetisch festgelegt. In den meisten Fällen wird das genetisch mögliche Lebensalter jedoch nicht erreicht; vielmehr wird das Leben durch äußere und innere Einflüsse verkürzt.

Welches sind diese Einflüsse? Einen oft entscheidenden Einfluß auf eine Verkürzung der Lebensdauer haben gerade Krankheiten. Das Lebensalter wird darüber hinaus erheblich von der Lebensweise und den Haltungsumständen, von den Ernährungsbedingungen und vom Ernährungszustand beeinflußt: „Freiläufer“ haben eine kürzere Lebenserwartung als „Haustiere“; Adipositas verkürzt die Lebenserwartung. Auch die Kastration soll die Lebenserwartung beeinflussen: Kastraten sollen länger leben als intakte Tiere.

Hieraus läßt sich ableiten, daß die genetisch vorgegebene Lebensspanne

- durch optimale Ernährung
- durch optimale Haltung
- durch optimale Krankheitsprophylaxe
- durch optimale Krankheitsbehandlung

so weit wie möglich ausgeschöpft werden kann.

Welche Veränderungen treten im Alter auf? Das Altern eines Individuums hat eine zunehmende Gewebeinvolution zur Folge. Daraus resultiert eine Abnahme der Körpermasse, wobei lediglich das Fettgewebe eine Ausnahme macht, indem es zur Vermehrung neigt. Besonders die Abnahme des Bindegewebes und seiner Belastbarkeit ist auffällig. Darüber hinaus wird ein Verlust von Nervenzellen und von Muskelzellen beobachtet. Die Verletzungsgefahr von Geweben ist erhöht, ebenso die Streßanfälligkeit. Diese Gewebeinvolution führt zu einer Verlangsamung des Stoffwechsels, zu verminderter Durchblutung, herabgesetzter Leistungs- und Regenerationsfähigkeit. Eine **altersabhängige qualitative Änderung der physiologischen und biochemischen Vorgänge** besteht nicht. Die Veränderungen im Alter gehen auf eine **quantitative Veränderung** der Körpermasse zurück. Diese quantitative Verminderung führt zu Funktionsbeschränkungen. Die Funktionsbeschränkungen ziehen aber **zunehmende qualitative Beeinträchtigungen der Lebensäußerungen** nach sich.

Im Alter eines Individuums können eindeutig mehr Krankheiten diagnostiziert werden als bei jüngeren Tieren (Abb. 1). Ihre Häufung ist zunächst auf die verminderte Adaptationsfähigkeit älterer Individuen zurückzuführen. Diese Multimorbidität im Alter kann auf drei Ursachengruppen zurückgeführt werden:

- Krankheiten, die in jedem Alter auftreten können;
- Krankheiten, die vorzugsweise im Alter auftreten;
- Krankheiten, die in jüngeren Lebensabschnitten auftreten, nicht ausgeheilt, also chronisch geworden sind, gewissermaßen mit dem Patienten „alt geworden“ sind.

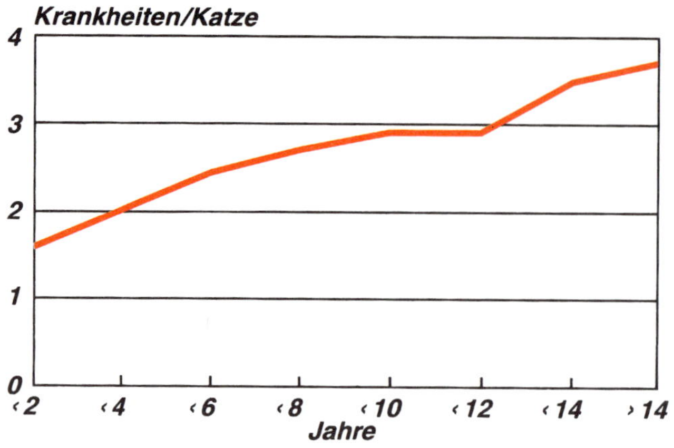

Abb. 1: Die Multimorbiditätsrate steigt bei der Katze mit dem Alter wie beim Hund an, allerdings weniger stark (nach TRIMBORN, 1990).

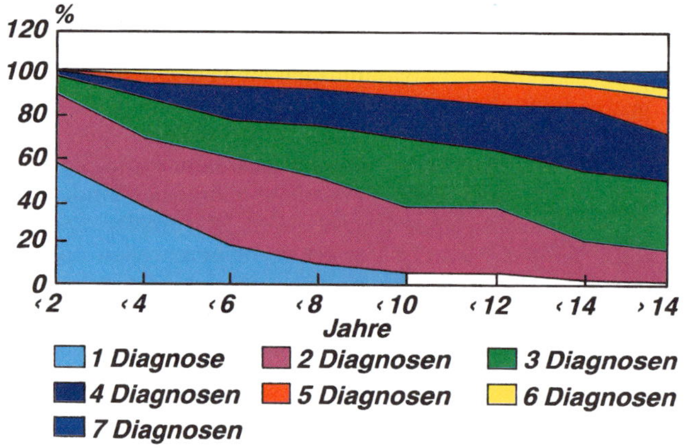

Abb. 2: Anzahl der Krankheiten mit zunehmendem Alter.

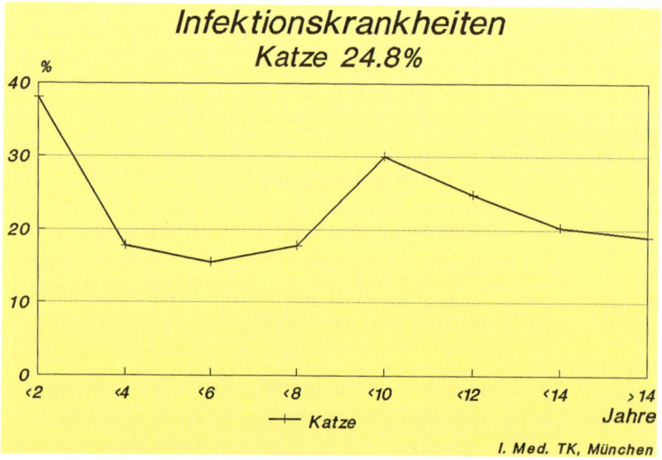

Abb. 3a: Infektionskrankheiten haben nach einem Maximum im Welpen- und jugendlichen Alter ein Maximum zwischen 9 und 10 Jahren.

Von der Altersmultimorbidität als Häufung voneinander unabhängiger Krankheiten muß die Häufung abhängiger Krankheiten im Alter unterschieden werden. Hierunter werden Krankheiten verschiedener Organe und Gewebe als sekundäre Folge einer Grundkrankheit verstanden. Als Beispiel des Auftretens mehrerer Krankheiten im Alter seien folgende zufällige Kombinationen von Krankheiten genannt, die voneinander unabhängig auftreten können:

- Hypertrophische Kardiomyopathie
- Otitis externa chronica
- Stomatitis/Gingivitis
- Zystitis

Dagegen seien als Beispiel abhängiger Krankheiten folgende erwähnt:

- Hyperthyreose
  - hypertrophische Myokardiopathie
  - hochgradige Inanition
  - Hepatopathie

Während im ersten Beispiel eine echte Multimorbidität vorliegt, handelt es sich im zweiten um eine Grundkrankheit, eben die Hyperthyreose, die eine Reihe von Folgekrankheiten nach sich gezogen hat, also die hypertrophische Myokardiopathie, die Abmagerung und die Hepatopathie. Im Falle der Multimorbidität müssen alle Krankheiten nebeneinander behandelt werden – im Falle der Hyperthyreose heilen die Folgekrankheiten ab, wenn die Stoffwechselentgleisung erfolgreich behandelt wird.

Die Unterscheidung ist schon deshalb wichtig, weil durch die Verminderung der Rezeptoren im Alter eine höhere Arzneimitteldosierung vorgenommen werden muß, andererseits aber eine verstärkte Tendenz zu Arzneimittelnebenwirkungen besteht, insbesondere wenn mehrere Wirkstoffe nebeneinander gegeben werden.

Die Veränderung der Pharmakokinetik hat daher einige Konsequenzen.

Beachtet werden müssen:

- verminderte Resorptionsfähigkeit
- verlangsamte Biotransformation
- verminderte Detoxifizierung
- verlangsamte Ausscheidung
- verminderte Wirksamkeit (Abnahme der Rezeptoren)
- erhöhte Nebenwirkungen

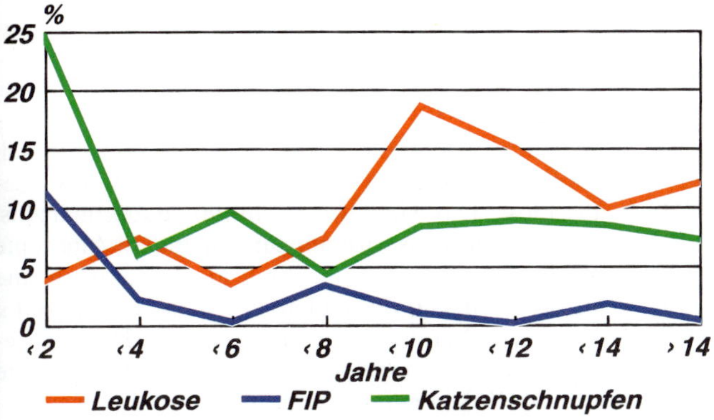

Abb. 3b: Das Maximum der Infektionskrankheiten im Alter von 9 und 10 Jahren ist hauptsächlich auf den Leukosekomplex einschl. leukoseassoziierter Krankheiten zurückzuführen.

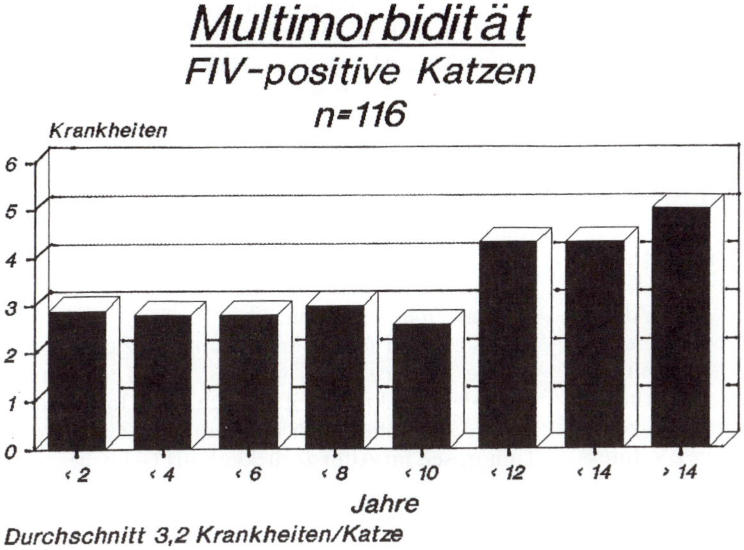

Abb. 3c: Anzahl von Begleitkrankheiten (Multimorbidität) in einer Population von 116 FIV-infizierten Katzen (nach HARTMANN und HINZE, 1991). Die Zahl der Krankheiten ist mit durchschnittlich 3,2 Krankheiten pro Katze fast in jeder Altersgruppe höher als bei nicht-FIV-infizierten Katzen (Abb. 3d). Die Zahl der Krankheiten bleibt bis zum 10. Lebensjahr etwa gleich und steigt danach deutlich an.

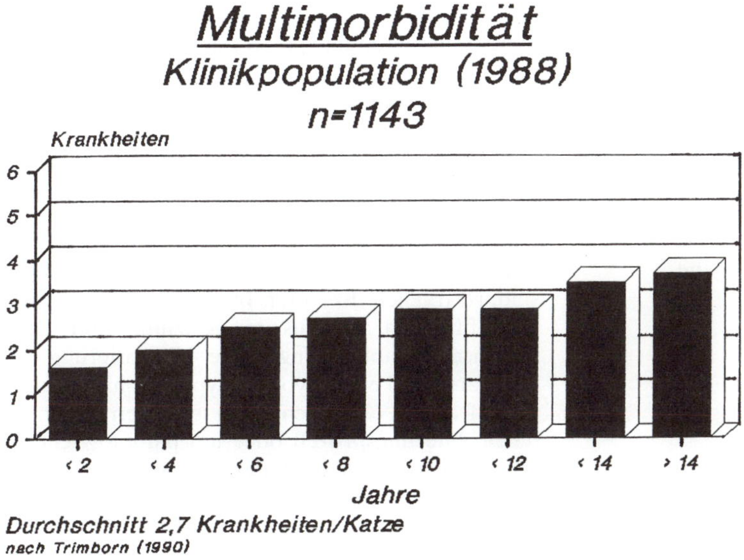

Abb. 3d: Anzahl der Krankheiten in einer nicht mit dem FIV infizierten Population von 1143 Katzen (nach TRIMBORN, 1990). Mit durchschnittlich 2,7 Krankheiten pro Katze ist die Krankheitsrate geringer als bei FIV-infizierten Tieren. Die durchschnittliche Krankheitszahl steigt kontinuierlich bis ins hohe Alter an, erreicht aber nicht so hohe Werte wie bei FIV-infizierten Katzen.

Die Alterungsprozesse betreffen jedes Organsystem, allerdings in unterschiedlicher, auch individuell verschiedener Weise. Untersuchungen von BEELITZ (1988) und TRIMBORN (1990) zeigten, daß auch die Katze insgesamt eine Häufung von Krankheiten im Alter erleidet. Allerdings ist die Zahl der Krankheiten im Alter bei der Katze nicht ganz so hoch wie beim Hund (KRAFT u. M., 1990). In einer früheren eigenen Untersuchung wurden bei alten Katzen bis zu sieben Diagnosen gestellt (Abb. 2). Auch setzt die Multimorbidität später als beim Hund ein und nimmt langsamer zu. Möglicherweise spielt hier auch die Körpergröße eine Rolle, die bei der Katze noch recht einheitlich ist, während die unterschiedliche Körpergröße beim Hund besonders bei den Riesenrassen zu früherer Senilität und höherer Krankheitsbereitschaft führt (GOLDSTONE, 1989; PAULING, 1989; KRAFT, 1995). Viele Katzen können – im Gegensatz zu den weitaus meisten Hunden, insbesondere der größeren Rassen – bis ins höchste Alter voll leistungsfähig bleiben. Zwanzigjährige und ältere zeigen nicht selten keinerlei Anzeichen von Senilität.

Allerdings werden auch bei der Katze mit zunehmendem Alter vermehrt chronische Krankheiten festgestellt. Sie sind die „Grundlage" der Altersmultimorbidität. Hinzu kommen einige akute Krankheiten, die offensichtlich durch die verminderte Immunabwehr und die chronischen Krankheiten begünstigt werden. Eine nicht zu unterschätzende Rolle spielen dabei aber auch FIV- und FeLV-Infektionen.

Vorwiegend im Alter treten nach Trimborn (1990) folgende Krankheiten vermehrt auf:

- Tumoröse Formen der Leukose
- FIV-assoziierte Krankheiten
- nichtentzündliche Hautkrankheiten
- hypertrophische Kardiomyopathien
- chronische Krankheiten des Respirationstrakts
- Krankheiten im Bereich der Mundhöhle
- chronische Krankheiten des Gastrointestinaltrakts
- chronische Krankheiten der Harnorgane
- Krankheiten der Augen
- Endokrinopathien (überwiegend Diabetes mellitus)
- Tumorosen
- Krankheiten des Bewegungsapparates
- Adipositas unterschiedlicher Genese

Die Aufstellung zeigt, daß nahezu alle Organsysteme betroffen sind, wenn auch nicht im gleichen Ausmaß wie beim Hund.

Involutionserscheinungen an den einzelnen Organen:

Haarkleid, Haut

Die zu beobachtenden Alterszeichen werden durch hormonelle, nutritive, hypoxische Veränderungen ausgelöst. Das Haar wird schütter, dünn, glanzlos, depigmentiert. Es wird mit zunehmendem Alter eine Epidermisatrophie beobachtet, so daß nur noch eine bis drei Zellagen übrig bleiben. Da aber gleichzeitig eine Hyperkeratose stattfindet, ist die Haut insgesamt kaum dünner. Durch Elastindefekte und eine erhöhte Kalziumeinlagerung resultiert eine verminderte Elastizität. Die Hautdrüsen (Talgdrüsen) entarten bisweilen zystisch und hyperplastisch, werden zum Teil auch atrophisch, so daß die Talgsekretion vermindert ist, woraus sich die zunehmende Trockenheit der Haut erklären läßt. Die Zirkumanaldrüsen können hyperplastisch, terminal allerdings auch atrophisch werden, ebenso die Violschen Drüse. Durch die Hyperplasie der Violschen Drüsen, des sogenannten Suprakaudalorgans, die bei der Katze linear auf der Schwanzoberseite angeordnet ist, und ihre vermehrte Talgsekretion kommt der „Fettschwanz" zustande, der besonders bei Langhaarkatzen unangenehm ist.

Eine Veränderung der Immunantwort zieht eine verstärkte Tendenz zu chronischen, zum Teil auch akuten Infektionskrankheiten nach sich. Insbesondere wird hierauf aber auch die deutliche Zunahme der Tumorosen im Alter zurückgeführt (Abb. 5).

Herz, Kreislauf

Bei der Katze sind Krankheiten des Herz-Kreislauf-Systems seltener anzutreffen als beim Hund. Dies gilt für jedes Lebensalter. Allerdings nehmen die Herzkrankheiten im späten Alter (bei über 14jährigen Tieren) rasch zu, wie Abb. 6 zeigt. Meist sind dies Krankheiten, die mit Herzhypertrophie und ihren Folgeerscheinungen im Zusammenhang stehen. In Gegenden, in denen die Hyperthyreose eine größere Rolle spielt, sind Herzhypertrophien oft hierauf zurückzuführen.

Ob die für den Menschen geltenden pathophysiologischen Vorgänge auch für die Katze von Bedeutung sind, ist fraglich. Bei alten Individuen kommt durch Fettinfiltration, Lipofuszin-, Kalzium- und Mucopolysaccharidablagerung eine Fibrosierung des Myokards und eine Myokardhypertrophie zustande. Es ist fraglich, ob es sich dabei um einen physiologischen Alterungsprozeß oder um pathologische Erscheinungen handelt. Jedenfalls sind die Folgen Klappenfibrose, hypertrophische Kardiomyopathie, Koronarsklerose, Klappenverdickung, Verminderung des HZV, und es besteht eine Tendenz zu Fre-

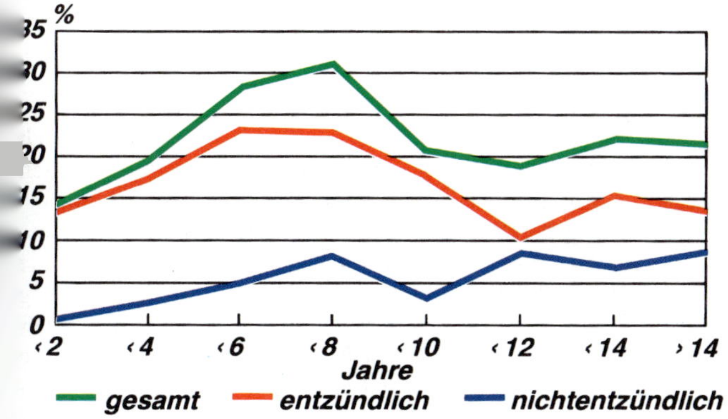

Abb. 5: Anstieg nichtentzündlicher Dermatopathien.

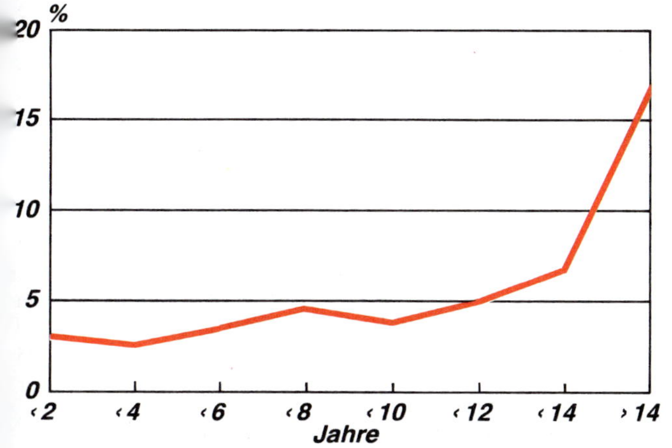

Abb. 6: Steigende Rate der Herzkrankheiten im Alter.

quenzstörungen. Allerdings sind, dies sei noch einmal betont, diese Veränderungen bei der Katze offenbar wesentlich seltener und geringer ausgeprägt als beim Hund. Exakte Untersuchungen fehlen noch.

Am Blutgefäßsystem werden hyaline Verdickungen der Gefäßmedia, Kalziumablagerungen in der Aortenintima, Kollagenvermehrung, Endothelproliferation und Gefäßfibrose beobachtet. Die Folgen sind chronische Hypoxie, Kapillarfragilität und Hyperpermeabilität der Blutgefäße.

Am Lymphsystem wird eine generalisierte Involution des lymphatischen Gewebes mit Verkleinerung der Lymphknoten, der Tonsillen, der Peyerschen Platten und der Milz beobachtet. Hieraus läßt sich unschwer die verminderte Immunabwehr erkennen.

Respirationstrakt

Im Alter wird eine Bindegewebsvermehrung in der Lunge gefunden, die zur Verminderung der elastischen Fasern führen mit der Folge einer Herabsetzung der Alveolarelastizität und der Vitalkapazität. Die Abnahme der Sekretionsleistung führt zur Erhöhung der Sekretviskosität. Ferner wird eine Zilienatrophie beobachtet. Die Folge ist ein verminderter Sauerstoffaustausch mit Hypoxämie und Gewebshypoxie. Dies kann für erhöhte Bereitschaft zu chronischen Krankheiten der Lunge Anlaß geben.

Chronische Entzündungen der Nase, die ursprünglich auf Infektionskrankheiten zurückzuführen sind, werden im Alter außerordentlich häufig gesehen. Sie sind ein therapeutisch oft schlecht lösbares Problem.

Bei der Katze können besonders im Alter Anfälle von Asthma bronchiale angetroffen werden (MOSES und SPAULDING, 1985). Außerdem ist die chronische obstruktive Pneumopathie (COP, COPD) in der Hauptsache eine Alterskrankheit. Während die akuten Krankheiten des Respirationstrakts – mit Ausnahme der Nase – über das ganze Leben etwa gleich bleiben, nehmen chronische Krankheiten ständig zu (Abb. 7). Darüber hinaus werden im tiefen Respirationstrakt die Folgen anderweitiger Grundkrankheiten gesehen (Herzinsuffizienz mit Stauung, Tumormetastasen, Pleuraergüsse bei FIP).

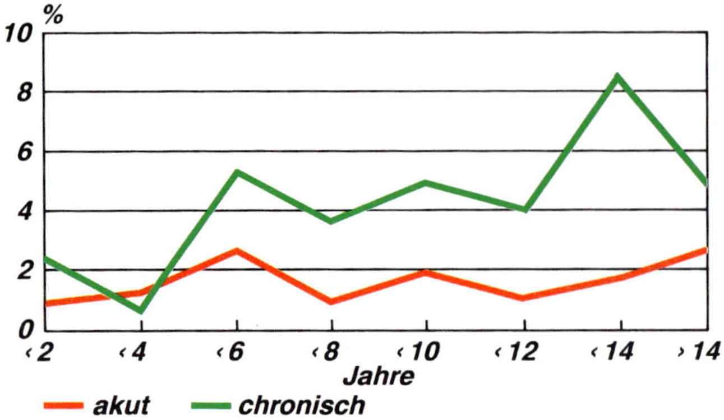

Abb. 7: Zunahme besonders chronische Atemwegserkrankungen.

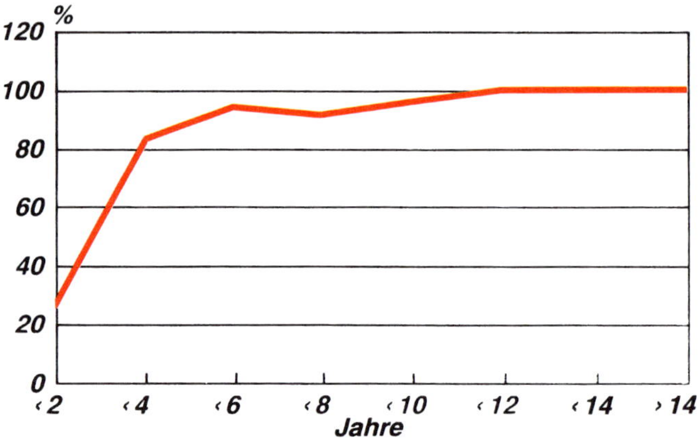

Abb. 8: Krankheiten im Bereich der Mundhöhle erreichen schon in jungen Jahren hohe Raten. Fast alle Katzen über 10 Jahre leiden an Krankheiten im Mundhöhlenbereich.

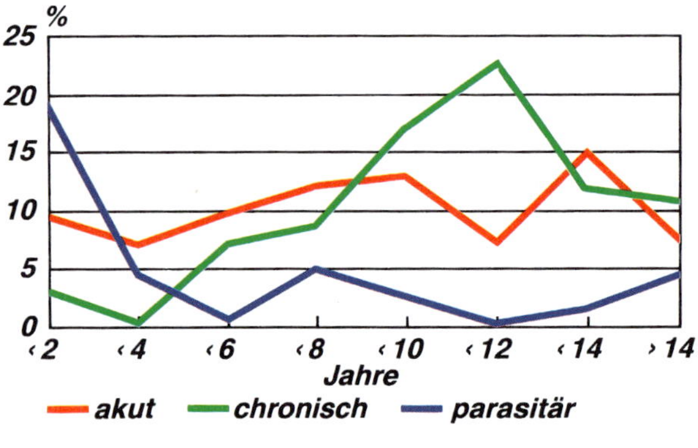

Abb. 9: Zunahme chronischer Gastroenteropathien im Alter von etwa 12 Jahren.

Gastrointestinaltrakt

1. Mundhöhle

Beim Menschen und beim Hund wird eine Involution (Atrophie) der Mundschleimhaut beobachtet. Damit wird eine Eintrittspforte für Krankheitserreger, bakterielle u. a. Toxine geschaffen. Es werden Antikörper gebildet, die sowohl in der Mundhöhle selbst als auch in entfernten Organen zur Wirkung kommen können. In der Mundhöhle wird eine Tendenz zu hyperplastischen Veränderungen festgestellt, die gerade auch bei der Katze sehr häufig zu den Problemen der chronischen entzündlichen, hyperplastischen und ulzerösen Mundschleimhaut-

krankheiten führen. Sie werden chronischen Infektionen durch Caliciviren angelastet.
Außerdem tritt im Alter eine Tendenz zur Demineralisation der Zähne ein. Die Folgen sind Karies, Fisteln und Zahnverluste sowie die stomatitischen Folgeerscheinungen.
Ein außerordentlich häufiger Befund alter Katzen ist der Zahnsteinbefall. Er ist zu einem großen Teil an der Entstehung weiterer Erkrankungen im Bereich der Mundhöhle, wie Zahn- und Zahnfacherkrankungen sowie Stomatitiden, möglicherweise auch an Allgemeinerkrankungen durch Beeinträchtigung der Futteraufnahme und Begünstigung von Immunkrankheiten beteiligt.
Insgesamt sind die Krankheiten der Mundhöhle so zahlreich, daß jenseits des zehnten Lebensjahres fast keine Katze mehr ohne Krankheiten in diesem Bereich angetroffen wird. Da die Folgen oft genug weitreichend sind, ist die Behandlung der Mundhöhlenerkrankung eine Herausforderung an Tierärztin und Tierarzt, zumal diese Krankheiten gut zugänglich, allerdings – nicht zuletzt durch langjährige Verschleppung – recht therapieresistent sind.

2. Magen-Darm

Es ist unklar, ob bei der Katze eine Tendenz zur Atrophie der Magenschleimhaut mit verminderter Sekretion von Magensaft und Veränderungen der Magenwandstrukturen vorhanden ist. Die klinischen Beobachtungen lassen keinerlei Schluß hierauf zu. So ist schon beim Hund die atrophische Gastritis eine Seltenheit. Bei der Katze gibt es hierzu keine umfangreicheren Untersuchungen. Gleiches gilt für den Darm.
Immerhin sind Symptome von seiten des Magen-Darm-Trakts keine Seltenheiten (Abb. 9). Während aber Endoparasitosen besonders häufig bei Jungtieren vorkommen und die akuten Krankheiten über das ganze Leben etwa gleichmäßig verteilt sind, steigen chronische Magen-Darm-Krankheiten bis zum 12. Lebensjahr kontinuierlich an. Danach scheinen sie wieder abzufallen (Abb. 9).

3. Leber, Pankreas

Beim Hund wird mit zunehmendem Alter eine leichte Bindegewebsvermehrung, eine Fetttropfenvermehrung in Hepatozyten, Vermehrung doppelkerniger Hepatozyten, eine Verminderung der Verdauungsenzymsekretion beobachtet. Insgesamt wird eine Verminderung der biotransformatorischen Leistungen der Leber und eine verminderte Sekretionsleistung für Verdauungsenzyme vermutet. Bewiesen ist dies nicht, schon gar nicht für die Katze.
Primäre Hepatopathien und exokrine Pankreopathien gehören bei der Katze zu den Seltenheiten, zumindest werden sie selten diagnostiziert. Hepatopathien können jedoch als Alterskrankheiten bezeichnet werden: Die meisten Fälle treten jenseits des zehnten Lebensjahres auf (Abb. 10).

Harnsystem

Auch hier ist bei der Katze noch vieles unklar. Als Folge der Involutionsvorgänge am Herzen – die jedoch bei der Katze ebenfalls noch der qualitativen und quantitativen Sicherung bedürfen – wird eine Verminderung der Nierendurchblutung angenommen. Außerdem soll es zur Abnahme der Nierenmasse, zur Verdickung der Bowmanschen Kapsel, teilweisen Tubulusatrophie und interkapillären Sklerose kommen. Hieraus resultieren eine Verminderung der glomerulären Filtration mit Abnahme des Primärharns und ein Anstieg der harnpflichtigen Stoffe im Blut (Azotämie). Eine wesentliche Rolle bei Nierenerkrankungen der Katze im Alter dürfte die Glomerulonephritis unter Beteiligung des FeLV spielen.
Tatsache ist, daß die Zahl der Nierenkrankheiten im Alter zunimmt (Abb. 12). Das Maximum wird jenseits des 14. Lebensjahres erreicht (BEELITZ, 1987; TRIMBORN, 1990; KRAFT u. M., 1989).

Nervensystem

Eine Lipofuszinablagerung in Neuronen und Hypoxie führt beim Hund zu Mitochondrienuntergang und Abnahme der Neuronenzahl im Gehirn und im Rückenmark. Hinzu kommt eine Veränderung der Neurotransmitter mit Verminderung der Cholinacetyltransferase bei Erhöhung der Acetylcholinesterase. Eine Verminderung von Serotonin soll zu Verhaltensstörungen führen, die Verminderung der Rezeptorenzahl zur Herabsetzung der Reaktionsfähigkeit (MOSIER, 1989). Ob ähnliche Verhältnisse bei der Katze vorliegen und ob hierauf vielleicht die bei alten Katzen wie auch bei anderen Spezies nicht selten zu beobachtende verminderte Lernfähigkeit und bisweilen anzutreffende „Sturheit" zurückzuführen ist, bleibt unklar.
Im Gefolge anderer Krankheiten, insbesondere des Diabetes mellitus, können Neuropathien auftreten, die zu Lähmungen führen. Bei Polyneuropathien sollte daher auch auf einen Diabetes mellitus untersucht werden.
Das Idiopathische Vestibularsyndrom ist beim Hund eine typische Alterskrankheit; bei der Katze kann es in jedem Alter auftreten.
Das Nervensystem kann bei zahlreichen anderen Krankheiten, die besonders im Alter vorkommen, sekundär betroffen sein. Dies sind neben Stoffwechselkrankheiten besonders Hepatopathien (Hepatoenzephales Syndrom), Nephropathien (Urämie),

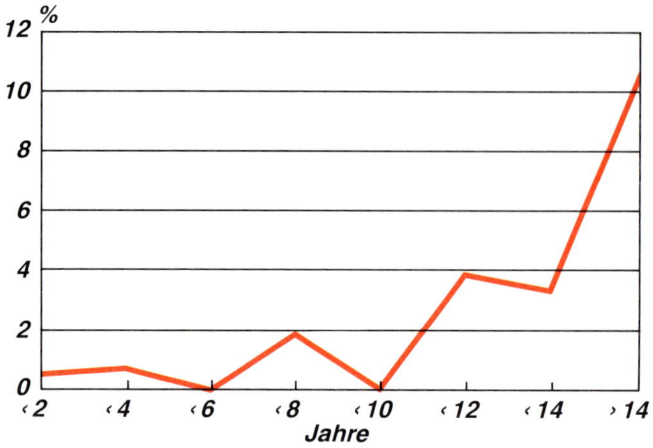

Abb. 10: Hepatopathien sind hauptsächlich Alterskrankheiten.

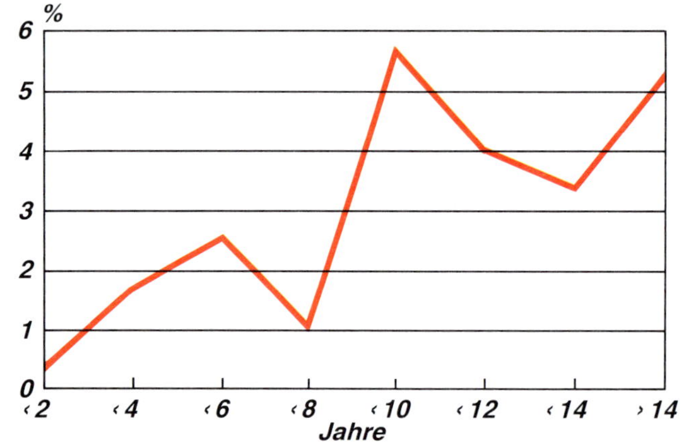

Abb. 11: Harnwegserkrankungen nehmen mit steigendem Alter stark zu.

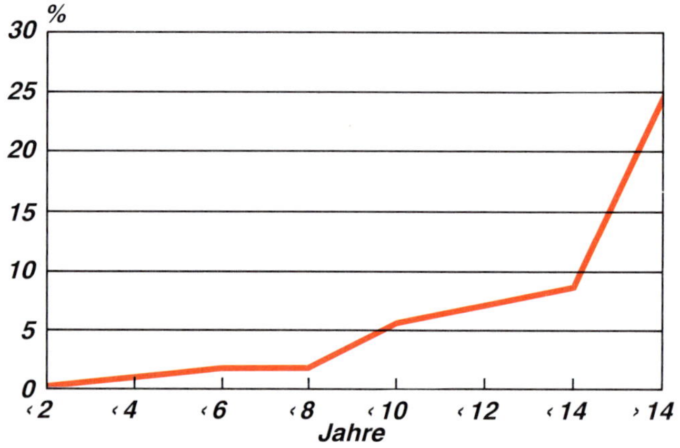

Abb. 12: Anstieg chronischer Nephropathien mit einem Maximum jenseits von 14 Jahren.

Kardiopathien und Pulmopathien (Hypoxie). Außerdem werden mit zunehmendem Alter vermehrt die Folgen von Infektionskrankheiten (FeLV, FIV, Coronavirose) beobachtet.

Muskulatur, Skelettsystem

In der Muskulatur älterer Individuen wird vermehrt Bindegewebe gefunden, während die Muskelfasern eine Verminderung erfahren. Ebenso wird eine Abnahme der Sensitivität gegenüber ATP und der Energie-Utilisation beobachtet. Am Knochen wird die Kortex dünner, aber dichter und durch verminderte Kalziumverfügbarkeit. Am Gelenkknorpel führt eine verminderte Synthese von Mucopolysac-

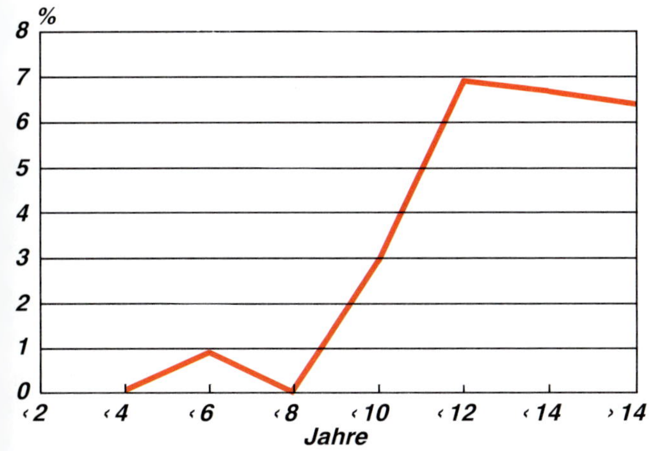

Abb. 13: Die im Alter gehäuft auftretenden endokrinen Krankheiten beziehen sich in Mitteleuropa fast ausschließlich auf den Diabetes mellitus.

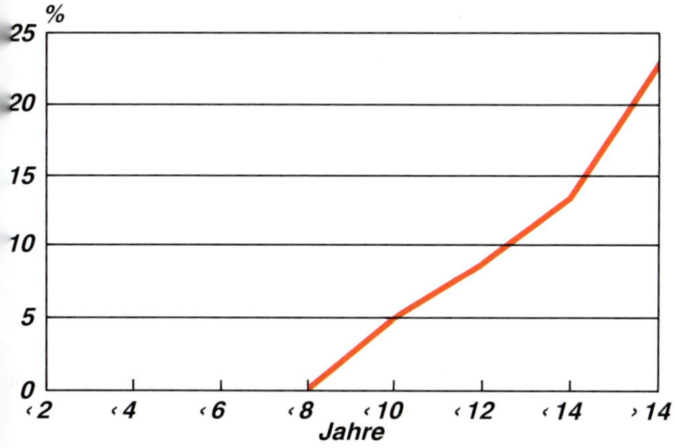

Abb. 14: Turmorosen jeglicher Art können als (fast) reine Alterskrankheiten bezeichnet werden.

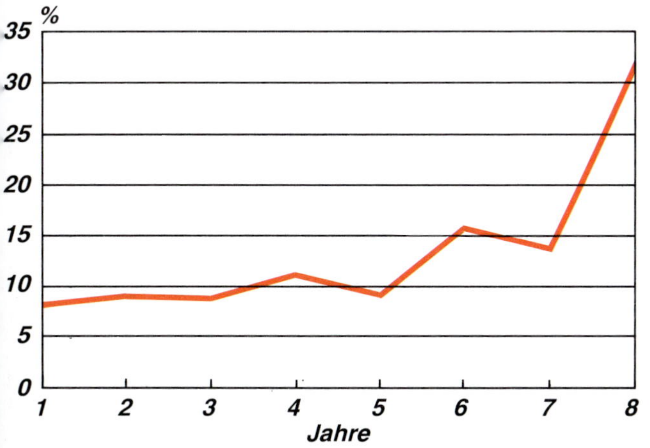

Abb. 15: Augenkrankheiten zeigen einen deutlichen Anstieg im Alter.

chariden und Chondroitinsulfat zu einer Schwächung der Elastizität und Festigkeit.

Endokrines System

Die Krankeiten endokriner Organe werden auch bei der Katze fast ausschließlich bei Tieren mittleren und höheren Alters festgestellt (Abb. 13). Während aber beim Hund zahlreiche endokrine Organe betroffen sind, sind die Endokrinopathien der Katze in unseren Breiten fast ausschließlich auf den Diabetes mellitus beschränkt. Während in Amerika die Hyperthyreosen außerordentlich häufig geworden sind, bewegen sie sich bei uns noch immer im Promillebereich der gesamten klinischen Fälle.

Sinnesorgane

Die beim Hund so häufigen Katarakte gehören bei der Katze zu den Ausnahmen. Augenkrankheiten im Alter sind dagegen häufiger Ergebnisse von Verletzungen oder Infektionskrankheiten. Daneben werden häufig Erkrankungen der Konjunktiven in Form von Entzündungen beobachtet.
Auch die Schwerhörigkeit, beim Hund durch Kapillarfibrose des Innenohrs und Gangliendegeneration hervorgerufen, gehört bei der Katze zu den Seltenheiten.
Welche Einflußmöglichkeiten haben Tierärztin und Tierarzt?
Wichtig sind Vorsorgemaßnahmen, die dem Besitzer nahegebracht werden müssen.

Dies sind besonders:

- angemessene Fütterung
- angemessene Bewegung
- regelmäßige Impfung
- regelmäßige Vorsorgeuntersuchungen

• Ziel einer angemessenen Fütterung:

- Erhaltung des optimalen Körpergewichts
- Erhaltung der Leistungsfähigkeit
- Verhinderung/Verzögerung von Krankheiten
- diätetische Beeinflussung von Krankheiten

Was muß eine „angemessene Fütterung" im Alter berücksichtigen? Es muß betont werden, daß die Untersuchungen bei der Katze noch nicht so weit gediehen sind wie beim Hund oder gar beim Menschen. Einige generelle Grundsätze dürften aber auch bei dieser Tierart gelten. Weiteres siehe Kapitel „Ernährung und Diätetik".

- Die alte Katze hat ein geringeres Bewegungsbedürfnis; hieraus folgt ein geringerer Energiebedarf (bis 20 %); allerdings bestehen gerade bei der Katze erhebliche individuelle und auch Rasseunterschiede, wie man sich unschwer an der Gegenüberstellung der oft bis ins hohe Alter äußerst lebhaften Siamkatze und der vielfach schon früh bewegungsunlustig werdenden Perserkatze vergegenwärtigen kann.
- Hinzu kommt eine hormonelle Umstellung, die aber wiederum bei der Katze weniger ausgeprägt zu sein scheint als beim Hund. Daraus kann sich eine Gewichtszunahme ergeben, die eine Futterreduktion nötig macht, andernfalls Adipositas die Folge wäre.
- Der Energiebedarf nimmt ab, der Proteinbedarf zu. Die Gewebe speichern weniger Protein; es wird daher mehr Protein benötigt.
- Die Bedarfsdeckung erfolgt nicht durch wesentlich mehr, sondern durch hochwertiges Protein.

Tabelle 1: Biologische Wertigkeit von Futtereiweiß (nach H. MEYER)

Protein	BW
Laktalbumin	100
Eiklar	96 – 98
Serumprotein	80
Kasein	73 – 82
Rindfleisch	66 – 77
Kükeneingeweide	77
Sojaprotein	39

Grundsätze der Fütterung älterer Tiere:

- Energiezufuhr vermindern
  Die mehr als 2 kg wiegende Katze benötigt eine Energiemenge von 30 x kg KM + 70 = benötigte Energie in kcal (Umrechnung in kJ: Ergebnis etwa x 4)
- Proteinzufuhr erhöhen
- hochwertiges Protein verfüttern (BW 85–95)
- hochverdauliches Protein verfüttern
- Vitamin A 10 000 E/kg KM
- Vitamin D 1000 E/kg KM
- Vitamin E 100 mg/kg KM
- Niacin 50 mg/kg KM
- Thiamin 5–10 mg/kg KM
- Vitamin B_6 5 mg/kg KM
- Futter muß schmackhaft sein
- bei Obstipation: körperliche Bewegung (Spielen), Weizenkleie verfüttern (Versuch . . .)
- zwei- bis dreimal täglich füttern

• Regelmäßige Impfungen

Nach den Grundimmunisierungen sollten je nach Impfstoff, im allgemeinen aber jährliche, Wiederholungs-(Boosterungs-)Impfungen durchgeführt werden. Dabei werden dann auch die Vorsorgeuntersuchungen durchgeführt. Gegen welche Krankheiten die Katze geimpft werden soll, hängt von ihrer Lebensweise ab. Katzenhalter, deren Katzen nie mit fremden Katzen in Berührung kommen, sind begreiflicherweise weniger leicht von dem Vorteil einer Impfung – und von Vorsorgeuntersuchungen – zu überzeugen als Halter von Freiläufern. Ein Restrisiko für streng isoliert gehaltene Katzen besteht theoretisch für Panleukopenie (Parvovirose), da das Virus sehr stabil ist und ggf. durch Gegenstände eingeschleppt werden kann.
Bei Freiläufern sollte man ein regelmäßiges Impfprogramm auch – und gerade – im Alter weiterführen. Dies gilt für Parvovirose, den Katzenschnupfenkomplex, Tollwut und Leukose.

- **Regelmäßige Vorsorgeuntersuchungen**

Hier können nur allgemeine Richtlinien gegeben werden, die je nach Erfordernis abgewandelt werden müssen.
Grundsätzlich soll die junge Katze (unter einem Jahr) mehrmals vorgestellt werden. Dies ist schon wegen der Impfungen erforderlich. Dabei soll eine Allgemeinuntersuchung durchgeführt werden und auf Jungtier- und Entwicklungskrankheiten geachtet werden. Die Katze mittleren Alters wird (mindestens) einmal im Jahr zur Impfung vorgestellt und untersucht. Bei älteren Katzen (etwa ab dem achten Jahr) sollte eine halbjährliche Untersuchung stattfinden.
Dieses Schema ändert sich bei kranken Tieren. Akute oder neu aufgetretene Krankheiten erfordern ein der Situation angemessenes häufigeres Vorstellen. Bei chronischen Krankheiten, die unter therapeutischer Kontrolle sich befinden, genügt i. a. die vierteljährliche Vorstellung. Es sei darauf hingewiesen, daß chronische Krankheiten im Alter in der Regel nicht ausheilen, sondern unter Dauertherapie gehalten werden müssen, unter dieser Voraussetzung in vielen Fällen allerdings ein lebenswertes Katzenleben ermöglichen. Man sollte die Tierhalter auf diesen Umstand hinweisen.

Worauf ist der Besitzer hinzuweisen, worauf muß er achten, wann soll der Tierärztin oder Tierarzt aufsuchen?

- Veränderung des Verhaltens (Störung des Allgemeinbefindens, Verhalten gegenüber vertrauten oder fremden Personen, vermehrter Schlaf, Bewegungsunlust etc.)
- Haarverlust, Pigmentveränderungen
- Gewichtsveränderungen (Zunahme, Abnahme trotz unveränderter Ernährung)
- Polydipsie, Polyurie
- Dyspnoe, Tachypnoe, Hecheln
- Foetor ex ore
- Anorexie, Polyphagie
- Erbrechen, Durchfall
- örtliche Umfangsvermehrungen
- Lahmheiten

Literatur

BEELITZ, P.: Multimorbidität der Katze im Alter, Erhebung stationärer Patienten an der 1. Med. Tierklinik München, Diss. München, 1987.

KRAFT, W.: Multimorbidität im Alter des Hundes. Deutsche Veterinärmedizinische Ges., FG. Kleintierkrankheiten, Reg.-Tagung Nord (1978).

KRAFT W.: Kleintierkrankheiten, Band 1: Innere Med. Ulmer-Verlag, Stuttgart (1984).

KRAFT, W., PAULING, U., TRIMBORN, A.: Altersmultimorbidität bei Hund und Katze. 18. Kongreß Deutsche Vet.-Med. Ges., Bad Nauheim, 1989.

KRAFT, W., TRIMBORN, A., PAULING, U., BEELITZ, P.: Altersmultimorbidität bei Hund und Katze. Tierärztl. Praxis **18,** 184–191 (1990).

MOSES, B. L., und G. L. SPAULDING: Chronic bronchial disease in the cat. Vet. Clin. North Amer. **15,** 929 (1985).

MOSIER, J. E.: Effect of aging on the body system of the dog. Vet. Clin. North Amer. **19,** 1 (1989).

TRIMBORN, A.: Altersmultimorbidität der Katze, eine prospektive Studie. Vet.-Diss. München, 1990.

Tötung

Die Tötung von Tieren (euphemistisch auch als „Einschläfern" oder „Euthanasie" bezeichnet) ist in § 4 des Tierschutzgesetzes geregelt. Soweit die Katze betroffen ist, darf sie danach „nur unter Betäubung oder sonst, soweit nach den gegebenen Umständen zumutbar, nur unter Vermeidung von Schmerzen getötet werden". Ein bestimmtes Betäubungsverfahren wird vom Gesetzgeber nicht vorgeschrieben (MÜLLER, 1990). Bereits die Betäubung kann irreversibel sein und mit der Tötung enden. Auf jeden Fall muß ein „vernünftiger Grund" zur Tötung vorliegen. Die Tötung von Tieren „ohne vernünftigen Grund" ist ein Straftatbestand (FELLMER, 1990). Damit ist der Schutz des Lebens eines Tieres durch das Vorliegen eines „vernünftigen Grundes" eingeschränkt. Nach MÜLLER sind „folgende Konstellationen denkbar, bei denen im jeweiligen Einzelfall zu entscheiden ist, ob es für das Töten tatsächlich einen Rechtfertigungsgrund (= vernünftigen Grund) gibt:

- Das Töten kranker Tiere (z. B. Zuchthündinnen, entsprechend erweitert auch auf Katzen; Anm. d. Verf.), bei denen nach Abheilung die Nutzung nicht mehr oder nur eingeschränkt möglich ist
- Die Tötung kranker Tiere wegen der zu erwartenden hohen Behandlungskosten
- Die Tötung gesunder Tiere, die angeblich nicht mehr gehalten werden dürfen
- Die Tötung gesunder Tiere wegen einer Zwangslage des Tierhalters
- Die Tötung von gesunden Tieren oder von Tieren mit leichten Mißbildungen aufgrund von Verbandssatzungen o. ä."

MÜLLER empfiehlt, die Tötung eines Tieres immer dann abzulehnen, wenn Zweifel an den Rechtfertigungsgründen bestehen. Andererseits ist sie der Meinung, daß Tierarzt oder Tierärztin geradezu auf das Einschläfern des Tieres beim Tierbesitzer dringen sollten, wenn das Weiterleben für das Tier mit erheblichen Schmerzen und Leiden verbunden ist. Unter Umständen könne andernfalls wegen Unterlassung § 17 Ziffer 2 TSchG in Betracht kommen, in dem es heißt: „Mit Freiheitsstrafe bis zu zwei Jahren oder mit Geldstrafe wird bestraft, wer . . . einem Wirbeltier . . . länger anhaltende oder sich wiederholende erhebliche Schmerzen oder Leiden zufügt."

Die vorherige Sedierung kann mit intramuskulärer oder intravenöser Injektion eines Sedativums durchgeführt werden. Dazu sind Barbiturate, ferner Ketaminhydrochlorid, 20 bis 30 mg/kg KM i. m., Acepromazin (Vetranquil), 1 bis 2 mg/kg KM i. m., Medetomidin (Domitor), 50 bis150 µg/kg i. m., geeignet. Bei sehr aggressiven und damit gefährlichen Katzen oder bei für den Menschen gefährlichen Krankheiten (Tollwut) kann die Sedation mit dem Blasrohr vorgenommen werden. Nicht zu rechtfertigen ist die Anwendung von peripher depolarisierenden Muskelrelaxantien, da sie weder Hypnose oder Sedation noch Analgesie bewirken und somit keine Betäubung im Sinne des Tierschutzgesetzes darstellen, worauf besonders HABERSTROH (1989) hinwies.

Die Tötung selbst sollte nach Möglichkeit durch intravenöse Injektion durchgeführt werden. Geeignet sind Barbiturate, die in Überdosis angewandt werden. Verwendet werden kann etwa Pentobarbital, 100 mg/kg KM i. v. Auch die speziell zur Tötung verfügbaren Medikamente, wie Eutha, können intravenös gegeben werden. Narkotisierte Tiere können auch durch die intrakardiale, intrathorakale oder intraperitoneale Injektion getötet werden.

Soll die Tötung als Fortsetzung der Sedation – am besten mit Barbituraten – durchgeführt werden, so injiziert man das Mittel bis zum Eintritt der Bewußtlosigkeit langsam, danach schnell. Grundsätzlich sollen sich Tierärztin oder Tierarzt immer vom tatsächlich eingetretenen Tod durch Feststellung des Herzstillstandes überzeugen.

Das Töten von Kleintieren ist fast immer ein außerordentlich aufwühlendes, oft unvergeßliches Ereignis für Tierhalterin und Tierhalter (und nicht zuletzt auch für Tierärztin und Tierarzt, die den Patienten ja oft schon jahrelang kennen). Diese psychische Belastung muß unbedingt berücksichtigt werden. Hierzu sind die Wortwahl zu beachten und die verständnisvolle und behutsame Information jeder Geheimniskrämerei vorzuziehen. Insbesondere darf keinerlei Beunruhigung oder gar Hektik vom Tierarzt ausgehen. Viele Besitzer befürchten, daß ihr Patient in Wirklichkeit zu „Tierversuchen" herangezogen werde; dies ist besonders in Universitätstierkliniken die große Sorge der Tierhalter (SCHIMKE, 1993). Auch sollte mit dem Besitzer geklärt werden, was nach dem Tod des Tieres mit der Leiche geschieht. Insbesondere sollte diskutiert werden, ob das Tier einer Sektion zugeführt werden soll. Hierbei sind teilweise seuchenrechtliche Bestimmungen zu berücksichtigen (Tollwut). Die meisten Besitzer reagieren durchaus vernünftig, wenn man ihnen erklärt, daß die endgültige Abklärung eines – evtl. nicht gänzlich geklärten – Krankheitsbildes in ihrem eigenen Interesse – oder dem ihrer anderen Tiere – liegt, um sie vor Schaden zu bewahren. Viele Tierbesitzer stellen andererseits gerade Universitätskliniken ihr totes Tier aus eigenem Entschluß zur Verfügung, „damit die Studenten noch etwas lernen und für spätere Krankheitsfälle Erkenntnisse gesammelt werden können". Man sollte solche Angebote dankbar entgegennehmen und bedenken, was ein solcher Entschluß im Einzelfall für einen Tierhalter bedeutet. Zum Thema Einfühlungsvermögen gehört auch der Umgang von Tierärztin oder Tierarzt mit dem toten Tier. Tote Katzen, die der Tierhalter mitnehmen möchte, sollten in Tuch, Zellstoff oder am besten Einmaldecken sauber eingepackt und mit Klebestreifen verschlossen werden. Um Beschmutzungen durch auslaufenden Mageninhalt, Kot, Urin o. ä. zu vermeiden, sollte dann das Tier in einen Plastikbeutel gegeben werden, der auf keinen Fall an einen Müllbeutel erinnern darf.

Literatur

FELLMER, E.: Tierarzt und Gericht. In: Eikmeier, H., Fellmer, E., Moegle, H.: Lehrbuch der Gerichtlichen Tierheilkunde. Parey-Verlag, Berlin, Hamburg, 1990.

HABERSTROH J.: Euthanasie von Hund und Katze. Tierärztl. Prax. **17:** 12; 1989.

MÜLLER, P.: Tierschutzrecht. In: Eikmeier, H., Fellmer, E., Moegle, H.: Lehrbuch der Gerichtlichen Tierheilkunde. Parey-Verlag, Berlin, Hamburg, 1990.

SCHIMKE, E.: Methoden der Euthanasie. In: Christoph, H.-J.: Klinik der Hundekrankheiten. Gustav-Fischer-Verlag, Jena, 1993.

Tumoren und tumorähnliche Bildungen

Von D. von BOMHARD

Raum für Notizen

Tumoren und tumorähnliche Bildungen

Begriffsbestimmung: Tumor ist ein zwar geläufiger, aber unglücklicher Ausdruck für die Neubildungen, die in diesem Kapitel besprochen werden sollen. Hierunter wird eigentlich jegliche Umfangsvermehrung verstanden, also auch Entzündungen und Nekrosen, die klinisch den Eindruck eines Knotens wiedergeben. Der eigentliche oder echte Tumor ist eine Neoplasie, gutartig oder bösartig, und von dieser soll die Rede sein, auch wenn aus Gewohnheitsgründen der Ausdruck „Tumor" verwendet wird.

Häufigkeit: Tumorerkrankungen scheinen insgesamt bei der Katze seltener zu sein als beim Hund und beim Menschen [12]. Der von zahlreichen Laien und auch von Tierärzten festgestellte scheinbare Anstieg im Tumoraufkommen in den letzten Jahren dürfte zumindest zum großen Teil durch die erhöhte Fürsorge vorgetäuscht werden, die dem „Familienmitglied Katze" in zunehmendem Maße zuteil wird [64]. Dies drückt sich auch in einer höheren Lebenszeiterwartung aus. Es wird in Statistiken angegeben, daß etwa jede 200ste Katze im Laufe ihres Lebens eine Tumorerkrankung durchmacht [111]. Der Hund ist mehr als doppelt so häufig betroffen, der Mensch noch häufiger [26]. Kater sollen seltener maligne Tumoren als Kätzinnen entwickeln, selbst wenn Milchdrüsentumoren nicht mitberechnet werden. Solche Zahlen unterliegen sehr den Gepflogenheiten des Kulturkreises, in dem diese Erhebungen durchgeführt werden. Sie werden sich sicherlich im Lauf der Zeit bei weiter steigender Fürsorge, die sich in erhöhter Operationshäufigkeit und auch in vermehrten pathologisch-anatomischen und histologischen Untersuchungen niederschlägt, ändern. Es werden nach wie vor auch im mitteleuropäischen Raum viele Tumoren, falls sie überhaupt entnommen werden, nicht der sachgemäßen Untersuchung zugeführt, so daß sie auch in keiner Statistik erfaßt werden können. Auch ist bereits die Grundpopulation der gesunden Katzen nicht annähernd genau ihrer Zahl und auch ihrer Rassenaufteilung nach bekannt, so daß deswegen jede Relation nur ungenau geschätzt sein kann. Populationen, die aushilfsweise als Vergleich herangezogen werden, wie z. B. die Klientel einer Klinik oder die Sektionsstatistik eines pathologischen Institutes können bereits sehr stark vorselektiert und deshalb irreführend sein.

Malignität: Fast alle Statistiken sind sich darin einig daß ein großer Teil (bis etwa 80 %) der Neoplasien der Katzen maligne sind [64, 12, 107, 111]. Diese Tatsache ist für den praktizierenden Tierarzt wie für den Kliniker von großer Bedeutung, ist er doch hierdurch gezwungen, schnellstmöglich eine Klärung, ggf. eine vollständige Exstirpation eines knotigen Prozesses mit anschließender histologischer Untersuchung, herbeizuführen. Mit hoher Wahrscheinlichkeit handelt es sich, fast unabhängig von der Größe, Lokalisation, Konsistenz und vom äußeren Aussehen um einen bösartigen Tumor, der bereits metastasiert hat oder dies evtl. noch tun wird. Nur durch die Beurteilung der Exzisionsränder und die Aufklärung der Tumorart, die nur histologisch, oft auch zytologisch mit ausreichender Sicherheit festgestellt werden können, ist eine fundierte Beurteilung der Prognose möglich. Auch eine etwaige weiterreichende sinnvolle Therapie (Nachexzision, Bestrahlung, zytostatische Therapie, Immununotherapie) kann nur nach exakter Abklärung der Abtragungsränder, der Tumorart und -herkunft sinnvoll eingeleitet werden.

Statistische Angaben: Die im folgenden bei jeder Tumorart wiedergegebenen statistischen Angaben, die die Häufigkeit, das Durchschnittsalter, das früheste Auftreten, die Lokalisation, die Multiplizität, die Rasse- und Geschlechtsdisposition sowie die Wachstumsgeschwindigkeit betreffen, sind ungefähre Angaben, die aus zahlreichen Literaturstellen und, wenn möglich, aus eigenem Material stammen.

Bei seltenen Tumoren ist es oft nicht sinnvoll, Einzelfälle zu zitieren, weil sie keine Gemeinsamkeiten aufweisen und auch keinen Rückschluß auf einen neu auftretenden Fall zulassen. Nur aus einer großen Anzahl heraus kann ein Durchschnittsbild entstehen, das aber für den Einzelfall wiederum nicht unbedingt zutreffend sein muß. Hieran sollte der Kliniker denken, wenn „sein" Fall so gar nicht der durchschnittlichen Beschreibung entspricht. Auf die Angabe einer Altersgrenze nach oben wurde regelmäßig verzichtet, weil dies in der Tumorpathologie eine zufällige Größe sein muß. Prinzipiell gilt, wie auch bei anderen Säugetieren, daß die Tumorhäufigkeit mit dem Alter zunimmt.

Eventuelle Angaben über die Wachstumsdauer sind meist sehr vage, sie entstammen Befragungen der

Tierbesitzer. Die Einführung eigener statistischer Angaben ist deshalb besonders sinnvoll, weil gerade bei den Hauttumoren der Katzen offensichtlich sehr große Schwankungen bei geographisch getrennten Populationen vorkommen. Wenn eine bestimmte Tumorart in einem Untersuchungsgebiet besonders häufig vorkommt (wie in Mitteleuropa z. B. das Fibrosarkom), dann müssen zwangsläufig die anderen Tumoren in ihrem Prozentsatz an der Gesamtheit niedriger sein, als in einer anderen Population, wo diese Tumorart wesentlich seltener vorkommt. Das Einzugsgebiet unserer Statistik (1987–1989) ist im wesentlichen die „alte" Bundesrepublik Deutschland, in etwa gleichmäßiger Verteilung über alle damaligen Bundesländer. In diese Auswertung kam fast ausschließlich Biopsiematerial. So sind die eigenen Statistikdaten weitgehend bei den Haut-, Mamma-, Mundhöhlen- und Gehörgangstumoren integriert.

Nomenklatur: Die Tumoren sind entsprechend der WHO-Nomenklatur und Klassifikation der Geschwülste der Haustiere (1974) nach histologischen Kriterien klassifiziert. Neoplasien, die bei der Katze nicht oder nur sehr selten auftreten, somit für die Praxis kaum relevant sind, werden nur genannt oder ganz weggelassen.

Literatur: Bei jeder Tumorart werden einige Literaturangaben beigefügt, die zu weiterem Studium anregen mögen. Vollständigkeit würde den vorgegebenen Rahmen sprengen. Mit Hilfe der zitierten Literatur können jedoch leicht weitere Referate, Übersichten und Fallberichte gefunden werden. Hinweise auf die Therapie werden bewußt allgemein gehalten, es muß hier auf aktuelle klinische Publikationen und Übersichtsarbeiten, wie z. B. das Manual of Small Animal Oncology [122] oder Veterinary Cancer Medicine [94] verwiesen werden.

Tumoren der Haut und Unterhaut

Das Organ „Haut" steht nach den blutbildenden und lymphatischen Geweben an zweiter Stelle der Tumorhäufigkeit bei der Katze [64, 12, 2]. Hauttumoren können vom ersten bis zum letzten Lebensjahr auftreten, wobei die Operationshäufigkeit bis zum 8. Lebensjahr zunimmt. Sie nimmt dann wegen der natürlichen Ausdünnung der Population wohl zahlenmäßig aber nicht relativ zur Restpopulation, ab. Generell gilt, wie auch bei anderen Spezies, daß die Tumorhäufigkeit mit steigendem Alter zunimmt. Die Hauttumoren der Katze sind in einem höheren Prozentsatz maligne als die der anderen Haustier-Spezies [94, 64]. Das Spektrum ist gegenüber dem Hund eingeschränkt; d. h., daß viele Tumorarten, die z. T. beim Hund sehr häufig sind, bei der Katze nicht gesehen werden. In der folgenden Klassifikation werden alle Tumoren, auch die, die bei der Katze nicht gesehen werden, aufgeführt. Sie fehlen aber dann bei der anschließenden Besprechung.

Histologische Klassifikation und Nomenklatur der Hauttumoren (WHO) [103] der Haustiere

I. Epitheliale Tumoren

A. Basalzellentumor
B. Plattenepithelkarzinom
C. Papillom
   1. Papillom
   2. Fibropapillom
D. Talgdrüsentumor
   1. Talgdrüsenadenom
   2. Talgdrüsenkarzinom
   3. Tumorähnliche Hyperplasie
E. Tumor hepatoider (circumanaler) Drüsen
   1. Adenom hepatoider Drüsen
   2. Karzinom hepatoider Drüsen
   3. Tumorähnliche Hyperplasie
F. Schweißdrüsentumor
   1. Papilläres Syringadenom
   2. Zystadenom apokriner Schweißdrüsen
   3. Spiradenom
   4. Mischtumor apokriner Schweißdrüsen
   5. Karzinom apokriner Schweißdrüsen
      a) Papilläres Karzinom
      b) Tubuläres Karzinom
      c) Solides Karzinom
      d) Siegelringzellkarzinom
G. Haarfollikeltumor
   1. Trichoepitheliom
   2. Nekrotisierendes und verkalkendes Epitheliom (Malherbe)
   3. Trichofollikulom
H. Intrakutanes verhornendes Epitheliom („Keratoakanthom")
I. Zysten
   1. Epidermiszysten
   2. Dermoidzysten
   3. Follikelzysten
   4. Zysten mit epithelialer Proliferation
J. Nicht klassifizierte Tumoren

II. Tumoren der Pigmentzellen

A. Benignes Melanom
   1. Benignes Melanom mit junktionaler Aktivität
   2. Benignes dermales Melanom
      a) Zellulärer Typ
      b) Fibromatöser Typ

B. Malignes Melanom
   1. Epitheloider Typ
   2. Spindelzelltyp
   3. Epitheloid- und Spindelzelltyp
   4. Dentritisch-wirbeliger Typ

III. Tumoren der Weichgewebe (mesenchymale Tumoren)

A. Tumoren des Bindegewebes
   1. Fibrom
      a) Fibroma durum
      b) Fibroma molle
      c) Myxom (Myxofibrom)
   2. Fibrosarkom
      a) Fibrosarkom
      b) Myxosarkom
      c) Sog. Hämangioperizytom des Hundes
   3. Undifferenzierte Sarkome
   4. Sarkoid des Pferdes
   5. Tumorähnliche Veränderungen
      a) Fibröser Hautpolyp
      b) Keloid und hyperplastische Narbe
      c) Calcinosis circumscripta cutis
B. Tumoren des Fettgewebes
   1. Lipom
   2. Liposarkom
C. Tumoren des Muskelgewebes
   1. Leiomyom
   2. Leiomyosarkom
   3. Rhabdomyom
   4. Rhabdomyosarkom
D. Tumoren der Blut- und Lymphgefäße
   1. Kavernöses Hämangiom
   2. Malignes Hämangioendotheliom
   3. Glomustumor
   4. Lymphangiom
   5. Lymphangiosarkom
   6. Tumorähnliche Veränderungen
E. Tumoren peripherer Nerven
   1. Neurofibrom
   2. Neurofibrosarkom
F. Mastzellentumor
G. Histiozytom des Hundes
H. Retikulosarkom
I. Lymphosarkom
K. Übertragbarer venerischer Tumor (Sticker)
L. Nicht klassifizierte Tumoren

IV. Metastatische Tumoren

In einem Zeitraum von 2 Jahren (Aug. 87 bis Juli 89) wurden insgesamt 1242 Haut- und Unterhautknoten von Katzen zur histologischen Untersuchung eingesandt, von denen 857 als echte Tumoren (s. Tab. 1), 35 als Zysten und 375 als „Sonstige" (Abszesse, Granulome, Nekrosen, Hämatome etc.) klassifiziert wurden. Von den echten Tumoren waren 547 (63,8 %) bösartig. Dieser prozentuale Anteil ist im Vergleich zu anderen Untersuchungsserien relativ gering (s. Tab. 2). Dies könnte dadurch bedingt sein, daß sowohl Tierbesitzer als auch Tierärzte in neuester Zeit eher bereit sind, auch „wenig verdächtige" Hautknoten untersuchen zu lassen. In Recherchen konnte ein Teil der Patientenbesitzer über Wachstumsdauer, Rezidive, Metastasen und Todesfälle befragt werden. Das Ergebnis ist, soweit es zahlenmäßig relevant ist, in die folgenden Besprechungen eingeflossen.

I. Epitheliale Tumoren

A. Basalzellentumoren

Der Begriff „Basalzellentumor" oder „Basaliom" umfaßt gutartige, sich aus den Basalzellen der Epidermis entwickelnde Blastome; der Ausdruck „Basalzellenkarzinom" sollte auf die relativ seltenen bösartigen Neubildungen dieser Art beschränkt bleiben.

Der **Basalzellentumor** oder das **Basaliom** ist mit über 16 % der zweithäufigste Tumor der Haut und der häufigste epitheliale Tumor dieses Organes [82, 64, 90]. In vielen Statistiken steht er an erster Stelle aller Hauttumoren [14, 12]; diese Diskrepanz ist auf das hohe Aufkommen von Fibrosarkomen, die in Deutschland mit großem Abstand an erster Stelle stehen, zu erklären. Siamkatzen sollen von Basaliomen besonders oft betroffen sein [12], wenngleich zu berücksichtigen ist, daß bei solchen Vergleichen immer nur sehr grobe Schätzungen der Grundpopulation zur Verfügung stehen. So nimmt es nicht wunder, daß hierüber keine Einigkeit zwischen den einzelnen Untersuchern und Untersuchergruppen besteht. In Deutschland scheint eine Rasseabhängigkeit nicht gesichert zu sein. Eine Geschlechtsdisposition konnte für das Basaliom nicht ermittelt werden [23], was nicht unwidersprochen blieb [64, 90]. Hier fanden sich diese Tumoren häufiger bei weiblichen Tieren. Das Durchschnittsalter der Tumorträger liegt bei 9,1 Jahren, wobei Einzelfälle auch bei jungen Tieren im 1. Lebensjahr beobachtet worden sind [64]. Bei der Katze tritt es eher – im Gegensatz zum Hund – über den ganzen Körper verteilt auf, wobei die Mehrzahl in der vorderen Körperhälfte beobachtet wird. In unserem Material sind Kopf, Hals und Extremitäten bevorzugt. Basaliome wachsen praktisch immer einzeln, nur in Ausnahmefällen werden zwei Tumoren dieser Art gleichzeitig gesehen. Die Tumorgröße zum Zeitpunkt des Vorstellens in der Praxis und zum Zeitpunkt der Operation schwankt zwischen Reiskorn- und Faustgröße, wobei eine Häufung bei Haselnußkern- bis Kirschgröße zu beobachten ist. Die Haut ist ebenso wie die Schnittfläche oft pigmentiert (bis zu 63 %), was makroskopisch den Verdacht auf ein Melanom erwecken kann. Die bedeckende Haut ist meist haarlos und oft ulzeriert. Die Basaliome liegen gut verschieblich in der Haut, bei entsprechender Größe oft bis in die Subkutis reichend. Die Tumoren wachsen gut abgegrenzt, ohne Kapsel, fast kugelig. Die Schnittfläche ist in der Regel fest, solide, oft kleinknollig unterteilt oder zystisch, weiß bis dunkelgrau; sind Zysten vorhanden, wird wäßriger, gelegentlich auch bröseliger Inhalt gefunden. Die Wachstumsdauer wird zwischen „einigen Tagen“ und „einigen Jahren“ angegeben [64], insgesamt ist eher ein langsames Wachstum anzunehmen. In einem Fall wurde eine 15jährige Entstehungszeit beobachtet.

Das **histologische Bild** (Abb. 1–3) ist sehr vielgestaltig, meist solide, auch girlandenförmig, klein und großsträngig, zystisch und öfters auch spindelig; Mischformen sind häufig. An der Peripherie der soliden Stränge treten gelegentlich charakteristische palisadenartig gestellte Zellen auf. Die übrigen Zellen können eine erhebliche Polymorphie vor allem der Kerne aufweisen. Im Strangzentrum kann in einigen Fällen eine Verhornung beobachtet werden. Viel häufiger sind zentrale, gelegentlich mineralisierte Strangnekrosen. Etwa 25 % der Tumoren sind zystisch. Mitosen sind selbst bei sicher gutartigen Basalzellentumoren häufig [94] (bis zu 5 Mitosen pro Blickfeld bei starker lichtmikroskopischer Vergrößerung).

Die **Therapie** besteht in der chirurgischen Exstirpation.

Die **Prognose** ist nach vollständiger Entfernung gut, Rezidive treten nur ausnahmsweise auf.

Das **Basalzellenkarzinom** ist mit etwa 1,4 % der Hauttumoren eine seltene Neoplasie, die allerdings immerhin ca. 10 % der Basaliome umfaßt [12]. Die Existenz dieses Tumortyps wird nicht durchweg anerkannt, da histologisch eine scharfe Abgrenzung anderer Tumoren (z. B. Plattenepithelkarzinom) nicht immer möglich ist. Es lassen sich aber in einigen Tumoren Übergänge von eindeutig gutartigen Basaliomen in maligne Formen nachweisen. Die Rassedisposition dürfte sich wie bei den gutartigen Basaliomen verhalten, genaue Angaben liegen aber wegen des geringen Aufkommens nicht vor. Das Durchschnittsalter liegt mit 10,7 Jahren höher als beim Basaliom, der jüngste Tumorträger war 7 Jahre. Eine Geschlechtsdisposition ist nicht zu erkennen. Das Basalzellkarzinom wächst invasiv, kann rezidivieren und u. U., wenn auch selten, metastasieren [87]. Der größte Tumor dieser Art war zum Zeitpunkt der Operation aprikosengroß.

Das **histologische Bild** (Abb. 4) dieser Tumoren zeichnet sich durch ganz überwiegend breite Zellstränge, verstärkte Atypie, Nekrose und hohe Mitoserate aus. Epidermisnah sind gelegentlich gutartige Zellstränge nach Art des Basalioms zu sehen. Lymphgefäßeinbrüche sind nicht selten (bis zu 50 %) [12]; bei Metastasierungsverdacht sollte der regionäre Lymphknoten histologisch überprüft werden.

Die **Therapie** besteht in weiträumiger Exstirpation, evtl. unter Einbeziehung des regionären Lymphknotens. Ggf. kann eine adjuvante Chemotherapie hilfreich sein [94].

Die **Prognose** ist nach vollständiger Entfernung und bei Metastasenfreiheit des regionären Lymphknotens gut. Fernmetastasen dürften spät entstehen und selten sein [2].

B. Plattenepithelkarzinom

Das Plattenepithelkarzinom (Abb. 5) nimmt mit 5,1 %, in anderen Populationen bis zu 25 % [64, 14, 55] den fünften Platz aller Hauttumoren und den dritten Platz epithelialer Tumoren ein. Es besteht keine Rasse- und Geschlechtsdisposition.

Das Durchschnittsalter liegt in unserem Einsendebereich bei 8,3 Jahren, wobei Einzelfälle schon mit 3 Jahren beobachtet werden können. In anderen Populationen werden Durchschnittsalter von ca. 11 Jahren angegeben. Die meisten Patienten mit Plattenepithelkarzinomen sind dort zwischen 10 und 15 Jahre alt. Diese Tumoren treten mit 68 % bevorzugt am Kopf [64, 12], vor allem an den Ohrmuscheln, im Gehörgang, am Nasenspiegel, an Lefze und den Augenlidern auf. In anderen Populationen werden sogar über 80 % am Kopf beobachtet (14). Nur Einzelfälle werden am Rumpf, an den Pfoten oder am Schwanz festgestellt.

Schwach pigmentierte, dünn behaarte, weiße Katzen sind von dieser Tumorart besonders betroffen [64, 12, 14, 55], die Sonnenlichteinstrahlung soll über eine „aktinische Keratose“ und das Carcinoma in situ zur Entstehung beitragen. Es nimmt deshalb nicht wunder, daß in sonnigen Ländern diese Tumorart besonders häufig beobachtet wird.

Eine symmetrische Ausbildung ist nicht selten. Die Größe zum Zeitpunkt der Operation schwankt zwischen Glasstecknadelkopf- bis zu Hühnereigröße. Die Plattenepithelkarzinome sind in der Haut nicht verschieblich, hart und in ca. 50 % der Fälle ulzeriert. Wegen der massiven Entzündung können sie mit Wunden (Abb. 6) und Granulationsgewebe

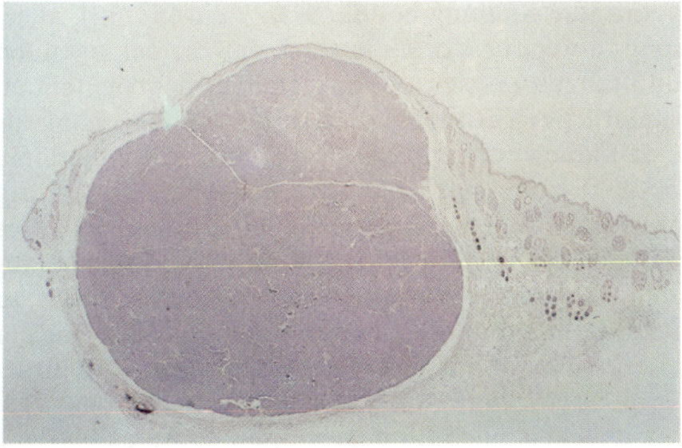

Abb. 1: Solides Basaliom aus der Haut des Nackens eines 9jährigen kastrierten Katers. Übersicht HE, Obj. 1

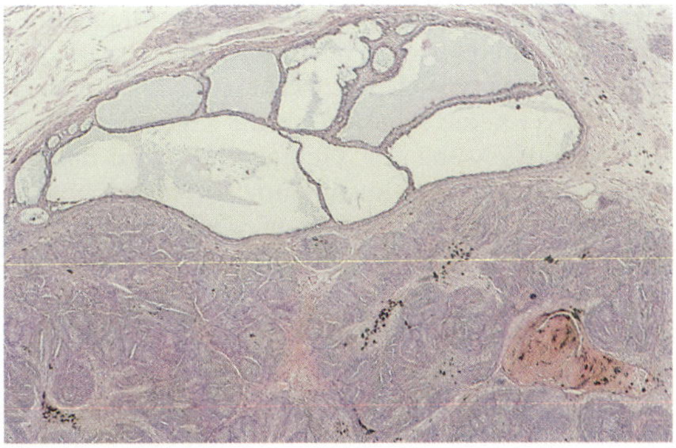

Abb. 2: Pigmentiertes Basaliom aus der Kopfhaut eines 10jährigen Katers. Übersicht über solide und adenoide Formationen. HE, Obj. 4

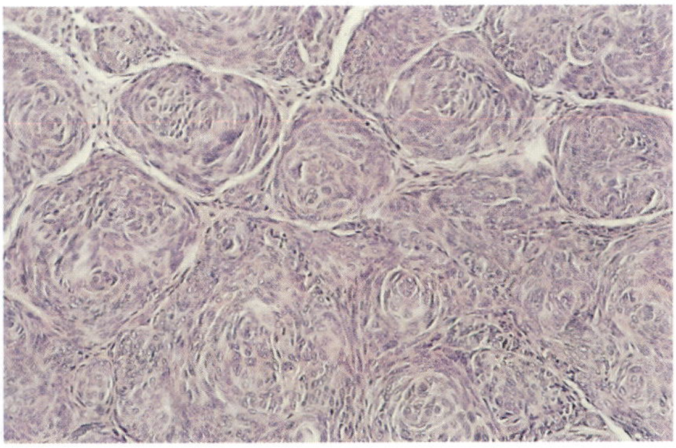

Abb. 3: Solides Basaliom vom Interdigitalspalt einer 11jährigen weiblichen Katze: solide, zwiebelschalenartige Anordnung der Tumorzellen. HE, Obj. 40

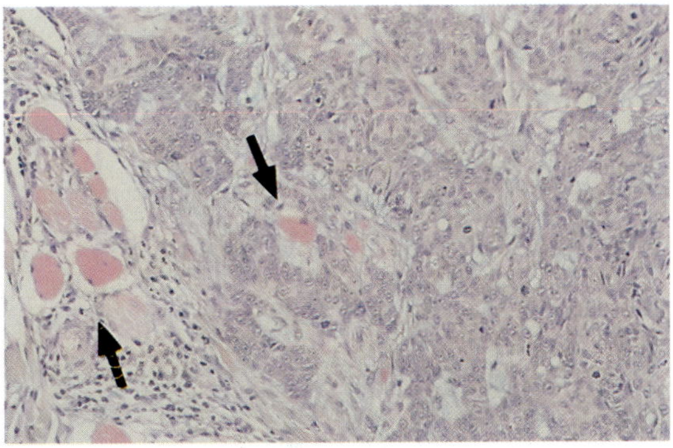

Abb. 4: Basalzellenkarzinom aus der Gesichtshaut einer 8jährigen weiblichen Katze: mitosereiche, atypische Zellstränge mit Infiltration lokaler quergestreifter Muskulatur (↑). HE, Obj. 20

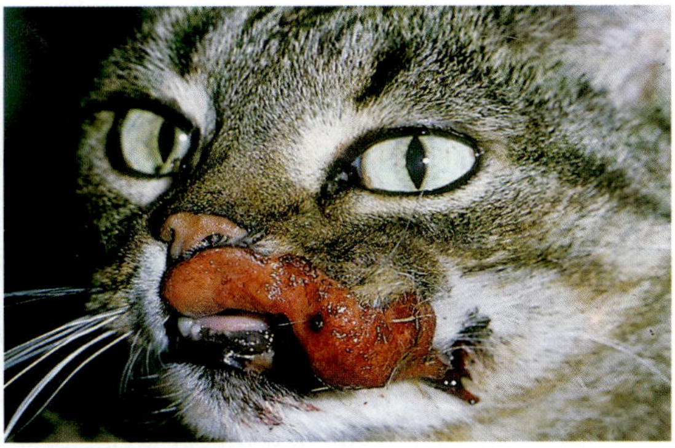

Abb. 5: Plattenepithelkarzinom in der Oberlippe einer älteren, weiblichen Katze.

Abb. 6: Lippengeschwür (Rodent ulcer) der Oberlippe eines erwachsenen kastrierten Katers.

(„Kampfwunden") verwechselt werden. Die Schnittfläche ist weiß oder grau bis braun, teilweise grießelig. Wegen des typischen invasiven Wachstums liegt in der Regel keine scharfe Grenze gegen das umgebende Bindegewebe vor. Gelegentlich wird das unterlagernde Gewebe, auch Knochen und Knorpel, zerstört. Das Tumorwachstum wird zwischen einigen Wochen und Monaten angegeben (3 Wochen bis 1 Jahr).

Das **histologische Bild** (Abb. 7 und 8) zeigt mehr oder weniger stark atypische Plattenepithelstränge mit unterschiedlicher Verhornungstendenz. Die Differenzierung ist in den meisten Fällen gut. Eine Begleitentzündung mit reichlich Lymphozyten, neutrophilen Granulozyten, Plasmazellen und Makrophagen ist häufig vorhanden. Lymphgefäßeinbrüche werden selten beobachtet. Die Tumoren metastasieren spät, hauptsächlich in die regionären Lymphknoten und nur in Einzelfällen in die Lunge und andere Organe [64]. Auch die Rezidivgefahr ist bei weiträumiger und vollständiger Exstirpation und Schutz vor weiterer Sonneneinstrahlung gering.

Die **Therapie** besteht in Bestrahlung oder in weiträumiger Exstirpation – und bei Lage der Tumoren an Ohren, Zehen oder am Schwanz – in der Amputation. Bei Metastasierungsverdacht sollte der regionäre Lymphknoten exstirpiert und histologisch überprüft werden.

In fortgeschrittenen und inoperablen Fällen wird (evtl. zusätzlich zum chirurgischen Eingriff) eine Strahlentherapie empfohlen [11, 55]. Auch Kryochirurgie und Hyperthermie [28] wurden bei Tumoren, die nicht oder nicht vollständig zu exstirpieren waren, erfolgreich angewendet. Gefährdete helle Katzen sollten am Sonnenbaden im Freien oder hinter dem Fenster gehindert werden. Auch eine Tätowierung der besonders gefährdeten Ohren wird ebenso wie die Anwendung von Sonnencremes am Nasenspiegel empfohlen.

Die **Prognose** ist nach vollständiger Exstirpation und nachgewiesener Metastasenfreiheit von regionären Lymphknoten und Lunge günstig. Bei 15 von 32 recherchierten Plattenepithelkarzinomen wurde allerdings nach durchschnittlich 3,5 Monaten ein Rezidiv beobachtet. 9 der Patienten waren durchschnittlich 4 Monate nach der Erstoperation mit der Begründung „Tumorfolge", was nicht gleichbedeutend ist mit Metastasierung, nicht mehr am Leben. Man kann davon ausgehen, daß Fernmetastasen eher selten sind [14, 90].

C. Papillome (Fibropapillome)

Die Gruppe dieser gutartigen Tumoren nimmt mengenmäßig mit weit unter 1 % nur eine sehr untergeordnete Stellung bei der Katze ein [55, 12], allerdings unter der Voraussetzung, daß die bei juvenilen und jungen erwachsenen Katzen zu beobachtenden tumorartigen Bildungen im äußeren Gehörgang als entzündlich bedingt (Caro luxurians, „Granulationspolyp") und somit nicht zu den Papillomen gehörig angesehen werden. Es besteht keine Rasse- oder Geschlechtsdisposition [64]. Die Papillome treten einzeln oder multipel, vorwiegend am Kopf, seltener am Rumpf, kaum an den Extremitäten und fast nur bei älteren Tieren auf. Die Größe schwankt von Hirsekorn- bis Walnußgröße. Die Papillome sind gut verschieblich, je nach Bindegewebsanteil weich bis derb oder gar speckig; Ulzeration ist selten. Sie weisen eine grobgranuläre bis papilläre Oberfläche auf. Die Schnittfläche ist weiß bis rosa. Die Tumoren wachsen exophytisch. Ihre Wachstumsdauer wird mit „einigen Wochen" angegeben [64].

Das **histologische Bild** der Papillome ist durch eine stärkere papilläre Proliferation des Epithels, das des Fibropapilloms durch eine breitere Bindegewebsachse [103], evtl. mit tief sich einsenkenden Reteleisten, gekennzeichnet. Eine Virusbeteiligung ist bei der Katze nicht bekannt.

Die **Therapie** der Wahl ist die einfache chirurgische Abtragung.

Die **Prognose** ist günstig.

D. Talgdrüsentumoren

So häufig diese Tumoren beim Hund sind, so selten treten sie bei der Katze auf. Sie machen ca. 2,5 % der Hauttumoren aus. Von klinischer Bedeutung ist die Unterscheidung der noch relativ häufigen Hyperplasien und Adenome (zus. 1,8 %) gegenüber den Karzinomen (0,7 %).

Unter einer **Talgdrüsenhyperplasie** versteht man eine gutartige Proliferation der Talgdrüsen. Sie wird bei Katzen ab dem 1. Lebensjahr gesehen, wobei die größte Häufigkeit im höheren Alter über 7 Jahren auftritt [12]. Die meisten Hyperplasien entstehen am Kopf (Kinn, Ohrbasis, Augenlid, Lefze), seltener am Schwanz, Rumpf oder an den Extremitäten. In der Regel wachsen sie solitär, gelegentlich auch multipel. Eine Rasse- und Geschlechtsdisposition ist nicht bekannt. Die Knoten variieren von Glasstecknadelkopf- bis Haselnußgröße. Sie werden aufgrund ihrer bevorzugten Lokalisation am Kopf meist frühzeitig entdeckt und exstirpiert. Sie sind von fester Konsistenz, die darüber liegende Haut ist gespannt und haarlos, selten ulzeriert. Auf der Schnittfläche ist eine Lobulierung zu erkennen; die Farbe variiert von weiß bis gelblich-grau. Hin und wieder konnen stärker pigmentierte Hyperplasien zu dem klinischen Verdacht eines Melanoms führen.

Tabelle 1: Zahlenmäßiger Vergleich des Aufkommens von Hauttumoren in drei Populationen

	Ortmann 1986 (1+)		Carpenter et al. 1987 (2+)		v. Bomhard (3+)	
Tumorart	n	%	n	%	n	%
I. Epitheliale Tumoren						
Basalzellentumoren	44	10,9	98	17,8	149	17,4
davon Basaliome	*		*		137	16,0
davon Basalzellenkarz.	*		*		12	1,4
Plattenepithelkarzinome	33	8,2	27	4,9	44	5,1
Papillome	15	3,7	1	0,2	3	0,4
Talgdrüsenadenom/-hyperp.	2	0,5	18	3,3	15	1,8
Talgdrüsenkarzinome			2	0,4	6	0,7
Schweißdrüsenadenome	9	2,2	24	4,4	80	9,3
Schweißdrüsenkarzinome	10	2,4	16	2,9	16	1,9
Zeruminaldrüsenadenome	3	0,7	22	4,0	7	0,8
Zeruminaldrüsenkarzinome	7	1,7	30	5,5	30	3,6
Haarmatrixtumoren			1	0,2		
Trichoepitheliome	6	1,5	1	0,2	2	0,2
unklassif. Karzinome**	8	2,0			9	1,1
Hyperplasie/Adenome von Analbeuteldrüsen					1	0,1
Adenkarzinom von Analbeuteldrüsen			1	0,2	1	0,1
merokr. Adenokarzinome			1	0,2		
II. Tumoren der Pigmentzellen						
Ben. Melanome			6	1,1	1	0,1
Mal. Melanome	13	3,2	12	2,2	14	1,6
III. Mesenchymale Tumoren						
Fibrome	5	1,2	5	0,9	10	1,2
Fibrosarkome	174	43,1	72	13,1	302	35,3
aggr. Fibromatose			1	0,2		
Lipome	14	3,5	23	4,2	42	4,9
Liposarkome			2	0,4	1	0,1
Lipomatosen			1	0,2		
Hämangiome	2	0,5	7	1,3	10	1,2
Hämangioendotheliome (-sarkome)	3	0,7	25	4,6	12	1,4
Angiome	3	0,7	9	1,6	1	0,1
Leiomyosarkome			1	0,2		
Neurofibrome	1	0,2	18	3,3	1	0,1
Mastzellentumore	26	6,4	96	17,5	74	8,5
Lymphosarkome	27	6,7	26	4,8	26	3,0
Plasmozytome			1	0,2		
Gesamt	405	100 %	547	100 %	857	100 %

1+ Institut für Tierpathologie der Universität München 1970–1984 [Literaturverzeichnis Nr. 64]
2+ Angell Memorial Animal Hospital, Boston, USA, 35 Jahre [Literaturverzeichnis Nr. 12]
3+ Praxis für Tierpathologie, München 8/1987–7/1989
* nich näher klassifiziert **nicht klassifizierbar, z. T. wohl Matastasen

Tabelle 2: Anteil der malignen Tumoren bei Hauttumoren der Katze

Wilkinson	1966 (107)	75%
Mac Vean, Moulux, Anderson, Silberg, Rossel	1978 (111)	83%
Carpenter, Andrews, Holzworth	1987 (12)	80%
Ortmann	1986 (64)	74%
v. Bomhard		64%

Der Prozeß ist, solange er nicht entzündlich verändert ist, scharf begrenzt.

Das **histologische Bild** ist relativ uniform und läßt hypertrophische und hyperplastische Drüsen erkennen, die aus Gruppen reifer, vakuolisierter Zellen bestehen. Diese Zellgruppen sind größer als die in der Nachbarschaft liegenden, nicht hyperplastischen Drüsen. Im Zytoplasma können neben den Talgvakuolen Melaningranula auftreten. Zwischen den

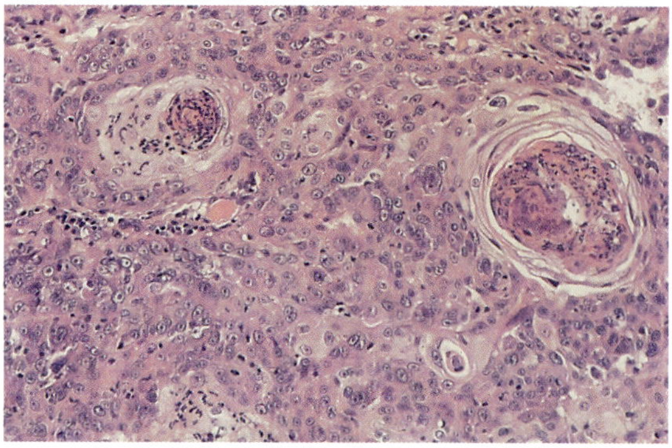

Abb. 7: Plattenepithelkarzinom vom Ohr einer 9jährigen weiblichen Katze, wenig verhornend. Vorbericht: Kampfwunde seit einem halben Jahr. Nach Op nicht wieder vorgestellt. HE, Obj. 20

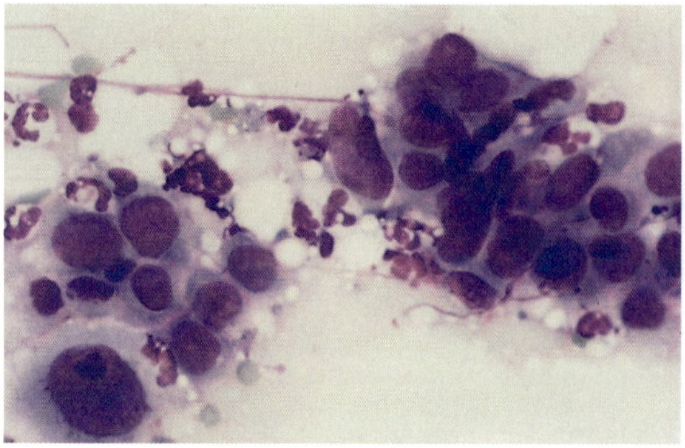

Abb. 8: Plattenepithelkarzinom vom Ohr, wenig verhornend, zytologischer Ausstrich. May-Grünwald-Giemsa, Obj. 60

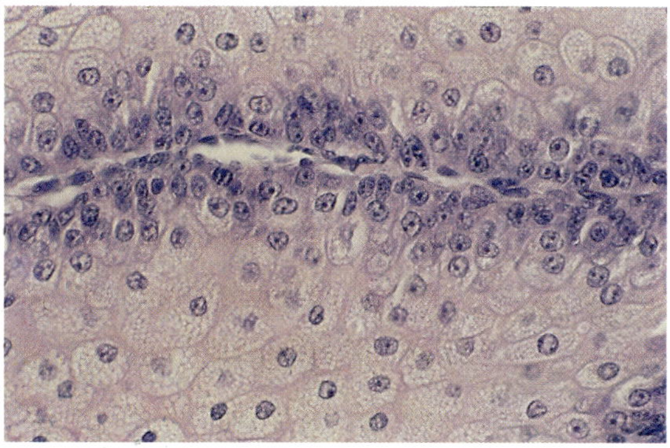

Abb. 9: Talgdrüsenadenom vom Schwanz (Supracaudalorgan) einer 14jährigen weiblichen Katze: Feine Vakuolisierung des Zytoplasmas als Ausdruck der hohen Differenzierung. HE, Obj. 40

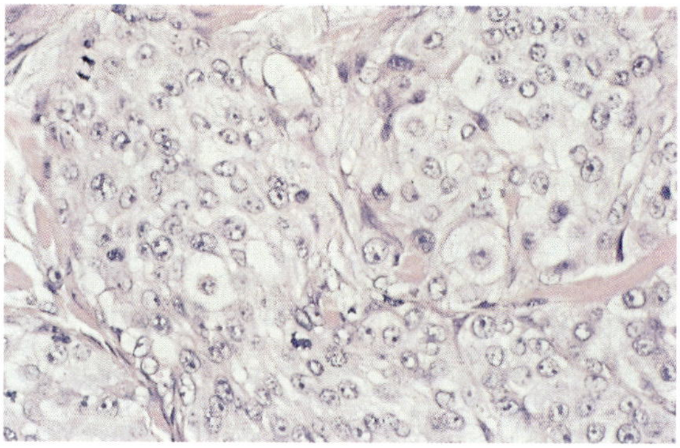

Abb. 10: Talgdrüsenkarzinom einer 15jährigen weiblichen Katze, in soliden, atypischen, mitosereichen Zellsträngen wachsend. Vakuolisierung der Tumorzellen als Ausdruck ihrer Abstammung. Eine Woche p. o. getötet. HE, Obj. 40

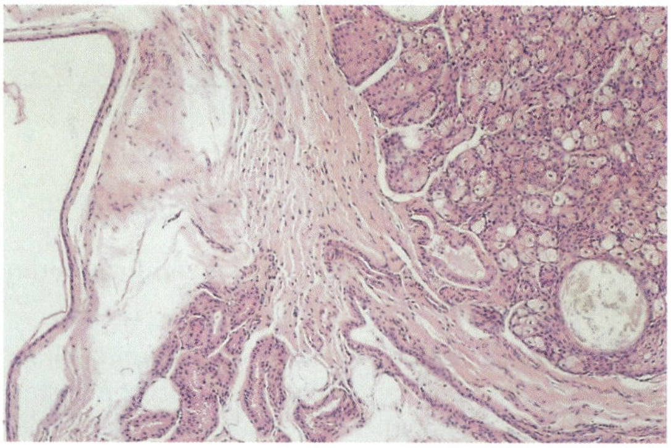

Abb. 11: Hyperplasie von Analbeuteldrüsen eines kastrierten 2jährigen Katers. Auf der linken Seite Anschnitt des Analbeutels. HE, Obj. 10

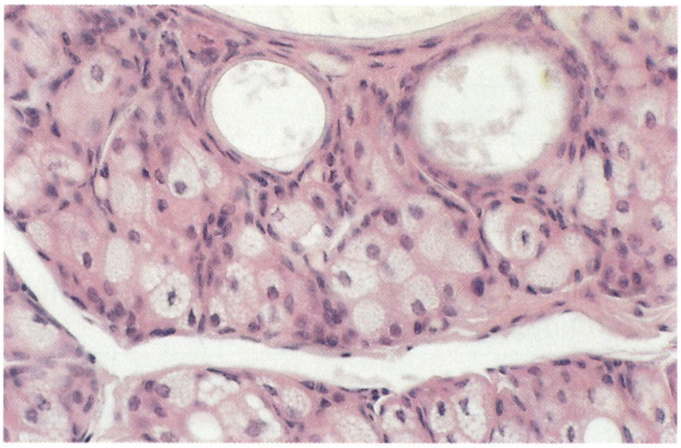

Abb. 12: Hyperplasie von Analbeuteldrüsen eines kastrierten 2jährigen Katers. Talgdrüsenähnliche Differenzierung der Tumorzellen. Ausschnitt von Abb. 11. HE, Obj. 40

Drüsenballen liegen verzweigte, geweitete, mit verhornendem Plattenepithel ausgekleidete Gänge. Die Talgdrüsenhyperplasien sind nicht von einer Kapsel umgeben.

Die **Therapie** besteht, soweit überhaupt notwendig, in der chirurgischen Entfernung.

Die **Prognose** ist günstig. Bei vollständiger Exzision ist kein Rezidiv zu erwarten.

Das **Talgdrüsenadenom** ist bei der Katze sehr selten, weshalb nur wenige Fälle bekannt geworden sind [12, 14]. Diese gutartigen Tumoren werden im höheren Alter beobachtet, genauere Angaben hierüber sind wegen ihrer Seltenheit genauso wenig publiziert wie solche über eine bevorzugte Lokalisation. Ebenso verhält es sich mit einer evtl. Rasse- und Geschlechtsdisposition. Die bekannt gewordenen Fälle sind bis etwa hühnereigroß, auf der Unterlage verschieblich und in der Haut fest verhaftet.

Das **histologische Bild** (Abb. 9) weist eine unterschiedlich große Zahl sog. Reservezellen auf. Sie können herdförmig pigmentbeladen sein. Typisch ist, daß Einzelzellen oder Zellgruppen eine gute Differenzierung zu Talgdrüsenzellen aufweisen. Eine granulomatöse Entzündung als Folge von Automutilation ist nicht selten. Der Tumor wächst expansiv, ohne eine Kapsel zu bilden.

Die **Therapie** besteht, soweit nötig, in der vollständigen chirurgischen Exzision.

Die **Prognose** ist günstig.

Das **Talgdrüsenkarzinom** ist bei der Katze ebenso selten wie das Adenom [12]. Aus diesem Grund liegen ausreichende Angaben über bevorzugte Lokalisation sowie Rasse- und Geschlechtsdisposition nicht vor. Dieser maligne Tumor tritt im höheren Alter auf und erreicht in den bekannt gewordenen Fällen schnell Haselnuß- bis Kirschgröße. Er ist in der Haut nicht verschieblich und infiltriert in die Umgebung. Er kann ulzeriert sein. Die Schnittfläche ist weiß, angedeutet lobuliert und kann Blutungsherde aufweisen.

Das **histologische Bild** (Abb. 10) zeigt wiederum hauptsächlich Reservezellen mit erheblichen Atypien in Form von Anisonukleose, Kernpolymorphie und prominenten Nukleoli sowie gelegentlich abortive Gangbildung in Form von Plattenepithelgruppen Die Mitoserate ist sehr hoch (bis zu 12 Mitosen pro Gesichtsfeld bei starker Vergrößerung). Um den Tumor als Talgdrüsenkarzinom einstufen zu können, müssen noch einzelne, wenigstens andeutungsweise ausdifferenzierte Talgdrüsenzellen oder eine Kontinuität mit Talgdrüsen nachweisbar sein.

Die **Therapie** ist die weiträumige chirurgische Exzision, möglichst unter Einbeziehung der regionären Lymphknoten. Eine Vergrößerung derselben ist nicht gleichbedeutend mit Metastasen, da die Tumoren und damit auch die regionären Lymphknoten entzündet sein können.

Über die **Prognose** ist wegen der Seltenheit dieses Prozesses nichts bekannt; sie dürfte aber bei vollständiger Exzision und histologisch nachgewiesener Metastasenfreiheit des regionären Lymphknotens – in Anlehnung an die Verhältnisse beim Hund – gut sein.

E. Tumoren der hepatoiden (perianalen oder circumanalen) Drüsen

Peri- und Circumanaldrüsen wie beim Hund existieren bei der Katze nicht. Folglich gibt es auch keine Tumoren, die denen des Hundes gleichen. Allerdings gibt es Zellgruppen um den Ausführungsgang des Analbeutels, die histologisch den hepatoiden Perianaldrüsen ähneln. So existieren auch Hyperplasien und Tumoren dieser Drüsen, die allerdings äußerst selten sind (im eigenen Untersuchungsgut nur 0,2 % der echten Tumoren). Sie zeigen histologisch Übergänge zwischen hepatoiden und Talgdrüsenzellen (Abb. 11 und 12). Es gibt sowohl benigne als auch maligne Tumoren dieser Art [12] (Abb. 13).

F. Schweißdrüsentumoren

Formal sind diese Tumoren in Blastome der apokrinen Schweißdrüsen (überall in der behaarten Haut zu finden) und in Blastome der merokrinen (ekkrinen) Schweißdrüsen der Pfotenballen zu unterteilen. Die Ceruminaldrüsen des äußeren Gehörganges, die ebenfalls in diese Gruppe gehören, wurden zwar bei den Hauttumoren statistisch erfaßt, werden aber gesondert besprochen (s. Tumoren des Ohres).

Zysten der apokrinen Hautdrüsen ohne jegliche epitheliale Proliferation sind bei der Katze nicht allzu selten. Katzen ab dem 2. Lebensjahr können davon betroffen sein. Diese Zysten kommen solitär, fast nur am Kopf, vor allem im Bereich der Ohrbasis vor. Ihre Dimension erreicht etwa Haselnußgröße, sie sind von Haut bedeckt, meist haarlos oder spärlich behaart. Eine Ulzeration tritt nur gelegentlich infolge Automutilation ein. Sie sind prallelastisch oder fluktuierend, scharf begrenzt und auf der Unterlage verschieblich. In den Zystenlumina befindet sich wäßrige, klare Flüssigkeit.

Im **histologischen Bild** (Abb. 19) zeigen sich einfache oder konfluierende Hohlräume in der Lederhaut und Subkutis, überzogen von gespannter, oft sehr dünner Epidermis. An der Innenfläche liegen durch Druck abgeflachte Epithelzellen. Pigment findet sich höchstens spärlich. Mitosen und Atypien sind nicht zu sehen.

Die **Therapie** besteht, soweit nötig, in der vollständigen Exzision.

Die **Prognose** ist günstig.

Das **Adenom der apokrinen Hautdrüsen (Hidradenom)** ist mit ca. 9,3 % der Haut- und Unterhauttumoren im mitteleuropäischen Raum relativ häufig. Es wird ab etwa dem 9. Lebensjahr gefunden, das durchschnittliche Alter liegt bei ca. 12 Jahren. Eine Rasse- und Geschlechtsdisposition ist nicht bekannt. Es kommt solitär, am Kopf und im Nacken, vor. Die Größe zum Zeitpunkt der chirurgischen Entfernung liegt zwischen Glasstecknadelkopf- und Kirschkerngröße. Das Hidradenom ist auf der Unterlage verschieblich und in der Regel nicht ulzeriert. Auf der Schnittfläche ist es knollig unterteilt, meist zystisch und mit wäßriger Flüssigkeit versehen, weiß, scharf begrenzt, ohne jedoch eine echte Kapsel auszubilden. Es liegt oft tief im Korium, gelegentlich bis in die Subkutis hineinreichend.

Im **histologischen Bild** sind drüsige, oft zystische Formationen zu sehen, die in zahlreiche Untertypen (Zystadenom, papilläres Syringadenom, Spiradenom, Mischtumor, papilläres Hidradenom) unterteilt werden (Abb. 14 und 15). Dies scheint jedoch ohne klinische Bedeutung zu sein, so daß für eine differenzierte Beschreibung auf Spezialliteratur verwiesen werden kann.

Die **Therapie** besteht, soweit überhaupt nötig, in der vollständigen Exstirpation.

Die **Prognose** ist günstig.

Das **Adenokarzinom der apokrinen Hautdrüsen** ist mit ca. 1,9 % nicht allzu häufig. Katzen ab dem 6. Lebensjahr können von diesem Tumor betroffen sein, das Durchschnittsalter liegt bei 10,7 Jahren, in einer anderen Population bei ca. 13 Jahren [12]. Bevorzugte Lokalisationen sind Kopf, Hals und Extremitäten. Eine Rasse- oder Geschlechtsdisposition besteht nicht. Die Tumoren wachsen solitär, sind bis zu pflaumengroß, auf der Unterlage schlecht verschieblich, solide und nicht fluktuierend. Nicht selten sind sie ulzeriert und stark entzündet, was eine schlecht heilende Verletzung vortäuschen kann. In Einzelfällen können gleichzeitig mehrere Tumoren des gleichen Typs vorhanden sein, was den Verdacht eines metastasierenden Adenokarzinoms anderer Provenienz erwecken muß. Die Wachstumsdauer wird meist mit einigen Monaten angegeben.

Das **histologische Bild** (Abb. 16) zeigt alle Anzeichen der Malignität wie zelluläre Atypie, erhöhte Mitoserate, Nekrose, Invasivität und Einbruch in Lymphgefäße. Zusätzlich liegt oft Ulzeration und entzündliche Demarkation gegen das umgebende Bindegewebe vor.

Die **Therapie** besteht in weiträumiger Exzision, so weit möglich einschl. des regionären Lymphknotens.

Die **Prognose** ist vorsichtig zu stellen, da diese Tumoren sehr zur Rezidivierung neigen und auch – vor allem in die regionären Lymphknoten – metastasieren können [12]. Im eigenen Material traten durchschnittlich bei etwa 35 % der Fälle Rezidive in 7 Monaten auf. Bei etwa 20 % wurden Metastasen festgestellt.

Tumoren der ekkrinen (merokrinen) Hautdrüsen sind äußerst seltene, an den Sohlenballen auftretende Tumoren; es ist bisher nur ein Fall eines rezidivierenden und metastasierenden malignen Tumors dieser Art bekannt geworden [12].

G. Tumoren der Haarfollikel

Die Tumoren der Haarfollikel, das Trichoepitheliom und das nekrotisierende und verkalkende Epitheliom, sind gutartige – bei der Katze, im Gegensatz zum Hund – seltene Tumoren.

Beim **Trichoepitheliom** handelt es sich um einen auf der Unterlage gut verschieblichen, scharf begrenzten, intradermal gelegenen, festen Tumor, der vorwiegend bei älteren Tieren vorkommt. Relevante statistische Angaben über Rasse- und Geschlechtsdisposition, Durchschnittsalter und Altersstreuung, Lokalisation sowie Größe und eventuelle Multiplizität sind wegen der geringen Anzahl (0,2 % der Hauttumoren) der bei der Katze beschriebenen Exemplare nicht vorhanden.

Im **histologischen Bild** liegt ein intradermaler Knoten aus zahlreichen, zentral abrupt in Verhornung übergehenden Strängen vor (Abb. 17). Hierbei werden Verhältnisse wie im normalen Haarfollikel simuliert, wobei allerdings lediglich Hornperlen produziert werden. Das spärliche Interstitium kann leicht mukoid aufgelockert sein. Der Tumor wächst expansiv, bildet jedoch keine Kapsel aus.

Die **Therapie** besteht in der vollständigen Exzision.

Die **Prognose** ist günstig.

Das **nekrotisierende und verkalkende Epitheliom** (Pilomatrixom, Epithelioma Malherbe) ist ein weniger differenzierter, in der Lederhaut und evtl. in der oberen Subkutis liegender Tumor der Haarbälge, der bei Katzen äußerst selten auftritt [12]. Wie beim Trichoepitheliom dürfte sein Vorkommen auf ältere Tiere beschränkt sein, statistisch relevante Angaben über Rasse- und Geschlechtsdisposition, Durchschnittsalter und Altersstreuung, bevorzugte Lokali-

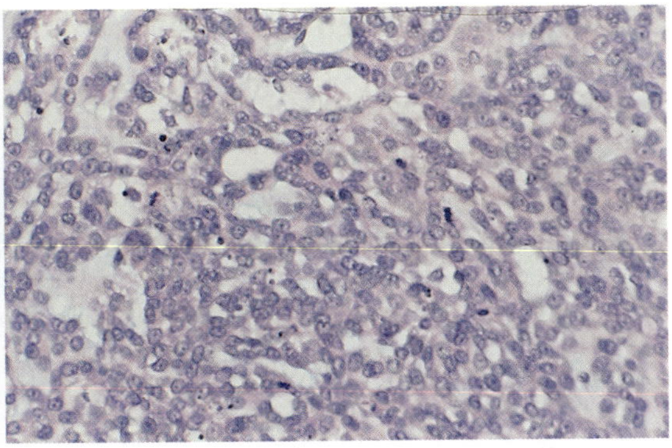

Abb. 13: Adenokarzinom von Analbeuteldrüsen einer 8jährigen weiblichen Katze mit mitosereichen, atypischen Zellsträngen. Rezidiv 10 Monate p. o. HE, Obj. 40

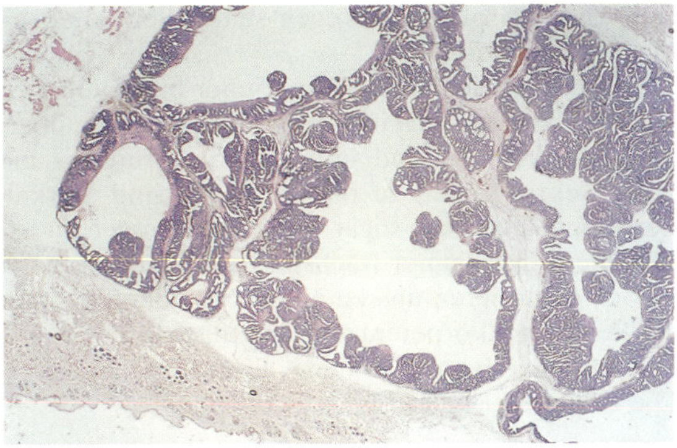

Abb. 14: Zystisches Hidradenom vom Ohrgrund eines 13jährigen Katers, von apokrinen Hautdrüsen ausgehend. Expansives Wachstum, geordnet gelagerte, gleichförmige Zellen, geringe Mitoserate. HE, Obj. 1

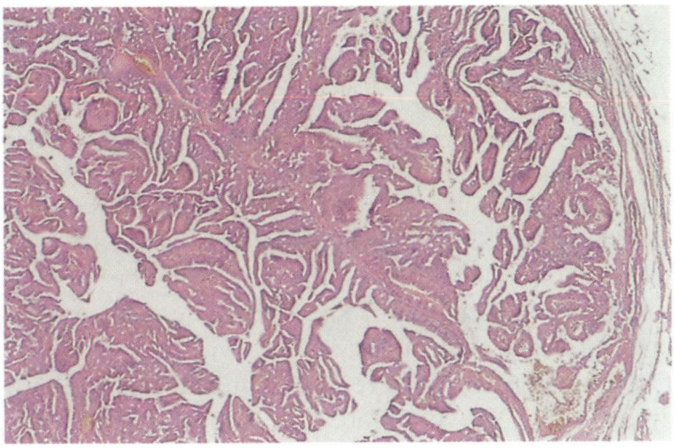

Abb. 15: Papilläres Hidradenom vom Hals eines 8jährigen kastrierten Katers nach Art eines Syringadenoms, von apokrinen Hautdrüsen ausgehend. HE, Obj. 4

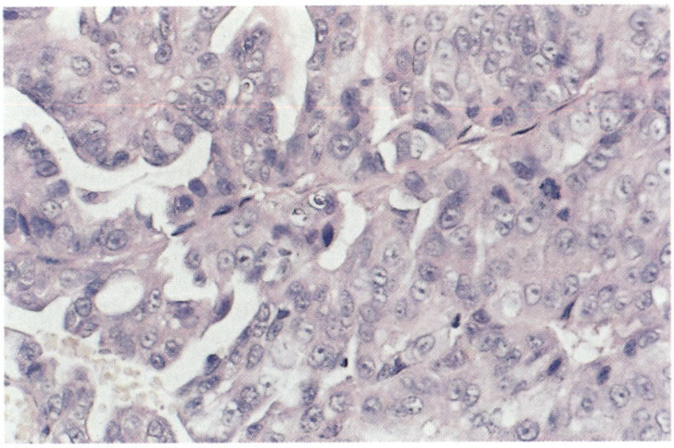

Abb. 16: Adenokarzinom apokriner Hautdrüsen aus der Haut des Sternums eines 9jährigen Katers. Solide und papillär wachsende Zellstränge mit ausgeprägten Kernatypien und Mitosen. Nach mehrmaliger Rezidivierung innerhalb von 2,5 Jahren Euthanasie. HE, Obj. 40

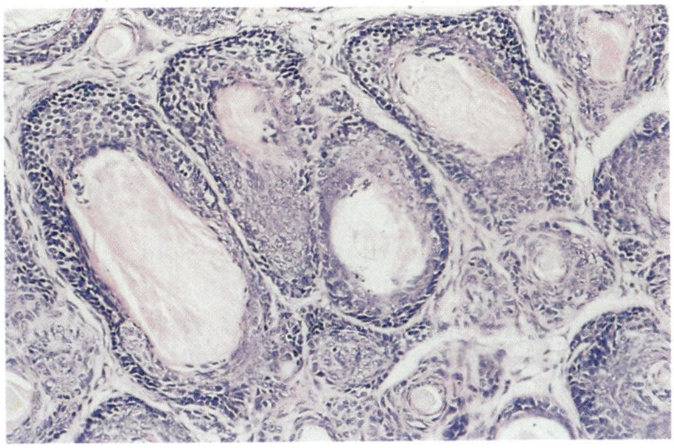

Abb. 17: Trichoepitheliom vom Rücken einer 6jährigen weiblichen Perserkatze, Haarbälge imitierend, mit zentraler Verhornung. HE, Obj. 20

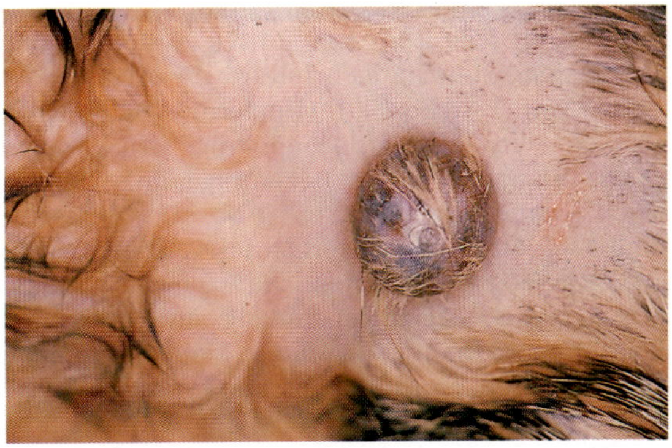

Abb. 18: Epidermale Inklusionszyste (Atherom) unter der Ohrmuschel einer mittelalten, weiblichen Katze.

sation und Größe sind wegen seiner Seltenheit jedoch nicht erhältlich.
Das **histologische Bild** zeigt peripher basaloide Zellen, zentral in sog. Schatten- oder Geisterzellen übergehend. Weiterhin sind amorphe Verhornungs- und auch Nekrosezonen zu finden; hierin sind Verkalkungen, gelegentlich sogar Verknöcherungen zu beobachten. Der Tumor wächst scharf begrenzt, kann jedoch rupturieren und zu einer mehr oder weniger starken Fremdkörperentzündung führen.
Die **Therapie** besteht in der vollständigen Exzision.
Die **Prognose** ist günstig.

H. Zysten

Zysten sind epithelausgekleidete Hohlräume ohne echten Tumorcharakter, können jedoch klinisch den Eindruck von Neoplasien erwecken. Sie werden histologisch als **Epidermiszysten** (epidermale Inklusionszysten, Epidermoidzysten), **Dermoidzysten** und **Follikelzysten** unterschieden. Alle leiten sich von Epidermis oder Haarfollikeln ab, wobei die Dermoidzysten durch zusätzliche Adnexstrukturen gekennzeichnet sind. Im Inneren ist bei allen meist bröckeliges oder auch geschichtetes, hartes, hornartiges, gelegentlich mit Flüssigkeit versetztes Material vorhanden (Abb. 21). Zusätzlich finden sich sog. **Schweißdrüsenzysten** mit in der Regel klarem, wäßrigem Inhalt (Zysten apokriner Hautdrüsen, s. bei Schweißdrüsentumoren) und selten im Bereich des oberen Halses **branchiogene Zysten,** die sich aus Relikten embryonaler Kiemengänge entwickeln (Abb. 23). Alle Zysten zusammen dürften etwa 3 % aller Hauttumoren ausmachen, wobei mit Abstand die meisten als Epidermiszysten anzusprechen sind. Da es sich nicht um echte Neoplasien handelt, werden sie in der Tumorstatistik jedoch nicht aufgeführt. Die Zysten können in jedem Alter beobachtet werden, es besteht keine Rasse- oder Geschlechtsdisposition.

Das **histologische Bild** zeigt je nach Zystentyp eine Auskleidung durch mehrreihiges, verhornendes Plattenepithel (Abb. 20) (Epidermis-, Dermoid-, Follikelzysten), abgeflachte apokrine Drüsenzellen (Abb. 19) oder flimmerhärchentragende Zylinderzellen (branchiogene Zysten, Abb. 23). Letzteres kann auch durch Plattenepithel teilweise oder vollständig ersetzt sein. Zytologische Atypien sind nicht zu sehen. Sekundäre Entzündung, auch nach Art einer Fremdkörperentzündung, kann vorhanden sein. Ein besonderer histologischer Typ ist die Zyste nach WINER (Abb. 22).
Die **Therapie** besteht in der vollständigen Exstirpation.
Die **Prognose** ist günstig.

II. Tumoren der Pigmentzellen

Melaninbildende Tumoren sind bei der Katze selten. Sie kommen noch am ehesten im Auge und seinen Adnexen, seltener in der Mundhöhle, noch seltener in der Haut vor [69]. Entsprechend der WHO-Klassifikation von 1974 werden ein benignes und ein malignes Melanom unterschieden. Die Autoren dieser Klassifikation betonen aber, daß diese nur für die Mundhöhle und für Hauttumoren des Hundes gilt. Die gutartigen Pigmentzellproliferationen der Katze werden wie in der Humanmedizin z. T. als Naevi [12], z. T. als Melanozytome oder benigne Melanome, die bösartigen als maligne Melanome oder Melanosarkome bezeichnet.

A. Das benigne Melanom (Naevus)

ist mit ca. 0,1 % bei der Katze sicherlich äußerst selten. Vielleicht wird es auch nur selten operativ entfernt, da es klinisch meist kaum mehr als ein Pigmentknötchen oder einen Pigmentfleck darstellt. Von Tieren ab dem 6. Lebensmonat wurden solche gutartigen Prozesse zur histologischen Untersuchung eingesandt. Die Wiedergabe statistischer Angaben über Rasse- und Geschlechtsdisposition, Durchschnittsalter und Altersstreuung sind wegen seiner Seltenheit nicht angezeigt. Die bevorzugte Lokalisation scheint am Kopf, vor allem im Augen- und Nasenbereich, zu liegen.
Das **histologische Bild** zeigt proliferierende Melanozyten oder Naevuszellen, die kubisch, epitheloid, spindelig, dendritisch oder ballonisierend sein können. Auch mehrkernige Zellen werden gefunden.
Die **Therapie** besteht in der vollständigen Exzision.
Die **Prognose** ist günstig.

B. Das maligne Melanom (Melanosarkom)

ist mit immerhin bis zu 1,6 % aller Hauttumoren häufiger [64, 12, 27] als sein benignes Gegenstück. Einige Untersucher geben sogar noch höhere Prozentanteile an [68].
Tumoren dieser Art werden ab dem 1. Lebensjahr, in diesem jugendlichen Alter allerdings sehr selten, gefunden. Das Durchschnittsalter liegt je nach Untersucher zwischen 6 bis über 12 Jahre (in unserem Material bei 10,4 Jahren). Das maligne Melanom hat seinen Sitz meist im Bereich des Kopfes oder Halses, vor allem an den Ohrmuscheln, den Augenlidern und der Nase (Abb. 24); Rumpf und Extremitäten sind weniger häufig betroffen. Der Tumor tritt fast immer solitär auf. Eine Rasse- oder Geschlechts-

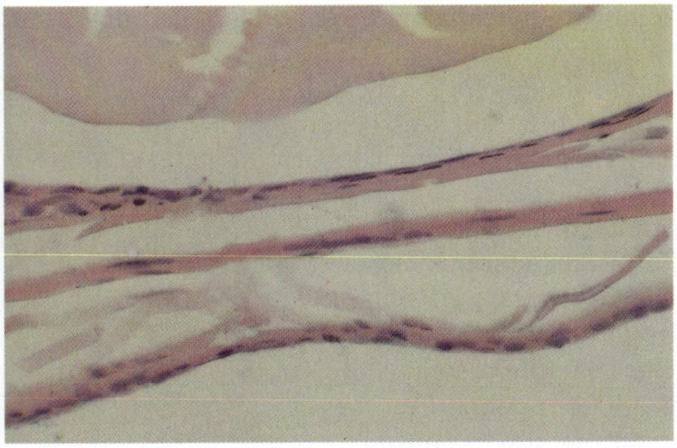

Abb. 19: Zyste apokriner Hautdrüsen (Ausschnitt aus einem Zystenkonglomerat) von einer Lefze mit abgeflachten, ein- bis zweireihigen Drüsenzellen. In der oberen Bildhälfte geronnenes Sekret. Kastrierter Perserkater, 11 Jahre alt. HE, Obj. 40

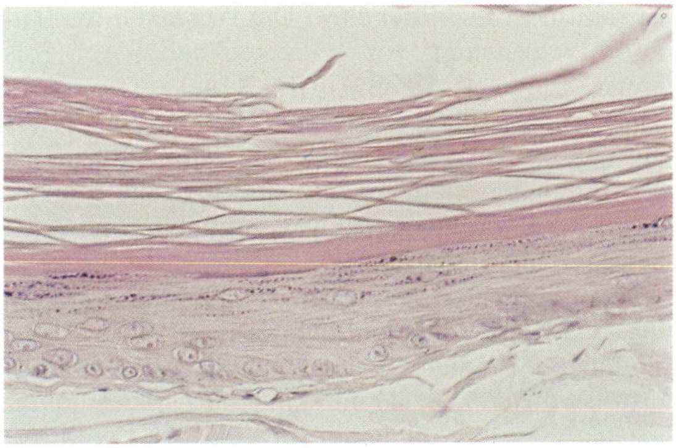

Abb. 20: Epidermiszyste (epidermale Inklusionszyste) in der Haut eines Katers unbekannten Alters. In der oberen Bildhälfte Hornlamellen in der Zystenlichtung. HE, Obj. 40

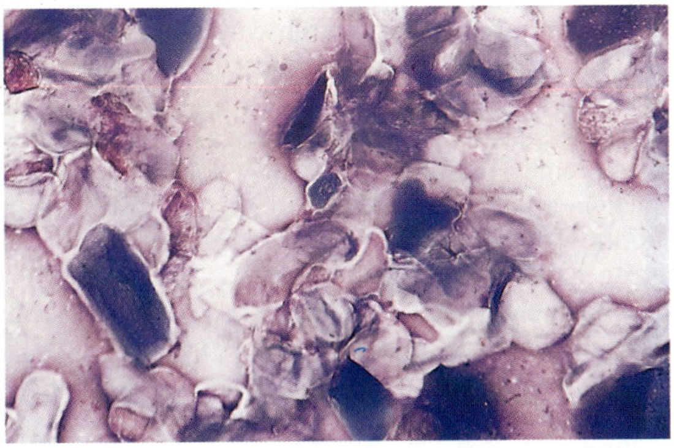

Abb. 21: Inhalt einer Epidermiszyste: verhornte Plattenepithelzellen ohne Kerne (Hornschollen). Zytologischer Ausstrich. May-Grünwald-Giemsa, Obj. 40

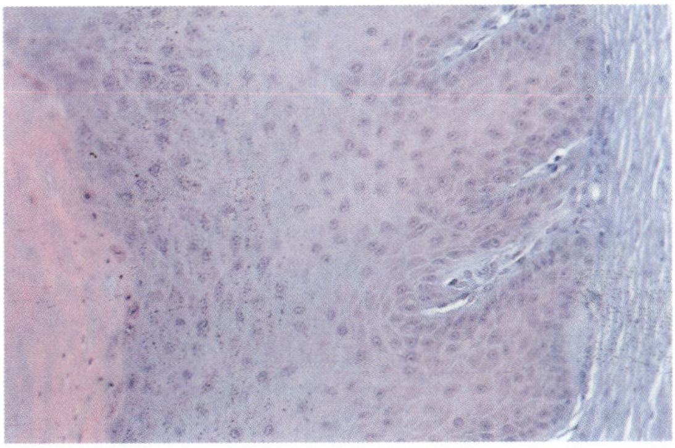

Abb. 22: Zyste nach Winer. Links Zystenlumen mit Hornlamellen, rechts außen typische psoriasiforme Hyperplasie mit Reteleisten. Weibliche 4jährige Katze. HE, Obj. 20

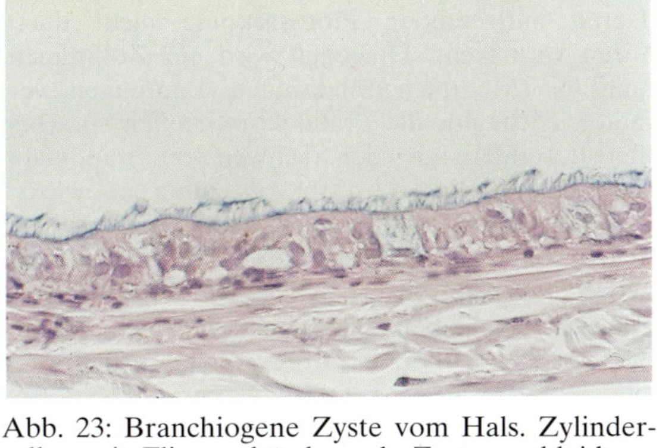

Abb. 23: Branchiogene Zyste vom Hals. Zylinderzellen mit Flimmerhärchen als Zystenauskleidung. Kater, 9 Jahre alt. HE, Obj. 40

Abb. 24: Malignes Melanom in der behaarten Haut der Nase einer 8jährigen Katze.

disposition ist nicht bekannt. Die Ausmaße der Tumoren schwanken von Glasstecknadelkopf- bis Zwetschgengröße. Sie sind in der Regel auf ihrer Unterlage verschieblich, wenn sie größer sind, ulzeriert und von derber Konsistenz. Die Schnittfläche ist feinsträhnig bis leicht speckig, überwiegend dunkelgrau, dunkelbraun oder schwarz, nur selten schwach oder gar nicht pigmentiert.

Das **histologische Bild** zeigt meist epitheloide Zellen, selten gemischte Populationen aus epitheloiden und spindeligen Elementen. Rein spindelige Tumoren dürften wohl die Ausnahme sein. Die Zellen sind unterschiedlich stark pigmentiert (Abb. 25). Die Mitoserate variiert. Die Tumoren haben keine scharfe Grenze zur Umgebung und bilden keine Kapsel.

Die **Therapie** besteht in weiträumiger Exzision des Hautknotens und bei Metastasenverdacht zusätzlich in der Exstirpation des regionären Lymphknotens.

Die **Prognose** ist vorsichtig zu stellen, da doch bis 15 % der Tumoren metastasieren können [64]. Bei fünf von uns recherchierten Fällen wurden Rezidive bei 4 Patienten nach durchschnittlich 3 Monaten und Metastasen in 2 Fällen nach ebenfalls 3 Monaten festgestellt. Maligne Melanome der Ohrspitzen haben bei frühzeitiger, großzügiger Exstirpation eine gute Prognose [12].

III. Mesenchymale Tumoren

In der Haut kommen als Ursprungszellen für mesenchymale Tumoren in erster Linie die eigentlichen Bindegewebszellen die Fibrozyten und Lipozyten sowie Endothelzellen der Gefäße und auch Mastzellen in Frage. Von zahlenmäßig geringer Bedeutung sind die Tumoren glatter und quergestreifter Muskelzellen, Glomustumoren und Blastome der Lymphgefäße.

A. Tumoren des faserbildenden Gewebes

Das **Fibrom** ist ein seltener, gutartiger Bindegewebstumor in der Haut der Katze [64, 12, 55, 90]. Die Wiedergabe statistisch relevanter Angaben über Rasse- und Geschlechtsdispositionen, Durchschnittsalter und Altersstreuung, Lokalisation und Größe sind wegen der geringen Anzahl der bisher beschriebenen Fälle in vergleichbaren Populationen nicht möglich. Das Fibrom tritt einzeln bei meist älteren Tieren auf, wächst expansiv, ohne eine echte Kapsel auszubilden und kann erhebliche Größe erreichen. Die Konsistenz variiert zwischen weich bis derb, weshalb das Fibroma molle vom Fibroma durum unterschieden wird. Die Schnittfläche ist strähnig, weiß, gelegentlich mit etwas muzinöser Flüssigkeit durchsetzt (sog. Myxofibrom).

Das **histologische Bild** zeigt je nach Typ einen unterschiedlich hohen kollagenen Fasergehalt (Abb. 27, 28). Eingelagert sind vorwiegend reife Fibrozyten. Die kollagenen Faserbündel können in breiten Strängen, auch wirbelig angeordnet, gelegentlich mit Fettzellen oder muzinösem Material durchsetzt sein. Die Mitoserate ist sehr niedrig. Die überlagernde Epidermis ist gespannt, meist dünn.

Die **Therapie** besteht, soweit nötig, in der vollständigen Exstirpation.

Die **Prognose** ist günstig.

Das **Fibrosarkom** ist bei der Katze in Deutschland die zweithäufigste Tumorart nach den Neoplasien der lymphatischen und blutbildenden Gewebe (Leukosen), zugleich ist es mit ca. 35 % mit großem Abstand der häufigste Hauttumor. In anderen Populationen schwanken die Angaben zwischen 12 bis 43,1 % (8, 14, 12, 64). Diese Neoplasie tritt ab dem 1. Lebensjahr auf, das Durchschnittsalter liegt bei 8,6 Jahren. Eine Rasse- und Geschlechtsdisposition besteht nicht.

Das Fibrosarkom kann in allen Körperregionen auftreten, eine Häufung zeigt sich jedoch deutlich am Nacken, an der Schulter und der Brust, also Lokalisationen, die am ehesten von Insulten (vor allem iatrogen) betroffen sind (Abb. 29).

In einzelnen Fällen wird über eine multizentrische Entstehung berichtet, die vor allem bei jüngeren Katzen bis zu 6 Jahren beobachtet wird. Das Durchschnittsalter dieser Tiere liegt bei 3 Jahren. Diese Tumoren sollen durch das feline Sarkomvirus (FeSV) induziert werden, das das feline Leukosevirus (FeLV) als Helfervirus benötigt. Die betroffenen Tumorpatienten sind serologisch FeLV-positiv. Die älteren Tiere mit solitären Tumoren sind hingegen serologisch FeLV-negativ, wenn sie nicht zusätzlich eine FeLV-Infektion durchgemacht haben. Nach dem heutigen Wissensstand sind die bei älteren Tieren auftretenden Fibrosarkome nicht durch Viren verursacht. Hingegen wird ein Zusammenhang mit (Mehrfach-)Injektionen (Impfungen) vermutet. Nicht nur die Prädilektionsstellen sprechen hierfür, sondern auch der Nachweis von Fremdmaterial in einer größeren Anzahl von Tumoren sowie die immer wieder postvaccinal auftretenden massiven nekrotisierenden und granulomatösen Entzündungen in diesem Bereich [123, 124, 125].

Die Größenangaben schwanken von linsen- bis kinderkopfgroß, wobei ein Großteil bei der Operation zwischen Kirsch- und Zwetschgengröße liegt. Die Tumoren sind auf ihrer Unterlage meist verschieblich, scheinen aber oft mit dem Hautmuskel verwachsen zu sein. Wenn sie größer werden, zeigen sie

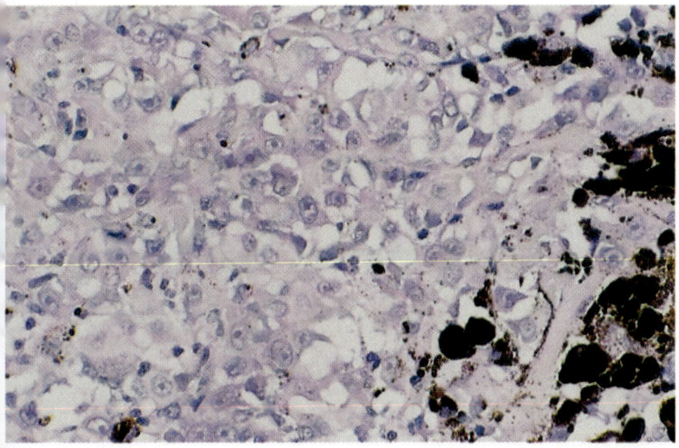

Abb. 25: Malignes Melanom von der linken Ohrmuschel eines 7jährigen Katers. Ausgeprägte Anisonukleose und Kernpolymorphie sowie unterschiedlicher Pigmentgehalt in den Tumorzellen. Nach Amputation eines Ohrmuschelteiles rezidivfrei. HE, Obj. 40

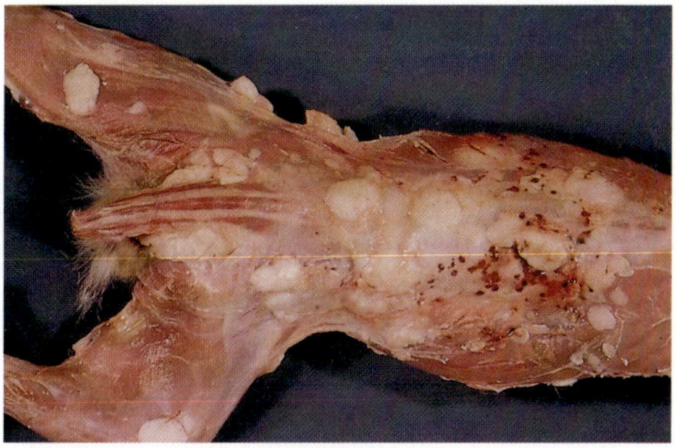

Abb. 26: Multiple reifzellige Lipome in der Unterhaut eines älteren Katers.

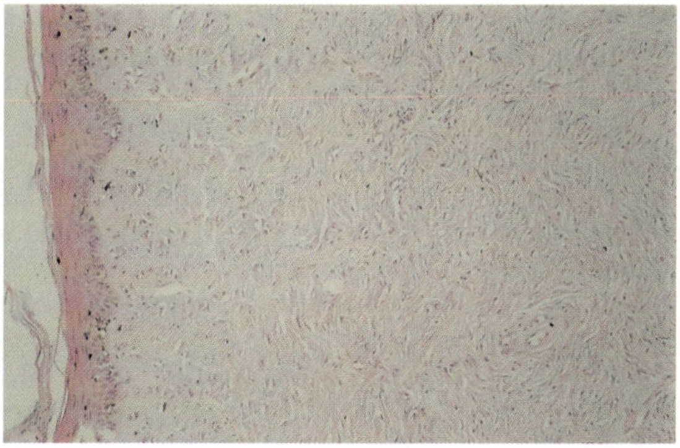

Abb. 27: Fibrom von der Stirn eines 15jährigen kastrierten Katers mit reichlichen kollagenen Faserbündeln und spärlichen, typischen Fibrozyten. Links gering hyperplastische Epidermis. HE, Obj. 10

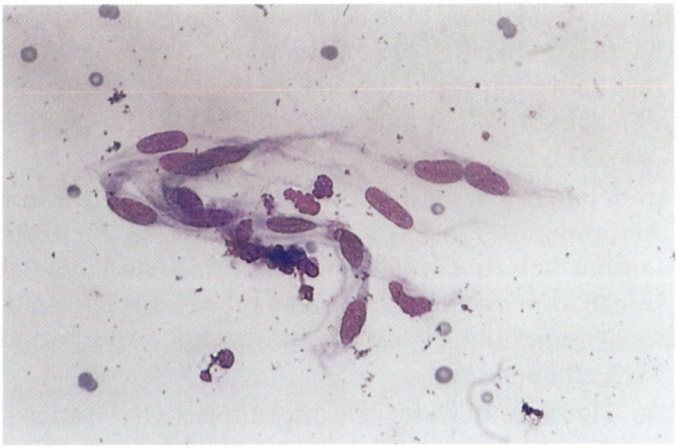

Abb. 28: Fibrom, zytologischer Ausstrich. Gleichförmige, ausgereifte Fibrozyten. May-Grünwald-Giemsa, Obj. 40

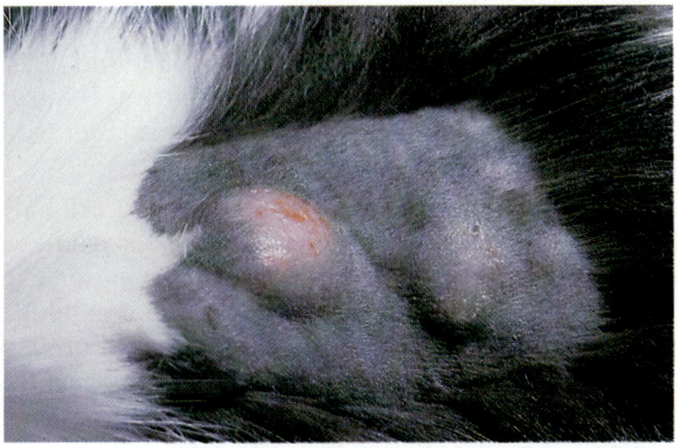

Abb. 29: Fibrosarkom in der Unterhaut des Rückens (zwei Knoten) einer 10jährigen weiblichen Katze.

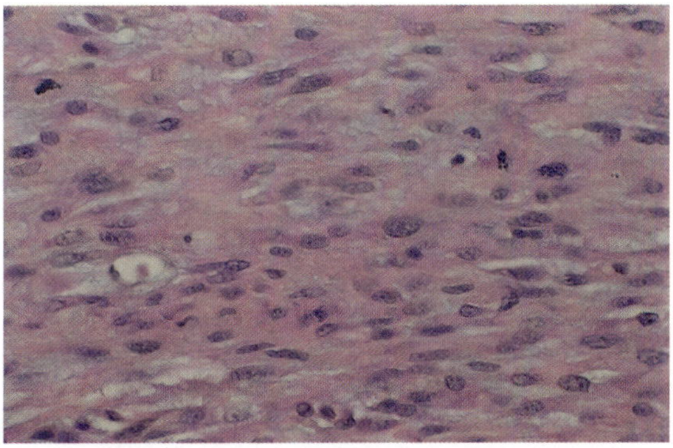

Abb. 30: Fibrosarkom von der seitlichen Brustwand einer weiblichen 8jährigen Katze mit zahlreichen atypischen Spindelzellen, einigen Mitosen und kollagenen Fasern zwischen den Zellen. Der Tumor rezidivierte, aber metastasierte nicht. HE, Obj. 40

Ulzeration mit Bildung einer kraterförmigen, zentralen Einziehung. Die Fibrosarkome sind derb, gelegentlich fluktuierend, auf der Schnittfläche grobsträhnig, hellgrau, oft mit glasigen Nekroseherden, hin und wieder mit knorpelartigen oder muzinösen, manchmal gar kalkigen Arealen. Ein Teil wächst scharf begrenzt, fast expansiv, ein Teil kleinknollig, die Umgebung infiltrierend. Die vom Besitzer angegebene Wachstumsdauer liegt zwischen einigen Tagen und über einem Jahr (durchschnittlich etwa 3 Monate).

Im **histologischen Bild** (Abb. 30) ist ein unterschiedlich hoher Gehalt an kollagenen Fasern, oft hyalinisiert, zu beobachten; die darin eingelagerten Zellen können in dichten, fischzugartigen Verbänden, aber auch weit auseinander gelagert sein. Somit schwankt der Zellgehalt beträchtlich. Die Zellen weisen eine ausgeprägte Vielgestaltigkeit sowie Anisonukleose und Kernpolymorphie auf. Mehrkernige Riesenzellen sind nicht selten (Abb. 31 u. 32). Mitosen sind häufig, jedoch nicht übermäßig. Eingestreut sind kleinere und größere, konfluierende Nekrosefelder. Hin und wieder sind myxoide und selten chondroide, in einzelnen Fällen auch osteoide Areale zu finden (Abb. 31).

An der Peripherie ist bei geeigneter Schnittführung fast immer der infiltrierte und teilweise zerstörte Hautmuskel zu entdecken. Weiterhin sind an der Grenze zum umgebenden Bindegewebe oft follikuläre Ansammlungen von Lymphozyten und Plasmazellen zu bemerken.

Die **Therapie** besteht in weiträumiger (!) Exstirpation. Kryochirurgie soll wegen der resistenten Zellmembranen der Tumorzellen nicht erfolgreich sein. Eine postoperative Bestrahlung soll die Rezidivgefahr vermindern [53].

Die **Prognose** ist bzgl. einer Rezidivierung schlecht. Es treten in 71% der Fälle durchschnittlich innerhalb von 3,5 Monaten Rezidive auf, wobei die Streuung zwischen 2,5 Wochen und 1,5 Jahren liegt [64]. In unserer Population allerdings traten nur bei 48 % von recherchierten 280 Patienten Rezidive auf, bei vielen Tieren aber mehrere hintereinander. In zwei Fällen wurden 10 und sogar 11 Rezidivoperationen durchgeführt. Von recherchierten 133 Tieren mit Erstrezidiven wurden 99 (74,4 %) innerhalb von durchschnittlich 34 Wochen nach der 1. Operation getötet, wobei nur bei 16 Fällen Metastasen als Ursache angegeben wurden. Wenn man diese 16 Fälle, obwohl die Metastasen nicht histologisch gesichert sind, als sicher metastasierend annimmt, so ergibt sich nur ein Prozentsatz von 5,7 % metastasierender Tumoren bei 280 recherchierten Fibrosarkomen. In anderen Populationen werden 9 bis zu 15 % Metastasen und zwar hauptsächlich in der Lunge und den regionären Lymphknoten, gelegentlich auch in anderen Organen berichtet. Die große Differenz zwischen 71 % Rezidivrate und 9 % Metastasenbildung in der Literatur bzw. zwischen 48 % und 5,7 % Metastasen in unserem Material legt den Schluß nahe, daß ein Patient mit einem Fibrosarkom nach dem ersten oder auch zweiten Rezidiv nicht unbedingt wegen Metastasierungsgefahr euthanasiert werden muß. Die Probleme dürften viel eher – neben psychischen Aspekten beim Tierbesitzer – in der Wundheilung und der chirurgischen Versorgung bei wiederholten Operationen in der gleichen Lokalisation liegen. Eventuell kann eine postoperative Bestrahlung von 50–60 Gy, über fünf Wochen verteilt, eine Rezidivierung und Streuung verhindern [2].

B. Tumoren des Fettgewebes

Diese Tumoren entstammen den Zellen des subkutanen korialen Fettgewebes.

Das **Lipom** ist ein gutartiger Tumor des subkutanen Fettgewebes oder des retikulären Koriums, der bei der Katze zwischen 2,3 und 9,1 % der Haut/Unterhauttumoren [64, 12, 8, 120], in unserem Untersuchungsmaterial 4,9 % ausmacht. Diese Blastome werden ab dem 2. Lebensjahr beobachtet. Das Durchschnittsalter liegt je nach Untersuchungsserie bei bis zu 10 Jahren. Die Lipome treten bevorzugt am Rumpf, evtl. am Thorax, einzeln, öfters auch multipel (in bis zu 30 % der Fälle) auf (Abb. 26). Eine Rassedisposition besteht nicht, es gibt jedoch Anhaltspunkte dafür, daß kastrierte männliche Tiere eher zu Lipomen neigen als intakte [64, 12]. Die Größe der Lipome reicht von Linsen- bis Faustgröße. Sie sind in der Regel nicht ulzeriert, von weichelastischer Konsistenz, auf der Unterlage manchmal nicht gut verschiebbar. Das Wachstum ist expansiv, gelegentlich unter Bildung einer schmalen Kapsel. Die Schnittfläche ist weiß-speckig und deutlich lobuliert. Das Gewebe schwimmt auf Wasser bzw. wäßrigem Formalin. Die Wachstumsdauer wird in Wochen bis Monaten angegeben [64].

Das **histologische Bild** zeigt ausgedehnte Verbände reifer, besonders großer Fettzellen, gelegentlich durch Bindegewebssepten in Läppchen unterteilt. Werden breitere, kollagene Fasersepten gebildet, kann sich ein Fibrolipom entwickeln. In großen Tumoren kann es evtl. zu zentraler Nekrose, u. U. mit Verkalkung, kommen. Die Mitoserate ist äußerst niedrig. An der Peripherie ist gelegentlich eine schmale Faserkapsel zu erkennen. Die Haut über dem Tumor ist gespannt, selten entzündet.

Die **Therapie** besteht, soweit notwendig, in der vollständigen Exstirpation.

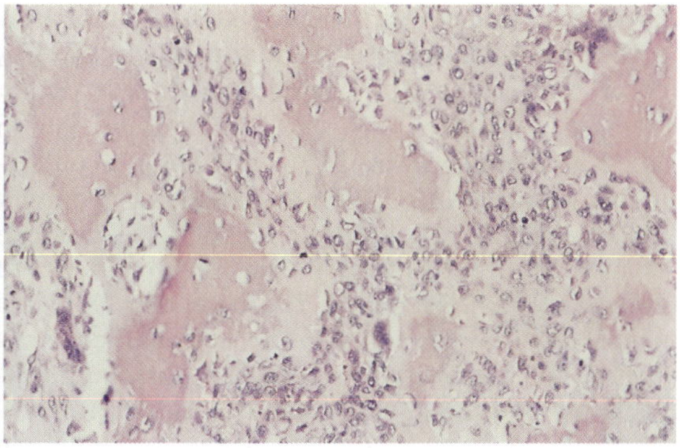

Abb. 31: Fibrosarkom von der seitlichen Brustwand einer 7jährigen weiblichen Katze mit Übergang in osteoplastisches Sarkom. Kein Zusammenhang mit dem Skelett, jedoch tiefes, auch intramuskuläres Wachstum. Sehr atypische Zellen mit Bildung von mehrkernigen Riesenzellen und Knochenbälkchen. Der Tumor rezidivierte, metastasierte jedoch nicht. HE, Obj. 20

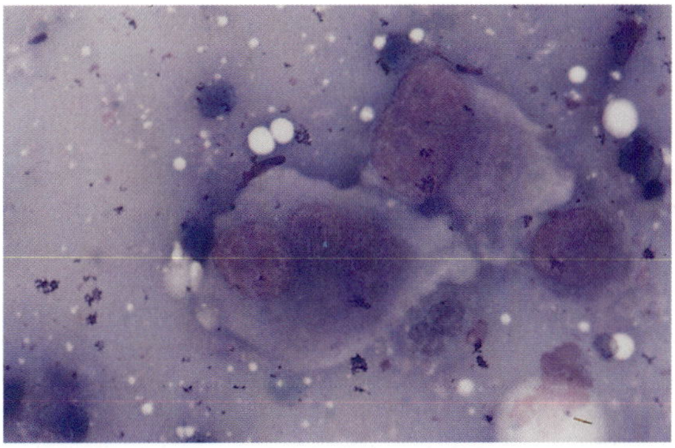

Abb. 32: Fibrosarkom mit Riesenzellen (im Zentrum mehrkernig), zytologischer Ausstrich. May-Grünwald-Giemsa, Obj. 100 Ölimmersion

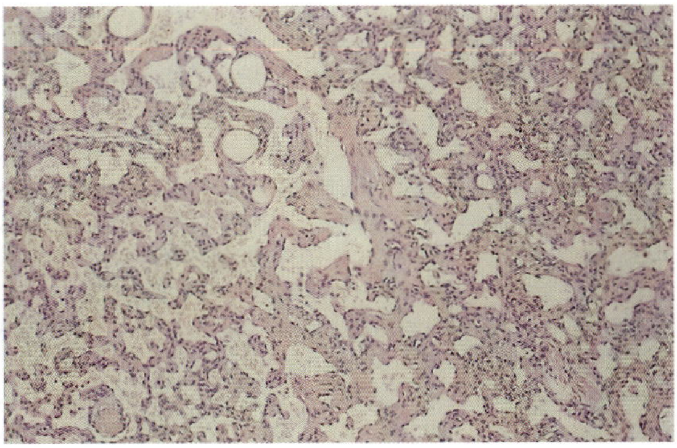

Abb. 33: Hämangiom aus der Haut des linken Hinterbeines mit sehr gleichmäßigen Hohlräumen und uniformen endothelialen Tumorzellen. Der Tumor rezidivierte und metastasierte nicht. 7jähriger kastrierter Kater. HE, Obj. 10

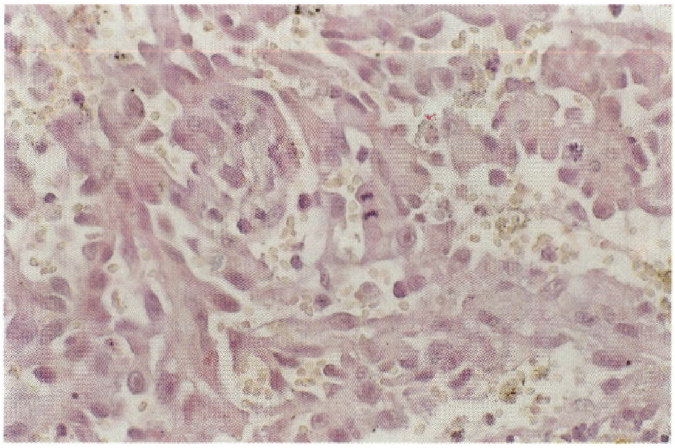

Abb. 34: Malignes Hämangio-Endotheliom (Hämangio-Sarkom) aus der Haut der Achselhöhle einer älteren weiblichen Katze. Sehr unregelmäßig angeordnete Spalträume und atypische endotheliale Tumorzellen. Im Zentrum eine Mitose. Der Tumor rezidivierte. HE, Obj. 40

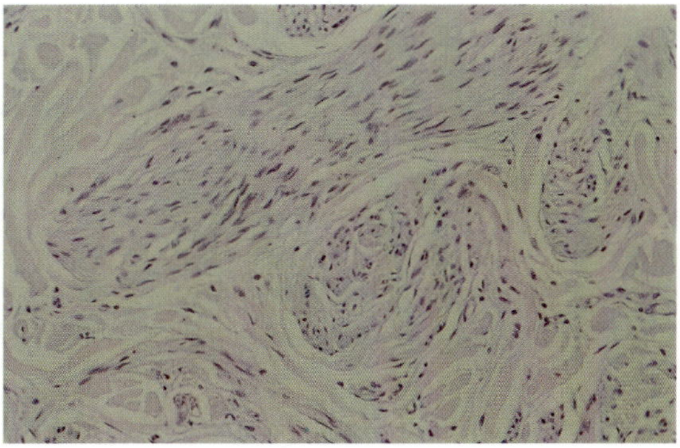

Abb. 35: Neurofibrom aus der Haut des Halses eines 9jährigen kastrierten Katers. HE, Obj. 20

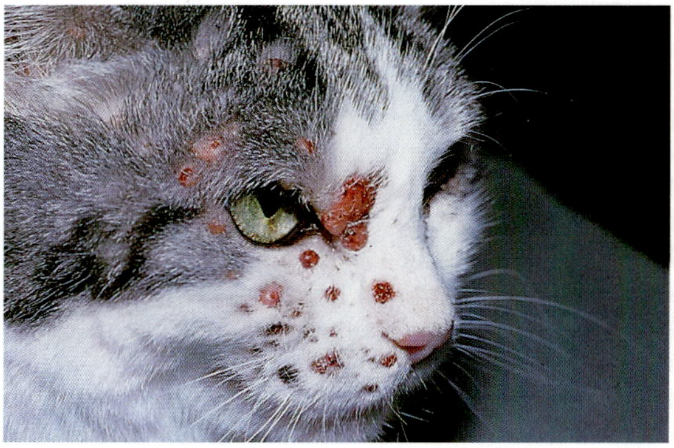

Abb. 36: Mastzellentumoren in der Kopfhaut eines 7jährigen kastrierten Katers.

Die **Prognose** ist günstig. Es gibt allerdings eine seltene Form, die infiltrierend intramuskulär wächst und kaum in toto zu exzidieren ist. Dieser Tumor neigt zur Rezidivierung, metastasiert jedoch nicht.

Das **Liposarkom** ist bei der Katze ein äußerst seltener maligner Tumor des subkutanen Fettgewebes [8, 90]. Die Wiedergabe statistisch relevanter Angaben über Rasse- und Geschlechtsdisposition, Durchschnittsalter und Altersstreuung, Lokalisation und Größe ist wegen seines seltenen Auftretens nicht möglich. Über einen eventuellen Zusammenhang mit dem FeLV-FeSV wurde in der Literatur diskutiert [79, 89].

Das **histologische Bild** gibt unterschiedlich dicht gelagerte, reife und unreife Lipozyten zu erkennen, die durch Anisonukleose, Kernpolymorphie, Kernhyperchromasie sowie eine erhebliche Mitoserate auffallen. Im Zytoplasma ist eine unterschiedlich starke Vakuolisierung zu bemerken. Der Tumor kann invasiv wachsen.

Die **Therapie** besteht wegen des infiltrativen Wachstums in einer großräumigen Exzision.

Die **Prognose** ist wegen evtl. Rezidive und Metastasierungsgefahr vorsichtig zu stellen.

C. Tumoren des Muskelgewebes

Tumoren des Muskelgewebes wie die der glatten (Leiomyom, Leiomyosarkom) und der quergestreiften Muskulatur (Rhabdomyom, Rabdomyosarkom) sind in der Haut äußerst selten und damit ohne – über den einzelnen Fall hinausgehende – Bedeutung.

D. Tumoren der Blut- und Lymphgefäße

Diese Tumoren leiten sich von Endothelzellen der Blut- und Lymphgefäße ab.

Die **Hämangiome** sind gutartige Blutgefäßtumoren, die etwa 1 % der Haut/Unterhauttumoren ausmachen [12, 64]. Das Durchschnittsalter der Patienten liegt bei 7,8 Jahren, bereits mit 3 Jahren können diese Tumoren beobachtet werden. Sie können in jeder Lokalisation auftreten, primäre Multiplizität ist selten.

Die Verteilung auf die Geschlechter ist ausgeglichen. Die Größe der Tumoren liegt zwischen Stecknadelkopf- und Pflaumengröße. Die Wachstumsdauer wird mit Monaten bis Jahren angegeben.

Die Hämangiome fallen durch ihre Blutungsneigung bei Verletzung auf. Sie sind auf ihrer Unterlage gut verschieblich. Die Schnittfläche wirkt dunkelrot bis schwarz und feinporös. Da sie auch dunkel durch die darüber liegende Haut scheinen können, sind Verwechslungen mit einem Melanom möglich. Die Tumoren wachsen scharf begrenzt, ohne eine echte Kapsel zu bilden.

Das **histologische Bild** (Abb. 33) zeigt kapilläre, überwiegend jedoch kavernöse Strukturen, ausgekleidet von flachen Endothelzellen ohne wesentliche Atypien. In den Lichtungen sind Erythrozyten und öfters Thromben zu sehen. Zwischen den Hohlräumen liegen unterschiedlich breite, gelegentlich hyalinisierte und konfluierende Bindegewebssepten. Mitosen und Nekrosen sind selten. Die Tumoren wachsen expansiv, ohne eine echte Kapsel auszubilden. Die Haut über den Hämangiomen ist gespannt, oft spärlich behaart.

Die **Therapie** besteht in weiträumiger Exzision.

Die **Prognose** ist günstig. Bei unvollständiger Exzision kann es allerdings zu Rezidiven kommen.

Die **Hämangioendotheliome** (Hämangiosarkome) sind mit 1,4 % kaum häufiger als das gutartige Hämangiom. Das jüngste betroffene Tier war unter 1 Jahr alt, das Durchschnittsalter liegt bei ca. 9,5 Jahren. Kopf, Achseln und Inguinalbereich sind bevorzugte Lokalisationen. Die Tumoren können eine Größe zwischen Stecknadelkopf- und Mannsfaustgröße aufweisen. Sie sind oft ulzeriert und neigen zu Blutungen. Auf der Schnittfläche zeigt sich weiches, oft mürbes, dunkelrotes, blutreiches Gewebe, meist unscharf gegen die Umgebung abgegrenzt. Eine Kapsel wird nicht ausgebildet. In der Literatur wird vereinzelt ein Zusammenhang mit einer FeSV-Infektion hergestellt.

Das **histologische Bild** (Abb. 34) ist auch innerhalb eines Tumors sehr variabel und reicht von undifferenzierten, soliden Zellstrukturen bis hin zu wohlentwickelten, endothelausgekleideten Hohlräumen. Alle Übergangsstadien sind möglich. Oft sind Zellpolymorphie und Kernatypie sehr stark ausgeprägt; in ca. 70 % werden auch mehrkernige Tumorzellen gefunden. Der Mitoseindex schwankt sehr stark und kann bis zu 30 Mitosen pro Gesichtsfeld bei starker lichtmikroskopischer Vergrößerung erreichen. Nekrosen sind häufig, ebenso Blutungen, Thromben und Ulzerationen. Wegen des soliden Wachstums einiger Hämangioendotheliome ist manchmal eine Abgrenzung gegen andere Weichteiltumoren schwierig.

Die **Therapie** besteht in weiträumiger Exzision.

Die **Prognose** ist ungünstig, die Rezidivrate beträgt in unserem Material 40 %, in anderen Serien bis zu 100 % [12] innerhalb von durchschnittlich 4,5 Monaten. Es besteht auch eine erhebliche Metastasierungsgefahr, wobei hier die Anzahl für eine fundierte statistische Auswertung noch zu gering ist.

E. Tumoren der peripheren Nerven

Die Neurofibrome und ihre malignen Gegenstücke, die Neurofibrosarkome sind autonome Neubildungen der peripheren Nerven. Sie lassen sich histogenetisch den Nervenhüllzellen bzw. Schwannzellen, den Perineuralzellen und seltener den endo- und epineuralen Bindegewebszellen zuordnen.

Es gibt wenige Berichte über das **Neurofibrom** (entsprechend ihrer Gewebsreife und Wachstumsform auch Schwannom, Neurolemmom, Neurinom) bei der Katze und hier hauptsächlich aus der amerikanischen Literatur [12]. Es kann ab dem 5. Lebensjahr auftreten und in allen Lokalisationen, vor allem an den Extremitäten beobachtet werden. Über eine Rasse- und Geschlechtsdisposition ist wegen der geringen Anzahl der beschriebenen Fälle nichts statistisch Gesichertes bekannt. Sie kommen solitär vor und sind gegen ihre Umgebung gut verschieb-lich. Bei Berührung schmerzen sie. Sie können bis zu Hühnereigröße erreichen, sind weich bis fluktuierend, weiß bis grau; die Wachstumsdauer wird in Wochen bis Monaten angegeben.

Dem **histologischen Bild** (Abb. 35) nach können die Tumoren in verschiedene Subtypen unterschieden werden, was jedoch ohne klinische Bedeutung zu sein scheint. Hierfür wird auf Spezialliteratur verwiesen.

Die **Therapie** besteht in der vollständigen Exzision.

Die **Prognose** ist günstig.

Das **Neurofibrosarkom** ist ein Tumor der sicherlich noch viel seltener vorkommt, als das Neurofibrom. Statistisch gesicherte Angaben über bevorzugtes Alter, Rasse- und Geschlechtsdisposition, Größe und Häufungen in der Lokalisation sind deshalb nicht möglich. Es ist ein Tumor der älteren Katze; ein Neurofibrosarkom wurde allerdings schon bei einer 5jährigen Patientin gefunden [9]. Ob die sehr seltenen Neurofibrosarkome sich in erster Linie von den Schwannzellen ableiten oder von endo- oder epineuralen Fibrozyten ist nicht geklärt.

Das **histologische Bild** unterscheidet sich vom Neurofibrom durch höhere Zellularität, gesteigerte Pleomorphie und Anaplasie sowie durch eine größere Anzahl von Mitosen [9]. Insgesamt ist die Zellanordnung weniger klar und es besteht ein Hang zur Invasivität.

Die **Therapie** besteht in schneller, großzügiger Exzision bzw. ggf. in einer Amputation.

Die **Prognose** ist vorsichtig zu stellen, da Rezidiv- und Metastasierungsgefahr besteht. Letztere scheint allerdings, soweit dies bekannt ist, nicht allzu hoch zu sein.

F. Mastzellentumoren

Die **Mastzellentumoren** der Haut sind bei der Katze seltener als beim Hund [8, 55, 90, 120]. Die Prozentangaben sind allerdings sehr schwankend. In Mitteleuropa dürfte ein Prozentsatz von ca. 8,5 % realistisch sein. Das Durchschnittsalter liegt bei 9,2 Jahren, ein Auftreten bereits im 1. Lebensjahr ist nicht zu selten [37]. Mastzellentumoren liegen zu $^2/_3$ in der vorderen Körperhälfte, bevorzugt am Kopf (Abb. 36) und Nacken, auch an den Extremitäten, viel seltener am Rumpf [64, 55, 12]. Sie können multipel auftreten (zwischen 10 und 30 %), evtl. auch im Rahmen einer Mastzellenleukose (s. Tumoren der blutbildenden und lymphatischen Organe). Eine Rassedisposition ist nicht gesichert; es gibt jedoch Anhaltspunkte für eine Prädilektion für Siamkatzen [106]. Es scheint eine Geschlechtsdisposition von 4:1 zum Nachteil des männlichen Geschlechtes vorzuliegen, was jedoch nicht unwidersprochen ist. Die Größenangaben reichen von glasstecknadelkopf- bis zwetschengroß. Die Tumoren sind auf ihrer Unterlage verschieblich. Die Haut ist meist gespannt, haarlos und in ca. 20 % der Fälle ulzeriert. Das Tumorwachstum wird mit Tagen bis Jahren angegeben.

Das **histologische Bild** zeigt im wesentlichen zwei Typen [106]:

Zum einen (70 %) hoch differenzierte, gleichförmige Mastzellen mit ausgeprägter Metachromasie der intrazytoplasmatischen Granula sowie ziemlich uniformen, runden bis ovalen Kernen (Abb. 37, 39). Die Zellen machen oft den Eindruck, als lägen sie in Reihen bei wenig intratumoralem Bindegewebe. Die Zahl der eosinophilen Granulozyten zwischen den Tumorzellen schwankt, ist jedoch oft sehr niedrig. Auch die Anzahl der Mitosen ist gering.

Zum anderen der zweite Tumortyp (ca. 30 %), der weniger kompakt und auch weniger einheitlich wächst. Die Zellen sind polygonal, auch die Kerne zeigen eine höhere Anisonukleose und Polymorphie als beim ersten Typ. Die Metachromasie ist unregelmäßig ausgebildet. Es können mehrkernige Zellen, auch Riesenzellen (Abb. 38), beobachtet werden, Mitosen sind nicht selten.

Die Grenze zum umgebenden Bindegewebe ist bei beiden Typen nicht scharf, eine Kapsel wird nicht ausgebildet.

Differentialdiagnostische Schwierigkeiten können sich auch histologisch bei der Abgrenzung zum eosinophilen Granulom (eos. Plaque) und anderen Entzündungen, vor allem vom allergischen Typ, ergeben [106].

Die **Therapie** besteht in vollständiger Exzision mit möglichst weit im Gesunden liegenden Abtragungsrändern. Ergibt die histologische Untersuchung ein unreifes Zellbild, so sollte eine zusätzliche Kortikoidtherapie oder lokale Bestrahlung erwogen werden. Die Tumoren sind strahlensensibel [53].

Die **Prognose** ist bei einer Rezidivrate von 34 % vorsichtig zu stellen, sie kann je nach Untersuchergruppe bis über 50 % betragen. Die durchschnittliche Wachstumszeit der Rezidive liegt bei 6 Monaten. Die Metastasierungsrate liegt bei etwa 9 %. Metastasen wurden durchschnittlich 5 Monate nach der Erstoperation festgestellt. Von anderen Kollektiven wurden allerdings auch wesentlich höhere Metastasierungsraten angegeben. Unreife Mastzellentumoren sollen eher zur Rezidivierung und Metastasierung neigen [37, 106].

I. Lymphosarkom

Die **Hautleukose,** die sich im Korium und in der Subkutis manifestiert und die **Mycosis fungoides** (epitheliotropes Lymphom), die Epidermis und Haarfollikel befällt (Abb. 58 und 59), sind selten.

Es wird auf das Kapitel Tumoren der blutbildenden und lymphatischen Organe verwiesen.

IV. Metastatische Tumoren (Sekundärtumoren)

Hierunter versteht man maligne Neoplasien in der Haut, die auf metastatischem Weg aus anderen Organen (Primärorgan) hierher gelangt und zum Wachstum gekommen sind. Sie sind bei der Katze selten. Es kommen in allererster Linie metastasierende Mammakarzinome, aber auch Hämangioendotheliome (Hämangiosarkome), Karzinome des Magen-Darmtraktes u. a. in Frage. Es kann zu knotigen oder diffusen Verhärtungen der Haut kommen, die Anlaß zum Lecken und zur sekundären Entzündung geben können.

Die **Therapie** besteht nach Eruierung des Primärtumors in einer so großzügig wie möglich gehaltenen chirurgischen Entfernung desselben und seiner Metastasen sowie ggf. in der tumorartgemäßen Bestrahlung bzw. zytostatischen Therapie. Ob eine Therapie überhaupt durchgeführt werden soll, hängt vom Willen des Besitzers, von der Tumorart und seinem Streuungsmuster bzw. dem Stadium der Tumorerkrankung ab.

Die **Prognose** ist in aller Regel ungünstig.

Tumoren der blutbildenden und lymphatischen Organe

(Knochenmark, Lymphknoten, Milz, Thymus)

Die Tumoren der blutbildenden und lymphatischen Organe (Haemoblastosen) werden als Leukosen bezeichnet und bilden mit etwa einem Drittel aller Neoplasien die wichtigsten Tumorerkrankungen bei der Katze [27, 32, 62, 74].

Die Leukose der Katze wird meist durch das FeLV, das feline Leukosevirus, hervorgerufen [32, 79]. Das FeLV ist ein onkogenes RNA-Virus (Onkornavirus). Es gehört zur Familie der Retroviridae, die weltweit verbreitet ist. An Leukose erkrankte Katzen, auch solche, die FeLV-negativ getestet sind, haben zwar an ihrer Zellmembran FOCMA (**f**eline **O**ncornavirus-associated **c**ell **M**embrane **a**ntigen) [32], bilden jedoch keine oder zuwenig Antikörper dagegen aus [16].

In Mitteleuropa soll die Katzenpopulation etwa mit 3 % persistierend verseucht sein, in der Sektionsstatistik sind es sogar 16 % [77]. Das Virusreservoir wird durch Dauerausscheider gespeist, die u. U. erst nach längerer Zeit Krankheitssymptome zeigen. Die Infektion erfolgt in der Regel horizontal durch das Ausscheiden größerer Virusmengen im Speichel, im Nasensekret, in der Milch, im Urin und im Kot, die ihrerseits wieder durch die Schleimhäute der Mund-, Rachen- und Nasenhöhle beim Kontakttier aufgenommen werden. Die diaplazentare (vertikale) Übertragung ist von untergeordneter Bedeutung. Nach der Infektion der lymphatischen Einrichtungen des Rachens (Tonsillen, Rachenring, Lymphknoten) kommt es zur lymphogenen und auch hämatogenen Ausbreitung des Virus in andere lymphatische Gewebe (vor allem im Darm) und endlich ab 7 Tagen p. i. zur Infektion des Knochenmarkes. Nach massiver Vermehrung in den Knochenmarkszellen (hauptsächlich Megakaryozyten) gelangen die Viren frei oder an Granulozyten oder Thrombozyten gebunden in die Blutbahn, wodurch eine Virämie hervorgerufen wird. Hierdurch wird auch der Befall der Epithelien des gesamten Magen-Darm-Traktes, der Speicheldrüsen und der Harnblase ermöglicht. Somit ist der FeLV-Infektionszyklus geschlossen und ein neuer Ausscheider entstanden.

Das Virus verursacht zwei Gruppen von Erkrankungen. Zum einen die lympho- und myeloproliferativen Erkrankungen, zum anderen die sehr viel zahlreicheren, sog. FeLV-assoziierten Erkrankungen. Die Tumorform ist nicht die häufigste der durch FeLV verursachten Erkrankungen, sie stellt sozusagen nur die Spitze des Eisberges dieser riesigen Krankheitsgruppe dar, die als häufigste tödliche Infektionskrankheit unserer Katzen noch vor der felinen infek-

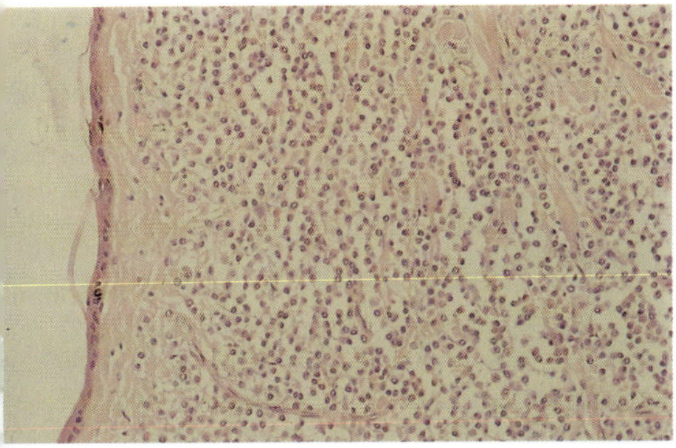

Abb. 37: Mastzellentumor aus der Haut der Stirn eines 6jährigen kastrierten Katers, zellreich, hoch differenziert. 8 Monate p. o. rezidivfrei. HE, Obj. 20

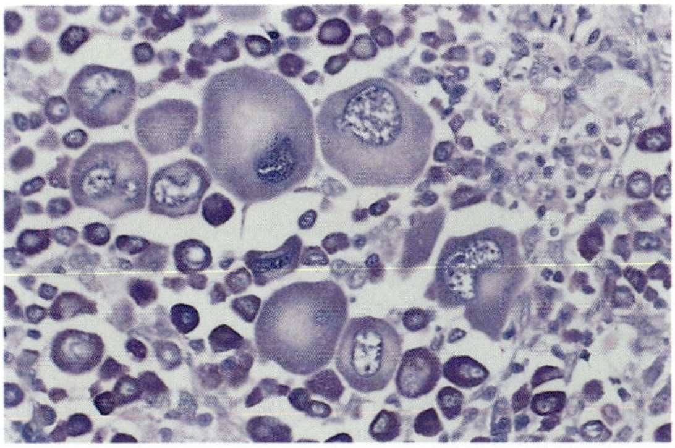

Abb. 38: Mastzellentumor von der linken Brustwand eines 9jährigen Katers. Sehr ausgeprägte Anisonukleose und Kernpolymorphie mit Ausbildung zahlreicher einkerniger Riesenzellen; massenhaft metachromatisch intrazytoplasmatische Granula. 10 Wochen p. o. rezidivfrei. Giemsa, Obj. 40

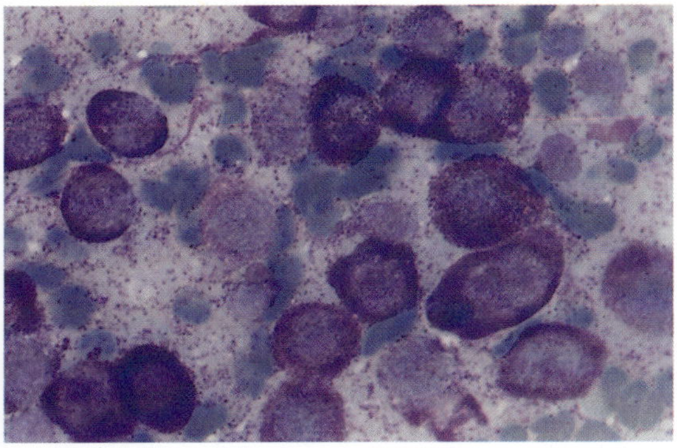

Abb. 39: Mastzellentumor. Zytologischer Ausstrich. Riesenhaft intrazytoplasmatische, durch das Ausstreichen auch extrazytoplasmatisch verlagerte, metachromatische Granula. Kastrierter Siamkater, 8 Jahre alt. May-Grünwald-Giemsa, Obj. 100 Ölimmersion

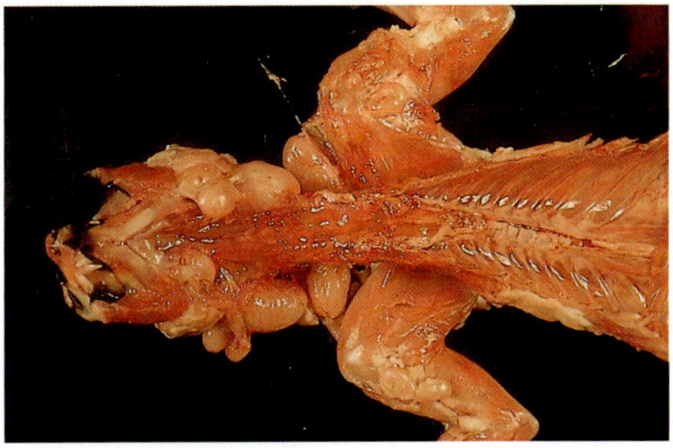

Abb. 40: Generalisierte Form der lymphatischen Leukose in allen Lymphknoten (nur vordere Körperhälfte abgebildet). Weibliche Katze unbekannten Alters.

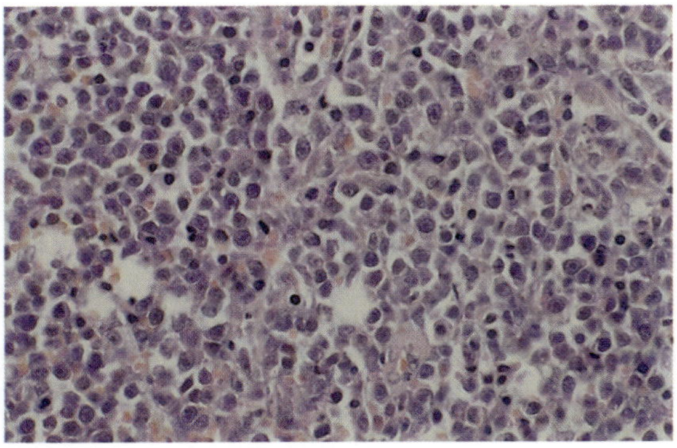

Abb. 41: Lymphatische Leukose in einem Lymphknoten: uniformes Zellbild mit vermehrten Mitosen. HE, Obj. 40

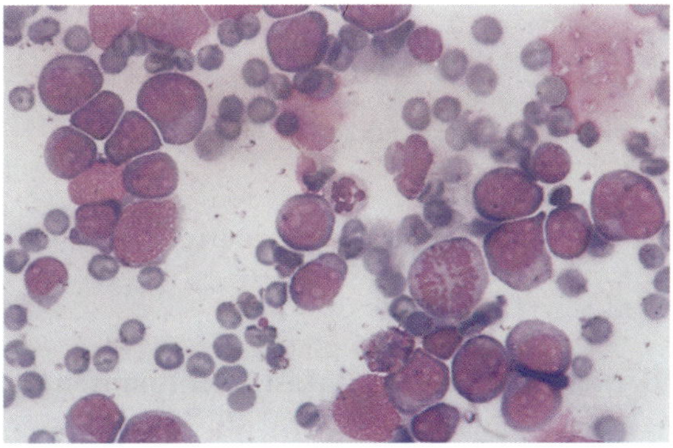

Abb. 42: Lymphatische Leukose in einem Lymphknoten. Zytologischer Ausstrich. May-Grünwald-Giemsa, Obj. 60

tiösen Peritonitis (FIP) und der felinen infektiösen Panleukopenie (Katzenseuche) rangiert. Im Sektionsgut der FeLV-induzierten und -assoziierten Krankheiten liegen die Tumorerkrankungen bei gut 20 %.
Im folgenden sollen nur diese, also die Leukosen im eigentlichen Sinn, besprochen werden.
Die Tumoren der blutbildenden und lymphatischen Organe werden nach der Klassifikation der WHO [42] folgendermaßen unterteilt.

I. Lymphatische Neoplasien

A. Lymphosarkom
  1. Niederdifferenziert
  2. Lymphoblastisch
  3. Lymphozytisch und prolymphozytisch
  4. Histiozytisch, histioblastisch und histiolymphozytisch

B. Lymphatische Leukämie
  1. Niederdifferenziert
  2. Lymphoblastisch
  3. Lymphozytisch und prolymphozytisch

C. Noduläre lymphatische Hyperplasie der Milz (Hund)

D. Tumoren der immunglobulinproduzierenden Zellen
  1. Solitäres Plasmozytom
  2. Myelom
  3. Primäre Makroglobulinämie (Waldenström)

E. Thymom
  1. Vorwiegend epithelial
  2. Vorwiegend lymphozytisch

II. Myeloische Neoplasien

A. Myeloische Leukämie
  1. Niederdifferenziert
  2. Hochdifferenziert
    a. neutrophil
    b. eosinophil

B. Erythroische Leukämie

C. Akute Erythrämie (di Guglielmo)

D. Polycythaemia vera

E. Megakaryozytenleukämie

F. Panmyelose

G. Myelosklerose

H. Unklassifizierte myeloproliferative Erkrankungen

I. Monozytenleukämie

III. Mastzellenleukose (Mastzellentumoren)

A. Mastzellentumor
  1. Hochdifferenziert
  2. Niederdifferenziert

B. Maligne Mastozytose

Leukosen werden bereits bei wenige Monate alten Tieren bis ins hohe Alter gefunden, wobei eine besondere Häufung im Alter von 3 und nochmals bei 8 Jahren zu beobachten ist. Die jüngere Patientengruppe ist serologisch meist FeLV-positiv, während die ältere Gruppe oft negativ reagiert. Es gibt Hinweise, daß Siamkatzen und Kater vermehrt zu Leukosen neigen [26].
Besonders häufig bei der Katze sind die lymphatischen Neoplasien, von denen vor allem das Lymphosarkom große klinische Bedeutung hat. Neben der morphologischen Unterteilung der WHO-Klassifikation, die sich im wesentlichen an der Zytologie der Tumorzellen orientiert, hat sich in der Klinik und der klinischen Pathologie eine Aufgliederung nach ausschließlich oder hauptsächlich tumorös erkrankten Organen oder Organsystemen durchgesetzt.

I. Lymphatische Neoplasien

A. Lymphosarkom

Generell handelt es sich beim Lymphosarkom (lymphatische Leukose) um tumorös entartetes lymphatisches Gewebe, das vor allem die **Lymphknoten,** aber auch die weiße **Milz**pulpa und die Glissonschen Dreiecke der **Leber** ergreifen kann. Auch das **Thymus,** die **Nieren,** das **Nervensystem,** die **Haut** und alle anderen Organe können einbezogen sein. Hierbei werden die betroffenen Organe teilweise oder ganz, bei paarigen Organen oft bilateral symmetrisch zerstört; die Funktion erleidet wesentliche Einbußen bis hin zum vollständigen Funktionsverlust. Das Blutbild ist bei 27 % der am Lymphosarkom erkrankten Tiere leukämisch. Meist handelt es sich um FeLV-positive Patienten. Die Gesamtzahl der weißen Blutzellen kann erniedrigt, im Normbereich oder erhöht sein [32].
Das **multizentrische Lymphosarkom** oder die **multizentrische lymphatische Leukose** betrifft in erster Linie die Körperlymphknoten (Abb. 40), wobei oft, aber keineswegs immer, eine symmetrische Vergrößerung derselben, die nicht in allen Lokalisationen gleich stark ausgeprägt sein muß, zu beobachten ist. Bei dieser häufigsten Form [32] sind oft auch Splenomegalie und Hepatomegalie sowie Einbeziehung der Tonsillen, der Nieren, der Lunge, des Thymus, des Herzens, des Intestinaltraktes und Knochenmarkes zu beobachten. Selten ist die Haut betroffen. Hin und wieder bilden sich Lymphosarkome in den Augenlidern, in der Orbita und im Auge (vor allem Uvea, Abb. 55–57). Je nach Organbeteiligung sind die klinischen Erscheinungen sehr unterschiedlich. Neben Mattigkeit und Bewegungsunlust wird häufig über Anorexie, Abmagerung und Erbrechen

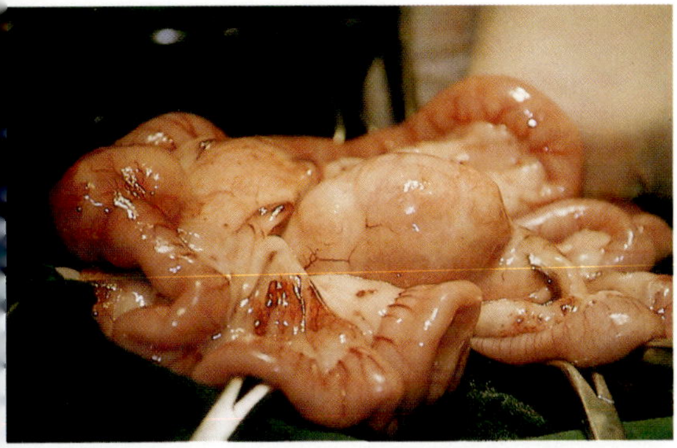

Abb. 43: Gastro-intestinale Form der Leukose in der Darmwand und in regionären Lymphknoten. Findlingskatze unbekannten Alters.

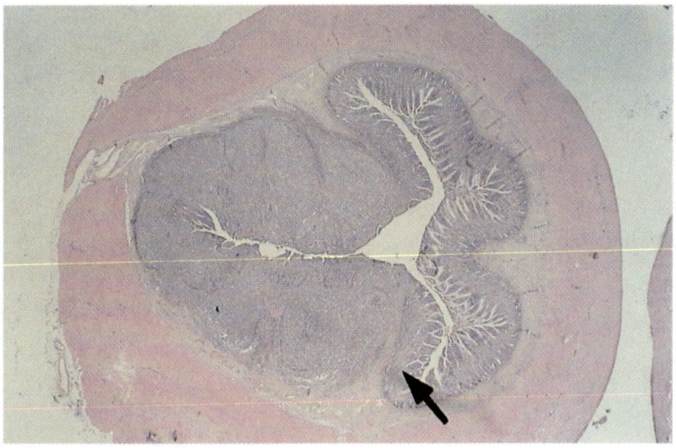

Abb. 44: Lymphosarkom der Mucosa und Submucosa des Dünndarms (FeLV-negativ). Tunica muscularis tumorzellfrei, Mucosa ulzeriert. Kastrierter Kater, 11 Jahre alt. HE, Obj. 1

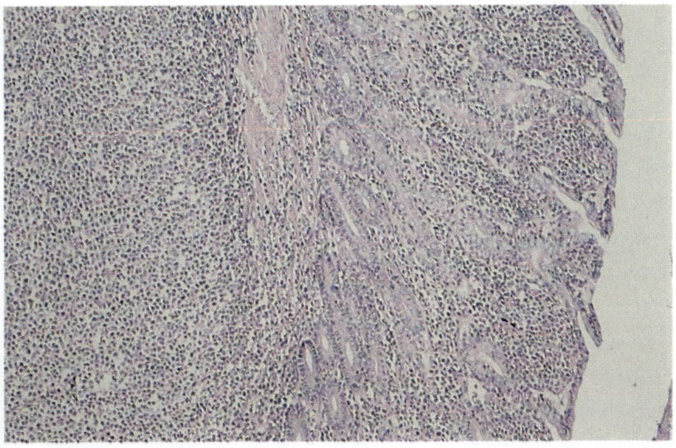

Abb. 45: Lymphosarkom des Dünndarms eines 11jährigen kastrierten Katers. Verdrängung der Drüsen durch lymphatische Tumorzellen in der Mucosa, tumoröse Infiltration der Submucosa. Ausschnitt der vorigen Abbildung. HE, Obj. 4

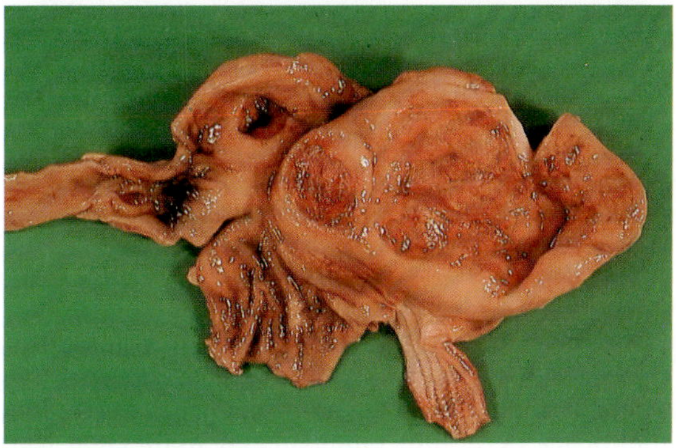

Abb. 46: Leukose der Magenwand mit ausgedehnten, blutenden Ulcera. Weibliche Katze, 7 Jahre alt.

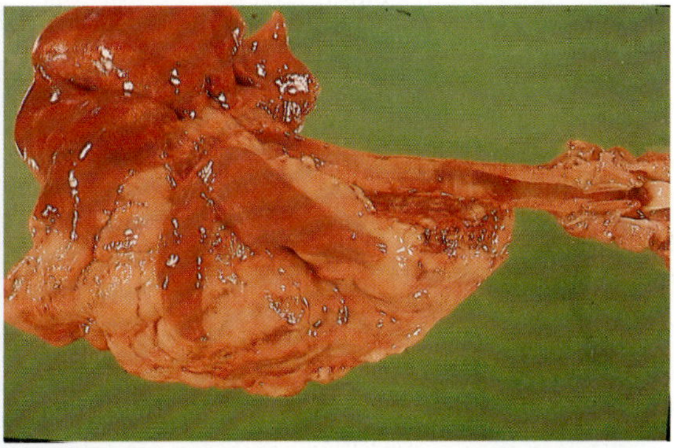

Abb. 47: Thymusform der Leukose mit Verdrängung der Lunge und des Herzens. Weibliche Katze unbekannten Alters.

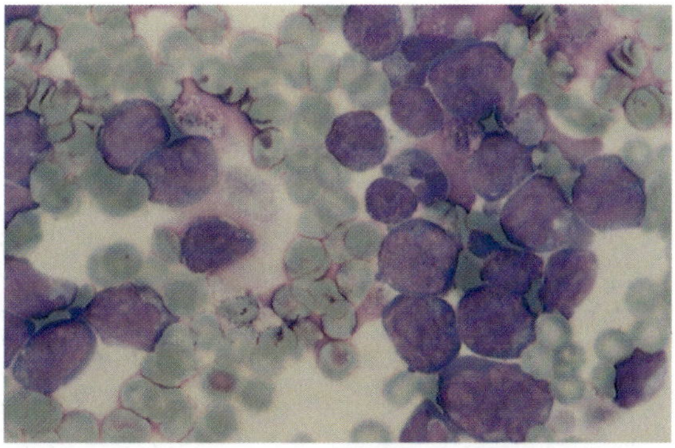

Abb. 48: Thymusform der Leukose. Thoraxpunktat. Zytologischer Ausstrich aus dem Sediment. Kastrierter Kater, 4 Jahre alt. May-Grünwald-Giemsa, Obj. 100 Ölimmersion.

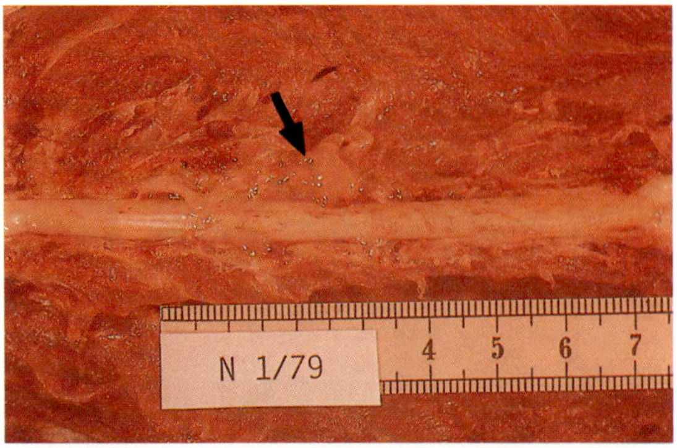

49

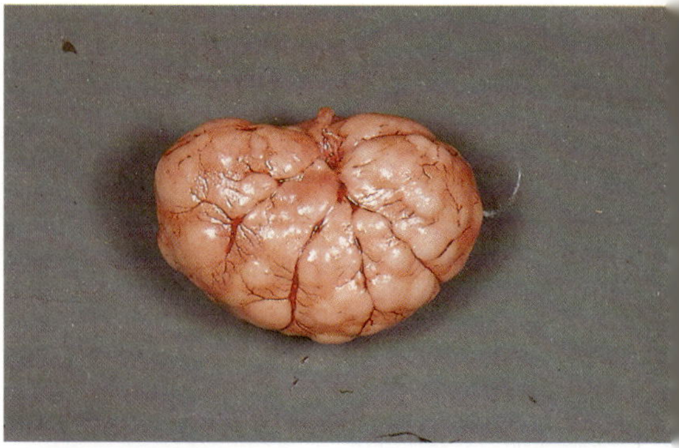

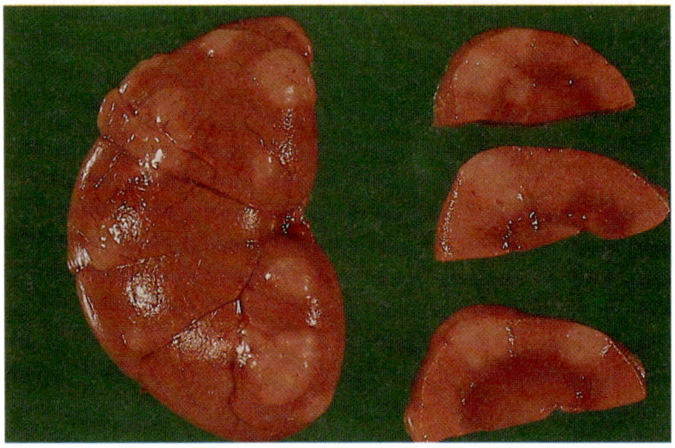

51

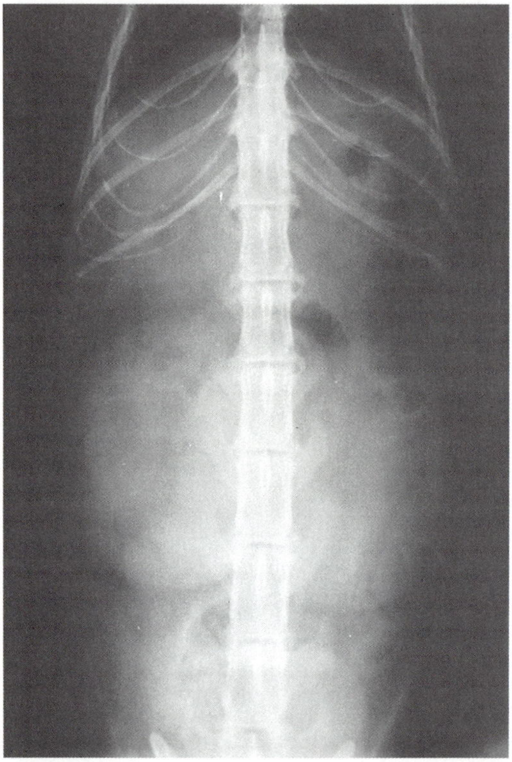

52

Abb. 49: Leukose der Meninx im Bereich der LWS (↑). Kastrierter Kater, 5 Jahre alt.

Abb. 50: Mehrknotiges Lymphosarkom einer Niere. Weibliche, kastrierte Katze, 3 Jahre alt.

Abb. 51: Granulomatöse Herdnephritis bei feliner infektiöser Peritonitis einer jungen weiblichen Katze. Makroskopische Ähnlichkeit mit der Nierenleukose der Abb. 50.

Abb. 52: Röntgenbild einer beidseitigen Nierenleukose.

Abb. 53: Lymphosarkom in der Leber im Rahmen einer generalisierten lymphatischen Leukose. Verdrängung und Zerstörung eines Teils des Leberparenchyms durch Ansammlung kleiner lymphoider Tumorzellen. HE, Obj. 10

Abb. 54: Röntgenbild einer Milzleukose.

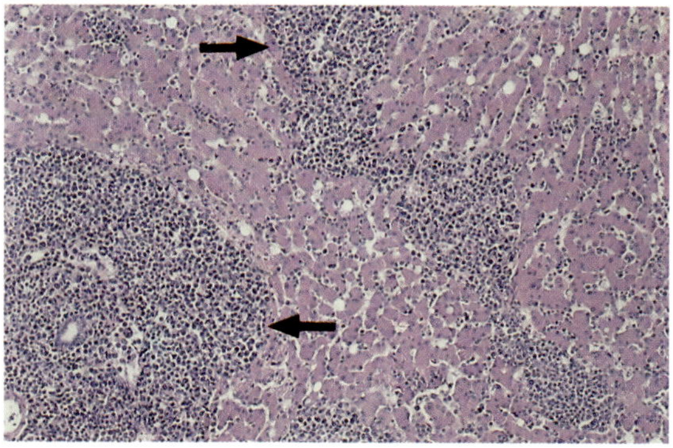

53

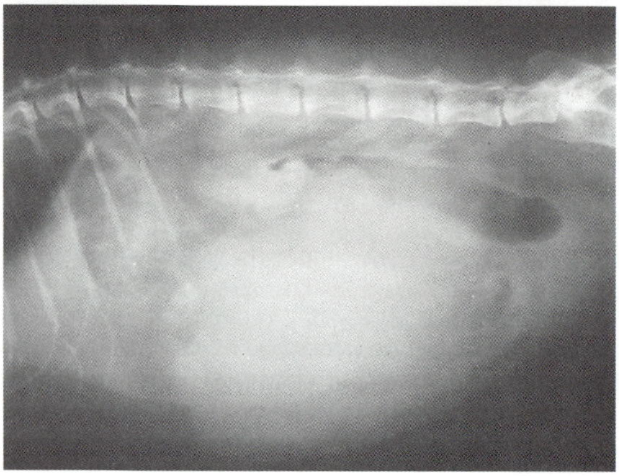

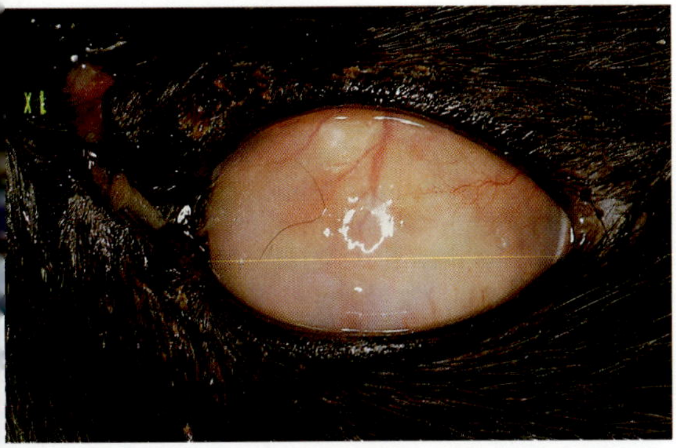

Abb. 55: Lymphosarkom eines Auges im Rahmen einer generalisierten Leukose. Weibliche kastrierte Katze, 12 Jahre alt.

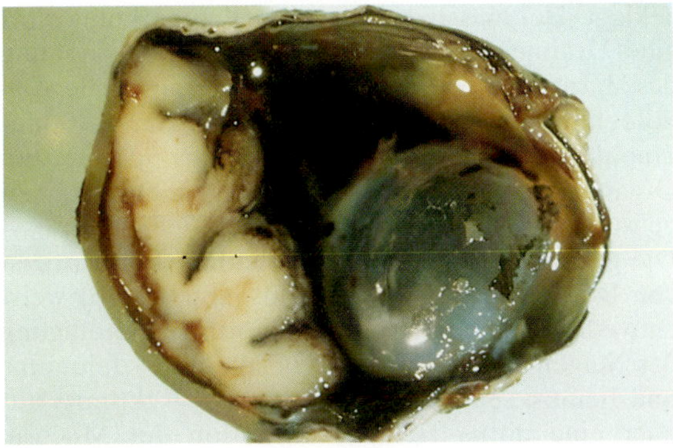

Abb. 56: Lymphosarkom in einem Auge (Bulbus halbiert) im Rahmen einer generalisierten lymphatischen Leukose. Verlagerung der Linse. Kastrierter Kater, 3 Jahre alt.

Abb. 57: Blutung in der vorderen Augenkammer beidseits. Blutgerinnungsstörung bei einer Katze mit lymphatischer Leukämie.

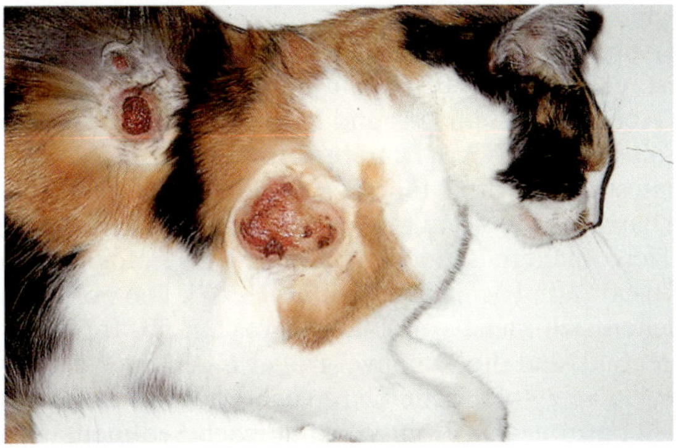

Abb. 58: Hautleukose einer 10jährigen weiblichen Katze (histologisch mit epitheliotropen Anteilen nach Art einer Mycosis fungoides).

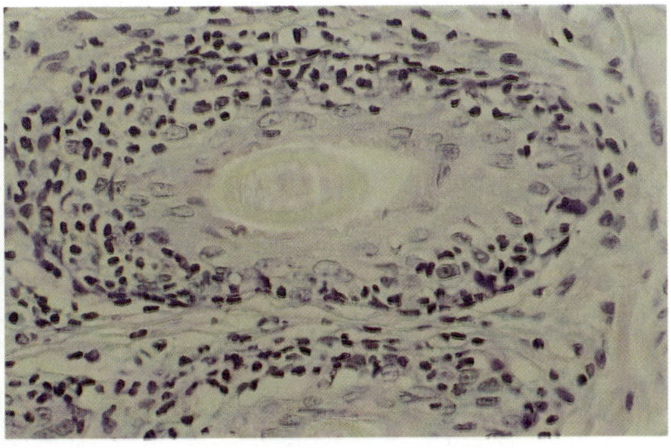

Abb. 59: Mycosis fungoides einer 4jährigen weiblichen Katze. Atypische Lymphozyten in Haarbälgen im Rahmen einer Hautleukose. Nach Antibiose und Verabreichung von Glukokortikoiden Besserung und Stabilisierung (5 Monate p. o.). HE, Obj. 40

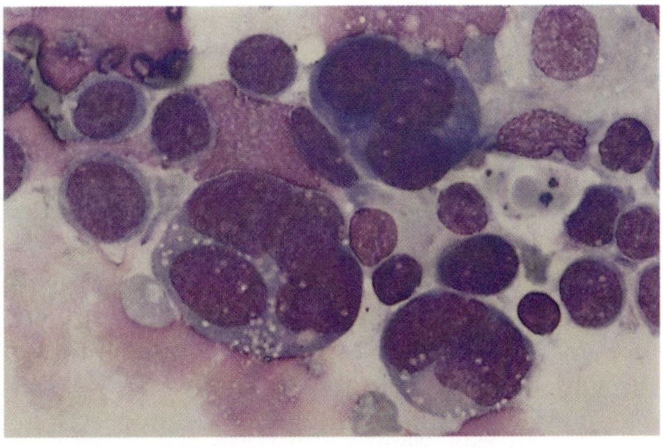

Abb. 60: Megakaryozytenleukämie: zytologischer Ausstrich eines Lymphknotens. Tumorös verändert waren Knochenmark, Leber, Milz und Lymphknoten. May-Grünwald-Giemsa, Obj. 100 Ölimmersion

geklagt. Bei massiver Nierenbeteiligung kommt oft eine Urämie mit Polydipsie, Azotämie, Erhöhung des Harnstoffes, des Kreatinins und eine renale Azidose hinzu. Palpation, Röntgenaufnahmen, Sonographie und Aspirationszytologie aus veränderten Organen können die Diagnose festigen. Diese Gruppe ist zu 60–80 % FeLV-positiv [16, 77, 78, 32].

Die **gastro-intestinale** oder **alimentäre Form** (meist von B-Lymphozyten stammend, Abb. 43–46) weist entweder eine knotige, oft ringförmige Beteiligung des Magen-Darm-Traktes (vor allem des Jejunums und Ileums, seltener des Colons und Rektums) auf oder eine diffus-flächige Infiltration der Mucosa, Submucosa und Tunica muscularis. Besonders massiv sind die Peyerschen Platten und die Mesenteriallymphknoten betroffen, die allerdings oft eine zusätzliche entzündliche Vergrößerung infolge großflächiger Mucosaulzerationen erfahren. Die Leber (Abb. 53) ist häufig tumorös durchsetzt, andere Organe, wie die Nieren und seltener auch die Milz (Abb. 54), können mit einbezogen sein. Der Magen ist gelegentlich betroffen und ebenfalls ulzeriert (Abb. 46), Ösophagus und Mundschleimhaut zeigen selten leukotische Tumoren. Besonders die gastrointestinale Form führt zu Anorexie, Erbrechen, Diarrhoe, Ileus und Malabsorption. Die betroffenen Tiere magern schnell ab. Sie sind serologisch zu 70–90 % FeLV-negativ [16, 77, 78, 32]. Die positiven leiten sich meist von T-Lymphozyten ab. Im Röntgenbild sind die Organvergrößerungen gut darstellbar. Die zytologische Untersuchung eines eventuellen peritonealen Ergusses kann nach Sedimentation Tumorzellen sichtbar machen.

Die **Thymusform** oder **thorakale Leukose** (meist T-Lymphozyten) weist umfangreiche Tumormassen, die sowohl den Thymus als auch die Lymphknoten des Brustraumes erfassen können, auf (Abb. 47). Diese thorakale Form ist in der Lage, die Lunge und auch das Herz aus ihrer regulären Lage zu verdrängen und zu komprimieren. Häufig findet sich ein Hydrothorax, in dem sich zytologisch oft massenhaft lymphoide Tumorzellen nachweisen lassen. Klinisch fallen die betroffenen, meist jüngeren Tiere (2–3 Jahre) durch schwere Atemnot, Husten, die Vermeidung der Seitenlage und oft durch schnelles Erbrechen bei oder nach der Futteraufnahme auf. Im ventralen Bereich des Thorax werden keine Atemgeräusche gehört, die Herztöne sind nur gedämpft zu vernehmen.

Die Patienten sind zu etwa 70–90 % FeLV-positiv [78, 16, 32]. Auch hier helfen Röntgenbilder, Sonographie und Zytologie eines eventuellen Ergusses (Abb. 48) oder des Tumors direkt diagnostisch weiter. Bei älteren Katzen müssen differentialdiagnostisch Thymome (zytologisch aus reifen Lymphozyten bestehend) bedacht werden.

In die Gruppe weiterer Lymphosarkomerkrankungen fällt vor allem die der **renalen Leukose,** bei der insbesondere die Nierenrinde mit diffus wuchernden, lymphoiden Zellen oder Tumorknoten (Abb. 50, 52) durchsetzt ist. Diese Leukoseform ist unschwer durch Palpation festzustellen. Die Folgen können, müssen jedoch nicht, in einem Nierenversagen bestehen (Polydipsie, -urie, Azotämie, Urämie). Die renale Leukose ist auch oft Teilerscheinung einer generalisierten lymphatischen Leukose. Sie soll insbesondere häufig zu Metastasen im ZNS führen [32]. Röntgenaufnahmen, transkutane Aspirationszytologie und Nadelbiopsie können diagnostisch meist weiterhelfen.

Makroskopisch können Schwierigkeiten bei der Abgrenzung gegen die granulomatöse („trockene") Form der felinen infektiösen Peritonitis (FIP) bestehen (Abb. 51).

Hin und wieder ist auch das Nervensystem durch leukotische Infiltrate in Mitleidenschaft gezogen, wodurch eine **nervale Form der Leukose** entsteht. Bei ihr werden leukotische Infiltrate im Wirbelkanal, in den Meningen und vor allem an den Nervenwurzeln gefunden (Abb. 49). Auch im Gehirn treten gelegentlich leukotische Zellansammlungen auf, die zu massiven Ausfallerscheinungen führen können. Die klinische Diagnose kann durch zytologischen Nachweis lymphoider Zellen im Liquor gestützt werden.

Eine weitere, relativ seltene Form ist die **Hautleukose,** die entweder diffus oder knotig auftreten kann. Sie bleibt in der Regel lange ohne klinische Folgen, erst wenn sekundär entzündliche Veränderungen hinzutreten, stellen sich Komplikationen ein, die zum Arztbesuch zwingen. Eine spezielle Form ist das epitheliotrope Lymphosarkom, die sog. Mycosis fungoides (Abb. 58, 59). Die an einer Hautleukose leidenden Katzen sind meist älter und FeLV-negativ. Die Hautleukose tritt in der Regel nicht isoliert, sondern im Verbund mit weiteren Organbeteiligungen auf. Eine Hautbiopsie erbringt die meist unerwartete Diagnose. Die betroffenen Tiere sind nur zu 12,5 % FeLV-positiv [32].

Im **histologischen Bild** der Leukosen (Abb. 41, 42, 53, 59) zeigen sich entsprechend der WHO-Nomenklatur Ansammlungen von unterschiedlich reifen Zellen, die die betroffenen Organstrukturen infiltrieren, auseinanderdrängen und zerstören. Die Kerne sind oft ziemlich uniform, können aber eine erhebliche Anisonukleose und Polymorphie erreichen. Die Mitoserate ist unterschiedlich. Nekrosefelder sind eher selten, Bindegewebszubildung fehlt. Die Tumorzellen können diffus infiltrieren oder Knoten bilden. Sie können auch follikuläre Strukturen imitieren und hierdurch eine histologische Diagnose in den Fällen schwierig gestalten, in denen nur die

Lymphknoten tumorös verändert sind. Unreife und mitosereiche Tumoren haben eine schlechtere Prognose, als hoch differenzierte, mitosearme Neoplasien.

Die **Therapie** der lymphatischen Leukose variiert nach Wuchsform und Ausbreitung. Sichere Einzeltumoren können chirurgisch entfernt werden. Es ist allerdings zu bedenken, daß in anderen Organabschnitten (gastro-intestinale Form) oder weiteren Organen bereits makroskopisch nicht erkennbare Tumorzellabsiedelungen vorliegen können, die unweigerlich zu neuem Tumorwachstum führen. Eine zusätzliche radiologische und chemotherapeutische Behandlung muß deshalb auch in diesen Fällen erwogen werden. Die Thymusleukose ist besser therapierbar als die gastro-intestinale Form.

Müssen Einzeltumoren, die einer chirurgischen Behandlung nicht oder schlecht zugänglich sind und die aufgrund ihrer Lage (z. B. Nase, Rachen, Trachea, Brusthöhle) eine vitale Bedrohung darstellen, schnell einer Regression zugeführt werden, so kann eine Einzelbestrahlung mit 500–1000 cGy sehr erfolgreich sein [53]. Allerdings muß sich eine Chemotherapie anschließen. Liegt eine multizentrische Entstehung oder eine bereits nachweisbare Metastasierung vor, kann die Therapie nach einer eventuellen Bestrahlung von Einzelknoten in einer kombinierten lebenslangen Behandlung mit Cyclophosphamid, Vinca-Alkaloiden und Glukokortikoiden bestehen, da die lymphatischen Tumorzellen auf Chemotherapie gut ansprechen [17]. Allerdings ist der Allgemeinzustand des Patienten (und der Wille des Besitzers) von entscheidender Bedeutung, obwohl die Nebenwirkungen bei der Katze im Verhältnis zum Menschen geringer zu sein scheinen. Vor und während der Behandlung muß das Differentialblutbild laufend kontrolliert werden, da es unter der Therapie zu einer schweren Leukopenie kommen kann. Auch die Thrombozytenanzahl muß überwacht werden. Die Hauptgefahr der Chemotherapie besteht in der Immunsuppression, so daß auf Infektionen besonders geachtet werden muß.

Bei 70 % der Behandelten wird eine Remission für 5 bis 6 Monate, bei 20 % von mindestens einem Jahr und bei einigen Patienten von mehr als zwei Jahren zu erwarten sein, so daß bei diesen von einer Heilung ausgegangen werden kann [17].

B. Lymphatische Leukämie

Die lymphatische Leukämie ist in erster Linie eine Erkrankung des Knochenmarkes, das durch neoplastische, unterschiedlich differenzierte (s. WHO-Nomenklatur) lymphatische Zellen (überwiegend T-Lymphozyten) ersetzt wird. Vom Knochenmark aus findet über das Blut eine Streuung der Tumorzellen in andere Organe statt, insbesondere in die Lymphknoten, in die rote Pulpa der Milz und in die Sinusoide der Leber. Auch andere Organe können betroffen sein. Knotenbildung in den metastatisch durchsetzten Organen ist nicht üblich.

Das Blutbild unterliegt weiten Schwankungen. Die Mehrzahl der Katzen mit einer lymphatischen Leukämie haben eine normale oder verminderte Zahl weißer Blutzellen, es kann aber auch eine extreme Leukozytose mit großen Mengen unreifer Elemente beobachtet werden (Abb. 61). Allerdings kann eine relative und eine absolute Lymphozytose ohne unreife Zellen vorliegen. Man kann somit eine akute lymphoblastische von einer chronischen lymphozytären Leukämie abgrenzen, was durchaus therapeutische und prognostische Bedeutung hat. Aus dem Blut allein ist aber die Diagnose einer lymphatischen Leukämie in den meisten Fällen nicht zu stellen, zumal auch bei Infektionskrankheiten unreife Lymphozyten in der Regenerationsphase des Knochenmarkes im Blut auftauchen können. Klarheit kann nur eine, evtl. in Zeitabständen durchgeführte Mehrfachpunktion des Knochenmarkes geben.

Die betroffenen Tiere neigen wegen der Zerstörung des normalen Knochenmarkes zu aplastischer Anämie und damit zu Polypnoe und Tachykardie, zu Blutgerinnungsstörungen und zu Infektionen. Weiterhin werden Lethargie, Anorexie, Gewichtsverlust, Vomitus, Diarrhoe und auch Fieber beobachtet.

Die Angaben zur Häufigkeit dieser Erkrankung gehen weit auseinander. So sollen 3 bis ca. 40 % der lymphatischen Malignome primär das Knochenmark befallen und zu Leukämien führen, ohne daß knotige tumoröse Veränderungen weiterer Organe zu beobachten wären.

Im **histologischen Bild** des Knochenmarkes liegen massenhaft unreife lymphatische Zellen vor, die je nach Reifezustand entsprechend der WHO-Klassifikation nieder bis lymphozytisch differenziert sind. Die normalerweise zu erwartenden Zellen der Granulozyto-, Erythro- und Thrombozytopoese sind je nach Ausdehnung der tumorösen Umwandlung des Knochenmarkes stark vermindert oder ganz verdrängt. In den parenchymatösen Organen können sich metastatisch verschleppte Tumorzellen finden.

Die **Therapie** der lymphatischen Leukämie ist insofern schwieriger als die der lymphatischen Leukose, als hier ein schwer geschädigtes oder vollständig tumorös ersetztes Knochenmark vorliegt. Damit sind die Patienten bereits fortgeschritten anämisch, oft neutropenisch und gelegentlich auch thrombozytopenisch. Aus diesem Grund sind oft gleichzeitig Bluttransfusionen nötig, da das Ingangkommen einer regelrechten Knochenmarksfunktion zwei bis drei Wochen dauern kann. Bei an sich gleichem Behandlungsmuster wie bei der Leukose darf wegen der Granulozytopenie zunächst Cyclophosphamid nicht gegeben werden. Erst wenn die Granulozytenzahl gestiegen ist, kann dieses Chemotherapeutikum eingesetzt werden.

Die **Prognose** ist insgesamt ungünstig, wenn auch nicht hoffnungslos. Der Krankheitsverlauf ist bei der akuten lymphoblastischen Leukämie oft rasant und wenig durch Therapie beeinflußbar, bei der chronischen leukozytären Form eher schleichend und therapierbar.

Eine vollständige Remission ist unter diesen Umständen schwer zu erreichen und wenn überhaupt, dann erst nach Monaten. Gelingt diese jedoch, so sind die Erfolgsaussichten vermutlich vergleichbar mit denen bei der lymphatischen Leukose [17]. Zur Therapie siehe auch Kapitel „Onkologie"

C. Tumoren immunglobulinbildender Zellen

Das **Plasmozytom** (solitär, knotig) und das **Myelom** (multipel, diffus) werden selten diagnostiziert. Sie können das Knochenmark befallen oder ersetzen und wuchern auch in Lymphknoten, Milz, Nieren, Darm und weiteren Organen. Bekannt ist, daß diese Tumoren, die sich von den B-Lymphozyten ableiten, auch im Epiduralraum des Rückenmarkes wachsen können. Die Folgen dieser Erkrankung resultieren zum einen aus den direkten Organschäden, die sie durch ihr Wachstum verursachen, zum anderen aus den Schäden, die durch die überhöhte Produktion und Ablagerung von funktionslosem monoklonalem Immunglobulin (M-Komponente) induziert werden [32]. So werden z. B. schwere Nierenschäden durch Immunglobulinablagerung in den Glomerula induziert. Im Serum und Urin kann, muß jedoch nicht, sog. Bence-Jones-Protein nachweisbar sein [17]. Es kann auch zur Hyperviskosität des Blutes kommen. Durch Tumorinfiltration verringerte Knochenmarksaktivität führt zur Blutungsneigung und evtl. im Verein mit verminderter regelrechter Immunglobulinsynthese zu erhöhter Infektionsgefahr. Meist sind ältere bis alte Katzen befallen, eine Rasse- und Geschlechtsdisposition ist nicht bekannt.

Im **histologischen Bild** sind unterschiedlich gut differenzierte, jedoch regelmäßig noch erkennbare plasmazelluläre Tumorzellen mit exzentrisch liegenden Kernen zu sehen. Die Mitoserate variiert.

Die **Therapie** besteht, so der Tumor intra vitam erkannt und operabel ist, d. h., nicht multizentrisch entstanden ist und noch nicht metastasiert hat, in der vollständigen Exstirpation. Eine Therapie mit Prednison kann den Verlauf der Erkrankung vielleicht verzögern, eine vollständige Remission und Heilung ist nicht zu erwarten.

Die **Prognose** ist wegen Metastasierungsneigung und sekundären Veränderungen ungünstig. Eine evtl Kortisontherapie (kombiniert mit Zytostatika) verstärkt die Gefahr von Infektionen.

D. Thymome

Sie sind bei der Katze nicht häufig. Sie entstammen dem entodermalen Thymusepithel. Die Tumoren wuchern im vorderen Brustraum, können aber auch die Brustorgane verdrängen und komprimieren. Die Krankheitssymptomatik ist wie bei der lymphatischen Leukose des Thymus (mit der sie nicht verwechselt werden sollte), insbesondere kann ein Flüssigkeitserguß im Thorax entstehen; darüber hinaus sind Atembeschwerden, Husten und Störungen der Futteraufnahme durch Kompression des Ösophagus zu erwarten. Es können bereits junge erwachsene Katzen betroffen sein, das Durchschnittsalter liegt aber bei 10 Jahren.

Im **histologischen Bild** sind vorwiegend epitheliale und lymphatische Zellen zu sehen. Die epithelialen Zellen können rund, oval oder auch spindelig sein, zeigen meist einen breiten Zytoplasmasaum und lassen ovale Kerne mit fein verteiltem Chromatin erkennen. Die Stärke der Atypien und die Höhe der Mitoserate variiert mit der Dignität. In den epithelialen Abschnitten sind fast immer flüssigkeitsgefüllte Zysten, gelegentlich mit zusätzlichen Calculi, zu finden. Die lymphozytische Komponente hat das Aussehen normaler Lymphozyten. Eingestreut sind gelegentlich Mastzellen und vereinzelt eosinophile Granulozyten. Je nach Zusammensetzung der Tumoren werden zwei Typen, das vorwiegend epitheliale und das vorwiegend lymphozytäre Thymom unterschieden. Im zytologischen Ausstrich eines Ergusses finden sich nach Sedimentation viele reife Lymphozyten (und auch evtl. epitheliale Zellen), im Gegensatz zum Befund bei der Thymusleukose, in der unreife lymphoide Zellformen zu beobachten sind [32].

Die **Therapie** besteht – soweit möglich – in der vollständigen kurativen oder partiellen palliativen Entfernung des Tumors. Über die Wirksamkeit von Bestrahlung und Chemotherapie liegen widersprüchliche Angaben vor [32, 17].

Die **Prognose** ist bei erfolgreich durchgeführtem Eingriff gut, da die überwiegende Mehrzahl der Thymome gutartig ist. Darüber hinaus wachsen Thymome langsam, so daß auch bei nicht vollständig entferntem Tumor der palliative Effekt längere Zeit anhält. Allerdings sind auch Fälle von malignen Thymomen, die ihre Bösartigkeit durch Metastasierung bewiesen haben, bekannt geworden, so daß vor jedem Eingriff eine vollständige Untersuchung des Patienten auf etwaige Metastasen notwendig ist.

II. Myeloische Neoplasien

Die myeloischen Neoplasien (myeloproliferative Neoplasien) sind prinzipiell tumoröse Erkrankungen des Knochenmarkes mit Einbeziehung des Blutes. Sie sind im Vergleich zu den lymphatischen Neoplasien weniger häufig, sie machen etwa 10–20 % des gesamten Komplexes Leukose aus. Die **myeloische Leukämie,** also die Form, die durch unreife und atypische Granulozyten gebildet wird, ist die relativ häufigste. Allerdings wurden in den letzten Jahren vermehrt **erythroische Leukämien** (Tumoren der roten Reihe) diagnostiziert [16]. Auch die myeloischen Neoplasien werden durch das FeLV induziert, lediglich die seltene **Eosinophilen-Leukämie** (bis zu 80 % Eosinophile!) ist regelmäßig FeLV-negativ [32]. Sie werden nach der WHO-Nomenklatur entsprechend ihrer Zelldifferenzierung unterteilt, wobei die hier angegebenen Tumorformen sich auch später noch umentwickeln können [32]. So wurde z. B. durch zeitlich verschobene Mehrfachpunktionen festgestellt, daß eine erythroische Leukämie sich in eine myeloische Leukämie weiter- und umentwickeln kann [83]. Auch andere Umentwicklungen sind erwiesen. Die myeloischen Neoplasien entstehen im Knochenmark, können jedoch auch andere Organe, insbesondere die Milz und auch die Lymphknoten, befallen. Auch die Leber ist nicht selten metastatisch involviert. Hier, wie in der Milz und im Lymphknoten, findet sich dann auch öfters eine extramedulläre Hämatopoese bei Hepato- und Splenomegalie sowie Lymphadenopathie. In anderen Organen werden Tumorzellabsiedelungen viel seltener gesehen. Eine echte Knotenbildung wird kaum beobachtet. Die Veränderungen des Knochenmarkes sind sehr variabel, so daß sowohl eine Leukopenie als auch – im fortgeschrittenen Stadium – eine sehr hohe Zahl pathologischer weißer Blutkörperchen festgestellt werden kann [95]. Diese sind in der Regel unreif und vergleichbar mit Myeloblasten, Promyelozyten und Myelozyten oder Vorläufern der roten Zellreihe und der Thrombozyten. Die **Myelosklerose** (Myelofibrose) scheint ein Finalstadium der myeloischen Neoplasien zu sein [32]. Diese wird bei jungen bis mittelalten Katzen gefunden [17]. Eine Rasse- oder Geschlechtsdisposition ist nicht bekannt.

Die primären Veränderungen betreffen das Knochenmark, das teilweise oder ganz von den Tumorzellen verdrängt wird. Dementsprechend kann es zur normozytischen, normochromen, nicht regenerativen Anämie, Granulozyto- und Thrombopenie [95] und damit zur Blutungsneigung und zu Infektionsanfälligkeit kommen. Fieber ist nicht selten. Später gesellen sich Inappetenz, Abmagerung und Lethargie dazu.

Im **histologischen Bild** des Knochenmarkes und der befallenen Organe finden sich je nach Typ der Neoplasie vermehrte unreife und atypische Zellen, die Vorläufern der im Knochenmark normalerweise vorkommenden Zellen ähneln. Diese Tumorzellen sind aber nicht immer nur einem bestimmten Klassifikationstyp zuzuordnen, gelegentlich scheinen sie Vorläufer verschiedener Zellreihen gleichzeitig zu imitieren. Im Fall der Myelosklerose sind ausgedehnte Fibrosen und teilweise auch osteosklerotische Bezirke, die weite Teile des Knochenmarkes ersetzen, zu sehen.

Die **Therapie** ist bisher unbefriedigend. Es wurden Kortison und verschiedene Kombinationen von Chemotherapeutika eingesetzt, ohne daß überzeugende längerfristige Remissionen oder gar Heilungen zu beobachten waren. Als günstig haben sich lediglich regelmäßig Bluttransfusionen erwiesen.

Die **Prognose** ist ungünstig. Die Überlebenszeiten bewegen sich fast durchweg zwischen wenigen Tagen nach der ersten Vorstellung und wenigen Monaten.

III. Mastzellenleukose

Mastzellentumor

s. Tumoren der Haut und Unterhaut.

Maligne Mastozytose

Unter der malignen Mastozytose oder der eigentlichen Mastzellenleukose wird eine systemische tumoröse Besiedelung des Knochenmarkes, der Milz, der Leber und der Lymphknoten durch atypische, autonom wuchernde Mastzellen verstanden, unabhängig davon, ob die Mastzellen als eigentliche Blutzellen anzusehen sind oder nicht. Es können auch andere Organe, insbesondere die Haut, beteiligt sein. Die maligne Mastozytose kommt sehr viel seltener als die isolierten Mastzellentumoren der Haut vor, sie wird, wie diese, nicht durch das FeLV hervorgerufen. Betroffene Katzen sind in der Regel älter, eine Rasse- oder Geschlechtsdisposition ist nicht bekannt. Die klinische Symptomatik ist im wesentlichen unspezifisch, wie Anämie, Inappetenz, Diarrhoe, Erbrechen, Gewichtsverlust, Spleno- und Hepatomegalie und Ergüsse in Brust- und Bauchraum. Es wurde öfters über Magenulzera, auch perforierend, berichtet. Hierfür wird das von den Tumorzellen produzierte und freigesetzte Histamin verantwortlich gemacht. Heparin, das ebenfalls von Mastzellen synthetiziert wird, kann zur Blutgerinnungsstörung führen. Die Tumorzellen können in großer Zahl im Blut erscheinen, was gut für diagnostische Zwecke nutzbar ist. Das Auftreten größerer Mengen

von Mastzellen im Knochenmark und in Ergüssen ist durch Anfertigung zytologischer Ausstriche ebenfalls diagnostisch verwertbar. Auch die Punktion und zytologische Untersuchung von Milz und Leber kann Hinweise auf eine Mastzellenleukose geben.
Als **Therapie** wird, falls eine tumorös veränderte Milz vorliegt, eine Splenektomie vorgeschlagen [17]. Diese kann die Lebenserwartung auf ein Jahr, in Einzelfällen auch auf mehrere Jahre, bringen. Die Ursache hierfür ist nicht ganz geklärt, es soll evtl. die – durch die Exstirpation bewirkte – Elimination von Suppressor-T-Zellen eine bessere Kontrolle der verbliebenen Tumorzellen ermöglichen. Über den Erfolg von Chemotherapeutika und Kortikoiden ist bisher noch nicht viel bekannt, zusätzlich zur Splenektomie können evtl. Glukokortikoide gegeben werden. Um eine Entstehung von Ulzera zu verhindern, sollten Histamin-Rezeptor-Blocker (H_2-Blocker) gegeben werden.
Die **Prognose** ist in der Regel ungünstig. Lediglich die Splenektomie kann z. Zt. bei einigen Fällen eine Lebensverlängerung bewirken [17].

Tumoren des Verdauungstraktes

Die häufigsten Tumoren des Verdauungstraktes liegen in der Mundhöhle. In den tieferen Abschnitten überwiegen weit die malignen Blastome des lymphatischen Systems, die Leukosen, die gesondert abgehandelt werden (s. Tumoren der blutbildenden und lymphatischen Organe).

Tumoren der Mund- und Rachenhöhle

Die Tumoren dieser Region liegen in ihrer Häufigkeit an vierter Stelle hinter den Tumoren der lymphatischen Organe, der Haut und der Mamma. Entzündliche Veränderungen lassen sich klinisch oft nicht mit ausreichender Sicherheit von echten tumorösen Prozessen abgrenzen, weshalb eine histologische Absicherung häufig wünschenswert ist.

Gutartige Tumoren sind im Oropharynx der Katze sehr selten. In erster Linie haben wir es mit **pseudotumorösen Wucherungen,** also keinen echten Tumoren, zu tun.
Die **Epulis,** eine pseudotumoröse Wucherung des Zahnfleisches, ist bei der Katze, im Gegensatz zum Hund, selten [88, 5, 2]. Sie macht in unserem Material etwa 10 % der echten Tumoren aus. Sie wird bei älteren bis alten Katzen gefunden, eine Rasse- und Geschlechtsdisposition ist nicht bekannt.
Das **histologische Bild** läßt eine Proliferation des lokalen peridontalen Bindegewebes, abgedeckt durch einen geschichteten Plattenepithelsaum erkennen. Es wird die Epulis fibromatosa (Abb. 64) von der E. acanthomatosa mit starkem proliferiertem epithelialem Anteil und von der E. gigantocellularis (Riesenzellepulis, Abb. 65) unterschieden (äußerst selten!).
Die akanthomatöse Epulis ist u. U. schwer von einem hoch differenzierten Plattenepithelkarzinom zu unterscheiden, insbesondere, wenn die Gewebsentnahme nur kleine Fragmente liefert. Beim Hund, analog vielleicht auch bei der Katze, kann die E. acanthomatosa evtl. die Kieferknochen invadieren, auftreiben und zerstören.
Die **Therapie** besteht in der möglichst vollständigen Abtragung.
Die **Prognose** ist günstig; bei unvollständiger Entfernung kann es allerdings zu neuerlichem Wachstum kommen.

Die **Granulationspolypen** (Caro luxurians, wildes Fleisch) sind bei der Katze vor allem am Zungengrund und im Bereich des Zahnfleisches (Abb. 62, 63) nicht selten [88]. Es finden sich Umfangsvermehrungen, oft auch symmetrisch, die klinisch zu Verwechslungen mit echten Tumoren führen können. Betroffen sind oft jüngere, aber auch ältere und alte Tiere. Eine Rasse- und Geschlechtsdisposition besteht nicht. Als Ursache sind zahlreiche Faktoren wie Urämie, Zahnstein, Verletzungen und Virusinfektionen (FeLV, FIV, Herpes-, Calici-Viren) bekannt.
Das **histologische Bild** läßt Granulationsgewebe erkennen, charakterisiert durch Granulo- und Lymphozyten, viele Plasmazellen und einige Histiozyten, zahlreiche Gefäße, Zubildung von Fibroblasten, Fibrozyten und kollagenen Fasern. Ödematisierung und Blutung sind häufig. An der Basis oder im Entzündungsgewebe sind oft Speicheldrüsen zu sehen.
Die **Therapie** besteht in der Abtragung des Granulationsgewebes und der Beseitigung der Ursache.
Die **Prognose** hängt vom verursachenden Agens ab. Bei persistierenden Virusinfektionen ist eine Ausheilung problematisch.

Das **Lippengeschwür** oder **Lippenulkus (Rodent ulcer)** (Abb. 6), das lineare Granulom und die eosinophile Plaque liegen im Oropharynx, bevorzugt an den Lippen und der Zunge, können aber auch andere Stellen der Schleimhaut befallen. Es kann dem klinischen Bild nach zu Verwechslungen mit ulzerierenden Tumoren, insbesondere mit Plattenepithelkarzinomen, kommen (s. Abb. 5 und 6).

Papillome kommen äußerst selten bei der Katze vor [5]. Statistische Angaben über das bevorzugte Alter existieren deshalb ebensowenig wie Angaben über Rasse- und Geschlechtsdisposition.
Das **histologische Bild** zeigt eine Proliferation des lokalen Bindegewebes, abgedeckt mit hyperplastischem Plattenepithel (Abb. 66).

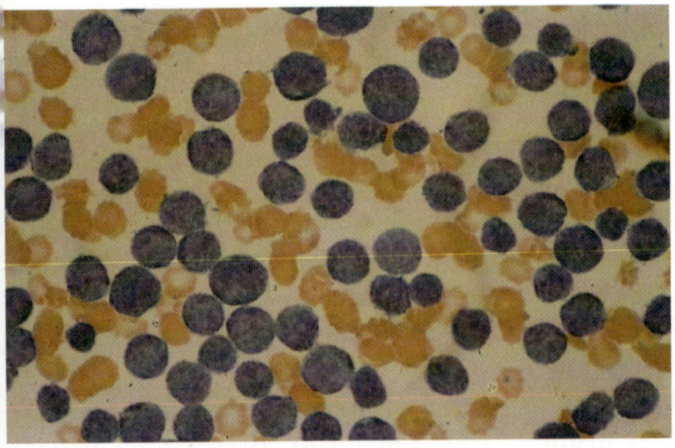

Abb. 61: Leukämisches Blutbild.

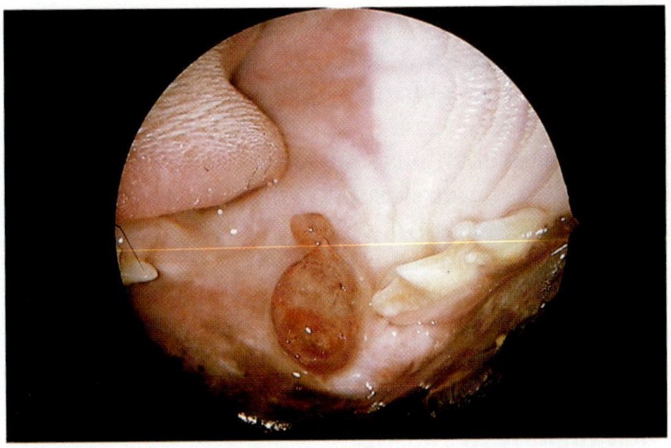

Abb. 62: Granulationsgewebe (Granulationspoly) des Zahnfleisches einer 1jährigen weiblichen Katze.

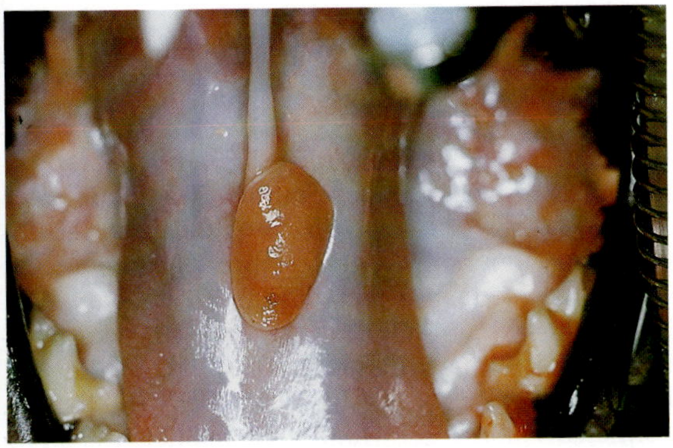

Abb. 63: Granulationsgewebe (Granulationspoly) vom Frenulumansatz (Unterzunge) eines 7jährigen Katers. Rezidivierung nach 5 Monaten p. o.

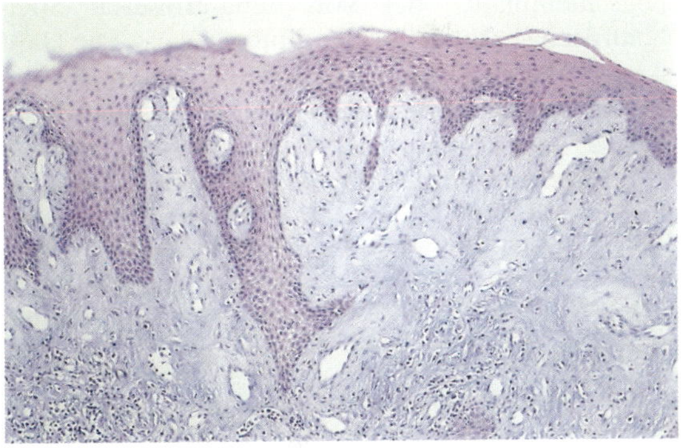

Abb. 64: Oberfläche einer Epulis mit proliferiertem Plattenepithelbelag. 9jähriger Kater. HE, Obj. 10

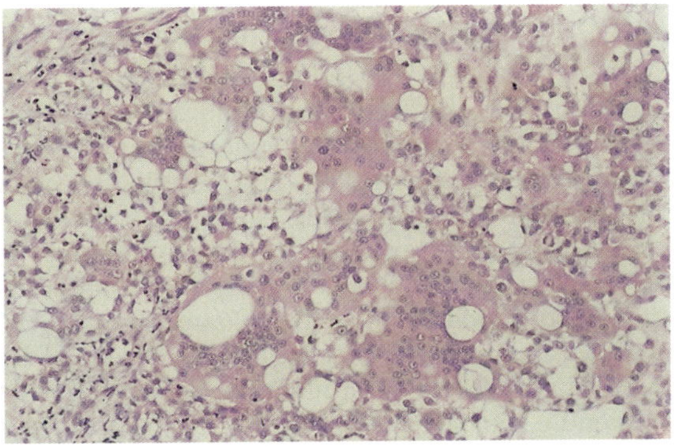

Abb. 65: Riesenzellepulis (gutartig). 13jähriger Kater. Rezidiv 6 Monate p. o., keine Infiltration des Kieferknochens. HE, Obj. 20

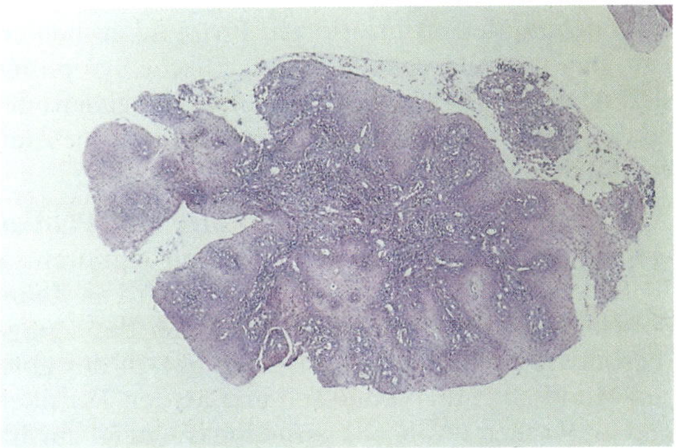

Abb. 66: Papillom der Mundschleimhaut eines 8 Monate alten Katers. HE, Obj. 4

Die **Therapie** besteht in der Abtragung des Prozesses.
Die **Prognose** ist günstig.

Fibrome sind ebenfalls sehr selten, statistische Angaben sind aus diesem Grund nicht verfügbar.
Das **histologische** Bild läßt eine Proliferation des lokalen Bindegewebes erkennen, das abdeckende Plattenepithel ist nicht proliferiert, häufig aber erodiert oder ulzeriert.
Die **Therapie** besteht in der chirurgischen Abtragung.
Die **Prognose** ist günstig.

Adenome der Speicheldrüse sind bei der Katze sehr selten [12]. Statistisch relevante Angaben über Alter, Rasse- und Geschlechtsdisposition sind deshalb nicht erhältlich. Die Tumoren gehen entweder von den Speicheldrüsen der Lippen-, Mund- oder Rachenschleimhaut oder von den größeren Speicheldrüsen (Parotis, Gl. mandibularis) aus. Die Haut ist im Gegensatz zu den Karzinomen nicht infiltriert.
Das **histologische Bild** zeigt relativ wohlgeordnete drüsige und gangartige, auch papillär-zystische Strukturen, die insgesamt expansiv wachsen. Zellatypien sind kaum vorhanden, die Mitoserate ist sehr niedrig. Schleimbildung kann exzessiv sein.
Die **Therapie** besteht in der vollständigen Exstir36 pation.
Die **Prognose** ist günstig.

Die **bösartigen Tumoren** machen über 95 % der echten Neoplasien des Oropharynx aus. Sie werden erst spät entdeckt, so daß die Erkrankung schon weit – oft zu weit – fortgeschritten ist. Katzen mit malignen Tumoren der Mundhöhle haben Beschwerden bei der Futter- und Wasseraufnahme sowie bei der Körperpflege, sie neigen zu erhöhtem Speichelfluß. Der Speichel ist oft durch Blut rosa gefärbt; übler Mundgeruch ist wegen der bakteriellen sekundären Besiedelung der oft ulzerierten Prozesse zu bemerken, Zahnausfall ist häufig. Unspezifische Symptome sind Abmagerung und Lethargie. Die Gingiva ist der häufigste Sitz dieser Blastome, gefolgt von der Zunge und dem Gaumen [7].

An erster Stelle steht bei der Katze das **Plattenepithelkarzinom,** das von den malignen Tumoren ca. 70–80 % stellt [5, 27, 7, 88, 8, 2, 25]. Es wird an Zahnfleisch von Unter- und Oberkiefer, an der Zunge (besonders Frenulumbereich, Abb. 67), in der übrigen Mundschleimhaut und seltener an den Tonsillen und im Rachen (Abb. 68) gefunden. Es neigt zur Infiltration der Umgebung, zur Invasion, Auftreibung und Destruktion der benachbarten Knochen (Abb. 69). Diese Auftreibung und Zerstörung knöcherner Strukturen können auch einen primären Knochentumor oder eine Osteomyelitis vortäuschen [75]. Das Plattenepithelkarzinom der Zunge wächst oft im Unterzungenbereich (Frenulum) und infiltriert von dort aus den Zungenkörper. Das Plattenepithelkarzinom des Oropharynx wird ab dem 6. Lebensjahr beobachtet, das Durchschnittsalter liegt bei ca. 12 Jahren. Eine Rassedisposition ist nicht bekannt; es wird vereinzelt von einer Geschlechtsdisposition für Kater berichtet, bei Zusammenfassung von mehreren Untersuchungsserien liegt jedoch ein ausgeglichenes Ergebnis für beide Geschlechter vor.

Das **histologische Bild** (Abb. 70–72) zeigt wurzelartige, das Bindegewebe infiltrierende atypische Plattenepithelstränge mit oft hoher Mitoserate und unterschiedlicher Verhornungstendenz. Die Oberfläche ist oft ulzeriert, durch nekrotisches Material und Bakterienrasen abgedeckt. In der Tiefe liegen Speicheldrüsen, in der Zunge auch Bündel quergestreifter Muskulatur, am Kiefer oft auch infiltrierte knöcherne Partien, mit Tumorzellsträngen durchsetzt. Die Begleitentzündung ist in der Regel kräftig.

Die Therapie besteht in der möglichst vollständigen Entfernung des Tumors mit einem breiten tumorfreien Saum, was oft eine partielle Mandibul- oder Maxillektomie erfordert. Die nur teilweise Abtragung des Tumors mit Verbleib von Karzinomresten in situ hat nur einen palliativen Effekt; hier kann eine Bestrahlung (4000–6000 cGy) hilfreich sein [53]. Eine großräumige Abtragung ist bei günstiger Lokalisation jedenfalls lohnend, da die Plattenepithelkarzinome der Mundhöhle bei der Katze erst spät metastasieren. Einen Sonderfall bildet das Plattenepithelkarzinom der Unterzunge, da dieses den Zungenkörper von unten her massiv infiltriert. Darüber hinaus unterbricht eine Operation im Frenulumbereich die regelrechte Gefäßversorgung der Vorderzunge, wodurch es zur Nekrose derselben kommen kann. Die Plattenepithelkarzinome der Tonsillen verlangen ein radikales chirurgisches Vorgehen mit Exstirpation der regionären Lymphknoten.

Die Prognose ist bei radikalem, frühzeitigem chirurgischen Vorgehen mit vollständiger Beseitigung des Tumors im Bereich des Ober- und Unterkiefers nicht schlecht. Die Metastasierungsneigung in dieser Lokalisation ist nicht hoch. Meist werden die Tumoren jedoch zu spät entdeckt, so daß die Invasion bereits zu weit fortgeschritten ist. Das Plattenepithelkarzinom der Zunge ist prognostisch ungünstig, da in der Regel zumindest eine Teilamputation der Zunge notwendig wäre. Es soll in dieser Lokalisation auch weniger strahlensensibel sein als das anderer Lokalisationen des Oropharynx [12]. Das Plattenepithelkarzinom der Tonsillen ist prognostisch ungünstig,

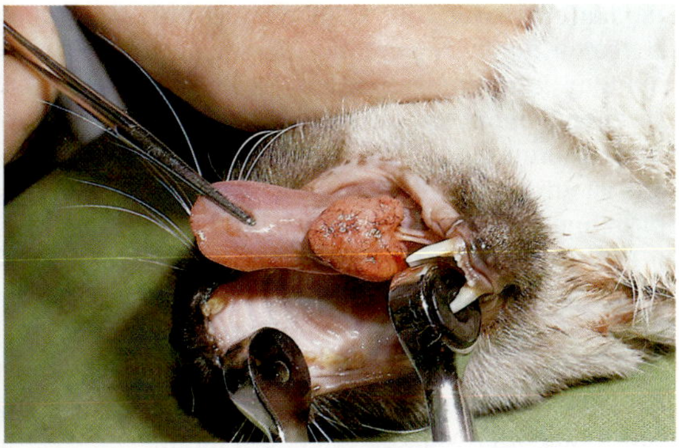

Abb. 67: Invasives Plattenepithelkarzinom von der Unterzunge eines 14jährigen Katers.

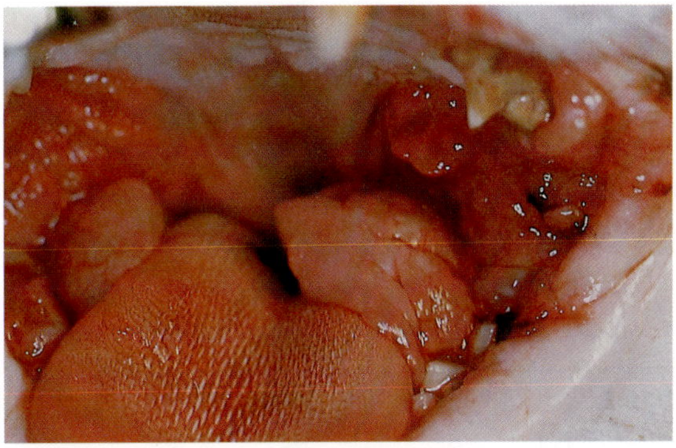

Abb. 68: Invasives Plattenepithelkarzinom in Rachen- und Gaumenschleimhaut einer 16jährigen weiblichen Katze.

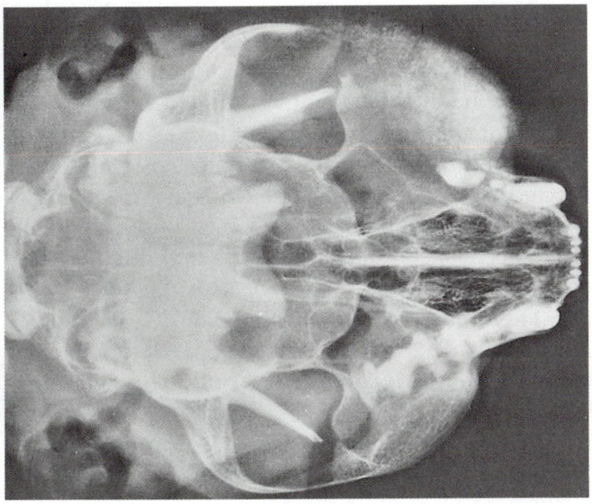

Abb. 69: Plattenepithelkarzinom der Mundschleimhaut mit Infiltration und Zerstörung des linken Oberkiefers. Röntgenbild eines 11jährigen Katers.

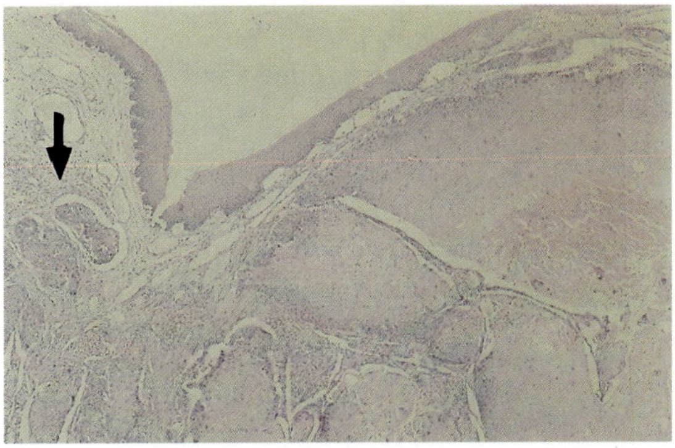

Abb. 70: Plattenepithelkarzinom des Zungengrundes mit Einbrüchen in Lymphbahnen (↑). Weibliche Katze, 14 Jahre alt.

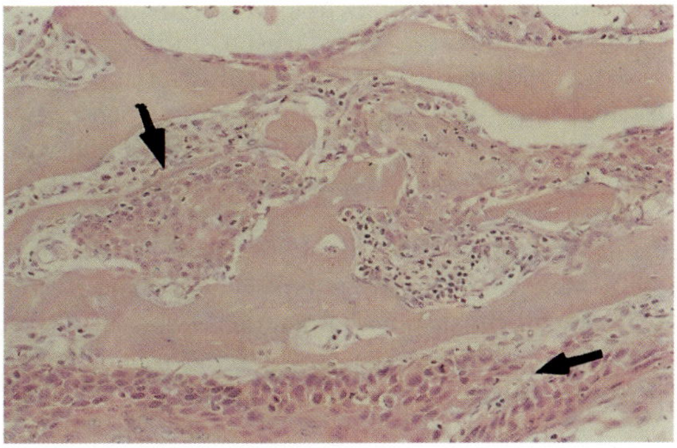

Abb. 71: Plattenepithelkarzinom des Zahnfleisches im Knochen des Unterkiefers einer weiblichen älteren Katze. HE, Obj. 20

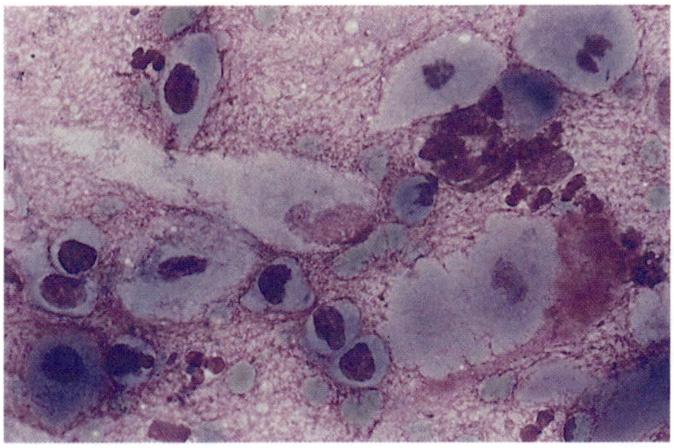

Abb. 72: Verhornendes Plattenepithelkarzinom der Mundschleimhaut. Zytologischer Ausstrich. May-Grünwald-Giemsa, Obj. 60

da es spät entdeckt wird und frühzeitig metastasiert. Insgesamt ist die Prognose eher ungünstig, die Überlebenszeit der Patienten schwankt zwischen einigen Tagen und wenigen Monaten, da die Akzeptanz für die notwendige Radikalität des Eingriffes beim Besitzer oft fehlt. Mit vermehrtem Einsatz von Strahlentherapie, evtl. gepaart mit Hyperthermie, Kryochirurgie, Chemotherapie und letztlich auch der Immuntherapie könnten in Zukunft vor allem bei frühzeitig entdeckten Tumoren bessere Ergebnisse erreicht werden [12], wenngleich Versuche in dieser Richtung bisher nicht allzu erfolgreich verlaufen sind [5].

An zweiter Stelle der malignen Tumoren des Oropharynx steht, allerdings mit großem Abstand und einem Prozentsatz von 10 bis 20 % der echten Mundhöhlentumoren, das **Fibrosarkom** [5, 27, 8]. Es handelt sich hierbei um einen bösartigen Bindegewebstumor, der großflächig infiltrativ und destruktiv wächst. Er ist meist ulzeriert und kann, so er im Maxillabereich wächst, auch zur Nasenhöhle durchbrechen. Die Fibrosarkome der Mundhöhle werden ab dem 1. Lebensjahr gesehen, das Durchschnittsalter liegt bei 10,3 Jahren [88]. Eine Rasse- und Geschlechtsdisposition ist nicht bekannt.

Das **histologische Bild** zeigt spindelige Zellverbände (Abb. 73) mit meist geringer bis mäßiger Anisonukleose und Kernpolymorphie (im Gegensatz zu den Fibrosarkomen der Haut und Unterhaut). Die Mitoserate ist unterschiedlich hoch. Zwischen den Zellen liegen kollagene Faserbündel. Die Oberfläche kann ulzeriert und durch nekrotisches Material mit Bakterienrasen abgedeckt sein.

Die **Therapie** besteht in der aggressiven chirurgischen Entfernung des Tumors, was oft gleichbedeutend mit partieller Maxill- und Mandibulektomie ist. Die Frage der Strahlensensibilität scheint für die Katze noch nicht ausreichend geklärt zu sein.

Die **Prognose** ist wegen der späten Entdeckung der Tumoren, ihrer Invasivität und Rezidivhäufigkeit nicht günstig. Die Metastasierungsgefahr scheint allerdings nicht hoch zu sein [5].

Das **Ameloblastom** ist ein sehr seltener, langsam wachsender Tumor odontogenen Ursprunges. Klinisch kann er mit Epuliden verwechselt werden. Es kann invasiv und destruktiv wachsen, metastasiert jedoch nicht. Es scheinen ältere bis alte Katzen betroffen zu sein, es wurde jedoch auch über ein Auftreten bei jugendlichen Tieren berichtet. Eine Rasse- und Geschlechtsdisposition ist nicht bekannt. Die Tumoren gehen vom dentalen Primordialgewebe aus und können entsprechend spezieller histologischer Kriterien in verschiedene Tumortypen unterteilt werden [88, 99].

Das **histologische Bild** zeigt dichtes kollagenes Faserstroma mit unregelmäßig eingelagerten, oft miteinander kommunizierenden Epithelsträngen. Dazwischen liegen oft sternförmig strukturierte, embryonal anmutende Zellgruppen. Das histologische Bild ist insgesamt vielgestaltig, kann auch Plattenepithelmetaplasie oder Knochenbildung aufweisen und führt häufig zur Verwechslung mit ossifizierenden Epuliden und hoch differenzierten Plattenepithelkarzinomen. Zystenbildung ist nicht selten.

Die **Therapie** besteht in der vollständigen Abtragung des Tumors, was u. U. eine partielle Ektomie von Mandibula oder Maxilla erfordern kann.

Die **Prognose** ist bei vollständiger Entfernung günstig, da keine Metastasierung zu befürchten ist.

Das **Melanom** ist in der Mundschleimhaut der Katze im Gegensatz zum Hund mit nur 2,1 % der echten Mundhöhlentumoren sehr selten [8, 12, 7, 88, 69]. Es sind bisher nur wenige Fälle bekannt geworden, weshalb statistische Angaben über Alter, Geschlechts- und Rassedisposition nicht vorhanden sind.

Das **histologische Bild** zeigt spindelige und epitheloide Zellen mit erheblicher Anisonukleose und Kernpolymorphie sowie eine hohe Mitoserate (Abb. 74). Der Pigmentgehalt der Tumoren ist unterschiedlich. Die Oberfläche ist meist ulzeriert und durch schorfartiges Material mit Bakterienrasen abgedeckt.

Die **Therapie** besteht in der möglichst vollständigen Abtragung des Tumors mit einem weiten Sicherheitsrand. Das Melanom ist vermutlich nicht strahlensensibel.

Die **Prognose** ist wegen der späten Entdeckung der Neoplasie, der hohen Rezidivrate und der Metastasierungsfreudigkeit ungünstig.

Ein Großteil der **Speicheldrüsentumoren** wird durch Adenokarzinome, ganz vereinzelt auch maligne Mischtumoren, also maligne Neoplasien, gebildet [88, 8]. Insgesamt sind diese Tumoren selten. Fast immer ist eine große Speicheldrüse (Parotis, Mandibulardrüse) betroffen. Die Drüsen sind vergrößert, hart, die Haut darüber ist meist infiltriert und kann ulzeriert sein. Verstärkte Salivation und Schwierigkeiten bei der Futteraufnahme sind häufige klinische Begleitsymptome. Es sind meist ältere bis alte Katzen betroffen (Durchschnittsalter ca. 11 Jahre), in Einzelfällen können auch jüngere Tiere (ab 3 Jahre) an einem solchen Tumor leiden [12, 94]. Eine Rasse- oder Geschlechtsdisposition ist nicht bekannt.

Das **histologische Bild** ist sehr vielfältig. Die Tumoren können duktal oder tubulär (alveolär, trabekulär oder solid) wuchern, häufig sind Mischformen zu erkennen (Abb. 75). Auch myoepitheliale Proliferationen mit Ausbildung von **malignen Mischtumoren** wurden vereinzelt beobachtet. In den Tumoren sind

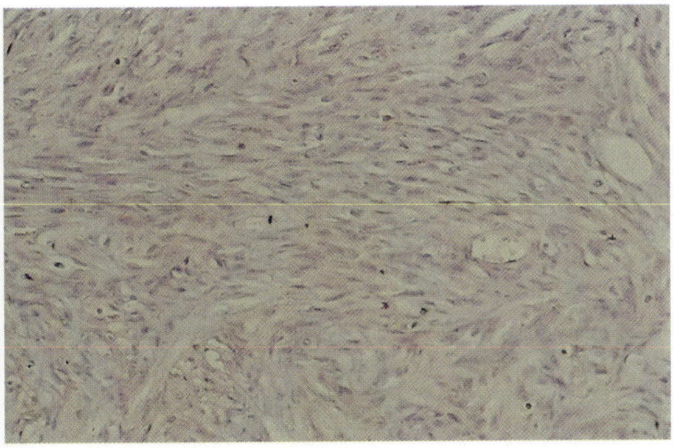

Abb. 73: Fibrosarkom des Zahnfleisches mit Mitosen. Weibliche kastrierte Katze, 16 Jahre alt. Euthanasie nach zwei Rezidiven. HE, Obj. 20

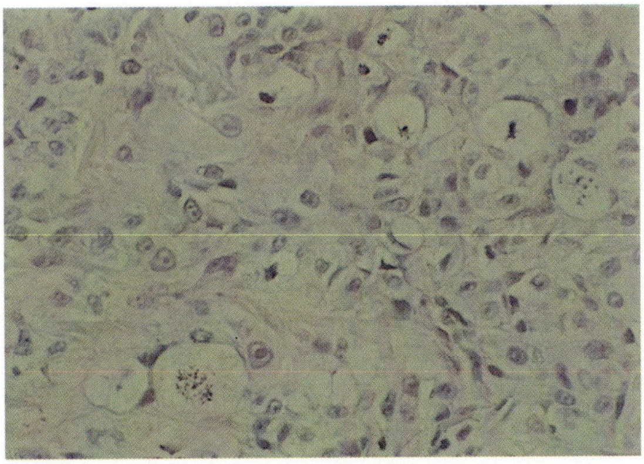

Abb. 74: Melaninarmes Melanom der Gingiva mit atypischen Mitosen. 8 Monate p. o. wegen zweimaligem Rezidiv euthanasiert. Weibliche 20jährige Katze. HE, Obj. 40

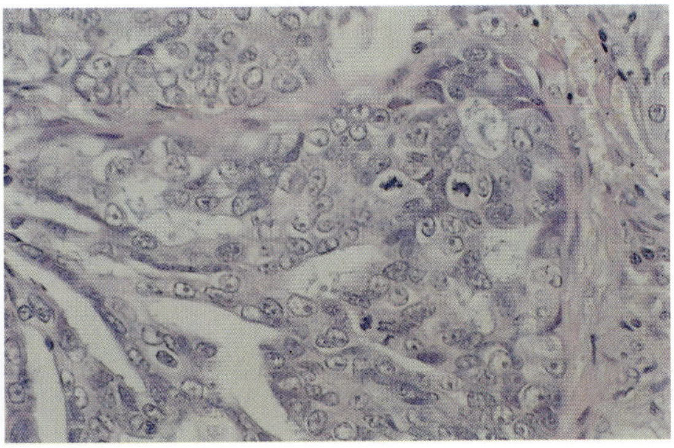

Abb. 75: Speicheldrüsenkarzinom von der Lippenschleimhaut mit irregulären Drüsen aus atypischen Zellen. Einige Mitosen. 4 Wochen p. o. kein Rezidiv. 14jährige weibliche, kastrierte Katze. HE, Obj. 40

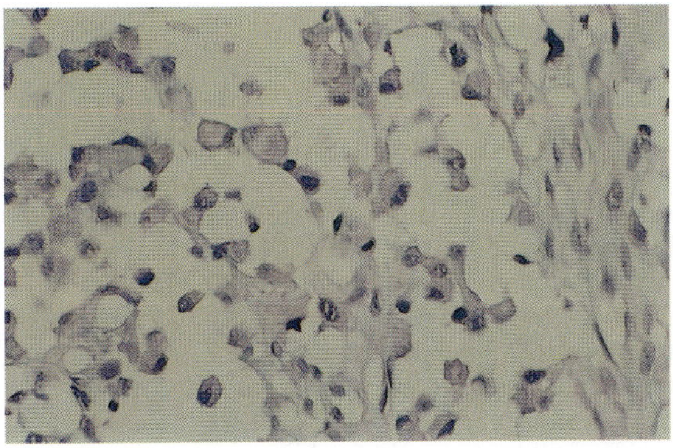

Abb. 76: Hämangio-Endotheliom des Zahnfleisches. Euthanasie wegen dreimaliger Rezidivierung innerhalb von 2 Monaten. 16jähriger kastrierter Kater. HE, Obj. 40

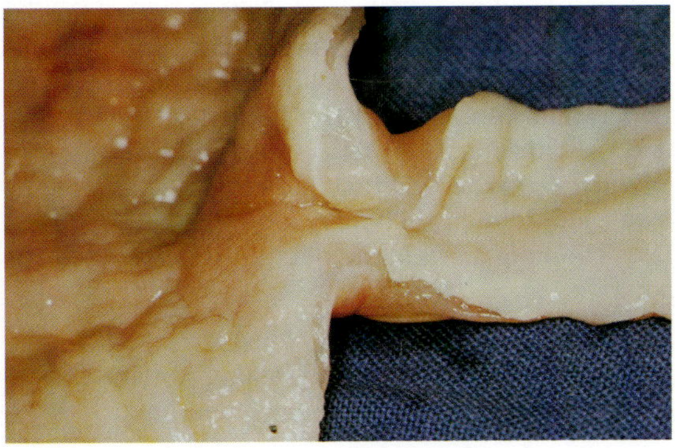

Abb. 77: Adenokarzinom des Jejunums mit Stenose der Lichtung im Tumorbereich und stauungsbedingter Dilatation des vorgeschalteten Abschnittes (Darm in Längsrichtung eröffnet), weibliche Siamkatze, 11 Jahre alt.

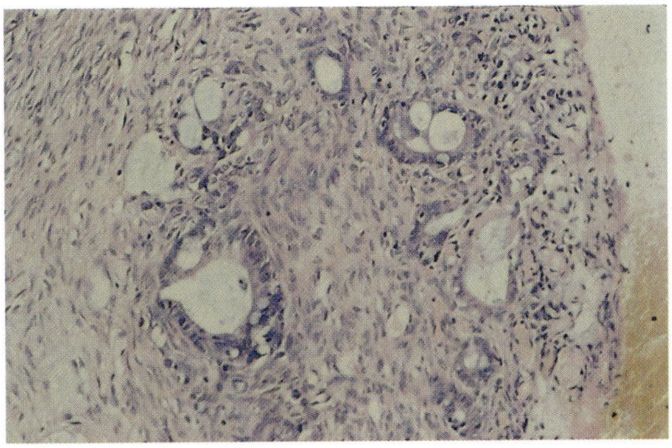

Abb. 78: Adenokarzinom des Dünndarmes mit vollständiger Infiltration und Zerstörung der Mucosa durch atypische drüsige Formationen; Lumen (rechts) teilweise mit Blut gefüllt. 8jähriger Kater. HE, Obj. 20

Schleimbildung und Nekrosen sowie Blutungen zu finden. Lymph- und Blutgefäßeinbrüche sind häufig, die Haut ist meist invadiert.

Die **Therapie** besteht in der vollständigen Exstirpation des Tumors. Ist diese nicht möglich, kann palliativ entweder allein oder zusätzlich bestrahlt werden. Eine Heilung ist damit jedoch nicht zu erwarten [12].

Die **Prognose** ist ungünstig, da die Tumoren spät entdeckt werden und dann kaum vollständig zu exstirpieren sind. Aufgrund ihrer Invasivität ist die Einbeziehung benachbarter Nerven und Blutgefäße häufig. Darüber hinaus kann die Metastasierungsrate bei der Erstoperation bereits bei fast 80 % liegen [12].

Tumoren des Ösophagus

Benigne Tumoren des Ösophagus sind außerordentlich selten, es wurde nur ein einzelner Fall einer Papillomatose bekannt [108].

Maligne Tumoren

Das **Plattenepithelkarzinom** ist der einzige maligne Tumor von klinischer Bedeutung. Speziell in England kommt es vermehrt, in anderen Ländern sehr selten vor [15]. Es wuchert zirkulär, meist im mittleren thorakalen Drittel des Schlundes. Das typische klinische Syndrom ist Erbrechen unmittelbar nach der Aufnahme festen Futters. Es sind erhöhter Speichelfluß, Inappetenz und Abmagerung zu beobachten. Das Röntgenbild läßt die zirkuläre Wucherung oder auch knotige Vorwölbungen, die in der Ösophaguswand verankert sind, erkennen. Der vorgeschaltete Abschnitt ist in der Regel dilatiert. Das Plattenepithelkarzinom wird ab dem 6. Lebensjahr beobachtet, Einzelfälle auch früher. Das Durchschnittsalter liegt bei 12 Jahren. Es sollen mehr Kater als Kätzinnen betroffen sein. Eine Rassedisposition besteht nicht [12].

Das **histologische Bild** läßt atypische Plattenepithelstränge erkennen, die sich von der Innenauskleidung des Schlundes in die Tiefe der Wand vorschieben. Oft sind die Tumoren ulzeriert und entzündet. Eine wirksame Therapie ist in aller Regel nicht möglich, da die Tumoren zu spät entdeckt werden, um eine vollständige Resektion zu erlauben. Die beschriebene Symptomatik setzt spät und nur langsam ein.

Die **Prognose** ist ungünstig, da die Tumoren einerseits sehr zur Metastasierung neigen und andererseits in fortgeschrittenem Stadium eine Nahrungsaufnahme verhindern.

Tumoren des Magens

Magentumoren sind bei der Katze insgesamt sehr selten. Am ehesten werden noch lymphatische Tumoren in der Magenwand gefunden (Abb. 46), die gelegentlich im Rahmen einer Leukose auftreten (s. Tumoren der blutbildenden und lymphatischen Organe).

Gutartige Bildungen, **Polypen** sind nur in Einzelfällen bekannt geworden.

Magenkarzinome und **Sarkome** der Magenwand sind ebenfalls nur in Einzelfällen beobachtet worden [121]. Klinisch führen die malignen Magentumoren zum Erbrechen, zu Gewichtsverlust und infolge Ulzeration und Blutung zu Anämie. Betroffen sind ältere und alte Tiere, eine Rasse- und Geschlechtsdisposition ist nicht bekannt.

Im **histologischen Bild** wuchern die Magenkarzinome meist nach dem Muster der Siegelringzellkarzinome; auch Plattenepithelkarzinome und undifferenzierte Karzinome und ein Karzinoid wurden beschrieben [12, 121]. Neben Lymphosarkomen sind nur Einzelfälle anderer Sarkome bekannt geworden.

Die Therapie besteht in einer subtotalen Magenresektion, soweit Metastasenfreiheit durch Laparotomie und röntgenologische Überprüfung der Lunge bewiesen ist [12].

Die **Prognose** ist wegen der Metastasierungsfreudigkeit der meist spät entdeckten Tumoren, die die Serosa oft erreicht oder durchbrochen haben, ungünstig.

Tumoren des Darmes

Der häufigste Tumor des Darmes ist das Lymphosarkom im Rahmen einer lymphatischen Leukose (s. Tumoren der blutbildenden und lymphatischen Organe). Aber auch sonst werden nicht wenige, fast immer maligne Neoplasien vor allem im Dünndarm gefunden.

Polypen sind selten bei der Katze. Sie treten einzeln, manchmal auch multipel auf und scheinen bevorzugt im Dickdarm (Abb. 80) zu entstehen. Sie sind meist symptomlos, können aber, vor allem, wenn sie sich im Rektum oder Colon befinden, zu Blutungen und Defäkationsbeschwerden führen. Katzen ab dem 5. Lebensjahr können betroffen sein [12]. Eine Rasse- und Geschlechtsdisposition ist nicht bekannt.

Das **histologische Bild** zeigt hyperplastische Schleimhaut ohne zelluläre Atypien.

Die **Therapie** besteht in der vollständigen Abtragung.

Die **Prognose** ist günstig.

Adenome sind äußerst selten, so daß statistische Angaben nicht wiedergegeben werden können.

Das **Adenokarzinom** [105, 68, 7, 47, 121] ist nach dem Lymphosarkom der zweithäufigste Tumor des Darmes. Etwa die Hälfte aller Adenokarzinome tritt im Ileum auf, in abnehmender Frequenz gefolgt von Jejunum (Abb. 77), Colon, Duodenum, Coecum und schließlich Rektum. Die Patienten neigen zu intermittierendem Erbrechen, haben oft einen Aszites und sind dehydriert. Je weiter kaudal der Tumor sitzt, desto eher kommt es zur Obstipation, wenn das Leiden weit fortgeschritten ist, auch zum Ileus. Die vor dem ring- oder kissenartig wuchernden Tumor liegenden Abschnitte sind oft dilatiert, während die Lichtung im Bereich des Tumors eingeengt und unregelmäßig umsäumt ist. Im Röntgenbild ist dies meist gut zu sehen. Das Durchschnittsalter der Katzen, die an einem Dünndarmkarzinom erkrankt sind, liegt bei ca. 11 Jahren, die jüngsten Tiere sind etwa 4 Jahre alt. Katzen mit Dickdarmkarzinomen sind mit einem Durchschnittsalter von 16 Jahren deutlich älter. Es besteht für Siamkatzen eine eindeutige Prädisposition für Dünndarmkarzinome [121].

Das **histologische Bild** (Abb. 78, 79, 81) zeigt verschiedene Muster wie papilläre, tubuläre, solide oder mucinöse Formationen. Selten ist das sog. Siegelringzellkarzinom, ein ziemlich nieder differenziertes und deshalb hoch malignes Blastom. Häufig sind Mischformen der verschiedenen Typen. Hin und wieder sind Verknöcherungen im Stroma zu finden. Meist infiltrieren die Karzinome die Darmwand. Die Tumoren haben zum Zeitpunkt der Erstoperation fast immer die Tunica muscularis bereits erreicht; ein hoher Prozentsatz hat sogar die Serosa durchbrochen und Metastasen im Mesenterium, Peritoneum, in den regionären Lymphknoten oder/und in andere Organe gesetzt.

Die **Therapie** besteht in einer möglichst frühzeitigen En-bloc-Resektion des betroffenen Darmabschnittes mit Mesenterium und Lymphknoten unter Wahrung eines genügend großen Sicherheitsabstandes der Abtragungsränder zum palpier- oder sichtbaren Tumor bzw. seinen Absiedelungen. Über adjuvante Therapien wie Chemo- oder Immunotherapie besteht noch keine ausreichende Erfahrung.

Die **Prognose** ist mit einer durchschnittlichen Überlebensdauer von 4 bis 6 Monaten nicht günstig. Da jedoch in einigen Fällen Überlebenszeiten von 1, 2, ja, sogar 4½ Jahren trotz Invasion der Tunica muscularis und der Serosa, in einigen Fällen sogar der regionären Lymphknoten beobachtet wurden, sollte versucht werden, die Chance zu nutzen [12, 121]. Die Patienten müssen allerdings in kurzen Intervallen auf weitere Metastasen überprüft und ihr Allgemeinbefinden beobachtet werden. Ist der Tumor noch auf die Mucosa beschränkt, so dürfte die Prognose, in Anlehnung an die Verhältnisse beim Menschen, günstig sein. Darmtumoren können bei der Suche nach der Ursache von Darmstörungen unter Sichtkontrolle bioptiert und histologisch verifiziert und klassifiziert werden.

Neben den Adenokarzinomen können in der Darmwand in geringer Anzahl **Plattenepithelkarzinome, Karzinoide, Leiomyosarkome, Fibrosarkome** und **weitere Sarkome** [Literatur s. bei 12] wachsen, die jedoch im zahlenmäßigen Verhältnis zu den Adenokarzinomen statistisch nicht ins Gewicht fallen. Von ihnen allen geht die Gefahr der progressiven Obstruktion bis hin zum Ileus und der Metastasierung aus. Insofern sollten für die Therapie und die Prognose im wesentlichen die bei den Adenokarzinomen ausgeführten Prinzipien gelten.

Tumoren der Leber

Lebertumoren sind bei der Katze insgesamt selten. Am ehesten ist die Leber bei der Leukose in das tumoröse Geschehen einbezogen (s. Tumoren der blutbildenden und lymphatischen Organe). Sekundärtumoren, also Metastasen anderer Organtumoren sind nicht selten. Primärtumoren dürften, wenn man eine repräsentative Anzahl von Untersuchungen zusammennimmt, bei ca. 2,1 % (170 von 7900 Primärtumoren) liegen [Literatur s. 12].

Tumorähnliche Bildungen

Gelegentlich werden tumorartige Bildungen in der Leber gefunden, die sich beim Anschneiden oder bei der histologischen Untersuchung als Teleangiektasien oder Gallengangszysten erweisen.

Die **Teleangiektasien** werden von geweiteten Sinusoiden gebildet (Abb. 82). Sie sind in der Regel durchsichtig und gekammert. In den Lichtungen befindet sich blutig-wäßrige Flüssigkeit. Sie können bis zu Pflaumengröße erreichen. Betroffen sind in erster Linie ältere Katzen. Die Teleangiektasien sind ohne jegliche klinische Symptome [94].
Im **histologischen Bild** zeigen die gekammerten Hohlräume eine einreihige, flache Zellauskleidung ohne Atypien oder erhöhte Mitoserate.
Die **Therapie** besteht in der vollständigen Exstirpation, eventuell im Rahmen einer Lobektomie, soweit eine Therapie überhaupt notwendig ist.
Die **Prognose** ist günstig.

Die **Gallengangszysten** können ebenfalls multilokulär sein [12] und einen Durchmesser von bis zu 20 cm erreichen. In den Lichtungen befindet sich wäßrige, eventuell blutige Flüssigkeit. Die Zysten können im Parenchym oder auch gestielt an der Oberfläche liegen und bei der Palpation einen echten Tumor vortäuschen. Ansonsten sind sie asymptomatisch und stellen gelegentlich unerwartete Nebenbefunde bei Sektionen dar. Werden die Gallengangszysten zu groß, so können sie zu einer Ausweitung des Abdomens mit sekundären Folgen wie Anorexie, Polydip-

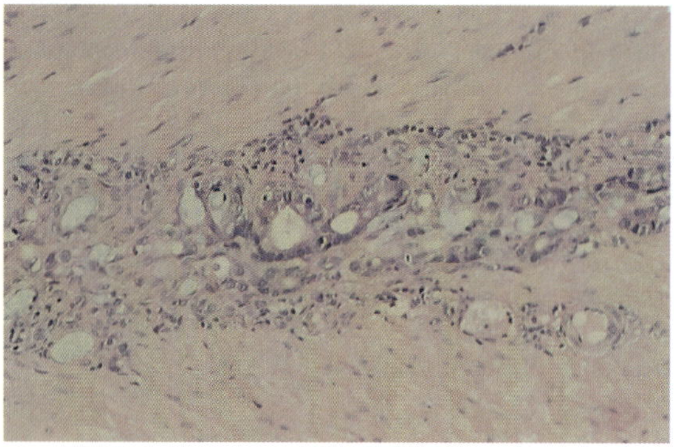

Abb. 79: Adenokarzinom des Dünndarms mit massiver Infiltration der Tunica muscularis. Gleicher Tumor wie Abb. 78. HE, Obj. 20

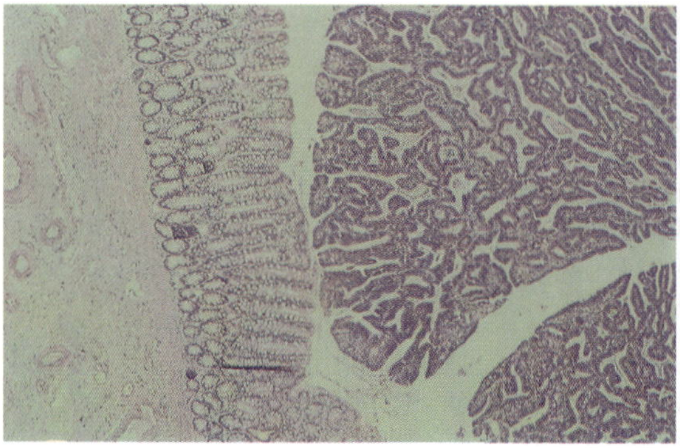

Abb. 80: Adenom des Dickdarms, sog. Dickdarmpolyp: gleichförmige, exophytische, papilläre Wucherung, abgedeckt mit weitgehend uniformen Epithelzellen mit geringer Anisonukleose und Kernpolymorphie. 13jährige weibliche Katze. HE, Obj. 4

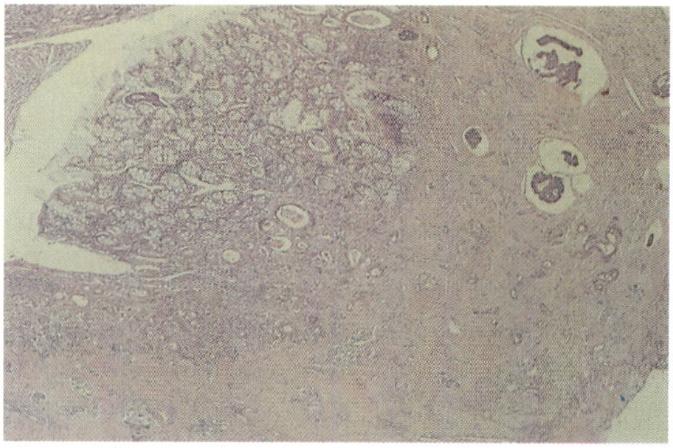

Abb. 81: Adenokarzinom des Colons mit Durchsetzung der Lamina propria, Durchbruch durch die Lamina muscularis mucosae, Infiltration der Submucosa und der Muscularis; Einbrüche in Lymphbahnen. Kater, 10 Jahre alt. HE, Obj. 4

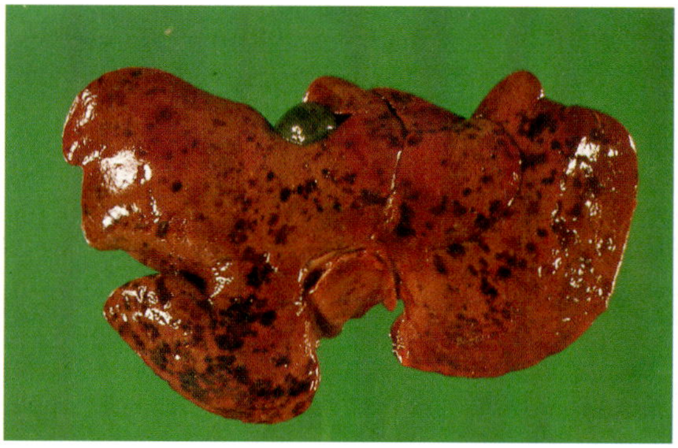

Abb. 82: Teleangiektasien in einer Leber, weibliche Katze, 12 Jahre alt.

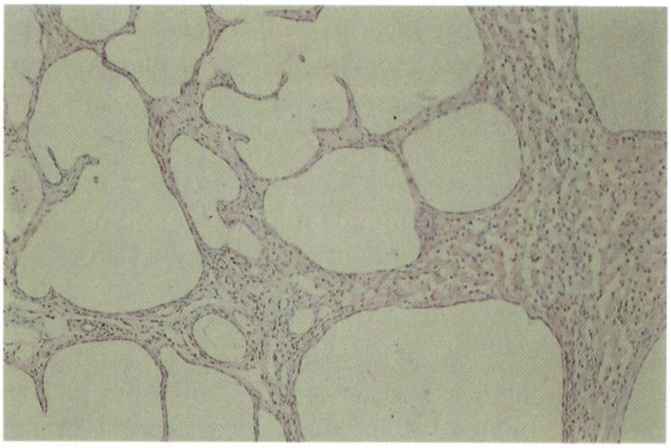

Abb. 83: Zahlreiche Gallengangszysten mit erhaltenen Leberzellbälkchen zwischen den Zysten. 12jährige, kastrierte weibliche Katze. HE, Obj. 10

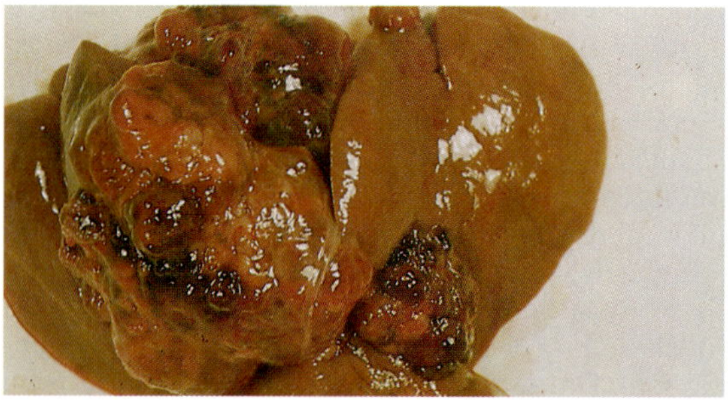

Abb. 84: Hepatozelluläres Karzinom eines 7jährigen Katers.

sie und Vomitus führen. Man nimmt an, daß die Gallengangszysten infolge von lokalen Mißbildungen des Gallensystems entstehen. So ist es nicht verwunderlich, daß sie in allen Altersgruppen zu beobachten sind. Eine Rasse- oder Geschlechtsdisposition ist nicht bekannt.

Im **histologischen Bild** (Abb. 83) sind die Gallengangszysten mit Epithel ausgekleidet, das zylindrisch, kubisch oder als geschichtetes Plattenepithel ausgebildet sein kann. Gelegentlich sind im angrenzenden Bindegewebe Entzündungszellen zu finden.

Die **Therapie** besteht in vollständiger Exstirpation, eventuell im Rahmen einer Lobektomie, soweit eine Therapie überhaupt erforderlich ist.

Die **Prognose** ist günstig.

Benigne Tumoren

Gutartige Tumoren der Leber gehen von den Leberzellen, den Gallengängen oder von Blutgefäßen aus.

Die **hepatozellulären Adenome** (Hepatome) kommen nur sehr selten vor. Im Gegensatz zu Hyperplasien sind sie in der Regel solitär.

Im **histologischen Bild** sind trabekulär, acinär oder solid angeordnet hoch differenzierte, den originären Leberzellen sehr ähnliche Elemente zu sehen, die Mitoserate ist sehr niedrig. Die Knoten sind scharf gegen das übrige Parenchym abgegrenzt, ohne eine Kapsel zu bilden.

Die **Therapie** besteht, so die Tumoren störend sind, in der vollständigen Exstirpation, eventuell im Rahmen einer Lobektomie.

Die **Prognose** ist günstig.

Die **Gallengangsadenome** (Zystadenome) sind häufiger als die hepatozellulären Adenome [68, 12]. Sie können bis zu Gänseeigröße erreichen; im Schnitt sind sie meist solide, gelegentlich aber auch schwammähnlich oder grobzystisch. Tiere ab 6 Jahren können solche gutartigen Tumoren ausbilden, das Durchschnittsalter dürfte bei ca. 12 Jahren liegen.

Im **histologischen Bild** finden sich an der Innenfläche kubische Zellen, die auch infolge des Innendruckes abgeflacht sein können. Zwischen den Einzelzysten liegen Bindegewebsstreifen, häufig auch Areale regelrechten Parenchyms. Eine Unterscheidung der Gallengangsadenome von Gallengangszysten ist oft nicht einfach.

Die **Therapie** besteht in der vollständigen Exstirpation, eventuell im Rahmen einer Lobektomie.

Die **Prognose** ist günstig.

Hämangiome sind selten in der Leber [68]. Sie leiten sich von Blutgefäßen ab. Möglicherweise handelt es sich zumindest z. T. eher um Mißbildungen als um echte Tumoren [12]. Wegen ihrer Seltenheit sind relevante statistische Angaben nicht verfügbar. Die Tumoren sind, solange sie nicht traumatisiert werden, asymptomatisch.

Im **histologischen Bild** sind kapilläre oder kavernöse Hohlräume zu sehen, ausgekleidet mit endothelartigen Zellen. Atypie und Mitoserate sind niedrig. Das Bindegewebe zwischen diesen Hohlräumen ist in der Regel spärlich. In den Lichtungen befinden sich Erythrozyten, gelegentlich auch Thromben. Die Tumoren wachsen expansiv.

Die **Therapie** besteht auch bei asymptomatischen Tumoren in der vollständigen Exstirpation, eventuell im Rahmen einer Lobektomie.

Die **Prognose** ist günstig, wenn der Tumor vor einer Ruptur diagnostiziert und exstirpiert wird. Rupturierte Hämangiome können zu schwerem Blutverlust ins Abdomen bis hin zum Verbluten führen.

Maligne Tumoren

Die Ursprungszellen der malignen Lebertumoren sind die gleichen wie bei den gutartigen. Hin und wieder wurde auch über Plattenepithelkarzinome, anaplastische Karzinome und diverse Sarkome berichtet, die jedoch zahlenmäßig nicht ins Gewicht fallen.

Das **Leberzellkarzinom** (Abb. 84) macht die Hälfte aller primären malignen Lebertumoren aus [68]. Diese Neoplasie wächst grob- oder kleinknotig, solitär oder disseminiert, oft große Teile des Parenchyms durchsetzend. Sie wird schon bei Tieren ab dem 2. Lebensjahr beschrieben, das Durchschnittsalter der Tumorträger liegt aber bei etwa 11 Jahren [12]. Eine Rasse- und Geschlechtsdisposition ist nicht gesichert. Wie bei allen Lebertumoren gibt es keine typische Symptomatik; je nach Fortschreiten der Erkrankung stellen sich unspezifische Symptome wie Anorexie, Apathie und Polydipsie ein. Es kann sich ein Aszites entwickeln; das Organ ist palpatorisch und röntgenologisch vergrößert. Bei weit fortgeschrittenen Stadien sind auch die Leberwerte verändert.

Im **histologischen Bild** sind trabekuläre, tubuläre und acinäre sowie solide Formationen aus hoch differenzierten, hepatozytenähnlichen Elementen zu finden. Die Zellen sind oft, nicht immer, so hoch differenziert, daß eine Unterscheidung aufgrund des histologischen Bildes allein von Adenomen oder Hyperplasien schwerfallen kann. In solchen Fällen muß das Verteilungsmuster in der Leber (Adenome sind in der Regel solitär) zur Diagnosefindung (ausführlicher Vorbericht bei Biopsien!) herangezogen werden.

Die **Therapie** besteht in der vollständigen Exstirpation des Karzinoms, soweit nur ein Knoten vorhanden oder ein umschriebener Bezirk betroffen ist.

Die Lobektomie ist die Methode der Wahl, wenn Metastasen in der Lunge röntgenologisch ausgeschlossen sind. Die meisten Metastasen werden in den regionären Lymphknoten gefunden. Diese sind auf jeden Fall zu inspizieren und ggf. mit dem Primärtumor zu entfernen.

Die **Prognose** ist in der Regel ungünstig. Nur frühzeitig operierte, lokal erkrankte Patienten haben eine bessere Prognose. Meist wird die Tumorerkrankung jedoch zu spät erkannt.

Das **cholangiozelluläre Adenokarzinom** (Gallengangskarzinom) ist ein häufiger maligner Tumor der Leber [59, 68, 12]. Die Blastome wachsen entweder grob- oder kleinknollig, in einem Lobus oder im gesamten Organ. Größere Knoten sind bereits makroskopisch zystisch, mit klarer Flüssigkeit gefüllt. Der Tumor tritt bei alten bis sehr alten Katzen auf, weibliche Tiere werden deutlich öfters befallen als Kater [12]. Eine Rassedisposition besteht nicht. Die klinische Symptomatik ist wie bei den anderen Lebertumoren unspezifisch und gleicht der des Leberzellkarzinoms. Auch hier sind die Leberwerte in fortgeschrittenem Stadium erhöht.

Im **histologischen Bild** überwiegen tubuläre Formationen, von Bindegewebszügen voneinander getrennt. Die auskleidenden Tumorzellen sind zylindrisch bis kubisch, meist einreihig (Abb. 85), durch unterschiedlich ausgeprägte Atypien und erhöhte Mitoserate charakterisiert. Die Gallengangskarzinome wachsen invasiv, so daß die Einzelknoten keine scharfe Grenze gegen das umgebende Parenchym haben.

Die **Therapie** besteht in der Lobektomie bei gleichzeitiger Entfernung der regionären Lymphknoten, wenn diese mitbetroffen sind.

Meist ist dieser Tumor jedoch über die Lobusgrenze hinaus gewuchert, so daß eine vollständige Entfernung nicht möglich ist.

Die **Prognose** ist schlecht. Bei der Primäroperation bzw. Probelaparotomie haben bereits annähernd 75 % der Tumoren metastasiert (in die regionären Lymphknoten, in die Lunge, ins Netz und ins parietale Peritoneum) [12].

Maligne Hämangioendotheliome (Hämangiosarkome) kommen selten in der Leber vor, immerhin jedoch häufiger als das gutartige Hämangiom [12]. Diese Neoplasien wachsen umschrieben, solitär oder über das gesamte Parenchym verteilt. Auf der Schnittfläche ist teils festes, teils spongiöses, eventuell dunkelrot imbibiertes Gewebe zu erkennen. Statistische Angaben über Alters-, Rasse- oder Geschlechtsdispositionen sind nicht gesichert verfügbar.

Im **histologischen Bild** zeigen sich solide, häufig spaltbildende Formationen mit oft ausgeprägter Anisonukleose und Kernpolymorphie. Die Tumoren können auch hoch differenziert sein und Kapillaren imitieren. Die Mitoserate ist meist hoch.

Die **Therapie** besteht in der vollständigen Exstirpation solitärer Tumoren, eventuell im Rahmen einer Lobektomie. Die sorgfältige Exploration der Bauchhöhle zur Feststellung von Metastasen (z. B. Abklatschmetastasen) vor allem im Netz, ist dringend erforderlich. Multilobär verteilte Tumoren sind inoperabel.

Die **Prognose** ist ungünstig, zumal diese Tumoren auch zu Fernmetastasen neigen. Wie bei den Hämangiomen besteht eine besondere Verblutungsgefahr.

Tumoren des exokrinen Pankreas

Die Neoplasien des Inselzellapparates werden bei den Tumoren des Endokrinums (s. dort) abgehandelt.

Die **noduläre Hyperplasie** ist eine tumorähnliche Bildung, die bei alten Katzen sehr häufig vorkommt [12, 59]. Sie tritt fast immer multipel auf. Die hyperplastischen Knoten sind bis zu erbsengroß, sie erheben sich nur wenig aus dem übrigen Parenchym. Sie verursachen keine klinischen Symptome.

Das **histologische Bild** zeigt hoch differenzierte Pankreaszellen, teils alveolär, teils solide angeordnet. Oft sind die Zellen auch kleiner, kubisch bis zylindrisch und eosinophil. Die Gänge können regelrecht oder hyperplastisch erscheinen. Die noduläre Hyperplasie wächst nicht scharf begrenzt.

Eine **Therapie** erfordert die noduläre Hyperplasie nicht, das umgebende Gewebe wird nicht zerstört.

Die **Prognose** ist entsprechend günstig. Die noduläre Hyperplasie kann neben Karzinomen des exokrinen Pankreas bestehen.

Adenome sind im Pankreas selten [105, 68, 47]. Sie wachsen als solitäre, scharf begrenzte weiße Knoten, die das umgebende Gewebe komprimieren können. Sie sind makroskopisch von den multizentrischen, unscharf begrenzten Hyperplasieknoten gut zu differenzieren. Wegen ihrer Seltenheit sind statistische Angaben nicht verfügbar, sie kommen aber sicher bei älteren Tieren vor. Die Adenome sind in der Regel symptomlos, sie werden fast nur als Zufallsbefunde bei Laparotomie oder Autopsie gefunden. Im histologischen Bild zeigen sich wiederum hoch differenzierte Pankreaszellen mit nur geringen Atypien in tubulärer oder azinärer Anordnung. Die Mitoserate ist niedrig. Häufig sind Hohlräume ausgebildet, die mucinöses Material beinhalten können. Die Grenze zum umgebenden Parenchym ist scharf. Die Therapie besteht in der Exstirpation des Knotens, um druckatrophische Schäden im umgebenden Parenchym zu vermeiden.

Die **Prognose** ist günstig.

Die malignen Tumoren des Pankreas werden fast ausschließlich von **Karzinomen** (Adenokarzinomen) gestellt. Diese sind mit etwa 1,3 % des Tumoraufkommens bei der Katze nicht häufig (98 Pankreaskarzinome in einem Gesamtaufkommen von 7286 Katzentumoren in mehreren Untersuchungsserien) [Literatur b. 12]. Die Tumoren können solitär bis zu Hühnereigröße erreichen, wachsen jedoch häufig multinodulär. Pankreaskopf und -körper sind im Vergleich häufig betroffen, der Pankreasschwanz wesentlich seltener. Die Tumoren sind weiß bis gelblich, können durch Blutungen auch bräunlich wirken und weisen oft Nekroseherde, gelegentlich mit Mineralisation auf. Das Durchschnittsalter der betroffenen Tiere liegt wie bei vielen Tumoren bei ca. 12 Jahren [47], wobei einzelne Tumorfälle auch schon bei 2jährigen Patienten beobachtet wurden [12]. Sehr alte Katzen über 15 Jahre haben ein hohes Risiko einen Pankreaskrebs zu entwickeln [59]. Eine Rasse- und Geschlechtsdisposition besteht nicht. Die Symptome sind unspezifisch und stellen sich erst spät in fortgeschrittenem Stadium ein. Meist wird Anorexie und Gewichtsverlust, oft Schwäche, Lethargie, Erbrechen, gelegentlich auch Diabetes mellitus und Obstipation beobachtet. Ein Aszites und Stauungsikterus als Folge der Obturation der extrahepatischen Gallengänge ist nicht selten. Im Gegensatz zu Tumoren des Dünndarms und der Milz läßt sich das Pankreaskarzinom bei der Palpation wegen seiner Eigenschaft, eine Bindegewebsproliferation zu induzieren, und wegen seiner Neigung zur Infiltration benachbarter Organe schlecht verschieben.

Das **histologische Bild** zeigt ein acinäres oder tubuläres, gelegentlich auch solides (Abb. 86) oder durch Einzelzellwucherung charakterisiertes Wachstum. Der Differenzierungsgrad variiert stark, die Mitoserate kann sehr hoch sein. Die Höhe der Differenzierung konnte bisher nicht mit der Metastasierungshäufigkeit korreliert werden. Die Tumoren sind oft nekrotisch und induzieren eine massive entzündliche Reaktion sowie Fettgewebsnekrose im benachbarten Fett (ähnliche Symptomatik wie bei der nekrotisierenden Pankreatitis!).

Die **Therapie** besteht bei Einzelknoten in frühem Stadium in der Lobektomie. Die jedoch meist fortgeschrittenen Tumorstadien erfordern die vollständige Resektion des Organes mit allen weiteren therapeutischen Maßnahmen zum Ersatz des verlorenen endokrinen und exokrinen Pankreas.

Die **Prognose** ist wegen der späten Diagnosestellung sehr schlecht. Ca. 80 % der Tumoren haben zu diesem Zeitpunkt bereits in die regionären Lymphknoten, in die Leber, ins Peritoneum, Netz, Mesenterium oder in andere Organe metastasiert [12,13].

Tumoren der Atemwege

Tumoren der Nasen- und Stirnhöhle

Tumorähnliche Veränderungen

Granulationspolypen als Folge einer chronischen, proliferierten Entzündung sind die häufigsten Neubildungen der Nasenhöhle und des Nasopharynx [12]. Sie schieben sich entweder aus dem Mittelohr durch die Tuba Eustachii oder direkt von der Tuba Eustachii (Abb. 89) entstehend in den Nasopharynx und können von dort aus gelegentlich in die Nasenhöhle hineinwuchern. Sie erreichen in einigen Fällen die Nasenlöcher. Seltener entsteht chronisches, makroskopisch als Polypen wirkendes Granulationsgewebe in der Schleimhaut der Turbinalia. Diese, wie die aus dem Mittelohr stammenden „Polypen", bilden sich als Folge eines Infektes Wochen oder Monate, nachdem vom Besitzer Anzeichen einer Rhinitis oder Otitis bemerkt worden waren. Meist sind junge, seltener ältere oder alte Katzen betroffen. Eine Rasse- oder Geschlechtsdisposition ist nicht bekannt. Die klinischen Symptome sind die typischen Anzeichen einer chronischen, obstruktiven Erkrankung des oberen Respirationstraktes wie Niesen, Schnorcheln, Mundatmung oder ziehende Atemgeräusche, sonstige Atembeschwerden und schleimiger oder auch eitriger Ausfluß. Auch Veränderungen der Stimme können beobachtet werden [5]. Die blutgefäßreichen Granulationspolypen der Nasenschleimhaut neigen im Gegensatz zu den Polypen des Mittelohres und der Tuba Eustachii zu Blutungen. Die Granulationspolypen sind gelegentlich makroskopisch nicht von malignen Tumoren zu unterscheiden, was eine histologische Abklärung notwendig macht.

Das **histologische Bild** der Granulationspolypen zeigt proliferiertes Bindegewebe mit einigen Ansammlungen von Lymphozyten und Plasmazellen sowie locker verteilten Gefäßen. An der Oberfläche fehlt oft das Epithel, manchmal sind flimmerhärchentragende Zylinderzellen (Abb. 90) oder Plattenepithellamellen zu erkennen. Die relativ seltenen Granulationspolypen der Nasenschleimhaut selbst zeichnen sich durch zahlreiche, oft weit stehende, gelegentlich fast kavernöse Hämangiome imitierende Blutgefäße sowie Knochentrabekel im Stroma aus.

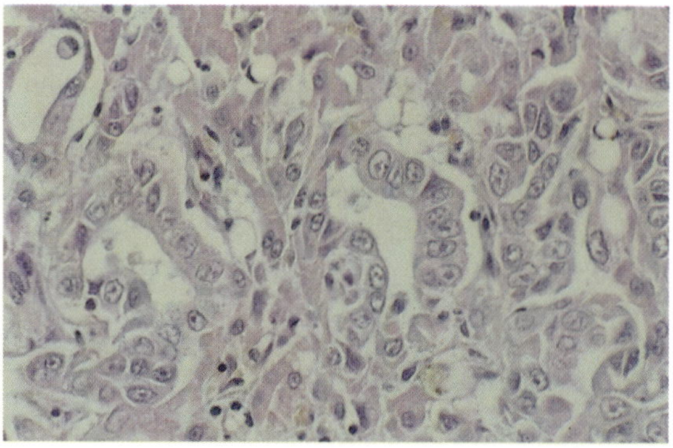

Abb. 85: Metastasierendes Gallengangskarzinom mit restlichen Leberzellen zwischen den gangartigen Tumorzellsträngen. Kastrierter Devon Rex-kater, 13 Jahre alt. HE, Obj. 40

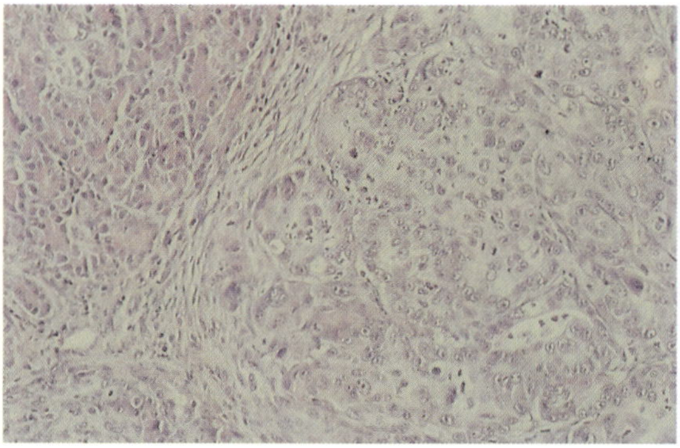

Abb. 86: Pankreaskarzinom in der rechten unteren Bildhälfte, erhaltenes originäres Parenchym links oben. 9jährige, kastrierte weibliche Katze. HE, Obj. 20

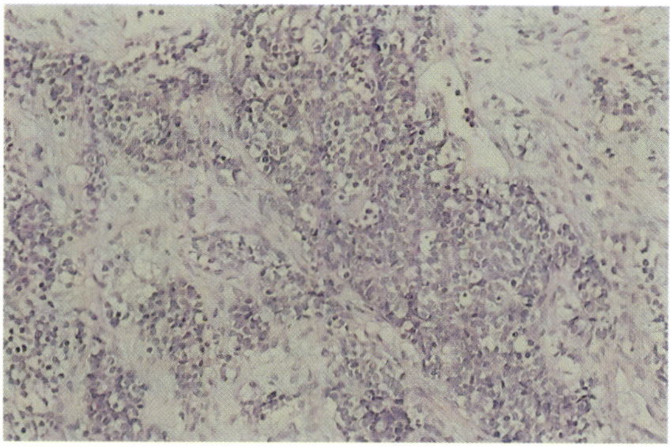

Abb. 87: Solides Karzinom der Nasenschleimhaut, evtl. von lokalen Schleimdrüsen ausgehend. Massive Atembeschwerden und Nasenausfluß aus einer Nasenhöhle. 4jähriger Kater. HE, Obj. 20

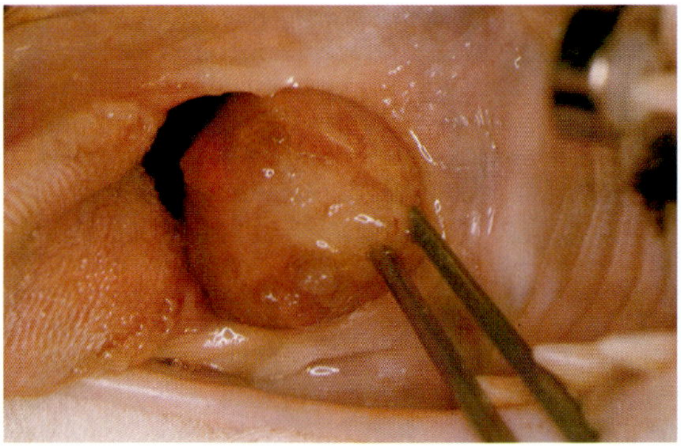

Abb. 88: Myxosarkom der Rachenschleimhaut eines 6jährigen Katers mit ausgeprägten Atem- und Schluckbeschwerden.

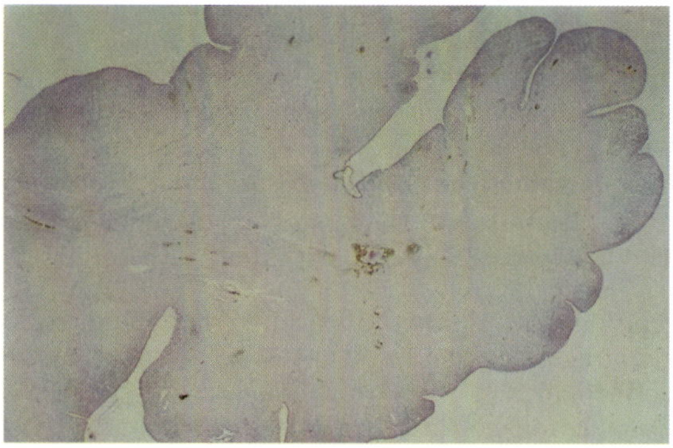

Abb. 89: Haselnußkerngroßer gelappter Rachenpolyp aus der Tuba Eustachii eines jüngeren Katers. HE, Obj. 1

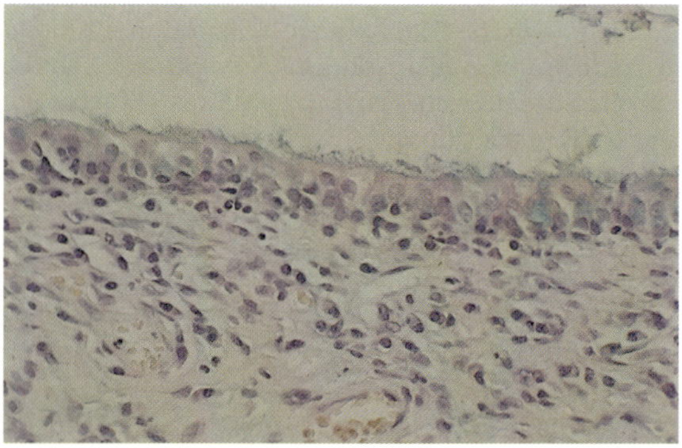

Abb. 90: Rachenpolyp aus der Tuba Eustachii, überzogen von Zylinderepithel mit Flimmerhärchen. Ausschnitt aus Abb. 89. HE, Obj. 40

Die **Therapie** besteht in der Abtragung des Granulationspolypen. Dies kann in den Fällen, in denen diese gut mit einer Klemme oder Pinzette gefaßt werden können, durch Abdrehen, in anderen Fällen durch Verschieben oder Spaltung des Gaumensegels erfolgen [12]. Ist die Bulla tympanica involviert, kann nach ventraler Osteotomie der Polyp vollständig entfernt werden. Vorübergehend kann sich aber ein Horner-Syndrom mit Miosis, Ptosis, Enophthalmus und Vorfall der Nickhaut einstellen. Dieses verschwindet aber innerhalb von 4 Wochen [5].

Die **Prognose** ist günstig, neuerliches Wachstum ist selten.

Benigne Tumoren, wie **Papillome, Adenome, Fibrome** und **Hämangiome** sind äußerst selten, so daß eine Wiedergabe statistischer Angaben nicht möglich ist.

Maligne Tumoren

Die malignen Tumoren der Nasenhöhle (und selten auch der Sinus frontales) machen etwa 1 % aller Katzentumoren aus (hierin sind die aus der Mundhöhle durch den harten Gaumen in die Nasenhöhle eingebrochenen Tumoren nicht enthalten). Sie können von verschiedenen Zellen der Schleimhaut ausgehen und deshalb auch ganz unterschiedliche histologische Muster haben (s. unten). Sie treten, unabhängig von ihrer nomenklatorischen Einordnung, hauptsächlich bei der älteren bis alten Katze auf, Einzelfälle wurden jedoch auch bei jungen Katzen ab dem 1. Lebensjahr beobachtet. Das Durchschnittsalter liegt bei über 10 Jahren. Es scheint eine Rassedisposition für Siamesen zu existieren, eine Geschlechtsdisposition gibt es wohl für diese Tumoren nicht. Als erste klinische Symptome fallen Schniefen, Niesen, einseitiger Nasenausfluß, Atemgeräusche und einseitiges Nasenbluten auf. Es können sich Deformationen des Nasendaches, geschwürige Veränderungen der Gesichtshaut sowie Exophthalmus und Fehlstellungen der Augen hinzugesellen. Im Röntgenbild ist in solchen Fällen eine Zerstörung der Knochen und evtl. auch eine reaktive Knochenproliferation zu sehen.

Das **histologische Bild** läßt epitheliale (Abb. 87) und mesenchymale Tumoren erkennen. Bei den epithelialen Blastomen sind **Plattenepithelkarzinome, Adenokarzinome** und **Karzinome** des Deckepithels und der Drüsen der Schleimhaut zu unterscheiden. Bei den Sarkomen sind **Osteosarkome, Chondrosarkome, Fibrosarkome, Myxosarkome (Abb. 88), Hämangioendotheliome** (Hämangiosarkome) und **Lymphosarkome** (evtl. im Rahmen einer lymphatischen Leukose) zu differenzieren. Ganz selten können auch **Melanome** im Bereich der Nasenlöcher oder **Neuroblastome (Aesthesioblastome)** der Riechschleimhaut auftreten. Die Diagnose bleibt der histologischen Untersuchung nach Gewebsentnahme oder auch einer zytologischen Untersuchung vorbehalten.

Die **Therapie** ist in den allermeisten Fällen nur palliativ, die Tumoren können in der Regel nicht vollständig exstirpiert werden und haben oft auch zum Zeitpunkt der Erstvorstellung beim Tierarzt die umgebenden Knochen erodiert und auch bereits metastasiert. Auch eine Bestrahlung kann eine Heilung nicht bewirken. Die Strahlendosis muß sehr hoch gewählt werden, um eine Reduktion zu erreichen, wodurch die Nebenwirkungen jedoch so schwer werden, daß in der Regel eine Verschlechterung des Allgemeinbefindens eintritt [53].

Die **Prognose** ist ungünstig. Die Patienten müssen in der Regel nach einigen Monaten wegen schwerer Atembeschwerden, Destruktion der Nasen- und Gesichtsknochen sowie wegen Metastasen in den regionären Lymphknoten, in der Lunge und evtl. auch in anderen Organen aus tierschützerischen Gründen eingeschläfert werden. Die Ausräumung des Tumors kann wohl eine Verlängerung des Lebens und auch eine vorübergehende Besserung des klinischen Bildes bewirken, eine Heilung ist wegen des fast immer weit fortgeschrittenen Zustandes kaum möglich.

Tumoren des Kehlkopfes

Tumoren des Larynx sind sehr selten, so daß eine Wiedergabe statistischer Angaben nicht sinnvoll ist [30, 104, 98]. Die Patienten sind meist über 10 Jahre alt und zeigen Veränderungen oder Verlust der Stimme. Die Tumoren können invasiv den Kehlkopf zerstören (Abb. 91) und in die regionären Lymphknoten und in andere Organe metastasieren sowie die Umgebung infiltrieren.

Im **histologischen Bild** werden **Lymphosarkome** der Schleimhaut im Rahmen einer lymphatischen Leukose, **Plattenepithelkarzinome** und **Adenokarzinome** lokaler Schleimdrüsen unterschieden.

Die **Therapie** besteht in der oft schwierigen vollständigen Exstirpation

Die **Prognose** ist ungünstig. Eine histologische Untersuchung ist aber in jedem Fall angezeigt, da das im Rachen/Kehlkopfbereich vorkommende, erfolgreich therapierbare eosinophile Granulom makroskopisch u. U. nicht von einem echten Tumor zu differenzieren ist.

Tumoren der Luftröhre

Primäre Neoplasien der Trachea sind extrem selten. Im wesentlichen werden Adenokarzinome (Abb. 92), von lokalen Schleimdrüsen ausgehend, bzw. **Plattenepithelkarzinome** der Mucosa beschrieben (10, 12). Wegen der geringen Anzahl der Patienten ist eine Wiedergabe statistischer Angaben nicht möglich.

Tumoren der Lunge

Primäre Lungentumoren sind bei der Katze selten. Häufig hingegen sind sekundäre Tumoren, Metastasen anderer Primärtumoren, wie z. B. der Mamma, der Schilddrüse, der Haut u. a. zu finden.

Benigne Tumoren

Gutartige Tumoren oder tumorartige Prozesse sind in der Lunge äußerst selten. **Adenome** und **adenomatöse Hyperplasien** der bei der Katze auch normalerweise sehr auffälligen Bronchialdrüsen werden hin und wieder gefunden, auch vereinzelte **Hämangiome** wurden in der Literatur beschrieben [12, 92, 100].

Maligne Tumoren

Maligne primäre Lungentumoren (Abb. 93, 95) sind selten [59]; sie können einzeln oder multipel vorkommen. Die kaudalen Lappen, besonders der rechten Seite, sollen bevorzugt betroffen sein. Die Tumoren können bis Eigröße erreichen. Sie leiten sich vom Epithel der Bronchien und der Bronchioli, der Alveolen oder den Bronchialdrüsen ab. Sie treten ab dem 2. Lebensjahr auf, die ganz überwiegende Anzahl ist jedoch bei älteren und alten Katzen mit einem Durchschnittsalter von 12 Jahren [59] zu finden. Eine Rassedisposition liegt nicht sicher vor; es könnte sein, daß eine Geschlechtsdisposition für Kater besteht [12]. Die klinischen Anzeichen des primären Lungentumors sind in der Regel erst spät zu beobachten, gelegentlich sind diese Neoplasien auch Zufallsbefunde bei Obduktionen, ohne daß sie überhaupt klinisch apparent geworden wären. Die Zeit zwischen dem Auftreten von Störungen bis zum Entdecken des Tumors beträgt einige Tage bis wenige Wochen. Die Diagnose wird meist röntgenologisch gestellt, gelegentlich können auch zytologisch maligne Zellen im Thoraxerguß nachgewiesen werden. Meist wird über Atembeschwerden und evtl. Husten berichtet, dazu kommen weitere unspezifische Symptome wie Appetitlosigkeit und Gewichtsverlust, Schwäche und andere Leiden, die durch Metastasen z. B. im Ösophagus, in Bronchial- oder Mediastinallymphknoten, in der Pleura, in den Extremitäten [80] oder im Gehirn hervorgerufen werden.
Das **histologische Bild** zeigt in drei Viertel aller Fälle **Adenokarzinome,** meist vom papillären (Abb. 94) oder bronchio-alveolären Typ. Darüber hinaus werden **Bronchialdrüsen-** oder **Plattenepithelkarzinome, adenosquamöse** oder **anaplastische Karzinome, Karzinoide** oder auch **Sarkome** gefunden. Die drei zuletzt genannten Tumortypen sind äußerst selten. Die Einstufung von Lungentumoren als primär ist in der Regel nur bei einer vollständigen Obduktion möglich, bei der Metastasen eines Primärtumors anderer Organe sicher ausgeschlossen werden können.
Die **Therapie** besteht bei primären, solitären oder multiplen, jedoch in einem Lappen liegenden Lungentumoren in der Lobektomie. Vorher muß allerdings neben den üblichen Vorbedingungen für eine solch schwere und aufwendige Operation überprüft und gesichert werden, daß der Tumor nicht bereits metastasiert hat bzw. daß nicht bereits weitere Metastasen eines Sekundärtumors vorliegen.
Die **Prognose** ist wegen der hohen Metastasierungsrate der intrapulmonalen Tumorwucherung und der mit beiden verbundenen Symptome sehr ungünstig. Die Lob- oder auch Pulmonektomie kann in Einzelfällen kurativ sein.

Tumoren der Brusthöhle

Die in der Brusthöhle am häufigsten gefundenen Neoplasien sind **Lymphosarkome** (meist im Rahmen einer lymphatischen Leukose) und **Thymome** (s. Tumoren der blutbildenden und lymphatischen Organe). Weiterhin werden selten **Mesotheliome,** ganz vereinzelt auch **nieder differenzierte, sonstige Sarkome,** gefunden, die jedoch so selten sind, daß ihnen keine größere statistische, über „den Fall" hinausgehende Bedeutung zukommt.

Tumoren der Niere

Primäre Nierentumoren sind selten, ihr Anteil am gesamten Tumoraufkommen dürfte bei etwa 2 % liegen. Die meisten Tumoren der Niere sind Lymphosarkome, die im Rahmen einer Leukose entweder nur in den Nieren oder mehr oder weniger generalisiert auftreten (s. Tumoren der blutbildenden und lymphatischen Organe). Nierentumoren sind makroskopisch nicht immer von tumorähnlichen Bildungen wie intraparenchymalen Zysten (Abb. 96) oder entzündlichen Prozessen (z. B. bei der felinen infektiösen Peritonitis, Abb. 51) zu unterscheiden. Eine entsprechende histopathologische Abklärung ist zwingend. Als wertvolle Methoden der klinischen Untersuchung gelten Ultraschall, Röntgenuntersuchung, intravenöses Pyelogramm, renales Arteriogramm, die Laparoskopie und Laparotomie.

Benigne Tumoren

Adenome der Niere sind äußerst seltene Tumoren. Nur wenige Fälle sind bekannt geworden [z. B. 12]. Statistisch relevante Angaben über Rasse- und Ge-

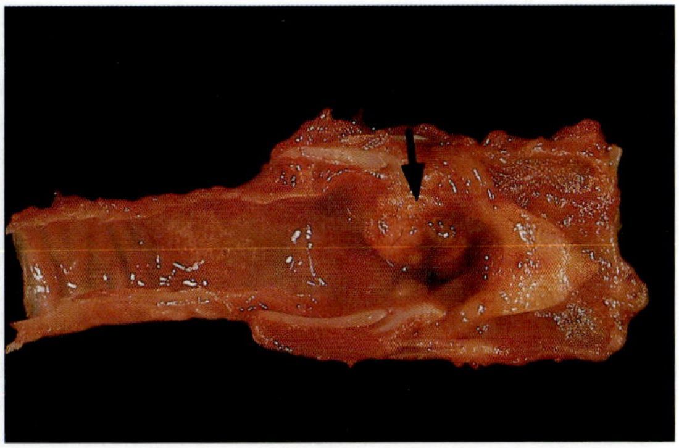

Abb. 91: Plattenepithelkarzinom des Larynx (↑) einer 11jährigen, weiblichen Katze mit schweren, z. T. röchelnden Atembeschwerden.

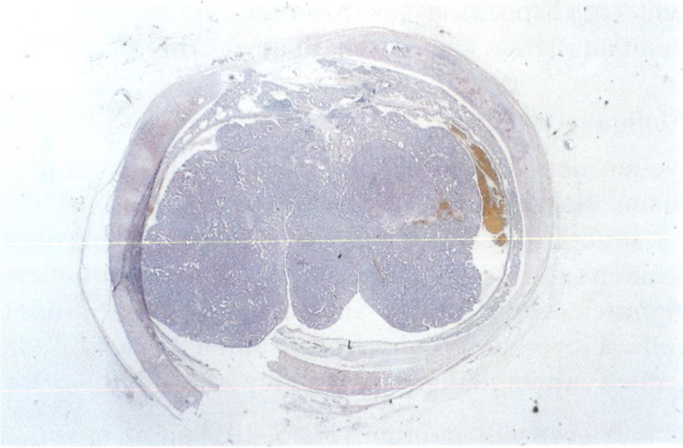

Abb. 92: Adenokarzinom der Trachealschleimhaut eines 12jährigen Katers, das Lumen weitgehend verlegend. Ausgeprägte Atembeschwerden. HE, Obj. 1

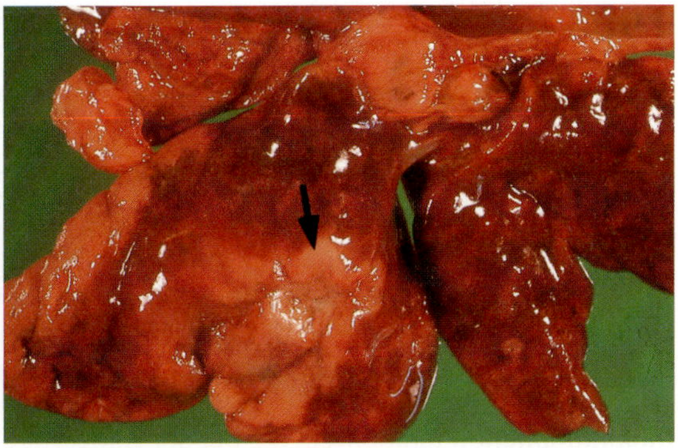

Abb. 93: Primäres Adenokarzinom der Lunge (↑) eines kastrierten, 22jährigen Katers ohne wesentliche Atembeschwerden.

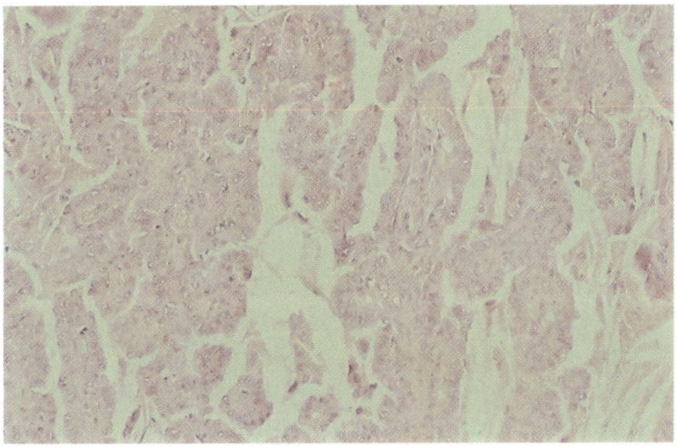

Abb. 94: Adenokarzinom der Lunge mit papillärer Wuchsform. Deutliche Atembeschwerden bei einer 17jährigen, kastrierten weiblichen Katze. HE, Obj. 20

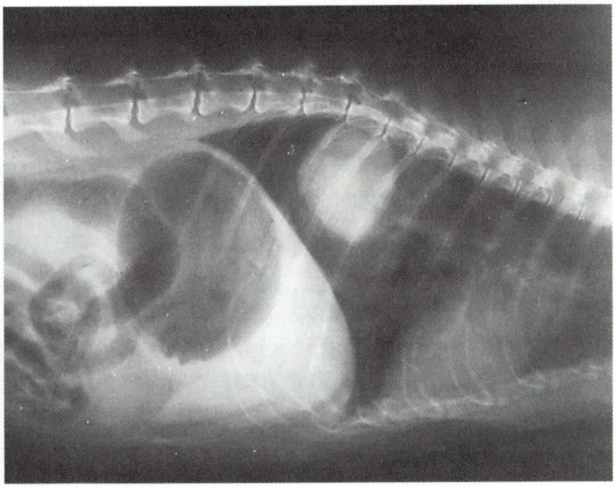

Abb. 95: Bronchialkarzinom. Röntgenbild einer Katze mit erheblichen Atembeschwerden.

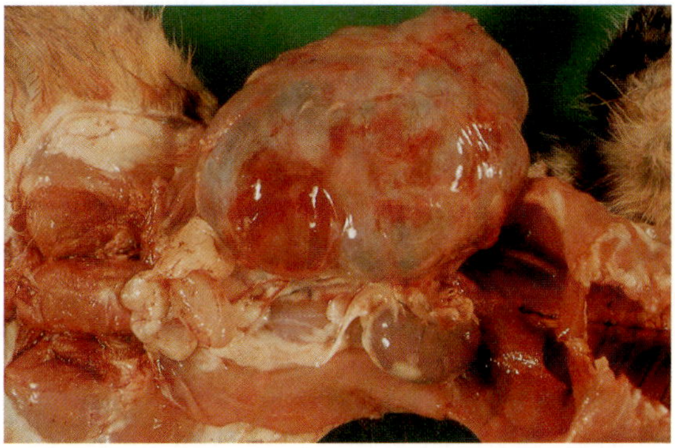

Abb. 96: Zystenniere eines 0,5 Jahre alten Katers.

schlechtsdisposition sowie durchschnittliches Alter der Tumorträger sind deshalb nicht erhältlich.

Maligne Tumoren

Neben den **Nierenzellkarzinomen** und den **urothelialen Karzinomen** (Transitionalzellkarzinom) des Nierenbeckens wurden Einzelfälle von **Nephroblastomen** (embryonales Karzinom), **Plattenepithelkarzinomen, embryonalen Sarkomen, Myxo-, Spindelzell-, Fibro-** und **Leiomyosarkomen** berichtet, die jedoch zahlenmäßig nicht ins Gewicht fallen.

Das **Nierenzellkarzinom** [12, 6, 105] steht in seiner Häufigkeit an erster Stelle der malignen Tumoren in der Niere (ohne Lymphosarkome). Die Tumoren wachsen fast immer nur einseitig, sie können Hühnereigröße erreichen. Das Alter der betroffenen Tiere liegt durchschnittlich bei etwa 9 Jahren, es sind aber Fälle bereits bei 4jährigen Patienten bekannt geworden. Eine Rasse- und Geschlechtsdisposition liegt nicht vor. Die erkrankten Tiere weisen keine spezielle Symptomatik auf, die einen Hinweis auf ein Tumorgeschehen geben könnte. Selbst Hämaturie ist nur in Einzelfällen zu beobachten. Je nach dem Stadium der Erkrankung können allgemeine Zeichen einer schweren Erkrankung wie Inappetenz, Gewichtsverlust und Apathie zu sehen sein.
Das **histologische Bild** ist entweder durch solide, tubuläre oder papilläre Strukturen oder eine Mischung dieser Wachstumsmuster gekennzeichnet. Diese Strukturen werden durch kubische, zylindrische, eosinophile, granulär-eosinophile oder helle Zellen gebildet. Die Mitoserate kann niedrig, die Differenzierung hoch sein, so daß bei kleineren Tumoren Abgrenzungsschwierigkeiten gegen Adenome entstehen können. Bei sehr niedrig differenzierten Adenokarzinomen kann der Eindruck einer Mischform mit mesenchymalen Anteilen entstehen [6].
Die **Therapie** besteht in der Entfernung des erkrankten Organs. Um den Patienten unnötiges Leiden zu ersparen, ist vor der Durchführung eine Abklärung möglicher Metastasierung und der Funktionsfähigkeit der zweiten Niere herbeizuführen.
Die **Prognose** hängt sehr davon ab, ob der Tumor frühzeitig, d. h. vor einer Metastasierung, entdeckt wurde. Es scheint so zu sein, daß die Nierenzellkarzinome günstiger zu beurteilen sind als die urothelialen Karzinome des Nierenbeckens (s. dort), deren Metastasierungsfreudigkeit wesentlich höher ist.

Urotheliale Karzinome des Nierenbeckens (Transitionalzellkarzinom, Übergangszellkarzinom) stehen in der Häufigkeit hinter den Nierenzellkarzinomen [118, 62, 66]. Sie leiten sich von der urothelialen Auskleidung des Nierenbeckens ab [109]. Sie können exophytisch in dessen Lumen hineinwuchern oder infiltrativ zunächst die ganze Tiefe der Schleimhaut befallen, um schließlich Mark und Rinde, ja, sogar die Kapsel der Niere zu durchwuchern. Da die Diagnose mangels einer typischen Symptomatik im Gegensatz zum Menschen sehr spät gestellt wird, liegt meist ein weit fortgeschrittenes Stadium, oft mit einer Hydronephrose gepaart, vor.
Das Durchschnittsalter der betroffenen Tiere liegt bei etwa 9 Jahren, urotheliale Karzinome des Nierenbeckens werden schon ab dem 4. Lebensjahr gefunden. Eine Rasse- und Geschlechtsdisposition liegt nicht vor.
Das **histologische Bild** gleicht dem des urothelialen Karzinoms der Harnblase (s. dort).
Die **Therapie** besteht in der einseitigen Nephrektomie, nachdem Gewißheit über die Metastasenfreiheit sowie die Funktionstüchtigkeit der zweiten Niere besteht.
Die **Prognose** ist ungünstig, da zum Zeitpunkt der Feststellung des Tumors in einem hohen Prozentsatz (nahezu 100 % !) bereits Metastasen bestehen.

Tumoren der extrarenalen ableitenden Harnwege

(Ureter, Harnblase, Urethra)

Primäre Tumoren der ableitenden Harnwege sind bei der Katze sehr selten [65]. Dies wird mit ihrer Fähigkeit in Zusammenhang gebracht, Tryptophan zu metabolisieren, ohne größere Mengen von Orthoaminophenolmetaboliten, die bei der Cancerogenese in den ableitenden Harnwegen bei Hund und Mensch beteiligt sein sollen, zu produzieren [49].

Benigne Tumoren

Urotheliale Papillome sind äußerst selten, es sind lediglich Einzelfälle bekannt geworden [65, 118]. Sie stellen aber immerhin die Mehrzahl unter den wenigen weiteren gutartigen Prozessen wie **Adenomen, Leiomyomen, Fibromen** und **Hämangiomen** dar. Öfter werden sog. Granulationspolypen („entzündliche Polypen") festgestellt, die jedoch nicht zu den echten Tumoren gehören. Statistisch relevante Angaben existieren wegen der Seltenheit der echten gutartigen Tumoren nicht.
Das **histologische Bild** der urothelialen Papillome ist durch papilläre Bildungen gekennzeichnet, die von regelrechtem Urothel ohne jegliche Atypien in einer Höhe von maximal 6 Zellen überzogen sind. Mitosen sind nur in den basalen Zellreihen zu sehen, sie zeigen keine Atypien. Die Papillome können entzündet sein und Anzeichen von Blutungen aufweisen.
Die **Therapie** besteht in der Abtragung des Polypen.
Die **Prognose** ist günstig.

Maligne Tumoren

In der Hauptsache werden bei der Katze, wie bei Hund und Mensch, **urotheliale Karzinome** gesehen. **Plattenepithelkarzinome, Adenokarzinome, anaplastische Karzinome** (evtl. auch vom Urothel hergeleitet!) und **Sarkome** (Leiomyo-, Fibro-, Myxo-, Lympho- und Hämangiosarkome) sind eine fast verschwindende Minderheit, außer für den Einzelfall ohne wesentliches klinisches Gewicht.

Das **urotheliale Karzinom** [65, 67, 22, 109, 118] leitet sich vom Übergangsepithel ab. Es wird ganz überwiegend in der Harnblase (Abb. 97) gefunden, ganz selten wächst es auch in den Ureteren oder in der Urethra. Die betroffenen Katzen haben ein hohes Durchschnittsalter von 10 bis 13 Jahren, wobei Einzelfälle auch bei jungen Tieren ab 3 Jahren beobachtet wurden [118]. Eine Rassedisposition scheint nicht zu bestehen. Verschiedentlich wurde über eine Disposition für weibliche Tiere berichtet, was jedoch nicht unwidersprochen blieb. Das Symptom „Blut im Urin“ ist bei den meisten Katzen der erste Hinweis auf einen pathologischen Prozeß der ableitenden Harnwege. Häufig wird auch über Schmerzen bei der Miktion berichtet, was oft zur Diagnose „Zystitis“ führt. In der Tat sind die urothelialen Karzinome der Harnblase oft mit einer Entzündung vergesellschaftet. Typische Symptome sind Hämaturie (85 % der Patienten), Strangurie, Dysurie und Pollakisurie [118]. Wuchert das Karzinom im Ureter oder im Bereich der Einmündung der Ureteren in die Harnblase, so kann es zum Hydroureter bis zu einer Hydronephrose mit Atrophie des Nierenparenchyms kommen. Bei ausgedehnten Wucherungen können auch beide Seiten in Mitleidenschaft gezogen werden, was eine Urämie zur Folge haben kann. Die Verdickung und Verfestigung der Harnblase ist in einigen Fällen tastbar. Ansonsten kann das Röntgenbild, evtl. auch die Sonographie sowie eine zytologische Untersuchung des Harnsedimentes einen Hinweis auf einen tumorösen Prozeß geben. Oft ist die Abgrenzung gegen eine chronische Zystitis nicht leicht.

Die meisten urothelialen Karzinome werden im Blasenfundus beschrieben. Die dorsale Blasenwand scheint keine Prädilektionsstelle zu sein [118]. Die Karzinomherde sind z. T. klein, können aber auch große Teile der Schleimhaut durchwuchern. Papilläre Rasen, wie sie beim Menschen bei urothelialen Karzinomen I. und II. Grades zu sehen sind, werden bei der Katze kaum beobachtet. Statt dessen imponieren hier wulstige, auch kraterförmige Knoten, die oft ulzeriert sind und einen blutigen Grund aufweisen. In den meisten Fällen besteht eine unregelmäßige Verdickung der Wand.

Im **histologischen Bild** ist das klassische Bild des rein papillären urothelialen Karzinoms (Abb. 98), wie es beim Menschen so häufig ist, selten. In der Regel liegen Mischformen vor, die neben meist spärlichen papillären Formationen ausgedehnte solide, drüsige und oft plattenepitheliale Areale aufweisen. Die Tumoren sind in der Regel schon fortgeschritten invasiv und in die Lamina propria, oft auch in die Tunica muscularis (Abb. 99), eingebrochen. Über die Hälfte der Blastome haben bei der Erstuntersuchung die Serosa bereits erreicht oder durchstoßen. Die Oberfläche ist an manchen Stellen ulzeriert, zwischen den Tumorsträngen liegen unterschiedlich reichliche Entzündungszellen. Die Tumorzellen selbst können recht hoch differenziert bis anaplastisch sein, oft sind siegelringartige Zellen zu sehen. Die Mitoserate kann hoch sein. Wichtig ist, maligne Zellareale von den gutartigen v. Brunnschen Zellnestern zu unterscheiden, die von regelrechtem Urothel, welches allerdings gelegentlich durch Plattenepithelmetaplasie strukturell verändert ist, gebildet werden. Diese Nester liegen in der Lamina propria, haben aber keine nosologische Bedeutung.

Der Erfolg der **Therapie** hängt von der möglichst frühzeitigen Diagnosestellung ab. Abrasionen des Tumors wie in der Humanmedizin sind nicht nur wegen technischer Schwierigkeiten ausgeschlossen, die Invasion der Blasenwand ist zum Zeitpunkt der Diagnosestellung praktisch immer zu ausgedehnt und zu tief. So bleibt nur die partielle Zystektomie, die jedoch ebenfalls meist zu spät erfolgt. Die Flächenausdehnung des Tumors ist in der Regel bereits zu groß und/oder der Tumor hat bereits in andere Organe metastasiert (ca. bei 25 %). Eine vollständige Zystektomie, wie sie in solchen Fällen in der Humanmedizin ausgeführt wird, ist bei der Katze möglich, aber für Patient und Besitzer nicht empfehlenswert.

So ist die **Prognose** der Karzinome der ableitenden Harnwege, wenn sie nicht ganz früh erkannt und vor der Invasion der Lamina propria oder gar Tunica muscularis exstirpiert werden, sehr schlecht. Die Überlebenszeit bemißt sich nach Wochen bis wenigen Monaten. Frühzeitig operierte Patienten können Monate bis Jahre überleben [118].

Tumoren des männlichen Geschlechtsapparates

So häufig echte Tumoren der Prostata beim Menschen und Tumoren der Hoden beim Hund sind, so selten sind beide beim Kater, was vielleicht darauf zurückzuführen ist, daß ein Großteil der Kater, die sich menschlicher Fürsorge erfreuen, frühzeitig kastriert werden. Die andere, kleinere Gruppe der Unkastrierten erreicht aufgrund ihres freiheitlichen und damit sehr gefährlichen Lebens entweder ein höheres Alter gar nicht oder wird ärztlichen Bemühungen nicht zugeführt. Sie entgeht somit auch der Statistik.

Hodentumoren

Wie oben aufgeführt, sind Hodentumoren von Katern sehr selten, so daß nur einzelne Berichte vorliegen. In erster Linie wurde über undifferenzierte oder nicht differenzierbare Neoplasien, aber auch über z. T. maligne **Sertolizelltumoren,** ein **Seminom,** ein embryonales **Karzinom** [Literatur s. bei 12] sowie als Tumor erscheinende Zysten des Hodenparenchyms selbst oder des Rete testis berichtet. Auch Leydigzellhyperplasien (Abb. 102) treten auf. Wegen der geringen Anzahl gibt es keine statistisch relevanten Daten über Alters- und Rassedisposition. Über hormonelle Einflüsse ist ebenfalls nichts bekannt geworden.

Das **histologische Bild** der Hodentumoren entspricht den angegebenen Typen, welche gut von Mensch und Hund bekannt sind.

Die **Therapie** besteht immer in der Hemi- oder vollständigen Kastration [94].

Die **Prognose** ist wohl schlecht, die meisten der wenigen echten Hodentumoren hatten bereits zum Zeitpunkt der Erstoperation metastasiert. Hat der Tumor noch nicht gestreut, ist nach der (Hemi-) Kastration die Prognose günstig.

Prostatatumoren

Auch Prostatatumoren sind äußerst selten [43], nur wenige wurden beschrieben, jeweils bei kastrierten Katern. Eine Neoplasie wurde als Fibroadenom diagnostiziert, die wenigen weiteren als Adenokarzinome (Abb. 100, 101) mit Einbruch in Lymphbahnen eingestuft [12]. Statistisch relevante Angaben sind wegen ihrer Seltenheit nicht erhältlich. Neben der Metastasierungsgefahr besteht das Risiko einer Harnwegsverlegung, die zu einer Balkenblase oder Blasendilatation führen kann. Außerdem sind Harnwegsinfekte als Folge der Harnverhaltung zu befürchten.

Im **histologischen Bild** sind tubuläre, acinäre oder solide Formationen zu sehen, deren auskleidende Zellen zylindrisch oder kubisch sein können. Auch Siegelringzellformen können gefunden werden. Im fibrösen Stützgerüst sind unterschiedlich reichlich Lymphozyten und Plasmazellen zu sehen.

Die **Therapie** besteht in der Resektion des Organes incl. der regionären Lymphknoten.

Die **Prognose** ist wegen der geringen Fallzahl nicht klar, je früher die Diagnose gestellt und je radikaler die Resektion durchgeführt wird, desto günstiger sollte die Prognose sein. Meist dürfte die Diagnose aber (zu?) spät gestellt werden. Darüber hinaus ist die Operationsmethode schwierig und es könnte – in Anlehnung an Verhältnisse bei Hund und Mensch – zu Harninkontinenz kommen.

Tumoren des weiblichen Genitaltraktes

Tumores des Ovars

Tumorähnliche Bildungen des Ovars

Bei Palpation und auch Inspektion können zystische Umfangsvermehrungen des Ovars einen Tumor vortäuschen (Abb. 103). Es handelt sich meist um Follikelzysten, die eine hormonelle Wirkung (Östrogene) entfalten können. Luteinzellzysten sind ebenso wie Zysten des Rete ovarii selten [12].

Echte Tumoren des Ovars sind bei der Katze nicht häufig. Mesenchymale Neoplasien werden nur in Einzelfällen beschrieben.

Stromale Tumoren

Sehr selten sind das **Luteom** und das **Thekom,** mit den häufiger beobachteten, jedoch trotzdem seltenen **Granulosazelltumoren** zu den stromalen (sexcord) Tumoren gehörend. Alle können hormonell aktiv sein (Östrogene) [115].

Granulosazelltumoren

Bei der Katze sind insgesamt gut 20 Granulosazelltumoren beschrieben [z. B. 63, 12, 1]. Sie sind in der Regel einseitig. Das Durchschnittsalter liegt bei ca. 11 Jahren, die ersten Granulosazelltumoren werden aber bereits ab dem Alter von 3 Jahren beschrieben [63]. Eine Rassedisposition ist nicht bekannt. Ein Teil der Tumoren produziert Hormone (Östrogen, Progesteron), die zu wiederholten Rolligkeitserscheinungen und abnormem Verhalten führen; häufig werden auch glandulär-zystische Hyperplasien des Endometriums festgestellt. Ansonsten sind unspezifische Symptome wie Inappetenz, Anorexie, Lethargie, vergrößertes Abdomen, Aszites und abdominale Schmerzen zu beobachten [1].

Beim Palpieren können größere, oft zystische Tumoren gefunden werden, kleinere sind Zufallsbefunde bei der Kastration oder anderen abdominalen Eingriffen. Es gibt auch Berichte über einzelne Granulosazelltumoren bei kastrierten Kätzinnen, wobei man jedoch von einer unvollständigen Kastration ausgehen muß.

Das **histologische Bild** ist oft ziemlich bunt. Es finden sich Zellstränge aus typischen Granulosazellen mit hellem Zytoplasma und uniformen Kernen. Die Mitoserate ist niedrig. Es kann ein sarkomatöses oder eher epitheliales Muster vorherrschen, gelegentlich

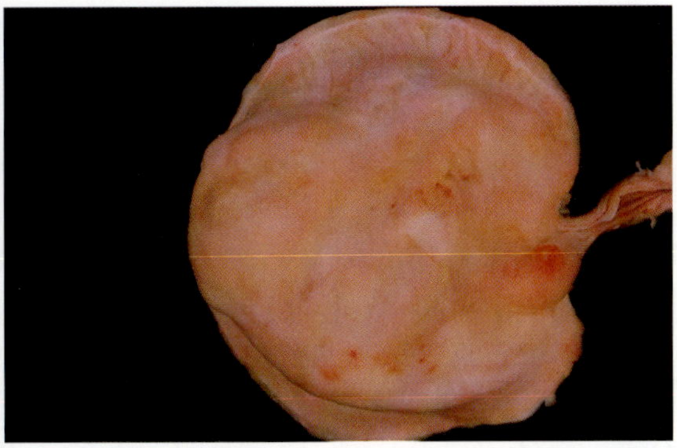

Abb. 97: Herdförmig blutendes Blasenkarzinom eines 10jährigen Katers.

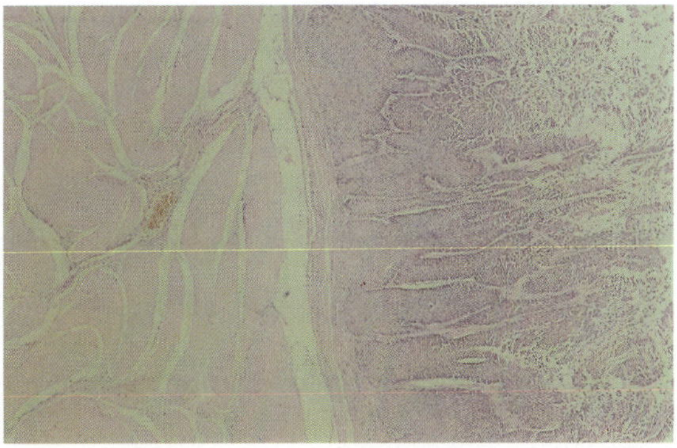

Abb. 98: Papilläres urotheliales Karzinom der Harnblase mit exophytischem Tumoranteil im rechten Bildabschnitt. Ältere weibliche Katze. HE, Obj. 10

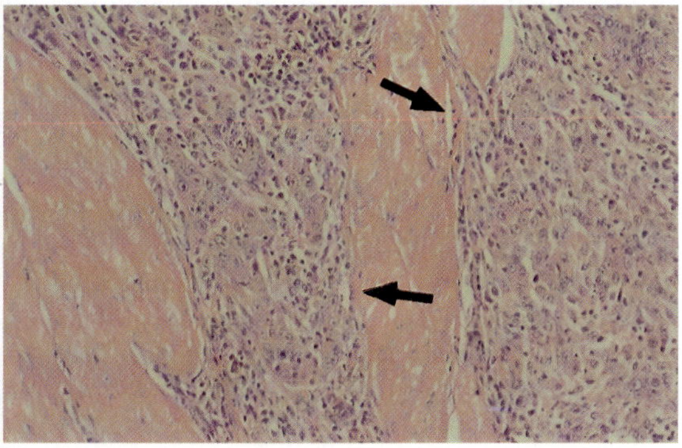

Abb. 99: Invasives urotheliales Karzinom (↑) in der Tunica muscularis. Gleicher Fall wie Abb. 98. HE, Obj. 20

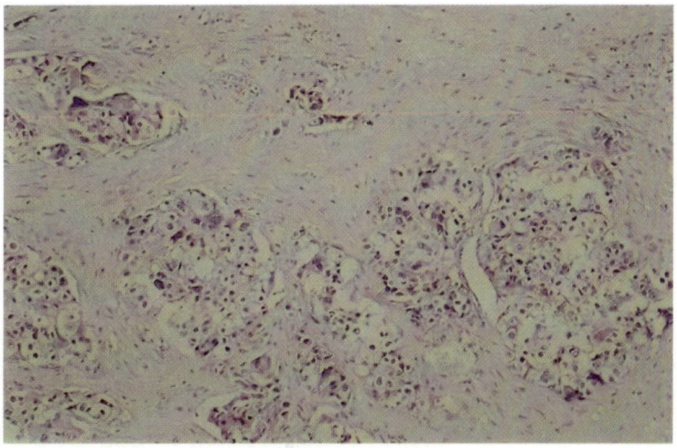

Abb. 100: Adenokarzinom der Prostata eines 12jährigen kastrierten Katers. Der Patient hatte Lungenmetastasen. HE, Obj. 10

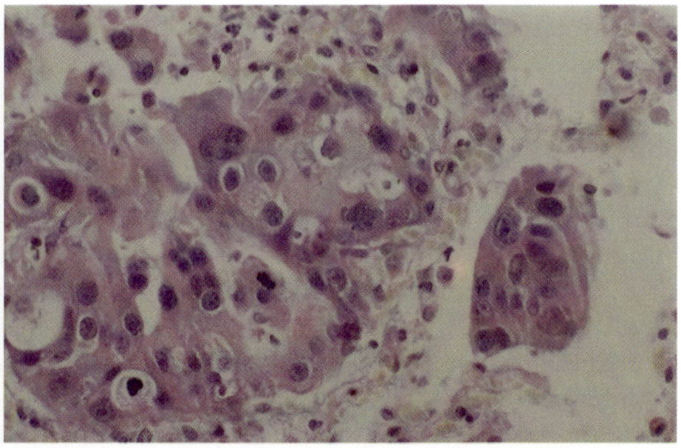

Abb. 101: Lungenmetastase des prostatakarzinoms der Abb. 100. HE, Obj. 40

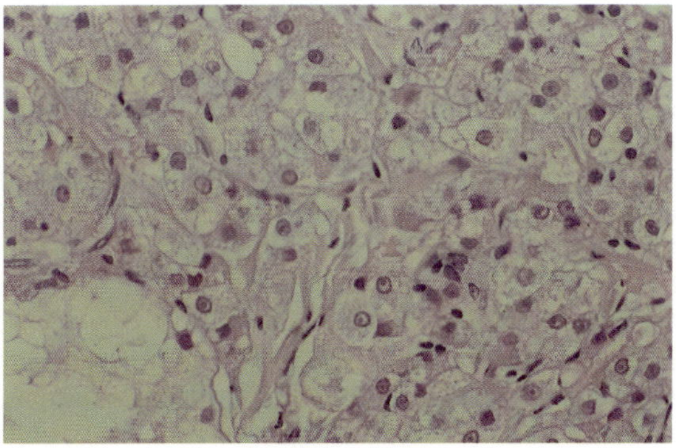

Abb. 102: Leydigzellhyperplasie eines inguinalen Hodens mit vakuolisierten Zellen. Links unten ein atrophisches Samenkanälchen. Kater, 2,5 Jahre alt. HE, Obj. 40

ist auch follikuläres Wachstum mit sog. Call-Exner-Bodies zu beobachten. Es gibt auch Neoplasien, die von Zellen gebildet werden, die wie Sertolizelltumoren des Hodens aussehen (Granulosazelltumor vom Sertolityp).

Die **Therapie** besteht in der vollständigen Exstirpation, nachdem geprüft wurde, ob die Lunge metastasenfrei ist. Bei der Amputation sollten die abdominalen Organe ebenfalls auf Absiedelungen abgesucht werden.

Die **Prognose** ist sehr vorsichtig zu stellen, da annähernd 50 % der Granulosazelltumoren metastasieren [102].

Keimzellentumoren

Dysgerminom [21] und **Teratom** [63] sind seltene maligne Neoplasien des Ovars (Tumoren der germinativen Zellen), die jedoch meist lediglich zu einer wesentlichen Vergrößerung des Eierstockes führen, ohne zu metastasieren. Sie können gelegentlich Hormone produzieren [21]. Die von Dysgerminomen betroffenen Tiere sind älter bis alt (durchschnittlich 12 Jahre). Das Teratom kommt hauptsächlich bei jungen Tieren vor.

Das Dysgerminom zeigt im **histologischen Bild** sehr auffällige, seminomähnliche Zellen. Das Teratom ist gekennzeichnet durch eine Mischung normalen und neoplastischen Gewebes von 2 oder 3 Keimblättern, wobei häufig Zysten zu beobachten sind [115]. Hauptsächlich finden wir Strukturen der Haut wie Epidermis, Haarbälge, Adnexdrüsen, kollagene Faserbündel und Fettgewebe. Es gibt auch Mischformen von Dysgerminom und Teratom [21].

Die **Therapie** besteht in der vollständigen Entfernung des betroffenen Ovars.

Die **Prognose** ist bis auf Einzelfälle günstig.

Epitheliale Tumoren

Außer gutartigen, seltenen **Adenomen** und **Zystadenomen** (Kystome) [63] werden häufiger **Adenokarzinome** und **Zystadenokarzinome** gefunden [63, 13]. Sie sollen sich von den Oberflächenepithelien des Ovars (Zölomepithel) herleiten. Meist ist nur ein Ovar, gelegentlich sind aber auch beide Seiten betroffen [12]. Diese Tumoren haben in der Regel keine hormonelle Aktivität.

Im **histologischen Bild** (Abb. 104) sind drüsige, drüsig-papilläre und zystische Formationen zu sehen, gebildet von zylindrischen hellen Zellen. In den Lichtungen liegt seröse, ganz vereinzelt auch schleimige Flüssigkeit. Gutartige Tumoren sind oft schwer von bösartigen abzugrenzen, da letztere immer sehr hoch differenziert sind.

Die **Therapie** besteht in der vollständigen Entfernung des Tumors, wobei das Abdomen auf Abklatschmetastasen überprüft werden muß.

Die **Prognose** ist bei den Adenokarzinomen vorsichtig zu stellen, da sie intraabdominal zu Abklatschmetastasen neigen.

Tumoren des Uterus

Gebärmuttertumoren sind bei der Katze nicht häufig [116, 8]. Dies mag (auch) mit der meist frühzeitigen Kastration der in der Statistik erfaßten Katzen oder auch mit der Tatsache zusammenhängen, daß diese Organe in der möglicherweise irrigen Einstufung als „Pyometra" oft nicht einer weitergehenden Untersuchung zugeführt werden.

Tumorähnliche Bildungen

Hier sind in erster Linie **Polypen** des Endometriums zu erwähnen, die öfters, einzeln oder multipel, im Rahmen einer glandulären oder glandulär-zystischen Hyperplasie zu beobachten sind (Abb. 105, 106).

Sie werden nicht als Präkanzerose angesehen. Endometriale Polypen können bis zu Hühnereigröße erreichen. Sie ragen in das Cavum des Uterus und können zu Blutungen führen. Das Durchschnittsalter der betroffenen Patientinnen liegt über 9 Jahre.

Im **histologischen Bild** ist eine Vermehrung des endometrialen Stromas und der Drüsen zu sehen. Die oft hyperplastischen und zystischen Drüsen (Abb. 107) werden von zylindrischen Zellen ausgekleidet, wesentliche Atypien fehlen. In den Lichtungen kann Sekret liegen. Wenn Polypen gleichzeitig mit einer Pyometra auftreten, liegen im Stroma Granulo- und Lymphozyten, bei chronischen Zuständen vor allem Plasmazellen. Das Endometrium in der Nachbarschaft der Polypen zeigt meist eine glandulär-zystische Hyperplasie.

Die **Therapie** dürfte in der Regel, soweit nötig oder gewünscht, in der Ovariohysterektomie bestehen.

Die **Prognose** ist günstig.

Hin und wieder ist eine **Adenomyosis** (Endometriose des Myometriums) zu beobachten, die zu knötchenförmigen und makroskopisch sichtbaren Zubildungen mit Auftreibung der Serosa führen kann. Es können dabei Knoten von Apfelgröße entstehen [12].

Im **histologischen Bild** liegen in der Tunica muscularis oder auch subserös Gruppen von Endometriumdrüsen; sie sind in endometriales Stroma eingebettet. Die Innenfläche wird durch zylindrische bis kubische Zellen ausgekleidet. In den gelegentlich geweiteten zystischen Drüsen findet sich häufig Sekret. Die Drüsen nehmen üblicherweise an den zyklusabhängi-

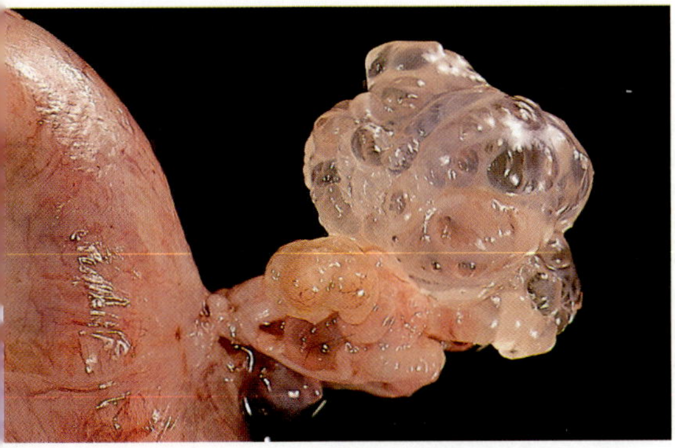

Abb. 103: Zystovar einer mittelalten Katze.

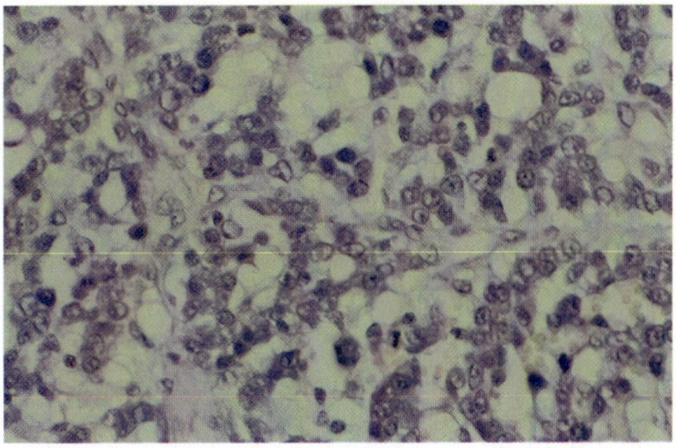

Abb. 104: Ovarialkarzinom einer 12jährigen Katze. HE, Obj. 20

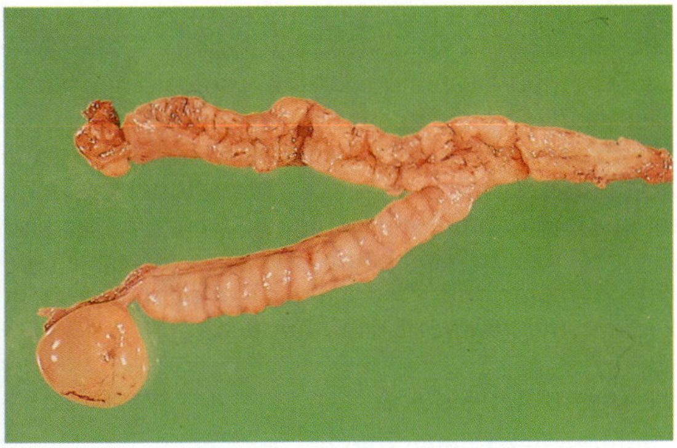

Abb. 105: Glandulär-zystische Hyperplasie des Endometriums bei gleichzeitig vorhandener Ovarialzyste. Katze, weiblich, 13 Jahre alt.

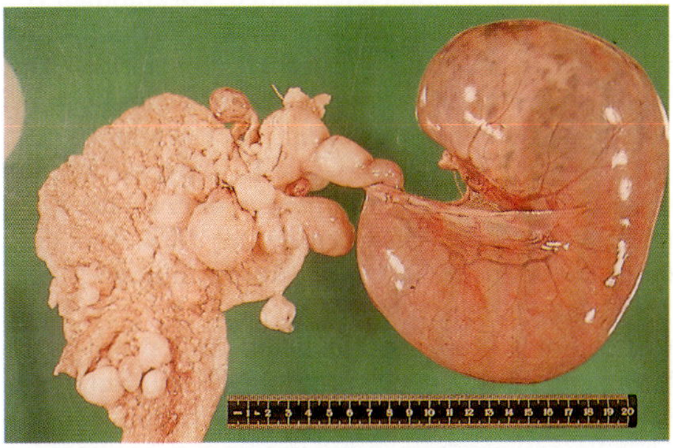

Abb. 106: Polyposis des Endometriums und Torsion eines Uterushornes mit Ausbildung einer Hydro-Mucometra. Katze, 11 Jahre alt.

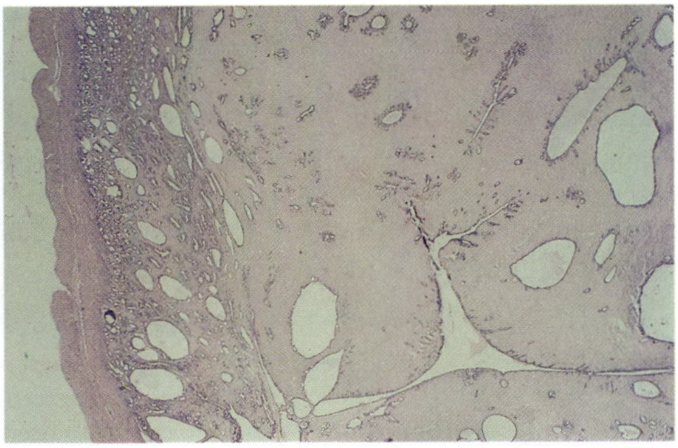

Abb. 107: Glandulär-zystische Hyperplasie des Endometriums mit Ausbildung eines Polypen (Myometrium links, Uteruslichtung rechts). Katze, 13 Jahre alt. HE, Obj. 1

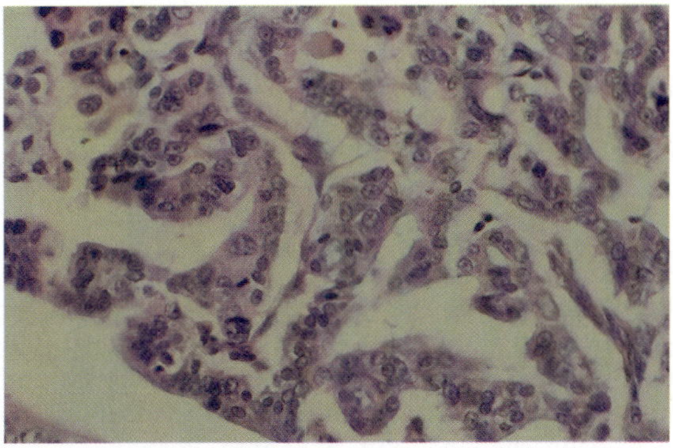

Abb. 108: Adenokarzinom des Endometriums mit ungeordneten papillären Strukturen aus hoch atypischen Epithelzellen. HE, Obj. 40

gen Veränderungen des Endometriums teil. Beim Menschen kann die Adenomyosis Schmerzen bereiten und zu Blutungen führen. Bei der Kätzin ist hierüber nichts bekannt.

Eine **Therapie** ist eigentlich nicht nötig, meist wird jedoch aus anderen Gründen auf Wunsch des Besitzers eine Ovariohysterektomie durchgeführt.

Die **Prognose** ist günstig.

Benigne Tumoren

Neben ganz wenigen gutartigen epithelialen Tumoren, den **Adenomen** [120], spielen die **Leiomyome** [105, 12] der Tunica muscularis die größte, trotzdem, im Gegensatz zu den Verhältnissen beim Menschen, ziemlich bescheidene Rolle in dieser Gruppe. Diese Tumoren leiten sich von der glatten Muskulatur ab, können einzeln oder multipel auftreten und bis zu Gänseeigröße erreichen. Sie sollen östrogenabhängig sein, wofür das oft gleichzeitige Vorkommen von ovariellen Follikelzysten mit einer glandulär-zystischen Hyperplasie des Endometriums spricht. Das Durchschnittsalter der betroffenen Tiere liegt bei 9 Jahren, Leiomyome werden aber schon ab dem 3. Lebensjahr beschrieben. Die Leiomyome können sekundäre Wirkungen entfalten, indem sie die Lichtung eines Hornes, das Corpus oder die Cervix uteri einengen oder andere Organe komprimieren.

Im **histologischen Bild** liegen Bündel parallel und wirbelig angeordneter, länglicher Zellen mit etwas blasig aufgetriebenen Kernen. Die Mitoserate ist sehr niedrig. Diese wird zur Differenzierung gegenüber Leiomyosarkomen herangezogen. Sie liegt bei gutartigen Blastomen niedriger als fünf Mitosen pro zehn Felder starker lichtmikroskopischer Vergrößerung, bei den malignen Neoplasien über fünf Mitosen. Das intratumorale Bindegewebe ist relativ spärlich, kann jedoch auch in größerer Menge auftreten und damit zur Bildung eines Fibroleiomyoms führen. In größeren Tumoren kann es zur Hyalinisierung und Nekrose kommen. Die Tumoren wachsen expansiv, ohne eine Kapsel zu bilden.

Die **Therapie** besteht entweder in einer Enukleation oder in der Regel in der Ovariohysterektomie.

Die **Prognose** ist günstig.

Maligne Tumoren

Primäre Malignome des Uterus gehen selten von der glatten Muskulatur als **Leiomyosarkom** (Abb. 109) oder vom Bindegewebe als **Fibrosarkom** aus. Es sind nur Einzelfälle [12, 105] mitgeteilt worden. Auch das vom Menschen her gut bekannte Portiokarzinom spielt bei Katzen (wie beim Hund) keine Rolle.

Das **Adenokarzinom** ist ein seltener Tumor des Endometriums [116, 13, 12, 105]. Vielleicht werden aber auch zu wenige Karzinome in der irrigen Annahme des Operateurs, es handele sich um eine entzündliche Veränderung, diagnostiziert. Üblicherweise werden Uteri von Katzen bisher kaum histologisch untersucht, auch wenn sie offensichtlich pathologisch verändert sind. Das Durchschnittsalter der betroffenen Tiere liegt deutlich über 10 Jahren, Einzelfälle sind allerdings auch bei jüngeren Tieren beschrieben worden. Eine Rassedisposition ist nicht bekannt. Das klinische Bild ist variabel, Blutungen, abdominale Schmerzen, Druck auf andere Organe sowie Aszites sind möglich.

Das **histologische Bild** zeigt tubuläre (Abb. 108), papilläre und auch zystische Formationen mit erheblicher Anisonukleose und Kernpolymorphie. Die Mitoserate kann hoch sein. Es können Herde von Plattenepithelmetaplasie oder Übergänge in Plattenepithelkarzinome gefunden werden. Nekrosefelder sind nicht selten. Die Tumoren wachsen in der Regel invasiv und können die ganze Uteruswand durchsetzen.

Die **Therapie** besteht nach röntgenologischer Überprüfung der Lunge in der Ovariohysterektomie.

Die **Prognose** ist nicht günstig. Meist hat bereits zum Zeitpunkt der Operation eine Metastasierung, häufig intraabdominal, stattgefunden. Betroffen sind oft die Ovarien, das Lig. latum, das Netz, aber auch andere Organe wie Zwerchfell, Lymphknoten oder Peritoneum anderer Lokalisationen [116].

Tumoren der Vagina

Tumoren der Vagina sind bei der Kätzin, im Gegensatz zur Hündin, äußerst selten.

Als **gutartige Tumoren** wurden einzelne **Leiomyome, Fibrome** und **Leiomyofibrome** bekannt, dazu ein **Papillom.**

Maligne Tumoren der Vagina sind noch seltener, sie wurden als **Plattenepithelkarzinom,** als **Leiomyosarkom, undifferenziertes Sarkom** und **undifferenziertes Karzinom** eingestuft [Literatur s. bei 12].

Tumoren der Vulva

Primäre Tumoren der Vulva spielen bei der Katze keine Rolle. Nur Einzelfälle gutartiger (Leiomyome) [105] und maligner Tumoren (Sarkome) wurden berichtet.

Tumoren der Milchdrüse

Die Milchdrüsentumoren stehen in der Häufigkeit des Auftretens an 3. Stelle hinter denen des Blut- und Lymphsystems und der Haut [54, 62]. In einer amerikanischen Studie wurde ein Risiko von 25,4 Erkrankungsfällen auf 100 000 weibliche Katzen errechnet [26]. Neben dieser relativen Häufigkeit fallen sie durch ihren besonders hohen Prozentsatz an hoch malignen Neoplasien auf, der je nach untersuchter Population bis über 90 % der echten Tumoren beträgt [35]. Eine sichere klinische Unterscheidung zwischen benignen und malignen Prozessen ist bis auf eine Ausnahme (fibroepitheliale Hyperplasie, „Fibroadenomatose" der Jungkatzen) in der Regel nicht möglich, weswegen für prognostische Aussagen eine histologische Abklärung unbedingt notwendig ist.

Unkastrierte Katzen sollen ein bis zu 7faches Tumorrisiko gegenüber kastrierten Katzen haben [26]. Die Kastration soll unter diesem Aspekt so früh wie möglich durchgeführt werden. Statistisch gesicherte Angaben, ob diese Schutzfunktion der Kastration vor der ersten Hitze besonders hoch ist, liegen jedoch für die Katze – im Gegensatz zu den Erkenntnissen beim Hund – noch nicht vor. Siamkatzen weisen eine Rassedisposition für gehäuftes und früheres Auftreten von Mammakarzinomen auf [35].

Die WHO-Klassifikation gibt sehr zahlreiche verschiedene Tumortypen an, wobei betont werden muß, daß zwischen den Haustieren, insbesondere zwischen Hund und Katze, sowohl was die relative Häufigkeit, als auch die Struktur und Dignität betrifft, große Unterschiede bestehen. Die Tumorrate ist beim Hund etwa 2,5mal so hoch, die Struktur variantenreicher und die Dignität insgesamt günstiger als bei der Katze. Maligne Bindegewebstumoren sind bei der Katze eine Rarität [35].

Dysplasien

Zysten und Gangektasien treten in einem oder mehreren Komplexen einer oder beider Seiten auf. Sie sind nicht allzu selten [29].

Je nach Größe fühlt sich das Parenchym granulär bis knotig an. In der Regel ist eine Unterscheidung von malignen Prozessen durch Palpation allein nicht möglich, zumal viele bösartige Tumoren auch zystisch sind. Eine Rassedisposition ist nicht bekannt, bereits jüngere Tiere können von Zystenbildungen betroffen sein.

Das **histologische Bild** zeigt Hohlräume mit oft abgeflachter, gelegentlich zweireihiger epithelialer Auskleidung. Die Zysten leiten sich von kleineren und größeren Milchgängen, manchmal auch von Acini ab; sie können Sekret enthalten. Hin und wieder sind papilläre Epithelproliferationen zu sehen (Abb. 113). Entzündliche Begleiterscheinungen sind nicht selten.

Die **Therapie** besteht in vollständiger Exstirpation.

Die **Prognose** ist günstig.

Die **Adenosis** ist ein bei der Katze äußerst seltener, gutartiger Prozeß [29].

Unter **Gynäkomastie** versteht man eine Vergrößerung einzelner oder mehrerer Milchdrüsenkomplexe beim Kater. Diese proliferative Erkrankung ist selten und meist Folge einer Gestagentherapie. Eine histologische Abklärung ist wegen des äußerst seltenen, jedoch immerhin möglichen Vorkommens maligner Tumoren indiziert.

Die **lobuläre Hyperplasie** kommt in einer oder mehreren Komplexen einer oder beider Milchleisten vor. Sie ist nicht häufig. Die betroffenen Katzen sind immer intakte oder hormonell behandelte, kastrierte Kätzinnen. Es können gleichzeitig weitere gutartige und/oder maligne Tumoren vorhanden sein. Eine Rassedisposition ist nicht bekannt; die lobuläre Hyperplasie wurde bereits bei einjährigen Katzen beobachtet [12].

Das **histologische Bild** läßt eine hyperplastische, aber lobulär erhaltene Struktur erkennen. Die Gänge wie die Alveolen sind oft geweitet und mit Sekret gefüllt. Hin und wieder sind gutartige epitheliale Proliferationen ohne Atypien an der Gangwand zu erkennen, sog. Epitheliose.

Die **Therapie** besteht in der vollständigen Exstirpation des Knotens.

Die **Prognose** ist günstig.

Die **fibroepitheliale Hyperplasie** (sog. Fibroadenomatose) [44, 56] wird trotz der z. T. monströsen Vergrößerung einzelner oder mehrerer Komplexe oder auch beider Milchleisten (Abb. 110, 111) nicht zu den echten Tumoren gerechnet, da eine Regression bis zum vollständigen Verschwinden möglich ist. Diese Hyperplasieform wird vorwiegend bei jungen, unkastrierten, hin und wieder sogar tragenden Katzen im 1. Lebensjahr, vereinzelt auch vor der ersten Hitze (ein Fall im Alter von 10 Wochen!) gefunden [12]. Sie kann auch bei älteren intakten Kätzinnen, aber auch kastrierten Katzen beiderlei Geschlechts nach Gestagengaben auftreten. Bei älteren Tieren entwickeln sich meist Hyperplasien einzelner, oft inguinaler Komplexe, wogegen bei jüngeren eher beide Milchleisten vollständig hyperplastisch werden. Während bei Siamkatzen eine Rassedisposition für maligne Mammatumoren besteht, scheinen sie von dieser Hyperplasieform nicht besonders betroffen zu sein.

Das Wachstum der Milchdrüsenkomplexe setzt oft kurz nach dem ersten Östrus ein. Nach wenigen Wochen werden die Patienten dem Tierarzt wegen faustgroßer Wucherungen der Mamma vorgestellt. Die Haut kann gerötet, auch ulzeriert sein, gelegentlich ist der Prozeß schmerzhaft. Ödeme der Haut und Vorderextremität sind nicht selten. Eine selbständige Regression ist möglich [12].

Im Anschnitt der vergrößerten Komplexe ist eine landkartenartige Marmorierung zu sehen, oft unterbrochen von Blutungen und Nekroseherden. Infolge der Ödematisierung kann Flüssigkeit abfließen.

Das **histologische Bild** zeigt eine Proliferation des epithelialen und mesenchymalen Anteils der Milchdrüse, wobei letzterer durch Wucherung des intra- und interlobulären Stromas meist den größten Teil ausmacht (Abb. 112). Gelegentlich sind in den Gängen Sekretionsprodukte zu sehen. Die im interlobulären Bindegewebe gelagerten Lymphbahnen sind oft stark geweitet, zwischen den intralobulären kollagenen Faserbündeln werden reichlich Mucopolysaccharide gefunden. Die Mitoserate sowohl der stromalen Zellen, als auch des Epithels ist entsprechend dem raschen Wachstum hoch. Das hyperplastische Gewebe kann bis in das Korium und auch in den Hautmuskel hineinreichen.

Die **Therapie** ist bei jungen und älteren Katzen unterschiedlich. Bei jungen Katzen ist eine Regression ohne chirurgischen Eingriff zu erwarten. Infolge der sehr typischen klinischen Erscheinungsform ist eine eindeutige Diagnosestellung ohne histologische Untersuchung möglich. Palpation und Traumatisierung müssen so weit wie möglich wegen Thrombose- und Nekrosegefahr unterbleiben. Wird eine sofortige Kastration erwünscht, ist der Flankenzugang empfehlenswert. Nach Möglichkeit sollte sie jedoch erst nach Regression des hyperplastischen Prozesses durchgeführt werden [12].

Bei älteren Katzen sollten die betroffenen Komplexe wegen der differentialdiagnostisch möglichen malignen Tumoren exstirpiert und histologisch untersucht werden. Eine gleichzeitige Kastration ist zu empfehlen, um ein neuerliches Wuchern zu vermeiden.

Die **Prognose** ist trotz der Gutartigkeit vorsichtig zu stellen, da wegen der starken Wucherungen Ischämien, Nekrosen, Ödeme, Ulzerationen und sekundäre Entzündungen sowie Thrombosen und Embolien möglich sind. Nach der Kastration kann die Regression bis zu 5 Monate in Anspruch nehmen.

Benigne Milchdrüsentumoren

Nur maximal 10 % der echten Milchdrüsentumoren sind gutartig [35], ein entscheidender Grund für eine sehr vorsichtige Prognose bei allen Mammatumoren, bevor nicht das Ergebnis einer histologischen Untersuchung vorliegt.

Relativ am häufigsten sind **Adenome** oder **Zystadenome** [12, 105], die meist im mittleren oder höheren Alter auftreten. Sie können einzeln oder multipel oder auch gepaart mit malignen Blastomen wachsen.

Das **histologische Bild** zeigt tubuläre, zystisch-tubuläre oder zystisch-intraduktale drüsige Proliferationen, auch im Sinn von papillären Bildungen. Die Adenome lassen oft eine lobuläre Anordnung erkennen, hin und wieder ist Sekretion bemerkbar. Das Bindegewebe kann vermehrt sein (Fibroadenom).

Die **Therapie** besteht in der vollständigen Exstirpation. Mehrere Tumoren müssen nicht die gleiche Dignität haben, weshalb eine histologische Abklärung aller vorhandener Knoten notwendig ist.

Die **Prognose** ist günstig.

Benigne Mischtumoren sind bei der Katze [8, 120], im Gegensatz zur Hündin, äußerst selten. Statistisch gesicherte Angaben sind deshalb nicht erhältlich.

Das **histologische Bild** zeigt eine Proliferation der Myoepithelzellen mit Bildung fischzugähnlicher, spindeliger, myxoider und chondroider Verbände. Auch das eigentliche Drüsenepithel ist proliferiert. Das Wachstum ist expansiv, die Mitoserate niedrig.

Die **Therapie** besteht in vollständiger Exstirpation.

Die **Prognose** ist günstig.

Gutartige Bindegewebstumoren aller mesenchymalen Anteile können in der Milchdrüse entstehen, wie z. B. Lipome, Hämangiome, Mastzellentumoren; die große Mehrzahl dürfte jedoch von der Haut oder Subkutis stammen. Sie sind dann nicht als echte Mammatumoren anzusprechen (s. Tumoren der Haut und Unterhaut).

Maligne Milchdrüsentumoren

Die **Adenokarzinome** der Mamma [26, 35, 117, 54] sind der Prototyp des malignen Tumors mit hoher Rezidiv-, Metastasierungs- und Letalitätsrate. Ca. 80–90 % der bösartigen Milchdrüsentumoren sind hoch maligne. Sie kommen einzeln oder multipel vor, liegen in einem oder in mehreren, oft vorderen benachbarten Komplexen und erreichen bis zur Exstirpation nicht selten Zwetschgen-, gelegentlich auch Eigröße. Sie sind meist schlecht verschieblich, oft mit der Haut verwachsen und ulzeriert (Abb. 114). Katzen ab dem 2. Lebensjahr können betroffen sein; nur wenige sind unter 5 Jahren [117]. Das Durchschnittsalter liegt bei ca. 11 bis 12 Jahren. Das Mammakarzinom ist damit eine Erkrankung der mittelalten bis älteren Katze. Siamkatzen sind signifikant häufiger und auch früher betroffen als die übrige Katzenpopulation [12, 35]. Kater sind sehr selten Träger von Mammakarzinomen.

Das Allgemeinbefinden der Katzen ist in der Regel so lange nicht gestört, bis Ulzeration oder Metastasierung eintritt. Die Tumoren werden wegen des dichten Felles meist erst spät entdeckt, ein Grund für die hohe Anzahl von Tumoren mit Lymphangiosis carcinomatosa bei der histologischen Erstuntersuchung (bis ca. 70 % !) [12]. Die Adenokarzinome

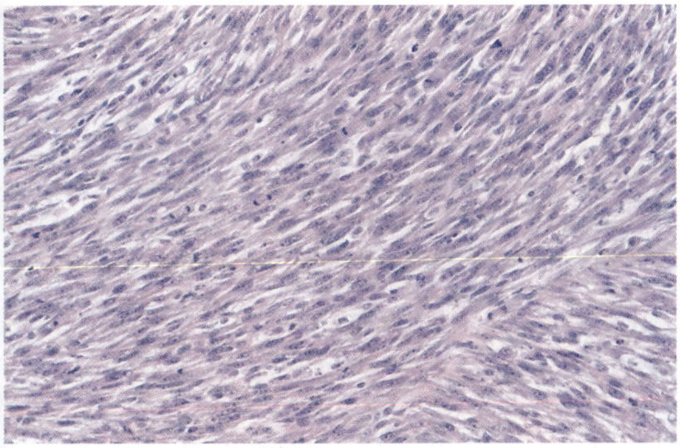

Abb. 109: Leiomyosarkom des Myometriums mit massenhaft atypischen, überwiegend fischzugähnlich gelagerten, glatten Muskelzellen. Mitoserate mäßig hoch. Ältere Perserkatze. HE, Obj. 20

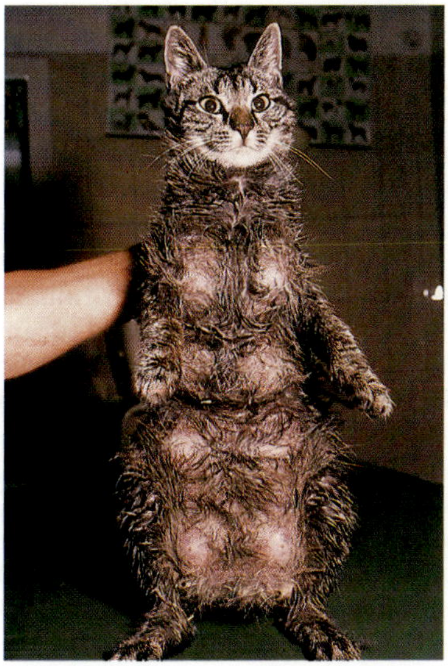

Abb. 110: Fibroepitheliale Hyperplasie einer jungen Katze.

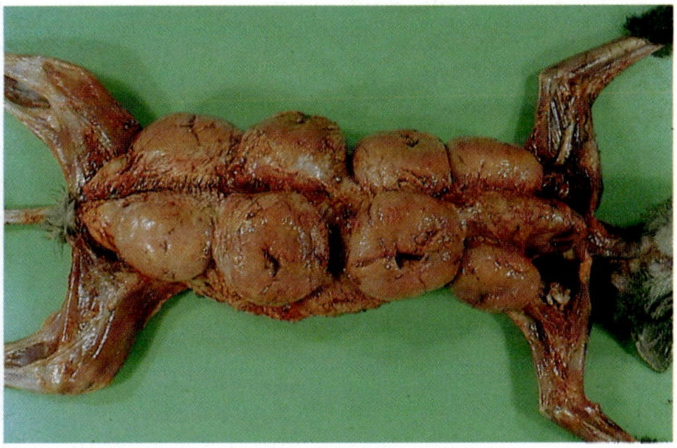

Abb. 111: Fibroepitheliale Hyperplasie einer jungen Katze. Gleicher Fall wie Abb. 110.

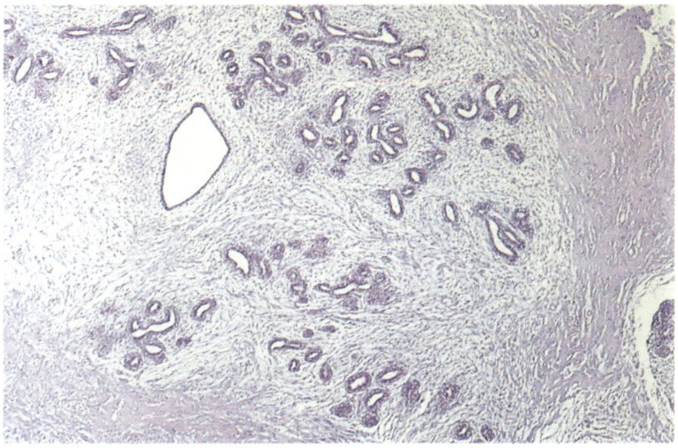

Abb. 112: Fibroepitheliale Hyperplasie. Beide Milchleisten einer 1jährigen Katze waren betroffen. Proliferierende, teilweise zystische Gänge und vermehrtes sowie mukoid aufgelockertes, zellreiches Mantelbindegewebe. HE, Obj. 4

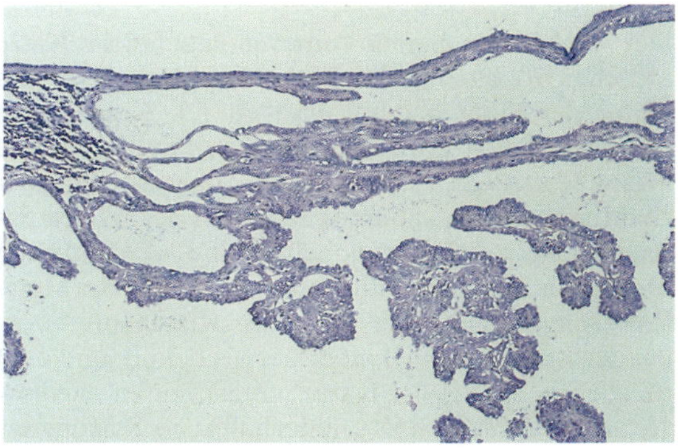

Abb. 113: Papilläre Epithelproliferation in einer Milchgangszyste: bindegewebiger Grundstock, überzogen mit ein- bis zweireihigem Epithel. 12jährige Katze. HE, Obj. 10

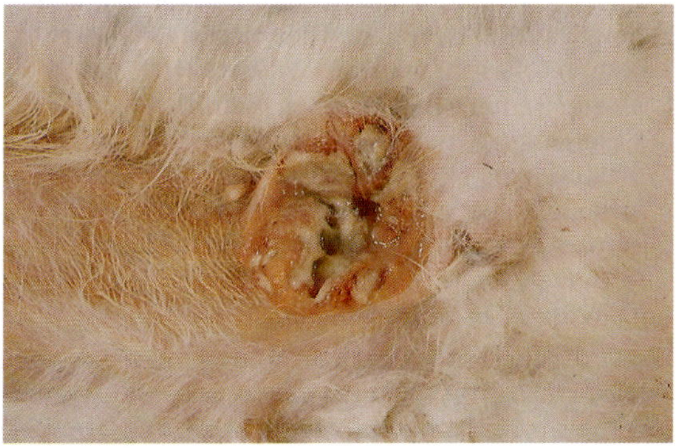

Abb. 114: Ulzeriertes Adenokarzinom der Mamma einer älteren Katze.

liegen den meisten Statistiken zufolge in den vorderen Komplexen. Die Metastasierungsrate ist sehr hoch [117]. So wurden bei 82,8 % der Autopsien Metastasen in den regionären Lymphknoten und bei 83,6 % Absiedelungen in der Lunge, zahlreiche weitere Metastasen in anderen Organen gefunden [101].

Das **histologische Bild** der malignen Mammatumoren der Katze ist vielfältig, jedoch deutlich weniger variabel als bei der Hündin. Ein durchweg einheitliches Muster ist selten in einem Blastom zu sehen, oft sind tubuläre, kribröse, solide und papilläre sowie zystische Formationen in einer Neoplasie enthalten (Abb. 115–117). Die Mitoserate ist hoch, Lymphgefäßeinbrüche sind häufig. Kleinere und größere, auch konfluierende Nekrosefelder sind nicht selten. Oft ist eine Invasion der Haut, die meist zur Ulzeration führt, zu beobachten. Während makroskopisch oft ein expansives Wachstum vorgetäuscht wird, läßt sich histologisch in aller Regel Infiltration ins angrenzende Milchdrüsenparenchym nachweisen. Gelegentlich wird ein Übergang in Plattenepithelkarzinom beobachtet. Sehr selten sind auch maligne myoepitheliale oder mesenchymale Proliferationen zu sehen (maligne Mischtumoren) [12, 35].

Die **Therapie** hängt mit der Invasionsrate der Lymph- und evtl. auch der Blutbahnen sowie der Metastasierungshäufigkeit in die regionären Lymphknoten zusammen. Die schnelle En-bloc-Resektion der ganzen betroffenen Milchleiste oder auch beider Seiten mit gleichzeitiger Entfernung der regionären Lymphknoten ist indiziert [12]. Ziel sollte die vollständige, gleichzeitige, oder, wenn nicht möglich, zeitlich verschobene Entfernung beider Milchleisten sein, da zum Zeitpunkt der meist späten Primäroperation bereits palpatorisch nicht erfaßbare Tumorabsiedelungen in der kontralateralen Milchleiste vorhanden sein können. Allerdings sollte immer eine röntgenologische Überprüfung der Lunge und eine sorgfältige Palpation des Abdomens sowie eine eingehende Aufklärung des Tierbesitzers über die hohe Malignität dieser Tumoren vorangehen. Eine erhöhte Aggressivität des Vorgehens kann allerdings nur die Länge des rezidivfreien Intervalls, aber nicht die Mortalitätsrate günstig beeinflussen [117]! Dringend notwendige adjuvante Therapieformen wie Chemotherapie, Bestrahlung, Hormon- und Immuntherapie sind derzeit leider noch nicht ausreichend erprobt, um ein festes Therapieschema abzugeben [53].

Die **Prognose** ist je nach histologischem Ergebnis sehr vorsichtig bis ungünstig zu stellen. Die Rezidivrate beträgt in unserem Material 52,2 % (bei 249 recherchierten Tumoren), wobei die Durchschnittszeit bei Neoplasien ohne Lymphangiosis carcinomatosa bei 18 Wochen, bei solchen mit Lymphangiosis carcinomatosa bei 14 Wochen lag. Der Tod trat bei etwa 40 % der Patienten bei der Gruppe ohne Lymphangiosis carcinomatosa durch den Tumor unmittelbar oder durch Tumorfolgen durchschnittlich in nerhalb von 33,8 Wochen, bei Patienten mit Lymphangiosis carcinomatosa durchschnittlich innerhalb von 16,3 Wochen ein. Die Rezidiv- und Todeshäufigkeit wurde also durch die Lymphangiosis carcinomatosa nicht beeinflußt, wohl aber die Schnelligkeit, mit der diese Ereignisse eintraten. Vermutlich handelt es sich bei den Tumoren mit Lymphangiosis carcinomatosa um Blastome, die später entdeckt, d. h. bereits weiter entwickelt waren als diejenigen, die noch ohne Lymphgefäßeinbrüche exstirpiert wurden. Dies würde auch ganz gut mit der Abhängigkeit zwischen dem Volumen des Tumors und der Überlebenszeit der Patienten zusammenpassen [54, 117]. Große Tumoren über 28 ccm zeigen nämlich eine durchschnittliche Überlebenszeit von nur 6 Monaten, Tumoren von 9–27 ccm von 2 Jahren, solche mit einem Volumen unter 8 ccm von 4,5 Jahren. Der histologische Karzinomtyp allein scheint nicht von großer Bedeutung für die Prognose zu sein [117]. Zusätzlich muß in die Prognose das Ergebnis der röntgenologischen Überprüfung der Lunge und palpatorischen Untersuchung des Abdomens einfließen. Nach einer Mammatumoroperation muß die Patientin auf jeden Fall einer engmaschigen Nachkontrolle durch den Besitzer und den Tierarzt unterworfen werden, um Rezidive früh zu erkennen und unnötiges Leiden infolge von Metastasen zu verhindern.

Tumoren der Knochen, Gelenke und Sehnenscheiden

Primäre Knochentumoren sind mit 3,1 Fällen auf 100 000 bei der Katze deutlich seltener als beim Hund (6,5 pro 100 000) [2].

Der Anteil an malignen Tumoren liegt bei der Katze zwischen 70–80 %, beim Hund bei etwa 80 % und beim Menschen bei nur 15,5 % (!). Katzen sind durchschnittlich etwa 10 Jahre alt, Hunde 7,5 und Menschen 10–25 Jahre. Das Verhältnis von Knochentumoren des Stammes zu denen der Extremitäten ist bei der Katze 1:2,4, beim Hund 1:1,4 und beim Menschen 1:6,3. Besonders wichtig ist, daß die Metastasierungsneigung der malignen Knochentumoren bei der Katze sehr viel niedriger als beim Hund oder Menschen ist. Bei der Katze metastasieren maximal 10 %, beim Hund 85 % innerhalb von 8 Monaten, beim Menschen 77 % innerhalb von 5 Jahren nach der Amputation. Seltsamerweise ist bei der Katze bisher kein Fall einer Metastasierung eines Osteosarkoms des Stammes bekannt geworden, im Gegenatz zu 23 % metastasierenden Osteosarkomen des Stammes beim Hund und 94 % beim Menschen (innerhalb 5 Jahren). Man kann also feststellen, daß die primären malignen Knochentumoren der Katze spät auftreten und selten streuen, eine Metastasierungsgefahr besteht nur, wenn der Ort der Entstehung in den Extremitäten liegt. Der Primärsitz der Knochentumoren ist allerdings häufiger (bis zu 2,4mal) an den Extremitäten als am Stamm [2, 96].

Sekundäre Knochentumoren treten besonders häufig in den Kieferknochen als invasiv wachsendes, den Knochen destruierendes Plattenepithelkarzinom der Mundschleimhaut und des Zahnfleisches auf [76].

Tumorähnliche Bildungen und gutartige Tumoren

Etwa 20–30 % der Knochentumoren bei der Katze sind gutartig [96].

Osteom, fibröse Dysplasie und ossifizierendes Fibrom sind histologisch sehr ähnliche, fast nur durch die Menge der Knochenbildung sich unterscheidende Bildungen an Schädelknochen. Ob es sich um echte (gutartige) Neoplasien handelt, ist noch nicht entschieden [71].

Aneurysmale Knochenzyste

Hierbei handelt es sich um eine äußerst seltene tumorartige, gutartige, osteolytische Läsion [51, 12], die aus blutgefüllten Lakunen unterschiedlicher Weite besteht. Diese Hohlräume liegen in Wirbel- oder Extremitätenknochen. Sie sind durch Bindegewebssepten, die auch Knochenbälkchen sowie Osteoid und Riesenzellen enthalten können, voneinander getrennt. Die aneurysmalen Knochenzysten können zu starken Blutungen und pathologischen Frakturen führen. Wegen ihrer Seltenheit sind statistisch relevante Angaben hierzu nicht zu haben.

Myositis ossificans

Diese Erkrankung ist ebenfalls äußerst selten und nicht wirklich tumorös. Es wurden nur Einzelfälle beschrieben [51, 12]. Die Myositis ossificans kann wegen ihrer Knochenzubildung mit einem knochenbildenden Tumor verwechselt werden. Sie liegt innerhalb der Muskulatur oder kann auch in Knochennähe oder im Periost gefunden werden. Beim Menschen liegt primär immer ein Trauma mit Nekrose der Muskulatur zugrunde, was beim Tier nicht in jedem Fall verifiziert werden kann. In der reaktiv entstehenden Bindegewebsproliferation können Osteoid und Chondroid gebildet werden, schließlich sich gut entwickelte Knochentrabekel ausbilden. Relevante statistische Angaben stehen nicht zur Verfügung.

Osteom

Das Osteom ist kein häufiger Tumor [71]. Es wächst langsam, vorwiegend am Schädeldach und an der Mandibula, kann aber auch anderenorts vorkommen [76]. Es entwickelt sich in der Regel an der Oberfläche von Knochen und wächst expansiv mit Bildung reifer Knochenstrukturen, ohne die originäre Kortikalis zu invadieren. Das Durchschnittsalter der Tiere, die ein Osteom, eine fibröse Dysplasie oder ein ossifizierendes Fibrom entwickeln, ist 6,5 Jahre, bereits ab dem 3. Lebensjahr sind Erkrankungen beschrieben [96].

Im **histologischen Bild** sind reife, mineralisierte Knochenbälkchen mit regelrechten Osteozytenhöhlen und Osteoblastensäumen zu sehen. Die Zellen haben eine typische Ausprägung. Die Mitosezahl ist gering.

Die **Therapie** besteht, falls überhaupt notwendig, in der vollständigen Entfernung der Neubildung.

Die **Prognose** ist günstig.

Fibröse Dysplasie – ossifizierendes Fibrom

Die fibröse Dysplasie ist bei der Katze ebenfalls selten [96, 12]. Sie ist im histologischen Bild charakterisiert durch relativ zellreiches fibröses Bindegewebe mit charakteristischer wirbeliger Lagerung und metaplastischer Knochenbildung. Sie ist nur am Kiefer beschrieben. Durch Metaplasie wandeln sich die Fibroblasten in Osteoblasten um [71]. Eine Zwischenstellung zwischen der fibrösen Dysplasie und dem Osteom nimmt das ossifizierende Fibrom ein, bei dem der Knochenanteil höher ist als bei der fibrösen Dysplasie, aber geringer als beim Osteom. Atypien sind bei allen diesen gutartigen Prozessen gering, die Mitoserate ist niedrig. Allerdings können sowohl die fibröse Dysplasie als auch das ossifizierende Fibrom in der Kortikalis wachsen und damit eine Verringerung der Festigkeit des betroffenen Knochens herbeiführen.

Die **Therapie** besteht, soweit sie aus anatomischen Gründen durchführbar ist, in der vollständigen Resektion.

Die **Prognose** ist günstig.

Osteoides Osteom

Das **osteoide Osteom** ist ein äußerst seltener Tumor bei der Katze [51], der in der Rippe bisher lediglich einer Katze beschrieben wurde. Beim Menschen wird es fast im ganzen Skelettsystem gefunden. Es hat eine große Ähnlichkeit mit dem ebenfalls äußerst seltenen **benignen Osteoblastom.**

Das **histologische Bild** zeigt ein eng umschriebenes, kleines Tumorfeld, das aus gefäßreichem Knochen- und Osteoidgewebe besteht. Dieses Tumorareal ist von sklerotischem oder reaktivem Knochen umgeben [51].

Die **Therapie** besteht in der vollständigen Entfernung des Tumors, da eine erhöhte Fragilität des betroffenen Knochens zu erwarten ist.

Die **Prognose** ist nach vollständiger Resektion günstig.

Osteochondrom – Osteochondromatose

Wenn Osteochondrome (Synonym: kartilaginäre Exostosen) multipel auftreten, spricht man von einer Osteochondromatose (multiple kartilaginäre Exostosen). Die Tumoren entstehen einzeln oder multipel, bei der Katze – im Gegensatz zum Hund – selten an den Röhrenknochen, meist an den flachen oder unregelmäßig strukturierten Knochen des axialen Skeletts, besonders an Skapula und Rippen [96, 73]. Sie erscheinen bei der Katze auch in der Regel erst, nachdem der Patient ausgewachsen ist, wohingegen beim Hund die Exostosen im Wachstum sistieren, wenn das Skelettwachstum abgeschlossen ist. Fast alle untersuchten Fälle der multizentrischen Form waren FeLV-positiv. Im Elektronenmikroskop konnten onkogene Viren (C-Typ) nachgewiesen werden [72]. Im Gegensatz zu den Verhältnissen bei der Katze soll die Osteochondromatose bei Hunden erblich sein. Patienten mit nur einem Osteochondrom sind mit ca. 6 Jahren durchschnittlich älter als die Patienten mit der multizentrischen Form; diese weisen ein Durchschnittsalter von ca. 3 Jahren auf [96]. In beiden Gruppen sind nach Vollendung des ersten Lebensjahres, also nach Beendigung des Skelettwachstums, die ersten Fälle zu beobachten. Eine Rasse- oder Geschlechtsdisposition scheint nicht zu existieren. Die klinische Symptomatik hängt von Lokalisation und Größe des oder der Tumoren ab. Die seltenen Neoplasien an den Extremitäten führen durch Druck auf Muskeln, Sehnen, Blutgefäße und vor allem Nerven zu Bewegungsstörungen. Prozesse an den Wirbeln können zu schweren Ausfällen der nachgeschalteten Nerven und ihrer Erfolgsorgane führen. Wucherungen im Bereich des Craniums können schwerste zentralnervöse Symptome bis hin zur Paralyse hervorrufen.

Im **histologischen Bild** zeigt sich eine breite Kappe hyalinen Knorpels. In der Tiefe wird im Zuge der enchondralen Ossifikation Knochen gebildet. Zwischen den radiär ausgerichteten Trabekeln liegt lockeres oder proliferatives Fasermark (Abb. 118).

Die **Therapie** besteht, soweit dies möglich ist, in der vollständigen Entfernung des Prozesses.

Die **Prognose** ist vorsichtig zu stellen, da die Tumoren oft nur schwer in toto zu entfernen sind. Verbleiben Reste, kommt es zu Rezidiven. Darüber hinaus können große Tumoren bereits zu irreversiblen Schäden geführt haben. Auch kann die Lokalisation große chirurgische Probleme aufwerfen (besonders am Kopf). Vor einem chirurgischen Eingriff sollte immer überprüft werden, ob nicht die multizentrische Form vorliegt, die immer die Gefahr neu entstehender Blastome im Zuge dieser progredienten Erkrankung in sich birgt. Darüber hinaus sind Einzelfälle maligner Transformation oder primärer Malignität mit Metastasenbildung berichtet worden, so daß solche Prozesse auch in Weichteilen gefunden werden können. Der fast regelmäßig erbringbare Nachweis einer FeLV-Infektion ist zusätzlich kein prognostisch günstiger Faktor [96].

Chondrom

Das Chondrom ist ein sehr seltener, gutartiger Tumor. Er bildet reifen Knorpel und wächst expansiv.

Chondroma rodens

Dieser Tumor ist ebenfalls sehr selten, kann allerdings invasiv wachsen und u. U. auch maligne Entartung mit Metastasenbildung aufweisen [58]. Insofern ist die Einreihung zu den gutartigen Bildungen zweifelhaft. Das Chondroma rodens (multilobuläres Chondrom) ist lobuliert und besteht aus fibrokartilaginärem Gewebe mit peripher fibrösem, zentral knorpeligem Anteil, in dem Nekrosen, Verkalkungsherde und hin und wieder auch Knochenbälkchen eingelagert sein können. Dieser Tumor entwickelt sich wohl ausschließlich am Schädeldach.

Maligne Tumoren

Der häufigste maligne Tumor des Skelettsystems ist mit Abstand das Osteosarkom [27, 51]. Es dürfte etwa 80–90 % der primären Knochenmalignome stellen. Nicht mitgerechnet sind die osteoblastischen Sarkome, die in Weichteilorganen (z. B. Mamma, Unterhaut) entstehen und keine Kontinuität mit dem Skelettsystem aufweisen.

Osteosarkom

Die Extremitäten sind häufiger von Osteosarkomen betroffen als das axiale Skelett (Abb. 119), wobei über die Höhe der Differenz in einzelnen Untersuchungsserien durchaus Unterschiede bestehen. Die Hintergliedmaßen sind 1,6 bis 1,9mal häufiger Sitz des Tumors als die Vordergliedmaßen [12]. Die bevorzugten Tumorlokalisationen an den Extremitätenknochen sind: distaler Femur, proximaler Humerus, proximale Tibia. Ansonsten sind häufig die Schädelkalotte, die Rippen, die Skapula und das Becken betroffem Das Durchschnittsalter der Patienten liegt bei ca. 10–11 Jahren (je nach Untersuchungsserie), bereits ab 3,5 Monaten können

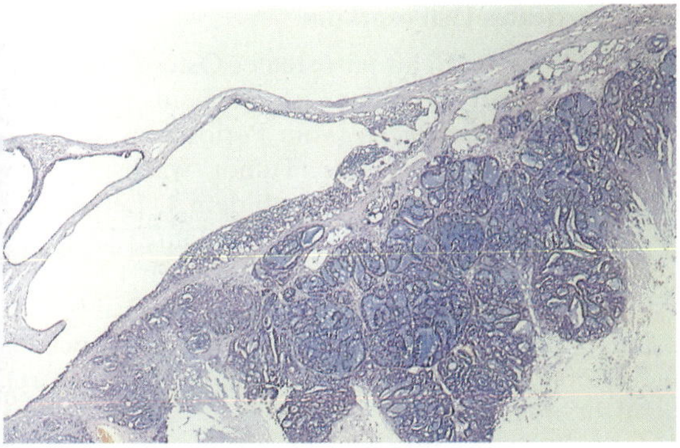

Abb. 115: Kribröses und zystisches Adenokarzinom der Mamma einer 12jährigen Katze. Die Struktur der linken oberen Hälfte sieht absolut gutartig, die der rechten unteren Hälfte hoch maligne aus. HE, Obj. 4

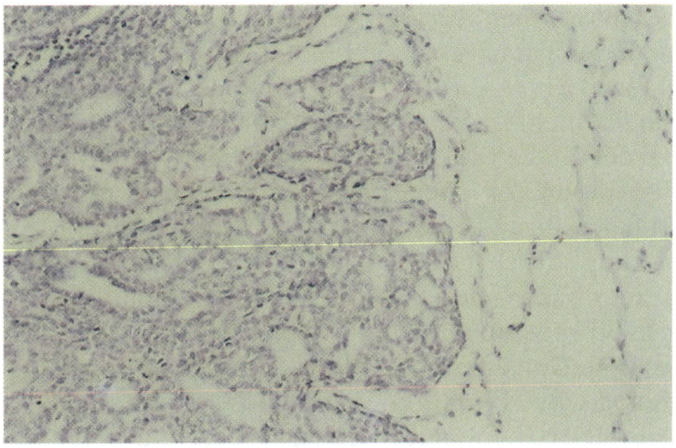

Abb. 116: Mammakarzinom-Metastase in einer Lunge: rechts die Lungenbläschen, links das kribröse Adenokarzinom. Siamkatze, 15 Jahre alt. HE, Obj. 20

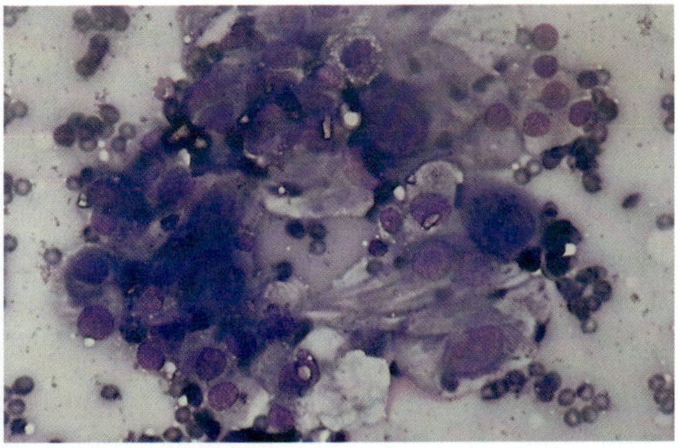

Abb. 117: Adenokarzinom der Mamma: zytologischer Ausstrich eines Punktates aus einem walnußgroßen Milchdrüsentumor. Atypische Zellen mit unterschiedlicher Kernplasmarelation, ausgeprägter Anisonukleose, mäßiger Kernpolymorphie und z. T. deutlichen Nukleoli. May-Grünwald-Giemsa, Obj. 60

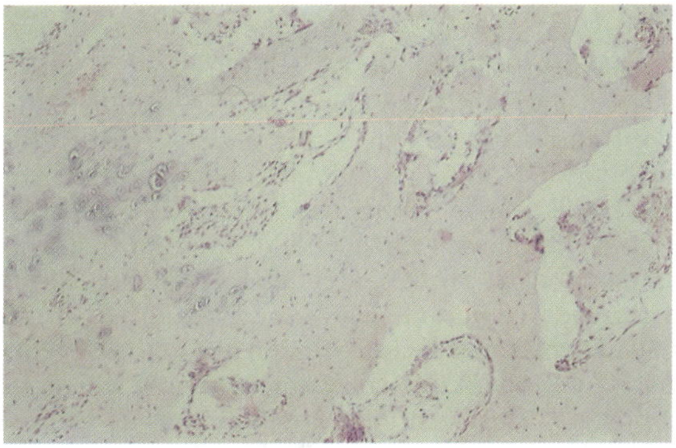

Abb. 118: Kartilaginäre Exostose (Osteochondrom) vom Ellbogen: links Knorpelreste, rechts gut ausgereifte Knochentrabekel. Kastrierte weibliche Katze, 12 Jahre alt. HE, Obj. 10

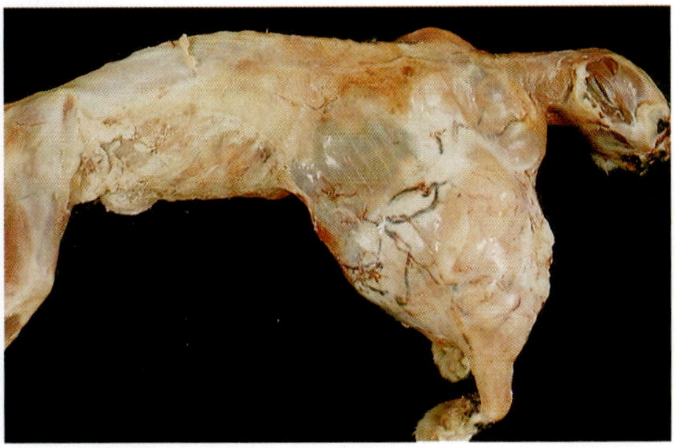

Abb. 119: Osteosarkom einer Vorderextremität eines kastrierten, 11jährigen Katers. Bei der Sektion keine Metastasen nachweisbar.

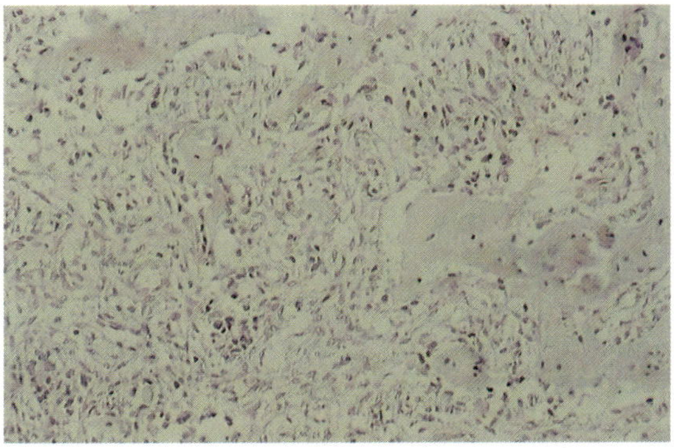

Abb. 120: Osteosarkom der Orbita eines 6jährigen kastrierten Katers. 5 Monate p. o. rezidivfrei. HE, Obj. 20

Osteosarkome gebildet werden [96, 76]. Insgesamt ist dieser Tumor aber ein Leiden der älteren bis alten Katze. Eine Rasse- oder Geschlechtsdisposition scheint nicht zu existieren [12]. Es wird diskutiert, ob bei der Katze wie auch beim Hund eine gewisse Prädisposition für ein Osteosarkom dort besteht, wo früher aufgrund einer Fraktur (ohne Tumor) eine Fixierung durchgeführt wurde [4]. Die durch das Osteosarkom hervorgerufene Symptomatik stellt sich oft spät ein und variiert abhängig von der Lokalisation. Der Tumor kann zu Lahmheiten führen, pathologische Frakturen ermöglichen und größere Ausfallserscheinungen durch Druck auf Nerven, Rückenmark oder Gehirn provozieren. Der Tumor selbst ist schmerzlos, solange keine Fraktur eingetreten ist. Im Schnitt sind die Tumoren teils hart, von Knochenstrukturen durchsetzt, teils grießelig zerfallend. In diesen Teilen ist Osteolyse zu beobachten, die zur Auflösung ganzer originärer Partien führen kann.

Im **histologischen Bild** (Abb. 120) sind maligne osteoid- und knochenbildende Zellen zu sehen, die meist durch ausgeprägte Anisonukleose und Kernpolymorphie auffallen. Mehrkernige Riesenzellen sind bei der Katze häufig. Die Mitoserate kann hoch sein. Neben diesen knochenbildenden Partien sind unterschiedlich große Gebiete von malignen fibroblastischen Tumoranteilen zu sehen. Knorpelpartien sind üblicherweise nicht zu finden [96, 51]. Gelegentlich ist die Produktion von Osteoid oder Knochen so gering, daß diese erst nach Durchmusterung mehrerer Schnitte zutage tritt. An der Peripherie ist oft das umgebende Weichteilgewebe infiltriert, auch reaktive subkortikale (gutartige) Knochenbildung kann induziert werden. Aus diesem Grund sollte das histologische Bild von Biopsien aus einem Knochentumor niemals allein ausschlaggebend für die Diagnose sein. Es sollten immer Röntgenaufnahmen vor und nach Durchführung der Biopsie angefertigt und dem Untersuchungsgewebe beigegeben werden, um die Wachstumsform und -ausdehnung mit der Histologie vergleichen zu können sowie um die Lage des Bioptates (z. B. Peripherie oder Zentrum) zu erkennen.

Die **Therapie** sollte nach Feststellung der Metastasenfreiheit der Lunge, soweit dies möglich ist, in der vollständigen Entfernung des Tumors bestehen. Dies wird, da der Tumor überwiegend an den Extremitäten liegt, in den meisten Fällen eine Amputation erfordern.

Die **Prognose** ist bei Operabilität und Metastasenfreiheit nicht schlecht. Tumoren des axialen Skelettes metastasieren überhaupt nicht, die der Extremitäten streuen nur in 10 % der Erkrankungsfälle.

Juxtacorticales Osteosarkom

Diese seltene, auch als parosteales Osteosarkom bezeichnete Sonderform des Osteosarkoms entwickelt sich von der Oberfläche (vom Periost) an Schädel- und Röhrenknochen. Der Tumor wächst relativ langsam und wird bei Tieren ab dem 1. Lebensjahr beobachtet (Durchschnittsalter 6,6 Jahre) [96]. Die klinische Symptomatik richtet sich nach Lage und Größe des Tumors, eine pathologische Fraktur ist, solange die Corticalis des betroffenen Knochens nicht zerstört ist (was offensichtlich kaum passiert), nicht zu erwarten.

Das **histologische Bild** ist hoch differenziert, mit reifen Knochenbälkchen, die sich regelmäßig mit Knorpel- und fibrösen Bindegewebsarealen abwechseln. Es kann der Eindruck eines gutartigen Knochentumors entstehen, weshalb zur histologischen Untersuchung wiederum unbedingt Röntgenbilder beigegeben werden sollten.

Die **Therapie** ist wie bei den übrigen Osteosarkomen angegeben.

Die **Prognose** ist nicht ungünstig, wenn der Tumor vollständig entfernt werden kann. Metastasen wurden bisher nicht bekannt.

Chondrosarkom

Chondrosarkome sind wesentlich seltener als Osteosarkome. Sie können sowohl an den Extremitäten [96] als auch am axialen Skelett vorkommen [51, 58]. Das Durchschnittsalter der Patienten liegt über 8 Jahren. Eine Rasse- und Geschlechtsdisposition ist nicht bekannt. Je nach Lage des Tumors kann es zu Lahmheit oder anderen Störungen kommen. Die Wachstumszeit kann mehrere Monate, aber auch Jahre dauern [51]. Im Röntgenbild ist die destruktive Wirkung der Tumoren am befallenen Knochen darstellbar. Die Tumoren können knotig unterteilt sein und Nekroseherde aufweisen. Sie sind fest mit dem Knochen verwachsen. Trotz eventueller Verkalkungsherde sind sie mit dem Messer schneidbar.

Im **histologischen Bild** zeigen sich Areale überwiegend zellreichen chondroiden Gewebes mit unregelmäßig gelagerten atypischen Zellen (Abb. 122). Es finden sich auch gelegentlich mehrkernige Zellen, vermehrte, aber nicht zahlreiche Mitosen und an der Peripherie öfters auch Bezirke aus spindeligen atypischen Zellen. Darüber hinaus sind Verkalkungsherde nicht selten.

Die **Therapie** besteht in der Amputation des betroffenen Knochens bzw. Gliedes.

Die **Prognose** ist nach der Amputation nicht ungünstig, da die Metastasierungshäufigkeit nicht hoch ist [96, 51].

Riesenzellsarkom (Osteoklastom)

Dieser aggressive Tumor ist bei der Katze nicht häufig [96, 105]. Ob alle berichteten Fälle dem Riesenzellsarkom des Menschen in Dignität und Prognose entsprechen, ist unklar, da viele Osteosarkome bei der Katze z. T. sehr reichlich mit Riesenzellen versehen sind. Das Riesenzellsarkom entsteht aus primitiven stromalen Zellen des Knochenmarkes und ist in der Lage, Knochen zu zerstören und zu Lahmheiten und pathologischen Frakturen zu führen. Tumoren dieser Art können bei jungen Tieren schon ab dem 1. Lebensjahr beobachtet werden. Darüber hinaus wurde in mindestens einem Fall über Metastasen berichtet [41].

Hämangiosarkom

Dieser hoch maligne Blutgefäßtumor (Hämangioendotheliom) kommt äußerst selten im Knochen von Katzen vor. Er wächst destruktiv, führt zur pathologischen Fraktur und metastasiert sehr früh und häufig. Ob es sich um einen primären Tumor im Knochen oder um eine Metastase eines anderenorts entstandenen Tumors handelt, läßt sich kaum feststellen.

Das **histologische Bild** entspricht dem der Hämangioendotheliome anderer Lokalisationen.

Die **Therapie** besteht, soweit Metastasen nicht dargestellt werden können, in der Regel in der Amputation. Die Prognose ist ungünstig.

Fibrosarkom

Dieser Tumor ist schwierig vom fibrosarkomatösen Typ des Osteosarkoms mit wenig Osteoidbildung zu unterscheiden. Das Fibrosarkom des Skeletts ist ein seltener Tumor [12]. Es entsteht im fibrösen Stützgerüst des Markraumes und kann destruierend Spongiosa und Kortikalis durchwachsen. Bei fortgeschrittenen, ausgedehnten Prozessen kann Unklarheit darüber bestehen, ob es sich wirklich um ein Fibrosarkom des Markraumes, einen fibrosarkomatösen Typ des Osteosarkoms oder ein Fibrosarkom der umgebenden Weichteile handelt.

Im **histologischen Bild** zeigen sich fischzugartig oder wirbelig angeordnete fibroblastenähnliche Zellen, voneinander durch mehr oder weniger reichliche Kollagenfasern getrennt. Der Atypiegrad der Zellen kann ebenso variieren wie die Anzahl der Mitosen. Es können Riesenzellen und überwucherte oder neugebildete Knochenbälkchen vorkommen, ohne daß diese neoplastischer Natur sind.

Die **Therapie** besteht, soweit möglich, in der vollständigen Entfernung des Tumors; im allgemeinen dürfte dies an den Extremitäten auf eine Amputation hinauslaufen.

Die **Prognose** ist bei Operabilität nicht ungünstig, da die Metastasierungsneigung gering ist.

Synoviales Sarkom (Riesenzelltumor der Gelenke und Sehnenscheiden)

Maligne Tumoren dieser Art sind äußerst selten bei der Katze [61, 27, 12]. Sie scheinen wohl in der Regel eher von den Sehnenscheiden als von der Gelenkkapsel auszugehen. Die wenigen beschriebenen Fälle sind im Bereich des Tarsal- und Karpalgelenkes entstanden. Sie können die Sehnen involvieren.

Im **histologischen Bild** finden sich mehrkernige Riesenzellen, eingelagert in fibröse, myxoide oder chondroide Grundsubstanz. Der Tumor wird in der Hauptsache jedoch von spindeligen und polygonalen einkernigen Zellen gebildet. In unterschiedlicher Menge können Spalträume zu sehen sein, die von synoviazellähnlichen Elementen ausgekleidet sind.

Die **Therapie** besteht, soweit möglich, in der vollständigen Exzision.

Die **Prognose** ist bei vollständiger Entfernung günstig, da der Tumor, soweit bisher bekannt, nicht metastasiert. Gelingt eine vollständige Resektion jedoch nicht, so können Rezidive auftreten. Eine lokale Invasion von Extremitätenknochen ist ebenfalls möglich.

Tumoren der Skelettmuskulatur

Tumoren der Skelettmuskulatur sind äußerst selten. Es sind jeweils nur Einzelfälle von **Rhabdomyomen** und **Rhabdomyosarkomen** [68, 120] bekannt geworden. Sie erfordern in jedem Fall eine möglichst weiträumige Exstirpation, um lokale Rezidive zu vermeiden. Eine allgemein gültige **Prognose** läßt sich wegen der großen Seltenheit nicht angeben.

Tumoren des Zentralnervensystems

Tumoren des Nervensystems sind bei der Katze insgesamt nicht häufig. Am ehesten werden **Lymphosarkome** im Rahmen einer lymphatischen Leukose (s. Tumoren des blutbildenden und lymphatischen Gewebes) und auch vor allem **Meningiome** gefunden. Viel seltener sind **Ependymome, Astrozytome, Oligodendrogliome, Medulloblastome, Ästhesioneuroblastome** (der Riechschleimhaut) und andere, äußerst seltene und nur in Einzelfällen beschriebene Neoplasien wie **Plexuspapillome, Angioblastome** u. a. Die Tumoren der peripheren Nerven sind bei den Tumoren der Haut erfaßt und beschrieben (s. Tumoren der Haut und Unterhaut).

Das **Meningiom** (Meningom, Meningeom, Abb. 123) ist der häufigste nichtlymphatische Tumor des zentralen Nervensystems mit immerhin, je nach Untersucher divergierend, 0,9 bis 1,6 % der nichtlymphatischen Tumoren der Katze [68, 105, 110, 36, 52, 34, 60]. Da das Gehirn oft nicht routinemäßig bei Sektionen mituntersucht wird, sollte man die angegebenen Zahlen eher als untere Werte ansehen. Bei Gehirnsektionen alter Katzen findet man sehr häufig mikroskopisch kleine Meningiome.

Das Meningiom ist ein fast immer gutartiger Tumor der neurothelialen Zellen der Arachnoidea und Dura [60]. Das Durchschnittsalter der betroffenen Tiere liegt über 10 Jahren [12, 60, 110], es wurden auch einzelne Blastome bei jungen Katzen ab 2 Jahren gefunden [34], die an einer Mucopolysaccharidose I litten. Allerdings ist über eine ätiologische Verknüpfung beider Erkrankungen nichts weiter bekannt. Eine Rassedisposition liegt nicht vor, es könnte eine Geschlechtsdisposition mit einer stärkeren Belastung des männlichen Geschlechtes existieren. Die berichteten Meningiome wachsen in der Regel solitär, nicht allzu selten auch multipel und sind oft Zufallsbefunde ohne klinische Relevanz [27, 52], wobei ganz offensichtlich sowohl die Lage, als auch die Größe der Neoplasien über das Auftreten von Symptomen entscheiden. Die meist über den Großhirnhemisphären, parasagittal oder lateral, aber auch im Bereich der Falx und des Tentoriums bzw. der Tela chorioidea (Abb. 124) entstehenden knolligen, blumenkohl- oder rasenförmigen Meningiome [19] verursachen durch ihr raumforderndes Wachstum Atrophie der angrenzenden Gehirnteile, die ihrerseits zu Verhaltensstörungen, lethargischen Zuständen, Vergeßlichkeit oder auch Aggressivität, oft ipsilateralen zirkulären Zwangsbewegungen, kontralateraler Hemiparese, Tetraparese, Ataxie und gelegentlich auch generalisierten Anfällen mit tonisch-klonischen Krämpfen sowie kontralateralen Sehstörungen und Nystagmus führen [12, 48, 60]. Oft läßt schon die Symptomatik einen Rückschluß auf die Lage des Tumors zu. Meningiome sind über dem Kleinhirn und dem Rückenmark sehr selten. Der durch die Symptome hervorgerufene Verdacht auf einen Tumor des Nervensystems kann durch Szintigraphie [46] oder Computertomographie gesichert werden. Verkalkungen, die in Meningiomen auftreten können, erlauben oft auch eine röntgenologische Darstellung. Ebenfalls röntgenologisch ist fast immer eine Hyperostose der über dem Tumor liegenden Knochen zu beobachten [48].

Im **histologischen Bild** sind, von den Meningen (hauptsächlich Arachnoidea) ausgehend, unterschiedliche Zelltypen zu sehen. Man unterscheidet bei der Katze einen meningotheliomatösen, fibroplastischen und gemischten Typ (Übergangstyp) mit meningotheliomatöser und psammomatöser Komponente (Abb. 125 a und b) [52]. Die Kerne sind rund, oval oder spindelig, ohne wesentliche Anisonukleose oder Polymorphie. Die Mitoserate ist niedrig. In den Zellwirbeln können Mikroverkalkungen zu finden sein (sog. Psammomkörperchen) [36, 34]. Gelegentlich sind Nekroseherde eingestreut.

Die **Therapie** besteht in der vollständigen Entfernung des Tumors [48].

Die **Prognose** ist unabhängig vom Zelltyp nicht ungünstig [12]. In den meisten Fällen verschwindet die Symptomatik relativ schnell nach der Operation [48]. Da die Meningiome in der ganz überwiegenden Zahl gutartig sind, metastasieren sie nicht, können allerdings bei unvollständiger Exzision rezidivieren. Nur über einen Fall mit Lungenmetastasen wird in der Literatur berichtet [20].

Das **Ependymom** ist im Vergleich zum Meningiom selten [110]. Es entsteht im Gehirn solitär aus der als Ependym bezeichneten, epithelartigen Ventrikelauskleidung. Ganz selten findet es sich auch im Rückenmark. Das Durchschnittsalter der befallenen Tiere liegt bei etwa 6 Jahren, wobei bereits über eine 1,5jährige, an einem Ependymom leidende Katze berichtet wurde. Erkrankte Tiere fallen in komatöse Zustände und Absencen, Lethargie und Stupor. Außerdem sind Störungen von Reflexen sowie Muskelzittern, Speicheln und Schwierigkeiten bei der Futteraufnahme zu beobachten [12, 84].

Im **histologischen Bild** finden sich zellreiche Tumoren aus strangartig angeordneten Zellen, die sowohl tubuläre, als auch rosettenartige Strukturen mit zentralen Lichtungen bilden. Darüber hinaus werden Pseudorosetten um Gefäße herum gefunden. Die Mitoserate ist niedrig, ebenso Anisonukleose und Kernpolymorphie. Nekrosen, Blutungen und Hohlraumbildungen können gefunden werden. Der Tumor kann invasiv wachsen und andere Gehirnstrukturen zerstören.

Eine wirksame **Therapie** ist nicht bekannt. Kortikoide und Antikonvulsiva können eine palliative Wirkung entfalten und eine zeitlich begrenzte Besserung bewirken. Auch Bestrahlung kann sich positiv auswirken. Eine Heilung wird hierdurch jedoch nicht erreicht [94].

Die **Prognose** ist entsprechend ungünstig. Das Ependymom kann, wenn auch selten, metastasieren [12].

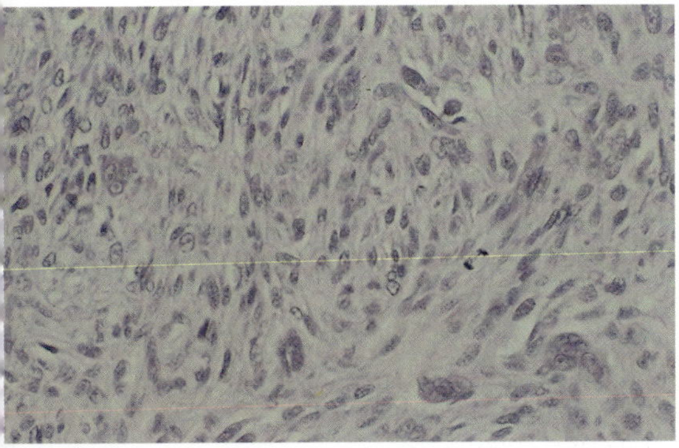

Abb. 121: Fibrosarkom im Markraum eines Knochens mit Riesenzellen. 7 Monate nach Amputation kein Rezidiv und keine Metastasen. 9jähriger kastrierter Kater. HE, Obj. 40

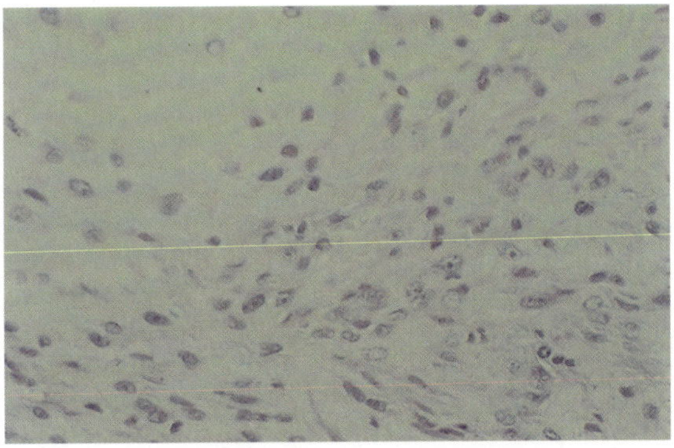

Abb. 122: Chondrosarkom im Zehenknochen einer 10jährigen weiblichen Katze. HE, Obj. 40

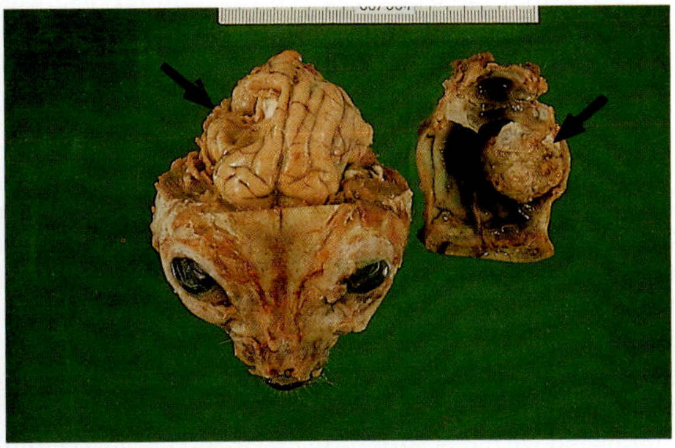

Abb. 123: Meningiom der Arachnoidea mit Kompression der rechten Großhirnhemisphäre (↑). Siamkatze weiblich, kastriert, 14 Jahre alt.

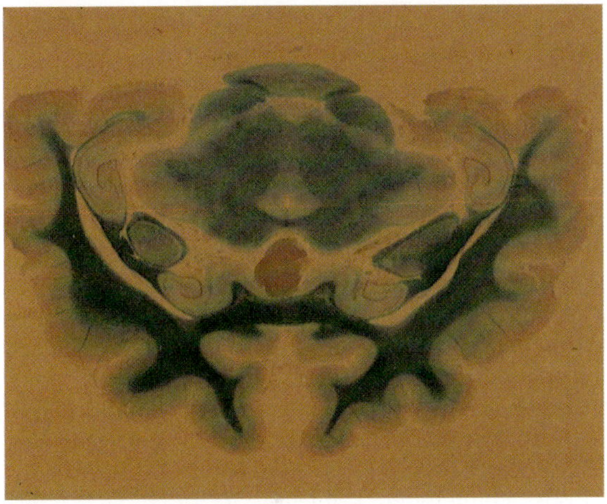

Abb. 124: Meningiom über der Tela chorioidea des dritten Ventrikels (rötlich, im Zentrum des Bildes). Katze, 16jährig. Luxol-fast-blue, Obj. 0,7

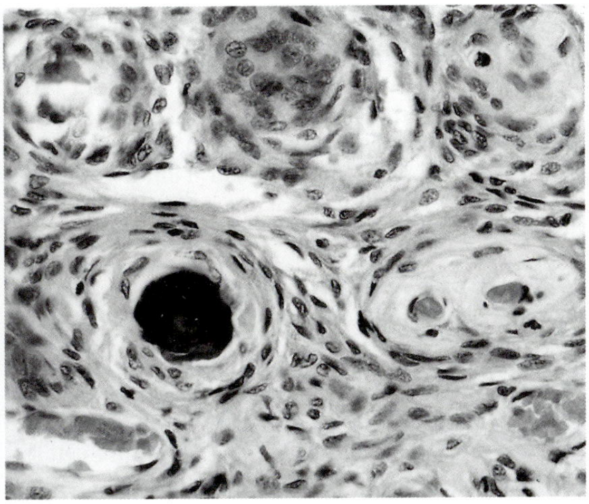

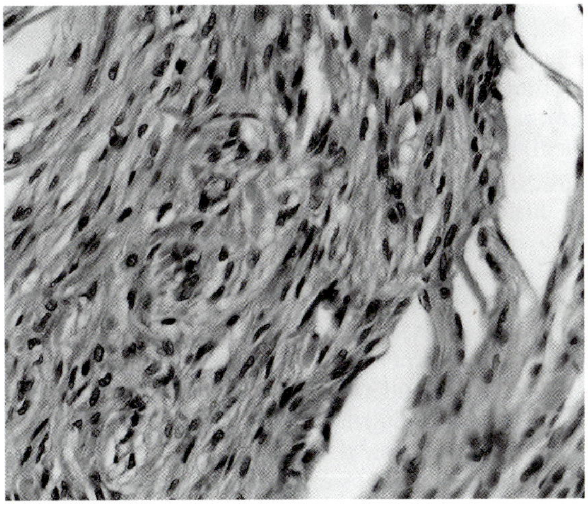

Abb. 125: Meningiom: a) Transitionaler Typ (gemischt) mit einem Psammomkörperchen einer 16jährigen, weiblichen Katze. HE, Vergr. 300x.
b) Fibromatöser Typ bei einem 14jährigen, kastrierten Kater. Vergrößerung 300x.

Tumoren des Auges, der Orbita und der Lider

Tumoren des Auges

Der häufigste intraokulare Tumor ist das **Lymphosarkom** (Abb. 55, 56) [93], das im Rahmen einer lymphatischen Leukose auftritt (s. Tumoren der blutbildenden und lymphatischen Organe). Das **Melanom** steht mit Abstand an zweiter Stelle und ist der häufigste primär intraokulare Tumor [112, 113]. Andere primär intraokulare Tumoren, wie die **Adenome** des Ciliarkörpers oder die **Hämangiome** sind Einzelfälle. Das **Adenokarzinom** des Ciliarkörpers (Abb. 133) ist etwas häufiger als das Adenom. Hin und wieder werden sklerale **Fibrosarkome** (Abb. 129) gefunden.

Das Melanom des Auges

Die Melanome der Uvea (Abb. 132) können sowohl gut- als auch bösartig sein. Das Durchschnittsalter liegt bei 11–12 Jahren, der Tumor kann aber schon im jüngeren Alter auftreten [69]. Es könnte sein, daß Perserkatzen eher zu Melanomen der Uvea neigen als andere Katzen [113]. Eine Geschlechtsdisposition ist nicht bekannt. Die Melanome entstehen in der Iris (Abb. 131) oder im Ciliarkörper. Sie sind nicht so selten wie früher angenommen [114], fallen jedoch erst spät, nachdem sekundäre Veränderungen zu beobachten sind, auf. Als solche sind insbesondere Tränenfluß, Miosis, okuläre Hypotonie, Photophobie, Schmerzen, Blepharospasmus, persistierende Iridozyklitis, Hyphaema, Katarakt, Blutung, Sekundärglaukom, Trübung und Subluxation der Linse, Verzerrung der Pupille sowie auch Abhebung der Retina und Corneatrübung und letztlich Blindheit anzusehen. Die Veränderungen sind, da die Tumoren in der Regel einseitig wachsen, auch nur unilateral zu sehen. Durch Inokulation von FeSV gelang die Induktion von Melanomen; hieraus kann jedoch nicht gefolgert werden, daß die spontanen Melanome ebenfalls durch FeSV entstehen oder ihre Entstehung durch FeSV begünstigt wird.

Im **histologischen Bild** sind gutartige Melanome (Naevi) von malignen zu unterscheiden. Die Naevi sind fokale Pigmentzellvermehrungen [114]. Die malignen Melanome wachsen ausgebreitet, u. U. auch die Sklera, Cornea oder Chorioidea infiltrierend. Es werden drei Typen entsprechend der Zellstruktur beschrieben. Spindelzellige (Typ A, Typ B), epitheloide und gemischtzellige Tumoren. Die Zellen sind z. T. ausgesprochen polymorph, reichlich pigmentiert, können jedoch, wenn auch selten, pigmentlos sein.

Eine **Therapie** ist bei benignen Melanomen (Naevi), also Pigmentflecken, die sich über längere Zeit nicht vergrößern, nicht nötig. Bei malignen Melanomen ist, trotz oft langsamen Wachstums und geringer Metastasierungsneigung wegen der Gefahr eines Sekundärglaukoms und anderer Sekundärschäden einschließlich der Invasion weiterer Augenregionen und evtl. der Orbita eine frühzeitige Enukleation mit Ausräumung der Orbita zu empfehlen.

Die **Prognose** ist bei den gut- wie bei den bösartigen Melanomen günstig, auch wenn die Sklera schon infiltriert ist. Einzelfälle von metastasierenden malignen Melanomen des Auges sind jedoch bekannt [86].

Tumoren der Orbita

Tumoren in der Orbita sind nicht so selten wie bisher angenommen, trotzdem keineswegs häufig. Bei jüngeren Katzen handelt es sich in erster Linie um **Fibrosarkome** oder **lymphatische Tumoren,** bei älteren Patienten um **Fibro-, Osteo-, Rhabdomyosarkome** (Abb. 130) [93]. Auch **Plattenepithelkarzinome** und **Adenokarzinome,** vom Zahnfleisch, den Nasenhöhlen, Stirnhöhlen oder Augenlidern ausgehend, sind beschrieben. Insgesamt handelt es sich bei den meisten Tumoren, mit Ausnahme der Leukose, um Einzelfälle. Die Symptomatik ist fast immer die gleiche: Vorfall der Nickhaut, Exophthalmus, Hyperämie der Sklera, erhöhter Tränenfluß, sekundäre Korneaschäden, eingeschränkte Bulbusbewegung, exzentrische Verlagerung des Bulbus. Die Richtung der Verlagerung des Augapfels läßt auf den Sitz der Hauptmasse des Tumors schließen. Liegt der Tumor medial, so wird der Bulbus nach lateral verlagert und umgekehrt.

Das **histologische Bild** der Tumoren gleicht dem entsprechender Tumoren anderer Organe.

Die **Therapie** der fast regelmäßig malignen Tumoren besteht in der radikalen Entfernung des Tumorgewebes durch die vollständige Ausräumung der Orbita [93]. Eine Rettung des Augapfels ist in aller Regel nicht möglich, da die Patienten zu spät zur Operation vorgestellt werden, d. h., daß der Tumor bereits zu groß geworden ist und benachbarte Strukturen invadiert hat. Eine zusätzliche Bestrahlung kann zur Lebensverlängerung führen [94]. Liegt ein sicher benigner Tumor vor, wird eine Orbitotomie mit Resektion des Arcus zygomaticus empfohlen [93].

Die **Prognose** ist in aller Regel ungünstig, da meist die Nachbarorgane mit involviert sind. Somit ist meist eine vollständige Tumorentfernung nicht möglich. Bei den weitaus meisten Fällen kommt es zu Rezidiven. Ungünstig ist vor allem die Prognose bei leukotischen Infiltraten in der Orbita, da sie üblicherweise Teilerscheinungen einer ausgebreiteten lymphatischen Leukose sind.

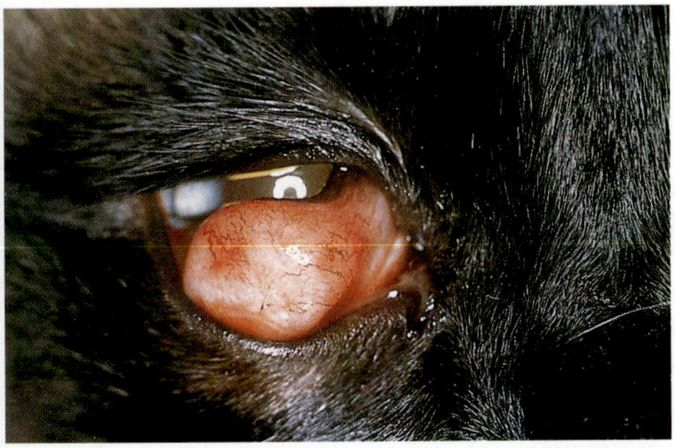

Abb. 126: Lymphosarkom im 3. Augenlid einer 6jährigen weiblichen Katze.

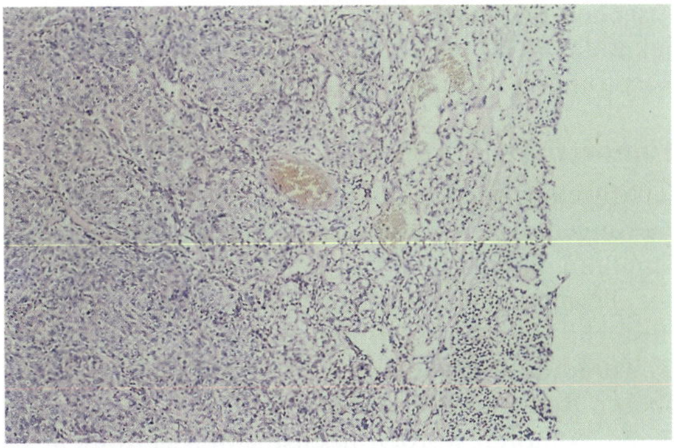

Abb. 127: Plattenepithelkarzinom der Konjunktiva: oben Reste der Konjunktiva, unterlagert von reichlich Entzündungszellen. In der Tiefe atypische Plattenepithelstränge. HE, Obj. 10

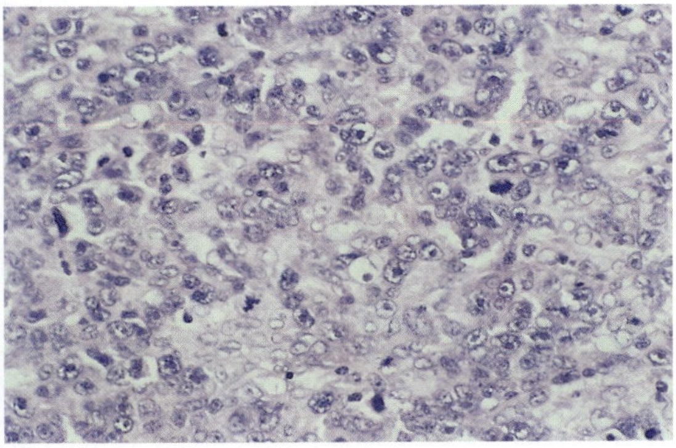

Abb. 128: Nieder differenziertes Plattenepithelkarzinom mit hohem Atypiegrad und zahlreichen Mitosen. Ausschnitt aus Abb. 127. HE, Obj. 40

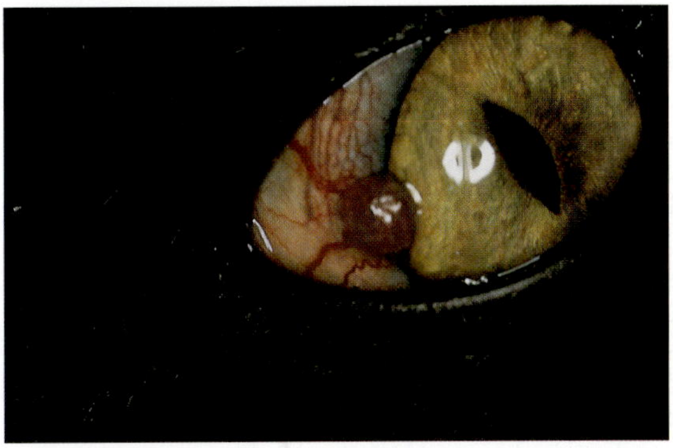

Abb. 129: Fibrosarkom der Sklera.

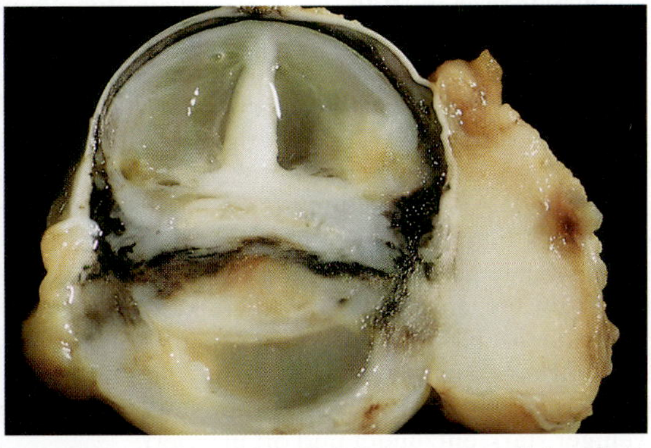

Abb. 130: Bulbäres Fibrosarkom, vermutlich primär epibulbär mit Invasion der Sklera, der Cornea, der Vorderkammer und der Iris-Interciliarebene sowie der Uvea posterior. Ausfüllung der Vorderkammer mit Fibrin und Zerstörung der Uvea anterior sowie der Linse. Kastrierte, weibliche Katze, 7 Jahre alt.

Tumoren der Lider

sind Hauttumoren und in dem entsprechenden Kapitel mitbesprochen. Auf die Disposition weißer Katzen für Plattenepithelkarzinome (Abb. 127, 128) sei besonders hingewiesen. Tumoren der Meibomschen Drüsen sind bei der Katze, im Gegensatz zum Hund, sehr selten. Im Rahmen einer lymphatischen Leukose ist die Nickhaut bei der Katze öfters mitbetroffen (Abb. 126).

Tumoren des Ohres

Tumoren des inneren Ohres

Im inneren Ohr werden äußerst selten Tumoren gefunden. Primäre Tumoren können von der Auskleidung der Bulla tympanica oder der Tuba Eustachii ausgehen oder neuroektodermalen Ursprungs sein. Sekundäre Tumoren sind in erster Linie im oberen Respirationstrakt oder vom Gehirn her zu erwarten.

Tumoren des Mittelohres

Im Mittelohr entstehen zahlreiche entzündliche Wucherungen, sog. Granulationspolypen, die als echte Tumoren imponieren können. Sie können sowohl das Trommelfell durchbrechen als auch die Tuba Eustachii entlang bis in den Rachenraum wuchern (s. Tumoren des äußeren Ohres und Tumoren des oberen Respirationstraktes).
Echte Tumoren werden höchst selten gefunden. In der Regel handelt es sich um **Plattenepithelkarzinome,** ganz vereinzelt wurde auch über **adenosquamöse** und **leukotische Tumoren** sowie über **Fibrosarkome** berichtet. Durch destruktives Wachstum kann es zu schweren neurologischen Symptomen kommen.

Tumoren des äußeren Ohres

Unter Tumoren des äußeren Ohres werden genau genommen Tumoren des Meatus externus verstanden. Die Tumoren der Ohrmuscheln selbst entsprechen denen der Haut (s. Tumoren der Haut und Unterhaut) .

Tumorähnliche Bildungen

Die im äußeren Gehörgang mit Abstand am häufigsten auftretenden Umfangsvermehrungen (über 50 %) sind **Granulationspolypen** (Abb. 134), die entweder lokal oder infolge chronischer, proliferierender Entzündungen des oberen Respirationstraktes mit Mittelohrbeteiligung, bei einer Entzündung der Tuba Eustachii oder bei einer Otitis externa entstehen [3, 33, 5, 85]. Sie sind makroskopisch nicht ohne weiteres von echten Tumoren zu unterscheiden. Die im äußeren Gehörgang erscheinenden Granulationspolypen haben also meist das Trommelfell durchstoßen oder sind, seltener, im Zuge einer Otitis externa gewuchert. Sie werden bereits ab dem Welpenalter, aber auch bei mittelalten und alten Katzen gefunden. Sie können mit Juckreiz einhergehen.
Das **histologische Bild** zeigt eine chronische, fibroplastische Entzündung, oft mit relativ wenig Granulozyten und Lymphozyten sowie Plasmazellen durchsetzt. An der Oberfläche der basalen Abschnitte finden sich bei den aus dem Mittelohr oder der Tuba Eustachii stammenden Bildungen oft noch flimmerhärchentragende Zylinderzellen (Abb. 135), im Kuppenbereich entweder Erosionen oder Plattenepithel. Die aus dem Meatus externus stammenden Granulationspolypen sind entweder mit Plattenepithel abgedeckt oder ohne epithelialen Überzug. Im fibrösen Stützgerüst beider Provenienzen können zystische Drüsen gefunden werden.
Die **Therapie** besteht in der Entfernung des chronischen Granulationsgewebes und der Bekämpfung des entzündlichen Prozesses, der ihm zugrunde liegt. Der Granulationspolyp kann oft durch Zug mittels einer Pinzette ohne weitere chirurgische Eingriffe entfernt werden, gelingt dies nicht, muß er durch Eröffnung des äußeren Gehörganges abgesetzt werden (Otitisoperation nach Zepp). Kortisonanwendung soll keinen positiven Einfluß haben [33].
Die **Prognose** ist günstig, neuerliche Wucherungen sind allerdings möglich.

Seltener als der Granulationspolyp werden **Zysten** im äußeren Gehörgang gefunden, die von den Ceruminaldrüsen ausgehen. Es können einzelne oder konglomerierende Zysten sein, die oft mit Cerumen oder blutigem Material gefüllt sind und dunkel durchscheinen können. Makroskopisch ist deshalb eine Verwechslung mit Blutgefäßtumoren oder Melanomen möglich. Zysten wurden ab dem 2. Lebensjahr beobachtet und können wohl in jedem Lebensalter auftreten.

Eine **Hyperplasie** der lokalen Talgdrüsen ist bei der Katze selten.

Benigne Tumoren

Die **Adenome** der Ceruminaldrüsen des äußeren Gehörganges werden relativ häufig beobachtet [85]. Sie können ein- oder beidseits auftreten und werden ab dem 3. Lebensjahr meist bei mittelalten und älteren Katzen beobachtet; das Durchschnittsalter liegt bei 8,8 Jahren. Es besteht vermutlich keine Geschlechtsdisposition, Rassekatzen sind möglicherweise unterrepräsentiert. Die Adenome sind oft gestielt und bis haselnußgroß. Sie können ulzeriert sein und Juckreiz verursachen.
Im **histologischen Bild** wird meist ein tubuläres Wachstum (Abb. 136) beobachtet, gelegentlich mit Papillenbildung oder Ausformung von Sekundärlumina. Anisonukleose und Kernpolymorphie sind gering, der Mitoseindex ist niedrig (durchschnittlich eine Mitose bei starker lichtmikroskopischer Vergrößerung). Als Charakteristikum kann subnukleär gelagertes Pigment in Epithelzellen in unterschiedlicher Menge gefunden werden. Typisch für Adenome ist im Gegensatz zu den Adenokarzinomen das Vorhandensein von myoepithelialen Zellen. Die Ausführungsgänge weisen oft eine Plattenepithelmetaplasie auf. Die Tumoren sind stets mehr oder weniger stark entzündet und oft ulzeriert.
Die **Therapie** besteht in einer vollständigen Exstirpation.
Die **Prognose** ist bei vollständiger Exstirpation günstig [119]. Gelingt diese nicht, kann es zu einem Rezidiv kommen.

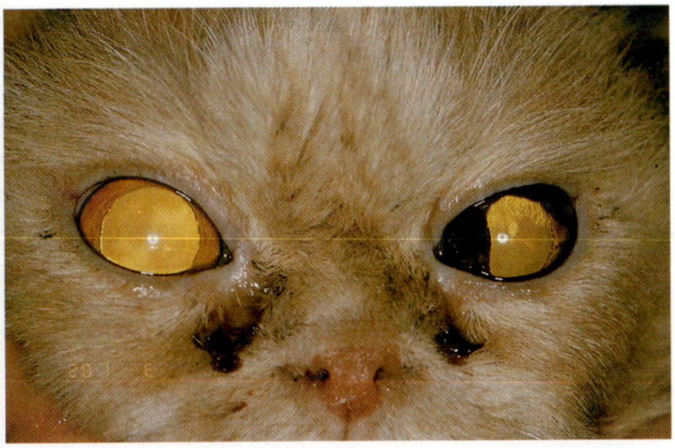

Abb. 131: Okuläres Melanom der Iris. Kastrierter Perserkater, 8 Jahre alt.

Abb. 132: Malignes Melanom der Uvea anterior. Kater, ca. 8 Jahre alt.

Abb. 133: Adenokarzinom des Ciliarkörpers (↑) mit Verlegung des Filtrationswinkels, Subluxation der Linse und Ablatio der Netzhaut. (Cornea oben.) 9jähriger Kater.

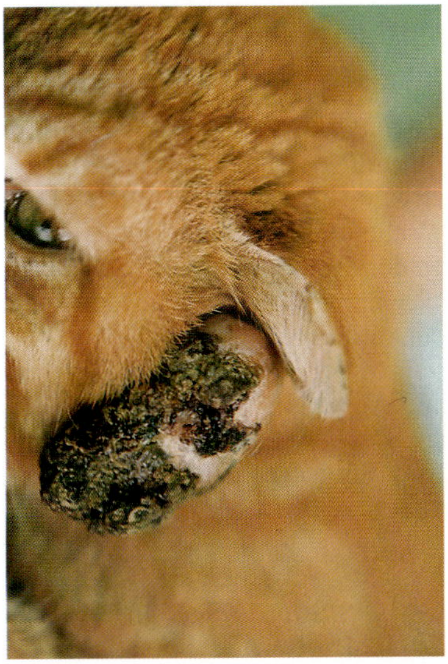

Abb. 134: Großer Granulationspolyp im äußeren Gehörgang.

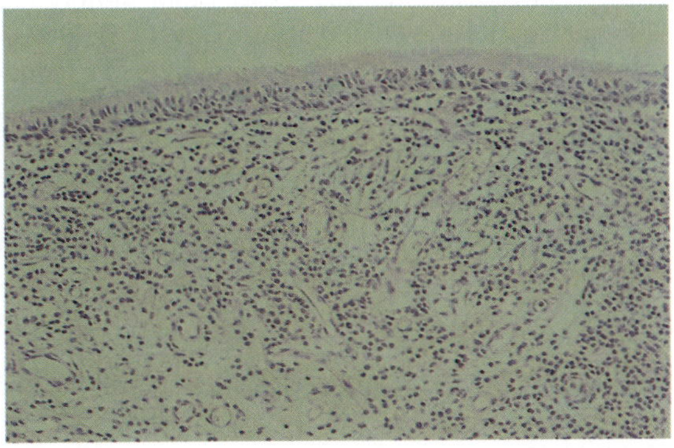

Abb. 135: Granulationspolyp des äußeren Gehörgangs, aus dem Mittelohr oder der Tuba Eustachii stammend. Ausschnitt der Oberfläche: Zylinderzellen mit Flimmerhärchen, unterlagert von Lymphozyten und Plasmazellen. Älterer Kater. HE, Obj. 20

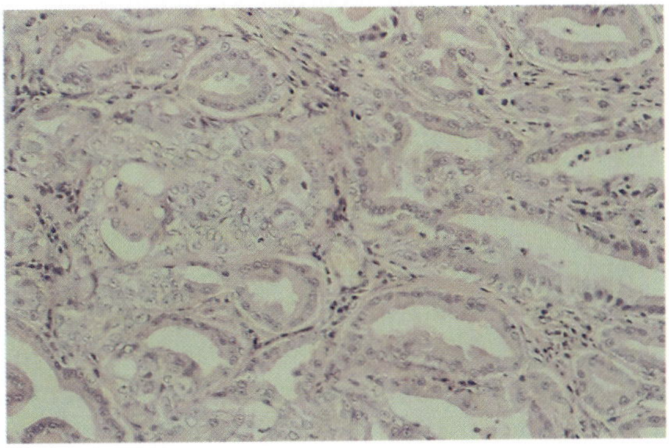

Abb. 136: Adenom der Ceruminaldrüsen mit überwiegend hoch differenzierten Drüsen mit einreihiger zylindrischer, gleichförmiger Epithelauskleidung; in der linken Hälfte ein etwas atypischer Bezirk. Älterer Kater. HE, Obj. 20

Maligne Tumoren

Das **Adenokarzinom der Ceruminaldrüsen** ist der häufigste Tumor des äußeren Gehörganges [85, 12]. Es kann ein- oder beidseitig auftreten. Adenokarzinome werden ab dem 5. Lebensjahr beschrieben, das Durchschnittsalter liegt mit ca. 10,5 Jahren um etwa 2 Jahre höher als bei den Adenomen. Eine Geschlechtsdisposition besteht wohl nicht, Rassekatzen könnten evtl. unterrepräsentiert sein [12]. Makroskopisch sind die Adenokarzinome nicht sicher von Adenomen zu unterscheiden, sie neigen jedoch zu größerer Ausdehnung, Ulzeration und Blutung. Im Verlauf der Tumorerkrankung kann es zu übelriechendem, eitrig-blutigem Ausfluß kommen. Die Tumoren können das Bindegewebe des äußeren Gehörganges infiltrieren und auch die Ohrmuscheln zerstören.

Im **histologischen Bild** liegt meist ein Mischmuster tubulärer, kribröser, solider oder papillärer Proliferationen vor (Abb. 137). Die Zellen weisen oft einen deutlichen Verlust der Polarität auf, die Kerne sind blasig und zeigen prominente Nucleoli, die Mitoserate kann sehr hoch sein (bis zu 40 Mitosen bei starker lichtmikroskopischer Vergrößerung). Gelegentlich sind Nekrosefelder zu sehen. In fast 60 % der Tumoren werden Lymphgefäßeinbrüche gefunden [12]. Eine Begleitentzündung ist sehr häufig.

Die **Therapie** besteht in der vollständigen Exstirpation, am besten mit Ausschälung des Ohrkanales. Dies sollte mit einer Bestrahlung (4500 cGy) kombiniert werden [94, 53]. Sind die regionären Lymphknoten vergrößert, sollten sie ebenfalls exstirpiert werden.

Die **Prognose** ist vorsichtig zu stellen, da Rezidivneigung besteht. Die Metastasierungsgefahr wird als niedrig eingeschätzt [85], obwohl Gefäßeinbrüche häufig sind [12]. Vielleicht werden doch nur wenige Metastasen wegen zu niedriger Obduktionshäufigkeit bekannt.

Tumoren des Endokrinums

Tumoren der Hypophyse

Adenome der Hypophyse

(Vorderlappen mit Pars distalis und intermedia)

Adenome der Hypophyse [110, 59, 68, 105] sind bei der Katze nicht häufig, wobei angemerkt werden muß, daß dieses Organ nicht regelmäßig einer histologischen Kontrolle unterworfen wird; aus diesem Grund gibt es bei hyperplastischen und echten tumoösen Prozessen dieses Organs sicher eine hohe Dunkelziffer. Das Durchschnittsalter liegt bei über 12 Jahren [12], bereits ab dem 5. Lebensjahr werden jedoch Adenome beschrieben. Eine Rassedisposition besteht wohl nicht; es wurde über deutlich mehr Kater (überwiegend kastriert) als über Kätzinnen mit Adenomen der Hypophyse berichtet. Die klinische Symptomatik ist sehr unterschiedlich, sie kann völlig fehlen (bei innersekretorisch inaktiven Tumoren) oder von innersekretorischen Störungen mit Diabetes mellitus und Cushing-Syndrom bis hin zu druckbedingten, schweren neurologischen Schäden wie Störungen der Pupillarreflexe oder gar Erblindung reichen. Auch bei innersekretorisch inaktiven Tumoren kann es durch Druck zur Atrophie der Hypophyse kommen, was zu schweren hormonellen Störungen führen kann [59]. Diabetes insipidus ist nicht selten. Die Tumoren sind oft sehr klein, selten bis zu 2 cm im Durchmesser. Sie sind immer oder fast immer mit Veränderungen in einem oder mehreren anderen endokrinen Organen vergesellschaftet, wie z. B. mit Hyperplasien oder Adenomen der Schilddrüse und der Nebennierenrinde. Auch gleichzeitiges Auftreten mit Hyperplasien des exokrinen Pankreas ist nicht selten [12].

Im **histologischen Bild** sind basophile, azidophile oder chromophobe Adenome zu erkennen, die meist in der Pars distalis, seltener in der P. intermedia knotenförmig wuchern und dabei das originäre Parenchym zur Seite drängen und ggf. auch atrophisch werden lassen. Die Zellen können in soliden Gruppen oder in perisinusoidalen, palisadenähnlichen Formationen wachsen, oft auch follikelähnliche Strukturen mit Kolloid bilden. Tumoren der Pars nervosa sind nur in Einzelfällen beschrieben.

Die **Therapie** würde in der (sehr schwierigen) Entfernung des Tumors bestehen, wenn die Diagnose intra vitam gestellt würde. Erfahrungsgemäß sind jedoch die meisten Tumoren der Hypophyse unerwartete Sektionsbefunde.

Die **Prognose** ist dann ungünstig, wenn weitere endokrine Entgleisungen anderer Organe (z. B. Diabetes) hinzukommen. Außerdem vermögen die Tumoren auf Nervenstränge (z. B. Chiasma opticum), nichttumoröses Hypophysengewebe und Hypothalmus zu drücken und somit zu schweren Krankheitszuständen zu führen. Auch Invasion von Gehirnteilen ist bei malignen Tumoren möglich. In solchen Fällen ist die Prognose sehr ungünstig.

Tumoren der Nebennierenrinde

Hyperplasie

Hyperplasien der Nebennierenrinde sind bei der älteren Katze nicht selten. Sie können einzeln oder mehrknotig in einer oder beiden Nebennieren auftreten und sich ins Mark oder subkapsulär vorwölben. Über endokrine Aktivität dieser Hyperplasien ist bei der Katze nichts bekannt [12].

Adenome der Nebennierenrinde sind bei der Katze sehr selten [68, 105]. Aus diesem Grund sind statistisch relevante Angaben über Alters-, Geschlechts- und Rassedisposition nicht verfügbar. Die Tumoren können die Anzeichen eines Hyperadrenokortizismus mit Ausdünnung des Haarkleides, Atrophie der Haut, erhöhtem Appetit und Durst bei gleichzeitiger Atrophie der kollateralen Nebennierenrinde provozieren [12].

Im **histologischen Bild** sind Stränge oder Nester dicht beieinanderliegender, ziemlich großer, eosinophiler oder heller Zellen zu sehen. Die Kerne sind uniform, weitgehend rund mit marginaler Chromatinansammlung. Die Tumoren wachsen expansiv und sind meist abgekapselt.

Die **Therapie** besteht bei hormoneller Aktivität in der unilateralen Resektion der Nebenniere oder in der medikamentellen Zerstörung der Nebennierenrinde, die auch die Tumorzellen erfaßt. Eine anschließende lebenslängliche Substitution von Nebennierenrindenhormonen ist nötig.

Die **Prognose** ist wegen der nur selten vorhandenen Begleiterkrankungen (z. B. Cushing, Diabetes, Infektionsanfälligkeit) nicht ungünstig.

Adenokarzinome der Nebennierenrinde sind bei der Katze absolute Raritäten. Klinische Angaben über die Auswirkungen sowie statistische Auswertungen fehlen.

Tumoren des Nebennierenmarkes

Diese als **Phaeochromozytome** bezeichneten malignen Neoplasien sind bei der Katze sehr selten. Nur Einzelfälle sind berichtet [12, 38], weshalb statistisch relevante Angaben nicht vorliegen. Die Tumoren können fast Hühnereigröße erreichen und mit der Niere, dem Netz, dem Mesenterium und Pankreas verwachsen. In solchen Fällen bilden sie einen großen, palpierbaren abdominalen Konglomerattumor. So lange die Phaeochromozytome klein und auf die Nebenniere beschränkt sind, besteht kaum eine Möglichkeit, sie klinisch nachzuweisen, da sie zumindest z. T. funktionell inaktiv sind (38). Da sie in der Regel einseitig wachsen, führt auch die Kompression und Zerstörung der gleichseitigen Rindenzone nicht zu Ausfallserscheinungen. Im fortgeschrittenen Krankheitszustand sind unspezifische Symptome wie Inappetenz, Polydipsie und Polyurie zu bemerken.

Im **histologischen Bild** finden sich in Ballen zusammengefaßte Zellen mit breitem, feingranulärem Zytoplasma und runden bis ovalen Kernen. Im Elektronenmikroskop und nach Spezialfärbungen auch im lichtmikroskopischen Bild lassen sich chromaffine Granula nachweisen. Zellballen sind von schmalen Bindegewebssepten umgeben. Gelegentlich lassen sich Blutgefäßeinbrüche nachweisen.

Die **Therapie** besteht in der vollständigen Exstirpation.

Die **Prognose** ist vorsichtig zu stellen, da die Patienten meist bereits in einem Zustand fortgeschrittener Schwäche zur Operation kommen und oft durch zusätzliche altersbedingte Zweiterkrankungen belastet sind. Darüber hinaus besteht bei den nicht selten nachzuweisenden Tumorzellemboli in benachbarten Gefäßen immer die Gefahr der Fernmetastasierung.

Tumoren der Schilddrüse

Schilddrüsentumoren und -hyperplasien sind bei der Katze nicht selten. Funktionell aktive Knoten dieses Organes sind seit der Verfügbarkeit von Hormonassays für die Katze sehr ins Rampenlicht der klinischen Betrachtung getreten. In Deutschland scheinen hyperthyreoide Erkrankungen, im Gegensatz zu den USA, jedoch keine allzu große Rolle zu spielen [45].

Hyperplasien und gutartige Tumoren

Neben der uni- oder multinodulären adenomatösen Hyperplasie (Struma) und den Adenomen gibt es oft **Zysten** in der Schilddrüse. Sie können von den Follikeln oder von pharyngealen Aussackungen (branchiogen) ausgehen [12]. Entsprechend ihrer Herkunft haben sie eine unterschiedliche epitheliale Auskleidung.

Die vom Follikelepithel ausgehenden Zysten können hormonell aktiv sein. Daneben gibt es Zerfallsräume in Strumen und Adenomen, die makroskopisch als Zysten imponieren.

Eine sichere Unterscheidung zwischen der **adenomatösen Hyperplasie** (Struma, Kropf, Abb. 138) und dem **Adenom** ist weder aufgrund der Klinik, noch der Ausdehnung oder der Multiplizität, noch aufgrund des histologischen Bildes möglich. Deshalb erfolgt die Besprechung beider Veränderungen zusammen. Die multinoduläre adenomatöse Hyperplasie ist, wie der Name sagt, eine mehrknotige Bildung, meist auch beidseitig, die in der Regel zu kleinen, gelegentlich aber auch zu größeren Knoten führt [12]. Diese sind dann der Größe nach nicht mehr von Adenomen zu unterscheiden. Die Hyperplasien sind im Gegensatz zu den meisten Adenomen nicht abgekapselt. Da es jedoch viele Ausnahmen gibt, ist auch hiermit eine Unterscheidung nicht sicher möglich. Das Durchschnittsalter der erkrankten Tiere liegt bei ca. 10 Jahren, wobei solche Erkrankungen auch bei jüngeren Erwachsenen beobachtet werden können. Eine Rassedisposition liegt nicht vor, hingegen scheinen Kätzinnen eher zu diesen Hyperplasien und Adenomen zu neigen als Kater [12]. Hyperplasien und Adenome sind in der Regel hormonell aktiv. Die klinischen Anzeichen bestehen demnach neben einer eventuellen Vergrößerung einer oder beider Schilddrüsen in den Symptomen einer Hyperthyreose (Gewichtsverlust, Polyphagie, Tachykardie, Hyperaktivität, Erbrechen, Durchfall, z. T. periodische Dyspnoe, Schwäche, Muskelzittern, Anorexie, Durst und Poliurie u. a.) [45, 40].

Im **histologischen Bild** der Hyperplasien (Abb. 139) finden sich überwiegend follikuläre Strukturen unterschiedlichen Kalibers mit differierenden Mengen von Kolloid. Daneben kommen solide Formationen vor. Die verschiedenen Muster können auch in einem Knoten nebeneinander liegen. Auch papilläre Strukturen wurden hin und wieder gesehen.

Die Adenome kommen in der Regel als Solitärknoten mit ziemlich uniformer Zellpopulation, die jedoch von den übrigen Thyreozyten differiert, vor. Das Drüsenmuster ist eher mikrofollikulär bis solide als zystisch. Zerfallszonen können beobachtet werden. Die Knoten sind von einer Bindegewebskapsel umgeben, das angrenzende Parenchym kann atrophisch sein.

Insgesamt sind die Grenzen zwischen Hyperplasien und Adenomen in der neueren Zeit, aufgrund der größeren Menge operativ gewonnenen Materials, wohl eher verschwommener als schärfer geworden [12].

Die **Therapie** besteht üblicherweise in der ein- oder beidseitigen Lobektomie bei Schonung der kranial gelegenen Epithelkörperchen. Dabei sollte auch sorgfältig nach hyperplastischen ektopischen Schilddrüsenanlagen entlang der Trachea gefahndet werden, um einem zusätzlichen späteren Eingriff zuvorzukommen. Ektopische Schilddrüsenanlagen (bis zu 20 in einem einzigen Tier!) sind nicht selten. Können die Nebenschilddrüsen nicht geschont werden, muß einer Hypokalzämie, die sich in der Regel innerhalb eines Tages einstellt, vorgebeugt werden. Es spricht einiges dafür, nicht prophylaktisch beide Seiten zu operieren, wenn nur eine sichtlich befallen ist. Es können dadurch Schwierigkeiten bei der ansonsten notwendigen Substitution vermieden werden. Gelegentlich entstehen allerdings Knoten im zweiten, geschonten Lobus, so daß später eine neuerliche Operation angesetzt werden muß. Oft ist eine Substitution mit Thyroxin (erst) nach mehreren Monaten nötig, da die T_3- und T_4-Werte nach einer beidseitigen Lobektomie zwar sofort abfallen, dann aber wieder langsam ansteigen. Dieser Zustand kann mehrere Monate andauern, bis sich eventuell Anzeichen einer Hypothyreose bemerkbar machen. Die meisten Fälle bleiben aber ohne Substitution stabil. Fallen die T_3- und T_4-Werte nachhaltig, so ist eine Substitution notwendig [12, 53, 97]. Weitere Therapiemöglichkeiten bestehen in einer 131-J-Verabreichung oder antithyreoidalen Therapie mit Propylthiouracil oder Methimazol [12].

Die **Prognose** ist günstig, wenn die postoperativen Ausfallserscheinungen medikamentös gut in den Griff zu bekommen sind und wenn alle hyperthyreotisch aktiven Knoten entfernt werden konnten.

Maligne Tumoren

Bei der Katze werden nur maligne epitheliale – anders als beim Hund –, keine malignen mesenchymalen Tumoren gesehen [81].

Die **Adenokarzinome** der Schilddrüse sind – der amerikanischen Literatur nach – bei der Katze äußerst selten [105, 40]. Nur etwa 2,3 % aller Schilddrüsenvergrößerungen gehen auf ein Karzinom zurück. Tiere mit Karzinomen können hyperthyreot sein, u. a. auch da diese oft in Organen entstehen, die weitere, hormonell aktive Knoten im Sinn einer multinodulären adenomatösen Hyperplasie oder eines Adenoms aufweisen. Das Karzinom selbst ist hormonell inaktiv [40]. Andere Patienten sind hypothyreot, weil große Teile der Schilddrüse durch das Karzinom zerstört sind. Die Patienten sind meist alt (das Durchschnittsalter liegt bei 12 Jahren), einzelne Fälle können aber auch bei mittelalten Tieren gefunden werden. Eine Rasse- oder Geschlechtsdisposition scheint nicht zu bestehen. Die Tumoren können bis zu Hühnereigröße erreichen.

Das **histologische Bild** [81] zeigt solide (Abb. 140), follikuläre oder papilläre Formationen, gelegentlich auch Plattenepithelkarzinomherde oder Plattenepithelmetaplasien. Die Mitoserate kann hoch sein, der Grenzwert zwischen Adenom und Karzinom soll bei vier Mitosen pro 10 Feldern starker lichtmikroskopischer Vergrößerung liegen [12]. Ein wichtiges Kriterium, um die oft sehr hoch differenzierten Karzinome gegen gutartige Knoten abzugrenzen, ist die zellige Infiltration der Kapsel. Zusätzlich können starke Zellatypien auf einen malignen Prozeß hinweisen. Blutgefäßeinbrüche treten bei bis zu 70 % der untersuchten Karzinome auf und sind ebenso wie Metastasen in den regionären Lymphknoten (Lnn. mandibulares, retropharyngeales, cervicales) sichere Beweise für Malignität. Da in erster Linie eine hämatogene Tumorzellaussaat erfolgt, sind die ersten Metastasen üblicherweise in der Lunge zu finden.

Die **Prognose** ist vorsichtig zu stellen, obwohl Fernmetastasen bei der Katze nicht die Regel sind. Tumoren, die rechtzeitig, vor Infiltration des umgeben-

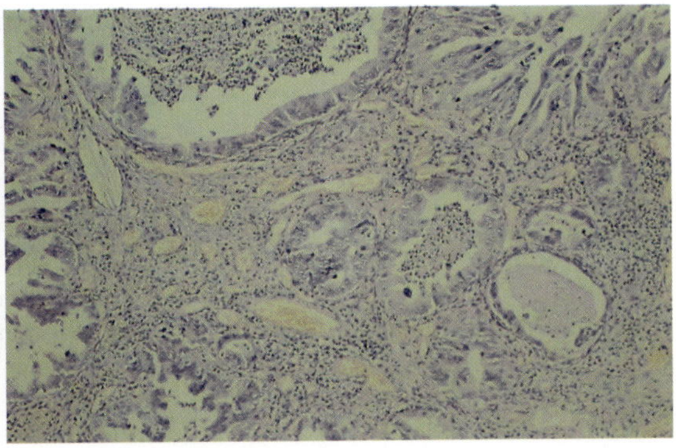

Abb. 137: Adenokarzinom von Ceruminaldrüsen: deformierte Drüsen mit atypischer, meist mehrreihiger Zellauskleidung; hohe Mitoserate. 11jähriger Kater. HE, Obj. 10

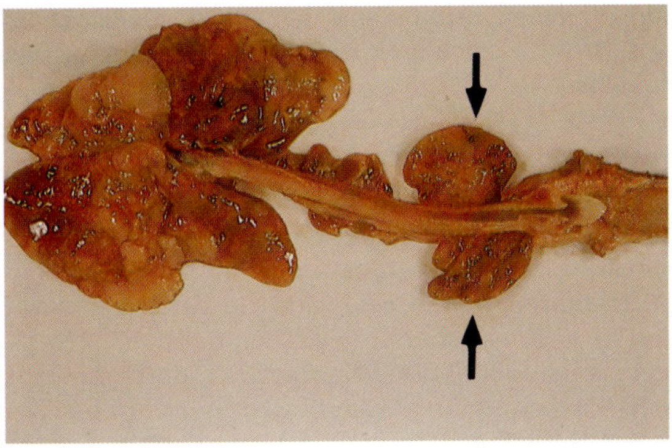

Abb. 138: Bilaterale Struma parenchymatosa einer älteren Katze (↑).

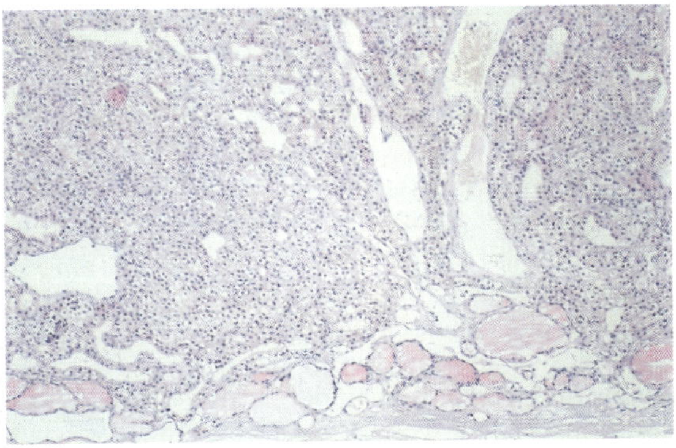

Abb. 139: Schilddrüsenhyperplasie (Struma): im unteren Bilddrittel erhaltene Alveolen mit Kolloid. HE, Obj. 10

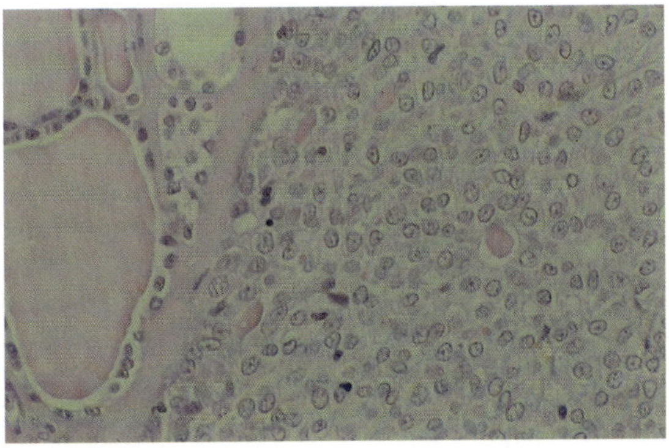

Abb. 140: Zur Solidität neigendes Adenokarzinom der Schilddrüse einer 12jährigen weiblichen Katze. Erhaltene Alveolen auf der linken Bildseite. HE, Obj. 40

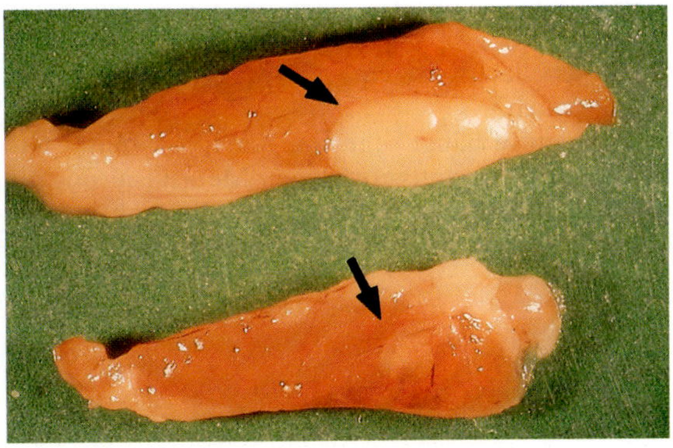

Abb. 141: Vergleich einer unveränderten mit einer hyperplastischen Nebenschilddrüse (↑).

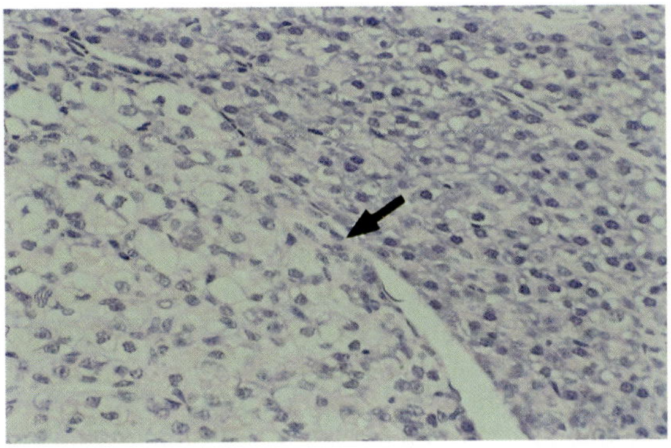

Abb. 142: Insulinom (↑) einer 8jährigen weiblichen Katze. HE, Obj. 40

den Weichteilgewebes und vor allem der Trachea, entfernt werden, haben wohl eine nicht ungünstige Prognose.

Tumoren der Parathyreoidea

Tumoren der Nebenschilddrüse (Abb. 141) sind bei der Katze selten [12, 68]. Sie kommen bei alten Katzen ab 10 Jahren vor, das Durchschnittsalter liegt bei ca. 13 Jahren. Eine Rasse- und Geschlechtsdisposition ist nicht gesichert. Sie werden meist als Nebenbefund bei Obduktionen festgestellt, durch hormonelle (Hyper-)Aktivität sind bisher nur einzelne Tumoren aufgefallen (primärer Hyperparathyreoidismus mit Hyperkalzämie mit verkalkender Arteriosklerose, Verkalkungen von Niere, Lunge, Myokard, Magenschleimhaut, Hyperphosphatämie, Dekalzifizierung von Skelettknochen). Da die Blutkalzium- und Phosphorwerte auch normalerweise extrem schwanken können, ist eine Mehrfachbestimmung unbedingt notwendig. Sie kommen oft zusammen mit Tumoren oder Hyperplasien anderer endokriner Organe (Hypophyse, Schilddrüse oder Inselzellapparat) vor. Die Tumoren sind in der Regel gutartig (Adenome), sicher maligne Nebenschilddrüsentumoren, die ihre Malignität durch Metastasierung unter Beweis gestellt haben, sind bei der Katze bisher nicht berichtet worden. Die Tumoren können bis Bohnengröße erreichen, sind scharf begrenzt und können Zysten mit wäßrigem Inhalt aufweisen.
Im **histologischen Bild** liegen argyrophile Granula in einem meist breiten, hellen Zytoplasma bei gleichförmigen Kernen mit deutlichen Nukleolen. Es können auch oxyphile Zellen beteiligt sein. Hin und wieder liegen diese Zellen rosettenartig um Gefäße. Mitosen sind selten, Nekroseherde häufiger. Die aus Zellsträngen und -gruppen bzw. -ballen zusammengesetzten Tumoren werden durch eine kollagene Faserkapsel zusammengefaßt [12, 43]. Karzinome der Parathyroidea sind größer, infiltrieren die Organkapsel und können auch benachbarte Organe invadieren [59].
Die **Therapie** besteht, soweit die Tumoren überhaupt intra vitam festgestellt werden, in der vollständigen operativen Entfernung.
Die **Prognose** ist günstig, über Fernmetastasen liegen für die Katze bisher keine Berichte vor.

Tumoren des Inselzellapparates

Insulinome sind sehr selten bei der Katze [12, 43], weshalb statistisch relevante Angaben über Durchschnittsalter und Geschlechts- oder Rassedisposition nicht angegeben werden können. Die Tumoren können innersekretorisch aktiv sein (Insulin, Glukagon, Gastrin) und zu Störungen durch Hyperinkretion [43], wie z. B. Hypoglykoämie, führen, die ihrerseits einen plötzlichen Kollaps und komatöse Zustände provozieren kann. Gastrinproduzierende Tumoren können Ulzera im Magen-Darm-Trakt hervorrufen [57].
Im **histologischen Bild** finden sich nach Spezialfärbung feingranuläre argyro- oder argentaphile Zellen, in soliden Strängen, Drüsenformationen und perivaskulären Rosetten angeordnet (Abb. 142). Das septierende Bindegewebe ist gefäßreich. Diese Tumoren sind in der Regel gut abgekapselt. **Karzinome** zeigen periphere Invasion des angrenzenden exokrinen Pankreas und gelegentlich Gefäßinvasion.
Die **Therapie** besteht in der möglichst schnellen intravenösen oder subkutanen Injektion von Glukose und in der vollständigen Entfernung des Tumors.
Die **Prognose** ist sowohl bei aktiven, als auch inaktiven Adenomen günstig. Bei Karzinomen entscheidet das Vorhanden- oder Nichtvorhandensein von Metastasen über die Zukunft des Tieres.

Tumoren der Paraganglien

Paragangliome (Chemodektome) sind bei der Katze, im Gegensatz zum Hund, sehr selten [68, 43, 12], weshalb statistisch relevante Angaben über Alters-, Geschlechts- und Rassedisposition nicht zur Verfügung stehen. Sie entstehen als Tumoren der sog. Karotiskörperchen, in der Aufzweigung der A. carotis communis oder als Tumoren der Aortenkörperchen an der Herzbasis („Herzbasistumor"). Sie können endokrin aktiv sein. Paragangliome anderer Lokalisationen sind absolute Raritäten.
Im **histologischen Bild** finden sich Zellballen, von fibrösem Gewebe voneinander getrennt. Zwischen feingranulierten argyro- oder argentaphilen Hauptzellen und dem umgebenden Stroma können sog. Sustentakularzellen liegen. Mitosen sind selten.
Die **Therapie** besteht in der vollständigen Entfernung, soweit diese Tumoren überhaupt intra vitam diagnostiziert werden können. Der chirurgische Zugriff ist wegen der Lage der Tumoren (Karotis, Herzbasis) äußerst schwierig. Liegt das Paragangliom an anderer Stelle, z. B. subperitoneal, im Bereich des Plexus coeliacus, ist eine chirurgische Entfernung eher möglich.
Die **Prognose** hängt sehr von der Operabilität und auch einer evtl. stattgefundenen Metastasierung ab. Auch die Metastasen können endokrin aktiv sein! Insgesamt ist die Prognose eher ungünstig.

Danksagung

Folgende Abbildungen wurden freundlicherweise zur Verfügung gestellt:

Von Dr. U. Dürr, Kleintierklinik Bremen: Abb. 18, 24, 43, 62, 63, 67, 68, 88, 93, 126, 134;

von Prof. Dr. W. Hermanns, Institut für Tierpathologie der Ludwig-Maximilians-Universität München: 6, 26, 40, 46, 47, 50, 51, 82, 84, 91, 96, 97, 100, 101, 105, 106, 111, 114, 119, 138, 141;

von Prof. Dr. E. Dahme, Institut für Tierpathologie der Ludwig-Maximilians-Universität München: 123, 124, 125;

von Prof. Dr. W. Kraft, I. Med. Tierklinik der Ludwig-Maximilians-Universität München: 5, 29, 36, 52, 57, 69, 95, 131;

von Prof. Dr. U. Matis, Chir. Tierklinik der Ludwig Maximilians-Universität München: 55, 77, 129;

von Prof. Dr. I. Rüsse, Gyn. Tierklinik der Ludwig-Maximilians-Universität München: 103, 110;

von Dr. E. Schäffer, GSF München-Neuherberg: 56, 130, 132, 133.

Literatur

[1] ALIAKBRAI, S.; IVOGHLI, B.: Granulosa cell tumor in a cat. J. Am. Vet. Med. Assoc. **174** (1979) 1306–1308.

[2] BARTON, C. L.: Feline solid neoplasia: biological behaviour, diagnosis and therapie. Feline Medicine (1987) 293–298.

[3] BEDFORD, P. G. C.: Origin of the nasopharyngeal polyp in the cat. Vet. Rec. **110** (1982) 541–542.

[4] BENNETT, D.; CAMPBELL, J. R.; BROWN, P.: Osteosarcoma associated with healed fractures. J. Small Anim. Pract. **20** (1979) 13–18.

[5] BRADLEY, R. L.: Selected oral, pharyngeal, and upper respiratory conditions in the cat. Oral tumors, nasopharyngeal and middle ear polyps, and chronic rhinitis and sinusitis. Vet. Clin. North Am. **14** (1984) 1173–1184.

[6] BRITT, J. O.; RYAN, C. P.; HOWARD, E. B.: Sarcomatoid renal adenocarcinoma in a cat. Vet. Pathol. **22** (1985) 514–515.

[7] BRODEY, R. S.: Alimentary tract neoplasms in the cat: a clinico-pathologic survey of 46 cases. Am. J. Vet. Res. **27** (1966) 74–80.

[8] BRODEY, R. S.: Canine and feline neoplasia. Adv. Vet. Sci. **14** (1970) 309–354.

[9] BROWN, N. O.; PATNAIK, A. K.; MOONEY, S.; HAYES, A.; HARVEY, H. J.; MacEWEN, E. G.: Soft tissue sarcomas in the cat. J. Am. Vet. Med. Assoc. **173** (1978) 744–749.

[10] CAIN, G. R.; MANLEY, P.: Tracheal adenocarcinoma in a cat. J. Am. Vet. Med. Assoc. **182** (1983) 614–616.

[11] CARLISLE, G. H.; GOULD, S.: Response of squamous cell carcinoma of the nose of the cat to treatment with x rays. Vet. Radiol. **23** (1982) 186–192.

[12] CARPENTER, J. L.; ANDREWS, L. K.; HOLZWORTH, J.: Tumors and tumor-like lesions in: Holzworth J.: Diseases of the cat. Vol. I. Saunders Philadelphia 1987.

[13] COTCHIN, E.: Neoplasia in the cat. Vet. Rec. **69** (1957) 425–434.

[14] COTCHIN, E.: Skin tumors of cats. Res. Vet. Sci. **2** (1961) 353–361.

[15] COTCHIN, E.: Neoplasie. In Wilkinson G. T. (ed): Diseases of the cat and their managment. Melbourne, Blackwell Scientific Publications, 1983.

[16] COTTER, S. M.; HARDY, W. D. jun.; ESSEX, M.: Association of feline leukemia virus with lymphosarcoma and other disorders in the cat. J. Am. Vet. Med. Assoc. **166** (1975) 449–454.

[17] COTTER, S. M., HOLZWORTH, J.: Disorders of the hematopoetic system. In Holzworth: Diseases of the cat. Vol. I, W. B. Saunders, Philadelphia 1987.

[18] COX, N. R.; POWERS, R. D.: Olfactory neuroblastomas in two cats. Vet. Pathol. **26** (1989) 341–343.

[19] DAHME, E.: Nervensystem in: Dahme, E., Weiss, E.: Grundriß der speziellen pathologischen Anatomie der Haustiere. 4. Auflage, Enke Verlag Stuttgart 1988.

[20] DAHME, E.: Meningiome bei Fleischfressern. Berl. Münch. Tierärztl. Wochenschr. **70** (1957) 32–34.

[21] DEHNER, L. P.; NORRIS, H. J.; GARNER, F. M.; TAYLOR, H. B.: Comparative pathology of ovarian neoplasms. III. Germ cell tumors of canine, bovine, feline, rodent, and human species. J. Comp. Pathol. **80** (1970) 299–306.

[22] DILL, G. S.; McELYEA, U.; STOOKEY, J. L.: Transitional cell carcinoma of the urinary bladder in a cat. J. Am. Vet. Med. Assoc. **160** (1972) 743–745.

[23] DITERS, R. W.; WALS, K. M.: Feline basal cell tumors: a review of 124 cases. Vet. Pathol. **21** (1984) 51–56.

[24] DOIG, C. E.: Multiple osteochondromas with evidence of malignant transformation in a cat. Vet. Pathol. **24** (1987) 457–459.

[25] DORN, C. R.; PRIESTER, W. A.: Epidemiologic analysis of oral and pharyngeal cancer in dogs, cats, horses, and cattle. J. Am. Vet. Med. Assoc. **169** (1976) 1202–1206.

[26] DORN, C. R.; TAYLOR, D. O. N.; SCHNEIDER, R.; HIBBARD, H. H.; KLAUBER, M. R.: Survey of animal neoplasms in Alameda and Contra Costa counties, California. II. Cancer morbidity in dogs and cats from Alameda county. J. Natl. Cancer Inst. **40** (1968) 307–318.

[27] ENGLE, G. C.; BRODEY, R. S.: A retrospective study of 395 feline neoplasms. J. Am. Anim. Hosp. Assoc. **5** (1969) 21–31.

[28] GRIER, R. L., et al.: Hyperthermic treatment of superficial tumors in cats and dogs. J. Am. Vet. Mcd. Assoc. **177** (1980) 222–233.

[29] HAMPE, J. F., MISDORP, W.: Tumours and dysplasias of the mammary gland. Bull. WHO **50** (1974) 111–133.

[30] HÄNICHEN, T.: Über ein Kehlkopfkarzinom bei einer Katze. Berl. Münch. Tierärztl. Wochenschr. **78** (1965) 234–235.

[31] HÄNICHEN, T.; SCHIEFER, B.: Zur Morphologie und Häufigkeit primärer Geschwülste der Nasenhöhlen und Nasennebenhöhlen bei Hund und Katze. Zeitschr. f. Krebsforsch. **71** (1968) 255–266.

[32] HARDY, W. D. jun.: Hematopoetic tumors of cats. J. Am. Anim. Hosp. Assoc. **17** (1981) 921–940.

[33] HARVEY, C.; GOLDSCHMIDT, M. H.: Inflammatory polypoid growths in the ear canal of cats. J. Small Anim. Pract. **19** (1978) 669–677.

[34] HASKINS, M. E.; McGRATH, J. T.: Meningiomas in young cats with mucopolysaccharidosis. J. Neuropathol. Exp. Neurol. **42** (1983) 664–670.

[35] HAYES, H. M.; MILNE, K. L.; MANDELL, C. P.: Epidemiological features of feline mammary carcinoma. Vet. Rec. **108** (1981) 476–479.

[36] HAYES, K. C.; SCHIEFER, B.: Primary tumors in the CNS of carnivores. Pathol. Vet. **6** (1969) 94–116.

[37] HOLZINGER, E. A.: Feline cutaneous mastocytomas. Cornell. Vet. **63** (1973) 87–93.

[38] HOLZWORTH, J.; COFFIN, D. L.: Pancreatic insufficiency and diabetes mellitus in a cat. Cornell. Vet. **43** (1953) 502–512.

[39] HOLZWORTH, J.: The ear in: Holzworth, J.: Diseases of the cat. Vol. I, Saunders Philadelphia, 1987.

[40] HOLZWORTH, J.; THERAN, P.; CARPENTER, J. L.; HARPSTER, N. K.; TODOROFF, R. J.: Hyperthyroidism in the cat: ten cases. J. Am. Vet. Med. Assoc. **176** (1980) 345–353.

[41] HOWARD, E. B.; KENYON, A. J.: Malignant osteoclastoma (giant cell tumor) in the cat with associated mastcell response. Cornell. Vet. **57** (1967) 398–409.

[42] JARRETT, W. F. H.; MACKEY, L. J.: Neoplastic diseases of the haematopoetic and lymphoid tissues. Bull. WHO **50** (1974) 21–34.

[43] JONES, T. C.; HUNT, R. D.: Veterinary Pathology, 5th ed. Philadelphia, Lea & Febiger, 1983.

[44] KÄUFER, J.; CZERNICKI, B.: Ein Fall von vollständiger fibroadenomatöser Veränderung der Mamma (Fibroadenomatose). Kleintierpraxis **27** (1982) 283–286.

[45] KRAFT, W.: Hyperthyreose bei der Katze. Tierärztl. Prax. **16** (1988) 75–81.

[46] KALLFELZ, F. A.; DE LAHUNTA, A.; ALLHANDS, R. V.: Scintigraphic diagnosis of brain lesions in the dog and cat. J. Am. Vet. Med. Assoc. **172** (1978) 589–597.

[47] KIRCHER, C. H.; NIELSEN, S. W.: Tumors of the pancreas. Bull. WHO **53** (1976) 195–202.

[48] LAWSON, D. C.; BURK, R. L.; PRATA, R. G.: Cerebral meningioma in the cat: Diagnosis and surgical treatment of ten cases. J. Am. Anim. Hosp. Assoc. **20** (1984) 333–342.

[49] LEKLEN, J. E.; BROWN, R. R.; HANKES, L. V.; SCHUMACHER, M.: Tryptophan metabolism in the cat: A study with carbon-14-labelled compounds. Am. J. Vet. Res. **32** (1971) 335–344.

[50] LINGEMAN, C. H.; GARNER, F. M.; TAYLOR, D. O. N.: Spontaneous gastric adeno-carcinomas of dogs: a review. J. Natl. Cancer Inst. **47** (1971) 137–153.

[51] LIU, S.-K.; DORMANN, H. D.; PATNAIK, A. K.: Primary and secondary bone tumours in the cat. J. Small Anim. Pract. **15** (1974) 141–156.

[52] LUGINBÜHL, H.: Studies on meningiomas in cats. Am. J. Vet. Res. **22** (1961) 1030–1040.

[53] MacEWEN, E. G.; MOONEY, S. M.; BROWN, N. O.; HAYES, A. A.: Management of feline neoplasms in Holzworth, J.: Diseases of the cat. Vol. I Saunders, Philadelphia 1987.

[54] MacEWEN, E. G.; HAYES, A. A.; HARVEY, H. J.; PATNAIK, A. K.; MOONEY, S.; PASSE, S.: Prognostic factors for feline mammary tumors. J. Am. Vet. Med. Ass. **185/2** (1984) 201–205.

[55] MACY, D. W.; REYNOLDS, H. A.: The incidence, characteristics and clinical management of skin tumors of cats. J. Am. Anim. Hosp. Assoc. **17** (1981) 1026–1034.

[56] MANDELLI, G.; FINAZZI, M.: Histologische Befunde bei dem Milchdrüsen-Hypertrophie-Fibroadenomkomplex der Katze. Deutsch. Tierärztl. Wochenschr. **90** (1983) 482–485.

[57] MIDDLETON, D. J.; WATSON, A. D. J.; VASAK, E.; CULVENOR, J. E.: Duodenal ulceration associated with gastrin-secreting pancreatic tumor in a cat. J. Am. Vet. Med. Assoc. **183** (1983) 461–462.

[58] MORTON, D.: Chondrosarcoma arising in a multilobular chondroma in a cat. J. Am. Vet. Med. Assoc. **186** (1985) 804–806.

[59] MOULTON, J. E. (ed.): Tumors in Domestic Animals, 2. Auflage Berkeley, University of California Press, 1978.

[60] NAFE, L. A.: Meningiomas in cats: a retrospective clinical study of 36 cases. J. Am. Vet. Med. Assoc. **174** (1979) 1224–1227.

[61] NIELSEN, S. W.: Extraskeletal giant cell tumor in a cat. Cornell. Vet. **42** (1952) 304–311.

[62] NIELSEN, S. W.; HOWARD, E. B.: Feline neoplasia. Progr. Feline Pract. **2** (1971) 194–197.

[63] NORRIS, H. J.; GARNER, F. M.; TAYLOR, H. B.: Pathology of feline ovarian neoplasms. J. Pathol. **97** (1969) 138–143.

[64] ORTMANN, H.: Die Hauttumoren der Katze unter besonderer Berücksichtigung der Fibrosarkome. Inaug. Diss. 1986, Tierärztl. Fak. München 1986.

[65] OSBORNE, C. A.; LOW, D. G.; PERMANN, V.; BARNES, D. M.: Neoplasms of the canine and feline urinary bladder: incidence, etiologic factors, occurrence, and pathologic features. Am. J. Vet. Res. **29** (1968b) 2041–2055.

[66] OSBORNE, C. A.; QUAST, J. F.; BARNES, D. M.; FITZ, C. R.: Renal pelvic carcinoma in a cat (transitional cell carcinoma). J. Am. Vet. Med. Assoc. **159** (1971) 1238–1241.

[67] PAMUKAN, A. M.: Tumors of the urinary bladder. Bull. WHO **50** (1974) 43–52.

[68] PATNAIK, A. K.; LIU, S.-K.; HURVITZ, A. I.; McCLELLAND, A. J.: Nonhematiopoetic neoplasms in cats. J. Natl. Cancer Inst. **54** (1975) 855–860. 1–10.

[69] PATNAIK, A. K.; MOONEY, S.: Feline Melanoma: A comparative study of ocular, oral, and dermal neoplasms. Vet. Pathol. **25** (1988) 105–112.

[70] PONOMARKOV, V.; MACKEY, L. J.: Tumours of the liver and biliary system. Bull. WHO **53** (1976) 187–194.

[71] POOL, R. R.: Tumors of bone and cartilage. In Moulton J. E. (ed): Tumors in Domestic Animals, 2nd ed. Berkeley, University of California Press, 1978.

[72] POOL, R. R.; CARRIG, C. B.: Multiple cartilaginous exostoses in a cat. Vet. Pathol. **9** (1972) 350–359.

[73] POOL, R. R.; HARRIS, J. M.: Feline osteochondromatosis. Feline Pract. **5** (2) (1975) 24–30.

[74] PRIESTER, W. A.; MANTEL, N.: Occurrence of tumors in domestic animals. Data from 12 United States and Canadian colleges of veterinary medicine. J. Natl. Cancer Ints. **47** (1971) 1333–1344.

[75] QUIGLEY, P. J.; LEEDALE, A.: Carcinoma of mandible of cat and dog simulating osteosarcoma. J. Comp. Pathol. **82** (1972) 15–18.

[76] QUIGLEY, P. J.; LEEDALE, A. H.: Tumors involving bone in the domestic cat: A review of fiftyeight cases. Vet. Pathol. **20** (1983) 670–686.

[77] REINACHER, M.: Infektionen mit dem Felinen Leukämie-Virus (FeLV) bei sezierten Katzen. Kleintierpraxis **32** (1987) 65–72.

[78] REINACHER, M.: Populationsstudien zur Katzenleukämie unter virologischen und pathologischen Aspekten. Referatesammlung Fa. Norden Laboratories GmbH 1988.

[79] RICKARD, C. G.; POOST, J. E.; NORONHA, F.; BARR, L. M.: A transmissible virus-induced lymphocytic leukemia of the cat. J. Natl. Cancer Inst. **42** (1969) 987–1014.

[80] RÖCKEN, F. E. jun.; HOFMEISTER, R.: Metastasierendes Adenokarzinom der Lunge mit nicht-respiratorischer Symptomatik bei einer Katze. Kleintierpraxis **33** (1988) 477–481.

[81] SANDERSLEBEN J. von, HÄNICHEN, T.: Tumours of the thyroid gland. Bull. WHO **50** (1974) 35–42.

[82] SCHÄFFER, E.: Histologische Klassifizierung epithelialer Hauttumoren bei Hund und Katze. Inaug. Diss. Tierärztl. Fak., München, 1967.

[83] SCHALM, O. W.: Progression of a myeloproliferative disorder in the cat. Feline Pract. **8** (1978) 14–17.

[84] SCHIEFER, B.; DAHME, E.: Primäre Geschwülste des ZNS bei Tieren. Acta Neuropathol. **2** (1962) 202–212.

[85] SCHULTE, A.: Neoplasien im Ohr der Katze. Kleintierpraxis **33** (1988) 407–414.

[86] SCHULZE-SCHLEITHOFF, N.; OPITZ, M.: Intraokuläres, metastasierendes, pigmentarmes Melanom bei einer Hauskatze. Kleintierpraxis **28** (1983) 215–218.

[87] STANNARD, A. A.; PULLEY, L. T.: Tumors of the skin and soft tissues. In Moulton, J. E. (ed): Tumors in Domestic Animals, 2nd ed. Berkeley, University of California Press, 1978.

[88] STEBBINS, K. E.; MORSE, C. C.; GOLDSCHMIDT, M. H.: Feline oral neoplasia. A ten-year-survey. Vet. Pathol. **26** (1989) 121–128.

[89] STEPHENS, L. C.; TSAI, C. C.; RAULSTON, G. L.; JARDINE, J. H.; MacKENZIE, W. F.: Virus-associated liposarcoma and malignant lymphoma in a kitten. J. Am. Vet. Med. Assoc. **183** (1983) 123–125.

[90] STIEGLMAIR, HERB, M. T.; Hauttumoren bei Katzen – eine retrospektive Studie. Tierärztl. Umschau **42** (1987) 681–688.

[91] STÜNZI, H.; HEAD, K. W.; NIELSEN, S. W.: Tumours of the lung. Bull. WHO **50** (1974) 9–19.

[92] STÜNZI, H.; HÖFLINGER, H.: Das Adenom der Bronchialdrüsen beim Haustier. Schweiz. Arch. Tierheilk. **117** (1975) 599–604.

[93] SZYMANSKY, C.: The eye in: Holzworth, J.; Diseases of the cat. Vol. I, Saunders, Philadelphia 1987.

[94] THEILEN, G. H.; MADEWELL, B. R.: Veterinary cancer medicine. 2. Ausgabe, Lea und Febiger, Philadelphia 1987.

[95] TOTH, S. R.; ONIONS, D. E.; JARRETT, O.: Histopathological and hematological findings in myeloid leukemia induced by new feline leukemia virus isolate. Vet. Pathol. **23** (1986) 462–470.

[96] TURREL, J. M.; POOL, R. R.: Primary bone tumors in the cat: A retro-spective study of 15 cats and a literature review. Vet. Radiol. **23** (1982) 152–166.

[97] TURREL, J. M.; FELDMANN, E. C.; HAYS, M.; HORNOF, W. J.: Radiographic iodine therapy in cats with hyperthyroidism. J. Am. Vet. Med. Assoc. **184** (1984) 554–559.

[98] VASSEUR, P. B.; PATNAIK, A. K.: Laryngeal adenocarcinoma in a cat. J. Am. Anim. Hosp. Assoc. **17** (1981) 639–641.

[99] VOSS, J. H.; GOLDEGEBUURE, S. A.; BRONDIEK, G. M.: A feline dental tumor resembling calcifying epithelial odontogenic tumor in man. Vet. Pathol. **22** (1985) 508–510.

[100] WALZL, H.; HUNYADA, G.: Ein Fall von multipler adenomatöser Bronchialdrüsenhyperplasie bei der Katze. Berl. Münch. Tierärztl. Wochenschr. **80** (1967) 271–273.

[101] WEIJER, K.; HEAD, K. W.; MISDORP, W.; HAMPE, J. F.: Feline malignant mammary tumors. I. Morphology and biology: Some comparisons with human and canine mammary carcinomas. J. Natl. Cancer Inst. **49** (1972) 1697–1704.

[102] WEISS, E.: Geschlechtsorgane in: Dahme, E., Weiss, E.: Grundriß der speziellen pathologischen Anatomie der Haustiere. 4. Aufl. Ferdinand Enke Verlag Stuttgart 1988.

[103] WEISS, E.; FRESE, K.: Tumours of the skin. Bull. WHO **50** (1974) 79–100.

[104] WHEELDON, E. B.; AMIS, T. C.; Laryngeal carcinoma in a cat. J. Am. Vet. Med. Assoc. **186** (1985) 80–81.

[105] WHITEHEAD, J. E.: Neoplasia in the cat. Vet. Med. Small Anim. Clin. **62** (1967) 44–45, 357–358.

[106] WILCOCK, B. P.; YAGER, J. A.; ZINK, M. C.: The morphology and behaviour of feline cutaneous mastocytomas. Vet. Pathol. **23** (1986) 320–324.

[107] WILKINSON, G. T.: Diseases of the Cat. Oxford, Pergamon Press, 1966.

[108] WILKINSON, G. T.: Chronic papillomatous oesophagitis in a young cat. Vet. Rec. **87** (1970) 355–356.

[109] WIMBERLEY, H. C.; LEWIS, R. M.: Transitional cell carcinoma in the domestic cat. Vet. Pathol. **16** (1979) 223–228.

[110] ZAKI, F. A.; HURVITZ, A. I.: Spontaneous neoplasms of the central nervous system of the cat. J. Small Anim. Pract. **17** (1976) 773–782.

[111] MacVEAN, D. W.; MONLUX, A. W.; ANDERSON, P. S. jr.; SILBERG, S. L.; ROSSEL, J. F.: Frequency of canine and feline tumors in a defired population. Vet. Pathol. **15** (1978) 700–715.

[112] ACLAND, G. M.; McLEAN, I. W.; AGUIRRE, G. D.; TRUCKA, R.: Diffuse iris melanoma in cats. J. Am. Vet. Med. Assoc. **176** (1980) 52–56.

[113] BELLHORN, R. W.; HENKIND, P.: Intraocular malignant melanoma in domestic cats. J. Small Anim. Pract. **10** (1970) 631–637.

[114] SCHÄFFER, E.: Auge in: Dahme, E., Weiss, E.: Grundriß der speziellen pathologischen Anatomie der Haustiere. 4. Auflage, Enke Verlag Stuttgart 1988.

[115] NIELSEN, S. W.; MISDORP, W.; McENTEE, K.: Tumours of the ovary. Bull. WHO **53** (1976) 203–216.

[116] MEIER, H.: Carcinoma of the uterus in the cat: Two cases. Cornell. Vet. 46 (1956a) 188–200.

[117] WEIJER, K.; HART, A. A. M.: Prognostic factors in feline mammary carcinoma. J. Natl. Cancer Inst. **70** (1983) 709–716.

[118] SCHWARZ, P. D.; GREENE, R. W.; PATNAIK, A. K.: Urinary bladder tumor in the cat: A review of 27 cases. J. Am. Anim. Hosp. Assoc. **21** (1985) 237–245.

[119] STOOKEY, J. L.; DILL, G. S. jr.; WHITNEY, G. D.: Ceruminal gland neoplasia in the cat. J. Am. Med. Vet. Assoc. **159** (1971) 326.

[120] SCHMIDT, R. E.; LANGHAM, R. F.: A survey of feline neoplasms. J. Am. Vet. Med. Assoc. **151** (1967) 1325–1328.

[121] TURK, M. A. M.; GALLINA, A. M.; RUSSEL, T. S.: Nonhematopoetic gastrointestinal neoplasia in cats: a retrospective study of 44 cases. Vet. Pathol. **18** (1981) 614–620.

[122] WHITE R. A. S.: Manual of Small Animal Oncology BSAVA, 1991.

[123] HENDRICK, M. M.; GOLDSCHMIDT, M. H.; SHOVER, F. S., et al.: Postvaccinal sarcomas in the cat: epidemilogic and electron probe microanalytical identification of aluminium. Cancer Res. **52** (1992) 5391–5394.

[124] HENRICK, M. J.; DUNAGAM, C. A.: Focal necroticing granulomatous panniculitis associated with subcutaneous injection of rabies vaccine in cats and dogs: 10 cases (1988 bis 1989). J. AM. Vet. Med. Assoc. **198** (1991) 304–305.

[125] HENDRICK, M. J.; KASS, H. P.; McGILL, L. D.; TICART, I. R.: Postvaccinal sarcomas in cats. J. Nat. Cancer Inst. **86** (1994) 341–343.

Onkologie

Von J. Hirschberger

Raum für Notizen

Onkologie

Mit dem zunehmenden Erfolg der onkologischen Therapie in der Humanmedizin wird die Frage nach einer Tumorbehandlung bei unseren Haustieren immer häufiger an den Tierarzt herangetragen. Kenntnisse auf dem Gebiet der allgemeinen und speziellen Onkologie sind für den Kleintierpraktiker heute unabdingbar.

Biopsie

Grundlage jeder Tumortherapie ist die exakte Diagnose des Tumors anhand einer histologischen oder zytologischen Untersuchung. Die Tumorart und die klinischen Befunde entscheiden über die Therapierbarkeit des Tumors und die therapeutischen Möglichkeiten wie Exzision, Bestrahlung oder Chemotherapie. Des weiteren ist das Maß der Exzision zu bestimmen. Manche Sarkome und Mastzelltumoren neigen zu Rezidiven und sollten mit einer weiträumigen Schnittführung entfernt werden. Dies kann eine erhebliche Beeinträchtigung des Patienten darstellen, wenn z. B. Kiefertumoren oder Tumoren an den Akren vorliegen. Die Indikation zu einer radikalen Operation kann nur anhand einer bioptisch gesicherten Diagnose gestellt werden.

Eine Biopsienahme kann nur in Einzelfällen vor einer operativen Tumorentfernung unterbleiben. Zum einen handelt es sich dabei um offensichtlich gutartige Hauttumoren, die leicht zu exzidieren sind, zum anderen um solche, deren Therapie unabhängig von der Tumorart ist. Letztes betrifft z. B. solitäre Lungentumoren und Milztumoren, bei denen eine Lobektomie bzw. Splenektomie durchgeführt werden kann. Jede Umfangsvermehrung, die exstirpiert wurde, ist histologisch zu untersuchen. [1, 2]

Die Prognose ist für die Beratung des Besitzers von entscheidender Bedeutung. Einschneidende Maßnahmen, wie Amputationen, wird er vielfach nur bei einer guten Prognose befürworten. Eine realistische Prognose muß auf einer sicheren Diagnose beruhen. Der Empfehlung einer Probennahme wird oftmals die Angst vor einer Metastasierung des Tumors infolge der Biopsienahme entgegengesetzt. Die unterlassene frühzeitige Diagnose eines Tumors gefährdet den Patienten jedoch mehr als eine eventuelle Förderung der Tumormetastasierung durch die Biopsie. Die korrekte Biopsienahme hat keinen negativen Einfluß auf die Überlebenszeit des Patienten, auch wenn Abschwemmungen von Tumorzellen in den Gefäßen festgestellt werden können. Tumorzellen werden durch den Stichweg der Biopsienahme verschleppt. Der Stichweg sollte daher immer so gewählt werden, daß bei nachgewiesener Malignität des Tumors der Stichweg mit exzidiert werden kann. Die Punktion innerer Organe birgt immer die Gefahr der Verschleppung von Tumorzellen in die großen Körperhöhlen hinein, in denen eine Ausbreitung leicht möglich ist. Diese Gefahr ist vor der Biopsienahme abzuwägen.

Die drei gebräuchlichen Methoden der Biopsie sind Stanzbiopsie (Tru-cut®-Stanze), Feinnadelaspiration (Abb. 1) oder Exzisionsbiopsie. Exzisionsbiopsien an Akren sind, um eine primäre Wundheilung zu erleichtern, mit longitudinaler Schnittführung zu nehmen. Elektrokauter zerstören das Gewebe und sind daher nur zur Blutstillung und nicht zur Schnittführung einzusetzen. Das entnommene Tumormaterial sollte umfangreich sein und nach Möglichkeit die Ränder zum Gesunden mit einschließen. Bestimmte Exzisionsränder können mit Fäden oder Farbstoff markiert werden, so daß der Pathologe diese Biopsie auf die „Exzision im Gesunden" untersuchen kann. [3] Die Gewebeprobe wird in 10 %igem Formalin fixiert. Das Verhältnis Probenmenge zu Formalinmenge sollte 1:10 betragen. Um eine schnelle Fixierung des Materials zu gewährleisten darf die Probengröße 1 cm nicht überschreiten.

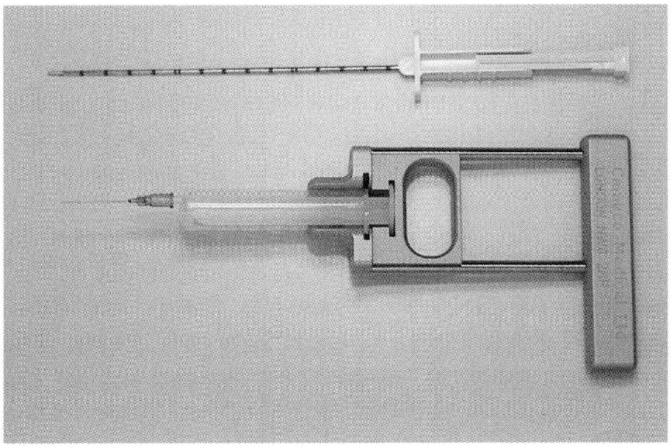

Abb. 1: Tru-cut®-Stanze zur Biopsie von Tumoren mit mindestens 1 cm Durchmesser. Spritze, Kanüle und Aspirationshilfe zur Feinnadelaspiration.

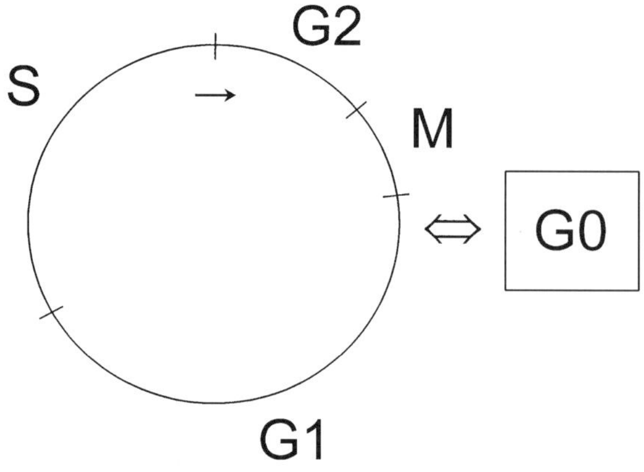

Abb. 2: Ablauf des Zellzyklus. Proliferierende Zellen in den Zyklusphasen G1, S, G2 und M. Ruhende Zellen in der G0-Phase.

Tumorwachstum

Tumoren befinden sich noch vor ihrer klinischen Erkennbarkeit in der Phase des schnellsten Wachstums. Entsprechend der Gompertz-Wachstumskurve verlangsamt sich das Tumorwachstum mit zunehmender Tumorgröße infolge von Hypoxie und Nährstoffmangel. Die früheste klinische Erkennbarkeit liegt bei einer Tumormasse von 1 g. Das entspricht einer Zellzahl von 10^9 Zellen und 30 Verdopplungen. Nach ungefähr 10 weiteren Verdopplungen besteht eine Tumormasse von 1 kg und 10^{12} Zellen. Eine Chemotherapie, die ihren Ansatz bei wachsenden Zellen nimmt, hat also frühzeitig einzusetzen, noch während sich die Zellen in der anfänglichen schnellen Wachstumsphase befinden. Eine chirurgische Tumorreduktion bedeutet einen Rückschritt auf der Gompertz-Wachstumskurve. Kleinere Tumoren, Metastasen, befinden sich noch in der schnellen exponentiellen Wachstumsphase und können chemotherapeutisch mit mehr Erfolg erreicht werden. [4]

Die Zellproliferation wird in fünf Phasen eingeteilt, die den Zellzyklus bilden. Die Kenntnis des Zellzyklus ist für das Verständnis der chemotherapeutischen Wirkmechanismen von Bedeutung. Die M-Phase ist die Zeit der Zellteilung, Mitose (Abb. 2). Ihr folgt die präsynthetische G1-Phase. In der S-Phase findet die DNA-Synthese statt. Die postsynthetische G2-Phase liegt zwischen S- und M-Phase. Die G0-Phase, auch als Ruhephase bezeichnet, ist die Funktionsphase von Parenchymzellen. Hämatopoetische Stammzellen befinden sich z. T. in der G0-Phase. Aus dieser Ruhephase heraus können die Zellen auf einen Stimulus hin wieder in den Zellzyklus eintreten. [5]

Grundlagen der Chemotherapie

Eine Chemotherapie kann adjuvant (adiuvare = unterstützen, helfen), kurativ (curare = heilen) oder palliativ (palliare = mit einem Mantel bedecken) durchgeführt werden.

Adjuvante und neoadjuvante Chemotherapie

Die adjuvante Chemotherapie wird im Zusammenhang mit einer Tumorexzision postoperativ zur Verlängerung der Überlebenszeit des Patienten eingesetzt. Insbesondere bei der Behandlung mancher Sarkome kommt ihr eine entscheidende lebensverlängernde Bedeutung zu. Geht der Operation eine Chemotherapie voraus, so wird diese als neoadjuvant bezeichnet. Ihr Ziel ist die lokale Tumorreduktion zur späteren radikalen Operation und die Bekämpfung einer Mikrometastasierung.

Kurative zytostatische Chemotherapie

Die kurative zytostatische Chemotherapie hat eine Heilung oder lang anhaltende komplette Tumorrückbildung zum Ziel. Um dieses Ziel zu erreichen wird dem Patienten auch ein hohes Maß an Toxizität der applizierten Medikamente zugemutet.

Palliative zytostatische Chemotherapie

Wenn keine vertretbare Chance auf Heilung besteht, wird die Intensität der Chemotherapie soweit reduziert, daß die Nebenwirkungen tolerabel bleiben. Die palliative Therapie soll eine Verbesserung der Lebensqualität durch Linderung von Schmerzen, Atemnot und anderen tumorbedingten Symptomen bewirken. Die Toxizität jedes einzelnen Medikamentes ist im Verhältnis zur Wirksamkeit abzuwägen.

Indikationen zur Chemotherapie

Bestimmte Tumoren sind allein chemotherapeutisch anzugehen. Dazu gehören maligne Lymphome, Leukämien und Myelome. Eine adjuvante Chemotherapie ist bei nicht resezierbaren Tumormetastasen, nach der Exzision von Tumoren mit einer hohen Metastasierungsrate, Hämangioendotheliomen, und nicht resezierbaren Primärtumoren, z. B. nasalen Karzinomen, einzuleiten. Eine Chemotherapie kann auch zum Zurückdrängen der Erscheinungen eines paraneoplastischen Syndroms bei nicht resezierbaren Tumoren erforderlich sein.

Dosierung

Bei alkylierenden Substanzen, z. B. Cyclophosphamid und Chlorambucil, besteht ein exponentieller Zusammenhang zwischen Zelltod und Medikamen-

Abb. 3: Tumorzellzerstörung und -nachwachsen unter einer stoßweise verabreichten zytostatischen Chemotherapie.

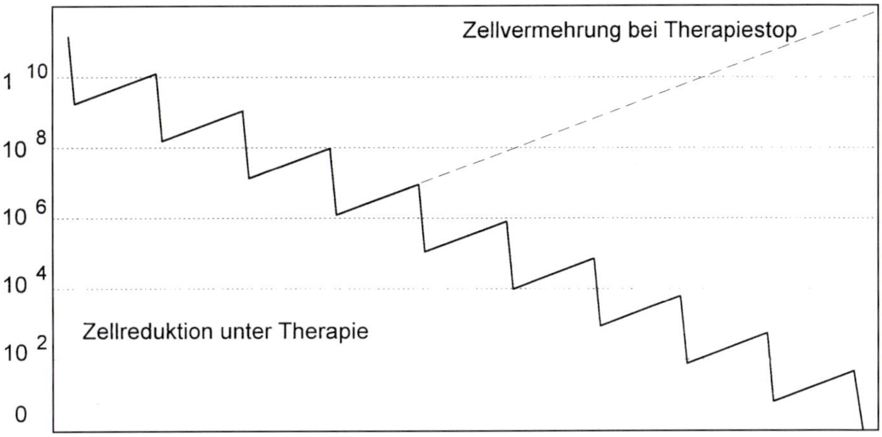

tendosis. Mit einer bestimmten Dosis kann ein bestimmter Anteil der Tumorzellen abgetötet werden. Mit keiner Dosis sind alle Tumorzellen zu erreichen. Eine effektive Dosis reicht meist an den toxischen Bereich heran. Zu einer erfolgreichen Therapie sind immer mehrere Dosen notwendig (Abb. 3). [4] Kleine Dosisänderungen (±20 %) bewirken eine hochgradige Veränderung der Zellüberlebensrate.

Die Dosierung von Chemotherapeutika richtet sich in der Regel nach der Körperoberfläche. Lediglich Doxorubicin und Melphalan können nach Ansicht mancher Autoren besser nach der Körpermasse kalkuliert werden. Diese Besonderheit hängt mit der Metabolisation und der Exkretion zusammen. Bei der Dosierung dieser Medikamente nach der Körperoberfläche können bei kleinen Tieren Überdosierungen vorkommen. [6, 7] Die Körperoberfläche kann anhand der Körpermasse mit nachfolgender Formel berechnet werden. Bei Hunden wird anstelle des Faktors 10,0 der Faktor 10,1 eingesetzt. [8] Gebräuchlich ist die Verwendung einer Tabelle (Tab. 1). [9]

$$\text{Körperoberfläche (m}^2\text{)} \quad \frac{10{,}0 \cdot (\text{Körpermasse [g]})^{2/3}}{10^4}$$

Manche Chemotherapeutika, die parenteral verabreicht werden müssen und gewebsreizend sind, können nur mit besonderer Vorsicht intravenös gegeben werden. Alle möglichen Vorsichtsmaßnahmen zur Vermeidung einer paravenösen Injektion sind zu treffen. Doxorubicin, Vincristin, Vinblastin, Actinomycin D und Cisplatin gehören in diese Rubrik. Empfehlenswert ist das Anlegen einer Infusion physiologischer Kochsalzlösung. Nach Kontrolle des richtigen Sitzes der Infusion durch Venenstauung und Blutrückfluß kann das Chemotherapeutikum in den Infusionsschlauch gegeben werden. Die Venenwand und die Einstichstelle kommen auf diese Weise nicht mit dem konzentrierten Medikament in Kontakt. Die orale Applikation von Chemotherapeutika ist wenn möglich vorzuziehen. Sie kann vom Tierhalter zuhause vorgenommen werden. Der Tierhalter muß über mögliche Gefahren für seine Gesundheit und die anderer Personen im Haushalt, insbesondere von Kindern und Schwangeren, aufgeklärt werden.

Myelosuppressive Chemotherapeutika führen oftmals nach zwei bis sieben Tagen zu einer Neutropenie und später zur Thrombozytopenie (Tab. 2). Wird

Tabelle 1: Umrechnungstabelle zur Konvertierung der Körpermasse [kg] in die Körperoberfläche [m²].

kg	m^2
2,0	0,159
2,5	0,184
3,0	0,208
3,5	0,231
4,0	0,252
4,5	0,273
5,0	0,292
5,5	0,311
6,0	0,330
6,5	0,348
7,0	0,366
7,5	0,383
8,0	0,400
8,5	0,416
9,0	0,432
9,5	0,449
10,0	0,464

Tabelle 2: Grad der Myelosuppression gebräuchlicher zytostatischer Chemotherapeutika. [6, 11]

hochgradig myelosuppressiv	mittelgradig myelosuppressiv	geringgradig myelosuppressiv
Doxorubicin	Melphalan	L-Asparaginase*
Vinblastin	Chlorambucil	Vincristin*
Cyclophosphamid	Methotrexat	Bleomycin
Actinomycin D		Kortikosteroide
Carboplatin		

* bei gemeinsamer Applikation stärkere Myelosuppression

zu diesem Zeitpunkt wieder ein myelosuppressives Chemotherapeutikum verabreicht, ist die Kontrolle der Konzentration neutrophiler Granulozyten und der Thrombozytenzahl notwendig. Bei einer Konzentration von weniger als 3000 neutrophilen Granulozyten/µl oder weniger als 100 000 Thrombozyten/µl ist die weitere Applikation myelosuppressiver Medikamente um drei bis vier Tage bis zum Anstieg der Granulozyten- und Thrombozytenkonzentration zu verschieben. Eine Neutropenie von weniger als 1500 Zellen/µl oder eine Thrombozytopenie von weniger als 60 000 Thrombozyten/µl geben darüber hinaus Anlaß zu einer Reduktion der Dosis bei der nächsten Verabreichung des auslösenden Pharmakons um 20 %. [10, 11] Ansonsten sind die zytostatischen Chemotherapeutika immer voll auszudosieren und in den vorgeschriebenen Zeitintervallen zu verabreichen, sofern keine anderen Nebenwirkungen wie z. B. periphere Neurotoxizität des Vincristin oder hochgradige gastrointestinale Störungen nach Doxorubicin- oder Methotrexatgabe dem entgegenstehen.

Die Dosis von Chemotherapeutika liegt zumeist so nahe an der toxischen Grenze, daß Rechenfehler bei der Dosisermittlung dringend vermieden werden müssen. Zur Absicherung können für die in der eigenen Praxis verwandten antineoplastischen Medikamente zu beispielsweise drei Gewichtsgruppen, 4 kg, 11 kg und 31 kg, die 0,25 m², 0,50 m² bzw. 1,00 m² Körperoberfläche entsprechen, die Dosis in Wirkstoffmenge und Injektionsvolumen errechnet und notiert werden. Vor der Applikation eines Chemotherapeutikums sollte die individuell kalkulierte Dosis mit diesen Notizen verglichen werden.

Organdysfunktionen und Dosierung

Metabolismus und Elimination der Chemotherapeutika können durch Störungen der Organfunktionen z. T. erheblich beeinflußt werden. Bei folgenden Wirkstoffen ist auf Leber- oder Nierendysfunktionen zu achten:

Leber	Doxorubicin
	Cyclophosphamid
	Vincristin
	Vinblastin
Niere	Cyclophosphamid
	Methotrexat
	Carboplatin

Leberdysfunktionen mit einer Hyperbilirubinämie von mehr als 1,5 mg/dl sollten zu einer Dosisreduktion der betreffenden Medikamente von 50 % Anlaß geben. Einschränkungen der Kreatinin-Clearance auf weniger als 25 ml/min/m² machen eine Einschränkung der Cyclophosphamiddosis um 50–70 % erforderlich. Die Dosisreduktion von Carboplatin und Methotrexat hat proportional zur Kreatinin-Clearance zu erfolgen. [6]

Handhabung antineoplastischer Medikamente

Zytostatische Chemotherapeutika sind immer mit größter Sorgfalt zu handhaben. Jeglicher Kontakt dieser Substanzen mit der Haut ist zu vermeiden. Auch alle Einrichtungsgegenstände sollten vor dem Kontakt geschützt werden. Die Arbeitsfläche ist mit einer gummierten Zellstoffdecke abzudecken. Die Hände sind durch ein doppeltes Paar Latex-Handschuhe zu schützen. Ein einzelner undichter Latex-Handschuh würde bei Kontakt mit einer Flüssigkeit diese durch Kapillarkraft aufsaugen und auf der Haut verteilen. Das Tragen einer Schutzbrille ist dringend erforderlich. Müssen Lyophilisate gelöst werden, ist auf Druckausgleich in der Medikamentenflaschen zu achten. Luer-Lock-Verbindungen garantieren eine feste Verbindung von Spritze und Kanüle. Der Abfall ist so zu beseitigen, daß eine Verletzung durch Kanülen oder Glas ausgeschlossen ist und keine Flüssigkeit oder Dämpfe in die Umgebung gelangen können.

Der sachkundige Tierarzt ist in besonderem Maße für den Schutz seiner Mitarbeiter und der Tierhalter verantwortlich. Zur Beseitigung von Körperflüssigkeiten chemotherapierter Patienten sollte der Tierhalter Latex-Handschuhe tragen. Tabletten darf der Tierhalter nicht durchbrechen. Vom Tierarzt zerteilte Tabletten sind mit Handschuhen anzufassen. Der Tierhalter hat sich davon zu überzeugen, daß oral verabreichte Medikamente auch tatsächlich vom Tier abgeschluckt werden. Die abzugebenden Arzneimittel sind entsprechend den gesetzlichen Vorschriften ausführlich zu kennzeichnen. Wenn Schwangere Umgang mit dem Patienten haben, sollte die Chemotherapie überdacht werden. Der Tierarzt ist gehalten, dem Tierhalter diese Verhaltensmaßregeln nicht allein mündlich, sondern auch schriftlich mitzuteilen.

Zytostatische Therapie

Eine Chemotherapie kann im Gegensatz zu operativen Maßnahmen und Strahlentherapie nur proliferierende Zellen erfassen. Die Beseitigung aller Tumorzellen mit einer einzelnen Behandlung ist nicht möglich. Die Behandlung muß theoretisch solange erfolgen, bis alle Zellen den Zellteilungszyklus einmal durchlaufen haben und durch die Zytostatika letal geschädigt wurden. [12] Alkylanzien und zytostatisch angewandte Antibiotika wirken phasenunspezifisch in allen Zyklusphasen und beeinflussen die DNA. Vincaalkaloide blockieren die Ausbildung des Spindelapparates in oder kurz vor der M-Phase (Mitosephase). Antimetaboliten hemmen spezifisch in der S-Phase (Synthesephase) Schlüsselenzyme der DNA-Synthese (Tab. 3).

Eine **Remission** liegt vor, wenn alle klinischen Erscheinungen eines Tumors vollständig verschwunden sind. Bei der **Intensivierung** einer Therapie werden Chemotherapeutika mit einem anderen Wirkungsmechanismus eingesetzt. Eine **Erhaltungstherapie** dient der Fortführung der Chemotherapie nach erfolgter Remission. Die Erhaltungstherapie hat hauptsächlich bei hämatopoetischen Tumoren Bedeutung. Sie ist weniger toxisch und aufwendig.

Alkylierende Pharmaka

Cyclophosphamid

Dosis: 50 mg/m^2 alle 2 Tage oder wöchentlich an 4 aufeinanderfolgenden Tagen; 250 mg/m^2 alle 3 Wochen

Applikation: oral oder i. v.

Haltbarkeit: Lösung 24 Stunden bei Raumtemperatur, 6 Tage im Kühlschrank

Wirkungsmechanismus: Metaboliten des Cyclophosphamid wirken als Alkylans. DNA-Replikation, RNA-Transskription und -Replikation werden unterbunden, Phasen-unspezifisch

Toxizität: Myelosuppression (Nadir 7–14 Tage), Gastroenterocolitis, Vomitus, Diarrhoe, Schwindel, Alopezie, sterile hämorrhagische Zystitis, Harnblasentumoren.

Indikation: malignes Lymphom, [13, 14, 15] lymphatische Leukämie, Mammakarzinom (+ Doxorubicin) [16]

Chlorambucil

Dosis: 2 mg/m^2 jeden 2. Tag; 20 mg/m^2 jede 2. Woche

Applikation: oral

Wirkungsmechanismus: Alkylans s. o., Phasen-unspezifisch

Toxizität: wenig myelosuppressiv, Alopezie, weniger toxisch als Cyclophosphamid

Indikation: Chronische lymphatische Leukämie, [17] Ersatz für Cyclophosphamid bei steriler hämorrhagischer Zystitis

Melphalan

Dosis: 0,1 mg/kg täglich für 10 Tage, dann 0,05 mg/kg; [6] 2 mg/m^2 jeden 2. Tag [17]

Applikation: oral, i. v.

Haltbarkeit: Lösung 60 min

Wirkungsmechanismus: Alkylans s. o., Phasen-unspezifisch

Toxizität: siehe Cyclophosphamid

Indikation: chronische lymphatische Leukämie, [17] multiples Myelom [18]

Busulfan

Dosis: 3–4 mg/m^2 täglich bis Leukozytenzahl auf 15 000/µl auf abgesunken [19]

Applikation: oral

Wirkungsmechanismus: Alkylans s. o., primär gegen Granulozyten, Phasen-unspezifisch

Toxizität: Myelosuppression (Nadir nach 11–30 Tagen)

Indikation: chronische myeloische Leukämie, Polyzythämie [6]

Antibiotika

Doxorubicin

Dosis: 1 mg/kg alle 3 Wochen; [11] 20–30 mg/m^2 alle 3–4 Wochen [20]

Applikation: streng i. v. über mindestens 30 min, zuvor Prednisolon und Diphenhydramin

Haltbarkeit: kommerzielle Lösung 18 Monate bei 2–8 °C, gelöstes Lyophilisat nur 48 Stunden bei 2–8 °C

Wirkungsmechanismus: Interkalation (liegt zwischen DNA-Strängen), interferiert mit DNA- und RNA- und Protein-Synthese, Phasen-unspezifisch

Tabelle 3: Dosierung, Toxizität und Indikation zytostatischer Chemotherapeutika bei der Katze.

Wirkstoff	Dosierung	Toxizität	Indikation
Alkylanzien hemmen Zellteilung durch Verknüpfung der DNA-Stränge, Phasen-unspezifisch			
Cyclophosphamid	250 mg/m^2 alle 3 Wochen; 50 mg/m^2 jeden 2. Tag oder an 4 aufeinanderfolgenden Tagen	Myelosuppression, gastrointestinale Toxizität, Alopezie, sterile hämorrhagische Zystitis	Lymphome, Sarkome, Mammakarzinom
Chlorambucil	2 mg/m^2 jeden 2. Tag; 20 mg/m^2 jede 2. Woche	wenig myelosuppressiv, Alopezie, weniger toxisch als Cyclophosphamid	chronische lymphatische Leukämie, Ersatz für Cyclophosphamid bei steriler hämorrhagischer Zystitis
Melphalan	0,1 mg/kg täglich für 10 Tage, dann 0,05 mg/kg; 2 mg/m^2 jeden 2. Tag	Myelosuppression, gastrointestinale Toxizität, Alopezie	chronische lymphatische Leukämie, multiples Myelom
Busulfan	3–4 mg/m^2 täglich bis Leukozytenzahl 15000/µl erreicht	Myelosuppression	chronische myeloische Leukämie, Polyzythämie
Antibiotika Interkalation, Phasen-unspezifisch			
Doxorubicin	1 mg/kg über 30 min i. v. alle 3 Wochen; 20–30 mg/m^2 alle 3–4 Wochen; zur Schockprophylaxe Prednisolon ± Diphenhydramin zuvor i. v.	Myelosuppression, akute und kumulative Kardiotoxizität (kumulative Dosis 240 mg/m^2), Alopezie, Gastroenteritis, Stomatitis, Hypersensitivität vom Soforttyp durch direkte Auslösung einer Mastzelldegranulation, Nephrotoxizität (kumulative Dosis 80 mg/m^2), Gewebstoxizität	malignes Lymphom, lymphatische Leukämie, Karzinome, Sarkome, Myelome
Idarubicin	0,20 mg/kg an Tagen 1, 2 und 3 alle 3 Wochen; 2 mg/Katze	Myelosuppression, Gastroenteritis, Verlust der Schnurrhaare	malignes Lymphom
Actinomycin D	0,7 mg/m^2 alle 7 Tage; 0,5–0,9 mg/m^2 i. v. über 20 min alle 3 Wochen	Myelosuppression, ulzerative Gastroenteritis, Stomatitis, Hepatotoxizität, Gewebstoxizität	maligne Lymphome, Knochen- und Weichteilsarkome, malignes Melanom
Mitoxantron	6,5 mg/m^2 i. v. über 3 min alle 2–3 Wochen	Myelosuppression (Nadir 10 Tage), Alopezie, Gastroenteritis	mittelgradige Effektivität bei malignen Lymphomen, Plattenepithelkarzinomen, Harnblasenkarzinomen, Mammakarzinomen, Weichteilsarkomen
Bleomycin	0,3–0,5 U/kg wöchentlich	Lungenfibrose bei Mensch und Hund (kumulative Dosis 125–200 mg/m^2)	Plattenepithelkarzinom

Vinca-Alkaloide hemmen Spindelapparat in Mitose, M-Phasen-spezifisch			
Vincristin	0,50–0,75 mg/m^2 wöchentlich	Gewebstoxizität, periphere Neurotoxizität, selten und milde Myelosuppression, Hepatopathie, inadäquate ADH-Sekretion, Kieferschmerzen, Alopezie, Stomatitis, Krämpfe	malignes Lymphom, Mastzelltumoren, Karzinome, Sarkome
Vinblastin	2 mg/m2 alle 1–2 Wochen	Myelosuppression, Gastroenteritis, Gewebstoxizität, periphere Neurotoxizität (weniger als Vincristin)	malignes Lymphom, Mastzelltumoren
Antimetaboliten hemmen Enzyme der DNA-Synthese, S-Phasen-spezifisch			
Methotrexat	2,5–5 mg/m^2 oral 2-3mal wöchentlich (malignes Lymphom); 10–15 mg/m^2 alle 1–3 Wochen (Karzinome und Sarkome); 0,3–0,8 mg/m^2 i. v. alle 7 Tage; 0,8 mg/kg i. v. am Tag 14 eines Lymphomprotokolls	Gastrointestinale Toxizität, Myelosuppression, Hepatopathie, Nierentubulusnekrose, Alopezie, Lungenfibrose	malignes Lymphom, lymphatische Leukämie, Karzinome, Sarkome (Osteosarkom)
Cytarabin	100 mg/m^2 täglich 2–4 Tage; 10 mg/m^2 täglich über 2 Wochen	Myelosuppression, gastrointestinale Toxizität	malignes Lymphom
5-Fluorouracil	kontraindiziert bei Katzen	extreme Neurotoxizität	
Hormone			
Prednisolon	30 mg/m^2 täglich über 4 Wochen, dann 15 mg/m^2 täglich über 3 Wochen, dann alle 2 Tage; 1 mg/kg täglich über 4 Wochen, dann jeden 2. Tag;	iatrogenes Cushing-Syndrom	malignes Lymphom, lymphatische Leukämie, Mastzelltumoren
Enzyme			
L-Asparaginase	400 IU/kg wöchentlich; 10000 IU/m^2 alle 1–3 Wochen	Hypersensitivität besonders nach Sensibilisierung und i. v.-Gabe, hämorrhagische Pankreatitis, gastrointestinale Störungen, Hepatotoxizität, Koagulopathien, milde Myelosuppression	malignes Lymphom, lymphoblastische Leukämie
Verschiedenes			
Cisplatin	kontraindiziert bei Katzen	hochgradige Lungentoxizität	
Carboplatin	150 mg/m^2 alle 3 Wochen (versuchsweise)	Myelosuppression	Karzinome, Sarkome (kaum Erfahrungen)
Hydroxyurea	25 mg/kg 3mal wöchentlich; nur Polyzythämie: 30 mg/kg täglich über eine Woche, dann 15 mg/kg täglich bis zur Remission, dann entsprechend Hämatokritkontrolle	Myelosuppression, gastrointestinale Toxizität, Stomatitis, Krallenverlust, Alopezie, Dysurie	Polyzythämie, chronische granulozytäre Leukämie

Toxizität: Myelosuppression (Nadir 7–10 Tage), Kardiotoxizität, Alopezie, Gastroenteritis, Stomatitis, Hypersensitivität vom Soforttyp durch direkte Auslösung einer Mastzelldegranulation (Urtikaria, Kopfschwellung, Vomitus, Arrhythmie, Hypotension), Nephrotoxizität (kumulative Dosis 80 mg/m^2), [11] Gewebstoxizität;
akute Kardiotoxizität (sofort oder nach Stunden) Arrhythmie. Herzstillstand;
kumulative Kardiotoxizität (maximale kumulative Dosis 240 mg/m^2) dilatative Kardiomyopathie mit Kongestionen [21]
Indikation: malignes Lymphom, lymphatische Leukämie, Karzinome, Sarkome, Myelome [11, 22]

Idarubicin

Dosis: 0,20 mg/kg an Tagen 1, 2 und 3 alle 3 Wochen; [11] 2 mg/Katze [6]
Applikation: oral, i. v.
Haltbarkeit: Lösung 7 Tage bei 2–8 °C
Wirkungsmechanismus: Interkalation, inhibiert DNA- und RNA-Synthese, Phasen-unspezifisch
Toxizität: Myelosuppression, Gastroenteritis, Verlust der Schnurrhaare
Indikation: malignes Lymphom [23]

Actinomycin D

Dosis: 0,7 mg/m^2 alle 7 Tage; [19] 0,5–0,9 mg/m^2 über 20 min alle 3 Wochen [6]
Applikation: i. v.
Haltbarkeit: Lösung sofort verbrauchen
Wirkungsmechanismus: Interkalation, inhibiert DNA-abhängige RNA-Synthese, Phasen-unspezifisch
Toxizität: Myelosuppression, ulzerative Gastroenteritis, Stomatitis, Hepatotoxizität, Gewebstoxizität
Indikation: maligne Lymphome, Knochen- und Weichteilsarkome, malignes Melanom [24, 25]

Mitoxantron

Dosis: 6,5 mg/m^2 i. v. über 3 min alle 2–3 Wochen [26]
Applikation: i. v.
Wirkungsmechanismus: Interkalation, hemmt DNA- und RNA-Synthese, Phasen-unspezifisch
Toxizität: Myelosuppression (Nadir 10 Tage), Alopezie, Gastroenteritis
Indikation: mittelgradige Effektivität bei malignen Lymphomen, Plattenepithelkarzinomen, Harnblasenkarzinomen, Mammakarzinomen; [6, 11] Weichteilsarkome [27]

Bleomycin

Dosis: 0,3–0,5 U/kg wöchentlich
Applikation: i. m., s. c., i. v. über 15 min
Haltbarkeit: 1–2 Monate bei 2–8 C; 2 Jahre gefroren
Wirkungsmechanismus: Hemmung der DNA-Polymerase und DNA-Reparatur, Phasen-unspezifisch
Toxizität: Lungenfibrose bei Mensch und Hund (kumulative Dosis 125–200 mg/m^2)
Indikation: Plattenepithelkarzinom [6] (Anreicherung in Haut beim Menschen) [12]

Alkaloide

Vincristin

Dosis: 0,50–0,75 mg/m^2 wöchentlich [20]
Applikation: streng i. v.
Haltbarkeit: Herstellerangaben verschieden
Wirkungsmechanismus: bindet an Spindelapparat in Mitose und hemmt diese in Metaphase, Resistenz gegen ein Vincaalkaloid bedingt nicht Resistenz gegen andere Vincaalkaloide, M-Phasen-spezifisch
Toxizität: Gewebstoxizität, periphere Neurotoxizität (propriozeptive Defizite, spinale Hyporeflexie, paralytischer Ileus), seltener und milde Myelosuppression, Hepatopathie, inadäquate ADH-Sekretion, Kieferschmerzen, Alopezie, Stomatitis, Krämpfe [28]
Indikation: malignes Lymphom, Mastzelltumoren, [6, 13] Karzinome, Sarkome [19]

Vinblastin

Dosis: 2 mg/m^2 alle 1–2 Wochen
Applikation: streng i. v.
Haltbarkeit: Lösung 30 Tage bei 2–8 °C
Wirkungsmechanismus: siehe Vincristin
Toxizität: Myelosuppression (Nadir 4–9 Tage), Gastroenteritis, Gewebstoxizität, periphere Neurotoxizität (weniger als Vincristin)
Indikation: malignes Lymphom, Mastzelltumoren [20, 29]

Antimetaboliten

Methotrexat

Dosis: 2,5–5 mg/m^2 oral 2–3mal wöchentlich (malignes Lymphom); 10–15 mg/m^2 alle 1–3 Wochen (Karzinome und Sarkome); [20] 0,3–0,8 mg/m^2 i. v. alle 7 Tage; [30] 0,8 mg/kg i. v. am Tag 14 eines Lymphomprotokolls [31]
Applikation: oral (Metoclopramidgabe bei oraler Applikation zur Verkürzung der Verweildauer im Magen), i. v.
Wirkungsmechanismus: inhibiert Folsäurereduktase, hemmt Bildung von Purinen und Pyrimidinen (Leucovorin Calcium, Derivat der Tetrahydrofolsäure, ist ein Antidot zu Methotrexat), S-Phasen-spezifisch
Toxizität: Gastrointestinale Toxizität (Diarrhoe, Vomitus, Schwindel, Ulzera), Myelosuppression (Nadir

4–9 Tage), Hepatopathie, Nierentubulusnekrose, Alopezie, Lungenfibrose [32]
Indikation: malignes Lymphom, lymphatische Leukämie, Karzinome, Sarkome (Osteosarkom) [6, 30]

Cytarabin

Dosis: 100 mg/m^2 täglich 2–4 Tage; 10 mg/m^2 täglich über 2 Wochen [20, 33]
Applikation: s. c., i. v.
Wirkungsmechanismus: kompetitiv zu Deoxycytidintriphosphat, hemmt DNA-Synthese, S-Phasen-spezifisch
Toxizität: Myelosuppression (Nadir 5–7 Tage), gastrointestinale Toxizität
Indikation: malignes Lymphom (Cytarabin penetriert Blut-Hirn-Schranke)

5-Fluorouracil

kontraindiziert bei Katzen wegen extremer Neurotoxizität [6]

Hormone

Prednisolon

Dosis: 30 mg/m^2 täglich über 4 Wochen, dann 15 mg/m^2 täglich über 3 Wochen, dann alle 2 Tage; [11] 1 mg/kg täglich über 4 Wochen, dann jeden 2. Tag; [6] 20–50 mg/m^2 täglich [20]
Applikation: oral, s. c., i. v.
Wirkungsmechanismus: bindet an zytoplasmatische Zellrezeptoren, die auf DNA einwirken, hemmt Zellteilung, lymphozytolytisch, Phasen-unspezifisch
Toxizität: iatrogenes Cushing-Syndrom
Indikation: in Kombination bei malignen Lymphomen, lymphatischer Leukämie, Mastzelltumoren [34]

Enzyme

L-Asparaginase

Dosis: 400 IU/kg [35] wöchentlich; 10 000 IU/m^2 alle 1–3 Wochen [20, 36]
Applikation: s. c. (wegen Schmerzhaftigkeit in Depot phys. NaCl-Lösung), i. m., intraperitoneal, i. v.
Haltbarkeit: bis zu 14 Tagen [37]
Wirkungsmechanismus: baut Asparagin ab, einige maligne Zellen unfähig, Asparagin zu synthetisieren; hemmt DNA- und Proteinsynthese, G1-Phasen-spezifisch
Toxizität: Hypersensitivität (Vomitus, Diarrhoe, Urtikaria, Pruritus, Dyspnoe, Unruhe, Hypotension, Kollaps) besonders nach Sensibilisierung und i. v.-Gabe, [38] hämorrhagische Pankreatitis, gastrointestinale Störungen, Hepatotoxizität, Koagulopathien, milde Myelosuppression
Indikation: malignes Lymphom, lymphoblastische Leukämie (in Kombination) [6]

Verschiedene Pharmaka

Cisplatin

kontraindiziert bei Katzen wegen hochgradiger Lungentoxizität (Dyspnoe, Hydrothorax, Lungenoedem, Tod) [39]

Carboplatin

Dosis: 150 mg/m^2 alle 3 Wochen (versuchsweise) [6]
Applikation: i. v.
Wirkungsmechanismus: Verknüpfung der DNA-Stränge wie Alkylanzien
Toxizität: Myelosuppression
Indikation: Karzinome, Sarkome (kaum Erfahrung) [6]

Hydroxyurea

Dosis: 25 mg/kg 3mal wöchentlich; [19] nur Polyzythämie: 30 mg/kg täglich über eine Woche, dann 15 mg/kg täglich bis zur Remission, dann entsprechend Hämatokritkontrolle [40]
Applikation: oral
Wirkungsmechanismus: hemmt Thymidineinbau in DNA, S-Phasen-spezifisch
Toxizität: Myelosuppression, gastrointestinale Toxizität, Stomatitis, Krallenverlust, Alopezie, Dysurie [41]
Indikation: Polyzythämie, chronische granulozytäre Leukämie, Hautleukose

Therapieprotokolle

In der Humanmedizin waren große Erfolge in der Therapie maligner Hämoblastosen mit der Einführung von Therapieprotokollen zu verzeichnen. Diese Therapieprotokolle beinhalten mehrere zytostatische Chemotherapeutika. Therapieprotokolle anderer Tumoren schließen auch eine chirurgische oder radiologische Therapie mit ein. Kombinationen von Chemotherapeutika müssen folgende Anforderungen erfüllen: [42]

1. Jedes einzelne Chemotherapeutikum muß auch einzeln eingesetzt sicher wirksam sein.
2. Die Toxizitäten der Medikamente dürfen sich nicht überschneiden.
3. Die Wirkungsmechanismen sollten sich ergänzen.
4. Jedes Medikament muß in seiner optimalen Dosis eingesetzt werden.
5. Die Zeitintervalle zwischen zwei Applikationen sind so kurz wie möglich zu halten. Sie sollen dem empfindlichsten von den Nebenwirkungen getroffenen Gewebe jedoch noch die Möglichkeit zur Erholung geben.

In der Behandlung maligner Lymphome kommt dem Doxorubicin eine besondere Effektivität zu. Doxorubicin sollte daher nach Möglichkeit in das Therapieschema einbezogen sein. Protokolle zur Therapie feliner maligner Lymphome sind in Tab. 4 und Tab. 5 aufgeführt. [43, 44]

Toxizität

Myelosuppression mit Ausbildung einer Neutropenie und einer Thrombozytopenie sind eine häufige Nebenwirkung der zytostatischen Chemotherapie. Anämien infolge von Chemotherapien treten wegen der größeren Lebensdauer der Erythrozyten erst nach einzelnen Wochen auf. Die tumorbedingte Anämie wird dann durch die therapiebedingte verstärkt. Die Erholungsphasen zwischen den Therapieintervallen sind für die Erythropoese meist ausreichend, so daß keine oder nur eine geringgradige Anämie entsteht. Neutropenien und Thrombozytopenien können Anlaß zu einer späteren Dosisreduktion sein (siehe oben). Eine prophylaktische Antibiose (Trimetoprim-Sulfonamid) kann bei Neutropenien von weniger als 1000 Zellen/μl eingeleitet werden. Treten Fieber oder Erscheinungen einer Sepsis auf, sind Blut (in Blutkulturflasche), Urin und ggf. eine Trachealspülprobe mikrobiologisch zu untersuchen. Bei klinischen Symptomen ist eine Antibiose mit einer Kombination von bakteriziden Antibiotika, Cephalosporinen und Aminoglykosiden, sofort zu beginnen und später dem Ergebnis des Antibiogramms anzupassen. Die Regeneration der neutrophilen Granulozyten kann durch die Gabe von Wachstumsfaktoren gefördert werden. Ein rekombinanter humaner Granulozyten-stimulierender Faktor (rh-G-CSF), kann bei der Katze kurzfristig

Tabelle 4: Chemotherapieprotokoll maligner Lymphome bei der Katze, modifiziertes Wisconsin-Madison-Protokoll. [43]

Woche	Vincristin	L-Asparaginase	Cyclophosphamid	Cytarabin	Doxorubicin	Methotrexat	Prednisolon
	nur 1x	nur 1x	nur 1x	2 Tage täglich	nur 1x	nur 1x	7 Tage täglich
1	X	X					X
2			X				X
3	X			X			X
4					X		X
5							
6	X						
7			X				
8	X						
9					X		
10							
11	X			X			
12							
13			X[1]				
14							
15	X						
16							
17					X[2]	X[2]	

- Von Woche 17 an Woche 10–17 wiederholen.
- Ab Woche 25 von 2-Wochen- auf 3-Wochen-Rhythmus gehen.
- Ab Woche 49 von 3-Wochen- auf 4-Wochen-Rhythmus gehen.

Jedes Medikament wird zum markierten Zeitpunkt lediglich einmal appliziert. Dies gilt nicht für Cytarabin und Prednisolon, die zwei bzw. sieben Tage lang einmal täglich gegeben werden.

[1] Bei vollständiger Remission Cyclophosphamid durch Chlorambucil ersetzen.

[2] Bei vollständiger Remission Doxorubicin und Methotrexat alternierend bis kumulative Dosis des Doxorubicins von 240 mg/m² erreicht, dann ausschließlich Methotrexat.

Fortsetzung von Tabelle 4

Medikament	Dosierung	Anmerkung	Dosis für 4 kg = 1/4 m^2
Vincristin (Vincristin-biosyn®) 1 Flasche zu 10 ml enthält 1 mg Vincristinsulfat 1 Fl. DM 49,64	0,5 – (0,7) mg/m^2 i. v.	streng i. v.	0,125 mg = 1/8 Inj. Flasche = 1,25 ml
L-Asparaginase (Asparaginase -5.000, -10.000 medac®) 5000-Fl. DM 63,63 gelöst nicht haltbar	400 IU/kg s. c. in phys. NaCl-Depot, i. m.	5 mg/kg Prednisolon i. v. 10 Minuten vor Injektion möglichst 12 Stunden Abstand zu Vincristin-Gabe	1600 IU = 1/3 Fl. 5000
Cyclophosphamid (Endoxan®) 1 Dragee enthält 50 mg Cyclophosphamid 10 Dr. DM 10,39	250 mg/m^2 p. o.		60 mg = 1 1/4 Dragee
Cytarabin (Alexan®) 1 Flasche zu 2 ml bzw. 5 ml enthält 40 mg bzw. 100 mg Cytarabin 2 ml-Fl. DM 9,21 5 ml-Fl. DM 16,57	100 mg/m^2 KOF/Tag s. c. (oder. i. v.) für 2 Tage		25 mg = 1,25 ml einer 2 ml Inj. Flasche
Doxorubicin (Adriblastina®; Farmitalia Import) 1 Flasche zu 5 ml enthält 10 mg 10 mg-Flasche DM 44,33 Lösung 18 Mon. haltbar (2–8 °C) !	1 mg/kg i. v.	streng i. v. in 30 min. Cave Kardiomyopathie, Nephropathie 5 mg/kg Prednisolon i. v. 10 Minuten vor Injektion	6 mg = 3 ml einer 5-ml-Adriblastin-10-mg
Methotrexat (Methotrexat®) 2,5 mg 10 Tabl. DM 11,68 Methotrexat R. P. Lösung (Rhone-P.) 5-mg-Fl. DM 6,52 50-mg-Fl. DM 37,63	0,8 mg/kg i. v., p. o.	+ Metoclopramid 0,2–0,5 mg/kg p. o.	3,2 mg = 2/3 5-mg-Fl. i. v. 3,2 mg = 1 1/3 Tabl. p. o.
Prednisolon (Prednisolon-ratiopharm®) 5 mg 10 Tabl. DM 1,45 50 mg 10 Tabl. DM 12,56	2,0 mg/kg p.o. 1. Wo. 1,5 mg/kg p.o. 2. Wo. 1,0 mg/kg p.o. 3. Wo. 0,5 mg/kg p.o. 4. Wo.		ggf. Depot-Injektion
Chlorambucil (Leukeran®) 2 mg 10 Tabl. DM 17,08 5 mg 10 Tabl. DM 26,10	1,4 mg/kg p. o.		5,6 mg ≈ 1 5-mg-Tabl.

Tabelle 5: Chemotherapieprotokoll feliner maligner Lymphome der Ohio-State-University. Dem Induktionsprotokoll folgt das Erhaltungsprotokoll. Bei einem Rezidiv wird das Induktionsprotokoll wiederholt. [44]

Induktionsprotokoll CHOP

Woche	Doxorubicin	Vincristin	Cyclophosphamid	Prednisolon
1	X			X
2		X		X
3		X	X	X
4	X			X
5		X		X
6		X	X	X
7	X			X
8		X		X
9		X	X	X

Doxorubicin: 25 mg/m^2 i. v.
Vincristin: 0,5 mg/m^2 i. v.
Cyclophosphamid: 100–200 mg/m^2 oral, Dosis am darauffolgenden Tag wiederholt geben
Prednison: 40 mg/m^2 oral, 1 Woche täglich, dann 20 mg/m^2 oral jeden 2. Tag

Induktionsprotokoll COAP

Woche	Vincristin	Cyclophosphamid	Cytarabin	Prednisolon
1	X	X	X	X
2	X	X		X
3	X	X		X
4	X	X		X
5	X	X		X
6	X	X		X

Vincristin: 0,5 mg/m^2 i. v.
Cyclophosphamid: 50 mg/m^2 oral, jeden 2. Tag oder 4 Tage in der Woche
Cytarabin: 100 mg/m^2 s. c. an Tag 1 und Tag 2 der Therapie
Prednison: 40 mg/m^2 oral, 1 Woche täglich, dann 20 mg/m^2 oral jeden 2. Tag

Erhaltungsprotokoll LMP
Chlorambucil: 2 mg/m^2 oral jeden 2. Tag, oder 20 mg/m^2 oral jede 2. Woche
Methotrexat: 2,5 mg/m^2 oral, 2–3mal wöchentlich
Prednison: 20 mg/m^2 oral jeden 2. Tag

Erhaltungsprotokoll zu COAP
6 Behandlungswochen mit jeweils einer Woche Pause
6 Behandlungswochen mit jeweils zwei Wochen Pause
weitere Behandlungswochen mit jeweils drei Wochen Pause

eingesetzt werden. Die Dosis beträgt 5 µg Filgrastim/kg/Tag (Neupogen®) subkutan. Der rekombinante humane Wachstumsfaktor scheint dem der Katze jedoch so wenig zu entsprechen, daß schneller als beim Hund Antikörper gegen ihn gebildet werden. Diese Antikörper können auch die eigenen Wachstumsfaktoren der Katze inhibieren und später eine Neutropenie bewirken. Um eine Sensibilisierung gegen Wachstumsfaktoren zu vermeiden, kann eine Therapie mit rekombinanten humanen Wachstumsfaktoren nur einzelne Tage durchgeführt werden. [45]

Zur Infusionstherapie von Patienten im septischen Schock sind laktatfreie Lösungen indiziert. Der Patient leidet im Schock häufig unter einer Hyperlaktatämie, die durch die Infusion laktathaltiger Infusionslösungen verstärkt würde. [11]

Bei thrombozytopenischen Blutungen ist ein Thrombozytenkonzentrat oder Vollblut zu transfundieren. Kortison- und Vincristingaben steigern die Ausschüttung von Thrombozyten aus dem Knochenmark.

Die **gastrointestinale Toxizität** einiger zytostatischer Chemotherapeutika äußert sich in Vomitus und Diarrhoe. Der Verlauf ist meist selbstbegrenzend und bedarf oftmals keiner Therapie. Erforderlichenfalls kann allein symptomatisch behandelt werden. Nicht zu unterschätzen ist die psychische Belastung des Tierhalters durch diese Nebenwirkungen, die ihm die Letalität der Krankheit und die Toxizität der verabreichten Medikamente nochmals deutlich machen.

Ein großes Problem stellt bei Katzen die Inappetenz dar. Sie wird zum einen durch die Krankheit und zum anderen durch bestimmte Chemotherapeutika, z. B. Doxorubicin, hervorgerufen. [6] Der Katze sollte besonders schmackhaftes, temperiertes Futter gegeben und evtl. von Hand angeboten werden. Eine medikamentöse Appetitstimulation kann mit folgenden Wirkstoffen versucht werden:

1. Diazepam	0,05–0,4 mg/kg i. v., i. m., oral [46]
2. Cyproheptadin	2–4 mg/Katze oral 1–2mal täglich [47]
3. Megestrolazetat	2,5–5,0 mg/Katze oral 1mal täglich, bis zu 10 Tagen

Die Wirkung von Diazepam setzt unmittelbar nach der intravenösen Applikation ein. Die appetitstimulierende Wirkung von Cyproheptadin tritt innerhalb von 24 Stunden ein. Cyproheptadin kann eine Woche lang täglich verabreicht werden. [48]

Allergische Reaktionen können von einer Vielzahl Chemotherapeutika hervorgerufen werden. Insbesondere Doxorubicin und L-Asparaginase verursachen bisweilen schwere anaphylaktische Reaktionen. Doxorubicin kann eine Mastzelldegranulation direkt auslösen. L-Asparaginase, ein bakterielles Enzym, führt bei wiederholter Gabe und in verstärktem Maße bei intravenöser, weniger bei intramuskulärer Applikation zu allergischen Reaktionen. Die Therapie des anaphylaktischen Schocks kann u. a. wie folgt durchgeführt werden: [30]

1. Infusion von Ringer-Laktat
2. Diphenhydramin 0,2–0,5 mg/kg langsam i. v.
3. Dexamethason 1–2 mg/kg i. v.
4. Epinephrin 0,1–0,3 ml einer 1:1000-Lösung nach Wirkung langsam i. v.
5. Prophylaktisch kann Prednisolon und Diphenhydramin gegeben werden.

Die **kardiale Toxizität** des Doxorubicins wird bei Katzen seltener als beim Hund festgestellt. Die kumulative Dosis von 180–240 mg/kg sollte nicht überschritten werden. In regelmäßigen Abständen sind Herzkontrollen, EKG und Röntgen, vorzunehmen.

Einzelne Chemotherapeutika, vor allem Doxorubicin, Vincristin, Vinblastin, Actinomycin D, führen bei paravenöser Applikation zu hochgradigen **Gewebsentzündungen** mit umfangreicher Nekrose. Wenn trotz aller Vorsichtsmaßnahmen Injektionsmaterial in das Gewebe gelangt, ist soviel Flüssigkeit wie möglich durch den am Ort verbliebenen Venenverweilkatheter zu aspirieren. Durch den Venenverweilkatheter sind bei paravenöser Injektion von Vincristin oder Vinblastin ca. 6 ml Natriumbikarbonat (8,4 %ig) zu spritzen. Warme Kompressen sind angeraten. Die Infiltration des Gewebes mit Hyaluronidase (150 U Hyaluronidase / 1 ml Extravasat) beschleunigt die Resorption des Medikamentes.

Bei paravenöser Doxorubicin-, Idarubicin- oder Actinomycin-D-Gabe werden für mehrere Stunden kalte Kompressen empfohlen. Tiefe Ulzerationen müssen in manchen Fällen chirurgisch versorgt werden. [11, 49, 50].

Die Chemotherapie vermindert das Haarwachstum. Haare, die sich in der Wachstumsphase befinden, werden geschädigt. Eine **Alopezie** wird besonders bei den Tierarten beobachtet, deren Fell ständig wächst, die also regelmäßig geschoren werden müssen (z. B. Pudel). Katzen können ihre Schnurrhaare verlieren. Nur in einzelnen Fällen ist der Haarausfall von kosmetischer Bedeutung. Nach der Intensivphase der Chemotherapie wird das Fell schnell wieder dicht.

Literatur

[1] WITHROW, S. J., LOWES, N.: Biopsy techniques for use in small oncology. J. Am. Anim. Hosp. Assoc. **17:** 889–902, 1981.

[2] WITHROW, S. J.: Biopsy Principles. In: WITHROW, S. J., MacEWEN, E. G. (Hrsg.): Small animal clinical oncology. Philadelphia, W. B. Saunders Company, 1996, 52–57.

[3] ROCHAT, M. C., MANN, F. A., PACE, L. W., HENDERSON, R. A.: Identification of surgical biopsy borders by use of india ink. J. Am. Vet. Med. Assoc. **201:** 873–878, 1992.

[4] HAMMER, A. S.: Grundlagen der Chemotherapie und Behandlung der Komplikationen. Proceed. der 25. Jahresversammlung der Schweizerischen Vereinigung für Kleintiermedizin, Interlaken, 26.–28. 5. 1994, 63–72.

[5] DÖRNER, P.: Zellproliferation und Tumorwachstum. In: WILMANNS, W., HUHN, D., WILMS, K. (Hrsg.): Internistische Onkologie. Stuttgart, G. Thieme Verlag, 1994, 83–91.

[6] OGILVIE, G. K., MOORE, A. S.: A Chemotherapy: Properties, uses, and patent management. In: OGILVIE, G. K., MOORE, A. S. (Hrsg.): Managing the veterinary cancer patient: A practice manual. Trentron, N. J., Veterinary Learning Systems, 1995, 64–86.

[7] OGILVIE, G. K.: Principles of oncology. In: MORGAN, R. V. (Hrsg.): Handbook of small animal internal medicine. Philadelphia, Churchill & Livingston, 1992, 799–812.

[8] ETTINGER, S. J.: Textbook of veterinary internal medicine. Dieseases of the dog and cat, 2. Auflage, Philadelphia, W. B. Saunders Company, 1975, 146.

[9] PLUMB, D. C: Conversion tables for weight in kilogramms to body surface area (m²). In: PLUMB, D. C. (Hrsg.): Veterinary Drug Handbook. Ames, Iowa State University Press, 1995, 739.

[10] OGILVIE, G. K., MOORE, A. S.: Methods of drug administration. In: OGILVIE G. K., MOORE, A. S. (Hrsg.): Managing the veterinary cancer patient: A practice manual Trention, N. J., Veterinary Learning Systems, 1995, 58–63.

[11] OGILVIE, G. K.: Chemotherapy. In: WITHROW, S. J., MacEWEN, E. G. (Hrsg.): Small animal clinical oncology. Philadelphia, W. B. Saunders Company, 1996, 70–86.

[12] SAUER, H.: Zytostatische Therapie: In: WILMANNS, W., HUHN, D., WILMS, K. (Hrsg.): Internistische Onkologie, Stuttgart, G. Thieme Verlag, 1994, 141–185.

[13] COTTER, S. M.: Treatment of lymphoma and leucemia with cyclophosphamide, vincristin, prednisone: II. Treatment of cats. J. Am. Anim. Hosp. Assoc **19:** 166–172, 1983.

[14] JEGLUM, K. A., WHEREAT, A., YOUNG, K.: Chemotherapy of lymphoma in 75 cats. J. Am. Vet. Med. Assoc. **190:** 174–178, 1987.

[15] MOONEY, S. C., HAYES, A. A., MacEWEN, E. G.: Treatment and prognostic factors in lymphoma in cats. 102 cases (1977–1981). J. Am. Vet. Med. Assoc. **194:** 696–699, 1989.

[16] JEGLUM, K. A., deGUSMAN, E., YOUNG, K. M.: Chemotherapy of advanced mammary adenocarcinoma in 14 cats. J. Am. Vet. Assoc **187:** 157–160, 1985.

[17] PETERSON, J., COUTO, C. G.: Lymphoid leukemias. In: August J. (Hrsg.): Consultations in feline medicine. 2. Auflage, Philadelphia, W. B. Saunders Company, 1994, 509–513.

[18] ROSENTHAL, R. C.: Chemotherapy. In: WITHROW, S. J., MacEWEN, E. G. (Hrsg.): Clinical veterinary oncology. Philadelphia, W. B. Saunders Company, 1989, 63–78.

[19] JACOBS, R. M., LUMSDEN, J. H., VERNAU, W.: Canine and feline reference values. In: KIRK, R. W., BONAGURA, J. D. (Hrsg.): Current veterinary therapy XI: Small animal practice. Philadelphia, W. B. Saundes Company, 1992, 1250–1277.

[20] COUTO, C. G: Oncology. In: SHERDING R. G. (Hrsg.): The cat: Diseases and clinical management. New York, Churchill Livingstone, 1989, 589–647.

[21] MAULDIN, G. E., FOX, P. E., PATNAIK, A. K. et al.: Doxorubicin-induced cardiotoxicosis: Clinical features in 32 dogs. J. Vet. Intern. Med. **6:** 82–88, 1992.

[22] PLUMB, D. C.: Doxorubicin HCl. In: PLUMB, D. C. (Hrsg.): Veterinary Drug Handbook. Ames, Iowa State University Press, 1995, 245–248.

[23] MOORE, A. S., COTTER, S. M., RUSLANDER, D., et al.: Interim analysis of the toxicoses and efficacy associated with idarubicin administration in cats with malignant tumors. Proceed 11th Annu. Conf. Vet. Cancer Soc. 1991, 102–103.

[24] PLUMB, D. C.: Dactinomycin. In: PLUMB D. C. (Hrsg.): Veterinary Drug Handbook. Ames, Iowa State University Press, 1995, 1995, 181–183.

[25] HAMMER, A. S., COUTO, C. G., AYL, R., et al.: Treatment of tumor-bearing dogs and cats with actinomycin D. J. Vet. Intern. Med. **8:** 236–239, 1994.

[26] OGILVIE, G. K., MOORE, A. S., OBRADOVICH, J. E., et al.: Toxicoses and efficacy associated with the administration of mitoxantrone to cats with malignant tumors. J. Am. Vet. Med. Assoc. **202:** 1839–1844, 1993.

[27] KELLER, E., HELFAND, S.: Clinical management of soft tissue sarcomas. In: AUGUST, J. (Hrsg.): Consultations in feline internal medicine: II. Philadelphia, W. B. Saunders Company, 1994, 557–566.

[28] PLUMB, D. C.: Vincristine sulfate. In: PLUMB, D. C. (Hrsg.): Veterinary Drug Handbook. Ames, Iowa State University Press. 1995, 701–703.

[29] GOLDEN, D. L., LANGSTON, V. C.: Uses of vincristine and vinblastine in dogs and cats. J. Am. Vet. Med. Assoc. **193:** 1114–1117, 1988.

[30] O'KEEFE, D. A., HARRIS, C. L.: Toxicology of oncologic drugs. Vet. Clin. North. Am. small Anim. Pract. **20:** 483–504, 1990.

[31] MATUS, R. E.: Chemotherapy of lymphoma and leukemia. In: KIRK, R. W. (Hrsg.): Current veterinary therapy X: Small animal practice. Philadelphia, W. B. Saunders Company, 1989, 482–488.

[32] PLUMB, D. C,: Methotrexate. In: PLUMB D. C. (Hrsg.): Veterinary Drug Handbook. Ames, Iowa State University Press, 1995, 438–440.

[33] THOMPSON, J. P.: Antineoplastic agents in cancer therapy. In: KIRK, R. W. (Hrsg.): Current veterinary therapy X: Small animal practice: Philadelphia, W. B. Saunders Company, 1989, 1367–1369.

[34] PLUMB, D. C.: Prednisolone, prednisolone sodium succinate, prednisolone acetate, prednisone. In: PLUMB, D. C. (Hrsg.): Veterinary Drug Handbook. Ames. Iowa State University Press, 1995, 570–577.

[35] MACY, D. W.: Chemotherapeutic agents available for cancer treatment. In: KIRK R. W. (Hrsg.): Current veterinary therapy IX: Small animal practice. Philadelphia, W. B. Saunders Company, 1986, 467–470.

[36] COPPOC, G. L.: Chemotherapy of neoplastic diseases. In: BOOTH, N. H., McDONALD, L. E.: Veterinary pharmacology and therapeutics. Ames, Iowa State University Press, 1988, 861–976.

[37] PLUMB, D. C.: Asparaginase: In: PLUMB. D. C. (Hrsg.): Veterinary Drug Handbook. Ames, Iowa State University Press, 1995, 59–61.

[38] OGILVIE, G. K., ATWATER, S. W., CIEKOT, P. A., et al.: Prevalence of anaphylaxis associated with the intramuscular administration of L-asparaginase to 81 dogs with cancer: 1989–1991. J. Am. Anim. Hosp. Assoc. **30:** 62–65, 1994.

[39] PLUMB, D. C.: Cisplatin. In: PLUMB. D. C. (Hrsg.): Veterinary Drug Handbook. Ames, Iowa State University Press, 1995, 151–153.

[40] RASKIN, R.: Erythrocytes, leukocytes and platelets. In: BIRCHARD, S., SHERDING, R. (Hrsg.): Saunders manual of small animal practice. Philadelphia, W. B. Saunders Company, 1994, 147–163.

[41] PLUMB, D. C.: Hydroxyurea. In: PLUMB, D. C. (Hrsg): Veterinary Drug Handbook. Ames, Iowa State University Press, 1995, 352–353.

[42] DeVITA, V. T. Jr.: Principles of chemotherapy. In: DeVITA, V. T., HELLMAN, S., ROSENBERG, S. A. (Hrsg.): Principles and Practice of Oncology. Philadelphia, J. B. Lippincott Company, 1993, 276–292.

[43] MacEWEN, E. G.: Feline Lymphoma and Leukemias. In: WITHROW, S. J., MacEWEN, E. G. (Hrsg.): Small animal clinical oncology. Philadelphia, W. B. Saunders Company, 1994, 479–495.

[44] COUTO, C. G., HAMMER, A. S.: Diseases of the lymph nodes and the spleen. In: ETTINGER, S. J. (Hrsg.): Textbook of veterinary internal medicine. Diseases of the dog and cat, 4. Auflage. Philadelphia, W. B. Saunders Company, 1995, 1930–1946.

[45] FULTON, R., GASPER, P. W., OGILVIE, G. K., et al.: Effect of recombinant human granulocyte colony-stimulating factor on hematopoiesis in normal cats. Exp. Hematol. **19:** 759–767, 1991.

[46] BOOTH: Drugs acting on the central nervous system. In: BOOTH N. H., McDONALD, L. E. (Hrsg.): Veterinary pharmacology and therapeutics. Ames, Iowa State University Press, 1988, 153–208.

[47] DAVENPORT, D.: Enteral/parenteral nutrition for gastrointestinal disorders. In: AUGUST, J. (Hrsg.): Consultations in feline medicine. 2. Auflage, Philadelphia, W. B. Saunders Company, 1994, 107–118.

[48] PLUMB, D. C.: Cyproheptadine HCl. In: PLUMB, D. C. (Hrsg.): Veterinary Drug Handbook. Ames, Iowa State University Press, 1995, 176–177.

[49] OGILVIE, G. K., CURTIS, C., RICHARDSON, R. C., WITHROW, S. J., et al: Acute short term toxicity associated with the administration of doxorubicin to dogs with malignant tumors. J. Am. Vet. Med. Assoc. **195:** 1584–1587, 1989.

[50] OGILVIE, G. K., MOORE, A. S.: Oncologic emergencies. In: OGILVIE, G. K., MOORE, A. S. (Hrsg.): Managing the veterinary cancer patient: A practice manual. Trenton, N. J., Veterinary Learning Systems, 1995, 149–195.

Ernährung und Diätetik

Von E. Kienzle

Raum für Notizen

Ernährung und Diätetik

Ernährung der Katze

Energie- und Nährstoffbedarf der Katze

Die Katze ist strikt carnivor, sie unterscheidet sich hinsichtlich des Nährstoffbedarfs deutlich vom eher carni-omnivoren Hund. Bedarfszahlen und Empfehlungen können daher nicht einfach vom Hund übernommen werden.

Energie

In der Praxis wird die Frage nach dem Energiebedarf und der Energiebewertung oft als akademisches und damit irrelevantes Problem eingestuft. Über- und Unterversorgung mit Energie sind längerfristig schließlich auch am Ernährungszustand des betreffenden Tieres zu erkennen, kommerzielle Fertigfutter sind mit Dosierungsangaben versehen, so daß man die Bedarfszahlen, aber auch den Energiegehalt im Futtermittel nicht ständig braucht. Sobald man aber einfachste Berechnungen durchführen möchte, kommt man ohne diese beiden Parameter nicht weiter, da sie die benötigte Futtermenge bestimmen. Es beginnt beim Preisvergleich: Ausschlaggebend für die Futterkosten ist nicht der Preis pro 100 g Futter, sondern pro Energieeinheit (bei Katzenfuttern sind Preisunterschiede um das 10fache möglich). Die Versorgung mit Nährstoffen bei Fütterung eines bestimmten Produkts oder Einzelfuttermittels läßt sich durch die Berechnung der Relation von Nährstoff zu Energie sehr rasch und ohne individuelle Rationsberechnung einschätzen. Sofern der Energiegehalt des Futters angegeben ist, kann durch eine einzige Division z. B. die Proteinversorgung beurteilt werden. Diese vereinfachende Berechnung beruht darauf, daß die Futterzuteilung längerfristig immer entsprechend dem Energiebedarf des Tieres und dem Energiegehalt im Futter erfolgen muß. Da sich Futtermittel für Katzen in ihrem Energiegehalt teilweise enorm unterscheiden (z. B. Reduktionsdiät Feuchtfutter 0,3 MJ/100 g gegenüber energiereichem Trockenfutter 2 MJ/100 g), unterscheidet sich auch die Futtermenge entsprechend. Bei gleichem Nährstoffgehalt im Futter und differierendem Energiegehalt kommt es dann zu einer unterschiedlichen Versorgung. Dies erklärt auch, warum ein direkter Vergleich des Nährstoffgehaltes nicht sinnvoll ist. Da die Futterzuteilung – wie bereits erwähnt – sich langfristig am Energiebedarf orientiert, ist eine Rationsüberprüfung oder -berechnung ohne den Vergleich der Energieaufnahme mit dem Bedarf nicht aussagekräftig. So werden z. B. unvollständige Angaben des Besitzers häufig durch eine Diskrepanz zwischen Energiebedarf, -aufnahme und Ernährungszustand offensichtlich. Erhebliche Bedeutung hat der Energiebedarf der Katze und der Energiegehalt im Futtermittel bei der enteralen und parenteralen Ernährung von Intensivpatienten, da hier die richtige Mengenzuteilung für den Erfolg mitentscheidend ist.

Der **Energiebedarf** der adulten Katze im Erhaltungsstoffwechsel liegt etwa bei 0,3 MJ verdaulicher Energie (DE)/kg Körpermasse (KM). Während der Gravidität benötigt die Katze das Anderthalbfache, während der Laktation bis zum Dreieinhalbfachen. Katzenwelpen benötigen vor dem Absetzen bezogen auf die Körpermasse etwa das Dreifache, im Absetzalter immerhin noch fast das Doppelte der Energie wie erwachsene Tiere (Tab. 1). Die größten individuellen Differenzen sind im Erhaltungsstoffwechsel zu erwarten.

Die Angaben zum Gehalt in Futtermitteln werden zum Teil in verdaulicher Energie (DE) und zum Teil in umsetzbarer Energie (ME) ausgedrückt. Für die Fütterungspraxis können überschlägig beide Systeme gleichgesetzt werden, obwohl die umsetzbare Energie theoretisch kleiner sein muß als die verdauliche. Abweichungen kommen vor allem bei den amerikanischen Berechnungen der ME (NRC 1986) bei sehr energiereichen oder -armen Futtermitteln zustande. Das genauere System ist die auf experimenteller Grundlage beruhende verdauliche Energie. Daher beziehen sich auch alle folgenden Daten auf diese Basis.

Der Einstieg in die Kleintierernährung und Diätetik wird dem Praktiker durch die verwirrende Diskussion um die Energiebewertung und die daraus resultierenden Deklarationsvorschriften zweifellos erschwert. Außer für bestimmte Diätprodukte ist eine Angabe über den Energiegehalt kommerzieller Produkte nicht vorgesehen. Eine Abschätzung des Energiegehaltes bei fehlender Deklaration ist möglich, sie beinhaltet aber immerhin fünf einfache Rechenschritte und wirkt dadurch abschreckend.

Für die Berechnung ist es notwendig, zunächst die N-freien Extraktstoffe (NfE, sogenannte lösliche Kohlenhydrate) sowie den Rohfasergehalt in der Trockenmasse zu berechnen. Rohfaser wird häufig als „Ballaststoff" deklariert.

Trockenmasse (%) = 100 % – Feuchtigkeit (%)
NfE (%) = Trockenmasse (%) – Protein (%) – Fett (%) – Asche (%) – Rohfaser (%)

Rohfaser in % der Trockenmasse = Rohfaser (%)/Trockenmasse (%) * 100

Anschließend wird der Brennwert (Bruttoenergie, GE) aus den Gehalten an Nährstoffen in % errechnet:

GE in kJ/100 g = 24 * Protein (%) + 38 * Fett (%) + 17 * N-freie Extraktstoffe (%) + 17 * Rohfaser (%)

Es folgt die Abschätzung der Verdaulichkeit der Energie (sVE %):

sVE (%) = 87,9 – 0,88 * Rohfaser in % Trockenmasse

Zuletzt wird die verdauliche Energie durch Multiplikation des Brennwertes mit der Verdaulichkeit berechnet:

DE = GE * sVE/100

Diese relativ aufwendige Berechnung kann zur wiederholten Anwendung in ein Tabellenkalkulationsprogramm wie z. B. Excel eingegeben werden. Man braucht dann nur noch die Angaben zu den Rohnährstoffen auf der Deklaration einzutippen und erhält den Energiegehalt. Das Protein/Energieverhältnis und andere eventuell relevante Nährstoff/Energierelationen können gleich mit programmiert werden.

Protein

Die Katze kann ihren Proteinkatabolismus nur sehr begrenzt an ein verringertes Angebot in der Nahrung anpassen. Sie verhält sich damit anders als andere monogastrische Species wie z. B. Hund, Mensch, Ratte und Schwein. Es kommt daher sogar zu deutlichen Differenzen bei den Interaktionen zwischen der Gesamtproteinzufuhr und dem Bedarf an essentiellen Aminosäuren (Arginin, Histidin, Isoleucin, Leucin, Lysin, Methionin, Phenylalanin, Threonin, Tryptophan, Valin, Taurin). Bei Katzen kommt es bei hoher Proteinzufuhr durch die Massenwirkung des Proteinstickstoffs zu einem Spareffekt auf den Verbrauch essentieller Aminosäuren, umgekehrt werden diese bei niedriger Proteinaufnahme vermehrt umgesetzt (ROGERS et al., 1987). Das bedeutet, daß Empfehlungen für die Aminosäurenzufuhr eigentlich als Funktion der Proteinzufuhr angegeben werden müßten. Da hierzu nicht annähernd ausreichend experimentelle Daten vorhanden sind, müssen Bedarfszahlen für Aminosäuren mit einer gewissen Skepsis betrachtet werden. Hinzu kommt noch die Frage der Verfügbarkeit der Aminosäuren. Die vor einigen Jahren vor allem in den USA aufgetretenen Fälle von Taurinmangel bei Katzen, die den damaligen Empfehlungen (NRC 1986) entsprechend gefüttert wurden, zeigen eindrucksvoll, welche Bedeutung der Verfügbarkeit zukommen kann.

Der **Proteinbedarf** der Katze ausgedrückt in Relation zur Energie liegt bei etwa 15 g/MJ für die Erhaltung und 20 g/MJ für Reproduktion und Wachstum (Tab.1). Der Minimalbedarf für Erhaltung beträgt immerhin noch etwa 8 g/MJ (zum Vergleich Hund: Erhaltungsbedarf 10 g/MJ, Minimalbedarf 5 g/MJ).

Proteinmangel ist in der Fütterungspraxis kaum zu beobachten, da Katzen beim Angebot einer proteinarmen Nahrung i. a. die Futteraufnahme verweigern. Anders ist die Situation jedoch, wenn die freiwillige Nahrungsaufnahme aus irgendeinem Grund reduziert ist oder bei Futterentzug. In diesem Zusammenhang auftretende Störungen des Leberstoffwechsels (idiopathische Lipidose) wurden mit Mangel an Protein bzw. an für bestimmte Stoffwechselleistungen (Lipoproteinsynthese) notwendigen Aminosäuren in Zusammenhang gebracht.

Unter den Aminosäuren verdienen Arginin und Taurin eine gesonderte Erwähnung. Beim **Argininmangel** kommt es zur Hyperammonämie, da die Harnstoffbildung ohne Arginin bei der Katze nicht ablaufen kann. Diese Situation ist bei praxisüblicher Fütterung äußerst unwahrscheinlich, sie ist jedoch bei Verwendung ungeeigneter Futtermittel oder Infusionslösungen zur enteralen oder parenteralen Ernährung durchaus denkbar. **Taurinmangel** ist bei vegetarischer Ernährung zu erwarten, da diese Aminosäure nur in tierischem Gewebe (nicht in Milch und Eiern) in ausreichenden Mengen enthalten ist. Außerdem ist eine reduzierte Verfügbarkeit bei hitzebehandelten Dosenfuttern evtl. auch bei bindegewebsreichen Schlachtabfällen möglich (Taurin wird nicht zerstört, die Zirkulation von Taurocholsäure im enterohepatischen Kreislauf jedoch verstärkt und gleichzeitig mehr Taurin durch die Darmflora abgebaut). Im Fertigfutter wird Taurin mittlerweile – sofern erforderlich – entsprechend neueren Bedarfsempfehlungen (Tab. 1) zugesetzt, so daß hier Mangelsituationen nicht zu erwarten sind. Taurin kann als Reinsubstanz im Chemikalienhandel erworben werden und bei selbstgemachten Rationen, bei welchen eine Mangelsituation möglich ist (vegetarisch, Rationen mit viel Bindegewebe, Milchersatz), gegebenenfalls ergänzt werden. Zur Diagnose des Mangels eignen sich Plasma (hämolysefrei gewinnen, sofort zentrifugieren und einfrieren) und Urin. Der Gehalt im Plasma sollte mindestens 40 µmol/l betragen, Taurin sollte im Harn nachweisbar sein.

Durch **Proteinüberversorgung** ist bei gesunden Katzen keine Schadwirkung zu erwarten, allerdings kann die Akzeptanz des Futters zurückgehen. Exzessive Zulagen bestimmter Aminosäuren (z. B. Methionin als Harnsäuerer) können sich jedoch ungünstig auswirken. Aminosäurenimbalancen gehen oft mit einer reduzierten Futteraufnahme einher, so daß sie in der Praxis kaum längere Zeit praktiziert werden können.

Fett

Ebenso wie andere Species hat die Katze keinen „Fettbedarf", sondern einen Bedarf an **essentiellen Fettsäuren.** Linolsäure ist auch für Katzen essentiell. Der Gehalt im Futter sollte etwa 5 g/kg Trockenmasse betragen (mittlerer Energiegehalt von 2 MJ/100 g Trockenmasse im Futter). Enthalten ist Linolsäure in größeren Mengen in weichen tierischen Fetten (Schmalz von Schwein und Geflügel, nicht aber in Fischöl) sowie in vielen Pflanzenölen, z. B. Sonnenblumen-, Soja-, Maiskeim-, Lein- und Nachtkerzenöl. Olivenöl enthält dagegen nur wenig Linolsäure. Die Katze als strikter Carnivore benötigt außerdem noch Arachidonsäure, welche sie – im Gegensatz zu anderen Haustieren – nicht in ausreichenden Mengen aus Linolsäure synthetisieren kann. Der Bedarf ist geringer als für γ-Linolsäure (0,2 g/kg Trockensubstanz). .Arachidonsäure ist nur in tierischen Geweben oder Fetten enthalten. Nachtkerzenöl enthält γ-Linolensäure, eine Vorstufe der Arachidonsäure, aus welcher auch die Katze Arachidonsäure synthetisieren kann. Linol- und Arachidonsäure entstammen beide der n6-Fettsäurenfamilie. Es ist bisher unklar, ob die Katze auch einen Bedarf an n3-Fettsäuren hat (Linolensäure), Mangelerscheinungen wurden bisher bei Katzen noch nie beschrieben. n3-Fettsäuren können Mangelsituationen an n6-Fettsäuren bei der Katze teilweise abmildern, sie können jedoch die n6-Fettsäuren nicht vollständig ersetzen. Es muß darauf hingewiesen werden, daß andere höher ungesättigte Fettsäuren als Linolsäure und Arachidonsäure (bzw. deren Vorstufe γ-Linolensäure) mit Sicherheit nicht essentiell sind. Die für einige dieser Fettsäuren (z. B. hochungesättigte n3-Fettsäuren aus Fischöl) beschriebenen entzündungshemmenden Effekte sind als pharmakologisch einzustufen, sie haben nicht unmittelbar mit der Nährstoffversorgung zu tun. Da die Wirkung der n3-Fettsäuren auf der kompetitiven Verdrängung von n6-Fettsäuren bei der Bildung von Entzündungsmediatoren beruht, ist für ihre Effektivität (und für eventuelle Nebenwirkungen bei Überdosierung wie verzögerte Wundheilung) vor allem die Relation von n3- zu n6-Fettsäuren ausschlaggebend.

Mangelerscheinungen an essentiellen Fettsäuren sind bei Katzen äußerst selten. Insbesondere bei adulten Tieren ist im Körperfett i. a. eine erhebliche Reserve vorhanden. Symptome sind rauhes, trockenes Haarkleid, Parakeratosen, Haarausfall, vermehrte Bildung von Ohrenschmalz, erhöhte Anfälligkeit der Haut für Infektionen, verzögerte Wundheilung, reduzierter Muskeltonus, Leberverfettung und -degeneration, Anämie und Fruchtbarkeitsstörungen. Mangelsituationen könnten bei gesunden Katzen durch langfristige vegetarische Fütterung provoziert werden. Eine klassische Variante des Fettsäurenmangels durch ranziges Fett ist bei Katzen wegen der geringen Akzeptanz solcher Futtermittel nicht zu erwarten. Bei Malabsorptions- und Maldigestionssymptomen kann Mangel an essentiellen Fettsäuren auftreten, ebenso bei vollständiger parenteraler Ernährung. Auch bei enteraler Ernährung sollte bei Präparaten, welche nicht speziell für Katzen ausgelegt sind bzw. bei selbstgemachten Rationen eine Ergänzung durch Nachtkerzenöl (300 mg/100 g Sondenkost) überlegt werden.

Die Toleranz der Katze gegenüber Fett ist hoch, es kann also ohne weiteres zugelegt werden, um den Energiegehalt in der Ration zu erhöhen. Lediglich mittelkettige Triglyceride (Butter, Sahne) könnten – ähnlich wie beim Hund – begrenzt verträglich sein. Kleine Mengen zur Verbesserung der Akzeptanz werden durchaus toleriert, Unverträglichkeiten wie Erbrechen oder Durchfall könnten auftreten, wenn eine Dosis von 3 g/kg KM überschritten wird. Große Mengen an mehrfach ungesättigten Fettsäuren (z. B. Fischöl) werden nur in Verbindung mit erhöhter Vitamin-E-Zufuhr toleriert, andernfalls kann es zum

Auftreten der Steatitis kommen. Diese wurde in der Praxis nach ausschließlicher Verfütterung fettreicher Fischkonserven beschrieben.

Kohlenhydrate

Kohlenhydrate sind für Katzen nicht essentiell. Im Licht der strikt carnivoren Eigenschaften der Katze betrachtet, ist es andererseits nicht überraschend, daß die Toleranz für Kohlenhydrate sowohl im Intestinal- als auch im Intermediärstoffwechsel deutlich limitiert ist. Am besten verträglich ist **hochaufgeschlossene Stärke,** z. B. gekochte Kartoffeln, Reis, Nudeln, evtl. auch Weißbrot. Die Aufnahme sollte jedoch 5 g/kg KM nicht überschreiten, sonst muß mit saurer osmotischer Diarrhoe als Folge einer Dickdarmazidose gerechnet werden. Dieses Problem kann biochemisch mit einer Pansenazidose verglichen werden und entsteht, wenn im Dünndarm unvollständig verdaute, leicht fermentierbare Kohlenhydrate in den Dickdarm gelangen. Der Zustand der Dickdarmazidose ist für die Katze allerdings weit weniger bedrohlich als die Pansenazidose für den Wiederkäuer, da der kurze Dickdarm der Katze schnell entleert werden kann, wodurch eine weitere Beeinträchtigung des Wohlbefindens vermieden wird. Saure osmotische Diarrhoe tritt gelegentlich nach der Verfütterung von Trockenfuttern mit hohem Gehalt an nur moderat aufgeschlossener Stärke auf, besonders dann wenn Tiere mit erhöhtem Energiebedarf (größere Futtermenge) mit solchen Produkten ernährt werden. **Rohe Stärke** kann bei Katzen als Ballaststoff eingestuft werden. I. d. R. kommt es zwar zur Ansäuerung des Chymus, nicht aber zur Diarrhoe. Daher kann die Verwendung in der Diätetik sinnvoll sein.

Bei den Zuckern werden die **Disaccharide** Lactose (Milchzucker), aber auch Saccharose (Rohrzucker) im Dünndarm unvollständig verdaut. Bei Aufnahme größerer Mengen (>2 g Lactose/kg KM, entsprechend etwa 40–50 ml Milch/kg KM) muß daher mit Durchfall gerechnet werden. Maltose und Maltodextrin sind besser verdaulich. **Monosaccharide** (Glukose, Galactose, Fructose) rufen selten Verdauungsstörungen hervor. Im Intermediärstoffwechsel können allerdings die Monosaccharide einschließlich der Glukose (Traubenzucker) nur langsam und zum Teil mit erheblichen Störungen (Hyper- oder Hypoglykämie, Ausscheidung von Glukose, Galactose, Fructose, Dulcit mit dem Harn, in Einzelfällen sogar Kataraktbildung) umgesetzt werden. Selbst die relativ geringfügigen Mengen an Monosacchariden, die nach Aufnahme der schwerverdaulichen Disaccharide Saccharose oder Lactose absorbiert werden, können noch Störungen (wie Hyperglykämie, Melliturie, Dulciturie) hervorrufen. Außerdem kommt es zur renalen Ausscheidung von Saccharose bzw. Lactose. Daher sollten Mono- und Disaccharide in der Katzenfütterung möglichst gemieden werden. Nach dem heutigen Stand des Wissens sind auch die sogenannten „Diabetikerzucker" nicht geeignet, weil die Probleme bei der intermediären Umsetzung nicht in erster Linie auf Insulinmangel, sondern u. a. auf dem Fehlen oder der geringen Aktivität bzw. Induzierbarkeit von Enzymen des Zuckerstoffwechsels bei der Katze beruhen. Diese Besonderheiten des felinen Kohlenhydratstoffwechsels müssen bei der Diagnose des Diabetes mellitus berücksichtigt werden, da Zucker durchaus „versteckt" z. B. in Soßen, aber auch in kommerziellen Katzenfuttermitteln enthalten sein können.

Oligosaccharide wie z. B. Raffinose, Stachyose (z. B. aus Soja), aber auch Fructooligosaccharide (sogenannte künstliche Faser) werden nicht durch körpereigene Enzyme abgebaut, sondern fermentiert. Sie können sich sehr unterschiedlich auswirken, je nachdem, wie schnell und von welcher Flora sie umgesetzt werden. Die Oligosaccharide des Soja rufen Blähungen und evtl. Durchfall hervor, während die „künstliche Faser" sehr verträglich sein soll. Ihre Metabolisierung trägt durch Freisetzung kurzkettiger Fettsäuren zur Ernährung der Colonschleimhaut bei.

Der **Gehalt an „löslichen" Kohlenhydraten** (Stärke, Zucker, lösliche Faseranteile) eines Futtermittels kann durch Berechnung der stickstofffreien Extraktstoffe (NfE) aus der Deklaration, wie im Kapitel Energie beschrieben, erfaßt werden. Bezogen auf die Trockenmasse sollte er 40 % keinesfalls überschreiten, bei Tieren mit höherem Bedarf und entsprechend höherer Futteraufnahme in Relation zur Körpermasse (Wachstum, Reproduktion, Streß z. B. postoperativ) sollten höchstens 20–30 % NfE in der Trockenmasse enthalten sein.

Mengenelemente

Kalzium und Phosphor

Diese beiden Elemente werden wegen der vielfältigen Interaktionen gemeinsam besprochen (Empfehlungen zur Versorgung und zum Ca/P-Verhältnis s. Tab. 1). Mangel an Kalzium und der daraus resultierende nutritive Hyperparathyreoidismus sind noch immer die häufigste in der Praxis auftretende Mangelerkrankung bei der Katze. Die Symptome sind Bewegungsstörungen bis hin zur Stehunfähigkeit, Schmerzhaftigkeit bei der Palpation der Gliedmaßen und sogenannte Grünholzfrakturen. Röntgenologisch ist das Skelett unzureichend mineralisiert mit dünner Corticalis, entsprechend schwach ist der Röntgenkontrast der Knochen. Die Erkrankung ist insofern besonders heimtückisch, da weder das Allgemeinbefinden noch das klinische Erscheinungsbild beeinträchtigt werden, bevor es zum Verlust der Stabilität des Skeletts kommt. Auch der Ca-Spiegel im Plasma ist meist nicht reduziert. Die Katzen werden daher i. d. R. erst vorgestellt, wenn bereits Frakturen aufgetreten sind. Bei Hauskatzen ist, sofern die Frakturen nicht weitere Organsysteme irreversibel in Mitleidenschaft ziehen (z. B. bei Wirbelbrüchen), die Prognose gut, sofern die Ca- und P-Versorgung umgehend bedarfsgerecht gestaltet und das Ca/P-Verhältnis ausgeglichen wird (kommerzielles Alleinfutter oder berechnete Ration, nicht einfach irgendein Mineralfutter empfehlen!). Bei Großkatzen mit entsprechendem Körpergewicht sind die Heilungschancen geringer als bei Hauskatzen, da das Skelett viel stärker beansprucht wird. Es ist nicht empfehlenswert, zu versuchen, den Ca-Mangel durch eine anschließende Überversorgung zu kompensieren. Dadurch wird die Regulation der Ca-Homöostase erneut gestört und die Mineralisierung des Skeletts nicht beschleunigt. Ebenfalls kontraindiziert sind über den Bedarf hinausgehende Vitamin-D-Gaben, da dadurch unter diesen Bedingungen die Mobilisierung von Kalzium aus dem Skelett nur noch beschleunigt wird.

Ursache des Ca-Mangels ist eine absolut unzureichende Versorgung, meist in Kombination mit einem unausgeglichenen Ca-/P-Verhältnis. Tierhalter wissen zwar i. d. R., *daß* Katzen Kalzium brauchen, aber nicht *wieviel* und in welchen Futtermitteln es ausreichend enthalten ist. Bei ausschließlicher Verfütterung von als Alleinfutter deklarierten Fertigprodukten muß nicht mit Ca-Mangel gerechnet werden. Bei der nutritiven Anamnese sollte in Verdachtsfällen jedoch immer sorgfältig nachgefragt werden, ob wirklich nichts anderes gefüttert wird. Die Katzenbesitzer sind sich oftmals nicht bewußt, daß sie außer dem Katzenalleinfutter über Leckerbissen usw. einen hohen Anteil des täglichen Energiebedarfs über andere, und zwar meist Ca-arme Futtermittel abdecken. Besonders problematisch kann dies in Haushalten mit mehreren Katzen sein, wenn einige Tiere *nur* die Leckerbissen fressen. Fleisch und Schlachtabfälle (einschließlich Leber, Pansen und anderer Organe) sind Ca-arm, sofern keine Knochen enthalten sind. Dasselbe gilt für Getreideprodukte (Reis, Nudeln, Flocken) und Kartoffeln. Eine Deckung des Bedarfs durch Gemüse ist bei der Katze nicht möglich. Bei den Milchprodukten ist der gerade in der Diätetik so beliebte Quark oder Hüttenkäse ebenfalls Ca-arm. Wird Kuhmilch in der maximal verträglichen Dosis von 40 bis 50 ml/kg KM eingesetzt, so werden nur etwa zwei Drittel des Ca-Bedarfs adulter Katzen und etwa ein Fünftel bis ein Drittel der für das Wachstum benötigten Ca-Menge abgedeckt (Lactosetoleranz der Welpen geht nach dem Absetzen sehr rasch zurück, sie vertragen daher nicht wesentlich mehr Milch als erwachsene Katzen).

Die Ca-Ergänzung muß daher bei selbstgemachten Rationen über ein Mineralfutter erfolgen. Wenn eine sinnvolle Ergänzung vorgenommen werden soll, kann nicht einfach irgendein beliebiges Mineralfutter in irgendeiner beliebigen Dosierung empfohlen werden. Dies sei an folgendem Beispiel verdeutlicht: Eine 4 kg schwere adulte Katze wird mit 150 g Hühnerfleisch und 20 g Reis (lufttrocken abgewogen, gekocht ist das wesentlich mehr) entsprechend ihrem Energiebedarf gefüttert. Mit dieser Ration erhält die Katze 24 mg Kalzium und 250 mg Phosphor. Der Tagesbedarf an diesen beiden Elementen beträgt jedoch 320 mg Kalzium und 280 mg Phosphor. Theoretisch könnte die Ca-Ergänzung mit Ca-Carbonat (kohlensaurer Futterkalk) vorgenommen werden. Ca-Carbonat enthält etwa 37 % Kalzium. Um die fehlenden 300 mg Kalzium zu ergänzen, müßten dann 840 mg Ca-Carbonat zugelegt werden. Die Dosierung einer solchen Menge ist schwierig, und Überdosierung würde zu einem unausgeglichenen Ca/P-Verhältnis führen. Noch wichtiger ist aber, daß durch Futterkalk eben nur Kalzium und nichts anderes ergänzt wird. Der fehlende Phosphor kann auf diese Weise nicht zugeführt werden, und auch andere Mengen- und Spurenelemente sowie Vitamine, die in der Ration nicht ausreichend enthalten sind (Na, Cl, Fe, Zn, J, Vit. A, D, E, B_1), werden auf diese Weise nicht ausgeglichen.

Bei der Ergänzung durch Mineralfutter muß analog vorgegangen werden. Sollen beispielsweise 2 g Mineralfutter gegeben werden, eine Menge, welche hinsichtlich Akzeptanz und praktischer Dosierung realistisch erscheint, so müssen diese 2 g die fehlenden 300 mg Kalzium und 30 mg Phosphor enthalten, das Mineralfutter muß demnach 15 % Kalzium und 1,5 % Phosphor enthalten. Bei höherer Dosierung des Mineralfutters z. B. bei 5 g sollte der Ca-Gehalt nur noch 6 % und der P-Gehalt 0,6 % betragen. Diese Gehalte gelten selbstverständlich nur für das obige Rationsbeispiel! Würde die Katze mit Alleinfutter gefüttert, so wäre ihre Ca- und P-Aufnahme reichlich bedarfsdeckend bei ausgeglichenem Ca/P-Verhältnis und durch das Mineralfutter käme es zur Überversorgung und zu einer zu starken Erweiterung des Ca/P-Verhältnisses. Das Mineralfutter muß also immer passend zur jeweiligen Ration zusammengesetzt sein. Demnach kann es auch kein universal „bestes Mineralfutter" für Katzen geben! Natürlich muß auch für die anderen Mengen- und Spurenelemente sowie die Vitamine eine entsprechende Berechnung (Differenz zwischen Aufnahme und Bedarf muß durch das Mineralfutter abgedeckt werden) vorgenommen werden. Mit dem Taschenrechner ist dies in der Praxis nicht praktikabel. Wenn die recht einfachen Dreisatzberechnungen jedoch auf ein Tabellenkalkulationsprogramm wie z. B. Excel, Lotus, Multiplan, Alite umgesetzt und gespeichert werden, lassen sie sich sehr rasch durchführen. Das beschriebene Bilanzieren der Ration ist die Voraussetzung, daß hausgemachte Rationen und Diäten bei langfristiger Fütterung fertigen Katzenalleinfuttern gleichwertig oder in einigen Fällen sogar überlegen sein können.

Obwohl die Zusammensetzung kommerzieller Mineralfutter extrem variiert, gibt es nicht für jede Ration ein genau passendes Produkt. In diesem Zusammenhang stellt sich die Frage nach der Überversorgung. Bei Kalzium und Phosphor muß bei erhöhter Zufuhr zunächst die Versorgung mit dem jeweils anderen Element bzw. das Ca/P-Verhältnis beachtet werden. Ein unausgeglichenes Ca/P-Verhältnis ist vor allem dann kritisch, wenn einer der beiden Partner nicht ausreichend oder nur marginal zugeführt wird, z. B. bei Fleischfütterung (Ca-Mangel und Ca/P-Verhältnis 0,1:1). Die umgekehrte Situation entsteht, wenn Fleisch mit Ca-Carbonat ergänzt wird (Phosphor marginal, zu weites Ca/P-Verhältnis). Eine moderate Überversorgung mit beiden Elementen in ausgeglichenem Verhältnis wird der gesunden Katze nach heutigem Stand des Wissens nicht schaden.

Beide Elemente sind allerdings mit der Entstehung von Struvitsteinen in Zusammenhang gebracht worden. Phosphor als Bestandteil des Struvits (Ausscheidung von Überschüssen in den Harn) und Kalzium, weil es in den meisten Verbindungen (Futterkalk, organische Ca-Salze = sogenanntes „reines Kalzium") alkalisierend wirkt und dadurch zur Erhöhung des Harn-pH-Wertes führt.

Magnesium

Mg-Mangel ist bei Katzen sehr selten. Die Symptome eines unter experimentellen Bedingungen bei Katzenwelpen erzeugten Mg-Mangels waren Wachstumsdepression, Muskelschwäche, Übererregbarkeit und Krämpfe sowie post mortem Aortenverkalkung. Mg-Gehalte im Plasma sind reduziert und eignen sich somit zur Diagnose. Bei adulten Tieren wäre eine Mangelsituation theoretisch möglich, wenn zur Struvitprophylaxe Magnesium extrem reduziert und gleichzeitig eine starke Acidierung vorgenommen wird, die zu einer verstärkten renalen Mg-Ausscheidung führen kann. Solche Probleme sind bisher aber in der Praxis nicht aufgetreten. Überversorgung mit Magnesium sollte vermieden werden, da Magnesium an der Struvitbildung beteiligt ist. Eine erhöhte Mg-Zufuhr muß allerdings immer im Zusammenhang mit dem Harn-pH-Wert gesehen werden. Bei sauren Harn-pH-Werten ist sie weniger schwerwiegend.

Natrium, Chlorid

Mangel an Natrium oder Chlorid ist bei Katzen ungewöhnlich. Hausgemachte Rationen, die nicht gesalzen bzw. mineralisiert werden, sind zwar i. d. R. arm an Natrium, die Katzen können dies jedoch offensichtlich kompensieren. Denkbar wäre ein Mangel bei Verwendung von Na-armen Diäten (für Herz- oder Nierenkrankheiten), insbesondere wenn Diuretika verwendet werden. Der Na- bzw. Cl-Gehalt im Plasma gibt keine sichere Auskunft über die Versorgung, Harn und postmortal auch das Skelett sind besser geeignet, um einen eventuellen Mangel zu diagnostizieren. Kochsalz wird gelegentlich in recht hohen Dosen zur Anregung der Diurese in Trockenfuttern eingesetzt. Eine Zunahme des Harnvolumens ist allerdings erst ab etwa 20 g Na/kg Trockenmasse zu erwarten und auch dann bleibt die Harnmenge hinter den Werten bei Aufnahme von Feuchtfutter deutlich zurück. Eine Schadwirkung durch Überversorgung mit beiden Elementen ist bisher für gesunde Katzen nicht nachgewiesen, für nierenkranke Tiere wurde allerdings gezeigt, daß ein Zusammenhang zwischen hoher Na-Aufnahme und Bluthochdruck bestehen kann.

Kalium

K-Mangel/Hypokaliämie wird sowohl bei gesunden Katzen als auch im Zusammenhang mit Erkrankungen (Polyurie bei Niereninsuffizienz, nach Verwendung von Diuretika, bei Durchfall und Diabetes mellitus) gelegentlich beobachtet. Der K-Gehalt in hausgemachten Rationen auf Fleischbasis ist i. d. R. ausreichend, bei überwiegendem Einsatz von Quark oder Hüttenkäse kann die Versorgung allerdings knapp sein. Auch in Fertigfuttern wurden gelegentlich Gehalte an der untersten Grenze der Empfehlungen beobachtet. Die Versorgung reicht dann für gesunde Tiere gerade noch aus. Wenn jedoch erhöhte Verluste z. B. wegen Durchfall oder Nierenerkrankungen hinzukommen, so kann es zur Hypokaliämie kommen. Symptome sind Muskelschwäche, steifer Gang und eine typische nach ventral gebeugte Kopfhaltung. Zur Diagnose eignet sich der Plasma-K-Gehalt.

Spurenelemente

Eisen

Fe-Mangel ist bei erwachsenen Katzen ausgesprochen ungewöhnlich. Bei Katzenwelpen kann die Versorgung durch die Muttermilch knapp werden, wenn mit der Beifütterung zu spät begonnen wird.

Rationen auf Milchbasis (z. B. selbstgemischte Milchaustauscher oder hausgemachte Beifutter) müssen ergänzt werden. Leitsymptom ist eine hypochrome, mikrozytäre Anämie. Um diese von Anämien anderer Genese (z. B. bei chronischer Niereninsuffizienz) abzugrenzen, kann neben dem Hämatokrit und Hämoglobingehalt und dem roten Blutbild der Fe-Gehalt im Serum und die freie Fe-Bindungskapazität zur Diagnose herangezogen werden. Fe-Mangel kann bei chronischen Parasitosen oder Blutverlusten auch ohne alimentäre Ursache auftreten. Gerade bei Katzenwelpen ist es nicht empfehlenswert, die Fe-Versorgung durch eine parenterale Injektion zu korrigieren. Eine ausreichende orale Zufuhr kann durch kommerzielle Alleinfutter als Beifutter oder durch selbstgemachte Mischungen, die Fleisch und eventuell geringe Anteile an Leber (Cave: Selektion durch einzelne Kätzchen!) bzw. einfach ein Fe-haltiges Mineralfutter enthalten, erreicht werden. Oral sehr gut verträglich sind Fe-Chelat-Tabletten von Dr. Grandels (für den Humangebrauch, im Reformhaus erhältlich, ½ Tablette pro Tag ist reichlich bedarfsdeckend).

Kupfer

Cu-Mangel wurde bei Katzen bisher nicht beschrieben, er konnte experimentell auch bei Cu-Gehalten unter 1 mg/kg Trockenmasse nicht provoziert werden. Es ist daher äußerst unwahrscheinlich, daß unerwünschte Aufhellungen des Haarkleides bei Katzen auf einen Cu-Mangel zurückzuführen sind. Eine Diagnose anhand des Plasma-Cu-Spiegels ist unsicher, Haare oder post mortem die Leber sind besser geeignet.

Zink

Zn-Mangel wurde bisher nur unter experimentellen Bedingungen bei Katzenwelpen beobachtet. Neben Retinaatrophie traten typische Zn-Mangel-Symptome wie reduzierte Futteraufnahme und Gewichtszunahme, glanzloses Haarkleid und Tubulusdegeneration im Hodengewebe auf. In diesen Untersuchungen wurde der Zn-Gehalt bei exzessiver Ca-Zufuhr (bedingt reduzierte Zn-Verfügbarkeit) stark abgesenkt, Zn-Reduktion allein führte nicht zu deutlichen Zn-Defiziten. Ein Mangel ist daher nur unter vergleichbaren Bedingungen zu erwarten. Zur Diagnose könnte gegebenenfalls der Zn-Gehalt in Haaren, Leber oder Skelett (post mortem) herangezogen werden, der Plasma-Zn-Gehalt spiegelt nur drastische Mangelsituationen wider. Zusätzliche Zn-Gaben werden gelegentlich bei Hautkrankheiten empfohlen. Dabei sollte eine Zufuhr von 20 mg/kg KM (20facher Bedarf) besser nicht überschritten werden, da eine moderate Toxizität (Erbrechen, Gewichtsverlust, histologische Veränderungen am Pankreas) bei einer Zn-Zufuhr von 50 bis 100 mg/kg KM auftreten kann. Langfristige Zn-Überversorgung kann Cu-Mangel hervorrufen.

Jod

J-Mangel wird bei Katzen in J-Mangelgebieten bei Fütterung hausgemachter Rationen gelegentlich beobachtet. Es entstehen die typischen J-Mangelsymptome (Kropf, Haarausfall, Störungen des Ca-Stoffwechsels). J-Überversorgung (bis 5 mg/d) wird von gesunden Katzen toleriert, während dies bei Katzen mit Hypothyreose Intoxikationen hervorrufen kann. Es ist unklar, ob die bei älteren Katzen häufig auftretenden Hyperthyreosen mit der J-Versorgung zusammenhängen. Der J-Gehalt im Plasma spiegelt die Versorgung wider.

Sonstige Spurenelemente

Mangelerscheinungen an anderen Spurenelementen wurden bei Katzen bisher nicht beschrieben.

Vitamine

Vitamin A

Vitamin-A-Mangel ist in der Praxis äußerst selten. Er könnte durch langfristige Fütterung von Fleisch und Schlachtabfällen ohne Leberzusatz oder Vitaminergänzung sowie durch vegetarische Rationen ohne Milch (die Katze kann Carotin nicht zu Vitamin A umwandeln) ausgelöst werden. Symptome sind Läsionen an der Haut, am Auge sowie am Skelett, Infektionsanfälligkeit, Fruchtbarkeitsstörungen, in Extremfällen auch Mißbildungen. Der Plasmaretinolgehalt ist zur Diagnose der längerfristigen Unterversorgung geeignet, postmortal kann auch der Vitamin-A-Gehalt in der Leber bestimmt werden. Vitamin-A-Überdosierung (ausschließliche Leberfütterung, unkontrollierte Verwendung von Vitaminpräparaten, Fehlmischungen, iatrogen) kann zur Intoxikation führen. Bei Katzen trat nach Aufnahme von 54 000 IE/kg KM/d bereits nach 14 Wochen eine Schädigung des Skeletts auf. I. d. R. manifestieren sich diese Schäden als Ankylose der Halswirbelsäule, es treten aber auch Veränderungen an Schulter und Ellenbogengelenk auf. Inwieweit Vitamin-A-Exzesse auch bei der Katze teratogen sind, ist unbekannt, eine massive Überversorgung gravider Tiere sollte jedoch vermieden werden. Für die Diagnose der Überversorgung eignet sich die Bestimmung der Retinylester im Plasma.

Vitamin D

Obwohl die Katze nicht die Fähigkeit besitzt, unter dem Einfluß von UV-Licht Vitamin D in der Haut zu bilden, ist der Vitamin-D-Mangel in der Praxis extrem selten. Die Symptome sind bei Jungtieren

Rachitis und Osteomalacie. Da nutritiv bedingte Störungen der Skelettentwicklung in den meisten Fällen durch Ca-Unterversorgung verursacht werden und eine wesentlich über den Bedarf hinausgehende Vitamin-D-Zufuhr bei Ca-Mangel kontraindiziert ist, muß bei Verdacht auf Rachitis durch Vitamin-D-Mangel vor einer Supplementation zunächst eine bedarfsgerechte Ca- und P-Versorgung sichergestellt werden. Bei erwachsenen Katzen dauert die Entwicklung eines Vitamin-D-Mangels u. U. über ein Jahr. Die Symptome kommen vor allem durch eine Einengung des Wirbelkanals zustande; es entstehen Ataxien und Lähmungserscheinungen, die von caudal nach cranial fortschreiten, aber auch Hypocalcämie wird beobachtet.

Auch beim Vitamin D führt die exzessive Zufuhr (iatrogen, unkontrollierte Verwendung von Vitaminpräparaten, Fehlmischungen, Leber von Fischen, Rhodentizide) zur Intoxikation, die zur Verkalkung der Weichgewebe führt. Davon ist insbesondere die Niere betroffen. Ein Hilfsmittel bei der Diagnose kann neben dem etwas aufwendig zu bestimmenden Vitamin-D-Gehalt im Plasma der Ca-Spiegel sein, der bei Vitamin-D-Intoxikation deutlich ansteigt. Es ist unklar, ob die Zufuhr von erheblich über den Bedarf hinausgehenden jedoch noch nicht unmittelbar toxischen Vitamin-D-Mengen mit Futtermitteln, die größere Mengen an Fischeingeweiden enthalten, langfristig gesundheitsschädlich sein kann. In diesem Zusammenhang muß erwähnt werden, daß der Vitamin-D-Bedarf der Katze bisher um 100 % überschätzt wurde.

Vitamin E

Bei ausschließlicher Verfütterung von Fischkonserven oder Bratfisch kann Vitamin-E-Mangel auftreten. Dies hängt vermutlich mit dem hohen Gehalt an mehrfach ungesättigten Fettsäuren zusammen, da auch bei der Katze mit steigendem Gehalt an ungesättigten Fettsäuren mit einer Zunahme des Bedarfs an Vitamin E zu rechnen ist. Besonders kritisch ist die Situation, wenn die Fettsäuren oxidiert sind (Ranzigwerden, evtl. auch Oxidation beim Braten). Das Krankheitsbild wird im angelsächsischen Schrifttum sehr zutreffend als „Yellow-Fat-Disease“ bezeichnet, da das knotig verhärtete, sehr schmerzempfindliche Fettgewebe gelblich, orange oder bräunlich verfärbt ist. Neben Apathie, Fieber und Appetitlosigkeit treten starke Bauchschmerzen auf. Zur Diagnose kann sowohl der Plasmatocopherolspiegel als auch (unspezifisch) die Hämolyseresistenz der Erythrozyten mit herangezogen werden. Eine hochdosierte (parenterale) Vitamin-E-Supplementation ist nur im Anfangsstadium der Erkrankung aussichtsreich, bei fortgeschrittenen Veränderungen ist die Prognose dagegen schlecht.

B-Vitamine

Im Gegensatz zu den fettlöslichen Vitaminen ist die Speicherkapazität des Organismus für die wasserlöslichen B-Vitamine gering. Ein Mangel kann daher vergleichsweise rasch (innerhalb mehrerer Wochen) induziert werden. Für die Praxis ist vor allem **Thiamin** (Vitamin B_1) relevant. Es ist in Fleisch, Quark, Reis und Kartoffeln, also den typischen Einzelfuttermitteln für hausgemachte Diäten, nicht in ausreichender Menge enthalten (<30 % des Bedarfs bei Zuteilung entsprechend dem Erhaltungsbedarf an Energie). Zusatz von Leber in verträglichen Mengen (Vitamin-A-Exzeß!) kann den Mangel lindern, jedoch nicht völlig beheben. Thiamin ist hitzelabil und wird daher beim Kochen teilweise zerstört. Bei kommerziellen Alleinfuttern ist eine mangelhafte Versorgung trotzdem nicht zu befürchten, da Thiamin vor dem Sterilisationsprozeß in so hohen Mengen zugesetzt wird, daß ein bedarfsdeckender Rest verbleibt. Thiamin kann durch Thiaminasen aus rohen Fischen oder durch Schwefelverbindungen (Sulfite, zur Hackfleischkonservierung, in Deutschland verboten) zerstört werden. Thiamin-Mangel beginnt mit unspezifischen Störungen (Appetitlosigkeit, Gewichtsverlust, Erbrechen), gefolgt von neurologischen Symptomen (Ataxie, vorgebeugte Kopfhaltung, Krämpfe, Herzrhythmusstörungen). Zur Thiaminergänzung eignet sich neben vitaminierten Mineralfuttern auch Hefe. Mangel an anderen B-Vitaminen wurde bei der Katze nur unter experimentellen Bedingungen mit halbsynthetischen Rationen induziert. Die Symptome manifestierten sich u. a. am Blutbild, an Haut und Schleimhäuten, an der Leber sowie als Oxalaturie (bei B_6-Mangel).

Biotin

Bei der Katze reicht vermutlich die Biotinsynthese durch die Darmflora zur Deckung des Bedarfs aus. Mangelerscheinungen konnten im Experiment nicht durch eine biotinfreie Ration, sondern nur durch Zusatz von Eiprotein, welches Avidin („Antivitamin H“, inaktiviert Biotin) enthält, ausgelöst werden. Avidin wird durch Erhitzen zerstört. Daher ist Biotinmangel bei der Katze unter Praxisbedingungen allenfalls bei sehr langanhaltender und hochdosierter oraler Antibiose zu erwarten. Ein eindeutiger positiver Effekt von zusätzlichen Biotingaben auf Haut und Haarkleid wurde bisher für die Katze noch nicht nachgewiesen. Wirkungen hoher Biotindosen auf die Haut und besonders ihre Anhangsgebilde, die bei anderen Species beschrieben wurden (z. B. Verbesserung der Hufhornqualität beim Pferd; WINTZER

1986), dürften wohl weniger auf die Behebung von Mangelzuständen als auf mögliche pharmakologische Effekte des Biotins zurückzuführen sein.

Wasser

Katzen sind zwar in der Lage, ihren Harn sehr hoch zu konzentrieren und dadurch Wasser zu sparen. Sie können ihren Wasserbedarf notfalls über Futter mit einem Wassergehalt von 70 bis 80 % decken. Trotzdem sollte immer frisches Wasser zur Verfügung stehen, da eine hohe Konzentrierung des Harns wegen des Harnsteinrisikos unerwünscht ist und außerdem auch bei hohem Wassergehalt im Futter nicht unbedingt sichergestellt ist, daß die Relation zwischen dem Wasser- und Energiegehalt des Futters und den harnpflichtigen Substanzen (z. B. Salz) tatsächlich eine problemlose Regulation des Wasserhaushaltes gewährleistet. Auch bei Aufrechterhaltung einer ausgeglichenen Wasserbilanz kann Durstgefühl eintreten. Bei wasserarmen Futtermitteln (Trockenfutter) darf auf Trinkwasser auf gar keinen Fall verzichtet werden, es muß immer verfügbar sein. Das Wasser sollte Trinkwasserqualität haben. Zusätze, die

Tabelle 1: Empfehlungen zur Energie- und Nährstoffversorgung der Katze (pro kg KM/d)

	Erhaltung	**Gravidität 2. Hälfte**	**Laktation**	**Wachstum < 1 kg bis 10. Wo.**	**Wachstum > 1 kg ab 10. Wo**
verdauliche Energie (DE) MJ	0,3	0,4	1,0	0,8	0,4–0,55
verdauliches Rohprotein g	4,8	6,3	15	14	6–10
Taurin mg[1]	25–50	35–70	85–190	65–130	35–85
Ca mg	80	110	250	200	150
P mg	70	100	230	175	130
Ca/P	0,9–1,1:1	0,9–1,1:1	0,9–1,1:1	0,9–1,1:1	
Mg mg	12	18	28	28	20
Na mg	80	110	260	150	100
K mg	80	110	260	160	120
Cl mg	120	170	400	180	150
Fe mg	1,5	2,1	2,0	2	
Cu mg	0,1	0,15	0,3	0,25	
Zn mg	1,0	1,4	3,3	2,5	
Mn mg	0,1	0,14	0,3	0,2	
J mg	0,05	0,06	0,16	0,15	
Se mg	0,002	0,005	0,005	0,005	
Vit. A IE	500–700	1000–2000	1000–2000	1000–1500	
Vit. D IE[2]	5	10	10	10	
Vit. E mg	2	4	4	4	
Vit. B_1 µg	100	300	300	200	
Vit. B_2 µg	50	100	100	100	
Vit. B_6 µg	80	100	100	100	
Vit B_{12} µg[3]	0,4	0,5	1,4	0,5–1,2	
Pantothensäure µg	200	400	400	400	
Nicotinsäure µg	800	1200	1200	1200	
Folsäure µg	20	20	20	20	
Biotin µg	2–4	2–4	2–-4	2–4	

nach MEYER und HECKÖTTER (1986)

1) Errechnet nach den Empfehlungen von MORRIS und ROGERS (1992): Trockenfutter 1200 mg/kg Trockenmasse und Feuchtfutter 2500 mg Taurin/kg Trockenmasse (Energiedichte 2 MJ/100 g Trockenmasse).

2) abweichend von bisherigen Angaben nach MORRIS und EARLE (1995)

3) berechnet nach NRC (1986)

die Katze zu vermehrtem Trinken anregen sollen, müssen auf ihre Akzeptanz überprüft werden, sonst verweigert die Katze unter Umständen das so präparierte Trinkwasser, und man erreicht das Gegenteil. Hausgemachtes wie ein paar Tropfen Kondensmilch oder Sahne bzw. ein kleiner (Salz!) Schluck Fleisch- oder Fischbrühe oder auch etwas Hefe kann mit kommerziellen Produkten durchaus konkurrieren.

Ernährung alter Katzen

Über den Nährstoffbedarf alter Katzen ist wenig bekannt. Empfehlungen können daher nur im Analogieschluß zu anderen Species (Hund, Mensch) gegeben werden. Bei alternden Tieren nimmt der Energiebedarf aufgrund geringerer physischer Aktivität häufig deutlich ab. Um eine Verfettung zu verhindern, muß die Futterzuteilung entsprechend reduziert werden, und zwar möglichst *bevor* es zu einer erheblichen Gewichtszunahme gekommen ist (→ regelmäßige Gewichtskontrolle, bei Zunahme Futterrestriktion!). Bei gesunden älteren Katzen gibt es bisher keinen schlüssigen Beweis, daß eine Proteinreduktion sich „nierenschonend" auswirkt, diese Maßnahme ist nur bei urämischen/azotämischen Tieren angezeigt. Empfehlenswert ist die Verwendung von hochwertigem, hochverdaulichem Eiweiß. Die Zufuhr an Phosphor und Natrium sollte den bedarfsdeckenden Bereich nicht wesentlich überschreiten, da durch eine überhöhte Zufuhr an diesen Elementen möglicherweise vorliegende subklinische, chronische Erkrankungen der Niere in ihrer Progression beschleunigt werden könnten. Dagegen sollte die Zufuhr an Zink, Vitamin A, E und wasserlöslichen Vitaminen auf das Doppelte des Normalbedarfs gesteigert werden. Ob ältere Katzen ihre Trinkwasseraufnahme reduzieren, ist unbekannt. Einer zu geringen Wasseraufnahme kann jedoch durch den Einsatz wasserreicher Futtermittel (mindestens 80 % „Feuchtigkeit") wirksam vorgebeugt werden. Die Ration sollte auf 2 bis 3 regelmäßige (!) Mahlzeiten verteilt werden.

Mutterlose Aufzucht

Ersatzmilch zur mutterlosen Aufzucht oder zur Unterstützung der Welpen bei Milchmangel des Muttertieres sollte ähnlich wie Katzenmilch zusammengesetzt sein (ca 0,4 MJ DE, 5,5 g Protein, 4,8 g Fett, 4 g Lactose, 84 g Wasser pro 100 g). Bei kommerziellen Trockenmilchprodukten, die höchstens 5 % Wasser enthalten dürfen, entspricht dies einem Gehalt von 33 % Protein, 30 % Fett, 24 % Lactose und 2,4 MJ DE. Die Anmischung mit Wasser sollte dann im Volumenverhältnis von einem Teil Milchersatzpulver und zwei bis drei Teilen Wasser erfolgen. Wird stärker verdünnt, so reicht der Energiegehalt in der Ersatzmilch nicht mehr aus. Aus demselben Grund ist auch verdünnte Kuhmilch ungeeignet. Auf der Basis von Quark, Magermilch und Pflanzenöl können Milchaustauscher selbst hergestellt werden (Tab. 2). Dem spezifischen Nährstoffbedarf der Katze wird entweder durch Zumischung von fein püriertem Tartar (fettarm, Talg → Verstopfungsgefahr) oder durch Zusatz von Taurin und Nachtkerzenöl Rechnung getragen. Bei kurzfristiger Verwendung z. B. in Notfällen kann darauf ebenso wie auf ein Mineralfutter vorübergehend verzichtet werden. Die hausgemachten Milchaustauscher lassen sich portioniert einfrieren. Der Milchersatz muß selbstverständlich vor der Verabreichung auf die richtige Temperatur erwärmt werden. Futtermittel zur enteralen Ernährung adulter Katzen, zur unterstützenden Fütterung kranker Tiere und ähnliches sind häufig nicht geeignet. Gegen eine Verwendung als Milchersatz spricht z. B. ein zu hoher Gehalt an für Welpen ungeeigneten Kohlenhydraten (Stärke, Dextrine, Rohrzucker), das Fehlen von Lactose (für Magensäuerung wahrscheinlich erforderlich), ein zu geringer Proteingehalt (Protein/Energieverhältnis < 15 g/MJ), eine nicht adäquate Mineralisierung oder ein zu hoher Vitamingehalt (besonders in Ergänzungsfuttern).

Bei geschwächten Welpen kann die Gabe von einigen Millilitern Glukoselösung (5%ig, per os oder s. c.) sehr hilfreich sein, um kurzfristig Energie zuzuführen. Es muß dann jedoch spätestens nach einigen Stunden auf Milchersatz übergegangen werden, da mit Glukoselösung eine Deckung des Energiebedarfs nicht möglich ist. Dieser wird sehr häufig erheblich unterschätzt. Ein paar Tropfen Milchersatz oder Glukoselösung reichen nicht einmal für die Erhaltung und schon gar nicht für ein Wachstum aus. Eine solche „Fütterung" zögert den Hungertod lediglich hinaus.

Die Katzenwelpen benötigen eine Milchmenge von etwa 25 % ihres Körpergewichts pro Tag, bei 120 g Körpermasse also 30 g, verteilt auf 8 (jüngere und schwächere Tiere) bis 4 (ältere, kräftige Kätzchen) Mahlzeiten. Eine 8stündige Nachtpause wird i. a. toleriert. Zur Verabreichung eignen sich Fläschchen mit Sauger oder einfach Spritzen. Falls die Kätzchen die Aufnahme der ungewohnten Nahrung verweigern oder zu schwach zum selbständigen Saugen sind, kann auch mit einer Magensonde (Ernährungssonde für Kinder, mindestens 2 mm Durchmesser, höchstens 50 cm Länge) gefüttert werden.

Um eine versehentliche Einführung der Sonde in die Lunge zu verhindern, mißt man zunächst die Strecke vom Kinnwinkel des Katzenwelpen bis zum caudalen Ende des Brustbeins an der Sonde ab, und bringt an der entsprechenden Stelle der Sonde eine Markierung an. Ist diese Markierung beim anschließenden Einführen der Sonde an der Maulspalte des Welpens angekommen, so liegt die Spitze der Sonde im Magen des Welpens. Die Sonde muß sich ohne nennenswerten Widerstand einführen lassen. Außer bei roher Gewaltanwendung dürfte es unmöglich sein, die Ernährungssonde versehentlich so weit in die Trachea oder einen der Hauptbronchien vorzuschieben, daß die Markierung vor der Maulspalte liegt. Die Technik kann daher ohne weiteres von einem versierten Tierhalter erlernt werden. Selbstverständlich sollte so rasch wie möglich auf eine andere Fütterungstechnik übergegangen werden, um den Saugtrieb der Kätzchen zu befriedigen.

Das Nest der Katzenwelpen kann am besten mit einer Wärmflasche auf einer Temperatur von etwa 30 °C gehalten werden (bei jeder Fütterung neu mit warmem Wasser füllen, mit Tuch umwickeln).

Kätzchen, die stark unterkühlt sind, können oft noch gerettet werden. Man sollte vor dem Aufwärmen zunächst einige Milliliter 5%ige Glukoselösung geben, um den beim Aufwärmen sprunghaft ansteigenden Energiebedarf der Gewebe zu decken. Danach langsam (!) aufwärmen, z. B. durch die Wärme des eigenen Körpers.

Sehr wichtig ist eine regelmäßige Massage der Bauch- und Analgegend zur Stimulation des Kotabsatzes, die normalerweise durch das Belecken durch das Muttertier erfolgt. Sofern Verdacht auf Obstipation besteht (fester Kot, mühsamer Absatz, Defäkation selten, Umfangsvermehrung des Abdomens), die besonders bei Katzenwelpen bei mutterloser Aufzucht häufiger auftreten kann, sollte der Kotabsatz protokolliert werden. Wenn trotz ausreichender Milchaufnahme über mehr als 48 Stunden keine Defäkation erfolgte, Anzeichen für eine Obstipation vorliegen und auch das Nest nicht beschmutzt ist, so kann die Darmentleerung durch ein Klistier provoziert werden. Dazu verwendet man die obengenannten Ernährungssonden für Kinder. Die Spitze wird mit etwas Paraffin gleitfähig gemacht und vorsichtig, soweit wie möglich, durch den After in den Dickdarm eingeführt. Anschließend wird der Enddarm mit körperwarmer physiologischer Kochsalzlösung (5 bis 10 ml) gespült.

Eine verläßliche Methode, um Störungen rasch zu erkennen, ist eine regelmäßige Gewichtskontrolle, die protokolliert werden sollte. Die Kätzchen müssen zunächst alle 12 bis 24 Stunden gewogen werden. Spätestens nach 24 Stunden sollten Zunahmen erfolgen, Körpermasseverluste sind ein Alarmzeichen. Betragen diese Verluste mehr als 10 %, so ist die Prognose ungünstig.

Tabelle 2: Rezepte für hausgemachten Katzenmilchersatz

Anteil in %	Rezept 1	Rezept 2
Magerquark	15	15
Tartar	8	–
Eigelb	4	5
Magermilch	68,2	76
Lactose	0,8	–
Speiseöl	3	3
Mineralfutter mit ca 20 % Ca und 5–8 % P	1	1
Zusatz in mg/100 g		
Taurin	–	40
Nachtkerzenöl	–	300

Diätetik

Futtermittelrechtliche Regelungen für Diätfutter

Die sogenannte gesundheitsbezogene Werbung für Futtermittel, das heißt Werbung mit der Heilung oder Linderung von Krankheiten, die nicht durch Mangel an Nährstoffen zustande kommen, ist ausdrücklich verboten. Um für die ordnungsgemäße Deklaration von Diätfuttern einen rechtlichen Rahmen vorzugeben, wurde eine EG-Richtlinie für Futtermittel für besondere Ernährungszwecke geschaffen. Diese wird durch die Futtermittelverordnung in nationales Recht umgesetzt. Diätfuttermittel sind dort wie folgt definiert: Futtermittel für besondere Ernährungszwecke sind Mischfuttermittel, die sich durch ihre Zusammensetzung oder Herstellungsweise sowohl von gängigen Futtermitteln als auch von Fütterungsarzneimitteln deutlich unterscheiden und die dazu bestimmt sind, besondere ernährungsphysiologische Bedürfnisse zu decken. Letztere entstehen bei Tieren, deren Verdauung, Resorption oder Stoffwechsel zeitweilig oder irreversibel gestört sind, und denen daher die Aufnahme von für ihren Zustand geeigneten Futtermitteln zuträglich ist. In einer Anlage der Futtermittelverordnung sind die Indikationen, für welche Diätfutter hergestellt und als solches deklariert werden darf, aufgeführt. Dabei handelt es sich um eine sogenannte Positivliste, das heißt, es dürfen nur für die dort bezeichneten Indikationen Diätfutter ausgewiesen werden. Dies soll sicherstellen, daß keine „Diät“ gegen Krankheiten oder Probleme, die diätetisch nicht behandelt werden können oder die bei ausgewogener bedarfsgerechter Fütterung nicht auftreten, in den Handel gebracht werden kann.

Die betreffende Anlage der Futtermittelverordnung definiert nicht nur die Indikationen, sondern auch die besonderen Merkmale bestimmter Diäten, z. B. „proteinarm". Nicht festgelegt ist allerdings, was als „proteinarm" einzustufen ist. Statt dessen gibt es eine erweiterte Deklarationspflicht. So müssen die Parameter, welche für den Diätzweck ausschlaggebend sind, deklariert werden, z. B. der Energiegehalt bei einer Reduktionsdiät, der Na-Gehalt einer Herzdiät, die azidierenden und alkalisierenden Bestandteile bei Struvitdiät, die Proteinquellen bei Futtermitteln für Tiere mit Allergien usw. Auch diese vorgeschriebenen Angaben sind in der erwähnten Anlage detailliert aufgeführt. Aus ihnen kann man sich leicht selbst errechnen, ob und vor allem wieweit das betreffende Diätfutter an bestimmten Nährstoffen reduziert ist (Nährstoff-Energie-Relation mit Empfehlung vergleichen) oder azidierend wirkt oder für einen bestimmten Allergiker geeignet sein kann. Selbstverständlich werden auch Hinweise zum Gebrauch verlangt, bei bestimmten Diäten ist darunter der Ratschlag, das Produkt nicht ohne tierärztliche Beratung anzuwenden.

Die Bilanzierung hausgemachter Diätfutter

Während kommerzielle Diätfutter bereits bilanziert sind, weisen hausgemachte Rezepte auf der Basis von Fleisch, Fisch und Kartoffeln, Reis oder Getreideprodukten erhebliche Nährstoffdefizite auf, die nicht im Zusammenhang mit dem beabsichtigten Diätziel stehen. U. a. fehlen Kalzium, eventuell Phosphor, Natrium, Jod, die Vitamine A, D und B_1. Wie bereits im vorhergehenden Kapitel beim Kalzium ausgeführt, richtet sich die Auswahl und Dosierung des Mineralfutters nach dem Nährstoffangebot in der Ration und dem Bedarf des Tieres, die fehlenden Mengen müssen mit der zugeteilten Mineralfutterdosis zugeführt werden. Für den Bedarf gesunder Tiere läßt sich im großen Angebot der kommerziellen Ergänzungsprodukte i. d. R. ein geeignetes Supplement zur Ergänzung der jeweiligen Ration finden. Für Diäten, deren wesentliches Merkmal die Reduktion bestimmter Nährstoffe unter den Bedarf ist, kann dies jedoch schwierig oder unmöglich sein. Für eine Herzdiät muß das Mineralfutter Na-arm sein, bei der Nierendiät Na- und P-arm, für Struvitsteindiäten dürfen nur wenig alkalisierende Substanzen (z. B. Ca-Carbonat) beigemischt sein und für die Allergiediät sollte es möglichst aus chemisch reinen Substanzen bestehen und nicht etwa Knochenmehl oder potentiell allergene Trägerstoffe wie Bollmehl enthalten. Entsprechende Produkte würden meist für die Ergänzung von Rationen für gesunde Tiere weniger geeignet oder einfach zu teuer sein. Bei langfristigem Einsatz hausgemachter Diäten müssen deshalb passende Mineralfutter speziell berechnet oder gemischt werden. Dies wird in vielen Praxen nicht möglich sein, einen entsprechenden Service bieten aber auf Anfrage die diagnostischen Abteilungen der Tierernährung an einigen tierärztlichen Bildungsstätten.

Zahnstein, Zahnerkrankungen, feline odontoklastische Resorption (FEOR)

Der Bildung von Zahnstein kann durch diätetische Maßnahmen nur schwer vorgebeugt werden, eine Entfernung bestehenden Zahnsteins durch die Fütterung ist unwahrscheinlich. Untersuchungen aus den USA haben gezeigt, daß die beste Vorbeugung gegen Zahnerkrankungen die Gelegenheit zur Jagd ist, die allerdings mit anderen Risiken behaftet ist. FEOR wurde in dieser Untersuchung mit bestimmten (nicht namentlich genannten) Fertigprodukten in Verbindung gebracht. Eine Zuordnung zu deren Konsistenz (harte bzw. weichere Trockenfutter, Feuchtfutter) war jedoch nicht möglich, ebensowenig wie zu bestimmten Inhalts- oder Zusatzstoffen. Ein Zusammenhang mit der Auswirkung stark säuernder Produkte (Struvitprophylaxe) sowie hoher P-Gehalte im Futter auf den Ca-Stoffwechsel wäre denkbar. In Verdacht an der FEOR-Ätiologie beteiligt zu sein, gerieten auch Milchprodukte wegen des Lactatgehalts. Als Prophylaxe wird empfohlen, zwischen verschiedenen Marken von Fertigprodukten zu wechseln und auf Milchprodukte zu verzichten. Inwieweit sich mechanische Effekte von Futtermitteln oder Spielzeug konstruieren lassen, die zur Zahnreinigung beitragen, ist vorläufig unklar. Als prophylaktische Maßnahme wurde außerdem eine Reduktion der Mineralstoffgehalte im Futter mit dem Ziel einer veränderten Zusammensetzung des Speichels vorgeschlagen. Die Zusammensetzung des Speichels kann durch die Fütterung nach Erfahrungen bei anderen Species nur sehr begrenzt beeinflußt werden, es sei denn, es treten tatsächlich Mangelsituationen auf, daher dürfte diese Maßnahme nicht erfolgversprechend sein.

Regurgitation

Die diätetische Behandlung kann hier nur symptomatisch sein. Es wird empfohlen, einen breiten, flachen Napf zu verwenden und diesen eventuell auf eine erhöhte Position, z. B. einen Schemel, zu stellen. Es ist sinnvoll, mit der Konsistenz des Futters zu experimentieren, da größere und härtere Brocken u.U. den Schluckreiz stärker stimulieren können. Andererseits kann eine breiige Konsistenz bei Strikturen des Ösophagus vorteilhafter sein. Wenn der Ösophagus längere Zeit ruhiggestellt werden soll, empfiehlt es sich, eine Gastrostomiesonde zu legen.

Erbrechen

Als symptomatische diätetische Therapie wird bei akutem Erbrechen (infolge akuter Gastroenteritiden) 24–48stündiger Futterentzug (bei freiem Wasserangebot!) empfohlen. Dafür gibt es zwei Gründe. Zum einen wird auf diese Weise der Magen-Darmtrakt ruhiggstellt, zum anderen gibt es Hinweise, daß die Aufnahme von proteinreicher Nahrung während einer akuten Gastroenteritis zu erworbenen Futtermittelallergien führen kann. Anschließend an diese Periode der Nahrungskarenz erhalten die Katzen eine „milde“ Diät für 3 bis 7 Tage, verteilt auf kleine Portionen. Unter einer solchen „Schonkost“ sind Rationen ohne Gewürze und grobe oder schwerverdauliche Bestandteile zu verstehen, z. B. gekochte Hühnerbrust und Reis. Um die Magenentleerung nicht zu verzögern, sollte die Ration fettarm sein. Bei chronischem gastrointestinal bedingtem Erbrechen ungeklärter Ursache kann eine allergische Beteiligung durch Eliminationsdiät entweder ausgeschlossen oder bestätigt werden.

Durchfall

Bei **akuter Diarrhoe** infolge akuter Gastroenteritiden wird wie beim Erbrechen eine 24–48stündige Nahrungskarenz empfohlen. „Durchfüttern“ während akuter Durchfälle wird sich bei der Katze nur in Ausnahmefällen empfehlen, da die meisten infektiösen Gastroenteritiden bei dieser Species keine sekretorische, sondern eine osmotische Diarrhoe hervorrufen, die durch Futterreste verstärkt werden kann. Vollständige parenterale Ernährung zur mittelfristigen (1–2 Wochen) Ruhigstellung des Magen-Darm-Kanals bei ausgeglichener Energie- und Nährstoffbilanz wird ebenfalls Ausnahmefällen vorbehalten bleiben. Sinnvoll kann die Verabreichung einer oralen Rehydratationslösung über eine Nasensonde sein. Das Rezept in Tabelle 3 hat den Vorteil einer geringen Osmolalität (keine Verstärkung osmotischer Diarrhoen) und es enthält Stärke statt Zucker, so daß eine Hyperglykämie vermieden wird. In der folgenden Rekonvaleszenz muß vorsichtig mit der Nahrungsaufnahme begonnen werden. Fleischbrühe aus nicht zu fettem Fleisch oder auch Huhn mit Reis oder gekochten Kartoffeln sind ebenso geeignet wie kommerzielle „Schonkost“ entsprechender Zusammensetzung. Da die Möglichkeit besteht, daß Fett noch nicht ausreichend verdaut wird, sollte die Ration fettarm sein. Unverdaute Fettsäuren werden mikrobiell oxidiert und können dann zur Diarrhoe führen.

Bei **ernährungsbedingten Diarrhoen** wird es i. d. R. genügen, das Futter für 24 bis 48 Stunden zu entziehen und anschließend für einige Tage eine leichtverträgliche Diät (s. oben) zu füttern. Selbstverständlich muß danach anstelle des durchfallverursachenden Futters eine geeignete Ration zusammengestellt werden.

Tabelle 3: Orale Rehydratationslösung nach GUILFORD (1994)

Zutaten	in g pro Liter Wasser
Reismehl (oder Stärke)[1]	50–80
Kochsalz	3,5
Soda (Na-Bicarbonat)	2,5
K-Chlorid	1,5

[1]) falls unlöslich, Stärke durch Aufkochen in kolloidale Lösung bringen

Bei **chronischer Diarrhoe** ist die Diätbehandlung abhängig von der Ursache bzw. der Lokalisation der Störung. Bei Diarrhoen, deren Ursache im **Dünndarm**bereich liegt, muß die Diät hochverdaulich sein. Sie sollte aus den bereits genannten Gründen eher fettarm gestaltet werden. Die Beteiligung eines allergischen Geschehens kann über eine Eliminationsdiät ausgeschlossen oder bestätigt werden. Bei der bei Katzen eher seltenen Insuffizienz des exokrinen Pankreas ist die extrakorporale Vorverdauung des Futters mit Pankreasenzymen (z. B. Pancreatin von Merck oder frisches bzw. eingefrorenes, zerkleinertes Pankreasgewebe von Schlachttieren) die Methode der Wahl, da dadurch alle mit der oralen Verabreichung der Enzyme verbundenen Probleme (Inaktivierung der Enzyme durch Magensäure, fehlende Pufferung, Zurückbleiben großer, magensaftresistenter Kapseln im Magen) umgangen werden. Ein Gramm Pancreatin genügt für etwa 100 g Dosenfutter oder Fleisch-Reis-Diät oder 30 g Trockenfutter, bei Verwendung von Pankreasgewebe werden 20 bis 50 g für diese Futtermenge benötigt. Die Futtermittel, besonders natürlich das Trockenfutter, müssen zerkleinert und in wäßriger Suspension mit dem Enzympräparat gut durchmischt werden. Anschließend sollte der pH überprüft werden, da kommerzielle Katzenfutter häufig schwach sauer reagieren (→ geringere Aktivität der Pankreasenzyme). Durch Zugabe von Soda kann ein neutraler pH-Wert eingestellt werden. Das Gemisch wird bei Zimmertemperatur innerhalb von 4 Stunden i. a. ausreichend vorverdaut. (Cave: Zugabe von Soda erhöht den Harn-pH-Wert und damit das Struvitsteinrisiko. Bei disponierten Katzen müssen daher bei langfristigem Einsatz nach der Vorverdauung pro Gramm Na-Bicarbonatzusatz 600 mg Ammoniumchlorid zugelegt werden.)

Chronischer Durchfall, dessen Ursache im **Dickdarm** liegt, z. B. eine chronische Colitis, erfordert eine Diät mit hochverdaulichem Protein, moderatem Gehalt an ebenfalls hochverdaulichen Kohlenhydraten (z. B. gekochte Stärke) und mäßigem bis niedrigem Fettgehalt. Die Beteiligung eines allergischen Problems kann auch hier durch Eliminationsdiät geprüft werden. Die Effekte eines Faserzusatzes (zur hochverdaulichen Diät!) sind nicht eindeutig. Differenzen bei den Erfahrungen verschiedener Autoren können durch Art, Menge und evtl. auch Aufbereitung (Partikelgröße) der zugesetzten Faser erklärt werden. Fermentierbare Faser, z. B. Pektin, Carrageen, Guarprodukte, sowie die als „künstliche Faser“ bezeichneten Fructooligosaccharide setzen bei ihrer Verstoffwechselung durch Mikroorganismen organische Säuren frei. Unter diesen ist besonders Buttersäure für die Ernährung des Dickdarmepithels von erheblicher Bedeutung. Dies erklärt einen positiven Effekt dieser Faserarten auf chronische Colitiden. Außerdem binden sie z. B. Gallensäuren. Andererseits kann durch diese Substanzen bei hoher Dosierung auch bei gesunden Tieren Durchfall provoziert werden. Fermentierbare Faser darf demnach nur in moderaten Mengen verabreicht werden. Schwer fermentierbare Faser wie Futtercellulose oder Holzstoff hat u. a. wegen ihrer Wasserbindungsfähigkeit einen styptischen Effekt. Andererseits kann davon durch die Vergrößerung des Kotvolumens auch ein zusätzlicher Reiz entstehen. Nach eigenen Erfahrungen verbessert sich die Kotqualität nach Einsatz von Futtercellulose (Fa. Phrikolat, 53707 Siegburg) bis zu 10 % der Ration erheblich, in Einzelfällen kommt es allerdings kurzfristig zur Verstärkung des Durchfalls, bevor sich ein Erfolg einstellt. Sinnvoll ist die Kombination der schwer fermentierbaren Cellulose mit Fructo- oder Galactooligosacchariden[1]) (ca. 1 g/kg KM/d). Von der Verwendung von Kleie ist abzuraten. Zum einen enthält sie Getreideprotein, zum anderen ist die äußere Hülle des Getreidekorns häufig mit Schimmelpilzen und anderen Mikroorganismen besetzt (auch im makroskopisch nicht veränderten Getreide) oder anderweitig verunreinigt. Außerdem ist Kleie für den Befall mit Vorratsschädlingen recht gut geeignet. Alle diese Gesichtspunkte lassen eine Verwendung als Diätetikum bei Tieren, bei denen eine Sensibilisierung des Verdauungskanals gegenüber Stoffen aus dem Futter bestehen könnte, fragwürdig erscheinen. Selbstverständlich müssen hausgemachte Rationen bei längerfristiger Verwendung bilanziert werden. Bei Verdacht auf ein allergisches Geschehen können dafür die im Kapitel Allergie besprochenen Mineralfutter in Kombination mit kleinen Mengen an Leber eingesetzt werden.

[1]) Wir danken der Firma Schaumann, Cuxhaven, die uns Oligosaccharide für die Erprobung am Patienten zur Verfügung stellte.

Flatulenz

Als nutritive Ursachen für Flatulenz kommen bei der Katze u. a. Sojaprodukte und bindegewebsreiches Protein, eventuell auch schwerverdauliche Kohlenhydrate und bestimmte fermentierbare Fasern in Frage. Abhilfe schafft die Umstellung auf eine leichtverdauliche Ration (z. B. Fleisch und Kartoffeln). Auch qualitativ hochwertige Fertigfutter kommen in Frage. Proteinüberversorgung sollte vermieden werden. Um dies ohne allzu hohe Kohlenhydratanteile in der Ration zu erreichen, kann ein etwas fettreicheres Fleisch (z. B. Kopffleisch) eingesetzt werden.

Obstipation

Bei Obstipation müssen prophylaktische, diätetische Maßnahmen vor allem darauf zielen, den Chymus und Kot zu verflüssigen. Bei der Katze ist es weniger erfolgversprechend, wenn durch Ballaststoffe (Federmehl, Cellulose usw.) nur die Kotmenge vermehrt wird. Da die Katze eine hohe Verdauungskapazität für Fett und Protein besitzt, jedoch nur eine geringe für Kohlenhydrate, ist deren Verfütterung als Methode der Wahl anzusehen. Lactose (2–4 g/kg KM/d) oder Lactulose (1–5 ml Lösung per os) können eine drastische Wirkung haben. Moderater wirkt Stärke. Bei gekochter Stärke müssen allerdings 5 g/kg KM überschritten werden, rohe Stärke, vor allem rohe Kartoffelstärke (z. B. von Südstärke, 86529 Schrobenhausen) ist dagegen ein idealer, moderat fermentierbarer, moderat abführender Ballaststoff, der sich außerdem noch durch eine relativ gute Akzeptanz auszeichnet. Dosierungen bis zu 8 g/kg KM werden gefressen und langfristig vertragen. Auch Ascorbinsäure in Mengen zwischen 500 und 1000 mg/kg KM/d eignet sich als osmotisch wirksames Laxans. Fermentierbare Fasern wie Psylliumfaser können ebenfalls hilfreich sein. Selbstverständlich sind alle hier genannten Maßnahmen bei Darmverschluß kontraindiziert.

Leberkrankheiten

Bei Lebererkrankungen zielt die Diät darauf ab, den Anfall an Metaboliten, die durch die Leber „entgiftet" oder umgesetzt werden müssen, möglichst gering zu halten. Andererseits muß der Abbau von körpereigenem Gewebe minimiert und die Regenerationsfähigkeit der Leber durch optimale Nährstoffzufuhr unterstützt werden. Eine ausreichende Energiezufuhr ist daher unbedingt erforderlich; bei anorektischen Tieren muß dies notfalls mit einer Sonde erreicht werden. Für die Zufuhr von Protein gilt abhängig von Laborbefunden (Plasmaproteingehalt reduziert → Zufuhr erhöhen, Ammoniak erhöht → Eiweißaufnahme reduzieren) und klinischem Bild der Grundsatz „so viel wie nötig, so wenig wie möglich". Bei leberkranken Katzen wird sich demnach die Proteinzufuhr – außer bei hepatischer Encephalopathie – im Bereich der Empfehlungen für den Erhaltungsstoffwechsel (Tab. 1) bewegen.

Die wichtigste Anforderung an die Proteinqualität ist eine hohe Verdaulichkeit bis zum Dünndarmende, da Protein im Dickdarm mikrobiell umgesetzt wird. Dabei entstehen leberbelastende Stoffwechselprodukte (Ammoniak, Mercaptan, biogene Amine). Katzen werden bei knapp bedarfsdeckender Proteinzufuhr allzugroße Variationen im Aminosäuremuster nur begrenzt tolerieren. Trotzdem sollten die aromatischen Aminosäuren (Tryptophan, Phenylalanin, Tyrosin usw., deren Gehalt im Plasma von Leberkranken steigt) sowie das S-haltige Methionin (Mercaptanbildung) an der unteren Grenze des Bedarfs zugeführt werden, während Arginin (Harnstoffzyklus) und die verzweigtkettigen Aminosäuren (Leucin, Isoleucin, Valin, deren Gehalt im Plasma Leberkranker sinkt) reichlich enthalten sein dürfen. Es gibt kein Protein, das alle diese Forderungen erfüllt. Eine günstige Aminosäurenzusammensetzung kann allerdings durch Kombinieren von Sojaproteinhydrolysat (andere Sojaprodukte sind bei Katzen schwer verträglich, Flatulenz, Aufgasung), Casein (Quark, Hüttenkäse) und Kartoffeleiweiß (Kartoffeln als Kohlenhydratträger einsetzen), selbstverständlich ergänzt durch Taurin (50 mg/kg KM/d), erreicht werden. Bei den zu erwartenden Akzeptanzproblemen kann Muskelfleisch oder auch Fisch zugelegt werden. Diese Futtermittel können notfalls auch als alleinige Eiweißträger verwendet werden, bindegewebsreiche Schlachtabfälle und Eialbumin (methioninreich → Mercaptanbildung) sollte man jedoch meiden.

Eine Leberdiät muß nur bei **Steatorrhoe** (wegen unzureichender Gallesekretion) ausgesprochen fettarm sein, sonst darf der Fettgehalt zwischen 5 und 15 % der Trockenmasse ausmachen. Schon aus Gründen der Akzeptanz empfehlen sich tierische Fette, sinnvoll kann eventuell auch ein Zusatz von Nachtkerzenöl sein.

Der günstigste Energieträger für leberkranke Katzen ist jedoch aufgeschlossene Stärke, ihre Aufnahme kann daher bis an die Obergrenze der Toleranz (5 g/kg KM/d bzw. ca 30–35 % der Trockenmasse) erhöht werden. Sofern sie akzeptiert werden, sind Kartoffeln (gekocht oder als Brei) wegen ihres zwar geringen, aber sehr günstig zusammengesetzten Proteinanteils besonders empfehlenswert. Gekochter Reis, Nudeln oder Getreideprodukte sind ebenfalls geeignet.

Bei **Hepathoencephalopathie** zielt die Diät darauf ab, die Absorption von Ammoniak aus dem Verdauungstrakt zu reduzieren. Dies wird vor allem durch Zusatz von Kohlenhydraten (inclusive Faser) erreicht, die nicht von körpereigenen Enzymen abgebaut werden können. Sofern diese fermentierbar sind, werden sie unter Bildung von organischen Säuren mikrobiell abgebaut. Dadurch sinkt der pH-Wert im Chymus, ein Effekt, der einerseits die Absorption von Ammoniak (wird nicht als Ammoniumion absorbiert) reduziert, andererseits aber die proteolytische Flora zurückdrängt und damit bereits die Ammoniakbildung unterdrückt. Statt dessen kommt es zur Stickstoffixierung durch die Bakterien (Einbau in Mikrobenprotein, wird mit dem Kot ausgeschieden). Je nach Intensität der Fermentation kommt es durch osmotische Effekte zur Beschleunigung der Chymuspassage. Letzteres wird auch im Zusammenhang mit weniger stark fermentierbarer Faser mit hohem Cellulose- oder sogar Ligninanteil geschehen. Außerdem haben diese „unlöslichen" Fasern Sorptionseffekte, durch welche eventuell unerwünschte Metaboliten gebunden werden. Unlösliche Faser kann durch Zulage von Futtercellulose (Fa. Phrikolat, 53707 Siegburg) in Mengen von einem Teelöffel bis zu mehreren Eßlöffeln pro Tag und Tier in die Ration eingebracht werden. Bei den fermentierbaren Kohlenhydraten eignen sich Lactose, Lactulose, Fructooligosaccharide, rohe Kartoffelstärke oder Ascorbinsäure (Dosierung s. unter Obstipation), eventuell auch Pektin oder Guaran. Der Fasergehalt darf in der Gesamtration Gehalte von 5 bis 8 % erreichen.

Bei der Bilanzierung von Leberdiäten muß eine Überversorgung mit Vitamin A und Kupfer unbedingt vermieden werden.

Einen Sonderfall stellt die **idiopathische Lipidose** der Leber dar. Sie kann bei adipösen, aber ansonsten gesunden Katzen durch mehrwöchige Nahrungskarenz induziert werden. Bei adipösen Tieren mit anderen Erkrankungen kann die Störung möglicherweise schneller eintreten. Betroffene Katzen sind apathisch und appetitlos. Zur Labordiagnostik eignen sich im Plasma die Parameter Bilirubin und Triglyceride, im Frühstadium vor allem die freien Fettsäuren, in fortgeschrittenen Stadien auch andere Leberwerte. Hier ist das Plasma häufig schon sensorisch verändert, es besteht eine offensichtliche Hyperlipidämie oder eine gelblich-braune Verfärbung. Es gibt eine wohlfundierte Hypothese zur Pathogenese dieser Erkrankung. Die Ursache für die übermäßige Fetteinlagerung in die Leber ist demnach eine in Relation zu der aus dem Fettgewebe mobilisierten, anflutenden Fettsäurenmenge zu langsame Ausschleußung von Lipiden aus der Leber. Der limitierende Schritt sei dabei die Synthese von Lipoproteinen durch die Leber, die u. a. durch einen Aminosäurenmangel infolge der Nahrungskarenz bei nicht an das reduzierte Angebot angepaßtem Proteinkatabolismus bedingt sei. Ziel der diätetischen Behandlung ist daher, einerseits Protein und Aminosäuren zur Verfügung zu stellen, andererseits aber den Fettabbau zu stoppen. Dabei ist von entscheidender Bedeutung, *daß* Nahrung aufgenommen wird und erst in zweiter Linie, *was* gefüttert wird. Die betroffenen Katzen sind meist anorektisch, sie *müssen* über eine Sonde zwangsernährt werden. Diese Maßnahme muß auch bei einer möglicherweise eintretenden kurzfristigen Verschlimmerung des Zustandes weiter durchgehalten werden, da sie die Prognose geradezu spektakulär verbessert. Die Sondennahrung sollte auf jeden Fall proteinreich sein. Ob sich zur Deckung des restlichen Energiebedarfs und zum Stoppen des Fettabbaus Fett (paradoxe Fütterung) oder Kohlenhydrate besser eignen, ist unklar. Beachtliche klinische Erfolge wurden mit relativ fettreichen Diäten (22 % Fett, 42 % Protein und 28 % Kohlenhydrate in der Trockenmasse) erreicht. Für die Erstversorgung kann, falls eine entsprechende Fertigsondennahrung nicht verfügbar ist, ein qualitativ hochwertiges Feuchtfutter durch Pürieren und Abseien sondengängig gemacht werden. Eingedickte Fleischbrühe mit Kartoffelbrei oder maximal 5 % Traubenzucker kann zu diesem Zweck ebenso wie eine Mischung aus Quark, Speiseöl, Traubenzucker und Eigelb (als Emulgator) verwendet werden. Bei längerfristiger Fütterung muß die Ration selbstverständlich bilanziert werden. Wichtig ist dabei eine reichliche Versorgung mit Kalium, B-Vitaminen, Taurin und Cholin, eine Überversorgung mit Vitamin A ist möglichst zu vermeiden. Tabelle 4 zeigt ein Beispiel für eine hausgemachte Sondenkost. Die Menge sollte von 30 ml pro Tag innerhalb einer Woche auf 140 ml gesteigert werden, verteilt auf 3 bis 4 Mahlzeiten. Dies entspricht bei einem Energiegehalt von ca. 0,7 MJ pro 100 ml Sondenkost in etwa dem Erhaltungsbedarf.

Tabelle 4: Sondennahrung für Katzen mit idiopatischer Lipidose

Zutaten (%)	**Rezept A**	**Rezept B**
eingedickte Fleischbrühe (aus fettarmem Rindfleisch)	42	0
Milch	7	7
Eigelb	9	9
Magerquark	24	49
Wasser	0	10
gekochte Kartoffeln, als Brei	15	18
Nachtkerzenöl (oder Schmalz, notfalls Speiseöl)	3	7

Energiegehalt pro 100 g Sondennahrung ca. 0,7 MJ, Protein/Energieverhältnis 14 g/MJ
ca. 40 % Fett in der Trockenmasse

Bei längerfristiger Verwendung muß supplementiert werden (2 g Mineralfutter mit 20 % Kalzium, 5–8 % Phosphor auf 100 ml). Als zusätzliche Ergänzungen kann nach BIORGE et al. (1993) pro 100 ml zusätzlich mit 100 mg Taurin (bei Rezept B zwingend erforderlich), 50 mg Cholin und 250 mg Citrullin ergänzt werden. Ein Zusatz von B-Vitaminen über den Bedarf hinaus ist sinnvoll. Falls keine Kartoffeln verwendet werden, sollte K-Chlorid (1 g/100 ml) zugelegt werden.

Diabetes mellitus

Beim Diabetes mellitus hat die Diät eine unterstützende Funktion, die Insulintherapie kann durch sie nicht ersetzt werden. Eine Diät sollte den postprandialen Anstieg des Blutzuckerspiegels verhindern oder reduzieren. Bei der Katze ist das relativ einfach durch eine zuckerfreie Fütterung zu erreichen. Stärke wird i. a. im Dünndarm so langsam verdaut, daß es nicht zu einer postprandialen Hyperglykämie kommt. Bei der Katze kann, anders als bei Hund und Mensch, auch eine kohlenhydratfreie Ernährung empfohlen werden, da bei dieser carnivoren Species dadurch keine Insulinresistenz ausgelöst wird. Es ist daher fraglich, ob bei diabetischen Katzen der Einsatz von Fasern wie Guarmehl, die die Glukoseabsorption verlangsamen sollen, notwendig ist. Da der Fasergehalt die Energiedichte erheblich beeinflussen kann, sollte ihr Einsatz vor allem beim adipösen Diabetikertyp erfolgen, bei dem eine Gewichtsabnahme erwünscht ist, weil erhebliches Übergewicht per se auch bei Katzen einen (zunächst reversiblen) Prädiabetes auslöst, während schlankwüchsige Diabetiker nicht durch die Diät noch weiter an Gewicht verlieren sollten.

Für die Diät eignen sich daher hochwertige Feuchtfutter ebenso wie hausgemachte Rationen auf Fleisch- oder Fischbasis, eventuell ergänzt durch kleine Mengen an Reis, Nudeln oder Kartoffeln und selbstverständlich durch ein geeignetes Mineralfutter. Das Futter sollte auf drei Mahlzeiten verteilt werden (mittags die Hälfte, morgens und abends je ein Viertel der Tagesration). Die Menge richtet sich nach dem Diabetestyp, sie sollte möglichst konstant bleiben. Auch der Energiegehalt der Ration sollte möglichst wenig variieren. Bei hausgemachten Rationen kann dies durch schwankende Fettanteile im Fleisch erschwert werden (beim Einkauf auf Fettgehalt achten, immer Fleisch aus derselben Körperregion kaufen).

Adipositas

Die Fettsucht ist bei Katzen zunehmend verbreitet. Bei freiem Angebot schmackhafter und energiedichter Futtermittel, die dem Nährstoffbedarf angepaßt sind, können offensichtlich auch viele Katzen – anders als früher angenommen – ihren Energiehaushalt nicht mehr sicher regulieren. Bewegungsmangel und vielleicht auch Langeweile kommen bei Stubenkatzen hinzu. Es mag sicherlich auch für Katzen zutreffen, daß einzelne Tiere einen relativ geringen Erhaltungsbedarf und gleichzeitig eine starke Neigung zum Fettansatz haben. Unter experimentellen Bedingungen verlieren jedoch auch disponierte adipöse Katzen an Körpermasse, wenn die Energieaufnahme entsprechend kontrolliert wird. In der Praxis ist die Adipositas vor allem ein psychologisches Problem. So ist das Füttern eine attraktive, sympathische und obendrein bequeme Art der Kommunikation mit einem Tier. Nach anekdotischen Berichten kommt hinzu, daß adipöse Katzen, die über eine stärkere Persönlichkeit verfügen als ihre Besitzer, häufig ein destruktives und/oder aggressives Verhalten zeigen, um ihre Wünsche durchzusetzen. Die „Terrormaßnahmen" reichen von unerwünschtem Ausscheidungsverhalten über die Zerstörung der Wohnungseinrichtung bis hin zu „Überfällen" auf Familienmitglieder oder nächtlichem „Weckdienst". Bevor eine Diät langfristig erfolgreich sein kann, müssen andere Wege der Kommunikation und der Beschäftigung mit der Katze gefunden sowie die Rangordnung neu etabliert werden. Sofern ein selbst adipöser Besitzer sein eigenes Eß- und Gesundheitsverhalten auf seine Katze projiziert, kann eventuell versucht werden, ihm dies bewußt zu machen. In Haushalten mit mehreren Katzen, darunter Tiere mit erhöhtem Energiebedarf, die ad libitum gefüttert werden müssen (Reproduktion, Wachstum), kann die Reduktion der Energieaufnahme bei einem adipösen Tier extrem schwierig werden. Oft ist der Besitzer auch nur schwer davon zu überzeugen, daß seine Katze Übergewicht hat. Wird er darauf hingewiesen, daß Katzen maximal 4 kg und Kater nicht über 6 kg Normalgewicht haben, so wird damit argumentiert, es sei ein besonders starkes, großes, kräftiges Tier. Am überzeugendsten wirkt es, wenn von dem betroffenen Tier aus früheren Jahren ein wesentlich geringeres als das aktuelle Gewicht dokumentiert vorliegt.

Die Aufnahme an Energie muß zunächst auf etwa 60 % des Erhaltungsbedarfs, also etwa auf 0,2 MJ/kg Normalgewicht (nicht Körpermasse, da Fettgewebe nur einen geringen Erhaltungsbedarf hat und deshalb nicht mitgerechnet werden darf!) verringert werden. Wird dadurch noch keine Gewichtsabnahme erzielt, wird weiter reduziert. Wegen der Gefahr, eine idiopathische Lipidose zu provozieren, darf kein vollständiger Nahrungsentzug über längere Zeit (mehrere Wochen) erfolgen. Auch bei Akzeptanzproblemen darf nur über Tage, aber nicht über Wochen abgewartet werden, ob die Katze sich nicht doch herbeiläßt, das Futter zu fressen. Der Erhaltungsbedarf an Protein (4,8 g/kg KM) muß unbedingt zugeführt werden. Es kann entweder das gewohnte Futter (sofern proteinreich) in geringeren Mengen oder eine spezielle Reduktionsdiät gefüttert werden. Umstritten ist, inwieweit die Zulage von Ballaststoffen bei der Katze zu einer mechanischen Sättigung führt. Möglicherweise wird die Futteraufnahme durch Zulage von Fasern vor allem bei ohnehin weniger schmackhaften Produkten verringert. Die Verdaulichkeit der Energie wird durch Faser allerdings reduziert (pro Prozent Rohfaser in der Trockenmasse um 0,88 %). Eine wesentlich über dem Bedarf liegende Energieaufnahme läßt sich dadurch sicherlich nicht kompensieren. Trotzdem sollten Reduktionsdiäten einen erhöhten Fasergehalt (> 5 % der Trockenmasse), eine reduzierte Energiedichte (< 1,5 MJ/100 g Trockenmasse) und damit fast zwangsläufig einen geringen Fettgehalt (< 5 % der Trockenmasse) sowie einen hohen Proteingehalt (Protein/Energierelation > 15 g/MJ) aufweisen.

Bei hausgemachten Diäten dient als Grundlage fettarmes Fleisch oder Fisch (z. B. Rinderfilet oder Thunfisch) in Kombination mit Kohlenhydraten (Kartoffeln oder Reis). Futtercellulose reduziert die Energiedichte. Zur Verbesserung der Akzeptanz und zur Ergänzung von Vitaminen können kleine Mengen Bierhefe und Leber zugesetzt werden, und selbstverständlich ein passendes Mineralfutter (Tab. 5). Je nach Typ des Besitzers kann es sinnvoll sein, daß die Zubereitung aufwendig ist, um dem Besitzer das Gefühl zu geben, besonders gut für seine Katze zu sorgen, wenn er schon nicht wie gewohnt Zuwendung durch Füttern ausdrücken darf. Eine wesentlich unkompliziertere Möglichkeit ist die Fütterung von 70 bis 100 g magerem Rindfleisch oder Thunfisch mit einem passenden Mineralfutter und 10 g Cellulose.

Kommerzielle Reduktionsdiäten sind häufig eher darauf ausgelegt, den Besitzer zu überlisten als die Sättigungsmechanismen der Katze. Durch hohe Wassergehalte oder eine lufthaltige Konfektion wird der Eindruck großer Futtermengen hervorgerufen. Leider bewirken weder Wasser noch Luft eine längerfristige mechanische Sättigung. Ob der Einsatz einer solchen Diät sinnvoll ist, hängt vom Besitzer ab. Um zu überprüfen, ob man eine energiereduzierte Diät oder eine „Mogelpackung" vor sich hat, berechnet man den Energiegehalt in der Trockenmasse, die sogenannte Energiedichte (Energiedichte = Energiegehalt in 100 g Futter/Trockenmasse * 100; Soll < 1,5 MJ/100 g Trockenmasse; Energiegehalt ist bei Adipositasdiät deklarationspflichtig; Trockenmasse % = 100 % – Feuchtigkeit %) und eventuell den Fett- und Fasergehalt ebenfalls in der Trockenmasse.

Tabelle 5: Hausgemachte Adipositasdiät für eine Katze mit 4 kg Normalgewicht (Tagesration)

Zutaten	in g
vom Fett befreites Rinderfilet	30
Thunfisch in Aspik	30
Rinderleber	5
Kartoffeln, gekocht	80
Bierhefe, getrocknet	5
Futtercellulose	10
Korvimin H+K[1])	3
jodiertes Speisesalz	2
Energiezufuhr 0,74 MJ, Energiedichte 1,4 MJ/100 g Trockenmasse Protein/Energierelation 23 g/MJ	

[1]) oder ein anderes vergleichbares Präparat

Chronische Niereninsuffizienz

Die Diätetik bei chronischer Insuffizienz der Nieren ist überwiegend symptomatisch (Kompensation der reduzierten Ausscheidungsleistung bzw. erhöhter renaler Verluste). Sie soll außerdem die Progression der Erkrankung verlangsamen. Um den optimalen **Protein**gehalt in Nierendiäten für Fleischfresser wird kontrovers diskutiert. Einige Untersucher beobachteten eine verlangsamte Progression bei hohen andere bei niedrigen Eiweißgehalten. Dies ist bei klinisch manifesten Nierenerkrankungen eher ein akademisches Problem. Nierenkranke Katzen werden meist erst vorgestellt, wenn sie bereits urämisch sind – und in diesem Falle hat die Abmilderung der Urämie durch reduzierte Proteinzufuhr Priorität vor umstrittenen Effekten auf die Progression der Erkrankung. Je nach dem Grad der Urämie und der Bereitschaft der Katze eine proteinreduzierte Diät zu akzeptieren, wird ein Protein/Energie-Verhältnis zwischen dem Minimal- und dem Erhaltungsbedarf also von 8 bis 15 g/MJ angestrebt. Das Protein sollte (auch praecaecal) hochverdaulich sein und einen hohen Gehalt an essentiellen Aminosäuren aufweisen. Außer in Extremfällen müssen Verluste durch Proteinurie erst ab einem Protein/Energie-Verhältnis von unter 10 g/MJ ersetzt werden. Wenn allerdings die renalen Eiweißverluste eine Größenordnung von einigen Gramm pro Tag erreichen (z. B. beim seltenen nephrotischen Syndrom), dann müssen zusätzlich zum Minimalbedarf von 2,4 g verdauliches Protein/kg KM pro Gramm in den Harn ausgeschiedenes Protein zwei Gramm zur Ration zugelegt werden (Verwertung des Nahrungsproteins ca. 50 bis 60 %).

Phosphor muß in jedem Fall reduziert werden. Da kommerzielle Alleinfutter auch den Bedarf für das Wachstum mit abdecken, besteht häufig eine erhebliche P-Überversorgung, die unbedingt abgebaut werden muß. Empfohlen wird eine P-Zufuhr von etwa 70 % des P-Bedarfs (170 mg P/MJ DE). Eine weitere Reduktion kann bei entsprechender Hyperphosphatämie notwendig sein. Der Einsatz von P-Bindern kann die P-Reduktion nicht ersetzen, er ist nur bei bereits P-reduzierten Diäten sinnvoll. Bei kommerziellen Alleinfuttern würden P-Binder durch den oben angesprochenen P-Überschuß gesättigt, ohne daß es zu einer deutlichen Reduktion der verfügbaren P-Menge kommt. Eine drastische P-Reduktion kann jedoch auch zu Mangelerscheinungen führen (P-Spiegel überprüfen), Symptome sind u. a. Muskelschwäche, Apathie, Inappetenz (in Extremfällen Veränderungen der Gliedmaßenstellung wie Säbelbeinigkeit und gespreizte Tatzen).

Im Zusammenhang mit der P-Reduktion muß auch die Zufuhr von Kalzium und Vitamin D besprochen werden. Hier bestehen noch erhebliche Unsicherheiten. Eine marginale Ca-Zufuhr ist bei P-Reduktion und ausgewogenem Ca/P-Verhältnis unvermeidlich. Sie könnte sich ungünstig auf die renal bedingten Osteopathien auswirken. Andererseits kann ein sehr weites Ca/P-Verhältnis sowohl die P-Absorption aus dem Darm als auch die renale P-Ausscheidung verringern. Letztere Wirkung ist mit Sicherheit unerwünscht, erstere kann erwünscht sein, verschärft jedoch bei drastischer P-Reduktion das Risiko eines

Mangels. Nach dem augenblicklichen Stand der Wissenschaft wird daher empfohlen, ein Ca/P-Verhältnis von 2:1 nicht wesentlich zu überschreiten. Die Wirksamkeit von Vitamin D ist bei nierenkranken Katzen reduziert, da das in der Leber aus D_3 gebildete $25(OH)D_3$ in der geschädigten Niere nicht in ausreichendem Maße zu $1{,}25(OH)2D_3$ umgewandelt wird. Erst bei sehr hohen, in den potentiell gefährlichen Bereich reichenden Dosierungen kann auch Vitamin D_3 eine Wirkung am Rezeptor entfalten. Aus offensichtlichen Gründen ist daher für Nierendiäten eine reichliche, aber nicht exzessive Vitamin-D-Versorgung vorzusehen (2–3 facher Erhaltungsbedarf). Es kann darüber hinaus im Einzelfall eine Behandlung mit $1{,}25(OH)2D_3$ (Rocaltrol®)[1]) oder 1-OH-D_3 erfolgen. Die Dosierung beträgt 2,5–10 ng/kg KM/d. Durch die Behandlung darf keine Hypercalcämie induziert werden, sonst besteht das Risiko von Weichgewebeverkalkungen z. B. in der Niere und damit einer schnellen Progression der Erkrankung. Aus diesem Grund dürfen diese Metaboliten auch nicht an Patienten mit schwerer Hyperphosphatämie verabreicht werden. Diese muß zuerst durch reduzierte P-Aufnahme und eventuell P-Binder abgebaut werden.

Störungen des Elektrolyt- und Säuren-Basen-Haushaltes werden bei Nierenpatienten i. d. R. zunächst durch Infusionen ausgeglichen (s. Kapitel Krankheiten der Harnorgane). Für die Diät empfiehlt sich eine moderat über dem Bedarf liegende Versorgung mit Kalium und Magnesium und eine knappe Zufuhr von Natrium. Je nach verwendeten Diuretika und Höhe der renalen Verluste kann vor allem für Kalium eine zusätzliche Ergänzung (bis zu 150 mg K-Carbonat/kg KM/d) erforderlich werden. Da bei Nierenerkrankungen häufig eine metabolische Azidose vorliegt, sollte eine Nierendiät keinesfalls azidierend wirken. Daher können Struvitsteindiäten nicht empfohlen werden. Wegen des Risikos der Struvitsteinbildung bei alkalisierender Fütterung sollten andererseits alkalisierende Rationen oder Zulagen (Carbonate, bis zu 150 mg/kg KM/d) langfristig nur eingesetzt werden, wenn tatsächlich eine chronische metabolische Azidose vorliegt.

Wasserlösliche Vitamine sollen wegen möglicher renaler Verluste reichlich enthalten sein. Eine zusätzliche Supplementation mit Vitamin K wird diskutiert. Die großzügige Versorgung mit Spurenelementen, insbesondere Eisen und Kupfer (Blutbildung) sowie Zink ist empfehlenswert. Im Analogieschluß zu anderen Species könnte der teilweise Ersatz der ungesättigten Fettsäuren der Linolsäurefamilie (n6; in vielen Pflanzenölen und Fetten von Landtieren) durch Vertreter der Linolensäurereihe (n3; in Leinöl, Fischöl) zu einer Verlangsamung der Progression beitragen. Für hausgemachte Diäten (Tab. 6) wird Fischöl wegen des Geruchs weniger geeignet sein, Leinöl (aus Apotheken) wird nach eigenen Erfahrungen jedoch recht gut akzeptiert.

Es versteht sich von selbst, daß die Energiezuteilung reichlich erfolgen muß, um den Abbau von körpereigenem Gewebe zu verhindern. Empfehlungen gehen hier zum Teil soweit, daß bei anorektischen Patienten die Ernährung über eine Nasen- oder Gastrostomiesonde und bei Erbrechen über eine Jejunostomiesonde vorgeschlagen wird. Ebenfalls selbstverständlich sollte die Bereitstellung von Trinkwasser zur freien Aufnahme sein.

Als Futtermittel kommen kommerzielle Nierendiäten in Frage (Protein/Energie- und P/Energieverhältnis aus der Deklaration berechnen, Gehalte müssen deklariert sein) ebenso wie hausgemachte Rationen. Für letztere eignet sich z. B. mäßig bis deutlich fettes Fleisch, fetter Fisch, Kartoffeln oder Reis (Tab. 6). Durch solche Rationen wird eine moderate Protein- und eine deutliche P-Reduktion erreicht. Zur Ergänzung muß ein Ca-reiches, P-armes Mineralfutter eingesetzt werden. Bei Akzeptanzproblemen kann es sinnvoll sein, die Ration (auch kommerzielle Produkte) anzubraten oder anzuwärmen. Kommerzielle Produkte können zur Akzeptanzverbesserung zeitweilig mit Fleisch oder Fisch gemischt werden. Ein Verschneiden der Nierendiät mit kommerziellen Alleinfuttern, die nicht ausdrücklich für die Erhaltung ausgewiesen und entsprechend P-reduziert sind, ist nicht zu empfehlen, da es dabei zu einer deutlichen P-Überversorgung kommt. Ursache für Akzeptanzprobleme kann auch eine sogenannte erlernte Aversion sein. Wenn ein Diätfutter an Tiere verfüttert wird, die sich sehr unwohl fühlen und die unter gastrointestinalen Symptomen leiden, so wird das betreffende Futter mit diesem Zustand in Verbindung gebracht. Die Katzen können die Diät dann buchstäblich „nicht mehr riechen“. Deshalb sollte man in einer solchen Situation möglichst nicht die für die Zukunft vorgesehene Diät anbieten.

Ein häufiger Fehler der Tierbesitzer ist das unkontrollierte Zufüttern von Vitamin-Mineral-Supplementen, die häufig Phosphor und/oder Natrium enthalten. Da solche Ergänzungsfutter vom Tierhalter nicht unter Belohnung, sondern in die Rubrik „Gesundes“ eingeordnet werden, kann man nicht davon ausgehen, daß diese Produkte nicht zusätzlich zur Diät verabreicht werden, wenn nicht ausdrücklich auf die möglichen Risiken hingewiesen wird.

[1]) Das Produkt wird in Kapseln für den Humangebrauch angeboten, die 250 bis 500 ng $1{,}25(OH)2D_3$ enthalten und entsprechend mit Isopropanol, Alkohol oder Propandiol verdünnt werden müssen.

Tabelle 6: Rationen für nierenkranke Katzen (4 kg KM, Tagesrationen)

Bestandteile in g	Ration A	Ration B	Ration C
Proteinreduktion	++	++	+
P-Reduktion	++	++	++
Hering	70	–	–
Rindfleisch (Gulasch, mäßig fett)	–	70	100
Kartoffeln, gekocht	–	50	–
Reis (roh gewogen, gekocht)	15	–	–
Fischöl oder Leinöl oder Bratfett	5	5	–
Mineralfutter[1])	1,5	1,5	1,5
Energie MJ DE	1,3	1,3	1,3
Protein/Energieverhältnis g/MJ	10	10	13
P/Energieverhältnis mg/MJ	170	170	170

[1]) 16 % Ca, 5 % P (zur Einstellung einer niedrigeren P-Zufuhr kann der P-Gehalt ggf. bis auf Null reduziert werden)

Chronische Herzinsuffizienz

Bei chronischer Insuffizienz des Herzens muß die diätetische Unterstützung der Therapie in erster Linie darauf abzielen, die Störungen im Wasser- und Elektrolyt-Haushalt abzumildern. Darüber hinaus soll der Abbau von Körpersubstanz möglichst verhindert und eine zu starke Füllung des Magens vermieden werden. Die Diät soll daher Na-reduziert sein und einen moderaten bis hohen K-Gehalt aufweisen. Der Proteingehalt soll reichlich bedarfsdeckend sein, die Energiedichte hoch. Für den Na- und K-Gehalt gibt es eine weite Spanne von Empfehlungen (15–150 mg Na/MJ, entsprechend 0,035–0,3 % der Trockenmasse; 500–600 mg K/MJ, entsprechend 1–1,2 % der Trockenmasse bei einer Energiedichte von ca. 2 MJ/100 g Trockenmasse). Dabei sollte bedacht werden, daß viele kommerzielle Produkte und natürlich auch Tischabfälle sehr Na-reich sind, so daß bereits eine Reduktion der Na-Zufuhr in den bedarfsdeckenden Bereich Erleichterung bringen kann (260 mg Na/MJ). Ob eine weitere Verringerung der Zufuhr notwendig ist, hängt vom Einzelfall und – ganz wesentlich – auch von den verwendenten Diuretika ab. Neben kommerziellen Herzdiäten kommen selbstgemachte Rationen auf der Basis von mäßig fettem Fleisch und, sofern akzeptiert, Kartoffeln (K-Quelle) oder Reis in Frage (Tab. 7). Die Bestandteile können auch gebraten werden, um die Schmackhaftigkeit zu erhöhen. Selbstverständlich müssen die Rationen mit Mineralfutter ergänzt werden. Dabei muß darauf geachtet werden, daß nicht durch das Mineralfutter Natrium in die Ration eingeschleppt wird. Besonders, wenn durch das Mineralfutter auch noch Kalium ergänzt werden muß, wie bei den Rationsbeispielen aus Tabelle 7 ohne Kartoffeln, wird man kaum ein geeignetes kommerzielles Produkt auf dem Markt finden.

Um eine übermäßige Füllung des Magens und damit eine Belastung des Herzens zu vermeiden, muß die Ration auf mehrere Portionen pro Tag verteilt werden.

Tabelle 7: Selbstgemachte Rationen für Katzen mit chronischer Insuffizienz des Herzens, Tagesration, berechnet für eine 4 kg schwere Katze

Futtermittel in g/d	Ration 1	Ration 2	Ration 3
Rindergulasch, (Kopffleisch)	40	40	-
Hühnerbrust	50	100	100
Reis[1])	–	–	40
Kartoffeln, gekocht	80	–	–
Speiseöl	4	–	–
Mineralfutter[2])	2	2	2
Energie MJ/d	1,3	1,2	1,2
vRp/DE g/MJ	15	25	22
Na mg/MJ	46	77	54
K mg/MJ	546	560	590

[1]) gekocht, roh abgewogen
[2]) mit 15 % Ca, 5 % P, Na-frei, für Ration 1 kein zusätzliches Kalium erforderlich, für die Rationen 2 und 3 mit 10 bzw. 16 % K

Harnsteine

Die diätetischen Prinzipien der Harnsteindiätetik sind 1. Reduktion des Gehaltes an Konkrementbildnern im Harn (Reduktion der Aufnahme, Bildung und der renalen Excretion, Vergrößerung des Harnvolumens) und 2. Verbesserung der Löslichkeit der Steinbildner (pH-Wertverschiebung im Harn, Verabreichung von Kristallisationsinhibitoren). Für verschiedene Konkrementbildner sind allerdings gegensätzliche Maßnahmen angezeigt, so kann z. B. die Verschiebung des pH-Wertes in den sauren Bereich Struvitsteinen effizient vorbeugen, während sie bei Ca-haltigen Konkrementen nicht zu empfehlen und bei Cystin- (i. a. nur bei Großkatzen) oder Harnsäuresteinen (bei Katzen meist Folge eines portovenösen Shunts) kontraindiziert ist. Gerade für die beiden wichtigsten Konkrementbildner bei der Katze, das Struvit (Magnesium-Ammonium-Phosphat-Hexahydrat) und das Ca-Oxalat, sind die diätetischen Prinzipien in vieler Hinsicht direkt entgegengesetzt. Dies zeigt auch schon die Statistik: Während früher bei Katzen nahezu ausschließlich Struvitsteine auftraten, so sind, seit der verbreiteten Anwendung von Futtermitteln, die dem Struvit vorbeugen, die Ca-Oxalatsteine auf dem Vormarsch. Die offensichtliche Konsequenz ist besondere Sorgfalt bei der Diagnose (operativ entfernte Steine untersuchen lassen) und Überwachung (wird der Stein bei Diätfütterung wirklich kleiner?).

Struvitsteine

Struvitsteine und z. T. auch Harnpfropfen, die mit Struvit mineralisiert sind, sprechen i. d. R. sehr gut auf Diät an. Sie lassen sich andererseits durch Fütterungsfehler auch bei sehr vielen Individuen provozieren. Das wichtigste Diätprinzip ist die Ansäuerung des Harns unter einen pH-Wert von 6,7 bis 7,0 (Prophylaxe) oder 6,5 bis 6,7 (Steinauflösung durch Diät). Die Ration sollte keine Überschüsse an Magnesium enthalten (<40 mg Mg/MJ DE). Ein hoher Wassergehalt im Futter (großes Harnvolumen) wirkt sich ebenfalls positiv aus. Die „historische" Reihenfolge der Diätprinzipien, wie sie sich aus den Teilerfolgen bei der Aufklärung der Ätiologie dieser Erkrankung ergab, lautet Wassergehalt, Mg-Konzentration, pH-Wert und sorgt gelegentlich bei Katzenhaltern heute noch für Verwirrung. Auch die Bedeutung eines hohen Proteingehaltes für die Struvitbildung wurde zeitweise überschätzt, eine Überversorgung wird trotzdem nicht empfohlen. Heute weiß man, daß in erster Linie eine Übermineralisierung von Futtermitteln mit Kalzium zu einer Alkalisierung des Harns führt und dadurch Struvitsteine provozieren kann. Da hohe Aschegehalte in Katzenfuttern häufig durch hohe Ca-Gehalte bedingt sind, erklärt dies, warum empirisch der Aschegehalt als Kriterium für das struvitbildende Potential eines Futtermittels herangezogen wurde. Eine wesentlich sicherere Aussage über die Eignung als Diätfutter bzw. das Risiko der Struvitbildung durch ein Futtermittel erhält man durch Berechnung der Kationen-Anionen-Bilanz (auch als Basenexzeß im Futter bezeichnet), die wie folgt ermittelt wird (Angaben für die Elemente in g/kg Trockenmasse; die Deklaration ist für Diätfutter gegen Struvitbildung vorgeschrieben):

Kationen-Anionen-Bilanz in mmol/kg Trockenmasse = 49,9 * Ca + 82,3 * Mg + 43,5 * Na + 25,6 * K-64,4 * P – 87 * S – 28,2 * Cl

Zwischen der Anionen-Kationen-Bilanz und dem mittleren Harn-pH-Wert besteht eine straffe Beziehung. Liegt die Anionen-Kationen-Bilanz unter – 260 mmol/kg Trockenmasse, so ist ein mittlerer Harn-pH-Wert unter 6,5 mit hoher Wahrscheinlichkeit zu erwarten, bei einer Anionen-Kationen-Bilanz um den Nullpunkt dürfte ein durchschnittlicher Harn-pH unter 7 gesichert sein. Bis zu einer Anionen-Kationen-Bilanz von +150 mmol/kg Trockenmasse ist eine ausreichende Ansäuerung des Harns möglich, aber nicht als sicher vorauszusetzen, während bei Werten von plus mehreren Hundert mmol/kg Trockenmasse ein alkalischer Harn-pH-Wert mit hoher Wahrscheinlichkeit zu erwarten ist. Die Zulage von 100 mg Ammoniumchlorid oder 140 mg Methionin/kg KM entspricht einer Reduktion der Anionen-Kationen-Bilanz um etwa 100 mmol/kg Trockenmasse. Wenn der Wert für das Futtermittel bekannt ist, kann eine maßgeschneiderte Zulage berechnet werden, die pauschale Angabe von 1 bzw. 1,5 g pro Tier und Tag funktioniert nur bei ganz bestimmten Futtermitteln, bei anderen mit hoher Anionen-Kationen-Bilanz reicht sie nicht aus, bei einer bereits negativen Bilanz kommt es zu erheblicher Überdosierung.

In diesem Zusammenhang muß darauf hingewiesen werden, daß eine azidierende Ernährung nicht ohne Risiken ist. Bei akuter Überdosierung azidierender Substanzen kann es zur Apathie bis hin zur Somnolenz kommen, häufig tritt Erbrechen ein (Ammoniumchlorid), Futterverweigerung und erlernte Aversion werden ebenfalls beschrieben. Chronische Nebeneffekte sind vor allem Verschiebungen im Mineralstoffhaushalt, einschließlich Störungen des Knochenstoffwechsels (azidierende Rationen nicht an Jungtiere, gravide oder laktierende Katzen verfüttern, toxische Effekte möglich). Die Nebenwirkungen sind z. T. an eine Verschiebung des Blut-pH-Wertes gekoppelt, auf den die Summe der azidierenden Bestandteile einen stärkeren Effekt ausübt als die Anionen-Kationen-Bilanz. Daher sollte eine säuernde Wirkung des Futters zunächst dadurch erreicht werden, daß alkalisierende Bestandteile wie z. B. Ca-Carbonat (Mineralfutter!) weitmöglichst reduziert werden und erst in zweiter Linie durch Zulage säuernder Substanzen. Als günstig hat sich hier die Einhaltung eines Ca/P-Verhältnisses von 0,9 bis 1,1/1 erwiesen.

Anhand der Deklaration läßt sich für kommerzielle Diätfutter nachvollziehen, ob diese den Empfehlungen entsprechen. Evtl. kann eine dem Einzelfall entsprechende Ergänzung vorgenommen werden. Keinesfalls dürfen Mineralfutter zugelegt werden, da diese in aller Regel alkalisierend wirken. Darauf muß natürlich auch der Besitzer hingewiesen werden. Selbstgemachte Rationen auf der Basis von Fleisch und Reis wirken ohne Ergänzungen bereits leicht säuernd, ein Effekt, der durch die Supplementierung mit Mineralfutter u. U. zunichte gemacht wird. Daher muß entweder ein säuerndes Mineralfutter (Tab. 8) gemischt oder eine Anionen-Kationen-Bilanz für die Ration mit Mineralfutter berechnet und entsprechend Harnsäuerer zugelegt werden.

Tabelle 8: Säuernde Mineralstoffmischung für hausgemachte Struvitdiäten

Mineralstoffmischung

Bestandteil	%
Ca-Gluconat	5
$CaCl_2*H_2O$	10
$Ca(H_2PO_4)2 * H_2O$	10
NH_4Cl	10
Träger (Stärke)	47
NaCl	16
Spurenelementvormischung	2

Eine 3 kg schwere Katze erhält 5 g Mineralstoffmischung zu einer Diät mit 20 g Rindfleich, 50 g Hühnerbrust und 20 g Reis

Spurenelementvormischung

Bestandteil	%	
$FeSO_4$ x 7 H_2O	60,2	
$CuSO_4$ x 5 H_2O	3,4	
$MnSO_4$ x 4 H_2O	2,6	
$ZnSO_4$ x 7 H_2O	33,5	
KJ	0,15	
Na_2SeO_3	0,05	Cave: potentiell toxisch, nicht überdosieren!

Organische Säuren, wie z. B. Ascorbinsäure, eignen sich entgegen älterer Empfehlungen nicht als Harnsäuerer. Ihre Wirkung ist davon abhängig, daß sie absorbiert und renal ausgeschieden werden, und daß außerdem der Harn so wenig gepuffert ist, daß durch die in den Harn ausgeschiedene Säure eine pH-Wertsenkung zustande kommt. Dies erklärt die unterschiedlichen Ergebnisse in der Literatur. Für die Praxis ist die Unsicherheit der Wirkung zu groß. Vitamin C kann daher allenfalls zusätzlich zu anderen Harnsäuerern verabreicht werden (Gefahr der metabolischen Azidose ist gering). Keinesfalls dürfen Alkali- oder Erdalkali-Salze organischer Säuren eingesetzt werden, sie wirken alkalisierend.

Ca-haltige Steine

Ca-haltige Steine sind auf dem Vormarsch, seit die Ätiologie der Struviturolithiasis weitgehend aufgeklärt ist. Als disponierend für diese Steine gelten überhöhte Vitamin-D-Gaben (iatrogen oder auch über kommerzielle Futtermittel, die Fischeingeweide enthalten!), metabolische Azidosen, hohe Kochsalzaufnahme, Überversorgung mit Eiweiß, hohe Oxalataufnahme oder -ausscheidung (Vitamin B_6-Mangel, evtl. hohe Vitamin C-Zufuhr) und möglicherweise eine hohe Ca- und eine marginale Mg-Aufnahme. Selbstverständlich spielt auch hier das Harnvolumen eine wichtige Rolle. Es muß klar gesagt werden, daß bei diesen Konkrementen die Fütterung (abgesehen von stark überhöhter Vitamin-D-Zufuhr) keine derart zentrale Rolle wie beim Struvit spielt. Eine nutritive Auflösung von Steinen ist unmöglich, die Prophylaxe nur bedingt erfolgreich. Nach dem heutigen Stand des Wissens ist bei Ca-haltigen Konkrementen die Vergrößerung des Harnvolumens durch wasserreiche (>80 % Feuchtigkeit) Futtermittel die aussichtsreichste Maßnahme. Wenn die Futtermittel gleichzeitig ballaststoffreich und energiearm sind, so müssen größere Futter- und damit größere Wassermengen aufgenommen werden, entsprechend nimmt das Harnvolumen zu. Dagegen ist bei Verwendung von Trockenfuttern i. d. R. das Harnvolumen verringert. Dies gilt auch für hochverdauliche Produkte, da die Wasserausscheidung mit dem Kot (außer bei Durchfall oder extrem ballaststoffreicher Fütterung) bei der Katze ohnehin nur einen sehr geringen Anteil an der Wasserausscheidung ausmacht. Zusatz von Kochsalz erhöht die Wasseraufnahme erst bei einem Na-Gehalt von etwa 20 g/kg Trockenmasse effektiv, wobei das Harnvolumen auch dann nicht an die Werte bei Einsatz von wasserreichen Futtermitteln herankommt. Abgesehen davon, daß bisher weder bewiesen noch widerlegt ist, ob ein derart hoher Salzgehalt langfristig auch bei gesunden Tieren nicht doch gesundheitliche

Risiken mit sich bringt, ist eine überhöhte Na-Zufuhr bei Ca-haltigen Konkrementen aus anderen Gründen (Zunahme der renalen Ca-Ausscheidung bei hoher Na-Zufuhr) kontraindiziert.

Hauterkrankungen

Bei der diätetischen Beeinflussung von Hautkrankheiten muß unterschieden werden zwischen 1. Mangelkrankheiten, die sich ganz oder teilweise an der Haut manifestieren, 2. Futtermittelallergien und 3. einer unterstützenden Behandlung von nicht ernährungsbedingten Hautkrankheiten durch die Ernährung.

Mangelerkrankungen sind heute eher selten geworden. Bei Haut- und Haarkrankheiten käme grundsätzlich in Frage ein Mangel an Protein und bestimmten Aminosäuren (Methionin, Cystin), essentiellen Fettsäuren, Spurenelementen (Zink, Kupfer, bei Katzen im Experiment kaum Symptome an Haut und Haaren) und Vitaminen (A, einige B-Vitamine, Biotin). Mangelerscheinungen an diesen Nährstoffen konnten z. T. nur unter extremen experimentellen Bedingungen provoziert werden und manifestierten sich nicht ausschließlich an der Haut.

Für die Diagnose und Therapie von Hauterkrankungen bei Futtermittelallergien ist die Verwendung einer Eliminationsdiät eine Conditio sine qua non. Eine solche Diät besteht aus möglichst wenigen definierten Proteinquellen, z. B. Fleisch einer bestimmten Tierart. Die Wahrscheinlichkeit, daß das Allergen aus der Ration eliminiert ist, ist um so höher, je weniger Futtermittel zum Einsatz kommen und je weniger Kontakt das betroffene Tier mit diesen Futtermitteln bisher hatte. Daher werden in der Fütterung eher ungebräuchliche Fleischarten wie z. B. Pferd, Kaninchen oder Lamm empfohlen (Details und Supplementierung s. Kapitel Krankheiten der Haut). Diese sind jedoch nicht per se als „hypoallergen" einzustufen. In Neuseeland, wo viel Schaffleisch gefüttert wird, treten auch vermehrt Allergien gegen dieses Futtermittel auf. Es ist daher auch nicht sinnvoll, prophylaktisch Futtermittel aus Lammfleisch zu verwenden, um das Auftreten von Allergien zu verhindern. Der Einsatz kommerzieller Eliminationsdiäten auf der Basis ungewöhnlicher Futtermittel kann durchaus erfolgversprechend sein. Allerdings ist die Wahrscheinlichkeit, daß das Allergen eliminiert wird bei einer hausgemachten Ration aus einem oder zwei Futtermitteln, die zunächst zur diagnostischen Therapie (über einige Wochen) ohne Supplementierung verfüttert wird, höher als bei einem bilanzierten und konservierten Alleinfutter. Das Nichtansprechen auf eine kommerzielle Eliminationsdiät schließt daher das Vorliegen einer Futtermittelallergie nicht aus. Vorsicht ist auch beim Einsatz kommerzieller Mineralfutter zur Supplementation hausgemachter Eliminationsdiäten für den längerfristigen Einsatz geboten, da diese u. a. Knochenbestandteile, Gelatine und Getreideprodukte enthalten können. Im Kapitel Hautkrankheiten werden daher Rezepte für weniger risikoreiche Alternativen auf der Basis von chemisch reinen Mineralstoffverbindungen und Leber aufgelistet.

Bei der nutritiven Unterstützung der Therapie nicht ernährungsbedingter Hautkrankheiten ist der Erfolg eher fraglich. Es muß ausdrücklich darauf hingewiesen werden, daß die Überversorgung mit Nährstoffen nicht das Gegenteil des Mangels bewirkt. Eine zusätzliche Verabreichung der oben aufgeführten Nährstoffe, deren Mangel Hautkrankheiten hervorrufen kann, über den Bedarf hinaus ist daher nicht vielversprechend. Ein Erfolg ist noch am ehesten zu erwarten, wenn die Versorgung vor der Substitution knapp war. Bei Spurenelementen und Vitamin A ist eine erhebliche Überversorgung mit dem Risiko einer Intoxikation verbunden. Anekdotische Berichte gibt es über kosmetische Wirkungen (Fellglanz) einer erhöhten Zufuhr ungesättigter Fettsäuren (Eigelb, Speiseöl, Leinsaat u. ä.) bei verschiedenen Species. Pharmakologische Effekte (Modifizierung der Bildung von Entzündungsmediatoren) wurden für bestimmte mehrfach ungesättigte Fettsäuren (n3-Familie, Gamma-Linolensäure) nachgewiesen. Voraussetzung für die Wirkung ist allerdings, daß der Gehalt an anderen ungesättigten Fettsäuren in der Ration entsprechend reduziert wird, da die verschiedenen Fettsäuren um Enzymsysteme konkurrieren. Bei langfristiger drastischer Veränderung des Fettsäurenmusters zugunsten der n3-Fettsäuren ist mit Nebenwirkungen (z. B. schlechte Wundheilung) zu rechnen. Pharmakologische Effekte wurden auch für Biotin postuliert, bisher aber vor allem für Hufe und Klauen von Ungulaten überprüft.

Ernährung von Intensivpatienten

Nach Operationen, bei schweren Verletzungen und generell bei schweren Erkrankungen ändert sich der Energie- und Nährstoffbedarf. Auch hierzu gibt es bei der Katze noch kaum Untersuchungen, die Empfehlungen sind meist im Analogieschluß unter Berücksichtigung der metabolischen Besonderheiten der Katze sowie praktischer Erfahrungen abgeleitet.

Erhebliche Veränderungen gibt es beim Energiebedarf. Posttraumatisch tritt zunächst eine hypometabolische Phase ein, während der der Energiebedarf gegenüber dem Erhaltungsstoffwechsel reduziert ist. Diese Phase dauert etwa 24 bis 48 Stunden. Danach steigt der Energiebedarf erheblich an, bei schweren Verbrennungen oder Schädeltraumata sogar bis auf das Doppelte (Tab. 9). Bei Kortikoidtherapie muß ebenfalls mit einer Zunahme des Energiebedarfs gerechnet werden. Patienten, die seit längerer Zeit hungern, z. B. wegen mechanischer Verlegung der Speiseröhre, sind dagegen hypometabolisch. Selbstverständlich können Erkrankungen des Endokriniums ebenfalls erhebliche Auswirkungen auf den Energiebedarf haben.

Tabelle 9: Änderungen des Energiebedarfs kranker Katzen ausgedrückt als Vielfaches des Erhaltungsbedarfs (Erhaltungsbedarf mit Faktor multiplizieren) nach DONOGHUE (1991)

Zustand, Trauma	Vielfaches des Erhaltungsbedarfs
Hungerzustand/Unterernährung	0,5–0,7
hypometabolisch[1])	0,5–0,9
elektive Operation[2])	1,0–1,2
Trauma ggrd.[2])	1,0–1,2
Trauma mgrd.[2])	1,1–1,5
Trauma schwer[2])	1,1–2,0
Sepsis	1,2–1,5
Verbrennung mgrd.[2])	1,2–1,5
Verbrennung hgrd.[2])	1,5–2,0
Schädeltrauma ggrd.[2])	1,0–1,2
Schädeltrauma hgrd.[2])	1,2–2,0

[1]) 24 bis 48 Stunden posttraumatisch/postoperativ
[2]) später als 24 bis 48 Stunden postoperativ/posttraumatisch

Im Schrifttum gibt es eine Vielzahl von Empfehlungen zur Energieversorgung von Intensivpatienten, die zum Teil erheblich voneinander abweichen. Dabei differiert vor allem die Ausgangsbasis, und nicht so sehr die Angaben zur Veränderung des Bedarfs. Oft wird nicht klar zwischen Grundumsatz (postabsorptiv, in Ruhe, thermoneutrale Temperatur) und Erhaltungsbedarf (schließt Energie für Verdauung, spontane Bewegung und Temperaturregulation mit ein) unterschieden. Vielfach wird auch nicht beachtet auf welcher Stufe die Energie (Brennwert, verdauliche oder umsetzbare Energie) bewertet wird.

Bei enteraler Ernährung kann man mit den Empfehlungen zur Versorgung mit verdaulicher Energie aus Tabelle 1 arbeiten (Erhaltungsbedarf = Körpermasse * 0,3 MJ DE), bei parenteraler Nahrungszufuhr besser mit umsetzbarer Energie (Erhaltungsbedarf = Körpermasse * 0,29 MJ ME). Der Erhaltungsbedarf wird dann mit den fallspezifischen Faktoren aus Tabelle 9 multipliziert. Natürlich sollte der Energiegehalt in dem zur Ernährung verwendeten Produkt in der gleichen Einheit angegeben sein. Bei humanmedizinischen Präparaten wird meist der Brennwert angegeben, der i. d. R. um etwa 10 bis 20 % höher liegt als verdauliche oder umsetzbare Energie.

Auch der Proteinbedarf steigt in hypermetabolischen Phasen an und sinkt bei hypometabolischer Stoffwechsellage. Daher ist es vermutlich am besten, die Protein/Energierelation für Erhaltung in etwa einzuhalten (15 g/MJ). Über 20 g/MJ sollte man nur in Ausnahmefällen hinausgehen, da Eiweißmetaboliten Leber und Niere belasten. Veränderungen im Elektrolyt- und Wasserhaushalt werden i. d. R. durch Infusionen ausgeglichen. Trotzdem sollte nicht vergessen werden, daß z. B. posttraumatisch auch der Wasserbedarf erheblich ansteigen kann (frisches Trinkwasser muß nicht nur vorhanden, sondern auch leicht erreichbar sein). Bei den Spurenelementen muß auf eine ausreichende Fe- und Zn-Zufuhr (Blutbildung nach Blutverlusten bzw. Beteiligung an „Reparaturvorgängen“) geachtet werden, die Versorgung mit Vitaminen muß bedarfsdeckend sein, wobei eine Zulage von Vitamin E, B-Vitaminen und evtl. Ascorbinsäure sinnvoll sein könnten.

Bei der Fütterungs- bzw. Applikationstechnik sollte möglichst der einfachste Weg gewählt werden – und so lange der Magen-Darm-Kanal funktionsfähig ist, sollte man ihn auch benutzen. Am besten ist es natürlich, wenn die Patienten die benötigte, z. T. recht beachtliche Futtermenge selbst fressen. Dies kann oft erreicht werden, wenn man bei der Auswahl der Futtermittel individuelle Vorlieben berücksichtigt (die Frage nach dem gewohnten Futter gehört zum Vorbericht!), mehrere Mahlzeiten pro Tag anbietet, die Patienten durch gutes Zureden und aus der Hand füttern zum Fressen „überredet“, das Futter anwärmt und evtl. kleine Leckerbissen zufüttert (Sahne, Hefe, Fisch etc.). Aus arbeitswirtschaftlichen Gründen ist dies sicherlich oft nur eingeschränkt möglich. Bei anorektischen Patienten kann mittels Nasen- oder Gastrostomiesonde gefüttert werden. Sofern der Magen umgangen werden muß (z. B. bei Erbrechen oder Tumoren) kann auch eine Jejunostomiesonde gelegt werden.

Ein qualitativ hochwertiges Dosenfutter erfüllt viele Kriterien, die an ein geeignetes Futter gestellt werden. Sofern es gelingt, das Futter in einer Küchenmaschine sondengängig zu machen (durch die Sonde in die Applikationsspritze aufziehen), kann es auch auf diesem Wege verabreicht werden. Es kann zusätzlich durch die obengenannten Spurenelemente und Vitamine ergänzt werden. Bei kommerziellen

Produkten zur Sondenernährung muß darauf geachtet werden, daß der Kohlenhydratgehalt 20 % (NfE Berechnung s. unter Energie- und Nährstoffbedarf) in der Trockenmasse nicht überschreitet, sonst besteht die Gefahr von Durchfall und/oder ernährungsbedingter Hyperglykämie. Selbstverständlich muß das Protein/Energieverhältnis adäquat sein. Eine Sondenkost kann man sich selber auf der Basis von Magerquark, Fleischbrühe, Eigelb, Kartoffelbrei oder Reisschleim und Speiseöl herstellen (Tab. 4). Auch Fleischbrühe allein ist besonders zum Anfüttern gut geeignet. Eine Besonderheit ist bei Verabreichung mittels Jejunostomiesonden zu beachten, die Sondennahrung darf dann keine wesentlich höhere Osmolalität als die extrazelluläre Flüssigkeit aufweisen (stark gesalzene Instant-Fleischbrühe u. ä. ist ungeeignet), sonst kommt es zur Dehydratation des Patienten infolge Wassereinstroms in das Jejunum.

Selbstverständlich darf nicht sofort die volle Futtermenge gegeben werden, sondern es muß langsam innerhalb von 3 bis 5 Tagen gesteigert werden. Das Futter muß auf mindestens 2 Mahlzeiten verteilt werden, sofern praktisch durchführbar, sind 3 bis 5 Fütterungen noch günstiger.

Schwieriger ist die Auswahl und Zusammenstellung von geeigneten Lösungen zur totalen parenteralen Ernährung. Um den Erhaltungsbedarf einer adulten Katze ausschließlich mittels Glukose zu decken, müßten 17,6 g Glukose/kg KM/d verabreicht werden (zum Vergleich: Glukosetoleranztests werden mit 0,5 bis 1 g Glukose/kg KM durchgeführt). Dies kann bei einer Species mit deutlich eingeschränkter Glukosetoleranz nicht empfohlen werden. Daher sollten bei totaler parenteraler Ernährung von Katzen Aminosäurenlösungen und Lipidemulsionen mitverwendet werden. Allerdings haben auch Lipidemulsionen Nachteile. Zum einen können sie eine Hyperlipidämie hervorrufen. Lipidpartikel können bei septischen Patienten mit dem Retikoloendothelialsystem in Leber und Milz interferieren. Und schließlich ist die Stabilität der Lipidemulsionen gering, Bakterien und Pilze wachsen sehr rasch, so daß Infusionslösungen mit Lipiden höchstens 24 Stunden stabil sind. Auch eine Aufbewahrung im Kühlschrank über mehr als 24 Stunden ist nicht empfehlenswert. Da Lipidemulsionen außerdem teuer sind, schränkt dies die Verwendung entsprechend ein.

Eindeutige Limitierungen für den Einsatz von Fettemulsionen in der parenteralen Ernährung der Katze gibt es bisher nicht. Es wird jedoch empfohlen, nicht mehr als 40 % der Energie aus Fett bereitzustellen, wenn über 24 Stunden infundiert wird. Wird die gesamte Tagesmenge in 12 Stunden verabreicht, sollten nur 20 % der Energie aus Lipidemulsionen stammen. Dies hängt zum einen mit der absoluten Fettaufnahme zusammen. So sind beispielsweise 10 ml einer 20%igen Lipidemulsion/kg KM immerhin 2 g Fett/kg KM. Sie decken etwa 20 % des Erhaltungsbedarfs. Solange nicht mehr über die intravenöse Lipidtoleranz von Katzen bekannt ist, ist es durchaus angebracht, diese Menge innerhalb von 12 Stunden nicht zu überschreiten. Zum anderen ist die Vorgabe als Anteil an der Energie jedoch im Zusammenhang mit den biochemischen und endokrinen Interaktionen bei der Umsetzung der Nährstoffe zu sehen. Bei der Katze mit all den Besonderheiten ihres carnivoren Stoffwechsels wird möglicherweise die anschauliche Vereinfachung „Fette verbrennen im Feuer der Kohlenhydrate" nicht uneingeschränkt zutreffen, sondern es müßte eher heißen „Fette verbrennen im Feuer der Proteine". Es dürfte daher sinnvoll sein, bei fettreichen Emulsionslösungen einen mindestens dem Erhaltungsbedarf entsprechenden Anteil an Aminosäuren zuzusetzen.

Bei Infusion über 24 Stunden könnte der Fettanteil entsprechend bis auf 3 g Fett (15 ml 20%ige Lipide-

Eine Mischung, die innerhalb von 12 Stunden infundiert werden darf, könnte beispielsweise wie folgt zusammengestellt werden (jeweils pro kg KM):

70 ml 10%ige Aminosäurenlösung	= 7 g Aminosäuren; zum Vergleich Protein-erhaltungsbedarf von 5 g verdauliches Protein	150 kJ ME[1])
10 ml 50%ige Glukoselösung	= 5 g Glukose; diese Mengen wurden in Fütterungsversuchen oral toleriert, allerdings bei vorübergehender Hyperglykämie	85 kJ ME
7 ml 20%ige Lipidemulsion	= 1,4 g Fett	55 kJ ME
	Erhaltungsbedarf in ME 290 kJ	290 kJ ME

[1]) 21,4 kJ ME pro g Protein bei der Katze

mulsion) erhöht und Glukose auf 1,5 g (3 ml 50%ige Lösung) reduziert werden. Da diese Rezepte nicht klinisch erprobt sind und außerdem individuelle oder krankheitsbedingte Unverträglichkeiten bestehen können, ist eine labordiagnostische Überwachung der Patienten zwingend erforderlich.
Der Wasserbedarf (für Erhaltung 30–60 ml/kg KM/d) ist bei Verwendung der relativ wasserreichen Aminosäurenlösungen i. d. R. gedeckt. Elektrolyte müssen jedoch noch zugeführt werden. Die Dosierung richtet sich hier nach Laborbefunden. Besonderheiten der Katze hinsichtlich des Elektrolytstoffwechsels sind nicht bekannt, so daß vorläufig nichts gegen eine Verwendung von Lösungen aus der Humanmedizin spricht. Viele Aminosäurenlösungen enthalten bereits Elektrolyte. Sinnvoll ist außerdem die Gabe von Spurenelementen (insbesondere Zink, reduzierte Plasmazinkgehalte könnten die Heilung verzögern) und Vitaminen.

Ernährung von Krebspatienten

Bei Katzen gibt es hierzu keine kontrollierten Studien, Empfehlungen müssen daher im Analogieschluß unter Berücksichtigung der Besonderheiten des felinen Stoffwechsels abgeleitet werden. Tumoren führen auch bei der Katze zu Gewichtsverlusten bis hin zur Kachexie. Dadurch werden die Chancen möglicher Behandlungen z. B. durch eine chirurgische Entfernung des Tumors verringert. Die Ursachen der Kachexie sind vielfältig. Zum einen kommt es zum Verlust des Appetits. Dies kann bedingt sein durch die Lage des Tumors oder die Folge von Behandlungen, z. B. Chemotherapie, oder schmerzbedingt sein. Aber auch, wenn diese Probleme nicht auftreten, nimmt der Appetit ab, vermutlich humoral durch Tumornekrosefaktor und Interleukine gesteuert. Zum anderen kann es durch den Stoffwechsel der Tumoren zu massiven Veränderungen kommen. So gewinnen Tumoren ihre Energie durch anaerobe Glykolyse und bilden dabei Lactat, das in der Leber wieder zu Glukose resynthetisiert werden muß. Dies führt zu einer erheblichen Energiedrainage und natürlich zu erhöhtem Glukoseumsatz evtl. auch zu Hyperinsulinismus und Insulinresistenz. Außerdem kommt es zum Abbau von Muskelprotein, während gleichzeitig die hepatische Proteinsynthese stark zunimmt. Dieses Protein wird aber vom Tumor verbraucht. Beim Fettstoffwechsel wird eine erhöhte Lipolyse beschrieben, die durch Glukose nicht unterdrückt werden kann. Gleichzeitig ist auch die Fettsynthese verringert.
Diese Stoffwechselabnormalitäten können durch die Fütterung nicht korrigiert werden, eine gewisse Anpassung ist jedoch möglich. Die Energiezufuhr sollte deutlich über dem Erhaltungsbedarf liegen, bei Tumoren kann sich der Energiebedarf sogar verdoppeln. Wenn die Katzen nicht freiwillig ausreichend Futter aufnehmen, sollte man (sofern man unter diesen Umständen eine Behandlung überhaupt noch in Betracht zieht) enterale Fütterungstechniken anwenden. Die Futterzusammensetzung unterscheidet sich nicht wesentlich von Empfehlungen für die postoperative Fütterung bei Katzen, da bei dieser Species ohnehin protein- und fettreiche Produkte mit relativ geringem Gehalt an Kohlenhydraten der Vorzug gegeben wird. Der Gehalt an Vitaminen und Spurenelementen (besonders Zink und Vitamin E) sollte reichlich sein, da eine marginale Versorgung die Immunabwehr weiter beeinträchtigen könnte. Positive Effekte auf die durch Tumoren verursachten Stoffwechselanomalien sollen auch von Bewegung ausgehen. Es muß jedoch klar gesagt werden, daß wirkliche Erfolge einer unterstützenden Ernährungstherapie bei Krebspatienten Ausnahmefällen vorbehalten sein werden, z. B. wenn ein Tier mit einem operablen Tumor in einem so schlechten Zustand vorgestellt wird, daß eine Operation nicht ratsam erscheint, und durch enterale Ernährung wieder in eine Kondition gebracht werden kann, die die Entfernung des Tumors erlaubt.

Literatur

BIOURGE, V. (1993): Feline hepatic lipidosis: Characterization of a model. Thesis, University of California, Davis.

BIOURGE, V., P. PION, J. LEWIS, J. G. MORRIS und Q. R. ROGERS (1993): Spontaneous occurrence of hepatic lipidosis in a group of laboratory cats. J. Vet. Internal Med. **7,** 194–197.

BROWN, S. A. (1995): Nutritional management of chronic progressive renal disease. Proc. XXV. Congress of the World Veterinary Association, XX. Congress of the World Small Animal Veterinary Association (WSAVA) in Yokohama, Japan, pp. 111–114.

BUFFINGTON, C. A. T. (1995): Lower urinary tract disease in cats: A new look at an old disease. Proc. XXV. Congress of the World Veterinary Association, XX. Congress of the World Small Animal Veterinary Association (WSAVA) in Yokohama, Japan, pp. 115–118.

BUFFINGTON, C. A. T., Q. R. ROGERS und J. G. MORRIS (1985): Feline struvite urolithiasis: Magnesium effect depends on urinary pH. Feline Practice **15,** (6), 29–33.

CASE, L. P., D. P. CAREY und D. A. HIRAKAWA (1995): Canine and feline nutrition. A resource for companion animal professionals. Mosby, St. Louis, Missouri.

CHEW, D. J., L. A. NAGODE, M. A. CAROTHERS und C. L. STEINMEYER (1993): Calcitriol treatment of renal secondary hyperparathyroidism in dogs and cats. Proc 11th ACVIM Forum, Washington, pp. 164–167.

de WILDE, R. O., und T. JANSEN (1989): The use of different sources of raw and heated starch in the ration of weaned kittens. In: BURGER, I. H., und J. P. W. RIVERS (Hrsg.): Nutrition of the dog and cat. Waltham Symposium No. 7., pp. 259–266, Cambridge University Press, Cambridge.

DOBENECKER, B. (1994): Einfluß von Futterzusammensetzung und Nahrungsentzug auf ausgewählte Parameter des Fettstoffwechsels bei übergewichtigen Katzen. Diss.vet. med., Tierärztliche Hochschule, Hannover.

DONOGHUE, S., J. M. SCARLETT, C. A. WILLIAMS und J. SAIDLA (1994): Diet as a risk facotr for feline odontoclastic resorption. J. Nutr. **124,** 2693S–2694S.

DONOGHUE, S. (1991): A quantitative summary of nutrition support services in a veterinary teaching hospital. Cornell Vet. **8,** 109–128.

FIGGE, S. (1989): Untersuchung über Akzeptanz, Verträglichkeit und Verdaulichkeit von Eiweißfuttermitteln bei Katzen. Diss. vet. med., Tierärztliche Hochschule, Hannover.

GUILFORD, W. G. (1994): Feline gastrointestinal tract disease. The Waltham Book of Clinical Nutrition of the Dog & Cat, pp. 221–238, Pergamon press.

HAMMER, A.S. (1994): Nutrition and cancer. The Waltham Book of Clinical Nutrition of the Dog & Cat pp. 75–85, Pergamon Press.

KIENZLE, E. (1995): Home made diets in clinical nutrition. Proc. XXV Congress of the World Veterinary Association, XX Congress of the World Small Animal Veterinary Association (WSAVA) in Yokohama, Japan, pp. 97–101.

KIENZLE, E. (1991): Ernährung und Urolithiasis bei Haussäugetieren (Wdk., Pfd., Schw., Kanin., Flfr.). Übers. Tierernährg. **19,** 157–200.

KIENZLE, E. (1991): Computergestützte Rationsberechnung in der tierärztlichen Ernährungsberatung. Prakt. Tierarzt **8,** 676–685.

KIENZLE, E. (1992): Bedeutung mehrfach ungesättigter Fettsäuren im Zusammenhang mit Hauterkrankungen bei Hund und Katze. Kleintierpraxis **37,** 145–455.

KIENZLE, E. (1993): Carbohydrate metabolism of the cat: 2. Digestion of starch. J. Anim. Physiol. Anim. Nutr. **69,** 102–114.

KIENZLE, E. (1993): Carbohydrate metabolism of the cat: 3. Digestion of sugars. J. Anim. Physiol. Anim. Nutr. **69,** 203–210.

KIENZLE, E. (1993): Diätetische Maßnahmen bei chronischer Niereninsuffizienz der Katze. Monatshefte für Veterinärmedizin **48,** 103–111.

KIENZLE, E. (1993): Carbohydrate digestion of the cat: 4. Activity of maltase, isomaltase, sucrase and lactase in the gastrointestinal tract in relation to age and diet. J. Anim. Physiol. Anim. Nutr. **70,** 89–96.

KIENZLE, E. (1994): Blood sugar level and renal excretion after the intake of high carbohydrate diets in cats. J. Nutr. **124,** 2563–2567.

KIENZLE, E. (1994): Effect of carbohydrates on digestion in the cat. J. Nutr. **124,** 2568–2571.

KIENZLE, E., A. MANDERNACH und R. BERGLER (1995): Untersuchungen zum Fütterungsverhalten bei Besitzern normal- und übergewichtiger Hunde. Kongreßbericht 41. Jahrestagung der Fachgruppe Kleintierkrankheiten der Deutschen Veterinärmedizinischen Gesellschaft e.V. (DVG) vom 25.-28.10.1995 in München, pp. 347–353.

KIENZLE, E., und D. K. HALL (1994): Inappropriate Feeding: The Importance of a Balanced Diet. In: WILLS, J. M., und K. W. SIMPSON (Hrsg.): The Waltham Book of Clinical Nutrition of the Dog & Cat, pp. 1–14, Pergamon Press.

KIENZLE, E., R. SCHNEIDER und H. MEYER (1991): Investigations in palatability, digestibility and tolerance of low digestible food components in cats. Waltham International Symposium on the Nutrition of Small Companion Animals, 4.–8.9.1991, Davis; J. Nutr. **121,** S 56–S57.

KIENZLE, E., und A. SCHUKNECHT (1993): Untersuchungen zur Struvitsteindiätetik: 1. Einfluß verschiedener Futterrationen auf den Harn-pH-Wert der Katze. Dtsch. Tierärztl. Wschr. **100,** 108–208.

KIENZLE, E., und E. LANDES (1995): Aufzucht verwaister Jungtiere. Teil I: Indikationsstellung und Zusammensetzung der Muttermilch. Kleintierpraxis **40,** 681–685.

KIENZLE, E., und E. LANDES (1995): Aufzucht verwaister Jungtiere. Teil II: Herstellung von Milchaustauschern und praktische Durchführung der mutterlosen Aufzucht. Kleintierpraxis **40,** 687–700.

KIENZLE, E., und S. WILMS-EILERS (1993): Untersuchungen zur Struvitsteindiätetik: 2. Einfluß von Ammoniumchlorid und Carbonaten auf den Säure-Basen- und Mineralstoffhaushalt der Katze. Dtsch. tierärztl. Wschr. **100,** 381–420.

KIRSCH, M. (1995): Hypokaliämische Myopathie bei der Katze. Kongreßbericht 41. Jahrestagung der Fachgruppe Kleintierkrankheiten der Deutschen Veterinärmedizinischen Gesellschaft e. V. (DVG) vom 25.–28. 10. 1995 in München, pp. 339–343.

LEIBETSEDER, J. (1984): Diätmaßnahmen bei Herzkrankheiten und Diabetes mellitus. In: ANDERSON, R. S. und H. MEYER (Hrsg.): Ernährung und Verhalten von Hund und Katze, pp. 121–129, Schlütersche Verlagsanstalt, Hannover.

LEWIS, L. D., M. L. MORRIS Jr. und M. S. HAND (1990): Klinische Diätetik für Hund und Katze. Schlütersche Verlagsanstalt, Hannover.

MAIWALD, E., und E. KIENZLE (1995): Untersuchungen zum Vitamin C-Stoffwechsel der Katze. Kongreßbericht 41. Jahrestagung der Fachgruppe Kleintierkrankheiten der Deutschen Veterinärmedizinischen Gesellschaft e.V. (DVG) vom 25.–28.10.1995 in München, pp. 320–327.

MERTZ, W. (1987): Trace elements in human and animal nutrition. Academic Press, San Diego.

MEYER, H. (1990): Ernährung des Hundes. Verlag Eugen Ulmer, Stuttgart.

MEYER, H., und E. KIENZLE (1991): Dietary protein and carbohydrates: Relationsship to clinical disease. Proc. Purina Symposium, Eastern States Veterinary Conference, Orlando, Florida, pp. 12–28.

MEYER, H., K. BRONSCH und J. LEIBETSEDER (1993): Supplemente zu Vorlesungen und Übungen in der Tierernährung. Verlag M. & H. Scharper, Alfeld-Hannover.

MEYER, H., und E. HECKÖTTER (1986): Futterwerttabellen für Hunde und Katzen. Schlütersche Verlagsanstalt, Hannover.

MORRIS, J. G., J. TRUDELL und T. PENCOVIC (1977): Carbohydrate digestion by the domestic cat (felis catus). Br. J. Nutr. **37,** 365–373.

MORRIS, J. H., und Q. R. ROGERS (1992): The metabolic basis for the taurine requirement of cats. In: LOMBARDINI, J. B., S. W. SCHAFFER, und J. AZUMA (Hrsg.): Taurine, Nutritional Values and Mechanisms of Action, pp. 33–44, Plenum, New York.

MORRIS, J., und K. EARLE (1995): Role of vitamin D in relation to Kalzium metabolism. ESVIM Congress, 31. 08.–02. 09. 1995, Cambridge.

MÜHLUM, A., und H. MEYER (1991): Influence of taurine intake on plasma values and renal taurine excretion of cats. J. Nutr. **121,** S175–176.

NAGODE, L. A., D. J. CHEW, C. L. STEINMEYER und M. S. CAROTHERS (1993): Renal secondary hyperparathyroidism: Toxic aspects, mechanisms of development, and control by oral calcitriol treatment. Proc. 11th ACVIM Forum, Washington, pp. 154–157.

National Academy of Sciences – National Research Council (1986): Nutrient requirements of domestic animals. No 13: Nutrient requirements of cats.

OPITZ, B. (1996): Untersuchungen zur Energiebewertung von Futtermitteln für Hund und Katze. Diss. med. vet., Ludwig-Maximilians-Universität, München.

OSBORNE, C. A., C. W. CLINTON, M. B. DAVENPORT, J. J. SANNA und L. K. UNGER (1988): Mineral composition of 4000+ uroliths removed from dogs, cats, horses, cattle, sheep, goats and pigs. European Society of Veterinary Nephrology and Urology Proc. 3rd Ann. Symp. pp. 157–169.

PESSINGER, C. (1996): Untersuchungen zum Phosphor-Bedarf adulter Katzen. Diss. med. vet., Ludwig-Maximilians-Universität, München.

RADICKE, B. (1995): Der Einfluß unterschiedlicher Nährstoffgehalte in Alleinfuttermitteln für Katzen auf den energetischen Erhaltungsbedarf, auf die Teilwirkungsgrade für den energetischen Ansatz und auf den Rohproteinbedarf von adulten Katzen. Diss. vet. med., Freie Universität, Berlin.

RIVERS, J. P. (1982): Essential fatty acids in cats. Journal of Small Animal Practice **23,** 563–576.

ROGERS, Q. R., und J. G. MORRIS (1991): Nutritional peculiarities of the cat. Proc. XVI World Congress of World Small Animal Veterinary Association, pp. 291–296.

ROGERS, Q. R., G. J. MORRIS und R. A. FREEDLAND (1977): Lack of hepatic enzymatic adaptation to low and high levels of dietary protein in the adult cat. Enzyme **22,** 348–356.

ROSS L. A., D. R. FINCO und W. A. CROWELL (1982): Effect of dietary phosphorus restriction on the kidneys of cats with reduced renal mass. Am. J. Vet. Res. **43,** 1023–1026.

STEPIEN, R., und M. W. MILLER (1994) Cardiovascular disease. In: WILLS, J. M., und K. W. SIMPSON (Hrsg.): The Waltham Book of Clinical Nutrition of the Dog & Cat, pp. 353–371, Pergamon Press.

SUNVOLD, G. D., E. C. TITGEMEYER, L. D. BOURQUIN, G. C. FAHEY Jr. und G. A. REINHART (1994): Fermentability of selected fibrous substrates by cat fecal mircroflora. J. Nutr. **124,** (12S), 2721S–2722S.

TATON, G. F., D. W. HAMAR und L. D. LEWIS (1984): Urinary acidification in the prevention and treatment of feline struvite urolithiasis. J. Am. Vet. Med. Assoc. 184, 437–443.

WILLARD, M. D. (1996): Fructooligosaccharide (FOS) supplementation on canine small instestinal bacterial populations. In: CAREY, D. P., S. A. NORTON, and S. M. BOLSER (eds.): Recent advances in canine and feline nutritional research. Proc. Iams International Nutrition Symposium pp. 45–50.

WINTZER, H.-J. (1986): Der Einfluß einer Vitamin-H-Substitution auf Wachstum und Beschaffenheit des Hufhorns. Tierärztl. Praxis **14,** 495–500.

ZENTEK, J. (1995): Diätetik bei Lebererkrankungen, Prinzip und Fütterungspraxis. Vortrag ATF-Tagung Diätetik für die Kleintierpraxis: Leber und Niere, am Lehrstuhl für Tierernährung, Ludwig-Maximilians-Universität München, Lehrstuhl für Tierernährung und Diätetik, 02. 12. 1995.

Verhaltensstörungen

Von H. Brummer

Raum für Notizen

Verhaltensstörungen

Der Katzenbesitzer wird sehr häufig durch Verhaltensäußerungen seiner Katze veranlaßt, den Tierarzt aufzusuchen. In einigen Fällen handelt es sich um normale, dem Tierbesitzer nicht bekannte bzw. unverständliche Verhaltensweisen, so daß eine Aufklärung über deren Bedeutung die Konsultation beendet. In anderen Fällen wird vom Tierarzt die Unterdrückung zwar auch normalen, aber unerwünschten Verhaltens (z. B. Markierungsverhalten) erwartet. Hierbei muß häufig zwischen den Interessen des Menschen und der Katze abgewogen werden. Schließlich kommen eine Reihe von Verhaltensstörungen bei der Katze vor, die eindeutig als krankhaft einzustufen sind und deren Heilung angestrebt wird. In diesen Fällen sollte man versuchen, die Verhaltensstörung in eine nach ätiologischen Gesichtspunkten erstellten Einteilung einzuordnen. Verhaltensstörungen können in drei große Gruppen eingeteilt werden:

1. Symptomatische Verhaltensstörungen

Sie treten als Folge einer körperlichen Erkrankung auf und können mitunter nahezu pathognostisch sein (z. B. Lahmheiten bei Erkrankungen des Bewegungsapparates, Kopfschütteln und Kratzstereotypien bei Vorliegen einer Otitis externa).

2. Organpathologisch bedingte Verhaltensstörungen

Sie entstehen aufgrund angeborener oder erworbener Organdefekte (z. B. abnorme Bewegungen bei Gehirnschäden).

3. Nicht organpathologisch bedingte Verhaltensstörungen

Diese Gruppe läßt sich unterteilen in

a) Endogene Verhaltensstörungen. Sie entstehen aufgrund funktioneller Abnormitäten (z. B. „Wesensschwäche“, vegetative und hormonelle Dysregulationen) und in

b) Exogene oder reaktive Verhaltensstörungen. Sie entstehen als Reaktion auf belastende Faktoren der Außenwelt. Es lassen sich nicht psychisch bedingte und psychisch bedingte oder psychoreaktive Verhaltensstörungen unterscheiden.

Nicht psychisch bedingte Verhaltensstörungen können alimentär, klimatisch, toxisch und iatrogen verursacht sein (z. B. Verhalten bei Thiaminavitaminose bzw. -defizit, extremes Frieren, Halluzinationen, Speicheln). Psychisch bedingte bzw. psychoreaktive Verhaltensstörungen können früherworben, aktualreaktiv oder residualreaktiv sein.

Früherworbene psychoreaktive Verhaltensstörungen entstehen aufgrund von Fehlprägungen, versäumten Prägungs- bzw. Sozialisierungsvorgängen, reizarmer Aufzucht, traumatisierenden Erlebnissen in der Kindheit (z. B. auf den Menschen bezogenes Paarungsverhalten, Angst vor Artgenossen nach isolierter Aufzucht, Bewegungshemmung im Freien bei laboraufgezogenen Katzen, Angst vor Kindern infolge längerdauernder Quälereien im Welpenstadium).

Aktualreaktive Verhaltensstörungen entstehen durch konfliktauslösende oder triebfrustrierende Umweltgegebenheiten und sind gekennzeichnet durch das Auftreten von Entlastungshandlungen (stubenunreines Verhalten, Aggressionen, Putz- bzw. Leck- und Kratzstereotypien, Bewegungsstereotypien, Hyperphagie, Kronismus) und von psychosomatischen Störungen (z. B. Erbrechen, Durchfall, Speicheln etc.).

Residualreaktive Verhaltensstörungen: Auch nach dem Wegfall der aktualreaktive Verhaltensstörungen verursachenden Faktoren bleibt die abnorme Reaktion bestehen, sie wird „fixiert“ oder „eingefroren“ (z. B. manche Bewegungsstereotypien, Angstsymptome nach einem traumatisierenden Erlebnis in Situationen, die jener gleichen, in der das Trauma erlebt wurde).

Therapie von Verhaltensstörungen und Elimination unerwünschter Verhaltensweisen

In der Praxis wird zwischen Verhaltensstörungen und unerwünschtem (also normalen) Verhalten meist nicht unterschieden. Diese Unterscheidung sollte jedoch vom konsultierten Tierarzt versucht werden, auch wenn eine eindeutige Zuordnung nicht immer möglich erscheint. Gleichzeitig sollte der Versuch unternommen werden, pathologisches Verhalten in eine der o. a. Kategorien nach ätiologischen Gesichtspunkten einzuordnen. Bei allen Patienten mit Störungen des Verhaltens muß eine Allgemeinuntersuchung erfolgen, auch wenn ein Verhalten zunächst eindeutig als psychoreaktiv eingestuft wird. Häufig nämlich stellt sich heraus, daß das Verhalten doch eine nicht psychisch bedingte oder sogar somatische Grundlage hat.

Bei Vorliegen einer symptomatischen oder organpathologisch bedingten Verhaltensstörung wird soweit möglich die Grundkrankheit behandelt.

Endogene Verhaltensstörungen sind einer kausalen Therapie z. Z. unzugänglich. Bestenfalls können Auftreten und Intensität der Symptome herabgesetzt werden.

Bei nichtpsychisch bedingten exogenen Verhaltensstörungen kommt es vor allem darauf an, die Noxe zu erkennen und abzustellen, gegebenenfalls ist eine Substitutionstherapie angebracht.

Auch bei der Behandlung von psychoreaktiven Verhaltensstörungen ist danach zu streben, die Ursache abzustellen. Wenn dies nicht möglich oder erfolglos ist, kommen Verhaltenstherapie (Desensibilisierung, Um- oder Gegenkonditionierung, Aversionstherapie, evtl. Reizüberflutung, Spieltherapie und Milieusanierung) und Psychopharmakotherapie zum Einsatz. Die Psychopharmakotherapie von Verhaltensstörungen überwiegt z. Z. aus verständlichen Gründen in der Veterinärmedizin. Bei Vorliegen einer psychoreaktiven Verhaltensstörung ist eine möglichst genaue und ins einzelne gehende Anamneseerhebung notwendig. Dabei ist es besonders wichtig, Fragen nach dem Verhalten des Tierbesitzers weder so zu stellen, daß daraus ein Werturteil zu entnehmen ist, noch so, daß der Beantworter gezwungen ist ein falsches (oder vermeintlich falsches) oder für ihn peinliches Verhalten zuzugeben. Also keine Suggestivfragen stellen. Auch bei der Wortwahl wird man einen Ausdruck vorziehen, der sozial toleriertes und nicht asoziales Verhalten impliziert. Bei Nichtbeachtung dieser Regeln werden häufig nicht wahrheitsgemäße Antworten provoziert. Die Fragen „Sie lassen die Katze doch nicht etwa im Bett schlafen?“ oder auch nur „Lassen Sie die Katze im Bett schlafen?“ demonstrieren die unzweckmäßige (und im Grunde auch unzulässige) Fragestellung. Richtig muß es etwa heißen: „Versucht die Katze nur dann ins Bett zu gelangen, wenn Sie es benutzen, oder auch sonst?“ Die Frage „Und wie reagiert das Tier, wenn Sie ihm in dieser Situation einen Schlag versetzen“ demonstriert unzweckmäßige Wortwahl. Es ist besser „einen Schlag versetzen“ durch „einen Klaps geben“ zu ersetzen.

Die Behandlung erfordert im übrigen ein hohes Maß an Einfühlungsvermögen in die familiären Verhältnisse des Tierbesitzers und vor allem in die Situation des Patienten.

Psychopharmakotherapie

In der Psychopharmakotherapie von Verhaltensstörungen der Katze liegen zwar schon beachtliche Erfahrungen vor, doch wird man auf den versuchsweise angewandten Einsatz von Psychopharmaka in nächster Zeit noch nicht verzichten können. Bei der Verwendung von psychotropen Substanzen ist besonders auf mögliche Nebenwirkungen unerwünschter Art zu achten. Die aus der Psychiatrie vorliegenden Erfahrungen lassen sich nicht ohne weiteres auf die Katze übertragen. Deshalb wird hier zunächst ein Überblick über die vorliegenden Psychopharmaka, deren Einsatz sich bei der Behandlung von Katzen anbietet, gegeben. Die angegebenen Wirkungen und Nebenwirkungen beziehen sich, soweit nicht ausdrücklich angegeben, auf die Anwendung beim Menschen.

Die heute gebräuchlichsten Psychopharmaka lassen sich nach klinischen Gesichtspunkten in 6 Gruppen unterteilen: Hypnotika und Sedativa, Tranquilizer (Syn.: Ataraktika, Anxiolytika, minor tranquilizers), Neuroleptika (Syn.: major tranquilizers) Thymoleptika und andere Antidepressiva, Psychoanaleptika oder Psychostimulantien, Psychodysleptika (Syn.: Halluzinogene, Psychotika, Psychomimetika, Psycholytika); an dieser Stelle müssen auch die Prostagene angeführt werden, die offensichtlich zumindest bei der Katze eine z. T. überraschend starke anxiolytische Nebenwirkung aufweisen und deshalb als Psychopharmakon eingesetzt werden können.

1. Hypnotika und Sedativa

Barbiturate, Harnstoffderivate, Piperidin-Derivate und Schlafmittel anderer chemischer Struktur; Alkohole, Aldehyde und ihre Derivate; Opiate und verwandte Verbindungen; Clomethiazol. Dieser Gruppe sind auch die Antiepileptika zuzurechen.

Wirkung: Dämpfung des Bewußtseins je nach Art und Dosis sedativ, hypnogen, narkotisch (beim Menschen z. T. euphorisierend), Herabsetzung der Krampfbereitschaft.

2. Tranquilizer

Von aliphatischen Alkoholen ableitbare Verbindungen: Meprobamat (Cyrpon® Miltaun®) und Phenoprobamat; Benzo-Diazepinderivate: Chlordiazepoxid (Librium®), Diazepam (Valium®), Oxazepam (Praxiten®), Lorazepam (Tavor®), Clorazepat (Tranxilium®), Bromazepam (Lexotanil®); Dibenzo-bizyklooktadien-Derivat: Benzoctamin (Tacitin®).

Wirkung: dämpfend bei Angst- und Spannungszuständen, emotional harmonisierend und angstlösend (anxiolytisch), nicht sedierend, keine Wirkung auf das vegetative Nervensystem.

Ein bei der Katze ziemlich sicher wirkendes Anxiolytikum stellt das Buspironhydrochlorid (Bespar® 5/10) in einer Dosierung von 2 x 2,5 bis 2 x 5 mg pro Tag dar. Es tritt bei diesem Tranquilizer keine Abhängigkeit auf.

3. Neuroleptika

Phenothiazine und andere tricyclische Neuroleptika: Chlorpromazin (Megaphen®), Triflupromazin (Psyquil®), Propionylpromazin (Combelen®), Azepromazin (Vetranquil®), (Chlor-)Perphenazin (Decentan®), Chlorprothixen (Truxal®), Prothipendyl (Dominal®).

Wirkung: Beim gesunden Menschen Müdigkeit emotionale Indifferenz, Antriebs- und Interessenverarmung, evtl. mißlaunig-dysphorische Verstimmung, beim psychotisch Erkrankten gezielt Beeinflussung psychotischer Erregung und Beseitigung von Wahn- und Sinnestäuschungen. Während Hypnotika „global sedierend" wirken, kommt den Neuroleptika eine „ordnende" Wirkung zu. Im allgemeinen bei niedriger Dosierung mehr Tranquilizerwirkung, bei höherer Dosierung mehr sedierende Wirkung.

Butyrophenone: Haloperidol (Haldol®), Droperidol (Droleptan®); Diphenylbutyl-Piperidin-Derivate: Orap®.

4. Thymoleptika

Mehrere Gruppen von Verbindungen, u. a. Aminotryptylin aus der Dibenzocycloheptadien-Gruppe (Saroten®).

Wirkung: Bei gesunden Menschen Müdigkeit und Verstimmtheit, bei melancholischen Patienten antidepressiv. Nebenwirkungen: Mydriasis, Tachykardie, herabgesetzte orthostatische Regulationsfähigkeit, Austrocknung der Schleimhäute, Fingertremor, Hyperhidrosis, Heben der cerebralen Krampfbereitschaft.

5. Psychoanaleptika oder Psychostimulantien (Psychotonika, Energetika, Weckamine)

Methamphetamin (Pervitin®, nicht mehr im Handel); Amphetyllin (Captagon®); Amphepramon (Regenon®); Coffein.

Wirkung: Leistungs- und antriebssteigernd; Wirksubstanzen der „Appetitzügler". Nebenwirkungen vegetativ-sympathikotoner Art, Entstehung von Psychosen, Suchtentwicklung.

6. Psychodysleptika

Vorwiegend pflanzlicher Herkunft: Mescalin, Tetrahydrocannabinole (in Haschisch bzw. Marihuana). Halbsynthetische oder synthetische Psychodysleptika: D-Lysergsäurediäthylamid (LSD 25), Phenocyclidine (Sernyl®) und Ditran.

Wirkung: Halluzinogen, z. T. „narkotisch"; sie können Psychosen hervorrufen. Bedeutend für die experimentelle Psychopathologie die sogenannte psycholytische Therapie und die psychodelische Kur, als Rauschmittel und für die „Narkose".

7. Allopathische Grundtherapie

Katzen mit psychosomatischen Störungen und bei Verhaltensstörungen die stressbedingt sind oder mit starker Erregung einhergehen (Angst, Depressivität, Defensivität, Aggressivität), aber auch Hyper- bzw. Hypoaktivität sollten parenteral Vitamin B_1, B_6 und B_{12} subcutan schon bei der Erstvorstellung verabreicht werden, und zwar als kurz vor der Applikation zu erfolgender Mischung der Einzelampullen zu einer Mischspritze. Diese besteht aus 100 mg B_1 (Thiaminchloridhydrochlorid), 100 mg B_6 (Pyridoxinhydrochlorid) und 1 mg B_{12} (Cyanocobalamin). Die Dosisangaben gelten für erwachsene Katzen von Durchschnittsgröße. Kleinere und Jungkatzen enthalten entsprechend weniger. Da die Verabreichung der Mischspritze unter die Haut sehr schmerzhaft ist, sollte die beabsichtigte s. c. Injektionsstelle vorher anästhesiert werden (z. B. mit Hostacain®). Die für die Anästhesie benutzte Kanüle soll etwa 2 Minuten liegen bleiben, bevor durch sie die Mischspritze erfolgt.

In vielen Fällen erreichen diese Mittel alleine eine Besserung, wenn nicht sogar eine Heilung der psychischen Störung.

8. Hormonelle Therapie

Diese wird bei vielen Verhaltenstörungen oder bei stark unerwünschtem Verhalten eingesetzt. In letzter Zeit entstand Einigung über die Abkürzung der Wirkstoffe. So wird Medroxyprogesteron (z. B. Perlutex® oder Sedometril®) als MPA, Megestrolacetat-Progesteron (z. B. Niagestin®) als MAP, Delmadinonacetat als DMA und Norethinacetat als NET und Chlormadinonacetat als CAP bezeichnet. Beim Delvosteron® handelt es sich um den Wirkstoff Progeston.

9. Homöopathische Therapie

Bei der Behandlung von Verhaltensstörungen bei der Katze haben sich auch Homöopathika (in der Regel als Zusatztherapie zur allopathischen Behand-

lung) bewährt. Insbesondere sei auf „Ignatia“ verwiesen. Bei früherworbenen bzw. residualreaktiven Verhaltensstörungen als Hochpotenz (LM 45 bzw. LM 120), bei chronischen in Form einer D oder C 200, eine Dosis alle 10 Tage, bei subakuten täglich eine C30 und bei akuten täglich 2x eine D 3 bis D 6. Als Mittel der Wahl, um einen sofortigen, aber nicht lange anhaltenden Erfolg zu erzielen, ist Ignatia-Homaccord® (Fa. Heel) als Injektion zu empfehlen. (1,1 ml der Lösung enthalten I.D 6, I.D 10, I.D 30, I.D 200, Moschus D 8, Moschus D 30, Moschus D 200 jeweils 5,5 µl). Ignatia kann bei depressiven, aber auch bei aggressiven, stark erregten oder von Angst besetzten Zuständen verabreicht werden. Günstig scheint sich auch bei Störungen im sozialen intra- und interspezifischen Verhalten die Gabe von „Hyoscyamus“ im Wechsel mit „Ignatia“ auszuwirken.
Uber die Verabreichung anderer möglicher Homöopathika auf diesem Gebiet liegen nur Einzelerfahrungen in ungenügender Anzahl vor.

Verhaltenstherapie

Konditionierung und Gegenkonditionierung

Sie beruht im wesentlichen auf der von SKINNER weiterentwickelten Konditionierung nach PAWLOW. Beim klassischen Konditionieren (Pawlow) werden psycho-physiologische Reaktionen mit neuen Reizen gekoppelt. Wenn diese Koppelung mehrfach unterbleibt, tritt eine Abschwächung und schließlich Löschung der Reaktion ein. Beim operanten Konditionieren (SKINNER) kommt es weniger auf den Reiz und die bedingte Reaktion an als auf die Folgen, die durch eine Reaktion hervorgerufen werden. Die gewünschte Reaktion kann durch Belohnung verstärkt, durch Straf- oder Aversivreize abgeschwächt oder zum Verschwinden gebracht werden. Bei Belohnung und ganz besonders bei Bestrafung ist darauf zu achten, daß diese Reize zu Beginn eines Verhaltens (d. h. in der Appetenzphase) gegeben werden, andernfalls kommt es zu einer unerwünschten Assoziation, die sich besonders bei Strafreizen enorm negativ auswirkt; die Nichtbeachtung dieser Regel ist die Hauptursache für das häufige Versagen einer Konditionierung bzw. Gegenkonditionierung bei Behandlung durch den Tierbesitzer.
Beispiel für eine Um- oder Gegenkonditionierung: Eine Katze reagiert auf Schußgeräusche mit Angstsymptomen. In Zukunft wird versucht, eine Gegenkonditionierung einzuleiten dergestalt, daß gleichzeitig bzw. mit geringster Phasenverschiebung mit dem Schuß Futter (gegenkonditionierender Reiz) geboten wird (Angstsymptome und Aufnahme von Futter schließen sich gegenseitig aus); da die Katze aber durch den Schuß in der Futteraufnahme gehemmt wird, wird diese Hemmung durch anxiolytische Medikation zu beseitigen versucht. Falls dies gelingt, setzt die gegenkonditionierende Maßnahme ein. Nach genügender Wiederholung führt der Schuß zur Aufnahme von Futter – der ehemals angsterregende Reiz ist zum bedingten Auslöser für Eßverhalten geworden.

Desensibilisierung

Hierbei erfolgt die schrittweise Gewöhnung an die Situation in der das gestörte oder unerwünschte Verhalten auftritt. Oft erweist sich die entsprechende Psychopharmakotherapie (anxiolytisch, antiaggressiv etc.) als unterstützend. So werden zwei gegeneinander aggressive Katzen zunächst so untergebracht, daß sie sich nur riechen, dann auch sehen, dann durch einen Türspalt auch betasten können, bis sie zusammenkommen dürfen. Oft sind zusätzliche Heildressurmaßnahmen notwendig mit dem Ziel, solche Katzen zu einem Verhalten zu bringen, das Aggression ausschließt. So kann man beispielsweise zwei gegeneinander aggressive Katzen gemeinsam baden und dann zusammensetzen. Die Tiere sind derart mit Putzen des Felles, meist auch gegenseitig, beschäftigt, daß Aggression nicht aufkommen kann. Nach dem (vor allem gegenseitigen) Putzen ist dann die Feindschaft oft auf Dauer beseitigt.

Reizüberflutungstherapie

Hierbei werden die Tiere so lange zur Wiederholung einer Verhaltensstörung gezwungen bzw. einer angst- oder aggressionsauslösenden Situation ausgesetzt, bis Reizübersättigung und damit Aufgabe des unerwünschten Verhaltens eintritt (diese Therapie kommt oft einer Kombination von Desensibilisierung und Gegenkonditionierung durch Selbstbestrafung gleich).

Spieltherapie

Sie wird eingesetzt, wenn unerwünschtes Verhalten durch Triebstauung vorliegt. So wird man beispielsweise Katzen, die mangels anderer adäquater Objekte Beutefanghandlungen an den menschlichen Gliedmaßen vollziehen, bewegte oder bewegliche Mausattrappen zur Verfügung stellen, um dort ihre gestauten Beutefanghandlungen abreagieren zu können.

Milieusanierung

Sind Störfaktoren in der Umgebung der Katze als Ursache von Verhaltensstörungen erkannt, so verursacht die Umgebungsänderung (z. B. im sozialen oder territoralen Bereich) meist schlagartig eine Einstellung des gestörten Verhaltens.

Aversionstherapie

Es werden in der Appetenzphase eines unerwünschten Verhaltens (Straf-)Reize gegeben, die eine Aversion erzeugen. So kann man beispielsweise Körperteile, die bei abnormem Saugverhalten besaugt oder beleckt werden, mit schlechtschmeckenden Substanzen versehen.

Spezielle Verhaltensstörungen und unerwünschte Verhaltensweisen

Hier werden unerwünschte Verhaltensweisen und Verhaltensstörungen angeführt und die Maßnahmen, die teilweise von Erfolg begleitet waren, angegeben. Es kann sich dabei nur um sehr grobe Richtlinien handeln, da jeder Fall individuell verschieden gelagert ist. Bei der medikamentellen Behandlung mit Psychopharmaka ist im allgemeinen ein Drittel der für den Menschen angegebenen Dosis anzuwenden; von dieser Regel muß allerdings häufig nach oben oder unten abgewichen werden. Bei der erstmaligen Anwendung eines in der Humanpsychiatrie benutzten Medikamentes bei der Katze empfiehlt sich eine intensive tierärztliche Überwachung des Patienten.

Aggression

Fehlende Beiß- und Kratzhemmung bei Jungkatzen: Verhaltenstherapie durch sofortiges Setzen von Strafreizen.

Furchtorientierte Aggression und Ängstlichkeit bei Jungkatzen „mangelhafter Sozialisierung“: Anxiolytische Medikamente; Propranolol (Beta-Rezeptorenblocker, z. B. Dociton®) nach DEHASSE.

Primäre Hyperaggression bei Jungkatzen: Hypersensibilität oder niedrige Toleranz zu körperlichem Kontakt. Warscheinlich genetisch bedingt oder praenatal erworben. Medikation mit dem Antihyperkinetikum „Tiaprid“ (Tiapridex® Injektionslösung oder Tbl.), Chlordiazepoxid und Desensibilisierung der körperlichen Kontaktabwehr (DEHASSE).

Beuteinduzierte Aggression gegenüber dem Menschen (Kratzen und Beißen in Füße und Waden): Spieltherapie (bewegliche bzw. bewegte Beuteattrappen, falls möglich Gelegenheit zum Mäusefang).

Offensive Aggression gegenüber Menschen: Ursache vorwiegend unklar, manchmal eindeutig territorial bedingt. Solche Katzen sind durchaus als gefährlich anzusehen. Therapieversuche bisher unbefriedigend. Einige wenige Erfolge bei intakten Katern mit Chlormadinonacetat 25 mg/Tier als Injektion. Immer B_1, B_6, B_{12}. DEHASSE empfiehlt durch eine stärkere Bereicherung und Differenzierung der Wohnungseinrichtung mehr aggressive Akte auf Gegenstände umzuleiten sowie die Medikation von Clomipramin (z. B. Anafranil®), Selegelin (z. B. Deprenyl®).

Ein immer wieder zu beobachtendes Aggressionsverhalten stellt der Überfall der bisher und nachher unauffälligen Katze nachts auf den schlafenden Tierbesitzer mit einem extrem starken Biß in die Nase dar. Ätiologie völlig unbekannt. Falls dadurch nicht das Vertrauen des Besitzers irreversibel gestört ist und er deshalb eine Behandlung des Tieres ablehnt, hat die zweimalige Injektion von 100 mg Vit. B_1 und eine mehrere Wochen umfassende Tablettentherapie mit täglich einmaliger Verabreichung von 50 mg Vit. B_1 (z. B. Betabion)® niemals ein Rezidiv dieses „Anfalls” entstehen lassen.

Furchtinduzierte Angriffe auf den Menschen: Desensibilisierung, Gegenkonditionierung, Progestagene, evtl. Chlordiazepoxid, auch Chlorpromazin.

Offensive intraspezifische Angriffe: oft territorial induziert gegenüber Neulingen in der Gruppe, aber auch gegenüber vertrauten Artgenossen, die vorübergehend abwesend waren. Desensibilisierung; medikamentöse Therapie unbefriedigend, evtl Chlorpromazin; Reizüberflutungstherapie sollte versucht werden (gemeinsames Einsperren in Käfig unter Aufsicht).

In einer Konkurrenz- bzw. territorialen Aggression zwischen Katzen derselben Familie entwickelt eine Katze einen aktiven, die andere einen passiven Status. Die aktive Katze erreicht den Status eines Verfolgers, sucht ununterbrochen nach dem passiven Tier und vergrößert ihr Territorium um den Anteil der passiven Katze. Beide Katzen sollen während der „Plänkelphasel“ Clomipramin erhalten, während der Verfolgungsphase Selegelin (z. B. Deprenyl®) nach DEHASSE.

Bei plötzlich auftretenden Aggressionen gegenüber einer vertrauten Katze stellt sich manchmal bei der Allgemeinuntersuchung des Opfers ein Krankheitsbefund heraus, so daß die aggressive Reaktion evtl. als Ausstoßungsreaktion gedeutet werden kann.

Furchtinduzierte intraspezifische Aggression: kein aktives Aufsuchen des anderen Tieres, Kampf nur bei zufälliger Begegnung. Desensibilisierung. Gegenkonditionierung, Chlordiazepoxid. Immer B_1, B_6, B_{12}.

Bei Störungen aggressiven Charakters sind beide Tiere u. U. verschieden zu behandeln. Es ist zu beachten, daß offensiv und defensiv motivierte Aggressionszustände, also Angriffs- und Abwehrverhalten, antriebsmäßig eigenständig sind. Chlorpromazin (Megaphen®) dämpft beide Antriebe, Chlordiazepoxid (Librium®) nur den des Abwehrverhaltens. Eine unter Einwirkung von Chlordiazepoxid stehende Katze kann auch in anderen Situationen wehrlos sein!

Aneurinmangelsyndrom

Kopfnicken im Sitzen, auffälliges „Umherschauen" bzw. Kopfdrehen (wahrscheinlich zumindest gelegentlich mit Halluzinationen verbunden). Schütteln der Vorderpfoten, als ob sie naß wären; diese Symptome können auch einzeln auftreten: ein- bis mehrmalige Injektion von 100 mg Thiamin (schmerzhaft!), dann 50 mg per os pro Tag und Tier über Tage und Wochen.

Angst- und Furchtreaktionen

Soweit angeboren (endogene Verhaltensstörung), therapieresistent. Sofern durch reizarme Aufzuchtverhältnisse (früherworbene psychoreaktive Verhaltensstörung) entstanden, Diazepam über mehrere Wochen als alleinige Maßnahme oft erfolgreich.

Bei sonstigen Angst- und Furchtsymptomen immer Vit. B_1, B_6, B_{12} als Grundbehandlung. Diazepam evtl. gezielt vor der zu erwartenden Reaktion, gegenkonditionierende Maßnahmen, Desensibilisierung.

Trennungsangst (Alleingelassenwerden in der Wohnung): Amitryptylin 2,5–5 mg/Tier 2x täglich.

Anorexie

Psychogene Inappetenz. Meist Folge von Trennung vom Besitzer oder von Milieuveränderungen. Intravenöse Injektion von Glukose oder Diazepam meist ausreichend, andernfalls wie bei depressiven Zuständen.

Autoaggressives Verhalten

In allen Fällen hohe Dosen Vit. B_1. Bei Kratz-, Leck-, Putz-Stereotypien intensiv nach Konfliktquelle suchen und diese ausschalten, bei Schwanzbeißen Corticosteroide und Progestagene (insbesondere Proligeston) – diese Behandlung auch bei Trichotillie (Ausreißen von Haaren) versuchen; bei erfolgloser Behandlung Versuch mit Amitryptylin in o. a. Dosierung.

Bewegungsstereotypien

Sofern aktualreaktiv, nach Abstellen der Ursache sofort beseitigt; soweit residualreaktiv, z. T. überraschende Erfolge mit Progestagenen.

Depressives Verhalten

Oxazepam, Progestagene, Anabolika, bei Nichtansprechen Amitryptylin (z. B. Saroten®), s. auch „Anorexie".

Dysthemie

Stimmungswechsel zwischen normalem oder depressivem Zustand und einer Phase reizbarer Aggressivität, Schlafreduktion und Zunahme motorischer Aktivität. Als Medikation hat sich nach DEHASSE Selegedin (MAO-Hemmer Typ B, Deprenyl. Tbl.® oder Movergan-Tbl.®) bewährt.

Harnspritzen

Sexuell oder sozial induziertes Territorialverhalten. Nicht nur bei Katern, sondern auch bei weiblichen Katzen auftretend. Durch Kastration in der überwiegenden Zahl der Fälle zu beseitigen. Anderenfalls 1 Injektion von MPA (50 mg bei kastrierten weiblichen Tieren, 100 mg bei männlichen Tieren); auch Megestrolacetat 5–10 mg/Tag/Tier über 7 Tage, dann lmal wöchentlich über 6–7 Wochen (Näheres s. Harn- und Kotdislokation bzw. Stubenunreines Verhalten).

Hautmuskelkontraktionen

(Engl.: Rolling skin syndrome). Vorwiegend am Rücken – so, als wenn die Katze dort gezwickt worden wäre – bei gleichzeitigem peitschendem Hin- und Herschlagen des Schwanzes, gelegentlich auch mit anschließendem Ausstoßen klagend-kreischender Laute, Steilstellen des Schwanzes, Fauchen und panikartigem Wegspringen bei defensiver Ohrstellung, selten auch Absetzen von Harn im Stehen: nahezu pathognomisch für Darmparasitenbefall (wahrscheinlich nur bei Bandwurmbefall und zusammen mit anderen neurologischen Symptomen bei Toxoplasmose). Bei Nichtansprechen auf eine antiparasitäre Therapie liegt warscheinlich Epilepsie vor, da Antiepileptika (Primidon allein oder in Kombination mit Gestagenen) erfolgreich.

Hyperphagie

Meist Reaktion auf Einführung eines anderen Tieres in die Sozietät; Folge von MPA-Verabreichung, bei chronischer Pankreatitis.

Hypersexualität

Falls Kastration unerwünscht: Progestagene, bei Katern auch Antiandrogene (Androcur®), Versuch mit Epigen®.

Homosexuelles Verhalten bisher nur als Abreaktion am Ersatzobjekt bekanntgeworden, s. auch „Nymphomanie".

Kannibalismus

Beobachtet in Gemeinschaftszwingeranlagen, in denen tote Katzen von Artgenossen angefressen wurden. Gelegentlich fressen Kater Katzenwelpen, die von ihnen bei Kopulationsversuchen mangels Sexualpartners „irrtümlich" während des Nackenbisses getötet wurden; s. auch „Kronismus".

Kronismus

Auffressen toter oder lebensschwacher Jungtiere durch die Mutterkatze ist nicht ungewöhnlich. Kronismus an gesunden Jungen wohl nur bei Käfigzucht, wenn der Trieb, die Jungen zu verlagern, frustriert ist. Übersteigertes Belecken der Neugeborenen weist auf bevorstehenden Kronismus hin. Manchmal wird nach Schnittentbindungen Infantophobie beobachtet, die nach der Tötung der Jungen ebenfalls zu Kronismus führen kann; es bestehen Anzeichen dafür, daß Infantophobie häufiger nach „Ketaminnarkosen" auftritt, möglicherweise als Folge von Halluzinationen.

Narkolepsie

Ursache unbekannt. Das Verhalten ist für die erkrankten Tiere nicht ungefährlich, da die Schlafsucht in jeder Situation ohne Voranzeichen plötzlich einsetzen kann. Dextroamphetamin 1,25 mg/Tier nach Bedarf hat sich als erfolgreich erwiesen.

Nymphomanie

Häufige und übersteigerte Rolligkeitsäußerungen. Falls eine operative oder medikamentöse Kastration nicht erwünscht, soll sich die Verabreichung von 2 x täglich 1 Messerspitze Platinum D 3 ins Futter bewährt haben.

(Hyper-)Salivation

Neben dem Auftreten bei zahlreichen (meist neurologischen) Erkrankungen (insbesondere bei Vergiftungen) häufigste psychosomatische Störung; oft auch iatrogen. Gegebenenfalls Atropinum sulfuricum.

(Abnormes) Saugverhalten

Als „Kuriosität" kommt persistierendes Saugen bei der Mutterkatze infolge fehlenden Abbruchs der Mutter-Kind-Beziehungen vor. Falls erforderlich, Aversionstherapie.

Gegenseitiges Besaugen bei Welpen an hervorragenden Körperstellen: Zeichen von nicht ausreichender Milchversorgung. Bei künstlicher Aufzucht kann der gleiche Grund vorliegen, häufiger jedoch Folge eines Saugdefizits, weil die Welpen durch zu große Nipelöffnungen schneller trinken und die vorgesehene Saugenergie nicht verbraucht wird; solche Welpen neigen zu einer Persistenz des Saugverhaltens und besaugen lebenslang Hautpartien des Menschen: Aversionstherapie nicht sehr erfolgreich. Als Regression auftretendes Saugverhalten an Haut des Menschen und an Textilien nach Erreichung der Geschlechtsreife: Ursache ungeklärt. Aversionstherapie. Versuch mit Fütterung von Lanolin (Schafwollfett) enthaltenden Nahrungsmitteln (Substitutionstherapie). Auch Versuche mit Thyreoidhormon in täglichen Gaben. Häufig nicht zu beeinflussen.

Harn- und Kotdislokation (Stubenunreines Verhalten)

Als Harn- und Kotdislokation (bzw. Stubenunreines Verhalten) wird die Miktion und/oder Defäkation außerhalb der vom Menschen vorgesehenen Katzentoilette bezeichnet.

Bei der Miktion sollte zwischen dem **Spritzharnen** als **Markierungsverhalten** und dem **Harnabsatz** als reinem **Ausscheidungsverhalten** unterschieden werden.

Beim Spritzharnen, das Kater und auch Kätzinnen ausführen, stehen die Tiere aufrecht mit senkrecht erhobenem Schwanz und spritzen (Kater) bzw. versprühen (Kätzin) ihren Harn an bestimmte, meist hervorragende Stellen ihrer Umgebung.

Beim Harnabsatz als reinem Ausscheidungsverhalten befinden sich die Tiere in Hockstellung und halten den Schwanz waagerecht. Die Defäkationsstellung ist mit der gewöhnlichen Harnabsatzstellung nahezu identisch.

Vor der gewöhnlichen Miktion und vor der Defäkation scharren Katzen mit den Vorderpfoten auf dem Boden bzw. in der Toiletteneinstreu und versuchen, so eine Vertiefung zu schaffen, in die die Exkremente deponiert werden. Nach Beendigung der Ausscheidung werden die Produkte mit dem entsprechenden Material (Erde, Einstreu) mit Hilfe der Vorderpfoten bedeckt. Beim Koten zwecks Reviermarkierung (meist an den äußersten Ecken des Reviers) bleibt der Kot unbedeckt.

Das Spritzharnen tritt mit Erreichung der Geschlechtsreife auf und dient wohl vorwiegend der Territoriumsmarkierung. Dementsprechend zeigen es Kater häufiger als Katzen, bei denen es vorwiegend während des Östrus auftritt. Nach Kastration tritt es in der Regel nicht auf bzw. es wird eingestellt. Wenn das Verhalten trotz Kastration in der Wohnung ausgeführt wird, gilt es verständlicherweise als unerwünscht. Als Ursache kommen wohl überwiegend starke sexuelle Reize in Frage. So zeigen viele kastrierte Kater Spritzharnen, wenn sich in ihrer Umgebung eine rollige Katze befindet. Aber auch andere Gründe, die Revierverhalten induzieren, können zu Spritzharnen führen, meistens, wenn ein neuer Artgenosse in der näheren oder auch weiteren Umgebung auftaucht. Gelegentlich sieht man es auch nach einem intraspezifischen Kampf als „Siegergeste“ des Gewinners oder als „Trotzreaktion“ des Unterlegenen. Gegenüber dem Menschen wird es gelegentlich nach einer Bestrafung gezeigt und ist hier wahrscheinlich als maskierte Aggression aufzufassen.

Kann man die Tiere während der Ausführung dieses Verhaltens nicht beobachten, so läßt sich nur anhand der Harnspuren feststellen, daß es sich um Spritzharnen handelt, Die Harnverschmutzung betrifft dann vorzugsweise Wände, Möbel, Gardinen oder Türen. Am Boden sprechen länglich-ovale bzw. strichförmige Harnverschmutzungen für Spritzharnen. Harnspuren auf Betten oder auf Kleidung sind schwer zu klassifizieren, weil der Harn versickert.

Um Spritzharnen abzustellen, ist die Verabreichung von Progestagenen das Mittel der Wahl, und zwar als einmalige Injektion von MPA (Medroxyprogesteronacetat; 50 mg bei kastrierten weiblichen, 100 mg bei männlichen Tieren). Der erwünschte Effekt, der durchaus nicht immer zu erzielen ist, hält vier Wochen und länger an und kann, falls das Verhalten danach wieder auftritt, erneut durch eine Injektion verhindert werden. Auch die orale Verabreichung von Megestrolacetat 5–10 mg/Tier/Tag über 7 Tage, dann einmal wöchentlich über 6–7 Wochen erweist sich oft als erfolgreich.

Strafreize in der Appetenzphase oder während des Verhaltens sind erfolgversprechend, wenn sie konsequent durchgeführt werden können.

Sehr viel seltener als das Spritzharnen wird das gezielte Absetzen von Kothäufchen an bestimmten Stellen der Wohnung beobachtet. Wenn die Katzen ansonsten für Miktion und Defäkation die Toilette weiter benutzen, ist dieses Verhalten als Markierungsverhalten einzustufen. Es scheint in der überwiegenden Zahl der Fälle nur aufzutreten, wenn fremde Personen oder Artgenossen in die Familiengemeinschaft neu hinzutreten. Man kann sich des Eindrucks nicht erwehren, daß diesem Verhalten aggressive Impulse zugrunde liegen. Für die Eliminierung dieses unerwünschten Verhaltens kommen alle verhaltenstherapeutischen Maßnahmen einzeln oder in Kombination in Frage. Medikamentös hat sich in einigen Fällen die alleinige oder zusätzliche Verabreichung von Chlorpromazin (Megaphen®) in einer Dosierung von 3–7 mg pro Tier zweimal täglich per os bewährt. Eine Behandlungsdauer von nur wenigen Tagen scheint meist ausreichend zu sein.

Sehr viel problematischer wird die Sache, wenn Katzen die Toilette nicht oder nicht mehr zur Ausscheidung ihrer Stoffwechselprodukte benutzen. In den meisten Fällen bezieht sich dieses Verhalten nur auf den Harnabsatz, weniger häufig auf Harn- und Kotabsatz und offenbar nie nur auf die Defäkation. Die Miktion wird hierfür in der typischen hockenden Körperstellung vollzogen. Der Harnabsatz erfolgt überwiegend auf dem Boden, gelegentlich auch auf Sitzmöbeln oder auf Betten. Die Harnspuren auf dem Boden sind in Form von Pfützen feststellbar.

In einem Teil der Fälle liegt eine symptomatische Verhaltensstörung vor. Die Einordnung als solche ist einfach, wenn dünnflüssiger Kot außerhalb der Toilette abgesetzt wird; hier ist die vorliegende Diarrhoe zu behandeln. Beim Harnabsatz außerhalb der Toilette ist eine Verhaltensstörung zu vermuten, wenn die Frequenz zunimmt. Nimmt gleichzeitig das Harnvolumen bis zum Tröpfeln ab, so ist an das Vorliegen einer Cystitis (Urolithiasis) zu denken; gleichbleibende Harnvolumina sprechen für das Vorliegen einer Polyurie. Gegebenenfalls ist hier das Grundleiden zu behandeln.

In sehr seltenen Fällen zeigen vorwiegend Rassekatzen schon als Jungtiere das Fehlen einer lokalisierten Kot- und Harnabgabe und sind auch später nicht hierzu zu veranlassen. Hier liegt warscheinlich ein echter Instinktverlust vor (endogene Verhaltensstörung).

Bei den meisten stubenunreinen Katzen liegt zweifellos eine aktualreaktive Verhaltensstörung vor, aus der sich offenbar leicht eine residualreaktive entwickeln kann.

Als Ursachen kommen die verschiedensten Faktoren in Frage: Vorübergehender oder dauernder Verlust der Bezugsperson (Besitzerwechsel, Reisen), Eintreten neuer Personen, Artgenossen oder anderer Tiere in die bestehende Sozietät, Rangverschiebungen; Umgebungsänderungen (Wohnungswechsel), Verbringen ins Tierheim, Umstellen von Möbeln. Anwesenheit von Handwerkern, Maschinenlärm; Verhinderung oder Behinderung gewohnter Tätigkeiten (Verhinderung des Freilaufens, Verschließung bisher zugänglicher Räume Verhinderung des Im-Bett-Schlafens); zeitliche Änderungen im Fütterungs- oder überhaupt im Tagesablauf. Besonders häufig ist die Ursache im Toilettenbereich selbst zu suchen. So lehnen manche Katzen die Toilette bereits ab, wenn sie nur geringfügig verschoben wurde; manche Katzen vermeiden das Aufsuchen der Toilette, wenn sie bereits benutzt worden ist, andere wiederum lehnen das Einstreumaterial als solches ab (Farbe, Konsistenz etc.) oder die Form der Toilette bzw. deren Aufstellungsort.

Um im Einzelfall die Ursache für die Verhaltensstörung zu finden, ist eine eingehende Anamneseerhebung Voraussetzung. Auch das Tier selbst setzt durch sein Verhalten Zeichen, die auf die Ursache schließen lassen. Wenn eine Katze grundsätzlich vor dem Ausscheidungsverhalten nicht scharrt oder/und die Stoffwechselprodukte nicht zudeckt, wenn sie nach der Benutzung der Toilette stark mit den Pfoten schüttelt oder sogar am Rande der Toilette balanciert, dann sind diese Verhaltensweisen eindeutig als Aversion gegenüber der Einstreu zu interpretieren.

Auch die Plazierung von Kot und Harn erfolgt meistens nicht zufällig, sie steht fast immer in einer Beziehung zur Ursache. So erfolgt manchmal der Harnabsatz auf das Bett, wenn das Tier daran gehindert wird, in ihm zu schlafen. Ein Kothäufchen oder eine Harnpfütze wird oft vor eine Tür oder ein Fenster gesetzt als Zeichen, daß die Katze dort hinaus gelangen will. In manchen Fällen heißt die Deponierung von Kot oder Harn vor dem Wohn- oder Schlafraum einer bestimmten Person offensichtlich, daß diese verschwinden soll!

Ist die Ursache für das Auftreten der Verhaltensstörung erkannt und läßt sie sich abstellen, so ist diese in der Regel auch dauerhaft beseitigt. Läßt sich die erkannte Ursache nicht abstellen,sind in erster Linie desensibilisierende, aber auch gegenkonditionierende Maßnahmen einzuleiten. Bei Vorliegen einer residualreaktiven Verhaltensstörung sind ebenso wie in den Fällen, in denen sich die Ursache nicht ermitteln läßt, gegenkonditionierende Maßnahmen zu ergreifen. Die Anwendung von Psychopharmaka ist wohl immer angebracht (Tranquilizer, Neuroleptika, Thymoleptika, „Progestagene").

Bei dieser Indikation scheinen sich Benzo-Diazepinderivate (z. B. Diazepam 2–5 mg pro Tier 2–3mal täglich) besonders zu bewähren.

Strafreize sind, auch wenn sie in der Appetenzphase gegeben werden, offenbar wirkungslos, verstärken eher das unerwünschte Verhalten und können zusätzlich Aversionen gegen den Strafenden hervorrufen.

Jede Behandlung sollte dem Prinzip folgen, die Attraktivität des erwünschten Ausscheidungsortes zu steigern und die des unerwünschten zu senken. Als gegenkonditionierende Maßnahme empfehlenswert ist das Aufstellen von gefüllten Futternäpfen auf die unerwünschten Ausscheidungsorte, möglichst nach zweistündigem Nahrungsentzug (Umkonditionierung von Körperausscheidungsverhalten auf Nahrungsaufnahme). Die Futterschüsseln sollen auch im leeren Zustand dort verbleiben, da die Tiere durch sie stark gehemmt werden, an diesen Stellen Harn und Kot zu deponieren. Diese Maßnahme ist fast immer wirkungsvoll, allerdings oft insofern beschränkt, als viele Katzen an andere Plätze ausweichen. Immerhin läßt sich auf diese Weise ein „sehr unerwünschter" Ausscheidungsplatz an einen „weniger unerwünschten" Ort verschieben. Ähnliches gilt für die Bereitstellung von Spiel- bzw. Deckungsmöglichkeiten (Aluminiumstreifen, Schachteln, Kisten) an den unerwünschten Ausscheidungsplätzen. Auch hier wird Harnen und Koten stark gehemmt. Außerdem wird so eine Beschäftigungstherapie durchgeführt, die sicher eine günstige Wirkung auf das Wohlbefinden der Tiere ausübt.

Das Beschmutzen von Teppichen, Sitzmöbeln und Betten läßt sich durch das Auflegen von Plastik- oder Aluminiumfolien verhindern, da diese Materialien kaum Auslöser für das Scharren bieten. Die Ränder dieser Folien können mit für Katzen unangenehm riechenden Substanzen versehen werden (z. B. mit Zitronellöl, das in vielen Rüdenabwehrsprays enthalten ist), so daß ein Unterkriechen der Folien unterbleibt.

Da Harn und Kot u. U. auslösend auf Markierungs- und möglicherweise auch auf Ausscheidungsverhalten wirkt, sollen mit diesen Produkten verunreinigte Stellen mit enzymhaltigen Einweichmitteln gereinigt und mit Stoffen die gegen Tiergerüche und organische Mißdünste gerichtet sind, übertüncht werden. Auch die Erzielung einer Aversion kann durch Übersprühen mit Zitronellöl versucht werden.

Bei der Aufstellung der Katzentoilette muß darauf geachtet werden, daß sie immer am gleichen Platz steht. Auch mehrere Toiletten können angebracht sein, wenn zu vermuten ist, daß die Katze den Toilettenort nicht mag; dabei wird man nach Möglichkeit von der Katze benutzte Orte anderen vorziehen. Wird eine Toilette angenommen, so kann diese ganz allmählich auf einen erwünschteren Platz hin bewegt werden.

Wenn die Katze in einer Toilette Schreck- oder Schmerzerlebnisse erfahren hatte, muß u. U. die gesamte Toilettenform verändert werden. Besteht der Eindruck, daß die verwendete Einstreu abgelehnt wird, müssen verschiedene Materialien getestet werden (kommerzielle Einstreumittel vor allem unterschiedlicher Farbe, Sand, Erde, feuchter Torf, Säge-

mehl, Papier- und Holzschnitzel, Zellstoff oder Zeitungspapier).
Wenn die Katze auf Teppichen bzw. Teppichböden oder auf Sitzmöbeln harnt oder kotet, kann die Toilette mit demselben Material ausgestattet werden. Erfolgt die Annahme der Toilette, kann das Material später allmählich durch geeigneteres ersetzt werden. Setzt die Katze Harn oder Kot bevorzugt auf glatten Stellen der Wohnung ab, kann versucht werden, den Toilettenboden ebenso glatt zu gestalten.
Im übrigen ist auf die größte Sauberkeit der Toilette zu achten. Es sei nochmals darauf hingewiesen, daß es Tiere gibt, die die Toilette schon nach einmaliger Verunreinigung der Einstreu nicht mehr benutzen. Insgesamt wächst die Zahl der Katzen mit Harn- und Kotdislokation mit der Größe einer Gruppe. Hier ist es oft schwierig oder unmöglich festzustellen, welche Tiere unerwünscht Harn ausscheiden.
Eine Methode, um den Harn einem Individuum zuzuordnen besteht darin, die Katzen mit Natriumfluorescin zu behandeln; 24 Stunden nach Ausscheiden des Harnes läßt sich an ihm unter der Woodschen Lampe Fluoreszenz nachweisen, so daß der Harnausscheider identifiziert werden kann. Man injiziert 0,3 ml Natriumfluorescin oder gibt 0,5 ml der Lösung per os.
Es sei erwähnt, daß eine neuere Arbeit von HART et al. vorliegt, die sich sowohl auf das Harnspritzen als auch auf die Harndislokation bezieht. Diese befaßt sich mit der Wirkung von Buspiron (Bespar® 5/10) auf das Harnspritzen und auf die Harndislokation, ein nicht-benzodiazepinhaltiges, anxiolytisches Medikament, das weder die sedativen noch die Ataxieauslösenden Effekte der Benzodiazepine aufweist; auch induziert es keine Abhängigkeit. Bei einem geringen Teil der Katzen reichte eine 2x täglich verabreichte Dosis von je 2,5 mg über 14 Tage aus; in vielen Fällen mußte die Dosis verdoppelt werden, bzw. über Wochen und Monate gegeben werden, wobei viele Katzen sofort nach dem Absetzen der Behandlung mit der Störung wieder einsetzten. Bei dieser Situation muß man also, um einigermaßen schnell zu einem Erfolg zu kommen, in einem Dreistufenplan vorgehen: Buspiron wird zuerst eingesetzt, danach Diazepam und wenn nötig täglich 5 mg Megestrolacetat. Die Autoren fassen die Arbeit als vorläufige Studie auf, an der weiter gearbeitet wird.

Literatur

BEAVER, B. (1980): Feline Behavior. St. Louis, Toronto, London: The C. V. Mosby Comp.

BRUMMER, H. (1978): Verhaltensstörungen. In: H. H, SAMBRAUS (Hrsg.): Nutztierethologie, Berlin u. Hamburg: Paul Parey.

BRUNNER, F. (1976): Die Katze - richtig verstanden. München: Gersbach.

BRUNNER, F. (1989): Die unverstandene Katze. Neumann-Neudamm: Melsungen.

DEHASSE, J. (1995): Aggressive behaviour in cats. Proceedings of 2nd European Congr. Fed. European Companion animal Vet. Assoc. FECAVA. Brüssel 27/28/29 October.

FOX, M. W. (1976): Versteh Deine Katze. Rüschlikon, Zürich, Stuttgart, Wien: Albert Müller.

HART, B. L., u. M. LEEDY (1982): Identification of source of urine stains in multi-cat households. J. Am. Vet. Assoc. **180,** 77–78.

HART, B., L., u. HART, LYNETTE, A. (1991): Verhaltenstherapie bei Hund und Katze (Übers. von UNSHEIM, J., Ferdinand Encke: Stuttgart.

HART, B. L., et al. (1993): Effectiveness of buspirone on urine spraying and inappopriate urinatin in cats. J. Am. Vet. Med. Assoc. **203,** No. 2. Dtsch. Zus. von SABINE HAHN, VETimpulse **2,** Ausgabe 11, 1993.

KRÄMER, ELISABETH, u. H. H. Krämer (1992): Verhaltensstörungen und störendes Verhalten bei der Katze In: VERA SCHMIDT u. M. CH. HORZINEK (Heraugeb.): Krankheiten der Katze. Gustav Fischer: Stutgart.

LEYHAUSEN, P. (1979): Katzen, eine Verhaltenskunde. 5. Aufl. Berlin u. Hamburg: Paul Parey.

POECK, K. (1978): Neurologie. 5. Aufl. Berlin, Heidelberg, New York: Springer.

RUCH, F. L., u. P. G. ZIMBARDO: Lehrbuch der Psychologie. Berlin, Heidelberg, New York: Springer.

SCHMID, W.-D. (1995): Verhaltenstherapie in der Kleintierpraxis. D. Prakt. Tierarzt **76,** 501–509.

SCHULTE, W., u. R. TÖLLE (1977): Psychiatrie. Berlin, Heidelberg, New York: Springer.

TÖLLE, R. (1977): Psychiatrie. Berlin, Heidelberg, New York: Springer.

TURNER, D.C. (1995): Die Mensch-Katze-Beziehung. Jena u. Stuttgart; Gustav Fischer.

VOITH, V. L. (1984): Verhaltensprobleme bei der Katze. In: R. S. ANDERSEN u. H. MEYER (Hrsg.): Ernährung und Verhalten von Hund und Katze. Hannover: Schiütersche.

VOITH, V. L. (1984): Möglichkeiten zur medikamentösen Behandlung von Verhaltensstörungen. In: R. S. ANDERSEN u. H. MEYER (Hrsg.): Ernährung und Verhalten von Hund und Katze. Hannover: Schlütersche.

Sedierung und Narkose

Von U. Schatzmann
und J. L. Stauffer

Raum für Notizen

Sedierung und Narkose

Gestützt auf neuere Gesetzgebungen sowie auf die Ausbildung des heutigen Tierarztes sind chirurgische Eingriffe ohne adäquate Anästhesie bei der Katze nicht mehr tolerierbar. Die Fortschritte der modernen Medizin führten zur Entwicklung von Substanzen, die eine gefahrlose Immobilisierung und Anästhesierung auch dieser Tierart möglich machen. Die Anästhesie der Katze nimmt unter unseren Haustieren insofern eine Sonderstellung ein, als es sich um ein sehr wehrhaftes Tier handelt, das leicht in Erregung gerät. Es ist deshalb wichtig, zuverlässige Mittel zur Hand zu haben, die bei kurzer Einleitungs- und Erholungszeit eine gute Analgesie, Sedierung und Muskelrelaxierung bewirken. In der täglichen Praxis ist besonders eine einfache Applikationsweise ein besonderes Erfordernis. Die bis anhin als alleinige Alternative oftmals angewandte Barbituratnarkose erfüllt diesen Zweck nur bei intravenöser Applikation. Zur sicheren Durchführung größerer Operationen (Osteosynthesen etc.) sind auch entsprechende Anästhesieformen erforderlich. Die Inhalationsnarkose als steuerbarste und relativ sicherste Narkoseform ist deshalb auch in der Katzenpraxis mit entsprechenden Modifikationen anwendbar.

Allgemeine Prinzipien der Sedation und Narkose

Jede Narkose bzw. jede Applikation von Anästhetika stellt eine „kontrollierte Vergiftung" dar. Kurznarkosen beeinflussen den Organismus deshalb vergleichsweise viel weniger als lange (oft allzulange) Narkosen. Das Narkotikum bzw. die Narkosetiefe und die Narkosedauer muß deshalb dem geplanten Eingriff angepaßt sein. Eine unnötig tiefe oder lange Narkose für einen kurzen und oberflächlichen Eingriff ist vom medizinischen Standpunkt aus gesehen kontraindiziert.

Normalerweise sind über 90 % der routinemäßig operierten Katzen gesund und lassen sich mit jedem anerkannten Agens problemlos narkotisieren. Der restliche Teil dagegen kann Probleme stellen, vor allem dann, wenn der vorbestehende Risikofaktor nicht in Erwägung gezogen, bzw. was viel häufiger ist, nicht als solcher erkannt wird (siehe Allgemeinuntersuchung vor der Narkose).

Katzen sollten 12 Stunden vor Narkosebeginn gefastet werden. Ein allzu langes Fasten kann die Glykogenreserven und damit die Entgiftungsmöglichkeiten der Leber teilweise erschöpfen. Ein voller Magen auf der anderen Seite stellt bei allen Eingriffen ein potentielles Risiko dar und kann durch Rompun® (1 mg/kg Körpergewicht), intramuskulär gegeben, geleert werden (Gefahr einer Aspirationspneumonie).

Bei Katzen, wie bei anderen Kleintieren, tritt in jeder Narkose ein Temperaturrückgang auf (3 bis 7 °C). Diese Hypothermie ist um so ausgeprägter, je tiefer und länger die Narkose gestaltet wird. Sie ist daneben auch von der Außentemperatur und vom Gewicht der Tiere abhängig. Kleinere Individuen haben im Vergleich zum Körpergewicht eine größere Oberfläche und sind deshalb empfindlicher. Ein starker Temperaturabfall wird bei Verwendung von Acetylpromazin (Vétranquil®, Sedalin®, Acepromazin®) und vor allem bei Pentobarbital (Vetanarcol®, Nanbutal®, Narcoren®) beobachtet. Die Folgen einer Hypothermie sind vielseitig (Abfall von Herzfrequenz und arteriellem Blutdruck, EKG-Veränderungen, Abfall in Herzminutenvolumen, Hämokonzentration, verminderter Metabolismus in der Leber usw.). Die augenfälligsten Folgen sind eine verlängerte Aufwachzeit und eine andauernde Hypoventilation mit Hypoxie. Ein leichter Abfall der Körpertemperatur während der Narkose ist kaum zu umgehen. Da jedoch der Grad von der Umgebungstemperatur abhängt, sind relativ hohe Temperaturen im Vorbereitungs- als auch im Operationsraum unumgänglich. Im weiteren sind folgende Punkte zu beachten:

Die Tiere sollten nicht auf kalter Unterlage liegen (Isolationsschicht). Intra- oder postoperativ verabfolgte Infusionen sollten körperwarm sein.

Am wirkungsvollsten ist ein Heizkissen oder eine mit warmem Wasser gefüllte Unterlage (ca. 40 °C) während der Operation. Besonders bewährt hat sich ein Wasserkissen, dessen Temperatur durch einen Thermostat geregelt werden kann (Abb. 1). Auch in der postoperativen Phase sollten die Tiere nicht auf den kalten Boden gelegt werden; eine Heizlampe und eine Heizdecke, eventuell ein Inkubator sind wichtige Requisiten zur Verhinderung einer ausgeprägten Hypothermie. Das Zudecken mit einer Wolldecke

Abb. 1: Thermostatgesteuertes Wasserbett zur Verhinderung intraoperativ auftretender Hypothermien.

ohne Zuführung von Wärme ist ungenügend. Dabei muß bedacht werden, daß allzu heiße Unterlagen (elektrische Heizkissen) zu Verbrennungen Anlaß geben können. Zudem können sie durch Vasodilation zum Blutdruckabfall führen.

Allgemeinuntersuchung vor der Narkose

Auch wenn bei Routinenarkosen keine zusätzlichen Laboruntersuchungen durchgeführt werden, sollte ein Minimum von Anamnese und klinischen Untersuchungsergebnissen bekannt sein. Ein großer Prozentsatz der intra- oder postoperativ auftretenden Probleme ergeben sich aus dem Nichtbeachten präoperativ bestehender Zustände bzw. Krankheiten.
Wenn immer möglich, sollte von jeder Narkose ein Protokoll verfaßt werden, das Anhaltspunkte über Alter, Geschlecht, Körpergewicht, Allgemeinzustand, klinische Parameter, vor und während der Narkose verabfolgte Medikamente, Puls- und Atemfrequenz etc. geben kann. Vor allem ist die weitere Überwachung nach der Narkose essentiell (Abb. 2).

Spezifische Narkoseprobleme

1. Narkose bei jungen bzw. alten Katzen

Sehr junge Katzen sind im allgemeinen recht gut zu anästhesieren. Thiobarbiturate sind jedoch wegen ungenügender Ausbildung der Enzymsysteme mit Vorsicht zu verwenden. Pentobarbital ist aus diesem Grund kontraindiziert. Bei Applikation von Phenothiazinen (Acetylpromazin, Propionylpromazin) können Konvulsionen auftreten. Die Ketamine haben sich auch bei dieser Patientengruppe recht gut bewährt.
Ältere Tiere erfordern spezielle Beachtung, da sie nicht selten vorgeschädigt sind. Eine Blutuntersuchung (Status, Chemie, vor allem Leberenzyme) ist angezeigt. Phenothiazine sind zu umgehen oder nur in kleinsten Dosierungen anzuwenden.

2. Nierenerkrankungen

Die Elimination der meisten Anästhetika oder ihrer Metaboliten geschieht durch die Nieren. Beim Vorliegen von Nierenschädigungen kann der Effekt zum Beispiel der Ketamine, aber auch anderer Stoffe verlängert sein. Beim Vorliegen von Nierenerkrankungen scheint am ehesten eine Inhalationsnarkose durch Halothan oder Methoxyfluran oder eine Injektion von Alphaxalone/Alphadolone (Saffan®/ Alfatésine®) indiziert.

3. Lebererkrankungen

Die Entgiftung der meisten Stoffe geschieht teilweise in der Leber, vor allem der Barbiturate und der Steroide. Ketamine provozieren einen leichten, reversiblen Leberschaden und sind ebenfalls mit Vorsicht zu applizieren. Die Verwendung von Inhalationsnarkotika (Halothan) ist beim Vorliegen von Leberschädigungen nicht kontraindiziert. Isofluran eignet sich möglicherweise besser.

4. Erkrankungen des Kreislaufs und Zirkulationsapparates

Kreislauferkrankungen bei Routinepatienten werden eher selten diagnostiziert, sollten aber erkannt werden. Der Kreislauf sichtlich dehydrierter oder hypovolämischer Individuen sollte wenn immer möglich vor Narkosebeginn aufgefüllt werden. Zum Beispiel mit Ringerlaktat unter Kontrolle der Kapillarfüllungszeit. Ketamine sind wegen ihres stimulierenden Effektes auf das Herz im allgemeinen sicherer als z. B. Barbiturate.
Störungen im Respirationstrakt sind bei der Katze recht häufig (Infektionen oder mechanische Atembehinderungen). Beim Vorliegen solcher Störungen (Nasenausfluß, Schnupfen, Husten, Dyspnoe etc.) sollte mit Routineoperationen zugewartet werden, bis eine Heilung eingetreten ist. Eine endotracheale Intubation mit Inhalationsnarkose (Halothan mit Sauerstoff), erscheint am sichersten.

5. Toxämien

Toxämien führen zu degenerativen Veränderungen der parenchymatösen Organe, vor allem der Leber und des Herzens. Beim Vorliegen dieser Störungen sind Injektionsnarkosen mit Vorsicht durchzuführen. Es empfiehlt sich, langsam intravenös zu narkotisieren, wobei bedacht werden muß, daß toxämische Tiere oftmals weniger Narkotikum benötigen. Das gleiche gilt für Tiere mit chronischen Krankheiten, die zu einem intraoperativen Herzversagen neigen. Eine Inhalationsnarkose ist auch hier wegen der guten Steuerbarkeit indiziert (evtl. Einleitung durch Maske möglich).

Lokalanästhesie

Seit der Einführung relativ gefahrloser und potenter Anästhetika zur Allgemeinnarkose hat die Lokalanästhesie in der Katzenpraxis viel von ihrer Bedeutung verloren. Wegen des eher widersetzlichen Charakters der Patienten kann ein geplanter Eingriff beim gesunden Tier selten unter Lokalanästhesie allein durchgeführt werden; bei Applikation einer zusätzlichen Basisnarkose entfällt aber oftmals die Indikation zur Lokalanästhesie. Sie ist heute noch angezeigt bei sehr geschwächten Tieren, z. B. bei Tieren im Schock oder bei einer unvollständigen Analgesie, hervorgerufen durch eine Injektionsnarkose. In allen diesen Fällen wird man durch Infiltration des Operationsgebietes befriedigende Operationsbedingungen finden. Eine Leitungsanästhesie wird in der modernen Katzenpraxis kaum mehr durchgeführt; sie soll deshalb in diesem Kapitel nicht weiter behandelt werden.

Die **Rückenmarksanästhesie,** lumbosakral appliziert, führt aber mit einer Basisnarkose (z. B. Ketamin) zu einem sehr schonenden Toleranzstadium für größere Eingriffe und ist für Risikopatienten geeignet (Richtdosis: Lidocain 2 % 0,4 ml/kg KGW). Sie wird in der Praxis eher selten angewandt.

Interaktionen von Antibiotika mit Anästhetika

Es wurde erst in den letzten Jahren erkannt, daß gewisse Antibiotika (vor allem Chloramphenicol, aber auch Streptomycin und Neomycin) vor oder während einer Allgemeinnarkose verabfolgt, zu längeren Aufwachphasen oder Apnoe führen können. Besonders ausgeprägte Verlängerungen der Aufwachzeit wurden bei mit Chloramphenicol vorbehandelten Katzen beobachtet, die entweder mit Ketamin oder mit Pentobarbital (Vetanarcol®, Narcoren®) anästhesiert wurden (mehr als doppelte Aufwachzeit). Diese Tatsachen müssen, wenn auch nicht überbewertet, in der täglichen Praxis doch in Betracht gezogen werden.

Prämedikation/Sedation

1. Allgemeine Gesichtspunkte

Die klassische Prämedikation ist die medikamentelle Vorbereitung des Patienten vorgängig der Verabfolgung narkotisierender Substanzen. Sie kann im weitesten Sinne auch die Auffüllung des Kreislaufes, eine Herztherapie, eine Korrektur des Säure-Basen- bzw. Elektrolythaushaltes beinhalten. Im allgemeinen wird aber die Prämedikation mit den folgenden Zielen verabfolgt:

a) Um die Menge des Allgemeinanästhetikums zu vermindern und damit die Sicherheitsbreite zu erhöhen (Ausnützung des potenzierenden Effektes verschiedener Anästhetika).
b) Um den Patienten so zu beruhigen, daß die Narkoseeinleitung ruhig ohne Abwehrbewegungen durchgeführt werden kann.
c) Um die Sekretion von Speichel- und Schleimdrüsen des Respirationsapparates zu unterdrücken und so Atembehinderungen zu verhindern.
d) Um die bei jeder Narkose (z. B. bei Barbituraten) auftretenden Exzitationen während der An- und Abflutung zu unterdrücken.
e) Um postoperative Unruhen und Schmerzzustände zu unterdrücken.

Die klassische sedative Prämedikation wird bei der Katze oftmals nur noch vor Inhalationsnarkosen oder vor Verabreichung eines Barbiturates vorgenommen. Viele der heute verwendeten Agentien vermögen eine Analgesie, Sedation oder sogar einen narkoseähnlichen Zustand hervorzurufen, unter welchem auch größere Eingriffe ohne zusätzliche Allgemeinnarkose (Inhalationsnarkose, Barbiturate) durchgeführt werden können. Bei ungenügender Analgesie hilft oftmals eine zusätzliche Infiltrationsanästhesie. Die Grenze zwischen Prämedikation und Allgemeinnarkose kann bei Verwendung der heute erhältlichen Substanzen oftmals kaum mehr klar gezogen werden, indem einige Stoffe in niedrigerer Dosierung sedativ, in höherer narkotisch wirken (z. B. Rompun®, Ketamin, Aurantex®, Alfatésine®, Medetomidin).

In der Katzenpraxis wird die klassische Prämedikation auch aus ökonomischen Gründen oftmals weggelassen; die Sedativa werden oft zusammen mit anderen Stoffen gleichzeitig zur Erreichung eines narkoseähnlichen Zustandes injiziert (potenzierte Wirkung).

2. Phenothiazinderivate und andere Stoffgruppen

Phenothiazinderivate wurden zur Sedation und Prämedikation in der Veterinärmedizin seit vielen Jah-

NARKOSEPROTOKOLL **PRAXIS** ____________

Besitzer		Kl. Nr.		Datum	
Spezies	Rasse	Geschl.	Alter	Name	Gewicht

Allgemeinzustand
gut
mässig
kritisch

Klin. Untersuchung
Atemfrequenz ____
Pulsfrequenz ____
Temperatur ____
Blutdruck ____

Labor
Hämatokrit ____
Hämoglobin ____
Harnstoff ____

Weitere Untersuchungen

Art der Operation			Lage auf Tisch		
Narkose	Injektion ☐	Inhalation ☐	Spontanatmung ☐	assistiert ☐	kontrolliert ☐
Narkosemaske ☐	Tracheotubus ☐	Kreissystem ☐	to and fro ☐	Magill ☐	T-Stück ☐

Praemedikation — Zeit — Medikation

Einleitung

Unterhaltung

Infusionen: Zeit — Med. — Menge

Halothan %											
O_2 lt/min											
N_2O lt/min											
Narkosetiefe II											
Stadium III											
IV											
Zeit (min)	0	15	30	45	60	75	90	105	120	135	150

Total

Relaxantien

Infusionen

60, 50, 40, 30, 20, 10, 0 — 300, 250, 200, 150, 100, 50, 0

● Pulsfrequenz
O Atemfrequenz
V Blutdruck syst.
Λ Blutdruck diast.
■ Op. Beginn
☐ Op. Ende
↑ Infus. Beginn
↓ Infus. Ende

Temperatur = grün
Atemfrequenz = blau
Blutdruck = rot
Puls = schwarz

Blutverlust ____ ml   Harnproduktion ____ ml

postoperativer Zustand, Aufwachphase ____________

Abb. 2: Das Narkoseprotokoll gibt jederzeit Auskunft über intra- oder postoperativ auftretende Veränderungen des Zirkulations- und Respirationsapparates sowie über Art und Menge der verwendeten Medikamente, anschließend postoperative Überwachung.

POSTOPERATIVE ÜBERWACHUNG

Zeit	Puls	Atmung	Blutdruck	Temperatur	Bemerkungen

Flüssigkeitszufuhr	Medikation	
______ ml ______ ml ______ ml Total ______ ml		

Schweiz. Ver. für Kleintiermedizin US/PH 1977

ren mit Erfolg verwendet. Am häufigsten gelangen hierzulande das Acetylpromazin (Vétranquil®, Sedalin®, Acepromazin®) und das Propionylpromazin (Combelen®) zur Anwendung. Wie die meisten Phenothiazine haben auch sie eine stark sympathikolytische Wirkung, worin auch eine gewisse Gefahr liegt. Die Kreislaufregulation wird teilweise unterdrückt; die dadurch auftretende Blutdrucksenkung (bis 30 %) ist bei gesunden Patienten unbedenklich. Besonders aber bei sehr nervösen Tieren kann es durch das Überwiegen des parasympathischen Systems zum Kollaps kommen. Es ist deshalb besonders wichtig, Phenothiazinderivate nur an kreislaufgesunde Tiere zu applizieren. Bei allzu starken und/oder verlängerten Aufwachzeiten muß der Kreislauf überwacht bzw. aufgefüllt werden. Die Blutdrucksenkung tritt besonders bei intravenöser Injektion auf, während intramuskuläre Applikationen eher vertragen werden. Neben der Sedation führt die Applikation von Phenothiazinen auch zu einer Störung der zentralnervösen Temperaturregulation; sedierte Tiere müssen deshalb warm gehalten werden. Wie alle Sedativa wirken auch die Phenothiazine auf andere zur Narkose verwendete Stoffe potenzierend. Wie bei anderen Tieren können sie auch bei der Katze zu inversen Reaktionen führen. So sind vor allem bei aggressiven und aufgeregten Individuen nach Applikation Exzitationserscheinungen beobachtet worden.

Dosierung:
Acetylpromazin (Vétranquil®, Sedalin®, Acepromazin®):
0,05–0,25 mg/kg Körpergewicht i. v., i. m. (0,005–0,025 ml/kg). Zur oralen Sedierung 0,5 mg/ kg Körpergewicht.

Propionylpromazin (Combelen®):
0,05–0,25 mg/kg Körpergewicht i. m., i. v. (0,005–0,025 ml/kg).
In neuerer Zeit werden anstelle der Phenothiazine andere Stoffgruppen verwendet, die bei weniger Nebenwirkungen auf den Kreislaufapparat bessere Ergebnisse zeigen. Im Vordergrund stehen die **Benzodiazepine** (z. B. Valium®) und die **Butyrophenone** (z. B. Droperidol®). Die routinemäßige Verwendung von Butyrophenonen in der Klinik ist noch umstritten. Als Richtdosis gilt:
Valium® 0,2 mg/kg i. m., i. v.
Droperidol® 1 mg/kg i. m.
Beide Vertreter werden vorwiegend zu Kombinationsnarkosen (z. B. zur Unterdrückung der Katalepsie bei Ketaminen) empfohlen. Zur Prämedikation werden auch α_2-Agonisten (Xylazin, Medetomidin) eingesetzt.

3. Vegetative Stabilisierung (Vagolyse)

Atropin oder Glycopyrrolat (Robinul®) als parasympathikolytische Substanzen können bei jeder Allgemeinnarkose der Katze eingesetzt werden. Sie helfen nicht nur eine übermäßige Sekretion im Respirations- und Digestionsapparat (Speicheln) zu verhindern, sondern unterdrücken auch vagale Reflexe auf das Kreislauf- und Atemsystem. Parasympathikolytica wirken nicht sedativ; sie steigern die Herzfrequenz. Glycopyrrolat wirkt ähnlich wie Atropin, jedoch länger.
Die Katze hat sich als sehr empfindlich gegenüber Manipulationen an der Epiglottis erwiesen; Laryngospasmen sind oftmals sehr leicht, vor allem in oberflächlichen Narkosestadien oder bei der Intubation, auslösbar. Unter Wirkung von Anästhetika bleibt die Sensibilität und die Anfälligkeit bestehen. Auch bei Manipulationen innerhalb des Abdomens (Zug an Därmen etc.) können durch einen vagalen Reflex Herzrhythmusstörungen ausgelöst werden. Auch bei Verwendung von Inhalationsnarkotika (Halothan und vor allem Äther) ist eine Stabilisierung des Kreislaufes durch Atropin wichtig. Das gleiche gilt für Injektionsnarkosen mit Xylazin (Rompun®) und/oder Ketamin (Ketalar®, Ketanest®).
Es ist bekannt, daß die Katze wie die Nager die Fähigkeit besitzt, durch das Enzym Atropinesterase in der Leber Atropin zu metabolisieren. Trotzdem kann mit den angegebenen Dosierungen ein gewünschter Effekt für eine Zeitdauer von 1 bis $1^1/_2$ Stunden erreicht werden.

Dosierung und Verabreichung

Vagolytica können subkutan oder intramuskulär verabreicht werden. Wird ein sofortiger Effekt gewünscht (z. B. bei intraoperativem Auftreten einer vagusbedingten Herzrhythmusstörung), können sie auch intravenös verabfolgt werden. Die Meinungen über die zur Stabilisierung notwendige Menge sind geteilt.
Richtdosis: Atropin 0,02–0,1–0,5 mg/kg Körpergewicht.
Glycopyrrolat (Robinul®) 0,01 mg/kg.

Zur Narkose oder zur Erreichung eines narkoseähnlichen Zustandes verwendete Stoffe

1. Xylazin (z. B. Rompun®) und Medetomidin (Dormitor®)

Xylazin und Medetomidin sind α_2-Rezeptorenagonisten, die, wie bei anderen Tierarten, auch bei der Katze sedative, analgetische und muskelrelaxierende Eigenschaften in sich vereinigen. Sie wirken zentral,

ohne Halluzinationen oder Exzitationen auszulösen. Dagegen haben sie bei der Katze eine ausgesprochen emetische Wirkung, die aber auch therapeutisch ausgenützt werden kann (bei 1 mg Xylazin/kg Körpergewicht i. m. verabfolgt, kann in 90 % der Fälle 10 Minuten nach Injektion ein Erbrechen hervorgerufen werden).
Am vegetativen Nervensystem kann eine teilweise Blockierung der adrenergen und cholinergen postganglionären Phasen beobachtet werden. Der analgetische Effekt ist bei der Katze, verglichen mit anderen Tierarten, eher gering. Der Einfluß auf das Kreislaufsystem ist individuell sehr verschieden. Im allgemeinen wird ein kurzer Blutdruckanstieg, gefolgt von einer mäßigen Hypotonie, beobachtet. Oftmals treten Herzrhythmusstörungen auf, die aber mit Atropin kontrolliert werden können. Wie bei einer Sedierung zu erwarten, fällt die Puls- und Atemfrequenz bis auf 3–4 Atemzüge pro Minute ab. Trotz höherem Atemzugvolumen tritt eine leichte respiratorische Azidose als Folge der CO_2-Retention auf.
Die Halbwertzeit von Xylazin bei der Katze beträgt 3 Stunden, die Ausscheidung erfolgt zu 70 % durch die Nieren. 30 % werden durch die Leber – Galle mit dem Kot ausgeschieden. Wegen einer im allgemeinen erhöhten Diurese ist beim Vorliegen von Urolithiasis Vorsicht geboten.

Klinisches Bild:

Innerhalb weniger Minuten nach der intramuskulären Applikation werden die Tiere zunehmend teilnahmslos und schläfrig. Als Begleiterscheinung bei Wirkungsbeginn tritt oft Erbrechen ein. Die Sedation genügt im allgemeinen für die Ruhigstellung bei Röntgenuntersuchungen, Verbandwechsel, Palpation, chirurgischen Eingriffen unter Lokalanästhesie. Sie dauert im allgemeinen ungefähr 2 Stunden, klingt dann im Verlauf von 4 bis 6 Stunden ab.
α_2-Agonisten werden als Prämedikation vor Inhalationsnarkosen oder in Kombination mit anderen Stoffen zur Injektionsnarkose verwendet (siehe Kombinationsnarkosen). Sie vermögen andere, zur Narkose verwendete Substanzen (z. B. Barbiturate) in ihrer Wirksamkeit zu potenzieren.

Dosierung:

Xylazin wird bei der Katze in einer Dosierung von 0,5–3 mg/kg Körpergewicht subkutan oder intramuskulär (kleinere Dosierung auch intravenös) verabfolgt.
Medetomidin (Domitor®) wird in einer Dosierung zwischen 50 und 150 µg/kg empfohlen.
Die Wirkung von α_2-Agonisten läßt sich mit einem Antagonisten aufheben. Im Vordergrund steht heute Atipamezol (Antisedan®) in einer Dosierung von 200–300 µg/kg Körpergewicht.

2. Ketamin (Ketalar®, Vetalar®, Ketanest®)

Das zur Gruppe der Phencyclidine gehörende Ketamin vermochte sich in den letzten Jahren auch vor allem bei der Katze durchzusetzen. Ketamin ist ein schnell wirkendes barbituratfreies Allgemeinanästhetikum zur parenteralen Verabreichung. Seine Wirkungsweise ist neu; es induziert eine Katalepsie mit Analgesie und Anästhesie. Die Wirkung auf das Zentralnervensystem besteht in einem dissoziativen Effekt von frontalen, kortikalen und okzipitalen Zentren. Es erhöht und erniedrigt gleichzeitig die Funktion verschiedener Systeme. Nach intramuskulärer Injektion erfolgt eine sehr schnelle Resorption (höchster Plasmaspiegel 10 Minuten nach Injektion); die Halbwertzeit beträgt 67 ± 24 Minuten. Die Plazentarschranke wird durchbrochen, doch werden im fötalen Gewebe bedeutend geringere Konzentrationen festgestellt.
Ketamin wirkt auf den Kreislauf analeptisch; klinisch steht ein Anstieg der Pulsfrequenz und des Blutdruckes im Vordergrund. Dies erscheint vor allem auf einen erhöhten peripheren Widerstand zurückführbar. Gelegentlich können, vor allem bei höheren Dosierungen (über 20 mg/kg), Herzrhythmusstörungen auftreten. Der Effekt auf das Kreislaufsystem beruht auf der sympathikomimetischen Wirkung des Ketamins und auf einer Aktivierung der zentralen Kreislaufzentren.
Auf die Atmung wirkt Ketamin depressiv (CO_2-Akkumulation, respiratorische Azidose, gelegentlich auch Hypoxie). Vereinzelt treten auch kurze Apnoen auf.
Während der Ketaminanästhesie bleibt der Tonus der Skelettmuskulatur erhalten, oftmals erhöht, da

Abb. 3: Ketaminanästhesie: Typische Streckspasmen.

spinalmotorische Zentren nicht gedämpft werden (Abb. 3). Oftmals werden koordinierte und unkoordinierte Bewegungen von Kopf und Gliedmaßen beobachtet. Auch faszikuläre Muskelzuckungen bis tonisch-klonische Krämpfe gehören zum Bild der Ketaminwirkung bei der Katze. In Abweichung vom klinischen Bild anderer Narkosearten bleiben Korneal-, Flexor- und Schluckreflexe meist vollständig erhalten. Dazu tritt hier und da eine starke Salivation ein, die jedoch mit Atropin unterdrückt werden kann.

Induktionszeit, Narkosetiefe, Narkosedauer und Aufwachzeit sind im allgemeinen dosisreliert. Die Induktionszeit beträgt bei den unten angegebenen Dosierungen nach intramuskulärer Applikation 3 bis 5 Minuten bei einer Narkosedauer von 10 bis 14 Minuten. Bei Verwendung anästhetischer Dosen beträgt die Aufwachzeit im allgemeinen 2–4 Stunden.

Probleme und Kontraindikationen

Die unerwünschten Nebenwirkungen (Konvulsionen, fehlende Muskelrelaxierung sowie die ungenügende analgetische Wirkung bei größeren chirurgischen Eingriffen) können durch Kombinationen mit α_2-Agonisten (Xylazin oder Medetomidin) oder Neuroleptika (Acepromazin) im allgemeinen problemlos verhindert werden (siehe Tabelle 1, Kombinationsnarkose).

Tabelle 1: Anerkannte Injektionsnarkosen (intravenöse Verabreichung)

	Prämedikation	„Narkose"
Atropin 0,05–0,1 mg/kg	– Acetylpromazin 0,05–0,25 mg/kg (i. v., i. m.) (= 0,005–0,025 ml/kg Vétranquil®, Sedalin®, Acepromazin®) – Propionylpromazin 0,05–0,25 mg/kg (= 0,005–0,025 ml Combelen®/kg, i. v., i. m.)	– Ketamin 5 mg/kg (~ 0,1 ml/kg Ketalar®, Ketanest®) – Alphaxalone/Alphadolone (Saffan®, Alfatésine®) 0,75 ml/kg (~ 9 mg/kg) – Thiopental 16–20 mg/kg i. v. (Surital®, Thiogenal®)

Tabelle 2: Anerkannte Injektionsnarkosen (intramuskuläre Verabreichung)

	Prämedikation	„Narkose"	Bemerkungen
	Xylazin (Rompun®) 2 mg/kg, s. c., i. m.(= 0,1 ml/kg 2%ige Lösung) oder Medetomidin (Dormitor®) 100 µg/kg (0,5 ml/5 kg)	Ketamin 10 mg/kg i. m.	Gleichzeitige Applikation möglich
	Acetylpromazin 0,25 mg/kg i. m. (= 0,025 ml Vétranquil®/kg)	Ketamin 20 mg/kg i. m.	Mischspritze (feine Nadel)
Atropin 0,05–0,1 mg/kg i. m., s. c.	Diazepam 0,2–0,3 mg/kg i.m. (Valium®)	Ketamin 20 mg/kg i. m.	Gleichzeitig, separate Spritze

Tabelle 3: Vorgehen beim Atemstillstand ABC-Regel
A = freie Atemwege B = Ventilation (Breathing) C = Kreislauf (Circulation)

1. Zufuhr von Anästhika abstellen
2. Atmung extern aufrechterhalten
   a) Zufuhr von reinem O_2
   b) Mund-Nase beatmen
   c) Intubation
   d) Beatmen durch Tubus
   Richtwerte: Nicht über 15 ml/kg pro Atemzug, 10mal/min
   = nicht mehr als 150 ml/kg pro min
   Evtl. Injektion von Atemstimulantien, z. B.

1. Doxapram	1 mg/kg i. v.
2. Nikethamid (Coramin®)	1 ml i. v. 25%
3. Megimid	20 mg/kg i. v.

Bei der Katze wird Ketamin hauptsächlich unverändert durch den Urin ausgeschieden. Eine Störung im Harnapparat (sehr häufig bei älteren Katzen) blockiert somit die normale Elimination und verlängert die Ketaminanästhesie. Beim Vorliegen solcher Störungen muß die Dosis reduziert werden; zudem empfiehlt sich, die Diurese durch Elektrolytinfusionen und eventuell Diuretika anzuregen.
Da Ketamin auch einen leichten, reversiblen Leberschaden provoziert, sollte es bei Vorliegen dieser Störungen nur vorsichtig verwendet werden.
Während der Einleitungs- und Aufwachphase sollten die Tiere vor Unruhe und Lärm geschützt sein, um ketaminbedingte Aufregungszustände zu verhindern.

Dosierung:

5–10 mg/kg Körpergewicht i. m., i. v.
Zur Sedation, Untersuchungen, Ruhigstellung für kleinere Eingriffe (z. B. Blutentnahmen, Katheterisierung etc.).
20–40 mg/kg i. m., oral
Zur chirurgischen Toleranz für kleinere Eingriffe. Für größere Operationen (Eingriffe im Abdomen, Osteosynthesen) empfiehlt sich die Kombinationsnarkose mit einem anderen Stoff (siehe Tab. 2, 3).

Alphaxolone/Alphadolone (Saffan®, Alfatésine®)

Es ist seit über 30 Jahren bekannt, daß verschiedene Steroide in hoher Dosierung anästhetisch wirken. Diese Befunde führten zur Entwicklung eines, in der Klinik verwendbaren Narkotikums, das neben dem Menschen vor allem bei der Katze sicher wirkt. Steroide weisen eine höhere therapeutische Breite und demzufolge eine weitere Sicherheitsgrenze auf als Barbiturate. Sie werden in der Leber inaktiviert. Alfatésine® (in der Humanmedizin als Althesin® bekannt) enthält aus lösungstechnischen Gründen 2 Steroide, nämlich 9 mg/ml Alphaxolon und 3 mg/ml Alphadolon in einem Lösungsmittel. Alfatésine® ist ein ausgesprochenes Kurznarkotikum; die Halbwertzeit beträgt bei der Katze 3,5 Minuten.
Wiederholte Dosen wirken nicht kumulativ. Auf das Lösungsmittel zurückzuführende Nebenwirkungen sind Folgen einer Histaminausschüttung. In erster Linie treten Ödeme an den Ohren, bzw. an den Gliedmaßen, eventuell in seltenen Fällen ein Laryngospasmus, in Erscheinung. Daneben scheinen unter dem Bild einer Anaphylaxie sofort nach Injektion Todesfälle aufzutreten. Durch Prämedikation mit einem Phenothiazinderivat (z. B. Acetylpromazin) scheint die Histaminausschüttung weitgehend vermeidbar zu sein. Der Kreislauf ist unter Alfatésine® relativ stabil, die Herzfrequenz bleibt unverändert. Der Blutdruck sinkt leicht ab. Auf die Atmung wirkt es leicht depressiv, ohne zu einer Hypoxie zu führen. Alfatésine® kann sowohl intravenös als auch intramuskulär verabfolgt werden. Die intravenöse Applikation ist dabei vorzuziehen, da sie allein eine sichere Wirkung zeigt.

Klinisches Bild:

Die Anästhesie tritt bei der intravenösen Injektion sofort ein und dauert ungefähr 10 Minuten, nach welcher Zeit die Tiere langsam aufwachen. Die Narkose kann durch zusätzliche Dosen problemlos über Stunden verlängert bzw. vertieft werden, da es nicht kumulativ wirkt. Die Muskelrelaxierung ist im allgemeinen gut. Alfatésine® ist relativ gewebefreundlich; partiell paravenöse Injektionen führen kaum zu Störungen. Als Nebenerscheinungen tritt eine (unbedenkliche) Hyperämie der Haut auf. Die Aufwachzeit ist meistens ruhig; mit Alfatésine® narkotisierte Tiere verhalten sich 3 bis 4 Stunden nach der Injektion im allgemeinen wieder normal.
Saffan® ist kombinierbar mit anderen in der Anästhesiologie verwendeten Stoffen mit Ausnahme der Barbiturate (Atemstillstand). Bei Anwendung einer sedativen Prämedikation (z. B. Phenothiazine) ist die Wirkung von Alfatésine® verstärkt und verlängert, zudem treten histaminbedingte Nebenerscheinungen weniger auf. Bei der Injektion zusätzlicher Narkosemittel ist äußerst vorsichtig zu dosieren. Eine Kombination mit anderen Stoffen ist aber kaum notwendig, da die Narkose durch Nachinjektion der halben Initialdosis beliebig verlängert werden kann. Es empfiehlt sich deshalb, vor Narkosebeginn ein Katheter in der Vene zu fixieren, das Narkotikum kann dann, sofern notwendig, durch eine Gehilfin nachinjiziert werden (Abb. 4).
Während der Aufwachzeit können hier und da Muskelzuckungen und Ruderbewegungen auftreten. Es muß darauf geachtet werden, die Tiere möglichst ruhig aufwachen zu lassen.

Dosierung:
Intravenöse Injektion:

Richtdosis 0,75 ml (9 mg/kg Körpergewicht) für alle Eingriffe. Die halbe Initialdosis kann beliebig oft nachinjiziert werden (im allgemeinen alle 15 bis 30 Minuten).

Barbiturate

Die „klassische" Barbituratnarkose hat mit der Einführung der bisher beschriebenen Substanzen (Xyla-

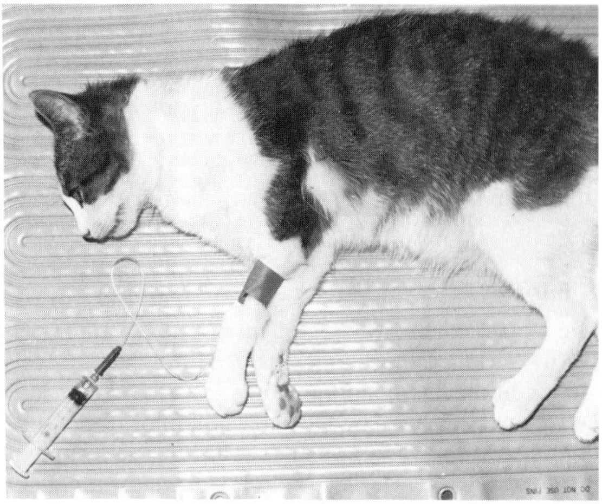

Abb. 4: Butterflynadel in Vene fixiert zur Nachinjektion eines Anästhetikums.

zin, Ketamin, Saffan®) viel von ihrer ursprünglichen Bedeutung bei der Katzennarkose verloren. Dies vor allem wegen der geringen therapeutischen Breite, der beobachteten Atemdepression, des fehlenden Antidots und der oftmals beobachteten Exzitationen. Von klinischer Bedeutung sind noch zwei Vertreter dieser Gruppe: nämlich das Pentobarbital und die Thiobarbiturate.

1. Pentobarbital (Vetanarcol®, Nembutal®, Narcoren®)

Pentobarbital macht bei der Katze eine mittellange Narkose (dosisabhängig), gefolgt von einem langen Nachschlaf. Die Nebenwirkungen sind recht erheblich. Es wird deshalb heute kaum mehr verwendet. Klinisch fällt vor allem eine Kreislauf- und Atemdepression (Hypoxie, CO_2-Akkumulation, respiratorische Azidose) in Betracht. Wegen Exzitationen, vor allem in der Aufwachphase, ist eine sedative Prämedikation (siehe dort) unbedingtes Erfordernis. Pentobarbital darf wegen seiner geringen therapeutischen Breite nicht mehr verwendet werden.

2. Thiobarbiturate/Methohexital

Auch die Thiobarbiturate werden bei der Katze mit Vorteil intravenös und nach Wirkung verabfolgt. Zur Verhinderung von Exzitationen kann eine sedative Prämedikation verabfolgt werden (z. B. durch Neuroleptika). Die Narkosedauer beträgt dabei bis 30 Minuten. Bei intraperitonealer Verabreichung kann während ca. 30 Minuten ein Toleranzstadium erreicht werden, gefolgt von einem längeren Nachschlaf. Bei dieser Verabreichungsart ist wiederum zu bedenken, daß nicht nach Wirkung dosiert werden kann.

Thiopental (Penthotal®, Trapanal®) macht bei schneller Injektion innerhalb von 30 bis 60 Sekunden eine Narkose (Dosis ungefähr 16 mg/kg Körpergewicht) von 3 bis 5 Minuten Dauer. Wenig Exzitationen, oftmals Niesen. Für kurze Eingriffe geeignet.

Thiamylal (Surital®): Etwas potenter und weniger kumulativ als Thiopental, bei der Katze sicherer, da weniger Apnoe und weniger Laryngospasmus. Wegen stärkerer Salivation sollte atropinisiert werden. Die Richtdosis beträgt 17 mg/kg Körpergewicht. Für kurze Eingriffe geeignet. Kann notfalls nachdosiert werden.

Methohexitone sodium (Brietal®, Brevital®): 2mal so potent wie Thiopental (auf Gewicht bezogen), noch kürzere Narkosedauer, noch schnellere Aufwachzeit. Während Aufwachzeit Tremores, Konvulsionen. Tiere sind in Ruhe zu lassen.

3. Allgemeine Probleme bei der Barbituratnarkose

Die Katze kann bei wiederholten Pentobarbitalnarkosen ungleich reagieren. Bei gleicher Dosierung kann ein totaler Ausfall des Zentralnervensystems beobachtet werden. Auch bei bestehenden Leber- und Nierenerkrankungen, bei kardiovaskulären Störungen oder ganz allgemein bei geschwächten Katzen müssen Barbiturate mit äußerster Vorsicht und unter Stützung des Kreislaufs appliziert werden.
Alle Barbiturate, vor allem die Thiobarbiturate, erhöhen die Sensibilität des Larynx und der Trachea gegenüber Vagusreizungen und erleichtern dadurch das Entstehen von Laryngobronchospasmen und anderen unerwünschten Nebenwirkungen.

Kombination verschiedener Mittel (Injektionsnarkose)

Eine optimale Anästhesie bietet folgende Komponenten: Die Bewußtlosigkeit, die Analgesie, die vegetative Dämpfung und die Muskelentspannung. Diese Erfordernisse können zweifellos durch hohe Narkotikumdosen, zum Beispiel mit einem Barbiturat, erreicht werden. Die dadurch hervorgerufenen Nebenwirkungen auf das Zentralnervensystem sind mannigfaltig (Depression respiratorischer Zentren, Zirkulationsstörungen etc.). Das ideale Narkosemittel, das nur erwünschte Wirkungen erzeugt, gibt es nicht. Das Ideal kann jedoch angestrebt werden, indem man Pharmaka verschiedener Wirkungsweisen kombiniert, von denen jedes nur eine der erwünschten Wirkungen entfaltet. Zudem haben viele in der Anästhesiologie verwendete Stoffe die Eigenschaft, sich in Kombination mit anderen Mitteln in ihrer

Wirksamkeit zu potenzieren. Durch die Verwendung mehrerer Substanzen mit verschiedenen Angriffspunkten kann deshalb eine adäquate Anästhesie mit minimalen Nebenwirkungen erreicht werden. Die klassische Kombinationsnarkose ist die Neuroleptanalgesie (Kombination von Neuroleptikum mit starkem Analgetikum). Diese Narkosemethode ist jedoch bei der Katze wegen der unterschiedlichen Empfindlichkeit gegenüber starken Analgetika als Routinemethode, obwohl durchführbar, kaum empfehlenswert (siehe Kapitel Verwendung von starken Analgetika bei der Katze).

Grundsätzlich lassen sich fast alle zur Sedation und Narkose bei der Katze verwendeten Stoffe kombinieren (Ausnahme: Saffan® + Barbiturate). Einige für die Praxis bewährte Kombinationen sind (siehe auch Tabelle 1, 2 Kombinationsnarkosen):

Kombinationen mit Ketamin

1. Ketamin/Acetylpromazin (Vétranquil®, Sedalin®, Acepromazin)

Die Kombination wird als Mischspritze bei jungen und gesunden Katzen intramuskulär verabfolgt (20 mg/kg Ketamin und 0,025 mg/kg Acetylpromazin). Auch die langsame Injektion mit einer feinen Nadel ist schmerzhaft. Während der Einleitung sowie während der Aufwachphase sind die Tiere zu isolieren. Die Anästhesiedauer beträgt 45–60 Minuten (bei alten Katzen länger als bei jungen). Durch Nachinjektion von 1/3 der Ketamininitialdosis kann die Anästhesie verlängert werden. Der blutdrucksenkende Effekt des Acetylpromazins scheint stärker als der blutdrucksteigernde Effekt des Ketamins. Beim Vorliegen von schwerem Schock ist diese Kombination deshalb nicht indiziert. Exzitationen oder Erbrechen werden im allgemeinen nicht beobachtet; die Aufwachzeit ist lang (durchschnittlich 4 Stunden).

2. Ketamin/Xylazin oder Medetomidin

Auch Xylazin vermag die unerwünschten Nebenwirkungen von Ketamin weitgehend zu verhindern. Zudem ist durch die Kombination eine längere Anästhesie mit kleineren Ketamindosen erreichbar. Obwohl die beiden Stoffe in Mischspritze verabfolgt werden können, scheint eine separate Applikation das Erbrechen weitgehend zu verhindern. Gut hat sich die gleichzeitige Applikation von 0,5 mg/kg Xylazin subkutan mit 15–20 mg/kg Ketamin intramuskulär bewährt. Zur Verlängerung der Anästhesiedauer kann Ketamin in halber Dosierung nachgespritzt werden. Wegen der deutlichen Einwirkung des Xylazins auf Kreislauf und Atmung sowie der fehlenden Steuerbarkeit bei relativ langer Wirkung ist auch diese Anästhesieart nur für organgesunde Patienten zu empfehlen.

3. Ketamin/Diazepam (Valium®)

Diazepam vermag die unerwünschten Nebenwirkungen von Ketamin (Exzitationserscheinungen etc.) wirkungsvoll zu unterdrücken. Es wird in einer Dosis von 0,2 mg/kg Körpergewicht intravenös zusammen mit 4 mg/kg Ketamin verabreicht. Diese Kombination eignet sich besonders zur Einleitung einer Inhalationsanästhesie.

Wegen Unverträglichkeit müssen die beiden Substanzen separat injiziert werden. Die Aufwachzeit scheint nicht wesentlich länger als bei alleiniger Anwendung von Ketamin.

Alle erwähnten Kombinationen eignen sich auch zur Einleitung einer Inhalationsnarkose mit Intubation.

4. Tiletamin/Zolazepam (Tilest®, Telazol®)

Die Kombination ist erst seit kurzer Zeit auf dem Markt und in ihrer Wirkungsweise ähnlich wie Ketamin/Diazepam. Sie eignet sich für kürzere und längere Eingriffe, wobei eine höhere Dosierung auch zu einer längeren chirurgischen Toleranz führt. Tiletamin/Zolazepam wird intramuskulär verabreicht, wobei nicht selten Schmerzäußerungen auftreten. Unerwünschte Nebenwirkungen in Form von intraoperativen Lautäußerungen oder postoperativen Exzitationen werden hier und da beobachtet.

Die Wirkungsdauer beträgt bis zu 2 Stunden; die Tiere sind nach 3 bis 6 Stunden wieder wach.

Beim Vorliegen von Störungen der Leber und Nieren sowie bei Erkrankungen des Atem- und Kreislaufapparates ist Vorsicht geboten.

Dosierung: Für kürzere (bis zu einer Stunde) und wenig schmerzhafte Eingriffe 10 mg/kg KGW intramuskulär. Für größere, vor allem chirurgische Eingriffe 15 mg/kg KGW intramuskulär. Die Wirkung kann durch Nachinjektion verlängert werden.

Kombinationen mit Alphaxolone/Alphadolone (Saffan®, Alfatésine®)

Alfatésine® scheint mit Ausnahme der Barbiturate mit allen Sedativa und Narkotika kombinierbar. Wegen der guten Verträglichkeit auch in höheren Dosen und nach mehrmaliger Applikation (siehe Intensivtherapie) wird die zusätzliche Verwendung anderer Stoffe oftmals hinfällig. Es ist deshalb bei intravenöser Verabreichung allen bisher besprochenen Stoffen überlegen. Bei Kombination mit anderen Nakosemitteln ist äußerst vorsichtig zu dosieren (potenzierter Effekt!).

Die Verwendung von starken Analgetika (Morphin und seine Derivate)

Die klassische Meinung, daß sich die Katze gegenüber Morphin und seinen Derivaten unverträglich zeigt, daß sie Exzitationen, Unruhe und terminale Konvulsionen entwickelt, kann nicht mehr allgemein akzeptiert werden. So wird Meperidin (Pethidin®, Dolantin®) in einer Dosis von 5–10 mg/kg Körpergewicht subkutan zur Sedation von Katzen und zur Schmerzbekämpfung verwendet. Vor allem in Kombination mit Barbituraten oder mit Neuroleptika kann der potenzierende Effekt ausgenützt werden, ohne daß unerwünschte Exzitationen auftreten. Die routinemäßige Verwendung dieser Stoffe hat sich jedoch bisher hierzulande noch nicht durchgesetzt.

Versehentliche Injektionen von Morphin oder seinen Derivaten können durch einen Antagonisten vollständig aufgehoben werden (z. B. Lorfan® nach Wirkung).

Muskelrelaxantien

1. Indikation

Muskelrelaxantien können bei der Katze in folgenden Fällen indiziert sein:

a) Zur Erleichterung der endotrachealen Intubation
b) Zur Unterdrückung der Spontanatmung (kontrollierte Beatmung)
c) Zur Verminderung der Narkotikummenge

Alle diese Bedingungen können bei der Katze aber auch durch andere Narkosetechniken erreicht werden; die routinemäßige Verwendung von Relaxantien hat sich deshalb hierzulande nicht durchsetzen können. Klinisch verwendet man bei der Katze drei nach ihrer Wirkungsart verschiedene Relaxansgruppen.

2. Peripher wirkende Relaxantien

Diese Gruppe unterbricht die Reizleitung zwischen dem Nerv und dem Erfolgsorgan (motorische Endplatte). Sie führt im allgemeinen auch zum Atemstillstand.

Depolarisierende Agentien, z. B. Succinylcholin:

Succinylcholin ist ein sehr kurz wirkendes Muskelrelaxans, das sich vor allem zur Intubation beim narkotisierten Patienten eignet. Eine intravenöse Injektion von 1–2 mg/kg Körpergewicht hat eine Relaxierung von 2–3 Minuten zur Folge. Nach erfolgter Intubation muß deshalb die Atmung auf künstlichem Wege aufrechterhalten werden.

Nicht-depolarisierende Relaxantien, Curaretyp:

Atracurium (Tracrium®), Alcuronium (Alloferin®) und Pancuronium (Pavulon®). Diese Stoffe haben im allgemeinen einen langsameren Wirkungseintritt und auch eine längere Relaxierung zur Folge. Sie werden deshalb vorwiegend zur zusätzlichen Relaxierung während einer Narkose verwendet. Eine Möglichkeit der künstlichen Aufrechterhaltung der Atmung (kontrollierte Beatmung) ist deshalb ein unbedingtes Erfordernis. Die entsprechenden Dosierungen bei der Katze betragen:

Atracurium 0,1–0,2 mg/kg Körpergewicht

Alcuronium (Alloferin®) 0,2 mg/kg Körpergewicht

Pancuronium (Pavulon®) 0,06 mg/kg Körpergewicht

Für den klinischen Gebrauch sind besonders Alcuronium (Alloferin®) und Pancuronium (Pavulon®) angezeigt. Die Wirkung der nicht-depolarisierenden Relaxantien kann durch Neostigmin (Prostigmin®, in Kombination mit Atropin gegeben) vollständig aufgehoben werden.

Endotracheale Intubation

1. Indikation

Offene Atemwege als eiserner Grundsatz bei narkotisierten Tieren sind auch bei der Katze nur bei endotrachealer Intubation sicher gewährleistet. Beim intubierten Tier läßt sich die Atmung jederzeit mit einfachen Mitteln künstlich aufrechterhalten. Auch wird die Applikation von gasförmigen Anästhetika (Methoxyfluran, Halothan) am intubierten Individuum erleichtert. Sie verhindert zudem die Aspiration von Speichel oder Vomitus.

2. Voraussetzungen

Das Hauptproblem stellt bei der Katze die Tendenz zu Laryngospasmen dar. Da eine Intubation aber immer möglichst atraumatisch erfolgen sollte, müssen folgende Kriterien befolgt werden:

1. Tiefe Allgemeinnarkose (Barbiturate, Inhalationsnarkotikum durch Maske) oder
2. Oberflächliche Narkose (Ketamin, Alfatésine® oder Kombinationsnarkosen mit Diazepam) mit Lokalanästhesie (Larynx) oder
3. Oberflächliche Narkose + Muskelrelaxans (Succinylcholinchlorid 3–5 mg/Katze i. v. nach vorheriger Verabreichung von reinem Sauerstoff während 30–60 Sekunden).

3. Benötigtes Material

Alle zur Intubation benötigten Instrumente sind vor Einleitung der Narkose bereitzulegen:

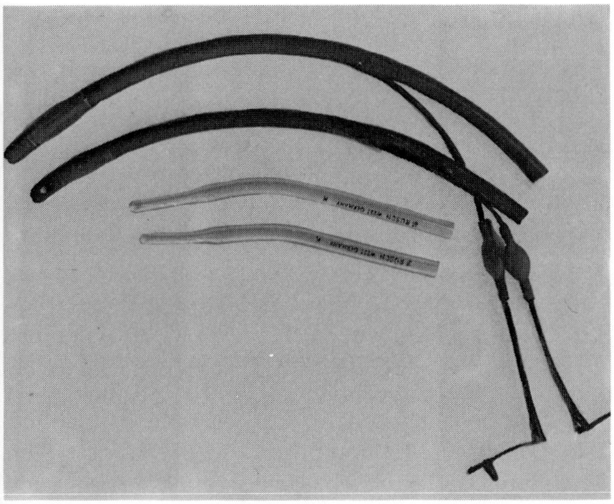

Abb. 5: Für die Katze geeignete Tracheotuben: oben mit Manschette (aufblasbar), unten Cole-Tubus.

- **Trachealtuben verschiedener Größe:** Bei der Katze werden je nach Größe im allgemeinen Tracheotuben mit einem Innendurchmesser von 3–8 mm verwendet. Normalerweise gelangen Tuben mit aufblasbarer Manschette zur Anwendung; vielerorts wird auch der Cole-Tubus verwendet, der wegen seiner konischen Form keine Manschette benötigt (Abb. 5).
- Für jede Tubusgröße sollte ein passendes **Verbindungsstück** bereitliegen, das die luftdichte Verbindung mit dem Narkosesystem gewährleistet.
- **Maulöffner:** Häufig wird ein mit Feder versehener Maulöffner oder, noch besser, ein passendes Holzstück oder eine Spritze verwendet.
- **Laryngoskop:** Unbedingt notwendig. Ein Laryngoskop mit Beleuchtung erleichtert die Intubation wesentlich. Für die Katze geeignet sind Pädiatrielaryngoskope (gebogen: McIntosh, Oxford; gerade: Foregger, Güdel, Magill). Auch ein **Spatel** kann dazu verwendet werden (Spatel mit Beleuchtung [Eisenhut], Holzspatel, Abbildung 6).

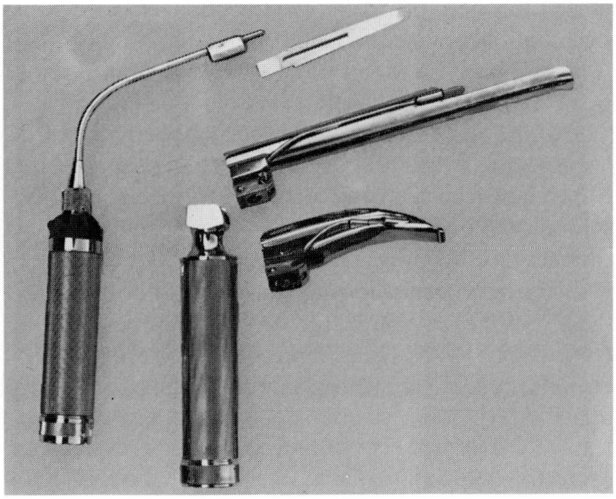

Abb. 6: Verschiedene zur Intubation der Katze geeignete Laryngoskope.

- Steriles Gleitmittel (eventuell mit Lokalanästhetikum),
- **Spritze** und **Schieber** (um Manschette aufzublasen und zu verschließen).
- **Gazebinde** zur Fixation des Tubus.

4. Technik

Nach eingeleiteter Narkose wird das Maul maximal geöffnet und der Kopf etwas gestreckt. Der Assistent faßt mit einer Hand den Oberkiefer (Nase soll frei bleiben), mit der anderen Hand wird die Zunge erfaßt und nach vorn über den Unterkiefer gezogen. Mit Hilfe des Laryngoskopspatels wird nun die Zunge nach vorn und unten gedrückt, wonach die Larynxöffnung sichtbar wird. Das Lokalanästhetikum wird nun möglichst weit hinter der Epiglottis appliziert (Spray). Zwischen der Lokalanästhesie und der Intubation sollte ungefähr 1 Minute verstreichen. Die Zunge wird nun wiederum mit dem Spatel nach unten gedrückt und der mit dem Gleitmittel versehene Tubus zwischen den Aryknorpeln hindurch in die Trachea eingedrückt.

Durch Druck auf den Thorax, durch kurzes Blasen in den Tubus oder durch visuelle Kontrolle kann geprüft werden, ob er auch wirklich in der Trachea liegt. Der Tubus wird mit Isolierband am Holzstück bzw. Maulöffner fixiert und die Manschette aufgeblasen.

5. Wichtige Hinweise

Um den Atemwiderstand möglichst klein zu halten, sollte immer der größtmögliche Tubus verwendet werden. Die Tubusspitze muß zwischen Larynx und Carina liegen; wird er zu weit eingeschoben, kann ein Hauptbronchus blockiert werden. Zäher Schleim kann den Tubus blockieren. Es ist deshalb vorteilhaft, an der Spitze zusätzlich eine Seitenöffnung anzubringen.

Das Einführen des Tubus kann zu einem Hustenreiz führen. Durch Sympathikus- oder Vagusreflexe sind bei der Intubation auch EKG-Veränderungen möglich. Diese sind bei der Barbiturateinleitung noch verstärkt. Zu intubierende Katzen sollten deshalb atropinisiert werden. Eine Relaxierung durch Succinylcholin (3 mg/Katze) intravenös erleichtert die Relaxierung optimal (siehe Kapitel Muskelrelaxantien).

6. Extubation

Wie alle anderen Tiere sollten Katzen erst beim Vorhandensein von Schutzreflexen (Schlucken, Husten etc.) extubiert werden. Sie sind nachher einige Zeit zu überwachen, da Laryngospasmen auch in der postoperativen Phase auftreten können.

Inhalationsnarkose

1. Indikation

Verglichen mit den bisher beschriebenen Narkosetechniken (Injektionsnarkosen) hat die Inhalationsanästhesie auch bei der Katze eminente Vorteile. Die zur Narkose verwendeten Agentien werden größtenteils wieder durch die Lunge abgeatmet; die Aufwachzeit aus der Narkose hängt nicht mehr in erster Linie von der Verteilung des Stoffes im Körper oder von der Abbaugeschwindigkeit ab. Dies ist bei Risikopatienten von besonderer Bedeutung. Die Inhalationsnarkose kann im allgemeinen sehr gut und schnell gesteuert werden; die Narkosetiefe kann dabei im Gegensatz zur Injektionsnarkose sehr schnell verändert werden. Die zur Narkose verwendeten Narkosegase werden meistens mit reinem Sauerstoff appliziert. Dies führt in den weitaus meisten Fällen zu einer genügenden Oxygenation. Vor allem bei endotrachealer Intubation sind die Luftwege frei; zudem besteht jederzeit die Möglichkeit, die Ventilation bzw. den Gasaustausch künstlich aufrechtzuerhalten bzw. zu verbessern.

Als Nachteil der Inhalationsnarkose muß erwähnt werden, daß sie eine ständige Überwachung erfordert. Zudem sind einige Narkoseapparate in der Anschaffung nicht gerade billig.

Viele Kleintierpraktiker verfügen aber heute über einen Narkoseapparat, der mit wenig Aufwand zu einem tadellos funktionierenden Narkosesystem für Katzen umgebaut werden kann.

2. Inhalationsnarkotika

Methoxyfluran (Penthrane®, Metofane®)

Obschon Methoxyfluran 1959 in die Medizin eingeführt wurde und seit 1962 auch in der Veterinärmedizin verwendet wurde, hat es auf dem europäischen Kontinent nur wenig Anklang gefunden. Dies mag vor allem darin begründet liegen, daß Methoxyfluran im Gegensatz zu Halothan zur Narkoseeinleitung so schwach ist, daß es nur zusammen mit anderen Anästhetika eine optimale Einleitung ermöglicht. Dieses Moment erhöht natürlich das Risiko in den Augen des Chirurgen recht erheblich. Viele praktisch tätige Tierärzte haben sich mit der Verwendung von Halothan als Inhalationsnarkotikum vertraut gemacht; die gleichzeitige Verwendung zweier Inhalationsnarkotika schien im Moment nicht gegeben.

Methoxyfluran hat einen sehr hohen Siedepunkt (104 °C) und einen tiefen Wasserdampfdruck (25 mm Hg bei 20 °C). Verglichen mit anderen Inhalationsnarkotika ist die Verdampfung deshalb viel schwächer. Theoretisch liegt die höchste erreichbare Konzentration bei weniger als 4 % (23 °C); in der Praxis scheint die maximal erreichbare Konzentration bei 1,1 % (20 °C) zu liegen. Bei tieferen Außentemperaturen werden noch niedrigere Konzentrationen gemessen. Aus diesem Grund ist oftmals auch nur eine sehr begrenzte Narkosetiefe erreichbar. Trotzdem führt Methoxyfluran zu einer progressiven Atemdepression, die aber eine weitere Aufnahme des Anästhetikums verhindert. So ist es unter Spontanatmung schwierig, einen Atemstillstand zu provozieren.

Methoxyfluran braucht einen speziellen Verdampfer. Es wurden spezielle Apparate entwickelt (Pentec, Cyprane). Einige Narkoseapparate (z. B. Connell) erhöhen die Verdampfungsleistung durch Erwärmung.

Methoxyfluran ist wie Halothan sehr stark fettlöslich. Diese Eigenschaft, zusammen mit dem tiefen Dampfdruck, führt zu einer langsamen Narkoseeinleitung (10 Minuten).

Die Nebenwirkungen auf das Kreislaufsystem können mit denjenigen des Halothans verglichen werden (0,5 % Methoxyfluran = 1% Halothan). Im Vordergrund steht ein dosisabhängiger Blutdruckabfall und eine Bradykardie. Trotzdem weist der Organismus unter Methoxyfluran klinisch eine bemerkenswerte Stabilität auf.

Die Löslichkeit von Methoxyfluran beeinflußt auch die Aufwachzeit, die im allgemeinen sehr langsam und ruhig verläuft. Bei oberflächlicher Narkose ist sie nicht länger als mit Halothan. Eine Schläfrigkeit während mehrerer Stunden, zusammen mit einer postoperativen Analgesie, wird als Vorteil erachtet. Wie Halothan kann Methoxyfluran bei längerer Einatmung auch in subanästhetischen Dosen für den Menschen schädlich sein. Eine Entfernung des überschüssigen Narkosegases aus dem Operationssaal (Absaugvorrichtung) scheint deshalb angezeigt.

Die mittlere anästhetische Konzentration beträgt 0,023 ± 0,03 %. Zur Einleitung wird eine Konzentration von 1–3 % im Narkosegemisch verabfolgt; zur Narkoseunterhaltung genügen im allgemeinen 0,3–1 %.

Halothan (Fluothane®)

Halothan ist ohne Zweifel das heute am meisten verwendete Inhalationsnarkotikum. So sind auch seine

Nebenwirkungen bei vielen Tierarten systematisch untersucht worden.

Halothan ist, verglichen mit Äther oder Methoxyfluran, wenig wasserlöslich. Seine Wirkung ist deshalb noch besser steuerbar, d. h. die Konzentration im Körper folgt Veränderungen in der Atemluft rasch. Es hat eine sehr kurze An- und Abflutungszeit. Aus diesem Grund kann es auch zur Narkoseeinleitung verwendet werden. Die sichere Verabreichung von Halothan erfordert aber auch einen speziellen Verdampfer.

Die mittlere anästhetische Konzentration beträgt 0,9 %, zur Narkoseeinleitung benötigt man eine Konzentration von 2–4 %. Die Narkoseunterhaltung ist im allgemeinen je nach Narkoseeinleitung mit 0,75–1,5–2 % möglich.

Seine Nebenwirkungen wirkt Halothan vorwiegend auf den Atem- und Kreislaufapparat aus. Die Atmung wird dosisabhängig unterdrückt (vermindertes Atemzug- und Atemminutenvolumen). Die arterielle CO_2-Spannung ist direkt reliert mit der alveolaren Konzentration. Durch Halothan wird der Blutdruck gesenkt. Man vermutet einen direkten depressiven Effekt auf das Myokard und einen zentraldepressiven Effekt auf das Vasomotorenzentrum. Die in jeder Halothannarkose auftretende Bradykardie scheint auf einer Erhöhung der Vagusaktivität zu beruhen (eventuell Atropinisierung notwendig). Relativ häufig werden bei der Katze Herzarrhythmien beobachtet. Es handelt sich dabei vorwiegend um atrioventrikuläre Dissoziationen mit Interferenz. Auch Extrasystolen können auftreten. Als Ursache wird die Anhäufung von CO_2 vermutet; durch Erhöhung des Atemminutenvolumens (assistierte oder kontrollierte Beatmung) kann die normale Herzaktion im allgemeinen wiederhergestellt werden.

Halothan sensibilisiert das Myokard gegen Adrenalin. Bei zusätzlicher Adrenalingabe kann ein Kammerflimmern auftreten.

Ein Abbau des Halothans im Körper findet kaum statt. Die Ausscheidung erfolgt fast ausschließlich durch Abatmung. Innerhalb von 10–15 Minuten sind nur noch Spuren im Blut nachweisbar.

Wegen toxischer Nebenwirkungen bei ständiger Inhalation subanästhetischer Dosen sollten auch bei Verwendung von Halothan überschüssige Narkosegase aus dem Operationsraum entfernt bzw. abgesaugt werden.

Isofluran (Forane®, Aerrane®)

Isofluran ist das neueste Inhalationsanästhetikum. Seine Wirkungen und Nebenwirkungen bei den verschiedenen Tieren wurden erst in den letzten Jahren systematisch erforscht. Aufgrund seiner physikalischen Eigenschaften ist es am besten steuerbar, das heißt, es hat eine sehr kurze An- und Abflutungszeit und die Narkosetiefe läßt sich den veränderten Bedingungen schnell anpassen. Trotz seines starken Geruches ist eine Masken- oder Kammerinduktion durchführbar. Die sichere Verwendung setzt einen speziell kalibrierten Verdampfer voraus. Die mittlere alveoläre Konzentration (MAC) beträgt 1,6 %; zur reaktionslosen Narkose sind, je nach Einleitung und Prämedikationen, 1,5–2,5 % in reinem Sauerstoff notwendig.

Isofluran wirkt wie Halothan auf das Atem- und Kreislaufzentrum depressiv, was aber von der gesunden Katze im allgemeinen problemlos toleriert wird. Ein Abbau im Körper findet kaum statt, das heißt, Isofluran wird zu über 99,8 % wieder abgeatmet.

Die Verwendung im größeren Rahmen in der tierärztlichen Praxis scheiterte bis jetzt am recht hohen Preis, der durch Vorteile beim gesunden Tier nicht wettgemacht werden kann.

Lachgas

Lachgas als relativ ideales, nebenwirkungsarmes Anästhetikum wurde seit Jahren bei der Inhalationsnarkose der Katze verwendet. Es wird vor allem in der Humanmedizin und bei anderen Tierarten als Basisnarkotikum zusammen mit Halothan in Sauerstoff verabreicht. Wegen seiner schwachen narkotischen Wirkung muß es in hoher Konzentration verabfolgt werden (50–80 % im Einatmungsgemisch). Neuere Untersuchungen haben gezeigt, daß bei der Katze in Dosen, die noch eine genügende Oxygenierung erlauben, im Gegensatz zum Menschen keine Analgesie erwartet werden kann. Die Verwendung dieses Anästhetikums bei der Katze scheint deshalb kaum Vorteile zu bringen.

3. Narkosesysteme

Die Bezeichnung der Inhalationssysteme geschieht meistens nach ihrer Funktion (offenes, halboffenes, halbgeschlossenes, geschlossenes System). Wegen einer Unzahl verschiedener Kombinationen ist die Terminologie der einzelnen Systeme so vielfältig, daß kaum klar definiert bzw. abgegrenzt werden kann.

Grundsätzlich hat jeder Narkoseapparat die Aufgabe, dem Organismus Sauerstoff und Narkosegas zuzuführen und ausgeatmetes CO_2 zu entfernen. Diese Elimination kann auf drei Arten geschehen:

a) Durch Verdünnung (offene Narkosesysteme).
b) Durch vollständige oder teilweise Ableitung der Ausatmungsluft (halboffene, halbgeschlossene Systeme).
c) Durch chemische Absorption des CO_2 (halbgeschlossene, geschlossene Narkosesysteme).

Aufbau eines für Katzen geeigneten Narkosesystems

Theoretisch kann das Inhalationsnarkotikum bei der Katze ohne Sauerstoff bzw. Verdampfer verabfolgt werden, indem es mit der Einatmungsluft in Kontakt gebracht wird. Diese Methode ist am ehesten beim Äther zur Vertiefung einer ungenügenden Injektionsnarkose gebräuchlich. Der Verbrauch an Narkotikum ist relativ groß und vor allem bei Verwendung von Halothan auch relativ teuer und gefährlich. Zudem kann die Dampfkonzentration nicht gesteuert werden. Die Narkosegase werden heute deshalb vorwiegend in einem Verdampfer dem Sauerstoff beigemischt.

Die kommerziell erhältlichen Narkoseapparate für Kleintiere (Eisenhut, Narkovet, Fraser Sweatman, Foregger, Pitman Moore 960, Dräger Ohmeda) sowie alle normalen Humansysteme sind zur Inhalationsnarkose der Katze nicht optimal, da sie im Verhältnis zum Atemvolumen des Tieres zu groß konzipiert sind. Infolge des oftmals zu großen Totvolumens und der voluminösen Schläuche ist eine adäquate Funktion des Kreissystems und somit die Elimination von CO_2 nicht gewährleistet. Alle diese Systeme können jedoch mit sehr einfachen Mitteln bzw. Zusätzen umgebaut werden.

Die Basis jedes Inhalationssystems ist eine Gasflasche mit Sauerstoff, ein Druckregulierventil sowie ein Gasstrommesser (Volumeter), an welchem die pro Minute ausströmende Sauerstoffmenge eingestellt werden kann (Abb. 7). Der Gasstrom führt dann durch den Verdampfer (out of circuit), in welchem die gewünschte Narkotikumkonzentration beigemischt wird. Diese Grundeinheit ist für alle Tierarten gleich und läßt sich nun mit verschiedenen Narkosesystemen verbinden (z. B. mit einem Kreissystem für Hunde, für Großtiere etc.). Für Katzen sind die meisten Systeme, die in der humanen Pädiatrie verwendet werden, geeignet. Sie sollen im folgenden erläutert werden:

1. Halboffenes System mit Maske

Die Indikation zur Verwendung der Narkosemaske beschränkt sich nur auf kurze Perioden, in denen keine Komplikationen erwartet werden (zu oberflächliche intravenöse Narkose etc.). Bei jeder Verwendung einer Narkosemaske entsteht ein vergrößerter Totraum. Ein großer Teil der Ausatmungsluft wird bei der nächsten Inspiration wieder eingeatmet. Dadurch entsteht eine Anhäufung von CO_2 (respiratorische Azidose). Die genügende Zufuhr von frischem Gas ist bei der Verwendung dieser Methode besonders wichtig (bei der Katze mindestens 500 ml/min). Ein weiterer Nachteil besteht in der Gefahr von Aspiration (Speichel, Vomitus) und in der fehlenden Möglichkeit, die Atmung künstlich aufrechtzuerhalten beziehungsweise zu verbessern.

2. Ayre's T-Stück

Dieses System hat sich für kleine Hunde und Katzen (alle Tiere unter 5 kg Körpergewicht) besonders bewährt. Es kann mit minimalem Aufwand selber hergestellt werden (Plastik-T-Stück, Innendurchmesser ca. 7 mm). Ein Schenkel wird auf den Tracheotubus aufgesetzt, in den zweiten Schenkel wird der Gas-

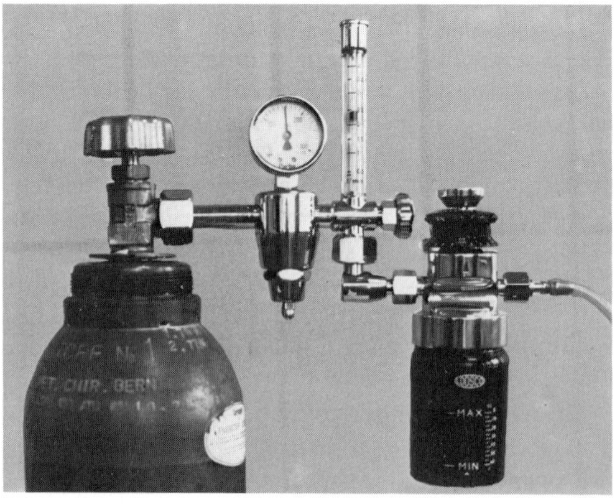

Abb. 7: Basis eines Inhalationsnarkosesystems: Sauerstoffflasche, Druckregulierventil, Durchflußmesser, Halothanverdampfer.

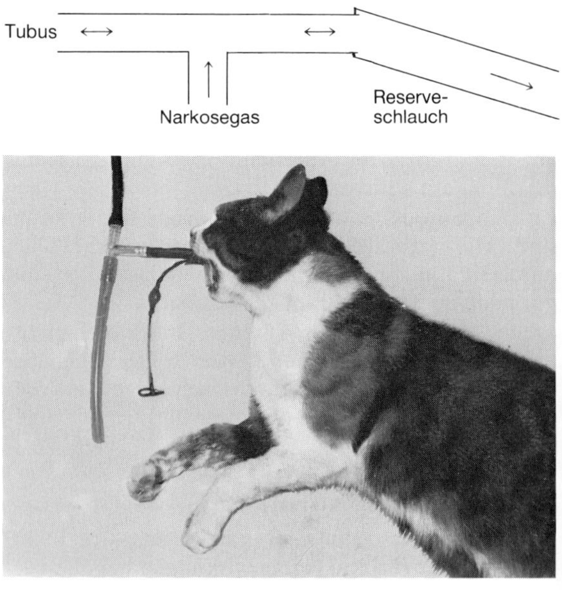

Abb. 8: Ayre's T-Stück (schematisch und in Funktion).

strom eingeleitet (mindestens 1,5mal Atemminutenvolumen = mindestens 500 ml/min). Auf den dritten Schenkel (Ausatmungsteil) wird ein Reservoirschlauch befestigt, der die Inspiration von Raumluft verhindert. Der Inhalt dieses Reservoirs sollte ungefähr ein Drittel des Atemzugvolumens beinhalten (ca. 5 ml), was bei einem Innendurchmesser des Systems von 7 mm eine Gesamtlänge des Ausatmungsschenkels von 15 cm (Abb. 8) ergibt. Die Vorteile dieses Systems sind: minimaler Totraum und Atemwiderstand, genaue Kenntnisse der im Moment angebotenen Narkotikumkonzentration (kein Ballon), Möglichkeit der Beatmung durch intermittierendes Verschließen des Ausatmungsschenkels mit dem Finger. Nachteil: wie bei allen halboffenen Systemen geht die Ausatmungsluft ins Freie und sollte abgesaugt werden.

3. Magill-System

Das Magill-System ist eine Weiterentwicklung des Ayre's T-Stücks (Abb. 9). Die Ausatmungsluft geht größtenteils ins Freie, wobei ein Ventil die Inspiration von Raumluft verhindert. Ein Atembeutel dient als Reservoir von frischem Narkosegas. Dieses System ist wie das Ayre's T-Stück zur Inhalationsnarkose der Katzen sehr gut geeignet (wenig Totraum, wenig Atemwiderstand). Für Katzen zwischen 2 und 4 kg Körpergewicht ist eine Zuführung von 500–600 ml Sauerstoff/min notwendig.

4. Stephen-Slater

Dieses System, das für die humane Pädiatrie entwickelt wurde, eignet sich ebenfalls zur Inhalationsnarkose von Katzen (Abb. 10). Der Vorteil gegenüber dem Magill-System oder dem Ayre's T-Stück ist die Verhinderung der Rückatmung, d. h. durch jeden Atemzug wird mit Ausnahme des (kleinen) Totvolumens Frischluft eingeatmet, die bei der Exspiration ins Freie geleitet wird (Absaugvorrichtung empfehlenswert). Je nach Ventilationsgröße (Atemminutenvolumen) muß die Zuführung von Frischgas gesteuert werden; sie beträgt im allgemeinen für eine erwachsene Katze 300-700–1000 ml/min.

Geschlossene Narkosesysteme

Die Verwendung geschlossener Narkosesysteme wäre auch bei der Katze wünschenswert. Infolge der kleinen Atemminutenvolumina sind zur sicheren Narkoseführung sehr kleine Systeme notwendig. Kreisatemsysteme entsprechender Größe sind kommerziell kaum erhältlich; „normale" Narkoseapparate, wie sie beim Hund verwendet werden, sind wegen der beschriebenen Eigenschaften für Katzen nicht optimal. Werden sie dennoch verwendet, muß ein Überdruckventil am Y-Stück vorhanden sein, durch das überschüssiges Narkosegas ins Freie gelangt (Abb. 11). Die minimale Zufuhr von Frischgas beträgt 500 ml/min. Eine Entfernung von austretendem Narkosegas ist empfehlenswert (Absaugen).

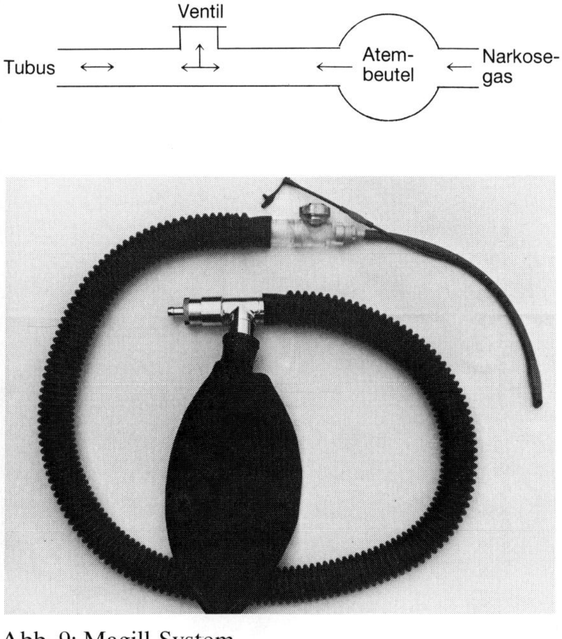

Abb. 9: Magill-System.

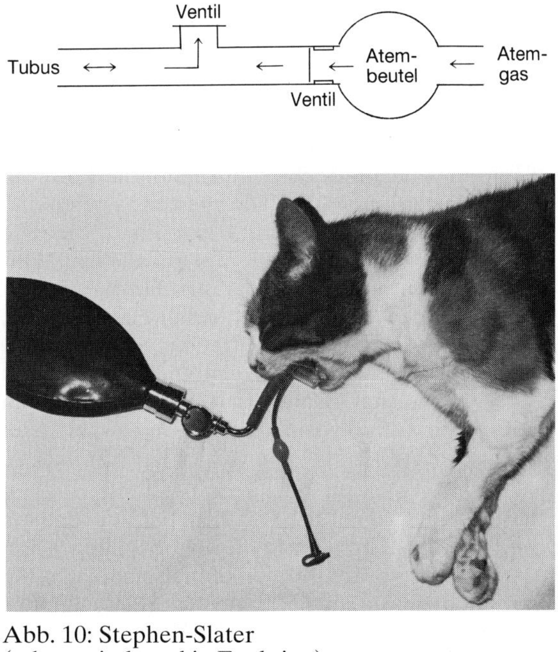

Abb. 10: Stephen-Slater (schematisch und in Funktion).

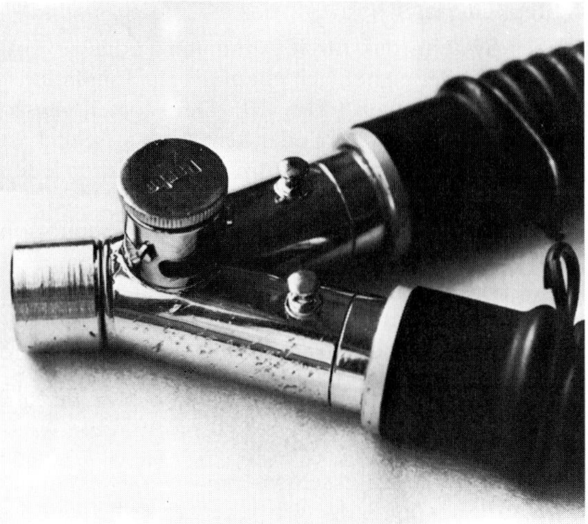

Abb. 11: Überdruckventil an Y-Stück.

Beim **Pendelsystem** wird der CO_2-Absorber direkt am Tubus fixiert (Abb. 12). Hinter dem Absorberbehälter wird ein kleiner Atembeutel befestigt. Das Narkosegemisch wird nahe dem Tubus in das System eingeleitet. Durch die Atembewegungen pendelt die Luft durch den Absorber hin und her. Dieses System erfüllt alle Vorteile des geschlossenen Systems (geringerer Sauerstoff- und Narkosevermittelverbrauch, Möglichkeiten einer Druckbeatmung etc.). Es ist zu beachten, daß immer genügend Sauerstoff zugeführt wird (mindestens 100 ml/kg/min). Dieses System kann mit wenig Aufwand auch selber hergestellt werden. (Abb. 13).

Narkosekammer

Die Verwendung einer Narkosekammer wird vor allem zur Einleitung einer Inhalationsnarkose bei wilden Katzen empfohlen. Die meisten Systeme sind aus Glas oder durchsichtigem Kunststoff, die eine Überwachung des Patienten ermöglichen. Das Anästhetikum wird entweder als Flüssigkeit auf einen Tupfer (Watte) in die Kammer gegeben oder, noch besser, in der Konzentration von z. B. 4 % Halothan mit Sauerstoff aus dem Verdampfer in das System eingeleitet. Dabei ist es wichtig, daß ein genügender Zufluß von Narkosegasen gewährleistet ist, um eine Anhäufung von CO_2 in der Kammer zu verhindern.

Dieses System eignet sich vor allem bei Verwendung von Halothan, Isofluran (evtl. Methoxyfluran). Bei Applikation von Äther treten oftmals unerwünschte Exzitationen während der Einleitungsphase auf. Die Vorteile sind: keine Fixation der Katze notwendig, Narkoseeinleitung ohne Hilfe möglich. Der hauptsächlichste Nachteil liegt darin, daß die Kammer nur zur Narkoseeinleitung verwendet werden kann. Die Narkose muß deshalb auf eine andere Art fortgesetzt werden (Intubation, intravenöse Applikation eines Anästhetikums).

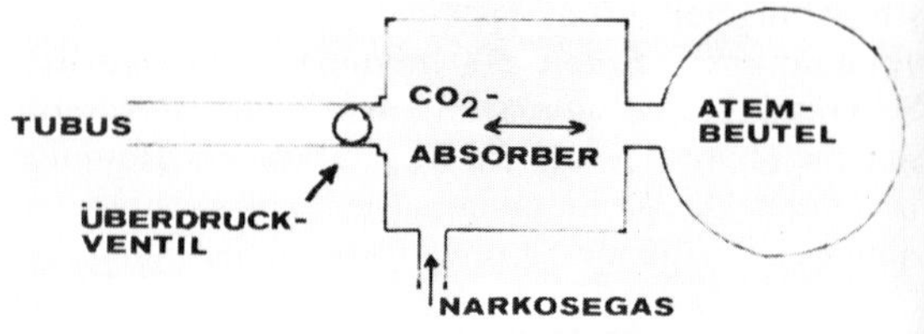

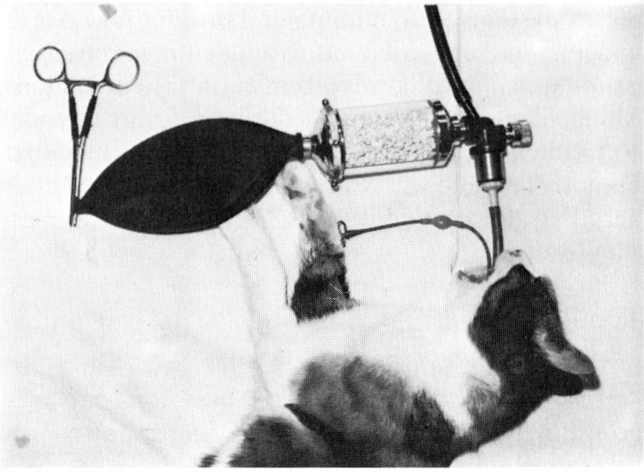

Abb. 12: Pendelsystem (to and fro) (schematisch und in Funktion).

4. Praktische Durchführung der Inhalationsnarkose

Nach erfolgter Narkoseeinleitung und Intubation wird der Patient an das Narkosesystem angeschlos-

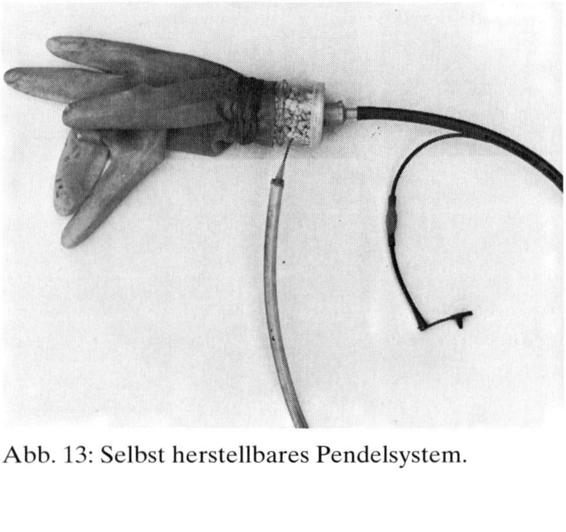

Abb. 13: Selbst herstellbares Pendelsystem.

sen. Um einen möglichst flachen Übergang von der Injektions- zur Inhalationsnarkose zu gewährleisten, empfiehlt es sich, während der ersten 10–15 Minuten ein etwas höherprozentiges Narkosegemisch zu verabfolgen. Die Konzentration richtet sich dabei vor allem nach den zur Narkoseeinleitung verwendeten Substanzen. Sind kurzwirkende Agentien verwendet worden (z. B. Thiobarbiturate i. v., Saffan® i. v.), sind stärkere Konzentrationen notwendig als bei Einleitung durch Ketamin (oder Ketaminkombinationen). Im allgemeinen sollte die Narkosetiefe auch während der Einleitungsphase anhand der Augenreflexe überwacht werden. Die Narkotikumkonzentration ist herabzusetzen, sobald ein chirurgisches Toleranzstadium erreicht ist. Grundsätzlich sollte die Narkosetiefe während einer Operation periodisch kontrolliert werden. Die „ideale" Narkosetiefe ist die, bei der der Patient bei vorhandenen Reflexen unbeweglich bleibt.

5. Überwachung des Patienten während der Narkose

Neben der Narkosetiefe sind vor allem die Atmung und der Kreislauf zu überwachen. Bei Verwendung eines Narkosesystems mit Atembeutel kann die Ventilation an seinen Bewegungen grob abgeschätzt werden (Frequenz und Volumen).

Die Herzaktion wird im Idealfall anhand eines Monitors elektrokardiographisch überwacht; durch ein über der Herzgegend fixiertes Stethoskop (Oesophagusstethoskop) kann sie auch periodisch kontrolliert werden. Ein minuziös ausgeführtes Narkoseprotokoll (Abb. 2) gibt dabei über Veränderungen Auskunft. Ist eine geeignete Meßeinrichtung vorhanden, ist auch die Überwachung des Blutdruckes und des zentralen Venendruckes möglich und wünschenswert.

6. Beendigung einer Inhalationsnarkose

Nicht nur die Narkose selbst, sondern auch der postoperative Zustand erfordern eine weitere Überwachung (s. Abb. 2). Einige Minuten vor beendigter Operation sollte die Narkosemittelzufuhr abgestellt werden, um eine unnötig lange Narkose zu verhindern. Eine Applikation von Sauerstoff in der postoperativen Phase verhindert während dieser Zeit auftretende Hypoxämien. Der Tubus wird erst dann entfernt, wenn die Schutzreflexe zurückgekehrt sind.

Besonderes Augenmerk ist auf die Erhaltung einer genügenden Körpertemperatur zu legen; die Patienten sind in eine warme Umgebung zu bringen und (z. B mit einer Heizlampe) zusätzlich zu erwärmen. Auch sind die Atmung, der Zirkulationsapparat und die Schleimhäute zu kontrollieren.

Beim Auftreten postoperativer Exzitationen empfiehlt sich eine schonende Sedation (z. B. durch Acetylpromazin).

Beim Vorliegen von Zirkulationsstörungen sollten Infusionen weitergegeben werden. Die Überwachung des Blutdrucks wäre dabei von Vorteil.

7. Narkosezwischenfälle

a) Ventilationsstörungen (Hypoventilation, Atemstillstand)

Bei ungenügender Versorgung des Organismus mit Sauerstoff sind in erster Linie die auslösenden Ursachen zu eruieren. Liegt der Grund in einer Verlegung der Atemwege (Laryngospasmus etc.), ist sofort zu intubieren. Für kurze Zeit läßt sich die Atmung auch durch Einblasen von Luft in die Nase aufrechterhalten (Kopf gestreckt!). Die Ausatmung wird durch Druck auf den Thorax beschleunigt. Vorhandener Schleim, der die Atemwege blockiert, ist abzusaugen. Tritt ein Atemstillstand infolge relativer oder absoluter Überdosierung eines Narkotikums auf, muß die Atmung auf künstlichem Wege aufrechterhalten werden. Eine sofortige Intubation sorgt auch hier nicht nur für freie Atemwege, sondern ergibt auch die Möglichkeit einer künstlichen Beatmung. Die unmittelbare Aufrechterhaltung des Gasaustausches ist bedeutend wirkungsvoller und effizienter als die kopflose Suche nach injizierbaren Atemstimulantien. Ein Vorschlag zum Vorgehen bei Atemstillstand ist in Tabelle 3 wiedergegeben.

b) Zirkulationsstörungen

Eine vollständige Übersicht aller während der Narkose auftretenden Zirkulationsstörungen zu geben, ist unmöglich. Es sollen deshalb – vereinfacht – dem Praktiker sichtbare Veränderungen etwas erläutert werden.

Störungen der Herzfrequenz: abnormale Frequenzen, Bradykardie oder Tachykardie können in jeder Narkose auftreten. Eine Bradykardie wird oftmals im Zusammenhang mit einer Überdosierung von Narkotika beobachtet (z. B. Halothan), die die Funktion des zentralen Nervensystems übermäßig unterdrückt. Auch eine Vagusreizung (Intubation) führt zu einer Verlangsamung der Herzfrequenz. Eine intravenöse Injektion von Atropin ist deshalb meistens indiziert (z. B. 0,05 mg/kg). Eine Tachykardie auf der anderen Seite ist meistens die Folge ungenügender Narkosetiefe (Schmerzreize), sie kann auch als Zeichen einer ungenügenden Ventilation auftreten, bei der das Herz durch vermehrte Leistung die Gewebeoxygenation zu erhöhen sucht (gefährlich). Veränderungen bis zu 20 % der normalen Herzfrequenz werden als tolerierbar erachtet. Eine medikamentelle Senkung der Herzfrequenz (z. B. durch Propranolol) erscheint für die Praxis kaum indiziert, eine Kontrolle der Atmung und zusätzliche Oxygenation ist deshalb immer empfehlenswert.

Bei der Katze treten unter Halothan relativ häufig Herzarrhythmien auf (vor allem atrioventrikuläre Dissoziationen mit Interferenz und Extrasystolen). Wie bei anderen Tieren werden diese Störungen durch Anhäufung von CO_2 (respiratorische Azidose) begünstigt und verschwinden im allgemeinen unter künstlicher Beatmung mit reinem Sauerstoff. Diesen Punkten ist bei jeder Katzennarkose besondere Bedeutung beizumessen. Sehr gefährlich ist in dieser Hinsicht die Halothannarkose nach Prämedikation mit Xylazin/Ketamin.

Intensivbehandlung

Unter dem Ausdruck Intensivbehandlung verstehen wir die Überwachung und die Aufrechterhaltung der Funktion von Körpersystemen, die, oftmals durch Narkosefehler, geschädigt sind. Bei der Katze wird sich, wie auch bei anderen Tieren, der Aufwand in einer erträglichen Relation zum Erfolg halten müssen. Die künstliche Aufrechterhaltung der Atmung und Zirkulation zum Beispiel ist über längere Zeit kaum verantwortbar. Trotzdem muß erwähnt werden, daß beim Vorliegen organischer Störungen (z. B. der Nieren) das Leben des Tieres oftmals mit geringem Aufwand gerettet werden kann. Als Indikationen, die eine Intensivbehandlung rechtfertigen, mögen gelten:

a) Zirkulationsstörungen:

Unstillbare Blutungen, Myokardverletzungen, Schock etc.

b) Respirationsstörungen:

Störungen nach intrathorakalen Eingriffen oder Traumen, Überdosierung von Narkotika etc.

c) Zentralnervöse Depression:

Resultierend aus Hypoxieschäden während der Narkose, Vergiftungen, Traumen usw. (verlängerte Aufwachzeit).

Als wichtigste Maßnahme bei der Intensivbehandlung von Katzen muß wieder die Aufrechterhaltung der Körpertemperatur genannt werden (Wärmelampe, Heizkissen usw.). Die ausnahmslos notwendigen Infusionen erfordern ein minuziöses Narkose-/Infusionsprotokoll (Abb. 2), auf welchem die Verabreichung von Flüssigkeit, die Körpertemperatur, die Medikation, evtl. die Harnproduktion, sowie Atem- und Pulsfrequenz notiert werden. Im Idealfall wird man natürlich auch Blutdruck, EKG und weitere Überwachungseinrichtungen benötigen, die aber aus Gründen der Wirtschaftlichkeit nicht immer vorhanden oder verfügbar sind.

Eines der Hauptprobleme bei der Intensivbehandlung der Katzen ist die Ruhigstellung der Tiere. Es ist außerordentlich problematisch, die Katzen über längere Zeit zu immobilisieren und analgesieren, ohne gleichzeitig die unerwünschten Nebeneffekte auf den Atem- und Kreislaufapparat hervorzurufen. Neuere Untersuchungen haben gezeigt, daß die Kombination Diazepam/Ketamin in kleinen Mengen, intramuskulär verabreicht, dazu am besten geeignet ist.

Sedierung nicht manipulierbarer Tiere

Angriffige und fauchende Individuen sowie Tiere, die sich der intravenösen oder sogar der intramuskulären Injektion wirkungsvoll widersetzen, können oftmals zum Problem werden. Eine orale Sedation durch Neuroleptika ist meist kaum durchführbar, da der Stoff nicht aufgenommen wird. Sofern die Tiere behändigt werden können, ist eine Immobilisierung im Narkosekasten oftmals möglich. Verwendet wird ein abgeschlossener Behälter, in welchen ein Halothangemisch von 5 % eingeleitet wird.

Eine orale Sedation ist mit Erfolg durchzuführen, indem dem fauchenden Tier Ketamin in einer Dosierung von 20 mg/kg direkt ins Maul gespritzt wird. Trotz des Auftretens einer exzessiven Salivation wird das Agens resorbiert; 15–30 Minuten nach Verabreichung sind die Tiere häufig immobilisiert. Eine weitere Möglichkeit besteht darin, Ketamin mit dem Blasrohr (z. B. Dist-Inject) auf kleinere Distanz zu applizieren.

Euthanasie

Das Töten der Katzen sollte human und für die Tiere schmerzlos erfolgen. Exzitationen, Erbrechen, Muskelspasmen oder Schmerzäußerungen sind dabei, vor allem im Beisein des Tierbesitzers, sehr unerwünscht.

Die intravenöse Injektion eines Barbiturates ist nach wie vor die geeignetste Euthanasiemethode. Durch das Barbiturat erfolgt eine sofortige Bewußtlosigkeit mit tiefer Narkose, ein Atemstillstand und vor allem bei Verwendung von größeren Barbituratmengen ein sehr schneller Herzstillstand. Kann das Barbiturat aus irgendeinem Grund nicht intravenös verabfolgt werden, muß die intraperitoneale Injektion durchgeführt werden. Intracardial oder intrapulmonal darf nur bei bewußtlosen bzw. narkotisierten Patienten injiziert werden. Dabei ist zu bedenken, daß die pathologisch-anatomische Untersuchung des Thorakalraumes, der Lungen und des Herzens durch Injektionen in dieses Gebiet verunmöglicht werden. Von den gängig verwendeten Barbituraten eignen sich zur Euthanasie vor allem das Pentobarbital (Vetanarcol®, Nembutal®, Narcoren®). Die alleinige Injektion dieses Stoffes kann in Ausnahmefällen während der Einleitung zu Exzitationen führen. Sie werden durch eine vorherige Verabfolgung eines Neuroleptikums wirkungsvoll verhindert. Die doppelte oder dreifache narkotische Dosis (mindestens 66 mg/kg Körpergewicht Pentobarbital) führt intravenös verabfolgt zum schnellen Tod. Die Feststellung des Herzstillstandes durch Auskultation ist in jedem Fall empfehlenswert.

1. Neuroleptikum (Acetylpromazin, Propionylpromazin)
   1 mg/kg i. v. = 0,1 ml/kg
   sofort gefolgt von
2. Pentobarbital (Vetanarcol®) mindestens 66 mg/kg = 0,4 ml/kg i. v.

Bei nicht manipulierbaren Tieren kann zur Euthanasie auch ein Narkosekasten verwendet werden, in welchen ein Inhalationsnarkotikum (z. B. Halothan) auf einen Wattebausch gegeben wird. Vielerorts wird auch Kohlenmonoxyd in die Narkosekammer eingeleitet. Dieses Verfahren ist, obwohl sicher, vorsichtig anzuwenden, da das Gas auch in die Umgebung gelangt und somit auch durch den Menschen eingeatmet wird. Zur schnellen und schmerzlosen Tötung ist eine Konzentration von 3 % Kohlenmonoxyd notwendig.

Die Verwendung von quaternärem Ammoniumchlorid, von Muskelrelaxantien (Succinylcholin) oder von Nikotinalkaloiden ist kontraindiziert, da sie nur die Atemmuskeln lähmen und das Tier bei vorhandenem Bewußtsein erstickt.

Spezielle Chirurgie

Von C. Rosenhagen
und C. U. Rosenhagen

Raum für Notizen

Spezielle Chirurgie

Wenngleich die Grundlagen chirurgischen Handelns und der speziellen Kleintierchirurgie auch am Patienten Katze gleiche Anwendung finden, so können doch nicht alle Maßnahmen vom Patienten Hund beliebig übernommen werden, dafür spricht auch eine von Jahr zu Jahr umfangreicher werdende Spezialliteratur. Es kann hier also lediglich eine Orientierungsübersicht geboten und dem Chirurgen geraten werden, weiterführende Literatur für den Einzelfall (s. Lit.-Verzeichnis am Ende dieses Kapitels) zu Rate zu ziehen.

Enthaarungen zur Vorbereitung der Operationsflächen sind mit einer Schermaschine (0,5 mm Scherkopf) oder mittels äußerst behutsamer Rasur vorzunehmen, wobei jede noch so kleine Skarifikation, besonders in Augennähe, zu vermeiden ist, denn bereits kleinste Verletzungen dieser Art geben bei der Katze Anlaß zu langwierigen Dermatitiden. Sorgfältige Abdeckungen sowie steriles Instrumentarium nebst Tupfer- und Nahtmaterial sind auch bei kleinsten Operationen dringend geraten.

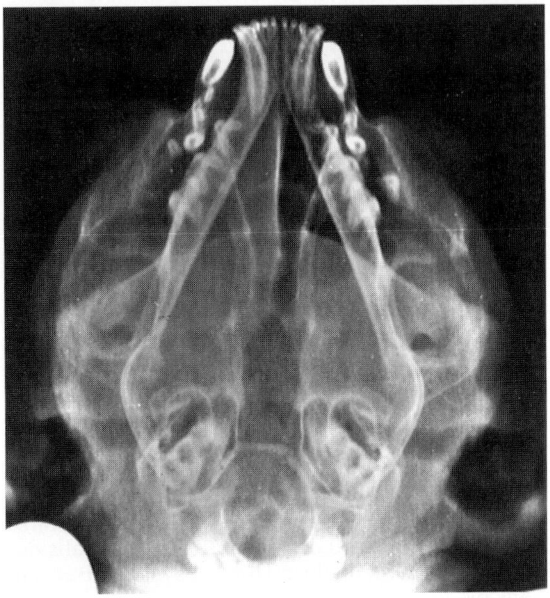

Abb. 1: Katzenschädel mit Sinusitis frontalis sin. im dorsoventralen Strahlengang.

Weichteiloperationen

Operationen an Kopf und Hals

Neben den beim Hund häufig notwendigen Eingriffen mit vergleichbaren Techniken, wie etwa die chirurgische Versorgung des Othämatoms, die Enukleation des Augapfels, Augenliderkorrekturen oder die Beseitigung von Neoplasien, ist bei der Katze häufiger als beim Hund zur Therapie einer chronischen Frontalsinusitis – als Folge viraler Infekte der oberen Luftwege – eine Drainage oder **Ausräumung der Stirnhöhlen** notwendig.

Frontalsinusitis

Zur Absicherung der Diagnose sind wenigstens zwei Röntgen-Aufnahmen anzufertigen (Abb. 1 und 2). Gehäuft erkranken jüngere sowie kurzschädelige Katzen. Als Verursacher werden feline Rhinotracheitis (FRV), Aspergillose (auch Infektionen mit Cryptococcus) sowie Tumore und Fremdkörper diskutiert.

Unter Beachtung der relativ kurzen, mit dem Septum sinuum frontalium ausgestatteten Stirnhöhlen der Katze sollen die Abbildungen 3 und 4 die jeweils

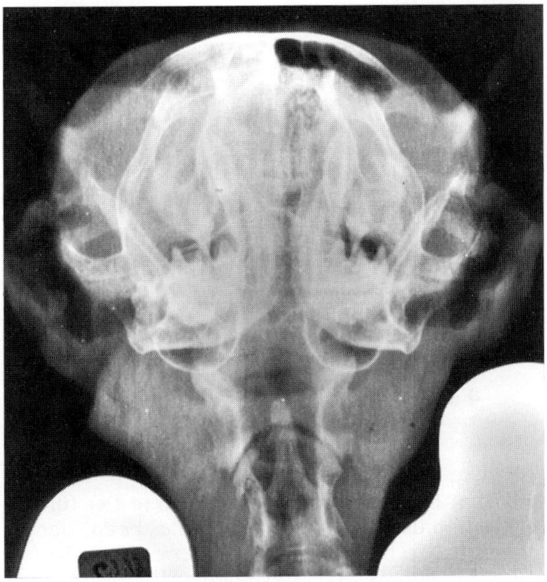

Abb. 2: Katzenschädel mit Sinusitis frontalis sin. im rostro-okzipitalen Strahlengang.

gleichen Perforationspunkte für beiderseitige Injektionen, Trepanierungen mittels Steinmannagel sowie die Ansätze zur Lösung größerer Knochenschuppen aufzeigen.

Von einem Hautschnitt in der Mittellinie ausgehend, sind leicht Haut und Unterhaut seitlich abzupräparieren, dann wird an den bezeichneten Stellen 1,2 mm trepaniert und evtl. erweiternd gehebelt. Abb. 5 und 6 zeigen die röntgenologische Überprüfung der

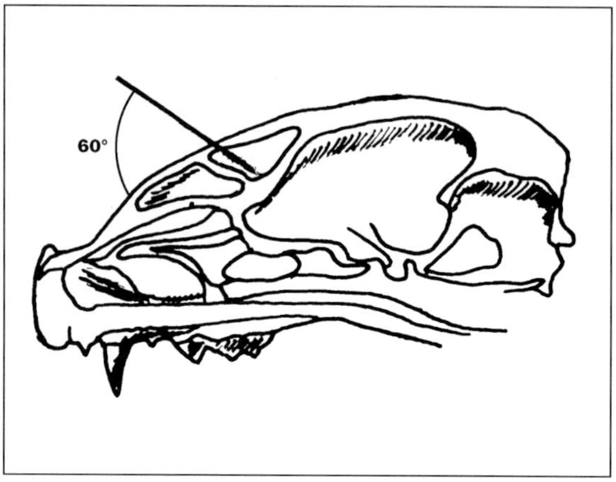

Abb. 3: Die Stirnhöhle der ausgewachsenen Katze pneumatisiert nahezu die gesamte Pars frontalis des Stirnbeins vom Siebbein in Höhe des letzten Backenzahns bis zur Naht zwischen Stirn- und Scheitelbein. Der Hohlraum hat die Form einer Pyramide, deren Basis dorsal und deren Spitze ventral in halber Höhe der Pars orbitalis des Stirnbeins liegt. Er steht über den Recessus ectoturbinalis mit der Nasenhöhle in Verbindung [2].

Perforationsstellen sowie der Kanülenrichtung und -tiefe. Wenn nicht bereits vorher geschehen, muß jetzt – vor der großzügigen Curettage mit anschließend gründlicher Antibiotikaspülung – **intubiert** werden, um eine Aspirationspneumonie zu verhindern. Man verschließt die Unterhaut (Catgut) und Haut (Supramid) unter Einlagerung von autogenem Fett [46] ohne Rücksicht auf die Knochendefekte, in denen dünnlumige Polyäthylenschläuche zu wiederholten Spülungen über 5 bis 10 Tage verbleiben müssen. Die Schlauchenden kann man auf der Stirn festkleben. Das Anlegen eines Halskragens ist zweckmäßig. Postoperative Emphyseme sind klinisch bedeutungslos und müssen lediglich über etwa eine Woche lang punktiert werden. Zusätzliche orale Gaben von Ampicillin (10 mg/kg, alle 12 Stunden), Enrofloxacin (Baytril®) 5 mg/kg/die oder Amoxicillin® (10 mg/kg pro die) sind notwendig.

Tumore und Fremdkörper in Nasen- und Mundhöhle

Knochensplitter, Fischgräten, Geschoßteile (Abb. 7) und eingespießte Nadeln (Abb. 8) sind oft selbst nach zweifelsfreien Symptomen (Salivation, Bewischen des Maules mit den Pfoten, Würgebewegung u. a. m.) erst nach behutsamer digitaler Untersuchung und Anfertigung von mindestens 2 Röntgenogrammen exakt nachweisbar.

Die Entfernung von Fremdkörpern mittels geeigneter Faßinstrumente bereitet selten besondere Schwierigkeiten, nachdem die Lokalisation sorgfältig geortet wurde.

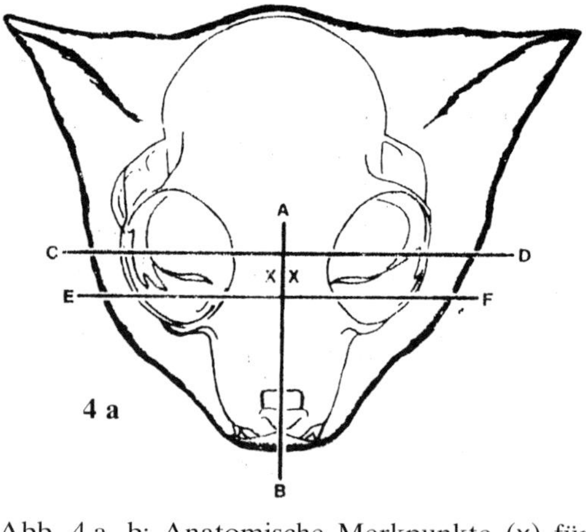

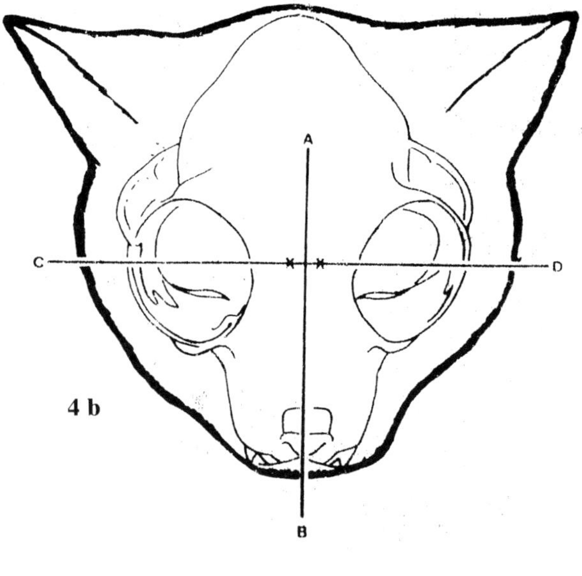

Abb. 4 a, b: Anatomische Merkpunkte (x) für die Perforation der beiden Sinus frontales bei a) der juvenilen Katze bis 6 Monate, b) der adulten Katze. A–B = Mediane, C–D = Verbindungslinie der beiden Procc. supraorbitales, E–F = Verbindungslinie der medialen Orbitalränder.

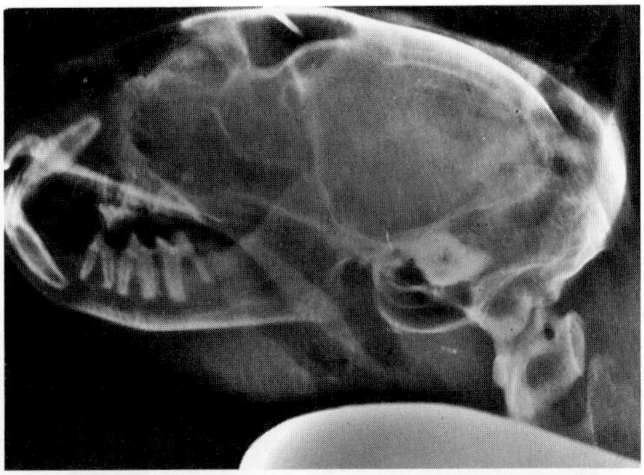

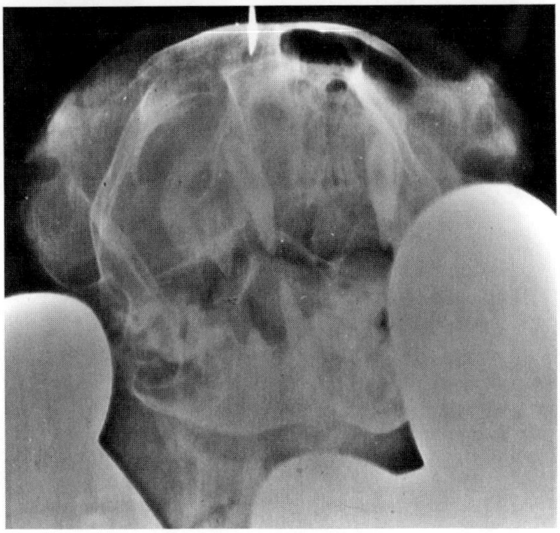

Abb. 5 und 6: Röntgenologische Überprüfung der Position der Kanüle bei Behandlung einer Sinusitis frontalis.

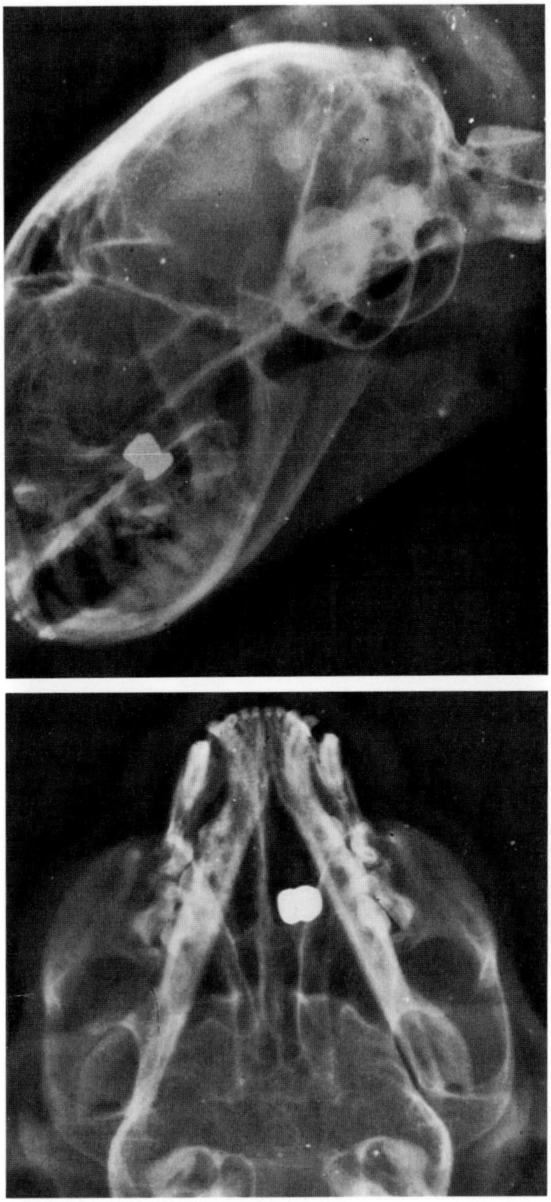

Abb. 7: Geschoßprojektil im Gaumen in zwei Ebenen.

Tumore jedoch und chronische Entzündungsprozesse machen eine **Rhinotomie** erforderlich. Zu beachten ist, daß nach seitlicher Loslösung des Periosts (von median her) mit der oszillierenden Säge großzügig der Knochenspan im Schrägschnitt (!) zu lösen ist, damit bei der Rücklagerung des Knochensegments dieser nicht in die Nasenhöhle sinken kann. Für wenigstens drei Tage sollte eine Drainage belassen bleiben.

Stürze aus großer Höhe führen zum sogenannten **Absturz-Syndrom.** Neben Nasenbluten, losgerissener Kinnhaut, gelegentlichen Zahn- und Unterkieferfrakturen, Unterkieferluxationen, Pneumothorax, Lungenblutungen und Gliedmaßenfrakturen (Schulterblatt bis hinab zu den Zehenendgliedern) gehört zu diesem Komplex auch der Gaumenriß.

Gaumenriß

Man setzt mit Skalpell und spitzer Schere zwei Parallelschnitte tief in das Palatum durum bis auf das Os palatinum zur Entlastung der Gaumenspannung beiderseits des stets medialen Risses (Abb. 9), mobilisiert (nach subperiostaler Aufquellung mittels kleiner Depots physiologischer Kochsalzlösung) die Schleimhaut der Zwischenfelder und kann so ohne Mühe den Defekt mit Draht (3–0) schließen. Die

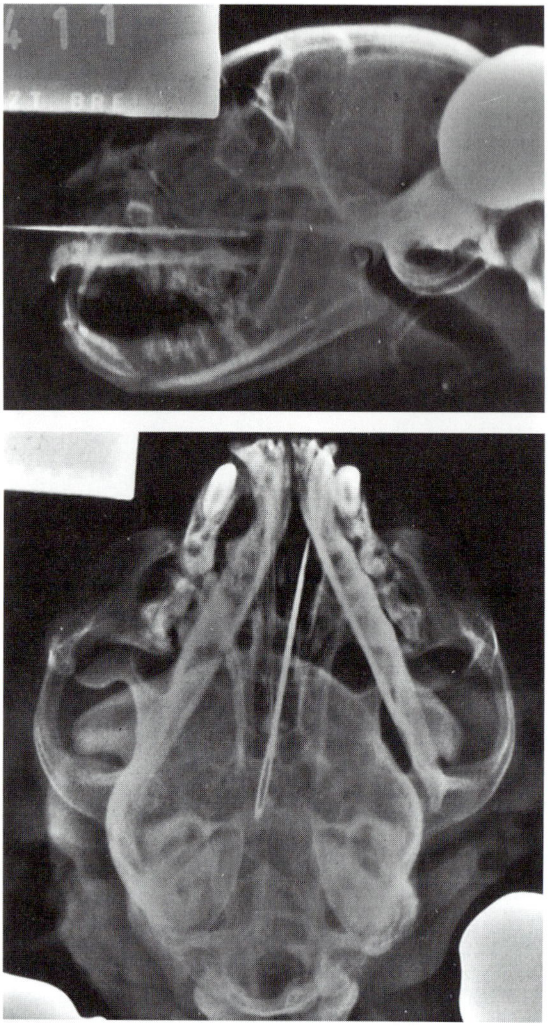

Abb. 8: Nähnadel im Gaumen in zwei Ebenen.

Entlastungsschnitte bleiben unversorgt (Abb. 10). – Heilung in drei Wochen. Entfernen der Drahthefte nicht vor zwei Wochen.

Gaumenspalte

Die angeborene Gaumenspalte reicht stets vom harten Gaumen bis weit kaudal in den Rachenraum und ist nur mit Hilfe einer geduldigen Operationsfolge zu schließen. Man beginne rostral nach der Entlastungsmethode (siehe Gaumenriß), läßt also die seitlichen Parallelschnitte offen und zieht die mobilisierte, energisch aufgefrischte, gespaltene „Schleimhaut" mit tiefen Kreuzstichen (4–0 Ethylon) median bis auf einen Restspalt zusammen (siehe Abb. 11). Die Folgeeingriffe zur schrittweisen Schließung des Defekts sollten über Wochen und Monate verteilt

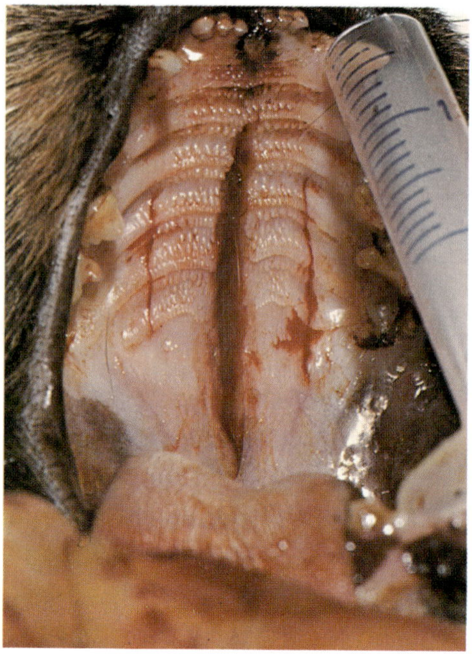

Abb. 9: Parallele Entlastungsschnitte tief im Palatum durum.

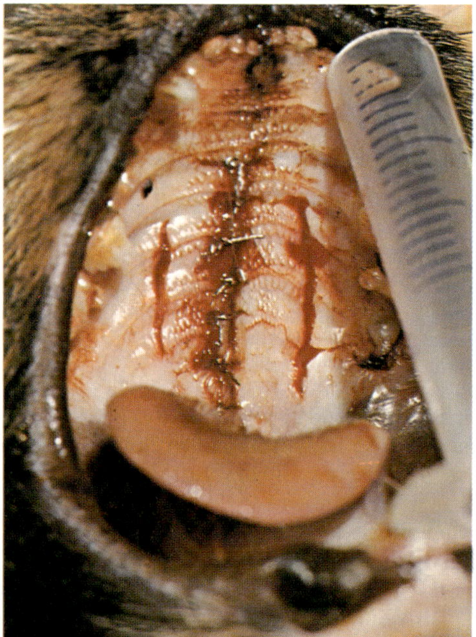

Abb. 10: Drahteinzelhefte verschließen den Mediandefekt. Die Parallelschnitte bleiben unversorgt.

werden, da sich eine belastungsfähige Stabilität des Gaumes nur sehr langsam einstellt. Der letzte Verschluß des kaudal weichen Gaumens kann oft nur mit der „Dreilappentechnik" erfolgen (Abb. 12).

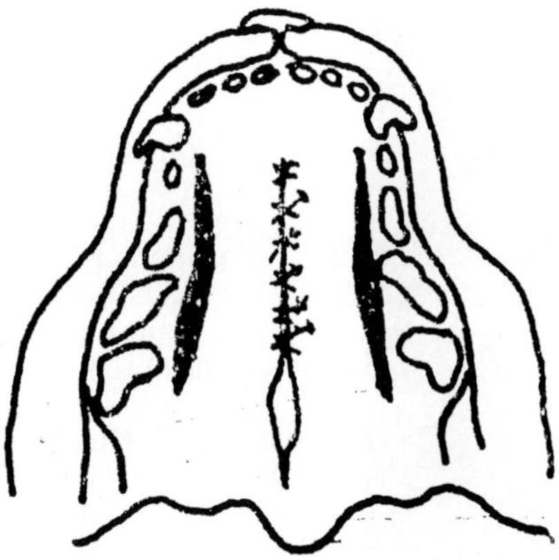

Abb. 11: Gaumenspalte mit tiefen Kreuzstichen bis auf Restspalt zusammengezogen.

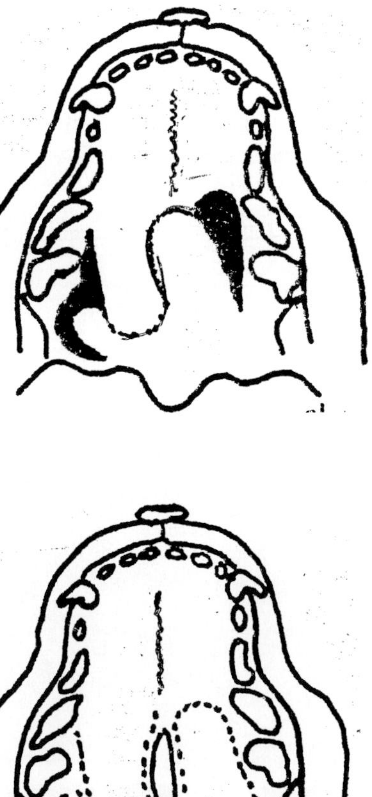

Abb. 12 a und b: „Dreilappentechnik" zur Schließung des Restdefekts im kaudal weichen Gaumen.

Zahnfleischerkrankungen

Siehe Kapitel: Krankheiten der Zähne und des Kiefers.

Kinnhautabriß

Ebenfalls nach Absturz oder Autounfällen werden nicht selten Katzen vorgestellt, bei denen die Kinnhaut großflächig losgerissen ist, häufig einschließlich der Unterlippenmuskulatur. Oft sind auch die kranialen Abschnitte der Ossa mandibularia über die Symphysis mandibularis hinaus entblößt.

Nach sorgfältiger Säuberung und Exzision zertrümmerter Gewebereste werden zunächst in Höhe der Mitte der Wundfläche ein bis zwei Catgutfäden 2–0 durch die intermandibuläre Kehlgangsfaszie einerseits und Subkutis der Unterlippe andererseits gezogen (Abb. 13) und damit der kaudale Abschnitt zur Verhinderung von Serombildung derart fixiert, daß möglichst wenig Lumen verbleibt. Sodann wird ein polyfiler Draht 3–0 beiderseits durch die Lippe am Übergang zur äußeren Haut geführt. Ein Durchsägen wird mittels eines aufgefädelten Plastikschlauchstücks (Abb. 14) verhindert und diese Ligatur hinter den Eckzähnen – unter „Versenkung" des Knotens im Schlauchstück – fixiert. Eine gründliche Wundkontrolle ist dennoch zur Vermeidung von Nekrosen erforderlich!

Alternative Anheftetechniken siehe Abb. 15/16.

Tumorresektion aus Oberlippe

Es empfiehlt sich die sogen. Verschiebeplastik. Der labial des Tumors parallel zum Lippenrand geführte erste Schnitt soll die doppelte Länge des Tumordurchmessers haben. Der zweite Schnitt läuft dann nasal des Tumors leicht divergierend nach kaudal. Bei der Resektion müssen auch Anteile des M. levator nasolabialis entfernt werden. Beide Hautschnitte werden jetzt nach kaudal divergierend über die Wange verlängert und der so gewonnene Hautlappen von der Unterlage gelöst und spannungsfrei nach apikal gezogen. Fixierung des Hauptlappens mit Knopfheften Vicryl 3–0. Cave: N. buccalis dorsalis und Ductus parotideus!

Nasenstenose

Bei brachyzephalen Rassen kann es zu abnormen Zubildungen der dorsolateralen Nasenknorpel kommen, die zu erheblichen Störungen der Futteraufnahme und ständigem Gewürge und Geniese führen. Über zwei Einschnitte (dorsolateral und ventromedial) werden die Nasenknorpel keilförmig entfernt [54].

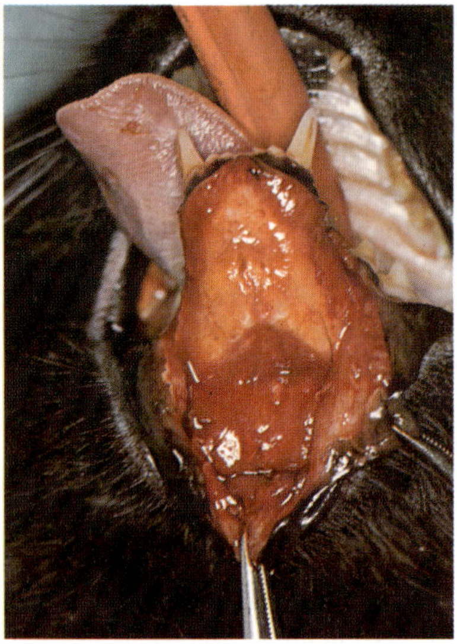
13

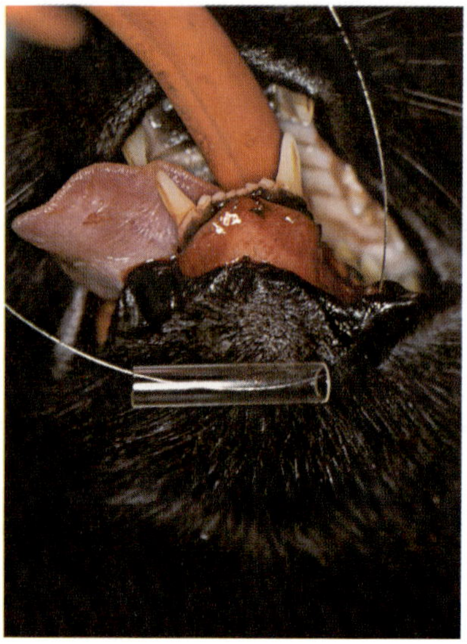
14

Abb. 13: Intermandibuläres Anheften der Subkutis der Unterlippe an die Kehlhautfaszie.

Abb. 14: Ein aufgefädeltes Plastikschlauchstück verhindert ein Durchsägen der Kinnhaut. Die Verknotung des polyfilen Drahts erfolgt nach der Fixierung hinter den Eckzähnen unmittelbar vor einer der Schlauchöffnungen und wird dann in den Schlauch hineingeschoben.

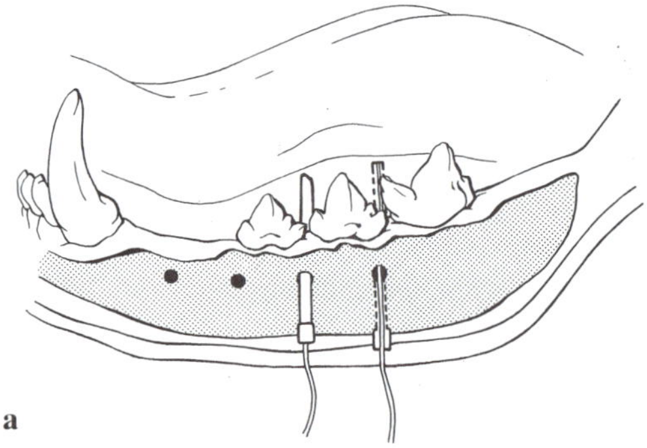
15 a

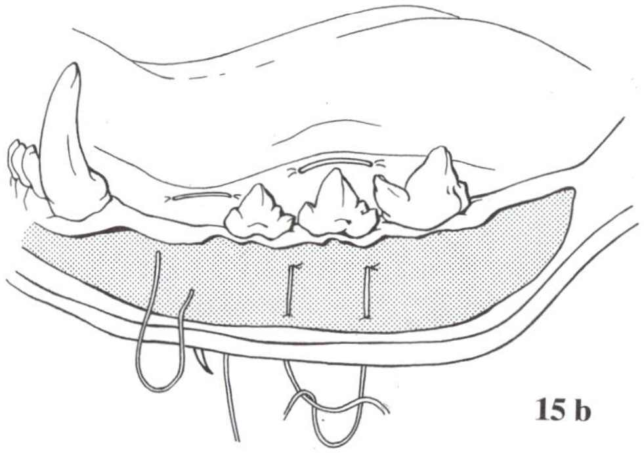
15 b

Abb. 15 a, b und 16: Alternative Anhefttechniken bei Kinnhautabriß.

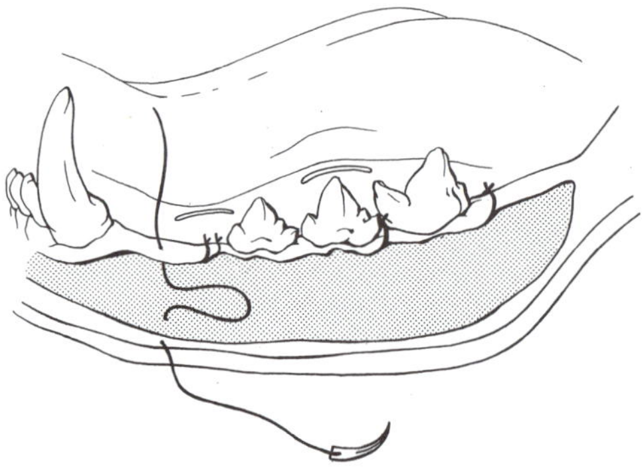
16

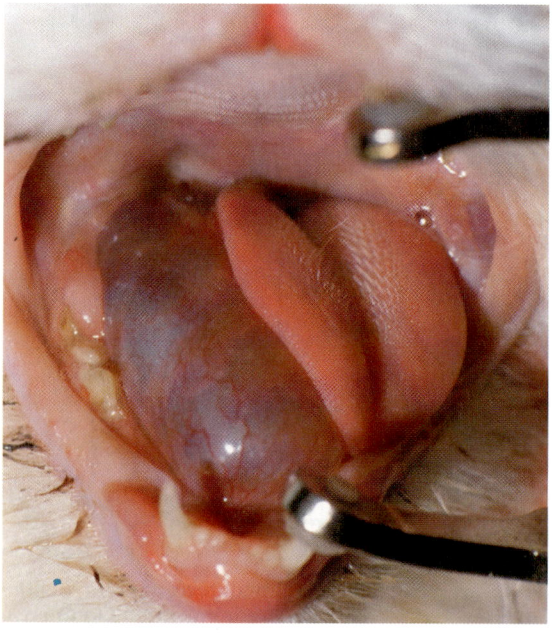

Abb. 17 (rechts): Rechtsseitige Ranula bei einer 12jährigen weiblichen Perserkatze.

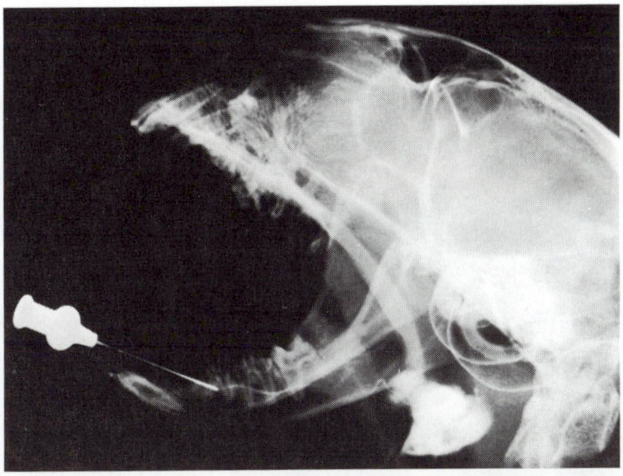

Abb. 18: Röntgendarstellung der Gl. mandibularis.

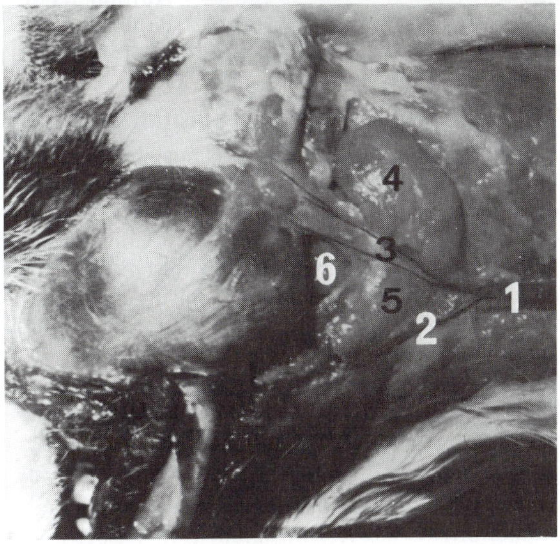

Abb. 19: Anatomische Lage der großen Speicheldrüsen der Katze: 1. = V. jugularis, 2. = V. linguofacialis, 3. = V. maxillaris, 4. = Gl. parotis, 5. = Gl. mandibularis, 6. = Gl. sublingualis monostomatica.

Ranula

Gelegentlich beobachtet man auch bei der Katze eine Ranula als Retentionszyste der Gl. mandibularis und/oder der Gl. sublingualis monostomatica infolge Verlegung der Speichelgänge (Abb. 17).
Da das einfache Spalten der Zyste unbefriedigend ist, empfiehlt PANTEL [6] ein chirurgisches Vorgehen wie folgt: Bogenförmiger Hautschnitt zwischen ventralem Rand der Gl. parotis und dem Mundwinkel, vorsichtiges Freipräparieren der Gl. mandibularis zwischen V. maxillaris und V. linguofacialis und Abpräparieren der mehr dorsal verlaufenden, den Drüsenkörper in seinem proximalen Anteil überquerenden V. maxillaris; diese Vene leicht anheben. Sodann läßt sich die nur scheinbar mit der Gl. mandibularis verwachsene Gl. sublingualis monostomatica so weit nach kranial verfolgen, daß sie gemeinsam mit der Gl. mandibularis abgebunden und exstirpiert werden kann (Abb. 18/19). Eine Tamponade wird nicht für erforderlich gehalten. Die bestehende Zyste in der Mundhöhle muß man trotz dieses Eingriffs spalten und ausfließen lassen. – Komplikationen sind nicht zu erwarten (Abb. 20/21).

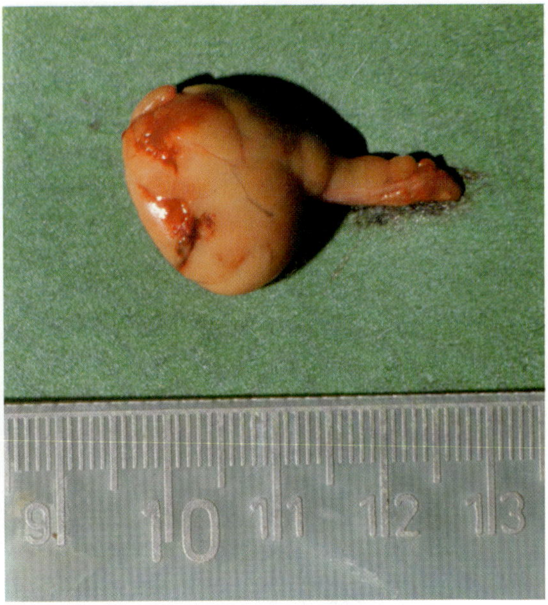

Abb. 20: Exstirpierte Gl. mandibularis (Fall Abb. 17).

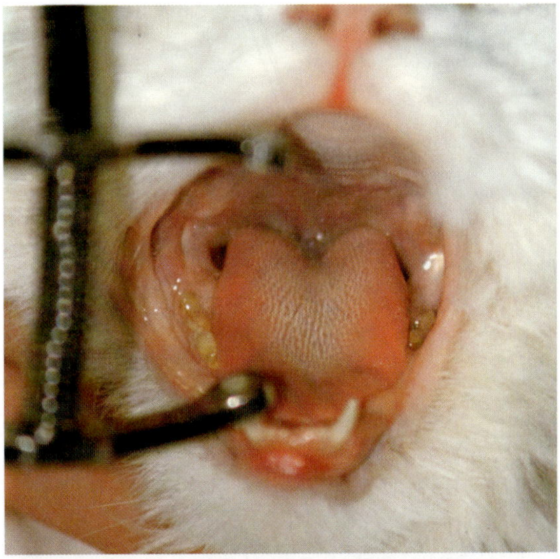

Abb. 21: Gleicher Fall wie Abb. 17 post op.

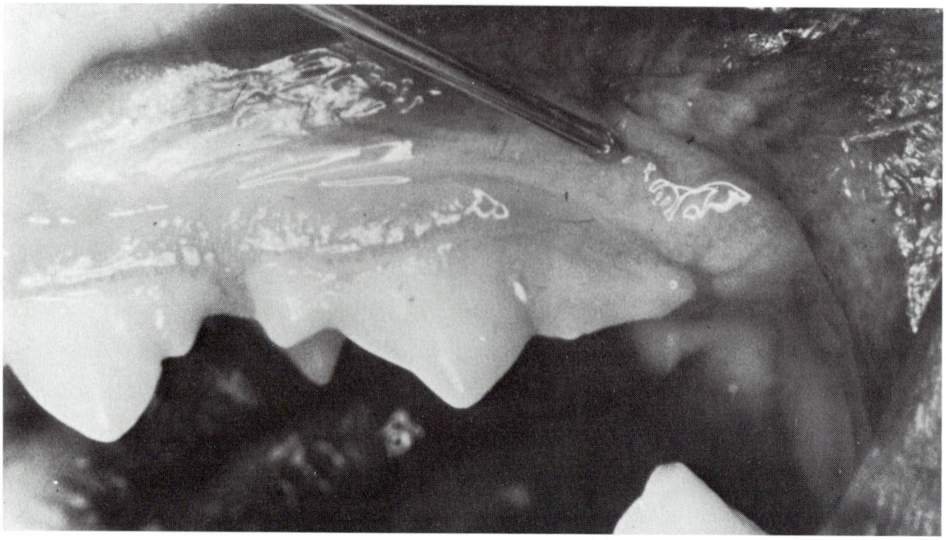

Abb. 22: Auffinden der Papilla ductus parotidei.

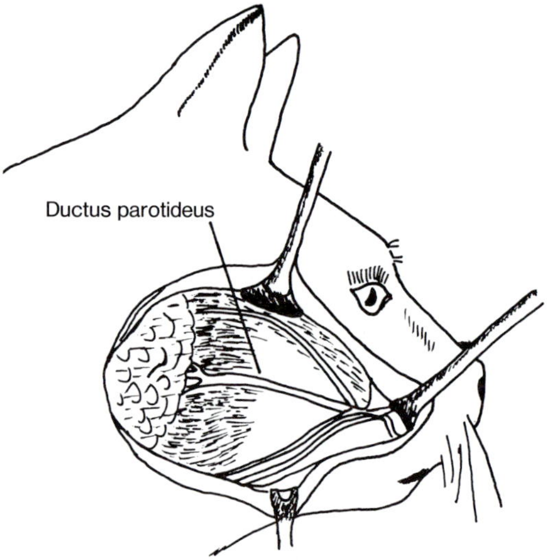

Abb. 23: Verlauf des Ductus parotideus.

Transplantation des Ductus parotideus

Eine Keratoconjunctivitis sicca ist auch bei der Katze nicht immer konservativ zu beheben. Nach dem Studium der anatomischen Situation (Abb. 23), insbesondere der Situsabbildung der Papilla ductus parotidei (Abb. 22), kann das chirurgische Vorgehen ohne Abweichung aus der Hundechirurgie übernommen werden [7].

Operationen in und am Augapfel sowie seiner Anhangsgebilde

Mißbildungen (Agenesie des oberen Augenlides, Mikrophthalmie, Ankyloblepharon) mit neonataler Konjunktivitis sowie Entropium (Abb. 24/25) sind bei der Katze vergleichsweise seltener zu korrigieren, da die Kopfhaut straffer der Unterhaut aufliegt und infolgedessen weitaus geringere Tendenzen zu Verschiebungen, Ein- und Ausrollungen zeigt.

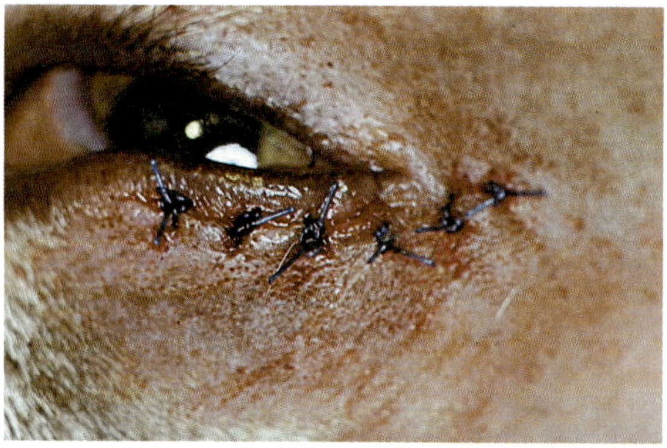

Abb. 24: Entropium p. op.

Abb. 25: Gleicher Fall wie Abb. 24, geheilt.

Einrollungen des lateralen Augenwinkels bilden sich nahezu ausschließlich sekundär als Folge von Lidverletzungen oder Blepharospasmen.
Im allgemeinen werden selbst nach Fensterstürzen auffällig wenig Augenverletzungen beobachtet.
Kornearisse verlangen eine äußerst penible Chirurgie. Die Einzelhefte (atraumatisch, Spatelnadel, Nylon, 10–0) dürfen nicht das Endothel verletzen!
Enukleationen sind unspezifisch für die Katze zu versorgen (siehe auch unter dem Kapitel: „Krankheiten des Auges").

Otitis externa, „Ohrtumor"

Erfordert eine Otitis externa oder Granulationsgewebe in der Tiefe des äußeren Gehörgangs („Ohrtumor") eine chirurgische Therapie, so hat sich wegen der breiten Ohrbasis der häufig sekundär heilenden Wunde die großzügige Resektion der lateralen Wand des Vertikalabschnittes des äußeren Gehörgangs bewährt. Dabei muß besonders breitflächig in Richtung des lateralen Augenwinkels ausgelappt werden, wie dies vier Skizzen (Abb. 26–29) darstellen sollen.
Tumoröse Neubildungen (inflammatorische Polypen ohne Pilze, Parasiten- oder Bakteriennachweis) (Abb. 30) sind leicht mit einer Moskitoklemme zu erfassen, aus der Tiefe mit Hilfe einer Billeau'schen Ohrschlinge zu lösen und komplett zu entfernen.
Bei erheblich ausgebreiteten Neoplasien kann es sinnvoll sein, eine totale Ablation des äußeren Gehörgangs vorzunehmen. Nach der Resektion aller pathologischen Veränderungen sowie des trichterförmigen Ohrknorpels verbleibt eine T-förmige Hautnaht mit ventraler Rundöffnung des Horizontalabschnitts des Ohrkanals, wie dies SPREULL [45] vorgeschlagen hat. Bei dieser Prozedur kann jedoch die Glandula parotis erheblich hinderlich sein (auch gelegentlich bei der einfachen „Otitis-Operation" breitköpfiger Katzen) und muß behutsam stumpf zurückgehalten werden. Verletzungen der Ohrspeicheldrüse führen zu Dauerfisteln!
Eine recht ähnliche Methode ist die sogenannte „pull-through-technique" [53]: Der vom umgebenen Gewebe frei präparierte Anteil des äußeren Gehörganges wird durch eine Öffnung in der äußeren Haut in die Verlängerung des horizontalen Gehörgangs gezogen, abgesetzt und dort befestigt. Der Durchmesser der Öffnung des Gehörgangs bleibt unverändert. Auch hier, Vorteil gegenüber „Zepp": Vollständige Entfernung des vertikalen Gehörgangs!

Othaematom

Bei der Katze sind die Resultate operativer Versorgung nach den Methoden der Hundechirurgie (Absaugen der blutig-serösen Flüssigkeit, Entnahme der Koagola, Kompression der gelösten Haut gegen den Ohrknorpel mit Hilfe von Plastikplättchen oder abgepolsterten Steppnähten) deutlich unbefriedigender als beim Hund, daher lassen alle Theorien über traumatisch bedingte Ursachen berechtigte Zweifel zu.
KUWAHARA (1985) [57] vermutet eher eine immunologische Reaktion als Ursache und rät zu folgender Therapie: Punktion, Absaugen – Herausspülen der Koagula und Zelltrümmer – Instillation einer Dexamethason-Gentamicin-Lösung in den Hohlraum sowie parenterale Verabreichung von einmal täglich 0,5 pro kg/1,5 mg/kg Dexamethason i. v. und 4 mg/kg Gentamicin i. m. bis zur Heilung. Es empfiehlt sich ferner die orale Gabe von Prednisolon 1 mg/kg/die.
Aber auch nach dieser Methode sind Indurationen zu erwarten.

Nasopharyngeale Polypen

Wegen einer besseren Operationsübersicht sollte die Intubationsnarkose über eine Pharyngotomie (siehe dort) oder Tracheotomie durchgeführt werden. Die Katze liegt auf dem Rücken mit hoch gelagertem Nacken. Man spaltet den weichen Gaumen in der Mittellinie, präpariert die Umfangsvermehrung behutsam gestielt frei und benutzt vorteilhaft resorbierbare Ligatur-Clips. PARKER [48] rät, für weitere 2–3 Stunden die Tracheotomie-Intubation liegen zu lassen, um postoperative Komplikationen weitgehendst auszuschließen.
Gelegentlich wird ein Hornersyndrom für einige Wochen nach einem solchen Eingriff beobachtet: Man versäume nicht eine sorgfältige Examination des äußeren und mittleren Gehörgangs vorzunehmen!

Pharyngo-Tracheotomie

Im Zusammenhang mit chirurgischen Maßnahmen im oropharyngealen Bereich, Osteosynthesen an den Ossa mandibularia oder wegen einer besonderen Adspektion des Mund-Rachen-Raumes ist es gelegentlich notwendig, die endotracheale Intubation mittels **Pharyngotomia lateralis** durchzuführen.
Man fixiert zunächst mit dem Zeigefinger der linken Hand durch die Maulöffnung der in üblicher Weise intubierten Katze den Larynx und ertastet somit nach außen gegen das Skalpell drückend das Hautschnittareal (Abb. 31). Durch den 3–5 cm langen Hautschnitt lassen sich leicht die oberflächlichen Kehlgangsmuskeln bei der Katze, besonders der M. digastricus mandibulae, stumpf teilen wie auch der M. sternomastoideus vom M. sternohyoideus lösen.

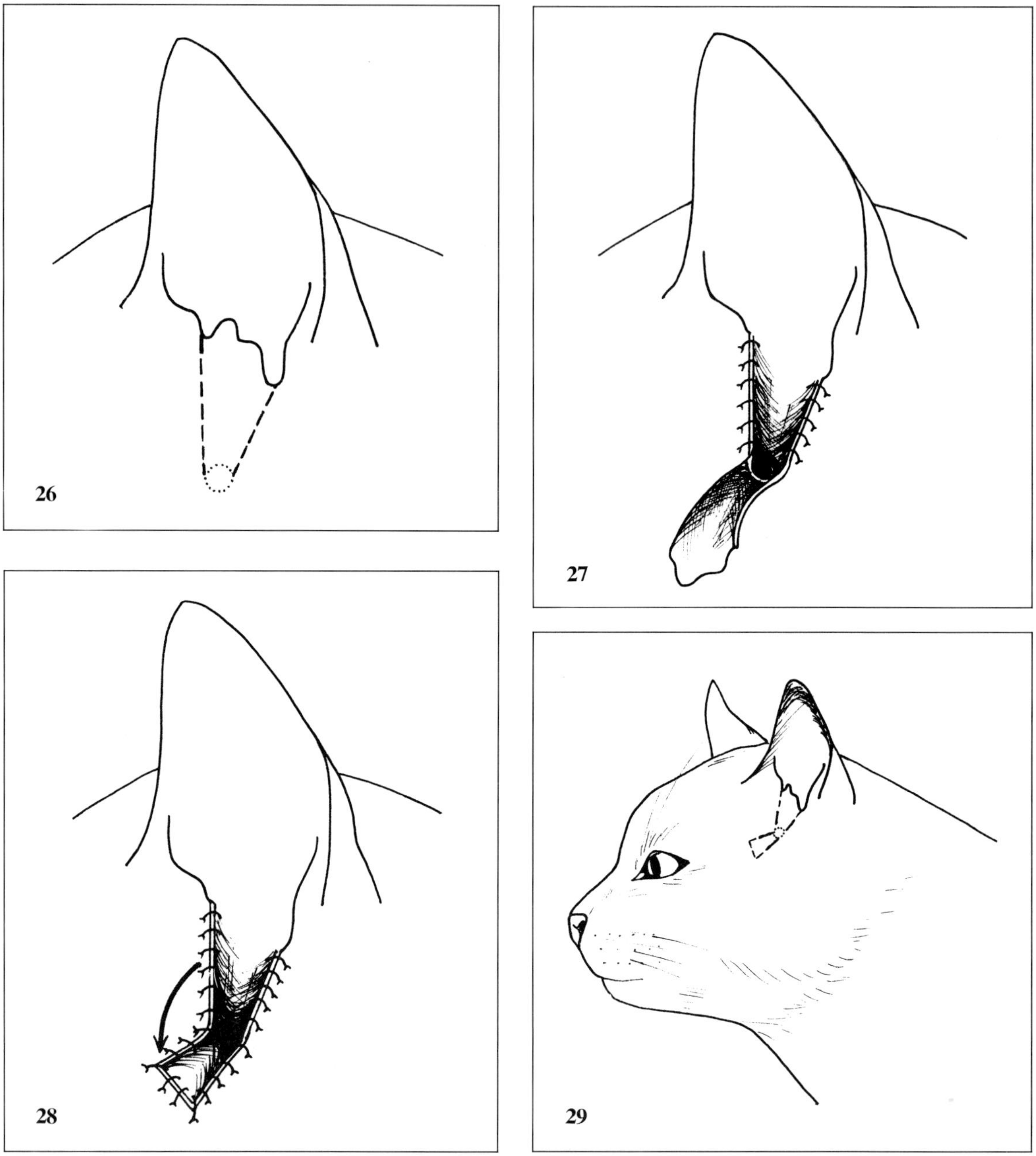

Abb. 26–29: Topografische Situation und Schnittführung.

Der Larynx liegt schnell frei und man durchtrennt nun die seitliche Begrenzung der Pars oralis des Pharynx.

Jetzt wird aus der Dichtungsmanschette des Trachealtubus die Luft entlassen und das Anschlußstück zum Narkoseapparat entfernt. Danach kann der Tubus tiefer in die Trachea bis zur Bifurkation vorgeschoben werden. Sodann wird er mit einer Klemme von außen durch die Pharynxwunde erfaßt und seitlich aus dem kranialen Halsbereich gezogen (Abb. 32). Die Anästhesie kann nach Aufblasen der Manschette und Anbringen des Anschlußstückes nach einer Unterbrechnung von wenigen Minuten wieder über den Narkoseapparat fortgesetzt werden. Bei der Wundheilung sind keine Komplikationen zu erwarten.

Ösophagotomie

Sperrige Fremdkörper (Abb. 33), die sich weder fassen noch in den Magen stoßen lassen, sowie Ösophagusneoplasien (bisher ausschließlich Karzinome und Lymphome nachgewiesen [49]) sind die einzigen Indikationen für eine Ösophagotomie. Die Prozedur folgt den Manipulationen der Chirurgie beim Hund.

Ösophagushiatushernie

Der röntgenologische Nachweis einer solchen Hernie gelingt auch gelegentlich bei der Katze [50]. Da ein solcher Patient sonst keine Überlebenschance hat, ist ein Operationsversuch indiziert:

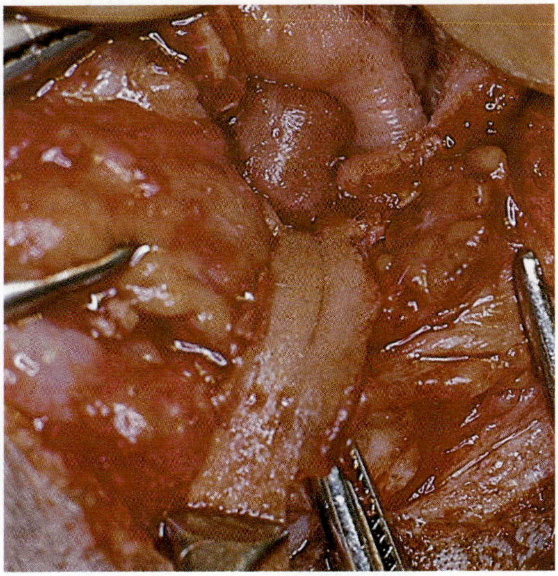

Abb. 30: Ohrtumor in situ.

Der Patient liegt auf dem Rücken und wird vom Schaufelknorpel bis 5 cm kaudal des Nabels geöffnet. Die linken Leberlappen werden nach medial verlagert und das Lebermagenband durchtrennt. Der Hiatus ist jetzt zugänglich und die Gastro-Ösophagus-Region läßt sich nach Einritzen der Zwerchfellmembram leicht abdominalwärts ziehen. Cave, Nervus vagus! Hierbei kann es zu einem Pneumothorax kommen! Jetzt verengt man die dorsomediale Seite durch einzelne Raffnähte mit 2–0 Vicryl und verengt ebenfalls mit 5 Einzelheften den Hiatus bis auf einen Durchmesser von 1,5 cm (Fingerstärke).

Nun wird ein Ösophagustubus vom Maul her in den Magen vorgeschoben und am Fundus seromuskulär angeheftet.

Schließlich erfolgt die Implantierung eines Foley-Katheters im Magen durch eine parakostale Stichinzision.

ELLISON et al. beschreiben 1987 [50] diese Operationstechnik, haben jedoch bisher kaum mehr als 30 % Überlebensrate protokollieren können.

Thyreoidektomie

Die unilaterale chirurgische Versorgung der felinen Hyperthyreose [51] ist nicht so häufig indiziert wie beim Hund [52], da bösartige Erkrankungen wesentlich seltener Ursache für Hyperthyreosen sind.

Der 4–8 Wochen medikamentös vorbehandelte Patient wird auf den Rücken mit überstrecktem Hals und zurückgelegten Vorderextremitäten plaziert. Die Halsmuskel: M. sternohyoideus und M. sternothyroideus lassen sich leicht stumpf separieren und somit die Thyreoidea und Parathyreoidea identifizieren.

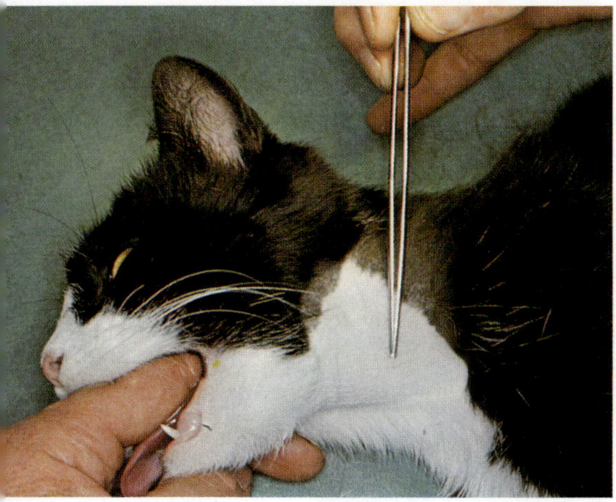

Abb. 31: Ertasten des Hautareals zur Pharyngotomie.

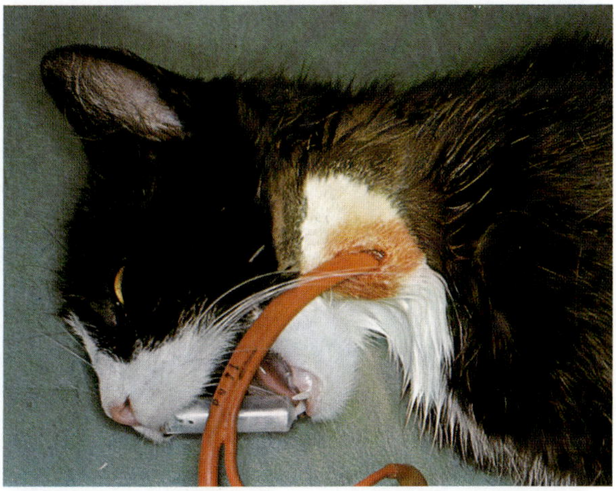

Abb. 32: Der seitlich aus dem kranialen Halsbereich vorgezogene Trachealtubus.

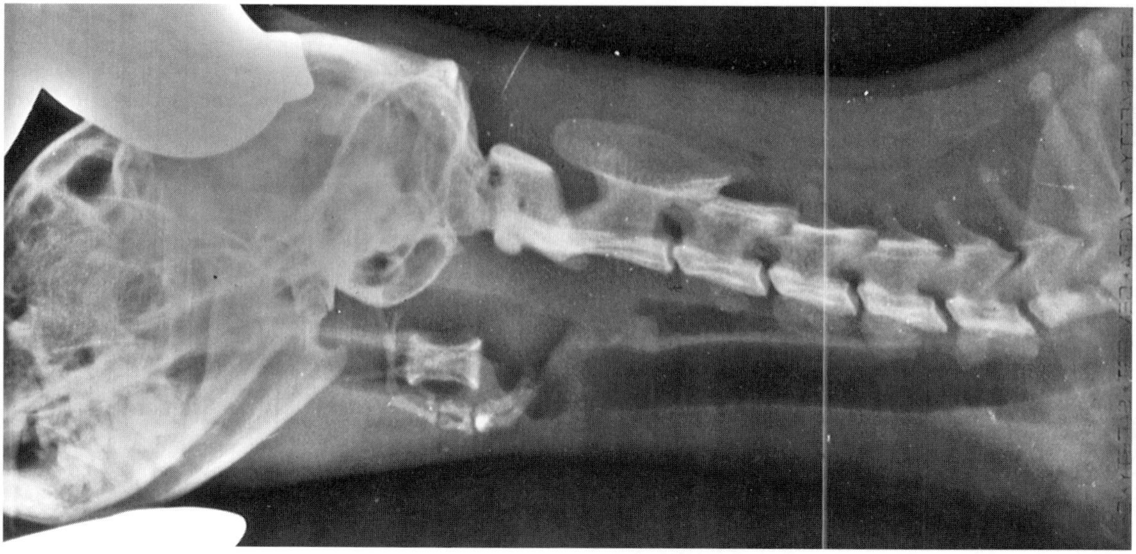

Abb. 33: Indikation für eine Ösophagotomie: Fischwirbel mit schräg nach vorn gerichteten Proc. transversi im kranialen Ösophagus.

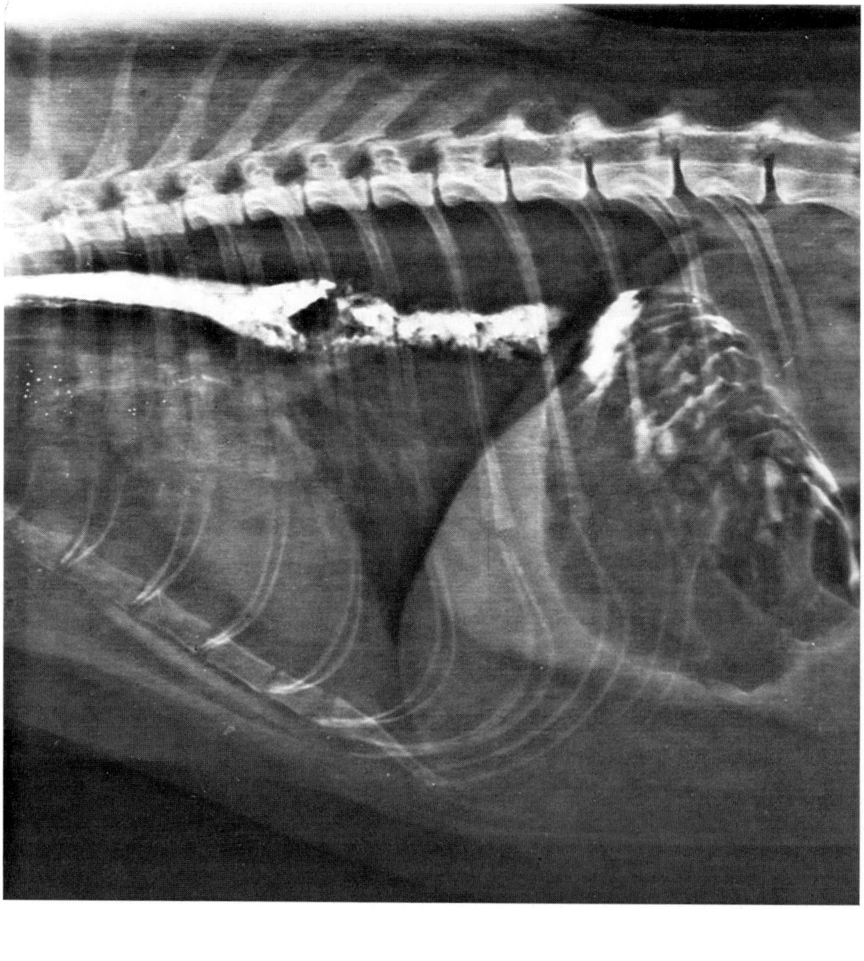

Abb. 34: Fremdkörper im Ösophagus über der Herzbasis.

Der kraniale Venenabfluß des abnormen Lappens sollte zunächst durch ein behutsames Kapselfenster (Scherenschnitt) unterbunden werden; dabei sind auch feinste Kapselblutungen sorgfältig elektrokoagulatorisch zu versorgen. Sodann ist das Schilddrüsenparenchym in kleinen Schritten aus der Kapsel zu lösen bis hin zu den kranialen Gefäßen, die zuletzt durchtrennt werden.

Bei der Katze ist auch eine bilaterale Thyroidektomie möglich, dann müssen jedoch prophylaktisch post op. Kalzium und Thyroxin (u. U. lebenslänglich) substituiert werden!

Operationen am Thorax

Thoraxtraumen jedweder Art sind für die Katze auffällig weniger bedrohlich als für den Hund; konservatives Vorgehen ist daher Behandlungsgrundlage; dennoch muß gelegentlich aus unterschiedlichen Indikationen eine Thorakotomie vorgenommen werden (Fremdkörper in Trachea oder Ösophagus, Abb. 34, Zwerchfellruptur). Röntgenuntersuchung stets dorsoventral, niemals in Rückenlage! BROEK und DARKE (1987) [58] haben röntgenologische Untersuchungen am Katzenthorax, insbesondere am Herzschatten vorgenommen, die die Befunderhebungen an traumatisierten Katzen wesentlich erleichtert.

Drei Zugänge sind möglich: Der **laterale** durch Auseinanderspreizen eines Interkostalraumes, der **modifizierte laterale** durch Teilresektion und der **sternale** mittels Sternotomie, der gelegentlich bei der Operation eines Zwerchfellrisses hilfreich sein kann und sehr einfach mit einzelnen Drahtheften (monofil) seitlich geknotet oder gezwirbelt stabil zu verschließen ist. Man sollte zunächst alle Hefte legen

Tabelle 1: Zugänge und Indikationen für laterale Thorakotomien

	Interkostralraum	Seite
Hernia diaphragmatica	9.	rechte o. linke
Amputation eines Lungenlappens	7.	rechte o. linke
kranialer Ösophagus	4.–5.	rechte
kaudaler Ösophagus	8.–9.	linke
Herz- und Thoraxgefäße, dir. Indikationen	5.	linke
Ductus arteriosus	4.	linke
Pers. rechter Aortenbogen	4.	linke

und dann erst mit der Verknotung beginnen, um eine möglichst anatomische Adaptation zu erreichen. Die Drahtschnittenden sind sorgfältig nach dorsal in die Sternumwunde zu versenken. Diese Operation ist jedoch besonders schmerzhaft und bedarf daher einer postoperativen Analgesie, um schmerzbedingten Hypoventilationen vorzubeugen. Bewährt hat sich eine Infiltration der Interkostalmuskulatur mit Lokalanaesthetika (Bubiracain®).

Hämato- und Pneumothorax

Ein Pneumothorax (Abb. 35), als häufiger Befund (74 % nach BRUNNBERG [56]) nach „freiem Fall", bei dem der phrenikovertebrale Winkel über dem 12. Brustwirbel kaudalwärts gelagert ist, kann im 7.–9. Interkostalraum erfolgreich trokardiert werden (Tabelle 1).
Siehe auch Kapitel: Sofortmaßnahmen beim akuten Trauma.

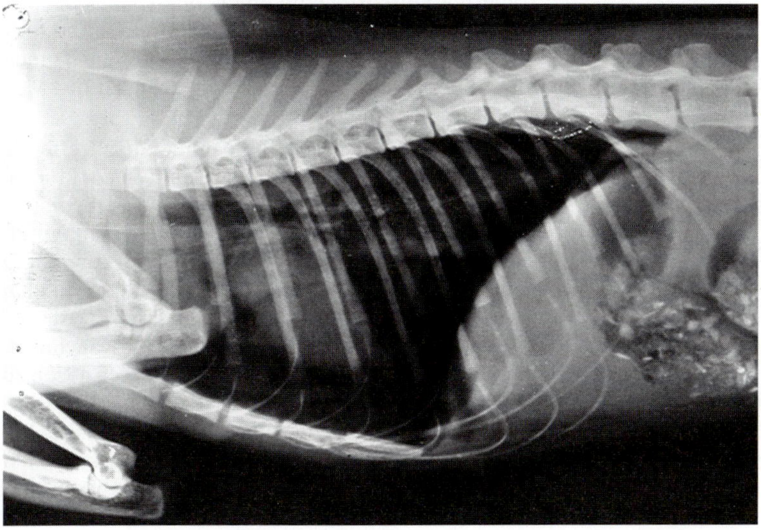

Abb. 35: Pneumothorax als Absturzsyndrom.

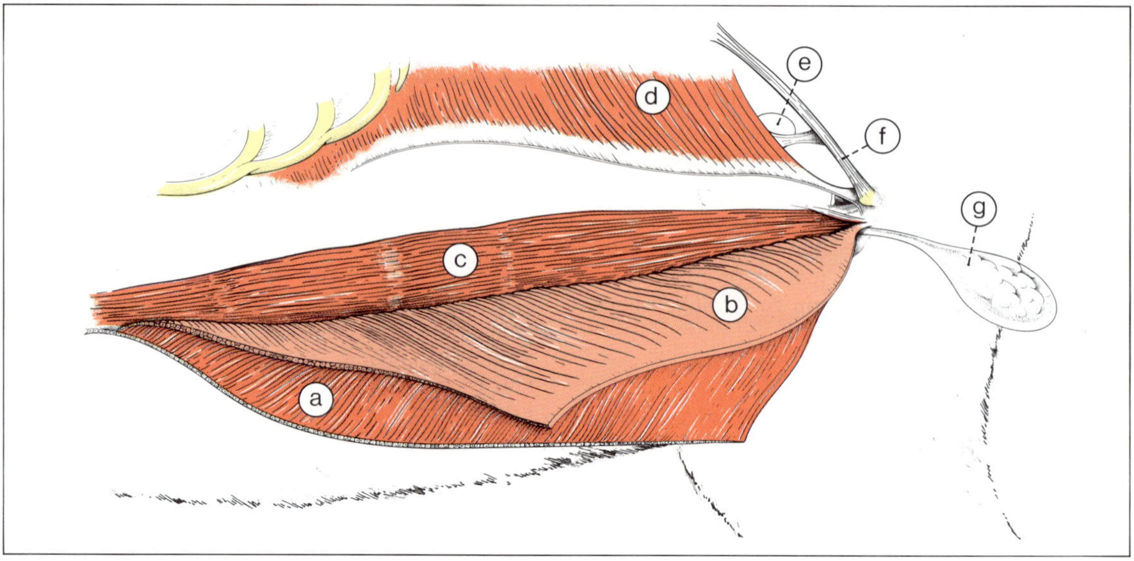

Abb. 36: Bei der Katze entspringt der M. rectus abdominis **(c)** mit einer dünnen Sehne am 1. und 2. Rippenknorpel sowie am Brustbein zwischen 1. und 4. Rippenknorpel, wobei er kaudalwärts vom M. transversus abdominis **(d)** überdeckt wird. Er endigt mit einer kräftigen Sehne am Tuberculum pubicum. **(a)** M. obliquus abdominis externus, **(b)** M. obliquus abdominis internus, **(c)** M. rectus abdominis, **(d)** M. transversus abdominis, **(e)** innerer Leistenring, **(f)** Leistenband, **(g)** Samenstrang.

Operationen am Rumpf

Allgemeine Bemerkungen zur Versorgung **äußerer Verletzungen** sind nur insofern erforderlich, als – nach sicherem Ausschluß von Riß-, Kratz- und Bißwunden – relativ häufig ein Verdacht auf **Geschoßeinwirkung** besteht und der Patient daher stets röntgenologisch untersucht werden sollte. Ferner ist bei der Katze dringend zu besonders großzügiger Wundexzision zu raten. **Innere Verletzungen** verlangen sorgfältigste Aufmerksamkeit (Monitorisierung wichtigster Lebensfunktionen). Zeitversäumnis kann Katzenpatienten überraschend schnell zum Verhängis werden! Man kontrolliere bei der akut traumatisierten Katze rasch hintereinander die kardiopulmonalen Funktionen, Blutungen, Körpertemperatur und den Flüssigkeitshaushalt. Von diesen Befunden hängen dann weitere Therapieentscheidungen ab (Stabilisierung, Anästhesieform, Chirurgie). Man lasse sich unter keinen Umständen vom Besitzer einer schwer traumatisierten Katze zu einem überstürzten Eingriff drängen!

Mediane Laparotomie

Da die mechanische Belastung der Bauchwunden bei der Katze erheblich geringer ist als bei jedem anderen Haustier, andererseits relativ häufig unter einer Operation vorher nicht bedachte weitere Eingriffe erforderlich sein können, sollte – immer vom Schaufelknorpel bis zum Schambeinkamm – die Operationsvorbereitung erfolgen. Der Hautschnitt ist großzügig anzulegen, das m. o. w. starke subkutane Fett seitlich freizupräparieren, bis die Bauchdeckenfaszie in ganzer Länge des beabsichtigten Eingriffs frei liegt. Die Muskulatur und das feine Peritoneum können sodann in einem Schnitt durchtrennt werden. Man vermeide dabei einen unkontrollierten Durchstich mit einer spitz-spitzen Schere, da – besonders im kaudalen Nabelbereich – die Milz häufig unmittelbar unter der transparent-dünnen und breiten Linea alba liegt. Verletzungen der Milz sind sehr leicht möglich!

Das in der kaudalen Mittellinie immer anzutreffende Lig. vesicae medianum ist zwar relativ bedeutungslos, sollte jedoch mit dem eingelagerten Fett vorsichtig abpräpariert werden, damit später beim Wundverschluß eine Einbeziehung (Dochtwirkung) und dadurch bedingter häufiger Harnabsatz vermieden wird. Ein direkter Kontakt von Bauchfell zu Bauchfell muß immer gewährleistet sein. Die Bauchmuskulatur der Katze ist besonders empfindlich gegen zu straffes Knoten und Außerachtlassen der sog. Verlötungszonen [8]. Die Verschlußhefte sollten daher behutsam angezogen werden, besonders im kranialen Bereich jederseits beide Rektusscheidenblätter erfassen (Abb. 36) und als unterbrochene Matrat-

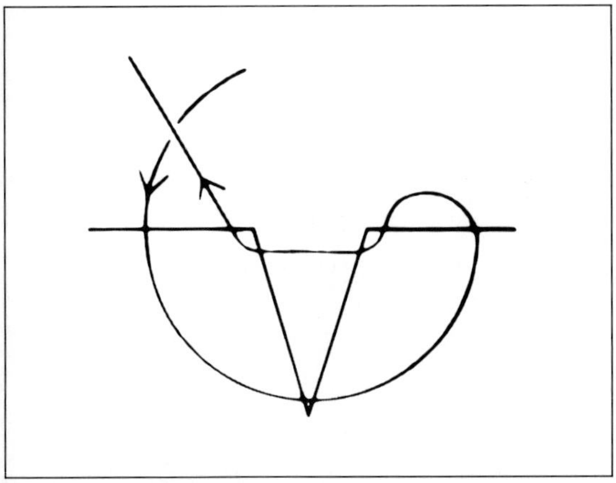

Abb. 37 (links) und 38 (rechts): Ein ausgezeichnetes kosmetisches Resultat erzielt man beim Verschluß der Katzenhaut in jeder Region mit der Rückstichnaht nach DONATI.

zennähte etwa 5 mm auseinanderliegen. Sowohl die SULTANSCHE Diagonalnaht hat sich bei der Katze als Bauchdeckennaht bewährt wie auch die Rückstichnaht nach DONATI (Abb. 37, 38).

Als Nahtmaterial empfehlen sich das für die Katze sehr verträgliche Vicryl oder Monocryl 3–0. Die Fadenenden sollten unmittelbar hinter den Knoten abgetrennt werden, da jede mechanische Reizung oder Hämorrhagie Serombildung zur Folge hat. Als Nahtmaterial für die Haut der Katze erwies sich Suturamid 2–0 (nicht resorbierbar) oder ebenfalls Monocryl (resorbierbar) vorteilhaft. Auch die Hauthefte sollten nicht zu fest angezogen und die Fadenenden auf mindestens 3–5 mm gekürzt werden. Je sauberer die Wunde ist und je kürzer die Fadenenden sind, desto weniger hat die Katze offenbar das Bedürfnis, den Hautdefekt zu belecken oder zu benagen, und desto reaktionsloser ist die Heilung. Dieser Grundsatz gilt für die Versorgung aller Hautwunden der Katze!

Laterale Laparotomie

Die Schnittführung – als Winkelhalbierende zwischen einer Geraden, die eine Fingerbreite kaudal des Rippenbogens parallel zu diesem verläuft und der lateralen Begrenzung des M. longissimus dorsi – bietet zweifellos den Vorteil eines geringen Traumas und begünstigt die Heilung, weil die Mechanik der Bauchwand sich an der Grenze zwischen Brustkorb und weicher Bauchwand übergangslos ändert. Allerdings macht ein solcher Schnitt andererseits die Durchschneidung starker Äste eines auf dem M. transversus abdominis aufliegenden Brustnervs nebst begleitender Gefäße unumgänglich.

Ferner sollten die beiden schiefen Bauchmuskeln nacheinander jeweils in Faserrichtung gespalten und nach dem Eingriff getrennt mit resorbierbarem Nahtmaterial wieder zusammengeheftet werden.

Anlässe zu Abdominaleingriffen bilden auch bei der Katze – neben der Ovarektomie – intestinale Tumore, Gastro- und Enterotomien zur Entnahme von für die Katze typischen Fremdkörpern, wie Haarbällen, Nadeln mit Fäden, die sich gelegentlich auch an den Zähnen oder am Zungengrund verhaken und dann zu Darmdurchschneidungen Anlaß geben. Splenektomien sind selten erforderlich, da die Milz der Katze relativ klein ist und besser geschützt zwischen den Rippenbögen weniger häufig verletzt wird. Auch Magendrehungen und -dilatationen kommen bei der Katze vor und werden nach den Erfahrungen und Prinzipien der Hundechirurgie behandelt [9].

Die seltenen Dünndarminvaginationen stellen kein chirurgisches Problem dar [10], da selbst nach Wochen so gut wie keine Adhäsionen und Nekrosen zu erwarten sind.

Zwerchfellriß

Ein solcher Defekt ist meist Folge eines schweren Traumas und relativ häufig Teil des Absturzsyndroms (Abb. 39), wird jedoch bei der Katze auch als Folge voluminöser Gravidität beobachtet.

Rö.-Kontrolle in zweiter Ebene nicht v-d, sondern d-v!

Weil bei der Katze unter der Operation gehäuft mit einem Lungenödem gerechnet werden muß und meist ein akut lebensbedrohlicher Zustand vorliegt, sollte nach behutsamer (restriktiver) Volumensubstitution unbedingt der größtlumige Tubus zur orotrachealen Intubation eingeschoben, der Patient etwa 5 Minuten vor der Narkoseeinleitung praeoxygeniert werden und eine intratracheale Absaugmög-

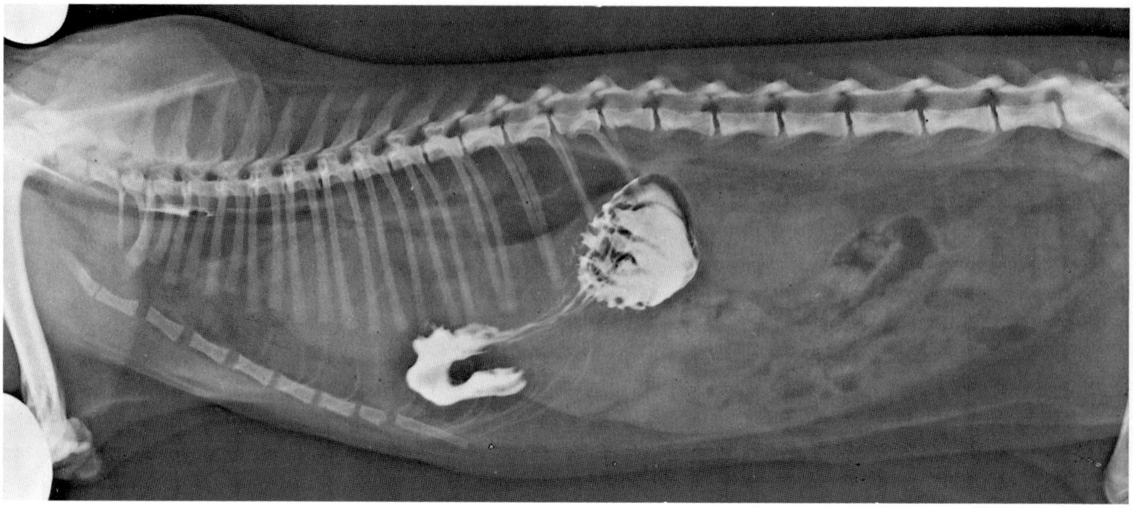

Abb. 39: Zwerchfellriß mit prolabiertem Duodenum.

lichkeit mit sogenannter Babymagensonde parat liegen.
Zur Narkose (Isofloran) kein Lachgas verwenden! Beatmen (nicht blähen!) mit nicht über 10 cm Wassersäule über Beatmungsgerät oder Pädiatrie-Ambubeutel mit Überdruckventil. – Rückenlage so kurz als möglich!
Mit einem Einriß muß bei der Katze gleichhäufig an jeder Stelle des Zwerchfells gerechnet werden.

Die chirurgische Versorgung ist über 3 Zugänge möglich:

1. **Laterale Thorakotomie** durch den neunten Interkostalraum rechts oder links mit dem Vorteil einer guten Übersicht über die prolabierten Baucheingeweide und leichter Lösung etwaiger Verklebungen. Dabei wird der M. latissimus dorsi transversal und der äußere schiefe Bauchmuskel in Faserrichtung durchtrennt, um den Interkostalraum übersichtlich freizulegen.

   Behutsam teilt man die Zwischenrippen-Muskulatur und die sehr zarte Pleura costalis.

2. **Mediane Sternotomie** erlaubt beide Seiten des Diaphragmas einzusehen, impliziert jedoch postoperative Komplikationen, Risiken und nicht unerhebliche Schmerzen.

3. **Mediane Laparotomie** wird immer wieder für die Katze als optimaler Zugang beschrieben, obgleich die Übersicht über die vorgefallenen Organe und das Ausmaß evtl. Verklebungen begrenzt ist. Um behutsames Reponieren zu ermöglichen, muß man u. U. die Ruptur zunächst noch erweitern! Bereits nekrotische Leberlappen sind nach der Reposition zu entfernen. Eine fortlaufende Saumnaht (Vicryl 3–0) schließt den Defekt schnell und zuverlässig.

FURNEAUX und HUDSON [11] beschrieben eine optimale Operationsmethode, bei der sie autologes Material zur Schließung des Defektes verwendeten und somit nicht die ohnehin schon knappen Zwerchfellreste auch noch zu raffen gezwungen waren.

Man öffnet die Bauchdecke der **intubierten** Katze unmittelbar kaudal des Schaufelknorpels großzügig in der Linea alba und reponiert die gut zugänglichen Organe.

Jetzt löst man – gemäß den Abb. 40–43 – einen dem Defektumfang entsprechenden Anteil aus dem M. transversus abdominis, schlägt diesen nach kranial um und verschließt damit den Riß durch Anheften mittels Vicryl 2–0 (Knopfhefte mit langen Zügeln, die nach Beendigung der Naht radikal eingekürzt werden).

Man soll möglichst wenig Luft in den Pleuralhöhlen belassen. Dies wird erreicht, indem man nach dem vollständigen Verschluß der Thorakalhöhle die dort verbliebene Luft über Kanüle oder Katheter aspiriert. Im Gegensatz zum vergleichenden Eingriff beim Hund ist bei der Katze häufig keine Thoraxdrainage erforderlich. Lagerung post op. zunächst auf die stärker traumatisierte Seite, damit die gesunde frei atmen kann! Überwachung über 24 Stunden. – Eine breite Erfahrungsübersicht beschreiben GARSON et al. [55].

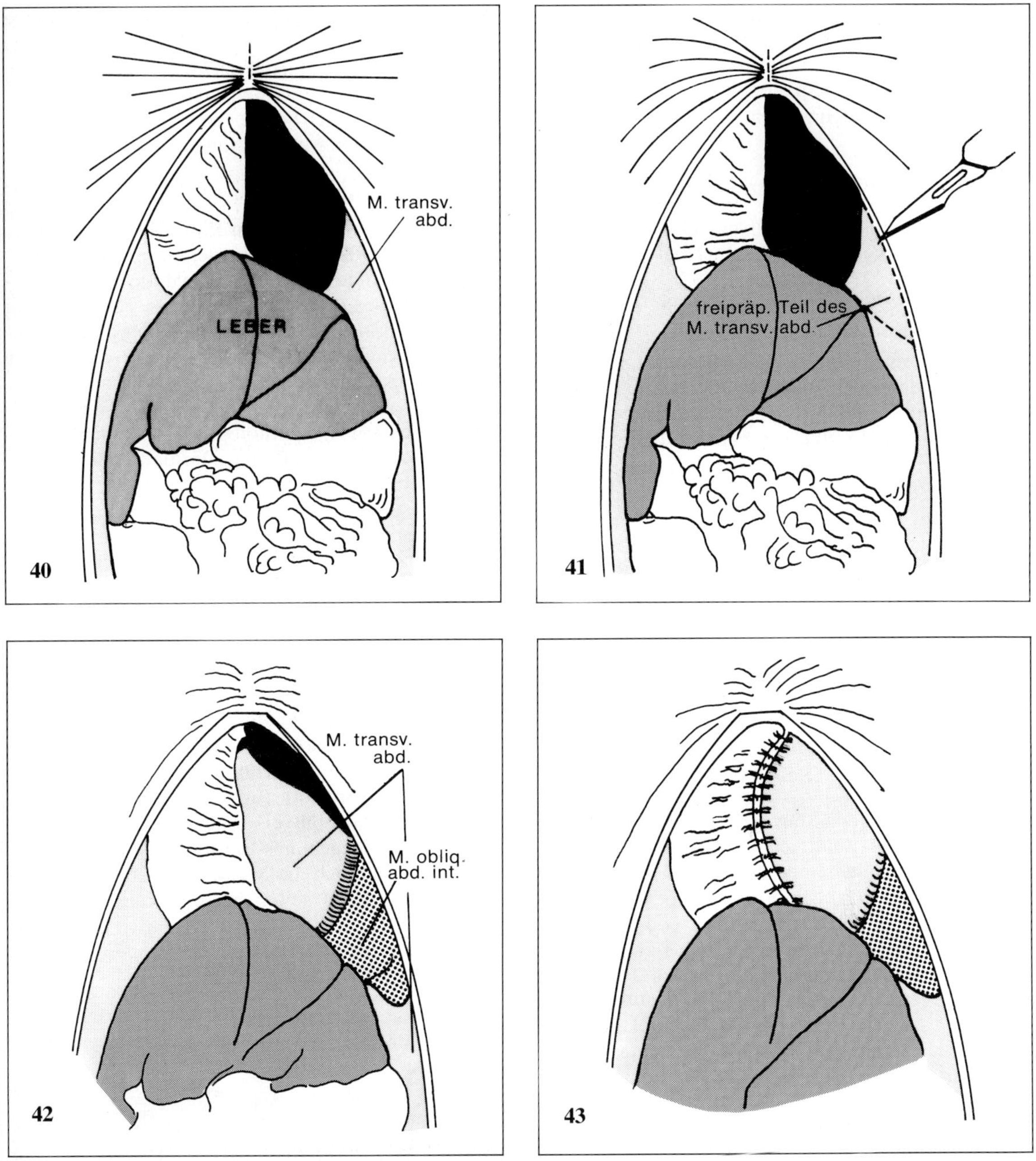

Abb. 40–43: Der Zwerchfellriß wird durch Lösen eines entsprechend umfangreichen Areals aus dem M. transversus abdominis und Anheften an den medialen Defektrand geschlossen.

Zwerchfellhernie

Sie ist ein angeborener Defekt, bei der zunächst die Leber vom Herzbeutel getrennt werden muß, um dann die Zwerchfellpfeiler aufbauen zu können.

Milztumor, Milzruptur

Die chirurgische Intervention, also Splenektomie, bedarf speziell für die Katze keiner besonderen Beschreibung.

Da jedoch bei der Katze eine auffälligere Blutparameterveränderung nach der Milzentfernung beobachtet wird und die Infektionsanfälligkeit signifikant steigt, muß zu einer Milzreimplantation (Milzpüree in Netztasche) geraten werden.

Gastrotomie

Fremdkörperentnahmen aus dem Magen sind bei der Katze deutlich seltener notwendig als beim Hund. Das Vorgehen bedarf keiner besonderen Erläuterungen.

Gastrostomiesonde

Sie ist notwendig, wenn der Patient unter Umgehung der Mundhöhle, des Rachens und des Ösophagus ernährt werden muß. Mit der Einführung der Endoskopie in die Medizintechnik hat sich die perkutane endoskopische Gastrostomie (PEG) zur Ernährungssondenplazierung allgemein durchgesetzt.

Die Sondeneinführung sollte in folgenden Schritten erfolgen: Nach einer Fastenzeit von 12 Std. wird der narkotisierte Patient in rechte Seitenlage gebracht. Auf der linken Rumpfseite ist knapp kaudal der letzten Rippe, etwa in der Mitte zwischen der dorsalen und ventralen Mittellinie eine 3 x 3 cm große Hautfläche zu rasieren und antiseptisch vorzubereiten. Jetzt wird das Endoskop eingeführt und der Magen mit Luft gefüllt. Nun wird entweder schon gleich in der Mitte der ausrasierten Fläche ein etwa 5 mm langer Schnitt gesetzt oder eine mit einem Mandrin versehene 16 Gauge-Kanüle direkt durch die Haut transabdominal in den Magen eingeführt, der Mandrin entfernt, das Ende eines nichtresorbierbaren Fadens in das Magenlumen durchgefädelt, mit einer Greifzange dort erfaßt und unter Sicht durch Ösophagus und Maulhöhle rückgeführt. Die Kanüle ist jetzt zu entfernen. Das orale Ende des Fadens wird nun mit dem Konus der Ernährungssonde vernäht und orthograd über Maulhöhle und Ösophagus durch den Magen gegen die Bauchwand gezogen. Ein vorher durch den Pilzkopf gezogener Faden hängt nun aus dem Maul und ermöglicht das Zurückziehen des Katheters und der Kunststoffhülse, falls dieser sich vom Ziehfaden lösen sollte.

Eine geringfügige Erweiterung der Gastrostomiestichwunde durch die Kanüle erlaubt den Durchzug der Sonde, bis das pilzförmige Ende gegen die Magenschleimhaut drückt und zum Überwachen der Positionierung außen markiert werden kann. Antibakterielle Salbe und ein Polsterverband schützen die Sonde, die zur Sicherung der Position zusätzlich von außen ein kurzes Schlauchstück riegelartig übergeschoben bekommt.

Die Entnahme der Sonde kann auf dreierlei Weise erfolgen:

a) endoskopisch mit dem Greifarm (schonendste Methode für die Ktz.)
b) Durchziehen des pilzförmigen Endes nach außen durch Magen- und Bauchwand
c) Abschneiden der Sonde über der Haut, Hineindrücken in den Magen, Abgang mit dem Kot.

Dünndarmresektion

Indikation für einen solchen Eingriff kann eine partielle Darmnekrose nach langem Fremdkörperverweilen oder eine offene Bauchwunde mit erheblichen Riß- oder Quetschverletzungen der Intenstini sein. – Chirurgisch zu versorgende Dünndarminvaginationen kommen hingegen bei der Katze kaum vor (lediglich als Tumorfolge), da selbst nach zweiwöchigem Vorliegen eines solchen Leidens weder Adhäsionen noch sonstige pathologisch-anatomische Veränderungen des betroffenen Darmabschnitts beobachtet wurden.

Bei der Katze ist lediglich die End-zu-End-Anastomose angezeigt, unter großzügiger Resektion des pathologisch veränderten Dünndarmabschnitts und unter Verwendung von synthetischem resorbierbarem Nahtmaterial. Sehr gute Resultate sind zu erwarten [26], auch wenn ungleiche Lumina adaptiert werden müssen!

Ileus

Obstuktive Fremdkörper (auch Haarballen bei Langhaar-Katzen), Darmtumore, Dünndarmauffädelungen (Abb. 44) (mit Durchschneidung der mesenterialen Gefäßversorgung), aber auch zur Diagnostik eingegebenes Bariumsulfat (weil bei der Katze offensichtlich das Wasser schneller resorbiert wird) führen nicht selten bei der Katze zu einem Ileus.

Die Versorgung geschieht gleichermaßen wie beim Hund.

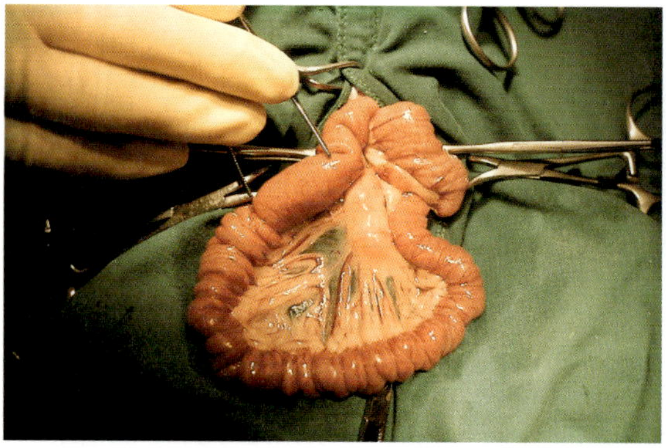

Abb. 44: Dünndarmauffädelung mit mesenterialer Gefäßdurchschneidung.

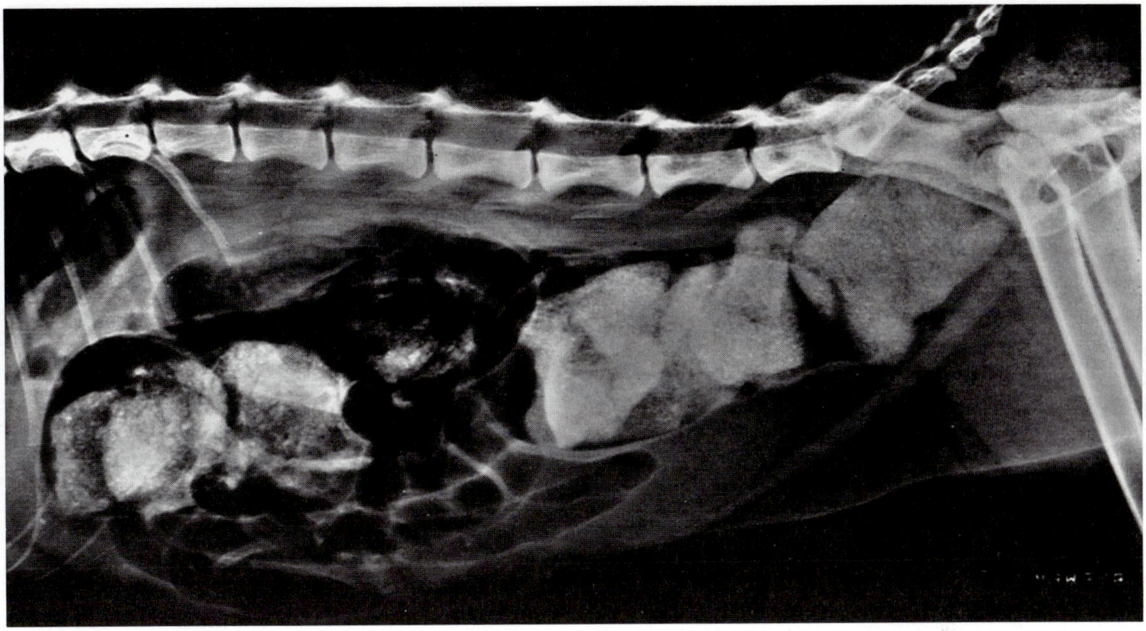

Abb. 45: Megakolon mit Koprostase und hochgradiger Aufgasung. Ausmassage von 220 g Kot.

Koprostase

Bei einer Koprostase der Katze besteht häufig bereits ein Megakolon. Koprostase **kann,** das Megakolon **muß** hingegen immer chirurgisch versorgt werden.

Hochgradige Koprostasen sind schnell und wirksam durch intraabdominale Ausmassage der Kotballen – gegebenenfalls unter Zuhilfenahme einer Kornzange vom Rektum her – zu beheben. Solch Eingriff ist – trotz Narkose und Trauma – für den Patienten ungleich leichter zu überwinden als langwierige Klistiere! Flüssigkeitszufuhren als Dauertropf oder subkutane Infusionen sind dringend zu empfehlen.

Megakolon

Ein unphysiologisch erweiteres Kolon kann die Folge von Neoplasien, Strikturen, Fremdkörpern und Fehlernährung, jedoch auch (vorwiegend bei männlichen Tieren) idiopathisch bedingt sein.

Da medikamentöse Therapien meist nur temporär helfen, ist nahezu immer letzendlich ein chirurgischer Eingriff unumgänglich. Er kann „sanft" bis „radikal" erfolgen.

Durch behutsames Ausmassieren zerdrückter kleiner Kotportionen kann der laparotomierten Katze oft zunächst akut geholfen werden. Das gelingt gelegentlich sogar in extremen Koprostasefällen (siehe Abb. 45). Dann sollte jedoch stets ein kausal therapeutischer Eingriff folgen. Entweder schält man an mindestens drei Abschnitten aus dem Colon descendens – gegenüber dem Ansatz des Mesenteriums – jeweils ein 3–5 cm langes schmal-elliptisches Stück Serosa mit Muskelschicht und reduziert an diesen Stellen durch Einstülpen der Mukosa das Lumen (Lembertsche Einstülpnaht mit atraumatischem Catgut 4–0 bis 5–0), oder – wenn das Lumen besonders weit ist – verengt man die antimesenteriale Seite des ganzen Kolonabschnittes der Länge nach durch eine fortlaufende Lembertnaht oder einzelne Lemberthefte (Abb. 46 u. 47). Bei dennoch rezidivierenden Koprostasen ist eine konsequente Kolonresektion angezeigt, die man sich mit Hilfe einer

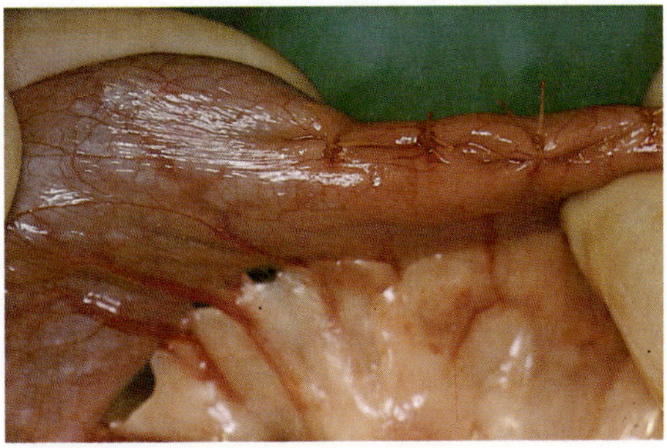

Abb. 46: Mit einzelnen Lemberthefte kann das Kolonlumen wirksam verengt werden.

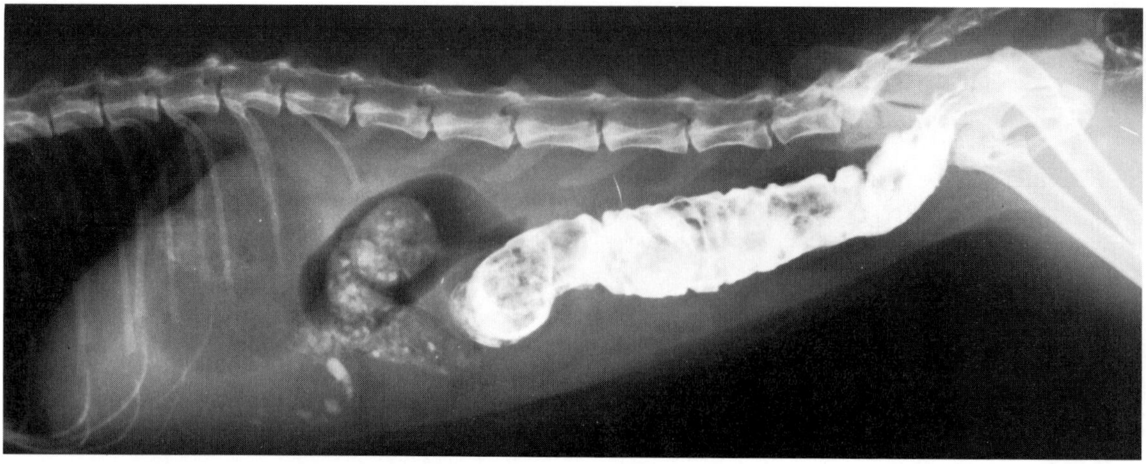

Abb. 47: Gleicher Fall wie Abb. 45: Nach der Ausmassage Verengung des gesamten Colon descendens mit einer fortlaufenden Lembertnaht. Zwei Wochen post op.

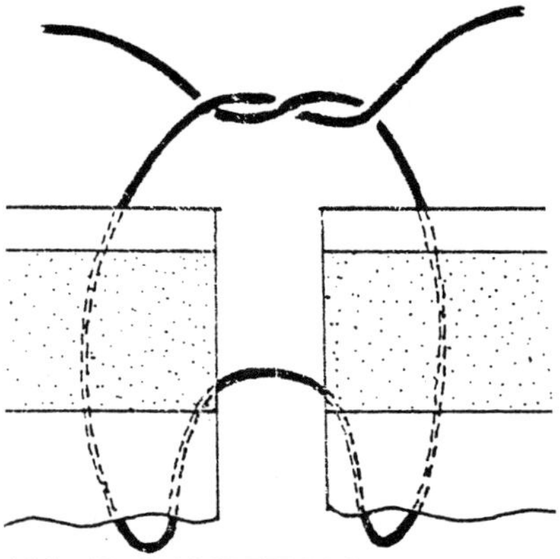

Abb. 48: GAMBEE-Naht.

Osteotomie des Os pubis wirksam erleichtert. Die Darmanastomose wird hier zweckmäßig mit der GAMBEE-Naht (Abb. 48) versorgt, das Os pubis mit Drahtligaturen stabilisiert.

Ist jedoch das Megakolon Folge einer Skelettabnormalität (Beckenfrakturen oder Spondylosen (Abb. 49), kann ein Eingriff am Darm nur kurzfristigen Erfolg bringen. Und den auch nur mit einer gründlichen Durchmassage zur Stimulierung der Peristaltik.

Der Fall wie Abb. 50 (Folge einer hochgradigen Beckenverengung) wurde von KÁSA [27] osteochirurgisch mittels einer partiellen Pelvektomie versorgt (Abb. 51) und erreichte eine ungehinderte Kotpassage.

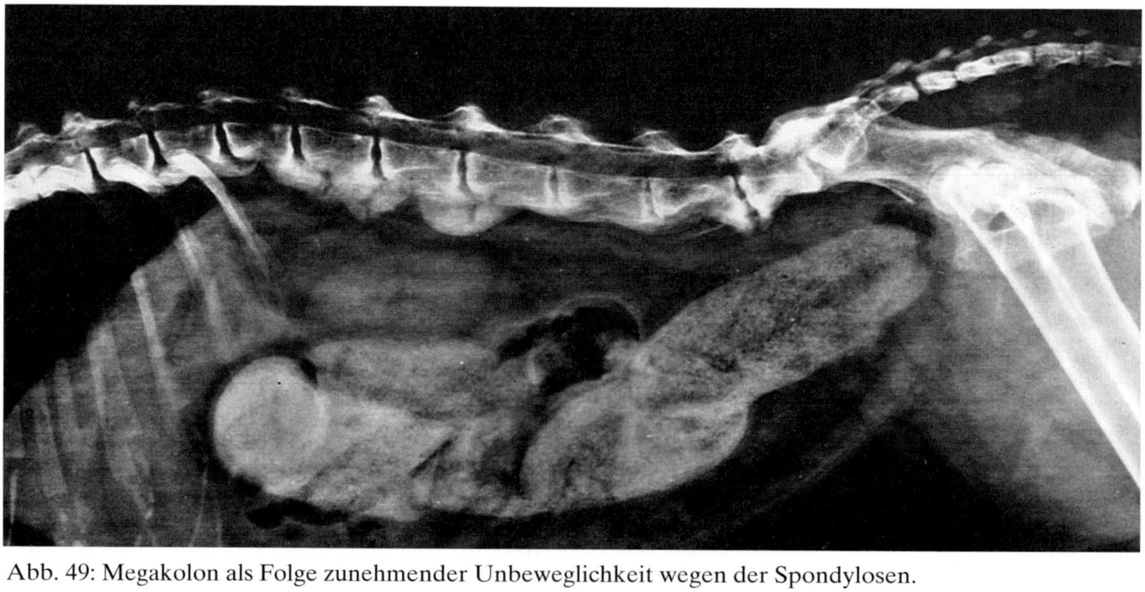

Abb. 49: Megakolon als Folge zunehmender Unbeweglichkeit wegen der Spondylosen.

In jedem Falle ist über Wasserklysmen 5–6 Tage lang p. op. für 3–6malige Entleerung pro Tag zu sorgen.

Kolonatonie

Ein Verschluß des Schleimhautringwalles am Ostium ileocaeccocolicum durch einen größeren Haarballen ist insbesondere bei Langhaarkatzen gar nicht selten Anlaß zu chirurgischem Eingriff: Laparotomie – digitale Ausmassage des Zaekums und Kolons bis zum Rektum – und damit manuelle Stimulation der Peristaltik führen zum zuverlässigen Erfolg.

Rektumprolaps

Der Rektumprolaps rezidiviert ohne chirurgische Therapie immer!

Die Bauchdecke wird in der Linea alba durchtrennt und das Colon descendens nach Reposition des prolabierten Darmabschnitts mit sechs Heften in jeweils 1 cm Abstand (atraumat. Catgut 4–0) hintereinander am Peritoneum parietale der Pars inguinalis des M. obliquus int. abdom. fixiert (Kolopexie). Die Adhäsion verhindert zuverlässig jedes Rezidiv. Dennoch sollte außerdem der Anus temporär 5 Tage zur Unterstützung der Sphinkterfunktion mit einer Tabaksbeutelnaht verschlossen werden. Der Schließfaden (z. B. Synthofil 0) wird etwa 1 cm peripher der Zona columnaris durch die Haut des Afters geführt, ohne die Analbeutel oder ihre Ausführungsgänge anzustechen! Schleife 2mal tgl. vorübergehend öffnen. Nahrungskarenz, leicht verdauliche Diät.

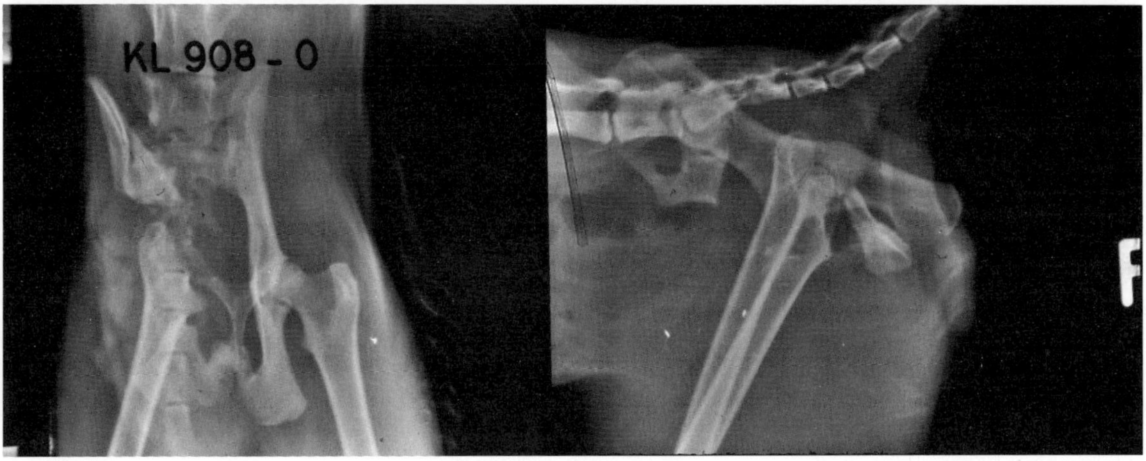

Abb. 50: Katze, 11 Monate alt. Extreme Beckenverengung nach in Fehlstellung verheilter Fraktur (Fall von KÁSA, Lörrach).

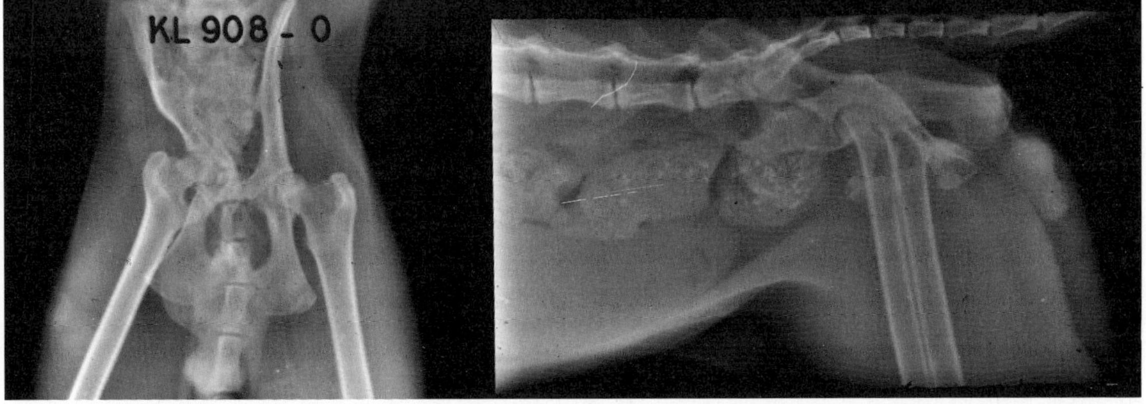

Abb. 51: Gleicher Fall wie Abb. 50 nach partieller Pelvektomie. Es wurden Teile des Os ilium, Os ischium und Os pubis (der die Beckenpassage einengende Bereich) und der Femurkopf und Femurhals exzidiert.

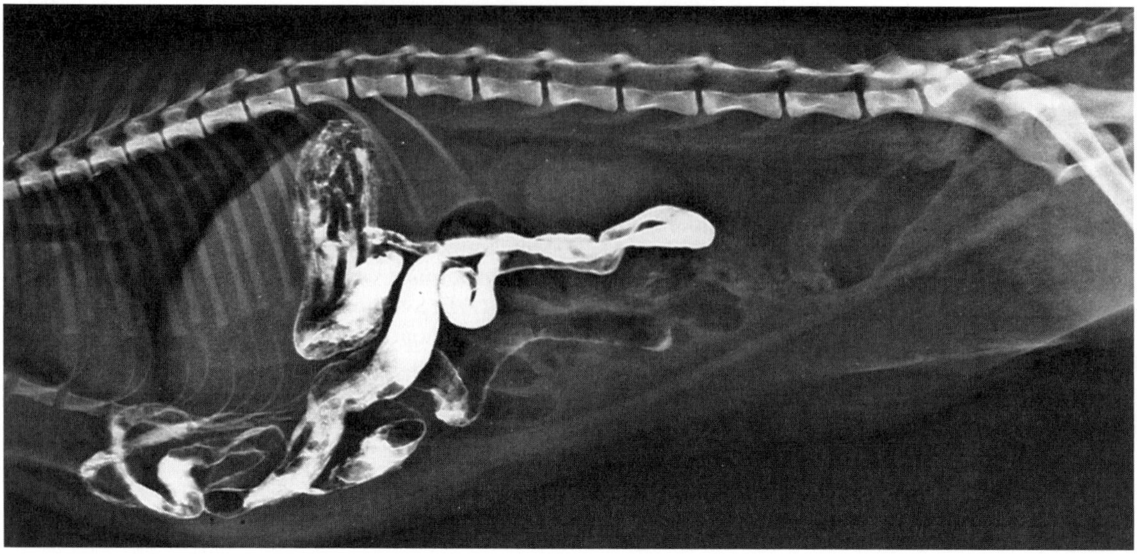

Abb. 52: Hernia ventralis cranialis.

Eine weitere Therapiemöglichkeit besteht in der **Rektum/Kolonamputation,** wenn eine Reposition nicht durchführbar oder irreversible Schleimhautschäden (Austrocknung, Mazeration, Gewebsnekrose) vorliegen.

Der Patient liegt in Rücklage mit nach kranial ausgebundenen Beckengleidmaßen. – Entweder wird an der Basis des Vorfalls, im Bereich der beiden dorsalen Quadranten (180 Grad) durchtrennt und die zwei anliegenden Darmwände mit einer zweireihigen Naht (Muscularis und Serosa, dann Submukosa und Mukose) adaptiert, abgesetzt und im Bereich der ventralen Quadranten vernäht, oder es können alternativ zwei langsam absorbierbare Fäden kreuzweise – senkrecht und waagerecht – mit einer geraden Nadel durch beide Lagen des Prolaps gelegt und an ihrem Ende mit Arterienklemmen gefaßt werden. Diese dienen dann als Haltefäden, damit der etwa 1 cm peripher des Fadenkreuzes liegende Resektionsbereich nicht

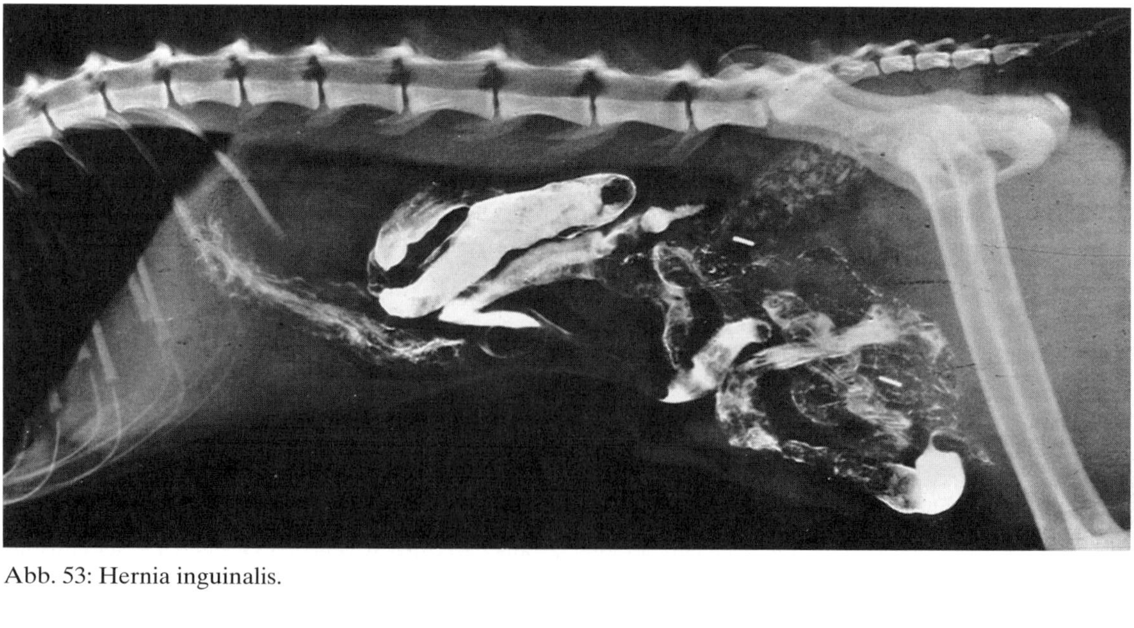

Abb. 53: Hernia inguinalis.

in den Anus entweicht. Diese Fäden werden nun in der Mitte durchtrennt, miteinander verknüpft und zunächst noch gehalten. Zwischen diesen vier Haltefäden müssen nun weitere Einzelknopfhefte mit langsam resorbierbarem Material (Dexon, Vicryl oder PDS 2–0 bis 3–0 USP gesetzt werden. Die Fäden müssen nicht unbedingt entfernt werden.

Hernien

Sie kommen recht häufig vor, stellen jedoch nur selten chirurgische Probleme dar.

Nabelbruch (Hernia umbilicalis)

Da ein Nabelbruch fast ausnahmslos durch eine ungewöhnlich breite Linea alba provoziert zu sein scheint, ist nach der Bauchhöhleneröffnung eine großzügige seitliche Raffung nicht nur des Hernienareals, sondern auch der Gebiete kaudal bis hin zur Regio pubis erforderlich (Vicryl 2–0).

Bauchbruch (Hernia ventralis)

Der Bauchbruch ist entweder ebenfalls durch einen inkompletten Verschluß der Bauchdecke in der Linea alba verursacht und wird entsprechend versorgt, oder es liegt eine Hernia ventralis lat. nach Zerreißung der Bauchwandmuskulatur als Unfallfolge vor (Abb. 52). Diese verursacht deswegen keine Probleme, weil sich bei sorgfältiger Freilegung die einzelnen Bauchmuskeln sehr gut darstellen und entsprechend vereinigen lassen.

Das gleiche gilt für die Versorgung der Hernia ventralis praepubicalis (als Folge voluminöser Gravidität auch möglich) sowie der Paracostalthernie (häufig mit Pneumothorax kombiniert).

Die Hernia ventralis operativa hingegen läßt immer umfangreiche Adhäsionen erwarten. Der Chirurg soll großzügig nach kranial und kaudal eröffnen, um nach Loslösung aller Verwachsungen und eingeschobenen Fettgewebes Bauchfell gegen Bauchfell zu heften. Die Katze soll vier Tage lang unter strenger Käfigruhe gehalten werden.

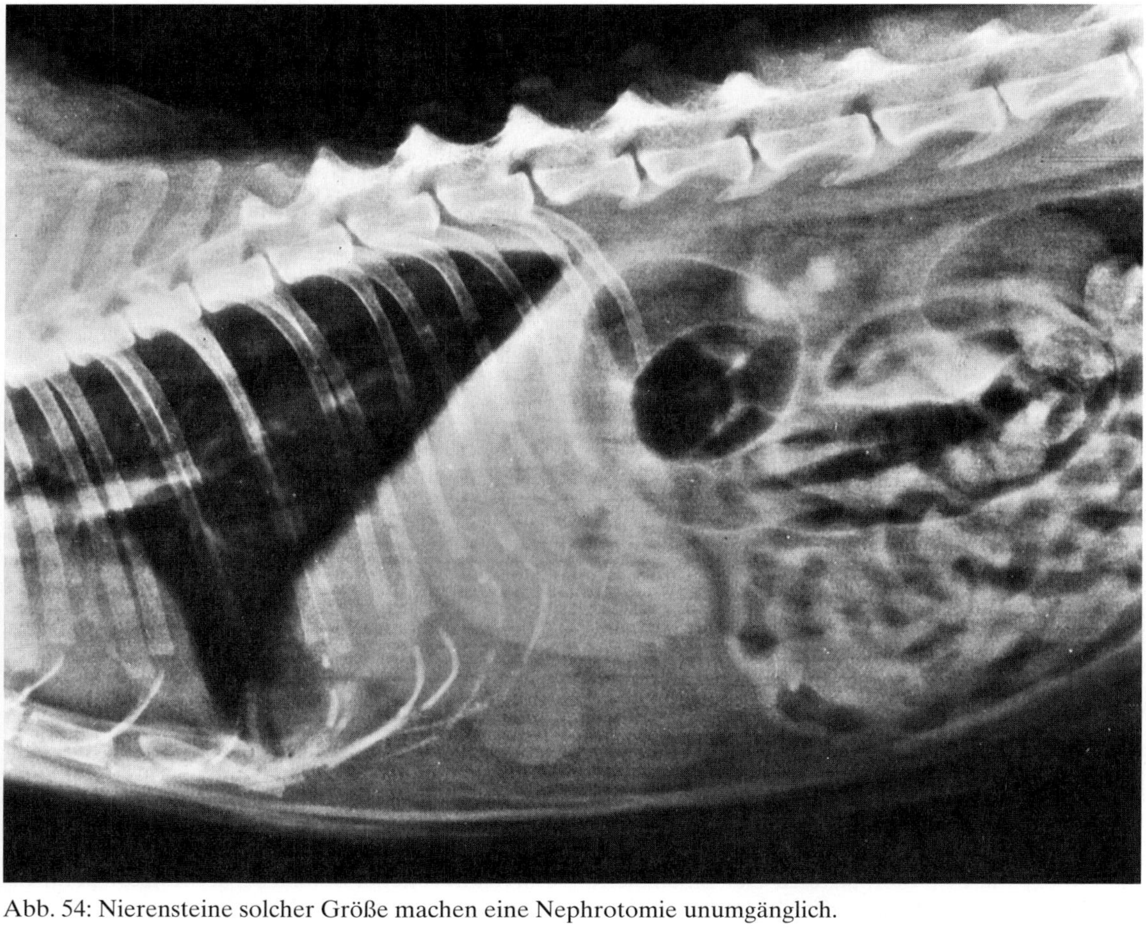

Abb. 54: Nierensteine solcher Größe machen eine Nephrotomie unumgänglich.

Leistenbruch (Hernia inguinalis)

Leistenbrüche kommen zwar selten vor, wofür die Sicherung durch den M. rectus abdominis verantwortlich ist, der den äußeren Leistenring von innen abdeckt [8, 12], sind jedoch fast immer sehr großlumig (Abb. 53) und bedürfen einer behutsamen chirurgischen Versorgung. Dabei genügt es nicht, die Bruchpforte nach dem Abtasten der Ränder freizupräparieren, sondern immer ist auch eine großzügige Durchtrennung der Linea alba notwendig, damit die prolabierten Intestini zuverlässig reponiert werden können. Erst dann ist die eigentliche Bruchpforte mit atraumatischem Material unter behutsamer Nadelführung (Oberschenkelgefäße!) zu verschließen. Ein erhöhter Druck der reponierten Bauchorgane gegen das Zwerchfell kann für 1–2 Tage extreme Kurzatmigkeit auslösen! Käfigruhe ist daher dringend angezeigt.

Beckenbodenbruch (Hernia perinealis)

Eine Beckenbodenbruch wird bei der Katze selten beobachtet. LEIGHTON [28] setzt einen Hautschnitt parallel zum Anus, reponiert den Bruchsack und erreicht eine stabile Retention lediglich durch Anheftung des Sphincter ani dorsal bis ventral an die erreichbare Beckenmuskulatur mit Vicryl 2–0, da es ein stabiles Lig. sacrotuberale bei der Katze nicht gibt.

Operationen am Urogenitalsystem

Nephrotomie (Nephrolithotomie)

Wenngleich auch Harnkonkremente (Abb. 54) selten (jedoch mit zunehmender Tendenz) Anlaß für Eröffnung einer Niere oder Blase geben, kann doch darauf hingewiesen werden, daß beide Organe bei der Katze sehr leicht erreicht werden können.

Die Bauchhöhle wird durch die Linea alba großzügig vom Xyphoid bis zum Os pubis eröffnet, um genügend Raum für Freilegung der zu operierenden Niere mittels kleinem „Tupfertuchs" zu bieten.

Rechtsseitig muß auf diese Weise das Duodenum und linksseitig das Colon descendens zurückgehalten werden, um das Peritoneum mit lateralem Einschnitt von Pol zu Pol sauber von der Niere 1 cm breit abziehen zu können. Fixation mit Moskitos für spätere Repostition und Catgut-Versorgung. Jetzt kann die Niere – vom Fett befreit – behutsam „geliftet" werden, so daß sich die A. und V. renales sowie der Ureter gut identifizieren lassen.

Eine mit Gummischläuchen armierte Moskitoklemme (Abb. 55 a, b) (Alternative zu Gefäßklemmen) verhindert während des Eingriffs die Blutzirkulation in der Niere. Man bedenke, daß die A. renalis unmittelbar aus der Aorta kommt und die V. renalis direkt in die V. cava caudalis einmündet. Eine Verletzung (auch Quetschung) dieser Gefäße kann fatale Folgen haben! Der Ureter bleibt offen!

Ein Skalpellschnitt durchtrennt über den Margo lateralis von Pol zu Pol Kapsel und Parenchym bis zum Nierenbecken (Abb. 56). Nach vorsichtiger Entnahme der meist brüchigen Konkremente (Abb. 57) sollte das Becken mit isotonischer Lösung ausgespült und erneut kontrolliert werden. Sickerblutungen sind leicht tupfend zu stillen. Eine Fixierung mit zwei bis drei horizontal geführten Catgut-U-Heften ist nicht unbedingt erforderlich, weil die Nierenhälften nach Lösung der Gefäßklammer rasch verkleben. Die beiden Nierenhälften werden exakt passend adaptiert. Kapsel und Peritoneum sollten allerdings fortlaufend mit Catgut 3–0 zusammengefaßt werden (Abb. 58). Jetzt ist die Blutstillegung noch einmal sorgfältig zu überprüfen. Bauchverschluß.

Blasenhalsobstruktion

Als Folge chronischer Zystis oder zu langer Verweildauer eines Urethralkatheters kann es beim Kater zu erheblichen Abflußstörungen kommen. Ein chirurgischer Eingriff ist dann unumgänglich. Die Manipulation ist vergleichbar mit der Technik zur Behandlung einer Pylorusstenose. Sie beginnt mit einem 2 cm langen Linearschnitt an der Ventralfläche des Blasenhalses kaudalwärts bis zum vorderen Rand der Prostata und wird nach kranial durch zwei lange Schenkelschnitte in „V"-Form fortgesetzt (Abb. 59). Diese Blasenöffnung erlaubt einen guten Einblick und genügend Raum zur Entnahme von Gewebeproben. Der kranilae Wandlappen wird zum Schließen großzügig weiter kaudalwärts gezogen (aus dem „Y" nahezu ein „V" werden lassen!) und zweischichtig mit Knopfnähten zusammengeheftet.

Kathetereinlage für zwei Tage, dann sollte spontane Entleerung erfolgen.

Blasentumor

SCHWARTZ et al. (1985) [59] sahen erstaunlich häufig Neoplasien in der Blase der Katze, die überwiegend bösartig waren. Das operative Vorgehen ist entweder wie oben beschrieben anwendbar oder besteht aus einer lokalen Blasenwandexstirpation. Die Überlebensrate wird mit 6 Wochen bis 7 Jahren angegeben.

Blasenstein

Ein relativ seltener Befund bei der Katze. Operatives Vorgehen siehe Hundechirurgie.

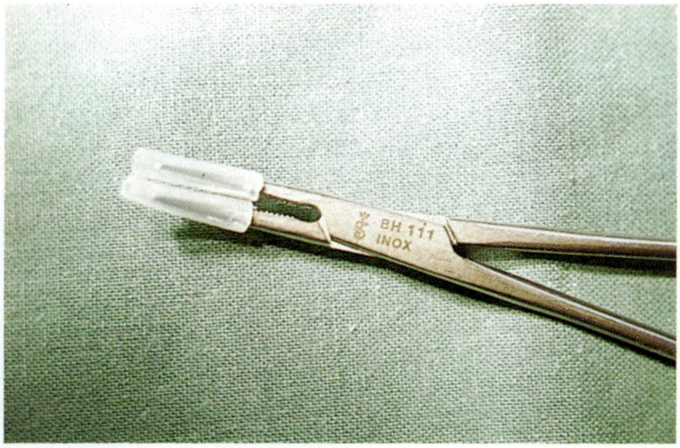

Abb. 55 a: Die mit Gummischläuchen armierte Mosquitoklemme.

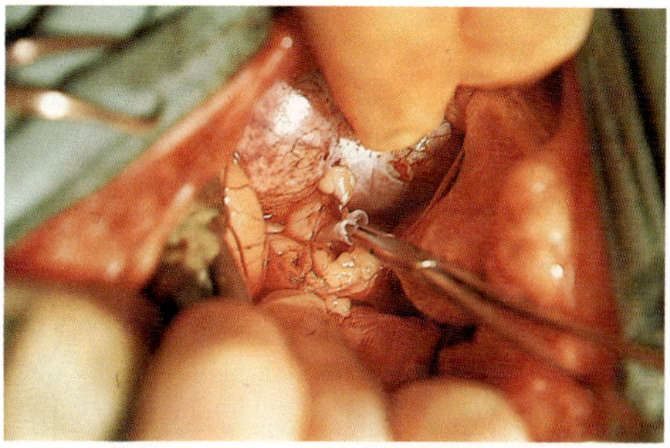

Abb. 55 b: Die angelegte Mosquitoklemme.

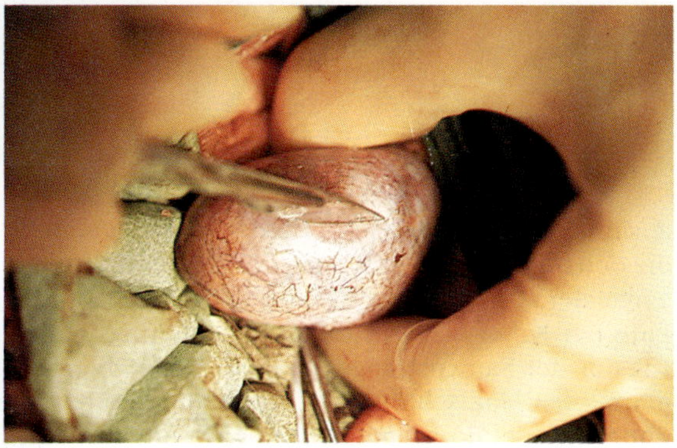

Abb. 56: Schnittführung durch das Nierenparenchym über den Margo lateralis von Pol zu Pol.

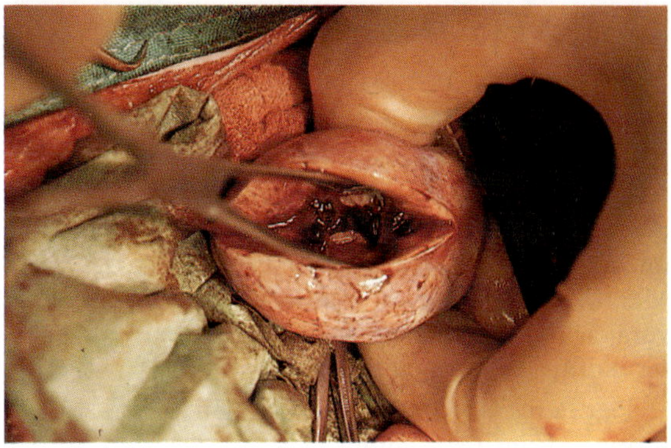

Abb. 57: Die Konkremente bestehen aus 100 % Apatit.

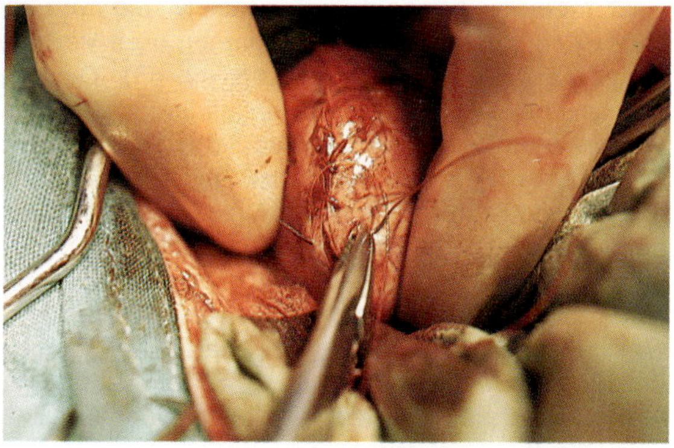

Abb. 58: Fortlaufende Verschlußnaht durch Kapsel und Peritoneum.

Blasenruptur

Das Prozedere kann ebenfalls der Hundechirurgie entnommen werden. Da bei der mit dilatierter Harnblase verunfallten Katze häufig der Blasenhals eingerissen ist, sollte bereits beim Vorliegen eines entsprechenden Verdachts in der Linea alba möglichst weit kaudal eröffent werden. Trotz der zwar selten zu beobachtenden Harnsteinbildung ist ein Durchstechen der Mukosa unbedingt zu vermeiden, da alle Fremdkörper in der Blase Kristallisationspunkte für Konkremente provozieren! (atraumatisches Catgut 4–0).

Der dorsale Blasenscheitel ist der am wenigsten durchblutete Wandabschnitt und eignet sich optimal zur **Zystotomie.**

Harnröhrenobstruktion beim Kater

Aufgrund neuer Erkenntnisse und Möglichkeiten der Beeinflussung bringt die konservative Therapie rezidivierender Obstruktionen der Harnröhre beim Kater zunehmend befriedigende Ergebnisse. Sollte in seltenen Fällen trotzdem ein chirurgischer Eingriff erforderlich werden, so hat sich in den vergangenen Jahren aus den vielen chirurgischen Methoden die von WILSON und HARRISON [13] beschirebene perineale Urethrotomie als erfolgsversprechendste bewährt. Diese Operation eignet sich sowohl als primärer Eingriff als auch zur Nachoperation von er-

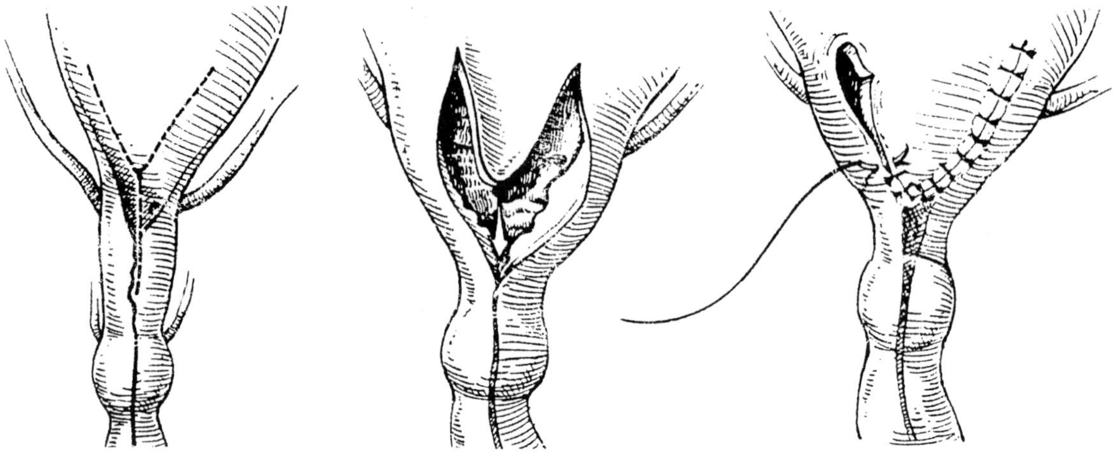

Abb. 59: Schnittführung zur Therapie von Blasenhalsobstruktion.

neuten Stenosen nach unbefriedigender Urethrotomie anderer Verfahrensweise.

Modifikationen dieser Methode können ebenfalls vergleichbare Ergebnisse bringen, wenn folgende Grundforderungen eingehalten werden:

1. Der Penis muß gründlich von allen seinen Anheftungen am Os ischium „befreit" werden, insbesondere von den Mm. ischiocavernosi mit den darunterliegenden Crura penis und von allen ligamentösen Verbindungen.
2. Der M. retractor penis muß entfernt werden.
3. Die Inzision der Urethra muß bis zum Beckenteil der Urethra am kranialen Ende der Bulbourethraldrüsen reichen, weil diese sich erst hier weiten.
4. Die Urethraschleimhaut muß in Einzelheften an die perineale Haut angenäht werden, um eine optimale Adaptation bei minimaler Irritation zu erreichen.
5. Am dorsalen Schnittwinkel der Urethra müssen die Einzelhefte im Winkel von 45° zur Mittellinie angelegt werden (Abb. 68).

Nur die optimale Adaptation von Urethraschleimhaut und Haut verhindert ein Überwachsen der Urethraöffnung durch Hautepithel!

Perineale Urethrotomie

Zur perinealen Urethromie wird der Kater so in Bauchlage ausgebunden, daß das Perineum im Winkel von ca. 30° erhöht liegt. Dazu wird der Kater auf eine Rolle oder ein formbares Kissen (Fixformkissen, Albrecht) gelegt. Der Schwanz wird über dem Rücken fixiert. Das Operationsfeld wird rasiert, desinfiziert und abgedeckt. Eine Tabaksbeutelnaht, die den After verschließt und auch die Ausführungsgänge der Analdrüsen mit einbezieht, ist angebracht. Falls der Kater noch nicht kastriert ist, werden nach Ligatur der Samenstränge die Hoden abgesetzt. Ein elliptischer Hautschnitt, der Skrotum und Präputium umfaßt, endet dorsal mindestens 1 cm unterhalb des Anus (Abb. 60, 61). Die Blutungen im ventralen Schnittbereich werden ligiert oder kauterisiert. Präputium und Skrotum werden entfernt. Der Penis wird mit einer stumpf-stumpfen Schere und mit Hilfe des Zeigefingers von seinen ligamentösen Verbindungen am Ischium gelöst (Abb. 62, 63). Der M. ischiocavernosus mit darunterliegendem Crus penis der einen und dann der anderen Seite werden möglichst nah am Ansatz durchtrennt. Dabei treten meist nur geringe Blutungen auf. Stärkere Blutungen können jedoch aus dem Crus penis kommen und sollten dann ligiert werden. Darauf wird der dorsal liegende M. retractor penis vorsichtig gelöst und entfernt.

Der Penis muß ca. 2 cm über die paarigen Bulbourethraldrüsen hinaus freipräpariert werden (Abb. 64). Dabei muß darauf geachtet werden, daß dorsal keine akzidentelle Verletzung des Rektums oder der Analdrüsen erfolgt. Der Penis kann dann soweit vorgelagert werden, daß die Bulbourethraldrüsen ohne Spannung im Incisionsbereich liegen.

Mit einer spitz-spitzen Irisschere wird die Urethra dann von der Glans penis aus longitudinal in der dorsalen Mittelinie bis kranial der Bulbourethraldrüsen aufgeschnitten; denn hier erst erweitert sich die Harnröhre beträchtlich. Zum Spalten der Urethra kann auch ein Katheter als Leitschiene benutzt werden (Abb. 65, 66, 67).

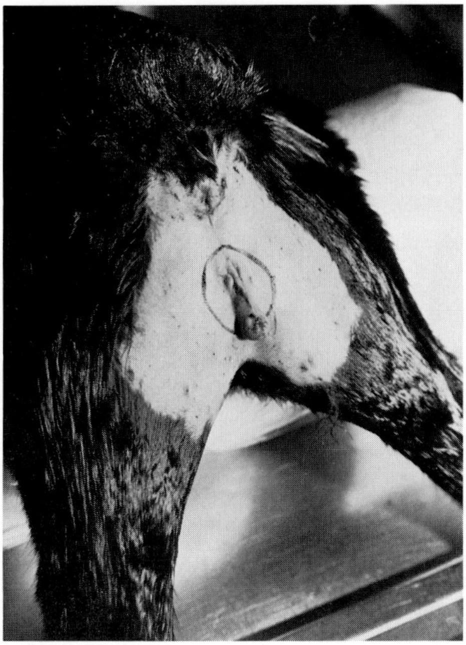

Abb. 60: Vorbereiteter Kater mit eingezeichneter Schnittführung (Oval).

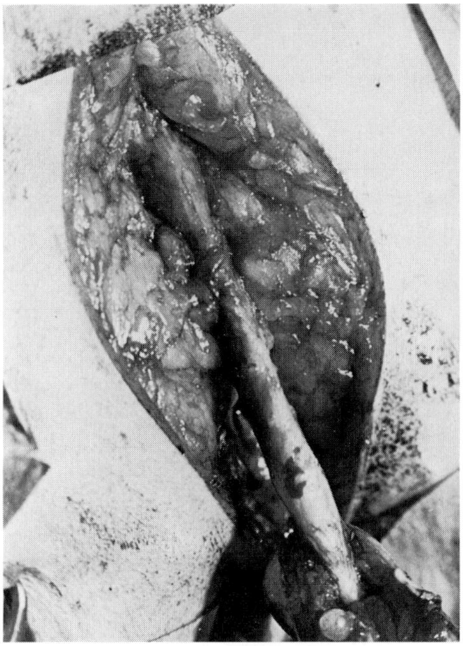

Abb. 61: Freipräparierter Penis.

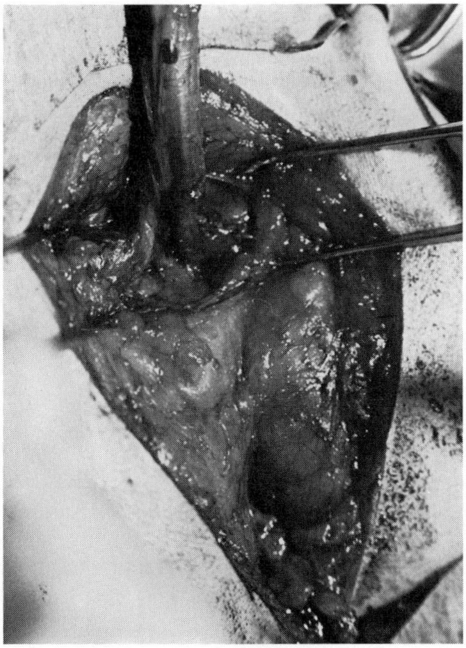

Abb. 62: Freipräparierter Penis nach dorsal gehalten.

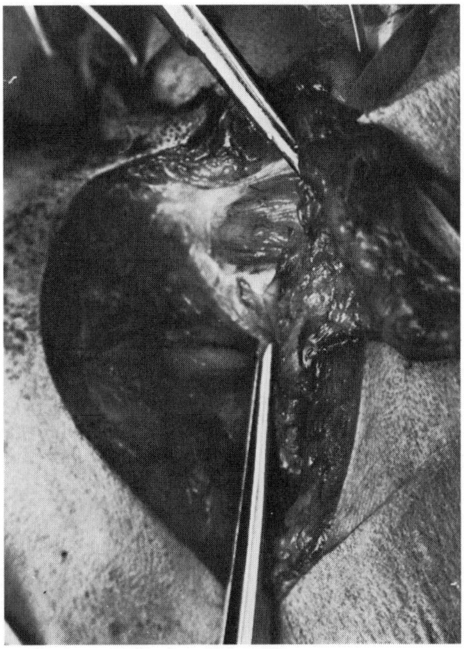

Abb. 63: Lage des linken M. ischiocavernosus.

Die Urethraschleimhaut wird nun an die Haut des Perineums mit Prolene atraumatisch 4–0 in Einzelheften fixiert; die Technik dieser Naht ist maßgeblich für den Erfolg der Operation! Die beiden dorsalen Nähte werden im Winkel von 45° zur Mittellinie gesetzt (Abb. 68); dabei werden ca. $^2/_3$ der Penisurethra genutzt, der Rest wird abgesetzt und – um Blutungen aus dem Corpus cavernosum zu verhindern –

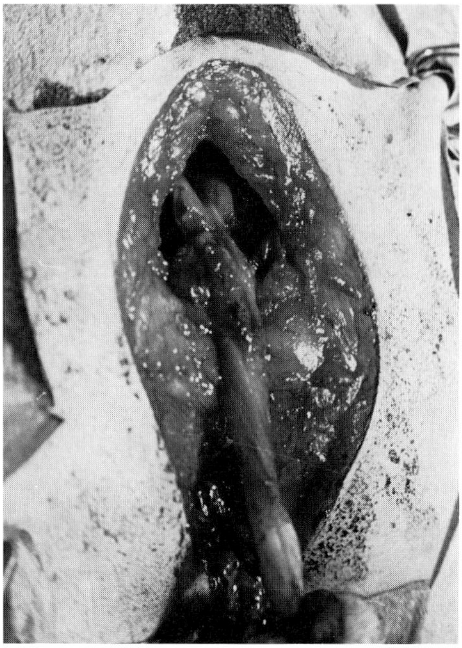

Abb. 64: Kastrierter Kater. Lage der Bulbourethraldrüsen im Inzisionsbereich.

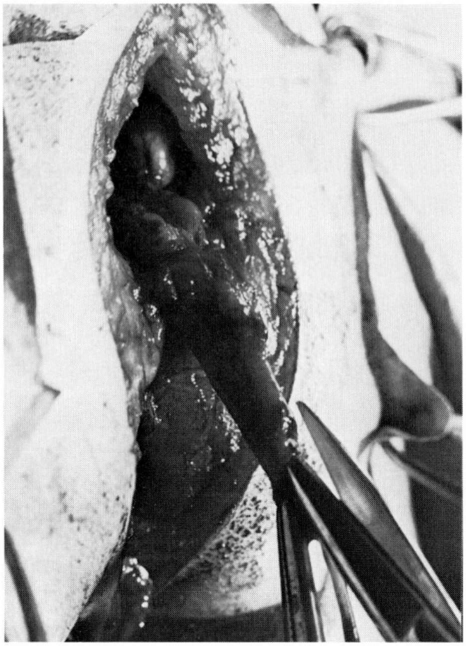

Abb. 65: Eröffnung der Harnröhre; zwischen Schere und Klemme ist der als Leitschiene benutzte Katheter sichtbar.

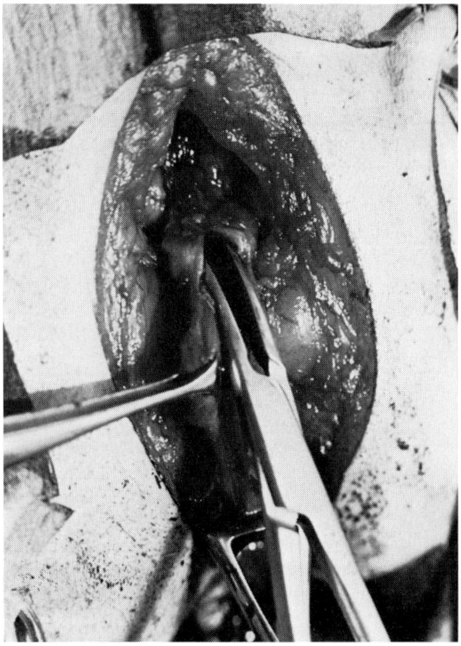

Abb. 66: Arterienklemme im Lumen der Harnröhre.

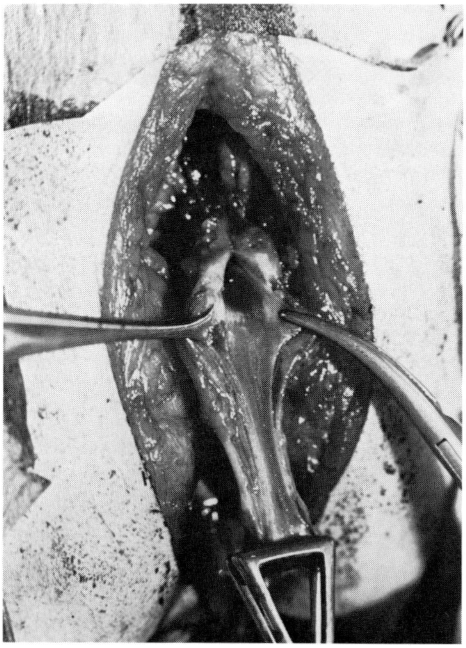

Abb. 67: Situationsbild der eröffneten Harnröhre.

vorher mit Catgut ligiert. Die letzten beiden Nähte müssen wieder im Winkel von 45° gesetzt werden, um die Urethra möglichst weit offen zu halten (Abb. 69).

Postoperative Nachsorge

Ein Halskragen, der groß genug ist, um ein Belecken oder auch Bearbeiten der Operationswunde mit dem Rand des Halskragens zu verhindern, ist unbedingt

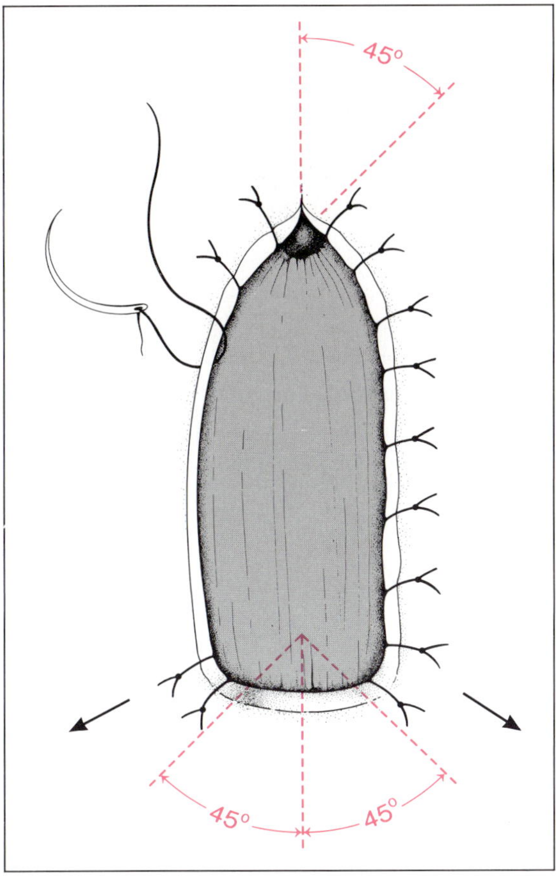

Abb. 68: Adaption Haut/Urethraschleimhaut durch Einzelhefte.

erforderlich. Die Benutzung eines Dauerkatheters für 3–5 Tage wird nur empfohlen, wenn befürchtet wird, daß die Harnröhre verletzt und durchlässig wurde. Nach 10 Tagen werden die Fäden gezogen.

Komplikationen

Besteht zum Zeitpunkt der Operation ein vorwiegend traumatisch bedingter Defekt der Urethra, so kann Urin in das umgebende Gewebe austreten und zu schweren Entzündungserscheinungen mit Ödemen und Nekrosen führen. In solchem Fall werden mehrere Hautinzisionen vorgenommen die einen Abfluß der Gewebsflüssigkeit ermöglichen. In solchen Fällen sollte stets ein Dauerkatheter eingelegt werden bis die Urethralläsion abgeheilt ist. Aus diesem Grunde sollte eine perineale Urethrotomie nach Möglichkeit nur dann durchgeführt werden, wenn eine Verletzung der Urethra durch vorausgegangenes Katheterisieren ausgeschlossen werden kann oder schon abgeheilt ist.

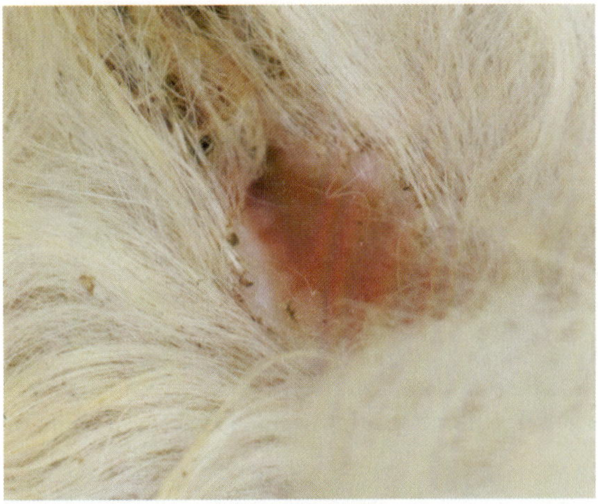

Abb. 69: Methode nach WILSON. Vier Wochen post operationem.

Stenosiert eine nach dieser oder einer anderen Methode chirurgisch angelegte Urethrafistel, so kann die Urethra erneut freipräpariert und, wie beschrieben, vernäht werden. Dabei ist zu kontrollieren, ob bei der Erstoperation der Penis auch sicher gänzlich freipräpariert wurde.

Kastration des Katers (Orchiektomie)

Die Behaarung am Skrotum und in der Umgebung wird um so großzügiger gekürzt oder gezupft, je langhaariger der Kater ist, Komplikationen sind nicht selten.

Nach Reinigung und Desinfektion des Wundgebietes wird das Skrotum in der Rhaphe lediglich mit einem Schnitt durchtrennt, beide von der Tunika dartos bedeckte Testes werden aus dieser *einen* Hautwunde gedrückt und an den Samensträngen hervorgezogen. Diese sind einzeln mit Catgut oder einem anderen resorbierbarem Nahtmaterial zu li-

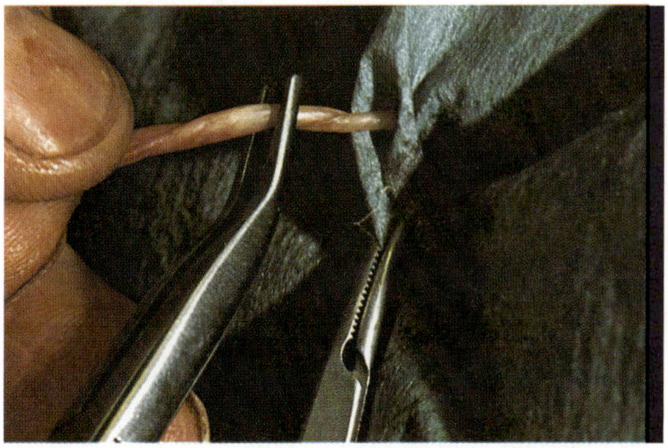

Abb. 70: Katerkastration. Anlegen eines Haemoclips.

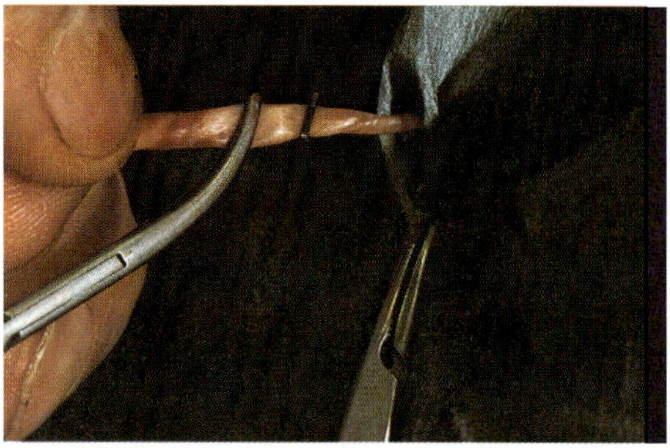

Abb. 71: Katerkastration: Angelegter Haemoclip.

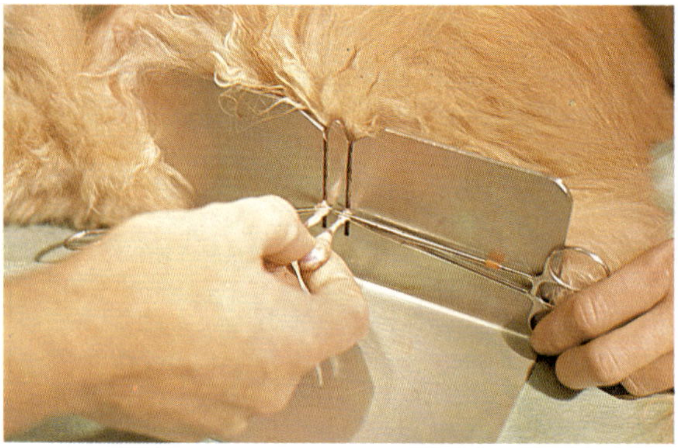

Abb. 72: Kastrierwinkel nach DÜRR.

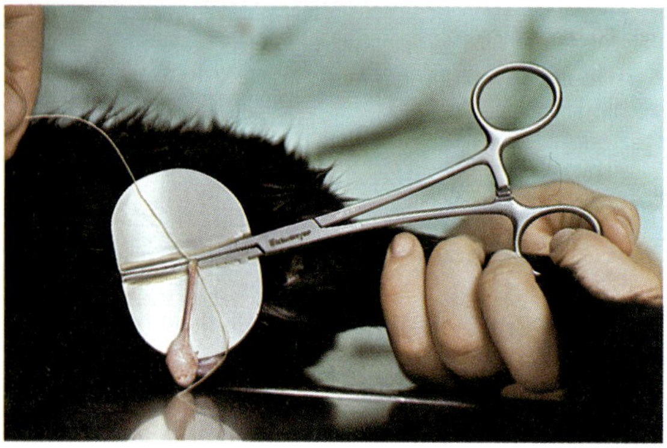

Abb. 73: Kastrierklemme nach BOLBECHER.

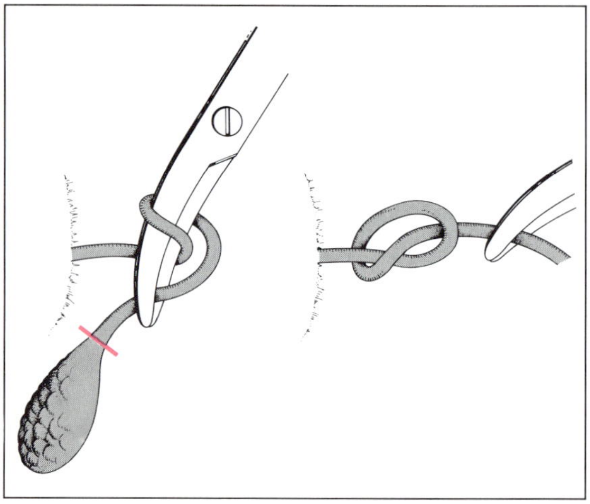

Abb. 74: Katerkastration. Methode BLAKE.

Abb. 75: „Figure-of-Eight-Instrument Tie" (PETTIT).

gieren. Alternativ sind Gefäßclips (Hemoclip®, Versaclip®, Ligaclip®) gut geeignet [16]. Das schnelleVerfahren ist hygienisch und zuverlässig. Abstoßreaktionen wurden bisher nicht beobachtet (Abb. 70, 71).

Als praktikabel – besonders bei langhaarigen Katzen – erwiesen sich der Kastrierwinkel nach DÜRR [5] (Abb. 72) sowie die Kastrationsklemme nach BOLBECHER (Abb. 73). BLAKE [17] machte schließlich noch auf eine andere Methode aufmerksam (Abb. 74): Nach gründlicher Enthaarung und Desinfektion werden Hoden und Samenstrang vorgezogen, mit einer schmalen Klemme derart erfaßt, daß nach Absetzen des Hodens jeweils in dem verbleibenden Samenstrang ein Knoten entsteht. Ein sicherer Verschluß der durchtrennten Gefäße ist gegeben. Weitere Modifikationen nach PETTIT [29] (Abb. 75).

Kryptorchismus

Maldescendierte Gonaden können beim Kater überall auf dem Wege zwischen kaudalem Nierenpol und Leistenregion zu finden sein.

Außerhalb des Leistenringes (inguinaler Kryptorchismus (Abb. 76) sind die Hoden im Fettdepot oft nicht leicht zu ertasten, es muß daher in diesem Bereich sorgfältig stumpf präpariert werden. Gelegentlich läß sich dort lediglich der Nebenhodenschwanz oder ein Teil des Ductus deferens darstellen und vorsichtig mit einer stumpfen Pinzette aus dem äußeren Leistenring hervorziehen, so daß erst dann ohne Eröffnung der Bauchhöhle der Hoden abgesetzt werden kann (inkompletter abdominaler Kryptorchismus).

Bei abdominaler Lage wird die Bauchhöhle unmittelbar kranial des Schambeinkamms in der Linea alba eröffnet und man findet in den meisten Fällen bereits intraperitoneal lateral der Schnittlinie den verborgenen Hoden (Abb. 77, 78), immer jedoch den grauweißen geschlängelten Ductus deferens und an diesem entlang dann den gesuchten Hoden, selbst wenn dieser noch weiter kranial liegen sollte. Wegen der geringeren Dehnbarkeit des degenerierten Samenstranges hat sich auch hier die Verwendung von Haemostaseclips bewährt [16].

Abdominal liegende Hoden sind auch beim Kater von einer ähnlichen Befallsquote für Neubildungen betroffen, wie sie vom Hund bereits bekannt sind, daher sind histologische Untersuchungen solcher Gonaden geraten.

Vasektomie

Außer bei Großkatzen gibt es selten Indikation für diesen Eingriff.

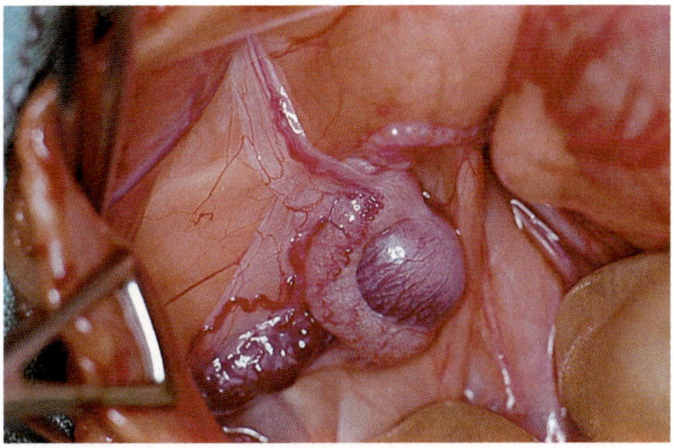

Abb. 76: Inguinaler Kryptorchismus.

Der Kater ist in Bauchlagerung vorzubereiten und in der Perinealregion zu enthaaren; der Schwanz sollte über den Rücken nach vorn gebunden sein. Der Anus kann evtl. mit einer Tabaksbeutelnaht verschlossen werden. Sodann werden durch die perinale Mittellinie wechselweise scharf und stumpf beide Ductus deferentes freipräpariert, doppelt unterbunden und kleine Zwischenstücke entnommen, um eine Dauersterilität sicher zu gewährleisten.

Kastration der Katze (Ovarektomie)

Obgleich die Ovarektomie seit Jahren zu **der** Routineoperation in der Veterinärmedizin wurde, wird die Entscheidung, ob bei der Kastration nicht grundsätzlich besser gleichzeitig der Uterus entfernt werden sollte, weiterhin individuell getroffen. Auch hat sich kein einheitliches Vorgehen durchsetzen können.

Drei Modifikationen müssen gegeneinander abgewogen werden: Das Eingehen in die Bauchhöhle von der Linea alba aus, von einer Flanke und von beiden Flanken her. Alle drei Variationen haben ihre Vor- und Nachteile. Bei der Wahl soll der Operateur folgenden Forderungen gerecht werden: minimales Trauma, zuverlässige Hämostase, kurze Operationszeit und befriedigendes kosmetisches Ergebnis.

Der Bauchhöhlenzugang mittels **medianer Laparatomie** bietet den Vorteil rascher, problemloser Erweiterung der üblichen 3–5 cm langen Bauchdeckendurchtrennung nach kaudal, wenn sich der Operateur zur Ovariohysterektomie entscheiden muß oder beispielsweise die Aplasie eines Uterushorns einen größeren Bauchhöhleneinblick erforderlich macht. Der längere Weg zu den Ovarien wird leicht mit dem Kastrationshaken überbrückt. Mit ihm werden die Ovarien jeweils in Höhe des 3.–4. Lendenwirbels kaudal der Nieren nahe der dorso-lateralen Bauchwand erfaßt und aus der Bauchwunde gezogen. Das Absetzen erfolgt mittels Ligaturen oder (schneller,

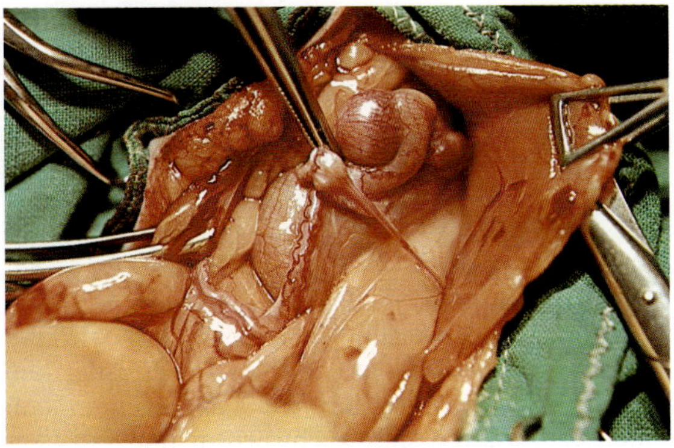

Abb. 77: Abdominaler Kryptorchismus. Übersicht.

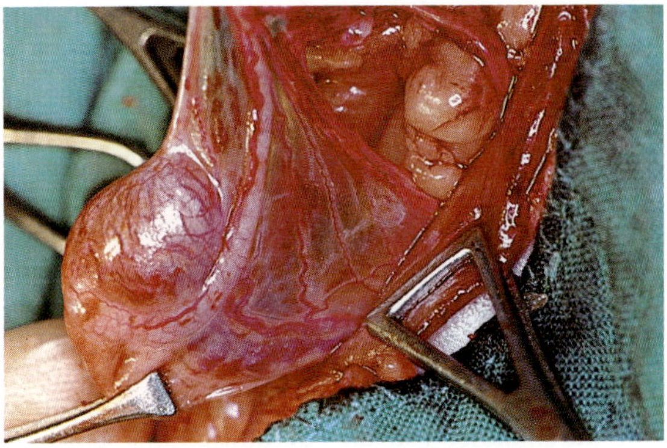

Abb. 78: Abdominaler Kryptorchismus. Detail.

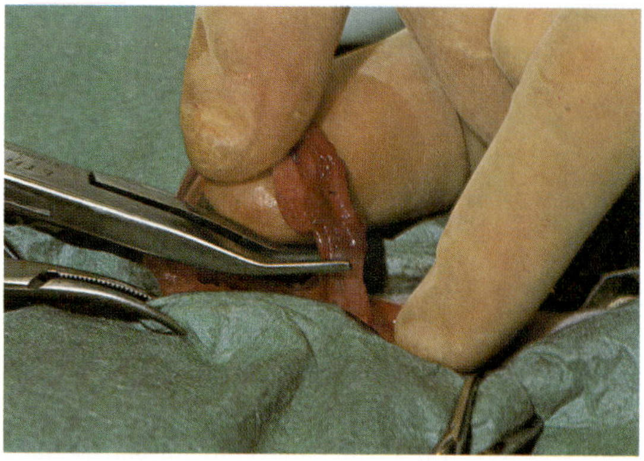

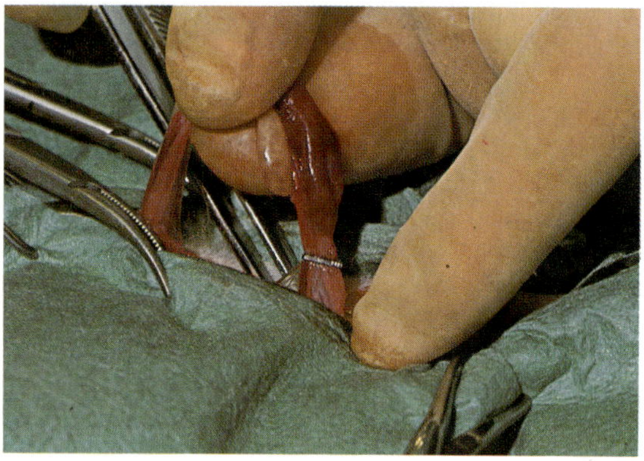

Abb. 79 (oben links) und 80: Das Ovar wird kranial und kaudal durch Anlegen eines mittleren Ligaclips® aus Tantal ligiert.

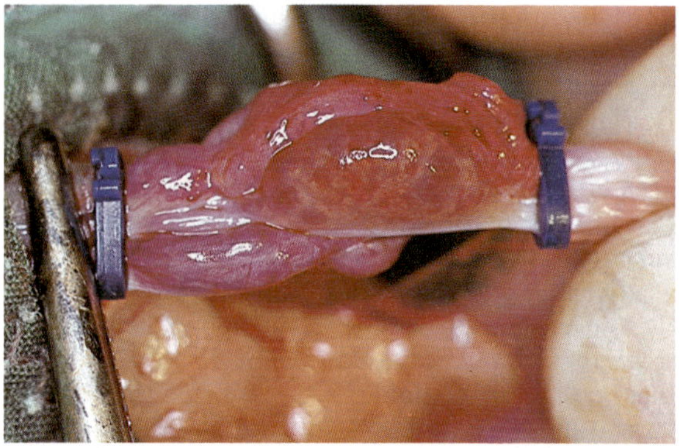

Abb. 81: Der resorbierbare Ligatur-Clip Surgi® aus Polydioxanon garantiert durch einen speziellen Schließmechanismus einen zuverlässigen Gefäßverschluß bei der Ovarektomie.

jedoch teurer) Clips (Abb. 79–80). Die Mesovarlegierung sollte möglichst nahe am Nierenfett liegen und die Uterushornspitzen müssen mit abgesetzt werden, weil sonst nicht sicher gewährleistet ist, daß alles germinative Eierstocksgewebe entfernt wurde. Ist aufgrund wiederkehrender Rolligkeit nach einer Ovarektomie eine Nachoperation erforderlich, so sollte diese nur im Stadium der ausgeprägten Rolligkeit ausgeführt werden. Makroskopisch erkennbare zystische Veränderungen findet man dann meist an den noch vorhandenen Uterushornspitzen.

Die einseitige (möglichst rechte, da linkes Mesovar länger!) **laterale Laparatomie** bietet den Vorteil kürzerer Wege zu den Ovarien sowie eines geringeren Operationstraumas. Ein Ovar liegt unmittelbar unter der Inzisionslinie und das gegenüberliegende kann leicht mit dem Kastrationshaken am dehnbaren Mesovar durch dieselbe Bauchwunde nach außen gelagert werden. Eine Ovariohysterektomie wird durch diesen Zugang allerdings etwas schwieriger. Auch unerwünschte kosmetische Effekte, wie Nachdunkeln des Fells bei manchen Edelkatzen, lassen von diesem Zugang abraten.

Aplasie des Uterushorns

Auch wenn keine makroskopisch sichtbare Uterusbifurkation erkennbar ist, läßt sich immer das Mesometrium des fehlenden Horns auffinden und an ihm kraniodorsal ein voll entwickeltes Ovar. Das Absetzen erfordert manuelle Geschicklichkeit, weil das Mesovar eines Unterus unicornis stets sehr kurz und extrem schlecht dehnbar ist. Die Verwendung einer Gefäßclip-Zange erleichtert dieses Vorgehen wesentlich.

Ovariohysterektomie

Wird eine Hysterektomie erforderlich (Pyometra, Hydrometra, Uterusruptur), müssen immer gleichzeitig auch die Ovarien entfernt werden, auch wenn bei pathologischen Prozessen am inneren Genitale keine Veränderungen der Ovarien erkennbar sein sollten!

Da bei der Katze immer der Uteruskörper in den Entzündungsprozeß einbezogen ist, wird eine besonders sorgfältige Versorgung des Uterusstumpfes notwendig. Der amputierte Stumpf sollte desinfizierend touchiert und mit einer einstülpenden Naht verschlossen werden.

Sectio caesarea

Nach großzügiger medianer Laparotomie (vom Schaufelknorpel bis zum Schambeinkamm) wird der Uteruskörper vorgelagert und dorsal eröffnet, um sowohl aus beiden Hörnern wie auch aus dem kaudalen Geburtsweg alle Früchte entnehmen zu können. Naht mit atraumatischem Catgut 4–0.

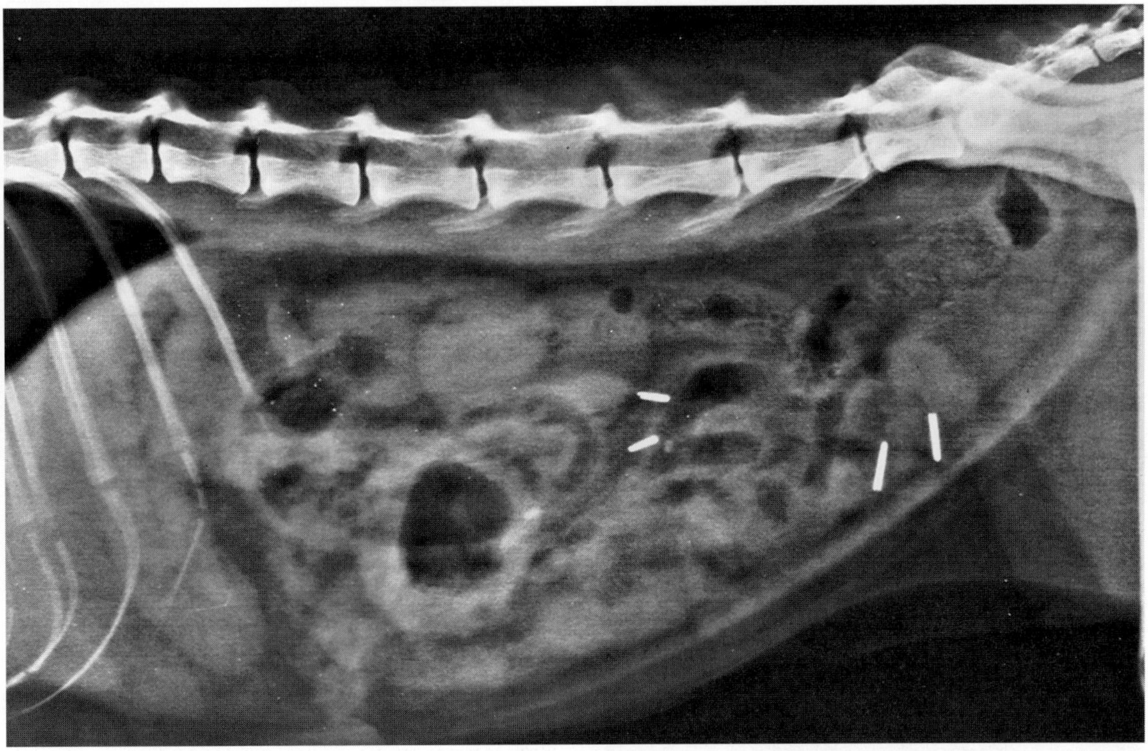

Abb. 82: Die Ligaclips in der Röntgenaufnahme einer kastrierten Katze können Anlaß zu Fehlinterpretationen sein.

Mastektomie

Neubildungen der Mammakomplexe sollten immer Anlaß zu einer Mastektomie sein, weil nur auf diese Weise einer Metastasierung vorgebeugt werden kann. Auch umfangreiche, bereits nekrotisierende Komplexe können noch erfolgreich entfernt werden. Bei allen Katzen ist zunächst eine Röntgenuntersuchung des Thorax auf evtl. bereits vorhandene Metastasen durchzuführen.

Eine Mastektomie ist ferner angezeigt bei chronischen Entzündungsprozessen oder Fibroadenomatose, von der nicht selten junge Katzen **beiden** Geschlechts betroffen sein können (Abb. 83, 84). Diese sollten stets zugleich kastriert werden.

Wie in Abb. 85 gezeigt, sind die lymphatische Korrespondenz, der Milchdrüsen untereinander und die Anzahl der Drüsenkomplexe bei Hund und Katze unterschiedlich. Eine großzügige Schnittführung und radikale Entfernung der gesamten Mammaleiste einschließlich der axillären und inguinalen Lymphknoten ist erforderlich. Sorgfältige Hämostase ist die Voraussetzung eines komplikationslosen Heilungsverlaufs.

Die A. und V. epigastrica caudalis superf. sind jeweils mit doppelten Ligaturen zu versehen. Der Hautverschluß soll mit Matratzeneinzelheften erfolgen, die wechselweise kranial und kaudal so zu legen sind, daß das mittlere Wundareal zuletzt geschlossen wird. Je weniger Hohlräume verbleiben, desto weniger wird infolgedessen die Katze den Wundbereich belecken. Wenn vertretbar, sollte zunächst erst eine Mammaleiste entfernt werden und nach Heilung sogleich die andere.

Operationen am Gallengangsystem

Gallenblasenruptur

Wenngleich auch eine unfallbedingte Ruptur selten therapierbar ist, so sollte man dennoch nach rascher Eröffnung des Abdomens nicht unversucht lassen, ausgeflossene Galle sorgfältigst abzusaugen.

Der Verschluß der Gallenblase selbst ist einfach.

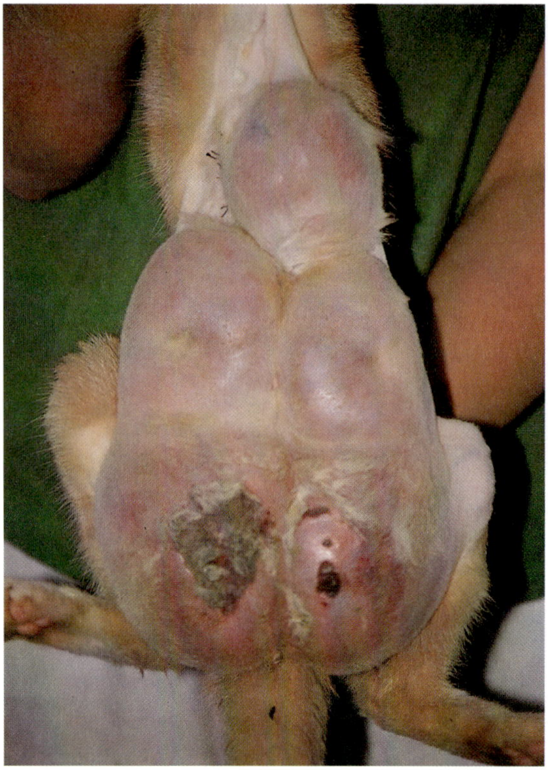

Abb. 83: Ausgeprägte Fibroadenomatose bei einem 7 Monate alten Kater.

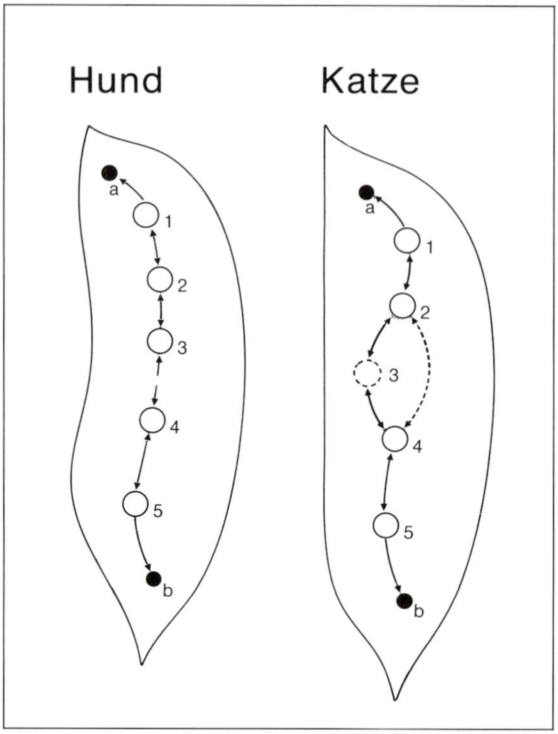

Abb. 85: Vergleichsweise Schnittführung und lymphatische Versorgung der Mammaleiste bei Hund und Katze sowie die Lage des Lnn. axillares (a) und Lnn. inguinales (b) (nach HARVEY[25]).

Galleneindickung in der Gallenblase

Da eine kausale medikamentöse Therapie bisher kaum möglich war, kann nur eine zystenteroanastomose zum Duodenum oder Jejunum helfen (BJORLING [18]). Zuvor ist unbedingt der Hauptpankreasgang zu isolieren und ligieren.

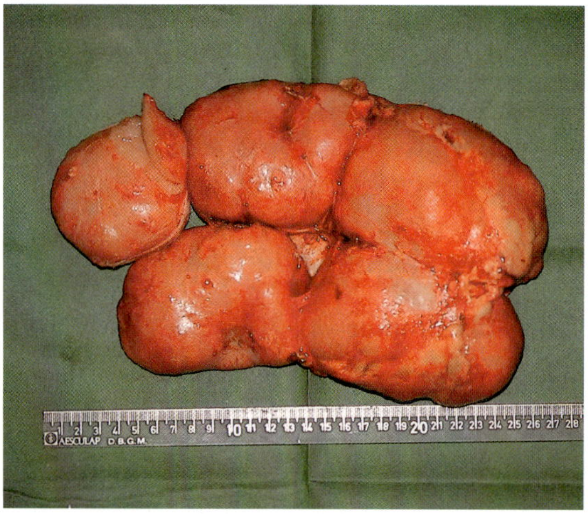

Abb. 84: Operationspräparat nach Mastektomie.

Obstruktion des Ductus choledochus

Tumor (Abb. 87), Konkremente oder eingedickte Galle (Abb. 86) können zu Abflußstörungen führen.

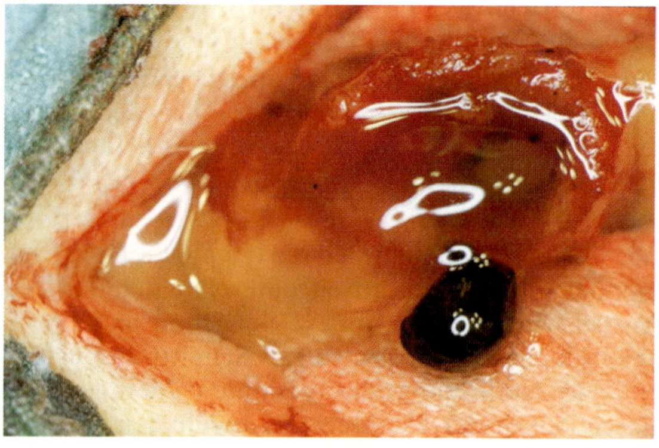

Abb. 86: Die aus der Papille des Ductus choledochus nach Pfropfentnahme hervorquellende Galle muß sorgfältig abgesogen werden!

Da eine Extirpation der Gallenblase allein solch Leiden nicht beheben kann, muß über eine Duodenotomie die Papille des Ductus choledochus behutsam geöffnet oder zumindest gereinigt werden, denn die eigentliche Stase befindet sich hier. Die nach der Propfentnahme hervorquellende Galle (Abb. 86) muß sehr sorgfältig abgesogen werden, denn eine Galle-Peritonitis überlebt keine Katze!

Gelegentlich bringt bereits eine extraenterale Massage des Gallengangs Erfolg. Die „Pfröpfe" analysieren sich nahezu immer auf 100 % Bilirubin.

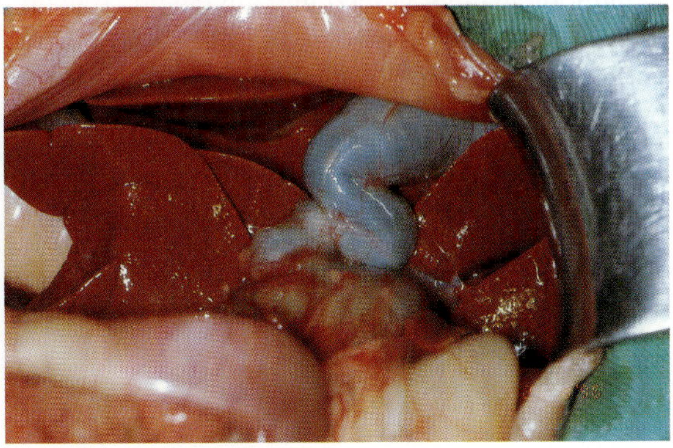

Abb. 87: Gallengangsstenose als Folge eines Adenokarzinoms an der Duodenalpapille.

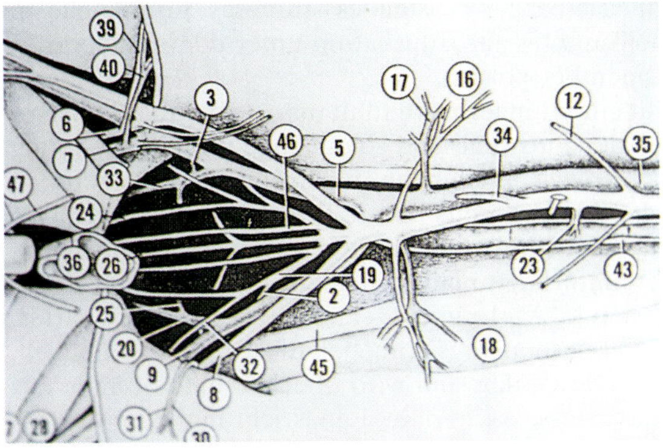

Abb. 88: Abdominale Gefäße bei der Katze nach FIED-TAYLOR: An atlas of cat anatomy. Chicago Press (1969).

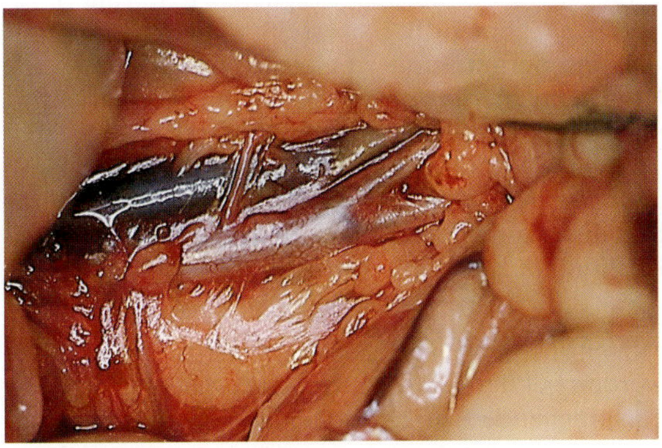

Abb. 89: Der Thrombus schimmert durch die Gefäßwand.

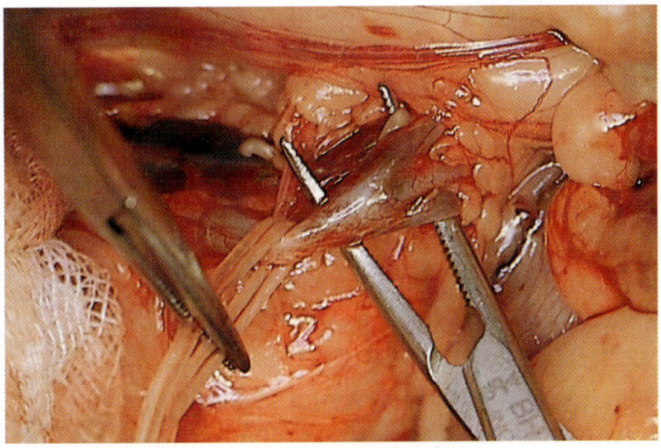

Abb. 90: Zwei starke Catgutschlingen unterfangen die unter Staudruck stehende Aorta.

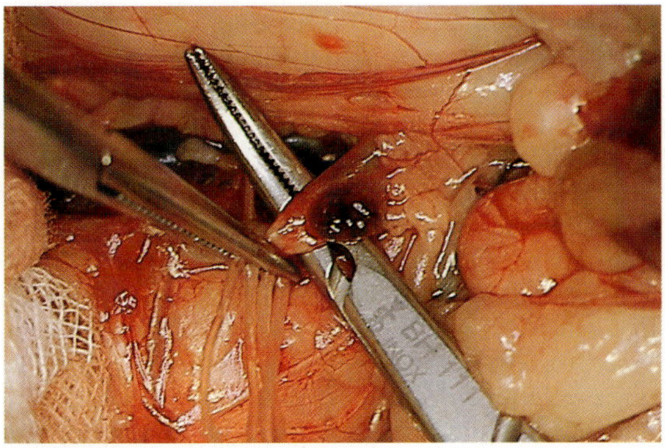

Abb. 91: Der „reitende" Thrombus quillt aus der Gefäßdurchtrennung.

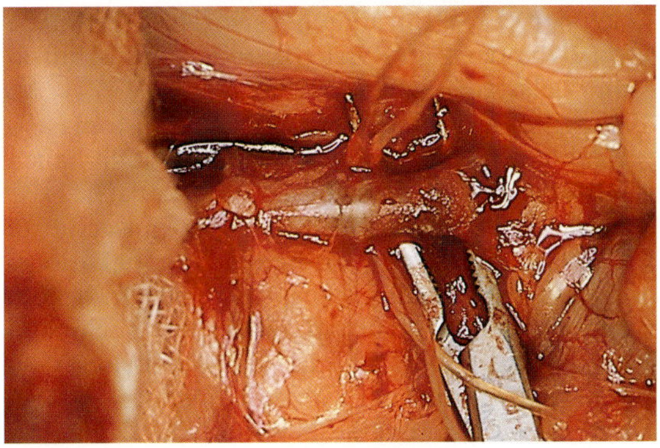

Abb. 92: Verschlossene Gefäßwunde nach Lösung unterfangender Catgutschlingen.

Operationen am Gefäßsystem

Aortenthromboembolie

Die in Rückenlage gebrachte Katze erhält durch lokale Polsterung ein „Hohlkreuz", um die Bifurkation der Aorta leichter erreichbar zu machen (Abb. 88). Eröffnung des extrem kaudalen Abdomens von der Linea alba her. Tastendes stumpfes Vordringen in die Tiefe bis zur Bifurkation unter dem retroperitonealen Fettpolster.

Mit einer Fingerbeere fühlt man die kaudale „Bremse" der Pulswelle und somit Lage und Ausdehnung des (meist „reitenden") Thrombus. Gelegentlich schimmert bereits der „Pfropf" durch die Gefäßwand (Abb. 89). Mit zwei starken Catgutschlingen unterfängt man beiderseits die unter Staudruck stehende Aorta und „verschließt" sie durch zartes, aber konsequentes Anheben dieser Schlingen (Abb. 90). Die Gefäßwand wird über die halbe Länge des Verschlusses scharf in Längsrichtung durchtrennt. Der Thrombus quillt meist unmittelbar nach Eröffnung hervor (Abb. 91). Gefäßverschluß durch Einzelhefte mit 5–0 bis 9–0 PDS in einer Mikropointspatula-Nadel und zusätzlichem Gewebekleber (Abb. 92). Eine Fingerbeere ertastet jetzt bei sehr langsamer Lösung der Verschlußschlingen die jenseits der Gefäßwunde ankommenden Pulswellen zur Kontrolle des tatsächlich freien Lumens. Behutsame Rücklagerung ins extraperitionale Fettpolster, Peritonealschürze mit 5–0 Catgut. Bei erfolgreicher Chirurgie weicht in 1–2 Tagen die ischämische Paraplegie.

Orthopädische Eingriffe

Folgende Besonderheiten sind zu beachten:

1. Knochen- oder gelenksgeschädigte Katzen benehmen sich anders als Hunde. Sie sind besser in der Lage, sich gewichtsausgleichend zu bewegen und eine gelenkswinkelgerechte Haltung einzunehmen. Eine chirurgisch versorgte Gliedmaße wird von der Katze viel zögernder und behutsamer belastet.
2. Konservativ versorgte Frakturen (Elastoplast®-, Hexelite®-, Robert-Jones-Verbände [30] heilen besser als bei Hunden (LOEFFLER et al. [31].
3. Obgleich selbst unvollkommen ausgeführte Osteosynthesen oft überraschend komplikationslos heilen, ist dennoch anspruchsvolle Knochen- und Gelenkchirurgie mit modernen Techniken der Kleintierpraxis zu fordern. Aseptisches Vorgehen ist auch bei der Katze Bedingung.
4. Perkutane Osteosynthese ist bei der Katze an Radius-Ulna und Tibia nach RAHLFS (1983 [32]) besonders bei Trümmerfrakturen erfolgreich. GOUDICHAUD et al. (1982 [36]) therapieren mit Fixateur externe Frakturen aller langen Röhrenknochen der Katze. EGGER et al. (1985 [62] beschreiben eine detaillierte Operationstechnik zum Erreichen einer hervorragenden Stabilität gegenüber Bewegungskräften (Radius, Tibia) mit „Halb-Pin-Balken" in Winkelandordnung zueinander gesetzt und mit einem „Balken" als Brücke verbunden.
5. Eine Reposition sollte immer möglichst rasch herbeigeführt werden.
6. Zur Osteosynthese hat sich neuerdings die Versorgung mit der sog. „schneidbaren Platte" (VCP) bewährt (BRÜSE, S. et al., 1989 [66]). Entnahme – außer bei Katzenwelpen – nach etwa 20 Wochen.
7. Abweichungen von den anatomischen Verhältnissen beim Hund sind im Einzelfall zu beachten.

Operationen im Kopfbereich

Fraktur der Sutura palatina

Zum **Absturz-Syndrom („high rise-Syndrom")** gehört der Gaumenriß. Es zerreißt dabei nicht nur das Palatum durum, sondern gleichzeitig fast immer die Knochennaht, die von den beiderseitigen plattenförmigen Gaumenfortsätzen der Oberkieferbeine gebildet wird. Wie bereits beim Gaumenriß geschildert, genügt eine Vereinigung des harten Gaumens zur Stabilisierung und Anregung einer verdeckten Ossifikation des Knochenspaltes.

Kieferorthopädische Anomalien

werden bei der Katze extrem selten beobachtet und entsprechende Korrekturen dann auch vom Tierhalter kaum erwartet.

Fraktur der Symphysis mandibulae

Nach Einrichtung der Fraktur durchsticht man mit der leicht gebogenen Nadel die Unterlippe (Abb. 93). Dann wird ein monofiler Draht eingefädelt und durch den Lippendurchstich gezogen. Eine stabile Vereinigung der Symphysenfraktur durch seitliches Aufdrehen des Doppeldrahtes hinter den Canini bereitet keine Schwierigkeiten (Abb. 94). Der gekürzte Drahtzwirbel läßt sich leicht in eine kleine bukkale Lippenwunde legen (Abb. 95). Die Katze empfindet auf diese Weise während der folgenden acht Wochen keine Störung bei der Futteraufnahme. Die Entfernung des Doppeldrahtes bereitet weniger Schwierigkeiten als die eines Einzeldrahtes, dieser hingegen ist einfacher anzulegen. Doppeldraht hat sich besser bewährt.

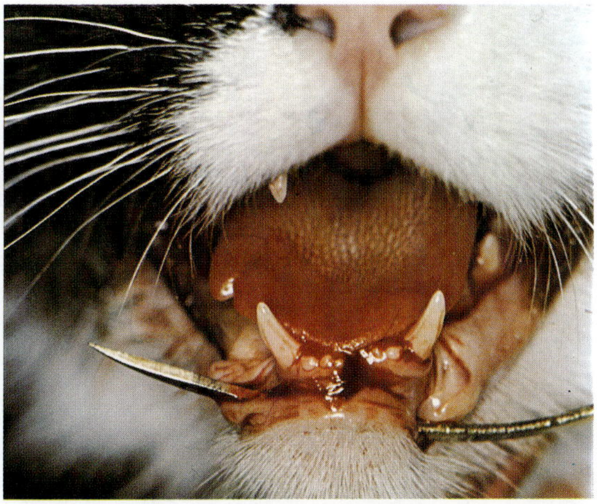

Abb. 93: Die durch die Unterlippe der mittels Pharyngotomie intubierte Katze geführte Nadel.

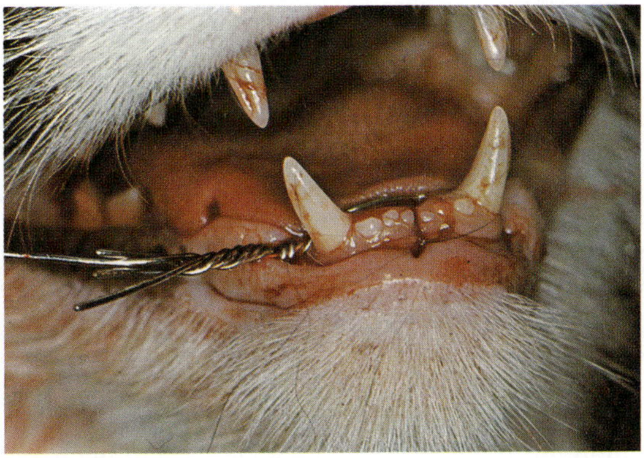

Abb. 94: Der seitlich aufgedrehte Draht stabilisiert die Symphysisfraktur.

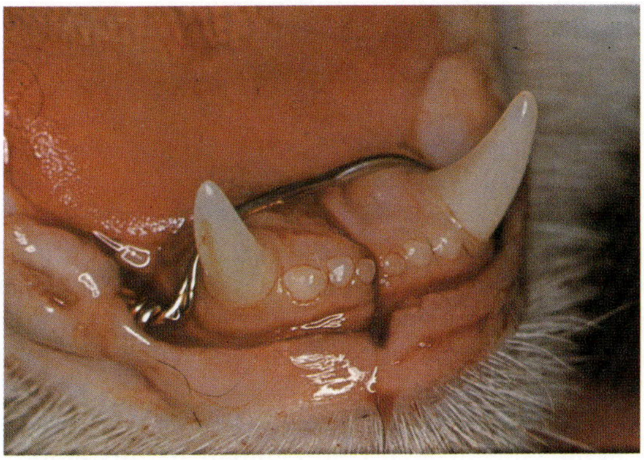

Abb. 95: Der Drahtzwirbel liegt in einer bukalen Lippenwunde und heilt dort zunächst ein.

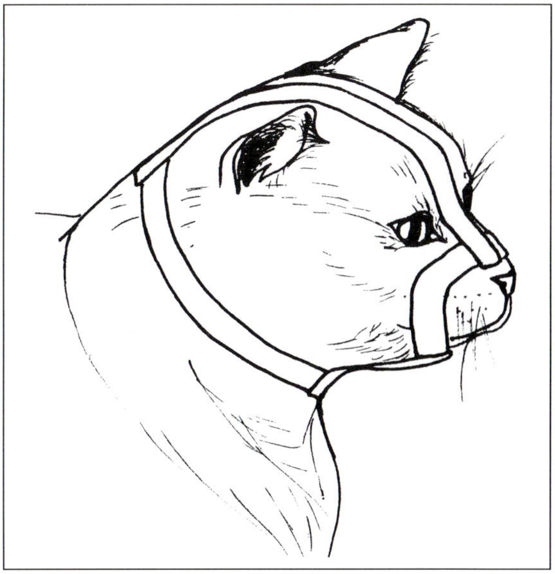

Abb. 96: Zur Fixierung des Unterkiefers werden Klebebinden halfterartig um den Kopf der Katze gelegt und in sich durch Rückführungen aneinandergeklebt.

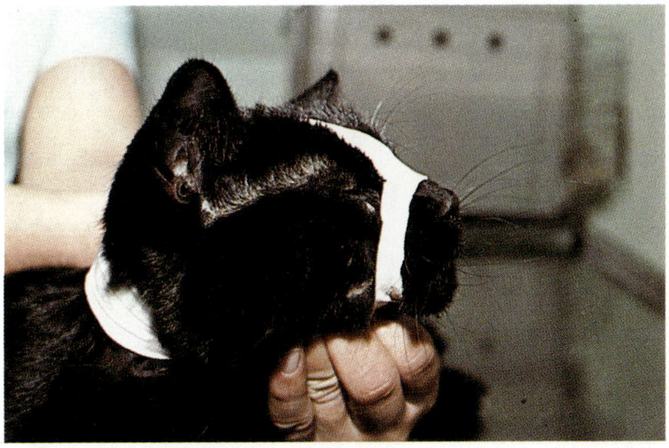

Abb. 97: Angelegte Halfterbinde.

Eine weitere Möglichkeit zur Fixation einer Symphysenfraktur besteht in der Osteosynthese mittels Schraube.
Transversal wird eine 2 mm oder 2,7 mm starke Schraube nach AO-Technik im 90°-Winkel durch beide kranialen Mandibeln gesetzt.

Fraktur des Corpus mandibulae

Die Unterkieferäste der Katze sind relativ kurz, so daß bei Frakturen die Hebelbelastungen geringer sind als beim frakturierten Hundeschädel. Infolgedessen genügt es selbst bei subcondylären Mandibularfrakturen (LEIGHTON [33], MEINARD [34]), die reponierten Frakturflächen mit Drahtligaturen

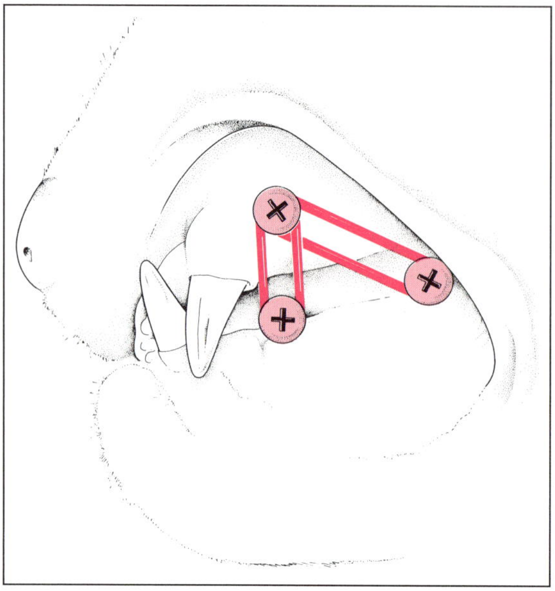

Abb. 98: Plazierung der Schrauben und Bänder zur temporären Fixierung bei einseitiger kaudaler Mandibularfraktur.

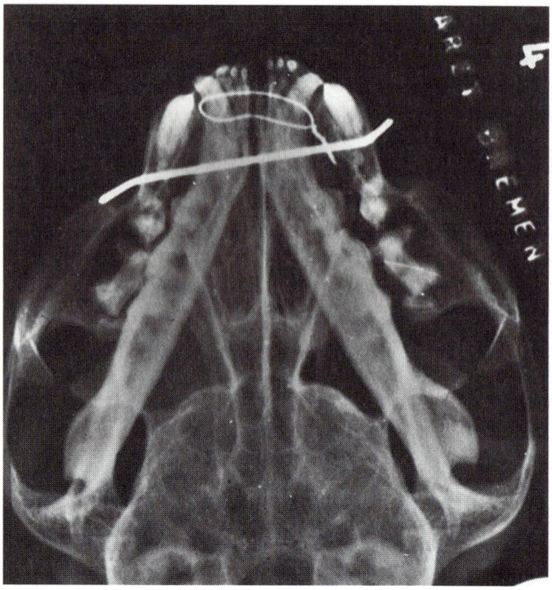

Abb. 100: Versorgte Frakturen des Ober- und Unterkiefers.

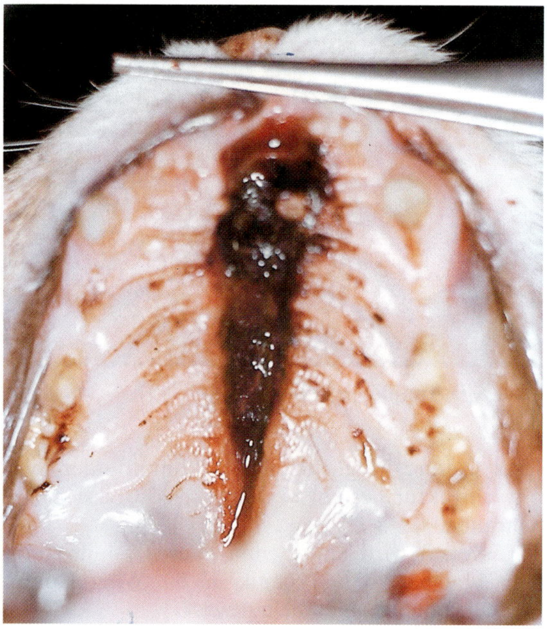

Abb. 99: Oberkieferfraktur.

(„Interarcade Wiring" RANDALL, 1987 [65]) zu vereinigen und für einige Tage mittels einer halfterartigen Kopfbinde (Abb. 96, 97) Unterkieferbewegungen zu verhindern. Diese Binde kann auch als Notverband bereits vor dem chirurgischen Eingriff angelegt werden, evtl. mit der zusätzlichen Sicherung durch einen Plastikhalskragen. Über die „Wangentaschen" lassen sich Katzen über drei Wochen mit dünnbreiiger Ernährung, die sie schlürfend aufnehmen, erfolgreich versorgen. Cave, bei der Katze droht in kurzer Zeit Dehydratation!

Bei mittelständigen Frakturen sind jedoch auch Vier-Loch-Fingerplatten einsetzbar. WOODY [35] empfiehlt bei einseitigen kaudalen Mandibularfrakturen beiderseits oben eine 2-mm-Schraube unmittelbar kaudal der Canini und zwei im Abstand von 1–2 cm in die kranialen Unterkieferäste mit kurzen, starken Gummibändern so zu verhindern, daß sich innerhalb einer Woche die Normalposition einstellt (Abb. 98). Vier Wochen p. op. können die insges. sechs Schrauben entfernt werden.

Fraktur des Ober- und Unterkiefers

Reposition zu physiologischen Okklusionsverhältnissen. Die Oberkieferfraktur (Abb. 99) läßt sich mit einem transversalen Spickdraht fixieren, den man beiderseits gegenläufig umbiegt (Abb. 100). Unterkieferversorgung siehe dort. Implantatentfernung nicht vor 8 Wochen!

ZETNER [47] empfiehlt alternativ als konservative Therapiemöglichkeit eine Parapulpärstift-Composite-Brücke zur temporären „Ankylose" des Unterkiefers.

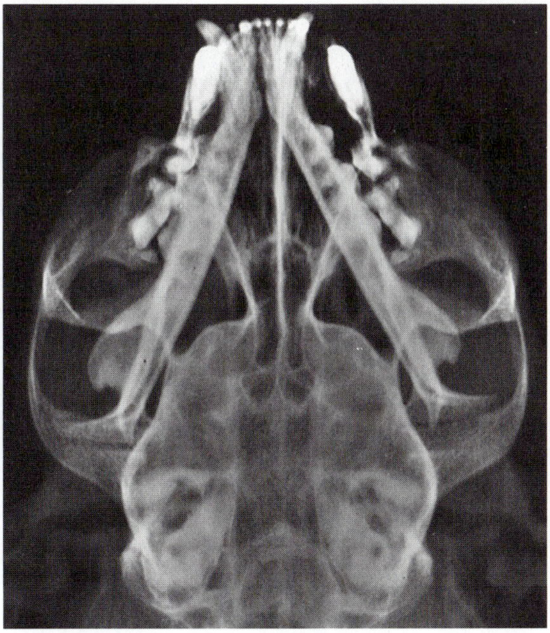

Abb. 101: Mandibularluxation.

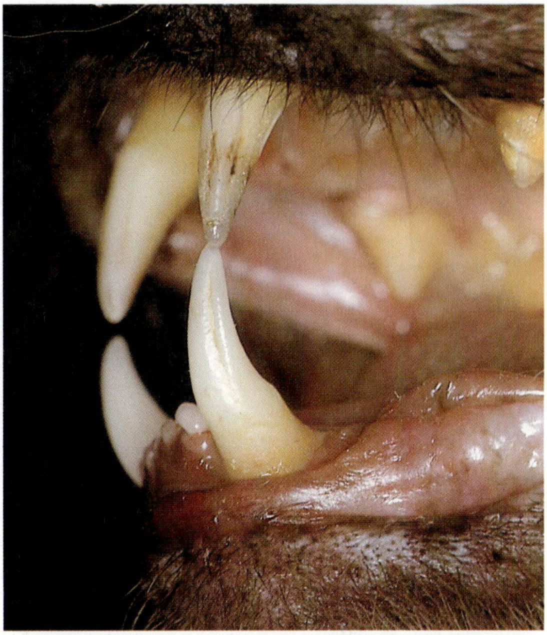

102 a

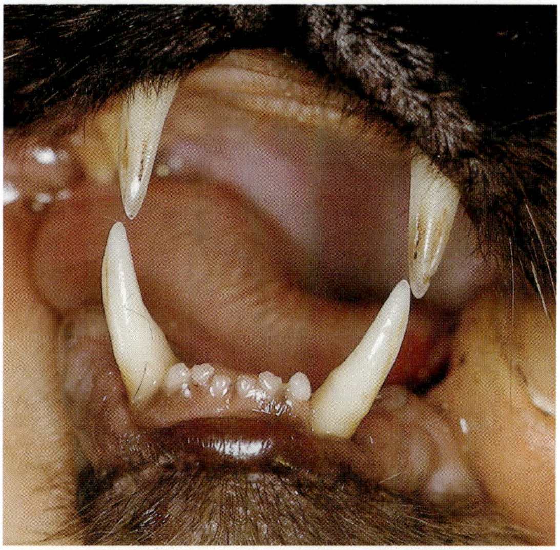

102 b

Abb. 102 a und b: Luxation eines Articulus temporomandibularis. Zahnschluß in Fehlstellung.

Luxationen eines Articulus temporomandibularis

Reponiert sich eine (häufigere) kraniodorsale Luxation des Kiefergelenks nicht spontan nach der ersten Futteraufnahme innerhalb von 24 Std., d. h. bleibt der Zahnschluß weiterhin in Fehlstellung (Abb. 101, 102), dann legt man einen Bleistift möglichst weit hinten quer ins Maul und preßt die Mandibeln derart gegen die Maxilla, daß sich mit Druck nach rückwärts die Scharniergelenksflächen wieder vereinen (Abb. 103); denn in fast allen Fällen handelt es sich um rostral gerichtete Luxationen oder Subluxationen. Auch in einem solchen Falle empfiehlt sich jene maulkorbartige Kopfbinde für drei Tage. Cave, Osteome im Bereich der Temporomandibulargelenke sind zwar selten, aber durchaus möglich!
Kaudoventrale Dislokationen bedürfen leidglich eines starken Unterkieferzugs nach rostral (Abb. 104).

Ankylose der Temporomandibulargelenke

Faziale Traumen können bei Jungkatzen zu bilateralen Ankylosen führen. Sorgfältige Exzision veränderter Gewebsteile ermöglichen eine funktionelle Wiederherstellung, wobei eine leichte klinisch unbedeutende Kieferschiefstellung häufig nicht zu vermeiden ist.
Eine Pseudoankylose kann auch durch Osteome verursacht sein. In solchem Fall hilft lediglich eine Ostektomie unter tracheotomer Intubationsnarkose.

LANTZ (1985) [63] beschreibt detailliert das operative Vorgehen. Siehe dazu auch unter Kapitel: Notfallmaßnahmen beim akuten Trauma.

Operationen an der Schultergliedmaße

Fraktur der Scapula

Wenn keine Dislokation vorliegt, genügt es, der Katze einen Spezialverband anzulegen. Dieser fixiert

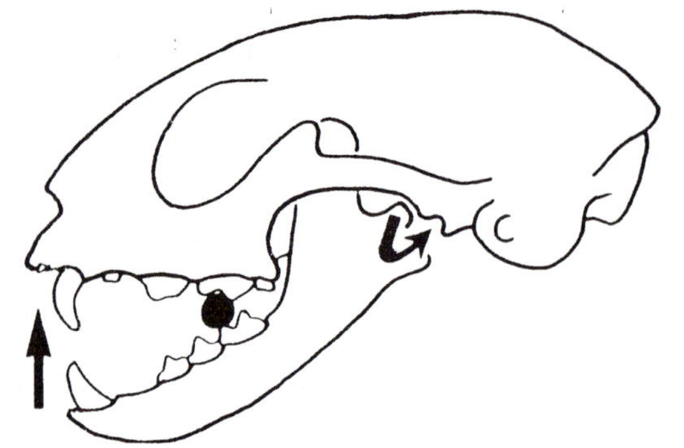

Abb. 103: Reposition („Bleistiftmethode") einer kraniodorsalen Dislokation.

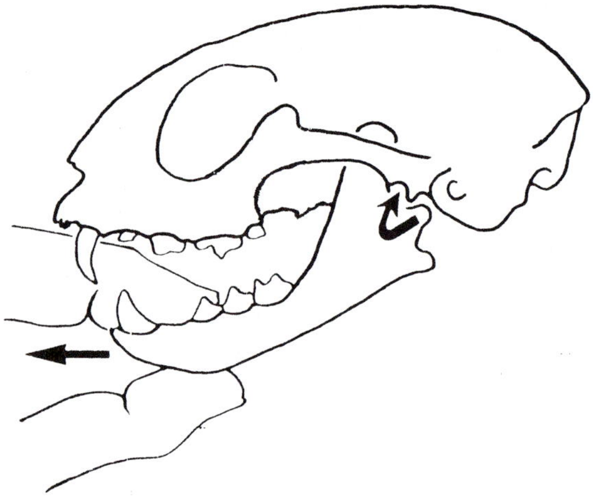

Abb. 104: Reposition einer kaudoventralen Dislokation.

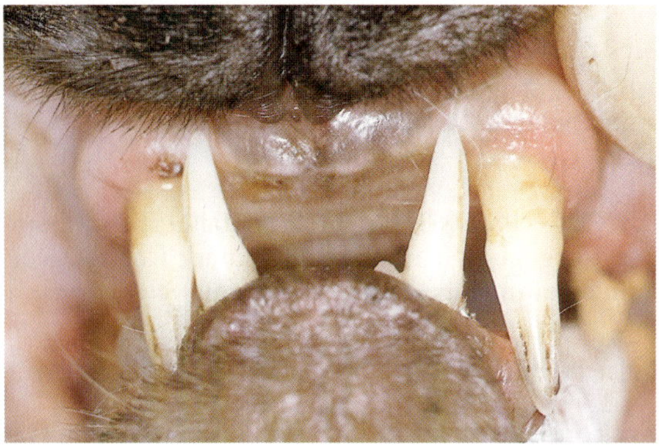

Abb. 105: Mandibularluxation nach Reposition. Gleicher Fall wie Abb. 101.

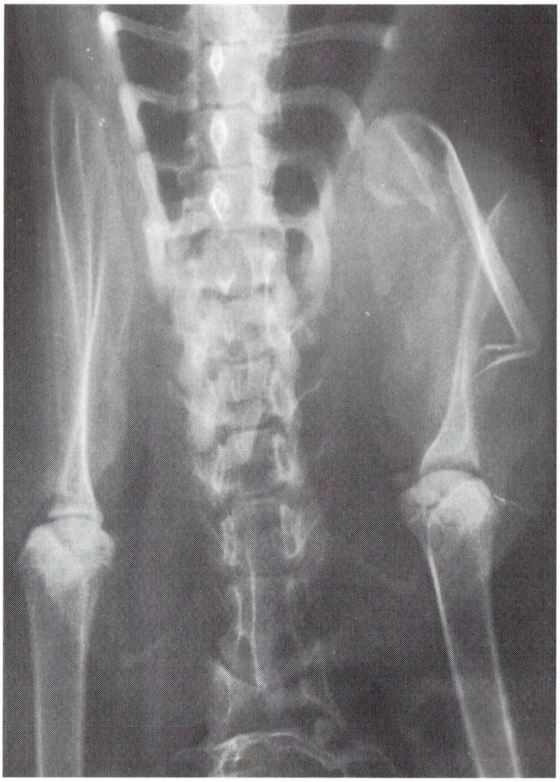

Abb. 106: Scapulafraktur mit starker Dislokation.

das Schulterblatt mit leicht angewinkeltem Schulter- und Ellenbobengelenk an den Brustkorb, so daß die Schultergliedmaße nicht belastet werden kann. Eine Binde wird kranial um die Schulter geführt, der Länge nach über den Oberarm und kaudal so um den Ellenbogen, daß dieser dem Brustkorb seitlich eng anliegt. Die Rückführung erfolgt hinter der Schulter der Gegenseite und über den Widerrist. Liegt eine stärkere Dislokation vor (Abb. 106), so sollte nach Reposition eine stabilere Retention erfolgen. Gelegentlich genügt jedoch bereits eine Drahtligatur (Abb. 107). Mit rascher Heilung ist zu rechnen.
Auch Collum-Frakturen sind unproblematisch bei der Katze. Sie sind jedoch möglichst stabil zu versorgen. Bei Schrägfrakturen genügt eine Zugschraube, eine Miniplatte ist jedoch vorzuziehen (Abb. 108).
Jede Skapulaversorgung muß 10 Tg. lang p. op. mittels Schulterverband (Ehmer-Sling) ruhiggestellt werden.

Scapulaluxation

Zum Absturz-Syndrom kann auch als Folge einer Zerreißung des M. serratus ventralis oder/und des M. trapezius eine extrem „lose Schulter" (Schulterluxation) gehören; leicht zu erkennen an einer ex-

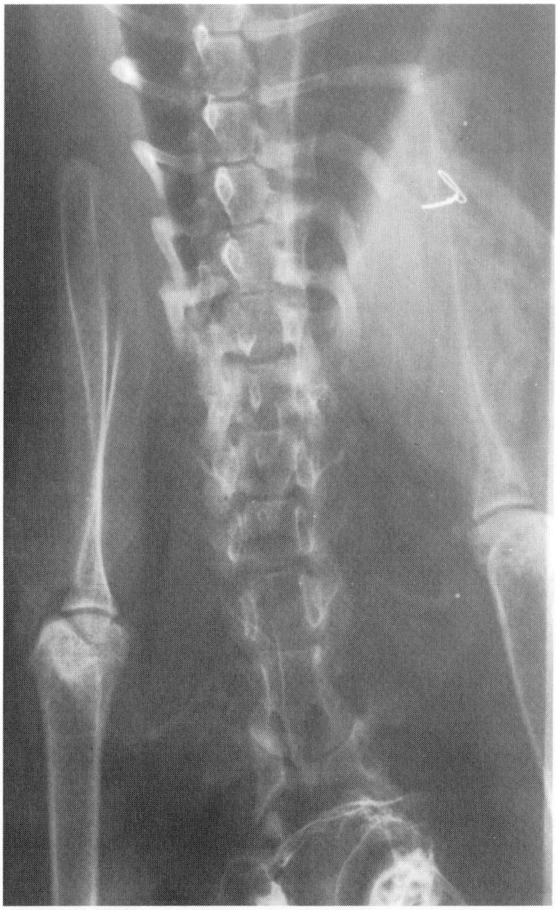

Abb. 107: Gleicher Fall wie Abb. 106 nach Reposition und Retention mittels Drahtligatur.

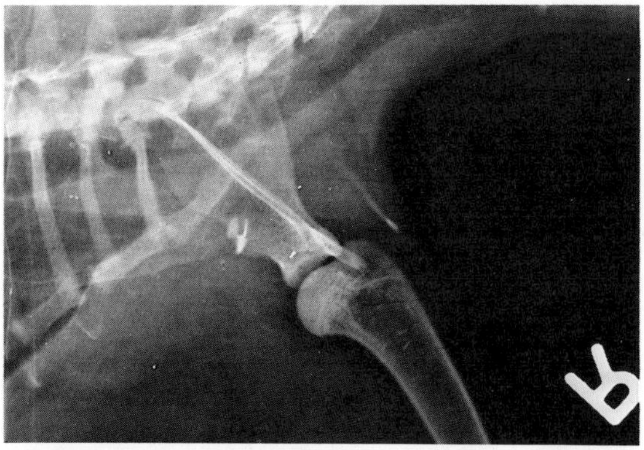

Abb. 108: Diese Collum-Fraktur der Scapula konnte ausnahmsweise lediglich mit einer Drahtfixation stabil gehalten werden.

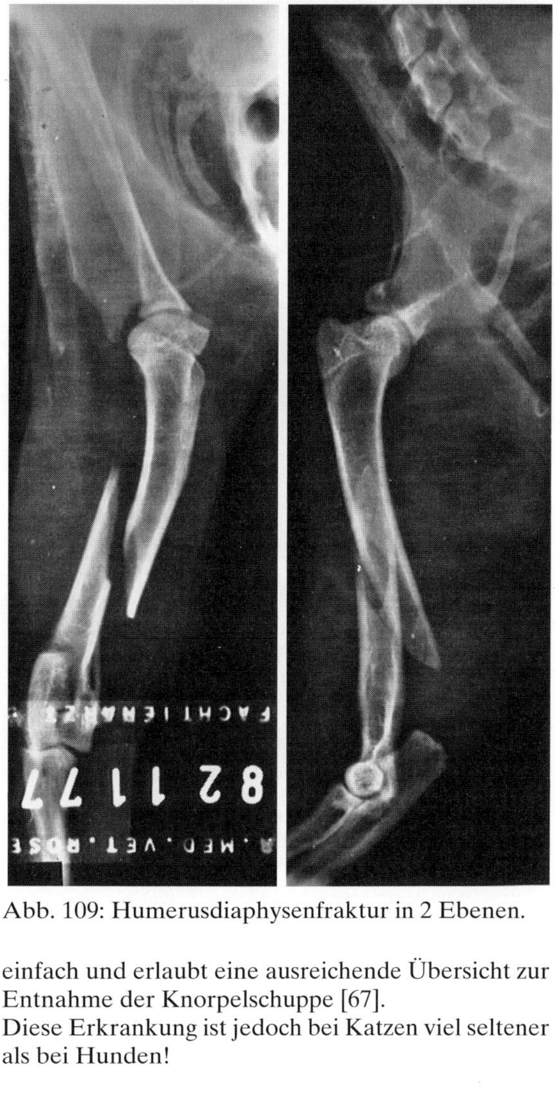

Abb. 109: Humerusdiaphysenfraktur in 2 Ebenen.

trem beweglichen Scapula, die die gesunde Seite ohne Palpationsschmerz wesentlich dorsalwärts überragt.

Kaudal und parallel zur Scapula wird ein Hautschnitt angelegt. In Höhe des proximalen Randes des Schulterblatts wird unter die fünfte oder sechste Rippe subperiostal ein orthopädischer Draht geschoben und dann durch zwei Löcher im proximo-kaudalen Winkel der Scapula geführt und verknotet. Die Drahtenden sollten sorgsam dem Knochen zugewandt eingedreht werden. Die Muskulatur ist mit Vicryl® oder einem anderen resorbierbaren Nahtmaterial zu versorgen. Eine gute Heilung ist zu erwarten, auch wenn der Stützdraht nach drei bis vier Wochen brechen sollte.

Osteochondritis dissecans am Humeruskopf

Der kaudolaterale Zugang zum Schultergelenk – ohne Durchtrennung des M. teres minor – ist relativ einfach und erlaubt eine ausreichende Übersicht zur Entnahme der Knorpelschuppe [67].

Diese Erkrankung ist jedoch bei Katzen viel seltener als bei Hunden!

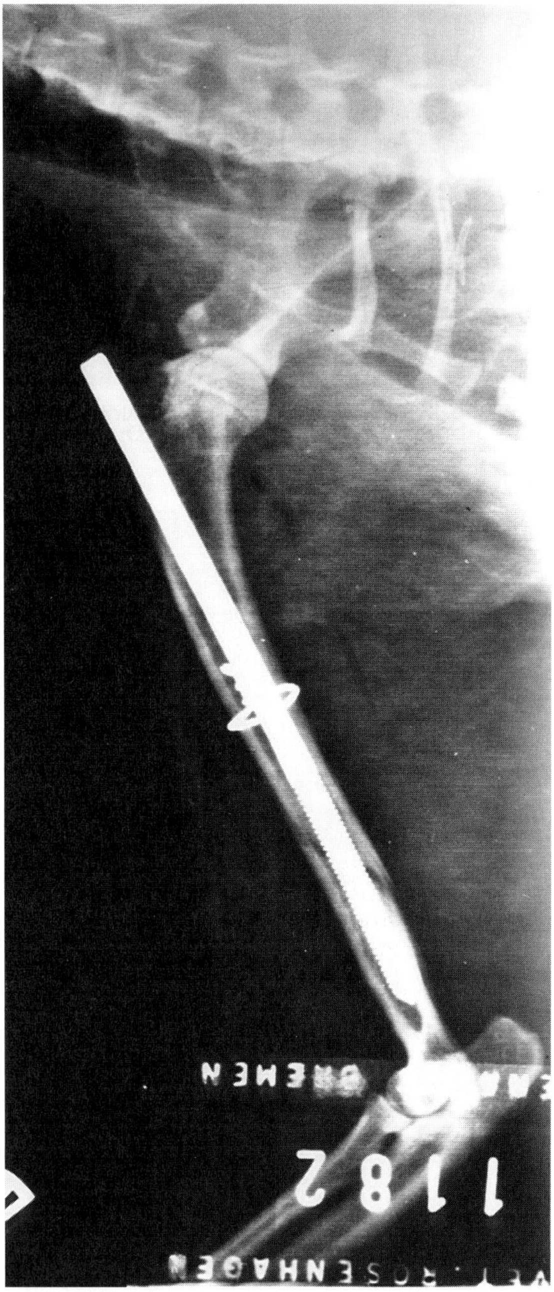

Abb. 110: Gleicher Fall wie Abb. 109 mit Markraum füllendem Gewinde-Steinmannagel und Cerclage-Draht.

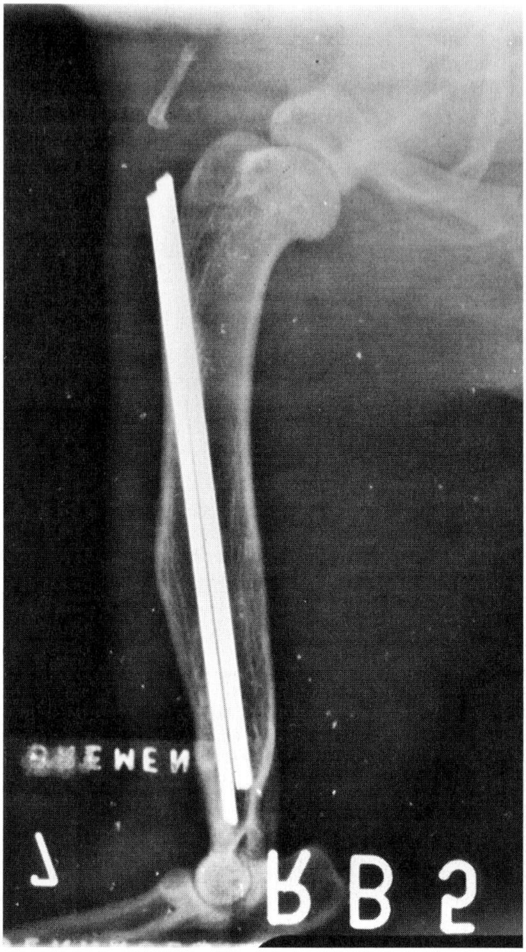

Abb. 111: Humerusfraktur einer juvenilen Katze mit zwei Kirschnerspickdrähten versorgt, 54 Wochen p. op. Ungestörtes Längenwachstum. Physiologische Funktion. Auf Wunsch des Besitzers verblieben jedoch leider die Implantate.

Humerusfraktur

Humerusfrakturen sind meist Verkehrsunfallfolgen. Es werden vorwiegend Diaphysenfrakturen beobachtet; aber auch distale Schaft- und Kondylusfrakturen sowie distale Epiphysenfrakturen kommen vor.

Mit einem Markraum füllenden Steinman-Nagel (Abb. 109, 110) oder auch zwei Kirschnerspickdrähten (Abb. 111) gelingt eine stabile Retention, da die Katze nur sehr zögernd Belastungsversuche anstellt. Heilung durch Transfixation [36] oder Plattenosteosynthese (VCP-Platte) ist sehr gut möglich und stabiler! Kondylusfrakturen sind zufriedenstellend mit einer Kreuzspickung stabilisierbar.

Cave, Nervus medianus; er verläuft etwas anders als beim Hund! (Vergleiche Anatomie, Vordergliedmaße)

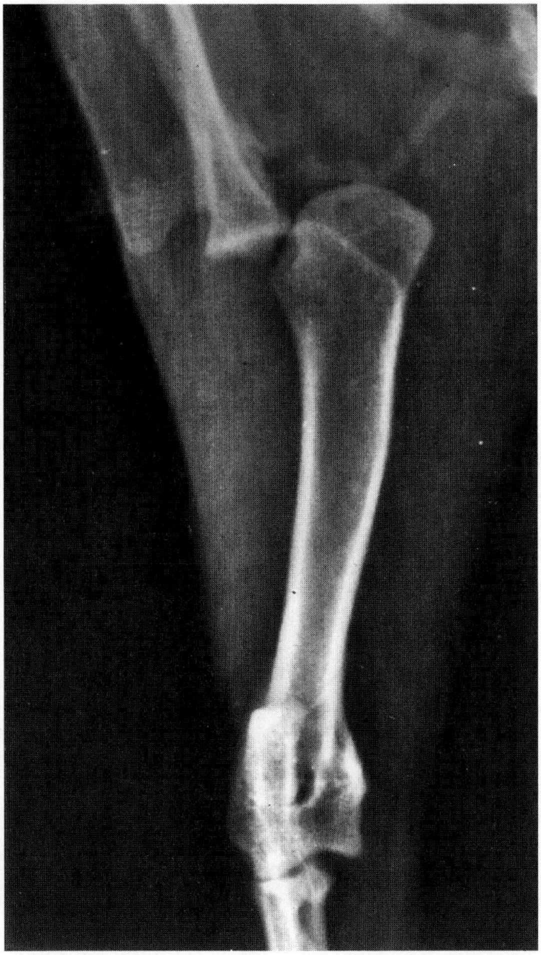

Abb. 112: Humerusluxation nach medial.

Humerusluxation

Eine akute Oberarmluxation (meist nach medial, Abb. 112) ist leicht zu reponieren und bedarf lediglich einer energischen Kapselraffung mit nicht resorbierbarem Nahtmaterial.

Olekranonfraktur

Die notwendige Drahtzuggurtung zur Kompression der Frakturenden beruht auf der Erfahrung, daß das Tier gewöhnlich schon nach wenigen Tagen die operierte Gliedmaße belastet, also die Tricepsmuskulatur anspannt. Eine stabile Durchbauung dieser Fraktur findet nur zögernd statt, wie dies aus Abb. 113–116 deutlich hervorgeht, daher dürfen die Implantate nicht vor der 30. Woche p. op. entnommen werden. Nicht stabil fixierte Olekranonfrakturen führen zu Ankylosen [20].

Alternativ zur Drahtzuggurtungsmethode kann auch eine VCP (Vet. Cutable Plate) zur Osteosynthese einer Olekranonfraktur verwendet werden.

Luxatio antebrachii

Als Folge stumpfer Traumen werden auch Ellenbogen-Luxationen beobachtet. Eine geschlossene Reposition gelingt nur innerhalb der ersten 48 Stunden (Abb. 117), danach muß operativ vorgegangen werden. Anschließend ist zur Ruhigstellung ein Verband in Beuge- und Supinationsstellung für eine Woche anzulegen.

Radiusfraktur

Im Gegensatz zum Hund ist selbst bei Splitterfrakturen nach Absturz (Abb. 118, 119) erfahrungsgemäß wesentlich seltener mit einer Pseudarthrose zu rechnen. Daher genügt häufig das Anlegen eines gut gepolsterten Druckverbandes unter Einbeziehung der Pfote. Chirurgisch kann mit zwei dünnen Rushpins eine sehr gute Stabilität erreicht werden. Sie sollten erst nach frühestens 12 Wochen entfernt werden. Aber auch perkutane Transfixation ist erfolgreich [32] (Abb. 120 a, b, c).

Ulnafraktur mit Radiusluxation (Monteggia)

Es ist falsch, den reponierten Radius an die Ulna zu schrauben, weil dadurch die Funktionsfähigkeit des Articulus radioulnaris proximalis, also die Supi- und Pronation gesperrt werden würde, die aber bei der Katze unbedingt erhalten bleiben muß! Es erwies sich als praktikabel, die Ulna intramedullär zu stabilisieren und dann mittels einer Cerclage den Radius an die Ulna für mindestens 8 Wochen zu fixieren (Abb. 121, 122).
Zur Cerclage kann orthopädischer Draht oder alternativ auch Vicryl® Verwendung finden („Dynamische Fixation").

Frakturen der Metacarpalia und Metatarsalia

Da unversorgte frakturierte Mittelhand- bzw. Mittelfußknochen besonders häufig Osteomyelitiden zur Folge haben, sollte stets eine Osteosynthese vorgenommen werden (Abb. 123, 124). Wenn alle vier Mittelfußknochen frakturiert sind, sollten wenigstens Metacarpale, bzw. Metatarsale 2 und Metacarpale, bzw. Metatarsale 5 stabilisiert werden (Abb. 125, 126).
Zur Spezialtechnik der intramedullären Versorgung (Abb. 127), siehe BENEDETTI et al. (1985) [68].

Frakturen der Phalanges proximales

Die Stiftung mit Spickdrähten Stärke 0,8 erfordert manuelle Geschicklichkeit. Technik siehe Abb. 128.

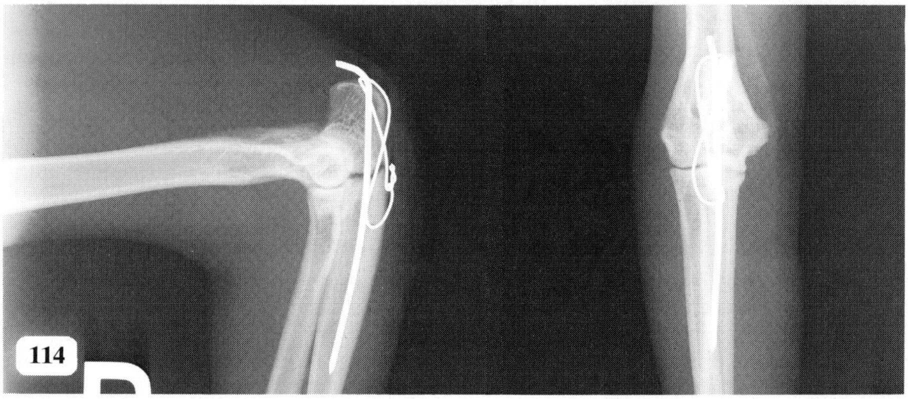

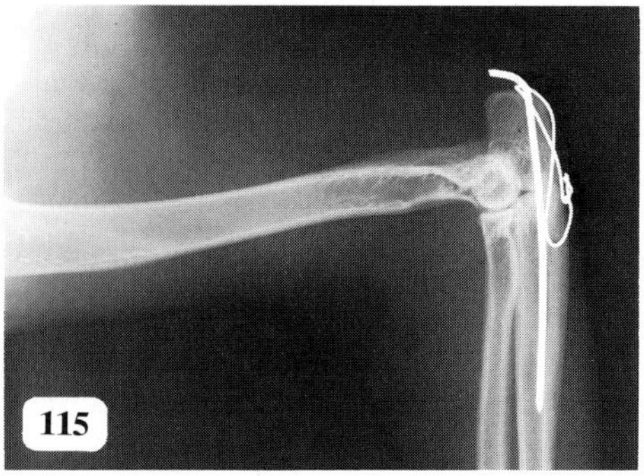

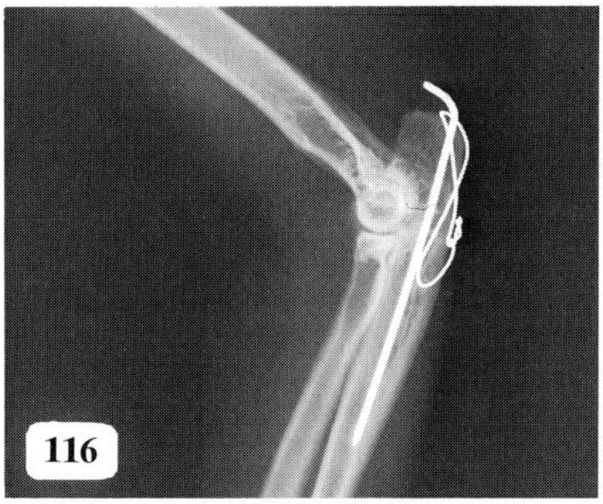

Abb. 113–116: Frische Olekranonfraktur vor und nach chirurgischer Versorgung mittels Drahtzuggurtung 15 Wochen post op. und 50 Wochen post op. Erst jetzt ist eine völlige Heilung der Fraktur erfolgt (Fall von P. HAUSER, Lausanne).

Bei extrem kurzen proximalen Fragmenten empfiehlt es sich, für 3 Wochen die Articulatio metacarpophalangea (bzw. metatarsophalangea) in die Fixation einzubeziehen (4. Zehe in Abb. 129).

Luxation der Phalanx proximalis

Eine solche Luxation ist gar nicht so selten Folge eines Absturzes (Abb. 130). Sie bedarf einer exakten röntgenologischen Untersuchung (und anatomischer Kenntnis!) und ist durch kräftigen Fingerdruck „blind" von dorsal leicht zu reponieren. Ein Verband über 1–2 Wochen führt zu Entlastung der operierten Gliedmaße und damit zugleich zur Fixation des reponierten Gelenks in situ.

Operationen an der Wirbelsäule, den Rippen und dem Becken

Frakturen und Luxationen der Vertebrae

Lagekorrekturen der Wirbelkörper zueinander und Fixierungen von Frakturen können relativ leichter als beim Hund ausgeführt werden.

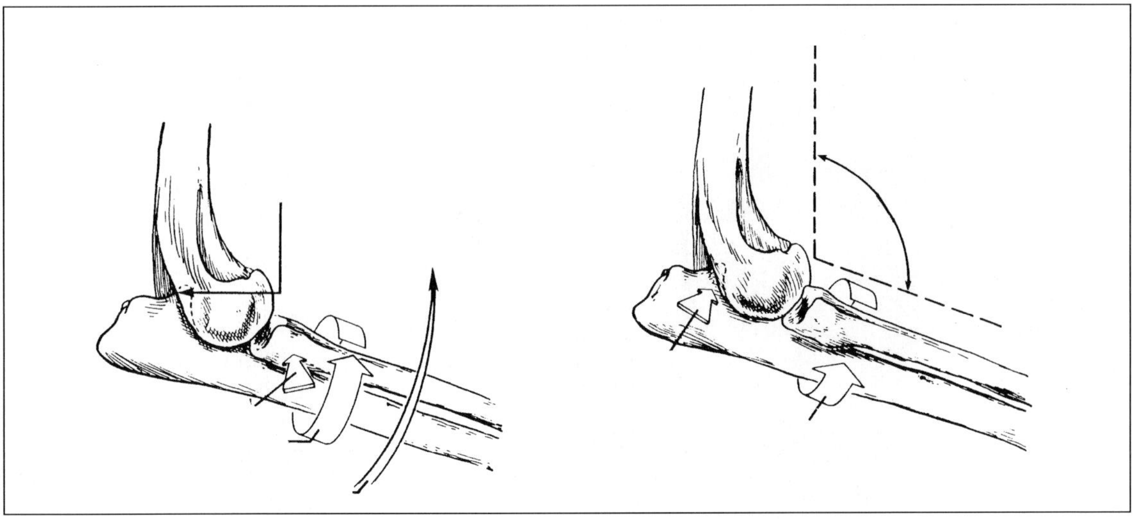

Abb. 117: Schema für geschlossene Reposition.

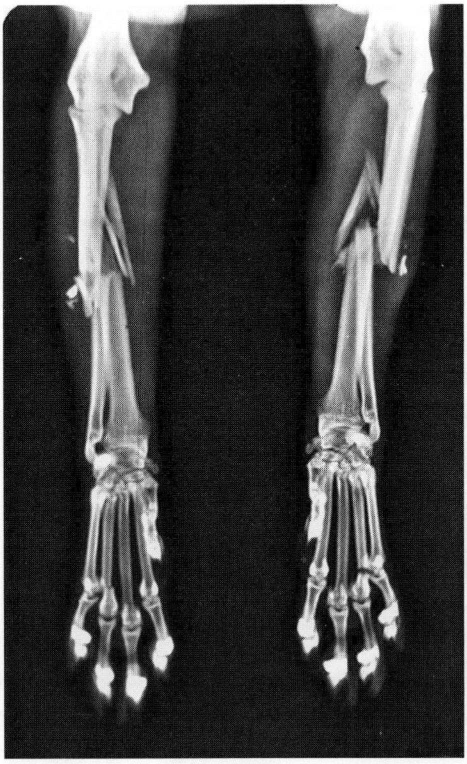

118

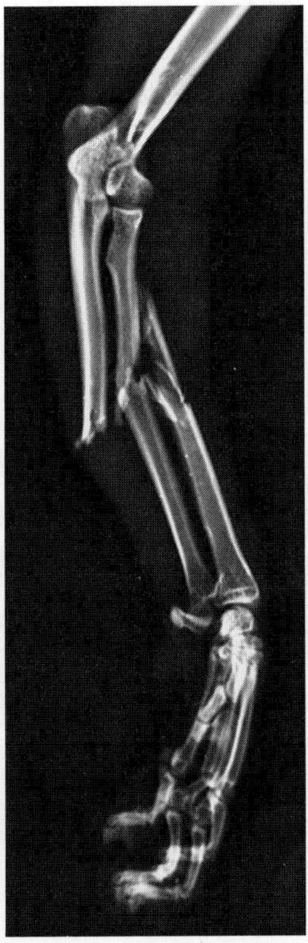

119 a

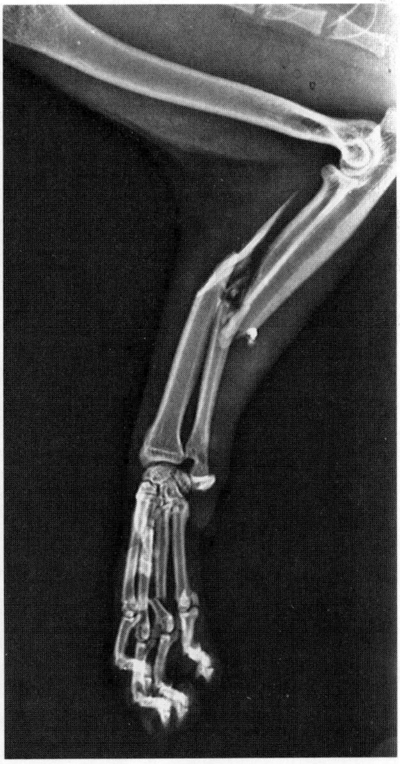

119 b

Abb. 118, 119 a, b: Beiderseits Radiussplitterfrakturen nach Absturz. Der Besitzer wünschte keine rekonstruktive Chirurgie, sondern lediglich eine konservative, die selbst in diesem Fall zu einer Stabilisierung nach 8 Wochen führte! Ein Röntgen-Kontrollbild war leider nicht möglich.

Abb. 120 a, b, c: Diaphysenfraktur von Radius und Ulna.

a: Unfallsitus.

b: p. op. mediolatera.

c: 7 Wochen p. op. kraniokaudal.

(Fall von RAHLFS und BRASS. Hannover [32]).

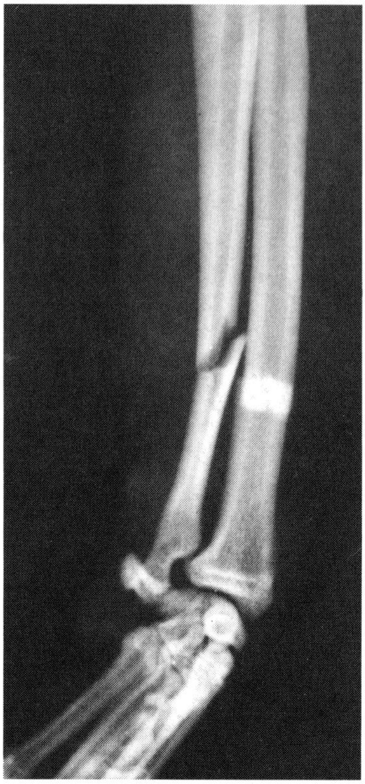

120 a

Es genügt fast immer eine Fixation mit dünnem Spickdraht oder horizontaler Drahtzerklage (für zwei Monate!). Die seltenen Defekte solcher Art haben – sofort operiert –, abhängig von den Ausfallerscheinungen, eine gute Heilungschance (Abb. 131, 132). Frakturen der Dornfortsätze (Abb. 133) bedürfen keiner Therapie. Eine Subluxation von C_2 wird nach EATONWELLS [19] auch lediglich mit 1–2 Drahtcerclagen fixiert.

Rippenfrakturen

Da die Elastizität des Thorax durch die Kegelstumpfform und den veränderbaren Kostovertebralwinkel [56] außerordentlich hoch ist, kommt es auch bei schwersten Unfällen äußerst selten zu Rippenfrakturen: allenfalls zu Grünholzfrakturen, die kaum chirurgischer Therapie bedürfen. Meist genügt ein elastischer Verband. Sonst chirurgisches Vorgehen wie beim Hund.

Frakturen der O. ilium, pubis, ischii und sacrum

Bei Beckenfrakturen (nach PHILLIPS [37] 25 % aller bei Katzen vorkommenden Frakturen) können alle Teile einschließlich des Kreuzdarmbeingelenks betroffen sein.

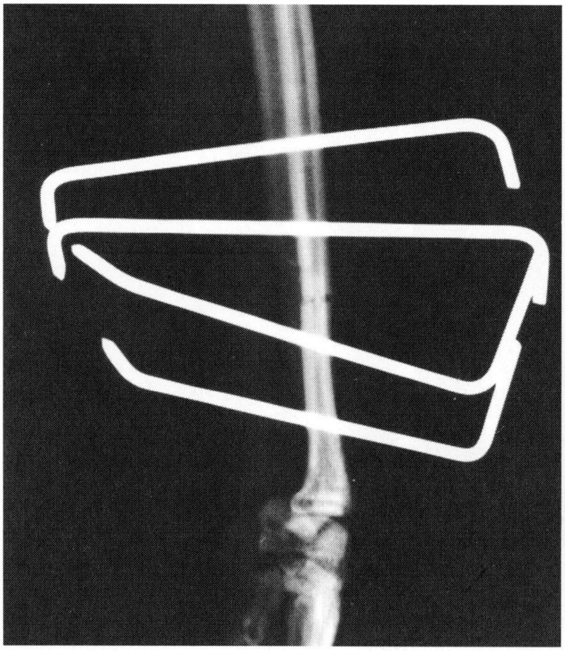

120 b

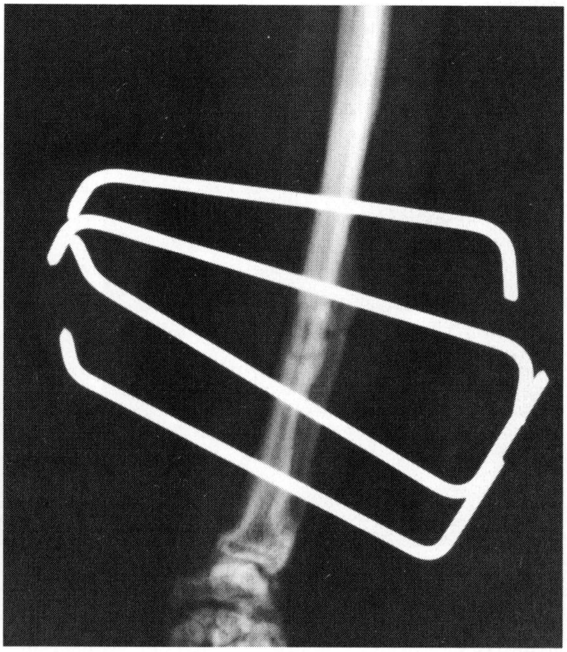

120 c

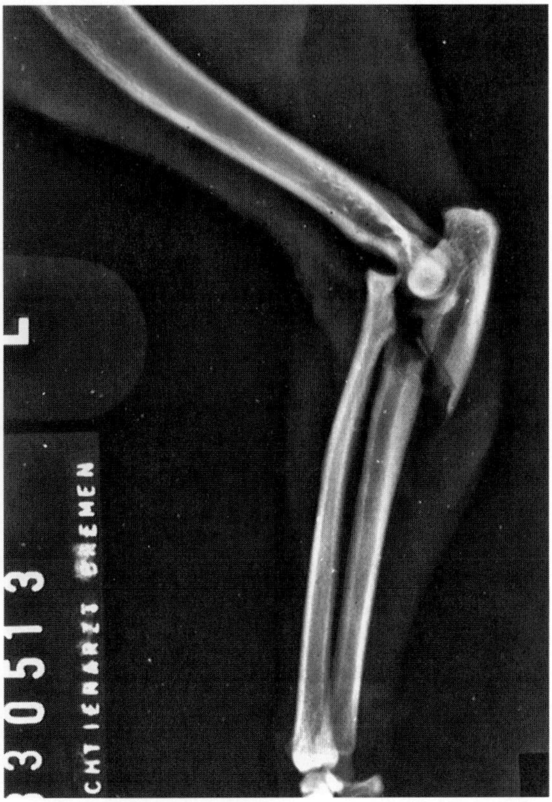

Abb. 121: Monteggiafraktur links.

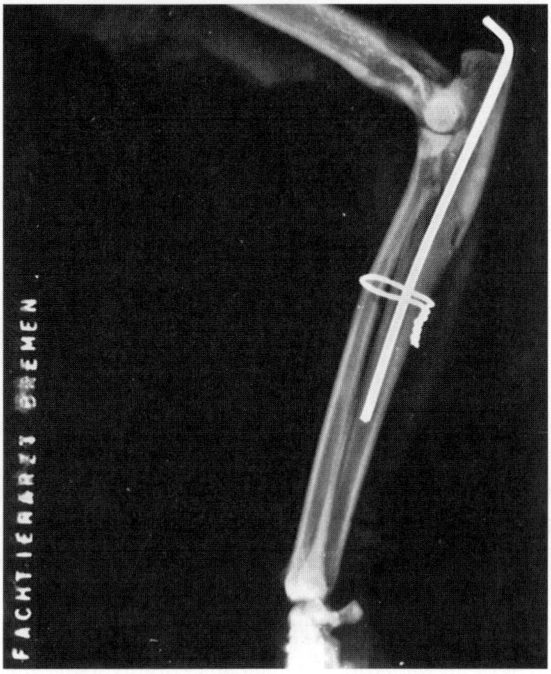

Abb. 122: Gleicher Fall wie Abb. 121 p. op.

Vielfach gelingt eine befriedigende Therapie ohne operative Intervention wegen der guten funktionellen Kompensationsfähigkeit der Katze. Allerdings stellt eine nach medial verschobene Fraktur des Corpus ossis ilium (Abb. 134) insofern ein besonderes Erschwernis dar, als man dann nicht mit einer einfachen Drahtspickung – wie bei anderen Beckenfrakturen der Katze – auskommt, auch mit dem Einsatz eines Fixateur externe Schwierigkeiten hat, sondern verplatten muß! Anderenfalls ist als Komplikation mit chronischer Obstipation zu rechnen. Die kleine DCP-Platte mit vier Löchern für 2,7-mm-Schrauben läßt sich gut anbringen (Abb. 135), zumal der Zugang keine besonderen Anforderungen stellt. Nach 8 Wochen ist eine solche Fraktur stabil durchbaut und hinterläßt keine Beschwerden (Abb. 136). Auch Azetabulumfrakturen mit Stufenbildung im Bereich der Gelenkfläche und Kombinationsbrüche mit hochgradiger Instabilität und Fehlstellung sollten korrekt reponiert und stabil fixiert werden. Cave Nervus ischiadicus!

Bei allen Beckenfrakturen sind auch Blasen- und Darmfunktion zu überwachen.

Luxation (Luxationsfraktur) des Ileosakralgelenks

Die einseitige Dislokation des Ileums ist **immer** kombiniert mit weiteren Beckenfrakturen (Os pubis, Os ischii oder Acetabulum) und bedarf daher einer genauen röntgenologischen Untersuchung. Erst eine weitere Aufnahme in zweiter Ebene läßt eine exakte Diagnose zu und entscheidet über das chirurgische Vorgehen im Einzelfall hinsichtlich der erforderlichen Reihenfolge chirurgischer Prozeduren. Informationen an einem Skelett sind dabei äußerst hilfreich (Abb. 137 a, b).

Operationsprinzipien am Hunde sind zu übernehmen, wobei offener Operationstechnik der eindeutige Vorzug zu geben ist.

Operationen an der Beckengliedmaße

Dysplasie der Articuli coxae

Die Hüftgelenksdysplasie ist auch bei der Katze (Abb. 138) ein nicht mehr so seltener Befund [23, 69]. Obwohl auch bei der Katze zur Durchtrennung des M. pectineus geraten wird [24], ist kaum vorstellbar, daß der so minimal ausgebildete und sehr dehnbare M. pectineus auch nur den geringsten Einfluß auf die Druckverhältnisse und damit Schmerzen im Hüftgelenk hat. Die Femurkopfresektion von medial stellt die optimale Therapie dar. Selbst monatelang hochgradig lahmende Patienten belasten spätestens zwei Wochen post op.

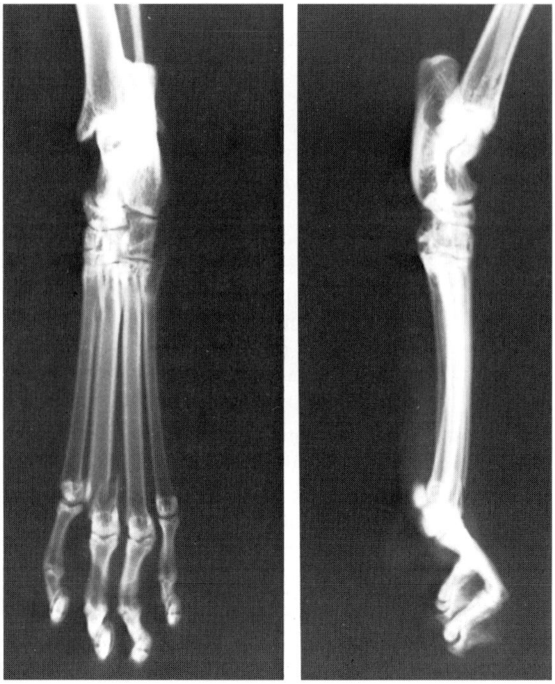

Abb. 123: Fraktur des Os metatarsale IV.

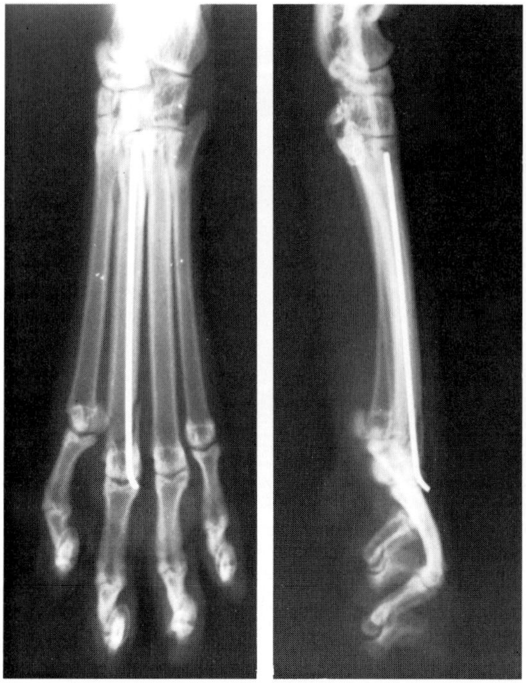

Abb. 124: Gleicher Fall wie Abb. 123 nach Spickdrahtversorgung.

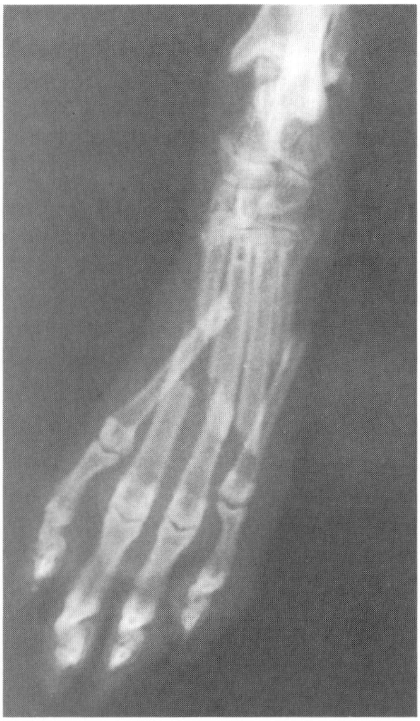

Abb. 125: Frische Frakturen aller Metatarsalia links.

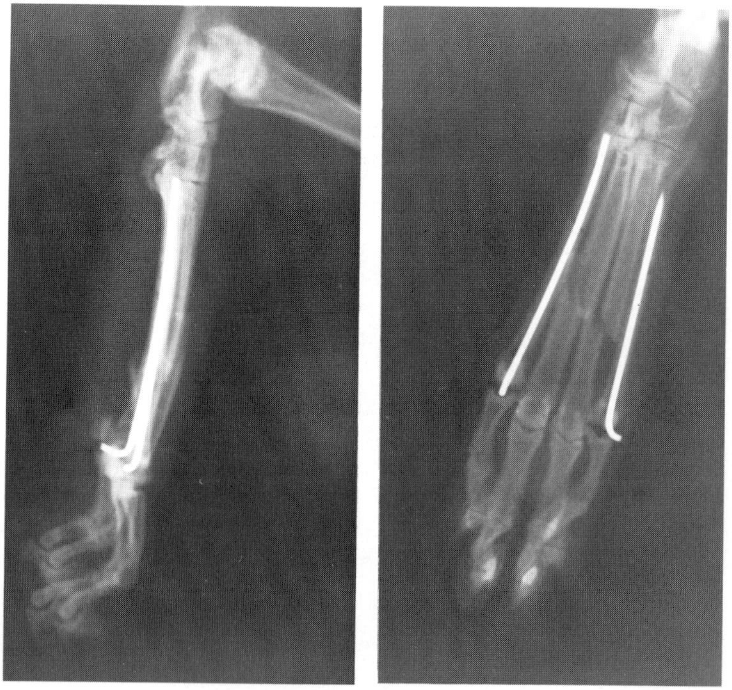

Abb. 126 a, b: Gleicher Fall wie Abb. 125 nach Spickdrahtversorgung der äußeren Mittelfußknochen.

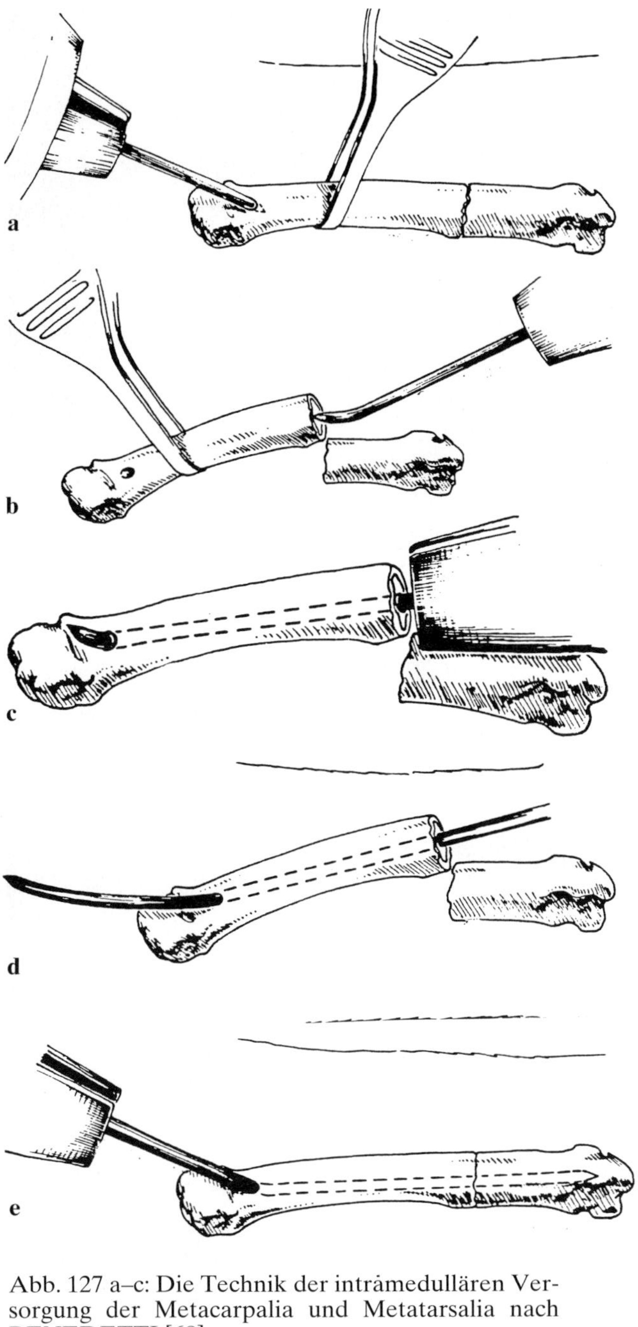

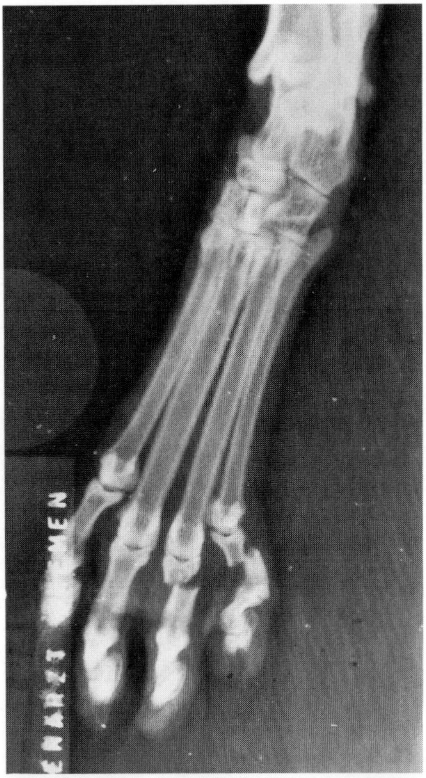

128

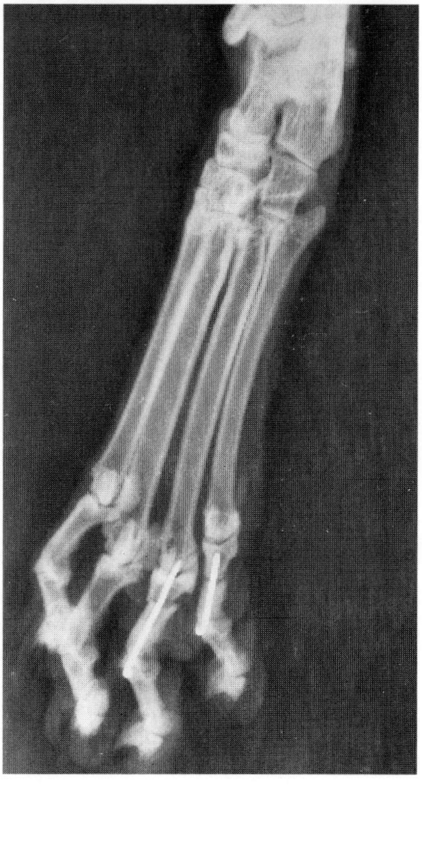

129

Abb. 127 a–c: Die Technik der intramedullären Versorgung der Metacarpalia und Metatarsalia nach BENEDETTI [68].

Abb. 128: Frakturen der Phalanges proximales der 4. und 5. Zehe.

Abb. 129: Die Stiftung der frakturierten Phalanges proximales erfordert manuelle Geschicklichkeit. Bei extrem kurzen proximalen Fragmenten empfiehlt es sich, für 3 Wochen die Articulatio metatarsophalangea in die Fixation einzubeziehen.

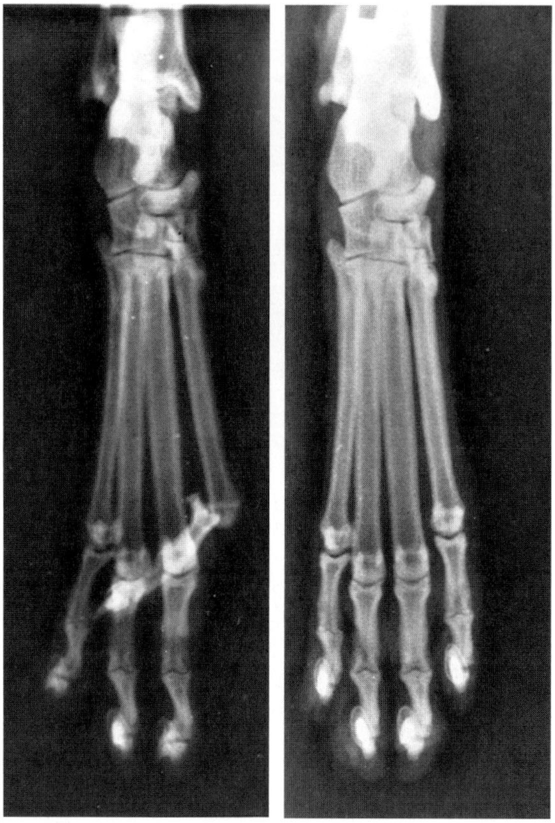

a) b)

Abb. 130 a: Akute Luxation der Phalanx proximalis pedis 1 hinten rechts nach medial.
Abb. 130 b: Reponiert durch kräftigen Fingerdruck.

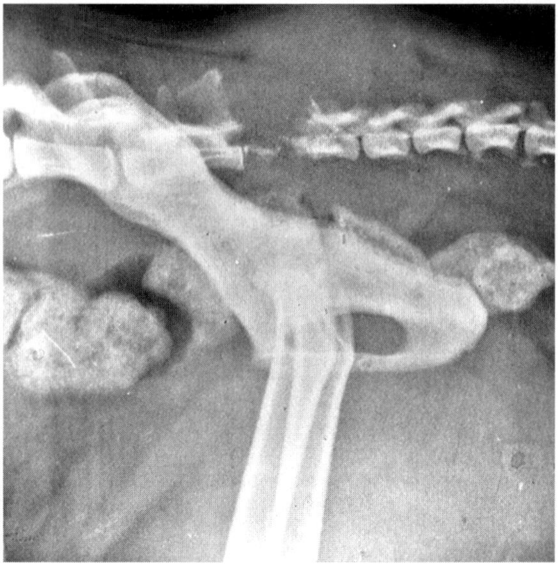

Abb. 131: Luxation der 1. Vertebra caudalis.

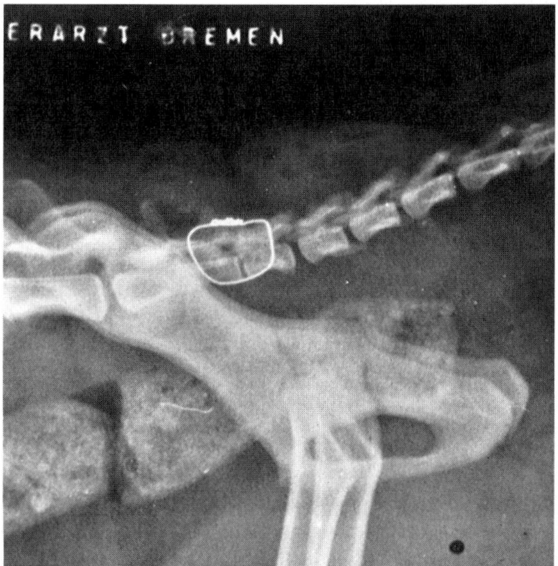

Abb. 132: Drahtzerklage zwischen Os sacrum und 1. Vertebra caudalis.

Luxation des Caput femoris

Auch bei Katzen sind kraniodorsale, kaudodorsale (N. ischiadicus!), kranioventrale und dorsoventrale Luxationen beschrieben worden. Exakte Röntgenuntersuchung muß die pathologisch-anatomische Situation abklären. Aus der kranioventralen muß zunächst eine kraniodorsale Luxation gemacht werden. Ansonsten bereitet die Reposition des Oberschenkelkopfes bei der Katze keine Schwierigkeiten, problematischer als beim Hund ist allerdings die Retention.

Inzwischen hat sich eine wenig traumatisierende Retentionsmethode bewährt [22]. In Höhe der distalen Begrenzung des Trochanter tertius wird ein kurzer Rushpin („Krückenstift") von ausreichender Länge horizontal von lateral nach medial eingeführt, so daß dieser eine Reluxation verhindert. Der Stift wird erst nach frühestens sechs Wochen entfernt.

Operatives Vorgehen nach dieser Methode:

Nach manueller Reposition ohne Gelenkseröffnung unter Röntgenkontrolle im seitlichen Strahlengang wird der Patient (vorteilhaft unter Verwendung des Fixformkissens, Albrecht) seitlich so gelagert, daß die reponierte Extremität oben und parallel zur hori-

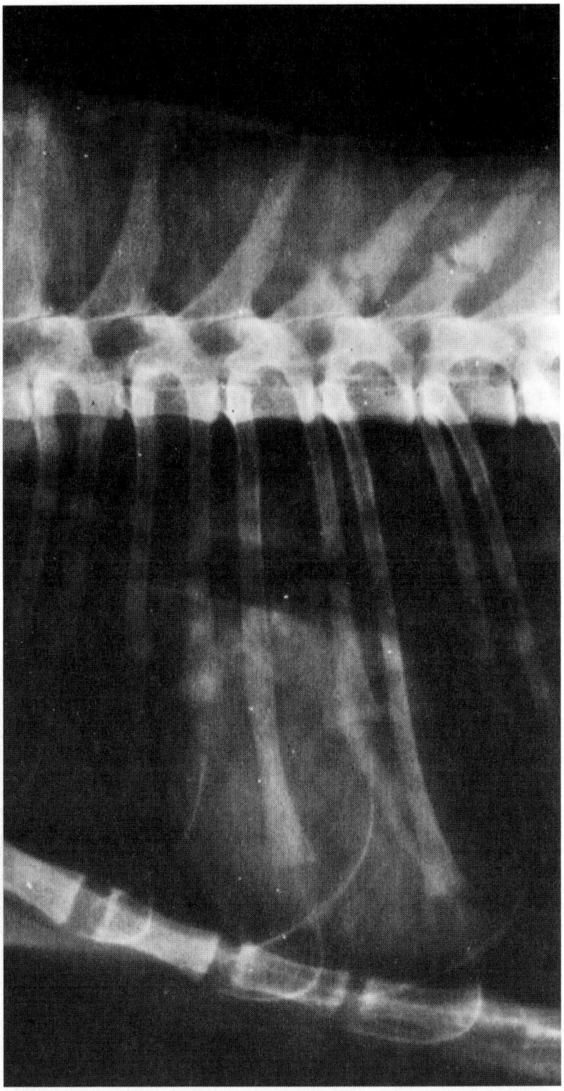

Abb. 133: Frakturen der Procc. spinales der Vertebrae thoracicae 6 und 7.

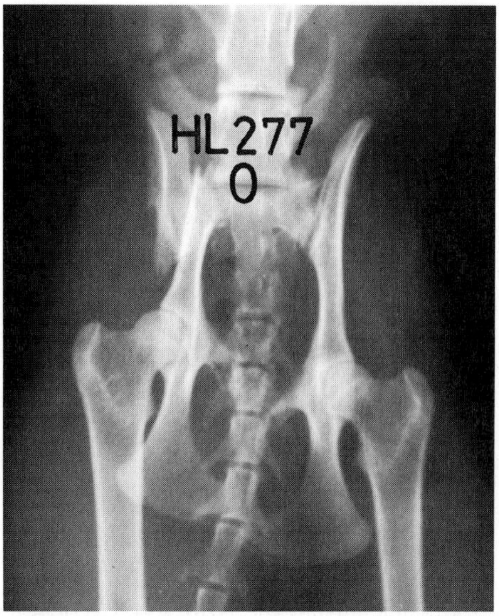

Abb. 134: Frische nach medial verschobene Fraktur des Corpus ossis ilium.

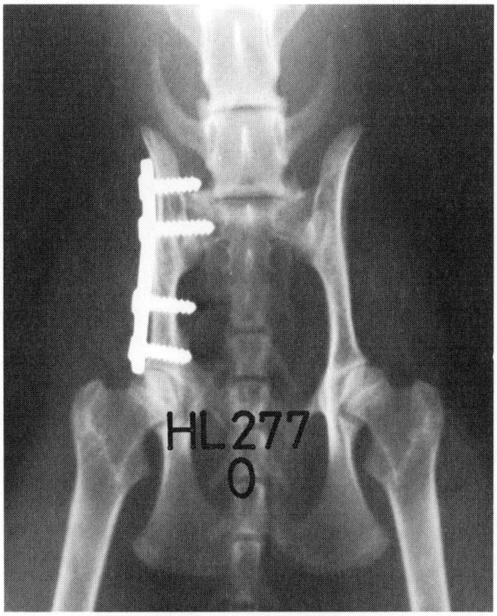

Abb. 135: Gleicher Fall wie Abb. 134 unmittelbar post op., versorgt mit einer Vierloch-DCP-Platte.

zontalen OP-Tischoberfläche ruht. Es erfolgt der Hautschnitt von 4–8 cm Länge über dem Trochanter major distalwärts. Wir präparieren jetzt stumpf am kaudalen Rand des M. vastus lat auf den proximalen Femur zu und ertasten den Trochanter tertius. Knapp distal von ihm durchbohren wir mit einem, dem Pinentsprechenden Bohrer die Kortikalis und durchstoßen rechtwinklig zur Knochenachse in Richtung OP-Tisch den Os femoris. Nun erfolgt der Einsatz eines Rushpins, der doppelt so lang sein muß (eher etwas länger), wie der lat.-med. Durchmesser des Os femoris an dieser Stelle am Röntgen-Film gemessen wurde. Seine Endkrümmung sollte distalwärts gerichtet sein und kann durch leichte Versenkung zusätzlich verankert werden. Der Wundverschluß erfolgt in drei Etagen. Reaktionslose Einheilung ist zu erwarten. Für 4–6 Tage wird ein „Steigbügelverband" (Ehmer Sling) angelegt, womit sich jede Katze problemlos bewegt – Röntgen-Kontrolle (Abb. 139) in 14 Tagen in Seitenlage und Entnahme des Implantats niemals vor 8 Wochen p. op.!

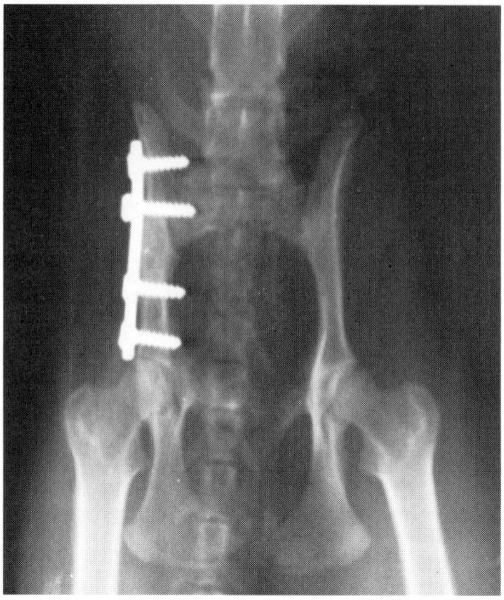

Abb. 136: Gleicher fall wie Abb. 134 8 Wochen post op. Die Fraktur ist durchbaut. Der Patient ist beschwerdefrei. Obstipationen sind nicht mehr zu befürchten (Fall von P. HAUSER, Lausanne).

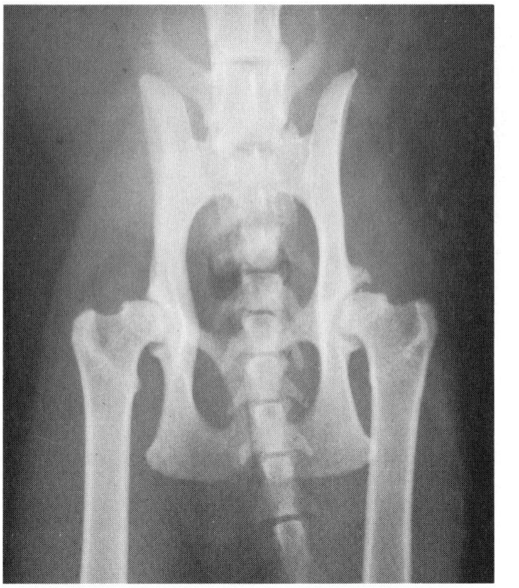

Abb. 138: Beiderseitige Hüftgelenksdysplasie bei einer vierjährigen weiblichen Hauskatze.

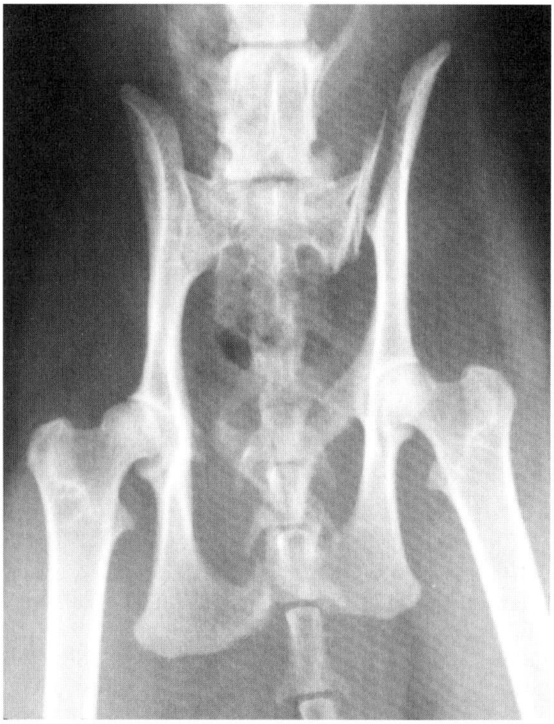

Abb. 137 a: Luxationsfraktur des Ileosakralgelenks.

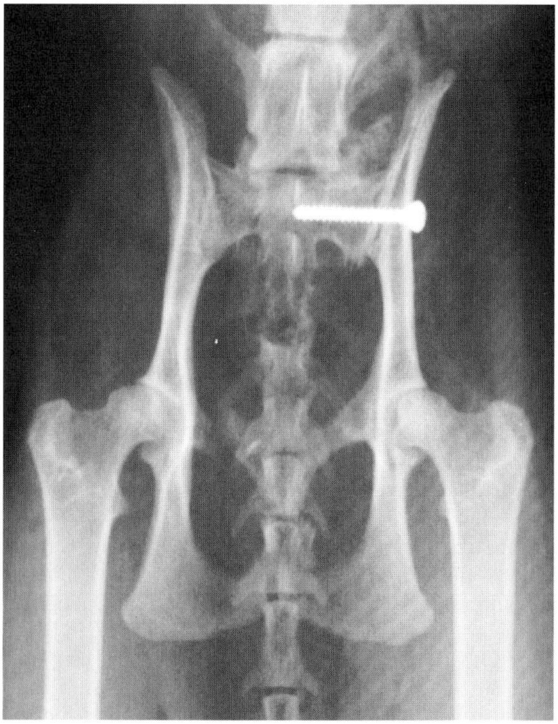

Abb. 137 b: Gleicher Fall wie Abb. 137 a post operativ. Osteosynthese mit 2,7 mm Schraube.

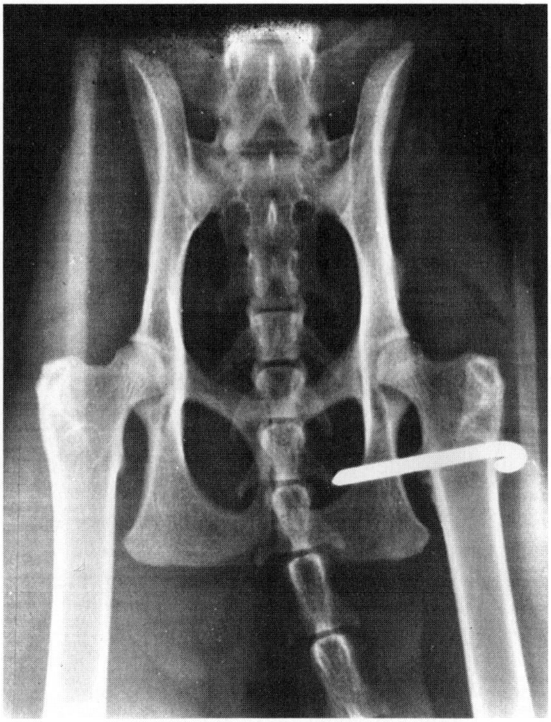

Abb. 139: Nach Femurluxation wurde zur Retention ein Haltestift eingesetzt. Hier: Röntgenkontrolle vor der Entnahme, 8 Wochen post op.

Der Nagelkopf ist leicht durch die Oberschenkelmuskulatur zu ertasten. Post-op-Lahmheiten sind bis längstens 2 Tage nach Implantatentnahme zu erwarten.

Das Operationsverfahren scheint allen bisher diskutierten Methoden weit überlegen zu sein, da manuell und intrumentell einfach und bisher keine Komplikationen wie Implantatbrüche oder -verbiegungen bekannt wurden und Reluxationen nur bei unkorrektem Vorgehen entstehen können, wenn der Haltestift zu weit distal gesetzt oder zu kurz gewählt wurde.

Bei frischen Luxationen sollte man eher an eine offene Reposition nach Entfernung von Detritus und Kapselmaterial aus dem Azetabulum und verschließender Kapselnaht denken. Ein temporärer „Steigbügelverband" (Ehmer-Sling) ist auch in diesem Falle post op. für 1 Woche empfehlenswert.

Eine andere Methode beschreibt WILDGOOSE [38]. Dieser benutzt bei Reluxationen einen DeVita-Pin, einen Haltestab also, der dorsal des Acetabulums horizontal in die Ileumschaufel eingesetzt wird und auf diese Weise den Femurkopf am Hinausgleiten nach dorsal hindert. Die Prozedur ist allerdings nicht ganz ungefährlich, weil eine Verletzung des N. ischiadicus leicht möglich ist!

Auch gelingt eine Retention gelegentlich durch eine dorsale Verankerung der Gelenkkapsel mit dem M. glutaeus profundus.

Die oben beschriebenen Manipulationen sind jedoch nur möglich beim Vorliegen einer kraniodorsalen,

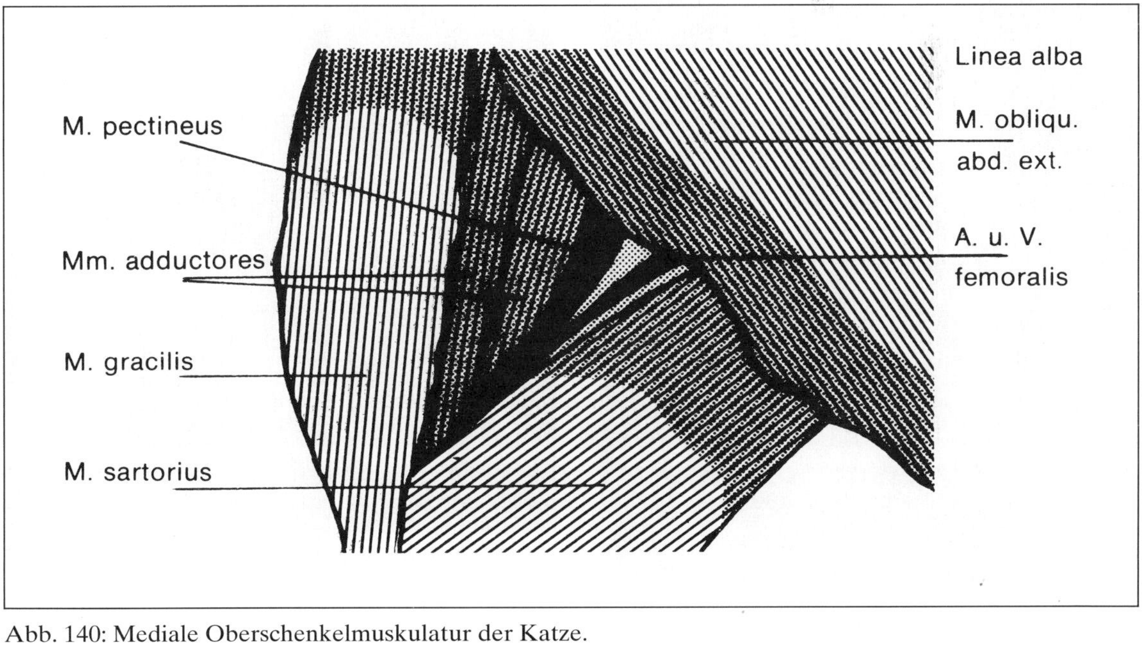

Abb. 140: Mediale Oberschenkelmuskulatur der Katze.

ventralen oder kaudalen Luxation. Zentrale Luxationen hingegen, also Einbrüche des Femurkopfes in die Fossa acetabuli, sind ausschließlich osteosynthetisch zu therapieren nach lateralem Zugang mit Trochanterosteotomie oder über eine Femurkopfresektion. Stets ist daher in mindestens zwei Ebenen zu röntgen.
Nach länger bestehender Luxation und dauernden Kontakten des luxierten Kopfes mit dem dorsokranialen Os ilium kann es bereits zu Neoarthrosenbildung gekommen sein, wobei sich dann in der Regio supraacetabularis eine Sekundärpfanne gebildet hat. Solche Katzen bewegen sich erstaunlich beschwerdefrei und bedürfen keiner Therapie. Kommt es jedoch zu dauernden Kontakten des luxierten Kopfes mit dem kranialen Pfannenrand, dann sind Reibebeschwerden die Ursache für bleibende Lahmheit und sekundäre Muskelatrophie. – Die Femurkopfresektion von ventral ist dann die optimale Therapie [21].

Femurkopfresektion

Von den zahlreichen in der Kleintiermedizin beschriebenen Methoden der Femurkopfresektion mit differenzierten Zugängen zum Hüftgelenk der Katze erwies sich schlußendlich das im folgenden beschriebene Vorgehen als zuverlässigste Maßnahme.
Die Katze wird in Seitenlage gebracht, die zu operierende Extremität liegt flach und nicht fixiert unten auf dem Tisch, die andere Gliedmaße wird leicht angewinkelt abduziert nach oben fixiert. Der 5 cm lange Hautschnitt beginnt leicht kranial und parallel zum Femur. Die unmittelbar unter der Subkutis im lockeren Bindegewebe liegenden A. und V. femoralis werden freipräpariert. Kaudal dieser Gefäße ist der sehr schmale M. pectineus als Teil der Muskelgruppe der Abduktoren erkennbar (Abb. 140). Da diese gesamte Muskelgruppe bei der Katze erheblich dehnbarer als beim Hund ist, braucht infolgedessen kein Muskel beim Zugang zum Hüftgelenk durchtrennt zu werden. Man präpariert jetzt zwischen dieser Muskelgruppe und kaudal der großen Gefäße stumpf in die Tiefe, schiebt den dünnbäuchigen M. iliopsoas (der ja beim Hund durchtrennt wird) nach kranial und erreicht das Hüftgelenk von ventral. Der Pfannenrand sowie der luxierte Oberschenkelkopf sind leicht zu ertasten. Mit einem Osteotom oder der oszillierenden Säge ist der Oberschenkelhals zu durchtrennen. Jetzt hebelt man den abgesetzten Kopf aus der Tiefe, durchtrennt das Lig. teres mit spitz-spitzer Schere und schließt die wenig blutende Wunde in drei Schichten. Zwei Wochen post op. ist schon mit voller Aktivität zu rechnen (Abb. 141).

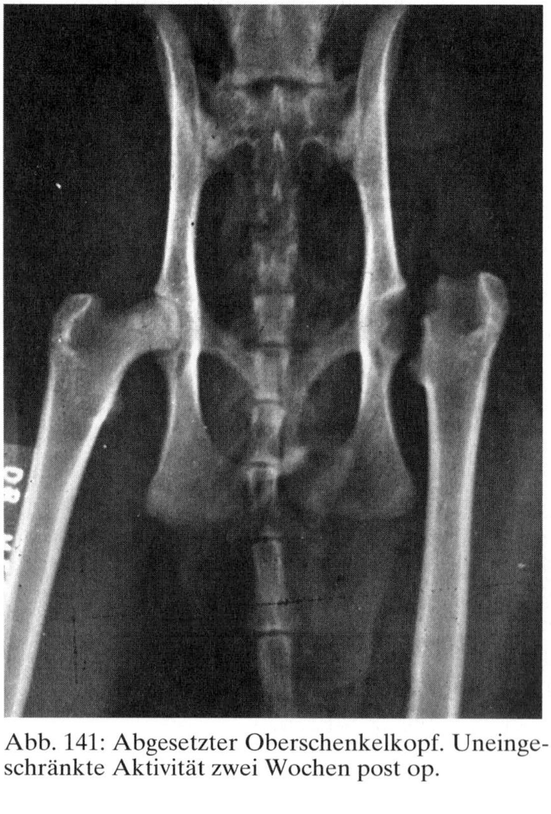

Abb. 141: Abgesetzter Oberschenkelkopf. Uneingeschränkte Aktivität zwei Wochen post op.

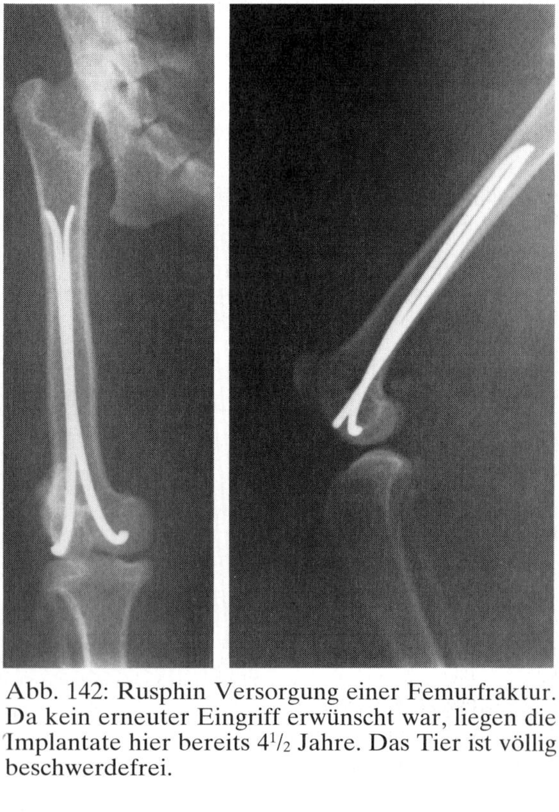

Abb. 142: Rusphin Versorgung einer Femurfraktur. Da kein erneuter Eingriff erwünscht war, liegen die Implantate hier bereits 4$^1/_2$ Jahre. Das Tier ist völlig beschwerdefrei.

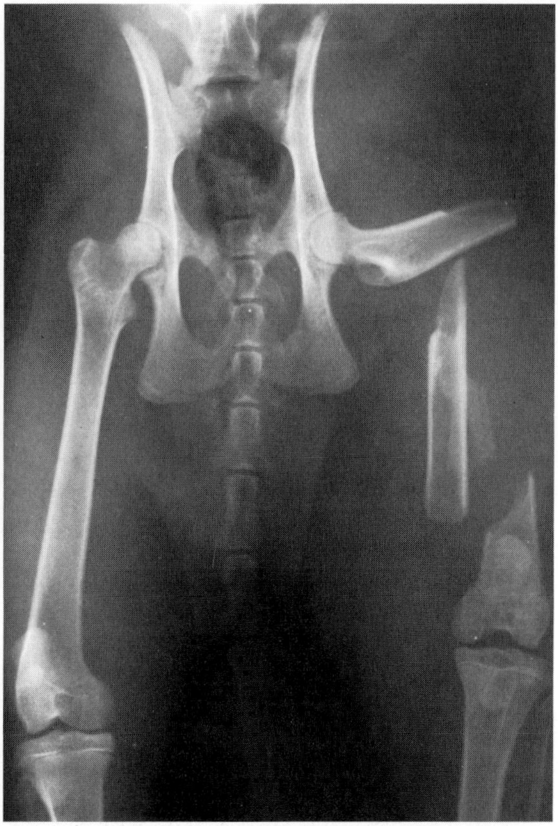

Abb. 143: Frische Trümmerfraktur des linken Femur.

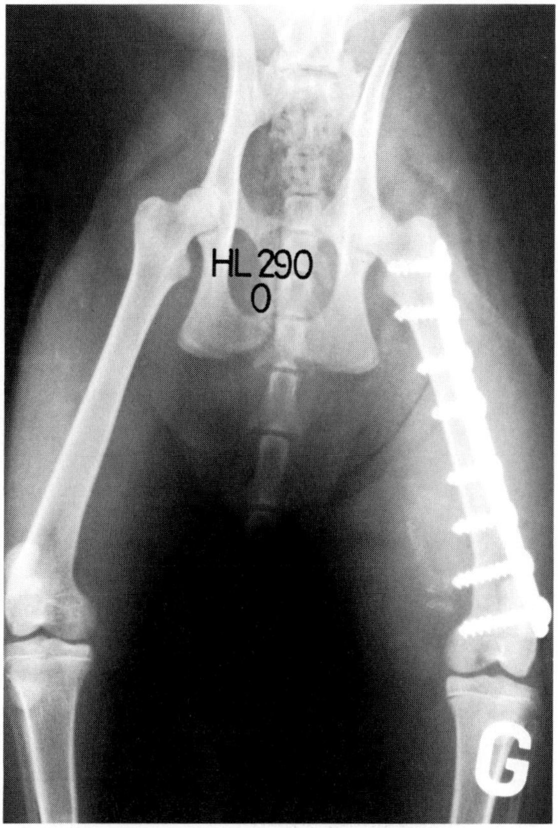

Abb. 144: Gleicher Fall wie Abb. 143 nach Versorgung mit einer 8-Loch $^1/_3$ Rohrplatte.

Femurkopf- und -halsfrakturen

Eine Femurhalsfraktur kann bei der Katze ebenfalls Anlaß zur Femurkopfresektion geben; da sie leicht und schnell durchzuführen ist, bedeutet sie sowohl hinsichtlich operativer Belastung wie auch postoperativer Beschwerden eine geringe Belastung. Die diffizile Osteosynthese, wie sie von DRAPE [29] und JEFFREY [75] ausführlich beschrieben wird, entspricht zwar dem Postulat der Wiederherstellung anatomischer Gegebenheiten, ist jedoch in diesem Falle bedenkenswert wegen möglicher Problematiken in der Nachsorge freilebender Katzen.

Fraktur der Femurdiaphyse

Femurschaftfrakturen müssen stabil versorgt werden. Sie sind stets stark verlagert und zusammengezogen und neigen sehr zu Pseudarthrosenbildung. Man kann eine stabile Osteosynthese sowohl mittels Markraumfixation (Abb. 142) als auch Verplattung erreichen (Abb. 143–145). Nach einer Untersuchung von FUCHS [40] sind die Resultate beider Therapieverfahren nahezu gleich.

Quadricepskontraktur

Auch bei der Katze sind inzwischen Fälle beschrieben worden (FRIES et al., 1988 [71]), die offensichtlich ausschließlich nach intramedullärer Versorgung von Mittschaftsfrakturen nach schweren Autounfällen auftraten und bei denen außerdem Zerklagen angelegt worden waren. Alle Therapievorschläge sind bisher unbefriedigend.

Distale Femurepiphysenfraktur (Supracondyläre Femurfraktur)

Analog zur entsprechenden Chirurgie am Hund soll sowohl die „Fraktur" als auch die Epiphysiolyse der Jungkatze mittels einer „Kreuzspickung" fixiert werden. Eine zu straffe Retention ist nicht notwendig. Andererseits ist darauf zu achten, daß sich die Spickdrähte auf keinen Fall im Frakturspalt kreuzen (!), sonst entsteht Rotationsinstabilität und ein Klaffen des Frakturspalts.
Je ein Spickdraht wird von medial und lateral durch die Kondylen nach proximal gebohrt und am freien

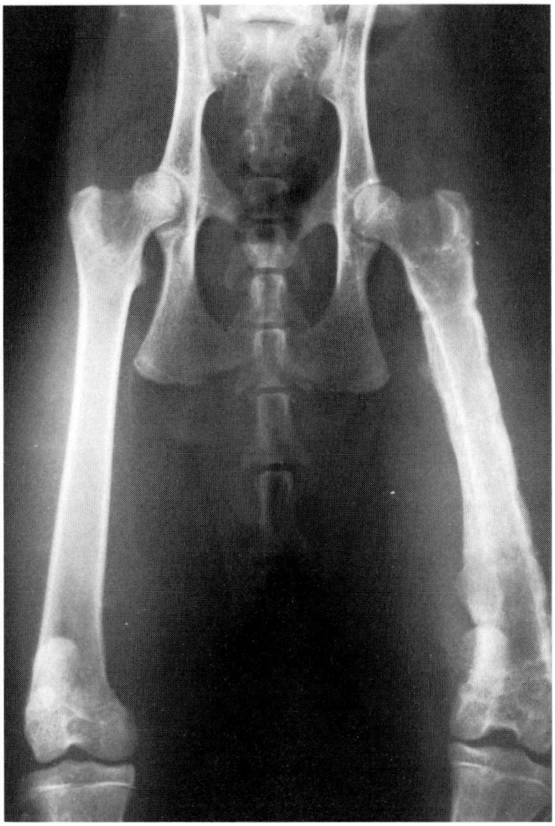

Abb. 145: Gleicher Fall wie Abb. 143: 22 Wochen post op. Der Femur ist stabil durchbaut. Das Material konnte entfernt werden
(Fall von P. HAUSER, Lausanne).

Ende umgebogen (optimale Implantatentnahme!). Hinweis für die Reposition der Epiphyse: Kleines Bohrloch proximal 1,0–1,5 cm vom Frakturspalt in den kranialen Femur setzen, dann Weberzange (2-Punkt-Zange) dort und in die Fossa intercondylica ansetzen, die Fraktur reponieren und die Kirschnerdrähte einbohren.
Beschrieben wird auch folgende Operationstechnik: Doppelt zugespitzte 1,0–1,2 mm Kirschnerdrähte werden retrograd vom Frakturspalt aus nahe des kaudolateralen bzw. kaudokranialen Randes durch den Markraum geschoben, bis sie die Fossa intercondylica durchstoßen und – weiter nach proximal geschoben – nun noch nur etwa 2 mm aus dem Frakturspalt ragen. Jetzt erfolgt die Aufrichtung des distalen Fragments und das Eindrehen der Drähte nach distal soweit, bis die Spitzen unmittelbar unter dem Gelenkknorpel zu ertasten sind. – Die Entfernung der Implantate ist dann möglich ohne erneute Traumatisierung der Operationsstelle.

Kondylusfraktur

Bei der Katze eine äußerste Rarität.
Op.-Technik: „Kreuzspickung" s. o. Bei einer T-Fraktur muß freilich zunächst eine 2-mm-Zugschraube beide Kondylusfragmente gegeneinander komprimieren.

Patellafraktur

Zur stabilen Adaptation der Patellafragmente genügt es, eine zirkuläre und eine Achterzuggurtung mit monofilem Draht um die Pole dieses Sesambeins zu führen und dorsal zu verknoten (Abb. 146, 147). Das Implantat braucht nicht entfernt zu werden. Die Prognose für die Funktion ist günstig.
BRUNNBERG [60] beschreibt die analoge Operationstechnik beim Hund. – Arthrotische Veränderungen sind bei der Katze sehr selten zu erwarten.

Luxation der Patella

Unilaterale sowie bilaterale Kniescheibenausrenkungen – sowohl nach medial als auch nach lateral – kommen bei der Katze häufiger vor als allgemein angenommen, da nur etwa fünf Prozent aller nachgewiesenen Fälle klinische Folgen haben [41]. Dennoch können sowohl kongenital (nach FLECKNELL et al. [41] besonders bei Rex-Katzen) als auch traumatisch bedingte Luxationen im Einzelfall erhebliche Störungen der Lokomotion verursachen. Eine zuverlässige Operationstechnik zur Therapie aller beobachteten Patellaluxationsvarianten ist derzeit nicht erkennbar. Es wurden alle Verfahren aus der Hundechirurgie übernommen, ohne daß z. B. JOHNSON (1986) [70] in seiner Übersicht eindeutige Erfolgsangaben zuordnen konnte; dennoch raten wir zur Trochleaplastik mit Kapselraffung.
Bewährt hat sich aber auch sowohl die radikale Methode der Patellektomie, bei der lediglich das Sesambein (Kniescheibe) aus der Quadriceps-Endsehne herauspräpariert wird, als auch der beim Hund übliche Eingriff mittels Osteotomie die Tuberositas tibiae nach lateral zu verlegen und zu fixieren. Selbst nach beidseitiger Patellektomie bestehen Aussichten auf Wiedererlangung freier Beweglichkeit.

Ruptur des Lig. decussatum craniale (Kreuzbandriß)

Auch ein Riß des vorderen Kreuzbandes im Kniegelenk ist ein gar nicht so seltener Befund (Abb. 148). Da oft ein schwerwiegendes Trauma zugrunde liegt, muß die chirurgische Versorgung unter observierender Berücksichtigung etwaiger zusätzlicher Meniskus- und Seitenbandläsionen (besonders des lateralen Kollateralbandes) gelegentlich radikaler als beim Hund erfolgen, weil sich anderenfalls durch weiteres

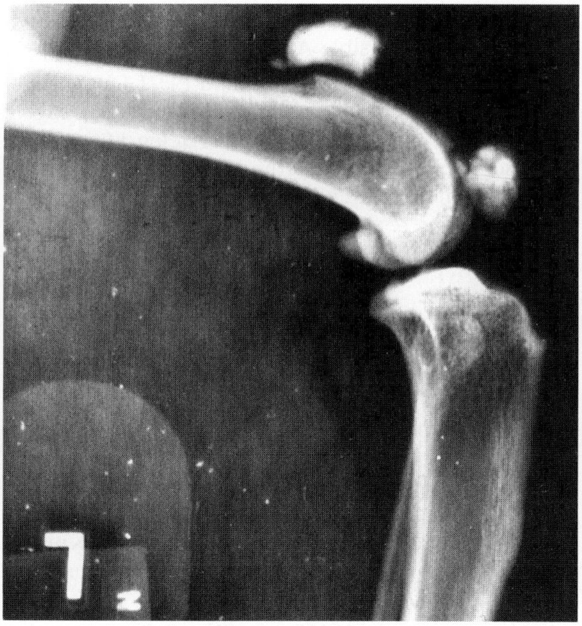

Abb. 146: Patellafraktur.

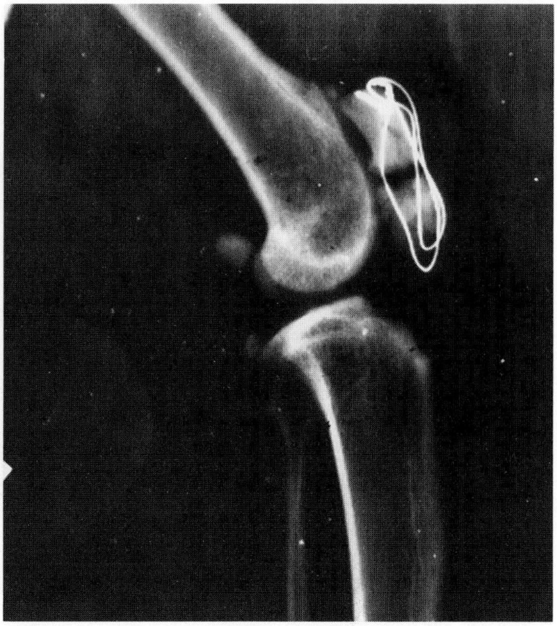

Abb. 147: Gleicher Fall wie Abb. 146 post op.

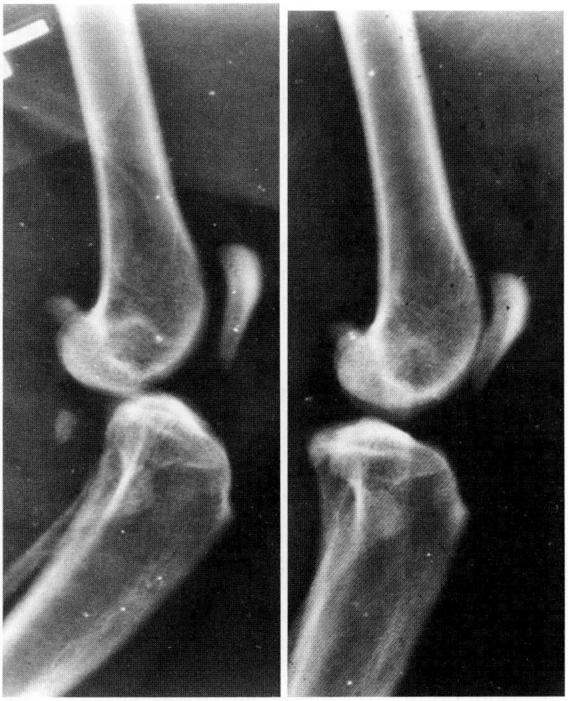

Abb. 148 a, b: Ruptur des vorderen Kreuzbandes (a) und gleicher Fall eine Woche post op. nach Op.-Methode „ARNOCZKY-Utrecht" (b).

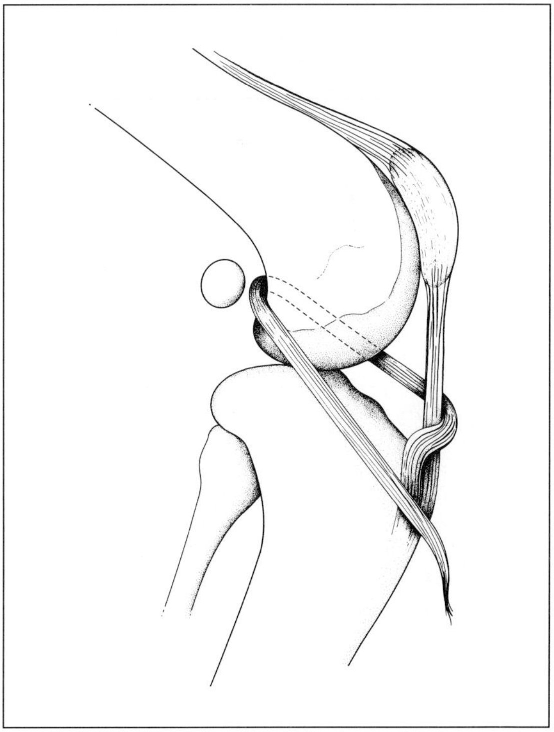

Abb. 149: Over-the-top-Methode (ARNOCZKY) in Utrecht modifiziert.

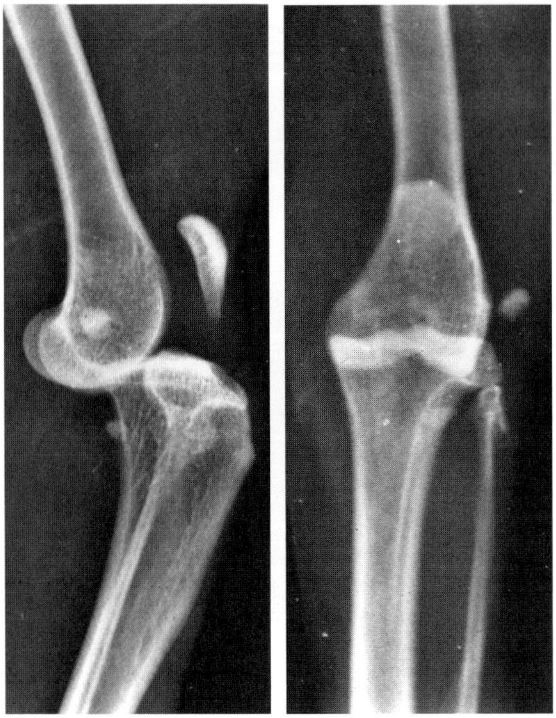

Abb. 150 a, b: „Luxiertes Knie" in zwei Ebenen.

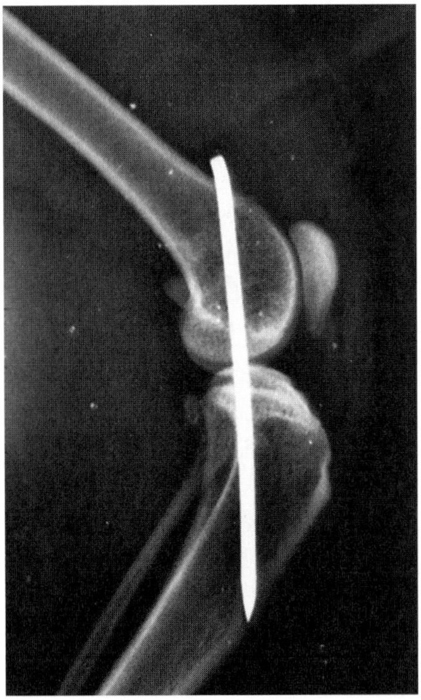

Abb. 151: Gleicher Fall wie 150. Neun Wochen post op. wurde das transartikuläre Implantat entnommen. Das Kniegelenk war ohne „Schublade" voll funktionsfähig.

schmerzbedingtes Schonen der betroffenen Gliedmaße eine irreversible Ankylose bilden kann.

Während MATIS (1978) [42] und PHILLIPS (1982) [43] alloplastische Operationstechniken bevorzugen, haben wir sehr gute Resultate erzielen können mit der sog. Over-the-top-Methode Utrechter Modifikation [9] unter Verwendung des lateralen Drittels des geraden Kniescheibenbandes und einem sich daran nach proximal anschließenden Streifen aus der Fascia lata (Abb. 149).

Dabei wird das proximale freie Ende des Streifens glatt und ohne Verdrehungen in sich zunächst kranial um das gerade Kniescheibenband geführt, sodann durch einen Schlitz kaudalwärts durch das Kniegelenk und hinter die laterale Fabella gefädelt, um dann wieder über lateral nach kranial umzuschlagen bis zur Tuberositas tibiae. Dort soll eine sorgfältige Anheftung mit Mersilene 2–0 erfolgen. Eine gebogene Moskitoklemme, von kaudal durch das Kniegelenk geschoben, erfaßt den Streifen und besorgt das Durchfädeln.

SCAVELLI und SCHRADER (1987) [72] reden einer minimal chirurgischen Therapie das Wort (lediglich: „cleaning up" und laterale Kapselraffung) und lassen die lädierten Katzen dann 4–6 Wochen in strenger Bewegungseinschränkung (Käfig!).

Ossifikation des geraden Kniescheibenbandes

Die Patienten lahmen nur leicht bis mittelgradig und häufig auch nur intermittierend. Radiographisch läßt sich oft nur schwer zwischen einer Calcifikation eines vorderen Meniskusrandes und Ossifikation des geraden Kniescheibenbandes unterscheiden. Das lädierte Knie ist leicht geschwollen und druckschmerzhaft.

Es gilt als ungeklärt, ob in jedem Falle eine Exzision vorgenommen werden muß, zumal ähnliche Befunde bei klinisch unauffälligen Katzen erhoben werden konnten [73].

Tibialuxation („Luxiertes Knie")

Polytraumatisierte Kniegelenke oder chronische Kniedefekte bedürfen ein sorgfältig geplantes Vorgehen. Das Prozedere besteht aus:

1. Versorgen der Knochendefekte
2. Entfernen lädierter Meniskusteile
3. Kollateralbänder und Gelenkskapsel stabilisieren (Prolene 2–0)
4. Kreuzbänder ersetzen (s. o.)
5. Temporäre Arthrodese, die in einfachster Form als transarticulärer arretierender Steinmannagel für 8–12 Wochen belassen werden sollte (Abb. 150, 151).

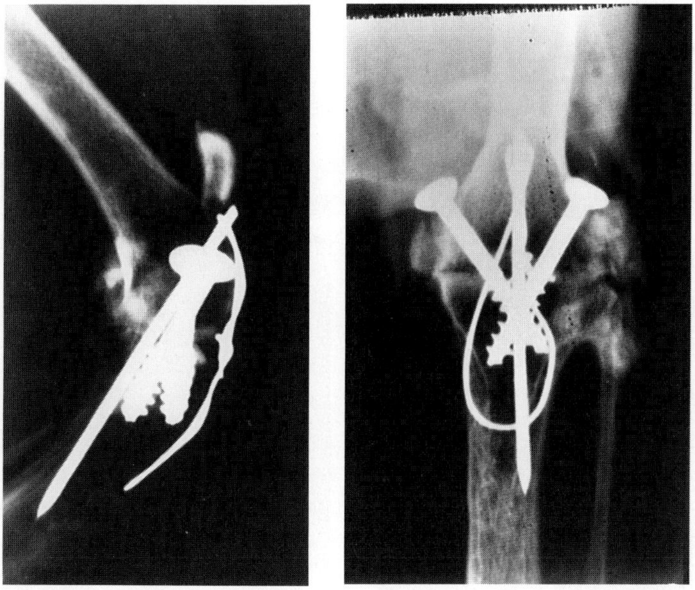

Abb. 152: Erfolgreiche Kniegelenksarthrodese bei einer 13jährigen Katze nach jahrelangen chronischen Beschwerden.

Arthrodese des Kniegelenks

Die Katze bewegt sich sehr geschickt auch mit einer permanenten Arretierung des Kniegelenks. Eine optimale Versorgung nach BRINKER [74] zeigt Abb. 152 als Beispiel.

Proximale Tibiaepiphysiolyse

Die Epiphysenscheibe ist sehr leicht in die physiologische Position zu bringen und dort mittels „Kreuzspick" zu fixieren (Abb. 153–155).

Tibiafraktur

Tibiafrakturen werden exakt nach den Methoden der Hundechirurgie versorgt, wobei eine Plattenosteosynthese im distalen Drittel wegen der geringen Bemuskelung gelegentlich Dekubitusschäden zur Folge haben kann.

Distale Tibiaepiphysiolyse

Ein solcher Defekt ist immer mit einer Fibulafraktur verbunden, die therapeutisch außer acht gelassen werden kann. Zur Retention genügt (da bei der Katze keine Rotationsstabilität notwendig) bereits ein Stift durch den lateralen Malleolus und die Epiphyse in die Tibiadiaphyse (Abb. 156–158).

Talusluxation

Auch dieser Defekt ist immer mit einer Fibulafraktur verbunden, jedoch ohne Epiphysiolyse! Abb. 159, 160 zeigen das Prozedere: Zwei „Krampen" fixieren den zurückgeschobenen Talus. Sie können verbleiben und verursachen keinerlei Behinderung.

Fraktur des lateralen Malleolus

Diese Frakturform hat immer eine Luxation des ganzen Tarsus nach lateral zur Folge (Abb. 161). Zunächst wird ein Spickdraht durch den frakturierten Malleolus schräg proximal in Richtung Tibiadiaphyse gesetzt. Sodann ist eine temporäre Arthrodese für 8 Wochen notwendig. Dies geschieht durch eine Fixierung des Calcaneus an die Tibia mit einem beiderseits zu einem „S" umgebogenen zweiten Spickdraht (Abb. 162). Das erste Implantat kann verbleiben (Abb. 163).

Calcaneusfraktur

Sie gehört zu den „Raritäten" der Katzenchirurgie. Abb. 164, 165 zeigen jedoch, was in einem solchen Falle therapeutisch möglich ist. Eine frische Fraktur kann mit einer „Zuggurtung" versorgt werden.

Tarsalarthrodese

Die einfachste Form ist bereits unter „Malleolusfraktur" dargestellt. Bei offenen Trümmerfrakturen mit größeren Gewebsverlusten bleibt eine stabile Arthrodese die Therapie der Wahl. Der Fixierungswinkel muß etwa 140–150° betragen, wobei auf keinen Fall ein kleinerer Winkel gewählt werden darf, weil die Katze sonst das Kniegelenk nicht mehr ausreichend strecken kann! Eine 5-Loch-Rekonstruktionsplatte wird medial angebracht und die fünf 2,0-

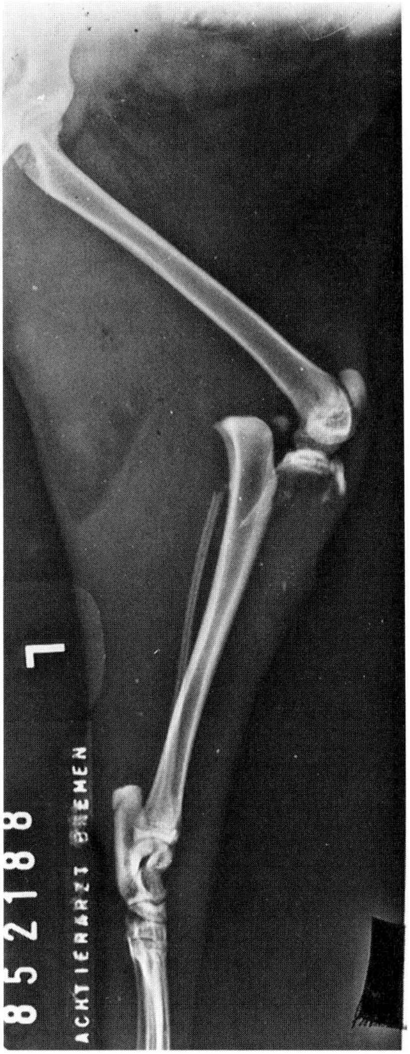

153 a

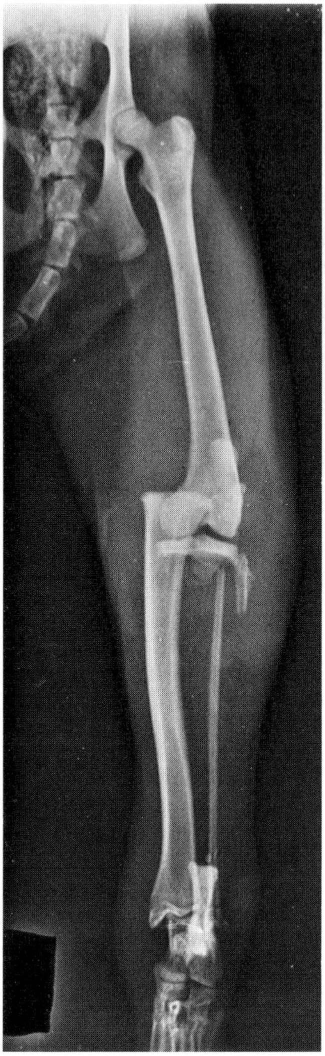

153 b

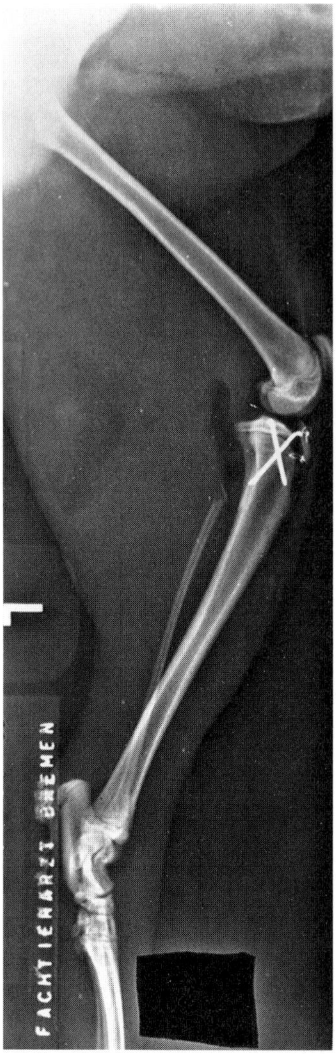

154

oder 2,7-Schrauben erfassen im Distalbereich der Platte von medial nach lateral das Os tarsale centrale, tarsale IV und tarsale II. Da in solchem Falle fast immer mit einer sekundären Heilung gerechnet werden muß, bleibt die Platte häufig offen liegen, so daß die sich lockernden Schrauben unter Verbandschutz immer wieder nachgezogen werden müssen. Hier darf man sich nicht entmutigen lassen! Schlußendlich ist mit Stabilität zu rechnen!

Weitere Tarsalfrakturen

Alle weiteren Frakturen im Tarsalbereich lassen sich durch behutsame Kreuzspickung mit dünnen Kirschnerdrähten ausreichend fixieren.

Frakturen im Zehenbereich

Siehe unter den Entsprechungen der Vordergliedmaßen.

Achillessehnenabriß

Der Abriß erfolgt immer unmittelbar am Calcaneus und ist daher nicht mit üblicher Sehnennaht zu therapieren. Man präpariert aus dem Operationsfeld einen sorgfältig disinfizierten Hautstreifen von 8 cm Länge und etwa 0,2 cm Breite, befestigt diesen mit einer Zick-Zack-Naht (zwei gerade Nadeln) am distalen Drittel des M. gastrocnemius einer Seite, führt ihn durch ein Bohrloch im oberen Drittel des Calcaneus zur anderen Seite des Wadenmuskels und

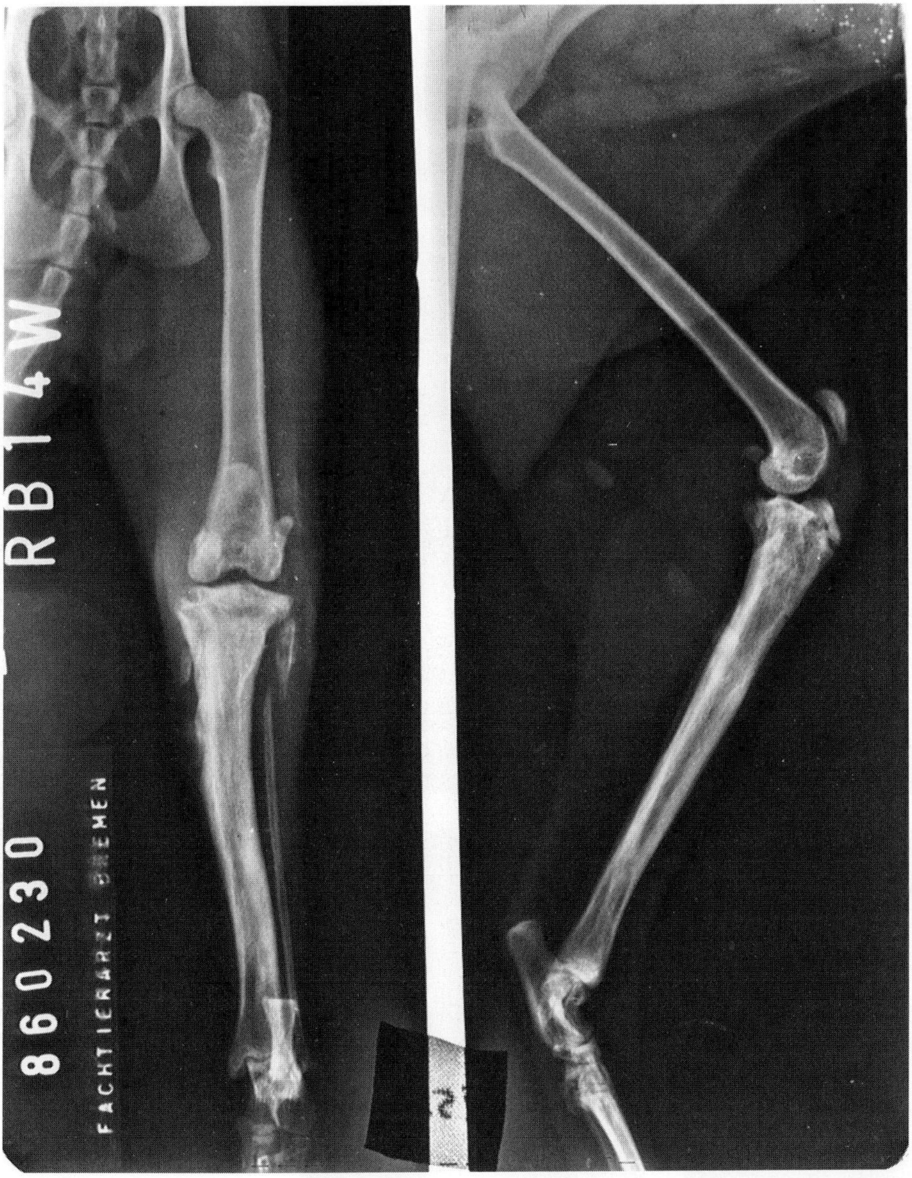

155

Abb. 153 bis 155: Die proximale Tibiaepiphysiolyse ist relativ einfach zu therapieren: man bringt die gelöste Epiphysenscheibe manuell in anatomische Position und reteniert mittels „Kreuzspick". 14 Wochen post op. werden die Implantate entnommen. Die Katze belastet unmittelbar danach.

sorgt für eine entsprechende Anheftung bei einer Winkelung der Tibia zum Metatarsale von 130°. Für drei Wochen erhält der Patient einen Steigbügelverband oder es wird mit einer einfachen Arthrodese (siehe unter: Fraktur des lat. Malleous) das Fersengelenk fixiert. Nach NAMAND [44] muß man etwa weitere zwei Monate mit Lahmheit rechnen. Erst dann beginnt ein normaler Gang und eine schmerzlose Beugung.

Amputationen

Amputation der Schultergliedmaße

Nach neueren Ansichten schränkt – im Gegensatz zu bisherigen Auffassungen – auch die Amputation einer Schultergliedmaße im Humerus (Abb. 166) die Lebensqualität der betroffenen Katze nicht ein. Die Operationstechnik entspricht der beim Hund.

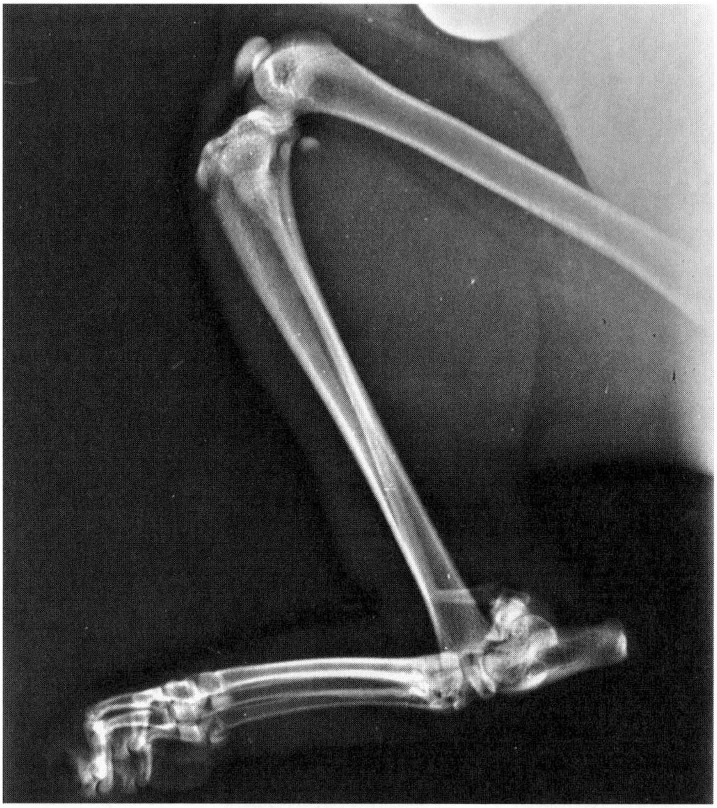

156 a

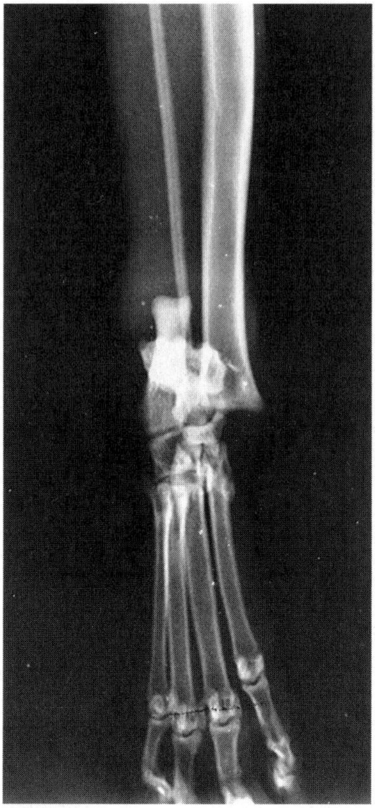

15

Abb. 156 a und b: Eine distale Tibiaepiphysiolyse mit Dyslokation nach medio-kranial ist mit einer Talusluxation zu verwechseln!

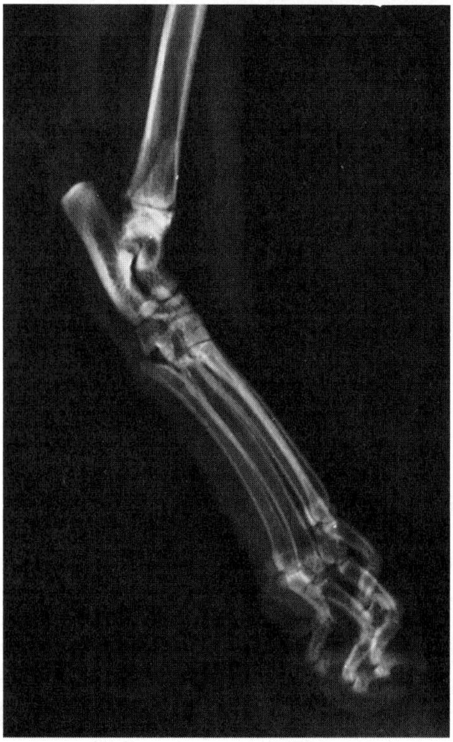

157 a

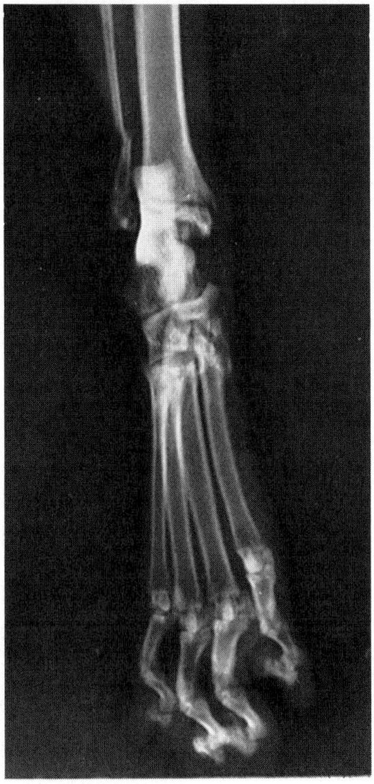

157 b

Abb. 157 a und b: Zur Kontrolle der orthograden Reposition orientiert man sich an den Fibulafragmenten!

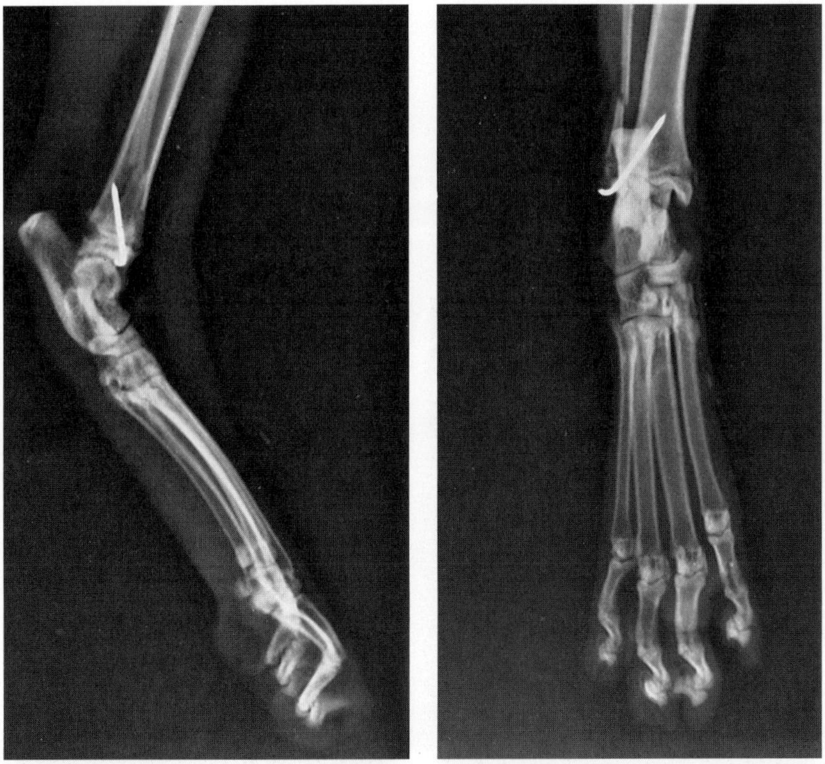

Abb. 158: Ein einzelner Stift durch den lateralen Malleolus nach medioproximal durch die Epiphysenscheibe und in die Tibiaepiphyse genügt in diesem Falle zur Stabilisierung.

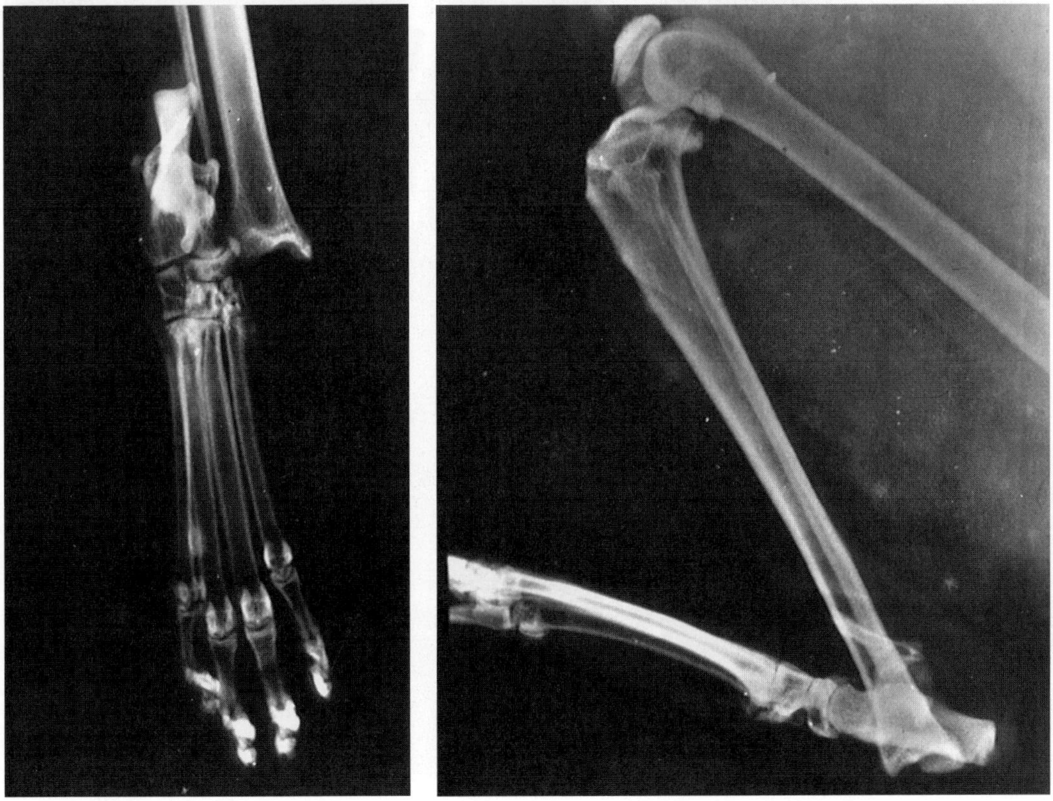

Abb. 159: Talusluxation rechts.

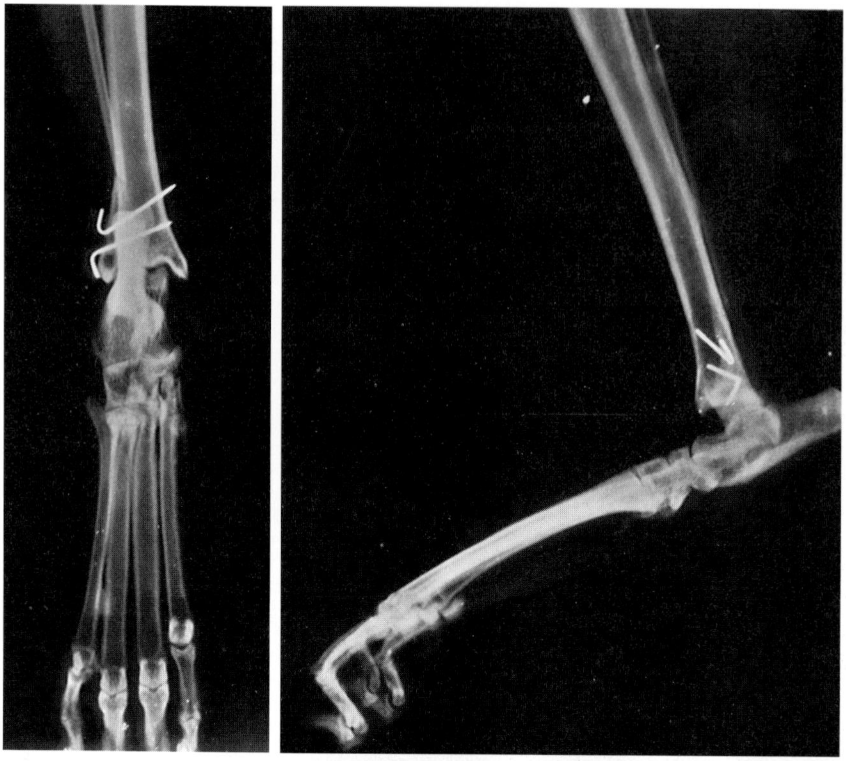

Abb. 160: Zwei „Krampen" fixieren den zurückgeschobenen Talus.

Abb. 161: Fraktur des lateralen Malleolus in zwei Ebenen (a + b).

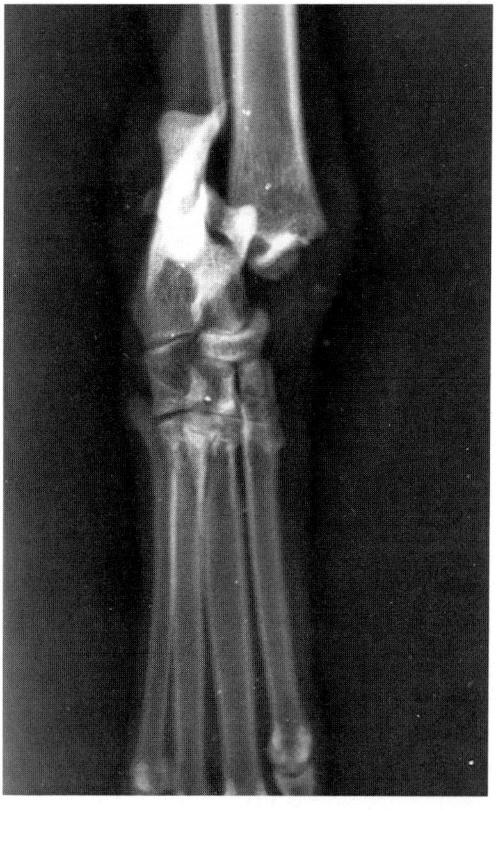

161 a

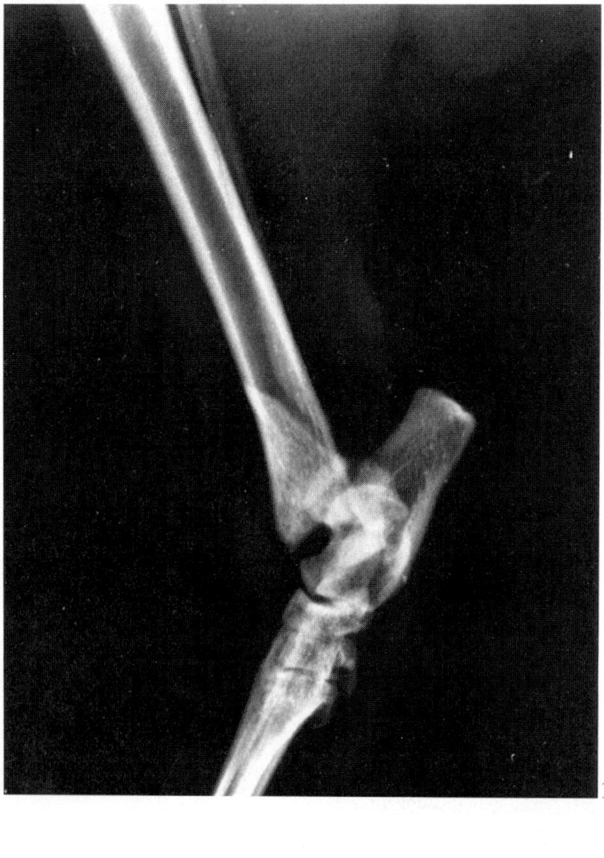

1

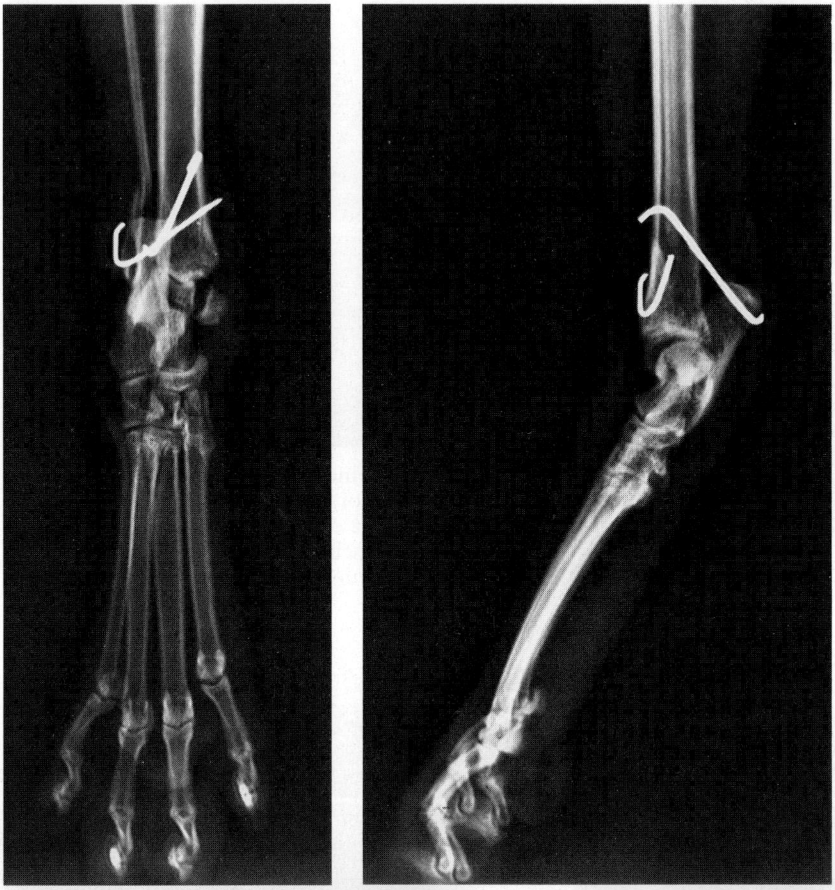

Abb. 162: Durch den lateralen, losfrakturierten Malleolus wurde ein Spickdraht schräg nach proximal in die distale Tibia gesetzt und nach kaudal klemmend umgebogen. Zur temporären Arthrodese fixiert man sodann den Calcaneus mit einem Spick an die Tibia.

Abb. 163: Röntgenkontrolle nach 52 Wochen. – 8 Wochen post op. wurde die Arthrodese gelöst. Seitdem erklimmt der Patient mühelos (mit dem verbliebenen Implantat) höchste Bäume.

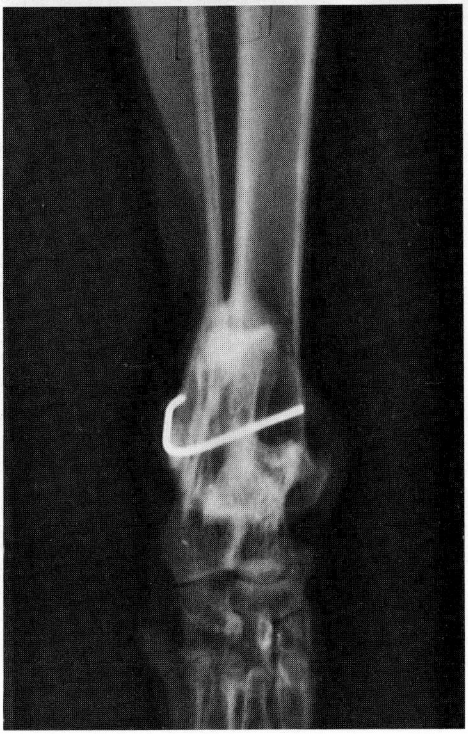

163 a

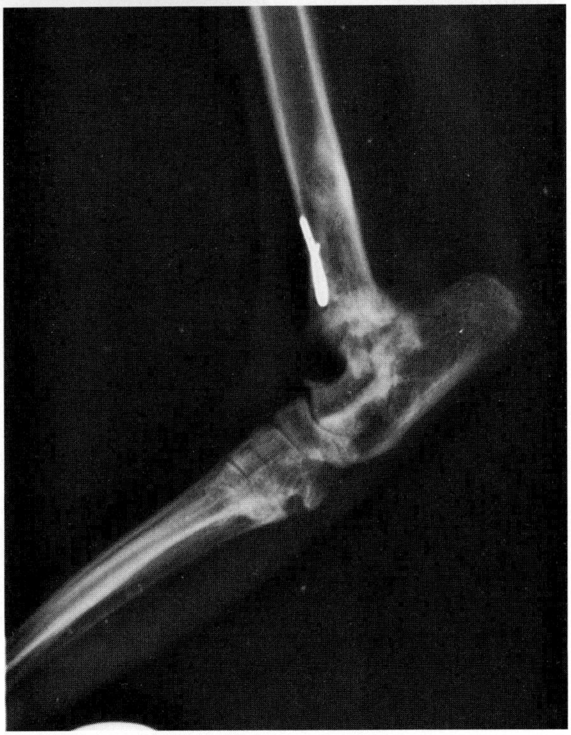

163 b

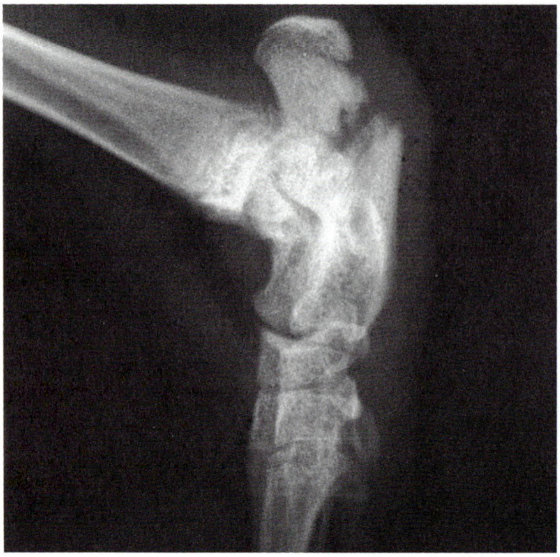

Abb. 164: 18 Tage alte Calcaneusfraktur bei einer 7 Monate alten Katze.

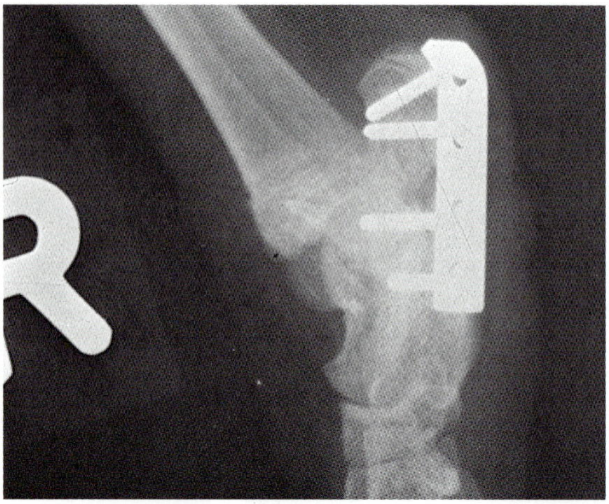

Abb. 165: Status eine Woche nach Osteosynthese. – Chirurgische Versorgung: Zugang von mediokaudal. Osteosynthese mit einer 4-Loch 2,0 m DCP und 4 2,0 mm Kortikalisschrauben. – Das Tier belastet bereits seitengleich und beschwerdefrei (Fall von F. KÁSA, Lörrach).

Abb. 166: Auch die schulteramputierte Katze bewegt sich geschickt.

Abb. 167: Großflächige Haut-, Muskel- und Knochendefekte erforderten die Amputation hinten links. Eine Beeinträchtigung der Lebensqualität ist nicht zu beobachten.

Amputation der Beckengliedmaße

Die Amputation einer Hintergliedmaße ist gleichfalls als letzte Möglichkeit vertretbar, wenn Neubildungen, Gangräne oder umfangreiche Kontusionen sonst nicht therapierbar sind. Nach dem Freipräparieren der langen Sitzbeinmuskeln und des M. quadriceps werden diese zur Seite geschoben, die Begleitgefäße ligiert und der Femurschaft im proximalen Drittel mit der oszillierenden Säge rechtwinklig zur Knochenachse abgesetzt. Sodann wird der M. quadriceps um den Femurstumpf nach kaudal gelegt und unter Zug an den Sitzbeinmuskel fixiert. Die Sitzbeinmuskeln ihrerseits werden nach Kranial umgeschlagen und am M. quadriceps angeheftet. Auf diese Weise wird der Femurstumpf in das Hautdoppelblatt der Kniefalte gelegt und gleichzeitig an den Körper herangezogen. Der Verschluß sollte möglichst eng gehalten werden, um Serombildung zu verhindern.

Für einige Tage nach dem Eingriff sollte der Patient assistierend zur Eingewöhnung ans dreibeinige Laufen beobachtet werden.

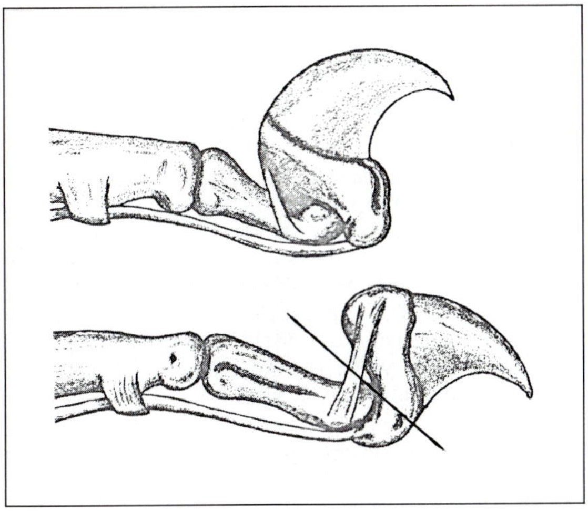

Abb. 168: Kralle (oben) eingezogen und (unten) gestreckt. Schnittführung proximal des Promunturiums der Phalanx tertia.

Das kosmetische Ergebnis entspricht im allgemeinen den Erwartungen, und die Verhaltensweise einer solchen Katze ist schon recht bald erstaunlich gut dieser Behinderung angepaßt (Abb. 167).

Onychektomie

Chronisch rezidivierendes Panaritium einer Zehe sowie polydaktyle chronisch eitrige Nagelbettentzündungen (Folge oft: Deformation der Krallenmatrix oder sogar Tumorbildung) stellen gelegentlich eine Indikation für eine Krallenamputation dar, die sonst das geltende Tierschutzrecht verbietet!

Das Operationsfeld wird ohne zu rasieren desinfiziert. Mit Daumen-Zeigefingerdruck auf den Ballen und Zehenrücken wird die Kralle in Extensionsstellung gebracht und mit einer Krallenschere abgesetzt. Dabei muß streng darauf geachtet werden, daß die Schere proximal über dem Promontorium der Phalanx tertia das Stratum germinativum erfaßt, welches tief eingebettet und gefaltet in der Zehenepidermis liegt (Abb. 168). Unmittelbar nach der Amputation wird unter allmählich nachlassender digitaler Kompression ein Druckverband angelegt. Nach zwei Tagen wird der Verband entfernt. Nachbehandlungen sind meist nicht erforderlich. Katzenstreu ist in der ersten Zeit durch Papierschnitzel zu ersetzen. Während der Operation darf keine Stauschlinge angelegt werden, denn eine auch nur kurzfristige totale Unterbrechung der Blutzirkulation kann eine irreversible Pfotenlähmung zur Folge haben! [23].

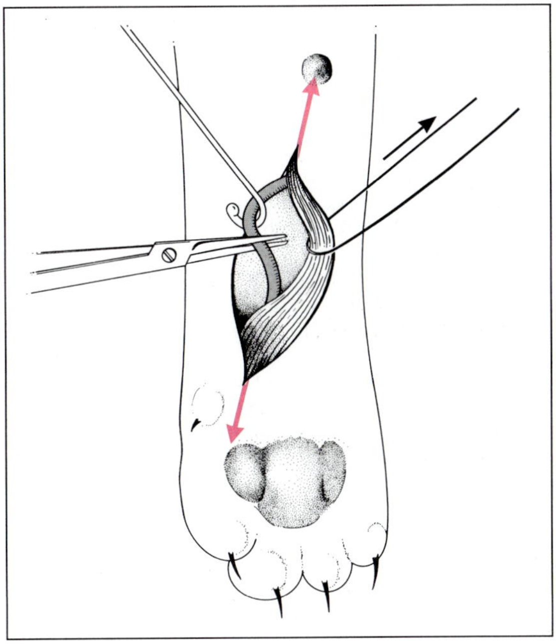

Abb. 169: Op-Skizze zur Tenotomie des M. dig. fl. prof.

Tenotomie des tiefen Zehenbeugers

Das operative Vorgehen bei einer Tenotomie des M. digitalis flexor profundus ist aus der Skizze (Abb. 169) ersichtlich. Sehnenkontraktionen infolge traumatisch bedingter Dysfunktion einer Gliedmaße können mit diesem einfachen Eingriff erfolgreich therapiert werden.

Literatur

[1] STARTUP, C. M.: Surgical Approach to the Frontal Sinus. Vet. Rec. **75** (1963), 105–113.

[2] LOEFFLER, K.: Zur Topographie der Nasenhöhle und der Nasennebenhöhlen bei der Katze. Berl. Münch. tierärztl. Wschr. **72** (1959), 325–328.

[3] ORMROD, A. N.: Surgery of the dog and cat. A practical guide, London (1966).

[4] ROBINSON, G. W.: The high rise trauma syndrome in cats. Feline Pract. **6** (1976), 40–43.

[5] DÜRR, U. M.: Kastrierwinkel. Kleintier-Prax. **24** (1979), 222–223.

[6] PANTEL, M., und WISSDORF, H.: Anatomische und klinische Aspekte zur Ranula bei der Katze. Kleintier-Prax. **21** (1976), 277–280.

[7] GWIN, R. M., GELATT, K. N., PFEIFFER, R. L.: Parotic duct. transposition in a cat with kerato-conjunctivitis sicca. J. Am. Anim. Hosp. Assoc. **13** (1977), 42–45.

[8] PREUSS, F., u. HENSCHEL, E.: Praktikum der angewandten Veterinäranatomie, Teil 1 (1968).

[9] MEUTSTEGE, F.: Persönliche Mitteilung (1982).

[10] HARRIS, M.: Vet. Rec. **93** (1968). 196.

[11] FURNEAUX, R. W., u. HUDSON, M. D.: Autogenous muscle flap repair of a diaphragmatic hernia. Feline Pract. **6** (1976), 148–165.

[12] BUDRAS, K. D.: Leistenband, Leistenkanal und M. cremaster ext. der Katze. Anatomischer Anzeiger **121** (1967), 148–165.

[13] WILSON, G. P., u. HARRISON, J. W.: Perineal urethrostomy in cats. J. Am. Vet. Med. Assoc. **27** (1971), 159.

[14] RICKARDS, D. A.: The feline urethral shunt technique. Feline Pract. **6** (1976), 48–53.

[15] DÜRR, U. M.: Beitrag zur plastischen Chirurgie am Penis des Katers. Kleintier-Prax. **22** (1977), 251–253.

[16] ROSENHAGEN, C.: Gefäßclips, Anwendungsbereich und Erfahrungen. Referat 22. Jahrestagung der deutschspr. Gruppe der WSAVA Basel 1976.

[17] BLAKE, J. A.: J. Am. Vet. Med. Assoc. **25** (1969), 154.

[18] BJORLING, D. E.: Surgical Management of Hepatic and Biliary Disease in Cats. Comp. Contin. Educ. Vol. **13** (1991), 621–626.

[19] EATON-WELLS, R. D.: Surgical management of multisystem trauma in a cat. J. small Anim. Pract. **22** (1981), 253–261.

[20] HAUSER, P.: Persönliche Mitteilung (1977).

[21] ROSENHAGEN, C.: Resection of the femoral head in the cat. Referat Voorjaarsdagen Congress 71 of the Netherlands SAVA, Amsterdam (1971).

[22] ROSENHAGEN, C.: Resultate der temporären Fixation nach Luxatio coxae (Hd. u. Ktz.). Referat 26. Jahrestagung der Fachgruppe Kleintierkrankheiten der DVG Karlsruhe (1980).

[23] ROSENHAGEN, C.: Erfahrungen mit der Onychektomie. Referat 13. Jahrestagung der deutschspr. Gruppe der WSAVA München (1967).

[24] KOLDE, D. L.: Pectineus tenectomy for treatment of hip dysplasia in a domestic cat. J. Am. Anim. Hosp. Assoc. **10** (1974), 564–565.

[25] HARVEY, H. J.: General Principles of Veterinary Oncologic Surgery. J. Am. Anim. Hosp. Assoc. **12** (1976), 335–339.

[26] BELLENGER, C. R.: Comparison of inverting and appositional methods for anastomosis of the small intestini in cats. Vet. Rec. **110** (1982), 265–268.

[27] KÁSA, F. und G.: Referat 28. Jahrestagung der Fachgruppe Kleintierkrankheiten der DVG Frankfurt (1982).

[28] LEIGHTON, R. L.: Perineal Hernia in a female cat. Feline Pract. **9** (1979), Jan.–Febr.

[29] PETTIT, C. D.: There's more than one way to castrate a cat. Modern Vet. Pract. **69** (1981), 713–716.

[30] ROBINSON, G. W.: Feline Bandaging and Splinting. Feline Pract. **7** (1977), 41.

[31] LOEFFLER et al.: Konservative und einfache operative Methoden zur Frakturbehandlung bei der Katze. Kleintier-Prax. **23** (1978), 103–112.

[32] RAHLFS, I., und BRASS, W.: Perkutane Transfixation zur Behandlung von Radius-Ulna- und Tibia-Fibula-Frakturen bei Hund und Katze. Kleintier-Prax. **28** (1983), 153–158.

[33] LEIGHTON, R. L.: Treatment of a Subcondylar Fracture of the Mandible in a Cat by Open Reduction and Wire Fixation. Feline Pract. **9** (1979), 34–36.

[34] MEYNARD, J. A.: Traumatimes de la région mandibulaire et de la voûte palatine chez la chat. L'Anim. de Cie **17** (1982), 303–312.

[35] WOODY, N.: Treatment of Caudal Mandibular Fractures. J. Am. Anim. Hosp. Assoc. **17** (1981), 555–562.

[36] GOUDICHAUD, J. A., MEYNARD, J. A., und PELSE, H.: Fractures des os longs du chat, traitées par fixateurs externes. L'Anim. de Cie **17** (1982), 313–323.

[37] PHILLIPS, I. R.: A survey of bone fractures in the dog and cat. J. small Anim. Pract. **20** (1979), 661–674.

[38] WILDGOOS, W. H.: Hip dislocation and the use of the DeVita pin in the cat. J. small Anim. Pract. **24** (1983), 261–268.

[39] DRAPE, J.: Traitement chirurgical des fractures du fémur proximal du chat. L'Anim. de Cie **17** (1982), 327–331.

[40] FUCHS, R.: Femurschaftfrakturen bei der Katze. Vet. Diss. München (1978).

[41] FLECKNELL, P. A., et al.: Congenital Luxation of the Patellae in the Cat. Feline Pract. **9** (1979), 18–21.

[42] MATIS, U., und KÖSTLIN, R.: Zur Kreuzbandruptur der Katze. Der prakt. Tierarzt **8** (1978), 585 ff.

[43] PHILLIPS, I. R.: Dislocation of the stifle joint in the cat. J. small Anim. Pract. **23** (1982), 217–221.

[44] NAMAND, Y. und F.: Reconstitution du tendon d'Achille chez une chat. L'Anim. de Cie **15** (1980), 403–405.

[45] SPREULL, J. A.: Ablation of the vertical Ear Canal; in „Current Techniques in small Animal Surgery" von M. J. Bojrab (1975), 67.

[46] ANDERSON, G. J.: The Treatment of Chronic Sinusitis in Six Cats by Ethmoid Conchal Curettage and Autogenous Fat Graft Sinus Ablation. Veterinary Surgery **16** (1987), 131–134.

[47] ZETNER, K.: Die Behandlung von Kieferfrakturen der Katze mit Parapulpärstift-Composite-Brücke. Kleintierpraxis **32** (1987), 1–41.

[48] PARKER, N. R.: Nasopharyngeal Polyps in Cats. J. Am. Anim. Hosp. Assoc. **21** (1985), 473–478.

[49] FERNANDES, F. H., R. S. HAWE und W. F. LOEB: Primary Squamous Cell Carcinoma of the Esophagus in a Cat. Companion Animal Practice **1** (1987), 16–22.

[50] ELLISON, G. W., et al.: Esophageal Hiatal Hernia in Small Animals. J. Am. Anim. Hosp. Assoc. **23** (1987), 391–399.

[51] BIRCHARD, S. J., M. E. PETERSON und A. JACOBSON: Surgical Treatment of Feline Hyperthyroidism. J. Am. Anim. Hosp. Assoc. **20** (1984), 705–709.

[52] KRAFT, W.: Hyperthyreose bei der Katze. Tierärztl. Prax. **16** (1988), 75–81.

[53] TIRGARI, M.: Long-term evaluation of the pull-througtechnique for the treatment of otitis externa in dogs and cats. J. small Anim. Pract. **29** (1988), 165–175.

[54] HARVEY, C. E.: Surgical Correction of Stenotic Nares in a Cat. J. Am. Anim. Hosp. Assoc. **22** (1986), 31–32.

[55] GARSON, H. L., N. H. DODMAN und G. B. BAKER: Diaphragmatic hernia Analysis of fifty-six cases in dogs and cats. J. small Anim. Pract. **21** (1980), 469.

[56] BRUNNBERG, L., und HABERSTROH, J.: Thoraxverletzung der Katze. Referat anläßlich der 34. Jahrestagung

der Fachgruppe Kleintierkrankheiten der Deutschen Veterinärmedizinischen Gesellschaft 11./12. 11. (1988).

[57] KUWAHARA, J.: Canine and Feline Aural Hematomas: Result of Treatment with Corticosteroids. J. Am. Anim. Hosp. Assoc. **22** (1986), 641–647.

[58] BROEK, A. H. M. van den, und DARKE, P. G. G.: Cardiac measurements on thoracic radiographs of cats. J. small Anim. Pract. **28** (1987), 125–137.

[59] SCHWARZ, P. D., GREENE, R. W., und PATNAIK, A. K.: Urinary Bladder Tumors in the Cat. J. Am. Anim. Hosp. Assoc. **21** (1985), 237–245.

[60] BRUNNBERG, L.: Zu den Verletzungen der Patella und des Ligamentum patellae bei Hund und Katze. Kleintierpraxis **36** (1991), 547–559.

[61] ALLEN, W. E.: Unusual complication of pyometra in cats. J. small Anim. Pract. **26** (1985), 199–202.

[62] EGGER, E., et al.: Type one biplanar configuration of external skeletal fixation: Applicationtechnique in dogs and cats. J. Amer. Vet. Med. Assoc. **21** (1985), 262–267.

[63] LANTZ, G. C.: Temporomandibular Joint Ankylosis: Surgical Correction of Three Cases. J. Am. Anim. Hosp. Assoc. **21** (1985), 173–175.

[64] POOL, R. R., und CARRIG, C. B.: Multible cartilaginous exostoses in a cat. Vet. Path **9** (1972), 350–359.

[65] RANDALL, C. U.: Interarcade Wiring: A Method for Stabilization of Caudal Mandibular Fraktures and Temporomandibular Joint Luxations in the Cat. Companion Animal Practice **1** (1987), Nr. 3, 16–18.

[66] BRÜSE, S., DEE, J., und PRIEUR, W. D.: Internal Fixation with a Vet. Cuttable Plate in Small Animals. V.C.O.T. **3** (1989), 40–46.

[67] CLARKE, M.: Osteochondritis Dissecans in a Burmese Cat Feline Practice **15** (1985), Nr. 5, 6–7.

[68] BENEDETTI, U. T., et al.: A Technique for Intramedullary Pinning of Metatarsals and Metacarpals in Cats and Dogs. J. Am. Anim. Hosp. Assoc. **22** (1986), 149–152.

[69] KÖPPEL, E., und EBNER, J.: Die Hüftgelenksdysplasie der Katze. Kleintierpraxis **35** (1990), 261–316.

[70] JOHNSON, M. E.: Feline Patellar Luxation: A Retrospective Case Study. J. Am. Anim. Hosp. Assoc. **22** (1986), 835–838.

[71] FRIES, C. L., BINNINGTON, A. G., und COCKSHUTT, J. R.: Quadriceps Contracture in Four Cats: A Complication of Internal Fixation of Femoral Fractures. V.C.O.T. **2** (1988), 91–96.

[72] SCAVELLI, T. B., und SCHRADER, S. C.: Nonsurgical Management of Rupture of the Cranial Cruciate Ligament in 18 Cats. J. Am. Anim. Hosp. Assoc. **23** (1987), 337–340.

[73] WHITING, P. G., und POOL, R. R.: Intrameniscal Calcification and Ossification in the Stifle Joints of Three Domestic Cats. J. Am. Anim. Hosp. Assoc. **21** (1985), 579–584.

[74] BRINKER, W. O., PIERMATTEI, D. L., und FLO, G.: Handbook of Small Animal Orthopedics and Fracture Treatment, Seite 330–332. Verlag: Saunders (1983).

[75] JEFFERY, N. D.: Internal fixation of femoral head and neck fractures in the cat. J. small Anim. Pract. **30** (1989), 674–677.

Anhang

Referenzbereiche der klinischen Laboratoriumsdiagnostik

Aus: W. Kraft, U. M. Dürr (Hrsg.): Klinische Labordiagnostik in der Tiermedizin, 4. Auflage. Schattauer, 1997.

Hämatokrit

%	30–44
l/l	0,30–0,44

Erythrozytenzahl

x 10^6/µl	5,0–10,0
T/l	5,0–10,0

Hämoglobin

g/dl	9,0–15,0
mmol/l	5,6–9,3

Erythrozytenindizes
Mittlere Hämoglobinkonzentration der Erythrozyten (MCHC = mean corpuscular hemoglobin concentration)

g/l	31–35
mmol/l	19–22

Mittlerer Hämoglobingehalt der Einzelerythrozyten (MCH = mean corpuscular hemoglobin), HbE = Färbekoeffizient, Hämoglobin im Einzelerythrozyten

pg	13–17
fmol	8,1–10,5

Mittleres Erythrozytenvolumen (MCV = mean corpuscular volume)

µm³	40–55
fl	40–55

Retikulozytenzahl

Promille	5–20

Blutkörperchensenkungsreaktion (BSR)
De Hag, Mikromethode, senkrecht (mm)

1 h	2 h	3 h
0–2	2–10	19–35

Leukozytenzahl, gesamt

Zahl/µl	6000–11000[1] bis 18000[2]
Zahl x 106/l	6000–11000[1] bis 18000[2]

[1] ruhig
[2] erregt

Differentialblutbild

Differentialblutbild, relative Zahlen (Prozent)

neutrophile Stabkernige	0–4
neutrophile Segmentkernige	60–78
Lymphozyten	15–38
Monozyten	0–4
Eosinophile	0–6
Basophile	selten (bis 1)

Differentialblutbild, absolute Zahlen (konventionell: /µl; SI: x 10^6/l)

neutrophile Stabkernige	0–600[1]
neutrophile Segmentkernige	3000–11000
Lymphozyten	1000–4000
Monozyten	40–500
Eosinophile	40–600
Basophile	selten (bis 40)

Bei der Katze sind in der Regel durch Aufregung alle Zellarten m. o. w. gleichmäßig erhöht.

Blutgerinnung

Vollblutgerinnungszeit nach Lee-White im Glasröhrchen[1] (min)	8,6–9,8

[1] nach Osbaldiston et al. 1970

Thrombelastogramm

r (min)	1,5–6,1
k (min)	2,0–14,0
ma (mm)	34–59

Thrombozytenzahl

x 10^6/µl/ x 10^9/l	180–550

Quick-Text (Thromboplastinzeit, Prothrombinzeit)

% der Norm	60–150
PTR	0,86–1,14

PTR: Prothrombin-Ratio

Aktivierte partielle Thromboplastinzeit (aPTT)

Die aufgeführten Werte sind Richtwerte für die angegebenen Reagenzien.

Myelogramm

			KATZE	
			PENNY 1974	JAIN 1986
Myelopoese	Myeloblasten	%	1,65 ± 0,82	0,08 ± 0,16
	Promyelozyten	%	0,84 ± 5,00	1,74 ± 1,04
	neutr. Myelozyten	%	9,59 ± 2,70	4,31 ± 2,49
	neutr. Metamyelozyten	%	7,17 ± 2,55	10,06 ± 3,20
	neutr. Stabkernige	%	25,26 ± 5,45	14,40 ± 1,30
	neutr. Segmentkernige	%	9,09 ± 4,95	12,86 ± 4,85
	eos. Myelozyten	%	1,52 ± 0,89	0,60 ± 0,42
	eos. Metamyelozyten	%	1,52 ± 0,78	0,54 ± 0,39
	eos. Stabkernige	%	–	0,49 ± 0,40
	eos. Segmentkernige	%	0,86 ± 0,63	0,60 ± 0,20
	Basophile	%	0,001	0,0
Myelopoese gesamt		%	57,56 ± 7,47	45,86 ± 3,78
Lymphopoese	Lymphozyten	%	7,40 ± 3,64	16,13 ± 2,92
	Plasmazellen	%	1,56 ± 0,89	0,80 ± 0,60
Monopoese	Monozyten	%	–	0,77 ± 0,51
	Histiozyten	%	0,11 ± 0,14	0,06 ± 0,10
Erythropoese	Proerythroblasten	%	1,72 ± 0,62	0,17 ± 0,29
	basophile Normoblasten	%	3,92 ± 1,34	4,02 ± 1,56
	polychr. Normoblasten	%	9,20 ± 3,53	17,57 ± 4,48
	oxyphile Normoblasten	%	11,90 ± 3,13	5,54 ± 3,15
Erythropoese gesamt		%	26,76 ± 7,13	28,74 ± 4,64
Megakaryopoese	Megakaryozyten		–	–
Mitosen		%	0,63 ± 0,31	0,20 ± 0,26
Unklassifizierte		%	6,90 ± 6,58	0,49 – 0,28
M/E Index			2,36 ± 0,92	1,63 ± 0,35
I/M Index			0,33 ± 0,12	–

Pathrombin®[1]	13,8–19,9
PTT-Reagenz[2]	10,6–13,4

[1] Fa. Behring, Marburg
[2] Fa. Boehringer Mannheim, Mannheim

Fibrinogenkonzentration (Plasma)

Clauss-Methode (Humanstandard)	0,5–3,0
Gravimetrie	1,3–4,2

Gerinnungsfaktoren II–XII (Plasma)

II	75–125
II*	105
V	40–185
V*	500
VII	55–150
VII*	125
VIII	55–130
VIII*	2000
IX	55–160
IX*	200
X	65–145
X*	60
XI	70–200
XI*	270
XII	50–150
XII*	280

* mittlere Aktivität in bezug zu Humanpoolplasma

Antithrombin III (chromogenes Substrat) (Plasma)

AT-III-Aktivität (% der Norm)	72–128
Mittlere Aktivität im Vergleich zum Menschen	106

Fibrin(ogen)spaltprodukte (Latexagglutinationstest, Staphylokokken-Clumping-Test) (Plasma)

SCT (µg/ml)	< 20
Latexagglutinationstest (Titer)	bis 1:5

Aspartat-Amino-Transferase (AST), E. C. 2.6.1.1 früher Glutamat-Oxalacetet-Transaminase (GOT) (Plasma)

IU/l	bis 30[1]
nkat/l	bis 500[1]

Alanin-Amino-Transferase (ALT), E. C. 2.6.1.2 früher Glutamat-Pyruvat-Transaminase (GPT) (Plasma)

IU/l	bis 70[1]
nkat/l	bis 1167

Sorbit-Dehydrogenase (SDH) (Plasma)

IU/l	bis 2
nkat/l	bis 33

Glutamat-Dehydrogenase (GLDH) (Plasma)

IU/l	bis 6
nkat/l	bis 100

Ornithin-Carbamyl-Transferase (OCT) (Plasma)

IU/l	bis 6[2]
nkat/l	bis 100[2]

Alkalische Phosphatase (AP) (Plasma)

IU/l	bis 140[2]
nkat/l	bis 2334[2]

→ konventionelle Einheit: x 0,05999 (IU/l)

[2] Altersabhängigkeit Katze (Hartmann 1990):

bis 3 Monate:	bis 546 IU/l = 9402 nkat/l
bis 6 Monate:	bis 333 IU/l = 5551 nkat/l
bis 12 Monate:	bis 198 IU/l = 3300 nkat/l
bis 2 Jahre:	bis 151 IU/l = 2517 nkat/l
bis 3 Jahre:	bis 100 IU/l = 1667 nkat/l
bis 5 Jahre:	bis 85 IU/l = 1417 nkat/l
bis 7 Jahre:	bis 76 IU/l = 1267 nkat/l
bis 10 Jahre:	bis 91 IU/l = 1517 nkat/l
über 10 Jahre:	bis 92 IU/l = 1534 nkat/l

Gamma-Glutamyl-Transferase (GGT) (Plasma)

IU/l	ohne Aussage
nkat/l	ohne Aussage

Bilirubin (Serum, Plasma)

Gesamt-Bilirubin

mg/dl	bis 0,2
µmol/l	bis 3,4

Gallensäuren (Serum)

nmol/ml	bis 20[1]

[1] verdächtig für Cholestase: >20 <50 nmol/ml, >50 nmol/l Cholestase sicher

Gallensäuren postprandial (Serum)

Postprandialwert unter 40 nmol/ml

Ammoniak (Plasma)

µg/dl	bis 100
µmol/l	bis 59

Bromsulfophthaleintest (BSP-Test)

%	bis 5

Chymotrypsinbestimmung (Kot)

> 1 IU/g

Paraaminobenzoesäuretest (PABA-Test) (Serum)

60 bis 120 min nach Applikation:	unbrauchbar

Lipase (Plasma)

IU/l	bis 250
nkat/l	bis 2,5

α-Amylase (Plasma)

IU/l	bis 1850

Laktosetoleranztest

Anstieg der Blutglukose um 15 bis 30 % des Ausgangswertes

D-Xylose-Toleranztest

Die Testergebnisse von Tieren mit Resorptionsstörungen überschneiden sich sehr stark mit denen gesunder Katzen, so daß eine gesicherte Aussage nicht möglich ist.

Xylose s. D-Xylose-Toleranztest

Lysozym (Kot)

µg/g Kot	bis 2,6[2]

[2] Fischer 1992

Elastase der polymorphkernigen neutrophilen Granulozyten (PMN-Elastase)

bis 2,9 µg/dl Kot (Fischer 1992)

Milchsäure (Kot)

Die Werte von gesunden und kranken Tieren unterscheiden sich nicht.

Plasmaprotein (Kot)

Sowohl gesunde als auch kranke Katzen scheiden Spuren von Plasmaprotein aus (Fischer 1992).

Indikan (Serum)

qualitativ	farblos bis leicht rosa
quantitativ mg/24 Stunden	bis 20

Kobalamin (Vit. B_{12}) (Serum)

kein Referenzbereich bekannt

Protein (Serum)

g/dl	5,7–9,4[2]
g/l	57–94[2]

[2] Jungtiere <1 Jahr: 4,8–8,8 g/dl/48–88 g/l

Proteinfraktionen (Serum)

in Prozent	
Albumin	45–60
α_1-Globulin	4–14
α_2-Globulin	7–12
β_1-Globulin	5–16
β_2-Globulin	11–15
γ-Globulin	10–28
in g/dl	
Albumin	2,6–5,6
$Ä_1$-Globulin	0,2–1,3
$Ä_2$-Globulin	0,4–1,1
β_1-Globulin	0,3–1,5
β_2-Globulin	1,1–1,4
γ-Globulin	0,6–2,6
in g/l	
Albumin	26–56
$Ä_1$-Globulin	2–13
$Ä_2$-Globulin	4–11
β_1-Globulin	3–15
β_2-Globulin	11–14
γ-Globulin	6–26

Verhältnis Albumin zu Globulin

0,6–1,2

Triglyzeride (Serum)

mg/dl	50–100
mmol/l	0,57–1,14

Cholesterin (Serum)

mg/dl	70–150
mmol/l	1,8–3,9

Natrium (Serum)

mmol/l	145–158

Kalium (Serum)

mmol/l	3,0–4,8

Chlorid (Serum)

mmol/l	110–130

Säure-Basen-Haushalt (Blut)

pH-Wert	7,30–7,40
pO_2 (mmHg)	85–95
pCO_2 (mmHg) aktuelles	
Bikarbonat (mval/l)	19–24
Basenexzeß (mval/l)	–2,5–+2,5

Harnvolumen

ml/kg KM/d	9–20
ml/kg KM/h	0,5–2

Wasserstoffionenkonzentration (pH-Wert) (Harn)

5,0–7,0

Dichte, spezifisches Gewicht (SG) (Harn)

1,001–1,065
(bis 1080)

Protein/Kreatinin-Verhältnis (Harn) (U-P/C)

bis 0,33

Enzyme (Harn)

	in IU/g Urin-Kreatinin
U-AAP[1]	bis 4
U-NAG	bis 10
U-α-HBDH	bis 6
U-LDH	bis 6
U-AP	bis 248
U-GGT	bis 22
U-ALT	bis 1
U-AST	bis 1
nach Reusch 1992	

[1] Urin-Alaninaminopeptidase

Harnstoff (Serum)

mg/dl	30–68
mmol/l	5,0–11,3

Harnstoff-Stickstoff (Serum)

mg/dl	14–32
mmol/l	5,0–11,4

Kreatinin (Serum)

mg/dl	0–1,9
µmol/l	0–168

Konzentrationsprüfung (Harn)

Spezifisches Gewicht, Konzentrationsprüfung

> 1,034

Glukose (Blut, Serum, Plasma)

Vollblut:

mg/dl	55–125[1]
mmol/l	3,1–6,9[1]

Serum oder Plasma:

mg/dl	70–150[1]
mmol/l	3,9–8,3[1]

[1] bei Aufregung o. a. Streßzuständen erheblich höher (bis weit über 200 mg/dl oder 11 mmol/l)

Fruktosamin (Serum)

µmol/l	bis 340
(Reusch 1992)	

Thyroxin, Gesamt (T_4) (Serum)

µg/dl	1,5–4,0
mmol/l	19–51

Thyroxin, Freies (FT_4) (Serum)

ng/dl	0,5–2,6
pmol/l	6,4–33,3

Trijodthyronin (T_3) (Serum)

ng/dl	30–200
nmol/l	0,46–3,07

Protein (Liquor)

bis 0,3 g/l (30 mg/dl)

Globulin (Liquor)

Keine Globuline vorhanden

Glukose (Liquor)

40–70 mg/dl oder 2,2–3,9 mmol/l

Chloride (Liquor)

180 bis 250 mmol/l

Zellzahl, Gesamt (Liquor)

bis 15/3 Zellen/µl (5 Zellen/µl)

Kreatinkinase (CK, CPK) (Serum)

IU/l	bis 130[1]
µkat/l	bis 2,2[1]

[1] vereinzelt bis 190 IU/l (3,2 µkat/l)

Kalzium (Serum)

mmol/l	2,3–3,0

Phosphat (Serum)

mg/dl	2,4–6,0
mmol/l	0,8–1,9

Magnesium (Serum)

mg/dl	1,4–3,2
mmol/l	0,6–1,3

Zytologie (Tracheobronchialsekret)

	TBS	BAL
respiratorische Epithelzellen	bis 60 %	bis 15 %
Makrophagen	bis 30 %	bis 70 %
neutrophile Granulozyten	bis 10 %	bis 10 %
eosinophile Granulozyten	bis 5 %	bis 5 %
andere Zellarten	nur vereinzelt	nur vereinzelt

Anzeige- und meldepflichtige Krankheiten

A. WEBER

Deutschland

Anzeigepflichtige Seuchen (Tierseuchen)

Die „Verordnung über anzeigepflichtige Tierseuchen" vom 23. Mai 1991 (BGBl. I S. 1178) regelt die Bekämpfung von Seuchen, die bei Haustieren oder anderen Tieren vorkommen und auf Haustiere übertragen werden können. Von den in diesem Gesetz aufgeführten Tierseuchen können bei der Katze **Aujeszkysche Krankheit, Maul- und Klauenseuche, Milzbrand, Rotz** und **Tollwut** auftreten.

Bricht eine anzeigepflichtige Seuche aus oder zeigen sich Erscheinungen, die den Ausbruch einer solchen Seuche befürchten lassen, so ist nach § 9 des Tierseuchengesetzes unverzüglich die zuständige Behörde zu verständigen. Der Besitzer der Tiere oder sein Stellvertreter, auch Personen, die anstelle des Besitzers zeitweilig Aufsicht über Tiere führen oder in Obhut haben sowie Personen, die berufsmäßig mit Tieren zu tun haben (z. B. der behandelnde Tierarzt) sind zur Anzeige der betreffenden Seuche verpflichtet. Die Meldung hat unverzüglich an die zuständigen Stellen, i. d. R. an das Veterinäramt der Stadt- oder Kreisverwaltung (Amtstierarzt) zu erfolgen. Diese Maßnahmen dienen sowohl der Vorbeugung einer Seuchenentwicklung als auch der Tilgung einer aufgetretenen Seuche.

Meldepflichtige Tierkrankheiten

Die Meldepflicht für Tierkrankheiten, die einen Überblick über die Ausbreitung bestimmter vom Staat nicht bekämpfter Infektionskrankheiten geben soll, wird geregelt durch die „Verordnung (VO) über meldepflichtige Tierkrankheiten" vom 9. August 1983 (BGBl. I S. 1095), zuletzt geändert durch die Verordnung vom 27. März 1995 (BGBl. I S. 406). Von den 29 aufgeführten Tierkrankheiten können folgende Infektionskrankheiten auch bei der Katze auftreten: **Leptospirose, Listeriose, Q-Fieber, Säugerpocken (Orthopox-Infektion), Toxoplasmose** und **Tularämie.**

Tierärzte sowie Leiter der staatlichen Veterinäruntersuchungsämter, der Tiergesundheitsämter oder sonstiger öffentlicher und privater Untersuchungsstellen sind verpflichtet, die Meldung unverzüglich der zuständigen Verwaltung oder dem Amtstierarzt zu erstatten.

Österreich

Die meisten anzeigepflichtigen Tierseuchen werden durch das Tierseuchengesetz vom 6. August 1909 (RGBl. S. 177), inzwischen mehrfach novelliert, benannt: Von den dort aufgeführten Infektionskrankheiten können folgende bei Katzen auftreten: **Maul- und Klauenseuche, Milzbrand, Rotz** und **Wutkrankheit.**

Von den nach anderen Gesetzen und Verordnungen anzeigepflichtigen Tierseuchen hat die **Aujeszky'sche Krankheit** (Verordnung BGBl. S. 302, 1986) für Katzen eine relevante Bedeutung.

Bei Verdacht einer anzeigepflichtigen Tierseuche ist unverzüglich Anzeige beim örtlichen Bürgermeister oder der nächsten Polizeidienststelle zu erstatten. Hierzu sind verpflichtet der zugezogene Tierarzt, der Tierhalter oder die von ihm beauftragte Person, der von berufswegen die Erkennung des Seuchenverdachtes zumutbar ist.

Tierärzte haben überdies Anzeige bei der Bezirksverwaltungsstelle zu erstatten.

Schweiz

Die Verordnung zum Bundesgesetz über die Bekämpfung von Tierseuchen (Tierseuchenverordnung), inzwischen mehrfach novelliert, unterscheidet zwischen Tierseuchen und anderen Tierkrankheiten. Von den aufgeführten Tierseuchen können bei Katzen vorkommen: **Brucellose, Maul- und Klauenseuche, Milzbrand, Rotz, Tollwut** und **Tuberkulose.** Andere Tierkrankheiten im Sinne des Gesetzes, die bei Katzen auftreten können, sind: **Aujeszky'sche Krankheit** (Pseudowut), **Leptospirose, Rickettsiose** und **Salmonellose.**

Derjenige der Tiere hält, betreut oder behandelt, ist verpflichtet den Ausbruch und seuchenverdächtige Erscheinungen von Tierseuchen unverzüglich dem Tierarzt zu melden. Die gleiche Meldepflicht obliegt dem Viehinspektor, Wasenmeister sowie den Polizei- und Zollfunktionären. Der Tierarzt hat die Seuche unverzüglich abzuklären und dem zuständigen amtlichen Tierarzt seinen Befund anzuzeigen, das gleiche gilt auch bei Seuchenverdacht. Der amtliche Tierarzt erstattet nach Überprüfung des Falles dem Kantontierarzt Anzeige. Die Untersuchungslaboratorien haben die gleiche Anzeigepflicht wie der Tierarzt.

Anatomische Unterschiede von Katze und Hund

BINKE DÜRR

	Katze	Hund
Skelett		
Axis	Proc. transversus deutlich kürzer	Proc. transversus überdeckt kaudal das Tuberculum ventrale des 3. HW
Brustwirbel	Procc. spinosi meist nicht verdickt	Procc. spinosi zu Tuberositas procc. spinosi verdickt
	Procc. accessorii erst ab 9.–10. BW	Procc. accessorii an allen BW
Lendenwirbel	Procc. costales an freiem Ende zugespitzt	Procc. costales an freiem Ende verbreitert
Kreuzbein	Procc. spinosi als unscheinbare Fortsätze	Procc. spinosi enden schmalbuckelförmig
Schwanzwirbel	Procc. haemales ab 3. SW	Procc. haemales ab 4. SW
Costae	Facies articularis tuberculi costae artikuliert an letzten 3 Rippen nicht mit BW	letzte Rippe oft als „Fleischrippe"
Sternum	zylindrische Sternebrae	Sternebrae als vierkantige, höher als breite Stäbe
Scapula	Spina scapulae mit Proc. suprahamatus	–
Clavicula	dünn, stabförmig gebogen, 20–50 mm lang	fehlt oft, sonst unregelmäßig geformt, 6–12 mm lang
Humerus	keine Unterteilung des Tuberculum majus	Tuberculum majus in Pars cran. und caud. unterteilt
	For. supracondylare	For. supratrochleare
Ossa antebrachii	hohe Beweglichkeit durch weites Spatium interosseum	enges Spatium interosseum
Radius	Crista transversa als markante Leiste	Crista transversa als verschwommene Querwulst
Ulna	bleibt fast gleich stark	distal verjüngt
	Proc. anconaeus eigenständig	Proc. anconaeus verschmilzt mit Hauptteil der Ulna
	–	Tuberositas ulnae
	–	Margo interosseus
Ossa metacarpalia	McI genauso kräftig wie alle anderen Mc McIII+McIV abgerundet McII+McV abgerundet	McI schlanker McIII+McIV vierkantig McII+McV dreieckig
Ossa sesamoidea	stets knorpelig	vorwiegend knöchern
Ossa ilia	streben kranial auseinander schmal und langgestreckt	konvergieren nach kranial breit und rundlich

	Katze	Hund
Os pubis/Os ischii	Eminentia iliopubica scharfkantig und glatt	Eminentia iliopubica beulig verdickt
	Arcus ischiadicus als flacher Bogen	Arcus ischiadicus als tiefer Bogen
Ossa cruris	Spatium interosseum in ganzer Länge breit	Spatium interosseum distal schmaler
	Fibula kräftiger	Tibia kräftiger
Tibia	nach kranial gebogen Sulcus extensorius angedeutet	leicht S-förmig gekrümmt tiefer Sulcus extensorius
Fibula	Dorsalfläche von Höckern besetzt	Dorsalfläche mit Aushöhlungen
Ossa metatarsalia	MtI rudimentär und stets zehenlos	MtI unterschiedlich lang und manchmal zehentragend (Afterkralle)
	PhI einfach	PhI auch als Doppelsporn (Rassemerkmal z. B. bei Bernhardiner)
Schädel	proportional kürzester Schädel	dolicephal (lang) brachycephal (kurz) mesocephal
Nackenfläche	aus Squama und Partes latt. des Okzipitals	aus Squama, Partes latt. des Okzipitals und kaudalem Teil des Petrosum
	–	Protuberantia occipitalis ext. mit Tubercula nuchalia als dorsale Berandung des For. magnum
	Proc. paracondylares als platte Querleisten kaudal an Bulla tympanica gelagert	Procc. paracondylares als deutlich Fortsätze
Dachfläche	Crista sagittalis ext. endet mit Interparietale	Crista sagittalis ext. geht in Linea temporalis über (dolicephal), fehlt brachycephal + mesocephal
	Fossa frontalis stets ausgebildet	Fossa frontalis fehlt bei manchen Rassen
	Canalis sinus transversa fehlt	Proc. tentoricus enthält Canalis sinus transversa
Seitenfläche	Jochbogen ragt nach lateral heraus	Jochbogen ragt nach lateral heraus (nur brachycephal)
	–	Proc. retrotympanicus schwach ausgebildet
	Meatus acusticus ext. als Ring, Proc. styloideus	Meatus acusticus ext. als Ring, gelegentlich als kurzes Rohr, Proc. styloideus fehlt
	Orbita frontal zur Medianebene gerichtet, Achsenwinkel 49°	Orbita nach lateral gerichtet, Achsenwinkel 79°
	einfaches For. ethmoidale	For. ethmoidale meist doppelt
	Canalis alaris fehlt	For. rotundum öffnet sich in Canalis alaris
	For. infraorbitale im Winkel zwischen Jochbogen und Maxilla, nicht tastbar	For. infraorbitale oberhalb des 3. OK-Backenzahnes, tastbar
	Fossa pterygopalatina als unterer Abschnitt der Orbita	Fossa pterygopalatina mit For. maxillare For. sphenopalatinum For. palatinum caud.

	Katze	Hund
Basalfläche	–	Tuberculum musculare
	For. spinosum und For. ovale eigenständig	For. spinosum oft als Incisur des For. ovale
	8 Alveolen	10 Alveolen
	–	enger Canalis interincisivus öffnet sich in Sutura interincisiva
	For. palatinum majus mündet auf Horizontalplatte des Palatinum	For. palatinum majus mündet an Sutura palatomaxillaris
	–	flacher Sulcus palatinus
	Choanenrand ohne Spina	Choanenrand mit deutlicher Spina nasalis caudalis
Cavum tympani	Bulla tympanica in Cellulae unterteilt, zusätzlich durch Septum getrennt	keine Unterteilung
Ektoturbinalia	5	6
Sinus paranasales	Recessus maxillaris, Sinus frontalis, Sinus sphenoidalis	Recessus maxillaris, Sinus frontales lateralis + medialis, Sinus frontalis rostralis
Mandibula	7 Alveolen	11 Alveolen
Muskulatur		
Hautmuskeln	M. cutaneus trunci überzieht gesamte Kruppen- und Oberschenkelgegend	M. cutaneus trunci geht erst in Flankengegend aus Oberschenkelfaszie hervor
Lange Zehenstrecker der Vordergliedmaße	M. extensor digitalis lat. hat 3 Bäuche und 4 Sehnen	M. extensor digitalis lat. hat 2 Bäuche und 3 Sehnen
Lange Zehenbeuger der Vordergliedmaße	M. flexor digitalis supf. hat 5 Sehnen	M. flexor digitalis supf. hat 4 Sehnen
Supinatoren des Radio-Ulnargelenks	M. brachio-radialis immer vorhanden	M. brachio-radialis fehlt gelegentlich
Äußere Hüftgelenks- u. Kruppenmuskulatur	M. caudofemoralis immer vorhanden	M. caudofemoralis fehlt
Mediale Oberschenkelmuskulatur	M. sartorius zieht einfach an Tuber coxae	M. sartorius zieht 2-schenklig an Tuber coxae
	M. adductor longus und M. pectineus eigenständig	M. adductor longus mit M. pectineus verwachsen
Tiefe Hüftgelenksmuskulatur	M. gemelli geteilt	M. gemelli verwachsen
Strecker des Sprunggelenks	M. soleus immer vorhanden	M. soleus fehlt
Kurze Zehenmuskeln	M. flexor digitalis brevis fehlt	M. flexor digitalis brevis in oberflächliche Beugesehne eingelagert
	Mm. interflexorii: 3 Faserbündel	Mm. interflexorii: 2 Faserbündel

	Katze	Hund
Gelenke		
Kreuzdarmbeingelenk	–	Lig. sacrotuberale
Verbindungen d. Wirbel	–	Lig. nuchae
Haut und Hautorgane		
Hautduftorgane	Zirkumoraldrüsen („Putzdrüsen")	–
	Karpalorgan als Karpalvibrissen	–
	Analbeutel Ø 6–8 mm	Analbeutel Ø 12–15 mm
	–	Zirkumanaldrüsen
Milchdrüse, Gesäuge	jederseits 4 Mammarkomplexe mit je 5–7 Hohlraumsystemen, thoraco-abdominal liegend	jederseits 4–6 Mammarkomplexe mit je 8–12 Hohlraumsystemen, thoraco-inguinal liegend
	5–7 Strichkanäle	8–12 Strichkanäle
Krallen	zurückziehbar, beim Laufen in Hauttasche zurückgezogen	nicht zurückziehbare „Scharrkrallen"
Organe der Brusthöhle		
Herz	arterielle Versorgung beidseitig oder linkskoronar (1:1)	arterielle Versorgung linkskoronar
	Gewicht: 12–20 g, 0,55 % des Körpergewichts	Gewicht: 50–500 g, 0,7 % des Körpergewichts
Lunge	rechter kranialer Lappen spitzbogig	rechter kranialer Lappen rundbogig
Organe der Bauchhöhle		
Leber	Gallenblase oft doppelt	Gallenblase einfach
Pankreas	meist nur Ductus pancreaticus, selten Pankreasblase vorhanden	stärkerer Ductus pancreaticus accessorius kommuniziert mit Ductus pancreaticus
Oesophagus	nur Anfangsabschnitt drüsenhaltig	über gesamte Länge drüsenhaltig
Caecum	auffallend klein, nur divertikelartiges Darmanhängsel	durch Mesocaecum typisch korkenzieherartig
Organe der Beckenhöhle		
Nieren	liegen meist auf einer Höhe	rechte Niere liegt weiter cranial, linke Niere bei mageren Hunden durch Fettabbau peritoneal
	113–250 000 Nephrone	90–180 000 Nephrone

	Katze	Hund
Männliche Geschlechtsorgane		
Hoden	Hodensack unter dem After, lagert sich dem kaudal gerichteten Penis auf	Hodensack deutlich sichtbar im Inguinalspalt
Akzessorische Geschlechtsdrüsen	keine Samenleiterampulle, aber Drüsen ausgebildet	Samenleiterampulle andeutungsweise ausgebildet
	Prostata liegt dorsal und seitlich auf Harnröhre, höckeriger Körper	Prostata als kugeliger Drüsenkörper mit rechtem und linkem Drüsenlappen
	Gl. bulbourethralis aus 2 hanfsamenkorngroßen Drüsen	–
Penis	zeigt nach kaudoventral, Lig. apicale penis, „Penisgelenk"	zeigt nabelwärts
Weibliche Geschlechtsorgane		
Ovarien	8–9 mm, teilweise von Bursa ovarica eingehüllt	15–20 mm, vollständig von Bursa ovarica eingehüllt
Eileiter	40–50 mm lang, stark geschlängelt	60–100 mm
Uterus	langer Corpus, 2 cm	kurzer Corpus, 2–3 cm
	–	oft Proc. vaginalis ausgebildet
Vagina	40 mm	ragt in peritonealen Teil der Beckenhöhle, 120 mm
Vestibulum	paarige Gl. vestibularis major	–
Vulva	Klitoris trägt Spitzenkappe	Klitoris mit Glans in Fossa glandis
Lymphgefäßsystem		
Lc. parotideum	Lnn. parotidei, nicht tastbar	Lnn. parotidei, tastbar
Lc. mandibulare	Lnn. mandibulares, nicht tastbar Lnn. mandibulares accessorii	Lnn. mandibulares, tastbar
Lc. cervicale supf.	Lnn. cerv. supf. dorsales Lnn. cerv. supf. ventrales	Lnn. cerv. supf.
Lc. cervicale prof.	–	Lnn. cerv. prof. craniales
Lc. axillare	Lnn. axillares primae costae	–
Lc. thoracicum dorsale	Lnn. thoracici aortici	–
Lc. thoracicum ventrale	Lnn. sternales caudales Ln. epigastricus cranialis	–
Lc. mediastinale	Lnn. phrenici	–
Lc. mesentericum craniale	Lnn. caecales	–
Lc. inguinale superficiale	Ln. epigastricus caudalis Lnn. subiliaci	–
Lc. ischiadicum	Lnn. ischiadici	–

Stichwortverzeichnis

Raum für Notizen

Stichwortverzeichnis

A

B

C

D

E

F

G

H

I

J

K

L

M

N

O

P

Q

R

S

T

U

V

W

X

Y

Z